# STUDIUM GENERALE

EITSCHRIFT FÜR DIE EINHEIT DER WISSENSCHAFTEN IM ZUSAMMENHANG IHRER BEGRIFFSBILDUNGEN UND FORSCHUNGSMETHODEN





DRITTER JAHRGANG
1950

Springer-Verlag Berlin Heidelberg GmbH

1950

ISBN 978-3-662-37475-7 ISBN 978-3-662-38240-0 (eBook)
DOI 10.1007/978-3-662-38240-0

# Inhalt des dritten Jahrganges.

## Erstes Heft.



## Zweites und drittes Heft.



## Viertes und fünftes Heft.



## Sechstes Heft.



## Siebentes Heft.

## Achtes Heft.



## Neuntes Heft.



## Zehntes Heft.



## Elftes Heft.



## Zwölftes Heft.

STUDIUM GENERALE

Heft 1 Januar 1950 3. Jahrgang

# Gefangenhaltung von Tieren.

Von

BERNHARD GRZIMEK.

Die Lebensweise der meisten Wildtiere ist uns überwiegend erst durch die Beobachtung von gefangenen Tieren näher bekannt geworden. Denn einmal erschwert die angeborene Fluchtdistanz und das versteckte oder nächtliche Leben der freilebenden Tiere ihre genauere Beobachtung, und zum zweiten war die zoologische Forschung bis in die jüngere Vergangenheit hauptsächlich darauf abgestellt, den Körperbau, die Systematik und die Verbreitungsgebiete der Tiere festzustellen. So ist unser verbürgtes Wissen über das Paarungsverhalten, die sozialen und die Familienbeziehungen, das Fortpflanzungsrituell, aber auch über die Lebensdauer und Standorttreue, die angeborenen Verhaltungsweisen und die Wanderungen selbst der bekannten und volkstümlichen exotischen Großtiere und des einheimischen Wildes heute noch erstaunlich gering. Ein großer Teil der tierpsychologischen Forschung ist an gefangenen Wildtieren oder an Haustieren durchgeführt worden. Daher ist es notwendig, sich über die verschiedenen Bedingungen grundlegend klar zu werden, unter denen das Tier in der Freiheit und in der Gefangenschaft lebt, ein Fragenkomplex, um den besonders H. Hediger-Basel sich hervorragend verdient gemacht hat.

Wir Menschen haben oft eine idealisierende und romantische Vorstellung vom Leben des Hirsches im Walde oder des Löwen in der Steppe, die frei und ungehemmt von Landesgrenzen, Gesetzen, Vorschriften der Sitte und Religion, völlig ungebunden ihr Dasein genießen. Gerade aus dieser Vorstellung heraus erscheint uns der Tiger in seinem geräumigen Freigehege sehr viel bemitleidenswerter als etwa das Pferd, das seine Tage neben der Deichsel oder an der Stallkette verbringt.

Nun ist das Leben des wilden Tieres — ganz abgesehen von der Furcht vor blutgierigen Feinden und dem Kampf um Beute und Nahrung — sehr viel weniger ungebunden, als man lange Zeit angenommen hat. Keinem Tier steht etwa unbegrenzt die ganze Erdoberfläche zur Verfügung. Es ist einmal durch seine Lebensweise und seine Psyche an einen bestimmten Lebensraum gebunden, das Eichhörnchen an den Wald, die Trappe an die Steppe, viele Arten an ganz begrenzte Bezirke von mitunter nur wenigen Metern Breite. Aber auch in einem Lebensraum, der an sich für das betreffende Tier geeignet ist, darf es sich in der Regel nicht beliebig bewegen. Es sind ihm unsichtbare Grenzen gesetzt, die ebenso unüberschreitbar sind wie Käfiggitter oder wie für die meisten Menschen Landesgrenzen. Das wilde Tier hat in der Regel ein Revier, das es sich erkämpfen muß, das es verteidigen muß, und dessen Grenzen es nicht überschreiten kann, ohne sofort selbst psychisch gehemmt zu sein und von den Bewohnern der Nachbarreviere angegriffen zu werden. Ein Amselpaar darf im Park nicht nach Belieben Futter suchen, sondern nur bis zu einer Grenzlinie, die wir durch sorgfältige Beobachtungen feststellen und in einen Plan des Parkes ebenso sicher eintragen können wie menschliche Grenzen. So läuft über Deutschland ein unabsehbares Netz von Zaunköniggrenzen, Fuchsgrenzen, Dachsgrenzen, so zerfallen die Ufergebiete im Flußsystem des Kongo in eine Unzahl recht genau festgelegter Flußpferdreviere.

Ein Hirschrudel, das etwa aus dem Zoologischen Garten ausbricht, ist zunächst nicht so sehr „frei“, sondern heimatlos. Sobald es in den anschließenden Wald kommt, gerät es in schon besetzte Hirschreviere, aus denen es vertrieben wird, oder zwischen denen es sich erst eine neue Heimat erkämpfen müßte. Deswegen ist es in Tierparks geschehen, daß derartige Ausreißer nach ein oder zwei Tagen sich von allein in ihrem Gehege, also in ihrem unbestrittenen „Heim“ und eigenen Revier, wieder einfanden. Hirsche beschädigen zum Beispiel auch ihre Gehegeeinfassung so gut wie nie dort, wo ein Durchbruch zur Freiheit führen würde, sondern an der Abgrenzungsstelle zum Nachbargehege, wo der Nebenbuhler haust.

Das Revier, also der Raum, in dem sich das Tier wenigstens unbehindert von Angehörigen der eigenen Art bewegen kann, wird räumlich nicht voll und zumindestens nicht gleichmäßig ausgenutzt. In dem Revier, im allgemeinen etwa in der Mitte, liegt das *Heim* des Tieres, also das Nest des Vogels, die Höhle des Eichhörnchens, der Bau des Fuchses, wo das Tier in der Regel schläft und auch seine Jungen aufzieht. Die meisten Tiere flüchten innerhalb des Revieres nach ihrem Heim, wo sie den meisten Schutz haben. Dieses Heim wird auch im allgemeinen verteidigt. Beim Flußpferd liegt das Heim im Wasser, und zwar in einem meist sehr eng begrenzten Abschnitt des betreffenden Stromes. Darum ist es gefährlich, sich einer Flußpferdfamilie im Paddelboot, also in ihrem Heim, zu nähern. Zu Lande flüchten die mächtigen Tiere ohne weiteres, und zwar immer nach ihrem Heim hin. Die Flußpferdreviere breiten sich von den Uferstellen in langen Streifen oder fächerförmig nach dem Hinterland aus. Hier liegt also ausnahmsweise das Heim nicht zentral im Revier, sondern an der Peripherie. Beim Seelöwen, der an sich viel stärker dem Wasserleben angepaßt ist, ist es genau umgekehrt. Während das Flußpferd seine Kinder im Wasser, sogar unter Wasser gebärt, tut dies der Seelöwe an der Küste, sein Jagdrevier fächert sich in das Wasser hinein aus.

Im Revier finden sich dann meist sehr genau festgelegte Schlafplätze, Spielplätze, Erntegründe für Nahrungssuche und Jagd, Trink- und Badeplätze, sowie Markierungsstellen, die dazu dienen, das Revier als Eigentum des Inhabers zu kennzeichnen und andere Tiere der gleichen Art zu warnen. Diese Kennzeichnung erfolgt bei den meisten Tieren mit Duftmarken, bei Caniden durch Urin, bei vielen Antilopen mit Exkreten besonderer Drüsen, beim Nilpferd durch Bespritzen bestimmter Sträucher mit Kot und Urin, die nur von dem Männchen während der Defäkation mittels einer schwirrenden Bewegung des muskulösen Stummelschwanzes mehrere Meter weit und hoch verstäubt werden. Dem Nachbarn wird damit bedeutet, daß er auf fremdes Staatsgebiet geraten ist; wenn er es nicht achtet, so wird er angegriffen. Daraus erklärt sich auch, daß zahme Rehböcke, die von Menschen mit der Flasche aufgezogen worden sind, sich zwar über das Gitter ihres Geheges hinweg füttern und sogar streicheln lassen, jeden Eindringling, auch ihre Menschen-„Eltern" jedoch sofort bösartig angreifen und oft schwer verletzen. Sie „verrehlichen" eben die Menschen, noch mehr wie wir die Tiere zu „vermenschlichen" pflegen, und sie behandeln die vertraut gewordenen Menschen durchaus wie eigene Artgenossen. Zugleich ist dies aber auch ein Zeichen, daß sie ihr Gehege, das zum Beispiel im Frankfurter Zoo nur hüfthoch und leicht überspringbar eingezäunt ist, nicht als Gefängnis, sondern als Eigenbesitz ansehen.

Die Hauptaufenthaltsplätze innerhalb des Revieres sind meistens durch immer wieder benutzte Wege miteinander verbunden. Sie werden zum Beispiel von Dachsen so fest getreten, daß wir sie leicht für Menschenwege halten, wenn sie nicht plötzlich unter schrägen Bäumen hindurchführten, die nur einen halben Meter lichte Höhe frei lassen. Diese Wege werden häufig von Kindern und Kindeskindern, ja selbst von ganzen Geschlechterfolgen durch Jahrtausende immer wieder benutzt. Wir finden Elefantenwechsel, die von den weichgepolsterten Elefantenfüßen durch endlose Benutzung in harte Felsen eingeschnitten sind, Felskanten, die von der Berührung mit den Tierkörpern rundgeschliffen sind, Einstiege der Flußpferde an steilen Ufern, die allmählich zu metertiefen Schluchten ausgetreten worden sind. Das Revier wird von vielen Tierarten auf den Gebieten zwischen diesen Wegen so gut wie nie betreten, es wird also der zur Verfügung stehende Raum bei weitem nicht voll ausgenutzt.

So wie das wilde Tier also keineswegs räumlich „frei", sondern fast mehr als wir eingeengt lebt, so hat es auch keine unbegrenzte persönliche Freiheit.

Die meisten gesellig lebenden Tierarten bilden eine strenge soziale Rangordnung. Dieser Zwang, eine Rangordnung zu bilden, ist angeborener psychischer Besitz der meisten höheren Tierarten einschließlich des Menschen. Näher bekannt geworden ist diese Rangordnung vor über drei Jahrzehnten erstmalig durch die Untersuchungen von Schjelderup-Ebbe an Hühnern. Er ermittelte, daß bei jedem Huhn in einer Herde genau festliegt, von welchem Mithuhn es sich widerspruchslos weghacken läßt, und welche Hühner es seinerseits weghacken kann. Jedes Huhn hat also eine bestimmte Zahl von Ranghöheren und Rangtieferen, von Vorgesetzten und Untergebenen, und man kann bei sorgfältiger Beobachtung eine soziale Rangliste nach Nummern aufstellen. In dieser hat ein Herdenmitglied, das alle anderen weghacken darf, die Nummer 1, und ein anderes Huhn, das sich von allen übrigen Herdengenossen hacken lassen muß, die letzte Nummer. Ich selbst konnte bei so friedlichen Tieren wie den Pferden, die sich im Gegensatz zu Hühnern nur selten schlagen und beißen, durch eine bestimmte Versuchsanordnung ebenfalls eine strenge Rangliste ermitteln, in der sich die Stufe des einzelnen Pferdes innerhalb von Monaten nur geringfügig verschob. Fast überall, wo wir bei geselligen Tieren nähere Beobachtungen anstellen, entdecken wir derartige Rangordnungen, selbst bei Schildkröten. Da das Zusammenleben der Tiere nicht von Moralregeln, künstlich geschaffenen Gesetzen, religiösen Vorschriften und gesellschaftlichen Umgangsformen gemildert wird und da das ranghöhere Tier seine Stimmungen und Launen ungehemmt an den rangtieferen auszulassen pflegt, ist das Leben für die Rudelangehörigen, die sozial tief stehen, also zweifellos recht bedrückend. Sie dürfen oft in der Gegenwart der Ranghohen nicht essen, keine Paarungsgelüste zeigen, ja sie müssen mitunter den ganzen Tag über eine bestimmte Demutshaltung zur Schau tragen.

Das Leben in der Freiheit ist also für die meisten Tiere weder räumlich noch sozial „frei“, sondern recht eingeengt und gebunden.

Das Leben des *gefangenen* Wildtieres (das wir hier im Gegensatz zu dem Haustier vornehmlich betrachten) ist mit dem Leben des gefangenen Menschen nicht ohne weiteres vergleichbar. Die Parallelen werden nur rein äußerlich beim menschlichen Beschauer durch Eisenstäbe und Gitter geradezu herausgefordert. Lediglich um diese Assoziationen beim Zoobesucher zu vermeiden, also kaum im Interesse des Tieres, bemühen sich seit den Zeiten Carl Hagenbecks die Tiergärtner, Käfiggitter durch Gräben, in sogenannten Freigehegen, zu ersetzen. Für das Tier selbst ist es natürlich belanglos, ob es in seinem Bewegungsdrang durch Gitter oder Gräben behindert wird. Die fünf bis sieben Meter breiten Wassergräben nehmen zum Beispiel dem Löwen viel Raum von seinem eigentlichen Gehege weg, den er sonst bis an das Gitter begehen könnte.

Gefangene Zootiere haben sich oft einen stoischen Gleichmut gegen das Bestreben der Menschen angeeignet, das diese mit vielen anderen Primaten gemeinsam haben: mit fremden Lebewesen in Kontakt zu kommen, von ihnen beachtet zu werden, sie nach Möglichkeit zu berühren und zu quälen oder zu reizen. Diese arteigene psychische Eigenschaft des Menschen zwingt den Tiergärtner, zum Schutze der Tiere vor den Besuchern noch eine zweite Gitterabsperrung zu errichten, hinter welche die Menschen gesperrt werden. Diese psychische Anlage äußert sich in dauernden Zurufen, Grimassenschneiden, Neckereien, Steinwürfen, Betasten, Stoßen, und während unbeobachteter Augenblicke in Gliederverrenkungen, Sprüngen und Tänzen der Beschauer. Wenn die Käfiginsassen derartige Versuche, die Aufmerksamkeit auf sich zu lenken, übersehen, so wird das im vermenschlichenden Sinne häufig so ausgelegt, daß der Löwe in Trauer der verlorenen Wüste nachsinne. Abgesehen davon, daß Löwen, ebenso wie viele andere Insassen der Tierparks, in der Regel in Gefangenschaft geboren sind, also ihren natürlichen Lebensraum gar nicht kennen, dürfen wir wohl heute mit großer Wahrscheinlichkeit vermuten, daß die höheren Tiere, vielleicht mit Ausnahme der Menschenaffen, längere Gedankenketten und Vorstellungen nicht bilden.

Ein wesentlicher Unterschied zwischen menschlichen und tierischen Gefangenen besteht darin, daß der gefangene Mensch durchweg nach Geschlechtern getrennt und womöglich in Einzelhaft gehalten wird, während der Tiergärtner stets bestrebt ist, gesellige Tiere in der Mehrzahl, jedenfalls aber immer paarweise, zu halten. Im scharfen Gegensatz zu dem Leiter eines Gefängnisses für Menschen sieht es der Zoodirektor als höchstes Berufsziel an, jede Tierart in der Gefangenschaft zur Paarung und möglichst auch zur Kinderaufzucht zu bringen. Dadurch ergeben sich ganz grundsätzliche Unterschiede zwischen menschlichen und tierischen Gefangenen. Sobald das Tier in seinem Gefängnis einen Geschlechtspartner besitzt oder sogar Kinder betreut, wird im allgemeinen der Käfig für das Tier zum „Heim“ im Sinne des verteidigten Heimes in der Mitte des Reviers umgeprägt. Deswegen waren Raubtiere, die während der Fliegerangriffe des Krieges auskamen, nicht angriffslustig, und es sind in den Zoos aller europäischen Länder bei dieser Gelegenheit keine Todesfälle oder schweren Verletzungen vorgekommen. Betritt man dagegen den Käfig des Tieres, so wird man — außer in den ersten Tagen, wenn der Insasse psychisch noch nicht Besitz davon ergriffen hat — sehr leicht bösartig angegriffen — ein Zeichen, daß das Tier den Käfig als Revier oder gar Heim, also als Eigentum ansieht.

Es ist natürlich an sich unmöglich, in dieser Betrachtung dem Menschen „das Tier“ gegenüberzustellen. Zwischen einer Amöbe und einem Schimpansen bestehen auch psychisch weit größere Unterschiede als etwa zwischen einem Schimpansen und einem Menschen. Deswegen treffen unsere Feststellungen auch nur sehr allgemein für eine größere Anzahl von Tierarten zu. Ich glaube, daß, im Gegensatz zur landläufigen Auffassung, zum Beispiel ein Löwe durch die Gefangenhaltung psychisch nur wenig beeindruckt wird, andere Tiere mit sehr starkem Bewegungsdrang, wie etwa Wolf oder Feldhase, dagegen stark. Vor allem kann aber die mangelhafte Beobachtung gefangener Tiergesellschaften zu geradezu unerträglichen psychischen und körperlichen Qualen gerade für rangtiefe Mitglieder der Gruppe führen. Paviane, die in der sozialen Rangleiter innerhalb ihrer Horde sehr tief stehen und aus irgendeinem Grunde den Zorn und die böse Laune des Paschas besonders reizen, können sich in der Freiheit ziemlich weitab von ihm, an der Peripherie der Herde, aufhalten und bei Zornausbrüchen beliebig weit flüchten. In engen Gehegen mit wenig Aufgliederungen, etwa ohne künstliche Felsbrocken (welche die Möglichkeit geben, dem Tyrannen aus dem Auge zu kommen), sind diese Tiere jedoch manchmal unaufhörlichen Wutausbrüchen, Bissen und Quälereien der launenhaften Chefs ausgesetzt. Oft kommen sie auf diese Weise nie dazu, genügend zu essen. Mütter mit neugeborenen Kindern müssen sich diese von den ranghohen Männern wegnehmen, mißhandeln und töten lassen, weil sie ihnen nicht aus dem Wege gehen können. In Raubvogelvolieren sind bei mangelnder Aufmerksamkeit des Pflegers rangtiefe Tiere verhungert, weil sie trotz genügender Fleischdarreichung erst nach völliger Sättigung der ranghohen Tiere an das Futter herankamen, nachdem dieses im Winter bereits steinhart gefroren und nicht mehr zu zerkleinern war.

Den Pazifisten wird oft entgegengehalten, daß menschliche Kriege unvermeidbar wären, weil ja auch in der Natur seit Urzeiten ein ewiges Töten herrsche. Dieser Vergleich ist schief, denn im Tierreich tötet der Artgenosse in der Regel nicht den eigenen Artgenossen; die Katze tötet wohl die Maus, nicht aber der Kater den anderen Kater im Brunftkampf. Bei den häufigen Kämpfen zweier Tiere derselben Art begnügt sich der Überlegene in der Regel damit, auszumachen, wer stärker ist. Wenn der Besiegte flüchtet und das Revier verläßt, wird er nicht weiter verfolgt. Tiere mit gefährlichen Körperwaffen: Hörnern, Geweihen, Reißzähnen, Krallen, besitzen auch angeborene psychische Hemmungen, welche es ihnen unmöglich machen, diese Tötungswerkzeuge gegen den Gegner der eigenen Art weiter anzuwenden, der seine Unterlegenheit zu erkennen gibt. Wenn ein Wolf sich zusammenkrümmt, den Schwanz einzieht und den Nacken schutzlos darbietet oder sich gar wehrlos auf den Rücken wirft, also eine „Demuthaltung" einnimmt, *kann* der Überlegene ihm nicht weiter die Kehle zerbeißen. Die Krähe *kann* auf Grund angeborener psychischer Hemmungen der anderen Krähe nicht die Augen aushacken, der Rabe *kann* dem unterlegenen Mitraben nicht die Schädeldecke zerhacken, die ihm dieser in Demuthaltung mit gesträubten Nackenfedern darbietet. Auch der Mensch hat im allgemeinen unüberwindbare psychische Hemmungen, mit körpereigenen Waffen einen hilfeschreienden Gegner zu töten, also ihm die Kehle durchzubeißen oder ihn zu erwürgen. Nur bei den verstandesmäßig erfundenen Waffen: Steinwurf, Keule, Pfeil, Gewehr, Bombe usw., sind diese angeborenen psychischen Hemmungen, die wir mit den Menschenaffen gemeinsam haben, nicht vorhanden, besonders wenn diese Waffen rasch töten und dem Gegner keine Zeit mehr lassen, seine Unterlegenheit durch Hilfeschreie usw. zu zeigen.

Sogenannte Friedtiere, welche keine gefährlichen Körperwaffen besitzen, haben folgerichtig auch meist keine psychischen Hemmungen für die Tötung des Artgenossen. Deswegen können sie, wie besonders Lorenz erkannt hat, in Gefangenschaft viel „grausamer" werden als die bewaffneten Tiere. Eine Taube hackt mit ihrem weichen Schnabel so lange auf dem Hinterkopf einer kranken Mittaube herum, bis diese in eine blutende Fläche verwandelt ist und die Schädeldecke zutage tritt. Hühner können kranken Mithühnern die Bauchdecke aufhacken und die Eingeweide herauszerren. Derartige Mißhandlungen fallen im allgemeinen weg, wenn das unterlegene oder schwache Tier flüchten, d. h. das Revier des Stärkeren verlassen kann.

Ebenso können bei geschlechtlich falscher Zusammensetzung einer gefangenen Tierherde scheußliche Mißhandlungen zustandekommen. Man hat ursprünglich in Paviangehegen gern überwiegend geschlechtsreife Männchen mit vollausgebildeten silbrigen Schulterbehängen gehalten, weil diese für das Publikum viel ansehnlicher wirken. Der zwischen diesen Tieren häufige gleichgeschlechtliche Verkehr ist übrigens nur im Umfang eine Folge der Gefangenschaft, da derartige Verhaltensformen auch in der Freiheit üblich sind, und da die geschlechtliche Darbietung besonders von jüngeren und rangtieferen Männchen durch Entgegenrecken des Hinterteiles bei diesen Pavianen wie bei vielen anderen Affen geradezu zum Symbol der Unterwerfung geworden ist, und ebenso das Besteigen mit Erektion zum rituellen Ausdruck der Überlegenheit gehört. Wenn jedoch einer größeren Zahl von geschlechtsreifen Männern nur eine kleine Zahl von Weibern beigegeben ist, werden diese bei dem Kampf der Männer um die Weiber unaufhörlich umhergejagt, gebissen, gezerrt, es werden ihnen die Rippen gebrochen, sie werden ertränkt, sie kommen nicht zum Essen, so daß nach kurzer Zeit kaum noch Weiber übrigbleiben. Seitdem man die Herden wie in der Freiheit aus wenigen geschlechtsreifen Männern, einer größeren Zahl von Weibern und einer Schar von Kindern und Halbwüchsigen zusammensetzt, sind derartige Mißhandlungen und Tötungen zwar nicht ausgeschlossen, aber doch auf das anscheinend natürliche Maß begrenzt.

So ergibt sich, daß durch die gesellige und paarweise Haltung der Tiere in der Gefangenschaft die Probleme größtenteils ganz anders geartet sind als bei gefangenen Menschen. Trotzdem beobachten wir bei Tieren ähnliche Psychosen oder, da diese für uns meist nicht auch nur annähernd erkennbar oder gar analysierbar sind, Bewegungsstereotypien wie beim Menschen. Mit diesen hat sich vor allem Meyer-Holzapfel beschäftigt.

Wenn wir durch eine Zirkusmenagerie mit ihren Tieren gehen, die in besonders engen Käfigen gehalten werden oder angekettet sind, aber auch bei Zootieren entdecken wir mitunter eigenartig rhythmische, einförmige Bewegungen. Ein Eisbär nickt unaufhörlich mit dem Kopf, ein angeketteter Elefant wiegt den ganzen Vorderkörper und den Kopf gleichmäßig hin und her; ein Eichhörnchen läuft dutzendmal hintereinander das Käfiggitter in die Höhe, an der Decke entlang, die Hinterwand wieder herunter, und so ständig im Kreise, unter Berührung stets der gleichen Äste oder Vorsprünge; Hühner rennen am Drahtgeflecht unbeirrbar lange Zeit hin und her; eine Hyäne beschreibt in unermüdlichem Trab eine Acht; ein Bär geht mit dem Kopf auf die Tür des Käfigs zu, rückwärts einige Schritte zurück, wieder vor, und so weiter. Bei den Pferden ist das „Weben" bekannt, ein gleichförmiges Hinundherwiegen des Kopfes und Vorderkörpers vor der Krippe. Derartige stereotype Bewegungsweisen findet man auch bei menschlichen Zellengefangenen.

Zu diesen Bewegungsstereotypien kann es einmal aus bloßer Gewohnheit kommen. Wie oben erwähnt, haben auch Wildtiere die Eigenschaft, einmal benutzte Wege ständig wieder zu begehen. Wenn sie also in einem neuen Käfig zunächst bestimmte Wechsel „getreten" haben, so benutzen sie diese nach der Tradition der Freiheit weiter, auch wenn sie auf Zementboden oder glattem Erdboden für das Auge gar nicht sichtbar werden. Der bloße Drang zur Bewegung führt also hier zu einer Stereotypie. Das kann dazu führen, daß auch in einem weitgeräumigen Gehege nur ganz wenige Stellen benutzt werden, während der übrige Raum praktisch nie betreten wird. Im Experiment ließ sich weiter feststellen, daß Affekte ihren Ausdruck in derartigen Bewegungsstereotypien finden können. Sie mehren sich vor der erwarteten Fütterung, bei der Kotabgabe oder bei Lärm. Ein „Weben" oder ein Hinundherlaufen am Gitter oder an der Mauer setzt oft ein, wenn das Tier, etwa beim Ausspritzen des Käfigs, weg möchte und nicht kann. Das unaufhörliche Hinundherlaufen an der Wand ist oft eine „Flucht auf der Stelle" oder vor der Fütterung ein „Hinlaufen zur Futterquelle auf der Stelle". Ein Fasan, der mit erhobenem Kopf immer wieder am Drahtgeflecht hin und her lief, gab dies sofort auf, als ihm eine Sitzstange hereingegeben wurde, auf der er aufbaumen konnte. Gürteltiere, die ständig im Käfig herumrannten, hörten damit nicht auf, wenn man den Käfig verdunkelte oder ihnen Gegenstände hineinstellte, welche sie vor den Blicken der Beschauer verbargen. Dagegen wurden sie sofort ruhig, als man eine 20 cm hohe Erdschicht hineingab, in der sie graben konnten. Mitunter zeigen Bären, auch Nashörner oder Elefanten, ein Weben mit dem Kopf, wenn sie vor einer Tür stehen, hinter der sich der Geschlechtspartner aufhält. Manche Affen beißen sich in die Arme und in die Schenkel, wenn sie ihre Wut gegen einen Besucher nicht befriedigen können oder wenn ein anderer Affekt nicht seine natürliche Befriedigung finden kann. Es kommt dabei mitunter zu sehr erheblichen Verletzungen und Selbstverstümmlungen. Bären, die auch in geräumigen Gehegen und in Gesellschaft „weben", stammen oft aus sehr engen Käfigabteilen von Zirkuswagen, wo diese Bewegungs-Stereotypien eingefahren sind und später beibehalten werden. Brandes beobachtete bei Orangs Erscheinungen, die der menschlichen Gefangenenpsychose ähnelten. Sie verloren sich beinahe schlagartig, als er die grellweise Hinterwand des Käfigs durch grüne Kacheln ersetzte.

Wir können also zusammenfassend sagen, daß die Probleme der Gefangenhaltung bei Zootieren und bei Menschen wegen der geselligen und paarweisen Haltung der Tiere grundsätzlich verschieden sind. Trotzdem beobachten wir bei Tieren rein äußerlich mitunter in der Gefangenschaft ein Verhalten, das dem gefangener Menschen sehr wohl vergleichbar ist.

*(Dr. Bernhard Grzimek, (16) Frankfurt a. M., Am Schützenbrunnen 16.)*

## Der Mensch in der Gefangenschaft.

Von

FRIEDRICH HASSENSTEIN.

Die erschütterndsten Eindrücke, die meine vierjährige Kriegsgefangenschaft in meinem Gedächtnis hinterlassen hat, beziehen sich nicht auf äußere Leiden, sondern auf das Miterleben der tiefgreifenden und erschreckenden Umgestaltung des menschlichen Wesens, die sich unter den Bedingungen des Gefangenenlebens vollzog. Was ich in dieser Hinsicht beobachtet und erfahren habe, erschien mir wert, mitgeteilt zu werden. Wo ich Vermutungen über Ursachen und Herkunft der beobachteten Erscheinungen anstellen konnte, habe ich dies getan, ohne den Anspruch auf eine wissenschaftliche Durchleuchtung des Themas zu erheben. Letzteres bleibe den Psychologen und Soziologen überlassen.

Ich will zunächst diejenigen Erscheinungen des Lagerlebens anführen, die in erster Linie als auslösende Faktoren für die im folgenden beschriebenen Wesenszüge des Kriegsgefangenen in Frage kommen: Gleich nach der Gefangennahme war uns allen das Haar geschoren, die gleiche schäbige Kleidung angezogen und jeglicher Besitz genommen worden. Diese Uniformierung hatte mit einem Schlage alle sozialen und Standesunterschiede ausgelöscht. Selbst die militärischen Ränge hatten in kurzer Zeit ihre Bedeutung verloren. Alle lebten seitdem auf einem Lebensstandard, der oft unter das Existenzminimum sank. Die schwere und oft stupide Arbeit — ich habe z. B. längere Zeit täglich bis 12 Stunden mit fünf Gefährten einen Pflug ziehen müssen — stumpfte uns ebenso ab, wie sie uns körperlich erschöpfte. Der Verlust aller Selbstverantwortung und jeder Möglichkeit zur freien Willensentscheidung trugen zum geistigen Verfall genau so bei, wie Hunger, Schmutz und Kälte zum körperlichen. Die Symptome der Unterernährung, wie etwa der Fortfall der Geschlechtsfunktionen, wirkten vom Körperlichen aufs Geistige zurück.

Aber nicht nur der außergewöhnlichen Situation, in die ihn das Lagerleben versetzte, war der Gefangene wehrlos ausgesetzt, sondern auch den seelischen Folgen der Gefangennahme selbst. Das schockartig eingetretene Bewußtsein, mit allen Wurzeln aus dem Boden des bisherigen Daseins herausgerissen zu sein, und die Ungewißheit, wann und ob er überhaupt einmal wieder auf Freiheit oder wenigstens auf eine Nachricht aus der Heimat hoffen darf, prägten sich tief in das Gemüt des Gefangenen ein. Die Bindungen, die den einzelnen an seine persönliche Vergangenheit knüpften, lösten sich. Mit ihnen wurde vieles andere, was er im früheren Leben gewonnen hatte, ohne daß er es spürte, ausgelöscht: Grundsätze und moralische Maßstäbe, Interessen und Neigungen.

Wie war nun das Denken, Fühlen und Wollen des Kriegsgefangenen beschaffen, der unter solchen Bedingungen lebte? Enthemmung und Primitivierung sind die beiden Schlagworte, unter denen man die Veränderungen zusammenfassen kann, welche die allermeisten von uns zu einem Zerrbild ihrer einstigen Persönlichkeit verwandelten.

Die augenfälligste Eigenschaft des Gefangenen war seine hemmungslose Eßgier, die so mancher mit dem Leben bezahlt hat. Kleie und Ölkuchen, Kartoffelschalen und Knochen, ja selbst Mäuse und Engerlinge wurden gegessen, wenn der Hunger groß war. Wer einmal „an der Quelle saß", aß regelmäßig so viel, daß er sich nachher kaum rühren konnte und vor Leibschmerzen krümmte. Ich habe erlebt, daß einem 50jährigen der Magen ausgepumpt werden mußte, da er rund zehn Liter Suppe hintereinander weggeschlungen hatte.

Auffallend war, daß auch in Zeiten, wo die Verpflegung ausreichte, die meisten unter dem Komplex litten, nicht satt werden zu können. Ursache hierfür war wohl, daß wir die Verpflegung am Schalter zugeteilt bekamen. Viele trieben mit ihrer Verpflegung Tauschgeschäfte, oft ohne daß ihnen daraus ein Vorteil erwuchs, nur der Illusion zuliebe, nach freiem Willen über ihre Ernährung zu entscheiden.

Die hemmungslose Gier richtete sich bei fast allen nicht nur auf Eßbares, sondern auch auf Tabak, was beweisen dürfte, daß der physische Hunger nicht die einzige Wurzel dieser Erscheinung war. Die spezifische Lust an der Tätigkeit des Essens trat in bisher unbekannter Intensität hervor.

Das „Thema I" der Gespräche war nicht mehr das Thema „Frauen", sondern das Thema „Essen", das z. B. in Lazarettstuben mit einer Beharrlichkeit gewälzt wurde, die nicht zu beschreiben ist. Die Frage, ob etwa eine gewisse Knödelsorte aus rohen oder gekochten Kartoffeln herzustellen sei, entfesselte stürmische Diskussionen unter Menschen, die sonst apathisch vor sich hindösten. Die Mahlzeiten gewährten Stoff zu stundenlanger Beschäftigung. Je hungriger die Gefangenen waren, desto länger dehnten sie die Mahlzeiten durch allerlei Spielereien aus.

Die nicht im Lazarett lagen und ihr Essen im Speisesaal empfingen, füllten es sich in kleine Näpfchen und steckten es ein, um es später, auf ihrer Pritsche hockend, um so besser genießen zu können. Sie erinnerten an Tiere, die ihre Beute erst dann verzehren, wenn sie sich damit in ein Versteck verkrochen haben. Der Ausführlichkeit, mit der sie nachher ihren Nachbarn erzählten, wieviel Kohlblätter sie in ihrer Suppe gefunden hatten, kam nur noch die gleich, mit der sie sich, oft während des Essens, gegenseitig über die Beschaffenheit ihres Stuhlgangs unterrichteten. Diese Tatsache ist zwar unappetitlich, aber so charakteristisch, daß ich sie nicht übergehen will. Ich selbst gehörte zu den wenigen, die ein Gefühl für Hygiene nie ganz verloren, muß aber zugeben, daß auch ich oft den ganzen Tag lang an nichts anderes als an die nächste Mahlzeit dachte.

Wenn sich die Gier des Gefangenen nur in derlei Eigenheiten abgezeichnet hätte, wäre sie noch kein Unglück gewesen. Sie zeigte aber noch wesentlich üblere Folgen, denn ihr fielen bei den meisten jene elementaren moralischen Hemmungen zum Opfer, ohne die ein soziales Zusammenleben der Menschen nicht denkbar ist. Männer, die als Zivilisten vielleicht nie um ein Haar breit vom Pfad der Ehrlichkeit abgewichen wären, begannen in der Gefangenschaft ihre Kameraden zu betrügen und zu bestehlen, wobei sie oft eine Schlauheit entwickelten, die in krassem Widerspruch zu ihrer sonstigen Sturheit stand. Einbrüche größeren Stils in Lagermagazine und Wohnungen von Zivilisten, die vorher ihr Brot mit uns geteilt hatten, waren ebenfalls keine Seltenheit.

Es war ein Gefühl der Notwehr, das in dem Kriegsgefangenen die primitivsten sozialen Regungen auslöschte und das Zusammenleben in den Lagern zur Hölle machte. In Zeiten der Not hatte der einzelne buchstäblich niemanden, von dem er irgendeine Hilfe oder auch nur Zuspruch erwarten konnte. Jede kleinste Dienstleistung mußte mit Brot oder Tabak bezahlt werden. Als ich mich, auf den Tod krank, von Kameraden auf den Abort und zum Revier tragen lassen mußte, versäumten diese nie, mir dabei die Taschen leer zu machen.

Auffällig war, daß der Gefangene nicht den geringsten Wert auf Aussehen und Haltung legte. Er lief in müder, gebeugter Haltung, unrasiert und ungewaschen, herum, flickte zerrissene Kleidung nur, wenn es ihn fror, und zeigte im Umgang mit anderen niemals jenes Interesse, einen guten Eindruck zu hinterlassen, das sonst eine Haupttriebfeder menschlichen Handelns und Gebarens ist. Dieses Verhalten bewirkte eine verblüffende Angleichung der Altersunterschiede, denn vom 18- bis zum 50jährigen zeigten alle das gleiche Bild.

Der Verlust der Selbstachtung, der in der moralischen wie in der äußeren Verkommenheit zutage trat, stand bei dem, der die Selbstkontrolle noch nicht ganz verloren hatte, in fortdauernder Wechselwirkung mit den seelischen Folgen der Niederlagen, die er im Kampf gegen den Verfall seiner Persönlichkeit erlitt. Das Bewußtsein der Unfähigkeit, ihm mit Waffen des Willens entgegenzuwirken, rieb ihn in ähnlicher Weise auf, wie den Trinker sein vergeblicher Kampf gegen den Alkohol zermürbt.

Die Primitivierung des Denkens offenbarte sich bei den meisten in dem Unvermögen zu jeglichem geistigen Aufschwung. Sie richteten ihren Sinn auf Ernährung, Bequemlichkeit und Schlaf und waren schlechthin nicht imstande, ihr Denken über diese Grenzen hinauszuheben. Bei manchen ging dies so weit, daß sie unfähig waren, an ihr Zuhause zu denken, keinerlei Sehnsucht empfanden und, als man Karten schreiben durfte, sich sträubten, ihrer Familie ein Lebenszeichen zu senden. Weiterhin kennzeichnend war die Kritiklosigkeit gegenüber allen optimistischen Gerüchten, eine Denkschranke, deren positiver Einfluß auf die Durchhaltekraft des einzelnen nicht zu verkennen war. Der Humor fiel der Primitivierung des Denkens ebenfalls zum Opfer, und es fuhr mir wie ein Schrecken durch die Glieder, als ich nach meinem ersten längeren Lageraufenthalt in ein Lazarett eingeliefert wurde und dort zum erstenmal wieder Menschen lachen hörte.

Die Sprache sank auf das Niveau eines primitiven Jargons herab, der mit einprägsamen Wendungen aus allen deutschen Mundarten durchsetzt war. Auch Worte und Sätze aus fremden Sprachen wurden aufgenommen, wenn sie, wie etwa Flüche, in den Ton des Lagerjargons hineinpaßten. Wer in gepflegten Sätzen sprach, oder auch nur Höflichkeitsformeln wie „bitte" und „danke" benutzte, fiel aus dem Rahmen und erweckte Mißtrauen.

„Der Bürger ist ein Mensch, der Vorräte sammelt" sagt André Siegfried. Der Kriegsgefangene sammelte ebenfalls Vorräte, und zwar in Ermangelung besserer Dinge in Gestalt alter Lappen, verrosteter Blechbüchsen und ähnlichen Plunders. Vor allem liebte er Gegenstände, die er für seine Eßzeremonie gebrauchen konnte. An seinem Gürtel hingen mehrere leere Konservendosen, vor der Brust stak ihm ein mächtiges Frühstücksbrett, und aus den Taschen ragten diverse löffel- und messerartige Gegenstände. Manche sparten sich trotz quälenden Hungers tagelang ihr Brot auf, um es dann, etwa Sonntags, vor sich hinbreiten und mit einem Male essen zu können. Den bürgerlichen Eigentumsbegriff karikierte weiterhin die Sorgfalt, mit der der einzelne seinen Platz auf der Pritsche gegen den seines Nachbarn durch das Vornageln von Brettchen, Spannen von Schnüren usw. abgrenzte. Wie im bürgerlichen Leben wurde der Mensch in der Gefangenschaft schnell Sklave seiner Gewohnheiten, während der Prozeß seiner inneren Verdorrung unaufhaltsam fortschritt.

Ins Pathologische gesteigert traten die beschriebenen Eigenschaften beim Dystrophiker, dem chronisch Unterernährten, zutage. Seine äußere Erscheinung: Sein bis auf die Knochen abgemagerter oder durch Wasser aufgeschwemmter, mit Ausschlägen, Furunkulosen oder Phlegmonen bedeckter Körper entsprach seiner geistigen und seelischen Verfassung. Sein Wille war so weit geschwächt, daß er es nicht über sich brachte, nachts seine Notdurft außerhalb der Stube zu verrichten. Viele führten ihren Zustand selbst herbei oder beschleunigten ihn, indem sie ihr Brot für Tabak weggaben, löffelweise Salz und kochgeschirrweise Wasser zu sich nahmen, ja sogar Tabakbrühe tranken und Seife aßen. Meist taten sie es mit dem Ziel, daraufhin als Kranke entlassen zu werden. Tausende richteten dadurch Herz, Nieren und andere Organe so zugrunde, daß sie ihre Experimente nicht überlebten, und oft waren sie dazu von ihren Angehörigen brieflich aufgefordert worden!

Ich selbst habe die Dystrophie am eigenen Leibe bis in das Stadium durchgemacht, wo sogar der Hunger verschwindet. Ich erinnere mich, so gleichgültig geworden zu sein, daß mich der Gedanke an meinen möglichen Tod und die Trauer meiner Angehörigen völlig kalt ließ. Ich wußte, ein von Schmutz starrendes Gesicht zu haben, brachte aber nicht die Energie auf, mich zu waschen. Der Dystrophiker ist nicht mehr er selbst, auch wenn er bei verbesserter Verpflegung schnell dick wird, was vor allem diejenigen immer wieder bewiesen, die zur Erholung in die Lagerküche versetzt wurden.

Der Einfluß des Seelischen auf den körperlichen Verfall war überraschend groß. Männer, die sich im besonderen Maße abhärmten und grämten, kamen oft auch bei bester Verpflegung nicht über den Zustand des Dystrophikers hinaus. Viele, die schon als Gesunde die Meinung äußerten, die Gefangenschaft nicht lebend überstehen zu können, starben bei geringfügigen Anlässen, während andere, die am Leben hingen, die schwersten Krisen überstanden. Bei manchen rief die Dystrophie regelrechte Verblödungssymptome hervor, während ich von dem oft diskutierten „Stacheldrahtkoller" nichts habe feststellen können.

Die Vergangenheit des einzelnen Gefangenen schien mir auf seine Widerstandskraft von geringem Einfluß zu sein. Selbstverständlich litten ehemalige Geistesarbeiter unter der physischen Arbeit und den Strapazen mehr als andere und brachen dann meist auch früher zusammen. Werte der Erziehung und Bildung verloren erschreckend schnell ihre Macht. Im großen und ganzen zeigten sich jedoch keine Unterschiede zwischen den Vertretern der einzelnen Klassen, Stände und Berufe. Auch die Abhärtung durch eine schwere Vergangenheit schien keine Rolle zu spielen. Ehemalige Offiziere und Berufssoldaten verhielten sich nicht anders als Männer, die nie Uniform getragen hatten.

Im Transportzug, der uns nach Hause fuhr, beobachtete ich, daß sich die Gespräche nach wie vor um Brotportionen und die Dicke der Suppe drehten. Es sah aus, als ob sich die Heimkehrer gar nicht der Bedeutung der Reise und des ungeheuren Umschwungs ihres Lebensweges bewußt wären. Ich selbst spürte nichts von der freudigen Erregung, die man in solch einer Situation von sich erwarten dürfte.

Die Schilderung des Menschen in der Gefangenschaft bliebe lückenhaft, wenn ich nicht zu den Betrachtungen über die Psychologie des einzelnen Gefangenen einige über die Soziologie der Lagergemeinschaft hinzufügte. Es gab ja nicht nur die kümmerlichen Gestalten, die ich bisher beschrieben habe, sondern auch die stattlichen Erscheinungen der „Lagerprominenz". Ihre Vertreter stolzierten mit blinkenden Reitstiefeln oder gebügelten Hosen durch das Lager und kannten für die anderen nur Verachtung, die so grenzenlos war, daß es schien, als sähe der kraftstrotzende „Prominenzler" in dem zerlumpten und durch Schwäche impotent gewordenen Dystrophiker keinen Menschen mehr. Auch machten sich die Gesunden niemals ein Gewissen daraus, die Willensschwäche des Dystrophikers auszunutzen und ihm durch Tausch seine Zusatzverpflegung zu entziehen, von der doch sein Leben abhing.

Der soziale Aufstieg im Lager stand in erster Linie denen offen, die im nötigen Maße anpassungsfähig und skrupellos waren. Gefangene, die auf Grund eines „guten Postens" ihr erstes Ziel, satt zu werden, erreicht hatten und dementsprechend kräftig waren, legten im allgemeinen zunächst auf Erwerb anständiger Kleidung Wert. Hatten sie sich diese beschafft, teilten sie sich in zwei Gruppen. Die einen interessierten sich für Alkohol und galante Abenteuer, die anderen gierten nach Macht. Diesen letzteren gelang es meist schnell, an die verantwortlichen Stellen der Lagerführung zu gelangen, wo dann zwischen den einzelnen ein wüstes Intrigenspiel und ein erbitterter Konkurrenzkampf begann.

Beinahe in allen Lagern, die ich kennenlernte und von denen ich hörte, herrschten im Anfang Vertreter des korrumpierten Machtmenschentypus. Sie entstammten den verschiedensten Klassen und Ständen und übten alle die gleiche Schreckensherrschaft aus. Wer zur Macht kam, pflegte ebenso schnell die Sorgen und Nöte seiner Untergebenen zu vergessen, wie es einst im kleineren Maßstab neugebackene gernegroße Korporäle getan hatten. Die Zahl der wirklich geeigneten Kräfte, die in den Lagern verantwortliche Posten erlangten, blieb auch dann noch verschwindend gering, als man der Selbstverwaltung der Lager immer mehr Raum zur freien Entfaltung ließ. Die durch den Ausbildungskommiß auf die Spitze getriebene Erziehung zum blinden und damit verantwortungslosen Gehorsam und die Züchtung des nach unten tretenden und nach oben katzbuckelnden Vorgesetzten zeigten ihre Früchte in der traurigen Soziologie all jener Kriegsgefangenenlager. Gewisse Nachkriegsstudien belehrten mich darüber, daß zwischen der Art, wie manche Kapos über KZ-Häftlinge und andererseits viele deutsche Lagergewaltige über ihre Mitgefangenen herrschten, höchstens graduelle Unterschiede bestanden haben.

Der Mensch verliert unter dem Druck besonders ungünstiger Lebensverhältnisse seinen Persönlichkeitswert und wird zum Tier unter Tieren. Diese bittere Erfahrung, die mir die Gefangenschaft vermittelt hat, lehrt mich, daß die Entfaltung der Persönlichkeit zum wahren Menschentum, das Ideal des Humanismus, nicht zu verwirklichen ist, wenn eine gewisse materielle Basis dazu fehlt.

*(stud. phil. Friedrich Hassenstein, (20 b) Göttingen, Klinkerfuesstr. 44.)*

# Über Lagerneurosen.

Von

HANS REICHNER.

Am Tage der Kapitulation befanden sich in Dänemark über 200 000 vorwiegend aus Danzig, Ostpreußen, Westpreußen und Pommern stammende deutsche Flüchtlinge, die während des Rückzuges von den deutschen Behörden in das okkupierte Land gebracht worden waren. Ihre Aufnahme in die einzelnen Besatzungszonen erfolgte verhältnismäßig spät und vielfach verzögert, so daß im Frühjahr 1948 noch etwa 45 000 in Dänemark interniert waren, während die letzten Transporte erst im Winter 1948/49 das Land verlassen konnten. Abgesehen von den ersten Monaten, während der noch Schulen, Sporthallen, leerstehende Fabriken usw. als provisorische Unterkünfte dienten, lebten die Flüchtlinge fast ausschließlich in Barackenlagern, die, zumeist von der ehemaligen deutschen Wehrmacht für militärische Zwecke angelegt, mit Stacheldraht von der Außenwelt abgeschlossen und polizeilich bewacht wurden. Dem Sanitätspersonal stand eine gewisse Bewegungsfreiheit im Gastlande, sowie die Möglichkeit zu, fällige Urlaube außerhalb des Einsatzlagers zu verbringen. 1948 wurden seitens der dänischen Flüchtlingsadministration, die übrigens, unter Heranziehung deutscher Fach- und Laienkräfte, bemüht war, besonders in kultureller Hinsicht (Kirchen- und Schulwesen, einschließlich Fortbildungs- und Volkshochschulen, Kino, Theater, Büchereien, Werkstätten, Bastelgruppen, Musik- und Gesangvereine) den Lageraufenthalt erträglicher und in mancher Hinsicht produktiv zu gestalten, Pläne erwogen und einzelne Versuche gemacht, durch Kinderausflüge usw. die strenge Einschließung etwas aufzulockern.

Die hermetische Beschränkung einer ganzen Volksgruppe auf „geschlossene Lager" stellt den sozialpsychologisch und psychohygienisch interessierten Psychiater vor bestimmte Fragen, die unter anderen Verhältnissen nicht studiert werden können. Im übrigen glaubt der Verfasser, der in den Jahren 1945—1948 als Chefarzt der „Nervenklinik für deutsche Flüchtlinge" in Kopenhagen (später Aarhus), sowie als psychiatrisch-neurologischer Fachberater und Lagerarzt zahlreiche Beobachtungen auf dem Gebiete der Lagerpsychologie sammeln konnte, daß die in seiner Arbeit aufgeworfenen Probleme und manche Schlußfolgerungen, die sich bei ihrer Erörterung ergaben, nicht allein für die Beurteilung der ehemaligen Lage unserer Landsleute in Dänemark, sondern in mancher Hinsicht auch für die psychohygienische Arbeit in den Flüchtlingslagern Deutschlands von Interesse sein könnten.

Die vorliegende Studie geht von der Erfahrung aus, daß endogene Geisteskrankheiten durch die Internierung weder hervorgerufen noch „ausgelöst" werden, und daß abnorme Erlebnisreaktionen labiler Psychopathen sich auch innerhalb der Flüchtlingslager als wesentlich konstitutionell bedingt erwiesen. In diesem Zusammenhang wird der gelegentlich zur Kennzeichnung gewisser psychischer Lagerphänomene angewandte Begriff „Lagerpsychose" als unbestimmt und irreführend abgelehnt, zumal eigentliche Haftpsychosen ebenfalls nicht in Erscheinung traten. Die Arbeit will zeigen, daß die Lebensverhältnisse des „geschlossenen Lagers" zwar nicht zur Entstehung von „Psychosen", aber doch zu recht bedeutsamen seelischen Alterationen führen können. Hierbei wird zwischen Entwicklungsschäden (Kinder und Jugendliche) und solchen unterschieden, die man bei ausgereiften Menschen findet.

## I.

Im ersten Abschnitt setzt sich der Verfasser mit der Gefahr auseinander, die dem allen normalen Wirtschaftsbeziehungen entrückten Lagerinsassen aus dem Mangel an geeigneter Arbeit erwächst. Denn nur ein Bruchteil aller früher berufstätigen Männer und Frauen gelangt zu „adäquater Arbeit", d. h. zu einer Tätigkeit, von der sie wirklich erfüllt und ausgefüllt sein können, was zunächst nur für diejenigen Fälle gilt, wo der früher ausgeübte Lebensberuf im Lager beibehalten werden kann, wie beim Arzt, Lehrer, Schlosser, Angehörigen des Bekleidungshandwerks usw. Andererseits sind fast alle landwirtschaftlich geschulten Berufskräfte, aber auch Kaufleute, Verwaltungsbeamte, sowie manche Handwerker und Spezialarbeiter auf zufällige Gelegenheitsarbeiten oder routinemäßige Beschäftigung im Rahmen des allgemeinen Lagerdienstes (= inadäquate Arbeit) beschränkt. Damit ist ihnen der tragende Halt entzogen, den jedes vollberufliche Schaffen dem Einzelnen, sich selbst und der sozialen Gemeinschaft gegenüber, vermittelt.

Darüber hinaus ist Arbeit im selbstgewählten Beruf ein wesentlicher Bestandteil jener „Selbstverwirklichung", in der sich menschliche Existenz zu persönlicher Prägung entfaltet und handelnd bewährt. Umgekehrt führt „Berufsentfremdung" sehr leicht zu einer Erschütterung des Persönlichkeitsbewußtseins („Entpersönlichung"), einem Bruch im Bereich derjenigen Lebensfunktionen, die in zielstrebiger Realisierung wesenseigener Fähigkeiten dazu beitragen, der Persönlichkeit die Gewißheit ihrer selbst zu vermitteln und zu erhalten. Endlich bedeutet Arbeitslosigkeit nicht nur „Leben ohne Ziel", sondern auch „Leben ohne Zukunft". Das Zukunftsbewußtsein stellt für jeden Schaffenden einen unentbehrlichen Motor auf dem Wege zur Selbstverwirklichung dar. Der Brachliegende hat keine Zukunft, er kennt nur Gegenwart. Sie ist für ihn ohne Sinn, der ja allein vom zukünftigen Ziel her bestimmt ist, sie ist nicht mehr ein Vorübergehendes und somit Lebendiges, sondern wird zur stationären oder „stagnierenden Gegenwart" *(V. Frankl)*. In der Lagerdichtung findet die entsprechende Stimmung etwa folgenden Niederschlag: „Wie Tropfen fallen in eine tönerne Schale, so gehn unsre Tage — eintönig — lähmend. — Ach, aus dem Paradiese Vertriebene sind wir, — von den Quellen des Lebens Verstoßene — lebendig Gestorbene . . . Außer uns schwingen die Kreise der Lebenden . . . wird den Händen die zweckvolle Tat" *(C. Willer)*.

Wer die Menschen im Lager beobachtet, dem fällt allenthalben eine gewisse Freudlosigkeit auf, die allen Altersklassen, mit Ausnahme der Kinder im vorschulpflichtigen Alter und mancher Greise in den Altersheimen anhaftet. Dieses unterschiedliche Verhalten ist deshalb nicht zufällig, weil die erstерwähnte Altersgruppe noch nicht die Reifestufe erlangt hat, in welcher „Selbstverwirklichung in zielstrebiger Arbeit" als Lebensinhalt in Betracht kommt. Dem allein vorherrschenden Spieltrieb gibt eine noch so beengte Umwelt genügend Raum und Anlaß zu phantasievoll-belebtem Dasein. Aber schon beim älteren Volksschüler macht sich, vor allem außerhalb von Schule, Märchenspiel und gewissen technischen Betätigungen, welche ein Stück Baumrinde und ein altes Messer anzuregen vermögen, vielfach jener greisenhafte Ernst im Gesichtsausdruck geltend, der dem kundigen Betrachter Sorge und Unbehagen einflößt und der höchstens verschwindet, wenn etwa Schulgarten oder Eisbahn zielhaft geformtes, körperliches und geistiges Sichausleben vermitteln. Die Erwachsenen sind noch häufiger in dieser Weise gekennzeichnet. Versunken, in sich gekehrt, gehen sie ihren Verrichtungen nach und scheinen durchweg vorzeitig gealtert, während hochbetagte Greise nicht selten die friedsame Heiterkeit widerspiegeln, die das Endstadium „jenseits von Ziel und Streben" kennzeichnet.

Am meisten für die Erörterung der eigentlichen Problemlage gewinnt man aber, wenn man sich dem Durchschnittseindruck der Jugendlichen zwischen 14 und 25 Jahren hingibt. In diesem Alter höchster Vitalität, extensiven wie intensiven Betätigungsdranges und stärkster Eindrucksbereitschaft, wird man nicht den fast stereotypen Ausdruck der Erwachsenen finden, er ist vielmehr mannigfach abgewandelt und verschieden, aber darum im Gesamtbild nicht minder charakteristisch und besorgniserregend. Was diesen Jugendlichen vor allem fehlt, ist die heitere Entspanntheit wohlverdienter Feierabende, jene gelockerte Fröhlichkeit und Unbefangenheit, die normalerweise der reiferen Jugend eigentümlich ist, wenn sie dem Zwang der Lehre oder Fortbildungsschule entronnen ist. Statt dessen finden wir allenthalben frühreife, nicht selten verkniffene Gesichter, manchmal auch eine unbewußte Nachahmung der Manieren Erwachsener, die sich oft bis in kleinste stereotype Eigenheiten erstreckt. An Stelle natürlicher Aufgeschlossenheit und lebendigen Interesses zeigt sich neben krampfhaftem Ausgelassensein oder blasierter Selbstüberzeugtheit eine rastlos spürende Neugierde, und überraschend häufig begegnen wir jener ganz unjugendlichen Härte und infantilen Scheinfertigkeit in den Zügen, zu der sich gelegentlich der Ausdruck eines ironisch-überlegenen Wesens mit entsprechender Nonchalance und mangelhafter Zurückhaltung gesellt. Leider begegnet man verwandten Eindrücken auch in manchen Werkstätten und Bastelstuben. Man wird oft das Gefühl nicht los, daß diese jungen Menschen hier allzu spielerisch verfahren. Die Bewegungen sind träge, dem Werkzeuggebrauch und der Zuwendung zum Werkstück fehlen Hingabe und ernsthaftes Verbundensein mit dem Leistungsziel. Faßt man alle diese Eindrücke zusammen, so drängt sich beinahe unmittelbar die Erkenntnis auf: Diese Jugend ist nicht ausgelastet. Besonders die jungen Burschen erscheinen nur selten in biologisch zureichender Weise von ihrer jeweiligen Tätigkeit durchdrungen und erfüllt. Hier entspringt offenbar eine der Wurzeln ihres vielfach unecht und sozial ungeformt wirkenden Wesens.

Die Lagerbewohner jenseits des Jugendalters sind als Bauern, Handwerker, Techniker, Kaufleute, Angehörige des Lehrstandes bzw. mannigfacher akademischer Berufe, zumeist schon Jahre vor der Internierung in ihrem Beruf tätig gewesen. Auch der „ungelernte" Arbeiter hat sich im Laufe der Zeit bestimmte Verrichtungen angeeignet, die er als persönliche Fähigkeit im Wirtschaftsprozeß einzusetzen gewohnt war. Auch hier bedeutet mangelhaftes Ausgelastetsein eine wesentliche Depravation der persönlichen Existenz, geistig-seelische Verkümmerung und Freudlosigkeit.

Man betrachte dagegen den Ausnahmefall eines Bauern, dem im Bereiche eines Großlagers Vieh, Stallungen, Scheune und Ackerland zur verantwortlichen Besorgung übertragen wurden. Er bietet nicht mehr das Bild gedrückter, freudloser Massenmenschen, sein Gang ist gelassen und weit ausschreitend, sein Gesichtsausdruck gelöst und besonnen, sein Wesen heiter und gefestigt. Gerade in der Anfangszeit gab uns die lagerärztliche Erfahrung manches Beispiel ähnlicher „Verwandlungen." Der Lehrer, dem ein Schulraum, der Handwerker, dem eine Werkstatt, der Gärtner, dem Sämereien und ein Gartenplatz zugewiesen wurden, der Musiker, der plötzlich ein Instrument bekam oder einen Chor zu bilden hatte, der Kätner oder ungelernte Arbeiter, der seine alten Erfahrungen im Tabakbau unversehens gewürdigt und praktisch ausgewertet sah — die Beispiele ließen sich beliebig vermehren. Fast in jedem dieser Fälle konnte der Beobachter Zeuge eines ausgesprochenen „Heilungsprozesses" sein. Der biologische Effekt wirkte sich auf die gesamte psycho-physische Person, vor allem die geistig-seelische, aber nicht zuletzt bis in die Region der vegetativen Funktionen, Gefäßdurchblutung, Schlaf und unbewußte Motorik aus, so daß man tatsächlich von einer „Verwandlung" reden konnte. In der ärztlichen Sprechstunde wurden weniger Neurosen beobachtet. Die Zeit war nicht mehr lastendes Vorbeischleichen leerer Stunden, neue Erfahrungen wurden zu fortdauernd wirkendem Besitz und oft auch im Bewußtsein der Tätigen als zukunftweisend erlebt, zielvolle Arbeit nahm der Persönlichkeit das entwürdigende und aushöhlende Gefühl beziehungslosen Vegetierens und gab ihr die Gewißheit ihrer selbst zurück, der heillos Vereinzelte spürte und erwiderte das Erlebnis sozialen Leistungsaustausches.

Stellt man solche Beobachtungen den vorher mitgeteilten gegenüber und vergegenwärtigt sich die Wirkung, welche unter Beibehaltung aller sonstigen Lagerumstände allein dem neugestalteten Verhältnis zwischen Persönlichkeit und Arbeit folgten, so wird man dessen sanierenden Einfluß ebenso für bewiesen halten, wie den destruktiven Effekt zufälligen Beschäftigtwerdens oder völliger Untätigkeit.

Und wo es in mehr oder weniger Fällen gelang, wirklich fruchtbare Dauerlösungen innerhalb des Lagers zu finden, dann war die Wesensänderung, wie alle sachkundigen Beobachter bestätigten, bei den Jugendlichen grundsätzlich umfassender als bei den Erwachsenen. Fast regelmäßig kam die gesamte Persönlichkeit zu ganz neuer, oft unerwarteter Entfaltung: Die Gesichtszüge verloren manche Schärfe, die Motorik schien elastischer, gelöster, freier, rasch nahmen Hingabe an die gewählte Arbeit und erste Zeichen einer werdenden Berufsgesinnung zu, die jungen Menschen wirkten oft wie verjüngt und doch gleichzeitig von einem neuen seelischen Reifungsprozeß angerührt. Beim Jugendlichen sind eben noch alle Berufsanlagen unverbraucht lebendig und mehr oder weniger entwicklungsfähig, während beim Erwachsenen abnehmende Produktivität und Elastizität weitere Selbstverwirklichung begrenzen. Die erwähnte Reaktionsdifferenz findet eine weitere Erklärung darin, daß für die Jugendlichen der berufliche Arbeitseinsatz in jedem Falle Lernmöglichkeiten, Zukunftshoffnung, Zielsicherheit — kurz Lebensordnung bedeutet, auch wenn zufällig die in erster Linie gewünschte Lehrausbildung aus äußeren Gründen zunächst nicht verwirklicht werden kann. Umgekehrt gilt der Satz: Während der Erwachsene durch einen lebenslang erfüllten Beruf in der Regel bereits eine gewisse dauerhafte Charakterprägung erfahren hat, die ihn aufrecht erhält, auch wenn er sich im Augenblick beruflich nur ungenügend oder überhaupt nicht betätigen kann, ist dem inadäquat beschäftigten Jugendlichen nicht nur der Weg zur „Selbstverwirklichung im Berufsziel" verschlossen, sondern er entbehrt vor allem ganz des überragenden persönlichen Haltes, der individuell und sozial stabilisierenden Kräfte, die jeder geordneten Berufsausübung innewohnen. Praktisch bedeutet das: Es ist unter gewissen Umständen weniger wichtig, was der Jugendliche lernt, als daß er überhaupt eine seinen Anlagen ungefähr entsprechende Ausbildung erfährt.

Abschließend kann also festgestellt werden: Adäquater Arbeitseinsatz fördert die psychische Verfassung der Erwachsenen wie der Jugendlichen in durchweg positiver Weise und paralysiert einen erheblichen Teil der aus der Lagersituation sich ergebenden ungünstigen Einflüsse. Damit konnte gleichzeitig der indirekte Beweis für die Gefahr einer unzureichenden Berücksichtigung des Arbeitsfaktors erbracht werden. Ein direkter Beweis ist wegen der Interferenz anderer, mit dem Lagerdasein und früheren persönlichen Erlebnissen verbundener Einwirkungen nicht möglich. Dagegen wird nun, gestützt auf das bisher Gefundene und einige weitere Überlegungen versucht, Angriffspunkt und Wirkungsweise der fraglichen Schädigung näher zu bestimmen und zu einem auch für die weitere Untersuchung brauchbaren diagnostischen Begriff zu gelangen. Verfasser erinnert dabei an gewisse physiognomische Ausdrucksmerkmale, die sich dem Beobachter aufdrängen: Versunkenheit, Verkrampftheit, Introversion, welche in der Regel auf neurotische Ichbezogenheit hinweisen, und bezeichnet alle hierhergehörigen Syndrome als „Lagerneurosen". Die Berechtigung der Begriffswahl ergibt sich einmal aus dem Umstand, daß sich bei aller Vielfalt der Erscheinungsbilder doch gewisse charakteristische Symptome immer wiederfinden, zweitens aber aus der eindeutigen Fixierung solcher Zustände an die Lagerhaft. Lagerneurosen sind endemisch, ihre suggestive Wirkung intensiv und weit ausstrahlend.

„Neurose ist Folge mangelhafter Erlebnisverarbeitung." Diese allgemein gültige Definition *(Speer.)* sagt noch nichts darüber aus, ob die Seelenstörung ihren Ausgangspunkt in der pathologischen Eigenart des Erlebenden oder in äußeren Lebensumständen, die hier allein in Frage stehen, hat, während andererseits fast alle Neuroseforscher darin übereinstimmen, daß auch der Normale unter gewissen äußeren oder inneren Bedingungen „neurosefähig" ist. „Eine Störung der Erlebnisverarbeitung kann eintreten, wenn eine an sich gesunde Persönlichkeit zermürbenden Einflüssen ausgesetzt war." *(Speer.)* Wenn wir unter diesem Gesichtspunkt das Schicksal der Lagerinsassen betrachten, so wird man natürlich nicht von den mannigfachen Konflikten, Anstrengungen, seelischen (Niederlage, Entwurzelung) und körperlichen Leiden und Demütigungen absehen können, welche diese Menschen in privater Hinsicht oder als Volksgruppe in der Heimat und auf der Flucht erfahren haben. Im Gegenteil ist gerade die neurosebildende Kraft solcher Erlebnisse für den Einzelnen sehr hoch zu veranschlagen. Es läßt sich aber auch nicht verkennen, daß zwischen der seelischen Verfassung der in Lagern internierten und solchen Flüchtlingen, welche entsprechenden Einschränkungen nicht unterworfen sind, insofern ein wesentlicher Unterschied besteht, als neurotische Erscheinungen jeder Art außerhalb des Lagers erheblich seltener sind.

Unter den auftretenden Symptomen fand Verfasser vor allem eine Gruppe bei vielen Lagerinsassen beiderlei Geschlechts vertreten: „Krankhafte Grübelsucht . . . Zwangsbefürchtungen oder Zwangsgedanken alle Art, z. B. der oder jene liebe Angehörige könnte plötzlich sterben." *(Brun.)* Weiter zeigten sich: Angst, Eigenbeziehungen, abnorme Gehemmtheit, Selbstunsicherheit, Mißtrauen und Minderwertigkeitsgefühle. Nicht selten mit neurotischen Abläufen verflochten ist eine unter Erwachsenen und Jugendlichen häufig beobachtete emotionale Übererregbarkeit, die sich auch bei durchaus Normalen in ganz inadäquaten und vielfach exzessiven Zornausbrüchen äußert. Manche Menschen erscheinen kleinlich, engherzig, mißgünstig, fanatisch oder ränkevoll, deren ursprünglicher Charakter solche Eigenschaften nicht aufweist.

Vergegenwärtigt man sich im einfühlenden Gedankenexperiment die Lage eines Mannes, dem bei vorhandener Kost und Behausung seine ursprüngliche Berufstätigkeit verschlossen ist: Er wird immer wieder zwangsläufig den Jahrzehnte hindurch für ihn maßgebenden Vorstellungsreihen begegnen. Nur haben sie für ihn die Eigenschaft des durch Erfahrung belebten und entwicklungsfähigen geistigen Eigenbesitzes verloren, sie sind nicht mehr Instrument „beruflicher Selbstverwirklichung", sondern tote Massen, die sich nun vielmehr als Fremdkörper erweisen und so pathogen werden können. An die Stelle resumierender Selbstprüfung und produktiven Planens, dessen biologisch tonisierende und psychisch befreiende, weil objektiv wie subjektiv zukunftsfördernde Wirkung eines der Grundelemente normalen Lebens darstellt, tritt jenes krankhafte Grübeln, das sich hilflos im Kreise bewegt, weil ihm keinerlei extensive Wirkungsmöglichkeit begegnet. So wird der Rückblick auf Streben, Kampf, Niederlage und Erfolg im kaufmännischen Geschäft, Bauhandwerk oder in der Landwirtschaft zu quälendem Leerlauf. Er fühlt sich außerhalb jenes Lebens, das durch „Mühe und Arbeit köstlich", durch soziale Verantwortung geadelt ist, hineingeworfen in persönliche und soziale Nichtigkeit. Solche Beeinträchtigungen des „Selbstwertgefühls" haben bekanntlich eine besonders starke neurosebildende Kraft. Mißmut und Hoffnungslosigkeit werden durch die Tatsache vermehrt, daß Frau und Kinder, denen man früher Ernährer und Leitbild war, in gleicher Abhängigkeit vom Wohlwollen Dritter die persönliche Nichtsnützigkeit teilen und dem deklassierten „Hausvater" alltäglich durch ihre bloße Anwesenheit vor Augen führen. Hierdurch wird Minderwertigkeitserleben ebenso im Verhältnis zu den Nächsten genährt, wie gegenüber der weiteren sozialen Gemeinschaft, der man nichts mehr zu geben vermag.

Erlebnisse solcher Art können infolge ihres biologischen Gewichts nicht in befreiender Weise verarbeitet werden, zumal verstandesmäßige Erwägungen wie die, daß „es ja vielen so geht", nicht in die Bewußtseinsschicht hinabreichen, der das Gefühl verkümmerter Selbstverwirklichung entspringt. Das hieraus entstehende Ressentiment ist aber eine der häufigsten Ursachen pathologischer Ich-Alteration. Das Minderwertigkeitserleben beherrscht das krankhafte Grübeln in verhängnisvoller Weise. Mit reizbarer Überempfindlichkeit verbindet sich oft paradoxe Selbstüberschätzung, die in dauerndem Sichselbstvergleichen mit analog affizierten Leidensgenossen Bestätigung sucht. Dies führt zu überwertiger Beurteilung gänzlich bedeutungsloser Alltagsschwierigkeiten und damit zu Konflikten jeder Art, die ihrerseits im Sinne eines circulus vitiosus die Desolation des Selbstwertgefühls unterhalten. So können sich unter dem Gesichtspunkt des „Arbeitsfaktors" aus „mangelhafter Erlebnisverarbeitung" Neurosen entwickeln, deren ursächlicher Zusammenhang mit den berufsentfremdenden Einflüssen der Lagersituation einleuchtet.

Wer die Verhältnisse in den Großlagern kennt, weiß andererseits, daß der beruflich „Unverwendbare“ nicht in jedem Falle zu Untätigkeit oder „zufälliger Beschäftigung“ verurteilt ist. Es gibt eine ganze Reihe von Beispielen, die zeigen, daß Flüchtlinge sogar Gelegenheit hatten, im Lager ein neues Gewerbe zu erlernen und so eine andere Form beruflicher Selbstverwirklichung zu finden. Mancher entdeckte handwerkliche Fähigkeiten, deren er sich früher nur unvollkommen bewußt war oder sonstige produktive Kräfte, die seinem Lebensgefühl nicht nur einen neuen Inhalt, sondern auch die Gewißheit eines lohnenden Unterhalts für die Zukunft vermittelten. Die psychohygienische Bedeutung des „Arbeitsfaktors“ kann nicht deutlicher erhellt werden als durch die Tatsache, daß nach ärztlicher Erfahrung sowohl im Altberuf Tätige (Sozialfunktionäre, Handwerker, Kindergärtnerinnen usw.) als auch „Neuberufene“ der erwähnten Art nur selten an Lagerneurosen leiden.

Schließlich vermittelt die kulturelle Arbeit in den Großlagern Gelegenheiten und erweckt Kräfte, die in gleichem oder ähnlichem Sinne wirken. Denn die in Schau- und Puppenspielgruppen, Chören, Orchestern, Bastelgruppen oder Kleinkunstbühnen zusammengeschlossenen Kreise sind, abgesehen von dem objektiven Wert ihrer Leistung, zunächst einmal ganz für sich als Werkgemeinschaften von eigenem sozialem und persönlichkeitsbildendem Gepräge zu betrachten. Wir finden deshalb unter den aktiv eingesetzten Musikdilettanten und Laienspielern jeder Art ebenfalls nur wenig Menschen, die den Einfluß von Lagerneurosen in erheblichem Umfang erkennen lassen. Verfasser prägt in diesem Zusammenhang den Begriff „Berufssurrogat“, der zunächst ganz allgemein eine Ersatzfunktion kennzeichnet, die in der Regel nicht zu jener vollen Selbstverwirklichung führen wird, wie sie in erster Linie denjenigen Flüchtlingen vorbehalten scheint, die ihren Lebensberuf weiter entfalten können.

Aber: Der gewählte Lebensberuf realisiert oft überhaupt nicht oder nur teilweise alle potentiellen Anlagen, die im Laufe einer menschlichen Entwicklung in Erscheinung treten können. Hier ergeben sich gerade dann produktive Möglichkeiten, wenn der Lebensberuf aus äußeren Gründen vorübergehend nicht aktualisierbar ist. Das geschieht nicht, wenn der Bauer jahrelang als „Lagerpolizist“ herumsteht, ungleich mehr, wenn Eignung und Darstellungstrieb einen guten Laienspieler formen und durchaus, wenn ein Magistratsbeamter vom bloßen Basteln zu handwerklicher Könnerschaft gelangt und in dem neuen Beruf aufgeht. So ergibt sich eine Art Klimax lagerbedingter „Arbeitsschicksale“: I. Völlige Berufsentfremdung (Bauer — Polizist), II. „Erfüllung“ im Berufssurrogat (Kaufmann — Laienspieler), III. Erfüllung im neuen Beruf (Ratssekretär — Schreiner), IV. Erfüllung im Lebensberuf (Lehrer usw.). Die beiden letzten Gruppen besitzen vermöge ihres Berufseinsatzes eine erhebliche Immunität gegen jede Art psychischer Lagerschäden, einschließlich der Neurosen, aber auch die zweite zeigt alle Merkmale „wirklicher Arbeit“, sofern das Berufssurrogat den Einzelnen „adäquat“, d. h. seinen persönlichen Anlagen entsprechend, mehr oder weniger voll auszulasten vermag. Zieht man andererseits in Betracht, daß zu der ersten Gruppe u. a. jene zahllosen landwirtschaftlich vorgebildeten Frauen und Männer gehören, die nach Herkunft der meisten Flüchtlinge aus vorwiegend bäuerlichen Berufen stammen, so gilt für diese Mehrzahl der Lagerinsassen alles, was über die Gefahr jeder „Berufsentfremdung“ entwickelt werden konnte, in seiner ganzen Härte.

## II.

Eine andere Art psychischer Gefährdung ist durch die Wohnweise der meisten Flüchtlinge bedingt. „Bis zu 50 Menschen leben in einer Baracke, in . . . Reihen übereinander gibt es ‚Schlafstellen‘. Hier sind Frauen, Männer und Kinder jeden Alters zusammengedrängt.“ *(Hammer — Jensen.)* Verschiedene Beurteiler haben die moralische Gefährdung der Jugendlichen hervorgehoben, Pädagogen auf die Nachteile für das Schulkind hingewiesen. Ganz allgemein wird man das soziale Gefüge einer Großbaracke dem normalen Zustand gegenüber als „amorph“ bezeichnen können (Soziale Entgliederung), obwohl seitens einiger Lagerverwaltungen immer wieder versucht worden ist, für einzelne Familien wenigstens teilweise abgegrenzte Wohnboxen herzurichten. Das hat eine für die Lagerinsassen unvermeidliche „Deprivatisierung“ zur Folge, welche, gemessen an den relativ unterschiedlichen Auswirkungen des Arbeitsfaktors, nahezu alle Altersklassen gleichmäßig betrifft.

Kindern und Jugendlichen, die unter solchen Verhältnissen aufwachsen, ist vielfach eine gewisse psychosexuelle Frühreife anzumerken, die erfahrungsgemäß zu inneren Spannungen und Konflikten führt, welche in diesem Alter nicht nur demoralisierend wirken, sondern auf die Dauer auch die Entwicklung von Sexualneurosen und charakterlicher Fehlentwicklung begünstigen. Dabei wird oft zu wenig das Gefahrenmoment für die 3—5jährigen Kinder (ontogenetische Frühstufe des Sexualtriebes — Schau- und Zeigelust) berücksichtigt, das potentiell um so mehr ins Gewicht fällt, als gewisse in jenem Alter aufgenommene Eindrücke vielfach erst nach Jahrzehnten als Ausgangspunkte einer Neurose in Erscheinung treten können.

Die Massenbaracke ist aber vor allem der Entstehungsort zahlreicher Sozialneurosen *(v. Weizsäcker)*, denen besonders die Arbeitsfähigen zwischen 25 und 60 Jahren, oft auch die Insassen von Altersheimen, anheimfallen, während die Elastizität, Anpassungs- und Wandlungsfähigkeit der jugendlichen Psyche eine geringere Anfälligkeit bedingt, obwohl Verfasser auch eine ganze Reihe kindlicher Lagerneurosen beobachten konnte. Das ist schon insofern verständlich, als die Erwachsenen das ganze Erlebnisgewicht eines mehr oder minder langen Daseins mit sich schleppen und zumeist unter dem Verlust von Heimat, Beruf und sozialer Stellung leiden. Dazu kommt jene erhebliche Depravation des Selbstwertgefühls, deren verhängnisvolle soziale Auswirkungen bereits erörtert wurden. Hier liegt einer der hauptsächlichsten Gründe für die mannigfachen Streitigkeiten, Eifersüchteleien und Affektausbrüche. Außerdem weiß z. B. jeder Sportsegler (ähnliches berichten viele Mitglieder von Forschungsexpeditionen), daß selbst eine noch so „harmonisch" zusammengesetzte Crew, infolge des unvermeidlichen nahen Beisammenwohnens und eines zunehmend intimeren Austausches von Gedanken und emotionellen Regungen, nach längerer oder kürzerer Zeit fast gesetzmäßig einer Atmosphäre schwerer Streitigkeiten, Eifersüchteleien, gegenseitiger Anschuldigungen und „Entlarvungen" anheimfällt, wobei es nicht selten zu paranoischen Einstellungen, beinahe regelmäßig aber zu heftigsten, meist völlig inadäquaten Affektentladungen kommt. Die psychologische Analyse eines solchen Falles ergibt — mutatis mutandis — nicht allein erstaunliche Analogien zu manchem „Barackenstreit", sondern zeigt darüber hinaus alle Merkmale sozialer Neurotisierung, wobei Krisen des Selbstwertgefühls und Mechanismen der Überkompensation eine unbestreitbare Rolle spielen.

Die Neurotisierung der „Barackenkinder" ist oft ein Widerspiel der mütterlichen Sozialneurose. Vielfach befindet sich gerade die kinderreiche Mutter in ständigem Konflikt mit „ruhebedürftigen" Lagergenossen, die sich in die Erziehung einmischen, durch unaufhörliche, einander widersprechende Verbote oder Weisungen das Kind ratlos machen und bei der Mutter denunzieren, so daß diese infolge mangelnder Übersicht oft an unrechter Stelle eingreift, was bekanntlich am schwersten verwunden wird und die Kinder außerdem mit der Zeit allen pädagogischen Einflüssen gegenüber „hartmäulig" macht, gelegentlich auch in neurotische Verhaltungsweisen (Enuresis, Eßunlust, Affektinkontinenz, Affektstupor, Kontaktstörungen, Zerstreutheit) abdrängt. Vor allem aber verliert manche Mutter unter dem Einfluß ständiger Zeugenschaft Außenstehender die Neigung (und mit der Zeit das Vermögen) zu jener liebevoll-persönlichen Zuwendung und differenzierteren Einflußnahme, deren kein Kind auf die Dauer ohne Schaden für seine seelische Entwicklung entraten kann. So weisen die Barackenkinder vielfach nicht nur asoziale, sondern ausgesprochen ruppige, ja primitive Züge auf, die, wie uns manche Beobachtung zeigte, in der Mehrzahl nicht anlagemäßig begründet sind.

Im ganzen ergeben sich als unzweifelhafte Folgen einer selbst die intimsten Bereiche umfassenden Deprivatisierung der Einzelpersönlichkeit, vor allem vielfache Reibungen der Menschen untereinander, emotionelle Spannungen verschiedenster Art, soziale Verwahrlosung, Depravation der höheren Gefühle (z. B. Schamgefühle), nervöse Überreizung und jugendliche Entwicklungsschäden. Danach ist, vom Standpunkt der psychischen Hygiene aus, die räumlich unzureichend gegliederte Lagerbaracke ein Nährboden sozialer und individueller Destruktion, psychischer Ermüdungszustände und einer weitgehenden Neurotisierung, deren Ursache in den genannten Zermürbungsfaktoren und der für den einzelnen Menschen bestehenden Schwierigkeit gesucht werden muß, unter solchen Umständen in zureichender Erlebnisverarbeitung mit den auf ihn einwirkenden Sinneseindrücken, Lebenssituationen, Affekten und Konflikten fertig zu werden.

## III.

Ein weiterer Vorgang, den die jahrelange Einschließung mit sich bringt, ist die unvermeidliche „Kollektivierung" der Massen. Auch ihr wird man eine gewisse neurotisierende Wirkung zuschreiben müssen. Sie hat ihre Wurzeln in der bereits besprochenen „Berufsentfremdung" und „Deprivatisierung" der Einzelmenschen infolge sozialer „Entgliederung" der natürlichen Gemeinschaftsbildungen, besonders der Familie. Alle diese Elemente haben ihren bestimmten Anteil an jenem Prozeß der „Vermassung", innerhalb deren sowohl die Einzelpersönlichkeit verkümmert, als auch die Fähigkeit zu wirklich wertvollen Gemeinschaftsleistungen allmählich immer mehr abnimmt.

Betrachten wir unter diesem Gesichtspunkt die konkreten Verhältnisse, wie sie sich in einzelnen Lagern vorfanden, so wird man sich zunächst der Tatsache erinnern, daß die meisten Flüchtlinge eine in manchen Fällen hochgradige psychische Übererregbarkeit aufweisen. Hierzu kommt eine allenthalben nachweisbare geistige „Nivellierung" und Einengung des Gesichtskreises, deren Zusammenhang mit der Lagersituation der letzten Jahre sich teilweise aus dem früher Gesagten ergibt, speziell aber im nächsten Abschnitt erörtert wird. An die Stelle sorgfältiger Meinungsbildung und gefestigter Überzeugungen, die sich gegenüber demagogischen „Lagerparolen" durchzusetzen vermögen, und geradezu das psychologische Merkmal einer „gesunden" Mentalität darstellen, tritt eine zunehmende Indifferenz des Denkens und der Gesinnung, in der die Menschen eine ungewöhnliche Suggestibilität aufweisen und von Gerüchten, Wunschbildern, Sympathien und Antipathien mehr oder weniger kritiklos eingefangen werden. Wie die Massenpsychologie lehrt, wird aber gerade durch das Zusammentreffen emotionaler und intellektueller Anomalien der beschriebenen Art die Entwicklung pathologischer Kollektiverscheinungen ausgelöst und gefördert. So werden Beobachtungen verständlich, die man allenthalben in den Lagern machen kann. Sie werden infolge ihrer spezifisch kollektiven Natur für den selbst nicht im Lager Internierten bei der Begegnung mit Einzelpersonen manchmal nur „atmosphärisch" spürbar, ein Umstand, den die Massenpsychologie durchaus kennt, ohne deshalb solche Beobachtungserlebnisse, die subjektiv außerordentlich eindrucksvoll, zumeist drückend, ja oft unheimlich sind, in ihrem objektiven Wert zu unterschätzen. Tatsächlich bergen die Lager neben Argwohn, Mißtrauen und stumpfer Resignation eine Fülle hartnäckiger Vorurteile und Haßeinstellungen, deren kollektiver Massencharakter nicht nur in der genannten Weise erfühlt, sondern aus der Stereotypie der Erlebnisse und Strebungen, sowie ihrer neurotischen Verarbeitung auch näher bestimmt werden kann (Kollektivneurosen).

Hier wirken neben individuellen Schicksalsmomenten zweifellos lagerbedingte Ursachen mit, bei der nicht zuletzt die Einschließung als solche, das Abgesperrtsein von den natürlichen Umweltsbedingungen eine wesentliche Rolle spielt. Der Flüchtling befindet sich in ständiger Unsicherheit und Ungewißheit über seine wirkliche Lage, die Zukunft, deren er selbst nicht Herr ist, während Bewachung und polizeiliche Restriktionen sein depraviertes Selbstgefühl weiter unterhöhlen. Dumpfe Unterwürfigkeit paart sich mit Widerspruchsgeist und allgemeiner Unzufriedenheit auch dort, wo sie im Einzelfalle objektiv unberechtigt erscheinen mögen. Diese Atmosphäre hat naturgemäß einen besonders ungünstigen Einfluß auf die Persönlichkeitsentwicklung der Kinder und Jugendlichen, deren Einstellung zu Gemeinschaft und Erwachsenenwelt eine schiefe Perspektive gewinnt, vermöge deren auch sie suggestiven Masseneinflüssen zugänglich werden. Als Kollektiverscheinungen sind unter diesem Gesichtswinkel auch die dem Außenstehenden oft so unwirklich und verzerrt imponierenden „Lagergerüchte" verständlich, die vielfach groteske Formen annehmen, lawinenartig anwachsen, sich Monate hindurch halten können und nicht selten die allgemeine Lagerstimmung vergiften. Daß durch solche und ähnliche Vorgänge ein als Massenprozeß ablaufender negativer Gesinnungswandel eintreten kann, und Kollektivgesinnungen dieser Art regelmäßig zu einer fehlerhaften sozialen Einstellung führen, deren charakteristische Folgen nicht immer auf ihren Ursprungsort beschränkt bleiben, zeigen die Ergebnisse der Massenpsychologie.

## IV.

Je länger das Eingeschlossensein dauert, um so mehr wird sich nun ein weiterer Prozeß geltend machen, den Verfasser als geistige „Nivellierung" infolge fortgesetzter „Erlebnisverarmung" kennzeichnen möchte. Er umfaßt praktisch sämtliche Altersklassen in (vom Kindesalter an) absteigender Reihe und betrifft insonderheit das Verhältnis zur Natur. Denn wenn auch, besonders in den ländlich gelegenen Lagern, weder Luft noch Licht, noch landschaftliche Eindrücke fehlen, so lassen die räumlichen Verhältnisse in den meisten Fällen kaum jenes Sichversenken in eine natürliche Umwelt zu, das nun einmal dem Alleingänger oder der gleichgestimmten Gruppe vorbehalten bleibt. Vor allem ist die Beobachtung von Naturelementen (Tier, Pflanze, Wald, Hag) in ihrem ursprünglichen Verbande innerhalb des Lagers praktisch ausgeschlossen. Das wäre bei kurzer Internierung belanglos und ist auch auf längere Zeit hinaus dem Erwachsenen einigermaßen entbehrlich, dessen Erinnerungsbesitz solche Mängel überbrückt. Es gibt aber eine überraschend große Zahl von Kindern, die bisher weder einen lebendigen Fisch, noch Hasen, Rehe oder auch nur die häufigsten Haustiere, geschweige eine blumengeschmückte Waldwiese gesehen haben.

Kein Erwachsener braucht die Kenntnis neuer Landschaften, aber jeder Mensch die rational kaum definierbare Kraftquelle, die der einfache Spaziergang im „Freien" vermittelt. Andererseits wird man dem vitalen Bedürfnis des Kindes nicht mit dem Einwand gerecht, daß der Sinneseindruck einzelner Blumen und Tiere „nachgeholt" werden, wie man dies mit Vokabeln tun kann. Der Mensch reift nicht durch bloße Summierung von Sinneseindrücken, sondern im schauenden Erleben. Wissenslücken sind als solche bedeutungslos, aber andererseits kann das einfachste, wirkliche Naturerlebnis beim Kinde einen „Reifungsschub" auslösen, der in späteren Jahren nicht ohne weiteres einholbar ist. Darum brauchen Kinder in der Regel schon vom zweiten Jahre an viele Natureindrücke, während „Erlebnisverarmung" den natürlichen Entwicklungsprozeß der Gesamtpersönlichkeit hemmt.

Verfasser glaubt hier einen der Gründe dafür sehen zu müssen, daß viele Lagerkinder im Verhältnis zu ihrer Altersstufe auffallend undifferenziert und im ganzen „zurückgeblieben" erscheinen, auch wenn sie gute Anlagen besitzen und ausreichenden Schulunterricht haben. Natürlich gilt das Gesagte auch für gewisse kulturelle Elementarerlebnisse, wie Bauernarbeit oder Verkehrswesen, während in handwerklicher Hinsicht jedes Großlager etliche Eindrücke bietet. Andererseits zeigen gewisse Schulerfahrungen, daß Kinder z. B. nach dem seltenen Ereignis einer Kräutersammlung außerhalb der Lagergrenzen buchstäblich wie umgewandelt waren und einen Erlebnisbesitz mitbrachten, dessen Verarbeitung oft erst nach Monaten abgeschlossen erschien. Die ungewöhnliche Begegnung mit der freien Natur hatte dabei nicht nur zu einer umfassenden Anregung des Verstandes und Vervollkommnung des Wissens geführt, sondern auch Gemütswerte erschlossen, die der persönlichen Entfaltung dauernd zugute kamen.

Umgekehrt läßt sich zeigen, wie sehr beispielsweise die Lehrkräfte unter der Einschließung leiden. Die Eigenart ihres Berufes verlangt von ihnen ein hohes Maß von Spannkraft und zwischenmenschlichem Zuwendungsvermögen, das in der täglichen Auseinandersetzung mit vielen wißbegierigen und äußerst lebhaften Kindern den Einsatz aller persönlichen Kräfte erfordert. Hierbei ist festzustellen, daß wenigstens der beruflich vorgebildete Lehrer in jeder Hinsicht „adäquat" ausgelastet ist, so daß jedenfalls von seiten des Arbeitsfaktors negative Einwirkungen für die Beurteilung ausscheiden. Auch ist er den Einwirkungen der Deprivatisierung wenigstens insofern in geringerem Umfang als der Durchschnittsflüchtling unterworfen, als ihm die Lagerordnung zumeist eine gewisse Abgeschlossenheit des Wohnraumes und damit ein bescheidenes Eigendasein zubilligt. Trotzdem fiel bei manchen Angehörigen dieser Berufsgruppe ein Maß von Abgespanntheit, Freudlosigkeit und nervöser Überreizung auf, wie es bei denselben Menschen unter normalen Verhältnissen sicher nicht der Fall gewesen wäre. Verfasser sieht den Grund vor allem darin, daß sich der Beruf des Lehrers in andauernder zwischenmenschlicher Auseinandersetzung erschöpft. Auch außerhalb der Lagerschule begegnet er immer wieder Leuten, die sich seiner Zuwendung versichern. Eltern fragen wegen ihrer Kinder um Rat, Wißbegierige stellen die verschiedensten Fragen. Demgegenüber bedeutet der „Spaziergang in freier Natur" für den Lehrer die einzige Möglichkeit, dem Arrosionsbereich diskursiver, didaktischer und pädagogischer Tätigkeit zu entfliehen und außerhalb aller menschlichen Beanspruchung in einsamem Naturgenuß Entspannung zu finden. Da er aber den Einschränkungen der Lagerhaft unterworfen ist, muß er gerade diese ihm am meisten gemäße Art der Erholung entbehren. So kommt es zu neurotischen Erscheinungen, deren vorwiegende Ursache hier ganz eindeutig in der Lagerinternierung als solcher gesucht werden muß.

Wenn dieses Beispiel die spezifische Schädlichkeit der Lagerhaft in ihrem Einfluß auf Entspannung und Erholung einer gewissen Berufsgruppe zeigt, die in täglichem Einsatz anderen Lagerinsassen Förderung und Auftrieb geben soll, so gilt dies natürlich auch für ähnlich beanspruchte Bewohner, wie Funktionäre der Lagerleitung, Fürsorger oder Lehrmeister. Vor allem aber erhellt daraus die Bedeutung unverminderten Erlebnisgewinns. Denn: Wer anderen Menschen Kenntnisse, Ratschläge, Trost und neue Lebensziele vermitteln oder Kinder und Jugendliche erziehen soll, der muß auch als Erwachsener den Kreis seiner Erlebnisse ständig erweitern und bereichern. Umgekehrt bedarf es keiner besonderen Erläuterung, daß auch alle sonstigen Schaffenden unter der Erlebnisverarmung im abgeschlossenen Lager in Gefahr sind, einer zunehmenden geistigen „Nivellierung" anheimzufallen, welche ihrerseits der Entstehung von Lagerneurosen Vorschub leistet[1].

## V.

Auch die Sphäre des Wollens bleibt von der Lagerhaft nicht unberührt. Das ist deshalb von besonderer Bedeutung, weil es nicht zuletzt vom Vermögen zu unvermindertem Einsatz zielstrebiger Willensakte abhängt, ob am Ende der Internierung dem nunmehr erneut den Anforderungen des freien Erwerbsleben ausgesetzten Lagerbewohner genügend Entschlußkraft geblieben ist, um unter den besonders erschwerten Verhältnissen der Nachkriegszeit im übervölkerten Restdeutschland, überhaupt den Aufbau einer neuen Existenz wagen zu können.

[1] Die Abschn. I—IV tragen den Charakter eines Autorreferats, weil die hier niedergelegten Beobachtungen und Gedankengänge größtenteils bereits im Frühjahr 1948 den deutschen Flüchtlingsärzten und leitenden Funktionären der kulturellen Lagerbetreuung, sowie (in einem u. a. durch praktische Vorschläge erweiterten Umfang) den zuständigen Stellen der staatlichen Flüchtlingsadministration in Dänemark vorgelegen haben, während der nachfolgende Abschn. V zwar ebenfalls dort entworfen und teilweise ausgeführt, aber erst in der Heimat überarbeitet und abgeschlossen, und der Schlußabschnitt neuerdings hinzugefügt wurde.

„Willenserlebnisse sind psychische Vorgänge, in denen der Mensch in klar bewußtem Erleben und mit voller innerer Zustimmung seine psychischen Kräfte zur Erreichung eines bestimmten Zieles zum Einsatz bringt." (*Rohracher*). Mag das Ziel jeweils mehr gefühlsmäßig oder vorwiegend von der Triebsphäre her bestimmt sein, mag es in erster Linie einer verstandesmäßigen Erwägung entspringen — in jedem Falle ist kaum ein Willensakt ohne finale Beziehung auf ein zu erreichendes Ziel denkbar, dessen Verwirklichung er dient. Wo es aber an greifbaren Zielen als „Willensreiz" ebenso fehlt, wie an Widerständen, deren Überwindung jedes Zielstreben zu einer Quelle weiterer Willensimpulse macht, wird notwendigerweise eine zunehmende „Entübung" der Wollensfähigkeit überhaupt eintreten.

Die Lagerhaft enthebt den Menschen, der früher, vielfach als Familienernährer, täglich eine Fülle von Willensakten vollziehen mußte, um seinen verschiedenen Obliegenheiten (beruflicher, haushälterischer, persönlicher Art) gerecht zu werden, der hauptsächlichsten Wirtschaftsnöte, die früher sein Dasein beherrschten. Jedes Werkzeug, alle Materialien, für deren Beschaffung und kalkulatorische Berücksichtigung er früher Sorge zu tragen hatte, werden ihm administrativ zugewiesen, und er kann daher auch für die Erstellung eines Werkstückes nur insoweit verantwortlich gemacht werden, als er überhaupt in deren Gebrauch gelangt. Die beruflichen Anforderungen sind im Vergleich zu denen des freien Erwerbslebens minimal, die handwerkliche Inanspruchnahme, sowohl der wirklichen Fachkräfte, als auch der ungelernten Arbeiter, zumeist in quantitativer, wie in qualitativer Hinsicht derart gering, daß nur ganz wenige Berufsträger voll beansprucht sind. Der bei weitem größte Teil der erwachsenen Flüchtlinge lebt dagegen schon deshalb ohne zielhafte Verpflichtung dahin, weil der Fiskus des Gastlandes alle vitalen Bedürfnisse deckt, denen sich im normalen Leben der Selbsterhaltungstrieb zuwenden muß, um in einer unablässigen Folge zielstrebiger Willensakte auch nur den Bestand der materiellen Existenz des Einzelnen oder der Familie zu sichern.

Wer sich in den Lagern umhört und mit Handwerksmeistern, die daheim als namhafte und erfolgreiche Fachleute bekannt waren, in den engen Holzverschlägen, die jetzt zumeist ihre Werkstatt darstellen, spricht, empfindet die müde Resignation, die hoffnungslose Trübseligkeit mit, denen solche Männer anheimfallen müssen. Es fehlt an Material und genügendem Werkzeug, um fachgerechte Arbeit leisten zu können, der Arbeitstag erschöpft sich zumeist in kümmerlicher Flickarbeit und entbehrt der lebendigen Forderung des freien Erwerbslebens. Wenn die Meister aber vollends Generationen von Lehrlingen und Gesellen ausgebildet haben, dann spiegelt ihre verzweifelte Stimmung zugleich das Elend des handwerklichen Nachwuchses wider, dem sie infolge der genannten, unvermeidlichen Mängel zumeist nicht mehr als primitive Elementarkenntnisse in Arbeit und Werkzeuggebrauch vermitteln können.

So wachsen in den Lagern junge Menschen auf, die während ihrer aufnahmefähigsten Jahre weder die notwendigen technischen Fertigkeiten höherer Art, noch jenen Antrieb zu gewissenhafter und verantwortungsbewußter Leistung kennenlernen, welche im normalen Handwerksleben die Weitergabe technischer Handgriffe zu echter Berufserziehung erhebt und die Fähigkeit zu zielstrebiger Werkverwirklichung vermittelt.

Jugendliche, die unter solchen Umständen eines Tages die Grenze ihres Landes überschreiten, um sich als Handwerker plötzlich einem Konkurrenzkampf ausgesetzt zu sehen, von dessen Härte ihre Väter selbst in den schwersten Jahren nach dem ersten Weltkrieg keinen Begriff hatten, werden nicht immer das Maß an zielstrebigem Wollen mitbringen können, welches die Lage erfordert. Denn: So wenig das Willensleben der Erwachsenen im Lager trainiert bleibt, so wenig gelangen die Jungen überhaupt zu einer grundlegenden Übung der Funktionskette: Zielsetzung — Verwirklichungsstreben — Willensimpuls. Die Folge ist in beiden Fällen eine mangelhafte Entwicklung, beziehungsweise eine Verkümmerung von Initiative und Entschlußkraft.

Es bedarf keiner eigenen Erörterung, daß Entschlußlosigkeit, Antriebschwäche und Resignation neurosefördernd wirken. Wir wissen heute aus zahlreichen Erfahrungsberichten, wie sehr eine gewisse „Heimkehrermentalität" (Unentschlossenheit — Passivität — Attentismus) besonders auf den früher Zivilinternierten lastet. Sie teilen mit den ehemals kriegsgefangenen Soldaten das Erlebnis, aus der dumpfen Atmosphäre jahrelanger Stagnation persönlicher und sozialer Entfaltungskräfte unvermittelt einer ganz neuen Welt härtester Anforderungen überantwortet zu sein. Während aber wenigstens der Soldat, dessen Familienwohnsitz diesseits der Oder-Neiße-Linie liegt, in seine ursprüngliche Heimat zurückkehren kann, sehen sich die bisher im Ausland internierten Männer, Frauen und Jugendlichen zwar in volkszugehöriges Staatsgebiet, aber stets in eine völlig neue Umwelt versetzt, wo sie oft Jahre hindurch auf ihre Eingliederung als Neubürger warten müssen. Angesichts einer so schweren Notlage kommt es nicht selten vor, daß jahrelang in geschlossenen Lagern festgehaltene Flüchtlinge, ähnlich wie die heimgekehrten Kriegsgefangenen, nicht allein die erforderliche Elastizität und Anpassungsfähigkeit, sondern vor allem die Fähigkeit vermissen lassen, sich neuen Zielen mit beharrlichem Wollen zuzuwenden. Sie können sich nicht ohne weiteres damit abfinden, daß niemand mehr für ein Dach überm Kopf und tägliche Verpflegung sorgt, daß sie selbst einen Weg finden müssen, um unter oft namenlosen Schwierigkeiten beides für sich und ihre Familie zu erwerben.

Jeder Vertriebene fragt unter solchen Umständen mit Recht, ob nicht der seßhafte Mitbürger das Risiko des nunmehr verlorenen Krieges unter den gleichen Bedingungen wie er selbst eingegangen und somit verpflichtet sei, die Folgen mit ihm zu teilen. Das ist ebenso logisch wie unneurotisch gedacht. Dem Gedanken wird normalerweise die Zielsetzung folgen, in irgendeiner Flüchtlingsorganisation mit den Schicksalsgefährten gemeinsam für diesen Rechtsanspruch einzutreten und gleichzeitig als Privatmann, gestützt auf Berufskenntnisse und Arbeitskraft, im freien Erwerbsleben eine neue Existenz zu begründen.

Wenn aber die Wollensfähigkeit ungenügend entwickelt oder erheblich abgebaut ist, so könnte der Betroffene seinem (unbewußten) Bedürfnis zur sekundären Rationalisierung einer vielleicht nur dunkel erlebten Willensinsuffizienz etwa folgendermaßen Ausdruck geben: Da ich aus dem gleichen Risiko aller Staatsbürger das Recht auf materielle Kompensation ableiten kann, ist „zunächst" der Staat für meine Versorgung zuständig. Damit würde sich aber der solchermaßen aus „mangelhafter Erlebnisverarbeitung" (I) zum Neurotiker Gewordene im Grunde nur die Legalität seiner Insuffizienz beweisen. Ja, diese könnte ihm in unbewußter Verschiebung des ursprünglichen Gesichtswinkels zum eigentlichen Garanten seines Rechtsanspruchs und damit zur (imaginären) Basis aller materiellen Existenz werden. Mit halbem Wissen um die innere Brüchigkeit seiner Position würde er damit in den Circulus vitiosus jeder derartigen Neurose geraten, bei welchem die sekundäre Rationalisierung eines primären Versagens (fehlschlüssig) über die zugrunde liegende Willensinsuffizienz hinwegtäuscht, während sich letztere in immer verhängnisvollerer Weise durchsetzt und den Neurotiker um so mehr versagen läßt, je weniger ihre trügerisch verhüllte Funktion in sein Bewußtsein tritt.

Derartige Neurosen können ebenso wie andere, von denen in früheren Abschnitten die Rede war, den besonderen Lebensbedingungen im geschlossenen Lager entspringen, unterscheiden sich aber von letzteren dadurch, daß sie erst nach dessen Verlassen voll in Erscheinung zu treten und für das persönliche und soziale Schicksal des Betroffenen verhängnisvoll zu werden pflegen.

## VI.

Die Internierung einer ganzen Volksgruppe von Männern, Frauen und Kindern, die während des letzten Kriegsjahres ungefähr denselben Schicksalsschlägen, Anstrengungen und Entbehrungen ausgesetzt waren, unter gleichen Lebensbedingungen, bot eine besonders günstige Gelegenheit, die schon nach dem ersten Weltkrieg aufgetauchte Frage klären zu helfen, inwieweit seelische und körperliche Überbeanspruchung (Luftbombardement und Artilleriefeuer auf Ortschaften daheim, Nachtmärsche in Eis und Schnee, Hunger, Durst und Beschuß während der Flucht usw.) das Auftreten endogener Psychosen zu begünstigen vermag. Obwohl eine systematische Untersuchung aus äußeren Gründen nicht möglich war, zeigte eine vier Jahre hindurch fortgesetzte Beobachtung doch mit einer an Sicherheit grenzenden Wahrscheinlichkeit, daß weder auf der Flucht, noch, als etwaige Spätwirkung, während der Lagerzeit, endogene Psychosen auftraten, deren Entstehung reaktiv bedingt gewesen wäre. Eine Zählung der zu Beginn des Jahres 1946 in klinischer Behandlung stehenden endogenen Psychosen ergab ebenso wie alle späteren, daß die absolute Krankenzahl nicht größer war, als es der für Friedensverhältnisse gültigen Erwartungsziffer entsprach. Ebensowenig konnten wir, obwohl diesem Moment während der Anamneseerhebung besondere Aufmerksamkeit zugewendet wurde, weder im Bereich schizophrener Prozesse oder der Cyclopathien, noch bei genuinen Epileptikern reaktiv durch Lagerverhältnisse begründete Schübe, Phasen oder Erstanfälle beobachten. Dieses Ergebnis bestätigt die inzwischen von *Bonhoeffer* nunmehr auch für den zweiten Weltkrieg gemachte Feststellung, daß selbst innerhalb einer durch allgemeine Kriegsverhältnisse und Bombenterror schwer getroffenen Zivilbevölkerung keine Häufung endogen psychotischer Krankheitsfälle zu erwarten sei.

Reaktive Psychosen im engeren Sinne (Dämmerzustandsbilder, schwere hysterische Erregungszustände, Pseudodemenz, Sinnesausschaltungen, psychogene Lähmungen und Anfälle von ausgesprochen hysterischem Gepräge) kamen nur bei einzelnen Fällen vom schwerer Psychopathie zur Beobachtung.

Die oben (I-II) näher analysierten Affektausbrüche sind natürlich auch „abnorme Erlebnisreaktionen", galten aber unter den Internierten nicht ohne weiteres als krankhaft. Ihre spezifische Lagerbedingtheit kam in der allgemeinen Bezeichnung „Lagerkoller" zum Ausdruck. Sie wurden als ab und zu unvermeidliche Entladungen anerkannt und von der jeweiligen Wohngemeinschaft fast ausnahmslos toleriert.

Hier erhebt sich die Frage, worauf das verhältnismäßig seltene Vorkommen demonstrativer Krankheitserscheinungen innerhalb einer so ausgesprochen leidgeprüften Menschengruppe zurückzuführen ist. Dabei muß zwischen Psychopathen mit ständiger Reaktionsbereitschaft zu massiven Symptombildungen und den „normalen" Psycholabilen, von denen erfahrungsgemäß manche, vor allem angesichts plötzlicher Überbeanspruchung, auch unter gewöhnlichen Verhältnissen gelegentlich die Neigung zu mehr oder weniger bescheidenen Krankheitsdemonstrationen und leicht demonstrativer „Pflegebedürftigkeit" erkennen lassen, scharf unterschieden werden. Was die Psychopathen anlangt, so erkannten sie bei durchschnittlichem Verstande rasch, daß die Lagergemeinschaft aus gleich zu erörternden Gründen nicht geneigt sei, ihre diesbezüglichen Demonstrationen für bare Münze zu nehmen. Sie sahen sich deshalb im Lager selbst zur Verdrängung etwaiger Krankheitswünsche veranlaßt, wanderten entweder in die Klinik ab oder nährten, besonders häufig auf pseudologistischer Basis, anderweit Geltungsbedürfnis und Erlebnisdrang.

In jedem Falle läßt sich in Analogie eines weiteren, auf die Verhältnisse des zivilen Bombenterrors bezüglichen Gedankengangs von *Bonhoeffer* sagen, daß weder auf dem Treck, noch während der Internierung „Wünsche, sich in die Krankheit zu flüchten", einen „Sinn" haben. Was die Lagersituation anlangt, so bedeutet sie nach den Schrecknissen der Flucht aus unmittelbarem Kriegsgebiet zunächst einmal Ruhepunkt und gesicherte Unterkunft. Zweitens aber kann sie auf die Dauer nur verkraftet werden, wenn sich der Einzelne in ständiger Rücksichtnahme, Anpassung und berechtigtem Egoismus unter den drückenden sozialen und persönlichen Verhältnissen durchzusetzen vermag. Wer durch egozentrische Reaktionen das Gefüge von Ruhe, Ordnung und gemessenem Tageslauf zu durchbrechen droht, wird unter Leidensgenossen, die von einem ebenso harten Schicksal betroffen sind, rasch durchschaut und kann dann, auch unter an sich gutmütigen, hilfsbereiten Menschen, nicht auf allzuviel Verständnis rechnen. Damit ist, besonders innerhalb einer durchweg lebenstüchtigen, disziplinierten, fleißigen und geduldigen, meist nüchtern und praktisch eingestellten Bevölkerungsgruppe von überwiegend ländlicher Herkunft, mit herzhaftkühlem, oft derbem Humor, auch manch aufkeimender Tendenz zu leichten Graden hysteriformer „Pflegebedürftigkeit" im vorhinein der Boden entzogen.

Nach alledem ist es verständlich, daß die von uns als eigentliche „Lagerneurosen" gekennzeichneten Erlebnisreaktionen ebenfalls nur wenig demonstrative Züge erkennen ließen. Insofern entsprechen die den „Intimformen" von *Baeyers*, der das gegenwärtig seltene Vorkommen neurotischer „Darbietungsformen" mit den Verhältnissen nach dem ersten Weltkrieg vergleicht, wo sie bekanntlich (Schüttellähmungen usw.) sehr häufig beobachtet wurden. Er vertritt die Ansicht, daß die symptombildenden, psychischen Konflikte während der letzten 20 Jahre mehr und mehr zu einer Conversion in die biologisch tiefer liegenden Bereiche des neurovegetativen Regulationsgefüges neigen. „Die Intimformen sind ausdrucksärmer, stehen echtem Kranksein näher, sind sowohl im Körperlichen wie im Seelischen Störungen von Funktionen, die der willkürlichen Beeinflussung und absichtlichen Hervorkehrung entzogen sind. Das gilt besonders für die echten „Organneurosen" mit ihren oft sehr tiefgehenden, vegetativen und vasomotorischen Dysfunktionen."

Die neurotische Ableitung psychischer Mißerlebnisse auf die neurovegetative Sphäre konnten wir vielfach feststellen, aber auch zeigen, wie umgekehrt eine durch angemessene Berücksichtigung des Arbeitsfaktors erreichbare, teilweise Entneurotisierung sich auf die gesamte psycho-physische Person, ... nicht zuletzt bis in die Region der vegetativen Funktionen, Gefäßdurchblutung, Schlaf und unbewußte Motorik" (I) hinein auswirkten. In diesen Zusammenhang gehören zweifellos auch gewisse Angiospasmen („Absterben"), denen wir in der Sprechstunde auffallend häufig begegneten, sowie die amenorrhoischen Störungen, deren Erscheinungsweisen innerhalb der Flüchtlingslager Dänemarks sehr eingehend von *Tietze* studiert und beschrieben worden sind. Ob angesichts der erwiesenen Wirksamkeit psychischer Zustände auf Gefäß- und Drüsenfunktionen die Skepsis *Bonhoeffers*, der das vasomotorisch bedingte „Absterben der Glieder" und die Amenorrhoe auch unter den gegenwärtigen Kriegsfolgeerscheinungen in Deutschland fand, im Hinblick auf einen (immerhin als möglich anerkannten) Zusammenhang zwischen psychischer Erregung und Arteriosklerose berechtigt ist, wagen wir ebensowenig zu entscheiden, wie die engere Frage, ob das auffallend frühzeitige Gealtertsein und das häufig beobachtete Vorkommen sklerotischer Gefäßveränderungen in unserem Beobachtungsbereich nicht ebenfalls als Folge aktualneurotischer oder psychoneurotischer Projektion auf vasomotorische und endokrine Erfolgsorgane interpretiert werden kann, halten aber einen entsprechenden Causalnexus durchaus für gegeben.

Bei den Aktualneurosen (*Freud*) handelt es sich bekanntlich um diejenige Form neurotischer Ableitung, „bei der die Psyche lediglich die Auslösung eines physiologischen Reflexvorgangs bewirkt“ (*Brun*), ohne daß die Symptombildung einer weiteren psychologischen Analyse zugänglich ist. Hiervon muß die „Psychogenese im engeren Sinne der Komplexbedingtheit“ unterschieden werden, „wobei psychische Vorgänge unbewußter Art nicht allein die Symptome auslösen, sondern auch an der Wahl und Gestaltung der Symptome bis ins einzelne entscheidend mitbeteiligt sind“ (*Brun*), um schließlich das Bild der Psychoneurose (*Freud*) zu konstituieren.

Wir sind besonders bei der Analyse von Neurosen des Selbstwerterlebens (I) und als (mögliche) Folge erworbener Willensinsuffizienz (V.) psychoneurotischen Vorgängen begegnet, deren Wurzeln ins Unbewußte reichen und ausgesprochene Komplexwirkungen (Ressentiment usw.) erkennen lassen.

Wenn wir indessen die Vielfalt der neurotischen Einzelsymptome betrachten, die uns in den Lagern begegneten (Versunkenheit, Verkrampftheit, Introversion, Grübelsucht, Zwangsgedanken, Zwangsbefürchtungen, Angst, Eigenbeziehungen, Gehemmtheit, Selbstunsicherheit, Mißtrauen, Minderwertigkeitserleben, emotionale Übererregbarkeit, Affektstupor, Enuresis, neurovegetative vasomotorische Störungen usw.) und ihren verschiedenen Ursachen nachgehen, so stoßen wir fast immer auf eine Mischung aktual- und psychoneurotischer Komponenten. Damit gelangen wir zu folgender Definition unseres Ausgangsbegriffs:

Unter Lagerneurosen versteht man Syndrome, welche vorwiegend oder teilweise unter dem Einfluß einer mehr oder weniger totalen Lagerinternierung, teils primär aktualgenetisch als unmittelbare Folgen seelischer Dauererregungen, teils sekundär psychogenetisch auf der Basis mangelhafter Erlebnisverarbeitung, durch Komplexbildung entstehen und in beiden Fällen sowohl psychischer als auch neurovegetativ-körperlicher Art sein können.

Bevor wir abschließend bestimmte Schlüsse, welche sich aus unseren Beobachtungen für die Beurteilung der Lagerverhältnisse im eigenen Lande ergeben, zu ziehen versuchen, möge eine synoptische Gegenüberstellung der von uns als hauptsächlichste Ausgangspunkte psychischer Beeinträchtigung und Neurotisierung angeführten Schadensmomente und ihrer jeweils nächsten Folgen nochmals deren besonderes Gewicht veranschaulichen:

| | | |
|---|---|---|
| I. | Berufsentfremdung | — Entpersönlichung |
| II. | Deprivatisierung | — Soziale Entgliederung |
| III. | Kollektivierung | — Vermassung |
| IV. | Erlebnisverarmung | — Nivellierung |
| V. | Willensentübung | — Antriebsverarmung |

Eine genauere Durchsicht dieser Reihen spiegelt den inneren Zusammenhang der verschiedenen Momente insofern wider, als die paarweise Gegenüberstellung einzelner Begriffe auch ihr weiteres kausales Abhängigkeitsverhältnis untereinander zeigt: Berufsentfremdung führt zwar zunächst eine gewisse „Entpersönlichung“ herbei, aber ebenso zu Antriebsverarmung, wie beispielsweise Deprivatisierung Vermassung und Erlebnisverarmung Kollektivierung begünstigt, oder Willensentübung geistige Nivellierung zur Folge haben kann[1].

Wenn wir in Betracht ziehen, daß gegenwärtig in Deutschland noch Tausende von Flüchtlingen in Massenlagern untergebracht sind und diese zwar jederzeit verlassen bzw. von dort aus einem Beruf nachgehen können, auf der anderen Seite aber vielfach arbeitslos oder inadäquat beschäftigt sind, die, sofern es sich um Bauern handelt, noch immer keinen eigenen Boden besitzen, die in Wohnräumen hausen, welche weder ein geordnetes Familienleben, noch persönliche Entfaltung ermöglichen, die nach wie vor kein wirkliches Lebensziel entwickeln können, während ihre heranwachsende Jugend unter den gleichen Einschränkungen verkümmert und überhaupt nicht zum Start kommt, so ergeben sich aus den hier dargestellten lagerpsychologischen Erfahrungen folgende praktische Vorschläge:

I. Alle Lager sind aufzuheben und die Bewohner dort unterzubringen, wo sie adäquate Berufsarbeit leisten und die Jugendlichen gegebenenfalls eine Lehrstelle finden können. Wenn der allgemeine Wohnungsmangel dies vorerst noch nicht ermöglichen sollte, müssen entweder die Lager in arbeitsvermittelnde Industriegegenden verlegt, oder in ihrer bisherigen Umgebung neue Erwerbsquellen (Fabriken, Werkstätten usw.) entwickelt werden. Bauernfamilien bedürfen der Siedelungsmöglichkeit auf eigenem Grund und Boden.

II. Massenbaracken sind abzubrechen und dafür sorgfältig gegliederte Wohnstätten zu errichten, innerhalb deren jede Familie ihr eigenes Bereich hat, einschließlich Küche und Gartenland.

---

[1] Die hier entwickelten Gedankengänge finden eine gewisse Bestätigung durch einen Erfahrungsbericht aus der schweizerischen Flüchtlingsbetreuung, der soeben von *Maria Pfister* vorgelegt wird und in dem es u. a. heißt: „Es wurde . . . klar, daß neben den Schockerlebnissen der Flucht besonders Arbeitslosigkeit und Isolierung am neuen Aufenthaltsort zu tiefen Schäden führen. . . . Wenn entwurzelte Menschen für längere Zeit in Lagern zusammengefaßt werden müssen, dann sollten sie von der Umgebung möglichst nicht abgeschlossen werden. Sie brauchen keine ‚Führung‘ oder reine Fürsorge, sondern die Möglichkeit zu eigener Lebensgestaltung.“ (Hinsichtlich früherer Erfahrungen in der Schweiz s. a. *H. Wilde*.)

III. Die Gliederung der Wohnverhältnisse muß so erfolgen, daß an Stelle des Massenlagers die Wohnsiedelung tritt, in der alle privaten und öffentlichen Erfordernisse gleichermaßen Berücksichtigung finden (Familienwohnung — Kindergarten — Schule, einschl. Fortbildungs- und Gewerbeschule, — Kirchliche Gebäude — Gesundheitsberatung — Krankenrevier — Kaufläden — Theater — Büchereien — Verwaltungsgebäude), wie in einer lebendig gewachsenen Ortschaft, deren Gemeinde sich selbst verwaltet.

*Literatur:*

*Wilde, Harry*: Sozialpsychologische Erfahrungen aus dem Lagerleben. Zürich 1946.
*v. Weizsäcker, Victor*: Soziale Krankheit und soziale Gesundung. 1930.
*Frankl:, V.*: Ein Psycholog erlebt das KZ, Wien 1946.
*Speer, Ernst*: Vom Wesen der Neurose, Leipzig, 1938.
*Brun, Rudolf*: Allgemeine Neurosenlehre. Basel, 1946.
*Hammer-Jensen*: „Ret og Frihed", 12. 12. 46. Kopenhagen.
*Rohracher, H.*: Einführung in die Psychologie, Wien 1948.
*von Baeyer Walter:* Zur Statistik und Form der abnormen Erlebnisreaktionen in der Gegenwart. „Der Nervenarzt", 19. Jg., H. 9., 1948.
*Pfister, Maria*: Psychotherapie in der Flüchtlingsbetreuung. „Psyche", 3. Jg., H. 8, 1949.
*Tietze, K.*: Zur Prognose und Therapie der Amenorrhoe, „Med. Klinik", 44. Jg., Nr. 12, 1949. — Zur Genese und Prognose der Notstandsamenorrhoe. Zentralblatt f. Gynäkologie, 70. Jg., H. 4, 1948.
*Bonhoeffer, Karl*: Vergleichende psychopathologische Erfahrungen aus den beiden Weltkriegen. „Der Nervenarzt", 18. Jg., H. 1, 1947.

(*Dr. med. Dr. phil. Hans Reichner, (17a) Heidelberg, Schröderstraße 37.*)

---

## Psychologische Beobachtungen in einem Kriegsgefangenenlager.

*Ein Beitrag zum Thema „Stacheldrahtpsychose".*

Von

WULF WUNNENBERG.

### I.

Das Dasein des Gefangenen hat von je die menschliche Einbildungskraft in Kunst und Literatur in besonderer Weise gefesselt, und die wissenschaftliche Psychologie hat das typische Sichverhalten des Gefangenen sorgfältig studiert. Ganser beschrieb das nach ihm benannte Syndrom, und der „Zuchthausknall" wurde zum populären Begriff abnormer seelischer Gefängnisreaktion. Diese Beobachtungen hatten durchweg Strafgefangene zum Gegenstand, bis der erste Weltkrieg die Aufmerksamkeit auch auf die Kriegsgefangenen lenkte; die Literatur über sog. „Stacheldrahtpsychosen" ist allerdings nicht sehr eingehend und umfangreich.

Der Strafgefangene in „normalen" Zeiten ist im allgemeinen kriminell oder allenfalls politisch, wenn man von anderen Sonderformen — wie z. B. den sexuellen Delikten — absehen will. So handelt es sich bei der Haftreaktion im wesentlichen um die Antwort bestimmbarer charakterlicher Typen auf die bestimmbare Situation des Freiheitsentzuges, wie er im Strafvollzug üblich ist. Der Rechtsbrecher verliert durch das Bewußtsein, daß seine Strafe nach Art und Dauer von Rechts wegen genau begrenzt ist, nie das Gefühl der Sicherheit und die Möglichkeit, klar in die Zukunft zu sehen. Er weiß ferner, daß er auf Grund seines Rechtsbruches eine Sühne abzuleisten hat.

Alle diese Fakten treffen für den Kriegsgefangenen nicht zu. — Ein Soldat, der im allgemeinen weder kriminell, noch geistig abnorm ist, gerät im Zuge seines Einsatzes in die Gewalt des Gegners. Er ist zunächst einmal dessen Affekten, seiner Willkür und den Gewahrsamsmöglichkeiten, die Ort und Situation zulassen, preisgegeben. Er wird nicht einzeln inhaftiert, sondern in Massen. Er ist nicht ein Bestrafter, sondern ein Unterlegener. Die Genfer Konvention kann ihm nur ein ungefähres, von Fall zu Fall sehr verschiedenes, Sicherheitsgefühl verleihen; auch haben sich ja bis auf den heutigen Tag nicht alle Kriegführenden an sie gebunden. Und das Schwerwiegendste: der Soldat weiß nie: wielange er Gefangener bleiben wird.

Inzwischen hat die Masseninternierung, d. h. der Freiheitsentzug, weniger aus gesetzlichen als aus politischen und weltanschaulichen Gründen, bei uns und anderwärts, ein noch vor zwei Jahrzehnten für unmöglich gehaltenes Ausmaß erreicht. Die psychologische Situation eines Konzentrationslagerinsassen ist in manchem Teilstück von der eines Kriegsgefangenen verschieden. Kogon, Vermehren, Weisenborn u. a. haben versucht, dies darzustellen.

Die Situation des Kriegsgefangenen des jüngstvergangenen zweiten Weltkrieges hinwiederum ist sehr von der Gewahrsamsmacht, dem Kriegsschauplatz und der Zeit der Gefangennahme (vor oder nach der Kapitulation) abhängig; eine „Psychopathologie des Stacheldrahtes" müßte Material aus allen diesen verschiedenen Situationen verarbeiten. Hier soll zu diesem Problem durch einen

Beitrag Stellung genommen werden, der sich mit nur einer dieser speziellen Situationen befaßt: 15 Monate russischer Kriegsgefangenschaft von April 1945 bis Juli 1946. Die Darstellung beschränkt sich auf persönliche Beobachtungen während des Marsch-, Transport- und Lagerlebens. Unser Weg führte uns von der Peripherie Berlins bis in russisches Staatsgebiet hinein.

Ein Vergleich dieser Erfahrungen z. B. mit denjenigen i. d. Beecks (Manfred in der Beeck: Zur Psychologie des Kriegsgefangenen. — Nervenarzt Nr. 3/4; 1948) in amerikanischen Lagern zeigt, wie unterschiedlich „Stacheldraht"situationen sein können, und warnt vor vorschnellen Verallgemeinerungen. — Dies muß auch von jedem bedacht werden, der einem aus Kriegsgefangenschaft Heimkehrenden ärztlich oder menschlich zur Seite stehen will und gibt dem von Malten (Med. Klinik 24/41-Dez. 1946) behandelten Heimkehrerproblem seine besondere Färbung.

## II.

Die spezielle Kriegsgefangenensituation unseres Themas kann in dem Rahmen der hier gebotenen sachlichen Deskription nur skizzenhaft angedeutet, nicht aber erschöpfend dargestellt werden. Die Fülle der Ereignisse in ihrer verwirrenden Buntheit würde eine sehr ausgedehnte Aufzählung von Details erfordern, und die Wucht der affektiven Erlebnisse könnte nur eine schriftstellerische Gestaltung nachfühlbar machen, denn zum Verständnis des hier zu schildernden Kriegsgefangenen-Typus gehört nicht nur das Kennenlernen seiner äußeren und inneren Daseinsbedingungen, sondern auch ein einfühlendes Nacherleben derselben.

Eine unübersehbare Menge heterogenster Gestalten wurde in den ersten Auffangstellen der Roten Armee während der Eroberung Berlins konzentriert: Soldaten und Zivilisten, Halbwüchsige und Alte, Deutsche und Ausländer, Gesunde und Kranke, Parteigenossen und befreite Antifaschisten, Elitetruppen, die bis zuletzt erbittert gekämpft hatten, und kriegsmüde Lanzer, die „den Kram mehr als satt" hatten. Viele waren noch vor kurzem im Sinne le Bons (Gustave le Bon: Die Psychologie der Massen — Kröner Verlag) Glieder militärisch oder politisch dirigierter Massen gewesen; manch einer hatte sich — obwohl innerlich längst empört über die sinnlose Fortsetzung des Krieges — resigniert in den Strudel der Katastrophe hineinziehen lassen; einige hatten in individueller Selbständigkeit versucht, sich mit Zähigkeit und List nach Westen durchzuschlagen. Schon hier zeigte sich, daß Impuls- und Willensstärke für Fluchtversuche wichtiger waren als kühler Verstand. Nur-Intellektuelle wurden häufig durch allzuviele Erwägungen und Bedenken daran gehindert, im rechten Augenblick eine günstige Gelegenheit zu ergreifen.

Bald wurde dieses bunte Menschengemisch zu einer neuen „Masse": der Einzelne wurde „Woina Pleni" (russ. für Kgf.) und damit genötigt, Zug um Zug Abstriche von seinen individuellen Bedürfnissen vorzunehmen, um sich in der neuen, ihm aufgezwungenen Daseinsform zu behaupten. Die in diesem Initialstadium zunächst auftauchende Massenstimmung dürfte der Latenzzeit der „Schrecksekunde" entsprechen: ein Schock hatte die Persönlichkeit erschüttert, ohne daß es zu einem Abreagieren vorerst kommen konnte. Auch Wurstigkeit und Galgenhumor des Landsers waren vielfach nur Fassade vor dem Chaos, aus dem allmählich die Umwertung und dann die *Nichtachtung aller Werte* Gestalt gewann. — Quantitativ hat diese Schreck„sekunde" allerdings Wochen und bei manchen Monate angehalten. Zunächst blieben Verstimmung, Niedergeschlagenheit und Reizbarkeit die einzigen Symptome der aus den Fugen geratenen seelischen Verfassung. Was wirklich geschehen war, das mochte sich noch niemand eingestehen.

Die Selbstbehauptung in diesen endlosen, ostwärts ziehenden und viele Tausende umfassenden Trecks gestattete weder solche Gedanken noch psychogene Reaktionen . . . etwa eine „Flucht in die Krankheit", die nur Trennung von den Kameraden und neue Ungewißheit, nicht aber geborgenes Lazarettdasein bedeutet hätte. Nur einige von denen, die am Zusammenbrechen waren, hatten das Glück, streckenweise auf einem Panjewagen aufsitzen zu können. Der „Kampf ums Dasein", d. h. um das wenige und unregelmäßige Essen, um etwas Trinkwasser oder Tabak, um den nächtlichen Schlafplatz und um die paar Habseligkeiten, die es vor den Zugriffen von Mitgefangenen oder Wachsoldaten zu schützen galt, absorbierte alle Kräfte und verengte das seelische Blickfeld auf das Nächstliegende. Vergangenheit und Zukunft lagen in unendlicher Ferne und die nicht ich-bezügliche Umwelt wurde registriert, aber trotz ihrer Grauenhaftigkeit kaum noch erlebt. Das Furchtbare, zum übermächtigen Reiz geworden, erregte nicht mehr, sondern lähmte. — Ziel aller Wünsche war nur noch das in Aussicht gestellte Stammlager, dessen Annehmlichkeiten sich die müde dahin trottenden Landser in immer neuen Variationen ausmalten.

## III.

Dieses erste große, primitive Auffanglager ließ mehr Zeit unerfüllt, als auch der Rührigste zum Kampf ums Dasein verwenden konnte. In dieses Vakuum entluden sich die lange gestauten Affekte des Kapitulationsschocks: die „Latenzzeit" mußte einer bewußten Auseinandersetzung mit der neuen Situation weichen. Das Verschen am Schwarzen Brett: „Erst hinter Gittern wird es Meier klar — daß er schon immer gegen Hitler war" kennzeichnet diese ersten Versuche, Bilanz zu ziehen ... in endlosen Grübeleien, hitzigen Wortgefechten, mystischen Hypothesen und intellektuellen Analysen. Das Denken vieler Männer kreiste, ohne an eine praktische Wirklichkeit herankommen zu können, im luftleeren Raum. Das Wirrwarr dieser Gedanken und Gefühle, Hoffnungen und Befürchtungen in Beispielen zu schildern, ist im Rahmen dieses Berichtes unmöglich.

IV.

Wir wollen daher einige Monate überspringen und den „seßhaft" gewordenen Kriegsgefangenen des Stammlagers betrachten, der außer der in ungewisser Ferne liegenden Entlassung keine Hoffnung auf wesentliche Änderung seiner Daseinsbedingungen mehr hat. Hatten die Zustände bisher — zumindest für die Mehrheit der an baldige Heimsendung glaubenden Optimisten — einen interimistischen Charakter gehabt, so war das improvisierte Dasein nunmehr auf unabsehbare Zeit zum Dauerzustand geworden und verlangte aus Gründen der Selbstbehauptung von jedem Manne eine optimale Einpassung in die neue Lebensform.

Die *äußere* Situation dieses neuen Daseins ist zunächst durch das übliche Bild von Stacheldraht, Wachtürmen und Holzbaracken gegeben. Letztere sind undicht und winters sehr kalt, da meist nicht genug Holz zum Heizen aus den umliegenden Wäldern herbeigeschafft wird. Selbst in den Krankenbaracken sind Temperaturen dicht über dem Nullpunkt keine Seltenheit. — Das Barackeninnere wird fast vollständig von durchlaufenden Holzpritschen eingenommen, die — in drei Etagen übereinander — den Regalen eines Krämerladens gleichen und durch schmale Gänge in Blocks geteilt werden. An den Wänden stehen einige wenige Bänke, Hocker und Tischchen für die Barackenältesten und sonstige Bevorzugte. Der Durchschnittsgefangene liegt, hockt, ißt, schläft und stirbt u. U. auf diesen Pritschen, und wenn er seinen Mantel zum Zudecken nimmt, so liegt er auf dem nackten Holz, da nur wenige noch eine Decke besitzen. Lüftung erfolgt durch die Baudefekte und die ständig auf- und zugehende Tür; es gibt wohl Glasfenster in den Wänden, aber sie lassen sich nicht öffnen. Die Latrinen sind offene Zementwannen an der Barackenrückseite. Manche sind in der Nacht hineingefallen. — Ferner ist der „Club" zu vermerken, unter dem man sich aber kein Lese- oder Unterhaltungszimmer vorstellen darf. Die Clubbaracke unterscheidet sich von den anderen durch Fehlen der Pritschen, ist also leer, sofern nicht zu einer Veranstaltung Bänke hineingeschoben werden. Die Wände sind dicht behängt mit Bildern und Leitsätzen marxistischer und russischer Politiker. Eine Kantine mit den dort üblicherweise käuflichen Dingen gibt es derzeit in den uns bekannten Lagern nicht. Schon aus diesem Grunde ist eine „Freizeitgestaltung", wie i. d. Beeck sie beschreibt, mit exzessivem Alkohol- und Nikotingenuß und Kartenspiel, bei uns unmöglich: Alkoholgenuß und Spielkartenbesitz sind streng verboten, Tabak ist in geringen Mengen meist nur auf Schleichwegen zu beschaffen. — Da der Kriegsgefangene keine zweite Wäschegarnitur besitzen darf, trägt er monatelang die gleiche Unterkleidung. Körper- und Zeugwäsche ist unmöglich, da es für etwa 1000 Mann einen Wasserhahn gibt, der stundenweise am Tag geöffnet wird und während der Frostzeit meistens überhaupt außer Betrieb ist. Erst nach vielen Monaten haben sich diese Verhältnisse etwas gebessert. Ein Heimkehrer, der vor einigen Monaten aus unserm Stammlager zurückkehrte, berichtet, daß dort jetzt auskömmliche Lebensbedingungen — insbesondere ernährungsmäßig — herrschen. — Außerdem ist zu bedenken, daß die eben geschilderten Verhältnisse für einen Russen weit weniger das Gepräge äußerster Dürftigkeit tragen, wie für den diesbezüglich anspruchsvollen West-Europäer.

Die *innere* seelische Situation der Männer ist entsprechend trübe. — Ihnen sind zugleich mit den Papieren auch sämtliche Bücher abgenommen worden. Die Antifaschistische Lagergruppe hat dann mühevoll eine kleine Bibliothek zusammengetragen, aber damit ist für die langen Winterabende wenig gewonnen, da es fast nie elektrisches Licht, sondern für je 300 Mann nur ein qualmendes, selbstgebasteltes Petroleumlämpchen gibt. Durch unterhaltende und belehrende Barackenvorträge, einen kleinen Chor und ein paar Musikanten wird versucht, Eintönigkeit und Stumpfsinn gelegentlich zu unterbrechen.

Kaum die Hälfte der Männer ist arbeitsfähig und hat somit am Tage Gelegenheit, das Lager zu verlassen und evtl. von der stets hilfsbereiten baltenländischen Bevölkerung, welche selber an den meisten Dingen Not leidet, zusätzlich Essen zu bekommen. Für die andern wird das tägliche Einerlei nur durch das dreimalige, meist einstündige Anstehen zum Essenempfang und evtl. durch einen ebensolangen Zählappell unterbrochen. — Das Lagerlazarett ist genau so eingerichtet wie die übrigen Baracken. Es befreit den Gefangenen von dem täglichen Anstehen und den Übergriffen der deutschen Funktionäre, stellt ihm einige einfache Medikamente zur Verfügung und gibt ihm ein etwas besseres Essen. Trotzdem ist das Lazarett nicht übermäßig beliebt, da es vielen als die letzte Station vor dem Massengrab gilt.

Man kann dem Außenstehenden nur schwer ein Bild davon geben, in welchem Ausmaß viele Männer bereits zu Beginn dieses Lagerdaseins seelisch und körperlich zermürbt waren. Verantwortliche und unverantwortliche deutsche und russische Dienstgrade, sowie die Wunschträume der Männer selbst, hatten dem Kriegsgefangenen, dem Woina Pleni, monatelang immer wieder die Fata morgana der Entlassung bis in greifbare Nähe vorgespiegelt und dies nach jeder Enttäuschung mit nachfolgender Depression von neuem fertig gebracht. — Das Essen war fast immer unzureichend gewesen und sollte sich auch im Stammlager nicht bessern. Manches war für unsere Mägen kaum noch genießbar. Essen ist daher ständig „Thema I", während Frauen — im Gegensatz zu den Gefang. bei i. d. Beeck — in der Wunschwelt unserer Plenis kaum eine Rolle spielen. In Eroticis ist man desinteressiert, deswegen sind auch keine stacheldrahtbedingten sexuellen Entgleisungen zu beobachten. — Die Uniformen sind abgetragen oder gegen noch schlechtere aus Magazinbeständen zwangsvertauscht. Die persönliche Habe ist nach den ständigen russischen Durchsuchungsmaßnahmen („Filzungen" genannt) auf ein Häufchen wertlosen Plunders zusammengeschmolzen. Nicht einmal Briefe oder Familienphotos sind den Meisten geblieben. Jegliche Verbindung mit der Heimat ist abgeschnitten: kein Brief, keine Zeitung, keine Rundfunknachricht von zu Hause erreicht die Männer in diesen Monaten, so daß sie ständig der Sorge um ihre Angehörigen, die sie unter Umständen in der schlimmsten Zeit — als die Heimat Frontgebiet geworden war — zuletzt gesehen hatten, preisgegeben sind. Man fühlt sich auf verlorenem Posten, von der Heimat vergessen und abgeschrieben. Man gilt nicht nur als Dienstgrad und Vertreter eines Standes nichts mehr, sondern auch als Mensch. Die Nichtachtung aller Werte erweist sich als brauchbarstes Mittel zur Selbstbehauptung, und manch einer wird im Kampfe um sein nacktes Dasein, ohne es recht eigentlich zu wissen oder gar zu wollen, „des anderen Wolf". Unter den zusammengedrängten Menschen entwickelt sich eine Lagerpolitik mit Lüge, Intrige, Ehrgeiz und gesinnungsloser Geschäftstüchtigkeit, die bei ihrem Mangel an idealen oder sittlichen Zielsetzungen jene vergiftete und gnadenlose Atmosphäre schafft, die so gar nichts mit der „verschworenen Gemeinschaft" zu tun hat, die der Außenstehende bei derartigen Schicksalsgenossen so gern vermutet. Es tut kaum noch jemand etwas für einen anderen, ohne diesen offen oder sich selbst im Geheimen zu fragen, was wohl dafür an Gegenleistung zu erwarten sei. Denn jede Gabe wäre ein Opfer, nicht ein Abgeben. Die Kameradschaft hat sich bei den meisten verflüchtigt, sofern sie nicht in einzelnen Interessengemeinschaften ein Scheinleben führt. Die Not des Daseins treibt die Lagergefangenen eher auseinander als zusammen. Echte Lagerfreundschaften sind selten. So wird der Lagerinsasse einsam, ohne jedoch für sich allein sein zu können. Differenzierte Menschen können jeglichen geistigen Aufschwung in diesem Zwangskollektiv verlieren, aus dem schließlich bei Offizier und Mann eine fast schwachsinnige Art der Zeitausfüllung resultieren kann. Der Pleni hat zu viel Zeit, welcher der rhythmische Wechsel von Anspannung und Entspannung fehlt. Dies unakzentuierte Dahinleben — eine Uhr hat überdies fast niemand mehr — schafft die Initiativelosigkeit, Veränderungsangst und Unselbständigkeit des „Zauberbergs", und der Heimkehrer sieht sich diesbezüglich vor den gleichen Schwierigkeiten wie ein aus langem Sanatoriumsaufenthalt Entlassener, obwohl unser Lagerdasein ja sonst das genaue Gegenteil zu einem solchen darstellt.

Es gibt Männer, die täglich schwere Kämpfe gegen sich selbst und andere zu bestehen haben, um sich ihre Haltung als unbestechliche Kameraden zu bewahren; manche unterliegen auf die Dauer, einige werden zu moralischen Stützpunkten, deren Persönlichkeit man nicht vergißt. Sie nehmen schwerste Nachteile auf sich. So bezahlte ein Pfarrer seine selbstlose Hilfsbereitschaft mit zunehmender Unterernährung, die seinen Tod zur Folge hatte.

## V.

Wir hoffen, durch die eben geschilderten Lagereigentümlichkeiten das äußere und innere Milieu, vor welchem sich die darzustellenden psychischen Reaktionen abspielen, soweit lebendig gemacht zu haben, wie es zum Verständnis derselben nötig ist. — Wir wenden uns nunmehr ihrer Beschreibung zu.

Die schon nach dem ersten Weltkrieg konstatierte Tatsache, daß ungewöhnliche Situationen nicht zu einem vermehrten Auftreten echter Geisteskrankheiten führen, erwies sich auch unter unseren Lagerverhältnissen als gültig. Wir bekamen in 15 Monaten nur zwei wirkliche Psychosen zu Gesicht, beides Schizophrenien bei jungen Gefangenen mit Erregungszuständen, Verfolgungswahn und Halluzinationen. Pflege- oder Behandlungsmöglichkeit gab es nicht. Der eine Patient war eines Tages verschwunden und wahrscheinlich einem sinnlosen Fluchtversuch neben dem Wachtturm zum Opfer gefallen.

Bei den sogenannten „Lagerpsychosen" handelte es sich also um abnorme Erlebnisreaktionen nicht geisteskranker Männer. Sofern diese Reaktionen bei charakterologisch abartigen Persönlichkeiten auftraten, waren bestimmte Typen naturgemäß durch die Stacheldraht-Situation besonders gefährdet; so z. B. die Depressiven aller Spielarten, die sensitiven Selbstunsicheren, die Explosiblen, Willenlosen und Asthenischen (= seelisch Schwächlichen). Läßt schon das übliche Soldatendasein durch Einengung des persönlichen Spielraums und mangelnde Ausweichmöglichkeiten solche Psychopathien oft manifest werden, so erst recht die Kriegsgefangenschaft, in welcher der Einzelne außerdem vom geachteten Uniformträger zur willkürausgelieferten Nummer herabsinkt.

Andere Psychopathentypen hingegen konnten im Lager besonders gut reüssieren, so vor allem die verschiedenen Spielarten der hyperthymen Gruppe. Der Hyperthyme (ein Typ, der u. a. durch folgende Eigenschaften gekennzeichnet ist: heiter, leichtnehmend, unermüdlich-gesellig, betriebsam, sowie etw. unkritisch und unzuverlässig) war besonders geeignet, die zahlreichen Schwierigkeiten des Lagerlebens mit Elan anzugehen oder sich wendig durch sie hindurchzuschlängeln, besonders wenn er gleichzeitig über eine „moralische Hypästhesie" (= Unempfindlichkeit gegen moralische Bedenken) nach Art der Gemütlosen verfügte. Viele höhere deutsche Lagerfunktionäre waren gemütsarme Hyperthyme, die als willige Werkzeuge besonders geschätzt wurden, sich im Genuß der endlich errungenen Macht sonnten und bedenkenlos auf Kosten der anderen bereicherten. So ließen sie z. B. unter dem Vorwand der befohlenen Registrierung und Verwahrung die Wertsachen der Verstorbenen in ihren Taschen verschwinden. Durch Mittelsmänner wußten sie von jedem Kranken, ob er etwa noch einen Trauring oder größere Geldbeträge besaß, und wehe, wenn nach seinem Tode nichts bei der Lagerführung abgegeben wurde. Oft schlichen diese Hyänen schon um die Sterbenden herum, um gleich zur Stelle zu sein. Diese Typen waren es auch meist, die einen Kriegsgefangenen schlugen, während unsere russischen Wachmannschaften dies selten taten und dann fast immer im Affekt als Ersatz für mangelnde sprachliche Verständigung, nicht aber als länger dauernde und bewußte Mißhandlung. — Gelegentlich gab es unter den rücksichtslosen, kalten Intriganten und charakterlosen Karrieremachern auch Leute von hoher Intelligenz, die aus Berufen kamen, welche sich besonders schlecht mit einer solchen Haltung vertragen. So ein Mensch brachte es fertig, einen kranken Pastoren, der abends mit einigen anderen Patienten gemeinsam betete, mit Strafe zu bedrohen, weil er es gewagt habe, eine „kulturelle Gemeinschaftsveranstaltung" abzuhalten, ohne die antifaschistische Lagergruppe um Rat zu fragen!

Auch für Pseudologen (= anlagemäßige Lügner) war der Boden günstig, sei es, daß es sich um bloße hyperthyme Aufschneidereien handelte, sei es, daß abnorm Geltungssüchtige sich eine Scheinexistenz erdichteten. Die Tatsache, daß den meisten Männern bei der Gefangennahme sämtliche Ausweispapiere abgenommen waren, ließ merkwürdige Blüten aus dem Lagerboden hervorschießen. Am harmlosesten waren noch die zahlreichen falschen Offiziere, Ritterkreuzträger und KZler. Viel Staub wirbelte ein zufällig entlarvter angemaßter Generalmusikdirektor auf, und der ja auch sonst nicht unbekannte falsche Arzt spielte bei uns zweimal eine Rolle. Bei dem einen Pseudokollegen handelte es sich um einen Schlosser, der unter Düpierung russischer und deutscher Mediziner zum Chef aller Lagerärzte avancierte, wo er nicht zu praktizieren brauchte, sondern nur Unterschriften und organisatorische Anordnungen zu geben hatte. Der zweite offenkundig unechte Doktor fiel uns neben seinen völlig laienhaften Operationsberichten u. a. durch eine von ihm behandelte Brustdrüsenentzündung (Gynäkomastie) auf: die Brust des Patienten sah wie von Säbelhieben zerhackt aus. Um so erstaunter waren wir, als dieser Doktor eines Tages plötzlich verschwunden war und auf dem Schwarzen Brett des Lagers in einem Nachruf als vorbildlicher Arzt und Lebensretter gepriesen wurde. — So war auch im Lager forsches Auftreten oft wichtiger als wirkliches Können.

Kombinierte sich die Hyperthymie mit Haltlosigkeit, Aufgeregtheit und Streitsucht, so kam es meist zu unangenehmen Konflikten für diese Typen. Querulanten konnten sich nicht entfalten, da es keine Stelle gab, die Beschwerden oder Eingaben ernstlich geprüft oder gar bearbeitet hätte. Der diesbezügliche Affekt entlud sich meist in Schimpfen oder Nörgeln, denn es konnte für einen Gefangenen unangenehme Folgen haben, einen deutschen oder russischen Vorgesetzten zu verstimmen. — In dem weitestgehend durch unwahrhafte Kompromisse bestimmten Lagerleben erlitt der Fanatiker bald Schiffbruch; es sei denn, er lenkte seine Energie in die erwünschten politischen Bahnen. — Schließlich seien noch die landläufig als „hysterisch" bezeichneten Reaktionen erwähnt, die i. d. Beeck u. a. bei ihren Lagerinsassen so reichlich beobachtet haben. Sie traten bei uns so gut wie gar nicht auf, aus Gründen, die in der Einleitung schon angedeutet wurden; derartige Reaktionen wurden nicht nur nicht beachtet, sondern brachten den Betreffenden im Daseinskampf bald unter die Räder.

VI.

Aber nicht nur psychopathische Persönlichkeiten boten „Stacheldraht“-Reaktionen. Es zeigte sich in unserem Lager, daß unter außergewöhnlichen Umständen und unter übermächtigem Druck fast *jeder* Mensch zu Reaktionen fähig ist, die so ungewöhnlich sein können, daß man sie nie bei ihm vermutet hätte. Es wird sich zeigen, daß diese Ausweich-, Abwehr- und Entladungsreaktionen sich z. T. der gleichen psychopathischen Ausdrucksformen bedienten, die uns von den konstitutionell Abnormen her bekannt sind, z. T. aber auch sich in besonderen Formen präsentieren, die aus der speziellen Situation heraus verstanden werden müssen.

Wer nachts allein im Walde singt, tut dies bekanntlich oft aus Angst. Aus demselben Grunde klammerten sich viele Männer in der ersten Zeit der Gefangenschaft förmlich an jede freundliche Geste der russischen Wachmannschaften, um daraus eine Sympathiebezeigung abzuleiten. Während die kühle Beobachtung etwa vergleichsweise feststellen konnte, daß der Russe in unberechenbarer Weise kindlich gutmütig oder fanatisch ablehnend, phlegmatisch oder explosiv, großzügig kameradschaftlich oder kleinlich und stur, warmherzig vertrauensselig oder unerhört mißtrauisch sein konnte, stellte hingegen der psychisch affizierte Kriegsgefangene jeweils *eine* dieser Eigenschaften kritiklos in den Vordergrund, um sich oder anderen seinen Optimismus oder Pessimismus daran zu beweisen. Hatte das strahlend weiße Gemälde einige dunkle Stellen bekommen, so wandelte sich bei den zahlreichen Labilgewordenen die Stimmung schlagartig, und mit wahrer Wollust wurde alles schwarz in schwarz ausgemalt. — Diese Stimmungslabilität war überhaupt für jeden, der bei halbwegs bewahrter persönlicher Ruhe seinen Kameraden zusprechen wollte, das schwierigste Problem. Wies doch die Stimmungslage bei den meisten nicht die normalen Oszillationen um den persönlichen Mittelwert herum auf, sondern extreme Pendelschwünge auf den kleinsten Anstoß hin. Sah man sich heute schon in den Kreis der Familie heimgekehrt, so entsetzte man sich morgen über das todsicher zu erwartende Ende „irgendwo hinter dem Ural“. Hatte man sich heute über die „Hungerrationen“ ereifert, so konnte morgen das Essen als „zur Zeit eigentlich ganz gut“ bezeichnet werden, sofern nur der Inhalt des Kochgeschirres etwas reichlicher und weniger wasserhaltig gewesen war. Hatte man heute die Zeit der Gefangenschaft als eine „innere Sammlung“ gerühmt und von ungeahnter Energieentfaltung nach der Heimkehr geträumt, so trauerte man morgen flügellahm über all die „verlorenen Jahre“ und war sich gewiß, daß man es überhaupt zu nichts Gescheitem mehr bringen werde.

Kurzum: die gesamte Selbst- und Umweltsbeurteilung dieser Stimmungslabilen war völlig aus dem Gleichgewicht geraten, das zwischen Wunsch und Möglichkeit bestehen muß. Es wurde nicht mehr das Mögliche erkannt, sondern das Gewünschte oder Gefürchtete real gesetzt. Wie schon oben erwähnt, führte dies allmählich zu einer schweren seelischen Zermürbung. Diese Sorte Gefangener wurde, wie jeder der von le Bon geschilderten „Massenmenschen“, zum Spielball äußerer Einflüsse. — Hinzu kommt für viele Männer dieser und anderer Reaktionsgruppen der Verlust haltunggebender innerer Wertnormen. Diese Gefangenen hatten gleichsam den Boden unter den Füßen verloren; ihre persönliche, nationale oder soldatische Weltanschauung war zusammengebrochen, und kein Ersatz bot sich an. Die Sicherheit westlicher Zivilisation, das Ausgefülltsein durch einen Beruf, das Geborgensein in der Liebe und Sorge der Angehörigen, hatten sich in Erinnerungen und vagen Hoffnungen verflüchtigt. — Und was noch schlimmer war: auch die von der deutschen Katastrophe nicht berührten geistigen Haltepunkte verloren nach und nach ihre stützende Kraft: der Religiöse zweifelte an der Macht seines Glaubens, der Intellektuelle schob seine geistige Substanz als für dieses Dasein durchaus unnützlich resigniert beiseite. Zunehmend verschüttet wurden die geistigen Bereiche weniger durch die trostlose Umwelt als vielmehr proportional dem jeweiligen Absinken der Nahrungszufuhr unter das Existenzminimum. Reichlich die Hälfte unserer derzeitigen Lagerinsassen war einer chronisch progredienten Unterernährung über viele Monate ausgesetzt, wobei dann meistens eine interkurrente banale Erkrankung oder eine Lagerseuche das Ende herbeiführte.

Wir haben uns hier nicht über die Gründe dieser Zustände zu äußern, sondern wollen nur anmerken, daß eine wirksame und sofortige Abhilfe auch bei gutem Willen aller Beteiligten gelegentlich nicht möglich war. — Als zweite große Gruppe nach den Stimmungslabilen wollen wir die durch den Hunger verursachten abnormen Reaktionen untersuchen. Dabei ist mit „abnorm“ in vielen Fällen nicht eine inadäquate Reizbeantwortung gemeint, sondern eine Verhaltensweise, die bei durchschnittlichen Lebensbedingungen nicht beobachtet wird. Es wird sich sogar zeigen, daß unter Umständen eine solche „abnorme Reaktion“ eine gar nicht so unzweckmäßige Anpassung darstellen kann.

Die erste Reaktion auf den Hunger war bei jedem normalen Mann die, ihm auf irgendeine Weise abzuhelfen. Man konnte sich eine Funktion verschaffen und damit entsprechend dem russischen Staffelsystem eine höhere Ration; man konnte sich als

Schrittmacher einer Arbeitsbrigade zur Verfügung stellen; man konnte schließlich schieben, tauschen oder als Außenarbeiter bei der Bevölkerung betteln. Diese letzteren Praktiken konnten pathologisches Ausmaß annehmen. Entweder war die Angst vor dem Hunger schlimmer als der Hunger selbst, und man versuchte, mit neurotischer Geschäftigkeit zu hamstern, oder das Tauschen war zum Sport und Zeitvertreib geworden (Bleistift gegen Brot, Taschentuch gegen ein Kochgeschirr voll Essen usw.). Bei einigen hatte sich ein ausgesprochener Zwangsmechanismus entwickelt, der Gedanken, Gefühle und Willensregungen ausschließlich ums Essen kreisen ließ; einerlei ob gerade ein akuter Mangel bestand oder nicht. Solche Männer lungerten triebhaft um die Küchenbaracke herum, durchwühlten die Abfalltonnen und verschlangen Heringsköpfe nebst ausgekochten Kohlstrünken, obwohl sie wußten, daß sie kein Magenfüllungsgefühl damit erreichten, sondern sich der Lebensgefahr unstillbarer Brechdurchfälle aussetzten. — Besser war es schon, wenn es an Stelle solcher Zwangshandlungen zu bloßen Zwangs*gedanken* kam, die sich unter Umständen in einem kulinarischen Somnambulismus sublimierten, der als Kompensationsmechanismus ganz brauchbar sein konnte. Die Betroffenen, vor allem unter älteren Gefangenen höherer Dienstgrade zu finden, lagen stundenlang nebeneinander auf der Pritsche, nahmen Gedankenmenüs zu sich und stritten sich über Zubereitungsraffinessen. Ein Stabsintendant, der 57 Wurstrezepte zusammengestellt hatte, erregte die Bewunderung und das Abschreibebedürfnis seiner Gesinnungsgenossen.

Daß akuter Hunger den Menschen mit animalischer Gier sich auf das Essen stürzen und um es streiten läßt, ist bekannt. Diese Szenen gehören für jeden, der sie ansehen mußte, zu den niederdrückendsten der Gefangenschaft, da die menschliche Würde dabei bis zum animalischen Triebkern abgebaut wird. Folgenschwerer jedoch — wenn auch weniger in die Augen springend — ist die allmähliche Niveausenkung einer Persönlichkeit bei chron. Unterernährung. Wir haben solchen Abbau, der dem körperlichen Abbau parallel ging, in den Revierstuben täglich beobachten können, und es ereignete sich, der Reihenfolge nach aufgezählt, ungefähr folgendes: Zunächst kommt es zu einer Einbuße an Initiative und Spontaneität. — Dann zu Konzentrationsschwäche, verlangsamter Auffassung und Reizbarkeit. Schließlich besteht eine zunehmende intellektuelle Einengung, die zunächst bei noch intakter Haltung, Umgangsform und Charakterstruktur peinlich empfunden, dann aber resigniert hingenommen wird.

Damit beginnt das zweite Stadium: Herkunft, Erziehung, Taktgefühl und moralische Bedenken werden außer acht gelassen, in der Essensfrage gibt es keine Hemmungen mehr. Es kommt trotz drakonischer Strafen in einigen Fällen zum Kameradendiebstahl. Regungen von Reue sind noch möglich. Ein Major, feingebildeter Mensch, im Zivilberuf Ministerialrat, wurde beim Diebstahl von 200 g Brot ertappt. Er hängte sich auf, um der beschämenden Bestrafung zu entgehen. — Häufig sind in diesem Stadium auch paranoische Einstellungen und Entwicklungen, auf die später noch eingegangen werden soll. — Die Verteilung der Rationen wird überall nach einem pedantisch umständlichen Zeremoniell vorgenommen, wobei um winzigste und belanglose Mengen, die einer angeblich mehr bekommen hat als der andere, stundenlang gestritten wird. Bemerkenswert ist, daß es nicht wenige Gefangene gibt, bei denen auch in diesem Stadium die Nikotinsüchtigkeit größer als der Hunger ist, so daß sie trotz strengster ärztlicher Überwachung ihr letztes Stück Brot gegen schlechten Tabak tauschen und so die Zunahme ihrer Dystrophie (= Unterernährung) und damit ihr sicheres Ende beschleunigen.

Schreitet die Auszehrung bis ins dritte und letzte Stadium fort, so gibt ein stumpfer, bis ins Stuporöse (= seelisch körperlicher Erstarrung) gehender Zustand den Grundton. Es kann zu sensoriellen Herabminderungen und quantitativem Abbau des Bewußtseins kommen. Das agonale Bild gleicht dem bei Kachexie (= zum Tode führender Kräfteverfall) üblichen. Die terminale Stumpfheit des dritten Stadiums kann sich mit allen möglichen anderen Phänomenen kombinieren, wie Euphorie (= unbegründete Heiterkeit), Deliranz, Wachträumen, emotionaler Inkontinenz (Unfähigkeit, Gefühle zu steuern und zu beherrschen), agitieren (= planlos geschäftig, unruhig) und depressiven Zuständen.

Überblickt man die psychische Seite der chronisch progredienten Unterernährung, so zeigt sich bereits zu Beginn des zweiten Stadiums eine nicht unwesentliche Veränderung der intellektuellen und charakterlichen Persönlichkeit. Subjektiv hat man Hungergedanken, Hungerstimmung und Hungertriebe; d. h. als Hungernder denkt, fühlt und will man anders als sonst. Eine gute literarische Selbstdarstellung findet sich in Hamsuns Erzählung „Hunger". — Umgekehrt haben wir auch die subjektiven Veränderungen bei Nahrungs*verbesserung* erlebt. Eine einmalige ausreichende Mahlzeit konnte schlagartig eine euphorisierende und aktivierende Wirkung haben. Die schroffe Unduldsamkeit und der einseitige Schwarz-Weiß-Standpunkt des Hungerzustandes, sowie die sonstigen für das zweite Stadium beschriebenen Phänomene, verschwanden. — Blieb die Nahrungszufuhr ausreichend, so gehörte man zu den Gesättigten und damit einer anderen Welt an. Ja, man verstand die Reaktionen der Hungernden eigentlich gar nicht mehr richtig, und die meisten der jeweils Satten bemühten sich auch gar nicht ernstlich darum. Sie setzten sich neben den Kameraden, der seine Wassersuppe löffelte, schnitten sich dicke Speckscheiben (durch „Außenhandel" erworben) aufs Brot und moquierten sich darüber, daß der andere so großes Theater ums Essen mache.

Eine Quelle ständiger Unzufriedenheit bei der Essenausteilung bildete die Bevorzugung der Funktionäre, sowie die ständigen Schiebungen und Unterschleife durch Gefangene, die irgendwie näher an der Quelle saßen, „Beziehungen" hatten, so daß ein Mißtrauen aller gegen alle nur natürlich war. — Darüber hinaus trieb diese vergiftete Atmosphäre seltsame Blüten, die als *paranoide* (= wahnhafte) in eine dritte große Gruppe abnormer Reaktionen hinein gehören. — Das Essen wurde jedem mit einer Halbliterkelle zugemessen. Dessenungeachtet beschwerte sich eines Morgens ein Akademiker, weil ein Hilfssanitäter angeblich mehr Suppe erhalten habe. „Ich habe gezählt", so argumentierte er, „daß dieser Mann 22 mal den Löffel zum Munde geführt hat, während ich dies nur 17 mal konnte." Dieser sonst vornehme und humorbegabte Jurist hat von da an tagelang bei jeder Essenverteilung mit einem Holzspan in die Kochgeschirre geleuchtet, um sich zu überzeugen, daß der Pegelstand der Halblitermarke bei niemand überschritten war. — Für andere Männer genügte es, daß jemand einen Küchengefangenen freundlich grüßte, um zu „wissen", daß der Betreffende Extraportionen durch die Hintertür empfing. Jeder scheinbare Vorteil, den ein anderer genoß, genügte dieser Reaktionsgruppe schließlich zu paranoider Deutung. — Andererseits: Jede scheinbare persönliche Benachteiligung konnte zu sensitiven (ungenügend begründeten Überempfindlichkeits-)Verarbeitungen Anlaß geben. Ein Drogist bewirbt sich z. B. als Reviersanitäter und muß, da gerade keine verfügbare Stelle frei ist, vorerst abschlägig beschieden werden. Er ist der festen Überzeugung, dies sei deswegen geschehen, weil er vor Monaten einmal den Lagerarzt außerhalb der Essenszeiten mit einem geschlossenen Kochgeschirr aus der Küche habe kommen sehen. „Ich weiß zuviel, man will mich ausschalten, die stecken ja alle unter einer Decke." Wenige Tage später wird er vom Lagerarzt geholt und eingestellt, da ein Stammsanitäter versetzt wurde. Auf eine Anspielung hinsichtlich seiner haltlosen Verdächtigungen erklärt er errötend, das sei „nicht so gemeint" gewesen, und versichert glaubhaft, diesen Argwohn jetzt selbst für unsinnig zu halten. — Auch aus diesem Beispiel erhellt die Flüchtigkeit und Situationsbedingtheit derartiger Reaktionen bei psychisch nicht belasteten Menschen.

Die allgemein erhöhte Beziehungs- und Bedeutungsbereitschaft war sehr eindrucksvoll an dem Phänomen der „Gerüchtlawine" zu studieren. Die oben geschilderten Stimmungslabilen stellten das größte Kontingent der Parolenverbreiter. Für viele Gefangene waren Gerüchte tatsächlich — wie i. d. Beeck schreibt — lebenswichtig als stimulierende Fiktionen. Ein Beispiel: Sechs Kriegsgefangene aus einem anderen Lager laufen morgens an dem unsrigen vorbei zur Arbeit. Zwei davon tragen einen Sack (vermutlich mit Werkzeug) auf dem Rücken, der russische Wachsoldat folgt in weitem Abstand. Zwei unserer Männer beobachten dies und erzählen ihren Barackenkameraden später, „eine Anzahl Kriegsgefangener" sei „mit Gepäck" heute morgen in Richtung Bahnhof marschiert. Bereits beim mittäglichen Essenempfang wollen mindestens dreißig Männer „mit eigenen Augen" gesehen haben, daß eine „Hundertschaft entlassener Kriegsgefangener" „singend und ohne einen einzigen Russen" zum Bahnhof marschiert sei, sie hätten gutes Zeug angehabt und ihr Gepäck mitgeführt. Am Abend wird bereits ausgerechnet, wann das Lager aufgelöst wird, da nun ja die Entlassungen im großen Stil begonnen hätten. — Am nächsten Morgen erzählt der Putzer eines russischen Offiziers, dieser habe gesagt, wenn es mit den Amerikanern schief ginge, würden die deutschen Gefangenen hinter den Ural verlegt. Am Mittag (also 24 Stunden nach der Entlassungsparole) hört man von allen Seiten, daß die Amerikaner die ganze Ostzone besetzt hätten und eine Panzervorhut bereits vor Posen stünde. Die Russen schafften bereits die Gefangenen nach Osten. — Es sei betont, daß solche Meinungen nicht etwa nur von primitiven Menschen vorgebracht wurden. Wo Wunsch oder Befürchtung sich zum Vater des Gedankens machten, da war der Intellekt oft nicht nur nicht mehr in der Lage, eine offenbare Fehlmeinung zu korrigieren, sondern er wurde vielmehr — wie ja auch bei einem paranoischen Schizophrenen — in den Dienst der Verteidigung des affektgeladenen Vorstellungskomplexes gestellt. So „bewies" ein sehr lebenskluger Pharmazeut die „amerikanischen Panzer" mit beachtlichem dialektischen Geschick. — Schließlich ließen sich Gerüchte sogar experimentell kreieren und ihr lawinenhaftes Anwachsen konnte durch Vertrauensmänner registriert werden.

Ein Analogon zum „Begnadigungswahn" der Kriminellen bildete der „Entlassungswahn", der von der optimistischen Phase der Stimmungslabilen sich bis zu psychotisch wirkenden Graden steigern konnte: ein älterer Stabsoffizier strich tagelang von Quartier zu Quartier, kam schüchtern und höflich herein, entschuldigte sich verlegen und fragte, ob hier nicht sein Entlassungsschein läge, er müsse doch irgendwo sein, denn er wisse ganz genau, daß ihm auf dem Büro ein solcher ausgestellt worden sei. Er war unkorrigierbar, obwohl damals keine Entlassungen stattfanden und insbesondere keine für Offiziere.

Heimwehkranke klagten neben ihren Depressionszuständen häufig über beklemmende Träume, in denen sie ihre Angehörigen leibhaftig vor sich sahen; sie konnten sich von diesen Bildern manchmal tagelang nicht mehr losreißen. Im übrigen machten wir bei diesen Männern die gleichen Beobachtungen, die Geyer auf der Nordwestdeutschen Psychiatertagung 1947 bei seinen Heimwehfällen beschrieb, daß nämlich: 1. Kurzschlußreaktionen bei diesen Typen nicht vorkamen und 2. ältere gereifte Persönlichkeiten vorzugsweise befallen wurden. — Es fiel uns überhaupt bei *allen* abnormen Lagerreaktionen auf, daß die „älteren" Jahrgänge (d. h. Männer vom 40. Jahre ab) seelisch viel anfälliger waren als die jungen und die erwartete „Weisheit des Alters" oft vermissen ließen. Dazu kam, daß die Männer dieser Altersgruppe sich auch körperlich als viel weniger widerstands- und anpassungsfähig erwiesen: nur wenige konnten ihre Vitalität behaupten. Manche 40 jährige wirkten wie 60 oder 70 jährige und nötigten den Beobachter zu psychopathologischen Vergleichen mit senil abgebauten Patienten. Sofern diese Männer noch Soldbuch oder Familienphotos besaßen, offenbarte sich ihr Verfall gleichsam dokumentarisch. Die Betreuung dieser Heimkehrer dürfte sich besonders schwierig gestalten. Soweit wir bis jetzt Gelegenheit hatten, derartige „alte Bekannte" des Lagers wiederzusehen, wurde über die langsame Erholung und einen verbliebenen „Knacks" geklagt. Auch bei guter Ernährung fehlte noch die alte Schaffenskraft. Die Zukunft wird lehren, wieweit und in welcher Zeit solche Schäden reversibel sind. Solche Heimkehrer sehen sich vor Bergen von Schwierigkeiten, angefangen mit der Enttäuschung der Ehefrau und resigniert endend in dem Wirrwarr von Bestimmungen und Zulassungen des heutigen Behördenbetriebes. Malten stellt dieses Problem ausführlich dar.

Während unserer Lagerzeit wurden auch Schwerstkranke, wenn sie Offiziere waren, von den Heimsendungstransporten Arbeitsunfähiger ausgeschlossen. Die Lage dieser Menschen war z. T. völlig trost- und hoffnungslos. Und doch haben wir in dieser ganzen Zeit nur den einen erwähnten Selbstmord des Brotdiebes erlebt, während sich in den ersten, den Wanderwochen der Gefangenschaft (in der Latenzzeit der „Schrecksekunde") mehrere Selbstmorde und entsprechende Versuche ereigneten; zu einer Zeit also, wo noch 95 Prozent der Männer mit einer kurzen Gefangenschaft rechneten. Wir möchten annehmen, daß es sich um Bilanzsuicide weltanschaulich exponierter Persönlichkeiten gehandelt hat. — Im übrigen zeigt auch dieser allgemeine Verzicht auf den Freitod die immer wieder erstaunliche Zähigkeit des Lebenswillens, der bis in die Somnolenz des dritten Hungerstadiums hinein nach Selbstbehauptung drängte. Es wäre zu fragen, inwieweit hier das Kollektivdasein den Lebenswillen stützte, denn von älteren Menschen, die in den östlichen Kampfgebieten allein zurückgeblieben waren, wurde gar nicht so selten Suicid begangen.

Bevor wir unsere Vorstellungen von Lagertypen abbrechen, wollen wir als Letztes in der bunten Fülle jene Männer betrachten, bei denen bestimmte Wesenseigentümlichkeiten durch die Lagerluft überscharf akzentuiert wurden, ohne daß es zu abnormen Reaktionen im obigen Sinne gekommen wäre. Da waren z. B. Männer, deren Geltungsdrang noch nicht pathologisch zu nennen ist, die aber doch „Hilfskonstruktionen" (im Sinne Fontanes) offenbar zur Erleichterung ihres Daseins nötig hatten, welche den Beobachter eher amüsierten als ärgerten. — Die Bemühungen mancher Offiziere um eine angemessene Haltung und Lebensform sind gewiß anzuerkennen, es gab jedoch Offiziersbaracken, in denen man sich mit feierlicher Förmlichkeit begegnete und jede notwendige Dienstleistung durch eine überdimensionale Organisation regelte. Während zur Vertretung einer Hundertschaft an sich *ein* energischer Mann genügte, amtierte in unserm Fall ein Kommandant, mit Adjutant, Ordonanzoffizier und einer Reihe von Sachbearbeitern. Die Abdichtung einer Barackenwand mußte z. B. beim Baureferenten beantragt werden. Ein Bretterverschlag in einer Barackenecke kennzeichnete das „Große Hauptquartier". Zwei brave Landser hatten sich stets vor selbigem bereit zu halten und auf den Ruf „Ordonanz" hin die Befehle den untergeordneten Dienststellen, d. h. den Stubenkehrern, Latrinenreinigern und Essenholern eilends zu überbringen. Es gab Posten, Pöstchen, Befugnisse und Zuständigkeiten und last not least Rechte, obgleich es sich doch um Uniformträger ohne Rangabzeichen und Könige ohne Land handelte. Freilich ließen personalpolitische Intrigen, fruchtlose Diskussionen und allgemeine Uneinigkeit nicht lange auf sich warten. Eines Tages machte das Machtwort des Lagergewaltigen, eines robusten deutschen Feldwebels, der ganzen Herrlichkeit (an deren Inaugurierung auch russische Stellen schuld waren) ein Ende.

Neben den Geltungsbestrebungen der „Leute ohne Kleider" sei als andere Reaktionsart noch das völlige „Sich-Gehen-Lassen" erwähnt. Weniger

Vorgesetzte einfachen Herkommens, als vielmehr anspruchsvolle Bürgerliche und Intellektuelle ließen sich äußerlich verwahrlosen und suchten dies mit dem Fehlen westlicher Hygieneeinrichtungen zu entschuldigen. Wir können i. d. Beeck bestätigen, daß manch einer von diesen sich von einem früheren Untergebenen auf Pflichten und Rücksichten seinen Mitmenschen gegenüber hinweisen lassen mußte. — Rein zahlenmäßig gesehen hatten wir den Eindruck, daß der Prozentsatz negativer Elemente unter den Landsern sich nicht wesentlich von demjenigen unter den Offizieren unterschied; nur wirkte bei diesen ein Vesragen ob des immer noch betonten Anspruchs ihrer Stellung peinlicher. — Andererseits hatte der gesund empfindende einfache Mann ein sicheres Gefühl für echte geistige Überlegenheit und ließ sich durch solche Persönlichkeiten gerne lenken. Leider gab es nicht viele Bereiche, in denen diese maßgeblich waren, da die Funktionäre sich aus den schon angedeuteten Gründen aus Typen rekrutierten, die weniger sachliche als der Lagerpolitik zweckdienliche Eigenschaften mitbrachten. — Obwohl die gefangenen Offiziere (den Gepflogenheiten der Roten Armee entsprechend) — allerdings mehr nominell, als wirklich — besseres Essen erhielten, obwohl sie gesondert untergebracht wurden und nicht zu arbeiten brauchten (wenigstens in den ersten Monaten), kam es nicht zu einer eigentlichen Offiziershetze, sondern nur gelegentlich — meist aus Ressentiment — zu kleinen Sticheleien. Zur Lagerführung wurden anfangs keine Offiziere von den Russen zugelassen.

Der i. d. Beeckschen Einteilung der Lagerinsassen in Indifferent-Gleichgültige, Militaristen und Pazifistisch-Intellektuelle könnte man andere Gruppierungen an die Seite stellen: etwa die resignierten Alles-kommen-gesehen-habenden, die unklaren Apathischen und die verbohrten ideologischen Festhalter oder man könnte die Männer nach Klassen ordnen in die Lagerbourgeoisie, den Mittelstand der „Oberkriegsgefangenen“ und die Masse der gewöhnlichen Woina Plenis. Wir wollen auf diese mehr soziologischen Aspekte im Rahmen unserer psychologischen Darstellungen nicht näher eingehen.

## VII.

Relativ unangetastet im Strudel des Lagergeschehens blieb die Stellung des gefangenen Arztes. Er genoß — sofern er als solcher verwendet wurde — meist die Vorzüge des „Mittelstandes“ mit seiner Besserstellung hinsichtlich Essen, Unterkunft und Behandlung. Sofern er es sich nicht selber verdarb, genoß er allgemeine Achtung, auch von seiten der Russen, die ihn gelegentlich sogar konsultierten. In offizierslosen Arbeitslagern war er neben den ärztlichen auch für manche seelischen und geistigen Anliegen zuständig. Immer wiederholter kameradschaftlicher Zuspruch im Sinne des „Du wirst es schon schaffen“ wirkte aus seinem Munde oft Wunder, ebenso auch eine geschickte „Beschäftigungstherapie“: völlig untätiges Dahinvegetieren war meist der Anfang allen Übels. — Wieweit wir als Ärzte unserer Aufgabe gewachsen waren, ist eine Frage, die gern erörtert wird und von uns selbst bei ehrlicher Selbstprüfung gar nicht leicht zu beantworten ist. Malten schildert das Versagen vieler Kollegen, wenn sie ihr gewohntes diagnostisches und therapeutisches Rüstzeug nicht mehr zur Verfügung hatten . . . so z. B. bei einer Ruhrepidemie ohne die gewohnten Sulfonamide resignierten, während ein Hilfssanitäter mit selbstgestoßener Holzkohle die Durchfälle erfolgreich bekämpfte. Wir sahen Ähnliches. Auch war die Neigung, über Mißstände lange zu diskutieren, anstatt sich tätiger Abhilfe zuzuwenden, uns als deutschen Akademikern nicht fremd. Und schließlich fehlte auch uns, genau wie den andern Gefangenen, oft die Kraft, unserer menschlichen Schwächen Herr zu werden, die in dem zusammengedrängten Dasein als dankbarer Gesprächsstoff jedermann unverhüllt zugänglich waren. Die notwendige Distanz des Doktors, das Über-den-Dingen-stehen, war oft schon äußerlich unmöglich. Dennoch konnte man sich einen Rest von Haltung bewahren; für uns Ärzte war dies immerhin noch leichter als für den Durchschnittsgefangenen. Es haben sich leider auch Dinge ereignet, deren bloße Beschreibung beschämend wäre. — Da die uns bekannten Dienststellen durchweg überreichlich mit Ärzten versehen waren, gab es zum Glück meist genügend zuverlässige Kollegen, um das Notwendige zu tun. Ein Beispiel für viele stellt die hervorragende Arbeit unseres Lazarett-Chirurgen dar, dessen Ausrüstung geringer war als die eines Truppensanitäters. Seine gelungenen Blinddarm- und Magenoperationen bei einem flackernden Notlicht verrieten die gleiche Improvisationskunst wie die Leistungen unserer Handwerker, die ohne Werkzeuge unsere Unterkünfte instand hielten. Da es wenig Schreibpapier und somit wenig Bürokraten gab, konnte das deutsche Organisationstalent zu einer ungetrübten Tugend werden, die ein Russe einmal mit folgendem Ausspruch bewunderte: „Man kann einen Deutschen nackt in einen Käfig setzen, und wenn man ihn nach drei Tagen herausläßt, dann ist er komplett bekleidet und ausgerüstet!“

Aber es gab für uns Ärzte doch so manche Situation praktischer Hilflosigkeit, so etwa, wenn man 100 Fleckfieberkranke mit 10 Ampullen Campher und 30 g Tinct. strophanti gegenübertsand und das in einer Baracke, auf deren Pritschen dichtgedrängt Hochfiebernde, Delirante, Sterbende und Tote zwischen den andern liegen. Kein Wasser, keine Wäsche, kaum Sanitäter und jede wirksame Selbsthilfe durch das Eingesperrtsein vereitelt. Nach welchen Gesichtspunkten sollen die wenigen Medikamente verteilt werden unter lauter Schwerkranken? Alter, Jugend? Schweren — d. h. hoffnungslosen — oder leichteren — d. h. aussichtsreichen — Fällen? Oder soll man etwa die sog. wertvollen Menschen bevorzugen? Dankbar muß anerkannt werden, daß auch russische Ärzte und vor allem Ärztinnen, sowie Krankenschwestern, uns in menschlicher Weise nach besten Kräften geholfen haben.

Anfangs gehetzt und verzweifelt, wird man bald stumpf und resigniert. Man registriert die Mortalitätskurve der Seuche an der Zahl der nackt auf den Lagerkarren geworfenen Leichen, aber man erlebt nichts mehr dabei. Auch die Vorstellung, daß man selbst eines Tages dort liegen könnte, bleibt ohne affektive Resonanz. Man lebt seinen Alltag weiter; ißt, lacht, schläft, spricht über dies und das oder verläßt den Lazarettbereich, um an einem „Bunten Abend“ im Lager teilzunehmen. Zuzeiten ist man auch dieser Abspaltung nicht mehr fähig und sitzt völlig apathisch herum, gelähmt von dem überstarken Affektstoß. Es liegt nahe, dies als Schutzmechanismus zu interpretieren. Wir betrachten hier jenen, schon bei der Hungerdarstellung erwähnten Punkt, an dem die Individualität sich aus unsern Gedanken und Handlungen zurückzieht, wo nur noch etwas *mit* uns, aber nicht mehr *durch* uns geschieht und wir zum Extremfall des le Bonschen Massenmenschen werden. Niemand lacht oder spricht. Niemand holt sich seinen „Faust“ oder das Neue Testament aus dem Tornister. Die Tür zum Geistigen ist zugeschlagen. Der Mensch steht am Nullpunkt seiner Existenz. Die Zukunft ist ohne Hoffnung. Dies alles hat die Unmittelbarkeit eines primären seelischen Erlebnisses. Es läßt sich schwer beschreiben und verschwindet aus der Erinnerung wie ein schwerer Traum. Versucht man, ihn zu reproduzieren, so spürt man vielleicht noch einmal kurz die körperliche Beklemmung, die ihn begleitet hat, aber seine Bilder sind verschüttet. — Der Zustand verschwindet unmerklich mit seiner Verursachung, dem Hunger oder dem überstarken Affekt. Ja, oft genügt schon die Aussicht auf irgendeine Besserung, um ihn zu überwinden. War doch das Lagerleben für uns alle nur im Bewußtsein seines transitorischen Charakters zu ertragen, und auch der ärgste Pessimist sprach nur von 10 Jahren, nicht aber von „lebenslänglich“.

So war die Hoffnung jedem der zähest verteidigte Besitz; nur, wer sie verloren hatte, hatte wirklich alles verloren.

## VIII.

Wir haben versucht, psychologische (Stacheldraht-) Reaktionen zu beschreiben, die vom Normalen bis zum Abnormen hin bei unsern Kriegsgefangenen auftraten. Zum Verständnis derselben war eine einleitende Schilderung der allgemeinen Kriegsgefangenen- und unserer speziellen Lagersituation notwendig, unter möglichster Vermeidung von Werturteilen oder literarischen Ausschmückungen. Wir zeigten zunächst Reaktionen von Psychopathen und sahen, daß es neben den Gefährdeten auch gut reüssierende Typen gab. Bei den sog. Normalen kam es einmal transitorisch zu den bei Psychopathen bekannten Reaktionen, wobei im Einzelfall dahingestellt bleiben mag, ob es sich mehr um eine verborgene konstitutionelle Disposition oder um die Übermacht der Umweltverhältnisse gehandelt hat. Zum anderen sahen wir solche Reaktionen, die — normaliter ungewöhnlich — eine Art von Anpassung darstellten. Schließlich hat sich *jeder* Gefangene in einem Ausmaß anpassen können, welches er vorher nie für möglich gehalten hätte.

Die Konsequenzen aus dieser Schilderung mag das Gewissen des einzelnen ziehen. Wir wollten ihm eine wertende Stellungnahme ermöglichen, nicht aber vorzeichnen.

*(Dr. Wulf Wunnenberg, (17b) Freiburg i. Br., Universitäts-Nervenklinik, Hauptstr. 5.)*

# Seelische Reaktionen während einer Internierung.

Von

OSWALD URCHS.

Die Kriegsereignisse brachten es mit sich, daß ich die ganze Kriegsdauer hindurch in einem Lager für Zivil-Internierte in Britisch-Indien und nach der Rückkehr einige Monate zwecks politischer Überprüfung in einem SS-Internierungslager Norddeutschlands festgehalten war.

Die Verhältnisse in den beiden Lagern, in denen ich als Lagerarzt tätig war, waren grundverschieden: in Indien waren wir gut und ausreichend verpflegt, sehr human behandelt, hatten viel Platz zur Verfügung und konnten angesichts der voraussichtlich langen Kriegsdauer unser Leben im Lager weitgehendst selbständig planen und durchführen; in dem deutschen Lager näherte sich die Verpflegung während der Monate, die ich dort weilte (Januar bis Juli 1947), praktisch dem Hungerzustand, die Dauer der Internierung war durchaus ungewiß, die Platzverhältnisse äußerst dürftig und der Aufbau eines kulturellen Lagerlebens durch den dauernden Wechsel der Internierten äußerst schwierig, wenn nicht ganz unmöglich.

Trotz dieser grundlegenden Verschiedenheit der beiden Lager läßt sich mit Bezug auf die seelischen Reaktionen der Insassen als gemeinsame Grundlage der Freiheitsentzug schlechthin erkennen. — Darüber hinaus aber zeigen die Beobachtungen in beiden Fällen, daß man auf Grund dieses Freiheitsentzuges zwar deutliche neurotische Reaktionen registrieren kann, daß aber echte Neurosen und Psychopathien nur auf dem Boden bereits bestehender manifester oder latenter Neurosenbereitschaft gewissermaßen aktiviert werden, daß somit das Lagerleben allein auch unter ungünstigen Verhältnissen nicht genügt, um bei Individuen, die unter normalen Verhältnissen seelisch wohl balanciert sind, echte Neurosen auszulösen. Unter ungünstigen Verhältnissen verstehe ich einmal die sehr lange Zeitdauer der Internierung in Indien (7 Jahre 3 Monate), wie die oben skizzierte Situation in dem deutschen Lager, die durch andere, noch zu erwähnende Umstände erschwert wurde.

Grundsätzlich sind die Verhältnisse in einem Internierungslager von denen einer Haft im engeren Sinne zu trennen. Schon vom Kriegsgefangenenlager unterscheidet sich die Internierung in wesentlichen Punkten: die Internierungslager sind meist kleiner, deshalb leichter zu ordnen und zu verwalten, wodurch bestimmte Härten vermieden werden können; die Internierten unterliegen nicht der Arbeitspflicht — was sowohl ein Vorteil wie ein Nachteil sein kann! — und kennen auch keine militärischen Rangverhältnisse mit ihren Folgen der Disziplin, des Ressentiments, u. ä. Endlich sind die Internierten einer zivilisierten Gewahrsamsmacht sich weitgehend selbst überlassen, und die Ordnung ihres Lebens hinter dem Stacheldraht hängt weitgehend von ihrer eigenen Initiative ab.

Somit ist die Internierung, wie ich sie erlebt habe, zunächst der klare, unkomplizierte Fall des Freiheitsentzugs: der moderne Mensch, dem Freiheit des Handelns und Freizügigkeit innerhalb gewisser, meist sehr weit gezogener Grenzen eine Selbstverständlichkeit sind, sieht sich plötzlich dieser Freiheit beraubt. In diesem Augenblick erst wird er sich mehr oder weniger klar der Bedeutung dieses Begriffs bewußt. Der plötzliche Freiheitsentzug ist der entscheidende Vorgang in seinem Erleben, dem sich alle weiteren seelischen Entwicklungen als direkte Folge unterordnen.

Der internierte Mensch ist zunächst durch den Stacheldraht auf einen kleinen, eindeutig bestimmten Lebensraum verwiesen, den er nicht verlassen kann. Die Welt jenseits dieses Raumes versinkt: er besitzt keine Möglichkeit, auf die Vorgänge in jener Welt einzuwirken und umgekehrt diese Vorgänge auf sich wirken zu lassen, von ihnen Kenntnis zu nehmen und die Erkenntnisse in sich zu verarbeiten. Die „Ich-Welt"-Beziehung ist in ihrer ursprünglichen Weite verschwunden und auf das Lager und die Lagergemeinschaft konzentriert und verkleinert. Die kurzen Nachrichten, die der Internierte von den nächsten Verwandten erhalten darf, beziehen sich auf rein persönliche Dinge und helfen nur wenig, wenn überhaupt, die täglich fremder und ferner werdende Welt jenseits des Stacheldrahts zu schildern und verständlich zu machen. Was „draußen" geschieht, beginnt seinen Sinn zu verlieren, das „Tua res agitur" bezieht sich nicht mehr auf ihn, da seine eigene Mitwirkung, mag sie sich vorher auch nur im bescheidensten, kaum merkbaren Rahmen ausgewirkt haben, weggefallen ist. Mit anderen Worten: die das Leben des Einzelnen bestimmende Beziehung zur Umwelt ist schlagartig und entscheidend geändert im Sinne einer extremen Einengung.

Ein zweiter, wesentlicher Punkt der Umweltänderung ist das Ende der beruflich-sozialen Tätigkeit des Einzelnen. Der Antrieb zu dieser Tätigkeit ist in den beiden Urtrieben des Lebens schlechtweg verankert, im Trieb der Selbsterhaltung und dem der Arterhaltung, bzw. in der Erotik im weitesten

Sinn. Der gesamte Lebensrhythmus, der sich um Selbst- und Arterhaltung bewegt und durch die Differenzierung des modernen Lebens die reiche Mannigfaltigkeit der beruflichen Gliederung und Betätigung erzeugt, ist abgeschnitten und damit zunächst die Freude und das Interesse am Berufsleben und der eigenen Weiterbildung. Die Befriedigung des Nahrungstriebes erschöpft sich in der regelmäßigen Abholung der von der Gewahrsamsmacht gelieferten Rationen: soweit diese pünktlich geliefert werden, ist der Selbsterhaltungstrieb zunächst befriedigt. Diese Befriedigung aber „von außen her", durch eine force majeure gewissermaßen, beeinflußt in deutlich negativer Weise die eigene Initiative, den schöpferischen Bewegungsdrang des Menschen, kurz alle mannigfaltigen Sublimierungen des rohen Urtriebs: ein klassisches Beispiel im Zeitraffertempo über die negativen Auswirkungen einer zu weit gehenden Fürsorge beim erwachsenen Menschen!

Während aber der Selbsterhaltungstrieb in seiner rohesten Form zunächst befriedigt ist, fällt dies für den Arterhaltungstrieb fort: nicht nur der schöpferische Eros ist durch die Umweltänderung gehemmt, auch seine Urform im physiologischen Sexualleben ist radikal ausgeschaltet. Die Bedeutung eines regelmäßigen Sexuallebens bei gesunden, im reifen Alter stehenden Männern ist an dieser Stelle nicht hervorzuheben. Der plötzliche Objektentzug setzt Energiequanten frei, deren Umlenkung, sei es durch Konversion, sei es durch Regression oder Sublimierung die Fülle der verschiedenen abnormen Reaktionsformen bedingt, die ich an anderer Stelle zu schildern versuchte[1].

Das Wesen der Internierung, wie sie in Indien ohne Haß- und Vergeltungsabsichten in möglichst humaner Form gehandhabt wurde, äußert sich also zunächst allein im Entzug der persönlichen Freiheit, damit in einer einschneidenden Änderung der Umwelt und damit der „Ich-Welt"-Beziehung, was den Fortfall der Erotik und der Pflichten und Aufgaben der beruflich-sozialen Tätigkeit in sich schließt — wobei von der ärztlichen oder seelsorgerischen Tätigkeit und ähnlichen Fällen abgesehen sei. Dabei ist festzuhalten, daß diese neue Situation, in die der ganze Mensch mit dem Eintritt der Internierung gestellt ist, naturgemäß durchaus bewußtseinsfähig ist. Es werden daher die Funktionen des Intellekts genau so angesprochen wie die der Empfindungen, Affekte und Triebe. Zunächst appelliert diese neue Situation an den Intellekt, der je nach der Temperamentslage des Einzelnen die affektiven Reaktionen kontrolliert oder in dieser Kontrolle versagt. Nach meinen Erfahrungen wird aber der Intellekt bei allen als geistig-seelisch normal zu wertenden Individuen die Oberhand behalten, die natürlichen, affektiven Reaktionen des Zorns, der Enttäuschung, der Trauer usw. überwinden und wird versuchen, mit der neuen Situation irgendwie fertig zu werden. So wie in der Freiheit der Intellekt weitgehend — immer gelenkt durch die individuelle Temperamentslage — die Lebensplanung bestimmt, so wird auch in der Internierung, sobald das Bewußtsein die neuen Eindrücke verarbeitet hat, dieses selbe Bewußtsein unverdrossen an die Bewältigung der neuen Aufgabe herantreten. Das kann in verblüffend kurzer Zeit geschehen und sogar die Quelle eines kompensatorischen Lustgefühls werden. Je mehr eine vernünftige Lagerleitung den Insassen in dieser Neuordnung ihres Lebens freie Hand gewährt, um so leichter werden Affektreaktionen, die, wie noch zu zeigen ist, leicht ansteckend wirken, vermieden werden und um so rascher und gründlicher wird sich die notwendige Organisation des Lagerlebens gestalten.

Das alles beweist nur die alte Erfahrung, daß die intellektuellen Funktionen des Menschen bei Ausbleiben schwerer, seelischer Erschütterungen praktisch mit jeder Lage fertig werden. Die eigentliche Bedeutung des Lagereinflusses auf das Seelenleben spielt sich auf der Ebene der sphärischen Empfindungen und noch tiefer, im UBw, ab, wohin die mit Unlust besetzten katathymen Erfahrungen der eigentlichen Bedeutung des Freiheitsentzuges verdrängt werden. Aus dieser Quelle stammen die abnormen, „neurotischen" Reaktionsformen, die sich im Lauf der Zeit beobachten lassen, und die sich in Erscheinungen der Vermassung, der auf ähnlicher psychosomatischer Veranlagung beruhenden Gruppenbildung und endlich auf bestimmte, individuelle und anlagemäßig vorausbestimmte Einzelfälle einteilen lassen. An dieser Stelle möchte ich ganz kurz die Massenreaktionen besprechen, die ich direkt durch die Internierung bedingt ansehe und die meines Erachtens nach immer zwei Bedingungen voraussetzen:

1. die *Neuheit* einer Situation, der sich eine größere Menschenmenge gegenüber sieht, deren einzelne Glieder einander gar nicht oder nur oberflächlich kennen, oder

2. die *Plötzlichkeit* einer Situation, welche primitive Lebensbedürfnisse einer bereits zur Gemeinschaft zusammengewachsenen Menschengruppe bedroht. Das gegenseitige „Sich-Kennen", welches einer Massenreaktion als solcher im Wege steht, tritt hier vor der Forderung des Augenblicks zurück oder mit anderen Worten, nach dem Gesetz des Primats der Primordialtriebe reagiert auf eine trieb-

[1] O. Urchs. „Psyche", II. Jg. 2. Heft 1948.

mäßig bedrohliche Situation das kollektive Triebleben der wieder zur Masse werdenden Gemeinschaft, welches die Oberhand über intellektuelle Hemmungen erzwingt.

Mit Bezug auf den ersten Punkt wäre erläuternd zu sagen: sieht sich eine große Menschengruppe, deren Einzelglieder einander wenig oder gar nicht kennen, plötzlich einer neuen und allen gemeinsamen Situation gegenüber, deren Eindrücke katathyme Empfindungen erregen, werden innerhalb dieser Gruppe irgendwelche Sofortreaktionen ausgelöst. Eine gemeinsame, verstandesmäßige Steuerung dieser Reaktion ist bei der gegenseitigen Fremdheit der Einzelglieder schon aus zeitlichen Gründen nicht möglich. Hätte ein Einzelner sich mit einer solchen Situation zu beschäftigen, so würde beim modernen Menschen die rein triebhafte Reaktion durch das Über-Ich, d. h. durch die kulturellen und sozialen Sekundärtriebe sowie durch vernunftgeborene Überlegungen gehemmt werden. Bei einer Vielheit von Menschen dagegen ist durch die Differenzierung dieser Sekundärtriebe und die Verschiedenheit der intellektuellen Entwicklung eine solche Hemmung von vorhinein nicht zu erwarten: sie wird sich instinktmäßig auf eine Reaktion beschränken, welche die Bedrohung eines wichtigen Teils ihres Trieblebens aus diesem Trieb heraus ohne stärkere Hemmungen beantwortet. Je tiefer eine solche Reaktion durch die Überlagerungen sekundärer Triebe und der durch sie ausgelösten vernunftmäßigen Hemmungen, welche beide ihren Ursprung in Erziehung, früherem Lebens-Milieu usw. haben, in die Welt der Primordialtriebe eindringt, desto gleichförmiger und schlagartiger wird die Reaktion des Einzelnen und damit der Masse werden, was sich im Endeffekt als „kollektive Massenreaktion" äußert. Das soll also nicht sagen, daß eine solche Reaktion einem hypothetischen kollektiven UBw entspränge, sondern nur, daß die Urtriebe der Menschen in ihrer undifferenzierten Form einander weitgehend ähneln. Die Differenzierung im Laufe des Individuallebens läßt diese Urtriebe nur in den seltensten Fällen in Erscheinung treten: wo dies im Rahmen einer Menschengruppe geschieht, erleben wir die typischen, primitiven Massenreaktionen. In meiner früheren Arbeit sagte ich, daß Masse sich nach unten orientiere: damit ist gemeint, daß auf diese Weise der gemeinsame Nenner gefunden wird, der die Reaktion dieser zur Masse gewordenen Menschengruppe bestimmt. Lernen sich die einzelnen Glieder dieser Masse näher kennen, entdecken sie gemeinsame kulturelle, berufliche, soziale Interessen und Beziehungen, wird sich sehr bald eine Führergruppe herauskristallisieren, die bei später auftretenden Situationen eine weitgehend vernunftmäßig gelenkte Antwort finden wird, womit die Periode der eigentlichen Massenreaktionen ihren vorläufigen Abschluß findet. Die ursprüngliche Masse organisiert sich, wird über die Gemeinschaft zur im engeren Sinne des Wortes politischen Gemeinde, die sich ihre eigene Ordnung schafft und danach handelt. Das ist der Grund, warum meines Erachtens die ersten Wochen einer Internierung die Zeit der typischen Massenreaktion bilden. Es hängt von der seelischen Struktur und der Temperamentslage der herausdifferenzierten Führerschicht ab, ob später eintretende Situationen dieser Art in ihrer Hand bleiben oder ob die katathyme Belastung einer solchen Situation derart ist, daß sie von derselben in eine Massenreaktion fortgerissen werden.

Ein typisches Beispiel hierfür ist der am anderen Orte eingehend geschilderte Hungerstreik des Lagers in Britisch-Indien. Nach 16 Monaten Internierung war die Periode der Massenreaktionen längst vorbei. Die Führergruppe des Lagers hatte auch in bedrohlichen und sehr unangenehmen Lagen meist eine vernunftgemäß gesteuerte Reaktion durchsetzen können, wenn auch die triebhafteren Elemente des Lagers eine ihrem Temperament entsprechende aktivistischere und damit negativistische Reaktion befürworteten. Als aber durch die Versetzung der Internierten in ein anderes Lager, welches die primitivsten Forderungen nach Raum, Sauberkeit, klimatischen Schutz usw. nicht erfüllte, der Selbsterhaltungstrieb jedes einzelnen und damit der Gemeinschaft als solcher angesprochen wurde, gewann auch in der Führerschicht die triebmäßig-affektive Reaktion die Oberhand: der Primordialtrieb überwand die Sekundärtriebe und den hemmenden Intellekt und die in ihrer Empörung plötzlich wieder zur Masse gewordene Gemeinde fand im Hungerstreik die ihnen gebliebene Waffe zur Ablehnung des zugewiesenen Lagers.

Die zeitliche Dauer des Streiks — 4 Tage — ermöglichte nunmehr die Beobachtung des sukzessiven Zerfalls einer Massenreaktion in Gruppen- und Individualreaktionen. Meine These, daß Massenreaktionen blitzschnell, da triebmäßig, auftreten und deshalb unmittelbar nach der Manifestation ebenso blitzschnell wieder verschwinden, um einem anderen, komplizierteren Mechanismus Platz zu geben, stützt sich vornehmlich auf diese Beobachtung, die, wenn auch nur ein Einzelfall, in ihrer Eindeutigkeit einem Experiment gleichkommt. Der unvorbereitet empfangene Eindruck des schlechten Lagers — und zwar aus relativem Wohlleben heraus, im Gegensatz zu den wohl ungleich schlechteren Kriegsgefangenenlagern, in die man aber aus der Hölle des Fronterlebnisses eintritt — hatte bei jedem Einzelnen die gleich unlustbetonte Empfindung und damit affektgebundene Ablehnung hervorgerufen. In dem der folgenden Reaktion zugrunde liegenden Motivbündel war die Empörung über die Zumutung einer solchen Behausung ebenso bewußtseinsfähig wie das Gefühl einer weiteren Herabsetzung der durch die Internierung an sich schon stark herabgesetzten Menschenwürde; am Rande des Bw war der Trieb, eine „heldische" Tat zu tun und sich vom Nebenmann nicht beschämen zu lassen, mächtig; unbewußt, dynamisch aber am wirksamsten, blieb der in seiner Sicherheit bedrohte Selbsterhaltungstrieb, dem wiederum über das Bw Impulse über die Erkenntnis der Gesundheitsgefährdung usw. zugeführt wurden. Diese allen gemeinsame Situation löste denn auch sofort die typische Massenreaktion der Zusammenrottung, des lauten Protestes usw. aus, bis das in die Masse geworfene Wort vom „Hungerstreik" die latente Spannung löste und die aufgestauten Energien zur Tat werden ließ.

Mit dem Entschluß zum Hungerstreik aber und den damit verbundenen Handlungen (Vernichtung der vorhandenen Lebensmittel, Nichtabnahme der angelieferten Rationen usw.) war die Massenreaktion als solche erledigt. Jeder einzelne war nunmehr sich selbst überlassen. Nach der ersten Nacht schon — der Beschluß war am Abend gefaßt worden, als das Gros der Internierten nach einer anstrengenden LKW-Fahrt im neuen Lager eintraf — meldeten sich die Bedürfniss des gewohnten Lebensrhythmus, der Drang nach Nahrung schlechthin, nach dem gewohnten geselligen Frühstück usw. Jetzt bereits spalteten sich die Geister: bei der ersten Gruppe überwog bereits der hemmende Intellekt, der im Streik sah, was er tatsächlich war, nämlich die mit scharfer Strafe bedrohte Meuterei; diese Erkenntnis, verbunden mit Furcht vor den möglichen Folgen, unterdrückte die triebhaft negativistische Reaktion und drängte zum Abbau des Streiks; in dieser Gruppe befanden sich vor allem die typischen Intellektuellen, denen auch der Gehorsam vor der Obrigkeit erziehungsmäßig am nächsten lag; die nächste Gruppe umfaßte die mehr oberflächlichflachen Charaktere, denen die augenblickliche Befriedigung des Nahrungstriebes wichtiger war als die Beschwichtigung des Selbsterhaltungstriebes auf weitere Sicht; Charaktere, die den kleinsten Unannehmlichkeiten des Lebens lieber ausweichen als sie überwinden und die der eigenen Bequemlichkeit zuliebe insgeheim für das Ende des Streiks plädierten: insgeheim, denn die gleiche Temperamentslage, die sie den Streik abzubrechen wünschen ließ, hinderte sie, dies offen auszusprechen und die Vorwürfe ihrer entschlosseneren Kameraden anzuhören; aber auch die dritte Gruppe, die offen für die Weiterführung des Streiks plädierte und diesen auch bis zum glücklichen Ende durchführte, handelte nunmehr aus verstandesmäßiger Überlegung heraus. Die sinnlos begonnene Massenreaktion mußte, um sinnvoll zu werden, nun auch mit der Energie des echten Spielers durchgeführt werden: ein Zurückweichen hätte eine planmäßige Zusammenarbeit mit den Behörden für immer unmöglich gemacht und die Lagergemeinde nicht mehr zum „demokratischen" Verhandlungspartner, sondern zum Objekt der übergeordneten Autorität gestempelt.

Hier ist von Interesse, daß nach dem offiziellen Beschluß, den Streik abzubrechen — als die Kommandantur das telegraphisch gegebene Versprechen der Regierung verlas, für ein besseres Lager zu sorgen: ein Versprechen, das innerhalb von sechs Monaten eingelöst wurde — ein einzelner Lagerinsasse den Streik auf eigene Faust weiterführte und nach acht Tagen einem entfernt gelegenen britischen Lazarett zugeführt wurde, wo er nach vollständiger Erschöpfung nachgab. Hier handelte es sich um einen typischen schwer gehemmten Psychopathen von extremem Geltungsbedürfnis mit maßlos überkompensiertem Inferioritätskomplex, der aus krankhafter Eifersucht kurz vor der Internierung seine Ehefrau erschossen hatte oder zumindest der fahrlässigen Tötung schuldig war; er war unmittelbar nach der Tat einem Sanatorium zur nervenärztlichen Behandlung eingewiesen und von dort in das Lager eingeliefert worden. Hier lag also der Fall einer schicksalsmäßig sich entwickelnden schweren Psychopathie vor, in deren psychisches Geschehen der Hungerstreik nur als zweckbetonte Episode eingebaut war.

Ich wollte mit dieser skizzenhaften Schilderung einer Episode zeigen, daß auch typische, aus triebhaften Gründen einsetzende Massenreaktionen moderner, durchschnittlich gebildeter Menschen sehr frühzeitig wieder unter die Herrschaft des ordnenden Intellekts treten und dann nach den üblichen Gesetzen ablaufen, wobei dann eine Aufspaltung der Masse in die einzelnen konstituierenden Individuen mit deren spezifischer Reaktionsform auftritt.

So wenig aber wie diese Episode hat auch die lange Dauer der Internierung an seelisch nicht „vorbelasteten" Menschen Dauerfolge gehabt. Was immer während der Internierung an abnormen Reaktionen beobachtet und am anderen Orte beschrieben wurde, war eben nur abnorme Reaktion auf abnorme Verhältnisse, aber nicht Zeichen einer beginnenden seelischen oder Persönlichkeitsveränderung. Bemerkenswert ist vor allem, daß bei sämtlichen beobachteten Reaktionsformen die Angst fehlte, die wir sonst überall da finden, wo ein Primordialtrieb, und zwar fast immer der Sexualtrieb, aus unbewußt gebliebenen oder gewordenen Ursachen total oder weitgehendst gehemmt ist. Wie schon oben gesagt, war in unserem Fall die Hemmung durch bewußtseinsfähige Umstände verursacht und damit das Auftreten der Angst mit ihren Folgezuständen vermieden. Damit soll nicht gesagt werden, daß die Internierung als solche nicht mit Leid und anderen katathymen Erlebnissen belastet war: eine Erörterung derartiger Dinge ist aber nicht Objekt einer psychologischen Studie der vorliegenden Art. Nur da, wo dem Trauma der jahrelangen Internierung Menschen unterlagen, bei denen konstitutionsmäßig oder von frühen Kindheitserlebnissen her eine Neurosenbereitschaft vorlag, hatte diese Zeit dauernde Nachwirkungen. Zwei kasuistische Schilderungen, die notgedrungenerweise aus dem Gedächtnis zitiert werden, mögen das zeigen:

A. G. war phänotypisch ein kurzgewachsener Pykniker, seine psychische Konstitution aber zeigte deutlich schizothyme Wurzeln: psychomotorisch erschien er oft eigenartig gespreizt, verhalten, introvertiert, sein Temperament war sprunghaft; der Stimmungslage nach war er zweifellos hyperästhetisch, was er nach außen hin durch betont vornehme Kühle zu verbergen suchte. Auffallend war sein ausgeprägtes Geltungsbedürfnis, verbunden mit einer deutlichen Willensschwäche. Seine körperliche Kleinheit empfand er als persönlichen Mangel, den er auf jede Weise auszugleichen versuchte. Aber dieser Gegensatz zwischen Wollen und Streben einerseits und Erfüllung anderseits war bestimmend für sein ganzes Leben: in diesem Sinne kann er als schwer gehemmt angesprochen werden. Über sein sexuelles Erleben konnte nichts in Erfahrung gebracht werden, er selbst sprach nie davon, auf Befragen aber gab er an, glücklich verheiratet zu sein. In seinem kaufmännischen Beruf hat er es in angestrengter Arbeit zum Prokuristen der Auslandsniederlassung seiner Firma gebracht, war aber am Dienstort den dort anwesenden Direktoren der Firma untergeordnet. Er war im Leben immer Zweiter oder Dritter gewesen, zum Ersten haben seine Fähigkeiten und seine Energie nie gelangt. Die große Chance gab ihm 1933 die Machtergreifung der Partei: er verstand es, sehr rasch zum Ortsgruppenleiter seines Standorts in Ostasien, wo eine große deutsche Kolonie lebte, ernannt zu werden. Sein Schicksal aber wollte es, daß er auch dort nur Zweiter war, da am selben Ort sein vorgesetzter „Kreisleiter" wirkte. Immerhin wuchs nun seine Selbstsicherheit, was in betont strammer Körperhaltung, knapper Kommando-Stimme usw. zum Ausdruck kam. Er war der Typus des kleinbürgerlichen Parteibonzen, nicht direkt bösartig, sondern eher hilfs- und einsatzbereit, weil das seiner Eitelkeit schmeichelte; ein Besserwisser ohne jede tatsächliche Basis, aber „ex cathedra" unfehlbar.

Auch in der Internierung verstand er es, diese Maske zunächst beizubehalten. Er ließ sich in einen Lagerflügel versetzen, wo er unter seinen Gemeindemitgliedern nun tatsächlich der „Erste" war. Mit der herannahenden Katastrophe des Krieges aber begann seine erborgte Selbstsicherheit zu wanken. Es drohte nicht nur der Verlust seiner Parteistellung und der damit errungenen sozialen Bedeutung, sondern auch der seiner mühsam erarbeiteten wirtschaftlichen Basis. Die Vielheit seiner Komplexe resultierte in Angst, die ihm sinngemäße Reaktion äußerte sich in einer typischen Konversionsneurose. Die Beobachtung eines Koronartodes während eines zufälligen Lazarett-Aufenthalts war wahrscheinlich die Initialzündung, bestimmend dafür, daß er sich nun auch krank fühlte. Er begann an Herzattacken zu leiden, die er selbst als „angina pectoris" bezeichnete, wobei eine nicht sehr deutliche Präcordialangst das bestimmende Symptom wurde. Die mehrfach wiederholte und von verschiedenen deutschen und englischen Kollegen durchgeführte Untersuchung ergab ein einwandfrei funktionierendes Herz, eine Diagnose, die auch durch Belastung und Schirmuntersuchung bestätigt wurde. Unter den Lagerverhältnissen bestand vorerst keine Gelegenheit zu einer EKG-Ableitung. Auf ärztlichen Rat wurde systematisch gesteigerte Bewegung verschrieben (Spaziergänge außerhalb des Lagers, Gartenarbeit u. ä.), wobei ohne jede Kreislaufstörung beachtliche, körperliche Leistungen erzielt wurden.

Nach der Kapitulation verschlimmerte sich das Leiden. Objektiv traten in dieser Periode Koliken auf, die auf ein röntgenologisch nachgewiesenes Konkrement im linken Nierenbecken zurückgeführt werden konnten. Durch Nephrotomie wurde ein kirschgroßer Oxalatstein entfernt. Heilung pp., Patient fühlte sich bedeutend besser und seinen Ärzten gegenüber durch die organische Natur des überstandenen Zwischenfalls gerechtfertigt. Aber bald danach traten die „Herzanfälle" wieder auf. Sie wurden häufiger und waren nun auch nach Aussage des Patienten mit Schwindelgefühlen verbunden. Nach seiner Schilderung handelte es sich aber nicht um den typischen Drehschwindel, sondern er klagte, „daß seine Füße die Erde nicht mehr fänden, bzw. nicht fühlten." Es sei ihm, als stände er stets in der Gefahr, in einen Abgrund zu stürzen. (Objektiv war eine Sensibilitätsstörung nicht nachzuweisen, ebensowenig eine Störung im Bereich des Gleichgewichtssinns). Er klagte darüber, daß sein Herz minutenlang aussetzte und fürchtete, in einem solchen Zustand zu sterben. Während dieser Anfälle lag er in einer Art katatonischer Starre, die aber alle

Anzeichen der echten Katatonie vermissen ließ. Objektiv war während dieser Anfälle ein zwar kleiner, aber regelmäßiger Puls mit ganz seltenen Extrasystolen bei normalen RR-Werten nachzuweisen.

Psychoanalytische Tiefenexploration versagte bei dem mißtrauischen Patienten, der auf Grund seiner Intelligenz und Belesenheit genau wußte, worauf die Fragen seines Arztes hinauswollten. Das Vertrauensverhältnis zum Arzt schwand immer mehr, bis das Verhalten des Patienten deutlich negativistisch wurde. Objektiv blieb der Allgemeinzustand gleichmäßig gut, die Klagen über Schwindelanfälle traten aber in regelmäßigen Abständen immer wieder auf. Der tiefenpsychologische Mechanismus war hier durch seine primitive Symbolik deutlich. Der sehr ehrgeizige, aber vom Leben immer wieder enttäuschte Patient hatte in seiner katathymen Wunscherfüllung durch das Parteiamt gewissermaßen sein Lebensziel erreicht, nämlich Erster, wenn auch nur im kleinen Rahmen, zu sein. Die gehobene Stellung ruhte auf dem Boden der von der Partei vertretenen Weltanschauung, diese Weltanschauung wiederum war von außen angelernt, war nicht aus eigenem Erleben heraus gebildet. Als diese Weltsicht durch die Ereignisse sich auch für ihn als brüchig und hohl erwies, hatte er nicht die Kraft, diese Enttäuschung seelisch zu verarbeiten, er verlor buchstäblich „den Boden unter den Füßen", er fand sich vor dem weltanschaulichen und materiellen Nichts zugleich. Wir wissen, daß das erste Erwachen der „Ich"-Gefühle beim Kinde häufig zur Angst führt: wie ein Kind erlebte unser Patient plötzlich die Konfrontation seines kleinen, unentwickelten Ich mit dem Nichts, was auch bei ihm zur echten Angst führte, welche nun in die typisch psychogene Präkordialangst konvertiert wurde. Die Krankheit wurde ihm zum Ort der Sicherheit, deshalb klammerte sich der Patient daran und wollte sich durch keine, noch so objektive Untersuchung überzeugen lassen. Auch nach der Rückkehr aus der Gefangenschaft konsultierte er noch mehrere Fachärzte, lehnte deren Urteil aber genau so ab wie das der Kollegen in der Gefangenschaft. Er tauchte schließlich im Berufsleben von 1947 unter.

Der zweite Fall verlief tragischer. Es handelte sich um einen Kollegen, einen hochbegabten und überdurchschnittlich gebildeten Facharzt, der sich in Indien auf Grund seines Könnens eine glänzende Praxis aufgebaut hatte. Körperlich betrachtet war er ein syntoner Pykniker, von einer gleichmäßig schwingenden heiteren Temperamentskurve, der typische „gute Kamerad", immer hilfsbereit und unverdrossen. In der Internierung arbeitete er vom ersten Tag an als Lagerarzt. Von Politik hielt er sich fern und war, seiner ärztlichen Gewissenhaftigkeit wegen, von jedermann geachtet und allerseits beliebt. Er hatte kurz vor dem Kriege geheiratet und lebte in glücklicher Ehe.

Wenn auch nach außen hin immer gleichmütig, litt er doch während der Internierung an einer im Laufe der Zeiten immer deutlicher zunehmenden inneren Unruhe, die er im Gespräch mit mir ganz bewußt auf den sexuellen Objektentzug zurückführte. Wenn die Spannung unerträglich wurde, betäubte er sich mit Alkohol, ohne deshalb je zum Gewohnheitstrinker zu werden. Als psychologisch sehr bewanderter Arzt griff er in solchen Fällen ganz bewußt zur Flasche als dem augenblicklich allein möglichen Beruhigungsmittel. Im übrigen betäubte er sich durch rastlose praktische und theoretische Arbeit. Sein Weltbild war rein naturwissenschaftlich-materialistisch, das er mit eiskalt logischer Konsequenz bis in die letzte gedankliche Möglichkeit ausarbeitete. Jede Spielart des Seelenlebens, der Charakterkunde usw. führte er auf rein physische Ursachen zurück, und zwar mit einem fanatischen Eifer, der eine katathyme Beteiligung vermuten ließ. Wohl war an eine tiefere Exploration dieses offenbar „wunden" Punktes aus leicht erklärlichen Gründen nicht zu denken, aber Erzählungen aus seinem früheren Leben ließen erkennen, daß er durch die Ereignisse während des Weltkriegs und auch nachher schwere, seelische Erschütterungen durchzumachen hatte: sein Vater, ein Bankdirektor, endete nach harten, geschäftlichen Verlusten durch Suizid, er mußte sein Studium unterbrechen und Mutter und Geschwister durch Arbeit ernähren und mußte damit auf vieles, wenn nicht alles verzichten, was ein junger Mensch normalerweise anstrebt. Nach längerer Pause erst konnte er als Werkstudent sein Studium zu Ende führen. Wir finden also die natürlich aggresiven und expansiven Tendenzen eines begabten Jünglings durch Schicksalsschläge andauernd frustriert, gehemmt, was in seiner Charakterentfaltung bestimmend wurde. Hier lagen jedenfalls die Wurzeln zu seinem betont zur Schau getragenen Materialismus, mit dessen unpersönlich-kalter Kausalität er die in ihm immer wieder erwachenden Wünsche und Sehnsüchte beschwichtigte und unterdrückte.

Im Gespräch berührte er häufig die Frage des Freitodes. Er verteidigte die ethische Berechtigung desselben und äußerte wiederholt, daß er, im Falle eines politischen Zusammenbruchs mit den damals bereits vorauszusehenden Folgen für seine Person ein Weiterleben ablehne: „Ein Leben ohne täglich frische Wäsche, ohne die gewohnten Genußmittel oder den gewohnten Komfort lehne ich ruhig und bewußt ab", sagte er. Was er aber übersah, war, daß diese etwas seicht anmutende Einstellung mit seinem tatsächlichen Pflichtgefühl und seiner Aufopferung für die Patienten des Internierungslagers, die als Nichtzahler seiner zur Schau getragenen materialistischen Einstellung doch nicht genügen konnten, in keiner Weise übereinstimmte. Wahrscheinlicher ist, daß er eine Wiederholung der Notjahre seiner Jugend fürchtete, denen er seine persönlichen Wunschziele schon einmal hatte opfern müssen: es war also die Angst vor einer neuerlichen Versagungssituation, die in ihm übermächtig wurde.

Es kam der erwartete Zusammenbruch und damit das Verbot seiner Rückkehr in die ärztliche Praxis in Indien. Es kam auch die Nachricht, daß seine Frau ihn verlassen hatte. Die einander kurz folgenden Nachrichten führten ihn nach einem kurzen „Bewegungssturm" zum Freitod.

Epikritisch gesehen muß dieser Suizid trotz der geäußerten Ansichten und trotz des im gleichen nonchalanten Ton gehaltenen Abschiedsbriefs als eine Kurzschlußreaktion, also als eine im höchsten und tragischen Sinn abnorme Reaktion gewertet werden. Auch hier haben offensichtlich schwerste Hemmungen einer ursprünglich deutlich aggressiven Anlage vorgelegen, Hemmungen, die bis in die zarteste Jugend zurückreichten und erst später kompensatorisch hoch-intellektuell untermauert wurden. Diese intellektuelle Mauer, die der Kollege um sich baute, verhinderte eine echte Sublimierung der durch die exogene Hemmung des Sexuallebens aufgestauten seelischen Energien, zu deren Abfuhr diesem eigentlich so wertvollen Menschen nur das recht billige Mittel des Alkohols zur Verfügung blieb. Dieser Gegensatz seiner charaktermäßigen innerlichen Haltung und der Wirkungen seiner bewußt und mit Stolz — oder Trotz? — aufgebauten Weltanschauung führte zunächst zu einer nicht zugegebenen Unsicherheit, welche durch die aus dem UBw frei nach oben flottierende Angst verstärkt wurde. Bei seiner Ablehnung jeder metaphysischen Ebene, von der aus er dieser Angst vor dem Nichts hätte begegnen können, ließ diese schließlich wie einen Mantel um ihn zusammenschlagen. Mag sein, daß berufliche Überarbeitung und die in der letzten Zeit wiederholten Alkoholexzesse den rein vernunftmäßigen Ablauf seiner Überlegungen getrübt hatten, so daß es zur primitiven Kurzschlußhandlung kam: bestimmend war zweifellos die Angst der Kreatur vor dem Nichts, die Unmöglichkeit, bzw. die willensmäßige Ablehnung einer Sublimierung der aufgestauten Triebenergien, so daß sich diese schließlich in der Selbstvernichtung auslösten. Auch dieser tragische Fall, der auf den ersten Blick durchaus als Wirkung des Lagerlebens angesprochen werden könnte, wäre nach dieser Überlegung so aufzufassen, daß das Lagerleben nur die Auslösung eines von früher her bestehenden schweren inneren Zwiespalts bedeutete.

Ein ähnlicher Fall muß ähnlich gedeutet werden. In meiner ersten Arbeit schilderte ich unter der Gruppe der Trinker einen besonders intelligenten, jungen Menschen, der trotz ernstester Vorsätze immer wieder rückfällig wurde. Nach der Entlassung kehrte der junge Mann in einen von ihm geliebten Beruf zurück und heiratete. Er schien von seinem Laster vollkommen geheilt, als die Trinkepisoden kurz nach der Hochzeit, trotz glücklichster Ehe und günstigen, äußeren Umständen wieder auftraten. Sie häuften sich immer mehr, bis der Patient nach einem besonders schweren alkoholischen Exzeß Suizid beging. Auch hier könnte man von einer Spätwirkung des Lagerlebens sprechen: aber alle anderen Trinker der geschilderten Gruppe, soweit ich deren Lebensweg der letzten zwei Jahre verfolgen konnte, sind „normale Trinker" geworden: d. h. sie füllen alle eine bürgerliche Stellung erfolgreich aus und frönen ihrem Laster nur gelegentlich und ohne Störung ihres sozialen Lebens. Nur der rein anlagemäßig wertvollste unter ihnen zerbrach an seinem Schicksal: zweifellos lag hier ein besonders günstiger Boden vor, auf dem sich die echte Sucht entwickelte, und es ist rückschauend nicht zu sagen, ob das Lagerleben allein diese Entwicklung begünstigte oder ob die Eintönigkeit des Lebens in der tropischen Landschaft nicht auch genügt hätte, bei diesem besonderen Menschen die unheilvolle Sucht auszulösen — Beispiele dafür sind jedem Tropenarzt zur Genüge bekannt.

So zeigen die Erfahrungen in dem indischen Lager, daß trotz der Länge der Internierung die beobachteten abnormen Reaktionen eben nur als solche zu werten sind, daß aber bleibende Schädigungen, bis zum Suizid, nur auf einem besonders gearteten Boden entstehen, wobei das Lagererlebnis zwar als Ursache, aber doch nur als eine von verschiedenen möglichen Ursachen anzusprechen ist.

Zu einem ähnlichen Schluß führen die Beobachtungen in dem deutschen Lager, in dem die Lebensbedingungen bedeutend härter und eingreifender waren. Mein Aufenthalt darin war zu kurz, um ähnlich eingehende Schilderungen zu ermöglichen, auch war die Zahl der Internierten, zu denen ich als Fremder stieß, viel zu groß. Dazu kam, daß diese Männer alle das Erlebnis des 2. Weltkrieges hinter sich hatten, welches an sich eine enorme seelische Belastung darstellt. Um so neuartiger mußte mir das psychische Gesamtzustandsbild erscheinen, welches sich auf zwei bestimmenden Faktoren aufbaute, dem *Hunger* und der *Furcht*, oder der Realangst.

Im Gegensatz zur Internierung in Indien bedingte hier der Freiheitsentzug nicht nur die Hemmung *eines* Primordialtriebs, nämlich der Arterhaltung bzw. der Sexualität im engeren Sinn, sondern noch mehr des phylogenetisch älteren und damit wichtigeren Triebes der Selbsterhaltung.

Der Hunger war die natürliche Folge der in jenen Monaten (Januar—Juni 47) besonders kleinen Normalrationen, die im April—Mai noch nicht einmal 900 Kal. betrugen. Aber auch die besseren Monate, in denen die Kal.-Zahl bis auf 12- oder 1400 anstieg, waren wegen der Eintönigkeit der gelieferten Rationen (fast ausschließlich Kohlehydrate in Form von Steckrüben, Maismehl u. ä.) als Hungerdiät zu bezeichnen; nur wenige Internierte konnten sich durch Liebesgabenpakete Erleichterungen gönnen.

Die Furcht wiederum war durch den Umstand bedingt, daß alle Internierte Organisationen angehörten, die im Nürnberger Prozeß als kriminell bezeichnet waren und sie somit einem Gerichtsverfahren mit häufig ungewissem Ausgang entgegensahen. Wohl waren die meisten ihrer Organisation einst als Idealisten beigetreten und waren sich persönlich keiner kriminellen Tat bewußt. Aber ein gewisser Prozentsatz hatte tatsächlich an sogenannten kriminellen Handlungen teilgenommen oder solchen als Zeugen beigewohnt, so daß das Gefühl der Schuld bestand. Schuld aber trägt mit sich Furcht vor der Strafe, die unter Umständen bis zur Furcht vor der Todesstrafe gehen kann, also zur echten Todesangst wird. Dabei ist zu bedenken, daß die Furcht des verurteilten oder des erst geständigen und seiner Verurteilung entgegensehenden Verbrechers prinzipiell anders ist als die eines Menschen, der für eine *möglicher*weise als Verbrechen zu stempelnde Tat eine *mögliche* Todesstrafe oder Auslieferung — was im Fall der Auslieferung an Oststaaten praktisch dasselbe bedeutet! — innerhalb einer *unbestimmten* Zeitspanne erwartet: die in Ungewißheit sich verlierende Furcht ist die grausamste.

Was zunächst auffiel, war das praktische Fehlen jeder Massenreaktion während der sechsmonatigen Beobachtungszeit. Die einzige Ausnahme bezog sich auf einen Sitzstreik, als während eines Appells ein im Lager beliebter Internierter wegen eines angeblichen Disziplinarvergehens vom Platz weg verhaftet wurde. Dieser Streik trug deutlich den Charakter einer Massenreaktion: er war in keiner Weise organisiert, war vernunftmäßig nicht durchdacht und auch kaum begründet und war einfach als explosible Reaktion eines angestauten Unlustgefühls, als psychomotorischer Ausdruck einer ablehnenden Grundhaltung gegen das als ungerecht empfundene Gesamtmilieu zu werten. Im übrigen trifft auf ihn alles oben Gesagte zu: auf eine unerwartete, plötzlich eintretende Situation reagierte die Masse ebenso plötzlich, wie das auslösende Ereignis eingetreten war: daß diese Reaktion in einem stummen Sitzstreik bestand, war wohl die Resultante instinktmäßiger Hemmungen, um die bei einer offenen Meuterei sicher zu erwartenden schwerwiegenden Folgen zu vermeiden.

Der Hauptgrund aber für das Fehlen häufigerer Massenreaktionen, für die sowohl der Boden gegeben war (durch das häufige Wechseln der Internierung durch Entlassungen und Neuzugänge war ein gegenseitiges Kennenlernen sehr erschwert) wie auslösende Ursachen häufig genug auftraten, ist wohl die Tatsache, daß das Gemeinschaftsgefühl durch die beiden Faktoren Hunger und Furcht zerstört war. Der Angriff auf den Selbsterhaltungstrieb des Menschen reicht bis in die tiefsten Schichten der menschlichen Seele und alle durch Erziehung, Überlieferung, Sublimierung usw. aufgebauten Manifestationen eines höheren Ethos, des Freudschen „Über-Ich" werden durchbrochen. Der soziale Mensch, das Zoon politikon des Aristoteles, wird zum Einzelgänger der Urzeit. Es dürfte sich hier wohl um eine echte Regression auf nicht-sexueller Basis, um ein atavistisches Zurückfallen auf primitivste Lebensformen handeln. Die Bedrohung des Selbsterhaltungstriebes, sei es durch Hunger, sei es durch echte Todesfurcht, läßt keine Verdrängung der Triebenergien, läßt auch keine Konversion oder Sublimierung derselben zu. Die Energien dieses Triebes lassen sich nur in Richtung des eigentlichen Triebzieles, das ist der eigenen Existenz, abführen. Es ist die nackte Existenzfrage, die hier auftaucht, die der Mensch nach Jaspers erst in der äußersten Not erlebt. Hunger bleibt immer Hunger — und noch stärker wirkt in ihrer Eindeutigkeit die Bedrohung der Existenz selbst.

Die einzelnen Äußerungen des Hungers werden wohl von berufenerer Feder beschrieben werden. In unserem Lager erreichte der Hunger auch nie die Extreme, wie sie besonders aus sowjetischen Lagern berichtet wurden. Trotzdem war er ausgeprägt genug, um gewisse gesetzmäßige, abnorme Reaktionen erkennen zu lassen, denen allen das Fallenlassen der im Normalleben angezüchteten Maske, der „Persona" Jungs eigen war. Das straffe, selbstbewußte Auftreten des Offiziers, des höheren Beamten, des kultivierten Wissenschaftlers war in der überwiegenden Mehrzahl der Fälle verschwunden; die einfachste Körperpflege, die primitivste Sauberkeit wurde vernachlässigt, obwohl selbst die bescheidenen Lagerverhältnisse diese Pflege wohl ermöglicht hätten. Ja selbst das Brausebad, das wegen des Kohlenmangels an sich schon selten genug war, mußte meist befehlsmäßig erzwungen werden. Bei der Essenverteilung wurden die einfachsten Anstandsregeln übertreten, ja selbst Kameradschaftsdiebstahl war nicht selten und konnte nur durch drakonische Strafen unterbunden werden. Selbsthilfe durch Ehrenstrafen fruchtete nichts. Dies möge ein besonders eindrucksvoller Fall beleuchten: Ein Internierter wurde überführt, seinen schwer versehrten Kojennachbar, dem er das Essen brachte, gewohnheitsmäßig bestohlen zu haben. Zur Strafe wurde er beim Appell öffentlich als Kameradschaftsdieb bezeichnet und mußte die Front seiner Kompanie zweimal abgehen. Er tat dies mit gleichmütig unbewegtem Gesicht — und verblieb in dieser Kompanie, trotzdem er von nun an geächtet war. Im Zivilleben war dieser Mann ein geachteter, vielbeschäftigter Rechtsanwalt gewesen und hatte als solcher zweifellos früher ein hochentwickeltes Rechts- und Ehrgefühl besessen. Hier war mit erschütternder Deutlichkeit der vollständige Zusammenbruch jeder sittlichen Empfindung durch den Hunger geoffenbart. Daneben war das tägliche Suchen nach Speiseresten in den Abfalltonnen, das gierige Zubereiten und Verschlingen verdorbener Kartoffel- und Gemüsereste, kurz alle anderen Manifestationen des Verlusts der Menschenwürde fast als harmlos zu bezeichnen.

Im großen gesehen hatte der Hunger bei der Mehrzahl zu einem Abbau alles dessen geführt, was man gemeiniglich unter dem Sammelbegriff der menschlichen Würde versteht. Dieser Abbau vollzog sich bei den Betroffenen ohne Rücksicht auf früheren Stand, auf Herkommen, Bildungsgrad oder physischen Konstitutionstyp. Das Bild wäre aber unvollständig, wenn man nicht der zwar kleinen, aber immer noch zahlenmäßig nicht unbedeutenden Minderheit gedenken würde, die bei gleichem Hunger ihre menschliche Würde bewahrten. Es fanden sich auch hier alle körperlichen Konstitutionstypen, die Leptosomen wie die Pykniker mit ihren entsprechenden Temperamentslagen, denen aber allen eine besonders zähe Willenskraft eigen war, mit der sie es verstanden, den Hunger und die durch ihn ausgelösten Impulse zumindest zu verbergen: ob sie das unter der Maske einer über den Alltag sich erhebenden, gleichmäßigen und gleichmütigen Heiterkeit taten oder durch ein starres Sichabschließen, wird mehr eine Funktion dieser Temperamente anzusprechen sein, das Resultat war jedenfalls das gleiche. In vielen Fällen — wenn auch nicht in allen! — wirkte eine gewisse „Beschäftigungstherapie" grundlegend, wobei nicht die an sich sehr niedere Rationenzulage ausschlaggebend wirkte, welche mit jeder halboffiziellen Beschäftigung verbunden war, sondern die Sinnsetzung dieser Beschäftigung. Soweit sich diese im Rahmen des eigenen Berufes verwirklichen ließ, half sie am besten die Situation zu überwinden. Ärzte im Lagerlazarett, Handwerker in den Werkstätten, Künstler und Musiker, die für die kulturellen Veranstaltungen des Lagers sorgten, Lehrer und Wissenschaftler, die Studienkurse einrichteten, konnten mit den Unbilden der Umwelt am erfolgreichsten fertig werden.

Tragischer und deutlicher waren die Auswirkungen der Furcht. Auch hier zeigte sich eine interessante Beobachtung: obwohl die Möglichkeit einer Strafe — wenn auch innerhalb eines tragbaren Ausmaßes — für die meisten der Internierten bestand, zeigten sich Furchtsymptome nur da, wo ein tatsächliches, subjektives Schuldgefühl bestand. Dieses Schuldgefühl bezog sich fast nur auf selbst durchgeführte Handlungen, nur ganz selten auf die Beobachtung solcher Handlungen im Sinne einer Mitschuld, obwohl auch das vorkam.

Da die meisten Internierten, die unter kriminellem Verdacht standen und gegen die ein Auslieferungsantrag von seiten eines Sondergerichts oder eines der alliierten Staaten lief, in einem eigenen, streng abgeschlossenen Lagerkomplex untergebracht waren, den nur ich als Lagerarzt betreten durfte, konnte eine Auswirkung der Furcht auf diese besondere Gruppe beobachtet werden. Da eine Lebensbedrohung nicht unmittelbar, sondern nur im Sinn einer noch entfernteren Möglichkeit bestand, kam es im allgemeinen nicht zu Spontan- oder Kurzschlußreaktionen. Das überwiegende Bild war das einer generellen, seelischen Depression, einer gedrückten, traurigen Stimmungslage. Die lange Dauer der Sonderinternierung erzeugte bei vielen eine gewisse, seelische Stumpfheit, eine wenigstens äußerlich zur Schau getragene Verflachung des Gemütslebens. Die Gesamtnote des seelischen Habitus, die dem regelmäßigen Besucher, der trotz besten Willens immer ein Außenstehender, ein Fremder blieb, entgegenschlug, war die einer stumpfen Resignation, vergleichbar der eines gefangenen Wildtieres, das in einer Ecke seines Käfigs kauert und wilde Fluchtversuche ebenso wie das Interesse an seiner Umgebung überhaupt — scheinbar! — aufgegeben hat.

Die Ernährungslage war die gleiche wie in den übrigen Lagerflügeln, ja vielleicht noch etwas schlechter, da es hier mit größeren Schwierigkeiten verbunden war, Liebesgaben zu erhalten. Der Einfluß des Hungers mit den oben kurz geschilderten Folgen zeigte sich hier ebenfalls; aber der Drang nach Nahrung war in diesem Lagerflügel noch deutlicher übertönt durch den Drang nach Betäubungsmitteln, nach Tabak besonders, und viele der unterernährten Internierten, denen vom Arzt Zulagen bewilligt waren, versuchten, diese gegen kärgliche Tabakreste zu verkaufen. Versuche der Lagerleitung die allgemeine Stimmung durch kulturelle Veranstaltungen, z. B. Konzerte oder kleine Theater- oder Kabarettvorträge zu heben, wurden dankbar anerkannt und die Veranstaltungen waren auch immer sehr gut besucht: aber unmittelbar nachher war die gedrückte Stimmungslage wieder vorherrschend.

Suizide als Kurzschlußreaktionen kamen vor, gehörten aber doch zu den Seltenheiten. Zwei von den drei Fällen, die ich miterlebte, ereigneten sich, als die Auslieferung der Betreffenden an einen Oststaat praktisch zur Gewißheit wurde: der dritte Fall wies einen etwas komplizierteren Mechanismus auf. Hier war von einer Auslieferung, ja selbst von einer größeren Strafandrohung nicht die Rede. Es handelte sich um einen etwa 35 jährigen Mann, der seit drei Jahren von seiner Frau und zwei Kindern getrennt war. Eines Tages wurde in das nur durch einen Stacheldrahtzaun getrennte Nachbarlager ein Transport auslandsdeutscher Familien aus Dänemark eingeliefert. Der Betreffende verbrachte den ganzen Tag am Zaun und sah dem Spielen der Kinder zu: abends suchte er eine dunkle Ecke im Lager und erhängte sich. Der Anblick der spielenden Kinder hatte das Heimweh nach der eigenen Familie derart übermächtig werden lassen, daß der Unglückliche zu diesem letzten offenen Weg aus einer untragbar gewordenen Lebenssituation griff. Der Mann hatte sich bis dahin durch eine gleichmäßig ruhige Gelassenheit ausgezeichnet, vielleicht war er als deutlich introvertiert zu bezeichnen. Jedenfalls hatte er von seinen inneren Konflikten nie gesprochen, war aber doch nicht imstande gewesen, mit ihnen allein fertig zu werden.

Selten nur durchbrach aber die Angst alle Barrieren und verursachte ausgesprochen pathologische Erscheinungen. Das war aber immer nur dort der Fall, wo eine entsprechende Krankheitsbereitschaft bereits vorlag und die ängstliche Spannung nur die letzte auslösende Ursache war. Ein besonders deutlicher Fall sei kasuistisch geschildert:

H. C., Angehöriger des Sonderlagers, der wegen epileptischer Anfälle im Lagerlazarett lag, wurde mir wegen wiederholten Brotdiebstahls vorgeführt. Es handelte sich um einen etwa 21 jährigen blassen Leptosomen, der an einer traumatischen Epilepsie nach Kopfschuß litt. Er gestand die Diebstähle heftig weinend ein und versicherte, daß er nicht stehlen wolle, daß er aber, wenn er irgendwo Brot sähe, unter einem übermächtigen Zwang handle, „es" triebe ihn einfach dazu, das Brot zu nehmen. Hunger hätte er bei der ausreichenden Lazarettverpflegung eigentlich nicht, andere Nahrungsmittel, wie Wurst, Marmelade oder dergleichen, hat er nie an sich genommen, obwohl auch dazu Gelegenheit bestand. Nur gegen Brot sei er machtlos.

Als ich ihm ein Stück Brot entgegenhielt, begann er stark zu zittern und seine Augen füllten sich mit Tränen. Auf meine Aufforderung zuzugreifen, riß er den halben Laib an sich und begann ihn zu verschlingen. Nach mehreren Explorationen, wobei ich sein Vertrauen durch dauernde Brotgaben wachhielt, ergab sich folgendes:

Patient entstammte einer norddeutschen Hafenstadt und war das Kind einer völlig zerrütteten Ehe. Seine Mutter verließ ihren Mann, als der Explorant etwa 4 Jahre alt war, da sie die dauernden körperlichen Mißhandlungen durch den Mann nicht mehr ertragen konnte. Die Mutter hatte täglich Schläge und Tritte durch den betrunkenen Vater zu erdulden gehabt. Der Vater behielt das ihm zugesprochene Kind, um das er sich aber in keiner Weise kümmerte. Es mußte noch im vorschulpflichtigen Alter seine Nahrung von mitleidigen Fischweibern des Hafenviertels zusammenbetteln. Nachts kam der Vater immer betrunken und meist in Begleitung von einer oder zwei Dirnen heim, warf das schlafende Kind aus dem Bett und ließ es aus einer Ecke der Kammer den folgenden Orgien zusehen. Erst als Explorant fast 14 Jahre alt war, gelang es der Mutter mit Hilfe der Fürsorgerin, das völlig verwahrloste Kind zu sich zu nehmen. Die Frau hatte inzwischen einen Bäckermeister geheiratet, mit dem sie in glücklicher Ehe lebte. In diesem neuen Milieu blühte der Junge offensichtlich auf. Er arbeitete als Lehrling bei seinem Stiefvater und diese Zeit hält er für die glücklichste seines Lebens. Bei der Schilderung der zwei Jahre, die er im Hause der Mutter verbrachte, veränderte sich auch die körperliche Ausdrucksform des Exploranten: sein Auge wird hell und leuchtend, der wortkarge, ausdrucksarme und sprachgehemmte Mann redet plötzlich fließend und mit einem gewissen poetischen Schwung, er lächelt und bietet das Bild eines normalen, glücklichen Menschen, dem es sichtlich wohl tut, sich aussprechen zu dürfen. Demgemäß zeigt sich bei dieser Stelle auch der Prozeß der Übertragung in ungewöhnlich stürmischer Form: schon am Schluß der zweiten Sitzung fällt er mir um den Hals, versucht meine Hand zu küssen, nennt mich „Vater", usw.

Die weiteren Erlebnisse des Exploranten brachten ihn wiederum in Situationen, denen er nicht gewachsen war. Der Krieg hatte inzwischen schon einige Zeit gedauert, und er wurde mit 16 Jahren zunächst zum AD und ein Jahr später zur Wehrmacht eingezogen. Die AD- und Ausbildungszeit übergeht er mit wenigen Worten, er scheint diese noch relativ gut überstanden zu haben. Seine eigentliche Leidenszeit beginnt erst, als er, nach kurzem Frontdienst durch Kopfschuß verwundet, aus dem

Lazarett als bedingt arbeitsfähig entlassen wird. Er wird in eine SS-Gruppe eingeteilt, die in einem berüchtigten polnischen KZ Wachdienst tut, und wird als Bäcker in der Küche beschäftigt. Vom Küchenfenster aus beobachtet er Massenhinrichtungen durch MG-Feuer. Er weiß nicht, wieviel Menschen getötet wurden; es müßten mehr als 30 000 gewesen sein, die Erschießungen hätten tagelang gedauert. Während dieser Erzählungen verändert sich sein Gesichtsausdruck abermals: die Sprache bleibt zwar noch leidlich flüssig, aber seine Mimik wird maskenartig starr, die Pupillen erweitern sich bei fixiertem Blick (Angst!), schließlich wird die Sprache stockender, bis er plötzlich nach kurzer Pause entsetzt aufschreit „Die Kinder! Warum auch die Kinder —?!"

Nur mit Mühe und unter krampfhaftem Schluchzen erzählt er dann, daß er am letzten Tag der Hinrichtungen die Erschießung einer größeren Zahl jüdischer Kinder beobachtet habe und seine Umgebung erfolglos gebeten habe, diesem Treiben Einhalt zu tun.

Trotz dieser Aussprachen und der Übertragung ändert sich das Zustandsbild nicht. Nachts schreckt er häufig mit dem gleichen Schrei „Die Kinder!" aus dem Schlaf, geht im Krankenzimmer herum, ist kaum zu beruhigen und braucht andauernd, schon mit Rücksicht auf die gleichfalls schwerkranken Zimmergenossen, starkwirkende Schlafmittel. Er war überzeugt, nach Polen ausgeliefert und dort hingerichtet zu werden. Aus dieser Angst heraus unternahm er im Lazarett einen allerdings läppischen und durchaus unzulänglichen Suizidversuch. Er wurde schließlich trotz meines Protestes in das sogenannte Auslieferungslager versetzt; was weiter mit ihm geschah, konnte ich nicht erfahren.

Der Patient bietet meines Erachtens das Bild einer schweren Zwangsneurose auf dem Boden einer von Jugend auf zerstörten Persönlichkeit. Konstitutionell gutmütig, anlehnungsbedürftig, wenig begabt, wird sein seelisches Wachstum durch die freudlose Kindheit, das Fehlen der Mutter und die fortgesetzten psychischen Traumen bei gleichzeitiger körperlicher Verwahrlosung und häufigen, gesundheitsstörendem Schlafentzug schwer gehemmt und zurückgehalten. Die Möglichkeit einer gewissen seelischen Gesundung und Entspannung bieten die zwei Jahre im Mutterhaus mit ihrer Pflege und regelmäßigen, sinnvollen Arbeit. Das Glück dieser Zeit verdichtet sich bei seiner primitiven geistigen Konstitution im Brot zum Symbol: das Brot *ist* für ihn das Glück, deshalb greift er hemmungslos danach, wo immer er es sieht. Diese deutliche, fast oberflächliche Symbolbildung ist ja pathognostisch für die Zwangsneurose. Man könnte daneben auch an den von Brun geschilderten Isolierungszwang denken, an das Bestreben, Teildurchbrüche verpönter Triebregungen nachträglich dadurch unschädlich zu machen, daß man sie vom übrigen Wachdenken durch einen deutlichen Trennungsstrich isoliert: allerdings handelt es sich in unserem Fall nicht um eine verpönte Triebregung, sondern um eine verpönte Erinnerungsvorstellung mit starkem Schuldgefühl — eine solche ist nicht verdrängungsfähig, besonders nicht unter Lagerverhältnissen, welche das Schuldgefühl durch die Erwartung der Strafe lebendig erhält. Die Abwehr vollzog sich daher in dem übermächtigen Wunsch, diese ganze Zeit ungeschehen zu machen, wieder in jene Zeit zurücksinken, die er als die glücklichste bezeichnet und die sich im Brot symbolisiert. Mit dem Brot in der Hand lebt er wieder im Duft der Backstube, die Jahre seiner furchtbaren Erlebnisse sind noch nicht aus der Zeit emporgetaucht, er ist wieder glückliches Kind.

Die Sexualität spielt bei diesem Fall mit seinem kindlich unentwickelten Charakter keine Rolle. Es fand sich bei dem Exploranten eher eine dumpfe Abwehrstellung, die wohl auf die in der Kindheit mit Ekel und Widerwillen beobachteten Orgien des Vaters zurückgeht. Seine Erotik ist noch durchaus mutterfixiert, verbunden mit einem naiv-primitiven Vaterhaß.

Wie weit der Kopfschuß zu dem Persönlichkeitsbild beitrug, vermag ich nicht zu sagen. Ich habe den Eindruck, als ob die durch die Verletzung bedingte Epilepsie nur von untergeordneter Bedeutung war.

Der vorliegende Fall wurde ausführlicher geschildert, weil er wie kein anderer beweist, daß das Kriegs- und Lagererlebnis an sich zur Bildung echter Neurosen nicht ausreicht. Bei oberflächlicher Betrachtung hätte allerdings der suchtartige Brotdiebstahl mit dem Lager-Hunger, die Schlaflosigkeit etc. mit der Angst vor Strafe erklärt werden können: kausal aber lag dem Zustandsbild doch offensichtlich die durch die unnatürliche Kindheit und Jugend ausgelöste Psychopathie zugrunde, die den folgenden, ebenfalls im höchsten Grade unnatürlichen Kriegserlebnissen nicht mehr gewachsen war.

Daß selbst sichere Todeserwartung bei bestimmten Temperamenten nicht die geringste Reaktion auslösen muß, sei an zwei ganz heterogenen Beispielen gezeigt:

Das erste bezieht sich auf einen stumpfen, hypästhetischen Psychopathen von athletischem Körpertyp, bei dem ich aus äußeren Gründen zu keiner Analyse kam. Ich wurde zufällig Ohrenzeuge, wie er einem Mitinternierten ein Erlebnis aus seiner Tätigkeit als KZ-Wachmann beschrieb. Er war, als Badewärter beschäftigt, eines Nachts geweckt worden mit dem Befehl, 35 eben eingelieferte Kinder im Alter von 8—12 Jahren hinzurichten. Auf die entsetzte Frage des Gesprächspartners, ob er das denn getan habe, bejahte er das mit dem Hinweis auf den erhaltenen „Befehl" und schilderte seine grausige Tat vollkommen gleichmütig in allen Einzelheiten ohne die geringste, affektmäßige Beteiligung, wobei er jede persönliche Verantwortung strikt ablehnte. Er hätte nur als Werkzeug gehandelt. Der Mann, der kurz danach zur gerichtlichen Verhandlung und Aburteilung weggeholt wurde, zeigte niemals die geringsten Zeichen irgendwelcher Angst, Sorge oder gar Schuldgefühls: wohl deshalb, weil er solcher Regungen bei seiner flachen, primitivgefühlsarmen seelischen Konstitution überhaupt nicht fähig war.

Das Gegenstück dazu ist ein höherer Offizier, ein hochgebildeter, feinst differenzierter Mann von ausgeglichen-syntoner Gemütslage, dem zu Unrecht von einem Oststaat ein schweres Kriegsverbrechen vorgeworfen wurde, womit der Auslieferungsantrag verbunden war. Trotz der Schuldlosigkeit des Betroffenen war eine Auslieferung durchaus wahrscheinlich und in jenen chaotischen Tagen war eine Auslieferung oft genug gleichbedeutend mit gewaltsamem Tod noch vor einer ordnungsgemäßen Verhandlung. Trotzdem zeigte sich bei dem Mann nicht das geringste Angstgefühl. Er betrieb ruhig und sachlich seine Verteidigung, und sein stark ausgeprägtes religiöses Gefühl gab ihm das Empfinden fast vollkommener Sicherheit: auch hier, wo es sich im Gegensatz zu dem oben erwähnten Fall um einen ausgesprochen gemütsstarken, moralisch hoch verantwortungsbewußten Charakter handelte, verursachte die Überzeugung der Schuldlosigkeit und die in echtes Gottvertrauen sublimierte Angst der Kreatur keine äußerlich erkennbaren Abwehrsymptome, obwohl der Triebkonflikt doch ausgesprochen eindeutig war. Der Offizier ging ruhig und gelassen in das Auslieferungslager, tröstete noch seine Mitreisenden und war der seelische Halt seiner Gruppe. Zu meiner Freude hörte ich später, daß sein Vertrauen gerechtfertigt war und er entlassen wurde.

Ich glaube, mit meinen Ausführungen gezeigt zu haben, daß der Freiheitsentzug mit seinen schweren Störungen des normalen Trieblebens wohl imstande ist, abnorme Gruppen- und Einzelreaktionen zu erzeugen, daß es sich aber dabei um reversible Vorgänge handelt, die nach Aufhören auch eines sehr lange dauernden Freiheitsentzuges bei seelisch gesunden Menschen wieder verschwinden. Nur dort, wo eine aus der Kindheit stammende Neurosenbereitschaft besteht, kann das Lagerleben als auslösende Ursache für bleibende seelische Störungen angesprochen werden.

Zum Schlusse seien mir noch einige Bemerkungen gestattet, die zwar nicht zum eigentlichen Thema gehören, aber irgendwie in diesem Zusammenhang erwähnt werden sollen.

Zu Beginn dieser Arbeit wird das Problem des Freiheitsentzugs an sich kurz besprochen. Der Deutsche, der nach 12- oder mehrjähriger Abwesenheit in seine Heimat zurückkehrt, deren Menschen er in ihrer Wesensart zu kennen und zu verstehen glaubt, wird mit Trauer und Erschütterung bei einem großen Teil dieser Menschen, und zwar solchen, die einem realen Freiheitsentzug durch Haft, KZ, Gefangenschaft in dieser Periode *nicht* unterworfen waren, Erscheinungen feststellen, die auf dem latenten, chronisch gesteigerten Freiheitsentzug nicht allein der sechs Friedensjahre totalitärer Herrschaft, sondern vor allem auf der Absperrung des Volkes während der Jahre des totalen Krieges zu beruhen scheinen. Neben der Absperrung aber hatte die mit den Kriegsverhältnissen ursächlich verbundene und ständig zunehmende Verschlechterung der allgemeinen Wirtschaftslage und der davon abhängenden Ernährung ihren bestimmenden Einfluß. Von ganz besonderer Bedeutung aber erscheint mir die in diesen Jahren zunehmende Zerrüttung des natürlichen Rechtsbewußtseins zu sein, dessen öffentliche Handhabung und Pflege immer deutlicher nicht durch das abstrakte Recht, sondern durch die Macht bestimmt zu werden schien.

Diese groteske und im Leben der abendländischen Kulturvölker bis dahin unerhörte Situation wurde aber noch gesteigert durch die Ereignisse nach der Kapitulation, welche in ihrer Gesamtheit eine grausame Enttäuschung einer allgemeinen Hoffnung auf Befreiung vorstellen und welche die Absperrung von der Außenwelt nur scheinbar lüftete. Der hohe Stacheldrahtzaun, der sich längs der deutsch-holländischen Grenze bei Herzogenrath hinzieht, ist ein großartiges Symbol für die tatsächliche Situation, in der sich das deutsche Volk der Gegenwart befindet[1].

---

[1] Nach Durchsicht der Korrekturen kam mir der Bericht der „Neuen Zeitung" vom 4. 11. 1949 über das Interview mit dem englischen Historiker Arnold J. Toynbee in die Hände. Von besonderer Bedeutung für die im Schlußteil meiner Arbeit angedeuteten Gedankengänge erscheint mir seine Bemerkung, daß Deutschland seit 1914 isoliert sei. Toynbee sagt weiter wörtlich: „Deutschland ist ein wichtiger Faktor, aber nicht der Nabel der Welt. Ich bin ein englischer Historiker, aber ich habe noch nie England als Mittelpunkt der Welt angesehen."

Toynbee hat Recht. Die geistige Einheit Europas, die 1914 zerrissen wurde, ließ sich trotz vielfacher und ehrlich gemeinter Versuche seither nie mehr herstellen. Das wurde jedem deutlich, der die Spanne zwischen den Kriegen, so wie ich, im weiteren Ausland

Hier genügt zur Deutung eine Analyse der Triebhemmungen nicht mehr. Die beobachteten Erscheinungen sind am ehesten noch mit der Annahme einer allgemeinen Hemmung zu erklären: es handelt sich um eine deutliche Einschränlkung des Weltbildes durch den Entzug der Freizügigkeit, durch eine krampfhafte Egozentrik der Masse wie des Einzelnen mit einer gewissen Urteilstrübung, was durch das jahrelange, systematische Abschnüren von fremden Kultureinflüssen erzeugt sein mag, eine verkümmerte Entwicklung wirtschaftlicher Initiative und Reellität, was besonders bei jüngeren Kaufleuten und Handwerkern beobachtet werden kann, welche die Forderungen und Bedingungen einer freien Wirtschaft nie erlebt haben. Das gesamte, öffentliche Leben zeigt einen gewissen primitiv-selbstsüchtigen Zug, der meist mit dem Schlagwort einer „gesunkenen Moral" abgetan wird, aber wohl auf tiefere Ursachen zurückzuführen ist, zu deren Erörterung hier nicht der Raum ist, die aber zwingende Ähnlichkeiten mit der Entwicklung des öffentlichen Lebens einer Lagerbevölkerung aufweisen. Es genügt aber wohl, an dieser Stelle auf die Wichtigkeit dieses Themas zu verweisen und damit auch vom biologischen Gesichtspunkt auf die Gefahren einer totalitären Staatsführung aufmerksam zu machen, komme diese, woher auch immer, ob von einer Parteidiktatur oder von einem Besatzungsregime, das notgedrungen volksfremd sein muß und seinen eigenen Gesetzen folgt, die nicht immer frei von Ressentiment sein können. Aber die Grundlage zur Entfaltung einer biologisch wie psychologisch gesunden Persönlichkeit ist die Freiheit — und damit richtet sich jedes politische System von selbst, das zu seiner Sicherung den Freiheitsentzug braucht.

---

zugebracht hat. Somit wäre die Zeit nach 1933 nur als die ungemein deutliche Verschärfung eines Zustandes anzusehen, der vorher bereits mit allen seinen unheilvollen Auswirkungen bestand. Psychologisch gesehen, handelt es sich um die Entwicklung einer geistigen Situation, wie sie in krassester und fast grotesker Form hinter dem Stacheldraht beobachtet werden konnte, wo eines Tages die Frage auftaucht, wer nun eigentlich „hinter" dem Stacheldraht lebe — wir Internierten oder die anderen draußen. Diese Frage aber berührt m. E. den Kernpunkt dieses Geschehens und zeigt, daß eine Isolation niemals einseitig sein kann, sondern sich nach beiden Seiten auswirken muß. Der Isolierte versteht die Welt nicht mehr, aber ebensowenig versteht die Welt ihn. Die Würde und Selbstachtung eines großen Volkes, das Wesentliches zur Kultur und Zivilisation unserer Tage beigetragen hat, leidet unter der Isolierung, die zunächst nicht selbst gewünscht oder gar selbst verschuldet war — bis diese Isolierung als Reaktion auf die Ablehnung durch den Westen aus einer z. T. kindlich-negativistischen Einstellung heraus selbstgewollt wurde. Aber auch den anderen wurde dieses Volk immer fremder, wobei die Ablehnung, die zunächst aus der Haltung des Siegers erwuchs, durch unlustbetonte Affekte, eigene Schuld und Versäumnisse einzugestehen, noch vermehrt wurde. Aus Fremdheit und Isolierung aber muß Gegnerschaft erwachsen.

Dieser Nachtrag soll auf die gebieterische Notwendigkeit für beide Teile hinweisen, den unsichtbaren Stacheldraht um Deutschland abzutragen. Die europäischen Völker müssen ohne geistige Reservate den gemeinsam errungenen Besitz ihrer alten Kultur auch gemeinsam bewahren und weiter ausbauen, wenn nicht diese Kultur noch vor den Augen unserer Generation für immer versinken soll.

(*Dr. med. Oswald Urchs, (21b) Witten, Münzstr. 92a.*)

---

## Soziologische Probleme der Kriegsgefangenschaft in unserer Zeit.

Von

MAX ERNST GRAF SOLMS.

### I.

Wo hat die soziologische Fragestellung anzusetzen, die zur Erhellung von Gefangenschaftsproblemen unserer Zeit beitragen will? Beobachtend wird sie zunächst versuchen, die Gefangenschaft als sozialen Prozeß zu erfassen; ihr Thema ist also die Gestaltung und Wandlung sozialer Beziehungen der Gefangenen untereinander und mit dem Bewachungspersonal, die besondere Gestaltung und Wandlungsfähigkeit der Kontakte mit der Zivilbevölkerung und mit der Heimat (besonders auch nach der Entlassung). Sie wird insbesondere festzustellen suchen, ob und wie weit sich festere soziale Bindungen zwischen den Beteiligten herausbilden und Dauer haben, ferner ob und wieweit früher vorhandene Bindungen durch das Gefangenschaftserlebnis (auflösend oder verfestigend) berührt werden und ihrerseits auf die Gestaltung des Gefangenenlebens von Einfluß sind; schließlich, ob und wie weit spätere Bindungsgestaltung unter dem Einfluß der durchlebten Gefangenschaft steht.

Die uns zufallende Aufgabe enthebt uns zwar einer vollständigen Registrierung und systematischen Einordnung der hier zu beobachtenden Erscheinungen, aber sie zwingt uns, das Beobachtete in zwei Richtungen zu verarbeiten. Da wir die Probleme einer Erscheinung betrachten, die in unser gegenwärtiges Sozialgefüge aufs Nachhaltigste eingreift und andererseits sich auch in ihren Voraussetzungen als integrierender Bestandteil dieses Gefüges darstellt, muß neben die Analyse von einzelnen Erscheinungen und ihren möglichen Auswirkungen und Bewirktheiten wenigstens der Versuch treten, die spezifische Zuordnung des gesamten Problemkomplexes zum Sozialgeschehen unserer Zeit zu umreißen.

## II.

Was sich uns zunächst aufdrängt, sind doch folgende Tatsachen:

1. Hält seit dem ersten, besonders aber seit dem zweiten Weltkrieg die Kriegsgefangenschaft weitaus mehr Menschen für viel längere Zeitspannen ihren „normalen" sozialen Einordnungen fern als zuvor.
2. Beschränkt sich diese Ausdehnung (nach der Zeit wie nach der Zahl der Betroffenen) von Gefangenhaltungen in der jüngsten Zeit keineswegs auf die Kriegsgefangenschaft, sondern hat sich — mindestens in einer Reihe von Ländern- auch im nichtmilitärischen Leben ausgebreitet.
3. Sind neben der Ausbreitung dieser beiden Erscheinungskomplexe zeitlich beschränkte Fernhaltungen von „normaler" sozialer Einordnung eingeführt oder verallgemeinert worden, die zwar nicht zur Gefangenschaft zählen, aber als erzwingbare, längerdauernde und vielfach die Bewegungsfreiheit empfindlich einschränkende Verhältnisse (in erster Linie die Verallgemeinerung der militärischen, aber auch anderer mit Kasernierung verbundener Dienstverpflichtungen) in einigem Wesentlichen mit der Gefangenschaftssituation vergleichbar werden.

Als ein Hauptmerkmal der heutigen Gefangenschaftsproblematik erscheint also ein Quantitatives, wobei freilich mit Nachdruck darauf hinzuweisen ist, daß die breitere Bedrohung von Menschen mit längerdauernder Gefangenschaft durchaus qualitativ Neues in die Gestaltung unseres Soziallebens einführt: gerade aus diesem Qualitativen ist unser vertieftes und dringlicher gewordenes Interesse an der Kriegsgefangenschaft und der Gefangenschaft insgesamt zu verstehen. Die Bemerkung eines kriegsgefangenen französischen Psychologen[1], daß die Gefangenschaft heute nicht mehr als ein seltenes und flüchtiges Mißgeschick im Leben erscheinen könne, nicht mehr als Pause, sondern als ein Akt im Schauspiel unseres Lebens, geht zwar von jenem Zuwachs an Dauer und Umfassendheit aus, wird aber nur dann richtig verstanden, wenn das qualitative Moment auch in diesen Ausgangspunkten erfaßt ist. Das gegenüber früheren Abschnitten unserer neueren Geschichte Andersartige in der heutigen Gefangenschaftsproblematik steht in einem bestimmten sozialstrukturell-kulturellen Zusammenhang, ist durch dessen Gestaltung und Wandlungen geprägt. Unter dem Anstoß humanitärer Grundeinstellungen der sich rationalisierenden okzidentalen Moderne neigen die Rechtsanschauungen zunächst ganz allgemein dazu, die Gefangenhaltung gegenüber den Körperstrafen (besonders der Todesstrafe) zu bevorzugen. Verwirklichung und Verallgemeinerung dieser Tendenz setzen ausreichende Differenzierungen der Gefangenhaltungsformen, eine rationale Beschränkung der Gefangenschaftsindikationen (in den Grenzen des Strafgedankens) und überhaupt möglichste Zurückdrängung subjektiver Willkür voraus; sie sind an wirtschaftlich und technisch leistungsfähige Träger einer zweckentsprechenden Anstaltsverwahrung gebunden; sie sind vor allem abhängig vom Vorhandensein genügend entwickelter Verwaltungsapparate. Die Entwicklung der Kriegsgefangenschaft folgt im 19. Jahrhundert etwa dieser Linie, freilich durch das Fehlen eines kontinuierlich beanspruchten Apparates weniger folgerichtig ausgeformt. Auch die Zusammendrängung auf wirtschaftlich, organisatorisch und einstellungsmäßig nicht selten erheblich labilisierte kurze Zeiträume hemmt die feste Formung. Gemeinsam dagegen ist die humanitär-rationalisierende Tendenz, von uneinheitlicher, subjektiv-willkürlicher Gefangenenbehandlung (etwa noch der napoleonischen Kriege) zur einheitlichen, schematischen Disziplin der Gefangenenlager zu gelangen. Diese Neuordnung, mit ihren Vor- und Nachteilen für die Betroffenen, ist schon durch die Entwicklung zum Volksheer bedingt; sie ist andererseits an die organisatorischen und technischen Fähigkeiten zur Errichtung und Unterhaltung von Gefangenenlagern — eventuell auch zur geregelten Beschäftigung der Gefangenen gebunden. Dem Zwang, größere Kriegsgefangenenzahlen zu manipulieren und der Unmöglichkeit, Gefangene in eigene Dienste zu übernehmen, entspricht das Erfordernis eines wirtschaftlich leistungsfähigen Trägers der zusätzlich notwendigen Einrichtungen; mit zunehmenden Gefangenenzahlen kann es mehr und mehr nur von wirtschaftlich entwickelten Staaten erfüllt werden.

Diese Zuordnung der Gefangenschaftsproblematik im wesentlichen des 19. Jahrhunderts zur gesellschaftlich-kulturellen Gestalt der Zeit darf knapp und nur andeutend sein. Sie soll ja nur darauf hinweisen, wie die relativ einheitlichen kulturellen und gesellschaftlichen Gegebenheiten eines eng umgrenzten Gebietes (vor allem West- und Mitteleuropas) auch in relativ übereinstimmenden Gestaltungen des Gefangenenwesens ihren Ausdruck

[1] Cazeneuve, Jean: La psychologie du prisonnier de guerre, Paris, Presse univ. de Fr. 2. Aufl. 1945, S. 1.

finden: Selbst die bei diesen vorhandenen, besonders nationalen, Abweichungen mögen mit dort feststellbaren Eigenheiten in Einklang gebracht werden. Der Hinweis auf das 19. Jahrhundert freilich dient auch kontrastierender Hervorhebung der heutigen Eigenart. Denn aus der Gegenüberstellung wird deutlicher werden können, warum und inwieweit die Bedeutung einzelner Gefangenschaftsprobleme gerade in unserem heutigen sozialen Gefüge sich steigern mußte.

## III.

Die neueste Entwicklung der Gefangenschaftsphänomene, die aus dem im 19. Jahrhundert Hervorgebrachten herauswächst, scheint zunächst nur dessen quantitative Steigerung und vollständigere Ausformung zu sein. Zunächst beruht auch die Ausbau- und Differenzierungsfähigkeit des neuesten Gefangenenwesens auf der Bürokratisierungstendenz der okzidentalen Moderne (Max Weber): Denn nur als (staatliche oder private) rationale und fachlich-spezialisierte bürokratische Apparate sind die Verwaltungs- und Planungsstäbe dieses Gefangenenwesens der Handhabung größerer Menschenansammlungen gewachsen; vor allem gilt das, bezüglich der dabei notwendigen wirtschaftlichen Vorkehrungen:

Wer im zweiten Weltkrieg in Gefangenschaft geriet, konnte erkennen, mit welchem organisatorischen Aufwand und Erfolg zum Teil die Handhabung sehr großer Gefangenenzahlen durchgeführt wurde, und welche ungeheure Bedeutung die Leistungsfähigkeit moderner bürokratischer Methoden dabei erlangte. Gerade auch dort, wo eine stoßweise Überfüllung von Lagern eintrat (die britische Lösung in Norddeutschland, die von der Errichtung von Lagern absah und lediglich die Bewegungsfreiheit der Gefangenenmassen auf bestimmte Gebiete beschränkte, umging die Schwierigkeiten stoßweisen Anfalls unter der Voraussetzung eigener Subsistenzmittel bei den Gefangenenformationen), wo kein angemessener Verwaltungsapparat oder keine genügend schnelle technische Anpassung an wirtschaftliche (Versorgungs-) Probleme möglich war, ließ sich die Leistung intakter Apparate und ließen sich die wirtschaftlichen und technischen Voraussetzungen ihres Funktionierens ermessen (ein besonders deutliches Beispiel bietet die großräumige Verteilung alliierter Kriegsgefangenenlager auf überseeische Gebiete). Zu dieser ganzen Problematik findet sich reiches Material auch in Kogons „SS-Staat".

Wie diese technisch-organisatorischen und wirtschaftlichen Möglichkeiten aus vorher gelegten Grundlagen wuchsen, so auch der Rahmen, in dem sie stehen: der mit den Auseinandersetzungen der industriellen Wirtschaftsgesellschaft und mit dem Bevölkerungswachstum konfrontierte moderne Staat, die Grundeinstellungen zum Sozialleben und zu den Gefangenschaftsproblemen, die Institutionen, wie etwa das Volksheer; und in diesem allem sehen wir den Zug zu quantitativer Steigerung.

Wo nun ergibt sich hier ein auch qualitativ Neues, wie kommt es zustande und wie sind seine Auswirkungen? Zu denken ist vor allem an die Wandlungen des Gesellungscharakters auf Grund von Größenverschiebungen, dann aber auch an die im allgemeinen Ausweitungsvorgang notwendig sich ergebenden Disjunktionen und Neubindungen zwischen Komponenten dieses Prozesses[1]. Dieses und jenes tritt uns zunächst in der Gesamtstruktur, dann aber auch — und von den gesamtstrukturellen Wandlungen geprägt — im Gefangenschaftskomplex entgegen.

Es kann nicht unsere Aufgabe sein, die Steigerung der technisch-organisatorischen Fähigkeiten, die Errichtung fachlich spezialisierter und isolierter Apparate (und deren vielfach ganz unzulänglich verbundenes Neben- oder Gegeneinanderarbeiten) abzuhandeln; die Tatsache etwa, daß der technischen Bewältigung gegenüber es an der Fähigkeit zu einer Integrierung der Volksmassen mangelt (d. h. den Ausfall von Werten, die allgemein verpflichten können und haltungsbildend wirken), können wir nur feststellen. Jedenfalls ist die Loslösung der sich spezialisierend-isolierenden, ihr technisches Können verabsolutierenden Apparate von einer verpflichtenden Wertbindung auch für das Gefangenenwesen von entscheidender Bedeutung gewesen; stellt sie doch unbeschränkt vermehrbare, jedem Auftraggeber und jeder Zielsetzung zugängliche technisch-organisatorische Rationalität zur Verfügung:

Und zwar angesichts einer gesteigert spürbaren sozialen Labilisierung und Umschichtung, verschärfter Gegensätze nach innen und außen, des Massencharakters aller Probleme (zu denen auch das Problem der um ihre soziale Sicherheit besorgten Verwaltungsfachkräfte gehört). Man denke an die Errichtung von riesigen Organisationen des Kriegsgefangenenwesens aller Staaten und an die sehr großen Gefangenenlager, die durch diese Organisation errichtet und rein technisch verwaltet werden können; rein technisch (unter dem alleinigen Gesichtspunkt rationaler Verwaltungsprobleme) heißt aber z. B. auch: unter Inkaufnahme verzögerter Postverbindung der Gefangenen mit der Heimat (etc.), die um so quälender wird, je länger und unbestimmter die Gefangenschaftsdauer ist. Man denke weiter an die gegenüber dem Eigengewicht dieser Apparate fast notwendige Inkongruenz von Bemühungen etwa des Roten Kreuzes, der YMCA, auch staatlicher Erziehungsorgane bzw. -programme.

Und während so die Kriegsgefangenschaft verstärkt als Strafe erlebt werden kann, nähern sich ihr auf der anderen Seite die zivilen Gefangenschaftsformen überall dort, wo die Dauer der Gefangenschaft nicht mehr von vornherein und mit Sicherheit feststeht, und wo die Aufblähung der Apparate die gleichförmige Qualifizierung des Bewachungspersonals in Frage stellt.

Zuletzt mag noch an die nicht der Gefangenschaft zuzuzählenden, aber durch Abschließung vom normalen Leben zum Teil Ähnliches bewirkenden Daseinsformen gerade des deutschen Vorkriegs- und Kriegsmenschen (nicht seiner allein) erinnert werden: Ihr Dasein und ihre Auswirkungen müssen unser Interesse an der Aufhellung der Gefangenen-

[1] Schon auf Grund von Differenzierungen des Entwicklungsverlaufs, wie sie etwa Alfred Webers Kultursoziologie herausarbeitet.

problematik steigern, aber sie wirken auch in diese hinein. Dauer und Art der in ihnen verbrachten Zeit können die Einstellung des Gefangenen zur Gefangenschaft wesentlich beeinflussen. Etwa im Sinn einer Vorbereitung:

auf Härten und spezielle Anpassungsmöglichkeiten, besonders durch Abstumpfung gegenüber Primitivitäten; evt. allerdings auch, indem die Gefangenschaft als Fortsetzung und Verlängerung der vorangegangenen Zwangsverhältnisse um so drückender empfunden wird. Es ist dies besonders gegenüber Verallgemeinerungen hervorzuheben, deren sich zuweilen auch Cazeneuve schuldig macht (etwa Seite 58/59, 61, 69, 72, 78), der den Einordnungsvorgang ins Gefangenendasein im wesentlichen als ein aus ziviler Normalität fast unvermittelt in die Gefangenschaftssituation Geworfener zu erleben scheint.

## IV.

Unsere Betrachtung der Gesellungen heutiger Kriegsgefangenschaft geht vom Gefangenen aus, um die Beziehungen zwischen Gefangenen, zwischen ihnen und dem Bewachungspersonal (Bewahrungsapparat), den Zivilisten der gefangenhaltenden Nation (und dieser Nation insgesamt) und der Heimat zu erfassen. Zunächst also zu den Beziehungen der Gefangenen untereinander, die sich im wesentlichen im Rahmen der verschiedenen Formen von Kriegsgefangenenlagern bilden, wandeln, lösen. Ihnen soll dann ein kurzer Hinweis auf die Beziehungen zu den Bewachungsmannschaften bzw. zu Angehörigen der Bewahrungsmacht schlechthin folgen, denn von diesen beiden Beziehungskomplexen her werden ja die Einwirkungen der Gefangenenzeit auf die Einordnungsfähigkeit der Gefangenen greifbar. Die Beziehungen zur Heimat dagegen wollen wir einerseits im Rahmen dieser zwei Beziehungskomplexe (als gestaltende Einwirkung jener auf diese) und andererseits unter dem Gesichtspunkt der Wiedereingliederung von Kriegsgefangenen in das Gesellungsleben der Heimat behandeln. Denn:

die Unterbrechung der Heimatbeziehungen — soweit jedenfalls, als es sich um direkte Kontakte handelt, — ist doch eine der fürs Gefangenenleben charakteristischen Beschränkungen; ihre erhoffte Wiederaufnahme ist bestimmend für den Vorläufigkeitscharakter aller Gefangenengesellungen (den Cazeneuve hervorhob und dessen soziologische Relevanz zu beachten ist).

Welche Gesellungen, mit welchen typischen Eigenarten bilden sich zwischen den ihrer normalen sozialen Einordnung mehr oder minder unvermittelt entrissenen Kriegsgefangenen? Sie bringen ihre bisher erworbenen Einordnungs- und Durchsetzungsfähigkeiten und -gewohnheiten in eine abgeschlossene, mannigfach beschränkte und beschränkende Umgebung ein, um sie dieser Umgebung anzupassen — bei der notwendigen Anpassung hemmt sie obendrein immer wieder der Gedanke an die Vorläufigkeit des Gefangenendaseins. Die Problematik dieser Situation trifft alle Gesellungen, freilich die von der Umgebungsgestaltung relativ losgelösten Formen (etwa der persönlichen Freundschaft o. ä. zweier bzw. weniger Menschen) weniger unmittelbar. Diese letzteren Gesellungsformen entwickeln sich hier in eben derselben Mannigfaltigkeit wie sie es unter anderen erschwerten Daseinsbedingungen tun würden; sie zu betrachten sei uns deshalb erlassen, wenn auch die Auswertung diesbezüglicher Gefangenschaftserfahrungen für die Erkenntnis jener Formen (wegen der verschärften Anforderungen aus der speziellen Situation) allgemeine Beachtung verdient. Unsere Aufmerksamkeit muß sich statt dessen in erster Linie solchen Gesellungen zuwenden, deren Bildung und Entwicklung unmittelbar von der Tatsache des Gefangenseins und der Eingliederung in einen bestimmten Gefangenhaltungstyp bestimmt wird; Gesellungen also, deren Gefangenschaftsbestimmtheit sich nicht in dem Zufall des Zusammentreffens gerade dieses Individuums mit jenem oder jenen anderen (d. h. aber auch in der Bildung und Entwicklung dieses oder jenes individuellen Freundschaftspaares oder Schachvereins oder geistigen Austauschverhältnisses) erschöpft. Daß die Abgeschlossenheit der Gefangenschaft die Realisierungsmöglichkeiten für viele Gesellungsformen beschränkt, kann Anlaß geben, die von früher her vertrauten Formen auf ihre Anwendbarkeit zu prüfen und Anwendbares in höherem Maße auszuschöpfen, um den Ausfall anderer Gesellungsmöglichkeiten auszugleichen. Dabei interessiert uns vor allem, wann man sich veranlaßt sieht, derart auszugleichen (keineswegs regelmäßig); dann aber: welche von früher her vertraute Formen als Ausgleich für unanwendbar Gewordenes verstärkt herangezogen werden. Mit anderen Worten: es interessiert uns, an welche Teile der früheren sozialen Einordnungen angeknüpft werden kann und bevorzugt angeknüpft wird. Wir wollen daraus ersehen, welche Gleichgewichtsverschiebungen gegenüber dem „normalen", vielseitigeren Gesellungsleben eintreten, wieweit also neben den bekannten Ausfallserscheinungen (und diese akzentuierend) auch dasjenige nur einseitig genützt wird, das theoretisch bewahrt werden könnte. Denn wenn uns manche Umakzentuierungen als wertvoll erscheinen mögen, werden wir bei anderen trachten, ihre Auswirkungen auf das Zusammenleben nach der Gefangenschaft einzuschränken: auf Wege zu sinnen, wie dem Heimkehrer ein neues Gleichgewicht seiner sozialen Einordnung gezeigt werden kann.

Wenn wir eben von bekannten Ausfallserscheinungen sprachen, so meinen wir diejenigen Bindungen, die in der Abgeschlossenheit der Gefangenschaft schlechthin entbehrt werden müssen; bei ihnen kann die ergebene Hinnahme ihres Fehlens einer Wiedereingliederung in zivile Normalität ebenso abträglich sein, wie die Ergreifung sich anbietender Ersatzbindungen. Wir wissen, daß die mehr oder weniger vollständige Trennung der Geschlechter (im wesentlichen also das Fehlen des weiblichen Elements für die oft Jahre dauernde Einschließung im Lager) keineswegs nur die sexuelle Sphäre und das Familienleben trifft, sondern auch die Sicherung eines Minimums an Umgangsformen in Frage stellt (Cazeneuve). Neben und mit der Trennung der Geschlechter ist es die Trennung von der Familie und von einem verschieden gefaßten, engsten persönlichen Lebenskreis, für die sich kein gültiges Aushilfsmittel findet. Aber diese stark empfundene Unersetzbarkeit — d. h. Einzigartigkeit — bedeutet zugleich, daß ein Anknüpfen der Gefangenengesellungen an diese wie an jene Bindung nur im beschränktesten Maß möglich ist: sie mag das Verhalten von einzelnen zu ihren Mitgefangenen prägen, aber ihre Inhalte sind den Funktionen der typischen Gefangenengesellung fremd.

## V.

Von den Funktionen aus, denen die Gesellung der Kriegsgefangenen genügen muß, d. h. von der Behauptung gegenüber oft aufs äußerste erschwerten äußeren Lebensbedingungen und gegenüber seelischer Zermürbung aus, sind die Anknüpfungsmöglichkeiten an frühere Bindungen zu messen. Wichtigste Vorbedingung ist also die Bereitstellung von Formen und Verhaltensweisen, die den Belastungen des Lagerlebens angepaßt oder anpaßbar sind, und die sich möglichst schon in vergleichbaren Situationen bewährt haben. An erster Stelle steht deshalb — überall wenigstens, wo die Form des Gefangenenlagers vorherrscht — die Anknüpfung an militärische Gesellungsfähigkeit, wobei freilich auf verschiedenste Schichten in ihr zurückgegriffen wird.

Die Inanspruchnahme hierarchischer militärischer Unterordnungsformen empfiehlt sich den verantwortlichen Instanzen der Bewahrungsmächte, besonders gegenüber großen Gefangenenzahlen; deren Gliederung und Disziplinierung scheint am besten erreichbar (die militärische Disziplinierung will ja gerade den Problemen begegnen, die in der Herauslösung von Menschen aus ihren „natürlichen" sozialen Einordnungen begründet sind), wenn die dafür angewandten Mittel den Gefangenen wie den zur Bewachungsmannschaft gehörigen Soldaten geläufig sind. Bei dieser Bevorzugung der militärischen Form und bei ihrer zuweilen sinnlos-schematischen Anwendung ist auch der militärische Charakter der Administration des Kriegsgefangenenwesens von Bedeutung. Im einzelnen sind recht verschiedenartige Regelungen getroffen worden, wobei im allgemeinen mindestens ein Teil der Führungspositionen dieses Unterordnungs- und Disziplinierungssystems Gefangenen anvertraut wird: vor allem Unterführern (d. h. den in der täglichen Routine erprobten Dienstgraden), zum Teil auch Offizieren. Von den außerordentlich weitgespannten Abstufungen dieses Systems stellt die Gefangenhaltung des deutschen Afrikakorps einen Extremfall dar, nämlich die nicht wesentlich beeinträchtigte Weiterführung einer festgefügten Verbindung.

Nach vorübergehendem Niederbruch, unter dem Eindruck der tunesischen Waffenstreckung, bleibt die militärische Gliederung und Hierarchie des geschlossen gefangengenommenen Heeresteils in Funktion (bis etwa zur deutschen Kapitulation 1945). Entscheidend dafür war einerseits das Gewährenlassen der verantwortlichen Instanzen der Bewahrungsmächte, andererseits die Bereitschaft bei den Gefangenen, sich jener Hierarchie weiterhin (bzw., nach Tunis, wieder) unterzuordnen. Diese Unterordnung gründete sich vor allem auf illusionäre Vorstellungen über die deutschen Kriegschancen, die besonders von einer Schicht von Offizieren und Unterführern propagandistisch wiederbelebt wurden. Das System der hinter Stacheldraht „wartenden" Armee vermochte es, nicht nur militärische Disziplin, sondern auch (mittels fehmeartiger Terrorisierung) einen den innerdeutschen Verhältnissen entsprechenden Meinungszwang auszuüben.

Wie gesagt, es handelt sich hier um einen Extremfall, und auf Grund autonomer militärischer Unterordnungsformen finden sich geschlossene Gruppen außerdem nur in vorübergehenden Gefangenschaftssituationen wieder. Die räumliche Gliederung des Kriegsgefangenenlagers („cages" etc.) und die von den Bewahrungsmächten aufgestellten Arbeitseinheiten der Kriegsgefangenen kennen zwar militärische Unterordnung und Disziplinierung, die aber keineswegs typisch zu echten Gruppen führen. Echte Gruppenbildung (mit den Mitgliedern bewußtem Gruppenzusammenhalt, Gruppentradition und -ausrichtung) im Rahmen jener räumlichen Gliederungen und dieser Arbeitseinheiten sind vorwiegend auf andere Anknüpfungspunkte verwiesen. In den großen Lagern und ihren „cages" bleiben die Gesellungen der Gesamtheit der Gefangenen vielfach durchaus unentwickelt, aber einzelne, zahlenmäßig kleine Gruppen verfügen der diffusen Masse gegenüber über wirkliche Machtpositionen. Diese echten Gruppen knüpfen zwar an militärische Bindungen an, aber nur sehr beschränkt an die vom Dienstreglement vorgeschriebenen Formen. Zunächst handelt es sich da um die Erhaltung von Formationszusammenhängen durch qualifizierte Vorgesetzte (vor allem bei gemeinsamer Gefangennahme einer Formation oder eines Formationsrestes entstanden, und bis zu erzwungener Trennung dauernd), ferner handelt es sich um die Bildung von Kameradschaftsgruppen vor oder während der Gefangenschaft. Für den ersten Fall ist das Überordnungsverhältnis des Vorgesetzten noch konstitutiv, wenn auch nicht es allein, seine persönlichen Qualitäten und ihre Bewährung in der Gefangenschaft verbürgen den Zusammenhalt:

Wir kannten einen Unteroffizier einer Flakbatterie, der seine Flakhelfer auf dem Transport ins Lager zusammenhielt, ihre Verpflegung und ihre gegenseitige Hilfeleistung auf dem Marsch organisierte, sich im Lager um ihre angemessene Beschäftigung und ihre Weiterbildung kümmerte und bemüht war, sie moralisch aufrecht zu erhalten: bis diese Gruppe durch die Lagerverwaltung getrennt wurde, blieb sie als Gruppe (mit einzelnen Ausnahmen) lebendig.

Für die zweite Kategorie dagegen ist die Vorgesetzteneigenschaft des die Gruppe leitenden Mitgliedes wesentlich akzessorisch. Denn diese Kameradschaftsgruppen, die die Vorteile der gegenseitigen Unterstützung durch selbsterworbene kriegs- bzw. militärische Erfahrungen erkannten und sich dementsprechend auch in der Gefangenschaft gemeinsam zu behaupten suchen, diese Kameradschaftsgruppen also knüpfen doch nicht an die hierarchische und disziplinäre Bindung des militärischen Apparats an, sondern an ihre Selbstbehauptungserfahrungen sowohl gegenüber diesem Apparat als auch in den Kampfhandlungen (wo sich der Wert einer zuverlässigen und gutgeleiteten Gruppe erwiesen hatte). Der Unterführer kann in einer solchen Gruppe kraft größerer Erfahrung und Fähigkeit (besonders auch bei der Wahrung des Gruppenzusammenhalts) oder kraft einer nur für Unterführer zugänglichen Position einen Vorsprung gewinnen, aber grundsätzliche Anerkennung dienstgradmäßig gestufter Führungsansprüche wären für die kameradschaftliche Gemeinschaft durchaus untypisch.

## VI.

Wo liegt nun das Wirkungsfeld gerade dieser weitverbreiteten Gesellungen, in welcher Weise erfüllen sie ihre Funktionen? Die Selbstbehauptung der Einzelnen gegen schwierige äußere Bedingungen durch den Zusammenhalt zu unterstützen stellt um so größere Aufgaben, je schwieriger jene Bedingungen sind: also vor allem in großen Lagern mit dürftiger Unterbringung und Verpflegung. Oben haben wir schon darauf hingewiesen, daß in solchen Lagern zwar die Masse der Gefangenen ohne stärkere Gesellungsbildung bleibt, dagegen kleine Gruppen (vor allem durch Besetzung der Verwaltung, die — unter anderem — personelle Stabilität sichert) Machtpositionen ausbauen; demgegenüber ist in den kleineren und meist besser versorgten (zum Teil durch die Möglichkeit bei der Arbeit zu „organisieren") Arbeitseinheiten der allgemeine Zusammenhang stärker und die Stellung der kleinen Gruppen ausgeglichener. Gerade im Fall der großen Lager mit schlechten Bedingungen sehen wir als gefährliche Kehrseite der Kameradschaft einen vielmals brutalen Gruppenegoismus[1], der sich vor allem dort auslebt, wo die Masse der Gefangenen fluktuiert und eine kleine Gruppe den Lagerapparat monopolistisch innehat (anders liegt der Fall in den von Kogon und Rousset beschriebenen Konzentrationslagern, wo ebenfalls über einer unerfaßten Masse eine politische Weltanschauungsgruppe auf Leben und Tod gegen eine Gruppe der kriminellen Häftlinge kämpfte: ähnliche Kämpfe, aber angesichts besserer äußerer Bedingungen ohne jene tödliche Erbarmungslosigkeit, werden auch aus einigen Kriegsgefangenenlagern berichtet).

Gruppenegoismus als Produkt der Erfahrungen aus Krieg und Kaserne wird vielleicht richtiger in den Gruppen der Arbeitseinheiten erfaßt; denn die machtausübenden kleinen Gruppen großer Lager (in denen die Masse der Gefangenen zwar dem Lagerapparat unterworfen und als sein Objekt durch ihn un dfür seine Zwecke gegliedert ist, aber darüber hinaus nur schwache Ansätze eigenständiger Gesellungen entwickelt: selten echte Gruppen, vorwiegend lose Zuordnungsgebilde) werden notwendig in eine eigentümliche Zwischenstellung zwischen Gefangenen und Lagerverwaltung gedrängt, die gesonderter Untersuchung bedürfte[1]. Es ist wichtig zu wissen, daß auch die derart gesteigerte Form des Gruppenegoismus eine ihrer Wurzeln im kameradschaftlichen Zusammenstehen hat, aber es ist bei der Beschränkung unserer Darlegungen ergiebiger, von weniger extremen Ausformungen jenes Gruppenegoismus zu reden.

Die Gruppe in den Arbeitseinheiten der Kriegsgefangenen verdeutlicht einen weitergespannten Kreis von Möglichkeiten, sich gegen äußeres Ungemach und seelische Belastung zu behaupten. Die Problematik der Kameradschaft, auf die wir hinwiesen, wird differenzierter sichtbar und die Bedeutung militärischer Einordnungstraditionen kann als Vehikel anderer Inhalte schärfer umrissen werden. Diese Gruppen finden sich nach Aufgabenkreis (Arbeits- und Berufsgruppen), Wohnungsgemeinschaft, gemeinsamen Überzeugungen, Geselligkeitsneigungen, nach dem Alter, der Volkszugehörigkeit, dem Bildungsgrad u. ä. (alles das in mannigfachen Überschneidungen) zusammen. In den gegenüber dem großen Lager differenzierteren und im allgemeinen leichter ertragbaren Verhältnissen besteht durchaus auch die Möglichkeit von Kämpfen zwischen den Gruppen und von Ausschließlichkeitsansprüchen gegenüber Außenstehenden; wobei Gruppierungs- und Auseinandersetzungsformen an die in Kaserne und Krieg erworbenen Durchsetzungserfahrungen anknüpfen (bei der „Behandlung" der Vorgesetzten bzw. jetzt Bewachungsorgane, d. h.

[1] Auf dieses Problem haben wir gegenüber einem gefühlsbetonten Lob der Kameradschaft: als Ordnungsprinzip fürs industrielle Betriebsleben, ·hingewiesen. Kölner Zeitsch. für Soziologie I (1948/49) S 497·

[1] Material dazu bei Kogon; vgl. auch den Hinweis bei Rousset, D.: „L'univers concentrationnaire",Paris(Pavois)1946, S.177—179.

in der Fähigkeit, sich gegenüber deren Bequemlichkeit und Inkompetenz unentbehrlich zu machen, Beziehungen und Tricks anzuwenden; außerdem aber im Bemühen, brauchbare Gruppengenossen zu gewinnen). Die allgemeine Gefahr des Gruppenegoismus droht auch hier ihre spezielle Form aus dem militärischen Erfahrungsbereich anzunehmen, nämlich der Verquickung von Gruppenegoismus und Vorgesetztenpositionen. Aber wenn auch hier sachliche Gesichtspunkte vielfach nicht voll zum Zug kommen, so doch wenigstens im stärkeren Maß: Beruf und Arbeit haben schon von der Zielsetzung der Arbeitslager aus stärkeres Gewicht; anderes deshalb, weil die nackte Fristung der leiblichen Existenz nicht mehr das ganze Trachten der Gefangenen erfüllt: Bei schlechten Verhältnissen schrumpft eben nach allen Berichten die Gesellungsbildung und das Gesellungsleben mit Ausnahme jener Formen, die für ihre Teilnehmer die primitivsten Existenzsorgen beseitigen.

## VII.

Die gesteigerte und allgemeinere Bedeutung etwa beruflicher, aber auch weltanschaulicher und geselliger Gruppierungen im Arbeitslager (bzw. in Lagern, die nicht unter zu schlechten äußeren Bedingungen stehen) kann immerhin eine Wiedereingliederung in die sozialen Gliederungen der Heimat vorbereiten, ohne freilich die diese Wiedereinordnung hemmenden Eigenarten jedes Gefangenendaseins zu beheben. Betrachten wir als Beispiele die altersmäßige Zusammensetzung der Gruppen sowie die geselligkeits- und die überzeugungsbestimmte Gruppe: Die Zusammensetzung der kameradschaftlichen Gruppen in den Anfangsstadien der Gefangenschaft, also gegenüber schwierigen und ungewissen Bedingungen, knüpft zum Teil an Zusammenhänge der Vorgefangenschaftszeit (Formationen u. ä.) an; auch hier schon ist eine Auslese nach der Durchsetzungskraft und Einordnungsfähigkeit der Einzubeziehenden zu treffen. Das kann die Einbeziehung spezieller Fähigkeiten fördern, d. h. einer ausgewogenen Mischung von Fähigkeiten günstig sein (so in jeder in Machtkämpfe eintretenden Gruppe) oder aber im Sinn eines Zusammenschlusses indifferenziert Widerstandsfähiger: etwa junger, kräftiger, kameradschaftlicher Menschen gehandhabt werden; hier wie dort aber ist die Aufnahme der weniger Durchsetzungskräftigen beschränkt und das Verhältnis der Altersgruppen zueinander „entnormalisiert“: einzelne Ältere können als Anreger einen Kreis von Jüngeren um sich sammeln, aber von einer allgemein dem Älteren bezeigten Achtung oder Aufmerksamkeit kann offenbar weit weniger gesprochen werden als im zivilen Zusammenleben. Im allgemeinen besagen die Beobachtungen übereinstimmend, daß der Ältere (vor allem etwa der um und über 50jährige) sich vielfach schlechter in die Entbehrungen des Lagers schickt; das ist ja erklärlich durch seine festere Eingliederung ins Sozialgefüge der Heimat und seine deshalb weniger wirksame Formung durch das Militärleben. Die wache Erinnerung an deren Verlust isoliert ihn im Lager, indem sie ihm die Vorläufigkeit der Gefangenschaftssituation unterstreicht und in der Klage über seinen Verlust (nicht selten im Verein mit seinesgleichen) die Einordnung in eine Lagergemeinschaft mindert. Die schlechtere Anpassungsfähigkeit äußert sich andererseits zuweilen in besonders rücksichtslosen Versuchen der Selbstbehauptung, die mit dem naiven Anspruch des Alters auf Achtung verknüpft werden und gerade dadurch jede echte Achtung zerstören. Die Situation des Arbeitslagers nun, mit ihren im allgemeinen besseren Lebensbedingungen und der Heimatsituation näheren Einordnungen gibt den im Arbeitslager befindlichen Älteren (zumal, wenn im eigenen Beruf beschäftigt) nun wieder Gelegenheit zu echter Überlegenheit zu gelangen (gerade gegenüber erstmals mit beruflicher Arbeit konfrontierten jüngeren Gefangenen). Wenn der Charakter des Generationenverhältnisses schon auf diese Weise normalisiert wird, d. h. die Gruppenbildungen auf eine Mischung der Altersklassen hin tendieren, so kommen andererseits die besseren äußeren Lebensbedingungen der Bereitschaft entgegen, auch den wenig durchsetzungsfähigen Mitgefangenen weiterzuhelfen.

Zur Geselligkeit nun, d. h. zum Versuch der Gefangenen, die seelisch bedrückende Abgeschlossenheit erträglicher zu gestalten: Auch hier ist offenbar das große Lager benachteiligt, jedenfalls soweit die Energien gar zu ausschließlich der äußeren Existenzerhaltung gehören; auch, wo das nicht mehr der Fall ist, scheint das kleinere, stärker in Gruppen gegliederte (Arbeits-) Lager die Entfaltung von Geselligkeit zu begünstigen; diese wird von einigen Gruppen getragen und reizt andere Gruppen zu wetteifernder Nachahmung an — „aus den Gruppen selbst wurden Vorträge und Konzerte organisiert, um dem Einfluß einer Folge von qualitativ nicht guten Kabarettveranstaltungen zu begegnen; eine Ausstellung von kunsthandwerklichen Produkten zog eine andere von Aquarellen nach sich, ein einseitig aufgebautes Vortragsprogramm zeitigte Gegenvorschläge einer anderen Gruppe und Kurse, Konzerte, Wetteifer in der Wohnraumgestaltung usw. folgten einander in der gleichen Weise. Umgekehrt wieder bewirkten diese Aktivitäten die Verfestigung und manchmal die Neubildung von Gruppen oder Zuordnungen (Zeltgemeinschaften wie Briefmarkensammler und Schachspieler, Musiker wie Sportsleute und in einem weiteren Sinn das ganze Lager)." So lautet ein unseren eigenen Erfahrungen weitgehend entsprechender Bericht.

Geselligkeit des Arbeitslagers ist der des zivilen Alltags gerade auch in ihrer Beschränkung auf die Freizeit nähergerückt; ihre Möglichkeiten sind dadurch im Vergleich zum großen Lager begrenzt, das allein solche Einrichtungen wie etwa eine „Lageruniversität" zu tragen vermag; aber die Geselligkeit des großen Lagers ist viel stärker von Abstumpfung inmitten der großen Zahl zielloser und wartender Menschen und von der gegengewichtslosen Belästigung der Appelle u. ä. Disziplinarmaßnahmen bedroht. Daß die Bemühungen um Geselligkeit in beiden Lagerformen Ausgleich für das infolge der Abgeschlossenheit Entbehrte sein wollen, wird vor allem dann sichtbar, wenn das Regime des geschlossenen Lagers durch Arbeitseinsatz in der Umgebung und Möglichkeiten zu gelegentlichem Ausgang abgelöst wird: Vieles, was ausgebaut worden war, verschwindet oder verliert entscheidend an Intensität.

Kommen wir nun zu den Zuordnungen und Gruppenbildungen auf Grund gemeinsamer, besonders politischer oder religiöser Überzeugung. Auch hier zeigt uns der Meinungszwang des Afrikakorps einen Extremfall, der sich aber typisch in die Gesellungsgestaltungen einer Mehrzahl von Lagern deutscher Kriegsgefangener vor der Kapitulation einordnen läßt. In diesen trat zwar die nationalsozialistische Staatsideologie nicht durchweg offen zutage, wurde aber immer wieder in Reaktionen aller Art sichtbar. Von einer begrenzten Schicht (der auch ein Teil der mit Lagerpositionen betrauten Unterführer angehörte) verfochten, konnte sie auch in nicht extremen Fällen die moralische Abwertung abweichender Anschauungen bis zu verwaltungsmäßigen Schikanen und boykottartiger Meidung steigern. Auch wo die Gefangennahme (in Tunis oder sonstwo) als Zusammenbruch illusionärer Siegeszuversicht empfunden worden war und zunächst die militärischen Bindungen gelockert hatte, ging dieser Schock vorüber; die jahrelange Beeinflussung, die die Verarbeitung aller Erfahrungen prägen konnte (z. B. „sie behandeln uns gut, weil sie Angst vor uns haben" usw.) und so die Wiederbelebung jener Illusion förderte, erlaubte es, den Verfechtern der Staatsideologie, die abweichenden Einstellungen zu brandmarken und obendrein den notwendigen Kameradschaftszusammenhalt mit der Anerkennung ihrer ideologischen und disziplinären Führung zu identifizieren. Der Konformismus der Masse der Gefangenen in jenen Lagern erweist, daß für sie der jeder Kriegsgefangenschaft (und jeder Gefangenschaft, die nicht die Gewähr festbegrenzter Gefangenschaftsdauer bietet) anhaftende Vorläufigkeitscharakter spezifisch gesteigert war. Die an sich schon durch den Wunsch nach Heimkehr behinderte realistische Anpassung an die Gefangenschaftssituation wurde durch die Züchtung von Ressentiments gegen innere und äußere Feinde und durch Illusionen über die Zukunft weiter erschwert und die notwendig folgende Enttäuschung und Desorientiertheit vertieft.

Zu der Bildung konkurrierender politischer Gruppen nach Wegfall des Meinungszwangs bietet unserer Material nur Andeutungen. Politische Diskussion und Lektüre, eventuell Anschluß an ältere politisch Interessierte, enge Bindung des Interesses an die praktischen Probleme, die aus den spärlichen Zeitungsnachrichten (nicht selten aus mißverstandenen oder willkürlich ausgewählten fremdsprachigen Zeitungsausschnitten) entnommen werden konnten, erschöpfen vielfach das in dieser Beziehung Vorhandene. Die Leichtgläubigkeit des Kriegsgefangenen gegenüber „Parolen", die Erhofftes oder Befürchtetes zu bestätigen scheinen, und sein Mißtrauen nach Enttäuschungen sind gerade hier von Bedeutung; sie erschweren engere und dauerhafte Bindungen an bisher nicht vertraute Meinungen; wieweit auch hier „abgewartet" wird, bis die Rückkehr in die Heimat einen vollständigeren Einblick in die Probleme gestattet, kann von uns nicht entschieden werden.

Bedeutendere Abweichungen von diesem Bild scheinen uns nur dort vorzuliegen, wo einerseits eine Konzentrierung politisch festgelegter Gefangener stattfand und andererseits von der Bewahrungsmacht aus ernsthafte Schritte zur Förderung politischer Meinungsbildung unternommen wurden (Ansätze zu solcher Meinungsbildung mögen auch in den Fällen etwa freier Vertrauensmännerwahl gesehen werden). Elendslager scheinen politisch wie auch im übrigen schlecht erfaßbar für Gesellungsbildungen, soweit nicht Verbesserungen für die äußere Existenz erwartet werden konnten. Die Bedeutung dieser Lager für die Ansammlung von Ressentiments steht dabei außer Zweifel.

Die Aussagen unseres Materials zur religiös bestimmten Gruppenbildung der Kriegsgefangenen sind nicht durchweg einheitlich und beschränken daher unsere Aussagen. Hinzuweisen wäre auf die Bedeutung solcher Gruppen gegenüber dem erwähnten Meinungszwang: Religiös bestimmte Bindungen waren ja dort (schon in Anlehnung an die Institution der Wehrmachtspfarrer) geduldet, wenn sie auch zum Teil beargwöhnt wurden. Diese Gruppen haben in der Tat als Gegenpole fungieren können, wo etwa der Weg über den Pfarrer das

Beziehungsmonopol einer diensthabenden Unterführergruppe zu den Bewachungsinstanzen brechen und den auch geistigen Führungsanspruch jener Gruppe in Frage stellen konnte. Von Bedeutung war hier etwa die Verwaltung der YMCA-Bücherspenden durch den Geistlichen, die deshalb in einem uns bekannten Fall heftig umstritten worden ist. Zur Zusammensetzung der Gemeinden und anderer religiös bestimmter Gruppierungen nur einige Andeutungen: insgesamt schwach vertreten scheinen die Jugendlichen, am stärksten und aktivsten dagegen die Altersklassen zwischen 25 und 40 Jahren; und von den aktiveren Mitgliedern war — soweit beobachtet — ein größerer Teil schon in der Heimat dem kirchlichen Leben verbunden (nicht selten ländlicher Herkunft). Über die Anknüpfung an frühere Einordnungen gerade dieser Schichten geht freilich religiöse Gruppenbildung weit hinaus; sie beschränkt sich auch nicht darauf, eine Abschirmung gegen den Meinungszwang und einen wenigstens beschränkten Rückhalt an den Verbandskörpern der Kirchen mit ihrer (etwa in der YMCA-Tätigkeit sinnfälligen) Gefangenenbetreuung in Anspruch zu nehmen. Obwohl mit großen Unterschieden der Intensität und der erfaßten Gefangenenanteile drängt vielfach die Fragwürdigkeit der Gefangenschaftssituation im Elendslager wie in der Arbeitseinheit zur Beschäftigung gerade mit religiösen Fragestellungen. Freilich vielfach kritisch-skeptisch, d. h. erst nach Überwindung von Kritik und Skepsis zum Gruppenanschluß führen könnend. Wenn mehrfach berichtet wird, daß in Lagern mit schlechten Lebensbedingungen (die freilich doch noch gewisse Kraftreserven verfügbar sein lassen) die Bereitschaft „vom Pfarrer sich etwas geben zu lassen" gesteigert vorhanden gewesen sei, und daß eine darauf folgende Besserung der Lagerverhältnisse mit allgemeiner Zunahme gegenseitiger Überdrüssigkeit (es handelt sich um Lager ohne Arbeitsgelegenheit!) auch eine stärkere Abschließung gegenüber religiösen Fragen gebracht habe, so ist das nicht ohne weiteres zu verallgemeinern, jedoch Hinweis auf typische Zusammenhänge. Eine Ergänzung gibt vielleicht die Erfahrung aus einem weiteren Lager, das ebenfalls eine schlechte Zeit hinter sich hatte und dessen Insassen nun in der Erinnerung an diese Zeiten verbittert und abgestumpft nebeneinander herlebten; hier wurde das geringe Interesse am religiösen Zusammenhalt mit der Enttäuschung von (wohl unerfüllbar hochgespannten) Erwartungen begründet, die man in die den Pfarrern verfügbaren Abhilfemittel gesetzt hatte.

Es ist nun noch kurz nach den Beziehungen zu fragen, die zwischen Kriegsgefangenen und Bewachungsorganen, Bewahrungsmacht und Zivilisten des Bewahrungslandes sich knüpften. Übergangen seien die Fälle schlechter (brutaler, schikanöser usw.) Behandlung durch die Wachmannschaften mit ihren relativ eindeutigen Folgen von Feindschaft, Haß, Ressentiment: Was aus ihnen für die sozialen Zusammenhänge zu erwarten ist, wird in einigen uns wesentlichen Punkten am Schluß dieses Aufsatzes zu betrachten sein.

Komplexer scheinen uns die Probleme bei korrektem Benehmen des Wachpersonals zu liegen, wobei sich einerseits zwischen einzelnen Gefangenen und Wachleuten die ganze Skala persönlicher Bindungen entwickelt, wo aber andererseits (aus vorhergegangenen schlechten Erfahrungen oder aus der Erkenntnis der zwischen diesen und jenen nach wie vor bestehenden Kluft oder aus der Unfähigkeit, sich aus der einmal angenommenen Freund-Feind-Betrachtung zu lösen) jede Beziehungsanbahnung verhindert werden mag. Positive Beziehungen zwischen korrektem Wachpersonal und Gefangenengruppen scheinen deshalb relativ selten.

Besonders gelagert sind einerseits die Verbindungen einer im internen Machtkampf siegreichen korrupten Gefangenengruppe mit Teilen des Wachpersonals: Zunächst „geschäftlich", dann aber weit darüber hinaus gehend; auf der anderen Seite sind aber auch Verbindungen zwischen Gefangenen und Wachpersonal auf der Ebene gemeinsamer Überzeugungen (etwa politischer oder religiöser Art) von anfänglicher Zurückhaltung zu lebendigem und den Mitgefangenen wertvollem Zusammenhalt (möglicherweise an echten Gruppencharakter heranreichend) gelangt.

Beziehungen zu den Zivilisten des Landes kommen gelegentlich der Arbeit außerhalb eines Lagers zustande, vor allem bei Ersetzung des Lagerregimes durch in verschiedenem Grad „freie" Arbeit bei Zivilisten. Wo im ersten Fall, d. h. bei der meist gruppenweisen Arbeit unter Bewachung und von einem Lager aus, eine Gefangenengruppe in Berührung mit angstvoll oder triumphierend erregten oder gar mit von frischen Ressentiments erfüllten Zivilisten kommt, führt diese Begegnung leicht zur Verdichtung eigener Ressentiments bei vielen Gefangenen, d. h. zu einem Zerrbild von der Feindseligkeit der betreffenden Zivilbevölkerung. Obwohl ruhiges Abwägen bei einzelnen vorhanden ist, wirkt dieser Eindruck nachhaltig auf die Gruppe ein. Bei Fehlen des eben angenommenen Erregungszustandes bedeutet die Berührung mit Zivilisten vielfach eine Anregung zu ruhiger Besinnung, zum Vergleich fremder und eigener Lebensführung und zum Abbau von Vorurteilen. Die hier gemeinten Begegnungen vermitteln freilich durchweg weniger intensive Eindrücke als die — mehr oder weniger — von

Lager und Bewachung losgelöste Arbeit bei Zivilisten.

Nach Erfahrungen und Berichten aus Kriegs- wie Nachkriegszeit und von dieser wie jener Seite ist diese Art der Berührung zwischen „feindlichen" Völkern überwiegend fruchtbar gewesen. Bekannt ist, daß beträchtliche Teile der Zivilbevölkerung sich überall über die Verbote hinweggesetzt haben, zu den bei ihnen beschäftigten Gefangenen in ein persönlich gutes Verhältnis (über die Arbeitsbeziehungen hinaus) zu kommen. Die dabei entstandenen Beziehungen wurden in nicht seltenen Fällen auch nach der Heimkehr aufrecht erhalten. Daß ihre Form außerordentlich verschieden war, ergibt sich schon aus der Lösung vom Lagerrahmen: Wohn- und Arbeitsplatzgemeinschaft mehrerer Gefangener oder Einzelgängertum mit Wohngelegenheit in einer Familie; Art der Beschäftigung (wichtig vor allem, ob im alten Beruf) und Größe des Betriebs; ferner Verdienstmöglichkeit, Grad der Bewegungsfreiheit, Landschaft und Siedlung; schließlich besondere Gelegenheiten, in denen sich die menschliche Beziehung positiv bewähren mußte (etwa Fürsorge in Krankheitsfällen): Alles das verschiebt die Berührungspunkte. Auf jeden Fall aber konnte diese Zeit dem Gefangenen nicht nur Einblicke in fremdes Alltagserleben vermitteln (der Kontrast zum Lager erhöhte die Aufnahmefähigkeit), sondern auch durch vielfache, „normale" Gesellungsmöglichkeiten die Wiedereinordnung in der Heimat vorbereiten; nicht zuletzt dadurch, daß die trotz ihrer Unerträglichkeit bequeme Regelmäßigkeit und abstumpfende Umsorgtheit des Lagers ein Ende fand. Wenn die Befreiung aus dem Lager auch nicht den Vorläufigkeitscharakter der Gefangenschaft aufhob, so konnte sie ihn doch erleichtern, indem sie den Abstand zwischen augenblicklicher und künftiger Beschäftigung und Einordnung verringerte.

## VIII.

Haben wir bisher versucht, einen Überblick über die sozialen Beziehungen des Gefangenen zu gewinnen, so fragen wir nun nach deren Bedeutung für die Einordnung des Entlassenen. Wir sahen, daß die Gesellungen der Gefangenenzeit zwar an Einordnungen des Lebens vor der Gefangenschaft anknüpften, daß aber die Anforderungen der (äußeren und inneren) Selbstbehauptung die Auswahl der Anknüpfungspunkte beschränkten und die weitere Gestaltung der Gesellungen bestimmten. Den Abstand zwischen dem vereinseitigten Gesellungsleben der Gefangenschaft und dem mannigfaltigeren der Heimat, sowie zwischen ihren spezifischen Ausrichtungen gilt es nach der Entlassung zu überwinden; und vom Ausmaß jener Einseitigkeit und dieser Richtungsverschiedenheit wird die Bewältigung der Aufgabe vor allem abhängen.

Wie finden wir nun einen brauchbaren Maßstab der zu erwartenden Einordungsschwierigkeiten? Daß diese mit der Dauer der Auseinanderentwicklung wachsen, genügt offenbar nicht; notwendig ist daneben eine Differenzierung nach den hervorgehobenen Hauptformen der Gefangenschaft. Typische Unterschiede der Einordnungsfähigkeit sind zu erwarten, wenn die Gefangenschaft in einem großen Lager ohne regelmäßige Arbeitsgelegenheit, oder in einem kleineren Arbeitslager oder in lagerfreien Gefangenschaftsformen verbracht wurde: Und zwar schlechteste Vorbedingungen für die Wiedereinordnung bei Entlassenen aus großen Lagern, günstigste bei solchen aus lagerfreier Gefangenschaft.

Zunächst zur letztgenannten Form: Auch hier wurden ja die Bindungen der Familie durchschnitten, von denen wir sagten, daß sowohl Hinnahme des Verlustes als auch Ergreifung sich bietenden Ersatzes der Wiedereingliederung in die heimatlichen Bindungen abträglich sein könne; eine Lockerung der Familienbindung durch ein Ersatzverhältnis ist ja in dieser Gefangenschaftsform sogar leichter möglich als im Kriegsgefangenenlager. Dagegen ist freilich die Trennung der Geschlechter aufgehoben, und auch im übrigen mag sich die Mannigfaltigkeit der Beziehungen zu anderen Menschen (auch die Gestaltung der Arbeitsverhältnisse) mehr oder weniger stark der der heimatlichen Bindungen annähern.

Da das kleinere Arbeitslager Auflockerungen seiner Abgeschlossenheit kennt (Arbeit außerhalb des Stacheldrahtes, möglicherweise auch Ausgang), mag es in günstigen Fällen der lagerfreien Form nur wenig nachstehen, und durch die ständige Fühlung mit kriegsgefangenen Kameraden sogar Wiedereinordnungsvorteile gegenüber der ersten Gruppe bieten. Freilich ist das nicht typisch. Die Arbeitsfähigkeit (begrenzt durch die Gewohnheit, sich möglichst nicht voll auszugeben) sowie eine einigermaßen vielseitige Gesellungseinordnung bleibt wohl durchweg erhalten und ermöglicht oftmals die Stellungnahme zu wesentlichen Bindungen der Heimat (etwa religiösen, politischen). Dem steht aber gegenüber: Die regelmäßige Umsorgtheit und die — eigene Entschlüsse ersparende — militärische Disziplin des Lagers, die Trennung der Geschlechter und, mindestens in Ansätzen, der lähmende Einfluß des Stacheldrahts.

Diese Momente, die die soziale Einordnung nach der Entlassung hemmen, kommen aber erst im großen Lager voll zur Auswirkung: Unter der disziplinären Gestaltung des Lagerlebens gelingt es nicht, die Gefangenenmasse mit eigenständigen Gesellungen zu durchdringen. Ein nicht ganz geringer Teil der Entlassenen ist durch den Trott des Lagers ebenso der Entschlußfassung entwöhnt, wie regelmäßiger Beschäftigung. Sein Bild von der Heimat und ihren Menschen ist durch langes Grübeln verklärt (vgl. auch Cazeneuve), so daß ihn die Wirklichkeit enttäuscht; „normale" Anforderungen können ihn — nach so langem Warten — entmutigen, so daß er wiederum die Menschen in der Heimat enttäuscht. Und alle diese Konflikte entstehen besonders dann, wenn die äußeren Bedingungen der Gefangenschaft hart waren.

Die Gesellungen aus den beiden erstgenannten Gefangenschaftsformen lösten sich mit der Entlassung auf und konnten dennoch ins Leben der Heimat wirken, weil sie an alte und doch noch geltende Bindungen aus dieser angeknüpft hatten. Die Zuordnungen desorientierter Gefangener der großen Lager (in denen Einzelnes in die Richtung der soziologischen „Masse" weist), verstärkten die Isolierung der Entlassenen und verursachten vielfach Konflikte mit den Bindungen der Heimat (wobei freilich in einem Teil der Fälle die Beunruhigung allmählich abklang).

IX.

In wieviel Fällen religiöse, politische, landsmannschaftliche, künstlerische, wissenschaftliche o. a. Bindungen den Isolierungsprozeß in der Gefangenschaft abfangen konnten und wie anhaltend ihr Einfluß war (ein Beispiel, das wir oben gaben — in VII —, läßt uns diese Frage stellen), wissen wir ebenso wenig, wie wir das Andauern jener Isolierung bei den von ihr Befallenen und deren Drang zu neuen Zuordnungen angeben können. Die Lücken, die bürokratische Technik in ihrer Behandlung des Kriegsgefangenenproblems nicht schließen konnte oder wollte, müssen beachtet werden! Man mache sich vor allem klar, was die vielleicht technisch bequemste, aber menschlich leerste Zusammenpferchung großer Menschenmassen ohne anderen Zusammenhalt als eine äußere Disziplinierung bedeutet — ferner das, was die Ressentiments bedeuten, die auch in den Arbeitslagern durch eine schematische Verwaltung sich häuften — und schließlich, welche Folgen für die gesamte Sozialstruktur die heutige Kriegsgefangenschaft nach sich zieht. Denn die Probleme, die hier aufgegeben sind, betreffen nicht nur ein Land und nicht alleine die Kriegsgefangenschaft. Wir konnten sowohl aus der Aufgabe dieses Aufsatzes heraus als auch aus dem uns verfügbaren Material nur Hinweise auf einige Probleme geben. Daß das Material, gerade etwa über die Störungen im Gefolge der Gefangenschaft (durch Umfragen, aus den Akten der Gerichte u. ä.) gesammelt und der Auswertung zugeführt würde, wäre der Mühe wert.

*(Dr. Max Ernst Graf Solms, Wilhelmshaven-Rüstersiel, Hochschuldorf 24.)*

---

## Ueber einige Kategorien des entlasteten, zumal des ästhetischen Verhaltens.

Von
ARNOLD GEHLEN.

Die Ästhetik stellt einige sehr tiefe und dunkle Probleme, so daß auch ein kleiner Beitrag zur Lösung eines derselben, wenn er der Sache selbst eine Antwort entlockt, sich an die Aufmerksamkeit der Interessierten wenden darf. Das uns hier zunächst beschäftigende Problem ist das des ästhetischen Genusses. Was bedeutet, so kann man fragen, dieses merkwürdige taten- und handlungslose, aber im höchsten Grade beglückende Aufgehen in einer Anschauung, die bei aller Vergeistigung des Inhalts doch zuletzt über einzelne, sehr deutlich voneinander unterschiedene Sinne läuft? Ist dieses Phänomen wirklich, wie es scheint, von solcher Einmaligkeit, daß man dahinter nicht zurückfragen kann, oder gibt es irgendwo Tatsachen, die uns ein wenigstens approximatives Verständnis ermöglichen?

Diese beiden Fragen gehen über die Ästhetik selbst noch hinaus. Sie betreffen, wie wir sehen werden, eines der schwierigsten Gebiete der Anthropologie, nämlich das Grenzgebiet instinktiver und geistiger Vollzüge. Man tut daher gut, das Thema aufs äußerste zu vereinfachen, und so soll hier nur von der bildenden Kunst die Rede sein, ja innerhalb derselben aller Bild- und Darstellungsgehalt, alles Figürliche ausscheiden, und nur die konkrete Farbe und die abstrakte Gestalt, also das *Ornamentale* behandelt werden. Diese Unterscheidung ist keineswegs willkürlich, sondern es handelt sich da um zwei echte und genetisch wohl unterscheidbare Kategorien. Was wir zunächst interpretieren wollen, ist die primitive Freude an leuchtenden Farben und regelmäßigen, oft geometrischen Gestalten, wie sie zahllose Kulturgeräte naturnahe lebender Völker aussprechen, wie sie in den Geweben und Kleidungsstoffen, im Perserteppich, in bunten Keramiken, Schilden, Waffen und Masken, in der Tätowierung und Bemalung, in den phantastischen und unübersehbaren Schmuckwerken und Zierformen sich aussprechen. Doch gehört auch die Verwendung von Blumen, Federn und bunten Steinen hierher, die auch wir noch lieben. Das darstellende Abbild dagegen ist zwar gleich ursprünglich, aber es wird schon in der Altsteinzeit als Plastik oder Gravierung entwickelt, setzt keine Färbekunst voraus und entsteht aus der formenden Hand als „unvermeidliche Erfahrung" konkreter Gestaltähnlichkeit. Beide Ströme treffen sich schon sehr früh in der berühmten, halb plastischen und halb malerischen Kunst der Höhlenbilder, doch ist auf dem darstellenden Gebiete die freie Kleinplastik unbekannter, wohl magischer Sinngebung (sog. Idole) zweifellos älter.

Um uns nun unserem Gegenstand zuzuwenden,

müssen wir zunächst auf das Auslöser-Phänomen aus der Tierpsychologie zurückgreifen. Nicht etwa, um mit einer kurzschlüssigen „Erklärung" eines „nichts anderes, als . . ." die berechtigte Unzufriedenheit getäuschter Erwartung zu erregen, sondern um die hier in modellartiger Klarheit sich bietende Chance auszunützen, sowohl den Zusammenhang der Kategorien, als das Neueinsetzen höherer (N. Hartmann) gerade auf unserem Gebiet zu zeigen.

Konrad Lorenz hat in seinen inzwischen berühmt gewordenen Arbeiten zur tierischen Instinktlehre: (a) Über die Bildung des Instinktbegriffs. Die Naturwiss. 1937. b) Die angeborenen Formen möglicher Erfahrung. Ztsch. f. Tierpsych. Bd. 5) gezeigt, daß die angeborenen und zentral koordinierten Instinktbewegungen der Tiere bei genügend hohem innerem Reizspiegel von „Auslösern" enthemmt werden, d. h. von sehr artspezifischen, über die Sinnesorgane laufenden Umweltsignalen, die den Feind, die Beute, den Geschlechtspartner usw. anzeigen. Lorenz, Heinroth, Tinbergen u. a. haben diese Gesetzlichkeit in vielen Fällen experimentell erforscht, indem sie die typischen Instinktreaktionen mit Attrappen, welche nur die Auslöser-Qualitäten enthielten, herausholten. Uns interessieren hier nicht die zahlreichen geruchlichen, taktilen oder akustischen Auslöser (Warnlaute, Balzrufe usw.), sondern die optischen. Das folgende Zitat macht den Sachverhalt klar:

„Die Signalapparatur visueller Auslöser besteht aus körperlichen Differenzierungen wie bunten *Farben* oder auffallenden *Formen*, aus besonderen, auffallenden, meist rhythmischen *Instinktbewegungen*, meist aber aus einem System von morphologischem Merkmal und Bewegung, indem bestimmte körperliche Differenzierungen durch besondere Bewegungen dem Auge des Artgenossen in spezifischer Weise dargeboten werden . . . Als Organ des „Imponiergehabens" (Heinroth 1910), durch das ein Männchen sowohl dem Geschlechtsgenossen wie dem Weibchen als solches kenntlich wird, finden sich bei Tintenfischen, Spinnen, Knochenfischen, Reptilien und sehr vielen Vögeln Organe, die fächerartig *spreizbar* sind und ein buntes Farbenmuster zeigen, wobei dann stets eine Orientierungsreaktion dafür sorgt, daß die volle Fläche des entfalteten Imponierorgans senkrecht zur Blickachse des Artgenossen steht. Die imponierenden Männchen spreizen bei Sepia den mit einem scharfen rot-schwarz-weißen Zeichnungsmuster versehenen vierten Mundarm, bei Knochenfischen ihre bunt gezeichneten Flossen oder die Kiemenhaut, bei Anolis ihre Kehlwamme, beim Jagdfasan Schwanz- und Kragenfächer, und bieten so in durchaus gleicher Weise das Signal plötzlich und in optimaler Orientierung dem Auge des Gegenübers dar . . . Für die wundervollen Spiegelfärbungen so vieler Anatiden ist die auslösende Wirkung durch Zufallsbeobachtungen nachgewiesen, die den vollen Wert planmäßiger Attrappenversuche haben. Heinroth fand, daß Nilgänse und Kasarkas auf die zufällig gleiche Flügelspitzzeichnung der zoologisch fernstehenden Türkenente Cairina moschata mit Nachfolgereaktion ansprechen." (Lorenz b) 256/8.)

Lorenz hat mit einem genialen Blick gesehen, daß die *generelle* Eigenschaft aller Auslöser ihre „*Unwahrscheinlichkeit*" ist, nämlich ihr Herausfallen aus dem wahrscheinlichen oder Durchschnittsbestand der gegebenen Umwelt, und hat auch selbst die Beziehungen zur Ästhetik berührt:

„Das allen Auslösern gemeinsame Merkmal der generellen Unwahrscheinlichkeit gepaart mit Einfachheit macht sie für den naturbetrachtenden Menschen ungemein *auffallend*. Aus dem Schwingungschaos des weißen Lichts sind es gerade die in der organischen Natur so seltenen *reinen* Spektralfarben, aus der unendlichen Fülle unregelmäßiger Formen die *regelmäßigen*, *symmetrischen*, aus der Unzahl möglicher Bewegungen die *rhythmisch geformten*, die im Auslöser Verwendung finden. Alle diese Dinge rufen beim Menschen die Empfindung des „Schönen" hervor." (p. 258.)

Es ist ihm, soviel ich erinnere, der sehr naheliegende Beweis ex contrario entgangen, daß nämlich dann, wenn ein Tier als Auslöser verschwinden, unsichtbar und unauffällig werden soll, es dem Durchschnittseindruck der Umgebung angepaßt wird und in seiner Schutzfärbung Spektralfarben und geometrisch-symmetrische Musterungen vermeidet: es erscheinen graue, bräunliche, gelbliche und dunkle Töne in gesprenkelten oder verwaschenen Musterungen.

Es ist kein Zweifel, daß das Pfauenrad, daß ein Schmetterling, eine Blume, die prachtvolle Färbung vieler Fische und Vögel, daß sogar ein so „unwahrscheinliches" Gebilde wie ein Hirschgeweih uns schön erscheinen. Es sind die symmetrischen, regelmäßigen, möglichst „geometrischen" Musterungen (Streifen, Bänder, Punktgruppen), es sind die „reinen" Farben oder Kombinationen beider, die dies ausmachen, und was im Tierreich als Auslöser instinktiver *Bewegungen* wirkt, das erweckt in uns jenes handlungslose ästhetische Entzücken, so wie die Farbe und der ebenso unwahrscheinliche Duft der Blüten die Signale für die Instinktketten der Insekten sind, während wir sie in einer Vase als Zimmerschmuck verwenden. Die tiefe biologische Verwurzelung des Schönen hat also Lorenz meisterhaft gesehen, doch den kategorialen „Sprung" nicht markiert, der sich auf der Seite des Gegenstandes in der eigenartigen dynamischen Entmachtung zeigt, d. h. darin, daß diese Reize bei uns ihre durchschlagende Enthemmungswirkung auf ein physisches Verhalten verlieren. Man muß also annehmen, daß *einzelne*, spezifische dieser Qualitäten eben deswegen nicht als *Auslöser* wirken, weil *alle* als *schön* wirken. Unser Problem spitzt sich jetzt auf die Frage zu: worin bestehen die inneren Veränderungen der Instinktstruktur, die dieser Transformation der Reize aus zweckmäßigen in schöne entsprechen?

Unsere erste These ist generell anthropologisch. Zweifellos ist der Mensch sehr arm an echten Instinktbewegungen, während umgekehrt seine Verstandesleistungen hoch entwickelt sind. Beide Funktionen scheinen in einem Ausschließungsverhältnis zu stehen. Man wird daher die Instinktarmut des Menschen als die Folge eines langsamen stammesgeschichtlichen *Reduktionsvorganges* ansehen können, der der Entwickelung der Intelligenz parallel ging, wie dies auch Lorenz tut (a 312, b 292), wobei, im Sinne der in meinem Buch „Der Mensch" gemachten Ausführungen, die feste Bindung des Instinktrepertoires an spezifische Umweltreize zerbrach, während in dem so entstandenen „Hiatus", der nunmehr die Bedürfnisse von ihren äußeren Erfüllungen trennte, das entlastete System Auge-Hand-Sprache ein nicht abschließbares Erfahrungsfeld für die intelligente Praxis des Menschen eröffnete.

Dieser Reduktionsvorgang hat also zunächst die zentrale, automatische Koppelung zwischen den Sinnesreizen und den motorischen Zentren, ebenso aber die angeborenen, instinktiven Bewegungsfiguren weitgehend abgebaut. An die Stelle der letzteren treten vielmehr gelernte, plastische, eingewöhnte und sekundär bedürfnisinteressant gewordene Bewegungsweisen. Die unmittelbare Folge dieser Reduktion ist nur mit Hilfe der Kategorie „*Entdifferenzierung*" beschreibbar. Diese Entdifferenzierung betrifft einmal die Sinnesorgane selbst, die, wie Otto Storch (Die Sonderstellung des Menschen in Lebensabspiel u. Vererbung, Wien 1948) soeben zeigte, von dem „scharf eingeschränkten Dienst" innerhalb der tierischen Funktionskreise freiwerden oder freigelassen werden. Es ist dies diejenige „Reizüberschwemmung", die die Kehrseite der menschlichen „Weltoffenheit" (Scheler) ist. Diese *Entlastung* der Sinnesorgane vom Instinktdienst ist offenbar die Folge der Instinktreduktion, also des Abbaus angeborener, mit spezifischen „Signalen" gekoppelter Bewegungsfiguren. Die Entdifferenzierung ergreift aber vor allem auch das Instinktrepertoire selber: die Unsicherheit und Plastizität der instinktiven Komplexe, vor allem der sozialen, spottet jeder Beschreibung, und bei einer Gattung, wo Kannibalismus, institutioneller Kindesmord, rituelle Königstötung, Sklaverei usw. möglich sind, wird man vergeblich nach stabilen Sozialinstinkten suchen. Selbst der doch organrepräsentierte Geschlechtsinstinkt ist, wie jeder Psychiater weiß, außerordentlich verschiebbar, entdifferenziert und synthesebereit. Die vom Bewegungsautomatismus „abgehängten", innen bleibenden und weitgehenden entdifferenzierten Instinktenergien und Instinktkomplexe werden kaum je von *einzelnen* Objekten abgesättigt: eher in einem chronischen *Erfüllungsdefizit* sehe ich heute das Problem, das, wohl zuerst von Alfred Seydel, als das des „Triebüberschusses" formuliert wurde.

Wir können jetzt mit wenigen Worten unsere Theorie des Naturschönen und des Ornaments formulieren. Es gibt eine unmittelbare Freude aller Menschen an symmetrischen, regelmäßigen, geometrischen und spektralfarbigen Gebilden, ob sie nun einige oder alle dieser Merkmale zeigen. Die Phantasie der Künstler ist unerschöpflich, Naturformen zu „stilisieren", d. h. durch Symmetrisierung und Vereinfachung die Unwahrscheinlichkeit der generellen Auslöserqualitäten optimal herauszuholen (Akanthus, heraldische Lilie, Weinblatt, geometrisierte Tierformen usw. Dies, zuzüglich der Farbigkeit und der geometrischen Streifen- und Balkenmuster macht die außerordentliche Schönheit der Wappen aus.) Die Erklärung liefern die Reduktions- und Entdifferenzierungsgesetze: Erhalten ist von der stammesgeschichtlich uralten Auslöserwirkung offenbar ein funktionslos gewordener, entmachteter Rest, der aber deswegen über die ganze Breite des „befreiten" optischen Feldes hinweg in unendlicher Mannigfaltigkeit sich öffnen kann. Abgebaut ist selbstverständlich die Bewegungsseite, die Koppelung mit angeborenen Bewegungsfiguren. Deswegen ist der ästhetische Genuß handlungslos. Doch ist auf der Instinktseite ein entdifferenzierter Reduktionsbestand übrig geblieben, nämlich ein unspezifischer „Drang", den man etwa auf die Formel „Hin-zu" bringen könnte, der durchaus innen bleibt und der ein sehr starkes Lustgefühl trägt. Ohne auf die tiefen Schwierigkeiten des Lustproblems einzugehen, läßt sich doch sagen, daß alle an *anschaulichen* Dingen erlebbaren Lustgefühle den *Erfüllungswert* dieser Dinge anzeigen, also eine instinktive Wurzel haben. Das funktionslose Lustgefühl des hier untersuchten primitiven ästhetischen Genusses ist nicht mehr der Index einer „consummatory action", sondern der noch erhaltene Reduktionsbestand jener entdifferenzierten Instinktresiduen, die den Zusammenhang mit angeborenen Bewegungsfiguren längst aufgegeben haben, aber noch auf die generellen Auslöserqualitäten ansprechen. In unserem Falle addiert sich dazu die vitale Funktionslust, die alle *entlasteten* Vollzüge des Menschen begleitet, von der Bewegungsfreude, dem Spiel, den hohen Automatismen gelernten Verhaltens an bis zur ästhetischen und denkenden freien Lebendigkeit. Der „Reiz" des Objektes, zurückgeschnitten auf die generellen Auslöserqualitäten und gerade deshalb in unendlicher Mannigfaltigkeit auffindbar, bleibt ein rein optischer, es kommt nicht mehr zu einer Handlung oder consummatory action, aber die Endphase des Verhaltens kann sehr leicht das *Lustgefühl selbst* werden, nämlich die reflektierte, sich selbst im schönen Ding erlebende Lust. An genau dieser Stelle setzt eine neue Kategorie ein, eine geistige: die der *Inversion* oder „Umkehr" der Lebensrichtung.

Bevor wir weitergehen eine Bemerkung: man sieht jetzt wohl, daß wir das Moment der Darstellung, des Bildes, der „Bedeutung" mit Recht beiseite stellten. Es ist anderer und von vornherein geistiger Herkunft, allerdings damit noch nicht notwendig rein geistiger Abzweckung. An Bildgehalten orientieren sich sehr gerne soziale Instinkte der Kommunikation. Andererseits wird man zugeben, daß aus der von uns beschriebenen Quelle über das Naturschöne, über Symmetrie, Farbigkeit und „Komposition" hin sich ein breiter Grundstrom bis in die höchsten, spirituellsten Werke der Malerei fortsetzt. Ich möchte die Vermutung nicht unterdrücken, daß unsere Freude an reinen Klängen („Spektraltönen") und ihren ganzzahligen Akkorden (arithmetische, nicht geometrische Symmetrie) eine genaue Analogie der „unwahrscheinlichen" Auslöserwirkung auf akustischem Gebiet ist.

Bis hierher haben wir, um es in einem Wort zu fassen, den Perserteppich erklärt, oder den Blumenstrauß. Doch ist die rein ästhetische Würdigung des Naturschönen und Ornamentalen durchaus nicht die Regel. Es kommt in außerordentlich vielen Fällen zu einer *zusätzlichen Determinierung* dieser Dinge im sozialen Zusammenhang. Diese Reize werden dann *verwendet*, und zwar in doppelter Richtung: als artifizielle Erhöhung der direkt instinktiven geschlechtlichen und einschüchternden Einwirkung, und als Markierung sozialer Differenzen, also symbolisch als „Kennzeichen".

Hier überlagert sich offenbar über die beschriebene ästhetische Kategorie eine andere, geistige, die von sehr großer Bedeutung ist und „*sekundäre Zwecksetzung*" (H. Schelsky) heißen kann. Es kommt sehr oft vor, daß instinktiv verwurzelte Handlungsweisen von ihren Bedingungen losgelöst und entlastet zum „Selbstzweck", d. h. im ursprünglichen Zusammenhang zwecklos und gerade damit geeignet werden, einem anderen, meist sozialen Bedürfnis als Anknüpfungspunkt zu dienen. Es gibt dafür sehr unmittelbare Beispiele, so den Übergang des Sprachlautes aus der affektiven und expressiven Ebene zur Verwendung als Hinweis oder Imperativ, und den uns hier beschäftigenden Fall: daß eine beim Menschen schon von vornherein von ihrem biologischen Zweck entlastete Reizeinwirkung in eine andere, soziale Zwecksetzung eingebaut wird. Kompliziertere Beispiele sind etwa auf niederem Kulturniveau die aus Australien beschriebenen Scheinkämpfe, mit denen ankommende Fremdlinge nicht mehr getötet, sondern im Gegenteil begrüßt werden, oder die ebendort als Erledigungsriten von Konflikten dienenden Scheinordalien. Die Ritualisierung ist die Rhythmisierung, Stereotypisierung und Affektabtrennung von Handlungsgefügen und ist, wie H. Schelsky (noch unveröffentlicht) erkannt hat, stets der Schritt zu ihrer Entlastung von einer ursprünglichen Instinktdetermination, zu ihrem „Selbstzweckwerden" und damit zum Übergang zu einer heteroteleologischen Funktion. Sehr eindrucksvoll ist als Beispiel der Übergang vom Kannibalismus zu einer Begräbniszeremonie in Queensland: der Tote wurde regelrecht geröstet und mit dem Messer zerstückelt, wobei die Wilden unausgesetzt ein kannibalisches Geheul ausstießen und sich mit der Streitaxt tiefe Wunden schlugen. Endlich wurden aber die zerteilten Stücke beerdigt, aber nicht verzehrt (Ratzel).

Aber kehren wir zum Thema des Schmuckes und der sozialen Kennzeichen zurück. Zum ersten Punkt ist zu sagen, daß es eine echt sexuelle Auslöserwirkung der männlichen und weiblichen Körperformen durchaus gibt, und daß die Plastik sie sehr früh erkannt und herausgearbeitet hat. Doch verzichtet das weibliche Geschlecht schon bei den Primitiven kaum je auf eine künstliche Steigerung, und man wählt dazu genau die vorher besprochenen schönen Dinge: alles Leuchtende, Bunte und Glänzende dient dazu. Federn, Blumen, glänzende Steine, Ketten und Ringe, farbige Bemalung von Körperteilen werden bevorzugt, dazu bunte und gemusterte Stoffe. Das Entzücken der Wilden und der Kinder über bunte Glasperlen ist ganz berechtigt, denn diese sind eine ideale Synthese der Auslöserqualitäten und in Form, Glanz und Farbe durchaus „unwahrscheinlich". Umgekehrt steigert der Mann die instinktunmittelbar einschüchternde Wirkung seiner Körperkraft und -größe durch pantagruelische Symbole. Man sehe die prachtvolle Beschreibung, die Georg Schweinfurth (Brief vom 28. 7. 1870) vom König Munsa gibt: der Körper pompejanischrot eingerieben, strahlend von kostbarem goldroten Kupferschmuck an Armen und Beinen, an Hals und Brust. Auf dem Kopf einen hohen Strohzylinder, besetzt mit den seltenen roten Schwanzfedern des grauen Papageis, auf der Stirn einen kupfernen Halbmond, in der Rechten das sichelförmige Kupferschwert, dahinter die hundert Frauen des Harems. Dieses letztere Beispiel führt schon hinüber zu dem riesigen Gebiet sozialer Symbolik, auf dem man bis zu unseren Ordenssternen, Uniformen und Fahnen sieht, wie die Rang, Reichtum, Leistung usw. markierenden Symbole sich immer noch der urtümlichen Auslöserqualitäten bedienen. Die Bedeutung dieser Symbole, z. B. der Totemabzeichen, ist deshalb so außerordentlich, weil das Verhalten des Einzelnen gegenüber ganzen, auch geistig hoch determinierten *Institutionen* nicht mehr eigentlich praktisch, sondern nur symbolisch sein kann. Soll es präzise und invariant sein, so muß es an solche prägnante Symbole anknüpfen, die als behaviour supports, als Verhaltens-Unterstützung dienen.

## II

Die Gestalttheorie hat den Vorrang prägnanter Gestalten in unserer Sinneswahrnehmung überzeugend herausgearbeitet. „Es ist unmöglich, einen Zirkelkreis als „Abweichung" von einem als „eigentlich richtig" festgesetzten Kinderzeichnungskreis aufzufassen ... ein Winkel von 88 Grad ist „beinahe ein rechter", aber dieser für uns nicht einer von „beinahe 92 Grad" (W. Metzger, Psychologie, 1941, p. 218). Die Forschungen von Lorenz gestatten es, diesen optischen und akustischen Vorrang reiner und symmetrischer, geometrisierbarer Gestalten unter dem Gesichtspunkt ihrer Unwahrscheinlichkeit im durchschnittlichen Umweltbestand bis in die Instinktsphäre hinab anzuschließen.

Eine andere, die Intelligenz betreffende Folgerung soll jetzt entwickelt werden. Bergson hat behauptet, daß die Intelligenz das spezifische Organ für die Erfassung des Anorganischen, der toten Materie wäre. Mme. de Stael hatte diese These schon aufgestellt: „L'analyse, ne pouvant examiner qu'en divisant, s' applique, comme le scalpel, à la nature morte; mais c'est un mauvais instrument pour apprendre à connaître ce qui est vivant". (De l'Allemagne III/2). Diese Ansicht ist unter dem Eindruck der modernen Naturwissenschaften entstanden und übersieht, daß die Mathematisierbarkeit des Anorganischen eine relativ neue und völlig unerwartete Entdeckung war, und daß die Menschheit über den weitaus größten Teil ihrer Lebenszeit zum Anorganischen keineswegs ein „analytisches" Verhältnis hatte. Das Verhalten des Primitiven zur toten Natur ist praktisch-erfinderisch (Steinwerkzeuge) oder religiös (Feuer. Quellen. Steinkulte). Der hierin nicht eingehende Bestand ist vergleichgültigt und einfach indifferent Vorhandenes.

Versteht man die Intelligenz als Vermögen der Analyse und Synthese, der Abzählung und Abmessung, also der am sinnlich Gegebenen angreifenden *Verlagerung* und *Umkombination*, und sucht man den praktischen Bereich, wo dieses Vermögen sich finden und entwickeln kann, so stößt man im primitiven Kulturbestand auf mehrere Gebiete, nämlich den Tausch, die Vorratswirtschaft, den Häuserbau, aber auch die Künste. Wenn man diese in ihrem ursprünglichen Zusammenhang mit dem Handwerk nimmt, so sind sie wesentlich experimentierend. Hier entsteht das rationale Experiment, ja dieses vereinigt sich hier lange vor Galilei mit der Mathematik. Es sind die gelehrten Künstleringenieure der Renaissance, die Hand in Hand mit der Astronomie und Kalenderanfertigung den Bau von Beobachtungsgeräten betrieben. In Nürnberg, wo Dürer über Geometrie, Proportionen und Befestigungskunst arbeitete, wurden Taschenuhren, astronomische Uhren, Spieldosen, Wasserwerke gebaut, nautische Geräte und Präzisionswaffen.

Schon die ornamentale Kunst ist zweifellos ein sehr ursprüngliches, dabei anschauliches und beherrschbares Gebiet, auf dem Übersehbarkeit, Ordnung, Abzählbarkeit, Vertauschbarkeit, Äquivalenz, Maßgröße, Aufteilung, Addition und Teilung, Gegensinn usw. entwickelt werden können, und zwar schon in der primitivsten Reihung einer prägnanten Gestalt. Dies alles, wohlgemerkt, in voller *Entlastung* vom Bedürfnisdruck, in geistiger Freiheit, belebt von dem sinnlichen Entzücken am Regelmäßigen, an bunten und prägnanten Gestalten, am rhythmischen Verschwinden und Wiederauftauchen. „Rhythm is rationality among qualities" sagt Dewey (Art as experience, 1934, p. 169). Hier ist eines der wichtigen Gebiete, auf denen der verlagernde und umkombinierende Verstand, unterstützt von einer entgegenkommenden Sinnlichkeit, *neue Zwecke* entwerfen und nicht nur neue *Mittel* für unveränderte, chronische Bedürfnisse geben kann. Dabei wird die erfinderische Tätigkeit der Hand, des Auges und des Verstandes stets vom Lustgefühl korrigiert, das auf Verzerrungen und Lücken ebenso lebhaft negativ, wie positiv auf gelungene Erfindungen reagiert, die mehr zu denken geben und Prägnanzeffekte häufen, wie z. B. konzentrische Kreise, gegensinnige Mäander, Wechsel von Farben in derselben Gestalt usw. Alle freien, experimentierenden und sich selbst ausbauenden Umgangsbewegungen, die über Hand, Auge und Sprache laufen, die teils in Spiel, teils in Technik übergehen und in denen die Menschen so mühelos kommunizieren — sie setzen die Entlastung vom Bedürfnisdruck, ein wenigstens vorübergehendes Ruhen der Not und des Dranges voraus. Hier ist der Ort des Schöpferischen oder Erfinderischen, die Intelligenz befreit sich an der entlasteten Variation und „Verlagerung" des Anschaulichen, und erst hinterher, sekundär bemerkt sie die Eignung des Gefundenen oder Erfundenen als Mittel und Werkzeug für schon montierte Interessen. Alle diese Situationen sind ästhetisch und rhythmisch eine fließende Produktion des prägnant Geformten, wie die Flechtarbeit, die Schmiedearbeit, der Tanz. Die Ästhetik Deweys hat mit genialem Griff alle unmittelbar sinnliche, experimentierende und erfinderische Erfahrung in sich einbezogen: „Die Werke der schönen Kunst idealisieren Qualitäten, die in der gewöhnlichen Erfahrung zu finden sind" (p. 11), denn der Mensch hat „einen unbesiegbaren Drang zu Erfahrungen, die in sich selbst beglückend sind" (enjoyable in themselves). Ein gut verteiltes, durchstilisiertes, wohl rhythmisiertes Ornament, wie es alle nicht „verholzten" Primitiven kennen, enthält *mehr* Rationalität als ihre Sprache, mit ihren so oft irrationalen Klasseneinteilungen, klangassoziativen Zuordnungen, stereotypen und anpassungslosen Denkfiguren usw. [1].

Wir schließen nunmehr mit dem Versuch, die bisher entwickelten Kategorien noch nach einer anderen Richtung hin nachzuweisen. Die in der Kunst von vornherein angelegte, jedoch erst bei höherer Entwicklung ausgenützte Möglichkeit der *Inversion der Antriebsrichtung* besteht darin, daß das Lustgefühl zum *Zweck* bewußter Handlungen gemacht wird, die diesen Zweck intendieren. Es ist diese Inversion eine anthropologische Kategorie, ohne die man z. B. die Moral, welche gegen das „Lustprinzip" reagiert, dabei aber ihrerseits die Inversion in einer anderen Richtung durchführt, nicht verstehen kann.

Die außerordentliche Rolle, die der *Tanz* in primitiven Kulturen spielt, scheint leicht verständlich. Er ist ein konzentrierter Selbstgenuß rhythmischer, entlasteter Lebendigkeit, Entlastung vom Druck der Bedürfnisse, Sprengung des Alltags und der Alltagspflichten, reine Gegenwart, Lockerung der Ordnungsgesetze und Zuchtgewohnheiten, endlose Folge von Takten und Gegentakten in prägnanter motorischer und sinnlicher, sich aneinander steigernder Empfindungen, er ist grenzenlose Verstärkung dieses Selbstgenusses durch die enthemmte soziale Harmonie. Der Gipfelpunkt dieses Zustandes ist eine *Ekstase*. Die Ekstase ist der spezifisch außernatürliche und außeralltägliche, „unwahrscheinliche" Innenzustand, dessen zweckhafte Herbeiführung in grandioser Weise die Umkehr der Antriebsrichtung von äußeren nach inneren Zielen ausdrückt. Wir finden eine unheimliche Produktivität der Naturvölker in den Techniken vor, mit denen, weit über den Tanz hinaus, solche außeralltägliche Rauschzustände, Entrückungen und Ekstasen induziert werden, die eine primitiv religiöse, zauberische oder magische Bedeutung zu haben pflegen. Die Schamanen versetzen sich durch Tänze und Gifte in Trancezustände, in denen sie die Stimmen der Geister hören, der Rauch und die Brühe des Tabaks gehörten zu den Mitteln, mit denen sich die aztekischen Priester besinnungslos machten, wenn sie mit ihrer Gottheit sich verständigen wollten, und über die Kava-Gelage auf den Gesellschaftsinseln sagt Ratzel, die Gesänge, die das Auspressen der gekauten Wurzeln begleiten, die Gebete beim Aufgießen des Wassers, endlich der Gesang, der den ersten Trunk des Häuptlings begleitet — alles das deute auf Heiligung dieses Genusses hin. Solche alkoholischen und toxischen Exzesse, Orgien, Tanz- und Drehschwindel-Ekstasen gehören zum Grundbestand der primitiven Kulte.

Diese Zustände unterstehen noch einer genügend weit gefaßten Ästhetik. Die dabei erreichten Veränderungen der Zuständlichkeit sind tiefgreifend: die Sensibilität wird teils abgedeckt, teils gesteigert, die motorischen Gewohnheiten gelockert, Hyperkinesen der Motorik und Sprache setzen ein, hypnoide Zustände schieben sich vor, halluzinatorische Erlebnisse werden möglich, überraschende Gedankenverbindungen erscheinen als „Erleuchtungen", die von den Zuchtgewohnheiten im Triebsystem gesetzten Hemmungen fallen, wobei wahrscheinlich, energetisch gesehen, die entlastete Hemmungsenergie zur Exaltation des Glücksgefühls beiträgt — kurz, diese Zustände sind selbst *Entdifferenzierungen* der geordneten geistigen und vitalen Wachzustände.

Man kann verstehen, daß diese Ekstasen als dämonisch gelten, als Zauberei und Geisterverkehr, denn sie entsprechen noch dem weitesten, psychologischen (und daher unverbindlichen) Begriff des Religiösen: der émotion créatrice. Derartige artifizielle und bewußte Eingriffe des Menschen in seine eigene vitale Zuständlichkeit verdienen das höchste Interesse des Anthropologen, denn sie verdeutlichen die wichtige Kategorie der Inversion. Die erwähnten Zustände haben offensichtlich einen magischen und instrumentellen Sinn: sie werden als Mittel empfunden Geisterzwang auszuüben, in die Zukunft zu sehen, Krankheiten zu beschwören, den Kriegserfolg in Kriegstanz zu garantieren usw. Die im Rauschzustand erreichte Befreiung von den Hemmungsenergien des Wachzustandes, das toxisch bewirkte trügerische Allmachtsgefühl empfindet sich selbst als magische und übernatürliche Kraftquelle. Wenn wir aber davon absehen, so bleibt immer noch eine gewichtige Tatsache: die der artifiziell gesteigerten Entdifferenzierung des Wahrnehmungs- und Bewußtseinsbereiches und der Antriebssphäre. Diese Entdifferenzierung aber macht, wie wir sahen, ein ganz zentrales Konstitutionsmerkmal des Menschen aus, so daß wir sofort fragen müssen: wo ist eigentlich auf diesem Gebiete der Inversion die andere Aktreihe, die ebenfalls bewußt und willentlich den Prozeß

---

[1] Pradines (Esprit de la Religion, 1941) zitiert über den Zusammenhang von Sprache und Magie eine höchst bemerkenswerte Theorie von Louis Weber (Le Rhythme du Progrès, 1913): M. Louis Weber, frappé du contraste que la superstition des primitifs fait avec leur habilité technique suppose que la technicité relève chez eux d'une notion de la causalité méchanique, engendré par la pratique et les nécessités de la vie, et qui serait même antérieure au langage. Ce serait, au contraire, à l'influence du langage qu'il faudrait attribuer le développement et la prédominance d'une conception sociale, humaine, dynamique, de la causalité. (Pradines p. 99.)

der *Instinktreduktion* weitertreibt? Auch wenn wir nicht wüßten, daß die *asketischen* Riten die orgiastischen von Anfang an begleiten, würden wir ihr Vorhandensein postulieren müssen. Schon Durkheim (Formes élém. p. 446) hat richtig erkannt, daß der Asketismus nicht, wie man es glauben könnte, eine seltene, ungewöhnliche und fast anormale Frucht des religiösen Lebens ist, sondern im Gegenteil „un élément essentiel".

Auf den niederen Stufen der Religion, wo sie sich oft mit der Orgiastik verbindet, ist die Askese ebenfalls im magischen Sinne instrumentell. Die gewollten Selbstquälereien, Selbstverstümmelungen und Entbehrungen wirken als Stimulantia auf sonst unausgenützte Tiefenenergien, die als außeralltägliche Mächte für durchaus handgreifliche Zwecke eingesetzt werden. Der Asket ist dann Magier, und dies in weltweiter Verbreitung. Doch gilt schon im Bhagavadgita diese leidenschaftliche und begierige Askese als dämonisch und verderblich. Auch die aus den sozialen Zuchtnotwendigkeiten, die überall noch lange magisch überdeterminiert bleiben, entwickelten zahllosen Verbote und Einschränkungen, die später als „Tabu" formalisiert und endlich rein technisch gehandhabt werden, sind unproduktive Mischungen rationaler und magischer Elemente, die stereotypisieren und diese Kulturen gegen Neuerfahrungen abdichten.

Die außerordentliche kulturgeschichtliche und philosophische Bedeutung der Askese liegt jedoch darin, daß sie, anders als die orgiastische und rauschhafte Ekstase, mit den Anforderungen einer disziplinierten und rationalen Moral sich als vereinbar erweist. Sie ist dann nicht mehr Stimulans, sondern Disciplina und endlich Sacrificium. Pradines (a. a. O. p. 327) hat überzeugend gezeigt, daß die positiven magischen Riten keinen moralisch entwickelbaren Gehalt haben und daß die Beziehung der Magie zum spezifisch moralischen Verhalten über die Einschränkungen (interdictions) läuft. In ihren höchsten Formen der nüchternen, in einer souveränen geistigen Übersicht der Welt und des eigenen Inneren vollzogenen Deckung des Bewußtseins mit dem Willen im Sinne der Abkehr ist die Askese doch wohl wesentlich Bestandteil der hohen, nicht mehr instrumentalen, transnaturalen Religion. Die Anthropologie muß sie dann, von der Seite der ihr stets immanenten aktiven Instinktreduktion aus, als eine Fortsetzung des Prozesses der Menschwerdung auffassen.

*(Professor Dr. Arnold Gehlen, (22b) Speyer, Johannesstr. 10.)*

# STUDIUM GENERALE

Heft 2/3 — März 1950 — 3. Jahrgang


## Das Umweltproblem der Pflanze.


Von

OTTO STOCKER.


### I.

Die Umweltbeziehungen der Pflanzen sind enger, aber auch schärfer begrenzt als die der Tiere oder gar des Menschen. Der Umweltradius ist bei der typisch ortsgebundenen Pflanze viel kleiner als bei dem fast stets beweglichen Tier, welches innerhalb oft weiter Grenzen seinen Standort wechseln und wählen kann. Diese Erweiterung der Umwelt ist ermöglicht durch die Entwicklung von Sinnesorganen und eines Nervensystems. Dadurch werden wesentliche Teile der „Umwelt" (im Sinne von „Umgebung") zur „Eigenwelt" des Tieres (im Sinne des „Umwelt"-Begriffs von *von Uexküll*)[1]. Der Pflanze ist wohl der vitale Grundvorgang der plasmatischen Erregbarkeit ebenfalls zu eigen, aber es fehlt ihr jede Differenzierung von Nervenzellen und Nerven sowie von eigentlichen Sinnesorganen. Sie hat keine Eigenwelt und damit entfällt der Bereich, der durch seine psychologische Beziehung der tierischen Umweltforschung ebenso interessante wie schwierige Probleme stellt. Außerhalb dieses Bezirkes aber weist die Pflanze außerordentlich klare Umweltbeziehungen auf, weil sie innerhalb eines sehr kleinen Lebensraumes den Bedürfnissen ihres Wasser-, Wärme- und Nahrungshaushaltes genügen muß. In der Ökologie der Pflanzen steht deshalb die Auseinandersetzung mit den abiotischen Standortsfaktoren an erster Stelle; ihr gegenüber treten die biotischen Beziehungen zur umgebenden Pflanzen- und Tierwelt, so interessant sie im einzelnen sind, an allgemeiner Bedeutung weit zurück.

Die standörtliche Prägung der Pflanzenformen besitzt einen doppelten Ausdruck. Einmal sehen wir die individuelle Gestalt weitgehend verändert, etwa unter der Wirkung von Licht, Feuchtigkeit, Nährstoffen oder Wind, und zum andern finden wir für die Pflanzenarten eine geographische Verteilung, welche bestimmten Gegenden eine ganz bestimmte Physiognomie verleiht, man denke nur an Nadel-, Fallaub- und Tropenwälder, an die mexikanischen Kakteenwüsten, die Prärien und Grassteppen usw. Die Umweltbeziehungen der ersten Art betreffen das Erscheinungsbild (Phänotypus) des Individuums, soweit es innerhalb der gegebenen Erbanlagen modifizierbar ist. Wir können deshalb von phänotypischen Umweltbeziehungen sprechen. Die so erzielten Modifikationen sind nach allen bisher vorliegenden Erfahrungen nicht vererbbar. Es besteht deshalb kein direkter Zusammenhang der phänotypischen Umweltbeziehungen zu denen der zweiten Gruppe, die allein auf die Erbmasse (Genotypus) der Art zurückgehen und deshalb als genotypische Umweltbeziehungen bezeichnet werden können.

Es soll im folgenden unsere Aufgabe sein, die Mechanismen, nach denen diese beiden Arten von Beziehungen zustande kommen, an Hand einiger Beispiele klarzulegen.

### II.

Das phänotypische Umweltproblem ist einer experimentellen Analyse unmittelbar zugänglich und soll deshalb zuerst behandelt werden.

Wir wählen zunächst als Beispiel die Sukkulenz der Pflanzen an Salzstandorten. Sie ist schon *Goethe* aufgefallen, der in seiner italienischen Reise 1786 vom Lido bei Venedig schreibt: „Am Meere habe ich auch verschiedene Pflanzen gefunden, deren ähnlicher Charakter mir ihre Eigenschaften näher kennen ließ: sie sind alle zugleich mastig und streng, saftig und zäh, und es ist offenbar, daß das alte Salz des Sandbodens, mehr aber die salzige Luft ihnen diese Eigenschaften gibt." Auf die Frage, wie eine solche „offenbare" Wirkung der Umwelt erfolgt, geht freilich *Goethe* nicht ein und konnte das bei dem damaligen Stand der Botanik auch nicht. Auch unterscheidet er noch nicht das phänotypische vom genotypischen Problem.

Das phänotypische Problem als solches trat wohl erstmals 1890 in den Versuchen *Lesages* hervor. Er kultivierte eine Reihe von Pflanzenarten in Erde, die mit Leitungswasser oder mit Kochsalzlösungen begossen wurde, und stellte fest, daß mit wachsendem Salzgehalt eine Veränderung der Individuen ein und derselben Art in Richtung einer

[1] Man vergleiche dazu den Aufsatz von *K. Friedrichs*: Umwelt als Stufenbegriff und als Wirklichkeit.

Dickenzunahme und Oberflächenverkleinerung der Blätter eintritt. Ähnliche Versuche wurden in der Folgezeit mit verbesserter Methodik ausgeführt, wobei man als Maß der Sukkulenz den Quotienten Oberfläche/Volumen (relative Oberfläche) benutzte. Für eine auch an unseren Meeresküsten vorkommende typische Salzpflanze, den Queller (*Salicornia herbacea*), fand so 1925 *Keller* in Kulturen mit etwa 4% Kochsalz gegenüber salzfreiem Boden eine Abnahme der relativen Oberfläche auf etwa $^1/_3$, also eine Zunahme der Sukkulenz auf etwa das dreifache.

Fig. 1. *Sempervivum assimile.* a Normale Kultur in trockener Luft. b In feuchter Luft, dann trocken kultiviert. c Im Dunkeln. (Nach *Brenner.*)

Man war zunächst geneigt, zwischen Salzgehalt der Umwelt und Sukkulenz der Pflanze einen direkt wirkenden physikalisch-chemischen Mechanismus anzunehmen. *Küster* wies 1925 auf die Ähnlichkeit mit wasserübersättigten Geweben hin. Man könnte sich vorstellen, daß der durch die Aufnahme von Kochsalz erhöhte osmotische Druck zu einer stärkeren Spannung der Zellwände und damit zu einer Zellvergrößerung führt. Da verschiedene Salze zu verschiedenen Sukkulenzgraden führen, Chloride zur höheren als Sulfate, sah 1926 *Walter* die verschiedene Quellung der Plasmakolloide durch aufgenommene Salzionen als Grund der Sukkulenzsteigerungen an.

Ein zwingender Beweis für eine solche direkte Wirkung des Umweltfaktors liegt aber nicht vor. Es könnte auf diese Weise auch nur ein kleiner Teilbezirk des Sukkulenzproblemes erklärt werden. Denn in der Mehrzahl sind die Sukkulenten, wie die Kakteen, Mesembryanthemen, Crassulaceen und Stapelien keine Salzpflanzen und lassen sich in ihrem Sukkulenzgrad auch durch andere Umweltfaktoren beeinflussen. Schon 1900 hatte *Brenner* bei *Sedum*- und anderen Sukkulenten-Arten gezeigt, daß bei Kultur in feuchter Luft die Sukkulenz nur etwa halb so groß wie in trockener Luft ist. Dabei ändern sich auch andere Eigenschaften, besonders auffallend die Internodienlänge. Die in trockener Luft rosettenförmig zusammengedrängten Blätter der Dachwurz (Fig. 1 a) z. B. entfernen sich beim Wachstum in feuchter Luft voneinander und stehen, stark verkleinert, an einem gestreckten Stengel (Fig. 1 b); diese Modifikation geht bei Rückführung in trockene Luft ohne weiteres wieder in die Rosettenbildung zurück (Fig. 1 b, Gipfel). Die in feuchter Luft auftretende Stengelstreckung und Blattverkleinerung zeigt die Züge einer durch Lichtentzug bewirkten Vergeilung (Etiolierung), und in der Tat führt Lichtentzug zu ähnlich aufgebauten Pflanzen (Fig. 1 c). Da in diesen und anderen Fällen ganz verschiedene Umweltfaktoren zu gleichen phänotypischen Wirkungen führen, ist es wahrscheinlich, daß kompliziertere Reaktionsketten vorliegen und in gemeinsamen Zwischengliedern zusammenlaufen.

Hier führen uns Versuche über die Beziehungen zwischen der Tageslänge und dem Erscheinungsbild von Sukkulenten weiter, die *Harder* 1940 mit *Kalanchoë Blossfeldiana* begonnen hat. Die Tageslänge ist bei vielen Pflanzen ein entscheidender Faktor für die Ausbildung von Blüten. Diese erfolgt bei „Kurztagspflanzen" nur, wenn die tägliche Belichtungsdauer unter etwa 13 Stunden bleibt, bei „Langtagspflanzen", wenn sie wesentlich darüber liegt, wie das in unserer Breite im Sommer der Fall ist. Der Rhythmus des Tag-Nacht-Wechsels wird als Photoperiodismus bezeichnet. *Kalanchoë Blossfeldiana* ist Kurztagspflanze. Der Photoperiodismus beeinflußt bei ihr auch die

Fig. 2. *Kalanchoë Blossfeldiana.* Gleichaltes Kurztags- (links) und Langtagsexemplar (rechts). (Nach *Harder.*)

Ausbildung der vegetativen Organe, und das so weitgehend, daß gleichalte Lang- und Kurztagspflanzen kaum mehr als Individuen derselben Art zu erkennen sind. In Figur 2 sind zwei Pflanzen aus einer Winteraussaat abgebildet, von denen die eine in der normalen Tageslänge des Sommers aufgewachsen ist, die andere aber von Ende Februar ab nur von 8—17 Uhr Licht erhielt und in der übrigen Zeit verdunkelt stand. Man sieht, wie sich die Kurztagspflanze von der Langtagspflanze nicht nur durch die Blüte, sondern auch durch die ganz andere vegetative Tracht unterscheidet. Ihre Internodien sind viel kürzer, die Blätter ganz kurz gestielt, sehr stark sukkulent und nur wenig gekerbt. Die Figur 3 veranschaulicht den großen anatomischen Unterschied von Kurz- und Langtagsblättern. Bei dieser photoperiodischen Wirkung kann es sich nicht um eine direkte Wirkung des kürzeren Lichtgenusses, etwa auf dem Weg über eine geringere photosynthetische Produktion von Aufbaustoffen, handeln; denn die Verminderung der Lichtintensität durch starke Beschattung, die dann dieselbe Wirkung haben müßte, hat gerade die entgegengesetzte zur Folge, eine Vergeilung durch Verlängerung der Internodien.

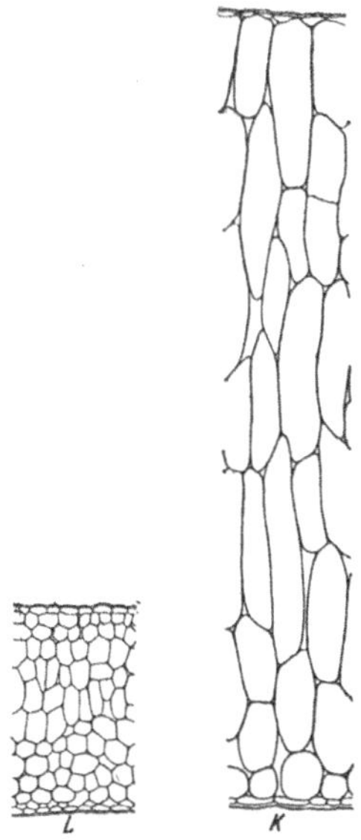


Fig. 3. *Kalanchoë Blossfeldiana.* Querschnitt durch ein Langtags-(L) und ein gleichaltes Kurztagsblatt (K) bei gleicher Vergrößerung. (Nach *Harder* und *v. Witsch.*)

Die weitere Analyse *Harders* ergab die Zwischenschaltung eines als Metaplasin bezeichneten, seiner Zusammensetzung nach noch nicht bekannten, formbestimmenden Hormons. Es zeigte sich, daß man auch an im Langtag kultivierten Pflanzen einzelne Blätter sukkulent machen kann, wenn man sie durch zeitweise Umhüllung mit schwarzen Stoffsäckchen unter Kurztagsbedingungen bringt. Diese Wirkung bleibt nicht auf die selbst verdunkelten Blätter beschränkt, sondern pflanzt sich in der Längsrichtung des Sprosses fort und wirkt sich in den über dem Kurztagsblatt entstehenden neuen Blättern aus. Diese erhalten den Charakter von sukkulenten Kurztagsblättern, obwohl sie selbst vollständig im Langtag aufgewachsen sind. Das ist kaum anders zu erklären als durch die Annahme, daß in dem Kurztagsblatt ein die Sukkulenz bewirkender Stoff gebildet und durch die Gefäße weitergeleitet wird. Daß dieses Hormon nicht mit dem die Blütenbildung veranlassenden Blühhormon identisch ist, zeigen andere Arten, bei denen die Anlage der Blüten durch Langtag, die Sukkulenz der Blätter aber durch Kurztag bewirkt wird.

Auch in zahlreichen anderen Fällen sind Hormone in den Ablauf pflanzlicher Umweltreaktionen eingeschaltet. Damit sind aber die Primärvorgänge bei Umweltreaktionen noch nicht erfaßt. Hier führen uns Versuche weiter, welche neuerdings *Bünning* über das Vergeilen verdunkelter Sprosse angestellt hat. Dabei ergab sich die merkwürdige Feststellung, daß das beim Vergeilen stattfindende anomale Längenwachstum der Sprosse nicht nur durch Belichtung, sondern auch, im Dunkeln, durch wiederholte mechanische Berührung (Anstreichen eines rotierenden Pappstreifens) oder durch Schütteln (auf einem Schüttelapparat) verhindert wird. Mit dem verschiedenen Längenwachstum sind, wie die Figur 4 zeigt, erhebliche anatomische Strukturveränderungen verbunden. Sie sind in den meisten Merkmalen (Stengeldurchmesser, Verdickung der Epidermis-Innen- und Außenwände, geringe Zahl der Rindenparenchymschichten) bei Licht- und mechanischer Behandlung dieselben, in anderen aber (Chlorophyll, kollenchymatische Verdickung der äußeren Rindenschichten, Casparysche Streifen in der Endodermis) verschieden. Die Gesamterscheinung des Vergeilens setzt sich also aus ungleich verursachten Einzelvorgängen zusammen. Das gilt

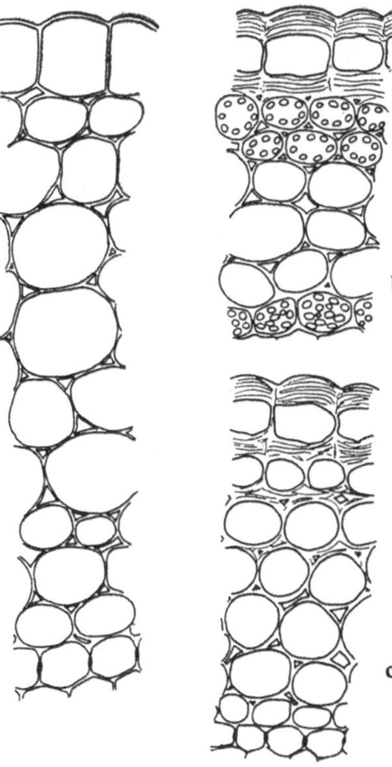


Fig. 4. *Vicia Faba.* Stengelquerschnitte. a Im Dunkeln ohne mechanische Reizung. b Im Tageslicht ohne mechanische Reizung. c Mit mechanischer Reizung im Dunkeln. (Nach *Bünning, Haag* und *Timmermann.*)

besonders auch hinsichtlich der Verkleinerung der Blätter im Dunkeln, welche nur durch Belichtung, aber nicht durch mechanische Beeinflussung aufgehoben werden kann. Wie beim Photoperiodismus treffen auch hier verschiedene Einzelreaktionen zusammen. Für die sowohl durch Belichtung wie durch mechanische Beeinflussung bewirkten Reaktionen ließ sich nun zeigen, daß sie echte Reizerscheinungen sind, d. h. auf einem durch Licht oder mechanische Reizung bewirktem Erregungszustand des Protoplasmas beruhen. Das ergibt sich daraus, daß eine intermittierende Reizung eine stärkere Reaktion zur Folge hat als die einmalige Darbietung derselben Reizmenge, woraus folgt, daß nach jeder Reizung ein Refraktärstadium eintritt, innerhalb dessen eine weitere Reizung unwirksam ist. Da das auf einen mechanischen Reiz folgende Refraktärstadium auch für einen darauffolgenden Lichtreiz gilt, und umgekehrt, können die in beiden Fällen auftretenden Erregungszustände des Plasmas als identisch angesehen werden.

Der durch Schütteln hervorgerufene Erregungszustand des Plasmas ist von *Kahl* (vgl. *Stocker* 1948) näher untersucht worden. Es hat sich dabei ergeben, daß nach etwa 10 Minuten Schütteln auf einem Schüttelapparat die Struktur des Protoplasmas folgende wieder zurückgehende (reversible) Veränderungen zeigt: Die Viskosität ist erniedrigt, die Permeabilität (Durchlässigkeit) für Wasser und gelöste Stoffe (Traubenzucker, Harnstoff, Glyzerin) ist erhöht und ebenso die Quellungsfähigkeit. Man kann sich diese Strukturänderungen durch eine Lockerung des plasmatischen Feinbaues entstanden denken, wenn man, nach begründeten Anschauungen, als Grundstruktur des Plasmas ein Netzwerk von Eiweißmolekülen annimmt, welche an den Überkreuzungsstellen miteinander mehr oder weniger fest verbunden sind. Dieses Netzwerk wird beim Schütteln durch Lösung von „Haftpunkten" gelockert werden, wird sich aber nach Aufhören des Schüttelreizes allmählich wieder zum alten Gleichgewichtszustand restituieren. Mit der Änderung der Plasmastruktur ist diejenige physiologischer Funktionen verbunden: die Transpiration ist gesteigert, die $CO_2$-Assimilation stark erniedrigt, die Atmung dagegen stark erhöht. In der Transpirationssteigerung kann man eine unmittelbare Folge der erhöhten Permeabilität sehen. Bei dem antagonistischen Verlauf von Assimilation und Atmung handelt es sich wahrscheinlich um den Übergang von einer überwiegend reduktiv-aufbauenden zu einer überwiegend oxydativ-abbauenden Stoffwechselphase. Manches spricht dafür, daß es sich dabei um einen Wechsel der Fermentaktivität handelt, indem durch die Auflockerung des Plasmanetzes bisher blockierte Wirkgruppen freies Wirkungsfeld erhalten oder Fermente von ihrer Bindung an Eiweißstrukturen gelöst werden und in diesem Zustand abbauend wirken gegenüber der aufbauenden Richtung in gebundenem Zustand. Das Überwiegen oxydativer Vorgänge hat eine Erhöhung der $CO_2$-Konzentration in der Zelle zur Folge, welche zur Herabsetzung des $p_H$-Wertes führt. Damit geht die Reaktionsphase in die Restitutionsphase über, indem der Rückgang der negativen Überschußladung des Eiweißgerüstes zu einer Entspannung des Eiweißgerüstwerkes führt und damit die Wiederverknüpfung der zerrissenen Haftpunkte begünstigt.

Im Wechsel zwischen einer reduktiv-aufbauenden und einer oxydativ-abbauenden Phase sieht *Bünning* die Grundlage eines ganz allgemeinen Rhythmus im Bereich des Lebenden. Er ist bei der grünen Pflanze, in welcher der Aufbau als Photosynthese lichtabhängig ist, 24stündig. Zahlreiche Umweltreaktionen lassen sich von einem solchen Rhythmus aus erklären, insbesondere etwa die Schlafbewegungen mancher Blätter und, nach *Bünning*, auch die Erscheinung des Photoperiodismus. Der Unterschied zwischen Kurztags- und Langtagspflanzen läßt sich danach etwa dahin fassen: Kurztagspflanzen „erwachen" schnell beim Übergang von Dunkelheit zu Licht und beginnen damit die aufbauende Phase. Sie haben deshalb im Kurztag Zeit zu ihrer vollständigen Abwicklung, können aber im Langtag wegen des langdauernden Lichtes nicht rechtzeitig in die abbauende Phase übergehen und haben zu wenig „Schlaf"; das tritt auch ein, wenn sie während der Dunkelphase durch eine, wenn auch nur kurze Belichtung „aufgeweckt" werden. Umgekehrt brauchen Langtagspflanzen nach Anbruch des Tages lange zum Übergang in die aufbauende Phase, so daß sie im Kurztag nicht genügend Zeit zu ihrer vollen Durchführung haben.

In einer Umweltbetrachtung der skizzierten Art wird die Pflanze als ein gemäß ihrer Konstitution zwangsläufig auf Umwelteinflüsse regierendes System, d. h. rein kausal-physiologisch betrachtet. Von einer Zweckmäßigkeit der Reaktionen war bisher nicht die Rede. Da wir aber gewohnt sind, die Organismen als zweckmäßig gebaut und reagierend anzusehen, bedarf es nun einer Auseinandersetzung mit dem Problem der finalen (teleologischen) Betrachtungsweise in der phänotypischen pflanzlichen Umweltforschung. Wir wollen dabei zunächst fragen, inwieweit die besprochenen Beispiele eine finale Betrachtung erlauben.

Ein Schütteleffekt tritt in der freien Natur bei starkem Wind und Sturm auf. Unter diesen Bedingungen ist die Verdunstung schon rein physikalisch durch den Luftaustausch stark gesteigert. Das Auftreten einer weiteren physiologischen Transpirationserhöhung im Rahmen des Schütteleffektes kann deshalb nur als unzweckmäßig bezeichnet werden, weil damit die tatsächlich beobachteten gefährlichen Windschäden, welche bis zur Vertrocknung von Blättern gehen können, begünstigt werden. Dasselbe gilt von der Herabsetzung der Assimilation und der Erhöhung der Atmung, die eine Störung des Aufbaustoffwechsels bedeuten. Dieser ganze Reaktionskomplex kann daher nicht unter finalen Gesichtspunkten betrachtet werden. In der Tat begrenzt er überall die Möglichkeit des pflanzlichen Lebens, das sich an sturmreichen Standorten nur durch Zurückziehung in windgeschützte bodennahe Schichten und Ausbildung windresistenter anatomischer und morphologischer Strukturen, z. B. Polsterformen, erhalten kann.

Bei *Kalanchoë* fordern die großen physiologischen Unterschiede im Wasserhaushalt der Kurz- und Langtagspflanzen zu ökologischen Zweckbetrachtungen heraus, nachdem *Harder* und *von Witsch* festgestellt haben, daß die sukkulenten Kurztagsblätter mit ihrem Wasservorrat etwa 5 mal so sparsam umgehen als die nichtsukkulenten Langtagsblätter. Es gelingt aber auch hier nicht, eine Zweckmäßigkeit zu finden. *Kalanchoë* ist in Madagaskar zu Hause. Da dort der kürzeste Tag des Jahres etwa 11 Stunden, der längste 13 Stunden dauert, kann es im Wechsel der Jahreszeiten überhaupt nicht zu den Unterschieden kommen, welche im Versuch erzielt wurden. Davon abgesehen müßte die Einschränkung der Transpiration zweckmäßigerweise nicht im Kurztag, sondern im Langtag mit seiner viel längeren Sonnenstrahlung und größeren Verdunstung erfolgen. Freilich bleiben die im winterlichen Kurztag der europäischen Gewächshäuser „falsch" ausgebildeten Blätter auch im sommerlichen Langtag in Tätigkeit und umgekehrt die Langtagsblätter im Kurztag, woraus sich die Tracht der Pflanzen in unseren Gewächshäusern erklärt; aber das wird man kaum noch als Zweckmäßigkeit der Natur bezeichnen wollen. So kommen denn *Harder* und *von Witsch* zu dem Schluß: „Die photoperiodisch bedingten Sukkulenzveränderungen bei *Kalanchoë Blossfeldiana* scheinen uns daher einen neuen, sehr eindringlichen Hinweis dafür zu geben, daß man sehr vorsichtig mit der ökologischen Bewertung von experimentell erzeugten oder unter natürlichen Verhältnissen gefundenen, nach ‚Anpassungen' aussehenden Erscheinungsformen sein muß."

Schon diese wenigen Beispiele dürften zeigen, daß eine erkenntnisfördernde Untersuchung von phänotypischen Umweltbeziehungen nur mit kausalphysiologischen Methoden möglich ist und daß finale Betrachtungen nicht zum Ziel führen. Was die exakte Analyse ergibt, ist nicht eine Zweckmäßigkeit der einzelnen Umweltreaktionen, sondern ihr zwangsläufiger Ablauf in dem System von Strukturen und Reaktionen, welches das Individuum ausmacht und dessen Teile so abgestimmt sind, daß sie in ihrer Ganzheit die Möglichkeit des Lebens in einer bestimmten Umwelt geben. Es kann dabei nicht erwartet werden, daß jede einzelne Struktur oder Reaktion gegenüber einer bestimmten Umweltbedingung nützlich und zweckmäßig ist. Eine Zweckmäßigkeit gibt es nur im Rahmen der Ganzheit und, genau genommen, nur im Sinn einer Lebensmöglichkeit.

## III.

Das genotypische Umweltproblem offenbart sich am großartigsten in der pflanzengeographischen Physiognomie, wie sie *Alexander v. Humboldt* zuerst so meisterhaft dargestellt hat. „Beobachter, welche in kurzer Zeit große Landstrecken durchzogen, Gebirgsgruppen bestiegen hatten, in denen die Klimate schichtweise übereinandergelagert sind, mußten sich früh angeregt fühlen von einer gesetzmäßigen Verteilung der Pflanzenformen." Welche Gegensätze, wenn man z. B. in Arizona aus der Kakteenwüste auf eines der hohen Gebirge aufsteigend durch Yuccasteppen, immergrünen Eichenbusch und Eichenwald in wunderbare Nadelhochwälder gelangt, oder wenn man in Lappland, von Norden nach Süden wandernd, aus der baumlosen Tundra kommend die Birkenwaldzone durchquert und dann an die Grenze des Kiefern-Fichtenwaldgebietes, für die Lappen in das „Paradies", kommt! Solche Erlebnisse gibt es überall, und für den Geographen ist die Physiognomie der Vegetation das beste und schärfste Charakteristikum einer Landschaft.

Diese großgeographischen Umweltbeziehungen wiederholen sich im kleinen. So ist es möglich, aus der Zusammensetzung der Pflanzenwelt und dem Vorkommen bestimmter Arten sichere Schlüsse auf den Grad der Versalzung von Böden zu ziehen, und diese Methode ist nicht nur einfacher, sondern oft auch sicherer und aufschlußreicher als der Weg über die physikalische und chemische Bodenanalyse.

Als Kiesel- und Kalkpflanzen bezeichnet man Pflanzenarten, die entweder nur auf sauren, meist nährstoffarmen oder nur auf neutral-alkalischen, meist nährstoffreichen Böden vorkommen. In den Alpen, in denen Urgestein- und Kalkböden nebeneinander liegen, sind Kiesel- und Kalkpflanzen in vielen Fällen durch nahe verwandte Arten oder Unterarten vertreten. Bekannte Beispiele dafür sind die Alpenanemonen, die in den zentralen Urgesteinsalpen in einer gelbblühenden (*Anemone sulphurea*), in den Kalkalpen aber in einer weißblühenden Form (*Anemone alpina*) vorkommen, und die Alpenrosen, von denen die auf der Unterseite der Blätter rostfarbige (*Rhododendron ferrugineum*) auf Urgestein, die behaarte (*Rhododendron hirsutum*) auf Kalk wächst. Wo sich an der Grenze beider Gesteine die Areale der beiden Arten berühren, findet man oft ihren Bastard (*Rhododendron intermedium*). Wenn man eine große Zahl von Standorten auf ihren Säuregrad untersucht und die gefundenen Werte für jede der beiden Arten und den Bastard graphisch einträgt, erhält man die in Abbildung 5 dargestellten Kurven als exakte Umschreibung dieser Umweltbeziehungen.

Ein anderer Fall dieser Art ist von *Melchers* genetisch untersucht worden. Bei einer kleinen Crucifere, der Gemskresse (*Hutchinsia*), unterscheiden sich zwei nahe verwandte Arten in der Form der Blütenblätter, die bei der einen (*H. alpina*) plötzlich, bei der anderen (*H. brevicaulis*) allmählich in die Basis verschmälert sind. Die erstere findet sich auf Kalk,

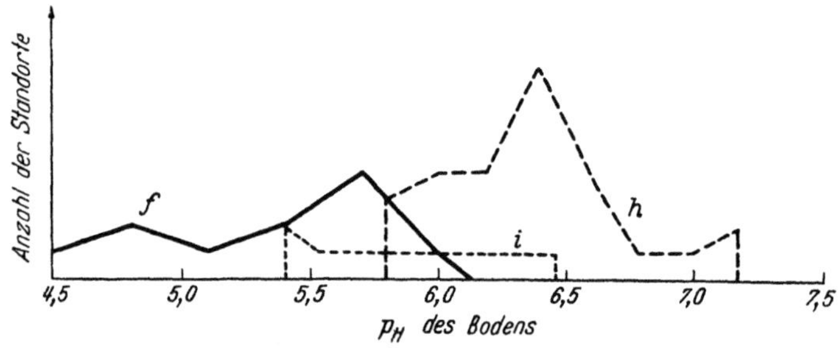


Fig. 5. Abhängigkeit der Alpenrosen vom Säuregrad des Bodens. f *Rhododendron ferrugineum*. h *Rh. hirsutum*. i *Rh. intermedium* (*Rh. ferrugineum*. x *hirsutum*). (Nach *Zollitsch*.)

die letztere auf Urgestein. Bei Kultur in Nährlösungen zeigte sich, daß die Beziehung zum Boden auf der größeren Empfindlichkeit von *H. alpina* gegenüber Kalziummangel beruht. Die genetische Analyse ergab, daß das morphologische Merkmal der Blütenblätter wahrscheinlich durch zwei Erbanlagen (Gene) bestimmt ist, das physiologische der Bodenabhängigkeit wahrscheinlich ebenfalls durch 2 Gene, welche aber mit den morphologischen nicht identisch sind. Diese Erbstruktur erklärt, daß in den Dolomiten neben normaler *Hutchinsia alpina* eine Form angetroffen wird, welche morphologisch der Urgesteinsart *brevicaulis* gleicht, in den physiologischen Genen aber mit der Kalkart *alpina* übereinstimmt. Daraus ergibt sich, daß das morphologische Merkmal der beiden Arten offenbar ohne jede ökologische Zweckbeziehung ist und auch innerhalb der Gesamtkonstitution nur insofern eine Rolle spielt, als überhaupt ein formbestimmendes Gen für die Blütenblätter vorhanden sein muß. Es ist hier wiederum sehr deutlich, daß nicht die Zweckmäßigkeit, sondern die Lebensmöglichkeit entscheidend ist.

Wie können nun solche ökologisch und konstitutionell völlig gleichgültigen, neutralen Merkmale sich ausbilden? Offenbar dadurch, daß sie mit einem anderen, ökologisch bedeutungsvollen Merkmal, in unserem Beispiel der Kalk- und Säureempfindlichkeit, verbunden sind und mit diesem zusammen im Kampf ums Dasein seligiert werden. Da bei der geschlechtlichen Vermehrung ganze Chromosomen verteilt werden, sind die in ein und demselben Chromosom liegenden Gene miteinander „gekoppelt", können aber, wie der Fall von *Hutchinsia* zeigt, durch Austausch (crossing over) mit mehr oder weniger Wahrscheinlichkeit in andere Chromosomen umgruppiert werden. Neben dieser relativen Bindung ist auch eine absolute möglich, indem ein und dasselbe Gen mehrere, bisweilen sehr heterogene Eigenschaften bewirkt, wobei dann der wesentliche ökologische Nutzen einer einzigen die Mitselektion der übrigen, wenn auch neutralen oder sogar beschränkt schädlichen, bewirkt.

Wir müssen also von vornherein damit rechnen, daß ein großer Teil der Eigenschaften eines Organismus zur Umwelt in keiner Zweckbeziehung steht, sondern nur der Bedingung der Lebensmöglichkeit genügt. Daraus erklärt sich zu einem Teil die Mannigfaltigkeit der Lebensformen, die uns trotz gleicher Umweltbedingungen überall entgegentritt.

Ein anderer Grund der Mannigfaltigkeit des Lebens liegt in der Fähigkeit der Natur, gleiche Umweltbedingungen mit ganz verschiedenen Bauplänen zu meistern. Diese Möglichkeit geht letzten Endes auf den Zufälligkeitscharakter der Mutation und der Chromosomenverteilung bei der Fortpflanzung zurück. Es entstehen auf diese Weise viele Merkmale und Kombinationen von solchen, unter denen, soweit sie in sich lebensfähige Systeme darstellen, der Kampf ums Dasein die konkurrenzfähigen auswählt.

Zusammenfassend kann man mit *Goebel* (Organographie der Pflanzen) sagen: „Wir halten daran fest, daß die Teile oder Glieder der Organismen Organe sind, deren Gestalt mit ihrer Funktion in mehr oder minder deutlich erkennbarem Zusammenhang steht. Aber die Mannigfaltigkeit der Organbildung ist nach unserer Auffassung größer als die Mannigfaltigkeit der Lebensbedingungen."

Es ist von vornherein wahrscheinlich, daß die Zahl der lebensmöglichen Lebensformen da am größten ist, wo die Umweltbedingungen in jeder Hinsicht am günstigsten sind. Das ist in den Regenwäldern der immerfeuchten Tropen der Fall, deren ungeheure Formenfülle das Paradies der Botaniker darstellt. Die verschiedensten Pflanzen-Konstitutionen sind hier möglich und treten miteinander in Konkurrenz, man braucht nur an das Heer von Moosen, Farnen, Lianen und Epiphyten zu denken. Auf der anderen Seite wird eine zunehmende Verschärfung der Umweltbedingungen, vor allem hinsichtlich Trockenheit und Kälte, die Zahl der lebensmöglichen Konstitutionstypen mehr und mehr einschränken und bestimmte Konstitutionen bevorzugen. So werden Trocken- und Kältewüsten, Salzstandorte usw. zu Vegetationsgebieten mit scharf ausgeprägter Physiognomie. Aber auch hier noch gilt das Prinzip der Mannigfaltigkeit, sowohl in der Physiognomie gleicher Standorte in verschiedenen Erdteilen wie auch der Formen ein und desselben Standortes.

Im ersten Bezug braucht nur etwa an das ganz verschiedene Bild der Wüste erinnert zu werden, das in Mexiko von den großen Säulenkakteen beherrscht wird, während in Nordafrika Sukkulente keine Rolle spielen und in Südafrika wiederum andere Charakterformen, wie etwa die Mesembryanthemen, charakteristisch sind. Diese regionale Mannigfaltigkeit geht wesentlich auf die erdgeschichtliche Entwicklung zurück, indem Gebiete, die seit langem voneinander getrennt sind, verschiedene Pflanzentypen hervorgebracht haben.

Was die Mannigfaltigkeit der Typen an ein und demselben Standort angeht, so ist der für Wüstenpflanzen entscheidende Umweltfaktor die Überwindung längerer Trockenzeiten. Niedere Pflanzen, wie Flechten und Moose, besitzen keinen stabilisierten Wasserhaushalt; bei Regen, Nebel oder Tau sättigen sie sich mit Wasser, das bei Trockenheit schnell wieder bis zur völligen Austrocknung der Pflanze verdunstet. Das Protoplasma dieser Pflanzen erträgt die Austrocknung mehr oder weniger lang, aber es ist in diesem Zustand nicht zu einer aktiv aufbauenden Lebenstätigkeit fähig. Die Pflanze befindet sich in einem Ruhezustand, der mit einem, wenn auch geringen Atmungsverlust verbunden ist und deshalb nicht beliebig lang ertragen werden kann. Das Wachstum solcher Pflanzen ist auf die Zeiten der Durchnässung durch Regen, Nebel oder Tau angewiesen, und es ist klar, daß diese eine bestimmte Dauer haben müssen, um ein Existieren zu ermöglichen. Aus diesem Grunde spielt dieser Konstitutionstyp in Wüsten keine große Rolle.

Die höheren Pflanzen besitzen einen insofern stabilisierten Wasserhaushalt, als die Wasseraufnahme durch die Wurzeln aus dem Boden erfolgt und die Wasserabgabe an die Luft durch eine schwer wasserdurchlässige Wachsschicht (Kutikula) eingeschränkt und durch verschließbare Spaltöffnungen reguliert wird. Freilich ist es der Pflanze auf die Dauer nicht möglich, die Spaltöffnungen geschlossen zu halten; denn diese sind auch Eingangspforten für das Kohlendioxyd der Luft, welches das Ausgangsmaterial für die Assimilation bildet. Die höhere Pflanze ist deshalb in der Wüste der doppelten Gefahr ausgesetzt, entweder bei geöffneten Spalten zu verdursten oder bei geschlossenen zu verhungern, und es ist interessant, die verschiedenen Wege zu verfolgen, auf denen sie dieser Szylla und Charybdis zu entrinnen vermag. Man kann 4 Konstitutionstypen unterscheiden, zwischen denen es aber Übergänge gibt und die oft auch zu mehreren kombiniert werden. Im ersten Fall umgeht die Pflanze die Trockenheit, indem sie sich in den Ruhezustand von Samen, Rhizomen, Zwiebeln oder Knollen zurückzieht. Dieser Typ vegetiert im aktiven Zustand nur während oder kurz nach Regenzeiten und benötigt deshalb keiner besonderen Anpassungen an Trockenheit, abgesehen von der großen Geschwindigkeit des Wachsens, Blühens und Fruchtens. Ein zweiter Typ stellt einen ziemlich normalen Wasserhaushalt auch während der Trockenperiode dadurch sicher, daß er mit einem sehr tief gehenden Wurzelwerk Grundwasser oder in größerer Tiefe vorhandene Bodenfeuchtigkeit erreicht, eine Möglichkeit, welche natürlich nicht überall gegeben ist. Eine dritte sehr ausgeprägte Konstitution ist die der Sukkulenten, welche während der Regenzeit Wasservorräte speichern und mit diesen während der Trockenzeit sehr sparsam umgehen. Dabei werden weitere Wassereinsparungen dadurch ermöglicht, daß die Atmung während der Nacht nur bis zur Bildung organischer Säuren verläuft. Diese werden dann am Tag vollständig zu Kohlendioxyd abgebaut, das von der Pflanze sogleich wieder assimiliert wird. Die durch Spaltöffnungen hereinzunehmende Kohlendioxydmenge wird damit vermindert, und die Spalten können mehr geschlossen gehalten werden, wodurch die Transpiration herabgesetzt wird. Eine 4. Gruppe von Wüstenpflanzen, die Trockenpflanzen im eigentlichsten Sinn, gehen ohne Wasserspeicherung und ohne Grundwasserversorgung in die Trockenperiode hinein, indem sie sich mit einem ausgedehnten und sehr hohe Saugkräfte entwickelnden Wurzelwerk das notwendige Wasser verschaffen und durch feine Abgleichung der Spaltöffnungsbewegung das Gleichgewicht zwischen Wasser- und Assimilationshaushalt herstellen.

Nach alledem konzentriert sich die Aufgabe der genotypischen pflanzlichen Umweltforschung auf die Ergründung der physiologischen Konstitution der Pflanzenarten und -gruppen. Die Konstitutionsforschung geht von einzelnen Faktoren aus. So habe ich z. B. in der ungarischen Alkalisteppe den Tagesgang der Transpiration zweier nebeneinander wachsender, in ihrer Physiognomie aber sehr verschiedener Pflanzen verfolgt. Die eine, eine Wermutart (*Artemisia monogyna*), ist eine niedere Staude mit stark zerteiltem, silbrig behaartem Laub, die andere, ein Widerstoß (*Statice Gmelini*), trägt eine Rosette breiter fleischiger Blätter; die großen anatomischen Unterschiede ergeben sich aus der Figur 6. Wenn man die Transpiration der beiden Arten beim Übergang von der Regen- zur Trockenzeit verfolgt, so findet man zwei ganz verschiedene Reaktionstypen: *Statice* zeigt einen im Tagesgang

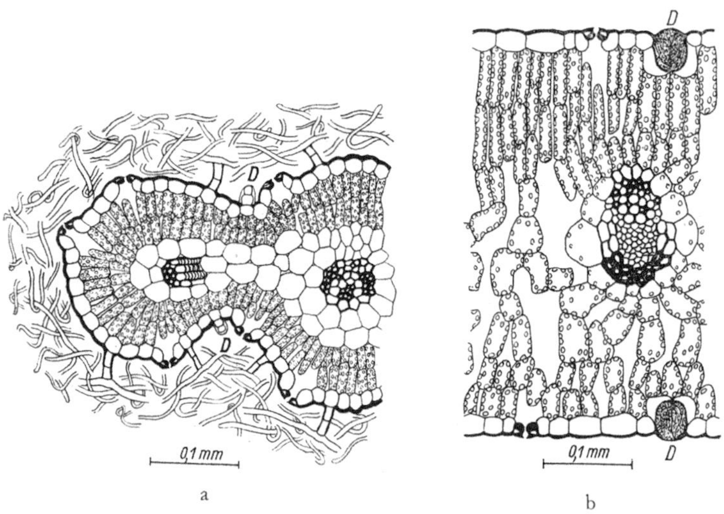


Fig. 6. Blattquerschnitt von Pflanzen desselben Standortes in der ungarischen Alkalisteppe. a *Artemisia monogyna*. b *Statice Gmelini*. (Nach *Stocker*.)

und der Höhe der Wasserabgabe außerordentlich stabilen, auch durch starke Bodentrockenheit wenig beeinflußten Wasserhaushalt, während *Artemisia* einen äußerst labilen Typ darstellt, welcher bei guter Bodenfeuchtigkeit fast doppelt so stark verdunstet wie *Statice*, bei Trockenheit aber tief unter dessen Wert absinkt (Fig. 7). Das verschiedene Verhalten hängt mit der verschiedenen Ausbildung des Wurzelwerkes zusammen. An diesem Standort in der ungarischen Alkalisteppe liegt unter einer nur etwa 20 cm starken Oberkrume eine etwa 70 cm mächtige Anreicherungsschicht von Salzen, die sehr hart ist und nur von den Wurzeln ganz weniger Pflanzenarten durchstoßen werden kann. *Statice* vermag mit einer viele Meter langen Pfahlwurzel in den unter der Verhärtungsschicht liegenden, vom Grundwasser her dauernd feuchten Lehm einzudringen und aus ihm auch während der Trockenzeit Wasser aufzusaugen, während *Artemisia* auf die dann fast völlig austrocknende oberste Bodenschicht angewiesen ist. Solche verschiedenen Konstitutionstypen lassen sich auch hinsichtlich anderer Funktionen nachweisen, z. B. für die photosynthetische Lichteinstellung bei Meeresalgen (*Montfort*).

Ein vollständiges Bild der Konstitution einer Art ergibt sich natürlich erst aus der Gesamtheit der einzelnen Funktionen. Hier befindet sich die pflanzliche Umweltforschung noch weitgehend auf Neuland, zu dessen Bearbeitung es vielfach an geeigneten Methoden mangelt. Über den Zusammenhang des Wasser- und Assimilationshaushaltes haben wir bei Gewächshauspflanzen und bei landwirtschaftlichen Kulturpflanzen einige Untersuchungen durchgeführt. Welche Unterschiede der Konstitution hier vorliegen können, wird schon anschaulich, wenn man an einem warmen Sommertag einen Zuckerrüben- mit einem Getreideacker vergleicht; während die Rüben mit vollständig welken Blättern eine außergewöhnliche Labilität des Wasserhaushaltes anzeigen, machen die daneben wachsenden Getreidepflanzen einen noch völlig frischen Eindruck und repräsentieren auch im messenden Versuch gegenüber der Zuckerrübe den stabilen Typ des Wasserhaushaltes, wobei sich die Gerste am stabilsten, der Hafer am wenigsten stabil erweist und der Weizen in der Mitte steht. Untersucht man die assimilatorischen Leistungen an warmen und trockenen Tagen, so stellt sich heraus, daß bei der Zuckerrübe dem sehr labilen Wasserhaushalt ein relativ stabiler Assimilationshaushalt gegenübersteht, indem die Photosynthese auch noch in welkenden Blättern lange fortdauert. In Figur 8 sind einige Tagesgänge von Gerste (G)-, Hafer (H)- und Zuckerrüben (Z)-Pflanzen unter Trockenbedingungen dargestellt, wobei jeweils eine dürreempfindliche (e) und eine dürreresistente (r) Sorte verglichen werden. Es zeigt sich, daß in jedem Fall die dürreresistente Sorte einen stabileren Verlauf als die dürreempfindliche aufweist und deshalb zu höheren Produktionsleistungen kommt. Man kann als allgemeines Prinzip aufstellen, daß bei den dürreresistenten Konstitutionstypen der Wasserverbrauch irgendwie so reguliert wird, daß die Assimilation möglichst ungestört bleibt. Wahrscheinlich spielt dabei die Einstellung des schon bei den phänotypischen Erscheinungen erwähnten 24 stündigen Rhythmus zwischen auf- und abbauenden Phasen eine wesentliche Rolle, wie sich aus dem Gang der Spaltöffnungsbewegung und des Askorbinsäure-Redoxsystems schließen läßt. Bei den dürreresistenten Sorten wird so durch Vorverschiebung der Aufbauphase eine bessere Ausnutzung der frühen, luftfeuchteren und kühleren Morgenstunden erreicht, in welchen die Spalten ohne große Wasserverluste geöffnet werden können.

Man muß vermuten, daß die verschiedenen Reaktionsweisen auf Unterschieden der Plasmastruktur beruhen. Das war hinsichtlich der Viskosität nachweisbar, indem die dürreresistenten Sorten überall höhere Werte aufweisen als die dürreempfindlichen. Aus der höheren Viskosität kann man auf eine dichter geknüpfte und stabilere Struktur des Plasmas schließen. Da die phänotypischen

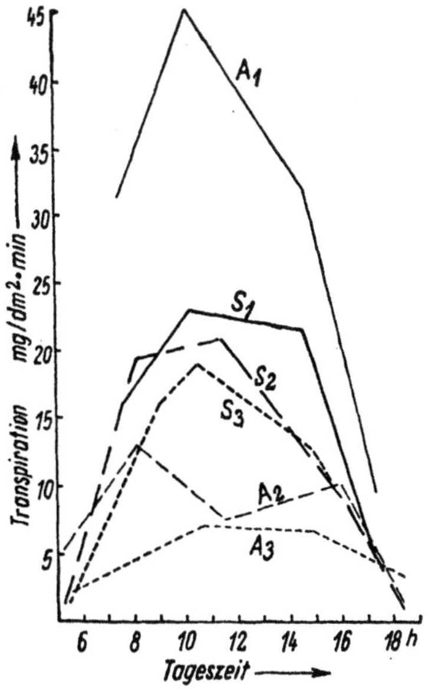


Fig. 7. Transpiration von *Artemisia monogyna* (A) und *Statice Gmelini* (S) bei gutem (1), mäßigem (2) und schlechtem (3) Wasserzustand des Bodens. Ungarische Alkalisteppe. (Nach *Stocker*.)

Dürreeffekte grundsätzlich mit den Schütteleffekten übereinstimmen, dürfte auch der Primärangriff der Dürre in Zerreißungen der Plasmastruktur bestehen, die durch ungleichmäßige Entquellung bei der Wasserverarmung der Zellen herbeigeführt werden. Die dürreresistente Wirkung eines stabileren Plasmagerüstes wäre dann verständlich.

Auch die genotypischen Umweltbeziehungen der Pflanze bedürfen also keiner finalen Betrachtung. Man kann im Gegenteil sagen, daß die Mannigfaltigkeit lebensmöglicher Konstitutionen gegen das Vorhandensein finaler Reaktionen spricht. Denn diese hätten doch wohl zu einheitlichen Typen innerhalb gleicher Umweltbedingungen führen müssen. So wie wir die Probleme sehen, erfolgt jede Umweltreaktion bei der Pflanze zwangsläufig-kausal auf Grund einer genotypischen Konstitution, die, ohne Zweckbeziehung durch Mutation und Genkombination entstanden, sich in sich und im Kampf ums Dasein als lebensmöglich erwiesen hat.

## IV.

Mit der Ablehnung der finalen Betrachtungsweise als Erkenntnismittel soll nicht die fundamentale erkenntnistheoretische Bedeutung der Teleologie in anderer Richtung, nämlich als Impuls der Umweltforschung, verkannt werden.

Dazu zunächst zwei Äußerungen großer Umweltforscher: Der Begründer der Blütenökologie, *Christian Konrad Sprengel*, leitet 1793 seine Untersuchungen über „Das entdeckte Geheimnis der Natur im Bau und in der Befruchtung der Blumen“ mit dem Bekenntnis ein: „Überzeugt, daß der weise Urheber der Natur auch nicht ein einziges Härchen ohne eine gewisse Absicht hervorgebracht habe, dachte ich darüber nach, wozu denn wohl diese Haare dienen möchten.“ In der Selbstbiographie des Entwicklungsphysiologen *H. Spemann* stehen die Worte: „Ein Forscher, der neben dem zergliedernden Verstand nicht wenigstens eine Ader vom Künstler besitzt, ist meiner Überzeugung nach unfähig, dem innersten Wesen des Organismus näher zu kommen. Daß dem so ist, deutet auf eine tiefgegründete Verwandtschaft des menschlichen Geistes mit der organischen Natur.“

Erkenntnistheoretisch hat sich bekanntlich *Kant* in seiner Kritik der Urteilskraft mit dem Problem der Finalität (Teleologie) in der Biologie auseinandergesetzt. Er vertritt mit aller Entschiedenheit den Standpunkt, daß in jedem Fall eine rein kausale Ursachenforschung bis zum Äußersten durchzuführen sei und allein wirkliche Erkenntnis geben könne, findet aber bei dem damaligen Stand der Biologie, daß daneben die finale Betrachtungsweise nicht entbehrt werden könne, aber nur als ein regulatives Prinzip anzusehen sei. Auf dieser Grundlage

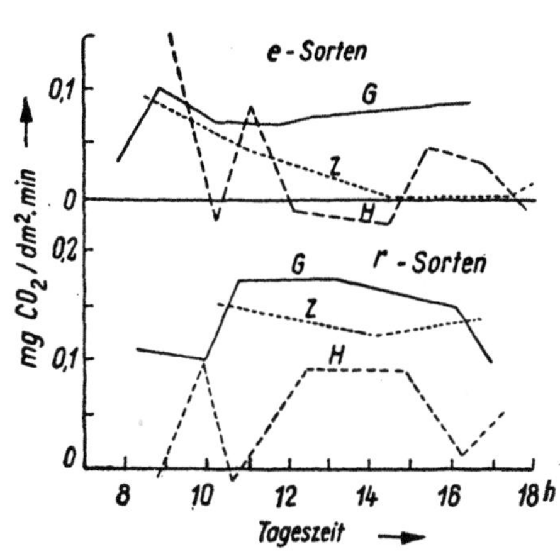


Fig. 8. Tagesgang der Assimilation dürreresistenter (r) und dürreempfindlicher (e) Sorten von Gerste (G), Hafer (H) und Zuckerrüben (Z) unter Dürrebedingungen. (Nach *Stocker*, *Rehm* und *Schmidt*.)

erhält dann in der *Kant*schen Transzendentalphilosophie die Teleologie der Natur ihre besondere Bedeutung als Mittler zwischen dem streng kausalen Reich der Natur und dem Reich der Freiheit unseres Geistes.

Die heutige Biologie entspricht nicht mehr der *Kant*schen Auffassung als einer nicht exakten Wissenschaft. Eine erkenntnistheoretische Untersuchung, auf die näher einzugehen hier zu weit führen würde, erweist sie vielmehr als durchgehend konstitutiv auf dem kategorialen System der Kritik der reinen Vernunft begründet. Es läßt sich zeigen, daß die aus den 4 Kategorienklassen der Quantität, Qualität, Relation und Modalität entspringenden 4 kosmologischen Ideen *Kants* die methodologische Vierteilung der biologischen Wissenschaften in die 4 Hauptgebiete der Systematik, Morphologie, Physiologie und Ökologie bedingen. Die Ökologie ist dabei in *Kant*scher Ausdrucksweise als „absolute Vollständigkeit der Abhängigkeit des Daseins" definiert. Auch bei dieser erkenntnistheoretischen Ableitung tritt scharf heraus, daß die Ökologie als Wissenschaft keine über die Kausalität hinausführende Methode besitzt. Es bleibt daher kein Platz für ein wenn auch nur regulatives Prinzip der Finalität. Wohl aber muß nach meiner Ansicht die Urteilskraft im Sinne *Kants*, und zwar sowohl die ästhetische wie auch die teleologische, als notwendiger geistiger Antrieb zu biologischer Forschung angesehen werden. Es sind mit die Geisteshaltungen des Künstlers, der die Schönheit der Welt lustvoll schaut, und des Gottsuchers, der ihrem Sinn bewundernd nachdenkt, welche den Forscher zur Ordnung und Ergründung der Natur zwingen.

*Literatur.*


Die meisten Literaturbelege findet man in den zusammenfassenden Darstellungen:

*Stocker, O.:* Das Halophytenproblem. Erg. d. Biologie. *3*, 265 (1928).

— Beiträge zu einer Theorie der Dürreresistenz Planta *35*, 445 (1948).

Weitere Belege enthalten:

*Bünning, E., Haag, L.* und *Timmermann, G.:* Planta. *36*, 178 (1948).

*Harder, R.:* Die Naturw. *33*, 41 (1946).

*Melchers, G.:* Z. f. ind. Abst. u. Vererbungslehre. *76*, 229 (1931).

*Montfort, C.:* Jahrb. wiss. Bot. *84*, 1 u. 43 (1937).

*Zollitsch, L.:* Flora. *122*, 93 (1927).


(*Professor Dr. Otto Stocker, (16) Darmstadt, Dachsbergweg 10*)

## Umwelt als Stufenbegriff und als Wirklichkeit.

Von

KARL FRIEDERICHS.

Im allgemeinen Sprachgebrauch (schon bei *Goethe*) bedeutet „Umwelt" oft nichts anderes als „Umgebung", aber in sehr verschiedenem Umfang, nicht selten die ganze Außenwelt als Gegenstück zu einem lebenden Zentrum. In anderen Fällen besteht eine Bezugnahme auf dasjenige außerhalb des Subjekts, *was dieses irgendwie angeht.* Diese letztere Form des Umweltbegriffs ist die der Ökologie als der eigentlichen „Umweltlehre" [1]. Dieser Umweltbegriff versteht sich ohne Erklärung und ist dementsprechend lange ohne Definition gebraucht worden, auch dann noch, als *Jakob von Uexküll* Umwelt zu einem Fachausdruck mit engerer Bedeutung gemacht hatte. Es gab nun zwei Umweltbegriffe in der Biologie. Dem suchte Verfasser abzuhelfen dadurch, daß er Uexkülls „Umwelt" die „Eigenwelt" nannte [2]. Erst der Versuch H. Webers, beide Umweltbegriffe durch einen dritten zu ersetzen, der sich auf die ***notwendigen Lebensbedingungen*** beschränkte [3] und damit Verwirrung in der Ökologie zu entstehen drohte, die den in ihr gebräuchlichen Umweltbegriff nicht entbehren kann, zwang zu seiner Präzision in dem bereits angedeuteten Sinn durch den Verfasser [4]. Denn ein Ökologe, der in Verfolg der Umwelt eines Tieres z. B. Verfolger, Parasiten und Krankheiten nicht in Betracht zöge, die für dessen Leben doch keineswegs notwendig sind, hätte einen wesentlichen Teil seiner

[1] So von H. Eidmann in seinem Lehrbuch der Entomologie (1941) in glücklicher Weise bezeichnet, und zwar ist die ganze Ökologie, Autökologie und Biocönologie, gemeint.

[2] In: „Ökologie als Wissenschaft von der Natur" (Sammlung Bios, Bd. 7, 1937, S. 24). Dies wurde von Uexküll gebilligt, der sich aber auf „Umwelt" festgelegt hatte und daher nur gelegentlich nachher „Eigenwelt" daneben, als Apposition, anwendete. In Bd. 8 der Sammlung Bios behandelte die „Eigenwelt des Menschen" H. Petersen.

[3] Bei H. Weber anders, umständlich, formuliert; obiger Sinn ergibt sich aus dem Zusatz „(Minimal-)Umwelt".

[4] Über den Begriff „Umwelt" in der Biologie in: Acta biotheoretica 7, 1943, S. 147—162. — Umwelt als biologischer Begriff, in Forschungen und Fortschritte, 20, 1944, S. 156—157.

Aufgabe auszuführen unterlassen. Er könnte, wenn er Weber folgte, Gemse und Murmeltier, Edelweiß und Steinadler, Lawine und Steinschlag nicht zur Umwelt des Älplers rechnen, noch die gefährliche Gletscherspalte zu der des Eskimo; Erdbeben und Vulkanausbrüche würden nicht zur Umwelt der Bewohner von Messina oder in Vesuvnähe gehören, der Taifun nicht zur Umwelt des Seemanns, Überschwemmungen nicht zur Umwelt der Bewohner Chinas in Gegenden, wo nicht selten Unzählige, angeblich Millionen, daran zugrunde gehen. Denn nichts davon ist lebensnotwendig.

Weitere wichtigste Umweltbeziehungen, die da fehlen, sind den Phänotypus bestimmende, die nicht lebensnotwendig sind, z. B. das Wasser für amphibische Pflanzen, das ihren Habitus modelt, aber durch Feuchtluft oder selbst Trockenluft ersetzt werden kann. Auch deshalb ist dieser Umweltbegriff als alleiniger (das sollte er sein) unmöglich, weil darin die *Rückwirkungen* fehlen, die die Lebewesen durch ihre Lebenstätigkeit nach außen ausüben und durch sie ihre Umwelt aufs stärkste mitgestalten, sodaß sie selbst Miterschaffer ihrer Umwelt sind, — kurz, die ökologische Umwelt ist eine andere, sehr viel größere.

Nun ist trotzdem jener Ausschnitt aus der Umwelt, die Voraussetzungen der Existenz, etwas in der biologischen, auch der ökologischen Forschungspraxis recht wichtiges. Handelt es sich bei dieser „*Minimalumwelt*" doch um *diejenige, die der Pflanzenbau und die Tierhaltung in der für die Produktion günstigsten Weise herzustellen bestrebt sind* (ohne aber jemals störende Umwelt-Elemente wie Feinde, Seuchen und andere das Leben bedrohende Beziehungen ganz ausschließen zu können) und diese praktische Bedeutung mag eine (unbewußte) Triebfeder dafür gewesen sein, das Wort „Umwelt" für diesen Ausschnitt monopolisieren zu wollen; tendiert doch die ganze exakte Naturwissenschaft unausgesprochenerweise dahin, die Meisterung der Natur durch die Technik jeder Art, auch Zootechnik usw. zu fördern, dem Zeitgeist entsprechend. Dazu kommt sicher als eine weitere psychologische Wurzel, daß eine bestimmte Geisteshaltung scharfe, nicht zu weit gezogene Grenzen liebt, während die Universalität der Ökologie in ihrer eigentlichen (überfachlichen) Gestalt sich mehr in die Weite wagt und keinen Wert darauf legt, die Umwelt scharf zu begrenzen, sondern ihr die Offenheit läßt, die sie in Wirklichkeit hat.

Es ist eben so, daß „Umwelt" kein eindeutiger Begriff ist, auch als biologischer Fachausdruck nicht, und alle Versuche, ihn dazu zu machen, scheitern müssen an dem vielfältig verschiedenen Zusammenhang, in dem er im Gebrauch steht. Und zwar ist die Mehrdeutigkeit eine solche des Umfanges, und der Begriff demnach ein *Stufenbegriff*[1]. *Einen eindeutigen, für jeden biologischen Zusammenhang ausreichenden Umweltbegriff gibt es nicht, kann es nicht geben.* Ziehen wir die Stufen nacheinander in Betracht, so ist *1. Umwelt = Weltzusammenhang in Bezug auf ein Lebewesen*[2].

Nicht nur formal logisch gilt, daß jede Veränderung sich ins Unendliche auswirkt, sondern der systemhafte Weltzusammenhang, der in jedem abgegrenzten Lebensraum, wie etwa einem Wald, einem See so deutlich (aber weit darüber hinaus) besteht, macht sich auch praktisch stark geltend. *W. Burkamp*[3] hat das an einem überzeugenden Beispiel aus der Welt des Menschen gezeigt:

Ein Handwerkslehrling bekommt, obwohl sein Wirkungskontakt über die Werkstatt seines Meisters nicht hinausgeht, alle Schwankungen der Weltlage zu spüren, denn für das berufliche Schicksal einer berufstätigen Person ist jeder organisch wichtige Bestandteil der Volkswirtschaft wichtig und wird durch die Weltlage beeinflußt[4]. So sei auch, sagte Burkamp, für das Schicksal einer einzelnen Raupe eines Waldes jeder andere Biotypus des Waldes auf Umwegen bedeutsam, mindestens unter Umständen, etwa wie eine Raupenart, wenn sie einen Wald kahl frißt, zum tödlichen Feind aller anderen Lebewesen wird, die auf die lebenden Bäume angewiesen sind[5].

Die indirekten Beziehungen können außerordentlich weit reichen: Heuschreckenschwärme im Orient, die feldverwüstend einfallen, können über das Meer zugeflogen sein. — Sonnenflecken beeinflussen das Lichtklima und die gesamte Witterung und führen so indirekt zu stärksten biologischen Wirkungen, etwa dazu, daß Tiere in Massen wandern, weil ihre Nahrung mißrät. — Da die großen tropischen Ozeanflächen die Hauptquellen des Wasserdampfes in der Atmosphäre sind und da Luftaustausch zwischen Tropen und gemäßigten Zonen stattfindet, so wird jener Wasserdampf über die Erde verteilt und somit den gemäßigten Zonen Wärme zugeführt. Überhaupt sind die Veränderungen in der Atmosphäre der Welt ein Gesamtvorgang, so daß es nicht gleichgültig für uns ist, was etwa in Sibirien in der Atmosphäre vor sich geht, denn die Luftkörper wandern und bringen uns etwa schneidenden Ostwind. Dieser Naturzusammenhang, der vor allem jeden einzelnen Landschaftsbestandteil (See, Wald, Moor) zu einem System macht, ist die eigentliche Grundlage der

[1] Der kontinuierliche Zusammenhang des Sinngewebes der Natur läßt univoke und scharfe Begriffe sehr oft nicht zu.

[2] Hinzuzudenken ist bei dieser und jeder folgenden Definition: oder in bezug auf Verbände von solchen.

[3] In: Die Struktur der Ganzheiten, Berlin 1929.

[4] Obwohl der deutsch-französische Krieg 1870/71, weltpolitischbetrachtet, ein lokaler Konflikt war, zogen die Preise in der ganzen Welt an.

[5] Badeorte in der Ostsee sind vorübergehend verödet, durch Massenvermehrung der Prozessionsspinner-Raupen, weil deren giftige Haare überall umherflogen.

„Umweltlehre“ und von enormer praktischer Bedeutung [1].

Gleichwohl kommt forschungspraktisch meist nur ein *Ausschnitt* aus der Außenwelt in Betracht, denn unmöglich kann ja *immer* der Weltzusammenhang aufgerollt werden. Immerhin geht der Komplex der Beziehungen, die forschungspraktisch in Betracht kommen, oft sehr weit, wie insbesondere bei Untersuchung der Umweltverhältnisse, die das quantitative Auftreten einer Tierart bedingen, sich zeigt, z. B. wenn es sich um ein schädliches Insekt handelt, so ist nicht nur die Individuenzahl seiner Feinde dafür von Bedeutung, sondern auch die von deren Feinden und Krankheitserregern, und nicht nur die Nahrungsmenge, sondern auch deren Bedingtheit durch Wetter, Feinde (und deren Feinde und Abhängigkeit vom Wetter usw.) zu untersuchen, und diese Kette von Wirkungen und Gegenwirkungen geht forschungspraktisch mindestens so weit, als sie konkret greifbar und quantitativ relevant sind.

In der ausgedehntesten aller bisherigen Untersuchungen dieser Art, die den ökologischen Konnex des Baumwollkapselkäfers (Anthonomus grandis) in den USA betraf [2], haben dessen direkte und indirekte Beziehungen zu seiner Lebensgemeinschaft folgenden Umfang: Während der botanische Konnex ziemlich einfach ist — nur mit der Baumwolle und einigen wilden Malvaceen, dazu Bakterien und Pilze als Krankheitserreger —, hat der Käfer zu Feinden in der Tierwelt 1. 29 Arten von Parasiten, 2. 22 Arten von Raubinsekten, 3. 53 Vogelarten, 4. Fledermäuse und Eidechsen. Eines der Raubinsekten hat zu Feinden 12 Parasiten, 46 Raubinsekten, wozu ein Hyperparasit hinzukommt. Ein anderes Raubinsekt nährt sich nicht nur vom Käfer, sondern auch von vielen seiner anderen Raubinsekten. Von den Parasiten des Baumwollkapselkäfers parasitieren 26 in 55 anderen Käferarten außerdem, wozu dann noch zahlreiche andere Käferarten kommen, die manche Raubinsekten mit ihm gemeinschaftlich haben. Die genannten 55 Käferarten, die Nebenwirte der Parasiten des Anthonomus sind, nähren sich von 91 verschiedenen Pflanzenarten und haben 44 Arten von Parasiten (bekannten), wozu 6 Hyperparasiten (mindestens) kommen.

Diese Kausalketten können sehr lang und vielfältig verschlungen sein, aber nur ein Teil ihrer Glieder ist greifbar und relevant, mit der Entfernung von der zentralen Art verliert sich mehr und mehr ihre (regelmäßige) Bedeutung für diese; unter besonderen Umständen aber kann, wie oben angeführt, ein Glied der Lebensgemeinschaft für alle anderen verhängnisvoll werden oder aber für viele Massennahrung bilden (Lemmingjahre!). Eine kurze Kausalkette dieser Art hängt zusammen mit dem sich fortsetzenden Rückgang der Eingeborenenzahl in Australien von ursprünglich 300 000 zur Zeit der Begründung der Kolonie auf heute noch etwa 50 000. Zuerst war dies ein Ausrottungsvorgang, indem die Ansiedler die Eingeborenen wie Wild abschossen.

Die Kette der Wirkungen begann mit Verminderung der Jagdgründe durch die weiße Besiedlung; die Folge war Behandlung der Viehherden der Ansiedler als Jagdtiere seitens der Eingeborenen, die noch nichts von Nutzvieh wußten; die Kette setzte sich fort mit Abschuß und Verdrängung der Eingeborenen durch die Siedler. Die weitere Folge war Überhandnahme der Emus und Dingos als Schädlinge des Ackerbaues bzw. der Tierhaltung, da die wenigen Eingeborenen sie nicht mehr durch ihre Jagd in Schach hielten. Wir haben diese Zusammenhänge gestreift, um den komplexen Charakter der Umwelt zu zeigen. Die Ökologie weiß davon endlos zu berichten und sie finden, heißt ein Lebewesen oder eine Gruppe solcher im Zusammenhang ihrer Umwelt erkennen. Also:

*2. Die (abstrakte) Umwelt der Ökologie ist der (meist) durch aktive Wanderung [Tiere aufgesuchte oder durch passive [Pflanzen] erreichte) Komplex derjenigen Außenfaktoren, mit denen das Lebewesen in direkter oder konkret greifbarer indirekter Beziehung durch Wirkung und Gegenwirkung stehen kann und die zum Teil sein Leben bedingen.* Die *konkrete* Umwelt ist der faktisch gegebene Komplex dieser Außenfaktoren. Kürzer: Der *Komplex der direkten und der konkret greifbaren indirekten Beziehungen zur Außenwelt, die in Wirkung und Gegenwirkung bestehen* [3].

Die Umweltfaktoren sind teils lebensnotwendig, teils nur lebenswichtig, teils keines von beiden. Die letztere Art gibt es bei niederen Tieren kaum, wohl aber bei den höheren in manchen psychologischen Beziehungen; man denke an die „diebische Elster“, an den Blutrausch von Raubtieren, zufolge dessen sie viel mehr töten als für ihre Ernährung nötig ist, an narkotische Samen als begehrte Vogelnahrung, an das Spiel der Katze mit der Maus, an die Leidenschaft einzelner Tiger, die man-eater sind. Nur mit den lebenswichtigen Beziehungen (einschließlich der notwendigen) gibt sich die *Epidemiologie* ab, und nur soweit, als sie die Vitalität und Populationsdichte beeinflussen [4], nicht mit ihrem Einfluß auf die Körperform oder anderes, wenn es nicht ökonomisch oder hygienisch von Bedeutung ist. Insofern hat die Epidemiologie ihren eigenen Umweltbegriff [2]: *3. Komplex der lebenswichtigen Beziehungen, die in Wirkung und Gegenwirkung das Maß der Entfaltung des Lebens einer Art bestimmen.*

Die Epidemiologie ist vorzugsweise interessiert an der *optimalen* und der *pessimalen* Umwelt; an ersterer, weil sie stärkstes Auftreten der Schädlinge bzw. Seuchenerreger bedingt und epidemiologisch zu ver-

[1] Siehe u. a. Friederichs l. c. 1943, S. 148 f., und 1937.

[2] Pierce W. D. Lectures in applied entemology, ser. 1, part. 2, 1923, S. 1—79.

[3] Dieser Zusatz ist notwendig, weil es auch Beziehungen gibt, die nicht wirken, z. B. Verwandtschaft.

[4] Das „Gradocön“ (Schwerdtfeger in Zeitschrift für angewandte Entomologie 28, 1941).

meiden ist, an der pessimalen, weil es epidemiologisch gilt, sie möglichst herbeizuführen. *Die optimale ist (abstrakt) ein*[1] *Komplex lebenswichtiger Außenfaktoren solcher Art und solchen Grades, daß sie die stärkste Entfaltung des Lebens einer Art zulassen.* Konkret ist sie dieser Komplex in der faktischen Umgebung. Die pessimale Umwelt ist entsprechend nach der andern Seite hin zu definieren (schwächste Entfaltung). Beides ist auch wichtig für die *Produktionsbiologie.*

Die *physiologische* Umwelt, die als nächste folgt, ist 4. *der Komplex der direkten Beziehungen zur Außenwelt, die in Wirkung und Gegenwirkung bestehen.* Für die Physiologie, außerdem auch für die *Tiergeographie, Tierhaltung* und den *Pflanzenbau* wichtig, aber für keines dieser Fächer für sich allein ausreichend ist 5. die *Minimalumwelt = Komplex der für die Art lebensnotwendigen Außenfaktoren,* wovon oben bereits die Rede war, wozu endlich 6. der vorwiegend psychologische Umweltbegriff *von Uexkülls* kommt.

Wenn in einer der genannten biologischen Disziplinen von „Umwelt" die Rede ist, so ist also jedesmal die dafür in Betracht kommende Umwelt gemeint, und wenn man versuchte, etwas anderes zu erzwingen, so entstände rettungslose Verwirrung. Vor allem bedarf die Ökologie notwendig des umfassenden, ihr allein gemäßen Umweltbegriffes, und zwar gilt dies für die Biocönologie sowohl wie für die Autökologie. In der *Biocönologie* erblickt der Verfasser *die Wissenschaft von den verbundenen Umwelten bzw., im Grenzfall, von der Gesamtumwelt des Lebens.* Sie kann nicht sein „Mitweltlehre"[2] aus mehreren Gründen. „Mitwelt" ist die lebende Umwelt, also ein Teil derselben, und zwar ein Teil, der in der Autökologie nicht weniger in Betracht kommt als in der Biocönologie, für diese also nicht charakteristisch ist. Ferner setzt „Mitwelt" wie „Umwelt" ein zentrales Bezugsobjekt voraus, das in der Biocönologie nicht als etwas der Mitwelt gegenüberstehendes gegeben ist. Der zentrale Gegenstand ist die Lebensgemeinschaft oder der Ausschnitt daraus, auf den sich die Untersuchung bezieht, der periphere Gegenstand der unbelebte Umwelt. Diese Einwände gegen „Mitwelt" gelten auch für den Fall der „Pflanzensoziologie" oder der „Tiersoziologie", in denen die unbelebte Umwelt wenig beachtet wird, aber doch immer im Spiele ist.

Hier sind einige erkenntnistheoretische Ausführungen anzureihen, für die im Fluß der bisherigen nicht der richtige Platz war. Vielleicht wendet jemand ein, Umwelt könnte nicht sein, was mit dem Subjekt derselben nicht in Berührung kommt, was es nicht erlebt. In einem Brief an den Verfasser schrieb Jacob v. Uexküll: „Die Ökologen trennen ebenfalls besondere Funktionen aus der Umgebung des einzelnen Tieres ab, aber auch solche, die nicht auf die Rezeptoren des Subjektes, sondern direkt auf seinen Körper wirken. Ich würde daher von Wohnwelt des Tieres sprechen und ebenso von der Wohnwelt der Pflanzen, die im strengen Sinn keine Umwelt besitzen. Nun erforschen die Ökologen Lebensgemeinschaften von Tieren, Pflanzen und anorganischen Faktoren, die eine große Einheit bilden. Ich würde daher vorschlagen, von Oikos (Haus) zu sprechen; die Wohnwelt würde sich nicht ganz mit dem Oikos decken, sondern nur einen Teil davon beanspruchen." Soweit das klar ist, betrifft es die direkte, physiologische Umwelt, die Wohnwelt genannt werden kann und dann das Klima nur in der Modifikation umfaßt, in der es direkt wirksam ist, als örtliches oder Kleinklima, z. B. das Sonnenlicht nur am Ort der Wirkung (wo es sehr abgeschwächt sein kann) und die Lebensgemeinschaft nur in unmittelbarer Berührung. Aber das sind ja wechselnde Größen, zu deren Bestimmung eben die *ganze* Umwelt herangezogen werden muß.

Das Lebewesen ist nach Uexküll „planmäßig in die (von ihm gemeinte) Umwelt eingepaßt", aber nicht nur in diese, sondern in seine ganze, ökologische Umwelt.

Der Vogel z. B. ist nicht nur ein auf sich selbst beruhendes und in sich ruhendes Etwas, sondern „er ist in allen Einzelheiten seines Baues bezogen auf ein Leben in der Luft. Durch die Pneumatizität der Knochen, den Besitz eines Schnabels statt der Zähne und anderer Einrichtungen ist er so leicht wie möglich geworden. Bei geringstem Gewicht bieten die Federn auf den Fittichen der Luft eine große und feste Widerstandsfläche dar. Die vorderen Gliedmaßen sind zu Flügeln umgebildet, was weiterhin den „aufrechten" Gang und eine Anzahl anderer Eigenschaften des Skeletts nach sich zieht, Der nur einseitig ausgebildete Eierstock ist von seinem Eileiter auf die Mittellinie verlagert, so daß die schweren Eier das Gleichgewicht des Tieres nicht stören können. In allen diesen und noch vielen anderen Eigentümlichkeiten ist der Vogel an Fliegen angepaßt. er ist eine Flugmaschine." (H. Spemann).

Die Existenz des Vogels setzt also den freien Luftraum voraus; *die Wirklichkeit kennt keinen Gegensatz von Organismus und Umwelt, sondern nur beide zusammen: jedes für sich ist nur ein Begriff.* Ein Organismus ohne Umwelt, etwa im Vacuum, hört schnell auf zu leben und damit ein Organismus zu sein. Aber auch das, was an Stelle der Umwelt ohne das Lebendige sein würde, wäre nicht die Umwelt wie sie ist, sondern etwas anderes, das Chaos; denn die Umwelt ist großenteils Werk der Organismen. Die beiden sind eins wie Punkt und Umkreis, wie Schlüssel und Schloß, wie Konkavform und Hohlform. Eine innere Notwendigkeit dafür besteht nur in bezug auf den Zusammenhang von Organismus und Minimalumwelt.

[1] Verschiedene Faktorenkombinationen von solcher Art sind möglich.

[2] E. Ungerer im „Handbuch der Biologie", herausgegeben von L. v. Bertalanffy, Bd. 1.

Aber die Minimalumwelt ist nirgends wirklich, sie existiert nur unlöslich in den Weltzusammenhang verstrickt, daher ist sie auch selbst im Treibhaus nicht verwirklicht, denn daselbst sind immer auch Schädlinge in Gestalt parasitischer Pilze, Blattläuse, Schildläuse, Käferlarven in der Erde usw. vorhanden

Ein weiteres Beispiel zeigt noch besonders eindringlich die Einheit von Organismus und Umwelt: Jede Speise verursacht beim gesunden Menschen eine ihr eigene Geschmacksempfindung. Bei einer Magenverstimmung jedoch haben viele Speisen einen veränderten Geschmack. Es gibt also weder einen Geschmackssinn noch einen Geschmack der Speisen an sich. Gegenstand der Untersuchung muß daher immer beides zugleich sein. Der Organismus ist ein Vorgang, ein Ablauf[1], und auch die Umwelt ist ein Vorgang; beide zusammen, jedes ein bewegtes System (Getriebe), bilden auch ein bewegtes System, das O.-U.-System, wie Lebensgemeinschaft und Umwelt zusammen das L.-U.-System oder Holocön. Ebensowenig wie diese beiden ist als Wirklichkeit die Umwelt getrennt in eine, die mit dem Organismus in Berührung kommt und eine fernere, die ihn nur indirekt angeht, und diese *wirkliche*, ganze Umwelt ist in unlöslicher Verbindung mit dem zentralen Organismus oder der Lebensgemeinschaft als Zentrum einer unbelebten Umwelt Gegenstand der Ökologie oder Umweltlehre. Dies mögen im Grunde Binsenwahrheiten sein, aber wie leicht der analytische Denkprozeß diese Wirklichkeit verfälscht, indem er sie nicht nur methodisch, sondern dogmatisch auflöst, haben wir gesehen.

Wir können schließen: Die Umwelt als Wirklichkeit ist der Naturzusammenhang in der Welt des Lebens, bezogen auf ein Lebewesen oder eine Gruppe solcher, jedoch nicht von diesem aus gesehen, sondern von einem Punkt daneben, denn der Untersucher objektiviert beides, das Lebewesen und seine Umwelt. Eine Wirklichkeit ist auch die mit den Sinnen erlebte Welt, in der das Bezugssubjekt nicht objektiviert ist. Alle anderen „Umwelten" sind nur Begriffe. Besonders gilt dies für die menschliche Umwelt; wir wollen es nur streifen. Zwar ist auch der Mensch mit seiner Minimalumwelt der Natur verhaftet; er bedarf der Luft, der Nahrung, muß Schlacken der Ernährung ausscheiden usw. Seine geistige Erlebniswelt aber vermag er unbegrenzt zu erweitern; während Tier und Pflanze in die ihrige eingespannt, gebannt sind[2], ist der Mensch weltoffen, wie Max Scheler 1927 ausführte. Der Verfasser, ohne Schelers Schrift[3] damals zu kennen, stellte das Verhältnis 1930[4], indem er die ökologische Umwelt dabei im Auge hatte, so dar, daß allein der Mensch sich der Natur gegenüberzustellen und sich über sie zu erheben (und sie zu mißbrauchen!) vermag, während Tier und Pflanze nicht aus der Einheit der Natur (ihrem systemhaften Zusammenhang) heraustreten können.

Wenn die höchste Stufe der naturwissenschaftlichen Erkenntnis die überfachliche Antwort auf die Frage nach der Stellung des Menschen „in der Welt" ist, wie *F. Becker* im Januarheft 1948 dieser Zeitschrift ausführte, wenn diese Fragestellung der Kitt zwischen den einzelnen Wissenschaften zu sein geeignet ist, dann gehört die „Umwelt" zu den zentralen Angelegenheiten und ist die überfachliche Ökologie das gegebene Verwirklichungsfeld für diese Idee einer Universitas, wie das in dem Buch des Verfassers „Ökologie als Wissenschaft von der Natur" bereits einen ähnlichen Ausdruck für die Naturwissenschaften fand, indem als deren Kitt der Zusammenhang der Gesamtnatur (in der Welt des Lebens) hingestellt wurde.

---

[1] R. Ehrenberg (Theoret. Biologie, 1923): Die Biorrheuse.

[2] Ungefähr gilt das auch für den australischen Wilden und andere wenigst entwickelte und wenigst entwicklungsfähige Menschenrassen.

[3] Neudruck 1947 bei Nymphenburger Verlagshandlung, München.

[4] In „Grundfragen und Gesetzmäßigkeiten der land- und forstwirtschaftlichen Zoologie", Berlin 1930 Bd. 1. Ökologischer Teil.

*(Professor Dr. Karl Friederichs, (20 b) Göttingen, Friedländer Weg 58.)*

# Das Finden des Weges — eine kritische Betrachtung.

Von
ALBRECHT BETHE.

Daß viele Tiere nicht planlos herumspazieren, sondern bestimmte Orte — sei es gute Futterplätze oder eine Wohnstätte oder beides, aber auch ferne Länder und Meere — immer wieder aufsuchen ist eine banale Weisheit; aber, *wie* sie dies zustandebringen, ist in sehr vielen Fällen ein nur sehr unvollkommen gelöstes Rätsel. Für uns Menschen gut erkennbare Wegzeichen sind meist in genügender Zahl vorhanden. Aber sind diese auch für Tiere *Merk*zeichen?

Wir fragen uns also zuerst: Welche *uns* geläufigen Mittel stehen denn überhaupt und im besten Fall zur Verfügung, um lokale Verschiedenheiten auf einen Organismus wirken zu lassen? Aus seiner eigenen Erfahrung heraus wird ein naiver Mensch diese Frage prompt etwa so beantworten: Er sieht sie, er fühlt sie, und er hört sie, unter Umständen riecht er sie auch. Ein Hund würde die Reihenfolge bereits umkehren, aber alle Mittel anerkennen, wenn er sprechen könnte. Die Napfschnecke Patella, die nach jedem Weidegang immer wieder in ihre Wohngrube zurückkehrt, würde das Sehen und Hören bereits ausschließen, und Ewalds Brieftauben, die bei tiefstem Nebel von der Badener Höhe ganz gut nach Straßburg (40 km) zurückfanden, würden gesagt haben: „Alles verkehrt! Was die Menschen Sehen, Fühlen, Hören und Riechen nennen, können wir auch — Hören und Riechen allerdings nur mäßig; aber das Fühlen der lokalisierten Außenwelt erlischt, wenn wir den Boden verlassen, und von der Landschaft sehen wir ebenso wenig wie der Mensch, wenn es neblig ist.“

Der Naturforscher begnügt sich nun nicht damit, solche Verschiedenheiten festzustellen; er versucht, in ihr Wesen einzudringen. Dabei hat er die große Schwierigkeit zu überwinden, dem Tier gegenüber objektiv zu bleiben. Gar zu leicht trägt er menschliche Eigentümlichkeiten, menschliches Denken und Fühlen in das Tier hinein. Nicht nur in Tiermärchen, sondern auch in vielen ernsthaften Untersuchungen spielen bis in die neuste Zeit anthropomorphistische Deutungen eine dominierende Rolle.

Erst in neuerer Zeit haben sich in der „Umweltforschung“ und in der „Verhaltensforschung“ kritischere Richtungen angebahnt, die bestrebt sind, das Tier gewissermaßen von seinem und nicht von unserem Standpunkt aus zu sehen. Und der Mensch? Der Mensch, „das unbekannte Wesen“, auch ihn brauchen wir als das uns geläufigste Vergleichsobjekt. Darum müssen wir einmal sehen, wie *er* seinen Weg findet.

Darüber besteht kein Zweifel: Für den sehenden Menschen mit seinem wohl ausgebildeten visuellen Gedächtnis spielen optische Zeichen bei weitem die größte Rolle. Aber kennt er wirklich alle Zeichen — selbst auf einem Weg, den er täglich zurücklegt? Wohl mag er sehr viele *wieder*erkennen, wenn er sie sieht; er registriert sie vielleicht täglich von neuem, aber nur ganz wenige bleiben fest in ihm hängen. Nicht einmal ihr eigenes Haus pflegen die meisten Menschen im Gedächtnis zu tragen, denn fragt man sie, wieviele Fenster es hat und ob es mit Ziegeln oder mit Schiefer gedeckt ist, so bleiben, besonders Städter, die Antwort ebenso häufig schuldig wie auf die Frage, ob ein ihnen recht gut bekannter Mensch blaue oder braune Augen hat.

Was im Gedächtnis hängen bleibt, ist ein Gesamteindruck, nur in Ausnahmefällen auch die eine oder andere Einzelheit. Erinnern ist ein Geschehen, nicht ein Bestand! Damit dies Geschehen eintritt, muß irgendwie dieselbe oder eine verwandte Situation geschaffen sein, wie sie zur Zeit einer früheren Begegnung vorhanden war.

Es ist nicht verwunderlich, daß viele Menschen einen zum ersten Mal begangenen Weg in kupiertem Terrain und beim Fehlen sehr auffälliger Merkmale nicht zurückfinden, denn hier wird ja alles in umgekehrter Projektion gesehen. Gehörsreize, Geruchsreize usw. können helfend eingreifen, aber die Hauptmomente bilden optische Merkmale. Wichtiger werden diese Hilfen bei Blinden.

Es klingt nicht unwahrscheinlich, was vor kurzem durch die Zeitungen ging: Ein Londoner findet sich an einem Nebeltag in ihm bekannter Gegend nicht mehr zurecht. Er fragt einen Vorübergehenden; der sagt ihm, er sollte nur mit ihm gehen, er hätte den gleichen Weg. Der Verirrte, erstaunt über die Sicherheit, mit der er geführt wird, fragt seinen Führer, wie es komme, daß er den Weg selbst bei tiefstem Nebel so genau wüßte. „Das ist kein Wunder“, antwortet dieser, „ich bin nämlich blind!“

Bei Blinden, die ohne Begleiter ihre Wege gehen, kommt noch eine weitere Eigenschaft hinzu, die auch manche Sehenden besitzen, ein ausgesprochener „Richtungssinn“. Die Überzeugung von der Zuverlässigkeit ihres geographischen Orientiertseins kann bei derartigen Personen ein solches Maß erreichen, daß ihnen die ganze Welt um $180^{0}$ gedreht erscheint, wenn ein Eisenbahnzug an einer Kopfstation, ohne daß sie es bemerkten, rückwärts und in großer Kurve wieder herausfährt. Sie müssen sich einen bewußten Zwang auferlegen, um mit einem gewaltigen Ruck die richtige Einstellung zu N und S wiederherzustellen. Auch scheinbar spontan kommen solche Invertierungen vor. Sehr viel besser scheint der sogenannte „Richtungssinn" bei Hunden und Pferden ausgebildet zu sein. Von diesen werden viele, oft wunderbar klingende Beispiele erzählt. Viele Leute sind geneigt, die meisten für Märchen zu erklären, und ich selber würde es vielleicht auch tun, wenn ich nicht vor etwa 60 Jahren folgendes erlebt hätte:

Ich war mit Mutter und Schwester während der Sommerferien aus der norddeutschen Tiefebene in den Harz gereist. An einem Abend — eine Woche später — kamen mein Vater und ein Bruder nach und brachten unseren kleinen Wachtelhund mit, der noch nie im Gebirge gewesen war. Am anderen Morgen nahmen sie ihn mit auf eine Wanderung zu einem etwa 3 Stunden entfernten Aussichtspunkt, wobei auf vielfach geschlängelten Wegen zwei Bergketten zu überschreiten waren. Dicht am Ziel nahm der Hund eine Wildfährte auf und jagte in der Richtung nach Osten fort, während unser Dorf gegen Westen lag. Währenddessen saß ich mit meiner Schwester auf der Veranda unseres Hauses und sann über das Thema eines Schulaufsatzes nach. Meine Augen spazierten suchend herum; da sah ich aus dem gegenüberliegenden Wald einen Hund auf die Wiese heraustreten und schnurstraks auf unser Haus zugaloppieren. „Das muß Ben sein!" sagte ich zu meiner Schwester. „Unmöglich", antwortete sie, „frühestens in zwei Stunden können sie zurück sein; außerdem kommt der Weg doch von links und nicht von da her." Aber er war es und lief direkt in das Haus, in dem er nur eine Nacht geschlafen hatte.

Das auffallendste an diesem Erlebnis war nicht die Tatsache der Wiederkehr des Hundes, auch nicht die kurze Zeit, in welcher der Weg zurückgelegt war, sondern die Sicherheit, mit der das Tier, ohne suchend hin und her zu schauen, grade auf das Haus, das er nie vorher und vor allem nicht von dort gesehen hatte, zusteuerte.

Dieses Erlebnis und einige andere Beobachtungen brachten mich in meiner Straßburger Assistentenzeit auf den Gedanken, *richtungsweisend* könnte für viele Tiere *etwas ganz Elementares sein*, dem sie gewissermaßen reflektorisch folgten. Die Tropismenlehre, die damals besonders durch Jaques Loeb für viele Reaktionen der Tiere im Gegensatz zu anthropomorphistischen Deutungen stark propagiert wurde, spielte dabei eine wesentliche Rolle.

Um das zu prüfen, wandte ich mich mit systematischen Versuchen an Ameisen und Bienen, von denen ja genügend bekannt war, daß sie in hohem Maße die Fähigkeit besitzen, ihren Weg zum Nest und zu ihren Futterstellen zu finden, und versuchte, ob man diese Fähigkeit als Reaktion auf einfache Reize ohne Zuhilfenahme „psychischer Qualitäten" erklären könnte.

Zustimmung fanden meine Ansichten nur bei solchen Kritikern, die allem Neuem gern ein williges Ohr bieten, während die eigentlichen Fachleute, die Ameisen- und Bienenforscher, sie fast restlos ablehnten — aber nicht nur die Ansichten und Schlüsse ablehnten, sondern zum Teil auch die Befunde, auf die sie sich stützten, anzweifelten. Neben etwa einem Dutzend kürzerer Aufsätze beschäftigten sich drei kleine Bücher im wesentlichen damit, mich zu widerlegen.

Seitdem sind rund 50 Jahre vergangen. Inzwischen ist viel Neues über die Orientierung der staatenbildenden Hymenopteren gefunden worden; besonders die neuesten Versuche von K. v. Frisch an Bienen haben Perspektiven eröffnet, an die damals noch niemand zu denken vermochte. Diese überraschenden Entdeckungen ließen mich wieder über das Orientierungsproblem nachdenken und rief zunächst die Frage in mir wach: Was ist von dem, was ich damals fand und folgerte, übriggeblieben? Eines hat sich wohl durchgesetzt: Man ist — wenn auch nicht ohne Ausnahme — mit anthropomorphistischen Deutungen vorsichtiger geworden. Man hat auch, wenigstens bei den vergleichenden Physiologen, eingesehen, daß wir eine objektivierende Nomenklatur nötig haben, weil wir bei einem Tier nicht mit Sicherheit feststellen können, daß es sieht, hört, fühlt, wie *ich* es tue. (Ich sage „ich", denn auch von Meinesgleichen kann ich es nicht beweisen). Was wir beobachten, ist, daß ein Tier auf Licht, auf Schall, auf Berührung und auf andere Reize reagiert. Solche Erregungen können zum „Bewußtsein" kommen und empfunden werden; es *muß* aber nicht so sein.

Daß das Bewußtwerden eines Reizes auch beim Menschen nicht immer die Ursache seiner Reaktionen ist, läßt sich häufig feststellen. Nur der Mensch kann ja angeben, ob er etwas empfunden hat. (Ob es ein anderer ihm glaubt, ist Geschmackssache.) Es trifft auch nicht zu, daß zweckmäßig erscheinende Handlungen Empfindungen voraussetzen, wie das von Anthropomorphisten vielfach angenommen wird; wenigstens dann trifft es nicht zu, wenn wir auch hier wieder den Menschen als Maßstab benutzen. Unser Intestinaltraktus reagiert beim normalen Menschen fast ununterbrochen in höchst zweckmäßiger Weise auf eine Reihe von mechanischen und chemischen Reizen; aber dieses Geschehen gelangt nicht zu unserem Bewußtsein. Wir können also doch wirklich nicht sagen, unser Darm schmeckt und fühlt, wenn er so handelt.

Subjektive Bezeichnungen wie Sehen, Tasten, usw. sind also schon beim Menschen nicht immer am Platz, wieviel weniger sind sie es bei Tieren. Darum habe ich seinerzeit objektivierende Ausdrücke vorgeschlagen wie Photorezeptor, Tangorezeptor usw. Sie haben eine ziemlich weite Verbreitung gefunden, nachdem auch Th. Beer und J. v. Uexküll sie angenommen hatten.

Die wissenschaftliche Sprache ganz von Ausdrücken mit subjektivem Sinn zu befreien, ist fast unmöglich, denn unsere Sprache ist ganz auf den Menschen zugeschnitten. So werden auch im Folgenden Worte wie hell, dunkel, farbig, Kraft, Geruch, Freund, Feind usw. nicht vermieden werden können. Die Physik benutzt sie ja auch, ohne ihnen einen subjektiven Sinn unterzulegen.

Aber es blieb mehr als nur diese paar Bezeichnungen übrig, wenngleich manche meiner damaligen

Gegner (viele sind wohl schon tot) es so dargestellt haben, als wäre nicht nur meine Grundvorstellung absurd, sondern auch alles, was ich an Versuchen zu ihren Gunsten hervorgebracht, entweder längst bekannt gewesen oder falsch beobachtet worden.

### *Der Nestgeruch.*

Nur indirekt mit der Orientierung hat die von mir ausführlich behandelte Frage etwas zu tun, wie es kommt, daß Ameisen und auch Bienen auf Nestgenossen anders reagieren als auf Nestfremde. Daß der Nestgeruch eine ausschlaggebende Rolle spielt, haben auch frühere und bessere Ameisenkenner, vor allem Forel und Wasmann, schon angenommen. Denn, daß die Photorezeption beim Unterscheiden zwischen Freund und Feind ohne Bedeutung ist, ging ja besonders klar aus Wasmanns Beobachtungen über Ameisengäste hervor, die teilweise nicht nur viel größer sind als ihre Wirte, sondern häufig auch so vollkommen anders aussehen, daß sie der sammelnde Entomologe sofort erkennt, während die Ameisen selbst teilnahmslos an diesen Schmarotzern und Räubern vorübergehen. Aber das experimentum crucis glaube ich zum erstenmal angestellt zu haben.

Ich habe versucht den „Duft" des eigenen Nestes von Einzeltieren fortzuwaschen. Das genügt zwar, um sie feindverdächtig zu machen, aber noch nicht, um sie als Nestfremde zu behandeln. Taucht man sie dann aber in einen Auszug feindlicher Ameisen, dann werden sie von den Genossen des eigenen Nestes angegriffen. Und umgekehrt: Ich habe es immerhin soweit gebracht, daß Einzeltiere von großen Waldameisen (Myrmica) nach Waschung mit Alkohol und Wasser und Benetzung mit einem Auszug von Lasius niger von den Einwohnern des zugehörigen Lasius-Nestes zwar nicht als zugehörig, aber doch nicht als Feind behandelt wurden, während nicht in dieser Weise vorbehandelte Tiere sofort schwer angegriffen wurden. Es gelang sogar die riesenhafte Camponotus herculeanus soweit im Geruch zu verändern, daß sie unangegriffen auf einem Nest zwerghafter Tetramorien herumlaufen konnte. Diese Versuche sind von Pater Wasmann, einem der bedeutendsten Myrmikologen, im Prinzip bestätigt worden.

Die Unterscheidung zwischen Freund und Feind beruht daher, so habe ich gefolgert, auf einem für alle Insassen eines Ameisennestes gültigen einfachen Reiz — ähnlich wie viele Insekten „instinktiv", geleitet durch flüchtige chemische Stoffe, die für ihre Nachkommenschaft günstigen Nahrungsquellen aufsuchen: die Gallwespen, die Mistkäfer, die Totengräber usw. Sowenig man im allgemeinen geneigt ist, bei solchen Insekten ein angeborenes wirkliches „Erinnern" des Eichbaums, der Rose, des Kuhdrecks, des Kadavers usw. anzunehmen, sowenig sollte man hinter dem freundlichen Verhalten gegenüber Bewohnern des gleichen Ameisennestes (einschließlich ihrer oft ganz anders aussehenden Gäste) oder des gleichen Bienenstocks ein wirkliches gegenseitiges „Kennen" vermuten.

### *Die Geruchsspur.*

Warum der Nestgeruch etwas mit der Orientierung der Ameisen zu tun hat, ergibt sich aus der jetzt wohl kaum noch bestrittenen Tatsache, daß die meisten Ameisenarten auf ihren Wegen mehr oder weniger von ihren Chemorezeptoren geleitet werden, d. h. einer Geruchsspur folgen (siehe die Versuche von Goetsch an 20 verschiedenen Arten). Nestfremde Ameisen meiden eine ihnen nicht zugehörige Spur. Der Spur hängt also offenbar der Nestgeruch an.

Es war ein Fehler von mir, daß ich diese Art des Wegfindens der Ameisen zu sehr verallgemeinert habe, und das kam daher, daß ich fast nur an Lasius- und Tetramoriumarten experimentiert habe und die großen einheimischen Ameisenarten und die exotischen Formen, die inzwischen von Goetsch eingehend untersucht wurden, unberücksichtigt ließ. Schon Lubbock, Wasmann, Forel u. a. haben Beweise dafür geliefert, daß bei manchen Arten andere, sehr wesentliche Momente zu der Leitung durch eine Geruchsspur hinzukommen. Aber eine genauere Analyse dieser weiteren Wegweiser brachten erst spätere Versuche von Pièron, Cornetz und Santschi (s. S. 79).

Ich habe nun behauptet, daß die Geruchsfährte *polarisiert* sei und zwar *verschieden nach beiden Richtungen.* Diese Behauptung basierte auf der Feststellung, daß meine Ameisen (Lasius niger) bei Drehung einer Wegstrecke um 180° sich an beiden Enden des gedrehten Teils für längere Zeit aufstauten — sowohl die Tiere, die vom Nest kamen, wie die Tiere, die zum Nest zurückwanderten.

Wenn man meine Deutung des Phänomens einem Jagdhund oder einem Polizeihund vortragen würde, würde er wahrscheinlich gar nicht erstaunt sein, denn für ihn sind Spuren auch polarisiert. Setzt man einen solchen Hund auf eine Fährte, so verfolgt er sie schnüffelnd ein kleines Stück weit nach beiden Seiten und schlägt dann entschlossen *die* Richtung ein, die meist dorthin führt, wohin das Wild oder der Mensch gegangen ist. Genau so macht es auch eine Ameise, die man von einer viel begangenen Ameisenstraße aufgehoben hat und an anderer Stelle der Straße wieder abgesetzt hat, wie das wohl Forel zuerst beschrieben hat. Aber weder Forel, noch Wasmann, noch nach ihnen Brun wollen von einer Polarisation etwas wissen, obwohl sie die tatsächlichen Befunde im wesentlichen anerkennen. Bald soll es sich um ein durch die Fühler vermitteltes „Erkennen" der Form der Fußspuren, bald um ein bloßes Erkennen des Gefälles der Geruchsspur handeln. Das sind aber nur spezialisierte Deutungen dessen, was ich behauptet habe. Um das zu verstehen müssen wir uns erst einmal darüber klar werden, *was eigentlich* das Wort *Polarisation bedeutet*. Im Grunde ist nämlich jedes Gefälle der Ausdruck einer Polarität — gleichgültig, ob es sich um ein elektrisches, ein magnetisches oder ein anderes Gefälle handelt. Um auch von den Gegnern verstanden zu werden, erscheint es notwendig, dies weiter auszuführen:

Legen wir z. B. an die Enden eines gleichmäßigen Drahtes eine Spannung, so ist der Spannungsabfall zwischen gleich weit von einander entfernten Punkten, etwa zwischen A und B und zwischen C und D (in Abb. 1) gleich groß, indem A gegenüber B ebensoviel positiver ist wie C gegenüber D. Leiten wir, um an ein den meisten Biologen vertrautes Beispiel zu erinnern, von A und B zu einem Nerven ab, so wird dieser bei A' anodisch, bei B' kathodisch „polarisiert" und entsprechend, wenn wir von C und D

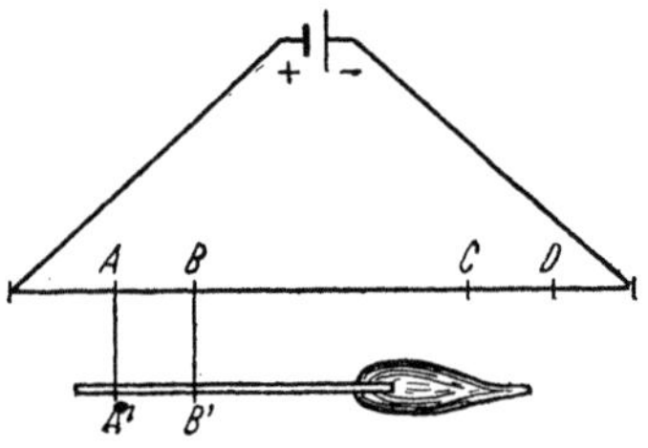


Abb. 1.

Abb. 1: Schema der Polarisation eines Nerven.

zum Nerven ableiten. Leiten wir jetzt von B und C ab, so ist Punkt B, der vorher im Bezug auf den Nerv der negative Pol war, jetzt der positive Pol, und Punkt C jetzt der Negative.

Um das Phänomen der gedrehten Ameisenstraße klar zu machen, erscheint es zweckmäßiger, statt eines elektrischen einen magnetischen Vergleich heranzuziehen und zwar zunächst eine Polarisation nur in *einer* Richtung anzunehmen: Wenn man eine größere Zahl kleiner Magnete in einer Reihe so aneinander legt, daß die Nordpole alle nach derselben Seite weisen, so wird ein Kompaß, der einem als alleiniger Wegweiser dienen soll, beim Herübergehen über die ganze Wegstrecke immer in derselben Richtung zeigen (Abb. 2, Ia). Wird jetzt das Mittelstück um 180° gedreht, so stoßen an beiden Enden dieses Stückes N und N bzw. S und S aneinander, und unser Kompaß wird beim Herübergehen an diesen Stellen in umgekehrter Richtung ausschlagen (Abb. 2, Ib).

Nun gehen aber Ameisen auf belebten Straßen nicht nur in einer Richtung, sondern etwa ebenso viele in der entgegengesetzten. Wenn sie die gleiche Geruchsfährte hinterließen, so würden sich die angenommenen Polaritäten gegenseitig aufheben und zwar um so mehr, je stärker die Straße begangen ist. Infolgedessen würde auch eine Drehung des Mittelstücks ohne jeden Erfolg bleiben. In Wirklichkeit ist aber das Verkehrshindernis, das beim Drehen der Brücke eintritt, um so größer, je begangener die Straße ist!

Aus der starken und zuerst absoluten Störung des Verkehrs — sowohl in der Richtung zum Futterplatz, wie in der Richtung zum Nest — zog ich den, wie mir scheint, logischen Schluß, daß die Ameisen *zwei verschieden polarisierte Spuren* hinterlassen. Dieser Schluß schien mir dadurch gesichert, daß es mir einmal gelang, den Hin- und Rückweg ganz voneinander zu trennen.

Eine solche räumliche Trennung des Hin- und Rückwegs käme in Wirklichkeit nie vor, behauptet Brun; ich kann darüber nur die Achseln zucken. Meinen anderen Beweis für die Existenz verschieden polarisierter Spuren, den er selber im Prinzip bestätigt, sucht er durch das in Abb. 2, II a u. b wiedergegebene Schema ad absurdum zu führen. Voraussetzung dieser Abbildung ist ja die Annahme, daß es entsprechend meiner Hypothese *zwei verschiedene* und *entgegengesetzte* Spuren gibt. Die Abb. 2, IIb soll nun nach Bruns Ansicht zeigen, daß eine Drehung um 180° keine Gegensätzlichkeit der Polarität an den Enden des Drehstücks zustande kommen läßt. Ihm ist dabei aber offenbar entgangen, daß er im Drehstück die Spur $\alpha$, die ich mit Punkten am Kreuzzeichen angemerkt habe, rechts und links an die Spur $\beta$ grenzen läßt d. h. an die Spur, die voraussetzungsgemäß in entgegengesetzter Richtung leiten soll. Er hat also nichtzusammengehörige Dinge addiert! Hätte er gleiche Zeichen untereinander gestellt, wie ich das in IIc gezeichnet habe, dann hätte er gesehen, daß jetzt an beiden Enden gleiche Zeichen aneinanderstoßen. Aber auch diese Darstellung ist natürlich falsch, weil sie ungleichartige Fährten aneinandergrenzen läßt.

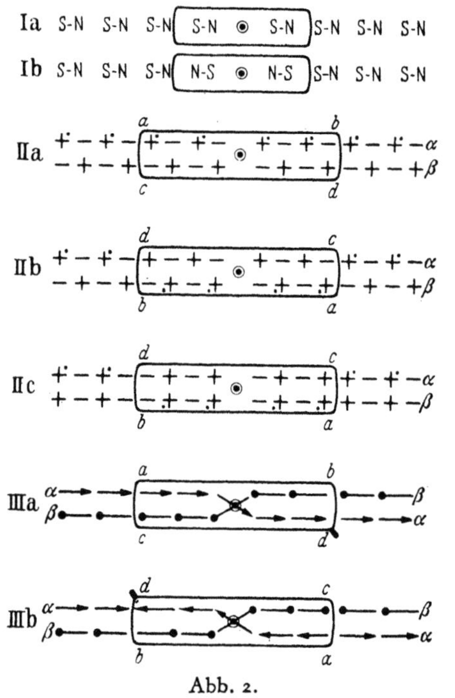


Abb. 2.

Abb. 2: Richtige (I u. III) und falsche (II) Darstellungen einer polarisierten Spur. (IIa u. IIb nach Brun S. 7 durch Zusatz der Punkte am Pluszeichen zur Kennzeichnung der Verschiedenheit der $\alpha$-Spur und der $\beta$-Spur ergänzt).

Will man in einem einfachen Schema mit nur je einer Vorwärts- und Rückwärtsspur meine Hypothese zur Darstellung bringen, dann muß man die beiden Spuren im Drehstück sich kreuzen lassen und andere Zeichen benutzen als Plus- und Minuszeichen (Abb. 2, III a u. b). Dann kommt es ganz klar heraus, daß die Drehung um 180°, wie es den Tatsachen entspricht, eine schwere Störung geben muß.

Die Frage, wie die Polarisation der Geruchsspur, die Goetsch bei einigen Ameisenarten bestätigt fand, bei anderen aber vermißte, zustandekommt, ist noch nicht gelöst. Eine von Wasmann aufgestellte

Hypothese geht dahin, daß es sich um ein Geruchs-*gefälle* handele[1]. Ich halte es für möglich, daß die Gefälle-Hypothese richtig ist, aber nicht für wahrscheinlich, denn sie setzt eine Unterschiedswelle von etwa 1 : 500 voraus, während die empfindlichste uns bisher bekannte Unterschiedswelle eben gerade 1: 100 erreicht[2].

*„Richtungssinn“, „Podometersinn“ und Licht-Kompaß-Orientierung.*

Pièron und auf dessen Befunden weiter bauend Cornetz (neuerdings auch Goetsch) sahen, daß allein wandernde Ameisen von ihrem Weg aufgehoben und an anderer Stelle ohne Drehung wieder auf den Boden gesetzt, ruhig in der alten Richtung weiter wandern, auch wenn sie jenseits ihres Zieles abgesetzt wurden. In diesem Fall laufen sie also von ihrem Ziel, z. B. dem Nest, fort, werden aber unruhig, machen Schleifen und suchen herum, wenn die Entfernung vom Ziel ungefähr erreicht sein müßte.

Aus diesen Versuchen schlossen Pièron und Cornetz, daß die Ameisen 1) das Bestreben haben, eine einmal eingeschlagene Richtung beizubehalten, und 2) die Fähigkeit besitzen, die zurückgelegte Wegstrecke zu registrieren. Sie hätten also etwas, was man antropromorphistisch als „Richtungssinn“ und als „Podometersinn“ bezeichnet hat, mit indifferenteren Ausdrücken „Richtungsmerkmal“ und „Entfernungsremanenz“ nennen könnte.

Den Ansichten von Pièron und Cornetz trat Santschi auf Grund folgender, wichtig gewordener Versuche entgegen:

Santschi konnte zeigen, daß bei den von ihm untersuchten afrikanischen Arten alleinwandernde Tiere von der Richtung des Lichteinfalles in hohem Maße abhängig sind. Wurde das direkte Sonnenlicht durch einen Schirm abgeblendet und dem Strahlengang durch einen Spiegel eine andere Richtung gegeben, so blieb der Winkel zwischen Wanderungsrichtung und Lichteinfall der gleiche, d. h. die Ameisen konnten in beliebiger Richtung von ihrem Weg abgelenkt werden. Sogar auf stark begangenen Wegen konnte das Experiment gelingen! Der Richtungssinn von Pièron und Cornetz beruhe lediglich auf dieser Orientierung durch das Licht — eine Ansicht, der sich später Brun angeschlossen hat, — und der Podometersinn existiere überhaupt nicht.

Der Nachweis einer Licht-Kompaß-Orientierung blieb nicht auf die Ameisen beschränkt. Bei zahlreichen wirbellosen Tieren (Raupen, Schnecken, Käfern, Würmern, Spinnen usw.) ist sie durch v. Buddenbrock u. a. nachgewiesen worden. Auch bei den Bienen wird sie uns später wieder begegnen. Das Charakteristische und von der Phototaxis Unterscheidende der Licht-Kompaß-Reaktion ist nach v. Buddenbrock, daß sie das Tier nicht zur Lichtquelle hin oder von ihr fortführt, sondern eine *an und für sich eingeschlagene Bewegungsrichtung* in einem je nach den Umständen verschiedenen *Winkel zum Lichteinfall konstant erhält.* Es muß also schon eine bestimmte Bewegungsrichtung gegeben sein!

Der „Licht-Kompaß“ ist dem Menschen nicht fremd: Jeder, der auf weiten Schneefeldern oder im weglosen Urwald gewandert ist, hat diesen selbst für den Menschen oft trügerischen Wegweiser schon benutzt — trügerisch, weil Sonne, Mond und Sterne nicht still stehen, man also noch wissen muß, welche Tageszeit es ist. Voraussetzung ist dabei, daß man schon zu Beginn der Wanderung weiß in *welcher Richtung* man zu gehen hat; dann können uns Hindernisse, die zum Ausweichen zwingen, wie Schneewehen, Felsblöcke und umgestürzte Bäume, nicht aus der Richtung bringen, falls wir die Zeit richtig einkalkulieren.

Nicht die Richtung des einfallenden Lichtes führt den Menschen, sondern sie sorgt nur dafür, daß der Winkel zur gewählten Bewegungsrichtung konstant bleibt. Sollte die Sonne plötzlich links statt rechts von einem stehen, wie wir das beim Austritt aus einem Kehrtunnel erleben, dann merkt man das sofort; es steht ja auch die ganze Landschaft verkehrt herum. Die Ameisen (und ebenso die anderen Wirbellosen, die den Licht-Kompaß benutzen) merken derartige unnatürliche Veränderungen der Beleuchtungsrichtung nicht, denn sie sind „in ihrem Bauplan nicht vorgesehen“, und lassen sich „willenlos“ vom Licht führen.

Wenn die Sonne aber nicht scheint, wenn die Belichtung ganz diffus ist und wenn im Walde die Lichtstärke von Schritt zu Schritt wechselt, wie verhalten sich dann die Tiere auf ihren Wanderungen? Geprüft ist dies bisher wohl nur von Cornetz an seinen Ameisenarten. Diese hielten auch dann ihre Wanderrichtung ein und ließen noch Zeichen einer Ent-

[1] Wenn diese Deutung zuträfe, dann müßte die bloße Vertauschung von zwei Fährtenstrecken ebenfalls zu einer Verkehrsstörung führen und diese müßte um so größer sein, je länger die vertauschten Stücke sind; damit hat Brun durchaus recht. Leider hat er aber seinen Vergleich nicht zwischen nur vertauschten und gedrehten Strecken angestellt, sondern er hat (außer in einem Fall) vertauschte und zugleich gedrehte mit nur um 180° gedrehten Strecken verglichen. Hätte Brun die Resultate dieser nicht gerade sehr zweckmäßig angestellten Versuche graphisch dargestellt, so würde er bemerkt haben, daß die Zahl seiner Versuche bei der großen Streuung der Werte viel zu gering ist, um daraus den Schluß ziehen zu können, daß die Größe der Störung „proportional“ der Länge der veränderten Strecke ist.

[2] Offenbar hat Brun seine Versuche an relativ frischen Geruchsfährten angestellt, während ich meine Versuche auf einer Ameisenstraße gemacht habe, die seit Wochen begangen wurde. So kommt es, daß es in Bruns Drehversuchen immer nur zu einer teilweisen Verkehrsstörung kam und nicht wie bei mir zu einer viele Minuten anhaltenden Verkehrs*unterbrechung* an *beiden* Enden der Drehbrücke. Daraus erklären sich einige Differenzen zwischen Brun und mir, die Brun mit Erstaunen feststellt. — Ich gebe gern zu, daß Bruns Buch, das ich erst vor wenigen Monaten zu Gesicht bekommen habe, auch manche wichtigen neuen Beobachtungen gebracht hat; aber das Buch wäre eindrucksvoller, wenn der Autor gegen sich selbst ebenso kritisch gewesen wäre, wie gegen seine Vorgänger, z. B. auch gegenüber seinen Versuchen über passive Rotation.

fernungsremanenz erkennen. Irgend etwas primär Richtunggebendes muß immer vorhanden sein, wenn der „Lichtkompaß“ zur Geltung kommen soll.

Auch das Richtungsmerkmal ist dem Menschen nicht unbekannt, nur nennt man es bei ihm „Richtungsgefühl“ (siehe oben S. 75). Es gibt nämlich Leute, die auch in einer ihnen unbekannten Gegend die Krümmungen des Hinweges abschneiden und mit oft beträchtlicher Sicherheit den Ausgangspunkt auf geradem Wege wieder erreichen können. (Sehr charakteristisch sind dafür Versuche an Sahara-Jägern, über die Cornetz berichtet hat.) Bei solchen und ähnlichen Gelegenheiten offenbart sich dann auch, daß selbst der Mensch über eine Entfernungsremanenz („Podometersinn“) verfügt. Wird das Ziel nach der angenommenen Zeit nicht erreicht, so wird der Wanderer unruhig und beginnt zu suchen.

### *Die Heimkehrfähigkeit der Bienen.*

Ich kam 1898 zu demselben Schluß, zu dem Fabre schon 1879 für gewisse solitärlebende Wespen gelangt war: Sie kehren nicht zu ihrem Nest zurück, sondern zu der Stelle im Raum, an der sich der Eingang zu ihrem Nest befindet oder befunden hat!

Verschiebt man nämlich den Bienenstock nach einer Seite, oder nach hinten oder nach vorn, so fliegen die heimkehrenden Tiere an die Stelle, an der sich vorher der Eingang befand, und umkreisen sie, trotzsdem ihre Behausung mit allen ihren optischen Zeichen für jeden Menschen deutlich sichtbar daneben, davor oder dahinter steht. — Dreht man den Bienenstock an der alten Stelle um $90^0$ oder mehr, so suchen die heimkehrenden Tiere den Eingang dort, wo er vorher war. — Maskiert man die Behausung, so daß sie für den Menschen unkenntlich ist, läßt aber das Flugloch frei, so gehen die Tiere ohne wesentliche Störung hinein. — Der Ort, zu dem die Bienen zurückkehren, muß aber nicht der Bienenstock sein. Bringt man nämlich am Flugloch eingefangene Bienen in einer Schachtel an einen genügend entfernten Ort mit möglichst gleichmäßigem Untergrund und läßt sie dort fliegen, so *kehren die Bienen an den Ort zurück, von dem sie aufgeflogen waren,* und umkreisen ihn in *Abflughöhe*, setzen sich aber nur, wenn sich dort die Schachtel befindet. Ist diese beiseite gestellt, aber so, daß sie deutlich sichtbar ist, so umkreisen sie doch die Stelle im Raum, von der sie gestartet sind. (Ähnlich verhalten sich nach Versuchen von Wagner Hummeln.)

Was die untersuchten Hymenopteren zu so definierten Stellen, also nicht nur zu dem geographischen Ort, sondern auch zu einer bestimmten Höhe über dem Boden, zurückführt, blieb sowohl Fabre, wie mir unbekannt und deshalb sprachen wir von einer „unbekannten Kraft“.

Nun stelle man sich doch einmal analoge Situationen bei einem Menschen vor: Wenn z. B. ein Schaubudenbesitzer seinen Wohnwagen vor einiger Zeit auf einem weiten Platz aufgestellt hat und der Wagen ist während seiner Abwesenheit um einige Wagenlängen verschoben worden, so wird er es vielleicht bemerken und sich wundern, aber er wird ohne weiteres zu seinem Wagen hingehen. Sollte er stattdessen immer wieder an *der* Stelle nach dem Wagen suchen, wo dieser vorher gestanden hat, dann würde man ihn für vollkommen irrsinnig halten!

Der prinzipielle Unterschied, der sich hier zwischen dem menschlichen Urteilsvermögen und dem Verhalten der Bienen (aber auch mancher anderer Insekten) kundtut, ist nur wenig beachtet worden, obwohl der Effekt einer Stockverschiebung und einer Stockdrehung vielen Imkern bekannt war. Man war eben so überzeugt, die Bienen orientierten sich mit Hilfe eines hervorragenden optischen Gedächtnisses, daß man mit Hilfe der Dressurmethode immer wieder neue Beweise für dies Gedächtnis zu bringen suchte, die geschilderten Grundphänomene aber meist unbeachtet ließ[1]. In der Tat ist durch v. Frisch und seine Mitarbeiter sowie durch Kühn und viele andere bei ihren Dressurversuchen Erstaunliches geleistet worden. Gelingt es doch, Bienen dazu abzurichten, Futter von einem Schälchen zu holen, das durch eine kleine Fläche von bestimmter Farbe gekennzeichnet ist, die nicht einmal „objektiv“ vorhanden zu sein braucht, sondern durch simultanen Kontrast zustande gekommen sein kann, und den Honig auf einem runden Farbfleck unberührt zu lassen, wenn sie auf die gleiche Farbe in Sternform dressiert waren.

Wie sind diese gegensätzlichen Befunde miteinander zu vereinigen? Auf der einen Seite bestimmt gerichtetes Reagieren auf kleine farbige und zum Teil auch verschieden gestaltete Lokalzeichen, auf der anderen Seite das Nichtbeachten eines viel größeren wichtigeren Objektes und das Hinfliegen zu einer leeren Stelle, an der sich das Objekt früher befunden hat. Denn wenn ein Bild sich dem Gedächtnis der Biene einprägt, dann sollte es doch in erster Linie das Bild des eigenen Stockes sein!

Man hat nun gesagt, die Bienen stellten sich nicht auf den Stock selbst ein, sondern auf seine weitere Umgebung. Wolf hat geprüft, ob das zutrifft, indem er einen Bienenstock auf eine sehr große, gleichmäßig mit Kies belegten Fläche brachte. Beim ersten Mal, wo er den Stock um einige Meter nach der Seite

[1] In einem der neuesten, sonst sehr ausführlichen Buch von Goetsch werden sie nicht einmal erwähnt.

rückte, flogen die heimkehrenden Bienen auch unter diesen Bedingungen an *die* Stelle, wo er früher gestanden hatte und fanden erst langsam in den groß und breit danebenstehenden Stock hinein. Anstatt daraus aber zu schließen, daß optische Merkmale nicht das Entscheidende für die Rückkehr an die alte Stelle seien, kamen Wolf und andere zu der Annahme, daß die Tiere sich nicht nach Objekten orientierten, die sich in der näheren Umgebung des Stockes befinden — solche gab es ja nicht —, sondern nach solchen, die einige hundert Meter von ihm entfernt sind!

Zu dem gleichen, merkwürdigen Schluß gelangte Wolf auch gegenüber meinen Schachtelversuchen, obwohl er die von mir beschriebenen Erscheinungen vollkommen bestätigen konnte. Er hat ihnen aber etwas Neues hinzugefügt: Hatte er den Bienen die Fühler abgeschnitten, so kehrten sie nicht zu der Stelle zurück, von der sie aufgeflogen waren, sondern fanden nach einigem Suchen in die zur Seite gerückte Schachtel hinein. Die verstümmelten Tiere reagierten also besser auf optische Lokalzeichen als normale! Wolf zog daraus den Schluß, daß die normale Biene die beim Aufsteigen aus der Schachtel gemachten zahlreichen Spiraltouren des „Orientierungsflugs" mit einem in den Fühlern gelegenen Organ registrierte und durch Wiederholung dieser Drehungen in umgekehrter Reihenfolge an den Abflugsort und nicht zu der Schachtel zurückgeführt würde.

Aus der Flugrichtung, welche Bienen nehmen, wenn man sie in einiger Entfernung von ihrem Stock fliegen läßt, und aus dem Effekt der Stockdrehung hatte ich bereits geschlossen, daß sie über ein „Richtungsmerkmal" verfügen. Das hat sich neuerdings mehrfach bestätigt: 1. Die heimkehrenden Tiere suchen, wie wir sahen, das Flugloch nach Stockdrehung dort, wo es früher war. Wo aber suchen es nach Stockdrehung die Tiere, die sich zum Ausflug anschicken? Wie v. Frisch beobachtet hat, *ebenfalls dort, wo es früher war!* Da im Stock eine Orientierung nach den äußeren Objekten nicht möglich ist, kann die Einstellung auf die geographisch zutreffende Richtung nur inneren Ursachen entspringen. 2. Ließ Wolf auf seinem homogenen Versuchsfeld an ihrer Futterstelle eingefangene Bienen von beliebigen anderen Stellen auffliegen, so schlugen sie, um zum Stock zu gelangen, eine Richtung ein, *als ob* sie vom Futterplatz selber aufgeflogen wären, unter Umständen also entgegengesetzt der Richtung, in der der Stock lag. Bei der Einstellung der Richtung macht sich auch ein Einfluß des „Lichtkompasses" bemerkbar. Wichtiger aber ist, daß die falschgeflogenen Tiere nach einiger Zeit ihre Flugrichtung ändern und suchend doch den Stock erreichen. Sie verfügen also auch über die Eigenschaft der „Entfernungs-Remanenz" (vgl. S. 79). 3. Die gleichen Fähigkeiten offenbarten sich v. Frisch bei seinen neuen Versuchen über die „Sprache der Bienen" in den verschiedenen Rund- und Schwänzeltänzen der von einer ertragreichen Futterstelle zurückkehrenden Sammelbienen. Bei einer Entfernung von mehr als 100 Metern verwandelt sich der auf der Wabe aufgeführte Rundtanz in den Schwänzeltanz, der um so langsamer wird, je größer die Entfernung war (Entfernungs-Remanenz) und dessen durch den „Lichtkompaß" beeinflußbare Achse die Richtung der gefundenen Futterquelle anzeigt (Richtungsmerkmal). Die startbereiten Bienen im Stock werden durch die Tänze in einen Erregungszustand versetzt (ähnlich wie manche Ameisen nach den Untersuchungen von Goetsch durch die Alarmsignale der beladen Heimkehrenden) und sie suchen nun in der durch die Tänze angedeuteten Richtung und Entfernung nach dem Duft der Tracht, der der Tänzerin anhängt[1].

Wesentlich anders als bei den Bienen kommt offenbar das Wegfinden bei manchen solitär lebenden *Grabwespen* zustande. *Optische Wegzeichen*, die bei den Bienen zwar eine Rolle spielen, gegenüber andern Mitteln noch unbekannter Art aber zurücktreten, *sind bei diesen Wespen das Wichtigste*, besonders bei der Orientierung in der Nähe des Nestes. Sind die oft sehr unscheinbaren Merkmale in der Umgebung des kaum sichtbaren Nesteingangs fortgeräumt, so finden die Tiere ihn nicht. Entscheidender sind aber andere Versuche, welche Tinbergen am „Bienenwolf" (Philanthus) und Baerends an der Grabwespe Ammophila sehr eingehend beschrieben haben: Zunächst werden natürliche oder künstliche Merkmale in bestimmter Anordnung rings um das Flugloch angebracht. Dann wird gewartet, bis die Wespe den Eingang wieder sicher findet, was recht schnell geht. Jetzt werden dieselben Zeichen in gleicher Anordnung in einiger Entfernung an anderer Stelle aufgebaut. Die zurückkehrende Wespe sucht ihr Nest nicht dort, wo es wirklich ist, wie eine Biene es wahrscheinlich tun würde, sondern zwischen den an falscher Stelle aufgebauten Merkzeichen und gräbt hier ein neues Loch!

Besonders in den Versuchen Tinbergens wurden die Bedingungen weitgehend variiert, z. B. in der Weise, daß einige Merkzeichen an der alten, richtigen Stelle gelassen wurden, der gesamte Komplex aber an anderer Stelle neu zur Aufstellung kam. So konnte festgestellt werden, welche Zeichen und welche Anordnung den entscheidenden Einfluß hat. Auffallend ist, daß körperliche Zeichen weit wirksamer sind als flächenhafte[2].

[1] Offenbar handelt es sich hier nur um eine Art Ansteckung und nicht um eine Mitteilung, so daß die Bezeichnung „Sprache der Bienen" etwas allzu Menschliches an sich hat.

[2] Wie das so häufig geschieht, haben die beiden holländischen Forscher die Schlüsse aus ihren schönen Versuchen zu sehr verallgemeinert.

*Heimkehrfähigkeit und Richtungsmerkmal bei Vögeln.*

Überraschenderweise zeigen Vögel, soweit sie auf ihr Verhalten beim Aufsuchen des Nestes untersucht wurden, sehr viel mehr Ähnlichkeit mit den Bienen als mit den zuletzt beschriebenen Grabwespen. *Nicht die optischen Merkmale des Nestes führen sie zum Nest zurück*, sondern etwas, was dem Ort eigentümlich ist, an dem es sich befindet oder befunden hat.

Ganz klar geht dies aus Versuchen hervor, die Lashley auf der Insel Bird Key (am Eingang des Golfs von Mexiko) über das Wiederfinden ihres Nestes an Seeschwalben gemacht hat, die dort in sehr großer Zahl nisten (auf den qm oft ein Nest!).

Veränderungen am Nest und der näheren Umgebung stören das Wiederfinden nur wenig. So überdeckte Lashley das Nest mit einem schwarzen Tuch und legte das Ei oben auf das Tuch. Der Vogel scheute sich zwar zuerst, das Tuch zu betreten, ging dann aber hinauf und bebrütete das Ei! — Jede Verschiebung des Nestes bringt aber eine schwere Störung im Wiederfinden. Schon als das Nest nur 30 cm nach der Seite verschoben war, ging das Tier an die alte Stelle, wo es gelegen hatte, trippelte dann zu dem verschobenen Nest, brütete dort aber nicht, sondern ging zu der alten Stelle zurück. Das wiederholte sich dreimal. Je größer die Verschiebung, desto anhaltender ist die Störung. Immer suchen die Schwalben den Ort, wo es gewesen war.

Die größten und dem Verhalten der Bienen ähnlichsten Störungen zeigten sich aber bei Änderungen der *Höhenlage* (ohne seitliche Verschiebung!). Die Seeschwalben, das sei vorausgeschickt, fliegen nicht direkt ihr Nest an, sondern landen immer an einer und derselben Stelle in einer Entfernung von wenigen Metern, von wo aus sie zu Fuß zum Nest laufen. Wird das Nest nur 5 cm gehoben, so haben sie schon Schwierigkeiten, indem sie um den untergesetzten Kasten herumlaufen und das Nest suchen. Diese Schwierigkeit wird aber überwunden, indem sie hinaufsteigen oder bei größeren Höhen hinaufflattern. Allmählich gewöhnen sie sich an Höhen bis zu 60 cm. Wird das Nest dann aber auf 150 cm gehoben, so flattern sie bei der Wiederkehr bis auf die Höhe von 60 cm, suchen hier zu landen, rutschen aber immer wieder auf den Boden, da eine Landung an der Wand des Kastens nicht möglich ist. — Also auch hier, wie bei den Bienen, die Rückkehr zur alten Stelle, wenn das Nest verschoben ist, und das Suchen des Nestes in der gewohnten Höhe, wenn es nur gehoben war! — —

Bei keiner der bisher untersuchten Tierarten ist das *Richtungsmerkmal* so ausgeprägt wie bei den Vögeln und bei keiner anderen so wenig durch optische Merkmale bedingt:

Schon seit langer Zeit streiten sich sowohl Brieftaubenzüchter wie Naturforscher über die Mittel, welche Brieftauben befähigen, auf Strecken von mehreren 100 km in ihren Schlag zurückzufinden. Daß sie imstande sein könnten, von so fernen Orten ihre Heimat zu sehen, glaubt eigentlich kein vernünftiger Mensch. Die Verfechter der Ansicht, daß es sich um ein Zurückfinden auf visueller Basis handeln müsse, griffen daher zu anderen Erklärungsmöglichkeiten. Man stützte sich z. B. auf die alte Erfahrung, daß die Tauben allmählich auf immer größere Entfernungen dressiert werden müssen, um mit einiger Sicherheit aus weiter Ferne zurückzukehren. Dabei sammelten sie, sagte man, geographische Kenntnisse. Diese würden ihnen aber nur etwas nützen, wenn bei den großen Distanzflügen Orte berührt würden, die sie schon auf Übungsflügen „kennengelernt“ hatten. Da das nicht zutrifft, kam Ewald zu dem Schluß, die Übungsflüge verfolgten nur den Zweck, den Vögeln „Mut zu machen“, sich auf Durchfliegen großer Strecken einzulassen. — Eine andere Ansicht ging dahin, die Tauben registrierten auf dem Hintransport alle passiven Drehungen. Dadurch wären sie befähigt, zunächst einmal die richtige Richtung einzuschlagen, bis sie in eine ihnen bekannte Gegend kämen. Auch diese Erklärung versagte, denn Exners Tauben, die auf dem Hintransport narkotisiert waren oder dauernd rotiert wurden, fanden nicht schlechter nach Hause als die normalen[1]. — Trotzdem sprachen sich M. H. Fischer in seinem zusammenfassenden Handbuchartikel und Groebbels in seinem großen Vogelbuch dahin aus, daß es eigentlich keine andere Erklärungsmöglichkeit gäbe als die auf der Basis optischer Erinnerungsbilder.

Groebbels stützte seine Ansicht unter anderem auf die Tatsache, daß die meisten Zugvögel ganz bestimmte Routen verfolgten, auf denen guterkennbare Punkte berührt würden. Aber durch hervorragende Versuche gerade an Zugvögeln hat Rüppell der Gedächtnishypothese den Boden entzogen. Denn die Zugvögel bedürfen keiner Entfernungsdressur wie die Brieftauben; sie finden ohne Übungsflüge aus unbekannten Gegenden ihren Weg nach Hause auf Entfernungen, die größer sind als sie je eine gut dressierte Taube erreicht hat:

Brütige Vögel (Stare, Schwalben, Wendehälse u. a.) wurden aus ihren Nestern genommen, beringt und dann mit Flugzeug in verschiedenen Richtungen nach entfernten Plätzen verfrachtet, wo man sie fliegen ließ. Die größten Entfernungen, welche Schwalben die am gleichen Tage von Athen (10

[1] Über eine neue Theorie von Yeagley, in welcher der Erdmagnetismus und die Drehkraft eine Rolle spielt, kann man mangels der amerikanischen Literatur noch kein Urteil abgeben (s. S. 86).

Tiere), Madrid (10) und London (8) abgeflogen waren, betrugen 1800, 1850 und 900 km. Je zwei Tiere kamen nachweislich — in Wirklichkeit vielleicht mehr — (in $4^1/_2$ Tagen von London, in $7^1/_2$ Tagen von Athen und Madrid) an ihrem Heimatsort in der Nähe von Berlin-Zehlendorf wieder an! Das ist mit 20 bzw. 25 Prozent eine Leistung, mit der man auf viel kürzeren Strecken bei gut dressierten Brieftauben recht zufrieden wäre! Sehr wesentlich ist die Beobachtung, daß alle 10 Schwalben aus Athen sofort die Richtung nach Norden einschlugen. Wichtig ist ferner, daß bei einigen andern Distanzflügen von Staren usw. die Ringe einzelner Tiere, die von Raubvögeln geschlagen waren, ungefähr auf der Verbindungslinie zwischen Start und Ziel gefunden wurden und daß häufiges Drehen während des Transportes nicht die Heimkehr verschlechtert.

Bei einem Fernflug von Staren über 900 km (teilweise über See!) war die Ausbeute im Mittel 54 Prozent und bei einem Flug über 671 km von Gleiwitz nach Winsen sogar 100 Prozent! Wie sind solche Leistungen möglich? Der „Zufall" kann hier nicht im Spiele sein, denn das tatsächliche Geschehen widerspricht jeder Wahrscheinlichkeit.

Nehmen wir an, daß Schwalben die Umgebung ihres Nistplatzes im Umkreis von 50 km ($= \varrho$) „kennen" (wahrscheinlich sind 20 km schon zu hoch gegriffen), so ist die Wahrscheinlichkeit, daß ein Tier beim Flug geradeaus und in beliebiger Richtung dieses Gebiet berührt, $2\,\varrho/2\,r\,\pi$, wenn r die Entfernung vom Startplatz zur Heimat bedeutet.

Die Wahrscheinlichkeit wäre dann beim Flug von Athen 1 : 113 gewesen und nicht 1 : 5, und beim Starenflug von Gleiwitz wäre sie 1 : 42 gewesen und nicht 1 : 1!

Um sicher von einem beliebigen Startplatz das Ziel zu erreichen, müßten die Versuchsvögel den Startplatz in Spiraltouren mit dem Abstand $\varrho$ umfliegen. Dieser Weg würde beim Flug von Athen die Länge von ungefähr 209 000 km haben und (bei einer hochgemessenen Tagesleistung von 500 km) 418 Tage erfordern! Die Entfernung von Athen wurde aber in $7^1/_2$ Tagen (Tagesleistung 240 km) zurückgelegt; sie kann also nur auf annähernd *geradem* Wege überwunden worden sein.

Nach alledem muß man mit Rüppell zu dem Schluß gelangen, daß der anscheinend *gerichtete Rückflug* „*sich in keiner Weise mit den uns geläufigen Vorstellungen über visuelle Orientierung des Vogels vereinen lassen*".

Das Richtungsmerkmal ist da! Aber wie es zustande kommt, können uns wohl auch die Vögel nicht erklären.

### *Wohnort und Futterstelle.*

Es wurde bereits darüber gesprochen, daß Bienen nicht nur das Bestreben haben, ihre wirkliche Wohnstätte wieder zu erreichen, sondern ganz allgemein geneigt sind, zu einem Ort zurückzukehren, von dem sie gekommen sind. Wie mir scheint, handelt es sich hierbei um eine sehr weit verbreitete Erscheinung; es gilt nur, die Bedingungen zu kennzeichnen, unter denen dieser Ort manchmal die Heimat und in anderen Fällen eine andere Stelle ist.

Man kann kaum bezweifeln, daß das, was am häufigsten Tiere veranlaßt, ihr Heim (wenn sie eines haben) zu verlassen, das Nahrungsbedürfnis ist — ihr eigenes oder das des Nachwuchses. Demgegenüber treten andere, nicht so allgemein verbreitete Motive, wie Körperreinigung, Ablegen von Kot und Urin, Spieltrieb usw. zurück. Was ist nun bei derartigen Verrichtungen der Tiere das allgemeine Motiv? Der Organismus ist, um mit *v. Uexküll* zu sprechen, bestrebt, „einen vorhandenen Reiz zu vernichten". Ist das Nahrungsbedürfnis gestillt, das Putzen beendet, der Kot entleert, der Spieltrieb befriedigt, dann ist kein „Grund" mehr vorhanden, sich den Gefahren der Umgebung auszusetzen; das Tier kehrt nach Hause zurück, wo sich neue Bedürfnisse als Reize geltend machen. Wenn auch diese wieder „vernichtet" sind, kann das Spiel von Neuem beginnen.

Nicht bei allen Tieren sind es bestimmte Orte, die außerhalb des Hauses aufgesucht werden. Manche legen ihre Losung in der Umgebung irgendwohin, andere deponieren sie an ausgewählten Plätzen. Viele Pflanzenfresser grasen, wo sich Gelegenheit bietet, andere suchen aber auch immer wieder bestimmte Stellen auf, besonders zum Trinken oder zum Salzgewinn. Viele Raubtiere strömern anscheinend ziellos herum, andere lauern an Wasserplätzen oder an Wildwechseln, und Hunde und Wölfe vergraben Knochen und Kadaver und finden diese Stellen mit großer Sicherheit wieder. Neuntöter spießen im Dorngebüsch überzählige Beute auf und schöpfen bei Gelegenheit aus diesen Depots, während sehr viele andere Insektenfresser z. B. Schwalben als festes Ziel nur ihr Nest kennen.

In allen diesen Fällen des Zurückfindens zu einem schon einmal oder mehrfach besuchten Ort, handelt es sich um Reaktionen des Individuums. Bei den gesellschaftlich lebenden Hymenopteren gibt es aber außerdem kollektive Reaktionen, besonders auf eine von einem Einzeltier aufgefundene Futterquelle. Beim Entdecker, der, so lange Vorrat reicht, immer wieder an diese Futterstelle zurückzukehren scheint, aber auch bei allen Nestgenossen, die schon einmal — von ihm angesteckt — den gleichen Ort aufgefunden haben, wird man, wenn es sich um Bienen handelt, daran denken dürfen, daß hier das gleiche Phänomen vorliegt, wie beim Schachtelversuch: Rückkehr an einen Ort, von dem das Individuum schon einmal aufgeflogen ist[1]. Warum aber ist dieser

[1] Auch E. Opfinger kommt zu der Ansicht, daß die Orientierung der Bienen an der Futterquelle (wenigstens in der 2. Phase) mit dem Phänomen der Schachtelversuche identisch sei. Allerdings deutet sie das Phänomen etwas allzu anthropomorphistisch mit

Ort das eine Mal der Futterplatz, das andere Mal das Nest?

Ehe ich versuche, hierauf eine Antwort zu geben, fragen wir uns: Wie sehen die entsprechenden Verhältnisse bei den Ameisen aus, bei denen sie wegen der geringeren Freizügigkeit dieser Tiere leichter zu beobachten sind? Es ist eine alte Erfahrung, daß sich bald viele Ameisen an einer ergiebigen Futterstelle einfinden, wenn ein „Kundschafter" sie erst einmal entdeckt hat. Diesen Vorgang kann man am leichtesten bei Ameisen, die auf Geruchsfährte gehen, dadurch analysieren, daß man ein berußtes Glanzpapier mit einem Depot von Honig oder Fleisch in die Nähe des Nestes legt. Oft dauert es lange, bis ein Tier hier zu suchen beginnt. Kommt es in vielen Schleifen und Windungen an ein Depot[1], so nimmt es auf, so viel es fassen kann und geht damit zum Nest zurück. Diese Spuren kann man im Ruß gut erkennen. Einer solchen „erfolgreichen Spur" folgen andere Ameisen, und dabei gleichen sich alle Schleifen und Krümmungen mit der Zeit zur geraden Straße aus; war aber auf dem Weg nichts gefunden worden, so folgen keine weiteren Tiere. Der mit Erfolg begangenen Spur also hängt etwas an, so schloß ich, was andere veranlaßt, der Spur zu folgen. Es haftet aber auch jeder Ameise an, die beladen vom Vorrat zurückkommt. Begegnet eine der Sammlerinnen einer vom Nest kommenden Gefährtin, so geschieht es nicht selten, daß diese sie „anbettelt" und diese sie füttert oder ihr ihre Last übergibt. Dann machen beide, wie wohl Forel zuerst beschrieben hat, kehrt, und die vom Futterplatz Kommende geht zum Futterplatz zurück. Bei den Körner sammelnden Messor-Ameisen bildet sich sogar eine Art „Eimerkette" aus, indem eine ganze Reihe von Tieren an der Beförderung der Last beteiligt ist (Goetsch). Darin scheint mir der Schlüssel zu liegen, warum die Tiere einmal in der Richtung zum „Nest" und das andere Mal in der Richtung zum „Futterplatz" wandern: Beladen zum Nest, entlastet — zum Futterplatz![2]

Bei den Bienen und wohl auch bei den Wespen liegen die Verhältnisse komplizierter, weil sie keine am Boden haftende Spur zurücklassen. Durch v. Frisch sind die Bedingungen ziemlich weitgehend aufgeklärt. Der „Duft" der vom Entdecker gefundenen Nahrung spielt dabei, wie bei den Ameisen, eine große Rolle. Die durch die Tänze (s. o. S. 81) angesteckten Kameradinnen suchen nach v. Frischs Beobachtungen diesen Duft in der ungefähren Entfernung und in der ungefähren Richtung, welche die Tänze anzeigen. Haben sie auf der Basis des Duftes den Futterplatz gefunden, so finden sie ihn auch später wieder. (Rückkehr an eine Stelle, von der sie schon einmal aufgeflogen sind.)

Daß die Vernichtung des Merkmals „Last", z. B. die Füllung des Honigreservoirs, das Auslösende für die Heimkehr ist, läßt sich aus einem Versuch schließen, der wahrscheinlich vor mir schon öfter gemacht worden ist: Bienen, die auf einen Honigvorrat „dressiert" waren, sogen sich voll und flogen nach wenigen Minuten zum Stock zurück, um ihn dort abzuladen. Schnitt ich nun einer Biene während des Saugens mit einem schnellen Scherenschlag den Hinterleib ab, so zuckte sie nur einen Augenblick zusammen und sog dann ruhig weiter. Der Honig floß hinten heraus, und sie sog und sog, weil der Füllungsreiz ausblieb. Das Merkmal „Futter" blieb bestehen und das Merkmal „Füllung = Heimkehrreiz" trat nicht in Erscheinung[1].

*Rundblick über die Wege der Wegfinder und über die Mittel, die sie vermutlich verwenden.*

Wer das Wegfinden nur *einer* Tierart, etwa der Spinnen, untersucht, wird in solchem Einzelfall vielleicht erkennen, welche Mittel sie dabei anwendet; das ganze vielgestaltige Problem des Wegfindens wird er nicht erfassen. Man wird daher zunächst fragen, wie groß der Bereich ist, über den sich das Wegfinden verschiedener Tierarten erstreckt, und dann sich erst überlegen, welche Mittel dafür nach menschlichem Ermessen in Frage kommen und ob diese ausreichen, um uns die beobachteten Erscheinungen verständlich zu machen.

Der Bereich, in welchem sich die „Orientierung" von Tieren abspielt, variiert außerordentlich. Sehr klein ist er bei der Napfschnecke Patella und bei den Netzspinnen; er erstreckt sich bei diesen auf die nächste Nähe ihrer Wohngrube, bei jenen nur auf ihr Netz und auf die Orte, mit denen sie durch einen Leitfaden verbunden sind —, also auf einige Dut-

dem erstaunlichen „Erinnerungsvermögen" der Bienen. Im Anflug sollen sie sich nur das Erinnerungsbild des Dressurobjekts einprägen, dagegen bei den „Orientierungsflügen" während des Abfluges das der *weiteren* Umgebung. Nach Opfingers Meinung führt dieses beim Abflug gewonnene *Erinnerungsbild* die Biene später zum Abflugsort wieder zurück. Meine Schachtelversuche, die sie nicht nachgemacht hat, sprechen nicht in diesem Sinn (s. o. S. 80).

[1] Man kann die Wege natürlich auch subjektiv aufzeichnen oder kinematographisch aufnehmen (Goetsch).

[2] Natürlich war mit „Beladen" gemeint, daß die Last aus Fourage besteht. Wenn Wasmann und nach ihm Brun spöttisch darauf hinweisen, daß auch Kot und Sand *aus* dem Nest herausgetragen werden, die Belastungshypothese also unsinnig sei, so ist das ein recht an den Haaren herbeigezogener Einwand.

[1] Der Unterschied zwischen „belastet" = Heimkehrreiz und „entlastet" = Futtersuchen tritt uns auch bei höheren Tieren deutlich entgegen, erscheint uns da aber selbstverständlich. Vögel mit Jungen eilen mit ihrer Beute zum Nest und fliegen wieder ab, wenn sie sie an die Jungen abgegeben haben. Verlieren sie sie, was gelegentlich vorkommt, auf dem Wege zum Nest, so kehren sie um und jagen oder suchen von neuem.

zend Zentimeter. Der Bereich bemißt sich schon nach Metern bei Ameisen; bei Bienen und Wespen überschreitet er bereits einige Kilometer. Während aber bei manchen Ameisenarten das *sichere* Wegfinden an bestimmte Straßen gebunden ist, *kann* es bei fliegenden Hymenopteren über den ganzen Umkreis ausgebreitet sein. Bei Brieftauben und Seeschwalben erweitert sich der Kreis auf einige hundert Kilometer. Die weitesten Entfernungen, die aber nur auf begrenztem Raum zurückgelegt werden, finden wir bei manchen Zugvögeln und manchen Wanderfischen, z. B. beim Aal; sie bemessen sich hier nach Tausenden von Kilometern. Bei diesen Verschiedenheiten, die sich ungefähr zwischen *einem* Meter und *sechs Millionen* Metern bewegen, ist es von vornherein wahrscheinlich, daß die Natur nicht überall die gleichen Mittel zum Finden des Weges angewandt haben wird.

Auch Tiere, die keinen festen Wohnsitz und keine lokalisierten Futterplätze haben, können bestimmte Richtungen einschlagen, sei es, um die ihnen selber oder ihrer Nachkommenschaft zusagende Nahrung zu finden oder um sich zu begatten. Hierbei handelt es sich meist um die Verfolgung eines einfachen Reizes, also um das, was man Taxien genannt hat. In erster Linie sind es chemische Reize, denen Fliegen, Stechmücken, Gallwespen, Totengräber, Mistkäfer, Schmetterlinge, Krebse usw. folgen, um Nahrung zu finden oder um die Männchen zu den Weibchen zu locken.

Phototaktische und geotaktische Reize treten dagegen zurück, spielen aber doch bei manchen Tieren eine Rolle, wie z. B. bei der Höhenverteilung des Planktons, beim Heraufkriechen der Raupen zu den Spitzen der Pflanzen und bei der so verbreiteten „Flucht nach oben" (oder auch nach unten). Auch bei Tieren mit festem Wohnsitz sind geotaktische Reize noch von Bedeutung. Wenn z. B. manche Ameisenarten an Bohnenpflanzen, Rosenstämmen usw. in die Höhe klettern, um zu Blattläusen zu gelangen, so ist hier wohl eine negative Geotaxis das im wesentlichen Auslösende.

Schwerereize sind ubiquitär und üben ihren Einfluß hauptsächlich in vertikaler Richtung aus, kommen also für die Orientierung in horizontaler Richtung kaum in Betracht; wohl aber ist dies beim chemischen Reiz der Fall! So finden wir denn auch, daß dieser elementar wirkende Reiz als mehr oder weniger streng lokalisierter Wegweiser bei fast allen „Riechtieren" eine sehr verbreitete Anwendung gefunden hat (Ameisen, Schnecken, Raubtieren usw.). Wie das geschieht, wissen wir nicht; wir wissen nur, daß die Spuren nicht nur weg-, sondern auch richtungweisend, also polarisiert sind (s. oben S. 78). Da die in Frage kommenden chemischen Substanzen flüchtig sind, haben solche Spuren keinen langen Bestand (Goetsch). Sie müssen, wenn einmalig, frisch verfolgt werden — wie die Wildspuren durch Raubtiere —, oder immer wieder erneuert werden, wie auf den Ameisenstraßen. Es ist auch von vornherein ersichtlich, daß permanente Geruchsspuren nur auf relativ kurzen Strecken von Wert sind.

Schon bei denjenigen Ameisenarten, die vorzugsweise auf chemischer Spur wandern, kommt eine andre Fähigkeit hinzu, die bei andren, von chemischen Relikten ihrer Nestgenossen weniger abhängigen Arten eine überwiegende Rolle spielt, nämlich das Bestreben, eine bestimmte Richtung einzuschlagen und sie beizubehalten. Dieses „*Richtungsmerkmal*" (s. oben S. 79) ist, wie gezeigt, sehr verbreitet. Die Lichtkompaß-Reaktion (s. S. 79), die zweifellos bei vielen niederen Tieren von Bedeutung ist, dient zur (scheinbaren) *Aufrechterhaltung* dieses Richtungsmerkmals, beweist gewissermaßen, daß es vorhanden ist, *ist aber nicht das Richtungsmerkmal selbst*. Vögel und Säugetiere scheinen den Lichtkompaß nicht zu benutzen, sich jedenfalls durch diesen unzuverlässigen Wegweiser nicht irreführen zu lassen und verfügen trotzdem — und zwar in sehr ausgesprochenem Maße — über ein Richtungsmerkmal (s. S. 76 u. 82). (Wenn der Mensch den Lichtkompaß ausnutzt, so tut er das mehr oder weniger mit „Überlegung".)

Aus welchen Quellen das Richtungsmerkmal entsteht, ist in den meisten Fällen ungeklärt. Wahrscheinlich beruht es nicht immer auf den gleichen Ursachen; aber es ist da und, wo es vorhanden ist, wird es meist nicht auf einer einheitlichen Basis beruhen, sondern komplexer Natur sein. Möglich, daß die Registrierung von Drehungen und Wendungen durch besondere Rezeptoren dabei eine Rolle spielt. Dafür sprechen manche Befunde an Ameisen und Bienen, denen die Fühler abgeschnitten waren (s. oben S. 81), und an Brieftauben, denen ein horizontaler Bogengang plombiert war (Ewald). Auch, „kinästhetische Empfindungen" der Muskeln und Gelenke kommen vielleicht in Frage — eine Ansicht, welcher Lashley nach seinen Versuchen an Seeschwalben Ausdruck gegeben hat.

Was alles zum Richtungsmerkmal beiträgt, wissen wir in den meisten Fällen nicht; aber die Tatsache, daß es vorhanden ist — und zwar in sehr weiter Verbreitung —, läßt die Annahme zu, daß dabei Reiz-Remanenzen („Engramme") im Spiele sind. — Das gleiche gilt für die Entfernungs-Remanenz („Podometersinn"), eine Erscheinung, deren Existenz nach den Befunden an Ameisen, Bienen, Brieftauben, Seeschwalben, Hunden und Menschen kaum noch geleugnet werden kann. Wie beim Richtungsmerkmal sind auch hier die Ursachen noch ungeklärt.

Remanenzen optischer Eindrücke (optische Engramme) spielen, wie mir scheint, beim Wegfinden eine viel geringere Rolle, als gewöhnlich angenommen wird. Das Auge hat auch bei solchen Tieren, bei denen es recht vollkommen gebaut ist, im wesentlichen die Aufgabe, Bewegungen zu rezipieren, das Ausweichen vor Hindernissen zu vermitteln und die Bewegungen des Körpers oder seiner Teile auf bestimmte Objekte zu richten, viel weniger aber Bilder von Gegenständen und Situationen festzuhalten und zentral einzuprägen. Es ist doch erstaunlich, wie schwer es gelingt, Bienen und Vögel, ja selbst Hunde auf kompliziertere Formen zu dressieren, während dies auf Farben relativ leicht möglich ist. Man braucht aber gar nicht zum Dressurverfahren zu greifen, um festzustellen, daß ein wirkliches „Erkennen" den meisten Tieren — mit Ausnahme der höchststehenden Säuger — fremd ist. Die Verhaltensforschung hat zahlreiche Beispiele dafür geliefert, mit wie wenigen Merkmalen Fische und auch Vögel zufrieden sind, um eine Attrappe als geeignete Beute anzunehmen oder vor ihr als einem Feind die Flucht zu ergreifen. Daß die Bienen ihren Stock, die Seeschwalben ihr Nest nicht erkennen, auch wenn der Stock oder das Nest dicht neben dem alten Platz steht, den sie statt dessen aufsuchen, spricht doch wenig für ein gutes „optisches Gedächtnis" (Ausnahmen s. S. 81). Daß die Stubenfliege und die Wespe den Menschen, ihren Feind, nicht kennen und nur vor ihm fliehen, wenn er sich bewegt, nimmt nicht Wunder; aber daß auch der Rehbock sich nicht anders verhält, setzt immer wieder in Erstaunen. Ruhig tritt er aus dem Gehölz, auch wenn der Jäger nicht weit von ihm auf der anderen Seite der Lichtung steht, und erst, wenn dieser sich bewegt oder der Bock von ihm Wind bekommt, geht er ab. Selbst der Hund erkennt seinen Herrn wohl schwerlich an seinen optischen Merkmalen.

Trotz solcher Tatsachen, die zum Teil allgemein bekannt sind, wird immer wieder angenommen, daß nicht nur Vögel und Säuger ihre Wege an zahlreichen optischen Merkmalen erkennen, sondern daß auch Bienen und selbst Ameisen (mit ihren meist recht kümmerlichen Augen) für den Menschen kaum erkennbare Wegzeichen sich einprägen und sich an ihnen orientieren. Welche Fülle von Wegzeichen müßte aber erst im Gedächtnis derjenigen Zugvögel haften, die Tausende von Kilometern durchfliegen, um zu ihren Winterquartieren zu gelangen! Bei Arten, bei denen, wie berichtet wird, die jungen Vögel getrennt von den alten fliegen, müßten diese Wegzeichen sogar vererbungsmäßig verankert sein.

Alle Erklärungen des Wegfindens mit den uns Menschen verständlichen Mitteln versagen aber dort, wo jedes lokale Wegzeichen fehlt. Das ist der Fall bei den Wanderungen der Aale und mancher Zugvögel. Die europäischen Aale wandern zum Laichen, wie jetzt wohl feststeht, in die Nähe des Golfes von Mexiko, und die jungen Aale kehren — z. T. wenigstens — nach Europa zurück, also auf nie von ihnen durchschwommenen Wegen! Wenn auch bei den jungen Aalen mit einer sehr großen Verlustquote gerechnet werden muß und das Ziel bei ihnen sehr breit ist, so muß doch wenigstens von den alten Aalen der Weg zu einer so eng begrenzten Stelle des Ozeans mit ziemlicher Sicherheit gefunden werden können. Wegzeichen gibt es aber im Meer nicht!

Das schönste Beispiel an Zugvögeln finden wir bei den Regenpfeifern der Aleuten. Sie brüten auf diesen kleinen nordischen Inseln und beziehen auf Hawai ihre Winterquartiere! Das ist ein Weg von mehr als 4000 Kilometer — immer überm Meer. Eine Reiseroute über optisch markierte Gegenden, wie wir es bei manchen, noch weitere Strecken zurücklegenden Vögeln Amerikas kennen, die längs der Küste ziehen, ist ausgeschlossen, denn die nächsten Küsten östlich und westlich sind auch nur durch Überfliegen von mehreren Tausend Kilometern Meer zu erreichen (siehe auch S. 83). — Daß der Mensch, ausgerüstet mit allen nautischen Hilfsmitteln, derartige Leistungen des Wegfindens im Seedampfer, auf Flugzeugen und im Unterseeboot vollbringt, gibt uns keinen Fingerzeig, wie die Aale und Regenpfeifer es machen, denn diese haben weder Kompaß noch Uhr, weder Sextant noch Seekarte und drahtlose Anpeilung.

Diesen Extremen des Wegfindens gegenüber werden auch die eifrigsten Verfechter der Ansicht, daß das „Gedächtnis" und das „optische Erkennen" den Schlüssel des Wegfindens der Tiere birgt, die Segel streichen müssen. Vielleicht wird aber der eine oder der andere auch zugeben, daß das Feld der Orientierungsforschung auch sonst noch reichlich mit Fragezeichen besät ist.

*Zusatz bei der Korrektur.*

Die Überlassung eines Separatabzugs durch den Autor ermöglicht es mir, über die Arbeit von Professor Yeagley über die Orientierung der Brieftauben zu berichten: Yeagley ging von der Beobachtung der Taubenzüchter von Indianapolis aus, daß die dortigen Tauben bei Distanzflügen versagen. Die Erklärung sah er in folgenden Tatsachen: Der magnetische Nordpol liegt exzentrisch zur Erdachse. Infolgedessen schneiden sich die magnetischen Kraftfelder mit den geographischen Breitengraden in der Regel an zwei oft kaum wesentlich mehr als 1000 km voneinander entfernten Punkten, laufen aber stellenweise zueinander parallel — so auch in der Gegend von Indianopolis. Yeagley nimmt nun an, daß die Tauben während des Fluges nicht nur durch die magnetischen Kraftfelder, sondern auch durch die Kräfte, die durch die Erdrotation entstehen (Coriolis-Kräfte), beeinflußt werden. Der Ort ihrer Heimat sei daher in der Regel durch beide Komponenten bestimmt, nämlich dann wenn sich die Kraftfelder an dieser Stelle schneiden, — aber nicht ganz eindeutig, denn es gibt theoretisch einen zweiten (konjugierten) Punkt, an dem die gleiche Kräftekombination vorliegt.

Diese Theorie prüft Yeagley mit verschiedenen Methoden: 1. An den Flügelgelenken angebrachte Magnete stören die Heimkehrfähigkeit in *sehr hohem Maße*, während gleich schwere Kupfermassen ohne Einfluß bleiben. 2. Tauben, die in State College (Pensylvania) auf größere Strecken trainiert waren, wurden mit ihrem transportablen Taubenschlag nach der Gegend von Kearney (Nebraska) gebracht (1760 km), welche mit State College konjugiert ist. Von hier im Durchschnitt 70 km entfernt ließ man die Tauben aus verschiedenen Himmelsrichtungen auffliegen. Eine größere Zahl *flog in die Gegend des konjugierten Punkts;* zwei Tauben fanden sogar in den bei Kearney aufgestellten Taubenschlag. 3. Zwischen zwei konjugierten Punkten liegt notwendigerweise eine *Indifferenzzone*. Tauben, die *östlich* derselben aufgelassen waren, *flogen nach State College* oder wurden aus dessen Umgebung gemeldet; Tauben, die *westlich* der Indifferenzzone starteten, wurden *aus der Gegend von Kearny* gemeldet; Tauben aus der Indifferenzzone selbst aufgelassen, blieben meist in der Nachbarschaft[1].

Alle drei *Prüfungsmethoden sprechen im Sinne der Yeagleyschen Theorie!* Vielleicht handelt es sich hier um Befunde, die einen gangbaren Weg zur Aufklärung des Orientierungsrätsels der Vögel weisen.

Mancherlei bleibt noch ungeklärt: Wie ist es möglich, daß die geringen Unterschiede in der Intensität des Magnetfeldes auf die Vögel wirken? Wie kommt es, daß der Wind den Einfluß der Erdrotation nicht stört, von der wir Menschen überhaupt nichts spüren? Wie erfahren die verfrachteten Vögel, in welcher Richtung sie zu fliegen haben, denn die beiden Kräfte geben ihnen ja nur an, daß sie nicht in der Gegend der Heimat sind? (Vielleicht dienen dazu die spiraligen „Orientierungsflüge", die alle an fremdem Ort aufgelassenen Vögel ausführen?). Und wie orientieren sich Vögel, die zwischen der nördlichen und südlichen Hemisphäre wechseln? Auch wenn die sinnreiche Theorie sich weiterhin bewährt, bleiben noch viele Fragen offen! — Seitdem ich dies schrieb, ist die Theorie von *Yeagley* durch *G. Kramer* einer scharfen Kritik unterzogen worden (Ornithologische Berichte 1948, S. 228).

[1] Ein nicht geringer Prozentsatz der Tauben ging bei all diesen Versuchen verloren, d. h. wurde nicht gemeldet. Brieftauben sind eben gegenüber Zugvögeln (siehe oben S. 83) Stümper, denn Schwalben, Stare usw. bedürfen zu noch größeren Leistungen keiner Trainingsflüge.

*Literatur.*

*Baerends, G.*: Tijdschrift voor Entomologie. *84*. 68 (1941).

*Bartels*, Z. f. vergl. Physiol. *10*, 527—593 (1929).

*Beer, Th., A. Bethe u. J. v. Uexküll:* Biolog. Zentralbl. *19*, 517 bis 521 (1899).

*Bethe, A.*: Arch. f. mikrosk. Anat. *50*,, 460—544 (1897).

*Bethe, A.*: Pflügers Arch. *70*, 15—100 (1898).

*Bethe, A.*: Pflügers Arch. *79*, 39—52 (1900).

*Bethe, A.*: Biolog. Zentralbl. *22*, 193—215 u. 234—238 (1902).

*Brun, R.*: Die Raumorientierung der Ameisen, Jena, Fischer 1914.

*Buddenbrock, W. v.*: Sitzber. Heidelberg. Akad. Wiss. Abtlg. II 1947.

*Buddenbrock, W. v.*: Z. f. vergl. Physiol. *15*, 597—612 (1931).

*Buddenbrock, W. v.*: Die Orientierung zu bestimmten Stellen im Raum (Wirbellose). Handb. norm. u. pathol. Physiol. Bd. XV 2, 1023—1039 (1931).

*v. Buttel-Reepen:* Sind die Bienen Reflexmaschinen? Leipzig 1900 (auch Biol. Zentralb. *20*, 1900).

*Cornetz, V.*: Pflügers Arch. *147*, 215—233 (1912).

*Fabre, J.*: Souvenirs entomologiques. Paris 1879; Nouveau Souvenirs entomologiques. Paris 1882.

*Fabre, J.*: (Deutsche Übersetzung): Bilder aus der Insektenwelt. Stutgart 1914.

*Fischer, M. H.*: Die Orientierung im Raume bei Wirbeltieren und beim Menschen. Handb. d. norm. u. pathol. Physiol. XV/2, 909—1022 (1931).

*Forel*, Revista di Bilogia gen. *3*, Como 1901.

*Fraenkel, G.*: Z. f. vergl. Physiol. *6*, 385—401 (1927).

*Frisch, K. v.*: Österreichische zoolog. Z. *1*, 1—48 (1946).

*Goetsch, W.*: Z. f. Morphol. u. Ökol. der Tiere. *28*, 319 (1934).

*Goetsch, W.*: Vergleichende Biologie der Insekten-Staaten. Leipzig 1940 (hierin gute Literaturübersicht).

*Groebbels, F.*: Der Vogel. Berlin 1932.

*Kalmus, H.*: Z. vergl. Physiol. *24*, 166—187 (1937).

*Kühn, A.*: Die Orientierung im Raum. Jena 1919.

*Lashley, K. S.*: Rap. depart. marin. biol. Carnegie Inst. of Washington. *7*, 61 (1915), zitiert nach M. H. Fischer.

*Lubbock, J.*: Ameisen, Bienen und Wespen. Internat. wiss. Bibliothek. 57 Leipzig 1883.

*Opfinger, E.*: Z. vergl. Physiol. *15*, 431—486 (1931).

*Peters, H.*: Z. f. vergl. Physiol. *15*, 693 (1931).

*Rüppell, W.*: Journal f. Ornithologie *84*, 180 (1936) u. *85*, 120 (1937).

*Santschi:* Rev. Suisse Zool. *19* (1911).

*Szymanski:* Pflügers Arch. *138*, 459 (1911).

*Tinbergen, N.*: Z. vergl. Physiol. *16*, 305 (1932) u. *25*, 293 (1938).

*Uexküll, J. v.*: Theoretische Biologie.

*Wasmann:* Die psychischen Fähigkeiten der Ameisen. Stuttgart. Naegele 1899.

*Wolf, E.*: a) Z. f. vergl. Physiol. *3*, 615 (1926); b) Z. f. vergl. Physiol. *6*, 221 (1927).

*Yeagley, H. L.*: A preliminary study of a physical basis of Bird Navigation. J. of applied physics. *18*. 1035 (1947).

*Professor Dr. A. Bethe, (16) Frankfurt/Main-Süd, Weigertstr. 3.)*

# Biologische Eigenweltforschung *.

Von
FRIEDRICH BROCK.

Die Lebenserscheinungen sind milliardenfach komplizierter als alles Abiotische. Daher ist es nicht verwunderlich, wenn eine *verstehende Lebenslehre* ihren Ausgangspunkt *nicht in elementaren Einheiten* sucht, so wie sie etwa im unteilbaren Atom, dem Kügelchen der klassischen Chemie, oder der Zelle, dem „einfachsten Baustein" aller lebenden Geschöpfe, angenommen wurden. Alle Anschauungen dieser Art glaubten vom „Einfachsten" ausgehen zu müssen, um komplexe Gebilde additiv aus ihm errichten zu können. Heute wissen wir, daß schon ein einziges Atom eine *Ordnung* aufweist. Zugunsten dieser Ordnung sah man sich gezwungen, Grundsätze aufzugeben, die man bisher für allumfassend und unumstößlich hielt.

Daher ist zu erwarten, daß der Ausgangspunkt einer *sinnträchtigen Lebenslehre* in weitaus verwickelteren Phänomenen gesehen werden muß. Eine solche Erscheinung hoher Sinnträchtigkeit ist das *Subjekt*, der Organismus, so wie er dem außenstehenden Beobachter schlechthin als „Tier" oder „Pflanze" erscheint. Versucht man aber, ein lebendes Subjekt einer Analyse zu unterwerfen, so stößt man bald auf größte Schwierigkeiten, da es mit Hinblick auf *sinnhafte Ordnung* ebenfalls noch einem Torso gleicht. Die Leistungen der Baubestandteile seines Leibes sind nur deutbar, wenn gewisse Erscheinungen eines in der Welt des Beobachters vom Organismus abhebbaren „Dadraußen" mit in die Deutung einbezogen werden. Ein solches „Außen" ist in der Forschung seit langem bekannt und wird gewöhnlich als *Umgebung* oder *Milieu* bezeichnet. Es spielt in der Vererbungslehre eine ebenso bedeutsame Rolle wie in der Ökologie, in der Abstammungslehre, in der Physiologie, in der Psychologie, Psychiatrie, Soziologie und Pädagogik.

*Jakob von Uexküll* (gest. am 25. Juli 1944 auf Capri) war einer der ersten und entschiedensten Verfechter der These, daß diesem „Außen" mit Hinblick auf das lebende Subjekt eine andere Bedeutung zuzumessen sei als den Einwirkungen, die von einem physikalisch-chemischen Umfelde auf einen toten Körper ausgeübt werden.

Solange die Biologie ihre Probleme mit Hilfe klassisch-physikalischer Methodik *restlos* zu deuten versuchte, wurde „belebte und unbelebte Natur als ein ununterbrochenes Ganzes" betrachtet, wie es *Jaques Loeb* im Jahre 1913 prägnant formulierte. Subjekt und Milieu, Innen und Außen weisen also bei einer solchen Betrachtung der Lebenserscheinungen letztlich *das gleiche Niveau von Sinnbezügen* auf, eben dasjenige, welches mit der physikalischen Kausalordnung gegeben ist. Diese wird heute in den „exakten" Naturwissenschaften auf das Gebiet der makrophysikalischen Vorgänge beschränkt. Für Erscheinungen der Mikrophysik konnte sie nicht aufrechterhalten werden, da sich hier gewisse Ergebnisse nur statistisch erfassen lassen. Vom Niveau der Sinnbezüge her gesehen, welches beiden Deutungssystemen innewohnt, stehen wir damit vor einer fortschreitenden Sinnentleerung der Erscheinungen.

Ein Beispiel mag diesen Sachverhalt etwas näher bringen! Wenn mir bekannt ist, daß in einer Menschenmenge innerhalb einer Zeitspanne jedes Subjekt einmal den Arm heben wird, so ist die Angabe der *Reihenfolge*, in welcher sich diese Tätigkeit abspielt, ein *Mehr an Sinngehalt* gegenüber einer Aussage, die irgendwelche Reihenfolge ausschließt. — Unser Beispiel kann auch noch höhere Sinnstufen veranschaulichen. Sie sind dann gegeben, wenn über die Bedeutung des Armhebens irgendwelche Angaben gemacht werden können. Solche lassen unter Umständen Schlüsse auf Maßnahmen zu, die erst in der Zukunft getroffen werden sollen, wie beispielsweise, wenn es sich um eine Abstimmung handelt.

*Eliminiert man die höheren Sinnstufen bereits zu Beginn einer Untersuchung, so wird die Einsicht in gewisse Ordnungszusammenhänge und damit die Vorhersage bestimmter Ereignisse von vornherein ausgeschlossen.*

Oft bin ich gefragt worden, was denn der Unterschied zwischen der herkömmlichen Biologie und der „Umweltforschung" eigentlich sei. *Nach meiner Ansicht unterscheidet sich diese nicht dadurch von der physikalischen Betrachtungsweise der Lebensvorgänge, daß sie vom Sinngehalt einer Ordnung überhaupt ausgeht.* Jede Betrachtungsweise setzt bestimmte Sinngehalte voraus. Ohne solche könnte Wissenschaft nicht betrieben werden. Wir glauben aber, daß *die Sinnstufe, bzw. das zur Verfügung stehende Sinngefälle* einer an den Grundgesetzen und Methoden der Physik und Chemie orientierten Biologie nicht ausreichen, um komplexe Erscheinungen, wie sie uns lebende Subjekte bieten, erschöpfend deuten zu können. Neben der Kausalordnung der „exakten" Naturwissenschaften gibt es *Strukturordnungen*, die zum mindesten *analogienhaft* erfaßt und in ihrem Zueinander und In-

* Herrn Prof. Dr. *W. v. Buddenbrock*, dem Förderer der „Umweltforschung", in großer Dankbarkeit zu seinem 65. Geburtstage am 25. März 1949 gewidmet.

einander analysierbar sind. *Sie führen als Forschungsmethode in der Psychologie, Psychiatrie, Soziologie, Pädagogik usw. ein legitimes Dasein und dürfen auch in der Biologie als echt wissenschaftliche Bezugssysteme gelten, wenn man nicht auf eine Deutung der spezifischen Lebensphänomene überhaupt verzichten will.*

Vielfach täuscht man sich in der Biologie allerdings über den Ausgangspunkt der Fragestellung, weil man ihn von vornherein, sozusagen durch einen Kunstgriff, auf ein möglichst niedriges Niveau sinnhafter Ordnung herabschraubt. Um diese sehr wichtigen Zusammenhänge darzutun, diene die Ausführung, die G. v. *Studnitz* in seinem „biologischen Brevier" (1948) gibt. Er schildert darin seine unermüdlichen Bemühungen, die stofflichen Vorgänge in den Wirbeltiernetzhäuten aufzudecken. Schritt für Schritt gelingt es ihm, die Phänomene des Farbensehens bei Mensch und Tier als ein „allgemeines biochemisches und -physikalisches Geschehen" zu umschreiben. Das Sinniveau gehört also einer Ordnung an, die uns von der „exakten" Naturwissenschaft her wohl bekannt ist.

Aber gerade in diesem Falle sieht man recht deutlich, daß der *eigentliche Ausgangspunkt der Untersuchung auf einer ganz anderen Ebene von Sinnzusammenhängen* zu suchen ist, nämlich im Ordnungsgeschehen des Farbensehens als Erlebnisphänomen. Nähmen wir an, alle Menschen seien absolut farbenblind und nur die Wirbeltiere farbentüchtig, so müßte der Verfasser mit Hinblick auf die physikalisch-chemische Beschaffenheit der farbentüchtigen Wirbeltiernetzhäute zu den gleichen Ergebnissen kommen. Die eigentliche Bedeutung der drei „Farb"-Systeme — einer „Rot"-Substanz, dargestellt als Absorptionsmaximum von 655 m$\mu$, einer „Gelbgrün"-Substanz, ausgedrückt als Absorptionsmaximum im Bereiche von 550—560 m$\mu$, einer „Blau"-Substanz, erfaßt als Absorptionsmaximum von 470 m$\mu$ — als „Bewirker" der Farbempfindungen und ihrer Konsequenzen: der Kontrasterscheinungen, der Komplementäreffekte, der Ordnungsgesetzlichkeiten der Mischfarben und ähnliches müßte ihm jedoch völlig und ein für allemal entgehen.

G. v. *Studnitz* ist scharfsinnig genug, die selbst herbeigeführte Einengung des Blickfeldes durch die Beschränkung des Sinniveaus in der oben dargestellten Weise zu bemerken; dafür zeugen seine Worte: „Mag also nun die Art der Reiz*sortierung* durch die Zapfen vielleicht verständlicher geworden sein, so ist die *kardinale Frage* damit noch nicht einmal berührt: Wieso nämlich die Zersetzung von verschiedenen Farbsubstanzen zu einer jeweils anderen Grundempfindung führt! Sie ist mit einem sehr viel weiteren, ja *dem* Problem des Lebens überhaupt identisch: der Ursache der Empfindungsunterschiede (im Rahmen eines Sinns als *Qualitäten* oder, als *Modalitäten*, von einem Sinn zum anderen) und damit der Empfindung überhaupt — als Element des ‚Geistigen' auf der materiellen Basis einer Ganglienzelle! Dies ist das einzige Geschehen, das ich als Wissenschaftler für ein Wunder und somit weiter nicht ‚erklärbar' halte."

Dieses „Wunder" aber *steuert* letzten Endes den Sinn der ganzen hier vorliegenden Fragestellung. Der einfache physikalisch-chemische Nenner, auf den man schließlich die Phänomene gebracht hat, ist weiter nichts als der simplifizierte Rest eines Ordnungssystems, dessen ursprüngliche Sinngehalte aus Gründen „naturwissenschaftlicher Sparsamkeit" von vornherein ausgeklammert wurden.

Daher glaube ich, daß die Wissenschaft vom Leben zuviel aufgibt, wenn sie ihren Ausgangspunkt zu stark sinnentleert, nur um den Preis, die Verfahrensweisen der sog. „exakten" Naturwissenschaften an die Lebensphänomene heranzubringen und die Biologie dadurch *scheinbar* selbst zu einer „exakten" Wissenschaft zu machen. *Wohl kann ein hohes Niveau von Sinngehalten stufenweise abgetragen werden, niemals wird es aber durch Summation sinnentleerter Elemente sinnträchtiger.* Damit ist keineswegs gesagt, daß niedere Sinnstufen für die restlose Erfassung der Ordnung eines Phänomens ohne Belang seien.

Auch in der modernen Biologie gelten die Thesen: „omne vivum ex ovo" und „omnis cellula e cellula" als Grundpfeiler des wissenschaftlichen Gebäudes. Mochten sie ursprünglich vielleicht nur der Meinung Ausdruck geben sollen, daß eine „Urzeugung" mit den Einsichten, die man zunehmend in die Lebensvorgänge gewann, unvereinbar sei, so bringen sie doch gleichzeitig die Tatsache zum Bewußtsein, daß *die Mannigfaltigkeit einer sinnhaften Ordnung immer wieder nur aus einem gleichwertigen Sinngefüge entnommen werden kann.* Diese Weisheit wurde bei dem Streben nach „exakter" Erkenntnis fast vergessen. Daher dürfen wir heute mit Nachdruck die These verfechten: „*Immer nur Sinnvolles aus gleichwertig Sinnvollem*". In dieser Hinsicht kann aber die belebte Natur niemals als ein „ununterbrochenes Ganzes" gleichwertig neben die unbelebte gestellt werden, wie es *Loeb* einst tun wollte. *Die Subjekte bedeuten vielmehr Ordnungszentren von hohem Sinngehalt mit Hinblick auf ihre abiotische Umgebung.*

Als *Beobachter* erlebe ich solche Subjekte und ihre Umgebung in der Art eines von mir absetzbaren „Dadraußen". Als Erlebender bin ich selbst Subjekt mit meinem „Dadraußen" als Gegenspieler. Die Notwendigkeit dieses Sachverhalts ist nicht zu begründen, sondern nur als gegeben hinzunehmen, solange ich wissenschaftlichen Boden nicht verlassen will. Ich als Erlebender unterscheide mich als

Subjekt jedoch von allen anderen Subjekten, da es mir unmöglich ist, mich unmittelbar erlebend in die Dynamik eines fremden Subjekts einzuschalten, um seines Innersten teilhaftig zu werden. Selbst der mir am nächsten stehende Sippenangehörige ist mir nur durch seine äußere „Fassade“ als Inhalt meiner Erlebnisse gegeben, da fremdes Erleben niemals als unmittelbares Faktum meines Dadraußen in Erscheinung tritt. *Alle psychischen Akte fremder Subjekte können in sinnhafter Ordnung, die Körperliches und Seelisches in einem Griff fassen soll, nur durch mehr oder weniger willkürliche Setzungen überbrückt werden. Sie können nur sekundär analogienhaft z. B. als „einheitlich getönte“ Verhaltensweisen eines „hungrigen“ oder „brünstigen“ Subjektes, an der Ordnung meines subjektiven Erlebens gemessen, aber niemals unmittelbar miterlebt werden.*

So schält sich unser Standpunkt für ein Verständnis biologischer Zusammenhänge allmählich klarer heraus: *Der wissenschaftliche Beobachter erlebt sein Dadraußen als eine mehr oder weniger deutlich abhebbare Sphäre seiner gesamten Wirklichkeit, die immer seine subjektive Erscheinung und Ordnung bleibt.* Wir nennen diese Sphäre *seine Um- oder Eigenwelt. Über Ordnungszusammenhänge* irgendwelcher Art *außerhalb dieser Welt von subjektiven Erscheinungen kann wissenschaftlich nichts ausgesagt werden, weil uns darüber jede reproduzierbare Kontrolle fehlt.*

In der Eigenwelt des forschenden Beobachters treten *Ordnungszentren spezifischen Sinngehalts* in Erscheinung, die wir oben als *Subjekte* bezeichneten. Ihre Bedürfnissphäre reicht über ihren Leib hinaus in ein „Außen“, an welchem sie ihre biologische Bedürfnisbefriedigung in bezug auf Nahrung, Fortpflanzung, Schutz des Leibes und vieles andere vollziehen. Nur auf diese Weise gelingt es ihnen, ihre Existenz zu wahren. Ihr Bau und ihr Verhalten sind in sämtlichen Entwicklungsstufen und Gestaltfolgen ihres protoplasmatischen Leibes mit allen seinen Fähigkeiten auf diese Bedürfnisbefriedigung abgestimmt. Sie erscheinen uns, wie es F. *Kühner* in einem noch ungedruckten Manuskript über: „Das Einfachste im biologischen Denken“ einmal ausdrückt, als „autotele Zentren“. *Zwischen ihrer Bedürfnisspannung und ihrer Bedürfnisbefriedigung besteht eine kontrapunktische Zusammenstimmung.* Kann sie nicht in Erscheinung treten, sei es, daß auf der Subjektseite eine „Fehlausbildung“ daran hindert, sei es, daß die „Objektseite“ die „Erwartungen“ des Geschöpfes nicht erfüllt, so ist seine Existenz und mit ihr im weiteren Sinne diejenige der Art bedroht. *Die Gesamtheit der im Dadraußen nötigen Voraussetzungen und ihre spezifische Ordnung während der biologischen Bedürfnisbefriedigung des Subjektes ist seine Um- oder Eigenwelt.*

Um die Prägung dieser Ausdrücke ist im engeren Mitarbeiterkreis *von Uexkülls* vielfach diskutiert worden, weil das Wort „Umwelt“ zu mancherlei Mißverständnissen Anlaß gegeben hat. Wir wollen uns in diesem Rahmen nicht prinzipiell für eines der beiden Worte entscheiden, sondern sie gleichberechtigt nebeneinander gebrauchen.

*Nach allem Gesagten verkörpert das Subjekt und seine Eigenwelt einen untrennbaren Dynamismus*, den ich in verschiedenen früheren Schriften (1934 a, 1935, 1939 a) als „*Monade*“ kennzeichnete. *Die Kontrapunktik von Subjekt und Eigenwelt ist ein „Urphänomen“.* Nach unserer Auffassung muß die *wissenschaftliche Forschung* die Frage offen lassen, ob ein solches Verhältnis nur in der Erscheinungswelt des außenstehenden Beobachters gegeben ist, oder unabhängig von jedem Beobachter selbständig für sich besteht. Die Ordnungsformen, unter denen wir es zu erforschen genötigt sind, tragen, wie oben erwähnt, immer den Stempel unseres „begreifenden Geistes“. Dennoch dürfen wir meines Erachtens von Urphänomenen sprechen, weil sie sich mit Hinblick auf die sinnhafte Ordnungsskala, an der wir „unsere Wirklichkeit“ messen, anderen Ordnungsgefügen gegenüber besonders herausheben.

*Die Subjekt-Eigenwelt-Verflechtungen sind Kreisprozesse — durch Jakob von Uexküll als „Funktions- oder Leistungskreis“ symbolisiert —, die aus der Bedürfnisspannung des Subjektes erwachsen, auf sein Dadraußen gerichtet sind und in der Bedürfnisbefriedigung des Subjektes ihr Ende finden.* Dadurch unterscheiden sie sich wesentlich von den „linear“ in einer Sinnebene verlaufenden Kausalreihen, wie sie *Loeb* vorschwebten. *Kühner* weist darauf hin, daß *solche Prozesse durch die formale Logik allein nicht zu fassen sind*, sondern daß ihnen eine bestimmte *Biologik innewohnt.*

Letztlich widerspricht es gerade einer solchen Biologik, daß wir jemals „ein Subjekt aus seiner Eigenwelt herausnehmen könnten“, um es in eine andere zu versetzen. Derartige Wendungen, welche den ureigensten biologischen Ordnungsstrukturen jeden Sinn rauben müßten, findet man in der Literatur oft auch bei solchen Autoren, die sich auf von *Uexküll* und seine Lehre berufen. Hier tritt der Unterschied zwischen Umwelt- und Milieuauffassung deutlich zutage.

*Der außenstehende Beobachter kann die Ordnungsgesetzlichkeit der Strukturen im Rahmen einer Tier-Umwelt-Monade nicht unmittelbar fassen, sondern nur aus Fakten des Bauplanes, der Verhaltensweisen und der stofflichen Umsetzungen auf Grund der Ordnung seiner eigenen Wirklichkeit indirekt und analogienhaft erschließen.* Daneben besteht aber die Möglichkeit, auf kausalanalytischem und neuerdings auch auf wahrscheinlichkeitsstatistischem Wege die Wirkungen bestimmter Umgebungsfaktoren, wie Temperatur, Beleuchtung, Strahlung, Chemismus usw., auf das Subjekt zu studieren, wobei der Organismus die gleiche Rolle spielt wie das zu untersuchende Objekt in der klassischen Physik. Die Versuchsbedingungen werden so gewählt, daß willkürlich gesetzte Faktoren auf das Subjekt einwirken, während die übrigen unverändert bleiben. Diese Methode hat aufschlußreiche Ergebnisse gezeitigt, aber eben nur mit Hinblick auf eine verhältnismäßig simplifizierte Schicht sinnhafter Ordnungen. Der Organismus ist in der Lage, innerhalb einer bestimmten Variationsbreite, sich veränderten Außenbedingungen anzupassen und „plastisch" zu reagieren. Hierbei treten höhere Sinnstufen in Erscheinung.

Das Vorgehen des experimentierenden Beobachters, welcher den Organismus nur in seiner „Umgebung" betrachtet, gleicht demjenigen des Statikers, der aus Gründen der Materialprüfung bestimmte Untersuchungen an einem Bauwerke vornimmt, um daraus Schlüsse auf die Beschaffenheit des Materials zu ziehen; er bedarf der höheren Sinnstufen seines Forschungsobjektes nicht. Ein solches Vorgehen schließt nicht aus, daß die verschiedenen Baustoffe: Stein, Eisen, Holz usw. in ihrer Wirkung aufeinander abgestimmt sind. Ähnliches findet man mit Hinblick auf die Teile des Lebewesens auch. Daraus hat sich die oft sehr geistvoll untermauerte, mannigfaltige Prägungen aufweisende Lehre von der *Ganzheit* entwickelt, die sich besonders auf dem Gebiete der Sinnesphysiologie, Vererbungsforschung und Ökologie durchsetzte. Hans *Driesch* hat unermüdlich darauf hingewiesen, daß es sich bei vielen der beschriebenen Fälle nicht um „echte" Ganzheiten, sondern lediglich um „Wirkungseinheiten" — neuerdings auch „Fließgleichgewichte" genannt — handelt, denn auf der Ebene physikalisch-chemischer und kausal-analytischer Simplifikationen können die hierarchischen Ordnungen des Lebendigen eben überhaupt nicht gefaßt werden.

Alle Wirkungen der Umgebung, welche einen Organismus nicht sofort vernichten, müssen in das Medium seines lebenden Protoplasmas eingehen und werden damit in seine autotele Ordnung eingegliedert. Dieser Prozeß ist durch das Teilhaftigwerden eines Dadraußen und durch ein Einwirken auf dasselbe seitens des Subjektes gekennzeichnet. Ein solcher doppelpoliger Dynamismus der Tier-Eigenwelt-Monade wird durch die Umweltlehre mit den Ausdrücken „*Merken*" und „*Wirken*" gefaßt. Damit sollen ausgesprochen *biologische Phänomene* getroffen werden, die zunächst nichts mit psychologischen Erscheinungen zu tun haben. Im „Merken" und „Wirken" äußert sich die hierarchisch gegliederte Ordnung von Sinnbezügen der *biologischen* Erscheinungen. Wenn die Epidermiszelle auf eine Strahlung bestimmter physikalischer Beschaffenheit durch Abscheidung von Horn- oder Chitinsubstanzen, beziehungsweise durch Pigmenteinlagerung antwortet, wenn eine Zelle der Auskleidung des Darmkanals durch Sekretion eines Fermentes reagiert oder wenn eine Gruppe von Ganglienzellen eine bewußte Wahrnehmung „hervorbringt", welche den Impuls zu einer sinnvollen Handlung abgibt, so ist in allen drei Fällen subjekteigenes Merken und Wirken im Spiele. Um zum Ausdruck zu bringen, daß auch *der Zelle eine ganz spezifische biologische Aufgabe im Ordnungsgeschehen der Subjekt-Eigenwelt-Monade zukommt*, hat sie *von Uexküll* (1928 und 1930) als ein „*Autonom*" *mit* einem „*Ich-Ton*" bezeichnet, denn ihre Ansprechbarkeit für das Dadraußen und ihre Wirkung in die Umgebung ist immer die gleiche, im Sinne der „*spezifischen Energie*" Johannes *Müllers*. Die Muskelzelle kontrahiert sich auf mechanische, elektrische und chemische Insulte, während die Drüsenzelle auf die gleichen Einwirkungen hin sezerniert. Die Symphonie der Ich-Töne aller Autonome eines Subjektes ergibt sein hierarchisch geordnetes, sinnvolles Verhalten in seiner Eigenwelt.

Wir dürfen also das *Subjekt* als *autotelen Dynamismus*, meist aus mehr oder weniger *zahlreichen Autonomen bestehend*, bezeichnen, der *agierend und reagierend im Merken und Wirken seine Eigenwelt formt*. Dabei durchläuft er von der Geburt bis zum Tode eine Reihe von Gestaltfolgen, die, autogenen Ursprungs, in der Begegnung mit dem Dadraußen eine sinnhafte Ordnung in Erscheinung treten lassen. Sie kann analytisch nur durch mehrere Methoden gleichzeitig gefaßt werden: analogienhaft, kausalistisch und wahrscheinlichkeitsstatistisch. *Die Deutungsmöglichkeiten sind also mehrschichtig.* Da es sich um autotele und autogene Vorgänge handelt, müssen wir sie hinnehmen, wie sie sind, und können sie allein schon mit Rücksicht auf ihr erdgeschichtliches Werden weder produzieren noch reproduzieren.

Bei der Analyse der ihnen innewohnenden Ordnungsgesetze stellen sich uns Schwierigkeiten, vor allem in Hinblick auf die ungeheuren sachlichen Komplikationen, ebenso aber auch auf die *begriffliche Formulierung*, entgegen. Unser begriffliches Denken zielt immer auf *Abgrenzung* von Vorgängen. Den dynamischen Erlebnisstrom zergliedert es in statische Fakten, die meist *substantivisch* gekennzeichnet werden. Die Prozesse aber, um die es bei den *Lebenserscheinungen* geht, *nötigen zu verbalem Erfassen von Geschehnissen*, die oft im gleichzeitigen Zusammenwirken unzähliger Autonome ihren Ursprung haben. Hinzu kommt, daß die meisten Begriffe, die Natur- oder Seelenwirkliches betreffen, durch täglichen Gebrauch und durch die Eigenweltprägung des Begreifenden vorbelastet sind. Schließlich gesellt sich die Bedeutungsverschiebung der Begriffsinhalte im Laufe der Geschichte hinzu. Ein Blick in ein philosophisches Wörterbuch genügt, um sich von dieser Feststellung zu überzeugen. In den meisten Fällen ist es ganz unmöglich, solchen Schwierigkeiten durch Festlegung von Definitionen zu entgehen. Diesem Glauben kann nur der huldigen, der noch niemals ernstlich mit einem Problem gerungen hat.

Um einen Zugang zum Verständnis der *Methodik* zu finden, nach welcher die Dynamik der Subjekt-Eigenwelt-Monade gemeistert werden kann, ist es zweckmäßig, die geschilderten sehr verwickelten Erscheinungen analogisierend, bildhaft zu umschreiben.

In der Eigenwelt eines Subjektes dürfen wir mit R. *Bilz* (1940) sein „*Szenarium vitale*" erblicken. Damit ist der Organismus im Sinne einer Metapher als Darsteller seiner Rolle gegeben. Die Dramatik zielt auf die Erhaltung seines Selbst und seiner Art.

Das biologische Ergebnis eines autogenen Entwicklungsprozesses ist der Leib des Subjektes. Mit Hinblick auf die Meisterung des Dadraußen sind Rezeptoren und Effektoren desselben, also Sinnesorgane, Zähne, Klauen, Krallen, Federn, Geschlechts- und Abwehrorgane gleichsam notwendige Requisiten, die auf ihr Stichwort warten. Dieses Werden ist der Ausdruck einer subjekt-spezifischen Gesetzlichkeit, die als Kontrapunktik bestimmter Erb- und Außenfaktoren in Erscheinung tritt. Früher war man geneigt, dem „Außen" dabei die überragende Bedeutung einzuräumen. Im Sinne einer solchen Annahme betrachtete man das lebende Protoplasma als das ungeformte Material, welches unter der Einwirkung chemisch-physikalischer Faktoren seine Gestalt erhält, wie der rohe Stein unter dem Hammer und Meißel des schaffenden Künstlers. H. *Spemann* (1936), dem wir die tiefsten Einblicke in diese Vorgänge auf experimenteller Basis verdanken, äußert sich darüber in folgenden Worten: „Aber eine Erklärung glaube ich dem Leser noch schuldig zu sein. Immer wieder sind Ausdrücke gebraucht worden, welche keine physikalischen, sondern psychologische Analogien bezeichnen. Daß dies geschah, soll mehr bedeuten als ein poetisches Bild. Es soll damit gesagt werden, daß die ortsgemäße Reaktion eines mit den verschiedensten Potenzen begabten Keimstückes in einem embryonalen „Feld", sein Verhalten in einer bestimmten „Situation", keine gewöhnlichen, einfachen oder komplizierten chemischen Reaktionen sind. Es soll heißen, daß diese Entwicklungsprozesse, wie alle vitalen Vorgänge, mögen sie sich einst in chemische und physikalische Vorgänge auflösen, sich aus ihnen aufbauen lassen oder nicht, in der Art ihrer Verknüpfung von allem uns Bekannten mit nichts so viel Ähnlichkeit haben wie mit denjenigen vitalen Vorgängen, von welchen wir die intimste Kenntnis besitzen, den psychischen. Es soll heißen, daß wir uns, ganz abgesehen von allen philosophischen Folgerungen, lediglich im Interesse des Fortschrittes unserer konkreten, exakt zu begründenden Kenntnisse, diesen Vorteil unserer Stellung zwischen den beiden Welten nicht sollten entgehen lassen. An vielen Orten dämmert diese Erkenntnis jetzt auf. Auf dem Wege zu dem neuen hohen Ziel glaube ich mit meinen Experimenten einen Schritt getan zu haben." Das eigentliche dynamische „Ordnungszentrum" ist also auch nach *Spemanns* Ansicht das *Subjekt*, nicht ein irgendwie geartetes „Außen", obwohl das „Innen" ohne dieses „Außen" undenkbar wäre. Diesen Sachverhalt trifft *Goethe* mit seiner klaren Formulierung: „Wo Subjekt und Objekt sich begegnen, da ist Leben!"

Wenn sich auch die Impulsmelodien, welche den Aufbau der Gestalt eines Subjektes meistern, anderen biologischen Ordnungsgesetzen fügen wie diejenigen des fertigen, in seinem „Szenarium vitale" handelnden Geschöpfes, so stellen sie sich uns doch beide als typische „Lebensvorgänge" dar. *Autogenes Gestalten ist mit autotelem Verhalten letztlich in eine einzige strukturelle Hierarchie verschiedener Sinnstufen verwoben. Jeder Einzelakt erhält seinen Sinn aus der biologischen Thematik des Subjektes: der Selbst- und Arterhaltung. Jede chemische Umsetzung, jeder physikalische Vorgang im „Genbestand" des Erbplasmas, genau wie jede Verschiebung des Stoffgleichgewichtes während der Rezeptorentätigkeit, im Erregungsverlauf des Nerven, bei der Kontraktion oder Dehnung der Muskelfaser als Bestandteil eines Verhaltensaktes, während der Wirkstoffproduktion der Drüsen innerer und äußerer Sekretion verläuft subjektbezogen und ist spezifisch subjektzentriert.* In diesem Sinne fassen wir auch *Abderhaldens* Äußerung in der neuesten Auflage seiner „Physiologischen Chemie" (1946) auf: „Man kann schließlich mit gutem Recht jedes im Zellstoffwechsel entstehende Produkt als Wirkstoff bezeichnen."

Die Dynamik des „Merkens" und „Wirkens" ist der Ausdruck des oft aus Milliarden von Autonomen bestehenden Subjektes. Gewiß soll nicht bestritten werden, daß *alle* Subjekte aus lebendem Protoplasma und dieses wieder aus bestimmten chemischen Grundsubstanzen besteht, die, wenn wir *von Studnitz* (1948) folgen dürfen, ihrer Zahl nach sogar sehr gering sind. Ebenso ist „Merken" und „Wirken" ein Kennzeichen der Dynamik *aller* Subjekte. Ehe wir aber ganz allgemeine Prinzipien solchen „Merkens" und „Wirkens", sowie die Bedeutung chemischer Grundbestandteile und physikalischer Elementarvorgänge aller Organismen aufzuzeigen vermögen, müssen wir ihre Sinngehalte im Dynamismus der einzelnen Subjekt-Umwelt-Monaden sicherstellen.

Durch ein beliebig herausgegriffenes Beispiel mag dieser Tatbestand beleuchtet werden. Man hat gefragt, ob „offene" Formen im optischen oder taktilen Felde eines Tieres einen größeren Reizwert für das Subjekt besitzen, als „geschlossene". Gewiß wird man eine ganze Anzahl von Organismen und Arten anführen können, in deren Eigenwelt sich diese Annahme bestätigt, aber letztlich kommt es auf die „Bedeutung" der „offenen" beziehungsweise „geschlossenen" Formen im Szenarium vitale einer Eigenwelt an. Auf der Lebensbühne der Biene spielen mannigfaltig gestaltete Blüten eine Rolle, während die Knospen nicht zu ihrem „Kulissenbestand" gehören. In der Eigenwelt bestimmter Gallwespen hingegen, die ihre Eier in Knospen legen, könnte, wenn überhaupt ein „Merken" über das Auge oder den Tastsinn und nicht über den Geruch erfolgt, genau das Gegenteil gelten. Darüber entscheidet allein der Versuch und nicht eine allgemeine Regel.

Das Prototyp biologischer Untersuchungen sollte daher die *Monographie* von Subjekt-Eigenwelt-Monaden sein; denn *nur* in der monographischen Beschreibung und *unter kritischer Herausgliederung der Teile aus dem hierarchischen Strukturzusammenhang einer Subjekt-Eigenwelt-Ordnung bewahrt*, wie *Rickert* (1934, zitiert nach *Lersch* 1948) es einmal in anderer Hinsicht ausdrückt: *„jedes Glied seine Eigenart im Zusammenhang mit dem Ganzen, zu dem es gehört."* (Vergl. hierzu auch *Brock* 1936.)

Dem experimentell arbeitenden Biologen erscheinen derartige Betrachtungen oft höchst überflüssig, da für ihn „die Tatsachen selbst" sprechen. Aber schon Johannes *Müller* tritt einer solchen Ansicht sehr scharf entgegen, wenn er sagt: „Es ist nichts leichter, als eine Menge sogenannter interessanter Versuche zu machen. Man darf die Natur nur auf irgendeine Weise gewalttätig versuchen, sie wird immer in ihrer Not eine leidende Antwort geben. Nichts ist schwieriger, als sie zu deuten. Nichts ist schwieriger, als der gültige physiologische Versuch."

Nach unserer hier vertretenen Ansicht leiten sich die Deutbarkeit der Lebensvorgänge und die Gültigkeit der dafür gefundenen Prinzipien immer aus der richtigen Orientierung des Gliedes zum Ganzen ab. *Diese aber ist primär nicht im Experiment selbst gegeben, sondern in der gedanklichen Ordnung der Phänomene seitens des Forschers zwecks Durchführung eines „gültigen" Versuches.* Alle „Krisen" in der Wissenschaft entstehen infolge der Erschütterung eines bisher gültigen gedanklichen Ansatzes, durch welchen vorliegende Daten gemeistert wurden. Von einem „Fortschritt" kann erst dann gesprochen werden, wenn neu aufgefundene Fakten, die nicht in die bisher gültige Ordnung eingebaut werden können, in einer neuartigen Perspektive gedanklich zu fassen sind. In diesem Sinne sind *von Uexkülls* Worte (1921): „Die Wissenschaft ist nichts anderes als die Summe der Meinungen der heute lebenden Forscher", zu verstehen. Selbst in der kritischsten Beschreibung „exakter" Beobachtungen von „Tatsachen" wird ein bestimmter Sinngehalt stets mitgesetzt.

In den verschiedenen Teilgebieten der Biologie macht sich die Simplifizierung der Sinnschichten, in welchen die Lebensphänomene angegangen werden, verschieden stark bemerkbar. Am eindrucksvollsten sind heute die Anstrengungen der Forscher, welche sich bemühen, das Biotische in die Kategorien des Abiotischen an der Grenze von Unbelebtem und Belebtem zu transformieren. Obwohl man in unseren Tagen die These, daß die Natur keine Sprünge mache, angesichts der Quanten- und Mutationstheorie fallen lassen mußte, ist man gerade an jener Stelle, welche unserem subjektiven Erleben immer als „Sprung" erscheinen wird, das heißt an der Grenze zwischen Belebtem und Unbelebtem, zwischen Subjekt und Objekt, geneigt, jede Barriere fallen zu lassen und zu erklären: „natura non facit saltus".

Hier werden die beiden gegensätzlichen Blickrichtungen recht deutlich. *Wir versuchen, die Sinngehalte der Lebensvorgänge von „oben her" oder, anders ausgedrückt, von der „Makrobiologie" her zu bestimmen und sie stufenweise zu simplifizieren, um die Verbindung mit den höheren Strukturordnungen, wie sie für die Psychologie, Soziologie, Anthropologie, Medizin usw. gegeben sind, nicht zu verlieren.* Seitens der „exakten" Naturwissenschaften bemüht man sich, — „von unten her" im gewissen Sinne vom „Mikrobiologischen" her — einen Keil von Methoden, Analogien und Prinzipien, wie sie sich im Abiotischen bewährt haben, in den Dynamismus der Subjekt-Eigenwelt-Monade vorzutreiben. Mit Stolz weist man auf die Ergebnisse der Biophysik und Biochemie, der Virusforschung, Bakteriologie und Vererbungslehre hin als auf die Gebiete, welche in der Biologie überhaupt erst den Titel „exakte" Wissenschaft zu tragen berechtigt seien. Leider ergeben sich dabei oft unüberwindliche Schwierigkeiten, die aus den Lebensprozessen herausgesprengten mikrobiologischen Spaltstücke „als Glieder, welche die Eigenart des Ganzen repräsentieren", zu deuten.

Wenn wir bei E. *Knapp* (1944) lesen: „Die Mutationsauslösung durch Röntgen- und andere ionisierende Strahlen brachte uns die Erkenntnis, daß die Erbsubstanz ein wohldefinierter Atomverband sein muß und kein kompliziert aufgebautes Organ sein kann", so sehen wir einstweilen keine Strukturzusammenhänge vom Glied zum Ganzen des Subjektes, von der Mikrobiologie zur Makrobiologie und stimmen dem gleichen Autor zu, wenn er am Schlusse seiner Untersuchungen zu dem Ergebnis kommt: „Das Problem der Erbsubstanz ist heute tatsächlich noch ein Problem."

Der Einbruch simplifizierter Sinngehalte in das Gebiet der Biologie von „unten her" bezieht sich sowohl auf die Prinzipien und Methoden der klassischen — wie zunehmend auch auf diejenigen der Mikrophysik. Wenn eine restlose Sinnerfassung auf dem Wege der Mikrophysik überhaupt möglich wäre, was von den meisten Physikern heute aus guten Gründen bestritten wird, so müßte die niederste Sinnstufe diejenige der wahrscheinlichkeitsstatistischen Ebene darstellen. In einer außerordentlich geistvollen Schrift über das Thema: „What is life?" hat *Schrödinger* (1945) die Grenzen angedeutet, welche dieser Sinnerfassung mit Hinblick auf die uns interessierenden Erscheinungen gezogen sind. Paul *Hoffmann* (1948) schreibt mit einem Hinweis auf *Schrödingers* Buch hierüber: „Unsere Sinnesorgane können uns nur dann eine klare Vorstellung von der Umwelt geben, und eine solche ist für uns ja lebensnotwendig, wenn der molekulare Einzelvorgang nicht mehr zu wirken vermag, sondern nur noch die statistische Wirkung sehr vieler wahrgenommen wird. Die Sinnesorgane müssen sich also an die Grenzen der klassischen Physik halten. Das Experiment zeigt, daß sie das tun."

Falls ich den Sinn dieser Worte recht verstehe, so besagen sie doch wohl, daß ein von uns erlebtes „Außen" gleichnishaft jener oben geschilderten Volksmenge ähnelt, von deren Mitgliedern wir nur wußten, daß jeder einmal den Arm heben wird. Die Reihenfolge, in welcher diese Ereignisse auftreten, muß dem erlebenden Subjekt nach dieser Auffassung als ein „reiner Zufall" erscheinen. Erst aus einer größeren Menge solcher Zufälle ergibt sich der Ansatz zur sinnvollen Ordnung der höheren Stufen. Wird man bei einem solchen Sachverhalt nicht sogleich an die zufällige Abänderung erinnert, deren sich die Selektion bedient, um sinnvoll agierende Subjekte zu schaffen? Fast sieht es aus, als ob die Physik heute in das Schlepptau der Biologie geraten ist, einer Biologie allerdings, die ihre Blütezeit bereits in der zweiten Hälfte des vorigen Jahrhunderts aufzuweisen hatte. Damit soll natürlich keineswegs behauptet werden, daß die Gründe, welche den modernen Physiker zur Einnahme seiner Position zwingen, die gleichen wären, welche die damaligen Biologen dazu nötigten. Der *Endeffekt* jedoch, so will mir scheinen, *ist derselbe.*

Interessant ist es, an dieser Stelle den extremen Gegenpol zu einer solchen Blickrichtung „von unten her" aufzuzeigen. Hans *Wenke* (1949) hat sich in einem jüngst gehaltenen Vortrag über „die Gesetzlichkeit in der Psychologie" dahingehend geäußert, daß eine allgemeingesetzliche Vorausberechnung des individuellen Seelenlebens nicht gelingt, daß es im Einzelfalle jedoch möglich sei, „Aussagen über die künftige Entwicklung zu machen, wenn es gelungen ist, die Grundstruktur der Persönlichkeit in ihrer intimen Einmaligkeit zu entschleiern und zu verstehen".

Schärfer kann, so glaube ich, die ungeheure Spannweite wissenschaftlicher Deutungsmöglichkeiten der Lebenserscheinungen kaum zum Ausdruck gebracht werden.

*Der eine Standpunkt benötigt eine Vielzahl von Vorgängen, um den Sinn der Ereignisse gewissermaßen aus einem Überschlag zu gewinnen, wobei die Sinnstruktur des Einzelfalles prinzipiell nicht mehr gedeutet werden kann. Der andere Pol schöpft die Sinnstruktur nach Möglichkeit nur aus dem Einzelfall unter Verzicht auf eine Gesetzeserkenntnis im streng naturwissenschaftlichen Sinn.* Beide Ansichten aber sind an *einem* Phänomen, an demjenigen der Lebenserscheinungen, gewonnen worden. Ihre Perspektiven prallen in der wissenschaftlichen Biologie aufeinander. Daher kann dieselbe nicht an ihrer Erörterung vorbeigehen, um nur das Experiment selbst sprechen zu lassen.

Ich sehe lediglich zwei Möglichkeiten, diese Antinomien für die *Forschung* — und um diese allein geht es hier, — tragbar zu machen. Auf der einen Seite bietet sich der schroffe Gegensatz von Mechanismus und Vitalismus, ohne Rücksicht darauf, wie er im einzelnen formuliert wird. Auf der anderen Seite ist die stufenweise Sinnerfassung ganzheitlicher ineinandergreifender Ordnungsstrukturen möglich, wie sie hier sehr skizzenhaft erörtert wird. *Dieser Weg ist aber*, es sei nochmals betont, *nur von „oben her" beschreitbar. Er führt von einer primären Sinnerfassung makrobiologischer Phänomene bis zu den Sinngehalten mikrobiologischer Erscheinungen. Jedes herausgelöste „Glied" muß dabei „seine Eigenart im Zusammenhang mit dem Ganzen, zu dem es gehört", behalten.*

Neuerdings hat man versucht, an die eigentliche biologische Problematik heranzukommen, indem man eine „objektive Verhaltensforschung" auf Grund sehr eindrucksvoller Experimente herausarbeitete. Sie knüpft an Namen wie *Heinroth*, *Lorenz*, *Tinbergen*, *Hediger*, *v. Holst* und andere. Die theoretischen Ansätze gehen teilweise auf *Jakob von Uexküll*, *Hans Driesch* und *Albrecht Bethe* zurück. Aus der Ordnungsstruktur des Tier-Eigenwelt-Dynamismus werden besonders die *Instinkthandlungen und Lokomotionsbewegungen* mit ihren Auslösern, Merk- und Wirkschematen, Erbkorrelationen von Handlungsfolgen und andere Phänomene herausgestellt. Es würde zu weit führen in diesem Rahmen Einzelheiten darzustellen und kritisch zu beleuchten. Daher sei vorzugsweise die neueste Zusammenfassung von *Tinbergen* (1948) über „Physiologische Instinktforschung“ herangezogen.

Der grundsätzliche Standpunkt *Tinbergens* wird durch seine eigenen Worte folgendermaßen gekennzeichnet: „Bis jetzt haben wir nur Verschiedenes unterschieden und linear kausale Ketten untersucht. Zu einem Verständnis des Verhaltens als Ganzes werden wir aber nur gelangen, wenn wir die Beziehungen zwischen den einzelnen Kausalketten untersuchen. Wir wollen also jetzt die Interrelationen, die Koordinationen betrachten.“

Bei diesem Vorgehen erwachsen dem Autor nun, wie mir scheint, prinzipielle Schwierigkeiten, die sowohl in der Komplikation der Phänomene selbst, als auch seitens ihrer begrifflichen Meisterung gegeben sind. Es ist meines Erachtens *Tinbergen* nicht gelungen, die biologischen Sinnzusammenhänge in ihrer Fülle in die Kausalebene zu projizieren. Immer wieder muß er Anleihen in den Mannigfaltigkeiten höherer Sinnstufen machen, um die Verhaltensphänomene überhaupt beschreiben, geschweige denn deuten zu können. Um aber nicht den Eindruck zu erwecken, daß ich in dieser Auseinandersetzung Nebensächliches in den Vordergrund stelle und die eigentlichen Verdienste, die ohne jeden Zweifel vorhanden sind, beschneide, will ich den Autor möglichst ausführlich selbst sprechen lassen. Ich tue dies um so lieber, als mir viele der Formulierungen *Tinbergens typisch* für eine große Anzahl moderner Darstellungen auf biologischem, medizinischem, ja sogar auf physikalischem Gebiete erscheinen.

*Tinbergen* schreibt: „Wenn im Stichlingsmännchen der Fortpflanzungstrieb rege wird, äußert sich das im Bestreben, eine neue Umgebung aufzusuchen: es zieht vom Meere oder vom tiefen Wasser hinauf in das seichte Süßwasser, eine Form von Appetenzverhalten. Der Zug hält solange an, bis eine Temperatursteigung und der Anblick eines bestimmten Typus der Vegetation ihn zur Revierwahl bringt. Hier intensiviert sich die Färbung des Tieres, es erwacht sein Kampftrieb und sein Nestbautrieb. Ob er in einem willkürlichen Augenblick aber kämpfen oder bauen wird, kann man jetzt noch nicht voraussagen, denn das hängt von neuen, zusätzlichen Reizen ab. Der Anblick von geeignetem Nestmaterial reizt ihn zum Bauen, der Anblick eines Rivalen innerhalb des Reviers reizt ihn zum Kämpfen. Beide Bereitschaften zum Reagieren sind aber von der Aktivierung des Fortpflanzungstriebes als Ganzes abhängig.

Wenn nun ein Rival erscheint, so können wir zwar voraussagen, daß unser Männchen kämpfen wird; nicht voraussagen können wir aber, welche Bewegungen es ausführen wird, denn es verfügt über fünf verschiedene Kampfmethoden, deren jede wieder von noch spezielleren, additionellen Reizen abhängig ist. Wenn der Eindringling flieht, so verfolgt ihn unser Männchen; wenn der Gegner ihn dagegen beißt, so reizt ihn das zum Zurückbeißen; droht der Fremde, so droht es zurück, usw. Mit anderen Worten, die Verhaltenselemente sind hierarchisch organisiert. Der Fortpflanzungstrieb als Ganzes muß erst (von inneren und äußeren Faktoren) aktiviert sein, dann bestimmen andere Faktoren, mit beschränkterer Wirkung, welche der diesem Trieb untergeordneten Teiltriebe aktiviert werden. Dann wieder hängt es von noch spezielleren Reizen ab, welche Endhandlung ausgeführt werden soll. Diese Hierarchie der Handlungen ist also eine Hierarchie von kommandierenden Instanzen, genau wie wir sie in vielen menschlichen Organisationen, wie etwa einer Armee finden. Die ‚kommandierenden Instanzen‘ zeigen auf allen Niveaus die oben besprochenen Eigenschaften eines ‚sammelnden und wieder aussendenden Zentrums.‘ . . .“

„Diese ausschließlich auf Grund einer Betrachtung des Verhaltens intakter Tiere gewonnene Vorstellung einer hierarchischen Ordnung vieler Zentren (wobei der Begriff Zentrum zunächst rein funktionell gedacht war und über eine eventuelle Lokalisation nichts ausgesagt werden konnte) wird nun in äußerst interessanter Weise von gewissen nervenphysiologischen Befunden gestützt. Denn wie wir gesehen haben, ist eine gewisse Lokalisation von Zentren sowohl durch die Arbeiten von *v. Holst*, als durch die von *Heß* aufgezeigt worden. Das Interessante ist nun, daß die von *Heß* gefundenen Zentren an „höheren“ Stellen des Zentralnervensystems gefunden wurden, nämlich im Hypothalamus, als die von *v. Holst* aufgezeigten Zentren, die ja im Rückenmark liegen. Parallel damit sind nun aber die von dem Hypothalamus beherrschten Bewegungen von viel höherer Ordnung, als die von *v. Holst* studierten Systeme. Erstere betreffen die übergeordneten Triebe; sie aktivieren den Freßtrieb und den Schlaftrieb als Ganzes, mit — wie aus *Heß*’ Beschreibung hervorgeht — ihrem Appetenzverhalten, während letztere nur die Lokomotionsbewegungen beherrschen. Angesichts der ethologischen Tatsachen müssen wir erwarten, daß zwischen diesen Niveaus noch mehrere intermediäre Niveaus vorhanden sein müssen. Und so kann die Instinktethologie hier der Nervenphysiologie ganz bestimmte Anweisungen geben. Wie diese Hierarchie methodisch in Angriff genommen werden soll, ist eine zweite Frage; außer mit den schon angewandten Methoden ist vielleicht mit stufenweiser Verstickung oder Narkotisierung manches zu erreichen. . . .“

„Das starre Endglied einer instinktiven Handlung ist selbst auch wieder hierarchisch organisiert. Die Interrelationen sind hier aber nicht inhibitiv, sondern koordinativ, indem zwischen den gleichzeitig ablaufenden Muskelkontraktionen durch besondere Einflüsse Zusammenwirkung in bestimmter Ordnung bewirkt wird. . . .“

Diese anschauliche Schilderung der Vorgänge darf man mit einigem Recht als eine sehr vergröberte Skizze des „Szenarium vitale“ eines männlichen Stichlings „im Felde geschlechtlicher Betätigung“ (*Brock* 1939 a) bezeichnen. Damit ist nicht beabsichtigt, sie lediglich einem Vokabular einzuordnen, sondern vielmehr die Ebene ihrer Sinnbezüge zu treffen. Dieselben gehen weit über rein physiologische Koordinationen als Ausdruck der Schnittpunkte „linearer Kausalreihen“ hinaus. Die „Interrelationen“ sind gleichsam bis zum Bersten mit Ordnungsstrukturen des subjektiven Erlebens gefüllt. Wir hören vom „Anblick eines bestimmten Typus der Vegetation“, welcher das Tier zur „Revierwahl“ veranlaßt. Der „Kampftrieb erwacht“ in ihm, weil der „Anblick eines Rivalen“ zum Kämpfen reizt. Ein „Fremder droht“. Ein „Eindringling flieht“. — Alles rollt ab wie ein Drama auf der Theaterbühne.

*Tinbergen* entgeht die Diskrepanz zwischen den physiologischen Mechanismen des instinktiven Verhaltens und den subjektiven Erscheinungen keineswegs, er ist aber der Meinung, daß „mit dem Fortschreiten der Ethologie (Physiologie)“ die psychologische Schranke wie durch einen „Schneepflug“, der sich ständig „in der Richtung des Höheren, des mehr Integrierten“ bergaufwärts schiebt, beiseitegedrängt wird. Er erklärt weiter: „Solange die beiden Betrachtungsweisen ihre seitlichen Grenzen nicht überschreiten, werden sie immer nebeneinander mit Recht bestehen. Natürlich lehrt uns keine von beiden das ‚Wesentliche‘; es bleibt Geschmackssache, ob man sich mehr für das objektivistische oder für das subjektivistische Studium interessiert.“

Für uns hingegen liegt der Wertakzent in der Tatsache, daß die Interrelationen physiologischer Mechanismen selbst keineswegs aus der neutralen Sinnebene des linearen Ursach-Wirkungs-Zusammenhanges gedeutet werden können. Auch für *Tinbergen* stellen sie eine „Hierarchie“ der Rückenmarks- und Hypothalamuszentren dar, welche die *sinnvolle* Auslösung von Trieben und „Teiltrieben“, von allgemeinen und speziellen Reizen und von den verschiedensten Verhaltensweisen, begonnen bei der einfachen Muskelkontraktion über die Reflexe, Automatismen und Instinkthandlungen hinweg, bis zu den echten Handlungen, das heißt, bis zu den Verstandesakten, herbeiführen. In einer solchen Hierarchie spiegelt sich für uns die Ordnung der Impulsmelodien und ihr Bezug auf das Szenarium vitale des Subjektes. Dieses sinnvolle Ineinandergreifen der „sammelnden und wieder aussendenden Zentren“ kann eben auch die objektivistische Darstellung nicht anders fassen, als im Bilde „kommandierender Instanzen, genau wie wir sie in vielen menschlichen Organisationen, wie etwa einer Armee finden.“ . . .

Das „Wunder“, welches *v. Studnitz* zur Fundierung seines „sinnvollen“ Stoffumsatzes der „Farb“-Substanzen benötigt, diktiert auch hier, wo es um das Sinngefüge des Ablaufes von Bewegungen geht, den Gang der Untersuchung. Früher hieß der sinngebende Oberbegriff für die in solchen Fällen in Frage kommende Ordnung der Verhaltensweisen — Instinkt. Daß die Äußerungen der Instinkte Bewegungsphänomene sind, die zum Teil direkt zu den Formbildungsphänomenen in Beziehung gesetzt werden können, wußte schon Hans *Driesch* (1903 und 1909) und definierte: „Instinkte sind zum Ganzen des individuellen Lebens gehörige feste Reaktionen oder Reaktionsvermögen, welche nur im Gegensatz zu den eigentlichen morphologischen kein formales Kennzeichen haben.“ (Vgl. *Brock* 1927.)

Es soll nochmals betont werden, daß auch für die hier entwickelte Sicht der Phänomene die schönen Einzelergebnisse obengenannter Forscher eine unbedingte Bereicherung bedeuten. *Ihr theoretischer Ansatz jedoch zerreißt die Grundstruktur biologischer Ganzheiten, die von den Erlebnissen nicht zu trennen ist.* Sehr schön hat F. *Krüger* (1926) diesen Sachverhalt gefaßt, wenn er schreibt: „Psychische Ganzheit ist sämtlichen Vorgängen und Gebilden der seelischen Wirklichkeit gemeinsam. Sie liegt erkennbar aller Gemeinschaft der Menschen und allen Geformtheiten der geistigen Welt zugrunde. Von dorther, vom Erleben und aus der Geistesgeschichte, wird die Kategorie des Ganzen erst übertragen auf biologische Strukturen, überhaupt auf das lebendige Naturgeschehen. *Hiermit ist zugleich methodisch der Weg gewiesen*; es eröffnet sich der empirisch wichtigste Zugang, wie die Wissenschaft erfassen kann, was Ganzheit ist.“

Zu wiederholtem Male dürfen wir an dieser Stelle auf die Worte Hans *Spemans* hinweisen, der sich auch als Experimentator stets in der Rolle des Fragenden einem sinnvoll Handelnden gegenüber fühlte, wobei er einmal bescheiden gesteht, daß das Befragte meist klüger war als er selbst: „Immer wieder sind Ausdrücke gebraucht worden, welche keine physikalischen, sondern psychologische Analogien bezeichnen. Daß dies geschah, soll mehr bedeuten als ein poetisches Bild.“

Es kann also wiederum kein Zweifel darüber bestehen, daß die reine Kausalanalyse in einer der niedersten Sinnstufen stecken bleiben muß, denn *alle höheren Sinngehalte der Lebensphänomene werden primär der Strukturordnung menschlichen Erlebens zur Orientierung der Problemstellung entnommen und in Teilstücke zerspalten, um eine Kausalanalyse überhaupt erst zu ermöglichen.* Von der Sicht der reinen Ursachenforschung her kann es sich dabei nur um eine sekundär aufgepfropfte *Pseudohierarchie* handeln.

*Daher sind für uns alle Sinnschichten legitime „Wirklichkeiten" in der Eigenwelt des Beobachters. Aus jeder läßt sich bei vorsichtigem, kritischem Vorgehen eine legitime wissenschaftliche Forschungsmethode entwickeln, durch welche die einzelnen Glieder so gefaßt werden können, daß sie ihre Eigenart im Zusammenhang mit dem Ganzen der Subjekt-Eigenwelt-Monade oder noch höherer Einheiten wie derjenigen der Tierstöcke, der Rassen, der Tierstaaten, der Biocoenosen und ähnlicher Gebilde bewahren.* Der „Schneepflug" der Kausalanalyse kann immer nur die Oberfläche eines Feldes, das heißt, in einer Ebene pflügen, wobei es unwesentlich ist, ob dieses Feld im flachen Lande oder an einem Bergabhange liegt, während *die physikalisch-chemischen, die biologischen, die psychologischen und die soziologischen Aspekte der Lebensphänomene gleichsam als mehrdimensionales, sinnhaftes, autoteles Gefüge in einem Dynamismus mit Außenbedürfnissen und Bedürfnisbefriedigungen zur Erhaltung seines Selbst und seiner Art gegeben sind.* Bei der wissenschaftlichen Deutung eines solchen komplexen Sinngefüges kann daher der physikalisch-chemischen Kausalanalyse kein übergeordneter Wertakzent eingeräumt werden.

Bei der Anerkennung einer derart verwickelten Ordnungsstruktur der Erscheinungen ist es eine vordringliche Aufgabe der biologischen Forschung, die Lebensphänomene *begrifflich* und *methodisch* so zu fassen, daß ihre Sinnfülle vom makrobiologischen Zusammenhange her bis zu den mikrobiologischen Gliedern wirklich getroffen wird. *Die aus dem dynamischen Strukturganzen herausgelösten Glieder müssen also dessen biologische Eigenart gewissermaßen keimhaft in sich tragen. Das gelingt meines Erachtens nur, wenn die Analogie als legitime Methode neben der Kausalanalyse und der Wahrscheinlichkeitsstatistik anerkannt wird* und nicht nur als „poetisches Bild" gilt.

Um Mißverständnisse zu vermeiden, sei nochmals auf unsere Ausgangsstellung hingewiesen! Als außen stehende Beobachter erforschen wir die Ordnung biologischer Vorgänge stets an Erscheinungen in unserer Eigenwelt. An eine „absolute Ordnung der Wirklichkeit" heranzukommen, ist der Wissenschaft versagt. Ein solcher Versuch bleibt der Metaphysik vorbehalten. Eine wissenschaftliche Hierarchie von Sinnstufen verschiedener Mannigfaltigkeit ist also eine methodische Ordnung von Erlebnisvorgängen in unserer Eigenwelt. Aber auch als solche liegen sie nicht treppenstufenartig übereinander, sondern fügen sich als dynamische Ordnungsstrukturen ineinander. Die reine Kausalanalyse der „exakten" Naturwissenschaft ist, wie wir sahen, nicht in der Lage, eine derartige Hierarchie adäquat zu fassen, da sie dieselbe gleichsam nur in eine Ebene projizieren kann, ohne dabei Rücksicht auf den autotelen Charakter biologischer Kreisvorgänge von Bedürfnisspannung und Bedürfnisbefriedigung zu nehmen.

Die Statistik kann zwar auf jeder Sinnstufe Anwendung finden, aber nur das in Beziehung zueinander setzen, was an Sinngehalt bereits vorliegt. Man kann also beispielsweise durch eine Umfrage die Vorhersage des Eintritts bestimmter, manchmal recht verwickelter Ereignisse mit einem oft erstaunlich hohen Grad von Wahrscheinlichkeit vorhersagen. Ist aber der Sinngehalt dessen, was vorhergesagt werden soll, nicht bekannt, so stößt diese Methode ins Leere. Sie ist in solchen Fällen völlig „blind" für die Inhalte der Phänomene. Dies zeigt meines Erachtens das Ergebnis einer Darlegung von W. L. *Ludwig* (1948) über den „Darwinismus in neuer Sicht", in welcher die statistische Erfassung zufälliger Mutanten in der Stammesgeschichte mit Bezug auf die Bedeutung der Entstehung neuer Typen von Organismen interpretiert wird. Der Verfasser schreibt: „Wir sahen, welch erhebliche Rolle der Zufall spielen muß. Zudem wären nun auch die Mutationen zufällige mikrophysikalische Ereignisse, so daß selbst ein weltweises Wesen die weitere Evolution nicht vorherzusagen vermöchte, wenn *Heisenbergs* Unschärferelation auch dafür gälte. Ehrgefühl und Märtyrertum, so sagt man, wären nur Zufallsprodukte, und der Geist *Goethes* und *Beethovens* sei dann aus dem des Urwurms entstanden durch sukzessive Anhäufung ‚günstiger' Unfälle, die der Erbmasse zustießen."

„Vertritt man den Darwinismus, so muß man ihn auch konsequent vertreten.... Der Mensch lebt erst so kurze Zeit, daß ihm, in seiner neuen Großnische, noch ganz locker eingeschliffen, wegen fehlender Konkurrenz viel Platz für Unrentables und Luxuriöses bleibt. Vielleicht sind in diesem Sinn die bizarren Fortsätze der Buckelzirpen, der Schmuck der Paradiesvögel und die Metaphysiken der Menschen zum Teil homolog — Luxusbildungen innerhalb einer gesicherten Nische."

Nach dieser „neuen Sicht" ist der Sinngehalt einer Mutante also letztlich der „günstige" Unfall, der nur statistisch als Zufall erfaßbar ist. Der einzige Sinnakzent liegt in dem Attribut „günstig", welches wohl schwerlich als sinnträchtiges Glied in der oben abgeleiteten Weise den Sinngehalt des Ganzen in sich trägt. Dazu ist es zu vieldeutig. Es bleibt also nichts als das zum „metaphysischen Prinzip" erhobene

Phänomen des „Zufalls" für eine Grundlage der wissenschaftlichen Biologie übrig.

Selbstverständlich dürfen Analogien als Methode einer Sicht „von oben her" nur sehr kritisch angewendet werden, wenn sie die biologische Forschung wirklich anregen und leiten sollen. *Durch die Analogie, so meinen wir, soll die Art der Verknüpfung und Sinnmannigfaltigkeit im einzelnen unbekannter Vorgänge unter dem Bilde bekannter Erscheinungen gefaßt, keinesfalls aber sollen die Inhalte von Bekanntem und Unbekanntem gleichgesetzt werden.* In diesem Sinne verstehen wir auch die oben wiedergegebenen Worte *Spemanns*, nach denen alle vitalen Vorgänge „in der Art ihrer Verknüpfung", also im Aufbau ihrer Ordnungsstruktur, „mit nichts soviel Ähnlichkeit haben ... wie mit den psychischen". Danach sollen biologische Phänomene keineswegs durch ein „metaphysisches Agens" gedeutet werden, welches irgendeiner philosophischen Theorie entnommen wird.

Gerade weil die Ordnungen biologischer und psychischer Erscheinungen so außerordentlich nahe miteinander verwandt sind und im subjektiven Erleben kaum voneinander getrennt werden können, muß sich *die Lebenslehre als Naturwissenschaft von der Ausdrucksweise des naiven Anthropomorphismus befreien.* Den ersten grundlegenden Versuch in dieser Richtung machten *Beer*, *Bethe* und *von Uexküll* bereits im Jahre 1899 mit ihren „Vorschlägen zu einer objektivierenden Nomenklatur in der Physiologie".

Darüber hinaus aber galt es, der Biologie als Naturwissenschaft „ein Gerüst von Lehrsätzen" zu geben. Diesen Versuch unternahm *Jakob von Uexküll* in seiner „Theoretischen Biologie" (1. Aufl. 1920). Es ging ihm darum: „das Planmäßige als Grundlage des Lebens anzuerkennen", wozu eine objektivierende Nomenklatur allein nicht genügte. Daher betont er ausdrücklich: „Die Schwierigkeit bei diesem Gerüstbau liegt nun nicht darin, daß die Begriffe, aus dem er besteht, nicht fertig zur Hand sind, sondern daß sie durch erneute Fragestellung erst gewonnen werden müssen." Solche Fragen können, wie wir sahen, sinnvollerweise nur an Subjekte gerichtet werden, die sich im „Merken" und „Wirken" ihre „Eigenwelt" formen. Die „Subjekt-Eigenwelt-Fügung" wird symbolisch durch den „Funktionskreis" zum Ausdruck gebracht. Die Einzelakte des Merkens und Wirkens laufen im Lebensvollzuge des in seinem „Szenarium vitale" agierenden Subjektes zu Impulsfolgen melodienhaft zusammengeschlossen ab. Sie sind als gefügte Ordnungen dynamischer Prozesse des Protoplasmas teilweise angeboren, teilweise werden sie im Laufe des Lebens als Ergebnis sinnvoller Neukombinationen erworben. Um die analytische Trennung dieser organischen Verflechtung hat sich *Lorenz* (1937) mit Hinblick auf die *Erbkorrelationen* bei Instinktabläufen erfolgreich bemüht. Diese Phänomene, so will mir scheinen, *bieten Möglichkeiten, die in der Makrobiologie gefundenen Impulsmelodien von Merken und Wirken als Ordnungen stofflicher Geschehnisse bis in das Keimplasma, beziehungsweise bis in die nervösen Zentralorgane mikrobiologisch, also „von oben her", zurückzuverfolgen.*

Wenn daher *von Uexküll* und *Brock* im Jahre 1935 „Vorschläge zu einer subjektbezogenen Nomenklatur in der Biologie" machten, so sollte damit nicht, wie man bisweilen vermutete, der Standpunkt des „außenstehenden Beobachters" verlassen und die Methode der Introspektion wieder in die biologische Wissenschaft eingeführt werden. Es sollte vielmehr gezeigt werden, daß der „Gerüstbau" auf Grund vorliegender experimenteller Untersuchungen Fortschritte gemacht hatte, die es erlaubten, bestimmte Begriffe fester zu fassen; denn durch die subjektbezogene Nomenklatur können Ausschnitte aus dem Subjekt-Eigenwelt-Dynamismus als Glieder mit rein biologischen Sinngehalten gekennzeichnet werden.

Die mehr oder weniger feste Verknüpfung von Einzelvorgängen in den Merk- und Wirkorganen der Subjekte führte *von Uexküll* (1920) in Anlehnung an *Kant* zur *Lehre vom Schematismus.* „Die Schemata sind kein Produkt der Umwelt, sondern einzelne durch den Organisationsplan gegebene Werkzeuge des Gehirnes, die immer bereitliegen, um auf passende Reize der Außenwelt in Tätigkeit zu treten.... Die Schemata wechseln mit den Bauplänen der Tiere." schreibt er im Jahre 1921. Solche Schemata können sich sowohl auf Merk- wie auch auf Wirkvorgänge beziehen, sie können ererbt oder auch erworben sein. Ihre sinnvolle Zusammenordnung vollzieht sich im Dynamismus des in seinem „Szenarium vitale" agierenden Subjektes. Soweit ich sehe, geht die erste experimentelle Analyse von Merkschematen auf *Tirala* (1923), einen Schüler *von Uexkülls*, zurück, der in seiner Arbeit „Die Form als Reiz" die „Kerne" optischer „Gegenstände" bei Libellen und Wellensittichen untersuchte. In einem wenig beachteten Beitrag zum 60. Geburtstage meines Lehrers Hans *Driesch* analysierte ich (1927) die Schemata in der Eigenwelt des Einsiedlerkrebses *Pagurus arrosor* und „seiner" Seerose *Sagartia parasitica.* Dabei konnte ich zeigen, daß Schneckenschale und Seerose ein „allgemeines Schema" optischer und taktiler Art bilden. *Lißmann* (1932) und *Beniuc* (1933) haben dann im Institut für Umweltforschung zu Hamburg weitere Untersuchungen über die Schemabildung beim Kampffisch (Betta splendens) angestellt. Neuerdings haben vor allem *Lorenz* und seine Mitarbeiter an Fischen und Vögeln bei der Analyse des Instinktproblems diese Anschauungen weiter ausgebaut. (Vgl. *Tinbergen* 1948.)

*Das Szenarium vitale der Tiersubjekte kann subjektbezogen im Anschluß an die Funktionskreise in die biologischen Felder der Beute* (*Brock* 1939a), *der Feinde, der geschlechtlichen Betätigung und des Wohnmediums* (*Brock* 1934b und 1937 sowie *Hediger* 1938) *gegliedert werden.* Leider ist es in diesem Rahmen, der nur Prinzipielles enthalten soll, unmöglich, weitere Einzelheiten mitzuteilen. Man findet die Untersuchungen *von Uexkülls* und seiner Mitarbeiter in einem Verzeichnis, welches ich im Jahre 1934 (c) veröffentlichte.

Bisweilen hat man behauptet, daß die Sicht der Umweltforschung in der Hauptsache eine *Nomenklaturangelegenheit* sei (vgl. z. B. *Gruhle* 1948). Ich habe mich bemüht, in diesen Ausführungen zu zeigen, daß es um wesentlich mehr geht. Allerdings besteht die Gefahr, die aus dem Ganzen herausgelösten Glieder, wie Funktionskreise, Schemata, Impulsmelodien und andere hier nicht erwähnte Ordnungsbeziehungen ihres eigentlichen biologischen Sinngehaltes zu entleeren und sie planlos als objektivierte Teile eines Geschehens ohne Subjektbezug zu verwenden. *Die Eigenweltforschung ist aber letztlich der wissenschaftliche Versuch in der Biologie, zwischen der Scylla des Zwanges neutraler Kausalreihen, deren Überschneidungen mit Hinblick auf das Subjekt reine Zufälle darstellen, und der Charybdis introspektiver Deutungswillkür hindurchzusteuern, um zu einem Verständnis biologischer Ordnungen vorzustoßen. Für sie ist primär auch das letzte Glied jeden Lebensgeschehens subjektbezogen.*

Es ist uns nicht entgangen, daß wir einerseits eine Sicht der Lebensphänomene „von oben her" forderten, andererseits aber das *Subjekt* und dessen Szenarium vitale zum Ausgangspunkt unserer Betrachtungen wählten. Sicherlich stellen Ordnungen, wie sie die Schwarmkörper von Fischen und Vögeln, Biocoenosen, Tierstöcke, Insektenstaaten, Rassen und Völker verkörpern, biologische Phänomene noch höherer Sinngehalte dar. Prinzipiell sehe ich hier keine Schwierigkeit, denn es handelt sich bei diesen Erscheinungen für die Biologie als Naturwissenschaft lediglich um das Zusammenspiel vieler Subjekte, deren Bühnen planvoll ineinandergefügt sind. Zwischen solchen Individuen bestehen hierarchisch strukturierte biologische und soziale *Rangordnungen* (*Hediger* 1942) und *Kumpanverhältnisse* (*Lorenz* 1935). Meinem Mitarbeiter *Brüll* gelang es, auf Grund der in diesen Zeilen gezeichneten Perspektive, das Verhältnis zwischen Beizvogel, Hund und Mensch einer aufschlußreichen Klärung zuzuführen. Die Beziehungen zwischen den Subjekten eines Bienenstockes wurden durch die meisterhaften Arbeiten *v. Frischs* allgemein bekannt.

Dies alles sind zwar nur erste Ansätze, sie zeigen aber, daß unsere Auffassung von biologischen Ordnungsstrukturen keineswegs zu einem „absoluten Relativismus" führen muß, der lediglich die Subjekte mit ihren Eigenwelten als „fensterlose Monaden" betrachtet. *Letztlich umschließen die umfassendsten biologischen Sinngehalte alles Biotische. Dabei wird nicht verkannt, daß Lebewesen historisch geworden sind.* Allerdings ist es angebracht, den herkömmlichen Abstammungstheorien sehr kritisch gegenüberzustehen. Erst wenn wir eine größere Anzahl wirklich biologischer Monographien besitzen, werden wir historische Zusammenhänge einigermaßen zu begreifen beginnen. In meiner Schrift „Typenlehre und Umweltforschung" (1939b) bin ich in Erwiderung auf Bedenken, die H. *Weber* (1937) gegen den Geltungsbereich der Eigenweltforschung äußerte, auf diese Seite des Problems andeutungsweise eingegangen.

Sehr wichtig ist die Erörterung der Frage, ob gewisse Züge des in seinem Szenarium vitale agierenden Subjektes adäquat *zahlenmäßig* ausgedrückt werden können. Ohne Zweifel hat der Mensch seine *konventionellen Maßeinheiten* ursprünglich aus den Baubestandteilen und Leistungen seines eigenen Körpers heraus entwickelt. Primär sind sie also subjektbezogene Größen und daher notwendigerweise mannigfaltig. Man denke an die Spanne, die Elle (Yard), den Fuß, den Schritt, die Handvoll und viele andere solcher biologischen Naturmaße. Vor der Einführung des metrischen Maßsystems gab es über 50 Fußlängen in Europa. Um diese für die Lebenserscheinungen typische, im täglichen Gebrauch jedoch lästige Vielfalt zu beseitigen, rückte man den Ausgangspunkt solcher Maßeinheiten möglichst weit vom Subjekte ab und verlegte ihn in kosmische Fernen, wie man es mit Hinblick auf die Zeitmaße schon vor Jahrtausenden getan hatte. Es ist bemerkenswert, daß die moderne Physik noch einen Schritt weiter zu gehen versucht, indem sie sich bemüht, den völlig willkürlichen Ansatzpunkt des metrischen Maßsystems durch subjektunbezogene „absolute Grunddaten" zu ersetzen, die aus der Lichtgeschwindigkeit, dem Wirkungsquantum, der Elektronenmaße usw. errechnet werden können. (Vgl. *Bavink* 1944.) Hier zeigt sich der Unterschied zwischen biologischer und physikalischer Sicht mit Hinblick auf die Bewertung des Subjektes besonders scharf.

Es ist selbstverständlich schwierig, das subjektspezifische Merken und Wirken der Organismen auf einen Nenner zu bringen, ohne dabei die *Inhalte* der Strukturordnungen eines Szenarium vitale auszuschalten. Karl Ernst *von Baer* hat 1860 erstmals in einer Rede über das Thema: „Welche Auffassung von der Natur ist die richtige?" anschaulich geschildert, in welcher Weise die Vorgänge in unserer Eigenwelt ablaufen müßten, wenn unser zeitliches Grundmaß von ihm als „*Moment*" bezeichnet, das ist „die Zeit, die wir brauchen, um uns eines Eindruckes auf unsere Sinnesorgane bewußt zu werden", verkürzt oder verlängert würde. In diese Überlegung hat *v. Uexküll* später unsere Raumerlebnisse einbezogen, indem er unserem Seh- und Tastraum als biologischen Merkraum und dem Greifraum unserer Extremitäten als biologischen Wirkraum ebenfalls bestimmte Maßeinheiten zugrunde legte. Die Auflösungswinkel des Auges geben Anhaltspunkte für die Feinheit eines Netzes (Rasters) von *Orten*, welches einen optischen Merkraum gliedert (vgl. *von Uexküll* und *Brock* 1927), während die angeborenen und erworbenen Bewegungen als Melodien kleinster *Schritte* dargestellt werden können (vgl. *von Uexküll* und *Roesen* 1927). *Uns selbst sind Orte, Schritte, Momente primär als Erlebniseinheiten zugänglich. Bei Tieren sind sie jedoch nur indirekt als Reaktionen auf irgendwelche Vorgänge in deren Eigenwelten erschließbar.* Wollen wir die Methode der Introspektion vermeiden, so können wir auch in diesem Falle nur von der Ordnungsstruktur der Eigenwelt des außenstehenden Beobachters ausgehen.

Verhaltensakte, welche ein fremdes Subjekt autotel erzeugt, sind unserer Merkwelt als Erlebnisabläufe im Rahmen unseres Orterasters und im Rhythmus unserer Momentfolge gegeben. Die biologische Verhaltensanalyse ergibt, daß die Abweichungen der Ort-, Schritt- und Momentgrößen eines fremden Subjektes untereinander und zu den unseren in festen Verhältnissen stehen. Sie gehören einer dynamischen Strukturordnung an, die in allen Gliedern des Ganzen zum Ausdruck kommt. Treten auf der Eigenweltbühne eines Subjektes Beutetiere oder Feinde mit schnellen Bewegungen auf, so müssen auch die Maßnahmen, die zu ihrer Bewältigung getroffen werden, auf diese Vorgänge abgestimmt sein, ebenso wie das Kräfteverhältnis der Partner zueinander. *So stellen Orte, Schritte und Momente Glieder einfachster Sinngehalte dar, welche dennoch dem Ganzen adäquat subjektbezogen zugeordnet werden können.* Die Spinne merkt und wirkt in „Spinnenschritten", „Spinnenorten" und „Spinnenmomenten", die Fliege in ihrem biologischen Zeit-Raum-System. Im Beute- und Feindverhältnis fügen sich ihre Eigenwelten planvoll ineinander. *Von Uexküll* (1928) hat diese fundamentalen Zusammenhänge in den oft mißverstandenen Sätzen ausgedrückt: „Wo ein Fuß ist, da ist auch ein Weg. Wo ein Mund ist, da ist auch Nahrung. Wo eine Waffe ist, da ist auch ein Feind." *Diese Befunde umreißen letztlich die Voraussetzung einer Gesetzeswissenschaft vom Leben.*

Sicher können unsere biologischen Einheiten sekundär im cm-g-sec-System der klassischen Physik ausgedrückt werden. Es ist aber, biologisch gesehen, irrelevant zu wissen, wieviel Einheiten des Erdmeridianquadranten im Sprunge eines Raubtieres wiedergefunden werden. Leider ist es in diesem Rahmen nicht möglich, näher auf diese, für den Aufbau einer biologischen Methodik außerordentlich wichtigen Beziehungen einzugehen (vgl. hierzu besonders *von Uexküll* 1928 und 1940, sowie *Brock* 1934 c und 1939 a).

Die „Rolle", die ein Subjekt in seinem Szenarium vitale von der Geburt bis zu seinem Tode spielt, ist an das rhythmische Auftreten bestimmter „*Bedeutungsträger*" wie Beute, Feinde, Geschlechtspartner, Territoriumsbezüge in der Art des Heimes, des Unterschlupfes, der Zuflucht, der Warte (Brock 1934 b) geknüpft. Als Marken im Dadraußen lösen sie spezifische Merkvorgänge aus, welche ihrerseits Wirkimpulsmelodien induzieren, die nach außen als Verhaltensakte in Erscheinung treten. Da wir sowohl die Merk- wie die Wirkvorgänge in Orte, Schritte und Momente auflösen und somit auf einen gemeinsamen subjektbezogenen Nenner bringen können, ist es nicht unmöglich, *die Impulsmelodien des Merkens und Wirkens durch symbolisierende Zeichen festzuhalten wie die Tonmelodien in der Notenschrift oder die Tanzrhythmen in der Choreographie.* Die moderne Instinktforschung hat eine große Menge von bedeutsamen Verhaltensakten zutage gefördert, die besonders Fische, Vögel und Säuger bei Begegnungen von Geschlechtspartnern, von Eltern und Jungen, von Beute und Feind, von Angehörigen biologischer und sozialer Rangordnungen usw. als Gehabe, Gestik oder Mimik in Erscheinung treten lassen. Man spricht daher von „Imponier"-Gehabe, „Droh"-Gesten, „Verlobungs"-Akten usw. *Alle diese Begriffe gehen weit über biologische Sinnbezüge hinaus und weisen auf solche menschlicher Sinn- und Wertordnung hin.* Sie erinnern stark an die introspektive Methodik des naiven Anthropomorphismus. Zwar erklärt man, daß sie als reine „Abbreviaturen" lediglich zur gegenseitigen Verständigung der Forscher zu denken seien. Damit ist der Herausstellung biologischer Sinngehalte wenig gedient, denn eben *diese Verhaltensakte sollen doch sinnlosem Agieren gegenüber gekennzeichnet werden.* Gerade in solchen Fällen treten die obenerwähnten, außerordentlichen sprachlichen Schwierigkeiten in der Biologie deutlich hervor. Daher wird man auch von diesem Gesichtspunkt aus die Einführung *symbolisierender Zeichen nicht als reine Abbreviaturen, sondern als Träger und Übermittler biologischer Sinngehalte* fordern müssen wie in der Ton- oder Tanzkunst.

*Viele Probleme konnten in diesen Zeilen nur flüchtig*

*angedeutet werden. Ich hoffe aber, daß die Bedeutung des Subjektes für eine verstehende Biologie mit genügender Klarheit umrissen worden ist. — Ein solches Subjekt stellt sich dem Beobachter als ein Sinngefüge von hierarchischer Ordnung dar. Es empfängt und erteilt Impulse, die nach außen als stoffliche Umsetzungen und Bewegungsabläufe in Erscheinung treten. Die Aufgabe des Forschers ist es, die Glieder aus diesem Dynamismus als Ganzem so herauszusprengen, daß sie sachlich und begrifflich die autotele Strukturordnung eines Subjektes in seiner Eigenwelt widerspiegeln. Durch subjektbezogene — nicht aber subjektive — Maßstäbe müssen sie reproduzierbar gefaßt werden.*

*Literaturverzeichnis.*


*Abderhalden, E.* (1946): Lehrbuch der Physiologischen Chemie. 23.—25. Aufl. *B. Schwabe & Co.*, Basel.

*Beer, Th., Bethe, A.* und *Uexküll*, J. v. (1899): Vorschläge zu einer objektivierenden Nomenklatur in der Physiologie des Nervensystems. Zool. Anz. 22. Bd.

*Bavink, B.* (1944): Ergebnisse und Probleme der Naturwissenschaften. 8. Aufl. *Hirzel*, Leipzig.

*Baer, K. E. von* (1864): Reden, gehalten in wissenschaftlichen Versammlungen, und kleinere Aufsätze vermischten Inhalts. I. Teil Reden. Verlag *Schmitzdorff*, St. Petersburg.

*Beniuc, M.* (1933): Bedeutungswechsel der Dinge in der Umwelt des Kampffisches *Betta splendens Regan*. Ztschr. f. vergl. Physiol. 18. Bd.

*Bilz, R.* (1940): Pars pro toto. *Thieme*, Leipzig.

*Brock, Fr.* (1927): Das Verhalten des Einsiedlerkrebses *Paguras arrosor* Herbst während des Aufsuchens, Ablösens und Aufpflanzens seiner Seerose *Sagartia parasitica Gosse* (Beitrag zu einer Umweltanalyse). Arch. Entw.-Mechan. 112. Bd. (Festschr. f. *H. Driesch*.)

*Brock, Fr.* (1934 a): Bewegungsphysiologie, Verhaltenspsychologie und Umweltforschung. Zool. Anz. Verh. d. Dtsch. Zool. Ges., Suppl. 7.

*Brock, Fr.* (1934 b): Jahrmarktsdressur wilder Mäuse als Grundlage einer wissenschaftlichen Verhaltensanalyse. Zool. Anz. Verh. d. Dtsch. Zool. Ges. Suppl. 7.

*Brock, Fr.* (1934 c): Verzeichnis der Schriften *Jakob Johann v. Uexkülls* und der aus dem Institut für Umweltforschung zu Hamburg hervorgegangenen Arbeiten. *Sudhoffs* Arch. 27. Bd. 3./4. Heft.

*Brock, Fr.* (1935): Stellung und Bedeutung der autonomen Biologie und Umweltforschung im Rahmen der hierarchischen Pyramide der Wissenschaften. *Sudhoffs* Arch. 27. Bd., 6. Heft.

*Brock, Fr.* (1936): Suche, Aufnahme und enzymatische Spaltung der Nahrung durch die Wellhornschnecke *Buccinum undatum L.* (Grundlegung einer ganzheitlichen Deutung der Vorgänge im Beute- und Verdauungsfeld.) Zoologica. 92. Heft.

*Brock, Fr.* (1937): Die Umweltforschung und ihre Bedeutung für die tiergärtnerische Praxis. D. Zool. Gärten (NF.) 9. Bd. 1./2. Heft.

*Brock, Fr.* (1939 a): Die Grundlagen der Umweltforschung *Jakob von Uexkülls* und seiner Schule. Verh. d. Dtsch. Zoolog. Ges.

*Brock, Fr.* (1939 b): Typenlehre und Umweltforschung. Bios 9. Bd. *J. A. Barth*, Leipzig.

*Brüll, H.* (bisher ungedruckt): Die biologische Bedeutung der Verhaltensweisen von Beizvögeln und Hunden zueinander und zum Menschen. (Ein Beitrag zur Umweltforschung.) Erscheint im *Piscator-Verlag*, Stuttgart.

*Driesch, H.* (1903): Die „Seele“ als elementarer Naturfaktor. *Engelmann*, Leipzig.

*Driesch, H.* (1909): Philosophie des Organischen. *Engelmann*, Leipzig, 2. Aufl. 1921.

*Frisch, K. v.* (1927): Aus dem Leben der Bienen. Verst. Wissenschaft. 1. Bd. *Springer*, Berlin.

*Gruhle, H. W.* (1948): Verstehende Psychologie. (Erlebnislehre.) *Thieme*, Stuttgart.

*Hediger, H.* (1938): Ergebnisse tierpsychologischer Forschung im Zirkus. Naturwiss. 26. Jahrg., 16. Heft.

*Hediger, H.* (1942): Wildtiere in Gefangenschaft. *B. Schwabe*, Basel.

*Hoffmann, P.* (1948): Über die Präzision der Funktion des Nervensystems. Nervenarzt. 19. Jahrg. 8. Heft.

*Knapp, E.* (1944): Das Problem der Erbsubstanz. Naturwiss. 32. Jahrg. 14./26. Heft.

*Krüger, F.* (1926): Komplexqualitäten, Gestalten und Gefühle. Neue psychol. Studien. 1. Bd. 1. Heft, München.

*Kühner, F.* (ungedruckt): Das Einfachste im biologischen Denken. (Beiträge zur Begründung der Begriffe.)

*Lersch, Ph.* (1948): Der Aufbau des Charakters. 3. Aufl. *J. A. Barth*, Leipzig.

*Lißmann. H. W.* (1932): Die Umwelt des Kampffisches (*Betta splendens Regan*), Ztschr. f. vergl. Physiol. 18. Bd. 1. Heft.

*Leb, J.* (1913): Die Tropismen. *Wintersteins* Handb. der vergl. Physiol. 4. Bd. Jena.

*Lorenz, K.* (1935): Der Kumpan in der Umwelt des Vogels. J. Ornith. 83. Bd. 2. Heft.

*Lorenz, K.* (1937): Über die Bildung des Instinktbegriffes. Naturwiss. 25. Jahrg. 19.—21. Heft.

*Ludwig, W.* (1948): Darwinismus in neuer Sicht. Universitas 3. Jahrg. 8. Heft. Verl. *Schmiedel*, Stuttgart.

*Spemann, H.* (1936): Experimentelle Beiträge zu einer Theorie der Entwicklung. *Springer*, Berlin.

*Studnitz, G. v.* (1948): Biologisches Brevier. *Bouvier u. Co.*, Bonn.

*Tinbergen, N.* (1948): Physiologische Instinktforschung. Experientia. Vol. IV./4.

*Tirala, L. G.* (1923): Die Form als Reiz. Zool. Jahrb. Abt. f. allg. Zool. u. Physiol. 39. Bd.

*Uexküll, J. v.* (1928): Theoretische Biologie. *Springer*, Berlin. 1. Aufl. 1920. Gebr. *Paetel*, Berlin.

*Uexküll, J. v.* (1921): Umwelt und Innenwelt der Tiere. 2. Aufl. *Springer*, Berlin.

*Uexküll, J. v.* (1930): Die Lebenslehre. *Müller u. Kiepenheuer* Verl., Berlin.

*Uexküll, J. v.* (1940): Bedeutungslehre. Bios X. Bd. *J. A. Barth*, Leipzig.

*Uexküll, J. v.* (1947): Der Sinn des Lebens. Verl. H. *Küpper*, Godesberg.

*Uexküll, J. v.* und *Brock, Fr.* (1927): Atlas zur Bestimmung der Orte in den Sehräumen der Tiere. Ztschr. f. vergl. Physiol. 5. Bd. 1. Heft.

*Uexküll, J. v.* und *Brock, Fr.* (1935): Vorschläge zu einer subjektbezogenen Nomenklatur in der Biologie. Ztschr. f. d. ges. Naturwiss. 1. Bd. 1./2. Heft.

*Uexküll, J. v.* und *Roesen, H.* (1927): Der Wirkraum. *Pflügers* Arch. 217. Bd. 1. Heft.

*Weber, H.* (1937): Zur neueren Entwicklung der Umweltlehre *J. v. Uexkülls*. Naturwiss. 5. Jahrg. 7. Heft.

*Wenke, H.* (1949): Über die Gesetzlichkeit in der Psychologie. 5. Heft. Universitas. Verl. *Schmiedel*, Stuttgart.


*(Prof. Dr. Friedrich Brock, (24a) Hamburg 1 — Gurlittstraße 37 — Institut für Umweltforschung der Universität.).*

# Zum Begriff der tierischen Subjektivität.

Von

HELMUT SCHELSKY.

## 1. *Die Thematisierung des biologischen Gegenstandes und der Umweltbegriff.*

Der Begriff der tierischen Subjektivität ist in der modernen Biologie durch die Umweltlehre *J. v. Uexkülls* in den Mittelpunkt biologisch-methodologischer Erörterungen gerückt worden. Die Fassung, die *Uexküll* dem Begriff der tierischen Umwelt gegeben hat, bedarf des Begriffs der tierischen Subjektivität als strengen Korrelats. Die Anwendbarkeit dieses Umweltbegriffs auf den Gesamtbereich der Biologie ist nun vor allem von *Hermann Weber* bezweifelt worden, und zwar gipfeln seine Einwände gerade in der Ablehnung des tierischen Subjekts als des notwendigen und alleinigen Korrelats zum Umweltbegriff: indem v. *Uexküll* das Verhältnis von Umwelt und Organismus daraufhin abstelle, daß die Umwelt der Teil der Außenwelt sei, der vom Tier empfunden, psychisch gehabt, erlebt werde, verenge sich dieser Begriff derart, daß er für den Gesamtbereich der Biologie nicht mehr brauchbar, sondern höchstens zum Grundbegriff einer Tierpsychologie geeignet sei. *Weber* stellt eine „objektivistische" Definition des Umweltbegriffs dagegen auf, in der er die spezifische Organisation eines Organismus als Entsprechung zur Umwelt einsetzt, womit er auch alle Vorgänge zwischen Organismus und Umwelt zu erfassen gedenkt, die nicht über das subjektive Umwelterleben des Organismus laufen. Zugleich gelangt er in dieser Fassung des Umweltbegriffs zu einer begrifflichen Stufung der auf den Organismus bezogenen Außenweltdaten in Umgebung, Wohnwelt und Umwelt.

Betrachten wir einmal methodologisch die Beziehungen, die zwischen Organismus und Außenweltdaten in jenen Begriffen gefaßt werden! Auch die „Umgebung" ist natürlich begrifflich schon auf den Organismus bezogen, aber diese Beziehung beruht allein in *unserem* Denken und Beobachten, im menschlichen Erleben der Welt. „Umgebung" ist also ein Ausschnitt der „Welt", die als subjektive Gehabtheit das Korrelat zu unserer eigenen Subjektivität, z. B. der des Forschers, bildet. Nur in diesem Verhältnis zur „Welt" kann ja Wissenschaft und Forschung getrieben werden, und das begleitende „Ich denke" ist für alle Vorstellungen der „Umgebung" wesentlich. Die Beziehungen, die wir auf der Grundlage unserer Wahrnehmungen und Vorstellungen zwischen Organismus und Umgebung herstellen, sind jedoch nicht nur auf ein phänomenologisches Zusammensehen beschränkt, sondern betreffen durchaus alle in einem vorläufig unbestimmten Sinne naturgesetzlichen Vorgänge zwischen den einzelnen Teilen dieser Umgebung sowohl unabhängig vom Beziehungsorganismus, als auch die Vorgänge zwischen diesen Umgebungsdaten und dem Organismus selbst, der hier als noch nichts weiter bestimmt ist als ein Gegenstand unserer bewußt gehabten Welt. Verengen wir nun diesen Umgebungsbegriff auf diejenigen Beziehungen, die allein zwischen Umgebungsdaten und Organismus bestehen, also unter Ausklammerung aller naturgesetzlichen Vorgänge, die sich in der beobachteten Umgebung ohne Einbeziehung des Organismus vollziehen, und unter Zurückstellung der Tatsache, daß zwischen *allen* Umgebungsdaten und dem Organismus *immer* die Beziehung der von uns zusammenerlebten „Welt" besteht, so erhalten wir den Begriff der „Umwelt" in einem Sinne, der zunächst neutral ist gegenüber den Auffassungen *Webers* und *v. Uexkülls.*

Konstitutiv für den Begriff ist aber erst die weiterführende Frage, welcher Art denn die Beziehungen zwischen Umgebung und Lebewesen sind, nämlich ob sie grundsätzlich als eine Beziehung zwischen einem Subjekt und den Umgebungsdaten oder zwischen einem Objekt und den anderen Objekten der Umgebung gedacht werden können und müssen. Es ist dabei wohl zu unterscheiden, daß das Lebewesen zwar immer Gegenstand unseres Denkens in dem Sinne ist, daß es zu der von uns bewußt gehabten — wahrgenommenen oder vorgestellten — Welt gehört, aber ich kann es in meiner Welt *als* Subjekt oder *als* Objekt erleben und denken, *je nachdem, ob ich ihm selbst das „Haben" einer „Welt" oder eines „Außen" dabei zuschreiben muß oder nicht.* Ebenso finde ich natürlich unter den Umgebungsbedingungen, die auf das Lebewesen einwirken, entweder nur Objekte oder noch andere Organismen, auf die ich ebenfalls den Begriff des Subjekts anwenden muß.

In diesem Denken oder Erleben der Gegenständlichkeit unserer Welt *als* Subjekt oder *als* Objekt liegt nun ein folgenreicher wissenstheoretischer und fundamentallogischer Tatbestand vor, den wir die *Thematisierung des Denkens* nennen wollen[1]. Es ist

[1] Ich stütze mich in der Darstellung dieser seit dem deutschen Idealismus klar erkannten logischen Grundverhältnisse auf die logischen Arbeiten *Gotthard Günthers.*

leicht einzusehen, daß grundsätzlich dieselbe Gegenständlichkeit unseres Bewußthabens sowohl als Subjekt wie als Objekt thematisiert werden kann, und daß dies eine Entscheidung unserer Denkeinstellung ist, die als solche erst bestimmte Eigenschaften und Sachlichkeiten unseres Gegenstandes aufschließt und nicht ohne weiteres von ihm abgelesen werden kann. Dabei ist die subjektivistische Thematisierung des Denkens und Auffassens nicht minder ursprünglich und universal als die objektivistische; wir brauchen nur an die Naturdeutung frühgeschichtlicher und primitiver Welthaltungen zu denken, die vorwiegend subjektivistisch verläuft, um zu erkennen, daß die rein objektivistische Einstellung der abendländischen Naturwissenschaften eine wissenstheoretische Grundlage ist, die sie sich in stetiger Abhebung gegen alle Arten von Anthropomorphismen entwickelt und gesichert hat. In den Sach- und Denkgebieten aber, in denen der Mensch zum Gegenstand unseres Bewußthabens und also auch der Wissenschaft wurde, war diese rein objektivistische Einstellung immer weniger der Deutung und sachgerechten Auffassung der Erscheinungen gewachsen, und die objektivistische Thematisierung der Naturwissenschaften mußte der subjektivistischen der Geisteswissenschaften ihr Feld überlassen, womit allerdings für die Gesamtheit der Forschung jene methodische Trennung ihrer Gegenstände, besonders des Menschen, in Leib und Seele, Materie und Geist gesetzt war, die unser wissenschaftliches Weltbild so lange beherrschte.

Ist nun nicht schon mit der Thematisierung des Denkgegenstandes auch Entscheidendes über die Wirklichkeit des Gegenstandes ausgesagt, die ich dann beobachtend, forschend, d. h. auffassend, an ihm vorfinde, oder — schärfer auf unsere Umweltfrage bezogen — sind nicht die Beziehungen, die wir zwischen den bewußt gehabten Gegenständen unserer Welt aufdecken, grundsätzlich in ihrer Art durch die Thematisierung dieser Gegenstände vorbestimmt? Der Subjektivität und der Objektivität sind wir als Wirklichkeiten am Grundverhältnis all unseres Erlebens der Welt sicher, insofern das bewußte Haben einer Gegenständlichkeit uns unseres Ichs ebenso unmittelbar versichert wie der Realität eines „Draußen". Alle Theorien der Wirklichkeit, mögen sie auch noch so einseitige Reduktionen versuchen, leben ebenso von den Gewißheiten dieser Grunderfahrung, wie wir sie als den Grundtatbestand formulierten, auf dem die Beziehung Organismus-Umgebung jederzeit beruht. Zugleich mit der Gewißheit dieser Wirklichkeiten ist uns aber ein Verständnis für eine verschiedenartige Gesetzlichkeit von Vorgängen und Verläufen innerhalb dieser Wirklichkeiten gegeben: wir haben als Modell der Vorgänge zwischen Objekten die mechanisch wirkende Kausalität verstehen gelernt, während uns Zielstrebigkeit oder Zweckgerichtetheit unmittelbar nur im Erleben unseres eigenen Ich-Verhaltens gewiß und verständlich ist. Der Zusammenhang zwischen der Thematisierung der Denkgegenstände und der in ihnen zu beobachtenden Gesetzlichkeit ihrer Beziehungen untereinander ist also offensichtlich und ruht in seiner eindeutigen Zuordnung unablösbar auf der Verschiedenheit des Wirklichkeitserlebnisses. Jede Thematisierung eines Gegenstandes als Subjekt wird also zur Feststellung von Zielstrebigkeiten in seinen Beziehungen zu anderen Denkgegenständen führen, während umgekehrt jede Annahme von zweckgerichteten Verläufen zur Forschung nach der daran beteiligten Subjektivität zwingt.

Diesen durch die Doppelthematisierbarkeit des Beziehungsorganismus heraufbeschworenen Dualismus in der Biologie trachten die subjektivistischen wie die objektivistischen Schulen der Forschung dadurch zu vermeiden, daß sie jeweils die entgegengesetzte Thematik als teilhaftes, aber untergeordnetes Moment der eigenen zu erweisen versuchen oder behaupten. So sieht *v. Uexküll* in der Erforschung der kausal determinierten Vorgänge des Lebens eine „mechanische" oder „maschinelle Biologie", die eine zwar notwendige, aber doch inferiore Rolle in der auf der subjektivistischen Thematisierung beruhenden autonomen biologischen Bedeutungslehre spielt; so will *H. Weber* die tierische Subjektivität und die Kategorie der Finalität nicht gerade aus der Biologie ausgeschlossen, aber doch auf das untergeordnete Gebiet der Tierpsychologie beschränkt wissen. Diesen Pseudosynthesen gegenüber ist zu betonen, daß die Selbständigkeir der logischen Thematisierungen unserer Denkgegenstände auf unserer Grunderfahrung und nicht auf Begriffsdekretierungen beruht. Bisher fanden wit im Erleben unserer Welt nur die beiden Grundphänomene der Subjektivität und Objektivität als unseren Erfahrungsgrund und schlossen daraus die Notwendigkeit, die Denkgegenstände eines Forschungsgebietes entweder als Subjekt *oder* als Objekt zu thematisieren. Soll demgegenüber eine übergreifende oder vermittelnde Thematik gefunden werden, so wäre der Nachweis einer ebenfalls übergreifenden und vermittelnden *Wirklichkeitserfahrung* vorauszusetzen, was, wie wir sehen werden, in der Tat möglich, aber weder bei *Uexküll* noch bei *Weber* ausdrücklich geschehen ist.

2. *Die methodologische Synthese in der Biologie.*

Die Umweltlehre *J. v. Uexkülls* sieht sich keineswegs als eine einseitig subjektivistische Theorie an, sondern als die Synthese der kausaldeterminierend vorgehenden Physiologie mit der auf falscher Analogie zur menschlichen Introspektion beruhenden Tierpsychologie. Dieses Schema einer These und Antithese versöhnenden und so die Fragestellung auf eine neue Stufe hebenden *Synthese* hat seit *Hegel* nichts von seiner Zauberkraft verloren; es scheint auch unvermeidbar zu sein, wenn sich, wie heute in der Biologie, eindeutig die Aufgabe stellt, zwei in sich gegensätzliche und in gegenseitiger Ausschließung festgefahrene Thesen, von denen jede auf unbestreitbare Forschungserfolge verweisen kann, zu neuer fruchtbarer Fragestellung zu vereinen. Wir sehen daher dieses Schema heute in fast allen biologisch-methodologischen Überlegungen verwendet. Aber ebenso läßt eine Untersuchung der verschiedenen synthetischen Theorien deutlich werden, daß es nur auf eine geeignete begriffliche Setzung der Antithesen ankommt, um die eigene Position als die gewünschte Synthese hervorzuzaubern. Es ist also erforderlich, ein Kriterium für die Echtheit der Antithesen zu finden, die den Dualismus der biologischen Fragestellung zu formulieren unternehmen.

Wir sahen, daß die Thematisierung unserer Denkgegenstände als Objekt oder als Subjekt letzthin auf unserer Grunderfahrung der Wirklichkeit sowohl eines realen „Draußen" als auch eines inneren Bewußthabens oder Erlebens beruht; ein dritter Bereich der Grunderfahrung, der die beiden genannten Wirklichkeitserlebnisse in sich umfaßte, aber auch neutral gegenüber ihrem Dualismus wäre, ist bisher nicht aufgewiesen worden. Daraus wäre zu folgern, daß nur die Theorien der biologischen Methodologie zu einer echten Antithetik zusammenzustellen sind, die jeweils den ganzen Umfang der objektiven oder subjektiven Grunderfahrung in sich vereinen, und daß eine echte Synthese sich in ihrem Wirklichkeitsgehalt nicht auf die Gewißheitsgrundlage nur eines der beiden Wirklichkeitserlebnisse beziehen darf. Es kommt also darauf an, nicht nur ein Begriffssystem zu finden, das irgendwelche biologischen Theorien synthetisch zu erfassen erlaubt, sondern einen neuen Bereich der Grunderfahrung und des Wirklichkeitserlebens anzugeben und dessen Struktur in der biologischen Erfahrung aufzuweisen und in den Begriff zu heben.

Betrachten wir unter diesem Gesichtspunkt die Antithese der biologischen Theorien, wie sie die Umweltlehre aufstellt, um sich als Synthese verstehen zu können, so muß vor allem ihr Verhältnis zur subjektivistischen Antithese untersucht werden. Diese sehen *Uexküll* und *Brock* (1935) in den Richtungen der Tierpsychologie, die die seelischen Vorgänge und Erlebnisweisen der Tiere erforschen zu können glauben, und stellen dagegen ihre Auffassung, daß die Sinnesempfindungen und das Erleben des Tieres dem Menschen in keiner Weise zugänglich seien. Alle vermeintlichen Erkenntnisse über die psychischen Erlebnisse der Tiere beruhten nur auf der ungerechtfertigten und wissenschaftlich unhaltbaren Anwendung der Analogie zu menschlichen Seelenvorgängen, deren Erkenntnisgrundlage letzthin immer die Introspektion wäre.

Der Erkenntnis der subjektiven Erlebensweisen des Tieres setzen sie eine Erkenntnis des Zweckes, des „Planes", der „Bedeutung", des „Sinns" seines Verhaltens entgegen. Diese Ergebnisse werden nach *Uexkülls* eigenen Worten durch Reflexion eines beobachteten tierischen Aktes oder Verhaltens auf das vom Forscher überblickte Ganze seines Lebensablaufes gewonnen: das heißt aber, den Wirklichkeitsgrund dieser Ergebnisse in die reflektierende Subjektivität des Forschers zu legen. Abgesehen davon, daß auch die agnostische Ansicht von der grundsätzlichen Unerkennbarkeit der tierischen Subjektivität selbst die bekämpfte These der Analogie tierischer und menschlicher Subjekthaftigkeit im Sinne einer nur monadologisch vorstellbaren Innengewißheit des Welterlebens vertritt und in sich voraussetzt, fließt die Position der Umweltlehre auch insofern mit der subjektiven Seite der von ihr gestellten Antithetik zusammen, als beide Arten von Lehren die selbstbewußte Innenerfahrung des Menschen, die eine als Erleben, die andere als Reflexion, zur alleinigen Wirklichkeitsgrunderfahrung und damit zur logischen Basis ihrer Begrifflichkeit machen. Zweifellos besteht dabei zwischen der subjektivistischen Tierpsychologie, die unmittelbar die Innenerfahrung der menschlichen Subjektivität nach außen in den biologischen Gegenstand überträgt, und der Umweltlehre, die in kritischer Reflexion diesen vom Sein des Gegenstandes abgehobenen „Sinn" als Reflexionsgehalt des Forschers begreift, ein wesentlicher logischer Unterschied; aber es ist ein Unterschied innerhalb der subjektivistischen Thematisierung des Denkgegenstandes: die Umweltlehre ist eine höhere Reflexionsstufe der selbstbewußten Icherfahrung, logisch gesehen eine Iteration der Subjektivität, ein Prozeß, der ins Unendliche fortgesetzt werden könnte, ohne daß dabei der Boden der subjektivistischen Thematik verlassen würde. Begreift man also nach dem methodologischen Selbstverstehen *v. Uexkülls* die Umweltlehre als eine „Bedeutungslehre", so wäre sie selbst nur die reflektierte Stufe einer rein subjektivistischen biologischen Theorie, die keineswegs einen neuen, vermittelnden Bereich der Wirklichkeitserfahrung sowohl im Menschen wie am biologischen Gegenstand aufzuweisen vermöchte.

### 3. *Erster Vergleich mit der modernen Physik: der neue Erfahrungsbereich.*

Wir wollen zur Verdeutlichung dieser Problematik eine *Entsprechung aus der Methodologie der exakten Naturwissenschaft* anführen, in der Absicht, nicht nur durch Darstellung der Ähnlichkeit, sondern vor allem auch der Grenzen, die dieser Analogie gezogen sind, die Aufgabe der biologischen Begriffsbildung und Forschungsweise klarer herauszustellen. Bekanntlich stand die moderne Physik in der Theorie des Lichts und des Atoms ebenfalls vor der Aufgabe, zwei in sich widersprüchliche, aber jeweils durch Experimente wohl begründete Anschauungen, die Korpuskulartheorie und die Feld- oder Wellentheorie, wissenschaftlich vereinen zu müssen. Die Lösung, die in der Quanten- und Wellenmechanik gefunden wurde, besteht darin, die Anschaulichkeit der Vorgänge im Atomaren grundsätzlich aufzugeben und an die Stelle der vorgestellten Wirklichkeit des Atoms seine Berechenbarkeit zu setzen. „Jede Art von Bild, das unsere Vorstellung vom Atom entwerfen möchte, ist eo ipso fehlerhaft", sagt *Heisenberg* (1935); damit entfällt aber auch der Begriff der physikalischen Wirklichkeit, der sich in jenen beiden anschaulichen Theorien ausgesprochen hatte, und wenn *Heisenberg* von ihnen sagt: „Beide sind nur reduzierbar, wenn man so will, auf die Mathematik des Atoms", so ist damit in der mathematischen Formel ein neuer Wirklichkeitsbegriff der Physik mit einer zugehörigen eigentümlichen Gesetzlichkeit aufgestellt. In der Tat ist heute, wie *Goudsmit* gesagt hat, das Atom der theoretischen Physiker nur noch ein System von Gleichungen. Diese Entwicklung der physikalischen Erkenntnis ist vielfach gesehen und beschrieben worden: *Cassirer* spricht in „Substanz- und Funktionsbegriff" vom „Prinzip der zunehmenden Funktionalisierung", *de Broglie* vom „Sieg der abstrakten Schule". *Planck* und *Heisenberg* von „Symbolisierung", *Bavink* von „Spiritualisierung", *Adolf Meyer* von „Idealisierung"; aber nicht immer ist so deutlich wie bei *Heisenberg* gesehen worden, daß dieser neue Wirklichkeits*begriff* der Physik darauf beruht, daß ein „Übergang der exakten Naturwissenschaften . . . zu einem neuen Erfahrungsbereich sich" vollzogen hat.

Die grundsätzliche Mathematisierung der physikalischen Wirklichkeit darf aber trotz aller „spiritualistischen" Ausdrücke nicht mit unserem Begriff der subjektivistischen Thematisierung der Denkgegenstände verwechselt werden: alle Vorgänge und Gesetzlichkeiten der Atomphysik bleiben objektivistisch thematisiert, d. h. es bleiben Vorgänge, die wir in Objekte verlegen, nicht in Subjekte. Allerdings wird mit dem Fallenlassen der Anschaulichkeit nun diese Objektivität zunehmend reflektiert erfaßt, auch das objektivistische Denken erfährt eine Erhöhung seiner Reflexionsstufe; aber auf diesem Wege der Reflexionserhöhung des objektivistisch thematisierten Denkens kann ebensowenig die Kontingenz der objektivistischen (physikalischen) und subjektivistischen (psychologischen) Wirklichkeitserfahrung überbrückt werden, wie dies nicht in der Iteration des subjektivistischen Denkens einer biologischen „Bedeutungslehre" gelingen kann. In der Vereinigung dieser beiden Grunderfahrungen und der ihnen zugehörigen Begriffs- und Gesetzlichkeitssysteme beruht aber gerade die gegenwärtige Aufgabe der Biologie.

Mit dieser Einsicht können wir die Leistungen und Grenzen dieser methodologischen Analogie klar bestimmen: wohl kann man dem Physiker zugestehen, daß mit der Quantentheorie die Physik „ihre alte Rolle als Vorbild für andere Wissenschaften" dadurch fortsetzt, daß „sie exakte Beispiele dafür geben kann, wie zwei Anschauungen auf neuer Denkstufe vereinigt werden können, die auf bisheriger Denkstufe einander widersprachen" *(Hund)*, wenn man das Beispielhafte vor allem darin begreift, daß eine Synthese im Aufweis eines neuen Erfahrungs- und Wirklichkeitsbereiches gegenüber dem der Antithesen, und nicht nur in der Erhöhung der Reflexionsstufe einer Anschauungsweise, zu bestehen hat; dagegen muß jeder Anspruch, mit den quantentheoretischen Lösungen der Physik bereits die antithetische Problematik der Biologie inhaltlich erfassen zu können, als unlogisch abgelehnt werden. Jeder Schritt, den quantentheoretisches Denken in den Bereich der Biologie tut, wird sich immer im Rahmen allein objektivistischer biologischer Grundanschauungen abspielen müssen.

### 4. *Das tierische Verhalten als der biologische Gegenstand.*

Aber die methodologische Selbstdeutung der Umweltlehre darf uns nicht dazu verleiten, zu übersehen, daß aus ihr andere als die von ihr selbst für ihre Grundbegriffe gehaltenen Erkenntnisse für die biologische Forschung bedeutsam und fruchtbar geworden sind; wir möchten gerade nicht den Subjektbegriff und den Plangedanken, die sich beide als subjektivistische Einseitigkeiten erweisen lassen, sondern die auf dem Umweltbegriff fußende Erfassung des *Funktionskreises* für die wesentliche biologische Leistung *J. v. Uexkülls* ansehen. Darin wird der Organismus als primärer Gegenstand der Biologie im Grunde aufgehoben und dafür die *Beziehung* zwischen Organismus und seiner Umwelt als die eigentliche biologische Wirklichkeit und damit als Forschungsgegenstand der Biologie gesetzt. Diese Beziehung besteht nun in Funktionen, Akten, Verhaltensweisen, die nur im wechselseitigen oder gegenbezüglichen Bestimmen von Organismus und Welt als Vorgänge oder Abläufe zu fassen sind. Die Gesetzlichkeit des Vollzugs oder Ablaufs der Akte wird zum Forschungsziel, die *Einheit von Organismen und ihrer Welt im Ablauf ihres Verhaltens* zu der tatsächlich von der Umweltlehre beobachteten Wirklichkeit, aus der sich alle Einzelaussagen und Ergebnisse über den Organismus an sich oder seine Welt erst als Schlüsse und Folgerungen ergeben, deren Berechtigung zu untersuchen sein wird. Zu diesen aus der Vollzugswirklichkeit *abgeleiteten* Erkenntnissen gehört auch die Bestimmung des Organismus oder seiner Umweltgegebenheiten als Subjekt oder als Objekt samt der damit verbundenen Einsicht in die ihnen jeweils gemäße Gesetzlichkeit der Vorgänge. Dieses Einstellung, dem *biologischen Verhalten* einen höheren Wirklichkeitsgehalt zuzuerkennen, demgegenüber sowohl die thematische Objektivität und Subjektivität als auch Kausalität und Finalität ihre ursprüngliche und axiomatische Stellung im Denken verlieren und zu etwas Abgeleitetem, Bedingtem werden, schließt die Behauptung in sich, damit der Biologie einen neuen Erfahrungsbereich eröffnet zu haben. Die Berechtigung dieser Aussage wird sich an der biologischen Forschung also selbst erweisen lassen müssen.

Darüber hinaus ist aber der Dualismus der biologischen Thematik so gestellt, daß er einem gedoppelt verstandenen menschlichen Wirklichkeitserleben entspricht; soll also die am biologischen Gegenstand vollzogene Synthese nicht durch die reflektierte Begrifflichkeit des Biologen immer wieder auf nur eine Quelle der menschlichen Grunderfahrung, auf das Ich-erleben oder das der Realität des „Draußen", reduziert werden, so muß sich auch der forschende Mensch in seinem Selbstverständnis des Erlebens einer das Innen und Außen zusammenfassenden Wirklichkeit gewiß geworden sein. In der Tat zeigt auch die Philosophie der letzten Jahrzehnte deutlich die Tendenz, die Einheit der bisher immer nur von ihrer dualistischen Thematik her verstandenen menschlichen Grunderfahrung ins Bewußtsein zu heben; so haben vor allem die Denker des Pragmatismus und der philosophischen Anthropologie immer klarer *die menschliche Handlung* als das Innen- und Außenwelt vereinende Phänomen erwiesen. Schon *H. Pleßner* hat in seiner Einführung in die philosophische Anthropologie, „Die Stufen des Organischen und der Mensch" (1928), die Notwendigkeit einer methodischen Überwindung des „Doppelaspekts" ausführlich dargelegt und einen psycho-physisch neutralen Begriffsapparat gefordert; *A. Gehlen* führt in seinem Werk „Der Mensch" (1940), das er bewußt eine Anthropobiologie nennt, den Beweis, daß es möglich ist, die menschliche Wirklichkeit jenseits des Dualismus von Leib und Seele in einem solchen neutralen Begriffssystem zu erfassen, wenn man von der Grundeinsicht ausgeht, daß der Mensch seine Wirklichkeit nur als Handelnder erfährt, und wenn man die Gesetzlichkeit des Handlungsvollzuges zum Thema der Forschung macht. Auch hier erweist es sich, daß Welt- und Icherleben nur gegenbezüglich und aneinander im Ablauf des Handlungsvollzuges zu erfassen und zu bestimmen sind, so daß unsere an der Tradition der Philosophie ausgerichtete Fassung der Grunderfahrung in ihrer Gewißheit der Realität des „Außen" und „Innen" von hier aus bereits als eine, wenn vielleicht auch logisch notwendige und berechtigte, abstrahierende Zertrennung der Einheit von Welt und Ich erscheint, einer Einheit, der sich der Mensch in jedem Zugriff, den er tut, im Grunde sicher weiß. Wir können also die Formel, daß die menschliche Subjektivität sich als psychisches Erleben einer Objektivität der Außenwelt gegenübersieht, nicht mehr als die Grundbeziehung methodologischer Überlegungen verwenden, sondern müssen uns auch darin dauernd bewußt sein, daß der Mensch als Handelnder stets Ich und seine Welt zugleich ist; er steckt sozusagen als Tätigkeit in seinen Gegenständen immer schon mit darin. Diese Einsicht kompliziert die methodische Reflexion der Naturforschung außerordentlich; sie müßte vor allem in einer klar gestellten *Logik des Experiments* offenbaren, daß in der Berücksichtigung des Eingriffes des Experimentators ein viel komplexerer und logisch anderer Tatbestand vorliegt als in der Berücksichtigung der Subjektivität eines Beobachters.

Von diesen Gedankengängen aus läßt sich die Leistung der Umweltlehre *Uexkülls* dahin bestimmen, daß sie die Synthese von Objektivität und Subjektivität des biologischen Gegenstandes zwar vollzogen hat, insofern sie in der Beobachtung des tierischen Verhaltens tatsächlich die zu erforschende neue biologische Wirklichkeit ansprach, daß sie jedoch in ihrer reflektierten Begrifflichkeit und besonders in ihrer philosophisch-methodologischen Selbstauslegung sich wiederum auf das dualistische Selbstverständnis der menschlichen Grunderfahrung zurückbezog, indem sie ihren Beobachtungsergebnissen eine rein subjektivistisch thematisierende Deutung gab. Mit der Einführung des *Funktionskreises* hat *Uexküll* für die biologische Forschung die wichtige Erkenntnis fruchtbar gemacht, daß das Tier und seine Umwelt als eine *Einheit von Prozessen* zu begreifen sind, die als *Kreisprozesse* beschrieben werden müssen. Die gleiche Einsicht bildet für *Dewey* seit seiner „Theorie der Emotionen“ (1894/95) die Grundlage zum Verständnis der menschlichen Natur im Medium der Handlung. Dieser Entwurf des Funktionskreises ist zunächst völlig gleichgültig gegenüber einer Deutung im Sinne einer zielstrebig oder einer kausal bestimmten Gesetzlichkeit. Es ist nicht unwesentlich, zu wissen, daß er bei *Uexküll* sogar in seiner ersten Fassung noch durchaus auf dem Boden einer sich mechanistisch verstehenden Philosophie erwachsen ist, worauf auch in späteren Fassungen noch verschiedene Bestimmungen des Funktionskreises, wenigstens in ihrem Ausdruck, hinweisen.

Im Schema des Funktionskreises liegt die Einsicht, daß in ihm Subjekt und Objekt nur als gegenseitige Funktionen vorhanden sind. Biologisch hat *Uexküll* nur die eine Richtung dieses Verhältnisses erforscht: in der Lehre von der Umwelt der Tiere wird das Objekt als Funktion des Subjekts begriffen; hier liegen die wesentlichen Erkenntnisse von der „Auslöser-“ oder „Bedeutungsfunktion“ der Umweltgegebenheiten, vom „aktiven Prägen“ der Umwelt durch das Tier usw. Dagegen hat er die gegenläufige Funktionsreihe, in der das Tier als Funktion der Außenwelt begriffen wird — es sind vor allem die biologischen Tatsachen der Eingepaßtheit, der Symbiose usw., d. h. vorwiegend entwicklungsgeschichtlich zu fassende Fragen —, durch die konstatierende Hineinnahme einer prästabilierten „Harmonie der Baupläne“, einer „kontrapunktischen Komposition der Organismen“ usw. im Grunde aus dem Bereich der Biologie ausgeschlossen und in die Metaphysik verschoben. (Es ist vielleicht nötig, auch hier wieder zu sagen, daß beide Funktionsreihen sowohl kausal wie final thematisiert werden können: im ersten Falle ergeben sich dann der objektivistische oder der subjektivistische „Umwelt“-Begriff, im zweiten Falle z. B. eine mechanistische oder eine vitalistische Entwicklungslehre.) Richtig erweist *Uexküll*, daß im Rahmen der Funktionskreise der verschiedenen Tierarten, ja auch des einzelnen gleichen Tieres, die konkreten Bestimmungen und Eigenschaften der Außenwelt sich durchaus je nach ihrer Subjektbezogenheit wandeln, insofern der gleiche Gegenstand für das gleiche Tier je nach dem jeweils eingeklinkten Funktionskreis eine sehr verschiedene „Umweltqualität“, d. h. Funktion hat. Der philosophischen Folgerung, „daß die Erforschung der Umwelten in erster Linie die Inkonstanz der Objekte beweist, die in jeder Umwelt mit ihrer Bedeutung auch ihre Gestalt wechseln“, stellt *Uexküll* jedoch nun den Satz entgegen: „Viel besser begründet als die Konstanz der Objekte ist die Konstanz der Subjekte“ (1940); mit Unrecht, denn jene Verschiedenheit der Umweltauffassung bei den verschiedenen Tieren ist ja zugleich eine große Vielfältigkeit der Subjektivität, die nicht nur der Typen- und Artenentfaltung der Tierwelt nach, sondern auch beim einzelnen Tier den verschiedenen Umweltsituationen gemäß ihre Funktion wandelt. Die *Konstanz des Subjekts*, uns konkret nur als die Kontinuität unseres Ich-Erlebens gewiß, ist dem biologischen Gegenstand auf keinen Fall in einem höheren Maße zuzuschreiben als die Konstanz der Objekte, sei dies nun als Form des Erlebens seitens des Tieres selbst oder als Tatsache unserer Beobachtung gemeint.

Was *Uexküll* veranlaßt, von der besser begründeten Konstanz der Subjekte zu sprechen, ist weniger eine Konstanz der Arten der Subjektivität, als die Tatsache, daß das Tier immer ein Subjekt überhaupt bleibt, das eine Umwelt „für sich“ psychisch hat. Aber ist in dieser allgemeinen Hinsicht die Konstanz der Objekte als einer dauernden Gegenständlichkeit überhaupt weniger begründet? Was wir im Rahmen des Funktionskreises feststellen können, ist die formale Konstanz eines Subjekthaften und eines Objekthaften, und dies wiederum muß als das *Allgemeine* unserer *Reflexion* über die Dauer beobachteter konkreter Akte erkannt werden, d. h. es enthüllt sich als das Schema unserer eigenen subjektivistischen oder objektivistischen Thematisierung des biologischen Gegenstandes. Ist dieser als Funktionskreis des Verhaltens begriffen, so ist eine Aussage nach dem logischen Schema A=A (Konstanz) über das isolierte Subjekt genau so unmöglich geworden wie über das isolierte Objekt, vielmehr muß jede Aussage in einer logischen Form erfolgen, die schon *Schelling* für alle Denkgegenstände, die zugleich als Subjekt wie als Objekt thematisiert sind, in der Formel bestimmt hat: A = A insofern B = B ist; dies heißt konkret, daß sich eine bestimmte Form von Subjektivität als solche (A = A) nur bestimmen läßt, insofern ihr zugleich eine bestimmte Umweltgegebenheit als solche (B = B), d. h. als Umwelt dieser Subjektivität (A insofern B), zugeordnet wird.

Wir müssen nun zwei Möglichkeiten unterscheiden, wie der biologische Gegenstand sowohl objektivistisch als auch subjektivistisch thematisiert werden kann: entweder *alternierend* oder *neutral*. Bei der alternierenden Anwendung der Thematiken erlaubt der Funktionskreis jeweils eine eindeutige Anwendung der kausalen oder finalen Forschungsgesetzlichkeit bis an die Grenze seiner Thematik. Das Kriterium für diese Grenze oder für das Unzureichen einer einseitigen Thematik ist nun aber weder aus der Erfassung des Gegenstandes noch aus der Reflexion der eigenen Begrifflichkeit allein zu erlangen, da beide als Thematisierung ja gerade einseitig bestimmt und festgelegt sind, sondern ist nur aus der unmittelbaren zeitlichen Erfahrung des handelnden Menschen zu entnehmen, die ihrem Wesen nach schon immer eine Vermittlung zwischen den wissenschaftlich bisher dualistisch thematisierten Forschungsgegenständen und ihren vermeintlichen Grunderfahrungen war. Es ist ein viel zu wenig beachteter Zug aller Erfahrungswissenschaft, daß sie mit ihrem Rückbezug auf die Erfahrung, z. B. im Experiment, nicht nur Daten der Beobachtung aufsammelt und Hypothesen verifiziert, sondern für den Forscher die Unmittelbarkeit des Handelns in der Welt jeweils wieder herstellt, die ihm seine Gegenstände in jener Einheit der Grunderfahrung darbietet, welche ihm gestattet und zur Pflicht macht, das Zureichen seiner festgehaltenen Thematisierung der Gegenstände gegenüber dieser übergreifenden Wirklichkeit jeweils erneut zu überprüfen. Insofern hat das tätige Leben des Menschen allerdings auch logisch einen höheren Wirklichkeitsgehalt, als ihn Naturwissenschaften und Geisteswissenschaften als solche bisher zu bewältigen, d. h. zu thematisieren, vermochten. Es kommt jetzt darauf an, endlich auch die Forschungsarbeit, besonders das *Experiment*, unter dem Gesichtspunkt der *Tätigkeit*, einer Ich und Welt einenden Handlung und Wirksamkeit, methodologisch zu begreifen und in ihrer Auswirkung auf die Forschungsgegenstände zu ermessen, wozu in der Biologie zur Zeit die ersten Ansätze in der Methodologie der Psychologie und Biologie höherer Tiere gemacht werden (z. B. *H. Hediger*).

Soll aber die einseitige Thematisierung von der Einheit der Handlung her kritisch auf ihre Tragweite und Grenze hin begriffen und geprüft werden können, so ist erforderlich, daß diese Einheit auch als solche, d. h. unabhängig von ihrer alternierenden Thematik und kausalen oder finalen Gesetzlichkeit, am biologischen Gegenstand gefaßt werden kann. Wir werden sehen, daß diese *neutrale Einheit* in der *Beschreibung des Verhaltens* uns zugänglich ist und daß in dieser Form der Erkenntnis sich die Biologie in der Tat methodisch einen neuen Erfahrungsbereich erschlossen hat. Erst von dem so erfaßten Verhalten oder der so begriffenen Handlung als höherer Wirklichkeit her ist sowohl die tierische Subjektivität wie die Umwelt in der Biologie positiv zu bestimmen. Solange die subjektivistische Thematisierung nur der objektivistischen gegenübertrat, war die Subjektivität immer nur formulierbar als Anti-Objektivität und die Umwelt nur als Anti-Subjektivität, d. h. eben beide nur als Funktion des anderen, als das, was sie jeweils nicht sind, dem man dann noch die Behauptung der Sonderheit hinzufügte; oder die Versuche zur Bestimmung der „Sondergesetzlichkeit des Lebens" haben tatsächlich doch auf die Handlung als ihr Modell zurückgreifen müssen und dann zumeist in der Anwendung des Schemas bestanden, den in überschauender Reflexion erfaßten Ablauf des Verhaltens substantivierend als Agens in den Gegenstand hineinzuverlegen, um daraus dann wieder die Vorgänge erklärend ableiten zu können.

### 5. *Der solipsistische Subjektbegriff J. v. Uxkülls.*

Die Leistung des Biologen *v. Uexküll* ist zweifellos die Auffassung des Tieres als eines *handelnden Wesens*: damit gibt es unausweichlich in der Biologie die Grundbeziehung „Für ein Tier", d. h. einerseits das besondere, vom Tier „psychisch" gehabte Außen, die Umwelt, und andererseits die „Psyche" selbst als Subjektivität des Tieres. In der Bestimmung dieser Subjektivität besteht nun zwischen *Uexküll* und seinem Vorgänger *Driesch* ein aufschlußreicher Unterschied. Auch *Driesch* geht in der Feststellung einer Subjektivität des biologischen Gegenstandes von einer Analyse der biologischen Handlung aus und sieht die Notwendigkeit der Annahme eines Subjekthaften im Tier. An dessen Benennung als „Psyche" hindert ihn folgende Überlegung:

> „Ich kann von *meiner* „Psyche" sprechen, aber in diesem Sinne „gibt" es *keine* Seelen im Bereiche desjenigen Phänomens, welches räumlich Natur heißt. Ich schlage daher den sehr indifferenten Namen „Psychoid" für das elementare, in der Handlung entdeckte Agens vor. *Psychoid* — d. h. ein Etwas, welches zwar keine Psyche ist, aber doch nur in psychologischen Kategorien erörtert werden kann."

Die Vorsicht, mit der *Driesch* vermeidet, die Realität der im eigenen Innenerleben erfaßten und gewissen Ich-Subjektivität auf das Tier zu übertragen, enthüllt die logische Schwierigkeit, die darin besteht, einen nur auf introspektiver Grunderfahrung, d. h. in anderer „Seinsweise" als das im Außen gegebene Tier, beruhenden Subjektbegriff auf ein Gegenständliches, im „Raum" Wahrgenommenes zu übertragen. *Driesch* ist in der Frage der Übertragung dieses Subjektbegriffes auf das Tier sozusagen *formal* Agnostiker, erkennt die Unangemessenheit jeder Analogie von Begriffen, die sich auf die menschliche Innenerfahrung als Wirklichkeitsgrundlage berufen, und will nur ein Ähnlichkeitsverhältnis ohne Realitätsaussage zulassen, in dessen Rahmen dann aber durchaus von inhaltlichen Bestimmungen dieses fiktiven Analogons — z. B. daß es „denke", „abstrahiere" usw. — sprechen. *Uexküll* ist in bezug auf die Subjektivität des Tieres *inhaltlich* Agnostiker, d. h. bezweifelt die Möglichkeit, qualitativ über das Erleben des Tieres etwas aussagen zu können, aber die begriffliche Übertragung der formalen Subjektstruktur unseres Ich-Erlebens auf das Tier vollzieht er ohne Bedenken. Die Antwort auf die mit *Drieschs* Überlegungen gestellte Frage, in welcher Wirklichkeitserfahrung die Berechtigung zur Analogie des Subjektbegriffes überhaupt, d. h. zur Anwendung eines Strukturbegriffes des rein persönlichen Innenerlebens auf ein gegenständliches Äußeres, beruht, bleibt uns *Uexküll* jedoch schuldig. Aus diesem Zwiespalt zwischen *Driesch* und *Uexküll* ergibt sich aber nun gerade die weiterführende Frage der biologischen Methodologie: *welches Wirklichkeitserleben oder welche Grunderfahrung berechtigt uns zur Anwendung des Subjektbegriffes auf das Tier* oder allgemeiner auf den biologischen Gegenstand und welche Grenzen sind diesem Begriff durch diese Wirklichkeitsgrundlage gezogen? Wir werden sehen, daß die weder von *Driesch* noch von *Uexküll* gesehene *unmittelbare Gewißheit des Du im Medium der menschlichen Handlung* die ganze Frage der „Analogie" des Subjektbegriffs auf eine neue Stufe hebt und uns gestattet, eine allgemein biologische, positive Bestimmung der tierischen Subjektivität durchzuführen.

Wenn wir *v. Uexküll* eine *unkritische Anwendung des Subjektbegriffs* zum Vorwurf machen, so sei dabei zunächst festgestellt, daß damit dennoch eine wesentliche Klärung in der Methode der Biologie insofern erreicht ist, als der Begriff des Lebens als Grundbegriff fallen gelassen wird, der sich in der Biologie methodisch als ebenso unfruchtbar erweist wie der der „Seele" in der Psychologie. *Uexküll* vermeidet so das Vergebliche aller jener konstruierten Synthesen, die die Stufung der Wirklichkeit in Materie, Leben, Psyche usw. von vornherein festhalten, und stellt das Problem der Biologie unmittelbar auf den Boden der Modi unserer Wirklichkeitsgrunderfahrung. Hier verkennt er aber, daß die Subjekterfahrung des menschlichen Innenerlebens nur ein Bruchstück der höheren Wirklichkeit ist, die als menschliches Handeln Subjekt- und Objekt-Gewißheit vereint und der am biologischen Gegenstand die Beobachtung des Verhaltens entspricht, und daß die Subjektivität als solche also nur Funktion und bedingt ist. Daher bleibt der Subjektbegriff in der Umweltlehre axiomatisch: „Wir gehen von dem Axiom aus, daß die Organismen autonome Subjekte und prinzipiell keine planmäßig gebauten Maschinen sind" (*Uexküll/Brock*, 1935).

Als Folge dieses sich auf dem isolierten menschlichen Innenerleben gründenden Subjektbegriffs kann *Uexküll* das Subjekt nur *solipsistisch*, d. h. als ichhafte Abgeschlossenheit des Erlebens, Vorstellens und Wirkens begreifen. Will er nun dieses solipsistische Ich auf die Subjektivität des biologischen Gegenstandes übertragen, so bleibt ihm dazu nur der Begriff der *Monade*; in ihm vollzieht die Umweltlehre aber gerade das, was sie der naiv introspektiven Tierpsychologie vorwirft: die Analogie einer spezifisch menschlichen Grunderfahrung auf das tierische Wesen, indem sie zwar nicht die Empfindungsqualitäten und Erlebensweisen im einzelnen analogisiert, wohl aber die *Struktur* unseres Ich-Erlebens, wie sie uns nur in reflektierter Rückempfindung als Innenerlebnis bewußt wird. Der Gedanke, daß *das menschliche Ich und Ichbewußtsein nur ein Sonderfall der allgemeinenbiologischen Subjektivität* sein könnte, dieser kritische Leitfaden für die Verwendung des Subjektbegriffs in der Biologie, fehlt der Umweltlehre.

### 6. *Du-Subjektivität und Ich-Subjektivität.*

Die Umweltlehre teilt mit dem Behaviorismus die Ansicht, daß die subjektiven Erlebensweisen des Tieres unerkennbar wären; beide gewannen dadurch das beobachtbare Verhalten als ihren Gegenstand, den allerdings der Behaviorismus objektivistisch thematisierte und so zu einem „Physiologismus" gelangte, während die subjektivistische Thematisierung zu einer biologischen „Bedeutungslehre" führte. Der Agnostizismus beider Lehren beruht auf der Voraussetzung, daß die tierische Subjektivität grundsätzlich analog unserem Ich-Erleben vorgestellt wird:

„An uns selbst können wir feststellen, daß eine Reihe dieser (physiologischen) Vorgänge von subjektiven Erscheinungen, Empfindungen, Gefühlen, Wollungen begleitet sind. Wir können sie bei keinem anderen Organismus unmittelbar beobachten, sondern projizieren sie höchstens auf Grund von *Analogieschlüssen* aus unserem Verhalten in fremde Organismen hinein" (*Brock*, 1937).

Wir möchten dieser Auffassung folgende klärende Thesen entgegenstellen:

1. Die Subjektivität des Tieres wird von uns *unmittelbar erlebt.*
2. Etwas anderes ist es, daß unsere theoretische und reflektierende Erkenntnis dieser tierischen Subjektivität dann die Struktur *unseres* Innenerlebens als *Modell* der Vorstellung und Besinnung benutzt.
3. Und wiederum ein Drittes, nämlich schon eine bestimmte *Theorie der Erkenntnismethode* ist die Behauptung, daß die Subjektivität des Tieres (und des anderen Menschen) nur durch Analogieschlüsse zugänglich sei.

Wir müssen endlich einmal aufhören, von der Erkennbarkeit einer anderen Subjektivität nur durch Analogieschlüsse auf unser Innenleben zu reden; jeder Umgang mit Menschen vermag uns die Unmittelbarkeit einer Du-Gewißheit zu zeigen. Wenn wir das Handeln eines anderen Menschen erleben, so sind wir darin einer gegenständlichen Subjektivität oder einer mit Subjektivität erfüllten, also lebendigen Gegenständlichkeit ohne jedes Schlußverfahren gewiß. Ja, diese doppelthematische Benennung ist bereits irreführend: *das Erleben des Du im Medium der Handlung oder der tätigen Kommunikation ist als ursprünglicher und unmittelbarer anzusehen als die erst daraus gewonnene Gewißheit einer objektiven Realität des Außen und einer subjektiven Ichhaftigkeit.* Diese Erkenntnis ist von großer Tragweite; sie erklärt, weshalb das ursprüngliche „Selbstverständnis" des Menschen im „Anderen", d. h. in der *Du-Subjektivität*, erfolgt (ein Prozeß, den man fälschlich vom Primat der Unmittelbarkeit des Ichbewußtseins her als „Identifikation" gedeutet hat). Dies wird sowohl in der Entwicklungsgeschichte der Kindheit als auch in der der Menschheit, hier besonders in der Funktion der religiösen Vorstellungen, deutlich. Diese Erkenntnis erklärt aber auch, weshalb das Verhalten der Tiere, mit denen wir tätig und handelnd umgehen, unmittelbar als das Verhalten eines Lebendigen uns gewiß ist. *Die Du-Subjektivität erweist sich als das biologische Grundphänomen und als der Denkgegenstand aller biologischen Thematik,* wenn einmal die Handlung oder das Verhalten als die unmittelbare Wirklichkeitsgewißheit erkannt ist.

Daraus ergeben sich wichtige Folgerungen für die Methodologie der Biologie:

1. Die Fassung eines *allgemein biologischen, positiven Subjektivitätsbegriffs* — und damit auch die Fassung eines allgemein biologischen Umweltbegriffs — ist allein auf dem Boden der Du-Subjektivität möglich. Mit der Reichweite des Begriffs der Du-Subjektivität ist der Bereich der Biologie gegenüber den physikalisch-chemischen Wissenschaften abgegrenzt.
2. Die *menschliche Du-Subjektivität*, der in der Anthropobiologie und den auf ihr aufbauenden Wissenschaften erfaßte Forschungsgegenstand „Mensch", ist nur eine besondere Form der allgemein biologischen Subjektivität.
3. Die *menschliche Ich-Subjektivität*, die Selbstgewißheit eines psychischen Innenerlebens, ist ein Sonderfall des biologischen Gegenstandes „Mensch" und erfährt seine genetische Erklärung aus den Grundlagen der menschlichen Handlungswirklichkeit und der damit gegebenen unmittelbaren Gewißheit der menschlichen Du-Subjektivität. Die besondere Form des Erlebens der Ich-Subjektivität ist aus der Fassung des biologischen Gegenstandes als allgemein biologischer Du-Subjektivität zunächst ganz auszuschließen.
4. Insofern die Biologie eine Wissenschaft ist und des Denkens und der Reflexion des Forschers bedarf, geht die menschliche Ich-Subjektivität stets als die *Begrifflichkeit* in die Ergebnisse der biologischen Forschung ein.

Dieser grundsätzliche Unterschied, den wir zwischen Du-Subjektivität und Ich-Subjektivität zu machen gezwungen sind, erklärt nun auch die Sonderstellung des Menschen als Gegenstandes der Biologie. Man kann gegen *Uexküll* geradezu behaupten, daß die Subjektivität des Tieres uns wissenschaftlich besser gegeben ist als die des Menschen, wo sowohl die Gefahr der dauernden Vertauschung von Ich- und Du-Subjektivität, als auch eine besondere Schwierigkeit besteht, die Du-Subjektivität des Verhaltens in *theoretischer* Gegenständlichkeit festzuhalten. Diese, in der Tierpsychologie z. B. von *Allesch* vertretene Ansicht von der grundsätzlich besseren wissenschaftlichen Gegebenheit des Tieres als des Menschen, sieht vor allem die Störung, die ein theoretisches Vergegenständlichen der menschlichen Du-Subjektivität dadurch erfährt, daß der Mensch immer wieder zu praktischem, untheoretischem Handeln gezwungen ist, durch das die Reflexionshaltung der biologischen Betrachtung zu unmittelbaren Handlungsvorstellungen der Ich-Subjektivität verwandelt und die Du-Subjektivität aus ihrer theoretischen Distanz in praktische Handlungskommunikation gezwungen wird. Der Mensch unterläuft sich als seinen eigenen biologischen Gegenstand sozusagen immer wieder durch seine nicht aufzuschiebende existenzielle Handlung. Deren Einfluß auf die theoretische Gegenständlichkeit überhaupt zu untersuchen, ist eine der Hauptaufgaben der Philosophie vom Menschen. Davon zu unterscheiden ist die speziellere Frage, wie weit bei festgehaltener theoretischer Gegenständlichkeit der Du-Subjektivität in der biologischen Forschung die Ich-Subjektivität als Begrifflichkeit der Reflexion oder die menschliche Handlung als Forschungstätigkeit, z. B. als Experiment, den biologischen Gegenstand gestaltet.

### 7. *Zweiter Vergleich mit der modernen Physik: die Komplementarität.*

Selbst wo in der Methodologie der Biologie das Verhältnis der Subjektivität des Forschers zum biologischen Gegenstand und zugleich die Unmittelbarkeit der Du-Gegebenheit des Organismus gesehen wurde (wie z. B. in einer Auseinandersetzung von *Auersperg* und *v. Weizsäcker*, 1937, mit der Umweltlehre), hat man bisher, analog den methodischen Verhältnissen in der modernen Physik, die biologische Subjektivität und die des Beobachters begrifflich in eins setzen zu können geglaubt. Diese zu verwirrenden Schlußfolgerungen führende Verwechslung verkennt, daß die *methodi-*

*sche Rolle der Subjektivität in der Physik* zu der in der Biologie keineswegs einfach in Analogie zu setzen ist; dies ist auch festzustellen gegenüber den Versuchen, die in der Atomphysik erkannte grundsätzliche Subjektbedingtheit der Meßergebnisse und das in der Heisenbergschen Unbestimmtheitsrelation formulierte Verhältnis der *Komplementarität* als Lösung der methodologischen Schwierigkeiten der Biologie hinzustellen, wozu heute bei den Atomphysikern große Neigung besteht (*Bohr*, *Heisenberg*, *Jordan* u. a.). Die Subjektivität, die in der Bestimmung atomarer Vorgänge auftaucht, ist die Subjektivität des Experimentators, nicht aber wird die quantenphysikalische Gegenständlichkeit selbst als „Subjekt" thematisiert, d. h. metaphysisch als „Du" angesprochen, wie es in der Biologie der Fall ist, wo das Problem der Du-Subjektivität auch schon die logische Struktur der Forschung über Amöben, Zellen oder Gene bestimmt. Tatsächlich enthüllt die quantenphysikalische Komplementarität also keine Hineinnahme einer Subjektivität in den physikalischen Gegenstand, sondern die Untrennbarkeit der *menschlichen Handlung* des Experimentators von der Erkenntnis der objektivistischen Gegenständlichkeit des Atomaren. In dieser Subjekthaftigkeit des Experimentators ist nun allerdings ein wichtiger und von der philosophischen Selbstdeutung der modernen Physik kaum beachteter Unterschied zu machen zwischen seiner reinen Ich-Subjektivität, die als Beobachtung und Reflexion des Forschers zu berücksichtigen ist, und seinem tätigen Forschungszugriff, der als Handlung wiederum doppelthematisch, d. h. jene psychophysisch neutrale Grunderfahrung ist. Wenn man also die der quantenphysikalischen Komplementarität zugrunde liegende Subjektbedingtheit interpretiert als „die Störung, die nach den Naturgesetzen unvermeidlich mit jeder Beobachtung verknüpft ist" (*Heisenberg*), so ist das logisch nicht einwandfrei; im Gegenteil bildet gerade die Bestimmung und das Selbst-Erleben des Forschers als reine Ich-Subjektivität, d. h. als bloßer Beobachter, die Voraussetzung für die Auffassung des physikalischen Gegenstandes als reine, isolierte, subjektunbedingte Objektivität. Physikalisch heißt dies, daß es gerade die völlige Aufhebung und Nichtberücksichtigung des Experimentators zugunsten des Beobachters war, die in der Vernachlässigung der Meßungenauigkeit die methodisch rein objektivistische Haltung der klassischen Physik ermöglichte. Der Gegensatz, der sich zwischen dem getrennten Ich- und Außenerleben des Beobachters einerseits und der Wirklichkeitserfahrung des handelnden Experimentators andererseits auftut, ist die Quelle der quantenphysikalischen Komplementaritätserscheinungen, also der „Gegensatz von Geschehenlassen und experimentellem Zugriff", wie dies *C. F. v. Weizsäcker* einmal formulierte (1944).

Anders liegt der Fall in der Biologie: hier kann in manchen Bereichen (Beobachtung höherer Tiere in freier Wildbahn usw.) in der Tat die „bloße Beobachtung" eine Störung der zu beobachtenden Vorgänge sein, da das Beobachtungsobjekt selbst ein Subjekt ist, das den Beobachter in seiner Welt erlebt und dadurch in seinem Verhalten beeinflußt wird (was von den Elementarteilchen des Atoms noch niemand behauptet hat). Insofern nun aber der Biologe ebenso wie der Physiker handelnd auf seinen Forschungsgegenstand einwirkt, ihm tätig bestimmte Existenzbedingungen vorschreibt, ist die *Handlung* des Menschen von der Erkenntnis des biologischen Gegenstandes ebensowenig zu trennen wie von der des physikalischen Gegenstandes; aber diese menschliche Forschungshandlung ist nur noch einseitig als Subjektivität (Ich) zu thematisieren und geht in solcher Thematisierung nicht auf, weshalb gerade dies methodische Verhältnis, in dem Physik und Biologie analog sind, nicht vom Erleben der Ich-Subjektivität des Forschers oder, genauer, des Beobachters her zu begreifen ist. Was nun aber die „Störung" des Forschungsgegenstandes durch diesen tätigen Eingriff, die auf die Handlungseinwirkung erfolgende Rückwirkung, betrifft, so bedeutet es einen wesentlichen logisch-methodischen Unterschied, ob ich diese als Rückwirkung eines Objekts oder als das antwortende Verhalten einer Du-Subjektivität, d. h. selbst wieder als Handlung aufzufassen habe. *Die in der quantenphysikalischen Komplementarität erfaßten Verhältnisse zwischen Objektivität, Subjektivität und menschlicher Forschungshandlung stellen also nur einen speziellen und zur Verallgemeinerung durchaus ungeeigneten Sonderfall der wissensmethodischen Grundbestimmungen dar;* wir bezweifeln daher von einer Methodologie der Biologie her die Berechtigung des Urteils, daß „die mit der Entwicklung der Atomphysik entstandenen Denkformen weit genug (sind), um für die verschiedenen Seiten des Lebensproblems und die mit ihnen verknüpften Forschungsrichtungen Raum zu bieten" (*Heisenberg*), wie es heute wohl der Standpunkt vieler Naturwissenschaftler ist.

In philosophischer Hinsicht verläuft der Erkenntnisvorgang der Physik durchaus im Rahmen einer wissenstheoretischen Einsicht, die man mit der auf *Hobbes*, *Vico* und *Kant* zurückgehenden pragmatistischen These: „Wir erkennen, so weit wir machen", umschreiben kann, wenn man unter „machen" nicht nur die intellektuelle Konstruktion, sondern nach dem üblichen Sprachgebrauch auch den tätigen Umgang mit Dingen versteht. Für die Biologie reicht dieser Rahmen wissenstheoretischen Selbstverständnisses nicht mehr aus: indem die tätige Einwirkung des Forschers auf Rückwirkungen seines Gegenstandes trifft, die ebenfalls als Handlung einer Du-Subjektivität zu erfassen sind, vollzieht sich das Erkennen in dem Prozeß einer gemeinsamen Tätigkeit oder eines aufeinander angewiesenen Verhaltens von Forscher und Gegenstand, also einem Prozeß, der letzten Endes sich mit *historischen Kategorien* interpretieren muß. *Nur im tätigen Zusammenleben mit der Natur können wir erkennen, wie sie wird*, so etwa könnte man die wissenstheoretische Grundthese vom notwendigen Kommunikationscharakter jeder biologischen Forschung zu erfassen versuchen.

### 8. *Die biologische Verhaltensforschung.*

Unabhängig von solchen methodologischen Erörterungen und Lehrmeinungen ist die praktische Forschung der Biologie längst den Weg gegangen, das Verhalten der Tiere und den Ablauf biologischer Vorgänge als die Wirklichkeit des biologischen Forschungsgegenstandes anzusprechen. In der Beschreibung der konkreten Verläufe, gleichgültig gegen die objektivistische und subjektivistische Auffassung des Organismus, sind in der Tat in der forschenden Biologie alle die Diskrepanz von mechanistischen und vitalistischen Theorien überwindenden Fortschritte gemacht worden. Wenn wir daher von einer *biologischen Verhaltensforschung* als einer Synthese jener beiden biologischen Forschungsrichtungen sprechen und in ihr eine neue Ebene biologischer Forschung erkennen wollen, so sind dabei zwei Gedanken stets festzuhalten:

1. Es handelt sich nicht darum, eine Synthese philosophisch erst zu finden und von der methodologischen Spekulation aus der biologischen Forschung gegenüber durchzusetzen, sondern diese Synthese ist in der praktischen Forschung längst auf vielen biologischen Gebieten vorhanden und es ist die Aufgabe der Methodologie oder Wissenstheorie, diese vorhandene Forschungspraxis philosophisch zu begreifen und gegenüber unzureichenden methodologischen Theorien richtig zu deuten.

2. Der Begriff der biologischen Verhaltensforschung meint keine bestimmte Schule oder sich auf Grund methodologischer Grundsätze zusammengehörig fühlende Gruppe biologischer Forschung, sondern will zum Ausdruck bringen, daß in den verschiedensten biologischen Forschungsgebieten wie der Genetik, der Physiologie, der Tierpsychologie, der Anthropologie usw., sich Ergebnisse und Methoden abzuzeichnen beginnen, die nur unter der Voraussetzung, daß der Ablauf des Verhaltens oder Handelns des biologischen Gegenstandes als die zu erforschende Wirklichkeit angesehen wird, methodologisch-philosophisch zu begreifen sind.

Wenn wir uns als methodologisch zu interpretierendem Beispiel der Lehre vom Instinktverhalten von *K. Lorenz* zuwenden, so soll damit nicht nur die tierpsychologische vergleichende Verhaltensforschung eines *Lorenz*, *Tinbergen*, *O. Koehler* und vieler Autoren der „Zeitschrift für Tierpsychologie" getroffen sein, die sich ihrerseits wieder auf *Jennings*, *Whitman* und *Heinroth* als ihre Vorgänger berufen, sondern wir müssen als Voraussetzung dieser Forschungsrichtung ebenso die biologischen Ergebnisse eines *Uexküll*, *W. Köhler*, *Schjelderup-Ebbe*, *Hinsche*, *Buytendijk*, *Portman* u. a. oder die zahlreichen Forschungen, die über das Instinktverhalten der Spinnen, Wespen und Bienen vorliegen, hier einordnen; die gleichen methodischen Strukturen ließen sich an der nervenphysiologischen Entdeckung der relativen Koordination durch *E. v. Holst* aufweisen, der seinerseits wiederum auf den methodischen Zusammenhang seiner Arbeiten mit den neuen Forschungen der Elektrophysiologie und Pathologie des Hirns *(Jung)*, der Physiologie des Herzens, der Instinktforschung und der Gestaltpsychologie hinweist (1940), wobei außerdem noch an nervenphysiologische Arbeiten zur Organisation der Motorik wie die von *R. W. Heß* zu denken wäre.

Auch *K. Lorenz* geht in einer Studie über die methodischen Grundlagen der tierpsychologischen Verhaltensforschung von der Forderung der Einheit kausaler und teleologischer Forschungsmethoden aus (1937a). In seiner Methodologie wie in seiner Forschung ist nun zum ersten Male eine Unterscheidung der verschiedenen Rollen, die der Subjektivitätsbegriff in der Biologie spielt, durchgeführt, und zwar gelangt er dazu durch eine Klärung des *Zweckbegriffs*. Gegen die vitalistischen (subjektivistischen) Theorien erhebt er folgenden Einwand: „Es wird hier oft, und zwar wiederum mit einer gewissen Absichtlichkeit, die arterhaltende Zweckmäßigkeit des Verhaltens mit den vom Tier als Subjekt angestrebten Zwecken und weiterhin mit einer transzendenten Teleologie begrifflich vermengt." Damit sind drei Bedeutungen des Zweckbegriffes herausgestellt:

1. ein transzendentes Finalitätsagens,
2. die arterhaltende Zweckmäßigkeit des Verhaltens,
3. der vom Tier als Subjekt angestrebte Zweck.

Wir können aus dieser Einteilung des Zweckbegriffs die methodischen Grundlagen der Verhaltensforschung entnehmen:

1. Die Annahme eines transzendenten Finalitätsagens setzt eine spirituelle Metaphysik voraus; so beruht auch die Identifikation von Ich- und Du-Subjektivität im Grunde auf der Voraussetzung einer objektiv vorgestellten Einheit aller Subjektivitäten als Identifikationsbasis und als allgemeines Wirkagens, sei sie nun als Gott, als Weltgeist oder als Wille, als élan vital gedacht. Nur auf dieser Grundlage ist der Subjektbegriff der solipsistischen Monaden und ihrer planmäßigen harmonischen Zuordnung zueinander zu fassen und zu halten. Diese

Art Metaphysik ist durch *Kants* transzendentale Kritik als Grundlage der Wissenschaft widerlegt worden; jedoch führt sie in der Art der Begriffsbildung ein zwar verblaßtes, aber um so dauerhafteres Dasein. Diese Setzung eines allgemeinen Wesens in eine Objektivität hinter der wahrgenommenen Gegenständlichkeit und dem erfahrenen Verhalten erfolgt bereits in der Verwendung von Allgemeinbegriffen, deren Reflexionscharakter in ihrer Anwendung nicht kritisch bewußt bleibt, sondern sich unversehens als zu erforschende Gegenständlichkeit mit der beobachtbaren Gegenständlichkeit vermischt. In dieser Weise werden Abläufe organischen oder tierischen Verhaltens in Begriffen wie „Potenz" oder „Agens" noch weitgehend in den Naturwissenschaften zu ontologischen Wesenheiten gestempelt. Für die forschungshemmende Wirkung solcher Begriffsbildung gibt es heute vielleicht kein besseres Beispiel als den Begriff des *Instinkts*. Der Fortschritt der Instinktforschung in den Arbeiten von *Lorenz* gegenüber seinen Vorgängern beruht in methodisch-begrifflicher Hinsicht auf der grundsätzlichen Einsicht: es gibt keinen „Instinkt", es gibt nur Instinkthandlungen, oder noch genauer: das Instinktverhalten ist nur eine bestimmte Ablaufform der tierischen Bewegungen (1937b u. c), und so wird von ihm „an die Stelle der Mystik überkommener Instinktvorstellungen das planvolle Zusammenspiel ineinander verzahnter, exakt beschreibbarer Handlungsakte" *(v. Holst)* gesetzt. Die von hier aus als neue Forschungsrichtung gesehene „objektive Verhaltensforschung" *(Lorenz)* in der Biologie erfordert also die Vereinigung einer kritisch-reflektierten Dauerhaltung in der Methodologie und Begriffsbildung mit der Annahme des zu beobachtenden tierischen Verhaltens und seiner Ablaufsweisen als ursprünglicher biologischer Gegenständlichkeit und Wirklichkeit.

2. Die biologische *Zweckmäßigkeit im Sinne der Arterhaltung* wird nach *Lorenz* auf induktivem Wege aus der Betrachtung der Verhaltensweisen lebender Organismen gefunden, die alle die Vermehrung und Ausbreitung der betreffenden Art zum Ziel haben. Da sie streng „von dem vom Tier als Subjekt verfolgten Zweck" getrennt wird, ist dies also ein Zweckbegriff der Reflexionssubjektivität des Forschers, zu dem er genötigt wird, wenn er das Ganze der organischen Verhaltensweisen sowohl in ihrem Ablauf in der Zeit wie im Verhältnis der Individuen und Gruppen zueinander betrachtet und in den Begriff heben will. Dem Tier oder der organischen Entwicklung selbst dieses „Zweckhaben" beilegen, hieße der tierischen Subjektivität die Fähigkeit zuschreiben, zu dem Ganzen ihrer Lebensvorgänge überblickend Stellung nehmen zu können. Der Zweckbegriff ist das reflektierte Selbstverständnis der *menschlichen* Handlung und wird nur gemäß unserer dem eigenen Handeln abgezogenen Begriffsstruktur als ein „Als-ob" der Erklärung in die tierische Verhaltensweise hineingelegt: in dieser These ist sich die Philosophie *Kants* und *Bergsons* völlig einig, ja dieser weist mit Recht darauf hin, daß zu dieser Deutung im „Als-ob" des menschlichen Zweckbegriffes tatsächlich jeweils die organische Entwicklung als fertig abgelaufen vorliegen müsse, da nur so ein Ganzes als Überblick erfaßt werden könne. Um die Zukunft der Entwicklung des Lebens im Zweckbegriff zu fassen, müßte ein Zweckvorsatz im organischen Leben als Subjekt selbst zugänglich sein. Es ist in diesem Zusammenhange bemerkenswert, daß in der Tat der Zweckbegriff der Arterhaltung nur eine ewige Gegenwart als Tendenz des Lebens postuliert.

3. Insofern erscheint die Formel des *„vom Tier als Subjekt angestrebten Zwecks"*, in der *Lorenz* die Subjektivität des Tieres zu fassen versucht, auch schon fälschlich die These auszusprechen, daß das Tier sich in seinem Verhalten Zwecke setze. Zieht man aber gerade die Forschungen *Lorenz'* zu Rate, so erkennt man bald, daß sich diese mißdeutbare Formel aus den besonderen Schwierigkeiten der begrifflichen Fassung der tierischen Du-Subjektivität erklärt. Gerade *Lorenz* hat nachgewiesen, daß der „vom Tier als Subjekt angestrebte Zweck" auch in den variablen tierischen Verhaltensweisen niemals unmittelbar die Arterhaltung oder die biologische Leistung dieses Verhaltens im engeren Sinne (Ernährung, Fortpflanzung, Schutz usw.), sondern der Ablauf dieser bestimmten Verhaltens- und Bewegungsweisen selbst ist, so daß im Extremfall (Leerlauf oder unter experimentell gesetzten unnatürlichen Bedingungen) der biologische Zweck bei dem angestrebten Verhalten ganz ausfällt oder es sich gar als biologisch schädlich erweist. Damit wird der „subjektive Zweck" der tierischen Handlung im Ablauf dieser Handlung selbst gesehen, eine Erscheinung, die *Lorenz* alternierend objektivistisch und subjektivistisch zu fassen versucht, indem er die Instinkthandlung zugleich als Mittel und als Motivation des tierischen Verhaltens bestimmt. Nun wird aber diese Instinkthandlung auch hinsichtlich ihres „subjektiven Zweckhabens" keineswegs als subjektive Vorstellung oder unklares Gestimmtsein erfaßt, sondern sie wird *als das Du-Verhalten beschrieben, das wir wahrnehmen*; ausdrücklich werden „die ihre Ausführung begleitenden subjektiven Erscheinungen", also die ichhaften Subjektivitätserlebnisse des Tieres wie Lust, Gestimmtsein usw. (zu denen, was hier unberücksichtigt bleiben muß, die vergleichende Verhaltensforschung auf gesicherterem

Wege einen Zugang erschließen zu können meint), sowohl in bezug auf die tierpsychologische Forschung als auch in diesem „subjektiven Zweckhaben" des Tieres zu Nebenerscheinungen erklärt. Die Anwendung des Ausdrucks „subjektives Zweckstreben des Tieres" darf also nicht dahin gedeutet werden, daß dem Tiere irgendwelche den menschlichen analoge Zweckvorstellungen oder ein Zielbewußtsein generell zugeschrieben werden soll, sondern es macht sich hier das Fehlen eines allgemein biologischen Subjektivitätsbegriffes des Du-Verhaltens bemerkbar, so daß die Gleichheit der biologischen Leistung doch wiederum in der Bestimmung der Antriebsstruktur des Tieres wenigstens im Ausdruck zur Analogisierung mit dem Zweckstreben der menschlichen bewußten Handlung geführt hat.

Diese Schwierigkeit, die der erfahrenen Du-Subjektivität gemäßen Ausdrücke oder Begriffe zu finden, taucht noch an einer anderen Stelle der Verhaltensforschung auf, die für die Methodologie von großer Bedeutung ist: wenn z. B. die Instinktforschung die Zielinstinkte als „Balzverhalten" oder „Imponiergehabe" bezeichnet, so steckt in diesen Ausdrücken sehr wohl noch die Reflexion auf die biologische Leistung dieser Verhaltensweisen, also auf den Zweck der Fortpflanzung, des Schutzes vor Feinden usw., aber das Reflektierte ist in diesen Ausdrücken sozusagen das Überflüssige, denn sie sind hier wesentlich als Abbreviaturen von wahrgenommenen und zu beschreibenden konkreten Ablaufsweisen tierischer Bewegungen gemeint. Die Ausdrucksschwierigkeit liegt darin, daß uns Begriffe für zweck- und ursachenunbezogene reine Verlaufsqualitäten des Du-Verhaltens in der Wissenschaft nur außerordentlich spärlich zur Verfügung stehen. *Lorenz* erwähnt einmal, daß es ein sehr komischer und erheiternder Anblick sei, wenn bei den Tagungen der Tierpsychologen die Instinktforscher sich durch Nachahmung tierischer Instinktlaute oder in mühseligen Gesten ihre Beobachtungen über den konkreten Ablauf der tierischen Bewegungen mitzuteilen gezwungen seien. Vielleicht liegt in dieser Komik der beste Beweis dafür, daß die Biologie in der Tat dabei ist, der wissenschaftlichen Forschung einen neuen Gegenstandsbereich zu erschließen. Gegenüber der Wirklichkeit eines Du-Verhaltens in seinen konkreten Ablaufs- und Bewegungsweisen schließt ein Begriff wie „Imponiergehabe" zunächst gar keine Erkenntnis auf, vielmehr ist *das einzige dieser Du-Subjektivität angemessene wissenschaftliche Erkenntnismittel die exakte Beschreibung.*

Die *Beschreibung*, bisher nur als Hilfsmittel der Forschung gewertet, die auf die Erkenntnis kausaler oder finaler Gesetzlichkeit ausging, wird jetzt zur hauptsächlichen Erkenntnismethode des tierischen Verhaltens. Dieses Beschreiben ist nun das Erkenntnismittel, das es gestattet, die Einheit des Du-Verhaltens in seiner Gesetzlichkeit zu erfassen und darzustellen, ohne in die alternierende Thematisierung des biologischen Gegenstandes als Subjekt und Objekt einzutreten. Diese Thematisierungsneutralität rückt die Beschreibung einerseits näher an die unmittelbare Wirklichkeitserfahrung, beraubt sie andererseits aber der rein thematischen Gesetzlichkeit, d. h. der Reflexionsform, was die Beschreibung bisher zum wissenschaftlichen Erkenntnismittel minderen Ranges gestempelt hat; zu Unrecht, wenn sie als einzige Methode eine unverfälschte Erfassung des Verhaltens des biologischen Gegenstandes erlaubt. *Lorenz* spricht daher mit Recht davon, daß „die scheinbare Unwissenschaftlichkeit" der einzigen Möglichkeit wissenschaftlicher Erforschung organischer Ganzheiten im allgemeinen und des tierischen Verhaltens im besonderen" kein aufrecht zu erhaltender Einwand wäre; außerdem kann auch dieses Erkenntnismittel in seiner wissenschaftlichen Exaktheit in einem bisher noch unausgewerteten Maß gesteigert werden (so liegt z. B. hier die Bedeutung des Films als wissenschaftlicher Erkenntnis- und Darstellungsmöglichkeit). Der Grund, daß die Beschreibung einen umfassenderen Wirklichkeitsgehalt des tierischen Du-Verhaltens zu erfassen vermag als die auf der Trennung von Außenwelterfahrung und selbstbewußter Ich-Erfahrung beruhende Kausal- und Zweckforschung, liegt darin, daß sie zu der unmittelbaren Wirklichkeitserfahrung des handelnden Menschen in einer näheren Verbindung steht als die Reflexion, ein Verhältnis, aus dem auch die Dichtung ihre Kraft und Wirklichkeitssuggestion schöpft. Allerdings ist die Beschreibung nicht die Wirklichkeit der Handlung selbst, sondern nur ihre Wiederholung in einer reduzierten, entlasteteren Handlungsform, die ihr wiederum den Charakter der theoretischen Haltung ermöglicht. Das Verhältnis zwischen der menschlichen Handlung und ihrer Grunderfahrung der Wirklichkeit einerseits und der Beschreibung als einem diese Wirklichkeit wiederholenden theoretischen Verhalten andererseits und dazu noch deren Beziehungen zur abstrahierenden Begrifflichkeit der Reflexion zu klären, ist eine Aufgabe, die aus dem Rahmen einer Methodologie der Biologie hinausweist auf eine allgemeine Theorie der wissenschaftlichen Erkenntnispraxis.

## 9. *Ausblick auf die Entwicklungslehre.*

Die fruchtbarsten Anwendungen und Folgerungen scheint die biologische Verhaltensforschung auf dem Gebiet der Entwicklungslehre zu gestatten, und zwar besonders in einer Frage, die zu den ungeklärtesten Problemen der Wissenschaft gehört: der Frage nach der Entstehung des Menschen. Die bisherigen anthropologischen oder biologischen Lehren, die einen entwicklungsgeschichtlichen Übergang vom Tier zum Menschen zu deuten versuchten, konnten zumeist schon einer Kritik ihrer methodischen oder begrifflichen Denkmittel entweder von seiten der Biologie oder, weit öfter, seitens der Wissenschaften vom Menschen nicht standhalten. *Portmann* (1944) hat als Biologe darauf aufmerksam gemacht, daß die einheitliche Anwendung der Entwicklungsidee auf Tier und Mensch bisher von der Vermischung und Verwechslung zweier Entwicklungsbegriffe gelebt hat, dem der organischen Naturforschung einerseits und dem der Geschichte andererseits. Im Nachweis, daß der biologischen Entwicklungstheorie gerade die Kenntnis des Entwicklungsfaktors fehlt, der den Zusammenhang der Entwicklung bewirkt, während ihn die Geschichte in der menschlichen Tradition und Handlung besitzt, wird die Einheitlichkeit des Gegenstandes beider Entwicklungsbegriffe bestritten. Forderung an einen gleichmäßig auf die Evolution der Organismen und auf die Geschichte des Menschen auszudehnenden Entwicklungsbegriff wäre also zunächst, den *Nachweis einer einheitlichen Gegenständlichkeit der organisch-biologischen und der menschlich-historischen Entwicklungsgeschichte* zu erbringen. Wir können dazu grundsätzlich schon sagen, daß dies nur im Rahmen einer *Du-Subjektivität* als Gegenstand möglich sein wird[1]. Der Entwicklungsbegriff als geschichtliche Kategorie ist geradezu als der notwendige Gedanke zu bestimmen, zu dem die Reflexion gelangt, wenn sie das Ganze einer gegenständlichen Subjektivität in der Zeit überblickt. Die Reflexion auf den Zeitablauf objektivistischer Systeme und Vorgänge (Erdgeschichte, Geschichte des Weltalls usw.) kann wohl zu Zeitangaben und zu einer unumkehrbaren Zeitfolgebestimmtheit für diese Systeme und Vorgänge gelangen, nicht aber zu einer geschichtlichen Kategorie. Hier liegt der logische Widerspruch in dem Versuch einer sich objektivistisch-anatomisch verstehenden Morphologie, zu den Faktoren des Entwicklungsganges des Lebens vorzudringen, was schon *Bergson* in der „Schöpferischen Entwicklung" mit seiner Unterscheidung von „temps" und „durée" nachwies. Dieser Zusammenhang von Entwicklungsbegriff und Subjektivität hat aber auch in anderer Fassung eine wichtige Bedeutung: wenn wir gezwungen sind, den biologischen Gegenstand als Subjektivität zu thematisieren, so ist eine Entwicklungslehre mit historischer Begrifflichkeit eine logisch notwendige Reflexionsstufe der Biologie. Es fragt sich dabei nur, ob nicht durch die Fassung eines allgemeinen biologischen Subjektivitätsbegriffs auch das Phänomen des Geschichtlichen eine entscheidende Ausweitung erfährt.

In diesem Zusammenhange hat die biologische Verhaltensforschung einige bemerkenswerte Aussagen zur Stammesgeschichte gemacht; während die Entgegensetzung der Entwicklungsbegriffe bei *Portmann* noch durchaus darauf beruht, daß im Begriff der organischen Entwicklung die morphologischen und somatischen Tatsachen die primäre Wirklichkeit bilden, haben die Forschungen von *Whitman*, *Heinroth* und *Lorenz* inzwischen nicht nur den Wert bestimmter Verhaltungs- und Bewegungsweisen als taxonomische Merkmale erwiesen, sondern darüber hinaus festgestellt, daß diese gar taxonomisch eindeutiger und stammesgeschichtlich konservativer sind als ein einzelnes oder auch die Summe der morphologischen Organe. Eröffnet sich damit die Möglichkeit, auch den Begriff der stammesgeschichtlichen Entwicklung primär auf der Wirklichkeit eines objektiven Verhaltens zu gründen, *so wäre in dem Zusammenhang der Veränderungen von Verhaltensweisen der Du-Subjektivität die einheitliche Wirklichkeit und Gegenständlichkeit eines sowohl die Evolution der Organismen wie die Geschichte der Menschheit in sich einschließenden Entwicklungsbegriffs gegeben* und damit zwischen naturgeschichtlicher und historischer Forschung „die Idee einer Begegnung, welche ein einheitliches Kontinuum menschlicher Kenntnis aufschließt" *(Portmann)*, erfüllt. Die Aufgabe einer solchen Entwicklungsgeschichte wäre, die Ablaufsqualitäten tierischen und menschlichen Verhaltens genetisch abzuleiten, was zunächst wohl mehr in der Erforschung beschränkter Bruchstücke und Zusammenhänge einzelner exakt zu fassender und isolierbarer Verhaltensformen zu bestehen hätte als in der Aufstellung eines inhaltlichen Gesamtentwurfs der Geschichte des Verhaltens (vgl. *O. Koehler*, 1942). Einzelne Arbeiten dieser Art haben gezeigt, daß damit sowohl die kausale Forschung der organischen Entwicklung wie das Studium des biologischen Verhaltens vor neue Einsichten und Probleme gestellt wird.

[1] Die gleiche These wird in einer neuen Veröffentlichung von *W. Marinelli*, „Die Abstammung des Menschen", Wien 1948, vertreten.

*Literatur.*

*v. Allesch, G. J.*, Die Beziehungen zwischen tierpsychologischen und menschenpsychologischen Tatbeständen. Ztschr. f. Tierpsych. *1*, 128 ff., 1937. — *Prinz Auersperg, A.* u. *v. Weizsäcker, V.*, Zum Begriffswandel der Biologie. Ztschr. f. d. ges. Naturwissensch. *1*, 316 ff., 1935. — *Brock, F.*, Die Wandlungen der Grundanschauungen in der neueren Tierpsychologie. Ztschr. f. Tierps. *1*, 146 ff., 1937. — *Buytendjik, F. J. J.*, Wege zum Verständnis der Tiere, Zürich 1938. — *Dewey, J.*, Theory of Emotions I, II. Psycholog. Review 1894/95. — *Driesch, H.*, Philosophie des Organischen.

4. Aufl. Leipzig 1928. — *Gehlen, A.*, Der Mensch, seine Natur und Stellung in der Welt. Berlin 1940. — *Günther, Gotth.*, Grundzüge einer neuen Theorie des Denkens in Hegels Logik. Leipzig 1933. — Ders., Die philosophische Einheit der Wissenschaften. Die Tatwelt *13*, 79 ff., 1937. — Ders., Logistik und Transzendentallogik. Die Tatwelt *16*, 135 ff., 1941. — *Heisenberg, W.*, Wandlungen in den Grundlagen der Naturwissenschaft. 6. Aufl. Leipzig 1945. — v. *Holst, E.*, Neue Anschauungen über die Tätigkeit des Zentralnervensystems. Die Naturwissensch. *28*, 803 ff., 1940. — *Hund, F.*, Das Naturbild der Physik. 3. Aufl. Potsdam 1947. — *Koehler, O.*, Die Aufgabe der Tierpsychologie. Schrift. d. Königsb. Gelehrt. Gesellsch. *18*, 79 ff., 1943. — *Lorenz, K.*, Biologische Fragestellung in der Tierpsychologie. Ztschr. f. Tierps. *1*, 24 ff., 1937 a. — Ders., Über die Bildung des Instinktbegriffes. Die Naturwissensch. *25*, 289 ff., 1937 b. — Ders., Über den Begriff der Instinkthandlung. Folia Biotheor. 2, 17 ff., 1937 c. — *Plessner, H.*, Die Stufen des Organischen und der Mensch. Berlin 1928. — *Portmann, A.*, Biologische Fragmente zu einer Lehre vom Menschen. Basel 1944. — *v. Uexküll, J.*, Umwelt und Innenwelt der Tiere. 2. Aufl., Berlin 1921. — Ders., Theoretische Biologie. 2. Aufl., Berlin 1928. — Ders., Bedeutungslehre. Bios Bd. 10, Leipzig 1940. — Ders. u. *Brock, F.*, Vorschläge zu einer subjektbezogenen Nomenklatur in der Biologie. Ztschr. f. d. ges. Naturw. *1*, 36 ff., 1935. — *Weber, Herm.*, Der Umweltbegriff in der Biologie und seine Anwendung. Der Biologe *8*, 245 ff., 1939 a. — Ders., Zur Fassung und Gliederung eines allgemeinen biologischen Umweltbegriffs. Die Naturw. *27*, 633 ff., 1939 b. — *v. Weizsäcker, C. F.*, Vorwort zu *L. de Broglie*, Die Elementarteilchen. Hamburg 1944.

*(Professor Dr. Helmut Schelsky, Hamburg 13, Mollerstr. 10.)*

## Über das Welt-Umweltverhältnis des Menschen.

Von

H. PLESSNER.

I.

Uexkülls Begriff der Umwelt war ursprünglich das methodische Mittel, um der Biologie eine von anthropomorphen Maßstäben freie Analyse der verschiedenen Planordnungen tierischen Verhaltens zu ermöglichen und ihr die dabei gebräuchlichen Analogiedeutungen aus menschlichem Erleben zu ersparen. Da wir nie wissen können, wie und was Tiere erleben, und überdies das Verständnis ihres Verhaltens an den Umständen hängt, unter denen sie leben, verweist Uexküll die Biologie auf das Studium der Wechselbeziehungen zwischen Organismus und dem für ihn maßgeblichen Milieu, dem Feld der Umstände: der Umwelt.

Mit dieser Verweisung ergaben sich zwei grundsätzliche Schwierigkeiten. Die eine liegt in der Abgrenzung des Umwelt genannten Feldes von der Umgebung, die sich stetig nach allen Seiten erweitern läßt, bis sie ihren Umgebungscharakter verliert und keinen perspektivischen Aspekt mehr auf das Lebenssubjekt bietet. Die zweite Schwierigkeit, eng mit der ersten verknüpft, erhebt sich in der Frage, inwieweit diese für uns Menschen grenzenlos erweiterungsfähige Umgebung selbst wieder Umwelt ist, Umwelt in diesem Fall des Menschen, welche die anderen Umwelten der Tiere einschließen muß, falls der Anspruch der Biologie auf objektive Beobachtung fremden Lebens zu Recht besteht.

Perspektivische Ordnung der Umwelt als auf ein Lebewesen zugeschnittener Ausschnitt aus der Umgebung und Einbettung solcher Umwelten in die unter dem Verdacht menschlicher Umweltlichkeit stehende Umgebung bilden, wie man sieht, nicht nur technische, sondern prinzipielle Schwierigkeiten für die Biologie und Philosophie. Will nämlich die perspektivische Ordnung die Analyse tierischen Verhaltens im Rahmen seines jeweiligen Bauplanes halten und vor dem Abgleiten sowohl in unkontrollierbare psychologische als auch in rein chemisch-physikalische Analogien bewahren, so stößt sie überdies in dem Verdacht gegen den Umweltcharakter der dem Menschen als Welt erscheinenden Umgebung auf die alte Transzendenzfrage. Was will die Berufung auf die dem Menschen evidente Offenheit zur Welt besagen, wenn Biologie, Soziologie, Ethnologie und Kulturgeschichte ihm eine sich stets wieder erneuernde, wenn auch großer Variabilität fähige Befangenheit, um nicht zu sagen Gefangenheit in typischen Umwelten vitaler und geistiger Art nachweisen kann? Die schematische, heute so beliebte Korrelation zwischen Tier und Umwelt, Mensch und Welt macht es sich doch wohl zu leicht. Wenn ein Philosoph aus der physischen Organisation des Menschen nicht nur eine eben dem Menschen vorbehaltene Umwelt, sondern die volle Konfrontation mit „der" Welt herausliest, überspringt er die Grenze, die biologischer Analyse nun einmal gezogen ist.

Umwelt und Welt sind Gegenbegriffe in ihrer Anwendung auf die Tiere wie auf den Menschen und bleiben in ihrem Gegenverhältnis aufeinander bezogen, doch so, daß Umwelt sich von einem selbst nicht zugänglichen Hinter- und Untergrunde, Welt genannt, abhebt, während Welt als solche zwar Umweltbildung erlaubt, doch auf sie nicht angewiesen ist. So hat Uexküll den Begriff gefaßt und für die biologische Untersuchung zur Richtschnur gemacht. Die Nähe zu Kants Einschränkung der „Welt" auf eine Natur, deren Entwurf der Mensch sich selbst verdankt, ist deutlich. Kants Gedanke von den Anschauungsformen, Kategorien und Ideen, mit deren Hilfe „unser“ Geist einer Erfahrungswelt objektiven, wiewohl nicht absoluten Charakters sich versichert, einer Natur, auf die Verlaß ist, hat seinen Rückhalt an der Sicherung einer sittlichen Ordnung. Theorie und Praxis hängen hier in einem die Würde des Menschen verbürgenden „Plan“ zusammen. Stimmt also die Kantsche Philosophie die Wahrnehmungs- und Erkenntnismöglichkeiten des Menschen auf seine praktisch-sittlichen Möglichkeiten ab, so wird der Biologe dazu neigen, diesen Gedanken in seine Sprache zu übersetzen und die gegenseitige Aufeinander-abgestimmtheit der Formen, mit denen wir Natur erfassen, und der Formen, in denen wir sie praktisch beherrschen, als Ausdruck des menschlichen Bauplans zu sehen. Das ist freilich handfester Vitalismus und hat mit Kant nichts mehr zu tun. Aber men darf nicht vergessen, daß in den Jahren von Uexkülls Jugend nach ähnlichen Synthesen zwischen Philosophie und Biologie gesucht wurde, und der Glaube an das schöpferische Leben nicht stets in solche Tiefen führte, wie Dilthey und Bergson sie erreichten. Schließlich begann sogar Simmel mit einer Synthese von Darwin und Kant, der Einfluß Spencers war mächtig, selbst der Pragmatismus James', der Fiktionalismus Vaihingers mochten sich auf Kantsche Gedanken berufen.

Wenn wir heute für die lebensphilosophischen Hintergründe und Konsequenzen des Uexküllschen Umweltbegriffs ein schärferes Auge haben, so müssen wir gleichwohl seinen Wert für die empirische Lebensforschung anerkennen. Die Uexküllsche Terminologie mag vielfach gewollt sein, doch bleibt der Versuch einer Analyse des tierischen Subjekts unter Vermeidung psychologischer oder physikalischer Analogien, ohne Tierpsychologie und ohne Pseudoexaktheit im Stil des alten Behaviorismus ein wesentlicher Fortschritt. Selbst wenn die moderne „Ethologie“ sich aus rein methodischen Gründen nicht dazu verstehen kann, die Uexküllschen Bedeutungskategorien zu verwenden, bildet der Umweltbegriff eine eindrucksvolle Warnung an ihre Adresse, über der Analyse des Verhaltens nicht seine von Art zu Art wechselnde Einheit (ihre Stilform oder ihren Bauplan) zu vergessen, welche auf einen *Aspekt* der Umgebung zugeschnitten ist. *Wie* sich die perspektivische Ordnung dem Lebewesen in den Sektoren seines Merkens und Wirkens *präsentiert*, bleibt dem Menschen verschlossen. Aber daß und unter welchen Umständen sie sich präsentiert, daß das Lebewesen kein bloßes Ding, sondern eine Mitte ist, wenn auch ohne dem Menschen vergleichbare Erlebnismöglichkeiten, daß Umwelt also nicht mit Umgebung weder im Umfang noch im Aspekt zusammenfällt, darf auch die exakte Ethologie keinen Augenblick außer acht lassen.

*H. Weber* (Die Naturwissenschaften 1938/39) unterscheidet Umgebung als die Gesamtheit der gesetzlich verknüpften Glieder eines Lebensraumes, in dem wir einen Organismus beobachten und ihn versetzt denken, von Umwelt als die im ganzen Komplex einer Umgebung enthaltenen Gesamtheit der Bedingungen, die einem bestimmten Organismus gestatten, sich kraft seiner spezifischen Organisation zu halten, und sieht außer der aktuellen auch eine potentielle Umgebung bzw. Umwelt. Diese Definition trägt nur den methodischen Untersuchungsmöglichkeiten der exakten Verhaltensforschung Rechnung. Sie hält sich in dem für sie konstitutiven Rahmen. Gerade darum schaltet sie sorgfältig die Rücksicht auf den Präsenzcharakter des Organismus aus, an welchem der Uexküllsche Umweltbegriff erst seine volle Bedeutung gewinnt, die ihm jedenfalls als regulativem Prinzip biologischer Forschung erhalten werden muß.

Bildet er doch auf diese Weise die Brücke zu einer Analyse des Welt-Umweltverhältnisses des Menschen, den wir in allen seinen Lebensäußerungen, d. h. nicht nur wie bisher in seinen somatischen Lebensäußerungen, zu sehen und zu begreifen suchen, soll der Gedanke einer Biologie der Person nicht länger bloßes Programm bleiben. Was bisher in dieser Richtung getan ist, leidet allerdings an einer zu einfachen Behandlung des Gegensatzes zwischen umweltgebundener und weltoffener Lebensform. Entweder siegt der Biologismus mit einer Degradation des Menschen auf das Niveau umweltgebundenen Lebens. Einem Naturforscher mag das begreiflicherweise passieren; daß aber ein mit geistiger Welt so vertrauter Denker wie Rothacker, und zwar gerade nicht im degradierenden bzw. geistblinden Sinne dafür plädiert, stellt das Problem der Anwendung des Umweltbegriffs auf den Menschen nur um so nachdrücklicher. Oder der Biologismus wird abgewehrt unter Hinweis auf die prinzipielle Weltoffenheit und Nichtgebundenheit des Menschen an eine Umwelt, wie bei Scheler und Gehlen, bei letzterem interessanterweise sogar im Wege einer in biologischer Ebene sich haltenden, Körperlichkeit, Sprache und Handlungssysteme umfassenden Analyse menschlichen Verhaltens.

Mit der Möglichkeit, daß beim Menschen Umweltgebundenheit und Weltoffenheit kollidieren und nur im Verhältnis einer *nicht* zum Ausgleich zu bringenden gegenseitigen Verschränkung gelten, einer Möglichkeit, die durch seine zugleich tierische und nichttierische „Natur“ nahegelegt ist, haben dagegen beide Parteien nicht gerechnet. In meinen 1928 erschienenen, seit 1933 zu Gunsten Schelers vergessenen „Die Stufen des Organischen und der Mensch“ und in der 1941 in Holland zuerst veröffentlichten Arbeit über „Lachen und Weinen“ bildet diese Verschränkung die Basis sowohl für die Analyse der menschlichen Lebensform wie für charakteristische menschliche Äußerungsweisen, die sich bisher einem Verständnis entzogen haben. Ohne auf die in dem erstgenannten Buch gegebenen Kategorialanalysen des Lebendigen, speziell seiner tierischen und menschlichen Seinsweise zurückzugreifen, versuchen wir im Folgenden das hier behauptete Verhältnis der Verschränkung zwischen Umweltgebundenheit und Weltoffenheit beim Menschen zu verdeutlichen.

2.

Der Umweltgedanke legt den Nachdruck auf die strenge Entsprechung zwischen dem Bauplan eines Tieres und dem zu ihm passenden Ausschnitt aus einer weiteren Umgebung, der auf ihn, d. h. in seiner Art bezogen und daher nicht von ihr loszulösen ist. Wie eine Glocke umgibt diese artspezifische „Welt“ den jeweiligen Organismus, in dem, was er merken und was er wirken kann. Den organbedingten Funktionskreisen der Nahrung, des Sexus, des Feindes usw. entsprechend ist Umwelt ein System von Sinnbezügen, in welchem von vornherein nur diejenigen Reize zugelassen sind, mit denen der Organismus etwas anfangen kann, d. h. die für ihn vitale Bedeutung besitzen. Umwelt seligiert und isoliert mithin, doch so, daß partielle Deckung gewisser „Teile“ von mehreren Umwelten, z. B. bei Warnsymbiosen, möglich bleibt. Eine vital bedeutungslose, in keinem Funktionskreis eine Rolle spielende Reizüberflutung, die den Menschen auf Schritt und Tritt bedrängt, kann dort nicht stattfinden.

In dem Prinzip der Entsprechung zwischen Bauplan und Umwelt ist zugleich ihre Interessebedingtheit und Subjektivität enthalten, Interesse und Subjekt in einer dem tierischen Organismus gemäßen Bedeutung verstanden. Die Funktionskreise zwischen ihm und seiner Nahrung, Beute, Feind, Kumpan, Geschlechtspartner, Terrain *binden* Art, Umfang und Situation des Merkbarwerdens und Merkbarbleibens an seine durch Organisation und biologische Notwendigkeit vorgezeichneten *Aktionsmöglichkeiten*. Merkwelt und Wirkwelt sind aufeinander abgestimmt. Ihnen fehlt die Eigenständigkeit und Losgelöstheit vom biologischen Funktionszusammenhang, d. h. der *Sachcharakter*, auf Grund dessen der Mensch seine Wahrnehmungen und Aktionen in objektivem Sinne zu machen und zu korrigieren versucht.

Zu dem selektiven, isolierenden und aktionsrelativen Charakter der Umwelt paßt schließlich ihre Nichttransponierbarkeit, die wiederum der menschlichen Fähigkeit, überall zu leben und sich an alle Milieus, sei es dann auch mit Hilfe künstlicher Mittel, anzupassen und in jeder Umgebung, im Prinzip wenigstens, zu Hause zu sein, entgegengesetzt ist. Eine scharfe Grenze zwischen natürlicher und künstlicher Anpassung läßt sich daher für den Menschen nicht angeben. Gerade weil er, rein biologisch gesehen, nirgends zu Hause ist und von selbst leben kann, sondern sich die passende Nahrung suchen, gegebenenfalls zubereiten muß, treffen wir bei ihm auch in den primitivsten Zuständen Ansätze (oder Reste) von Ergebnissen und Mitteln seiner planenden Tätigkeit an, die zu seinen physischen Existenzbedingungen gehören. Seine relative Instinktschwäche und physische Unspezialisiertheit, vital gesehen Nachteile, werden ihm zum Vorteil. Der Mensch, sah schon Herder, ist ein Invalide seiner höheren Kräfte. Sein Feld ist die Welt, eine offene Ordnung verborgener Hintergründigkeit, mit deren latenten Möglichkeiten und Eigenschaften er rechnet, in deren unerschöpflichen Reichtum er sich stets von neuem versenkt, deren Überraschungen er in aller Planung ausgeliefert ist.

Kennt, um mit Uexküll zu sprechen, das Lebensfeld der Tiere nur Bedeutungen als Tönungen: Gefahrton, Schutzton, Nutzton, Tragton, Kletterton, spielt also in hundert verschiedenen Umwelten „derselbe“ Gegenstand bald mit diesem, bald mit jenen „Teilen“ eine völlig verschiedene Rolle, wohlgemerkt *hinter ihr*, *in ihr verschwindend*, so vermag der Mensch derartige Tönungen seines Lebens- und Interessenfeldes einzuklammern und die Einheit des Gegenstandes in und trotz aller seiner Aspekte festzuhalten. Die lebensbezogene, impuls- und strebebedingte Umwelt ist getönt, die Welt der Objekte und Sachverhalte ist tonlos; wenn wir für getönt sinnvoll setzen, so stellt sich eine jede Umwelt ihrem lebendigen Zentrum als eine Ordnung von Sinnbezügen dar, während Welt im Kontrast dazu sinnfrei heißen muß.

Die Anhänger dieser Theorie, zu denen die heutigen Anthropologen philosophischer Prägung zählen, widersprechen einander nur im Punkte des Maßes, in welchem auch für den Menschen Umweltbindung besteht. Daß er als Vitalwesen, also „unterhalb“ seiner ihn zum Menschen machenden Personstruktur, in solchen Lebensbezügen und korrelativen Einengungen des Blickfeldes und der Aktionsmöglichkeiten gefangen ist, darüber gibt's keinen Streit. Noch im Kongreßbericht des Berufsverbandes deutscher Psychologen von 1947 hat *W. Witte* auf die Bedeutung der Formwahrnehmung und der Leistungsschemata (der „gefrorenen Handlungen“) für den Menschen hingewiesen und die verschiedenen Wahrnehmungstypen „mit ihrer expressiven und synästhetischen Komponente wie mit ihrer gestalthaften und ihrer Vorstellungs-Seite wie schließlich in ihrem gegenständlichen und ontotropen Charakter in Betracht gezogen“[1]. Rothackers Bemerkung (Probleme der Kulturanthropologie, in Deutsche System. Philosophie 1942), die Psychologie habe bisher zu wenig die Umweltlichkeit für das Verständnis der menschlichen Welt ausgewertet, ist also nicht wirkungslos geblieben. Doch zeigt seine Aufzählung von Begriffen, die auf Umweltlichkeit zielen (l. c. 161), daß Gestalt- und Strukturpsychologie offenbar auch unabhängig von Uexkülls Gedanken zu ähnlichen Erkenntnissen gekommen waren.

Immerhin bildet die Übertragung des Umweltbegriffs auf den Menschen als Kulturwesen, die Rothacker — auf den ersten Blick gewiß zu Recht — vornimmt, ein schwierigeres Problem, als er und auch Uexküll vermuten. Denn beim Menschen setzt sich die Umweltlichkeit des Daseinsrahmens mit seinen Bedeutsamkeiten und Lebensbezügen von einem zumindest latent gegenwärtigen Hintergrund von Welt ab. Wie sich für ihn die Umgebung der Möglichkeit nach in den Raum und die Zeit verliert, auch dann, wenn ihm diese Offenheit praktisch-kulturell oder theoretisch nichts bedeutet (etwa in sogenannten primitiven oder archaischen Lebensverhältnissen), wie jedes Ding außer Anmuts- und Umgangsqualitäten noch seinen eigenen Charakter behält, so hat die ganze Umweltbindung beim Menschen ein erworbenes und bewahrtes Wesen, ist nicht mit der Natur seines Leibes einfach gegeben, sondern — weil kraft ihrer offengelassen — gemacht und nur in übertragenem Sinne natürlich gewachsen. Das oft zitierte Beispiel von demselben Wald, der für den Bauern Gehölz, für den Holzhändler so und soviel Kubikmeter Nutzholz, für den Jäger Jagdgebiet, für den Förster Forst und Gehege, für den Verfolgten Unterschlupf, für den Dichter Waldesweben, für den Spaziergänger und Bewohner Landschaft, für den Botaniker Mischwald usw. ist, zeigt in dem Aufweis von Umweltrelationen auf Berufe und Haltungen zugleich die Abhebbarkeit, Verknüpfbarkeit und Fundiertheit der wechselnden Aspekte oder Physiognomien. Bauer, Förster, Jäger, Verfolgter, Spaziergänger wissen voneinander und der Situationsbedingtheit ihrer Aspekte, die sie gegebenenfalls sogar in ein und derselben Person vereinigen können. Der Wald bleibt für sie nicht nur in der Haltung des Zuschauers, sondern auch des interessierten Mitspielers schließlich derselbe, wobei das „schließlich“ die Durchbrochenheit und Gelegentlichkeit des interessenbedingten Aspekts zum Ausdruck bringt.

Die so vielfältig wechselnde Situiertheit des Menschen mit ihren Standorten eines Volkes, einer Gegend, einer Klasse, eines Berufs, eines Glaubens erzwingt durch Tradition und Interessenrichtung bestimmte Vorlieben, Vorurteile, selbst Vorwegnahmen im Gesichtsfeld der Wahrnehmung, über deren isolierende und trennende Macht sich der Alltagshumanismus zu leicht hinwegsetzt. Nicht nur die Individuen haben verschiedene Reizschwellen, psychologische und biologische, auch Völker, Stände, Klassen und Berufe haben sie, und wenn Rothacker den Begriff der Reizschwelle sogar auf ganze Einheiten geistiger Art ausdehnen will und von Kulturschwelle spricht, unter Hinweis auf Spengler etwa (aber er könnte auch an das kultursoziologische Werk von Max und Alfred Weber erinnern), so hat das einen guten Sinn. Nur fragt sich, ob die selektive, isolierte und interessengebundene Struktur einer Kultur dazu berechtigt, sie als Umwelt, wenn auch höherer Ordnung, zu sehen. Ihre Lebensbezüge erschöpfen sich nicht in Feldkräften und Umgangsqualitäten, formen vielmehr diese nach sich um, nach dem, was ihnen bedeutsam ist, und respektieren, in welchem Sinne auch, die Bewandtnis, die — für sie, gewiß — die Dinge, der Kosmos, das Sein an sich haben.

Auch, besser gesagt, erst innerhalb eines kulturell geprägten Daseinsrahmens findet der Mensch sein Zuhause. Die Regionen der Vertrautheit, des Selbstverständlichen und Natürlichen liegen in einer spezifisch geistigen Ebene: heimatliche Landschaft, Muttersprache, Familie und Sitte, Überlieferung, Gesellschaftsordnung, Vorbilder, die eigene Stadt, Straße, Heim, Zimmer, die Dinge, das ganze Drumherum des Lebens. Aber was sind diese schützenden Rahmen und Geleise unserer Existenz ohne die Fremde, vor der sie uns schützen, die Welt, mit der es eine uns verschlossene und letzten Endes vielleicht unergründliche Bewandtnis hat? Nur auf dem offenen Hintergrund einer nicht mehr in vitalen Bezügen aufgehenden Welt, die den Menschen in unvorhersehbare Lagen bringt und mit der er stets neue und brüchige Kompromisse schließen muß, hält er sich in jenem labilen Gleichgewicht einer stets gefährdeten, selbst wieder schutzbedürftigen Kultur. Ihr sogenannter Umweltcharakter ruht in der relativen Geschlossenheit, die mit jeder Stellungnahme zu Werken, mit jeder Haltung und Formgebung erreicht wird. Sie ist gewordene, errungene und traditionell bewahrte Einseitigkeit, der die Menschen verfallen, wenn sie sich der Begrenztheit ihrer Werte, Umgangsformen usw. nicht bewußt sind. Entgleitet ihnen dieses Bewußtsein — und das

[1] W. Witte, Experimentalpsychologische Grundlagen der Lehre von der menschlichen Umwelt (l. c. Hamburg 1948).

alltägliche Leben läßt es nicht zu, den eigenen Daseinsrahmen im Blick zu halten — dann wandelt es sich in ein Bewußtsein der Vertrautheit und Selbstverständlichkeit: alles muß „eigentlich" so sein, wie es gewohnter Weise ist.

Interessengebundenheit, Unübertragbarkeit und Auswahlcharakter des geistigen Systems einer Sprache, Sitte, Tradition und Rangordnung von Werten in ihrer Selbstverständlichkeit für die Gruppen, die mit und in ihm leben, zeigen insoweit also die für eine „Umwelt" spezifische Geschlossenheit nach außen und Offenheit nach innen. Ihre Beschränktheit, die dem Betrachter (Historiker, Soziologen, Psychologen) auffällt, wenn er andere Systeme daneben sieht, verträgt sich dann offenbar mit der Unbeschränktheit und Natürlichkeit, die das Leben in ihm dank dieser seiner Scheuklappen besitzt. Was liegt dann näher, als diese Situation mit der Lebenssituation einer Libelle oder eines Seesterns formal gleichzustellen, in der nur Libellen- oder Seestern„dinge" auftreten, in einem Aspekt von absoluter Vertrautheit und Unbeschränktheit, welche die Organismen den Scheuklappen ihrer Baupläne verdanken?

Aber diese Geschlossenheit nach außen und Offenheit nach innen, diese Vertrautheit und Selbstverständlichkeit eines geistigen Lebensraums, in dem wir Menschen in jeweils anderen Überlieferungen groß werden und gewöhnungsmäßig gefangen bleiben können, wenn wir uns ihrem Bannkreis nicht zu entziehen vermögen oder ihm entrissen werden, geben kein Recht, ihn als eine Umwelt zu bezeichnen, weder im Singular noch im Plural. So wie ein geistiges Gerüst aus Sprache, Werten, Gütern und Sitte in all seiner Geschlossenheit und Unübertragbarkeit zugleich auch nach außen offen bleibt und Brücken zu anderen geistigen Gerüsten der Vorzeit und Mitwelt bildet, Durchblicke in fremdes Geistesleben gewährt, hebt es sich deutlich von den *auch* umwelthaften Bindungen rein vitalen und emotionalen Charakters ab, in denen wir Menschen mit unserer Tiefenperson, vorbewußt, affektiv, instinktiv leben. Mag man auf diese niederen triebbedingten, gefühlsnahen und dem körperlichen Dasein verhafteten Bindungen das Uexküllsche Schema anwenden, so verliert es gegenüber den spezifisch menschlichen Daseinsleistungen seinen Sinn. Denn sie werden den sinnfreien, wiewohl verfügbaren Gegebenheiten abgewonnen, nicht gleich den tierischen Daseinsleistungen von Tönungen geführt und in ihnen geborgen, sondern von dem Übermaß ihres nicht mehr verfügbaren Gewichts an eigenem Gehalt, an verborgener, ungewisser Bewandtnis bedroht; durch den Einbruch des Sinnlosen und Sinnwidrigen gefährdet, auf dessen offenem Hintergrund erst Sinn und Bewandtnis ihre Prägnanz gewinnen.

*(Professor Dr. H. Plessner, Groningen (Holland), Verl. Heereweg. 155.)*

## Das Umweltproblem beim Menschen.

Von

F. STUMPFL.

Das Thema soll so eingeschränkt werden, daß wir die Arten der natürlichen Beeinflußbarkeit und der Lenkbarkeit herausstellen, soweit sie einer wissenschaftlichen Betrachtungsweise zugänglich sind. Wir fragen, auf welchen Wegen und inwiefern kann der Mensch „von außen" beeinflußt werden, und inwiefern ist er unbeeinflußbar. Wir beginnen mit den auf den Körper wirkenden Faktoren. Ihre Wirkungsmöglichkeiten sind dem Ordnungssystem der vegetativen Nerven unterworfen und ihrer Verbindung mit dem Zentralnervensystem und innersekretorischen Drüsensystem. Ihre Wirksamkeit hängt ab von der Konstitution und ist durchweg zugleich körperlich und seelisch.

Betrachtet man den Körper des Menschen, so erkennt man, daß er einzigartig in der Natur dasteht und sehr zur Verwunderung Anlaß gibt. Vollkommene Hilflosigkeit und höchste Kraft findet man nirgends enger gepaart. Die Unbedecktheit und Undifferenziertheit seiner Haut gibt ihn der Außenwelt wehrlos preis und macht ihn, worauf *Thomas v. Aquin* aufmerksam machte, zu einem unerreichten Tastorganismus, der in keiner Weise durch Schuppen, Hornbildung oder Behaarung in seiner Funktion behindert ist. Die urtümliche Fünfgliedrigkeit und die freie Gelenkigkeit prädestinieren ihn zu keiner bestimmten Bewegungsart oder Tätigkeit, aber sie stempeln ihn zu einem vollendeten Hand- und Bewegungsorganismus, der sich in seinen Bewegungen, die durch keine Instinkte fixiert sind, in jeder Hinsicht schöpferisch auswirken kann. Kein Wesen kann sich ihm vergleichen, in Tanz, Eislauf, Skisprung, Akrobatik, in den feinen Bewegungen des Gesanges, des Violinspiels, der Schrift, der Mimik, im Gang, im Spiel jeglicher Art und in den Leistungen seines Handwerks.

Diesem vollendeten Tast- und Bewegungsorganismus entspricht eine sonst in der Natur unerreichte Organisationsstufe seines Nervensystems, eine beinahe grenzenlose Anpassungsfähigkeit des gesamten Organismus, das hohe Alter, das er erreichen kann, und die Fülle seiner geistig-seelischen Fähigkeiten. Gerade in diesen geistig-seelischen Fähigkeiten offenbart sich die Unbegrenztheit der menschlichen Entwicklung. Von den Eiswüsten und Hochgebirgen bis zu den tropischen Urwäldern gibt es kein Klima, dem sein Körper nicht standhalten könnte, von der Arbeit in der Tiefe der Bergwerke bis zum Kriegshandwerk in der Luft keine Tätigkeit, der er nicht gewachsen wäre. Bis zur rein geistigen Tätigkeit, die zwar das Vitale formt, in gewissen Grenzen auch schützt, aber doch an der Vitalität zehrt und das Gleichgewicht des Organischen untergräbt (*N. Hartmann*).

Wie alle Organismen benötigt der Mensch gewisse Stoffe zu seiner Ernährung, gewisse Salze, ein Minimum an Vitaminen und an Sonne. Doch ist er dabei nicht auf eine bestimmte natürliche „Umwelt" angewiesen. Er umgibt sich mit Haustieren, gewinnt Salz „künstlich" aus Bergen und Meeren und kennt auch die künstliche Höhensonne. Gewiß tritt die Natur dem Menschen immer wieder unmittelbar gegenüber und unterwirft ihn ihren Gewalten und Einflüssen. Nicht nur sogenannte Primitive zeigen dabei bis in feine Einzelheiten Anpassungen an Landschaft und Klima. Doch wurde keine Menschenform bekannt, die ohne Feuer, ohne Werkzeuge, ohne Religion gelebt hätte. Und überall bergen die einfachen Kulturen schon die Keime zu den höheren Kulturformen in sich.

Das bedeutet, daß von Urbeginn die Umwelt des Menschen nicht bloß gestaltend, sondern gestaltet ist durch Feuer, Werkzeug und Glauben an übersinnliche Zusammenhänge. Der Sprung vom umweltverhafteten Säugetier zum weltverbundenen Menschen ist größer als von den Einwirkungen eines physikalisch-chemischen Umfeldes auf einen toten Körper zu den Einwirkungen der Umwelt auf ein tierisches Lebewesen. Und doch ist der Mensch durchaus nicht weniger beeinflußbar und beeindruckbar durch die Umwelt als irgendein Tier. Im Gegenteil. Auf irgendeinem Teilgebiet ist das Tier, sofern seine Lebensnotwendigkeiten unmittelbar betroffen sind, oft feiner mit den kosmischen Vorgängen verknüpft. Am sichersten erkennt der Mensch, ob unmittelbar Regen bevorsteht, am Verhalten der Ameise und nicht an seinen Instrumenten oder an seinen Empfindungen. Aber sein Wissen um die Verläßlichkeit der Ameise unterscheidet sich von dem „Wissen" der Ameise letztlich durch die Bewußtheit. Im Ganzen ist der Mensch mit der Welt und mit seiner engeren Umwelt in unendlich viel mannigfaltigerer Weise verknüpft. Seine Sinne, insbesondere der Tastsinn, ferner Gesicht und Gehör sind feiner entwickelt und auf mannigfaltigere Reizarten und Reizkombinationen abgestimmt. Er vermag mit seinem Gemüt einfühlend zu verstehen und kann mit seinem Geist die Dinge in ihrem Sosein (objektiv) gegenüberstellen.

Dieser mannigfaltigeren und insbesondere elektiven, durch eigene Spontaneität bestimmbaren Umweltverknüpfung, die ihn bald in ein Wesen der Nähe, bald in ein Wesen der Ferne verwandelt, entspricht ein feiner organisierter und differenzierter Aufbau des vegetativen und zentralen Nervensystems. Das Zusammenspiel der vegetativen Nerven, der hormonalen Drüsen und beider mit dem Zentralnervensystem ist unvergleichlich komplizierter als beim höchstorganisierten Säugetier und ergibt eine erhöhte Leistungsfähigkeit, allerdings auch eine erhöhte Störbarkeit. Sonach hängt der Mensch, rein organismisch betrachtet, vielfacher und vielseitiger mit der Welt zusammen, als irgendein Lebewesen, ist aber zugleich unabhängiger von jedem beliebigen Teilausschnitt der Welt, den man als „Umwelt" bezeichnen könnte.

Die ersten, tiefsten Eindrücke empfängt der Mensch in seiner Kindheit in der Familie. Hier wird er geformt von der sich ständig erweiternden Außenwelt, und er formt sie zugleich gemäß seinem spontan sich entfaltenden Innenleben. Die Einflüsse von außen sind von Anfang an zugleich körperlicher und seelisch-geistiger Natur. Das Erste, was ein Säugling zu erfassen vermag, ist seelischer Ausdruck. Sein erstes spontanes Lächeln ist die Antwort auf den Ausdruck der Liebe im Antlitz der Mutter. Wo jede Liebe fehlt, kann ein Säugling auch bei bester materieller Pflege nicht leben. Schon in der Sauberkeit, Regelmäßigkeit, Vielseitigkeit der Ernährung, Gedämpftheit oder Heiterkeit der Umgebung ist nicht bloß der dem jungen Körper dienende Faktor, sondern zugleich die ganze seelisch-geistige Atmosphäre mit eingeschlossen, durch die die „Kinderstube" geprägt ist. Natürliche Entfaltung der Triebe, ihre zweckmäßige Bremsung und Steuerung durch Erlernen bedingter Reflexe (*Pawlow*) und zweckmäßiger Gewohnheiten, Entfaltung von Wesenszügen und Potenzen des Charakters sowie der Beweglichkeit des Geistes sind eine einzige, zu einem Werdensprozeß zusammengeschlossene Ablaufsfolge.

Angelegt im Erbgut (Gesamt-Genom) und unter Einflüssen biologischer und seelisch-geistiger Natur bildet sich das, was wir als Konstitution bezeichnen, die besondere Eigenart des Organismus, so wie sie geworden und gestaltet ist. Konstitution ist sonach etwas Bedingtes, nämlich durch Erbgut, Umwelt und, wie wir noch sehen werden, durch die Gesamtpersönlichkeit. Zugleich ist sie etwas Bedingendes, indem sie die Reaktionsweisen des Organismus auf Einflüsse und Schicksale über längere Zeit gleichbleibend bestimmt. Das vegetative Nervensystem ist in der Konstitution gegeben und diese bildend, es ist, wie *Siebeck* es ausgedrückt hat, in diesem doppelten Sinn konstitutionell. Bewußtes und Willkürliches greift in sein Getriebe ein, in dem unbewußtes Geschehen und die Vorgänge des unerlebbaren Untergrundes (*K. Schneider*) beherrschend sind. Auf diese Weise können Gewohnheiten zu Bedürfnissen werden, wird Enthaltsamkeit zu einer „neuen Natürlichkeit".

In diesem Getriebe bedingen sich Funktion und Struktur gegenseitig, erfolgt Bildung und Bau des Körpers, wird das innere Milieu der Gewebe (*Claude Bernard*) durch die steuernde Funktion des vegetativen Systems bestimmt und der Bestand des Organismus aufrechterhalten. Der Gesunde und das normale Kind verfügen über eine zunächst nur durch Erbgut und Gewohnheiten eingeengte Fülle von Reaktionsmöglichkeiten, die durch Schicksale, Krankheiten und Altersvorgänge mehr und mehr beschränkt, aber in gewissen Richtungen auch unerhört erweitert werden können. Durch Funktionswandel (*v. Weizsäcker*) werden auch bei schweren Defekten verlorengegangene Leistungen auf neuen Wegen wieder aufgebaut. Über das vegetative Nervensystem kann vom Psychischen her die Funktion und über die Funktion das Organ verändert werden, es können aber Funktion oder Organ auch direkt durch Außenfaktoren getroffen werden. Das, was wir beim Menschen Konstitution nennen, gibt es beim Tier nicht, weil Konstitution und Persönlichkeit in Wechselbeziehung stehen und keines ohne das andere gedacht werden kann. Der in der Medizin entwickelte Konstitutionsbegriff ist einer der Hauptschlüssel zum Umweltproblem beim Menschen.

Die sogenannten Konstitutionskrankheiten beim Menschen können seelisch oder durch Krankheitsprozesse in den Organen sowie durch primäre Funktionsstörungen verursacht sein. Ausschüttung und Produktion des Schilddrüsenhormons ist eine in das große Ordnungsgefüge des vegetativen Nervensystems eingebaute Funktion, deren Störung psychogen oder vom Organ her erfolgen kann und beidemale zu einem Basedow führt. Dasselbe gilt, mutatis mutandis, für die Insulinausschüttung bei Diabetes, für den Fettstoffwechsel bei Simmondscher Kachexie usf. Diese Funktionen sind in alle inneren und äußeren Bindungen des vegetativen Systems in der körperlichen und seelischen Sphäre mit eingebaut.

Alle Umwelteinflüsse, die den Körper treffen, werden wirksam über die Konstitution. Sie können die Konstitution, besonders im Kindesalter, entscheidend prägen, stets werden sie jedoch selbst bestimmt hinsichtlich ihrer Wirksamkeit von dieser über längere Zeiträume hin gleichbleibenden Konstitution und von der augenblicklichen Gestimmtheit des vegetativen Systems (*Siebeck*). Diese Gestimmtheit ist stets eine zugleich körperliche und seelische. Bei der Lungenentzündung werden Pneumokokken, die bisher friedlich auf den Schleimhäuten gelebt haben, plötzlich pathogen. Entscheidend ist nicht der meist harmlose Erreger, sondern die Gestimmtheit des vegetativen Systems, man könnte auch sagen, die vorübergehende Umstimmung der Konstitution, durch eine Erkältung, eine zu große Anstrengung oder eine seelische Erregung, z. B. Trauer, die die Ordnung der Lebensvorgänge empfindlich gestört hat. Hier gibt es von vorübergehender zu dauernder Umstellung alle Übergänge.

Jede Leistung und jede Funktion, die im Bereich der individuellen und konstitutionellen Reaktionsbereitschaft liegt, kann auch auf psychischem Weg, z. B. durch Hypnose, hervorgerufen werden. Beim Allergiker kann die Suggestion, zwischen Blumen zu gehen, einen Anfall auslösen, eine körperliche Abwehrschwäche gegenüber einer Infektion kann durch ein niederdrückendes Erlebnis gesetzt werden. Wir sehen hier die Grenzenlosigkeit der Wirkungsmöglichkeiten auf den menschlichen Organismus, gleichsam die Kehrseite der Grenzenlosigkeit, die seine Spontaneität kennzeichnet. Diese Mannigfaltigkeit der individuellen Reaktionsbereitschaften wird noch erhöht durch die Verschiedenheiten der Familien, Stämme, Völker, Rassen und Populationsgemische. Da schon beim gleichen Menschen gleiche Faktoren je nach der augenblicklichen Gestimmtheit im obigen Sinne verschiedene Wirkungen haben, ist eine Loslösung bestimmter Umweltfaktoren von der besonderen, in der Zeit sich wandelnden Eigenart der Individualität nur theoretisch möglich. Auch eine Unterscheidung von Faktoren, die direkt von der Natur ausgehen, gegenüber solchen, die sich der Mensch durch seine Kultur geschaffen hat, Faktoren, die im religiösen Brauchtum ihren Ursprung haben, sowie bioklimatischen Faktoren, ist nur theoretisch möglich, sie alle sind nur aus der individuellen Eigenart der Konstitution und der Persönlichkeit des Individuums im Hinblick auf ihre Wirksamkeit abzuschätzen. Wie hier überall das Erleben und somit Geistig-Seelisches hereinwirkt, so beeinflussen auch alle auf die Konstitution einwirkenden Faktorengruppen über das vegetative System die seelische und geistige Entwicklung des Menschen.

Wir wenden uns nun den seelischen Zusammenhängen im engeren Sinn zu. Wie sind Beeinflussungen hier möglich und wirksam? Man kann am seelischen Sein drei Seiten oder Sphären unterscheiden, eine leibnahe oder vitale Sphäre, die das Triebleben umfaßt und zwei wenigstens teilweise geistnahe Sphären, die Persönlichkeit, zu der das gesamte Fühlen, Streben, Werten und Wollen gehört, und deren Kern das ausmacht, was wir noch als Charakter abgrenzen werden, und eine vorwiegend geistnahe Sphäre, die Intelligenz.

Das vitale Triebleben gehört zur leibnahen Sphäre. Es ist seiner Qualität und seiner Intensität nach von körperlich-konstitutionellen und biologischen Momenten abhängig. Der Saugtrieb und die mit ihm verbundene äußerst komplizierte Instinkthandlung des Neugeborenen, der Wiederholungstrieb des Kindes, die verschiedenen Formen des Hungers, der Bewegungstrieb, der Sexualtrieb mit seinen Partialtrieben, die Aggressiontriebe, sie müssen als Phänomene einfach hingenommen werden und können, wo sie fehlen, nicht eingelernt oder ersetzt werden. Und doch ist die Triebschicht des Menschen Umwelteinflüssen in sehr erheblichem Maße zugänglich. Ein Weg führt über die bedingten Reflexe und Gewohnheiten. Schon bei Tieren, etwa beim Tiger, kann durch gemeinsame Aufzucht der Jungtiere mit Ziegen und Lämmern und Fernhaltung der Tigermutter der Aggressionstrieb latent bleiben. Beim Menschen wird das gesamte kindliche Triebleben, z. B. Entleerungstrieb und seine Hemmung, durch bedingte Reflexe, die durch die Regelmäßigkeit der erzieherischen Eingriffe gesetzt werden, geregelt und in bestimmte Bahnen gelenkt. Der andere Weg führt über die Persönlichkeit. Gegenüber der Triebintensität in ihrer organischen Bedingtheit spielen bei den Perversionen der Triebe eine viel größere Rolle erstens die Kindheitseindrücke, nicht nur im Sinne von Kindheitserlebnissen in sexueller Hinsicht, auf die *Freud* so großes Gewicht legte, sondern ganz allgemein im Sinne des geistigen Einflusses der Kinderstube, der Art, wie diese Dinge behandelt und in ihre Schranken gewiesen wurden gegenüber geistigen und seelischen Werten. Und zweitens ist es die Anteilnahme der Persönlichkeit, der Erlebnisraum, den diese dem Triebgeschehen zur Verfügung stellt (*Bürger*). Man kann auch sagen, die Aktivität des Triebgeschehens hängt stark ab von den Kräften, die ihm sekundär durch die Persönlichkeit zur Verfügung gestellt werden. Nachdem die Persönlichkeit, wie wir noch sehen werden, einen Seinsbereich umfaßt, der, abgesehen von einem gewissen Kern, Erlebnissen, Schicksalen und allen möglichen sonstigen, auch geistigen Einflüssen offensteht, steht auch die leibnahe Schicht des Menschen, das vitale Gefühls- und Triebleben weitgehend erzieherischen und sonstigen vor allem auch sozialen Einwirkungen offen. Die Bahnung bedingter Reflexe und die Gestaltung des Trieblebens über die Persönlichkeit sind Vorgänge, die vielfach ineinandergreifen, zugleich Ursache und Wirkung sind. All diesen weltoffenen Wirkungskreisen steht die Vitalität des Individuums als eine in gewissen Grenzen unveränderliche Größe gegenüber, die durch Anlage und durch die Stellung im geistig-kulturellen Entwicklungsprozeß des Volkes bestimmt ist, dem das Individuum angehört. Dementsprechend sind zu unterscheiden Auftreten, Wandel und Erlöschen von Trieben entsprechend den Altersstufen des Individuums und Veränderungen der Vitalität im Laufe von Generationen. Neben gewissermaßen normalen Ablaufsformen sieht man hier überall auch ein unlösbares Ineinandergreifen vegetativer Fehlschaltungen und psychischer Fehlhaltungen. Neben der Gestaltung des Trieblebens durch bedingte Reflexe und Persönlichkeit ist hier auch hinzuweisen auf seine Beeinflussung durch chronische Giftwirkungen sowie durch Organ- und Hormontherapie.

Die ungeheuere Beweglichkeit im vegetativen Ordnungsgefüge des Menschen kennzeichnet seine Beziehungen zur Umwelt als durchaus individuell und nicht artgemäß festgelegt. Eine besondere und weitgehende Form der Umweltbeziehung ist beim Menschen auch das, was wir als Krankheit bezeichnen. Diese ist beim Menschen keineswegs erschöpfend definiert, wenn man sie als Herabsetzung der Anpassungsfähigkeit bezeichnet. Krankheit ist beim Menschen Schicksal, oft auch Aufgabe, nicht selten Linderung und Entlastung von untragbar gewordenen seelischen Leiden. Immer aber ist Krankheit eine sinnvolle Epoche im Leben des Menschen. Deshalb hängt der Verlauf einer Krankheit nicht nur von „der Krankheit" ab, sondern von der Haltung des Kranken. Wesentlich ist, was der Kranke aus seiner Krankheit macht, denn jeder Kranke „hat" nicht nur seine Krankheit, sondern er selbst und sein Geschick „machen" sie, wie manche Sprachen es so richtig ausdrücken.

Die Umweltbeziehungen des Menschen äußern sich in ihrer ganzen Vielfalt, wenn wir seine geistig-seelischen Fähigkeiten näher betrachten. Hier erst enthüllt sich die Unbegrenztheit der menschlichen Entwicklung. Ohne diese Fähigkeit sind Konstitution, Triebleben sowie die Erscheinungen organischer Krankheit beim Menschen nicht zu verstehen. Um zu erkennen, wie der Mensch in der Welt und damit auch in seiner engeren Umwelt steht, muß man sich Klarheit darüber verschaffen, wie er seelisch strukturiert ist. Dabei stoßen wir auf die Unterscheidung zweier Sphären, der Persönlichkeit und der Intelligenz. Hier ist zunächst über die Persönlichkeit etwas Grundsätzliches anzuführen. Man hat bisher den Begriff Persönlichkeit im allgemeinen vollkommen synonym mit Charakter gebraucht, so etwa *L. Klages*. Die meisten Autoren sprachen in ihren Werken entweder so gut wie ausschließlich von Charakter oder ausschließlich von Persönlichkeit, wobei stillschweigend angenommen wurde, daß sich die Begriffe decken. Immerhin findet man hin und wieder eine Andeutung dahinlautend, daß Persönlichkeit der umfassendere Begriff sei. Wir stellen diese beiden Begriffe einander gegenüber und glauben, daß sie grundsätzlich voneinander getrennt werden müssen, da ihnen auch verschiedene Realitäten zugrunde liegen.

Charakter ist für uns die in der Anlage unveränderlich gegebene seelische Grundstruktur, oder wie *Gruhle*, der das Wort Struktur nicht mag, es ausgedrückt hat, der Aufbau der dauernden Eigenschaften des Gemütes und Willens. Zum Gemüt gehören die (seelischen) Strebungen und das Werten, die habituellen Gefühlsbereitschaften. Der Charakter ist eine Anlage, nicht eine Erbanlage, die sich in der Keimgründung konstituiert. Es ist das aus einem väterlichen und mütterlichen Chromosomensatz zusammengefügte Gesamtgenom, das die Anlage, den Charakter, gleichsam unterbaut. Diese Anlage birgt eine Idee, eine Entelechie. Der Charakter ist hiernach eine Idee, wie Goethes Urpflanze, gleichsam eine ordnende und leitende Idee des Individuums. Seine Entelechie setzt dem Charakter seine Grenzen und seine Möglichkeiten (*Gruhle*). Aber er offenbart sich in der verschiedenartigsten Weise. Niemals ist das Verhalten eines Menschen ein getreuer Spiegel seines Charakters, vielmehr bleiben in der Regel zahlreiche Möglichkeiten seiner Wesenheit „unausgezeugt" (*Pfänder*). Die Handlungen des Menschen entspringen oft überhaupt nicht aus einer echten, dauernden Eigenschaft und somit aus seinem Charakter, sondern aus kurzfristigen Regungen, aus rein rationalen Überlegungen, aus Laune, ja beinahe aus Zufall. Es gibt Menschen, bei denen ein einziger Charakterzug alles beherrscht, andere, bei denen mehrere Charakterzüge harmonisch zu einem Gefüge vereinigt sind und formlose, die überhaupt keine ausgeprägten Züge zeigen. Auch wechselwarme Beeinflußbarkeit kann ein ausgeprägter Charakterzug sein.

Der (innere, individuelle) Charakter ist etwas Absolutes, er macht das eigentliche Wesen aus, die Idee, durch die die eigene Bedeutung des Individuums und die Rolle, die es spielen soll, bestimmt wird. Untereinander stimmen alle Ideen in irgend etwas überein. Die innere Einheit aller Ideen aber ist die Liebe. Letzten Endes ist jedes Wesen das, was es liebt. Die eigentliche Eigenschaft eines Charakters, wie die jeder Wesenheit, besteht aber nun gerade in einer bestimmten Beziehung dieses Charakters zu allem und folglich auch in einer bestimmten Wechselwirkung aller mit ihm. Durch ihren ideellen Gehalt, also nicht nur äußerlich, hängen alle Charaktere miteinander zusammen. In diesem Sinne gilt für die menschlichen Charaktere ähnliches wie für den eigentlichen Ideenkosmos von *Platon*.

Hier setzen wir nun ein mit unserer grundsätzlichen Unterscheidung zwischen Persönlichkeit und Charakter. Persönlichkeit ist für uns nicht dasselbe wie Charakter, auch nicht bloß das Umfassendere, sondern im Gegensatz zum Absoluten, zum Unveränderlichen, das uns im Charakter entgegentritt, das schlechthin Wandelbare an der menschlichen Natur, das, was ihn erst zum Menschen macht. Wir verstehen unter Persönlichkeit „das Ganze des Fühlens, Strebens, Wertens und Wollens" (*K. Schneider*) so, wie es in der Entwicklung geworden, alltäglichen, ja stündlichen Schwankungen unterworfen ist und unmerklich langsam oder auch in Phasen weiterhin wird und sich verändert. Züge, die durch äußere Bedingungen bestimmt oder hervorgerufen sind, habituelle Bereitschaften, die durch Erlebnisse, durch Krankheit, Schicksale, prägende Einwirkung anderer Persönlichkeiten geworden sind, sind hier inbegriffen. Wie man sieht, entspricht der Persönlichkeitsbegriff in mancher Hinsicht dem der Konstitution und der Gestimmtheit. Der Begriff des Charakters (mit seinen unausgezeugten und ausgezeugten Eigenschaften) hingegen dem Gegensatzpaar Genotypus und Phänotypus.

Charakter hat schon das Kind. Persönlichkeit im Sinne eines Ganzen, in dem Fühlen, Streben, Werten und Wollen zentral gesteuert werden, entwickelt sich erst allmählich in der Kindheit und gelangt erst in und nach der Pubertät zu jenem Abschluß, der es uns erlaubt, von Verantwortlichkeit und Zurechnungsfähigkeit zu sprechen. Wie die Konstitution, so ist auch die Persönlichkeit nur relativ konstant, sie ist veränderlich. Wie der Genotypus so ist auch der Charakter absolut unveränderlich, wenn auch seine einzelnen Züge sich niemals sämtlich oder zugleich auszeugen können, wie auch im Phänotypus immer nur ein Teil der Anlagen in Erscheinung tritt. Die Begriffe dürfen jedoch keineswegs gleichgesetzt werden, sie wurden nur zur Erläuterung herangezogen, zum Vergleich, der wie jeder Vergleich unvollständig und gefährlich ist.

Veränderungen der Persönlichkeit gibt es als endogene Phasen schon beim Kind. Hier sind es „Vorwärtsschritte" (*Gruhle*), die sich unableitbar vollziehen, wie die Häutung bei jungen Schlangen oder der Zug der Zugvögel. Oft hat erst dieser Vorwärtsschritt der Entwicklung die Kraft, bloß nachgeahmte Verhaltensweisen, die allerdings zu fest eingefahrenen Gewohnheiten geworden sind, abzustreifen. Solche Phasen sind in der Kindheit und in der Pubertät keine Seltenheit. Sie lehren uns, wie wichtig es ist, Geduld zu haben und Erziehungsversuche jahrelang unbeirrt fortzusetzen, auch wenn sie vergeblich zu sein scheinen. *K. Schneider* hat auf solche endogenen Veränderungen bei abnormen Persönlichkeiten hingewiesen. Es neigt z. B. jemand in einem gewissen Alter zu asthenischem Versagen, in anderen Lebensabschnitten wieder gar nicht. Auch die normale Persönlichkeit ist voll endogen getragener Bewegung und Veränderung. So sind etwa die ständigen, oft unmerklichen Veränderungen der Persönlichkeit, die den Altersphasen parallel laufen, endogen bedingt. Hierher gehört es, wenn bei einem Kriminellen eine Besserung des sozialen Verhaltens eintritt, die auf einer Beruhigung der Triebintensität und einer dadurch bedingten Persönlichkeitsveränderung beruht. Im Greisenalter erfolgt oft eine Zuspitzung bestimmter Persönlichkeitszüge, aber auch Abstumpfungen kommen vor.

Nicht nur im unerlebbaren Untergrund (*K. Schneider*) können Schwankungen und Wandlungen der Persönlichkeit begründet sein, sondern auch in Erfahrungen, Erlebnissen und Schicksalen. Auch in diesem Sinne ist jede Persönlichkeit während ihres gesamten Lebenslaufes grundsätzlich wandelbar. Hierher gehören die reaktiven psychopathischen Episoden und gewisse Neurosen, die die Psychotherapie angreifen kann. Damit sind wir wieder bei dem Kernpunkt angelangt, der uns die Besonderheit des menschlichen Verhaltens offenbart. Nach *Portmann* lassen sich folgende Momente hervorheben. Der Mensch ist ausgezeichnet durch einen gewaltigen, indifferenten, frei verfügbaren Triebüberschuß, im Gegensatz zum Tier, dessen Triebsysteme in einer erbmäßig vorgegebenen Organisation gebunden sind. Beim Menschen können alle sinnenmäßig erfaßbaren Dinge auch Bedeutungsträger werden, dementsprechend kann sich unser Interesse allem Erfahrbaren zuwenden. Beim Säugetier hingegen werden jeweils nur wenige Dinge beachtet, weil nur sie in der gesamten sinnenmäßigen Umwelt Träger von vitaler Bedeutung sind. Der Mensch vermag es, das Vergangene wie das Fehlende vorzustellen, gegenwärtig zu haben. Diese Stärke seines Repräsentationsvermögens ist eine Fähigkeit, die ihn instand setzt, die Dinge seiner Erfahrung zu dem besonderen Wirklichkeitsgrad von Gegenständen zu erheben. Deshalb lebt der Mensch in einer weiten, offenen „Welt", während das Tier durch die instinktive Organisation gezwungenermaßen in einer bestimmten Umwelt lebt. Endlich bleibt unser Erleben nicht, wie das des Tieres, konzentrisch im Bereich des Subjektiven befangen, sondern wir verfügen als Menschen über die Fähigkeit, gleichsam einen Standpunkt außer uns einzunehmen, „konzentrisch wie exzentrisch zu leben, sowohl subjektiv wie objektiv".

Bedeutsam ist, daß beim Menschen nur sehr allgemeine, offene Anlagen des psychischen Verhaltens als erblich gegeben heranreifen, als unveränderliche Grundstruktur gegeben sind. Hingegen beruhen gerade die bezeichnendsten Eigenarten seines Verhaltens, wie etwa die Sprache, auf dem Kontakt seiner bildsamen, ererbten Anlage mit den Mitmenschen und mit den von der Umgebung ausgehenden Sinnesreizen. *Portmann* hat in diesem Zusammenhang auf die besondere Bedeutung des ersten Lebensjahres beim Menschen hingewiesen, das als eine extraembryonale Frühzeit aufzufassen ist, die eigentlich noch dem embryonalen Leben zugehört. Der Mensch kommt schon auf einer ganz frühen, besonders bildungsfähigen Lebensstufe „zur Welt". Gemessen am Säugermaßstab und an den bei den nächstverwandten Säugern, den Anthropoiden, bei der Geburt gegebenen Körperproportionen müßte die Geburt des Menschen erst nach einundzwanzigmonatiger Embryonalzeit erfolgen. So kommt es, daß beim Tier die instinktiven Organisationen des psychischen Lebens selbständig und in Geborgenheit heranreifen und nur wenige Einzelheiten durch den Kontakt mit der Umwelt gestaltet werden, während der Mensch diese Funktionen im Laufe seines ersten Lebensjahres in vollkommener Weltoffenheit ausbildet. Erst die Sozialbeziehung prägt seine reifenden Anlagen.

Diese Einstellung des Menschen auf Kontakt und auf soziale Wechselwirkung hat eine wesentliche Voraussetzung in seinem Nervensystem, das nicht nur seiner Masse nach, worauf *Dubois* hingewiesen hat, sondern mehr noch durch seine Konplikation eine eigenartige Sonderstellung hat. *Portmann* hat hervorgehoben, daß diese Komplikation des Zentralnervensystems viel größer ist, als die rein mengenmäßige Steigerung des Menschenhirns gegenüber den Verhältnissen bei den Anthropoiden.

Dem durch diese Komplikation des Nervensystems ermöglichten Funktionswandel entspricht die Wandelbarkeit und stetige Entwicklungsfähigkeit der Persönlichkeit. Gesundsein heißt für den Menschen geradezu sich in der Zeit verändern, wachsen, reifen, sterben können. Demgemäß bedeutet ärztliche Führung dem Kranken einen neuen Spielraum für seine Freiheit geben (*v. Weizsäcker*).

Der Mensch steht nicht nur der Welt als ein offener gegenüber, er ist auch dem Mittelpunkt alles Seienden offen, dem absoluten Prinzip er ist, seinem innersten Wesen nach notwendig religiös. Die Vereinigung des Menschen und der Welt mit dem absoluten Prinzip, das ist Religion, ist die einzige reale Verwirklichung menschlicher Freiheit, Gleichheit und Brüderlichkeit (*Solovjeff*). Als Persönlichkeit besitzt der Mensch auch das Göttliche, wenn auch nur potentiell. Das heißt, die menschliche Persönlichkeit ist nicht nur negativ absolut, das ist unbegrenzt in ihrer Entwicklung, sie will auch zu einer positiven Absolutheit kommen, nämlich in den Besitz eines umfassenden Inhalts und aller Fülle des Seins.

Wir haben gesehen, daß die Persönlichkeit wohl über einige Zeit beharrt, aber doch ihrem Wesen nach wandelbar ist. Wir stellten ihr den Charakter als etwas Unwandelbares, gleichsam als den unveränderlichen Kern gegenüber. Der Charakter ist selbst etwas Absolutes, ich kann ihn nur intuitiv erahnen oder vorsichtig erschließen, indem ich die Motive des Handelns analysiere, alle Handlungen, die aus vorübergehenden Launen, nicht habituellen Affekten, Zufall, Konflikten oder Konstellationen entspringen, ausschalte und nur die rein charakterogenen Handlungen zusammenfasse und ihre Ursprünge ergründe. Die Persönlichkeit hingegen vermag ich unmittelbar aus dem Ausdruck im Gespräch, mittelbar aus ihren Handlungen und aus den Spiegelungen, die sie in ihren Mitmenschen und ihrer Umgebung bewirkt, abzulesen. Sie ist die breite Sphäre der Kommunikation zwischen Entelechie und Welt und zugleich das dem Beobachter unmittelbar Gegebene.

Eine große Anzahl von Wechselwirkungen und Umweltbeeinflussungen erfolgt über die geistnahe Sphäre der Intelligenz. Intelligenz ist vor allem Denkanlage, das eingeborene Denkvermögen, ferner aber auch fertige Intelligenz, und als solche das Ergebnis einer langen Wechselwirkung zwischen Anlagen, auch Spezialtalenten, und Umwelteinflüssen sowie Erziehung. *Gruhle* hat diese beiden Intelligenzbegriffe gegeneinander abgegrenzt und darauf hingewiesen, daß, im Sinne der fertigen Intelligenz verstanden, die Intelligenz gepflegter Kinder besser, d. h. besser entwickelt ist als die Intelligenz ungepflegter Kinder. Die Intelligenz ist ein Werkzeug, das ohne die Kraft der Persönlichkeit verkümmern würde, umgekehrt ist eine gewisse Intelligenz Bedingung zur Entfaltung der Persönlichkeit. *Gruhle* vergleicht den Willen der Befehlsstelle, das Gemüt dem Berater, die Intelligenz dem ausführenden Organ (Werkzeug). Allerdings faßt *Gruhle* den Willen vorwiegend als Impuls, als Anfangsein. Uns erscheint es richtiger, das Wesen des Willens in der Fähigkeit zu erblicken, zwischen zwei oder mehr Regungen zu entscheiden. Hiernach wäre der Wille ein rein formaler Akt, seine Funktion die eines Bremsers, eines Neinsagers, der Trieben oder seelischen Regungen, also einer sexuellen Regung oder der Stimme des Gewissens, den Weg freigeben oder versagen kann, und zwar wieder mit der Kraft von Strebungen, Wertungen, Gesinnungen der Persönlichkeit (*K. Schneider*, *Scheler*). Die Mehrzahl der menschlichen Handlungen verläuft im Alltag und auch in außergewöhnlichen Situationen ohne solche Willensentscheidung, indem einfach zwischen Trieb und Trieb, Strebung und Strebung oder Trieb und Strebung die größere Stärke entscheidet.

Die Intelligenz ist nur eine geistnahe Sphäre, nicht der Geist im Menschen selbst. Der menschliche Geist ist etwas Entstehendes, Werdendes, im Entwicklungsprozeß Befindliches. Dieser geistige Prozeß ist ein einziger schöpferischer Wandel. Das schöpferische Element im Denken des Kindes erkennen wir an seinen produktiven Sprachschöpfungen, im Spiel, in seiner Phantasie. Auch der vorzüglich schöpferische Mensch weist uns darauf hin, daß geistige Entwicklung ihrem Wesen nach Neuschöpfung ist. Wenn wir andererseits sehen, wie die wahre Größe des Geistes für seine entscheidenden Entwicklungschritte mit Vorliebe der zugleich vitalen und einfachen, bescheidenen, weil Bescheid wissenden, Charaktere sich bedient, so erkennen wir, wie das Höchste und das Tiefste unmittelbar verknüpft sind. Daß der Gedanke, die Tat, lebendig sei und fortlebe, davon hängt die geniale Leistung ab und darauf hat der Körper, die Vitalität den größten Einfluß. Diesen an *Eckermann* gerichteten Worten fügte *Goethe* hinzu: „Ist die Entelechie mächtiger Art, wie es bei allen genialen Naturen der Fall ist, so wird sie bei ihrem belebenden Durchgang des Körpers nicht allein auf dessen Organisation kräftigend und veredelnd einwirken, sondern sie wird auch ihr Vorrecht einer ewigen Jugend fortwährend geltend zu machen suchen."

Hier fügt sich der Kreis, den wir beschrieben haben, zu einem Ganzen von Leben und Geist und niemand von uns könnte irgendwo einen Anfang oder ein Ende feststellen. Wir erkennen im Menschen einen Mikrokosmos, der Göttliches und Tierisches, Körperliches und Geistiges, Unwandelbares und grenzenlose Entwicklungsfähigkeit, das Absolute und ein Nichts in sich vereint. Und wir verstehen das tiefe Wort des Aristoteles: *ἡ ψυχή τὰ ὄντα πώς ἐστιν*. Die Seele ist in gewissem Sinne Alles.

(*Prof. Dr. med. F. Stumpfl, Wien 9/Österr., Hörlgasse 4.*)

# Der soziologische Weltbegriff *.

Von

WERNER ZIEGENFUSS.

Wenn man von der Philosophie gesagt hat, sie sei selbst das erste ihrer Probleme, so kann man von der Soziologie sagen, daß sich die Geltung ihrer Erkenntnisse erst sichern läßt, wenn sie ihren wissenschaftlichen Ort eindeutig bestimmen kann. Dabei besteht eine große Gefahr darin, daß sie zuweilen meint, sie habe sich über ihre Position dann klar ausgewiesen, wenn sie sich auf bestimmte konkrete Standorte bezieht oder sich sonstwie als ideellen Ausdruck besonderer gesellschaftlicher Mächte versteht. In diesem Fall ist sie weit davon entfernt, sich zu unanfechtbaren Grundlagen ihrer Forschung zu verhelfen. Sie dogmatisiert vielmehr bestimmte Einzelerkenntnisse und verkennt es, daß diese nur dann als allgemein gültig anerkannt werden können, wenn es als ihren Träger eine soziologische Wissenschaft gibt, die selbst nicht standortlich eingeschränkt ist. Erst im Rahmen einer allgemeinen Soziologie kann die Gültigkeit besonderer Theoreme gesichert erscheinen, und nur unter dieser Voraussetzung lassen sich bestimmte und begrenzte Richtungen des soziologischen Denkens auf sachlich und objektiv erkannte spezielle gesellschaftliche Positionen hin relativieren. Nur wenn es möglich ist, das Wesen und den Aufbau der Gesellschaft ohne Einschränkungen durch eine klassenmäßige oder sonstwie vorweggegebene Gebundenheit zu erkennen, läßt sich mit sachlicher Gültigkeit die Bedeutung auch der Klassenbildung in der Gesellschaft bestimmen, und erst dann läßt sich sagen, in welchem Umfang und auf welche Weise bestimmte soziologische Theoreme mit Bezug auf klassenmäßige Standorte Gültigkeit besitzen. Andererseits ist es möglich, zu einer objektiven Erkenntnis begrenzter soziologischer Zusammenhänge aus diesen selbst heraus zu gelangen, sofern man sich selbstkritisch über die Methode, mit der man diese Erkenntnisse gewinnt, Rechenschaft gibt. Auch wenn der Forscher mit seinem Leben und Denken ganz mit einer bestimmten gesellschaftlichen Wirklichkeit verbunden ist und aus ihr heraus lebt, ist es ihm möglich, diese so auszulegen und zu deuten, daß das Ergebnis seines Nachdenkens unabhängig davon gültig ist, ob ein anderer, den er belehren will, seinen Standort teilt. Die *Objektivität der soziologischen Erkenntnis beruht in ihrer Methode* und in der *gegen sich selbst kritischen Rechenschaft*, die sich der Forscher über ihre Anwendungsmöglichkeiten und den sachlichen Sinn der erzielten Ergebnisse gibt[1].

Die Soziologie hat eine Erkenntnis der unmittelbar erlebnismäßigen Gegenwart des gesellschaftlichen Daseins, in dem der Forscher steht, nicht nur nicht zu meiden, sondern sie muß in der Erkenntnis dieser gesellschaftlichen Wirklichkeit ihrer eigenen Zeit und Mitwelt die entscheidende Probe darauf sehen, daß sie einer sachlichen Erkenntnis fähig ist, daß sie also beanspruchen darf, als vollwertige Wissenschaft zu gelten. Eine Begrenzung ihrer Forschungsebene auf geschichtlich vorliegende, vergangene Wirklichkeiten bedeutet keine Sicherung ihrer wissenschaftlichen Objektivität, sondern den endgültigen Verzicht darauf, die Kraft ihrer Methode als des Instrumentes einer sachlichen Erkenntnis zu dokumentieren. Weit entfernt, daß eine geschichtliche Ableitung ihrer Erkenntnisse der Soziologie eine objektive Gültigkeit ihrer Forschungsergebnisse sichern könnte, verhüllt diese ihr eine weit einschneidendere standortliche Beschränktheit des Denkens, indem sie eine historische Denkweise als gültig vorweg dogmatisiert, die eines ihrer interessantesten Probleme innerhalb der modernen gesellschaftlichen Erkenntnisformen ist. Vor allem verkennt eine nur historisch forschende Soziologie die fundamentale Tatsache, daß auch in die „Geschichte" hinein der Weg aus der Erfahrung der gesellschaftlichen Wirklichkeit eines aktuellen Daseins heraus gefunden werden muß. Der politisch gebundene Denker wird dabei jenes besonders geprägte Gedankenbild als Ausgangspunkt wählen, das für sein Wollen zur Orientierung dient. Der wissenschaftliche Forscher muß sein Denken an der generellen Erkenntnis entwickeln, die die von wechselnden Standpunkten ausgehenden Erfahrungen einer langen und vielseitigen Tradition der soziologischen Forschung ihm übermitteln. Immer geleitet von dem vorgreifenden Blick auf das Ganze der Einen gesellschaftlichen Wirklichkeit, als deren Modulationen ihm die in Raum und Zeit besonderen gesellschaftlichen Erscheinungen gegeben sind, hat er in fruchtbarer Spannung zwischen dem Allgemeinen und dem Individuellen sich schrittweise ein Gesamtbild von dem Wesen des gesellschaftlichen Daseins zu erarbeiten und es dabei zugleich zu lernen, die besonderen Gestalten der Wirklichkeit,

* Eine soziologische Forschungsweise im Sinne des in diesen Bemerkungen entwickelten Kategorien hat der Verf. in seiner Reihe „Lebendige Soziologie". Verlag de Gruyter, Berlin 1948 ff. erprobt. Siehe vor allem W. Ziegenfuß, Die bürgerliche Welt.

[1] Vgl. W. Ziegenfuß: „Versuch über das Wesen der Gesellschaft", Leipzig 1935.

seien diese nun geschichtlich abgeschlossen oder gegenwärtig lebendig, als sinnvolle Abwandlungen im Erscheinungsbild der Gesellschaft zu begreifen.

Auf diese Weise schafft die Soziologie der Geschichtswissenschaft ein festes Schema von Begriffen und Erkenntnissen, das es jener möglich macht, ihre Einsichten und Forschungsergebnisse in einem Zusammenhang zu begründen und ihre notwendigerweise individuellen und speziellen Untersuchungen in einem Ganzen der Erkenntnis methodisch zu sichern. Die Geschichtswissenschaft vermag ihre Forschungsgegenstände insoweit mit objektiver Gültigkeit zu erkennen und zu verstehen, als es ihr gelingt, sie von unmittelbar einsichtigen Zusammenhängen der menschlichen Existenz her gedanklich aufzuschließen und sie von der Äußerlichkeit ihres im einzelnen nur zum Teil kausal begreiflichen und in ihrer Zeitgebundenheit weitgehend kontingenten Erscheinens gedanklich abzulösen. Ohne eine vorgängige Allgemeingültigkeit der real gemeinten Notwendigkeit gesellschaftlicher Zusammenhänge und der auf dieser begründeten Gültigkeit ihrer Begriffe bliebe die Geschichtswissenschaft als eine bloße Erzählung dessen, was geschehen ist ohne sachlichen Erkenntniswert.

Der Weg zur Erkenntnis auch des geschichtlich vergangenen und im Gedanken wieder vorzustellenden und für das denkende Bewußtsein erneut aufzubauenden menschlichen Lebens beginnt in der Gegenwart und er orientiert sich an dem allgemeinen Bild von der gesellschaftlichen Realität, das die unmittelbare und zunächst individuell begrenzte Erfahrung des in seiner Gegenwart existierenden und denkenden aktuellen Geistes zu entfalten fähig ist. Es besteht somit ein *sachlicher Primat der soziologischen vor der historischen Erkenntnis*. Diese Tatsache wird dem Selbstverständnis des geschichtlichen Denkens dadurch verhüllt, daß dieses glaubt, sich nach dem Vorbild der naturwissenschaftlichen Forschungsmethoden nur kraft einer vollkommen „objektiven" Hingabe an seine Gegenstände in ihrer unabsehbar vielseitigen Mannigfaltigkeit über seine „subjektiven" Voraussetzungen erheben zu können. Dabei schneidet sich die geschichtliche Erkenntnis von vornherein den Weg zum Verstehen ihrer tatsächlichen Leistung ab. Denn sie setzt die Trennung von „Subjekt" und „Objekt", die gegenüber der von unserem Denken und Erleben weitgehend ihrem Wesen nach unabhängig gegebenen „Natur" sinnvoll ist, als auch für das Verständnis und die Erkenntnis der gesellschaftlichen und geschichtlichen Wirklichkeit gültig voraus. Je mehr die Geschichtswissenschaft und die Soziologie ihren Forschungsgegenstand derart in „positivistischer" Weise objektivieren, desto hoffnungsloser wird ihr Bemühen, ihn in seinem Sinn und Wesen, in seinen Formen und seinen inneren Zusammenhängen als einen Ausdruck eines auf keine Weise historisch abzuleitenden, sondern aller Geschichte gegenüber transzendent bleibenden menschlichen Wesens zu verstehen. Die weitere Folge ist, daß das Menschliche, insbesondere des historisch Erkennenden selbst sich als bloß „subjektives" und somit der „objektiven" Erkenntnis im Wege stehendes Moment aus dem Lebenszusammenhang herauslöst. Die von einem solchen subjektiven Denken zu gewinnenden Erkenntnisse bleiben in ihrer Gültigkeit problematisch und alle Versuche, die „Objektivität" geschichtlicher und soziologischer Erkenntnis wiederzugewinnen und zu begründen, müssen schließlich aussichtslos erscheinen. Je mehr der Erkennende die „Tatsachen" objektiviert und sie aus dem Lebenszusammenhang ablöst, in dem er selbst steht und dessen Dokumentationen, wenn auch in noch so ferner Zeit und an weitab liegendem Ort, sie sind, desto enger wird sein innerer Horizont, desto mehr verschließt sich ihm der Zugang zur Erkenntnis der gesellschaftlichen und geschichtlichen Wirklichkeit. Am Ende erscheint der Erkennende sich als ein in sich abgeschlossenes „psychologisches" Einzelwesen. Indem er diese Tatsache, die keine ursprüngliche Voraussetzung sondern in Wahrheit eine künstlich geschaffene Folge einer irregeleiteten Selbstauslegung ist, dann zur Grundlage seiner methodologischen Selbstkritik macht, dogmatisiert er sich in seiner Abgeschlossenheit als „absolutes", d. h. von allen Lebenszusammenhängen abgelöstes Individuum, so daß er die Tatsache seiner geschichtlichen Erkenntnis nicht mehr begreifen kann. So entstehen dann die Probleme des „Historismus" als Ergebnis einer methodischen Denkweise, mit deren Hilfe die Geschichtsphilosophie es lange genug erfolgreich unternommen hat, sich den Ast abzuschneiden, auf dem sie sitzt.

Hat man die Spaltung der geschichtlichen und soziologischen Forschungsebene in Objekt und Subjekt als unbewiesenes Dogma eingesehen und nimmt man der Voraussetzung von einer isolierten Existenz des erkennenden Subjektes den behaupteten Charakter der selbstverständlichen Gültigkeit als eines Ergebnisses kritischer Selbstbeschränkung der Erkenntnis, dann findet sich der Weg zu einem Verstehen der Möglichkeit und der Tatsächlichkeit der geschichtlichen Erkenntnis aus dem soziologischen Denken heraus wieder. Als erstes hat man zu bedenken, daß kein Mensch, auch nicht der wissenschaftlich erkennende, von der gesellschaftlich-geschichtlichen Wirklichkeit isoliert oder isolierbar existiert. Jedermann, auch der wissenschaftliche Forscher, steht inmitten der Zusammenhänge des gesellschaftlichen Daseins. Das bedeutet nicht, er sei ein „Exponent“ bestimmter gegenständlicher gesellschaftlicher Gegebenheiten, Klassen o. ä. Eine solche dogmatische Vergegenständlichung, die ein erkenntnismäßig und sachlich Späteres zur Voraussetzung der in Wahrheit immer vorwegbestehenden Geistigkeit machen will, ist zu ersetzen durch die entgegengesetzte Erkenntnis, daß jeder Mensch, auch der wissenschaftlich erkennende, auf eine ursprüngliche Weise in seiner Innerlichkeit aus dem ungegenständlichen Wesen des gesellschaftlichen Seins heraus existiert. An dem Bewußtsein dieses Wesens der Gesellschaft, das sich dem Menschen im Fortschreiten seiner Lebenserfahrung und seiner Selbstentfaltung in seinen außerzeitlichen Notwendigkeiten und seinen besonderen geschichtlichen Zügen erschließt, orientiert sich der Mensch in seinen Erfahrungen. Könnte sich das gesellschaftliche Bewußtsein nicht in denkender Besinnung zu einer gültigen Erkenntnis von dem identischen Wesen der Gesellschaft entwickeln, so wäre der Mensch nicht fähig, irgendeine Erfahrung zu machen oder seine Erfahrungen in einem sinnvollen Zusammenhang zu ordnen. Es wäre ihm auch nicht möglich, die Geschichte als einen einzigen Erfahrungs- und Erkenntniszusammenhang zu denken. Jeder geschichtlichen Einzel- oder Gesamterkenntnis liegt die Voraussetzung zugrunde, daß es eine einzige menschliche Gesellschaft ist, die, in ihrem Sinn und Leben unmittelbar einsichtig, sich in mannigfaltigen Gestaltungen, Entwicklungen und Ereignissen in Raum und Zeit wandelbar verwirklicht. Alle besonderen Entwicklungen, historischen Prozesse usw., die sich für den Blick des geschichtswissenschaftlichen Denkens in gegenständlicher Besonderung aus dem unendlichen individuellen Erscheinungszusammenhang abheben und isolierend erforscht werden, sind verstehbar nur als Besonderungen allgemeiner Wesenszusammenhänge und sinnhafter Notwendigkeiten des Zusammenlebens. Will man sie als das Primäre ansehen und von ihnen her das Wesen der Gesellschaft oder den Sinn und das Weltgesetz der Geschichte bestimmen, so verkennt man, daß man zuvor bereits, um diese Entwicklungen, Prozesse usw. als geschichtliche Wirklichkeiten auffassen zu können, sie in einem gesellschaftlichen Gesamtzusammenhang sehen und sie von sinnhaften Wesenszügen der Gesellschaft her begreifen muß. Selbst die fern von uns lebende und bestehende gesellschaftlich-geschichtliche Wirklichkeit eines „primitiven“ Volkes erkennen und verstehen wir, indem wir sie als Abwandlung der einen einzigen, einsichtigen und sinnhaft strukturierten Gesellschaft begreifen. Die Einsicht in die Besonderheit einer Existenz an der Grenze der für uns gewöhnlichen und alltäglichen gesellschaftlichen und geschichtlichen Erscheinungsformen entwickelt sich in dem Maß, in dem unser Denken vor dem Hintergrund eines *vorausgesetzten* Allgemeinen tiefer in die Erkenntnis des Eigentümlichen hineinwächst. Das *Allgemeine* ist *hier*, wie überall in der gesellschaftlich-geschichtlichen Erkenntnis, das *Erste*, und das Besondere kann insoweit als erkannt gelten, als es als eine Abwandlung von jenem verständlich geworden ist. So und nicht anders vollzieht sich das geschichtliche „Verstehen“ naheliegender und ferner Geschehnisse.

Es sind weder besondere „subjektive“ Voraussetzungen des „Verstehens“ zu isolieren und der Erkenntnis vorzuordnen — darin besteht der Fehler des Subjektivismus insbesondere als Idealismus —, noch sind die Voraussetzungen der Erkenntnis als abhängige Variabeln vorwegbestehender spezieller Formen der gesellschaftlichen Wirklichkeit zu begrenzen — darin besteht die Einseitigkeit des Objektivismus, insbesondere des „historischen Materialismus“ und der Ideologienlehre. Das Wesen der Gesellschaft muß als Ganzes für die soziologische Erkenntnis als einsichtig vorausgesetzt werden, wobei zu berücksichtigen ist, daß dieses Ganze von dem individuellen Erkennen in fortschreitender Besinnung aufgehellt werden muß. Die Soziologie vermag mit ihrer erkennenden Fassung der *Wesenszüge* der Gesellschaft in wachsendem Maße eine Hilfe zu leisten. Um fruchtbar werden zu können, müssen die soziologischen Erkenntnisse von dem wissenschaftlichen Denken, das sich ihrer bedienen will, durch eine *unmittelbar anschauliche* Auslegung des mit ihnen gemeinten Wesensgehaltes auf die Gesellschaft bezogen werden. Sonst werden sie zu bloßen Allgemeinbegriffen und erstarren in einem lediglich dogmatischen Gebrauch. Das gleiche gilt für die besonderen gegenständlichen Begriffe der soziologischen Forschung, die sinnvoll und gültig bleiben, wenn sie auf die ihnen zugehörigen anschaulichen Erfahrungsgebiete bezogen und begrenzt werden.

Statt also die geschichtliche Erkenntnis zum Ansatz für ein gesellschaftliches Selbstbewußtsein und Erkennen zu nehmen und womöglich ein „historisches Bewußtsein“ zum Ursprung der Selbstauslegung des Menschen in seiner Gegenwart zu machen, muß ein umgekehrtes Verhältnis konstatiert werden. Den menschlichen Individuen ist in verschiedenen Stufen der Entfaltung und in besonderen Graden einer mehr oder minder deutlichen Bewußtheit das Wesen der Gesellschaft gemeinsam. Aus ihm heraus lebt der Mensch und aus ihm gewinnt er in seinem Denken und Erkennen die Formen des Verstehens seiner selbst und der Mitwelt, wie der Geschichte. So läßt sich die Möglichkeit gesellschaftlicher und geschichtlicher Erkenntnis verstehen und die gegebene alltägliche Gemeinsamkeit des gegenseitigen Begreifens in dem einzigen gesellschaftlichen Erfahrungszusammenhang ableiten. Indem das Ganze des gesellschaftlichen Wesens fortschreitend in seiner nicht einfachen oder einförmigen Struktur begriffen und durch das *Erleben* von innen her entwickelt und aufgeschlossen wird, entfalten sich in dem sich so erweiternden Denken die Möglichkeiten des gesellschaftlichen und geschichtlichen Verstehens. Von dem aktuellen Verstehens-, Erkenntnis- und Wissensraum her erstreckt sich das Begreifen in die Mannigfaltigkeit der fernerliegenden gesellschaftlichen Formen und in die Tiefe des geschichtlichen Raumes hinein. Die geschichtliche Erkenntnis reicht so weit, wie der *aktuell existierende Mensch fähig* ist, sich jener *Wesenszüge der Gesellschaft* bewußt zu werden und sie von innen her in ihrem Sinn zu erfassen, aus denen sich auch die ferneren gesellschaftlichen und geschichtlichen Erscheinungen herausgebildet haben. Dabei ist sowohl zuzugestehen, daß es geschichtliche Erscheinungen geben kann, für die dem historischen Erkennen einer bestimmten Zeit die Verstehensmöglichkeiten abgehen, wie andererseits dem Historiker, indem er sich in einen ihm fremden Gegenstand hineindenkt, wesenhafte Möglichkeiten des gesellschaftlichen Seins „aufgehen", die zu erkennen seine eigene Erlebniswelt ihm keinen Anlaß bietet. In dieser letzteren Weise erweitert das historische Erkennen auf eine produktive Weise den gesellschaftlichen Verstehensraum und bereichert das Gesamtbild der Möglichkeiten gesellschaftlicher Existenz. Endlich besteht eine dritte Form des soziologischen Erkenntnisfortschrittes darin, daß in der gedanklich-konstruktiven Darlegung der Wesensformen der Gesellschaft gleichsam apriorisch Möglichkeiten gesellschaftlichen Seins entwickelt werden, die bislang weder aktuell, noch historisch Wirklichkeit geworden sind. Diese Funktion haben die großen Utopien jederzeit gehabt. Ihr Wert und ihre produktive Bedeutung besteht in dem, was an ihnen nicht Traum und Wunschbild, sondern konstruktive und der „realen" Geschichte vorgreifende Darstellung möglicher gesellschaftlicher Gefüge ist. In einer weniger anschaulichen als rationalen Form wirken auch große Systeme der Gesellschaftserkenntnis unmittelbar aufschließend auf den soziologischen Blick, und sie können nicht minder den „Tatsachen" dabei vorgreifen. Weiterhin sind es auch in den klar gedachten realpolitischen Konzeptionen lediglich die in ihnen erfaßten und richtig zum Ausdruck gebrachten gesellschaftlichen Wesenszusammenhänge, die gesellschaftspolitische Gedanken zu geschichtlichen Tendenzen wirksam werden lassen, während geschichtlich alles scheitern muß, was diesen Kontakt mit Strukturnotwendigkeiten im gesellschaftlichen Sein nicht hat oder ihnen entgegenstrebt. Auch die „Wirkung" der großen Einzelnen in der Geschichte beruht darauf, daß sie auf eine ausgeprägte Weise und meist in scharfer Einseitigkeit bestimmte Wesenszüge der Gesellschaft als ihre eigenen Lebensmotive und als Tendenzen des gesellschaftlichen Lebens ihrer aktuellen Wirklichkeit entfalten und wirksam werden lassen.

Kann man die Gesamtheit der gesellschaftlichen Seinsmöglichkeiten gleichsam als die beharrende Innenseite des geschichtlichen Wandlungszusammenhanges ansehen, so gibt es doch keine Möglichkeit einer eindeutigen Zuordnung beider zueinander. Es ist nicht möglich, ein „System" der Gesellschaft zu erkennen und wissenschaftlich zu formulieren, dessen zeitliche Darlegung die „Geschichte" als Ganzes wäre. Es fehlt nicht an solchen Versuchen, auch wenn es meist nur einige wenige Besonderheiten der Gesellschaft und einzelne Wesenszüge sind, die den jeweiligen „Systemen" zugrunde liegen. Derartige Theoreme neigen dazu, als „Geschichtsphilosophien" den Sinn und Fortgang der Geschichte aus einem systematischen Ganzen heraus gleichsam von innen her aufzuweisen und die Geschichte als die historische Darlegung des jeweils begriffenen gesellschaftlichen Wesensgehaltes zu konstruieren. Selbst wenn man sich ein soziologisches System vorstellen wollte, dem es gelungen wäre, alle denkbaren Wesenszüge der Gesellschaft gedanklich zu entfalten, so daß es unmöglich wäre, anzunehmen, daß je irgendwo und irgendwann in der Gesellschaft ein Motiv auftauchen könnte, das in diesem System nicht begriffen wäre, auch dann bliebe es eine Willkür, dieses System der Geschichte als Prinzip ihres Wandels oder gar ihres „Fortschreitens" zu unterlegen. Denn erstens wäre mit dem System der Gesellschaft wohl ein sinnvoller Zusammenhang der Wesenszüge der Gesellschaft gegeben, aber kein Motiv für eine bestimmte Abfolge ihrer Verwirklichung im geschichtlichen Leben. Diese Abfolge bleibt unableitbar und damit in ihrer weiteren Zukunft unabsehbar. Auch wenn partiell in einzelnen Räumen der gesellschaftlich-geschichtlichen Realität versucht wird, von bestimmten besonderen Kategorien der gesellschaftlichen Existenz her die Gesellschaft in ihrem Werden konstruktiv in eine bestimmte Richtung zu zwingen, weil man glaubt, diese als dem Fortschritt entspringende vorgreifend erkannt zu haben, bewegt man sich dem Ganzen der gesellschaftlichen Möglichkeiten gegenüber an der Oberfläche, weil man nicht umhin kann, zahlreiche andere nicht minder wesenhafte Motive zu unterdrücken und von der Verwirklichung auszuschließen. Selbst wenn man von solchen Gewaltsamkeiten absieht und wenn man das Ganze der gesellschaftlichen Existenz ohne Vorliebe für eine bestimmte seiner charakteristischen Möglichkeiten der Daseinsgestaltung ins Auge fassen würde, könnte man die Verwirklichung dieses Ganzen nicht als ein zu erstrebendes Ziel des geschichtlichen Handelns vorstellen, oder annehmen, der Geschichte sei diese Realisierung der Gesamtheit gesellschaftlicher Möglichkeiten in einem bestimmten Fortschreiten ihres Werdens vorgeschrieben. Denn — dies ist der zweite Einwand — die einzelnen Wesenszüge der Gesellschaft sind nicht derart miteinander verbunden, daß die Realisierung des einen die des nächsten fordern würde. Vielmehr sind die echten Wesensmomente der Gesellschaft durch ihre antinomische Gegensätzlichkeit gegeneinander charakterisiert. So gilt für ihre Verwirklichung ein Entweder-Oder, und es läßt sich nicht konstruktiv vorweg bestimmen, welche der Grundformen der gesellschaftlichen Existenz geschichtlich in einem bestimmten zeitlichen Zusammenhang gefordert seien. Daraus entspringt die Freiheit der entscheidenden und handelnden geschichtlichen Persönlichkeit, die beispielsweise bald im Sinn der Gemeinschaft, bald in dem der Macht, bald in dem des gesellschaftlichen Kompromisses wirkt. Darauf beruht die Freiheit der Geschichte gegenüber jedem Versuch, sie zu konstruieren und ihr eine Notwendigkeit des Ablaufs oder der „Schritte" vorzuschreiben, in denen sie bestimmte wesenhafte Gestalten der gesellschaftlichen Existenz aus sich hervorzubringen haben müßte.

Gleichwohl gibt es zwischen den wesenhaften Zügen der gesellschaftlichen Ganzheit und den besonderen geschichtlichen Gestalten eine Vermittlung. Nur darf sie nicht in einer historischen Verknüpfung des Erscheinens der Gesellschaft in der Zeit gesehen werden. Diese Vermittlung ist gegeben in typischen gesellschaftlichen *Strukturen*, in denen sich besondere gesellschaftliche Wesensmotive zu den konkreten historischen Besonderheiten hin anschaulich herausbilden. Eine solche Struktur liegt beispielsweise als Verbindung der Personalität und der Gemeinschaft in der gesellschaftlichen Grundwirklichkeit der Gemeinde zugrunde. In ihrer Konkretisierung kraft individueller menschlicher Lebensgehalte werden die gesellschaftlichen Strukturen zum begründeten Daseinszusammenhang besonderer gesellschaftlich-geschichtlicher *Welten*. So wird die Gemeinde im Christentum zum Verbindung und Zusammenhalt stiftenden und das Leben bis in individuelle Verhaltensweisen hinein formenden Kerngebilde der christlichen bürgerlichen Welt. Da die einzelnen ursprünglichen Wesensmotive der Gesellschaft, wie beispielsweise Herrschaft, Gemeinschaft und Gesellschaft in einer antinomischen Gegensätzlichkeit gegeneinander unaufhebbar verharren, gibt es von einer Struktur in die andere hinein keine Entwicklung, sofern diese Strukturen im Sinne der gesellschaftlichen Grundformen unterschiedlich voneinander herausgebildet sind. Wohl können in der Realität Überschneidungen und äußerliche Verbindungen zustandekommen, aber wo ein Prinzip der gesellschaftlichen Existenz zum Ausdruck gebracht ist, gibt es von ihm her keinen stetigen Übergang in ein anderes hinein. Daher können die verschiedenen gesellschaftlichen Welten zwar im konkreten Dasein Verbindungen miteinander eingehen, aber sie nehmen damit die bestehenden Antinomien in ihre konkrete Existenz hinein, und es besteht die Möglichkeit, daß sie an den äußerlichen Verbindungsstellen auseinanderbrechen. Eine solche Verbindung zweier wesensmäßig disparater Welten ist gegeben in einer Kirche, die den christlichen Gemeinschaftsgeist mit dem byzantinischen Machtgedanken verbinden will, oder in einem christlichen Gemeinwesen, das sein Machtprinzip mit dem christlichen Liebesgeist in einer Gemeinschaftsform zu verschmelzen trachtet.

Die *konkrete gesellschaftliche Wirklichkeit* wird verständlich, wenn man sie als das Nebeneinander, Miteinander und Gegeneinander verschiedener gesellschaftlicher Welten begreift. Diese Welten sind überall gleichzeitig, wenn sie geschichtlich im Dasein stehen. Sie sind zum Bewußtsein zu bringen und werden erkennbar so, wie gleichzeitig gesendete Radiowellen von verschiedener Wellenstärke an jedem Punkt des Raumes durch entsprechend „eingestellte" Empfänger scharf herausgelöst werden können. Der Mensch im gesellschaftlichen Dasein ist einem solchen Empfänger zu vergleichen, und die ihm gegebene Möglichkeit, von den in seiner geschichtlich-individuellen Existenz aktuell vorhandenen Welten bald im Sinne der einen, bald der anderen zu handeln und zu denken, begründet seine *Freiheit*. Die Tatsache, daß wesensmäßig unvereinbare Welten gleichzeitig den Anspruch erheben, im konkreten Handeln verwirklicht zu werden, ist der Grund dafür, daß der Mensch sich ständig *entscheiden* muß. Die prinzipielle Gleichgewichtigkeit wesenhaft begründeter gesellschaftlicher Welten macht diese Entscheidung nicht selten zu einer tragischen. Die großen Tragiker unter den Dichtern sind jene Persönlichkeiten, die aus einer besonderen seelischen Empfänglichkeit, gleichsam einer besonderen Trennschärfe gegenüber den seelischen Wellenbereichen heraus die Konflikte in ihrem Denken aus dem Bereich der Möglichkeiten imaginativ herausheben und im Bild gegenständlich werden lassen.

*Geschichtliche Epochen* weiten Ausmaßes, wie das „Mittelalter" sind durch die vorwiegende Bestimmtheit von jeweils einer eine Welt begründenden Struktur charakterisiert. Daher nimmt der Historiker das Recht, Epochen gegeneinander abzugrenzen und von einer „Welt des Mittelalters" zu sprechen. Endet eine Epoche, so geht der Übergang nicht stetig vor sich, sondern in einem radikalen Wandel, also in einer Reformation oder, wenn die bisherige Welt nicht aufhören will, ihren beherrschenden Bestand zu behaupten, in einer Revolution. Stetige „Prozesse" des geschichtlichen Werdens haben nur begrenzte Dauer im Zusammenhang einer vorherrschenden oder jedenfalls über eine bestimmte Zeit hinweg existierenden Welt. Dabei mag es im übrigen schwer sein, innerhalb konkreter geschichtlicher Daseinsverflochtenheiten den Anfang einer Epoche genau zu bestimmen, und zuweilen, wenn zwei oder mehr Welten gleichzeitig bestehen, wird es kaum möglich sein, zu entscheiden, ob ein Zeitabschnitt im geschichtlichen Wandel der gesellschaftlichen Wirklichkeit als Ganzes mehr der einen oder anderen Welt zuzuordnen sei.

Indessen ist die *Zeit* für jenen struktuellen ganzheitlichen Zusammenhang, den wir eine Welt nennen, mehr, als nur eine äußerliche Erscheinungsform oder ein Ordnungsschema, das es erlaubt, den Ablauf des Geschehens zu terminieren. Jede Welt hat ihre eigene Zeitlichkeit in sich. Die nordamerikanische Geschichte hat eine andere Zeit, als die chinesische. Die Zeit eines Beginns empfängt von dem Charakter der Ursprünglichkeit und Anfänglichkeit her, der einer werdenden Welt zu eigen ist, eine drängende treibende Kraft, die sich ihren konkreten Erscheinungen mitteilt, während eine ausklingende Weltgestalt in ihren einzelnen Phänomenen ein hinhaltendes Zögern und eine geradezu lähmende Zähigkeit des Zeitflusses ausprägt. Die werdende Welt bewegt sich ungeduldig auf die Verwirklichung ihres strukturellen Motivs zu, das sie aus der konkreten allseitigen Durchdringung verschiedener Wesenscharaktere der Gesellschaft zu möglichst reiner Verwirklichung herauszuarbeiten hat. Die vergehende Weltgestalt sucht sich im Dasein zu halten, auch wenn sie rings umdrängt und durchdrungen wird von anderen Motiven, die nach ihr das Gesicht der Gegenwart maßgeblich bestimmen wollen. Auf der Höhe ihrer geschichtlichen Existenz, wenn eine Welt das Höchstmaß an möglicher Reinheit in der Selbstdarstellung ihres Prinzips erreicht hat, verharrt sie für jene kurze Weile, in der sie ihr Wesen „klassisch" repräsentiert, in der Spannung zwischen dem verdrängten andersartigen Wesen und dem andrängenden Neuen, das sie selbst ablösen wird. Man sollte diese Gestaltwandlungen der gesellschaftlich-geschichtlichen Welten nicht mit dem viel zu groben Gleichnis der „organischen" Alterung verdeutlichen wollen, das nicht nur viel zu massiv ist, um die differenzierten Grade der innerlichen Gespanntheit auszudrücken, in denen sich das Leben einer gesellschaftlichen Welt vorbereitet, vollzieht und erfüllt, sondern das auch einen Charakter von dinglich-biologischer Zwangsläufigkeit impliziert, der dem aus Handlung und Gestaltung gefügten Leben der geschichtlichen Wandlungen keineswegs zu eigen ist.

Die Zeitlichkeit drückt in einer Verbundenheit mit dem Leben einer gesellschaftlichen Welt den Stand der Frühe, der Lebenshöhe oder der Späte mit aus. Andererseits ist eine gesellschaftliche Welt von ihrer räumlichen Lagerung charakteristisch mitbestimmt. Wie die Zeitlichkeit den Schicksalsgang der Welten ablesbar macht, so bestimmt der *Raum*, in dem sie stehen, ihre Gehalte und ihr Gesicht. Sieht man auf das Schicksal und die *geistigen Sinnwandlungen*, dann zeichnen sich jene aus ihrem historischen Eigensein verständlichen epochalen Welten ab, die wie das Mittelalter oder wie eine Stilwelt in der Art des „Barock" erst in der *Zeitlichkeit* ihres Schicksals ihren Charakter erschöpfend ausprägen. Faßt man dagegen die konkrete, *materielle Realisierung* bestimmter Gesellschaften ins Auge, dann erhalten die Gegebenheiten im *Raum* ein überwiegend bestimmendes Gewicht. Es gibt gesellschaftliche Welten, wie die des Bauern in der niedersächsischen Tiefebene, in denen zeitliche Wandlungen kaum spürbar sind, die aber von der Besonderheit des Raumes, in den hinein ihre Innerlichkeit sich ausweitet und dessen Gegebenheiten sie gestaltend in sich aufnimmt, entscheidend geprägt werden. Jede gesellschaftliche Welt hat ihre Zeitlichkeit und ihren Raumcharakter für sich. Bald ist die eine, bald der andere von größerer Bedeutung für ihre Selbstgestaltung und ihr Erscheinungsbild im auffassenden Bewußtsein. Es gibt gesellschaftliche Welten, die durch den abstrakten Charakter ihrer Zeiterstreckung oder Raumhaftigkeit ihr spezifisches Gesicht erhalten. Zu der ersteren Art gehört jene geistiggesellschaftliche Welt, die beherrscht wird von der Enderwartung der christlichen Eschatologie, oder eine andere, die aus der fin-de-siècle-Stimmung ihre Lebenshaltung, ihr Lebensgefühl und den Charakter ihrer geselligen Existenz gewinnt. Von dem räumlichen Charakter bis in ihr struktuelles Wesen hinein bestimmt wird beispielsweise die Großstadtwelt oder die gesellschaftliche Existenz der mehr oder minder isolierten Gefangenen, aus der sich eine nicht minder eigentümliche Welt herausbildet.

Grenzformen der gesellschaftlichen Weltgestaltung sind dort gegeben, wo der innere Schicksalszusammenhang eines persönlichen Lebens unmittelbar stellvertretend zu gesellschaftlich repräsentativer und gestaltender Wirkung heranreift. Das kann soweit führen, daß man ganze Epochen unter diesen *persönlich herausgeformten Weltgestalten* begreift. In diesem Sinn spricht man zuweilen von einem Zeitalter Goethes. Allerdings ist eine gesellschaftliche Weltgestalt niemals durch ein persönliches Lebenswerk und Schicksal erschöpfend oder in allen wesentlichen Zügen auszudrücken. Mehr oder minder wird diese gestalthafte Repräsentation einen *symbolischen* Charakter haben, und sie wird überwiegend nur für die *sinnhaft-geistige* Seite zutreffen. Die Breite der *materiellen* Realität entzieht sich der persönlichen Gestaltung. Die dem entgegengesetzte Grenzform erscheint, wenn sich aus der eigentümlichen Struktur *konkreter, sachlich begrenzter* gesellschaftlicher Existenzweisen überindividuelle Welten herausbilden. Das ist der Fall, wenn man von der Welt des Industriearbeiters oder der Welt der Diplomatie spricht. Der soziologisch-historische Weltbegriff kann sich endlich in den Grenzen konkreter Daseinsbindungen bis zu mehr *individuellen Besonderheiten* hin verengen. Die Bestimmtheit durch wesenhafte Grundzüge des gesellschaftlichen Daseins tritt dann weitgehend zurück gegenüber „menschlichen" Aspekten. So spricht man von der Welt des Kindes, von der des Geisteskranken, von der Welt der Romantik, wie von der Welt der Mode. Die Beispiele lassen sich beliebig vermehren.

Versuchen wir den Sachverhalt, den wir mit dem Ausdruck „Welt" meinen, allgemein zu bestimmen, so können wir sagen, daß immer dann *eine Welt entsteht, wenn eine menschliche Innerlichkeit mit einer außermenschlichen Realität in Zeit und Raum schicksalhaft zusammentrifft und auf diese gestaltend reagiert.* Diese Reaktion ist eine deutende und ordnende, wertende und fordernde, stufende und bindende angesichts der Mannigfaltigkeit der generellen gegebenen Voraussetzungen und individuellen Erscheinungen des „Lebens" und der allgemeinen Einen natürlichen Weltwirklichkeit. Es muß klar unterschieden werden zwischen der Wirklichkeit und der Welt. Die Wirklichkeit wird für das Denken und Verstehen soweit erschlossen, als sie in eine Welt einzugehen und in einer Welt sinnhaft gegenständlich zu werden vermag. Eine Welt ist andererseits insoweit mehr als ein Wahngebilde, als in ihr bleibende und charakteristische Grundzüge der Wirklichkeit erfaßt, geistig herausgestaltet und verstanden werden. Die Wirklichkeit ist eine einzige. Wir vermögen nicht mehrere Wirklichkeiten zu denken. Aber wir leben potentiell in mehr als einer Welt. In der Welt, in der der Mensch jeweils aktuell existiert, begegnet er denkend und gestaltend, handelnd und deutend der Wirklichkeit. Diese Welt stellt niemals die Wirklichkeit erschöpfend dar. Das ist darum unmöglich, weil die Antinomien in dem erkennenden Denken, wenn es die Wirklichkeit als Ganzes erfassen will, einer einheitlichen Repräsentation der Wirklichkeit im Erkenntnisbild entgegenstehen. Die Erkenntniswelt, als jeweils gültiges „Weltbild der Naturwissenschaften", ebenso aber als Bild der Gesellschaft, an dem auch das Handeln sich orientiert, ist ebensowenig nur ein Produkt des Denkens. Sie gewinnt ihre Struktur und ihren begreiflichen Bestand dadurch, daß in ihr zumindest einzelne real gültige Grundzüge der Wirklichkeit aufgefaßt sind. Der Fortschritt der Erkenntnis in den Naturwissenschaften besteht darin, daß das Weltbild der Wirklichkeit in immer schärferem Erfassen ihrer realen Struktur angenähert wird. Nicht so einfach läßt sich das Verhältnis von Wirklichkeit und Welt gegenüber der Gesellschaft beschreiben. Hier spielt die gestaltende Funktion des Menschen eine größere Rolle. Der Mensch ist immer auch der Schöpfer der geschichtlichen Gestalten, an denen die Wesenszüge der Gesellschaft erkennbar werden. Gegenüber der Naturwirklichkeit ist die menschliche Willkür, nachdem erst einmal die primitiv-magischen Vorstellungs- und Verhaltungsweisen überwunden sind, auf eine selbstverständlichere Weise dem Gesetz der Sache unterworfen, als gegenüber der gesellschaftlichen Wirklichkeit, und die Möglichkeiten und Grenzen der Technik als der gestaltenden Umformung und Entwicklung der gegebenen natürlichen Wirklichkeit im Sinne und nach den Zielen menschlicher Weltbilder, sind zwingend begrenzt. In den Fragen des gesellschaftlichen Daseins ist der Mensch im allgemeinen nicht über den geistigen Stand der primitiven Dämonologie und Magie hinausgekommen. Zumindest ist er nicht immer bereit zu der Erkenntnis, daß auch die gesellschaftliche Wirklichkeit einen notwendigen, sachlich begründeten Bestand in sich selbst hat, dessen innere Struktur das erkennende Denken nach und nach herausarbeitet und dem es in den gesellschaftlichen Weltbildern Ausdruck gibt. Die Soziologie (als Form des realistischen Erkennens) ist weit entfernt davon, das wissenschaftliche Niveau und die Leistungsfähigkeit zu erreichen, die die Naturwissenschaften auszeichnen. Es fehlt ihr einerseits die Intention auf eine gegliederte Einheitlichkeit des gesellschaftlichen Weltbildes. Andererseits ist sie aus diesem Grund nicht fähig, die verschiedenen einander entgegenstehenden gesellschaftlichen Weltbilder aus einem zusammenfassenden gedanklichen Entwurf der Gesellschaft als Einer Wirklichkeit abzuleiten. Diese Aufgabe kann sie erst erfüllen, wenn sie die besonderen gesellschaftlichen Welt-Bilder, die Erkenntnis der proletarischen, der bürgerlichen und der feudalen, der antiken, der mittelalterlichen, der modernen gesellschaftlichen Welten von einer Gesamtanschauung der gesamtgesellschaftlichen Entfaltungsmöglichkeiten her ableitet.

Es ist insoweit möglich, die besonderen Welten als Abwandlungen der gesellschaftlichen Realität zu erkennen, als sie aus dem Entwurf eines Systems der gesellschaftlichen Wirklichkeit von bestimmten und dann andere ausschließenden Formen her begriffen werden können. Die Fortschritte der soziologischen Erkenntnis bewegen sich in einer Wechselwirkung der Erhellung der Gesamtstruktur der gesellschaftlichen Realität und der Darlegung und Deutung besonderer Wesenszüge, die in den gesellschaftlichen Welten als das, was ihnen reales Dasein, Wirkung und Bestand gibt, erfaßt werden und in speziellen soziologischen Gedankengefügen zum Ausdruck kommen.

Hier kommt die Grenze der Gesellschaftswissenschaft gegenüber den Naturwissenschaften zur Geltung. Die Natur kann ständig als in der Gesamtheit aller ihrer Grundzüge real bestehend *gedacht* werden. Das besagt nicht, daß sie überall in der Gesamtheit ihrer Möglichkeiten real besteht. Auch sie ist insofern geschichtlich, als es in ihr einen Wandel gibt, der Bestehendes verschwinden und Neues auftauchen läßt und der jeder Konstellation im Ganzen einen Charakter der Einmaligkeit gibt. Aber in der Natur wird das Sein und Bestehen der Grundformen der Realität als vom Menschen, seinem Denken und Gestalten unabhängig gedacht. Jeder Versuch, die natürliche Wirklichkeit aus der menschlichen Gedanklichkeit abzuleiten, hebt den Sinn dessen, was der Begriff Natur meint, auf und verkehrt diesen in sein Gegenteil. Für die gesellschaftliche Realität gilt dieses Verhältnis von Denken, Gestalten und Wirklichkeit nur insoweit, als die Gesellschaft als von der Natur her bedingt angesprochen werden kann. Da die gesellschaftliche Wirklichkeit aber selbst in ihren anscheinend rein naturhaften Grundlagen, wie der Bevölkerung und der Bevölkerungsentwicklung oder im Stand der Technik und der materiellen Voraussetzungen der technischen Produktion grundsätzlich als niemals ganz unabhängig von dem menschlichen Denken und Wollen, Gestalten und Deuten existierend vorgestellt werden kann, ist die Gesellschaft nicht als schlechthin vom Menschen unabhängig und von ihm gegenüber absolut geltenden Gesetzen beherrscht zu denken. Die Gesellschaft ist vielmehr immer der Mensch selbst im Gegensatz zu allem, was als natürliches Sein unabhängig von ihm bestehen kann. Nicht die Natur, wohl aber die Gesellschaft ist der „Mensch" im großen.

Dieser Sachverhalt bringt eine gefährliche Folge mit sich. Er legt es nahe, daß der Mensch glauben kann, er vermöge die Gesellschaft als seine Realität beliebig zu schaffen. Er glaubt dann sich selbst als Schöpfer der Gesellschaft. Während der Fortschritt der Naturerkenntnis ihrem Sinn gemäß für das allgemeine Bewußtsein darin besteht, daß die Subjektivität der „Weltanschauungen" in Hinsicht auf eine einzige, realistische Welterkenntnis der Natur überwunden wird, neigt der Mensch zu der Täuschung, er vermöge je nach seiner „Weltanschauung" die reale Gesellschaft als eine ganz andere neu zu schaffen. Eine solche Meinung ist aber ebenso wie die entgegengesetzte Einseitigkeit, die glaubt, sie könnte das Wesen der Gesellschaft und ihre wandelbare Realität aus der Struktur und den Gesetzen einer an sich bestehenden naturhaften gesellschaftlichen Wirklichkeit ableiten, eine Täuschung.

Die gesellschaftliche Realität entfaltet sich in ihren besonderen, wesenhaft voneinander verschiedenen Formen nur im Menschen und kraft seiner gestaltenden und deutenden Wirksamkeit. Die antike Stadt, die christliche Gemeinde, die kapitalistische Unternehmung existieren nicht, es sei denn, daß der Mensch sie geschaffen hat, und sie können nicht erkannt werden, bevor sie als Wirklichkeit herausgearbeitet worden sind. Sie sind für die Erkenntnis der Gesellschaft für immer verloren, wenn sie sich nicht geschichtlich dokumentiert und in verständlichen Urkunden für die Deutung der später Lebenden erschlossen haben. Es ist nicht möglich, gesellschaftliche vergangene Welten ohne konkrete anschauliche Dokumente in der gleichen Weise zu konstruieren, wie Jahrtausende zurückliegende Konstellationen der Gestirne von einem aktuell gegebenen Stand her berechnet werden können. Methodisch gibt es hier einen *Primat der Geschichte.* Sofern nur durch das Medium der erkennenden und gestaltenden, deutenden und geistig zusammenfassenden Persönlichkeit die besonderen Wesenscharaktere der Gesellschaft in ihrer jeweils real erscheinenden gesellschaftlichen Ganzheit erfaßt, bewußt gemacht und ausgelegt werden, entfalten sich *gesellschaftliche Welten* als geschichtliche Wirklichkeit. Diese können dogmatisch und theoretisch zu besonderen geistigen Gebilden ausgefaltet werden, aber sie sind nicht das Produkt von vor ihnen oder unabhängig von ihnen denkbaren gesellschaftlichen Weltanschauungen oder Wertsystemen.

Eine Welt in diesem Sinne hat dann einen *gesellschaftlichen* Charakter, wenn sie bestimmt ist durch die *menschliche Aktualisierung* der besonderen *Wesenszüge des gesellschaftlichen Daseins.* Diese allgemeinen gesellschaftlichen Grundcharaktere können durch einzelne weltgestaltende Persönlichkeiten oder durch ein Zusammenwirken vieler herausgearbeitet, zum

Bewußtsein gebracht und gedanklich aufgeschlossen werden. Die gesellschaftlich weltgestaltende Leistung einzelner Persönlichkeiten tritt zutage im Wirken jener Menschen, deren Schicksal es ist, von einem gesellschaftlichen Lebensmotiv ergriffen und bis in alle Auszweigungen ihres Wesens und Wirkens bestimmt zu sein. Ihr Leben und ihr Werk bildet dann in innerer Einheitlichkeit bestimmte Grundzüge der gesellschaftlichen Existenz heraus. Auf diese Weise werden bisher latente Möglichkeiten des gesellschaftlichen Daseins in die Wirklichkeit gehoben, um, einmal gegenständlich realisiert und in das Bewußtsein der Menschheit getreten, nie wieder ganz zu verschwinden.

Es gibt keine Besonderheit der gesellschaftlichen Wirklichkeit, die nicht zuerst und ursprünglich durch den Menschen zum Dasein gebracht und als gestaltendes Motiv in die Mannigfaltigkeit der gesellschaftlichen Welten hineingelebt und eingewirkt worden wäre. Dabei zeichnet es die überragende Persönlichkeit aus, daß sie fundamentale Wesenszüge der Gesellschaft erschöpfend und folgerichtig, frei von oberflächlichen Kompromissen und in adäquaten Formen der Handlung, Darstellung und Gestaltung herausbildet. Je umfänglicher ihr Wesen ist, desto größere Spannungen an sich gegensätzlicher Motive vermag dieses zur Einheit in sich, in seinem Leben und Werk zu verbinden. Daneben gibt es die gewaltigen und oft gewalttätigen Einseitigen, deren Sein und Wirken beherrscht ist von einer einzigen Potenz, sei es die der Macht oder der Liebe, der Gemeinschaft oder der Individualität. Endlich darf es nicht verkannt werden, daß auch die allem Fanatismus abholden stilleren Naturen oft in verbindlicherer Form ganze Welten gesellschaftlicher Eigenart aus zwar weniger einseitig und stark, aber rein ergriffenen gesellschaftlichen Motiven heraus entwickeln können. Und schließlich besteht alles Wirken und Leben, Schaffen und Gestalten im gesellschaftlichen Dasein darin, daß der Mensch an der Fortbildung jener Welten mitarbeitet, die den gesellschaftlichen Raum ausfüllen, in den er hineingestellt ist.

Der *schöpferische Mensch* führt bestimmte Motive der gesellschaftlichen Wirklichkeit aus der Einseitigkeit und Abseitigkeit gegenüber dem vorherrschenden Bestand gesellschaftlicher Lebensformen heraus und verhilft ihnen zu jenem Durchbruch, der sie zum beherrschenden Charakter gesellschaftlich-geschichtlicher Welten und Epochen macht. Wo die geniale Einseitigkeit der ganze gesellschaftliche Welten begründenden, vernichtenden oder neu schaffenden Einzelpersönlichkeit fehlt, kann ein *gemeinsames Wirken* mehrerer Persönlichkeiten, die einander nicht einmal zu kennen brauchen, in der Gestaltung einer gesellschaftlichen Lebenswelt und Wirkungsform zusammenwachsen, die zwar weder das ganze Leben erneuernd noch die Gesellschaft revolutionierend in die Weite der „Weltgeschichte" hineinwirkt, aber dennoch eine eigene, in klar ergriffenen Wesenszügen der sozialen Existenz begründete Gestalt im Zusammenhang einer umfassenden gesellschaftlichen Welt bedeutet.

*(Dr. Werner Ziegenfuß, (1) Berlin-Charlottenburg 4, Leibnizstraße 48.)*

# Über den Rhythmus Beethovens.

Von
RUDOLF STEGLICH.

Beethoven mangelte es an rhythmischer Begabung, er konnte „wenig am Rhythmus teilhaben", wie „auch seine Schrift es weitgehend an rhythmischem Fluß fehlen läßt" — das sind Ergebnisse graphologischer Forschung (Studium Generale II, 2, 88). Beethoven ist „der gewaltigste Rhythmiker seiner Generation" — das wird von der Musikwissenschaft her behauptet (II, 3, 144). Den Zwiespalt zwischen diesen Urteilen möge Beethovens Notenschrift klären helfen.

Deren Züge sind um so weniger schon vom Physiologischen her zu fassen, je mehr sie — im Gegensatz zu mechanistischer Kopistenschrift — ursprünglich bestimmt sind von der rhythmischen Grundbewegtheit der musikalischen Vorstellung. Vielleicht kann von hier aus etwas Licht fallen auf das, was nach Rudolf Pophal, dem Verfasser jener Abhandlung über „Rhythmus und Handschrift", bislang ungeklärt blieb: „wann der Graphologe etwa mit innerpersönlichen Anlageverschiedenheiten der Bewegungsrhythmik zu rechnen hat."

Vergegenwärtigen wir uns aus Beethovens Niederschrift der Klaviersonate in c-moll op. 111 (Faksimileausgabe München 1922) und der Fünften Sinfonie (Faksimileausgabe von Georg Schünemann, Berlin 1942) die horizontalen Abstände der Noten der Kopfmotive voneinander und von dem zwischen ihnen stehenden ersten Taktstrich:

In dem Sonatenanfang braucht Beethoven von dem Auftakt-Zweiunddreißigstel bis zum Taktstrich 13 mm, von da bis zur Zielnote weitere 17, insgesamt also für den sehr kurzen Zeitraum des Zweiunddreißigstels den sehr langen Weg von 30 mm. Am Sinfoniebeginn stehen die drei Achtel wohl eng beisammen, dem Allegro-con-brio-Tempo gemäß; aber ebensoviel Raum wie für diese drei Achtel, nämlich 5 mm braucht es, um von deren letzten zum Taktstrich zu kommen, und von diesem bis zur Zielnote sind es gar noch weitere 19 mm, trotz des Allegro con brio. Der Dauer jedes der beiden ersten Achtel entspricht sonach ein Weg von 1,66 mm, der abgesehen von etwaigen geringen agogischen Differenzierungen doch wohl gleichen Dauer des dritten Achtels aber ein Weg von 24 mm: das Achtzehnfache! Ist nicht in diesem Schriftbild die Zeitordnung des musikalischen Rhythmus, ohne die er eben kein Rhythmus mehr ist, völlig mißachtet? Und solche Schriftbilder sind bei Beethoven keine Ausnahme, sie sind für seine Notenschrift charakteristisch.

Daraus zu schließen, daß Beethoven wenig Sinn für Rhythmus gehabt habe, liegt sehr nahe, zumal wenn man die quantitative Zeitordnung, gar etwa im Sinne von Zeit-Teilung, für sich schon als Rhythmus nimmt. Und jener Schluß liegt um so näher, je schwächer dabei das Qualitative des musikalischen Rhythmus ist oder empfunden wird: die gelebte zeiträumliche Bewegung.

Ist es eine solche Bewegung, die sich in jener seltsamen Eigenheit der Beethovenschen Notierung auswirkt? Gibt ihr etwa der Flug der vom Flug der musikalisch-rhythmischen Bewegungsempfindung geführten Feder das Gesicht? Über dem flughaften, wie unbeschwerten Vorwärts der Schriftzüge scheinen Abstand wie Nachdruck der Akzentuierungen völlig vernachlässigt. Wir suchen hier vergebens die Präzision und den Nachdruck schwergewichtiger Niederschlagakzente; wir finden aber, gehen wir der schreibenden Hand nach, außerordentlich raumgreifende Bewegungen, zumal beim Ansatz und Auswirken der Hauptakzente: in der Bewegung zum Taktstrich und über ihn hinweg. Wie sehr Beethoven diesen flughaft, also besonders auch horizontal nachdrücklichen Rhythmus schreibend mitlebt, wie wesentlich ihm dabei die zielstrebig durchmessene Weite des gelebten Raumes ist, wobei das Raumgreifende eben nicht im Niederwärts der Akzente, sondern erst in deren Ansatz und dann im vorwärts-aufwärts gerichteten Ausschwingen sich äußert: das bezeugt wohl diese Notenschrift. Auf den weiträumigen Notenblättern von fast 32 cm Breite bei 26 bzw. 25,5 cm Notenlinienlänge kann sich die flughaft raumgreifende Energie ja viel freier entfalten als auf kleineren Briefbögen und in Taschenformat-Konversationsheften. Immerhin ist sie auch dort deutlich zu spüren, zumal bei besonderen Betonungen, in Pophals Schriftprobe 1 zum Beispiel an dem unterstrichenen „Sonntag" und den sichtlich schräg-aufwärts-vorwärts strebenden langen ſ.

Das trifft überein mit dem, was Grillparzers Beethovencharakteristiken hauptsächlich hervorheben (s. II, 3, 144): daß Beethoven „die Grenzen seiner Kunst durchflog, wie der Behemoth die Meere durchstürmt", daß sein Lebensrhythmus ein allen Hemmnissen zum Trotz zielstrebiges rasches Schreiten, ein unbezwungener, geradezu „spielender" Lauf gewesen sei. Und das wird bestätigt und aufschlußreich ergänzt durch die zeitgenössische Beschreibung Friedrich Wähners: „Nicht ganz von mittlerer Größe, eilte er in kurzen, stets gleichen Schritten dahin, als sei er unabänderlich gezwungen, selbst mit den Füßen eine Art Takt zu halten. Sein Gang hatte etwas Flughaftes, gleich dem Ansatz eines Reisenden, der rüstig ein bestimmtes Ziel verfolgt." Da wird außer dem im zweiten Satz hervorgehobenen flughaften Charakter des Schreitens, der Qualität dieser rhythmischen Bewegung, deren Quantitatives genauer beschrieben: als eine ausgeprägt regelmäßige takthafte Ordnung. Ordentliches Takthalten in einer außerordentlichen flughaften, das heißt aufschwunghaltigen, weitzügigen, wie frei wirkenden Bewegung: so weit greift hier der gelebte psychische Raum hinaus über den leibhaftig schrittgemäßen, gegenständlichen, daß zwischen beiden kein Verhältnis mehr möglich scheint.

Diese Sachlage spiegelt sich in jenem Beethovenschen Schriftbilde. Die raumgreifende Kraft des gelebten Rhythmus führt Beethovens Notenfeder. Die taktmäßige Ordnung aber ist auf der beschränkten Fläche des Papiers nicht gleichzeitig zu fassen, wir vermissen sie also in Beethovens Schriftzügen. Und doch ist diese Ordnung wirklich, wie der takthaft regelmäßige Schritt in Beethovens flughaftem Gang wirklich war.

Mit dem „Ablaufrhythmus" müssen uns Feder und Papier aber auch die rhythmische „Massenverteilung" schuldig bleiben, die Pophal in Beethovens Handschrift ebenfalls mit Recht vermißt, die in der Musik selbst aber vorhanden ist. Dazu genüge hier eine kleine Erinnerung: auf dem Beethoven-Kongreß in Wien 1927 demonstrierte Alexandre Denéréaz an einer graphischen Darstellung der Gewittermusik der Pastorale mit dem Zirkel höchst anschaulich, daß sogar Beethovens Blitzschläge dem Gesetz des Goldenen Schnittes folgen (Kongreßbericht Wien 1917, 45 ff.: Beethoven et les rhythmes cosmiques). Übrigens mußte Pophal auch deswegen zu einem negativen Ergebnis bei der Beurteilung des Rhythmikers Beethoven kommen, weil der von ihm als „Hin- und Herbewegungsabfolge“ verstandene Bewegungsrhythmus Beethovens vorwärtsstrebigem Rhythmus nicht wesensgemäß ist; wie auch dem Klassiker Beethoven der Wechsel von Systole und Diastole eben nicht Wechsel von Spannung und Entspannung ist, vielmehr — wie Goethe in der „Tonlehre“ erklärt — Wechsel von „Gewicht und Gegengewicht der Rhythmik“ im Sinne von: „Ein anderes ist den Fuß aufheben, ein anderes ihn niedersetzen“ (s. II, 3, 143, 145).

Daß ihr gelebter Rhythmus-Raum so weit über den gegenständlichen hinausgreift, das ist es auch, was gerade so außerordentliche musikalische Rhythmiker wie Beethoven und selbst den Walzerkönig Strauß zu unlustigen und „schlechten“ Tänzern macht — zumal da die Unzulänglichkeit der menschlichen Gliedmaßen vor der Weite und Schwungkraft der gelebten psychisch-musikalischen Bewegung solch enthusiastisch-rhythmischer Musik meist noch peinlicher fühlbar wird, wenn im Tanz mit den eigenen noch andere Glieder bewegt werden müssen. Der feuertrunkene Schritt weder der Schillerschen Verse noch der Beethovenschen Melodie des „Liedes an die Freude“ noch die bis „in den siebenten Himmel“ sich weitenden und aufschwingenden Rhythmen der „Schönen blauen Donau“ lassen sich leibhaftig-gegenständlich voll erschreiten oder erschwingen oder gar erschreiben, andrerseits aber ohne leibhafte Resonanz auch nicht voll erleben. — Das heutige Musizieren pflegt gerade in dieser Beziehung jener Musik das Beste schuldig zu bleiben, oft um so mehr, je mehr es fachmännisch-technisch „gekonnt“ ist.

Daß die gelebte rhythmische Strebung weit über alles gegenständliche Maß hinausgreift, das ist es endlich wohl auch, was die oft zitierten gegensätzlichen Beurteilungen Beethovens durch Goethe hervorgerufen hat. Das Urteil am ersten Tage der Begegnung: „Zusammengefaßter, energischer, inniger habe ich noch keinen Künstler gesehen“ trifft die gewaltige Verdichtung und Verinnerlichung der weiträumigen Strebungen auf normale Taktmaß-Quantität, eine außerordentliche Leistung, die dem Hörer wohl als Beethovensches „Pathos“ erscheint und die keineswegs, wie es oft in praxi geschieht, allein durch allerdings bequemer zu praktizierende Lautstärkequantitäten zu ersetzen ist. Sechs Wochen später Goethe an Zelter: „Sein Talent hat mich in Erstaunen gesetzt; allein er ist leider eine ganz ungebändigte Persönlichkeit.“ Das mag, abseits des „bändigenden“ ton-dichterischen Schaffens — Goethe spricht hier nicht wie oben vom Künstler! —, so manche andere Äußerungen der gewaltigen Bewegtheit Beethovens treffen, vielleicht gar impulsiv politische, die Goethe besonders zuwider waren, und sie mochten dem „naiven“ Dichter in Beethovens „sentimentalischer“ Prägung noch verschärft klingen. Solche Äußerungen könnten sich wohl auch in Schriftzügen auswirken. Aber lediglich nach ihnen wäre Beethoven als Rhythmiker nicht vollgültig zu beurteilen.

(*Prof. Dr. Rudolf Steglich, Erlangen, Danziger Straße 17.*)

---

## Das phonetische Experiment und seine Bedeutung für die sprachwissenschaftliche Forschung.

Von

OTTO VON ESSEN.

Die Phonetik wurde und wird von manchen als ein besonderes Gebiet der Sprachwissenschaft angesehen, und auch heute noch werden es viele Vertreter der Sprachwissenschaft zumindest seltsam finden, daß die Phonetik zu der Selbständigkeit gelangen konnte, die sie besitzt. Aber seit der Zeit, da sie sich zu einer autonomen Wissenschaft zu entwickeln begann, hat sich eine Reihe von Mißverständnissen eingestellt, denen sachliche und unsachliche Kritik, gerechtfertigte und ungerechtfertigte Angriffe und Vorwürfe folgten. Wenn man den Gründen des vielfachen Widerstreites nachgeht, stößt man immer wieder auf die Tatsache, daß man eigentlich nur aneinander vorbeiredet. Es konnte nicht anders kommen, und die Schuld daran trug letzten Endes die unheilvolle Ungeklärtheit der Begriffe. Der Begriff der Phonetik selbst schillerte schon in verschiedenen Farben, und als die Auffassungsunterschiede sich dann doch mehr oder weniger deutlich abzuheben begannen, suchte man von der Phonetik im bis dahin allgemeinen Sinne die neu entstandene Richtung mit der Benennung „Experimentalphonetik“ abzutrennen, allerdings in Verkennung der Rolle, die dem eigentlichen Experiment in der phonetischen Forschung zufiel; denn dieses war und ist doch nur *eine* der in der Phonetik geübten Forschungsmethoden. Als auch dies erkannt wurde, versuchte man, die Bezeichnung „Instrumentalphonetik" einzuführen *(Jespersen)* [1]. Aber auch dieser Versuch mußte sich sehr schnell als verfehlt herausstellen, da es ja letzten Grundes gar nicht so sehr auf die Verwendung von Instrumenten ankommt, wiewohl solche bei vielen — und wohl den meisten — phonetischen Untersuchungen und Experimenten benutzt werden. Viele dieser Schwächen und Mängel hat man längst eingesehen; aber trotz der deutlichen und oft recht drastischen Darlegungen *Zwirners* sind noch so weitgehende, störende und arbeitslähmende Unklarheiten verbreitet, daß eine kritische Untersuchung unabweislich ist. Hierzu möchte die vorliegende Erörterung über den Begriff und die Anwendung des Experimentes in der phonetischen, sowie dessen Nutzen für die sprachwissenschaftliche Forschung einen Beitrag liefern.

## *1. Definitionen.*

Die Grundlage aller wissenschaftlichen Erkenntnis ist die Erfahrung. Ohne sie bleibt die Vernunft eine bloße Wissensfähigkeit, die Denkgesetzlichkeit eine leere Schablone, die zwar für den Dienst der Erkenntnisvorgänge jederzeit bereitsteht, jedoch ihre Aufgabe nur an einem aus der Erfahrung gegebenen Gegenstande und mit Hilfe von empirisch erworbenen Begriffen erfüllen kann. Denn seit der „Kritik der reinen Vernunft" ist es uns klar, daß das „Denken eines Gegenstandes überhaupt durch einen reinen Verstandesbegriff bei uns nur Erkenntnis werden kann, sofern dieser auf Gegenstände der Sinne bezogen wird" (Kr. d. r. V., p. 146 d. Orig.).

Freilich, Erfahrung allein macht noch keine Wissenschaft, sondern bestenfalls ein Wissen, vielleicht ein Vielwissen, das sich erst dann zu einer Wissenschaft im eigentlichen Sinne erhebt, wenn es durch die ordnende und bezugsetzende Tätigkeit des Verstandes zu einer Einheit zusammengefaßt und der Denknotwendigkeit unterworfen wird. So muß also, damit eine wissenschaftliche Erkenntnis zustande komme, beides zusammentreffen, sinnenvermittelte Erfahrung und Denkgesetzlichkeit, und nur in eben dem Maße kann Erfahrung zur wissenschaftlichen Erkenntnis werden, als sich die Denkgesetzlichkeit ihrer zu bemächtigen in der Lage ist.

Jedes Streben nach Erkenntnis muß daher von der Objektgegebenheit, sei diese nun auf eine Realität oder bloße Vorstellung gegründet, seinen Ausgang nehmen. Dazu gibt uns die Natur, wie es scheint, Gelegenheit in reichem Maße. Allein sie gibt uns die Erscheinungen und Veränderungen selten in so unkomplizierter Form, daß sich unser Denken ihrer unmittelbar bemächtigen kann, sondern zumeist unter so vielen untereinander und miteinander verquickten Umständen und ineinander verwobenen Relationen, daß es uns nicht ohne weiteres möglich ist, die in kausaler Verknüpfung zusammengehörigen Vorgänge aus der Komplexität der Erscheinungen zu lösen und isoliert zu betrachten. Das aber ist Voraussetzung der analytischen Betrachtungsweise, die doch schließlich zur Auffindung einer Gesetzlichkeit führen soll. Oder aber die Natur verschweigt dem Fragenden gewisse Vorgänge und Umstände, deren Wahrnehmung zur Gewinnung einer exakten wissenschaftlichen Erkenntnis notwendig wäre. Daher ist der nach Erkenntnis Strebende in manchen Fällen genötigt, sich nicht auf die bloße Beobachtung von Veränderungen zu beschränken, sondern den allgemeinen sinnenhaften Eindruck durch eine genauere Analyse in Einzelerscheinungen aufzulösen, gegebenenfalls unter Anwendung von Hilfsmitteln, die geeignet sind, die Tätigkeit oder Leistungsfähigkeit der Sinne zu unterstützen und ihren Auffassungsbereich zu erweitern, flüchtige und für die Trägheit der Sinnesfunktionen zu schnell erfolgende Veränderungen entweder in (wenigstens scheinbar) langsamere Abläufe zu transformieren oder durch Registrierung auf bzw. in einen geeigneten Stoff zu bannen und so einer nachträglichen Kontrolle und Analyse zugänglich zu machen. Wir bezeichnen ein solches Verfahren generell als *Untersuchung*. Die Untersuchung ist also, kurz gefaßt, eine analytische Betrachtung eines den Sinnen sich darbietenden Objektes zum Zwecke der Feststellung eines Sachverhaltes.

Führt nun eine Untersuchung zur Kenntnis aller Einzelerscheinungen, so wird auch das Denkvermögen alsbald bestrebt sein, nach seinen eigenen, ihm inhärenten Gesetzen die empfangenen Wahrnehmungen zu ordnen, zu begrifflichen Einheiten zusammenzufassen und untereinander zu verbinden, d. h. zur Erkenntnis zu erheben. Der Weg von der Wahrnehmung zur Erkenntnis ist also der der logischen Urteilsfunktion.

Nicht in allen Fällen ist eine einfache Untersuchung des in Frage stehenden Objektes für die Herbeiführung von Erkenntnissen zureichend. Dies gilt insbesondere dort, wo sich gewisse Umstände oder Veränderungen aus räumlichen oder zeitlichen Gründen dem Zugriff der beobachtenden Sinne entziehen, oder wo die Kompliziertheit der Abläufe durch die Beobachtung nicht überblickt werden kann. In solchen Fällen wird der Untersuchende die notwendige Übersicht selbst herzustellen suchen, indem er die Umstände, unter denen die zu beobachtenden Vorgänge sich abspielen sollen, absichtlich herbeiführt, die Bedingungen der Abläufe regelt und

[1] *Forchhammer* schlägt jetzt den schon 1866 von *Merkel* benutzten Ausdruck „Laletik" vor (Z. f. Phon. 1948, p. 65).

nach eigenem Ermessen variiert, störende Einflüsse ausschaltet. Es handelt sich also um den Versuch, die Grundlagen einer Erfahrung zu schaffen, um dann diese womöglich den axiomatischen Prinzipien des Denkens unterzuordnen. Dieses Verfahren bezeichnen wir als *Experiment*.

Es geht im Experiment um mehr als um eine analytische Betrachtung. Der Experimentierende will durch Variierung von Bedingungen *Funktionszusammenhänge* erforschen, betrachtet also verschiedene Veränderungen in ihrer Abhängigkeit voneinander. Er schreibt der Natur die Abfolge der Ereignisse vor. Möglich wird das Experiment, wie *Weizsäcker* darstellt (Studium Generale H. 1, 1947, 3), durch Handeln, Wahrnehmen und Denken, wobei das Handeln, d. h. der Aufbau des Versuchs und die gewollte Variierung von Ablaufsbedingungen, das Charakteristikum des Experiments gegenüber der einfachen Untersuchung bildet.

Das Ziel des Experiments ist die Auffindung der Gesetze des Geschehens, die Einordnung eines Geschehensverlaufes in die Kategorien des Denkens und die Beherrschung der empirischen Vorstellungen durch die logischen Axiome; denn eben darin besteht wissenschaftliche Erkenntnis. Will die aus einem Experiment gewonnene Erfahrung sich nicht den axiomatischen Denkprinzipien fügen, so bleibt sie eben Erfahrung, und nichts als dieses, wenngleich gegebenenfalls mit hundertprozentiger Wahrscheinlichkeit, so daß der Nichteintritt des zu erwartenden Ereignisses zwar in denkbar höchstem Grade unwahrscheinlich, aber immerhin doch denkbar ist.

Es gibt Fälle — und nicht nur in der Phonetik —, in denen dem Experiment der endliche Erfolg, nämlich die Formulierung eines Gesetzes, versagt bleibt, sei es infolge von Irrtümern oder Ungenauigkeiten der Beobachtung, oder sei es wegen der Unkontrollierbarkeit und Unbekanntheit störender Einflüsse. Das ist aber kein Grund, dem Verfahren die Berechtigung überhaupt abzusprechen. Es kann nicht im Begriffe des Experiments liegen, daß es von vornherein die Gewißheit des Erfolges in sich berge.

Je nach Anlaß und Zweck ergeben sich verschiedene Arten des Experimentes. Einmal kann es sich darum handeln, die Erforschung bisher nicht wahrgenommener Sachverhalte zu erstreben, sei es, daß der Forschende lediglich launische oder sonst irgendwie zweckbestimmte Fragen an die Natur richtet und nur abwartet, welche Antwort diese ihm erteilen wird. Das ist das Experiment der alten Alchemisten, die eigentliche „experientia quaesita“ des Bacon von Verulam. Es sei als *exploratives* Experiment bezeichnet.

Oder aber die Antwort der Natur wird bereits antizipiert, indem das Denken auf Grund früherer Allgemeinerfahrung mit Hilfe seiner logisch-axiomatischen Prinzipien zur Bildung von Urteilen gelangt. Solche deduktiven Urteile bedürfen, um die Geltung wissenschaftlicher Erkenntnisse zu gewinnen, der empirischen Ergänzung, die dann sozusagen als Gegenprobe die Fehlerlosigkeit des geistigen Duktus erweisen soll. Damit hat die Wissenschaft dann „ihre begriffliche Form um einen Schritt näher der Tatsache angepaßt, die seit Galilei bestand: daß ihr letztes Wahrheitskriterium das Experiment ist“ (*Weizsäcker*, Das Experiment, Stud. Gen. 1947, 5). Um den Zeitpunkt und die Umstände der gesuchten Erfahrung nicht von der Laune der Natur abhängig zu machen und um eine zu erwartende Komplexität der Erscheinungen auszuschließen, kann sich der Urteilende genötigt sehen, durch sein Handeln die erstrebten Ereignisse absichtlich hervorzurufen, ihre Ablaufsbedingungen zu variieren und sich somit von der Natur das empirische Zertifikat für die Allgemeingültigkeit seiner Schlüsse ausstellen zu lassen. Bezeichnen wir also dieses Verfahren als *verifizierendes* Experiment.

In anderen Fällen handelt es sich lediglich um die instruktive Darstellung einer bereits vorliegenden Erkenntnis. Die absichtliche Einengung der Ablaufsbedingungen und planmäßige Lenkung der Ereignisse haben dann demonstrativen Charakter, und die Handlung kann füglich als *demonstratives* Experiment bezeichnet werden.

Der endliche Zweck des Experiments ist also entweder die Auffindung, der Nachweis oder die Darstellung der Allgemeingültigkeit eines Erfahrungs- bzw. synthetisch-apriorischen Urteils, und das heißt zugleich: Beweis der Konstanz und damit der Wiederholbarkeit einer Erfahrungstatsache.

## 2. *Die Anwendung des Experiments in der Phonetik.*

Schon aus der noch vorwiegend spekulativen Wissenschaft des alten Griechentums ragt ein Meister des Experiments auf: Claudius *Galenos* aus Pergamon. Durch seine vivisektorischen Forschungen erhob er sich weit über seine Zeit und beherrschte die nachfolgenden Jahrhunderte, bis endlich das rein qualitativ ausgerichtete Experiment gegen Ende des 13. Jahrhunderts für die Gewinnung wissenschaftlicher Erkenntnis gefordert wurde, so durch Dietrich v. Freiberg, Petrus Peregrinus de Maricourt und Roger Bacon, besonders von Francis Bacon. Aber erst Galilei war es vorbehalten, das exakte, quantitativ ausgerichtete, das „messende“ Experiment in die Wissenschaft einzuführen und aus diesem zum Naturgesetz im modernen Sinne vorzudringen. Auf dem Boden der Naturwissenschaften also ist das messende Experiment gewachsen, und dort hat es auch heute noch sein Lebensrecht. Es hat indessen seitdem seinen Geltungsbereich über die Grenzen der im eigentlichen Sinne „exakten" Wissenschaften hinaus erweitert; es drang in die Biologie und die Physiologie ein, und erst seit Wundt auch in die Psychologie. Freilich tauchte bei dieser immerhin überraschenden und nicht überall widerspruchslos hingenommenen Überschreitung der früheren Grenzen die Frage auf, ob denn hier das Experiment noch im gleichen Sinne verstanden werden könne wie auf dem angestammten Gebiete der rein mathematisch orientierten Wissenschaften. Aber soviel Besorgnissen und Widersprüchen man auch gegenüberstand, so hat sich das Experiment doch auch auf diesen Gebieten durchgesetzt und Erfolge eingebracht, die seine Berechtigung erwiesen. Und in der Tat, wenn das Experiment als eine beabsichtigte Kombination von Umständen und überlegter Lenkung von Abläufen zur Herbeiführung von Erfahrungen aufgefaßt wird, so dürfte es nicht leicht sein, einen vernünftigen Einwand gegen seine Anwendung in Biologie, Psychologie und Physiologie zu finden. Auch soferne es messendes Experiment war, konnte einer Anwendung in diesen Wissenschaften trotz alles Widerstrebens die Anerkennung nicht versagt bleiben; denn es hatte eine zu gut fundierte Voraussetzung, nämlich die Hypothese von der mathematischen Bestimmbarkeit der Veränderungen.

Gegen Ende des vorigen Jahrhunderts bemächtigte sich das Experiment nun auch der phonetischen Forschungsarbeit, die dann als „Experimentalphonetik" *(Brücke, Rosapelly, Barlow)* ihre erstmalige zusammenfassende Darstellung durch den Abbé *Rousselot* erlebte. Schnell wuchs dieser Zweig der Wissenschaft zu der bereits von *Sweet* vorausgesehenen und von *Lundell* expressis verbis geforderten Selbständigkeit heran, die schließlich durch *Panconcelli-Calzia* nicht nur de facto, sondern auch de jure zur entschiedenen Anerkennung geführt wurde. Das Experiment wurde in der Phonetik die moderne Methode, und obwohl sich manche, die es anging, zunächst abwartend verhielten *(Sievers)*, andere zu offener Gegnerschaft übergingen oder doch die Bezeichnung als Experimentalphonetik angriffen *(Jespersen)*, so hat es sich doch bis heute nicht nur behauptet, sondern, wie eine gute Reihe experimentalphonetischer Veröffentlichungen zeigt, auch wesentliche Fortschritte und wichtige Erkenntnisse gebracht.

Von dieser neu emporblühenden induktiv-experimentellen Methode hatte sich die Sprachwissenschaft wichtige Erkenntnisse und wesentliche Hilfe erhofft. Sei es nun, daß sie mit ihren Hoffnungen zu weit gegangen war oder daß die experimentelle Phonetik zunächst andere als gerade linguistische Probleme als vordringlich zu behandeln ihre Gründe hatte, jedenfalls fühlte man sich auf linguistischer Seite mehr oder weniger enttäuscht und rückte wieder von der experimentellen Phonetik merklich ab. *Zwirner* klagt, „daß die Untersuchungen der Experimentalphonetik der Sprachwissenschaft verhältnismäßig wenig eingetragen haben" (Aufgaben u. Methoden der Sprachvergleichung durch Maß und Zahl, Teuthonista XII, H. 2, p. 65). Die von linguistischer Seite vorgebrachten Gründe der Entfremdung erscheinen allerdings wenig einleuchtend; denn abgesehen von *Zwirner*, der neben formalen auch methodologisch begründete Bedenken vorbringt, sind die bisher geäußerten Veranlassungen doch zu oberflächlich, oft sogar bloße Vorwürfe. Die Resignation der Linguistik gegenüber der Phonetik muß auf alle Fälle nachdenklich stimmen; denn so äußerliche Begründungen, mögen sie so berechtigt sein wie sie wollen, können im Interesse einer sachlichen Forschung nicht als zureichend hingenommen werden. Es dürfte darum angebracht sein, den tieferliegenden Ursachen nachzugehen.

Fragen wir uns zunächst, ob denn der galileische Begriff des Experimentes, so wie er auf dem Gebiete der mathematisch definierten Naturwissenschaften verstanden wird, überhaupt in der Phonetik anwendbar ist.

In seinen „Grundfragen der Phonometrie" erhebt *Zwirner* (1936, p. 10) den ebenso schwerwiegenden wie handgreiflich unberechtigten Vorwurf: „Physik zu sein, exakte Naturforschung zu sein, vielleicht sogar durch die exakte Analyse der Schwingungen der Luftmoleküle die Sprachgeschichte zu ersetzen oder zu verdrängen: das ist die Hoffnung und das Ziel der Experimentalphonetik gewesen und ist es zum Teil noch heute". Im Verlaufe ihrer Darstellung wollen die Verfasser zeigen, „daß es sich bei den Registriermethoden der Experimentalphonetik niemals um Experimente im physikalischen Sinne des Wortes handelt", und ähnlich in „Aufgaben und Methoden der Sprachvergleichung durch Maß und Zahl" (Teuthonista XII, 69): „So ist denn auch ihr Begriff der Kausalität von dem klassischen wie dem der modernen Physik weit entfernt, und genau so unterschieden ist ihr sog. „Experiment" von dem Experiment des Physikers . . . es wird Sprache registriert und nichts als registriert".

Demgegenüber sei hier ein kurzer Rückblick auf nur einige wenige aus der experimentierenden Phonetik hervorgegangenen Arbeiten gestattet.

Abgesehen von *v. Kempelens* synthetischen Versuchen der physikalischen Lautnachahmung, von *Joh. Müllers* Versuchen mit Leichenkehlköpfen, wie auch den Versuchen mit künstlichen Kehlköpfen, die von *Helmholtz*, *Gutzmann* und *Wethlo* variiert und erweitert wurden, abgesehen ferner von den vielerlei Unternehmungen zur Klanganalyse von *Helmholtz* über *Hermann* und *Stumpf* bis zu den modernsten elektroakustischen Methoden (*Gemelli, Fletcher, Trendelenburg*), die ja im wirklichen Sinne des Wortes *physikalische* Experimente waren, haben wir eine Reihe rein phonetischer Experimente, die in diesem Zusammenhange instruktiv sind.

Gedacht sei der Versuche zur Atmung, die *Roudet* 1900 (La Parole, p. 201 ff.) dargestellt hat. Er beschäftigt sich dort mit der „Dépense d'air dans la parole" und geht von der Frage aus, wie sich der durchschnittliche Luftverbrauch verhalte bei Veränderung der Phonationsstärke, der Dauer, der Lautfarbe, der Stimmhöhe und des Stimmeinsatzes bei Gleichhaltung der jeweils übrigen Bedingungen. Es ergab sich dabei, daß der Durchschnittsverbrauch mit der Phonationsstärke steigt, mit zunehmender Phonationsdauer abnimmt, bei Vokalen mit dem oralen Schließungsgrade ansteigt, bei stimmlosen Konsonanten höher ist als bei stimmhaften, mit zunehmender Stimmhöhe absinkt, bezüglich des Stimmeinsatzes in der Reihenfolge: hart — weich — gehaucht zunimmt.

Alle wesentlichen Merkmale, die den Begriff des Experiments konstituieren, treffen für diese Roudetschen Versuche zu: die überlegte Herbeiführung der zweckentsprechenden Umstände, die Regelung der Ablaufsbedingungen und vorsätzliche Variierung mit dem Ziele der Erkenntnis naturgegebener, denknotwendiger und also allgemein anzuerkennender Sachverhalte. Der Veranlassung und Absicht nach gehören diese Experimente zu den explorativen.

Hier seien auch *Gutzmanns* Versuche zur „Messung der relativen Intensität der menschlichen Stimme" erwähnt (Passow-Schäfersche Beiträge 1909, 233), in denen der Verfasser Stimm- und Lautfarbe sowie die Stimmhöhe unverändert erhielt und die Phonationsstärke variierte. Das mußte freilich nach *Roudets* Experimenten schon bekannte Ergebnisse liefern und tat es auch, nur haben diese neuen Versuche einen andern Zweck verfolgt und nebenher die Roudetschen Ergebnisse bestätigt, so daß man sie unter die verifizierenden Experimente rechnen kann.

Ein hervorragendes Beispiel des demonstrativen Experimentes hat *Rousselot* in seiner „Synthèse phonétique" (La Parole 1901, 641) geliefert. Es war bemerkt worden, daß in manchen Sprachen, z. B. im Persischen, stimmhafte alveolare Engelaute (z, ž)[1] vor Nasalen (n, m) ihre Stimmhaftigkeit einbüßten. Es gelang nun, diesen der Sprachgeschichte angehörigen Vorgang wieder hervorzurufen, indem Franzosen, Tschechen und ein Deutscher wiederholt Lautgruppen wie azna, ažna aussprachen. Dabei wurden Atemstrom und Schwingungen von Mund, Nase und Kehlkopf aus kymographisch registriert. In den von dem deutschen Sprecher herrührenden Aufnahmen zeigte sich die Eigentümlichkeit, daß der z- und ž-Laut sehr bald an Stimmhaftigkeit abnahmen und die als ažna azna geforderten Lautgruppen schließlich zu asna ašna wurden, bewirkt durch eine intensivere artikulatorische Tätigkeit, als sie bei Franzosen und Tschechen vorhanden war.

Die vorsätzliche Rekonstruktion eines früher stattgefundenen und geschichtlich gewordenen Lautwandels könnte die Einordnung dieses Experimentes in die Gruppe der demonstrativen rechtfertigen; wenn nun auch durch den Rousselotschen Versuch die Erscheinungen einer geschichtlich gewordenen Lautänderung wiederholt werden konnten, so ist doch damit noch nicht bewiesen, daß in jener historischen Entwitklung auch dieselben Ursachen wirksam gewesen sind, denn erfahrungsgemäß können gerade auf physiologischem Gebiete viele verschiedene, zum Teil verborgene Kräfte zu gleichen oder ähnlichen Erscheinungen führen. Was aber den Sinn dieses Experimentes bestimmt, ist die Erforschung einer sprechphysischen Gesetzmäßigkeit; ich möchte es deshalb eher zu den explorativen Experimenten stellen.

In einer Untersuchung über „das Verhalten von Dauer und Höhe im Akzent" verfolgt *Panconcelli-Calzia* (Vox 1917, 127 ff.) die Lautdauer und Stimmhöhe in ihrer Abhängigkeit von der dynamischen Akzentuierung. Dabei waren gleichlautige italienische Wörter mit verschiedener Akzentuierung zugrunde gelegt, z.B. capito (kápito, kapíto) — capitò (kapitó). Das variierende Moment bestand hier also in der Verschiebung der Akzentuierung. Das Ergebnis waren positive Korrelationen zwischen Dauer bzw. Stimmhöhe und Akzentuierung. Dieses Resultat war zwar auf Grund früherer Beobachtungen im Vorwege anzunehmen, und man könnte den Versuch als verifizierendes Experiment bezeichnen. Wenn sich jedoch der Experimentierende auf den Standpunkt stellt, daß er aus der bloßen Beobachtung wegen der naheliegenden Täuschungsmöglichkeiten kein Wissen über diese Dinge gewinnen könne und er alles bisher Angenommene als unsicher und bezweifelbar abzutun habe, dürfte die Einreihung als exploratives Experiment richtiger sein.

Zu den rekonstruierenden bzw. demonstrativen Experimenten ist *Hentrichs* Versuch „Zum Vernerschen Gesetz" zu rechnen (Beitr. z. Gesch. d. dtsch. Spr. u. Lit. 1921, 300), in dem er in dem vorgesprochenen Arbeitskommando „einen — Schub!" den u-Laut besonders stark akzentuieren ließ und zu dem Ergebnis kam: „Akzentuierung folgenden

[1] stimmhaftes s und sch.

Vokals verursacht in Stimmhaftigkeit resultierende Minderung der Intensität vorausgehender Konsonanz."

Hinweisen darf ich ferner auf meine eigenen, 1934 durchgeführten Versuche, die zur Erkennung des „Kompensationsprinzips beim Sprechvorgang" führten (Vox, 1934, 67 ff), und bei denen es sich teils um explorative, teils um verifizierende und demonstrative Experimente handelt.

Zu gedenken ist ferner der Experimente zur Akumetrie, wie sie von *Wolff*, *Wells*, *Gutzmann* und *Panconcelli-Calzia* ausgeführt worden sind. Sie gehören alle zu den explorativen Experimenten.

Solange wir an der gegebenen Definition des Experiments festhalten und das Kennzeichen desselben in der absichtlichen Herbeiführung zweckmäßiger Umstände, der eigenmächtigen Festlegung bestimmter Bedingungen und ihrer Konstanthaltung bei vorsätzlicher Variierung jeweils einer oder mehrerer derselben erblicken, und solange es das Ziel des Experimentierenden bleibt, vom empirischen Ergebnis aus zu einem Urteil zu gelangen, dem das „unmittelbare Bewußtsein der Evidenz" (*Sigwart*, Logik 1924, 15) innewohnt, fallen alle oben erwähnten und viele andere phonetische Versuche unter den Begriff des echten Experiments.

Und doch läßt sich die Vorstellung nicht verdrängen, daß bei dem phonetischen Experiment irgend etwas anders ist als etwa bei dem physikalischen. Müßte nicht ein einziges Experiment genügen, um eine unbeugsame, ein für allemal gültige Gesetzmäßigkeit erkennen zu lassen? Man ist mißtrauisch gegen die Einmaligkeit phonetischer Experimente, man glaubt nicht an ihre Eindeutigkeit, man wagt nicht, die Abläufe und Ergebnisse in einem apodiktischen Urteil zusammenzufassen. Wie konnte es möglich sein, daß z. B. *Réthi* bei seinen Versuchen über den Atemluftverbrauch bei den verschiedenen Stimmeinsätzen zu einem anderen Ergebnis kam als *Roudet*?

Nach *Weizsäcker* (Stud. Gen. 1947, 3) ist das Experiment immer eine Auseinandersetzung zwischen Subjekt und Objekt, in der der Experimentierende handelt, wahrnimmt und denkt in der Absicht Erkenntnis zu gewinnen. Alles das liegt im phonetischen Experiment auch vor, und darum *ist* es ein Experiment.

Aber darin liegt es: im phonetischen Experiment ist das *Objekt zugleich ein handelndes Subjekt*. Dem Experimentierenden steht nicht ein unbelebtes, seiner Absicht sich restlos fügendes Objekt gegenüber, sondern eine lebende, psychisch und physisch unablässig bewegte Persönlichkeit, mit ihrem Empfinden, Vorstellen, Denken, mit ihren affektiven und voluntativen Regungen, ihren Bewußtseins-, Antriebs- und Hemmungsfunktionen, ihren vegetativen Bewegungsformen und Reflexen, und eben daraus müssen die Zweifel an der Lückenlosigkeit und Exaktheit der Beobachtung entspringen; denn bei der ungeheuren Kompliziertheit der psychophysischen Reaktionen und Aktionen ist nicht anzunehmen, daß alle möglichen Störeinflüsse erkannt und erfaßt werden. Allein die im Phonationsorganismus sich abspielenden Vorgänge sind so mannigfaltig und so eng miteinander verwoben, daß eine radikale Isolierung der gewünschten Ablaufsbedingungen, wie auch die Konstanthaltung der nicht an der beabsichtigten Variierung teilnehmenden Komponenten selten oder nie erreicht werden kann.

Daß also das Versuchsobjekt zugleich ein handelndes Subjekt ist, das ist es, was das phonetische von dem in den streng mathematisch fundierten Naturwissenschaften angewandten Experiment unterscheidet. Unter der Voraussetzung aber, daß sowohl der Versuchsleiter wie die Versuchsperson bestrebt sind, die nichtvariierenden Bedingungen konstant zu halten, wirken die nichtbeabsichtigten Veränderungen als Streuungsursachen, deren Auswirkungen im Hinblick auf das Endergebnis des Versuches um so geringer sein und um so klarer als solche erkannt werden, je zahlreicher die Wiederholungen des Experimentes waren. Die Frage, wie oft denn ein Experiment wiederholt werden müsse, um die Wirkung der nicht erfaßten Störelemente hinreichend zu entkräften, hängt davon ab, wieweit der Experimentator den zu errechnenden Durchschnittswert einzuengen genötigt ist. In den meisten Fällen ist eine gar zu weit getriebene rechnerische Genauigkeit wegen der weitgreifenden Labilität der psychischen und physischen Zustände, sowie der großen Variabilität der unendlich reichhaltig motivierten Sprechbewegungen weder notwendig noch angebracht, und Durchschnittswerte können unter diesen Gegebenheiten nichts anderes sein als fiktive Orientierungs- und Vergleichsgrößen.

Mit dem Zugeständnis zahlreicher Irrtums- und Ungenauigkeitsquellen aber büßt das in der Phonetik angewandte Verfahren keineswegs seinen ursprünglichen Sinn als Experiment ein, und die durch das unausgesetzte Mitspielen unendlich vieler, unwägbarer und kaum in ihrer Gesamtheit erfaßbarer psychischer und physischer Vorgänge gegebenen Erschwerungen berühren nicht den Sinn und das Ziel des Experiments. Das Experiment hat in der Phonetik ebenso sein Hausrecht erworben wie in der Physiologie und der Psychologie.

### *3. Die Bedeutung des phonetischen Experiments für die Sprachwissenschaft.*

Wenn nun zugegeben wird, daß das Experiment in der Phonetik mit Fug und Recht und in seinem eigentlichen Sinne angewandt wird, so entsteht nunmehr die Frage, welchen Nutzen die sprachwissenschaftliche Forschung daraus ziehen könne; denn die Anwendung der phonetischen Forschungsergebnisse auf die Sprachwissenschaft ist durchaus nicht so selbstverständlich, wie man lange Zeit angenommen hat.

Zunächst wird einmal zu klären sein, welche Beziehung die Phonetik überhaupt zur Sprachwissenschaft hat. Es ist in der neuesten Zeit immer deutlicher zum Bewußtsein gekommen, daß es sich in den beiden Wissenschaften eigentlich um ganz verschiedene Dinge handelt.

Es gibt viele grammatische Lehrbücher, die ihre Unterweisungen durch ein Kapitel „Phonetik" einleiten. Zuweilen sind darin einige sehr allgemeine, möglichst kurz gehaltene Angaben über Bau und Funktion des Kehlkopfes und der Artikulationsorgane enthalten, im übrigen wird in etwas größerer Ausführlichkeit über die Bildung der für die betreffende Sprache in Betracht kommenden Laute und ihre Verbindungen gehandelt. Man ist von vornherein darauf eingestellt, Phonetik gleich Lautlehre zu setzen.

Das ist zwar schon ein Fehler; aber sehen wir von diesem Irrtum einmal ab. Man vergesse nicht, daß es auch ausgezeichnete Lehrbücher der Phonetik von linguistischem Standpunkte aus gibt, die alle anderen Teilgebiete gebührend berücksichtigen. Wir brauchen uns nur der Namen *Sievers* und *Jespersen* zu erinnern, und Wilhelm *Vietor* hat außer seinen „Elementen der Phonetik" auch eine „Phonetik des Deutschen, Englischen und Französischen" geschrieben. Das ist nun zwar vom Standpunkte der physiologisch orientierten Phonetik aus ein Unding; denn so wenig es eine deutsche, englische oder französische Physiologie gibt, kann es eine national gebundene Phonetik geben. Aber man sieht daran, wie sich der Begriff der Phonetik aufspaltet in einen linguistischen und einen bewegungsphysiologischen Begriff.

Gerade in dieser Aufspaltung des Begriffes scheint mir die Hauptursache mancher Mißverständnisse zu liegen. Ich habe mich nie entschließen können, die Gründe der Entfremdung beider Wissenschaften in der Scheu der Linguisten vor Apparaten und mathematischen Methoden zu suchen; denn kein ernster Forscher wird vor noch so umständlichen Mitteln und Wegen zurückscheuen, wenn er überzeugt ist, daß sie ihn seinem Ziele näherbringen können. Zweifellos liegen die Gründe tiefer, und zwar in dem Forschungsgegenstande selbst.

Am einfachsten läßt sich das an dem Begriffe zeigen, der seit dem ersten Auftreten der Bezeichnung „Phonetik" bei dem Koptologen *Zoega* (1797, vgl. *Zwirner*, Grundfr. d. Phonometrie 1936, 44 f.) bis heute der wichtigste und meisterörterte in der phonetischen und linguistischen Forschung ist, nämlich an dem Begriff des Lautes.

Die Sprachwissenschaft hat es vornehmlich mit der Sprachgeschichte zu tun, und dazu gehört als wesentlicher Bestandteil die Lautgeschichte. Danach wird der Laut also begriffen als etwas, das Geschichte haben kann, ergo: dem permanente Existenz zukommt. Dies trifft für den *gesprochenen* Laut bekanntlich nicht zu; denn ein sprecherisches Phänomen hat reale Existenz lediglich im Augenblick seines Entstehens; es wird produziert und vergeht, und zwar unwiederbringlich. Aber es hinterläßt eine Erinnerungsspur. Für den Angesprochenen bzw. Hörenden — wie auch für den Sprechenden selbst — wird es zur Wahrnehmung im Augenblick seiner Realexistenz, und diese akustische oder akustisch-visuelle Wahrnehmung bleibt als Vorstellung haften, wenn auch die Ursache der Wahrnehmung längst geschwunden ist, zwar nicht mit allen seinen Einzelheiten, wohl aber mit seinen für die jeweilige Auffassungsbereitschaft wichtigen Merkmalen — denn das ist ja die Eigenart unserer mnestischen Fähigkeit, daß sie aus der Vielheit der einer Erscheinung zukommenden Prädikate auswählt, was unserer augenblicklichen psychischen Situation gemäß als wesentlich gewertet wird.

Das Lautungserinnerungsbild ist es also, das erhalten bleibt, ein *Engramm*, das nach unserer heutigen Kenntnis der hirnphysiologischen Verhältnisse durch Vermittlung des Wernickeschen Zentrums in der Regel an oder gar unter der Peripherie des Bewußtseins in der Psyche bewahrt bleibt. Der Vorstellungsgehalt sowie die Deutlichkeit und Reproduktionsbereitschaft solcher Engramme oder „Remanenzen" *(Gutzmann)* ist dann je nach der durch Interesse und Aufmerksamkeit bestimmten Genauigkeit der Auffassung mehr oder weniger ausgeprägt. Jeder neue Eindruck wird nun mit der bereits vorhandenen Remanenz früherer Eindrücke gleicher Art identifiziert, und das Engramm bleibt als antriebsregulierendes Moment bei jeder späteren motorischen Reproduktion erhalten. Das ist der *Sprachlaut*, eine Lautungsremanenz, ein Engramm, eine permanente Lautungs*möglichkeit*, die sich jederzeit als *Sprechlaut* manifestieren und wahrgenommen werden kann. Und um ebendiesen Sprachlaut handelt es sich in der Linguistik und der linguistischen Phonetik. Welche Befugnis sollte hier also das Experiment haben! Kann man mit mnestischen Engrammen experimentieren?

Unmerklich — und man darf wohl sagen: unglücklicherweise ist nun die Bezeichnung „Phonetik" auf ein neues Wissenschaftsgebiet übergeglitten, das auf einer ganz anderen Ebene liegt. Denn die seit der Zeit Rousselots zum Unterschied von der linguistischen Phonetik sogenannte „experimentelle Phonetik“ hat ein grundsätzlich anderes Forschungsobjekt und eine wesentlich andere Aufgabe als jene. „Die Aufgabe der experimentellen Phonetik besteht darin, sich in der Gegenwart vollziehende, vom Orte unabhängige Phonationsvorgänge im normalen Organismus festzustellen, zu zergliedern, zu ordnen und die Bedingungen ihrer Veränderungen zu erforschen“ (*Panconcelli-Calzia*, Exp. Phonetik 1921, 7; vgl. vom gleichen Vf. „Die exp. Phonetik in ihrer Anwendung auf d. Sprachwiss. 1924, 136). Nicht der Sprachlaut also ist Gegenstand der experimentalphonetischen Forschung, sondern der gesamte phonatorische Bewegungsablauf, der in seiner symbolhaften Bedeutung der sprecherischen Verständigung dienen soll, und in dem die sinnfällige Gestaltung der Lautphänomene eine Teilerscheinung darstellt.

Damit ist die notwendige Analyse vollzogen. Sie war um so notwendiger, als auch noch heutigen Tages die Begriffe der linguistischen und der explorativen Phonetik promiscue gebraucht werden und deshalb immer noch zu Verwirrungen und Mißverständnissen Anlaß geben.

Nun handelt es sich darum, den Weg zur Synthese zurückzufinden. Denn daß Sprechen und Sprache eben doch sehr viel miteinander zu tun haben, ist auch dem einfachsten Denken so evident, daß der fundamentale Unterschied kaum bewußt wurde; die unheilvolle Identifizierung beider Begriffe wäre wohl sonst nicht möglich gewesen. Die Frage ist jetzt nur, welcher Art der Zusammenhang ist. Wo ist das Kettenglied, das Sprechen und Sprache, das Reale und das Potentielle miteinander verbindet?

Ohne Zweifel ist das Verhältnis mehr als das des Konkretums zum Abstraktum. Nirgends tritt das deutlicher zutage als in pathologischen Fällen, in denen gewisse Ausfallserscheinungen vorliegen.

Der normale Vorgang des Hörens und Verstehens setzt einen ungestörten Empfangsmechanismus voraus. Dieser besteht in der Aufnahme der Sinneseindrücke, der Identifizierung derselben mit bereits vorhandenen Engrammen, der Integration, d. h. der Zusammenschau der einzelnen, durch die Sinne vermittelten Qualitäten in einer einheitlichen Ganzheit, und endlich der Ablagerung der Gesamtwahrnehmung als eine neue Remanenz bzw. plastischere, ausgeprägtere Form der von früheren Eindrücken vorhandenen Remanenz.

Der normale Vorgang des Sprechens setzt eine fehlerlose Funktion des psychomotorischen Antriebs- und Ausführungsmechanismus voraus, dessen Ursprung oft bis in eine andere psychische Zentralfunktion, die der Affektivität, hinein zu verfolgen ist. Der motorische Sprechantrieb bedarf jedoch, um zu einer symbolhaften Handlung im Dienste der Verständigung zu werden, eines regulierenden, ordnenden Prinzips, und dieses ist in den Engrammen des betreffenden Lautungskomplexes repräsentiert. Das auf dem Wege der Wahrnehmung entstandene Engramm wirkt als Sprechbewegungsentwurf steuernd, ordnend, koordinierend auf die psychomotorischen Ablaufsfolgen.

Im Krankheitsbilde der reinen sensorischen Aphasie fehlt nun dem Klangbildzentrum die Fähigkeit der Integration. Es empfängt zwar eine Summe von akustischen Eindrücken, ist aber nicht imstande, die einzelnen Qualitäten als zusammengehörig aufzufassen und zur Einheit zu erheben, ist infolgedessen auch nicht fähig, den für den motorischen Vorgang notwendigen regulierenden Einfluß auf das Motorium zur Wirkung zu bringen, weshalb denn ein geordnetes Sprechen, eine richtige Koordinierung der zur Verständigung dienlichen phonatorischen Bewegung nicht zustandekommen kann.

Zwar sind die auf empirischem Wege erworbenen Lautungsbewegungsentwürfe keineswegs klar und scharf umrissen, sondern mehr oder weniger verschwommen, unbestimmt, detailarm. Daher denn auch die Realisierung eines permanent vorhandenen Lautungsentwurfes, m. a. W. eines *Phonems*, in weitem Maße variabel ist. Dabei spielt gewiß der Zufall eine Rolle; wichtiger noch sind die Einflüsse sprechphysischer Gesetzmäßigkeiten (vgl. *von Essen*, Sprechphysische Gesetzmäßigkeiten und ihre Bedeutung für den Lautwandel, Idg. Forschg. LVII, 161 ff.), sowie psychische Konstellation und Bewegung. Die vielfachen und weit ausgreifenden Variationen der einzelnen Sprechlautbildungen sind also sehr verschieden motiviert und deshalb m. E. nicht ohne weiteres dem Gesetze der Einheitlichkeit statistischer Massen fügsam, wenigstens dort nicht, wo ebendiese Einheitlichkeit nicht durch Sondierung der jeweiligen Motivierungen erkannt und gewährleistet ist.

Das Sprechen schafft sich also seine eigene Gesetzlichkeit, seine Wort- und Lautungsremanenzen, die nun ihrerseits wieder regulierend und formend auf den Sprechablauf zurückwirken. Kommen bei der Realisierung der Bewegungsentwürfe nun Varianten zustande, denen gewisse, allgemein in der betreffenden Sprachgemeinschaft vorhandene sprechphysische Tendenzen und allgemeine psychische Neigungen entgegnen, so können sie natürlich leicht kolportiert werden und dadurch die betreffende Lautungsvorstellung verschieben, d. h. sprachliche Geltung erlangen, wie es denn in den großen sprachhistorischen Ereignissen der Lautverschiebungen der Fall gewesen ist.

So stehen Sprechen und Sprache in einer fortwährenden engen Wechselbeziehung, und diese lebendige *mutuelle Kausalrelation*, die auf der mnestisch-assoziativen Funktion der Hirnrinde beruht, die ist es, die das bindende Glied zwischen Phänomen und Potentialis darstellt. Sie ist es, die der Sprachwissenschaft das Sprechen als eine wichtige Quelle ihrer Forschung erschließt. Die Kenntnis der sprechphysiologischen und sprechpsychologischen Gesetzmäßigkeiten wird der Sprachforscher sowenig entbehren wollen, wie der Phonetiker die Forschungsergebnisse der Linguistik und der Sprachpsychologie. Damit ist aber zugleich nicht nur die Berechtigung, sondern auch die eminente Bedeutung der Ausnutzung phonetischer Untersuchungen und Experimente seitens der Sprachforschung gegeben. Die Wissenschaften ergänzen und befruchten einander; kein Streit um Kompetenzen sollte die gemeinsame, für alle gleichermaßen wertvolle Arbeit stören, und es darf nichts ausmachen, wenn hier und dort sogar einmal die Grenzen der Fakultäten überschritten werden. Es kann und darf sich nicht um partikularistische Bestrebungen und Kompetenzen handeln, sondern immer nur um das Interesse der großen, umfassenden Zusammenhänge, um die wahre *universitas litterarum*.

*(Dr. Otto v. Essen, (24a) Hamburg-Langenhorn, Höpen 59.)*

## Das Patrozinium des hl. Martin.

Von
HELMUT WEIGEL.

**I.** Den *wissenschaftlichen Standort* der *Patrozinienkunde* umreißen, heißt nachweisen, daß die in der Überschrift bezeichnete Einzelfrage eines Sondergebietes der historischen Theologie in dem „Studium Generale" behandelt werden darf.

Die Patrozinienkunde, zwar am Rande der Kirchengeschichte gelegen, ist doch noch durchpulst von dem lebendigen Blutstrom, der aus dem Herzen aller Theologie kommt, aus der Frömmigkeit. Denn die Verehrung der Heiligen, in strengen Formen von den Organen der Kirche gehegt, unter dem Laienvolk frei und üppig blühend, mitunter auch grotesk ausartend, war im Mittelalter ein Hauptstück des religiösen Lebens. Liturgiegeschichte und kirchliche Volkskunde umfassen so die Patrozinienkunde. Geschichte der kirchlichen Kunst, vor allem der Plastik, der Malerei und der Graphik, sowie die Geschichte des kirchlich-religiösen Schrifttums, zumal in der Sonderform des Heiligenlebens, treten als Äußerungen der um die Heiligen sich rankenden Frömmigkeit nachbarlich helfend an die Patrozinienkunde heran. Diese vier Teilgebiete speisen als reich sprudelnde Quellen die Patrozinienforschung, beleben sie mit immer neuen Fragen.

Das kirchliche Gebäude, an dem das Patrozinium haftet, dient einer Gruppe von Menschen, ist von Menschen geschaffen, ist unabtrennbar von ihren Behausungen. Kirche und Siedlung sind eng, wenn auch räumlich und rechtlich in verschiedener Weise miteinander verbunden. Die Patrozinienforschung fußt auf der Siedlungsforschung. Diese zieht als Helferinnen mannigfache und unterschiedlich geartete Wissenschaften heran: zuerst die Vor- und Frühgeschichte als Boden- und Geländeforschung; dann die Ortsnamenforschung bis hinunter zur Flurnamenkunde; weiter die Forschungen um ländliche Siedlungs-, Haus- und Flurform. All diese Sonderdisziplinen, durch ihre Eigenart von der Patrozinienkunde als historisch-theologischer Wissenschaft im logischen Gefüge der universitas litterarum weit entfernt, nähern sich ihr in der Praxis zu ersprießlicher Arbeitsgemeinschaft.

Und mit ihnen noch andere Wissenschaften: Sozialgeschichte, Wirtschaftsgeschichte und Rechtsgeschichte. Denn das soziale Gefüge und der wirtschaftliche Bau der mit dem Gotteshaus verknüpften Menschengruppe, das unter ihnen herrschende Recht, das alles wirkt in die Schaffung der Patrozinien, in die Verehrung der Heiligen hinein. Und darüber hinaus ist der „Heilige" selbst eine Person des Wirtschafts- und Rechtslebens. Von letzterem aber liegt der Patrozinienkunde ein Teilgebiet besonders nahe, das Kirchenrecht und seine Geschichte. Das Recht der Pfarrei, des Stiftes und des Klosters zu kennen, ist unumgängliche Voraussetzung der Patrozinienforschung.

Damit sind wir wieder in den Kreis der theologischen Wissenschaften zurückgekehrt. Wir erfassen nunmehr die Patrozinienforschung als einen Wissenschaftszweig, in dem sich das bunte Leben in seinen vielfältigen Verschlingungen widerspiegelt, der eben damit seine Jünger und Freunde von einem engen Spezialistentum hinausführt zu einem Studium generale.

**II.** Die Patrozinienforschung hat bisher zwei *Verfahren* angewandt. Sie hat einmal die sämtlichen Patrozinien eines engeren Raumes gesammelt und zusammengestellt. Sie hat zum andern ein einzelnes Patrozinium und damit Verehrung und Kult eines einzelnen Heiligen in seiner Verteilung über einen weiteren Raum erfaßt.

Das erste Verfahren ist in der Brauchbarkeit seiner Ergebnisse stark bestimmt von der Umgrenzung des Raumes. Raumgebilde der heutigen staatlichen Verwaltung ergeben ein durchaus schiefes Bild. Verwischt werden die Züge auch bei der Abgrenzung nach modernen Diözesen. Bei mittelalterlichen Patrozinien — und das ist die Hauptmasse — müssen mittelalterliche Verwaltungsgrenzen zugrundegelegt werden. Die bis zur Wende des 18./19. Jahrhunderts bestehenden Diözesen als Gehäuse des kirchlich-religiösen Lebens, soweit es vom Bischofssitz, von den führenden Stiften und Klöstern her bestimmt wurde, geben den großen Rahmen ab. Damit sind die politischen Territorien und Herrschaften zu kombinieren, da deren Hauptstädte, auch kleinere Verwaltungs- und Wirtschaftsmittelpunkte das kirchlich-religiöse Leben oft tiefgehend beeinflußt haben. Ein kirchlich-weltlicher organischer Kernraum mit Ausstrahlungs- und Übergangsgebieten wird so zur Untersuchungsgrundlage.

Von da aus wird man auch an die Kräfte herankommen, die das Patrozinienbild des Raumes schufen und damit den zweiten Mangel des Verfahrens beheben. Bei der Gruppierung der Patrozinien folgte man bisher Einteilungsprinzipien, die man der systematischen Theologie oder dem allgemeinen Geschichtsverlauf entnahm. Dabei zersplitterte und zerfaserte sich das Material in einer Weise, daß von dem Werden des Patroziniensystems nichts mehr zu erkennen war. Die Darstellung entartete zu einem trockenen, ermüdenden, meist unzweckmäßig angeordneten Katalog, während glücklichere Versuche wenigstens in einer sauberen Patrozinienstatistik endeten.

Dieser Ausdruck weist auf den letzten und schwersten Mangel dieses Verfahrens: es ist in einer unhistorischen Statik steckengeblieben. Denn man hat aus den Quellen, über die Gustav *Hoffmann* in seinen „Kirchenheiligen in Württemberg" (Stuttgart 1932) richtungweisend gehandelt hat, den Bestand des späten Mittelalters festgestellt. Nur gelegentlich, soweit das Material dazu verführte, hat man frühere, durch den „Patrozinienwechsel" veränderte Zustände mitverzeichnet. Historische Forschung aber sucht nun einmal nicht die Statik, sondern die Dynamik des Lebens. Warum sollte man denn nicht versuchen, zu dem hochmittelalterlichen Bestand, ja zu dem des frühen Mittelalters vorzudringen?

Denn nur so, wenn sie das Werden des spätmittelalterlichen Patroziniensystems untersucht und darstellt, wird die Patrozinienkunde zu einer geschichtlichen Wissenschaft. Dann gibt es keine allgemein gültige Gruppierung der Patrozinien nach Heiligenklassen anderer Wissenschaften mehr; sie wird genetisch, für jeden Raum eigenartig sein und läßt bereits in großen Zügen das Entstehen des Patroziniensystems erkennen.

Damit ist das Kernproblem der Patrozinienkunde angeschnitten: die zeitliche Schichtung der Patrozinien. Bei schwankender Methode sind die Ergebnisse bisher noch unsicher. Die Schwierigkeiten liegen in der quellenmäßig meist sehr späten Bezeugung der Patrozinien und in der Doppelheit ihrer Schichtung, der Patrozinien unter- und nebeneinander, des einzelnen Patroziniums in sich selbst.

Mit diesen Worten rühren wir an das zweite Verfahren: Verbreitung und Verteilung eines Einzelpatroziniums, ausgeweitet zur kultischen Verehrung des Heiligen in einem umfassenden Raum. Hier drohte immer schon und droht heute erst recht die Gefahr einer Isolierung, einer Beschränkung auf den deutschen Volksraum. Wie die politische Entwicklung unseres Kontinents seit dem ersten großen Krieg dieses Jahrhunderts über den Nationalstaat hinaus einem vereinigten Europa entgegendrängt, so erhebt unsere Zeit an jede geschichtliche Wissenschaft, auch an die Patrozinienforschung die Forderung, sich über unsere Staats- und Volksgrenzen hinaus auf den gesamten Kontinent auszuweiten, trotz der Schwierigkeiten, die sich der Verwirklichung dieser Forderung fast unübersteiglich entgegentürmen. Dazu tritt noch die räumlich bedingte Eigenart deutscher Geschichte, die in gleiche Richtung weist. Denn deutsche Geschichte ist die Geschichte des Mittelstücks von Europa, des Mittelgliedes zwischen dem geschichts- und kulturälteren Süden und Westen romanischer Prägung einerseits, dem jüngeren dreifach getönten slavisch-madjarisch-baltischen Osten andrerseits. Dabei erscheint im Mittelalter Deutschland gegenüber den romanischen Ländern überwiegend als der empfangende, gegenüber dem Osten als der gebende Teil. Von dieser Tatsache wird sich das einem Einzelpatrozinium zugewandte Verfahren bewußter als bisher leiten lassen müssen.

Noch ein zweiter Fehler haftet diesem Verfahren zu leicht an: eine individualistische Atomisierung. Man wählte das Patrozinium willkürlich, nach persönlicher Neigung, nach dem sich zufällig bietenden Stoff, ohne Rücksicht auf die geschichtliche Entwicklung. Gewiß fließt der Stoff über hoch- und spätmittelalterliche Patrozinien reichlicher und klarer als über frühmittelalterliche. Aber läuft man nicht Gefahr, sich die zutreffende Erkenntnis der Spätzeit zu verbauen, wenn man über die früheren Stadien nicht genügend unterrichtet ist? Denn die frühmittelalterlichen Patrozinien halten das alte Siedlungsland in seinen Kernpunkten besetzt, bis die des Hoch- und Spätmittelalters die Lücken und das neugewonnene Land ausfüllen. Deshalb hat Wilhelm *Deinhardt* seinen umfassend geplanten, durch einen vorzeitigen Tod abgeschnittenen Untersuchungen die Studien über „Frühmittelalterliche Kirchenpatrozinien in Franken" (Nürnberg 1933) vorausgeschickt.

Patrozinien des frühen Mittelalters, teils diesem zu eigen, teils aus dem spätantiken Frühchristentum hereinragend, sind, um kurz eine Übersicht zu geben: der Salvator mundi, seine Mutter Maria (in Deutschland bis zum Investiturstreit das einzige weibliche Patrozinium), dann sein Vorläufer Johannes der Täufer und unter den Aposteln Petrus und Andreas; dem Diakon Stephanus zu Jerusalem als Erzmärtyrer folgen weitere Blutzeugen, geführt von dem römischen Diakon Laurentius und dem kleinasiatischen Offizier Georgios — geschichtlich der erstere, der letztere legendenhaft —; den Abschluß bilden einige Auserwählte aus der Zahl der Confessores, voran Martinus, der streitbare Mönchsbischof von Tours aus dem Soldatenstande.

**III.** Eine Lebensgeschichte *Sankt Martins* (316 bis 397) zu geben und weiter darzulegen, wie sich in dem folgenden Jahrhundert seine Verehrung entwickelt hat, verbietet der verfügbare Raum; ich verweise auf den Artikel St. Martin in dem „Lexikon für Theologie und Kirche" (Bd. 6, 984 f.) und auf die entsprechenden Abschnitte bei *C. A. Bernoulli*, Die Heiligen der Merowinger (Tübingen 1909). Uns genügt hier zu wissen, daß es um 500 bereits einen Martinskult gab, dessen Reichweite uns freilich unbekannt bleibt. Was ihn verehrungswürdig machte, können wir nur vermuten: auf die Massen wirkte gewiß seine posthume Wunderkraft; die geistig und geistlich führenden Schichten zog in den Bann sein Kampf gegen das Arianertum. Denn das war seit der Festsetzung der arianischen Westgoten und Burgunden in Gallien das Aktuelle an St. Martin.

Was aber machte nun ihn, den römischen Bischof, zum Patron eines germanischen Reiches? Wer machte ihn dazu? Wann und wo? Alle diese Fragen verhallen ohne Echo. Und doch heischt unser Wissensdrang auch hier Antwort.

Ich darf meine Erwägungen vortragen. Das westgotische Tours muß Besitz der Franken sein; ohne diese Voraussetzung ist St. Martins Schutzherrschaft über das Frankenreich undenkbar. Die Besetzung von Tours, das neben Orléans für die Franken das Einbruchstor nach Süden war, wird eine der ersten militärischen Maßnahmen im Krieg gegen die Westgoten gewesen sein. In der Tat zog, wie Gregor v. Tours berichtet, eine fränkische Schar durch das Gebiet dieser Stadt mit dem strengen Befehl, den Besitz des hl. Martin aufs sorgsamste zu schonen. Der Krieg gegen die Westgoten, in Wahrheit ein machtpolitischer Kampf um die Herrschaft über Gallien, wurde von Chlodwig als katholischer Christ geführt und von seinen Zeitgenossen verstanden als Kreuzzug gegen die Arianer. Es lag nahe, daß der Frankenherrscher aus eigenem Antrieb oder von anderen, seinen Bischöfen oder seiner katholischen Gattin Chrotechilde, angeregt, sich dazu überirdischer Hilfe versicherte; da bot sich in der gotischen Grenzstadt Tours St. Martin als eifriger Vorkämpfer gegen den Arianismus. „Ehrfurcht" vor St. Martin wurde dem Heer befohlen. Chlodwigs Sieg war zugleich der Sieg St. Martins. Ihm überwies denn der Frankenkönig nach seiner siegreichen Heimkehr (508) in seiner Kirche zu Tours reiche Geschenke. Das hört sich doch nach Erfüllung eines Gelübdes an.

Und nun erzählt Gregor weiter: „Dort traf Chlodwig das Handschreiben des byzantinischen Kaisers Anastasius, in dem dieser den Frankenkönig zum Konsul ernannte. Daraufhin bekleidete er sich in der Kirche des hl. Martin mit einer Tunika und einer Chlamys und setzte sich ein Diadem aufs Haupt. Dann bestieg er sein Roß und streute auf dem Weg von dem Tor der Vorhalle der St. Martinskirche bis zur Kirche in der Stadt Gold und Silber unter das Volk. Seit jenem Tag ließ er sich „Konsul" und „Augustus" nennen." So Gregor. In der Ausdrucksweise unserer Zeit: Die Einverleibung des Westgotenreichs hatte die von dort der Herrschaft Chlodwigs drohende Gefahr beseitigt; Chlodwig war nun der König der beiden stärksten Germanenvölker in Gallien. Der Kaiser von Ostrom hatte in seinem Handschreiben Chlodwig als Herrscher im äußersten Westen anerkannt und ihm die Regierungsgewalt über die dortigen Romani zuerkannt; einen Einspruch der höchsten weltlichen Gewalt in der Christenheit hatte Chlodwig nicht mehr zu befürchten. Beides wurde sinnfällig nach außen zur Darstellung gebracht in einem feierlichen Staatsakt, der aus Dankgottesdienst für den Sieg, einer Selbst-Investitur in die politisch wie rechtlich gesicherte Würde eines Selbstherrschers im Westen der Christianitas und in einem pompösen Umritt bestand. Schauplatz und Ausgangspunkt war die Basilika des hl. Martin bei Tours. Sie war damit zur vornehmsten Kirche des Reiches erhoben, St. Martin zum Schutzheiligen des Reiches und des Königs proklamiert.

St. Martin als Vorkämpfer des wahren Glaubens verband die Romanen mit dem Frankenreich. Den

Franken aber, noch nicht völlig vom Heidentum losgelöst, brachten andere Momente, Äußerlichkeiten den Reichsheiligen nahe. Er war gewesen, was sie waren: Krieger, Kämpfer, kein nur duldender Märtyrer-Bischof. Er glich in zwei Zügen ihrem alten Gott Wotan: als Reiter auf edlem Roß und als Träger eines berühmten Mantels. Dieser, die cappa s. Martini, der *W. Lüders* die ersten Abschnitte seiner Abhandlung „Capella" (Arch. Urkundenforschg. 2, 1909, 2—23) gewidmet hat, wurde zur Reichsreliquie, aufbewahrt in dem oratorium des Hofes, das im 8. Jahrhundert nach ihr als „capella" bezeichnet wurde, benützt zu feierlicher Eidesleistung in Staatsprozessen und nachweislich seit Beginn des 8. Jahrhunderts von geistlichen Wächtern, den „capellani", betreut, von ihnen wohl auch bei festlichen Anlässen dem Volk gewiesen. Solches alles brachte den neuen Reichspatron, von dem nunmehr wie einst von Wotan das „Heil" ausgehen würde, den Herzen der Franken näher.

Für Chlodwig aber war wohl entscheidend, daß der gallische Episkopat durch die Person seines heiligsten Vertreters fest mit Reich und König verbunden wurde, daß das fränkische Volk eine artgemäße Verkörperung der Staatsidee auch von der religiösen Seite her eben in dem Reichsheiligen erblicken konnte.

**IV.** Die enge Verbindung des *Martinspatroziniums* mit dem Frankenreich ist von der deutschen Patrozinienforschung bereits in ihrer ersten Stunde erkannt worden. Der bayerische Staatsrat Karl Heinrich Ritter von *Lang* hat in seiner „Rede über die heiligen Schutzpatronen der alten baierischen Kirchen", mit der er 1829 unseren Wissenszweig begründete, die erstaunliche Tatsache, daß dem hl. Martin „im alten Baiern eine überaus große Anzahl" nämlich „245 Kirchen geweiht sind, was bei etwa 60 concurrierenden Heiligen beiläufig ein Zwölftel aller Kirchen beträgt", dadurch erklärt, „daß im Westen von Baiern die Christianisierung von Frankreich her und unter dem gebietenden Einfluß der fränkischen Könige ausgegangen sei. Wo die Hoheit der Frankenkönige galt, da herrschte auch der Martinus." Dieses grundlegende Ergebnis ist bis heute nicht erschüttert worden.

Rund 60 Jahre später erst nahm sich ein evangelischer Geistlicher aus dem württembergischen Franken, Gustav *Bossert*, der Patrozinien wieder nachdrücklich an. In drei Studien (Schwäbische Kronik, Beilage zum „Schwäbischen Merkur", Stuttgart 1887 S. 817; 1133; 1985) suchte er den Zusammenhang zwischen Martinskirchen und römischen Niederlassungen zu erklären: die Römerplätze hätten brauchbares Baumaterial geliefert; sie seien zugleich bequeme Verkehrsmittelpunkte gewesen; sie hätten noch einen Rest romanisierter christlicher Bevölkerung in sich beherbergt; sie seien von den Franken, die sich als Rechtsnachfolger der Römer fühlten, als Königsgut beansprucht worden. Die Ergebnisse dieser und anderer Studien hat Bossert in seinen 54 Thesen zur Patrozinienforschung zusammengefaßt (Blätter f. württemberg. Kirchengesch. N. F. 15, 1911, 97—103). Die 9. und 29. These betreffen den hl. Martin; die letztere formuliert knapp und scharf: „St. Martin ist der Ausdruck des siegreich christianisierenden Frankentums gegenüber den anderen deutschen Stämmen". So war Bosserts Patrozinienforschung im letzten auf die Einführung des Christentums, auf die „Mission" unter den Deutschen abgestellt, ein dem Geistlichen naheliegendes Forschungsziel.

Fern lag ihm die andere Frage, in welchem Verhältnis die Martinskirche als Ausdruck des fränkischen Königtums zu anderen Einrichtungen und Schöpfungen der fränkischen Staatsgewalt stand. Aber diese Frage ist auch von der Verfassungs- und Verwaltungsgeschichte her nie energisch angepackt worden. Man begnügte sich mit der immer wiederholten Feststellung von dem Zusammenhang zwischen Martinskirche und Königsgut. Wilhelm *Deinhardt*, der katholische Geistliche aus dem bayerischen Franken, hat in seinen oben erwähnten Studien über die „Frühmittelalterlichen Patrozinien in Franken" (1933 S. 7—9) das damals gültige Forschungsergebnis auf die Formel gebracht: „Bevorzugung des Martinstitels an Eigenkirchen des fränkischen Reiches und in Gotteshäusern fränkischer Zeit überhaupt". Die Martinskirche war in der Regel „fränkische Königshofkirche", „königliche Eigenkirche", „Eigenkirche des Reiches", „Fiskalkirche". Wir benützen den Ausdruck „*Königsdomänenkirche*".

Aus den Dotationsurkunden für das Bistum Würzburg kennen wir um 740 in Ostfranken 20 Fiskalkirchen (Mon. Boica 28 a, 16; 92. Wirtemberg. Urk.-B. 1, 87. 3, 461. Böhmer-Mühlbacher Regesten d. Karolinger 768; 1382; 1835). Davon sind 12 St. Martin geweiht. Von den drei Johanneskirchen gehörte eine (Iphofen) nachweislich, die beiden anderen vermutlich zu einer Martinspfarrei (vgl. S. 153). St. Remigius findet sich öfters neben St. Martin, hat ihn auch gelegentlich verdrängt (vgl. S. 154). Neben der Michaelskirche zu Heilbronn a. N. stehen zwei Johanneskirchen in und außer der Stadt und die St. Martinskirche in dem nächstgelegenen Sontheim. Ebenso ist die Peterskirche zu Königshofen im Grabfeld der Martinskirche in Unteressfeld eng benachbart. Die Andreaskirche zu Kirchheim im Iffgau ist mitsamt dem Ort verschollen. Ergebnis: Unter 20 Königsdomänen ist bei 15 das St. Martinspatrozinium für die Pfarrkirche gesichert, bei vier mehr oder weniger wahrscheinlich.

Drei Jahre nach Deinhardts Buch setzte dieser Auffassung wiederum ein Franke des württembergischen Landes, der ehemalige hohenlohische Hausarchivar Karl *Weller* in seiner „Württembergischen Kirchengeschichte bis zum Ende der Stauferzeit" (Stuttgart 1936) eine andere gegenüber oder — ergänzend zur Seite. Ausgehend von dem durch Siegfried *Rietschel* aus der Betrachtung nordischer Verhältnisse gewonnenen Begriff der „Hundariskirkia" „Hundertschaftskirche" (Untersuchungen z. Gesch. d. germanischen Hundertschaft, Zschr. d. Savigny-Stiftung f. Rechtsgeschichte 28, 1907, German. Abt. S. 352), faßte er die Urkirchen Alamanniens in der überwiegenden Mehrzahl als *Hundertschaftskirchen* auf. Sie entstanden an den Wohnsitzen des Hochadels und an den Dingstätten der Hundertschaften, an denen wohl schon in vorchristlicher Zeit sich heidnische Kultplätze und Tempelbezirke befanden; die ersten Pfarrsprengel fielen mit dem Umfang der Hundertschaft zusammen (Weller S. 23). Anschließend zählt Weller solche Hundertschaftskirchen auf, durchweg in dem auch nach 500 alamannisch gebliebenen Gebiet: 15 Martinskirchen, je eine der Maria (Lorch im Remstal, Limeskastell), dem Täufer Johannes, dem Erzengel Michael und dem Erzmärtyrer Stephan geweiht; dazu stellt er als „alte Pfarrkirchen" zwei Michaelskirchen und vermutet zuletzt bei drei Urkirchen, die heute den Heiligen Remigius, Dionysius und Georg geweiht sind, Patrozinienwechsel. Auch diese fünf Kirchen liegen auf alamannischem Boden.

Mit diesen Feststellungen hat sich Weller begnügt. Wir dürfen und müssen die daraus möglichen Folgerungen ziehen. Es stehen im württembergischen Schwaben den 15 Martins-Urkirchen nur neun mit anderen Patrozinien, darunter drei mit dem des Erzengels gegenüber. Dieses Verhältnis verschiebt sich noch weiter zugunsten des hl. Martin. Wie noch darzulegen sein wird, dürfen wir neben der Johanneskirche, neben denen der Heiligen Remigius und Dionysius oder an deren Stelle, vielleicht auch bei der Georgskirche verschwundene Martinspatrozinien annehmen (vgl. S. 153 f.). Neben der Marienkirche zu Lorch steht eine Hlg. Kreuz-Kapelle, deren Hochaltar-Heiliger Martin auf ein ehemaliges Martinspatrozinium weist, während der Kreuztitel eine alte Pfarrkirche (Sendkirche) vermuten läßt. Die Stephans-Urkirche Schwörzkirch liegt mitten zwischen drei Martinskirchen (Ehingen, Oepfingen, Ringingen), könnte also ein Martinspatrozinium dorthin abgegeben haben. Neben der Michaelskirche zu Geislingen-Altenstadt weist das dicht benachbarte Kuchen eine Kirche mit dem Doppelpatrozinium Johannes d. Täufer und Jakobus major auf, die beide so häufig mit St. Martin vergesellschaftet sind (s. S. 154). Von den beiden „alten Pfarrkirchen" zu St. Michael steht die von Sulz (OA. Nagold) mit der Martinskirche von Wildberg noch heute im Pfarrverband, während die von Sulz a. Nekkar zur Pfarrei Bergfelden gehörte, deren Patron Remigius häufig neben St. Martin oder an dessen Stelle auftritt. Zusammenfassend: bei sämtlichen von Weller aufgeführten Hundertschaftskirchen ist St. Martin als ursprünglicher Heiliger gesichert oder höchst wahrscheinlich. Dann sind die Hundertschaftskirchen in Alamannien und vermutlich auch in anderen deutschen Landschaften und mit ihnen die Hundertschaften Gebilde und Schöpfungen der fränkischen Staatsgewalt.

Damit erheben sich sofort neue Fragen. Lassen sich solche Hundertschaftskirchen auch bei anderen deutschen Stämmen, den Baiwaren, Hessen und Thüringern nachweisen? Treten sie auch in den „fränkischen" Landen am Rhein, Neckar und Main auf? Kommen sie auch in den romanischen Reichsteilen vor? Doch diese Fragen müssen wir für diesmal auf sich beruhen lassen. Nur eine soll uns noch beschäftigen: Wie verhalten sich die beiden Kategorien „Königsdomänenkirche" und „Hundertschaftskirche" zu einander?

Seit Ausgang des Jahrhunderts hat die kirchenrechtsgeschichtliche Forschung in Frankreich mit den Studien von *Imbart de la Tour*, in Deutschland mit den Arbeiten von *U. Stutz* die rechtliche Entwicklung der Pfarrei innerhalb des fränkischen Reiches in den Hauptpunkten festgelegt. Aus der Einheitspfarrei des Bischofs, die seit dem 4. Jahrhundert auf dem Boden der römischen civitas erwachsen war und vom Bischof monarchisch geführt wurde, lösten sich im 5., stärker im 6. Jahrhundert die Landpfarreien ab, meist in Anlehnung an eine weltliche Verwaltungseinheit sich formend. Ihr Mittelpunkt war die Kirche des Hauptortes, die die Rechte der Taufe, des Begräbnisses und der Zehnterhebung als „pfarrliche Rechte" für sich beanspruchte und nach deren vornehmstem als „ecclesia baptismalis", „Taufkirche" bezeichnet wurde; noch aber stand deren Sprengel unter der Gewalt des Bischofs. Da brachte das Einströmen germanischer Völker mit deren eigenartigem Rechtsdenken die „Eigenkirche", die Kirche, über die ein Laien-Grundherr als auf seinem Boden erstellt allseitig ohne jede Rücksicht auf den Bischof verfügte. Seit Mitte des 6. Jahrhunderts stiegen die „Eigenkapellen" zu „Eigenpfarrkirchen" empor; ältere Pfarrkirchen gerieten in die Hand der Grundherren. Die Eigenpfarrkirche wurde zur Bannkirche, allein zuständig für einen bestimmten Bezirk und Personenkreis. Das bischöfliche Taufkirchen-System löste sich so seit Mitte des 7. Jahrhunderts auf zu gunsten eines systemlosen Nebeneinanders, also Durcheinanders von grundherrlichen Eigenpfarreien. An ihnen regierte der Wille des Eigenkirchenherrn; der Bischof war völlig entmachtet. In dieser Krisis fand die karlingische Eigenkirchengesetzgebung den Ausgleich; denn der König war selbst der größte Eigenkirchenherr und bedurfte doch gleichzeitig der geistlichen Gewalt der Bischöfe zur Staatsführung.

So entwickelte sich die Pfarrei dort, wo es von Roms Zeit her Bischöfe gab, in Gallien und vielleicht auch im linksrheinischen Germanien. In die ostrheinischen Lande aber zogen Christentum und Kirche im Gefolge des fränkischen Königtums ein. Hier entsprach der bischöflichen Taufkirche die Hundertschaftskirche von Reichs wegen und die königliche Domänenkirche, Taufkirchen des Staates und des Königs. Die Königsdomänenkirche war von Anfang an Eigenkirche des Herrschers. Innerhalb des Sprengels der Hundertschaftskirche war Raum für die Eigenkirche adeliger Grundherren. Diese sprengte die großräumige Hundertschaftspfarrei und führte zu dem Nebeneinander adeliger und königlicher Eigen-Kleinpfarreien. Daneben erhielt sich die Königsdomänenpfarrei als Großpfarrei. Auch diese Skizze ist ein Schema, das in einzelnen Landschaften besonders hinsichtlich des Entwicklungstempos manche Abwandlung erfahren kann.

Immer kann die Frage: Hundertschaftskirche oder Königsdomänenkirche oder Ableger von einem dieser beiden nur für die einzelne Martinskirche beantwortet werden. Den Schwierigkeiten, die sich dabei erheben, oft beträchtlich, darf man nicht ausweichen. Denn die Antworten sind zu schwerwiegend für andere Teilgebiete der historischen Wissenschaft, für Verfassungs-, Verwaltungs- und Wirtschaftsgeschichte.

**V.** Die Königsdomänenkirche St. Martin war Eigenkirche des fränkischen Herrschers; die Hundertschaftskirche St. Martin stand in der Verfügung des Königs.

Sie erstand überall auf *Königsbesitz*, auf *Reichsboden*. Im altbesiedelten Land, im „Gau" oder „Feld" mag die Hundertschaftskirche vorwiegen, im Wald, in der königlichen Forestis, auf der Forsthufe die Domänenkirche. Im letzteren Falle stand sie in der Regel in Zusammenhang mit Siedlungsvorhaben. St. Martinskirche und Binnenkolonisation des fränkischen Staates sind miteinander untrennbar verbunden. Freilich gedieh manchmal der Siedlungsplan nicht über bescheidene Anfänge hinaus. So geht manche Martinskirche mit kleinem Sprengel doch auf eine königliche Martinskirche fränkischer Zeit zurück, wie Schmalnau in der Rhön oder Heretsried im Rauhen Forst bei Augsburg, ist also nicht erst eine jüngere Gründung.

Adelige Eigenkirchen zu St. Martin werden gleichfalls als Königskirchen entstanden sein. Sie sind entweder von Grafen und Markgrafen (als Hundertschaftskirchen) oder von Beamten der Forestis (als Königsdomänenkirchen) in königlichem Auftrag errichtet und besetzt worden und dann auf dem Weg des Gewohnheitsrechtes zu adeligen Eigenkirchen geworden; oder sie kamen durch königliche Vergabung oder auch durch gewaltsame Aneignung in die Hände adeliger Geschlechter.

Auch bischöfliche und klösterliche Eigenkirchen mit dem Martinspatrozinium werden, auch wenn wir es nicht mehr nachweisen können, ursprünglich Eigenkirchen des Königs und des Reiches gewesen sein.

St. Martin ist innerhalb der Grenzen des Frankenreiches besitzanzeigend für das Reich und den König.

**VI.** Ob Hundertschaftskirche oder ob Königsdomänenkirche, die St. Martinskirche diente immer einer Mehrzahl von Siedlungen als Pfarrkirche. Zu einem Siedlungsraum gehörig, stand sie nicht im Dorf, sondern neben, ja abseits von ihm. Sie war *Feldkirche*.

Der Beweis läßt sich oft aus dem Namen der Siedlung erbringen, die heute die Martinskirche beherbergt. Wir räumen aber zuerst einen scheinbaren Gegenbeweis aus dem Wege.

Es gibt im germanischen Sprachraum Martinskirchen in Orten mit Namen auf -ingen und -heim, also solchen der ältesten Schicht; ebenso im romanischen Sprachraum in Orten, deren Namen entweder auf -ville, -court oder auf -ay, -y, -é, -ac endigen. Diese zweite Gruppe geht auf gallo-römisches -acus zurück und bezeichnet den Hauptort eines Gutsbezirks, also eine Siedlung vorfränkischer Schicht (H. Gröhler, Über Ursprung u. Bedeutung d. franz. Ortsnamen 1, 1913, 183 ff. — J. Déchelette et A. Grenier, Manuel d'Archéologie préhistorique, celtique et galloromaine 6, 1934, 914 ff.). Scheinbar sprechen diese Ortsnamen gegen unsere These. Aber nun findet sich außerordentlich häufig dicht neben der -acus-Siedlung eine andere, die den Heiligennamen St. Martin als ersten Bestandteil führt, während der zweite der -acus-Name der Nachbarsiedlung ist: St. Martin de Blagny (Dep. Calvados), St. Martin de Sallancey (Saône-et-Loire), St. Martin de Cognac (Charente). In diesen Fällen hat sich der ursprüngliche Bestand bewahrt: neben der alten Siedlung die Feldkirche St. Martin, um die herum allmählich oder durch einmaligen Gründungsakt eine neue, die Muttersiedlung oft überflügelnde Siedlung entstanden ist. Doch hat oft auch der -acus-Ort die Martinskirche in sich einbezogen, sei es durch sein eigenes Wachstum, sei es durch Verlegung der Feldkirche in den Ort (Cuincy, Dep. Nord; Fleurigné, Ille-et-Villaine; Fleury, Aude; vgl. das Verzeichnis der 3600 heutigen Martinspfarreien in Frankreich bei *Lecoy de la Marche*, Vie de St. Martin, évêque de Tours. Tours 1895). Auf diese Weise sind auch die zahlreichen Martinspatrozinien in deutschen -ingen und -heim-Orten zu erklären. Ein Beispiel nur, das uns zugleich weiterleitet. Mailing bei Ingolstadt (Diözese Eichstätt) hat eine Martinskirche; dicht dabei liegt Feldkirchen, am Schnittpunkt römischer Straßen; hier ist die fränkische Martinskirche zu suchen.

Hier, wie in andern Fällen, ist der Ortsname Beweis für die Feldkirche. Voran stehen die französischen St. Martin-Orte, 700 an der Zahl, zuerst die den -acus-Orten benachbarten, dann die, welche ein dem Gelände entnommener Zusatz näher und damit als Feldkirche kennzeichnet: St. Martin des Champs (Manche), St. Martin du Bois (Maine-et-Loire; Loire-et-Cher), St. Martin-la Lande (=Heide; Aude), St. Martin de la Mèr (Côte d'Or). In Deutschland sind diese reinen St. Martin-Ortsnamen selten: St. Martin i. d. Pfalz, dessen Weinkultur auf Königsdomäne deutet; häufiger sind sie in Österreich im Raum der karlingisch-ottonischen Südostkolonisation.

Dann verbindet sich der Heiligentitel mit einer Siedlungsbezeichnung: Martinsheim (Mainfranken), Mertingen (Schwaben), Weihmörting (weih = sanctus; Niederbayern) oder Martinville, Martincourt und ziemlich verbreitet Martigny (Analogiebildung aus Martinus + acus).

Vielfach hat die Feldkirche als solche ortsnamenbildend gewirkt, also Ortsnamen wie Feldkirchen, Holzkirchen (K. am Holz, Wald), Steinkirchen (K. am Fels, bei einem römischen Steingebäude), Wieskirchen, Thalkirchen, Weißenkirchen, Rothenkirchen, Kirchberg, Kirchbühl hervorgerufen; auch mit Siedlungsbezeichnungen verbindet sich das Element „Kirche": Kirchheim, Kirchdorf. Das romanische Sprachgebiet kennt Bildungen aus und mit ecclesia, basilica, altare, oratorium, parochia (Gröhler 2, 370-374, 383); zu der zweiten Gruppe nenne ich die normannischen „Criquebeuf" und „Criquetot" (Gröhler 2, 286, 287).

Endlich eignet dem Martinskirchenort auf germanischem wie auf romanischem Boden oft nur ein einfacher Geländename, ein Flurname wie Wörth a. Main (ahd. werida Insel) oder Les Thuiles (Basses Alpes; tuile = Ziegel, meist auf römische Siedlung weisend), also ein Siedlungsname des „Ausbaus". In der Tat wird die Siedlung jünger sein als die Kirche.

Abschließend eine fast selbstverständliche Bemerkung: Die St. Martins-Orte haben eine St. Martinskirche in oder neben sich gehabt, auch wenn sie heute nicht mehr nachweisbar ist. Auch bei Orten der „Feldkirchen"-Gruppen wird man nach früheren Martinspatrozinien suchen müssen.

Damit stellt sich uns die Frage, ob sich für den Standort der St. Martins-Feld-Pfarrkirche bestimmte häufig wiederkehrende Merkmale aufzeigen lassen.

Hundertschaftskirchen lagen meist nächst dem Hof des Huno, heute also in einer führenden Siedlung. Bei Königsdomänenkirchen hat man in Schwaben eine Entfernung bis zu 2300 m vom Königshof nachgewiesen (Deutsche Gaue 35, 1934, 183).

Häufig ist nun aber der Martinskirche eine Randlage zu eigen, an der Grenze des bäuerlichen Kulturlandes gegen den Wald, der nicht selten Markwald, Grenzwald war. So erscheint sie heute noch in Orten an der Grenze der Urmark. Und das Zusammenstoßen von zwei oder drei Urmarkgrenzen bewirkt ein enges räumliches Nebeneinander von Martinskirchen, das den Anschein von nachbarlich verbundenen Mutter- und Tochterkirchen erweckt; in Wahrheit sind es selbständige, eben randständige Martins-Pfarrkirchen. Sie bevorzugen dabei die Nähe einer Quelle, eines Baches; dort liefert die Natur bequem das Taufwasser; oft verchristlichte man so eine altheilige Quelle, einen heidnischen Kultplatz. Um bequem erreichbar zu sein, legte man die Martinskirche nächst einem Altweg, einer Römerstraße an, nicht selten an einer Straßengabel oder Straßenkreuzung. Kombiniert mit dem Wasserbedürfnis ergibt sich dann die Lage an oder nächst einer Furt, einer Brücke. Als Königskirchen finden sich die Martinskirchen häufig auf oder bei römischen Ruinenstätten, die als Ödland Eigentum des Königs waren, zudem Baugrund und Baumaterial lieferten.

Nur scheinbar im Gegensatz dazu steht die St. Martins-Höhenkirche, Martinsberg, Martinsbühl, Mont St. Martin. Hier ragt sie inmitten alter Fliehburgen auf, die zugleich Marktplätze und Kultstätten waren, gesichert durch die feste Lage, versorgt durch die Quelle, ohne die eine Fliehburg undenkbar ist, und leicht erreichbar durch die Wege, die von allen Seiten der Fliehburg zustrebten.

Nachbarschaft zwischen Martinskirche und Dingplatz ist wahrscheinlich, bedarf aber noch der Nachweise.

Eindringliche Untersuchung erfordert auch noch das räumliche Verhältnis zwischen Martinskirche und Reihengräberfeld. Die Einzelbeobachtungen genügen noch nicht zu allgemeineren Schlüssen. In der Normandie (Dep. Seine-Inférieure) finden sich auffällig oft Martinskirche und Reihengräber in zwei benachbarten Orten, so daß man eine räumlich-sachliche Zusammengehörigkeit annehmen möchte. Seit Ausgang des 7. Jahrhunderts hat die Pfarrkirche die Grablege als Friedhof an sich gezogen.

Von daher erklärt sich das Auftreten von St. Martinskapellen als Friedhofskirchen. Es sind ehemalige Feld-Pfarrkirchen mit Begräbnisrecht, die bei Errichtung neuer Pfarrkirchen im Ort zu Friedhofskapellen außerhalb des Ortes herabgesunken sind, z. B. Wörth a. Main.

Endlich findet von der Feldkirche her auch die in manchen mittelalterlichen Gründungsstädten, wie Mergentheim, vorkommende Spitalkapelle St. Martin ihre Erklärung. Sie liegt am äußeren Rand des ältesten Stadtkernes an einer Fernstraße. Das ist eben die Lage der frühmittelalterlichen Feldpfarrkirche innerhalb der Flur des von der Stadt aufgesogenen Dorfes.

**VII.** Nur wenige der fränkischen St. Martinspfarrkirchen haben ihre Eigenschaft als Feld-Pfarrkirche bis ins 14. Jahrhundert hinein bewahrt; keine hat in Deutschland das 16. Jahrhundert überdauert. Manche von ihnen ist spurlos abgegangen. Andere haben abseits der Siedlung gegenüber den aufkommenden Dorfkirchen ihren Rang als Pfarrkirchen nicht behaupten können, sind zu Filialkirchen, zu Kapellen abgesunken. Andere haben ihre Eigenart als Pfarrkirche, nicht aber als Feldkirche bewahrt, da sie entweder Mittelpunkt eines neuen Dorfes geworden oder von dem Nachbarort an diesen herangezogen worden sind: in beiden Fällen wurden die Feldkirchen zu Dorfkirchen. Unter vorsichtiger Abwägung dieser Möglichkeiten und unter Berücksichtigung kirchlichen Rechts und Brauchtums — die Pfarrkinder der ehemaligen filiae besuchen an bestimmten hohen Festtagen und an besonderen Prozessionstagen den Gottesdienst der alten ecclesia matrix — lassen sich diese ehemaligen St. Martins-Feldpfarrkirchen großenteils noch ausfindig machen.

Dabei ist der sog. „Patrozinienwechsel" zu beachten. Diese Erscheinung, zwar allgemein bekannt (G. *Hoffmann*, Kirchenheilige in Württemberg S. 40 ff. — W. *Deinhardt*, Patrozinienkunde. Histor. Jahrbuch d. Görresgesellschaft 56, 1936, 188 f.), gelegentlich auch berücksichtigt, ist systematisch zur Erfassung des ältesten Patrozinienbestandes noch nicht verwertet worden. Hier nur einige meiner Beobachtungen.

Auf galloromischem Boden scheint die *Patrozinienänderung* seltener zu sein als auf germanischem; hier ist sie zwar nicht die Regel, aber außerordentlich häufig. Die letzte Ursache wird im germanischen Eigenkirchenwesen zu suchen sein.

Die Patrozinienänderung tritt in verschiedenen Formen und Abstufungen auf. Mit dem Kultgebäude, an dem es haftet, kann das Patrozinium spurlos verschwinden: Patrozinienschwund. Es kann aber auch frommen Sinnes von dem alten auf ein neues Kultgebäude übertragen werden: Patrozinienübertragung. In diesen Fällen liegt dann zugleich Kirchenschwund und Kirchenwechsel vor. Von Patrozinienwechsel möchte ich nur sprechen, wenn ein Kultgebäude durch seine äußeren Schicksale, Neubau oder Umbau, oder durch Besitzwechsel oder durch Änderungen in der Ausdrucksform der Frömmigkeit seinen Heiligen verändert, wechselt. Auch beim Patrozinienwechsel kann man Abstufungen unterscheiden: den völligen Schwund des alten Heiligen, also eine zweite Form des Patrozinienschwundes; oder die Abdrängung des alten Patroziniums auf die zweite Stelle am Hauptaltar oder auf einen Nebenaltar: durch Patrozinienverdrängung wird der alte Hauptpatron der Kirche entweder Mitpatron bzw. Nebenpatron des Hauptaltars oder Altarpatron eines Seitenaltars. Mitunter ist auch ein Schwanken zwischen zwei Patrozinien festzustellen, bis eines sich durchsetzt oder ein festes Doppelpatrozinium sich herausbildet.

Das Martinspatrozinium ist als sehr altes Patrozinium in beträchtlichem Maße von diesen Formen der Patrozinienänderung betroffen worden. Der völlige Schwund kann quellenmäßig belegbar oder auch nur aus Indizien, z. B. Flurnamen mit St. Martin, Glockeninschriften, Plastiken erschließbar sein. Bei Verdrängung läßt sich die Regel aufstellen, daß St. Martin als Neben- bzw. Mitpatron des Choraltars auf ein ursprüngliches Kirchenpatrozinium zurückgeht; als Altarpatron jedoch nur, wenn nicht nachweislich eine Pfründestiftung des 14. oder 15. Jahrhunderts vorliegt. Auch ein Schwanken mit anderen Heiligen, besonders mit Maria, spricht für ein ursprüngliches Martinspatrozinium. Kirchengründungen zu Ehren des hl. Martin im Raum des Frankenreiches aus nachfränkischer Zeit — einzige Ausnahme St. Martin als neuzeitlicher Bauernheiliger in Tirol (Hans *Fink*, D. Kirchenpatrozinien Tirols, 1928, S. 115), — sind mir nicht bekannt geworden.

Noch längst nicht geklärt ist der Katalog der Heiligen, die den ehrwürdigen Frankenbischof unterdrückt oder verdrängt haben. So nimmt Bossert an (These 31), daß St. Laurentius als Siegeshelfer gegen die Ungarn auf dem Lechfeld (10. August 955) zum Reichspatron geworden sei und deshalb vielerorts St. Martin verdrängt habe. Doch sind in Bayern und Tirol einige wenige Laurentiuspatrozinien sicher römischen Ursprungs (Langenpfunzen bei Rosenheim, Epfach südl. v. Augsburg; Tirol: *Fink* S. 14 ff.); für Württemberg kennen wir vier nachweislich karolingische Kirchen mit Laurentiuspatrozinium. Ich habe mehrfach ein Nebeneinander von Martin und Laurentius beobachtet. Es könnte also ein Laurentiuspatrozinium den Schwund des Martinspatroziniums verursacht haben. Auch der hl. Thebäer Mauritius hat z. B. in Königshofen a. d. Tauber den Martin beseitigt. An Stelle der Königsheiligen traten solche des Adels. Manche Martinskirche in Altbayern, bei den Ungarneinfällen zerstört, scheint um die Jahrtausendwende unter dem Patronat des tapferen Augsburger Bischofs Ulrich neu erstanden zu sein. Weiter ist vermutlich während des Investiturstreites St. Martin hin und wieder von St. Nikolaus, dem Patron der päpstlichen Reformfreunde, und St. Georg, dem Schutzherrn des kaisertreuen Adels, beiseitegeschoben worden. St. Nikolaus wurde darüber hinaus zu einem allgemein beliebten Volksheiligen. Neben ihm hat in Altbayern im 11. und 12. Jahrhundert der Bauernheilige St. Leonhard wohl mehrfach sich an St. Martins Stelle gesetzt. Und endlich hat der alternde Frankenbischof sich seit dem 13. Jahrhundert nicht überall des Ansturms der jugendlichen Gottesmutter Maria erwehren können. Die größte Gefahr jedoch drohte dem Martinspatrozinium sehr früh schon von dem Heiligen, der sich zutiefst in romanisches und germanisches Volksleben einwurzelte, dessen Name zum beliebtesten Rufnamen der Christenheit wurde, von seinem engsten Gefährten, dem Täufer Johannes.

**VIII.** Damit berühren wir eine neue Aufgabe, das Martinspatrozinium hineinzustellen in das Gefüge der räumlich und zeitlich *benachbarten Patrozinien.*

Die St. Martinskirche als Seelsorge- und Taufkirche benötigte neben sich gemäß altkirchlichem Vorbild ein Taufhaus baptisterium, St. Johannes dem Täufer geweiht. Nur zweimal im Jahr, zu Ostern und zu Pfingsten, wurde das Sakrament der Taufe in Form der Tauchtaufe gespendet. In Augsburg ist neben dem Mariendom eine spätrömische Taufgrube innerhalb der mittelalterlichen Johanneskirche ausgegraben worden. Neben der bonifatianischen Bischofskirche auf dem Büraberg (Fritzlar, Hessen) ist das Taufhaus heute noch zu erkennen. In Bad Orb (Hessen) steht neben der Martinspfarrkirche am Jösser Tor das sog. Kapellchen romanischen Stils mit einem großen Taufbecken zum Untertauchen. Die Pfarrkirche zu Schwabach (Mittelfranken) ist gleichzeitig St. Martin und St. Johannes geweiht. Altbayern, eines der konservativsten deutschen Lande, wies im 18. Jahrhundert eine stattliche Anzahl von Pfarreien auf, in denen eine Martins- und eine Johanneskirche sich auf zwei Nachbarorte verteilen. Auch in Frankreich ist diese Erscheinung festzustellen. Die St. Martins-Feldpfarrkirche hatte ein *Taufhaus St. Johannes* neben sich. Damit sind vielfältige Entwicklungen möglich. Selten nur haben sich beide Patrozinien bei der gleichen Kirche erhalten. Vielmehr hat sich meist die Taufkapelle zu einer selbständigen Pfarrkirche entwickelt. Damit verbindet sich das Aufkommen der Dorfkirche derart, daß entweder Martinspfarrkirche oder Johannestaufkapelle nach zwei benachbarten Orten abwandern oder daß nur die eine abwandert, während die andere der Kern eines neuen Ortes wird. War die Martinskirche eine Hundertschaftskirche und löste sich deren Sprengel bereits durch das Eigenkirchenwesen auf, so stehen zwei Klein-(Dorf-)Pfarreien zu St. Martin und zu St. Johannes nebeneinander. Gehörte St. Martin mit dem Taufhaus zu einer Königsdomäne, so hat sich oft die Großpfarrei erhalten, entweder St. Martin oder seltener St. Johann unterstellt; in deren Sprengel ist dann eine Kleinpfarrei des ergänzenden Patroziniums eingezwängt. Das Kartenbild läßt häufig die einstige Zusammengehörigkeit zweier Pfarreien zu St. Martin und St. Johannes verschiedener Größe erkennen. Endlich kann aber auch eines der beiden Patrozinien zugunsten des anderen verschwunden sein; dabei hat sich auf Königsdomänen St. Martin weitaus häufiger als St. Johannes erhalten, während im Sprengel alter Hundertschaften St. Johannes oft der lebenskräftigere war.

In Gallien gehört nun St. Johannes zu dem eisernen Bestand ältester Patrozinien, der mit geringen Variationen sich in den merowingischen Landpfarreien nachweisen läßt. So teilt der führende Historiker Burgunds, Maurice *Chaume*, die „Vocables primitifs" St. Salvator, Hl. Kreuz und St. Stephan den ältesten Mutterpfarrkirchen des 4. Jahrhunderts zu; eine zweite Schicht bilden nach ihm St. Johannes Baptista, St. Peter (in Ketten), die hl. Jungfrau, St. Laurentius und die fränkischen Heiligen wie St. Martin, St. Germanus usw. Er nennt nicht ausdrücklich St. Remigius und St. Dionysius. Es fehlt bei ihm, kennzeichnend für die Verschiedenheit romanischer und germanischer Lande, eines der hervorragendsten ostrheinischen Patrozinien, das des Erzengels Michael.

Es muß also St. Martin somit auch noch im Rahmen der frühmittelalterlichen Patrozinien betrachtet werden. Ich kann hier nur Hinweise und Einzelbeobachtungen bringen.

Unter den vorfränkischen Patrozinien Galliens steht voran das Unserer lieben Frau, Nôtre Dame. Es regiert die spätrömischen civitates-Vororte. Mit diesen festen Plätzen wurde das Marien-Patrozinium von den Merwingerkönigen übernommen: die Himmelskönigin wurde zur Schutzherrin der fränkischen Königspfalzen, z. B. Aachen, Nierstein, Regensburg, Alt-Ötting. Die Gottesmutter tritt uns weiter als

Patronin des Benediktinerordens auch in den fränkischen Klöstern entgegen. St. Martin steht als Nebenpatron ihr dort oft zur Seite, ein Hinweis darauf, daß das Kloster eine fränkische Pfarrkirche in sich aufgenommen hat. In den ländlichen Pfarreien östlich des Rheins hat sich Maria erst seit dem Hochmittelalter festgesetzt.

Die Beziehungen des Erzmärtyrers Stephan zu St. Martin sind noch nicht völlig geklärt. Er ist in der frühen Kirche Galliens und Norikums hochverehrt. In den fränkischen Landen am Neckar und Main, einem mit Königsgut auf das stärkste durchsetzten Gebiet, ist sein Patrozinium in merwingisch-karlingischer Zeit nur selten nachzuweisen; es bleibt auch später sehr schwach. Hingegen ist es in Alamannien und in Baiern, also Gebieten der Hundertschaftskirche, sehr häufig. In Alamannien drängt sich dem Beobachter ein Dreiverband Martin, Michael, Stephan förmlich auf. Man möchte an den Einfluß gallischer Stephanskirchen denken, zumal wenn man erwägt, daß die Zahl der gleichfalls aus Frankreich stammenden Remigius- und Dionysius-Patrozinien im Schwäbischen stärker ist als in Baiern und Franken. Die baierischen Stephanspatrozinien — er ist Bistumsheiliger von Passau — stammen vielleicht, soweit sie nicht jüngeren Ursprungs dem Bauern- und Pferdeheiligen gelten, aus Norikum.

Die persönliche Verehrung des hl. Petrus als Apostelfürsten und Himmelspförtners bei den späten Merwingern und den Karlingern ist unbezweifelt. Das Peterspatrozinium aber bereitet der Forschung größte Schwierigkeiten. Es haftet in fränkischer Zeit an klösterlichen, höchstwahrscheinlich auch an adeligen Eigenkirchen. Sein Vorkommen auf Königsgut bedarf noch der Aufhellung; es mag z. T. aus konfisziertem Adelsbesitz stammen. Zu all dem ist das Peters-Patrozinium zeitlos.

Von dem Patrozinium des hl. Laurentius, das in Westfranken nahezu in jedem spätantik-frühmittelalterlichen Pfarrsprengel vertreten ist, war schon S. 152 die Rede.

Ich übergehe die Patrozinien fränkischer Zeit, die besitzanzeigend für Klöster sind, meist auf Reliquienbesitz des Klosters beruhen: St. Nazarius für Lorsch, die hl. Sulpitius und Servilianus für Ellwangen, Gordianus und Epimachus für Kempten, Quirin für Tegernsee, Bonifatius für Fulda und viele andere. Nur zwei seien mit einem Wort gestreift, da sie auch bei Königsdomänenkirchen vorkommen: St. Dionysius und St. Remigius. Sie sind unstreitig Besitzanzeiger für die Klöster St. Denis bei Paris und St. Remi bei Reims; allerdings geht eine neue Welle der Remigiusverehrung im 11./12. Jahrhundert durch den deutschen Süden. Diese beiden Klöster sind so eng mit dem fränkischen Königtum verbunden, daß ihr Besitz zumal in den Ostrheinlanden als Königseigen betrachtet werden konnte; andererseits ist diesen Klöstern auch viel altes Königsgut durch Schenkung zugeflossen. Enge Nachbarschaft beider Klosterpatrozinien mit St. Martin ist in Nordfrankreich und Alamannien nicht selten.

Zu Ausgang des 9. Jahrhunderts tritt der römische Märtyrer Pankratius, dem Kaiser Arnulf die Eroberung Roms 896 zu verdanken glaubte, als Kirchenheiliger auf, besonders auf rheinischem Königsgut, das der Kaiser seinem Sohn Zwentibold überlassen hatte.

Zuletzt sei noch die enge räumliche Nachbarschaft des Martinspatroziniums mit dem des hochmittelalterlichen Pilgerheiligen Jakob d. Ä. erwähnt. Sie beruht auf der Sitte, Kirchen und Kapellen dieses Apostels an den Straßen zu errichten. Da nun auch Martinskirchen gern an Altstraßen liegen, so finden sich beide Patrozinien über die Jahrhunderte hinweg zu räumlicher Nachbarschaft.

**IX.** St. Martin war der Heilige des Frankenreichs. Damit erscheint das *räumliche und zeitliche Vorkommen* seines Patroziniums eindeutig begrenzt. Aber der tatsächliche Befund läßt weitere Grenzen erkennen.

Das Amt als Reichsheiliger ist allem Anschein nach St. Martin über die fränkische Zeit hinaus geblieben. Wohl in bewußter Weiterführung fränkischer Tradition haben die Sachsen-Herrscher die Pfarrkirchen im slavischen Kolonisationsland, z. B. Meissen, St. Martin als Reichsheiligen unterstellt. Nicht anders wird wohl manche Martinspfarrkirche der österreichischen Donaulande von den Markgrafen der salischen Zeit als Reichskirche errichtet worden sein, wie zu Kloster-Neuburg. Erst der Investiturstreit, der die Reichskirche zerstörte, hat auch der St. Martins-Reichstradition wohl das Ende gebracht.

Denn das Stauferreich, in Wesen und Bau von dem karlingisch-ottonischen Reich verschieden, bot einem Reichsheiligen keinen Raum mehr. Der staufischen Hausmacht entsprachen staufische Hausheilige, z. T. schwäbischen Ursprungs: St. Jacob, St. Blasius, die Heiligen Fabian und Sebastian. Auch der letzte der Kaiser, der diesen Titel mit innerer Berechtigung trug, der Luxemburger Karl IV., begnügte sich mit einem Hausheiligen: St. Veit, dessen Verehrung über die Sachsenkaiser im letzten doch wieder in das fränkische Reich, ins Kloster Corbie an der Somme zurückführt.

Mit dem vorstaufischen Reich war auch St. Martin dahingegangen. Kümmerlich fristete er seitdem, in den Kirchen von seinem ersten Platz vielfach verdrängt, sein Dasein als Schutzheiliger seiner Namensträger, gelegentlich von diesen durch eine Altarpfründe geehrt. Nahezu erloschen ist die Erinnerung an ihn in den mitteldeutschen Mutterlanden der Reformation. Fast vergessen war er in der nachtridentinischen Kirche Roms; nur noch in den Bauernlanden baierischen Stammes erfreute er sich lebendiger Verehrung. Erst die neuerweckte katholische Frömmigkeit des 19. Jahrhunderts hat ihn als Kirchenpatron wieder in die Städte zurückgeführt.

Man kann so innerhalb des deutschen Volksraumes die vorstaufischen Martinspatrozinien zeitlich in „fränkische" und „nachfränkische" teilen. Die Hundertschaftskirchen Alamanniens kann man der Zeit Dagoberts I. (621—639), die Königsdomänenkirchen Mainfrankens meist der Karl Martells (714—40) zuteilen. Die nachfränkischen Martinspatrozinien heben sich von den fränkischen räumlich ab. Sie gehören den Bistümern Heinrichs I. und Ottos I. östlich der fränkischen Reichsgrenzen an. Bei den Martinspatrozinien der zu den Diözesen Passau und Salzburg gehörigen Donau- und Alpenlande bis hinein ins Burgenland, dessen Patron St. Martin ist, wäre zu untersuchen, welche der fränkischen Schicht vor den Ungarnstürmen und welche der nachfränkischen Schicht zugewiesen werden könnten.

Doch auch damit ist der Raum des Martinspatroziniums noch längst nicht ausgemessen. Die Martinspatrozinien der Pyrenäenhalbinsel und der britischen Inseln beruhen in der Hauptsache und in tiefster Wurzel auf den Beziehungen der dortigen germanischen Dynastien zu den Frankenherrschern. Martinspatrozinien der Inselkelten sind mir nicht bekannt; die 10 Martinspfarrkirchen der Bretagne sind vermutlich fränkischer Herkunft. In Italien könnte eine vorfränkische Schicht von der römischen Kirche S. Martino ai Monti ausgegangen sein; eine jüngere Schicht auf fränkischem Königsgut verdankt wohl ihre Ausbildung den Karlingern. Gleichfalls Ausstrahlung des Karlingerreiches werden die Martinspatrozinien des südslavischen Raumes, in Krain, Istrien und Dalmatien sein. Undurchsichtig sind die Verhältnisse bei den Westslaven; die ottonische Kolonisation wird hier kaum mehr als schwache Spuren hinterlassen haben. Hingegen sind die Martinspatrozinien der nordischen Länder eine Frucht des Handels und der Mission, die vom Frankenreiche ausgingen.

Das Martinspatrozinium, auf gallorömischen Boden in der Spätantike erwachsen, strahlte von dem Frankenreich über das frühmittelalterliche Europa römisch-katholischer Prägung aus. So führt es auch noch auf einem zweiten ihm besonders eigenen Wege hinein in das *studium generale.*

*(Dr. Helmut Weigel, (13a) Erlangen, Loewenichstr. 23.)*

---

## Bericht der Universität Göttingen.

Die Georgia-Augusta hat als erste deutsche Hochschule nach dem Waffenstillstand schon im September 1945 ihren Lehrbetrieb wieder eröffnen können. Die günstigeren Umstände in einer fast unzerstörten Stadt mochten manche Vorarbeit vereinfacht haben, aber die wenigen unmittelbaren Kriegsschäden, die die Stadt überhaupt erlitt, trafen die Universität hart. Im November 1944 zerstörte eine Luftmine im Gebäudekomplex der Bibliothek fast alle Verwaltungsräume und das benachbarte Psychologische Institut, ferner den größten Teil der älteren Magazine und den Lesesaal, und sie machte den Magazinbau mit 6 großen Geschossen unbenutzbar. Die Bücherbestände waren schon im Frühjahr 1944 teils in Kellern gesichert, teils in das Kalibergwerk Volpriehausen ausgelagert. Leider gingen letztere noch im September 1945 infolge einer Sprengstoffexplosion zum größten Teil verloren. Es handelte sich um etwa 63 000 Bände, vornehmlich um Zeitungen und Dubletten, aber auch um die Sammlung der englischen Parlamentsakten. Unheilvoller wurde eine Reihe von Instituten, Seminaren und Professoren betroffen, die ihre Handbibliotheken, aber auch Sammlungen ausgelagert hatten. Sie verloren etwa 209 000 Bände, so daß die Arbeit in den meisten Seminaren noch auf lange Sicht sehr behindert bleiben wird. Besonders schmerzlich ist der Verlust des größten Teiles der Bibliothek des Mathematischen Instituts, die durch ihre Vollständigkeit und durch ihre alten Bestände einzigartig in der Welt war. Der Gesamtschaden durch die Katastrophe von Volpriehausen wird auf 5 Millionen DM geschätzt.

In den ersten Semestern konnten in der Universitätsbibliothek nur etwa 10% des Gesamtbestandes von nahezu 1 Million Bücher benutzt werden. Inzwischen sind die Gebäude schon so weit hergerichtet, daß alle Bücher wieder zur Verfügung stehen und im alten Lesesaal über 15 000 frei aufgestellter Bände benutzt werden können. Man hofft, 1950 die alte Paulinerkirche als Magazin und den Verwaltungstrakt wieder ausbauen zu können. Als größte Universitätsbibliothek hält sie die Spitze des westdeutschen Leihverkehrs mit etwa 6000 ständigen örtlichen und auswärtigen Benutzern (gegen 2000 früher), mit 900—1000 täglichen Bestellungen, darunter über 20 000 auswärtigen im Jahr. Trotz der erhöhten Aufgaben — dazu kommt die Aufstellung des Zentralkatalogs der Auslandsliteratur, die seit 1939 in den Westzonen angeschafft wird, und die für 1950 vorgesehene Wiedereröffnung der Bibliotheksschule, der ältesten dieser Art — ist sie in Etat und Personal auf den Stand vor 80 Jahren zurückgeworfen worden, so daß sie ihre traditionelle Bedeutung nicht mehr zu halten vermag, sondern sich mit der Rolle eines Buchmuseums für Vorkriegsliteratur begnügen muß, wenn nicht wesentliche Erhöhungen ihres allzu zusammengestrichenen Etats erfolgen. Die ersten Jahre nach dem Kriege betrug ihre Kaufleistung noch 20% der normalen Friedensjahre. Neuerdings kann die „Niedersächsische Staats- und Universitätsbibliothek“, wie sie jetzt heißt, nicht einmal mehr die laufenden Zeitschriften und Reihen anschaffen, und sie muß auf das notwendigste in- und ausländische Schrifttum ganz verzichten. Hinsichtlich der ausländischen Zeitschriften bietet der Tauschverkehr der Göttinger Akademie der Wissenschaften wenigstens einen gewissen Ausgleich, seitdem die Göttinger Gelehrten Anzeigen wieder erscheinen.

Noch am letzten Göttinger Kriegstage (7. 4. 1945) zerstörte ein Bombenangriff auf den Bahnhof das benachbarte klassizistische Gebäude des Theatrum Anatomicum und beschädigte das Geologisch-Paläontologische und das Zoologische Institut schwer. Inzwischen konnte der stehengebliebene Flügel der Anatomie mit seiner modernen Leichenkammer als Seziersaal wieder in Betrieb genommen werden. Das Geologische und Zoologische Institut sind behelfsmäßig hergerichtet, so daß das Zoologische Museum wieder eröffnet werden konnte und ein großer Hörsaal (300 Plätze) neu zur Verfügung steht.

Die Schäden sind — verglichen mit andern Universitäten — gering, aber es gibt doch kaum ein Institut in Göttingen, das nicht empfindliche Verluste zu beklagen hat. Die zu schwache Fürsorge des Staates für den Wiederaufbau mag wegen der noch dringlicheren Aufgaben verständlich sein; aber es sind die Arbeitsbedingungen und damit der Ruf der Georgia-Augusta bereits so weit gefährdet, daß namhafte Gelehrte — was früher nur selten eintrat — abgewandert sind oder die Berufung nach Göttingen ablehnten. Einzelne Kliniken und Institute sind überaltert (z. B. das für anorganische Chemie). Inzwischen ist die chirurgische Poliklinik, die bei den erhöhten Ansprüchen der Nachkriegszeit schon den Eindruck eines Hauptverbandplatzes machte, und das Zahnärztliche Institut modernisiert und die Medizinische Klinik erweitert worden. Die allzu dürftige Kinderklinik erhält demnächst einen neuen Flügel mit einer Station für 80 Betten, und man hofft, daß auch der zweite Flügel mit Poliklinik, Verwaltungs- und Forschungsräumen, Hörsaal und einer Station für 30 größere Kinder in absehbarer Zeit gebaut werden kann. Vielleicht glückt es, die sehr beengte Nervenklinik in einem modernen Kasernenbau unterzubringen.

Es mag billig sein, sich über mangelnde Fürsorge durch den Staat zu beklagen, der insgesamt für 7 Hochschulen zu sorgen hat. Die Georgia-Augusta hat 1949 einen Gesamtetat von etwa 10 Millionen DM (gegen $8^3/_4$ Millionen RM im Jahre 1947); das sind 6,5% des Etats des Niedersächsischen Kultusministeriums von 154 Millionen DM. Es ist dabei zu berücksichtigen, daß nicht alle Leistungen des Staates für die Universität im Universitätsetat stehen (z. B. einmalige Bewilligungen für Neubauten und Wiederaufbau). Aus eigenen Einnahmen bringt die Universität 5 Millionen DM auf (1947: 4,1), der Staatszuschuß beläuft sich mit 5,3 Millionen DM auf 54% (1947 mit 4,6 Millionen RM auf 53%). Das sind je Student etwa 1000 DM gegen 1880 RM im Jahre 1937; damals war aber die Studentenzahl nur halb so hoch wie heute. Auf den Kopf der niedersächsischen Bevölkerung entfielen auf den Staatszuschuß für die Universität damals 1,50 RM im Jahre, heute 0,70 DM. Die sächlichen Verwaltungsausgaben sind neuerdings so gering bemessen, daß die Universität ernsthaft gefährdet ist.

In den ersten Semestern seit 1945 war die Universität räumlich auch dadurch noch weiter beengt, daß Auditorium-, Seminar- und Aulagebäude und landwirtschaftliche Institute durch die Besatzungsbehörden beschlagnahmt waren. Davon wurden das Aulagebäude schon im Frühjahr 1946, das Seminargebäude erst 1949 wieder freigegeben, so daß die Seminare der Philosophischen Fakultät ihre engen Notquartiere verlassen konnten. Leider bleibt das große Auditoriumgebäude, das Hauptgebäude der landwirtschaftlichen Institute, die Festhalle und teilweise die Turnhalle und der Sportplatz noch weiterhin belegt. Die gesamte Vorlesungs- und Übungstätigkeit spielte sich daher zunächst in den zum Bersten überfüllten Hörsälen einiger Institute und Kliniken ab, die zum Teil nur dürftig geheizt und beleuchtet werden konnten. Manche der großen Vorlesungen mußten doppelt abgehalten werden. Die Göttinger Elektrizitätsversorgung war noch mehrere Winter hindurch besonders ungünstig. Dazu kamen die erschwerten Lebensverhältnisse für die 5000 bis 6000 Studierenden (im Winter 1947/48 wurde die Höchstzahl von 5974 mit Ausländern, Gasthörern und Beurlaubten erreicht; das ist etwa das Doppelte gegen die Jahre um 1930), die in einer Stadt Unterschlupf suchten, die infolge ihrer günstigen Verkehrslage an der Dreizonengrenze von Flüchtlingen und Rückwanderern besonders durchflutet wurde und ihre Einwohnerzahl bei vermindertem Wohnraum ebenfalls nahezu verdoppelt hatte.

Der erhöhten Studentenzahl stand ein zunächst gelichteter Lehrkörper gegenüber. Gar mancher befand sich noch in Gefangenschaft, viele mußten infolge ihrer politischen Belastung ausscheiden. Die meisten der zunächst beschuldigten Professoren und Dozenten konnten bald wieder ihre Lehrtätigkeit aufnehmen. Wie ungeklärt die Verhältnisse im ersten Wintersemester zunächst noch waren, mag das Beispiel einer Fakultät erläutern, die von 59 Vorlesungen 29 unter NN anzeigen mußte. Insgesamt wurden 24 planmäßige Professoren entlassen (Theol. Fakultät 2, Rechts- und Staatsw. 4, Mediz. 4, Philos. 10, Mathem.-Naturw. 3, Forstl. 1). Einzelne Professoren konnten sich durch vorzeitige Emeritierung etwaigen Konsequenzen entziehen. Von den 39 Professoren und Dozenten, die in Göttingen seit 1933 aus rassischen oder politischen Gründen ihre Tätigkeit hatten aufgeben müssen, nahmen 10 ihre Lehrtätigkeit wieder auf; zwei kehrten aus der Emigration zurück. Einzelne Emeritierte stellten sich trotz zum Teil hohen Alters zur Verfügung. Dazu kam die große Zahl der Universitätslehrer, die als Vertriebene und als Flüchtlinge seit 1945 ihre bisherige Tätigkeit hatte aufgeben müssen und an der Georgia-Augusta zunächst als Gastdozenten eine bereitwillige Aufnahme fanden, darunter so mancher bekannte Name. Das Bild hat sich gegen 1945/46 schon wieder verschoben, weil einige einen Ruf nach auswärts, einige in Göttingen selbst einen Lehrstuhl erhielten. Im Sommersemester 1949 waren etwa 300 Universitätslehrer tätig; ihre Zahl hat sich gegen 1944 um etwa 60 erhöht. Der Zuwachs in der Medizinischen und der Mathematisch-Naturwissenschaftlichen Fakultät konnte mit Hilfe der zahlreichen Assistentenstellen, über die diese beiden Fakultäten verfügen, einigermaßen versorgt werden. Die besondere Notlage des Flüchtlings- und Nachwuchsdaseins zeigt sich kraß in der Philosophischen Fakultät, wo mancher nur von den Hörergeldern lebt. Unter den 22 tätigen außerplanmäßigen Professoren und Dozenten befinden sich 7 Vertriebene und 11 aus der sowjetischen Besatzungszone, unter den 18 Lehrbeauftragten 7 frühere Ordinarien ostdeutscher Universitäten. Nur ein Drittel ihrer Dozenten besitzt eine einigermaßen gesicherte Existenz im Sinne eines normalen Angestelltenverhältnisses; das Durchschnittseinkommen beträgt 280 DM bei einem Durchschnittsalter von 40 Jahren.

Trotz der zahlreichen Zugänge waren einzelne Fächer nach 1945 gar nicht oder nur notdürftig vertreten, und es konnten auch nach jetzt 4 Jahren noch nicht wieder alle besetzt werden. Insgesamt mußten etwa die Hälfte aller Lehrstühle (bis auf die Mathematisch-Naturwissenschaftliche Fakultät, wo es sich nur um etwa ein Fünftel handelt) neu besetzt werden. Durch Tod, Emeritierung und Berufungen an andere Universitäten sind jüngst noch stärkere Personalveränderungen eingetreten, so daß einzelne Fakultäten gegen 1944 ein sehr verändertes Gesicht bekommen haben.

Einige Lehrstühle sind neu geschaffen, auf andere Fächer und Fakultäten verteilt bzw. wiederhergestellt worden; einzelne Institute gingen ein oder wurden zusammengelegt bzw. wieder getrennt. Den Vereinigten Theologischen Seminaren wurde eine Abteilung für Niedersächsische Kirchengeschichte angegliedert. Das einstige Seminar für Völkerrecht und Internationales Privatrecht wurde als Institut für Völkerrecht eingerichtet, wo auch das Material der Nürnberger Prozesse ausgewertet werden soll. Für 1950 ist ein Ordinariat für Soziologie geschaffen. In der Medizinischen Fakultät wurde ein Institut für menschliche Erblehre eingerichtet, in der Philosophischen das pädagogische Ordinariat und Seminar wiederhergestellt und Ordinariate für patristische und scholastische Philosophie und für slawische Philologie geschaffen. Für 1950 ist ein Extraordinariat für niederdeutsche Literatur vorgesehen. Dem Seminar für deutsche Philologie wurde eine Abteilung für Theaterwissenschaft angegliedert; neu wurde ein Finnisch-ugrisches Seminar eingerichtet.

Die Mathematisch-Naturwissenschaftliche Fakultät hat ein Extraordinariat für Pflanzenschutz und Pflanzenpathologie und für ihre Landwirtschaftliche Abteilung ein neues Versuchsgut für Acker- und Pflanzenbau in Holtensen erhalten.

1. *Die Planstellen für beamtete Professoren* (+ *Extraordinarien*) *und ihre Besetzung 1949*

| | theol. | rechts-u. staatsw. | med. | phil. | math.-naturw. | forstl. | | |
|---|---|---|---|---|---|---|---|---|
| Planstellen | 8+1 | 15 | 16+2 | 21+3 | 26+7 | 8+1 | 94+14 | = 108 |
| besetzt | 7 | 13 | 15+2 | 17+2 | 25+5 | 5 | 82+9 | = 91 |
| vertreten | —+1 | 1 | — | 3 | 1+1 | 1 | 6+2 | = 8 |
| unbesetzt | 1 | 1 | 1 | 1+1 | 1 | 2+1 | 6+3 | = 9 |

2. *Die Zusammensetzung des Lehrkörpers 1949* (*1944*)

(in der letzten Spalte sind die Doppelzählungen durch Zugehörigkeit zu zwei Fakultäten und die Beurlaubten abgezogen)

| | theol. | rechts-u. staatsw. | med. | phil. | math.-naturw. | forstl. | Iststärke | |
|---|---|---|---|---|---|---|---|---|
| Emeritierte | 3(2) | 4 (2) | 7 (3) | 5 (7) | 10 (6) | 4(—) | 33(20) | 33 |
| Ordinarien | 7(8) | 13(13) | 15(14) | 17(19) | 25(23) | 5(7) | 82(80) | 82 |
| Extraord. | — | — | 2 (4) | 2 (3) | 5 (5) | (1) | 9 (1) | 9 |
| Vertretungen | 1 | 1 (1) | — | 3 | 2 (1) | 1 | 8 (2) | 8 |
| Honorarprof. | 2(1) | 1 (1) | — | 3 (3) | 6 (2) | — | 12 (7) | 11 |
| Außerplanm. i. R. | — | — | — | 3 | 1 | — | 4 | 4 |
| Außerplanm. tätig | — | (2) | 25(17) | 4 (9) | 23(10) | — | 52(38) | 51 |
| Dozenten | 2(2) | 1 (1) | 27(16) | 20(10) | 20(36) | 2(6) | 72(71) | 64 |
| Lehrbeauftr. | 3(1) | 10 (8) | — | 18 (6) | 6 (9) | 10(7) | 47(31) | 42 |
| Lektoren | — | 2 | — | 21(11) | 1 | — | 24(11) | 21 |
| Kurs-Beauftr. | 3 | 5 | — | 2 (4) | — | — | 10 (4) | 10 |
| | 20 | 36 | 74 | 92 | 93 | 20 | 353(277) | 335 |
| Musik, Turnen | | | | | | | | 2 |
| | | | | | | | | 337 |

3. *Planstellen für Diätendozenten, Assistenten und Lektoren*

| | theol. | rechts-u. staatsw. | med. | phil. | math.-naturw. | forstl. | Sport | |
|---|---|---|---|---|---|---|---|---|
| Diätendozent. | 2 | 3 | 3 | 10 | 8 | — | — | 26 |
| Oberassistent. | — | 1 | 16 | 1 | 8 | — | 1 | 27 |
| Wiss. Assist. | 2 | 4 | 65 | 10 | 58 | — | 2 | 141 |
| Lektoren | — | — | — | 4 | — | — | — | 4 |

Unabhängig von der Universität, aber der Mathematisch-Naturwissenschaftlichen Fakultät eng verbunden, besteht die „Max-Planck-Gesellschaft zur Förderung der Wissenschaften", die Fortsetzerin der einstigen Kaiser-Wilhelm-Gesellschaft, die zu Anfang des Jahres 1945 ihren Sitz von Berlin nach Göttingen verlegt hatte. Sie vereinigt jetzt 32 Forschungsinstitute der Westzonen. Die Umorganisation und Neugründung erfolgte noch unter der Präsidentschaft des greisen Geheimrats Planck (gest. 1947). Gelehrte wie Hahn, Heisenberg, von Laue und Freiherr von Weizsäcker fanden hier eine neue Wirkungsstätte, und sie sind zugleich als Honorarprofessoren tätig. Prof. Heisenberg ist auch Präsident der Göttinger Akademie der Wissenschaften und des 1949 gegründeten Deutschen Forschungsrates (Vizepräsident Prof. Rein).

Den außergewöhnlichen Zeitumständen der Nachkriegszeit entsprach auch die Zusammensetzung der neuen Studentenschaft. Der Andrang war enorm; im Spätsommer 1945 hatten sich über 12 000 gemeldet. Im Wintersemester 1945/46 wurden 4513 deutsche Studenten immatrikuliert (darunter 966 Frauen); dazu kamen 240 Ausländer und 198 Gasthörer. Aus den Gesamtzahlen der Studierenden, ihrer Veränderung und ihrer Verteilung auf die einzelnen Fakultäten und Fächer läßt sich nicht viel folgern, da eine Lenkung durch einen numerus clausus (5000) und eine dem Bedarf und der Aufnahmefähigkeit der einzelnen Fächer angepaßte Kontingentierung erfolgte: 1946 für die Theologische Fakultät 300, Rechts- und Staatsw. 1100 (davon 300 Volkswirte), Medizinische 1300, Philosophische 1000, Mathemathisch-Naturwissenschaftliche 1050 (davon 200 Landwirte), Forstliche 250. Die Zahlen wurden nach Bedarf in den einzelnen Semestern verändert. 1945 war die Rechts- und Staatswissenschaftliche Fakultät die stärkste, jeder vierte Student gehörte ihr an, und sie war 10 mal so stark wie die Theologische, die bis zum Sommer 1949 um das Vierfache gewachsen ist. Seit 1946 führt die Medizinische Fakultät. Das Stärkeverhältnis der Fakultäten und der Fächer zueinander weicht nicht unerheblich von dem anderer deutscher Universitäten ab. Inzwischen überließen die Engländer die Regelung der Zulassung ganz den deutschen Stellen. Die Georgia-Augusta ist bemüht, die immer noch stark überhöhten Studentenzahlen durch Auswahl der Geeignetsten langsam zu verringern.

Der Anteil der Studentinnen lag mit 21,4% im Wintersemester schon nicht mehr allzu hoch über dem früheren Durchschnitt (Reichsdurchschnitt 1931 16%, 1939 11,2%; Göttingen 1943 49%); inzwischen ist er heruntergedrückt worden bis auf 16,7% im Sommersemester 1949, womit er erheblich unter dem Durchschnitt der westdeutschen Universitäten liegt (21%, Hamburg und Freiburg 24%). Anomal, aber noch durch das Kriegsstudium bedingt, war der Anteil der Frauen bei einzelnen Fakul-

| Fakultät | WS 45/46 Ges.-Z. (Frauen) | SS 46 Ges.-Z. (Frauen) | WS 46/47 Ges.-Z. (Frauen) | SS 47 Ges.-Z. (Frauen) | WS 47/48 Ges.-Z. (Frauen) | SS 48 Ges.-Z. (Frauen) | WS 48/49 Ges.-Z. (Frauen) | SS 49 Ges.-Z. (Frauen) | %-Satz der Fakultätsstärken 45/46 | 46 | 46/47 | 47 | 47/48 | 48 | 48/49 | 49 |
|---|---|---|---|---|---|---|---|---|---|---|---|---|---|---|---|---|
| Theologische | 126 (29) | 300 (55) | 310 (52) | 369 (54) | 391 (56) | 400 (53) | 391 (52) | 456 (49) | 2,4 | 6,9 | 6,5 | 7,5 | 7,5 | 8,2 | 8,2 | 9,6 |
| Rechts- u. Staatsw. | 1257 (43) | 1006 (33) | 1100 (33) | 1100 (28) | 1131 (41) | 1103 (38) | 1000 (44) | 1015 (49) | **24,5** | 23,1 | 23 | 22,3 | 21,6 | 22,2 | 21,3 | 21,4 |
| Medizinische | 1215 (367) | 1202 (341) | 1251 (338) | 1287 (341) | 1281 (362) | 1283 (357) | 1151 (325) | 1089 (291) | 23,8 | **27,9** | **27** | **26,4** | **24,5** | **26,1** | **24,1** | **22,9** |
| Philosophische | 897 (342) | 800 (299) | 959 (323) | 974 (318) | 977 (316) | 980 (274) | 970 (272) | 998 (273) | 17,5 | 18,5 | 20,2 | 19,9 | 18,7 | 20 | 20,4 | 20,9 |
| Math.-Naturw. | 801 (177) | 799 (188) | 914 (196) | 919 (169) | 994 (158) | 958 (139) | 972 (138) | 947 (131) | 15,6 | 18,5 | 19,1 | 18,8 | 19 | 19.4 | 20,4 | 20 |
| Forstl. | 217 (8) | 218 (2) | 248 (4) | 251 (3) | 250 (3) | 250 (1) | 265 (1) | 245 — | 4,2 | 5,1 | 5,2 | 5,1 | 4,7 | 2,5 | 5,6 | 5,2 |
| Deutsche Stud. | 4513 (966) | 4325 (918) | 4782 (946) | 4900 (913) | 5024 (936) | 4929 (862) | 4749 (832) | 4750 (793) | | | | | | | | |
| % der Frauen | 21,4% | 20,1% | 19,8% | 18,6% | 18,6% | 17,5% | 17,5% | 16,7% | | | | | | | | |
| immatr. Ausl. | 240 — | 301 — | 410 — | 362 — | 397 — | 367 — | 313 — | 297 — | | | | | | | | |
| Gesamtzahl | 4753 | 4626 | 5192 | 5262 | 5421 | 5296 | 5062 | 5047 | | | | | | | | |

täten und Fächern. In der Philosophischen Fakultät betrug er 1941/42 67%. Er sank vom WS 1945/46 bis WS 1948/49 von 38% auf 28%. In der Kunstgeschichte bildeten sie noch 1945/46 fast 80% (gegen 44% 1948/49). In der gleichen Zeit sank ihr Anteil in Geschichte von 45% auf 16%, in der Germanistik von 52% auf 34%, in der Chemie von 16 auf 3,5%, während er in den neueren Sprachen konstant blieb.

| Anteil in % | W 45/46 | S 46 | W 46/47 | S 47 | W 47/48 | S 48 | W 48/49 | S 49 |
|---|---|---|---|---|---|---|---|---|
| Frauen | 21,4 | 20,1 | 19,8 | 18,6 | 18,6 | 17,5 | 17,5 | 16,7 |
| Verheiratete | 17,4 | 16,5 | 16,2 | 14 | 15 | 14,8 | 12,3 | 10,6 |
| 1. Fachsem. | 36,5 | 11,9 | 14 | 4,9 | 8,7 | 6,5 | 13,4 | 9,6 |
| 18.-/19.- jährig. | 1,6 | 1,2 | 2,4 | 0,7 | 1,6 | 1,7 | 2,2 | 0,8 |
| Aktive Offiz. | 4,5 | 6,3 | 6,7 | 5,9 | 7,1 | 7,1 | 7,3 | —[1] |
| Reserveoffiz. | 26,3 | 31,6 | 33,2 | 34,5 | 33,2 | 31,7 | 18,5 | — |
| Brit. Zone | 63,5 | 63,5 | 62,4 | 64,3 | 60,8 | 61,4 | 60,7 | 50,1 |
| Amerik. Zone | 10,8 | 5,3 | 5,3 | 10,9 | 7,2 | 6 | 11,8 | 10 |
| Franz. Zone | 1,3 | 1 | 0,8 | 1,1 | 0,7 | 0,6 | 0,4 | 1,5 |
| Ostdeutschland | 17,6 | 29,4 | 31 | 22,9 | 30,7 | 27,7 | 26,3 | 35,7 |

Das durchschnittliche Lebensalter der Studierenden ist erst im letzten Jahre von rund 25 auf 24 Jahre gefallen; für Männer lag er etwas höher (WS 45/46 betrug er nur noch 0,8% (gegen 1,6% im WS 45/46) Der Anteil der ersten Semester stieg bei der Rechts- und Staatswissenschaftlichen Fakultät, während er bei der Theologischen, Medizinischen und Philosophischen gesunken ist. Die Theologenkonjunktur scheint bereits wieder nachzulassen. Das Durchschnittsalter der ersten Semester betrug im Sommersemester 1946 bei den Männern 23 Jahre, bei den Frauen 21,8 (Gesamtdurchschnitt 22,8; das war früher das Durchschnittsalter der Studenten überhaupt). Im Wintersemester 1945/46 gehörten 36,5% der Studierenden dem 1. Fachsemester an. Dadurch ergab sich für die nächsten drei Jahre ein ganz außergewöhnliches Bild in der Verteilung der Fachsemester auf die Studentenschaft, das sich erst seit 1949 wieder normalisiert (siehe graphische Darstellung). Im WS 1945/46 studierten in der Theologischen und Medizinischen Fakultät auffällig wenig erste Semester; dagegen gab es bei den Medizinern, bedingt durch deren erhöhtes Kriegsstudium, sehr hohe Zahlen in den Abschlußsemestern, so daß es hier mehr Studierende des 10. als des 1. Semesters gab. Inzwischen ist auch hier ein Ausgleich erfolgt.

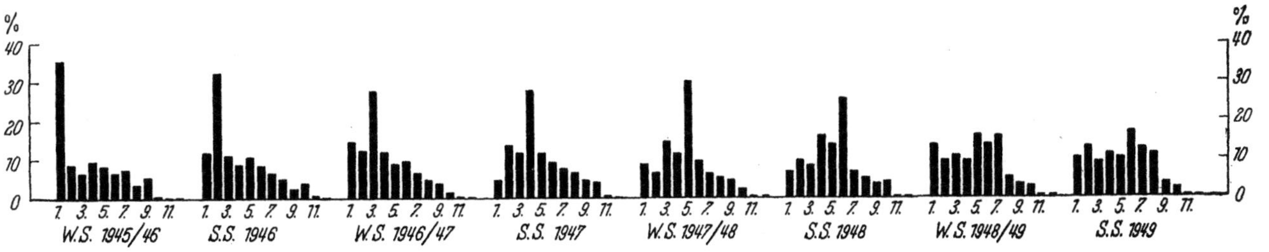


Abb. 1. Verteilung der Studentenschaft auf die Fachsemester.

25,6 Jahre), für Frauen ein wenig niedriger (24,5). Der Anteil der 18- und 19 jährigen betrug im Durchschnitt 1,5% (gegen 23% im SS 1928). Die Zahl liegt winters höher als sommers; im Sommer 1949

Der Prozentsatz der Verheirateten sinkt allmählich ab: WS 45/46 17,4%, SS 49 10,6%. Von den 793 Studentinnen des Sommersemesters 1949 sind 29 verheiratet (3,7%), 28 verwitwet und 6 geschieden, von den 3957 Studenten sind 476 verheiratet (12%),

[1] Statistische Erhebung liegt nicht mehr vor.

6 verwitwet und 23 geschieden. Es haben 335 Studierende (darunter 29 Studentinnen) insgesamt etwa 500 Kinder.

Aus Niedersachsen stammen 38—40% der Studierenden (in München aus Bayern 67%). Der Anteil der britischen Besatzungszone ist von 63,5% im WS 45/46 auf 60,7 im WS 48/49 und im SS 49 plötzlich auf 50% gesunken, der Anteil aus Ostdeutschland in den gleichen Semestern von 17,6 auf 26,3 und neuerdings plötzlich auf 35,7% gestiegen.

In der Presse des In- und Auslandes genoß die Georgia-Augusta gelegentlich den Ruf besonderer nazistischer und militaristischer Neigungen unter ihren Studenten. Es lag in der Natur der Sache, daß in den ersten Semestern 97% der Studenten Soldat gewesen waren, von denen über die Hälfte eine Dienstzeit von 5 und mehr Jahren hinter sich hatten. Im WS 1948/49 war durch das Nachströmen jüngerer Jahrgänge die Zahl schon auf 74% gesunken. Anstoß erregte, daß zunächst etwa ein Drittel aller Studenten Reserveoffiziere gewesen waren (im WS 1948/49 nur noch 18,5%) und etwa 6% aktive Offiziere; in der Theologischen Fakultät waren es 1947 sogar 10%, die Gesamtzahl der ehemaligen Offiziere in der Rechts- und Staatswissenschaftlichen Fakultät betrug damals 55%. Dafür war der gleichzeitige Anteil früherer Partei- und SA-Mitglieder (und entsprechender Gliederungen) nur 2,3%. Jeder vierte Student war Kriegsversehrter:

| | Versehrtenstufe | |
|---|---|---|
| | I u. II | III u. IV |
| Winter-S. 1945/46 | 22,8% | 11,2% |
| Sommer-S. 1949 | 12,6% | 5,9% |

Die Zusammensetzung der Studierenden nach dem Beruf der Väter entsprach ungefähr dem Reichsdurchschnitt von 1933.

| Beruf der Väter | SS 1946 | SS 1949 |
|---|---|---|
| Akademiker | 35 % | 38 % |
| Nicht-akadem. Beamte | 27,3% | 25,8% |
| Nicht-akadem. Angestellte | 9,8% | 11,6% |
| Mittlere und kleine Landwirte | 4,2% | 5,3% |
| Selbständige Handwerker | 3,3% | 2,8% |
| Ungelernte Arbeiter | 2,6% | 2,2% |
| | 83,2% | 85,7% |

Die Zahl der Arbeiterkinder ist in Göttingen verhältnismäßig gering (zwischen 1 und 3% schwankend, an manchen westdeutschen Universitäten jedoch 4—5%); das liegt an der Industriearmut Niedersachsens und des Göttinger Raumes (der Durchschnitt bei allen niedersächsischen Hochschulen lag früher und jetzt bei 2% und etwas drüber, in Bayern bei 2,5%). Im übrigen besagt seit 1945 der Beruf der Väter nur noch wenig, da ein großer Prozentsatz der Studenten zunächst noch von eigenen Ersparnissen aus dem Kriege leben und studieren konnte; ein ebenfalls großer Prozentsatz dagegen (besonders die Ostflüchtlinge) war völlig mittellos und auf Nebenverdienst und Unterstützung angewiesen. Die Statistik spiegelt daher kaum mehr wieder als die Berufe der Väter von Abiturienten.

Eine Umfrage zu Beginn des Sommersemesters 1948 ergab, daß 70% der Studierenden noch eigenes Vermögen besaßen (47% erhielten Zuwendungen, 7% Renten, 5% Stipendien, 9% durch eigene Arbeit). Bei 55% verdienten die Väter (bei 22% waren die Väter bereits tot), bei 9% die Mütter, bei 2,3% die Ehefrauen. 37% hatten kein monatliches Einkommen. Von denen, die Angaben über das Einkommen der Väter (bzw. der Mütter oder Ehefrauen) gemacht haben, verdienten

| | | |
|---|---|---|
| unter 100 RM | 17,3% | |
| 100—200 RM | 18 % | |
| | | = 35,3% |
| 200—300 RM | 17 % | |
| 300—400 RM | 15,7% | |
| | | = 32,7% |
| über 400 RM | 32 % | |
| | | = 32 % |

Die Währungsreform hat zunächst nicht den katastrophalen Einschnitt gebracht, den man befürchtete. Etwa 5% der Studierenden des Sommers 1948 haben aus finanziellen Gründen ihr Studium abgebrochen, etwa ebensoviele im Anschluß an das Wintersemester 1948/49; von andern Universitäten werden sehr viel höhere Zahlen angegeben. Viele Studenten sind energisch zur Selbsthilfe geschritten; der Staat, die Gemeinden und andere Institutionen (z. B. der Nordwestdeutsche Rundfunk) haben ansehnliche Beträge zur Linderung der Not zur Verfügung gestellt. Während bis zur Währungsreform durch das Akademische Hilfswerk je Semester an 8% der Studierenden 60000—70000 RM ausgezahlt wurden, im Durchschnitt etwa 200 RM je Antragsteller (das wären 14 RM je Studierenden), stand im Wintersemester 1948/49 etwa der doppelte Betrag zur Verfügung, der auf 40% der Studierenden mit durchschnittlich 75 DM (das wären 30 DM je Studierenden) ausgezahlt wurde. Etwas über 20% der Studenten erhielten vollen Gebührenerlaß. Die Anzahl der Unterstützungsanträge, die an das Akademische Hilfswerk gerichtet wurde, erhöhte sich von etwa 25% vor der Währungsreform auf etwa 40% nachher. Eine noch schärfere Steigerung zeigt sich bei der Benutzung der Akademischen Krankenkasse: (Die Zahlen zeigen den Prozentsatz der Mitglieder an, die Krankenscheine beantragten; Zahnbehandlungen sind nicht gezählt. Die stärkere Benützung der Kasse bezeugt die Verschlechterung des wirtschaftlichen, nicht des gesundheitlichen Zustandes.)

| | | | |
|---|---|---|---|
| WS 45/46 | 14 % | WS 47/48 | 27% |
| SS 1946 | 17,5% | SS 1948 | 44% |
| WS 46/47 | 24 % | WS 48/49 | 54% |
| SS 1947 | 23 % | SS 1949 über | 55% |

Um Arbeit bemühten sich durch Vermittlung des Akademischen Hilfswerkes im WS 1945/46 über 10%, die durchschnittlich einen Nebenverdienst von 130 RM im Semester erzielten (1947 von etwa 150 RM). Der Prozentsatz sank bis zur Währungsreform, stieg dann aber im Winter 1948/49 auf 15%, die durchschnittlich nur noch 40 DM verdienten. Die unmittelbare Arbeitsvermittlung durch das Arbeitsamt ist dabei nicht erfaßt. Die Gesamtstatistik für die niedersächsischen Hochschulen ergibt, daß im Sommersemester 1949 42% der Studierenden von den Eltern voll unterhalten werden (in England etwa ein Viertel), 15% ausschließlich durch eigenen Verdienst leben, 3% eine Versehrtenrente und 2% Stipendien erhalten. Damit ist die Gefahr einer „Geldbeutelauslese" verstärkt, wenn nicht wesentlich höhere Studienbeihilfen und eine entsprechende Schulreform allen Geeigneten einen gleichmäßigen Zugang zur Universität ermöglichen.

Der Gesundheits- und Ernährungszustand der Studenten erschwerte in den ersten Semestern das Studium erheblich. Das Körpergewicht lag nach Erhebungen im Sommer 1947 15% unter dem Normalgewicht. Ein Viertel der Studenten hatte ein Untergewicht von mehr als 20%. Nur 2,8% erreichten bzw. überschritten leicht das Normalgewicht. Die maximalen Untergewichte lagen bei 35%. Die jüngsten Jahrgänge der Studenten (19 bis 21 Jahre) waren am schlechtesten ernährt, bei den Studentinnen waren es die 28- bis 32jährigen. An Lungentuberkulose erkrankt bzw. stark gefährdet waren etwa $4^1/_2$% (im Sommer 1949 etwa $5^1/_2$%).

Eine wesentliche Hilfe für die Unterernährten boten die verschiedenen Zusatzspeisungen durch die Baptistengemeinde, aus privaten Spenden aus Schweden, des Schwedischen und Schweizer Roten Kreuzes und des Mennonite Central Committee. 1948 setzte die Hoover-Schulspeisung für alle Studenten, Assistenten und Dozenten ein. Speck aus Irland und Salzheringe aus Norwegen konnten 1947/48 an alle Universitätsangehörige verteilt werden. Ansehnliche Stiftungen an sonstigen Lebensmitteln, Bekleidung, Schreibwaren und Glühbirnen gingen aus den verschiedensten Ländern ein. Noch im Rechnungsjahr 1948/49 betrug der Wert der Speisungen und Sachspenden etwa 60 000 DM.

Um den wirtschaftlichen Lebenskampf der Studenten in jeder Weise zu erleichtern, wurde schon im Sommer 1945 das Akademische Hilfswerk als Stiftung öffentlichen Rechtes begründet. Es entfaltete eine vielseitige Tätigkeit. Die Einnahmen betrugen vom 21. 6. 1948 bis zum 31. 3. 1949 560 683,84 DM (ohne Mensa), die Ausgaben 486 079,41 DM. Im Sommer 1945 wurde die Mensa wiedereröffnet.

Die Wohnungsstelle verwaltete über 4000 Zimmer, die aber nicht ausreichten, so daß Notquartiere geschaffen werden mußten (im SS. 1946 für 200 Studenten). In weiteren Häusern und einer Baracke des Hilfswerks wohnen 47 Studenten und 12 Studentinnen. Im Sommer 1946 wurde mit studentischer Selbsthilfe der Bau der Akademischen Burse als Wohnheim für Studenten und Dozenten begonnen. In dem fertiggestellten Teile wohnen bereits etwa 50 Studenten und einige Dozenten und Assistenten.

Die Gesellschaft „Internationale Studentenfreunde" richtete 1948 in einer großen Villa das Fritjof-Nansen-Haus als Wohnheim für in- und ausländische Studenten ein, wo auch durch kulturelle Veranstaltungen und Ferienkurse die internationale Begegnung gefördert werden soll. Es wohnen dort 25 deutsche, 20 ausländische Studenten und ein amerikanischer Gastdozent. In kirchlichen Stiftungen wohnen außerdem etwa 100 Studierende. Die Studentische Wohn- und Tischgemeinschaft bewohnt mit 12 Studenten ein früheres Verbindungshaus. Insgesamt leben etwa 5% der Studierenden in Wohnheimen.

Aus Kreisen der Studentenschaft bildete sich schon im August 1945 ein provisorischer Studentenausschuß. Im Dezember fand die erste Wahl der Vertreter für den „Allgemeinen studentischen Ausschuß" (Asta) bei allerdings nur geringer Wahlbeteiligung statt. Die studentische Selbstverwaltung entfaltete eine rege, vielseitige Tätigkeit. Seit Dezember 1945 zogen durch Monate hindurch täglich größere Gruppen von Studenten zur Hilfeleistung ins Flüchtlingslager Friedland. Dort kam es schon zu Beginn des Jahres 1946 zur ersten tätigen Zusammenarbeit mit englischen Gruppen des Zivildienstes. Im Juli 1946 fand in Göttingen der erste deutsche Studententag mit Gästen aus der Ostzone und dem Ausland statt. Die Beziehungen zum Ausland zu pflegen, war ein stetes Bemühen des Asta. Bald erfolgten erste Einladungen in die Schweiz, nach Dänemark, Holland und England. Im September 1947 fand auf Anregung des Asta der 1. internationale Ferienkurs statt, eine Einrichtung, die sich so bewährte, daß sie jährlich wiederholt worden ist.

Nachdem die Militärregierung die Erlaubnis zur Gründung studentischer Vereinigungen gegeben und bestimmte Richtlinien erlassen hatte, die das Wiederaufleben von Korporationen alten Stils verhindern sollen, bildeten sich schnell einige Gruppen. Zu Jahresbeginn 1946 war bereits ein Dutzend bestätigt; inzwischen ist die Zahl auf etwa 40 angewachsen. In der Mitgliederzahl sind die Evangelische Studentengemeinde mit ihren verschiedenen Gruppen und die Katholische Studentengemeinschaft, ferner World and Youth und einige Fachgruppen (wie der Verband der Lehramtsbewerber und der Fachkreis deutscher Landwirtschaftsstudenten) führend. Daneben stehen kleinere fachliche und politische Gruppen mit reger Tätigkeit, die auch in öffentlichen Veranstaltungen nach außen treten und das geistige Leben Göttingens mitbestimmen; andere wieder pflegen betonter in kleinen geschlosseneren Kreisen Geselligkeit und Gemeinschaft. Wenn man von den großen loseren Vereinigungen absieht, so gehört nahezu jeder 4. Student einer Gruppe an, in der Forstlichen Fakultät sogar 40%.

Als überzonale Einrichtung des akademischen Lebens mit Sitz in Göttingen entwickelte sich der im Winter 1945/46 geschaffene nordwestdeutsche Hochschultag, der hier sein ständiges Sekretariat mit dem amtierenden Göttinger Rektor als Vorsitzenden hatte. Daraus ist zu Ostern 1949 die Westdeutsche Rektorenkonferenz erwachsen. Die ständige Geschäftsstelle ist weiterhin in Göttingen, während den Vorsitz jetzt der Rektor der Hochschule des jeweiligen Tagungsortes führt.

Die gemeinsam von Dozenten und Studenten herausgegebene „Göttinger Universitätszeitung", die seit Dezember 1945 vierzehntäglich regelmäßig erschienen ist, hat sich als Sprachrohr des akademischen Lebens im In- und Ausland durchgesetzt, so daß sie sich neuerdings in die „Deutsche Universitätszeitung" umgewandelt hat.

(Einen Bericht über das geistige Leben an der Georgia Augusta 1945—49 gibt Prof. Werner Conze demnächst in den „Mitteilungen des Universitätsbundes Göttingen".)

*(Dozent Dr. Hermann Bollnow, (20 b) Göttingen, Am weißen Stein 5.)*

# STUDIUM GENERALE

Heft 4/5 April 1950 3. Jahrgang

## Die geographische Landschaft und ihre Erforschung.

Von

CARL TROLL.

Es entspricht dem Geist der Zeit, daß seit etwa drei Jahrzehnten in der geographischen Wissenschaft ein starker Zug zur Synthese zu verspüren ist. Wenn wir die Geographie als die Wissenschaft definieren, die sich mit den Erscheinungen der Erdhülle, der Lithosphäre, der Hydrosphäre und der Atmosphäre in ihren örtlichen Verschiedenheiten und funktionalen Wechselbeziehungen befaßt, so bedeutet geographische Synthese, daß das Schwergewicht von der Betrachtung der Einzelerscheinungen in der Erdhülle auf ihren Zusammenklang in der räumlichen Einheit, in der *Landschaft*, verlegt wird. Selbstverständlich setzt das Verständnis des Ganzen auch die Kenntnis der Glieder voraus. Aber von einem modernen Geographen erwartet man weniger, daß er sich etwa mit dem Mechanismus der Gletscherbewegung, mit der Abgrenzung der Florenreiche der Erde oder mit der Handelsstatistik der Länder vertraut gemacht habe, als daß er eine Landschaft nach ihrem Wesen deuten und das kausale Zusammenspiel ihrer Teile verständlich machen kann. Mit den Landschaften als den natürlichen Regionen hat die Geographie, wie *Hassinger* 1919 feststellte[1], endlich auch ihr eigenes Objekt gefunden, das ihr keine andere Wissenschaft streitig machen kann, während die Beschäftigung mit einzelnen Faktoren (Geofaktoren, Landschaftsbildnern, Landschaftselementen) sie mit den vielen Nachbarfächern der Natur-, Geistes-, Wirtschafts- und Sozialwissenschaften in lebendiger Berührung halten muß. Man hat seither immer mehr gelernt, eine Landschaft als „organische Einheit" oder ein „harmonisches Raumindividuum" zu betrachten und sie „im zeitlichen und räumlichen Rhythmus des Zusammenspiels der zahllosen und verschiedenartigen Faktoren" (*Volz*[2]) zu sehen. Man hat auch die Frage aufgeworfen, ob eine Landschaft mehr als eine Summe und Einheit geographischer Objekte, nämlich eine „*Ganzheit*" oder eine „*Gestalt*" darstelle. Die seit Ende des 19. Jahrhunderts (*Chr. v. Ehrenfels*) entwickelte Gestalt- und Ganzheitsphilosophie[3], die gedanklich noch viel weiter in das Altertum und besonders auf Goethe, in der Geographie besonders auf *K. Ritter* zurückreicht, ist zunächst in der Psychologie (*H. Benusse*, *W. Köhler*, *K. Koffka*, *F. Krüger*) und in der Biologie (*H. Driesch*, *W. Troll*) genauer definiert worden. Die deutschen Geographen[4] kamen im allgemeinen zu der Auffassung, daß auch die Landschaftsräume Ganzheiten oder Gestalten seien, aber nicht etwa „Organismen" oder biologische Ganzheiten im Sinne von *W. Driesch* und auch psychologische Ganzheiten nur soweit, als es sich um die erlebnismäßige, ästhetisch-subjektive Konzeption einer Landschaft handelt, die *E. Banse* so stark und übertreibend auch für die wissenschaftliche Geographie gefordert hat[5]. Aber wie es über den Gestalten der Lebewesen auch solche der Lebensgemeinschaften (Biozönosen) gibt und auch menschliche Gesellschaftsgruppen wie Familie und Volk Gestaltcharakter tragen[6], so können auch geographische Raumgebilde wie die Landschaften, die komplizierte Vergesellschaftungen von sehr verschiedenartigen ganzheitlichen Objekten darstellen, selbst wieder als geographische Ganzheiten betrachtet werden.

### 1. Landschaft und Landschaftskunde.

In der deutschen geographischen Literatur prägte *S. Passarge*[7] 1913 den Ausdruck „Landschaftsgeographie" und propagierte von 1919 ab in mehreren bekannten Werken den schon zweimal 1884 und 1885 verwandten Begriff[8] der „Landschaftskunde", den er als einen neuen Zweig der Erdkunde vorstellte, der sich „mit Gewalt endlich Platz schafft, den Platz erobert, den er längst hätte einnehmen müssen". Da er es aber versäumte von Anfang an den Begriff der Landschaft klar zu definieren, namentlich in dem Verhältnis zu dem Begriff „Land", wie *Waibel*[9] noch 1936 feststellte, ist eine lange Diskussion über Sinn und Berechtigung des neuen Wissenszweiges entstanden. Das deutsche *Wort* „*Landschaft*" ist über ein Jahrtausend alt und hat im volkstümlichen Sprachgebrauch eine lehrreiche Entwicklung durchgemacht[10].

Im Althochdeutschen bedeutet es soviel wie Landesteil oder Gegend, etwa identisch mit dem lateinischen regio. In der Übersetzung der Tatianischen Evangelienharmonie (ca. 830 n. Chr.) wird die Stelle „Et pastores erant in regione eadem vigilantes" (Luc. 2, 8) wiedergegeben mit „Warun tho hirta in thero landskeffi wahhante" und an anderer Stelle heißt es für „omnis regio circa Jordanem" (Mt. 3, 4) „al thiu lantscaf umbi Jordanem". Im

Mittelhochdeutschen wird das Wort auch für die Bewohner einer regio gebraucht, z. B. in Tristan (6501): „do kom al diu lantschaft und volkes ein so michel kraft". Erst seit der Renaissancezeit wird der Begriff auch für die künstlerische Darstellung einer Gegend verwandt, also auf den Landschaftsinhalt und das Landschaftsbild ausgedehnt. 1518 heißt es in Basel in der Anweisung zur Anfertigung eines Altarbildes „die Landschaft in der Tafel verguldet oder versilbret und glasiert". 1521 finden wir bei Albrecht Dürer im Tagebuch der niederländischen Reise das Wort „Landschaftsmaler". Die erste Schilderung und das dichterische Erlebnis eines Naturausschnittes ist wohl Hans Sachs zuzuschreiben[11] in seiner Fabel „Die ehrentreich fraw Miltigkeit" (1537). Es wird darin der Aufstieg auf einen Bergturm beschrieben, von dem man in die Weite schaut. Dann heißt es:

„Nachdem wir auf den thurn
Bayde gelassen wurn
Auff dem wir bayde sahen
Die Landschafft ferr und nahen".

Zwanzig Jahre später steht das Wort im alten Sinn von regio im Titel einer geographischen Reisebeschreibung aus Brasilien, in Hans Stadens von Homburg „Wahrhaftige Historia und Beschreibung einer Landschaft der wilden, nacketen, grimmigen Menschenfresserleuthen, in der Neuen Welt Amerika gelegen" (Frankfurt 1556). Kartographisch verwandt fand ich es z. B. auf der Karte des Schweizer Naturforschers J. J. Scheuchzer „Die Landschaft Toggenburg", wo nördlich davon die „Alte Landschaft" eingezeichnet ist, was soviel bedeutet wie Fürstenland, das nicht den Äbten von St. Gallen unterstand, also Landschaft im Sinne politischer Territorien, wie auch schon bei Luther und seinen Zeitgenossen.

Heute spielt der Begriff Landschaft in verschiedenen Bereichen der Kunst und Wissenschaft seine Rolle. Aber nur die Geographie hat den volkstümlichen Gebrauch erweitert zur Bildung eines wissenschaftlichen Fachausdruckes und hat eine ganze Forschungsrichtung darauf aufgebaut. Von ihr aus haben dann Naturschutzbewegung und Gartenarchitektur die Begriffe Landschaftsschutz, Landschaftspflege und Landschaftsgestaltung (s. unten) gebildet. Dem Geographen tritt eine Landschaft mit einer bestimmten Physiognomie (Landschaftsbild) und mit einer bestimmten dinglichen Erfüllung entgegen. Die einzelnen Gegenstände oder Landschaftselemente — ob sichtbar und sinnlich wahrnehmbar oder nicht — stehen in einem bestimmten funktionalen Zusammenhang, gewöhnlich d. h. solange nicht ein Element und damit die ganze Landschaft sich ändert, in einem Gleichgewicht („dynamisches Gleichgewichtssystem" *Bürgers*). Wir können also zwischen einer physiognomischen oder formalen und einer funktionalen (physiologischen, ökologischen) Landschaftsbetrachtung unterscheiden. Die erste allein hatte *Oppel* in seiner Landschaftskunde vor Augen, wenn er eine Landschaft definiert als einen „Erdraum, welcher sich von irgendeinem Punkt aus dem Blick als Ganzes darbietet". Der Mensch unserer Tage aber kann sich die Landschaft, auch die des flachen Landes im Luftfahrzeug oder im Luftbild noch in einer geometrisch ganz neuen Form, nämlich in grundrißmäßiger Aufsicht ohne die perspektivische Verzerrung der uns gewohnten terrestrischen Sicht betrachten. Kein Wunder, daß die wissenschaftliche Luftbildforschung auch der Landschaftsforschung einen gewaltigen Auftrieb gegeben hat[12]. Terminologisch kommt das darin zum Ausdruck, daß die besonders planmäßig oder fortschrittlich betriebene russische Luftbildforschung den Ausdruck „Luftlandschaft" (Aerolandscape) geprägt hat und diese definiert als einen „Komplex von aus der Luft erkennbaren Gegenständen der Erdoberfläche, die für das betreffende physisch-geographische Gebiet charakteristisch sind"[13].

Die funktionale Betrachtungsweise ergibt sich daraus, daß alle Landschaftsbildner oder Geofaktoren, die der unbelebten und belebten Natur und, falls vorhanden, auch die Funktionen der menschlichen Wirtschaft und Kultur in Wechselwirkung stehen. Nach dem Anteil des Menschen unterscheidet man allgemein *Naturlandschaften* und *Kulturlandschaften*, wobei zu beachten ist, daß zu einer Kulturlandschaft außer den natürlichen Bestandteilen nicht nur die Einrichtungen der wirtschaftlichen Kultur, der Siedlung und des Verkehrs gehören, sondern auch der Niederschlag und die Einflüsse der geistigen Verfassung ihrer Bewohner, ihrer Tradition, Sprache, Nationalität, gesellschaftliche Struktur, Kunstempfindung und Religion. Unter Beschränkung auf die rein wirtschaftlichen Äußerungen spricht man heute auch sehr viel von *Wirtschaftslandschaft* und Wirtschaftsformationen, wobei es alle Übergänge von der ganz unbewohnten Naturlandschaft zu hochkultivierten und dicht besiedelten Agrar- und Industrielandschaften und Stadtlandschaften (Vollkulturlandschaften) gibt, z. B. die Raublandschaft *S. Passarges* und *O. Jessens.*

Alle Landschaften sind auch zeitlichen Wandlungen unterworfen, wobei sie Merkmale vergangener Zeiten lange bewahren können (Vorzeitformen). Aber während sich die Naturlandschaften im allgemeinen nur in säkularen und geologischen Zeiträumen ändern, pflegen Wirtschaftslandschaften einem sehr schnellen Wandel von Generation zu Generation und selbst unter den Augen des beobachtenden Geographen zu unterliegen.

Die Landschaft im wissenschaftlichen Sinne ist somit ein Begriff der regionalen und der vergleichenden Geographie. Aber bis heute ist noch keine vollständige Übereinstimmung über das *Verhältnis der Landschaftskunde zur Länderkunde* und ebenso über die Begriffe *Landschaft und Land* erzielt worden, obwohl sich 1938 Gelehrte verschiedener Länder heiß darum bemühten[14]. Nicht aufrecht zu erhalten ist der Satz von N. *Krebs*: „Landschaften sind mehrfach wiederkehrende Typen, Länder sind Individuen"[15].

Pflegt man doch heute allgemein Erdteile, Staaten und Provinzen in ihre „natürliche Landschaften" zu gliedern, die doch einmalige, individuelle Räume (Reallandschaften *Passarges*) darstellen[16], und *N. Krebs* hat selbst 1923 in einem Kärtchen Süddeutschland in seine Landschaften eingeteilt und danach den ganzen Raum behandelt[17]. Unter Ländern verstehen wir im allgemeinen größere politische oder völkische Gebiete wie Schottland, Irland, England, Griechenland, Finnland, Lappland, Deutschland, oder auch kleinere heutige oder historische Territorien, wie die neuen deutschen Länder, das Land Braunschweig, das Land Oldenburg, das Ermland, das Markgräfler Land, Münsterland, Hanauer Land, Land Lebus usw. Natürliche Landschaften dagegen sind Harz, Spessart, Schwarzwald, Ries, Münchener Ebene, Wiener Becken, Maifeld, Goldene Aue, Gutland, Ösling usw.

Ganz scharf abgegrenzt ist die volksübliche Bezeichnung „Land" aber keineswegs. Zunächst gibt es eine ganze Reihe von Ländern in Deutschland, deren Namen sich ursprünglich auf alte Territorien oder Herrschaftsbereiche beziehen, die wir aber heute unter gewissen Abwandlungen ihrer räumlichen Umgrenzung für die Bezeichnung geographischer Landschaften verwenden. Unter „Bergischem Land" verstehen wir nicht mehr ausschließlich die ehemaligen Bergischen Lande, das Herzogtum Berg mit der Siegmündung und Düsseldorf, sondern geographisch das Bergland östlich der Rheinebene; unter Jülicher Land nicht mehr den Bereich des ganzen Herzogtums, sondern die Ackerebene beiderseits der Roer bis zur Erft. Sauerland, das alte westfälische Süderland, gilt uns als ein natürliches Glied des Rheinischen Schiefergebirges, das Siegerland, das ehemalige Fürstentum Siegen, als die Bergbau- und Industrielandschaft im Siegquellgebiet. Besonders gerne führen altbesiedelte Gaue heute die Bezeichnung Land (Bitburger Land = Bitgau, Oldenburgisches Ammerland = Ambergau, Samland als alter Pruzzengau, Bauland usw.) und wir emfinden sie als natürlich umgrenzte Kulturlandschaften. Bei dieser historischen Namensbildung spricht wohl schon mit, daß „Land" im deutschen Sprachgefühl u. a. auch in der Bedeutung Erdboden (Land und Wasser), ganz besonders für beackertes Land im Gegensatz zu Wiese, Sumpf oder Aue, also im landschaftlichen Sinne gebraucht wird. So erklären sich die Namen der Marschlandschaften, Land Wursten, Land Hadeln, Land Kehdingen, Altes Land, Vierlande, vor allem aber auch die kleinen inselartigen Ackerländchen im Havelländischen Luch (Ländchen Friesack, Ländchen Bellin, Ländchen Glin). In Süddeutschland bezeichnet man in ähnlicher Weise noch mancherorts dorfnahe Gemüsegärten in Wiesenniederungen als „Land". In den genannten Fällen handelt es sich eindeutig um geographisch umgrenzte Landschaften, für die wir aber die historischen Land-Namen gerne verwenden werden. Der Plan des Amtes für Landeskunde, eine ethymologisch-historisch-geographische Bearbeitung der volkstümlichen Landschaftsbezeichnungen Deutschlands durchzuführen, dürfte noch viel interessantes Vergleichsmaterial zutage fördern.

Nach dem Gesagten müssen wir nunmehr die Definition *K. Bürgers*[18] für die geographische Landschaft, die ebenso für Länder gelten könnte, sinngemäß verändern und folgendermaßen fassen: *Unter einer geographischen Landschaft (Landschaftsindividuum, natürliche Landschaft) verstehen wir einen Teil der Erdoberfläche, der nach seinem äußeren Bild und dem Zusammenwirken seiner Erscheinungen sowie den inneren und äußeren Lagebeziehungen eine Raumeinheit von bestimmtem Charakter bildet und der an geographischen, natürlichen Grenzen in Landschaften von anderem Charakter übergeht. Länder dagegen sind politisch oder verwaltungsmäßig umgrenzte, zum Teil historische Territorien oder von bestimmten Völkern bewohnte Gebiete.*

Für die internationale Nomenklatur kann man nach der Amsterdamer Diskussion von 1938 und anderen Äußerungen wohl die folgenden Begriffe gleichsetzen.

| Deutsch | Französisch | Englisch |
|---|---|---|
| Land | pays, région | country |
| Geographische oder natürliche Landschaft | paysage géographique, paysage régional | natural region, landscape region |
| Naturlandschaft | paysage naturel, paysage spontané | natural landscape |
| Kulturlandschaft | paysage humanisé | cultural landscape humaniseed landscape |

Die Bezeichnung „natürliche Landschaft" soll nach dem deutschen Sprachgebrauch die natürliche Umgrenzung im Gegensatz zur künstlichen, willkürlichen, politischen oder Verwaltungsgrenze zum Ausdruck bringen[19], also eventuell neben den Naturerscheinungen auch Kulturerscheinungen umschließen können. Um die mögliche Verwechslung mit „Naturlandschaft" auszuschließen, empfiehlt *Waibel*[20] den Ausdruck natürliche Landschaft ganz fallen zu lassen, was durch die Bezeichnung „geographische Landschaft" möglich wäre. Die terminologische Unsicherheit wurde dadurch vermehrt, daß man verschiedener Meinung war, ob zur Abgrenzung der natürlichen Landschaften nur Erscheinungen der Natur oder auch solche der menschlichen Tätigkeit verwandt werden sollen. Hier wird man in Zukunft schärfer unterscheiden müssen. In ausgesprochenen Kulturlandschaften wie in Mitteleuropa wird man um die Naturgrundlagen räumlich zu erfassen, immer zunächst Naturlandschaften rekonstruieren müssen. Eine solche nur die gegenwärtigen Kräfte der Höhenlage, des Klimas, der Bodenform, Bodenzusammensetzung, Wasserführung und Vegetation berücksichtigende Gliederung, wie sie z. B. nach einheitlichen Gesichtspunkten für ganz Deutschland unter der Leitung des Amtes für Landeskunde durchgeführt wird, wird unzweideutig als „naturräumliche Gliederung"[21] bezeichnet. *W. Müller-Wille* nennt seine entsprechende Gliederung Westfalens[22] „naturlandschaftliche Gliederung" und die sich ergebenden Einheiten schlechtweg „Naturlandschaft", womit er zwar dem Vorschlag *Waibels* zur Ausmerzung des zweideutigen Begriffes „natürliche Landschaft" folgt, aber dafür an Stelle zweier deutlich getrennter Begriffe einen einheitlichen Namen setzt. Die naturräumliche Gliederung, ergänzt durch eine gleich gründliche kulturräumliche, deren Methodik erst noch heranreifen muß (s. unten), wird eines Tages eine volle geographische Landschaftsgliederung Deutschlands ergeben. In weiten Gebieten der Erde, wo der Mensch das Pflanzenkleid zwar auch stark verändert, aber keine intensive Kulturlandschaft erzeugt hat, dürfte es wohl nicht möglich sein, von Ort zu Ort festzustellen, wie das gegenwärtige Landschaftsbild ohne jeglichen Eingriff des Menschen aussehen würde, etwa in den Grasländern der Tropen. Dort wäre wohl der Naturlandschaftsbegriff *R. Gradmanns* (physisch-geographischer, aber unter Umständen vom Menschen mitbedingter Landschaftscharakter)[23] vorzuziehen.

Von den geographischen Schulen außerhalb Deutschlands hat sich in den letzten Jahrzehnten besonders eingehend die amerikanische mit dem Landschaftsbegriff beschäftigt. In deutscher Sprache unterrichten darüber zwei inhaltsreiche Referate[24], in englischer das große Werk von *R. Hartshorne*[25].

### 2. Aufgaben der geographischen Landschaftsforschung.

Die Aufgaben der wissenschaftlichen Geographie in Bezug auf die Landschaft sind vielseitige.

#### I. *Landschaftsmorphologie.*

Am Anfang steht die Aufgabe, die verschiedenen Landschaften der Erde und der Länder räumlich und dinglich zu erfassen und gegeneinander abzugrenzen. Der abwechselnde Blick auf Landschaftsinhalt und Landschaftsgrenzen schärft dabei das Verständnis für die wesentlichen Landschaftsmerkmale und für die sogenannte *Landschaftsstruktur*. Die Landschaftsgliederung führt zur Aufstellung von Gebieten verschiedener Größenordnung. Jede Landschaft ist zunächst ein Individuum, steht aber durch ihre Lage inmitten anderer Landschaften doch in einem bestimmten Raumgefüge und Abhängigkeitsverhältnis, im Landschaftsverband. Schon *O. Schlüter*[26] forderte im Hinblick auf die Kulturelemente der Landschaft eine „Morphologie der Kulturlandschaft", an anderer Stelle spricht er allgemein von einer „Gestaltungslehre der Landschaft"[27]. *E. Winkler* stellt solche Betrachtungen, die er Landschaftsmorphologie oder Strukturlehre der Landschaft nennt, an die Spitze seines Systems der allgemeinen Geographie, während er die räumliche Anordnung der Landschaften auf der Erde der „*Landschaftschorologie*" zuordnet.

#### II. *Landschaftsökologie oder Landschaftsphysiologie.*

Die zweite Hauptaufgabe ist die funktionale Analyse des Landschaftsinhaltes, die Auflösung der in einem Landschaftsausschnitt wirkenden vielseitigen und wechselseitigen Abhängigkeiten, die landschaftsökologische Analyse. In der deutschen geographischen Literatur ist für die Wechselbeziehung z. B. in den Agrarlandschaften die Bezeichnung physiologisch gebraucht worden. Auch E. *Winkler* (a.a.O.) nennt diesen Teil der Landschaftsforschung Landschaftsphysiologie. Es darf aber darauf hingewiesen werden, daß schon in der Biologie, in der die beiden Begriffe beheimatet sind, für die Beziehungen der Organismen zur Umwelt das Wort Ökologie gebraucht wird, weiter daß die Bezeichnung Agrarökologie Priorität genießt, da sie schon vor 30 Jahren von *R. Krzymowski*[29] geprägt wurde und daß auch die internationale Wissenschaft sich in umfassender Weise des Wortes Ökologie bedient: „Human Ecology" der britischen und amerikanischen Geographie, „Ecologia agraria" der Italiener, „Topoökologie" der Russen. Wir wollen daher von Landschaftsökologie sprechen, wobei es noch offen bleiben mag, ob man darunter nur die funktionellen Wechselbeziehungen der Naturlandschaft oder auch die funktionelle Bindung der menschlichen Werke in der Kulturlandschaft verstanden wissen will.

#### III. *Landschaftstypologie oder Landschaftssystematik.*

Der Vergleich der unendlich vielen Einzellandschaften der Erde nach ihrem Wesen oder ihren tonangebenden Merkmalen führt zur Aufstellung von *Landschaftstypen*, die *Passarge* auch Ideallandschaften gegenüber den Reallandschaften nennt. Welche Gesichtspunkte wir bei der Typenbildung vorkehren wollen, hängt von unserem Blickpunkt ab. Wir können solche nach einzelnen Landschaftsfaktoren, also spezielle Typen bilden, oder aber synthetische Landschaftstypen. So gibt es unter ausschließlicher Berücksichtigung der physischen Verhältnisse geomorphologische Landschaftstypen, z.B. Moränen-, Dünen-, Inselberg-, Fjordlandschaften, „Rax-Landschaften", wobei noch gar keine Rücksicht darauf genommen ist, in welchem Klima- und Vegetationsgebiet sie gelegen sind und welche kulturlandschaftliche Veränderung sie erfahren haben; oder hydrographische Landschaftstypen, wie Seen-, Delta-, Pfannenlandschaften; weiter Landschaftstypen der großen klimatischen Vegetationseinheiten wie Tundren-, Taiga-, Savannen-, Regenwaldlandschaften, auch Typen nach dem lokalen Vegetationscharakter wie Heide-, Moor-, Aue- oder Parklandschaften. Umgekehrt übergehen wir die natürlichen Landschaftsgrundlagen, wenn wir von Reisbaulandschaft, Weidelandschaft, Einzelhoflandschaft, Gräberlandschaft oder ganz allgemein von Agrar-, Industrie-, Bergbau-, Stadt- oder Kultlandschaft sprechen. Unbrauchbar für eine Systematik scheint mir die Einteilung der Kulturlandschaftstypen („domestizierte Landschaft"), die der Biologe *W. Schönichen*[30] gegeben hat: Ernährungslandschaft, Bedarfslandschaft, Schutzlandschaft, Verkehrslandschaft, Erlebnislandschaft. Der von ihm geprägte Ausdruck „Flirtlandschaft" vollends grenzt doch wohl an die Banalität. Interessanter sind die *synthetischen Landschaftsbezeichnungen*, die einen ganzen landschaftlichen Erscheinungskomplex in einem Wort zusammenfassen.

„Karstlandschaft" weist bereits auf Eigenschaften des Gesteinsuntergrundes, der Bodenformen, der Hydrologie und Hydrographie, z. T. auch des Pflanzenkleides und der Bodennutzung hin, wobei wir noch weiter unterscheiden können zwischen den Karstlandschaften der verschiedenen Klimazonen (z. B. tropischer Kegelkarst oder „Cockpit-Landschaft"), sowie zwischen Kalk- und Gipskarst. Wenn wir von „Hochgebirgslandschaft" im wissenschaftlichen Sinn sprechen, so verstehen wir darunter einen geomorphologisch-vegetationskundlichen Naturlandschaftstypus, wie er sich in allen Zonen der Erde in bestimmten Meereshöhen über der Waldgrenze und über der eiszeitlichen Schneegrenze herausgebildet hat[31]. „Bördelandschaft" ist bereits ein Kulturlandschaftstypus, bei dem wir Mitteleuropäer nicht nur an die Lößunterlage, den fruchtbaren Ackerboden und die Waldarmut, sondern auch an einen besonderen Agrartypus, ja sogar ein besonderes landwirtschaftliches Betriebssystem mit Weizen-, Gersten-, Luzerne- und Zuckerrübenbau, Rindermast- und Schafhaltung denken. Ähnlich ist es mit Marschlandschaft, Geestlandschaft, Gäulandschaft, wobei uns erfreulicherweise die Volkssprache Namen für die wissenschaftlich prägnante Bezeichnung zur Verfügung stellt. Schade, daß für unsere Buntsandsteinlandschaft mit ihren Waldrücken, Talsiedlungen und Rieselwiesengründen, für unsere granitischen Mittelgebirge mit ihren Fichtenwäldern, Mooren und Blockmeeren, für die tertiären Hügelländer, für die jungen Schotterebenen im Umkreis der Alpen keine solchen volkstümlichen Bezeichnungen bereitgestellt sind.

Wir finden aber in allen Teilen der Welt in den jeweiligen Landessprachen derartige synthetische Landschaftsbezeichnungen vor. Der Nordfranzose unterscheidet zwei Typen seiner Kulturlandschaft als „Champagne" und „Bocage", der Rumäne weiß, wenn er vom „Podgoria" spricht, daß damit die zwischen den Steppenebenen und den feuchten Waldgebirgen sich hinziehenden freundlichen, rebenbestandenen Bergfuß-Hügelländer gemeint sind, so daß er von diesem Landschaftsempfinden her das Wort Podgoria (= Bergfuß-Landschaft) zum Synonym für Weinberg gemacht hat. Ähnlich ist es mit „Balta", „Câmpia" und „Lunca". Auf den Silur-Kalkböden der Ostsee-Inseln und Estlands spricht man von „Alvar" und meint damit einen sehr markanten geologisch-bodenkundlich-vegetationskundlichen Landschaftstypus. Mit „Mbuga" bezeichnet der Ostafrikaner Überschwemmungssavannen mit zähen Schwarztonböden, geringem Holzwuchs, bestimmten Nutzungsmöglichkeiten und einem Gegensatz der Jahreszeiten, der dem Autofahrer eindringlich nahe gebracht wird. Pampa, Sertão, Chapada, Bolson, Puna, Paramo, Valle, Cabezera de Valle sind ähnliche komplexe Landschaftsbegriffe aus Latein-Amerika, wobei z. B. im Begriff Paramo nicht nur die waldfreie, ewig feuchte Gebirgslandschaft der äquatorialen Anden, die nur der Weide dient, sondern auch die merkwürdige Vegetation, die typischen Nebel- und Nieselregen („Paramillos") und auch die Wirkung auf das menschliche Gemüt und den menschlichen Körper (Paramo-Krankheit, „emparamarse") mitverstanden und mitempfunden werden. Dasselbe Wort Paramo hat im spanischen Mutterland unter anderen Klimabedingungen eine etwas andere ursprüngliche Bedeutung. Es gibt in Latein-Amerika viele Landschaftsbezeichnungen spanischer Sprache, die bei der Übertragung durch die Kolonisation in den verschiedenen Klimazonen zwischen Mexiko und dem Feuerland ganz verschiedene Bedeutungen angenommen haben, z. B. Vega, Estero, Loma, Ciénaga, Pampa, Quebrada, Mesa, Banco. Es gehört zu den Aufgaben zukünftiger Landschaftsforschung, solche lokalen Landschaftsbezeichnungen zu vergleichen und für die Landschaftschorologie der Erde nutzbar zu machen.

## IV. *Landschaftschronologie.*

Eine weitere Aufgabe des Landschaftsforschers ist die genetische Betrachtung unserer heutigen Landschaften, der Naturlandschaften sowohl wie der Kulturlandschaften, mit anderen Worten die *Rekonstruktion* früherer Landschaftszustände, um daraus den Werdegang zu verstehen, der zum heutigen Landschaftsbild geführt hat. Um in unseren Kulturlandschaften den Zustand zu rekonstruieren, wie er bei den jetzigen natürlichen Bedingungen ohne jeglichen Eingriff des Menschen herrschen würde, ist im allgemeinen mit einiger Sicherheit möglich. Die Aufgabe wird mit Hilfe der Pflanzensoziologie erfolgreich betrieben, so daß einzelne pflanzengeographische Schulen bei der Kartierung auch großen Maßstabs (1 : 25 000) gleich die naturlandschaftlichen Verhältnisse zur Darstellung zu bringen versuchen. Am stärksten ist sich der landschaftskundlichen Aufgabenstellung dabei in der neuesten Literatur *R. Knapp*[32] bewußt, der von Wuchszonen, Wuchsgebieten und Wuchslandschaften spricht. Um die Entwicklung dieser Naturlandschaften weiter zurück durch die Postglazialzeit zu verfolgen, bedient man sich in Europa seit einigen Jahrzehnten mit staunenswerten Erfolg der Pollenanalyse, deren Ergebnisse für Mitteleuropa eben in einem grundlegenden Werk von *F. Firbas*[33] zusammengestellt sind. Wir erhalten damit auch eine genaue Kenntnis der *Urlandschaft*, d. h. der „Landschaft, wie sie kurz vor dem Eindringen des wirtschaftenden und siedelnden Menschen ausgesehen hat[34]". In früheren Jahren hat sich damit unter Zusammenschau floristischer, prähistorischer und siedlungsgeographischer Tatsachen in einem bewundernswerten Lebenswerk *R. Gradmann* beschäftigt. Durch die neuen Erkenntnisse der Periglazialforschung ist es auch möglich geworden, die Landschaft Europas während der letzten Eiszeit recht genau zu erschließen[35].

Leider haben wir noch keine so sicheren Methoden, um in den unbewaldeten Landschaften der Erde, besonders in den Grasländern, ähnlich sichere Rekonstruktionen der Naturlandschaft vorzunehmen, da in ihnen die wichtigsten Archive der Landschaftsgeschichte, die uns die Moore liefern, fehlen. Man ist dort vorläufig darauf angewiesen, den Einfluß der menschlichen Vegetationszerstörung unter den heutigen Verhältnissen zu studieren, wobei es sich vor allem um die Wirkung des Grasbrennens, aber auch der Überweidung, des Wanderhackbaues und der dadurch verursachten Bodenzerstörung handelt. Mit solchen Fragen beschäftigt sich bereits eine größere Literatur zum „*Savannenproblem*“ in Afrika, zum „*Pampa-Problem*“ in Argentinien und zum „*Prärie-Problem*“ in Nordamerika. Die Auffassungen, wie weit und ob diese Grasländer natürlicherweise bewaldet waren, sind noch geteilt, wobei ich von unwissenschaftlichen Übertreibungen absehe, die etwa in der Auffassung gipfeln, daß die Sahara „eine durch den Menschen in historischer Zeit geschaffene Wüste“ sei oder daß „Ziegen die Sahara kahl gefressen“ hätten.

Ein zweites ganz anderes Kapitel der Landschaftsgenetik betrifft die *Veränderungen der Kultur- und Wirtschaftslandschaften* im Laufe der Menschheitsgeschichte bis in die allerjüngste Zeit. Dies gehört in den Bereich der historischen Geographie und Landschaftsforschung, die in Europa mit seiner stetig gewachsenen Kultur besonders reizvoll ist. Für die deutschen Kulturlandschaften verfügen wir durch verschiedene geographische Schulen heute bereits über ein großes, aber noch längst nicht ausreichendes Material, wenigstens für die Zeit der letzten 150 Jahre, da mit der Rationalisierung der Landwirtschaft und der Kulturtechnik seit dem Ende des 18. Jahrhunderts in vielen Ländern Bodennutzungserhebungen auch kartographisch festgehalten wurden. Wir erkennen aus diesen Studien, die im einzelnen hier nicht aufgezählt werden können, zweierlei: 1. daß die Veränderung der Agrarlandschaften sich gesetzmäßig vollzog, angeregt durch die Entwicklung der Betriebswirtschaft und durch die Verlagerung der Rohstoff- und Absatzgebiete, die sich im Zeitalter der Eisenbahn, der Steinkohle und des Dampfschiffverkehrs vollzogen haben (Abkehr von der Autarkie-Wirtschaft, Verschwinden primitiver Kulturmethoden bis auf gewisse Rückzugsgebiete, Standortsverlagerungen der Industrie und damit Bildung neuer Konsumzentren). Beispiele solcher Gesetzmäßigkeiten sind: die Überführung des einst ausgedehnten Heidelandes in Acker- und Wiesenland oder in Nadelwälder (Kiefer im Flachland, Fichte im Gebirge), Vergrünlandung der feuchten Landschaften in Küstennähe und im Gebirge, Rückgang des Weinbaues und Ausbreitung des modernen Gartenbaues, Ersatz von Laub- und Mischwäldern durch Nadelwälder, Ausbreitung und Wiederrückgang der Wiesenberieselung; 2. daß die genannten Strukturwandlungen und die Entwicklung der neuzeitlichen Technik die geographischen Gebundenheiten keineswegs aufhoben oder überdeckten, wie es z. B. noch F. von *Richthofen* annahm, sondern daß gerade die Abkehr von der Autarkie und die Marktwirtschaft im Gefolge des Eisenbahnverkehrs die feineren natürlichen, bodenkundlichen und klimatischen Unterschiede in der Agrarlandschaft erst wirksam und sichtbar werden ließen. Unsere Agrarlandschaften sind heute geographisch feiner differenziert als vor 150 Jahren.

## V. *Landschaftspflege und Landschaftsgestaltung.*

Aus der retrospektiven Landschaftsschau und ihren Erkenntnissen ergibt sich fast selbstverständlich die letzte Aufgabe der geographischen Landschaftsforschung, die Einflußnahme der Wissenschaft auf die zukünftige Landschaftsentwicklung. Dieses Bestreben erwuchs zwangsläufig aus der Gefahr einer immer weiter um sich greifenden Zerstörung von Landschaftswerten durch die rücksichtslose wirtschaftliche Ausbeutung. Man spricht heute von *Landschaftsschutz*, der weitere große landschaftliche Schädigungen verhindern soll, von *Landschaftspflege*, die sich die Erhaltung des natürlichen Gleichgewichts in der Landschaft, die Gesunderhaltung der Kulturlandschaft zum Ziele setzt, und von *Landschaftsgestaltung*, den bewußten Aufbau der Kulturlandschaft nicht nur im Sinne der Zweckerfüllung, sondern auch einer harmonischen Ordnung des Landschaftsbildes bis zu raumkünstlerischer Gestaltung. Hervorgegangen ist der Landschaftsschutz aus der Naturschutzbewegung dadurch, daß man den Blick von einzelnen Objekten, Naturdenkmälern und Naturschutzgebieten auf die ganze Landschaft ausdehnte. Eine starke Anregung gab der Kunsterzieher und Baumeister *P. Schultze-Naumburg* mit seinen schriftstellerischen Werken[36], während der erste Einbau in den staatlich organisierten Naturschutz durch *H. Schwenkel*[37] in Württemberg erreicht wurde. Die Bewegung ist in Deutschland in den letzten 15 Jahren mit großem Eifer aufgenommen worden von der Forstwirtschaft[38] und vor allem von seiten der Gartenarchitektur, die sich damit zur Landschaftsarchitektur entwickeln möchte[39]. Von dieser Seite wird auch die Forderung nach einem eigenen akademischen Studium erhoben, das von der Gartenarchitektur zu dem regelrechten Beruf des „Landschaftsgestalters“ führen soll. Die deutsche Gesellschaft für Gartenkunst und Landschaftspflege in Essen gibt auch bereits eine entsprechende Zeitschrift „Garten und Landschaft“ heraus. Seit 1936 schossen zahlreiche Werke aus dem Boden, fast durchweg mit allgemeiner Themenstellung. Der Mangel dieser Literatur ist, daß sie noch recht wenig auf gesicherte landschaftsökologische Grundlagen aufbauen kann, daß sie Landschaftsbegriffe unkritisch handhabt, der Buntheit der geographischen Landschaften viel zu wenig gerecht wird, ihre Vergleiche aus ganz anderen Klimazonen (Wüsten, Steppen) heranholt, mit Schlagwörtern arbeitet und sich manchmal auch mit vagen Weltverbesserungsvorschlägen verbrämt. Die Fragen der Landschaftspflege sind fesselnd, vielseitig und praktisch bedeutsam, sollten aber doch von einem systematischen Studium des gegenwärtigen Landschaftshaushaltes und des seitherigen Landschaftswandels ausgehen und durch differenzierte Feldversuche unterbaut werden.

### 3. Landschaftsstruktur und Landschaftsgliederung.

Die Landschaftseinheiten, mit denen wir es auf der Erde zu tun haben, sind von ganz verschiedener Größenordnung. Der Blick auf die gesamte Erdoberfläche über die Erdteile hinweg führt zur Ausscheidung der sogenannten *Landschaftsgürtel* oder Landschaftszonen, die räumlich den Klimagürteln, klimatischen Bodenzonen und Vegetationszonen entsprechen. *S. Passarge* hat ihnen seit 1921 mehrere Bücher gewidmet. *A. J. Herbertson* hatte sie 1905 als „Major natural regions" bezeichnet und andere englische Geographen wie *L. D. Stamp* und *J. F. Unstead* sind ihm darin gefolgt[40]. Auf der anderen Seite läßt uns die wunderbare Raumdifferenzierung unserer Erde in der Gliederung bis zu ganz kleinen Landschaftsindividuen fortschreiten, die wir als Kleinlandschaften oder Teillandschaften bezeichnen. Dazwischen gibt es eine ganze Stufenleiter, eine Hierarchie von Landschaften verschiedener Dimension. Schon Anfang des vorigen Jahrhunderts hatte *G. Hommeyer*[41] eine Raumgliederung in vier Stufen aufgestellt: Ort — Gegend — Landschaft — Land. Nur wenig unterscheidet sich davon die Stufenfolge von *P. E. James*[42]: locality — district — subregion — region. *Unstead*[43] schlug eine Serie von 7 Stufen Stow — Stow group — Tract — Tract group — Subregion — Minor region — Major region), *Paffen*[44] eine achtteilige Skala vor (Landschaftszelle — Kleinlandschaft — Einzellandschaft — Großlandschaft — Landschaftsgruppe — Landschaftsregion — Landschaftszone — Landschaftsgürtel). Name und Zahl sind dabei zunächst von untergeordneter Bedeutung.

Beginnen wir einen klimatischen Landschaftsgürtel lediglich nach den naturräumlichen Verhältnissen in Einzelräume aufzugliedern, so werden wir zunächst nach dem Lageprinzip die auf die einzelnen Erdteile fallenden Abschnitte aussondern müssen, dann aber zu Gliederungen kommen, bei denen neben einer klimatischen Abstufung auch bereits Bau, Relief, Boden und Bewässerung in Rechnung zu setzen sind.

Eine *Aufteilung des borealen Nadelwaldgürtels* in Eurasien z. B. würde zweckmäßigerweise in Abschnitten von Westen nach Osten vorgenommen, die zunehmende Kontinentalität des Klimas und verschiedenen Aufbau zeigen (Fig. 5). Wir erhalten mindestens 6 Abschnitte: 1. der fennoskandische Anteil bis zur Ostgrenze Kareliens vom Weißen Meer zum Onega-See. 2. Das nordrussische Nadelwaldgebiet bis zum Ural. 3. Die westsibirische Tiefebene. 4. Das mittelsibirische Rumpfschollenland zwischen Jenissei und Lena. 5. Transbaikalien. 6. Das nordostsibirische Nadelwaldgebiet. Dabei ist Fennoskandien ausgezeichnet durch das eisüberformte Urgebirge des Baltischen Schildes mit seinem bunten Wechsel von kleinräumigen Landschaftsbausteinen, der nordrussische Abschnitt durch sein bereits kontinentaleres Klima (Lärchenwälder und seine durch den Bau des Tafellandes bedingte, viel eintönigere Landschaftsstruktur, der westsibirische Abschnitt durch seine tiefe Lage, die weitgehende Vermoorung und Versumpfung, Mittelsibirien durch den Berglandcharakter und die ewige Bodengefrornis mit ihren landschaftlichen Folgeerscheinungen, Nordostsibirien durch das extremste Kontinentalklima und die durch die jungen Gebirgsbögen erzeugte stärkere topographische Aufgliederung. Man kann auch noch das skandinavische Hochgebirge und den Ural, die beide in ihrem meridionalen Verlauf den ganzen Nadelwaldgürtel durchziehen, als zwei selbständige Abschnitte ausscheiden. Dabei käme zur Geltung, daß es Gebirgslandschaften sind, in denen zu der horizontalen Landschaftszonierung auch noch die vertikale Landschaftsabstufung hinzukommt, im Sinne des *dreidimensionalen Landschaftsaufbaues der Erde*[45]. Von den erwähnten Landschaftsgrenzen ist neuerdings die zwischen Fennoskandien und Nordrußland von zwei Seiten untersucht worden[46] mit dem Ergebnis, daß der Übergang von dem eisüberformten Grundgebirge Ostkareliens zur Russischen Tafel einen markanten Sprung in der Zusammensetzung und Anordnung der natürlichen Landschaftselemente bedeutet, da Boden und Relief auch die Änderung des Floren- und Vegetationscharakters bestimmen.

Ganz allgemein gilt: Zu je kleinräumigeren Gliederungen wir fortschreiten, desto stärker treten für die Landschaftsbegrenzung die Bodenverhältnisse gegenüber den klimatischen Grundlagen hervor, da jene scharfe Grenzen, diese aber nur langsame Übergänge erzeugen. Es erhebt sich die Frage: Wie weit soll und kann die geographische Aufteilung der Räume geführt werden? Welches ist die *kleinste Dimension einer geographischen Landschaft?* An Hand von topographischen und geologischen Karten oder an Hand von Luftbildplänen läßt sich dies in den verschiedensten Landschaftsgebieten der Erde erproben. Ich habe die Frage an einem Musterbeispiel aus dem rheinischen Gebirge zu beleuchten versucht[47]. Es zeigte sich, daß wir bei der Aussonderung immer kleinerer Landschaftsindividuen schließlich an eine Größenordnung kommen, wo die weitere Aufteilung Landschaftsbausteine liefert, die nicht mehr in Einzahl vorhanden sind, sondern in Vielzahl, und die in jeweils charakteristischer Vergesellschaftung und in einem bestimmten Raumgefüge die kleinsten Landschaftsindividuen zusammensetzen. Es sind *Typen kleinster Raumgebilde.*

In dem dargestellten Beispiel (Fig. 1 und 2) ist die ausgewählte Kleinlandschaft, die zertalte, lößbedeckte Platte des Bergischen Landes beiderseits der unteren Agger aus folgenden Landschaftsbausteinen zusammengesetzt: lößlehmbedeckte Hochflächenreste (Ackerland), bachbettlose Quellmulden oder „Dellen" der Hochflächen (meist von Weilern, Hausgärten und hausnahen Weiden eingenommen), lößüberkleidete, weniger steile Talhänge (meist Ackerland), steilere felsige oder steinige Talhänge (Wald), Schwemmkegel der Seitenbäche an der Einmündung in die Hauptbäche (Wiese), feuchte Sohlen der Bachtäler (Wiesen), breitere Talsohlen der Haupttäler mit Schotterböden und Schotterterrassen (Wiesen und Äcker). Diese Landschaftsbausteine sind also Stand ortstypen von einer ganz bestimmten ökologischen Standortsqualität, was Gesteinszusammensetzung, Bodenform, Exposition, Verwitterungsboden und Bodenwasser anlangt. Die pflanzensoziologische Untersuchung des Gebietes würde zeigen, daß jeder solche Standortstyp natürlicherweise eine bestimmte einheitliche Pflanzengesellschaft trägt. Auch der landwirtschaftliche Nutzungswert ist in diesem Falle recht klar und unterschiedlich, was in der Kulturartenverteilung zum Ausdruck kommt. Die ursprünglich von mir verwandte Bezeichnung „Landschaftselement" möchte ich nicht aufrechterhalten, da dieser Ausdruck bereits für die einzelnen Landschaftsfaktoren in Anwendung gebracht wurde.

Ich habe für diese kleinsten Raumgebilde oder Bausteine einer geographischen Landschaft seit 1945 die Bezeichnung „*Ökotop*" gewählt, in Abwandlung des von dem Biologen dafür gebrauchten Begriffes „*Biotop*". Der britische Pflanzenökologe *A. G. Tansley* hat übrigens bereits 1939 den Ausdruck „Ecotope" in Anwendung gebracht[48], während die Russen von „totpoökologischen Einheiten" sprechen. *K. H. Paffen* (a. a. O.) schlug dafür als deutschen Ausdruck „*Landschaftszelle*" vor, der mir gut gewählt zu sein scheint, weil verschiedene Landschaftszellen eine Teillandschaft in ganz ähnlicher Weise zusammensetzen wie die verschiedenartigen Zellen eines Organismus dessen Organe — womit keineswegs die Landschaft einem Organismus gleichgesetzt sein soll. Wir wollen folgendermaßen definieren: *Kleinste Landschaftsindividuen oder Kleinlandschaften liegen dann vor, wenn ihre weitere räumliche Aufgliederung verschiedenartige in sich ökologisch homogene, aber in Mehrzahl vorhandene Standortseinheiten ergibt, die wir Ökotope oder Landschaftszellen nennen. Sie sind in einer ganz bestimmten Auswahl und in einer charakteristischen Vergesellschaftung („Landschaftskomplex") vorhanden und setzen in einem bestimmten Verbreitungsmuster (Landschaftsmuster, Landschaftsmosaik, landscape pattern) eine Kleinlandschaft zusammen.*

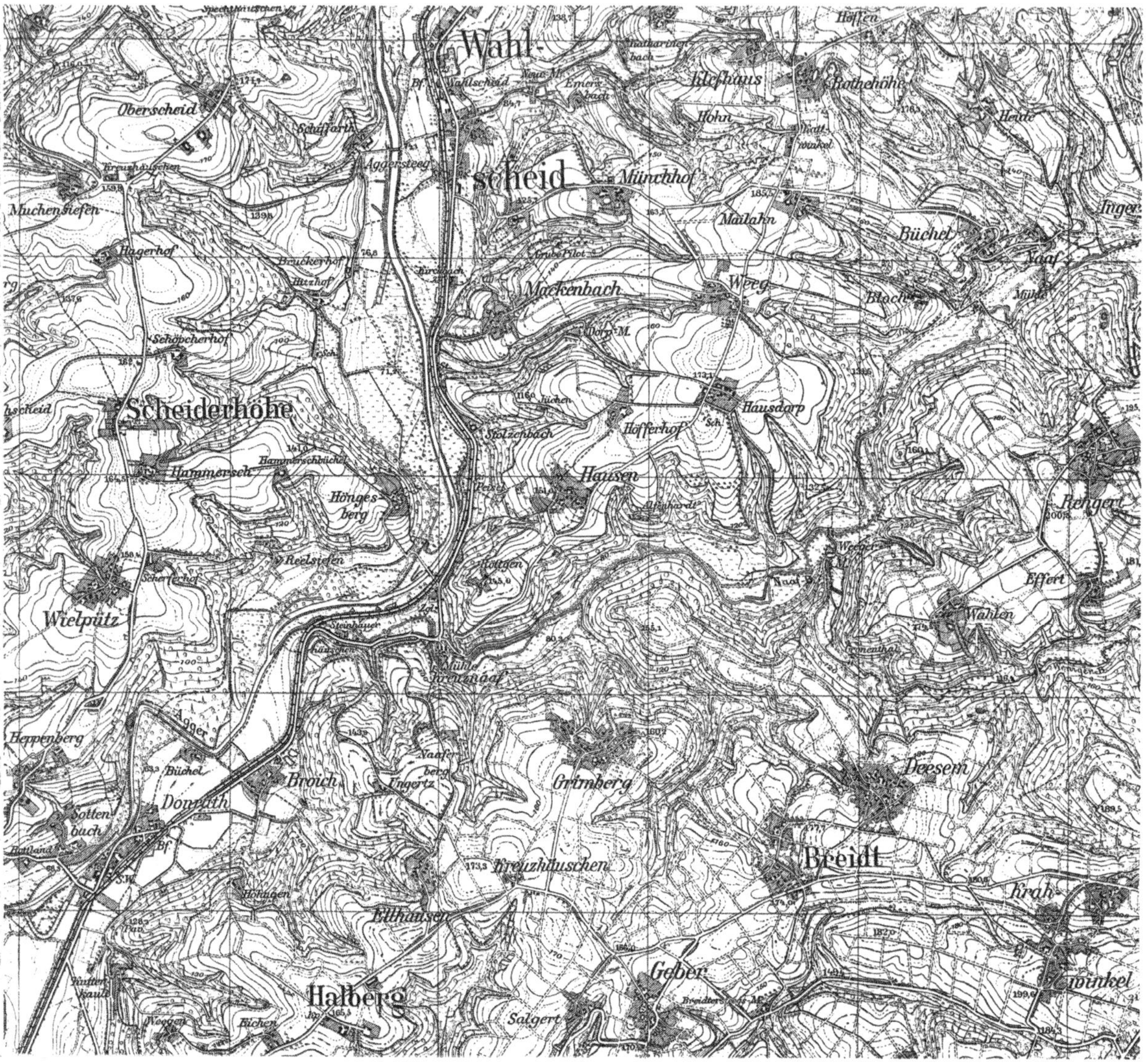


Fig. 1. Landschaftsausschnitt aus dem Bergischen Land beiderseits des unteren Aggertales (nach Maßtischblatt Wahlscheid 5109).

Wir sind uns dabei bewußt, daß die rein biologische Aufgliederung der Lebensräume noch kleinere Einheiten kennt. Denn innerhalb eines Pflanzenbestandes kann man z. B. an einem Baumstamm je nach seiner Exposition, Höhe über dem Boden (Bodennebel- und Schneedeckenwirkung) und der Art der Berindung noch verschiedene kleinste Standortseinheiten für den Moos- und Flechtenbewuchs unterscheiden, oder etwa an einem einzelnen Steinblock, der als Vogelsitzplatz dient, noch verschiedene Zonen der Stickstoffanreicherung, die sich in einem verschiedenen Flechtenbewuchs äußern. Aber hierbei handelt es sich um Raum- lichen Geographie. Da sie die Verteilung der wechselnden Standortskräfte der Landschaften und Länder ausdrücken, sind sie auch von großer *praktischer Bedeutung*. Der Forstmann braucht sie, um die Wuchskraft seiner Bestände zu beurteilen, um die einheit-

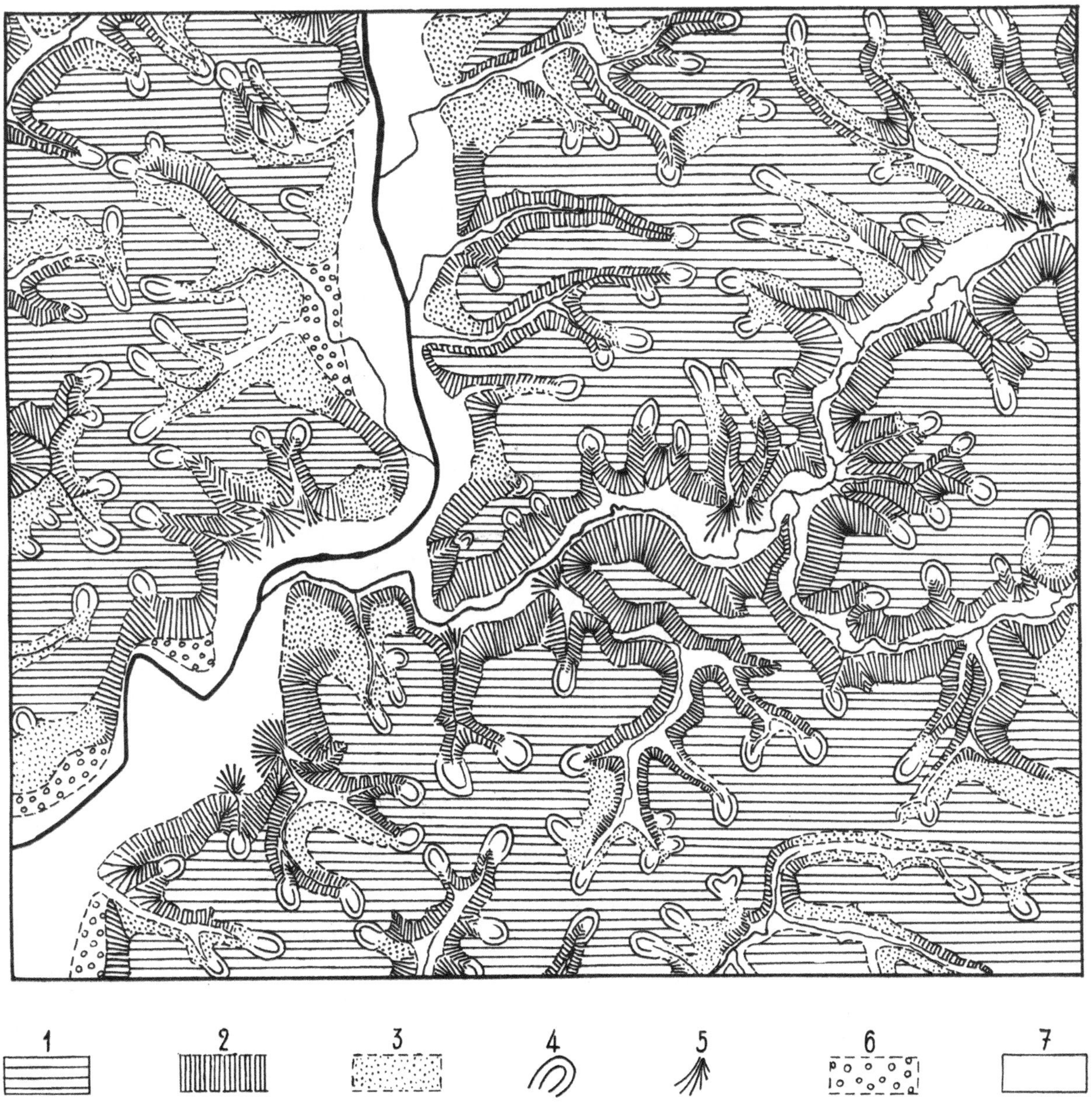


Fig. 2. Die Gliederung des Landschaftsausschnittes von Fig. 1 in Ökotope oder Landschaftszellen. 1. Lößlehmbedeckte Hochflächenreste, 2. Steinige oder felsige Talhänge, 3. von Lößlehm überkleidete, weniger steile Talhänge, 4. Bachbettlose Quellmulden der Hochfläche oder Dellen, 5. Schwemmkegel der Seitenbäche an der Einmündung in die Hauptbäche, 6. Schotterterrassen des Aggertales, 7. Feuchte Sohlen der Bachtäler und des Aggertales.

gliederungen, die erst innerhalb der gesamten Biozönose von einzelnen ihr angehörenden Organismen (Bäume, Vögel) erzeugt werden. Es gibt noch viel klompliziertere derartige ineinandergeschachtelte Lebensräume, so etwa wenn auf Ästen von Regenwaldbäumen sich epiphytische Pflanzengesellschaften und in den Achseln der Becher-Bromelien wieder Kleinstgesellschaften des stehenden Wassers finden. Sie werden im System der Lebensgemeinschaften als „*Synusien*" erfaßt[49].

Kleinlandschaften und Ökotope als kleinste Glieder der geographischen Landschaft haben ihre Bedeutung aber keineswegs nur in der wissenschaftlichen Standortsflächen abzugrenzen und auszumessen (Forsttaxation). Die Bodenkunde benötigt sie für die flächenhafte landwirtschaftliche Begutachtung der von Standort zu Standort wechselnden Böden. Die Vegetationskartierung, Hydrologie, Parasitologie und Landschaftshygiene und überhaupt alle Zweige der regionalen Landesplanung können nur auf dieser Grundlage einen exakten Ausgangspunkt gewinnen. So ist es kein Wunder, daß die verschiedensten Wissenschaften, auch ohne gegenseitige Berührung und auf getrennten Wegen, doch dem gleichen Ziele zugesteuert sind. Im Interesse gegenseitiger Befruchtung und Bereicherung gilt es, die Ergebnisse solcher Forschungen in Fühlung zu bringen und dabei auch die verschiedene Terminologie anzugleichen.

In der Sprache der *Biologie* entsprechen unseren Ökotopen die „Lebensstätten" oder „Biotope" im Sinne von *Dahl*[50], die „Standorte" im Sinne von *A. Kerner* (1891), *M. Öttli* (1905) und *H. Gams* (1918) als „in ihren Eigentümlichkeiten häufig wiederkehrende Bodenkomplexe". Der britische Forstmann *R. Bourne*, der systematische Untersuchungen über *forstliche Standortsverteilung* mit Hilfe der Luftbildforschung in Hinterindien, Rhodesien und England angestellt hat[51], teilt ein Gebiet in Landschaftsindividuen ein, die

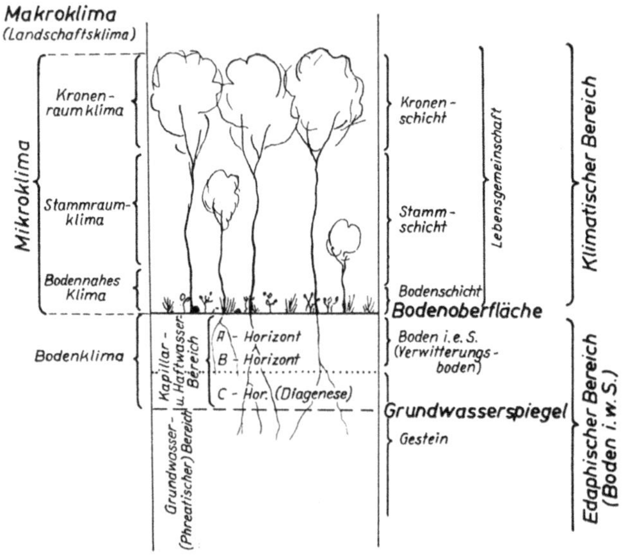


Fig. 3. Schema des landschaftsökologischen Aufbaues eines Ökotops.

er „regions" oder „scenic regions" nennt, die ihrerseits von Standorten („sites") aufgebaut sind, d. s. „Flächen, welche für alle praktischen Aufgaben in ihrer ganzen Ausdehnung ähnliche lokale Bedingungen bieten nach Klima, Physiographie, Geologie, Boden und überhaupt edaphischen Faktoren" und die gewöhnlich in einer bestimmten Vergesellschaftung („Association") und Anordnung immer wieder vorkommen. Die *praktische Bodenkunde* kam zu ganz ähnlichen Ergebnissen bei dem Versuch, in wenig erschlossenen Ländern, für die genaue topographische Karten fehlen und daher Bodenkartierungen großen Maßstabs unmöglich sind, doch eine Kenntnis der Verteilung der in jedem Gebiet vorkommenden topographischen Bodentypen zu gewinnen[52]. Die jeweils vergesellschafteten Bodentypen nennt *Milne* „Bodentypen-Assoziation", die Art ihrer topographischen Anordnung einen physiographischen Bodentypenkomplex. Da jedes Ökotop auch einen bestimmten Bodentyp aufweist, entspricht ein solcher edaphischer Komplex dem Landschaftsmosaik. Eine besonders regelmäßige Anordnung solcher Bodentypen, die in einem zertalten Hügelland zwischen dem Talgrund und dem Bergrücken aufeinanderfolgen, nennt er „Catena-Komplex", wonach *P. Vageler*[53] unter etwas grober Verallgemeinerung die ganze Art der Darstellung der topographischen Bodentypen als „*Catena-Methode*" bezeichnet hat. Auch die *kartierende Pflanzensoziologie* bewegt sich neuerdings in die gleiche Bahn. *R. Tüxens* Begriff „*Klimaxschwarm*"[54] ist inhaltlich nichts anderes als die in einer Landschaft vorkommende Assoziation von Ökotopen. *P. Knapp*[55] verwendet bereits den Begriff Landschaft. In seiner Stufenleiter pflanzensoziologischer Areale (Regionen-Wuchszonen-Wuchsgebiete-Wuchslandschaften) entsprechen die *Wuchslandschaften*, die eng umgrenzte Raumeinheiten mit einer bestimmten Klimaxvegetation darstellen, etwa den Ökotopen. *A. von Kruedener*[56] nennt die Ökotope „Mikrolandschaftstypen", *Passarge*[57] „Zwergräume" oder „Mikroräume", *J. G. Granö*[58] „Kleinräume". Im Sprachgebrauch des Natur- und Landschaftsschutzes ist der Begriff „Landschaftsteil" eingeführt für kleine Landschaftsausschnitte, die Naturlandschaften darstellen oder einen hohen Landschaftswert besitzen und daher besonders geschont werden sollen, während man unter „Landschaftsbestandteilen" einzelne Gebilde der Landschaften, wie Hecken, Einzelbäume, Ufergehölze, Hohlwege, Steinriegel versteht (so festgelegt in einem Erlaß vom 6. 11. 1935). *E. Markus*, dem wir eine besonders gründliche Analyse des geographischen Landschaftsbegriffes verdanken[59], nennt „die Dinge und Vorgänge, die in einem gewissen Teil der Erdoberfläche lokalisiert und kausal miteinander verbunden sind", Naturkomplexe, dementsprechend die kleinsten homogenen Landschaftsteile der Ökotope „*kleinste Naturkomplexe*". Der Begriff „*Unit Area*" scheint in der britischen und amerikanischen Geographie nicht ganz einheitlich gebraucht zu werden. *P. W. Bryan*[60] versteht darunter kleinste Landschaftsindividuen, wofür *Unstead* (a. a. O.) auch das altenglische Wort „Stow" verwendet, die amerikanische Geographie dagegen Flächen, die im Bezug auf Nutzung und physisch-geographische Natur einheitlich erscheinen und deren Größe von der Landschaft selbst abhängt. Danach hat man die schematische Gliederung des Landes für die Zwecke der Landesplanung als „Unit-Area-Methode"[61] bezeichnet. Da aber in dem Begriff sowohl natürliche Standortsfaktoren als die zufälligen Bodennutzungen eines Neulandes enthalten sind und der Autor auf eine theoretische Ableitung verzichtet hat, ist es nicht möglich ihn methodisch exakt einzustufen. Den von *J. Sölch* 1924 geprägten Begriff „*Chore*"[62] hat man seitdem immer wieder als Terminus für kleinste Landschaftsindividuen angeführt, während ihn der Autor selbst, wie ich mich erst jetzt in der Originalarbeit vergewissern konnte und mir mündlich bestätigen ließ, ganz allgemein für geographische Landschaften verschiedener Art und Größenordnung vorgeschlagen hat. Er unterscheidet weiter zwischen *Physiochoren* (das naturbürtige Aussehen der Erdoberfläche und ihre natürliche Raumgliederung durch „Naturgebietsgrenzen" betreffend), *Kulturchoren* und, wenn sich diese annähernd decken, *Geochoren*.

Der international verständliche Begriff des Ökotops hat seither durch *J. Schmithüsen*[63] noch eine besondere begriffliche Aufspaltung in der Richtung des Landschaftsinhaltes erfahren. Um allen Mißverständnissen aus dem Wege zu gehen, schlägt er vor, diese topographische Grundeinheit nochmals verschieden zu benennen, je nachdem ob nur ihre physiogeographisch-anorganische Einzelausstattung, ihre ganze naturräumliche Ausstattung einschließlich der Lebewelt oder der gesamte physisch-, bio- und kulturgeographische Inhalt verstanden ist. Für die Raumeinheit ohne Einschluß der Lebewelt schlägt er das niederdeutsche Wort „*Fliese*" (= Steinplatte) vor, während Ökotop die Lebewelt oder auch noch die menschlichen Werke mit einschließen soll (naturlandschaftlicher und kulturlandschaftlicher Ökotop). Es darf aber dazu wohl bemerkt werden, daß die Trennung zwischen Fliese und Ökotop keineswegs überall durchgehalten werden kann, jedenfalls dann nicht, wenn die edaphischen Standortsfaktoren erst von Lebewesen geschaffen werden, wie es in Moorlandschaften, Termitensavannen etc. der Fall ist. Umgekehrt sollte man einen schärferen Strich ziehen zwischen der naturräumlichen Ausstattung und den Kulturwerken des Menschen und das Wort Ökotop nur für die kleinsten Landschaftsräume in ihrer natürlichen Ausstattung als Grundlage für ihre Nutzungsmöglichkeit durch den Menschen verwenden. Die Stufenleiter *Physiotop — Biotop — Ökotop* scheint mir die Einführung des schwer verständlichen Begriffes Fliese überflüssig zu machen. Der Unterscheidung von Fliese und Ökotop im Sinne von *Schmithüsen* liegt ein ähnlicher Gedanke zugrunde wie der Gegenüberstellung von „Site" und „Cover forms" in der Landschaftsanalyse von *P. James*[64].

## 4. Landschaftsökologie.

Innerhalb eines Ökotops herrscht die engste Wechselwirkung zwischen den verschiedenen Landschaftselementen. Man pflegt verallgemeinernd meist nur den Dreiklang *Klima-Boden-Vegetation* besonders auszudrücken, muß sich aber bewußt sein, daß zur Pflanzenwelt als ebenso wichtig und in den Kreislauf eingeschaltet die *Tierwelt*, einschließlich der Parasiten und Bodenfauna gehört, daß fast noch wichtiger als der Boden selbst die Art seiner *Wasserführung* und das davon mitbestimmte *Bodenklima* ist und daß das im Haushalt wirksame Klima, das *Mikroklima* oder Kleinstklima, erst durch die Pflanzendecke selbst erzeugt wird. Auch der Boden mit seinen verschiedenen Stockwerken entsteht nicht nur aus dem Gestein unter Mitwirkung von Bodenwasser und Bodenklima, sondern auch der Pflanzen- und Tierwelt. Die räumliche Anordnung der Bodentypen, ausgedrückt im Bodenprofil, entspricht daher fast vollkommen derjenigen der Pflanzendecke. Das Zusammenspiel von Vegetation und biozönotischen Lebenseinheiten mit der Bodenunterlage bringt die geographische Landschaftsforschung, die Bodenkunde und Vegetationsforschung in engste Berührung[65]. *A. G. Tansley* drückt diese sich selbst zusammenhaltende Einheit von Lebensgemeinchaft und Umweltfaktoren mit dem Begriff des „*Ökosystems*" aus.

Im einzelnen mag das Schema Fig. 3 zur Veranschaulichung der zwischen Klima, Boden und Vegetation bestehenden Beziehungen dienen. Als Boden im weiteren Sinne oder *edaphischen Bereich* bezeichnen wir alle unter der Bodenoberfläche angeordneten Erscheinungen mit Ausnahme der Bodenfauna und der Pflanzenwurzeln, also Gestein- und Verwitterungsboden, Grundwasser und Bodenwasserbereiche sowie Bodenklima. Ihm steht der *klimatische Bereich* gegenüber, der sich in das Makro- oder Landschaftsklima und das Mikro- oder Kleinstklima, das bis zur Obergrenze der Vegetation reicht, gliedert. Im Falle einer normalen Waldvegetation teilen wir mit *R. Geiger* das Mikroklima weiter in bodennahes, Stammraum- und Kronenraumklima, die für einzelne Teillebensgemeinschaften (Rindenvegetation, Epiphyten) ausschlaggebend sind. Die Vegetation steht insofern im *Mittelpunkt des ganzen Ökosystems*, als sie durch ihre Existenz das Mikroklima bestimmt, durch ihre Rückstände die Bodenverwitterung beeinflußt und durch ihren Wasserhaushalt direkt oder über das Mikroklima auch das Verhalten des Bodenwassers und das Bodenklima reguliert. Auf der anderen Seite ist aber die Gesamtvegetation durchaus vom Makroklima und vom Boden im weiteren Sinne abhängig. Die umfassende und übersichtliche Kenntnis der mikroklimatischen Verhältnisse, über die wir heute verfügen, verdanken wir im wesentlichen *R. Geiger*[66]. Die Abhängigkeit der Vegetation von den edaphischen Bedingungen, in deren Mittelpunkt die Ernährungsökologie und der Wasserhaushalt der Vegetation stehen, vermittelt uns die ökologischen Pflanzengeographie. Vor uns liegt noch ein weites Feld der Forschung, das den Haushalt der gesamten Lebensgemeinschaften betrifft. Die Hauptschwierigkeit liegt darin, daß es kaum einem einzelnen Forscher

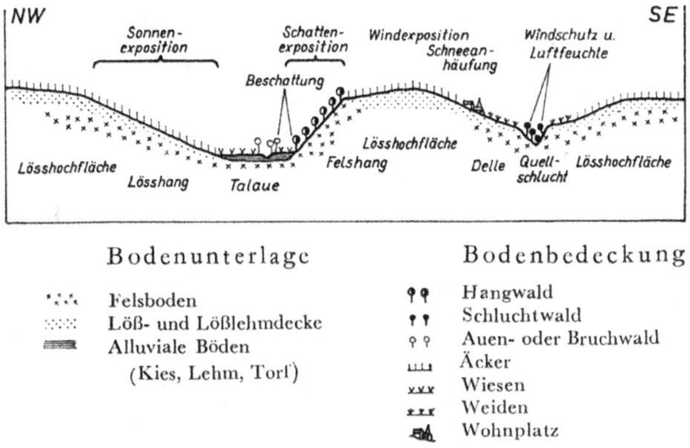


Fig. 4. Landschaftsprofil mit Eintragung der Bodenunterlage („Site"), der Bodenbedeckung („Cover") und der lokalklimatischen Differenzierung (in Anlehnung an Fig. 1 und 2).

vergönnt sein kann, die Lebensverhältnisse und den Naturhaushalt aller in einer Biozönose vereinigten Tierformen zu überblicken. Zu einem gewissen Abschluß ist die Biozönologie nur für die Lebensgemeinschaften des Süßwassers in der modernen Limnologie (*A. Thienemann, F. Ruttner* u. a.) gekommen. Für festländische Biozönosen mögen Arbeiten über den tropischen Regenwald richtungweisend sein[67]. Erst wenn es uns einmal möglich ist, den gesamten biochemischen Haushalt, der zwischen den Produzenten, Konsumenten und Reduzenten der großen Lebensgemeinschaften der Erde besteht, zu überblicken, ist das Ziel der Landschaftsökologie einigermaßen erreicht.

Wenn in einem Ökosystem durch einen natürlichen oder künstlichen Eingriff das Vegetationskleid verändert oder gar zerstört wird, ändern sich selbstverständlich der gesamte Haushalt und das gesamte Wechselspiel der Landschaftselemente, das Mikro- und Bodenklima, das Verhalten des Bodenwassers und die Bedingungen der Bodenverwitterung. Bleibt die Natur sich selbst überlassen, so sucht sie das gestörte Gleichgewicht von selbst wieder herzustellen, indem sich die Vegetation und mit ihr der Boden über eine ganze Kette von „*Sukzessionen*" wieder langsam regeneriert. Alluvionen der Flüsse, Dünen, Deltas, Bergrutsche, Quelltrichter, Lawinenbahnen liefern Beispiele in Fülle.

Wenn wir den landschaftsökologischen Blickpunkt von einem einzelnen Ökotop auf den Landschaftskomplex einer ganzen Landschaft richten, so macht sich der Wechsel der topographischen Lage nicht nur in den Erscheinungen der Bodenzusammensetzung, sondern auch in klimatischen Differenzierungen mittlerer Größenordnung bemerkbar, die sich zwischen dem Makro- und Mikroklima bewegen. Wir fassen solche Klimaunterschiede, wie sie durch Strahlungs-, Regen- und Windexposition, Beschattung, Schneeansammlung usw. im Wechsel von Mulde, Hang, Schlucht, Kamm und Gipfel zustande kommen, als *Lokalklima*, topographisches oder Geländeklima zusammen. Zur Veranschaulichung diene das ideale Landschaftsprofil Fig. 4, das an das Beispiel von Fig. 1 und 2 anschließt und ohne weiteres verständlich sein dürfte.

Der Blick in die innere Struktur der Landschaft läßt es nunmehr auch verstehen, daß wir einer geographischen Landschaft und zwar nicht nur einem Landschaftsindividuum, sondern vor allem auch dem Ökotop den Charakter einer Ganzheit oder Gestalt zuerkennen. Denn aus dem räumlichen Zusammentreten der einzelnen Landschaftselemente zum Ökotop entsteht nicht nur eine Einheit, sondern ein harmonisches Gefüge einzelner Teile, die sich gegenseitig tragen und für sich allein nicht bestehen können. Nur eine auf das Ganze gerichtete Betrachtungsweise ist in der Lage, ein Ökotop vollkommen zu erfassen. Daraus ergeben sich aber auch zwei *methodische Folgerungen* für die Geographie. Die eine betrifft die Methode der Landschaftsgliederung, die andere die Darstellung. Man hat lange Zeit Versuche angestellt, Landschaftsräume der Erde mechanisch-analytisch dadurch abzugrenzen, daß man die Verbreitung der einzelnen Landschaftselemente zeichnete, um aus der Kartendeckung solcher Linien scharfe Grenzen oder aus dem nahen Zusammentreten Grenzgürtel zu gewinnen (*kartographische Methode*). Hierher gehören die älteren Arbeiten der *Passarge*schen Schule, die gründlichen Arbeiten *Granös* über die geographischen Gebiete Estlands und Finnlands und die „*Grenzgürtelmethode*“ von *O. Maull*, die es ihm ermöglicht hat, am Beispiel des Pannonischen Beckens den Kernraum Ungarns von den Randgebieten zu sondern und als solchen zu definieren und ebenso einen Vorschlag für die Kerngebiete und Grenzgürtel der Tropenzonen zu gewinnen[68]. Aber schon *Hassinger*, *Lautensach* und *Bürger* haben die Mängel dieser Methode dargetan. Das Erlebnis charakteristischer Landschaften als Ganzheit legt es nahe, in mehr intuitiver Weise vorzugehen, die Idee und das Wesen einer oder mehrerer benachbarter Landschaften zu erfassen, die wesentlichen Landschaftsfaktoren in ihrem Zusammenspiel zu betrachten und so vom Ganzen her zu einer Grenzziehung im Einzelnen vorzuschreiten. Aus der gleichen Sicht heraus erscheinen auch die Methoden unbefriedigend, die die Darstellung des Landschaftscharakters in vereinfachten Zahlen in Buchstabenformeln auszudrücken versuchen. Sie sind zuerst von *J. G. Granö* und dann von der amerikanischen Geographie[69] angewandt worden. Für die Entwicklung der Kenntnisse und Methoden haben sie zweifellos ihren Wert. Sie reichen aber nicht aus, um das innige Verwobensein der Dinge und die funktionale Landschaftsstruktur anschaulich zu machen.

## 5. Zur Gliederung von Kultur- und Wirtschaftslandschaften.

Bei der Landschaftsgliederung war bisher bewußt nur von der naturräumlichen Gliederung die Rede, die die Anordnung der physischen Landschaften zu erfassen sucht. Aber auch das Kultürliche in der Landschaft folgt gewissen Gesetzmäßigkeiten der Gruppierung, die es bei der kulturräumlichen Gliederung zu erfassen gilt. Zu einer vollständigen Gliederung von Kulturlandschaften gehören aber beide Anordnungen in ihrer gegenseitigen Durchdringung. Bei der Zusammenschau natur- und kulturlandschaftlicher Merkmale zu den komplexen Gebilden der Kulturlandschaft türmen sich dem Geographen große Probleme auf, die zu einer befriedigenden Klärung wohl noch jahrzehntelanger Forschungsarbeit bedürfen. Dem Verteilungsbild von Kulturerscheinungen unterliegen selbstverständlich ganz andere Kausalitäten, die sich über die mechanischen und biologischen des Naturhaushaltes lagern. Sie ergeben sich aus der geistigen Struktur der sozial gegliederten Menschheit (Familien, Sippen, Gemeinden, Genossenschaften, Unternehmerverbände, Völker, Staaten) und wirken sich funktional in der Befriedigung der materiellen und ideellen Bedürfnisse der menschlichen Gruppen aus. Die Landesnatur bestimmt nicht zwangsmäßig die Formen der menschlichen Arbeit. Sie bietet ihr nur gewisse Möglichkeiten und Anregungen, setzt ihr aber andererseits ziemlich feste Grenzen. Indem der Mensch die ihm von der Natur gebotenen Möglichkeiten ausnützt, steht er mit der physischen Landschaftsstruktur in inniger Wechselwirkung. Bei der Kulturlandschaftsforschung kommt es, wie *Schmithüsen*[70] sagt, auf die „Wechselwirkung bzw. das Aufeinandereinspielen der beiden Gestaltpläne, des Naturplanes und des kulturellen Leistungsplanes“ an. „Der von der natürlichen Ausstattung her vorgegebene Plan enthält — vom Menschen aus gesehen — in seinem räumlichen Aufbau eine bestimmte Anordnung von Eignungen zu Leistungen (Nutzungsmöglichkeiten)“. Der kulturelle Gestaltplan der

Erde, der seine Wurzel in den menschlichen Gemeinschaften hat, gliedert sich ähnlich wie der Naturplan in Stufen verschiedener Größenordnung. Den großen, über die Grenzen der Kontinente ausgreifenden Landschaftsgürteln der naturräumlichen Gliederung entsprechen in der kulturellen Ordnung die Kulturreiche der Erde, den kleinsten Einheiten des Naturraumgefüges etwa die Gemeinschaften einer Dorfbevölkerung, die den ihr zugehörigen sches, anglo-amerikanisches, latein-amerikanisches, russisches, ostasiatisches, indisches, indonesisches, orientalisches, neger-afrikanisches usw. Kulturreich); 2. die allgemeine Form der wirtschaftlichen Bodennutzung (Pflugbau, Gartenbau, Reisbau, Plantagenbau, Oasenbau, Wanderhackbau, nomadische Viehwirtschaft, Farmviehwirtschaft, Bergbau- und Industriewirtschaft), die in einer engen Abhängigkeit von den natürlichen Landschaftszonen stehen und

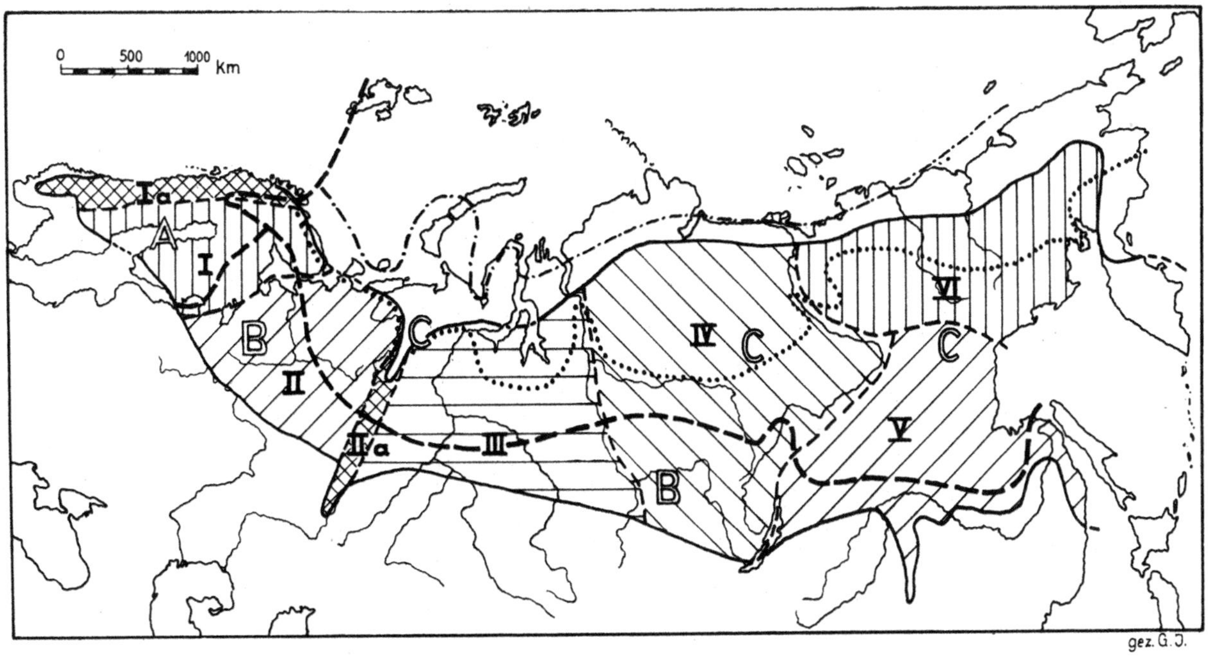


Borealer Nadelwaldgürtel

Gebirgszonen

Grenzen der Kulturreiche

A Europäisch-abendländisches Kulturreich

B Russisches Kulturreich

C Paläarktisches Kulturreich

Nordgrenze der Ökumene

nördliche Grenze des Ackerbaues

I—VI Naturräumliche Landschaftsabschnitte des Nadelwaldgürtels

I Fennoskandien
1 a Skandinavisches Gebirge (Skanden)
II Nordrussisches Nadelwaldgebiet
II a Ural
III Westsibirische Tiefebene
IV Mittelsibirisches Schollenland (Angaraland)
V Transbaikalien
VI Nordostsibirisches Nadelwaldgebiet

Fig. 5. Die naturräumliche und kulturräumliche Gliederung des borealen Nadelwaldgürtels in Eurasien.

Siedel- und Nährraum kulturell und wirtschaftlich gestaltet. *In der räumlichen Durchdringung des Natur- und Kulturplanes im Großen und im Kleinen liegt der Schlüssel für das Verständnis der gesamten Landschaftsstruktur der Erde.*

In seiner anthropogeographischen Gliederung der Erde nach der Kulturlandschaft hat *F. Jaeger*[71] den *kulturellen Strukturplan der Erde* in groben Umrissen auch kartographisch darzustellen versucht. Er unterscheidet dabei drei Gesichtspunkte: 1. Die Zugehörigkeit zu einer der 14 großen *Kulturgemeinschaften (Kulturkreise oder Kulturreiche)*, die auch gleichzeitig die Zugehörigkeit zu einem bestimmten Typus der staatlichen Herrschaftsformen bedeutet (europäi-

den Landbauzonen verglichen werden können; 3. der Grad der kulturlandschaftlichen Umgestaltung der Erde, für die die Bevölkerungsdichte einen gewissen Wertmesser darstellt. Eine wichtige Ergänzung für die Auffassung der Kulturreiche in ihrer historischen Dynamik hat *H. Schmitthenner*[72] gegeben, indem er der gegenseitigen Durchdringung der Kulturräume der Erde von den Kerngebieten der Hochkultur aus nachging.

Betrachten wir mit solchen Blickpunkten den *borealen Nadelwaldgürtel Eurasiens*, den wir oben schon naturräumlich gegliedert haben, so zeigt sich, daß der einheitliche Landschaftsgürtel drei verschiedenen Kulturreichen angehört, dem europäisch-abendländischen in Skandinavien und Finnland, dem russischen von Ostkarelien bis über die Dwina und dem paläarktischen im größten restlichen Teil der von den verschiedenen arktischen Kulturvölkern bewohnt wird. Die Grenzen der Kulturreiche fallen keineswegs mit der naturräumlichen Gliederung zusammen, auch nicht die Grenze zwischen dem abendländischen und dem russischen. Denn Ostkarelien, naturräumlich und ursprünglich auch nach der Kultur seiner Bewohner zweifellos zu Fennoskandien gehörig, ist durch die russische Kolonisation heute dem nordrussischen Kulturlandschaftsgebiet eingegliedert.

Nach dem zweiten Gesichtspunkt der wirtschaftlichen Bodennutzung wird der boreale Nadelwaldgürtel in seiner Längserstreckung geteilt in die nördliche anbaufreie Zone der Rentiernomaden und Wildbeuter und in die südliche Zone mit sporadischem Ackerbau. Diese Zonierung bezieht sich gleichzeitig auch auf den dritten Gesichtspunkt, den Grad der kulturlandschaftlichen Umgestaltung, der bisher nur vereinzelte Kulturlandschaftsinseln in der Naturlandschaft erzeugt hat.

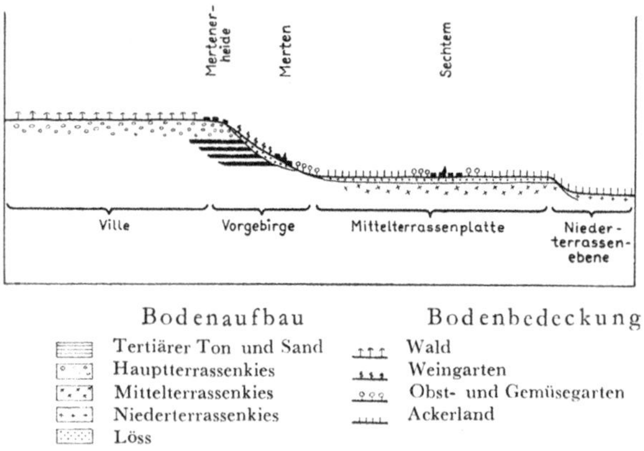


Fig. 6. Landschaftsprofil durch Ville und Vorgebirge nordwestlich Bonn nach dem Stand von 1810.

An diesem einfachen und vergröberten Beispiel mag immerhin klar geworden sein, wie sich im Großen naturräumliche und kulturräumliche Gliederungen durchdringen und wie wir aus der Interferenz und Vergitterung beider zur Ausscheidung von größeren Kulturlandschaften kommen. Vereinzelt gibt es auf der Erde auch Naturlandschaftsgrenzen von solcher Durchschlagskraft, daß sie auch zu Grenzen von Kulturreichen geworden sind. Die Grenze zwischen dem orientalischen und negerafrikanischen Kulturreich im Sudan ist wohl das schönste derartige Beispiel.

Lenken wir unseren Blick nunmehr auf die kleinräumige *Struktur der Kulturlandschaften.* Wir haben oben das Beispiel einer bäuerlichen Kulturlandschaft aus dem Bergischen Land gewählt, weil in ihr noch eine sehr enge Abhängigkeit der Bodennutzung von der Naturraumgliederung besteht. Dabei ist fast jedes Ökotop einer Nutzung unterworfen, für die es auf Grund seiner Naturausstattung und seines Landschaftshaushaltes besonders geeignet erscheint. Zwar liegt auch dort die Nutzungsform keineswegs absolut fest, sondern kann sich mit der Entwicklung der bäuerlichen Wirtschaft ändern. Die hausnahen Weiden z. B., die sich heute in den Quellmulden der Hochflächen ausbreiten, sind erst in den letzten Jahrzehnten entstanden. Aber das Verbreitungsgefüge der Bodennutzung und der gesamten bäuerlichen Agrarlandschaft einschließlich der Siedlungslagen und des Wegenetzes steht noch in so engem Einklang mit dem Naturlandschaftsplan, daß wir gedrängt sind, von einer *harmonischen Kulturlandschaft* zu sprechen[73]. In einem solchen Falle bestehen auch keine Bedenken, den Begriff der „natürlichen Landschaft" mit Einschluß der Kulturelemente zu verwenden. *F. Huttenlocher*[74] möchte den Begriff der geographischen Landschaft ganz auf solche Fälle beschränken, sonst aber von länderkundlichen Einheiten sprechen.

Im allgemeinen aber stellen sich in dem Augenblick, wo der wirtschaftende Mensch in das System eintritt, neue Raumbeziehungen ein, die auf seine soziologische Struktur und auf die von ihm verfolgten ökonomisch-betriebswirtschaftlichen Funktionen zurückgehen. Wenn diese die naturgegebenen Unterschiede überdecken, kann man von *Disharmonie der Landschaftsstruktur* sprechen.

Ein Beispiel möge dies verdeutlichen, nämlich das *Vorgebirge* in der niederrheinischen Landschaft zwischen Bonn und Köln, von dem wir eine sorgfältige Nutzflächenkartierung von *H. Müller-Miny*[75] besitzen (Fig. 6—8). Von der Hochfläche der Ville, einer von Hauptterrassenschottern gebildeten, bewaldeten Platte, fällt das Land über einen von mächtigen Lößlagern überkleideten Steilabhang, das sogenannte Vorgebirge und weiter über eine lößbedeckte Mittelterrassenplatte zur Niederterrassenebene des Rheines ab, die noch von einigen feuchteren Rinnen durchzogen ist (Fig. 6). Im Jahre 1810 war die Kulturlandschaft noch in enger Anlehnung an die Naturgliederung entwickelt (Fig. 7). Die Schotterhochfläche der Ville war bewaldet mit Ausnahme einiger, von einer dünnen Lößdecke überzogener Flächen. An diesen Stellen hatte sich außer der dichten Zeile von Vorgebirgsdörfern am Fuß des Lößhanges eine zweite Dorfreihe am oberen Rand gegen die Hochfläche gebildet. Die Dörfer des Vorgebirges waren von Weinbergen und in Hausnähe von kleinen Obst- und Gemüsegärten umgeben, dazwischen breitete sich Feldland aus, das die weiten Ebenen der Mittel- und Niederterrassen geschlossen überzog. Dort unterbrachen nur die Hausgärten um die weitständigen Dörfer (Sechtem), die Wiesen in den feuchten Rinnen von Bornheim und Roisdorf und kleine Restgehölze auf sandigen Böden die einheitlichen Getreidefluren. Dieses Bild hat sich im Laufe der letzten 100 Jahre von Grund auf geändert. Der Weinbau verschwand, an seiner Stelle entfaltete sich der Gartenbau mächtig, zunächst unter Bildung eines schmalen Gürtels, der den ganzen Lößhang des Vorgebirges überzog. In neuerer Zeit aber (Fig. 8) hat der Gartenbau einen derartigen Aufschwung erfahren und erfährt ihn noch, daß er einerseits vom Hang des Vorgebirges schon weit in die Ebene hinaus vorgestoßen ist und sich dort bereits mit dem gleichfalls wachsenden Gartenbauring von Sechtem berührt — das Feldland immer mehr einengend —, andererseits auch von den armen Schotterböden der Villehochfläche Besitz ergreift, wobei er sogar den Heidewald durch Erdbeer-, Himbeer- und Kirschkulturen unmittelbar verdrängt. Außerdem ist in der Ville von der Breite von Walberberg an nach Norden durch den Tagebau auf die mächtigen Braunkohlenschichten, die unter der Hauptterrassendecke lagern, an die Stelle des Waldes eine geschlossene Bergbaulandschaft getreten.

Für uns ist die wichtigste Frage: Welche Kräfte haben diesen Wandel der Landschaft ausgelöst?

Zweifellos liegen sie in der allgemeinen Entwicklung der Wirtschaft, des Verkehrs und der Bevölkerung in den letzten hundert Jahren. Die wachsende Bevölkerung der Städte und der Industriegebiete hat einen immer größeren Bedarf an Gartenerzeugnissen, der in der Hauptsache in der Nähe gedeckt werden muß. Wo die soziologischen und betriebswirtschaftlichen Voraussetzungen und die Tradition vorhanden sind, ist die Tendenz vorhanden, immer mehr Ackerland in das ertragreichere Gartenland zu verwandeln. Das Übergreifen auf die Schotterböden der Ville zeigt, daß die Lage zu den Gartenbaudörfern durchschlagender ist als die Natur des Bodens. Aber im ganzen Verteilungsbild der Kulturlandschaft schimmert immer noch der Naturplan, der Unterschied von Schotterhochfläche, Lößhang und Terrassenplatte durch. Die Ausdehnung des Gartenlandes aber geht ohne Rücksicht darauf nach der ökonomischen Lage vor sich. Dabei ist nicht zu vergessen, daß sich der Gartenbau genetisch aus der dorfnahen Weinhäckerwirtschaft der alten Zeit herausentwickelt hat. Für die Bergbaulandschaft der Ville, die sich vorläufig auf die leicht im Tagebau erreichbaren Kohlenschätze beschränkt hat, liegen die entsprechenden Kräfte zunächst im Naturbereich, allerdings in den Naturgrundlagen der geologischen Landschaft der tieferen Bodenschichten. Sie wächst an Stelle von Wäldern und bäuerlichen Dorffluren geradezu aus dem Boden, fegt soweit sie sich ausdehnt, diese vollkommen hinweg und hinterläßt nach einem kurzen Dasein eine ganz junge Landschaft, in der neue Siedlungen angelegt sind und deren Wert für die Zukunft ganz davon abhängt, wie sorgfältig man bei der Umschichtung der Böden die Gesichtspunkte der Landschaftsgestaltung von Anfang an beachtet hat. Die für die nächste Zeit geplante Verlagerung der Braunkohlenbergbau-Landschaft unterliegt zum Teil ganz neuen Voraussetzungen technischer Art (Tieftagebau, Tiefbau), zum Teil agrarpolitischen Problemen, da die entsprechenden Gebiete mit den reichsten Agrarlandschaften zusammenfallen.

Im Kartenbild von Fig. 8 liegen drei ausgeprägte „Wirtschaftsformationen" im Sinne von *L. Waibel*[76] deutlich abgegrenzt nebeneinander. Sie bilden, wie *Hassinger*[77] sich ausdrückt, ein klares „Wirtschaftsraumgefüge". Aber wir sehen darin zweierlei Gruppen von Kräften, die mehr ***statisch wirkenden Naturkräfte*** und die ausgesprochen ***dynamischen Kulturkräfte***. Der Forderung von *J. O. Broek*[78], die Kulturlandschaften als wachsende oder schrumpfende Raumeinheiten zu verstehen, kann also gut Rechnung getragen werden.

Das spezielle kartographisch unterbaute Beispiel diene als Ausgangspunkt für einen abschließenden Blick auf die Wirtschafts- und Kulturlandschaften im allgemeinen. Auch bei dem Raumgefüge der Wirtschaftslandschaften der Erde handelt es sich wie bei den Naturräumen um eine Stufenleiter ganz verschiedener Dimension. *H. Carol*[79] hat im Anschluß an die Bearbeitung einer methodisch fein durchdachten wirtschaftsgeographischen Karte der Schweiz theoretische Betrachtungen über das Gefüge der Wirtschaftslandschaften angestellt. Er bezeichnet eine durch eine Wirtschaftsorganisation mitbestimmte Landschaftseinheit eine „funktionale Einheit der Wirtschaftslandschaft" oder abgekürzt „*Funktional*", im Gegensatz zur rein physiognomischen Einheit des „*Formals*". Jede Wirtschaftslandschaft ist das Ergebnis von Interferenzen zwischen dem Naturplan und dem ökonomischen Gestaltungsplan. Um die ökonomischen Kräfte säuberlich zu isolieren, bedienen wir uns der deduktiven Ableitung unter der Annahme völlig einheitlicher Naturfaktoren, wie es schon *J. H. Thünen* in seiner Lehre vom isolierten Staat und später *W. Christaller* in seiner Lehre der zentralen Funktionen getan haben. Die kleinste wirtschaftliche Einheit einer Agrarlandschaft stellt der *Einzelhof* mit der zugehörigen geschlossenen Hofflur dar. Die Nutzflächen darin verteilen sich nach der natürlichen Eignung des Geländes und nach der Lage der Flurstücke zur Hofstätte, weil die entfernteren Teile nur extensiv, jedenfalls nicht so intensiv wie die hofnahen bewirtschaftet werden können. Gewöhnlich treten ganze Gruppen ähnlicher Betriebe zu *Gruppensiedlungen*, Weilern und Dörfern zusammen. Dann haben wir bereits zu unterscheiden zwischen dem gemeinsamen Wohnplatz und einer viel größeren Flur. Diese ist wesentlich differenzierter als die Hofflur. Denn entsprechend den größeren Entfernungen von den Hofflächen wird sich das Prinzip der Intensitätsringe noch stärker bemerkbar machen, unter Umständen durch Teilung in hausnahe Gärten, dorfnahe Weiden, Innenfeld, Außenfeld, Allmende). Dazu kommt jetzt die von der Sozialstruktur des Dorfes abhängige Besitzverteilung (Gewannflur, Blockflur, Zelgenflur, Waldhufenflur, Flurumlegung usw.). Es überdecken sich in diesem Falle bereits *drei Ordnungspläne*. Am schönsten hat dies *W. Müller-Wille*[80] am Beispiel einer rheinischen Agrarlandschaft dargetan. Bei weiterer Umschau stellt sich heraus, daß bei der Wahl der Wohnstätten und der Fluren keineswegs die Tendenz besteht, naturräumliche Einheiten zu bewirtschaften. Abgesehen von der Rücksichtnahme auf topographische Lage (Wasserbeschaffung, Lokalklima) sucht der wirtschaftende Mensch möglichst vielseitige Nutzungsflächen (Acker, Wiese, Weide, Wald, Wasserfläche) um seinen Wohnplatz zu vereinigen, was mit Vorliebe zur *Wohnplatzwahl* an der

Grenze von Kleinlandschaften oder Ökotopen führt. Kleinere oder größere Gruppen ähnlich aufgebauter Wirtschaftseinheiten (Gemarkungen) setzen eine *kleinste Wirtschaftslandschaft* zusammen. Die ökonomischen Funktionen auch rein bäuerlicher Landschaften sind dabei meist nicht geschlossen. Benachbarte Wirtschaftslandschaften treten untereinander Beispiel Württembergs das Zusammenspiel des ländlichen Siedlungsgefüges mit der Naturraumgliederung zu Kulturlandschaften dargestellt.

Verlassen wir den Bereich der reinen Agrarwirtschaft und wenden wir den Blick noch den *komplexen Wirtschaftslandschaften zu*. Ein großes Feld kulturlandschaftlicher Forschung betrifft das sozial-

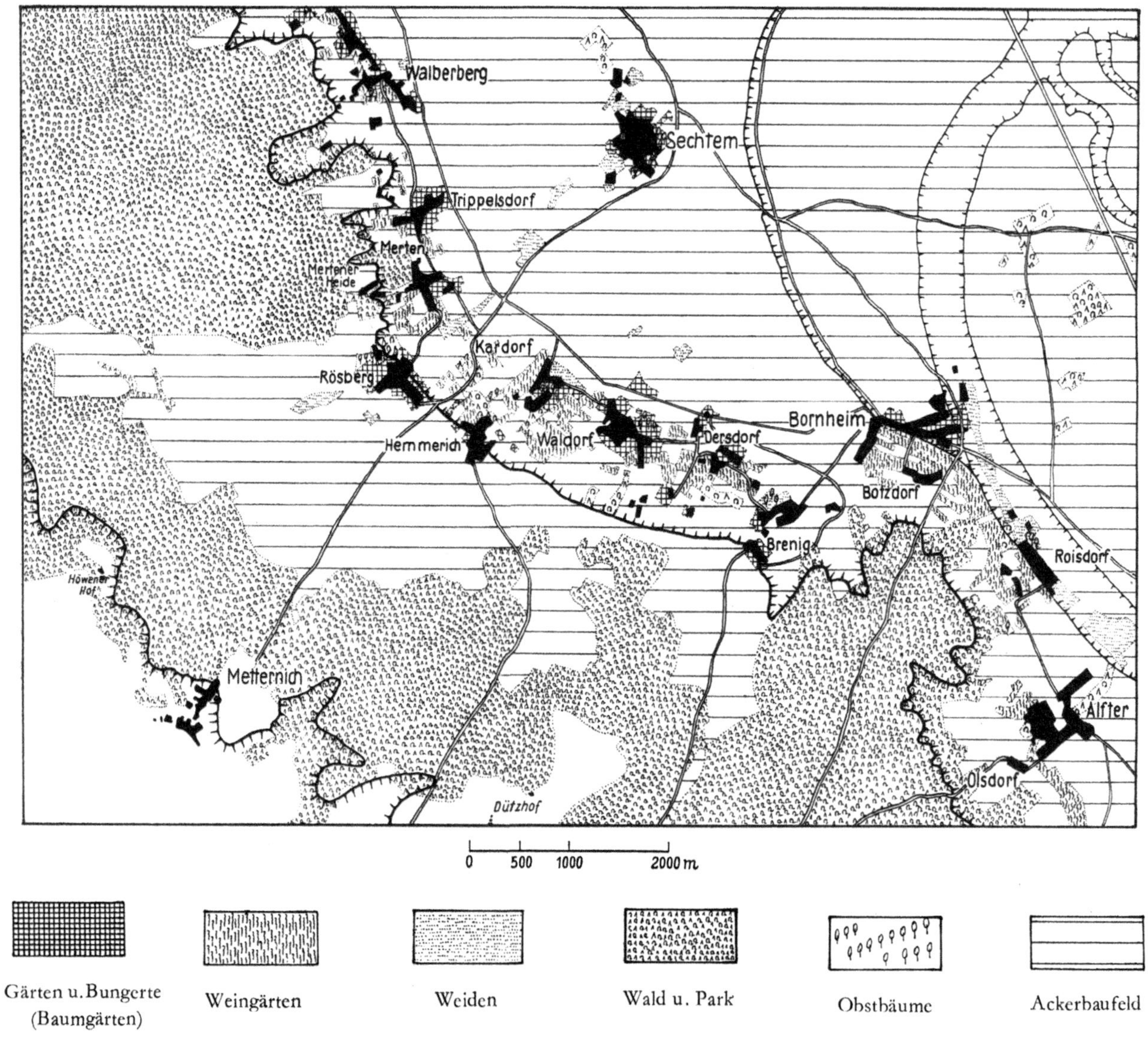


Fig. 7. Landschaftsausschnitt von Ville und Vorgebirge nordwestlich Bonn mit der Kulturartenverteilung im Jahre 1810 (nach KUPHAL).

in agrarwirtschaftliche Wechselbeziehung. Kornreiche Ackerebenen tauschen mit wiesenreichen Niederungen ihre Erzeugnisse, die Weinbautäler des Rheinlandes beziehen den Stalldünger für ihre Weinberge von den umliegenden Bergländern, die Rindviehzucht sondert sich in Aufzucht-, Mast- und Milchwirtschaft mit regelmäßigem Standortswechsel zwischen verschiedenen Landschaften, die „Alpwirtschaftssysteme" der Alpen führen das Vieh im Laufe des Jahres durch die verschiedenen Höhenstufen des Gebirges. Allerneuestens hat *F. Huttenlocher* (a. a. O.) in einer methodisch feinsinnigen Arbeit am geographische Raumgefüge zwischen *Stadt und Land*. Hatte *J. H. von Thünen* dabei nur die Gliederung der Agrarlandschaft mit Hinblick auf ein konsumierendes städtisches Zentrum im Auge[81], so untersuchte *W. Christaller*[82] erstmals die Lage der größeren Ortschaften, die im Verhältnis zu ihrer ländlichen Umgebung zentrale Funktionen wirtschaftlicher, verwaltungsmäßiger und kultureller Art ausüben. In der Raumstruktur solcher Wirtschaftslandschaften machen sich, wenn es sich um eine regelmäßige Verteilung von „*zentralen Orten*" verschiedener Rangordnung handelt, wieder *strahlenförmig und ringför-*

*mig wirkende Kräfte* bemerkbar. Ganze Industrielandschaften treten mit benachbarten oder auch entfernteren Agrarlandschaften in eine soziologische Wechselwirkung, indem sie kleinbäuerlichen Betrieben ohne ausreichende Ackernahrung zusätzliche Arbeitsmöglichkeiten im täglichen oder jahreszeitlichen Pendelverkehr bieten. Ein schönes Beispiel bietes im Osten konnten hier wie dort infolge des möglichen Nebenverdienstes Klein- und Kleinstbetriebe von Arbeiterbauern entstehen, während in der Mitte die rein bäuerliche Form erhalten blieb. Dies äußert sich wieder in der Kulturartenverteilung, in dem mehr autarken, auf Kartoffel- und Milcherzeugnisse gerichteten Familienbetrieb der Arbeiter-

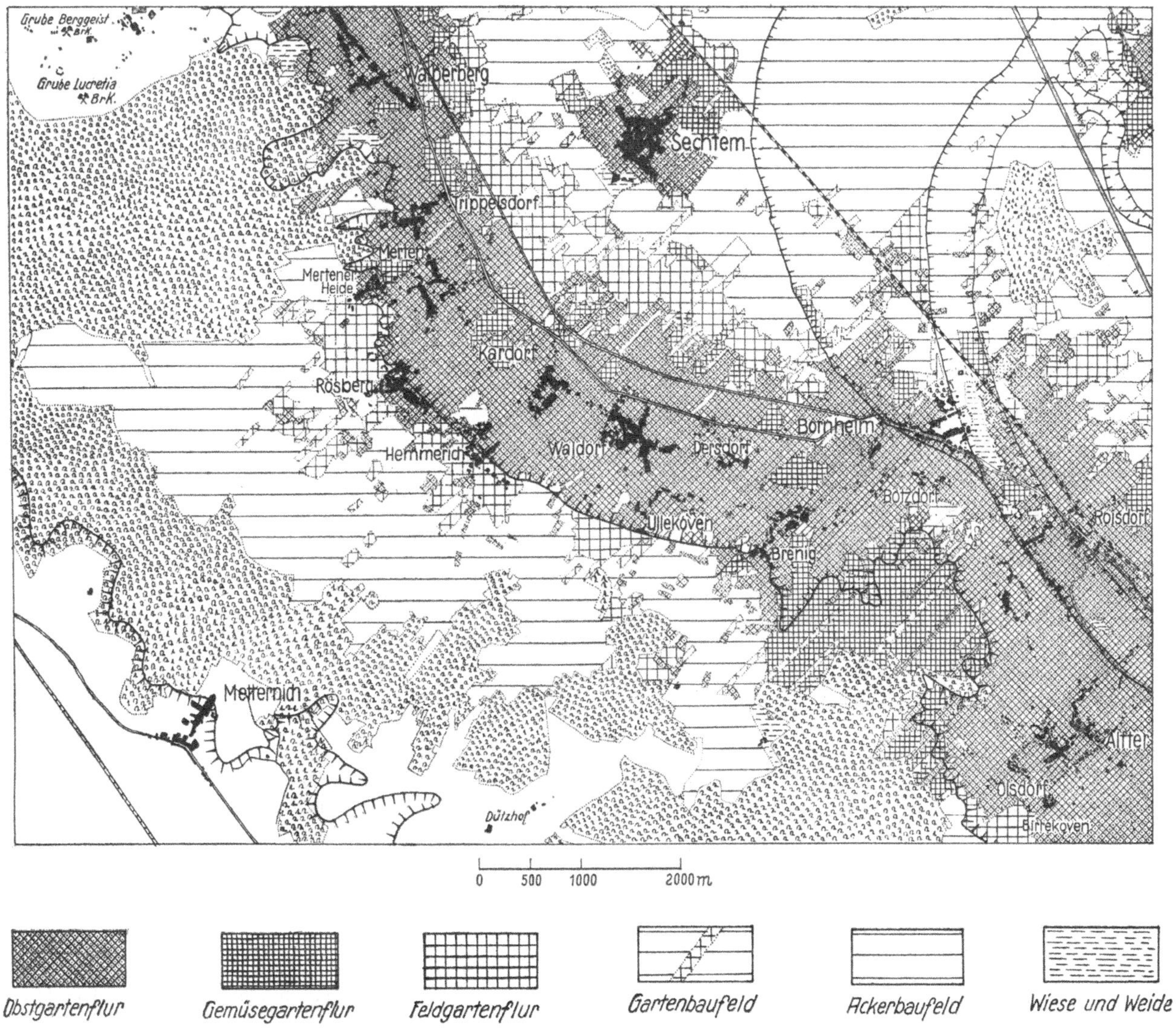


Fig. 8. Derselbe Landschaftsausschnitt wie Fig. 7 mit der Kulturartenverteilung von 1944.

hat *G. von Siemens*[83] im Rheinland analysiert. Das Oberbergische Land zwischen der Kölnischen Tieflandsbucht und der Wasserscheide an der westfälischen Grenze, dem auch das Beispiel von Fig. 1 und 2 entnommen ist, zeigt zunächst eine klare naturräumliche Gliederung von West nach Ost: mit der Höhenlage abnehmende Temperaturen, zunehmende Niederschläge und entsprechend abnehmende Bodengüte. Über das dadurch bedingte agrarökologische Gefüge legt sich aber ein sozialgeographisches Kräftesystem: durch die Nähe des Siegburger Industriegebietes im Westen und durch die bodenständige Eisen- und Textilindustrie des Aggerquellgebauern und dem stärker dem Körnerbau zugewandten normalen Bauernbetrieb.

Noch größere Dimensionen nehmen Strukturkräfte der Wirtschaftslandschaft an, die sich aus der *Beziehung der Seehäfen und ganzer Hafenzonen zu ihrem Hinterland* ergeben, wobei die binnenwärtigen Verkehrsverbindungen durch Eisenbahn und Wasserstraßen eine entscheidende Rolle spielen. Da aber die Hafenstädte ebenso auch Beziehungen nach überseeischen Rohstoff- und Absatzmärkten und zu marinen Fischereigebieten entfalten, leiten sie bereits zu den Raumbeziehungen der gesamten Weltwirtschaft über. Die *Wirtschaftslandschaften der Erde* stellen ein

Wirtschaftsraumgefüge größter Dimension dar, in dem sich natur- und kulturräumliche Kräfte ebenso überschneiden wie im kleinen Raum des Landschaftsmosaiks die Ökotope und die Nutzflächen einer bäuerlichen Feldflur. Für beide gilt der Satz von *H. Gutersohn*[84]: „Die verschiedensten Voraussetzungen natürlicher, wirtschaftlicher, technischer, soziologischer und psychologischer Art geben stets neue Impulse, welche die Landschaft auf ihre Weise wandeln. Jeder dieser Impulse ist Ausgangspunkt von Entwicklungswellen, stärkeren und schwächeren, rascher und langsamer fortschreitenden, periodischen und unperiodischen, die sich, alle möglichen Interferenzen bildend, gegenseitig überlagern und schließlich zusammen das Bild der Kulturlandschaft ergeben." Die funktionale Analyse ihres Erscheinungsbildes und das geistige Wiederzusammenfügen zu landschaftlichen Ganzheiten ist ein zentrales Anliegen der wissenschaftlichen Geographie unserer Tage.

*Anmerkungen.*

1 *Hassinger, H.*, Über einige Aufgaben geographischer Forschung und Lehre. Kartogr. und schulgeogr. Ztschr., 8, Wien 1919.

2 *Volz, W.*, Das Wesen der Geographie in Forschung und Darstellung. Schles. Jahrb. f. Geistes- u. Naturwiss., 2, Breslau 1923.

3 *Burkamp, W.*, Die Struktur der Ganzheiten. Berlin 1929. — *Smuts, J. C.*, Holisme and Evolution. London 1927.

4 *Volz, W.*, Geographische Ganzheitlichkeit. Ber. Sächs. Akad. Wiss. Leipz. Math.-Phys. Kl., 84, 1932. — *Plewe, E.*, Randbemerkungen zur geographischen Methodik. Geogr. Ztschr. 1935. — *Bürger, K.*, Der Landschaftsbegriff. Dresden. Geogr. Stud., 7, Dresden 1935. — *Wörner, R.*, Das geographische Ganzheitsproblem vom Standpunkt der Psychologie aus. Geogr. Ztschr. 1938. — *Lautensach, H.*, Über die Erfassung und Abgrenzung von Landschaftsräumen. Compt. Rend. Congr. Intern. Géogr. Amsterdam 1938, T. II, Sect. V, Leiden 1938.

5 *Banse, E.*, Die Geographie und ihre Probleme, Berlin 1932.

6 *Vierkandt, A.*, Gesellschafts- und Geschichtsphilosophie. Lehrb. d. Philos. v. *M. Dessoir.* Berlin 1925.

7 *Passarge, S.*, Physiogeographie und vergleichende Landschaftsgeographie. Mitt. Geogr. Ges. Hbg., 27, 1913.

8 *Oppel, A.*, Landschaftskunde, Versuch einer Physiognomie der gesamten Erdoberfläche etc. Breslau 1884. — *Wimmer, I.*, Historische Landschaftskunde. Innsbruck 1885.

9 *Waibel, L.*, Besprechung von K. Bürger „Der Landschaftsbegriff" in Dt.Lit.Ztg. 1936.

10 *Trübners* Deutsches Wörterbuch, hrsg. v. A. *Götze*, 4. Bde. Berl. 1943. — Für freundl. Hilfe bei der Klarstellung der philologischen Seite danke ich Herrn Prof. W. *Betz*-Bonn herzlich. Manche Anregung gab auch die Dissertation meiner Schülerin *M. Gurlitt-Jansen* „Die Geschichte der Alpenforschung und die Entwicklung des Landschaftserlebnisses im 18. Jahrhundert. Bonn 1948. (Manuskr.)

11 *Messerschmidt-Schulz, J.*, Zur Darstellung der Landschaft in der deutschen Dichtung des ausgehenden Mittelalters. Diss. Breslau 1938.

12 *Troll, C.*, Luftbildplan und ökologische Bodenforschung. Ztschr. Ges.Erdk. Berlin, 1939. — Ders., Fortschritte der wissenschaftlichen Luftbildforschung. Ebenda 1943 — Ders, Methoden der Luftbildforschung. Sitz.Ber.Europ.Geograph., Würzburg 1942. Leipz. 1943.

13 *Havemann, A. V.* und *Faas, V. A.*, On the development of the study of aerolandscape. Comt. Rend. (Doklady) Acad. Sciences USSR, 26, 1940.

14 Comptes Rendus du Congrès Intern. Géogr. Amsterdam, 1938, T. I, Sect. V, Paysage géographique. Leiden 1938.

15 *Krebs, N.*, Vom Wesen und Wert der Länder. Abhdl. Preuß. Akad. Wiss. 1941, 4, 1941; ähnlich schon 1927 in *Krebs*, Die Entwicklung der Geographie in den letzten 15 Jahren. Frankf. Geogr. Hefte, I, 1, 1927.

16 *Passarge, S.*, Die natürlichen Landschaften Afrikas. Pet. Mitt. 1908. — *Troll, C.*, Die natürlichen Landschaften des rechtsrheinischen Bayerns. Geogr. Anz., 27, 1926.

17 *Krebs, N.*, Süddeutschland, Leipzig-Berlin 1923, S. 57.

18 *Bürger, K.*, Der Landschaftsbegriff a. a. O. 1935, S. 29.

19 Also ganz im Sinne vom natürlichen und künstlichen System der Pflanzen.

20 *Waibel, L.*, Was verstehen wir unter Landschaftskunde? Geogr. Anz. 1933.

21 *Otremba, E.*, Die Grundsätze der naturräumlichen Gliederung Deutschlands. Erdk., II, Bonn 1948.

22 *Müller-Wille, W.*, Die Naturlandschaften Westfalens. Westf. Forsch., V, Münster 1942.

23 *Gradmann, R.*, Das harmonische Landschaftsbild. Ztsch. Ges. f. Erdk. Berlin 1924.

24 *Pfeifer, G.*, Entwicklungstendenzen in Theorie und Methode der regionalen Geographie in den Vereinigten Staaten nach dem Kriege. Ebenda 1938. — *Boesch, H.*, Beiträge zur Frage der geographischen Raumgliederung in der amerikanischen Literatur. Vierteljahr.Schr. Naturf. Ges. Zürich, 91, 1946.

25 *Hartshorne, R.*, The nature of Geography. 2nd Ed. Annals Assoc. Am. Geographers, 1946.

26 *Schlüter, O.*, Die Stellung der Geographie des Menschen in der erdkundlichen Wissenschaft. Geogr. Abende, 5, Berlin 1919.

27 *Schlüter, O.*, Die analytische Geographie der Kulturlandschaft. Sond. Bd. 100 Jahrfeier, Ztschr. Ges. f. Erdk. Berlin, 1928.

28 *Winkler, E.*, Zur Frage der allgemeinen Geographie. Athenäumsschr. 1938, H. 2, Zürich 1938.

29 *Krzymowski, R.*, Die Agrargeographie. Landwirtsch. Jahrb. 50 1917. — Ders., Philosophie der Landwirtschaftslehre. Stuttg. 1919.

30 *Schönichen, W.*, Biologie der Landschaft. Neudamm u. Berlin 1939.

31 *Troll, C.*, Studien zur vergleichenden Geographie der Hochgebirge der Erde. Bonn 1941.

32 *Knapp, R.*, Einführung in die Pflanzensoziologie, H. 1, Stuttg. 1948.

33 *Firbas, F.*, Spät- und nacheiszeitliche Waldgeschichte Mitteleuropas nördlich der Alpen. Jena 1949.

34 Begriffsbestimmung nach *W. Müller-Wille* a. a. O. 1942.

35 *Büdel, J.*, Die räumliche und zeitliche Gliederung des Eiszeitklimas. Die Naturwiss., 36, 1949. — *Poser, H.*, Auftautiefe und Frostzerrung im Boden Mitteleuropas während der Würmeiszeit. Ebenda, 34, 1947. Ders. Äolische Ablagerungen und Klima des Spätglazials im Mittel- und Westeuropa. Ebenda, 35, 1948.

36 *Schultze-Naumburg, P.*, Entstellung unseres Landes. 1905. — Ders., Die Gestaltung der Landschaft durch den Menschen. Kulturarbeit. Bd. 7 München 1915.

37 *Schwenkel, H.*, Grundzüge der Landschaftspflege, Neudamm u. Berlin 1938.

38 *Vietinghoff-Riesch, A.*, Forstliche Landschaftsgestaltung. Neudamm 1939.

39 *Seifert, A.*, Im Zeitalter des Lebendigen. Dresden u. Planegg 1941. — *Wiepking-Jürgensmann, H. F.*, Die Landschaftsfibel. Berlin 1942.

[40] Classification of Regions of the World. Rep. of a Committee of the Geographical Assoc. Geography, 22, 1937.

[41] *Hommeyer, H. G.*, Beitrag zur Militair-Geographie der europäischen Staaten. I, Breslau 1805.

[42] *James, P. E.*, The Terminology of Regional Description. Annal. Assoc. Amer. Geogr., 24, 1934.

[43] *Unstead, J. F.*, A System of Regional Geography. Herbertson Memorial Lecture 1933. Geogr. 1933.

[44] *Paffen, K. H.*, Ökologische Landschaftsgliederung. Erdk., II, 1948.

[45] *Troll, C.*, Der asymmetrische Vegetations- und Landschaftsaufbau der Nord- und Südhalbkugel. Gött. Geogr. Abhdl., 1, Gött. 1948.

[46] *Kalela, A.*, Die Ostgrenze Fennoskandiens in pflanzengeographischer Beziehung. Veröff. Geobot. Inst. Rübel, 20, Bern 1943. — *Regel, C.*, Die Begrenzung von Fennoskandien nach Südosten und Osten. Peterm. Mitt. 1944.

[47] *Troll, C.*, Methoden der Luftbildforschung. Sitz. Ber. Europ. Geogr. Würzburg 1942, Leipzig 1943.

[48] *Tansley, A. G.*, The British Isles and their Vegetation. Cambridge 1939.

[49] *Gams, H.*, Prinzipienfragen der Vegetationsforschung. Viertelj.Schr. Naturf. Ges. Zürich, 63, 1918.

[50] *Dahl, F.*, Grundsätze und Grundbegriffe der biozönologischen Forschung. Zool. Anz., 33, 1908.

[51] *Bourne, R.*, Regional Survey and its Relation to Stocktaking of the Agricultural and Forest Resources of the British Empire. Oxford Forest. Memoirs, 13, 1931.

[52] *Milne, G.*, A Provisional Soil Map of East Africa. Amani Memoirs, Amani 1936.

[53] *Vageler, P.*, Die Böden Westafrikas vom Standpunkt der Catena-Methode. Mitt. Gruppe Dt. Kolonialwirt. Unternehm., 2, Berlin 1940.

[54] *Tüxen, R.* und *Diemond, H.*, Klimaxgruppe und Klimaxschwarm. 88.—89. Jahresber. Naturf. Ges. Hannover, 1937.

[55] *Knapp, R.*, a. a. O. 1948.

[56] *v. Kruedener, A.*, Waldtypen als kleinste Landschaftseinheiten bzw. Mikrolandschaftstypen. Pet. Mitt. 1926.

[57] *Passarge, S.*, Wesen, Aufgaben und Grenzen der Landschaftskunde. Pet. Mitt., Erg. H. 209, Gotha 1930.

[58] *Granö, J. G.*, Reine Geographie. Helsinki 1929.

[59] *Markus, E.*, Geographische Kausalität. Tartu 1936.

[60] *Bryan, P. W.*, Mans Adaption of Nature. London 1933.

[61] *Hudson, G. D.*, The Unit-Area-Method of Land Classification. Ann. Assoc. Amer. Geographers, 26, Albany 1936. — *Kirchen, E.*, Die Einheitsflächenmethode. Diss. Univ. Zürich 1949.

[62] *Sölch, J.*, Die Auffassung der „natürlichen Grenzen" in der wissenschaftlichen Geographie. Innsbr. 1924.

[63] *Schmithüsen, J.*, „Fliesengefüge der Landschaft" und „Ökotop". Ber. z. Dt. Landeskde., 5, 1948.

[64] *James, P. E.*, Blackstone Valley. Ann. Assoc. Amer. Geography, 1929.

[65] *Schmithüsen, J.*, Vegetationsforschung und ökologische Standortslehre in ihrer Bedeutung für die Geographie der Kulturlandschaft. Ztschr. Ges. f. Erdk. Berl. 1942. — *Troll, C.*, Luftbildplan und ökologische Bodenforschung. Ebenda 1939.

[66] *Geiger, R.*, Das Klima der bodennahen Luftschicht — ein Lehrbuch der Mikroklimatologie. Braunschw. 2. Aufl., 1942.

[67] *Eidmann, H.*, Der tropische Regenwald als Lebensraum. Kolonialforstl. Mitt., 5, Neudamm u. Berlin 1942. — Ders., Zur Ökologie der Tierwelt des afrikanischen Regenwaldes. Beitr. z. Kolonialforsch., 2, Berlin 1942. — *Mertens, F.*, Die Tierwelt des tropischen Regenwaldes. Frankf. 1948.

[68] *Maull, O.*, Allgemeine vergleichende Länderkunde in: Länderkundliche Forsch., Festschr. N. Krebs, Berlin 1936. — Die Bestimmung der Tropen am Beispiel Amerikas. Festschr. z. 100-Jahrfeier d. Ver. f. Geogr. u. Statistik zu Frankfurt a. M., 1936.

[69] *Finch, V. C.*, Montford Area. Geogr. Soc. of Chicago, Bull. 9, 1933.

[70] *Schmithüsen, J.*, a. a. O. 1942.

[71] *Jaeger, F.*, Neuer Versuch einer anthropogeographischen Gliederung der Erdoberfläche. Pet. Mitt. 1943.

[72] *Schmitthenner, H.*, Lebensräume im Kampf der Kulturen. Leipz. 1938.

[73] Im Sinne von *R. Gradmann* a. a. O. 1924 und *Gutersohn, H.*, Harmonie in der Landschaft. Wesen und Ziel der Landesplanung. E. T. H. Zürich, Arbeit. a. d. Geogr. Inst., 4, 1946.

[74] *Huttenlocher, F.*, Versuche kulturlandschaftlicher Gliederung am Beispiel von Württemberg. Forsch. z. Dt. Landeskde., 47, Stuttg. 1949.

[75] *Müller-Miny, H.*, Die linksrheinischen Gartenbaufluren der südlichen Kölner Bucht. Bericht z. Raumforschung u. Raumordnung, 5, Leipzig 1940.

[76] *Waibel, L.*, Probleme der Landwirtschaftsgeographie. Breslau 1933.

[77] *Hassinger, H.*, Die Geographie des Menschen (Anthropogeographie). Handb. Geogr. Wiss. Hrsg. v. F. Klute, Allgemeine Geographie, 2. Teil, Potsdam 1933.

[78] *Broek, J. O. M.*, The Concept Landscape in Human Geography. C. R. Congrès Internat. Géographie, Amsterdam 1938, T. 2, Leiden 1938.

[79] *Carol, H.*, Die Wirtschaftslandschaft und ihre kartographische Darstellung. Geogr. Helvetica, I, 1946.

[80] *Müller-Wille, W.*, Die Ackerfluren im Landesteil Birkenfeld. Beitr. z. Landeskde. d. Rheinl., II 5. Bonn 1936.

[81] *Waibel, L.*, Das Thünensche Gesetz und seine Bedeutung für die Landwirtschaftsgeographie. In: *Waibel* a. a. O. 1933.

[82] *Christaller, W.*, Die zentralen Orte in Süddeutschland. Jena 1933. — Ders. Rapports fonctionnels entre les agglomérations urbaines et les campagnes. C. R. Congr. Intern. Géogr. Amsterdam 1938, T. 2, Leiden 1938. — *Dickinson, R. R.*, City Region and Regionalisme. London 1947. — *Hoover, E.*, The Location of Economic Activity. New York-Toronto-London 1948.

[83] *v. Siemens, G.*, Zur agrargeographischen Landschaftsgliederung. Erdk. 3, 1949.

[84] *Gutersohn, H.*, Geographie und Landesplanung. E. T. H. Zürich, Kultur- und Staatswiss. Schr., 31, Zürich 1942.

*(Professor Dr. Carl Troll, (22 c) Bonn a. Rh., Nuß-Allee 2)*

# Die Physiognomie der Landschaft*.

Von

HERBERT LEHMANN.

Die Geographen — zu deren Zunft auch der Verfasser zählt — gebrauchen den Begriff „Landschaft" gewöhnlich nur in einem objektiven Sinne für die Summe der natürlichen Gegebenheiten eines bestimmten Raumes. Gerade in den letzten Jahren ist der Landschaftsbegriff zu einem Kernbegriff der Geographie geworden. Dabei ist man auf dem Wege über die Analyse der Standortbedingungen, der Funktionsfelder usw. zu einer methodisch einwandfreien Definition der „geographischen Landschaft" als einer homogen struierten Raumeinheit gelangt. Von dieser „geographischen Landschaft" soll hier nicht die Rede sein, da sie von anderer Seite hinreichend diskutiert worden ist[1]. Die „Geographische Landschaft" ist nun freilich nicht mehr identisch mit dem, was der Laie gewöhnlich unter „Landschaft" versteht. Denn seit der Renaissance, mindestens aber seit der Romantik meint man beim Gebrauch des Wortes Landschaft in neunzig von hundert Fällen vorzugsweise das visuelle Bild einer Gegend, ihren Ausdruckswert oder ihre „Physiognomie". Wir sprechen beispielsweise von einem „Moor", wenn wir die reale, mit Spagnummoos und Wollgras bewachsene Moorfläche meinen, aber von einer „Moorlandschaft", sobald wir auf den optischen und seelischen Eindruck eben dieses Gebildes abzielen. Das ist ein ganz anderer Aspekt ein und desselben Objektes, und es wird gut sein, beide Aspekte — den sachbezogenen und den ästhetisch-erlebnishaften, kurz den *physiognomischen* Aspekt — schärfer voneinander zu trennen, als es gemeinhin geschieht.

Man hat von geographischer Seite verschiedentlich versucht, auch über den physiognomischen Aspekt zu einer Begriffsbestimmung der Landschaft vorzustoßen. Dabei erschien jedoch nicht der optisch seelische Eindruck, also nicht das ästhetische Phänomen „Landschaft" als solches relevant, sondern das dahinter liegende objektive Gebilde. In diesem Sinne versucht beispielsweise der finnische Geograph *Granö* in seinem Essay über „Reine Geographie" die sinnlichen Eindrücke der Landschaft, etwa der Farben, der Gerüche und Geräusche kartographisch festzulegen, um so letzten Endes doch zu einer „objektiven" Darstellung und Abgrenzung der Landschaft zu gelangen[2].

Mit einer solchen Zielsetzung mußte der Versuch Granös, der im übrigen eine Fülle feinsinniger, noch keineswegs genügend ausgeschöpfter Gedankengänge enthält, notwendigerweise mißglücken. Er ist geradezu symptomatisch für das typisch geographische Streben nach *räumlicher Lokalisierung* der Phänomene in einer durch geographische Koordinaten streng festgelegten Außenwelt. In solche Koordinaten kann sich das ästhetische Phänomen Landschaft natürlich nicht fügen, da es einer ganz anderen Schicht der erfahrenen Wirklichkeit angehört und nicht gegenständlich ist, obgleich es an die realen Dinge der Außenwelt anknüpft und in besonderer Weise auf sie bezogen ist. So hat sich die Geographie als Fachwissenschaft nur gelegentlich und dann mit recht unbefriedigendem Erfolg der Physiognomie der Landschaft angenommen. Das Interesse des Geographen an der Landschaft bleibt im Grunde ein räumlich-gegenständliches, und wo man physiognomische Gesichtspunkte zu verfolgen versuchte, zeigte es sich sehr bald, daß man den Boden der exakten Naturwissenschaften zu verlieren begann und ins vermeintlich Subjektive geriet. Wie jeder Naturwissenschaftler hegt aber der Geograph ein tiefes Mißtrauen gegen das „bloß Subjektive" und drängt, indem er das „Erleben" der Landschaft als ein Durchgangsstadium oder ein bloßes Randphänomen betrachtet, zu einer möglichst wertungsfreien, naturwissenschaftlichen Definition der „Landschaft". Er fürchtet, wie es in einer recht gründlichen und umfassenden Arbeit über den Landschaftsbegriff in der Geographie heißt, „Tatsachen anzuerkennen, die zwar als zufällige Elemente des individuellen Erlebnisses eine wichtige Rolle spielen können, für den zu erkennenden ‚Gegenstand' aber belanglos sind." Deswegen — so argumentiert er weiter — „muß der seelische Eindruck als einziges Kriterium für die landschaftliche Bedeutsamkeit irgendeiner Erscheinung abgelehnt werden. Man kann ihn aber bei der Erkenntnis der geographischen Landschaft mit zu Hilfe nehmen. Denn das Erlebnis liefert infolge seines eigenen Ganzheitscharakters einen Gesamteindruck und leitet dadurch auch die geographische Arbeit zum Landschaftsganzen[3]." Der physiognomische Aspekt ist mithin für den Geographen gewöhnlich nur Mittel zum Zweck. Er dient zur provisorischen Aussonderung, bestenfalls zu einer äußeren Kennzeichnung von Raumgebilden, ist aber nicht selber Forschungsziel. Selbst wo nachdrücklich auf die Notwendigkeit lebendiger Landschaftsschilderung in der Länderkunde hingewiesen wird und ihr ein

* Carl Troll zum 50. Geburtstag gewidmet.

„selbständiger Originalwert *neben* der Forschungsdarstellung" zugesprochen wird, handelt es sich doch nur um eine Konzession an das Bedürfnis nach Anschaulichkeit. In reinen Forschungsdarstellungen habe die Landschaftsschilderung daher zurückzutreten. Denn: „warum der Birkenstamm weiß und das Ziegeldach rot ist, kann der Geograph nicht ergründen"[4].

Gewiß, das „Warum" solcher Phänomene kann man nicht ergründen, wohl aber forschend den psychologischen und ästhetischen Gesetzen ihrer Wirkung auf den Betrachter nachgehen, mit anderen Worten: man kann den physiognomischen Aspekt der Landschaft nicht nur zum Gegenstand der Schilderung, sondern auch zum speziellen Ziel einer bestimmten Forschungsrichtung machen[5].

Anregungen dieser Art sind denn auch vorwiegend von Kunsthistorikern, Landschaftsgärtnern und Psychologen ausgegangen, wobei die geographische Blickrichtung mehr oder minder verlorenging. In diesem Sinne hat seit langem namentlich Willi *Hellpach* wesentliches Material gesammelt und daraus bereits eine eigene Disziplin, die Wissenschaft von den „geopsychischen" Erscheinungen aufgebaut. Die Objektseite wird nunmehr unwesentlich und der Blick gerade auf das Erleben, auf die psychische Reaktion gerichtet. So kann Hellpach definieren: „Wir verstehen unter Landschaft den sinnlichen *Gesamteindruck*, der von einem Abschnitt der Erdoberfläche samt dem darüber befindlichen Abschnitt des Himmels im Menschen erweckt wird"[6]. Sehr hübsch sagt einmal der Dichter-Geograph Josef Ponten: „Landschaft ist ein an die Erdrinde gebundenes seelisches Ereignis."

Damit wird der Ort der „Landschaft" in das wahrnehmende Subjekt verlegt. Erst hier wird die Summe der äußeren Gegebenheiten eines Raumes zu dem, was wir „Landschaft" nennen. Mit anderen Worten: Landschaft ist auch ein psychisches Phänomen. Und zwar, wie Hellpach gezeigt hat, ein recht verwickeltes psychisches Phänomen, das je nach der Struktur und „Erlebnistüchtigkeit" des aufnehmenden Subjekts alle Stadien vom einfachen unkomplizierten Naturgenuß bis zur höchst sublimierten Vergeistigung landschaftlicher Gehalte und umfassenden Sinndeutung alle Stufen und Grade umfassen kann.

Die Elemente der erlebten Landschaft sind uns gegeben durch die Sinneswahrnehmungen und nur durch sie, wenngleich die seelische Färbung des Landschaftserlebens in statu nascendi auch durch Einflüsse mitbestimmt wird, für die wir keine registrierenden Sinnesorgane besitzen, wie z. B. durch die Schwankungen des Luftdruckes (herabstimmender Einfluß sinkenden Luftdruckes, etwa bei Föhnwetterlage!), durch die Luftelektrizität und ähnliche, in ihrer psychischen Auswirkung zum Teil noch unerforschte atmosphärische Zustände oder, was nicht dasselbe ist, Zustandsänderungen. Derartige Einflüsse sind aber als solche nicht „landschaftswertig", d. h. sie können nicht objektiviert werden, sie gehen nicht in das „Wahrnehmungsbild" ein. Unter Wahrnehmungsbild im weiteren Sinne versteht man nicht allein das Schau-Bild des Auges, sondern zu diesem hinzutretend auch das „Hörbild" des Ohres, das „Duftbild" der Nase, das „Temperatur- und Tastbild" der Haut, mit anderen Worten die Summe der akustischen, haptischen usw. Eindrücke, die sich um den optischen Kern des Wahrnehmungsbildes gruppieren[7].

Freilich ohne diesen optischen Kern gibt es keine „Landschaft". Mit geschlossenen Augen kann man wohl im Duft der Wiesen, in dem schmeichelnden Umspieltwerden warmer Lüfte, im Bienengesumm, beim Gesang der Vögel oder dem Rauschen des Baches sehr stark die Gegenwart der „Natur" erleben, zur „Landschaft" wird das alles erst, wenn vor das „innere Auge" das zugehörige optische Bild tritt, das man einmal wahrgenommen haben muß. Überhaupt müssen wir schärfer zwischen „Natur" und „Landschaft" unterscheiden, als das gemeinhin geschieht. Naturgefühl ist das unbestimmtere und zugleich umfassendere. Am einzelnen Grashalm kann es sich entzünden, durch den Ruch der verheißenden Vorfrühlingsluft zu einem hinreißenden Gefühlsstrom steigern. In der Naturlyrik aller Zeiten hat es überzeugende Gestalt gewonnen. Aber Landschaft ist mehr und — weniger. Landschaft setzt eine Abgrenzung, eine individuelle Bestimmtheit und Komposition, ein bewußtes Wahrnehmen eines gestalthaften Ganzen voraus, sie gehört, wie noch näher darzulegen sein wird, einem relativ späten Stadium des Naturerlebens an. Auch die einzelne optische Wahrnehmung, soweit sie einen Gegenstand „ins Auge faßt", ist noch nicht Landschaft, wenn sie auch „landschaftswertig" sein und unter Umständen das gestalthafte Ganze repräsentieren kann. Die Kunst Ostasiens vermag an einem einzigen in die leere Stille ragenden Zweig, einem einzigen Felsen, einem einzigen Schilfhalm Landschaft heraufzubeschwören, aber nur, weil der Künstler uns zwingt, den atmosphärischen Raum mitzuempfinden. Ohne Raum keine Landschaft.

J. G. Granö hat den „Wahrnehmungsraum" in die „Nähe" (Nahumgebung) und die eigentliche „Landschaft" (Fernumgebung) unterteilt. Die Nahumgebung nimmt der Mensch mit *allen* Sinnesorganen wahr. Granö gliedert sie in die „Nahsicht", die so weit reicht, als wir die „richtige" Größe der uns umgebenden Gegenstände in klarer stereometrischer

Anschauung der Abstände wahrnehmen, in das „Medium“, das die Wärme, Feuchtigkeit, den Winddruck, akustische Eindrücke und Gerüche umfaßt, und in das „Substrat“, das heißt die als Widerstand hart, weich, federnd, nachgiebig oder wie immer gefühlte Unterlage, die ja, wie auch Hellpach ausführt, etwa beim Wandern, beim Lagern im Moos eine nicht unbedeutende Rolle im Wahrnehmungskomplex spielen kann.

An den Nahraum, wie ihn Granö umreißt, knüpft sich im allgemeinen das Naturfühlen; in allen Naturschilderungen spielt er eine wesentliche Rolle. Vor allem geht die Naturlyrik gern von ihm aus. So genießt Goethes Werther vor allem den Nahraum: „Wenn das liebe Tal um mich dampft und die hohe Sonne an der Oberfläche der undurchdringlichen Finsternis meines Waldes ruht und mir einzelne Strahlen sich in das innere Heiligtum stehlen, ich dann im hohen Grase am fallenden Bach liege und näher an der Erde tausend mannigfaltige Gräschen mir merkwürdig werden: wenn ich das Wimmeln der kleinen Welt zwischen den Halmen, die unzähligen, unergründlichen Gestalten der Würmchen, der Mücken näher an meinem Herzen fühle ...“

Und ähnlich fühlt auch die Droste:

„Süße Ruh, süßer Taumel im Gras,
von des Krautes Arom umhaucht ...“

oder: „An meiner Wange flüsterte das Kraut
unsichtbar duftete die Heiderose ...“

Aber das allein ist eben noch nicht „Landschaft“ im eigentlichen Sinne des Wortes, wenngleich — was Granö übersieht — die „seelische Gestimmtheit“ der Landschaft wesentlich durch die Qualitäten des Nahraums mitbedingt sein kann. Namentlich der Vorgang der „landschaftlichen Irradiation“, die Ausstrahlung von „Gefühlsfarben“ auf andere, gefühlsindifferente Wahrnehmungsgehalte, vorwiegend auf das optische Bild der „Fernumgebung“ nimmt gerne hier seinen Ausgang. Im kühlen Schatten und beim angenehmen Plätschern eines Baches gewinnt der Blick auf eine sonnendurchglühte Landschaft einen anderen Gefühlsunterton, als in der sengenden Hitze des freien Feldes, und ebenso kann ein übler Geruch auch das ästhetisch schönste Landschaftsbild nicht zu der erwarteten seelischen Wirkung gelangen lassen. Die Fernumgebung, die Granö mit „Landschaft“ schlechthin gleichsetzt, wird dagegen fast ausschließlich optisch wahrgenommen, als „Bild“ (Schaubild) im engeren Sinne. Es gehört daher zu „Landschaft“ immer eine gewisse Weite. Ein Interieur, etwa das Innere eines Waldes bezeichnen wir nicht eigentlich als Landschaft. Mindestens muß die Weite, die räumliche Tiefe durch ein Stück Himmel angedeutet sein, wie überhaupt der Himmel (und weiterhin das Atmosphärische in der Form der „Luftperspektive“) ein sehr wesentliches landschaftliches Moment ist.

Während das Naturfühlen seinem Wesen nach unbestimmt, zerfließend, allumgreifend ist, und auch dort, wo es sich am einzelnen Grashalm entzückt, das schwebende „ἓν καὶ πᾶν“ anklingen läßt, wird also „Landschaft“ immer als bestimmtes, von einer inneren ästhetischen Struktur beherrschtes Bild erlebt, auch wenn ein beschneidender bzw. zusammenfassender Rahmen nicht gegeben ist wie in dem unbeschränkten Rundblick über eine endlose Ebene.

Als Bild eignet der Landschaft nun eine konkrete, individuelle Ganzheit, die zwar an die geographisch faßbare Außenwelt gebunden, aber doch mit ihr nicht einfach identisch ist. Vielmehr ist es ein besonderes Problem, wie eigentlich der eigentümliche ganzheitliche Charakter der erlebten Landschaft zustande kommt. Nach Hellpach sind es die elementaren Sinneswahrnehmungen selbst, die „den Gesamteindruck Landschaft seelisch konstituieren“. Auch Granö sieht hierin kein weiteres Problem, wenn er sagt: „Das von uns sinnlich wahrgenommene Bild der geographischen Ganzheit ist einheitlich und deutlich, was sicher zum großen Teil auf das Zusammenwirken der Sinnesorgane zurückzuführen ist.“ Landschaft ist ihm geradezu „sichtbare Ganzheit“. Bei einer strengen Handhabung des Begriffes „Ganzheit“ ist es aber nicht angängig, ihn auf das Außen, auf die Summe der geographischen Gegebenheiten anzuwenden, wenn auch das ganzheitliche Erleben an sie anknüpft. Man hat sich — meines Erachtens mit Unrecht — daran gewöhnt, den Ganzheitsbegriff der Biologen, der im Bereich des Organischen durchaus berechtigt ist, auf den Raum mit seiner mehr oder minder klar kausal erfaßbaren Verflechtung aller ihn konstituierenden Erscheinungen zu übertragen. Zur Kritik dieses Verfahrens sei hier nur am Rande vermerkt, daß es zur Aufstellung einer echten „Ganzheit“ nicht genügt, wenn man die wechselseitige Abhängigkeit der Erscheinungen voneinander nachweist. Von der „Ganzheit“ eines Lebewesens unterscheidet sich das Gefüge eines Erdraums, mögen sich seine Erscheinungen auch noch so sehr gegenseitig bedingen, durch das Fehlen der einheitlichen „Steuerung“ aller Funktionen und Lebensvorgänge, die eben das Wesen des Organismus ausmacht. Daher kann der Begriff des „Organismus“ und der „Ganzheit“ auf einen einheitlichen Erdraum, auf die „Landschaft“ der Geographen nur im übertragenen Sinne angewandt werden.

Aber ich möchte noch weitergehen. Auch mit der Summe der psychischen Reaktionen auf sinnesphysiologische Vorgänge scheint mir noch nicht die

Einheit oder Ganzheit des Landschaftserlebens gegeben. Wir empfangen zahllose unbewußte Einflüsse und halbbewußte Eindrücke (auch solche optischer Art), die in den verschiedenen „Schichten" unseres Erlebens stecken bleiben, ohne zu einer vom Bewußtsein registrierten Einheit zusammenzuschießen. Im Phänomen der „Landschaft" wird uns aber gerade über die Teilphänomene hinaus eine übergeordnete Einheit bewußt: Landschaft tritt in unser Bewußtsein als werthaltiges Bild, als bedeutsame Ganzheit. Was sie aus den elementaren Sinneseindrücken konstituiert, ist mithin ein schöpferischer geistiger Akt.

Dem naturwissenschaftlichen Aspekt bleibt diese geistige Seite der Landschaft notwendigerweise verborgen. Sie tritt jedoch nicht erst auf einer höheren Stufe des verfeinerten Landschaftserlebens, in dem Prozeß, den Hellpach die „Vergeistigung der Landschaft" nennt, sondern bereits in dem Bewußtseinsakt auf, der überhaupt Landschaft erzeugt, das heißt in jedem bewußten Landschaftssehen. Das Verdienst, diesen Tatbestand als erster klar erkannt zu haben, gebührt dem Philosophen Georg *Simmel*[8]. „Unser Bewußtsein muß ein neues Ganzes, Einheitliches haben, über die Elemente hinweg, an ihre Sonderbedeutung nicht gebunden und aus ihnen nicht mechanisch zusammengesetzt — das erst ist Landschaft." Es ist ein eigentümlicher schöpferischer Prozeß, der aus dem Nebeneinander der Dinge auf einem Stück Erdboden bzw. in einem Blickfeld erst die Einheit der Landschaft erzeugt. Das wird oft vergessen, wenn man den einzelnen Reaktionen auf Sinneswahrnehmungen, den durch sie erweckten Lust- und Unlustgefühlen im Sinne der „Geopsyche" nachgeht. Auch für Hellpach steht die philosophische Frage nach dem Wesen der Einheit „Landschaft" nur im Hintergrund, obgleich er sich natürlich der Totalität aller bewußten und unbewußten Eindrücke im landschaftlichen Erleben bewußt bleibt. Sein „Geogramm", das er neuerdings in „Hygiogramm" umgetauft hat, ist ein bedeutsamer Versuch, den Gesamtkomplex seelischer Relevanzen landschaftlicher Erscheinungen in einigen wenigen Wortformeln für praktische Zwecke, hier für den eine Kur verordnenden Arzt anzudeuten[9]. Dieser Versuch erinnert an das Verfahren Granös, in dem Bestreben, den Grund für die Einheit des landschaftlichen Erlebens letzten Endes doch nach außen zu verlegen und in der Überschneidung der kartographisch fixierbaren Standorte der die Sinnesorgane affizierenden Phänomene „objektiv" zu ermitteln[10]. Auf der Objektseite aber findet man die gesuchte bzw. im Erleben erfaßte Einheit nicht. Auch die spezifische Werthaltigkeit jener Ganzheit, die wir Landschaft nennen, ist weder von der Objektseite her noch vom psychischen allein zu verstehen. Hier hat eine geisteswissenschaftliche Interpretation einzusetzen, wie sie bisher eigentlich nur unter kunstgeschichtlichem, seltener unter ideengeschichtlichem oder philosophischem Aspekt in Ansätzen versucht worden ist. In diesem Sinne möchte ich im folgenden von dem „geistigen Ort" der Landschaft reden.

Bleiben wir zunächst bei der Frage, was eigentlich im letzten Grunde die Einheit des landschaftlichen Erlebens konstituiert. Simmel gibt darauf folgende Antwort: „Landschaft entsteht, indem ein auf dem Erdboden ausgebreitetes Nebeneinander natürlicher Erscheinungen zu einer besonderen Art von Einheit zusammengefaßt wird, einer anderen als zu der der kausal denkende Gelehrte, der religiös empfindende Naturanbeter, der teleologisch gerichtete Ackerbauer oder Stratege eben dieses Blickfeld umgreift. Der erheblichste Träger dieser Einheit ist wohl das, was man die ‚Stimmung' nennt." Daran knüpft Simmel die entscheidende Frage, wie weit die Stimmung als ein seelischer Zustand in der Landschaft selbst, also objektiv begründet sei. Die Antwort lautet: Wäre „Landschaft" wirklich nur ein Komplex unbeseelter Naturdinge, ein Nebeneinander von Bäumen und Hügeln, Gewässern und Steinen, könnte „Stimmung" niemals als Qualität der Landschaft selbst gelten. Nun ist aber „Landschaft" selbst schon ein geistiges Gebilde, „man kann sie nirgends im bloß Äußeren tasten und betreten, sie lebt nur durch die Vereinheitlichungskraft der Seele, als eine durch kein mechanisches Gleichnis ausdrückbare Verschlingung des Gegebenen mit unserm Schöpfertum". Seine spezifische „Objektivität" besitzt das Phänomen Landschaft nur innerhalb des Machtbereiches unseres geistigen Gestaltens, und „insofern hat auch die Stimmung als ein besonderer Ausdruck oder eine besondere Dynamik dieses Gestaltens volle Objektivität an ihr". Anschauliche Einheit und Stimmung erscheinen somit als dasselbe, nur von zwei Seiten betrachtet. Zwischen der einheitlichen Vorstellung der Landschaft und dem damit auftretenden Gefühl, der „Stimmung", besteht nicht das Verhältnis von Ursache und Wirkung. „So ist die Einheit, die die Landschaft als solche zustande bringt, und die Stimmung, die uns aus ihr entgegenschlägt und mit der wir sie umgreifen, nur nachträgliche Zerlegung eines und desselben seelischen Aktes."

In ähnlicher Weise stellt Helmuth *Rehder*[11] seiner verdienstvollen Arbeit über die „Philosophie der unendlichen Landschaft" den Satz voran: „Es ist die Kraft und Arbeit des Gedankens, welche die Natur unter dem Bilde der Landschaft erscheinen läßt."

In der Tat gehen Gedanken, Ideen und Werturteile, die nicht aus dem Bereich der sinnlichen Erfahrungen gewonnen werden, sondern a priori oder als geistesgeschichtliche Bedingung gegeben sind, in entscheidender Weise, wenn auch oft in sublimierter Form, nicht nur in das Landschaftsideal, also gewissermaßen in den ideologischen Überbau, sondern bereits in den Prozeß des landschaftlichen Sehens selber ein. Es gibt kein voraussetzungsloses Sehen im Sinne eines vollständigen Registrierens alles dessen, was überhaupt von einem bewußten Wesen an der Außenwelt wahrgenommen werden könnte. Die Psychologie betont neuerdings — teilweise in Anlehnung an die von J. von Uexküll entwickelten Gedanken über Erlebnischarakter und Umwelt — entschieden den eigentümlichen Auswahlcharakter *jeder* Wahrnehmung: zum Bewußtsein wird immer nur ein ganz bestimmter, irgendwie sinnbezogener Aspekt der einen umfassenden Wirklichkeit gebracht, und zwar notwendigerweise entsprechend der Struktur des erlebenden Subjekts. Der Kunsthistoriker weiß dies längst aus der Geschichte der Landschaftsmalerei. „Schon im Sehen, im Wahrnehmungsprozeß liegen die großen trennenden Unterschiede, schon hier beginnt die Auswahl und Verschiebung der Sichtbarkeit einem innerlich mehr oder weniger klar erkannten Ziel entgegen. Schon hier scheiden sich nicht nur die formalen Behandlungsweisen, sondern es treten feste Ansichten und bestimmte Gesinnungen über den Aufbau der Sichtbarkeit und über das Wesen der umgebenden Natur auseinander[12]." Josef *Ponten* faßt den gleichen Gedanken einmal in folgende Worte: „Der Geist ordnet nach seinem Geschmack und nach seinen Gesetzen das Sichtbare seinem innersten Gefühl unter, indem er Störendes geflissentlich übersieht, Fügsames und Dienliches unterstreicht und steigert — kurz, er dichtet das Landschaftsbild um[13]." Es muß jedoch betont werden, daß eine solche Umdichtung des Landschaftsbildes durchaus kein bewußter Akt zu sein braucht, sondern auch da stattfindet, wo man objektiv zu sehen und zu schildern meint. Jede Landschaftsschilderung oder Landschaftsbeschreibung enthält notwendigerweise ein solches „subjektives" schöpferisches Moment. Besonders aber ist die Schau des Künstlers, der das Landschaftsideal seiner Zeit oder vorgreifend das kommender Zeiten gestaltet, ein schöpferischer Akt, ein erstes Gewahren und nicht eine nachträgliche Interpretation prinzipiell gleichartiger, „objektiver" Sinneswahrnehmungen. Jedes Genie öffnet die Augen der Mitmenschen für einen neuen Aspekt der Natur, konstituiert neue landschaftliche Werte, die vorher verborgen waren. Das gilt nicht nur für den bildenden Künstler. Die schöpferischen Geister einer jeden Epoche sind die Schrittmacher unserer Art zu sehen. Sie prägen nicht nur unsern Geschmack, sondern bilden geradezu das Auge um[14].

Wir sehen in der Natur im allgemeinen nur das, was wir zu sehen gelernt haben, und wir sehen es so, wie der Zeitstil es fordert. Unser Sehen ist gewöhnlich nicht schöpferisch aus erster Hand, wie das der Genies, sondern bestenfalls unbewußt nachschöpferisch. Wir werfen der Natur gleichsam ein Netz über, dessen Maschen und Knüpfungsart bestimmt, was von ihrer praktisch unendlichen Mannigfaltigkeit eingefangen und landschaftlich relevant wird. Dieses Netz ist aus feststehenden Wertungen, Formeln für das Sichtbare, wahren „Vor"-urteilen geknüpft. Unvoreingenommenes Wahrnehmen ist viel seltener und viel schwieriger, als man gemeinhin annimmt. Dies gilt schon für ganz einfache Wahrnehmungen. Wer hat denn gesehen, daß die Schatten im Schnee blau sind, bevor ein Malerauge es entdeckte? Wer sah die sprühenden Perlmutterfarben in der flimmernden Luft des Pariser Sommers vor den Impressionisten? Zur Zeit Alexander von Humboldts gaben auch wissenschaftliche Tafeln die Berge, dem subjektiven Eindruck entsprechend, durchweg wesentlich steiler wieder, als sie sind. Erst die Photographie hat uns gelehrt, die Neigungswinkel nicht zu übertreiben. Wie wir früher mit den Augen der Maler sahen, sehen wir heute, wahrlich auf Kosten der umgestaltenden Phantasie, mit denen der Kamera: auch dies ist eine Sehweise, die uns nicht angeboren, die nicht selbstverständlich ist. Mehr noch als für die einzelne Sinneswahrnehmung, die einzelne Beobachtung, gilt dies für die Auffassung des landschaftlichen Ganzen. Landschaft ist Natur, gesehen durch ein Filter von Ideen und Wertungen, Stimmungen im weiteren Sinne, die ihren Ursprung nicht im Außen, nicht im „Objektiven" haben.

Weitaus die Mehrzahl der Menschen pflegt sich der Landschaft gegenüber fertig geprägter Klischees zu bedienen. Gerade berühmte Landschaften werden gewöhnlich unter solchen Klischees gesehen[15]. Wie schwer sich selbst ein Genie von übernommenen Bildern und Vorstellungen freizumachen vermag, hat Kurt Gerstenberg in einer feinsinnigen Studie über Goethes Landschaftserlebnis in Italien dargelegt[16]. Auch Goethes Vorstellung von Italien hatte sich aus den Werken der bildenden Künstler genährt, vor allen denen Claude Lorrains. Erst allmählich, im Grunde nicht vor Sizilien, ringt er sich zu einer eigenen originären Auffassung durch. Goethe selbst hat bei sich die Neigung konstatiert, mit den Augen der verschiedenen Maler zu sehen, deren künstlerische Erkenntnisse ihm eine Handhabe boten, das aus der Natur herauszuholen, was er suchte[17]. An diesem großen Beispiel Goethes formuliert Gerstenberg ein ganz allgemeines Gesetz des landschaftlichen Sehens: „Jeder einzelne gleicht seine Bedürfnisse optischer Art dem hier gefundenen an, gewinnt damit ein Schema, das er den Natureindrücken überwirft, dergestalt, daß, wenn er spürt, wie weit es sich für ihn damit decke, er schließlich aus der Verschmelzung dieses Schemas mit dem persönlichen Eindruck zu eigener Anschauung gelangt."

Freilich sind es nicht nur optische Bedürfnisse, die uns nach einem solchen Schema greifen lassen; weit über die ästhetische Schicht hinaus wird im Anschauen der Landschaft unser ganzes Wesen berührt bis in die Tiefen religiöser Betroffenheit. Gerade das Landschaftsempfinden ist oft ein getreuer Spiegel der geistigen und seelischen Bedürfnisse einer Zeit. Es ist für unser Problem sehr aufschlußreich zu sehen, wie dabei in dem Komplex Natur-Mensch sich der Schwerpunkt im Lauf der Geschichte verschiebt.

Zunächst ist festzustellen, daß es für den primitiven Menschen und den Menschen früher Kulturstufen noch keine „Landschaft" im eigentlichen Sinne gibt, oder besser gesagt: sein Verhältnis zur Natur ist kein landschaftliches, es ist ein magisches oder mythisches, jedenfalls ein unmittelbares. „Landschaft" setzt eine Individualisierung der inneren und äußeren Daseinsformen voraus. Erst die „Auflösung der ursprünglichen Gebundenheiten und Verbundenheiten zu differenzierten Eigenbeständen — diese große Formel der nachmittelalterlichen Welt — hat uns aus der Natur auch erst die Landschaft heraussehen lassen"[18].

Das Altertum kannte wohl Naturszenen, aber nur als Hintergrund für menschliches Handeln, menschliches Fühlen oder den Auftritt der Götter[19]. Erst seit der Renaissance kennt man die „Landschaft" als spezifischen Begriff neben der umfassenderen „Natur". Landschaft erfordert ein bewußtes Gegenüberstehen, einen Abstand von der Natur, wenn sie sich auch ihrerseits wieder dem All-Leben öffnet. Auch die Landschaftsmalerei datiert erst von diesem Zeitpunkt ab. In ihrer Geschichte offenbart sich naturgemäß besonders deutlich die Entwicklung und das Wesen des landschaftlichen Sehens. Im ausgehenden 16. Jahrhundert, der Geburtsstunde der „Landschaft" als Kunstgattung, ist das Primäre nicht die Natur, so wie sie uns entgegentritt, sondern ein vorgefaßtes Formideal. Man ist weit davon entfernt, die Natur im Sinne der Kunst für vollkommen zu halten; von der Idee her maßt man sich an, sie zu korrigieren, von ihren „Irrtümern" zu befreien, ihre „Schwächen" auszugleichen: „ . . . levando quanto si può con l'arte gli errori della natura"[20], mit dem Ziel, sie auf die innere ästhetische Ordnung zurückzuführen, die ihrer Zufälligkeit nicht innewohnt: „bisogna ridurla dalla natura discordinata all' ordinata"[21]. Kurz, man hat in der Anschauung der damaligen Kunsttheoretiker die Natur nicht so zu malen „wie sie ist, sondern wie sie sein soll"[21]. Das Primat liegt hier noch ganz bei der ästhetischen Idee. Doch schon in der flämischen Kunst um die Jahrhundertwende wird das anders; ein neues Empfinden für die lebendige Substanz der Natur spricht aus den Bildern, ein Bestreben künstlerischer Deutung der Wirklichkeit, vollendet dann bei Rubens. „Rubens malt die ihm umgebenden Wiesen und Äcker, die weiten flachen Ebenen seiner flämischen Heimat", sagt Goethe zu Eckermann im Gespräch über die große Sommerlandschaft des Palazzo Pitti, „er begnügt sich aber nicht, ein Stück Wirklichkeit herauszugreifen und malerisch und kompositionell abzurunden, sondern er sucht in der Landschaft den Ausdruck der lebenschaffenden Gewalt der Natur, des Alls". Aber dann fügt er hinzu: „Der Künstler will zu der Welt durch ein Ganzes sprechen; dieses Ganze aber findet er nicht in der Natur, sondern es ist die Frucht seines eigenen Geistes, oder, wenn sie wollen, des Anwehens eines befruchtenden göttlichen Odems."

Die Romantik, die klassische Epoche des Landschaftsempfindens, kennt diese Gegenüberstellung Natur — Geist nicht. Beides verschmilzt in der Landschaft auf einer höheren Ebene, ist ein und dasselbe. Es entspricht der allgemeinen Intention der Romantiker, das Transzendente ästhetisch, d.h. in der Anschauung zu fixieren[22]. Für Runge bedeutet „Landschaft" schließlich ganz allgemein die Darstellung des Übersinnlichen, Ewigen im Sinnlichen, also auch die Darstellung des Menschen. Über den Naturausschnitt, über die figürliche Komposition hinweg sucht er zu einer symbolischen Darstellung des Lebens selber als dem Inbegriff eines absoluten Ganzen zu gelangen, und dieses Ganze erst bezeichnet er mit dem Begriff der Landschaft. In diesem Sinne ist sein programmatisches Wort zu verstehen, es „dränge alles zur Landschaft".

Landschaft ist für die Romantik und z. T. noch für die Nachromantik weit mehr als ein Anliegen der bildenden Kunst, sie ist zum entscheidenden philosophischen Problem geworden. In der Landschaft wird die Einheit zwischen Natur und Mensch sichtbar, und diese Einheit ist eine geistige. Der Dualismus zwischen Physis und Psyche ist in ihr aufgehoben. Der Ort dieser Einheit ist das, was bereits A. W. Schlegel die „Stimmung" nannte, die für ihn der „Ferne" bzw. dem Licht entspringt[23]. „Das Licht ist ein ewiges Selbsterkennen der Natur, die uns dadurch gleichsam schon in der Sinnenwelt den Wink zum Idealismus, zur Einsicht in ihre durchgängige Geistigkeit gibt." Hier geht Schlegel deutlich auf Schelling zurück, der im „Lichtwesen" den „Lebensblick im allgegenwärtigen Centro der Natur" sah.

An dem objektiven, und zwar geistigen Charakter dieser Stimmung, die vorzugsweise am Licht, an der Ferne, an der „sichtbaren Unendlichkeit" haftet, zweifelt die idealistische Philosophie der Romantik nicht. Caspar David Friedrich faßt sein künstlerisches Programm als Landschaftsmaler in den Worten zusammen: „Den *Geist der Natur* erkennen und mit ganzem Herzen und Gemüt durchdringen und aufnehmen und wiedergeben ist die Aufgabe des Kunstwerkes." Und Friedrichs erster großer Interpret, der spätromantische oder schon nachromantische Carl Gustav Carus, dessen Auffassung man mit H. Rheder wohl am besten als „naturalistischen Idealismus" bezeichnen kann, schreibt in seinen Lebenserinnerungen: „Erst wenn man in der weiten, großen Natur der Oberfläche des Planeten das lebendige *geistige Prinzip* erkannt oder mindestens geahnt hat, bekommt alle Szenerie der Landschaft einen höheren und mächtigeren Sinn; erst von da aus verstehen und empfinden wir das geistige Band, welches die Regungen und Umgestaltungen des äußeren Naturlebens an die Gefühlsschwankungen unseres Inneren mit dieser geheimen Gewalt fesselt[24]." Noch Alexander von Humboldt, der sich doch als Forscher weit von der romantischen Naturphilosophie entfernt, und der im gewissen Sinne der Begründer der modernen Landschaftskunde wird, bekennt sich im Grunde zu dem gleichen Gedankengang: „Denn in dem innersten, empfänglichen Sinn spiegelt lebendig und wahr sich die physische Welt. Was den Charakter einer Landschaft bezeichnet: Umrisse der Gebirge, die in duftiger Ferne den Horizont begrenzen; das Dunkel der Tannenwälder; der Waldstrom, welcher tobend zwischen überhängenden Klippen hinstürzt: alles steht in altem, geheimnisvollem Verkehr mit dem gemütlichen Leben des Menschen[25]."

Doch schon für Humboldt liegt der Schwerpunkt ziemlich eindeutig auf der Objektseite; es ist die Wendung zum Naturalismus, der die „geistige" Seite der Natur nur als psychische Reaktion des Menschen auf einen gegebenen Tatbestand begreift, eine Reaktion, die den „Gesetzen" der Natur freilich bedeutsam gleichgeschaltet erscheint, weil das empfindende Ich selbst ein Teil jener Natur ist. So kann selbst der zeitgenössische Naturforscher zu einer Formulierung kommen, wie wir sie, merkwürdig gleichklingend mit denen von Humboldt, doch nun vom romantischen Idealismus fort zum romantisierenden Realismus bei Hans *Cloos* finden: „Was ist Schönheit der Landschaft? Ist es nicht unbewußte Einsicht in die innere Ordnung der Erde, in den Rhythmus ihrer Wiederholungen, in die Harmonie der Flächen und Linien, in das ausgewogene Maß des Zusammenspiels ihrer Teile, empfunden von einem Wesen, das selbst Teil und Kind der gleichen Natur uns also innerlich unterworfen ist den gleichen Ordnungen, die es außerhalb seiner selbst antrifft? Unser Glück im Anschauen der Natur, wächst es nicht aus dem Zusammenklang der zum Schwingen erregten Saiten unserer Seele mit der Musik der Erde[26]?"

Dieser geistesgeschichtliche Exkurs zeigt jedenfalls das eine: Zu allen Zeiten hat man, sofern man überhaupt über das Wesen der „Landschaft" nachzudenken gewillt war, darunter mehr verstanden als die bloße Summe der einzelnen Sinneseindrücke, die ein zufälliger Ausschnitt der Natur in uns erweckt. Man fand sich in der Landschaft vor eine *werthaltige Totalität* gestellt und hat füglich von ihrem „Charakter" gesprochen. Lediglich in der Frage, was die Landschaft befähigt, zu einem so hervorragenden Träger tiefster Bedeutungsgehalte und sogar letzter Erkenntnisse zu werden, scheiden sich die Geister gemäß ihrer philosophischen Intentionen[27].

Zumal in den großen künstlerischen Objektivationen des Landschaftserlebens, im Gemälde, in der Dichtung bis hin zur objektiv gemeinten Landschaftsschilderung, der als Gestaltung jener Totalität notwendigerweise ein künstlerisches Prinzip innewohnt — im Gegensatz etwa zur Beschreibung eines physikalischen Vorganges — wird stets das geistige Moment sichtbar.

Haben wir bisher die Problematik des landschaftlichen Sehens als solches betrachtet, so dürfen wir nun auch nach der Objektseite des Phänomens Landschaft fragen. Denn wenn auch die seelische Struktur und der persönliche Geschmack eines jeden Betrachters, wenn auch Zeitstil und Tradition weitgehend bestimmen, was in der Natur jeweils als schön oder auch nur als beachtenswert zu gelten habe, ja wenn sich, wie die Geschichte des Naturgefühls lehrt, gewisse aus philosophischer oder künstlerischer Intention entsprungene werthaltige „Bilder" zwischen den Betrachter und die Natur einzuschieben pflegen, also gleichsam in die Natur hineingesehen werden: so liegt dem Phänomen „Landschaft" doch primär eine *Wechselwirkung* zugrunde, das heißt dem geistigen Gebilde Landschaft entspricht ein Erfahrungsgehalt, der eben nur an der Außenwelt gewonnen werden kann. Jedem Abschnitt der Erdoberfläche eignet gewissermaßen ein „Ausdruckspotential", das durch den Prozeß des landschaftlichen Sehens realisiert werden muß, im übrigen aber in seiner geographischen Natur begründet liegt.

Es ist daher nicht müßig, nach dem „objektiven Landschaftscharakter“ einer bestimmten Gegend zu fragen, wenn man damit die äußeren Bedingungen meint, an die sich ein bestimmtes seelisches Erleben knüpft und sich gleichzeitig der psychischen geistesgeschichtlichen Bedingungen des Landschaftserlebens bewußt bleibt.

Hier wartet auf den „geopsychologisch“, künstlerisch und nicht zuletzt eben auch geistesgeschichtlich vorgebildeten Geographen noch ein wenig beackertes Feld: die Schaffung einer wissenschaftlichen „*Landschaftsphysiognomik*“ oder *Ausdruckslehre* der Landschaft, die mehr ist als ein schöngeistiges Geschwätz. Ewald *Banse* hat mit seinen verschwommenen Forderungen nach einer seelischen Geographie“[28] ein solches Unterfangen eher diskreditiert als gefördert, so daß man darüber die älteren, fruchtbareren Ansätze in dieser Richtung vergessen hat. Solche Ansätze liegen außer bei dem heute schon wieder öfter zitierten Carl Gustav *Carus* vor allem in dem äußerst gedankenreichen Essay vor, das Georg Ludwig *Kriegk* gleichfalls vor bereits hundert Jahren über „ästhetische Geographie“ schrieb, ferner in den Schriften Friedrich *Ratzels* und des Dichter-Geographen Josef *Ponten*, sowie in einer von geographischer Seite kaum beachteten „Ästhetik der Landschaft“ von J. *Thoene*[29].

Es kann kein Zweifel darüber bestehen, daß die Landschaftsphysiognomik genau so oberflächlich, aber auch genau so gründlich und exakt betrieben werden kann wie etwa die Kunstgeschichte, mit der sie manches gemeinsam hat, von der sie sich jedoch in einem wesentlichen Punkt unterscheidet. Während es nämlich der Kunsthistoriker mit menschlichen Schöpfungen zu tun hat, die als solche eine künstlerische Absicht verfolgen, steht der Landschaftsphysiognomiker vor Bildern der Natur, die in ästhetischem Sinne gewissermaßen noch unverarbeiteter Rohstoff sind, da doch der Natur keine künstlerische Absicht unterschoben werden kann. Außerdem sind sie mit den Tages- und Jahreszeiten sowie den wechselnden atmosphärischen Zuständen einem fortgesetzten, wenn auch charakteristischen Wandel in ihrem Stimmungsgehalt unterworfen. Der schöpferische Prozeß, den der Künstler im Kunstwerk geleistet hat, muß bis zu einem gewissen Grade vom Landschaftsbetrachter vor der Natur selbst geleistet werden, wenn ihm überhaupt Landschaft als bildhafte Gestalt bewußt werden soll[30].

Bei dem Versuch, den Eindruck, den wir von einer Landschaft empfangen, genauer zu analysieren, zeigt sich, daß nicht alles, was geographisch wichtig sein mag, auch für die Physiognomie der Landschaft bedeutsam ist. Der Ausdrucksgehalt der Landschaft wird ja vielfach gerade durch Phänomene bestimmt, die bei der rein geographischen Analyse eines Raumes keine Rolle spielen, wie etwa die „Landschaftswertigkeit“ der Atmosphäre, die für jede Landschaft in ihrem Wandel durchaus charakteristisch ist. Ebenso kann die Morphologie zwar nachweisen, daß die weitschwingenden, beruhigenden Konturen unserer Mittelgebirge nicht, wie noch Carus geglaubt hat, auf das Gestein, sondern auf die alten Rumpfflächen zurückgehen, aber für die Frage, wie sie in der Landschaft wirken, ist sie nicht zuständig.

Denn ob eine bestimmte Linienführung schön oder charaktervoll wirkt, folgt nur aus ästhetischen Gesetzen. Naturwissenschaftlich deuten heißt noch nicht physiognomisch deuten.

Josef *Ponten* hat einmal im Hinblick auf die klar zutage liegenden Spuren der geologisch jungen Formungsprozesse im mediterranen Raum gemeint: „Das südliche Landschaftserlebnis ist das Erlebnis der klaren Form, der verstandenen Ursache, der erkannten Bildungsgesetze.“ Ein solcher Erkenntnisgenuß, wie er etwa auch in dem Buch des Geologen *Cloos* „Gespräch mit der Erde“ den Grundakkord bildet, ist aber nicht zu verwechseln mit dem ästhetischen Genuß, den wir an der landschaftlichen Schönheit als solcher empfinden. Eine Form wird nicht dadurch schön, daß ich ihre gesetzmäßigen Bildungsbedingungen erkenne, wenn auch in solchem erkennenden Durchschauen neben der rationalen Befriedigung ein geradezu ästhetischer Genuß mitschwingen kann, ähnlich dem, der vom Mathematiker bei der „schönen“ oder „eleganten“ Lösung einer Aufgabe empfunden wird. Ja beides wird sich gelegentlich widersprechen. So kann eine von der sanften Rasendecke entblößte Gesteinsfalte den Geologen entzücken, weil sie ihm einen klaren Einblick in die Anatomie des Erdaufbaus gewährt, während sie den nur ästhetisch urteilenden Betrachter durch die kleinliche Detailzeichnung, mit der sie die einheitlichen Flächen der Matten unterbricht, oder durch das grelle Weiß, mit dem sie den Rahmen der vorherrschenden Farbskala sprengt, unter Umständen im vollen Genuß des Bildes stören kann.

Natürlich wird der Landschaftsphysiognomiker auch die ästhetisch „störenden“ Eindrücke als solche registrieren, wenn sie typisch für das Landschaftsbild sind. Denn für die landschaftliche Physiognomie ist nicht nur das Schöne maßgebend, sondern unter Umständen auch das Abstoßende. So sind für manche Gegenden Südtoskanas beispielsweise die Wunden charakteristisch, die durch die Prozesse der fortschreitenden Bodenzerstörung in die vereinheitlichende Vegetationsdecke gerissen worden sind und die in der Farblosigkeit des grausam sezierten nackten Tonbodens sowie in der verwirrenden Schrift des Furchen- und Rippenwerkes ihrer

Spülrinnen innerhalb der sonst so fruchtbaren Landschaft mit ihren schönen, großzügig schwingenden Linien und Flächen zweifellos disharmonisch und damit unschön wirken, wenn sie auch als Einzelmotiv dank ihrer lemurenhaften Reize von den modernen Sienenser Malern neuerdings für die Kunst entdeckt worden sind.

Die Landschaftsphysiognomie hat es also nicht mit dem gegenständlichen Inhalt, sondern mit dem *Ausdruckswert* einer Landschaft zu tun, wobei ihr die doppelte Aufgabe zufällt, festzustellen, welche Züge in der Landschaft den Ausdruckswert vorzugsweise bestimmen und wie sie auf den Betrachter wirken. Dieser zweite Teil der Aufgabe ist der weitaus schwierigere, doch haben die genannten Ansätze von seiten der Ästhetiker und Psychologen, nicht zuletzt auch die Arbeiten von Helpach gezeigt, daß er wissenschaftlich durchaus lösbar ist.

Es ist hier nicht der Ort, die Aufgaben einer vergleichenden Landschaftsphysiognomik im einzelnen darzulegen oder gar an einem durchgeführten Beispiel zu erläutern. Ein solches hofft der Verfasser in Kürze im Hinblick auf die italienische Landschaft publizieren zu können.

Ganz kurz mögen zum Schluß daher nur noch die Prinzipien dargelegt werden, nach denen sich die Elemente des landschaftlichen Gesamteindruckes methodisch gliedern und zu dem geographischen Tatsachenmaterial in Beziehung setzen lassen.

Da wäre zunächst die *Formsprache* der Landschaft zu beachten, das heißt, der Ausdruckswert der in ihr auftretenden Linien und Flächen im einzelnen und in ihrer räumlichen Anordnung. Die Formsprache bedingt dasjenige, was man mit G. L. Kriegk zweckmäßig als den *Stil* der Landschaft, besser vielleicht als ihren formalen oder architektonischen Stil bezeichnen kann.

Das formale Element der Linie bzw. der körperlichen Fläche kann in bestimmten Landschaften gegenüber den andern Landschaftselementen stark zurücktreten, wie besonders in den großen Ebenen, doch auch hier ist, wie auf dem Meer „die große simple Linie“ des Horizontes, die Goethe auf der Überfahrt nach Sizilien so beeindruckt hat, mit der durch sie bewirkten strengen Zweiteilung der Landschaft noch ein höchst wirksames formales Element, es sei denn, ein starker atmosphärischer Dunst ließe die Fernen unmerklich verschwimmen und den Himmel gleichsam mit der Erde zusammenfließen[31].

In Hügel- und Gebirgsländern aber spielen Linien und Flächen bzw. die plastischen Formen der Landschaft eine wesentlich größere Rolle für den physiognomischen Gesamtausdruck.

Für die physiognomische Analyse erweist sich nun eine morphographische Unterscheidung nach Formtypen, so wie sie etwa Granö versucht hat, als viel zu schematisch. Vielmehr muß man der Linienführung, die jeder Landschaft ihren ganz bestimmten Charakter gibt, mit einer sehr viel diffizileren ästhetisch-psychologischen Methode nachgehen. Erschwert wird eine solche Aufgabe freilich dadurch, daß man in der Natur nicht in gleicher Weise nach dem formalen Bildaufbau fragen kann, wie bei einem Gemälde, da es sich ja bei der Landschaft um ein räumliches Gebilde handelt, in dem wir uns bewegen, so daß sich die einzelnen Formelemente beim Übergang von einem Standpunkt zum andern ständig perspektivisch verschieben und wechselseitig überschneiden. Statt *eines* Bildes bieten sich deren beliebig viele, und bekanntlich sieht ein Berg meist von jeder Seite verschieden aus. Doch belehrt eine Erfahrung, die jeder machen kann, wenn er sich Erinnerungsbilder einmal erlebter Landschaften im Geist heraufbeschwört, daß unter einer großen Zahl von mehr oder minder indifferenten, d. h. nicht einprägsamen Formen und Bildern meist nur einige wenige physiognomisch dominieren, das heißt den formalen Ausdrucksgehalt der Landschaft bestimmen, sich vordrängen und im Gedächtnis haften. Das sind die Formen und Linien, die es bei der physiognomischen Analyse zu erfassen gilt[32].

Ebenso gehören Raumwirkung und Rhythmus der Landschaft, soweit sie durch die Anordnung der Formen und Linien bedingt sind, zur Formsprache der Landschaft. Für die Physiognomie einer Landschaft ist es von großer Bedeutung, ob eine kleinliche Unruhe in den Formen das Bild beherrscht, wie bei manchen Erosionslandschaften im Bereich weicher Gesteine, oder ob ihre Linien in einem großzügigen Rhythmus schwingen, ob die Formen im Blickfeld sich drängen, oder ob sie sich in wohltuender Weite frei entfalten, ob das Auge bis zum Horizont schweifen kann, oder ob es sich eingeengt fühlt durch Bergwände. Die Raumwirkung ist allerdings keine feststehende Größe; sie hängt weitgehend auch von den herrschenden atmosphärischen Verhältnissen ab, die im übrigen auch bedingen, ob die Formen mehr in ihrer plastischen Körperlichkeit erlebt oder als flächige Silhouetten gesehen werden, bei denen dann die Konturen das Entscheidende sind[33].

Aber in seinen Grundelementen ist der Landschaftsraum doch durch das Gefüge der Formen im jeweiligen Blickfeld festgelegt.

Hier nun hat der geographische Anteil der Analyse einzusetzen. Wohl vermag der morphologische Kausalnexus nicht den Ausdruckswert der Formen und ihre Rolle im bildhaften Ganzen zu erklären, aber er liefert dem Physiognomiker die gesetzmäßigen Voraussetzungen für das Auftreten bestimmter Formen, vermag also gewisse Zusammenhänge zwischen dem formalen Ausdruckswert einer Gegend und ihrem geologisch-morphologischen Bau aufzudecken. Die völlig verschiedene Wirkung des Siebengebirges bei Bonn, dessen schöne Konturen das Auge in einem Zug nachschreibt bis zu dem markanten Abstrich des Drachenfels zum Rhein herunter, und etwa der soviel weiträumigeren kuppigen Rhön hängt selbstverständlich damit zusammen, daß in dem einen Fall die vulkanischen Schlote, Gänge und Dome aus geologisch durchaus verständlichen Gründen dicht beieinander liegen, während sie sich in dem andern Fall über ein weites Gebiet verteilen. Die Konturen der einzelnen Kuppen hängen wiederum vom Gestein (Trachyt, Basalt usw.) und den für das humide Klima typischen Hangprofilen ab, und so fort. Ästhetisch-psychologische Analyse des Ausdrucksgehaltes der Formen und Formkompositionen geht Hand in Hand mit der geologisch-morphologischen Analyse des Landschaftsaufbaus, dergestalt, daß die erstere danach fragt, wie der Formenschatz *wirkt*, die letztere aber danach, wodurch er *bedingt* ist.

Das zweite Grundelement, das nächst der Formensprache die Gesamtphysiognomie der Landschaft bestimmt, sind die *Farben* und die *Beleuchtung*, worunter nicht nur im engeren Sinne der Widerschein der Lichtquelle (Abendsonne, Wolkenreflex usw.) verstanden sein möge, sondern auch die Beschaffenheit des atmosphärischen Mediums, die den Tonwert der Landschaftsfarben und ihre Abstufungen (Valeurs) weitgehend mitbestimmt. Beides zusammen, Farben und Beleuchtung bzw. landschaftliche Atmosphäre sind der Träger der eigentlich malerischen Werte und damit in hohem Maße des *Stimmungsgehaltes* der Landschaft[34].

Der Ausdruckswert der Farben ist richtungweisend bereits in *Goethes* klassischem Essay über „die sinnlich-sittliche Wirkung der Farben" dargelegt worden, und Helpach hat unter anderem in seiner „Geopsyche" gerade auch dies Thema in bezug auf die Landschaftsfarben aufgegriffen. Die bisherigen Darstellungen gingen indessen meist von den reinen Grundfarben aus. In der Landschaft überwiegen jedoch meist die gebrochenen Farben, und gerade ihre Abstufungen in feine und feinste Nuancen bedingt ihre malerische Qualität und ihren diffizilen Stimmungsgehalt. Hier wäre über die bisherigen Ansätze hinaus noch viel zu klären[35].

Indessen erfordert schon die Feststellung der tatsächlichen Verhältnisse in bezug auf Farben- und Tonwerte ein überdurchschnittliches Maß an eidetischer Begabung und Übung im Sehen. Vorbildlich sind etwa Goethes Formulierungen in der „Italienischen Reise" (vgl. Anm. 17). Die psychologische Ausdeutung der resultierenden Wirkung solcher Stimmungsgehalte führt außerdem meist sehr rasch in weltanschauliche und geistesgeschichtliche Tiefen, wie wir sie in dem ersten Teil unserer Betrachtung angedeutet haben. Eine solche Tiefenperspektive ist freilich nicht zu umgehen, da man sonst leicht zu Kurzschlüssen kommt. Denn gerade Farbstimmung und Beleuchtung sind die bevorzugten Träger von Gefühlswerten, die sehr mannigfaltigen geistigen und seelischen Bedürfnissen entsprechen. Von hier strahlt immer etwas auf die noch so sachlich gemeinte Feststellung optischer Eindrücke aus.

Das geographische Aequivalent zu einer solchen Analyse ist in der vergleichenden Landschaftsphysiognomik die Feststellung der regionalen Verbreitung der „Gegenstandsfarben", wie die Farben der Landschaftsobjekte in ihrer Nahsicht einmal zur Unterscheidung von den atmosphärisch abgetönten und durch Beleuchtungseffekte umgewandelten „Landschaftsfarben" genannt werden mögen, sowie die Untersuchung der Landschaftswertigkeit der jeweils für eine Gegend charakteristischen atmosphärischen Zustände. Nur in großen Zügen sei daran erinnert, daß die Landschaften der humiden Gebiete vorwiegend Grünlandschaften sind, d. h. einen sehr starken Anteil an dieser sehr charakteristisch auf das Gemüt wirkenden Farbe haben (wobei man noch zwischen dauergrünen und sommergrünen Landschaften unterscheiden muß), während in den ariden Gebieten die ockergelben, rötlichen, weißlichen und grauen Töne vorherrschen, und daß sich dadurch in Verbindung etwa mit der blauen Farbe des Himmels charakteristisch verschiedene Zweiklänge ergeben (Blau-Grün und Blau-Gelb), daß in den humiden Gebieten die Fernen schon von den Mittelgründen an in den bläulichen Tönen der Luftperspektive erscheinen, während in den ariden Gebieten auch die fernsten Gebirge wenigstens in ihren beleuchteten Partien noch mit gelblichen oder rötlichen „warmen" Tönen durch die bläuliche Lasur hindurchschimmern, usf. Im einzelnen müssen natürlich sehr viel diffizilere Unterscheidungen und Gruppierungen getroffen werden. Als Böcklin nach längerem Aufenthalt einmal in seine Schweizer Heimat zurückkehrte, fand er dort „zu viel und zu scharfes Grün in Terrain und Vegetation", und einem so fein beobachtenden Japaner wie Tetsuro Watsuje fällt das zarte zurückhaltende Grün des südlichen Italien gegenüber dem dunkleren Grün der mitteleuropäischen Landschaft und vor allem dem grellen, kräftigen Grün der Monsunländer auf. Wie charakteristisch ist etwa das Graugrün der Olive in der süditalienischen oder griechischen Landschaft, jenes fügsame Grün, das eigentlich gar kein Grün mehr ist, das sich harmonisch dem einheitlichen Grundton einordnet, nicht als Farbe des Organischen dem nackten Gestein gegenübersteht, sondern sich seiner Farbe anzupassen scheint[36]!

In ähnlicher Weise lassen sich auch feinere Unterschiede in der Landschaftswertigkeit der verschiedenen Luftkörper bei charakteristischen Wetterlagen regional untersuchen, so daß man wenigstens zu einer groben Skala der landschaftlichen Stimmungswerte kommt, die im Laufe eines Jahres für eine bestimmte Gegend kennzeichnend sind. Die bereits oben gegebenen Hinweise in dieser Richtung mögen hier genügen. Ergänzend sei noch erwähnt, daß auch die geographische Breitenlage infolge der verschiedenen Dauer der Dämmerungserscheinungen für den Ablauf der Landschaftsstimmungen von großer Bedeutung ist. Schon im Norden Deutschlands wird die Stimmung der „Ulenflucht", das langsame Hinüberdämmern der Landschaft in die Nacht, bei langem Nachglühen des Himmels charakteristisch, während in den Tropen der Übergang vom Tag zur Nacht schlagartig erfolgt. Alle diese Dinge, die vielfach von Malern und Dichtern gestaltet worden sind, lassen sich auch landschaftsphysiognomisch auswerten.

Als dritten methodischen Gesichtspunkt bei der Untersuchung der landschaftlichen Physiognomie müssen wir schließlich die Frage nach den *Sinngehalten* der Landschaft aufwerfen, so wie er sich in dem geschichtlich gewordenen Gefüge der Kulturlandschaft, in den Bauwerken und für manche Gegenden nicht zuletzt auch in den Ruinen ausdrückt. Die Rheinlandschaft wäre ohne die Ruinen und ohne den Weinbau eine völlig andere Landschaft, obgleich ihr rein visuelles Bild durch das Fortlassen dieser im Landschaftsganzen formal gar nicht übermäßig auffallenden Attribute kaum verändert würde. Ebenso kann die römische Campagna nicht ohne die Ruinen des römischen Aquäduktes und ohne das Grabmal der Cecilia Metella gedacht werden. Solche Zeugen beschwören eine „geistige Landschaft" herauf, die ihnen weit über ihren physiognomischen Eindruck hinaus in den Augen des Kulturmenschen eine die ganze sichtbare Landschaft umstimmende Bedeutung verleiht. Derartige Ausstrahlungen zu übersehen und sich gewaltsam auf den Standpunkt des bloßen Augenmenschen zu stellen, der von der Geschichte nichts weiß, hieße die Aufgaben der Landschaftsphysiognomie willkürlich beschneiden und auf eine rein ästhetische Ebene beschränken. Es ist für den Europäer etwas anderes, ob er eine seiner geschichtsträchtigen Landschaften vor Augen hat oder eine Landschaft an den Grenzen der Ökumene, in der der Mensch kaum ein Zeichen eingegraben hat. Allerdings darf das geschichtliche Bewußtsein nicht so weit gehen, daß in die heutige Landschaft hineingesehen wird, was nicht in ihr ist, sei es auch nur als Chiffre einer Ruine. Ferdinand Gregorovius sah schließlich in der Landschaft nur das, was er von ihr wußte, und mit Recht bemerkt Wilhelm Waetzold, daß seine Italienschilderungen zu denen Victor Hehns ungefähr sich so verhalten wie das Historienbild zur reinen Landschaft. Trotzdem ist auch Victor Hehns ganz von der italienischen Natur ausgehende Analyse durch das geistige Wissen um Italien unwillkürlich beeinflußt. Darin liegt eine Gefahr, die Goethe sehr wohl kannte, wenn er schrieb: „Mit dem, was man klassischen Boden nennt, hat es eine andere Bewandtnis. Wenn man hier nicht phantastisch verfährt, sondern die Gegend real nimmt, wie sie daliegt, so ist sie doch immer der entscheidende Schauplatz, der die größten Taten bedingt; und so habe ich immer bisher den geologischen und landschaftlichen Blick benutzt, um Einbildungskraft und Empfindung zu unterdrücken und mir ein freies klares Anschauen der Lokalität zu erhalten." (Ital. Reise.) Aber die Landschaft ist jedenfalls in allen Kulturländern durch den Menschen tatsächlich umgeprägt, sie ist als Kulturlandschaft voller geschichtlich bedingter Züge, die weitgehend ihre Physiognomie bestimmen.

M. Schwind hat neuerdings an sehr glücklichen Beispielen mit Erfolg versucht, diese „geistigen Objektivationen" in der Landschaft zu interpretieren, so daß hier nicht näher darauf eingegangen zu werden braucht[37]. Die Arbeiten Schwinds sind ein entscheidender Schritt zu einer wissenschaftlich einwandfreien Physiognomik der Kulturlandschaft, allerdings nur dieser. Aber die Kulturlandschaft ist eingebettet in die Natur. Sie wird von einer Landschaftsatmosphäre bestimmter Art umflossen, setzt sich aus Flächen und Linien, aus Farben und Formen zusammen und hat außer ihrem geschichtlich und völkerpsychologisch faßbarem Gehalt auch eine ästhetisch faßbare Seite eben als Landschaft. Und so würde sich denn in einer umfassenden Landschaftsphysiognomik der Kreis schließen und wiederum synthetisch vereinigen müssen, was wir zum Zweck der Analyse methodisch getrennt haben. Es gilt für diese Grenzgebiete zwischen naturwissenschaftlicher Betrachtung und geisteswissenschaftlicher Interpretation abgewandelt das Wort, das H. C. Oersted einmal in seinem Werk über den Geist in der Natur gefunden hat: „Jede der Richtungen, in denen wir zur Wahrheit gelangen, zeigt uns dieselbe nur von einer Seite. Stellen wir die denkenden Wesen voran, so wird das Bild, welches wir uns von der Außenwelt machen, matt und schattenhaft, etwa wie eine von beleuchtetem Nebel verhüllte Landschaft. Beginnen wir von der Außenwelt, so rückt das Reich der Freiheit gar zu sehr in die Ferne. Wir müssen uns der Wahrheit von mehr als einer Seite nähern, um sie in der Ganzheit und Fülle zu ergreifen, welche uns zu erreichen möglich ist[38]."

*Anmerkungen.*

[1] Vgl. Bobek und Schmithüsen, Die Landschaft im logischen System der Geographie, in „Erdkunde", Archiv für wiss. Geographie III 1949 Heft 2/4. Sowie den Beitrag von C. Troll in diesem Heft.

[2] J. G. Granö, Reine Geographie. Acta geographica 2 Nr. 2, Helsinki 1929.

[3] Kurt Bürger, Der Landschaftsbegriff. Ein Beitrag zur geographischen Erdraumauffassung. Dresdner geogr. Studien Heft 7. Dresden 1936. S. 108.

[4] H. Lautensach, Wesen und Methoden der geographischen Wissenschaft. Handb. d. geogr. Wissenschaft. Allgemeine Geographie I, S. 55.

[5] Im Gegensatz zu H. Schwind (vgl. den Beitrag „Sinn und Ausdruck der Landschaft") bin ich der Meinung, daß die erlebte Landschaft nicht nur der Forschungsgegenstand der Völkerpsychologie, Jugendpsychologie und Pädagogik zu sein braucht, es sei denn, man legt das Gewicht einseitig auf das Emotionale. Der Zweck meiner Ausführungen, die geschrieben wurden, bevor ich den höchst anregenden Beitrag von Schwind kennenlernte, ist gerade der, die sehr komplizierten Voraussetzungen unseres landschaftlichen Sehens aufzuzeigen und damit den Weg für eine „Landschaftsphysiognomik" freizumachen, die beiden Seiten, der psychologisch-geistesgeschichtlichen *und* der geographischen Seite gerecht wird.

[6] Willy Hellpach, Geopsyche, 5. Aufl. Leipzig 1939 S. 215.

[7] Vergl. W. Hellpach, Witterungsbild und Landschaftswirkung im Hygiogramm. Meteorol. Rundschau, 1. Jahrg. Heft 5/6 1947. S. 130.

[8] Georg Simmel, Philosophie der Landschaft. In: Die Güldenkammer. Herausgeg. von S. D. Gallwitz, G. F. Hartlaub und Hermann Schmidt. 3. Jahrg. 1912/13 (Bremen). S. 635 ff.

[9] W. Hellpach, Geogramme, eine bioklimatische, besonders auch kurwesentliche Aufgabe. Bioklimatische Beiblätter 1940 Heft 1/2 S. 17 ff.

[10] J. G. Granö, a. a. O. S. 13 „Wenn wir auf der Karte oder im Profil die Orte, wo dieselbe *Erscheinungsquantität* gleichzeitig auftritt, durch Linien *Erscheinungskurven* verbinden, können wir die quantitativen Veränderungen der Erscheinungen im Raum und Zeit veranschaulichen, sobald wir für die verschiedenen Erscheinungen passende Maße finden." Vergl. dazu etwa die kartographische Darstellung der „Geruchserscheinungen der warmen Jahreszeit auf Valosaari", Fig. 19, wo Nadelbaumduft, Birkenduft, Duft des Gagels, Schlammgeruch und wechselnde Gerüche (letztere haftend an der Hautstelle!) räumlich lokalisieren im Kartenbild erscheinen.

[11] Helmut Rheder, Die Philosophie der unendlichen Landschaft. Halle 1932. S. 1.

[12] K. Gerstenberg, Die ideale Landschaftsmalerei, ihre Begründung und Vollendung in Rom. Halle 1923 S. 141.

[13] J. Ponten, „Schönheit der griechischen Landschaft". Velh. und Klasings Monatsh. 3. Jahrg. 1918/19 2. Bd. S. 25.

[14] Jede Epoche bringt nicht nur ein neues Landschafts*ideal*, sondern öffnet auch die Augen der betreffenden Generation für einen neuen Aspekt der Natur, konstituiert neue „objektive" landschaftliche Werte. Bereits W. H. Riehl hat das in seinem schönen Essay über „das landschaftliche Auge" (Stuttgart 1859) dargelegt: „Mit jedem großen Umschwung der Gesittung erzeugt sich auch ein neuer Blick für eine andere Art landschaftlicher Schönheit. Dies greift so tief, daß man sich wohl gar der Täuschung hingeben könnte, verschiedene Zeiten hätten nicht nur mit unterschiedlichem Geistesauge, sondern auch mit anderer Sehkraft die Natur angeschaut." — Es ist der zweifellos richtige Gedanke ausgesprochen worden, daß sich unser Gesichtssinn bzw. unser ästhetisches Sehen ähnlich wie das musikalische Gehör erst im Laufe der Zeit zu der Fähigkeit entwickelt habe, eine breite Skala höchst diffiziler Unterschiede zu umgreifen, worin freilich noch kein Werturteil liegt. Die Gipfelleistungen der Kunst mancher Frühepoche liegen gewiß weit über dem heutigen Niveau.

Über den Wandel des landschaftlichen Ideals im Laufe der Zeit orientieren zahllose Werke. Genannt seien nur: A. Biese, Die Entwicklung des Naturgefühls im Mittelalter und in der Neuzeit. Leipzig 1888. W. Flemming, Der Wandel des deutschen Naturgefühls vom 15. zum 18. Jahrh. Deutsch. Vierteljahrschr. für Lit., Wiss. und Geist.-Gesch. Buchreihe Bd. 18 1931. B. Richter, Die Entwicklung der Naturschilderung in den deutschen geographischen Reisebeschreibungen bis zur ersten Hälfte des 19. Jahrh. Diss. Leipzig 1900. Ferner vor allem Wilhelm Waetzold, Das klassische Land, Wandlungen der Italiensehnsucht. Leipzig 1927.

[15] Alfred Philippson hat das einmal für die Landschaft von Paestum dargelegt: „Immer wieder lesen wir, noch in den neusten Beschreibungen, daß sich die Tempel inmitten weiter, einsamer Steppen, auf denen Büffel weiden, und Malaria aussendender Sümpfe erheben. Diese Oede soll durch ihren Kontrast den Eindruck der Tempelbauten besonders steigern. Diese Angaben sind ein Beispiel jener Suggestion, welche eine einmal gelesene anschauliche Schilderung einer Landschaft auf die meisten Beschauer auszuüben pflegt. Hat einmal irgend jemand ein eindringliches Klischee geprägt, so glaubt man es in der Natur zu sehen, auch wenn es der Wahrheit nicht entspricht." Das fernste Italien. Leipzig 1925 S. 28.

[16] Kurt Gerstenberg, Goethe und die italienische Landschaft. Deutsch. Vierteljahrsschr. für Lit., Wiss. und Geist.-Gesch. Bd. 1, 4 1928.

[17] „Die Natur in der Kunst zu sehen, ward bei mir zu einer Leidenschaft, die in ihren höchsten Augenblicken andern, selbst passionierten Liebhabern, fast wie Wahnsinn erscheinen mußte; und wie konnte eine solche Neigung besser gehegt werden als durch eine fortdauernde Betrachtung der trefflichen Werke der Niederländer" (Dichtung und Wahrheit). In Venedig spricht Goethe von seiner alten Gabe, die Welt mit den Augen desjenigen Malers zu sehen, dessen Bilder sich ihm eben eingedrückt hätten. Diese Gabe verwendet Goethe jedoch nicht zum Zweck einer schönen Täuschung, sondern sieht in ihr vielmehr ein Mittel zur wahren Erkenntnis der Natur. So notiert er nach einem Besuch der Galerie Colonna in Rom, wo er Bilder von Poussin, Claude Lorrain und Salvator Rosa betrachtet hat: „Wenn man nun gleich wieder die Natur ansehen und wieder finden und lesen kann, was jene gefunden und mehr oder weniger nachgeahmt haben, das muß die Seele erweitern, reinigen und ihr zuletzt den höchsten anschauenden Begriff von Natur und Kunst geben. . . . Ich will auch nicht mehr ruhen, bis mir nichts mehr Wort und Tradition, sondern lebendiger Begriff ist." (Rom, 27. Juni 1787.) Auch seine eigene zeichnerische Tätigkeit, der er in Italien sehr viel seiner kostbaren Zeit widmet, obgleich er sich der Grenzen seiner Begabung auf diesem Gebiet bereits bewußt ist, dient diesem Zweck: „So wird durch künstlerische Arbeiten nach und nach das Auge so gestimmt, daß wir für die Gegenwart der Natur immer empfänglicher und für die Schönheiten, die sie darbietet, immer offener werden." (Italienische Reise.)

Die bildende Kunst ist für Goethe eine der möglichen Aussagen über die Natur. Diese Aussage ist ihm in bezug auf die landschaftliche Eigenart eher zur Hand, als das von ihm so souverän beherrschte Instrument der Sprache.

„Wenn ich Worte schreiben will, so stehen mir immer Bilder vor Augen, des fruchtbaren Landes, des freien Meeres, der duftigen Inseln, des rauchenden Berges, und mir fehlen die Organe, das alles darzustellen." (In Neapel, März 1787.) Es ist vor allem die spezifische landschaftliche Atmosphäre des mediterranen Südens, die er in seiner Beschreibung einzufangen sucht und für die er zunächst nur die mitgebrachte Formel „Claude Lorrain" hat. Das Charakteristische und Goethes innerstem Bedürfnis entsprechende Merkmal der Bilder Claude Lorrains liegt nach einer schönen Formulierung K. Gerstenbergs (Die ideale Landschaft usw. a. a. O. S. 145) darin, „daß alle Formen gleichmäßig in einem lichterfüllten Raum untertauchen, und daß die Schwingungen zwischen Mensch und Natur darin einer pantheistischen Gefühlssphäre entstammen". Daher die Beglückung Goethes, als er in Italien die gleiche Landschaftsstimmung wiederzufinden glaubt. Er hält an diesem Schema auch noch fest, als seine scharfe Beobachtungsgabe den scheinbar paradoxen, doch äußerst treffenden Ausdruck der „dunstigen Klarheit" findet, der die landschaftliche Atmosphäre des Südens mit der kürzesten Wortformel erschöpfend umreißt, aber nicht mit dem gleichen Recht auf Claude Lorrain angewendet werden kann. „Mit keinen Worten ist die dunstige Klarheit auszudrücken, die um die Küsten schwebte, als wir am schönsten Nachmittag gegen Palermo anfuhren. Die Reinheit der Konture, die Weichheit des Ganzen, das Auseinanderweichen der Töne, die Harmonie von Himmel, Meer und Erde, wer es gesehen, der hat es auf sein ganzes Leben. Nun versteh ich erst die Claude Lorrain und habe Hoffnung, auch dereinst im Norden aus meiner Seele Schattenbilder dieser glücklichen Wohnung hervorzubringen" (Palermo, 3. April 1787). Ähnliche Formulierungen begegnen immer wieder. So in Rom am 19. Februar: „Über der Erde schwebte ein Duft des Tages über, den man nur aus Gemälden und Zeichnungen des Claude kennt, das Phänomen in der Natur aber nicht leicht so schön sieht als hier." Oder in Sizilien: „Die Klarheit des Himmels der Hauch des Meeres, die Düfte, wodurch die Gebirge mit Himmel und Meer gleichsam in *ein* Element aufgelöst wurden . . ." und schließlich in Rom, bei herrschender Tramontana: „Es ist wirklich zum Närrischwerden, wenn man die Klarheit, die Mannigfaltigkeit, *duftige Durchsichtigkeit* und himmlische Färbung der Landschaft, besonders der Fernen ansieht." Vergleicht man die Wetterlagen zur Zeit solcher Beobachtungen, wie sie aus Goethes eigenen Notizen hervorgehen, so erkennt man leicht, daß nicht eine zufällige atmosphärische Stimmung gemeint ist, sondern ein wenigstens für Mittel- und Süditalien höchst charakteristisches Phänomen, das den besonderen Reiz dieser Landschaft ausmacht und zwar bei den verschiedensten Wetterlagen. Wie weit sich Goethes eigene Beobachtung tatsächlich von Claude Lorrain entfernt, erkennt man am besten aus seinem Brief vom 24. November 87: „Du fragst in deinem letzten Brief wegen der Farbe der Landschaft dieser Gegenden. Darauf kann ich dir sagen, daß sie bei heiteren Tagen, besonders des Herbstes, so farbig ist, daß sie in jeder Nachbildung bunt scheinen muß. Ich hoffe dir in einiger Zeit einige Zeichnungen zu schicken, die ein Deutscher macht, der jetzt in Neapel ist; die Wasserfarben bleiben so weit unter dem Glanz der Natur, und doch werdet ihr glauben, es sei unmöglich. Das Schönste dabei ist, daß die lebhaften Farben, in geringer Entfernung schon, *durch den Luftton gemildert* werden, und daß die Gegensätze von kalten und warmen Tönen — wie man sie nennt — so sichtbar dastehn. Die blauen klaren Schatten stechen so reizend von allem erleuchteten Grünen, Gelblichen, Rötlichen, Bräunlichen ab und verbinden sich mit der bläulich duftigen Ferne. Es ist ein Glanz und zugleich eine Harmonie, eine Abstufung im Ganzen, wovon man nordwärts keinen Begriff hat. Bei Euch ist alles entweder hart oder trüb, bunt oder eintönig." Eine solche meisterhafte landschaftsphysiognomische Kennzeichnung hat mit dem inneren Bilde, das Goethe aus den Gemälden des Claude nach Italien mitbrachte, als tertium comparationis nur mehr den medialen Charakter des lichtdurchtränkten Lufttones gemeinsam, der Träger eines besonderen Stimmungsgehalts ist und der später einen der besten Schilderer der italienischen Landschaft nach Goethe noch einmal zu einer Formulierung veranlaßt, die gegenüber Goethes sachlichen Feststellungen fast wie ein Rückschritt anmutet, aber die gleiche philosophische Grundintention deutlich werden läßt: „In dem Duft der Ferne, in den Farben des Horizontes . . . liegt eine *unendliche Idealität*, und so plastisch alle Gestalten sind, so unwirklich und gedankengleich schwebt jener selige Dunst um die der gemeinen Schwere enthobenen Formen." (Victor Hehn, Reisebilder aus Italien und Frankreich. 2. Aufl. Stuttgart und Berlin 1906. — Die Italienreise Hehns fällt in das Jahr 1838/40.)

[18] Georg Simmel, Philosophie der Landschaft, a. a. O. S. 637.

[19] Vergl. hierzu auch den schönen Aufsatz von Rainer Maria Rilke über Worpswede. (1907). Ausgewählte Werke 2. Leipzig 1938 S. 221 ff.

[20] Giovanni Paolo Lomazzo, Trattato dell'Arte della Pittura etc. Milano 1585. Neudruck Rom 1844 II S. 372.

[21] „. . . sempre di fare le cose, come doverebbono essere, e non in quello modo che sono." Vincenzo Danti, Il primo libro del Trattato delle perfette di tutte che imitare et ritrarre si possono con l'arte del disegno. Firenze 1567. Neudruck Perugia 1839. S. 93.

[22] Vergl. H. Rheder, Philosophie der unendlichen Landschaft, a. a. O. S. 220. „Nur aus einer solchen ästhetischen, mythologischen Einstellung überhaupt heraus konnte die Romantik das Problem der unendlichen Landschaft finden und davon weltanschaulich und religiös ergriffen werden, weil die ästhetische Anschauungsform für sie selber die Geltung des Absoluten innezuhaben schien. In der ästhetischen Einstellung zur Idee liegt schon begründet, was dann als immanente Transzendenz zutage tritt."

[23] A. W. Schlegel, Berliner Vorlesungen 1801/02 IS. 203 ff., vergleiche hierzu auch das Zitat von Victor Hehn in Anmerkung[17]!

[24] Carl Gustav Carus. Lebenserinnerungen I. S. 182.

[25] Alexander von Humboldt, Ansichten der Natur. I, 3. Aufl. 1849. S. 252.

[26] Hans Cloos, Gespräch mit der Erde. München 1947. S. 10.

[27] Wilhelm *Troll* hat kürzlich in seinem Beitrag über „das Problem des Schönen" (Studium Generale, 2. Jahrg. 1949 Heft 5 S. 259 ff.) die Auffassungen über das Naturschöne auf die Alternative Nominalismus-Realismus zurückgeführt. So fruchtbar ein solcher Versuch ist, so überdeckt er doch die geschichtliche Vielfalt der Varianten und Motive, die sich keineswegs alle auf die Augustinische Fragestellung zurückführen lassen „ob die Dinge schön seien, weil sie ergötzen, oder ob sie darum ergötzen, weil sie schön sind . . ."

[28] Ewald Banse, Landschaft und Seele, München 1929. Ders. Die Geographie und ihre Probleme. Berlin 1932.

[29] C. G. Carus, Zwölf Briefe über Landschaftsmalerei. Mit einem Anhang: Andeutungen zu einer Physiognomik der Gebirge. — G. L. Kriegk, Schriften zur allgemeinen Erdkunde, Leipzig 1840. Friedrich Ratzel, Über Naturschilderung, München und Berlin 1923. Josef Ponten, Griechische Landschaften. Ferner seine in dem Band „Kleine Prosa" gesammelten Aufsätze. J. Thoene, Ästhetik der Landschaft. München-Gladbach 1924.

[30] Diesen Prozeß deutet Josef Gramm, „Die ideale Landschaft, ihre Entstehung und Entwicklung", Freiburg 1912, bereits richtig an: „Schon die gewöhnliche Betrachtungsweise der Natur berührt sich also mit jener geistigen Funktion des Landschaftsmalers, der die Naturformen als Ausfluß seiner eigenen Stimmung zu betrachten gewöhnt ist. Rufen wir uns aber ein früher erschautes Stück der Natur im Erinnerungsbilde zurück, so vollzieht unsere Phantasie nur zu gern jenes Nachschaffen aus der Stimmung heraus, jenes unbewußte Hinaufläutern und Steigern über die Wirklichkeit, worauf sich im wesentlichen die künstlerische Tätigkeit des Malers bei der Konzeption einer idealen Landschaft bezieht."

Bei der Landschaftsphysiognomik handelt es sich allerdings nicht um eine Idealisierung der Natur. Trotzdem wird auch hier ein schöpferisches Auslassen des physiognomisch nicht Relevanten erst zur Erkenntnis führen.

[31] Irene Henrici, Die Landschaft des unendlichen Raumes, Diss. Münster 1936, weist überzeugend nach, daß eine solche Landschaft, die bezeichnenderweise nur in den Niederlanden ihre künstlerischen Interpreten gefunden hat, die Illusion der Unendlichkeit durch den sinnlichen Eindruck ohne Umweg über die Reflexion (wie sie etwa in dem bekannten Gemälde C. D. Friedrichs, „Mönch am Meer" durch die verlorene Gestalt des der Meeresweite zugewandten Mönches ausgelöst wird) erweckt wird. Besonders bei klarem Wetter kann der Horizont des Meeres relativ nah erscheinen, so daß der unmittelbare Eindruck des unendlichen Raumes nicht zustande kommt. Dieser setzt vielmehr „eine Entfesselung des Auges voraus und duldet nicht einmal das Einfangen des Blickes auf einem einzigen Fernpunkt. Unendlichkeit ist mithin nicht eine durch malerische Mittel beschriebene relativ ungeheure Entfernung, sondern allseitig richtungslose Raumerscheinung". Was Henrici für bestimmte Landschaftsbilder der niederl. Schule des XVII. Jahrh. feststellt, gilt auch für die Natur unter Voraussetzung bestimmter atmosphärischer Zustände, wie sie an den Flachküsten mit ausgesprochen maritimem Klima häufig auftreten.

[32] Unter der Mannigfaltigkeit der Formen und Linien prägen sich dem Auge und dem Gedächtnis besonders solche ein, die, wie wir sagen, „Charakter" haben oder auch solche, die einen häufig wiederkehrenden Typus verkörpern, wie überhaupt eine Wiederholung des gleichen wenn auch im einzelnen leicht abgewandelten Motives die Auffassung der Landschaft erleichtert. Wir sprechen von „Bergpersönlichkeiten" etwa dann, wenn die individuelle Linienführung eine unverwechselbare Eigenart aufweist, die sehr oft im Volksmund zur Prägung besonderer Namen führt. Bei dem Vorherrschen der unregelmäßig fließenden Linien in der Landschaft werden als „charaktervoll" besonders solche Konturen empfunden, in denen sich markante oder nur leicht gekrümmte Linien kantig verschneiden, worunter gerade auch die Senkrechte (oder die als senkrecht empfundene steile Gerade) eine bevorzugte Rolle spielt. Andererseits gehören hierher auch solche Berglinien, die einen ästhetisch schönen Charakter haben, wie etwa die des Fujijama oder anderer regelmäßiger Vulkankegel. Denn charaktervoll braucht nicht immer gleichbedeutend mit ausdrucksvoll oder gar pittoresk zu sein. Vgl. hierzu auch die Ausführungen in J. Thoene, Ästhetik der Landschaft, a. a. O. Abschnitt über die Gestaltschönheit der Landschaft, S. 86 ff. Daß man in der Analyse der psychologisch-ästhetischen Wirkung des Formenschatzes zu allgemeingültigen Gesetzmäßigkeiten kommt, die für die Kennzeichnung der Physiognomie konkreter Landschaften durchaus anwendbar sind, mag nur durch einen kurzen Hinweis erläutert werden. Treffen in den Umrißlinien bestimmter Bergformen die Horizontale und die Vertikale (oder angenäherte Vertikale) zusammen, so entstehen kubisch wirkende Charakterformen, solange die Horizontale an Länge höchstens das Zwei- bis Dreifache der Vertikalen mißt. Die aufstrebende Vertikale hat dabei wertmäßig das Übergewicht, so daß der physiognomisch sehr wirksame Eindruck des Ragenden, des kyklopisch Übersteigerten entsteht. In Verbindung mit der weitgespannten Horizontale der Fußfläche, etwa einer Ebene, aus der sich solch ein Berg isoliert erhebt, oder des Meeres, vor dem er aufsteigt, ergibt sich ein Effekt, den die romantisch-heroische Landschaftsmalerei mit Vorliebe ausgenutzt hat. In der Natur zeigt sich diese Wirkung etwa beim Monte Pelegrino im Golf von Palermo. Wird die obere Horizontale der Bergkontur länger, so schwächt sich dieser Eindruck erheblich ab, wie etwa bei den Umrißlinien der Halbinsel Sorrent von Neapel aus gesehen. Wir erhalten dann den Eindruck eines Plateaus oder einer Mauer. Auch verliert die Vertikale ihren Charakter als aufsteigende Linie, sondern erscheint vielmehr als Steil*abfall*. Ferner wirken solche Plateaus bei objektiv gleicher Höhe subjektiv niedriger, als kubische Formen oder Türme und Pfeiler. In ähnlicher Weise läßt sich zeigen, daß es für die landschaftliche Wirkung nicht gleichgültig ist, ob eine kubische Form wie es beim Monte Pelegrino der Fall ist, unmittelbar der Ebene entragt, oder ob sie, wie etwa der Lilienstein in der sächsischen Schweiz, einem konischen Sockel mit konkaven Hanglinien aufsitzt, daß es ferner nach subtilen ästhetischen Gesetzen, die zu erörtern hier nicht der Raum ist, schöner wirkt, wenn die mathematische Gerade in der Natur nicht streng erreicht, vielmehr nur umspielt wird, ähnlich wie freihändig gezogene Umrisse dank der persönlichen Handschrift meist reizvoller sind als die mit Lineal und Reisfeder ausgeführten. Der Vergleich mit der Handschrift trifft noch in einem tieferen Sinne zu. Das Auge verfolgt nämlich aktiv beim Sehen die ihm in der Landschaft entgegentretenden Linien, schreibt sie also gewissermaßen nach, und zwar entsprechend unseren Schreib- und Lesegewohnheiten in der Tat meist von links nach rechts (in der Abfolge, in der wir auch ein Profil zu zeichnen pflegen). So wie wir jede Linie in Bewegung umsetzen, können wir sie auch nur als einen Ablauf beschreiben. Daher spricht der Volksmund auch von einem „bewegten Hügelland" von „himmelstürmenden Bergen", einem „ansteigenden Hang" oder einer „ruhenden Ebene", wobei im letzten Fall die mitunter wohltuende Möglichkeit angedeutet wird, das Auge in der gestaltlosen Weite ausruhen zu lassen, ohne daß es von bestimmten Linien zum Mitgehen gefordert wird.

[33] Im allgemeinen begünstigt maritime Feuchtluft sowie jede Art von Dunst (Bodendunst im Herbst, Hitzenebel im Sommer usw.) die flächige Silhouette und läßt die Entfernungen größer erscheinen, trockene kontinentale Luft fördert dagegen die plastische Wirkung und rückt näher. Bei diffusem Licht erscheint die Landschaft eher flächig, ebenso im Gegenlicht, bei klarem Wetter, besonders bei niedrig stehender Sonne, dagegen plastisch. Regional überwiegt in den vollhumiden Gebieten namentlich in den Fernen die flächige Kulisse, in den ariden und semiariden Gebieten (so auch im Mittelmeergebiet) die plastische Form.

[34] Alexander von Humboldt hat hierin geradezu das bestimmende Element der landschaftlichen Physiognomie gesehen, wenn er sagt: „Der Eindruck, welchen der Anblick der Natur in uns zurückläßt, wird minder durch die Eigentümlichkeit der Gegend, als durch die der Beleuchtung bestimmt, unter der Berg und Flur bald bei ätherischer Himmelsbläue, bald im Schatten tiefschwebenden Gewölkes erscheinen." Ansichten der Natur I. Über die Wasserfälle des Orinoco.

[35] Am weitesten ist m. E. J. Thöne (a. a. O.) in der psychologisch-ästhetischen Analyse der in der Natur auftretenden Farbstimmungen gekommen. Äußerst wertvolle Anregungen kann man den Werken der Kunsthistoriker und kunsttheoretischen Schriften entnehmen.

[36] Wie vorsichtig man allerdings bei der physiognomischen *Wertung* solcher Farbeindrücke vorgehen muß, zeigt die Bemerkung von Helpach, daß durch die Graubeimengung zum Grün der Olive für viele Nordländer der beruhigende lustvolle Gefühlston des Grün in eine unlustvolle bedrückende Wirkung umschlägt. Erst nach einer gewissen Gewöhnung werden die ästhetischen Reize des Ölbaums in der mediterranen Landschaft entdeckt.

[37] M. Schwind, Japanische Landschaft in: Arch. f. Ostasien, Bd. I, 1948, S. 24 ff. Die Gestaltung Karafutos zum japanischen Raum. Pet. Geogr. Mitt. Erg.-Heft 239. Gotha 1942. Sinn und Ausdruck der Landschaft (in diesem Heft).

[38] H. C. Oersted, Der Geist in der Natur. 1850/51. Zitiert nach H. Rehder, Philosophie der unendlichen Landschaft. Halle 1932.

(*Prof. Dr. H. Lehmann, Frankfurt a. M., Schumannstr. 58 (Geographisches Institut).*

# Sinn und Ausdruck der Landschaft.

Von
MARTIN SCHWIND.

Romano *Guardini* gibt dem Wort „Landschaft" einen dreifachen Sinn[1]. Er spricht von der Landschaft des Geographen und versteht darunter „ein natürliches Stück Erdoberfläche mit allem, was ohne Zutun des Menschen darauf wächst und lebt". In diese geographische Landschaft „hineingefügt" ist ihm eine andere, die durch den schaffenden Menschen entsteht, zu der Dorf und Stadt, Äcker und Fabriken gehören. Er hält sie für die „geopolitische", „heimatkundliche" oder auch „landesplanerische" Landschaft. Von diesen objektiv gegebenen Landschaften wiederum scheidet er „die lebendige Umwelt des einzelnen Menschen, wie sie aus seinem Erleben heraus entsteht und daher für jeden eine andere ist".

Der naive Betrachter wird unter Landschaft immer „die Art des Landes" (Land - schaft) außerhalb seiner Person verstehen. Die Blickrichtung auf „die Landschaft in mir" wurde erst möglich auf einer späten geistigen Entwicklungsstufe und wurde besonders vertieft durch Jacob *v. Uexkülls* Milieutheorie.

Von der erlebten Landschaft soll hier nicht die Rede sein, wenngleich, wie sich ergeben wird, der v. Uexküllsche Gedanke die Betrachtung der „objektiven" Landschaft in gewisse Grenzen verweist.

Die außer uns befindliche Landschaft ist Gegenstand der Geographie. Die erlebte Landschaft ist Forschungsfeld der Völkerpsychologie, Jugendpsychologie und Pädagogik[2]; in Malerei, Dichtung und Musik hat sie sich in allen Zeiten objektiviert.

Die Betrachtung über die geographische Landschaft muß mit einer Richtigstellung gegenüber *Guardini* beginnen; denn er engt deren Begriff über Gebühr ein und trennt, was zusammengehört. Was er Geographie nennt — es ist die landläufige Meinung — das ist sie im Grunde niemals gewesen. Schon *Herodot* kam es darauf an, nicht ein „natürliches Stück der Erdoberfläche", sondern die Ökumene zu beschreiben mit all den Menschen und Kulturen. Wo gibt es auch heute jene von *Guardini* gemeinte Naturlandschaft? Wo Menschen wohnen, ist sie verändert und oft kaum rekonstruierbar. Kultur und Natur haben sich durchdrungen, und als Ergebnis dieser Auseinandersetzung liegt die Kulturlandschaft vor uns. Sie ist die geographische Landschaft.

Und in diesem Sinne ist auch die Anökumene in ihren Bereich eingeschlossen: Sie ist die sich menschlicher Kulturnahme noch sperrende Natur, und die Geschichte ihres fortschreitenden Schrumpfens ist eines der hervorragenden Dokumente des menschlichen Gestaltungswillens und zunehmenden Gestaltungsvermögens. Wo immer wir solcher Naturlandschaft begegnen, gibt sie uns die Frage nach ihrem Verhältnis zum Menschen auf.

Mit der Erkenntnis, daß Landschaft zugleich Maßstab für menschliches Gestaltungsvermögen ist, daß Erde nicht nur angeschaut, sondern geformt und mit Sinn erfüllt wird, ist der Zugang zum Wesen der Landschaft gewonnen.

Wir haben mit unserm Tun der Erde etwas anheimgegeben, „was nicht allein aus ihren Gnaden, sondern ebensosehr aus unserm Wirken stammt. Wir empfangen von ihr die Form, aber sie hat die Form auch von uns empfangen. Und was sie uns entgegenträgt, ist, irdisch verwirklicht, Sinn von unserm Sinn".[3] Die Kultur-Landschaft ist sinngeladen, ist Werk des Menschen im Rahmen dessen, was die Natur erlaubt. Sie ist die gewaltigste Objektivation des Geistes und offenbart deshalb auch die geistige Form ihrer Schöpfer. Sie ist jedem anderen Werk des Menschen vergleichbar, aber doch viel komplexer. Das Bild schuf *ein* Maler, das Gedicht *ein* Dichter. Die Landschaft schuf ein ganzes Volk — und dies nicht in dieser oder jener Zeit, sondern durch viele Zeiten hindurch und noch heute. Sie ist eine Komposition, an der immer gearbeitet wird, deren Interpretation also ungleich schwieriger sein muß als die einer Symphonie.

Wie jedes vom Menschen geschaffene Gebilde hat auch die Landschaft ein Sinngefüge und einen Ausdruckswert. „Die Häuser sind formgewordene Weise zu wohnen, die Fluren gesetzgewordene Weise zu siedeln."[4] Ihr Wandel von Stamm zu Stamm und Volk zu Volk läßt Wesenszüge der Kulturen überhaupt erkennen.

Es ist solche Landschaftsbetrachtung eine dem Geographen gestellte Forderung; sie ist keineswegs schon erfüllt. Die ersten Schritte in dieser Richtung wurden für Grenz- und Kolonialräume getan; hier, wo verschiedene Kulturen aneinanderstoßen oder sich ineinanderlegen, wird am ehesten offenbar, daß

[1] Guardini, Romano: Form und Sinn der Landschaft in den Dichtungen Hölderlins. R. Wunderlich, Stuttgart 1946.

[2] Spranger, Eduard: Die Vielheit der Erlebniswelten in ihrer Bedeutung für Volkskunde und Volkserziehung. In: Forschungen und Fortschritte, 9. Jg., 1933, 19. S. 278.

[3] Freyer, Hans: Der Staat. 2. Aufl., E. Wiegandt, Leipzig 1926.

[4] Freyer, Hans: a. a. O.

jeder Kultur eine aus ihrem Geiste geprägte Landschaft entspricht, die ihrerseits Rückschlüsse auf das Seelentum erlaubt, das sie schuf. Albrecht *Penck* [1], A. *Rühl*[2], J. *Büdel*[3], E. *Meynen*[4], H. *Schrepfer*[5] u. a. sind auf diesem Wege ein großes Stück gegangen.

Am Beispiel Süd-Sachalins warf der Verfasser, angeregt durch Eduard *Sprangers* Gedanken zur Kulturmorphologie [6], die Fragen auf, zu welcher Form der Geist eines Altkulturvolkes die Koloniallandschaft prägte und wie jene Koloniallandschaft zum Schlüssel eines vertieften Verständnisses der Kultur des Kolonisators überhaupt werden kann [7]. Der Japaner stellte an das Neuland, das er 1945 der Sowjetunion überlassen mußte, die alten monsunländischen Fragen. Was sich im Süden durch Jahrhunderte bewährt hatte, versuchte man dem Norden aufzuzwingen. In einem Lande mit einer mittleren Jahrestemperatur von 3° C und einer im Mittel nur 11° C warmen Wachstumsperiode experimentierte man mit Reisanbau, wohnte man in japanischen Bretterhäusern, hielt man an der japanischen Kleidung fest. Obgleich größere Besitze zur Verfügung standen, verharrte der Bauer bei der gärtnerischen Bestellung kleiner Flächen; obgleich sich ausgedehnte Weideflächen über entwaldete Hügelländer ziehen, überwand er seine Abneigung gegen Viehwirtschaft nicht; obgleich Kartoffeln, Roggen und Rüben bis ans Bauernhaus heranwuchsen, blieb man bei der Reisnahrung und lieferte die Feldfrüchte an Sprit- und Zuckerrübenfabriken. Man plante nicht nach rationalen Gesichtspunkten, es sei denn, daß man, wie auf dem Gebiete des Städtebaus, die Technik etwa Amerikas als überlegen anerkannte und sie ohne Berücksichtigung des Geländes und des Windes nachahmte.

Die sich vornehmlich aus Nadelwald, Grasland und Moor aufbauende Naturlandschaft stand dem japanischen Gestaltungswillen so entgegen, daß sie zu einer disharmonischen Kulturlandschaft, in gewissem Grade sogar zu einer Raublandschaft wurde. Vom Gegenständlichen her hätte man sie nicht als „japanisch" erkannt. Und doch drückten sich gerade entscheidende Eigenschaften des japanischen Geistes in dieser von ungleichem Kampf erfüllten Landschaft aus. Traditionswille, Nachahmungstrieb, der Sinn für kleine Maße, das intuitive Verhältnis zur Natur und der Geschmack fürs Einfache, d. h. das Verzichtenkönnen bis zum Unbedingt-Notwendigen, das an Selbstaufopferung grenzt: das sind die hervorragendsten Merkmale des japanischen Seelentums, soweit es Sachalins Landschaft schuf.

Allein die Küste, von der aus der Wert der Insel erkannt wurde, und von der aus die Besiedlung erfolgte, bot ein anderes Bild; denn das Meer spricht, wo auch immer, die Japaner innerlichst an. Der von Booten besetzte Strand, die aufgespannten Netze, der zum Trocknen ausgelegte Seetang, die Heringsküchen und -mühlen, die zu Haufen aufgeschütteten Fische und Muscheln, die Fischer in ihren mit weißen Schriftzeichen bedeckten blauen Kitteln zauberten in nördlicher Luft japanische Landschaft hin.

In jungen Kolonialräumen stellt sich das landschaftliche Problem aber nur einschichtig, und daher besonders sinnfällig dar [8]. Wo die Kulturnahme des Landes eine lange Geschichte durchlief, wird die Fragestellung vielschichtig und geriete womöglich in Gefahr, übersehen zu werden, würden nicht in Grenzgebieten die Kulturen mit ihren verschieden geformten Landschaften kontrastierend gegeneinander treten. Hier muß sich herausstellen, was es denn eigentlich sei, das uns berechtigt, von einer englischen, französischen oder deutschen Landschaft zu reden und was es uns weiterhin ermöglicht, von einer schottischen, bretonischen oder alemannischen Landschaft zu sprechen. „Wer von Wien nach Oberitalien fährt, fühlt sich im Kanaltal bis Pontafel auf deutschem Volksboden, auch wenn er kein Wort mit den Bewohnern wechselt. Sobald er aber die Pontebbana überschreitet, ist er in einer neuen Welt, obwohl die Landesnatur noch keineswegs italienisch ist." So schrieb Albrecht *Penck*, ohne aber im einzelnen aufzuzeigen, *was* das Deutsche und *was* das Italienische in der Landschaft bei an sich gleicher Landesnatur ist. Das *eine* hatte er mit Gewißheit erkannt: der deutsche Kulturboden ist nicht nur das Ergebnis besonderer physisch-geographischer Verhältnisse, sondern *auch* eine Form des deutschen Geistes.

Die Interpretation der Landschaft muß daher, das Reich der Natur *und* das des Geistes umschließend, von höchster Warte her erfolgen. Es gibt keinen einheitlichen Nenner, von dem aus sich der Sinn der Landschaft erschließt. Jede einzelne landschaft-

[1] Penck, Albrecht: Deutscher Volks- und Kulturboden. In: Volk unter Völkern, hersg. von K. Loesch. Hirt, Breslau 1925. S. 62—73.

[2] Rühl, A.: Die Wirtschaftspsychologie des Spaniers. In: Zs. Ges. Erdk. Berlin, 1922. S. 81—115.

[3] Büdel, Julius: Deutscher und niederländischer Kulturboden. In: Zs. f. Geopol., 11. Jg., 1934, 12. S. 736—745.

[4] Meynen, Emil: Das pennsylvaniendeutsche Bauernland. In: Dt. Arch. f. Landes- u. Volksforschg., 3. Jg., 1939. S. 253—292.

[5] Schrepfer, Hans: Landschaft und Mensch im deutschen Lebensraum. In: Zs. f. Erdk., 4. Jg., 1936. S. 145—156.

[6] Spranger, Eduard: Probleme der Kulturmorphologie. Sitzgs.-ber. d. Preuß. Akad. d. Wiss., Phil.-Hist. Kl., 1936, I.

[7] Schwind, Martin: Die Gestaltung Karafutos zum japanischen Raum. Peterm. Geogr. Mitt., Erg.-H. 239. Perthes, Gotha 1942.

[8] Die Seiten 4—7 sind einem vom Verf. gehaltenen Vortrag auf dem Geographentag in München (1948) entnommen.

liche Form ist zu untersuchen, ob sie nicht bestimmt sei
durch die Initiative eines Einzelmenschen,
durch die Initiative einer Gruppe von Menschen,
durch Massenhandlung,
durch staatlichen Machtspruch,
durch bewußte Nachahmung,
durch Gewohnheit und Brauch,
durch Zufall,
durch rassische Veranlagung,
durch Landschaftsreiz,
durch Naturnotwendigkeit u. a. m.

Dabei ist die heutige Landschaft ein aus vier grundverschiedenen Formkreisen gewordenes Ganzes. Sie besteht aus

1. In der Gegenwart geschaffenen Formen (Städte, Verkehrseinrichtungen, Neusiedlungen usw.).
2. In der Vergangenheit geschaffenen, aber gegenwärtig noch lebendigen Formen (Städte, Dörfer, Flurformen).
3. In der Vergangenheit geschaffenen, heute aber nicht mehr lebendigen Formen (Burgen, Denkmäler).
4. In der Vergangenheit geschaffenen, heute aber nur noch durch Spuren feststellbaren Formen (Ruinen, Wüstungen).

Mit solcher Analyse erhält die Landschaft in ihren Einzelformen und als Ganzes ihren Sinn. Und mit der Erhellung dieses Sinns erschließt sich auch der Ausdruckswert. Die innigen Realzusammenhänge zwischen Sinn und Ausdruck nötigen die Landschaftsanalyse sogar zur Herstellung mehrerer historischer Querschnitte, d. h. sie begründen die Notwendigkeit der historischen Geographie. Die rekonstruierte Landschaft etwa des 18., 16. und 13. Jahrhunderts ist nach ihrem Sinngehalt und Ausdruckswerte zu befragen. Es ist zu verfolgen, welchem Bedeutungswandel die früher vorhandenen Formen unterlagen, welche der früher vorhandenen Formen eingingen, sich in die neuere Zeit retteten oder gar lebendig blieben. Erst nach solcher Betrachtung kann es gewagt werden, vom Ausdruckswert gegenwärtiger Landschaft zu sprechen. Es ist wohl klar, daß man die zahlreichen Burgen, Wehrkirchen, Stadtmauern und Türme der deutschen Landschaft nicht als Ausdruck eines starken Wehrwillens der Gegenwart werten darf. Die Tatsache, daß sich diese Gebilde erhalten konnten, spricht aber für die Achtung, die der Deutsche dem Gewordenen gegenüber zum Ausdruck bringt, für die Romantik in ihm und für sein Verlangen nach landschaftlichen Höhepunkten. Wenn man in der sowjetischen Besatzungszone die Schlösser und Herrensitze als der heutigen Zeit fremd bezeichnet, so hat man zweifellos recht; indem man sich aber anschickt, die überlieferten Bauten abzubrechen und die sichtbaren Wurzeln einer großen Kultur auszureißen, rückt man hinweg von der deutschen Seele überhaupt.

Die Analyse des Sinngehalts und Ausdruckswerts der Landschaft läßt uns, was H. *Lautensach* als den vornehmlichen Inhalt der Geographie bezeichnete, „den individuellen Charakter der einzelnen Land- und Meeresräume" erkennen[1]. Gerade dadurch, daß man die Kulturlandschaft als eine Objektivation des Geistes auffaßt, schafft man eine Situation, die es uns aufgibt, das Einmalige und Besondere zu begreifen, das nur überbaut werden kann durch eine Allgemeine Geographie im Sinne einer Dominanten- und Typenlehre [2].

Es hieße diese Landschaftsbetrachtung mißverstehen, wenn man glaubte, daß ihr die „Natur" von nur geringem Belang wäre. Dieser fällt eine geradezu entscheidende Bedeutung zu; denn sie ist nichts weniger als das große Gegenüber des Menschen, in das er seinen Willen einzuprägen sucht. Und dieses Gegenüber ist notwendig, sofern überhaupt Kultur sein will.

Die Natur bestimmt den Rahmen der Gestaltungsmöglichkeiten überhaupt. Dabei sind grundsätzlich drei Situationen gegeben:

a) Die Natur verbietet (nach dem jeweiligen Stand der Technik) jeden kulturlandschaftlichen Ansatz,
b) Natur und Kultur durchdringen sich,
c) die Kultur prägt sich der Natur, diese völlig umgestaltend, auf.

In jenen drei Möglichkeiten liegt eingeschlossen, daß es bei jeder kulturlandschaftlichen Betrachtung um etwas Dynamisches geht, nämlich um die Analyse der gradmäßig verschieden entwickelten Auseinandersetzung zwischen Natur und Mensch. Die „Harmonie", die so vielfach in der Landschaft gesucht und gefunden wird, ist weniger häufig als man glauben möchte. Mensch und Natur stehen in einem dialektischen Verhältnis, das sich nur in besonderen Situationen „harmonisch" ausgleicht. Daß von solcher Harmonie dort nicht die Rede sein kann, wo die Kultur die Natur landschaftlich völlig überwältigt, bedarf keiner besonderen Darlegung. Das Ruhrgebiet, das „Black Country" oder die Stadtlandschaft New Yorks sind Beispiele hierfür. Während im Falle der Anökumene die Naturgesetze noch ausschließlich herrschen, scheinen sie hier ausgeschaltet zu sein. Und doch ist dem nicht so. Es bleibt jeweils einer umsichtigen Analyse vorbehalten, gerade auch in jenen „absoluten" Kulturlandschaften die äußersten

[1] Lautensach, Hermann: Wesen und Methoden der Geographischen Wissenschaft. In: Hdbch. d. Geogr. Wiss., Bd. Allgem. Geogr., Tl. I. Athenaion, Potsdam 1933. S. 23—56.

[2] Obst, Erich: Das Problem der Allgemeinen Geographie. Vortrag auf dem Geographentag in München, 1948.

Grenzen sichtbar zu machen, die ihrer Entwicklung von der Natur her gesetzt sind.

Im Grunde ist die „absolute“ Kulturlandschaft nur der gradmäßig extreme Fall einer gegenseitigen Durchdringung von Natur und Kultur. Das Extrem nach der anderen Richtung würde die Landschaft der Primitivvölker sein. Je bündiger der Mensch seinem Geist objektive Gestalt verleiht, desto eindringlicher wird die Landschaft durch ihn geformt. Dabei ist es nicht so, daß sich jeder Mensch oder jedes Volk von jeder Landschaft angesprochen fühlte. Schon *Schelling* fragt, ob wir nicht „in jeder Landschaft eine gewisse geistige Gegenwart empfinden, die uns in der einen anzieht, in der andern zurückstößt“[1]. Es gibt Völker, die auf Grund ihrer seelisch-leiblichen Konstitution von bestimmten Naturbedingungen abgestoßen werden, ja, ihnen unterliegen. Die sog. Völkerwanderung liefert genügend Beispiele hierfür, und die Schwierigkeiten der japanischen Kolonisation in Mandschukuo lagen z. T. darin begründet. Es erhebt sich die Frage, ob es nicht Naturlandschaften gibt, die in Aufbau, Klima und Vegetation den Anlagen ihrer Besitzergreifer bzw. ihrer Bewohner in solchem Maße entgegenkommen, daß Mensch und Natur gleichsam wie füreinander geschaffen erscheinen.

Carl *Ritter* sprach in solchem Falle von der „klassischen Landschaft“ und wollte damit zugleich sagen, „daß sie wird und vergeht und nur in jener Zeit voll blüht, in der ein Volk die Absichten, die der Schöpfer in den Erdraum hineinlegte, erfüllt“[2].

Ob man jene erlesenen Landschaften als Stil bezeichnet, ob man sie harmonisch oder klassisch nennt oder sie als Kernlandschaft betrachtet, bleibt sich völlig gleich. Fest scheint zu stehen, daß es solche Landschaften gibt. Das alte Attika, die Japanische Inlandsee, Südost-England, das Schwäbische Stufenland und manch andere Landschaft zeichnen sich in diesem Sinne aus.

Keine dieser Kulturlandschaften ist fest umgrenzt; eine jede wirkt nach allen Seiten auf Nachbarräume ein, und ihre Strahlungsbereiche setzen zwei der grundsätzlichen landschaftlichen Probleme.

Das eine ist die Frage nach dem Wandel, dem die Formen des Stils unterliegen, sobald sie einem Landstrich mit veränderten Naturbedingungen aufgelegt werden. Es ist eine Frage, die insofern einschichtig ist, als sie nur das Verhältnis von objektivem Geist und Natur angeht.

Das andere aber ist eine Frage von mehrschichtigem Charakter. Wo sich die Einflußbereiche zweier Landschaftsstile überschneiden, wird dies in der Form gegenseitiger Auseinandersetzung geschehen. Es wird also zu klären sein, ob und wieweit (räumlich und qualitativ) sich die beiden (oder mehrere) Bereiche berühren oder durchdringen und welche Momente es schließlich sind, welche die Breite, die Intensität und das Vor- und Rückwandern des Berührungsgürtels bedingen. Hierbei wird sich *eine* Frage immer wieder mit besonderer Eindringlichkeit anmelden, wie sich nämlich jene Kulturlandschaftsgrenzen zu den politischen Grenzen verhalten und ob nicht die erwähnten Ausstrahlungsbereiche mitten in die Staatskörper der Vergangenheit und Gegenwart hineingreifen. Es ist offenbar, daß die Analyse dieser überaus verschränkten Beziehungen jene erste Frage nach dem Einfluß, den die Natur auf die Abwandlung des Landschaftsstils ausübt, in sich einschließt.

Die Vielschichtigkeit der landschaftlichen Problematik in Altkulturländern hat Julius *Büdel* am Beispiel des niederländisch-nordwestdeutschen Raums in großen Linien aufgezeigt[3]. Die politische Grenze läuft hier quer durch alte Stammesgebiete und durch von Natur aus zusammengehörige Landschaften. Es erhebt sich die Frage, ob die verhältnismäßig junge Eigenentwicklung, die Holland auf kulturellem, wirtschaftlichem und politischem Gebiete seit der Loslösung vom Reich erfuhr, Einfluß auf die Landschaft zu beiden Seiten der jungen Grenze hatte und ob sich aus jener Landschaft deutsche bzw. holländische Wesenszüge erkennen lassen.

Bei aller Ähnlichkeit der natürlichen Gegebenheiten waren freilich die Niederlande für eine Sonderentwicklung von altersher disponiert. Der breite Marschgürtel des Rheindeltas ist im Grunde so wesensverschieden von dem durch die Trichtermündungen und Geestvorsprünge in kleine Teile zerlegten deutschen Marschgürtel, daß sich hier ein eigener Landschaftsstil, eben die „holländische“ Landschaft, entwickeln konnte. „Überblickt man das städteerfüllte Polderland, so hat man wie wohl an keinem zweiten Punkt der Erde den Eindruck einer mit Kultur und Geschichte erfüllten Landschaft, *der* Kulturlandschaft schlechtweg; denn sie ist ganz eine Schöpfung der durch die Lage begünstigten menschlichen Tatkraft und des menschlichen Willens.“ Als besonderes Merkmal dieser Landschaft wird die einzigartige Blüte der städtischen Kultur bei weitgehendem Ausgleich der sozialen Gegensätze erkannt. Ihre Grundlage hat diese Kultur im Handel, in der Schiffahrt und in der Überseewirtschaft, was sich am sichtbarsten in den die Marsch überschauenden, der sandigen Geest vorgelagerten Parks und Herrensitzen (Driebergen, Doorn) des holländischen

[1] Schelling, Fr. Wilh. Jos.: Über den Zusammenhang der Natur mit der Geisterwelt.

[2] Schmitthenner, Heinrich: Studien über Carl Ritter. Mskrpt.

[3] Büdel, Julius: Deutscher und niederländischer Kulturboden. In: Zs. f. Geopol., 11. Jg., 1934, 12. S. 736—745.

Kaufmanns- und Kolonialadels macht. Die ganze Marsch steht im Dienste dieser Kultur, und man kann sagen, daß das Land verstädterte und daß die Stadt ländlich blieb. Das Land hat den Getreidebau aufgegeben und übt die Funktion eines riesigen städtischen Vorgartens aus mit seinem Gemüse, Obst und seinen Milchprodukten. Dabei hat das engmaschige Kanalsystem die Bauern angeschlossen an den Rhein und damit an die Weltwirtschaft. Der Bauer ist auch Handelsmann. Die Industrie blieb der Marsch in weitgehendem Maße fern; sie siedelte sich auf der sandigen Geest an, wo die Arbeitskräfte und Böden billiger sind. Deshalb blieben den Städten der Marsch auch die Mietskasernenviertel fern, und die Tradition des Einfamilienhauses erhielt ihnen einen ländlichen Charakter.

Deuten diese Merkmale schon an, in welch eigener Richtung sich die niederländische Landschaft gegenüber der deutschen entwickelte, so vermag nichts deutlicher den Gegensatz in der Wirtschaftsgesinnung und im inneren Verhältnis zur Landschaft zum Ausdruck bringen als die jüngsten Vorgänge an beiden Seiten der deutsch-niederländischen Grenze im Bereich des Bourtanger Moors. Sie sind um so aufschlußreicher, als die Naturgegebenheiten zu beiden Seiten der Grenze dieselben sind und als die beiden älteren Formen der Hochmoorkultur als holländische Erfindungen gelten. Während auf deutscher Seite die Kolonisation, von einzelnen Fehnunternehmern geleitet, die Macht der Territorialfürsten vermehren und sichern oder im Falle Preußens zur Zeit Friedrichs des Großen die Zahl der Steuerzahler erhöhen sollte, stand sie in Holland von vornherein unter einem großzügigen Handelsgesichtspunkt. Kein Wunder, wenn das Unternehmen auf deutscher Seite immer wieder unter Engherzigkeit und Eifersüchtelei litt, unter der Hand des westlichen Nachbarn aber aufblühte. Der Motor auf deutscher Seite war das Streben nach Pachtzins oder Landgewinn, auf holländischer Seite die Ausnutzung der Brennstoffvorräte für das eigene Gewerbe und für den Export mit der weiteren Absicht, auf dem abgetorften Moor landwirtschaftlich zu siedeln. Den deutschen Kanälen fehlte der einheitliche Plan, und viele der Gräben waren Fehlanlagen und verlandeten. Die holländische Arbeit war großzügig, planvoll und war „echt holländisch, eine Symbiose von Landwirtschafts- und Handelsinteressen".

Diese Entwicklung hatte die grenznahe Landschaft bis ins 19. Jahrhundert hinein genommen. Seit etwa 1870 richtete sich die deutsche Aufmerksamkeit in zunehmendem Maße auf das Bourtanger Moor, und für die besonders in den letzten 15 Jahren geleistete Arbeit müssen die *Büdel*schen Gedanken fortgesponnen werden.

Der Vorsprung, den die Niederlande in ihrer Arbeit gegenüber Deutschland dadurch gewannen, daß das Reich im Dreißigjährigen Krieg um mehr als ein Jahrhundert zurückgeworfen wurde, ist heute fast aufgeholt; man kann sagen, daß Holland heute nur noch um 15—20 Jahre voraus ist. Ins Räumliche übersetzt heißt das, daß der Moorstreifen auf deutscher Seite, und dies besonders im nördlichen Bourtanger Moor, immer schmäler wurde und daß sich von der Ems her eine Kulturlandschaft gegen Holland vorschiebt, die gerade in diesem Jahre (1949) am Hasselberg, wo sich bisher die beiden Länder messerscharf schieden, die politische Grenze erreichte. Und dies ist nun das Charakteristische: Die Grenze wird damit nicht etwa verwischt, sondern in neuer Form erhärtet; und während die gradlinig durchs Bourtanger Moor verlaufende Grenze vorher etwas vom Charakter des Willkürlichen und Zufälligen hatte, offenbart sich heute, daß sich in den Niederlanden seit der Loslösung vom Reich eine besondere geistige Form entwickelte, die sich nun landschaftlich äußert und die politische Grenze in einem tieferen Sinne begründete. Es kann hier nur angedeutet werden, was an anderer Stelle ausführlicher darzulegen ist. Auf deutscher Seite ahmt man heute in keiner Weise die holländische Moorerschließung nach. Die Gründe hierfür liegen ebenso im Geldmangel wie in dem völlig anderen Verhältnis zur Landschaft. Mit ungeheurem Kapitalaufwand konnten die Holländer nördlich Bourtange die Natur geradezu vergewaltigen. Sie setzten sich über die Niveauunterschiede des Geländes hinweg und legten in das Neuland ein in mathematischer Linienführung ausgeworfenes Kanalnetz, wobei dem Kanalbau drei Aufgaben zugleich zufielen. Zunächst diente er der Gewinnung von Sand, mit dem man die tieferen Lagen des Moores bedeckte, das Gelände ausglich und den Moorboden mischte. Deshalb steht häufig auch die Breite der Kanäle in keinem Verhältnis zu deren Aufgabe, und deshalb beginnt man heute — zum Zwecke weiterer Landgewinnung — die Kanäle zu verschmälern.

Zum anderen dienen die Kanäle der Entwässerung und zum letzten dem Verkehr. Diese Funktionen lassen sich nördlich Bourtange an der Straße von Rhede nach Vriescheloo deutlich ablesen. Hier läuft längs der Grenze ein 12 m breiter Kanal, von dem wie die Zähne eines Kammes sieben ebenso breite Arme nach Westen greifen, von denen aber nur der mittelste bis zum „Vereenigten Kanal" durchstößt, die übrigen kurz davor blind enden. Zwischen den blinden Kanalenden und dem Vereenigten Kanal liegt die gradlinige, den Hauptkanal begleitende Dorfstraße von stark städtischem Charakter. Alles ist rationalisiert: gradlinige Gräben, Straßen, Wege und Parzellen, jedes Stück feld- oder weidemäßig genutzt. Es wäre eine baumlose Kultursteppe, wenn nicht große Bauern vor ihrem Wohnhaus mit einem Paradepark ihren Reichtum zur Schau stellen würden.

Von dieser Kultursteppe städtischer Handelsgesinnung hebt sich die deutsche Bauernlandschaft wesentlich ab. Hier versucht man, Heimat zu schaffen und mit den geringen, verfügbaren Mitteln höchstmögliche Wirkung zu erzielen. Hier setzt man sich nicht über die Geländeformen hinweg, sondern schmiegt sich ihnen an. Die Kanäle und Schlote nutzen die Geländemulden, die Hauptstraßen die flachen Wasserscheiden. So entsteht eine organische Gliederung des Landes. Man gewinnt dadurch Ackerstücke, die einen Kompromiß darstellen zwischen steif mathematischer Aufteilung und gewachsener Form: man gibt jedem Stück zwei parallele (des Pflügens wegen) und zwei dem Gelände angepaßte Seiten. Vor allem aber umschließt man die Stücke mit Hecken von 5 m Breite, die der Gemeinde, nicht dem Hofe gehören und daher nicht ohne weiteres zu beseitigen sind. Auch die Straßen werden bepflanzt, selbst die Kanäle und Gräben. Dort, wo infolge der organischen Linienführung an Wegkreuzungen und -gabelungen Spitzen entstehen, geben Baumgruppen Schatten. Die Höfe stehen jeweils auf ihrer Flur, dabei rücken sie aber soweit weilerartig zusammen, daß die Nachbarschaftshilfe gewährleistet ist. Jeder Hof hat einen Garten; nicht einen Schau-, sondern einen Obstgarten. So erscheint das Land reich gegliedert und von Bäumen, Hainen und Waldstreifen durchsetzt, daß man sich in einer gewachsenen Altkulturlandschaft wähnt. Auf der einen Seite tritt also die ratio beherrschend hervor, die auf Geldgewinn abzielt, den man sogar gern zur Schau trägt; auf der anderen Seite beobachtet man eine Naturverbundenheit besonderer Prägung. Wie die deutsche Plastik immer Innenraum-Plastik gewesen ist, wie die deutsche Stadt mit ihren Straßenwendungen und Plätzen immer Innenräume schuf[1], so stellt sich auch hier die Gliederung der Landschaft als ein Bestreben heraus, gleichsam der weiten Außenwelt eine eigene, geschlossene Welt entgegenzustellen; diese ist die völlig von Baumstreifen umgebene Flur und das in organischer Weise gegliederte ganze Land[2].

Es ist keine Frage, daß in ihren jungen Landschaften die Niederlande und Deutschland stärker kontrastieren als in ihren alten. Während aus der Landschaft des Rheindeltas die gemeinsame Geschichte der beiden benachbarten Länder noch spricht, zeigt nun das Grenzland, daß beide Länder trotz noch vielseitiger Bindung auch einen eigenen Weg gingen und daß eine ursprünglich mitten durch einheitliche Stammes- und Sprachgebiete wie zufällig laufende Grenze vom Geistigen her gültig wird.

Es ist deutlich geworden, daß die Frage nach dem Sinn und Ausdruck der Landschaft Einsichten in das Wesensgefüge der Kulturen schenkt. Die Kulturlandschaftsforschung ist damit ein Weg zum Verstehen anderer Völker, ein Mittel aber auch für das Erkennen unseres eigenen Wesens.

Und doch ist damit das Problem der geographischen Landschaft noch nicht voll umrissen. Denn nun erhebt sich die Frage nach der Gültigkeit der durch solche Betrachtung gewonnenen Erkenntnisse. Jede Landschaftsdeutung ist an das deutende Subjekt gebunden und unterliegt damit auch dessen Grenzen. Sie wird niemals im objektiven Sinne gültig sein; sie trägt den Charakter der Korrigierbarkeit, dies um so mehr, als sich für die Landschaftsdeutung ein weiterer, und zwar völkerpsychologischer Problemkreis aufschließt. Es ist die Frage, in welcher Form ein Volk die Gegenstände seiner Landschaft und das Landschaftsganze selbst erlebte und erlebt[3], und welche Rückwirkungen dies Erlebnis auf die Landschaft hat.

Angst und Staunen gegenüber dem Riesenvulkan Fujisan mag diesem Berg noch bis zur Gegenwart den Sinn gegeben haben, Wohnstätte von Göttern zu sein. Für einen Amerikaner wäre er vielleicht ein Vulkan im Sinne des Rekords. Man würde eine Autostraße und eine Cable-Car für unentbehrlich halten und auf dem Gipfel für eine Tanzbar sorgen. Für den Deutschen wäre der Berg vielleicht ein Objekt des Touristen, Skifahrers und des Balneologen; Skihütten, Bauten und Luftkurorte würden die Hänge besetzen, und man hätte sich längst bemüht, den jungfräulichen Wald ringsum zu durchforsten und kahle Flächen aufzuforsten. Für den Japaner ist der Berg eben die Wohnstätte göttlicher Geister; Pilgerpfade und Rasthäuser, Torii und Schreine gehören zu ihm und selbst die mit Absicht im Naturzustand gehaltene Vegetation ist Ausdruck jener Sinngebung.

Die Frage nach dem Sinn und Ausdruck der Landschaft geht aus vom landschaftlichen Phänomen; die soeben aufgeworfene Frage aber geht aus vom Erlebnis des Menschen. Beide Fragestellungen müssen sich ergänzen und ihre Ergebnisse gegenseitig korrigieren. Herbert *Lehmann*[4] hat die Problematik des landschaftlichen Sehens aufgezeigt. Von hier aus ist die Frage nach der Gültigkeit der Erkenntnisse über den Sinngehalt und Ausdruckswert der Landschaft aufzurollen.

[1] Erdsiek, Heinrich: Das Gestaltungsprinzip im deutschen Städtebau. C. Trute, Quakenbrück 1937.

[2] Schwind, Martin: Landschaft und Grenze. F. Eilers, Bielefeld 1950.

[3] Schwind, Martin: Japanische Landschaft. In: Arch. f. Ostasien, Bd. 1, 1948. S. 24—35.

[4] Lehmann, Herbert: Die Physiognomie der Landschaft. S. 182 dieser Zeitschrift.

*(Professor Dr. Martin Schwind, (20) Wunstorf b. Hannover, Plantagenweg 57.)*

## Vom flachen Lande Niedersachsens und vom Erleben der Landschaft überhaupt.

Von
FRITZ OVERBECK

Meinem alten Wanderfreund Hans Mager in Dankbarkeit.

„Und ich machte mich auf, und ging hinaus in das Feld: und siehe, da stand die Herrlichkeit des Herrn daselbst.“ Hesekiel 3, 23.

Ein Mann, dessen Elternhaus, umgeben von Fichtenwäldern, im Riesengebirge gestanden hat, ist seit langem im nordwestdeutschen Flachland ansässig. — Auf einer Wanderung liegt er zur Nacht in der Kammer eines Dorfgasthauses. Vor dem offenen Fenster steht eine Fichte. Das Licht ist gelöscht; er sieht den großen Baum nicht und hat ihn auch vorher nicht wahrgenommen, da es draußen schon dunkel war, als er die Kammer betrat. Aber nun er im Bette liegt, hört er die Fichte; er vernimmt, wie der Nachtwind durch ihre Zweige streicht. Es ist ein an- und abschwellendes Säuseln, Sausen, fast auch Zischen; und dieses lang nicht mehr gehörte, immer um denselben Ton schwebende Geräusch stellt dem Lauschenden die ganze Riesengebirgslandschaft seiner Jugend vor die Seele. —

Etwas anderes: Du wanderst über das Außendeichsland am Wattenmeer dahin. — Du siehst das blank spiegelnde Schlickwatt und den unendlichen Himmel darüber. Da sind von der letzten Flut köstliche blaue Wasserlachen und windungsreiche Priele, die den Wiesenteppich durchschneiden. Über weite Flächen des Graslandes breitet sich das Lila-Violett der Halligblumen, fleckenweise steht feines Silbergrau und hier und da sind purpurne Töne eingemischt. — Dieses und noch viel mehr nehmen die Augen wahr. Aber du trinkst auch den würzigen Geruch des Watts, der herben Statize, der angespülten Tang- und Seegrasmassen. Du hörst den Schrei der Möve, du spürst, sobald sie herunterstößt, den sausenden Schlag ihres Flügels und fühlst den unablässigen Zug des Seewindes am Ohr. Und beglückt empfindest du das unvergleichlich weiche, elastische Schreiten über den kurzen Teppich des saftstrotzenden Quellers, der seltsamen Salicornia mit ihren wie Armleuchter verzweigten dickfleischigen Stengeln. —

Folgendes ist mir nun begegnet: In einer Gegend fern der Küste und nachdem ich seit Jahren das Wattenmeer nicht mehr gesehen hatte, betrat ich nach langer Wanderung die weite elegante Halle eines Hotels. In der Halle lag ein riesiger Gummiteppich, und über diesen zu gehen bedeutete für die müden Füße eine völlig überraschende und zugleich wohltuende Empfindung, — eine Empfindung, die sogleich die Erinnerung an den Quellerrasen des Hallig- und Außendeichlandes und damit an das Gesamtbild jener Landschaft überhaupt wachrief.

Im ersten Fall — dem der säuselnden Fichte, war das Gehör, im zweiten eine Tastempfindung entscheidend für die Auslösung eines bestimmten landschaftlichen Erinnerungsbildes. —

Fichten und Tannen klingen anders im Wind als Eichen und Buchen. — Trockener und feuchter Sand, nasser und ausgetrockneter Lehm, Torfboden, die Nadelstreu des Waldes — welch verschiedene Empfindungen bedingen sie für die Füße? Wahrhaftig, es fiele nicht schwer, eine Fülle von Beispielen dafür anzuführen, wie wir der Landschaft eben nicht nur mit den Augen gegenüberstehen, sondern sie mit *allen* Sinnen erfassen. Besonders der Geruch spielt dabei eine wichtige Rolle. Der Duft des Heues, des Heidekrautes, eines blühenden Lupinenfeldes, der Geruch des frischgepflügten Ackers, des Nebels, nasser Wiesen — und hierbei ist es wiederum verschieden, ob es Regennässe oder die des frühmorgendlichen Taues ist — das sind einige Beispiele bestimmter Empfindungen, die man in langer Reihe ergänzen kann. Auch hat wohl jeder das schier unauslöschliche Haften ganz besonderer, uns selten begegnender Geruchseindrücke erfahren, die man etwa als Kind — und dann nicht wieder — aufgenommen hat und die uns noch in späten Lebensjahren plötzlich zu Feststellungen führen können wie: „Hier riecht es genau wie auf Großmutters Dachboden!“

Wenn wir uns beim Erleben einer Landschaft über die Wahrnehmungen des Auges auch am ehesten Rechenschaft geben, so spielen die der übrigen Sinne, auch wenn sie gar nicht so sehr ins Bewußtsein treten, zweifellos eine bedeutendere Rolle, als wir es gemeinhin uns vorzustellen pflegen. Sagen wir, um ein Gleichnis zu gebrauchen: Was wir von einer Landschaft *sehen*, läßt die Seele auf einem bestimmten Ton schwingen. Aber dieser Ton erklingt keineswegs allein, es treten zum Grundton mehr oder minder reich mitschwingende Obertöne hinzu, und diese mögen den zugeordneten zahlreichen anderen Sinneswahrnehmungen entsprechen. Alle diese Obertöne bedingen nun das, was man als Klangfarbe bezeichnet, die so sehr verschieden ist beim Klavier, bei der Geige oder der menschlichen Stimme und die erst das ausmacht, was dem Ton Seele verleiht. — Ähnlich mag es beim Erleben der Landschaft sein. —

Ich hatte kürzlich ein Wiedersehen mit meinem durch den Krieg zerstörten Flügel. Ich fand ihn unter dem Kellergewölbe eines Hauses. Er stand aufrecht an die Wand gelehnt; die Beine waren verschwunden, der Deckel war entfernt, die Dämpfung herausgerissen, die nackten Saiten sahen mir entgegen. Und angesprochen, angesungen von einem Ton der menschlichen Stimme antwortete des Flügels Klage mit erschütterndem Klang vom Grundton und Obertönen durch alle Oktaven. — Nicht anders aber ist es mit der Resonanz, die das Säuseln der Fichte oder der Geruch des Torfrauches in unserer Seele finden kann und die dabei — Obertönen und Kombinationstönen vergleichbar — eine ganze Fülle zugeordneter Schwingungen auszulösen vermag.

Man wird im allgemeinen sagen dürfen, daß das Gemälde einer Landschaft nur von demjenigen Betrachter in seinem ganzen Gehalt erfaßt werden kann, dem das Wesen der dargestellten Landschaft nicht ganz fremd ist. Ein Flachlandbewohner wird vor einem Bild der ihm nicht vertrauten Welt des Hochgebirges anders empfinden, als der Sohn der Berge; und diesem wiederum muß manches verborgen bleiben bei Betrachtung eines Bildes aus der Marsch, aus Moor und Heide. Das liegt hauptsächlich daran, daß der Maler unmittelbar nur einen optischen Eindruck vermitteln kann. Zwar liegt es im Wesen der Kunst, durch diesen optischen Eindruck gerade auch das zu sagen, was hinter den Dingen steht und wie sich der Künstler, und zwar mit allen wachen Sinnen, mit ihnen auseinandergesetzt hat. Aber Resonanz finden im Betrachter, das kann von alledem — von all den vielfältigen Schwingungen — doch nur das, wofür überhaupt Saiten vorhanden sind. Und manche dieser Saiten sind eben nur vorhanden, wenn eigenes Erleben der Landschaft voraufgegangen ist.

Offenbar in Anbetracht der also begrenzten Möglichkeiten, das Landschaftserlebnis lediglich mit den optischen Ausdrucksmitteln der bildenden Kunst darzustellen, greift der Maler zur „Staffage“: Er setzt Menschen oder auch wohl Tiere einzeln oder in Gruppen in das Bild hinein, welche durchaus nicht ein selbständiges Interesse zu beanspruchen brauchen, aber doch Eigenart und Stimmung der Landschaft in oft eindringlicher Weise zu unterstreichen vermögen. In der Tat bedient sich hierbei der Maler einer bedeutend erweiterten Skala der Ausdrucksmöglichkeiten. Denn abgesehen davon, daß etwa Farben der Gewänder und Anordnung der Figuren eine Belebung des Bildes bewirken können, wird für den Betrachter unmittelbar an Menschliches angeknüpft. Indem wir etwa zusammen mit einer als Staffage dienenden Figur in die Landschaft hinausblicken oder aus ihrer Haltung, vielleicht auch aus ihrer dargestellten Tätigkeit, Beziehungen des Menschen zur Umwelt wahrnehmen, kann in eigenartiger Weise die Wirkung der Landschaft verstärkt werden. Durch diese Einschaltung der Staffage — des Menschen oder auch des Tieres als empfindendes Wesen — scheint für den Bildbetrachter irgendwie ein gewisser Ausgleich für das Fehlen jener Sinneswahrnehmungen gegeben zu sein, die vor der Natur selber außer den Augen eine Rolle spielen. Gelegentlich wird solches vom Künstler ja auch bewußt angestrebt: Die Drossel in den Zweigen, die Nachtigall im Gebüsch sollen über den optischen Eindruck den Gedanken an den Gesang der Vögel wachrufen, das Brüllen der dargestellten Kuh soll vernehmbar werden und dergleichen mehr.

Übrigens bedient sich häufig auch der Dichter menschlicher Gestalten und der Tiere lediglich als Hilfsmittel, um die volle Klangfarbe der Landschaft zu schildern. Ja, man findet nicht selten, daß sogar bei ganzen Erzählungen der eigentliche Gegenstand das Erlebnis der Landschaft ist, während die an sich ziemlich belanglosen Begebenheiten, von denen berichtet wird, im Grunde nicht viel mehr als „Staffage“ sind und erst als solche ihre eigentliche Bedeutung gewinnen.

Die Rolle der Staffage berührt sich eng mit der allgemeineren Frage nach Bestandteilen des Landschaftsbildes, deren ungeheure Bedeutung für das Erleben weniger in rein malerischen Werten der Form und Farbe liegt, als darin, daß sie in besonderer Weise die Phantasie anregen, — und zwar eben in solcher Richtung, daß der Charakter der Landschaft unterstrichen wird:

Du stehst in den Weiten grüner Marschwiesen. Aus leichtem Dunst wächst ein sommerliches Wolkengebirge empor und sieht mit den höchsten schneeigen Gipfeln sein Spiegelbild im Wasser eines Grabens im Vordergrund. Dahinter beginnt dann, keinen anderen lotrechten Gegenstand mehr aufweisend, der weite grüne Plan. Den Horizont aber bildet eine Linie, in der man den fernen Seedeich kaum würde ahnen können, wenn nicht ein winziger leuchtend weißer Fleck darüber schwebte, welcher die Gewißheit verleiht: Dort ist das Land zu Ende, dort liegt der Deich, und dahinter beginnt die Unendlichkeit des Meeres! — Denn dieser weiße Fleck, wenn man eine halbe Stunde lang auf ihn zuwandern könnte, — er würde dünne eiserne Beine bekommen. Stellt er doch nichts anderes dar, als einen der eisernen Brennstoffbehälter, die über Tag durch ihr blendendes Weiß, bei Nacht durch ihr darauf befindliches Leuchtfeuer den Schiffen den Weg weisen.

— Es ist seltsam, wie dieser gestaltlose helle Fleck, freilich nur für den Wissenden, den Blick auf sich zwingt und die Phantasie beflügelt. Er allein ist es, der die Perspektive über den sichtbaren Horizont hinaus in die Unendlichkeit rückt. Ein kleiner heller Klecks, — und das Meer läßt mächtig seine Gegenwart spüren!

Die gleiche Wirkung würde der weiße Tupfen auch auf einem Gemälde ausüben: Für den küstenfremden Binnenländer gar keine — er möchte ihn für etwas ganz Zufälliges, vielleicht nur für einen Lapsus des Pinsels halten; aber für den Kenner der Landschaft wäre er von großer Bedeutung. Dächte man ihn fort, — das Bild würde ein anderes und an Inhalt ärmer sein.

Wenn es hier ein Werk von Menschenhand ist, das in der Landschaft von starker Wirkung wird — aus dem Bereich akustischer Wahrnehmungen ließe sich ähnliches, etwa vom Tuten eines fernen Dampfers oder dem „pöck pöck pöck" des Motors von einem Fischewer anführen, — so sind es in anderen Fällen natürliche Elemente, an sich ganz unaufdringlich, die Empfindungen vor der Landschaft ungemein beeinflussen. Ein Findlingsblock auf der Heide, ein Wasserloch, ein Kolk im Moor, oder was es sein mag. — Nicht, daß alle diese Dinge jedesmal besondere Reflexionen im Betrachter auslösen müßten, aber sie setzen immerhin ein gewisses Vertrautsein mit den Erscheinungen voraus, um ihre Wirkung tun zu können.

*

Es sind merkwürdig wenige Menschen, die Lust haben, auf dem Spaziergang den gleichen Weg zurückzugehen, den sie gekommen sind, sofern ihnen nur eine bequeme andere Möglichkeit offen steht. Daß der gleiche Weg auf dem Rückmarsch ganz anders aussieht, daß er gegenständlich, wie vor allem in der Beleuchtung, andere Bilder zu zeigen pflegt, machen sich offenbar Wenige klar. — Man nimmt es eben recht wenig gründlich mit dem Sehen und will viel lieber in flüchtigem Wechsel Neues als noch einmal gründlicher vermeintlich Bekanntes betrachten. —

Im übrigen ist nicht zu bezweifeln, daß von zwei Menschen der Eine eine bestimmte Landschaft in aller Stärke erleben kann, während gleichzeitig die Wahrnehmungen und Empfindungen des Anderen in ihrem Inhalt fast gleich Null zu setzen sind. Dazwischen gibt es alle Übergänge. Je nach der Natur und der jeweiligen Verfassung des Menschen werden, mehr oder minder vollständig, recht verschiedene Erscheinungen wahrgenommen, es umfassen die ausgelösten Seelenschwingungen ganz verschiedene Bezirke und erreichen sehr unterschiedliche Intensitäten. Nichtsdestoweniger werden es doch die meisten Menschen für sich in Anspruch nehmen, von dieser oder jener Gegend, die sie einmal „gesehen" haben, eine bestimmte und in ihren Grundzügen richtige Vorstellung gewonnen zu haben. Und dieser Anspruch hat auch eine gewisse Berechtigung, wird doch im Unterbewußtsein noch sehr viel mehr aufgenommen, als das, worüber man sich gemeinhin Rechenschaft geben kann. Wäre es anders, so würde man beim Lesen einer Landschaftsschilderung, die allen offenen Sinnen eines feinfühlenden Künstlers entspringt und die Dinge enthält, welche der eigenen bewußten Wahrnehmung bisher entgangen sind, nicht zustimmen können: „Ja, so ist es und nicht anders!" Denn seltsamerweise vermag eine solche Lektüre in uns eine Fülle von einst mehr oder weniger unbewußt Gesehenem, Gehörtem, Gerochenem, Gefühltem lebendig werden zu lassen, so daß eine in ihren Einzelbestandteilen wohlgeordnete Gesamtvorstellung entsteht.

Im übrigen ist es in diesem Zusammenhang bemerkenswert, auf wie verschiedenen Wegen das durch den Künstler in uns nachgeschaffene Landschaftserlebnis zustande kommen kann. Aus der ungeheuren Vielfalt der Wahrnehmungen und Seelenvorgänge heraus gestaltet der Eine aus diesen, der Andere aus jenen Bezirken, wobei aber beide sich in einer gleich vollkommenen Darstellung des eigentlichen Wesens der Landschaft treffen können. Man denke zum Beispiel an Stifter und Storm. Beide lassen in ihrem Werk die Landschaft zu treuester Wirklichkeit werden, aber es sind ganz verschiedene Mittel, derer sie sich dabei bedienen.

Stifter geht vornehmlich von den Augen aus; alles, was sie sehen und wie sie es sehen, das Große wie das Kleinste, vermag er in unübertroffener Meisterschaft in Worten nachzuzeichnen. Selten, daß er dabei den Weg des Gleichnisses wählt, und vollends meidet er jeden umschreibenden Ausdruck, der nicht ganz und gar dem ursprünglichen echten Empfinden entspringt. Es ist bei Stifter die einfache fast kindlich schlichte Beschreibung, aber von naturwissenschaftlicher Genauigkeit, die so große Wirkung tut, die so ausgewogen ist und immer nur das Wesentliche erfaßt, daß eben dieses Wesentliche vollendet vor uns steht.

Kaum aber findet man bei Theodor Storm im ähnlichen Sinne eine eigentliche Beschreibung der Landschaft, und dennoch konnte Detlev von Liliencron von ihm sagen:

„. . . Kein Anderer wohl
Nahm so den Erdgeruch aus Wald und Feld
In seine Schrift wie du."

Diese oft zitierten Zeilen deuten eine der wunderbarsten Seiten der tief in der Landschaft der Heimat wurzelnden Stormschen Kunst an. Gewiß sehen Storms Augen nicht weniger als die von Stifter, der einst Maler hatte werden wollen, aber was Storm in seiner Dichtung anschlägt, das sind vornehmlich die reichen Obertöne, deren oft nur leise Schwingungen erst sekundär in uns den Grundton wachrufen und ihn dann in voller Klangfarbe erstehen lassen. Es ist das Duftige, es ist der Geruch, es sind Klänge, es ist der Mensch in der Landschaft oder auch sein Fehlen, und es sind alle jene seltsamen Dinge, die wir — vielleicht nicht ganz geschickt — als „Staffage" bezeichneten und von denen sich oft gar nicht sagen läßt, worin eigentlich ihre Bedeutung liegt, die für Storm zum stärksten Ausdrucksmittel werden. Und wie dabei das Erlebnis der Natur auf die *Gesamtheit* aller Sinne zurückgeht, läßt sich gerade an Stormscher Lyrik besonders deutlich machen:

Ans Haff nun fliegt die Möwe,
Und Dämmrung bricht herein;
Über die feuchten Watten
Spiegelt der Abendschein.

Graues Geflügel huschet
Neben dem Wasser her;
Wie Träume liegen die Inseln
Im Nebel auf dem Meer

Ich höre des gärenden Schlammes
Geheimnisvollen Ton,
Einsames Vogelrufen —
So war es immer schon.

Noch einmal schauert leise
Und schweiget dann der Wind,
Vernehmlich werden die Stimmen,
Die über der Tiefe sind.

Vom Sehen her — man möchte sagen: *noch* vom Sehen — sind der erste und der zweite Vers diktiert; die schwebende Möwe, das schattenhaft huschende Geflügel („Staffage" doch schließlich nur) geben die einzige Bewegung und lassen darum die unendliche Ruhe des Gesamtbildes um so deutlicher werden. — Ganz vom Ohr her rührt der dritte Vers, und wie wenn mit dem schwindenden Licht der Dämmerung die Wahrnehmungen des Auges mehr und mehr zurücktreten, spricht auch der letzte Vers nurmehr vom Fühlen, Hören und vom Lauschen auf innere Stimmen, eins geworden mit denen der Natur. — Das Ganze: Landschaft am Meeresstrand!

Im Gegensatz zu Stifter, dessen augenfällige Landschaftsschilderung, wie mir scheint, auch demjenigen ein recht vollkommenes Bild zu geben vermag, der diese Landschaft nicht selber kennt, gilt solches nicht in gleichem Maße für Storm. Das Gegenständliche einer Landschaft läßt sich über das Auge recht weitgehend beschreiben. Der Wiedergabe aber von Eindrücken aller übrigen Sinne sind engere Grenzen gesetzt; man kann nur andeuten, vergleichen, die Erinnerung an Bekanntes wachrufen. Und da eben dieses eine tiefwesentliche Seite der Stormschen Kunst ausmacht, kann wohl nur derjenige Storm ganz erfassen, der sein „Heimatland, das ernste, treue, mit ewiger Feuchte, seltenem Sonnenblick" (Liliencron) selber erlebt hat und dessen „Erdgeruch" kennt.

*

Es gibt Landschaften mit reicher, kräftiger Gliederung der Formen oder eindringlichen starken Farben — es sind meist die der beliebtesten Reiseziele —, die sich dem Menschen rasch und leicht zu erschließen scheinen, und es gibt solche, denen gegenüber es erst einiger Erfahrung und Übung — oft längerer Übung — bedarf, ehe man sich an sie gewöhnt und ihr Wesen und ihre Schönheit zu erfassen vermag. Die Landschaftsformen des nordwestdeutschen Flachlandes gehören im allgemeinen zu denen, deren Sprödigkeit erst überwunden werden muß, ehe man sie plötzlich entdeckt. Von eben diesem nordwestdeutschen Flachland soll in folgendem die Rede sein.

Obwohl der Mensch im Laufe langer Zeiträume — und in immer mehr sich steigendem Maße während des letzten Jahrtausends — eine Umgestaltung des ursprünglichen Landschaftsbildes bewirkt hat, hat er doch gewisse durch die Natur gegebene Bedingungen des Klimas und Bodens nicht auszuschalten vermocht, welche deshalb allen Maßnahmen der Kultur und Unkultur zum Trotz der Landschaft ihre besondere Note verleihen. — Die Veränderungen der Landschaft durch den Menschen gehen allerdings so weit, daß kaum ein Fleckchen von ihnen unberührt geblieben ist. — Man stelle sich vor, was geschehen würde, wenn man des Menschen Tätigkeit von heute ab gänzlich ausschalten könnte, wenn man den Dingen ganz ohne unser Zutun ihren Lauf ließe: Auf unseren Äckern würden während einer kurzen Übergangsphase zunächst Grasfluren und Buschwerk sich ausbreiten, alsbald aber würde der Wald erstehen, der in Mitteleuropa das natürliche Endglied der Vegetationsbedeckung darstellt und stets mit großer Stoßkraft sein altes Gebiet zurückerobert, sofern man ihm nicht dauernd wehrt. — Auch unsere Wiesen würden zum allergrößten Teil an den Wald zurückfallen, denn selbst dort, wo der naive Betrachter sie am ehesten für natürliches Grasland zu halten geneigt ist, wie in den breiten feuchten Niederungen unserer Flüsse und Ströme, sind doch erst durch den Menschen solche Wiesen zumeist an Stelle einstiger Bruch- und Auwaldungen gesetzt worden. — Es würde auch die Heide nicht frei bleiben von Wald, auch sie ist in der Hauptsache nichts anderes als ein Ergebnis menschlicher Tätigkeit; große Waldverwüstungen in diesen Gebieten früherer Eichen-Birkenwälder haben dem Heidekraut zur Herrschaft verholfen, und wiederum nur der Mensch durch seinen Plaggenhieb und den jedes Aufkommen von Baumwuchs verhindernden Weidegang seiner Schafherden hat die ständige Verjüngung und Erhaltung der Heide bewerkstelligt. Daß dann neuerdings die meisten Heideflächen mit landfremdem Nadelholz aufgeforstet wurden, bedeutet wiederum eine der großen durch den Menschen bedingten Wandlungen im Antlitz der Landschaft.

Ausgeschlossen von der allgemeinen Wiederbewaldung im natürlichen Lauf der Dinge würde ein schmaler Küstensaum der Nordsee bleiben, sofern nämlich ein versalzener Boden dem Baumwuchs nicht zuträglich ist; und denkt man sich die schützenden Deiche fort, so würde der Einfluß des Salz- und Brackwassers sehr viel weiter landeinwärts reichen, als es heute der Fall ist. —Auch die gewaltigen Hochmoore des nordwestdeutschen Flachlandes sind im natürlichen Zustand waldfrei und müßten sich, wenn ihre künstlichen Entwässerungseinrichtungen in Verfall gerieten oder rückgängig gemacht würden, alsbald wieder in jene voll Wasser gesogenen Riesenschwämme von Torfmoosen verwandeln, die einst als weglose Einöden den Verkehr von einer Geestfläche zur andern unterbanden.

Und was schließlich die heute vorhandenen Restbestände der Walddecke des Landes, vor allem aber die wiederaufgeforsteten Flächen betrifft, so sind diese in der Regel keineswegs ein Abbild natürlicher Wälder. Auch sie wurden durch den Menschen tiefgreifend verändert, sie sind Kulturwälder geworden, und nichts steht bei uns auf altem Waldboden der natürlichen Vegetation ferner, als die einförmigen Anpflanzungen der Kiefern- und Fichtenforsten. Kiefer und Fichte sind Holzarten, die beide weiter im Osten heimisch sind; rein wirtschaftliche Gründe waren es, die den Forstmann veranlaßt haben, ihren Anbau weit über die natürlichen Verbreitungsgrenzen hinaus auf unsern ozeanischen Westen auszudehnen.

Ein ursprüngliches Landschaftsbild treffen wir also so gut wie nirgends mehr, — es sei denn in kleinen und kleinsten Ausschnitten. Aber Klima, Boden, Vegetation und Tierwelt stehen derart in Wechselbeziehung, in Abhängigkeit voneinander, daß die natürlichen Faktoren in ihrer Wirkung immer noch mannigfaltig erkennbar bleiben. Es handelt sich dabei um Zusammenhänge, die von verschiedenen Gesichtspunkten, etwa denen des Geologen, des Bodenkundlers, des Botanikers und Zoologen, des Klimatologen durchaus erfaßbar bleiben und mehr oder weniger analysierbar sind. Von ebenso vielen und noch weiteren Betrachtungsweisen aus lassen sich charakteristische Züge einer Landschaft herausschälen. Doch soll von den hierbei sich ergebenden Merkmalen eigentlich nicht die Rede sein. Gedacht sei vielmehr an ganz allgemeine Züge, deren Eigentümlichkeit es ist, dem Betrachter in der Regel kaum ins Bewußtsein zu treten und die dennoch in starkem Maße die Empfindung mitbestimmen, die wir vor einer Landschaft haben.

*

Heide, Moor und Marsch, die bezeichnendsten und eindringlichsten Formen unserer Landschaft, sind alle drei Ausdruck des ozeanischen Klimas und der Küstennähe des Gebietes. Und eines haben alle drei gemeinsam mit ihrem großen Nachbarn, dem Meere: das ist der gewaltige Himmel, der sich darüber spannt.

Wenn im flachen Lande ein bildmäßiger Ausschnitt des Blickfeldes vielleicht ein Viertel Land, zu drei Vierteilen aber Himmel umfaßt, dann werden schon deswegen die Erscheinungen der Atmosphäre zu einem ungemein stark bestimmenden Faktor im Landschaftsbilde. Ganz besonders gilt das bei dem mit Feuchtigkeit überladenen Himmel unseres küstennahen Gebietes. — Mit Wolkenbildungen über Wolkenbildungen, Dunst, Nebel, feuchtverklärtem Leuchten herrschen hier Wechsel und Bewegung am Firmament in reichem Maße. Solch lebhafter Wandel der atmosphärischen Szenerie ist dem Süd- und Mitteldeutschen meist fremd.

Mein Vater, der Maler Fritz Overbeck, hat einmal im Jahre 1895 in der „Kunst für Alle" den Himmel Worpswedes geschildert, und seither ist dann noch mancherlei Weiteres und Gutes zum Preise des Himmels über jenem Malerdorf nördlich von Bremen gesagt worden.

„Was hülfen uns unsere Strohhütten, Birkenwege und Moorkanäle, so schrieb mein Vater, wenn wir diesen Himmel nicht hätten, welcher alles, selbst das Unbedeutendste adelt, ihm seinen unsagbar koloristischen Reiz verleiht, der Worpswede schließlich erst zu dem macht, was es ist. — Am gestrigen Abend ward ich dessen wieder einmal inne. Ich stand im Hofe meiner Wohnung, um mich her waren Ziegelsteine aufgeschichtet, rechts von mir befand sich ein Zaun aus frisch geschnittenen tannenen Brettern, daneben eine Grube, darin Kalk gelöscht war, am Himmel aber stand in leuchtend blauem Äther, feierlich in erhabener Pracht, eine einzige ungeheure Wolke aufgebaut. Ein Wolkengebirge, dessen Gipfel silbern funkelten, dessen Abhänge strahlten, wie mit flüssigem Golde übergossen."

„Ohne Zweifel verdanken wir solche atmosphärischen Wunder der verhältnismäßigen Nähe der See, noch mehr vielleicht aber den meilenweit sich erstreckenden Mooren und Sümpfen, welche die Luft stets mit Feuchtigkeit gesättigt erhalten."

Es wäre vielleicht noch zu bemerken, daß man natürlich nicht unbedingt nach Worpswede zu gehen braucht, daß es vielmehr der gleiche Himmel ist, der auch anderswo über unseren feuchten Niederungen steht und überhaupt große Teile des küstennahen Flachlandes beherrscht. — Und wäre vielleicht, um die Dinge im rechten Maß erscheinen zu lassen, auch daran zu erinnern, daß es immerhin Gegenden gibt, in denen das Firmament mit noch weit stärkeren Wirkungen aufwartet als bei uns?

Man denke zum Beispiel an die Westküste des südlichen und mittleren Norwegens, Gebiete, die sich durch sehr viel größere Niederschlagsmengen auszeichnen als die unseren. Was dort die Luft nicht nur in raschestem Wechsel nacheinander, sondern auch im Nebeneinander an Stimmungen zu Wege bringt, kann einem geradezu atemraubenden Farbenrausch gleichkommen. Könnte ein Maler alles das, was der Horizont umspannt, gleichzeitig, in lauter Einzelausschnitten festhalten, und würde man dann alle diese Bilder nebeneinander betrachten, — es möchte kaum glaublich erscheinen, daß solche Mannigfaltigkeit der Stimmungen der gleichen Stunde und dem gleichen Standort entspringen kann.

Freilich kommt für das Entstehen solch unerhörter Lichteffekte ein besonderer Umstand, nach Norden sich immer mehr steigernd, hinzu: Das ist der tiefe Stand der Sonne in den höheren Breiten, der uns den langen nordischen Sommertag dauernd im Strahlenfilter der tiefen an Wasserdampf und seinen Kondensationsformen reichen Luftschichten erleben läßt, so wie es bei uns zu Lande allenfalls nur die Zeit nach Sonnenaufgang oder die der glutfarbenen Abendsonne zu bieten vermag. Es sind dies aber Effekte, die in unserer eigenen Landschaft immerhin schon kräftig angedeutet sind.

Auch kontinentale Gebiete können mit reichster Farbenglut aufwarten. Während aber dort die Farben meist härter, klarer und wohl auch heiterer nebeneinander stehen, erscheinen sie bei uns durch das Medium der feuchten Luft bei aller Leuchtkraft doch gedämpfter und toniger aufeinander abgestimmt. Der Zauber eben einer unendlichen Tonigkeit, der unter besonderem Wirksamwerden der rötlichen warmen Farben durch die Lichtzerlegung und Zerstreuung in den bodennahen Luftschichten zustande kommt, ist bei uns am ausgeprägtesten in den weiten wasserreichen Moor- und Wiesenniederungen, — ausgeprägter als auf den trockeneren Diluvialplatten der „hohen Geest". Und wenn es auch sonst der gleiche reiche Himmel ist, der sich über unser Flachland spannt, so nehmen die atmosphärischen Einflüsse in einem Moor- und Wiesenland wie dem vielgenannten um Worpswede eben doch eine besondere Stellung ein. Es ist vielleicht kein Zufall, daß gerade von Worpswede aus in den neunziger Jahren ein frischer Frühlingssturm durch die deutsche Landschaftsmalerei fuhr, ein Sturm der vollen, kräftigen Farbe.

*

Betrachten wir einige Einzelheiten, die stark auf das Gefühl wirken, suchen wir zu erfassen, welche sachlichen — man kann meist auch sagen: geographischen — Bedingungen ihrer eigentümlichen Wirkung zugrunde liegen. — Es war vom Himmel die Rede. Zu den atmosphärischen Erscheinungen gehört auch der Wind. Wer auf den Klinkerstraßen der Marsch wandert, sieht von Nordfriesland bis Flandern das nämliche Bild: Die Pappeln, die Eschen, die Ulmen, die in unendlicher Flucht die Straßen begleiten, sind alle vom Westwind schräg gestellt, und es bedarf weder der Sonne noch des Kompasses, um auf solchen Wegen die Himmelsrichtung zu erkennen. Der mächtige breite Wind vom Meere ist nicht nur formgestaltender Faktor am Wolkenhimmel, er ist es auch auf der Erde. Und seine Wirkung in Form windgedrückter, windgezauster und windgeschorener Bäume ist um so eindrucksvoller, als ja eben diese Bäume in unserem Flachland zu Gestalten eines viel ausgeprägteren Eigenwesens werden — ein jedes mit seinem besonderen Gesicht —, als es im Berg- und Hügelland der Fall ist. Denn das ist ein großer Unterschied, ob wir den Baum, nicht nur den nächststehenden, sondern auch den in weiter Ferne, wie bei uns gegen den Himmel abgezeichnet sehen, oder ob er vor dem Hintergrund von Hügeln und Bergen sein eigenes Wesen mehr und mehr verliert und also andere aufstrebende Formen als die seinen die bestimmenden des Landschaftsbildes werden.

Der Niedersachse des Flachlandes sagt von sich selber oft, er fühle sich im Gebirge beengt, weil er den Blick in die weite Landschaft, auf den fernliegenden Horizont nicht entbehren könne. Für den Bewohner der Küstenmarsch, mehr noch für denjenigen, der etwa vom Rande der Hohen Geest auf diese Marsch oder auf weite Moor- und Wiesenniederungen hinauszusehen gewohnt ist, mag das gelten. Die große Mehrzahl der im Flachland Ansässigen ist auf den Geestflächen der Altmoräne zu

Hause und gibt sich mit der Vorstellung des weiten Horizontes einer Täuschung hin. Die fraglos nicht besondere Zuneigung zum Gebirge muß andere Ursachen haben, die aus der Gesamtheit des Heimatgefühls des Flachlandmenschen schwer zu ergründen sind. Vielleicht ist es ihm wesentlich (und er verwechselt das mit der Weite des Blickfeldes), die Dinge seiner näheren und ferneren Umgebung gegen den Himmel zu sehen. Denn was gerade den Horizont betrifft: Dieser liegt auf der Geest ganz im Gegensatz zu den Möglichkeiten, die das Gebirge bietet, selten weiter, aber meist weniger weit entfernt, als zwei bis drei Kilometer. — Auf der Geest des Altmoränengebietes stehen Hecken, Büsche und Bäume in reichstem Maße verstreut zwischen Äckern und Wiesen. Es sind Bäume von üppiger und wegen ihres Freistandes weit am Stamm heruntergreifender Belaubung. Und was man im Vordergrund in einzelne grüne Einheiten auflösen kann, das rückt aus fernerer Perspektive alsbald zu einer dichten grünen Front zusammen. Der Horizont scheint mit Wald verbaut. Und zwischen den grünen Kulissen dieser Parklandschaft spielen die Siedlungen Verstecken. — Wo ein Haus steht, stehen Bäume, die es unter ihren Kronen verbergen; wo mehrere Häuser stehen, stehen viele Bäume, und erst wenn man fast darin steht, gewahrt man, daß nicht ein Wäldchen, sondern ein Dorf vor einem liegt.

Mancher Landfremde ist vergeblich und mit Verdruß dem immer wieder entfliehenden Walde am Horizont nachgewandert. Nichtsdestoweniger liegt einer der Hauptreize der Geestlandschaft gerade darin, daß sie uns hinter ihren grünen Kulissen immer und immer wieder neue Ausblicke offenbart.

Und es ist der Anteil, den wir an unserer Umgebung nehmen, ein ganz verschiedener, je nachdem, ob wir durch die völlig offene Landschaft der Marschen und großen Wiesenniederungen oder durch die kulissenreiche Geest mit ihrem mehr oder minder bewegten Relief wandern. Die weite offene Landschaft der Marsch zieht Blick und Gedanken durchaus in die Ferne. Das Ziel oder irgendeinen fesselnden Punkt unserer Wanderung sehen wir lange voraus, wir streben ihm zu; eine gewisse Ungeduld kann uns dabei überkommen, und am wenigsten findet Beachtung, was unseren Füßen am nächsten liegt.

In der Kulissenlandschaft der Geest ist das ganz anders. Obgleich uns bei jedem neuen Ausblick, der sich auftut, gegenständlich immer wieder mit denselben Dingen aufgewartet wird, wandern wir doch mit einer Art von Neugier. Es ist eine seltsame, aber behagliche Erwartung irgendwelcher Überraschungen, welche uns treibt, hinter jede Buschgruppe, über jede Hecke, hinter jede Waldecke und über jede kleine Kieskuppe zu sehen.

Aber solche Überraschungen gibt es ja auch in der Tat immer wieder; es ist ja im Grunde gar nicht wahr, daß immer dieselben Dinge wiederkehren. Dafür sorgen allein schon die Bäume, — die in den Himmel wachsen! Man kann nämlich diesen Bäumen gar kein größeres Unrecht tun, als wenn man von ihnen nur als „Bäumen" schlechthin reden wollte. Und selbst wenn man sie benennt als stämmig breite Eichen, als in Himmelsbläue schwebende Birken, als Erlen, die immer in kleinen Gruppen untereinander Gesellschaft halten, als lichtdurchflutete Schwarzpappeln mit ihren ausgebreiteten lockeren Kronen, als Zitterpappeln und Weiden, an denen Sonne und Wind gemeinsam das flüssige Silber nur so herunterrieseln lassen, — selbst wenn man sie nach Gattung und Art benennt, dann sind es immer noch ganz unzulängliche Sammelbezeichnungen für alle die eigenwilligen Einzelwesen, die hier im Flachland so bedeutend vor dem Himmel stehen und als meist einzige in die Höhe weisende Formen mit unerschöpflichem Gestaltenreichtum das Landschaftsbild gliedern.

Wie schon gesagt, ist die Landschaft der Geest unter der Hand des Menschen aus einem in Naturzustand geschlossenen Waldlande hervorgegangen. Sie ist aufgelichtet worden. — Indessen hat sich auch der umgekehrte Prozeß vollzogen. In unseren großen norddeutschen Hochmooren nämlich, in denen gerade die Waldlosigkeit, ja Baumlosigkeit das Ursprüngliche war, hat sich, indem sie zum Siedlungsland wurden, in jüngerer Zeit ebenfalls eine an grünen Kulissen reiche Landschaft entwickelt. Die Birkenreihen der Moorsiedlungen, wäldchenartige Baumgruppen und schließlich auch die gewaltigen Torfmieten der Torfindustrie sind es, die meist in geringer Ferne schon den Blick auffangen und im Vorder- und Mittelgrunde haften lassen. Hierdurch sind — gegenüber der gewaltigen, oft dem Grauen nahen Majestät grenzenloser Einsamkeit der unberührten riesigen Hochmoorflächen — so freundlich intime Züge in diese Landschaft getragen worden, daß ihre Wirkung auf den Menschen eine völlig andere geworden ist.

Im übrigen: Mancher, dem nicht der Blick für besondere Merkmale geschärft ist, merkt es heute gar nicht mehr, wenn ihn Eisenbahn und Wagen durch gewisse Hochmoorgebiete tragen: So weit ist in Angleichung an Züge der Geest vielfach die Umgestaltung der Moorlandschaft durch den Menschen schon gediehen.

Worin liegt nun aber gegenüber der „Kulissenlandschaft" die ganz andere, eigentümliche und starke Wirkung der weiten offenen Landschaft? Man denke etwa an die Wiesenniederung des mächtig breiten Hammetals nördlich von Bremen; man denke an den Blick über die Marsch vom Rande der Hohen Geest aus, man denke an das von riesigen Mooren erfüllte Hunte-Leda-Urstromtal zwischen der oldenburgisch-ostfriesischen Geest und dem Hümmling, jenem sandigen, welligen Geestgebiet mit zum Teil noch weiträumiger offener Landschaft.

Da sagte mir ein Freund, an die Hamme und ebenso in den Hümmling (es ist schon längere Zeit her, und die Heideflächen waren dort damals noch sehr viel größer als heute) müsse er immer und immer wieder gehen, weil da absolut nichts zu sehen, weil da aber auch rein gar nichts los sei! — Damit war der Nagel auf den Kopf getroffen.

Hamme, Hümmling, Heide, — da herrscht zunächst ganz und gar der Himmel. Den rechnet der Mensch gemeinhin nicht als „etwas zu sehen", obschon dieser Himmel seine gewaltige Sprache redet. — Auch auf der Erde ist im landläufigen Sinne gegenständlich nicht viel zu sehen. Aber auch sie ist da und tut ihre Wirkung. — Jener Freund wußte ganz genau, was er sagte, und wenn er fortfuhr: „Man ist nicht hier, sondern immer dahinten am Horizont!", so läßt sich das eigentlich Charakteristische kaum besser in ein paar Worte zusammendrängen.

Dort hinten am fernen, feingezeichneten Horizont, wo Land und Himmel durch die Luftperspektive sich angleichen und geheimnisvoll berühren, wo die Dinge im Wesenlosen schwimmen, — die Baumreihe einer Landstraße, eine Brücke, ein Geestrücken, — dort im Wesenlosen liegt das Wesentliche, das das Auge auf sich zwingt und unsere Empfindungen bestimmt. Alles strebt dorthin oder kommt dorther.

Aber das macht nicht die schemenhafte Linie des Horizontes an sich, das machen Himmel und Erde zusammen mit der unendlichen Wölbung droben, an der das Auge dem Zuge der Wolken folgt, und mit der weiten tischebenen Fläche darunter, über die der Blick gleitet, gleitet, gleitet, um immer wieder dahin geführt zu werden, wo die Welt aufhört und verschleiert das Geheimnis liegt.

Es liegt nahe, zu solch flachester der offenen Flach-Landschaften, den Vergleich zum Gebirge zu ziehen, in dem man mit freien Blick auf hohem Berge steht. Hier, so könnte man zunächst meinen, müßten durch die Weite des durch nichts gehinderten Ausblickes ähnliche Voraussetzungen für unsere Landschaftsempfindung bestehen. Das ist aber nicht, oder doch nur in geringem Maße, der Fall. — Man denke hier freilich nicht an den Ausblick vom Berge zu den Bergen ins Gebirge hinein — das ist durchaus etwas für sich — doch stelle man sich den Blick vom Rand des Gebirges auf die Ebene hinaus vor:

Gewiß, — hinausgehoben über alles, was in der Tiefe steht oder wächst oder an kleineren Modellierungen des Geländes sich befindet, sucht auch hier der Blick in weiten Fernen, in viel weiteren als in der Ebene. Aber es ist dabei doch ganz anders, weil, vermöge der großen Augeshöhe, das Land wie eine Karte ausgebreitet liegt. Im bildmäßigen Ausschnitt gewinnt dieses Land gegenüber dem Himmel schon rein flächenmäßig einen viel bedeutenderen Anteil für den Betrachter, als wenn er bei geringer Augeshöhe in der Ebene selber steht. Und mag das Auge auch viel den Horizont aufsuchen, — es gleitet der Blick bis dahin doch keineswegs reibungslos, er bleibt überall haften, und mit ihm die Gedanken. Man zergliedert, man sieht die dunklen Flecken der Wälder, sieht die Hügel, die jetzt so unbedeutend erscheinen; man folgt den Flüssen, den Straßen, den Feldern; man überlegt, was dieses und jenes für Ortschaften seien und staunt, daß man die Türme einer Stadt noch sehen kann, die doch 40 km weit entfernt liegt. Man verfolgt die Dinge vornehmlich verstandesgemäß und liest wie auf einer Landkarte. Und wenn man auch alle dem weit entrückt steht, man empfindet überall den *Menschen* in dieser sich ausgebreitet darbietenden Landschaft der „großartigen Aussicht" (oder „Einsicht" könnte man auch sagen) und läßt deshalb viel weniger das Gefühl der Einsamkeit aufkommen, welches sich so leicht in den offenen Weiten unseres Flachlandes einstellt.

Was unsere besondere Empfindung vor der flachen, offenen Landschaft bestimmt, dürfte also nicht so sehr die Weite des Ausblicks, nicht die Ferne des Horizontes sein; sie ist in Wirklichkeit gar nicht so beträchtlich. Entscheidender ist vielmehr der Anschein einer gegenständlichen Leere, den die Erde hier bietet, und zwar zusammen mit der um so bedeutenderen Gegenwart des Himmels. Und wenn oben gesagt wurde, daß diese offene Landschaft — ähnlich dem Moore — Blick und Gedanken in die Ferne lenkt und am wenigsten die Dinge unserer nächsten Nähe Bedeutung finden, so scheint mir das auch noch in einem umfassenderen Sinne zu gelten:

Wenn ich mich von Wanderungen durch mancherlei Gegenden gerade der nachdenklichsten, lebhaftesten, anregendsten Gespräche und Überlegungen allgemeinen Inhalts erinnere, dann fielen sie — ich glaube nicht zu irren — in die flache, offene Landschaft. „Langweilig" nennen sie viele Leute; man kann sie auch als „anregend" bezeichnen, gerade weil da „rein gar nichts los ist", wie mein Freund sich ausdrückte; und beide so gegensätzlich erscheinenden Urteile gehen auf die gleiche durch die Landschaft gegebene Ursache zurück.

Seltsam ist, wie man inmitten einer verhältnismäßig dicht besiedelten Kulturlandschaft doch das

Gefühl der Einsamkeit, des Alleinseins haben kann. Für die Hintergründe dieses Gefühls erscheint es bezeichnend, was kürzlich verschiedene Leute beim Torfmachen in fast übereinstimmender Fassung sagten, wobei vorweg bemerkt sei, daß sich ja niemals ein derart gewaltiger Strom von Menschen aus allen Berufsschichten in unsere Moore ergossen hat, wie in den letzten Jahren, um, getrieben von der Not jedes einzelnen, im Torf das Brennmaterial für Ofen und Herd zu erwerben. Da machte sich dann mancher seine Gedanken über die ihm neue Umgebung: Es sei doch merkwürdig, sagten die Leute, daß sie zu mehr als hundert an ihrer Stelle miteinander arbeiteten und zusammen beim Mittagessen wären, — „aber draußen sieht man überhaupt keinen". —

Nun ja, wenn es sich nicht gerade um Torfmieten oder Häuser handelt — und diese sind meist, wie auch ganze Ortschaften, hinter und unter grünen Kulissen versteckt, — dann gibt es in unserer Landschaft eigentlich nur solches Menschenwerk, was in die Tiefe gewirkt hat; kaum etwas hat sich aufgehöht. Wegen der geringen Augenhöhe ist es aus kleiner Entfernung schon versunken und weg. Was die Karte an Linien aufweist, ist nicht zu sehen und nicht zu verfolgen. Geht man in den Wiesen, in der Marsch, im Moor oder selbst auf der Geest vom Wege herunter, so ist nach wenigen Schritten die Straße nur noch eine Baumreihe. Ein Wasserlauf, ein Gebüschstreifen, ein Graben — sind gar nichts mehr. Die Beziehungen zum menschlichen Wirken verlieren sich für den naiven Beschauer, er fühlt sich allein.

So sieht es denn abseits vom Wege immer wieder so aus, als sei dort lange niemand gewesen oder als müsse man dort Dingen begegnen, die noch keiner gesehen hat. — Und dann wundert man sich ein wenig, wenn man nach einigen weiteren Schritten vor einer Sandgrube steht und alte Eimer und Konservendosen findet.

Selbst ein solches Netzwerk von geraden Linien, wie es auf der Karte die älteren Moorkolonien darstellen, verliert in der Landschaft völlig sein Gefüge: Lauter schnurgerade Kanäle, lauter schnurgerade Wege, alle hundert Meter folgt ein Haus dem anderen in langer Reihensiedlung; die Linien kreuzen sich, machen Knicke unter verschiedensten Winkeln, aber alles ist nach dem Lineal angelegt und muß dem Unkundigen, lediglich nach dem Kartenbilde, die Vorstellung reizlosester Eintönigkeit einer gründlich durch den Menschen verdorbenen Landschaft erwecken. Aber siehe — draußen im Gelände versinkt all das eckig Gleichförmige menschlichen Wirkens, weil es nicht mehr zu überblicken ist und sich hinter Busch und Baum, Moorwänden und Torfhaufen verschleiert. Daß gerade in diesen Moorkolonien die heilende Natur in Form und Farbe Bilder köstlichster Schönheit erstehen ließ, hat der Pinsel der Worpsweder Maler eindringlich zu schildern gewußt.

*(Prof. Dr. Fritz Overbeck, (22c) Bonn/Rh., Meckenheimer Allee 176.)*

---

# Vom Wesen der Landschaftsmalerei.

Von

HEINRICH LÜTZELER.

INHALT.



Der *Mensch* ist ein Grundthema der Kunst während ihrer ganzen Geschichte; die Landschaft ist es nicht. Kein Zeitalter und kein Volk hat sich künstlerisch der Gestalt und dem Antlitz des Menschen verschlossen. Selbst dort bildet man ihn, wo es die Religion ausdrücklich verbietet: bei den Juden z. B.

in Dura-Europos[1] oder im Reich des Islam bei den Türken, die „geradezu eine Blüte des figuralen Ornamentstils" heraufführen, obwohl der Prophet über solche Künstler das Feuer des Jüngsten Gerichtes beschwört, da sie zu diesem Tage ihren Machwerken keine lebende Seele geben könnten[2].

Während die Darstellung des Menschen sich in der Kunst mit elementarer Kraft selbst gegen das Tremendum religiöser Gesetze durchsetzt, führt die *Landschaft* in ihr ein viel eingeschränkteres Dasein. Uns freilich ist die Landschaft als alleiniger Gegenstand eines Bildes (ohne Einbezug in einen menschlichen oder mythischen Zusammenhang) so selbstverständlich, daß wir ihre bedingte kunstgeschichtliche Auswirkung leicht übersehen. Den Erben der großen Landschaftsmalerei des 19. Jahrhunderts sind die überreichen bedeutenden Leistungen dieser Bildgattung gegenwärtig wie kaum ein anderer Bereich der Kunst: ihre fast ununterbrochene Blüte in China und Japan vom 6. bis zum 19. Jahrhundert, ihr europäischer Beginn auf Wandgemälden der römischen Kaiserzeit (Odyssee-Landschaften des Vatikans), ihr Durchbruch zu neuem Leben nach der langen Pause des Mittelalters in der sienesischen Malerei Ambrogio Lorenzettis (tätig 1330/50), wo zuerst die Landschaft unvermittelt auftaucht[3], dann ihr hoher Glanz in den Meisterwerken der venezianischen und der deutschen Kunst um 1500, nur wenig später die vielsagenden Kompositionen Pieter Brueghels des Älteren (um 1560) und Adam Elsheimers (um 1600), dicht anschließend die unerhörte Steigerung im 17. Jahrhundert: auf der einen Seite die Klassiker Poussin und Lorrain, auf der anderen die alle Möglichkeiten der Weite und der Atmosphäre ausschöpfenden Niederländer, nach dem ziemlich landschaftsfernen 18. Jahrhundert, das aber immerhin Canaletto und Guardi hervorbringt, die breit ausgeschüttete Fülle des 19.: die heroische Landschaft des Klassizismus, die stimmungshaft-symbolische der Romantik, die genaue Beobachtung eines fast naturwissenschaftlich eingestellten Stils, die impressionistische Auflösung aller Formen im Licht und schließlich die vielfältigen Schöpfungen der nachimpressionistischen Künstler (van Gogh, Cézanne, Hodler, Munch, um nur die ausgeprägtesten zu nennen) bis zu den Vertretern der abstrakten Malerei, deren autonome Formphantasien nicht selten von landschaftlichen Erinnerungsbildern ausgehen[4].

In manchen Kunstausstellungen hat es den Anschein, als ob die — heute fast unbedingt vorherrschende — Landschaftsmalerei das Natürlichste von der Welt wäre. Aber die künstlerische Begegnung des Menschen mit der Natur ist in Wahrheit alles andere als „natürlich". Unsere innere Nähe zur Landschaftsmalerei verdeckt uns deren eigentliche *Problematik*. Unsere plastische Vorstellung von ihr läßt uns leicht übersehen, wie häufig sich die Kunst diesem Thema gegenüber kalt und abweisend verhalten hat. Schon darin liegt eine Begrenzung, daß die Darstellung der Natur im Gegensatz zur Darstellung des Menschen wesentlich auf die Malerei angewiesen bleibt (trotz einiger plastischer Landschaften etwa in der italienischen Frührenaissance und im Barock). Einschneidender ist es, daß sich die Landschaft gegen das Übergewicht der Götter und der Menschen in der Kunst oft nur mühsam und am Rande behauptet: die ägyptische Kunst z. B. schildert Jagd, Garten und Bauernleben allein im Hinblick auf das Leben des Menschen im Jenseits — zwar mit dem genauen Wissen eines bäuerlichen Volkes, aber ohne Schätzung der Natur um ihrer selbst willen[5]. Die große florentinische Malerei erlaubt der Natur nur einen bescheidenen Platz im Hintergrund, und wie vereinzelt bleibt das Landschaftliche etwa im Werk des Raffael, Michelangelo, Rubens und Rembrandt! Oft genug aber hat die Landschaft in der Kunst überhaupt keinen Platz: in der übersprudelnd erfindungsreichen indischen Kunst z. B. fehlt sie völlig — nicht aus Unvermögen und nicht durch Zufall, sondern auf Grund einer inneren Gesetzmäßigkeit[6].

Dieses Gesetz der Möglichkeit und der Unmöglichkeit von Landschaftsmalerei gilt es nun zu erhellen. Freilich kann es nur in einem unzulänglichen und gewiß mannigfach anfechtbaren Entwurf geschehen, zumal die Landschaftsmalerei trotz ihrer gegenwärtigen Wirksamkeit kunstphilosophisch noch kaum durchdacht worden ist (seit der Romantik[7] ist keine umgreifende Kunsttheorie der Landschaft mehr versucht worden. In dieser Hinsicht ist der Ertrag der „Zeitschrift für Ästhetik und

[1] Baur-Rostovtzeff: The Excavations at Dura-Europos. 1929 ff. — W. Elliger: Zur Entstehung und frühen Entwicklung der altchristlichen Bildkunst. Leipzig 1934. S. 47. Anm. 1—2.

[2] Ernst Diez: Die Kunst der islamischen Völker. Berlin-Neubabelsberg 1915. S. 123.

[3] Es ist nicht völlig sicher, daß die beiden Lorenzetti-Landschaften in der Accademia di Belle Arti zu Siena selbständige Landschaften und keine Fragmente aus Bildern einer anderen Thematik sind. Vgl. Walter Paatz: Italien und die künstlerischen Bewegungen der Gotik und Renaissance. In: Römisches Jhb. f. Kunstgesch. 5 (1941), S. 201.

[4] Willi Baumeister: Das Unbekannte in der Kunst. Stuttgart 1947. — Ottomar Domnick: Die schöpferischen Kräfte in der abstrakten Malerei. Bergen 1947.

[5] Vgl. z. B. Richard Hamann: Ägyptische Kunst. Berlin 1944. S. 145 ff.

[6] Stella Kramrisch: Grundzüge der indischen Kunst. Hellerau 1929. S 35.

[7] Carl Gustav Carus: Neun Briefe über Landschaftsmalerei. Leipzig 1831.

Allgemeine Kunstwissenschaft" von bezeichnender Geringfügigkeit. Das Beste nach Carus enthalten — reife Frucht eines langen Forscherlebens — die Aphorismen eines ersten Kenners der Landschaftsmalerei, Max J. Friedländers)[1].

### *1. Die Verunmöglichung der Landschaftsmalerei.*

Das Fehlen der Landschaft in der Kunst ist nicht einfach ein factum brutum, sondern ein aktiver Vorgang: es sind wirkende Kräfte, die ihr Entstehen verhindern. Eine Sperre baut sich zwischen dem Künstler und der Natur auf, die als nicht darstellungswürdig oder gar als ausgesprochen darstellungswidrig empfunden wird. Das Sein oder Nichtsein einer künstlerischen Naturanschauung ist jeweils Ausdruck einer allgemeinen Weltanschauung: *sie* ist es, welche die Natur erhellt oder ins Dunkel taucht. Die Tatsache der Landschaftsmalerei setzt eine Ermöglichung dieser Bildgattung, das Fehlen der Landschaftsmalerei deren Verunmöglichung voraus. „Es gibt", legt Erich Rothacker[2] dar, „schlechtweg keine menschliche Äußerung, in welche das Subjekt, das ihr ihre bestimmte Gestalt gab, nicht einen weltanschaulichen Sinn in irgendeinem Grade hineingeprägt hätte"; seine kurze anschließende Bemerkung: „Liebeslyrik kann auf dualistisch asketischer Basis nicht entstehen. Ebenso Landschaftsmalerei" umreißt das hier zu behandelnde Problem.

Es hat immer zu den Aufgaben der Kunst gehört, die Götter zu ehren, Denkmäler der Großen zu schaffen und das Gedächtnis bestimmter Menschen — sei es schöner oder geliebter oder bedeutender — irgendwie, also nicht unbedingt porträthaft, festzuhalten. Aber es geschieht viel seltener, daß die Kunst die Natur als aufschlußreich oder sogar als entscheidend empfindet. Entscheidend kann sie im Rahmen der Kunst immer nur für den Menschen sein: etwa für seine Ergötzung, für seine Deutung der Welt oder für die Verwirklichung gewisser künstlerischer Intentionen, z. B. farblicher oder kompositorischer Art (Cézanne). Von vornherein gehören die Landschaftsmalerei und der sie ermöglichende oder verunmöglichende Mensch zusammen. Hierin unterscheidet sich der Ausgangspunkt der Kunst von dem der reinen Wissenschaft, die zweckfrei und selbstlos die Natur als solche erkennen will. Damit erhebt sich gleich am Anfang die Frage (die Dominante unserer ganzen Untersuchung bleiben wird), ob die künstlerische Gestaltung der Landschaft gegenüber der „Objektivität" der Wissenschaft nicht notwendig „*subjektiv*" bleibt.

Es ist eine Entscheidung des Menschen, welche die Landschaftsmalerei ins Leben ruft oder aber ihre Entstehung verhindert. Das Auftreten und das Ausbleiben, die Verkümmerung und die Blüte der Landschaftsmalerei sind durchaus in einer anthropologischen Gesetzmäßigkeit begründet. Freilich wäre es eine unerlaubte Vereinfachung, das Werden der Landschaftsmalerei mit der Naturbejahung, ihr Fehlen mit der Naturverneinung antithetisch zu verknüpfen. Es gibt große Landschaftsmalerei, die keineswegs zur Natur Ja sagt, sondern gerade die Verlorenheit des Menschen in ihr (häufig bei Jakob van Ruysdael) oder ihre schauerliche dämonische Fremdheit (etwa bei Edvard Munch) ausdrückt. Umgekehrt bleibt die Landschaftsmalerei nicht selten dort aus, wo der Mensch sich in der Natur glücklich und wie im Urvertrauten bewegt; so hat das Hohe Lied des Alten Testamentes keine Parallele in einer irgendwie gearteten Landschaftsmalerei, und die Naturschilderungen hellenischer Malerei (fragmentarisch faßbar in der pompejanischen Kunst) erscheinen im Vergleich zu dem süßen Zauber der gleichzeitigen Naturmythen und der Naturlyrik der Griechen karg und einförmig. Es müssen also andere Gründe als die der bloßen Naturbejahung oder Naturverneinung sein, welche über das Schicksal der Landschaftsmalerei entscheiden.

Die Dichterin Sappho spricht in Grillparzers Trauerspiel dicht vor ihrem Tode den unvergeßlichen, ein ganzes Leben umschließenden Vers:

> Den Menschen Liebe
> und den Göttern Ehrfurcht!

Dieser Vers könnte am Eingang jenes weitverzweigten Reiches der Kunst stehen, in dem zwar die Götter und die Menschen ihren Ort haben, aber nicht die Natur. Landschaftsmalerei ist dort unmöglich, wo die Kunst einseitig *theozentrisch* oder *anthropozentrisch* gerichtet ist. Der Kult der Götter und das Betroffensein vom Menschen drängen im künstlerischen Bewußtsein notwendig die Natur zurück und machen sie relativ uninteressant. Die hellenische Kunst z. B., enthusiastisch erregt von anthropomorphen Göttern und theomorphen Menschen, großartig angespannt und bewährt in der Schöpfung von Kultbildern und Weihestatuen, vermag die Natur nur in Göttern, Heroen und Menschen „verkörpert", also sehr eingeschränkt zu sehen. Der Raum — das formale Urthema der Landschaftsmalerei — wird in ihr zum Körperraum: Raum ist

[1] Max J. Friedländer: Essays über die Landschaftsmalerei und andere Bildgattungen. Den Haag 1947. S. 9—173. Es wäre eine eigene Aufgabe, eine Geschichte der Theorie der Landschaftsmalerei zu schreiben und ihre Rolle in der Kunstliteratur darzustellen. Die folgenden — systematisch gerichteten — Ausführungen verzichten darauf. Wichtige Materialien bei Julius von Schlosser: Die Kunstliteratur. Wien 1924.

[2] Erich Rothacker: Logik und Systematik der Geisteswissenschaften. München und Berlin 1927. S. 140.

gleichsam das, was die Körper bilden oder was zwischen ihnen übrig bleibt. Der Blick des Beschauers orientiert sich auf solchen Bildern an lauter Greifbarkeiten und gelangt überhaupt nicht zum Raum als dem Ungreifbaren. Der Raum gerät sozusagen „ins Gedränge“ der plastischen Erscheinungen[1]. Die antike Landschaft ist an den Menschen gebunden und durchaus humanistisch. Sie kann ihn nicht entbehren, ist nur durch ihn und mit ihm gewaltig, festlich, lieblich, einsam. In der Mitte des Bildes gebietet der Mensch, der Gott, der hl. Baum, der in der Umfriedung durch einen torähnlichen Bau wie eine Statue, also körperhaft aufgefaßt ist. Nicht der Berg allein ist da, sondern auch der Gott des Berges; nicht die Blume allein, sondern die Hore mit dem Füllhorn[2].

Bei aller epochalen Verschiedenheit erklärt sich das Fehlen der Landschaft in der mittelalterlichen Kunst aus gleichen Motiven. Die Herrlichkeit Gottes bannt den Künstler so sehr, daß er keinen Blick für die Natur in ihrer Ganzheit übrig hat. Er fühlt sich so dringlich der Heilsfindung des Menschen verpflichtet, daß es zu einer gelassenen Versenkung in die Landschaft nicht kommen kann. Dabei wird die Natur als Schöpfung Gottes durchaus bejaht. In ununterbrochener Folge bekennen sich die Theologen zu der Grundeinsicht des hl. Augustin: „Wohin das Auge sich in der Natur auch wenden mag, von allen Enden winkt (innuat) ihm die Schönheit zu[3].“ Trotz der Theologie der Schöpfung und der Lehre von der natürlichen Offenbarung Gottes bildet die mittelalterliche Kunst keine Landschaftsmalerei aus: nicht ein Negativum, sondern ein Positivum verhindert es — die Durchdringung mit Gott und die Erfülltheit vom Menschen als dem eigentlich göttlichen Wesen („Ihr seid Götter!“, sagt Christus selber mit Berufung auf Ps. 82,6 und fügt hinzu: „Die Schrift kann nicht gebrochen werden“[4]).

Auch in der nachmittelalterlichen Zeit, als längst die Landschaftsmalerei in beispielhaften Werken ihre Sinnfülle erwiesen hat, untersteht sie gleicherweise dem theozentrischen und anthropozentrischen Gesetz. Wo der Mensch das Maß der Dinge wird, etwa in der florentinischen Malerei, erscheint die Landschaft auf den Bildern lediglich als Anhängsel des Menschen — ihm zu- und untergeordnet. Wo die Rätsel des Menschseins den Künstler bewegen, gönnt er sich nur ausnahmsweise den Anblick der Natur, so der gewaltige Kenner menschlicher Leidenschaften El Greco oder der Meister seelischer Abgründigkeit Rembrandt. Ihre wenigen Landschaften nehmen sogar oft menschliche Züge an, ein seltsames Pathos, eine dunkle Erregtheit: El Grecos „Toledo im Gewitter“, um 1600, in New York; Rembrandts Braunschweiger Gewitterlandschaft, um 1638, oder seine Radierung der Landschaft mit den drei Bäumen, 1643.

Eine zweite Grunderfahrung, welche die Landschaftsmalerei verunmöglicht, ist die Einsicht in die *Nichtigkeit* der Natur. Ist die griechische Kunst Prototyp für die anthropozentrische Ausklammerung der Landschaft aus der Kunst, so die indische für die ontologische. Wo nicht irgendwie das Ontos on in der Natur gefunden wird, hat die Landschaftsmalerei keinen Wurzelboden. Für die Inder aber ist die Natur gerade Schleier der Maja und als solcher das Uneigentliche. Das Ziel des Menschen besteht darin, sich von der Vergaffung in das Uneigentliche freizumachen und die Ruhe des Nirwana zu gewinnen, das, über aller Vernunft, „nichts“ mehr mit dem drängend-bedrängenden Leben gemein hat. Die indische Kunst stellt sich mit hohem Ernst in den Dienst solcher Selbsterlösung. Nicht zufällig schenkt sie der Menschheit als eine der erhabensten Gestalten künstlerischer Phantasie die Statue des Buddha: er ist die Vergegenwärtigung des aus dem Eigentlichen lebenden Menschen. Von den ältesten Zeiten an zieht es Indien aus der Vielheit zur Einheit, zum Ur-Einen; die liebevolle Ausdeutung der Natur aber hat dort überhaupt keinen Ansatz mehr, wo es für den echten Weisen nur den einen Weg gibt[5]:

> Wie die Ströme, die ins Weltmeer fließen,
> Sich von Name und Gestalt befrein,
> Geht gestalt- und namenlos der Weise
> Zu dem göttlich-höchsten Geiste ein.

Das Abwerfen von Gestalt und Name, der Verzicht auf Sonderungen und das Durchschauen des Vielen zur Einheit hin entwertet die Natur zur bloßen — meist unheilvollen, weil verdeckenden — Erscheinung.

In der altchristlichen Kunst kommt die Vernichtigung der Natur vor allem aus einer eschatologischen Haltung: bald geschieht die zweite Epiphanie Christi; Himmel und Erde — die Wonne des Landschaftsmalers — werden untergehen, um einer neuen verklärten Schöpfung zu weichen. Zeit und Raum stürzen ihrem Ende entgegen — verschlungen von

[1] Erwin Panofsky: Die Perspektive als „symbolische Form“. In: Vorträge der Bibliothek Warburg 1924/25. Leipzig 1927. S. 258—330.

[2] Ludwig Curtius: Die Wandmalerei Pompejis. Leipzig 1929. S. 387 ff.

[3] Augustinus: De ordine. Buch 2, Kap. 14. — Karl Eschweiler: Die ästhetischen Elemente in der Religionsphilosophie des hl. Augustin. Phil. Diss. Münster 1929. S. 14.

[4] Joh. 10, 34 ff. Vgl. dazu den Kommentar von Friedrich Büchsel: Das Evangelium nach Johannes. 4. Aufl. Göttingen 1946. S. 121.

[5] Mundaka-Upanischad 3, 2, 8.

der Zeit- und Raumlosigkeit, die allein noch wichtig erscheinen. Das Unum necessarium verunmöglicht in der Kunst der Katakomben und der frühen Sarkophage die Ausbreitung einer Vielfalt von Pflanzen, Bergen, Gewässern, Tieren. Wo eine Palme erscheint, ist sie Teil des Himmelsgartens. Der Pfau zeigt die Herrlichkeit des Paradieses an. Das Schaf auf der Schulter des Hirten bedeutet die Menschheit, welche der Logos durch die Erde zum Himmel zurückträgt (das Motiv ist übrigens nicht biblischer Herkunft)[1]. Jonas in der Kürbislaube gehört zum Symbolkreis christlichen Auferstehungsglaubens. So genügen der altchristlichen Kunst zur Verwirklichung ihrer Absichten durchaus Bruchstücke der Natur, und diese werden zu mageren, künstlerisch indifferenten Zeichen, die als das Uneigentliche auf das Eigentliche verweisen.

Noch ein drittes Hemmnis steht dem Werden der Landschaftsmalerei im Wege: das Übergewicht der *Ratio*. Die unbegrenzte und ungeordnete Landschaft muß mit der Un-Zahl ihrer atmosphärischen Abtönungen einem auf Maß und Zahl versessenen Geist zuwider sein. Freilich hat dieser Gegensatz das Entstehen der Landschaftsmalerei geschichtlich höchstens hinausgezögert, aber keineswegs verhindert. Es erweist sich eben, daß die metaphysischen Gründe — der Vorrang der Menschen und Götter sowie die Richtung auf das naturtranszendent „Eigentliche" — ungleich gewichtiger sind als eine bloße Wesensart oder innere Haltung. Selbst im rationalistischen Frankreich des 17. und 18. Jahrhunderts empfiehlt De Piles (Cours de peinture par principes. 1708) Stimmungslandschaften mit Ruinen voller Käuzchen und begegnet sich mit van Mander darin, daß er Herbstlandschaften um des Koloristischen und Elegischen willen besonders schätzt[2]. In Frankreich führt der angeborene Sinn für das Rationale eine eigene Auffassung der Landschaft herbei, deren irrationale Tiefe in einem bestimmten Formungsprozeß abgefangen wird: die französische Landschaftsmalerei wird nie schwelgerisch oder wehmütig; sie *ordnet* den Ausschnitt, den sie gibt, auch im Impressionismus[3]. Zwischen der Bildstruktur und der Durchgliederung einer Gebäudefront oder eines Binnenraumes besteht eine innere Verwandtschaft. Der Bildraum erstreckt sich „in wohlgemessener Ausdehnung. Es gibt keine bedrängende Nähe und keine ins Unbestimmte verklingende Ferne"; auch der Landschaft liegt „ein geometrisches Muster zugrunde", und die Figuren sind darin als „tektonisierende Akzente" gesetzt[4]. Nicolas Poussin (1594 bis 1665) und Claude Lorrain (1600—1682) verwirklichen diese Auffassung in vollendeter Weise. Großartig durchdringen sich in ihrem Werk die künstlerischen Kräfte des Abendlandes: beide bewegt tief der römische Sinn für das Erhabene und die Würde des Menschen; Claude Lorrain bildet das Empfinden für die verschwebende Atmosphäre in der Berührung mit der Malerei des Nordens, Nicolas Poussin das Gefühl für die farbensatte Weite der Natur im Umgang mit venezianischen Bildern aus. Aber all das ist durchwaltet von französischem Maß, das sie die Welt auf den Menschen, den Träger des Logos, beziehen heißt, während die gleichzeitigen Niederländer den Menschen in der Natur „vollkommen entthronen[5]". In der Landschaftsdarstellung der italienischen Renaissance und des französischen Barock hat schließlich der Mensch den Vorrang — aber jeweils aus einem anderen Grunde: für jene ist er das Maß der Dinge, für diese die Verkörperung logischer Gesetzmäßigkeit. —

Überblickt man die der Landschaftsmalerei entgegenstehenden Motivierungen, so zeigt sich, daß sie alle in bestimmten Entscheidungen des Menschen — für das Humane, für die Götter, für das Eigentliche, für die Ratio — ihren Grund haben. Wie die Zurückdrängung und Ausschaltung der Landschaftsmalerei, ist auch ihre Herrschaft nur anthropologisch zu verstehen.

## 2. *Der Ursprung der Landschaftsmalerei.*

Vorab bedarf es der *begrifflichen Klärung*. Das Naturfühlen des Künstlers stellt sich nicht allein in der Landschaftsmalerei dar, sondern auch in der naturalistischen Ornamentik, etwa den Laubgewinden hochgotischer Kapitäle; sodann im Stilleben mit seiner Freude an der Oberflächenerscheinung von Tieren und Früchten; weiterhin im Tier- und Blumenstück als eigenen Bildgattungen; ferner in einzelnen naturhaften Elementen, die, wie z. B. auf gewissen Porträts eine Blüte oder auf einem Andachtsbild eine Schnecke, ein Vogel, ein Kaninchen, einem anderen thematischen Zusammenhang als Beiwerk zugeordnet sind. Die Landschaftsmalerei bedeutet demgegenüber einen eigengesetzlichen Bereich — mit besonderen formalen Aufgaben, einer Sonderart der sie tragenden Künstler, besonderen Bedingungen des Entstehens und einer besonderen Wirkung. Sie richtet sich auf einen begrenzten Ausschnitt des grenzenlosen Naturraumes, der in seinem

---

[1] Theodor Konrad Kempf: Christus der Hirt. Rom 1942. — Helmut Lothar: Der Pfau in der altchristlichen Kunst. Leipzig 1929. — Friedrich Sühling: Die Taube als religiöses Symbol im christlichen Altertum. Freiburg i. Br. 1930.

[2] Julius Schlosser: Die Kunstliteratur. Wien 1924. S. 608.

[3] A. E. Brinckmann: Geist der Nationen. Hamburg 1938. S. 204

[4] August Grisebach: Grundzüge der französischen Kunst. Heidelberg 1947. S. 17 f.

[5] Gotthard Jedlicka: Französische Malerei. Zürich/Berlin 1938. S. XX.

organischen Zusammenhang und um seiner selbst willen gestaltet wird — in seinem organischen Zusammenhang, d. h. nicht etwa nur eine Gruppe von Tieren oder ein Bündel Pflanzen; um seiner selbst willen, d. h. unter Ausschaltung der Vorherrschaft der menschlichen Figur und Handlung.

Das künstlerische Naturfühlen ist lange rege, ehe Landschaftsmalerei entsteht, und oft entsteht diese überhaupt nicht trotz einer starken künstlerischen Beziehung zur Natur. Landschaftsmalerei kann sich erst dann entfalten, wenn der Mensch nicht mehr nur den Mitmenschen oder die Götter, sondern auch die Natur als sein *Gegenüber* erfährt. Am menschlichen Gegenüber-sein erklären sich die Grundhaltungen und die Gattungen der Landschaftsmalerei. Zweierlei vor allem ist für die Philosophie der Landschaftsmalerei bedeutsam: daß es der Mensch ist, der den Weg zur Natur geht, und daß er dabei die Natur als auf sich bezogen erlebt. Landschaftsmalerei ist ein Akt der Selbstfindung und Selbstformung des Menschen an der Landschaft.

Ein langer *Weg* mit vielen Etappen führt den Künstler zur Darstellung der Landschaft, und immer ist dieser Weg mit dem Schicksal des Menschen verbunden. In idealtypischer Abkürzung verläuft die Entwicklung etwa folgendermaßen: auf der ersten Stufe ist die Natur — und nur selten die Landschaft — gleichsam nur zufällig da, auf griechischen Fresken als bei manchen Motiven unvermeidliches Akzidenz mythologischer Vorgänge oder in der altchristlichen Kunst als unvermeidliches sinnliches Substrat eines metaphysisch-gemeinten Symbols. — Auf einer zweiten Stufe gewinnt die Natur — und wieder nur selten die Landschaft — wenigstens eine beiläufige künstlerische Existenz, zwar am Rande eines anderen, zentralen Geschehens, aber doch in ihrer Eigenart anerkannt und geachtet. Oft kraftvoll gestaltet, erscheint sie „am Rande" der mittelalterlichen Kirchen: auf den Reliefs der Monatsbilder oder in Szenen an Kapitälen; reicher schon zeigt sie sich „am Rande" gewisser Andachtsbilder als zweckdienliche Ortsangabe des mitgeteilten Geschehens oder auf dem Hintergrund mancher Porträts, etwa im Zusammenhang mit der Heimat des Dargestellten. — Aber dann, auf einer dritten Stufe, ergreift der Künstler wirklich die Landschaft und kämpft sich zugleich in schöpferischer Anstrengung zur Raumtiefe vor. Er charakterisiert diese durch Anbringung eines in die Ferne verweisenden Fensterausschnittes (van Eyck: Madonna des Kanzlers Rolin; Paris, Louvre). Er leitet das Auge des Betrachters zum Durchwandern des Bildes an, in der sogenannten Wanderlandschaft der nordischen Malerei, wo sich hinausschlängelnde Wege oft mit starken Höhenunterschieden den Blick von einem Raumteil zum anderen führen, besonders anläßlich der Passion Christi oder der Sieben Freuden Mariens (Memling in Turin und in München), die immer wieder zur Schilderung raumerschließender Reiterzüge Gelegenheit bieten[1]. Oder der Maler breitet von einem hochgelegenen Augenpunkt die Landschaft wie eine geographische Karte aus, in dem sogenannten Erdkartenbild, wie es z. B. Ambrogio Lorenzetti 1335/40 im Rathaus zu Siena für die ländliche Umgebung der berühmten und mächtigen Stadt entwirft[2]. In all diesen Fällen wechselt der Künstler gewöhnlich den Standort der Betrachtung mehrfach, und ein eigener (erst relativ spät vollzogener) Schritt ist nötig, damit die Perspektive sich vereinheitliche. — Aber auch damit ist noch nicht das besondere Leben der Landschaft eingefangen. Auch noch auf der dritten Stufe der idealtypischen Entwicklung ist sie zu dinglich gesehen und zu sehr aus Teilen zusammengesetzt. Die Landschaft aber ist etwas Elementares: Erde, Wasser, Luft, Himmel. Die Erschließung des eigenständig Naturhaften geschieht erst auf einer vierten Stufe: die menschliche Figur tritt zurück, wird kleiner, verschmilzt mit der Umgebung, sinkt zur bloßen „Staffage" ab. Gleichzeitig beginnen neue Formkräfte sich zu regen, die der Bewältigung des Elementaren günstig sind: die Linearperspektive wird völlig sicher und wagemutig gehandhabt; sie wirkt mit der nunmehr entdeckten Luft- und Farbenperspektive zusammen, die mit einem ungemeinen Feingefühl für Tonabstufungen durchgeführt wird. Die Kenntnis von Licht und Schatten läßt die Farbigkeit der Schatten und die Veränderung der Farben im zerstreuten Licht erfassen (vgl. die kühne Feststellung von Delacroix[3] aus dem Jahre 1857: „Es gibt eigentlich gar keine Schatten; es gibt nur Reflexe. Jeder Reflex spielt ins Grüne. Jede Schattengrenze ins Violette"). — Nun ist alles vorbereitet für die fünfte Stufe der Entwicklung (die hier zwar als idealtypische gemeint, aber im ganzen so auch geschichtlich verlaufen ist): für die Autonomie der elementar empfundenen und vom Menschen gelösten Landschaft, für das „Erdlebenbild", die „Erdlebenkunst", um mit Carus zu sprechen[4].

Endet nun nicht in der autonomen Landschaftsmalerei die Beziehung zum Menschen? Hört er nicht auf, „Gegenüber" zu sein? Die Natur ist doch ganz auf sich gestellt und der Mensch aus ihr aus-

[1] Juliane Bartsch: Figur und Landschaft. Phil. Diss. Heidelberg 1934. S. 6 f.

[2] Emma Rotthauwe: Studien zur sienesischen Landschaftsmalerei im Tre- und Quattrocento. Phil. Diss. Köln 1930. Würzburg 1937. S. 21 f.

[3] Eugène Delacroix: Mein Tagebuch. 2. Aufl. Berlin 1909. S. 221 und 223.

[4] C. G. Carus: Neun Briefe über Landschaftsmalerei. Leipzig 1831. S. 118.

geschlossen bzw. in sie einverwandelt. Aber auch hier gilt der Satz, daß Landschaftsmalerei nur dort möglich ist, wo der Mensch die Natur als sein Gegenüber erfährt. *Er* ist es, der den Weg zur autonomen Landschaft kraft einer inneren Entscheidung einschlägt. Er sieht sie, weil er sie braucht. *Ihm* ist sie nahe, *ihm* fremd. Im Bilde ist zugleich eine Aussage über seine Einstellung zur Natur enthalten. Jede Haltung ist ja, führt Fritz Kaufmann aus[1], Haltung zu etwas oder zu jemandem. Jede Stimmung erschließt uns selbst und in eins damit unsere Befindlichkeit in der Welt; immer ist die Welt zugleich in ihrer Bedeutsamkeit für den Menschen und nicht allein in sich erkannt. „Der Stimmungscharakter einer Landschaft haftet nicht an ihr wie eine Oberfläche an einem Ding. Sie ist damit umkleidet und durchsogen; und sucht uns selbst darein zu ziehen. Sie läßt die Welt in diesem Licht und Medium erblicken; läßt sie im Tone dieser Stimmung uns ansprechen und bannen: wie diese Landschaft selbst anheimelnd oder unheimlich — im Charakter der Beziehung oder Beziehungslosigkeit zu uns steht."

Den Weg zur Landschaft vermag der Künstler nur in einer außerordentlichen Entfaltung seines *Formvermögens* zu gehen. Zur Landschaftsmalerei gehört eine spezifische Formbegabung, unterschiedlich etwa zum Porträt oder zum Stilleben. Landschaftsmalerei ist formal im wesentlichen zweierlei: Können des Raums und Können der Valeurs. Barbara Grund hat in einer Arbeit, die aus der für Probleme des Welt-Sehens besonders legitimierten Schule Dagobert Freys erwachsen ist, das Werden der Räumlichkeit in der Landschaftsmalerei überzeugend auseinandergesetzt[2]: wie zunächst ein „Flächenraum" entsteht, der als Raum nur gedacht, nicht anschaulich gegeben ist; wie dann der Stil des „Architektonischen Raumes" sich ausbildet: ein perspektivisch erfaßtes Architekturmotiv wird zur Andeutung der Dreidimensionalität verwandt, während die landschaftlichen und figuralen Elemente noch unplastisch bleiben; wie nunmehr der „Plastische Raum" sich entfaltet, mit der plastischen Intensität der Einzelformen, mit denen und durch die der Raum wird; wie erst dann der „Konkave Raum" gestaltet wird: ein Hohlraum in Beziehung zur plastischen Einzelform. Es dauert lange, ehe der Vorder-, der Mittel- und der Hintergrund jeder für sich und jeder in Beziehung zum anderen durchgeformt sind.

Erst dann sind die Voraussetzungen geschaffen, die dem Künstler die Durchführung zweier Grundauffassungen des Raumes ermöglichen: der Raumkontinuität und der Raumtotalität. „Mit dem Begriff der Raumkontinuität soll die Gestaltung eines Raumes charakterisiert werden, der in seiner ununterbrochenen Entwicklung von einer vordersten Nahraum- bis zur fernsten Hintergrundszone die Vorstellung einer Raumunendlichkeit gleichsam mit dem Durchwandern seiner unbegrenzten Zonenfolge entstehen läßt; also die Vorstellung einer Raumgegebenheit, die am Werden des Raumes erfaßt wird. Dagegen soll der Begriff der Raumtotalität eine Raumgestaltungsweise kennzeichnen, in welcher die Unendlichkeit des Raumes nicht aus dem Erleben der ununterbrochenen Folge abgestufter Raumschichten, sondern aus dem Zusammenschluß aller Einzelerscheinungen, sowohl des Nah- wie des Fernraums, zur Einheit erwächst und aus der Vorstellung der Ganzheit des Raumes die Unendlichkeit in seinem überall gleichzeitigen und gleichartigen Sein begriffen wird[3]."

Die Ausbildung der Raumtotalität in der Landschaftsmalerei drängt notwendig zur Meisterung der Luft- und Farbenperspektive: Landschaftsmalerei ist nicht nur Können des Raums, sondern auch Können der Valeurs. Irene Henrici ist diesen Bezügen in einer strengen Prüfung des Begriffes „Landschaft des Unendlichen Raumes" nachgegangen[4]. Sie schließt zunächst alle diejenigen Bilder aus, auf denen nur eine gedacht-sinnbildliche, nicht eine anschaulich-sinnliche Unendlichkeit gegeben ist (die romantische Landschaft von Caspar David Friedrich). Sie ermittelt sodann die Wesensmerkmale der Landschaft des Unendlichen Raumes: daß sie den Blick des Betrachters richtungslos in die Tiefe schweifen läßt und als ihre tragende Kraft das Element der Luft erscheint, die alles Einzelne umhüllt und voneinander löst und die auch das Verborgene noch umspült: „Unendlichkeit ist mithin nicht eine durch malerische Mittel beschriebene relativ ungeheure Entfernung, sondern allseitige richtungslose Raumerscheinung." Zur Verwirklichung dieser gestalterischen Aufgabe dienen vor allem drei Formmittel: die Auffassung der Farbe als Valeur, die Wiedergabe der diesigen Luft, die Ausbreitung eines indifferenten diffusen Lichtes auf der Malfläche. Henrici kommt zu dem Ergebnis, daß die Landschaft des Unendlichen Raumes in der Malerei verhältnismäßig selten ist: „Ich habe Landschaften des Unendlichen Raumes nur bei den Hol-

[1] Fritz Kaufmann: Die Bedeutung der künstlerischen Stimmung. In: Festschrift Edmund Husserl zum 70. Geburtstag. Halle 1929. S. 192.

[2] Barbara Grund: Probleme der Raumgestaltung in der Landschaftsdarstellung der deutschen Tafelmalerei vor Dürer. Diss. Breslau 1934.

[3] Barbara Grund, a. a. O. S. 90.

[4] Irene Henrici: Die Landschaft des Unendlichen Raumes. Phil. Diss. Münster 1936. S. 41—44.

ländern des 17. Jahrhunderts gefunden und dort nur in Flachlandschaften und Dünenbildern."

Überblickt man den stufenreichen Weg des Künstlers zur Landschaft, so wird man mit Erstaunen einer ungeheuren Fülle an Formproblemen und Formschwierigkeiten inne. Wie tief muß die Landschaft das Herz des Menschen berühren, wenn solche Anstrengungen zu ihrer malerischen Bewältigung gemacht werden! In der Berührung mit der Landschaft hat die Kunst ihre Formmöglichkeiten schöpferisch erweitert und zwar so entschieden, daß sie ohne die Auseinandersetzung mit dem Freiraum gewisse Formungen nie gewonnen haben würde. Es zeigt sich, daß Gegenstand, erfassendes Subjekt und Form engstens miteinander verbunden sind: die Landschaft, ihre Auffassung durch den Menschen und ihre Gestaltung durch den Künstler stehen in unlöslichem Zusammenhang. Landschaftsform, Sehform und Kunstform lassen sich nur in einer kunstwidrigen Abstraktion voneinander trennen. In der Kunst gibt es nicht eines ohne das andere (eine Feststellung, die in der Erörterung des Problems: Subjektivität oder Objektivität der Landschaftsmalerei noch auszuwerten sein wird).

Warum geht nun der Künstler mit einem solchen Aufwand an Phantasie und Bemühung den Weg zur Landschaft? Welches Ziel lockt ihn? Was befeuert ihn in seinem mächtigen Ringen um die Erweiterung seiner Formmöglichkeiten?

Es empfiehlt sich zur Beantwortung dieser Fragen von der Tatsache auszugehen, daß die Landschaft dort entsteht, wo der Mensch die Natur als Gegenüber erfährt. Wer *in der Natur steht*, malt keine Landschaften. Diese Erkenntnis wirft ein neues Licht auf das Fehlen der Landschaftsmalerei in der indischen Kunst. Mit berauschender und erdrückender Gewalt erlebt der Inder die ewig gebärende und ewig vergehende Natur; so bezeugt es gleicherweise die Dichtung wie die Philosophie Indiens, bis hinauf zu den Weisheitsbüchern Rabindranath Tagores[1]. Die bildende Kunst Indiens drückt die Unruhe der stets fruchtenden und stets sterbenden Natur bezeichnenderweise nicht in Bildern der Landschaft, sondern in menschlichen und göttlichen, von vitalen Kräften durchwirbelten Gestalten aus. Südindische Tempeltürme schäumen geradezu von undurchdringlicher Figurenfülle auf riesigen Flächen. Die indische Plastik stellt den Körper knochenlos dar, damit ihn die bluthaften Kräfte ungehemmt durchkreisen. Vor allem aber verdichtet sich indisches Naturfühlen in den Statuen des vielarmig tanzenden Gottes Schiwa, der das Werden und Vergehen in der Vielzahl seiner schöpferischen und zerstörenden Hände und im endlosen Drehen seines Körpers rhythmisch vergegenwärtigt. Aber der indische Künstler kommt nicht auf den Gedanken, Landschaften zu malen: weil er sich selber als Teil der Natur und nicht als ihr Gegenüber empfindet. Ein weiterer Beweis für die Gesetzmäßigkeit dieses Zusammenhangs ist die Tatsache, daß weder die Kunst der vorgeschichtlichen Zeit noch die der Naturvölker noch die der Bauern[2] eine Landschaftsmalerei kennt. Dabei handelt es sich um Volksschichten, die tief in das kosmische Leben hineinverwoben sind und sich zum Teil kaum von ihm abheben. Landschaftsmalerei setzt eine Lösung dieser Verwobenheit, eine Selbstabgrenzung des Menschen von der Natur voraus.

So kann es nicht überraschen, daß die großen Meister der Landschaftsmalerei alles andere als elementar-einfache Menschen gewesen sind. Ihr Ort ist die Stadt und der Sitz des Herrschers, nicht das abgelegene Land. Ihr Geist ist auf Neuerung gerichtet, nicht auf Bewahrung. Ihr Denken und Schaffen ist kompliziert, ja manchmal bis zur Zerbrechlichkeit empfindlich, nicht urtümlich und geradeaus. Aus der Urbanität erwachsen die hellenischen Sakrallandschaften, aus der Verfeinerung der Spätzeit die ins Magische gesteigerten „Traumlandschaften" des vierten pompejanischen Stils[3]. Für den raffinierten burgundischen Hof malen die Brüder von Limburg Anfang des 15. Jahrhunderts ihre bahnbrechenden Monatsbilder. Dürer und Brueghel, Giorgione, Tizian und Tintoretto, Claude Lorrain und Nicolas Poussin sind Städter gewesen und im kühnen Wurf ihrer landschaftlichen Konzeptionen nur als Städter denkbar. Die holländische Landschaftsmalerei des 17. Jahrhunderts entsteht in Städten für Städter. Leyden ist Mittelpunkt der holländischen Weberei, Sitz einer weltberühmten Universität und — Wirkungskreis des Jan van Goyen. Haarlem ist im 17. Jahrhundert europäische Börse für die Modeblume „Tulpe" mit schwindelhaften Spekulationsgeschäften und — ausgesprochene Architekten- und Malerstadt, wo u. a. Jakob van Ruijsdael wirkt. Dordrecht war bis ins 17. Jahrhundert der reichste Handelsplatz Hollands und — die Heimat von Aelbert Cuyp. In dem Jahrzehnt 1585 bis 1595 dehnte sich Amsterdam beinahe um das Doppelte aus und wurde durch die Stiftung der holländisch-ostindischen Kompanie (1602) der erste Handelsplatz Europas; hier fanden Landschaftsmaler vom Range des Jacob van Ruijsdael, Jan van de Cappelle, Hercules Seghers und Meindert Hobbema die Kunstkenner und -liebhaber, die sie für ihre differenzierten Bilder brauchten. Für die große

[1] Rabindranath Tagore: Sadhana. Deutsch 1921.

[2] Konrad Hahn: Deutsche Volkskunst. Breslau 1932. S. 30 f.

[3] Werner Technau: Die Kunst der Römer. Berlin 1940. S. 152.

französische Landschaftsmalerei des 19. Jahrhunderts sieht die soziologische Bilanz so aus: Corot 1796 geb. in Paris, Théodore Rousseau 1812 geb. in Paris, Manet 1832 geb. in Paris, Sisley 1839 geb. in Paris, Monet 1840 geb. in Paris, Renoir 1841 geb. in Limoges, seit seinem dritten Lebensjahr in Paris, Seurat 1859 geb. in Paris. Paris war all diesen Malern Quell ihrer Kraft, Raum ihres künstlerischen Agons. So ergibt sich, daß die hauptsächlichen Stätten europäischer Landschaftsmalerei Städte gewesen sind: Venedig und Rom, Amsterdam und Paris. Primitive sind gleichsam zu „dumm" für die eminent geistige und reflektorische Landschaftsmalerei. In ihrer Verschmolzenheit mit der Natur schaffen sie kein abgegrenztes Bild von ihr. Die Verbundenheit mit der Natur verunmöglicht die Landschaftsmalerei, die Begegnung mit der Natur ermöglicht sie; jene ist ein leibseelischer Zustand, etwas Statisches, diese ein sinnlich-geistiger Akt, etwas Dynamisches. Diese Erkenntnis steuert die *Soziologie* zum philosophischen Verständnis der Landschaftsmalerei bei.

Es gäbe die Landschaftsmalerei nicht ohne den *Rückbezug des Menschen auf sich selbst.* Sie bricht auf als eine Frage des Menschen nach seinem existentiellen Ort. Wo steht der Mensch? fragt die hellenische Kunst und antwortet: in einem geistigen Raum theomorpher Gestalten. Wo steht der Mensch? fragt die mittelalterliche Kunst und antwortet: zwischen Gott und Satan, in der Potenz des Engel- und Tiersein-Könnens. Wo steht der Mensch? fragt die Kunst erneut — darum erneut zu dieser Urfrage gezwungen, weil die Antworten des Mittelalters ihre begründende und umschließende Kraft verloren haben, weil den Menschen ein unheimliches Gefühl der Neuheit alles Seins mit freudigem oder grausem Schauder überfällt. Und er findet, daß er als dieser Einzelne und Einzige in der Weite der Welt steht. Schon rein morphologisch unterscheidet sich diese Antwort von den bisherigen Antworten der abendländischen Kunst: sie fixiert nicht den Ort, wo der Mensch steht; sie verläuft an den Rändern ins Grenzenlose; sie ist so schwebend wie die Landschaftsmalerei und so ungründig wie das Porträt. Porträt und Landschaft entstehen in der nachmittelalterlichen Kunst gleichzeitig. Dies ist nicht so zu erklären (wie z. B. Hans Weigert es tut)[1], daß nun ein Zeitalter der Erkundungen gekommen sei und daß neben der verselbständigten Erd-Kunde der Landschaftsmalerei die verselbständigte Menschen-Kunde des Porträts sich bilde: eine Erkundungssparte neben der andern. Beides ist ineinander verwoben und bedingt sich gegenseitig. Selbst wenn im Bilde kein einziges menschliches Wesen erscheint, ist die Erd-Kunde der Landschaftsmalerei zugleich Menschen-Kunde:

> Nichts ist drinnen, nichts ist draußen:
> Denn was innen, das ist außen.
>
> Goethe: Müsset im Naturbetrachten . . .

Die Landschaftsmalerei erschließt sich als Daseinsorientierung in den von der Kunst gestalteten *Beziehungen des Menschen zur Landschaft.* Es lassen sich gewisse Ortsbestimmungen typischer Art ermitteln, Grundformen des Gegenüberseins von Mensch und Natur. Die verwirrende Fülle der Erlebnisweisen ordnet sich von einigen polaren Möglichkeiten menschlichen Verhaltens her, wie überhaupt die angemessene Charakterisierung des konkret Lebendigen der Aufweis von Polaritäten zu sein scheint. Einen ersten Kreis der Möglichkeiten umschließt die Polarität: Nähe und Ferne der Natur zum Menschen; einen zweiten der Gegensatz: Vertrautheit und Fremdheit der Landschaft für den ihr Begegnenden; einen dritten die Erfahrung: Dämonie und Göttlichkeit der Schöpfung. Der erste Aspekt geht von Akten der Wahrnehmung, der zweite von solchen des Fühlens, der dritte von religiösen Erfahrungen aus. Im ersten Bereich wird die heimatliche und die kosmische Landschaft ansichtig, im zweiten die „Menschlichkeit" und „Unmenschlichkeit" der Natur, im dritten die metaphysische Transparenz der Welt. Im ersten verhält sich der Künstler nüchternbeobachtend; im zweiten ist er allempfindend; im dritten ergreift ihn der Schauder. Im ersten ist die Form reich an sinnlichen Qualitäten der Oberflächenschilderung, Raumbildung, Farbgestaltung; im zweiten wird sie bedeutend, charaktervoll, manchmal grotesk und seltsam; im dritten ist sie irgendwie enthoben und nicht mehr nur „natürlich", sie hat eine eigene entrückende Aura um sich. Erkennt man die Landschaftsmalerei als menschliche Daseinsorientierung, so fügen sich die verschiedenen Gattungen dieser Kunst zu einem sinnvollen Ganzen zusammen. Allzu unverbunden stehen gewöhnlich die Gattungsbezeichnungen nebeneinander: das Landschaftsporträt, die heroische Landschaft, die ideale Landschaft, die Stimmungslandschaft, die Unendliche Landschaft, um die gebräuchlichsten Termini anzuführen. Es kann nicht das Ziel dieses kurzen Aufsatzes sein, eine vollständige Systematik jener Gattungen zu entwickeln; wohl aber darf er versuchen, den Raum abzustecken, in dem die Grundformen der Landschaftsmalerei sich bilden. Wenn in allen Künsten bisher die Gattungsästhetik so wenig gefördert ist[2], so liegt dies wesentlich an

[1] Hans Weigert: Geschichte der deutschen Kunst. Berlin 1942. S. 358.

[2] Die Schwierigkeiten spiegeln sich vor allem in den wichtigen Versuchen der Literaturforschung. — Günther Müller: Bemerkungen zur Gattungsästhetik. In: Philosophischer Anzeiger 3

dem Mangel eines gültigen Gesichtspunktes, der, wie die Mitte des Kreises die Radien entläßt, die verschiedenen Weisen künstlerischer Auffassung zu ordnen und aufeinander zuzuordnen vermöchte. Von der Grundthese dieses Versuches her, daß in der Landschaftsmalerei der Mensch die Natur als sein Gegenüber erfahre, sei nun das gattungsästhetische Problem umrißhaft entwickelt.

### *3. Die Gattungen der Landschaftsmalerei.*

Ein großer Kreis von Landschaftsbildern schließt sich dadurch zusammen, daß auf ihnen der Künstler die Welt als *Um-Welt des Menschen* gestaltet, als seine Heimat, sein Zu-Hause. Auf den Bildern der frühen Niederländer erscheint im Hintergrund oft die heimische Landschaft dicht um die Mauern, Türme und Häuser einer heimischen Stadt; die Natur, die Wohnstätte des Menschen und er selbst in Gestalt und Antlitz bilden eine Einheit, einen Lebenszusammenhang von schöner Durchsichtigkeit. Nirgendwo haftet diesem Bezug etwas Rätselhaftes oder Lastendes an; vielmehr kommt er aus der selbstverständlichen Überzeugung, daß der Mensch hier seinen unbezweifelbaren Ort habe. In der Kunst um 1500 verbindet sich das ausgesprochene Porträt des Menschen gern mit dem ausgesprochenen Porträt der Landschaft, so wenn etwa der Meister der Thennbildnisse hinter dem Kind die salzburgischen Berge aufwachsen läßt (Frankfurt a. M.: Städelsches Institut)[1]. Die gewaltige Spannung zwischen der Zartheit des Kindes und der Wucht des Urgebirges gelangt darum nicht zum Ausdruck, weil die Welt als Um-Welt des Menschen gewiß ist: Boden, in dem er wurzelt, und Land, das ihm gehört. Ja, das schlechthin Unbesitzbare wird in solcher Deutung beinah zum Besitz des Menschen: auf dem genannten Kinderbildnis kristallisieren sich die Berge fast dem Menschen an; sie schmiegen sich formal in den Rhythmus der Schultern, umklingen als Variationen in Eisgrün das Farbthema „Grün" des Gewandes. In diesem Auffassungsbereich entsteht das *Landschaftsporträt* als malerische Formulierung des anthropologischen Umwelt-Erlebnisses. Bekanntlich findet sich die erste, mit nachprüfbarer Richtigkeit dargestellte Landschaft der europäischen Kunst auf dem Tafelbild des Konrad Witz „Petri Fischzug" von 1444 (Genf, Museum)[2]. Die Pfahlbauten, der Verlauf der Uferlinie, der Baumwuchs und die Berge gehören einer bestimmten Stelle des Genfer Sees an; man kann mit geographischen Namen aufwarten: der Môle, der Petit-Salève und die Voirons sind deutlich erkennbar. Aber es wäre falsch, hier nur ein Meisterwerk der Naturbeobachtung festzustellen. Entscheidend ist der anthropologische Bezug, der eine bezeichnende formale Umbildung der Wirklichkeit, eine Abstimmung der Form auf den handelnden Menschen erzwingt: „Der hochragenden Gestalt des Erlösers zuliebe . . . mußte der Berg der Mitte, der Môle, höher und steiler gebildet werden, und nach ihm, der nun wie eine riesenhafte Krone über Christus schwebt, erfuhren auch die beiden langgestreckten Rücken nebenan . . . eine Steigerung der Silhouette, welche ihrerseits die Form des Schiffes kraftvoll unterstreicht". So bestimmen die Gestalten und ihr Tun auch noch die Wiedergabe der Natur. Alle Um-Welt-Landschaften haben künstlerisch eine Vorliebe für die Nähe, weil nur das Nahe dem Menschen zu eigen sein kann, während die Ferne ihm die Dinge entzieht. Der Vordergrund herrscht vor, und der Künstler geht nicht in den Hintergrund hinein, bevor er nicht einen breiten faßlichen Bereich der Nähe ausgebildet hat, an den das Auge sich halten kann und in dem es verweilt. Selbst die Ferne wird unter dem Aspekt der Nähe geschildert: wenn z. B. Jan van Eyck „ein Haus im landschaftlichen Hintergrunde malte, war sein Wunsch daraufhin gerichtet, trotz dem winzigen Maßstab alles sichtbar zu machen, was zu dem Hause gehörte. Seine Fernsicht ist verkleinernde Nahsicht[3]." Erst die Nahsicht macht dem Menschen die Natur „zuhanden"; was ihm zum Besitz werden soll, muß deutlich und „greifbar" da sein. Daraus erklärt sich die Klarheit der Form, die Nüchternheit der Beobachtung. In der Umwelt-Landschaft verhält sich der Künstler pragmatisch, nicht emotional. Eine Addition von Nahsichten bleiben auch gewisse weitgespannte Landschaften, die sogenannten *Erdkartenbilder*, welche die Landschaft in gestochenen Formen wie einen geographischen Plan ausbreiten (14. und 15. Jahrh.). Selbst die weite Welt erhält den Charakter eines häuslichen Grundrisses: das Land um Siena ist bei Ambrogio Lorenzetti wie das Relief eines Gutshofes aufgefaßt und gehört zu der Stadt als „Besitz", in dem das Auge des Betrachters sich ergehen soll. Der „Spaziergang im Bilde" wird bewußt als ein Hauptreiz der niederländischen Feinmalerei erlebt: „Van Mander erzählt: de Bles brachte sein Käuzchen manchmal so verborgen an, daß die Leute einander lange danach suchen ließen und einer mit dem anderen wettete, er werde es nicht finden.

(1928/29). Julius Petersen, Zur Lehre von den Dichtungsgattungen. In: Festschrift August Sauer. Stuttgart 1925. Ders.: Die Wissenschaft von der Dichtung. Bd. 1. Berlin 1939. Karl Viëtor: Probleme der literarischen Gattungsgeschichte. In: Deutsche Vierteljahrsschrift f. Literaturwiss. u. Geistesgesch. 9 (1931).

[1] Farbige Abbildung bei Karl Oettinger: Altdeutsche Maler der Ostmark. Wien 1942. Tafel 51.

[2] Farbige Abbildung bei Joseph Gantner: Konrad Witz. Wien 1942. Tafel 52 und 54. Vgl. S. 30.

[3] Max J. Friedländer, a. a. O. S. 16.

Dieses Geschichtchen gibt eine Vorstellung davon, in welcher Art die Bilder betrachtet wurden und das Auge zu Spaziergängen einluden[1]." So ergibt sich eine lückenlose Konsequenz der Stilmittel: die Umwelt-Landschaft fordert Beobachtung und genaue Schilderung, fundiert die Betrachtung in der Nah-Ansicht und schafft die besonders bezeichnenden Formen der Fernsicht als verkleinernder Nahsicht, der Landschaft als Grundriß-Plan und des Spaziergangs im Bilde. Indem die Kunst die Gewalt der Ferne von der Darstellung ausschließt, hat das Bild bei aller Präzision der Einzelheiten etwas Unrealistisches: der verschmelzenden Kraft der Atmosphäre entzogen, verdinglicht sich die Landschaft, und so wird die Natur als Um-Welt zum Besitz-Ding. Alle spezifischen *Heimatmaler* neigen zu einem konstatierenden dinglichen Stil, welcher der Nähe und dem Einzelnen einen großen Raum läßt; besonders eindrucksvoll zeigt sich dies bei Hans Thoma (1839 bis 1924), gerade weil ihn der allverschmelzende Impressionismus umflutet: seine Landschaften aus dem Schwarzwald, dem Taunus und vom Oberrhein gehen durchweg den anderen Weg eines Belassens und Nahelassen der Natur-„Dinge".

Man muß sich hüten, in die Umwelt-Landschaft einen ihr wesensfremden Empfindungsgehalt hineinzutragen: die Spannung zwischen Mensch und Natur einerseits und das Erlebnis des Kosmischen anderseits. Die Landschaftsmalerei hat keineswegs die Ausgeschlossenheit des Menschen aus der Natur zur Voraussetzung und das Gefühl der Tragik oder sentimentalischen Sehnsucht nach All-Einheit zur Folge. In der bisher besprochenen Form der Landschaftsmalerei bleibt die Natur ganz wirklich und verdunstet nicht in den Kosmos; der Mensch aber ergreift sie nüchtern als das Seinige und bewegt sich mit ruhiger Selbstverständlichkeit in ihr.

Auf der Grenze zu einer neuen Auffassung stehen die Landschaften des Peter Paul *Rubens*. Wenn ihm auch die flämische Erde eine klare überschaubare Wirklichkeit, durchaus „Heimat" ist, so spürt man doch zugleich seinen Darstellungen an, daß er „Felsengebirge, Abgründe, Ungewitter zu malen wußte." Plötzlich „fährt sein Geist ins Grenzenlose und Kosmische, und über die festen Marken der Landschaft wälzen sich die Unwetter eines jüngsten Tages". So ist der Eindruck etwa der „Heuernte mit dem Regenbogen" (London, Wallace-Collection) doppeldeutig: die Natur erscheint als heimatlicher „Besitz", mit den heimkehrenden Mägden, dem Fuhrknecht und den Tieren an den Menschen gebunden; aber zugleich überwältigt sie die Gestalten und schwingt im Regenbogen des weiten Himmels unermeßlich aus, so daß der dem Menschen gehörenden Natur die selbstgenugsame kontrapunktisch entgegentritt. Die Gestalten nun schlagen eine Brücke zwischen diesen beiden Erlebnisweisen, da ihre Formen nicht ruhig in sich beharren, sondern aus der Umgrenzung herausschwellen und ihre Lebensfülle in den Kosmos zu entladen scheinen. Darin liegt der Sinn Rubensscher Landschaftsmalerei, daß er das Nahe und das Tägliche in die Weite einbettet, ohne sich an das Grenzenlose zu verlieren: letztlich bleibt ihm die Erde fest und fruchtbar, wird nicht bloß der Sockel des Raumes, und er selber bleibt der Herr seines Bildes[2]. Eine neue Auffassung setzt damit ein, daß die Natur nicht mehr dem Menschen, sondern dieser der Natur gehört, daß die Nähe versinkt und die Ferne aufsteigt, daß das Einzelne vergeht und das All gebietet: der Umwelt-Landschaft tritt die *kosmische Landschaft* zur Seite. Ist in jener die Natur dem Menschen zuhanden, so ist sie ihm jetzt entzogen; erscheint sie in jener als möglicher Besitz des Menschen, so wird sie jetzt als das nie zu Besitzende erkannt. Brueghel zieht den Blick des Betrachters nachdrücklich in die Tiefe, um die Menschen zu einem Teil des Ganzen zu machen: „Das Land ist für sie nicht nur Heimat, sondern auch Schicksal, der Mensch eher Knecht als Herr der Erde[3]." Über ihn herrschen gewaltig die Elemente: Sturm, Schnee, Wellen und Wolken. Brueghel schildert die menschenübersteigende Weltweite ohne jedes Pathos, und es entringt sich ihm kein Laut der Klage, weil die winzigen Menschen unter dem riesigen Himmel verloren seien. Die kosmische Landschaftsdarstellung hat dieselbe klare und kühle Objektivität wie die Umwelt-Landschaft; beide versagen sich die Einmischung des reflektierenden Gefühls in den Akt des Malens. Die gleiche Nüchternheit des „So ist es" bestimmt zum großen Teil die holländische Landschaftskunst des 17. Jahrhunderts. Aber als neues wesentliches Formmittel kommt nun die Einheitlichkeit des Farbtons hinzu, der vom Luftraum ausgeht und alles Körperhafte umhüllt. Während die Kunst der Umwelt-Landschaft die Einzelexistenz steigert, vermindert sie die Kunst der kosmischen Landschaft: die Lokalfarbe büßt an Leuchtkraft, der Umriß an Festigkeit, die Gestalt an Greifbarkeit ein. Die Formen gehen ineinander über und verschwimmen; zugleich leistet der Künstler Verzicht auf die architektonische Rahmung und Aufgliederung der Komposition. Er legt den Horizont tiefer, bis schließlich — vor allem bei van Goyen — der Himmel der eigentliche Gegenstand des Bildes wird: „Van Goyens Sehweise ist konsequent

[1] Max J. Friedländer, a. a. O. S. 78.

[2] Hans Gerhard Evers: Peter Paul Rubens. München 1942. S. 396, 398, 404 und 406.

[3] Max J. Friedländer, a. a. O. S. 92.

fernsichtig. Er entwickelt, entkörpert und entfärbt die Dinge"[1]. Der Mensch aber wird zum reinen Naturwesen: er gehört als Bauer der Erde, als Fischer den Flüssen an; die Eisfläche scheint die Schlittschuhläufer, der Schnee die Schlittenfahrer hervorzubringen; der Wind erzeugt die Segler, das unendliche Meer die winzigen Schiffer auf verdämmernden Schiffen. Auch das Werk des Menschen saugt sich mit „Natur" voll: „Staub, Fäulnis, Rost verdrängen die blanke Farbe und zersetzen die glatte Fläche"; das Stroh der Wohnhäuser „vermodert, das Holz der tragenden Pfosten und Zäune krümmt sich und verrottet. Die Ziegel werden mürbe und bröckeln ab, die Bäume bekommen Runzeln, Knorpeln und werden morsch. In jedes Gebilde der Menschenhand dringt die Natur und macht es verfallen, während sie sich selbst erneut. Zwischen den Rissen und Sprüngen wuchern Pilze, Moos und Gras und ziehen jedes künstliche Menschengebilde in das große ewige Leben des Kosmos. Und selbst die Menschen in ihren wulstigen Kleidern, ihrer verhutzelten Haltung und den plumpen Gesichtern scheinen in diesen rein naturhaften Zusammenhang mit aufgenommen zu sein"[2].

So ergibt sich ein eigener Formenkanon der kosmischen Landschaft, der sich klar von dem der Umwelt-Landschaft abhebt:

| *Umwelt-Landschaft* | *Kosmische Landschaft* |
|---|---|
| Nahsicht (auch der Ferne) | Fernsicht (auch der Nähe) |
| Fester Vordergrund | Verschwebender Hintergrund |
| Rahmung und architekt. Gliederung | Offene Form |
| Landschaft als Grundriß | Landschaft als Element |
| Abweisung der elementaren Natur | Entfesselung der elementaren Natur |
| Raumaddition | Raumtotalität |
| Linear-plastischer Stil | Malerisches Sehen |
| Dinglichkeit | Entkörperung und Entfärbung |
| Vorherrschaft der Einzelheiten | Vorherrschaft der Atmosphäre |
| Bindung der Natur an den Menschen | Der Mensch als Erzeugnis der Natur. |

Zu den formalen Eigentümlichkeiten der kosmischen Landschaft gehört auch die Neigung zu zyklischen Gestaltungen. Die Natur selber bewegt sich im Kreislauf der Tage, Monate, Jahreszeiten. Diesen Rhythmus nimmt die Kunst häufig auf. Dabei begünstigen gewisse Gelegenheiten die Schaffung eines Zyklus: z. B. eine Folge von Sockeln oder Wandfeldern (Monatsbilder), ein Buch oder eine Serie (Kalender; Kupferstichmappen), die Tatsache eines Zimmers mit verschiedenen Wänden (Wandteppiche, Wandgemälde). Aber auch ohne diese Stützen hat sich manchmal ein Zyklus der Landschaften ergeben, vor allem bei Brueghel in den Monatsbildern oder bei Monet in den Seinelandschaften. Die verschiedenen Lebenslagen und Lebensäußerungen einer Landschaft lassen sich eben nur zyklisch schildern.

Zusammenfassend möge das Wesen der kosmischen Landschaft noch einmal von einem modernen Künstler her anschaulich werden; so sieht Rainer Maria Rilke den Menschen in der Kunst Millets: „Still wie ein Baum steht er bei Millet, das einzige Aufrechte in der weiten Ebene von Barbizon. Er rührt sich nicht; wie ein Blinder steht er unter den Schafen, wie ein Ding, das sie genau kennen, und seine Kleidung ist schwer wie Erde und verwittert wie Stein. Er hat kein eigenes, besonderes Leben. Sein Leben ist das jener Ebene und jenes Himmels und jener Tiere, die ihn umgeben. Er hat keine Erinnerung; denn seine Eindrücke sind Regen und Wind und Mittag und Sonnenuntergang, und er muß sie nicht behalten, weil sie immer wiederkommen." Rilke vergleicht diese Einschmelzung des Menschen in die Landschaft mit gewissen italienischen Bildern, die in ihrem stolzen Humanismus die Natur nur beiläufig dulden: „Der Mensch stand vor der Landschaft und verdeckte sie . . . Der Mensch war die Hauptsache, das eigentliche Thema der Kunst, und man schmückte ihn, wie man schöne Frauen mit edlen Steinen schmückt, mit Bruchstücken jener Natur, die man als Ganzes zu schauen noch nicht fähig war." Wenn aber endlich die Landschaft selbstherrlich wird und ihre ganze Weite und Gewalt auftut, versinken jene geringen Unternehmungen, durch die der Mensch die Natur in Häusern, Städten, Gärten, Hürden, Deichen, Kanälen, Mühlen, Schiffen zu zügeln suchte: „Immer und immer wieder in Jahrtausenden schütteln die Kräfte ihre Namen ab und erheben sich, wie ein unterdrückter Stand gegen ihre kleinen Herren, ja nicht einmal gegen sie — sie stehen einfach auf, und die Kulturen fallen von den Schultern der Erde, die wieder groß ist und weit und allein mit ihren Meeren, Bäumen und Sternen." Es ist der Sinn einer kosmischen Landschaftskunst, dem Menschen die Unmenschlichkeit der Natur bewußt zu machen und sie auch dann, wenn sie von Lebewesen wimmelt, in ihrer unaufhebbaren Einsamkeit zu vergegenwärtigen. Sinkt dadurch der Mensch ins Nichts,

[1] Max J. Friedländer, a. a. O. S. 110.

[2] Willy Drost: Über Wesensdeutung von Landschaftsbildern, gezeigt an der holländischen Landschaftsmalerei des 17. Jahrhunderts. In: Zeitschr. f. Ästhetik u. allgem. Kunstwissenschaft. 15 (1921). S. 277. — Rolf Große: Die holländische Landschaftskunst um 1600 bis 1650. Berlin-Leipzig 1925.

muß ihn notwendig das Gefühl, bloßes Sandkorn oder verwehendes Blatt zu sein, ergreifen und niederdrücken? Die Kunst der kosmischen Landschaft ist frei von solchen inneren Bewegungen; sie will sehen und macht sehend — sie sieht (wieder mit Rilkes Worten) dies: „Der Mensch verlor seine Wichtigkeit, er trat zurück vor den großen, einfachen, unerbittlichen Dingen, die ihn überragten und überdauerten. Man mußte deshalb nicht darauf verzichten, ihn darzustellen, im Gegenteil: durch die gewissenhafte und gründliche Beschäftigung mit der Natur hatte man gelernt, ihn besser und gerechter zu sehen. Er war kleiner geworden: nicht mehr der Mittelpunkt der Welt; er war größer geworden: denn man schaute ihn mit denselben Augen an wie die Natur, er galt nicht mehr als ein Baum, aber er galt viel, weil der Baum viel galt[1]."

Es fällt Rilke schwer, bei der Betrachtung der Natur von seinen eigenen Gefühlen zu abstrahieren. In seinem Werk ist er gewohnt, nicht nur die Dinge zu dichten, sondern vor allem auch seine Empfindungen über die Dinge. Erst in der Spätzeit ringt er sich zu einer Sprachform durch, welche die Dinge und Geschehnisse in sich bestehen lassen möchte, ohne sie mit den Strömungen des Herzens zu durchtränken. Macht man sich diesen Weg Rilkes klar, so werden zugleich zwei Möglichkeiten der Landschaftsmalerei sichtbar: neben einer Kunst des reinen Sachbezuges, wie sie sich in der Umwelt-Landschaft und kosmischen Landschaft darstellt, gibt es eine solche der starken emotionalen Durchfärbung aller optischen Erfahrungen. Diese zweite Grundform der Landschaftsmalerei geht von der Tatsache aus, daß der Natur eine gewisse *„Gestimmtheit"* eigen ist. Die Landschaft ist melancholisch, heiter, erhaben, festlich, herb — und ist dies alles unabhängig von dem jeweiligen seelischen Zustand des Betrachters, der sehr wohl sich schwermütig in einer lebensfrohen, lustig in einer ernsten Landschaft verhalten kann. Der über die Landschaft gebreitete „Gefühlsschimmer"[2] verbindet Mensch und Natur; beide sind irgendwie „gestimmt" und dadurch miteinander vergleichbar. Die Vergleichbarkeit aber eröffnet ein ganzes Reich neuer künstlerischer Formen. Dieser Typus der „Beseelungslandschaft", wie Kurt Gerstenberg (philosophisch nicht ganz exakt) definiert, sieht seine Aufgabe „in der Unterstellung des Gesamtbildes unter einen bestimmenden Gefühlsinhalt und in der Auswahl der Motive allein auf diese Grundhaltung hin[3]."

[1] Rainer Maria Rilke: Worpswede, 3. Aufl. Bielefeld und Leipzig 1910. S. 4 u. 8.

[2] Moritz Geiger: Zugänge zur Ästhetik. Leipzig 1928. S. 103.

[3] Fritz Zink: Die Passionslandschaft in der oberdeutschen Malerei und Graphik des 15. und 16. Jahrhunderts. München 1941. S. 3.

Für eine Abgrenzung von dem ersten, rein sachbestimmten Typus der Landschaftsmalerei bietet sich der Umstand an, daß Claude Lorrain, ein ausgesprochener Vertreter der Empfindungslandschaft, wie Monet Landschaften der Tageszeiten gemalt hat (Leningrad, Eremitage). Der „Morgen" ist eine „jugendliche" Landschaft: mit jungen duftigen Stämmchen, mit Jakob und Rahel, die sich in der Jugend und Frische des Morgens treffen. Der „Mittag" breitet in völliger Klarheit das reich gegliederte Land aus: „Wege und Brücken verbinden die Nähe mit der Ferne, es ist die Zeit des vollentfalteten Lebens"; nun darf selbst die flüchtende Heilige Familie sich in der Gleichgewichtigkeit des Tages eine Stunde der Rast gönnen[4]. Diese beiden Beispiele mögen genügen, um die Innerlichkeit einer solchen Naturauffassung und ihren Bezug zur Innerlichkeit des Menschen aufzuweisen. Für Monet ist der Morgen oder der Mittag ein bestimmtes Lichtphänomen, das er sinnlich treffen, nicht besinnlich deuten will, das er farblich auffängt, nicht kompositorisch eingliedert.

Wie bei der Analyse der Sachlandschaft (mit welchem Terminus wir die gemeinsame Haltung der umwelthaften und kosmischen Landschaftsmalerei umschreiben möchten), verhilft auch in der Betrachtung der Empfindungslandschaft der polare Gesichtspunkt zu einem geordneten Überblick. Bei der Sachlandschaft hieß die Polarität (streng objektbezogen): Zugehörigkeit der Natur zum Menschen / Zugehörigkeit des Menschen zur Natur; bei der Empfindungslandschaft heißt sie (von vornherein emotional gefaßt): innere Verwandtschaft zwischen Mensch und Natur/Innere Fremdheit zwischen Mensch und Natur. Auf der einen Seite wird die Natur als irgendwie verwandt und vertraut vom fühlenden Menschen erlebt (in der Idealen Landschaft, der Heroischen Landschaft, der Stimmungslandschaft); auf der anderen als fremd und darum beängstigend. In beiden Fällen aber herrscht das Moment der Gestimmtheit vor — im Gegensatz zu der konstatierenden Art der Sachlandschaft. Immer vibriert in solchen Bildern ein Pathos und Ethos, irgendeine Gefühlsschwingung. Im künstlerischen „Treffen" der Natur ist zugleich der Mensch „mitbetroffen". Die Bilder überlassen die Stellungnahme nicht dem Betrachter, sondern malen sie sozusagen gleich mit. Nun wird nicht mehr einfach der Abend geschildert, sondern in ihm das Abendliche; nicht mehr nur der Herbst mit der Weinlese, sondern von der Landschaft her das Herbstliche schlechthin, und das Dunkel der Nacht ist zugleich das Dunkel aller Geheimnisse in Mensch

[4] Theodor Hetzer: Claude Lorrain. Frankfurt a. M. 1947. S. 40 f.

und Natur. Damit erhalten Farbe, Licht, Atmosphäre einen neuen Sinn. Die Farbe gewinnt eine sinnlich-seelische Bedeutung; das Licht kündet zugleich den Sonnenaufgang des Herzens oder das Zwielicht banger Unentschiedenheit oder eine „gewittrige" Spannung. Die Atmosphäre ist in eins die Atmosphäre der Natur, des Menschen und der Ereignisse. Die Landschaft geht in das „Jahr der Seele" ein.

In der „*Idealen Landschaft*"[1] verbindet sich die Darstellung der Natur mit einer Idee und einem Ethos, das sie nur in Anlehnung an die Wirklichkeit, wesentlich aber in freier Gestaltung zum Ausdruck bringt. Auf das Außerordentliche und Ungemeine gerichtet, läßt sie nur bedeutende und große, einfache und klare Formen gelten. Alles Nebensächliche, Komplizierte, Wertlose, Unangenehme und Unschöne[2] wird zurückgedrängt. Schlichte Alltäglichkeit oder gar Trübe und Wirrnis bleiben dieser sonntäglichen Welt fern. Denken wir z. B. an Claude Lorrain, den vollendeten Vertreter dieser Gattung, „so steigen Vorstellungen in uns auf von paradiesisch schönen Landschaften mit großen, hochgewachsenen, vollkommenen Bäumen, duftigen Fernen, stillen Lüften, oder von Meereshäfen, von südlichen Häfen mit leicht gekräuselten Wellen, mastenreichen Schiffen und prächtigen Gebäuden . . . Alles lebt im hohen und stillen Glanze des Lichtes wie in einem ewigen Feiertage[3]." Dabei wirken jedoch die Landschaften und die Menschen in ihnen durchaus nicht märchenhaft, da aus der Natur, nicht aus Träumen eine höhere Wahrheit entwickelt ist. Formal bedingt diese Haltung notwendig einen Abstand zu den Dingen. Während z. B. Dürer mit der größten Genauigkeit alle Risse, Spalten, Gräschen einer Felspartie zeichnet, jedes Ding (mit Goethe zu reden) „in der Art, wie es besteht", erfassend, kommen bei Claude „weder der Botaniker noch der Geologe noch der Geograph auf ihre Kosten." Dies Summarische und Ausgleichende rührt nicht etwa von einem geringeren Können her; es folgt aus dem völlig anderen Ziel, das nicht der „Sache", sondern der Stimmung gilt. Darum wird auch der Gedanke an die Alltäglichkeit von Arbeit, Zweck und Nutzen ferngehalten: „Säulen und Schiffe existieren wie die Bäume nur, um angeschaut zu werden in der Schönheit ihrer im Lichte sich ausbreitenden Gestalt; wir denken nicht an Zweck und Nutzen, nicht an menschliche Tätigkeit[4]."

Erscheint die dargestellte Natur als angemessener Schauplatz eines heldenhaften Lebens, so wird die Ideale Landschaft zur *Heroischen Landschaft*[5]. Sie teilt mit jener die Hinwendung zum Großen und Bedeutenden; aber dieses braucht sich im Umkreis des Heros nicht klar und durchlichtet darzustellen, sondern kann gerade im Kampf und in jeder sonstigen Leidenschaftlichkeit sich entfalten. Während Heroische Landschaften ursprünglich nur solche Bilder genannt werden, die wirklich eine Szene aus der Geschichte eines Helden enthalten, heißen seit dem Klassizismus so auch figurenlose Landschaften, wofern die Natur auf ihnen etwas Heldisches hat: im Eindruck des Gewaltigen, Erhabenen, Triumphierenden. Auch die Idylle oder die Elegie ist einem hohen Zielen geweihten Dasein nicht fremd, und so kann auch die Natur eine idyllische oder melancholische Stimmung annehmen. Aber selbst im lyrisch Schwebenden bleibt das große Maß gewahrt, und das Pathos hallt wie ferner Donner vom Horizont. In seinem Aufsatz „Künstlerische Behandlung landschaftlicher Gegenstände" hat Goethe diese Bildgattung dahin gekennzeichnet, daß in der Heroischen Landschaft „ein Geschlecht zu hausen schien von wenigen Bedürfnissen und von großen Gesinnungen[6]." Zur Schaffung einer allseitig gesteigerten und durchweg höheren Wirklichkeit muß der Künstler, wie in der Idealen Landschaft, stilisierend verfahren; in beiden zeigt sich nachdrücklich seine auslassende, fügende, bauende Herrscherlichkeit. Gleichwohl verfällt er nie in reine Erfindung oder gar Konstruktion: „Das Ideale ist nicht eine vom Künstler vorgenommene Korrektur der Wirklichkeit, ein Destillat der Natur gleichsam, sondern die Natur selbst in ihren heroischen Situationen und Augenblicken[7]."

Joseph Gramm (der im übrigen zu weite Begriffe bildet und also zu Verschiedenartiges zusammenfaßt) hat sich einmal gefragt, welche Bäume von der Idealen und Heroischen Landschaft bevorzugt werden. Es sind im wesentlichen Zypresse und Pinie, Bergfichte und Eiche — die großen oder die trotzigen Bäume. Aber wäre nicht einem weiteren Typus der Empfindungslandschaft auch die Birke oder die Trauerweide angemessen, „die ihre langen Strähnen über einen Grabstein oder auf den dunklen Spiegel eines stillen Gewässers niederwallen läßt[8]"? Einem Typus viel allgemeinerer Gestimmtheit, viel ungespannterer Art? Zu dem gleichen Ergebnis

[1] Kurt Gerstenberg: Die ideale Landschaftsmalerei. Halle 1923. Joseph Gramm: Die ideale Landschaft. 2 Bde. Freiburg i. Br. 1912.

[2] J. Gramm, a. a. O. S. 25.

[3] Th. Hetzer: Claude Lorrain, a. a. O. S. 21.

[4] Th. Hetzer: Claude Lorrain, a. a. O. S. 35 u. 26

[5] Walter Geese: Die Heroische Landschaft von Koch bis Böcklin. Straßburg 1930.

[6] Der Aufsatz entstammt dem Jahre 1832.

[7] Juliane Bartsch: Figur und Landschaft. Eine Untersuchung ihrer Beziehungsformen im italienischen Kunstbereich des 16. und 17. Jahrhunderts. Phil. Diss. Heidelberg 1934. S. 69.

[8] Joseph Gramm, a. a. O. I 32 f.

führt die Überlegung, in welcher Natur die Ideale und die Heroische Landschaft sich entfalten: im Hochgebirge, in der römischen Campagna, in einsamen Gegenden. Aber kann ein bescheidenes Fleckchen Erde, ohne dieses Ausmaß und völlig anspruchslos, nicht ebenso stimmungsmächtig sein? Denken wir etwa an Shakespeares Dramen, so fallen uns neben den Heroischen Landschaften etwa des Macbeth oder Lear solche von stiller Poesie ein, wie sie vor allem in den Komödien sich finden. Sie gehören einem eigenen Typus emotionaler Landschaftsgestaltung an. Wo man nicht die besondere ideale oder heroische Ausprägung der Stimmung im Auge hat, spricht man von „*Stimmungslandschaften*" schlechthin, in denen nicht nur die hohen Empfindungen ihren Ort haben, sondern alles, was das Labyrinth der Brust durchwandelt, alles Urmenschliche: Sehnsucht, Wehmut, arkadisches Glück, tragische Zerrissenheit. Hinter dem Kreuz auf Cranachs Münchener Gemälde ballen sich die Wolken; so nimmt die Natur an der Düsternis des religiösen Geschehens teil. Auf Grünewalds Isenheimer Altar erheben sich über der Versuchung des hl. Antonius die kahlen vergletscherten Berge mit vernichtender Gewalt, während um das Gespräch der hl. Einsiedler sich die helle friedliche Waldlichtung breitet: Unfruchtbarkeit und Fülle der Natur, ihre Spannung und Lösung sind auf den Menschen „abgestimmt". Giorgione[1] läßt die Figuren tief ein in die satten Farben der Landschaft; Natur und Menschen ruhen in ihrer Fülle — selig und still, keiner Veränderung oder Handlung bedürftig, im reinen Dasein. In dieser musikalisch schwingenden, poetisch webenden Welt, die traumhaftes Licht verzaubert, sind Mensch und Natur bis zur Vertauschbarkeit eins, so daß man vom „goldigen Nachmittag" des Menschen und von der „ruhigen Versonnenheit" der Natur sprechen könnte. Ganz anders dann die Stimmungslandschaft etwa bei Hercules Seghers, „der mit quälerischer Ungenügsamkeit die wilde, unwegsame Natur in ein dichtes Liniennetz einzufangen trachtet" (wieder sei, wie in den vorigen Abschnitten, das gedankenreiche Buch Friedländers zitiert): „Die starre, erstorbene Öde wird zum Symbol der einsamen, kranken, unglücklichen Seele"[2]. Wie schließlich die Stimmungslandschaft in der Romantik, besonders der deutschen Romantik, abgewandelt wird, ist hinlänglich bekannt[3].

Es bleibt noch kurz das *formale Verhältnis von Mensch und Natur* in diesen Arten der Empfindungslandschaft zu erörtern. Eine erste Möglichkeit ist das *Gleichgewicht* zwischen beiden: auf Tizians Bild der „Venus mit dem Orgelspieler" (Madrid, Prado) halten sich die Stimmungszonen die Waage — auf der einen Seite die fühlend-entrückten Menschen, auf der anderen die satte, wie nach gutem Regen erglänzende Fülle des Parkes; auf Tizians Reiterbild Karls V. (Madrid, Prado) spricht die dunkle Kraft des Schicksals ebenso aus der Gestalt des Reiters wie aus der mit ihm zusammenwirkenden Landschaft: in einer die verschiedenen Seinssphären verbindenden Übereinstimmung, so daß der Mensch durch die Natur, die Natur durch den Menschen mitgedeutet wird. Die gleichgewichtige Zuordnung nimmt in der venezianischen Kunst gern einen kontrapunktischen Charakter an — dann, wenn sie die feierliche Repräsentation in die Ungezwungenheit der Natur ausklingen läßt; dann löst die schwingend-blühende Landschaft die hochgemute Haltung der Menschen und ihre starre Pracht: erst im Ausgleich dieser beiden Formen festlichen Glanzes — in beiden ist die Kunst Venedigs schöpferisch — wird die Welt von Außen und Innen wieder ganz (Giovanni Bellini: Madonna mit Heiligen und dem Stifter Doge Agostino Barbarigo. Murano, S. Pietro Martire. 1488). Manchmal wird die Verknüpfung von Mensch und Natur so eng, daß derselbe Formenzug sie verbindet: in Poussins Landschaft mit Polyphem (1649. Leningrad) „verwächst die Gestalt des Polyphem derart mit dem Felsen, daß ihr gemeinsamer Umriß vollkommen dem des Nachbarfelsens entspricht. Und die Nymphengruppe ist wiederum so aufgebaut, daß sie für sich ein kleines Gebirge darstellt, das dem Polyphemfelsen analog gebildet ist. Dabei ist in solcher Gruppe noch so viel Natur, als anderseits Anthropomorphes in den Felsen ist"[4]. Genauer kann man sich nicht im Gleichnis der Form zu der Überzeugung von der innerlichen Verwandtschaft des Menschen mit der Natur, von dem fühlenden Zusammenhang beider bekennen. — Die Stelle des Menschen kann auch sein Werk, die *Architektur*, einnehmen. Bei Claude Lorrain wirkt sie, groß und edel, als ein gesteigert Menschliches. Sie tritt in einen fruchtbaren Gegensatz zur Natur, da die Festigkeit des Bauwerkes vor dem webenden Licht, seine Begrenzung vor dem Dunst des Horizontes sich entfaltet: so erhellen sich die Kräfte des Menschen an der Natur, die Kräfte der Natur vor dem Zeugnis des Menschen. — Schließlich kann auch die *Natur* allein das Menschliche aussagen: ein

[1] Ludwig Justi: Giorgione. 2. Aufl. 2 Bde. Berlin 1926.

[2] Max J. Friedländer, a. a. O. S. 127 f.

[3] Werner Deusch: Malerei der deutschen Romantiker und ihrer Zeitgenossen. Berlin 1937. — Werner Goldschmidt: Die Landschaftsbriefe des Carl Gustav Carus, ihre Bedeutung für die Theorie der romantischen Landschaftsmalerei. Phil. Diss. Rostock 1933. Breslau 1935. — Helmut Rehder: Die Philosophie der Unendlichen Landschaft. Halle 1932. — Heinz Steinmeyer: Mensch und Landschaft der Romantik. Köln 1928. — Herbert v. Einem: Caspar David Friedrich. Berlin 1938.

[4] Juliane Bartsch, a. a. O. S. 73.

Baum in Zeichnungen des Rubens ist mehr als irgendein Gewächs und bedeutet mehr als das Werden, Stark-sein und Niederbrechen des organischen Lebens; selbst in halber Zerstörung ist er noch mächtig und greift allseitig aus in den Raum — ein Herrscher in Baum-Gestalt, ein Heldenleben im Schoß des Waldes. Dabei ist der Baum völlig Baum, ohne irgendeine symbolische Belastung oder Verflüchtigung. Nicht von außen tritt das Heroische an ihn heran wie in jeder allegorisierenden Kunst; aus ihm selber ist es entwickelt als sein ureigenes Sein. Wenn auf El Grecos Landschaft „Toledo in Gewitterstimmung" (New York, Metropolitan-Museum) die Stadt aus den dunklen Schwüngen der Hügel hervorwächst und sich mit den finster wogenden Wolken verbindet, wird jede Trennung zwischen der menschlichen Siedlung und der erregten Natur hinfällig; ein Gemeinsames tritt hervor: die bange Erwartung elementaren Schicksals — Natur, Mensch und Geschichte durchdringen sich in der bedeutungsschweren Landschaft. Ein anderer Meister solcher Einheitsbildung ist Jacob van Ruisdael (nicht auf allen Bildern, sondern nur auf einigen, wie denn überhaupt die Großen der Landschaftsmalerei nicht auf einen einzigen Typ festzulegen sind); seine Sumpflandschaft in Leningrad z. B. ist in der machtvollen Unberührtheit des Waldes alles andere als eine bloße Feststellung des dinglich Tatsächlichen; sie drückt zugleich jene Größe aus, die dem Freiheitlichen schlechthin eigen ist. In der dünnen geistigen Luft des Klassizismus und der Romantik gelang nur selten eine so absichtslose, ursprüngliche Gestaltung des Bedeutenden. Einige Landschaften von Joseph Anton Koch, etwa der Schmadribachfall von 1824 (Leipzig, Museum), sind sinnenkräftig genug, um die Grundstimmung organisch aus der Natur zu entfalten; dann entstehen wie gebaut wirkende Berge, in denen jedwedes Ordnen und Fügen und jegliche Steigerung ins Große mitenthalten ist.

Wie immer auch die Stimmungslandschaft, einschließlich der idealen und heroischen, die Natur auffaßt, nie macht es Schwierigkeiten, zwischen ihr und dem Menschen ein Gleichheits- und Gleichniszeichen zu setzen. Die Natur erscheint dem Menschen originär verwandt und darum seinen seelischen Lagen und Empfindungsäußerungen nahe. Aber auch die umgekehrte Wirkung kann von der Natur ausgehen: nicht Nähe, sondern *Fremdheit*, nicht der Eindruck der Verwandtschaft, sondern der *Unverständlichkeit* — eines grauenvollen, unberührbaren Eigenlebens.

Ne me laissez seul avec la nature;
car je la connais trop pour non pas avoir peur[1].

„Wer die Geschichte der Landschaft zu schreiben hätte, befände sich zunächst hilflos preisgegeben dem Fremden, dem Unverwandten, dem Unfaßbaren. Wir sind gewohnt, mit Gestalten zu rechnen, — und die Landschaft hat keine Gestalt; wir sind gewohnt, aus Bewegungsakten auf Willensakte zu schließen, und die Landschaft will nicht, wenn sie sich bewegt." Rilke sieht einseitig nur diese Möglichkeit des Naturbezugs und schildert ihn aus tiefer Betroffenheit: „Die Landschaft ist ein Fremdes für uns und man ist furchtbar allein unter Bäumen, die blühen, und unter Bächen, die vorübergehen. Allein mit einem toten Menschen, ist man lange nicht so preisgegeben wie allein mit Bäumen. Denn so geheimnisvoll der Tod sein mag, geheimnisvoller noch ist ein Leben, das nicht unser Leben ist, das nicht an uns teilnimmt und, gleichsam ohne uns zu sehen, seine Feste feiert, denen wir mit einer gewissen Verlegenheit, wie zufällig kommende Gäste, die eine andere Sprache sprechen, zusehen[2]."

Während in der Stimmungslandschaft die Natur ganz unsere Sprache zu sprechen scheint, enthüllt sie jetzt in furchtbarer Kühle ihr abgründiges Selbst-Sein. Während die Umwelt-Landschaft uns die Natur fast zum dinglichen Besitz macht, zeigt sie jetzt die ganze Fühllosigkeit und Unmenschlichkeit ihres Eigenwillens. Während die Kosmische Landschaft, ohne zu rühmen oder zu klagen, verhalten-sachlich den Menschen in die Natur hineinflicht, sind die Bilder jetzt so gestimmt, daß sich der Mensch von der Natur ausgeschlossen empfindet und den Schrekken einer ungeheuren Verlorenheit durchsteht.

Im sonst so menschennahen Werk Dürers erschüttern die Landschafts-Aquarelle, auf denen die Natur rein für sich leuchtet und verdämmert, sich ballt und sich auftürmt — in einem reichen, ja dramatischen Leben, das jedoch nicht unser Leben ist. Großartig eigenwillig und geheimnisvoll erfüllen die Landschaften Leonardos die Hintergründe seiner Figurenbilder — aus sich selbst entfaltete und in sich kreisende Natur, ein Reich, zu dem weder die Dargestellten noch die Betrachter vertraulichen Zutritt haben. Zeichnungen Altdorfers schichten Berge zu zackigen Linien, die vor Abwehr starren, geben Bergfichten eine wilde Schicksalsfülle, vor denen wir unwissend stehen, und lassen (auf einem Blatt aus der Legende des hl. Nikolaus) Wind und Wellen ihre düsteren Tänze aufführen, während die Fischer im treibenden Boot sich verloren fühlen: anschauliche Formel für die allmenschliche Preisgegebenheit vor der Natur. Auch in der holländischen Malerei des 17. Jahrhunderts stellen viele Bilder,

[1] Alfred de Vigny: La maison du berger. In: Revue de deux mondes. 15. Juli 1844. Zitiert bei: Oskar Schürer: Über Landschaftsdarstellung in der deutschen Kunst um 1500. In: Festschrift Richard Hamann zum 60. Geburtstag. Burg 1939. S. 128.

[2] Rainer Maria Rilke, a. a. O. S. 3.

besonders der beiden Ruisdael, die Natur in der Verschlüsselung tausendfacher unbekannter Kräfte vor den Menschen hin — als ein unheimliches, weil wesenhaft unheimatliches Reich der Geheimnisse. Während in der Stimmungslandschaft alle Tore zur Natur offenstehen, findet der Mensch sie nunmehr alle verschlossen und steht vor den versperrten und versiegelten im Erlauschen eines großen fremdartigen Erbrausens allein.

Im Überblick über die bisher besprochenen Typen der Landschaftsmalerei fällt auf, daß die größere Mannigfaltigkeit der Formen sich jeweils auf der humanen Seite findet — bei der Umwelt-Landschaft, die z. B. die Sonderformen des Landschaftsporträts und der Erdkartenbilder hervorbringt, und bei der menschennahen Empfindungslandschaft, die sich als ideale, heroische und noch vielfältig anders gestimmte entfaltet. Wo dagegen die Natur sich selbst gehört, in der kosmischen Landschaft und in jenen Bildern, die ihre Fremdartigkeit anschaulich durchfühlen, gliedern sich die Formen nicht mehr reicher auf: die Unbegreiflichkeit der Natur erzeugt notwendig die größere Eintönigkeit, aber auch Eindeutigkeit der künstlerischen Stellungnahme.

Die beiden Typen der Sachlandschaft und der Empfindungslandschaft stehen sich etwa folgendermaßen gegenüber:

| | |
|---|---|
| Natur und Mensch in sich gesehen | Natur und Mensch aneinander gedeutet |
| Sachliche Feststellung als Ziel | Gestimmtheit als Ziel |
| Jedes Motiv bildwürdig | Auswahl von Motiven bildwürdig |
| Alltagsnähe | Alltagsferne |
| Gegenständliche und atmosphärische Farben | Stimmungshafte Farben. |

Eine dritte große Möglichkeit der Naturauffassung stellt die *metaphysische Landschaft* dar. Ihr geht es um die Dinge zwischen Himmel und Erde — nicht mehr um die autonome Natur und den Menschen in ihr, sondern um die in der Landschaft sich offenbarenden Urkräfte. Sie gründet in der Gewißheit, daß die Natur mit dem letzten Sein zusammenhängt und uns daran teilnehmen läßt. Dabei greift diese Kunst nur ausnahmsweise *hinter* die Dinge und verflüchtigt den Natureindruck romantisierend; im allgemeinen macht sie durch eine reiche und feine Entwicklung der sinnlichen Erscheinung die Landschaft durchscheinend. Sie findet in der *Wirklichkeit* das Wirkende und sucht in der Vollendung, nicht in der Zerbrechung der Form ihr Heil. Der Landschaftskunst der Beobachtung und der Stimmung tritt also eine Landschaftsmalerei der Transparenz gegenüber, die bald mit den Mitteln einer genauen Einzelbeschreibung, bald mit atmosphärischen Farben, bald aber auch mit geheimnisvollen unerhörten Lichtwirkungen gestaltet.

Je nachdem die Urkräfte aufgefaßt werden, ergibt sich eine Darstellung der göttlichen Natur oder eine Landschaft des Infernalischen oder eine im Sinne Goethes dämonische Erfahrung von Himmel und Erde.

In einem ersten Kreis der metaphysischen Landschaft erkennt die Kunst die Natur als Stätte *göttlichen Waltens*. Die antike *Sakrallandschaft* ist eine Ausstrahlung der Berggötter, der Nymphen, der heiligen Herren der Flüsse, die leibhaftig in der ihnen gehörenden Umwelt erscheinen; Tempel, Altäre und andere Weihemale sind zusammen mit den Gottheiten der erste und eigentliche Inhalt der Bilder. Oft verbindet sich damit die Geschichte der Heroen, die schon in ihrem Erdenwandel halbgöttlicher Glanz umstrahlt; viele bedeutsame Ereignisse ihres Lebens sind mit Tier, Wald, Fels und Meer verschwistert, etwa in der Geschichte des Perseus oder des Herakles. — Obwohl im Christentum seit der frühesten Zeit die Theologie der Natürlichen Offenbarung Gottes bereitliegt, wird dieser gewußte Glaubensinhalt erst am Ende des Mittelalters zu einem vom ganzen Menschen getragenen. Damals entsteht im burgundisch-niederländischen Gebiet die *Schöpfungslandschaft* — meist religiöse Bilder mit einem Stück Natur, in welchem die Herrlichkeit des Schöpfers gepriesen wird. Wenn Geertgen tot Sint Jans (tätig zwischen 1470 und 1480) Johannes den Täufer in der Wüste sich auf sein Prophetenamt vorbereiten läßt (Berlin, Staatliche Museen), breitet er um ihn eine wieder paradiesisch gewordene Natur, mit der er sich still-sinnend in wunderbarem Einklang befindet. Man könnte fragen, was formal das Besondere sei, das diese Landschaft von beliebigen Umwelt-Landschaften unterschiede, die in der gleichen sorgsamen Treue zum Einzelnen gründen. Es ist ein eigener Glanz, der auf den Schöpfungslandschaften ruht, eine vollkommene Schönheit von Gras und Blatt, von Welle und Wolke; nichts Trübes oder Unruhiges ist mehr an ihnen:

Die Schöpfung schauert, wie im Stand der Gnade.
Kein Gänger kommt des Weges, dessen Haupt
Nicht eine ungewußte Hoheit schmücke.
Ein breites Licht ist übers Land ergossen . . .
Heil allen, die in seinen Strahlen gehn![1]

Bisweilen erscheint der heilige Mensch deutlich als Kind Gottes in der Schöpfung Gottes, etwa auf Adam Elsheimers Christophorus (Berlin, Staatliche Museen). Dann wieder äußert sich echte Andacht

[1] Stefan George: Der Stern des Bundes. Gesamt-Ausgabe 8. Berlin 1928. S. 82.

vor einer reinen Landschaft, so bei den Brüdern von Limburg, die nicht nur sehen, sondern gläubig sehen wollen, Gott im Diesseits erkennend[1]. Hier wird die Entrückung der Natur durch märchenhafte Züge angedeutet, so wenn bei Dirck Bouts der Bach, wo die Heiligen wandeln, Edelsteine ans Ufer schwemmt. Dort wird der Künstler im Erspüren göttlicher Welt-Baupläne selber zum Architekten der Landschaft, so Patinier, der, nicht von Augenerlebnissen, sondern von religiösen Gedanken ausgehend, mit Felsen und Bäumen schaltet, die Dinge der Natur in Streifen schichtet und, um die Festigkeit des Bildganzen bemüht, die Landschaft als Bauwerk bildet, doch ohne etwas von seiner bewunderungswürdigen Frische der Beobachtung aufzugeben[2]. Alle diese Maler könnten mit Martin Luther sprechen: „Also ist Gott gegenwärtig in allen Kreaturen, auch im geringsten Blättlein und Mohnkörnlein[3]."

Wenn der hohe religiöse Ernst sich verweltlicht, wird das Wunder zum Märchen, die Wirklichkeit zum Traum. Statt der Ehrfurcht der Beobachtung gebietet der Rausch des Lichtes. In der Antike wie im europäischen Manierismus gibt es die *Traumlandschaft* — herrlich vor allem bei Tintoretto, wo Maria Aegyptiaca, in nichts mehr an die Büßerin erinnernd, verzaubert in einer wie gedichteten Natur sitzt: der Raum, von aller realistischen Weltsicht gelöst und von magischen Kräften durchstrahlt, in den lichtdurchwirkten die ihrer Schwerkraft beraubten Figuren hineinverwoben wie Edelsteine in ein Geschmeide[4] — so entsteht eine unüberbietbare und dem Menschen letztlich unzugängliche Phantasmagorie.

Eine neue Stufe der religiösen Naturdarstellung gewinnt sich die Malerei der *Romantik*, für welche die Landschaft geradezu der höchste Gegenstand christlicher Kunst wird[5]. Während die Romantik dazu neigt, das Eigentliche hinter der Natur zu suchen, findet es der *Impressionismus* in der sinnlichen Erscheinung selber. Es wäre irrig, die Wurzel des Impressionismus nur in einer sensualistischen Weltanschauung oder im L'art pour l'art oder in einer fast naturwissenschaftlichen Erkenntnis des Verhältnisses von Licht und Farbe sehen zu wollen; all das wirkt mit, aber bestimmt nicht sein Wesen und erklärt nicht seinen Enthusiasmus. Im Grunde kommt er aus einer pantheistischen Erfahrung — einer völlig unreflektierten und ursprünglichen, die, fern jedem spirituellen und pneumatischen Gottesglauben, Spinozas Bekenntnis „Deus sive natura" zu einem metaphysischen Naturalismus einengt[6].

Die künstlerisch großartigste Ausprägung der religiösen Landschaft hat die *ostasiatische Malerei*, besonders die Tuschmalerei, hervorgebracht. Hier erscheinen Mensch und Tier winzig vor der ungeheuren Weite, nicht um die Kreatur zu demütigen, sondern um ihre rechte Einordnung zu veranschaulichen. Denn alles Leid der Erde rührt daher, daß die Wesen aus dem Gang des göttlichen Kosmos herausfallen. Alle Erlösung hat zur Voraussetzung, daß sie das selbstische Wünschen, ja daß sie letztlich sich selbst vergessen, um in den großen Rhythmus der Tage und der Jahreszeiten, des Regens, der Flüsse, der Berge, einzuschwingen. Die Form der Darstellung aber wird aus solchem Glauben ebenso wirklichkeitsgetreu wie geistig. Nicht mehr tritt das Einzelne hervor, sondern die Dinge vom kleinsten bis zum größten leben im Atem der Welt, der geheimnisvoll das ganze Bild erfüllt[7].

Der Mensch ist ein Erzeugnis des segensreichen Wirkens von Himmel und Erde.

O der große Mensch!
Seine Eigenschaften sind eins mit Himmel und Erde,
Seine Klarheit eins mit Sonne und Mond,
Sein Wandel eins mit den vier Jahreszeiten[8].

Da an der Welt Gott und der Satan Anteil haben, kann die Natur, wie sie die Herrlichkeit Gottes zu spiegeln vermag, auch *infernalische Züge* annehmen. Dann erstarrt sie zu unfruchtbarer Öde und zeigt allenthalben das Antlitz des Todes. Die gewohnten Dinge — der Baum, das Tier, der Schatten — werden fremd und feindselig. Überall scheint der Boden nachzugeben — eine nur dünne Decke über dem Abgrund der Finsternis. Überall lauern die vernichtenden Mächte, die sich bald in grellen Katastrophen ankündigen, bald heimtückisch-leise heranschleichen. So haben Bosch und mitunter Brueghel, in der Gegenwart Daumier, Munch, Kubin, zum Teil auch Chagall und Max Ernst die Landschaft gesehen. „Das Land und seine Bewohner", schildert Max J. Friedländer meisterlich die Kunst des Hieronymus Bosch[9], „sind gleichermaßen beseelt durch eine diabolische Phantasie. Unfruchtbar, mit dürrem, stachligem Gewächs, einfarbig, ockergelb, dehnt sich die von oben gesehene Ebene, so unheimlich, daß uns nichts in Erstaunen versetzt, was an tieri-

[1] A. E. Brinckmann: Kunst der Nationen, a. a. O. S. 82 f.

[2] Max J. Friedländer, a. a. O. S. 35 und 62.

[3] Martin Luther: Werke. Deutsch. Weimarer Ausgabe. Tischreden. Bd. 1. Nr. 241. S. 101.

[4] Juliane Bartsch, a. a. O. S. 48 u. 53.

[5] Hubert Schrade: Die romantische Idee von der Landschaft als höchstem Gegenstande christlicher Kunst. In: Neue Heidelberger Jahrbücher. N. F. Heidelberg 1931. S. 2—94.

[6] Vgl. Max J. Friedländer, a. a. O. S. 139.

[7] Ernst Grosse: Die ostasiatische Tuschmalerei. Berlin 1922. — Otto Fischer: Chinesische Landschaftsmalerei. Berlin 1921.

[8] Aus dem Buche Li Jun und aus dem Buche Ji'. J. J. M. de Groot: Universismus. Berlin 1918. S. 8 f.

[9] Max J. Friedländer, a. a. O. S. 50 f.

schen Monstren auftaucht, an phantastischem Bauwerk sich erhebt. Die Einheitlichkeit, Signum der Originalität, erstreckt sich auch auf die Formensprache, die eilig, aggressiv, mit knappen Worten der Gedankenwelt durchaus angemessen ist."

Zwischen der infernalischen und der göttlichen Natur gestaltet die Kunst noch eine weitere Form der metaphysischen Landschaft, die weder göttlich noch teuflisch erscheint, bald von unermeßlicher Schöpferkraft wie das Göttliche bald unheimlich und dunkel wie das Teuflische. Immer erfüllt dann die Darstellung ein Drängen, das Gestalt, Maß und Grenze fragwürdig macht. So zittert die Landschaft auf Dürers Blättern der Apokalypse im Sturm der Vernichtung und des Werdens. Altdorfer beschwört auf den Nachtstücken des Altars in St. Florian mit dunkel-glühenden Farben den Erdgeist. Bei Delacroix beginnt manchmal der Boden sich in flüssige Lava zu verwandeln. Auf van Goghs Bildern scheint das Magma selber aus dem Schoß der Erde aufzusteigen und die Welt bis zu den Wolken zu durchlodern. In den Walchensee-Landschaften des späten Corinth platzen gleichsam die Bäume und Blätter, ja die Berge und der See von den in ihnen wühlenden Urkräften. In dieser Ausdeutung der Landschaft bricht die Erdkruste wie unter vulkanischem Feuer. Die Oberfläche schwindet, und man meint in einen gärenden Abgrund der züngelnden Farben hineinzuschauen. Die Welt wird wie am Ersten oder am Letzten Tag — das sind die formalen Kennzeichen dieser Malerei. „*πᾶν τὸ δαιμόνιον μεταξύ ἐστι θεοῦ τε καὶ θνητοῦ*[1]." Man könnte diese Form der metaphysischen Landschaftsmalerei die *dämonische* nennen: Das Dämonische war für Goethe „nicht göttlich, denn es schien unvernünftig; nicht menschlich, denn es hatte keinen Verstand; nicht teuflisch, denn es war wohltätig; nicht englisch, denn es ließ oft Schadenfreude merken. Es glich dem Zufall, denn es bewies keine Folge; es ähnelte der Vorsehung, denn es deutete auf Zusammenhang. Alles, was uns begrenzt, schien für dasselbe durchdringbar[2]."

Im Begriff der Durchdringbarkeit ist noch einmal die Form der metaphysischen Landschaftsmalerei zusammengefaßt — der göttlichen, infernalischen und dämonischen: jegliche Form steht hier gleichsam in der Durchdringung — zum Anderen dringt sie vor durch die Dunstschicht der Erscheinungen, das Andere dringt ein in ihre Oberfläche und verwandelt sie. Alle Formen haben eine weisende, hinüberweisende Kraft.

[1] Platon: Symposion. 202 d.

[2] Goethe: Dichtung und Wahrheit. 4. Teil. 20. Buch. Vgl. dazu die ausgezeichnete Analyse von Paul Hankamer: Spiel der Mächte. Tübingen 1943. S. 122 ff.

Im Überblick über die Gattungen der Landschaftsmalerei — die Sachlandschaft, die Empfindungslandschaft, die metaphysische Landschaft — zeigt sich, daß in dieser Kunst sich der ganze Mensch ausspricht: als sehender, fühlender und glaubender, hingegeben an die Erde, ausgreifend in das Universum, dem Unterweltlichen wie dem Überirdischen verbunden. Die Landschaftsmalerei ist also ein eminent anthropologisches Anliegen, auch dort, wo sie die Bilder nicht mit Figuren ausstattet. Der Mensch in der Natur ist ihr eigentlicher Gegenstand.

Viel sagt sie über den Menschen aus. Aber sagt sie viel auch über die Natur? Erschließt sie wirklich das Leben von Erde und Himmel? Oder ist sie doch vorwiegend Phantasie und subjektive Veranstaltung, letztlich vielleicht nur eine Verkleidung des Menschen? So erhebt sich die Frage nach der kognitiven Funktion der Landschaftsmalerei; die Kunst wird damit gleichsam vor das Forum der Wahrheit gerufen: ihre anthropologische Art scheint ihre anthropomorphe Art zur Folge zu haben.

### 4. *Wirklichkeit und Phantasie.*

Ludwig Richter erzählt in seinen Lebenserinnerungen[3], wie er einmal in Tivoli mit drei Kameraden zusammen den gleichen Ausschnitt der Landschaft gemalt habe. Alle waren von der Absicht beseelt, möglichst wirklichkeitsgetreu zu verfahren. Aber die Ergebnisse waren durchaus verschieden, und es zeigte sich, daß nicht nur die Augen anders sahen, sondern auch das Herz anders fühlte, ja, den Landschaften war etwas vom eigenen Temperament der Maler beigemischt: indem etwa auf dem Bild des Melancholikers die Natur selber melancholisch schien.

Unleugbar ist die Landschaftsmalerei durchaus geprägt von dem Geist ihres jeweiligen Schöpfers; sie ist ein Erzeugnis menschlicher Freiheit. Wie weit ist schon im rein Formalen der Spielraum der *subjektiven Möglichkeiten!* Der Künstler wählt das Bildformat — und wie verschieden ist es etwa in China, bei Patenier oder bei Monet! Er bestimmt Ort und Zeit; entscheidet sich für einen einheitlichen Standort oder mehrere; legt die Horizontlinie und den Fluchtpunkt souverän fest. Er mischt die Farben und trägt sie in der mannigfaltigsten Weise auf; verfügt darüber, wie ein Blau in der Nähe oder der Ferne aussieht; zieht die Monochromie oder die Buntheit vor; neigt zu einer freudigen oder trüben oder düsteren Farbstimmung. Er gestaltet mehr zum Tektonischen, Plastischen oder Malerischen hin; ordnet das Verhältnis der Senkrechten zu den Waagrechten; komponiert die Dinge in übergreifendem

[3] Ludwig Richter: Lebenserinnerungen eines deutschen Malers. 8. Aufl. Frankfurt a. M. 1895. S. 159 f.

Zusammenhang. Er bleibt dem Naturvorbild nahe oder verändert es in unterschiedlichem Maße; stimmt Haus, Mensch, Tier und Baum aufeinander ab; regelt die Gegenstandsfülle oder die Leere der Landschaft. Er schließt oder öffnet den gemalten Ausschnitt an den Rändern; führt den Blick an einer bestimmten Stelle in das Bild hinein; zeichnet die Bahnen vor, die das Auge des Betrachters gehen soll. Er nimmt die Landschaft als Ding, als Lebensgeflecht, als beseelt, als sinnbildlich, als Offenbarung von Übersinnlichem. Er ist in jeder Beziehung Herr seines Bildes[1].

Ein besonders eindrucksvoller Beweis für die Freiheit des Künstlers ist die Tatsache, daß Landschaften verhältnismäßig selten vor der Natur gemalt worden sind. Chinesische Maler haben zwar lange das Stück Welt, das sie darstellen wollten, studiert; aber dann, alle naturalistischen Einzelheiten vergessend, irgendwann einmal aus der Erinnerung oder vielmehr aus der Vision die Landschaft in einem Zug heruntergemalt. Auch bei van Goyen kommt die fabelhafte Kunst des Treffens nicht aus der „Nachahmung", sondern aus schöpferischer Umbildung: er hat nicht im Freien gemalt und seine unerschütterliche Stilsicherheit gerade dadurch erreicht, „daß er sich vom Chaos des Naturlebens abkehrte, seiner Erinnerung vertrauend. Die einheitliche Gesamtwirkung wird nicht durch Hervortreten von Einzelheiten gestört[2]." Selbst die Plein-air-Maler des Impressionismus und der Folgezeit haben die Natur immer nur als Ausgangspunkt genommen und ihre Staffelei weniger zur minutiösen Beobachtung als um des ständigen Kontaktes willen draußen aufgestellt. Monet, Sisley, Cézanne sind, obwohl sie täglich in die Natur hinauszogen, Erfinder und keine Kopisten.

Die freie Subjektivität des Künstlers kann in der Landschaftsmalerei bis zur Zerstörung des Natureindruckes gehen. Auf vielen Bildern der Pointillisten, Expressionisten, Kubisten und Surrealisten ist die Natur nur noch Baumaterial für die selbstherrliche Formphantasie. Die Landschaft macht eine Metamorphose durch, die sie bis zur Unkenntlichkeit von dem ursprünglichen Natur-Modell entfremdet. Der Künstler spielt eigenwillige Variationen über ein Thema aus der Natur. Und oft handelt er noch radikaler: er zerschlägt das Bild der Landschaft, wirft die Stücke in den Schmelztiegel der Form und gießt sie zu einem völlig neuen Gebilde um.

Aber gerade an solchen Werken klärt sich die besondere Art der Subjektivität echter Landschaftsmalerei. Gewiß ist sie subjektiv, aber ohne darüber ihre *Objektbezogenheit* zu verlieren. Die Maler haben eine wirkliche Erschließung der Natur geleistet, und ohne sie wüßten wir nur wenig von der Landschaft. Diejenigen Gegenden, denen sich die Kunst nicht zugewandt hat, bleiben für unser Bewußtsein eigentümlich unbestimmt; andere erhalten durch große Künstler eine geprägte Kraft, auch wenn es sich um ganz unscheinbare Landschaften handelt, wie wir z. B. durch Dürer die reizlose Umgebung Nürnbergs als etwas reich Lebendiges vor uns sehen. Ruckweise haben die Künstler im Laufe der Entwicklung unser Naturempfinden verfeinert und bereichert. Wer hat vor den Impressionisten die Farbigkeit der Schatten aufgenommen und die unerschöpfliche Mannigfaltigkeit des Lichtes erfaßt! Welcher Geograph vermöchte mit allen Mitteln seiner Wissenschaft so genau und universal von Holland zu sprechen, wie die Maler des Landes es tun: daß Holland, wie Paul Claudel in einem großartigen Essay ausführt, „rings um uns eine Art Vorbereitung auf das Meer ist, eine Einebnung aller Erhebungen, ein Gleichmachen bis hinein in das Aussehen der Oberfläche, eine Vorwegnahme des Wassers durch das Gras"[3]! Durch Cézanne sind uns die baulichen Elemente eines Gebirgsmassivs, durch Claude Lorrain die güldene Heiterkeit des Spätnachmittags, durch Brueghel Sommer, Herbst und Winter in einer bis dahin unbekannten Tiefe aufgegangen. Die Landschaftsmalerei *erkennt* die Natur und treibt nicht nur ein Spiel mit ihr.

Ja, es zeigt sich, daß der Zuwachs an Objektivität von der Kraft der Subjektivität abhängt. Landschaftsphotographien wirken im Vergleich mit der Landschaftsmalerei tot; dabei sind sie der Subjektivität weit mehr entzogen als Bilder. Photos weisen nur die Maske des Landes vor, Bilder sein Leben; auf Photos erstarrt die Natur: zeitlos ist es Winter, zeitlos steht da ein blühender Baum in der Endgültigkeit des Fertigseins. Die Kunst aber führt uns zum Leben der Erde hin, und wir spüren, wie alles wächst und sich verändert, wie der Winter sich schon zu Neuem regt, wie der frühlingshafte Baum durchbricht zu fernen Möglichkeiten.

Die Subjektivität der Kunst geht so weit, daß die Maler der Landschaft in ihren Bildern nicht nur die Natur, sondern auch sich selber ausdrücken. Darum sprechen wir schlicht von einem Giorgione, Ruisdael, Rubens usw. „Der Genius lebt aktiv in seinem Werk"; aber zugleich blicken wir „durch jedes Werk des Genius in das Ganze einer Welt",

[1] Eindrucksvoll zeigt Cornelis van de Wetering in abkürzenden Schemata die besonderen Formgesetze der Nah- und der Weltlandschaft, der deutschen und der italienischen Landschaft auf (Die Entwicklung der niederländischen Landschaftsmalerei vom Anfang des 16. Jahrhunderts bis zur Jahrhundertmitte. Phil. Diss. Bonn 1935. Giessen 1938).

[2] Max J. Friedländer, a. a. O. S. 114.

[3] Paul Claudel: Vom Wesen der holländischen Malerei. Wien 1937. S. 46.

und dies um so mehr, je ausgeprägter er ist. Nicht jeder Hand öffnet sich jedes Tor, nicht jedem Auge jede Tiefe. Es bedarf dieser besonderen und einzigen Persönlichkeit, damit künstlerisch ein Stück Welt zur Gegebenheit komme. Die Subjektivität des schöpferischen Menschen schließt die objektive Erkenntnis nicht etwa aus, sondern ermöglicht sie geradezu und verleiht ihr eine sonst unerreichbare Farbigkeit und Genauigkeit. Scheler[1] warnt davor, das individuell Subjektive mit dem allgemeingültig Subjektiven zu verwechseln; jenes liege einen Stock unter der Objektivität der Einzelwissenschaften, dieses aber ein Stockwerk darüber.

In der Landschaftsmalerei ist der *Gegensatz von Subjekt und Objekt* überwunden. Sie isoliert nicht hier die Natur, dort den Menschen. Vielmehr weiß sie, daß der Mensch nie ohne „Welt" ist und daß sich uns die Welt nur von einem Standpunkt aus erschließt. Kraft dieser Einsicht steht sie der Philosophie näher als den Einzelwissenschaften. Der Philosophie ist klar, daß „Welt" keineswegs von innen als das uns durchaus Gegenwärtige zu durchleuchten ist wie das Umgreifende, das wir sind. „Sondern es muß von außen als das schlechthin Andere getroffen werden durch die Weise, wie wir von ihm getroffen werden oder wir an es stoßen[2]." Im Getroffensein trifft der Landschaftsmaler die Welt. Gewiß stellt die Kunst z. B. im Bild des Sommers jeweils den Sommer Brueghels oder Poussins oder Monets dar. Gleichwohl sind diese Sommerbilder kein subjektiver Schein: „Das so und so gestimmte, so und so schwingende Ich bildet die Voraussetzung dafür, daß die Sprache der Erscheinungen überhaupt vernehmbar wird[3]."

In der Überwindung der Subjekt-Isolierung wird uns die Natur überhaupt erst zu eigen. „Es ist nicht der letzte und vielleicht der eigentümlichste Wert der Kunst, daß sie das Medium ist, in welchem Mensch und Landschaft, Gestalt und Welt sich begegnen und finden. In Wirklichkeit leben sie nebeneinander, kaum voneinander wissend[4]." Aber im Bilde schließen sie sich zusammen, berufen sich gleichsam aufeinander, „und es ist, als ergänzten sie einander zu jener vollkommenen Einheit, die das Wesen des Kunstwerks ausmacht". Was vorher in purer Tatsächlichkeit da war, wird nun in unser Leben eingeschmolzen und wirkt als wesenhafte Kraft in ihm. Hier wird deutlich, daß die Landschaftsmalerei nicht die Naturnachahmung will, sondern *Begegnung* stiftet. Die Theorie der Kunst als Naturnachahmung erweist sich als Relikt eines rein objektivistischen Denkens. In der Begegnung mit der Natur setzt sich der Landschaftsmaler mit den Mächten und Rätseln der Welt auseinander. Im erkennenden Gestalten besteht er das Leben.

Das Sommerbild Brueghels, Poussins, Monets aber trifft in der persönlichen und darum erschließenden Aussage nicht allein diese Jahreszeit, den Sommer, und sonst nichts. Vielmehr hat das Einzelne in der Kunst eine stellvertretende Bedeutung, indem es auf das Ganze eines künstlerischen *Weltverständnisses* verweist. Eine Gesamtauffassung des Lebens prägt sich aus, die zu ihrer Verwirklichung die Formen der Malerei und das Motiv der Landschaft benutzt. Damit erweist sich von neuem der Gegensatz von Subjekt und Objekt als irrelevant, da jene Lebenserfahrung nicht „Welt"verständnis wäre, wenn sie keinen übergreifenden Charakter hätte: wenn sie nicht sowohl die Natur wie den Menschen und in beiden den Grund des Daseins beträfe.

Von hier aus wird es auch verständlich, warum die Landschaftsmalerei so häufig vom Naturvorbild abweicht, ja nicht selten „unmögliche" Landschaften erfindet. Sie tut es, um so den Grund des Daseins deutlicher zu machen, aber nicht aus einem bloßen Überschuß an Einfällen. Wollte man die Landschaftsmalerei aus der Theorie der Kunst als Naturnachahmung verstehen, so ergäben sich notwendig groteske Wertungen. Ein Tintoretto oder van Gogh müßte als barer Unsinn gelten, wogegen ein biederes naturalistisches Pinselstück einen Gipfelpunkt bedeuten würde; erkennt man doch — kraft der geleisteten Naturnachahmung — bei diesem mühelos die gemeinte Gegend, während jene die photographische Treue schnöde mißachten. Vom Naturvorbild sich lösend und gesetzmäßig phantasierend, wird die Landschaftsmalerei zur *Schöpfung* um des tieferen Weltverständnisses willen. Sie ist unter Umständen bereit, Natur frei zu entwerfen — Landschaften zu schaffen, die es nicht gibt und nicht geben kann. Aber sie verfährt nicht willkürlich; vielmehr steuert sie dabei nur noch geradliniger ihr Ziel an: im anschauenden Gestalten der Natur das Ganze des Daseins ahnen zu lassen.

Indem die Landschaftsmalerei den Gegensatz von Subjekt und Objekt überwindet, in der Begegnung von Mensch und Natur das Ganze des Daseins schaubar macht und um der tieferen Einsicht willen mit schöpferischer Kühnheit über das Wahrgenommene und Wahrnehmbare umbildend hinausgreift, kann sie jene Probleme klären helfen, welche die heutige Philosophie leidenschaftlich bewegen: die Befreiung von einem starren Objektivismus, die Erfahrung menschlichen In-der-Welt-seins, die Ver-

---

[1] Max Scheler: Schriften aus dem Nachlaß. Bd. 1. Berlin 1933. S. 204.

[2] Karl Jaspers: Von der Wahrheit. München 1947. S. 85.

[3] Johannes Pfeiffer: Zwischen Dichtung und Philosophie. Bremen 1947. S. 103.

[4] Rilke, a. a. O. S. 6 f.

wirklichung der Existenz in der Begegnung mit dem außer-ichlichen Sein. Gerade die Ästhetik (so zeigt sich hier und nicht nur hier) scheint dazu berufen, in die heutige philosophische Problematik einzugreifen. Es ist ein besonderer aktueller Sinn der Landschaftsmalerei, Organon unseres Philosophierens zu sein.

*Literatur:*

(Einzelstudien sind nur soweit angegeben, als sie auch kunsttheoretisch belangvoll sind)


Bartsch, Juliane: Figur und Landschaft. Eine Untersuchung ihrer Beziehungsformen im italienischen Kunstbereich des 16. und 17. Jahrhunderts. Phil. Diss. Heidelberg 1934.

Beenken, Hermann: Die Landschaftsschau Jacob van Ruysdaels In: Festschrift für W. Worringer. 1943.

Biese, Alfred: Das Naturgefühl im Wandel der Zeiten, Leipzig 1926; Entwicklung des Naturgefühls bei den Griechen und Römern, 1882—84; Entwicklung des Naturgefühls in Mittelalter und Neuzeit, Leipzig 1888 und 1892.

Böheim, Julius: Das Landschaftsgefühl des ausgehenden Mittelalters. Leipzig-Berlin 1934. (Beiträge zur Kunstgeschichte des Mittelalters und der Renaissance. Hrsg. von Götz.)

Brandt, Hermann: Die Anfänge der deutschen Landschaftsmalerei im 14. und 15. Jahrhundert. Straßburg 1912.

Carus, Carl Gustav: Neun Briefe über Landschaftsmalerei. Leipzig 1831.

Claudel, Paul: Vom Wesen der holländischen Malerei. Wien 1937.

Curtius, Ernst Robert: Die Ideallandschaft, In: Europäische Literatur und lateinisches Mittelalter. Bern 1948. S. 186 ff.

Deusch, Werner: Malerei der deutschen Romantiker und ihrer Zeitgenossen. Berlin 1937.

Drost, Willy: Über Wesensdeutung von Landschaftsbildern gezeigt an der holländischen Landschaftsmalerei des 17. Jahrhunderts. In: Zeitschrift für Ästhetik und allgemeine Kunstwissenschaft XV. 1921.

Einem von, Herbert: Caspar David Friedrich. Berlin 1938.

Eisen, Richard: Die deutsche Landschaftsmalerei des Spätbarock. Diss. Würzburg 1936.

Fernow, K. L., Römische Studien. Zürich 1806—1808.
Vgl. Herbert von Einem: Carl Ludwig Fernow, Berlin 1935 S. 50—55.

Fischer, Otto: Chinesische Landschaftsmalerei. Berlin 1921.

Flemming, Willi: Der Wandel des deutschen Naturgefühls vom 15. zum 18. Jahrhundert. Halle 1931.

Friedländer, Max: Essays über die Landschaftsmalerei und andere Bildgattungen. Den Haag 1947.

Geese, Walter: Die Heroische Landschaft von Koch bis Böcklin. In: Studien zur Deutschen Kunstgeschichte. Heft 271. Straßburg 1930.

Gerstenberg, Kurt: Die ideale Landschaftsmalerei. Halle 1923.

Geßner, Salomon: Brief über die Landschaftsmalerei. Zürich 1772.

Goethe, Joh. Wolfg.: Künstlerische Behandlung landschaftlicher Gegenstände. 1832.

Goldschmidt, Werner: Die Landschaftsbriefe des Carl Gustav Carus, ihre Bedeutung für die Theorie der romantischen Landschaftsmalerei. Phil. Diss. Rostock 1935.

Gramm, Joseph: Die ideale Landschaft. Ihre Entstehung und Entwicklung. 2 Bände. Freiburg i. Br. 1912.

Grosse, Ernst: Die ostasiatische Tuschmalerei. Berlin 1922.

Grosse, Rolf: Die holländische Landschaftskunst um 1600 bis 1650. Berlin-Leipzig 1925.

Grund, Barbara: Probleme der Raumgestaltung in der Landschaftsdarstellung der deutschen Tafelmalerei vor Dürer. Phil. Diss. Breslau 1934.

Hackert, Philipp: Fragmente über Landschaftsmalerei. 1797.

Haendcke, Berthold: Zur Entwicklungsgeschichte der deutschen Landschaftsmalerei (Repertorium für Kunstwissenschaft, Bd. XXX, 1907).

Hagedorn, Chr. L.: Betrachtung über die Malerei. 1762.

Hausmann, Manfred: Geheimnis einer Landschaft — Worpswede. Berlin 1940.

Henrici, Irene: Die Landschaft des Unendlichen Raumes. Phil. Diss. Münster 1936.

Herrmann, Herbert: Untersuchungen über die Landschaftsgemälde des P. P. Rubens. Berlin 1936.

Hetzer, Theodor: Claude Lorrain. Frankfurt a. M. 1947.

Hoerner, Margarete: Die Naturanschauung des Spätbarock in Literatur und bildender Kunst. In: Zeitschrift für Ästhetik und allgemeine Kunstwissenschaft. XXV 1931.

Kaemmerer, Ludwig: Die Landschaft in der deutschen Kunst bis zum Tode Albrecht Dürers. (Studien zur Geschichte der deutschen Landschaftsmalerei.) Phil. Diss. Leipzig 1886.

Kammerer, Friedrich: Studien zur Geschichte des Landschaftsgefühls in der deutschen Dichtung des frühen 18. Jahrhunderts. (Hagedorn / Haller) Teil I. II. Phil. Diss. Berlin 1909.

Klatt, Georg: Über Landschaftsschilderung. In: Zeitschrift für Ästhetik und allgemeine Kunstwissenschaft. XVI 1922.

Köstler, Josef Nikolaus: Offenbarung des Waldes. München 1941.

Marcus, Hugo: Die Distanz in der Landschaft. In: Zeitschrift für Ästhetik und allgemeine Kunstwissenschaft. XI 1916.

Merck, Johann Heinrich: Über die Landschaftsmalerei. In: Neuer Teutscher Merkur. 1777.

Rave, Paul Ortwin: Deutsche Landschaft in fünf Jahrhunderten deutscher Malerei. Berlin 1938.

Rehder, Helmut: Die Philosophie der Unendlichen Landschaft. Halle 1932.

Rilke, Rainer Maria: Worpswede. 3. Auflage. Bielefeld und Leipzig 1910.

Rotthauwe, Emma: Studien zur sienesischen Landschaftsmalerei im Tre- und Quattrocento. Würzburg 1937.

Schaller, Hans Otto: Figurenbild und Landschaft. Phil. Diss. Bern 1908.

Schiller, Friedrich v.: Über Matthisons Gedichte.

Schmidt, Hans Werner: Die Landschaftsmalerei Salvator Rosas. Diss. Halle-Wittenberg 1930.

Schmidt, P. F.: Deutsche Landschaftsmalerei von 1750 — 1830. München 1922.

Schrade, Hubert: Baum und Wald in Bildern deutscher Maler. München 1937.

Schrade, Hubert: Die romantische Idee von der Landschaft als höchstem Gegenstande christlicher Kunst. In: Neue Heidelberger Jahrbücher. N. F. Heidelberg 1931. S. 2—94.

Schürer, Oskar: Über Landschaftsdarstellung in der deutschen Kunst um 1500. In: Festschrift Richard Hamann zum 60. Geburtstag. Burg 1939.

Stein, W.: Die Erneuerung der heroischen Landschaft nach 1800. Straßburg 1917.

Steinmeyer, Heinz: Mensch und Landschaft der Romantik. Köln 1928.

Sulzer, Johann George: Unterredungen über die Schönheit der Natur. Berlin 1750.

Sulzer, Johann George: Allgemeine Theorie der Schönen Künste. Biel 1777.

Waetzoldt, Wilhelm: Okeanos. Bemerkungen zur Geschichte der Meeresmalerei: In: Festschrift für W. Worringer. 1943.

Waetzoldt, Wilhelm: Das klassische Land. Leipzig 1927.

Weizsäcker, Heinrich: Adam Elsheimer. 2 Bde. Berlin 1936.
Wetering, Cornelis van de: Die Entwicklung der niederländischen Landschaftsmalerei vom Anfang des 16. Jahrhunderts bis zur Jahrhundertmitte. Phil. Diss. Bonn 1938.
Wölfflin, Heinrich: Bemerkungen über Landschaft und Staffage, Piper-Almanach, München 1923, S. 48.
Zink, Fritz: Die Passionslandschaft in der oberdeutschen Malerei und Graphik des 15. und 16. Jahrhunderts. München 1941.
Zoege von Manteuffel, Kurt: Pieter Brueghel d. Ä. und seine Landschaftsmalerei. Berlin 1934.
Zoff, Otto: Die Bedeutung der deutschen Landschaftskunst. In: Kunst und Künstler. Jg. 17. o.J.

*(Professor Dr. Heinrich Lützeler, (22c) Bonn a. Rh., Niebuhrstr. 19.)*

# Die moderne Landschaftspflege, ihre Leitgedanken, ihre wirtschaftliche und kulturelle Bedeutung.

Von

H. SCHWENKEL.

## I

### *Der Gang der Entwicklung vom Naturschutz zur Landschaftspflege.*

Die Naturschutzbewegung hat in den verschiedenen Ländern und bei den einzelnen Kulturvölkern — denn nur sie kennen Naturschutz — ganz verschiedene Ausgangspunkte und Ziele. Bald steht der wissenschaftliche und volksbildnerische, bald der romantische und ethische und bald der Wohlfahrtsgesichtspunkt im Vordergrund. Die amerikanischen Nationalparke sind ursprünglich als große Reise- und Erholungsgebiete — mit allen Lockungen des Fremdenverkehrs ausgestattet — begründet worden, je länger je mehr aber werden sie in ihrer wissenschaftlichen Bedeutung erkannt und erforscht. Die großen afrikanischen Naturschutzgebiete dienen in erster Linie der Erhaltung der altertümlichen Tierwelt Afrikas. Der wahre Naturschutz schützt die Natur um ihrer selbst willen.

In Deutschland sind urwüchsige Naturgebiete von Weltbedeutung nicht mehr vorhanden. Vielleicht gerade deshalb hat die Naturschutzbewegung so tief Wurzel geschlagen.

Bezeichnend ist es, daß der planmäßige staatliche Naturschutz sich zunächst sehr enge Ziele steckte. Er ging vom Naturdenkmal aus, der Einzelschöpfung der Natur, wobei oft Seltenheit, Besonderheit, ja Abnormität für den Schutz entscheidend war (1). Doch griff die Bewegung bald auf den Schutz der Pflanzen- und Tierwelt und auf urwüchsige Gebiete über. *Schoenichen* erweiterte und vertiefte den staatlichen Naturschutz und leitete eine planmäßige Erziehung des Volkes durch seine zahlreichen Veröffentlichungen und Lehrgänge zur praktischen Ausübung des Naturschutzes ein.

So wichtig nun die Erhaltung von Ur- oder Naturlandschaften, von Naturdenkmalen, Pflanzen und Tieren der freien Natur und der Kampf gegen die weitere Zurückdrängung oder Vernichtung des Naturgegebenen auch war, so durfte doch einerseits die funktionelle Abhängigkeit der Kulturlandschaft von der überkommenen Natur und andererseits die Wichtigkeit der Kulturlandschaft als Umweltfaktor und Lebensraum des Menschen nicht übersehen werden. Für das Leben eines Volkes ist die Kulturlandschaft, die ja an Ausdehnung die Naturlandschaften — vom Hochgebirge abgesehen — weit überwiegt, eher noch wichtiger als die Urnatur. Jedenfalls wird der Massenmensch dieser Ansicht sein. Selbst der Bauer betrachtet die „Wildnis" als höchst überflüssig, wie das Unkraut, und sieht in ihrer Bekämpfung und Beseitigung eine Art höheren Auftrag. Die Klärung des Verhältnisses der Kulturlandschaft zur Natur innerhalb und außerhalb ihres Raumes und das Abwägen der wirksamen Kräfte muß daher als eine der wichtigsten Aufgaben der Gegenwart betrachtet werden, unabhängig davon, wer diese zu lösen hat. Der „Naturschutz" muß aber auf sie seine ganze Arbeit einstellen, will er dem Schutz der Natur auf der einen Seite (ohne alle übertriebenen Forderungen) und der anzustrebenden Gestaltung und Zukunft der Kulturlandschaft auf der anderen Seite gerecht werden.

Vom Landschaftsökologischen aus gesehen liegen Aufgaben der Erhaltung, aber auch der Gestaltung vor, durch die begangene Fehler wieder gutgemacht werden müssen. Hier handelt es sich um Mittel, welche die Natur bietet und deren sich der Mensch auf Grund wissenschaftlicher Tatsachen und Ergebnisse bedient. Geographie und Naturschutz haben die Aufgabe der Zusammenschau und Zusammenleitung aller Ergebnisse über die Abhängigkeit der menschlichen Wirtschaft und des physischen Lebens von den Kräften und Gebilden der Natur. Diese Seite der Landschaftspflege ist nichts anderes als Landschaftsökologie, das Streben nach Gesundheit der Kulturlandschaft hinsichtlich des Kleinklimas, des Bodenklimas, des Wasserhaushaltes, des biologischen Gleichgewichts, ja schließlich des ganzen menschlichen Biotops überhaupt, also Erkenntnis und Beeinflussung der funktionellen Abhängigkeit aller menschlichen Werke von den in der Landschaft noch wirksamen Naturkräften. Landschaftspflege ist in erster Linie Lenkung dieser Beeinflussung und ihrer Gestaltwerdung. An der Gewinnung der nötigen Erkenntnisse werden viele Wissenschaften mitarbeiten.

Sehr beachtlich ist die Tatsache, daß die moderne Landschaftspflege zunächst, um die Jahrhundertwende, eine andere Wurzel und auch ein anderes Ziel hatte. Sie ging besonders von dem Musiker *Rudorff* (3), der den Begriff „Heimatschutz" prägte und sich gegen gewaltsame Verkoppelungen wendete, und von *Paul Schultze-Naumburg* (4), einem Maler und späteren Architekten aus, die beide uns die Augen über die Verunstaltung der Landschaft öffneten und die vom Ästhetischen aus an die Landschaft herantraten, ohne das Ökologische und Funktionelle, das biologische Gleichgewicht und die Zweckerfüllung zu übersehen, obwohl ihnen hierfür die nötigen Voraussetzungen weithin fehlten. Beide Pioniere der Landschaftspflege machten sich schon Gedanken darüber, inwieweit schönheitliche Forderungen bei der Gestaltung menschlicher Werke sich mit Zweckerfüllung und „Landschaftshaushalt" decken oder harmonisieren lassen. In der Tat liegt hierin — wie wir später sehen werden — die Schwierigkeit der ganzen Aufgabe. Die raumgestalterische Aufgabe wurde von seiten des Heimatschutzes vereinsmäßig bearbeitet, gefördert und der Öffentlichkeit nahe gebracht, während die ökologische Seite wenigstens auf Teilgebieten den Naturschutz mehr und mehr interessierte. Schließlich wurde gefordert, als öffentliche Aufgabe der Staatsverwaltung nicht bloß den Naturschutz, sondern auch die Landschaftspflege zu betrachten und beides gesetzlich zu verankern (5). Dies ist im Reichsnaturschutzgesetz von 1935 *Hans Klose* gelungen, wenn darin auch die Landschaft gleichsam nur eingeschmuggelt worden ist. Doch ist die ökologische wie die schönheitliche und gestalterische Seite der Landschaftspflege in wenigen Paragraphen berührt, die einen weiten Spielraum der allgemeinen Einwirkung auf Landschaft und Landschaftsbild ermöglichen. Die Staatliche Stelle für Naturdenkmalpflege in Preußen wendete sich in steigendem Maß diesen Aufgaben zu. Sie gab unter *Schoenichen* eine Bücherreihe heraus: Landschaftsschutz und Landschaftspflege, in der die rechtliche Seite von *Werner Weber*, die forstliche Landschaftspflege von *Arnold von Vietinghoff-Riesch* und die Darstellung der Gesamtaufgabe von *Hans Schwenkel* (6) bearbeitet worden sind. Infolge des Krieges brach die geplante Reihe ab.

Die praktische Durchführung der pfleglichen Gestaltung der Landschaft begegnete freilich größten Schwierigkeiten, da die Aufgaben zu komplexer Natur sind, um mit irgendeiner Spezialbildung bewältigt werden zu können. Wer von der Wissenschaft herkommt, dem fehlt die künstlerische Ausbildung und oft auch der künstlerische Sinn, wer von der Kunst oder Technik herkommt, der wird in der Regel nicht biologisch denken und urteilen können. Die Naturschützer im überlieferten Sinn waren sehr häufig Naturwissenschaftler und Naturliebhaber. Sie waren auf Erhaltung eingestellt und wehrten sich gegen offenkundige Verunstaltungen der Landschaft; aber zur aktiven Mitarbeit an der Gestaltung waren sie meist nicht imstande, ja sie begingen selbst bei der bloßen Abwehr Fehlgriffe, weil sie nicht in der Lage waren, die Grenzen des Zulässigen und Möglichen zu erkennen. Hatte aber ein Techniker oder Architekt naturkundliche Interessen, z. B. botanische oder ornithologische Kenntnisse, oder ein Naturwissenschaftler oder Geograph eine besondere künstlerische Begabung, dann gelang die Mitarbeit bei den Eingriffen in die Landschaft, und die oben geforderte Synthese würde wenigstens in einem Näherungswert erreicht. Um einen solchen wird es sich sowieso meistens handeln.

Auf das teilweise Versagen des amtlichen Naturschutzes bei der Landschaftsgestaltung ist es zurückzuführen, daß er beim Bau der Autobahnen beinahe ganz ausgeschaltet war. Der Generalinspektor ging eigene Wege. Er beauftragte den Architekten *Alwin Seifert* aus München, der zugleich pflanzliche Erfahrungen und naturwissenschaftliche Kenntnisse hatte, ihn bei der Gestaltung der Autobahn — und später auch bei Wasserbauten — zu beraten, weitere Gartenarchitekten einzuschalten und die Ingenieure zu schulen, welche die Straße zu planen und auszuführen hatten. In einer Sammlung von Aufsätzen (7) spiegelt sich die verdienstvolle Arbeit von *Seifert* wider. Die theoretische Begründung mag manchmal auf schwachen Füßen stehen, aber die künstlerische und raumgestalterische Leistung ist nicht abzuleugnen und selbst die Ökologie der Landschaft kam dabei zu ihrem Recht. Vorbildlich ist der seitliche Anschluß der Autobahn an die Landschaft, die Pflege (Kompostierung) und Wiederauftragung des Mutterbodens, die Verwendung von Rasensoden als „Bausteine" und die jeweils pflanzengeographisch — z. T. auch pflanzensoziologisch — richtige Begrünung mit Sträuchern und Bäumen, lobenswert auch die Gestaltung der Waldränder in durchschnittenen Wäldern. Auch in der Linienführung wurde nach und nach eine immer bessere Anpassung an die Landschaft gefunden. Technisches Können und raumkünstlerische Einfühlung schufen den Einklang zwischen Zweckbestimmung (Kraftwagenverkehr mit hoher Geschwindigkeit) und Landschaft, wobei die letztere als das Höhere anerkannt wurde. Die Schönheit des Natursteins wurde in gutem handwerklichem Mauerwerk wieder zur Geltung gebracht, aber auch in Beton, Eisenbeton und Stahl wurde Ausgezeichnetes geschaffen. Leider sind 1945 viele kostbare Brückenbauten gesprengt worden. Reklameschilder an den Straßen wurden verboten. Die Pflanze von der Staude zum Strauch und Baum wurde nicht bloß aus schönheitlichen, sondern auch aus technischen Gründen weitgehend eingesetzt und die Ingenieurbiologie entwickelt (8).

Die Grundgedanken für diese neue, landschaftlich bestimmte Art von Straßenbau hatten freilich längst in der Luft gelegen und sind vom Heimatschutz vor Jahrzehnten schon ausgesprochen worden. *Paul Schultze-Naumburg* schreibt in seinen Kulturarbeiten (4): Es besteht der Trost, „daß höhere Zweckmäßigkeit nie ein Feind der Schönheit ist und ein Fortschritt der Technik aus rein sachlichen Erwägungen oft wieder auf die Pfade alter Schönheit zurückführt. Der zunehmende Autoverkehr wird sicher mit der Zeit die Auflösung der in Knicken aneinandergesetzten Geraden in große Kurven erzwingen".

Neu ist, daß die alten Forderungen des Heimatschutzes nun in so großem Maßstab in die Tat umgesetzt worden sind; denn wie das nun eigentlich im schönheitlichen, landschaftsökologischen und verkehrstechnischen Sinn gemacht werden sollte, das hat vor der Autobahn niemand gewußt. Welch gewaltigen Fortschritt im Sinn der Landschaftspflege die Autobahn bedeutet, das mag am besten ein Vergleich mit manchem stümperhaften älteren Straßenbau, noch besser aber mit der Eisenbahn klarmachen, für die das landschaftlich Gegebene höchstens ein Hindernis und kein Gesetz war und die mit beschämender Brutalität Dämme schüttete, das Gelände anschnitt und die Wunden offen ließ, so daß sie bis heute nicht vernarbt sind. Ihr Allheilmittel in der Not waren die trostlosen Akazienpflanzungen.

Fraglos entwickelt sich die bloße Gartenarchitektur zur Landschaftsarchitektur, der Gartenarchitekt wird zum Landschaftsgestalter. Und da nun *H. Fr. Wiepking-Jürgensmann* in seiner neu gegründeten Hochschule für Gartenbau und Landeskultur in Hannover die Wuchskraft des Bodens, den Wasserhaushalt und die klimatischen Faktoren in den Mittelpunkt stellt (9), könnte das erreicht werden, worauf es ankommt, nämlich das Ästhetische und das Ökologische bei der Landschaftspflege zur Deckung zu bringen.

Selbstverständlich gibt es mehrere Wege, um zu diesem Ziel zu gelangen. Es wäre gefährlich, die rein wirtschaftliche Landschaftspflege aus dem Zusammenhang zu lösen und sie als „Landespflege" selbständig zu organisieren, wie dies versucht wird. Die Betrachtung der Probleme unter diesen Gesichtspunkten ist gewiß dringend geboten, sehr aufschlußreich, zeitgemäß und anregend, aber Einseitigkeit ist gerade hier besonders bedenklich. Auch steht die ökologisch eingestellte Landschaftspflege sowieso mit dem Naturschutz auf dem Boden der Naturwissenschaft. Die Landespflege kann nur richtig handeln, wenn sie die Gesamtzusammenhänge und Gesetzmäßigkeiten in der Natur kennt.

Genau so, wie im Mittelalter und im Barock einheitlich wirkende Städte aus einem einheitlichen Bauwillen aller Bauenden entstanden, so könnte auch eine harmonische Kulturlandschaft — wie sie in altertümlichen Kulturlandschaften durch Bauern und Handwerker hervorgebracht worden ist — entstehen, wenn ein einheitlicher Wille dazu bestünde. Der Individualismus unserer Zeit läßt aber einen solchen nicht zustande kommen. Es bleibt also nichts anderes übrig, als die Dinge zum Chaos, zum Kampf aller gegen alle und damit sicher zum Untergang unseres Volkes und unserer Kultur treiben zu lassen oder aber sie von Staats wegen in die Hand zu nehmen und den staatlichen Naturschutz unter Heranziehung der heranwachsenden geschulten Kräfte der Landschaftsgestalter so auszubauen, daß sie den oben gestellten Forderungen gerecht werden, jede Landschaft bis herunter zum kleinsten Individuum der Landschaftszelle (Ökotop nach *C. Troll*) den Naturgegebenheiten gemäß, zugleich zweckmäßig und schön, also harmonisch im Geist und in der Vorstellung zu gestalten, für die praktische Durchführung entsprechende Vorschläge zu machen, Anregungen zu geben oder geeignete Praktiker mit schöpferischen Fähigkeiten einzuschalten.

In diesem Zusammenhang ist nochmals die Frage zu stellen, ob es richtig ist, die Landschaftsgestaltung mit dem Naturschutz zu koppeln. Fraglos haben der Naturschutz i. e. S. und die Landschaftsgestaltung im raumgestalterischen Sinn ihre Eigengesetzlichkeit und sind selbständige Reiche (11). Aber die landschaftsökologische Seite der Landschaftsgestaltung ist so überragend wichtig und, wie wir sehen werden, die wissenschaftliche Basis für den Naturschutz i. e. S. und die Landschaftsökologie so übereinstimmend, daß eine Trennung in Gesetz, Verwaltung und Organisation sich sehr schädlich auswirken würde. So viel ist aber sicher, daß nur auf dem festen Grund eines planmäßigen Studiums des Kleinklimas, des Wasserhaushaltes, der Pflanzensoziologie, des gesamten Landschaftshaushalts und der planmäßigen Beobachtung der Folgen einzelner menschlicher Eingriffe in die Landschaft weitergebaut werden kann.

## II.

## *Die maßgebenden Leitgedanken der Landschaftspflege.*

### *1. Die Begriffe.*

Im Vorangehenden sind die Begriffe Naturschutz, Landschaftspflege, Landschaftsschutz, Landschaftsgestaltung ohne nähere Definition gebraucht worden. Der Begriff Naturschutz, der ursprünglich nur die wirkliche Urnatur und die Lebewesen der freien Natur im Auge hatte, ist immer mehr erweitert und dadurch in der geschichtlichen Entwicklung zu einem umfassenden Inhalt gekommen, der auch alle Aufgaben der Landschaftspflege in sich schließt. In diesem Sinne spricht das Reichsnaturschutzgesetz von Natur. Man muß sich entschließen, den Begriffen einen bestimmten Inhalt zu geben, der Gemeinbesitz wird. Da auch gegenüber der Natur gestaltende Maßnahmen der Wiedergutmachung und Hege in Frage kommen, die in der Landschaft sogar im Vordergrund stehen, kann man jeweils von einem erhaltenden und gestaltenden Naturschutz und von einem erhaltenden und gestaltenden Landschaftsschutz sprechen.

Es ist daher wohl zweckmäßig und sinnvoll, die beiden Seiten der Tätigkeit unter dem Sammelbegriff „Pflege" zusammenzufassen, obwohl im strengen Sinn Schutz keine Pflege ist.

Folgendes Schema entnehme ich meinem Buch (6):

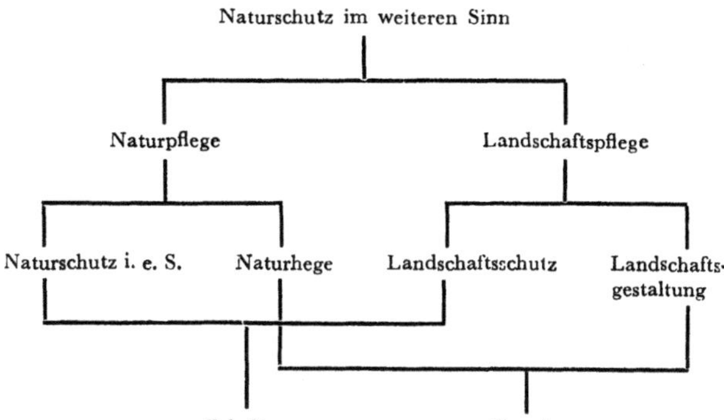


Alle Bemühungen um „Erhaltung" sind mit Abwehr der Zerstörung von Natur- und Landschaftswerten verbunden. Alles Gestalten ist entweder Wiederherstellung verlorener Zustände oder Schaffung von neuen Ersatzwerten für Verlorenes oder von zusätzlichen guten menschlichen Werken.

Bei der Landschaftspflege sowohl wie bei der Naturpflege kann man die Dinge wirtschaftlich oder kulturell (materiell oder ideell) betrachten und entsprechende Ziele verfolgen. Man sieht auch hier, wie sehr alle Probleme ineinander verflochten und die Begriffe nur Krücken sind. Die rein wirtschaftlich eingestellte *Landespflege* stellt sich Aufgaben, die z. T. über die der Landschaftspflege hinausgehen, sich aber doch weithin derselben Mittel bedienen. Die Landschaftspflege will *auch* die Wirtschaft fördern, indem sie für die Beachtung des natürlichen Gleichgewichts, die Gesundheit der Kulturlandschaft, für Wasserhaushalt und Klimaverbesserung eintritt; denn damit dient sie zugleich der Volkswohlfahrt, der Leistungssteigerung der arbeitenden Menschen und der Pflege der Natur. Aber das Ziel der harmonischen Landschaft, in der alle menschlichen Werke aufeinander abgestimmt sind, ist höher gesteckt. Es liegt jenseits der Wirtschaft und der bloßen Zweckerfüllung; es besteht in der raumkünstlerischen Gesamtgestaltung aus kulturellen, ethischen und rein menschlichen Gründen.

### *2. Die Gefahren der Gegenwart für Natur und Landschaft.*

Die Gefahren für Natur und Landschaft, auf die seit bald 50 Jahren dauernd hingewiesen wurde, haben sich durch den verlorenen zweiten Weltkrieg ins Unermeßliche gesteigert, was sich in der Zukunft in seiner unerbittlichen Furchtbarkeit und seinen Gefahren für unsere Zukunft enthüllen wird. Jetzt haben wir erst recht das „Volk ohne Raum" und das Volk „ohne Rohstoffe". Und über das Wenige, das wir haben, können wir nicht verfügen. So bleibt uns nichts anderes übrig, als unser Land entsprechend dieser Not zu nützen, ohne dabei den Weg der Chinesen oder der Kolonialmächte zu gehen; denn davon, wie wir unseren engen Raum gestalten und unser Land nutzen, hängt unser Bestand ab. Wir selbst sind in Gefahr.

a) *Verkehr.* An Straßen und Eisenbahnen werden wir mit der Erhaltung des Vorhandenen genug zu tun haben. Es mag sein, daß die Autobahnen für den europäischen Verkehr noch ergänzt werden müssen. Der Ausbau der Reichswasserstraßen zum Zwecke der Verbilligung der Beförderung von Gütern wird weitergehen. Was das landschaftlich bedeuten kann, davon kann man sich am Neckar überzeugen, der kein Fluß mehr ist, sondern eine Wasserstraße von streckenweise sehr mißglückter und häßlicher Gestaltung.

b) *Wasserbau.* Die „Verbesserung" der Bäche und Flüsse geht unerbittlich weiter. An die Stelle natürlicher Gewässer werden künstliche, meist kahle Rinnen mit Hochwasserquerschnitt gesetzt.

c) *Bergbau.* Steinbrüche, Tagebaue, Sand-, Kies- und Lehmgruben vergrößern sich und werden neu angelegt, weil wir die Rohstoffe brauchen. Es gibt bereits völlig verwüstete Landschaften, in denen sowohl mit den Gruben selbst, als auch mit den Abschütthalden auf die Landschaft nicht die geringste Rücksicht genommen wird. Einstweilen brauchen ja Steinbrüche nicht einmal genehmigt zu werden; nur Bauten bedürfen einer behördlichen Genehmigung

Machen wir uns wirklich klar, was das eigentlich bedeutet? Ist die Landschaft als Gemeinbesitz vogelfrei und ein Ausbeutungsobjekt für einzelne? Ist das nicht geradezu mittelalterliche Rückständigkeit und eine stumpfe, aus der Gewohnheit erwachsene unverantwortliche Geisteshaltung? Jeder kann die Landschaft abtragen wie und wo er will.

d) Unsere *Ernährung* steht auf sehr unsicherem Grund. Der Boden in der Bundesrepublik reicht kaum für die Ernährung der Hälfte ihrer Bewohner aus. Das mißverstandene Schlagwort vom letzten Quadratmeter spukt noch in den Köpfen. Der Bauer hat ohnehin keinen Sinn für die „Wildnis". Das letzte Fleckchen Ödland, Sumpf und Moor, die letzte Heide muß herhalten. Man hat jetzt Mittel, auch das sprödeste Land zu bezwingen mit Maschinen, Kunstdünger und wissenschaftlich-technischen Methoden. Was wird an Resten von Urnatur noch übrigbleiben, was an Standorten von seltenen Pflanzen und Tieren, von denen doch ihr Bestand abhängt? Man wird dränieren und meliorieren, roden und Güter zusammenlegen. Alle Feldfluren sollen umgelegt und für die Bearbeitung mit Maschinen zugerichtet werden, die Gemeinbesitz sind. Das mag alles unvermeidlich und lebensnotwendig sein. Dazu kommt, daß die Erzeugung durch Intensivierung gesteigert werden muß. Garten-, Beeren- und Obstbau werden sich ausdehnen, Gärtnereien und Gewächshäuser werden entstehen. Neue Bauernstellen von Heimatvertriebenen werden geschaffen. Viehzucht, Grünlandwirtschaft und Gemüsebau werden sich auf Kosten des Getreidebaues ausdehnen. Das alles bedeutet eine gründliche Umgestaltung des Landschaftsbildes und der Landschaftsstruktur.

e) Der *Wald* ist mehr als je bedroht. Seit bald 20 Jahren wird mehr Holz geschlagen als nachwächst. Die Holzlieferungen nach dem Kriegsende und die Brennstoffnot haben Opfer von unerhörten Ausmaßen gefordert. Auf die Dauer ist aber die Waldrodung für Kleingärten und für landwirtschaftliche Zwecke, die uns zwangsweise auferlegt wurde, um uns zu einem Agrarvolk zurückzubilden, noch viel bedenklicher; denn diese Flächen fehlen für die Erzeugung des ebenso notwendigen Rohstoffes Holz, und die Verminderung der Waldfläche bedeutet Verminderung der Wohlfahrtswirkungen des Waldes: Verschlechterung des Klimas, Schädigung des Wasserhaushaltes, weitere Störungen des natürlichen Gleichgewichts in einer ursprünglichen Waldlandschaft und damit Gefährdung der Feldfluren und ihrer Fruchtbarkeit. Aber auch der Erholungsraum wird geschmälert und der Mensch von der Natur weiter abgelöst. Dies gilt besonders für Großstädte und Industriegebiete.

f) *Energieerzeugung*. Die Armut an Brennstoffen und ihr hoher Preis nötigt uns, die Wasserkräfte „bis zum letzten Tropfen" — so sagt man — auszunützen, so daß schließlich kein natürlicher Fluß mehr übrigbleibt. Die Verdrahtung der Landschaft geht weiter, da die Verkabelung geldlich nicht tragbar oder technisch noch nicht möglich ist.

g) Besonders einschneidend sind die Folgen der Wohnungsnot infolge der Kriegszerstörungen, gesteigert durch den Zustrom der heimatvertriebenen Deutschen und der geflüchteten Fremden, die bei uns bleiben sollen oder wollen. Große Flächen gehen für Siedlungszwecke verloren, wenn das *Wohnungsbauprogramm* durchgeführt wird. Nur durch die Bezahlung der Lebensmittel und der Kleider mit Industrieprodukten können wir die vielen Menschen am Leben erhalten. Das bedeutet die *Neuanlage von Industriewerken* im Anschluß an Städte oder auf dem flachen Land in Verbindung mit neuen und alten Siedlungen. Höchst bedenklich ist das verzettelte oder gar unerlaubte Bauen sowie das vorübergehende Bewohnen der Landschaft in Wochenendhäusern.

h) Die *Arbeitsbeschaffung* wird wie früher schon in Notzeiten zu schweren Eingriffen in die Landschaft, die ohne die Arbeitslosigkeit unterbleiben würden, Anlaß geben.

i) Wo die Bevölkerung zunimmt und das Sterben, da müssen die alten *Friedhöfe* vergrößert und neue angelegt werden.

k) Die *Geschäftsreklame* droht sogar in den alten Unfug der Landschaftsreklame zurückzufallen. Und doch dient diese Reklame nur dem Wettstreit mit der Konkurrenz, nicht der Förderung der Wirtschaft oder den Interessen der Allgemeinheit; denn gute Ware empfiehlt sich selbst und spricht sich schnell herum. Robert Bosch z. B. hat fast gar keine Reklame gemacht, nur ein Warenzeichen als Sinnbild eingeführt.

l) Der *Sport* stellt neue Anforderungen, sei es für Sportplätze, sei es für Sprungschanzen oder Skibahnen. Dringend erforderlich sind freie Plätze um die Schulhäuser.

All diese und viele andere Forderungen stürmen auf uns ein, so daß wir darüber den Mut für eine zielbewußte Lenkung, Beeinflussung und gegenseitige Abstimmung verlieren könnten. Die Wissenschaft muß uns das Rüstzeug liefern, um sinnvoll auf zukünftige Landschaftsentwicklungen einwirken zu können. Ohne die darauf aufbauende Landesplanung und Landschaftspflege und ohne die Aufnahme ihrer Leitgedanken durch alle Verantwortlichen, ja alle sehenden Volksgenossen, müßte die Entwicklung in Chaos und Untergang enden.

### *3. Grundsätzliches über Landschaftspflege.*

Es ist eine betrübliche und schwer verständliche Tatsache, daß seit hundert Jahren, insbesondere aber nach 1870, mit dem sog. Fortschritt der Schulbildung und der Technik Orts- und Landschaftsbild so schweren Schaden genommen haben, während doch die überlieferten urtümlichen Kulturlandschaften oft von so hinreißender Schönheit und Harmonie sind. Man könnte wahrlich an unserem Bildungswesen und der Technik irre werden, da sie so offenkundig zur Unkultur geführt haben. „Die Leistungen der kultivierten Analphabeten und die der zivilisierten Alphabeten stechen seltsam genug voneinander ab“ (6). Wie bei einem jüngeren Kalb die Füße dem Wachstum des Tieres vorausgeeilt sind, so offenbar die Technik dem Wachstum der Kultur. Wir müssen die Technik beherrschen lernen und zum Diener der Kultur machen. Sie soll die Würde des Daseins erhöhen, nicht erniedrigen (12). „Die Gesunden bedürfen des Arztes nicht, sondern die Kranken“, das gilt auch für die Landschaft, die erkrankt ist (14).

Die Wissenschaft kann zu einer erfolgreichen Mitarbeit an der zukünftigen Landschaftsentwicklung die Urnatur gar nicht entbehren. Nicht bloß die Forstwirtschaft braucht Urwaldzellen, um sich an ihnen zu orientieren. Auch die Landwirtschaft im weitesten Sinn erhält unentbehrliche Auskünfte über Boden, über örtliches Klima und über die bodenständige Pflanzenwelt. Die Urnatur und die heimischen Pflanzen und Tiere dürfen daher schon deshalb nicht verdrängt oder ausgerottet werden. Das ist eine der Voraussetzungen für eine sinnvolle Landschaftspflege.

Die vollkommene Landschaftspflege würde darin bestehen, jede Landschaftszelle so zu gestalten, daß z. B. die Pflanzenwelt den Rahmen der jeweils (mit Hilfe der Pflanzensoziologie) festgestellten natürlichen Pflanzendecke nicht überschreiten würde, soweit dies nicht durch die Bewirtschaftung des Bodens unvermeidlich ist. Der „naturgemäße Wirtschaftswald“ käme dieser Forderung schon sehr nahe. Aber jede künstliche Hecke, jede Allee, jeder Friedhof, jede öffentliche Anlage müßten diesen Rahmen einhalten. Die Bauten müßten ganz auf das jeweilige Klima und die heimischen Baustoffe eingestellt sein. Alle menschlichen Werke müßten der betreffenden Landschaftseinheit gemäß sein. Wer in dieser Richtung weiterdenkt, wird von selbst die einstigen Verirrungen, die so weit verbreitet waren, ablehnen, die heimische Landschaft durch Anpflanzung ausländischer, fremdartiger Bäume und Sträucher (man nennt sie „Ziersträucher“) zu „bereichern“ und oft sogar im Wald ein „Anlägle“ aus ihnen zu machen. Dieser Geschmack der „Verschönerungsvereine“ hat viel Unheil angerichtet. Er war und ist z. T. heute noch der Volksgeschmack, der zugleich eine biologische und eine ästhetische Verirrung ist. Je fremdartiger ein Baum oder Strauch wirkt, desto beliebter ist er. Blautannen, Schwarzkiefern und neuerdings Bergkiefern sind gerade da am beliebtesten, wo sie am wenigsten hingehören. Ganze Landschaften, wie z. B. der Bodensee oder auch die Hänge des Stuttgarter Talkessels, erhielten auf diese Weise ein fremdes und entstelltes Gesicht.

Für jede Landschaftszelle ist eine bestimmte Pflanzengesellschaft bezeichnend, die nur an diesem Standort vorkommt. Dieselbe Gesellschaft deutet auf dieselbe landschaftliche Einheit hin. Nur in diesem Rahmen ist eine erfolgreiche Beeinflussung des örtlichen Klimas und eine erfolgreiche Land- und Forstwirtschaft möglich. Welche Folgen es hat, wenn der Rahmen nicht eingehalten wird, wurde uns in den Trockenjahren von 1947—49 durch den Trockentod der Fichten und die Käferkatastrophe eindringlich vor Augen geführt. Gewaltsame Eingriffe in die natürliche Pflanzendecke durch Wald- und Heckenrodungen können das Boden- oder Pflanzenklima (13) ebenso verschlechtern, wie es umgekehrt durch Luftruhe mit Hilfe von Wäldern und Hecken verbessert werden kann. Ob sich zwischen Bodenbildung und Vegetationsdecke von Natur ein Gleichgewicht einstellt, scheint noch nicht geklärt zu sein. So viel ist aber sicher, daß der Mensch durch gemachte Fehler den Boden erheblich verschlechtern, ja unheilbar zerstören kann. Daraus ergibt sich die unabdingbare Forderung als Grundgesetz für alle menschlichen Handlungen an der Landschaft, die naturgesetzlichen Gegebenheiten zu beachten, sich nach ihnen zu richten und sie u. U. durch geeignete Nachhilfen zu verbessern. Ist aber das Gleichgewicht in einer Landschaft gestört, der Boden mit seinen Lebewesen verwüstet, u. U. ausgelaugt und in der Tiefe verdämmt, so müssen die Kräfte der Natur in langen Zeiträumen zur Wiedergutmachung der menschlichen Sünden eingesetzt werden. Die Pflanzengesellschaften zeigen Erkrankungen des Bodens dem Kenner sofort an. Je mehr der Mensch bei seinen Eingriffen auf die Möglichkeiten achtet, desto mehr wird er solche Maßnahmen ergreifen, die dieser Natur gemäß sind, und desto größer werden die Erfolge sein. Um aber die Nutzungsmöglichkeiten einer in sich geschlossenen Landschaftszelle richtig zu erkennen, bedarf es entweder der praktischen Erprobung — für die nur allzu oft teures Lehrgeld bezahlt werden muß — oder aber des Einsatzes der Wissenschaft, insbesondere der Pflanzen- und Tiersoziologie, aber auch der Physik, Chemie und Meteorologie. Nur so können Naturgegebenheit und Menschenwerk aufeinander abgestimmt und weitgehend zur Deckung gebracht werden, so daß das gegenseitige Spannungsverhältnis eine Milderung erfährt. Steigert sich aber dieses Verhältnis bis zur Disharmonie, wie etwa in Industrie- oder Bergbaugebieten, so ist es offenkundig, daß ungesunde Verhältnisse vorliegen, die sich auch am Menschen selbst rächen, der sich unter ihr Joch zu begeben gezwungen ist. Das jeweilige Landschaftsbild ist das Ergebnis der Überlagerung von Naturgegebenem und Menschenwerk. Je mehr Natur und Menschenwerk sich durchdringen, je „naturnäher" (7) z. B. Kanäle, Straßen oder auch Forste oder Fluren gestaltet sind, desto gesünder wird eine Landschaft sein. Wo aber auf großen Flächen die Natur ganz verdrängt ist, wo in Großstädten und Industriegebieten künstliche Landschaften an ihre Stelle traten, da ist die Durchflechtung mit Grünflächen oder aber naturnahe Landschaften in erreichbarer Nähe von besonderer Wichtigkeit, so z. B. die Wälder rings um Stuttgart, die das Wohnen und Leben in dieser Stadt so anziehend machen. Köln legt rings um die Altstadt einen breiten Grüngürtel an. München glaubte, sein großartiges Isartal durch Kraftwerke und Flußverbesserung ohne Schaden für die ganze Stadt und ihr Ausstrahlungsgebiet zerstören zu dürfen.

*4. Leitsätze zur „Morphologie der Kulturlandschaft".*

a) Der Mensch greift in die Oberflächengestalt der Erde u. U. sogar ganz erheblich ein. Was er an Steinen und Erden wegnimmt oder aufträgt, soll sich jeweils morphologisch richtig einfügen, so daß ein Mindestmaß an Störung erreicht wird. Im Hügelland ist anders zu verfahren als in der Ebene, am Talhang anders als auf dem Talboden, im Hochgebirge anders als im Mittelgebirge. Überall soll die Sprache der Landschaft, ihr erdgeschichtlich gewordener und durch das Gestein bestimmter Stil maßgebend sein.

b) Je weniger die natürlichen Bodenformen, insbesondere soweit sie wesenhaft sind, geändert und angetastet werden, desto besser.

c) An- und Aufschüttungen sollen in der Regel nicht als selbständige Landschaftsformen erscheinen, sondern sich der natürlichen Landschaft einfügen. Eine Ebene z. B. in einem Tal fordert bei der Aufschüttung wieder eine Ebene ohne randlich sichtbare Böschungen. Steinbruchhalden müssen sich an den ursprünglichen Hang mit gleicher Böschung anschließen, Dämme sind flach auszuziehen und oben abzurunden.

d) Einschnitte müssen flache, oben und unten ausgerundete Böschungen erhalten.

e) Gesteinsreste, die neben Einschnitten, Mulden, die neben Dämmen liegengeblieben sind, sollen abgetragen bzw. aufgefüllt werden, um den Anschluß an die Landschaft zu erreichen.

f) Der lebendige kostbare Mutterboden darf nicht zugedeckt oder verschleudert werden. Wunden in der Landschaft oder Neuanschüttungen sind mit Mutterboden zu heilen.

g) Wo neue Ausschüttungen, Abraum- und Bergbauhalden als selbständige Körper in Erscheinung treten, da dürfen sie nicht den Charakter des Zufälligen an sich tragen, sondern sollen planmäßig geformt und begrünt werden.

*5. Leitsätze für technische Bauten in der Landschaft.*

a) Ein technisches Bauwerk (wie Kraftwerke, Silos, Staumauern, Brücken, Bahnhöfe oder Fabriken) soll seinen Sinn klar und sichtbar zu erkennen geben, ohne jedoch die inneren Organe, Röhren, Maschinen usw. wie Eingeweide zu zeigen. Es gibt eine Grenze der Wohlanständigkeit für das sichtbare Herausstellen der Zweckeinrichtungen, die z. B. von Baggerwerken nie eingehalten werden. Wohl aber darf das technische Gesetz die Grundlage und Tonart der Gestaltung angeben. Nur so entsteht „technische Schönheit". Klare Ordnung und Rhythmus (z. B. bei Hochöfen) können zu monumentalen Wirkungen führen. Ein Bahnhof ist kein Bauernhaus und ein Transformator kein Gartenhaus.

b) Jeder Werkstoff kann — richtig verwendet und gestaltet — gut wirken, nämlich wenn er dem Bauwerk und dem Zweck angemessen ist. Die Oberflächenbehandlung bei Beton (z. B. Abschlagen der Oberhaut bei Brücken der Autobahn) ist sehr wichtig, die Farbe oder der Verputz bei anderen Bauten. Naturstein vermag die Schönheit und Heimatlichkeit technischer Bauten über das bloß Zweckmäßige weit hinauszuheben. Handwerklich gutes lagenhaftes Mauerwerk ist überhaupt für alle Bauten von allergrößter Wichtigkeit (7).

c) Bei technischen Bauten, soweit die Statik Spielraum läßt, sind die Verhältnisse auch der Teile zum Ganzen besonders wichtig, desgleichen Lage und Verhältnis zur Landschaft und zu den umgebenden Bauten.

d) Für technische Bauten gelten Werkbundgrundsätze. Jedes Schmücken im kunstgewerblichen oder stilistischen Sinn ist verfehlt. Fabriken mit Zinnen und Türmen wie an Burgen sind uns ein Greuel.

e) Das Wohnhaus freilich soll nicht technisch wirken. Es ist keine „Wohnmaschine".

f) Ein besonderes Sorgenkind sind die mit Hilfe von Naturstein-Trockenmauern so wunderbar gestalteten Weinberge, weil die Betonmauer sich mehr und mehr eindrängt und die Harmonie dieser am stärksten umgestalteten Kulturlandschaft empfindlich stört.

*6. Leitsätze für Hochbauten in der Landschaft.*

a) Jedes Gebäude soll seine Zweckbestimmung mit Geschmack zur Schau tragen: das Schulhaus, das Rathaus, das Krankenhaus, die Sporthalle, das Geschäftshaus, die Bank, das Kaufhaus, die Kirche, das Totenhäuschen, vor allem aber das Wohnhaus als die Burg der Familie.

b) Die Nachahmung historischer Stile ist glücklich seit der Jahrhundertwende überwunden.

c) Das überlieferte Bauernhaus hat keinen Stil in diesem Sinn, es ist ein in Wind und Wetter, sowie betriebstechnisch erprobter, immer wieder neu angepaßter Zweckbau landschaftlicher Prägung. Man spricht daher mit Recht von „Hauslandschaften", die das Gesicht einer Landschaft wesentlich bestimmen. Das gleich geneigte Dach ist es, das unsere Dörfer und alten Städte ebenso zu einer wundervollen und doch mannigfaltigen Einheit zusammenbindet, wie das flachere Dach in Italien oder das Haus ohne Dach im Orient und in Arabien es tut. Wesentlich ist die Einheit der Motive, die sich versammeln. Es gibt keinen triftigen Grund, die „heimische Bauweise" grundsätzlich aufzugeben, wohl aber sie an die Gegenwart und ihre Möglichkeiten anzupassen und sie weiterzuentwickeln.

d) Auch hier gilt es, die Tradition zu wahren; denn „ohne Tradition ist man Barbar". Ihre Preisgabe würde zum Zerfall unserer harmonischen Landschaften führen und ihre zukünftige Entstehung unmöglich machen. Die Landschaftspflege hat also auch in dieser Hinsicht eine ausgesprochen heimatliche Tönung und schlägt die Brücke vom Naturschutz i. e. S. hinüber zum Heimatschutz.

## III.

*Die kulturelle Bedeutung der Landschaftspflege.*

1. Wenn darüber kein Zweifel möglich ist, daß der menschliche Anbau in einem Verhältnis gesetzmäßiger Abhängigkeit zu den Naturgegebenheiten steht (sofern in Gewächshäusern nicht ein künstlicher Boden und ein ebenso künstliches Klima geschaffen werden), so ist die Rückwirkung der Umwelt auf den Menschen, auf das kulturelle Schaffen und auf die leiblich-seelische Gesamtlage der Bevölkerung eines bestimmten Landschaftsraumes weit schwerer zu fassen und durch Tatsachen zu belegen. Grimms Märchen können freilich etwa in Berlin nicht entstanden sein, aber doch entstand das Stuttgarter Hutzelmännlein von E. Mörike in dem damaligen noch wenig industrialisierten und ländlichen Stuttgart. Des „Knaben Wunderhorn" ist als Schöpfung eines technisierten und „durchschulten" Volkes von heute undenkbar. Die Welt ist entzaubert, und die Kunst geht einer sicheren Verstädterung entgegen. Gewiß haben wir mit Recht die Schranken, die etwa Winkelmann oder Lessing in seinem Laokoon der bildenden Kunst setzte, eingerissen. Der Künstler soll und darf alle Seelenregungen darstellen, soweit sie nicht schamlos sind. Nur jenseits der Würde des Menschen beginnt das Bedenkliche. Auch jeder Werkstoff kann künstlerisch gestaltet werden, aber nicht jeder hat für jedes gleiche Eignung und gleichen Wert. Alles kulturelle Schaffen legt Zeugnis ab von der Harmonie der Disharmonie, dem Reichtum und der Armut an ausstrahlenden Naturkräften, die eine Landschaft noch besitzt. So wie es in den Großstädten den Asphalttrotter gibt, so gibt es auch den Café-Literaten, und er beherrscht nicht selten die Zeit und den Geschmack. — Der Garten Eden war schon ein Obstgarten; denn sicher hat Eva dem Adam keinen Holzapfel gereicht. So spiegelt sich also in Märchen und Sage, Dichtung und Mythus, bildender Kunst und Architektur wider, in welchem Maß und mit welcher Kraft die Natur noch wirksam oder aber von der Großstadt überdeckt ist. Man vergleiche etwa Adalbert Stifter mit neueren amerikanischen Schriftstellern, die aus und für die Großstadt schreiben und ein völlig falsches Bild vom amerikanischen Volk selbst geben. Wenn Tacitus von den Alemannen sagt, daß sie die römischen Städte bei der Landnahme im Südwestdeutschen Raum zerstört haben, weil sie ihnen wie „Gräber, die mit Netzen umgeben seien", vorkommen, so ist damit der Mensch einer Wald- und Parklandschaft treffend charakterisiert.

2. An *Volkslied* und Lyrik eines Volkes erkennen wir das Verhältnis der Menschen zur Natur und Landschaft. Wald und Heide, Jagd und Fischerei, Vogel und Falter, Hirsch und Reh, aber auch Rosenstock und Holderstrauch, Veilchen und Nelke, Hecke und Baum, Berg und Tal, Bach und See kehren im Gesang des deutschen Volkes immer wieder.

3. Naturformen sind in den Ornamenten der Romantik und der Gotik verwertet. Wie anders malen die Italiener der Frührenaissance als ihre Zeitgenossen Albrecht Dürer oder die Altniederländer! Und haben nicht deutsche Maler erstmals die Landschaft nicht mehr nur dekorativ und stilisiert als Hintergrund verwendet, sondern sie selbst verherrlicht, vergeistigt, ja heroisiert! Altdorfer, Cranach, Dürer, die Holländer, Moritz Schwind, Ludwig Richter, K. D. Friedrich, Ferd. Waldmüller und Ludwig Thoma, auch Böcklin und Hodler sind nur in deutschen Landen denkbar. „Wahrhaftig stecket die Schönheit in der Natur, wer sie heraus kann reißen, der hat sie", sagt Albrecht Dürer.

4. Die deutsche Landschaft lebt aber auch in der deutschen *Musik*, in der Pastorale von Beethoven, in den Liedern von Franz Schubert, im Freischütz

von K. M. von Weber und im Nibelungenring von Richard Wagner, der ein gewaltiges Epos der Natur ist mit all ihren Urkräften: Wasser, Feuer, Luft und Erde.

5. Walther von der Vogelweide, Goethe, Uhland, G. Keller, Eichendorff, Th. Storm, Ed. Mörike, Peter Rosegger, Hermann Löns, Adalbert Stifter sind in einer mittelmeerischen oder südrussischen Landschaft nicht zu denken. Die Landschaftsverherrlichung bei Hölderlin grenzt fast schon an religiöse Anbetung. Über Goethes Verhältnis zur Natur sind viele Werke geschrieben worden.

*

Der Mythus von den goldenen Äpfeln der Göttin Freia, die den Göttern ewige Jugend sichern, mag dem Sinne nach für die Landschaft gelten, in der ein Volk alle die Kräfte findet, um sein Wesen und seine Tugenden entfalten zu können.

Inwieweit seßhafte Menschen infolge von Auslesewirkungen der Umwelt im Lauf der Jahrhunderte geformt worden sind, so daß die einzelnen Spielarten der deutschen Stämme oder etwa der Unterschied von Nord- und Süddeutschen unter solchen Einflüssen sich entwickelten oder der Gegensatz von Mitteleuropäer und Mittelmeermensch oder die Verschiedenartigkeit von Gebirglern und Ebenenbewohnern erbmäßig bestimmt wurden, ist schwer zu beweisen. Sicher aber ist, daß das Landschaftliche, besonders der Wald, die Berge oder das Meer den *Erscheinungstypus* sehr stark beeinflussen und formen.

Wenn wir an die Landschaftsgestaltung über das Wirtschaftliche und Zweckmäßige hinaus raumkünstlerische oder schönheitliche Forderungen stellen, so tun wir es deshalb, weil die Landschaft als harmonisches Kunstwerk in den verschiedensten Graden bewußter Ordnung der Dinge die Naturlandschaft in ihrer Wirkung auf den Menschen ersetzen, ja diese noch steigern kann, wenn auch die jeweiligen Werte auf verschiedenen Ebenen liegen und Natur niemals ersetzt werden kann, das Naturschöne niemals dem Kunstschönen gleichzusetzen ist. Denn Kunst in der Landschaft ist bewußte Ordnung der Natur im räumlichen Sinn, nicht Naturimitation, sie ist die Herstellung eines harmonisch räumlichen Verhältnisses zwischen Menschenwerk und Landschaft.

## IV.

### *Die Landschaftspflege im einzelnen und wirtschaftlich gesehen.*

Weite Volkskreise werden besonders in den Zeiten der heutigen Not und der Raumenge, die über das deutsche Volk verhängt worden ist, nur die wirtschaftliche Seite des Naturschutzes ernst nehmen und seine ideellen also wissenschaftlichen, ästhetischen, ethischen, kulturellen und allgemein-menschlichen Motive und Ziele für bedeutungslos ansehen, obwohl uns äußere Armut niemals, wohl aber geistige Armut und Verkümmerung zu Fellachen machen kann. Sei's drum! Die wirtschaftliche Bedeutung ist groß genug, um sie sehr ernst zu nehmen.

#### *1. Die Landwirtschaft und die Gestaltung der Flur.*

Der Streubesitz der Landwirte an kleinen Flurstücken innerhalb der Markung erfordert einen großen Kraft- und Zeitaufwand bei der Bewirtschaftung, dem kein entsprechender Nutzen gegenübersteht; auch gestatten die kleinen Acker- und Wiesenflächen meist den heute notwendigen Einsatz von Maschinen nicht. Die Güterzusammenlegung ist daher aus wirtschaftlichen Gründen notwendig. Dazu kommt, daß mit der Umlegung regelmäßig eine bessere Erschließung der Felder durch zweckmäßige Weganlagen und unter Umständen Bodenverbesserungen durch Entwässerung und andere Maßnahmen verbunden sind. Die Notwendigkeit auch dieser Eingriffe ist in bestimmtem Rahmen nicht anzuzweifeln. Dies ist die grundsätzliche Einstellung von Naturschutz und Landschaftspflege zu den beabsichtigten umfassenden Umlegungen, die zur Steigerung des Ertrages und zur Verbilligung der landwirtschaftlichen Erzeugnisse führen wollen.

Doch dürfen die Umlegungen weder in veralteter und überholter Weise bloß nach vermessungstechnischen Gesichtspunkten noch auch zu einseitig nach landwirtschaftlichen Wünschen durchgeführt werden, da an der Gestaltung der Flur das Volksganze stark beteiligt ist. Nimmt doch die offene Flur etwa $^{2}/_{3}$ unseres Bodens ein. Sie ist weithin der Erlebnis- und Erholungsraum besonders der in Industrie, Handwerk und Büro arbeitenden Menschen. Auch dürfen die Reste von natürlichen Erscheinungen in der Landschaft nicht ausgetilgt, die heimischen Pflanzen und Tiere nicht ausgerottet werden. Ganz abgesehen von Jagd und Fischerei sind wir als Kulturmenschen der Natur solche Rücksichten schuldig. Sie dankt uns dies, indem sie uns erfreut und uns sogar wesentliche Hilfsstellung bei der Wirtschaft selbst gewährt. Es müssen daher die natürlichen Gegebenheiten und Möglichkeiten, wie Geländegestaltung und Wasserläufe, Hecken, Gehölze und Bäume, Wälder und Reste unberührter Natur — alles zugleich Standorte und Stützpunkte der heimischen Tier- und Pflanzenwelt — mit den nützlichen Zweckformen der Wirtschaft und Technik in Einklang gebracht und aufeinander abgestimmt werden. Die Mitarbeit des Naturschutzes im weitesten Sinn ist daher bei Umlegungen unerläßlich.

Als allgemeines Ziel muß gelten, daß die umgelegte Flur nicht bloß zweckmäßig, sondern auch schön, nicht bloß geordnet, sondern auch biologisch gesund bleiben oder wieder werden soll, was nur im Bunde mit den naturgegebenen Kräften möglich ist. Nur wenn die landwirtschaftliche Technik sich diese Grundsätze zu eigen macht und sie bejaht, wird der Rat und die Mitarbeit der Beauftragten für Naturschutz und Landespflege entsprechende Früchte tragen. Dies kann erreicht werden, ohne daß der erstrebte wirtschaftliche Zweck der Umlegung nennenswert beeinträchtigt wird, ja die Beachtung der biologischen Zusammenhänge ist geradezu die Voraussetzung für eine wirklich nachhaltige Verbesserung. Die Aufgabe ist aber nicht leicht; sie verlangt kritischen Blick für das Mögliche und umfassende Sachkenntnisse, sowohl Einsicht in die naturgesetzlichen Bedingungen und den Sinn für den gesamten Organismus einer Landschaft wie auch Verständnis für die Notwendigkeiten des Lebens und der Wirtschaft.

Den schwersten und heikelsten Eingriff in die Landschaft bilden, vom Standpunkt des Natur- und Landschaftsschutzes aus betrachtet, bei allen Umlegungen die im Rahmen des Bereinigungsverfahrens vorgesehenen Korrektionen von Gewässern. Der verbesserte Bach- oder Flußlauf soll die Achse des Tales bilden und womöglich der tiefsten Linie des Tales, in der Regel aber dem alten Bett in großen Zügen folgen. Der natürliche Uferbewuchs soll so weit als möglich, unter Umständen nur auf einer Seite, erhalten bleiben. Die Bachgehölze sind mit die wichtigsten Landschaftsbestandteile in der Flur. Je weniger sie angetastet werden, desto besser ist es für das Landschaftsbild.

*Bachverbesserung.* Zu der schon gestellten Forderung größter Naturnähe des verbesserten Bachlaufes und der teilweisen Erhaltung der Ufergehölze kommt als gestalterische Forderung hinzu, daß gerade Strecken und harte Winkel vermieden werden müssen, insbesondere in gewundenen engen Tälern. Der neue Querschnitt soll flache, oben ausgerundete Böschungen erhalten. Nach Möglichkeit sind Dämme zu vermeiden, der Aushub ist mindestens flach auszuziehen, um einen guten Anschluß an das natürliche Gelände zu erhalten. Unter Umständen dürfte das gründliche Ausräumen des Bachbettes unter Erhaltung des Bachgehölzes genügen. Wo ein größerer Querschnitt erforderlich erscheint, soll wenigstens der natürliche Uferbewuchs auf einer Seite da erhalten werden, wo das alte Bett nur verbreitert und vertieft wird. Auf der anderen Seite sollen geeignete, in der Gegend beheimatete Bäume und besonders Buschgruppen in unregelmäßigen kleinen und größeren Abständen über der Hochwassergrenze nachgepflanzt werden.

Die Vertiefung des Bettes bedeutet eine Senkung des Grundwasserspiegels in der Nähe des Wasserlaufs. Der rasche Abfluß von Hochwasser erschwert eine Auffüllung der Wasservorräte im Boden, die allerdings nur auf sandigem oder kiesigem Untergrund stattfindet. Die Mittel- und Niederwasser gehen ebenfalls zurück, so daß in dem großen Kunstbett oft lange Zeit nur eine dünne Wasserschicht zu sehen ist. In Trockenzeiten sind oft die feuchteren Talwiesen mit höherem Grundwasserstand die einzigen, die Futter geben, sofern sie nicht rettungslos versumpft sind. Besonders nachteilig wirken sich aber Bachverbesserungen im Ober- und Mittellauf aus, weil dann die Hochwasser um so verheerender im Unterlauf auftreten. Zum mindesten für diesen Fall, aber wahrscheinlich ganz allgemein, ist die zu rasche und zu gründliche Wegleitung des Wassers im ganzen gesehen nachteilig; so vorteilhaft sie sich auch im einzelnen zeitweilig und örtlich auszuwirken scheint. Es ergibt sich daher zwangsläufig der Wunsch, der kulturtechnische Wasserbau möchte noch mehr als bisher Bachpflege treiben, die Hindernisse für den Wasserabfluß ausräumen und das Bachbett säubern und vertiefen, damit das natürliche Bild des Baches im Tal erhalten bleibt, der Abfluß des Wassers ohne Überschwemmung — abgesehen von besonderen Fällen — ermöglicht und das Wasser länger im Land gehalten wird. Dies ist besonders in Gebieten nötig, die einen geringen durchschnittlichen Jahresniederschlag haben. Will man bei geringer Wasserführung das Wasser länger zurückhalten oder es gar zur Bewässerung verwenden, so bietet sich als Ausweg der Einbau von „Schützen" in den regulierten Bachlauf, ähnlich wie bei Wässerwiesen, die dann bei Hochwasser gezogen werden.

Die Ausdehnung des Ackerbaus auf die Tallandschaften ist unnatürlich und entspringt einer Notlage, ist aber auf die Dauer unzweckmäßig und unwirtschaftlich. Die Entwicklung wird rückläufig sein, und der Ackerbau wird dort wieder durch die Grünlandwirtschaft und eine gesteigerte Viehzucht z. T. abgelöst werden. Wiesen im Tal sind landschaftlich erwünscht und halten das Wasser besser zurück. Die bloße Bachpflege hat den großen Vorzug, daß sie billig ist und daß das natürliche Wurzelwerk der Stauden, Sträucher und Bäume die Ufer schützt und selbsttätig Wunden besser und dauerhafter schließt als selbst Beton.

Wo aber ein neues Bett unvermeidlich ist, muß auf die Verwendung von Naturstein anstatt Beton zur Sohlen- und Böschungsbefestigung größter

Wert gelegt werden. Sehr haltbar an den Böschungen, soweit sie aus dem Mittelwasser herausragen, hat sich die Befestigung mit Rasenstücken erwiesen. Natursteine können auch mit Erde unter Einsatz von Grassamen versetzt werden. Sämtliche verbesserte Bäche sind auf beiden Seiten unregelmäßig mit Kanadischen Pappeln, Weiden, Erlen, Eschen und Ufergebüschen zu bepflanzen. Die nötigen Pflanzungsstreifen sind — wie das Bachbett — aus dem Privateigentum auszuscheiden. Vor der Anpflanzung von Ufergehölzen ist das zuständige Wasserwirtschaftsamt wegen der Rücksichtnahme auf etwa vorhandene Dränstränge zu hören. Wege, die am Ufer entlang laufen, müssen so großen Abstand halten, daß eine Bepflanzung zwischen Weg und Bachbett noch möglich ist. Bachübergänge, Wehre u. dergl. sollen besonders betont werden.

*Wegführung und Flureinteilung.* In weiten Ebenen wäre bei der Wegführung, der Aushebung von Wassergräben und der Abgrenzung der Grundstücke das Abweichen von der Geraden eine sinnlose Spielerei. Dagegen ist im hügeligen Gelände von der alten, mit der Hand und dem Pflug ertasteten Linienführung auch heute noch viel zu lernen, ja, im Grundsatz muß bei der Neueinteilung der Felder das alte Bild vereinfacht nachgeahmt werden.

Die alten, landschaftlich und meist auch verkehrsmäßig gut geführten Hauptfeldwege, die meist befestigt sind, wird man ohnehin in die umgelegte Flur herübernehmen. Unsere bäuerlichen Vorfahren pflügten am Hang nach den Höhenkurven, auf flach geneigtem Gelände gelegentlich auch senkrecht dazu. Durch das Pflügen der Äcker am Hang im Lauf der Jahrhunderte in derselben Weise entstanden meist von selbst zwischen den Äckern Böschungen oder Raine, meist mit Wildhecken bestanden. Auf diesen Grenzstreifen wurden auf der Alb und im Muschelkalkgebiet die Lesesteine als Steinriegel abgelagert. (Besonders große, meist steil am Hang stehende Steinriegel finden wir in den Weinbergen des Muschelkalkgebietes.) Daher kommt es, daß in diesen alten Feldfluren Landschaft, Natur und Menschenwerk einen so schönen Dreiklang bilden und die Landschaftsformen vom Menschen geradezu nachgefahren und herausmodelliert erscheinen. Die alten Feldfluren waren „Heckenlandschaften" und die neuen sollen es — aus den oben angeführten wirtschaftlichen und biologischen Gründen — bleiben oder wieder werden, wenn auch in größeren Formen und größerer Weiträumigkeit. Dabei soll bei der Vermessung der Grundstücke nicht der bequeme Weg der geradlinigen Grenzziehung gewählt, sondern in Anpassung an das Gelände möglichst der Höhenkurve und der Senkrechten dazu nachgefahren werden. Die Handarbeit wird man in der neuen Flur nicht mehr durchspüren, aber der Einklang mit der Landschaft muß gesucht und gefunden werden. Das letzte Prozent Ödland mit Strauch und Baum wird es dabei sein, was den Erfolg wesentlich beeinflußt und steigert, was die Landschaft biologisch und klimatisch gesund erhält. Was daher an alten Hecken und Rainen erhalten und in die neue Flur herübergenommen werden kann, muß der bereinigten Flur landschaftlichen Halt und Gliederung geben. Wo aber die Heckenstreifen fehlen, sind sie neu zu schaffen und mit den alten zusammen möglichst mit einer Dienstbarkeit im Grundbuch zu belasten, als Landschaftsteil zu schützen oder am besten in Gemeindebesitz überzuführen. Jetzt ist die Gelegenheit da, begangene Fehler wieder gut zu machen und mit den Hecken auch dem Vogelschutz zu dienen.

Es sind planmäßig neue Landschaftsbestandteile, Hecken und Feldgehölze auf allen Flächen des Umlegungsgebietes anzupflanzen, die landwirtschaftlich wenig nutzbar sind und nur mit unverhältnismäßigem Aufwand in Kultur genommen werden können (Böschungen, aufgegebene Hohlwege, aufgelassene Steinbrüche, Mergelgruben usw.). Das Ziel einer biologisch ausgerichteten Umlegung muß sein, einen kleinen Anteil (2—3%) der Gesamtfläche für derartige Zwecke vorzusehen, und zwar auch da, wo von Haus aus wenig Hecken in der Landschaft vorhanden sind. In diesen vielfach sehr wind- und frostgefährdeten Gebieten müssen neue Windschutzstreifen angelegt und planmäßig durch die Flur, besonders entlang von Wegen, gezogen werden. Etwaigen Geländeverlusten steht ein weit höherer Ertragszuwachs (bis zu 25%) gegenüber.

Bei jeder Umlegung sollte untersucht werden, ob nicht durch geeignete Maßnahmen örtliche Klimaverbesserungen erreicht werden können. Es bieten sich hier Möglichkeiten, die nach Umfang und Wirkung noch kaum ausgenützt sind. Zu denken ist vor allem an die Minderung örtlicher Frostgefahr durch Einfügung temperaturausgleichender Wasserflächen, Abriegelung oder Ableitung geländebedingter Kaltluftströme, Anlage von Windschutzstreifen, Schutzhecken gegen Schneeverwehungen usw.

Alle einseitigen, scheinbar zweckmäßigen Maßnahmen, die den Charakter der einstigen Waldlandschaft völlig auslöschen und damit zugleich die landschaftliche Schönheit unserer Heimat zerstören, können nicht das richtige sein. Wir verlangen vom Techniker, daß er biologisch, landschaftlich, kulturgeschichtlich und nicht bloß technisch-wirtschaftlich denken kann. Die Feldmeßkunst soll auch eine wirkliche Kunst sein, d. h. das stetige Bemühen, aus der Flur im ganzen, aus jedem Wegebau und jedem verbesserten Bach ein schöpferisches Einzelwerk zu machen, das der Landschaft angepaßt ist, wie ein gutsitzender Anzug. Das Netz der neuen Linien muß der Landschaft somit „angemessen" sein.

Jeder schollenverbundene Bauer hat im Winkel seines Herzens noch eine heimliche Liebe für wilde Rosen und andere Sträucher, für die alte Linde in der Wegegabel, unter der er in der Ernte rasten und „vespern" kann. Er weiß auch, daß er in all seinem Tun abhängig ist von der Natur, daß Hecken das Klima seines Ackers, seines Obstgutes und Gartens verbessern, und daß der Wald kalte Winde und damit den Frost von seinem Weinberg abhält. Er weiß auch von der Bedeutung des Vogelschutzes.

Diese Forderungen stellen sich nicht gegen die Umlegung, ihre Erfüllung gehört vielmehr zu einer modernen Feldbereinigung. Nur im Zusammenwirken von Technik und Landschaftspflege kann die organische Einheit einer technisch und biologisch verbesserten Kulturlandschaft geschaffen werden, in der bei aller Sachlichkeit noch so viel Natur erhalten bleibt, als zur inneren Gesundheit und heimatlichen Wirkung der Landschaft notwendig ist.

*

Welche Bedeutung der *Mutterboden* für die Schließung landschaftlicher Wunden hat, wurde oben schon ausgeführt. Nur auf Mutterboden gibt es einen landwirtschaftlichen Ertrag. Die Böschungen entlang der Autobahn geben Heuernten wie auf den besten Wiesen. Auf nacktem Boden, wenn es nicht gerade Kalk- oder Sandsteinfels ist, wachsen nur sog. Pionierpflanzen und die Vorläufer des Waldes. Die Bildung von Mutterboden oder Waldhumus braucht aber sehr lange Zeit, wenn man etwa vom Löß absieht.

*

Das *Klima der untersten Luftschicht* bis zu 2 m Höhe heißt *Geiger* (14) mit Recht das Pflanzenklima. Die Pflanzen gedeihen am besten in Luftruhe. Bewegte Luft bläst die düngende Kohlensäure, die bei der nächtlichen Atmung der Pflanzen und bei der Oxydation von Humusstoffen im Boden entsteht, ab, desgleichen den Wasserdampf, der am Boden reichlicher vorhanden ist. Ja, trockene Winde saugen die Kohlensäure und das Wasser sogar noch aus dem Boden heraus. Die Bauern sprachen früher von „Aushagerung". Auch der Wald braucht Luftruhe zum Wachstum. Darum legt der Forstmann so großen Wert auf geschlossene Waldränder. Was aber tut der Bauer? Er haut die Hecken im Feld ab als lästiges Unkraut und dabei sind sie seine besten Helfer, nicht bloß auf dem Gebiet der Vogelhege. Die Hecken rauhen die Erdoberfläche auf und bremsen den Wind ab, auch da, wo der Wald fehlt. (Die Luftruhe im Wald oder am Waldrand im Windschatten selbst bei Sturm kennt jedermann.) Dieselbe Wirkung in geschwächtem Maß haben Alleen, Gehölzstreifen und Hecken, aber auch Mauern, Bretterzäune, Erdwälle, Steinriegel, Matten und Reisig. Der Gärtner weiß davon, der Bauer anscheinend nicht. *Wölfle* (15) hat an Versuchen gezeigt, daß feste Hindernisse wie Mauern, Häuser, Wälle, aber auch geschlossene Nadelholzwände zwar auf der Luvseite ein ruhiges Luftkissen und auf der Leeseite einen windstillen Raum bewirken, daß aber darüber die Luft hinwegsaust, zu Boden fällt und dort heftige Wirbel bildet. Am besten sind Laubhölzer, Gehölzstreifen aus Bäumen und Sträuchern, durch welche die bewegte Luft hindurchstreicht und infolgedessen abgebremst wird, weil sie als Luftkämme wirken. Besonders günstig wirken Birken. Lücken sind ungünstig, da der Wind durch sie hindurchpfeift und die Luft zusammengepreßt wird. Am notwendigsten ist der Windschutz in der Nähe des Meeres, da dort Seewinde regelmäßig wehen, auf nackten Hochflächen und im Gebirge wegen der Heftigkeit der Winde. Entlang der atlantischen Küste sind daher seit alter Zeit die Wallhecken oder Knicks als Windschutz angelegt und bis heute erhalten worden. Sie stehen in Deutschland unter Landschaftsschutz. Erhaltung und Neuanlage von Windschutzgehölzen sind gleich wichtig. Es gibt große Gebiete, in denen auch nicht eine Hecke mehr steht. Dabei sind die Hecken nicht bloß ein Schutz gegen Aushagerung, sondern auch gegen Frost, der sowieso in erster Linie auch wieder Austrocknung ist. Die Frostschäden in Deutschland betrugen vor 1937 jährlich 500 Millionen Reichsmark. Heckenschutz ist vor allem für Garten-, Gemüse-, Beeren- und Obstanlagen klimatisch von unschätzbarem Wert, vom Vogelschutz ganz abgesehen.

Der Wind kann den Humus der Felder auch bei uns wegführen, sei es auf Lößgrund oder in Sandgebieten, nicht bloß in USA oder Südrußland oder China. Im Reg.-Bezirk Stade in Niedersachsen sind infolge der Abholzung von Alleen und Gehölzen zur Milderung der Brennstoffnot nach 1945 große Ackerflächen in Bewegung geraten, haben ihren Humus verloren oder sind mit Sand zugedeckt worden, so daß Millionenschäden entstanden. Im kultivierten Donaumoos ohne Windschutzanlagen ist der Moorboden wie Schnupftabak im trockenen Sommer 1947 in Staubwirbeln in die Höhe gehoben worden, so daß sich die Sonne verfinsterte. Daß in USA der Getreideboden im mittleren Westen von einer Fläche in der Größe von Frankreich und

Deutschland ganz oder z. T. weggeblasen und ins Meer geworfen wurde, ist bekannt: alles die Folge der völligen Verkahlung dieser Gebiete und des Umpflügens der einstigen Prärien.

Hecken, Gehölze und Wälder erhöhen auch die Luftfeuchtigkeit und ermöglichen in Trockenzeiten noch die Taubildung, ja selbst Niederschläge in Form von Regen. Tau ist aber für die Erfrischung und das Wachstum der Pflanzen von größter Wichtigkeit. Auch das Wegwehen des Schnees kann sich besonders in trockenen Gebieten nachteilig auswirken. Hecken verhindern es. Sie können selbst Schneezäune überflüssig machen. Doch diese Wirkungen gehören z. T. schon in den Zusammenhang des Wasserhaushalts, soweit nicht etwa mit dem Schnee Boden verweht oder andere Ziele wie Schutz von Straßen und Eisenbahnen angestrebt werden.

Außer für den Vogelschutz, der hier nicht weiter berührt werden soll, sind die Hecken die letzte Zuflucht für viele andere Tiere und ein Schutz für das Weidevieh und die Schafe gegen Wind und Wetter und gegen die Sonnenhitze. Auch Heilstoffe und Vitamine können gewonnen werden, und die Bienenweide wird gefördert. Die Wirkung der Hecken und Gehölze hängt von ihrer Breite und Höhe ab. Bei einiger Geschlossenheit wirkt ein Windschutzgehölz sehr stark auf die Beruhigung der bodennahen Luftschicht ein. Es kommt darauf an, in welchem Grad das Gehölz noch durchblasen wird, d. h. in welcher Geschwindigkeit die Luft das Gehölz verläßt. 50 m breite Gehölze können wir uns nicht leisten wie die Russen und Amerikaner. Über 5 m Breite werden wir kaum hinausgehen. Da West- und Ostwinde bei uns vorherrschen, sind Windschutzstreifen besonders in Nordsüdrichtung nötig. Auf der Leeseite wirken sie auf das 15—20 fache der Höhe, auf der Luvseite auf das 5—10 fache. Daraus kann man berechnen, wie in einer Flur die Hecken angelegt werden sollten. Selbstverständlich wird man die Arten nach pflanzensoziologischen Gesetzen auswählen. Im allgemeinen genügt es, wenn der Wind um $^3/_4$ seiner Geschwindigkeit abgebremst wird.

Es seien nur noch einige Belege angeführt. In Nordjütland ist durch planmäßigen Einbau von Windschutzstreifen seit 1870 der Jahresniederschlag von 600 auf 770 mm gestiegen, die Luftfeuchtigkeit um 7 Prozent.

In der Rhön (16) wurden gleiche benachbarte Flächen mit und ohne Windschutz mit Kohl bepflanzt und der Ertrag verglichen. Auf der windgeschützten Fläche war der Ertrag doppelt so groß.

In der Flensburger Förde wurde unter denselben Umständen bei Gemüse ein Verhältnis 2 : 1, bei Tomaten 4 : 1 erzielt.

Besonders aufschlußreich sind die Beobachtungen von *Olbrich* (17) in der Ukraine, die beweisen, daß auch für Getreide und Mais Entsprechendes gilt. Die Durchschnittserträge steigerten sich in der Getreidesteppe um 20 — 25 Prozent. Eine entsprechende Steigerung wäre auch in vielen Gebieten bei uns zu erwarten.

Die Holznutzung in den Windschutzanlagen fällt bei den Brennholzpreisen heute auch wirtschaftlich ins Gewicht, so daß die Flächen — ganz abgesehen von ihren allgemeinen Nebenwirkungen — gar nicht ertraglos sind.

Man sieht, daß die Harmonisierung der einzelnen Kräfte in Boden, Wasser und Luft aus wirtschaftlichen Gründen notwendig ist. Damit wäre aber auch schon viel, ja das meiste für die darüber hinausgehenden höheren Ziele der Landschaftspflege erreicht.

*2. Die Forstwirtschaft.*

Der Wald hat unter der Forstwirtschaft lange genug gelitten. Es gab Zeiten, als die Wissenschaft noch in den Kinderschuhen steckte, daß man glaubte, man könne die Methoden der Landwirtschaft, nämlich die Reinkultur, auch auf den Wald nach Belieben anwenden. Man vergaß aber dabei, daß die Landwirtschaft mit den Kulturen wechselt und den Boden düngt und bearbeitet. So entstanden vor allem die reinen Kiefernwälder in Norddeutschland (18) auf Eichen- und Eichen-Birken-Böden, die reinen Fichtenwälder in Mittel-, West- und Süddeutschland auf Laubmischwald-, z. T. auf Buchenwaldböden wie bekannt mit teilweise katastrophalen Bodenverschlechterungen und Mißerfolgen, zuletzt begleitet von Borkenkäfer- und Dürreschäden. Auch die „Ausländer“ haben sich im deutschen Wald kaum bewährt. Weitschauende Waldbesitzer und biologisch denkende Forstleute haben die Gefahren längst gesehen. Die moderne Pflanzensoziologie und die Bodenkunde haben vielen erst die Augen geöffnet. Doch hat sich im Grundsatz jetzt die Forderung des „naturgemäßen Wirtschaftswaldes“ allgemein durchgesetzt, wobei der bodenständige Laubwald und der Laub-Nadelholz-Mischwald an die Stelle der reinen Nadelholzwälder treten sollen. Zur Verbreitung dieser Gedanken haben *Otto Feucht* (19), *Schoenichen* (20), der Bahnbrecher der Pflanzensoziologie *J. Braun-Blanquet* (21) und seine Schüler (besonders *Tüxen* und *Schwickerath*), der Ausschuß zur Rettung des Laubwaldes im Deutschen Heimatbund (*Wilhelm Münker*) mit seinen zahlreichen Flugblättern und *K. Rubner* (22) beigetragen. In keinem Wirtschaftszweig ist die Abhängigkeit des nachhaltigen Erfolges von den ökologischen Gegebenheiten der Landschaft so früh erkannt worden und so offenkundig wie in der Forstwirtschaft. Hier kann also, wenn die begangenen Fehler in hundert Jahren wieder gut gemacht sind, das oben gesteckte Ziel wohl am vollkommensten erreicht werden, die mehr statisch wirkenden Naturkräfte mit den dynamischen Kulturkräften in Einklang zu bringen und die Wirtschaftslandschaft der im Geist rekonstruierten Naturlandschaft anzunähern. Mit Recht wird heute neben der Holzerzeugung der Erholungs- und Wohlfahrtswert des Waldes für das Volksganze, den Wasserhaushalt, das Klima und die Wuchskraft des landwirtschaftlichen Bodens nachdrücklich betont (23).

Eine sehr aktuelle Frage ist die der Düngung des Waldes, insbesondere mit Kalk.

Wie auf das Landschaftsbild bei der forstlichen Betriebsführung Rücksicht genommen werden kann, soll hier nicht weiter ausgeführt werden (24 u. 25).

*3. Wasserhaushalt und Wasserbau.*

Wasserhaushalt und Wasserbau sind sowohl wirtschaftlich wie für das Landschaftsbild überhaupt von allergrößter Bedeutung. Niederschlag und Grundwasser, Quellen und Bäche bestimmen den Pflanzenwuchs.

Die genaue Kenntnis des Wasserhaushaltes und jedes einzelnen Gewässers als Ganzes sind Voraussetzung für jede sinnvolle Nutzung und jeden Eingriff. Ohne diese Kenntnis werden Fehler gemacht und einseitige Maßnahmen durchgeführt. Ohne Wasser kein Leben. Es muß daher nach allen Richtungen genutzt, nicht weggejagt werden. Man darf sich aber weder auf zu trockene, noch auf zu nasse Jahre einstellen. Wald und Moor, aber auch Wiesen halten das Wasser von Natur zurück und speichern es zu langsamer Abgabe. Auch natürliche Seen können u. U. als Speicher wirken, nötigenfalls werden künstliche Speicher und Rückhaltebecken angelegt. Auch in Hanggräben kann das Wasser aufgefangen werden. Das Niederschlagswasser speist das Grundwasser und damit die Quellen, was besonders für die Wasserversorgung wichtig ist. Es muß auch alles geschehen, daß die Abschwemmung des Bodens und die zerstörende Erosion verhindert wird. Wenn auch hier wieder USA und Rußland Beispiele unerhörten Ausmaßes von Bodenabschwemmung und Erosion liefern, so ist doch auch in Deutschland viel Schaden zu verhüten, besonders im Hochgebirge, aber auch z. B. an Steilhängen auf Kalk und auf Schafweiden der Alb.

Welche Bedeutung die forstliche Wasserhaushaltstechnik einschließlich der Wildbachverbauung für die Forstwirtschaft hat, stellte *Eduard Kirwald* 1944 zusammen (20). Dort kann man über den Wasserhaushalt des Waldes alles Nähere nachlesen. Die Ergebnisse sind dieselben wie in der Waldschrift der „Decheniana", die oben schon angeführt wurde (23). Die Wälder verhindern den raschen Wasserabfluß an der Oberfläche. Sie wirken daher trotz der erhöhten Verdunstung als Wasserspeicher. In erosionsgefährdeten Gebieten, besonders im Gebirge, ist der Wald der beste Schutz. Über der Waldgrenze kann nur der natürliche Pflanzenwuchs einigen Schutz geben. Sehr spärlich kann sich hier die Beweidung durch Bergschafe auswirken.

Kirwald stellt ebenso wie viele andere (7) die Forderung eines naturnahen Wasserbaues und den weitgehendsten Einsatz von Stauden, Schilf und Rohr, Gebüsch und Baum, aber auch von Flechtwerk, Holz und Naturstein bei der Verbauung an Stelle von Beton. Hier springt besonders ins Auge, daß Zweckerfüllung und Schönheit sich keineswegs decken. Eine landschaftlich schöne Wildbach- oder Flußverbauung, eine Staumauer und ein Wehr müssen architektonisch-landschaftliche Forderungen erfüllen, die über die Zweckerfüllung hinausgehen und das Schönheitsbedürfnis befriedigen.

Die Erhaltung der Bachgehölze oder ihre sachkundige Wiederanpflanzung ist für die Landschaftsökologie und für die Landschaftsschönheit gleich wichtig.

Wasser nimmt die Wärme, besonders die Strahlungswärme, leichter auf als der Boden. Große Wasserflächen wirken daher im örtlichen Klima ausgleichend und bei Nacht als leichte Warmwasserheizung. Auch die Luftfeuchtigkeit wird erhöht.

Seen und Teich können bei sachgemäßer fischereilicher Bewirtschaftung zur Volksernährung den dreifachen Beitrag liefern wie dieselbe Fläche Grünland oder Acker. Auch sind sie Stützpunkte der Wasserpflanzen und Wasservögel.

Neuerdings wird nicht bloß von wasserwirtschaftlicher, sondern auch von kulturtechnischer Seite aus gefordert, das Wasser mehr zurückzuhalten und durch Anlage von Rückhaltebecken den Hochwasserschäden zu begegnen. Daß in der Ausführung von Bach- und Flußverbesserungen heute mehr Rücksicht auf das Landschaftsbild genommen, steife Gerade in Tälern vermieden, aufgeschüttete Dämme flach ausgezogen und auch sonst mit natürlichen Mitteln gearbeitet wird, ist allmählich zur Selbstverständlichkeit geworden.

4. Nur anhangsweise sei erwähnt, daß sich auch Straßen und Wege, Hochbauten aller Art, Siedlungen, Drahtleitungen, Sportplätze, öffentliche Anlagen, Kult- und Bestattungsplätze pflanzlich und in der Gestaltung dem höheren Gesetz der Landschaft unterordnen, gut und heimatlich und handwerklich gestaltet werden müssen. Verunstaltungen und Verunzierungen der Landschaft durch Ablagerungen von Müll und Kulturschutt zu verhindern, ist in der

Zeit der Blechkonserven und Gummischläuche eine besonders wichtige Aufgabe der öffentlichen Verwaltung, die dem Auskehren einer ordentlichen Stube vergleichbar ist. Man fragt sich oft, ob unsere Landschaft mit einer solchen Stube heute noch verglichen werden kann. Auch Reklame in der Landschaft darf unter keinen Umständen geduldet werden. Für den Warenmarkt und seinen öffentlichen Wettstreit ist die Landschaft als Gemeinbesitz zu gut.

Wissenschaft, Landschaftspflege und Landesplanung müssen im Einvernehmen daran arbeiten und mit den Bau- und technischen Behörden, mit der öffentlichen Verwaltung, der Land- und Forstwirtschaft, den Architekten und Landschaftsgestaltern u. a. erreichen, daß die Landschaft der Zukunft als Wohn- und Lebensraum des deutschen Volkes gesund und ertragreich bleibt, aber auch harmonisch und schön gestaltet wird, wie es eines Kulturvolkes in engem Raume würdig ist und in dem es seine Geisteskräfte entfalten kann.

*Schrifttum.*

[1] *Conwentz*, Hugo, Die Gefährdung der Naturdenkmale und Vorschläge zu ihrer Erhaltung, 1904.

[2] *Schoenichen* Walter, Wege zum Naturschutz. Breslau 1926. *Ders.*, Der Umgang mit Mutter Grün. Berlin-Lichterfelde, 2. Aufl. 1935.

[3] *Rudorff*, Ernst, Heimatschutz (1898 und neu bearbeitet 1926).

[4] *Schultze-Naumburg*, Paul, Die Gestaltung der Landschaft durch den Menschen, 1916 und in 2. Auflage 1922, Georg D. W. *Callwey*-München.

[5] *Schwenkel*, Hans, Naturschutz und Landschaftspflege, Ernst Klett 1927.

[6] *Schwenkel*, Hans, Grundzüge der Landschaftspflege, J. Neumann-Berlin 1938.

[7] *Seifert*, Alwin, Im Zeitalter des Lebendigen, 1941 Planegg vor München.

[8] *v. Krüdener*, A., Ingenieurwesen und Wasserbau, Wasserwirtschaft 1941.

[9] *Wiepking-Jürgensmann*, H. F., Die Landschaftsfibel, 1942.

[10] *Mäding*, Erhard, Landespflege, 1942.

[11] *Schoenichen*, Walther, Naturschutz, G. Fischer-Jena, 1942.

[12] *Lilienthal*, David E., Die Tennessee-Stromtal-Verwaltung, 1944.

[13] *Pfeiffer* Ehrenfried, Gesunde und kranke Landschaft, Alfred Metzner-Berlin, 1942.

[14] *Geiger*, Rudolf, Das Klima der bodennahen Luftschicht, Braunschweig, 1942.

[15] *Woelfle*, Max, Waldbau und Forstmeteorologie (Neumann-Neudamm 1939) und Hecken als Windschutzanlagen (Forstl. Zentralblatt 1938, 1939 und 1940).

[16] *Kreutz*, Agrarmeteorolog. Forschungen auf der Hohen Rhön, Gießen 1940.

[17] *Olbrich*, Anton, Windschutzpflanzungen, Hannover 1949.

[18] *Diepold*, Fritz, Fort mit dem Krüppelwald, 1945.

[19] *Feucht*, Otto, Naturschutz und Forstwirtschaft, 1928. *Ders.*, Der Wald als Lebensgemeinschaft, 1936.

[20] *Schoenichen*, Walther, Deutsche Waldbäume und Waldtypen, G. Fischer-Jena, 1933.

[21] *Braun-Blanquet*, J., Pflanzensoziologie, Berlin 1928.

[22] *Rubner*, K., Die pflanzengeogr.-ökologischen Grundlagen des Waldbaus, Neudamm 1934.

[23] Wasserhaushalt und Waldverwüstung, Decheniana, Band 103, 1948, Bonn.

[24] Über Landschaftspflege u. forstl. Betriebsführung, Reichsmin. Bl. der Forstverw. 1940 S. 52.

[25] *v. Vietinghoff-Riesch*, Forstliche Landschaftsgestaltung, Neumann, 1940.

[26] *Kirwald*, Eduard, Grundzüge der forstl. Wasserhaushaltstechnik, Neumann, 1944.

*(Professor Dr. H. Schwenkel, [14a] Ludwigsburg, Stuttgarter Str. 48.)*

---

## Über die volkskundlichen Rückzugsgebiete in Europa*.

Von

ERNST M. WALLNER.

Die folgenden Ausführungen stellen einen Versuch dar, das *Wesen* der volkskundlichen Rückzugsgebiete als Horte überlieferungsgebundenen urtümlichen Volkslebens zu bestimmen, zweitens ihren *heutigen Bestand* in Europa großräumlich aufzuzeigen, um schließlich in knappster Form die Problematik *moderne Zivilisation und Volkskultur* sowie einige neuere Gesichtspunkte zum *Aufgabenkreis* der Volkskunde zu erörtern.

### I

Faßt man ganz allgemein ein Rückzugsgebiet als volkskundlichen Forschungsgegenstand ins Auge, so ergeben sich unterschiedliche Betrachtungsmöglichkeiten, je nachdem, ob der Volkskultur oder ihrer Trägerschaft größere Aufmerksamkeit geschenkt wird.

Bei dem bisherigen starken kulturkundlichen Interesse innerhalb der deutschen wie auch der übrigen europäischen Volkskunde werden volkskulturelle Gesichtspunkte zumeist auch bei der Abgrenzung von Rückzugsgebieten geltend gemacht. Hierunter sind Landschaften zu verstehen, deren Volkskultur durch ihr Beharren in älteren Zuständen ein von anderen, z. T. benachbarten Gegenden abweichendes Gepräge aufweist. Es sind Landschaften, die von bestimmten Kulturwellen nicht erfaßt worden sind, mithin Überlieferungen bewahren, die ander-

* Herrn Professor Dr. Adolf Bach, Bonn, zum 60. Geburtstag gewidmet.

wärts Neuerungen weichen mußten. Von Mitteleuropa unterscheidet sich etwa der europäische Südosten durch ein urtümlicheres volkskulturelles Gefüge oder, um in deutscher Umgebung zu bleiben, zeigt der Schwarzwald Kulturformen, die sich in der Rheinebene verloren haben.

Aber Volkskultur ist Lebensäußerung! Es ist der Mensch, der durch sein spezifisches Verhältnis zum Kulturgut mit- oder umgestaltend eingreift, das volkläufige Gut erlebt, bewahrt oder als überholt abstreift [1]. Wie sich daher die Volkskunde nicht in einer reinen Volkskultur-Kunde oder Volkskultur-Geschichte erschöpfen kann, sondern ihre Erfüllung erst in einer Volkslebens-Kunde findet, so ist auch bei der Erforschung der Rückzugsgebiete der Blick nicht auf das volkskulturelle Objekt allein zu richten, sondern es bedarf einer Würdigung des Menschen als Glied einer volkskulturellen Lebensgemeinschaft [2], als Träger volkstümlichen Kulturgutes, demgegenüber ihn eine ganz bestimmte geistig-seelische Haltung auszeichnet. Jedenfalls ist diese komplexe Betrachtungsweise für die Erhellung unseres Problemkreises von ausschlaggebender Bedeutung.

## II

Der Begriff des Rückzugsgebietes, wie wir ihn im europäischen Gesamtzusammenhang zu fassen versuchen, ist zunächst nach drei Seiten einzuschränken:

Erstens geht es nicht um Rückzugslandschaften als Fluchträume für Restgruppen der Menschheit, für abgedrängte volkliche Einheiten, die dem Druck stärkerer Völkerschaften weichen und sich in unwegsame Gebirgsmassive, Dschungeln oder Tundren zurückziehen mußten [3], wie etwa die Weddas auf Ceylon oder die randeuropiden Wogulen. Vielmehr handelt es sich um Landschaften der Bewahrung älteren Volksguts und Volkslebens der dieses Gut tragenden Bevölkerung. Daß sich mannigfache Parallelen in Europa ergeben, ist unzweifelhaft. Hier sei bloß an das Beispiel der Lappen erinnert [4].

Zweitens kann auch ein einzelner Kulturbestandteil, der weiträumig hinweggeschwemmt wurde, sein spezifisches Rückzugs- oder Reliktgebiet haben, seien es Trachtenstücke oder Brauchtumselemente, Volkssage oder Volkssprache, seien es Arbeitsgeräte wie Strauchegge, Dreschflegel oder Handmühlen usw. [5] Relikthafte Einzelerscheinungen fallen hier für sich nicht ins Gewicht. Umgekehrt vermag natürlich auch das Eindringen einzelner weniger Neuerungen einem sonst altartigen Gebiet seinen Rückzugscharakter nicht zu nehmen. Worauf es ankommt, sind nicht einzelne Merkmale, sondern das Gesamtgepräge.

Drittens können wir gewiß für alle europäischen Völker ihre spezifischen Rückzugsgebiete ansetzen, etwa für die Schweden die Dalarne, die am Rande gelegenen Landstriche des Nordens oder die vom Festland getrennten Siedelböden auf den Inseln vor der baltischen Küste. Von schwedischer Sicht aus bewahren sie älteres Kulturgut und ältere Lebensformen.

Aber volkseigene Rückzugsgebiete müssen erst die Probe von *gesamteuropäischer* Warte bestehen. Betrachten wir nämlich den Erdteil als Ganzes, so dürfte entscheidend sein: die *Urtümlichkeit* des volkskulturellen Besitzstandes wie auch die der Lebensart und des Weltbildes der Trägerschaft, eine gleichsam „naturgewachsene" Urtümlichkeit, die sich in bestimmten Bereichen bis ins 20. Jahrhundert hat hinüberretten können. Es geht hier um ein Kriterium, das sich bei aller Anerkennung nationaler Ausprägungen des volkskulturellen Lebens auf alle europäischen Völker gleicherweise anwenden läßt. Insofern ist diese Urtümlichkeit, die je nach Volkstum bzw. Kulturkreis selbstverständlich Schattierungen aufweist, *übervolklich* zu sehen. Es überrascht keineswegs, daß sie zugleich den äußersten Gegenpol zu der ebenfalls übervolklichen, jedoch ausgleichenden, nivellierenden modernen technischen Zivilisation darstellt. Unter der „zivilisatorischen" Einwirkung haben Volkskultur und Volksleben in Europa seit ungefähr eineinhalb Jahrhunderten die stärkste Umgestaltung erfahren. Wie die folgenden Seiten zeigen werden, interessiert aber nicht so sehr das starre Festhalten an etwa aus der Ritterzeit stammenden oder im 16. Jahrhundert aufgekommenen Bräuchen, die altartig anmuten, als vielmehr das Vorwalten einer urtümlich-ursprünglichen Seelenstruktur, die in Volksleben und volkskultureller Gestaltung ihren Ausdruck findet.

## III

Zu einer eindeutigeren Klärung des Begriffs der Urtümlichkeit gelangen wir über eine kurze Besinnung auf den *heutigen Unterschied zwischen hochkulturellem und volkskulturellem Leben* der europäischen Völker. Das erstere ist in starkem Maße individuell differenziert. Fachliche Spitzenleistungen stehen im Vordergrund. Eine fortschrittliche Denkweise zielt in allen Lebensbereichen auf eine Verbesserung altartiger, als unvollkommen erachteter Zustände ab. Die geschichtliche Entwicklung wird dynamisch vorangetrieben usw. Demgegenüber ist die Dynamik auf dem Boden des volkskulturellen Lebens geringer. Wir können es als verhältnismäßig statisch und beharrend ansprechen. Bei allen individuellen Triebkräften und persönlichem Schöpfertum wird es von der Gemeinschaft getragen, ist überlieferungsgebunden und stärker in den Rhythmus der Naturumwelt eingewoben [6]. Da sich aber alles „kulturelle" Leben — auch das volkstümliche — auf geistig-seelischer Grundlage bewegt, also von ihr aus gesteuert wird, liegt es nahe, eine graduell mehr oder minder unterschiedliche „Strukturiertheit" der Trägerschaft vorwiegend hochkulturellen bzw. volkskulturellen Lebens anzunehmen.

Innerhalb des letzteren sind jedoch auseinanderzuhalten: *eine Volkswelt*, die von hochkultureller Manifestation tiefgreifend beeinflußt worden ist, wie in west- und mitteleuropäischen Landschaften, und eine *andere*, in der noch eine „wurzelhaft gegebene" archaische Urtümlichkeit vorwaltet, wie das z. B. in südost-, ost- und nordosteuropäischen Zonen bis jüngst der Fall war und teils noch ist.

Unter der intensiven Einwirkung des kulturell und zivilisatorisch führenden Menschentums, durch Schule und Bildungswesen, Verkehr und Verstädterung hat sich im Westen eine merkliche Angleichung der Lebensart des Volkes nach oben vollzogen. Altartiges Volksgut ist hier weitgehend als überholt aufgegeben worden, und das gemeinschafts- und traditionsgebundene Volksleben hat eine tiefgreifende Erschütterung erfahren [7]. Um es nochmals hervorzuheben, liegt für uns jedoch das Schwergewicht nicht auf dem Überbordwerfen altartiger Vorstellungen, an deren Stelle beliebige Neuerungen getreten sind, die ihrerseits wieder volkstümlich werden konnten, sondern auf dem Abbruch, der durch die „neuartige" Zivilisation vollzogen wird, die den Menschen in seiner seelischen Gesamthaltung wandelt.

Immerhin vermochte sich in zahlreichen östlichen Landstrichen — natürlich nicht nur hier; da aber im besonderen —, trotz allen erfolgten Einbruchs der modernen Zivilisation, bis an die Schwelle unserer Zeit ein Volksleben zu erhalten, das sich nach einer Ordnung vollzieht, die teils noch als zeitlos und unabänderlich empfunden wird. Bei der Gestaltung des Weltbildes sind bedeutend mehr magische Kräfte am Werk [8]. Lied und Erzählgut sind noch bedeutend lebendiger. Im Bereich der Sachkultur aber gemahnt es manchmal, wenn mit einfachsten Geräten und Methoden Land- und Viehwirtschaft betrieben werden, als ob Jahrtausende spurlos vorübergezogen seien [9].

Von diesen beiden Volkswelten dürfte das Prädikat der Urtümlichkeit in besonderem Maße die östliche verdienen, weil sich hier wenigstens strichweise ältere, ja älteste „naturgewachsene" Schichten volkskultureller Manifestation feststellen lassen. Mag das Volksgut, wie schon angedeutet, im Westen mehr geschichtliche Formung durch hochkulturelle Einflüsse verraten [10], auch über den Osten z. B. sind Strahlungen von Byzanz, dem Osmanentum (z. B. in Tracht, Handwerkskultur, Bauwesen), von Mitteleuropa usw. hinweggegangen. Ausschlaggebend bleibt hier die andere Haltung des Menschen als Träger, der *archaisch-urtümliche Volksmensch* und sein spezifisches Verhältnis zu seiner natürlichen und kulturellen Umwelt. Gewiß brechen andererseits auch im Westen ewig-urtümliche Regungen immer wieder durch, etwa im Volksglauben [11]. Wesentlich ist, daß im Abendland bei allem Vorhandensein überlieferungs- und gemeinschaftsgebundenen Lebens im Grunde eine stärkere „Assimilation" der bisher als tragend angesehenen Volksschichten nach oben hin, eine früher einsetzende und intensivere Umgestaltung des volkskulturellen Lebens durch das „oberschichtliche" Beispiel stattgefunden hat, daß aber vor allem während der letzten Generationen eine Denkweise (und damit auch ein anderes Arbeitsethos) übernommen worden ist, die deutlich den Stempel der modernen, technischen, fortschrittlichen Zivilisation trägt. So anerkennt etwa Spamer für Deutschland, „daß das naturwissenschaftliche Weltbild vom Ausgang des 19. Jahrhunderts gewissermaßen als „gesunkenes Kulturgut" in breiter Front in die ländliche Sphäre" eingebrochen sei [12]. In den östlichen und südöstlichen Rückzugsherden ragen dagegen Wahrzeichen altartiger Urtümlichkeit z. T. noch geschlossen in die heutige Zeit hinein. Auch der Süden scheint von dem „Fortschrittsprozeß" nicht in dem Maße erfaßt worden zu sein wie der Westen. So „ist der archaische Charakter der romanischen Volkskultur, wie er sich beispielsweise in Hausbau, Gerätschaft und Arbeitsverfahren ausprägt", auffallend [13]. Nicht überall sind in der Romania Ausstrahlung und Reichweite städtischer Kultur intensiv spürbar, und günstigere klimatische Verhältnisse nähren kaum das Bedürfnis, den zivilisatorischen Neuerungen Zug um Zug zu folgen. Wie weit diesem *Beharren* eine geistig-seelische Ursprünglichkeit entspricht, ist allerdings schwer zu beantworten. Denn F. Krüger hat selbst schon im äußersten (konservativen) Nordwesten der Pyrenäenhalbinsel „überall Ansätze zu einer grundlegenden Umgestaltung des Herkömmlichen in Sitte und Brauch — nicht zuletzt auf Grund einer völligen geistigen Neueinstellung" (!) beobachten können [14].

## IV

Ihren Bestand verdanken die Rückzugsgebiete, d. h. also die Landschaften *urtümlichen* volkskulturellen Lebens, dem Kräftespiel vor allem soziologischer, geographischer sowie historischer Momente. Gewiß sind aber auch andere von mehr oder minder erheblicher Bedeutung. Einige seien hier besprochen:

1. *Soziologisch* wird die Konstanz der Urtümlichkeit durch die Zugehörigkeit vornehmlich des Bauern- und Hirtentums zur überlieferungstreuen volkskulturellen Trägerschaft verbürgt. Abgesehen von kleineren Gruppen wie Fischern und Jägern stellen jene Lebenskreise zahlenmäßig und ihrer Bedeutung nach die beharrenden Bevölkerungsschichten.

Dem durch Lebensarbeit und Lebensumwelt bedingten zeitlichen Sichgleichbleiben entsprechen auch räumlich-horizontale Gemeinsamkeiten. So sind z. B. mannigfache ethnographische Parallelen des Hirtenlebens vom Nordwesten der Iberischen Halbinsel über die Pyrenäen, das Massif Central, die Alpenkette, den Apennin und die italienischen Inseln bis zu den Ostkarpaten und dem Balkan hin festzustellen: in Arbeitsweise, Behausung, Geräten, Sagenschatz, Brauchtum usw. Dabei muß die Urtümlichkeit nicht unbedingt auf einem ständigen Kulturkontakt durch Wanderungen und Transhumanz beruhen. Sie mag vielmehr in der Natur des Lebenskreises selbst begründet liegen, der urtümliche Kulturformen als Lebensausdruck erstehen läßt [15].

Für das Bauerntum treffen ähnliche Erwägungen zu, trotz ungleichartiger Voraussetzungen z. B. landschaftlicher oder historischer Natur. Im Westen hat es jedoch weithin substantielle, räumliche und ideelle Einbuße erlitten. *Ideell* trat die Entwurzelung aus der relativen Lebensstatik durch die moderne Zivilisation ein. *Räumlich* betrachtet wurden ländliche Gegenden verstädtert oder in Industriereviere umgewandelt. Dazu hat der *substantielle* Schwund im Westen am frühesten eingesetzt und dort die weitesten Kreise gezogen, oder es verlagerte sich schon zahlenmäßig das Schwergewicht innerhalb des Volkskörpers auf unbäuerliche Schichten. So machte nach der Statistik von 1920—30 [16] die landwirtschaftliche Bevölkerung in Großbritannien bloß 7,8 v. H. aus; Belgien (19,3) und die Niederlande (20,5) folgten. Der Süden, z. B. Spanien (57,0) oder Italien (47,3), nahm eine Mittelstellung ein, während im Osten, etwa in Bulgarien, die Verhältniszahlen 80,9 oder in Polen 76,2 v. H. betrugen. So wird es verständlich, daß der Höhe des agrarischen Bevölkerungsanteils in Europa in der Tat ein bis letzthin feststellbares Ost-West- und ein Süd-Nordwestgefälle urtümlichen Volkslebens entsprach, wobei der Osten den Süden überboten haben dürfte. Auch überrascht es nicht, daß z. B. in Südosteuropa volkskulturelle Manifestationen, die die Zeit in einer gewissen Geschlossenheit überdauert haben, im „hochkulturellen" Leben stärker nachwirken, als das im Westen der Fall ist.

Soziologische Momente entscheiden jedoch nicht allein. Vor allem sind im einzelnen auch in hochindustrialisierten Staaten konservative Volksteile nicht ausgeschlossen (vgl. Anm. 20). Oder es lassen sich hochgradige Modernisierung und Traditionstreue — ob mehr oder minder unvermittelt? — innerhalb derselben Schicht bezeugen (vgl. S. 251).

2. und 3. *Geographisch* und *historisch* gesehen liegen die Zonen der Beharrung am Rande, in unzugänglicheren verkehrsarmen Landstrichen oder in Gebieten staatlicher Absonderung oder Abschnürung. Das gemeinsame Kennzeichen ist die *Isolierung*. Gerade sie hat die Erhaltung der Lebenskreise der Bauern und Hirten auf einer urtümlicheren Stufe gewährleistet.

In *Südosteuropa* vermochten das altbalkanische romanisierte Hirtennomadentum, die Aromunen, die Albaner mit ihrem ausgeprägten Gentilismus, das im frühen Mittelalter historisch gar nicht erfaßte Rumänentum der Karpaten, das Südslawentum in Bosnien, Herzegowina und Montenegro, wo im „Bergkranz" noch um 1850 ein „Heldenepos" entstehen konnte [17], das Bulgarentum auf Balkan und Rhodopegebirge usw. ein urtümliches Volksleben zu bewahren: 1. wegen der Randlage und teils unwegsamen Geländegestalt; 2. wegen der Abschnürung von der kulturell-zivilisatorischen Entwicklungsgemeinschaft mit Mittel- und Westeuropa durch die Osmanenherrschaft; 3. fehlte bis ins 19. Jahrhundert hinein eine eigenvolkliche Oberschicht: a) sie war ausgemerzt oder hellenisiert worden (von Byzanz aus durch die Kirche), wie in Bulgarien, b) oder sie hatte sich entfremdet durch Übertritt zum Islam, wie der bosnische und herzegowinische Adel, c) oder es trat an ihre Stelle eine übervolkliche städtische Schicht (Levantiner, Zinzaren, d. h. die städtischen, Handel treibenden Balkanrumänen, usw.). So kann hier geradezu von einer Jahrhunderte währenden eigenvolklichen Einschichtigkeit gesprochen werden; 4. erklärt sich schließlich aus der unterdrückten Stellung der Rajas in der Sachkultur eine gewisse Primitivität aus Armut und Not; hierin Wandel zu schaffen, haben die Südoststaaten seit dem ersten Weltkrieg als ihre besondere Aufgabe erachtet.

Im *Osten* waren die ländlichen Volksschichten des zaristischen Rußlands bis 1919 von einem stärkeren Einbruch moderner Strömungen verschont geblieben. Hier waren u. a. Herder die alten wilden Gesänge, Rhythmen und Tänze in den baltischen Provinzen aufgefallen, unter Menschen, „denen unsere Sitten", wie er sagt, „noch nicht völlig Sprache und Lieder und Gebräuche haben nehmen können, um ihnen dafür etwas Verstümmeltes oder nichts zu geben". Seit dem 1. Weltkrieg hat sich das Bild im Osten zunehmend verändert.

Im *Süden* erklärt sich die Statik der Iberischen Halbinsel aus der Randlage und der relativen Abgeschlossenheit vom Kontinent durch den Pyrenäenwall. Besonders altartige Landstriche ziehen sich von Nordportugal über León bis nach Asturien hin [18]. Östlich folgen im Mittelmeer die großen Inseln, z. B. Korsika, mit Verhältnissen, die lebhaft an Nordalbanien erinnern, und Sardinien, aber auch festland-italienische Regionen mit Rückzugscharakter [19], wie Apulien oder Piemont, das zum alpinen südfranzösischen Savoyen sowie weiter zum Massif Central und seinen Ausläufern überleitet.

Im *Westen* erhielten sich bei den keltischen Volksresten in Wales, Westirland und dem schottischen Hochland, bedingt durch ethno-soziale Verschiebungen, Verkehrsentlegenheit und gebirgige Geländegestalt manche archaischen Lebenszustände. Allerdings sind der geringe agrarische Bevölkerungsanteil und die Verstädterung zu unterstreichen. — Auch der englische Konservatismus hat trotz der Einbuße des Bauerntums zahlreiche ältere, jedoch mehr historisch geprägte, also einer stark oberschichtlich beeinflußten Volkswelt angehörende Kulturformen bewahrt [20].

Im *Norden* verrät die bäuerliche Volkskultur besonders in den entlegenen Teilen Skandinaviens (Saetesdal, Dalarne) und auf den Inseln in Holzbau, Webetechnik und geistigem Überlieferungskreis altartige Züge. Doch hat sich — abgesehen von den Berglappen mit teils nomadischer Lebensweise — durch den Einfluß des hohen Bildungsstandes und religiöse Strömungen die Urtümlichkeit stark verloren [21].

Mit Ausnahme von kleineren Zonen wäre im *Zentrum* des Erdteils die Alpenkette von Frankreich über die Schweiz bis nach Norditalien und Österreich hin, jedoch nur unter gewissen Gesichtspunkten, als Rückzugsherd in unserem Sinne zu würdigen [22].

4. Wenden wir uns einem weiteren, und zwar dem *konfessionellen* Moment zu, so ergeben sich auch bei vorsichtigstem Urteil immerhin merkwürdige Abstufungen. Zweifellos ist der Calvinismus der modernen Geistesart besonders förderlich gewesen. Dadurch hat er „wesentlich zur Auflösung der Welt des ‚alten gemeinen Volkes‘ beigetragen" (*Bach*). Stärker als der Protestantismus überhaupt hat die katholische Kirche ewig-urtümliche Seelenregungen zu befriedigen vermocht. Bezeichnend ist die gregorianische Empfehlung von 601, bei der Christianisierung an germanisch-heidnische Gebräuche und Vorstellungen anzuknüpfen [23]. Durch ihre Milde und Freizügigkeit wie auch durch ihr Wesen dürfte jedoch die morgenländische Orthodoxie (heidnisch-) urtümliches Weltleben noch reichlicher „miternährt" und mit dem christlichen Vorstellungskreis verwoben haben [24]. Trotz des Unterschieds von Hochreligion und Volksglaube und trotz zahlreicher Ausnahmen scheint sich diese Grundhaltung der Konfessionen vor allem in Bereichen der geistigen Volkskultur zu spiegeln. Die räumliche Verteilung der Glaubensgemeinschaften ergibt oder besser ergab bis vor kurzem einen ähnlichen Parallelismus mit den Urtümlichkeitszonen im östlichen und südlichen Europa, wie er sich schon beim Vergleich der Rückzugsgebiete mit dem agrarischen Bevölkerungsanteil abgezeichnet hatte. Allein solche Aufstellungen bergen die Gefahr toter Schematisierung in sich. Es wäre bloß zu ergänzen, daß für eine Mittelstellung des Südens auch das Fortwirken (spät-) antiker Traditionen nicht ohne Einfluß sein dürfte. Bei der unbefriedigenden Kenntnis des antiken Volkslebens in den einzelnen römischen Provinzen ist ein Urteil hierüber jedoch fehl am Platze.

5. Schließlich wäre die Bedeutung der *Volksart* [25] für das Beharren in urtümlichen Verhältnissen oder die Empfänglichkeit für zivilisatorische Neuerungen, also die Reaktion auf die modernen Strömungen, zu erwägen (s. S. 248) [26]. Aber diese Dinge sind noch zu wenig erforscht, als daß sie eine eindeutige Stellungnahme erlaubten [27]. So zeigt wenigstens die Gegenwart, daß in ihrer Masse erst seit kurzem im Modernisierungsprozeß befindliche Völker ihren Lehrmeistern, z. B. in der technischen Zivilisation, nicht nachstehen.

Bei dieser summarischen Übersicht [28] konnte es sich der Natur des Gegenstandes entsprechend nicht um eine durch Grenzlinien absteckbare Markierung handeln, als vielmehr um eine Andeutung von Zonen oder Volkstümern, in deren Schoß sich eine ausgeprägtere Urtümlichkeit erhalten hat. Wir sind uns aber dessen bewußt, daß jedes Rückzugsgebiet eine eingehende Analyse der Struktur seines Volkslebens und sämtlicher es gestaltenden Kräfte verdient.

## V

In den letzten Jahren hat sich das volkskulturelle Antlitz in Europa durch Verkehr, zunehmende Verstädterung, volkliche Verschiebungen und Kriege noch weiter verändert. Der Modernisierungs- und Zivilisierungsprozeß macht auch vor entlegenen Horten und Winkeln kaum halt. Das urtümliche Volksleben auch unserer Rückzugsgebiete befindet sich zweifellos in einem Umbruch. Teils wird die Angleichung, die Assimilation nach oben, die zivilisatorisch-technische Durchdringung, planmäßig gefördert, teils erfolgt sie, unabhängig von Klagen und Bedauern, von selbst, unausweichlich und unaufhaltsam. Während im Westen und in Mitteleuropa der Wandel der ohnehin zusehends „verbürgerlichten" Volkskultur schon vor mehr als einem Jahrhundert eingesetzt hatte, vollzieht er sich in den aufgezeigten Landschaften eben deutlich vor unseren Augen. Dieser Prozeß des „Heraustretens" aus der archaisch-urtümlichen Lebenssphäre, die „horizontale Bewegung", wie *Sorokin* sie nennt, die die ganze Erde in Mit-Leidenschaft zieht [29], ist geradezu schicksalhaft. In dieser Tatsache haben die volks- und völkerkundlichen Rettungsgedanken ihren Ursprung. Denn die sterbende Volkswelt hat, historisch gesehen, in der Tat nicht *ihresgleichen*. *Einmalig* ist aber auch, obwohl alles Kulturleben schon durch die Generationenfolge unter dem Gesetz des Wandels steht, die beschleunigte Dynamik dieses Umbruchs. So urteilt etwa der Däne *Henrik Ussing*: „In 20 Jahren ist die alte" — allerdings vielfach bildungsschichtlich beeinflußte — „Kulturwelt in Dänemark verschwunden, wie das Talglicht, das erlosch, als die elektrische Birne" [30] erglühte. Anderswo beanspruchte dieser jähe Wandel noch kürzere Frist. In Volkstümern, wo der Schritt breiter Volksschichten noch dazu aus der Urtümlichkeit in das grelle Licht der modernen Welt ohne Übergang erfolgt, bedeutet er entschieden einen Bruch. Denn die im Westen voraufgegangenen Zwischenstufen der Assimilation nach oben vermochten ja nicht nacherlebt zu werden. Es ist ein Bruch, der zu Spannungen innerhalb der Volkstümer führen kann, die jedoch hier nicht weiter zu untersuchen sind. Bei Kulturvölkern mit fortschrittlich eingestellten Bildungsschichten ergibt sich nicht selten eine merkwürdige *Ungereimtheit* in den Schichten, die volkskulturell als „tragend" anzusprechen wären. Herkömmliches Leben und Zivilisationsgut überschneiden sich in den gleichen Menschen oft kraß oder stehen unvermittelt nebeneinander. Die Seele des „Volksmenschen" selbst wird zum Schauplatz des Gegensatzes oder der Kluft zwischen Urtümlichkeit und Tradition auf der einen und Fortschrittsgeist auf der anderen Seite [31].

Wichtig bleibt in diesem Zusammenhang die Frage nach einem Ausgleich, nach einer sinnhaften Harmonisierung, nach der zukünftigen Gestalt des volkskulturellen Lebens in Europa überhaupt. Es ist eine Frage von größter Tragweite, die aus dem Bereich der volkskundlichen Forschung bis zum menschlichen Daseinsgrund vorstößt. Trotz Vergleichsmöglichkeiten über den Weg der Volkskultur in einigen europäischen Ländern während des 19. und 20. Jahrhunderts wollen wir uns vor schematisierender Prognose hüten. Gleichwohl dürften Bestrebungen der Neuverwurzelung in die alte Daseinsebene im großen ganzen problematisch bleiben. Was trat und tritt nun an die Stelle der untergegangenen oder dahinschwindenden urtümlichen Volkswelt? Herders Bedenken bestehen gewiß zum Teil zu Recht. Aber nur *zum Teil*. Unter den Begriff der volkskundlichen Rückzugsgebiete, wie wir ihn im gesamteuropäischen Überblick gefaßt hatten, fielen die Herde *altartigen urtümlichen* Volkslebens. Insofern dieses unwiederbringlich erlischt, dürfte sich Herders Schau bewahrheiten. Vielleicht wird sich in Europa über kurz oder lang ein Volksleben ohne den Stempel des Fortschrittsgeistes nur mehr auf Oasen der Urtümlichkeit, auf „Reservationen", beschränken müssen, ein Gedanke, der keineswegs befremdlich erscheint. Der zivilisatorische Prozeß trifft die Seele des Volksmenschen, er erzieht zu einer modernen Denkweise, nicht zu einem „zu den Müttern" gewandten Blick, sondern zu einer „fortschrittlichen", rationalen Lebensgestaltung, die z. B. auch den bäuerlichen Lebenskreis immer stärker umformt. Bewirkt diese Entwicklung aber eine seelische „Umstrukturierung", so unterliegt es keinem Zweifel, daß durch das Maschinenzeitalter das „naturgewachsene" urtümliche Volksleben — auf anderer geistig-seelischer Haltung fußend — zersetzt und unterhöhlt worden ist und entsprechende Kulturelemente als überholt und veraltet ihre Existenz einbüßen mußten.

Neben jener archaischen Urtümlichkeit gibt es nun allerdings auch eine *zeitlose, ewig-menschliche*, die gerade ihres Charakters wegen auch im Menschen der Gegenwart, ja selbst im Menschen gehobener Schichten, zu pulsen vermag, obwohl vielleicht gedämpft oder verkümmert. Sie bricht in der Gestaltung des heutigen Volkslebens, auch des *städtischen*, immer wieder spürbar durch [32]. Wird aber archaische Urtümlichkeit aufs Ganze gesehen von moderner Geistigkeit immer mehr überwogen, so findet darin die Ablösung sinnentleerter Formen, soweit sie nicht institutionell verankert sind, durch neue ihre Rechtfertigung. Bedeutsam bleibt bloß, ob sie vom „Volk" auch als kultureller Lebensausdruck empfunden werden. An die Stelle der Tracht tritt die Allerweltskleidung. Gedruckter Volkslesestoff, Zeitung und Rundfunk, Kino, Motorisierung und Sport beanspruchen weithin das Interesse. Entsprechend der beschleunigten Dynamik verändert sich auch das volkskulturelle Antlitz rascher, seine Statik verringert sich, und das Gefühl der Gebundenheit der Träger an die Überlieferung ebbt ab. Nicht mit Unrecht erhebt sich die Frage, ob es nicht angängiger wäre, von einer „*Volkszivilisation*" statt Volkskultur unseres Zeitalters zu sprechen [33].

Trotz der weitgreifenden Dynamik darf jedoch auch die Stärke und Zähigkeit der *traditiven* Kräfte nicht verkannt werden [34]. Bei aller Neuerungssucht des modernen Menschen wohnt ihm ein Bedürfnis nach Bindung inne, nach einem „ruhenden Pol in der Erscheinungen Flucht", nach Kulturformen, die jedoch — auch ohne den Stempel der Urtümlichkeit — erlebt werden, organisch werden müssen, um sinnhaft von einer Gemeinschaft getragen und jüngeren Geschlechtern überliefert werden zu können [35].

## VI

Dem oben erörterten geistig-seelischen Struktur- und Volkskulturwandel wie auch den traditiven und auf Gemeinschaftsbindung abzielenden Kräften im Menschen und schließlich den ewig-urtümlichen Regungen im modernen Volksleben muß auch der Aufgabenkreis einer Gegenwartsvolkskunde gerecht werden [36].

*Historisch* gesehen hat man die tiefgreifende Wende ohne romantische Schminke schon seit längerem verstehen gelernt. Erachtet es aber die Völkerkunde als eine ihrer vornehmsten Pflichten, die Auseinandersetzung der Naturvölker mit der modernen Zivilisation zu erfassen, so darf auch die Volkskunde an der Neueinstellung des Trägers der Volkskultur zu seinem Objekt nicht vorbeisehen oder dieses Problem bloß achtlos streifen. Aus der *gegenwärtigen* Lebensganzheit sind Mensch und Objekt samt ihren Wechselbeziehungen zu begreifen. Volkskulturhistorische Studien mit ihrem Eigenwert werden damit in keiner Weise angetastet.

*Geographisch* wird auch in Zukunft von der engeren Heimat auszugehen sein, aber nicht, um sich abzukapseln, sondern um — nach einem Dezennium mancher Verstiegenheiten — den Weg über das Gesamtvolk zu den anderen Völkern zu finden. Eine Besinnung auf die vielen Gemeinsamkeiten volkstümlichen Lebens und die großen Wanderstraßen der volkstümlichen Kultur in Europa erscheint nicht nur berechtigt, sondern geboten.

Bei allen Berührungspunkten mit der *Soziologie* hat die Volkskunde ihren eigenen Forschungsgegenstand und ihr spezifisches Forschungsziel (vgl. S. 247). Die Volkskunde im heutigen Deutschland muß aber dazu zwei Tatsachen mit zutiefst sozialen, jedoch nicht minder wichtigen volkskulturellen und überhaupt „volksmenschlichen" Auswirkungen beherzigen: die soziale Umschichtung in Stadt und Land und das Flüchtlingsproblem.

Auf *volkspsychologischer* Ebene ergibt sich mehr denn je die Forderung nach volkscharakterologischer Forschung. Das bisher Geleistete geht über rudimentäre Anfänge nicht hinaus. Völkerverständigung bedarf nicht nur des Verstehen-Wollens, sondern auch des Verstehen-Könnens. Letzteres aber liegt in der Wesensfindung, in der Herausarbeitung der wesentlichen Merkmale, der Wesenszüge und Eigenart des eigenen und der anderen Völker. Dabei wird sich die Volkskunde in Zukunft, um das Problem nicht zu verwässern, mit der Untersuchung der Wesensart, soweit sie im volkstümlichen Gemeinschaftsbesitz, in der geistig-seelischen Haltung der Träger ihren Ausdruck findet, bescheiden müssen. Volkscharakterologische (!) Studien an Hochkultur (wie Dichtung, Musik usw.) und Einzelpersönlichkeiten, soweit nicht volksmenschlich verhaftet, gehören der Domäne anderer Fachgebiete an [37]. Eine ganze Reihe von Schlagwörtern und Bausch- und Bogenurteilen volkscharakterologischer Art sind revisionsbedürftig, zumal der Volkscharakter durchaus dynamisch zu fassen ist. Auch wird man sich hüten müssen, Wesensunterschiede zu konstruieren, wo die Gemeinsamkeiten bloß oberflächlich verdeckt sind.

Auch wissenschaftlich fundierte Analysen der geistig-seelischen Neueinstellung und der unterschiedlichen spezifischen Haltung des heutigen Volksmenschen den einzelnen volkskulturellen Objekten gegenüber begegnen kaum [38].

Von dieser volkskundlichen Warte aus verdienen auch die behandelten Rückzugsgebiete ihre gebührende Würdigung. Sie sind nicht nur eine auf weite Strecken noch gar nicht gehobene volkskulturhistorische Fundgrube, sondern sie, die im Schnittpunkt einer lange gehüteten Überlieferung und neuester fortschrittlicher Strömungen stehen, dürften gerade Wandel und Umformung volkskulturellen Lebens und seiner Träger am deutlichsten spiegeln.

*Anmerkungen.*

[1] Hier ist leider kein Raum, die schon viel diskutierte Frage über Produktivität oder bloße Reproduktivität des „Volkes" zu erörtern.

[2] Vgl. A. *Spamer*, Die Volkskunde als Gegenwartswissenschaft. Ein Vortrag (1932), in: W. H. *Riehl* und A. *Spamer*, Die Volkskunde als Wissenschaft, Berlin 1935, S. 77 ff.

[3] Vgl. W. E. *Mühlmann*, Der heutige Bestand der Naturvölker, in: Z. f. Geopolitik 1943, S. 265 f.

[4] Von dieser volklichen Rückzugsgruppe heben sich die *Berglappen* durch ihren urtümlichen Lebensstil besonders hervor.

[5] Ein vorzügliches Forschungsmittel zur Erkenntnis der Verbreitung solcher Restformen stellen die Volkskunde-Atlanten dar. Vgl. auch A. *Bach*, Deutsche Volkskunde, Leipzig 1937, S. 266 ff.

[6] Zur Problematik vgl. K. *Stavenhagen*, Kritische Gänge in die Volkstheorie (= Abh. der Herder-Gesellsch. u. d. Herder-Inst. zu Riga, 5. Bd., Nr. 7), Riga 1936, Kap. I, Volkskultur und Hochkultur. Zur Gegenstandstheorie der Volkskunde, S. 5 ff.

[7] Die These von der Aufnahme „sinkenden" Kulturgutes — hier bleibt das „gehobene Gemeinschaftsgut" außer Betracht — durch breitere Volksschichten ist besser anders zu formulieren; vom lebendigen Träger der Volkskultur aus ist die Übernahme vielmehr als eine *Assimilation des „Volkes" und seiner Haltung nach oben* aufzufassen.

[8] Vgl. aus der Fülle des wissenschaftlichen Schrifttums bloß P. *Bogatyrew*, Actes magiques, rites et croyances en Russie subcarapathique, Paris 1929. U. a. sind in Karpatorußland die Volks-

anschauungen kaum merklich verändert worden. Gebet und magische Handlung verschmelzen. Trotz eines gewissen Kulturwandels in den „Formen" ist die gleiche *urtümliche* Haltung geblieben.

[9] Vgl. A. *Byhan*, A. *Haberlandt*, M. *Haberlandt*, Europa und seine Randgebiete (II. Bd. der Illustr. Völkerkunde, hrsg. v. G. Buschan), Stuttgart 1926. Besonders über die archaische südosteuropäische Volkskultur unterrichten die Überblicke v. M. u. A. *Haberlandt*, obwohl manche Elemente heute, also zwei gute Jahrzehnte später, schon der Vergangenheit angehören oder damals erkennbare Rückzugslandschaften noch weiter zusammengeschrumpft sind.

[10] Vgl. A. *Spamer*, a. a. O., S. 80.

[11] Vgl. u. a. K. *Wehrhan*, Der Aberglaube im Sport, Breslau 1936. Dazu mögen Kriegsaberglaube, Weissagungen, nicht „Wetterweisheit", wohl aber z. T. Kalenderaberglaube als Beispiel dienen.

[12] Vgl. A. *Spamer*, a. a. O., S. 84. Gleichzeitig betont er die zähe „Beharrung alter Glaubens- und Brauchformen und alten geistigen Kultur- und Ideengutes auf dem Lande".

[13] Vgl. F. *Krüger* in: Die Große Völkerkunde. Sitten, Gebräuche und Wesen fremder Völker. Hrsg. v. H. A. Bernatzik, Leipzig 1939, I. Bd., S. 118 f.

[14] Vgl. F. *Krüger*, Die nordwestiberische Volkskultur, in: Wörter und Sachen X, Heidelberg 1927, S. 136 f.

[15] Vgl. A. *Haberlandt* in: Europa u. s. Randgeb. (s. Anm. 9): ferner R. *Weiß*, Das Alpwesen Graubündens. Wirtschaft, Sachkultur, Recht, Älplerarbeit und Älplerleben, Erlenbach-Zürich (1941), u. J. *Frödin*, Zentraleuropas Alpwirtschaft, Bd. 1 u. 2, Oslo 1940 u. 1941.

[16] Die Erhebungen der Jahre 1920—30 wurden der geschlosseneren Vergleichbarkeit und der größeren Genauigkeit wegen gewählt. Die durch den zweiten Weltkrieg verursachten Volksverschiebungen konnten zahlenmäßig nicht berücksichtigt werden.

[17] Sein Dichter ist P. P. *Njegosch*, der noch „an der Grenze zweier Zeitalter stand, des heroischen und des bürgerlichen, aber zugleich an einer Grenze, die mitten durch sein eigenes Herz ging", vgl. G. *Gesemann*, Heroische Lebensform. Zur Literatur und Wesenskunde der balkanischen Patriarchalität, Berlin 1943, vor allem S. 237 ff.

[18] Vgl. F. *Krüger*, Die nordwestiber. Volkskultur (s. Anm. 14), S. 136 f.

[19] Vgl. u. a. P. *Scheuermeier*, Bauernwerk in Italien, der italienischen und rätoromanischen Schweiz, Erlenbach-Zürich (1943).

[20] Vgl. R. *Wolfram* in Bernatziks Großer Völkerkunde (s. Anm. 13), S. 83 ff. „. . . trotz der Vernichtung des Bauernstandes" ist „erstaunlich viel Volksgut erhalten" geblieben, vor allem auch bei bestimmten sozialen Schichten, wie Berg- und Seeleuten.

[21] Vgl. M. *Haberlandt* in: Europa u. s. Randgeb. (s. Anm. 9), S. 170.

[22] Zur Schweiz vgl. das mir eben erst zugegangene Werk des Zürcher Volkskundlers R. *Weiß*, Volkskunde der Schweiz. Grundriß. Erlenbach-Zürich 1946. Abgesehen vom speziellen Teil, der eine mustergültige Zusammenfassung der schweizerischen Volkskultur und des Volkslebens in funktioneller Betrachtungsweise gibt, müßte schon bei der Lektüre des allgemeinen Teils auch den Gegnern der Volkskunde als Wissenschaft die Eigenständigkeit dieser Disziplin als Geisteswissenschaft offenbar werden. Ferner dünkt uns Weiß' Buch zu beweisen, daß die — auch während der Jahre 1933—45 — von der „unpolitisierten" deutschen wissenschaftlichen Volkskunde geleistete Arbeit, die er anzieht, auch im Ursprungsland die ihr gebührende Anerkennung verdient.

[23] Vgl. H. *Naumann*, Prolegomena über vergleichende Volkskunde und Religionsgeschichte, in: Jahrbuch f. Histor. Volkskde., hrsg. v. W. Fraenger, Bd. I, Die Volkskunde u. i. Grenzgebiete. Berlin 1925, S. 37.

[24] Vgl. J. *Pillat* in: Vom Leben und Wirken der Romanen, hrsg. v. E. Gamillscheg, II. Rumänische Reihe, Jena u. Leipzig 1939, S. 38 ff.

[25] — so wie sie sich unter Einwirkung von Fortpflanzungskreisen, historischen Erlebnissen und Taten, Eingriffen des Schicksals, Siedlungsraum, Sozial- und Kulturumwelt lebend entfaltet hat und geprägt worden ist —, vgl. E. M. *Wallner*, Volksindividualität und Völkerleben, in: Neues Europa, II. Jg., Heft 10, 1947, S. 24 ff.

[26] Vgl. R. *Weiß* (Vkde. d. Schweiz, S. 57, s. Anm. 22), der — was zunächst auf etwas anderer Ebene liegt — „im ganzen genommen" „bei den *romanischen Völkern* eine unverkennbare Zurückhaltung der Volkskunde" (!) „gegenüber" feststellen zu können glaubt. Hierfür gebe nicht nur die nationale Situation, sondern die gesamte Kultureinstellung die Erklärung. „Dem Drang nach dem Natürlichen, dem Ursprünglichen, dem Irrationalen, dem Volkstümlichen widerstand bei den Franzosen und bei den andern romanischen Völkern eine positivere Bewertung von Kultur und Zivilisation, eine rationalistische Bildungs- und Fortschrittstendenz, die im Volkstümlichen nur das zu Überwindende sehen kann; erst wenn man das Volkstümlich-Primitive für überwunden hält, kann man ihm als Antiquität wieder den Reiz des Pittoresken zugestehen."

[27] Vgl. S. 252; ferner E. M. *Wallner*, Von der Bedeutung der Völkercharakterologie, in: Neues Europa, II. Jg., Heft 2, 1947, S. 30 ff.

[28] Sie suchte zeitgenössisches Schrifttum zu erfassen, mußte jedoch in Ermangelung neuerer Untersuchungen auch auf Veröffentlichungen der zwanziger und dreißiger Jahre unseres Jhdts. zurückgreifen.

[29] Vgl. hierzu als völkerkundliches Beispiel u. a. die Darstellung einzelner Eingeborenengestalten der Landschaft Buin auf Bougainville (Salomonen); die Auseinandersetzung abgelegener Insulaner mit den neuen Einflüssen tritt in der Schilderung Leas, Moriais und Károbos besonders deutlich zutage, . . . „denn die alte Lebensordnung ist erschüttert". S. H. *Thurnwald*, Menschen der Südsee. Charaktere und Schicksale, Stuttgart 1937, S. 13 ff., 74 ff., 109 ff., 152 ff.

[30] Vgl. H. *Ussing* in: Nordische Volkskundeforschung, hrsg. v. J. Meier, Leipzig 1927, S. 54.

[31] Vgl. etwa über die Anpassungsprobleme an den Westen in Albanien H. A. *Bernatzik*, Albanien, Wien 1930, S. 61 ff. Ebenso verraten Berichte aus der durch Kemal Atatürk 1923 modernisierten Türkei unvermitteltes Nebeneinander von Überlieferungen und Neuerungen, meist technischer Art, in den breiten Volksschichten. Am deutlichsten dürfte sich der Kontakt mit der modernen Zivilisation wohl im Zerfall mancher „Naturvölker" auswirken; doch ist der Satz „je urtümlicher der Daseinszustand eines Volkes, um so größer die Anfälligkeit für destruktive Einflüsse der Zivilisation" keineswegs zu verallgemeinern.

[32] Man beachte allerdings den unterschiedlichen Volkslebensstil in einer jäh emporgelangten großen Industriestadt und einer großen Provinz- oder Landeshauptstadt mit ihrem seit dem Mittelalter kontinuierlichen Wachstum. Vgl. J. *Klapper*, Volkstum der Großstadt, in: Handbuch d. Dt. Volkskunde, hrsg. v. W. Peßler, I. Bd , Potsdam (o. J.), S. 103 ff.; ferner L. *Schmidt*, Wiener Volkskunde, Wien 1940 (= XVI. Erg.-Bd. d. Wiener Z. f. Vkde.). Vgl. dazu für die USA. B. A. *Botkin*, A Treasury of American Folklore. Stories, Ballads, and Traditions of the People, New York 1944.

[33] Bei allen zögernden Urteilen über die Bedeutung der modernen Zivilisation für die Volkskultur ist jedoch nicht zu vergessen, daß die nun einmal schicksalhafte Zivilisation, die bisher bestimmt eine Annäherung der Völker in „Äußerlichkeiten" gebracht hat, — bei aller Wahrung eigenvolklicher Ausprägung — zur Formung eines auf das Menschheitliche ausgerichteten Lebensstils beitragen könnte. Ebenso ist die Verminderung oder Einebnung des sozialen Abstands zwischen den einzelnen Volksschichten einer Nation durch die Zivilisation und ihre Auswirkungen nicht zu leugnen.

[34] Vgl. R. *Weiß*, Vkde. d. Schweiz (s. Anm. 22), S. 15 ff.

[35] Vgl. den Muttertag, eine in Skandinavien und den USA. aufgekommene Sitte, die sich seit den zwanziger Jahren unseres Jhdts. auch in Deutschland „eingebürgert" hat.

[36] Die hier niedergelegten Punkte sind keineswegs völlig neu oder erschöpfend, rücken jedoch die heute besonders wichtig erscheinenden Anliegen zusammenfassend in den Vordergrund.

[37] Vgl. W. *Hellpach*, Völkertum als Gegenstand der Völkercharakterologie, in: Forschungen und Fortschritte 1938, Nr. 23/24; ferner W. *Hellpach*, Völkerentwicklung und Völkergeschichte unterm Walten und Wirken von bindendem Gesetz und schöpferischer Freiheit im Völkerseelenleben (= Schriftenreihe zur Völkerpsychologie, H. 1/2), Stuttgart 1944, S. 109 ff. Vgl. auch E. M. *Wallner* (s. Anm. 27), S. 32.

[38] Ebenso erscheint die religiös-volkskundliche Forschung z. Z. vernachlässigt.

*(Dr. Ernst M. Wallner, (17b) Freiburg, Weiherhofstraße 5.)*

---

# Klima, Bodenform, Volkscharakter, Biologie und Weltgeschichte.

Von

HERBERT ULLRICH

Die meisten Lebewesen unserer Erde sind von einem ihnen adäquaten Klima insofern abhängig, als sie nur in ihm ihre optimale Entwicklungsstufe erreichen. Dies gilt auch für den Menschen. Wenn uns auch der Ausspruch des bekannten Anthropologen Freiherrn *von Eickstedt*, „daß keine Hominidenart ungestraft ihre angestammte Umwelt verläßt", zunächst etwas zu kraß formuliert erscheinen mag, so erkennen wir bei näherem Hinsehen doch seinen wahren Kern. Von allen menschlichen Rassen ist allein die gelbe mongolide klimatisch völlig indifferent. Alle anderen menschlichen Rassen haben sich mehr oder weniger von den klimatischen Verhältnissen abhängig gezeigt, unter denen sie entstanden sind, wenn wir als Maßstab, ob ein Klima einer Rasse adäquat ist, die Fähigkeit dieser Rasse, in diesem Klima als Volk (nicht als Einzelperson) zu existieren, ansehen. So weist *Hellpach* darauf hin, daß die mittelländische Rasse z. B. ihre geschlossenen Völker so gut wie ganz zwischen dem 30. bis 50. Breitengrad der nördlichen, dem 20. bis 40. Breitengrad der südlichen Erdhalbkugel entfaltet. In den südländischen (subtropischen und warmgemäßigten) Klimagürteln außerhalb dieser Zonen leben die Mediterranen nur als Diasporen, Enklaven und Völkerteile (belgische Wallonen, gälische Iren, Kanadafranzosen, alle auch charakteristischerweise im Süden ihrer Staaten) oder in stark farbigen Verkreuzungen (Brasilien, Mexiko). „Jenes sind die eigentlichen Gedeihzonen — sie hören ziemlich genau dort auf, wo die Gedeihzonen des Germanenvölkertums beginnen, das ist der 45. Grad in Europa, der 40. in Nordamerika; ob unter dem 30. in Südafrika mehr als eine germanische Volksschicht auf die Dauer existieren kann, die zu ihrem Gedeihen eine farbige Unterworfenenschicht voraussetzt, muß die Zukunft lehren." So kommt *Hellpach* zu dem Schluß, daß auch die menschlichen Rassen überwiegend nur in ihnen adäquaten Klimazonen als Völker gedeihen, womit er die These *von Eickstedts* im wesentlichen bestätigt.

Die ganze Geschichte der germanischen Völkerschaften ist eine einzige Beweiskette hierfür. Nicht bodenständige, einheimische feindliche Völkerschaften und Staaten, nicht feindliche militärische Kräfte, nicht überlegene Kultur und Politik setzten ihrer Ausbreitung eine Grenze, sondern vor allem das Mittelmeerklima. So wurde das Mittelmeergebiet das Massengrab der germanischen Völker; die klimatischen Verhältnisse des neuen Siedlungsgebietes waren die Totengräber. Nicht wie *Toynbee* meint, die Gegenangriffe des Römischen Reiches. Diese stießen bereits auf ein durch klimatische Faktoren geschwächtes Volk. (*Toynbee*: „Die Vandalen und Ostgoten wurden durch Gegenangriffe des Römischen Reiches selbst überwunden; dies letzte krampfhafte Aufflackern der römischen Flamme genügte, um diese kleinen Motten zu Asche zu verbrennen.") Wenn *Toynbee* weiter ausführt, daß nur zwei dieser vielzähligen Nachfolgestaaten der Barbaren —„Nachfolgestaaten" des Römerreiches — Abkömmlinge unter den europäischen Nationalstaaten der Neuzeit haben, Karls des Großen fränkisches Reich und Alfreds des Großen Wessex, so gibt er doch damit selbst den Beweis, daß diese „Motten" durchaus fähig waren, ein Weltreich und eine überragende Kultur zu entwickeln, sofern das Klima ihnen zuträglich war. Auch ist es wohl nicht richtig gesehen, wenn Toynbee weiter schreibt: „Die letzten Überlebenden dieses Kampfes (gemeint sind Vandalen, Ostgoten, Lombarden usw.) verkamen und lebten dahin, bis sie von neuen politischen Kräften, die schöpferische Gedanken verwirklichten, ausgewischt wurden." Es hat sich doch wohl hier etwas herausgebildet, was die Brasilianer in ihrem Integralismus bewußt anstreben, Verkreuzungen mit der einheimischen, dem Klima angepaßten Bevölkerung, die sich in der Folgezeit recht fruchtbar erwiesen haben (ebenso wie die westeuropäische Kultur aus einer „Verkreuzung“ der hellenistisch-römischen und germanischen Eigenschöpfung in Wechselwirkung entstanden ist). Das germanische Blut, hier durch Verkreuzung zum italienischen geworden, dürfte auch heute noch in Italien keine unwesentliche Rolle spielen. Wenn *Toynbee* weiter meint: „Die Barbaren (lies Germanen) vertraten nur die Aasgeier oder die Maden“, so wird er mit dieser höchst subjektiven Anschauung wahrscheinlich ebensowenig der Sache gerecht werden wie etwa der Nationalsozialismus mit seiner Behauptung von der allein kulturschaffenden Rolle der nordischen Rasse — (und beides hat die gleiche Wirkung auf den Leser!).

Das von *Toynbee* geschaffene große Werk, das er „Studie zur Weltgeschichte“ nennt, und das jetzt im Auszug auf dem deutschen Büchermarkt erschienen ist, ist ein merkwürdiges Gemisch von Wissenschaft und Gefühlsmomenten, wie mein kleiner Hinweis hier andeutet. Neben wertvollen wissenschaftlichen Erkenntnissen finden sich Ausführungen wie hier, deren Inhalt einer Prüfung nicht standhalten dürfte und deren Form auf viele Leser verletzend und herausfordernd wirken muß. Es ist hier nicht der Ort einer eingehenderen Würdigung dieses Werkes, die unbedingt nötig, aber den Rahmen dieses im Raum beschränkten Aufsatzes, der nur Hinweise geben kann, bei weitem überschreiten würde; auch soll sie Historikern überlassen bleiben. Beim Lesen dieses Werkes kam ich mir vor wie ein Goldwäscher. Eine Wechselwirkung zwischen Rasse und Umgebung wird auch von *Toynbee* bejaht, wenn er sagt: „Wenn der Ursprung der Zivilisation nicht abgesondert in biologischen Gegebenheiten gefunden werden kann, so muß er offensichtlich in der Wechselwirkung dieser beiden Kräfte zu entdecken sein.“ Auch auf den „unberechenbaren Einfluß“, auf den ich noch später eingehen werde, weist *Toynbee* hin.

Das, was für die germanischen Völker im kleinen galt, gilt für die gesamte weiße Rasse im großen bei ihrer Bemühung um eine Ausbreitung in den Tropen. Allen hartnäckigen Versuchen über jahrhundertelangen Zeiträumen zum Trotz ist es ihr bis auf den heutigen Tag nicht gelungen, in den Tropen festen Fuß zu fassen. Das Fiasko Englands in Indien, das heute zum Rückzug aus diesem begehrten Land gezwungen wurde, ist gegenwärtig ein besonders demonstratives Beispiel hierfür. Der reinrassige Bevölkerungsanteil in Südamerika, wo die weiße Rasse anfangs scheinbar mit Erfolg zur Staatenbildung geschritten war, ist ebenfalls offensichtlich im Rückgang begriffen. Mischlinge und reinblütige Indianer gewinnen in raschem Tempo immer mehr an Boden. Die weiße oder sich für weiß haltende Oberschicht beträgt heute in den südamerikanischen Staaten — wenn man von Argentinien absieht — ein Viertel bis ein Zehntel der Bevölkerung. In vielen südamerikanischen Staaten sind heute die Ärzte, Advokaten, Lehrer, Offiziere zu einem sehr hohen Prozentsatz Mischlinge oder Indianer. Dieser ständig noch wachsende Einfluß geht so weit, daß in Peru, Bolivien und Ecuador das Aymara die zweite Verwaltungs- und Unterrichtssprache ist. Aus der Erkenntnis der Lage und Entwicklung, daß sich die weiße Rasse hier in der bisherigen Völkerform auf die Dauer nicht halten kann und Mischungen eingehen muß, um Neuvölker zu schaffen, entstanden Theorie und Praxis des brasilianischen „Integralismus“, der aus der Einschmelzung weißer und farbiger Elemente ein klimafestes Neuvolk schaffen will. Die Überlegenheit der indianischen Rasse basiert auf ihrer Klimaunempfindlichkeit, gelang es ihr doch, in einem einzigartigen Vorgang, den gesamten Kontinent Amerika von den Eiswüsten der Nordküsten über die Gluthöllen des Amazonasgebiets bis wiederum hinab in die Gefilde des unwirtlichen Feuerlandes zu besiedeln, eine rassische Leistung, wie sie in ähnlicher Form nur noch die mongoloiden Rassen Asiens vollbringen können. Die Gefahr, die der weißen Rasse von dieser Seite droht, liegt um so mehr auf der Hand, als die auf der Technik basierende Überlegenheit durch die Industrialisierung der gelben Völker Asiens immer mehr im Schwinden ist.

Auch in Afrika einschließlich Südafrikas bildet die weiße Rasse nur eine dünne Oberschicht, der es bisher nicht gelang, in dieser ihr fremden Umwelt festen Fuß zu fassen. Auch von den südafrikanischen Staaten wird die drohende Gefahr erkannt. Aber während Brasilien ihr durch Vermischung mit der Urbevölkerung zu begegnen sucht, bemühen sie sich, sie durch eine Rassengesetzgebung und durch Rassenkampf abzuwenden. Diese Bemühungen, die vielfach von den weißen Völkern verurteilt werden, sind letzten Endes eine Art Notwehr im Kampfe um die nackte Existenz. Ob diesen Mitteln freilich, auf die Dauer gesehen, zusammen mit einer staatlich geförderten verstärkten Einwanderung der weißen Rasse ein Erfolg beschieden sein wird, muß abgewartet werden. Es ist noch nicht ersichtlich, ob die weiße Rasse fähig ist, in dem dort herrschenden Klima als Volk auf die Dauer zu bestehen.

Eine Klimaverhaftung der Kulturhöhe der Völker wiesen *Huntington* und *Olbricht* unabhängig voneinander nach. Der erstere suchte die Höhe der Zivilisation dadurch zu erfassen, daß er an führende Gelehrte aller Kulturstaaten Fragebogen sandte, in welchen nach der Zahl der bedeutenden Gelehrten, Staatsmänner, Künstler, Kaufleute und Techniker, die die entsprechenden Länder zur Zeit besitzen, gefragt wurde. Von 137 Gelehrten der verschiedensten Länder gingen Antworten ein, die von *Huntington* statistisch und kartographisch ausgewertet und verarbeitet wurden. *Olbricht* ging zur Lösung der gleichen Frage einen anderen Weg. Er benutzte als Kennzeichen der Zivilisationshöhe die Zahl der Städte. Als untere Grenze der zu berücksichtigenden Siedlungen nahm er Städte von 50 000 Einwohner. Indem er ihren Anteil an der Einwohnerzahl des betreffenden Landes in Prozent berechnete, gewann er das gewünschte Anschauungsmaterial.

Beide Untersuchungsweisen zeigen in ihren Ergebnissen eine auffallende Übereinstimmung. Hiernach erreicht die Zivilisation in den gemäßigten Zonen ihr Maximum, was auf die Einwirkung des dort herrschenden Reizklimas zurückgeführt wird. Von diesem Optimum sinkt die Zivilisationshöhe nach dem Äquator zu langsamer, nach den Polen zu dagegen schneller ab. Besonders eindrucksvoll ist der Befund, daß im Optimalen nicht nur alle Weltstädte, sondern auch die Fundorte der ältesten menschlichen Kulturen und darüber hinaus selbst der ältesten frühtertiären Funde der Säugetiere überhaupt liegen. Nach einem Vergleich mit den Klimakarten decken sich die Optimalen auf der nördlichen Erdhalbkugel fast bis in alle Einzelheiten mit der Jahresisotherme von 10 Grad. Besonders das Maximum der Großstadtkurve fällt fast genau mit dieser Jahresisotherme zusammen. Auf der südlichen Erdhalbkugel ist nach *Olbricht* dieser Zusammenhang zwischen jährlicher Durchschnittstemperatur und Großstadtdichte nach dem Äquator zu verschoben, da Patagonien, hier das Land optimaler Temperaturen, wirtschaftlich als Geröllwüste unbrauchbar ist. Bei günstigen wirtschaftlichen Bodenverhältnissen, wie z. B. auf Neu-Seeland, wird aber auch hier die größte Großstadtdichte erreicht. Diese Befunde deuten darauf hin, daß zunächst nicht politische und wirtschaftliche Faktoren maßgebend sind, sondern klimatische. Bei der Klimaverhaftung der menschlichen Rassen ist es verständlich, daß bei Siedlungen in fremder Umwelt sich oft auch die Herkunft der Kolonisten bemerkbar macht. So werden Argentinien und Chile vorzugsweise von romanischen Auswanderern aufgesucht, deren Mutterland bereits eine Durchschnittstemperatur von 15 Grad aufweist.

Maßgebende Komponenten des Klimas sind Durchschnittstemperatur, Feuchtigkeitsgehalt der Luft und der tägliche Witterungswechsel. Zu beachten ist, daß beim Menschen geistige und körperliche Energie ein verschieden hohes Optimum aufweisen. Das erste liegt bei 4 Grad, das zweite bei 16 Grad Durchschnittstemperatur, woraus man einen Durchschnitt von 10 Grad errechnet. Wichtig ist der tägliche Witterungswechsel, den Huntington direkt als „stimulus of the storms“ bezeichnet.

Die Eignung des Menschen für ein bestimmtes Klima zeigt sich auch in der Zahl der Todesfälle. Als ideales Klima betrachtet *Huntington* einen Klimatypus, bei welchem die Unterschiede der Lage der Isotherme von 10 Grad im Sommer und Winter möglichst gering sind, die täglichen Wetterwechsel sich aber zugleich möglichst häufen. In Zeiten mit stärkerem Wetterwechsel ist auch die Zahl der Todesfälle geringer als in Zeiten mit geringem Wetterwechsel.

Zu den auffälligsten Erscheinungen gehört der psychische Gegensatz zwischen Nord- und Südbewohnern. *E. R. Jaensch* hat durch vergleichende Untersuchungen von Nord- und Südformen unseres Haushuhns festgestellt, daß die Nordhühner durchgehend eine ruhigere, gleichmäßigere Bewegung und festere Haltung als die leichten, temperamentvollen, mit wechselndem Tempo aufgeregt umherschauenden Südhühner erkennen lassen. Auch beim Eierlegen zeigt das Nordhuhn eine größere Ruhe und Ausdauer als das durch Geräusche und andere Vorgänge in der Umgebung leicht beeinflußbare Südhuhn. Die Nordhühner zeigen sich mehr mit der Innenwelt, die Südhühner mehr mit der Außenwelt verbunden.

Diese Nordsüdverhaftung der Psyche, die hier den geographischen Rassen zukommt, findet sich auch beim Menschen; sie ist hier auch überindividuell und überrassisch in Volk und Staat festzustellen. Dies zeigt in eindrucksvoller Form wiederum *Hellpach:* „Wir greifen hier eine der sichersten Erkenntnisse von der Klimabedingtheit jedes Völkerlebens, aller Völkertümlichkeit und damit aller Kulturgestalt auf: den Gegensatz von Nord und Süd, den wir nicht nur übervölkisch, sondern nationalrelativ sehen müssen, um seine Tragweite zu ermessen. Er waltet schlechthin „terrestrisch“ und „kontinental“, man darf ihn am Erdball und „in Erdteilen denken“, aber er durchzieht auch jedes Volk als solches: überall sind es die verhältnismäßig nördlicheren Volksteile, die sich von den verhältnismäßig südlicheren auf eine immer wiederkehrende Art unterscheiden. Diese zwiefache Bedeutung des Nordsüdgegensatzes erschwert zwar seine Durchsichtigkeit und macht ihn doch wieder besonders eindrucksvoll. Es sind, konkret gesprochen, z. B. die europäischen Südländer, die sich als Ganzes von den Nordländern auf analoge Art unterscheiden, wie sich heute in jedem südländischen Einzelvolke und jedem nordländischen Einzelvolke wieder Nordteil und Südteil unterscheiden. Der Neapolitaner steht zum Florentiner und Piemontesen in einem ähnlichen Gegensatz wie der Wiener oder Pfälzer zum Westfalen oder Hamburger, wie der Marseiller oder Provenzale zum Lothringer oder Bretonen, wie in den Niederlanden der Flame zu den Friesen, wie in Spanien der Andalusier zum Katalanen und Kastilianer, wie in Britannien der Engländer zum Schotten, ja wie im riesigen China der Kantonese zum Mandschuren, in den Vereinigten Staaten von Nordamerika der Virginier oder Kalifornier zum Bostoner oder Pennsylvanen — obwohl doch wiederum der Lothringer dem Pfälzer, der Engländer dem Niedersachsen, der Katalane dem Provenzalen besondeis nahezustehen scheint. Man möchte sagen: die Nordsüdsymmetrie im großen und ganzen wiederholt sich wie ein immer neu abgewandeltes Motiv in allem Einzelnen und Kleinen."

Betrachten wir die psychischen Wesenszüge, die die Zugehörigkeit zur Nord- oder Südkategorie kennzeichnen, so finden wir beim Menschen etwa dieselben charakteristischen Merkmale, wie *Jaensch* bei seinen Hühnern. Im Nordteil überwiegen Ruhe, Gelassenheit, Geduld, Nüchternheit, Zähigkeit, Unverdrossenheit; der Süden dagegen ist lebhaft, temperamentvoll, leichter erregbar, auch triebhafter. Einem Überwiegen des verstandesmäßigen Handelns, des Überlegens und kühlen Abwägens im Norden steht im Süden ein Überwiegen des Gefühls und der Phantasie, des leichten Aufflammens und auch des behäbigen Sichgehenlassens gegenüber. Es ist klar, daß sich diese Chaıakterzüge auch jeweils in der Kultur ausprägen. So ist im allgemeinen der Süden musischer als der Norden, in dem dafür Planung, Organisationsfähigkeit und „Verstandesarbeit" vorherrschen. Politisch zeigt nach *Hellpach* der Süden mehr die lässige oder unruhige Seite; er ist der Revolte zugeneigter als der Norden, der wiederum die Reform begünstigt. So ist denn auch der Aufbau und die Organisation der verschiedensten Staaten auffallend oft vom Nordteil des jeweiligen Staatsgebildes ausgegangen. In Italien strebte zielbewußt Piemont die Einigung Italiens an, in Deutschland einigte das Preußen Bismarcks das Reich, in den Vereinigten Staaten von Nordamerika siegten die Nordstaaten über die Südstaaten, so wie auch im weiten China die staatsmännische und militärische Führung in der Hand des Nordens liegt oder das Russische Reich von Norden her geschaffen wurde. So scheint der Einheitsgedanke im Norden des betreffenden Landes jeweils stärker zu sein als im Süden, der mehr zum Föderalismus neigt.

Über die Ursachen dieses Nordsüdgegensatzes, der nicht nur rassenbedingt ist, kann zur Zeit noch nichts ausgesagt werden. Sie werden im Klimaunterschied gesucht. Wie bei vielen biologischen Erscheinungen müssen wir uns auch hier zunächst mit der Feststellung der Tatsache begnügen.

Haben wir im Klima einen Faktor gefunden, dem außer auf den Einzelorganismus auch auf den überindividuellen Organismus eines Volkes und Staates im kulturellen und geschichtlichen Leben und Werden eine maßgebliche Einwirkung zugeschrieben werden muß, so ist die Form der Landschaft ein zweiter Faktor. Weltgeschichte gestaltende Völker sind fast ausnahmslos Völker, deren Lebensraum durch die Weite gekennzeichnet ist, Völker des freien ebenen Geländes und Küsten- und Inselvölker, die die Weite des Meeres vor Augen haben. Weite bedeutet Fernweh und Streben nach Ausdehnung. In der Weite der Landschaft liegt ein Weltgeschichte schaffendes Element von England über Norddeutschland, Rußland, Japan bis zu den Vereinigten Staaten von Nordamerika und auch die ganze Schwere eines volklichen Schicksals, dem sich die ihm unterworfenen Völker ebensowenig entziehen können wie die in landschaftlicher Enge lebenden, die sich selbstgenügend auf sich selbst beschränken dürfen. Wir müssen lernen, daß Weltgeschichte am allerwenigsten mit menschlicher Logik zu tun hat. Sie gleicht eher einem Naturphänomen. Als Seemacht erwarb sich Spanien seine Großmacht, sein Reich, in dem die Sonne nie unterging, ebenso wie selbst so kleine Völker wie die Niederlande, Portugal und vor allem England eine Weltmacht begründeten. Als Land der ungeheuren Weite des ebenen Geländes gründete sich der große russısche Staat, der im Verlauf seiner Geschichte — unter dem Zarenadler wie unter Hammer und Sichel — stets nach immer größerer Ausdehnung strebte. Weite ist Macht — und Verlockung zur Machtentfaltung. Alles andere, Rasse (die sich letzten Endes aus der geographischen Umwelt formt), Sprache, Kultur und politisches System sind daneben zweitrangig. Die Seele der unendlichen Landschaft und des Meeres treibt zum Wandern in die Ferne; die Weite wird zur Heimat, nicht der engbegrenzte Raum, auf dem man geboren wurde.

Einen Charakterunterschied zwischen „Steppenvölkern" und „seebefahrenden" Völkern erkennen wir bei den sogenannten Völkerwanderungen. Bei den ersteren umfaßt die Wanderbewegung stets eine zahlenmäßig große Masse, die wie bei den großen Tierwanderungen auf das Einzelwesen aufsaugend einwirkt, auf ihrem Wege daher lawinenartig anwächst, um schließlich zu verebben und zu versickern wie eine Wasserflut. Die Parallelität zu den Verhältnissen im Tierreich deutet darauf hin, daß wir es hier mit einem Naturphänomen zu tun haben. Diese Wandermassen brauchen nicht volktummäßig oder rassenmäßig einheitlich zu sein. Nicht eine einheitliche Volksgruppe setzt sich in

Bewegung, sondern oft nur Teile von ihr, die ihrerseits wieder Teile von Nachbarstämmen mit sich fortreißen, bis sich ein buntes Gemisch von Gruppen gebildet hat, das sogar verschiedensprachig sein kann, wie u. a. das Beispiel der Germanen und Alanen zeigt. Bemerkenswert, daß die östlichen Massenbewegungen nach einer Karte von N. Fettich im Budapester Nationalmuseum in ihren Wanderzügen an bestimmte Steppenböden gebunden zu sein scheinen, die von Asien über Südrußland und Teile des heutigen Rumäniens bis an die Donau in Ungarn reichten. Nur auf diesen Böden finden sich die geschlossenen Massen der Steppenreiter. Was weiter nach Westen vordrang, also über die von Norden nach Süden verlaufende Donaulinie bei Budapest, zersplitterte und verebbte in Ausläufern und einzelnen Heereszügen.

Während die Steppenwanderungen zur Vermassung führen, umfassen die Wanderungen der Seevölker nie zu gleicher Zeit so große Menschenmassen. Sie sind individualistischer. Dies war bei den Normannen ebenso der Fall wie in späteren Zeiten in der Kolonialgeschichte Spaniens, Portugals, der Niederlande und Englands. Bei den Normannenzügen nach Rußland hat sich die Seele der Seevölker schließlich mit der der Steppenvölker verbunden, was auf ihre Verwandtschaft hindeutet. Diese Verwandtschaft zwischen Inseln und großräumigen Landschaften bezieht sich nicht auf die Entstehung von eigenen Kulturzentren. Für diese scheinen weite Landgebiete notwendig zu sein. Jedenfalls ist meines Wissens noch auf keiner Insel, mag sie weltgeschichtlich noch so eine große Rolle spielen, ein eigenes Kulturzentrum entstanden; so wie sich das mächtige England in die westeuropäische Kultur eingliederte, so bezog auch die einstige Großmacht Japan den Ursprung ihrer Kultur vom Festland.

Wenn nun die Weite des Lebensraumes zur Machtentfaltung führt, so umgekehrt die Enge der Landschaft zur geschichtlichen Beschränkung. Da sich der Bewohner der Berglandschaft meist in der engen Abgeschlossenheit der Täler aufhält, fehlt ihm die Weite der Landschaft und auch die Weite des Meeres. Diese landschaftliche Abgeschlossenheit führt zu einer tief eingewurzelten Abneigung gegen jede großräumige Zusammenfassung, zum „Kantönligeist“, zum Individualismus und zum Föderalismus. Es ist in der Geschichte kaum vorgekommen, daß ein Bergvolk von seinen Bergen herabgestiegen ist, um sich die Ebene zu unterwerfen. Dies dürfte neben psychischen auch physiologische Gründe haben. So weist *Krieg* darauf hin, daß die an Höhen von 2000 und selbst 3000 Meter gewohnten Bolivianer den Anforderungen des Chaco im Chacokrieg nicht gewachsen waren, weil sie dortselbst keine Gewaltmärsche, wie sie die Kriegführung verlangte, ausführen konnten. Schon hierdurch waren sie den Paraguayanern unterlegen. *Krieg* vermutet, daß es aus diesem Grunde auch dem Inkareich nie gelang, seine Grenzen in die Tiefebenen des Chaco auszudehnen.

Ein Staat wie unsere Schweiz konnte sich in seiner bewußt geschichtlichen Abgeschlossenheit nur in der Bergwelt bilden, wie er auch sozialpsychologisch nur in diesen landschaftlichen Gegebenheiten seine Voraussetzungen findet. Völker der Ebene können sich der Geschichte nicht entziehen, selbst wenn sie den Willen dazu aufbringen. Dies zeigt deutlich die Geschichte Belgiens und der Niederlande; diesen Staaten ist es trotz aller Anstrengungen nie möglich gewesen, sich aus den Auseinandersetzungen der Völker herauszuhalten. Dasselbe dürfte für Deutschland Geltung haben. Beteiligt es sich nicht aktiv an der Gestaltung der Weltgeschichte, so wird es passiv als duldender Teil in das Weben und Werden derselben hineingezogen werden. Dem Wirken seiner großräumigen Seele vermag es sich nicht zu entziehen; Vergleiche mit der Schweiz muten dem, der darum weiß, geradezu kindisch an. Es ist übrigens kein Zufall, daß die großräumliche Zusammenfassung Westeuropas von Staaten der Weite, den Vereinigten Staaten von Nordamerika und England, vor allem eifrig betrieben wird, die Schweiz aber auch heute noch auf ihrer Neutralität besteht, während die großräumige Zusammenfassung des Ostens von dem weiten Rußland betrieben wird, das seine größten Schwierigkeiten bei den Bergvölkern des Balkans findet. Die Eingliederung dieser Balkanvölker in das Sowjetreich ist in dieser Hinsicht ein interessantes Experiment. Unter dem Druck des großräumigen Rußlands wird hier der Versuch unternommen, diese zahlreichen kleinen Völker, die sich entsprechend der bergigen Zerrissenheit und Abgeschlossenheit hier gebildet haben, unter dem Zwang einer Idee zu vereinigen. Die Zukunft wird erweisen müssen, was stärker ist, die Macht einer menschlichen Idee, hinter der die reale politische und militärische Macht eines weiträumigen Landes steht, oder die Kraft der Seele dieses Landes, die diesen Bestrebungen feindlich gegenübersteht. Wenn nicht alle Anzeichen täuschen, wird sich das Beispiel der Schweiz und des weiträumigen Habsburger Reiches, dem es nicht gelang, dieses kleine Bergvolk sich einzuverleiben, hier wiederholen. Es steht hier letzten Endes die Seele des weiträumigen Landes, das sich ausbreiten will, gegen die Seele des Berglandes, die den Föderalismus und kleine Selbständigkeit will. So bietet das Bergland einen größeren naturgegebenen Widerstand als die Ebene, die anscheinend nur fließende Grenzen kennt. „Warum brachen die Barbaren schließlich durch?“ fragt *Toynbee* in bezug auf das Römerreich und antwortet darauf: „Sobald die Grenze zwischen einer hoch- und einer weniger hochentwickelten Gesellschaft nicht mehr vorwärtsgetragen wird, folgt dem eben kein Gleichgewicht; die weniger entwickelte Gesellschaft gewinnt vielmehr im Lauf der Zeit das Übergewicht.“ Dies gilt nicht nur für das Römerreich! —

Daß übrigens der Einfluß der Bergwelt nicht allein den politischen Charakter formt, sondern die ganze Psyche, zeigt wiederum Hellpach: „Alle Bergvölker sind in Volkssitte, Volksglauben und Volkskunst von einer reicheren, bunteren, bewegteren Phantasie, verglichen mit den Ebenenbewohnern.“ Das Klima, seinem Charakter nach eher dem nördlichen verwandt, während die angeführte Eigenschaft eher einem südlichen entsprechen würde, dürfte nicht die Ursache hierfür sein. Es ist offenbar die Landschaftsform, die die Phantasie stets von neuem anregt und speist.

Wenn die Weite der Ebene und des Meeres zu Wanderung, Ausbreitung und Machtentfaltung führt, die Bergwelt aber zur Seßhaftigkeit und zum Föderalismus, so gibt es doch auch Landschaften, die in gleicher Weise Seßhaftigkeit und Wanderlust zu begünstigen scheinen, wie die hafenarme Halbinsel Jütland und die deutsche Ostsee- und Nordseeküste. Dies dürfte auch der geopsychische Grund für den späten Eintritt Deutschlands in die Reihe der Kolonialmächte sein.

Ein jedes Volk, wie jedes Lebewesen, mag es sich um Pflanze, Tier oder Mensch handeln, entspricht dem Raum, der es gebildet hat und dem es daher verhaftet ist. Die Seele des Lebensraumes ist eine leitende Kraft der Geschichte seiner Bewohner. Verändern sich seine natürlichen Gegebenheiten, z. B. das Klima, so wirkt sich dies auch auf den Verlauf der Geschichte aus. Der Mensch als Volk und Staat unterliegt hier einer ständigen Dynamik parallel zu den Kräften der unbelebten Natur. Eine genaue Karte der Klima- und Bodenveränderungen aus vorgeschichtlicher Zeit bis hinein in die Gegenwart wird uns gewaltige dynamische Kräfte offenbaren, die große Teile der Menschheit zwingend verschieben. Auf diese Weise dürfte die Bevölkerungsgeschichte Großeuropas von der letzten Vergletscherung bis in die Gegenwart hinein leichter zu begreifen sein.

Diese Kräfte liegen außerhalb des menschlichen Willens, der lediglich in dem von ihnen gelassenen Rahmen gestaltend einzugreifen vermag. Ein näherer Vergleich der Geschichte mit den Ergebnissen der Biologie, Geographie und verwandter Forschungszweige zeigt eindeutig, daß auch der Mensch in starkem Maße von seiner Umwelt, auch der unbelebten, abhängig ist. Wenn *Jakob Friesen* in seinen „Grundfragen der Urgeschichtsforschung“ (1928) verlangt, daß bei der Ausdeutung eines Fundes die Fundgeographie auf ökologischer Grundlage berücksichtigt wird, so kann man seine Forderung wohl auf die gesamte Geschichtsforschung in beschränkterem Maße übertragen. Friesen wies darauf hin, daß der Mensch von folgenden Faktoren seiner Umwelt beeinflußt wird:

1. biotischen, d. h. Einflüssen der übrigen Lebewesen,
2. edaphischen, d. h. Einwirkungen der Bodenart,
3. orographischen, d. h. Einwirkungen der Bodengestalt,
4. klimatischen, d. h. Einwirkungen der Witterungsverhältnisse.

Diese Umweltsfaktoren sind im Laufe der Menschheitsgeschichte nicht konstant geblieben; auch haben sich Änderungen derselben nicht schlagartig, sondern allmählich vollzogen. Größere Katastrophen blieben stets örtlich begrenzt. Zum Teil dürfte die Dynamik in der Geschichte auf derartige Änderungen zurückzuführen sein, wie es Toynbee z. B. in der Schilderung der Entstehungsursache der ägyptischen Kultur tut. Mit der Aufdeckung dieser Einflüsse auf den Verlauf der Völker-, Staaten-, Welt- und Kulturgeschichte sehen wir den Menschen wieder als ein Glied der organischen Lebewelt in der Natur, in der er wohl eine Sonderstellung einnimmt, aus der er sich aber nicht völlig herauszulösen vermag. Daß die Historie die Naturforschung, besonders die Biologie und ihre Forschungsmethoden, bisher so wenig berücksichtigt hat, hat nicht wenig zur Verschleierung der Ursachen und Hintergründe vieler geschichtlicher Vorgänge beigetragen, womit nicht gesagt sein soll, daß die Biologie — etwa aus der Wechselwirkung zwischen Erbe (Rasse) und Umwelt — fähig wäre, geschichtliche Vorgänge mit ihren Mitteln restlos zu erklären oder gar im voraus zu berechnen. Dies kann sie ebensowenig, wie auch der genialste Staatsmann und Feldherr selbst bei Kenntnis aller Faktoren auch der Gegenseite etwa den Verlauf eines Krieges, der befähigste Wirtschaftler den Verlauf eines Wirtschaftsunternehmens mit Bestimmtheit voraussagen kann. Immer ist dabei eine Unbekannte mit im Spiel, die der religiöse Mensch als „Gottes Willen“ bezeichnet. Deshalb wird aber niemand behaupten können, daß die Kenntnis der Faktoren unwesentlich ist. Dasselbe gilt für das Verhältnis zwischen Weltgeschichte und Biologie. Die Biologie allein vermag niemals geschichtliche Vorgänge, die auf eine Vielfalt von Ursachen und Wirkungen, erkennbare und

„göttliche", der menschlichen Erkenntnis verschlossene, zurückgehen, zu erklären, wohl aber ist sie geeignet, zur Aufklärung dieser und zur Gestaltung auch unseres geschichtlichen Weltbildes erheblich beizutragen. Auch in der Biologie haben wir übrigens den „Zufall" oder „Gottes Hand", z. B. in der Mutation, jener Erbänderungen, die für uns ohne erkennbare Ursache spontan rein zufällig und richtungslos auftreten und doch für die gesamte Entwicklung von grundlegender Bedeutung sind. Wir kommen aus einem Zeitalter der Analyse; diese hat zwar mächtige Spezialwissenschaften entwickelt, aber die Universitas der Wissenschaften zerstört. Analyse ist notwendig, aber jede Analyse führt ins Leere, folgt ihr nicht wieder die Synthese. Die Analyse schafft lediglich die Baustoffe, die genutzt sein wollen. Ziegelsteine sind noch kein neues Gebäude.

Geschichte und Biologie, wie sie heutzutage betrieben werden, gehen von zwei grundsätzlich verschiedenen Lebensvoraussetzungen aus. Für die Historie ist das Leben eine metaphysische Angelegenheit, während die Biologie der Gegenwart das Wesen des Lebendigen immer noch vor allem im Physischen sucht. *Wilhelm Windelband* definierte in seiner Straßburger Rektoratsrede 1894 den Unterschied zwischen Geschichte und Naturwissenschaft folgendermaßen: „Die Naturwissenschaften suchen allgemeine Gesetze, die Geschichtswissenschaften historische Tatsachen; die ersteren sind Gesetzeswissenschaften, die letzteren Ereigniswissenschaften." Diese Definition läßt sich in dieser Form heute nicht mehr aufrecht halten. Auch der Historiker sucht nach Gesetzen, zum mindesten nach Regeln. Anderseits finden wir in der Biologie zahlreiche Beispiele von historischem Geschehen. Die Abstammungslehre in ihrer Gesamtheit und das Art- und Rassenbildungsproblem z. B. kann man hierher zählen. Aber auch in andern Erscheinungen besonders in der Tiergeographie und Ökologie finden sich Brücken zwischen beiden Wissenschaften. In diesem Sinne stehe ich nicht an, auf die Verwandtschaft der Historie zur Biologie, als der Lehre vom Leben, hinzuweisen, handelt es sich doch auch in der Geschichte letzten Endes um eine Lebensäußerung, wenn auch nicht des Individuums, so doch des Volkes und Staates, der — auch hierzu finden sich Parallelen zum Tierreich — einen überindividuellen Organismus bildet, der auch Naturgesetzen unterworfen ist und auf die Einwirkung von Naturfaktoren reagiert. So wie auch *Toynbee* sagt: „Wir sagten, primitive Gesellschaften seien so alt wie die Menschheit: wir hätten sagen sollen, daß sie älter sind! Soziale Einrichtungen bestimmter Art finden sich auch bei den höheren Säugetieren, nicht nur beim Menschen, und es ist offenbar so, daß die Menschheit außerhalb einer sozialen Umgebung nicht hätte Mensch werden können. Die Wandlung des Untermenschen zum Menschen, die sich unter Umständen vollzog, von denen wir keine Zeugnisse haben, wurde unter der Obhut primitiver Gesellschaften durchgeführt und stellt einen größeren Schritt, einen Wachstumsvorgang dar, den der Mensch unter der Obhut der Zivilisation je vollbracht hat." Hiermit weist auch er auf die Verwandtschaft beider Wissenschaften hin. Mit der bewußten Aufspürung dieser Verhältnisse werden sich manche Rätsel in der Weltgeschichte lösen lassen, andere freilich dafür auftauchen. Diese werden dann aber mehr biologisch-naturwissenschaftlicher Art sein.

Es ist auffällig, wieviel Parallelen sich zwischen Biologie und Historie schon bei ganz oberflächlicher Betrachtung zeigen. Viele Historiker glauben, im Ablauf der Geschichte eine periodische Gesetzmäßigkeit zu erkennen wie der unglückliche Oswald Spengler. Die Periodizität in der Geschichte ebenso wie der ständige Gegensatz zwischen Beharrungsbestreben und Fortschrittsbewegung — in der Biologie Erbe = Beharrung und Anpassungsbestreben an die Umwelt — kann wohl kaum übersehen werden. Auch die Vorgänge in der belebten und unbelebten Natur laufen zu einem erheblichen Teil rhythmisch und periodisch ab. Rhythmik und Periodik als Grundgesetz des Kosmos überhaupt beherrschen das Feld hier wie da. Sollten sich da nicht gewisse Zusammenhänge finden lassen? —

Und noch auf eine Parallelerscheinung mag hier zum Schluß hingewiesen werden. Nach *Darwins* Lehre besteht die Entwicklung der Organismen aus einem langen, ganz allmählich in kleinsten Einzelschritten sich vollziehenden Formwandel, der über die zunächst geringfügigen Rassenunterschiede zu neuen Arten führt und schließlich durch weitere Steigerung der Formdivergenz die Merkmale der Gattungen und höheren Kategorien unseres taxonomischen Systems entstehen läßt. Es besteht so nach dieser Lehre ein ununterbrochenes Formenkontinuum. Dieser Anschauung entspricht in der Historie die einer langsamen, fortschrittlichen Entwicklung der Geschichte; es ist sicher kein Zufall, daß die Blütezeit dieser *Darwin*schen Weltanschauung mit der des Fortschrittsgedankens in der Geschichte zusammenfällt.

*Darwins* selbst ausgesprochene Ansicht, daß die Gesteinsschichten mit langen Ketten von Entwicklungsgliedern gefüllt sein müßten, die die verschiedenen Baupläne im Tier- und Pflanzenreich miteinander verknüpfen, hat die Paläontologie nur insofern bestätigen können, als sie wohl einzelne Entwicklungsreihen in aller nur wünschenswerten Vollkommenheit auf Grund von Funden aufstellen konnte, aber diese stehen verbindungslos nebeneinander, wie viele Kulturen der Menschheitsgeschichte. Die Ergebnisse der für das Abstammungsproblem maßgeblichen Paläontologie zeigen damit, daß die Stammesgeschichte sich nicht in einem gleichmäßigen Flusse abgespielt haben kann, sondern daß ihr eine ausgesprochene Periodizität zu eigen ist. Zeiten rascher und nahezu explosiver Formschöpfung wechseln mit Perioden allmählichen Formwandels ab. Ähnlich scheint sich auch der Ablauf der Weltgeschichte zu gestalten. Auch hier wechseln explosive Umwälzungen mit Zeiten langsamer kontinuierlicher Entwicklung. Der darwinistischen Anschauung der Fortentwicklung zu einem immer höheren Ziel entspricht der Fortschrittsgedanke in der Geschichte, der sich ebenso wie der ursprüngliche darwinistische Gedanke kaum aufrecht erhalten läßt, während *Darwins* Gedanke der Auslese (Selektion) in gewissem Maße auch auf die Geschichte übertragbar ist. Es scheint sich vielmehr der Ausspruch eines großen Historikers, nach dem eine jede Epoche „unmittelbar zu Gott" ist, in der Geschichte zu bewahrheiten, wie auch in der Biologie die Entstehung und Entwicklung eines jeden Bauplanes „unmittelbar zu Gott" zu sein scheint und nur innerhalb von Epoche und Bauplan eine Fortentwicklung festzustellen ist.

*Literaturhinweise.*

(Zum Teil im vorliegenden Aufsatz benutzt.)

[1] *Eickstedt*, Egon, Freiherr von: Rassendynamik von Ostasien, China, Japan, Tai und Kmer von der Urzeit bis heute. — De Gruyter, Berlin 1944.

[2] *Ders.*: Die Völkerdynamik der Südostasiaten. (In: Deutsche Orientforschung Südasien und Ozeanien), Stuttgart 1947.

[3] *Ders.*: Altchina und die Entstehung des Malayentums. — Forsch. Fortschr. 21/23. Jg., 10/11/12, 1947.

[4] *Grober*, J.: Die Akklimatisation. — Gustav Fischer, Jena 1936.

[5] *Hellpach*, W.: Kultur und Klima. — In „Klima, Wetter, Mensch", Quelle & Meyer, Leipzig 1938.

[6] *Ders.*: Geopsyche, — die Menschenseele unterm Einfluß von Wetter und Klima, Boden und Landschaft. — Engelmann, Leipzig 1939.

[7] *Huntington*, Ellsworth: Zivilisation and climeate. — Yale University, New Haven 1915.

[8] *Jaensch*, E. R.: Der Hühnerhof als Forschungs- und Aufklärungsmittel menschlicher Rassefragen. — Z. Tierpsychol. Bd. 2, 3, 1939.

[9] *Krieg:*, H.: Indianer, Mischlinge und Weiße im Innern von Südamerika. — Forsch. Fortschr. 12, 143, 1936.

[10] *Olbricht*, O.: Klima und Entwicklung. — Gustav Fischer, Jena 1923.

[11] *Roß*, Colin: Die Welt auf der Waage. — Brockhaus, Leipzig 1930.

[12] *Schindewolf*, O. H.: Fragen der Abstammungslehre. — Aufsätze und Reden Senckenberg. Naturf. Ges., Frankfurt a. M. 1947.

[13] *Ders.*: Zum Fragenkreis der Fossilüberlieferung. — Forsch. Fortschr. 21/23. Jg. 10/11/12, 1947.

[14] *Spengler*, O.: Jahre der Entscheidung. — I. Teil, Beck. München 1933.

[15] *Staffe*, A.: Die Akklimatisation von Haustieren in den afrikanischen Tropen. — Mittler & Sohn, Berlin 1944.

[16] *Tischler*, F.: Die menschliche Beharrungstendenz und die urgeschichtlichen Völkerwanderungen in ihrer Beziehung zur Umwelt. — Forsch. Fortschr. 24. Jg. 3/4, 1948.

[17] *Toynbee*, A. J.: Studie zur Weltgeschichte. — Claassen & Goverts, Hamburg 1949.

[18] Völz, W.: Geographie und Rassengeschichte. — Forsch. Fortschr. 24. Jg. 1/2, 1948.

*(Dr. Herbert Ullrich, (1) Berlin-Schmargendorf, Hohmannstr. 1.)*

---

# Zum gegenwärtigen Stand der Psychophysik*.

Von

WOLFGANG METZGER.

Als *Fechner* 1860 seine „Elemente der Psychophysik" veröffentlichte, war sein Ziel, psychische Erscheinungen *meßbar zu machen*. Offensichtlich bedeutet der Ausdruck Psychophysik in diesem Zusammenhang nichts anderes als eine besondere Technik, eine *Verfahrenslehre*, wobei die Physik als das Vorbild einer exakten, das heißt einer messenden und rechnenden Wissenschaft auftritt.

Der Ausdruck „Psychophysik" hat seitdem seine Bedeutung in bezeichnender Weise verschoben. Seine zweite Hälfte bezieht sich heute auf den *Gegenstand* der Physik, die physische *Natur*. *Johannes Müller* hatte schon lange vor dem Erscheinen des *Fechner*schen Werkes einmal die Vermutung geäußert, daß sich *in der anschaulichen Beschaffenheit unserer Wahrnehmungen das Wesentliche der zugrunde liegenden somatischen Prozesse verrate*. Dieser Satz enthält die neuere Bedeutung des Wortes Psychophysik. Er enthält die Aufgabe, zu jeder Wahrnehmungserscheinung, und schließlich zu jedem geistig-seelischen Tatbestand, die unmittelbar zugehörigen und irgendwie zugeordneten — ich sage, im Gegensatz zu älteren Formulierungen, ausdrücklich nicht: zugrunde liegenden — körperlichen, physikalisch-

* Nach einem Vortrag vor der Medizinisch-naturwissenschaftlichen Gesellschaft in Münster/Westf. am 15. Dezember 1948.

chemischen Vorgänge im Zentralnervensystem aufzusuchen. Wir nennen diese Vorgänge die „psychophysischen Korrelate" der geistig-seelischen Erscheinungen. Ihren Ort im Zentralnervensystem nennen wir das „psychophysische Niveau"[1]. Psychophysische Ansätze in diesem Sinn finden sich bei verschiedenen älteren Forschern, ohne daß indes die grundsätzlichen Voraussetzungen von ihnen schon ausgesprochen und erörtert werden. An erster Stelle ist hier *Fechner* selbst zu nennen, ferner *Lotze* und besonders *Mach* und *Hering*.

Die erste grundsätzliche Erörterung der hier erforderlichen Annahmen verdanken wir *G. E. Müller*. In seinem Beitrag „Zur Psychophysik der Gesichtsempfindungen"[2] stellt er vorläufig fünf psychophysische Axiome auf, deren erste drei in etwas zusammengefaßter und verallgemeinerter Form folgendes besagen:

1. Jedem Zustand des Bewußtseins entspricht ein materieller Vorgang, der sogenannte psychophysische Prozeß, an dessen Stattfinden das Stattfinden des Bewußtseinszustandes geknüpft ist; es kann weder der körperliche Vorgang ohne den psychischen noch der psychische ohne den körperlichen stattfinden.

2. Einer Gleichheit, einer größeren oder geringeren Ähnlichkeit, einer Verschiedenheit psychischer Zustände entspricht eine Gleichheit, eine größere oder geringere Ähnlichkeit, eine Verschiedenheit der psychophysischen Prozesse und umgekehrt.

3. Ist ein psychischer Zustand in n-facher Richtung variabel, so muß auch der zugehörige psychophysische Prozeß in n-facher Richtung variabel sein, und es gilt für den Zusammenhang der verschiedenen Richtungen möglicher Veränderung auf der psychischen und der physischen Seite sinngemäß das in Axiom 2 Gesagte.

Die beiden letzten Axiome sind spezieller und nicht geeignet, in ein paar Worten zusammengefaßt zu werden. — Wie man sieht, versucht *G. E. Müller* der Annahme des psychophysischen *Parallelismus* eine konkrete, verbindliche, das heißt, zu prüfbaren Folgerungen führende Form zu geben. Der psychophysische Parallelismus ist hier allerdings nicht als metaphysisches Prinzip, sondern als Arbeitshypothese eingeführt. Und während man anderwärts damit beschäftigt war, die Lehre vom psychophysischen Parallelismus mit allerlei Argumenten zu widerlegen, hat diese sich als eine der fruchtbarsten und folgenreichsten Arbeitshypothesen erwiesen, die je in einer Wissenschaft eingeführt wurden.

Zu der weitverbreiteten Scheu vor psychophysischen Überlegungen und Untersuchungen hat *Wolfgang Köhler* an verschiedenen Orten, zuletzt besonders ausführlich in seiner Schrift „Dynamics in Psychology" (New York 1940), alles Nötige gesagt. — Daß zwischen geistig-seelischen Erscheinungen und nervösen Vorgängen ein unlösbarer Zusammenhang besteht, ist keine Vermutung, sondern eine tausendfach bestätigte Tatsache. Es muß also erlaubt sein, über die Natur dieses Zusammenhangs und über die Natur der in diesem Sinn psychophysischen Vorgänge selbst, nachzudenken. Freilich, die Hoffnung, auf diesem Gebiet rasch zu greifbaren Ergebnissen zu kommen, ist nach einer Zeit, in der man mit physiologischen Vermutungen nicht gerade sparsam und zurückhaltend war, ziemlich hingeschwunden. Man ist beinah einig, daß jeder Versuch, über die physiologischen Korrelate psychischer Erscheinungen Vermutungen anzustellen, schon als solcher unvermeidlich zu einer Verfälschung, mindestens aber zu einer Fehldeutung des psychologischen Tatbestands führen müsse. Dies ist auch der Sinn der Rede vom „Physikalismus" der Gestalttheorie, als derjenigen psychologischen Richtung, die sich gegenwärtig wohl als einzige ernsthaft mit psychophysischen Fragen im strengen Sinn dieses Ausdrucks befaßt.

Wenn auch gewisse psychophysische Annahmen von solcher Kritik durchaus getroffen werden, sind doch die Folgerungen, die man daraus gezogen hat, erstaunlich voreilig. Jedenfalls hat es bisher glücklicherweise nicht allgemein als wissenschaftliche Haltung gegolten, wenn man ein Problem, das zu schwierig war, um im ersten Anlauf gelöst zu werden, von jetzt an einfach umging und sich statt dessen damit beschäftigte, für die Notwendigkeit dieser Umgehung tiefsinnige Gründe zu suchen. Ich brauche nicht die Frage zu stellen, wohin die Physik oder die Chemie mit einer solchen Haltung gekommen wären.

Im übrigen zeigt eine einfache Überlegung, daß von den genannten Bedenken nur eine ganz bestimmte Gruppe psychophysischer Vermutungen getroffen wird. Diese Vermutungen sind dadurch gekennzeichnet, daß sie keineswegs dem klaren Sinn des alten Satzes von *Johannes Müller* ent-

[1] Psychophysik in diesem strengen Sinn befaßt sich also nur mit einem *Teil*, wenn auch einem wesentlichen, des Leib-Seele-Problems.

[2] Z. Psychol. 10 (1896); dort auch Hinweise auf Früheres.

sprechen, sondern ihm genau zuwiderlaufen. Der Satz besagt: in der anschaulichen Beschaffenheit unserer Wahrnehmungen verrate sich das Wesentliche der zugrunde liegenden somatischen Prozesse. Das enthält jedenfalls nicht die Hoffnung, aus unserer Kenntnis der somatischen Prozesse zu einem Verständnis der Wahrnehmungserscheinungen zu gelangen, sondern genau umgekehrt die Hoffnung, daß wir aus unserer Kenntnis der Wahrnehmungserscheinungen vielleicht begründete Vermutungen über die zugeordneten körperlichen Vorgänge gewinnen möchten. Und das hat auch gute Gründe.

Die zu vermutenden psychophysischen Vorgänge, als Forschungsgegenstand der Physiologie bzw. der Physik des Lebendigen, gehören zu den verborgensten, flüchtigsten, am schwersten greifbaren Tatbeständen, die man sich überhaupt denken kann. Zu der Zeit der ersten sogenannten physiologischen Erklärungen psychischer Erscheinungen wußte man von der Natur der ihnen zugeordneten körperlichen Vorgänge genau so wenig, vielleicht weniger als, sagen wir, gegenwärtig vom Innern der Atomkerne. Und noch heute können wir eben die allerersten nach außen dringenden Begleiterscheinungen konkreter psychischer Einzelereignisse physikalisch registrieren. Was man damals wirklich besaß, waren Kenntnisse des gröberen anatomischen Baues der Sinnesorgane und des Nervensystems, seiner Zell- und Faserstruktur, dazu einiger der wichtigsten spezialisierten Zentren und ihrer nervösen Verbindungen; — nichts von der Natur der physiologischen *Vorgänge*, die innerhalb dieser Strukturen etwa als materielle Begleiterscheinungen der Bewußtseinsinhalte sich abspielen könnten. Aus diesen oberflächlichen, meist nur anatomischen Daten versuchte man zu *konstruieren*, von welcher Art die psychischen Korrelate vervöser Vorgänge, das heißt: die Erlebnisse und Wahrnehmungserscheinungen, *eigentlich sein müßten*. Zur Veranschaulichung sei an die Theorie des Sehraums erinnert, nach welcher dieser „eigentlich" keine Tiefe besitzen dürfte, weil die Netzhautzellen ebenfalls nur eine zweidimensionale Mannigfaltigkeit bilden. Ist diese Konstruktion des vom physiologischen Gesichtspunkt „eigentlich zulässigen" oder zu erwartenden Psychischen schon ein erkenntnismethodisch erstaunliches Vorgehen, so ist fast noch merkwürdiger der Schritt, den man weiterhin tat, wenn die wirklichen psychischen Tatbestände, Erscheinungen und Erlebnisse dieser Erwartung nicht entsprachen. Man betrachtete nämlich diesen Mangel an Übereinstimmung als einen unbezweifelbaren Hinweis darauf, daß das unmittelbar anschaulich Gegebene keine streng zugeordneten materiellen Begleitvorgänge mehr besitzen könne, daß es vielmehr durch das Eingreifen eines außerphysischen, rein geistig-seelischen Agens aus dem nicht mehr beobachtbaren, aber gleichwohl unbemerkt vorhandenen, unmittelbaren psychischen Korrelat der gewissermaßen letzten vorpsychischen Station der gesamten körperlich-seelischen Kausalkette in entsprechender Weise umgewandelt worden sein müsse. Dies ist der Sinn der sogenannten „psychologischen Theorien" in der Wahrnehmungslehre, sofern dabei jedesmal die Erörterung eine Rolle spielt, ob eine in Frage stehende Erscheinung „noch physiologisch" erklärbar sei, oder man zu einer „psychologischen" Erklärung übergehen müsse. Das bekannteste Beispiel ist wohl die *Helmholtz*sche Theorie des Farbenkontrastes. Das „zu erwartende" psychische Korrelat der darin vorausgesetzten zentralphysiologischen Vorgänge wäre eine kontrastfreie Farbmannigfaltigkeit. Das psychische Agens, das aus diesem *zu erwartenden* Psychischen das tatsächlich *beobachtbare* Psychische macht, ist bei v. Helmholtz das „Urteil". Es ist aber klar, daß eine solche Umwandlung und das für sie verantwortliche psychische Agens hier nur deshalb *denk*notwendig wird, weil man sich über die Natur der *körperlichen* Vorgänge im Nervensystem viel zu einfache und z. T. völlig abwegige Vorstellungen macht. (Auf der anderen Seite schließt die Annahme des strengen Parallelismus im Sinne *G. E. Müllers* keineswegs die Folgerung ein, daß Urteil, Aufmerksamkeit, Auffassung, Einstellung, Erwartung usw. dort, wo sie tatsächlich vorhanden sind, auf die Erscheinungsweise des Wahrgenommenen nicht ebenfalls einwirken könnten; im Gegensatz zu den „psychologischen Theorien" der Wahrnehmung werden aber die so zustandegekommenen Modifikationen des Wahrgenommenen nicht als „rein psychologische" betrachtet, sondern es *muß* konsequenterweise angenommen werden, daß auch den durch das Verhalten des *Subjekts* bedingten Änderungen der Wahrnehmung entsprechende Änderungen ihrer *psychophysischen Korrelate* zugeordnet sind, und darüber hinaus, daß auch das Verhalten des Subjektes selbst als erlebbarer Tatbestand sein psychophysisches Korrelat besitzt, das mit den psychophysischen Korrelaten des Wahrgenommenen in einem Beeinflussungszusammenhang steht, der den Beeinflussungszusammenhang zwischen Subjekt und Wahrnehmungsgegenstand genau widerspiegelt.)

Die physiologischen Annahmen, mit denen man auf der besprochenen Entwicklungsstufe der Psychophysik arbeitete, waren in Wirklichkeit nur neurologische Spekulationen. Hierauf haben vor allem hingewiesen: *v. Kries* („Über die materiellen Grundlagen der Bewußtseinserscheinungen", 1901) und *Erich Becher* („Gehirn und Seele", 1911). Einen weiteren wichtigen Beitrag zur Klärung des Sachverhalts stellt *Wolfgang Köhlers* Abhandlung von 1913 „Über Unbemerkte Empfindungen und Urteilstäuschungen" (Z. Psychol. Bd. 66) dar. Das wesentliche Ergebnis all dieser Erörterungen ist die Rückkehr zu dem ursprünglichen Satz von *Johannes Müller*. Die Möglichkeit der Inangriffnahme einer gesunden Psychophysik beruht auf der erneuten Beachtung seines eigentlichen Sinnes, nach welchem nicht aus der Beschaffenheit somatischer Prozesse (oder gar anatomischer Strukturen) auf Eigenschaften des Seelischen geschlossen, sondern der anschaulichen Beschaffenheit unserer Wahrnehmung Hinweise auf Eigenschaften der zugehörigen somatischen Prozesse entnommen werden sollen.

Man wundert sich, wie man das je mißverstehen konnte. Denn im Gegensatz zu der Verborgenheit der zentralnervösen Vorgänge sind die anschaulichen Eigenschaften unserer Wahrnehmungen und Erlebnisse *die einzigen Tatbestände der Welt, die völlig offen vor und in uns liegen;* das einzige, was unserer *unmittelbaren* Kenntnis überhaupt zugänglich und verfügbar ist; derjenige Bereich des Seins, dem wir außerdem alles entnehmen müssen und entnommen haben, was wir für das Verständnis der Welt im ganzen an Gesichtspunkten besitzen. Diese Kenntnis mußte allerdings erst in besonderer Weise systematisch geordnet werden, ehe sie für das psychophysische Problem fruchtbar gemacht werden konnte. Die notwendige Vorarbeit ist aber — unter dem ermunternden Einfluß der phänomenologischen Schule der Philosophie — vor allem von den verschiedenen gestaltpsychologischen Schulen (entscheidend angeregt und gefördert vor allem von *Chr. v. Ehrenfels* und *Max Wertheimer*) seit dem Beginn dieses Jahrhunderts in so umfassender Weise geleistet worden, daß nicht nur ein Neurologe wie *Kurt Goldstein*, sondern u. a. auch der durch seine bahnbrechenden entwicklungsmechanischen Untersuchungen berühmt gewordene Biologe *Spemann* der Überzeugung Ausdruck gegeben hat, daß die Biologie und Physiologie für ihre Theoriebildung bis auf weiteres von der Psychologie mehr Anregung zu erwarten haben als umgekehrt.

Für die eigentlich psychophysischen Untersuchungen ist diese Erkenntnis durch *Wolfgang Köhler* zu der methodischen Forderung verdichtet worden, daß über die unmittelbaren materiellen Korrelate des Psychischen keinerlei Annahme erlaubt sein soll, die nicht in jeder Beziehung den Gesetzmäßigkeiten des anschaulichen Erlebens und des Seelischen überhaupt entspricht. — Mit dieser Forderung entfallen sämtliche Bedenken, die man von anthropologischer, geisteswissenschaftlicher oder erkenntnistheoretischer Seite gegen psychophysische Hypothesenbildungen erheben konnte. Wird sie wirklich streng eingehalten, so ist eine Verfälschung oder Entstellung der untersuchten geistig-seelischen Tatbestände und Zusammenhänge ausgeschlossen. — Dazu kommt folgendes: Die neuere Entwicklung der Nervenphysiologie sowohl wie der physikalischen Chemie hat zwar — etwa im Alles-oder-Nichts-Gesetz der Nervenleitung — immer wieder zu Ergebnissen geführt, die mit *Köhlers* methodischer Forderung nur schwer vereinbar schienen; aber sie hat doch im ganzen eine Richtung eingeschlagen, die von den ursprünglichen neurologischen Spekulationen der Psychologen kaum weniger weit weg führt als das, was wir von der Phänomenologie des Psychischen her erwarten müssen.

Damit man zu erfolgreicher psychophysischer Einzelforschung vordringen konnte, war freilich noch ein letztes Hindernis zu beseitigen. Solange über zentralnervöse Vorgänge nichts Näheres bekannt ist, hat es keinen Sinn, für bestimmte Einzelqualitäten des Wahrgenommenen (etwa für eine Farbe) das zugehörige körperliche Korrelat (etwa eine bestimmte chemische Substanz, oder, was auf jeden Fall richtiger sein wird, eine bestimmte chemische Umsetzung) zu suchen. Darum ist in den Axiomen von *G. E. Müller* nur von der Zuordnung von *Beziehungen* zwischen seelischen Erscheinungen zu *Beziehungen* zwischen körperlichen Vorgängen die Rede. Mit anderen Worten: man kann sinnvollerweise bis auf weiteres nur die Zuordnung von *Strukturen* der einen Seite zu *Strukturen* der anderen Seite versuchen. Und zwar besagt der Inhalt der *G. E. Müller*schen Axiome, daß dies nach dem Grundsatz der *Isomorphie* oder Gestaltgleichheit erfolgen solle (obwohl grundsätzlich auch andere, weniger einfache Arten der Gestaltverwandtschaft zwischen physischen Vorgängen und psychischen Tatbeständen denkbar sind).

Der Anwendungsbereich des Verfahrens erscheint aber bei *G. E. Müller* noch außerordentlich eng. Er beschränkt sich auf Mannigfaltigkeiten von *Qualitäten*, während die räumliche Verteilung von Zuständen und Vorgängen ausgeschlossen bleibt. Da man angesichts des Baues des Großhirns niemals erwarten kann, daß räumliche Eigenschaften des anschaulich Erlebten in identischen räumlichen Eigenschaften von Hirnvorgängen abgebildet sind, hält er es vorläufig für sinnlos, hierüber Vermutungen anzustellen. Wieder ist es *Wolfgang Köhler*, dem wir die Beseitigung dieses grundsätzlichen Hindernisses verdanken. Wie er zuerst 1920 in seinem grundlegenden Werk „Die physischen Gestalten in Ruhe und im stationären Zustand“ und später wiederholt, u. a. in dem Aufsatz „Ein altes Scheinproblem“ [1] dargetan hat, besteht das Bedenken *G. E. Müllers* nur so lange, als man erwartet, daß die psychophysischen Korrelate die räumlichen Verhältnisse der Wahrnehmungsinhalte in einem von außen durch den Kopf gelegten Cartesischen Koordinatensystem wiedergeben. Gerade diese Erwartung ist aber ganz unbegründet. Ich kann hier nicht ausführlich auf den zu ihrer Korrektur eingeführten Begriff der funktionellen Koordinaten eingehen, sondern begnüge mich mit einigen erläuternden Hinweisen: Herrscht in einem mehr oder weniger dichten dreidimensionalen Netz von elektrischen Leitern eine bestimmte Strömungsverteilung und wird nun dieses Leiternetz mechanisch verzerrt, so bleibt die Strömungsverteilung in diesem Netz in einem guten Sinn „dieselbe“, sie bleibt funktionell unverändert, wenn sie auch, auf dasselbe rechtwinklige Koordinatensystem wie zuvor bezogen, mitsamt dem Leiternetz noch so sehr verzerrt erscheint. Ähnliche Überlegungen wie über funktionelle Richtungen kann man über funktionelle Längen anstellen. Übrigens ist der Begriff der funktionellen Länge in der Theorie des zweiäugigen Raumsehens schon geläufig; und zwar werden die Abweichungen des empirischen vom sog. mathematischen Horopter (dem Vieth-Müller-Kreis) dadurch erklärt, daß der funktionelle Maßstab horizontaler Erstreckungen auf der Netzhaut in deren nasaler Hälfte ein anderer sei als in der temporalen.

[1] Naturwissenschaften 1929.

Damit sind die Grundlagen des *konkreten Parallelismus*, als der Arbeitshypothese der neueren psychophysischen Forschung, einigermaßen vollständig.

Es seien nun noch einige spezielle Forschungsfragen aus diesem Gebiet besprochen, durch die wir, nachdem der gegenwärtige Stand der *grundsätzlichen* Erörterung umrissen ist, auch ein Bild von ihren greifbaren Früchten gewinnen können. Nach der Natur der Erscheinungen auf seelischem und auf körperlichem Gebiet kann man vorläufig dreierlei Typen psychophysischer Untersuchungen unterscheiden.

1. Untersuchungen über anschauliche *Qualitäten*, die sinngemäß zu *chemischen* Hypothesen führen. Ein Beispiel ist die Theorie der Gegenfarben und des Kontrastes von *G. E. Müller*, die eine Fortführung und Berichtigung *Hering*scher Ansätze darstellt.

2. Untersuchungen über „anschauliche *Geometrie*“, die sinngemäß zu Vermutungen über die (funktionell-) räumliche *Verteilung* zugeordneter Hirnvorgänge führen. Ein Beispiel werden wir später genauer erörtern.

3. Untersuchungen über *Bedingungszusammenhänge* des Psychischen, die sinngemäß zu dynamischen, also im engeren Sinn *physikalischen* Vermutungen führen, deren besonderer Inhalt z. B. in die Elektrizitätslehre, etwa in gewisse Zweige der Strömungslehre, der Feld- und Potentialtheorie führt. Das bahnbrechende historische Beispiel der letzten Art ist *Max Wertheimers* Theorie der stroboskopischen Scheinbewegung aus „Querfunktionen“[2], die unter dem sehr irreführenden Namen „Kurzschlußhypothese“ bekannt und Gegenstand zahlreicher, zumeist aber den Kern der Sache nicht treffender Erörterungen geworden ist. Als Beispiel psychophysischer Überlegungen solcher Art über einen der umstrittensten und zentralsten Tatbestände der Psychologie, zugleich einen Tatbestand, der von vielen als eines der wesentlichen *Unterscheidungsmerkmale* des Psychischen im Vergleich mit dem Physischen angesehen wird, sei *Wolfgang Köhlers* Buch „The Place of Value in a World of Facts“ (New York 1936) genannt. Einige weitere, nicht ganz so schwierige und problemgeladene Beispiele werden wir weiter unten besprechen.

Während, wie gesagt, die im strengen Sinn psychophysische Forschung mit *qualitativen* Er-

[2] Z. Psychol. 61, 1912.

scheinungen begonnen hat, ist es für ihren gegenwärtigen Stand kennzeichnend, daß sich der Schwerpunkt der Forschung mehr und mehr auf *geometrische* und *physikalische* Probleme verlagert.

Zunächst eine Fragestellung der zweiten, *geometrischen* Art.

Eines der Lieblingsgebiete sogenannter „psychologischer" Theorien sind die bekannten Konstanzerscheinungen an Wahrnehmungsdingen: als bekannteste Beispiele nennen wir die *Beständigkeit der Dingfarben beim Wechsel der Beleuchtung*, für die die geläufigste psychologische Theorie schon in dem Namen „Gedächtnisfarben" angedeutet ist; ferner die *Beständigkeit der Dingform beim Wechsel der Lage* im Verhältnis zum Betrachter, der ja unvermeidlich mit den Verzerrungen der zugehörigen Netzhautbilder verknüpft ist, von denen die Lehre von der Perspektive handelt; endlich die *Beständigkeit der Größe beim Wechsel der Beobachtungsentfernung* trotz der mit diesem einhergehenden Veränderung der Winkelgröße und damit auch der Netzhautgröße des betrachteten Gegenstands. Es erschien völlig unglaubhaft, daß die fast unbegrenzte Variabilität der Zuordnung zwischen Reizmannigfaltigkeit und zugehöriger Erscheinung, die das Wesen all dieser Tatbestände ausmacht, schon im körperlichen Geschehen stattfinden könne. Man nahm also an, daß die unmittelbar gegebenen, also allein beobachtbaren Farben, Formen und Größen durch eine psychische „Transformation" nachträglich entstünden, aus denjenigen, unter normalen Umständen unbeobachtbaren, Farben, Formen und Größen die man als das eigentliche Korrelat der zentralphysiologischen Vorgänge voraussetzte; und man glaubte zeitweise, in gewissen Verfahren der „Reduktion" ein Mittel gefunden zu haben, dieses „eigentliche" Korrelat unter gewissen Bedingungen sogar beobachtbar zu machen. [1]

Auf der anderen Seite ist nach der Arbeitshypothese des konkreten Parallelismus nichts anderes zu erwarten, als daß diese „Transformationen", allgemeiner gesprochen, dieser Wechsel der Zuordnung zwischen Reiz-Arten und Wahrnehmungsqualitäten, zwischen Reizverteilungen und anschaulichen Formen, zwischen Reizausbreitungen und anschaulichen Größen, zwischen Reiz-Orten und Stellen im Anschauungsraum, tatsächlich schon im Verhältnis der zentralnervösen materiellen Vorgänge zu deren retinalen Anregern vorgebildet sein und bestehen muß. Anders ausgedrückt: es muß zentralnervöse Vorgänge geben: eben die materiellen Korrelate der Sehdinge, — die gegenüber den betreffenden Variationen der Reizbedingungen ebenso unempfindlich sind, deren Zuordnung zu den fraglichen Reizkonstellationen ebenso variabel ist, wie die der Sehdinge selbst.

Wie kann man aber so etwas feststellen?

Wir stellten diese Frage zunächst für das Problem der *Dinggröße*, da die Größe — beispielsweise die Länge einer räumlichen Strecke — technisch besonders leicht zu beherrschen ist.

Die Aufgabe war, *Tatbestände* zu finden, *die erstens in meßbarer*, gesetzmäßiger *Weise vom räumlichen Abstand abhängen*, ohne daß irgendwelche Erwartungen des Beobachters über die maßgeblichen Größen möglich sind. Das letzte ist nötig, um Wirkungen der positiven oder negativen *Erwartung* (als eines zunächst rein psychischen Faktors) auszuschließen. Solcher Tatbestände gibt es eine ganze Anzahl. So hängt die *Unterschiedsschwelle* für beliebige Sinnesqualitäten in bekannter und meßbarer Weise von dem Abstand zwischen den zu vergleichenden Gebilden oder Eindrücken ab, und zwar wächst sie mit dem Abstand. Die Bemühungen aller Konstrukteure von photometrischen Einrichtungen, den Abstand zwischen den verglichenen Farbflächen durch konturfreies Aneinanderstoßen Null werden zu lassen, sind ein mittelbares praktisches Zeugnis für diese Gesetzmäßigkeit. Ferner ist — bei konstanten Zeitverhältnissen — das Auftreten und die besondere Erscheinungsweise der *stroboskopischen Scheinbewegung* (die wir jeden Tag im Kino beobachten können, und die übrigens im Hör- und Tastfeld ebenso auftritt wie im Sehfeld), in sehr empfindlicher Weise von dem räumlichen Abstand zwischen den Einzelreizen abhängig. Um optimale Scheinbewegung zu erzielen, muß man bei größerem Abstand längere Zwischenzeiten wählen. Und zwar findet diese Verschiebung in der Größenordnung von Zehntelsekunden statt, die subjektiv nicht unterschieden werden können. Als drittes Testphänomen steht die *v. Frey*sche *scheinbare Anziehung* zur Verfügung, die *zwischen gleichzeitigen benachbarten Druckempfindungen* beobachtet wird.

Als zweite Eigenschaft der zu untersuchenden Tatbestände ist zu fordern, daß sie ermöglichen, den Abstand der Reizstellen auf der Oberfläche des Körpers und den Abstand der zugeordneten Stellen im

[1] Genauere Erörterung siehe W. Metzger, Psychologie, Dresden 1941, S. 132.

Wahrnehmungsraum *unabhängig voneinander zu variieren.* Denn als beweisend für die vorgetragene These können nur solche Abhängigkeiten von dem Abstand gelten, bei denen dieser nur im Wahrnehmungsraum, aber nicht zugleich im Bereich der Rezeptoren variiert wird. Dieser Beweis gilt a fortiori, wenn Änderungen des Abstands der Reiz-Orte, die normalerweise von entsprechenden Änderungen des anschaulichen Abstands begleitet sind und in diesem Fall die genannten funktionalen Folgen haben, so durchgeführt werden können, daß sie *nicht* von gleichzeitigen Änderungen des anschaulichen Abstandes begleitet sind, und wenn sich dabei herausstellt, daß ihre normalen funktionalen Wirkungen nun ausbleiben. — Diese Möglichkeiten bestehen in verschiedenen Sinnesgebieten in verschiedener Weise:

a) Im Sehfeld können wir den *anschaulichen* Abstand zweier Raumstellen bei gleichbleibendem Abstand der *Reizstellen* einfach dadurch ändern, daß wir bei verschiedener Entfernung der Gegenstände vom Auge beobachten und dabei durch proportionale Änderung der Größenmaße der Versuchsanordnung dafür sorgen, daß alle wesentlichen *Gesichtswinkel* stets *dieselben bleiben.* Umgekehrt erhalten wir annähernd gleichbleibende anschauliche Abstände bei wachsenden retinalen Abständen, wenn wir ein und dasselbe Paar von Objekten einfach aus verschiedener Entfernung beobachten; die geringfügigen, in solchen Versuchen auftretenden anschaulichen Größenänderungen lassen sich innerhalb eines weiten Bereichs ohne weiteres objektiv ausgleichen.

b) Ebenso bietet der Tastsinn willkommene Möglichkeiten unabhängiger Variation anschaulicher und reizmäßiger Abstände. Sind beispielsweise zwei Berührungsreize auf den Spitzen der beiden Mittelfinger angebracht, so kann ihr anschaulicher Abstand (in „Luftlinie") je nach der Haltung der Arme von Null bis weit über 1.50 m variiert werden. Die umgekehrte Variation: der Reiz-Orte auf dem Körper bei konstanter Länge der Luftlinie, ist ebenso leicht zu erzielen, indem man die Änderung der Lage der Reizstellen, beispielsweise auf den beiden Unterarmen, durch entgegengesetzte Änderung der Armlage ausgleicht.

Von den Möglichkeiten, bei denen die beiden geforderten Bedingungen: 1. abstandsabhängige Funktionen und 2. unabhängige Variabilität des anatomischen und des anschaulichen Abstands, zugleich erfüllt sind, habe ich bisher, als mir noch die nötigen Geräte zur Verfügung standen, untersuchen lassen: von *M. H. Jacobs* die Unterschiedsschwelle für Helligkeiten [1], von *Kurt Madlung* die *v. Frey*sche Anziehung von Berührungsempfindungen [2], von *Hans Schnehage* die taktile stroboskopische Scheinbewegung [3]. Inzwischen war von *Ogasawara* auch die visuelle stroboskopische Bewegung genau unter den Bedingungen der *Jacobs*schen Schwellenversuche untersucht worden.[4].

Die Ergebnisse der genannten Untersuchungen stimmen überraschend gut überein, und zwar durchaus im Sinn der vorgetragenen These.

Zur Veranschaulichung seien zunächst einige der Ergebnisse von *Jacobs* mitgeteilt. Die Unterschiedsschwelle für Helligkeiten wird in diesen Versuchen der Einfachkeit halber durch die Anzahl der im Konstanzverfahren gewonnenen „Gleich"- und „Unsicher"-Urteile gekennzeichnet. Verglichen werden zunächst drei Versuchsreihen, in denen, mit je 4 Vpn., die Unterschiedsschwelle für die Helligkeit zweier quadratischen Flächen bei verschiedenem Abstand der Objekte festgestellt wird.

In der *ersten* Reihe wird *der Abstand zwischen den Objekten* von 25 cm über 50 cm auf 100 cm und *zugleich die Beobachtungsentfernung* von 1 m über 2 m auf 4 m vergrößert, so daß der Gesichtswinkel des Objektabstands konstant $14^0$ beträgt; (auch der Gesichtswinkel der Quadratseiten wird konstant gehalten, desgleichen derjenige des homogenen Umfelds, so daß die Verhältnisse auf der Netzhaut tatsächlich als im entscheidenden Bereich unverändert gelten können). Der Versuch findet im Hellen statt. Der Abstand ist für den Beobachter deutlich als verdoppelt und vervierfacht erkennbar. Die Schwelle wächst, in dem angegebenen Maß, von 14,5 über 32,2 auf 55,3; das heißt, sie ist dem anschaulichen Abstand angenähert proportional, obgleich der peripher-anatomische Abstand derselbe bleibt.

In der *zweiten* Versuchsreihe wird *nur der Abstand zwischen den Objekten* von 25 cm über 50 cm auf 100 cm vergrößert, während die Beobachtungsentfernung konstant 2 m bleibt bzw. beim letzten Schritt, zur Umgehung des blinden Flecks, geringfügig (auf

[1] Psychol. Forschg. 18, 1933.

[2] Psychol. Forschg. 19, 1934.

[3] Arch. Psychol. 104, 1939.

[4] Japan. J. Psychol. 11, 1936. — Vgl. auch *M. Kleinbub*, Inaug.-Diss., Berlin 1933, und *Wolfgang Köhler*, Psychol. Forschg. 18, 1933, wo Jacobs fortgesetzt, sowie *W. Metzger*, Ber. üb. d. 15. Kgr. Psychol., Jena 1937, wo einige Folgerungen aus *Madlung* und *Schnehage* erörtert werden.

2,5 m) vergrößert wird. Der Gesichtswinkel wächst dabei von 7° über 14° auf 22°; entsprechend wächst der retinale Abstand. Die Unterschiedsschwelle wächst unter diesen Umständen, obwohl jetzt bei dem größeren Abstand weniger empfindliche Netzhautstellen beteiligt sind, keineswegs stärker als im ersten Versuch; die zugehörigen Werte sind: 13,0, 3,20 und 48,0; das heißt: sie sind auch diesmal dem Abstand annähernd proportional.

In der *dritten* Versuchsreihe bleibt der Abstand zwischen den Objekten konstant 50 cm, variiert wird *nur die Beobachtungsentfernung*, und zwar von 70 cm über 2 m auf 4 m, wobei der Gesichtswinkel von 42° über 14° auf 7° abnimmt (die Entfernung 70 cm statt 1 m dient wieder der Umgehung des blinden Flecks). Die Unterschiedsschwelle bleibt in dieser Reihe bei konstantem Objekt-Abstand, trotz der erheblichen Änderung des Reiz-Abstands und der beteiligten Netzhautgebiete, praktisch dieselbe: sie beträgt 24,5, 28,0 und 27.

Ist tatsächlich der *anschauliche* Abstand der entscheidende Faktor, so muß eine scheinbar geringfügige Variation der *ersten* Versuchsreihe dazu führen, daß die Schwelle darin unverändert bleibt. Man muß nur den Versuch bei einäugiger Beobachtung im Dunkeln ausführen, derart, daß die drei Konstellationen nicht mehr unterschieden werden können. Erwartungsgemäß ergaben sich bei reiner Durchführung des Versuchs unter diesen Umständen, trotz der objektiven Änderung der Beobachtungsentfernung und des Objekt-Abstands, die Werte 26,5, 28,0 und 25,5, also eine praktisch gleichbleibende Schwelle.

Andererseits kann man im Hellen den anschaulichen Abstand auch so variieren, daß der peripher-anatomische Abstand *ständig Null bleibt*, indem beide Helligkeitsreize auf einer und derselben Netzhautstelle, aber bei verschiedener Entfernung der Objekte vom Beobachter unmittelbar nacheinander dargeboten werden. In diesem Versuch war das nähere Objekt ständig in 1 m Entfernung vom Beobachter angebracht, das fernere wurde in 120 cm, 2 m, 4 m und 6 m Entfernung vom Beobachter dahinter sichtbar, wenn das nähere zur Seite geschwungen wurde. Die zugehörigen Schwellenwerte sind: 8,5, 16,3, 34,0, 44,5. Sie wachsen deutlich genug, um daraus mit Sicherheit zu folgern, daß auch die Tiefendimension des Sehraumes ein physiologisches Korrelat besitzen muß, das *grundsätzlich von derselben Art* ist wie dasjenige der Höhe und der Breite.

Die Versuche von *Ogasawara* über die Abhängigkeit der optimalen *stroboskopischen Bewegung* vom Abstand ergaben genau entsprechende Befunde. *Ogasawara* hat sogar den anschaulichen und den retinalen Abstand gleichzeitig in *entgegengesetztem* Sinn variiert. Die optimale Zwischenzeit wuchs dabei, wie sonst, mit dem *anschaulichen* Abstand.

Bei der *taktilen stroboskopischen Scheinbewegung*, die zwischen rhythmisch wechselnden Berührungen zweier verschiedener Körperstellen beobachtet wird, wachsen nach den Untersuchungen von *Schnehage* die optimalen Zeiten mit der Größe des Abstands der berührten Stellen auch dann, wenn die Vergrößerung des Abstands bei identischen Reizstellen (z. B. auf den Handflächen) nur durch Änderung der Lage der beiden Hände erzielt wird. Dies fand sich übrigens *auch bei einigen Blindgeborneen* mit sonst deutlich gestörter Raumauffassung.

Nun noch einige besonders anschauliche Ergebnisse der Versuche *Madlungs* an der *v. Frey*schen *Anziehung von Druckempfindungen*. Von der Größe der hier vorliegenden Effekte mögen folgende Zahlen ein Bild geben. Werden auf zwei Stellen eines Unterarms, deren Abstand 14 cm beträgt, gleiche Druckreize von je 25 g/qcm ausgeübt, und wird daraufhin der eine Druckreiz in einer zweiten Darbietung auf 250 g/qcm verstärkt, so erscheint jetzt die Strecke zwischen den beiden Berührungen durchschnittlich um fast 2,5 cm verkürzt, und zwar durch eine Verlagerung des schwächeren Druckes auf den stärkeren hin. *Madlung* fand nun in seinen entscheidenden Versuchen, daß der *v. Frey*sche Effekt bei gleichen Druck- und (anschaulichen) Abstandsverhältnissen (d. h. in erster Annäherung, bei gleicher „Luftlinie"), sogar genau die gleiche — oben angegebene — Größe hat, unabhängig davon, ob sich die berührten Stellen auf derselben Hand oder auf zwei verschiedenen Händen befinden. Bei Vergrößerung des Abstands durch Auseinanderlegen der Hände — also konstanten Reizstellen — wird, unter den obwaltenden Bedingungen, die Anziehung in der Gegend von 90—100 cm Abstand praktisch Null. Werden die beiden Glieder einander bis zur Berührung genähert, so wird nicht allzu selten sogar Verlagerung der schwächeren Berührung auf den anderen Arm beobachtet. Die Wirkung der anschaulichen Verhältnisse bei identischen Reizstellen konnte in diesen Versuchen besonders schön auch dadurch demonstriert werden, daß man beispielsweise den schwachen Reiz auf die Mitte des einen Unterarms, den starken auf den Rücken der anderen Hand verlegte. Je nach der Stellung der Hand verlagerte sich dann die schwache Berührung in jeder beliebigen Richtung.

Durch all diese Ergebnisse treten, wie schon *Jacobs* folgerte, die Erscheinungen der Größenkonstanz bzw. -transformation, in ein neues Licht. Nurpsychologische Theorien sind nach so handgreiflichen funktionellen, d. h. physiologischen Wirkungen, die zugleich in so überraschender Weise einander ergänzen und bestätigen, jedenfalls für die *Größen*konstanz der Sehdinge, in Zukunft nicht mehr möglich. Man wird vielmehr mit „Konstanzen" und „Transformationen" der zentralnervösen Prozeßverteilungen selbst zu rechnen und die Kräfte aufzusuchen haben, auf denen sie beruhen. Und grundsätzlich ist dieselbe Aufgabe für alle anderen Konstanzerscheinungen an Wahrnehmungsdingen gestellt.

Abschließend sei noch ein funktionell-physikalisches Problem besprochen.

Es gibt mehrere Gruppen von psychischen Erscheinungen, bei denen psychophysische Ansätze besonders wichtig, ja, streng genommen, ganz unvermeidlich sind. Außer für die Erscheinungen des Gedächtnisses, wo die Fäden des Erlebten in einem fort *über die Grenzen des Bewußtseins hinausweisen*, gilt dies für alle Bewußtseinsinhalte, die sich in einer Weise verhalten, die weder aus der Reizmannigfaltigkeit *noch aus dem Erleben selbst* zu verstehen ist. Während man aber beim Gedächtnis vorläufig mit der Annahme eines „unbewußten Psychischen" auskommen kann, gibt es hier keine andere Möglichkeit, als an die Wirkung von Eigenschaften des *psychophysischen* Geschehens zu denken, die selbst nicht anschaulich repräsentiert sind.

Wir geben als Beispiel das Problem der „figuralen Nachwirkungen", die von *Wolfgang Köhler* entdeckt und durch seine Untersuchungen zu einer von niemand vorhergesehenen Bedeutung gelangt sind [1].

Es handelt sich dabei um folgende Sachverhalte: Durch abweichende Färbung oder durch eine geschlossene Randlinie *aus dem übrigen Sehfeld herausgegliederte Teilgebiete* erscheinen bekanntlich nicht als neutrale, dem Rest des Sehfelds gleichgeordnete Ausschnitte, sondern als — hervortretende, relativ feste, nach außen abgegrenzte und geformte, die Aufmerksamkeit auf sich ziehende — „*Figuren*" vor einem — zurücktretenden, relativ lockeren, nach der Figur hin nicht ebenfalls begrenzten, also durch ihre Kontur nicht mit geformten, sondern hinter der Figur durchgehenden, mehr oder weniger unauffälligen — „*Grund*". Wichtig ist, daß für die Ausbildung einer gesehenen Figur *kein Qualitäts*unterschied zwischen der Figurfläche und der Umgebung erforderlich ist: Die „Konturfigur" hat alle wesentlichen Merkmale mit der „Flächenfigur" gemeinsam. Es gibt nun Konstellationen, unter denen die Figur-Grund-Verteilung *nicht eindeutig* ist; wie etwa die nebenstehende Abbildung eines Malteserkreuzes, in der einmal die schmalen schrägen, einmal die breiten aufrechten Teilflächen als „Figur" auf einem quadratischen „Grund" erscheinen.

Es ist hierbei zwar innerhalb gewisser Grenzen möglich, eine der beiden Figurfassungen willkürlich *herbeizuführen*; dagegen ist es völlig *unmöglich*, eine einmal verwirklichte Figurfassung *beliebig lange festzuhalten*. Auch gegen die bestimmte Absicht des Beobachters erfolgt über kurz oder lang ein spontaner Wechsel der Figurfassung, d. h. eine Vertauschung von Figur und Grund. Es scheint also, daß sich innerhalb eines Figurbereiches Vorgänge abspielen, welche die Bedingungen für die Figurbildung allmählich immer ungünstiger machen, so daß schließlich der Umschlag unvermeidlich wird. *Köhler* hat nun schon 1920 (in den „Physischen Gestalten") die Vermutung ausgesprochen, daß die *Auffälligkeit* der gesehenen „Figuren" mit einer relativen Erhöhung des elektrischen *Potentials* der zugeordneten körperlichen Bereiche zusammenhängen könne. Infolge dieser Erhöhung des Potentials müßte eine elektrische Strömung durch das Figurgebiet und seine Umgebung in Gang kommen. Das Nervensystem ist aber ein System von Flüssigkeiten. Und ein elektrischer Strom in einem solchen System hat — wohl als einziger bekannter physikalischer Vorgang — eine Eigenschaft, die in erstaunlicher Weise zu dem Verhalten gesehener Figuren paßt: er verschlechtert fortschreitend die Bedingungen seines eigenen Stattfindens; er vermehrt den elektrischen Widerstand in dem durchströmten Gebiet solange, bis er selbst zum Stillstand kommt (Polarisation). *Innerhalb* des Figurbereiches müßte nun aus verständ-

[1] Dynamics in Psychology, New York 1940; Köhler & Wallach, Proc. Amer. Philos. Soc., 88, 1944, 269—357.

lichen geometrischen Gründen die Strömung *am dichtesten* sein und infolgedessen die Polarisation am raschesten fortschreiten. Aus diesen Gedankengängen folgt, daß *auch im Bereich nicht umkehrbarer* Konfigurationen, d. h. solcher, die selbst bei längerer Beobachtung nie spontan ihren Figurcharakter mit dem Grundcharakter vertauschen, eine Nachwirkung stattfinden muß, durch welche die Ausbildung irgendwelcher figuraler Erscheinungen in einer merklichen Weise beeinträchtigt wird. Diese figuralen Nachwirkungen müssen sich von Nachwirkungen der Farbprozesse dadurch isolieren lassen, daß sie bei qualitativer Identität von Figur und Umgebung, also bei reinen Konturfiguren, deren Randlinien so scharf gezeichnet werden, daß sie als praktisch ausdehnungslos (das heißt, kontrastiv wirkungslos) angesehen werden können, ebenfalls auftreten. Sie müssen sich ferner von rein retinalen Nachwirkungen dadurch abheben lassen, daß die figuralen Nachwirkungen durch Beobachtung mit dem *einen* Auge *hervorgerufen*, durch Beobachtung mit dem *anderen* Auge *geprüft* werden. In ausgedehnten Untersuchungen hat nun *Köhler* unter solchen Bedingungen Nachwirkungen gefunden, die durchaus zu den gehegten Erwartungen passen und an Stärke nichts zu wünschen übriglassen. Sie bestehen vor allem in auffallender *Verkleinerung*, *Verschwommenheit* der Konturen und *räumlicher Verlagerung* aus dem durch die Vorfigur gestörten Bereich, und dies schon nach wenigen Minuten Beobachtungsdauer der Vorfigur. Die Nachwirkung ist *am stärksten im Innern* des von der Vorfigur eingenommenen Bereichs, aber erwartungsgemäß auch in ihrer Umgebung noch feststellbar, wenn auch mit wachsendem Abstand vom Figurbereich rasch abnehmend. Inzwischen sind diese figuralen Nachwirkungen schon nach den verschiedensten Gesichtspunkten untersucht worden, wobei sich zum Teil höchst überraschende Ausblicke ergeben haben. Doch sind mir die Berichte darüber im Augenblick noch nicht zugänglich.

Bisher war die Rede von phänomenalen Nachwirkungen *solcher Art, wie* wir sie in Gebieten von der Beschaffenheit des Zentralnervensystems erwarten dürfen, wenn sie von Gleichströmen durchlaufen werden. Der endgültige Beweis für die Behauptung, daß elektrische Gleichströme zu den psychophysischen Korrelaten jedes Figur-Erlebnisses gehören, kann aber nur dadurch geführt werden, daß solche Gleichströme während des Sehens einer Figur mit physikalischen Mitteln nachgewiesen werden. Wie *Wolfgang Köhler* auf dem 12. Internationalen Kongreß für Psychologie, der im letzten Juli in Edinburgh stattfand, mitteilte, ist ihm dieser Nachweis durch Ableitung vom intakten Schädel und Gleichstromverstärkung inzwischen tatsächlich gelungen. Die von ihm in Edinburgh vorgeführten Kurven sind nicht die ersten Registrierungen elektrischer Hirnvorgänge. Trotzdem stellen sie einen Wendepunkt der Psychophysik dar. Denn was bisher an solchen Registrierungen gewonnen wurde, kann, wie die bekannten Epilepsie-Kurven, *nur mit ebenfalls körperlichen* Vorgängen — eben den epileptischen Krampfzuständen — in Beziehung gesetzt werden; oder es handelt sich, wie bei den Netzhaut-Strömen, zweifellos *nicht* um psychophysische Vorgänge; oder es sind, wie bei den Kurven von *Berger* und *Kornmüller*, nur vage und anfechtbare Vermutungen über die etwaigen psychischen Korrelate dieser Kurven möglich. — Hier aber ist — zum erstenmal in der Geschichte der Wissenschaft — eine physikalische Begleit-Erscheinung einer konkreten, aktuellen psychischen Erscheinung registriert; und zwar handelt es sich um nichts weniger als einen Zufallsfund, sondern um *die Bestätigung einer theoretischen Voraussage* auf Grund von Überlegungen, die fast ein Menschenalter hindurch immer wieder als unfruchtbare Spekulationen bezeichnet worden waren. Damit hat die Psychophysik den ersten Schritt aus der reinen physikalisch-physiologischen *Hypothesen*bildung in die physikalische *Beobachtung* getan. Über die Tragweite dieses Ereignisses brauche ich weiter keine Worte zu verlieren.

*(Prof. Dr. Wolfgang Metzger, (21a) Münster (Westf.), Raesfeldstr. 32.)*

STUDIUM GENERALE

Heft 6 Mai 1950 3. Jahrgang

# Walter Eucken — in memoriam.

Von

ERICH PREISER.

Auf der Höhe seines Wirkens ist der Freiburger Nationalökonom Walter Eucken am 20. März 1950 im Alter von nur 59 Jahren einem Herzschlag erlegen. Daß es eine Vortragsreise in London war, wo ihn der Tod überraschte, ist symbolisch für das Ansehen, das Eucken auch im Ausland genoß. Mit ihm verliert die deutsche Wissenschaft eine ihrer führenden Gestalten, und zahlreiche Freunde in aller Welt vermissen aufs schmerzlichste den Mann, an dem sie mit Verehrung und Liebe hingen.

Walter Eucken, Sohn des Philosophen Rudolf Eucken, ist ein Spätgereifter gewesen, und er war bis zuletzt erfüllt von der Achtung vor den Leistungen der klassischen Nationalökonomie. In der theorielosen Zeit nach dem ersten Weltkrieg, als die Nationalökonomie vielerorts nicht mehr war als ein Gemisch von Empirie und Ethik und oft nicht mehr als ein Geschwätz, hat er — damals in Tübingen — seine Studenten gelehrt, was die Theorie zu leisten vermag, und in der Theoriefeindlichkeit der Jahre nach 1933 war Freiburg eine Festung der theoretischen Arbeit. So nimmt es nicht wunder, daß allmählich ein Kreis begeisterter und bald durch eigene wissenschaftliche Leistungen hervorragender Schüler sich um ihn zog. Seine eigene Forschung richtete sich lange Zeit auf Fragen des engeren Fachs, Probleme des Geldwesens, der Konjunkturtheorie, der Zinstheorie, wovon gewichtige Monographien Zeugnis ablegen. Aber in der Stille der Seminare und in der Diskussion mit gleichgestimmten Kollegen, mit den Juristen Franz Böhm und Großmann-Doerth vor allem, reiften daneben Gedanken, die weit darüber hinausgingen und 1936 in der Schriftenreihe „Ordnung der Wirtschaft“ zum erstenmal an die Öffentlichkeit drangen. Ihre Krönung und zugleich das methodische Fundament erhielten sie in den „Grundlagen der Nationalökonomie“, die 1940 in erster Auflage erschienen und heute vor der sechsten stehen. Mit einem Schlag war der Name Eucken in aller Munde — was diesem Buch folgte und folgen wird, zahlreiche Aufsätze, das Jahrbuch „Ordo“ und ein noch unveröffentlichtes Werk über Wirtschaftspolitik, ist Ausbau, Fortsetzung und Ergänzung der Konzeption, die in den „Grundlagen der Nationalökonomie“ ihren meisterhaften Ausdruck gefunden hat.

Die Bedeutung dieses Buches kann gar nicht überschätzt werden. Es greift die zentrale Frage aller Wissenschaften vom sozialen Leben auf, die große Antinomie zwischen historischem und theoretischem Denken. Eucken ist es um die Wirklichkeit zu tun, um die ungeteilte Wirklichkeit und ihre getreue Erfassung. Er verwirft das bloße Nebeneinander, mit dem der Methodenstreit in der Nationalökonomie geendet hatte: hier Erforschung der konkreten Erscheinungen, dort Erkenntnis ihres generellen Wesens, und auch die über den engeren Bereich der Nationalökonomie hinausgreifende Unterscheidung von idiographischem und nomothetischem Forschen, wie sie die Windelband-Rickertschule gebracht hatte, bestätigt die Antinomie nur. Wie aber bekommt man die ungeteilte Wirklichkeit „in den Griff“, wie bekommt man den Zugang zu dem, was wesentlich ist, ohne im Detail zu versinken?

Man findet diesen Zugang nicht auf dem Wege, den die historische Schule gegangen ist, nicht also mit Hilfe von Entwicklungsgesetzen und Wirtschaftsstilen; sie vergewaltigen die Wirklichkeit. Man findet den Zugang allein durch die Denkmodelle der Theorie. Freilich dürfen diese Modelle nicht willkürliche Konstruktionen sein, sie sind nur dann brauchbar, wenn sie ihrerseits aus der unmittelbaren Beobachtung der Wirklichkeit abgezogen sind. So steht die Wirklichkeit am Anfang und am Ende. Wozu dann aber der Umweg über das Modell? Die nationalökonomische Theorie ist ihn gegangen, weil sich nur so der Funktionalzusammenhang aller Größen, die innere Mechanik des Wirtschaftsprozesses, enthüllt. Aber das ist für Eucken erst der zweite Schritt und nicht einmal der wichtigste. Der erste besteht darin, daß man die „Ordnung“ erkennt, die rechtliche und wirtschaftliche Verfassung, den Rahmen, in dem der soziale Prozeß abläuft. Auch die angebliche Anarchie des marktwirtschaftlichen Prozesses ist ja eine Ordnung, freilich eine ganz andere als die einer zentralgeleiteten Wirtschaft. Nur im Modell aber finden wir die reinen Ordnungsformen, die wir dann wie ein Netz über die Wirklichkeit werfen, um sie einzufangen. Das Denken in Ordnungen wird damit zum Angelpunkt aller sozialwissenschaftlichen Forschung.

Mit dieser allgemeinen Forderung ist nicht nur der Nationalökonom angesprochen, sondern auch der Jurist und der Historiker im weitesten Verstande. Im einzelnen ausgeführt hat Eucken diesen Grundgedanken nur für den wirtschaftlichen Bereich des sozialen Lebens. Aber hier zeigt sich, wie weit er ausgreift. Dient er zunächst der reinen Erkenntnis, so wird er sogleich auch zur Richtschnur des praktischen Handelns, der wirtschafts- und rechtspolitischen Gestaltung. Denn wir haben uns nicht vor angeblichen Gesetzen der Entwicklung zu beugen, die Gestaltung ist offen, ein Akt der Besinnung und des Willens. Sollte es wirklich keinen Weg geben zwischen dem Kapitalismus mit seiner monopolistischen Machtanhäufung auf der einen, der Zentralverwaltungswirtschaft und damit der Staatsomnipotenz auf der andern Seite? Das Denken in idealtypischen Ordnungsformen zeigt, wie mannigfaltig die Wirklichkeit und die Möglichkeiten der Gestaltung sind. Mit dem Begriff des Kapitalismus oder auch der Marktwirtschaft läßt sich hier nichts anfangen. Die Marktwirtschaft kann von Monopolen durchsetzt sein, ein Komplex von Machtgruppen; sie kann aber auch die Gestalt einer Wettbewerbswirtschaft annehmen, in der der Einzelne machtlos ist, einer unter vielen in der anonymen Ordnung des Marktes, der keine Vorzugsstellungen gewährt und damit zum reinen Wettbewerb der Leistung zwingt. Von selbst kommt allerdings eine solche Ordnung nicht; man muß sie einrichten und überwachen, und dieses „man" kann nur der Staat sein. Die Ordnung der Wirtschaft wird damit zur rechts- und wirtschaftspolitischen Aufgabe.

Das sind die Gedanken, die Eucken und die Freiburger Schule zu der Idee eines neuen Liberalismus beigesteuert haben, eines Liberalismus, der seine letzten Antriebe aus tieferen Schichten empfängt als der wissenschaftlichen Erkenntnis, gleichwohl aber nicht an den Glauben appelliert, sondern an die Einsicht. Daß diese Idee und ihr praktischer Kern, die Wettbewerbsordnung, allgemeinen Beifall findet, ist freilich nicht zu erwarten. Geht die neue Konzeption dem Inhaber wirtschaftlicher Macht zu weit, so dem Sozialismus nicht weit genug. Man vermißt das volle Verständnis für die Probleme der sozialen Gerechtigkeit und noch mehr der sozialen Sicherheit, wie sie besonders in der Idee der Vollbeschäftigung zum Ausdruck kommt, man betont die Unausweichlichkeit einer staatlichen Lenkung, die weit über das Maß einer bloßen Rahmenordnung hinausgehend den Prozeß selbst beeinflussen müsse. Aber man übersieht dabei, daß es zunächst um das Prinzip der Wirtschaftsverfassung geht, daß die Wettbewerbsordnung der Lösung jener Probleme nicht vorgreift, sondern vorarbeitet, daß sie eine Grundlage und ein Anfang sein soll und daß eine wirkliche Alternative gar nicht besteht — jedenfalls so lange nicht, als man selbst vor einer totalen Lenkung durch den Staat zurückscheut.

Jedoch, bei alledem geht es nicht mehr um Eucken allein, andre haben ihm zur Seite gestanden, und andere werden an seine Stelle treten. Nicht der wirtschaftspolitische Kampf war seine Leidenschaft, sondern die theoretische Besinnung. Auch hier kam es ihm auf das Grundsätzliche an. Wer ihm persönlich nahe stand, der kennt die Handbewegung, mit der er beiseiteschob, was ihm nicht wesentlich dünkte. Mit dem Drang nach dem Grundsätzlichen verband sich der Wunsch nach sicheren Fundamenten der Arbeit; daher kam seine Vorliebe für die bewährten Forschungsmethoden, sein Mißtrauen gegen die Keynessche Revolution. Über allem aber stand die Besinnung auf die zentrale Frage, wie man überhaupt an die Wirklichkeit herankomme, die Frage seiner „Grundlagen".

Mit der Leistung, die er hier vollbracht hat, wird sein Name für alle Zeiten verknüpft sein. Der Gelehrte, die Fachwelt, ist angesprochen, aber zugleich gibt es kein zweites Buch, das auch dem Studenten den Zugang zu der Wirrnis des wirtschaftlichen Geschehens so öffnete wie die „Grundlagen der Nationalökonomie", mit der Klarheit ihrer Gedanken wie mit der Einfachheit ihrer Sprache. Und es ist nun an der Zeit, auch über den Menschen ein Wort zu sagen, dessen Persönlichkeit sich in diesem Werk widerspiegelt. Wer mit ihm in Berührung kam, den zog er in seinen Bann. Aber es war nicht die Suggestivkraft eines blendenden Auftretens, die das zuwege brachte. Weder war Eucken ein brillanter Redner, noch lag ihm das Florettfechten der Diskussion. Langsam und bedächtig, nachdenklich und besonnen war alles, was er sagte, aber doch wurde er sogleich der Mittelpunkt des Gesprächs, und jeder horchte auf, wenn er das Wort ergriff. Es war die Kraft und die Unbestechlichkeit seiner Argumente, es war die Wahrhaftigkeit seiner Gesinnung, die ihm diese Achtung erzwang. Wenn Eitelkeit eine Schwäche des Gelehrten ist, so hatte Eucken keine Spur davon. Jede Pose war ihm zuwider, die Sache allein galt, und niemand konnte sich dem entziehen. Seinen Freunden aber war er wie eine Säule, und wir werden ihm nie die mutige Haltung vergessen, die er in den dunklen Jahren der Gewalt bewahrt und mit der er zugleich den deutschen Namen in der Welt hochgehalten hat.

*(Professor Dr. Erich Preiser, (17a) Heidelberg, Grabengasse 14.)*

## Die Person und die Grenzen des tiefenpsychologischen Verfahrens.

Von

VIKTOR E. FREIHERR VON GEBSATTEL.

Noch immer sind in Schrifttum und Praxis der Seelenheilkunde in Frage gestellt und umstritten die Richtbilder der Daseinsauslegung und ihre Eignung, maßgebend und führend die Menschwerdung des Einzelnen zu bestimmen. Selten ist ja die reine Natur, die unbeirrbar auf Gelingen und Glücken angelegt, nur ergreift, was ihrem Heilsein und Gedeihen gemäß ist; die Regel ist der unheile, der richtungsunsichere Mensch, dessen beirrbares Dahintreiben zum Ruf wird nach Kompaß und Richtbild. Aber viele Unbekannte bilden den dunklen Fragehintergrund der zwischen Ethik und Psychologie, zwischen Biologie und Glauben schillernden Reflexion auf die Möglichkeit klarer Selbstverwirklichung, ist diese erst einmal „Problem" geworden.

Wer ist z.B. dieser Einzelne, der da werden soll? Was kann ihm der Arzt darüber sagen, den er vielleicht aufsucht, weil das „Bild" [1], das ihn ruft, bald aus dem grausigen Abgrund des Nichts, bald in der unerreichbaren Höhe des Ideals zu winken scheint. Was soll der Terminus „Selbstverwirklichung" dem, der ratlos nach der Natur dieses Selbst fragt, und ebenso ratlos nach den Leitsternen in der Wüste seines Da-seins? Dabei sind es keineswegs die Schlechtesten, diese Beunruhigten, die an jeder Wende ihres Lebens von der Frage überfallen werden: „wer bist Du eigentlich?" — um, von Antwort zu Antwort, von Lösung zu Lösung fortschreitend, schließlich am Endpunkt eines sozialen und wirtschaftlichen Aufstiegs, am Ziel eines von Liebe und Erfolg gekrönten Lebens, derselben Frage zu begegnen, als wäre mit allem Geleisteten nichts geschehen, als müßten sie ganz von vorne anfangen, diesem „wer bist du?" und „was sollst du im Leben?", diesem ewigen Wozu, Warum, Wohin nachzugehen.

Es wäre einfach, ließe diese drängende Unruhe sich eindeutig bestimmen. Z.B. als Ruf des Eros, als bestimmte Lebensaufgabe oder als „Unruhe zu Gott". Das Seltsame aber ist, daß diese Beunruhigten, — vielleicht nach einer Konversion oder nach einer Bekehrung — zwar in einem auch kirchlich geformten Gottesverhältnis Fuß gefaßt haben, und daß ihre Unruhe trotzdem andauert, ja sogar stärker hervorbricht. Oft erweist diese Unruhe sich allerdings, wenn sie vor dem Arzt ausgebreitet wird, tatsächlich als eine „Unruhe zu Gott" und es wird deutlich, daß der Friede, den sie mit dem Religiösen geschlossen haben, ein Scheinfrieden ist, der völlig neuen Aufbruch erheischt. Und das darum, weil ihre Einordnung in den Bereich des Religiösen, nur bis zur konventionellen, uneigentlichen Persona-Stufe des religiösen Daseins gediehen ist, die um der Wirklichkeit personaler Existenz willen überwachsen werden muß. — Es ereignet sich aber auch das andere, daß die drängende, oft depressive oder ängstliche Unruhe solcher Menschen, auf etwas ganz anderes hinweist: auf die Notwendigkeit z. B. eines zu wagenden Berufswechsels, auf die Lösung oder Wiederherstellung menschlicher Bindungen, auf die Pflege, vielleicht künstlerischer Anlagen, die versäumt wurden.

Eine Betrachtung ist hier, angesichts solcher Krisen, die man „existentielle Neurosen" nennen muß, geboten. Von allen Wesen nämlich, die wir kennen, ist der Mensch das einzige, das werdend sich auch zu diesem Werden verhält. Überhaupt macht diese Möglichkeit, sich zu sich selber zu verhalten, eine Grundbestimmung des Menschen aus. Sie ist für sein Dasein konstitutiv, ja, Dasein schließt in sich, daß der Da-Seiende sich auch zu diesem seinem Da-Sein verhält. Schon die einfache Sinnesempfindung schließt *als gehabte*, diese Grundrelation in sich, in der sich die geistige Natur des Menschen ankündigt, aber die Bedeutung dieses Verhältnisses, die Notwendigkeit seiner Bewährung nimmt zu, je höhere Funktionsbereiche der Persönlichkeit zugleich gelebt und erlebt werden. Von dieser durchgehenden Möglichkeit des Sich-zu-sich-selber-Verhaltens ist indessen das Ich-und das Selbstbewußtsein nur ein ausgezeichneter Modus. Sie reicht hinein bis in die Wirklichkeit der personalen Existenz. Auch auf das leibliche Kranksein des Menschen fällt von daher ein Licht. Denn der Mensch steckt ja nicht blind im Leib wie das Tier, sondern sein Sich-Verhalten zum Leib, das Leib*sein* und das Leib*haben* bestimmt, indem es ihn durchgeistet, auch das Gesamtphänomen der Krankheit als ein Krank-*sein*. Auf dem Umweg über die Erkrankung des Leibes verhält sich der Mensch auf besondere Weise zu sich selber und die Art dieses Verhältnisses geht in die Krankheit ein als ein sie potenzierender oder depotenzierender Faktor.

Diese knappen Hinweise verdeutlichen, *daß das Sich-verhalten des Menschen zu sich grundsätzlich und immer ein Vermitteltes ist.* Wie über den Leib verhält er sich zu sich selbst z. B. über Speise und Trank, über Dinge, über Ideen, über die Welt, über

[1] „Ein jeder trägt in sich ein Bild, des was er werden soll usw.", vgl. Rückert.

den Mitmenschen, über das Kollektiv, über Staat, Kirche, Gott. *Die Grundkategorie des vermittelten Selbstbezuges ist „das Du"*. Zugleich ist es die Möglichkeit sein zu können, zu welcher der Mensch sich verhält. Von Pflanze und Tier behauptet man mit Recht, daß sie sich „entwickeln" — vom Keim bis zur Reife und darüber hinaus. Aber die Entwicklung des Menschen ist nur zum Teil ein Geschehen. Über ihr Geschehen hinaus verhält sich der Mensch zu ihr, und das macht aus der Entwicklung ein Werden, eine Möglichkeit des Sein-könnens, eine lebensgeschichtliche Ordnung der Freiheit. Dienst ist der grundlegende Sinn dieses Werdens. Zu diesem Sinn des Werdens verhält sich der Mensch wie zu seiner eigenen Möglichkeit des Seins. Ohne die grundlegende Beziehung zu einem DU im weiten Umfang des Wortes gibt es kein volles Stellungnehmen zum eigenen Werden, nicht das vollgültige Phänomen der Sorge, der Freiheit, der Verantwortung, der Entscheidung, der Liebe, kurz all dessen, was man getätigte Selbstverwirklichung nennen könnte. Kraft dieser Möglichkeit eines Sich-verhaltens zum eigenen Sein-können sieht man den Menschen sich in der Zeit selbst vollenden, aber auch sich versäumen und verfehlen.

Wie liegen nun die Verhältnisse, denen der Psychiater als Tiefenpsychologe und Neurosenforscher sich gegenübergestellt sieht? Fraglos hat er es mit Not- und Leidenszuständen zu tun, die häufig Krankheitsaspekte annehmen und die letztlich in irgend einer Beziehung stehen zum Problem der Selbstverwirklichung der Persönlichkeit. Um was aber geht es eben damit? Es wurde schon angedeutet, daß, wer nach der Selbstverwirklichung des Menschen fragt, mit einem Fuß der Frage (fragen heißt suchen) in der Psychologie und Biologie steht, mit dem anderen Fuß aber im überpsychologischen Bereich des Ethischen und des Religiösen. Sagen wir in diesem Zusammenhang „Entwicklung" oder „Individuations*prozeß*", so sprechen wir von *einem Geschehen, von Vorgängen* biologischer oder psychologischer Natur; von einem Es, das werden will, auch wenn dieses „Es" dann wieder im Selbst des Menschen zentriert erscheint. Sprechen wir aber von einem Sich-Verhalten des Menschen zu eigenen Sein-können, als vom Inneren der Selbstverwirklichung, so rühren wir an die Sinnfrage des Daseins, an die Probleme der personalen Entscheidung, der Freiheit, der Verantwortung und der inneren Tat; an die Orientierung an Norm- und Richtbildern des Menschseins und schließlich an das Walten der Person. *Kurz, das Problem der Selbstverwirklichung hat eine personale und eine apersonale Seite.* Doch fällt auf, daß der Tiefenpsychologe geneigt ist, die apersonalen Zusammenhänge auf Kosten der personalen Seinsordnung zu unterstreichen, und die immanente Zielstrebigkeit der menschlichen Natur auf Kosten der Verantwortung und des Willens. Vielleicht haben beide Gesichtspunkte ihr Recht, gewiß sogar ist dies der Fall. Aber wie sind sie dann aufeinander abzustimmen?

Schon die Behauptung, daß es keine neuroseartigen Störungen gibt, die nicht mit dem Problem der Selbstverwirklichung in Zusammenhang stehen, wird auf Widerstand stoßen. Kein Wunder, denn diese Beziehung ist nicht überall und immer evident. Auch jene Notzustände, die bei einigem Aufwand von intensivem Durchschauungsvermögen sich als Störungen der Selbstverwirklichung erweisen, legen diese ihre Bedeutung nicht unverhohlen auf den Tisch des ärztlichen Sprechzimmers. Im Gegenteil. Und es genügt, an die vegetativen Regulationsanomalien im somatischen Funktionsganzen zu erinnern, an das Riesenheer der „Organneurosen", um zu verdeutlichen, daß der eigentliche Feind, mit dem es der Arzt zu tun hat, sich doch nicht unmittelbar zu erkennen gibt, sondern daß er, gleichsam mit vorgebundener Maske, sich hinter einer vordergründigen Symptomatik verbirgt. Dazu kommt, daß, was der Neurosenforscher aufspürt, oft von Therapeuten mit Fug und Recht übersehen wird. Die Ziele des Forschers und die des Arztes sind nicht immer zur Deckung zu bringen. Eine Haltung, die dem Forscher als Oberflächlichkeit und Gedankenlosigkeit ausgelegt werden muß, kann beim Arzt, der helfen will, Tugend und Weisheit bedeuten. Wenn hier behauptet wird, es sei das Achsensymptom jeder Neurose eine Störung des Sich zu sichselber-Verhaltens; genauer letztlich: eine Störung des Sich-Verhaltens zum eigenen Werden; und daß diese Störung eine Geisteskrankheit konstituiere, ja die einzige primäre Erkrankung des Geistes [1], die wir kennen, da ja der Forscher und der Arzt im weiten Feld der sogenannten „Geisteskrankheiten" immer nur sekundären, vom Soma dependenten Störungen geistiger Funktionen begegnen, so ist damit nicht gesagt, daß der Gesichtspunkt des Forschers auch vom Arzt aufgesucht oder gar betont werden müsse.

Nur jene Gruppe von Störungen, die dadurch ausgezeichnet sind, daß in ihnen die Behinderung der Selbstverwirklichung und die Auseinandersetzung mit dieser Behinderung das eigentliche Thema der Neurose bilden, also jene Gruppe von Störungen, die ich als „existentielle Neurosen" von flacheren, vordergründigeren Möglichkeiten in Diskussionen und Vorlesungen abzuheben pflege, bezeichnen auf dem Globus der neuroseartigen Bildungen jene be-

[1] Vgl. Kierkegaard: „Geist ist ein Verhältnis, das sich zu sich selber verhält."

sondere Stelle, die auch den Arzt zwingt, mit dem Urphänomen des gestörten Sich-zu-sich-selber-verhaltens und mit dem, was daran behinderte Selbstverwirklichung ist, sich auseinanderzusetzen [1]. Sache des Taktes und der eigentlichen Kunst im Umgang mit der existentiellen Problematik von Menschen ist es, zu entscheiden, ob jeweils gerade sie angegangen werden darf, oder ob es genügt, sich an die Symptome zu halten, mittels welcher oft der Patient in sinnvoller Weise sich vor dem Abgrund seiner zentralen Fragwürdigkeit schützt [2].

Verfügt aber die moderne Seelenheilkunde über das Rüstzeug, der besonderen Fragwürdigkeit so massiver Störungen des Werdenkönnens zu begegnen? Gibt es doch „existentielle Neurosen", denen eine so erhebliche Störung der Selbstverwirklichung zugrunde liegt, daß der Psychiater sich, aufgrund des vorliegenden Zustandsbildes zu einer Diagnose veranlaßt sieht, welche eine Schock-Kur rechtfertigt. Und doch erweist in der Folge die „tiefenpsychologische" Durchleuchtung solcher Kranken, daß die Diagnose eine Fehldiagnose der Klinik war. Es kommt das nicht gerade häufig vor, aber die Fälle, die mir vorschweben, sind immerhin zahlreich genug, so daß sie eine erneute Bemühung um die Probleme der Selbstverwirklichung und deren Störung rechtfertigen.

Es fehlt im Schrifttum an derartigen Betrachtungen. Nur die Arbeiten von C. G. *Jung*, die um die Tatsache des „Individuationsprozesses" gravitieren, deuten in die Richtung dieser Probleme. C. G. *Jungs* Darstellungen des „Individuationsprozesses" repräsentieren den einzigen Versuch, die Frage der Selbstverwirklichung systematisch anzugehen. Beobachtungen an Persönlichkeiten, die ihre Unfähigkeit, das Dasein zu meistern oder sich in ihm zurechtzufinden, zum Arzt führt, kombinieren sich mit einer intuitiven, synthetischen Seelenschau, welche die Stufen des „Individuationsprozesses", zu einem geordneten Bildganzen zusammenfügt. Das Anliegen dieser, von tiefenpsychologischen Einsichten beherrschten Studien, ist in erster Linie ein therapeutisches. Es geht darum, die Integrationsschritte der Selbstwerdung aufzuzeichnen, durch welche eine desintegrierte und damit ihres Sein-könnens beraubte Persönlichkeit dem Maximum ihrer Integration entgegengeführt wird. Das Ziel der zu leistenden Selbstverwirklichung besteht genau genommen in der möglichst unbehinderten, der möglichst vollständigen Auszeugung des naturgegebenen Anlageganzen. Der Effekt dieser Auszeugung wäre die Verwirklichung des Selbst und damit das Ganz- und Heilwerden der Persönlichkeit. Der Weg zu diesem Ziel passiert eine Reihe von Stationen, die die Schilderung des Individuationsprozesses aufzuzeichnen hat. Das geschieht bei *Jung* in farbiger Anschaulichkeit. Es handelt sich dabei um die bewußte Aneignung von Seelenbereichen, die im Anlageganzen der Persönlichkeit präformiert sind. Diese Seelenbereiche sind aus ihrer nicht bewußten, vielfach abgewehrten Vorhandenheit, ob sie nun im persönlichen oder im kollektiven Unbewußten zentriert sind, in einem Prozeß der Bewußtwerdung in den Verfügungsbereich der wachen Persönlichkeit zu überführen, wodurch der Umfang ihrer Verfügungsmacht und die Intensität ihrer Lebendigkeit ebenso zunimmt, wie ihr Wachstum und die Sicherheit ihres Handelns.

Was an der *Jung*schen Analyse des „Individuationsprozesses" indessen als fragwürdig erscheint, ist ihr apersonaler Zug. Das Selbst, um dessen Verwirklichung gekämpft wird, wird nirgends als Person angesprochen. Es ist auch nicht als „Person" gemeint. Es hat das höchst bedeutsame Gründe. C. G. *Jung*, der stets mit Nachdruck sich aus Gründen der rein wissenschaftlichen Gesinnung zu einem folgerichtigen Psychologismus bekennt, muß konsequenter Weise vor der überpsychologischen und überbiologischen Wirklichkeit der Person Halt machen. Das Selbst wird als das Anlageganze des Menschen beschrieben, oder vielmehr als der „virtuelle Mittelpunkt" dieses Ganzen, dann wieder als der gemeinsame Mittelpunkt und Hintergrund aller System- und Funktionsgegensätze der Seele. Seine Entfaltung oder Geburt in der Zeit ist der Individuationsprozeß. Diese Entfaltung ist eins mit dem Ganzwerden der Persönlichkeit, wobei betont wird, daß die Verwirklichung der Ganzheit ein unerreich-

[1] Zu bedenken ist hier folgendes: Alles ungestörte Verhalten zur Möglichkeit des Seinkönnens gründet in einem Verhalten zu sich über Gott, über eine geliebte Person, über die Welt usw. Fehlt dieser Bezug, oder ist er zur bloßen Reflexion entwirklicht, so nimmt der Bezug zum eigenen Seinkönnen (Werden, Selbstverwirklichung) einen problematischen Charakter an — das Grundproblem der Neurosenlehre!

[2] Es sei hier angemerkt, daß auch die großen Formkreise geistiger Erkrankungen, welche das Thema der Psychiatrie bilden, (Melancholien, Schizophrenien, Zwangsirresein) Zustände in sich schließen, die einerseits als eine schwere Beeinträchtigung des Werden-Könnens zu verstehen sind, andererseits als ein Inbegriff von Reaktionen auf diese basale Störung. Was hier indessen grundlegend anders ist, ist der Umstand, daß hier die basale Störung, (welcher Natur auch immer sie sein möge), jedenfalls nicht primär geistiger Natur ist, d. h. daß sie nicht in einer Weise des Sichverhaltens zum Werden, zum Sein-können, zur Möglichkeit her Selbstverwirklichung gründet. Zeigt sich im Ganzen des Krankheitsbildes etwas wie eine Auseinandersetzung mit der basalen Werdensstörung, so ist diese sekundärer Natur, hat also die Werdensstörung zur Voraussetzung und Grundlage: diese wird nur verarbeitet, nicht produziert. Sie ist grundsätzlich dem Bewußtsein entzogen und unzugänglich, kann also nur *Anlaß* einer inadäquaten Auseinandersetzung sein und nie *Gegenstand* einer adäquaten Stellungnahme zu ihr werden. Gedanken, die ich in psychiatrischen Arbeiten wiederholt ausgesprochen habe.

bares Ideal ist. Genau wie die Geburt des Selbst, die zwar das Ziel der Individuationsprozesse bildet, aber nie vollendet ist, sondern immer nur eingeleitet und gefördert werden kann.

Die Selbstverwirklichung führt die Integration der Persönlichkeit und ihre Zentrierung herbei. Denn eigentlich gilt das Selbst als das zu suchende „Gravitationszentrum" der Individualität. Dieses Zentrum ist indessen „schlechterdings unerkennbar" (vgl. S. 301 Psychologie und Alchymie) und meldet sich nur in Bildern, in dem, was *Jung* ausführlich als die „Symbole des Selbst" schildert. *Es fehlt dem Selbst Jungs völlig die Aktnatur der Person.* Seine Wirksamkeit, und von einer solchen muß man wohl sprechen, da sie den Individuationsprozeß in Gang bringt, ist mehr dem Zug zu vergleichen, den der Aristotelische Gott auf die Wesen ausübt: in einer Art von „Hunger" (vgl. ebenda S. 302) meldet sich in der seelischen Not des Menschen der Drang zur Verwirklichung des Selbst.

Nicht gegen die bewunderungswürdige psychologische Schau *Jungs* sind Bedenken anzumelden, sondern diese richten sich ausschließlich gegen das in dieser Psychologie verborgene apersonale Menschenbild. Dieses wird nicht eigentlich formuliert. Es bildet aber, als anonym bleibender anthropologischer Entwurf, den nicht mehr psychologischen Hintergrund einer Konzeption, die erst diese Psychologie ermöglicht. Wohl hat die Tiefenpsychologie den „ganzen Menschen" im Auge, aber daß dieses „Ganze" sich ihren rein psychologischen Kategorien entzieht, daß da ein Rest bleibt, der als des Menschen eigentlichste Seinsnatur, erst das totum humanum konstituiert, das muß ausgesprochen werden.

Will also die Seelenheilkunde über das Problem der Selbstverwirklichung, das die existentielle Neurose aufwirft, zu schlüssigen Einsichten gelangen, so hat sie über alle Einzelwissenschaften hinaus, die vom Menschen handeln, vorzustoßen in ein Jenseits aller rein scientifischen Methoden. Ein bekannter, allen Unvoreingenommenen naheliegender Begriff bezeichnet dieses Jenseits! Es lautet: die Person. Mit Berufung auf dieses Jenseits der Psychologie und der Tiefenpsychologie, aber auch der Biologie, der Charakterkunde, der Typen- und der Konstitutionsforschung bekennt sich die Menschenkunde zur Forderung eines „personalistischen Menschenbildes".

Doch schon droht in dieser Wendung eine neue Gefahr. Verhält es sich ja so, daß keineswegs das Wissen um den letzten Seinsbezug des Menschen auch dessen Vollzug garantiert. Unterbleibt dieser aber, aus welchen Gründen immer, so sehen wir einen Schaden entstehen, der nur im Vorzeichen ein anderer ist als der, welcher den Tiefenpsychologen pur sang ereilt. Und sofort ist gegen das Handhaben eines leeren Bekenntnisses zur Person um der Wahrhaftigkeit und des Ethos willen wieder die Tiefenpsychologie anzuwenden, die schon überwunden schien. Jeder Psychiater, der hinter der Fassade eines nur ideologisch, nicht existentiell begründeten Glaubens an die Person einer „existentiellen Neurose" begegnet, kann davon reden. Wo eine tiefere Störung der Selbstverwirklichung im Gang ist, macht sich das stets in der Neigung bemerkbar, diese mit Parolen zu verdecken. Zur Parole also kann werden, was, — im vollen Sinne des Wortes gelebt und getätigt — Einlaß gewähren würde in die eigentliche Burg, in das chateaux interieur des menschlichen Seins. Der Besitz einer Parole garantiert wohl die gegenseitige Verständigung, aber nicht die Aneignung der Sache, die in ihm anklingt. Zwar gilt, daß im personalen Dasein das Geheimnis des Menschen zentriert ist, doch verhindert das Wissen darum nicht, daß der Einzelne im Begriff der Person nominalistisch nur einen flatus vocis, nur eine Parole ergreift. So wird die Verkündigung des „personalistischen Menschenbildes" zum voreilig aufgegriffenen Schlagwort wissenschaftsfremder Moralisten. Oder zum Programm einer weltanschaulich verbrämten Propaganda der eigenen lebensabgewandten Ichheit: und schließlich zum zweideutigen Symbol einer personahaft zentrierten Exklusivität von Eingeweihten. Kurz im Namen des Eigentlichen wird mit ihm veruneigentlichter Mißbrauch getrieben.

Besinnung also tut not. Geschieht der „Persona" Erwähnung, so darum, weil das dialektische Verhältnis von Person und Persona geeignet erscheint, an ihm wie an einem Beispiel gewisse, in der „existentiellen Neurose" auftauchende Probleme der Selbstverwirklichung darzustellen. Von vornherein aber sei folgendes klargestellt. In dem inneren Drama der sich verwirklichenden Einzelpersönlichkeit gelangt zur Beobachtung eine fruchtbare Spannung zwischen dem, was die Tiefenpsychologie im Auge hat, wenn sie auf den „Individuationsprozeß" abhebt und dem, was mit der Verwirklichung personalen Daseins gemeint ist. „Natur und Übernatur" ist für diese Spannung der traditionelle Ausdruck. Es geht indessen nicht an, das Mysterienspiel der Menschwerdung, da, wo sein Ablauf verhindert ist, zu simplifizieren, indem man den einen Akteur dieses Dramas, nennen wir ihn das „Selbst" zu Gunsten des anderen Akteurs — nennen wir diesen die „Person" ausschaltet. Sondern darauf kommt es an, *die apersonale Sicht der Tiefenpsychologie und die personale der höheren Seelenführung aufeinander abzustimmen.*

Das kann hier nur in Andeutungen geschehen. Beispiel für diese Verhältnisse ist uns die „existentielle Neurose". Von ihr treten zwei Formen besonders auffallend hervor: ihre Frühform, die in der Werdeproblematik des (Spät-) Adolescenten erscheint; und ihre Spätform, von der bereits auf S. 2 die Rede war. An der Auseinandersetzung mit der Aufgabe eigenen Werdens fällt in beiden Formen eine Konfliktspannung auf zwischen der Persona-Stufe des Daseins und dem Gebot des Personseins. In beiden Formen ist zu spüren eine oft undeutliche Entwertung der Personastufe des Lebens. In den Frühfällen jedoch bezieht sich diese Entwertung auf die Persona als eine erst zu leistende Möglichkeit der eigenen Daseinsgestalt; im Spätfall aber auf sie als auf eine bereits erreichte Lebensstufe, die irgendwie überwachsen werden muß.

Einiges muß zur Klärung des Personabildes vorausgeschickt werden. Mit dem Bild der Persona ist bei *Jung* auf eine S t u f e des Individuationsprozesses hingewiesen. Ich sage „Bild" und nicht „Begriff", denn es handelt sich bei *Jung* um die Verbildlichung eines „Funktionskomplexes" besonderer Art. Das Bilderdenken, das *Jungs* Vorstellungen vom „Individuationsprozeß" beherrscht, entstammt, richtig verstanden, dem Bedürfnis, eine Mehrheit von Funktionen, insbesondere von gegensätzlichen Funktionen der als Organismus ausgelegten Psyche von einem sie vereinheitlichenden Mittelpunkt her zusammenzufassen. Das gilt auch von der Bezeichnung „Persona". Lebensgerechte und lebenswidrige Möglichkeiten einer Daseinsstufe werden im Bilde der Persona zusammengefaßt. Von daher ist *Jungs* These zu verstehen, daß es eine „richtig und eine falsch sitzende Persona" gibt. Nicht identisch mit der Individualität des Menschen im Ganzen, ermöglicht die Persona in dem, was ich ihren *positiven Aspekt* nenne, als ein Inbegriff von Einordnungsakten in die Mitwelt, jene Anpassung und Eingliederung in sie, ohne welche ein sinnvolles Handeln in der Menschenwelt nicht möglich wäre. Die Persona hat aber auch einen *negativen Aspekt*. Als Mittelpunkt von Anpassungs- und Eingliederungsakten relativ auf die Societät bedeutet sie für den, der mit der Persona-Stufe des Daseins sich identifiziert, eine Gefahr. Impulse des Instinkt- und des Seelenlebens — und wie wir gleich beifügen müssen: Ansätze zu einer personalen Existenz — können durch die Persona in einer Individualität erstickt oder abgewürgt werden. So kann die Persona zum Inbegriff dessen werden, was die volle Selbstverwirklichung des individuellen Systems verhindert. Psychologisch gedeutet ist die Persona eine Kompromißbildung: sie ist der gelebte Kompromiß zwischen der anlagemäßigen oder strukturellen Bedingtheit der Individualität und den Forderungen der Umwelt. Als Inbegriff solcher Forderungen gesehen, erscheint die Mitwelt nicht so sehr als ein Gefüge von Personen, die an die Freiheit des Einzelnen appellieren, sondern als ein Kollektiv, das ein Individuum der Tyrannis des Kollektivs und der öffentlichen Meinung unterwirft. Läßt sich das Individuum in rückhaltloser Identifizierung mit dem „*negativen Aspekt*" der Persona in dieser Weise beherrschen, so schließt das in sich nicht nur die Gefährdung seiner personalen Existenz, sondern, im Hinblick auf seine Entfaltung, die lähmende Verschmälerung seiner vitalen Basis und die Verkümmerung seiner Gesamtnatur. Die Persona, so gesehen, wird zum Anlaß, eine Scheinpersönlichkeit zu entwickeln, die in einer ihr zudiktierten und von ihr aufgegriffenen Rolle aufgehend, als Träger eines Amtes oder einer Rolle zu einer bloßen Figur verblaßt. Statt autonome Person zu werden oder originales Eigenwesen, verarmt der Mensch zu einem leeren Fassadendasein, und erstarrt zur übernommenen Maske. Übermächtigt vom Gewicht seiner sozialen Position, seines Titels und Ranges, verliert er den Antäusgrund der eigenen Seelentiefe, und — wie wir ergänzen müssen — tauscht er den personalen Mittelpunkt ein gegen die exzentrische Daseinsweise als Exponent der öffentlichen Meinung. Im Hinblick auf die Selbstverwirklichung der Person bedeutet also die Herrschaft der Persona in so fragwürdiger Gestalt eine schwere Gefährdung ihres Vollzugs.

Scheinbar Unvereinbares also wird im Bilde der Persona als in einer Stufe der Selbstwerdung vereinigt: einmal die Möglichkeit sicheren Fußfassens und Handelns im sinngesättigten Ordnungsgefüge der bürgerlichen (aber auch der kirchlichen) Welt; und dann das Sinnwidrige eines Vorbeilebens am Wesentlichen und Eigentlichen; eine Möglichkeit, der das alte Wahrwort Rechnung trägt, daß der Mensch, indem er die ganze Welt gewinnt, verlustig gehen könne seiner Seele.

Nicht unerwähnt bleibe die Verwandtschaft der tiefenpsychologischen Personalehre mit der fundamental-ontologischen Analyse *Heideggers*, die das „alltägliche Selbstsein und das Manü" zum Gegenstand hat. Von ganz verschiedenen Ausgangspunkten ausgehend, haben der Tiefenpsychologe und der Ontologe den gleichen anthropologischen Tatbestand im Auge. Wichtig ist uns in erster Linie, daß der Zweideutigkeit des Personaphänomens auch vom Ontologen Rechnung getragen wird. Dem *positiven Aspekt* der Persona, ihrer zugegebenen Berechtigung, ja Notwendigkeit, die weder durch die Vertiefung des „Individuationsprozesses", noch durch die Durchsetzung der personalen Existenz aufgehoben werden kann, entspricht bei *Heidegger* die These: daß die eigentliche Seinsweise des Menschen als „existentielle Modifikation des Man“ auszulegen sei, und die andere, daß das Man ein für die Verfassung des Menschen „ursprüngliches und unerläßliches Existential“ sei. Dem *negativen Aspekt* der Persona aber wird gleicherweise Rechnung getragen durch den Hinweis auf die Diktatur der „Anderen“, auf das Verfallensein an die „Botmäßigkeit der anderen“, auf die Veruneigentlichung des Daseins im Ganzen, die in der Herrschaft des „Man“ zur Wirksamkeit gelangt.

Wie also liegen die Verhältnisse in der existentiellen Neurose? Das Problem der Selbstverwirklichung hat viele Seiten, aber eine ist durch das dialektische Verhältnis von Persona und Person bezeichnet. Überhaupt gilt, daß, bevor der Mensch Person-sein verwirklichen kann, er bereits auf der Personastufe des Daseins Fuß gefaßt haben muß. Zu dieser Stufe gehört das Phänomen einer gewissen Normierung des Menschen. Dieses bereitet sich schon lange vor der Pubertät vor. Unter dem Einfluß des Familienmilieus und der Schule wird im werdenden Menschen ein Reaktions- und Haltungsgefüge angelegt, mit dessen Bildung der Weg von der ungebrochenen Ursprünglichkeit der kindlichen Unmittelbarkeit bereits wegführt, und die Richtung eingeschlagen wird, auf ein normiertes Andersein hin, das bald als ein Anderssein-müssen erfahren wird. Keine Erziehung kann auf die Anwendung von Wertmaßstäben und Richtbildern verzichten: das artige, das unartige; das liebe, das garnicht liebe; das gute, das böse; das fleißige, das faule; das saubere, das schmutzige Kind, — und was sonst noch für Gesichtspunkte auf dem Umweg über Richtbilder des Betragens auf eine normentsprechende Bildung des Individuums abzielen. Irgend eine Spannung wird wohl, bei verständnisvollster Erziehung und glücklichster Anlage des Kindes diesem Widerspruch zwischen der urgegebenen Unmittelbarkeit unbekümmerten Dahinlebens und der geforderten Erhebung über sie zwecks Einordnung in das Kollektiv einwohnen. Unter ungünstigen Umständen tritt diese Spannung zutage, entstehen atypische Reaktionen, wird die Normierung als Zwang erfahren, gegen den Auflehnung, offen oder larviert, hervortritt. Unter glücklichen Umständen aber wächst das Kind mühelos, von Richtbildern des Betragens gelenkt, die es kaum von seiner Neigung unterscheidet, in die Ordnung der Mitwelt hinein, nicht ohne jedoch eine Form anzunehmen, und ein Menschenbild zu verwirklichen, das von Regeln überindividueller Herkunft bestimmt ist, die allerdings der eigenen Natur gemäß sind. *Denn normgemäß zu existieren, gehört zur Natur des Menschen*, der ja Individuum und Kollektivwesen zugleich ist; Dauerkonflikte mit der Norm und dem Kollektiv sind immer schon ein Alarmzeichen.

Derartige Konflikte aber sind häufiger, als es den Anschein hat; verdeckt bleiben sie meist und nur im Ansatz vorhanden. Später erst treten sie in ein rückblickendes Bewußtsein, z. B. wenn von einer Krise her ein erhellendes Licht auf die früheren, scheinbar so ausgeglichenen Jahre fällt. Von solchen „Krisen“ ist ja hier die Rede. In der Krise kämpfen Lebensrichtungen und Richtbilder, die sie vertreten, um die Führung: z. B. steht gegeneinander der Drang nach voller Unmittelbarkeit ursprünglichen Lebens und die Abgehobenheit davon in Norm und Haltung. Die jeweils akute Krise belehrt uns, daß die Disposition zu dem in ihr ausgetragenen Konflikt älter ist als sie selbst. Krisen sind zu verstehen als der Widerstreit antinomischer Daseinsentwürfe; und als verzögerte, angehaltene, verunmöglichte Entscheidungen zwischen ihnen. Aber nicht um die erhöhte Selbstverfügungsmacht der Person allein geht es hierbei, sondern mit gleichem Nachdruck kann angefordert sein, das Wagnis, vom Leben (d. h. von Eros, Schicksal, Tod usw.) über sich verfügen zu lassen und schließlich um den Ausgleich zwischen so gegensätzlichen Möglichkeiten, der das Ende der Krise herbeiführt. Erst in dem jeweiligen Ausgleich der aussieht wie Entscheidung und oft nur einfach sich ereignet, wird das Werden in jene Richtung freigegeben, die als fällige auch eingeschlagen werden muß.

Von solchen Krisen, die klinisch als „existentielle Neurosen“ imponieren, soll nur deren Frühform zur Sprache kommen. Aber auch von dieser Frühform gibt es zwei Varianten. Denn immerhin ist es ein Unterschied, ob eine Persönlichkeit in einen Dauerkonflikt (-krise) geraten ist, vorwiegend darum, weil sie mit der Berufswahl nicht zu Streich kommt oder vorwiegend nicht mit ihrem Geschlechtsleben. Dem Einbruch des Eros nämlich und seinem Andrang widersetzt sich unter Umständen das persona-hafte Normgefüge im Jugendlichen bis zur Neurose. Wie ist — unter solchem Druck von zwei Seiten her, zurückzugewinnen die „Unschuld“, d. h. die früh schon verloren gegangene, unbeirrte Unmittelbarkeit des Verfügenlassens über sich: wie ist dahin zurückzufinden auf der neuen Lebensstufe? Dieses „Wie?“ — macht den letzten Sinn der erotisch-sexuellen Krise im Jugendlichen aus, so wenig das von zünftigen Analytikern begriffen wird. Nicht dieser, aber der ersten Variante der existentiellen Neurose wendet unser Augenmerk sich zu. Jener Form, die in ihrem Grundzug zu verstehen ist, als eine Störung der Selbstverwirklichung, begründet in der Dialektik von Person und Persona.

In diagrammartiger Verkürzung ein Beispiel. Es handelt sich um einen jungen Mann. (K. W.) von 27 Jahren, dessen Berufsstudium sich ungewöhnliche, innere Schwierigkeiten entgegenstellten. Ohne in eine Krise zu geraten, hatte er Familienleben und die Schule als der besten einer hinter sich gebracht. Von der Schule in den Heeresdienst getreten, hatte er auch diesen, ohne aufzufallen, bewältigt. Überall hatte er erfolgreich der Norm entsprochen, überall sich sinngemäß in das Kollektiv eingeordnet und das jeweils Geforderte als Kamerad, Untergebener und Vorgesetzter geleistet. Man kann sagen, daß er, ohne sich viele Gedanken zu machen und ohne besonderes Widerstreben die seinen Jahren, seiner Situation entsprechenden Personaforderungen des Lebens verwirklichte. Das einzig auffallende Anzeichen eines latenten Konfliktes war, daß sich beim Einsetzen der Pubertät eine Harnverhaltung in Gegenwart anderer zeigte. Durch dieses Symptom hängt die Neurose von K. W. mit der zweiten der oben erwähnten Varianten von Existenzkrisen zusammen: Denn es setzte ein, in dem Augenblick, in dem dem längere Zeit bedenkenlos onanierenden Jüngling Bedenken gekommen waren, und in ihrem Zug sein Verhältnis zu sich ebenso eine Trübung erfuhr, wie der Kontakt zur Mitwelt. So peinlich K. W. dieses Symptom war, so blieb es doch auf sich beschränkt. Aus dem Heeresdienst entlassen, entschied er sich für den Forstdienst. Bevor er das Studium in Angriff nahm, nützte er die Gelegenheit, als Forsteleve praktisch zu arbeiten. In dieser Zeit ereignete sich ein Durchbruch überwältigender, religiös zu nennender Erlebnisse. Er war damals 25 Jahre alt. Daß er „*da-Sein* durfte“ wurde ihm zu einer „erschütternden, heiligen Wirklichkeit“. „In einer Art Erleuchtung“ fühlte er sich aus dem alltäglichen Dasein herausgehoben. Aus der Welt der menschlichen Interessen sah er „sich in das All hineinversetzt“, in einer Entrückung, die eins war „mit einer Umfassung des ganzen Seins“. Da er in einem „einzigen Weltaugenblick der Ewigkeit in alle Wesen hineinzureichen“ glaubte, jenseits von dem, was ihre kategoriale Unterschiedenheit begründet, fühlte er sich, gleichsam „an die Wurzel des Seins geraten“, aus der die Fülle der Natur und ihrer Einzelerscheinungen hervorgeht. Aber verglichen mit der „Fülle“, die ihm in dieser Urerfahrung zuteil wurde, „war alles andere arm und dürftig und belanglos geworden“. In einer Verfassung der „Allverbundenheit“ war er auch sich selber entrückt, und hing wohl mit Mensch, Tier, Pflanze, zusammen, aber jenseits ihrer räumlichen, zeitlichen, rationalen Ordnungen. „Ganz von selbst fügten sich eine Gedanken zu Versen zusammen“. (Es sei angemerkt, daß diese Erlebnisse weder krankhaft noch überhaupt fragwürdig waren, wie auch die entstandenen Verse zwingende Echtheit bekunden). — Daneben her konnte er sehr wohl, allerdings „wie in einem Trancezustand“ die Arbeit und alles Notwendige unauffällig verrichten. Nur empfand er deutlich, daß es zwei „unvereinbare Ordnungen“ gäbe, „die der Ewigkeit und die der Zeit, die des Seins und die der Welt“. — Wie beide ineinanderzuspielen seien, war ihm indessen damals noch kein Problem.

Es sollte indessen anders kommen. Bald zeigte sich, daß diese numinose Erfahrung in sein bisheriges und sein geplantes Dasein nicht einzuordnen war. Ja, dessen Normen und Spielregeln wurden vom Transzendenten her zerschlagen. Ohne daß er sie denkend in Frage stellte, waren sie faktisch entwertet und sinnlos geworden. Nicht der logische, der existentielle Bezug zur Welt der zivilisatorischen Belange war ihm abhanden gekommen. Zur Unwirksamkeit verurteilt war eben damit ein Leben aus dem Personagefüge heraus, zerschlagen war dieses als „Funktionskomplex“ *(Jung)*, als Inbegriff von selbstverständlichen Reaktionen, Zielsetzungen, Wertungen, Sinngebungen, mit denen er solange unangefochten als Mensch unter Mitmenschen gelebt hatte.

Dies äußerte sich sehr bald als ein zunehmender und beängstigender „Kontaktverlust“ (*Bleuler, Speer)* mit der Mitwelt, insbesondere zeigte sich dieser, als er versuchte, sein Universitätsstudium durchzuführen. In völliger Verlorenheit und Abgeschnittenheit irrte er in einer durchaus sinnentleerten Welt herum. Er geriet in eine Verfassung absoluter Leere und Untätigkeit. Man hätte als ärztlicher Beobachter (wie auch zwei Jahre später noch) durchaus glauben können, sich der katatonen Psychose einer schizothymen Persönlichkeit gegenüber zu befinden, wenn sich sein Zustand nicht schließlich doch nur als existentielle Krise hätte durchschauen lassen. Das Schlimme dabei war: je mehr sich K. W. in der Zeit von der numinosen Erlebnis-Periode entfernte, desto mehr schien sie ihm zum Fluch zu werden. Zwar fesselte ein geheimes Heimweh ihn an die unerhörten Erfüllungen und Begegnungen von damals, aber in die drängenden Forderungen der Gegenwart war das Transzendente nicht einzubeziehen. Und zugleich war an seinem Maßstab gemessen, das alltägliche Leben sinnlos geworden. Das Richtbild der Berufswahl, dessen Zug normalerweise die folgerichtige Aneignung von Wissen (das ganze Studium) ermöglicht, hatte seinen Singehalt ebenso eingebüßt, wie jeder Einzelschritt ins Leben hinein den seinen. Nur in einer Entwertung der Sinnbereiche der Alltäglichkeit äußerte sich noch die Nachwirkung der ungeheuren Sinngeladenheit der numinosen Erfahrung.

Wohl fand er während eines monatelangen Aufenthaltes in der Schweiz vorübergehend den Anschluß an beide Bereiche, den überirdischen und den irdischen, um beide nach seiner Rückkehr wieder zu verlieren.

Als ich K. W. kennenlernte, befand er sich noch in der Zersprengungsphase seiner konzentrativen Möglichkeiten. In der Begegnung mit der Seinsfülle des Numinosen hatte zwar das Lebensgefühl von K. W. eine dionysische Ausweitung erfahren, die ihn beseeligte und überwältigte. Aber die Rückkehr auf die Personastufe des Daseins, das Eintreten in die enge Pforte der Endlichkeit und die kleinen Schritte des täglichen Umgangs mit dem Gegebenen waren ihm verunmöglicht. Der Zustand des Patienten war dadurch besonders quälend, daß der Appell seiner praktischen Lebensaufgabe an sein Gewissen ebensowenig verstummte, wie der des Numinosen, daß ihm aber, aus für ihn undurchschaubaren Gründen, die Kraft entzogen blieb, die Aufgabe wahrzunehmen oder in den anderen Bezug zurückzukehren.

Nur als Störung der Selbstverwirklichung und im Hinblick auf die Dialektik von Person und Persona interessiert uns die geschilderte Krise. Numinose Erlebnisse wie die erwähnten bedeuten offenbar in lebensgeschichtlicher Hinsicht eine Zerreißung der Werdenskontinuität von Persönlichkeiten. Von der bisherigen Lebenslage als ein toto coelo andersartiges abgesetzt, bedrohen sie die geläufige Einordnung in die selbstverständliche Welt des Alltags. Ja, der Selbstverständlichkeitsanspruch dieser Welt war verlorengegangen und damit die Möglichkeit, mit ihm wie mit Vertrautem umzugehen. Vor allem ist es die Beziehung zum Mitmenschen, die eine desorientierende Umwandlung erfuhr, denn die Welt, in der die anderen zu Hause sind, das Kollektiv, war zur Fremde geworden und dieser Fremdheitszug der Welt heftete sich an jeden einzelnen Mitmenschen. In dieser Welt des Kollektivs, die der Personastufe der eigenen Existenz entspricht, sich einzuordnen, z. B. durch Ergreifen eines Berufs, war durch die Sinnlosigkeit eines Lebens in der entgöttlichten Persona-dimension des Daseins und ihrer Zweckordnung vorerst zur Unmöglichkeit geworden.

Das ist die *eine Seite* der Werdensstörung, die in einer solchen Entwicklung pathologische Gestalt nimmt. Weil der Himmel, der einen verpflichtet, nicht auf die Erde herabkommt, darf man sozusagen keinen Schritt weiter tun hinein in die Alltagswelt. Jeder versuchte Schritt wird als „Verrat" empfunden.

Die *andere Seite* nimmt von der personalnuminosen Sphäre der Persönlichkeit ihren Ausgang. Wir erfahren, daß K. W. im Zug des Berufsstudiums den unmittelbaren Bezug zu seinen religiösen Grunderfahrungen auch eingebüßt hatte. Wie ein erratischer Block standen diese in der Landschaft seiner Seele, wirksam genug, um den ganzen Bereich der Alltäglichkeit, die bürgerlichen Ordnungen, die zivilisatorischen Belange zu entwerten, aber so sehr der Verfügungsmacht von K. W. entzogen, daß sie von einer Dauerverfassung der Leere und des Nichtdaseins ihn nicht zu befreien vermochten. Zerrissen vom Zug der in doppelter Hinsicht unverfügbar gewordenen Bereiche des Kollektivs und des Numinosen, war er, in einem Zustand der Leere und der völligen Erstarrung, dem Stillstand der inneren Lebensbewegung ausgeliefert.

Und doch konnte Heilung und Fortschritt nur aus der Verarbeitung dieser numinosen Erlebnisse kommen. Und zwar deswegen, weil in ihnen der Keim enthalten ist, dessen Entfaltung die Personwerdung des zu personalem Dasein noch nicht Erwachten in sich schließt. Ist nämlich, wie die Entwicklung von K. W. lehrt, der Mensch über die Persona-Stufe des eigenen Daseins hinausgelangt, ohne jedoch dort einem Du zu begegnen, in dessen Auftrag personales Dasein verwirklicht werden kann, so wird Handeln und Selbstverwirklichung zur Unmöglichkeit. Da nämlich, was sowohl *Jung* als *Heidegger* gezeigt haben (vgl. S. 10/11), die Persona zur Wesenskonstitution des Menschen gehört, kann sie nicht einfach nur übersprungen werden. Reicht, was in ihr an Haltungen, Einstellungen, Wertmaßstäben, Normen zusammengefaßt ist, nicht aus, das Dasein im Ganzen zu bestreiten, so heißt das, daß sie von der Seinsebene, die im Gefüge des Menschen ranghöher ist, als die Personastufe der Persönlichkeitsbildung, umfangen und getragen werden muß, um wieder bezogen werden zu können, wenn sie im Zug der Lebensgeschichte erst einmal verlorenging. Diese Ebene aber ist die des personalen Seins.

Personales Sein aber konstituiert sich in seiner Eigentlichkeit erst in der *Begegnung*[1] des Menschen mit dem Transcendenten und Numinosen und in der Aneignung des Anrufs, der von dorther erfolgt. Was im Umgang von K. W. mit seinen religiösen Erfahrungen auffällt, ist daß es zuerst einmal nur zu einer gewaltigen Erschütterung und Überwältigung durch sie gekommen war. Was nicht erfolgt ist, war deren *Aneignung*. Überreich beschenkt sich fühlend, konnte er über die Verfassung des Empfangenden — über die bloße Empfängnis — nicht hinauskommen. Was indessen mit dieser Empfängnis induziert war, ist das personale Sein. Erst in der Rückwendung des Angerufenen zum Ruf der Transzendenz würde sich dessen Person als die Antwort auf ein DU konstituieren können. Und von dieser Mitte erst kann die Persona und das, was sie in der Welt zu leisten hat, wieder übernommen werden.

[1]) Aber auch diese Begegnung hat eine „vorpersonale" Stufe.

Der Fall K. W. ist deswegen lehrreich, weil er in die ärztliche Sicht einrückt, was sonst ohne solche Erschütterungen und solche pathologisch anmutenden Ausschläge dennoch die Hintergründe des vollen menschlichen Werdens bildet, nämlich die verschwiegene Dialektik von Persona und Person.

Aufgabe der Therapie ist es in einem solchen Fall, die Aneignung der numinosen Erfahrungen und damit den stockenden Vorgang der Selbstverwirklichung in Gang zu bringen. Eine Art Erweckung der schlafenden Person ist die Aufgabe des Therapeuten. Diese Aufgabe legt die Grenzen des tiefenpsychologischen Verfahrens ohne weiteres fest. Monatelange Anwendung dieses Verfahrens durch sachkundige Ärzte hatte die Situation des Leidenden in nichts verändert, obschon die psychologischen und biologischen Auslegungen, über die ein solches Verfahren verfügt, durchaus Teilbereiche der Störung adäquat bezeichnen. *Es hat eben jede existentielle Neurose einen personalen und einen apersonalen Aspekt.* Letzteren mit den Mitteln der tiefenpsychologischen Methode anzugehen scheint geboten, und wird Erkenntnisse zeitigen, die allerdings darum relativ sind und in ihrer Wirksamkeit beschränkt bleiben, weil die eigentliche Problematik einer solchen Persönlichkeit in einer Entmächtigung ihres metapsychologischen und metabiologischen personalen Mittelpunktes zu suchen ist. Diese zu beurteilen aber ist der nur biologischen oder nur psychologischen Sicht der Tiefenpsychologie versagt.

Ausgesprochen muß werden, daß über die Indikation für ein tiefenpsychologisches Verfahren nicht der Tiefenpsychologe selbst entscheidet. Welches Vorgehen im Umkreis der psychotherapeutischen Möglichkeiten geboten ist, entscheidet die Gesamtbeurteilung der jeweiligen Persönlichkeit, inklusive ihrer Konstitution und das Sinnverständnis ihrer augenblicklichen Krise. Der Tiefenpsychologe im Arzt muß es sich gefallen lassen, daß andere Instanzen als rein psychologische sein Arbeitsgebiet abstecken und limitieren.

Von diesen Instanzen nenne ich in erster Linie die aus der eigenen personalen Mitte des Therapeuten ausgehende Orientierung an der Person des anderen und ihrer Funktion in seiner existentiellen Krise. Wie nämlich diese Krise sich in psycho- und biopathologischer also in apersonaler Hinsicht als eine *Entmächtigung und Lahmlegung der Vitalssphäre* und als eine Ausschaltung gewisser Seelenbezirke darstellt, so erweist sie sich für die personale Schau *als eine Entthronung der Person*, d. h. als die Dekonzentration des personalen Daseinsaktes. Entthront nämlich ist das Herrschafts- und Führungszentrum im Menschen, das erst dem elementaren Selbstverwirklichungsdrang Richtung, Sinn und die höhere Aktuosität zu erteilen vermag. Gewiß erscheint eine solche Entthronung der Person häufig als unmittelbare Folgewirkung einer Entmächtigung der desintegrierten Vitalsphäre. Aber dieser Zusammenhang darf nicht den Blick trüben, für die Eigengesetzlichkeit der personalen Dimension im Menschen [1]. Es geht z. B. nicht an, berechtigte Schuldgefühle, in denen eine zentrale Unordnung im Dasein der Person sich anmeldet, mit einer naturalistischen Auslegung abzutun, wie sie dem Nur-Psychologen oder Nur-Biologen geläufig ist. Diese Bedenken haben folgenden Sinn.

Seit der Erscheinung im brennenden Dornbusch, seitdem zum ersten Mal in der Geschichte sich das Wesen der Person in der Wendung: „ICH BIN DER ICH BIN" geoffenbart hat, besteht für den gottebenbildlichen Menschen die doppelte Möglichkeit: einmal die Forderung dieses personalen Seins zu verwirklichen: dann aber die, hinter dieser Forderung zurückzubleiben, von sich sagen zu müssen: „ich bin nicht der ich bin". Diese Aussage schließt in sich das Bekenntnis zu einer Entthronung der Person im eigenen Haus. Was dieses Bekenntnis erzwingt, ist die Notwendigkeit, sich mit Akten zu identifizieren, die besagen: ich habe sie zwar vollzogen, aber in diesem Vollzug bin ich meinem eigentlichen Sein und Wesen untreu geworden. Oder: was Du laut Deiner Erinnerung bist, bist Du Deinem eigentlichen Wesen nach nicht. Und doch bist Du, was Du nicht sein sollst: bist, indem Du eigentlich nicht bist. Dieser Widerspruch ist unendlich, er bedeutet die Entthronung der Person, und ungleich die Zerreißung des menschlichen Herzens. Der Schmerz dieser Zerreißung in der sich die Entsetzung der Person spiegelt, ist die Reue. Die Reue aber ist die Antwort auf die Stimme des Gewissens, in dem die Ent-setzung der Person als zu verantwortende Schuld zu Bewußtsein kommt. Zugrunde liegt der Reue die leidvolle Unmöglichkeit, sich zustimmend zu sich selber zu verhalten, wie es dem Gesetz des personalen Seins entspräche.

Gefährlich, ja schädlich wäre es nun, mit Berufung auf tiefenpsychologische Gedankengänge und Normen dem Partner diese Zerreißung seines Herzens ausreden zu wollen. Im Gegenteil: sinnvoll kann es nur sein, eine echte Schulderfahrung durch Verankerung ihres Grundes im Transzendenten zu vertiefen und so die personale Existenz des anderen auf ihren eigentlichen Seinsgrund hinzuweisen. Wird das vermieden, oder gar verhindert, so wird in den Selbstverwirklichungsprozeß der Person störend eingegriffen. Das geschieht durch eine Ver-

[1] Das große Problem lautet: ist der Verlust der personalen Mitte der Desintegration der Vitalsphäre vorgängig, oder verhält es sich umgekehrt?

kennung des *personalen Aspektes* der Krise, die den Leidenden zum Arzt führt.

Aber noch andere Züge in der „existentiellen Neurose" sind der Gefahr ausgesetzt, daß der Tiefenpsychologe pur sang an ihnen achtlos, oder was dasselbe ist, psychologisierend vorübergehe. Ich denke hier an die oft latenten anthropologischen Konzeptionen des „Nervösen". In jeder „existentiellen Neurose" verbergen sich Ansätze zu einer der Störung des Werdens zugeordneten „Weltanschauung". Vielfach psychologisch, ja psychopathologisch verankert, und oft nahezu unbewußt, bedeuten derartige Züge dennoch eine schwere Beeinträchtigung der Selbstverwirklichung der Person, indem sie das Verhalten, die Wertungen, die Sinngebungen, die Taten und noch mehr die Unterlassungen, kurz den ganzen Daseinsakt des Einzelnen bestimmen. Ob diese latenten Ideologien den Charakter von Immoralismus oder Positivismus haben; ob sie in individualistischen, gesellschaftsfeindlichen Zügen bestehen; ob in ihnen ein fatalistischer, pessimistischer, skeptischer oder deterministischer Glaube sich ankündigt — immer sehen wir in alledem sinnstörende Faktoren an der Persönlichkeitsbildung am Werk, die die eigentliche Durchsetzung der personalen Existenz und damit den „Integrationsprozeß" verhindern. Diese Züge zu erkennen, ja sie zu stellen, sie ins Bewußtsein des Einzelnen zu rücken, auf daß eine Auseinandersetzung mit ihnen möglich werde, das gehört zu einem vernachlässigten Aufgabenkreis des Therapeuten. Denn in vielen Fällen erweist sich die Ansicht des Nur-Psychologen, daß im Zug eines gründlich durchgeführten, tiefenpsychologischen Verfahrens als Nebenergebnis der Reintegration der Vitalsphäre auch eine die Selbstauszeugung des Anlageganzen verhindernde Ideologie gleichsam von selbst und automatisch zu Fall komme, nur als ein Vorurteil der Bequemlichkeit oder einer falschen Neurosetheorie des Therapeuten. Gewiß mag der Therapeut, wenn er das Falsche falsch, das Negative negativ, das Sinnwidrige sinnwidrig nennt, den Eindruck haben, als predige er tauben Ohren, weil die Affektverwirrung und die Triebkonstellation in der Tiefe des Unbewußten, als unerschöpflich weiterfließende Quelle den ideologischen Oberbau der Persönlichkeit, allen derartigen Erwägungen zum Trotz, am Leben zu erhalten scheint. Aber wie oft wird man eines anderen belehrt. Ein Wort zur richtigen Zeit, aus der eigenen personalen Mitte, vermag oft mehr als wochenlanges Analysieren. Immer kommt es auf den *καιρός* an, auf den rechten Augenblick, der den anderen für das Wort der Wahrheit empfänglich macht. Ihn herauszufinden ist Sache des ärztlichen Taktes; über das Recht, ihn wahrzunehmen aber entscheidet die jeweilige Einsicht in den Aufbau der existentiellen Neurose.

Es ist eben ein grundlegender Irrtum, zu glauben, daß es *nur* psychologische oder biologische Mechanismen seien, welche die Entthronung und die Ent-Setzung der Person und die Dekonzentration ihres Daseinsaktes herbeiführen. Gewiß ist ein solcher Zusammenhang als Möglichkeit auch zu berücksichtigen. In Grenzen, welche zugleich die Grenzen des tiefenpsychologischen Verfahrens bezeichnen, gilt, daß unter Umständen, die eine genaue Nachprüfung erfordern, *scheinbar* primäre Störungen im Funktionsganzen der Vitalpersönlichkeit und der Psyche den personalen Daseinsakt verunmöglichen. Die Person, so ließe sich ein altes Wahrwort variieren, „supponit naturam". Und wesentliche Beeinträchtigungen des „Individuationsprozesses", also der in *tiefenpsychologischer* Hinsicht bedeutsamen Entfaltungsgesetze der Selbstwerdung bedeuten auch, weil diese von der Intaktheit der seelischen Tiefenmechanismen abhängt, eine Verhinderung der *personalen* Selbstverwirklichung. Aber mit gleichem Fug gilt auch das Gegenteil: 1. daß die Entthronung von Person, Freiheit, Ethos; die Vergewaltigung des Gewissens, die Lähmung der Selbstverantwortung Gesetzen unterworfen ist, die im seinsselbständigen Bereich des Personalen als in einer eigengesetzlichen Seinsebene gründen. 2. gilt, daß der Verlust der personalen Mitte in einer Art Fernwirkung einstrahlt in die apersonalen Funktionssysteme der Psyche und des Bios und schwere Störungen in diesen Gebieten determiniert.

Aber bedeutet die Verselbständigung der biologischen und der psychischen Funktionssysteme dem personalen Ganzen gegenüber, bedeutet ihr Apersonal-werden nicht schon eine Störung, ja vielleicht die Grundstörung der Neurose? Die Frage kann nicht ohne weiteres entschieden werden, aber sie stellen bedeutet schon viel. Fassen wir zuerst ins Auge den letzten Sinn dessen, was in der Entthronung der Person und in der Dekonzentration ihres die unitas multiplex des individuellen Systems durchherrschenden Daseinsaktes sich ausspricht, so stellt sich ein Begriff ein, der, so geläufig er jedermann ist, dennoch in seiner anthropologischen Bedeutung noch keineswegs ausgewertet ist. Was nämlich die Verfügungsmacht der Person über sich selbst und über das Gefüge der Persönlichkeit aufhebt, ist der *unbewußte Nihilismus der Persönlichkeit*. Dieser führt darum zur Entthronung der Person, weil er in seinem letzten Wesen gar nichts anderes ist, als der geheime Wille der Person zu ihrer Selbstaufhebung.

„Geheim" und „dunkel" muß dieser Wille oder besser: dieser Gegenwille genannt werden. Denn man begegnet ihm zwar im Umgang mit neurotischen Leidenszuständen allerorten, aber selten, ja fast nie spricht er ganz unverholen und ungeschminkt sein Inneres aus. Zwar gehört seine Wirksamkeit zu den Grundgeheimnissen der menschlichen Natur. Der Mensch ist so geartet, daß er, zu personalem Sein gerufen, „ja“ sagt zu dieser Möglichkeit, im gleichen Atemzug aber auch „nein“. Daß er also sein will, und doch, daß er, ohne sich durchsichtig zu sein, auch *nicht* sein will; nicht nämlich er selbst, und keineswegs: diese Person. Dieser Widerspruch macht die konstitutive Gebrochenheit des Menschen aus; seine Auswirkung begründet die „Verzweiflung“ (Kierkegaard) der von sich selbst entthronten Person, die Kierkegaard als die „Krankheit zum Tode“ geschildert hat.

Aber wie gesagt: „geheim und dunkel” treibt im Menschen dieser nihilistische Grundzug sein Wesen. Und damit stoßen wir auf das eigentliche Geheimnis des neurotischen Unwesens. Verhielte es sich so eindeutig, wie Kierkegaard es darstellt, wäre der nihilistische Wille der Persönlichkeit auf die personale Spitze des Menschen beschränkt, so gäbe es nur die Sünde, aber nicht die Neurose. Was wir indessen im Umgang mit dem an sich leidenden, seinsunfähigen Menschen erfahren, ist etwas ganz anderes. Dies nämlich, *daß der Wille der Person zu ihrer Selbstaufhebung meist nur in seiner apersonalen „Vorgestalt“* (vgl. zu diesem Begriff die Studien von *Sander; Conrad* Nervenarzt 18/1947, 19/1948) *in biologischen und psychologischen Störungsmechanismen zu fassen ist.* Das sind die tausend Masken, in die er sich verkleidet, denn wer kennt nicht die vielen Schleichwege ins Nichts, die Menschenart sind? *Pascal* hat in der Analyse der Zerstreuung ihre Landkarte entworfen. Auf diesen Schleichwegen treibt die rauschende Lebenslust der Don-Juanistischen Sucht, oder die Verantwortungsscheu des ewigen Zauderers, die acedia des vielbeschäftigten Müßiggängers, die Arbeitswut des Deserteurs, der dabei ist, dem Schicksal zu entlaufen. Oder man bekommt von ihnen nur die unerklärliche Dauerverstimmung leiblichen Mißbehagens zu Gesicht.

Mit einem Wort: gibt es so etwas wie eine *nihilistische Aktuosität der Person* — und wer möchte daran zweifeln, der um das Geheimnis des Menschen weiß! — so erscheint diese, z. B. in den Neurosestrukturen, mit denen der Arzt es zu tun hat, nicht in ihrer spezifischen Sinnwidrigkeit. Sondern das, worauf der Arzt trifft, ist die *apersonale Vorgestalt einer Tendenz, die im eigentlichen personalen Bereich sich als die Selbstentthronung des Person auswirkt.* Und damit ist die Berechtigung, ja die Notwendigkeit des tiefenpsychologischen Verfahrens begründet. Denn im apersonalen Bereich des Dranges, der Triebe, Instinkte, Affekte, Impulse liegen Störungen vor, Vorgänge, die auf der Ebene ihres Bestehens angegangen werden müssen. Das sind die Hemmungen, die Verdrängungen, die Abspaltungen, die Kompensationen, die Überkompensationen, die vielen Funktionsanomalien, die zur Symptomatik der Neurosen zusammentreten und deren Inbegriff einer Störung des „Individuationsprozesses gleichkommt“. Fragen wir aber nach dem letzten Bezug, nach dem letzten Sinnbezug aller dieser Erscheinungen, so werden wir auf den *nihilistischen Grundzug der Person* verwiesen, der in wechselnder Gestalt, oft gar nicht erkennbar, die verschiedenen Seinsbereiche, auch die des Biologischen und Psychischen durchherrscht, welche Seinsbereiche die Person als die „unitas multiplex“ vereinheitlicht, oder — in der Neurose desaggregiert.

*Literatur.*

Die in dem vorliegenden Aufsatz zum Ausdruck gebrachte Richtung auf eine personalistische Grundlegung der Neurosenlehre kann sich auf folgende Weggenossen berufen.

Ludwig *Binswanger:* Grundformen und Erkenntnis menschlichen Daseins. Niehau-Verlag, Zürich.

Viktor *Frankl:* Ärztliche Seelsorger. Wien, Franz Deuticke 1946. Vgl. besonders Seite 282 des Aufsatzes.

Josef *Goldbrunner:* Individuation. München, Erich Wewell 1949.

Romano *Guardini:* Welt und Person. Würzburg, Werkbund-Verlag 1940.

Paul *Matussek:* Metaphysische Probleme der Medizin. Heidelberg, Springer, 1948.

Josef *Meinertz:* Moderne Seinsprobleme. Heidelberg, Lambert Schneider 1948.

Ernst *Michel:* Ehe (u. andere Schriften). Stuttgart, Ernst Klett 1948.

M. *Thiel:* Ontologie der Persönlichkeit, Bd. I u. Bd. II (Philosophie der Unmittelbarkeit.) Springer-Verlag. In Vorbereitung. (Im Manuskript eingesehen).

Viktor *v. Weizsäckers* Schriften.

*(Dr. Dr. Viktor E. Freiherr v. Gebsattel, (13a) Bamberg/Bay., Jakobsplatz 4)*

# Die spezifische Art der Erfassung tiefenpsychologischer Zusammenhänge.

Von

JOSEF MEINERTZ.

Die Psychoanalyse war eine Zeitlang Modesache — nicht zu ihrem Vorteil. Gewisse Schlagworte waren in weite Kreise gedrungen und übten eine seltsame Anziehungskraft aus, nicht zum wenigsten wohl wegen der Rolle, die die Sexualität in der Freudschen Lehre spielte. In der Erörterung aller möglichen zwischenmenschlichen Beziehungen, in der Unterhaltung und Literatur war das sonst meist scheu umschlichene Thema gewissermaßen salonfähig geworden. Allerdings lag hier bei den Ernsteren auch eine berechtigte Reaktion vor gegen die geistige Haltung jener Zeit, die soviele Züge von Unechtheit zeigte, des Zeitalters der „Plüschkultur", des „Viktorianischen Zeitalters", wie man es genannt hat, jener Zeit, als in der „guten Gesellschaft" die Prüderie in geschlechtlichen Dingen auf die Spitze getrieben wurde. Aber die Popularität war der Selbstbesinnung der Psychoanalyse auf ihre wissenschaftlichen Grundlagen eher hinderlich. Heute ist die Selbstbesinnung in vollem Gange. Ergänzungen, Erweiterungen und z. T. abweichende Auffassungen sind in das System eingebaut: man spricht daher besser von „Tiefenpsychologie", da die Bezeichnung „Psychoanalyse" eigentlich die strenge ursprüngliche Lehre meint und von „orthodoxen" Bekennern auch nur dieser als berechtigt zuerkannt wird. Unbezweifelbar ist ein grundsätzlicher und in die theoretische Auffassung wie in die praktische Therapie tief eingreifender Fortschritt, den die Psychoanalyse gebracht hat: sie zeigte, daß in den Krankheitssymptomen — es kamen zunächst nur die neurotischen Erscheinungen in Betracht, aber auch diese Grenze ist heute weit in den organischen Bereich vorgeschoben — daß in diesen Symptomen ein (aus der Lebensgeschichte des Kranken oft erst mühsam herauszudestillierender) *Sinn* verborgen lag. Aber hier ergaben sich sofort Schwierigkeiten, nämlich über den Sinn dieses Sinnes. *Freud* kannte entsprechend der allgemeinen Haltung seines Zeitalters nur eine einzige angemessene Einreihung von beobachtbaren Vorgängen, welcher Art auch immer, die naturwissenschaftliche. In allen Erscheinungen des Lebens, einschließlich der seelischen Zusammenhänge, hatten für ihn nur die *biologischen* Prinzipien der Erfassung wissenschaftliche Berechtigung, die sich freilich nicht, wie der Materialismus will, mit den chemischen und physikalischen Kategorien restlos deckten. Hier bot sich der Kritik eine breite Angriffsfläche, und zwar von zwei verschiedenen Seiten her. Auf der einen standen diejenigen Gegner, die in ihrer wissenschaftlichen Grundhaltung mit Freud übereinstimmten, also nur anerkannten, was naturwissenschaftlich zu erfassen und einzureihen ist. Aber die Reinheit dieser Sphäre wollten sie unbedingt bewahren; hier sollte sich nichts, was jener Forderung nicht genügte, eindrängen. Mit tiefer Abneigung betrachteten sie alles, was sich in dieser Hinsicht nicht einwandfrei legitimieren konnte. Die von der Psychoanalyse behaupteten Zusammenhänge erfüllten aber diese Forderung nicht: sie ließen sich — das spürten die Kritiker mit dem geschärften Blick des Hasses — in eine naturwissenschaftlich-biologische Ordnung nicht einreihen. Daraus ergab sich der Schluß, daß sie überhaupt nicht existierten, jedenfalls nicht für die Wissenschaft; allenfalls mochte man damit im Bereich der Phantasie und der Spekulation ein verantwortungsloses Spiel treiben.

Eine andere Gegnerschaft erwuchs der Psychoanalyse aus dem Reich der geistigen *Werte*. Wie, sagte man, die sozialen, ethischen, religiösen, künstlerischen, wissenschaftlichen Werte, ja die gesamten zwischenmenschlichen Beziehungen, sollten nichts als Triebentwicklung sein? Und die Schöpfungen der Heroen des Geistes? Und die Wunder von Liebe und Aufopferung im Dienste des Mitmenschen? Und das Lächeln der Kinderunschuld — kurz alles, was das Leben erst lebenswert macht? Wo bleibt da die Freiheit, die Verantwortung, die die Würde des Menschen ausmacht?

Schlimm, daß beide Gegner nicht Unrecht hatten, wenn sie auch das Gewicht ihrer Einwände überschätzten. Aber die Verteidiger sahen ebenfalls oft nicht die Schwächen ihrer Position. Durch ausgedehnte Beobachtungen überzeugt, daß diese Zusammenhänge, die sich ihnen mit erlebnishafter Eindrücklichkeit kundgetan hatten, wirklich existierten, entgegneten sie den Kritikern, hier lägen Tatsachen vor, deren *Deutung* durch tausendfältige (freilich mühsam zu erwerbende) Erfahrung bestätigt werde; theoretische Erwägungen ohne solche Erfahrungsgrundlage könnten diese nicht entkräften, sie hätten sich vielmehr dieser Grundlage anzupassen. Das ist ganz richtig, aber man durfte nicht, wie es vielfach geschah, die Frage, ob und inwieweit die Deutung der erlebten Zusammenhänge mit wissenschaftlicher Auffassung zu vereinen sei, für nebensächlich halten. Was die Psychoanalytiker erfahren hatten, waren die Ergebnisse treuer Wirklichkeitsbeobachtung, davon waren sie überzeugt; was wollte man mehr? So behaupteten sie einfach, diese Ergebnisse hätten in naturwissenschaftlichen Ordnungen Platz zu finden — falls man solche Fragestellung nicht überhaupt vermied, weil man hier einen Einbruch der in den Naturwissenschaften meist wenig beliebten Philosophie witterte. Man bedachte nicht, daß es unmöglich ist, einem Gegner klarzumachen, daß etwas *ist*, wenn er seinerseits davon überzeugt ist, daß es nicht *sein kann* — genau so wenig allerdings wie einen, der zudem überzeugt ist, daß es nicht sein *darf*: das ist der Fall des Gegners von der andern Seite, aus dem Bereich der ethischen, religiösen, künstlerischen Werte.

Betrachten wir beide Arten von Gegnerschaft etwas genauer, so sehen wir, daß die Sachlage schwieriger ist als bei anderen Gegenständen unseres Erfahrungsbereichs. Diese Objekte können wir beobachten, beschreiben, zergliedern und in bestimmte Ordnungen unseres Erfahrungswissens einreihen, und zwar mit Hilfe von Erfassungskategorien, die so eindeutig festliegen, daß allgemeines Unbehagen entsteht, wenn an ihnen irgendwie gerüttelt wird (ich erinnere hier an die moderne Atomphysik und ihre zwiespältige Haltung gegenüber dem Kausalitätsgesetz). So können wir von Erkenntnis zu Erkenntnis fortschreiten, ohne daß wir uns Rechenschaft geben müssen, *was* wir dabei eigentlich tun. Der echte Naturforscher wird freilich nicht so verfahren, sondern sich entweder von vorneherein fragen, unter welches höhere Gesetz sein Forschen gestellt ist, und die Richtung seines Forschungsweges bereits nach diesem Gesetze wählen, oder er wird in scheinbar unbefangener, rein empirischer Weise vorgehen, dann aber, sozusagen als Feiertagsarbeit, nach dem Sinn dieser Anhäufung von Erkenntnisstoff fragen und festzustellen suchen, in welche erkenntnistheoretischen oder ontologischen Zusammenhänge er einzureihen sei. Ob er aber so oder so verfährt oder ob er überhaupt darauf verzichtet, in diesen außerhalb seiner schlichten Tagesarbeit liegenden höheren Regionen Fuß zu fassen — auf die *Resultate* seiner Forschung hat das keinen Einfluß (höchstens auf die Wahl des Forschungsgebietes oder auf die Akzentsetzung bei manchen Problemstellungen). Er weiß, daß er, wenn er ernst genommen zu werden wünscht, bestimmte, allgemein anerkannte Forschungsmittel anzuwenden hat. Gerade weil er sich methodologisch unbedroht fühlt, spürt er ja die Freiheit, in jenem oberen Reich nach selbsterarbeiteten Gesetzen oder nach ehrfürchtig ergriffenen Normen die Flügel zu entfalten. Der Aufenthalt in den höheren Bezirken kann seiner wissenschaftlichen Forschungsarbeit keinen Schaden bringen. Aber welche Grundlegung dieser Art und ob er überhaupt eine solche explicite im Auge hat, gerade in den exaktesten Wissenschaften, der Mathematik und der mathematischen Physik (aber in der Biologie ist es auch nicht viel anders), zeigt sich deutlich, daß die größte Verschiedenheit der wissenschaftstheoretischen und weltanschaulichen Haltung keinen Einfluß hat auf die Beibringung und praktische Auswertung eines ungeheuren Erkenntnisstoffes. Man könnte mit *Philipp Frank* einen strengen Positivismus vertreten und jede abweichende Anschauung als „Haften an den oberflächlichsten anthropomorphen Analogien" brandmarken (Vitalismus gleich Spiritismus), oder mit *Planck* im physikalischen Weltbilde eine Schöpfung menschlicher Einbildungskraft von provisorischem und wandelbarem Charakter sehen (wodurch allein wir die deterministische Betrachtungsweise hätten erringen können)[1], oder mit *Eddington* annehmen, daß es sowohl Naturgesetze gibt, deren Plan die Schöpfung des menschlichen Geistes ist wie auch solche, die die ureigene innere Gesetzlichkeit der Natur darstellen[2]; man könnte die Reihe der führenden Physiker beliebig verlängern und zum Beispiel auch an die diametralen Gegensätze in der Auffassung des durch die moderne Atomphysik erschütterten Kausalitätsbegriffs erinnern[3]. Aber die *Ergebnisse* der Forschung sind in ihrer Zuverlässigkeit und in ihrem wissenschaftlichen Werte durch die Abweichungen in der Grundauffassung nicht beeinträchtigt worden. In den bilogischen Wissenschaften verhält es sich ähnlich, obgleich hier die Grundhaltung nicht ganz so gleichgültig ist und z.B. das Streben nach gestaltlicher Schau, nach „Ganzheitserfassung" neue fruchtbare Fragestellungen ermöglicht hat, ohne daß jedoch die auf anderer wissenschafts-theoretischer Grundlage gewonnenen Erkenntnisse dadurch entwertet werden.

Ganz anders ist die Sachlage auf dem Gebiete der Psychologie und Psychopathologie, insbesondere bei der Erfassung der Zusammenhänge, die die Psychoanalyse aufgedeckt hat oder aufgedeckt haben will. Hier sind die Methoden der wissenschaftlichen Erfassung in der Grundauffassung vom *Wesen* seelischer Zusammenhänge so fest verankert, daß ein Nichtangriffspakt zwischen beiden Sphären, wie er in den anderen Wissenschaften oft ohne Schaden geschlossen wird, hier nicht möglich ist. Zunächst versuchen uns schon am Tore dieses Bezirks zwei Wächter den Eintritt zu verwehren. Wir kennen sie bereits; der eine heißt: es kann nicht sein, der andere: es darf nicht sein. Diese Wächter gilt es unschädlich zu machen, indem wir sie überwältigen oder wenigstens überzeugen, daß ihr Amt gegenstandslos ge-

[1] Vgl.: *Meinertz*, Psychotherapie — eine Wissenschaft! Springer, Berlin 1939. S. 78/79. (Ps. e. W.)

[2] *A. S. Eddington*, Das Weltbild der Physik. Vieweg, Braunschweig 1939, S. 241/42.

[3] Ps. e. W., S. 71ff.

worden ist: das können wir nur, wenn wir nicht mit der Kritik *beginnen*, sondern (die Wächter gewissermaßen im Rücken lassend) zunächst in entsagungsvoller praktischer Arbeit einen genauen Einblick in die behaupteten Zusammenhänge zu gewinnen suchen. Dann aber werden wir uns damit nicht begnügen, sondern unser Tun wissenschaftlich zu rechtfertigen suchen, indem wir nach der Seinsstruktur dieses Gebietes fragen, uns bemühen, einen angemessenen „Seinsentwurf" beizubringen. Dadurch hoffen wir zu erreichen, daß die neuen Erkenntnisse vor dem *wissenschaftlichen* Forum mit Ehren bestehen können, und daß sie das Reich der *geistigen Werte* nicht bedrohen.

Bei dem Versuche, den wissenschaftlichen „Ort" der Tiefenpsychologie zu bestimmen, wäre daran zu erinnern, daß der (nie gelingende) Versuch, das wissenschaftliche Denken und wissenschaftlich geleitete Handeln von allen anderen Seinsgebieten zu isolieren, dem Wesen der Zuwendung des Menschen zur Welt nicht Rechnung trägt. Etwas von Kunst, Technik, Lebensweisheit, manchmal sogar Seelsorge, wird in der wissenschaftlichen Erfassung vielfach wirksam bleiben. Auch die Tätigkeit des Chirurgen (gerade ein medizinisches Beispiel ist hier lehrreich) wird davon durchblutet, aber er ist mit Recht stolz darauf, daß dieses Handeln von streng wissenschaftlichen Grundsätzen geleitet wird: der „Seinsentwurf" des Bereiches, worin er sich bewegt, liegt eindeutig fest oder wird wenigstens als Ideal erstrebt. Ebenso verhält es sich in jeder Wissenschaft, die als solche anerkannt ist, mag sie zu den „exakten" (im weiteren Sinne, die Biologie also eingerechnet), den geschichtlichen oder den pragmatischen zählen (auf die Einteilung, die ja nicht erschöpfend ist, kommt wenig an). Die „reine" Philosophie lassen wir hier beiseite. Sie paßt in kein Schema einer Definition der Wissenschaften, ja man weist ihr, je nach der weltanschaulichen Grundhaltung des Forschers, ganz verschiedene Aufgabenkreise zu (von der Möglichkeit der *Lösung* dieser Aufgaben ganz zu schweigen). In der Psychologie und Psychopathologie dagegen liegt zwar das *Gebiet* ihrer Aufgaben wie in den anderen Wissenschaften fest, nämlich die menschliche Seele (unbeschadet der Fragwürdigkeit einer metaphysischen oder ontologischen Fundierung dieses Begriffs), aber ihr Seinsentwurf, ihr Kategoriensystem, ihr wissenschaftlicher „Ort" oder wie man es nennen will, ist so zweifelhaft, daß die Frage aufgeworfen worden ist, ob man überhaupt Wert darauf legen soll, dieses Gebiet als Wissenschaft zu bezeichnen, da hier die anderen, die „vorwissenschaftlichen" Haltungen im Vordergrunde ständen, dieses Gebiet somit noch nicht in den Rang wissenschaftlicher Erkenntnis „erhoben" sei. Es ist aber zu betonen, daß der subjektive Anteil, der sich in den erwähnten Haltungen so stark vordrängt, objektive Erkenntnis, die den berechtigten Anspruch macht, wissenschaftliche Erkenntnis zu sein, nicht zu hindern braucht. Allerdings müssen wir im Bereich der Tiefenpsychologie den Begriff der Wissenschaft erweitern. Denn hier erweist sich der „subjektive" Faktor als unerläßlich für die „objektive" Erkenntnis. Ich gehe auf die Erörterung der ja weder in der Erkenntnistheorie noch in der Psychologie eindeutig feststehenden Begriffe des Subjektiven und Objektiven nicht ein, erinnere nur an die „objektive Subjektivität" in *Kants* System — wie Kant überhaupt (so paradox das zunächst scheint) in gewissem Sinne ein Vorläufer der Tiefenpsychologie gewesen ist; allerdings ist seine innere Haltung auch wieder ganz anders, indem er die Formung der Wirklichkeit (besser: *zur* Wirklichkeit) durch die „Symbolfunktionen des Geistes" (Cassirer) lediglich der Ratio übertrug und den außerrationalen Seinsbereich leer ließ[1]. Für uns aber ist ein Grundgesetz für die Erfassung seelischer Zusammenhänge die Erkenntnis, die uns in den Erfahrungen der Tiefenpsychologie zum eindrücklichen Erlebnis geworden ist, daß das Kognitive sich nicht auf den Bezirk der Ratio beschränkt, sondern *alle* Seelenkräfte in Anspruch nimmt. Das ist freilich schon früher wiederholt theoretisch behauptet worden, aber meist in ganz anderm Sinne. *Heinrich Maier* hat bereits vor vierzig Jahren die Frage gestellt, ob es neben der theoretisch begründeten Wahrheit auch eine emotional begründete gebe; er bejaht diese Frage, aber er schreibt einem psychischen Vorgang nur dann Erkenntniswert zu, wenn zu ihm der logische Akt mit seinem kategorialen Apparat hinzutritt. Auf Grund unserer tiefenpsychologischen Erfahrung sehen wir dagegen, daß der logischen Komponente gerade nur dann wirklicher Erkenntniswert zukommt, wenn sie von den gesamten Seelenkräften getragen und durchblutet wird. Auch auf den anderen Wissenschaftsgebieten ist die Alleinherrschaft der Ratio eine Fiktion, aber sie wird wenigstens als Ideal erstrebt. Auf dem Gebiete des Seelischen dagegen wenden wir uns bewußt von diesem Ideal ab. Nicht als ob wir die rationalen Ordnungen nicht nötig hätten. Im Gegenteil! Wir brauchen durchaus die Gesetze der Logik und der Empirie, wir müssen nüchtern vergleichen und Konvention und echte Möglichkeiten auf Grund unserer Kenntnis der spezifischen Seinsart des menschlichen Daseins unterscheiden können, wir benutzen biologisches und geschichtliches Wissen als tägliches Handwerkszeug. In allen diesen Bezügen ist die rationale Formung

[1] Vgl. *Meinertz*, Kant und die Tiefenpsychologie („Psyche". III, H. 4, 1949, Heidelberg, Lambert Schneider).

unentbehrlich, aber wir müssen uns bewußt bleiben, daß wir dabei Gefahr laufen, die Vorgänge in eine Distanz zu rücken, in der wir sie ihrem Wesen entfremden. Grundsätzlich ist das allerdings auch in den Naturwissenschaften nicht anders. Wieder sei an die Atomphysik erinnert. Hier im exaktesten Bereich hat der Begriff des Wirklichen, des Tatsächlichen, einen völlig schwankenden Charakter. Ob es die Lichtquanten, die elliptischen Bahnen der Elektronen usw. „gibt", oder ob es Hilfskonstruktionen rein rechnerischer Natur sind, das steht nicht eindeutig fest; manche halten die Frage für indiskutabel[1]. Wie dem auch sei, eine „Transformation" des Erkenntnisstoffes durch die Formen unseres Erkenntnisvermögens ist auch in den Naturwissenschaften unerläßlich, und wenn wir von einer Repräsentation der Wirklichkeit durch das „Erkenntnisgebilde" (*N. Hartmann*) sprechen, so weiß niemand, wie weit und in welcher Weise diese Repräsentation der Wirklichkeit adäquat ist; der dazu nötige Vergleich beider wäre ja nur durch eine Petitio principii anzustellen. Immerhin geschieht im gesamten Bereich der Naturwissenschaften die Transformation ganz vorwiegend durch die rationalen Formen des Erkenntnisvermögens, die eine annähernd gleichmäßige Erfassung garantieren, so verschieden auch die sich von der originären Erfassung entfernenden *Deutungen* der Zusammenhänge sein mögen[2]. Aber das Wesen der rationalen Formkraft liegt darin, daß das Subjekt sich die Gegenstände *gegenüberstellt*, in strenger Subjekt-Objekttrennung, einer späten und abkünftigen Haltung des Menschen, keineswegs der ursprünglichen, wie wir aus den Zeugnissen vieler alter Kulturen wissen. Das Merkwürdige ist aber, daß wir zum Zwecke der angemessenen Erfassung *seelischer* Zusammenhänge nicht umhin können, in gewissem Maße zu der primitiven, von der Wissenschaft verpönten Haltung zurückzukehren, also die scharfe Subjekt-Objekt-Spaltung wieder aufzugeben, genauer: zu mildern. Das liegt aber daran, daß wir hier gar nicht ein Objekt im gewöhnlichen Sinne vor uns haben, sondern ein *Du*. Ein Du ist aber immer ein Du-zu-mir, und das *Ich*, das ihm entspricht, ein *Ich-zu-dir*, ja, das Ich gewinnt seinen Ich-Charakter erst sekundär aus der ursprünglichen Ich-du-Beziehung. Im Du liegt also bereits wesenhaft der Bezug auf das Ich und umgekehrt. Darin liegt der Keim und der Ausdruck jeder denkbaren zwischenmenschlichen Beziehung. Auch bei der Flucht vom Du ins eigene Ich zeigt sich die Ich-Du-Beziehung, gerade in ihrem defizienten Modus (*Ebner*: Die aktive Selbstisolierung ist eine auf das Du gerichtete Tat, eine negative Handlung am Du[3]). Wenn wir uns aber überhaupt über die erfaßten seelischen Vorgänge verständigen wollen, so müssen wir nun wieder die Ich-Du-Beziehung ausschalten und etwas zum Objekt machen, das seinem Wesen nach dem Objektwerden widerstrebt. Das gilt auch für die Beziehung Arzt-Kranker. Die Spannung, die auch in ihr wirksam ist, entspricht der polaren Spannung zwischen den beiden Grundkräften der Seele (*Klages*), dem Bedürfnis nach Hingabe *an* den Andern — sagen wir ruhig: Liebe — am einen Pol, und dem nach Selbstbehauptung *gegen* den Andern: Geltungsstreben, Wille zur Macht, Überwältigung des andern zum Zwecke der Selbstbestätigung usw. am andern Pol. Der Arzt kann die seelischen Vorgänge des Kranken nur dann in angemessener Weise erfassen, wenn aus einer Art Zweckverband, der zunächst zwischen beiden (zum Zwecke der Heilung) gegründet wurde, eine lebendige Gemeinschaft entsteht, die ihre organische Struktur nicht mehr allein aus der Getrenntheit von Subjekt und Objekt, sondern gerade aus ihrer Verschmolzenheit gewinnt. Freilich ist es eine schmale Zone, die des schwebenden Gleichmaßes zwischen den von beiden Polen ausgehenden Spannungen, worin uns die Erkenntnis, die wir suchen, aufleuchtet. In dieser Zone sind wirklich Erkenntniskräfte im höheren Sinne heimisch, ja solche, die in ihrer erlebnishaften Evidenz die Sicherheit der rationalen Ordnungen weit übertreffen. Allerdings ist es nicht leicht, sich auf diesem schmalen Grate zu halten und weder nach der einen, noch nach der andern Seite abzugleiten in Bereiche, worin sich das Licht der Erkenntnis wieder verdunkelt. Zu starkes Erleben verfälscht die objektive Erkenntnis, zu geringes stört den Kontakt und damit jede Erfassung — ganz abgesehen davon, daß beides mit der ethischen Würde des Arzttums nicht vereinbar wäre. Aber die spezifische *Distanz* zwischen dem erfassenden Subjekt und dem erfaßten Gegenstande (soweit diese Bezeichnung hier zulässig ist) liegt, abweichend von der allgemein als wissenschaftlich anerkannten Haltung des strengen „Gegenüber", in dem Gleichgewicht scheinbar unvereinbarer Arten der Zuwendung, wobei auch die „primitive", aber in uns allen noch lebendige Art, wenn auch kritisch gebändigt, zu ihrem Rechte kommt. Kein Zweifel, daß der hergebrachte Begriff der Wissenschaft hier eine notwendige Erweiterung erfährt[4].

Es fragt sich, ob die soeben skizzierte Auffassung von der angemessenen Einordnung der seelischen

[1] Vgl. Ps. e. W., S. 85, 106.
[2] Vgl. *Meinertz*, Moderne Seinsprobleme, S. 61.

[3] Auf die *religiöse* Fundierung der Ich-Du-Beziehung gehe ich nicht ein. Sie ist von theologischer Seite eindrucksvoll dargelegt worden (*Gogarten*, *Heim*, *Ebner*. Vgl. Ps. e. W., S. 94).
[4] Bezüglich der *Distanz* vgl. Ps. e. W., S. 94—102; ferner *H. v. Hattingberg*. Über die Liebe. J. F. Lehmann, München 1936

Vorgänge nur in dem von nicht allzuvielen betretenen Raum der Tiefenpsychologie ein eingeschränktes und fragwürdiges Dasein führt, oder ob sie *allgemeinere* Bedeutung besitzt, ob von ihr Verbindungen mit anderen Bereichen des geistigen Raumes ausgehen, ja, ob sie vielleicht gerade dadurch ihr eigentliches Schwergewicht erlangt. Das ist nun tatsächlich der Fall, sogar in einem von der Tiefenpsychologie zunächst gar nicht erhofften Maße. Ich kann hier nur kurz auf die Existentialontologie *Heideggers* hinweisen, die, ohne Rücksicht auf empirisch-psychologische Fragestellungen, lediglich in der Absicht, die besondere Seinsform des menschlichen Daseins philosophisch zu begründen, ebenfalls zu der Abweisung der Descartesschen Annahme eines primär der Welt gegenüberstehenden Subjekts kommt, vielmehr in der *Verflochtenheit* in die Weltstrukturen, dem In-der-Welt-sein, das eigentliche Wesen des menschlichen Daseins sieht, gleichzeitig mit der Fähigkeit, sich zu dieser seiner Stellung irgendwie zu „verhalten“[1]. Der *sekundäre* Charakter des rationalen Erkennens, der wissenschaftlichen Artikulierung und Begriffsbildung, ist genau die Position, die, wie wir gesehen haben, in der Tiefenpsychologie für die Erfassung der seelischen Zusammenhänge allein fruchtbar ist. Auch hier müssen wir „einen Schritt zurücktreten“, den Heidegger für die wissenschaftliche Artikulierung *jedes* Seinsgebietes für notwendig hält. Aber in der Tiefenpsychologie treten wir gewissermaßen *nicht so weit zurück*, wir lösen uns nicht völlig von dem Gegenstande zum Zwecke „objektiver“ Betrachtung, wir spüren noch seinen Atem, wir sind integrierender Teil einer organischen Gemeinschaft, deren Struktur aus den Erlebniskräften beider Partner gebaut und von ihren Lebenssäften durchblutet wird. Doch weit entfernt, daß diese Art des „In-der-Welt-seins“ unsere Erkenntniskräfte hemmte, entwickeln sie sich gerade in dieser Atmosphäre zur *angemessenen* Erfassung unseres Seinsgebietes. So sind Tiefenpsychologie und Existentialontologie geeignet, sich gegenseitig zu befruchten, indem sie uns mit starker Überzeugungskraft lehren, daß die „Wahrheit“ sich keineswegs mit der Urteilswahrheit deckt, daß sie als „Unverborgenheit“ (*ἀ-λήθεια, Heidegger*) ihren ursprünglichen Gehalt aus ganz anderen Quellen schöpft, ja letzten Endes in einem unbestimmten, dumpf empfundenen Weltgefühl, einer Stimmung, wurzelt; nach Heidegger ist es die *Angst*[2]. Ohne daß man der Auffassung beizupflichten braucht, daß *nur* die Angst das Weltgefühl bestimmt, sehen wir hier doch wieder eine eindrucksvolle Parallele zur Tiefenpsychologie: in ihr spielt ja die Angst eine entscheidende Rolle, ein Urgefühl des Menschen tritt hier karikaturhaft verzerrt und in der Verzerrung besonders deutlich zutage. Für uns ist aber wichtig, daß aus einem dumpfen Weltgefühl *Erkenntniskräfte* wachsen können. Ja, man könnte eine kontinuierliche Stufenfolge mit fließenden Übergängen aufstellen, vom gefühlsmäßigen Zumutesein (sogar noch weiter herab, von unbestimmten Organempfindungen) bis hinauf in die Region der geistigen Gestalten.

Fassen wir die für unser Gebiet bedeutsamen Erkenntniskräfte noch etwas näher ins Auge, so zeigt sich außer dem Prinzip der spezifischen Distanz ein zweites, das freilich mit jenem innerlich verbunden ist, nämlich eine spezifische Art der *Identifizierung*. Ohne Identifizierung, d. h. ohne Wiedererkennung des bereits Erkannten im Neuentdeckten, ist keine Wissenschaft möglich. Im gesamten übrigen Bereich der Wissenschaft gilt allein die *begriffliche* Identifizierung, d. h. die grenzziehende, gleichsetzende und scheidende, die Gegenstände zu stufenförmig einander überhöhenden allgemeinen Geltungen umbauende Tätigkeit unseres rationalen Denkens. Bei der Erfassung seelischer Zusammenhänge kommen wir dagegen ohne eine andere Art der Identifizierung, die *symbolische*, nicht aus. Auch hier setzen wir etwas gleich, aber es sind nicht begrifflich festliegende Sachverhalte, sondern elementare Ähnlichkeiten von *Bildern* (Klages), die in der menschlichen Seele als uraltes Ahnenerbe, als hereinstrahlende Potenzen überindividueller Seins- und Wertordnungen, vielleicht auch als kosmische Zusammenhänge, oder wie man es sich vorstellen soll, wirksam sind. Auch hier kehren wir zu einer Stufe der Erfassung zurück, die die Wissenschaft glücklich überwunden zu haben glaubte; das Neue ist, daß wir uns dieser alten, aber in uns allen noch lebendigen Formen der Zuwendung planmäßig zu Erkenntniszwecken bedienen. Der hier lauernden Gefahren sind wir uns bewußt. Wenn die Sexualsymbolik Freuds so großen — wissenschaftlichen und moralischen — Anstoß erregt hat, so haben hier freilich oft mangelnde eigene Erfahrung, weltanschauliche Antipathie und (historisch begreifliches) wissenschaftliches Vorurteil das Wort geführt. Aber es machte sich in der ablehnenden Haltung auch die nicht unbegründete Befürchtung geltend, daß diese Symbolik, die ja dem Bedürfnis des Menschen entspricht, alles und jedes miteinander in Beziehung zu setzen, die „Ähnlichkeitsbesinnung des Bilddenkens“ *(Klages)*, zu einem uferlosen Ähnlichfinden von Dingen und Vorgängen führen könnte, wobei die wahre Aufgabe der Wissenschaft, zu trennen und zu unterscheiden, Not litte. Die tatsächlich erfolgten zahlreichen Entgleisungen auf diesem Gebiete wird niemand verkennen, aber jene Ähnlichkeitsbesinnung ist doch

[1] *M. Heidegger*, Sein und Zeit.

[2] Vgl. Moderne Seinsprobleme, S. 13, 14, 23 ff.

nicht ganz willkürlich verfahren, sondern mit einer gewissen Typik, die sich gerade auf geschlechtlichem Gebiete bis in die ältesten Kulturen verfolgen läßt (*Bachofen*). Aber den wirklich zutreffenden Einwand gegen die Sexualsymbolik Freuds, der ihre Bedeutung nicht aufhebt, aber ihre Tragweite einschränkt, konnten die Kritiker nicht bringen, weil dazu eine Erfahrungsgrundlage gehört, die sie nicht besaßen (weil sie nämlich mühsam und unbequem zu erwerben ist), so daß sie vielfach „ins Blaue hinein redeten". Dieser Einwand betrifft das Wesen des Symbols. Die Sexualsymbolik Freuds trägt, obgleich sie nicht „falsch" ist, diesem Wesen nicht genügend Rechnung. Dem Symbol widerstrebt es nämlich, daß man es in einer bestimmten Sphäre, z.B. der geschlechtlichen, gewissermaßen zum Erstarren bringt. Denn es reicht durch alle Seinssphären hindurch und findet in allen seine „Entsprechungen". Der *bewegliche* Charakter des Symbols ist besonders von *Jung* betont worden. Ich selbst habe mich wiederholt darüber eingehender geäußert. Hier kann ich nur, soweit die spezifische Art der Erfassung von Seelischem in Frage kommt, kurz darauf eingehen. Wir müssen dem Symbol gewissermaßen seine Beweglichkeit erhalten, wenn uns die seelischen Vorgänge, die es (im Traum und in der Neurose) zum Ausdruck bringt, in adäquater Weise erfaßbar werden sollen. Wir können ihm ein eigenständiges, ein seelisches *Sein* hypostasieren, seine Funktion erschöpft sich nicht im *Bedeuten* wie bei den erstarrten „Symbolen" der Buchstaben, Zahlen, Abzeichen, Signale usw. Durch diese lebendige Kraft verbindet es die Sphären, durch die es auf- und absteigt. „Das lebendige Symbol hat Bezug auf alle Formen des Seins, in allen Schichten hat es seine »Entsprechungen«, soweit sie sich in der Seele des Menschen spiegeln, oder, um nichts zu präjudizieren, soweit sie den Seelenschichten »zugeordnet«, in gewissem Grade — in welchem, bleibt offen — zu diesen selbst geworden sind"[1]. Und das Wort, womit wir das Symbol bezeichnen, gewinnt Fülle und Gewicht aus diesem Zusammenhang. Freilich verliert es dabei die logisch begrenzte Eindeutigkeit, die es im rationalen Bezirk der wissenschaftlichen Begrifflichkeit besitzt. Das ist unbequem für die Verständigung. Aber das Wort ist nicht nur Darstellung eines bestimmten, rational formulierbaren Sachverhalts, sondern gleichzeitig Kundgabe des Wesens der betreffenden Person (*Karl Bühler*: Sprache als Darstellung und als Kundgabe), es hat eine „Sphäre" (*Kretschmer*), in der gefühlsbetonte Assoziationen hausen; durch deren symbolische Kraft werden eben jene „Entsprechungen" wach, die, ein Urelement unserer Seele, durch den fixierenden Zugriff der begrifflichen Definition allerdings entwest werden. Die tiefenpsychologische Erfahrung hat uns hierüber Entscheidendes gelehrt, vor allem, daß wir fehlgehen, wenn wir die alternative Frage stellen, ob die Symbolik des Mythos, des Ritus, des Märchens usw. (die identisch ist mit der des Traums und der Neurose) sich auf den Lauf der Gestirne *oder* auf die transzendenten religiösen Mächte *oder* auf das Triebhafte beziehe usw. Die kritische Verwertung dieser Erfahrung schützt uns auch davor, willkürlich solche Zusammenhänge anzunehmen, bloße Analogien in wirkende Mächte umzudeuten und auf dem leise schwankenden Boden, auf dem wir uns ständig bewegen, auszugleiten.

Soviel von der symbolischen Erfassung, soweit sie für die in der Tiefenspsychologie aufgedeckten Zusammenhänge Bedeutung hat. Aber hier drängt sich sofort eine neue Frage auf, die den mehr *weltanschaulich* bedingten Einwand gegen die Behauptungen der Tiefenpsychologie betrifft. Dieser Einwand läßt sich von dem bisher behandelten *wissenschaftstheoretischen* trennen, obgleich beide nicht unabhängig voneinander sind, sondern sich gegenseitig in gewissem Grade bedingen und durchdringen. Die wissenschaftliche Haltung meinte: es *kann* nicht sein, also ist es nicht, die weltanschauliche, die dem Reich der *Werte* die Hauptbedeutung beimißt, sagt: es *darf* nicht sein, also ist es nicht. Wir sahen schon, daß in der leiblich-seelisch-geistigen Struktur des Menschen eine kontinuierliche Stufenfolge von der untersten bis zur obersten Stufe vorzuliegen scheint, von unbestimmten Organempfindungen zu den Stimmungen (Angst; *Heidegger*, gehobene Stimmungen; *Bollnow*), zur Schicht der differenzierten Gefühle, des symbolischen Ähnlichfindens von Gestalten und Vorgängen, der anschaulichen Vorstellungen, des Denkens, der geistigen Gestalten. Hier scheint eine lückenlose Kette vorzuliegen. Und doch erhebt sich dabei sofort die uns weltanschaulich so stark beunruhigende Frage: an welcher Stelle dieser Folge tritt die dem Menschen eigentümliche Potenz, *der Geist*, und mit ihm das Reich der ethischen, religiösen, künstlerischen, wissenschaftlichen Werte auf den Plan? In der Tat, wenn das alles ein fiktiver Aspekt, ein Epiphänomen der eigentlichen, nämlich der zwangsläufig auseinander erfolgenden triebhaft-biologischen Zusammenhänge wäre, dann läge in dieser biologischen Kette ein geschlossener Seinszusammenhang vor, worin für das Auftauchen eines Wertes kein Platz und die Frage nach dem Werte oder gar nach einer Wertskala genau so ungereimt wäre wie bei anderen Lebensgestalten. Daß in einem solchen Seinszusammenhang ein geistiger Wert auftreten könnte, das wäre wirklich völlig unverständ-

[1] Moderne Seinsprobleme, S. 79. Vgl. ferner Ps. e. W., S. 10, 108/109.

lich, ja unmöglich — *wenn* es sich so verhielte. *Daß* es sich so verhält, das eben ist nicht ausgemacht. Die Psychoanalyse allerdings hat auch hier dem Kritiker die Waffe in die Hand gegeben, indem sie tatsächlich das Reich der Werte für ein Epiphänomen, eine Art Nebenprodukt der biologischen Abläufe, erklärte. Und wieder hat die Kritik das Kind mit dem Bade ausgeschüttet: weil eine solche Auffassung der menschlichen Werte unzulässig ist (so wandte sie ein), können auch die dieser Auffassung zugrunde liegenden angeblichen Beobachtungen und Erfahrungen unmöglich zutreffen. Richtiger wäre es gewesen, zunächst einmal zu prüfen, ob sich wirklich aus den von der Psychoanalyse aufgedeckten *Tatsachen* mit Notwendigkeit solche schlimmen Konsequenzen ergeben.

Wenn wir nun fragen, welches das Grundproblem sei, das diese Schwierigkeiten verursacht, so lautet die Antwort: es ist die ewige Dialektik des Geistes. Diese aber liegt darin, daß die geistigen Phänomene mit biologischen Vorgängen untrennbar verbunden sind, aber sich über diese hinaus zu eigenwertigen, aus dieser Verwurzelung nicht herleitbaren Gestaltungen erheben. Ein uraltes Menschheitsproblem, an dem sich die Jahrhunderte ihre philosophischen Zähne ausgebissen haben, das aber neuerdings von seinem hohen Kothurn herabgestiegen ist, indem es für die empirische Psychologie Bedeutung gewonnen hat und damit praktisch und lebensnah geworden ist. Die Psychologie tut gut daran, auf ihrem Boden zu bleiben und sich nicht die Lösung ewiger metaphysischer Fragen zuzumuten; das ist nicht ihre Sache und kann sie nur unbeliebt machen. Ob man das Auftreten des Geistes religiös fundiert und seine Gestalten von einer transzendenten Instanz garantiert sein läßt, ob man ohne solche Garantie das Reich der geistigen Werte als ein dem Sein immanentes Reich von absoluter Geltung auffaßt *(N. Hartmann)*, oder ob man die gesamte Erscheinungswelt als eine Phänomenologie des Geistes und seine Entfaltung auf den verschiedenen Stufen des Seins betrachtet *(Hegel)* oder gar mit *Klages* den Geist als fremde, böse Macht unbeglaubigter Herkunft ansieht, die von außen („zur Tür herein", *θύραθεν*; *Aristoteles*) hinzugetreten ist, um das eigentliche, ursprüngliche Wesen des Menschen zu verderben und zu verfälschen — das zu entscheiden ist der Psychologe nicht berufen, ohne daß er deshalb alle diese Lösungsversuche (und viele andere) als gleichberechtigt anzusehen braucht. Das ist gar nicht möglich und wünschenswert, und viele werden hier besonders in der Ebene des *Glaubens* endgültige Entscheidungen treffen (obgleich auch der Glaube den gordischen Knoten nicht lösen kann, sondern ihn durchhauen muß). Für den Psychologen (als Psychologen!) sind alle diese Auffassungen der Ausdruck der einen Tatsache, daß es niemals gelingt, aus dem — kausal oder final bedingten — Ablauf der seelischen Vorgänge, d. h. aus der seelischen oder körperlichen *Funktionsweise* den sinnhaften Zusammenhang der *Inhalte* seelischer Erlebnisse herzuleiten. Besonders *Binswanger* hat diesen Gesichtspunkt stark betont, ja zum Mittelpunkt seiner wissenschaftstheoretischen Stellungnahme zu den durch die Psychoanalyse aufgedeckten Zusammenhängen gemacht[1]. Man könnte es auch so formulieren: die Grundeigentümlichkeit des Geistigen ist seine Transzendenz, nicht im hohen metaphysischen, sondern im schlicht psychologischen Sinne, die einfache Tatsache, daß das Geistige oder das Seelisch-Geistige zunächst einmal ein Vorgang, ein Ablauf ist wie irgendein anderer, daß es aber ständig aus dieser Bahn ausbricht, sie überschreitet, transzendiert und einen neuen Zusammenhang, einen Sinnzusammenhang, eine neue Einheit, nämlich „die Einheit innerlich sich fordernder Momente eines Sinnes" *(Husserl)* stiftet. Diese sinnstiftende Macht ist eben der Geist, er mag im übrigen wehen, woher er will. Ob der Geist jemals als eine für den Menschen spezifische Potenz aus biologischen Vorgängen hat herauswachsen können (in ihnen also keimhaft, potentiā, *κατὰ δύναμιν*, bereits angelegt war) oder ob er von außen hinzugetreten ist und dadurch die spezifische Eigenart des Menschen bestimmt hat (eine metaphysische Frage, die wir als Psychologen nicht lösen können noch wollen) —, auf jeden Fall tritt er mit neuen Kategorien auf den Plan, mit einer Spontaneität und formenden Kraft, die in der Natur dieser Abläufe, solange man sie als bloße Abläufe betrachtet, nicht präformiert ist. Seine spezifische kategoriale Eigenart wird aber nicht dadurch gefährdet, daß in seinen Gestalten die gesamten triebhaften Grundlagen investiert sind, daß die geistigen Gestalten bis ins Letzte von den aus der Tiefe aufsteigenden Säften durchblutet werden.

Bei dieser Auffassung kann sich unmöglich die Domäne des Geistes, das seelisch-geistige Wertreich, bedroht fühlen, unbeschadet der Tatsache, daß die Kenntnis der dieses Reich unterbauenden triebhaften Fundamente von entscheidender Bedeutung für die angemessene Beurteilung der gesamten „inneren Lebensgeschichte" *(Binswanger)* des betreffenden Menschen ist. Denn man darf auch nicht in den entgegengesetzten Fehler verfallen und annehmen, daß hier *gänzlich getrennte* Sphären vorliegen. In den meisten seelisch-geistigen Zusammenhängen durchdringen sich beide und sind schwer zu scheiden; denn sie wurzeln ja beide in einem einheitlichen

[1] *Ludwig Binswanger*, Ausgewählte Vorträge und Aufsätze. Bd. I A. Francke, Bern 1947.

Boden, der menschlichen Existenz, der spezifischen Seinsweise des Menschen als Menschen. Der Nachweis der triebhaften Grundlagen kann aber der menschlichen Würde so wenig Abbruch tun, wie z. B. der Würde der griechischen Plastik der Nachweis, daß alle diese Kunstwerke aus kristallinischem kohlensaurem Kalk bestehen.

Es verhält sich ähnlich wie an der Grenze zweier anderer Seinsbereiche, der unbelebten und der belebten Natur. Im Reiche des Lebens treten Vorgänge auf — der Gestaltbildung, der Fortpflanzung, der Reizbeantwortung —, die durch physikalische und chemische Kategorien nicht restlos zu erfassen und für die Lebensvorgänge spezifisch sind (der neuerdings, wie schon so oft, gemachte Versuch, diese Grenze zu verwischen, diesmal auf dem Gebiete der Virusforschung, hat keinerlei Überzeugungskraft). Trotzdem wird niemand leugnen, daß physikalische und chemische Vorgänge bis ins kleinste in den Lebensabläufen wirksam sind: die Errungenschaften der so erfolgreichen letzten Epoche der wissenschaftlichen Medizin beruhen zum größten Teil auf der Erforschung der physikalischen und chemischen Gesetze in den normalen und krankhaften Lebensvorgängen. Die Kategorien der unteren Schicht sind ja, um mit *N. Hartmann* zu reden, in der höheren nicht ausgelöscht, sondern die neuartigen Gesetze der Gestaltbildung, der Reizbarkeit usw. sind gezwungen, sich der Kategorien der unteren Schicht zu bedienen, ohne daß es sie hinderte, mit neuen Kategorien (von denen die unteren „überformt" oder „überbaut" werden) eigenwertige Seinsstrukturen zu entwickeln. Niemand wird behaupten, der Nachweis der in den Lebensvorgängen wirksamen chemischen und physikalischen Kräfte sei der Würde des Lebens abträglich. Die Analogie mit dem, was über die spezifische kategoriale Eigenwertigkeit der geistigen Gestaltungen gesagt wurde, liegt auf der Hand.

So darf auch der weltanschauliche Einwand die Anerkennung der durch die Tiefenpsychologie aufgedeckten Zusammenhänge nicht hindern.

Die neueste Entwicklung geht aber noch einen Schritt weiter in der durch die Tiefenpsychologie gewiesenen Richtung. Es handelt sich um eigenartige Fragestellungen betreffend die Zusammenhänge zwischen seelischen Erlebnissen und körperlichen Vorgängen, Probleme, um deren wissenschaftstheoretische Fundierung noch gerungen wird. Daß solche körperlich-seelische Zusammenhänge bestehen, ist Ärzten und Laien seit jeher bekannt. Die „funktionelle Pathologie" *(v. Bergmann)* hat uns gezeigt, daß der Einfluß des vegetativen Nervensystems, das seinerseits von den verschiedensten Faktoren, nicht zum wenigsten auch von solchen seelischer Art, dirigiert wird, viel weiter reicht, als man bis dahin angenommen hatte oder wenigstens wissenschaftlich zu begründen imstande war; es hat sich gezeigt, daß hierdurch auch ausgesprochen organische Krankheiten, ja schwere anatomische, unter Umständen irreparable Organveränderungen hervorgerufen werden können.

Durch solche Erkenntnisse wurde auch der Boden gelockert für eine neue und bisher in der Wissenschaft unzulässige Art der Fragestellung, die im Erfassungsbereich leib-seelischer Zusammenhänge auftaucht und, obgleich der Psychoanalyse ursprünglich fernliegend, doch erst durch ihre Frage nach dem *Sinn* eines Krankheitssymptoms ermöglicht worden ist. Hier handelt es sich nicht allein um den verborgenen Sinn neurotischer Symptome, auch nicht lediglich um den unbestreitbaren Einfluß seelischer Vorgänge auf die Entwicklung anatomischer Organveränderungen überhaupt, sondern wir geraten hier auf eine neue Seinsebene, auf der unser Problem weder durch kausale, noch durch finale Kategorien zu erschöpfen ist, sondern nur eine *physiognomische* Fragestellung, wenn man es so nennen darf, sich eignet, die Zusammenhänge in angemessener Weise zu erfassen. Das ist eine Betrachtungsart, bei der wir fragen, warum im Einzelfalle gerade dieses unzweifelhaft organisch bedingte Symptom auftritt, genauer, wie es in der Gesamtexistenz des betreffenden Kranken verankert ist, welchen bedeutungsvollen Zug es in seiner leiblich-seelisch-geistigen Physiognomie darstellt. Es „meint" etwas, es ist der Ausdruck einer dem Bewußtsein des Kranken nicht zugänglichen Konfliktssituation oder ein Kompromiß zwischen Triebregungen, die der Patient als unvereinbar mit seinem Selbstgefühl oder seinem Gewissen verdrängt hat, und einer wichtigen Lebensentscheidung, der er aus dem Wege geht[1]. Das für ihn allenfalls tragbare körperliche Leiden, dessen symbolische Bedeutung er nicht kennt, ermöglicht es ihm, in der erwünschten Blindheit zu verharren, und das Organ, das er für seinen Zweck mißbrauchen kann, stellt sich ihm zur Verfügung. Beispiele hier anzuführen, würde freilich zu weit führen. Aber ob nun eine organische Krankheit des Magens *(Heyer)*, der Hypophyse (Magersucht; *von Weizsäcker*, Diabetes insipidus; *Mitscherlich*), der Rachenorgane oder des Nierenbeckens vorliegt, sie braucht nicht *lediglich* Folge eines biologisch faßbaren Geschehenablaufs zu sein (das ist sie außerdem immer), sie kann auch den andern Aspekt haben, worin das körperliche Geschehen der physiognomische Ausdruck bestimmter seelischer Erlebnisse wird. Dabei ist freilich die Annahme unerläßlich, daß eine urtümliche *verbildernde* Kraft beim Menschen in den leib-seelischen Zusammenhängen ständig am Werke ist. Auch in

[1] Vgl. außer den Schriften *v. Weizsäckers*, besonders *A. Mitscherlich*, Vom Ursprung der Sucht. Ernst Klett, Stuttgart 1947.

der hypnotischen Suggestion genügt es ja, bei einem disponierten Individuum das *Bild* des körperlichen Vorganges eindrucksvoll hervorzurufen, es seiner Seele „einzubilden", um den Vorgang selbst hervorzurufen (man denke auch an die Stigmatisierten). Aber bei der organischen Krankheit kann diese „Einbildung" noch einen Schritt weiter gehen, in eine neue Dimension des „Sinnes" aufsteigen. Fraglich ist nur, wie weit an diesen Bildern, die zwischen den seelischen Erlebnissen und den körperlichen Vorgängen vermitteln, der *Geist* beteiligt ist. Daß er zur Formung eines Bildes notwendig ist, daran kann kein Zweifel sein, unbeschadet der bereits berührten Tatsache, daß auch das Wort „Geist" kein eindeutig festliegender Begriff ist. Man könnte vielleicht sagen, in der Seele forme sich ein Bild des Krankheitsprozesses, das den erstrebten Zustand vorwegnimmt und so den biologischen Kräften gewissermaßen ein Modell bietet, nach dem sie arbeiten können, um denjenigen krankhaften Ablauf herbeizuführen, der die seelische Situation unerkannt bildhaft zum Ausdruck bringt, einen verfahrenen Konflikt in allenfalls tragbare körperliche Krankheit umzuwandeln, worin er gewissermaßen versandet. So bleibt nichts übrig als die Annahme, daß auf der unendlichen Suche nach dem Sinn oder den verschiedenen Sinnaspekten des durch den Geist mit Sinn erfüllten Daseins das geistige Element bis weit in die organischen Abläufe hineinwirkt. Wie weit im leib-seelischen Gefüge der Geist, oder was wir zum Zwecke der Verständigung so nennen, „hinab"reicht, das wissen wir als Psychologen nicht. Wir sehen nur, wie er mit den anderen Kräften, die ja *eines* Strahles schwesterliche Farben sind, in ewig wechselnder Mischung zusammenfließt und sich wieder trennt, im Gesamtrahmen der menschlichen Existenz, die eben darin ihr Wesen hat.

Wenn wir nun von unserm gegenwärtigen Standpunkt auf die bisherige Entwicklung unserer modernen Auffassung zurückblicken, so sehen wir, daß sich diese Entwicklung in folgenden Stufen vollzogen hat:

Zuerst galten in der Medizin nur die *naturwissenschaftlich* faßbaren biologischen Vorgänge für diskutabel.

Dann zeigte sich, daß in den neurotischen Symptomen ein verborgener *Sinn* lag.

Alsbald erwies es sich, daß dieser Sinn mit den naturwissenschaftlichen Kategorien nicht zu erfassen ist.

Später trat besonders die Tatsache hervor, daß die scharfe Grenze zwischen seelisch bedingten und organischen Störungen nicht aufrecht zu erhalten ist.

Und endlich ergab sich eine eigentümliche bildhafte Beziehung zwischen dem Krankheitsgeschehen als biologischem Vorgang und als Ausdruck bestimmter seelischer Situationen.

Dies ist vorläufig die letzte Stufe; daß weitere folgen werden, daran zweifle ich nicht. Aber zunächst liegt hier Neuland vor, dessen Anbau erst begonnen hat. Wir wollen uns nicht verhehlen, daß das Naturgeheimnis, das wir in diesem Bereiche nachzustammeln versuchen, sich gerade erst zu entschleiern beginnt. Aber die veränderte Haltung dringt doch langsam infiltrierend in die wissenschaftlichen Bezirke ein, deren Struktur seit Descartes etwas starr geworden war. Es ist eine neue Art, die Probleme zu sehen, den vorsichtigen Konservativen und den Ewig-Gestrigen ein Greuel, den kritisch Besonnenen eine Hoffnung, den Enthusiasten bereits eine Erfüllung, während die meisten Mediziner und Naturwissenschaftler ziemlich ratlos Gewehr bei Fuß stehen und es vermeiden, sich durch voreilige Parteinahme zu kompromittieren.

Das *neue Land* ist entdeckt, doch wird es erst von wenigen betreten; nun aber sehnen sich diese danach, auch die *neue überzeugende* Sprache zu erlernen.

*(Professor Dr. Josef Meinertz, (22b) Worms, Gewerbeschulstr. 1.)*

---

# Zur anthropologischen Deutung der Hysterie.

## Ein Beitrag zur Neurosenlehre.

Von

ERNST MICHEL.

### I.

Über die Hysterie als einen Prototyp jener seelischen Erkrankungen, die als Störungen der Persönlichkeitsentwicklung als Neurosen umschrieben werden, besteht eine reiche psychologische und neuerdings tiefenpsychologische Literatur. War die Hysterie doch seit sieben Jahrzehnten, seit Beginn der modernen Psychotherapie, ein besonders imponierendes und zeitweise betont aktuelles Lehrbeispiel für die Neurosenlehre und Neurosenbehandlung. Obwohl die verschiedenen führenden Richtungen in der Psychotherapie — die von Freud, Adler, Jung, Künkel — in der psychologischen Deutung des Ursprungs und in der Darstellung der Grundstruktur dieser Neurosenform bedeutende Differenzen aufweisen, scheint heute in der Auffassung und Umgrenzung ihres seelischen und körperlichen Erscheinungsbildes und in der Sicht ihrer tiefenpsychologischen Zusammenhänge eine weitgehende Übereinstimmung zu herrschen, so daß dem nichts wesentliches mehr hinzugefügt werden dürfte[1].

Anders steht es mit dem Problem der Hysterie-*Heilung*, die auch heute noch, neben derjenigen der Zwangsneurose, ein schweres Kreuz der Psychotherapie ist. Dem gewissenhaften und ehrlichen Psychotherapeuten drängt sich angesichts der häufigen literarischen Darstellungen von angeblich geglückten Heilungen die Vermutung auf, daß es sich dabei in den meisten Fällen um bloße Scheinheilungen, etwa symptomatischer Art, handeln müsse. Unsere Bedenken gelten auch den therapeutischen Erfolgen der Psychoanalyse Freuds, die bei langjähriger und gründlicher Anwendung in solchen Fällen bisher am wirksamsten zu sein schien.

Wir haben hier die echte Hysterie, die eine sogenannte *Kernneurose* ist, im Auge. Wir sehen also zunächst von den häufigen *peripheren* Spielarten der Hysterie ab, die etwa als Ausdrucksformen der seelischen Panik und des personalen Versagens gegenüber plötzlichen Lebenskrisen oder Schicksalseinbrüchen auftreten und hysterieforme Reaktionen und Symptome aufweisen. *Hier* sind therapeutische Erfolge auf psychologischer Behandlungsgrundlage weit zahlreicher, und zu ihnen sind die meisten Hysterieheilungen zu zählen, die die Psychotherapie aufzuweisen hat. Diese peripheren Hysterieformen haben — mag die Art ihrer Symptombildung auch auf infantile Reaktionsweisen zurückgehen und somit jener der echten Hysterie ähnlich sein — keineswegs den Tiefgang jener Kernneurose. Sind sie doch zumeist darin begründet, daß die personale Begegnungs- und Verarbeitungsfähigkeit zwar in der Wurzel intakt, aber in der konkreten Wirkungskraft mehr oder minder schwer beeinträchtigt und damit der „Spannungsbogen" produktiver Lebensbewältigung zu eng ist. Oder aber sie gehen auf konkrete partielle Begegnungsschwierigkeiten der Kindheit zurück, die unverarbeitet blieben und nun in ähnlichen oder anklingenden Begegnungssituationen des späteren Lebens wieder aktualisiert und in hysterischen Formen abgewehrt werden. Diese *sogenannten* Hysterien fallen nicht in den Kreis unserer Betrachtung.

Schließen wir einerseits diese hysterischen Zwischenformen aus dem Bereich der echten Hysterie aus, weil sie einer anderen, peripheren Dimension des menschlichen Seins angehören, so müssen wir andererseits den Lebens- und Wirkungskreis der echten Hysterie über den Umkreis der Charakter- und Körpersymptome hinaus, die bisher als spezifisch hysterisch galten, erweitern. Dazu zwingt uns die Erfahrung und Erkenntnis, daß die Wurzel der echten Hysterie und die Struktur ihrer Grundform auch gewissen anderen neurotischen Charakterbildungen eigentümlich sind, die nach ihrem psychischen Symptom- und Strukturbild bisher nicht den Hysterieformen zugerechnet wurden. Ferner müssen wir in die echte Hysterie absonderliche Charaktertypen einbeziehen, die bisher gar nicht als neurotisch galten, jedenfalls in keinem Zusammenhang mit der Hysterie gesehen und gewertet wurden.

Nach diesen kurzen Hinweisen behaupten wir nun: erstens, daß die anthropologische Wurzel und Struktur der Hysterie, eben ihre menschliche Qualität mit einer psychologischen oder tiefenpsychologischen Erkenntniseinstellung nicht erfaßt werden können, daß also die Psychologie für den Seinsbereich dieser Neurosenform keine adäquate Erkenntnisweise ist; zweitens, daß der echten Hysterie mit einer psychologischen oder psychoanalytischen Heilmethode nicht grundhaft beizukommen ist. Mit diesen Behauptungen fordern wir zugleich für die Neurosenlehre und -therapie eine schlechthin metapsychologische Sicht, Deutung und Behandlungsrichtung. Denn die Hysterie ist *mehr* als eine nur psychische oder leib-seelische Erkrankung, obwohl sie sich eindringlich in charakterlichen und leibseelischen Störungen auswirkt, ja sich darin objektiviert. Wir anerkennen wohl den größten Teil der bisherigen tiefenpsychologischen Forschungsergebnisse und den relativen Wert der psycho-therapeutischen Behandlungsweise, aber wir können ihnen nurmehr den Rang einer wichtigen Zwischenstellung und einer wertvollen und unentbehrlichen intermediären Hilfe zuerkennen.

Mit diesen Thesen stehen wir heute keineswegs vereinzelt da, sondern in ihrer Darstellung am Beispiel der Hysterie geben wir nur der geistigen Wende Ausdruck, vor der, wie die Heilkunde überhaupt, so auch die „Seelenheilkunde" nicht erst seit heute steht. Damit freilich befinden wir uns nach außen hin in der ungünstigen Situation, eine neue

[1] Die stereotypen Symptombilder der Hysterieformen, die mit unbedeutenden Variationen in den *psychiatrischen* Lehrbüchern weiter tradiert werden, bleiben als veraltet hier außer Betracht. Nicht unter dieses Verdikt fallen manche Darstellungen aus der Feder jüngerer Psychiater, die tiefenpsychologisch geschult sind und den geistigen Bannkreis der herrschenden Psychiatrie durchbrochen haben.

Sache mit noch unzulänglichen Ausdrucksmitteln gegen wohlgegründete wissenschaftliche Bastionen vortragen zu müssen. Doch soll uns um der Sache willen dieser Nachteil an unserem Versuch nicht hindern.

2.

Wir gingen von der These aus, daß die seelischen und leiblichen Auswirkungs- und Ausdrucksbefunde der Hysterie zwar — wie bisher — psychologisch zu einem Gesamtbild zusammengefaßt werden können, daß aber dieses psychologische Symptombild über den Bereich des leib-seelischen Geschehens und Verursachens hinausweist: nämlich in einen kategorialen Bereich des Menschen, der den psychosomatischen Zusammenhang transzendiert und also mit der gängigen „anthropologischen" Konstitutionsformel vom Menschen als „Leib-Seele-Einheit" nicht mehr zu erfassen ist. Wir forderten über die psychologische und psychosomatische Betrachtungsweise hinaus ein anthropologisches Verstehen des Menschen, das seine „dritte Dimension" einbefaßt, in der die menschliche Kernbestimmung, seine spezifische, einende Mitte liegt. Von hier aus gewinnen die biologischen, seelischen und geistigen Lebens- und Ausdrucksformen erst ihre *menschliche* Eigenart, von hier aus sind sie in ihrer menschlichen Prägung zu sichten und zu werten.

Wir stehen mit dieser These in scharfem Gegensatz zu einer sogenannten „natürlichen" Anthropologie, für die das spezifisch Menschliche sich aus dem Bios im leib-seelischen Sinne herausdifferenziert und sich aus ihm aufgipfelt. Wir denken hier etwa an die Anthropologie *Gehlens* („Der Mensch"), die beispielhaft ist für die noch herrschende biologistische Betrachtungsweise in differenzierterer Form. Dazu rechnen wir auch die Anthropologie C. G. *Jungs*. Denn sein zentraler Begriff des Selbst ist noch durchaus psychologisch-biologistisch verstanden: er meint ein psychisches Evolutionsprodukt, das aus dem Einungsprozeß zwischen Kollektiv-Unbewußtem und Ichbewußtsein hervorgeht.

Unsere zentrale Kategorie des Menschlichen ist eine spezifische, der Psyche und dem Leib übergeordnete Dimension: zwar ist sie geschöpflich, aber kein Element der „Natur", zwar ist sie gebunden an Leib und Seele im biologischen und psychologischen Sinn und mit ihnen vereint, aber sie bezieht diese in sich ein, durchwaltet sie und prägt sie um. Deshalb kann nur eine Betrachtungsweise, die diesem menschlichen Seinsbereich adäquat, also metabiologisch und metapsychologisch ausgerichtet ist, eine zulängliche Anthropologie zutage fördern. Wie wir an anderer Stelle begründet haben[1], ist der Mensch in seiner spezifischen Mitte nicht erstlich und wesentlich bestimmt als „das Wesen, das sich zu sich selbst verhält" (Gehlen) — was er im Gefolge seiner Grundbestimmung in bedeutsamer Weise gewiß *auch* ist. Einen solchen Personalismus von rückbezogener und selbstverschlossener Art lehnen wir in seinem kategorialen Anspruch ab. Aber auch die These, der Mensch sei ein Ich, das primär und grundlegend auf ein Du bezogen sei, genügt uns nicht. Der Mensch ist primär nicht ein Ich, auch kein gemeinschaftsbezogenes, sondern ein personales *Du*, das von der Transzendenz her in der Angerufenheit und auf sie hin in der Antwort steht. Diese Bestimmung ist kein ethisches oder metaphysisches Postulat, das an den Menschen gestellt ist, sondern sie ist sein wirklicher Seinsgrund. Als dieser ist sie durch Erfahrung und Erkenntnis gewonnen und wird durch die tägliche Wirklichkeit bestätigt. Diese grundhafte Anruf-Antwort-Situation begründet des Menschen Mitte, sein Selbst, seine Personalität. Ihre Entfaltung und Bewährung in „Natur und Geschichte" individuiert den Menschen und verleiht seinem Lebenslauf den echten biographischen Charakter. Hier steht nicht die Tatsache zur Diskussion, daß die allerwenigsten Menschen in diesem Sinne wirklich Mensch werden: daß sie sich — bewußt und unbewußt — vorwiegend *unter* die bloß naturhaften Abläufe und Begegnungsweisen seelisch-geistiger und seelisch-leiblicher Art stellen, daß so ihr Leben in einer *typisierten* Art verläuft und daher, trotz individueller Modifikationen, psychologisch und biologisch, das heißt gesetzmäßig, erfaßbar ist.

Dazu noch ein Wort: Nur der Verfehlung der personalen Bestimmung beim Durchschnittsmenschen und damit dem Verlauf seines Lebens in einer sekundär-menschlichen Existenzweise, die den psychosomatischen Anlagen und Gesetzmäßigkeiten in besonderem Ausmaß unterworfen ist, ist es zuzuschreiben, daß die biologisch unterbaute Psychologie und Tiefenpsychologie in Erkenntnis und Praxis weithin zutreffend und erfolgreich sein konnten. Sie werden unzuständig und versagen, wo immer der Mensch aus seiner personalen Bestimmung, d. h. wo er eigentlich und namentlich lebt. Von hier aus erweist sich das typisierte, wissenschaftlich erfaßbare Menschenbild der bisherigen Psychologie und Psychosomatologie als das des reduzierten Menschen, der im Zustand des Abfalls außerhalb seiner personalen Mitte lebt[2]. Menschen, in denen die

[1] Vergleiche meine Bücher „Der Partner Gottes" und „Ehe / Eine Anthropologie der Geschlechtsgemeinschaft". Verwiesen sei an dieser Stelle auch auf die „Metabiologie" des Physiologen Rudolf Ehrenberg, die demnächst erscheinen wird.

[2] Deshalb haben solche Enquêten-Diagnosen, wie die des aufsehenerregenden amerikanischen Kinsey Report zum Sexualproblem, nur empirische Beweiskraft auf einen menschlichen Durchschnittstyp oben genannter Art hin. Daran wird auch dann

Problematik des persönlichen Lebens zentral lebendig ist und auf Lösung drängt, widersetzen sich mit Recht der mehr oder weniger modifizierten Schemabehandlung einer Psychoanalyse, die jeden Menschen in das Prokrustesbett primitiver psychosomatischer Abläufe oder ihrer Verkehrungen spannen will. Sie spüren, daß jenen psychoanalytischen Befunden, auch wenn sie bei ihnen zutreffen und sie dies zuzugeben bereit sind, die psychologisch postulierte Bedeutung für ihr eigentliches Leben nicht zukommt, sondern daß damit an ihrer wirklichen menschlichen Misere in einem gleichsam untermenschlichen Sinne vorbeikuriert wird.

Von dem dargestellten Tatbestand her wird vorherrschend der Gesundheitsbegriff der Medizin und auch der Psychologie gewonnen, der nicht die sonderliche Namentlichkeit des Einzelnen und die Einmaligkeit seiner Biographie meint, sondern ein empirisch-wissenschaftlich erfaßtes Durchschnittsbild vom Menschen und — dementsprechend — einen typisierten Lebenslauf vor Augen hat[1].

Und doch gilt die zentrale Personbestimmung des Menschen schlechthin für sein anthropologisches Verständnis, in welcher empirischen Verfassung er auch immer sein mag. Sofern er überhaupt *Mensch* ist, ist jene Bestimmung grundhaft in ihm angelegt und wirkt sich — in positiver oder negativer Richtung — in ihm aus, auch dann, wenn sie lebensmäßig verfehlt wird oder latent geblieben ist oder erst keimhaft in ihm zu wirken beginnt. Das heißt: nur von der Kernbestimmung des Menschen aus werden selbst alle „untermenschlichen" Daseinsweisen erst menschlich verständlich, die doch rein psychologisch oder biologisch erfaßbar zu sein scheinen. Sind sie auch faktisch von der menschlichen Mitte noch nicht oder nicht wieder ergriffen und gestaltet, so müssen sie doch von ihr aus gewertet werden, gemäß dem Satz von *Pascal*: „So offenbar ist die Größe des Menschen, daß er sie aus seinem *Elend* ableiten kann, denn was für die Tiere Natur ist, nennen wir beim Menschen Elend" (Fragment 409).

Von hier aus ergibt sich uns der anthropologische Gesichtspunkt, unter dem wir auch die neurotischen Erkrankungen des Menschen zu betrachten haben, vor allem dann, wenn sie primär in einer zentralen Weise an die Verfehlung der menschlichen Grundbestimmung gebunden sind, wie es die echte Hysterie ist. Viele andere Neurosenarten werden nur *mittelbar* von jenem Zentrum aus bestimmt und lassen daher in gewissem Ausmaß ein vorwiegend psychologisches Verständnis und ebensolches Heilverfahren zu, die sich im psychosomatischen Umkreis und seinem „biographischen" Verlauf bewegen.

Ich muß mich im Zusammenhang meiner Aufgabe hier auf diese wenigen Andeutungen meines anthropologischen Ausgangspunktes beschränken und auf meine schon genannten ausführlicheren Begründungsversuche verweisen. Die nachfolgenden Betrachtungen werden diese Skizze verdeutlichen helfen[2].

3.

Im Lichte unserer anthropologisch orientierten Tiefenpsychologie erweist sich die Hysterie als spezifische Ausdrucks- und behelfsmäßige Kompensationsform eines grundhaften Ausfalls der kritischen, entscheidenden, antwortenden Personmitte. Das

nichts geändert, wenn die Ergebnisse dieses Reports sich auf 50 000 statt auf 1 500 Untersuchungen stützen könnten. Denn auch dann bleibt die entscheidende Frage offen, welcher Stellenwert und welche Bedeutung einem solchen typischen Tatbestand oder Verlauf im Gesamtcharakter des Einzellebens zukommt, ob er wichtig oder nur beiläufig ist. „Was dem einen sein Uhl, ist dem andern seine Nachtigall."

[1] Man stelle sich vor, welchem Zustand die Psychotherapie zutreiben müßte, wenn sie — wie die ärztlichen Zunfthäupter fordern — in dem heutigen Ärztestand mit seiner rein biologischen Vorbildung und seinem zu engen anthropologischen Blickfeld monopolisiert würde. Mit einer *zusätzlichen* psychologischen Ausbildung der Ärzte — mit dem bekannten geisteswissenschaftlichen Überbau — wäre dem Übel ihres seelenärztlichen Dilettantismus nicht zu steuern, eines Dilettantismus, den die naturwissenschaftliche Denk- und Anschauungsweise der ärztlichen Ausbildung geradezu zwingend zur Folge hätte. Deshalb wäre die Psychotherapie und Tiefenpsychologie im Ärztestand heute und für längere Zeit wahrlich in schlechten Händen — immer von den einzelnen Ärzten abgesehen. Die Psychotherapie ist im Hinblick auf diesen Zustand vorerst dazu berufen, im ärztlichen Denken als *Sauerteig* — und nicht bloß als *Zusatz* — zu wirken. Sie soll kraft ihrer eigenen anthropologischen Vertiefung mithelfen, die ärztliche Ausbildung durch eine zulängliche medizinische Anthropologie von Grund auf umzugestalten. Die Psychotherapie muß daher vorläufig unbedingt als Heilkunde sui generis aufrecht erhalten werden, auch wenn ihre Repräsentanten zum Teil dem Ärztestand angehören. Schließlich sei hier ausdrücklich auf Siegmund *Freuds* kleinere Schriften „Zur Laienanalyse" verwiesen, in denen der Altmeister über die Ungeeignetheit des herrschenden ärztlichen Denkens und Handelns für die Ausübung des Psychotherapeutenberufes treffsicheres gesagt hat.

[2] Ich glaube in meiner Grundauffassung mit Viktor *v. Weizsäckers* Begriff des Subjekts, das er in die medizinische Betrachtung eingeführt hat, und mit seinem Ganzheitsbegriff der menschlichen Biographie, in der die Krankheiten ihren sinnvollen Ort haben, übereinzustimmen (vgl. insbesondere sein Buch „Fälle und Probleme"). Eine noch engere Übereinstimmung fühle ich mit dem einstigen Schüler v. Weizsäckers, dem Internisten H. *Plügge*, dessen Aufsatz „Anfälle und Krisen" („Psyche" 2. Jahrgang Heft 3) eine grundlegende größere Arbeit in der uns gemeinsamen Richtung erwarten läßt. Hier sind auch ausdrücklich des Wiener Neurologen Viktor *Frankl* Schriften zur Seelenheilkunde zu erwähnen. Auch seien Fritz *Künkels* Bücher, vor allem „Charakter, Krisis und Weltanschauung" und „Charakter, Leiden und Heilung" verdientermaßen in Erinnerung gebracht, deren gewichtige anthropologische Ansätze bei weitem noch nicht ausgeschöpft sind und deren Bedeutung daher in sträflicher Weise mißachtet worden sind. Fritz Künkel, der von Adler her kam, hat die Adlerschen Grundansätze in eben derselben Weise auf eine andere Ebene transponiert und produktiv entfaltet, wie dies etwa Viktor v. Weizsäcker mit den Freudschen Ausgangspositionen getan hat.

heißt: der Hysteriker leidet an einer zentralen Schwächung — sei es Dissoziierung oder Desintegrierung — jener Instanz des Selbst, die ihn im personalen Sinne begegnungsfähig macht und ihn zu seinen seelischen und leiblichen Antrieben, Zuständen und Schicksalen kritisch Stellung nehmen läßt. Infolgedessen wird er mehr oder weniger eine Beute der inneren und äußeren Eindrücke, Antriebe und Begegnungen. Diese gehen bei ihm nicht durch ein prüfendes und sichtendes Zentrum, werden durch keine Entscheidung personal integriert; sie werden in seelischen Impulsen ergriffen und wieder losgelassen, wenn der aktuelle Impuls abebbt oder ein Gegenimpuls auftritt. Dieses Verhalten erfolgt nicht aus charakterlicher Schwäche oder seelischer Oberflächlichkeit, — wenigstens nicht primär —, sondern entspringt eben jenem zentralen Mangel an personaler Integrationskraft, an Gespür- und Entscheidungsvermögen für das, was nottut oder nicht nottut, was zubestimmt ist oder nicht zubestimmt ist. Dieses Zentrum, das hier ausfällt, ist nicht mehr psychologisch zu erfassen, sondern seine Dimension transzendiert die „Psyche". Es nimmt die Seele in Dienst, gibt ihr Richtung, ordnet und eint sie. Dies ist die *eine* Bedeutung der für den Hysteriker charakteristischen *Erlebnis-* und *Weltläufigkeit.* Die andere Bedeutung werden wir alsbald kennenlernen.

Die in unruhigem Zickzack-Kurs verlaufenden Erlebnisse, Antriebe und Begegnungen des Hysterikers können nun subjektiv von starker Intensität und Leidenschaft sein. Erfahrungsgemäß werden sie auch von Fall zu Fall ungewöhnlich zäh festgehalten. Dieses Festhalten aber geschieht nicht als ihre wirkliche Verarbeitung und Einbewältigung aus der Kraft des Herzens, sondern aufgrund eines gleichsam „klebenden" Nichtloskommens. Denn — und damit stoßen wir auf die andere Bedeutung jener Erlebnis- und Weltläufigkeit — der Mangel an innerem Selbstand ruft das angstgetriebene Bedürfnis hervor, ein haltgebendes „Gegenüber" zu finden und sich ihm hinzugeben. Für den Mangel an eigener haltgebenden Mitte wird so immerfort und leidenschaftlich die Kompensation *draußen*, vor allem beim Mitmenschen, gesucht. Eben dieser Grundantrieb aus dem Mangel hat ja dazu geführt, die Hysterie als eine sogenannte „Übertragungs-Neurose" zu bezeichnen, für die die stete Bezogenheit auf ein menschliches Gegenüber, akzentuiert im Rollenübernehmen und Rollenspielen, charakteristisch ist.

Entspricht nun ein Erlebnis oder eine „Begegnung" — inmitten des unruhigen Wechsels enttäuschender Versuche — dem subjektiven Leitbild der suchenden Seele, dann tritt eine starke Faszination ein. Es kommt alsdann zu jenem zähen, merkwürdig unbekümmerten, oft wahnhaft anmutenden Festhalten und Verfolgen von Menschen, Einbildungen, Eindrücken und Bestrebungen aller Art. Charakteristisch ist dabei, daß die realen Situationsveränderungen für den Hysteriker auffallend unwirksam bleiben, daß er gleichsam blind ist für den zeitlichen Wandel der Verhältnisse, für bedeutsame Veränderungen im Verhalten der Mitmenschen zu ihm. Diese Blindheit und Fühllosigkeit den so entstandenen Diskrepanzen gegenüber lassen sein eingleisiges Verhalten oft menschenunwürdig oder lächerlich erscheinen; sie wirken sich bekanntlich für die betroffenen Mitmenschen auch als schwere Belastung und lästige Verfolgung aus. Denn es fehlt ja diesem persistenten Verhältnis zum Mitmenschen der Wirklichkeitscharakter der *echten* Begegnung, für die das Selbstgefühl und die Antwortfähigkeit Voraussetzung sind.

Somit entspringen derselben krankhaften Grundverfassung zwei äußerlich gegensätzliche Erscheinungen hysterischer Lebensformen: dem raschen Wechsel der Erlebnisse, Entschlüsse, Gefühlsbindungen und Begegnungskontakte steht zwischendurch und in längerer Phase ein zähes, oft inbrünstiges faszinatives Festhalten an eine Hingabesituation gegenüber. Diese Persistenz erinnert äußerlich an den Dogmatismus des Zwangsneurotikers, ist aber von ganz anderer Art als dieser.

Bekanntlich wird in der Neurosenlehre die Liebesunfähigkeit im geschlechtlichen Sinne als ein Kernsymptom der Hysterie hervorgehoben. Dies kann gegebenenfalls zutreffen. Mehr noch: bei hysterischen Frauen kommt jener sexuellen Unfähigkeit zumeist sogar eine zentrale Bedeutung zu. Dies aber nur deshalb, weil die geschlechtliche Liebesbegegnung im Lebensmittelpunkt der Frau gründet, der Mangel an Begegnungsfähigkeit bei der hysterischen Frau folglich hier ihren stärksten symptomatischen Ausdruck — als pars pro toto — finden wird. Bei männlichen Hysterikern dagegen treten die Symptome sexueller Störung zumeist vor Begegnungsstörungen anderer Art zurück und können faktisch ganz fehlen. Deshalb kommt es in der Hysterie nicht primär auf die mögliche, ja häufige Sexualstörung, sondern auf die zentrale Begegnungsstörung schlechthin an, die sich in vielen Formen manifestieren kann. Auch die sogenannte Fixierung des Hysterikers auf eine infantile Sexualstufe ist somit nur ein *Unterfall* der in die frühe Kindheit fallenden Grundstörung: der Störung der einheitlichen Bildung des Gemüts und Selbstgefühls, die für die echte Begegnungsfähigkeit unerläßlich sind. Mit dieser frühzeitigen Störung hängt die „Fixierung" des Hysterikers, vor allem der hysterischen Frau, auf die kindlichen Reaktionsweisen körperlicher und seelischer

Art zusammen. Diese sind als ein primitives Ausweich- und Kompensations-System für Begegnungssituationen zu charakterisieren, die in der inneren Panik-Stimmung nicht bewältigt werden können. Ihre infantile Form kann aber später weithin durch neue, andersartige Reaktionsweisen abgelöst werden, auf die wir noch zu sprechen kommen werden.

Die genannten Symptome haben also bei weitem nicht die Bedeutung, die ihnen in der bisherigen Neurosenlehre und -diagnostik zugesprochen wird. Bedeuten sie doch nur eine Auswahl aus den Ausdrucksformen, in denen sich das Versagen personaler Begegnungshaltung manifestiert: sei es, daß sich in ihnen die innere Panik des Fluchtbestrebens ausdrückt oder daß sie ein unbewußtes Arrangement primitiver Art darstellen, womit sich der Hysteriker zu behaupten sucht. Ob dabei die Konversion seelischer Reaktionen in die bekannten hysterischen Körpersymptome auf eine „Anlage", etwa auf die sogenannte vegetative oder hysterische Stigmatisation, zurückzuführen ist oder ob die hysterische *Grundverfassung* die körperliche Ausdrucksfähigkeit für diese Symptome erst ermöglicht und bewirkt, sei dahingestellt. Ich neige aufgrund meiner Erfahrungen dazu, letzteres für die meisten Fälle als wahrscheinlich anzunehmen. Dafür spricht auch die Tatsache, daß Menschen, die normalerweise keineswegs hysterisch sind, in schwierigen Lebenssituationen, für die ihre Begegnungskraft, ihr „Spannungsbogen" nicht ausreicht, mit hysterischen Symptomen körperlicher und seelischer Art reagieren, für die keine frühkindliche Anlage nachweisbar ist. Andererseits gibt es zahlreiche Hysteriefälle, die jene leib-seelischen Symptome, die für diese Neurosenform als spezifisch gelten, nicht aufweisen. Dieser Tatbestand spricht dafür, daß eben diesen Symptomen nur eine relative Bedeutung zukommt, daß sie nur in einem eingeschränkten Sinne als charakteristisch für die Hysterie bezeichnet werden können. Um also ein Strukturbild der echten Hysterie zu gewinnen, müssen wir über jene Symptome hinausgehen[1].

[1] So gewichtig etwa die differenzierten Beschreibungen der Symptome und psychophysischen Abläufe in dem bekannten Buche des Psychiaters Ernst *Kretschmer* über Hysterie für einen empirischen Teilausschnitt sein mögen, so wenig vermögen sie zur Gewinnung eines zulänglichen Strukturbildes der echten Hysterie beizutragen: sie bleiben im leib-seelischen Manifestationsbereich und in der üblichen biologisch unterbauten psychologistischen Denkungsart stecken. Außerdem beschränkt Kretschmer seinen Hysteriebegriff auf Symptombilder, die charakteristisch für die herrschende Ausdrucksform der Hysterie in den Jahrzehnten zwischen 1880 und 1920 waren, die aber an Häufigkeit hinter anderen Ausdrucksformen heute zurücktreten. Dabei haben die Hysteriefälle nicht etwa abgenommen, wie es von jenem älteren Hysteriebegriff aus den Anschein hat, sondern sie treten vermehrt in anderen Ausdrucksformen und Symptombildern auf, auf die wir noch zurückkommen werden.

Unsere These, daß der zentrale Mangel an personaler Begegnungs- und Entscheidungsfähigkeit die Wurzel der Hysterie ist, sei im folgenden an einem kurzgefaßten Beispiel illustriert[2].

Eine Hysterikerin lebt in einer zwanzigjährigen kinderlosen Ehe, ohne zu irgendeinem Zeitpunkt wirklich in die Ehe einzutreten. Sie hat aber unentwegt an dieser Ehe festgehalten, und zwar in der Weise, daß sie ihr in buntem Wechsel immer wieder eine neue Rolle zuschrieb und sich an dieser projizierten Aufgabe für einige Zeit begeisterte, sich auch jeweils für sie stark einsetzte. Daneben lief aber das unruhige Suchen nach einem Halt in einer zusätzlichen „Lebensaufgabe" kontinuierlich weiter. Die letzte Rolle, die sie sich einbildete und um derentwillen sie noch an der Ehe festhalten wollte, war diese: sie müsse dem Beispiel des hl. Franziskus folgen und um Gottes Willen selbstverzichtend dienen und sich also opfern. Als auch dieses Strohfeuer abgebrannt war, strebte sie bewußt aus der Ehe heraus. Aber das hysterische Spiel ging auch hierbei weiter, nur in der Gegenrichtung: sie hatte sich in dieser Zeit um eines vorübergehend auftauchenden Berufsplanes willen mit Eherecht befaßt und dabei entdeckt, daß die Zumutung gewisser sexueller Abnormitäten im ehelichen Verkehr als Ehescheidungsgrund gelten könnten. Und nun fiel ihr nachträglich ein, daß der Verkehr mit ihrem Manne durchgehend in dieser sexuell abnormen Weise verlaufen sei. Sie hatte aber bis dato diesen Verkehr gar nicht als abnorm empfunden, sondern ihn in ihrer instinktunsicheren, sensationsempfänglichen Art als selbstverständlich genommen. Jetzt aber lebte sie sich, unter dem Eindruck des Gelesenen, ganz in die Rolle des Opfers einer „unzüchtigen" Ehe ein. Sie bildete also nach rückwärts die ganze Ehe projektiv um und fällte derart das Verdikt über sie. Nicht im Bereich personaler Begegnung und ihrer realen Vorgänge spielten sich somit hier die Verhaltensweisen, Urteilsbildungen und Entschlüsse ab, sondern in dem abgehobenen Bereich seelischer Reaktionen und ihrer Welt der Einbildungen, wofür die wirkliche Erfahrungswelt die Anlässe, Anknüpfungspunkte, Stichworte und Auslösungsmomente abgab. Mit diesem Beispiel ist nur *ein* Grundzug der Hysterie aufgewiesen, der durch das nachfolgende zum Grundbild ergänzt wird.

[2] Personalität ist — um dies zu wiederholen — nicht identisch mit Ichbewußtheit und zweckbewußtem Handeln, sondern mit „Wachheit des Herzens". Ihr lebendiges Wirken überquert die psychischen Zustände von bewußt und unbewußt, kann sich in beiden Formen bekunden. Wir wollen einzig für diesen personal zentrierten Menschen den Ausdruck „homo sapiens" in Anspruch nehmen und ihn auch damit qualitativ unterscheiden von dem „animal rationale", als welches die Wissenschaft den Menschen spezifisch zu kennzeichnen pflegt.

4.

Wir gehen nun auf einen bereits erwähnten Lebenszug der hysterischen Lebensform ein, der den Grundmangel im anthropologischen Sinne besonders deutlich zum Ausdruck bringt. Wir meinen die Entfesselung und Entfaltung der seelischen Erlebnisskala, der flüggen Fähigkeit, leicht auf andere Menschen einzugehen, begeistert sich in Situationen und Begegnungen einzuleben, überraschende Erkenntnisse und Zusammenhänge spontan zu produzieren und anderes mehr. Die Entfesselung dieser seelischen Kontakt- und Begattungsfähigkeit kann bis zu den Phänomenen der projektiven Verkörperungen und der Exteritorialisierungen hinführen, Phänomene, die des Hysterikers losgelassene Seelenkräfte hervorzubringen vermögen. Das uferlose Gebiet des Okkulten kann hier seine Erschließung, die Praxis der Magie in Zuchtlosigkeit und Hybris ihre Anwendung finden. Auch ist hier auf jene *religiöse* Form der Hysterie zu verweisen, die als Selbstpreisgabe und totale Gotthörigkeit auftritt, die im Grunde aber zu keiner Realbegegnung mit der Gottesmacht führt, sondern nur eine entpersonalisierte „participation mystique" mit subjektiven Seeleninhalten und ihren Objektivationen, eine selbstflüchtige Identifizierung oder pseudo-religiöse „unio mystica" mit ihnen darstellt. Religiöse Prozesse dieser Art können nicht nur eine außergewöhnliche Intensität gewinnen, sondern einen großen Reichtum an differenzierten sonderlichen Erlebnissen und sogenannten parapsychologischen Manifestationen aufweisen. Hierauf beruht wohl ein Großteil jener Art „Wunder", die den Inhalt des volkstümlichen Wunderglaubens ausmachen. Solcher scheinhafte expansive Reichtum, verbunden mit außerordentlicher energetischer Mächtigkeit, eignet dem Seelenleben gerade dann, wenn ihm die zentrierende und ausrichtende Mitte des personalen Selbst fehlt und die Seele, enthemmt und erlebnisläufig, ihre unbegrenzten Möglichkeiten ausbreitet.

Es geht hier also um eine Qualität der seelischen Erschlossenheit, Wendigkeit und Produktivität, die nicht wie ihre echte Art in der Seelenmitte gründet, der wirklichen Begegnung entspringt, die zugesprochenen Situationen produktiv verarbeitet und aus solchen „Bindungen in Freiheit" die Seele entfaltet. All jene „Fülle" treibt vielmehr unverbindlich aus der erlebnisläufigen Seele hervor und sinkt in ihr wieder ab. Wir kennen diese wurzellose Scheinproduktivität auch von Geisteskranken her, bei denen die zunehmende Depersonalisierung den untergründigen seelischen Fähigkeiten, Inhalten und Mächtigkeiten freien Lauf läßt, so daß es zu erstaunlichen künstlerischen Betätigungen, körperlichen Leistungen, visionären Erkenntnissen usw. kommt. Was dem personal gebundenen Menschen je und je in der Verantwortung der rechten Stunde erlaubt ist, tritt hier als willkürliche Entfesselung und Überflutung ein[1].

Aus der Grundstruktur des hysterischen Charakters wird die besondere Befähigung vieler Hysteriker verständlich, den dokumentarischen Gehalt von Lebensläufen und -bezeugungen anderer Menschen, zumal wenn sie in literarischer Form vorliegen, in sublimer Weise nachfühlend und ergänzend zu deuten. Wir stehen nicht an, einen Teil der betont „ästhetischen Existenzen", oft von hermaphroditischer oder homosexueller Prägung, der echten Hysterie zuzuweisen, auch wenn die hysterischen Symptome gemäß der bisherigen Neurosenlehre ihnen fehlen. Als freischwebende Existenzen bedürfen sie der elementaren Lebenssubstanz anderer zur Nahrung und zum Halt, da sie selber in die produktive Zone wirklicher Begegnungen und mutiger Entscheidungen, in welcher allein echte Lebenssubstanz sich bildet, nicht einzugehen vermögen. Daher denn auch unter den Hysterikern besonders häufig die „imitationes", die Formen der Nachahmung und Angleichung an faszinative Vorbilder. Solche Existenzen gleichen jenen tropischen Epiphyten, die ihre herrlichen Blüten aus den Säften der Bäume bilden, auf denen sie parasitär leben. Dem scheinbaren Reichtum ästhetischer Erlebnisse, dem tiefgründigen Verständnis aller möglichen menschlichen Existenzweisen und der Angleichung an sie liegt in solchen Fällen ein dürftiger, ja leerer Lebenskern zugrunde, eine Verödung ihres eigentlichen Lebens, über der sich kompensatorisch eine deutungs- und beziehungsreiche Scheinwelt wölbt[2]. Die

---

[1] Sehr zu recht warnt *C. G. Jung*, im Hinblick auf seine introversive Methode der Enthemmung der archaischen Seelenschicht oder des Kollektiv-Unbewußten, vor der Gefährlichkeit dieses Unternehmens. Im Unterschied zu vielen seiner Anhänger betont er nicht nur immer wieder die Zweideutigkeit und Ambivalenz dieses „archetypischen" Bereichs und seiner Gehalte — er ist ihm keineswegs wie vielen anderen quasi eine Offenbarungsquelle —, sondern er hält die Zuwendung zu jener Tiefenschicht und ihren Inhalten nur dann für erlaubt, wenn der Mensch ihnen aus einem festen Mittelpunkt standzuhalten und sie kritisch zu verarbeiten vermag. Sonst drohe die Gefahr der Psychose. Die entscheidende Frage ist also hier, unter welchen Bedingungen und aufgrund welcher Voraussetzungen Gift zu Balsam werden kann. „Traumbehandlung", die zu jener Aktivierung der unbewußten seelischen Tiefenbereiche führt, ist an sich nicht ohne weiteres gut und erlaubt, wie weithin in der Psychotherapie und besonders im Kreise um Jung gemeint wird. Sie ist vielmehr von Grund auf problematisch und muß immer von Fall zu Fall verantwortet werden. Es ist notwendig, dies heute angesichts der Überwertung der Traumdeutung ausdrücklich zu betonen, auch wenn man damit wider willen den ignoranten Gegnern der Traumbehandlung Wasser auf ihre Mühle leitet.

[2] Schon vor zehn Jahren hat Johanna *Herzog-Dürck* in einem Aufsatz der Zeitschrift „Die Schildgenossen" die Hysterie als eine zentrale *Verödungsneurose* gekennzeichnet und eine anthropologische Begründung dafür gegeben.

betonte Neigung vieler Homosexuellen und Hermaphroditen zu einer ästhetisierenden Existenzweise fallen dem Beobachter ja alsbald ins Auge. Die Beziehungslosigkeit zur Frau hat in solchen Fällen als Ausdruck die besondere Bedeutung, daß jenen Existenzen der personale Mut, die Begegnungsfähigkeit mit der Anderheit des Gegenüber fehlt, die in der Begegnung mit der Frau exemplarisch angefordert ist. Die homosexuelle oder homo-erotische Zuwendung zum Knaben ist hier einerseits Ausdruck der Flucht, andererseits Ausdruck eines unbewußten Suchens nach der Ergänzung ihres Mangels, nämlich des personalen Kerns in männlicher Prägung. Homosexualität ist in diesem Falle ein monosymptomatischer Ausdruck für denselben Tatbestand, der sich in der ästhetischen Existenzweise anderer Hysteriker eben nur in anderen Formen darstellt: *Ersatz* zu sein für die ausfallende eigene echte Erlebniswelt. Wenn wir einen Teil der homosexuellen und hermaphroditischen Existenzen zu den echten Hysterikern zählen und demgemäß ihre homosexuelle Symptomatik als eine Ausdrucksform der Hysterie deuten, so wollen wir damit keine „Erklärung" für die Homosexualität schlechthin geben. Denn ihr Symptombild ist vieldeutig und kann Ausdruck von Grundneurosen verschiedener Art sein. Welche Neurose ihr jeweils zugrunde liegt, ist von Fall zu Fall zu erschließen. Eine einheitliche Neurosenform „Homosexualität" gibt es nicht, es sei denn, man bestimme sie nur nach ihrer Symptomatik.

Zu den eindringlichsten Erfahrungen mit Hysterikern gehört, daß sie in irgendeiner, oft geschickt maskierten Form widerwillen die Flucht ergreifen, wenn ihnen zugemutet wird, in einer von ihnen begeistert ergriffenen Situation, Erkenntnis oder Begegnung standzuhalten und dafür einzustehen. Dies geschieht immer, sobald ihre menschliche Mitte beansprucht und damit an ihr eigenwilliges faszinatives Festhalten am „Gegenstand" die Bewährungsprobe gestellt wird. Solches klebende Festhalten ist ja, wo immer es auftritt, in eine auffällige subjektive Atmosphäre der Willkür, Haltlosigkeit und Ambivalenz der übrigen Lebensäußerungen eingebettet. Immer wieder tritt jene Grundtendenz der Flucht als ängstliche Besorgnis des Hysterikers um seine *Freiheit* oder als eigensinniger Anspruch auf sie auf. Diese Freiheitsbetonung ist aber rein negativer Art: sie ist die Kehrseite seiner Unfähigkeit, aus dem Ja seiner Seelenmitte in eine echte Bindung einzugehen, das heißt letztlich, wirklich zu *lieben*.

Es sollte nach den bisherigen Darlegungen hier nicht mehr nötig sein, zu betonen, daß wir unter Liebe ein personales Eingehen in die Gegenseitigkeit, ein Hinleben auf den andern hin aus dem Herzen verstehen, also nicht eine vorübergehende seelische Emotion, die sich am andern entzündet und ihn zu ihrem Objekt hat. Zu vielfältigen, ja intensiven Gefühlskontakten ist aufgrund seiner reichen seelischen Möglichkeiten auch der Hysteriker fähig, ohne damit *wirklich* zu lieben. Diese Möglichkeiten gibt es auch für das sexuelle Leben des Hysterikers, das bei ihm keineswegs so eindeutig gestört ist, wie es symptomatologisch zumeist dargestellt wird. In vielen Fällen fehlt es auch hysterischen Frauen nicht an der „vaginalen Orgasmusfähigkeit", obschon diese im allgemeinen eine ganzheitliche Erschließung der Frau dem Partner gegenüber voraussetzt und deren Ausfall deshalb gerade bei Hysterikerinnen häufig vorliegt. Die vaginale Orgasmusfähigkeit kann aber auch unter anderen psychosomatischen Voraussetzungen eintreten trotz des Mangels an echter Liebesfähigkeit — ein Beweis dafür, daß sie kein *spezifisches* Symptom der Hysterie und der für sie charakteristischen Liebesunfähigkeit im anthropologischen Sinne ist.

Zum Abschluß dieser Betrachtung geben wir in Kürze ein Beispiel von männlicher Hysterie, das auch die zwar kompensatorische, aber sehr fragwürdige Bedeutung der Flucht in eine haltgebende „Rolle" aufzeigt:

Ein an schwerer Hysterie Leidender, dessen Leben von Jugend auf mittelpunktlos verlaufen war — er gestand wiederholt, er habe nie ein eigentliches „Selbstgefühl" gehabt — und dessen seelische Verfassung in ihrer Symptomatik dem behandelnden Psychotherapeuten zeitweise den täuschenden Verdacht auf Schizophrenie nahegelegt hatte, bewies eine merkwürdige Sicherheit und Konsistenz in seinem ärztlichen Beruf. Über einem Dasein, das — nach außen gut kaschiert — von Angst getrieben und den subjektiven, oft ganz diffusen Reaktionen preisgegeben, verlief, hatte er sich im Zusammenhang mit seiner früh einsetzenden psychotherapeutischen Behandlung in das feste Leitbild einer spezialärztlichen Berufsbetätigung hineingelebt. In dieses schlüpfte er gleichsam als in eine Art Mimikry gesunden Lebens aus seinen hysterischen Zuständen hinein. Innerhalb dieser „Rolle" zeigte er sich durchaus sicher und im landläufigen Sinne berufstüchtig. Er bewährte darin auch eine präsente Begegnungsfähigkeit mit seinen Patienten. Dagegen war er außerhalb des Sprechzimmers, in seinem eigentlichen Lebensraum, ganz unfähig, sowohl seinen frei flottierenden seelischen Sensationen, Halluzinationen und Träumen, als auch seinen konkreten Erlebnissen und Begegnungen und den seelischen Reaktionen, die sich an diesen auslösten, gegenüberzutreten und sie kritisch und produktiv aus seiner personalen Mitte zu verarbeiten. Wohl war er in reflektierender Analyse stetig mit sich selbst beschäftigt, aber er behandelte sich darin als *Objekt* psychologische

Betrachtung und wandte auf sich die wissenschaftlichen Schemata und praktischen Methoden an, die er aus seiner psychoanalytischen Behandlung übernommen hatte. Diese Art „Selbstanalyse" vollzog sich also nicht im *Selbst*, sondern zwischen rational erkennendem Subjekt und Objekt. Sie blieb deshalb ohne jede heilende Wirkung: der Patient differenzierte sich derart, aber er integrierte sich nicht. Nun war in vieljähriger gründlicher psychoanalytischer Behandlung alles geschehen, was nach der üblichen psychotherapeutischen Erwartung zur Heilung hätte führen müssen, zumal der Patient der Analyse stärkste Bereitschaft entgegenbrachte. So hätte es sein müssen, wenn man dieser Kernneurose durch Psychoanalyse, wie überhaupt auf psychologischem Wege hätte wirklich beikommen können. Der Erfolg dieser Behandlungen bestand wohl in zeitweiliger Symptom-Remission und äußerer Störungsminderung; darunter aber vollzog sich eine immer kritischere Zuspitzung und Verschärfung des Krankheitszustandes, was sich schließlich auch symptomatisch in eruptiver Weise ausdrückte. Es erwies sich, daß die sehr langwährenden psychoanalytischen Behandlungen dem Patienten selbst zu einem unentbehrlichen Bestandteil seiner Neurose geworden waren und darin eine Art Narkotikum bedeuteten. Den Versuch, über jenes psychoanalytische Arrangement hinaus eine personalistische Integration des Patienten einzuleiten und dafür eine anthropologisch orientierte Therapie zu finden, hatte keiner der analytischen Behandler unternommen. Aber zur Erkenntnis der Notwendigkeit einer solchen zentralen — anthropologischen, ja religiösen — Konstellierung der Diagnose und Therapie brach schließlich in der bisher schwersten Krise, aufgrund einer entsprechenden mittlerischen Ansprache, der Patient selber durch. In den Momenten der Krisenerfahrung erkannte er in echter Weise, daß hier das Kernproblem seiner Behandlung und der einzige Weg einer möglichen Heilung zu suchen seien. Doch wurden diese Durchbruchsansätze immer wieder kraft einer hartnäckigen, dämonisch anmutenden Rückzugs- und Verneinungshaltung von dem hysterischen Zustand überflutet. Der Patient selber drückte seine Grundverfassung in diesem Stadium wiederholt so aus: er habe sich gegen das „Väterliche", letzterdings gegen den Vatergott, in einem dezidierten Nein entschieden und sich dem magischen Bereich der chthonischen Mächte ergeben, unbewußt und „widerwillen". Damit war der tiefste und eigentliche Krisenpunkt seines zentralen Leidens erreicht, der zugleich in die echte, aber auch gefährliche Verzweiflung hineinführte. Aber erreicht war damit auch die Durchbruchsstelle und der Ansatzpunkt für die heilende Zwiesprache und die Umkehr. Im Beginn dieses Prozesses, der wohl begründeter Hoffnung Raum gibt, aber die endgültige Heilung keineswegs verbürgt, steht nunmehr der Patient.

Man könnte im Hinblick auf dieses Beispiel vielleicht sagen, daß die „Mimikry einer durchgängigen Berufsrolle" in Verbindung mit einer stetig ausgleichenden Behandlung kompensatorisch hätte genügen können, um dieses Leben zu erhalten und ihm einen Inhalt zu geben. Aber die Neurose selbst hat gerade in diesem Falle jene intermediären Kompensationsversuche ad absurdum geführt und sie als Form der Vermeidung eines unumgänglichen „stirb und werde" erwiesen. An diesem Punkt der Lebenskrise müßte jeder neue Versuch einer *nur* psychologisch orientierten Behandlung an der Kernaufgabe vorbei und unausweichlich zu schwersten Folgen führen. Als unzuständig hat sie sich in dieser Krankheitsgeschichte ja schon lange erwiesen[1].

5.

Über die Entstehungsbedingungen der Hysterie gibt es seit S. *Freud* eine ausgedehnte Literatur. Diese Entstehungsbedingungen werden zumeist als *Ursachen* der Hysterie aufgefaßt. Dies ist von einer psychologischen Wissenschaft, für die auch die seelischen Erkrankungen grundsätzlich und restlos in den Zirkel von Ursache und Wirkung eingespannt sind, nicht anders zu erwarten. Demgegenüber haben wir als Wurzel der echten Hysterie eine negative Entscheidung im Personkern des Menschen behauptet, der sich als Verzicht auf die zentrale, stellungnehmende, begegnungsfähige Instanz darstellt. Diese, auf Entscheidung begründete Ausfallserscheinung ist als solche nicht in den Kreis von Ursache und Wirkung und damit der psychologischen Abläufe einbezogen, daher nicht psychologisch zu verstehen, obwohl sie die seelischen Vorgänge und die Charakterbildung (als die Bildung eines Systems von Verhaltensweisen) in bedeutsamer Weise bestimmt und derart in sie eingeht. Hier handelt es sich um eine andere Seinsebene, um die menschliche Wirklichkeit der *Freiheit*.

---

[1] Daß sich in diesem Heilungsvorgang die „Traumsymbole des Individuationsprozesses" (C. G. Jung) — als seelische Ausdrucksformen des weithin unbewußt verlaufenden Prozesses — in einem ermutigenden, förderlichen Sinne mit dem Patienten verarbeiten lassen, sei ausdrücklich zugegeben. Die Heilung selbst aber wäre in ihrem Grunde auf jeden Fall einer anderen Begegnungsart zu verdanken als der mit seelischen oder geistigen Symbolen. Sie begleiten gegebenenfalls den Heilungsprozeß und bekunden ihn, aber sie sind nicht seine *Quelle*. Die Möglichkeit der Selbstfindung als character indelebilis des Menschseins muß dem Menschen noch auf eine andere, konkretere Weise der Erfahrung gewiß werden, um fruchtbar zu sein, als auf dem der Bekundung durch Traumsymbole. Denn diesen, als immanent seelischem Geschehen, kommt an sich durchaus nur ein *mittelbarer* Bezeugungscharakter zu.

Führen wir die Hysterie in ihrer Entstehung auf die frühe Kindheit zurück, dann müssen wir auch hier im Wesenskern des Kindes bereits jenen Entscheidungsvorgang von metapsychischer Art und personalem Gewicht in einer unbewußten, verdeckten Form annehmen. Denn auch im Kinde ist, — wenn auch keimhaft und unentfaltet — das menschlich Bestimmende die Anlage und Berufung zur namentlichen Einmaligkeit und Besonderheit. In dieser Kernanlage muß in einem geheimnisvollen Entscheidungsvorgang der frühen Kindheit ein Zurückweichen, ein Versagen, ja eine Selbstaufgabe eingetreten sein, die auf keine anderen Faktoren mehr zurückzuführen ist. Nur über ihre Entstehungs-*Bedingungen* können wir aufgrund der tiefenpsychologischen Forschung näheres aussagen. Es scheint, daß die wesentlichste Entstehungsbedingung in der grundhaften Störung der *einheitlichen Gemütsbildung* des Kleinkindes zu suchen ist, hervorgerufen durch das Versagen des lebenspartnerischen Wir mit der Mutter, den Eltern, der Familie. Der ungestörte Verlauf dieses unbewußt Du-bezogenen Prozesses ist notwendig, damit sich der Kern des Selbstgefühls, der Richtungs- und Begegnungskraft des Kindes ausbilden kann. Tritt eine übermäßige Belastung dieses Bildungsprozesses ein, fallen also die notwendigen Gemütseinflüsse und die harmonische Lebens- und Gesprächsatmosphäre des Elternhauses aus, so entziehen sich damit dem Kinde die partnerischen Gemütsbildungskräfte; es kann von einer zentralen inneren Lebenspanik erfaßt und die Integration seiner Kernbildung kann unterbrochen werden oder wegfallen. Dieser Ausfall führt alsbald zu einem unruhigen Suchen nach einem festen Halt „anderswo" und allmählich in die bekannte *Weltläufigkeit* des Hysterikers: der grundlegende Mangel an Geborgenheit im heimatlichen Innenraum treibt nach einem Halt in der Außenwelt und führt dabei zur hemmungslosen Entfaltung aller seelischen Möglichkeiten, die irgendwelche Kontakte herzustellen vermögen. Diese offenkundige seelische Enthemmung vollzieht sich also im Dienste eines echten Anliegens, aber nur als periphere Notlösung. Das schweifende, vielgestaltige Suchen des Hysterikers nach dem ergänzenden Halt, sein plötzliches ahnendes Ergriffensein von selbstsicheren in sich ruhenden Gestalten lassen das Grundanliegen seines Lebens immer wieder durchscheinen. Dieses verleiht der Hysterie den Charakter einer zentralen Mangelkrankheit, läßt sie aber, wie erwähnt, zugleich als Versuch verstehen, eine Notlösung zu finden. Dieser Versuch einer behelfsmäßigen Lösung imponiert nach außen als die eigentliche Neurose. Obwohl zumeist unter großer seelischer Kräfteentfaltung unternommen, kann dieser Lösungsversuch nicht zum Ziel führen: nämlich zur Wiedererweckung und Durchführung der personalen Integration. Daß in vergangenen Geschichtsstadien mit geformtem Gemeinschafts- und Gesellschaftsleben von vielseitiger menschlicher Prägung, wie es z. B. auf das christliche Abendland zutraf, eben jene Formen als kompensatorische „Auffangbildungen" für solche innerlich mittelpunktlosen Existenzen ihre echte Bedeutung hatten, sei nur eben angemerkt. Ihr Ausfall in unserem krisenhaften Übergangs-Zeitalter hat begreiflicherweise die Zahl der *manifesten* Hysteriefälle außerordentlich vermehrt. Es gibt aber für uns nur noch den individuellen Weg der echten personalen Einzellösung, gerade auch von unserer christlichen Position aus.

Als wesentliche Grundbedingung für die Entstehung der Hysterie ergab sich uns die entscheidende Störung des frühkindlichen Lebensraumes, des „Heims", und die dadurch erzeugte Panik der Seelenmitte. Primär *nicht* gestört erscheint das Verhältnis zum „Außenraum", zum Bereich der Weltbegegnung; denn gerade die „Welt" wird ja dem Hysteriker zum Fluchtbereich, in dem er ersatzweise *Hilfe* sucht. Damit wird freilich seine Art der Weltbegegnung, wie wir gesehen haben, durchgängig Mittel zum Zweck und infolgedessen mehr und mehr uneigentlich und scheinhaft. Es darf nun aber nicht vergessen werden, daß es Kinder genug gibt, die trotz zentraler Störung ihres frühkindlichen Lebensraums zu einer gesunden Selbstentwicklung gelangen, daß hier jene negative Entscheidung, die der hysterischen Entwicklung zugrunde liegt, nicht eintritt. Eben diese „Ausnahmen" widerlegen jeden Versuch, jene Milieubedingungen als *Ursachen* der Hysterie zu deuten. Der Schwerpunkt liegt in jedem Falle in einer Freiheitssphäre des Menschen, die den psychologischen Verläufen gegenüber autonom ist.

## 6.

Wir haben bereits eingangs bemerkt, daß die angeblichen psychotherapeutischen Heilungen echter Hysterie als einer Kernneurose anzuzweifeln sind und wohl zumeist Schein- oder Symptomheilungen darstellen. Wir unterschieden sie von den Heilungen der sehr häufigen *hysterischen Reaktionen*, die bei gewissen Lebensbelastungen als behelfsmäßige Ausweichserscheinungen auftreten und als solche auch von Kindheit an bestehen können. Die Tatsache, daß der Hysteriker in der Bindung an eine ausgeglichene Persönlichkeit, so etwa an den behandelnden Arzt, „Haltung" gewinnen kann, daß er in der partnerischen Identifizierung mit ihm seine unbeständige Weltläufigkeit verliert und eine Art Integrationsprozeß durchzumachen scheint, darf nicht darüber hinwegtäuschen, daß dieser scheinbare Heilungsprozeß durchaus noch *in* die Hysterie fallen kann; denn er steht und fällt mit der Übertragungsbindung des Hysterikers an den Behandler. Daher denn auch die gehäuften Rückfälle, die nach angeblicher Heilung aufzutreten pflegen.

Und doch ist das positive Eingehen auf die Übertragung eine Vorbedingung und ein Durchgangsstadium für die heilende Einwirkung des Behandlers. Aber die Behandlung wird nur dann über dieses behelfsmäßige Zwischenstadium hinausgelangen, wenn es dem Arzt im Ernst der echten Dialogik gelingt, die gelähmte personale Mitte des Patienten wirklich anzusprechen, hervorzurufen und sein Leben allmählich in ihr zu zentrieren. Dieser Akt hat aber dann im Kerne nichts mehr mit Psychologie und psychologischer Methode zu tun. Denn es kommt hierbei nicht primär darauf an — und es fruchtet auch nicht — daß die ungünstigen Kindheitsbedingungen verarbeitet und die weltläufigen und willkürlichen Seelenvorgänge durch psychologisches Arrangement „psychisch" zentriert werden (wobei der Arzt auf Grund des Übertragungsverhältnisses der eigentliche Kristallisationspunkt ist und bleibt). Es geht bei der Hysterie nicht um eine solche vorübergehende Heilung innerhalb des „Seelenbereichs", sondern um einen Konversions- oder Erweckungsprozeß im Zentrum der Person. Dieser setzt im Seelenarzt die Befähigung voraus, nicht aus Psychologie, sondern aus unbeirrbarer Liebeskraft bis zu dem latenten Selbst des Hysterikers vorzudringen, es anzusprechen und in die heilende Zwiesprache hineinzuführen. Auch dann noch besteht die Gefahr, daß der Patient zwar dem Arzt antwortend allmählich standzuhalten vermag, aber diesen Zwiesprache-Ansatz in dem Arzt-Patienten-Verhältnis beschlossen sein läßt, ihn gewissermaßen darin einkreist. So aber müßte seine Ablösung vom Arzt und seine Befreiung für die echte Weltbegegnung schließlich doch noch mißlingen. Es wird Aufgabe des Arztes sein, diese Bindung der lebensmäßigen Zwiesprache an seine Person schon während der ersten Phase des Heilungsprozesses aufzulockern und die wirkliche Weltbegegnung in einer Art konkreten Alltagstrainings stetig zu fördern. Die meisten der vieljährigen Behandlungen der Hysterie führen auch deshalb zu keinem Ende, weil es dem Arzt entweder nicht einfällt oder nicht gelingt, den Kreis der oft echten Zwiesprache zu durchbrechen und das Arzt-Patienten-Verhältnis als Urzelle eigentlicher Menschen- und Weltbegegnung aufzuschließen und produktiv zu gestalten. Auch mit einer Ablösung eines Übertragungsverhältnisses mittels eines bloß introversiven Individuationsprozesses ist es keinesfalls getan. Der auf introversivem Weg Geeinte und damit Individuierte ist durchaus noch nicht personal begegnungsfähig. Und ein bildhafter oder ideeller Archetypus als Leitbild der „Individuation" ist doch nur ein eingebildeter Ersatz für eine konkrete Übertragungsbeziehung zum Arzt.

Ich möchte schließlich hier noch besonders warnen vor der für die Neurosenheilung im allgemeinen sehr gewichtigen *Traumbehandlung* mit dem Patienten. Es ist gerade für den Hysteriker charakteristisch, daß er auf lange hinaus seinen Träumen nicht sachlich gegenüberstehen und sie nicht persönlich verarbeiten kann. Sie werden im Falle der echten Hysterie vom Patienten durchwegs seiner neurotischen Erlebnisart als willkommene Sensationen eingefügt und dienen ihrer Verstärkung, nicht der Heilung. In solchen Fällen müssen die Träume des Patienten zunächst ein Arkanum des Arztes bleiben, nur ihm selber, diagnostisch und prognostisch, dienen. Erst in einem späteren Heilungsstadium, wenn der Patient in gewissem Ausmaß bereits personal integriert ist und zu seinen seelischen Zuständen und Vorgängen kritisch Stellung nehmen kann, läßt sich eine heilsame Verarbeitung seiner Träume mit ihm einleiten. Jeder erfahrene Psychotherapeut weiß, mit welcher Lust und Persistenz Hysteriker nach anfänglichen Widerständen alsbald auf ihre Träume eingehen, ohne daß aus den Verarbeitungsversuchen, die der Arzt mit ihnen vornimmt, ein greifbares Resultat herausspringt. Hysteriker können mit der Zeit sogar versierte Traumdeuter werden, aber eben nur innerhalb des neurotischen Geschehens: der Traumbereich verwandelt sich in eine sensationelle Erlebnisseite der Neurose und dient der Verstärkung der Übertragungsbeziehung. Ein zähes Ringen des Arztes mit dem Patienten um die wirkliche Konkretisierung der nüchternen und notwendigen Alltagsbegebenheiten und -begegnungen ist in diesen Fällen das vordringlichste Behandlungselement.

Als eine echte Heilung schwerer Hysterie steht mir die der Gottliebin Dittus durch Johann Christoph *Blumhardt* vor Augen. Blumhardt war kein gelernter Psychotherapeut, verstand nichts von Psychologie, geschweige denn von Tiefenpsychologie, aber er war ein echter Heilender. Er vermochte sub specie aeternitatis die charismatische Kraft der unbeirrbaren Du-Ansprache zu entfalten, bis ihm aus der dämonisierten Tiefe der Kranken der namentliche Mensch antwortete. Dieser Fall und sein über zwei Jahre währender Heilungsprozeß ist aufgrund der zuverlässigen Akten, die Blumhardt seiner Behörde, dem Stuttgarter Oberkirchenrat, einschickte, für jedermann nachprüfbar. Von den weitaus meisten Fällen angeblicher Heilung aber gilt, was ein ehrlicher Psychotherapeut mir einmal bekannte: „Wenn man einen Hysteriker glücklich auf das Pferd gebracht hat, fällt er auf der anderen Seite wieder herunter."

Gewiß gibt es manche erfolgreiche Psychotherapeuten, die auf Grund ihrer personalen Wirkkraft das verlorene Zentrum des Patienten ins Leben zurückrufen, die aber solche Heilung irrigerweise ihrer psychologischen Methode zuschreiben. Dieser Irrtum gefährdet auf die Dauer die unbewußte therapeutische Gabe solcher Ärzte und bringt andere, die sich ebenfalls dem seelenärztlichen Beruf widmen wollen, auf falsche Wege. Ohne eine entscheidende Wende in der Sicht des Menschen, d. h. ohne Durchbruch von der unzulänglichen psychologischen zu einer zulänglichen anthropologischen Orientierung ihres Menschenbildes wird sich die Psychotherapie je länger je mehr festlaufen; zumindest wird sie auf die wirkliche Heilung schwerer Neurosen verzichten müssen. Mit Tiefenpsychologie allein ist es nicht getan, mag sie auch noch so weit in die Tiefe vorstoßen und noch so differenziert in die Breite gehen. Damit wird ihr die Bedeutung und Notwendigkeit nicht aberkannt, sondern nur ihr Geltungsanspruch auf seinen Zuständigkeitsbereich begrenzt.

*(Professor Dr. Ernst Michel, (16) Frankfurt a. M.-West, Broß-Str. 10.)*

---

## Die neuesten Fortschritte auf dem Gebiete der Psychoanalyse.

Von

M. BOSS, Zürich.

Die epochemachende Kulturtat *Freuds* läßt sich ihrer wesenhaften Intention nach und in der Sprache der heutigen Psychologie etwa in der Formel aussprechen: *Freud* habe die leib-seelische Einheit und die lebensgeschichtliche Kontinuität der menschlichen Existenz (wieder) entdeckt und darüber hinaus als Sinn und Ziel des menschlichen Seins dessen Entfaltung in die Fülle des Da-seins bestimmen können. Die herkömmliche Künstlichkeit der gedanklichen Spaltung in einen isolierten Körper und eine diesem aufgepfropfte oder sonstwie beigesellte Psyche finden wir z. B. in *Freuds* Hysterienlehre aufgehoben und überwunden, wo ein und der nämliche Bedeutungsgehalt einer menschlichen Existenz von seiner seelischen Ausdrucksform in die leibliche Sphäre „konvertieren" kann. Ebenso erkannte er in seiner Charakterkunde, vor allem in seiner Konzeption des Oral- und Analcharakters, wie sich menschliche Wesenszüge, etwa Gier und Geiz über die artifizielle Trennung von Leib und Seele hinwegsetzen.

Die geschichtliche Kontinuität unserer Existenz hatte *Freud* in erster Linie durch seine Traumforschungen mit einer bisher unerreichten Konsequenz aufzeigen können. Indem er uns in seiner „Traumdeutung" lehrte, wie „sich jeder Traum als ein sinnvolles psychisches Gebilde herausstellt, welches an angebbarer Stelle in das seelische Treiben des Wachens einzureihen ist" [1], hatte er den Beweis erbracht, daß unsere Lebensgeschichte selbst im Schlaf nicht abbricht. Seitdem er uns zudem den Sinn der alltäglichen Fehlhandlungen und die Bedeutung der neurotischen Symptome erschlossen hat, wissen wir, daß unsere Existenz aber auch im Wachen keine sinnlosen, außerhalb des ganzen lebensgeschichtlichen Motivationszusammenhanges liegende Sprünge macht.

Die eigentliche Zielsetzung, die wesentlich unserer Freiheit überantwortete, spezifisch menschliche Lebensaufgabe hatte *Freud* am prägnantesten in die Worte gefaßt: „Wo Es war, soll Ich werden". Zur Förderung dieses Reifungsprozesses hat *Freud* eigens die therapeutische Methode der sog. „Freien Assoziation" erfunden: „Die Psychoanalyse ist ein Werkzeug", schreibt er, „welches dem Ich die fortschreitende Eroberung des Es ermöglichen soll" [2]. Mit Hilfe dieser Technik ist erwiesenermaßen zu erreichen, daß ein Mensch in der psychoanalytischen Selbstaussprache und Zwiesprache alle seine Wesensmöglichkeiten aus der Bewußtlosigkeit ihrer leiblichen Manifestationsformen sowohl wie aus ihrer Verlorenheit in naturhafte Zwänge bloßer Triebhaftigkeit erlöst und sie in die geistige Helle einer bedingungslos wahrhaften Selbstbesinnung und eines voll verantwortlichen um- und mitweltlichen Wollens und Handelns bringt. Auf diese menschliche Möglichkeit des geistigen Zusichkommens, auf „Gott Logos", wie *Freud* selbst sich ausdrückt [3], auf die Fähigkeit zu vernünftiger Einsicht und entsprechend vernunftgemäßen Handelns setzt *Freud* alle seine Hoffnungen für die Zukunft des Menschengeschlechtes. „Wir mögen noch so oft betonen", heißt es bei ihm, „der menschliche Intellekt sei kraftlos im Vergleich zum menschlichen Triebleben, und recht damit haben. Aber es ist doch etwas Besonderes um diese Schwäche; die Stimme des Intellekts ist leise, aber sie ruht nicht, bis sie sich Gehör geschafft hat. Am Ende, nach unzählig oft wiederholten Abweisungen findet sie es doch. Dies ist einer der wenigen Punkte, in denen man für die Zukunft der

[1] S. Freud: Die Traumdeutung. Ges. Schr. Bd. II, S. 5.

[2] Das Ich und das Es, Ges. Schr. Bd. VI, S. 402.

[3] Die Zukunft einer Illusion, Ges. Schr. Bd. XI, S. 464.

Menschheit optimistisch sein darf . . ."[1] Allein mit diesem einen Satz dürften zugleich auch alle Kritiker, die *Freud* in monotonen Wiederholungen des Pansexualismus und der Verleitung zum triebhaften Ausleben zu bezichtigen pflegen, der grenzenlosen Oberflächlichkeit überführt sein. Kaum bedarf es dazu mehr der Erwähnung von *Freuds* ausdrücklicher Verwahrung gegen derartige Verdächtigungen, die er mit den Worten beginnt: „Aber meine Damen und Herren, wer hat Sie denn so falsch berichtet? Es ist nicht die Rede davon, daß der Rat, sich sexuell auszuleben, in der analytischen Therapie eine Rolle spielen könnte",[2] noch seines ausführlichen Beweises, wie „doppelt ungerecht, historisch wie methodisch" der Vorwurf sei, daß sich die Psychoanalyse nicht „um das Höhere, Moralische, Überpersönliche im Menschen kümmere".[3]

*Freud* weiß aber auch und betont es immer wieder, daß sich alle Reifung zu restloser innerer Wahrhaftigkeit und ineins damit zu größtmöglicher Freiheit im außenweltlichen Tun nur auf dem Fundament der Liebe gegen die naturhaft widerständige Trägheit der Triebe, des Es mit seinem ewigen „Wiederholungszwange" durchzukämpfen vermag. Nur dem Arzte zuliebe, im Feuer der „Übertragungsliebe", sagt er, pflegten die Widerstände gegen die Bewußtwerdung zu schmelzen. So hoch schätzt er die vergeistigende Macht der Liebe ein, daß er ausdrücklich jede Forschungsrichtung, wenn immer sie nur „die Übertragung" und ihren Widerpart, den „Widerstand" der regressiven Tendenz aller Triebe anerkennt, das Recht zubilligt, sich Psychoanalyse nennen zu dürfen, „auch wenn sie", fügt er undogmatisch hinzu, „zu anderen Ergebnissen als den meinigen gelangt".[4]

Diese Wesensmerkmale des psychoanalytischen Geistes *Freuds* gilt es wohl im Auge zu behalten, wenn sich einer anschickt, die Flut der Einwände und Bedenken gegen die Psychoanalyse auf ihre Stichhaltigkeit und ihre Tiefe, und die vielen Verbesserungs- und Überwindungsversuche auf ihren wirklichen Fortschrittswert hin zu überprüfen. Was will da z. B. schon gegenüber diesen durch die Psychoanalyse eröffneten Möglichkeiten zur eigentlichen Menschwerdung der Vorwurf der langen Behandlungsdauer bedeuten? Ebensogut könnte man die Lehrer schelten, daß sie Jahre brauchen, um den Verstand ihrer Zöglinge zu schulen. Oder man könnte die Gärtner tadeln, daß sie ihren Pflanzen nur möglichst viel Sonne gönnen, sie eifrig begießen und ihnen hinderliche Steine wegräumen, ihr Wachstum aber nicht auch noch durch ein aktives Zupfen an den Blättern zu beschleunigen suchen. Eine ganz andere Frage selbstverständlich und eine Frage, die gar nicht die Psychoanalyse als solche angeht, ist es, ob der große Aufwand an Zeit, Kraft und Geld, den eine Psychoanalyse erheischt, auch faktisch bei jedem Patienten angezeigt sei oder sich auch nur lohne. Abgesehen von sehr vielen medizinischen Gegenindikationen bei echten Neurasthenien z. B. und bei latenten oder manifesten Psychosen, wird sich freilich ein Therapeut um so eher mit oberflächlicheren Therapien begnügen, je höher er selbst das bloße zweckhafte Sich-Anpassen und die äußere Leistung um jeden Preis, den äußeren Betrieb überhaupt gegenüber einer eigentlichen Vermenschlichung, der inneren Selbstwerdung, der „Individuation" im Sinne C. G. Jungs bewertet.

Bekreuzigt sich ein Kritiker gar vor der sog. Übertragung, so bekundet er damit nur (wofür die bereits angeführten eigenen Worte *Freuds* Zeugnis ablegen und worauf noch zurückzukommen sein wird), daß sein Verständnis das eigentliche Wesen der Psychoanalyse noch nicht einmal tangierte. Auch „irrt er übrigens groß", wie er sich bereits durch Freud selbst hätte belehren lassen können, „wenn er meint, die Patientin werde der Verliebtheit in den Arzt entgehen, wenn er sie zur Bekämpfung ihrer Neurose eine *andere* als die analytische Behandlung einschlagen läßt. Der Unterschied wird vielmehr nur sein, daß eine solche Verliebtheit, die dazu bestimmt ist, unausgesprochen und unanalysiert zu bleiben, niemals jenen Beitrag zur Herstellung der Kranken leisten wird, den ihr die Analyse abzwingen würde."[5]

Ebenso gründen die endlosen Mahnungen, die der psychoanalytischen Therapie die „positive Synthese" beigefügt sehen wollen, nicht auf irgendwelcher Sachkenntnis, sondern entspringen lediglich der oberflächlichsten Wortassoziation, die zu „Analyse" selbstverständlich „Synthese" einfallen läßt. In Wirklichkeit nämlich ist das ganze Trachten der Psychoanalyse einzig und allein darauf gerichtet, die psychischen Verdeckungen, die „Verdrängungen" wegzuräumen, auf daß das wahrhaft „Positive" einer Existenz zu einer persönlichen Synthese gelangen könne und sich dann sowohl innerweltlich, erlebnismäßig und gedanklich wie im um- und mitweltlichen aktiven Handeln sich zu äußern vermöge. Allerdings ist die Psychoanalyse der Auffassung, daß alles echt Positive, aller wirklich fruchtbare Persönlichkeitsaufbau nur aus der eigenen Innerlichkeit eines Menschen stammen, nicht aber durch bloße „positive

[1] Ebenda S. 463.

[2] XXVII. Vorlesung zur Einführung in die Psychoanalyse. Die Übertragung. Ges. Schr. Bd. VII, S. 449.

[3] Das Ich und das Es. Ges. Schr. Bd. VI, S. 380.

[4] Zur Geschichte der psychoanalytischen Bewegung. Ges. Schr. Bd. IV, S. 421.

[5] Bemerkungen über die Übertragungsliebe. Ges. Schr. Bd. VI S. 123.

Parolen" von außen her an eine Existenz herangetragen werden könne.

Mit besonderer Vorliebe zieht sodann die übliche Kritik als Beweise für die Verbesserungsbedürftigkeit der Psychoanalyse jene gewiß unbestreitbaren Einzelfälle heran, in denen z. B. ein Leerlauf in der Behandlung entstand, so daß der praktische Erfolg wirklich in keinem Verhältnis zum therapeutischen Aufwand steht. Oder sie nennt Kranke, bei denen die Übertragung statt zur Erlösung und Heilung zu schmerzlichsten Verstrickungen führte. Wieder andere „analysierte" Patienten werden gegen die Psychoanalyse ins Feld geführt, weil sie bloß die Art ihrer neurotischen Befangenheit änderten, z. B. auch nach der Kur in einem sterilen Zerdenken ihrer inneren Problematik stecken blieben oder sich weiterhin in einer verkrampften psychoanalytischen Dogmatik um sich selber drehen oder noch immer den eigentlichen Ernst ihrer Existenz in zwanghaft zynischen Symboldeuteleien überspringen.

Wo aber eine Behandlung bloß zu derartigen Selbstbespiegelungen führt, da wird der Geist der Psychoanalyse vollkommen verfehlt. Zur Geltung kommt dieser nur dort, wo die Therapie zu einem so tiefen Verständnis verhilft, daß einer sich dann wirklich selbst-verständlich wird. Damit ist er aber auch immer frei von allen Formen von Selbstverhaftung und zugleich frei zu überpersönlichem Denken und Handeln geworden.

Einzelne Versager gibt es bei jeder Therapie, insbesondere, wenn ein Therapeut die Indikationen und Gegenindikationen nicht sorgfältig auseinander zuhalten weiß, oder im Verlaufe der Behandlung technisch stümpert. So unbedacht man es aber nennen würde, etwa der Salvarsantherapie der Lues die auf solche Weise zustande gekommenen Mißerfolge anzukreiden, so sinnlos ist es auch, mit dem „Beweismaterial" konkreter Mißerfolge irgendwelche „Nachteile der Psychoanalyse" als solcher begründen zu wollen.

So unzweifelhaft mithin alle die bisher angeführten Argumente und Anregungen ihre unerlaubte Herkunft aus mangelhafter Literatur- und Sachkenntnis und aus einem Fehlen wirklicher Erfahrung auf dem besonderen Gebiet des kritisierten und korrigierten Wissenschaftszweiges erkennen lassen, so gewiß müssen sie stets ins Leere stoßen, wissenschaftlich unfruchtbar bleiben und auch für den praktischen Fortschritt der Psychotherapie irrelevant sein. Regelmäßig stammen denn auch diese Art von Einwänden von Kritikern, die das psychoanalytische Geschehen weder am eigenen Leibe und an eigener Seele erfahren, noch es in zureichendem Maße als ausübende Therapeuten mit ihren Patienten miterlebt haben. Weil aber gerade bei der Psychoanalyse nicht das aus Büchern erlernbare Tatsachenwissen sondern der erlebnismäßige Vollzug und Mitvollzug der in der psychoanalytischen Situation statthabenden geistigen Akte ausschlaggebend ist, muß man hier einem bloßen Zuschauer noch viel eher das Mitspracherecht aberkennen als einem, der über histologische Probleme diskutieren möchte, ohne je selbst in ein Mikroskop hineingeschaut zu haben. Aber sonderbar: was auf allen übrigen Wissenschaftsgebieten als selbstverständliche Voraussetzung einer Diskussion anerkannt zu werden pflegt, ein zureichender eigener Wissens- und Erfahrungsschatz nämlich, dies scheint für die Psychoanalyse allein bis auf den heutigen Tag nie gelten zu sollen.

Als erlaubt und fruchtbar dagegen haben sich manche jener Unternehmungen erwiesen, die gerade aus einem gründlichem Vertrautsein mit der Wirklichkeit des psychoanalytischen Geschehens heraus sich nicht so sehr gegen die *Praxis* dieser Therapie wandten, nicht gegen das, was *Freud* mit seinem ärztlichen Handeln faktisch tat und geschehen ließ, als vielmehr *Freuds Theorie* einer kritischen Sichtung unterzogen. Denn es ist nicht zu bestreiten, daß *Freuds* Lebenswerk unter dem Zeichen einer eigentümlichen Paradoxie steht: den genialen Beobachter *Freud* sieht man allenthalben die von ihm mit erstaunlichem Scharfsinn entdeckten Phänomene in ihrer unmittelbaren Gegebenheit recht gering schätzen. Um so eifriger ist er als echter Naturwissenschaftler stets darauf bedacht, sie so rasch wie möglich in nur mehr gedachte, topische, dynamische und ökonomische Konstruktionen aufzulösen. „Die wahrgenommenen Phänomene", sagt er wörtlich, „müssen in unserer Auffassung gegen die nur angenommenen Strebungen zurücktreten". Er will sie nur zu begreifen suchen „als Anzeichen eines Kräftespieles in der Seele, als Äußerungen von zielstrebigen Tendenzen, die zusammen oder gegeneinander arbeiten". [1]

Gegen dieses mechanistisch-naturwissenschaftliche Vorgehen in Freuds Theorie meldeten sich nun schon sehr frühzeitig und gerade auch innerhalb des psychoanalytischen Forscherkreises selbst die ersten kritischen Ansätze zum Wort und machten auf die Grenzen solcher theoretischen Fassungen aufmerksam. Dem „Ich", um nur einige wenige Beispiele herauszugreifen, wurde bald von *Nunberg* eine eigene „synthetische Funktion" zugeschrieben. Dann forderte *W. Reich*, die Psychoanalyse sollte immer vom Gesamtcharakter ausgehen, und *H. Schultz-Hencke* versuchte die psychischen Einzelphänomene vom „Haltungsmäßigen", ja vom „Allgemein Menschlichen" aus zu verstehen. Schließlich kam in den dreißiger Jahren eine eigentliche psychoanalytische

[1] Vorlesungen zur Einführung in die Psychoanalyse. Ges. Schr. Bd. VII, S. 62.

„Ich-Psychologie" auf, in der bereits der Begriff des Persönlichen eine Rolle zu spielen beginnt und recht eigentlich als Ersatz der ursprünglichen Triebpsychologie gedacht war. Nicht zu reden brauchen wir von der theoretischen Revolution *C. G. Jungs*, der mit seinen Konzeptionen des „Selbst" und der „Individuation" schon lange zuvor *Freuds* theoretischen Naturalismus überwunden und den Rahmen seiner vergegenständlichenden Psychologie wie den aller bloßen naturwissenschaftlichen „Schichten-Psychologien" gesprengt hatte.

In die größte und zugleich in die wissenschaftlich strengste Offenheit wurde aber die psychoanalytische Wirklichkeit im neuen „daseinsanalytischen" Denken gebracht, das *Ludwig Binswanger*, fußend auf der Fundamental-Ontologie Martin *Heideggers*, in den letzten Jahren der Psychologie und Psychopathologie zur Verfügung gestellt hat. Ihre Offenheit und Unbefangenheit verdankt die daseinsanalytische Betrachtungsweise dem Umstand, daß sie mit keiner anderen Voraussetzung an die Untersuchung des menschlichen Daseins herangeht als mit der ebenso unbestreitbaren wie universellen Tatsache, „daß der Mensch in der Welt ist, Welt hat und sich zugleich über die Welt hinaus sehnt."[1] Auf Grund dieses allgemeinsten Ansatzes vermag die Daseinsanalyse, das Menschsein in allen seinen möglichen Daseinsformen und deren Welten auszuarbeiten und es in seinem Sein-Können (Existenz), seinem Sein-Dürfen (Liebe) und seinem Sein-Müssen (Geworfenheit) als den wohl grundverschiedenen aber gleich autochthonen Manifestationsformen des menschlichen Wesens zu erkennen. Die daseinsanalytische Betrachtungsweise als eine phänomenologische Methode vergegenständlicht mithin das Menschsein nicht gleich zum vorneherein, wie es alle vorherigen wissenschaftlichen Psychologien taten, macht es nicht zu einem Gegenstand unter anderen Gegenständen der Welt, sondern denkt an das Sein des Menschen, das ein ursprüngliches Da-sein ist. Und Da-sein meint immer das auf diese oder jene Weise In-der-Welt-sein.[2]

Von diesem Denken aus läßt sich nun auch *Freuds* Theorie unschwer bestimmen als eine noch höchst einseitige Bevorzugung der Trieb- und leibhaften Manifestationsbereiche der menschlichen Existenz und der diesen Bereichen entsprechenden Natur-Welten. Wie hätte aber schließlich auch der damals herrschende Mechanismus etwas anderes als eben das Mechanischste am Menschen, seinen Körper und seinen „Triebapparat", als *die* eigentliche Realität zu erkennen in der Lage sein sollen? Die Folge dieser naturwissenschaftlichen Perspektive war eine theoretische Verzerrung des menschlichen Daseins in dem Sinne, daß nun alle seine übrigen Phänomene auf diese Triebhaftigkeit reduzierbar gedacht wurden. Alle die im menschlichen Reifungsvorgang sich zeitlich nacheinander entfaltenden Wesensmöglichkeiten wurden dabei in kausal-genetische Entwicklungsprozesse umgedacht. *Freud* glaubte deshalb, menschliches Schicksal begriffen zu haben, wenn er es auf seine Triebgeschichte zurückführen konnte, und er glaubte dies vom Schicksal des Einzelmenschen sowohl wie von der Geschichte der ganzen Menschheit.

Weil *Freud* fernerhin den Trieben das Wünschen und die Lust als deren psychische Repräsentanten zuordnete, mußte er denn auch „das Lustprinzip" und dessen durch äußere Not erzwungene Modifikation, das „Realitätsprinzip" zur Erklärungsbasis des gesamten menschlichen Handelns und Erkennens erheben. Von der daseinsanalytischen Betrachtungsweise aus wird es aber ohne weiteres klar, daß sich aus bloßen Trieben durch keine theoretischen Kunstgriffe der Welt, weder durch die Vorstellung einer „Sublimation" noch durch die Wirksamkeit eben dieses Lust- oder Realitätsprinzips je etwas anderes, etwa „Geist" sogar herstellen oder ableiten läßt, am allerwenigsten eine so exemplarische Existenz, wie sie uns *Freud* selbst vorgelebt hat. Eine Verwandlung von Trieben aus ihnen selbst heraus — und wenn noch so große äußere Not auf ihnen lastete — in die menschliche Verpflichtung zur Wahrhaftigkeit und Selbstaufopferung im Dienste einer Wissenschaft, wie sie *Freuds* Schicksal auszeichnet, bleibt für immer unvorstellbar und unverständlich. In der Wirklichkeit seiner Praxis hatte sich denn auch *Freud* nie an seine theoretische Konstruktion eines bloßen Triebbündels gewandt, sondern hat immer seine Patienten als ganze Menschen mit ihrer immanenten Geistigkeit angesprochen. Ausdrücklich empfiehlt er darum, Kranke, die einer Vergeistigung ihrer Daseinsweisen nicht fähig sondern „nur zugänglich sind für Suppenlogik mit Knödelverstand" als für eine psychoanalytische Behandlung untauglich abzulehnen.[3]

Hat man aber einmal *Freuds* Libidotheorie als gedankliche Destruktion des Menschseins im Sinne des gegenständlich-naturwissenschaftlichen Denkens, und ebenso seine Vorstellung der Psyche als eines „Triebapparates" als biologistischen Rekonstruktionsversuch zur Wiederherstellung des Ganzen aus künstlich erdachter Zerstückelung verstanden, dann braucht man nur *Freuds* Verabsolutierung der Triebhaftigkeit wieder rückgängig zu

[1] L. Binswanger: Der Fall Ellen West. Schweiz. Archiv f. Neur. u. Psychiatrie. Bd. LIII, LIV und LV, 1945. S. 75 ff.

[2] Vgl. hierzu vor allem: L. Binswanger: Ausgewählte Vorträge und Aufsätze, Bd. I. Bern, 1947; Freuds Auffassung im Lichte der Anthropologie, S. 159 ff.

[3] S. Freud: Bemerkungen über die Übertragungsliebe. Ges. Schr. Bd. VI. S. 129.

machen und sie wieder als eine der möglichen, gleich ursprünglichen Manifestationsformen menschlichen Daseins neben die Existenzweisen des wissenschaftlichen Denkens oder des Gläubigseins oder des künstlerischen Schaffens z. B. zurückzuordnen.

Damit lassen sich aber heute bereits viele theoretische Erklärungsversuche *Freuds*, in die er die volle Wirklichkeit seiner großartigen psychologischen Entdeckungen hineinzuzwängen versucht hatte, durch wesentlich erweiterte und vertiefte Interpretationen ersetzen. Kommt es nämlich, wie es uns die daseinsanalytische Betrachtungsweise zeigt, immer zuvorderst und entscheidend auf den Charakter der gesamten Existenzweise eines Menschen und den ihr entspringenden Weltentwurf oder das ihr entsprechende Weltbild an, dann kann z. B. nicht mehr ein bestimmter Wunsch oder eine konkrete einzelne Triebregung das Ausschlaggebende sein und ein menschliches Verhalten erklären oder eine menschliche Welt aufbauen. Es kann niemals mehr etwa eine analerotische Triebkomponente den Geiz, die Pedanterie und die Sturheit, noch kann sie die morose Stimmung, noch den trübseligen Weltaspekt eines sog. Analcharakters bedingen. Vielmehr müssen wir jetzt umgekehrt die analerotische Triebkomponente ihrerseits, genau so wie das geizige Verhalten, wie die graue Stimmung und das Erleben der leeren Welt als gleich ursprüngliche Konkretisationen einer an ihre „Erdenschwere", an die tote Materie verfallenen Existenzweise betrachten. Alles was dann dem jeweiligen Weltbild eines Menschen, beim Analcharakter z. B. dem aus der Wurmperspektive gesehenen Weltbild entspricht, ihm Halt gibt, und entsprechende Ausgestaltung und Plastizität verspricht, wird als lustvoll empfunden. So lange *Freuds* theoretischer Positivismus aber noch umgekehrt aus dem Abstraktum „Lust" eine menschliche Existenz und Welt aufbauen wollte, mußte *Freud* gestehen: „Nun wüßten wir um alles in der Welt gerne, welches die Bedingungen der Entstehung von Lust und Unlust sind, aber daran fehlt es uns eben."

Ebensowenig dürfen wir beim Gegenbeispiel bestimmter Magersüchtigen etwa behaupten, schlank sein „bedeute" ihnen symbolisch rein und ätherisch sein. Wiederum ist vielmehr das moralische Rein-sein-wollen ein dem leiblichen Schlank-sein-wollen parallel gehender Ausdruck einer einseitig verkümmerten ätherischen Daseinsform. Über die konkreten Gründe und Motive hingegen, die zu derartig verkümmerten Existenzweisen führen können, finden wir bereits bei *Freud* erschöpfende Auskunft.

Auch die Symbolik der *Freud*schen Traumlehre erscheint uns heute in etwas anderer Sicht. Besonders leicht läßt sich die Akzentverschiebung etwa an dem Beispiel der Ausführungen *Freuds* über das Traumsymbol der Brücke exemplifizieren. In Anlehnung an *Ferenczi* nimmt *Freud* als die *ursprüngliche* Bedeutung des Brückensymbols in den Träumen immer das männliche Glied an, das zwei Liebespartner beim Geschlechtsverkehr miteinander verbindet. Von dieser Grundbedeutung könne es sich dann wohl zu weiteren Bedeutungen entwickeln, die sich von jener ersten ableiten. So könne die Brücke die Bedeutung des Überganges vom Jenseits zum Diesseits, aber auch von diesem zu jenem annehmen, also sowohl Geburt wie Tod symbolisieren. Schließlich vermöge sie auch „in noch weiterer Entfernung von ihrem Anfangssinn Übergang, Zustandsänderung überhaupt" zu bezeichnen [1].

Wir hingegen müssen heute, worauf bereits C. G. Jung an Hand eines ganz analogen Traumbildes mit aller Deutlichkeit hinwies [2], gerade umgekehrt dieses angeblich Entfernteste, Allgemeinste, diese existenzielle Bedeutungsrichtung des Hinüber-Gehens, des Verbindens, diese Kategorien, die auch das Wesen jeder faktischen, außenweltlichen Brücke ausmachen, stets für das Entscheidende und Ursprüngliche halten. Darum meint ein Brückenbild im Traum grundsätzlich immer alle möglichen Konkretisation dieser Bedeutungsrichtungen zusammen, unter anderem also gewiß *auch*, aber durchaus nicht regelmäßig, ihre körperliche Manifestationen einer sexuellen Verbindung von Mann und Frau. Von hervorragender therapeutischer Wichtigkeit ist es deshalb, zu verstehen, auf welche Verwirklichung dieser Bedeutungsrichtungen es im Leben des Träumers gerade ankommt, in welchem besonderen leiblichen oder seelisch-geistigen Daseinsbereich ihnen zur Gestaltwerdung verholfen werden soll.

Schließlich wird das daseinsanalytische Denken aber auch dem besonders wichtigen Phänomen der Übertragung eine umfassendere Interpretation geben können. Wenn schon *Freud* betont: „Man hat kein Anrecht, der in der analytischen Behandlung zutage tretenden Verliebtheit den Charakter einer ‚echten' Liebe abzustreiten [3], so führt doch die alte psychoanalytische Theorie diese Übertragungsliebe wie alle Liebe überhaupt auf die ursprünglich den Eltern geltenden sexuellen oder aggressiven Triebe zurück, je nach dem, ob es sich um die sog. positive oder die negative Übertragung handelt. Darum gibt es in der psychoanalytischen Theorie immer nur *eine* Liebe oder nur *einen* Haß, insofern eben, als alle Liebes- oder Haßphänomene immer nur Abkömmlinge des einen Eros- oder Todestriebes sind.

Die daseinsanalytische Betrachtungsweise hat nun

[1] S. Freud: Neue Folge der Vorlesungen zur Einführung in die Psychoanalyse. Ges. Schr. Bd. XII. S. 173.

[2] C. G. Jung: Über die Psychologie des Unbewußten. Zürich, 1916. S. 145 ff.

[3] S. Freud: Bemerkungen über die Übertragungsliebe. Ges. Schr. Bd. VI. S. 131.

mit der ursprünglichen psychoanalytischen Theorie dies gemeinsam, daß auch sie nur *eine* Liebe und nur *einen* Haß kennt. In diametralem Gegensatz zu ihr jedoch sieht sie die Einheit der Liebe und die Einheit des Hasses nicht in einer Möglichkeit zur Reduktion aller Phänomene auf angenommene Triebradikale, sondern in der Einheit der liebenden oder hassenden Existenzweise eines Menschen, in der Einheit des dualen, gestaltschöpferischen Daseinsmodus der Liebe einerseits und des gestaltverengenden und verzerrenden Modus des Hassens anderseits. Diese Modi können sich nun freilich in tausend verschiedenen aber gleich ursprünglichen, nicht auseinander ableitbaren Formen und Bereichen manifestieren, unter anderem auch in der Beziehung zum psychoanalytischen Arzt. Daß diese Formen faktisch oft sehr weitgehend durch frühere, infantile Liebesformen geprägt und fixiert sind, unterliegt keinem Zweifel. Doch rechtfertigt solche Prägung keineswegs die genetische Rückführung der Liebe als solche auf kindliche Triebregungen.

Therapeutisch wesentlich ist vielmehr die Möglichkeit, die einem Patienten in der psychoanalytischen Situation wie nirgends sonst geboten werden kann, inadäquate, infantilfixierte und haßverbogene und verengte Liebesformen am Erlebnis der Analytiker-Analysandenbeziehung durch entfaltetere, geistigere, überpersönlichere überwinden zu lernen.

Der Gewinn der daseinsanalytischen Modifikation der ursprünglichen psychoanalytischen Theorie, den wir damit an einigen Beispielen zu veranschaulichen versucht haben, beschränkt sich nun aber bei weitem nicht nur auf die wissenschaftliche Erweiterung und Vertiefung der psychoanalytischen Grundbegriffe und Erkenntnisse. Er liegt nicht zuletzt auch darin, daß diese vertieften Einsichten in die menschlichen Grundstrukturen auch wirkliche Fortschritte in der praktischen Psychotherapie ermöglichen. Selbst wenn man nämlich die von *Freud* herausgearbeitete, unserer eigenen Erfahrung nach unübertreffliche Grundhaltung des analytischen Therapeuten[1] völlig unangetastet läßt, begegnet man immer häufiger Patienten, deren Erleben auf die früheren naturalistisch eingeengten Interpretationen nie und nimmer, auf das daseinsanalytisch fundierte Verstehen jedoch mit überraschender Erlösung und Befreiung antwortet.

[1] Siehe hierzu insbesondere: S. Freud: „Zur Technik". Ges. Schr. Bd. VI.

(*Priv.-Dozent Dr. M. Boss, Zürich/Schweiz, Theaterstraße 12.*)

---

## Zur wissenschaftstheoretischen Problematik der Psychoanalyse.

Von

HANS KUNZ.

Jeder erinnert sich aus seinem Leben gewisser Probleme oder Problemkomplexe, die ihn eine Weile beschäftigt und dann langsam, fast unmerklich ihre beunruhigende Wirkung verloren haben: nicht weil sie „gelöst" und solcherart erledigt worden wären, sondern weil sie gleichsam aus Nahrungsmangel von ihrer Wurzel her abgestorben sind. Diesen Weg können sowohl die persönlich-praktischen wie die sachlich-theoretischen Probleme gehen. Blickt man heute auf die vor zwanzig, dreißig Jahren um die Psychoanalyse geführten Diskussionen zurück, so scheinen sie das Beispiel einer abgestorbenen und zugleich ungelösten Sachfrage zu realisieren, hinter dem sich freilich eine mannigfache individuelle Problematik der damals Beteiligten verbirgt, die zu einem guten Teil die Unfruchtbarkeit jener Auseinandersetzungen gezeitigt haben mag. *Freud* hatte diese im Hintergrund wirkenden privaten Motive in den seine Einsichten und Theorien abweisenden Argumentationen der Gegner, die sich zwar zumeist in der üblichen Form der logisch-sachlichen Widerlegung, oft genug aber auch als teils offener, teils versteckter moralischer Protest äußerten, erraten. Sie waren ihm aus der analytischen Arbeit mit seinen Patienten vertraut, die u. a. auch solche Einwände wie die Kritiker vorbrachten, sie dann jedoch mehr oder weniger fallen ließen, nachdem sie sich von ihrem „Widerstandscharakter" überzeugt hatten. Es war ein aus der Situation heraus verständlicher, wenngleich die Tradition der wissenschaftlichen Gesprächsführung durchbrechender und letzten Endes unglücklicher, weil unproduktiver Akt, daß *Freud* zum „affektiven Widerstand" als der sachlichen Klärung, mithin der Erkenntnis dienen sollendes Kampfmittel griff[1] — ungeachtet er psychologisch vielfach ins Schwarze traf, d. h. die in den Gegnern mitspielenden emo-

[1] Vgl. etwa *S. Freud*: Die Widerstände gegen die Psychoanalyse. Imago 11 (1925), S. 222 ff.; ferner *S. Bernfeld*: Das „Widerstandsargument" der Psychoanalyse. Nervenarzt 4 (1931), S. 277 ff.; *H. Kunz*: Das Widerstandsargument in der Psychoanalyse. Ebenda, S. 282 ff.

tionalen, unsachlichen Antriebe richtig erriet. Er hat es später im Hinblick auf eine unter den Analytikern schwebende Streitfrage selber ausdrücklich zugestanden: „Die agonale Verwendung der Analyse führt offenbar nicht zur Entscheidung“ [1]. Das verhält sich grundsätzlich so, und die Übertragung der „Widerstandsdeutungen“ aus der analytischen Praxis in die wissenschaftliche Polemik war um so abwegiger, als in jener die Diskussion zwischen dem Analytiker und dem Analysanden über die Richtigkeit oder Unhaltbarkeit der psychoanalytischen Theorien als Form des Widerstandes nur von peripherer Bedeutung ist. *Freuds* Unvorsichtigkeit, das Psychologisieren, d. h. das Rekurrieren auf die jeweiligen persönlichen Tendenzen unbewußter und bewußter Art in den Kampf um die Psychoanalyse eingeführt zu haben, dürfte von seinem verhaltenen revolutionären Pathos — sich etwa in der Wendung, die „ganze Menschheit“ zum „Patienten“ zu haben, dokumentierend — mitbedingt, also in einer außerwissenschaftlichen Bestrebung verwurzelt gewesen sein, die ihrerseits aus der therapeutischen Absicht ohne weiteres begreiflich wird, zumal wenn man die entscheidende Rolle der gesellschaftlichen Faktoren in der Neurosenentstehung berücksichtigt. Den Gegnern *Freuds* mangelte umgekehrt die Souveränität, das Mitspielen der unwissenschaftlichen — affektiven, moralischen, „weltanschaulichen“ — Widerstände in ihrer Verwerfung der psychoanalytischen Theorien offen einzugestehen und zugleich darauf hinzuweisen, daß damit über das Recht oder Unrecht der letzteren noch gar nichts ausgemacht sei. So sind die eingangs erwähnten Auseinandersetzungen im Sande verlaufen. Die logische und methodologische Kritik an der psychoanalytischen Deutungstechnik und ihren Voraussetzungen beispielsweise, an sich weitgehend berechtigt, aber letztlich die Sache trotzdem verfehlend, weil diese in den von *Freud* und seinen Schülern versuchten wissenschaftstheoretischen Begründungen gar nicht adäquat erfaßt worden war, führte nicht zu positiven angemesseneren Bemühungen, etwa die sog. „genetischen“ Deutungen und Konstruktionen von einer umfassenden Theorie der Lebensgeschichte und den Möglichkeiten ihrer Erschließung her zu fundieren. Vielmehr wandte man sich von diesen Angelegenheiten ab, begnügte sich mit der faktischen Fruchtbarkeit der psychoanalytischen Untersuchungs- und Deutungstechnik, die ein überwältigendes empirisches Material an wirklichen Erlebnissen, Verhaltensweisen und seelischen Zusammenhängen zutage gefördert hatte und sich überdies in der therapeutischen Praxis bewährte — ähnlich wie manche Tests praktisch brauchbar sind und relevante Resultate zeitigen, obwohl sie rücksichtlich ihrer wissenschaftlichen Begründung in der Luft hängen. Deshalb charakterisierte *von Gebsattel* in der Tat die Situation zutreffend, wenn er unlängst meinte: „Alles in allem muß gesagt werden, daß *Freuds* Entdeckungen noch gar nicht wirklich entdeckt, die Schätze seiner Forschungsarbeit noch gar nicht wirklich gehoben sind“ [2].

Daß sich *Freuds* Widersacher die Souveränität eines offenen Eingeständnisses ihrer moralischen und weltanschaulichen Bedenken, die sie gegen die Psychoanalyse primär oder neben den logischen u. ä. Einwänden herlaufend hegten, nicht leisten konnten, begreift man freilich ohne weiteres: sie hätten damit zugleich die — wenigstens partikulare — Unwissenschaftlichkeit ihrer Kritik zugegeben. Aber diese Unwissenschaftlichkeit oder genauer: die Herkunft der Polemik aus unwissenschaftlichen Antrieben war so deutlich spürbar, daß ihr Verschweigen und Verhüllen mit wissenschaftlichen Argumenten an der faktischen Lage nicht viel änderte, zumal eben die Richtigkeit oder Haltlosigkeit derselben grundsätzlich unabhängig von der Artung der Motive bleibt. Trotzdem wäre es um der Sache willen angebracht, hier eine größere Redlichkeit walten zu lassen; denn die moralische oder sonstige emotionale Interessiertheit hindert in Wirklichkeit doch zumeist die für die wissenschaftliche, d. h. sachangemessene Haltung nötige Distanz, obzwar sie je nachdem sowohl „blind“ als auch hellsichtiger machen kann. Die Auswirkungen der affektiven Voreingenommenheit sind, anders gesagt, keineswegs nur negativ, blickverengend, „skotomisierend“, sondern gelegentlich auch gegenstandserschließender, sinnschärfender Art. Dank dieser *möglichen produktiven*, das psychologische Erkennen als solches wie dessen theoretische Begründung indirekt fördernden Funktion der sympathischen und antipathischen Anteilnahme ist sie als *vorübergehende Phase* selbst dann vielleicht nicht radikal zu verwerfen, wenn sie sich faktisch restlos ausschalten ließe (was schwerlich der Fall sein dürfte). Allein man muß sich, will man dieser gefährlichen Möglichkeit Raum lassen, darüber völlig im klaren sein, daß die Entscheidung über die Rechtmäßigkeit oder Unrechtmäßigkeit der jenen emotionalen Stellungnahmen entspringenden positiven und negativen Behauptungen letzten Endes ausschließlich der kritischen Sachprüfung zusteht. Das bedeutet, daß weder das affektive Erfahrenhaben der psychoanalytischen Einsichten (etwa in der Lehranalyse) als solches schon für deren Wahrheit ausreicht, noch daß die aus der moralischen oder welt-

[1] *S. Freud*: Über die weibliche Sexualität. Internat. Zeitschr. f. Psychoanalyse 17 (1931), S. 321 Anm.

[2] *V. E. von Gebsattel*: Sigmund Freud und die Seelenheilkunde der Gegenwart. Med. Klinik 41 (1946), S. 392.

anschaulichen Abwehr sich nährenden Einwände gegen die Psychoanalyse deshalb, weil sie unsachlicher Herkunft sind, notwendig brüchig sein müssen. Vielmehr spricht hier wie dort in der angedeuteten Richtung lediglich eine gewisse Wahrscheinlichkeit. Das kompliziert die Situation außerordentlich und fordert eigentlich eine neue Art der Diskussion wenigstens innerhalb des psychologischen Erkenntnisbereiches, für die es noch keine verbindlichen Spielregeln gibt: nämlich dem wechselseitigen psychologisierenden Infragestellen Raum zu gewähren, ohne es doch zu einem Mittel des Machtkampfes, des verletzenden Bloßstellens entgleisen zu lassen, sondern es allein in den Dienst der sachlichen Klärung und Entscheidung zu zwingen.

Die schon lange drängende, aber nach wie vor unbewältigte *zentrale Aufgabe* hinsichtlich der Psychoanalyse scheint uns nun darin zu bestehen, einerseits den von ihr beigebrachten oder wenigstens behaupteten *empirischen Gehalt an seelischen Wirklichkeiten* aus den ihn durchsetzenden und überwuchernden theoretischen Konstruktionen herauszulösen und seine Gewinnung methodisch einwandfrei oder doch mit einem in den Wissenschaften üblichen relativen Gewißheitsgrad zu sichern; und andererseits die *Stellung und das Gewicht jenes empirischen Gehaltes im Ganzen des Menschen* zu bestimmen. Entscheidend ist dabei dieser in der Erfahrung erarbeitete Wirklichkeitsgehalt: steht er fest, dann haben sich alle moralischen, ethischen, ästhetischen, religiösen und praktischen Bedenken vor ihm zu beugen, gesetzt, man wolle den letzteren nicht überhaupt die Forschung oder mindestens die Psychologie opfern. Den Inhalt dessen, was wir den von der Psychoanalyse erschlossenen „Wirklichkeitsgehalt" nennen, umreißen etwa folgende Thesen: es gibt neben dem bewußten Erleben und dem bewußt gesteuerten Verhalten einen weiten Bereich des unbewußten seelischen Geschehens, das sich im Benehmen der Menschen auswirkt und es oft nachhaltiger bestimmt als die bewußt erlebten Absichten. Die Ursprünge dieses Geschehens weisen zum überwiegenden Teil auf die frühe Kindheit zurück. Die ihr eignende vorbildliche, das spätere Leben prägende Rolle dankt sie vor allem der Tatsache, daß das Individuum in ihr die Konflikte zwischen seinen vitalen Bedürfnissen und den sich ihrer Befriedigung widersetzenden mitmenschlichen, angst- und schulderregenden Versagungen zu bewältigen oder zu fliehen gelernt hat. Unter diesen vitalen Bedürfnissen kommt der Geschlechtlichkeit eine überragende Bedeutung zu, und zwar auch bereits im frühen Kindesalter, in welchem die Eltern oder Geschwister die erste sexuelle Partnerschaft übernehmen. Diese Thesen beanspruchen eine „allgemeinmenschliche" Gültigkeit, obzwar sie in erster Linie aus der Analyse der Entstehungsgeschichte der neurotischen, d. h. seelisch bedingten *Störungen* des Erlebens und Verhaltens Erwachsener gewonnen worden sind. Bestritten wird nun sowohl das Zutreffen der behaupteten, letztlich frühinfantil verwurzelten Entstehungsgeschichte der neurotischen Störungen wie vor allem das Recht der Verallgemeinerung des Charakters des erschlossenen kindlichen Lebens und seiner späteren Nachwirkungen.

Sehen wir vom zweiten Problemkomplex zunächst ab, so stellt sich die Frage, wie wir den inneren seelisch-geistigen Zusammenhang eines früheren mit einem späteren Verhalten oder Erleben erfassen können. Es bestehen folgende Möglichkeiten: 1. kann ich, wenn es sich um mein eigenes Benehmen handelt, das Hervorgehen eines augenblicklichen Tuns aus dem kurz vorangegangenen unmittelbar mit einer Klarheit des Bewußtseins erleben, das den höchsten Gewißheitsgrad des Erkennens überhaupt realisiert; trotzdem unterliegt es Selbsttäuschungen. Dieser Fall wird kaum je für die Relation zwischen dem frühkindlichen und dem erwachsenen Agieren gegeben sein. Vielmehr tritt hier an die Stelle des direkten Hervorgehens des einen aus dem andern Faktum 2. die Erinnerung als das zusammenhangstiftende *erkennende* — nicht die Beziehung tragende und wirkende — Moment. Entweder sagt mir das Erinnern, mich jetzt so verhalten zu haben wie in einer ähnlichen Situation der Kindheit, wobei nicht die Erinnerung als solche das Motiv des ähnlichen, „sich wiederholenden" Verhaltens zu sein braucht; oder die Brücke zwischen dem aktuellen und dem vergangenen Erleben wird von einer Reihe Erinnerungen geschlagen, die nach und nach auftauchen und rücksichtlich des erinnerten faktischen Geschehens- und Erlebnisablaufs stets lückenhaft bleiben, ihn nie restlos wieder vergegenwärtigen. Das gelebte Leben, heißt das, ist uns im Rückblick grundsätzlich nur gleichsam als Folge von herausragenden Inseln zugänglich; und schon daraus ergibt sich, daß Gedächtnis und Erinnerung nicht die einzigen die Kontinuität eines Lebens ausmachenden Faktoren sein können. 3. vermag ich am Verhalten eines andern Menschen, mit dem ich von Kindheit an zusammenlebe, das Hervorgehen oder wenigstens das (Mit-)Geprägtsein eines rezenten Gebarens durch ein früheres auf Grund gewisser ähnlicher Züge am jetzigen und ehemaligen Tun festzustellen. Statt meines Zusammenlebens kann entweder dasjenige einer Drittperson den einen Vergleichspunkt liefern, der dann durch eine fremde Schilderung an Stelle meiner seinerzeitigen unmittelbaren (und jetzt erinnerten) Beobachtungen ersetzt ist; oder ich kann mich auf die Selbstschilderung des in Frage stehenden Menschen stützen, die mir ihm selbst nicht bewußte übereinstimmende Eigentümlichkeiten mit seinem aktuellen Gebaren zu konstatieren erlaubt.

Die Psychoanalyse verwendet im überwiegenden Maße die unter 2 genannte Methode, wenigstens ist es ihr Ideal, die Relationen zwischen dem rezenten und dem frühkindlichen Erleben und Verhalten letztlich mittels des Sicherinnerns aufzuhellen; oder wie es *Freud* einmal in seinen späten Jahren formulierte: „ein zuverlässiges und in allen wesentlichen Stücken vollständiges Bild der vergessenen Lebensjahre“ herzustellen[1]. Aber da das Sicherinnern durch mannigfache Momente (Verdrängungen u. a.) weitgehend gehindert wird, versucht sie es indirekt zu fördern: das sog. freie Assoziieren, das forcierte Phantasieren *(Ferenczi)*, das Auftauchen fragmentarischer Bilder von Situationen ohne Erinnerungsqualität, das wiederholende Agieren und Abreagieren auf seiten des Analysanden, Konstruktionen möglicher vermuteter Zusammenhänge, Deutungen von Träumen und Symptomhandlungen u. a. auf seiten des Analytikers, die ständig in das Tun des Analysanden eingreifen, dienen jener Absicht. *Freud* hat die an der Idee eines „absolut sicheren“ Erkennens gemessene Unzulänglichkeit der so ergänzten Erinnerung als psychologische Wissensquelle nie verkannt, sondern im Gegenteil unsere Kenntnis um die Erinnerungstäuschungen erheblich bereichert. Allein solange man über keinen zuverlässigeren Weg verfügt, das verschüttete Leben eines Menschen und seine Bezüge zur Gegenwart freizulegen und man auf seine Erhellung nicht überhaupt verzichten will, ist es weder sonderlich sinnvoll noch fruchtbar, immer wieder auf eine zugestandene Unzulänglichkeit den Finger zu legen, die übrigens in glücklichen Fällen gelegentlich durch die Berücksichtigung der unter 3 erwähnten Möglichkeiten gemildert wird. Vielmehr sollte das Bemühen auf eine dem *wirklichen menschlichen Leben adäquatere Theorie der Biographie* gerichtet sein[2], zu der die Psychoanalyse einen in seiner Bedeutung noch keineswegs erfaßten Beitrag geleistet hat und von der aus wohl auch eine bessere wissenschaftstheoretische Fundierung der psychoanalytischen Erkenntnismethode zu gewinnen wäre.

*Freud* hat zwar sein Vorgehen in der oben zitierten Abhandlung — und schon früher — mit dem des Archäologen verglichen, aber die dabei erzielten Resultate zu einer ausgesprochen „naturwissenschaftlichen“, nämlich „*genetischen*“ Theorie verarbeitet, die nun — vermutlich nach dem Vorbild der Ontogenese der menschlichen Körperorgane entworfen — ihrerseits die theoretische Voraussetzung und Begründung der Konstruktionen und Deutungen bildet[3]. Daß die sog. Organisationsstufen der Libido und die ihnen jeweils zugeordneten Objektkreise im gleichen Sinne und mit derselben Zwangsläufigkeit wie die Organentwicklungen eine festgelegte Genese realisieren, darf man bezweifeln; schon deshalb, weil jene in einem sehr viel höheren Grade von den — ihrerseits durch die geschichtliche, also nicht-naturhafte Tradition mitgeformten — um- und mitweltlichen Faktoren geprägt werden als die Ontogenesen der Körperorgane. Gewiß entfalten sich auch die letzteren nicht ohne umweltliche Einflüsse, allein ihrem erblich fixierten Anteil eignet zweifellos das ausschlaggebende Gewicht. Ob man diese Unterschiede schon für ausreichend hält oder nicht, um sie auch terminologisch zu differenzieren, scheint uns nicht eines langen Streites würdig zu sein. Wir möchten es tun und den in der Psychoanalyse vordergründlichen Aspekt als „lebensgeschichtlichen“ oder „biographischen“ statt als „entwicklungsgeschichtlichen“ oder „genetischen“ bezeichnen, aus Gründen, die hier nicht eingehend dargelegt werden können. Lediglich hinweisend sei erwähnt, daß zur gelebten Lebensgeschichte des Menschen die Möglichkeiten der stellungnehmenden Entscheidung, der Übernahme oder Verwerfung der kulturellen Tradition und der Selbstgestaltung als Wesenskonstituentien gehören, im Gegensatz zur Entwicklungsgeschichte der Pflanzen und Tiere, denen sie fehlen. Auf jene „geistigen“ Elemente wird nun in der Biographie gemeinhin der Hauptakzent verlegt. Aber gerade sie spielen in der frühkindlichen Lebensgeschichte faktisch keine oder keine nennenswerte Rolle, obgleich wir sie ihr als einwohnende latente Möglichkeiten zubilligen müssen. Daher ist es verständlich, wenn einerseits die Psychoanalyse diese frühinfantilen Geschehen unter dem Vorbild der organischen Entwicklungsgeschichte als Genesen charakterisierte; denn es mangeln ihnen die Momente der Entscheidung, der auswählenden Aneignung der Überlieferung und der Selbstformung; und ihre Nachwirkungen im späteren Leben sind weder als solche unmittelbar zu erkennen noch durch Willensakte wesentlich zu verändern — sie manifestieren sich als dem gestaltenden Zugriff weitgehend entzogene unbewußte „Mechanismen“. Begreifen läßt sich aber auch, daß andererseits die die Geistigkeit in der

[1] *S. Freud:* Konstruktionen in der Analyse. Internat. Zeitschr. f. Psychoanalyse 23 (1937), S. 460.

[2] Vgl. dazu *L. Binswanger:* Ausgewählte Vorträge und Aufsätze. Band I, S. 50 ff. Bern 1947; *K. Jaspers:* Allgemeine Psychopathologie. 4. Aufl., S. 563 ff. Berlin und Heidelberg 1946; *Ch. Bühler:* Der menschliche Lebenslauf als psychologisches Problem. Leipzig 1933.

[3] Diesen Gesichtspunkt hat am klarsten *H. Hartmann:* Die Grundlagen der Psychoanalyse, bes. S. 135 ff. Leipzig 1927, herausgearbeitet; vgl. ferner etwa *H. Hartmann* und *E. Kris:* Die genetische Betrachtungsweise in der Psychoanalyse. Psyche 3 (1949/50), S. 1 ff.

menschlichen Lebensgeschichte betonenden — und überschätzenden [1] — Autoren die prägende Macht der ersten Kindheitsjahre zumeist verkannt haben. Worauf es demgemäß ankommt, ist die Gewinnung einer Theorie der Biographie, die weder einseitig „natur"- noch „geisteswissenschaftlich", sondern „anthropologisch" ist, d. h. die faktische Lebensgeschichte des Menschen in ihrer Ganzheit und ihrem einheitlichen Seinscharakter umfaßt. Sie wird sich u. a. eingestehen müssen, daß zu diesem Seinscharakter das Geschehen und das „Gelebtwerden" so gut gehören wie das bewußte Erleben und das freie, sich entscheidende Tun.

Ich möchte jetzt an einem Beispiel diese flüchtigen Erörterungen noch etwas konkretisieren, welches überdies das keineswegs eindeutige und geklärte Verhältnis zwischen dem, was früher der empirische Wirklichkeitsgehalt der Psychoanalyse genannt wurde, und seiner theoretischen Interpretation illustriert. *Freud* fiel unter seinen Patienten „eigentlich recht häufig" ein Typus auf, „der durch das Zusammentreffen bestimmter Charaktereigenschaften ausgezeichnet ist, während das Verhalten einer gewissen Körperfunktion und der an ihr beteiligten Organe in der Kindheit dieser Personen die Aufmerksamkeit auf sich zieht" [2]. Diese in Frage stehenden Menschen sind besonders ordentlich (sowohl in Hinblick auf körperliche Sauberkeit wie auch im Sinne der „Gewissenhaftigkeit in kleinen Pflichterfüllungen" und der Verläßlichkeit), sparsam (gegebenenfalls bis zum Geiz gesteigert) und eigensinnig, in Trotz und Neigung zur Wut und Rachsucht hinüberspielend. In ihrer frühen Kindheit haben sie länger als gewöhnlich Schwierigkeiten mit der Reinlichkeitsgewöhnung erfahren und aus der Defäkation einen „Lustnebengewinn" bezogen, deshalb öfters gegen den von den Erziehungspersonen verlangten Vollzug des Aktes getrotzt. „Wir schließen aus diesen Anzeichen", schreibt *Freud*, „auf eine überdeutliche erogene Betonung der Afterzone in der von ihnen mitgebrachten Sexualkonstitution; da sich aber nach abgelaufener Kindheit bei diesen Personen nichts mehr von diesen Schwächen und Eigenheiten auffinden läßt, müssen wir annehmen, daß die Analzone ihre erogene Bedeutung im Laufe der Entwicklung eingebüßt hat, und vermuten dann, daß die Konstanz jener Trias von Eigenschaften in ihrem Charakter mit der Aufzehrung der Analerotik in Verbindung gebracht werden darf" [3]. Ob mit den drei genannten Charakter- und Verhaltenseigentümlichkeiten *immer* eine frühkindliche Akzentuierung der Analzone zusammengeht, und ob, wenn zwischen beiden Sachverhalten tatsächlich eine bestimmte, nämlich „genetische" innere Beziehung besteht, der analen Wurzel stets das Hauptgewicht unter den „Entstehungs"-bedingungen jener Züge zufällt: das sind noch offene Fragen. Aber nicht bestreiten läßt sich u. E. das auffallend häufige gemeinsame Vorkommen der zwei irgendwie einander zugeordneten Tatbestände; desgleichen, daß in einzelnen Fällen die zwischen ihnen bestehende, von *Freud* entdeckte Relation als empirisches Faktum gesichert ist — andere Autoren haben es später wiederholt bestätigt. Problematisch, nicht überzeugend scheint uns dagegen die genuin-analytische, libidotheoretische Deutung zu sein, die *Freud* mit dem Wort „Sublimierung" kennzeichnet, obwohl er eingesteht, daß ihm die „innere Notwendigkeit" jenes Zusammenhangs „natürlich selbst nicht durchsichtig" sei und er sich mit einigen Hinweisen zum Verständnis begnügen müsse, in denen er die charakterlichen Eigenheiten zugleich als „Reaktionsbildungen" auf die „Analerotik" begreift [4]. Immerhin gibt er „für die Bildung des endgültigen Charakters aus den konstitutiven Trieben" die Formel an: „die bleibenden Charakterzüge sind entweder unveränderte Fortsetzungen der ursprünglichen Triebe, Sublimierungen derselben oder Reaktionsbildungen gegen dieselben" [5].

Sublimierungen und Reaktionsbildungen werden gemäß der psychoanalytischen Theorie von der Libido, d. h. der — hier zusätzlich mit analen Lustqualitäten versehenen — Energie der sexuellen Triebe gleichsam genährt und stellen, sie „aufzehrend", „Umwandlungsprodukte", also spätere Entwicklungsresultate derselben dar. Entsprechend wird etwa das in einer Psychose auftretende Kotschmieren eines erwachsenen Menschen als Libidoregression, will sagen als zurückfließende „Wiederbesetzung" der sonst aufgegebenen analen Organisationsstufe mit Libido und Reaktivierung der zugeordneten Lusterlebnisse interpretiert. Diese theoretische Auffassung eben scheint verfehlt, mit unbewiesenen und unbeweisbaren konstruierten Suppositionen belastet und dem wirklichen Sachverhalt unangemessen zu sein. Weder trifft die Charakterisierung der um die Analzone gelagerten Erlebnisse des Kleinkindes und dessen Verhaltensweisen zum Defäkationsakt und Kot als „erotische", „prägenital-sexuelle" den vollen Phänomengehalt adäquat, obwohl zweifellos in der genital zentrierten Sexualität anale Faktoren in wechselnden Ausmaßen mitspielen; nicht anders wie sich auch die Aggressivität als eines ihrer Entäußerungsmittel der — in einer bestimmten Kindheitsphase bevorzugten — anal lokalisierten Regungen bedient, deren Kennzeichnung als „Analsadismus" sie daher ungerechtfertigterweise „sexualisiert". Noch besteht die den Eigensinn, die Ordentlichkeit und Sparsamkeit (Geiz) ausmachende — wenn man so sagen darf — „charakterliche Materie" aus sublimierter Libido, jedenfalls fehlt für diese Behauptung jede Begründung. Vielmehr wird man die von *Freud* aufgewiesenen Zusammenhänge ihrem Wirklichkeitsgehalt nach gemäßer so deuten dürfen, daß man das Verhalten des Kindes zu den analen Funktionen und den mit ihnen zufolge der Reinlichkeitserziehung auftretenden mitmenschlichen Konflikten als häufige erste Manifestationsbedingung und Entfaltung der fraglichen Charaktereigentümlichkeiten versteht, die der Bewältigung jener Konflikte dienen. In diesen vorwiegend von analen Bezügen bestimmten Situationen hat es sich zunächst die Weisen der Auseinandersetzung mit gewissen mitmenschlichen Forderungen und Schwierigkeiten angeeignet und sich darin geübt. Daß sie vorbildlich bleiben, später in ähnlichen Konfliktssituationen erneut aktiviert und schließlich zu Dauerhaltungen werden können, die dank der zwar noch irgendwie ähnlichen, aber doch zugleich gewandelten Situationen verfehlt, ihnen unangepaßt sind, ist doch kaum ein verwunderliches Geschehen. Zu seinem Verständnis bedarf es indessen gar keiner libidotheoretischen Konstruktionen (obzwar bereitwillig zugestanden sei, daß ihm ein psychischer und somatischer Energieprozeß zugrunde liegen mag, nur wissen wir von ihm gar nichts). Dasselbe gilt hinsichtlich des Verhaltens zum Besitz, insbesondere zum Geld.

Es kann niemandem verborgen bleiben, wie auffallend „irrational", unvernünftig, inadäquat, von zwiespältigen Affekten durchsetzt die Beziehung so vieler Menschen zum Geld ist. Eine — vielleicht die Haupt- — Wurzel davon hat wiederum die Psychoanalyse freigelegt, indem sie auf den Darminhalt und die ambivalenten emotionalen Reaktionen des Kleinkindes darauf als einer frühen Form des Besitzes und seiner Taxation hinwies. Gewiß

[1] Überschätzen wird hier nicht im Sinne der Überwertung, sondern als Unterstellung eines zu großen Wirkungsgewichtes im faktischen Handeln der Menschen gemeint.

[2] *S. Freud:* Charakter und Analerotik. Sammlung kl. Schriften zur Neurosenlehre, 2. Folge, 2. Aufl., S. 132. Leipzig und Wien 1912.

[3] A. a. O., S. 133.

[4] A. a. O., S. 135.

[5] A. a. O., S. 137. *Freud* ist später in einer eigenen Arbeit nochmals zumal auf die Theorie des Themas eingegangen, doch brauchen wir das hier nicht zu berücksichtigen.

spielen dabei in der Phase vor der Reinlichkeitsgewöhnung auch lustvolle Geruchs- und Tastimpressionen eine Rolle, die man als „sexuelle" oder „erotische" bezeichnen mag, zumal sie einen Beitrag zu perversen Sexualpraktiken liefern. Aber das wesentliche Moment hinsichtlich des Besitzstrebens sind schwerlich diese libidinösen Lustsensationen, vielmehr die Haltungen und Bewertungen, die sich das Kleinkind an diesem frühen Besitz zulegt und die das spätere — vor allem gestörte, unangepaßte — Verhalten zum Besitz überhaupt mitprägen. Deshalb war es berechtigt, d. h. den wirklichen Zusammenhängen angemessener, wenn *Schultz-Hencke* den mißverständlichen, nur eine Komponente heraushebenden und den Rest sexualisierenden Terminus „Analerotik" bzw. „Analität" durch den des „Retentiven" ersetzte und damit zugleich eine adäquatere Interpretation des Sachverhaltes gab, obwohl damit die Bedeutung der analen Manifestation als frühinfantile Vorstufe des taxierenden Verhaltens zum Besitz keineswegs geleugnet wird [1]. Es gibt also eine typische individuelle Manifestationsgeschichte des retentiven Strebens und seiner Gegenstände, die vom Kot über Geschenke, Spielsachen u. a. zu den Besitztümern des Erwachsenen führt und auf die man zumal dann zurückgreifen muß, wenn dessen Gebaren zu jenen realitäts- und sinnwidrige Züge (Geiz, Verschwendung usw.) zeigt. Mit libidinösen Bedürfnissen hat das nur insofern etwas zu tun, als die Zuwendung zur Um- und Mitwelt von allen Triebimpulsen getragen wird und deren objektadäquate Differenzierung nicht rein gelingt, weshalb ja z. B. auch dem Liebespartner gegenüber Besitzregungen mitwirken. Die retentiven Impulse als solche jedoch sind keineswegs sublimierte anale Libidoqualitäten und -quantitäten, sondern autonome Strebungen eigener Art (wofür auch die beliebten „biologischen Parallelen" sprechen), ungeachtet sie sich beim Kleinkinde u. a. am Kot aktualisieren und daher sozusagen eine anale Tönung behalten können, die dann als störender Faktor nachwirkt.

Daß die frühinfantilen Wurzeln des späteren Verhaltens sich vor allem als eine Störung desselben geltend machen, nicht es in seiner realitätsgerechten Breite tragen und nähren, sollte nicht übersehen werden, wenn anders man nicht in groteske Spekulationen entgleisen will wie etwa diejenigen *Mettes*. Er stützt sich auf die kaum bestreitbare Tatsache, daß das Kleinkind seinen Kot als eigenes „Produkt", mithin als eine Frühform des „Werkes" taxiert oder doch taxieren kann (wozu das übliche Verhalten der Erwachsenen wesentlich beiträgt), den Defäkationsakt aber gegebenenfalls zugleich als Mittel seiner aggressiven und destruktiven Reaktionen benützt. Und nun macht *Mette* ohne Aufweis der Zwischenglieder einen Sprung in das Gebiet des künstlerischen Schaffens, so als handle es sich bei diesem auch um „nichts anderes" als um eine „Sublimierung" analer Libido: „Der apollinische Künstler ersetzt die infantile Bewunderung des Kotes, von dessen Anblick sich das anal eingestellte Kind nicht trennen möchte, durch die Betrachtung eines Bildes, in welchem jene Analtendenzen auf einer anderen Ebene in höchstem Grade befriedigt werden. Aus dem Spiel mit dem kotersetzenden Lehm ist auf der Höhe der Verschiebung die andächtige Begeisterung für das Reine, durch kein Verbot Beanstandbare und deshalb ‚Ewiggültige' geworden. Das plastische Idealbild, das schauend genossen wird, gibt dem Bewunderer die Möglichkeit, eine alte" — nämlich anale — „Vorliebe mit voller Zustimmung seiner kritischen Instanzen auszukosten und dabei die Triebbedürfnisse summarisch abzusättigen, die mit dem einstigen Erlebnis verknüpft waren. Das Schauen, das dem apollinischen Menschen so viel bedeutet, daß er es zu einer autonomen Funktion erhebt, vereinigt Tötung und Verewigung des Gegenstandes in sich. Der schauende Träumer, den Nietzsche beschreibt, hat ein Mittel erfunden, das uns verrät, an welcher Stelle seine fühlbarste Wunde sitzt. Die Gestaltung des Ewiggültigen soll die erschütternste Erfahrung der analen Phase, das Erlebnis der Vergänglichkeit, überwinden helfen" [2]. Selbst wenn es so wäre, daß die ehemalige lustvolle Betrachtung des Kotes und die an ihm erstmals erlebte Erfahrung der Vergänglichkeit einen gelegentlichen oder regelmäßigen unbewußten Antrieb des ästhetisch-schauenden Genießens und des bildnerischen Schaffens lieferten — was *Mette* nicht einmal wahrscheinlich macht, geschweige denn überzeugend aufweist —, so blieben doch die Akte des Schauens und Gestaltens spezifische autonome Phänomene, ungeachtet ihre Aktualisierung reaktiv erfolgen mag und in der „Reinheit" des Schönen das „Gegenstück" des analen Schmutzes erstrebt wird. Indessen führt uns das jetzt zum eigentlichen Problem zurück.

Die lebensgeschichtliche Kontinuität, dank welcher eine frühkindliche Erfahrung im späteren Erleben und Verhalten des Erwachsenen zumal als störender Faktor nachwirkt, realisiert sich in der Regel nicht als bewußtes Wiederauftreten der ehemaligen Impulse oder als deren erlebte Reaktualisierung, sondern als *Geprägtsein des faktischen Gebarens*, das ineins dessen Variabilität oder „Freiheit" beschränkt. Auch das Geprägtsein als solches ist nicht erlebt, also unbewußt; es verwirklicht sich mehr oder weniger zwangsläufig, „mechanisch", „automatisiert" als besondere Handlungsgestalt, worin ein Ausfall des Agierens und Erlebens einbegriffen sein soll. Deshalb kann man über das Wirkungsgewicht der frühen, unbewußten Antriebe im Ganzen der ein Verhalten bestimmenden Faktoren — es sind *immer* eine Vielzahl solcher daran beteiligt, was *Freud* hinsichtlich der neurotischen Symptome deren ‚Überdetermination" nannte — stets in guten Treuen verschiedener Meinung sein. Ob beispielsweise in jedem Traum letztlich ein frühkindlicher Wunsch tatsächlich traumbildend wirkt, wie etwa die Leibreize oder die unerledigten Konflikte des Vortages; oder ob nicht vielmehr der Traum die Aufrollung der Vorgeschichte des aktuellen traumerregenden Elementes gestattet, ohne daß die frühesten Glieder in den Bildungsprozeß des Träumens realiter eingreifen, scheint mir nicht entschieden zu sein. Allein das ändert nichts an der Tatsache, daß *Freud* als Erster die lebensgeschichtliche Betrachtung des menschlichen Erlebens und Verhaltens konsequent durchgeführt und eine ihr adäquate Erkenntnismethode am Leitfaden des — in der früher angedeuteten Weise geförderten — Erinnerns inauguriert hat. Jedoch kann man sich fragen, ob es überhaupt sinnvoll und für unser Wissensbedürfnis relevant sei, der Vorgeschichte eines einzelnen Geschehens derart intensiv nachzugehen, wie es *Freud* bahnbrechend tat. Läßt es sich nicht

[1] Das wäre gegen die Kritik *Müller-Braunschweigs* zu sagen, der überdies ein spekulatives, der Erfahrung fremdes Element — die Analität als angebliche „phylogenetische Grundstruktur" des Retentiven — als Argument benützt; vgl. *C. Müller-Braunschweig:* Streifzüge durch die Psychoanalyse, S. 16ff. Reinbek bei Hamburg 1948

[2] *A. Mette:* Die tiefenpsychologischen Grundlagen des Tragischen, Apollinischen und Dionysischen, S. 40. Berlin-Steglitz 1934.

„einfacher", auf die gegenwärtigen Antriebe und Motive eingeengt, verstehen oder erklären?

Die nächstliegende Antwort verweist mit Recht darauf, daß die in Frage stehenden Erscheinungen — Träume, Fehlhandlungen, Perversionen, neurotische und psychotische Symptome u. a. — von ihren aktuellen, an der „Oberfläche" liegenden Bedingungen her eben nicht oder wenigstens nicht hinlänglich verständlich zu machen waren, sondern es dazu des Rückgangs in die frühkindliche Lebensgeschichte bedurfte. Indessen hindert das nicht, daß grundsätzlich *jedes* Erleben und Verhalten in seine Vorgeschichte hinein verfolgt werden kann, obzwar nicht muß, da es faktisch ja nie aus der Kontinuität eines individuellen Lebens, als ein Ingrediens desselben, ausfällt, sondern in ihr eingeschlossen bleiben und folglich mit ihrem Anfang irgendwie zusammenhängen muß. Nur drängt sich die Notwendigkeit des biographischen Rückgreifens bei den Phänomenen, die aus den nächstliegenden Bedingungen hergeleitet werden können, nicht oder doch nicht im selben Maße auf wie bei jenen. Aber läßt sich das immer ohne weiteres klar genug entscheiden? Und woraus entnehmen wir die Kriterien der Entscheidung? Hier zeigt sich nun die wunderliche Neigung, dort, wo einem aus den eigenen Voraussetzungen her ein Sachverhalt befriedigend verstanden und ein Weiterfragen daher überflüssig, abwegig oder „gesucht" zu sein scheint, die „Wissenschaftlichkeit" des Weiterfragens und der in ihm gezeitigten Auskünfte zu bezweifeln. *Jaspers* hat von der ausführlichen Analyse, die *von Weizsäcker* publizierte [1], gestanden, daß ihm „auf dem Wege der Darstellung und Interpretation dieses Falles von Miktionsstörung" „alle Überzeugung" ausgeblieben sei [2]. Bekundet sich darin, vom konkreten Anlaß abgesehen, nicht am Ende eine Begrenztheit des psychologisch-psychopathologischen Verständnisses und Verstehensbedürfnisses, die ihrerseits vom zugrunde liegenden anthropologischen Entwurf — der *Jaspers*schen „Existenzerhellung" — bestimmt wird? Diese Vermutung meldet sich rücksichtlich der *Jaspers*schen verwerfenden Charakterisierung der Psychoanalyse bzw. der „psychoanalytischen Weltanschauung" als „gleichzeitig wissenschaftszerstörend und philosophiezerstörend", von einem existenzlosen nihilistischen Prinzip bewegt [3], an. Wir erörtern das damit exponierte Problem nicht in antikritisch-polemischer Absicht und unterstellen möglicherweise ohne legitimen Grund, daß *Jaspers* mit seiner Kennzeichnung nicht nur die psychoanalytische weltanschauliche Dogmatik — die es *auch* gibt und bezüglich der er u. E. recht behält —, vielmehr ineins die psychoanalytische Methode der Materialgewinnung und -deutung treffen wollte. Von ihr ist oft behauptet worden, sie sei „unwissenschaftlich". Es fragt sich, ob diese Bestreitung der Wissenschaftlichkeit nicht von einem *Ideal* der Erkenntnisgewißheit geleitet wird, das im psychologisch-psychopathologischen Bereich nicht bloß überhaupt noch nie realisiert wurde, sondern darüber hinaus dem thematischen Wirklichkeitsbereich prinzipiell unangemessen ist. In der Tat bin ich davon überzeugt, daß es sich so verhält, obzwar bei jener Leugnung der Wissenschaftlichkeit der Psychoanalyse noch andere Motive mitspielen.

Wenn es gelingt, die Entstehungsgeschichte eines neurotischen Symptoms in seinen verschiedenen Stadien etwa mit Hilfe einer Reihe von Traumdeutungen derart aufzuhellen, daß die aus ihnen erschlossenen wesentlichen Punkte von den nach und nach auftauchenden Erinnerungen des Patienten, möglicherweise auch von Zeugnissen der Personen seines frühkindlichen Lebenskreises bestätigt werden — was *Freud* und seinen Schülern doch wohl in einzelnen Fällen gelungen sein dürfte, wenngleich der Publikation solcher Biographien Grenzen gezogen sind —, dann wird man zugestehen müssen, daß der Gewißheitsgrad der so gewonnenen Einsichten zum mindesten nicht hinter dem eines in der psychiatrischen Klinik oder im psychologischen Experiment erhobenen Befundes zurücksteht. Freilich: „absolute Erkenntnissicherheit" erreichen jene Einsichten nicht, allein diesen Mangel teilen sie mit *allen* empirisch-wissenschaftlichen Bemühungen; und wie es mit den als „absolut gewiß" beanspruchten apriorischen philosophischen Thesen und den auf Offenbarungen gestützten Glaubenswahrheiten bestellt ist, zeigt u. a. eindrücklich genug deren Geschichte. Innerhalb der aller Forschung aufgezwungenen Grenzen der Gewißheit hat die Psychoanalyse eine große Fülle empirischer Fakten — „empirisch" nicht im auf die Sinneswahrnehmungen eingeengten Verstande des Positivismus und Empirismus gemeint — erarbeitet. Als ein solches der Erfahrung entnommenes Faktum erscheint uns, um auf das frühere Beispiel zu rekurrieren, der in einzelnen Fällen verwirklichte lebensgeschichtliche Zusammenhang zwischen dem frühkindlichen Verhalten zum eigenen Kot und der gestörten „irrationalen" Beziehung des Erwachsenen zum Besitz. Über die Häufigkeit, Regelmäßigkeit oder gar „Gesetzmäßigkeit" des tatsächlichen Vorkommens eines solchen Zusammenhangs wird damit nichts entschieden, und seine genuin-psychoanalytische, libidotheoretische Deutung ist in der Anerkennung seiner Faktizität

[1] *V. von Weizsäcker:* Körpergeschehen und Neurose. Internat. Zeitschr. f. Psychoanalyse 19 (1933), S. 16ff.; auch separat erschienen: Stuttgart 1947.

[2] Allgemeine Psychopathologie, S. 193 Anm. 1.

[3] A. a. O., S. 648.

nicht eingeschlossen [1]. Nun impliziert ein einziger realer Fall der in Frage stehenden biographischen Relation notwendig deren Möglichkeit, und auf sie allein kann sich die theoretische Begründung beziehen, nie auf das konkrete singuläre Faktum. Die theoretische Begründung ihrerseits muß hier, in unserm Problemkreis, u. a. auf die Eigenart der menschlichen Lebensgeschichte zurückgreifen, aus der jene — durch eine singuläre Tatsächlichkeit also dokumentierte, realisierungsfähige, wesenhafte, nicht bloß „logische", denkbare — Möglichkeit einsichtig abzuleiten ist, eben als eine in der humanen Biographie angelegte Möglichkeit. Das kann im Rahmen dieses Diskussionsbeitrages freilich nicht unsere Aufgabe sein. Wir möchten nur einen Punkt herausheben: das von der Psychoanalyse der frühen Kindheit supponierte Gewicht des Nachwirkens.

Unlängst hat *Jaspers* — zwar nicht im Hinblick auf die Psychoanalyse, sondern auf *Portmanns* biologische Untersuchungen — geschrieben, vielleicht bestehe beim Menschen „eine große, lebenprägende Bedeutung der Erlebnisse und Erfahrungen des ersten Lebensjahres" [2]. Es mag sein, daß die von *Portmann* wahrscheinlich gemachte Mitwirkung des Geistes „im Biologischen selber" *Jaspers* die Einräumung dieser Möglichkeit erleichterte. Die Psychoanalyse indessen berücksichtigte, wie schon angedeutet, in ihrer dem ersten Jahrfünft zugesprochenen Relevanzzubilligung gerade den geistigen Anteil der Lebensgeschichte nicht; und zwar, wie uns scheinen will, mit guten Gründen, denn er tritt hinter den vitalen Bedürfnissen und den sie beeinflussenden mit- und umweltlichen Faktoren (fast) völlig zurück. Für die mögliche Wirksamkeit der Frühkindheit auf das Erwachsenendasein ließe sich, von den tatsächlichen Dokumentationen ganz abgesehen, eine Reihe von Momenten anführen, desgleichen übrigens für die der von *Freud* der (auch im nicht-analytischen, engen, genital zentrierten Sinne verstandenen) Sexualität nachgesagten Rolle — selbst *Gruhle* hat kürzlich zugestanden: „Die Bedeutung der Erotik für das Leben des Alltags, für die Sozietät, ja für die ganze Kultur ist unermeßlich groß" [3], ohne allerdings daraus für seine „verstehende Psychologie" die Konsequenzen zu ziehen. Jene den frühinfantilen Schicksalen eingeräumte Nachwirksamkeit bezieht sich jedoch in erster Linie auf das gestörte, realitätsinadäquate „unfreie" spätere Verhalten, und damit erhebt sich das Problem ihrer „Allgemeingültigkeit". Gilt die Relevanz der Kindheitsgeschichte auch für das ungestörte, „normale", die Lasten des Daseins vernünftig bewältigende, demgemäß reife Leben? Die Antwort auf diese außerordentlich schwierig zu klärende Frage involviert u. a. eine Vorentscheidung über das Wesen und das Gewicht, das man der Geistigkeit des Menschen — also dem eigentlichen Denken, der Vernunft, dem Gewissen, dem Glauben, der freien Willensentscheidung und was man dazu zählen mag — zuzubilligen geneigt ist. Die hinsichtlich dieser Faktoren von der Psychoanalyse vertretenen Auffassungen können nun, scheint uns, nicht mehr denselben Anspruch auf empirische Fundiertheit erheben wie bezüglich des lebensgeschichtlichen Aspektes der Vitalität. *Freud* hat zwar ausdrücklich den von ihm für die Psychologie geleisteten Beitrag auf „das Unbewußte" beschränkt und damit von vornherein auf die Vollständigkeit einer „anthropologischen" Lehre verzichtet. Allein das hinderte ihn nicht, das „Es" doch im Grunde als das Wesentliche des Menschseins zu betrachten, und sowohl seine Gliederung der Psyche in die drei Instanzen (Ich, Überich und Es) wie die psychoanalytische Theorie der „Ichentwicklung" zeugen faktisch gegen das Einhalten seiner Selbstbeschränkung. Damit — jedoch nicht nur damit — sind Ingredienzien in die psychoanalytische Theorie geraten, denen gewissermaßen ein „apriorischer", jedenfalls empirisch nicht voll ausgewiesener Charakter eignet, die sich unvermeidlich in *jeder* Theorie und zumal in einer solchen finden, in welcher das inexplizite Selbstverständnis des Theoretikers den zentralen Ort einnimmt wie in allen durchgebildeten Psychologien. Wir nennen die Gesamtheit dieser die empirischen Daten gleich einem Myzel durchsetzenden Züge die „latente Anthropologie", die ihrerseits das erfahrende Erkennen sowohl fördert wie hemmt und be-

[1] Es ist richtig, daß es „reine", d. h. von jeder deutenden Auffassung freie empirische Fakten zumal im menschlichen Erlebnis- und Geschehensbereich schon deshalb nicht gibt, weil jedem Erleben auf Grund der es umgreifenden Zeitlichkeit ein ihm immanentes Sinnmoment eignet, dessen Nichtberücksichtigung folglich seinen wirklichen, gelebten Gehalt verfehlen würde. Allein das darf nicht dazu verleiten, Adäquationsgrade der Deutung zu leugnen, also zu bestreiten, daß es Unterschiede der Angemessenheit, Wirklichkeitsnähe und -treue der Phänomeninterpretation gibt. Das meint wohl auch *Müller-Braunschweig*, wenn er (a. a. O., S. 21) schreibt, die „vollendete Empirie" verlange, daß die „Theorien oder Koordinaten-Systeme gleichsam *der Natur selbst* abgelauscht sind, daß sie Repräsentanten wesentlicher, hervorstechender, konstruktiver Züge des objektiven Geschehens darstellen". Indessen scheint uns gerade das auf die Libidotheorie — übrigens auch auf die Einteilung der Triebe in Lebens- und Todestriebe — nicht zuzutreffen, weil sie dem „objektiven Geschehen", der menschlichen „Natur selbst" zu viele fremde, unaufweisbare Momente unterstellt. Ihre Ablehnung tangiert aber nicht den von *Freud* gesehenen empirischen Wirklichkeitsgehalt, der von jener geordnet und interpretiert werden soll, in unserm Beispiel also den lebensgeschichtlichen Zusammenhang zwischen der frühkindlichen Beziehung zu den analen Fakten und dem Besitzstreben bzw. den Charaktereigentümlichkeiten.

[2] *K. Jaspers:* Vom Ursprung und Ziel der Geschichte, S. 61. Zürich 1949.

[3] *H. W. Gruhle:* Verstehende Psychologie, S. 216. Stuttgart 1948

grenzt und rückwirkend von ihm wiederum beeinflußt wird. Deshalb lassen sich die apriorisch-anthropologischen und empirischen Elemente nicht scharf voneinander differenzieren. Die latente Anthropologie bestimmt einerseits die Interpretation der einzelnen Fakten, indem sie den Entwurf eines antizipierten vorläufigen Ganzen von Zusammenhängen bereit hält, in die jene eingeordnet und ineins gedeutet werden; andererseits das Ziel der Interpretation der empirischen Tatbestände, dessen Erreichung das Erkenntnisbedürfnis stillt und zum Verschwinden bringt. In der Psychoanalyse z. B. ist das Wissen erfüllt und dem Weiterfragen enthoben, wenn ein Phänomen aus seinen frühkindlichen Entstehungsbedingungen und als Weise der Befriedigung gewisser Es-, Ich- und Überichstrebungen einsichtig gemacht worden ist. Davon abgesehen hängt aber unser Herz an der latenten Anthropologie: sie nährt unsere Überzeugungen, aus denen heraus wir das Leben führen und gestalten. Von hier aus, also unter dem anthropologischen, auf das Wesen des menschlichen Seins zielenden Gesichtspunkt wird sich die Problematik der Stellung des von der Psychoanalyse erarbeiteten Erfahrungsgehaltes im Ganzen des Menschen aufrollen und vielleicht entscheiden lassen müssen [1]. Die Auseinandersetzung darf indessen nicht in der — ausgesprochenen oder verschwiegenen — Absicht erfolgen, dem Menschen mit der Zubilligung des Geistes als eines unableitbaren, mit der vitalen Triebhaftigkeit gleichursprünglichen „metaphysischen" Wesensbestandes die Teilhabe an der Unsterblichkeit retten zu wollen [2]. Denn der eine solche Absicht tragende Glaube rückt die Diskussion mit den in ihm „gesetzten" oder doch gemeinten Inhalten auf eine grundsätzlich andere, dem Erkennen des gegenständlichen Seienden fremde Ebene. Vielmehr muß sie sich mit unerbittlicher Nüchternheit an die aufweisbare Faktizität halten und bereit sein, gegebenenfalls die radikale Vergänglichkeit des Menschen anzuerkennen. Die Frage bleibt offen, ob der Geist aus seinem Ursprung nicht gerade das spezifisch humane Signum der Endlichkeit ist.

[1] Vgl. dazu *L. Binswanger*, a. a. O., S. 151 ff.

[2] Das ist gegen die *Matussek*sche Kritik der Psychoanalyse einzuwenden, vgl. *P. Matussek:* Metaphysische Probleme der Medizin. Springer-Verlag, Berlin und Heidelberg 1948.

*(Privatdozent Dr. Hans Kunz, Riehen b. Basel, Grenzacherweg 97.)*

---

# Neo-psychoanalyse *.

Von

HARALD SCHULTZ-HENCKE.

Die Neo-psychoanalyse sagt aus: Die merkwürdigen Erscheinungen der neurotischen Symptomatik stellen Teile ursprünglich vollständiger *Antriebserlebnisse* dar. So ergibt sich die Frage, wie es dazu kommen kann, daß aus einem voll erlebten Antrieb später ein losgelöster Teil wird. Die Antwort lautet: Das ursprüngliche Antriebserleben wurde *gehemmt*. Die Neo-psychoanalyse gibt in extenso Auskunft darüber, um welche Antriebe es sich da hauptsächlich handelt. Sie gibt die Bedingungen an, unter denen Gehemmtheiten entstehen. Diese sind zu sehr erheblichem Teil *peristatischen* Charakters. Begünstigend kommen *genotypische* hinzu. Sie beschreibt den Vorgang der Hemmung, sie beschreibt das Ergebnis der Hemmung, die Gehemmtheit, und die zugehörige *Bereitschaft* des ehemaligen Antriebes, neuerlich, u. a. auch nur partiell, aufzutreten [1].

An dieser Stelle bereits kann verdeutlicht werden, inwiefern sich die Neo-psychoanalyse u. a. von der Psychoanalyse und insbesondere auch von der komplexen Psychologie unterscheidet. Manchem Leser wird aufgefallen sein, daß in jenen allgemeinsten Aussagen über den „Kern" des interessierenden Tatbestandes das Wort *„unbewußt"* nicht vorkam. Tatsächlich hat dies auch dazu geführt, daß diejenigen Psychoanalytiker und auch die Vertreter der komplexen Psychologie, die gewohnt sind, auf die Frage nach der allgemeinsten Charakterisierung ihrer Disziplin zu antworten, diese behandle das Unbewußte im Menschen, mit mehr oder weniger Empörung feststellen, die Neo-psychoanalyse habe mit Psychoanalyse überhaupt nichts mehr zu tun. Worum handelt es sich da?

Der Begriff „unbewußt" ist ein „nonischer" Be-

* Dem vorliegenden Aufsatz ging eine allgemeine methodologische Erörterung voraus, auf die der Verfasser besonderen Wert legte und die zum Ziele hatte, die Neo-psychoanalyse in weiteren Zusammenhang einzuordnen. Die Länge des Aufsatzes machte jedoch aus redaktionellen Gründen eine Kürzung notwendig, worauf dem Wunsch des Verfassers gemäß hingewiesen wird.

[1] All dies ist im Buche des Verfassers: „Der gehemmte Mensch", Georg Thieme Stuttg. 1947, breit ausgeführt.

griff. Er kommt auf die Weise zustande, daß gesagt wird, das *Unbewußte* sei dasjenige Etwas, das die uns bekannten spezifischen Eigentümlichkeiten des Bewußten *nicht* habe. Der Begriff des Unbewußten kommt also durch einen Denkakt zustande, der dem Menschen ermöglicht hat, u. a. auch null und unendlich zu denken. In beiden Fällen handelt es sich um ein Etwas, dem gegenüber man infolge seiner Herkunft und seines Charakters als eines Denkgegenstandes nicht fragen kann, ohne eine sinnlose Frage zu stellen, was denn nun positiv über seine Eigentümlichkeiten auszusagen sei. Sein Spezifikum ist ja eben gerade die Leere, das Non, das Nicht. Um eine Nicht-Tanne kann man nicht herumgehen in der Absicht, sie anzusehen, wie sie denn beschaffen sei. Genau so steht es mit dem Unbewußten. Es war durchaus zweckmäßig, diesen Begriff wenigstens anfänglich als Überleitung zu weiterem zu prägen. Aber es war sicher falsch, weiterhin so mit ihm umzugehen, als sei er letztgültig prägnant und inhaltsvoll. Wir hätten uns diese Erörterung hier ersparen können, wenn nicht auch praktisch von durchaus ernsthaften Kritikern von vornherein gegen diesen Begriff des Unbewußten Sturm gelaufen worden wäre, so als ob die Psychoanalyse mit diesem Begriff stehe und falle. Die betreffenden Kritiker haben sich einfach durch die These, Gegenstand der Psychoanalyse sei das Unbewußte, dazu verführen lassen, ihr vielleicht doch im Innersten mahnendes logisches Gewissen zu überhören und der Formulierungsweise der Jahrhundertwende auf den Leim zu gehen. Tatsächlich hätte man statt der vielen anderen Einwände den gegen den nonischen Begriff gültigen erheben können und sollen. Dann hätte man diesen Begriff des „Ubw" als vorläufiges Hinweisungsmittel, auch für den Alltagsgebrauch gut geeignet, anerkennen können und wäre zu den eigentlich bedeutsamen Fragen zurückgekehrt. Und dann hätte man bemerkt, daß dieser Begriff keineswegs so etwas wie ein integrierender oder sogar dominierender Bestandteil jener Wissenschaft ist, obgleich das von *Freud* selbst so gemeint wurde. In dessen Veröffentlichungen hätte man korrekte empirische Feststellungen finden können, denen gegenüber zu überlegen gewesen wäre, welche korrekten Allgemeinformulierungen angebracht wären statt der so schön klingenden Wendung, es handle sich um Unbewußtes. Man hätte feststellen können, daß nicht nur innerhalb des analytischen Bereichs sondern auch innerhalb des individualpsychologischen und komplexpsychologischen dauernd von menschlichen Antrieben und *Bedürfnissen* die Rede ist, die einfach qualitativ benannt und aufgewiesen werden können; von denen ausgesagt wird, sie seien zunächst einmal da, und eines Tages seien sie nicht mehr da; dennoch aber zeigten sich späterhin Folgen ihres ehemaligen Daseins. Und um diese Tatbestände hätte man sich weiter bemühen können und sollen. Dann wäre der ganze lange Streit um den Terminus „unbewußt" herum vermieden worden, und es wäre sogar vielleicht gelungen, nach einiger Zeit *Freud* selbst und seinen Schülern klar zu machen, daß man lediglich eine Begriffskritik im Sinne habe und nicht etwa das Vorhandensein von spezifischen Tatbeständen bestreite. Da dieser nonische und in diesem Sinne illegitime Begriff des Unbewußten praktisch diese verheerende Rolle gespielt hat, aber tatsächlich letztlich unbrauchbar ist, ist er von der Neo-psychoanalyse für ihre Letztformulierungen fallen gelassen und nur für den Slang reserviert worden. Die Neo-psychoanalyse fixiert also nach wie vor den gleichen merkwürdigen Tatbestandsbereich, von ihr Gehemmtheit genannt, wie die Psychoanalyse vor ihr. Sie beschreibt ihn etwas genauer, etwas differenzierter, als das bisher geschehen ist, im Kern aber genau so.

Weiter: Sie hat durch diese Begriffe der Hemmung und der Gehemmtheit auch einen zweiten psychoanalytischen Begriff zum Teil wenigstens ersetzt, den der „*Verdrängung*". Beide, Psychoanalyse und Neopsychoanalyse, beschreiben, weisen hin auf Tatbestände, deren allgemeiner Charakter ist: Ein bisher vollständig erlebter Antrieb verschwindet infolge des Auftretens peristatischer Faktoren, — diese unter dem Titel „Härte und Verwöhnung" zusammengefaßt, — aus dem Erleben. Übrig bleibt eine „Lücke", eine Leerstelle. Beide beschreiben aber innerhalb desselben weiteren Bereichs noch mehr, nämlich: Nicht immer, aber häufig und bei bestimmten Strukturen besonders häufig, steht dem nunmehr gehemmten Menschen die Erinnerung an die Zeit vor der Gehemmtheit und besonders an das Erlebnis des Gehemmtwerdens nicht mehr in üblicher Weise zur Verfügung. Etwas anders ausgedrückt: Die Umstände, die zur Gehemmtheit führten, sind in diesen Fällen schwer-erinnerlich, schwerer als üblich erinnerlich geworden. Im Extremfall besteht völlige „Dunkelheit", völlige Unfähigkeit zu erinnern. Das ist da, wo es vorliegt, besonders auffallend. Verständlicherweise knüpft nun eine Neuentdeckung an das Auffallende und nicht etwa an das Mittlere, Regelhafte an. So fixierte *Freud* zunächst dieses sensationelle Phänomen und machte es zum Teil zum Ausgangspunkt seiner Betrachtungen. So prägte er hierfür den Begriff der „Verdrängung". Die Erinnerungslosigkeit, wie wir heute wohl etwas vorsichtiger feststellen: die Schwererinnerlichkeit schien „das Wesentliche" im „Hintergrunde" der neurotischen Symptomatik zu sein. Die damals florierende Denkpsychologie unterstützte diese „Auffassung". *Freud* hat damals im wesentlichen vollständig Zutreffendes festgestellt, aber es wäre sehr sonderbar gewesen, wenn er gleich von vornherein Häufigkeitsfragen erörtert hätte. Das tut niemand zu Anfang, geschweige denn jemand, der deshalb heftig und ungerecht angegriffen wird, weil er auf ein unangenehmes, belastendes Phänomen hinzuweisen wagt. Wir sprechen heute von Schwererinnerlichkeit und davon, daß diese in manchen Fällen, deren Gruppenstruktur wir ebenfalls heute präziser beschreiben können, als es Freud möglich war, vorliegt, in sehr vielen anderen aber nicht. Wir haben uns von naiver Denkpsychologie unabhängig gemacht. Wir sehen in den Bedürfnissen und Antrieben des Menschen das „Zentrum" seines Erlebens. Wir erklären, das Wesentliche des interessierenden Hintergrundes neurotischer Erkrankungen sei der Ausfall oder die Reduzierung von Antriebsqualitäten. Dabei bedeutet übrigens die eben erfolgte Charakterisierung einen Ersatz der immerhin noch groben Metapher „Gehemmtheit" durch die „Spurenmetaphern" „Ausfall" und „Reduzierung". Diese könnten jederzeit durch entsprechende mathematische Zeichen ersetzt werden. Diese statistische Eigentümlichkeit, von der eben die Rede ist, die nur relative Häufigkeit so definierter Verdrängungserscheinungen, ist der Grund dafür, daß die Neopsychoanalyse den Begriff der Verdrängung nicht etwa hat fallen lassen, sondern ihn nur seltener und dann verwendet, wenn der Akzent auf dem Nicht-Erinnern liegen soll. Das hindert natürlich nicht, daß man im Alltagsgespräch hin und wieder das traditionelle Wort „Verdrängung" synonym mit Hemmung verwendet. Ob bei weiterer Differenzierung der vorliegenden Tatbestände dieses Bereichs gewisse Akzentverschiebungen der Definition jener beiden Begriffe neuerlich erfolgen und zur Konvention erhoben werden, bleibe dahingestellt, ist aber durchaus möglich. Das könnte dann einen Fortschritt bedeuten und wäre korrekt, sobald gewußt wird, was man unternimmt bzw. unternommen hat.

An der breiten Erörterung des Begriffs des Unbewußten im Gegensatz zu dem der Hemmung läßt sich also die innige Verflechtung einer ganzen Reihe von wissenschaftlichen Vorgängen illustrieren. In ihren tatsächlichen Darstellungen hat die seitherige psychoanalytische Literatur z. B. schon immer die relativ geringe Häufigkeit von prägnanten Erinnerungslücken festgestellt. Aber es fehlte bisher eine durchgängige und ausdrückliche Distanzierung gegenüber den Anfangsvorstellungen *Freuds*, die in seinen Bemerkungen zur Zwangsneurose nur eine unausreichende Abschwächung erfuhren. Wir sind heute in der Lage, ausdrücklich statistisch zu formulieren. Darum geht es, und wir tun das daher auch. An dieser Stelle, hinsichtlich dieses Punktes handelt es sich also nun um die Korrektur eines Stückes Theorie in Form einer Korrektur unzulässiger Verallgemeinerungen. Das gilt für den etwas in den Hintergrund getretenen Begriff der Verdrängung gegenüber der scharfen und entschiedenen Unterstreichung desjenigen der Gehemmtheit. Diesen gegenüber dem des Unbewußten hervorzuheben, eindeutig dominieren zu lassen, gehört dagegen in den Bereich der Begriffskritik. Über den Tatbestand selbst wird Differenzierteres, Fortschrittliches ausgesagt aber nichts grundsätzlich Neues. Das hat dazu geführt, daß Kritiker an der Neopsychoanalyse nunmehr glaubten, darauf hinweisen zu müssen, daß diese, also wesentlich der Verfasser des Vorliegenden, ja doch „alles" von *Freud* „gestohlen" habe. Recht verstanden ist das also zutreffend, und im übrigen hat der Verfasser, und zwar unter Verwendung des gleichen freundlichen und offenen Wortes, dies selbst sogar im Dritten Reich bei jeder nur irgendwie möglichen Gelegenheit ausdrücklich gesagt. Zu drucken war es ihm bedauerlicherweise verboten. Aber es wird nun weiterhin auch noch folgendes deutlich geworden sein, nämlich die amüsante Tatsache, daß, wie eben mitgeteilt, der eine der heutigen Kritiker der Neo-psychoanalyse erklärt, alles sei doch von *Freud* gestohlen und der ebenso temperamentvolle Alt-Psychoanalytiker erklärt, nichts von den herrlichen Errungenschaften der Psychoanalyse *Freuds* sei in der Neo-psychoanalyse enthalten.

Entwickeln wir ein weiteres Beispiel für die hier in Frage stehenden Gegensätze: Da *Freud* beobachtet zu haben glaubte, daß das Auftreten von Erinnerungslücken eine entscheidend wichtige Seite zumindest des Hintergrundsvorganges der neurotischen Symptomatik ist, mußte die daraus abgeleitete therapeutische Maßnahme ja den Zweck verfolgen, diese Erinnerungslücken zu korrigieren. Unter der weiteren Voraussetzung, es sei zutreffend festgestellt worden, das Vergessene sei stets von höchst affektgeladenem Charakter, war es nicht erstaunlich, daß bei Anwendung einer Methode der Selbstbesinnung, vorwiegend des Rückerinnerns, die alle Einzelakte dieses Erinnerns erleichterte, *wenn* schließlich das Vergessene auftauchte, heftige Affekteruptionen stattfanden. Es war also auch nicht erstaunlich, daß, nachdem sich der Betreffende in üblicher und wohlbekannter Weise beruhigt hatte, die Erinnerung blieb und das Symptom fortfiel. Was *Freud* nicht voraussehn konnte, war, daß diese stürmischen Vorgänge deshalb nur selten auftreten konnten, weil die entsprechende Struktur ebenfalls relativ selten ist. *Freud* bezeichnete diese Vorgänge übrigens als kathartisch in durchaus folgerichtiger Anlehnung an den griechischen Begriff der Katharsis. Und nun ergab sich folgende Merkwürdigkeit der weiteren therapeutischen und wissenschaftlichen Entwicklung: Es wurde also bald offensichtlich, daß eigentlich kathartische Fälle selten sind. Schon bei der sogenannten Analyse von Zwangsneurosen zeigte es sich, daß Heilungen *ohne* solche Eruptionen zustande kamen. Erste Folge: Einige etwas „lebhafte" Nachuntersucher waren über das Nicht-Eintreten der erwarteten kathartischen Vorgänge in der Mehrzahl der Fälle, — auch bei genauer und gekonnter Anwendung der empfohlenen Methode des differenzierten Rückerinnerns, — so enttäuscht, daß sie, wiederum allzu stürmisch, das Ganze fallen ließen und sogar zu Gegnern wurden; was sie zum Teil noch heute sind, heute allerdings gemildert durch eine politisch gesteuerte Renaissance leider auch der älteren und korrekturbedürftigsten Positionen *Freuds*, wie sie in den Vereinigten Staaten z. B. nur noch von einer Minderheit vertreten werden. Das nebenbei. Die eigentliche Merkwürdigkeit dieser Entwicklung ist, daß die Seltenheit der kathartischen Vorkommnisse zwar mit der Ausdrücklichkeit registriert wurde, wie sie vorliegt, daß diese verallgemeinernde Theorie nun aber nicht aufgegeben und durch eine den Tatsachen entsprechende ersetzt wurde. Der Hinweis auf das kathartische Vorkommnis hätte ja durchaus erhalten bleiben können. Statt dessen trat eine wissenschaftliche Lücke auf, die nur zum Teil durch etwas flottierende Erörterungen einer Vielzahl sogenannter „Abwehrvorgänge" ausgefüllt wurde. Genaueres Hinsehen zeigt, daß es sich dabei zu einem erheblichen Teil um tautologische Feststellungen handelt. Das lärmend Prägnante des kathartischen Vorganges war doch zu verführerisch gewesen und hatte die Vorstellungen der Beteiligten imprägniert. Erwies sich diese Akzentuierung praktisch dann als ungerechtfertigt, so wurde das Ganze laut oder stillschweigend fallen gelassen. *Freud* selbst machte dann einen Vorstoß in Richtung auf Akzentuierung der Hemmungsseite des Bereichs, ohne daß dies nachhaltige Wirkungen hervorrief. Zeitweise entging den Untersuchern dann sogar, daß die kathartische Theorie *Freuds* insofern recht behielt, als in der Therapie mikro-kathartische Vorgänge dauernd eine mitentscheidende Rolle spielen. Qualitativ also ist es durchaus erlaubt, von einer näheren statistischen Erörterung abzusehen und eine allgemeinere theoretische Feststellung zu machen. Nur muß man dann ausdrücklich wissen, daß der antike Begriff der Katharsis wesentlich bestimmt war durch ein quantitatives Moment, nämlich durch die stürmische Affektbeteiligtheit. Und *dieses* quantitative Moment war für *Freud* Anlaß zur Begriffsübernahme. *Wenn* das so war, dann war es eigentlich nicht erlaubt, den Begriff „kathartisch" qualitativ statt quantitativ zu nehmen. Das ist dann auch im allgemeinen unterblieben. Es ergab sich also ein fading in der wissenschaftlichen Entwicklung.

Der praktische Psychotherapeut ist von etwas anderer Struktur. Als Psychoanalytiker hielt er wider bessere Theorie an der kathartischen Vorstellung fest, wie zumindest zwischen den Zeilen und aus den Äußerungen von Patienten, die aus der Literatur oder den Mitteilungen ihres Analytikers Erwartungsvorstellungen bezogen haben, wieder und wieder mit Eindeutigkeit hervorgeht. Die kathartische Vorstellung des Heilungsvorganges, da, wo dieser überhaupt bekannt ist und erörtert wird, geht im Sinne des „Stürmischen" und *daher* „Erlösenden" nach wie vor in der Welt um. Die zugehörigen Enttäuschungen können nicht ausbleiben und tun das auch nicht.

Hieraus aber ergibt sich für die Neo-psychoanalyse nicht nur theoretisch sondern auch praktisch eine sehr weitgehend neue Situation. Sehr ähnlich wie die Individualpsychologie, besonders in ihrer *Künkelschen* Variante, muß sie die weitverbreitete kathartische Erwartungsvorstellung der Patienten, wenn vorhanden, zerstören. Aber die Menschen sind nun einmal so, daß sie in ihrer existentiellen Hilflosigkeit wenigstens vorübergehend glücklich sind, wenn sie passiv, abwartend, sich anlehnend, Erlösung erwarten dürfen. Die kathartische Theorie hatte also ausgesprochen werbenden Charakter. Die Neo-psychoanalyse ließ sie sachgemäßer Weise fallen, hat diesen werbenden Charakter daher nicht. Sie hat auch nicht den, der etwa lautet: „Du bist schuld, du mußt besser werden, du hast immer „oben" sein wollen. Zunächst hast du das zwar in kindlicher Einfalt getan. Aber jetzt weißt du es. Von nun an ist es böse, wenn du „oben" sein willst, sei es auch aus Not." Hier melden sich diejenigen Patienten, die von sich aus schon ein subjektives lebhaftes Bedürfnis, besser zu werden und sich korrigieren zu lassen, sich also auf diese Weise anzulehnen, mitbringen. Auch eine weitere Art der Werbung ist der Neopsychoanalyse verschlossen, nämlich die, die darin liegt, daß der Patient erwarten darf, er werde in sich außergewöhnliche, vom Mittleren abweichende, kaum noch psychisch sondern eigentlich „seelisch" zu nennende Bereiche entdecken, denen er sich eines Tages wird unter Führung anvertrauen dürfen. Hier handelt es sich um sehr merkwürdige, zum Teil wissenschaftshistorische, zum Teil therapiehistorische Erscheinungen, die zumindest praktische Bedeutung haben, aber doch auch ein Licht auf manche Züge der zugehörigen Grundlagenforschung werfen. Daher scheinen sie uns hierher zu gehören.

Die Neo-psychoanalyse nimmt also ausdrücklich Rücksicht auf einen statistischen Tatbestand und läßt dementsprechend die unzulässig verallgemeinernde kathartische Theorie fallen. Sie knüpft neuerlich an den einfach beschreibenden, Qualitatives und entsprechende Zusammenhänge darstellenden Gehalt der *Freud*schen Arbeiten besonders bis 1910 etwa an und bemüht sich hier, empirisch und theoretisch weiter zu kommen. Dabei entnimmt sie der *Adler*schen Individualpsychologie eine Reihe von Tatbestandsfeststellungen, die die *Freud*schen ergänzen und nicht wie *Adler* es meinte, zu ersetzen bestimmt sind. Der „Kristall", den man Neurosenstruktur nennt, hat mehrere „Seiten". Einen Teil davon sah überdeutlich *Freud* als erster. Ein paar weitere Seiten sah ebenso affektbetont und überscharf *Adler*, ohne daß man sagen kann, daß *Freud* diese nicht bemerkt hätte. Es sei hier an dessen Begriff „sekundärer Krankheitsgewinn" erinnert, der ja per definitionem bereits ein „finales" Element enthält und *sehr* früh gebildet wurde. Und dann entnimmt die Neo-psychoanalyse den *Jung*schen Positionen eine Reihe von Feststellungen insbesondere aber deren durch Breite der Darstellung betonte Wichtigkeit. Hier handelt es sich insbesondere um den Einbau speziell neurosenpsychologischer Feststellungen in einen weiten anthropologischen Rahmen. Dieser muß naturgemäß das Menschenwesentliche hervorheben. Das aber ist der Bereich geistigen Erlebens, zu dem insbesondere das auf die Welt und das Leben als Ganzes gerichtete gehört.

Als Verfasser der vorliegenden Darstellung für die eben in einigen Zügen charakterisierte „Zusammenschau", für diesen Synkretismus das Bild des *Amalgams* vorschlug, begegnete er lebhaftem, sich auf das natürliche Sprachgefühl berufendem Widerstand. Legt man diesem Begriff des Amalgams, so wie er gemeint ist, aber lediglich die Bedeutung eines bildhaften und nicht etwa „sinnschwangeren" Hinweises bei, so sollte es doch wohl gleichgültig sein, ob man den einen oder anderen verwendet. Was tatsächlich damit gemeint ist, geht ja aus dem oben Dargestellten hervor. Es handelt sich um die Herausarbeitung, Ordnung und Zusammenfügung der von jenen drei Autoren und ihren Mitarbeitern gelieferten, die Tatbestände korrekt treffenden Aussagen und die Bildung einer entsprechenden kohärenten Theorie von heute als gültig anzusehendem Charakter. *Freud*, *Adler* und *Jung* sind damit historische Größen, denen gegenüber, wie in der Wissenschaft üblich, die Freiheit besteht, einzelne ihrer Positionen anzuerkennen und andere zu verwerfen. Die Zusammenfügung der bei allen Dreien anzuerkennenden, sich ergänzenden Positionen liefert dann den Bestand unseres heutigen Wissens. Daß das Wort Neo*psychoanalyse* blieb, liegt daran, daß u. E. *Freud* nicht nur der Erstentdecker war, sondern alles Wesentliche darstellte. Das einzige fast, was er nicht korrekt sah, so weitgehend, daß man von einem Nicht-sehen sprechen darf, ist der autochthone Charakter des g e i s t i g e n und dabei doch neurosenpsychologisch relevanten Bereichs.

Geht man, — und hier wird nicht in extenso dargestellt, sondern nur gerade eben im Résumé skizziert, — von der Gehemmtheit als Kernvorgang neurotischen Geschehens aus, so ergibt sich, daß diese nicht allein bleibt, sondern aus mit üblichen Mitteln verständlichen Gründen weitere Erscheinungen zur Folge hat. Deren Abhängigkeit von der Gehemmtheit ist nicht „gesetzmäßig", wie man das einmal genannt hat, sondern nur mehr oder weniger wahrscheinlich. Die hierher gehörigen Häufigkeiten sind wir heute sehr wohl in der Lage, praktisch abzuschätzen, also Typisches von sicher selten Vorkommendem zu unterscheiden. Aber es ist eine der wissenschaftlichen Aufgaben der Zukunft, hier an großzahligem Material statistische Sicherheit zu gewinnen. Es handelt sich darum, daß das gehemmte Kind regelhafterweise *passiv* wird. Damit klingt z. B. die *Adler*sche und *Künkel*sche Akzentuierung des Themas Passivität an. Eine Variante solcher Passivität ist das, was populär *Bequemlichkeit* genannt wird. Und es scheint uns kein Grund dagegen zu bestehen, die hierunter fallende wichtige Gruppe von Erscheinungen mit dem Wort Bequemlichkeit zu überschreiben. Auch von der therapeutischen Seite her gesehen ist diese Folgeerscheinung, die sich manchmal bis zu süchtiger Gier nach einem dolce far niente intensiviert, von allergrößter Wichtigkeit insofern, als eingefahrene Neigung zu passivem Verhalten einer Korrektur äußersten Widerstand entgegenzustellen pflegt. Wenn *Freud* noch in vielen Fällen glaubte, einen besonders hohen Grad von Verdrängung annehmen zu müssen, wenn ein therapeutischer Erfolg allzu lange auf sich warten ließ, wenn er sogar in den 20iger Jahren neue Arbeitshypothesen entwickeln zu müssen glaubte, um ausbleibende Heilerfolge zu erklären, kann heute darauf verwiesen werden, daß *Adler* hier schärfer sah und das Erscheinungsbild der mitspielenden Passivität entsprechend heraushob.

Eine weitere regelmäßige Folgeerscheinung der Gehemmtheit: Nichts im Lebendigen erfolgt hundertprozentig. Äußerst selten entsteht eine *radikale* Erlebnislücke, d. h. Ausfall ehemals erlebter Antriebs- und Bedürfnisqualitäten. Das Lebendige ist stets über- oder unterschüssig. Faktisch bleibt vom ehemaligen Antriebserleben regelmäßig zumindest eine Gefühlstönung manifest, „bewußt". Diese wieder ist insofern plastisch, als sie in ihrer Intensität und auch in der Fülle vorstellungshafter, phantasiehafter Formulierungen schwankt. So ergibt sich ein sehr merkwürdiger Bereich weiteren Geschehens, der populär gesprochen dem genauer Zusehenden als Welt *vager Erwartungen* im Erleben von neurotischen Menschen auffällt. Reale Enttäuschungen hinsichtlich dieser Erwartungen, die ihres reflektorischen oder mikropsychologischen Charakters wegen nicht korrigiert zu werden pflegen, sorgen im weiteren Verlauf dafür, daß der Betreffende in seinen Erwartungshaltungen erstarrt, was von *Künkel* z. B. als „Sklerose" bezeichnet wurde. Ihr maßloser Charakter der dann regelmäßig Erwartungen zu *Ansprüchen* werden läßt, bestimmte den Verfasser, hier ein weiteres Gebiet des Erlebens unter dem Titel „*Riesenansprüche*" abzugrenzen. Wer sich der Beobachtung dieser Tatbestände mit ausreichender Geduld und ausreichendem Zeitaufwand überläßt, vermag dann weiterhin fetzustellen, daß jede Folgeerscheinung der Gehemmtheit ihrerseits die Gehemmtheit verstärkt. Es entstehen eine Fülle von circuli vitiosi. *Künkel* entwickelte hierfür den Begriff des „Teufelskreises". So wenig befriedigend dem Verfasser der vorliegenden Darstellung selbst das Wort „Riesenanspruch" erschien, so möchte er halb scherzend doch meinen, das Popularisieren gehe im Wort „Teufelskreis", — Tatbestand und Begriff bleiben davon unberührt, — doch etwas zu weit. Er zieht es daher vor, hier den Terminus circulus vitiosus zu verwenden. Es sind also eine ganze Reihe von Gesichtspunkten, die die Fortentwicklung überkommener Begriffswelt bedingen. Um all das aber fundiert zu überblicken oder wohl auch nur ausreichend verstehen zu können, bedürfte es einer Breite der Darstellung und einer Vertiefung in sie durch den Lesenden, wie sie hier weder erstrebt noch erreicht werden kann. Daher jener Hinweis auf viel Geduld und lange Zeit. Ein Aufsatz wie der vorliegende kann selbstverständlich in keiner Weise auch nur einen Ausführlichkeitsgrad ersetzen, wie er etwa im Buch des Verfassers „Der gehemmte Mensch" vorliegt. Zweck der hier erfolgenden Erörterung kann und soll nur sein, einiges Grundsätzliche zu klären und ein paar Einzelheiten einzustreuen.

Durchdenkt man sich in lebendiger Vorstellung den Bereich menschlichen Erlebens, der hier durch das Stichwort „Riesenansprüche" gekennzeichnet wurde, so ergibt sich hier sehr bald eine Berührung mit dem, was als Befindlichkeit des Menschen in der Welt bezeichnet worden ist. Tod und Vergänglichkeit bewirken im menschlichen Erleben das, was Verlorenheit und „Geworfenheit" genannt wurde. Eine der möglichen Reaktionen hierauf ist die überkompensatorische Entwicklung von illusionären Erwartungen dem Leben gegenüber aus lauter Hilflosigkeit. Und diese allgemeinverbindlichen Reaktionen des Menschen gleichen in ihrer Erscheinung den neurotischen Riesenerwartungen ganz ausgesprochen. Allein von hier aus schon ergibt sich ein Übergreifen eigentlich neurotischer Problematik auf weitere autochthon-geistige Bezirke. Und nicht nur an dieser Stelle ist dies so. Daher war es sehr verständlich, daß das Kennenlernen der hierhergehörigen Problematik zu einer Differenzierung der Gesamtauffassung vom neurotischen Geschehen drängte, wie sie von seiten *Jungs* gegenüber *Freud* besonders deutlich inauguriert wurde. Hier war die *Freud*sche Auffassung durchaus ergänzungsbedürftig und keine Überspitzung in dieser Richtung vermag grundsätzlich die Notwendigkeit solcher Differenzierung zu relativieren.

Es ergibt sich also im großen Ganzen, daß *Freud* bis auf ganz wenige Bezirke sämtliche zugehörigen Tatbestände qualitativ korrekt gesehen hat und daß die Jüngeren, *Adler* und *Jung*, doch im Wesentlichen nur, zum Teil allerdings erhebliche, Akzentverschiebungen vorgenommen haben. Die Neo-psychoanalyse setzt diesen Weg nun fort, indem sie nicht nur die bisher als gegensätzlich erscheinenden Auffassungen gewissermaßen einfach addiert, sondern ein neues Aggregat daraus schafft, indem sie ihrerseits noch einmal hin und her Bezug nehmend schärfere und anders lokalisierte Akzente setzt. Dabei entwickelt sie, so weit irgend möglich, eine *sparsame* Begriffswelt, die nicht-metaphorischen Charakter hat. War der Ausdruck Gehemmtheit noch ein Bild, so sind Bequemlichkeit und Riesenanspruch wörtlich gemeinter Hinweis auf spezielles Qualitatives. An den angeführten Beispielen wird wohl mit ausreichender Deutlichkeit klar geworden sein, inwiefern es gerechtfertigt erschien, neuerlich ein resumierendes wissenschaftliches Gebilde als Neo-psychoanalyse zu bezeichnen, ohne daß dies der Name einer neuen „Richtung" ist.

Inhaltlich ist damit die Skizze der neo-psychoanalytischen Auffassung keineswegs abgeschlossen. Es wurde stufenweise vorgegangen. Fixiert wurde durch Frage die neurotische Symptomatik. Gefragt wurde nach deren „Herkunft". Ausgesagt wurde, es handle sich um ein Problem des menschlichen Antriebs- und Bedürfniserlebens. Gefragt wurde, was mit den Antrieben „geschieht", wenn es sich um neurotisches Erleben handelt. Die Antwort war: sie werden gehemmt. Die Frage, um welche Antriebarten es sich bevorzugterweise handelt, falls es um solche Bevorzugung geht, wurde hier nicht aufgeworfen, obgleich sie in der neo-psychoanalytischen Lehre breiteste Erörterung findet. Aber es war ja auch nicht die Aufgabe der vorliegenden Darstellung, in dieser Hinsicht Vollständigkeit auch nur anzustreben. Daher unterblieb dann auch eine nähere Charakterisierung des Gehemmtheitsphänomens, des Vorganges des Hemmens, des Resultates der Gehemmtheit usw. Auch die Folgeerscheinungen wurden nur durch zwei Gebietsbezeichnungen, Bequemlichkeit und Riesenansprüche, zu treffen gesucht. Es gibt noch eine Reihe weiterer typischer Folgeerscheinungen von Gewicht. Und dann erhebt sich die Frage, auf welche Weise aus einer vorliegenden Neurosenstruktur die Symptomatik erwächst. Die auslösenden Bedingungen hierfür, die sogenannten *Versuchungs-* und *Versagungssituationen*, seien hier wenigstens mit Namen genannt. Am entsprechenden Ort erfolgte die genaue Beschreibung dessen, worum es sich hier handelt und dann die des Vorganges der Symptomentstehung.

Die Neo-psychoanalyse enthält eine Reihe neuer Worte, wie wir meinen als Bezeichnung für geklärtere, präzisere Begriffe. Hier galt es zunächst, den Charakter dieses Klärungsprozesses, den der Name Neo-psychoanalyse im wesentlichen deckt, in einigen Linien und an einigen Beispielen zu verdeutlichen.

Daher wird es auch wohl für die Leser der vorliegenden Darstellung von Interesse sein, zu hören, daß in den Vereinigten Staaten eine ehemalige Psychoanalytikerin, die sich selbst aber durchaus noch so nennt, Karen *Horney*, einen entsprechenden, entsprechend dezidierten Versuch unternommen hat. Allerdings hat die betreffende Autorin, wie wir meinen, nicht mit der gleichen Deutlichkeit ein Amalgam der drei tradierten Richtungen erstrebt. Sie ist, nachdem sie die orthodoxe Psychoanalyse verließ, in betonter Weise eigene sprachliche und begriffliche Wege gegangen. Darüber hinaus aber scheint sie uns eine ganze Menge von durchaus brauchbaren Positionen der Früheren, auch *Freuds*, aufgegeben zu haben. In der Neo-psychoanalyse spielen z. B. die Begriffe des *Oralen* und des *Analen* nach wie vor eine bedeutsame Rolle, in Konsonanz mit *Freud*, im Gegensatz zu *Adler* und *Jung*, die jene beiden Begriffe nicht in ihre Terminologie aber auch nicht das Gemeinte in ihre Schilderungen aufnahmen. Hier ist die Neo-psychoanalyse, so weit sie in Deutschland auf die Initiative des Verfassers der vorliegenden Darstellung zurückgeht, ausgesprochen und, wie sie meint, höchst begründeter Weise konservativ. An sich liegen die Dinge hier sehr einfach: Bestimmte neurotische Symptomarten, bestimmte sehr auffallende Traumgegenstände und Vorgänge, bestimmte, bis dahin höchst rätselhafte Erlebnisse und Äußerungen von Geistesgestörten haben eben eindeutig oralen oder analen Charakter, so wie diese Begriffe von *Freud* entwickelt worden sind. Es würde einen wissenschaftlichen Verlust und einen drohenden Übergang in zu allgemeine Feststellungen bedeuten, wenn angesichts so prägnanter Phänomene auf zugehörige Begriffe verzichtet würde. Es wird in der Folgezeit darauf ankommen, sämtliche für das Problemgebiet der Neurosenstruktur und ihrer Äußerungen bisher verwandten Begriffe neuerlich daraufhin zu überprüfen, wie weit sie im obigen Sinn legitim, d. h. unmetaphorisch sind, ob sie nicht nonischen und daher unbrauchbaren Charakter haben, ob sie nicht schon in anderen enthalten sind und daher als überflüssig fallen gelassen werden dürfen und sogar müssen. Dann wird zu untersuchen sein, wie weit einer der von *Freud*, *Adler* und *Jung* und ihren Schülern schon angebotenen Begriffe dem bisherigen Bestand doch wieder hinzugefügt werden muß. Hier sei z. B. der Begriff „Narzissmus" genannt als einer derjenigen, der möglicherweise wenigstens für den Handgebrauch und für die Verwendung in Kurzformeln, in Kurzaussagen wieder aufgegriffen werden sollte, während das u. E. für den Begriff des von *Freud* so genannten „Exhibitionismus" wohl sicher nicht gilt.

Alle diese Bemühungen laufen also letztlich darauf hinaus, die präganten Einzelfakten, zunächst der Neurosenpsychologie, durch Qualitätsbezeichnungen wissenschaftlich zu fixieren und dann die Gleichzeitigkeits- und Aufeinanderfolgekorrelationen hinsichtlich jener Fakten ebenfalls begrifflich zu fassen und in sachgerechter systematischer Ordnung darzustellen. Die gültigen Aussagen werden dann tatsächlich formal die Struktur von $x = f(y)$ haben bezw. $a = f(d)$. (Es sei hier hinzugefügt, daß, sobald eine korrekte Aussage dieser Art gelingt u. a. die Metapher der „Schichten", der „Schichtung" als nunmehr überflüssig in sich zusammenfällt.) Auf diese Weise also kommt ein Ordnungsversuch, ein Versuch systematischer Ordnung zustande, wie er bisher nicht unternommen wurde. Er läßt sich auch so charakterisieren: Die unmetaphorisch bezeichneten empirischen Fakten erhalten eine Rangordnung in dem Sinn, daß sie in unabhängige, relativ abhängige und extrem abhängige Variable gegliedert werden. Wesentlich ist, daß dies ***vollabsichtlich*** geschieht. Diese ordnende Absicht richtet sich weit überwiegend auf ein Material, das in merkwürdiger Verstreutheit eine Literatur von einem Umfange von etwa 50 000 Lexikonseiten erfüllt.

Verlassen wurden also, jedenfalls dann, wenn es sich um letztgültige Exaktheit handeln soll, Begriffe wie der oben genannte der „Schicht", wie „Tiefe", aber zum Beispiel auch wie „der Geist", „das Wesen", „der Sinn". Auch dazu einige erläuternde Worte: Zwar sind wir seit Kindheit daran gewöhnt, als Menschen vom *Anfang* des 20. Jahrhunderts, weitgehend naiv von „der" Geist, aber auch „der" Antrieb zu reden, entschuldigt sind wir vor strengen methodologischen Forderungen damit aber nicht. All diese Wendungen sind illegitim. Sie versprechen mehr, als sie halten können. Im Grunde handelt es sich um naive Anthropomorphismen. Im Erleben Vorkommendes wird dabei so behandelt, als entfalte da ein Subjekt nach Analogie des handelnden Menschen seine Wirkungen. Eine Fülle von Mißlichkeiten müssen sich hieraus ergeben und haben sich auch seit Jahrhunderten ergeben. Sogar der authochthone Charakter geistigen Erlebens ist damit dem wissenschaftlichen Zugriff faktisch außerordentlich weitgehend entzogen worden. Aber auch all dies müßte, heute wenigstens, sehr viel weiter ausgeführt werden, als es in der vorliegenden Darstellung geschehen kann. Eine dringliche Aufgabe für die Zukunft! Die sich entwickelnde Neo-psychoanalyse kann dankbar dafür sein, daß diese Aufgabe zu den allgemeinsten gehört, die der näheren und fernsten wissenschaftlichen Bemühung gestellt sind. Sie ist es ebenso für viele weitere Wissenschaftszweige.

Damit aber wiederum nicht der Anschein entstehen kann, als wende sich das Interesse einer Wissenschaft von einem sehr speziellen Gegenstande unerlaubter und unnötiger Weise fernsten Bereichen zu, möge hier auf ganz spezielle neurosenpsychologische Fragestellungen verwiesen sein, die wenigstens in die allernächste Nähe des eben Erörterten gehören. Die Individualpsychologie *Adlers* z. B. hat mit einer merkwürdigen Entschlossenheit, könnte man fast sagen, gegenüber dem neurotischen Symptom des *Waschzwanges* nicht so sehr die Frage aufgeworfen, woher er rühre, sondern die, in das Interesse welcher „unbewußten" Absichten er, einmal vorhanden, gestellt werde. Sie ist damit der im Grunde auch ihr vorschwebenden dringlichsten Fragestellung, der sogenannten kausalen, ausgewichen. Es handelt sich bei ihrer „finalen" Aussage also um eine Art wissenschaftlichen Ersatz — was wiederum nicht heißen soll, daß innerhalb des sekundären Bereichs des Finalen ihre Aussage nicht zutreffend und gültig wäre. Unter den oben angegebenen Gesichtspunkten hat sie eine abhängige Variable beschrieben, bevor die unabhängige ausreichend erörtert worden war. Es ist das Verdienst des genialen Ersterörterers *Freud*, daß er sich unbeirrt durch sensationelle Nebenumstände entschieden den unabhängigen Variablen zuwandte. In aller Kürze sei hinzugefügt, daß ein sehr ähnliches Problem vorliegt, wenn die komplexe Psychologie *Jungs* es für legitim hält, einen Traumgegenstand als „das Unbewußte" zu bezeichnen, in der offenbaren Annahme, daß damit viel und Wesentliches gesagt sei, während *Freud* mit Recht den Traum als *via regia* zum Unbewußten bezeichnete und nicht als greifbare Erscheinung des Unbewußten selbst. Wir wissen, daß solche Überlegungen manchmal sogar als „Begriffsakrobatik" u. ä. beschimpft werden, aber wir sind der Meinung, daß es sich um alles andere eher als hierum handelt, nämlich um eine unabdingbare Notwendigkeit wissenschaftlichen Fortschreitens. Zugegeben werden soll hier aber dennoch, daß so kurze thesenartige Formulierungen didaktisch nicht gerade sehr geschickt wären, wenn mit ihnen mehr beabsichtigt wäre als eine Thematik im Augenblick anzudeuten.

Und nun reihen sich weitere Themen der gleichen Art an. Die sogenannte *Libidotheorie* ist begrifflich auf sehr ähnlichem Wege entstanden. Auch sie geht auf durchaus markante neuartige Fakten zurück, deren Feststellung das Verdienst *Freuds* ist und deren Vernachlässigung die Differenziertheit und Tiefe unserer Erkenntnis erheblich schmälern würde. Ja, es ist so, daß fast immer in einer noch so berechtigten Kritik an der Libidotheorie die Kenntnis und Beherrschung jener Fakten wenigstens für einige Zeit unterzugehen droht. Der Bereich libidinösen Erlebens, sobald er, wie es durchaus der Fall sein muß, mikropsychologisch angegangen wird, ist wesentlich weiter, als man das immer wieder glaubt. Dabei soll unter libidinös ein seelisches Gebiet liebevoller Gefühlserfülltheit gemeint sein, das nicht nur durch prägnante Qualität und Innigkeit der Intensität ausgezeichnet ist, sondern bei unbefangenem Hinsehen mit voller Deutlichkeit Sensationen, „körperliche" Empfindungselemente erkennen läßt, die im Bereich sexuellen Erlebens eine auffallende und höchst bedeutsame Rolle spielen. Auch der Charakter des Lustvollen, Angenehmen ist dabei unverkennbar. Aber diese Fakten können wissenschaftlich noch so genau erfaßt werden, eine Libidotheorie, eine Extrem-Verallgemeinerung läßt sich mit legitimen Mitteln der Begriffsbildung und Urteilsfindung dennoch *nicht* daraus ableiten. Daher ist die Libidotheorie im Aussagebereich der Neo-psychoanalyse *nicht* enthalten. Sie mußte fallen gelassen werden. Aber auch hier wieder wird noch viel zu erörtern sein. Sehr viel einfacher dagegen liegen die Verhältnisse bei der oft synonym verstandenen Sexualtheorie. Hier ist das Fehlgreifen offensichtlicher. Ein landesüblicher Begriff wurde erweitert, und obgleich Begriffe stets konventionellen Charakter haben und daher nicht „falsch" sein können, haben mehrere Jahrzehnte verworrener wissenschaftlicher Diskussion erwiesen, daß es grob unzweckmäßig war, jene Begriffserweiterung einzuführen. Auch davon mußte sich die Neo-psychoanalyse ebenso entschieden distanzieren, wie es umgekehrt ihre Aufgabe ist, das Vorkommen und Gewicht sexueller Erlebnisfakten überall da als eine Rolle spielend anzuerkennen und sogar hervorzuheben, wo dies tatsächlich so ist. Auch das sexuelle Erleben im landesüblichen Sinn ist sehr viel weitergehend beteiligt in allen neurotischen und neurotoiden Erlebniszusammenhängen, als viele ihres legitimen Vorgehens selbstbewußte Kritiker der Sexualtheorie auch heute noch meinen.

Das Fallenlassen von Libido- und Sexualtheorie charakterisiert die Neo-psychoanalyse in auffälliger Weise. Das Fallenlassen eines weiteren theoretischen Bereichs kommt als ebenso charakteristisch hinzu. Was *Freud* als *Metapsychologie* bezeichnete, ist in außerordentlich weiten Grenzen unhaltbar, sofern man mit ihr glaubte, eine legitime wissenschaftliche Theorie entwickelt zu haben. In Wirklichkeit stellt die Metapsychologie eine Erläuterung zu einem System von Korrelationsaussagen und zwar in Form von Bildern dar. Diese Bilder, von *Freud* selbst als „topisch" bezeichnet, sind überwiegend räumliche Metaphern. Deren Verwendung, so lange es sich um Erläuterungen, Illustrierungen handelt, ist durchaus angebracht, durchaus zweckmäßig für den Alltagsgebrauch. Aber jener Metapsychologie wurde die Bedeutung der Strenge beigelegt, entsprechend wurde sie verteidigt. Und das war zweifellos ein wissenschaftlicher Fehlgriff. Was wiederum nicht heißt, daß man von *Freud* auch nur entfernt hätte verlangen dürfen, damals schon „vorsichtiger" zu sein. Die methodologische Atmosphäre seiner Zeit erlaubte das einfach nicht, und es bedeutet *keinen* Einwand hiergegen, daß einzelne Spezialisten und interessierte Gruppen von Wenigen, die Logistiker z. B. damals bereits Korrekteres empfahlen. Heute jedoch, getragen von einer Atmosphäre neu erworbener Präzision, muß jede wissenschaftliche Fortentwicklung der Psychoanalyse u. a. wesentlich im Fallenlassen von Libidotheorie und Metapsychologie bestehen. Wenn man so will, wäre es durchaus erlaubt, die Formel zu prägen, die Neo-psychoanalyse sei eine Psychoanalyse ohne Libidotheorie und Metapsychologie. Es bleibe dann immer noch unendlich viel neues Wissen, ja sogar sensationelle Erkenntnis übrig. Durch dieses begriffskritische Purgatorium habe die Psychoanalyse hindurchgehen müssen, um die korrekten empirischen und auch die wenigen korrekten theoretischen Positionen der Individualpsychologie und der komplexen Psychologie in sich aufnehmen zu können. So etwa liegen die Dinge.

Fragt man nach neueren allgemeinen Aussagen, so ist u. a. als Antwort zu geben: Die Neo-psychoanalyse glaubt heute mit einiger Präzision vier voneinander unterschiedene Neurosenstruktur-Varianten charakterisieren zu können. Es wurde absichtlich von „*neueren*" allgemeinen Aussagen gesprochen, denn in der Literatur finden sich bereits einige Angaben in dieser Richtung. Wie es oft in einer noch jungen Wissenschaft vorkommt, werden solche Konzeptionen bei irgendeiner Gelegenheit mündlicher Aussprache beinahe unvermittelt formuliert. Das ist unseres Erinnerns auch hier geschehen, ohne daß den Betreffenden vor etwa einem Jahrzehnt deutlich wurde, um wie Wichtiges es sich handelt. *Freud* hat 1932 noch erklärt, der Unterschied zwischen hysterischer und zwangsneurotischer Struktur sei nach wie vor dunkel. Heute glauben wir, nicht nur eine schizoide, eine depressive, eine zwangsneurotische und eine hysterische Struktur ausreichend deutlich voneinander unterscheiden zu können, sondern auch zur speziell genetischen Aussage berechtigt zu sein, daß diese Strukturen im ersten, im zweiten, im dritten und im vierten und fünften Lebensjahr etwa entstehen; weiterhin, daß sie sich durch Gehemmtheit der intentionalen, der oral-aggressiven, der manual-aggressiven und, bei Erhaltung der vollentwickelten Motorik, der sexuellen Antriebsgebiete auszeichnen; daß die ersten Symptomdurchbrüche bei der depressiven Struktur ins dritte Jahr, bei der zwangsneurotischen ins sechste und siebente Jahr, bei der hysterischen in die Vorpubertät und Pubertät fallen. Mit ausreichender Sicherheit scheinen uns heute diese Feststellungen möglich zu sein. Nur Art und Zahl der Ausnahmen scheint noch unbestimmt, sicher aber der Ausnahmecharakter der betreffenden Vorkommnisse.

Im Ganzen gesehen charakterisiert sich das neopsychoanalytische Bemühen dauernd als ein Fortlassen, Streichen, Sieben. Worte, Bezeichnungen, Begriffe werden fallen gelassen oder zumindest sehr selten und nur beiläufig verwandt, gewissermaßen aus Respekt vor der Tradition. So erweist sich, um noch einmal ein Beispiel zu nennen, bei näherer Betrachtung, daß der so wohl und einleuchtend klingende Begriff des „Wiederholungszwanges" eine sachliche Tautologie darstellt. Ganz offensichtlich hat *Freud* ihn entwickelt, als er bemerkte, daß seine Schüler Schwierigkeiten damit hatten, sich den Tatbestand der Verdrängung in voller Gänze, Differenziertheit und Deutlichkeit vorzustellen. Das psychologische „Begreifen" des Gemeinten wurde ihnen offenbar schwer. Es ergab sich die Notwendigkeit eines didaktischen Schrittes. Aber diese Notwendigkeit gerade ist heute überholt. Wir sind in der Lage, durch etwas eingehendere Beschreibung des scharf gesehenen Verdrängungsvorganges den sogenannten Wiederholungszwang so abzuleiten, daß man abschließend fragen darf, was sollte denn anderes als ein „Wiederholungszwang" entstehen, wenn es berechtigt ist, den Verdrängungsvorgang als korrekt gesehen zu unterstellen? Sobald man diesen nämlich auf Gehemmtheit hin zentriert statt auf Erinnerungslücke wird ganz selbstverständlich Latenz von Antrieben und daher auch Bereitschaft zum Wieder-manifest-Werden mitgesetzt. Der Charakter des Ganzen als eines reflektorischen Vorganges enthält dann per se die Note des Vollzugszwanges. Also stellt der Begriff Wiederholungszwang, wenn ihm der der Verdrängung vorausentwickelt wurde, im Grunde eine Tautologie dar.

Sehr ähnlich verhält es sich methodologisch mit dem sogenannten „Todestrieb". In Wirklichkeit war *Freud* zur damaligen Zeit, — abgesehen von sicher vorhandenen persönlichen Motiven, — zu seinem Erstaunen und Schrecken auf größere therapeutische Schwierigkeiten gestoßen, als seiner entwickelten Neurosentheorie nach hätten eintreten dürfen. Folgerichtigerweise mußte er nach einem bis dahin unbekannten Faktor suchen, der therapieerschwerend hineinspielte. Er hätte ihn auf direktem Wege durch konsequente Durchuntersuchung des Aggressionsbereichs als eines expansiven Antriebes entwickeln können. Die schon auskristallisierte Sexualtheorie stand dem im Wege. So glaubte er sich genötigt, ein neues Spezifikum zu postulieren. Er entwickelte diese Konzeption ausdrücklich als Postulat, war in der Ditikon zunächst also sehr vorsichtig. Aber es blieb doch davon der Eindruck hängen, hier sei ein Neuentdecktes hinzugekommen, obgleich in Wirklichkeit eine Akzentverschiebung zugunsten der aggressiven Bedürfnisse und Reaktionen des Menschen aus sich heraus ein Novum überflüssig gemacht hätte. Daher kommt es, daß in der neo-psychoanalytischen Auffassung der Begriff des Todestriebes einen quasi-metaphorischen Charakter hat und daher lediglich eine hinweisende, erläuternde Rolle spielt.

Damit sind wir immer weiter in den Bereich dessen eingetreten, was oben als Kritik überkommener Begriffe und Urteilsbildung angekündigt wurde. Prototypisch ist da z. B. die selbstkritische Haltung gegenüber dem Begriff des Unbewußten, das „Ubw", und seine sachliche Auflösung in eine „Bereitschaft". Auch wenn wir heute immer wieder von „*mikropsychologisch*" sprechen, handelt es sich da noch halbwegs um ein Bild. Aber dieses weist wenigstens unmittelbar auf den mikropsychischen Gegenstand hin, den man dann einfach beobachtet, untersucht. Auf diese Weise entfällt dann das ominöse Wort „Analyse" überall da, wo es Unheil anzurichten droht oder schon vielfach angerichtet hat. Besonders haben diejenigen, die sich unter einer „Analyse" etwas Falsches vorstellen und daher immer wieder drängend nach der ergänzenden Synthese fragen, wenigstens eine verminderte Gelegenheit, dies mit dem Gefühl des guten Rechts zu tun. Jemand, der als „Analysand" auf Mikropsychisches hingewiesen wird, erlebt einfach faktisch Emotionales, Gefühlshaftes mit größerer Deutlichkeit und Intensität als vorher. *Hier*von geht dann bereits „automatisch" eine „Mikrosynthese" aus, denn das Emotionale ist *das* synthetische Element im Erleben.

Ein letzter wichtiger Begriff sei hier wenigstens kurz erwähnt: der des „Organischen". Im Zuge einer „Kritik" der psychotherapeutischen „Urteilsbildung" erwies sich sehr bald als sachlich notwendig, den Begriff „organisch" als Attribut fallen zu lassen. Die Enthüllung des sogenannten Leib-Seele-Problems als Scheinproblem und damit auch das Fallenlassen der tröstenden Formel von der Leib-Seele-Einheit führte konsequenterweise zur Aufstellung einer Theorie der *Gleichzeitigkeitskorrelation*, die ihrerseits wieder die für viele so anstößige Metapher der „Parallelität" überflüssig machte. Zu jedem Seelischen gehört ein organisches Korrelat. Wir haben keine Gründe anzunehmen, daß es da Ausnahmen gibt. Zu jedem Mikropsychischen gehört höchstwahrscheinlich ein äußerst komplexer organischer Vorgang, von dessen Einzelheiten wir noch sehr, sehr wenig wissen. Also! — kann die Entdekkung neuer mikroorganischer Vorgänge nie grundsätzlich zum Einwand gegen korrelativ-psychologische Thesen werden. Soll eine Verneinung des Psychogenen aber behauptet werden, so muß das verwandte Attribut schon „primär-organisch" lauten. Der übliche naive Hinweis auf das Vorliegen von Ja-doch-Organischem geht am Problem einfach vorbei.

Überdenkt man noch einmal das Gesamt dessen, was nach der vorliegenden Darstellung eine Neopsychoanalyse charakterisieren soll, so wird man nicht erstaunt sein, wenn nun hinzugefügt wird, daß es sich dabei vom Gegenstand her gesehen um eine Psycho-Physio-Pathologie handelt, (von den Amerikanern kurz „Psychosomatics" genannt). Das daraus abgeleitete Verfahren ist dann die Psychotherapie in ihren verschiedenen Varianten. So aber kehrt die Neo-psychoanalyse zur Psychiatrie zurück, und diese erhält damit nun auch ihren besonderen Auftrag für den psychiatrischen Bereich der inneren Medizin.

(*Dr. Harald Schultz-Hencke, (1) Berlin-Wilmersdorf, Kaubstr. 4.*)

## Bericht der Universität Freiburg.

Wie alle deutschen Hochschulen hatte auch die Freiburger Universität in den Jahren seit dem Krieg schwere Mühe, die äußeren Bedingungen zur Erfüllung ihrer Aufgaben zu gewinnen. Die Not, in die wir geraten sind, erklärt sich nicht allein durch Zerstörungen des Luftkrieges — hat doch soeben auch das fast unzerstörte Göttingen einen „Notruf" an die Öffentlichkeit gerichtet —, auch nicht etwa bloß durch die Armut infolge der deutschen Katastrophe, sondern sie hat außerdem noch weiter zurückliegende und tiefere Ursachen. Ob die Hochschulen heute im gesamten geistigen Leben noch dieselbe Potenz haben wie im vorigen Jahrhundert, mag man dahingestellt sein lassen, in Technik, Wirtschaft, sozialer Organisation und Gesundheitspflege sind ihnen jedenfalls in unserem Jahrhundert Funktionen zugefallen, die sie in einem solchen Umfang noch nie zuvor zu üben hatten. Ihnen obliegt der größte Teil der naturwissenschaftlichen, technischen und medizinischen Forschung, der Gesundheitspflege und ein noch größerer Anteil an der Ausbildung des fachlich geschulten Personals für alle die komplizierten Apparate des modernen Lebens. Und während man dementsprechend in den Vereinigten Staaten und in dem sowjetisch beherrschten Teil der Welt mit größtem Ernst ungeheuere Aufwendungen für diese Zwecke macht, ist Deutschland seit Jahrzehnten bedenklich sparsam gewesen. Daran haben wir gerade jetzt, in einer Zeit wirtschaftlicher Bedrängnis, zu tragen und müssen versuchen, diese Versäumnisse im Interesse der allgemeinen Wohlfahrt auszugleichen.

So auch die Universität Freiburg. Diese gehört jetzt zu einem kleinen Land, dessen Bevölkerung verhältnismäßig universitätsfreundlich genannt werden kann, das aber durch besonders hohe Besatzungskosten belastet war und sich die Mittel für den Wiederaufbau der Universität schwer abringen muß.

Als die Flammen des 27. XI. 1944 gelöscht waren und man einen Überblick über das Ausmaß der Zerstörungen gewann, erhob sich die bange Frage, ob die Universität je wieder zum Leben erstehen würde. Die einzigen Gebäude, die mit geringen Beschädigungen davonkamen, waren die Psychiatrische und Nervenklinik sowie die Hautklinik. Alles andere war total zerstört oder doch mehr oder minder schwer getroffen. Trotzdem setzte bereits im Winter 1944/45 sogleich eine eifrige und zuversichtliche Tätigkeit ein. Wo es möglich war, wurden Notdächer errichtet, sonst aber Bestände geborgen und Ausweichinstitute oder -kliniken bezogen.

Zum Glück hatten die Universitätsbibliothek und das Neue Kollegiengebäude nur Sprengbombentreffer erhalten. Die Bücherbestände waren seit Jahren so energisch und umsichtig ausgelagert worden, daß die Verluste ganz gering waren und die Freiburger Universitätsbibliothek heute mit fast 700 000 Bänden und 370 000 Universitätsschriften eine voll leistungsfähige wissenschaftliche Bücherei darstellt. Auch die geisteswissenschaftlichen Institutsbibliotheken konnten zum größten Teil in die Keller verbracht und dort, wenn auch mühsam, vor Wasserschäden bewahrt werden. Da von 1945 ab Bibliothek und Kollegiengebäude Stück für Stück wieder aufgebaut wurden — die Dächer wurden z. T. mit Holzschindeln gedeckt, die man sich aus dem Schwarzwald verschafft hatte — sind seit Ende 1948 die drei geisteswissenschaftlichen Fakultäten, trotz mancher Beengtheit, ausreichend versorgt. Auf alle Schönheitsreparaturen und auf den zertrümmerten Aulabau ist allerdings vorläufig verzichtet worden.

Diese Erfolge und auch die noch zu berichtenden Fortschritte bei dem Wiederaufbau medizinischer und naturwissenschaftlicher Institute und Kliniken waren nur durch den studentischen Arbeitseinsatz möglich. Zu einer Zeit, da besonders Hilfsarbeiter schwer zu finden waren, leistete jeder Freiburger Student pro Semester 56 Arbeitsstunden.

Die größten Anstrengungen machte man begreiflicherweise, um Krankenhäuser wiederherzustellen. Die staatlichen und städtischen Aufwendungen dafür beliefen sich beispielsweise im Wirtschaftsjahr 1949/50 auf rund 3 Millionen DM. So gelang es bisher, den großen Komplex der Neuen Chirurgischen Klinik wiederherzustellen, dazu den Verwaltungsbau und ein stattliches Gebäude für die Hals-, Nasen- und Ohrenklinik, außerdem von der Kinderklinik das Haus zur Sonne (neu errichtet wurde schließlich das Haus Noeggerath für etwa 30 kleine Patienten), während die medizinische Klinik unmittelbar vor der Vollendung steht. Von den Instituten für theoretische Medizin sind das Pharmakologische und das Hygienische fertig, in der Anatomie ist ein erster Bauabschnitt erreicht, die Pathologie wird in einigen Monaten vollendet sein. Die Naturwissenschaftliche Fakultät verfügt über wiederhergestellte Teile des Botanischen und des Chemischen Instituts, ferner über Neubauten für die Experimentelle Physik und die Physikalische Chemie; alle übrigen Institute sind noch behelfsmäßig untergebracht. Allerdings wird die ehemalige Arbeitsstätte des Nobelpreisträgers Spemann, das neue Zoologische Institut, bereits zum Sommersemester bezogen werden können.

Trotz der großen, durch die Zerstörungen bedingten Schwierigkeiten konnte der Lehrbetrieb in der Theologischen Fakultät bereits im September 1945, in den übrigen Fakultäten im November und Dezember des gleichen Jahres aufgenommen werden. Dabei waren förderlich die Entnazifizierungsmethoden der französischen Zone. Ein großer Teil der ehemaligen Parteigenossen im Lehrkörper wurde nämlich „provisoirement réintégré", so daß unsere Universität weniger als andere unter langwierigen Vakanzen litt. Entlassen und bis jetzt nicht wieder eingestellt sind im ganzen 24 Dozenten. Die entstehenden Lücken konnten verhältnismäßig schnell aufgefüllt werden, so daß der Lehrkörper bald eine normale Vollständigkeit aufwies.

*Übersicht betr. Lehrstühle von 1945 und heute.*

| | Stand W. S. 1944/45 | | Stand W. S. 1949/50 | |
|---|---|---|---|---|
| | Ordinariate | Extraordinariate | Ordinariate | Extraordinariate |
| Theologische Fak. | 6 | 2 | 9 | 1 |
| Rechts- u. Staatsw. Fak. | 11 | 1 | 12 | 2 |
| Medizinische Fak. | 14 | 3 | 14 | 5 |
| Philosophische Fak. | 16 | 3 | 18 | 3 |
| Nat.-Mathem. Fak. | 15 | 6 | 14 | 7 |
| insgesamt: | 62 | 16 | 67 | 18 |

Allein die Freiburger Universität hat bei ihren Zulassungen sich mit großer Gewissenhaftigkeit streng nach der Kapazität ihrer Institute und Seminarien gerichtet. So blieben die Studentenzahlen, die doch in den zwanziger und dreißiger Jahren stetig angestiegen waren, niedriger als an den meisten deutschen Universitäten. Wenn auch wegen der bekannt schlechten Versorgungslage der Andrang nicht ganz so stark war wie anderwärts, so mußte doch auch in Freiburg Jahre hindurch der größte Teil der Bewerber abgewiesen werden. Erst in jüngster Zeit können in der Regel die geeignet erscheinenden Bewerber in den geisteswissenschaftlichen Fächern zugelassen werden, in der Medizin und in mehreren naturwissenschaftlichen Disziplinen muß hingegen die Quote der Zulassungen noch immer sehr klein gehalten werden.

*Statistik der Zulassungen und Ablehnungen seit 1946:*

| | Zulassungen | Ablehnungen |
|---|---|---|
| 1946 | 1090 | 1313 |
| WS 46/47 | 718 | 1071 |
| SS 1947 | 459 | 1322 |
| WS 47/48 | 627 | 1723 |
| SS 1948 | 251 | 1456 |
| WS 48/49 | 753 | 1480 |
| SS 1949 | 508 | 761 |
| WS 49/50 | 1063 | 729 |

In den ersten Semestern nach der Wiedereröffnung wurden die Kriegsteilnehmer bevorzugt, während diejenigen, die jünger waren als 20 Jahre, in der Regel zurückgestellt wurden. Solche Beschränkungen konnte man nach und nach fallen lassen, wenn auch jetzt noch Spätheimkehrern in den Fächern mit eng beschränkter Zulassungsquote ein Vorrang eingeräumt wird. Um die ehemaligen Soldaten kümmerte sich die Universität mit besonderer Sorgfalt. Für einen Teil von ihnen wurden die sogen. „Propädeutischen Kurse" eingerichtet, die mit der Gewährung der Hochschulreife abschlossen.

*Übersicht über den Familienstand der Studierenden im W. S. 1949/50 — ohne Ausländer*

| | männl. | weibl. |
|---|---|---|
| ledig: | 2682 | 813 |
| verheiratet: | 193 | 20 |
| verwitwet oder geschieden: | 14 | 10 |
| zusammen: | 2889 | 843 |

Eine neue Art „Propädeutischer Kurse" entstand dann im Zusammenhang mit der Einführung des „Zentralabiturs" (1947), gegen das die Universität Freiburg in ernst begründeter Weise Stellung genommen hatte. Die Universität war damals aber verpflichtet worden, zweisemestrige Kurse für solche Absolventen zu veranstalten, die nicht die für Zulassung mit „Priorität" erforderliche Punktzahl erreicht hatten. Diesen Kursen versuchte man nun aber von vornherein einen universitären Charakter zu geben, indem nicht nur eine Ergänzung der Allgemeinbildung, sondern eine Vorbereitung auf das Fachstudium geboten wurde. Schon nach einem Jahr ließ man die Abschlußprüfungen fallen, erklärte aber die Kurse für alle Studierenden des ersten und zweiten Semesters als verbindlich. Diese bestehen jetzt als „Studium generale" darin, daß die Teilnehmer in jedem der beiden Semester zwei von zahlreichen zur Wahl gestellten Vorlesungen allgemeinen Inhalts oder von Einführungsübungen wählen müssen. Damit ist das „Studium generale" in enge sachliche Verbindung mit dem „Dies universitatis" und allen Vortrags- und Diskussionsveranstaltungen für Hörer aller Fakultäten gekommen. Neuerdings haben sich die Teilnehmer des „Studium generale" auch von sich aus zusammengeschlossen und einen Vertrauensmann in den AStA gewählt. Diese Gruppe ist eine hoffnungsvolle Erscheinung eines neuartigen studentischen Gemeinschaftslebens und entfaltet eine kräftige Initiative bei der Abhaltung von Vorträgen, Arbeitsgemeinschaften und Exkursionen. Wie weit freilich solche Bestrebungen gedeihen werden, hängt von der

Hilfe des Staates ab. Die Universität bemüht sich seit langem, die Mittel zu erhalten, um das studentische Gemeinschaftsleben fördern zu können und zu verhindern, daß wieder abseits von ihr Gruppen entstehen, die in nicht mehr zeitgemäße und vielleicht sogar bedenkliche Bahnen zurücklenken. Bis jetzt ist es freilich noch nicht einmal gelungen, ein Studentenhaus zu gewinnen; die vordringliche Raumfrage ist nicht gelöst, und es fehlen die Mittel, um etwa auch nur eine einzige vorbildliche Wohngemeinschaft zu begründen, wie sie beispielsweise Tübingen oder Heidelberg schon besitzen.

Die Hilfen, die von öffentlicher und privater Seite den Freiburger Studenten gewährt werden, sind bis jetzt überhaupt verhältnismäßig gering. Am erfreulichsten ist die hohe Quote von 20% Hörgeld- und Gebührenbefreiungen. An Staatsstipendien standen dagegen für das Studienjahr 49/50 nur insgesamt 28 000 DM zur Verfügung, dazu Stiftungen der französischen Militärregierung von 23 000 DM, die gleichfalls größtenteils für Stipendien verwandt wurden. Eine studentische Darlehenskasse konnte aus Mangel an Mitteln nicht geschaffen werden. Die Mensa Academica und die Studentenhilfe erhielten aus öffentlichen Mitteln keinerlei Zuschüsse. Die Mensa trägt sich selbst, die Studentenhilfe ist auf die in den Sozialgebühren enthaltenen Beiträge der Studenten und kleinere private Stiftungen angewiesen. Hinzu kamen Lebensmittel- und Sachspenden aus dem Ausland (Quäker, Caritas, Kralog, Hoover, usw.). Was unter diesen Umständen geleistet wurde, ist höchst anerkennenswert. So war beispielsweise die Mensa in der Lage, nach der Währungsreform 14 Tage lang an alle Studierenden das Essen unentgeltlich abzugeben, die Studentenhilfe vermag wenigstens in akuten Notlagen helfend einzugreifen.

*Anzahl der Männer und Frauen nach Fakultäten*

| | WS 45/46 | | WS 49/50 | |
|---|---|---|---|---|
| | ml. | wbl. | ml. | wbl. |
| Theol. Fakultät | 78 | — | 282 | 10 |
| Rechts- u. Staatsw. Fak. | 299 | 41 | 920 | 78 |
| Med. Fakultät | 163 | 108 | 469 | 172 |
| Philos. Fakultät | 134 | 153 | 571 | 428 |
| Nat.-Math. Fakultät | 182 | 68 | 719 | 168 |
| zusammen: | 856 | 370 | 2961 | 856 |

Die Hilfsbedürftigkeit ist allerdings, wie überall in Deutschland, sehr groß. Das ergibt sich schon aus der Sozialstatistik der Studierenden. Rund 60% stammen aus Familien, deren Väter im Höchstfall den Gehalt eines mittleren Beamten (etwa 22%) beziehen. 20% der Väter gehören folgenden Berufszweigen an: untere Beamte, Angestellte, Handwerker, Facharbeiter, kleine Landwirte, kleine Kaufleute, Berufslose. Es ist daher nicht verwunderlich, daß nur etwa die Hälfte der Studierenden völlig von den Eltern erhalten werden können. Alle anderen müssen ihren Unterhalt ganz oder teilweise selbst verdienen. So sind etwa 150 Studierende im Monat Blutspender, wobei natürlich streng kontrolliert wird, ob sie gesundheitlich dazu in der Lage sind.

*Aufgliederung der Studierenden nach der beruflichen Stellung der Eltern* (ohne Ausländer)

| Beruf der Eltern | Zahl der Studierenden im Ganzen absolut | % | davon männlich | weiblich |
|---|---|---|---|---|
| Höherer Beamter | 655 | 17,5 | 451 | 204 |
| Mittlerer Beamter | 798 | 21,4 | 650 | 148 |
| Unterer Beamter | 93 | 2,5 | 88 | 5 |
| Freier Beruf | 457 | 12,2 | 325 | 132 |
| Ehemalige Wehrmachtsangehörige | 22 | 0,6 | 17 | 5 |
| Landwirt | 148 | 4,0 | 134 | 14 |
| Handel und Gewerbetreibende | 719 | 19,3 | 537 | 182 |
| Angestellte | 678 | 18,2 | 534 | 144 |
| Unselbst. Handwerksmeister | 2 | 0,0 | 2 | — |
| Arbeiter | 142 | 3,8 | 135 | 7 |
| Berufslos | 18 | 0,5 | 16 | 2 |
| Insgesamt: | 3732 | 100,0 | 2889 | 843 |

Die Erwartung, daß nach der Währungsreform der Andrang zur Hochschule nachlassen werde, schien sich zunächst in Freiburg so wenig wie anderwärts zu bewahrheiten. Dann aber ging die Zahl der Zulassungsgesuche zum Sommersemester 1949 zurück, und außerdem zeigte sich, daß eine beträchtliche Anzahl von Studierenden sich stillschweigend nicht mehr zum Semester zurückmeldet. Geldverdienst oder schlechte Gesundheit machten die Absicht, das Studium fortzusetzen, zunichte. Im Ganzen zeigt das Ergebnis der Reihenuntersuchungen — was die Aussage des Studentenarztes bestätigt —, daß der Gesundheitszustand sich nach der Besserung der Ernährungslage gehoben haben dürfte. Es bleiben die kriegsbedingten Leiden und etwa 1% Tbc. (SS. 1949). Man sieht, daß die meisten Studenten sich durch Mangel und Anstrengung nicht vom Studium abbringen lassen.

Bei 3950 Versicherten (einschl. Staatl. Hochschule f. Musik und Akademie f. bildende Künste) sind seit Beginn des Wintersemesters am 2. 11. 49 bisher an Krankenscheinen gelöst worden:

| | | |
|---|---|---|
| Für praktische Ärzte | Stück | 2218 |
| Für Zahnärzte | Stück | 1517 |
| Für Krankenhaus-einweisungen | Stück | 131 |
| insgesamt: | Stück | 3866 |

Die viel größere Not ist die Aussichtslosigkeit der meisten akademischen Berufe. Unsere Universität hat sich verpflichtet gefühlt, im Zusammenwirken mit den zuständigen öffentlichen Stellen immer wieder darauf hinzuweisen. Sie hat, wie viele Hochschulen, Ungeeignete auszuscheiden versucht, allerdings mit geringem Erfolg, da selten Dozenten die Verantwortung auf sich nehmen wollen, jungen Menschen definitiv die Entwicklungsmöglichkeiten abzusprechen. Und alle Maßnahmen und alle Ratschläge können nicht helfen, bevor man den angehenden Akademikern nicht andere berufliche Möglichkeiten nachweisen kann. Daß es so gut wie keine Ausweichmöglichkeiten gibt, macht die Lage in Deutschland so viel gefahrvoller als in manchen anderen Ländern, in denen die Zukunftsaussichten der Jungakademiker gleichfalls schlecht sind.

*Die deutschen Studierenden nach Heimatland und Anteil der Heimatvertriebenen*

| Zone bzw. Land | Zahl der Studierenden | | | | davon Zahl der Heimatvertriebenen | |
|---|---|---|---|---|---|---|
| | absolut | % | männlich | weiblich | männlich | weiblich |
| Brit. Zone | 577 | 15,4 | 406 | 171 | 51 | 12 |
| Amer. Zone | 567 | 15,1 | 451 | 116 | 35 | 13 |
| Franz. Zone | 2437 | 65,4 | 1922 | 515 | 97 | 20 |
| Sowjet. Zone | 62 | 1,7 | 50 | 12 | 3 | 2 |
| Interalliierte Zone Groß-Berlin | 33 | 0,9 | 19 | 14 | 1 | 2 |
| Saargebiet | 46 | 1,2 | 32 | 14 | 1 | — |
| Wohnsitz außerhalb Deutschland | 3 | 0,1 | 2 | 1 | — | — |
| Ohne Angabe | 7 | 0,2 | 7 | — | — | — |
| Insgesamt[1]: | 3732 | 100,0 | 2889 | 843 | 188 | 49 |

Alle ihre Sorgen und Ziele beraten Senat und Fakultäten ständig mit den Mitgliedern des AStA., die für studentische Angelegenheiten zu den Sitzungen dieser Körperschaften und vieler ihrer Kommissionen zugezogen werden. Auf Urteil und Mitarbeit der Studenten wird der größte Wert gelegt, und es herrschte seit 1945 ein nie getrübtes Vertrauensverhältnis. Dem AStA. ist es nach erheblichen Anstrengungen auch gelungen, mit seiner Tätigkeit in der Gesamtstudentenschaft größere Resonanz zu gewinnen, was bei den letzten Wahlen in einer Beteiligung von über 70% der Studenten zum Ausdruck kam.

[1] Ferner: 85 Studierende nichtdeutscher Staatsangehörigkeit (einschl. Staatenlose).

*Konfessionelle Zusammensetzung der deutschen Studentenschaft im Wintersemester 1949/50.*

| | männl. | weibl. |
|---|---|---|
| evangelisch: | 1147 | 383 |
| röm.-katholisch: | 1637 | 428 |
| sonstige Glaubensbekenntn.: | 31 | 10 |
| bekenntnislos: | 74 | 22 |
| zusammen: | 2889 | 843 |

Die Freiburger Universität bemüht sich darüber hinaus, in immer engeren Kontakt mit denjenigen zu kommen, von denen sie schließlich doch getragen werden muß. Sie hat daher einen Universitätsbeirat aus allen Schichten des Landes als beratendes Organ gebildet. Er zählt etwas über 30 Mitglieder und tritt mindestens einmal im Semester zusammen. Die Mitglieder erhalten fortlaufend wichtigere Informationen und Anträge an die zuständigen Stellen, so daß sie vorbereitet sind, um kritisch oder beratend an den Diskussionen teilzunehmen. Die erste Sitzung fand im Sommersemester 1949 statt.

Mit Studium generale, Dies Universitatis, Universitätsbeirat ist Freiburg bisher praktisch auf die Bestrebungen nach einer Universitätsreform eingegangen, an deren gemeinsamer Beratung und Planung Vertreter unserer Universitäten stets mit großem Eifer teilgenommen haben. Die nächsten Ziele, die in Freiburg verfolgt werden, sind die folgenden:

a) Eine zweckmäßige, ihrer Grenzen bewußte Förderung der Politik als Wissenschaft und politischer Allgemeinbildung. Es besteht die Hoffnung, daß im Sommersemester ein oder zwei ausländische Professoren der Political Science nach Freiburg kommen. Von den eigenen zuständigen Lehrkräften wird eine rege Tätigkeit entfaltet, die durch Vorträge von Männern der Praxis ergänzt wird. Politik als Pflicht- und Prüfungsfach wird jedoch abgelehnt.

b) Mit größter Entschiedenheit wird versucht, eine Erhöhung der Anzahl der Diätendozenturen und der Assistentenstellen zu erreichen. Der Vorschlag eines neuen Dozententypes hat wenig Anklang gefunden. Aber man ist sich hier bewußt, daß in Forschung und Lehre die Universität ihre Aufgaben nicht erfüllen kann ohne Gewinnung jüngerer Gelehrter und Lehrer. Insbesondere sind die mit Recht erhobenen Forderungen einer Verstärkung der pädagogischen Anstrengungen nur mit ihrer Hilfe durchführbar.

c) Schließlich muß als Teil der Hochschulreform auch die Bereitstellung der notwendig gewordenen sachlichen Mittel gelten. Namentlich in der Medizinischen und Naturwissenschaftlichen Fakultät reicht das Material für den Unterricht nicht aus, für Forschungszwecke fehlt es in vielen Fällen fast ganz.

*Anzahl der Deutschen und Ausländer, männlich und weiblich, nach Fakultäten*

*Wintersemester 1949/50*

| | Deutsche | | Ausländer | |
|---|---|---|---|---|
| | ml. | wbl. | ml. | wbl. |
| Theol. Fakultät | 277 | 10 | 5 | — |
| Rechts- u. Stw. Fak. | 904 | 77 | 16 | 1 |
| Medizin. Fakultät | 458 | 167 | 11 | 5 |
| Philos. Fakultät | 552 | 419 | 19 | 9 |
| Nat.-Math. Fakultät | 704 | 165 | 15 | 3 |
| zusammen: | 2895 | 838 | 66 | 18 |

Zum Schluß sei von den Bemühungen unserer Universität berichtet, mit ausländischer Forschung und ausländischem akademischem Leben die Fühlung wiederzugewinnen. Wie anderswo waren daran die Universitätsbibliothek und einzelne Gelehrte besonders beteiligt. Die Militärregierung half durch Einreisebewilligungen für ausländische Gelehrte, besonders französische und schweizerische, sie erteilte einigen deutschen Studenten Aufenthaltsgenehmigungen für Frankreich, wo gegenwärtig acht Freiburger Studenten mit französischen Stipendien studieren. Anfänglich war die Universität verpflichtet, bis zu 10% Ausländer aufzunehmen. Davon machten 1946 bis 1948 zahlreiche DP.'s Gebrauch, deren Zahl bis auf 281 (SS. 1947) stieg, während sie im Wintersemester 1949/50 auf 34 herabsank. Die Zahl der sonstigen Ausländer ist dagegen sichtlich im Steigen.

*Ausländer im W. S. 1949/50 nach Nationen.*

| | | | |
|---|---|---|---|
| Argentinien: | 1 | Österreich: | 5 |
| England: | 3 | Polen: | 17 |
| Estland: | 6 | Rumänien: | 3 |
| Frankreich: | 3 | Schweiz: | 5 |
| Holland: | 1 | Türkei: | 1 |
| Italien: | 2 | Ungarn: | 5 |
| Jugoslavien: | 1 | USA.: | 2 |
| Lettland: | 7 | Venezuela: | 1 |
| Litauen: | 12 | Staatenlos: | 9 |
| | | zusammen: | 84 |

Schneller und intensiver als irgendeine andere deutsche Hochschule kam die Freiburger Universität mit dem Ausland in Berührung durch eine großzügige Baseler Hilfsaktion. Vom WS. 46/47 bis zum WS. 49/50 studierte eine größere Zahl unserer Studenten, die sich bis zu 150 steigerte, gebührenfrei in Basel. Sie wohnten in dem benachbarten Lörrach, fuhren mit Einreisegenehmigung der Militärregierung täglich über die Schweizer Grenze und erhielten Freitische in freundlichen Baseler Bürgerhäusern. Auf der dortigen Bibliothek benutzten sie die in Deutschland noch unbekannte neuere Literatur und fanden in den Baseler Professoren gütige, hilfsbereite Lehrer. Tief und belebend war der Eindruck nicht nur von der Ordnung und dem Wohlstand jenseits der Grenzen, sondern besonders von der geistigen Atmosphäre der großen schweizerischen Grenzstadt und von der spontanen Hilfsbereitschaft ihrer Bewohner.

*(Prof. Dr. phil. Gerd Tellenbach, (17b) Freiburg, Schwimmbadstr. 4.)*

# STUDIUM GENERALE

Heft 7 Juni 1950 3. Jahrgang

## Über die Beziehung der Tiefenpsychologie zu den Geisteswissenschaften

(mit einer *Symbolik des Auges* als Beispiel).

Von

GUSTAV SCHMALTZ.

### I.

Bei Erörterungen über Tiefenpsychologie ist es zweckmäßig, sie als Lehre und Grundwissenschaft begrifflich scharf zu trennen von ihrer Anwendung in der Psychotherapie. Ihr Wesen läßt sich am besten erläutern an Hand der Modellvorstellung von der Schichtenstruktur der Psyche [1,2]. In vereinfachtem Schema kann man sich diese etwa als kreisförmig ineinander oder als horizontal übereinandergelagerte Schichten denken, welche unterscheidbaren Charakter und Inhalt haben, aber in wechselseitiger Kommunikation und Einwirkung stehen. Sie gliedern sich wie folgt:

1. Das Bewußtsein.
2. Das persönliche Unbewußte mit Inhalten, die nur aus Resten individueller Erlebnisse bestehen.
3. Das kollektive Unbewußte.
4. Die Trieb- und Instinktschicht.
5. Die Schicht der leib-seelischen Ausdruckserscheinungen (psycho-somatische Schicht).

Diese umgreift alle vorangegangenen.

Die beiden letzten Schichten 4 und 5 kann man zweckmäßig als „psychoide“ von den übrigen unterscheiden (*Bleuler*, C. G. *Jung*).

Unter Verwendung dieser Modellvorstellung läßt sich die Aufgabe der Tiefenpsychologie so umreißen:

Sie ist die Lehre von dem Wesen und den Inhalten dieser „Schichten“, ihrer Entwicklung (der ontogenetischen wie der phylogenetischen) und ihrem Zusammenspiel, d. h. ihrer Einwirkung aufeinander und dem Austausch ihrer Inhalte, sowie deren wechselseitiger Transformierung (Psychodynamik einschließlich Triebiehre). *Man kann also die Tiefenpsychologie auch kurz bezeichnen als die Lehre von der Genese, Struktur und der Dynamik der Psyche.*

Historisch hat sich die Tiefenpsychologie, so wie wir sie gekennzeichnet haben, wesentlich aus der Psychotherapie entwickelt, also aus den Verfahren zur Heilung von Störungen des beseelten Leibes oder, wenn man will, der beleibten Seele. Sie ist als abgeschlossenes Lehrgebäude noch nicht systematisch dargestellt worden. Dies ist auch um deswillen kaum möglich, da es in ihr noch wichtige Fragenkomplexe gibt, die entweder noch unerforscht oder Gegenstand tiefgreifender, grundsätzlicher Controversen sind. Zur Zeit steht die Tiefenpsychologie immer noch unter dem Einfluß der verschiedenen psychotherapeutischen Schulen, deren Lehren sich in wesentlichen Punkten widersprechen, aber auch ergänzen. Sie ist gewissermaßen nur deren Nebenprodukt. Wenn man die psychotherapeutische Literatur betrachtet, so sieht es zunächst so aus, als ob es nicht nur eine bewußtseinspsychologische (akademische) Psyche gäbe, sondern auch eine *Freud*sche, eine „*neopsychoanalytische*“, eine *Adler*sche und schließlich auch eine *Jung*sche. Und dabei gibt es sicherlich doch *nur eine einzige humane.*

Die moderne Tiefenpsychologie hat ihren Ausgang von *Janet* und *S. Freud* genommen. Die Psychoanalyse, einschließlich ihres *Adler*schen Abkömmlings und, wie ich glaube, auch die „Neopsychoanalyse“ (*Schultz-Hencke*), kennt aber, wenn man von gewissen Beobachtungen, die in den Anfängen steckengeblieben sind, absieht, nur die Schichten 1, 2, 4 und 5; also: das Bewußtsein, das persönliche Unbewußte, die Trieb- und Instinktschicht und die mit diesen aufs engste verknüpfte Schicht der leibseelischen Ausdruckserscheinungen. Die sehr wesentliche 3. Schicht, nämlich die des kollektiven Unbewußten, dessen Entdeckung und Untersuchung wir C. G. *Jung* verdanken, kommt in diesen Systemen praktisch nicht vor. Der Grund für diese erstaunliche Tatsache liegt offenbar darin, daß die biographische Betrachtungsweise dieser psychotherapeutischen Schulen rückwärts gerichtet ist und ihre Heil-Lehren sich wesentlich damit beschäftigen, Störungen, die mit Erlebnissen in der Kindheit und Jugend zusammenhängen, zu beseitigen, welche sie nur von dort aus versteht. So spricht *Freud* in einem lapidaren Satz von der „Behebung der infantilen Amnesie“, als der Aufgabe der Psychoanalyse. Immerhin findet man aber bei sorgfältiger Beobachtung auch bei einer solchen wesentlich *reduktiven Behandlung* der erwähnten Störungen, daß gelegentlich Inhalte der 3. Schicht, nämlich des kollektiven Unbewußten, auftauchen. Wenn es sich aber um die Weiterentwicklung des Individuums und seine Selbstverwirklichung im Sinne des Individuationsprozesses (C. G. *Jung* [3]), insbesondere in der zweiten Lebenshälfte handelt, so werden erfahrungsgemäß die Inhalte der 3. Schicht immer mehr constelliert und spielen in diesen Vorgängen die entscheidende Rolle. Dasselbe pflegen wir zu beobachten, wenn der Mensch vor schwerwiegende Konflikte gestellt wird, welche er mit den Mitteln seiner seitherigen Lebenserfahrung, den Normen seiner Umwelt oder den Lehren seiner tradierten Religion nicht aufzulösen vermag: Wir können auch sagen, wenn er der Tragik des Menschseins in der Welt begegnet. — Ohne Berücksichtigung des kollektiven Unbewußten ist kein geschlossenes und vollständiges tiefenpsychologisches System möglich.

Die Lehre von dem kollektiven Unbewußten, wie sie *Jung* erstmals (1912) in seinem klassischen Buch „Wandlungen und Symbole der Libido" demonstriert hat, läßt sich kurz wie folgt kennzeichnen:

*In der Seele des Menschen erscheinen unter gewissen Umständen Inhalte (Archetypen* [4]*), die ähnlich sind oder übereinstimmen mit solchen, welche die Menschheit in ihren kollektiven Erzeugnissen, ihren Mythologemen, religiösen Symbolen, kultischen Formen, Sagen und Märchen und in gewissen Bildwerken, von jeher und überall hervorgebracht hat und heute noch, wenn auch in abgeschwächter Form hervorbringt. Ihr Erscheinen in Träumen, Phantasien usw. hat fast immer numinosen Charakter.*

Die Prüfung der Existenz solcher kollektiven Inhalte im modernen Einzelmenschen, ihre Erforschung, Vergleichung und systematische Darstellung ist zweifellos eine höchst wichtige Aufgabe der tiefenpsychologischen Forschung. Sie ist zunächst ganz unabhängig von ihrer Bedeutung für die Psychotherapie als Heil-Lehre. Immerhin muß hier noch deutlich darauf hingewiesen werden, daß in der großen Psychotherapie jede Bemühung, welche die Zeugnisse des kollektiven Unbewußten nicht berücksichtigt und bearbeitet, Stückwerk bleiben muß. Sie führt im besten Falle zur Beseitigung körperlicher Beschwerden, nicht aber zum Aufbau einer ursprungsgerechten, voll entfalteten Persönlichkeit.

Setzt die Psychotherapie sich aber das letztere zur Aufgabe, so kann sie nicht mehr in einem rein reduktiven Heilverfahren ihr Auskommen finden. Sie ist dann genötigt, sich auch mit jenen aus der Dunkelheit des kollektiven Unbewußten auftauchenden und, wie die Erfahrung zeigt, wesentlich zukunftsbezogenen Bildern auseinanderzusetzen. Diese müssen ebenso sorgfältig berücksichtigt werden wie irgendeine andere Erscheinung, die uns in der Psychotherapie begegnet. Indes wird hier der Unterschied gegenüber dem Verfahren, mit welchem die Psychoanalyse zu tun hat, besonders deutlich: Die Phänomene des persönlichen Unbewußten lassen sich grundsätzlich immer erklären, die des kollektiven bestenfalls verstehen.

Es ist leicht zu sehen, daß die Probleme, die mit der Hypothese des kollektiven Unbewußten zusammenhängen, unmittelbar die Frage berühren nach den Beziehungen zwischen den Ergebnissen der Geisteswissenschaften und denen der Tiefenpsychologie und somit auch ihrer Anwendung in der Psychotherapie. Denn ein wirkliches Verständnis, eine Deutung der Erzeugnisse des kollektiven Unbewußten, ist nur möglich, wenn man die von den Geisteswissenschaften (der Etymologie, Ethnologie, Mythologie, Volkskunde usw.) dargebotenen Ergebnisse kennt und verwertet.

Wir verzichten darauf, diese Beziehungen hier theoretisch abzuleiten oder zu behandeln. Hierzu wäre notwendig eine ontologische Untersuchung, welche auf das Wesen der Seele und des Geistes zurückgeht, und eine wissenschaftstheoretische Abgrenzung von Naturwissenschaft und Geisteswissenschaft. Man denke dabei etwa an die Auseinandersetzung mit den Systemen von *Dilthey* und *Rickert*, *Scheler* u. a.

Die Tiefenpsychologie als Grunddisziplin jeder Psychotherapie bedarf aber zunächst nicht notwendig einer solchen deduktiven Ableitung und damit ihrer „philosophischen" Legitimierung. Auch die Frage ihres Standortes im System der Wissenschaften ist von sekundärer Bedeutung, so lange über die empirischen Tatsachen noch keine Einigung besteht. Im gegenwärtigen Stadium, da die Tiefenpsychologie sich noch mitten in stürmischer Entwicklung befindet, und völlig verschiedene Anschauungen und Denkweisen, wie auch die methodischen Verfahren ihrer Anwendung sich gegenüberstehen, erscheint es uns wichtiger, sich zunächst über die objektiv beobachteten Tatsachen zu verständigen und erst später im deduktiven Verfahren deren philosophische Deutung und Einordnung zu versuchen.

Wenn man die neuerliche Entwicklung der Psychologie und ihre Anwendung in der Psychotherapie betrachtet, so findet man deutlich zwei von einander unterschiedene Grundtendenzen. Die eine, welche vornehmlich von der naturwissenschaftlichen Denkweise herkommt und durch sie bestimmt ist, versucht die Phänomene des Seelenlebens wesentlich kausal, also reduktiv, zu erklären. Ihre Vertreter beschäftigen sich wesentlich mit den Erscheinungen des persönlichen Unbewußten und der Triebschicht mit ihren somatischen Verknüpfungen. Die bildhaften Zeugnisse des Unbewußten in den Träumen, freien Phantasien usw. sind für sie bestenfalls nur Allegorien oder Metaphern[5].

Die andere Auffassung, welche die empirischen Beobachtungen und, wie wir glauben, die nicht wegzuleugnenden Erscheinungen des kollektiven Unbewußten einbezieht, versucht diese dahin zu verstehen, daß sie *Äußerungen seien für gewisse, nicht weiter reduzierbare, allgemeinste Erfahrungen vom Wesen der Welt und des Menschseins in ihr.* Man könnte auch mit aller Vorsicht sagen, daß die Phänomene des kollektiven Unbewußten, die wir heute noch beobachten, wenn auch meist in recht verdünnter Form, Nachwirkungen, vielleicht sogar Fortbildungen der Vorgänge sind, deren Ausformung wir als Mythen bezeichnen. Wir möchten in diesem Zusammenhang an das erinnern, was *Schelling* in seiner Philosophie der Mythologie verlautbart hat:

„Die Mythologie entsteht durch einen (in Ansehung des Bewußtseins) notwendigen Prozeß, dessen Ursprung ins Übergeschichtliche sich verliert und ihm selbst sich verbirgt, dem das Bewußtsein sich vielleicht in einzelnen Momenten widersetzen, aber den es im Ganzen nicht aufhalten und noch weniger rückgängig machen kann. — Die mythologischen Vorstellungen sind weder erfundene, noch freiwillig angenommene. Erzeugnisse eines vom Denken und Wollen unabhängigen Prozesses, waren sie für das ihm unterworfene Bewußtsein von unabweislicher Realität. Völker wie Individuen sind nur Werkzeuge dieses Prozesses, den sie nicht überschauen, dem sie dienen, ohne ihn zu begreifen. Es steht nicht bei ihnen, sich diesen Vorstellungen zu entziehen, sie aufzunehmen oder sie nicht aufzunehmen, denn sie kommen, sie sind in ihnen, ohne daß sie sich bewußt sind, wie."

Die komplexe Psychologie (C. G. *Jung*) glaubt zeigen zu können, daß es auch in der inneren Entwicklung des Einzelmenschen, insbesondere im sogenannten Individuationsvorgang der großen Psychotherapie, solche Prozesse gibt, die „von unabweisbarer Realität", in Ansehung des Bewußtseins notwendig, aber diesem verborgen und vom Denken und Wollen unabhängig sind. Sie sind somit wesentlich Kennzeichen dessen, was *Schelling* als den Grund des Mythologischen gekennzeichnet hat.

Die Äußerungen dieser Vorgänge im Bewußtsein haben immer Bildcharakter im weitesten Sinne. Sie sind echte Symbole und nicht nur allegorischer oder metaphorischer Art. Sie sind Ausdrucksformen der Tiefenseele und des Geistes zugleich, die verbindenden Glieder zwischen der kollektiven Bildschicht der Psyche und der Ideen, an denen beiden sie Teil haben. Ein solches Symbol ist konkretistisch und abstrakt zugleich. Unübertrefflich tiefsinnig sagt Goethe von der Symbolik:

„Die Symbolik verwandelt die Erscheinungen in Idee, die Idee in ein Bild und so, daß die Idee im Bild immer wirksam und unerreichbar bleibt, und selbst in allen Sprachen ausgesprochen, doch unaussprechlich bliebe. — Die Allegorie verwandelt die Erscheinung in einen Begriff, in ein Bild, doch so, daß der Begriff im Bilde immer noch begrenzt und vollständig zu halten und zu haben und in demselben auszusprechen sei".

Wenn wir im weiteren ein Beispiel solcher Symbolik untersuchen, werden wir dies also in Ansehung seines doppelten Aspektes tun, nämlich der in ihm waltenden Idee, wie seiner Erscheinung als Bild.

Wie wir oben sagten, scheint es zweckmäßig, die Hypothese des kollektiven Unbewußten vorerst einmal unbefangen an empirischem Material zu prüfen. Erst dann sollte man versuchen, sie theoretisch zu verstehen und einzuordnen. Es würde das bedeuten, daß man die Frage beantwortet, wie es komme, daß in der Seele heute lebender Menschen unter gewissen Umständen Erscheinungen zu finden seien, die mit den kollektiven Bildern und den in ihnen schlummernden Ideen von Völkern vergangener Zeiten und ferner Räume übereinstimmen oder ihnen in ihren wesentlichen Zügen ähnlich sind.

Jeder Forscher wird eine solche Deutung der Phänomene in der Richtung seiner eigenen wissenschaftlichen Denkweise und seines „philosophischen Glaubens" suchen. Ein moderner Platoniker, (wenn ein solcher existiert) würde sie als Nachahmungen (*μιμήσεις*) der in einer übersinnlichen Sphäre (*ἐν ὀυρανίῳ τόπῳ*) wohnenden, ewigen und unveränderlichen Urbilder (*παραδείγματα*) ansehen, ein Neuplatoniker als Ausstrahlungen des Nus (*νοῦς*) oder der Weltseele (*ἡ τοῦ παντὸς ψυχή*). Das moderne wesentlich positivistische Denken wird hingegen in diesem Zusammenhange etwa die Frage aufwerfen, ob es im Seelischen eine Vererbung erworbener Eigenschaften geben könne, und das die Ethnologen seit langem beschäftigende Problem der Migration mythologischer Bilder erwägen oder ihres unabhängigen, spontanen Auftauchens in bestimmten „Kulturkreisen".

Dies alles liegt außerhalb des Rahmens unserer Untersuchungen. Wir setzen uns zunächst nur die Aufgabe, ein einziges Beispiel zur Prüfung der

Hypothese vom kollektiven Unbewußten zu geben. Zu diesem Zweck greifen wir aus dem ungeheuren Tatsachenmaterial einen ganz kleinen Ausschnitt heraus, nämlich die Symbolik des Auges.

## *II. Zur archetypischen Symbolik des Auges.*

Der Gang unserer Darlegungen wird folgender sein: Wir werden versuchen, den Archetypus „Auge" in seinen beiden Aspekten, dem ideengeschichtlichen wie dem seines Erscheinens in mythologischen Bildern usw. zu verfolgen und systematisch zu gliedern (vgl. oben S. 333[6]). Sodann werden wir an beispielhaften Zeugnissen aus dem Unbewußten moderner Menschen zeigen, wie jene Ideen und Bilder vergangener Epochen weiterleben und heute noch wirksam sind.

Das Urbild, welches in allen Abwandlungen unseres Archetypus sich immer wieder nachweisen läßt, ist das Sonnenauge. Seine letzte und späteste Ausformung hat es in *Goethes* bekanntem Spruch gefunden:

„Wär nicht das Auge sonnenhaft,
Die Sonne könnt es nie erblicken.
Läg nicht in uns des Gottes eigne Kraft,
Wie könnt' uns Göttliches entzücken?"

*Goethe*, der, wie wir wissen, von *Plotin* beeindruckt war und sich viel mit ihm beschäftigt hat, mag den ersten Teil des Spruches dort gefunden haben. Die plotinische Stelle innerhalb ihres Contextes hat bei ihm sicherlich wesentliche Seiten seiner Weltanschauung angerührt.

Etwa 100 Jahre vor Plotin hat *Manilius* (1. Jht. v. Chr.) in seinem astronomischen Lehrgedicht geschrieben:

„Quis caelum possit nisi caeli munere nosse
et reperire deum nisi pars ipse deorum est."

Auch diesen Vers hat Goethe gekannt. Er hat ihn am 4. September 1784 ins Brockenbuch eingetragen.

Von hier mag zunächst die ideengeschichtliche Betrachtung ihren Ausgang nehmen. Sie wird uns die Aufgabe erleichtern, in der Folge die mythologischen Bilder, die einer Urschicht entwachsen sind, darzustellen und womöglich deren Sinn zu erhellen.

Der Grundgedanke des Goetheschen Satzes läßt sich in der Geistesgeschichte in ununterbrochener Succession von *Empedokles* über *Plato*, *Poseidonios*, *Plotin*, die hellenistischen Mysterienkulte, die hermetischen Schriften und die *Gnosis* bis in die mittelalterliche und neuzeitliche *Mystik* verfolgen. Wenn man die mehr als 2000jährige Geschichte jener Idee vom sonnenhaften Auge und später vom Geistauge weiter zurückverfolgt, sieht man, daß sie auf einer Urschicht ruht, in der die Sonne das Auge des Weltengottes war und zugleich das menschliche Auge als strahlend empfunden wurde. Dies beweist die sprachgeschichtliche Untersuchung der Wurzeln für sehen, blicken usw [7].

Die Geschichte jenes urtümlichen Bildes der kosmischen Sonne als Auge des Weltengottes in Mythos und Sage werden wir an späterer Stelle behandeln.

Die Idee, welche sich der Urbilder vom Sonnenauge und des leuchtenden Menschenauges bemächtigt und sie symbolhaft, schöpferisch umgestaltet hat, wurzelt in der Welt des mystischen Erlebens und zieht aus ihm durch Jahrtausende immer neue Lebenskraft. Für dieses gründet das Erschauen des Wesenhaften sich auf Sympathie oder Wesensgleichheit zwischen Objekt und Subjekt der Erkenntnis, ja, in äußerster Spiritualisierung, auf der zwischen Mensch und Gottheit. Das Symbol aber, welches diese Idee sich formt oder vielleicht besser, aus dem heraus sie sich selbst bewußt wird, ist das des inneren Auges, des Seelen- oder Geistauges, eines Erkenntnisorgans, welches einwärts auf die Welt der Bilder (des Unbewußten, würden wir heute sagen) und der Ideen gleicherweise gerichtet ist. (*ὄμμα ψυχῆς; ὁ τοῦ νοῦ ὀφθαλμός; μακάριοι ὀφθαλμοί.*) Dieses geistige Auge in der esoterischen Sprache der Mystik steht in einer polaren Beziehung zu den leiblichen Augen. Wir finden seine Idee schon in den Upanishaden (etwa 500 v. Chr.). In den Kathaka Upanishaden heißt es:

„Nach außen öffnete der Herr das Tor der Sinnen.
Drum wendet man den Blick nach außen, nicht nach innen.
Dem Weisen nur gelangs, das Innere zu ergründen
Mit umgewandtem Aug' das Ewige zu finden."

Hier ist auch der Gedanke der immanenten Gottheit sichtbar. — Bei *Synesios*, dem letzten Neuplatoniker und späteren Bischof von Ptolemais (4. Jht.), heißt es:

„Du bist wohl eingeweiht in das letzte Geheimnis, wonach die Seele über zwei Augenpaare verfügt, von denen das untere sich schließen muß, wenn das obere sieht und wenn dieses sich schließt, die Reihe des sich Öffnens an jenes kommt."

Durch einen merkwürdigen Prozeß der Spiritualisierung verblaßt das Bild des inneren Auges, wie wohl schon in diesem Beispiel, zeitweilig zu einer bloßen Allegorie, um dann wieder mächtig aufzuleuchten, sobald die intelligible Welt nicht mehr bloß als Objekt der Erkenntnis betrachtet, sondern Gott selbst als sich offenbarendes Licht erlebt wird.

Im *Neuen Testament* finden sich Stellen, in denen das Bild des Auges vom geistigen Sehen gebraucht wird. Bei den Vätern der Kirche (*Augustinus*, *Gregor von Nazianz, Gregor d. Gr.* u. a.) wird das Bild des sonnenhaften Auges ebenso wie der mystische Gedanke, daß Gleiches nur von Gleichem erkannt wird, häufig gebraucht. In der Früh-Scholastik, die eine Psychologie des mystischen Erkennens entwickelt hatte *(Hugo von St. Victor)*, werden drei Augen unterschieden: Das Auge des Fleisches (oculus carnis), das der Vernunft (oculus rationis) und das des reinen Schauens (oculus contemplationis). In der mittelalterlichen und neuzeitlichen Mystik taucht dann das Bild des inneren Auges immer wieder auf. In der *Theologia Teutsch* (um 1350) heißt es:

„Diese beiden Augen der Seele des Menschen vermögen nicht gleichzeitig miteinander ihr Werk zu üben. Sondern, soll die Seele mit dem rechten Auge in die Ewigkeit sehen, so muß sich das linke all seines Tuns enthalten und begeben und muß sich halten, als ob es tot sei. Soll dann das linke Auge sein Werk nach außen üben, nämlich, wirken mit der Zeit und Kreatur, so muß auch das rechte Auge an seinem Werk behindert werden, das ist, in seiner Beschauung."

In großartiger Weise verbindet sich dann bei Meister *Eckehart* das Bild des inneren Auges wieder mit dem Grundgedanken jeder Mystik, nämlich der Unio Mystica. Das Gott-Schauen ist zugleich ein Gott-Sein, das Erkennen Gottes, ein Erkanntwerden durch Gott, das Gott-Schauen ein Sehend-Werden. *Eckehart* sagt:

„Soll Gott gesehen werden, das muß geschehen in einem Licht, das Gott selber ist" und:

„Das Auge, darin ich Gott sehe, ist das selbe, darin mich Gott sieht: Mein Auge und Gottes Auge ist Ein Auge, und Ein Gesicht und Ein Erkennen und Eine Minne [8]."

Schließlich heißt es bei *Thomas a Kempis* (1379 bis 1471) vom Geistauge:

„Beati oculi qui exterioribus clausi, interioribus autem sunt intenti."

Bei dem letzten deutschen Mystiker, *Jacob Böhme*, findet sich dasselbe Bild wieder.

Wenden wir uns von hier nochmals nach dem Osten, so finden wir in einer Tradition, die in die Anfänge des *Taoismus* und auch die buddhistische Überlieferung zurückreicht, überall das Geistauge als einen wesentlichen Erlebnisinhalt der Meditation. *Rousselle* berichtet hierüber aus seiner eigenen Erfahrung und Initiation in einer taoistischen Bruderschaft Folgendes: In einem bestimmten Stadium der Meditation erlebe der Adept bei geschlossenen leiblichen Augen das dritte, „himmlische" Auge. (Tiēn Yen, sc. divya cakṣus.) Er wird sich, nachdem er die schicksalhafte Lebenskraft in sich erfahren hat, des göttlichen Kernes, nämlich „des Lichtglanzes der Wesensnatur" bewußt.

Viele Schamanen Asiens tragen eine Art Schleier vor den Augen, um in den Zustand der Versenkung zu kommen, Abb. 1.

Abb. 1. Solonische Schamanin (Nördl. Mandschurei). (Photo: Stötzner.)

Seher werden im griechischen Altertum vielfach als blind geschildert, *Demodokos, Thamyris, Teiresias, Euennios*. Von allen diesen Sagengestalten wird indes berichtet, daß ihre Erblindung die Strafe für einen Frevel gewesen sei. Immerhin scheint ihre mantische Fähigkeit erst nach dem Verlust des Gesichtes entstanden zu sein.

Mit unseren Untersuchungen der Entwicklung des „inneren Auges" oder „Geistauges" aus dem Sonnenauge haben wir uns schon weit in die historische Zeit begeben. Wir kehren nunmehr wieder zu seinem Ursprung zurück, zu der Form, in der das Symbol zuerst erscheint. Diese ist immer die Wirklichkeit eines Bildes und nichts als dieses. In dieser mythischen Urschicht ist das Auge, für uns heutige Menschen nahezu unbegreiflich (wenn auch in einigen sprachlichen Bildungen, wie blitzende, leuchtende, feurige Augen noch erkennbar), nicht ein aufnehmendes, sondern ein strahlendes Organ. Es ist im konkreten Sinne „sonnenhaft". Sein Prototyp ist die Sonne als Auge des Himmels oder Weltengottes.

Wir finden dieses Bild in frühen japanischen, ja auch in polynesischen Mythen, sodann bei den Indern [9], den Parsen als das Auge des Ormazd und des Mithra und den Griechen. In Afrika findet sich das Himmelsauge (auch als Mond-Auge) im hochentwickelten ägyptischen Mythos [10]. Andeutungsweise ist das Bild noch heute bei afrikanischen Naturvölkern nachweisbar [11].

In diesen Bildern vom göttlichen Auge als Strahlungsquelle ist im wesentlichen der Gedanke der übernatürlichen Macht, der belebenden wie auch der versengend-zerstörenden, dann auch der allsehenden (*πανόπτης*) und in späterer Entwicklung, der allwissenden enthalten. Dabei schwankt die Vorstellung zwischen der ganz konkretistischen des Tagesgestirns (manchmal auch des Mondes) und dessen Personifizierung als Sonnengott und schließlich der mehr spiritualisierten des all-weisen Weltengottes. In den folgenden Zeugnissen finden wir demgemäß das Gestirn als Auge allein, ferner Figuren mit einem einzigen Auge auf der Stirn und schließlich solche mit drei Augen, deren mittleres auf der Stirn liegt.

Abb. 2. Steinbild, Dämon mit drittem Auge. Sibirien.

Die frühesten mir bekannten Zeugnisse einer dreiäugigen göttlichen Gestalt finden sich auf prähistorischen Steinen Sibiriens, Abb. 2[12].

Vom indischen Gott *Shiva* wird berichtet: Shiva spielte mit seiner Gemahlin *Pārvati* am Fuße des Himalaja. Als sie im Spiel mit den Händen die beiden Augen Shivas bedeckte, wurde die ganze Welt plötzlich in Finsternis gehüllt, alle Tätigkeit kam zum Stillstand, die Opfer hörten auf und die Götter wurden still. Der große Gott zerstreute die Dunkelheit durch das Feuer, welches aus seiner Stirn herausbrach, in der sich ein drittes Auge, leuchtend wie die Sonne, bildete.

In *tibetanischen* Bildwerken findet sich das (vertikalgestellte) Stirnauge bei nahezu allen Darstellungen des Pantheons. Das Stirnauge wieder als kleines, halbkugeliges Gebilde zurückentwickelt, findet sich später als Symbol göttlicher Weisheit auf nahezu allen Darstellungen des *Buddha* in Indien und auch in China.

Auch in Griechenland gibt es ein sehr frühes Zeugnis des göttlichen Stirnauges: *Pausanias* berichtet von einem hölzernen Standbild des *Zeus Herkeios* im Athenatempel zu Argos, welches angeblich als Beutestück dorthin aus Troja gekommen sei.

Im Stirnauge also vereinigt sich der Gedanke strahlender Energie, der Erleuchtung und göttlichen Wissens.

Aus einer sehr frühen, möglicherweise weit früheren mythologischen Schicht, als die es ist, welche die dreiäugigen göttlichen Gestalten hervorgebracht hat, stammen die Wesen mit nur einem einzigen feurigen Auge auf der Stirn, deren bekannteste Vertreter in der Antike die *Kyklopen* sind. Die von *Hesiod* erwähnten Kyklopen haben zweifellos chthonischen Charakter. Wenn auch einzelne Forscher, z. B. M. *Mayer* der Meinung sind, daß auch diese immer dreiäugig gewesen seien (was ihrem chthonischen Wesen durchaus widersprechen würde), so spricht doch vieles dafür, daß das Bild von Wesen mit einem einzigen Stirnauge im frühen mythologischen Bewußtsein durchaus bestanden hat. Wie schon die Ausdrücke *μονοδέρκται, μονῶπες, μονόγλενοι, μονόμματοι* bei späteren Schriftstellern beweisen. Es gibt auch, (als einziges Zeugnis?) ein etruskisches Wandgemälde eines Kyklopen mit einem solchen Stirnauge. Einäugige Wesen im antiken Mythos waren ferner die Arimaspen und die Telchinen.

*Wilhelm Grimm* hat in seiner berühmten Akademie-Abhandlung „die Sage von Polyphem", den Nachweis erbracht, daß in anderen Räumen (dem tartarischen, türkischen und serbischen, im Harz und in Norwegen), Sagenreste vorhanden sind, deren Gemeinsames „in Höhlen wohnende, einäugige Unholde" sind. Grimm geht so weit anzunehmen, daß hier möglicherweise Reste von Mythen vorliegen, die älter sind als Homer. — *Mannhardt* hat dann die Figur des einäugigen Kyklopen mit dem feuersprühenden Auge in Beziehung gesetzt zu den russischen Waldgeistern, den Ljeschi und anderen dämonischen Wesen, Riesen, Fruchtbarkeitsdämonen und einäugigen Waldgeistern, die sich im europäischen Sagengut bis in die Neuzeit nachweisen lassen. Es gibt auch noch in der heutigen Volksüberlieferung einäugige, gespenstige Tiere (meist Hunde mit feurigem Einauge), sogenannte „Dorftiere", die in der Nähe der Siedlungen beheimatet sind.

Es besteht also offenbar im asiatischen und europäischen Raum eine nahezu lückenlose Tradition einäugiger dämonischer Wesen, deren Charakteristikum die Feuer- (also nicht Licht-) Natur ihres großen, runden Stirnauges ist. Für unsere Betrachtung ist es äußerst interessant, daß *Artemidoros* (2. Jht. v. Chr.) in seinem bekannten Traumbuch als übles Vorzeichen berichtet *ἢ κύκλωπα ἰδεῖν*. Die Leute müssen also wohl damals auch von stirnäugigen Wesen geträumt haben. Wir werden später an einem Beispiel zeigen, daß auch im Unbewußten eines modernen Menschen, völlig unbeeinflußt von aller Psychotherapie, dieses archetypische Bild noch vorhanden ist und in Träumen erscheint. (S. 338 Fall A).

In den Zusammenhang unserer Betrachtung gehört der über die ganze Welt verbreitete Glaube an den bösen Blick[13], den man übrigens auch den Kyklopen zugeschrieben hatte (das *βλέμμα κυκλώπειον*). — Man versteht bekanntlich darunter die Vorstellung, daß der Blick gewisser Menschen Unheil bringt. Meist gelten solche Menschen mit dem bösen Blick behaftet, deren Augen gewisse Anomalien darbieten, insbesondere dann, wenn das eine Auge blind ist. Der *Gorgo-Medusa* wird ein „versteinernder Blick" zugeschrieben. Das von dem Helden *Perseus* abgetrennte Haupt der Medusa wird zum Apotropäon und dient zum Gegenzauber gegen den bösen Blick. — Entgegen den in der riesenhaften Literatur zum Gorgo-Medusa-Mythos vorgetragenen Deutungen wesentlich konkretistischer Art (z. B. *Roscher*), möchten wir meinen, daß ihm eine allgemeinmenschliche, psychologische Deutung viel eher gerecht wird. Uns scheint es der Erwägung wert zu sein, ob es bei der Gorgo sich nicht um die Darstellung der negativen, gefährlichen, unheilbringenden Form des Mutter-Archetypus handelt. Auf Seite 339 geben wir ein erstaunliches Beispiel dafür, daß auch in heutigen Menschen dieser Archetypus noch vorhanden ist, indem wir eine antike Darstellung des Gorgoneions mit einer Kinderzeichnung zusammenstellen. Niemand wird behaupten wollen, daß es in der Seele dieses Kindes sich um die Darstellung irgendwelcher kosmischer Gegebenheiten gehandelt habe. Auf die neben den weit aufgerissenen Augen sonstigen Charakteristiken des Gorgonenhauptes, ebenso die immer vorhandene herausgestreckte Zunge, können wir hier nicht eingehen.

Der, wie wir glauben, bei weitem tiefsinnigste, aber auch am schwersten zu deutende Mythos, der mit unserem Thema zusammenhängt, ist der von der Opferung von Odins *(Wodans)* Auge. Wodan, der Gott des Schweifens, der Sturmgott und Wanderer, der Wunsch- und Minne-Gott, aber auch der des Zaubers, geheimen Wissens und der Runen, wird in vielfältigen Zeugnissen als Einäugiger dargestellt. Im Urd- (Schicksals-) brunnen unter einer der drei Wurzeln des Weltenbaumes Yggdrasil, wohnt der Quellgeist, der Riese *Mimir*, der Kundige. Dorthin kam Allvater Odin und verlangte einen Trunk aus dem Brunnen. Er bekam ihn erst, nachdem er sein eigenes Auge zum Pfand gegeben und in den Quell versenkt hatte. Der Gott raunt mit Mimirs Haupt, (dem vom Rumpf getrennten) und erfährt geheimnisvolle, letzte Weisheit.

Die vielfachen Versuche konkretistisch-kosmischer Deutungen vom Sonnenauge Wodans, das in der Tiefe des Wassers versinkt, ebenso wie die Versuche, spätes christliches Gedankengut in den Mythos hineinzudeuten, scheinen uns seiner Tiefsinnigkeit nicht gerecht zu werden. Wir möchten meinen, daß er nur ahnend verstanden werden kann, so wie jeder Traum mit archetypischen Elementen: Der Gott des Lichtreiches und des Zaubers bedarf der dauernden Verbindung mit dem chthonischen Urquell des Lebens. „Um den Verlust des einen Auges, also des körperlichen Sehens, tauscht er die Tiefenschaukraft ein" *(Ninck)*. Wir können hier nur andeuten, daß Quelle und Baum nicht nur ein weltweites mythisches Bild sind, sondern auch einen Archetypus darstellen, der im Unbewußten unserer Patienten heute noch als zentrales Symbol vorzukommen pflegt. Auf die Beziehung des abgeschlagenen Hauptes zum Gorgo-Medusa-Perseus-Mythos hat Martin *Ninck*, wie wir glauben, mit Recht in seinem Wodan-Buch hingewiesen.

Die Opferung des Auges einer göttlichen Gestalt finden wir auch in der sehr bekannten ägyptischen Sage vom *Horus*-Auge. Sie sei hier kurz dargestellt, obschon wir glauben, daß ihr Bedeutungsgehalt keineswegs so durchsichtig ist, wie vielfach, gerade von Psychologen, geglaubt wird.

*Horus*, der Sohn des *Osiris*, kämpft gegen seinen Bruder *Seth*, den „kraftreichen, bösen Gott". Dabei verliert er sein eines Auge und Seth seine Hoden. In einer anderen Variante verliert Horus sein Auge, da er auf ein schwarzes Schwein blickte, in das sich Seth verwandelt hatte. Der Heil-Gott *Thoth* speit auf das Auge des Horus und macht es gesund. Horus aber nimmt es und gibt es seinem Vater Osiris zu essen, der von dem bösen Seth zerstückelt worden war. Durch dieses Opfer wurde der Vater beseelt und mächtig.

Nachbildungen des Horusauges sind als Amulette und Grabbeigaben in unzähligen Exemplaren erhalten. Vielfach dienen sie als Symbol des Opfers schlechthin, aber auch, wie sich aus deren gelegentlicher Verbindung mit dem Zeichen „ankh" ♀ für Lebenskraft ergibt, vor allem wohl als Symbol des Lebens und des Belebenden.

Dieses führt uns zu dem merkwürdigen Symbol der isolierten Augen, solcher, die nicht organisch mit dem menschlichen Körper verbunden sind (vgl. die *Graien*). Sie kommen in den verschiedensten Kulturen vor, auf Bildwerken, Ornamenten usw. Wir erinnern z. B. an die Augenornamente, die sich im Raum der Südsee, aber auch bei nordamerikanischen Indianern vorfinden. Isolierte Augen finden sich in der bekannten *Ezechiel*-Vision, wo sie zweifellos eine tief symbolische Bedeutung haben: Die Radfelgen am Thronwagen der Kerube waren ringsum mit Augen bedeckt. An späterer Stelle wird gesagt: Leib, Rücken, Hände und Flügel der Kerube waren mit Augen bedeckt. — Im Scivias Codex der Hl. *Hildegard von Bingen* kommt eine ähnliche mit Augen bedeckte Figur vor und ein hochgestelltes, mit Augen erfülltes Quadrat. — In diesen Zusammenhang gehört auch der bekannte Traum des Hl. *Ignatius von Loyola*, der ihm in der Zeit seiner Glaubenskämpfe in der Höhle von Manresa widerfuhr. Ihm erschien eine aufgerichtete Schlange, die mit Diamanten wie funkelnden Augen besetzt war. Aus der Sicht des Psychologen war diese Erscheinung alles andere als eine diabolica fraus, sondern die Erscheinung des göttlichen Erkenntnisprinzips im erdhaften Grund des kollektiven Unbewußten. Die späteste Darstellung des isolierten Auges in der Kunst des Abendlandes ist das Gottes-Auge im Dreieck. Sie ist m. W. erst in gegenreformatorischer Zeit entstanden. Es handelt sich hier aber schwerlich um ein Symbol sensu strictiori.

Es ist wichtig zu sehen, daß auch in den Träumen und Phantasien moderner Menschen das isolierte Auge — oder deren Mehrzahl — in zahlreichen Verbindungen vorkommt. Einige wenige Beispiele geben wir im dritten Teil unserer Arbeit. Hier beobachten wir in konzentrierter Form das, was dem Archetypus Auge als Idee innewohnt: Macht (Mana) im Guten, wie im Bösen, Bewußtsein, Erkenntnis, Weisheit, kurz: Geist.

Wenn Bewußtsein sich aus einem unbewußten Zustand zuerst entwickelt, so erscheint es funkengleich leuchtend und strahlend aus dem Dunkel, oder insular aus der Feuchte [14]. In diesen Beispielen haben wir noch das Urbild des sonnenhaften Auges.

In unmittelbarem polarem Gegensatz zu den aus dem Dunkel aufleuchtenden Augen stehen die leeren Augenhöhlen der Blinden oder Geblendeten. Viele Masken der Naturvölker und solche, die in Volksbräuchen noch vorkommen, soweit sie Augenöffnungen haben, machen denselben Eindruck, da das Auge des Trägers selbst für den Beschauer nicht sichtbar ist. (Die Masken mit gemalten oder eingesetzten Augen bilden hierzu einen deutlichen Gegensatz.) *Walter F. Otto* hat in seiner Arbeit über den Dionysos das Wesen der Maske, wie wir meinen möchten, gut gekennzeichnet, nämlich, daß sie den Eindruck der Nähe, zugleich aber auch äußerster Ferne mache. In den Materialien aus dem Unbewußten kommen derartige Darstellungen nicht allzu selten vor; insbesondere Darstellungen intrapsychischer Figuren, die einen deutlich maskenhaften Charakter haben (vgl. Teil III). Ihre psychologische Deutung scheint uns so zu sein, daß in diesen Fällen die Augenhöhle den Zugang oder die Eintrittspforte zum Verborgenen meint.

In der Psychoanalyse, gelegentlich auch im ethnologischen Schrifttum, wird dem Auge auch eine sexuelle Symbolik beigemessen. Wir halten dafür, daß dies als Nebenbedeutung in gewissen Fällen zutreffen mag. Das Auge kann wegen seiner Bedeutung als Strahlen- und Machtquelle dem männlichen, phallischen Prinzip entsprechen; wegen seiner Form und in den zuletzt genannten Fällen der leeren Augenhöhlen, auch dem weiblichen Organ [15].

## *III. Beispiele zur Symbolik des Auges bei modernen Menschen.*

Wir wollen nunmehr an einer kleinen Auswahl von Zeugnissen des Unbewußten moderner Menschen zeigen, daß sich dort alle Seiten der weitverzweigten Symbolik des Auges nachweisen lassen, wie sie sich in den kollektiven Zeugnissen finden. Es handelt sich dabei in erster Linie um Träume und Wachphantasien. Dann aber auch um „Bilder aus dem Unbewußten". Diese entstehen bekanntlich so, daß der Patient spontan aus freier Phantasie die Dinge zeichnet oder malt, deren Sinn in abstrakter Sprache auszudrücken ihm nicht möglich ist. Es sei ausdrücklich darauf hingewiesen, daß die Bilder dieser Art, welche wir hier wiedergeben, völlig unbeeinflußt durch den Psychotherapeuten entstanden sind. Die Bildner waren meist auch gar nicht fähig anzugeben, was sie mit ihrer Darstellung ausdrücken wollten. Noch weniger hatten sie etwa Kenntnis von den kollektiven Vergleichsmaterialien, die wir oben vorgelegt haben.

Leider können wir in dieser Arbeit die Materialien nur insoweit deuten, als sie sich auf die Symbolik des Auges beziehen. Der Kenner wird auch die übrigen Inhalte leicht verständlich finden.

Zunächst legen wir zwei Zeugnisse vor, welche außerhalb der Psychotherapie entstanden sind.

***Fall A:*** Kürzlich bekam Verf. von einem ihm nur flüchtig bekannten Mann einen Traum mitgeteilt. Der Träumer ist 71 Jahre alt, Architekt, noch berufstätig und außerordentlich aktiv. Er hatte zur damaligen Zeit einen schweren Erschöpfungszustand mit Kreislaufdekompensation durchgemacht und befand sich in der Rekonvaleszenz. Kurz darauf hat er — erstaunlich für sein Alter — zwei große Bauprojekte übernommen. Der Traum lautete:

„Ich sehe in einem Zimmer einen Mann auf dem Boden liegen, der mir den Eindruck macht, daß er sterben werde. Auf der Stirn hat er ein einziges großes Auge. Dieses ist auf mich gerichtet und strahlt eine solche Energie aus, daß ich glaube, ich müßte davon verbrennen."

Dieser Traum hat den alten Herrn so beeindruckt, daß er nur mit Scheu davon zu sprechen wagte. — Irgendwelche Einfälle dazu hatte er nicht. Die Polyphemsage war ihm nicht bekannt.

*Kommentar zu Fall A:* Hier haben wir einen reinen Fall des feuerartigen Stirnauges (vgl. S. 336). Die bewußtseinskompensatorische Deutung des Traumes dürfte die sein, daß die *Lebenskraft* des Träumers, trotz seines hohen Alters, nach seiner gerade überstandenen Krankheit zwar „am Boden liegt", aber immer noch ungeheuer lebendig ist.

Dem psychotherapeutischen Betrachter drängt sich bei diesem Traum und dessen Context allerdings noch die Frage auf, ob der Traum nicht auch eine Warnung für den Träumer enthalte. Wir wissen nur, daß er nach seiner Erkrankung sich mit einer für sein hohes Alter ganz ungewöhnlichen Arbeitskraft neuen Aufgaben zugewendet hat. Der Gedanke liegt nahe, daß seine Bemerkung: „er müsse von der strahlenden Energie des auf ihn gerichteten Auges verbrennen" sich auf die Gefahr bezieht, welche mit seiner neuerwachten Aktivität verbunden ist. Heute, etwa 1 Jahr nach dem Traum, liegt der Träumer in der Tat schwer erkrankt in der Klinik.

*Kinderzeichnung.* ***Fall B:*** Aus dem Bericht einer sehr intelligenten Lehrerin an einer Dorfschule:

„Den Kindern des 3. Schuljahres (26 Mädchen, 20 Jungen) erzählte ich in kindertümlicher Form die Geschichte von Siegfrieds Kampf mit dem Drachen. Der Drache wurde geschildert als ‚ein böses, wildes Tier, das im Walde wohnt und gerne Menschen frißt' Eine nähere Beschreibung des Drachens oder eine bildliche Darstellung wurde absichtlich nicht gegeben. Den Kindern wurde es überlassen, nach eigener Phantasie einen ‚Drachen' zu machen. Von insgesamt 70 Kindern haben etwa 35, darunter 32 Mädchen, menschenähnliche Darstellungen mit kreisrunden Köpfen gewählt, 10 vogelähnliche Gebilde und die übrigen, fast alles Jungen, tierähnliche Gestalten."

Unter den menschenähnlichen Darstellungen mit runden Köpfen befinden sich zwei nahezu gleiche, gorgoartige, isolierte Köpfe. Nach der Versicherung der Lehrerin sind diese Bilder unter Aufsicht und völlig unabhängig voneinander entstanden. Die eine derselben geben wir in Abb. 3 wieder. Die

Abb. 3. Zeichnung eines 9jährigen Kindes, Original Buntstift (15 cm Durchm.).

Übereinstimmung mit den antiken Darstellungen der *Gorgo* ist überraschend. Eine nahezu identische Darstellung eines runden Kopfes mit viereckigem Maul, aber ohne die herausgestreckte Zunge mit dreieckiger Nase und runden Augen fanden wir kürzlich unter den Zeichnungen etwa 6 jähriger Kinder aus einem Kindererholungsheim.

Auf Grund vielfältiger anderer Erfahrungen, mit Kindern wie mit Erwachsenen, halten wir es für sehr wahrscheinlich, daß es sich hier um eine aus dem tiefen Unbewußten aufgetauchte Darstellung des gefährlichen, bedrohlichen Mutter-Archetypus handelt. Zum Vergleich stellen wir eines der zahlreichen antiken Bilder daneben. Abb. 4.

***Fall C[9]:*** Dr. rer. nat. Biologin. 35 Jahre. Starke negative Bindung an den Vater. Belastete Familie (Schwester hatte vor Jahren einen schizophrenen Schub).

*Traum*[9] (abgekürzt): „Träumerin eilt mit ihrer Schwester bei einem Luftangriff in ein fremdes Haus und kommt in einen tiefen Keller. Dort findet sie zwei lebensgroße, unbekleidete Gliederpuppen, die eine dunkel, die andere hellfarbig. Die erste liegend, die andere stehend. Es ertönt Musik. Dabei beleben sich die Puppen und fangen an zu tanzen ... Dann steigt die Träumerin mit ihrer Schwester in einem viereckigen, turmartigen Gebäude hinauf. Sie wird verfolgt von einem jungen Mädchen, das ihr etwas zuleide tun will. Es ist die Dienerin der Frau, die unten wartend vor dem Tore steht. Aus Angst vor dem Mädchen erschlägt sie es. Dann geht sie wieder hinunter und findet vor dem Haus die Herrin der Erschlagenen, eine große Frau mit einem dritten Auge auf der Stirn. Ihr Blick ist scharf und so, als ob die Augen aus Edelsteinen wären. So unbefangen wie möglich, aber ängstlich, tanzt sie an ihr vorbei, dann ergreift sie die Flucht. In einem nahen Wald begegnet ihr ein Mann, der sie erschießen will."

Abb. 4. Gorgoköpfe, Vasenbilder. Mittel-korinthisch, 6. Jht. v. Chr. (nach H. Payne).

Die Träumerin bemerkt zu der Frau mit dem Stirnauge:

„Ein funktionierendes Parietalauge finden wir unter den lebenden Wirbeltieren bei niederen Formen wie Neunaugen und altertümlichen Formen wie Sphänodon. Es scheint ein Rest aus Urzeiten her zu sein und ist bei den meisten Wirbeltieren zu der sogen. Zirbeldrüse zurückgebildet. Ich glaube, daß die Frau mit dem Stirnauge Beschützerin des geheimen Wissens und der Weisheit ist. Sie besitzt etwas, das mir fehlt. Sie schickt mir in der Dienerin eine hilfreiche Gestalt. Ich aber fürchtete mich vor dieser und fühlte mich verfolgt, wie immer, wenn etwas aus der irrationalen Welt an mich herankommt. Ich wehre mich, wenn etwas kommt, das sich nicht in das schulmäßige Weltbild einordnen läßt. Sicher war es ein hilfreiches Wesen. Ich aber weiß keinen anderen Rat, als es zu erschlagen. Es erinnert mich an das Märchen, in dem das Kind die Natter mit dem Löffel erschlägt. Die geheimen Kräfte dürfen nicht abgewiesen werden. Es ist offenbar meine Angst vor der Instinktwelt. — Das Bewußtsein ist nötig, aber wir müssen ein feines Ohr behalten für die Stimme aus jener Welt; und die habe ich erschlagen. Die Strafe bleibt nicht aus: ich werde der Gewalt jenes dunklen Mannes übergeben, eine Verkörperung des Pseudogeistes, könnte man sagen[16]."

*Kommentar*[9]: Der Kommentar der Träumerin trifft das Wesentliche der Problematik. Wichtig ist, daß das dritte Auge einen Edelstein darstellt. Hier dürften Beziehungen bestehen zu der Lapis-Symbolik (Stein der Weisen) der Alchimie. Der Lapis, als „schwer erringbare Kostbarkeit", ist stets ein Symbol des Bewußtsein und Unbewußtes Umgreifenden, nämlich des Selbst.

***Fall D:*** Kunstgewerblerin, 35 Jahre alt. Belastete Familie (schizophrene Schwester). Riesenhafte negative Bindung an den Vater, mit deutlich inzestuösem Hintergrund. Zur Zeit der Behandlung war sie im Begriff, sich in zahlreichen erotischen Erlebnissen und spielerischer Scheingeistigkeit zu verlieren. Aufgabe der Arbeit war, Loslösung von der Haß-Liebe zum Vater und Einleitung des Selbstwerdungsprozesses.

***D***$_1$ *Wachphantasie:* „Pat. fühlt sich gedrungen, eine weibliche Figur in merkwürdig strengem, an ägyptische Bilder erinnernden Stil, zu malen. Die Figur zeigt ein geschlossenes und ein leicht geöffnetes Auge (Abb. 5). Pat. hat dabei das dunkle Gefühl, daß

Abb. 5. Bild, Fall $D_1$. Original Tempera.

Abb. 6. Bild Fall $D_2$. Original Tempera.

sie sich von der Welt zurückziehen und ihren inneren Dingen zuwenden müsse.

*Kommentar:* Hier beginnt bei der Patientin zum erstenmal der Gedanke aufzutauchen der „beati oculi qui exterioribus clausi, interioribus autem sunt intenti".

***Fall D***$_2$ Pat. malt einen Janus-artigen Doppelkopf: Ein etwas dekadent aussehendes Frauenantlitz mit geschlossenen Augen und ihm gegenüber einen Neger mit geöffneten Augen. Abb. 6. Das Ganze stellt offenbar ihre bewußte, weibliche Seite und ihre dunkle, naturhafte männliche *(Animus)* [17] dar. Derartigen Negerfiguren im Unbewußten intellektueller Frauen begegnet man nicht allzuselten, besonders bei Amerikanerinnen.

Wir stellen als Parallele aus dem Kollektiven eine griechische Vase aus dem 6. Jht. v. Chr. daneben. Abb. 7. Die Übereinstimmung des Motivs ist überraschend. Von diesem ziemlich unbekannten Stück wußte die Patientin nichts.

***D***$_3$ *Traum:* „Ich stand vor den Mauern einer mittelalterlichen Stadt. Aus dem Stadttore kamen festlich gekleidete Menschen, die in der Frühlingssonne spazierengingen. Da kam ein Mann daher, der in größtem Kontrast zu seiner Umgebung stand. Er sah elend aus, zerlumpt, hatte einen starren Blick und merkwürdig rote Flecken um die Augen. Ich dachte mir, daß er eine Augenkrankheit hätte. Er kam auf mich zu, in der Hand eine lange, spitze Schere. Ich fürchtete mich und glaubte, er wolle mich umbringen. Ich lief davon, aber er holte mich bald ein und verlangte, daß ich ihm die Schere in die Augen stoßen sollte. Meine Angst wurde immer größer. Schließlich mußte ich tun, was er wollte. Ich bohrte ihm die Schere erst in das eine und dann in das andere Auge. Der Mann lag vor mir auf der Erde, und ich sah mit Grauen, was ich getan hatte. Das Blut strömte aus beiden Augen. — Und dann fing er an zu reden, dankte mir und sagte: nun könne er endlich richtig sehen. Sein Gesicht veränderte sich, die Starre löste sich, und alles Friedlose auf ihm war verschwunden. Da erkannte ich, daß das, was dieser Mensch und ich getan hatten, gut und richtig war."

*Kommentar:* Der Grundgedanke des Traumes ist offenbar der, daß durch Zerstörung der kranken

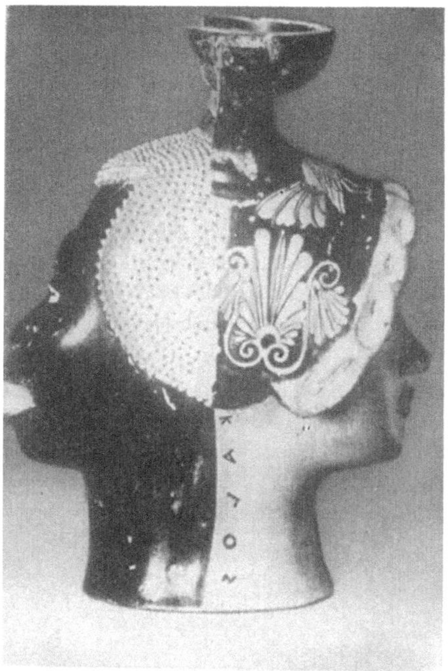

Abb. 7. Vase, Paris Louvre. Griechisch 6. Jht. v. Chr.

Augen (der falschen „Einstellung") erst der Blick in die innere Welt möglich wird, also das geistige Auge zum Schauen kommt. (Vgl. S. 334.)[18].

Die Figur des alten Mannes hing bei der Patientin, wie sich aus ihren Einfällen dazu ergab, aufs engste mit der Figur ihres Vaters zusammen, an den sie inzestuös gebunden war. Es zeigen sich in der Symbolik mehrere Gedanken unserer vorausgegangenen Darstellungen: Die Entmächtigung des Vaters durch Zerstörung des bösen Blikkes, die Opferung des Auges um der inneren Erkenntnis willen und schließlich, wahrscheinlich auch anklingend die Selbstbestrafung des Vaters für die inzestuöse Bindung, der Gedanke an die freiwillige Blendung des *Ödipus* [19].

***D***$_4$ *Traum:* „Ich lag in meinem Zimmer schlafend im Bett. Da erwachte ich durch ein starkes Rauschen und sah, wie durch das offene Fenster eine Eule ins Zimmer flog. Sie stieß an die Lampe, die klirrend auf die Erde fiel und zerbrach. Dann ließ sie sich am Fußende meines Bettes nieder. Ich machte eine Bewegung, um zu sehen, ob wir schliefen. Da sah mich die Eule einen Augenblick unwillig an und auf ihrer Stirn öffnete sich ein drittes Auge. Mit drei Augen schaute sie über mich hinweg in die weite Ferne, streng und unnahbar. Ich saß und sah voll Ehrfurcht, wie sie schaute und wußte nicht, was sie schaute."

Diese Wachphantasie hat die Patientin so stark beeindruckt, daß sie sich gezwungen sah, sie zu malen (Abb. 8).

*Kommentar:* Die Eule ist Träger vielfacher Symbolbeziehungen, in der Antike, bei Naturvölkern und auch noch in der Neuzeit im Märchen und Volksglauben. Sie ist wissend, wahrsagend, dämonisch und hilfreich. Als Nachttier sieht sie nur in der Dunkelheit. Sie ist mit dem Totenreich verbunden. Im Glauben einiger Völker ist das Leben gewisser Personen mit ihr verknüpft. Den Alten galt sie als Vogel der Weisheit und war das heilige Tier der Athene. Bei einigen Völkern ist sie das Totemtier von Frauen und wird als „Schwester der Frau" angesprochen.

Der Traum und das Bild sind ein ganz seltenes Beispiel für das Auftreten des dritten Auges bei Tieren.

***D*$_5$** *Traum:* Träumerin sucht das „Land ohne Winter, das Land unendlicher Fruchtbarkeit und großer Stille", in dem sie früher schon einmal gewesen ist. Auf ihrer Fahrt kommt sie, zusammen mit ihrer Schwester, in eine einsame Berglandschaft. Eine Felsspalte führt in das Innere des Berges. Neben dem Pfad liegt ein altes Weib in Lumpen, mit roten Triefaugen, wie ein räudiger Hund. Sie will ihr den Weg versperren und bettelt. Sie gibt ihr alles Brot, das sie für die lange Reise mitgenommen hatte. Die Frau läßt sie passieren. — Als sie dann an den rettenden Felsspalt kommt, öffnet sich hinter ihr die Erde und ein furchtbarer Kopf wühlt sich aus den Steinen; der Kopf eines Mannes, der nur ein Auge auf der Stirn hat. — „Ich bin wie gelähmt vor Entsetzen, sehe wie der Mann sich müht, aus der Erde herauszukommen. Er ist wie schlaftrunken und hat uns noch nicht richtig gesehen. Ich schreie meiner Schwester zu, sie solle den Mann erschlagen. Sie wälzt mit abgewendetem Gesicht Steine auf den Mann, die abspringen wie kleine Kiesel. Ich packe einen Felsblock, um dem Mann den Schädel zu zertrümmern. Der Fels zersplittert, und ich erkenne, daß der Mann eine Schuppenhaut hat, an der alles abgleitet."

*Kommentar.* Einen ausführlichen Kommentar zu diesem außerordentlich tiefgründigen, mit archetypischem Material geladenen Traum zu geben, ist an dieser Stelle kaum möglich. Nur so viel sei gesagt: Das alte Weib und der aus der Erde sich herauswühlende Mann stehen in einer Art polarer Beziehung. Die Auseinandersetzung mit ihnen, nämlich dem erdhaft weiblichen und dem männlichen, geistigen Prinzip, das seither in der tief unbewußten Triebwelt der Träumerin verborgen war, bedeutet den Angelpunkt und die entscheidende Stelle ihres Individuationsprozesses. Man könnte daran denken, daß der Mann mit dem Stirnauge eine Abwandlung sei des Alten im Traum $D_3$, dessen Augen sie zerstören mußte.

In knappster Form kann man sagen: der Traum stellt die Geburt des geistigen Prinzips aus der weiblichen Urschicht des tiefsten Unbewußten dar. Wie der letzte Satz des Traumtextes zeigt, hat die Träumerin zur Zeit noch stärkste Aggressionen gegen dieses Geistige, das in ihr entsteht. Aber es ist unverletzlich.

***Fall E:***[20] 28 jährige Patientin, die an einer schweren hysteroiden Kern-Neurose litt.

*Traum:* (Text stark gekürzt). „Ich sehe ein großes, unwahrscheinlich stark schillerndes, strahlendes Auge. Es ist furchtbar. Sein Blick scheint mich zu durchdringen. Ich sehe kein Gesicht. Jetzt erkenne ich, daß es auf der seltsamen Rundung einer gespannten Haut liegt. Es ist der Nabel einer hochschwangeren Frau. Jetzt richtet sich dieser Leib auf. Die Frau ist überlebensgroß, vollkommen nackt und ganz formlos. Sie versucht zu gehen, schwankt und taumelt. — Dann sagt eine Stimme, sie möge sich bekleiden. Sie zieht ein rotes Kleid an und darüber einen grünen Rock.

Abb. 8. Bild, Fall $D_4$. Original Tempera.

*Kommentar:* Dieser Traum, der auf dem krisenhaften Gipfel der psychotherapeutischen Arbeit entstanden ist, zeigt, wie im tiefen Unbewußten der Frauengestalt, die mit der Träumerin zwar zu tun hat, aber gleichzeitig unpersönlich, kollektiv ist, etwas Neues entsteht: nämlich Bewußtsein, Geist. Dies wird durch das Auge symbolisiert. Die neue Erkenntnis wird in den Komplementärfarben ihrer Bekleidung als eine coniunctio oppositorum gekennzeichnet.

***Fall F.*** Frau von 35 Jahren. Individuationsprozeß (vgl. Anm. 3). Initiation.

*Traum:* (Text stark gekürzt). Träumerin klettert in eine Gebirgsspalte, kommt durch eine quadratische Steinplatte (Falltür), sinkt nach unten. Sie kommt durch einen dunklen Gang, in dem grüngoldnes Metall aufblitzt. „Auf einmal, tiefdrinnen, leuchtet mir etwas grün entgegen: ein großes, klares Auge, durchscheinend wie Quellwasser. Beim Näherkommen sehe ich zwei große, grün schillernde Augen — in der Mitte leuchtet es rot — in einem behaarten, wie verwitterte Erde aussehenden Gesicht. Augenbrauen wie Bärte, der Mund von Haaren überdeckt, inmitten eine Nase mit zwei breit geblähten Nüstern, aus denen zwei Luft- oder Windstrahlen blasen. Wie ich weiterschaue, verschwindet das Gesicht, und ich sehe wieder, wie am Anfang, nur dieses durchscheinende, grüne Auge."

*Kommentar:* Aus dieser Symbolik kann hier nur das Wesentlichste hervorgehoben werden. Die Initiantin begegnet hier dem tief im Erdinnern verborgenen Erd- und Berggeist, der nicht nur an die verschiedenen Riesengestalten in der Symbolik zahlreicher Mythen und Märchen, sondern auch an die im Volksbewußtsein noch sehr lebendige Überlieferung des schlafenden Königs und Heilbringers im Berg erinnert, also an Gestalten wie den im Kyffhäuser schlummernden Barbarossa. Sein Auge erinnert aber auch an das tiefe Nietzsche-Wort:

„In dein Auge schaute ich jüngst, o Leben; Gold sah ich in deinem Nachtauge blinken — mein Herz stand still vor dieser Wollust!"

Das Auge steht offensichtlich wieder für Erkenntnis, Geist, wobei die grüne (Vegetations-) Farbe auf die zukünftige Entwicklung hindeutet. Sehr wesentlich sind die Luftstrahlen, die vom Antlitz des Berggeistes ausgehen (Wind hat immer den Charakter des Pneuma), die ihn als ein geistiges Wesen kennzeichnen, das in der Erde verborgen ist. (Vgl. Fall $D_5$.) Auf das Motiv der Falltür, für die sich zahlreiche mythologische Parallelen, ebenso wie im Unbewußten moderner Menschen nachweisen lassen, können wir hier nicht eingehen.

***Fall G:*** Gymnastiklehrerin. Starke Bindung an den verstorbenen Vater. Haß gegen die Mutter. Ohne jede Befriedigung in ihrer Existenz; vergeblich in äußeren Erlebnissen Befriedigung suchend. Ausgesprochene Individuationsneurose.

Abb. 9. Bild, Fall G. Original Aquarell.

Nachdem sie versucht hat, ihre innere Situation in zahlreichen Bildern auszudrücken, in denen immer wieder die großen, manchmal sehnsüchtigen, manchmal erschrockenen Augen auf einem Mädchenkopf zur Darstellung kommen, malt sie das für die weitere Entwicklung der Therapie entscheidende Bild (Abb. 9) mit einem geschlossenen und einem offenen Augenpaar. Ihr kommt dabei spontan die Erkenntnis, daß sie sich von der äußeren Welt abwenden und der inneren zuwenden muß, um die Reifung zu erlangen.

***Fall H:*** Akademikerin von 39 Jahren, die ohne Zugang zum anderen Geschlecht ist, negativer Vaterkomplex. Sie ist in dumpfer Gebundenheit an die Welt der Magna Mater gefesselt.

Im Gang der Psychotherapie produziert sie ein Bild (Abb. 10), auf dem eine schwarze (schwarz = unbewußt), nackte weibliche Figur auf einer lotosartigen Blüte ruht. Diese ist aus erstarrter, feuerflüssiger Materie entstanden, welche in einem vorausgegangenen Traum aus der Tiefe der Erde ausgebrochen war. Hinter der Blüte steht ein weißer Phallus mit einem einzigen Auge. Wellenlinien auf ihm deuten herabrieselndes Wasser an.

*Kommentar:* Der Traum ist etwa so zu lesen: Die noch gehemmte, unentfaltete Geistigkeit (Phal-

Abb. 10. Bild, Fall H. Original Aquarell.

lus mit Auge), die der Animushaltung dieser Frau entspricht, kommt zu geistiger Produktivität und Freiheit, wenn sie zugleich ihre echte Weiblichkeit entwickelt. Daß diese noch im Unbewußten verhaftet ist, zeigt die schwarze, nackte Frauengestalt. Das herabrieselnde Wasser hat mit dem Vorgang der Befruchtung zu tun.

Die Verbindung von Phallus und Auge als Erkenntnis- wie auch als Geistorgan, ist auch

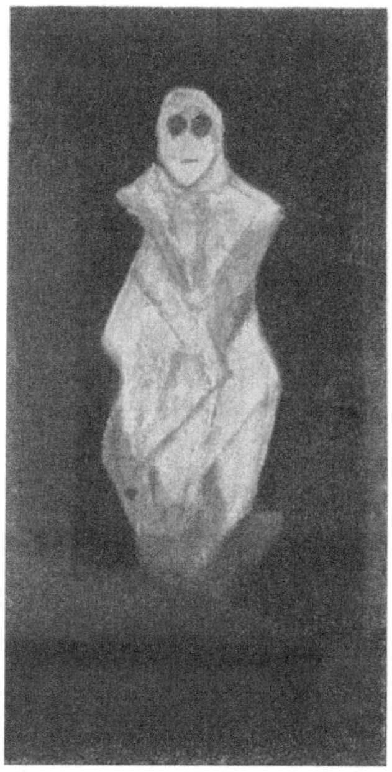

Abb. 11. Bild, Fall $J_1$. Original Tempera.

sprachgeschichtlich naheliegend, wenn man daran denkt, daß Worte für zeugen und erkennen vielfach dieselbe Wurzel haben [21].

***Fall I:*** Frau von 50 Jahren mit starker Vaterbindung. Kunsthistorikerin. Deutliche Neigung zu Animusprojektionen. Wie im vorausgegangenen

Fall zielt auch in diesem die Psychotherapie auf die Selbstverwirklichung der Patientin und die Realisierung echter Produktivität.

$I_1$ *Traum:* Bei Beginn der Arbeit entstand ein Bild, auf welchem in dem Wohnzimmer ihrer Kindheit eine verhüllte, wie aus Stein gehauene, weiße, gespenstige Gestalt mit leeren, dunklen Augenhöhlen erschien. (Sie bringt damit ihre Stiefmutter in Verbindung, unter deren Übermacht sie bis heute leidet.) (Abb. 11.)

$I_2$: Kurz darauf erlebt sie in einer Wachphantasie eine junge Frau, die eine graue Maske trägt mit runden Augen, welche mit Federn umkleidet sind. Die Augen kommen ihr versiegelt vor. Die Maske erinnert sie an eine Eule. (Vgl. Fall D 4.)

$I_3$: Später erscheint in einem tiefblauen Wasserloch, oder Kratersee, ein rundes, goldgelbes Auge (Abb. 12). Und schließlich (ähnlich, wie im Fall H):

Abb. 12. Bild, Fall $J_3$. Original Aquarell.

$I_4$: ein erdbrauner Phallus, der mit fesselnden Binden umwunden ist und aus dem ein Auge leuchtet.

Sie assoziiert dazu, daß die sich überkreuzenden Binden ihr ursprünglich wie Fischschuppen vorgekommen seien, auch wie Schuppen eines Tropenbaumes.

*Kommentar*[9]: Das goldgelbe Auge ist zweifellos wieder ein Sonnenauge und entspricht der Erkenntnis und Weisheit. Es liegt im Brunnen verborgen. Die Symbolik des gefesselten Phallus mit dem hellen Auge entspricht etwa der des vorausgegangenen Falles H.

Die Fesseln → Fischschuppen sind eine typische „Symbolverdichtung" *(Freud)*.

***Fall K:*** Praktisch ausübender Naturwissenschaftler, 50 Jahre. Die ganze Entwicklung stand unter dem Einfluß der längst verstorbenen, hochintelligenten, übermächtigen Mutter (Prae-Anima [22]).

$K_1$: Im Anfang der Analyse hat Pat. häufig Träume von Augenkrankheiten gehabt. Einmal wurde von einem Arzt als deren Ursache eine kleine, im Auge befindliche Mondsichel (Mond = weibliches Prinzip) festgestellt.

$K_2$: Am Ende der bewußten Auseinandersetzung mit seiner Mutter hat er einen großen Traum, in welchem er von entsetzlichen Ängsten getrieben zum ersten Male gegen die Mutter aggressiv wird, ihr die Hände abschlägt und sich von ihr loslöst.

Darauf entsteht folgendes Bild: (Abb. 13): $K_3$ Ein nackter Jüngling (Assoziation: „Held") hat als Waffe die riesengroße Schere eines Krebses, auf deren Mittelglied ein *Auge* sitzt. Damit erschlägt er einen Oktopus. Auf diesem befindet sich ein rot strahlender Punkt (Auge?) als Symbol der libidinösen Besetzung.

*Kommentar*[9]: Wie sich aus vielfachem Vergleichsmaterial nachweisen läßt, steht bei modernen Menschen der Krebs häufig für die gefährliche Mutter-Figur. Dasselbe gilt für den Oktopus, der eine noch primitivere Form des tiefen Unbewußt-Mütterlichen ist. (Wir müssen an dieser Stelle dar-

Abb. 13. Bild, Fall $K_3$. Original Tempera (Krebsschere rot, Oktopus grün).

auf verzichten, diese Deutungen wahrscheinlich zu machen, nur so viel sei gesagt, daß der Krebs festhält und nach hinten zieht.) Das isolierte Auge auf der Krebsschere steht für Erkenntnis (vgl. oben S. 337). Das Bild ist also zu lesen: Wenn der Träumer das Angriffswerkzeug der

Abb. 14. Bild, Fall $K_5$. Original Schwarzweiß-Zeichnung.

Abb. 15. Bild, Fall $K_{10}$. Original Tempera (Gesicht rotbraun).

Mutter in Erkenntnis seiner Bedeutung und Wirksamkeit als Waffe gegen sie benützt, kann er die vielgestaltige, gefährliche, durch den Oktopus repräsentierte, libidobesetzte Form des Mutterkomplexes bekämpfen.

$K_4$: Nach jener Entmächtigung der Mutter sah er im Traum enucleierte Augen in einer Schüssel liegen.

$K_5$: Kurz darauf malte er eine Wachphantasie (Abb. 14), auf der über den Händen der Mutter isolierte Augen schwebten, von denen strahlendes Licht und blitzartige Gebilde ausgingen.

$K_6$: Schließlich hatte er nach diesen Erlebnissen den Traum, den er auch malte, in welchem eine archaische Muttergestalt auf einem Throne saß, mit leeren Augenhöhlen. Sie hielt auf dem Schoß Scheiben von Butter, die er von ihr zu seiner Nahrung holen mußte.

**$K_7$—$K_9$:** Später begegnete ihm in drei verschiedenen Träumen, einmal ein einäugiger, blinder Bettler, dann sein alter Lehrer aus der ersten Grundschulklasse, der aber blind und taub war und schließlich ein Mann, der nur ein einziges Auge hatte, welches aus einem geschliffenen Edelstein, einem Smaragd, bestand.

**$K_{10}$:** Daraufhin malte er spontan das Gesicht eines Mannes von mittleren Jahren, mit einem geöffneten Auge. An Stelle des anderen befand sich eine weiß-strahlende Kugel (Abb. 15).

Mit diesen Erlebnissen war eine Phase der inneren Entwicklung des Mannes abgeschlossen, welche

Abb. 16. Bild, Fall L. Original Tempera.

sich über einen langen Zeitraum erstreckt hatte und in der er sich von den der identifikatorischen und projektiven Bindungen an die Mutter befreit hat.

*Kommentar zu Fall K:* In der Augensymbolik dieses Falles finden wir sämtliche kollektiven Symbole, die wir oben systematisch entwickelt haben, wieder. Die Entmächtigung der gefährlichen Mutter (böser Blick) durch Enucleierung. Es ist dabei so, als ob er sich nun selbst der Geistigkeit der Mutter bemächtigt hätte. Die blinde Mutter, die nach ihrer endgültigen Entmachtung Lebensspeise zu spenden vermag und schließlich das mehrfache Symbol des unscheinbaren blinden oder einäugigen Weisheitsträgers, wobei der Smaragd mit seiner grünen Farbe wieder den Gedanken des Lapis enthält. Die grüne Farbe, die immer mit Vegetation und Entwicklung zusammenhängt, zeigt, daß der Prozeß noch nicht zu Ende gekommen ist. Erst das letzte Bild (Abb. 15) zeigt den Träumer selbst mit dem Geistauge.

***Fall L:*** Frau 37 Jahre alt. Ausgesprochenes Individuationsproblem im Zusammenhang mit der beginnenden Lebenswende. Gegen Ende der analytischen Arbeit malt sie mehrere Mandala-Bilder[23] (Abb. 16.) Diese stellen, wie immer in solchem Fall, den Versuch dar, die scheinbar unvereinbaren Gegensätze ihrer Existenz und ihrer im Innern wirksamen Bilder (Dominanten des Unbewußten) in einer conjunctio oppositorum zu vereinigen.

Bild 16 zeigt unten die erdhafte Mutter, links die Träumerin mit geschlossenen, nach innen gewendeten Augen, — unter ihr eine goldene Knospe. Ihr gegenüber ein Hirsch[24] mit Sonnensymbol auf der Stirn. Die sich überschneidenden Kreise haben zum Mittelpunkt das Auge der Erkenntnis.

In einem zweiten Bild sind die Opposita um den Weltenberg mit goldenem Gipfel, Sonne und Mond als Zentrum angeordnet. Links wieder die Bildnerin mit nach innen gewendeten Augen und einer goldenen Blüte auf der Brust, rechts dieselbe, aber mit weit geöffneten Augen, auf der Brust die nach oben strebende Schlange. Unten die Erdmutter und oben der Mann (Animus) mit offenen Augen und einem goldenen Stirnauge.

Auf die Einzelheiten des tiefgründigen und weitschichtigen Materials können wir hier nicht eingehen. Das Verständnis im Einzelnen müssen wir an dieser Stelle der Intuition des Lesers überlassen.

### *IV. Schlußbetrachtung.*

Die Vergleichung der in Teil II vorgelegten kollektiven Materialien über das Auge, wie sie uns die Geisteswissenschaften geliefert haben, mit solchen aus dem Unbewußten moderner Menschen in Teil III gibt uns die Möglichkeit zu einigen allgemeinen Erwägungen zur Hypothese des kollektiven Unbewußten und seiner Bedeutung für die Psychotherapie. Unsere Beispiele haben sich nur auf einen einzigen Archetypus innerhalb der ungeheuren Mannigfaltigkeit der Erscheinungen des kollektiven Unbewußten der Menschheit bezogen. Dem Kenner der Literatur unseres Gegenstandes, insbesondere der Arbeiten von *C. G. Jung* wird es leicht sein, sich über andere zu unterrichten. Die folgenden Feststellungen und Erwägungen beziehen sich nicht nur auf unser Beispiel. Wir glauben, daß ihnen, so weit das bei unserer heutigen Kenntnis möglich ist, einige Allgemeingültigkeit zukommt.

1. *Es bestehen in der Tat erstaunliche Übereinstimmungen und Ähnlichkeiten zwischen den genuinen Erzeugnissen und Bildern aus dem Unbewußten moderner Men-*

*schen und denen, welche die Kollektiv-Seele in vergangenen Zeiten und anderen Räumen hervorgebracht hat*[25]. Einzelbeispiele aus unserem Material: Das Einauge (Fall A, $D_5$), der Gorgokopf (Fall B), das innere Auge (Fall $K_{10}$), das Stirnauge (drittes Auge, Fall C), die isolierten Augen (Fall $K_3$, $K_4$), das Augenopfer (Fall $D_3$), Blindheit (Fall $J_1$, $K_{7-9}$) und das Auge im Brunnen (Fall $J_3$).

2. Neben diesen Übereinstimmungen und Ähnlichkeiten finden sich aber auch deutliche und sehr *merkwürdige Varianten der kollektiven Bilder:* Einzelbeispiele dafür sind: Die Augen auf den Radfelgen der Ezechiel-Vision (S. 337), Schlange mit Augen (S. 337), Eule mit drittem Auge (Fall $D_4$), Einauge des Erdgeistes (Fall F), Auge als Nabel einer schwangeren Frau (Fall E), Auge aus Edelstein (Fall C), geschlossene und offene Augen innerhalb eines Mandala (Fall L), Auge und Phallus (Fall H, $J_4$), Auge und Krebs (Fall $K_3$).

Die Zeugnisse der ersten Gruppe stützen die Hypothese des kollektiven Unbewußten in dem Sinne, daß es archetypische, also allgemeingültige, unveränderliche Bilder symbolischer Art in der Menschheit von jeher gegeben hat und heute noch gibt. Wenn man die Zeugnisse der zweiten Gruppe betrachtet, hat man den Eindruck, daß hier das lebendige Unbewußte geschichtlicher und moderner Menschen, höchst sinnvolle *Kombinationen von Archetypen* zustandebringt, um jeweils das auszudrücken, was der allgemeinen Problematik des Menschseins und gleichzeitig ihrer individuellen entspricht. Der Sinn, oder die Idee dieser in der Gruppe 2 erwähnten Kombinationen innerhalb unseres Beispiels des Archetypus „Auge", wäre etwa folgender: Schlange → Auge = Erdhaftes, Chthonisches, tief unbewußtes, Weibliches → Bewußtsein, Geist.

Dasselbe gilt etwa für die beiden anderen erwähnten Verbindungen: Berggeist → Auge.

Wir beobachten an dieser *zweiten Gruppe* unserer Beispiele und vielen anderen, die hier nicht dargestellt werden können, indes noch mehr als nur einfache Kombinationen potentiell vorgegebener, unabänderlicher Elemente (Archetypen). Wir sind vielmehr der Meinung, daß sie *Erzeugnisse eines Prozesses sind* (vgl. Schelling o. S. 333), *der auch heute noch im tiefen Unbewußten der Menschen im Gange ist und aus dem sich neue Formen entwickeln.* Von ihnen könnte man sich vorstellen, daß auch sie gewisse allgemeine Ideen ausdrücken und sich einmal zu „Archetypen" entwickeln werden. Ein hochbedeutsames Beispiel hierfür ist das Bild (Fall E) des Auges als Nabel der hochschwangeren Frau. Hier verbindet sich die Idee weiblicher Fruchtbarkeit, des Werdens, des Übergangs mit derjenigen der Erkenntnis, des Geistes.

Diese Phänomene sind eine ungemein wichtige Aufgabe künftiger tiefenpsychologischer Forschung. Sie geben uns nicht nur einen Einblick in das Gewordene, sondern auch in das Werden im Sinne zunehmender Bewußtheit, also der Entfaltung des Geistes.

Wir sind überzeugt, daß sich auch aus derartigen Untersuchungen neue *Gesichtspunkte zum Verständnis mythologischer Phänomene* ergeben. Ein Beispiel dafür war, wie wir glauben, das Auftauchen des Gorgoartigen Kopfes in der Kinderpsyche (Fall B). Zahlreiche andere Beispiele haben *C. G. Jung* und *K. Kerényi* gegeben[4]. Die Betrachtung derartiger mythologischer Gestalten unter psychologischen Gesichtspunkten, dürfte geeignet sein, neues Licht auf diese zu werfen. Die Neigung früherer Schulen, echt mythologische Phänomene wesentlich konkretistisch zu sehen (als Gewitter, Wirbelsturm, Nebel usw.) hat ja niemals diejenigen befriedigt, welche ein feineres Verständnis für das in ihnen enthaltene Numinose gehabt haben.

Wir möchten zurückhaltend hier nur so viel andeuten, daß unserer Meinung nach die vorsichtige Anwendung tiefenpsychologischer Forschung auf mythologische Fragen mindestens anregend und befruchtend wirken muß.

Eine weitere Frage, die sich in diesem Zusammenhang ergibt, ist die nach der Bedeutung der Hypothese des kollektiven Unbewußten und der Forschungen auf diesem Gebiet für die Praxis der Psychotherapie. Ein befreundeter Kollege der „anthropologischen Richtung" hat dem Verf. kürzlich geschrieben: „Ich frage mich, ob das kollektive Unbewußte für das Leben unmittelbar sinnvoll ist, wenn es auf die alexandrinische Geisteswissenschaft des 20. Jhts. warten muß, um verständlich zu werden. Was kann es heilsamer Weise dem träumenden Menschen unmittelbar bedeuten?"

Diese Frage trifft in der Tat ein Zentralproblem der großen Psychotherapie. An dieser Stelle können wir nur einiges andeuten von dem, was nach unserer Meinung hierzu zu sagen ist:

Die archetypischen Bilder des kollektiven Unbewußten sind zunächst nichts anderes als der Ausdruck von Gegebenheiten und Zuständen, aber auch von Möglichkeiten der Entwicklung innerhalb des Individuums oder in Bezug auf dieses. Ihre Abfolge ist der Ausdruck eines tiefgreifenden und schöpferischen inneren Vorgangs. Im Individuationsprozeß ist das Auftauchen dieser Bilder wie der Anruf einer Instanz, die im Besitze von Weisheit und umfassendem Wissen ist vom Wesen der Welt und des Menschseins in ihr, größer, als es dem Bewußtsein des Patienten wie auch des Psychotherapeuten zur Verfügung steht. Die Abfolge der archetypischen Bilder und Motive steht in einer oft schwer erkennbaren Beziehung zu der jeweiligen bewußten Lage des Individuums und damit zu den Lebensentscheidungen, denen es schicksalsmäßig gegenübergestellt ist. Wird ihr Sinn verstanden und antwortet das Bewußtsein auf ihren Anruf, so kann es in der Tat geschehen, daß Hemmungen beseitigt, neue Wege im scheinbar Ausweglosen gefunden und Heilloses geheilt wird. Ein solches Verstehen ist keineswegs identisch mit nur rationalem Verarbeiten, sondern wesentlich auch eine Angelegenheit der nicht rationalen Funktionen des Menschen, nämlich seiner Intuition und seines Gefühls. Hierbei ist es in hohem Maße förderlich, wenn der Psychotherapeut und sein Patient sich gemeinsam mit den kollektiven, geschichtlich vorgegebenen Materialien beschäftigen, welche mit den aus dem Unbewußten auftauchenden archetypischen Bildern in Beziehung stehen und mit ihnen verglichen werden können. Man nennt dies das Verfahren der Amplifikation. Es ist offensichtlich, daß hierzu eine weitgehende Kenntnis der kollektiven Materialien nötig ist, wie sie uns die Geisteswissenschaften in der Völkerkunde, Mythologie usw. darbieten. Gelingt es, den Hilfesuchenden auf diesem Wege zu einer mehr als nur rationalen Beziehung zu diesen letzteren zu bringen, so bekommt er damit ein Gespür für die in den Bildern seines Unbewußten waltenden Ideen und ein Verständnis für den Sinn der Vorgänge, welche sich in der Tiefe seiner Seele abspielen. Er erfährt, daß seine ihn mit Angst erfüllende Isolierung, die scheinbare Einmaligkeit seines Schicksals, eine Täuschung war, und er in der Tat allgemeinen Menschheitsproblemen gegenübersteht, für die es allgemeine Lösungen gibt.

Allerdings ist in diesem Zusammenhang auch eine Warnung am Platze, die für den Patienten ebenso gilt wie für den Helfer: Es kommt in der großen Psychotherapie nicht allzu selten vor, daß durch die Berührung mit den kollektiven Bildern, von denen der Träumer meint, er habe sie „gemacht", und der Psychotherapeut, er habe sie verstanden, eine unangemessene Hybris entsteht. „Das Wissen bläht auf", sagt warnend der Apostel und fügt hinzu: „Die Liebe aber bessert". Wenn der Patient und auch der Psychotherapeut dies Letztere erfaßt haben, so erwächst aus der Beziehung zu der archetypischen Welt etwas anderes als Hybris, nämlich *Bescheidenheit* und das Gefühl des *Geborgenseins* in dem Wesenhaften allgemeinmenschlicher Existenz.

Dies scheint uns die Antwort zu sein auf die Frage, was das kollektive Unbewußte „heilsamerweise dem träumenden Menschen bedeute". Allerdings muß in diesem Zusammenhang noch eines gesagt werden: Das kollektive Unbewußte ist kein Instrument und keine Methode innerhalb der Psychotherapie. Ein naiver „Psychotherapeut" hat vor Jahren einmal geäußert: „in schwierigen Fällen müsse man das kollektive Unbewußte zu Hilfe rufen". Eine solche Auffassung beruht auf profunder Unkenntnis dieser im Menschen waltenden numinosen Mächte.

Das kollektive Unbewußte ist seinem letzten Wesen nach Geist, wenn auch nicht in rationaler Form und: „Der Geist weht von wannen er will" und „hilft unserer Schwachheit".

*Anmerkungen.*

1 *Die Anmerkungen geben — mit Rücksicht auf den beschränkten Raum — nur wenige Hinweise auf die Literatur, welche der Leser benötigt, um sich weiter zu unterrichten; des weiteren einige Erläuterungen der verwendeten Grundbegriffe. — Die Quellen der aufgeführten literarischen Zeugnisse werden in einer demnächst erscheinenden, erweiterten Fassung dieser Arbeit eingehend vorgelegt werden.*

2 Vgl. E. *Rothacker:* Die Schichten d. Persönlichkeit (4), Bonn 1948.

R. *Thiele:* Über d. Gebrauch v. Raumbildern i. d. Psychol. Stud. Generale I. 1948. S. 144.

3 C. G. *Jung:* Beziehungen zw. d. Ich u. d. Unbewußten, Darmstadt 1928. — Ders.: Bewußtsein, Unbewußtes u. Individuation, Zentralbl. Psy. Ther. 1939, S. 257. — Ders.: Einltg. in *R. Wilhelm* u. *Jung* D. Geheimnis d. goldenen Blüte, Mchn. 1929. — Ders.: Z. Empirie d. Individuationsprozesses, Eranos Jahrb. 1933, S. 201. — Ferner zu diesem Thema die demnächst ersch. Arbeit d. Verf. „Östliche Weisheit u. westliche Psychotherapie".

4 Üb. d. v. *Jung* geprägten psychologischen Begriff des Archetypus vgl.: C.G. *Jung:* Üb. d. Psychologie d. Unbewußten (Anm. 47), Ders.: D. Geheimnis d. gold. Blüte (Anm. 3), S. 16 f. — Ders.: Üb. d. Archetypen d. coll. Unbewußten, Eranos Jahrb. 1934, S. 179 ff. — Ders.: Üb. d. Archetypus m. bes. Berücksichtigung d. Animabegriffes, Zentralbl. f. Psy. Ther. 1936, Bd. 9, H. 5. Man kann den Archetypus am knappsten definieren als im kollektiven Unbewußten praeformierte, allgemeingültige, latente Bilder, Dispositionen oder Bahnungen zu gewissen identischen Reaktionen.

Ein Archetypus kann projiziert werden (z. B. das Bild der archetypischen „Großen Mutter"). Der immer bereitliegende oder gewissermaßen sprungbereite Archetypus kann aber auch, wenn er angeregt ist, von einem Menschen ganz oder teilweise Besitz ergreifen, sein Verhalten bestimmen, oder im Grenzfall, ihn „besessen" machen. Dann kann er den Charakte einer Partialseele annehmen.

In der Psychotherapie ist es prognostisch von großer Wichtigkeit, in welchen Stadien der Entwicklung ein Archetypus auftaucht und wirksam wird. Geschieht dies am Anfang, so kann man annehmen, daß der Mensch sehr unbewußt, in einer primitiv mythologischen Welt lebt und von ihr befangen ist. Taucht hingegen der Archetypus gegen Ende einer längeren Entwicklung auf (wie z. B. der der „geordneten Mannigfaltigkeit" im Bilde eines Mandala, oder des Hermaphroditos, so kann man ziemlich sicher sein, daß der Mensch sich seiner Reifung nähert und wichtige Stufen der Individuation sich vorbereiten oder erreicht sind. — Der Archetypus sagt immer in allgemeiner, weltgültiger Form auch etwas über das persönliche Problem aus. Nur bedarf es meist einer großen bewußten Anstrengung und schwierigen Erkenntnisarbeit, bis es gelingt, diese kollektive Aussage auf die persönliche, aktuelle Situation zu beziehen und anzuwenden.

[5] Beide Auffassungen werden oft mit affektiver Tönung untereinander bekämpft. Dies scheint uns immer ein Zeichen dafür zu sein, daß zentrale weltanschauliche Positionen angerührt sind und verteidigt werden. Wahrscheinlich liegen die individuellen Wurzeln dieser Widersprüche im Typus des Einzelnen, etwa derart, daß die kausale, leicht materialistische Deutung dem extravertierten Typ und die andere, hier von uns vertretene, mehr dem introvertierten entspricht. Da beide Auffassungen irgendwie nahe mit der Sphäre des Glaubens zusammenhängen, sind sie theoretisch schwer anzugehen.

[6] Lit. Angaben z. unserem Thema finden sich im: Hdwb. d. dt. Abergl. Bd. I, s. v. Auge, Einäugigkeit. — *Hastings:* Encyclopaedia of Religion and Ethics, Edinburgh 1908 — 21 s. v. Evil Eye. — *Chantepie* de la *Saussaye:* Lehrb. d. Religionsgesch. (4) Tübingen 1925. — *Roscher:* Mytholog. Lex. Leipzig 1886 ff. — *Pauly-Wisssowa:* Realencyclopädie d. Class. Altertumswiss. Stuttg. 1895 ff. Die sonstigen Quellen in der demnächst an anderer Stelle erscheinenden ausführlichen Arbeit d. Verfassers.

[7] F. *Bechtel:* Üb. d. Beziehungen d. sinnl. Wahrnehmungen i. d. indogerm. Sprachen, Weimar 1879. B. gibt eingehende Nachweise für die Gleichungen:

1. Sehen = hell sein, leuchten, glänzen (152 ff.).
2. Sehen = scharf sein, durchdringen, trennen, unterscheiden.
3. Sehen = halten, ziehen, spannen.
Daraus: Wahren, Aufmerken, sinnen, nachdenken, seinen Geist worauf richten.

Ganz analoge Nachweise (S. 164) für die Wurzeln zu den Worten für Auge. Nach frdl. Mitteilung von Prof. *Hentze*, Traisa bei Darmstadt, ist das chinesische Schriftzeichen Scha, welches d. Blick werfen und zugleich funkeln bedeutet, zusammengesetzt aus dem Zeichen für Auge und dem zweimaligen Zeichen für Feuer.

Erst die spätere Entwicklung der Sprache scheint dann die Gleichung sehen ~ Erkennen, wissen zu spiegeln: lat. vidi, asl. vedeti von der Wurzel ueid — erblicken, sehen (dann auch finden) deren Bedeutung im griech. ἰδεῖν durchschimmert. (*Grimm:* Wb. XIV 2. 5, Sp. 748. — *Walde-Pokorny* 1, 236.)

[8] Man vgl. auch die schöne Stelle (Pfeiffer S. 193): „Wird mein Auge aufgetan und auf das Holz geworfen durch ansehen, so bleibt ein jegliches was es ist, und werden doch im Vollzuge des Hinblickens so sehr Eins, daß man mag sprechen, das Auge ist Holz und Holz ist mein Auge. Wäre aber das Holz ohne Materie und ebenso geistig wie das Gesicht meines Auges, so möchte man sprechen in Wahrheit, daß in der Wirklichkeit meines Sehens das Holz und mein Auge in einem Wesen bestünden."

[9] Z. B. heißt es im *Rigveda* 128, 1 (Ed. *Ludwig*, Prag 1876, Bd. I S. 142): „Aufgegangen ist der Götter farbenreiches Antlitz, das Auge des Mitra, des Varuna, des Agni; Himmel und Erde, und den Luftkreis erfüllt hat Surya, die Seele des Beweglichen und Unbeweglichen." Vgl. auch 129, 1 (S. 143). — S. a. *H Lommel:* Mithra u. d. Stieropfer, Paideuma III 1949 S. 210 f.

[10] *Roeder, G.*: Urkund. z. Relig. d. alt. Ägypt. Jena 1915, Index s. v. Auge des Sonnengottes, S. 140. Der Sonnengott Re sagt: „Ich bin es, der durch das Öffnen meiner Augen das Licht entstehen läßt und durch das Schließen die Finsternis."

[11] *Frobenius, L.*: Weltanschauung der Naturvölker, Weimar 1898, S. 271. „Der erste Zug solarer Gottheiten, d. Einäugigkeit findet sich außer bei Odenta bei Mapanja Mwasse Moto, dem Gotte, der halb Stein halb Mensch, auf dem Pik Kamerun thront, und jenen Riesen, die nach der Ansicht der Ovaherero den Himmel tragen." — *Rottmann*, W.: Der Götze Odente, Basel.

[12] Das Steinbild stammt aus der Kultur von Karassuk, etwa 1000 v. Chr. *Teplouchov:* Essai de classification des anciens civilisations metalliques de la region de Minoussinsk. — Materialien zur Russ. Ethnographie Bd. IV, 1929 S. 60. — *Griaśnov* et *Schneider:* Sculptures anciennes des steppes de Minoussinsk. — Ich verdanke diese Quellen einer freundlichen Mitteilung von Prof. Karl *Hentze* Traisa bei Darmstadt.

[13] S. *Seligmann:* Der Böse Blick u. Verwandtes, Brln. 1910. — Ders.: Die Zauberkraft des Auges und das Berufen, Hamburg 1922. — *Hastings:* Encyclopaedia Relig. a. Ethics l. c. s. V. Evil eye mit reicher Literaturangabe. — *Zahn* in Ber. Sächs. Ges. Wiss. phil. hist. Klasse VII, 1855 S. 28 ff. — J. v. *Görres:* Christl. Mystik, Regensburg 1879 f. Index s. v. Blick. — *Thompson:* Semitic Magic, London 1908, s. v. evil eye. — *Grossi:* Il Fascino del Oriente Milano 1886. — *Oldenburg:* Religion des Veda, Brln. Stuttg. 4. Aufl. 1923. S. 481, 501.

[14] Dieses Phänomen, welches in der großen Psychotherapie häufig zu beobachten ist, aber, wie wir hinzufügen möchten, erfahrene Kinderpsychologen auch stets am heranwachsenden Kinde feststellen können, hat C. G. *Jung* in seinem Vortrag: Der Geist der Psychologie, Eranos Jahrbuch XIV 1946 in dem Kapitel „das Unbewußte als multiples Bewußtsein" behandelt.

[15] Reste einer phallischen Bedeutung des Augensymbols im Indischen (die 1000 Augen des Indra) s. *Mannhardt:* German. Mythen, Brln. 1858, S. 130 u. Anm. 4. — Der holländische Missionar *Winthuis* (s. Einführg. i. d. Vorstellungswelt primitiver Völker, l. c.) behauptet, bei Südseevölkern ganz allgemein eine Sexualsymbolik der Augen festgestellt zu haben. Man hat aber den Eindruck, daß er vielfach seine eigenen verdrängten Komplexe auf diese Naturvölker projiziert hat. Zur Sexual-Symbolik des Auges vgl. auch die interessante Arbeit von W. Kühn „Die Verwandlung des Teiresias. Zur Symbolik des Auges." Psyche III 1949 S. 493 ff.

[16] Daß das dritte Auge auch bei Psychosen vorkommt, zeigt die sehr bemerkenswerte Darstellung einer Schizophrenen bei R. A. *Pfeifer:* D. Geisteskranke u. s. Werk, Leipzig 1923, S. 50 Abb. 18.

[17] Dem Seelenbild der Anima beim Manne entspricht bei der Frau der Animus. Wenn dieser aus seiner Latenz heraus angeregt ist, so verdirbt er ihr Denken, ja, er kann es völlig auslöschen. Eine Animus-besessene Frau produziert Meinungen, nicht einmal Überzeugungen, geschweige denn Urteile oder Erkenntnisse. Damit ist natürlich auch ihre Gefühlsfunktion alteriert. — Vgl. C. G. *Jung:* Psychol. d. Unbew., Zürich 1948, S. 161. — Emma *Jung* in: C. G. Jung Psychol. Abhandlgn., Bd. 4, S. 296 ff.

[18] Wilhelm *Laiblin:* Ein Krankenbericht, Heidelberg 1949 Beihefte zur Psyche H. 2, hat in einer ausgezeichneten Arbeit den Individuationsvorgang eines jungen Kriegsblinden dargestellt. Er bemerkt dazu (S. 9): „Während er in bezug auf den Nationalsozialismus, wie ungezählte seiner Schicksalsgenossen, blind in den Krieg gezogen war, wurden ihm wider seinen Willen und in sehr schmerzhafter Weise die Augen geöffnet."

[19] *Roscher*, l. c. III, 1 Sp. 700 ff. — *Pauly-Wiss.*: XVII, 2 Sp. 2103 ff. — Die entscheidende Stelle bei *Sophokles*, Ödipus Tyrannos 1270 ff. lautet: „Holt aus und schlägt der eignen Sterne Paar und ruft, so werd ihnen das Schauen vergehn all dessen, was er Übels litt und tat! Jetzt lernt im Finstern, was ihr nicht gedurft, zu seh'n, und was ich suchte nicht zu kennen!"

K. *Reinhardt:* Sophokles, Frankfurt/M. 1947 S. 138. Reinhardt bemerkt hierzu: „Hier wird das Geschehen an sich bereits zur Sinnfigur, und Sinnfigur wird auch die Sprache: die Figur beruht darauf, daß das natürliche und geistige Gesicht in eines verschlungen, es ist kaum mehr das körperliche Auge, das seiner Vergangenheit gewahr wird. ‚Tun und Leiden' sind polarer Ausdruck, weisen auf die ganze Existenz. . . . In der ‚Finsternis', der leiblichen und geistigen, fängt sein wahres Sehen erst an, als ein Erkennen aus der Nacht der Blindheit, das die Selbsterkenntnis ist." In den frühen amerikanischen Kulturen hat es auch kultische Blendungen gegeben. Im Codex Borgia, eine altmexikanische Bilderhandschrift der Bibl. d. Congregatio de Propagana Fide (hrsg. von *E. Seler*, Berlin 1904), und den verwandten Codices gibt es Darstellungen, auf denen dem Opfer von dem Priester mit einem Steinmesser die Augen ausgebohrt werden. Über die Bedeutung dieses Vorgangs sagen die Texte nichts. Auch die amerikanistischen Fachleute vermochten mir hierüber keine Auskunft zu geben.

[20] Ich verdanke die Angaben der Freundlichkeit meines Kollegen W. *Laiblin*, Stuttgart.

[21] Vgl. *γίγνομαι*, *γένος*, *γεννάω*, Wurzeln, -ĝen-, -ĝene, -ĝenō erzeugen, lat. gi- gnere, *γιγνώσκω*, *γνώσκω*, *γνῶσις* cognosco (feminam!) goth. uskannjan (notum facere), nhd. u. mhd. erkennen. Wurzel: -ĝenē, -ĝenō, erkennen, kennen. — *Walde-Pokorny:* Vgl. Wb. Indog. Spr., Brln. 1930, I, 516 f. — *Menge-Güthling:* Griech. Deutsch. Wb. I, 120. — *Grimm:* Wb. s. v. erkennen, kennen. Ebenso in orientalischen Sprachen: hebr. jadā, G. *Dalmann:* neuhebr. Wb. Frankfurt 1897.

[22] Die Anima entspricht dem unbewußten weiblichen Seelenteil des Mannes. Vgl. C. G. *Jung:* Zentralbl. Psy. Ther. 1936 S. 159 ff. dann ebda. 1939 S. 257. — *Jung-Kerényi:* das Göttliche Mädchen, Leipzig 1941 S. 104. — Verf. hat in seinen Vorträgen mehrfach den Begriff der Prae-Anima verwendet als derjenigen Vorstufe der Anima, bei welcher diese noch stark mit dem Mutter-Archetypus vermischt ist.

[23] Wenn das Mandala-Symbol bei uns erscheint, so ist es, wie die psychotherapeutische Erfahrung lehrt, immer ein sicheres Kennzeichen dafür, daß der Mensch anfängt, ganz zu werden und zu seiner Verwirklichung zu gelangen. Er beginnt, eine Lösung seiner inneren Fesseln, eine Freiheit bisher ungekannter Art zu erfahren. Man kann das Mandala vielleicht aufs knappste kennzeichnen als die Erscheinung des großen Symbols des „Heiligen Bezirks und seiner Mitte". (G. *Schmaltz*, „der heilige Bezirk u. s. Mittelpunkt, seine Konstellation als Aufgabe der zweiten Lebenshälfte, 1926, Ms.). Es ist stets anschaulich und bildhaft, manchmal mit figuralem Bildwerk gefüllt, häufig ohne dieses und von sehr abstrakter Form. Seine immer wiederkehrenden Merkmale sind: Äußere Umgrenzung, eine umhegte Mitte, vielfach von einem Symbol des Kostbaren, Heiligen, erfüllt; ferner Symmetrie, meist ganzzähliger Art. Manchmal tritt eine Darstellung der Rotation um die Mitte hinzu. (Dem Verf. sind zahlreiche Bilder aus dem Unbewußten bekannt, wo die „Rotation des Lichtes" aufs schönste dargestellt ist. Die Mitteilung dieser Belege muß einer späteren Veröffentlichung vorbehalten bleiben.) Vgl. die demnächst erscheinende Arbeit d. Verf.: „Östl. Weisheit und westl. Psychotherapie".

[24] Auf die weltweite Symbolik des Hirschs können wir hier nicht eingehen. Im vorliegenden Fall dürfte unser Symbol etwa dem Mythos vom Jäger *Aktaion* entsprechen, der die jungfräuliche Artemis beleidigt und von ihr zur Strafe in einen Hirsch verwandelt und dann von seinen eigenen Hunden zerrissen worden ist. *Pauly-Wiss.:* I, 1 Sp. 1209 ff. — *Roscher* I, 1 s. v.

[25] Diese Feststellung beschränkt sich übrigens, wie zu erwarten, keineswegs nur auf europäische Menschen. Verf. hat in zwei Fällen mit Hindus gearbeitet und dort sehr eindrucksvolles archetypisches Material festgestellt.

*(Prof. Dr. Dr. med. h. c. Gustav Schmaltz, (16) Frankfurt a. M., Kettenhofweg 137.)*

# Tiefenpsychologie und Ethnologie.

Von

HELMUT PETRI.

Mit seinem im Jahre 1913 erschienenen Buch „Totem und Tabu, einige Übereinstimmungen im Seelenleben der Wilden und Neurotiker" wollte *S. Freud* die Entdeckungen der Psychoanalyse für die Völkerkunde fruchtbar machen. Doch niemals kam es zu einem richtigen Zusammenspiel zwischen Kulturwissenschaft und Psychoanalyse. Für uns stellt sich die Frage, warum die Dinge eine solche Entwicklung nahmen.

Damals beherrschte die junge Disziplin der Ethnologie eine prinzipielle Auseinandersetzung zwischen evolutionistisch-naturwissenschaftlicher und historisierender Betrachtungsweise der Phänomene des Völkerlebens. In endlosen Kontroversen standen sich zwei Richtungen gegenüber: Auf der einen Seite die aus der positivistischen Philosophie A. Comtes und den Gesellschaftslehren H. Spencers, Ch. Morgans, E. B. Taylors u. a. schöpfenden Anhänger des *Entwicklungsgedankens*, auf der anderen Seite die auf der geschichtswissenschaftlichen Methode E. Bernheims (Lehrbuch der Historischen Methode, 1908) aufbauenden Verfechter des *Kulturkreisgedankens*.

In diesen Widerstreit zwischen zwei ideologisch und doktrinär stark gefärbten Lehrmeinungen brachen nun S. Freuds Theorien mitten hinein. Die Kräfte des Unbewußten, die einer Sublimierung fähige Libido des Menschen, werden plötzlich als kulturschöpferische Faktoren ersten Ranges hingestellt. Triebleben und Geistiges in ihrer wechselseitigen Durchdringung sollen für den geschichtlichen Prozeß der Menschheit von einer eminenten, ja nahezu ausschließlichen Bedeutung gewesen sein.

Die hier kurz skizzierte Situation in der damaligen Zeit macht es verständlich, daß eine die naturvölkische Welt einbegreifende Psychologie der Tiefen und Hintergründe des Seelenlebens nur ein schwaches Echo auslöste. Die positivistisch-evolutionistische Richtung in der Völkerkunde hatte sich selbst mehr und mehr psychologischen Arbeitsweisen erschlossen. Den entscheidenden Antrieb dazu gaben *W. Wundts* assoziationspsychologische Anschauungen, die von den ethnographischen Tatsachen Besitz ergriffen. Eine sich selbst feste Struktur verleihende und *nur dem kollektiven Seelenleben der Primitiven* Rechnung tragende Völkerpsychologie war ex cathedra konstituiert worden. Die naturwissenschaftlich orientierte, evolutionistische Ethnologie hatte durch Verbindung mit den herrschenden psychologischen Strömungen ihrer Zeit die erstrebte akademische Basis erhalten. Alle Wege zur Erschließung der Menschheitskulturen erschienen, frei und gesichert. Wenn sich damals sogar die allgemein anerkannte experimentelle Psychologie den revolutionierenden Lehren Freuds verschloß, wie hätte man da erwarten sollen, daß die in „Totem und Tabu" dargelegten Thesen Verständnis und Aufnahmebereitschaft bei einer Kulturwissenschaftlichen Schule fanden, die in der Illusion ihrer methodischen Sicherung befangen war? Selbst die nicht zu leugnende Tatsache einer gleichen geistesgeschichtlichen Wurzel der psychoanalytischen Betrachtungsweise kulturschöpferischer Kräfte und des Evolutionismus in der Völkerkunde — sie beide gehen auf die von Ch. *Darwin* inaugurierte Entwicklungslehre zurück — blieb zunächst ohne Einfluß und Bedeutung. Beobachten wir doch immer wieder im Getriebe der Wissenschaft, wie ein in festgefügten Bahnen fließendes Denken dem Neuen primär ablehnend gegenübersteht und erst sekundär zu einer ernsthaften Auseinandersetzung innere Bereitschaft findet.

Die historisierende Richtung der Ethnologie verschloß sich einer psychoanalytischen Deutung naturvölkischen Lebens teils aus gleichen, teils aus anderen Gründen. Auch sie war „akademisch" geworden und hatte sich durch den von Fr. Gräbner konsequent vollzogenen Anschluß an die Geschichtswissenschaft (Methode der Ethnologie, Heidelberg, 1911) methodisch festgelegt. Das Entscheidende aber war, daß sie die Schlüssel zur Überwindung der evolutionistischen Denkweisen des 19. Jahrhunderts in den Händen zu halten glaubte. An die Stelle des Entwicklungsproblemes der Kultur setzte man die Frage nach den äußeren historischen Faktoren des Kulturwandels. Man leugnete eine dem zivilisatorischen Werden immanente Gesetzmäßigkeit, allein das Studium der Phänomene in ihrer räumlichen Verbreitung und zeitlichen Aufeinanderfolge, mit anderen Worten, die Frage nach den „Kulturbeziehungen" schwebte den historisierenden Ethnologen als Forschungsziel vor. Man hielt sich an die erkennbaren geschichtlichen Gegebenheiten und sah in ihnen die einzige Möglichkeit, gewissen spekulativen Überspitzungen und verallgemeinernden Tendenzen der naturwissenschaftlich denkenden Ethnologen aus dem Wege zu gehen. Wir können uns vorstellen, daß ein derartiger „historizistischer Realismus" (W. Mühlmann) von psychologischen Methoden grundsätzlich nicht viel hielt und damit auch den Gedankengängen Freuds fremd gegenüberstehen mußte. Das einzige, was Gräbner forderte, war eine praktisch-psychologische Begabung des ethnologischen Forschers. Er sollte eine umfassende Kenntnis des menschlichen Geistes und ein Verständnis der menschlichen Natur in ihren feinsten Regungen besitzen.

Wir haben also festgestellt, daß naturwissenschaftliche und historisierende Völkerkunde, rein akademisch betrachtet, aus mehr oder weniger gleichen Gründen den psychoanalytischen Versuchen zur Erhellung innerer Kulturzusammenhänge äußerst kühl gegenüberstanden. Erkenntnistheoretisch waren es aber zwei diametral entgegengesetzte Ausgangspunkte, die beide Richtungen zu einer ablehnenden Haltung gelangen ließen.

Im Prinzip kann man den zu Beginn des 20. Jahrhunderts eröffneten Kampf der „Kulturkreislehre", also der Vertreter des Historismus in der Ethnologie, gegen den positivistischen Evolutionismus nicht hoch genug bewerten. Es war zweifelsohne eine geistesgeschichtliche Pionierleistung ersten Ranges, den Abstraktionen geradliniger Entwicklungsreihen die Fehde angesagt, die Forderung nach einer strengen Erforschung der Einzeltatsachen erhoben und die universalhistorische Bedeutung der Völkerkunde erkannt zu haben.

Gegenschläge gegen überspitzte Denkweisen haben es oft an sich, über das Ziel hinauszuschießen. Auch im Kampf der kulturhistorischen Ethnologie gegen den Evolutionismus hat diese alte Binsenwahrheit ihre Gültigkeit. Gräbner und seine Schüler verfielen in das Extrem (wohl nicht in der Theorie, aber in der Praxis), alle Möglichkeiten eines inneren Kulturwandels außer acht zu lassen. Das Problem selbständiger Entstehung und Entwicklung von Kulturphänomenen sei zwar im Prinzip denkbar, bleibe aber ohne Belang für die kulturhistorische Forschung. Wie schon erwähnt, man legt den *äußeren* geschichtlichen Faktoren eine etwas übertriebene Bedeutung bei. Nahezu ausschließlich wird das Interesse auf die Fragen des Alters und der kontinuierlichen Verbreitung der einzelnen Kulturerscheinungen gelenkt. Die Kultur verliert den ihr ureigenen Sinn des Ausdrucksvollen und Organischen, sie wird zu einer Summierung einzelner, unterschiedslos zu bewertender Elemente bzw. Merkmale, die sich zu sogenannten Kulturkreisen zusammschließen können oder auch nicht. Die Gefahr einer Herabwürdigung der Kulturgeschichte zu einer quantitativ-meßbaren Größe, zu einer reinen Statistik, ist hier nicht von der Hand zu weisen. Mechanismus, Materialismus und „psychologischer Apriorismus" hatte die historisierende Ethnologie mit Recht den naturwissenschaftlichen Evolutionisten vorgeworfen. Sieht es nicht so aus, als würde sie unter anderen Vorzeichen in die gleichen Fehler verfallen?

Verlassen wir jetzt den alten und heute noch keineswegs zu einem Abschluß gekommenen Gegensatz zwischen Historismus und Evolutionismus in der Völkerkunde. Seine etwas breitere Skizzierung war unerläßlich, denn ohne eine Kenntnis dieser Antinomie können wir niemals die Frage aufwerfen, wieviel und wie wenig Tiefenpsychologie und die junge ethnologische Wissenschaft sich gegenseitig zu sagen haben.

Die in „Totem und Tabu" entwickelten Hypothesen können hier leider nur in äußerst gekürzter Form wiedergegeben werden. Wie schon einmal angedeutet, hat Freud seine geistigen Wurzeln in der naturwissenschaftlichen Denkweise des 19. Jahrhunderts. So nimmt er Ausgang von der alten Darwinschen Theorie, nach der die früheste Menschheit in kleinen Gruppen zusammenlebte. Diese Gruppen bestanden aus einem reifen Mann, mehreren Frauen und minderjährigen Kindern. Junge Männer, wenn sie alt genug waren, um Anlaß zur Eifersucht zu geben, wurden vom Chef der Gruppe vertrieben. Eine zweite Grundlage, auf der Freud aufbaute, war die von *W. Robertson-Smith* in den achtziger Jahren veröffentlichte Opfertheorie (Kinship and Marriage in Early Arabia, Cambridge, 1885), die in der weltweit verbreiteten Erscheinung des Totemismus den Ursprung aller Religion zu erkennen glaubte und das Opfer als Kernstück eines jeden Kultes betrachtete. Die Idee des Opfers erwächst nach Robertson-Smith aus dem rituellen Brauch eines Clanes, seine als Gottheiten angesehenen Totemtiere zeitweilig zu töten und zu essen.

Beide Theorien faßte Freud zusammen und sie erschienen ihm wohl eine hinreichende Basis, um die Anfänge aller Kultur psychoanalytisch zu interpretieren. Der *Ödipus-Komplex*, als das bedeutsamste aller konstituierenden Elemente des psychischen Infantilismus, sollte das Tor zum Verständnis des Totemismus aufstoßen. Die „ambivalente" Gefühlsbindung des Kindes an seinen Vater, die gegen letzteren aus unbewußten Sexualwünschen heraus empfundene Haß-Liebe, finde ihre Verdrängung in der Abneigung gegen ein Tier, zu welchem das Kind andererseits sich in einem unklaren Verwandtschaftsverhältnis glaube. Der so gebildete seelische Komplex übe vom Unbewußten her stets eine nachhaltige Wirkung aus und werde zum Kernproblem einer jeden Neurose. Das sei nun der Vorhang, hinter dem sich nach Freud das große und gewaltige Drama der frühen Menschheitsgeschichte abspielt.

Die aus der Urhorde vertriebenen Söhne standen gegen ihren Vater und Chef auf, erschlugen ihn und ergriffen Besitz von seinen Weibern. Da nach dieser alten Darwinschen Theorie auch Kannibalismus zu den Wesensinhalten der barbarischen Gesellschaft des Anfangs gehört, verzehrten die jungen Männer die Leiche des als Rivalen gehaßten und als Vorbild geachteten Vaters und wurden damit seiner Stärke und Macht teilhaftig. Durch die kannibalische Mahlzeit identifizierten sich die Söhne mit dem überwundenen und getöteten Vater. Triebverdrängung bedeutet für Freud ein Maß des erreichten Kulturniveaus und so wird die Totemmahlzeit, das rituelle Essen des normalerweise tabuierten Totemtieres zum ersten Fest der Menschheit. Sie wird zu einer symbolhaften Wiederbelebung des denkwürdigen Vatermordes der Urzeit. Aus einer verbrecherischen Tat erwächst das, was das Wesen der werdenden Menschheitskultur ausmacht: Die gesellschaftliche Organisation, die sittliche Ordnung und die Religion.

Die dem psychischen Infantilismus sein Gepräge gebende Ambivalenz der Gefühle spielt jetzt eine entscheidende Rolle. Nach vollbrachtem Vatermord gewannen die im Seelenleben der jungen Männer stets wach gebliebenen, liebevollen Empfindungen die Oberhand über den Haß und gestalteten sich zu Reue und Schuldbewußtsein. Entsprechend der seelischen Entwicklung des Kindes werden die negativen Impulse eingedämmt, für die urzeitliche Menschheit kam die Geburtsstunde des Gewissens. Ihrem Begehren stellten die jungen Männer die Inzestschranke entgegen, d. h. sie untersagten sich selbst den Zugang zu den Weibern des Vaters. Die Psychoanalytiker nennen das die psychische Situation des „nachträglichen Gehorsams". Aus dem Verbot wird ein Gebot. Das erwachte Gewissen führt zum Widerruf der Ermordung des Vaters und des ursprünglichen Verlangens nach seinen Frauen. Tabus auf die Tötung des Totemtieres (das in primitiven Gesellschaften vielfach dem Vater oder Ahnen gleich gesetzt wird) erweisen sich als Reaktion gegen den Vatermord. Die totemistische Exogamie aber, das Gebot außerhalb des eigenen Totem-Clanes zu heiraten, muß aus den übertriebenen Abscheugefühlen der Vatermörder gegen ihre anfänglichen Inzest-Wünsche oder Inzest-Handlungen hergeleitet werden.

Die in dieser Weise von Freud gesehenen Ursprünge der Tabusitten und des Totemismus führen nicht nur zum Werden des sozialen Zusammenlebens, sondern auch zur Entstehung der Religion.

Die als Opferhandlung zu bewertende Tötung des Totemtieres wird als eine unbewußte, symbolische Wiederholung des Vatermordes interpretiert. Die gemeinschaftliche rituelle Totemmahlzeit sei die in dunklen, seelischen Tiefen schlummernde Erinnerung an das kannibalische Fest des Uranfanges. Auch in diesem Geschehen komme die „Ambivalenz der Gefühle" zum Ausdruck: Opfer und Genuß des Totems beschwichtigen einerseits das Gewissen, andererseits verhelfen sie den Rivalitäts- und Haßgefühlen des Sohnes gegen seinen Vater zu neuem Durchbruch.

Durch eine Einbeziehung der Gottesidee in seine psychoanalytischen Religionsauslegungen versucht Freud das gewonnene Bild nach oben hin abzurunden. In Gott sieht die Menschheit nichts anderes als die Gestalt des leiblichen Vaters in der Apotheose. Die Tötung des Totemtieres kommt also im Prinzip einer Opferung Gottes gleich. Der Vatermord der Darwinschen Urgesellschaft gewinnt die Dimensionen der großen und ewigen Erbsünde der Menschheit. Durch seinen Kreuzestod sühnt Christus dieses erste Verbrechen. Somit glaubt Freud schließen zu dürfen, daß in der Christlichen Lehre am unverhülltesten ein Bekenntnis zur schuldvollen Tat der Urzeit offenbar werde. Im Opfertod des Gottessohnes habe sich für diese Tat die Sühne größten Ausmaßes gefunden. — Selbst hier scheint es ohne die Ambivalenz der Gefühle nicht zu gehen, denn die christliche Kommunion ist dem Verfasser von „Totem und Tabu" nichts anderes als eine neuerliche Beseitigung des Gottvaters. Sie stellt eine Wiederholung der Tat dar, die ihre Sühne finden sollte.

Der kleine Rahmen dieses Aufsatzes erlaubt keine detaillierte Darlegung dessen, was die verschiedenen Kritiker im einzelnen für oder gegen diesen Vorstoß der Tiefenpsychologie in die Völkerkunde vorzubringen hatten. Worauf es uns hier ankommen soll, ist eine Skizzierung des Verhältnisses, das die moderne Kulturkunde unabhängig von ihren jeweiligen schulmäßigen Bindungen zur Psychoanalyse ethnologisierender Tendenz gewinnen konnte. Es ist im großen und ganzen eine negative Einstellung und sie umschließt nicht nur die völkerkundlichen Exkursionen Freuds und seiner engeren Jünger, sondern in gewissem Ausmaße auch die neueren tiefenpsychologischen Betrachtungsweisen. *C. G. Jungs* und seiner Schüler. Doch von Jung erst später.

Warum mußte die Psychoanalyse für die Kulturforschung unfruchtbar bleiben? Diese Frage sollte nicht übergangen werden, denn wir wissen, daß die Gedanken Freuds der Psychologie neue und wertvolle Anregungen gaben. Wir wissen aber auch, daß die Kulturwissenschaft ihre universalhistorischen Forschungsziele ohne eine tiefere Würdigung der seelischen Prozesse kaum erreichen kann. Genauer formuliert, die Völkerkunde bedarf der Psychologie als einer Hilfswissenschaft.

Niemals kann es aber das Ziel sein, die Völkerkunde zu „psychologisieren", d. h. die Erkenntnisse unserer, aus abendländischem Geist geborenen und für den abendländischen Menschen geschaffenen Psychologie zum alleinigen Maßstab einer Bewertung naturvölkischen Kulturwerdens zu erheben. Der alten naturwissenschaftlich-evolutionistischen Schule machen wir den Vorwurf, daß sie in diesem Sinne gearbeitet hat und Freud müssen wir den gleichen Vorwurf machen. Die ethnologische Tatsachenforschung, die zu seiner Zeit durch die bahnbrechenden Leistungen Fr. Ratzels, L. Frobenius, Fr. Gräbners, W. Schmidts, W. Foys und vieler anderer Forscher am Schreibtisch und im Felde bereits eine respektable Höhe erreicht hatte, läßt er nahezu unbeachtet. Im Denken der materialistisch-positivistischen Philosophie groß geworden, neigt Freud zu den Tendenzen dieser geistigen Welt, er strebt nach letzten Interpretationen und abschließenden Deutungen. Darwin, Atkinson, Tylor, Robertson-Smith, Wundt, Durkheim und vor allem *J. Frazer* können als Gestalter solcher „Endsynthesen" gelten. Die zu ihren Zeiten bewunderten kulturtheoretischen Werke dieser Systembildner im wahrsten Sinne des Wortes werden nun erstrangige Quellen für die Abfassung des Buches „Totem und Tabu". Freud ignoriert, daß es hier weniger um unvoreingenommene Untersuchungen ältester Menschheitsgeschichte, sondern mehr um eine willkürliche Auswahl bestimmter Fakten und Beobachtungen zur Stützung des damaligen materialistisch-positivistischen Weltbildes ging. Er läßt außer acht, daß seine bevorzugten Autoren (unter ihnen besonders Frazer) eigentlich keine ethnologischen Tatsachen darlegen, sondern mit Hilfe von ethnologischen Tatsachen psychologisieren und — wie *Kroeber* in seiner Besprechung von Freuds „Totem und Tabu" (American Anthropologist, XXII/1, 1920) zum Ausdruck brachte — spielerische, dilettantische Geschichtskonstruktionen erstehen ließen.

Es ist nicht übertrieben, wenn wir den Gewährsmännern und Vorbildern Freuds eine seltsame Wirklichkeitsfremdheit vorwerfen. Unter diesen Umständen werden wir kaum erwarten, daß die in „Totem und Tabu" entwickelten Kulturursprungstheorien eine größere Wirklichkeitsnähe auszeichnen. Tatsächlich sind es auch nur Vermutungen und Verallgemeinerungen, die dem Anspruch auf eine letzte Interpretation des Menschheitsdramas durch den allbeherrschenden Ödipuskomplex seine Grundlage geben. Nur einige Beispiele wollen wir ins Treffen führen, um zu zeigen, auf welch schwachen Fundamenten das ethno-psychoanalytische Gebäude errichtet wurde.

Die von Darwin und Atkinson vorgenommene Gleichsetzung der menschlichen Urgesellschaft mit jener der rezenten Menschenaffen blieb stets eine reine Annahme und hat sich bis heute weder durch geschichtliche, noch psychologische Einzelforschung beweisen lassen. In gleicher Weise fragwürdig ist die Idee, alle menschliche Kulturentwicklung schlechthin mit dem Totemismus beginnen zu lassen. Genaue soziologisch-historische Detailuntersuchungen des weltweiten totemistischen Phänomens, die schon in großer Menge vorlagen, als Freud sein Buch schrieb und seitdem immer mehr an Vollständigkeit gewannen, haben dieser Hypothese allen Boden entzogen. Zahlreiche primitive Gesellschaften lernten wir kennen, die ohne das waren, was Freud in Anlehnung an Frazer unter Totemismus versteht. Merkwürdigerweise sind es gerade solche Gesellschaften, deren menschheitsgeschichtlich höchstes Alter selbst die naturwissenschaftlich-evolutionistischen Systembildner vorbehaltlos anerkennen würden.

Die von Freud (wieder unter Berufung auf Frazer) als gesichert angenommene primäre innere Abhängigkeit von Totemismus, Tabus und Exogamiegeboten wurde schon von dem in „Totem und Tabu" angeführten amerikanischen Völkerpsychologen *Goldenweiser* in Zweifel gezogen. Neuere Untersuchungen haben nun den Beweis erbracht, daß die ursprünglichen Formen des Totemismus (Afrikas und vor allem der klassischen Gebiete des Totemismus: Australien sowie Nordamerika) mit der Exogamie als einer sozialen Institution nichts zu tun haben. Das Problem eines a priori-Zusammenhanges zwischen Totemismus und Verbot, das Totemtier zu töten und zu essen, muß vorerst noch als schwebend angesehen werden.

Freuds Auffassung vom Wesen des Totemismus war gleich jener seiner evolutionistischen Lehrmeister, aber auch mancher Vertreter des Historismus, durchaus mechanistisch. Er sah in dieser Einrichtung nichts anderes als ein ausschließlich psychologisch zu erklärendes Regulativ des sozialen und religiösen Lebens in der Urstufe. Hier spricht die von Frazer in seiner Studie „Totemism" (1881) erstmalig vorgetragene und seitdem weitgehend zu einem völkerkundlichen Dogma gewordene Interpretation des Totemismus. Sie erklärt Totemismus als eine besondere, von abergläubischem Respekt inspirierte Beziehung zwischen einem Individuum oder einer Gruppe von Individuen einerseits und einer Klasse „materieller Objekte" (worunter Tiere, Pflanzen und sonstige Naturphänomene zu verstehen sind) andererseits. Gegen diese Definition ist an sich nichts einzuwenden, desgleichen behält die von Frazer getroffene Einteilung nach Clan-, Geschlechts- und Individual-Totemismus ihre unveränderte Gültigkeit. Zweifelhaft bleibt jedoch, ob uns diese Definition den Wesensgehalt und die wahrhaft geschichtliche Bedeutung des Phänomens offenbar werden läßt.

Neuere Forschungen haben uns die Erkenntnis gebracht, daß Totemismus weit mehr ist als ein Mechanismus zur Regulierung des sozialen und kultischen Lebens. Er erschöpft sich nicht, wie die als solche äußerst präzise Definition Frazers es durchblicken läßt, im Zusammenschluß einer Menschengruppe um ein Symbol und den daraus abgeleiteten „Gesetzen" (Tabus, zeremonielles Töten des Totems und Exogamie-Bestimmungen). Wo Totemismus dem gesellschaftlichen Leben seinen Ausdruck verleiht, vor allem unter den alten Jägervölkern Australiens und den Indianern Kanadas, erweist er sich an erster Stelle als eine Betrachtungsweise des Universums, der Natur und des in beide hineingestellten Menschen. Wir dürfen Totemismus eine Weltanschauung nennen, denn er gibt nicht nur den sozialen Bindungen einer kleineren oder größeren Menschengruppe ihr Gesicht, er gestaltet auch den Mythos und belebt die Formen des Kultus. Totemismus in seinen echten und ursprünglichen Formen enthüllt sich als eine umfassende Schau *aller* Dinge, er schließt das Leben in der Natur und in der Gesellschaft zu einer unlösbaren Einheit zusammen. Erst nach längeren historischen Umwandlungsprozessen, also in menschheitsgeschichtlich jüngeren Perioden, kann es geschehen, daß die weltanschauliche Tiefe des Totemismus zugunsten seines sozialen Aspektes mehr in den Hintergrund tritt. Letzteres ist besonders in Zentralaustralien der Fall, hier präsentiert sich der Totemismus bei oberflächlicher Betrachtung als ein formales System, das die Eheschließung und das wechselseitige soziale Verhalten regelt. Die zentralaustralischen Verhältnisse waren es auch, von denen Freud und sein kulturtheoretischer Lehrmeister J. Frazer ihren Ausgang nahmen.

Der ursprüngliche und echte Totemismus hat also einen ausgeprägt spirituellen, wenn nicht gar philosophischen Gehalt. Jeder, der heute noch lebendige totemistische Gesellschaften im Felde (beispielsweise im australischen Norden) oder auch an Hand von Tatsachenberichten studiert, wird sich diesem Eindruck niemals verschließen können. Er wird zudem eine andere Feststellung machen: Der von Freud behauptete Opfergedanke läßt sich nicht einmal in Spuren feststellen. Totenopfer und Kommunion mit dem sogenannten „Totemgott" bleiben nebelhaft und mystisch anmutende Abstraktionen. Bei aller Bejahung einer starken religiösen Grundstimmung des Totemismus, der göttliche Charakter der Totems ist eine phantasievolle Vorstellung, nirgends hingegen Wirklichkeit. Robertson-Smith, der ja Freud zu seiner Opferidee anregte, stützt sich ausschließlich auf Kulturen des mediterranen Kreises innerhalb der beiden letzten vorchristlichen Jahrtausende. Er nimmt also seinen Ausgang von Zivilisationen, die als menschheitsgeschichtlich sehr jung und vom Denken der altertümlichen totemistischen Welt sehr weit entfernt zu betrachten sind.

An noch weiteren Beispielen ließe sich die Anfechtbarkeit der Freudschen Hypothesen demonstrieren. Die hier erhobenen und zum Teil keineswegs neuen Einwände sollen hinreichen, um die Wirklichkeitsfremdheit der in „Totem und Tabu" beschrittenen kulturtheoretischen Wege offenbar werden zu lassen. Die Menschheitskultur in ihrem Werden und der kaum überschaubaren Vielfalt ihrer geistig-seelischen Ausdrucksmöglichkeiten ist nun einmal eine viel zu subtile Größe, um sie als einfache Sublimierung der Sexualtriebe abtun zu können. Wir wollen nicht bestreiten, daß die von der Psychoanalyse aufgedeckten Sphären zwischen bewußter und unbewußter Existenz die Dynamik des Geschichtsablaufes vielleicht in einem weitaus größeren Maße beeinflußten als wir heute übersehen können. Jedem Menschen, dem die Beschäftigung mit Kultur als Realität mehr bedeutet als ein dilettantisches Spiel mit Abstraktionen, wird es jedoch stets unfaßlich bleiben, warum gerade Ödipus-Komplex und Gefühlsambivalenz zu den einzig bewegenden Kräften allen Geschehens werden sollen. Selbst wenn wir annehmen, die Psychoanalyse bewege sich in den richtigen Bahnen und die Weltgeschichte von ihren Uranfängen bis auf den heutigen Tag sei nichts anderes als eine große Neurose, was wäre schon mit dieser Erkenntnis gewonnen? Die Weltanschauung des Totemismus bleibt deswegen doch, was sie immer war: Gestaltwerdung der geistig-seelischen Auseinandersetzung einer archaischen Menschheit mit den Geheimnissen des Lebens.

*A. Mitscherlich* bezeichnet in seiner Würdigung der Psychoanalyse auf S. 359 dieses Heftes Freuds Werk als eine Mischung von empirischer Beobachtung, kritischer Ordnung und spekulativem Weiterdenken. Vom klinisch-psychotherapeutischen Standpunkt aus mag das durchaus richtig sein. Über diese Dinge steht dem Kulturwissenschaftler keinerlei Urteil zu. Freuds psychoanalytischer Ausflug in die Völkerkunde erwies sich hingegen — und ich hoffe, die vorstehenden Darlegungen brachten es einigermaßen verständlich zum Ausdruck — *nur* als spekulatives Weiterdenken. Das Fehlen jeder empirischen Beobachtung des Tatsachenmaterials und einer daraus erwachsenden kritischen Ordnung waren ja gerade die Kardinalfehler, die die Kulturwissenschaft dem Buche „Totem und Tabu" vorzuwerfen hatte.

Negieren wir eine unvoreingenommene Untersuchung der historischen Fakten und akzeptieren den aus abendländischem Denken geborenen Ödipus-Komplex als die im Werdegang der Kulturen aller Zeiten und Völker allein bewegende Kraft, dann können wir jede Forschung im Felde und am Schreibtisch getrost an den Nagel hängen. Die heute so beliebten psychologischen Tests und Fragebogenmethoden genügen vollkommen. Statistische Erfassung und tiefenpsychologische Auswertung kulturschöpferischer Neurosen bleiben als einzige sinnvolle Arbeiten in einer zwar sehr verstandeskräftigen, sonst aber etwas öde gewordenen, säkularisierten Welt übrig.

Hat nun Freuds tiefenpsychologische Kulturlehre Schule gemacht? Was die Vertreter der Kulturwissenschaft anbetrifft, können wir diese Frage, so glaube ich, ruhig verneinen. Eine wirkliche kulturtheoretische Gefolgschaft fand Freud eigentlich nur unter seinen psychoanalytischen Jüngern. Wir dürfen demnach beinahe sagen, daß es keine psychoanalysierenden Ethnologen, wohl aber ethnologisierende Psychoanalytiker gab.

In diesen Kreis gehört an erster Stelle *Th. Reik*, einer der ältesten Schüler Freuds. Der im Leben der meisten Naturvölker so bedeutungsvolle Kultkomplex der Jugendweihen wird von ihm psychoanalytisch interpretiert. In allem sind es die Wege Freuds, auf denen Reik wandelt, wenn er in seinem Aufsatz „Die Pubertätsriten der Wilden" (Imago, IV.) Ursprung und unbewußten Gehalt der Reifezeremonien aufzuhellen trachtet. Der Ausgangspunkt ist ein zahlreichen Initiationsriten zugrunde liegendes, bestimmtes exoterisches Mythologem: Ein Ungeheuer oder Geisterwesen verschlingt die Initianden, um sie dann wieder von sich zu geben. Als unreife Knaben erlitten sie also einen symbolischen Tod und als Mitglieder des Verbandes der erwachsenen Männer erleben sie ihre Wiedergeburt. In dieser Idee verschaffen sich nun nach Reik die von der älteren gegen die jüngere Generation unbewußt empfundenen feindlichen Gefühle Ausdruck. Die Doktrin der „Ambivalenz der Gefühle" erfordert es aber, daß die Älteren für die Jüngeren auch Sympathien hegen und letztere werden in einer Beschützerrolle der Initiatoren gegenüber den Novizen manifest. Die verschiedenen Erprobungen, denen man die Knaben im Gange der Initiation unterwirft, lassen die erwähnten feindlichen Empfindungen der erwachsenen Männer verhüllt erkennen. Im fiktiven Tod des Initianden und den verschiedenen Körperverstümmelungen, die er erleiden muß, offenbaren sich Substitute für tatsächlichen Mord. Die rituelle Operation der Circumcisio ist nichts anderes als eine dünn und fadenscheinig gewordene Kastration. Im ganzen betrachtet, hat das Zeremonial der Initiation seine Wurzel in einer unbewußten Furcht der älteren Generation vor Vergeltung, denn einst waren sie selbst unbewußt Rebellen gegen ihre Väter, und jetzt beseelt sie der Wunsch dem Ausbruch ähnlicher Empfindungen in den Herzen ihrer Söhne zuvorzukommen. So findet der uns hier hinreichend bekannt gewordene Urkonflikt um die Frauen der Horde auch in der Initiation seine Wiederbelebung, wenngleich in einem etwas verschlungenen Sinne. Die unbewußten seelischen Kräfte werden vom Blickwinkel der älteren Generation aus gewissermaßen neu geordnet. Im tatsächlichen Konflikt war die jüngere Generation siegreich, sie ermordete den Vater und ließ hinterher sein „Imago" in ihrer Psyche neu erstehen. Bei der Reifefeier sehen wir hingegen, daß die Knaben vom Ahnengeist getötet und ins Leben zurückgerufen werden. Die sündhafte Tat und das blutschänderische Begehren finden nach dem Gesetz der Vergeltung ihre Bestrafung durch den symbolischen Kastrationsakt der Circumcisio. Die ausgelöschte Erinnerung an die Vergangenheit, die von den Initianden nach Abschluß der Zeremonien und bei Rückkehr ins Lager mimisch dargestellt wird, ist symbolhaft für die Verdrängung der Kindheitsempfindungen. Die neu gewordenen jungen Männer sollen vergessen, was ihnen die Mütter, Objekte ihrer infantilen Libido, einst waren (cit. Róheim, Australian Totemism, S. 42—43).

Reiks Theorie vom Ursprung der Initiationsriten, die sich zum guten Teil auf primäre Quellenberichte aus dem australischen Bereich stützt, will den Beweis erbringen, daß die naturvölkischen Reifefeiern dem gleichen psychischen Komplex erwachsen, wie nach Freud der Totemismus. Die Neuordnung und gleichsam sekundäre Verarbeitung der Elemente des Unbewußten erwecken allerdings den Eindruck, als wolle Reik bei den Lehren seines Meisters nicht stehen bleiben und neue Wege finden.

Reiks Theorie müssen wir eine gewisse Fundamentierung durch ethnologische Fakten zubilligen und doch ist sie um nichts wirklichkeitsnäher als Freuds Lehre vom Ursprung des Totemismus und der Tabusitten. Wir dürfen nicht übersehen, daß auch Reik von den unbewiesenen und vor allem unbeweisbaren Voraussetzungen der Urhorde Darwins seinen Ausgang nimmt und Vatermord, Inzestverlangen, sowie Gefühlsambivalenz an den Anfang der Menschheitsentwicklung stellt. In keiner Weise kommt es ihm darauf an, den Sinn der Reifezeremonien aus ihren Kulthandlungen heraus zu verstehen. Jeder einigermaßen historisch denkende Mensch würde diesen einfachen und direkten Weg ohne weiteres beschreiten und wäre sich darüber im klaren, daß er seinem Ziel nahekommen, es aber kaum erreichen könnte. Einen auf spekulativem Wege gewonnenen und fertigen psychoanalytischen Denkschema will Reik die ethnologischen Tatsachen eingliedern. Es bleibt bei den Methoden Freuds und der Systembildner des 19. Jahrhunderts. Reziproke Haßempfindungen zwischen Vätern und Söhnen, aber auch blutschänderische Absichten der Söhne auf ihre Mütter mögen in naturvölkischen Gesellschaften, ähnlich wie bei uns, vereinzelt vorkommen. Als unbewußte und bewegende Tendenzen in einem kollektiven Seelenleben bleiben sie aber eine reine Abstraktion; im Stammesleben der Primitiven hat sich dergleichen noch nie nachweisen lassen. In ihrem Endeffekt zeigt sich Reiks Theorie als eine etwas willkürliche Konstruktion, die uns den Zugang zum tieferen Sinn der Pubertätsweihen nicht ebnen, sondern im Gegenteil nur erschweren kann.

Wir besitzen heute eine umfassende Kenntnis von den Reifezeremonien zahlreicher Völker alter und neuer Zeiten. Trotzdem sind wir weit davon entfernt uns ein endgültiges Urteil über ihren menschheitsgeschichtlichen Ursprung oder gar ihren letzten Sinn machen zu können. Vielleicht werden wir eines Tages dazu in der Lage sein, vielleicht aber auch niemals.

Wenn wir die naturvölkischen Initiationsriten studieren, werden wir immer wieder die Beobachtung machen, daß sie in einer elementaren Form den Reifeprozeß dramatisch zur Darstellung bringen und zu einer für alle Beteiligten weihevollen Handlung gestalten. Gleichzeitig bringen sie die Wichtigkeit des männlichen Individuums für die Gesellschaft zum Ausdruck, denn das männliche Individuum ist Träger des Kultlebens, Bewahrer der geheiligten Riten, Mythen und Symbole. So tragen die Reifefeiern zur Entwicklung der Persönlichkeit als Glied einer sozialen Gemeinschaft ganz wesentlich bei. Darüber hinaus verlebendigen sie die sakrosankten Stammesüberlieferungen und erneuern die Achtung vor den in der Tradition verankerten sozialen und ethischen Gesetzen. Initiationszeremonien in ihren echten und altertümlichen Formen erweisen sich meistens als ein großes und an Erleben reiches Geschehen, nicht nur für die Novizen, sondern auch für die reifen und erfahrenen Männer. Man schöpft aus der Vergangenheit, aus der mythischen Zeit des Anfangs und knüpft daran die Hoffnung auf die Zukunft der Gemeinschaft im diesseitigen, aber auch im jenseitigen Leben.

Dem Werk eines anderen Freud-Schülers sollten wir noch einige Aufmerksamkeit schenken. Géza

*Róheim* unternimmt in seinem Buche „Australian Totemism“ (London, 1925) den als gründlich und umfassend zu bezeichnenden Versuch, das schwierige und komplizierte Phänomen des Totemismus der australischen Eingeborenen-Nationen zu durchdringen. Da er als Psychoanalytiker an seine Aufgabe herangeht, liegen natürlich Methode und Ziel der Arbeit von vorneherein fest. Die „Zyklopische Familie“, mit anderen Worten, die Urhorde Darwins und Atkinsons wird auch von Róheim als die theoretische Basis für alle späteren Deduktionen unbesehen anerkannt. Die in Libido und ihrer Verdrängung Ausdruck findende Dichotomie der menschlichen Seele, der Sieg der Brüder über den Vater in der Urhorde und die darauf folgende Projektion des Vater-„Imago“ in das Totem, der Verzehr des Vaters und später des ihn substituierenden Totem-Tieres, sowie eine Interpretation der zentral-australischen Vermehrungsriten als Atavismen urzeitlicher Sexualität und Brunft-Kämpfe sind, ganz kurz gesagt, die sich zunächst aufdrängenden Hypothesen des Buches. Die totemistischen Phänomene Australiens werden vor allem auf ihren „Symbolismus“ hin untersucht und Symbolismus im Sinne der psychoanalytischen Literatur bedeutet einen seelischen Mechanismus, durch den ein unbewußter sexueller Impuls im Bewußtsein durch ein nicht-sexuelles Äquivalent, durch ein Symbol, ersetzt wird.

Das Kernproblem des Buches ist aber, wenn wir es so nennen wollen, eine biologisch-tiefenpsychologische Entwicklungsgeschichte des totemistischen Komplexes in Australien. Am Anfang steht die tier-menschliche Horde im Prozeß ihrer organischen Anpassung an die Umwelt. Der Lebensrhythmus wird durch die aufeinanderfolgenden Perioden der Brunft und Nicht-Brunft bestimmt. In dieser Situation liegt der Keim zu allen späteren Entwicklungen. Nach und nach überwindet die werdende Menschheit den Naturzwang der Brunftperioden. Die ins Unbewußte versunkene Erinnerung an jene Zeiten ungehemmter sexueller Freiheiten findet ihre Sublimierung in Riten magischen Gehaltes. Wir stehen an der Schwelle der Vermehrungsriten und der „Corroborees“ (Tänze und Gesänge) bei australischen Stämmen. Das gewonnene Gefühl des Einsseins mit der Umwelt läßt, gewissermaßen als Überlebsel des Prozesses organischer Anpassung, einen positiven Totemismus erstehen, der noch von keinerlei Einschränkungen begleitet ist. Róheim nennt diese frühe Entwicklungsphase „protototemistisch“ und aus ihr heraus entfaltet sich der eigentliche und ganz im Sinne Freuds erklärte Totemismus mit allen seinen greifbaren Elementen, wie Tabuierung, Heiratsklassenverfassung, Vermehrungsriten u. a. m. Insgesamt unterscheidet Róheim sechs aufeinanderfolgende und auseinander ableitbare Entwicklungsstufen des australischen Totemismus. Doch da sie im Prinzip nur Variationen auf das bekannte Thema Libido und Verdrängung darstellen, erübrigt sich ihre Skizzierung im einzelnen.

Es sind also die üblichen, komplizierten und rein spekulativen Konstruktionen der psychoanalytischen Anschauungsweise, die dem Werk Róheims sein Gesicht geben und deren zweifelhafter Wert für die Kulturwissenschaft wir bereits sahen. Doch sollten wir an diesem Punkt mit unserer Kritik ein wenig haltmachen. Ungeachtet seiner Tendenz, die Ideen Freuds zu sanktionieren und unter Heranziehung des australischen Materials auf eine breitere empirische Grundlage zu stellen, hat das Buch „Australian Totemism“ einen wertvollen Beitrag zur Völkerkunde geliefert. Es ist, genau genommen, der erste praktische Versuch einer Gesamtbetrachtung der totemistischen Phänomene in Australien. Alle greifbaren Quellen wurden von Róheim genutzt und seine Bemühungen, allen Feststellungen durch geschickte Auswertung von Tatsachenberichten eine Substanz zu geben, dürfen nicht abgestritten werden. Seinen Schlußfolgerungen läßt er in jedem einzelnen Falle quellenkritische Detailforschung vorangehen. Sogar die Notwendigkeit eines genauen Studiums der Kulturkontakte wird von Róheim anerkannt. Die psychoanalytische Interpretation der totemistischen Erscheinungen bringt er in einen Zusammenhang mit den verschiedenen vorgeschichtlichen Wanderungen der Stämme und Kulturen innerhalb des Kontinents. Eine seiner Forderungen geht dahin, daß Kulturerscheinungen sowohl in der Isolierung von ihrer kulturellen Umwelt, als auch in Verbindung mit der ethnologischen Geschichte der Völker, die sie besitzen, untersucht werden müßten. Ersteres habe zu geschehen, um einen Einblick in die psychische Struktur der Kulturerscheinungen zu gewinnen, letzteres um die Wandlungen zu erkennen, denen ursprüngliche Inhalte unterworfen waren. Wie Róheim bereits im Vorwort zu seinem Buche durchblicken läßt, kommt es ihm auf eine Überbrückung der alten Kontroverse zwischen entwicklungstheoretischen und historisierenden Anschauungsweisen an.

Dieses offensichtliche Verständnis für kultur- und menschheitsgeschichtliche Probleme bleibt nun ohne alle Folgen. Die durch Tatsachenforschung gewonnenen Resultate macht Róheim nicht der Ethnologie dienstbar, sondern allein der Kulturkonzeption S. Freuds, d. h. er gliedert sie dem psychoanalytischen Schema ein. So wird das Buch „Australian Totemism“ zu einer seltsam zwiespältigen Schöpfung, die der Völkerkunde nur als sorgfältige Materialsammlung etwas zu sagen hat.

Zweifelsohne wirken die kulturtheoretischen Arbeiten Freuds und seiner Schüler durch eine gewisse Folgerichtigkeit der Gedanken überzeugend, wenn nicht gar bestechend. Dem kritisch und kulturwissenschaftlich gebildeten Beobachter wird natürlich nicht entgehen, daß diese Überzeugungskraft nur eine scheinbare ist, daß ein großartiges theoretisches Gebäude auf rein fiktiven Grundlagen errichtet wurde. Die Schriften der Psychoanalytiker lesen aber viele Menschen, denen kritisches Vermögen und unabhängige Urteilskraft angesichts menschheitsgeschichtlicher Fragen abgehen. Mancher mag Gefahr laufen, sich von der Schlüssigkeit der psychoanalytischen Spekulationen gefangen nehmen zu lassen.

Freud forderte, daß man den Stammesmythen der Naturvölker besonderen Wert beimessen müsse. Doch erst *C. G. Jung* und die von ihm ins Leben gerufene jüngere tiefenpsychologische Richtung zogen die Mythenbildung ernsthaft in den Bereich ihrer Erkenntnisse. Mythologische Motive gewinnen sogar für Jung und seine Schüler eine zentrale Bedeutung im Rahmen ihrer Forschungen. Sie werden zu den eigentlichen Strukturelementen der tieferen Schichten des Unbewußten, jener Schichten, die Jung das „absolute" oder „kollektive" Unbewußte nannte, da sie vom Persönlichen losgelöst und ganz allgemein erscheinen (C. G. Jung, Psychologie der unbewußten Prozesse, Zürich, 1918). In diesen dunklen Zonen des Seelenlebens schlummern nun Elemente von Phantasien, Wahnideen, Träumen und Visionen, die nicht mehr auf persönlichen Reminiszenzen beruhen, sondern als „urtümliche Bilder", als Relikte ältester, tiefster und allgemeinster Gedanken der Menschheit überhaupt zu gelten haben.

Das vom persönlich Unbewußten zu scheidende un- oder überpersönlich Unbewußte wird also die Ebene, auf der Jungs Tiefenpsychologie und die Ethnologie, genauer gesagt, die ethnologische Mythenforschung, sich treffen. Wir sehen zwar noch eine innere Verbindung mit dem Ödipuskomplex, doch von seiner allgemeingültigen Wirksamkeit sind wir schon recht weit entfernt. Jung und seine Schüler erheben nicht den Anspruch die letzten bewegenden Faktoren alles menschlichen Kulturwerdens entdeckt zu haben. Ihnen kommt es darauf an, mythisch-symbolhaften Zusammenhängen nachzuspüren, soweit sie für ihre tiefenpsychologischen Zusammenhänge bedeutsam sein können.

Doch auch diese psychologische Richtung neigt zu einer etwas spekulativen und verallgemeinernden Betrachtung der Menschheitskulturen und ihrer gestaltenden Kräfte. Um Jungs, an den Arbeitsweisen und Zielsetzungen moderner Kulturwissenschaft vorbeigehende Tendenzen zu erkennen, müssen wir noch einmal auf die urtümlichen Bilder, die „Archetypen" zurückkommen. Die urtümlichen Bilder sollen das Objekt sein, das die Libido wählt, sobald sie aus dem persönlich Unbewußten befreit und in die Tiefen des überpersönlich Unbewußten versunken ist. Dort belebt sie Relikte, die seit Urzeiten in der menschlichen Seele vorhanden sind, sie belebt den längst vergessenen und überwucherten, primitiven Geist, der sich in den Mythologien aller Völker und Zeiten Ausdruck verschafft. Die urtümlichen Bilder haben also ihre Entsprechungen in den mythologischen Typen. Sie gestalten das *kollektive*, nichtpersönliche Unbewußte und werden daher, wie anzunehmen, gleich den morphologischen Elementen des Körpers *vererbt*. Aus diesem Postulat der Vererbung folgert nun Jung, daß die mythologischen Typen überall auf der Erde und zu allen Zeiten autochthon wiedererstehen können. Die Verknüpfung der zeitlich und ethnisch entlegensten Mythologeme mit einem individuellen Phantasiesystem wird somit zu etwas Selbstverständlichem. Es muß die Existenz einer kollektiven Grundschicht angenommen werden, mit anderen Worten, die Existenz jenes „kollektiven Unbewußten", das die mythisch-urtümlichen Bilder, die „Inhalte archetypischer Natur" immer wieder neu erstehen läßt. (C. G. Jung, Die Psychologie der unbewußten Prozesse, Zürich, 1918 — Wandlungen und Symbole der Libido, Leipzig-Wien, 1938 — Einführung in das Wesen der Mythologie, Amsterdam-Leipzig, 1941.) *A. Bastians* „Elementargedanke", die Lehre von einer gleichen seelischen Grundstruktur aller Menschen begegnet uns hier in einer neuen, durch die Psychologie des Unbewußten abgewandelten und verfeinerten Form.

Daß strukturgleiche Mytheninhalte und sonstige verwandte Kulturelemente, also die sogenannten „ethnographischen Parallelen", sich nicht allein auf psychologische Weise erklären lassen, wurde zu einer Gewißheit, als die Ethnologie begann, weitgehend von der naturwissenschaftlichen Entwicklungslehre abzurücken und sich einer mehr unvoreingenommenen Tatsachenforschung zuwandte. Zwar gibt Jung die Bedeutung von Tradition und Verbreitung durch Migration zu, doch bleibt das eine rein theoretische Feststellung. In der Praxis ist für ihn das überall gleiche und daher auch stets in derselben Weise funktionierende menschliche Gehirn als schöpferische Grundlage aller Mythenbildung ausschlaggebend.

*A. E. Jensen* setzt sich in seinem kürzlich erschienenen Buch „Das Weltbild einer Primitiven Kultur" (Stuttgart 1948) mit Jungs tiefenpsychologischen Auffassungen vom Wesen der Mythologie auseinander und bringt in seiner vorsichtigen, aber unmißverständlichen Form alle Bedenken zum Ausdruck, die vom kulturwissenschaftlichen Standpunkt aus geltend gemacht werden können. Jensens Kritik richtet sich insbesondere gegen bestimmte Wahrnehmungen an europäischen Versuchspersonen, die Jung in *Kerényis* Arbeit über die Gestalt des göttlichen Mädchens in den eleusinischen Mysterien veröffentlichte (C. G. Jung und K. Kerényi, Das göttliche Mädchen, Albae vigiliae, VIII/IX, Amsterdam-Leipzig, 1941). Diese Beobachtungen von individuellen Träumen, Visionen und Wahnideen als „Produkte des Unbewußten" und „Inhalte archetypischer Natur" will Jung in einen inneren Zusammenhang mit dem Mythologem der *Kore* und *Demeter* bringen. Sie sollen erweisen, daß hier Motive in Erscheinung treten, die zu den seit Urzeiten in den Tiefen der menschlichen Seele schlummernden Bildern gehören. Die vorgelegten Beispiele sind nun, wie Jensen schreibt, für einen Ethnologen nicht überzeugend. Ein auch nur ungefähr einleuchtender Zusammenhang zwischen Jungs Beobachtungsmaterial und den Mythenmotiven vom göttlichen Mädchen (deren Zugehörigkeit zu einer bestimmten Kulturschicht und weltweite Verbreitung Jensen u. a. darlegte) werde kaum erkennbar. Lediglich summierte Bruchstücke von Bildern, Elemente oft ganz nebensächlicher Natur, die zweifellos in Tausenden von Träumen und Visionen vorkommen, lassen nach Jung einen „bemerkenswerten Parallelismus" zu den Motiven des genannten Mythenkomplexes offenbar werden. — „Eine Mythe ist nicht eine Aneinanderreihung von Einzelbildern, sondern eine sinnvolle Ganzheit, in der sich ein bestimmter Aspekt der wirklichen Welt widerspiegelt." Dieser von Jensen geprägte Satz bringt in sinnfälliger Weise zum Ausdruck, worauf es in der kulturwissenschaftlichen Mythenforschung ankommt.

Jung schreibt in „Das göttliche Mädchen", die Psychologie des Demeterkultes trage alle Züge einer matriarchalen Gesellschaftsordnung, in welcher der Mann ein zwar unumgänglicher aber störender Faktor sei. Aus dieser Bemerkung spricht die alte Theorie *Ch. Morgans* und *J. J. Bachofens*, nach der die Menschheit auf einer frühen Stufe ihrer Entwicklung im Zeichen des absoluten Matriarchates lebte. Eine Gesellschaftsverfassung, die der Frau einen Vorrang vor dem Manne einräumt, ist gleich der Zyklopischen Familie Darwins und Atkinsons eine unbewiesene und nicht beweisbare Hypothese. Die ethnologische Tatsachenforschung vermochte bisher nur Gemeinschaftsbildungen mit sogenannter mutterrechtlicher Organisation festzustellen. Es handelt sich hier, grob gesprochen, um gesellschaftliche Einheiten, in welchen die Kinder nicht der Sippe oder dem Clan des Vaters, sondern der Sippe oder dem Clan der Mutter zugehören. Eine solche Verfassung hat aber niemals und nirgends eine bevorrechtigte Stellung der Frau gegenüber dem Manne erkennen lassen. Vielmehr konnte immer die gegenteilige Feststellung gemacht werden.

In der hier schon erwähnten „Einführung in die Mythologie" lesen wir folgende Sätze Jungs: „Der primitive Geisteszustand ist nun vom zivilisierten hauptsächlich dadurch unterschieden, daß das Bewußtsein in puncto Ausdehnung und Intensität viel weniger entwickelt ist. Namentlich sind Funktionen, wie das Denken, der Wille usw. noch nicht differenziert, sondern vorbewußt, was z. B. beim Denken sich darin zeigt, daß nicht *bewußt* gedacht wird, sondern daß die Gedanken *erscheinen*. Der Primitive kann nicht behaupten, er denke, sondern „es denkt in ihm". — Er ist auch keiner bewußten Willensanstrengung fähig, sondern er muß sich zuvor in die „Stimmung des Wollens" versetzen oder versetzen lassen. — Sein Bewußtsein ist bedroht von einem übermächtigen Unbewußten, daher die Furcht vor magischen Einflüssen, welche jederzeit seine Absichten durchkreuzen können." — Diese Charakterisierung der primitiven Geistes- und Seelenlage, die wohl im wesentlichen an Erkenntnisse der älteren Völkerpsychologie, vielleicht außerdem noch an Erfahrungen anknüpft, die Jung aus dem Studium des „kollektiven Unbewußten" europäischer Versuchspersonen gewinnen konnte, mag in manchem das Richtige treffen.

Nach allem, was wir bis heute von Naturvölkern wissen, kann kaum geleugnet werden, daß der Durchschnitts-Eingeborene psychisch labiler ist als der Durchschnitts-Europäer. Darf man aber deswegen ganz allgemein behaupten, er sei keines bewußten Denkens und keiner bewußten Willensanstrengung fähig? Zahllose bewundernswerte Schöpfungen des Primitiven aus den Bereichen des Handwerks, der Kunst, der sozialen Gesetzgebung des Kultes und der Philosophie hätten ohne bewußte Denk- und Willensanstrengungen wohl niemals Wirklichkeit werden können. Wer Eingeborene in ihrem Daseinsablauf und in ihrer Umwelt unvoreingenommen beobachtet, wird schwerlich auf die Idee kommen, er stehe Menschen gegenüber, denen kollektiv die Gabe zu bewußtem Wollen und Denken abgeht.

Auf der anderen Seite müssen wir zugeben, daß Jungs Lehre von den urtümlichen Bildern in den letzten Tiefen der menschlichen Seele einen weit innigeren Kontakt zur Kulturwissenschaft fand, als die älteren psychologischen Schulen oder gar die Psychoanalyse Freudscher Prägung mit ihren besonders wirklichkeitsfernen Simplifizierungen. Man kann der jüngeren tiefenpsychologischen Forschung kaum vorwerfen, sie erstrebe endgültige Patentlösungen, kurz gesagt, sie erhebe den Anspruch die Schlüssel (à la Ödipus-Komplex) zu den seelischen Hintergründen des Weltgeschehens in den Händen zu halten. Jung zeigt sich der eigentlichen völkerkundlichen Problematik weit erschlossener als seine Vorgänger. Ihm ist die Mythologie kein psychologisches Experimentierfeld, sondern er versteht sie als das, was sie einer frühen Menschheit auch bedeutet haben mag: Lebendige Religion, deren Verlust immer und überall eine moralische Katastrophe ist. Die Ethnologie aber (Jensen regte das in seinem „Weltbild" an) sollte mit den Möglichkeiten rechnen, daß in den seelischen Tiefen auch des modernen Abendländers Überreste des mythischen Denkens ältester Zeit zurückblieben.

Neue Methoden und neue Wege sind zu finden, sowohl von der Psychologie als auch von der Kulturwissenschaft. Es gilt ein undoktrinäres Bild vom Ablauf des Menschheitsdramas zu schaffen. Kultur ist Ausdruck, Seele, Geist, Gestalt, Funktion und Geschichte in einem. Betrachte ich die Kultur nur unter einem dieser Aspekte, dann ist das keine Wissenschaft mehr, sondern Propaganda.

*Ergänzende Literaturangaben.*


Boas, Fr., The Methods of Ethnology, American Anthropologist N. S. XXII, 1920, S. 11 ff.

Jensen, A. E., Beschneidung und Reifezeremonien bei Naturvölkern, Stuttgart 1933.

Malinowski, B., Sex Repression and Savage Society, London, 1927.

Rivers, W. H., Instinct and the Unconscious, Cambridge, 1920.

— Symbolism of Rebirth, Folk-Lore, 1922, S. 14 ff.

Schmidt, W., Ursprung und Werden der Religion, Münster, 1930.


*(Dr. phil. Helmut Petri, Frobenius-Institut, (16) Frankfurt a. M., Myliusstr. 29.)*

---

## Widerstand und Einsicht.

### *Zu Sigmund Freuds Anliegen in der Psychoanalyse.*

Von

ALEXANDER MITSCHERLICH.

„. . . le rêve et la réalité en une sorte de réalité absolue, de surréalité . . ."
André Breton.

Mit Freud beginnt eine Anthropologie, deren *Menschenbild* vom Bewußtsein der Epoche mehr als das der Philosophen akzeptiert wurde; was sehr deutlich an der Übernahme der psychoanalytischen Termini in den allgemeinen Wortschatz zu erkennen ist. Man wird nicht fehl gehen, wenn man die Begründung dieser erfolgreichen Einwirkung in der Tatsache sucht, daß Freud mit der seinerzeit geläufigsten, tausendfach neben ihm geübten Methode der empirischen Beobachtung und nachfolgenden Erklärung arbeitete. Die großen philosophischen Psychologen der Moderne vom Range eines Kierkegaard und Nietzsche waren zu ironisch, zu selbstbezogen und sozialesoterisch, um eine epochale Rolle zu spielen. Freud ist ganz ohne ästhetische Ironie, ohne die sichtbare Anstrengung des Ausgesetzten und Verzweifelten. Er erhebt nirgendwo den Anspruch einer philosophischen oder literarischen Bedeutung. Er sieht den Menschen ohne das Präjudiz der prinzipiellen Verfallenheit, ohne die Zuspitzung eines besonders erregenden historischen Augenblickes, sondern in der Zeitlosogkeit von Konflikten, die aus mythischem Alter tradiert werden. Selbst wenn große zeitgenössische Irrtümer in dem Glauben stecken sollten, den Menschen in seiner urtümlichen Wesensart gefaßt zu haben, es wird an der Selbständigkeit der nachfolgenden Forscher liegen, sie zu korrigieren; denn Freud besaß bei aller Unbeirrbarkeit eine naive Bescheidenheit und Geduld in der Sammlung seiner Erfahrungen, die ihn grundsätzlich offen und undogmatisch hielten. Wo sachlich gerechtfertigte Korrekturen erfolgen müssen, geschieht dies sicher ohne Verletzung seiner Manen. Einer seiner ältesten Schüler und jüngsten Kritiker, *Theodor Reik*, formuliert deshalb sehr treffend: „Seine Größe ruht nicht auf einer Theorie sondern auf der unvergleichlichen Tiefe seiner psychologischen Einsicht[1]." Als überlegener Geist war Freud unvoreingenommen gegen die überkommenen Beurteilungen des Wesens vom Menschen in seiner Zeit. Die Rücknahme des zum Vorurteil abgesunkenen Urteils aber geschieht nicht in der gedanklichen Einsamkeit, sondern in ununterbrochener menschlicher Begegnung. Wer Freud kennenlernen will, muß ihn vornehmlich dort aufsuchen, wo er von dieser lebendigen Beziehung zum Menschen in der Analyse berichtet.

In der Methode der Analyse hat er keinen ebenbürtigen Vorgänger; seine Entdeckungen vom menschlichen Leben zwischen bewußter und unbe-

[1] Theodor Reik, A Psychologist Looks At Love. New York 1944.

wußter Existenz sind nicht in abstracto zu vermitteln. Um sie wirklich zu verstehen und würdigen zu können, ist die besondere Erkenntnissituation, aus der sie hervorgingen, notwendig. Das Werk ist eine Mischung von empirischer Beobachtung, kritischer Ordnung und spekulativem Weiterdenken. Urteilen kann über jeden dieser Teile nur, wer den Vollzug der Selbsterkenntnis im Gang der Psychoanalyse selbst erfahren hat. *Die Psychoanalyse ist keine Aussage über Objekte, sie trifft den Menschen unausweichlich dort, wo er sich im Getümmel der Welt schlägt und verändert. Sie ist keine Phänomenologie, keine Merkmalskunde; sie ist nirgendwo statisch, sondern überholt sich selbst und alle ihre Erkenntnisleistungen fortwährend in dem lebendigen Bezug der Begegnungen zweier Menschen, die es wagen den ungewissen Ausgang ihres Mühens in der Zukunft in Rechnung zu stellen.* Es hat keinen Sinn, von der Analyse zu sprechen als etwas Fertigem, einem Vorgang, der ein Ergebnis gebracht hat oder schuldig geblieben ist. Man muß statt dessen vom *Analysieren* sprechen als von einem Vorgang, der einmal eingeleitet aus dem Leben eines Menschen nicht mehr wegzudenken ist, es sei denn, er verlöre sich aufs neue.

Dabei ist das Wort durchaus unzureichend. Es stammt aus der Anfangszeit von Freuds Schaffen, als er nacheinander mit großem Anlauf (und in der Tat auf analytischem Weg) die Entstehungsbedingungen der hysterischen Symptome, die Struktur des Traumes und die gestaltende Arbeit, die in ihm geleistet wird, schließlich die unbewußte Vorgeschichte der alltäglichen Fehlleistungen aufklärte. Trotzdem ist die Lehre weit mehr als Analyse, auch mehr als Therapie: sie eröffnet einen neuen Weg und eine neue Methode des Selbstverständnisses und ist damit eine der methodischen Voraussetzungen einer kommenden introspektiven Anthropologie. Das Wort Psychoanalyse ist nach einem halben Jahrhundert seines Gebrauchs nicht mehr fortzudenken; trotzdem tut man gut daran, an ihm nicht hängen zu bleiben, wenn man die Sache ins Auge fassen will (und von ihr noch wenig versteht).

Immer wieder hört man den Vorwurf, die Analyse entblättere, zerlege und deklariere — natürlich, daß alles, was unter ihren Griff geraten sei, sich als sexueller Herkunft entpuppt habe — und ein zynischer, seines naiven Charmes entblößter Mensch bleibe zurück. An diesem Mißverständnis trägt in der Tat der besonders in der modernen Chemie zu umfassender Bedeutung gelangte Begriff „Analyse" große Schuld. Analyse im Vorgang der Psychoanalyse meint etwas vollkommen anderes. Er sagt, daß die Erkenntnis von Zusammenhängen der Lebensgeschichte die Voraussetzung ihrer weiteren freieren Gestaltung ist; aber weil der Analytiker und der Analysierte es niemals mit etwas Ruhendem, etwas qualitativ Eindeutigem oder einer Bündelung, einem Amalgam ruhender Qualitäten zu tun haben, sondern immer mit Bewegtem, mit Dasein in der Metamorphose, mit einem Beziehungsgefüge, in dem sich durch eine quantitative Verschiebung auch eine qualitative vollzieht, ist der Erkenntnisprozeß — für den man das Wort Analyse noch gelten lassen mag, unaufhörlich verknüpft mit der neuen *Synthese* der in der Analyse freiwerdenden Kräfte.

Psychoanalyse ist keine seelische Vivisektion, sondern das *erkennende Entbinden erstarrter, verrannter Aktivität.* Insofern wird die Psychoanalyse in Zukunft, wenn sich ihre Bedeutung für die Behandlung organischer Erkrankungen noch deutlicher gezeigt haben wird, für manchen heute noch verständnislosen Betrachter in ihrem Wesen deutlicher zu erkennen sein. Denn viele der Organerkrankungen, an denen uns vornehmlich die Lehre des Internisten Gustav von Bergmann die „funktionelle Pathologie", also die Fehlleitung von Kräften, d. h. die organische Fehlleistung, wahrzunehmen gelehrt hat, sind Merkmale verfehlter Leistung, weil die erkrankte Persönlichkeit sich selbst in den Aufgaben ihrer Realisierung verfehlt. Erweist sich, daß an ihrem Zustandekommen die gleichen von der Psychoanalyse beschriebenen Vorgänge der „Verdrängung", „Fixierung", vor allem der „Konversion" der Ausdrucksebenen beteiligt sind, die auch in der Entwicklung der Neurosen gefunden werden, dann wird auch der Ungläubige, z. B. an der Auflösung einer solchen materiell faßbaren Krankheit kaum noch übersehen können, daß eine Rückkehr zur geregelten Leistung doch wohl ein gelungener synergischer Vorgang ist; oder besser noch: eine konstruktive Leistung, die aber den analytischen Erkenntnisweg voraussetzt und nur durch ihn erreichbar wird.

Im analytischen Vorgehen wird beobachtet, wie und was die Seele zu leisten vermag, „Verdichtetes" wird in ihm entfaltet, „Überdeterminiertes" in seiner schillernden Mehrdeutigkeit begriffen, „Verdrängtes" wird hervorgeholt, „Projiziertes" soll zurückgenommen werden. Aber doch nicht deshalb, weil „alles" durch diese seelischen Leistungen erklärt wäre, sondern weil sie mißbraucht wurden zu etwas, was man in einer neueren psychotherapeutischen Schule „Daseinsverdeckung" nennt. Gerade diese Daseinsverdeckung ist es jedoch, die dem Menschen so überaus lieb ist und die nie die Ablehnung gegen die analytische Introspektion zur Ruhe kommen ließ. Dieser Widerstand von außen ist natürlich nicht nur negativ zu verstehen. Solange er anhält, zwingt er zur fortgesetzten Selbstprüfung und verhindert eine definitive Schematisierung des Begreifens, die nur ein definitives Verfehlen der ursprünglichen Zielsetzung sein könnte. Denn es gibt auch eine „Daseinsverdeckung“ durch routinemäßiges Einordnen. Wer entgegen diesen (in den kleinen Fällen der Praxis oft brauchbaren) schablonierten Deutungen das eigentümliche Verstehen in der Analyse beurteilen will, muß die schwebende Atmosphäre des Analysierens kennen, wie sie sich Stunde um Stunde herstellt; er muß um die nicht in einer Definition auflösbare Beziehung wissen zwischen dem, der sich der Analyse unterwirft, und dem, der sie führt. Freud hat dafür das Wort „Übertragung“ und „Gegenübertragung“ geprägt. Ein Wort, das dem Außenstehenden gar nichts sagt, das er geradezu mißdeuten muß, wenn er die Wirklichkeit nicht kennt. Denn mit der Beziehung zwischen Analysanden und Analytiker ist in der Tat in unserer westlichen Welt eine völlig neue Kommunikationsform zwischen Menschen geschaffen worden, die keineswegs der zwischen Meister und Schüler [1] entspricht und noch weniger der zwischen Krankem und Arzt, denn jede gelungene Psychotherapie stellt auch ein Stück „Heilung“ und Selbstanalyse des Therapeuten dar. Es ist nicht nur ein heilender Prozeß, nicht nur ein Lernen, was sich hier vollzieht, sondern zuerst ein erschütternder und Ehrfurcht verlangender Vorgang, wenn ein Mensch es unternimmt, sich freier mit sich selbst zu konfrontieren, mit seinem Schicksal, seinen Fähigkeiten und Mängeln, seinen kindlichen Erwartungen, seinem Machtverlangen, seinem ungestillten Rachedurst und Zärtlichkeitsbedürfnis — den Grenzen und der Unabsehbarkeit seiner Existenz. Aber weil dieser Vorgang die vollkommene Diskretion einer einsamen Begegnung verlangt, wird er nie zu popularisieren sein, wird er nie ein Argument der Verteidigung werden können, müssen alle törichten Verdächtigungen sich selbst überlassen bleiben.

Im Grunde steht es um jede Erkenntnis, welche die Psychoanalyse gebracht hat, ebenso. Man kann und muß sich verständigen, man spricht in Worten und Begriffen, aber sie sind immer gemeint im Hinblick auf diese Situation eines von jeder Rücksicht entbundenen Selbstgespräches. Natürlich haben die Großen und Größten unter den Philosophen und Dichtern zu allen Zeiten so zu sich selbst gesprochen. Aber nicht alle Kranken sind groß und fähig, allein aus sich das heilende Wort zu finden, und es gibt in der Gegenwart schon genug Theologen, die wissen, daß es Krankheiten gibt, bei denen es nichts nützt, wenn sie selbst ihr größtes Buch, die Bibel, in die Hand von Kranken geben. Denn was diese Menschen verlernt haben, ist nichts weniger als das *Gespräch;* das Gelesene, das Wort bleibt tot. Was der Analytiker nun leistet, ist der Zwang zu neuem Gespräch, zur Kommunikation, wo die Enttäuschung und Verzweiflung alle Bande zerrissen hatte. Aber *wie er dieses Gespräch in einen Monolog zu zweit überführt, das ist seine Kunst.* Er lauscht der Selbstoffenbarung des Verzweifelten und läßt sich von ihm ergreifen und in alle Rollen zwingen. Und was je und je nicht erfüllt, nicht gesprochen, nicht getan wurde, das wird nun mit den Mitteln des Traumbildes, der Erinnerung und Phantasie rekapituliert, korrigiert, um endlich nacherlebend ganz bejaht oder überwunden zu werden. In jeder seiner Stunden muß der Analytiker allen diesen Ansprüchen des Patienten standhalten, und weil er Mitwisser ist, soll er Mittäter werden. Doch dies ist die Schranke der analytischen Situation. Der Analytiker ist da, er korrigiert die Versuche der Verdeckung, lauscht, bringt den Fluß der Erinnerung in Gang, er schilt nicht, er übergeht die Wertung von Gut und Böse, die an ihn angelegt wird, und die der Patient an sich selbst anlegen muß; und doch handelt er nie, verläßt er nie jene unparteiische Stille seines Zimmers. Was ihm an Liebe und Abneigung, an Erwartung und Verachtung „übertragen“ wird, verwaltet er zu treuen Händen, und er ist froh, wenn irgendwann der, der ihm all dies gebracht hat, es wieder an sich nimmt, um es draußen im Leben gültiger und glücklicher als zuvor einzusetzen. Wenn er geliebt wird, weiß er, daß diese Liebe nicht ihm gilt, sondern dem gesuchten Du der Welt; wenn er gehaßt wird, nimmt er die Bosheiten nicht als persönliche Beleidigungen, sondern weiß, daß vom Patienten diese endlich erlebten Genugtuungen eigentlich jenen Menschen zugedacht sind, an denen es ihm im Leben nie erlaubt war, seinen Mut zu kühlen und seinen Haß zu stillen. Der Analytiker wartet, bis der, der ihm hilfesuchend gegenübersitzt, dies alles weiß und durchschaut.

Man hat gelegentlich abschätzig diese Passivität der „Sprechzimmersituation“ glossiert. Es fehle ihr die echte Du-Beziehung, die allein das Leben geben könne. Man hat dabei aber vergessen, daß der Kranke doch deshalb zum Analytiker kommt, weil er sich nicht mit solchen echten Kontakten in der Welt zu orientieren und an ihnen sich zu stärken vermochte. Die „Sprechzimmersituation“ ist gewiß eine künstliche. Sie bleibt — wenn man so will — im Reich des Träumens. Aber sie gibt dem Patienten *durch die Entwicklung der „freischwebenden Aufmerksamkeit“* eine *vollere Anschauung seiner eigenen Potentialität.* Sie hilft ihm das eigene Idealbild wiederzugewinnen und es zu *korrigieren.* Und es scheint nach den bis-

[1] Eine Annäherung an diesen Bezug ist in der in Amerika geübten „counseling psychotherapy“ gegeben. Sie hat bei weitem nicht den Rang der eigentlichen „deep analysis“, sondern benützt nur dort gewonnene Einsichten relativ formelhaft, damit allen Gefahren des Schematismus und Dogmatismus ausgesetzt.

herigen Erfahrungen, daß es gerade dieser phantasiebelebte, ungehemmte Umgang des Menschen mit sich selbst in den analytischen Stunden ist, der ihn schließlich dazu befähigt, die Irrtümer einer allzu blinden Ich- und Du- und Weltverlorenheit zu vermeiden.

Auf solchem von Affekten zitternden Boden steht das Gebäude der Psychoanalyse. Das Unwirklichste und das Realste sind hier nicht zu trennen, und wir haben diese gewiß unzureichenden Versuche einer Beschreibung nur unternommen, um den Ernst und die verzweifelte Bemühung ahnen zu lassen, die hier einsam geleistet wird. Vor allem aber, um eine Ahnung von der grundlegenden Schwierigkeit einer Verständigung über das, was die Psychoanalyse sei, zu erwecken. Ihr Wissen ist ein pragmatisches Wissen, aber auch ein Geheimwissen in dem besonderen Sinn, daß es jedesmal neu errungen, erlebt und bewahrheitet werden muß. Jede Übertragung ins Literarische, Wissenschaftliche kann nicht kühl, zurückhaltend und vorsichtig genug erfolgen, aber es geht dabei in jedem Fall die Hauptsache verloren: die Fülle und unwiederholbare Eigenart der Individualität.

Daß Psychoanalyse *trotzdem* zu einer positiven Wissenschaft geworden ist, verdankt sie der wahrhaft einzigartigen Kraft Sigmund Freuds. Es ist sehr leicht, über sein Werk viel Kritisches zu schreiben, denn er hat ein riesiges Thema abzuhandeln begonnen, das immer noch größer sein wird als das umfassendste Genie. Die Kritik täte deshalb besser daran, der menschlichen Unvollkommenheit ihre Reverenz zu erweisen, als den, der sich mit ihr nach Kräften herumschlägt, abzuurteilen. Die Bemühungen, in der Psychoanalyse neben und nach Freud beweisen aber, daß es außerordentlich schwer hält, seine Leistungen durch eine bessere zu ersetzen. Auch dies hat wiederum zu Mißverständnissen Anlaß gegeben. So dazu, er habe ein perfektes System hinterlassen, die Psychoanalyse sei abgeschlossen und ein historisches Faktum. Nichts ist irriger als dies. Freuds Leistung ist ohne Zweifel eine klassische und zum Wesen einer solchen gehört, daß sie von jeder Generation eine neue Interpretation verlangt. Daß die Psychoanalyse in der Gegenwart entscheidende Erweiterungen sowohl in medizinischer wie anthropologischer Hinsicht erfährt, ist nicht zu übersehen. Sogar die schärfste Probe einer Popularisierung und Vulgarisierung hat sie überstanden, ohne daß dabei ihre Substanz aufgezehrt worden wäre. Die großen Fragen, die von Freud gestellt wurden, harren trotz vielseitiger Bemühungen noch ihrer Lösung. Aber eine Lösung im Sinne eines endgültigen Wissens wird hier nie zu finden sein. Wer so fragt, fragt falsch. Daß die Psychoanalyse sich nie bei Lösungen schlechthin beruhigen wird, sondern nur bei Auflösungen einer individuellen Verwirrung, sichert sie auf lange Zeit hinaus vor Stagnation, jedenfalls so lange, als die, welche sich auf Freud berufen, ihn in seinem wesentlichen Anliegen noch verstehen.

Freuds Bemühung kreist, wie uns dies *Ludwig Binswanger* [1] unlängst in überzeugender Form gezeigt hat, um den „homo natura": den *natürlichen Menschen* in der Welt, um die urtümliche Artung des Menschen, welche die Ausdruckssteigerung und Deformation des menschlichen Wesens in der jeweiligen kulturellen Umwelt überdauert. Wer, wie etwa *Karl Jaspers* [2], in der Psychoanalyse eine säkularisierte Form eines Glaubensbekenntnisses sieht, verfehlt das Wesen der Fragestellung Freuds in ihrem Kern, wie in ihren peripheren Anliegen. Zwar ist es über alle empirischen Wahrnehmungen von Verhaltensweisen hinaus ein mitmenschliches Verhältnis, das von Freud zum Medium aller seiner Erkenntnisse eingesetzt wurde. Wo es aber dem einzelnen ermöglicht wird, sich in „freien Assoziationen" schrankenlos zu vergegenwärtigen, kann da, wie Jaspers sagt, — den wir hier nur als einen bedeutenden Exponenten einer verwerfenden Kritik zitieren — „Weltanschauung im Gewande des Erkennens" das treibende Motiv sein?

Was „Weltanschauung" ist, haben wir zur Genüge erfahren, nämlich die vorgegebene Norm, die sich das Individuum unterwerfen will. Ganz im Gegensatz zu solchem Unterwerfungsanspruch hat sich Freud allezeit bemüht, den Unterworfenen zu sich selbst zu bringen. Das ist keine Weltanschauung, sondern ein weltweites Anliegen, allerdings mit den Mitteln der Erkenntnis. Die lebendige Kommunikation ist die Wirklichkeit der analytischen Situation. Was schreibt aber ein Kritiker vom Range Jaspers: „Der Anerkennung der Psychoanalyse . . . als eines existentiellen Geschehens in personaler Kommunikation vermag ich nicht zu folgen. Meinem Blick zeigte es sich, als ich vor Jahrzehnten mich eingehend mit Freud beschäftigte, nur das existenzlose nihilistische Prinzip, das mir gleichzeitig wissenschaftszerstörend und philosophiezerstörend erschien. Später habe ich weder ihn noch seine Anhänger außer in gelegentlichen bestätigenden Stichproben gelesen. Doch von solchen auf den Grund gehenden Wertschätzungen läßt sich schwerlich der andere überzeugen. Ein jeder, der überhaupt sieht, sieht es wie mit einem Schlage." Nicht jeder, der über Freud geschrieben hat, tat es mit solcher Offenheit. „Vor

[1] Ludwig Binswanger: Ausgewählte Vorträge und Aufsätze. Bern 1947 (Francke). Darin: Freuds Auffassung vom Menschen im Lichte der Anthropologie.

[2] Karl Jaspers: Allgemeine Psychopathologie, Berlin 1946 (Springer) z. B. S. 299 ff., 646 ff.

Jahrzehnten", das ist längst vor dem Abschluß des Lebenswerkes Freuds; „Lektüre": nicht eigene Analyse, keine praktische Erfahrung im Analysieren. Auf ihr beruht „solche auf den Grund gehende Wertschätzung", auf ihr beruht diese erhellende Einsicht „mit einem Schlage". Es fragt sich, ob man hier wie auf irgendeinem anderen Wissensgebiet eine derartig entfernte Erfahrung als ausreichend für eine Urteilsbildung anerkennen darf.

Folgen wir aber diesem Kritiker nun, um mitten in die Lehre Freuds zu gelangen: „Freud sieht, was durch Verdrängung der Sexualität entsteht, oft außerordentlich treffend. Aber er fragt nicht einmal, was durch die Verdrängung des Geistes entsteht." Kein wirklicher Kenner von Freuds Werk ist durch solch täuschende Alternative zu erschrecken. Denn er hat gelernt — und das gewiß nicht durch Freud allein — nach dem Geistigen in *allen* Lebensäußerungen zu fahnden. Er sieht, *wie das Sexuelle im Menschen vom Geistigen durchdrungen ist. Und er weiß, daß es gerade ein eminent geistiges Ungenügen ist, das sich in die Triebsphäre pervertieren kann.* Das heißt nichts anderes, als daß *durch die Verdrängung des Geistes die Voraussetzung für die Entstehung einer Neurose, z. B. einer Sexualneurose geschaffen wird.* Neurose überhaupt ist ohne solches geistiges Geschehen, ohne die Immanenz des Geistes im Leibe undenkbar; der Geist und das Leben zwischen Geist und „Natur" ist die eigentliche Aufgabe, die so schwer ertragen werden kann. Weil dieser Geist unendlich ist, unfaßbar und überlegen gegenüber der immer ärmeren Wirklichkeit, geschieht das, was sich sonst auch zuträgt, wo eine Hierarchie sich geltend macht: der Mächtigere beutet den Schwächeren aus. Wo geistiges Risiko mißlingt, muß es der Leib büßen. Und wenn ein Symptom — z. B. eines der verdrängten Sexualität — so wenig selbst noch Geist ist, so ist es doch ein Abdruck, eine Fußspur, die der Geist hinterlassen hat.

Wenn der Analytiker seine Patienten überblickt, dann wird er beide Grundformen der Neurose fast gleichstark vertreten finden: solche, bei denen der triebhafte Anspruch keinen Ausweg zu einer geistgeprägten, das heißt reflektierten Lebens- und Ausdrucksform findet (bei denen also eine planende Lebensform immer wieder weggespült wird vom impulsiven Triebhandeln); und solche bei denen die Geistigkeit abgeschnitten vom Gemüthaften und vom Triebgrund sich „systematisch" entwickelt, bis eine sinnlose Zwangshandlung, ein Brutalitätsausbruch, eine wie grundlose erscheinende Depression sich störend in diese Abgeschlossenheit eindrängen.

Es ist diese Unterscheidung von Trieb und Geist sicher keine glückliche; nicht viel mehr als ein gröbstes Verständigungsmittel, eine späte Abstraktion. Immer zu spät, weil das Leben ihr vorangeschritten ist, in einer umfassenderen Verwirklichung. Die Relation von Geist und Trieb ist in breitem Spielraum möglich; aber man kann sicher sein, daß seine Grenzen nicht ungestraft überschritten werden. Und es mag sein, daß es die der Urpflanze vergleichbare Idee des homo natura ist, die anzeigt wo Sublimierung und Verleiblichung das Gleichgewicht verletzt haben und zur gegenseitigen Usurpation geschritten sind. So verschlungen in allen seinen Kräften ist der Mensch in der Wirklichkeit, so gar nicht sauber und so wenig entgegenkommend dem literarischen und philosophischen Bemühen. Vielmehr — so „wunderlich" und den narrend, der zu klug ist, ist der Mensch. Wo der große Wind des Unbewußten weht, ist er aber auch klüger als der Geist, den man begreift.

Durch Scheinantithesen wie diese zwischen Geist und Sexualität enthüllen die Gegner der Psychoanalyse mehr, als sie beabsichtigen, ihre tiefe Angst um die Sicherung ihrer Existenz. Und damit ist wohl getroffen, was die Abneigung gegen die Psychoanalyse nie zur Ruhe kommen lassen wird. Sie rührt an die Sicherheit des Bewußtseins, dort wo es sich seiner selbst am gewissesten zu sein glaubt; sie beginnt mit dem Zweifel — und nicht nur mit dem logischen! Aber nach der Störung kommt erst ihre eigentliche Leistung. Nun muß sie den Geist auch in seiner „Gemeinheit" zu begreifen suchen, im Abstieg in die animalische Dumpfheit. Wem nun bei seinen Hadesfahrten in die Welt der Träume die Angst die Kehle zuschnürt, wem die Orgien, die Kerker und die Katastrophen der Phantasie als dumpfer Begleitton der nicht viel helleren geschichtlichen Welt den Atem nahmen, wer sein Liebstes geben mußte — sein eigenes verwöhntes Selbstgefühl — den wird dieser Bannstrahl der Kritik kaum noch treffen. Er ringt mit dem Leben, das immer, wo es wirklich gelebt wird, auch erniedrigend, auch beschmutzend ist, ehe es endgültig sich beruhigt.

Vom Geist in abstrakter Weise spricht deshalb Freud so gut wie nie. Er hat immer bekannt, keinen philosophischen Ehrgeiz zu besitzen. Als beobachtender Realist begnügt er sich, jene interessanteste Manifestation des Geistes nicht aus dem Auge zu verlieren, in der es diesem Geist möglich ist, sich zu sich selbst zu verhalten, sich zu suchen oder zu verdecken. Er sah, daß menschlich nicht nur das sei, wozu der Mensch „Ich" sagt, sondern daß er zu gleicher Zeit auch durch die Tatsache seines „Es" — oder wie später C. G. Jung gesagt hat, seines „Nicht-Ich", „non-ego" — existiert. Von der ewig dunklen Wirksamkeit unbewußter Kräfte im Menschen haben alle Zeiten gewußt. Die Leistung Freuds bestand darin, daß es ihm gelang, die menschliche Thematik des Bezugs von bewußten und unbewußten Kräften in ihrem Aufbau wie niemand vor ihm durchschaut zu haben. Und hierin war er zugleich Kind seiner Epoche; ohne den jahrhundertelangen Forschungsprozeß in den Naturwissenschaften und diese Form geistiger Schulung wäre Freuds Werk in seiner Eigenart unvorstellbar. Man muß sehen, wie ein Revolutionär auf den Schultern seiner großen Vorgänger steht, um ermessen zu können, wonach er greift.

Es hat keinen Sinn, mit dem Begriff des Unbewußten, wie ihn Freud mit seinen Erkenntnissen gefüllt hat, abstrahierend umzugehen, so als sei dies ein neues Organ, welches von ihm entdeckt worden wäre. Er spricht von unbewußter Seelentätigkeit immer im Hinblick auf die gesamte seelische Leistung. Das Unbewußte ist ein seelischer Integrationsort, wie das Ich und das „Über-Ich". Im „Über-Ich" versucht Freud den herkömmlichen Gewissensbegriff zu erfassen, aber auch ihn nicht als starre Konstitutions- oder Wesenseigentümlichkeit des Menschen zu verstehen, sondern ihn in das lebendige, sich wechselseitig bedingende und beeinflussende Verhältnis aller seelischen Leistungen einzufügen. Das „Über-Ich" wirkt auf das Ich, aber es hat zugleich seine Wurzeln im Unbewußten. Das Tabu der einfachen Kulturen ist die erste Materialisation des Gewissens. Dieser Drang, das Gewissen durch ein Messen am Gebot zu prüfen und zu entlasten, ist ein innerster Bestandteil jeder Kultur. Freud hat auf die merkwürdige Tatsache hingewiesen, daß das Gewissen „nach dem Zeugnis der Sprache zu dem gehört, was man am gewissesten weiß". „Gewissen ist die innere Wahrnehmung von der Verwerfung bestimmter in uns bestehender Wunschregungen; der Ton liegt aber darauf, daß diese Verwerfung auf nichts anderes sich zu berufen braucht, daß sie ihrer selbst gewiß ist. Noch deutlicher wird dies beim Schuldbewußtsein, der Wahrnehmung der inneren Verurteilung solcher Akte, durch die wir bestimmte Wunschregungen vollzogen haben" [1]. Das Gewissen weiß also, aber das Woher seines Wissens weiß es nicht. Denn es ist, meint Freud, das Ergebnis einer Erfahrung, die aus einer vorbewußten Zeit stammt. Freud dachte an den Urmord, den die Söhne an ihrem Vater als Rache für seine Überlegenheit verübten. Die Mythologie spricht in vielen Überlieferungen für dieses Bild, das ja seinerseits wieder das Mythische erreicht. Man kann auch sagen, daß das Gewissen von der ersten Sünde herrührt, wenn man sich auf die biblische Mythologie beschränken will. Jedenfalls wurzelt es in einer Tiefe, die sich dem Bewußtsein entzieht. Und daraus erklärt sich, weshalb „noch im griechischen Mythus die Verschuldung des Oedipus nicht aufgehoben wird dadurch, daß sie ohne, ja gegen sein Wissen und Wollen erworben wurde." [2] Freud hat erkannt, daß die Bereitschaft die Motive zu verdecken, zum Wesen der menschlichen Existenz gehört; daß der Mensch, wo er der blinden Nemesis entrinnen will, mit der Selbstfahndung beginnen muß. Und diese Suche nach dem Täter bringt ihn in sein eigenes „Es", in die unbewußte Tiefe zurück. Auf diesem Weg der Selbsterkenntnis löst sich die Antithese von Außen und Innen wie in einem Vexierspiegel. Mit dem Worte Schopenhauers: „Wer vom Streit beseelt, feindlich eindränge auf seinen verhaßtesten Widersacher und bis in das tief Innerste desselben gelangte, der würde zu seiner Überraschung sich selbst entdecken — tat Awam asi (das bist du)."

Wo der Ruf des Gewissens zu laut wird, wo sich das bewußte Ich zu schwach fühlt, um ihn befolgen zu können, dort entlastet es sich, indem es „verdrängt". Verdrängen heißt ausschließen aus dem Bewußtsein, aber es heißt nicht ausschließen aus dem Bereich des seelischen Geschehens. Verdrängt bleiben die aus dem Bewußtsein ausgewiesenen Regungen ohne Kontrolle des Selbstgespräches: und beginnen deshalb sich rücksichtslos auf eigene Faust, anarchisch in die Wirklichkeit einzumischen. Die Projektion der Schuld auf die Umwelt — so als stoße etwas von außen zu, was doch von innen kommt — ist ein Entlastungsversuch, der die Menschheitsgeschichte in ihre untilgbaren Verirrungen treibt. Der nächste Schritt auf diesem Wege führt zur Selbstbestrafung in der Krankheit.

Der Neurotiker bestraft sich selbst, aber er hat dafür vor seinem Gewissen den ungeheuren Vorteil errungen, daß er nicht die Schande der Strafe, sondern nur diese allein tragen muß: er ist krank; er weiß sich nicht mehr schuldig. Dies ist der „ökonomische" Vorteil der Verdrängungsleistung vom Bewußten ins Unbewußte. Aus ihm wird verständlich, weshalb die Selbstfahndung in der Psychoanalyse auf so gewaltigen „Widerstand" stößt; und er erklärt auch etwas vom allgemeinen Widerstand gegen die Psychoanalyse. Über ihre Ablehnung war sich Freud, wie sein Biograph *Hanns Sachs* [3] bestätigt, völlig im klaren. Er war davon überzeugt, „daß die erste emotionale Zurückweisung der Psychoanalyse ein ebenso natürliches und notwendiges Phänomen war, wie der Widerstand bei der Behandlung eines neurotischen Patienten."

Im Beginn des Lebens schwanken die Empfin-

[1] S. Freud, Totem und Tabu.

[2] ib.

[3] Hanns Sachs: Freud, Master And Friend (Cambridge, Massachusetts 1946, Harvard University Preß).

dungen rasch und übergangslos zwischen Lust und Unlust; wenn die Unlust einsetzt, wird sie ungehemmt geäußert. Solang der Mensch so schwach wie in dieser ersten Phase seines Daseins ist, pflegt die Gemeinschaft, in der er lebt, alles zu tun, um ihn wieder bei der Lust zu beruhigen. Doch allzubald beginnen die Versagungen. Er muß unter Tränen, Angst und ohnmächtiger Auflehnung lernen, daß es neben dem Prinzip der Lust auch noch das bittere „Realitätsprinzip" gibt. Bei der Beobachtung des Vorgangs, in dem sich die Alleinherrschaft des Lustprinzips unter den Anforderungen des Realitätsprinzips auflöst, erwies sich erneut der Scharfsinn Freuds. Er sah, daß die älteste Beziehung zum Mitmenschen die *Identifizierung* ist. Wer je spielende Kinder beobachtet hat, weiß dies. Sie vermögen sich und alles, was ihnen zur Hand ist, spielend in das zu verwandeln, was ihre Phantasie ihnen vorschreibt. Das Kind identifiziert sich mit Vater und Mutter. Aber von Vater und Mutter stammen auch die Verbote, gegen die zu protestieren es nicht genügend Macht besitzt. So entsteht eine „ambivalente" Gefühlsbindung; aber je mehr das Kind seine Eltern liebt, je mehr es mit der Realität sich auseinanderzusetzen gezwungen ist, desto weniger kann es seinen negativen Impulsen freien Lauf lassen. So verwandelt es die Verbote dadurch, daß es sie in sich aufnimmt, in Gebote. Das ist die individuelle Geburtsstunde des Gewissens, des „Ideal-Ich". Das Kind lernt zu sagen: du sollst. Sein Ich-Ideal sagt ihm, was es soll. Wie schwer solche Anpassung fällt, geht daraus hervor, daß wir alle uns mehr oder minder von der Erinnerung an jene Lebenszeit durch Vergessen entlastet haben. Gerade deshalb dürfen wir die Dramatik, die sich hier abspielt, nicht unterschätzen. Sie ist von entscheidender Bedeutung für die spätere Lebensgestaltung. Alles kommt darauf an, ob in einem Menschenleben zu Anfang Verbot und Liebe einander die Waage gehalten haben. Nur unter dieser Voraussetzung gelingt es dem Kind, die Forderungen seines „Über-Ich" „genügend unpersönlich" werden zu lassen. Es tut dann eben, was „*man*" tun soll. Überwiegen die Verbote, dann ist es leicht einzusehen, daß die introjizierten negativen Empfindungen — gegen Vater, Mutter, Lehrer usf. — eine starke persönliche Färbung empfangen; und zwar von jener Person, die dem Kind den Verzicht aufgezwungen hat. Damit ist die Grundvoraussetzung der späteren Charakterdeformierung, der Selbst- und damit Lebensverfehlung gegeben, der Grund zur Neurose gelegt. Anstatt sich frei fortentwickeln zu können, bleibt der Mensch bei seiner Entfaltung an jenes infantile Trauma „fixiert". Er wird zum „gehemmten Menschen" — wie *Schultz-Hencke* sagt. Jedes Kind wird aus dem Paradies vertrieben, aber nur der neurotisch deformierte Mensch glaubt, daß er allein dieses Schicksal zu erdulden habe. Diese überstarke Ichbezogenheit weist immer auf die Anfangsstadien der Ichwerdung hin. Allzufrüher „Hunger", d. h. mangelnde Zuwendung an Liebe, unterbricht die animalische, vorhistorische Lebensphase und erweckt vorzeitig zum Bewußtsein der Not. Die Koincidenz der Ichbildung und der Noterfahrung ergibt eine Hemmung der Lebensbewegung, die später nur in größter Anstrengung zu überwinden ist.

Wenn nun im Zusammenhang der analytischen Vorgänge auch von der Sexualität gesprochen wird, so darf man heute auf größeres Verständnis rechnen als zu Freuds Zeiten. Aber auch bei diesem scheinbar so wenig erklärungsbedürftigen Wort „Sexualität" muß man wissen, was Freud mit ihm meint, um nicht abermals zu verhängnisvollstem Fehlschluß zu gelangen. Denn kein Stück seiner Lehre hat sogleich eine höhnendere Ablehnung erfahren als Freuds Beobachtung, daß schon das Kind von sexuellen Triebregungen beherrscht ist.

Freud unterscheidet — jedenfalls in den ersten zwanzig Jahren seiner Arbeit — zwischen zwei großen Triebgruppen, den Ich- oder Selbsterhaltungstrieben und den Sexualtrieben, für die er das Wort „Libido" gebraucht. Zeichnet sich die erste Gruppe durch imperativischen, unaufschiebbaren Drang nach Befriedigung aus, so erweisen sich die Sexualtriebe als außerordentlich plastisch, wandelbar, nach Ziel und Inhalt. Ihre Befriedigung ist aufschiebbar. Es mag hier nur gestreift werden, daß es die *Libido* des Menschen ist, die sich sublimieren läßt und damit zur vitalen Trägerin der Kulturleistungen wird, vielmehr erst ihre Voraussetzungen im Vitalen schafft. Denn im Bereich der tierischen Organisation ist der Sexualtrieb der Brunft ebenso instinktiv wie das übrige Verhalten des Tieres gebunden. Der infantile Sexualtrieb zeichnet sich nun nach Meinung Freuds dadurch aus, daß er „noch unabhängig von der Funktion der Fortpflanzung, in deren Dienst er sich später stellen wird" wirksam ist. „Das Kind hat seine sexualen Triebe und Betätigungen von Anfang an, es bringt sie mit auf die Welt und aus ihnen geht durch eine bedeutungsvolle, an Etappen reiche Entwicklung die sog. normale Sexualität des Erwachsenen hervor." [1] Wenn man in Rechnung stellt, daß, wie schon erwähnt, der Entwicklungsprozeß der Kultur aus der Sublimierung der libidinösen Triebhaftigkeit seine Kraft zieht, aus dem Reichtum an Umwegen zwischen Wunsch und Erfüllung, dann wird es verständlicher, weshalb dem Kinde, das in die Welt der Kultur hineinwachsen soll, die

---

[1] Über Psychoanalyse, 5 Vorlesungen 1909.

*kurzschlüssige* Triebbefriedigung untersagt wird. Daß diese Versagungen, die sich der natürlichen infantilen und juvenilen Triebhaftigkeit, entgegenstellen, sich, im bürgerlichen Europa bis zu jener naturfremden Sinnlosigkeit gesteigert haben, daß schließlich alle physiologischen Leistungen in der näheren und weiteren Umgebung des Genitalbereiches „unanständig" und tabuiert werden, dies hat sicher die forscherische Aufmerksamkeit Freuds ausdrücklich erregt. Noch dem 17. und 18. Jahrhundert hätte man nicht die unendliche Kraft des Rollen- und Szenenwechsels der geschlechtlichen Leiblichkeit so fast advokatenhaft deduktiv und pointiert zum Bewußtsein bringen müssen wie es Freud den im nun schon sich auflösenden Anstandszeremoniell noch ganz befangenen Zeitgenossen gegenüber mußte. Aber diese Zeitsituation reicht niemals dazu hin, Freuds „Überschätzung" der Sexualität zu charakterisieren. Er konnte diese wandlungsgewaltige Lebenskraft des Menschen gar nicht überschätzen. Am Namen sollte man sich dabei nicht stoßen. „Die Liebestriebe werden nun in der Psychoanalyse . . . Sexualtriebe geheißen. Die Mehrzahl der „Gebildeten" hat diese Namengebung als Beleidigung empfunden und sich für sie gerächt, indem sie der Psychoanalyse den Vorwurf des „Pansexualismus" entgegenschleuderte. Wer die Sexualität für etwas die menschliche Natur Beschämendes und Erniedrigendes hält, dem steht es ja frei, sich der vornehmeren Ausdrücke Eros und Erotik zu bedienen. Ich selbst hätte es auch von Anfang an so tun können, und hätte mir dadurch viel Widerspruch erspart. Aber ich mochte es nicht, denn ich vermeide Konzessionen an die Schwachmütigkeit. Man kann nicht wissen, wohin man auf diesem Weg gerät; man gibt zuerst in Worten nach und dann allmählich auch in der Sache." [1]

Wenn nun die Sublimierung der Sexualtriebe Kulturgebot ist, dann ist hiermit zugleich ein großes Konfliktfeld zwischen dem primären, umkomplizierten Luststreben und den unablässig geforderten Ansprüchen auf Anpassung an die Kulturwelt gegeben. In unserem Wort „Trieb" ist die Wurzel treiben enthalten. In jeder Triebhaftigkeit steckt etwas von einem Angriff. Nachdem Freud klar genug sah, wie sich das „Triebschicksal" der Sexualität auf dem Lebensweg des Menschen gestaltete; nachdem er wußte, wieviel Sexualität verdrängt und in der unbewußten Sphäre an den Verdrängungsaugenblick fixiert gehalten werden konnte, um dort auf die endliche Erlösung und Überwindung oder Befriedigung zu harren, — in den mannigfachsten Symptomen mahnend — blieben doch noch wesentliche Verhaltungsweisen des Menschen ungeklärt. Und weil auch dieses Gebahren alle Merkmale der Triebhaftigkeit zeigte, hat Freud später seiner Trieblehre noch einen *primären Aggressionstrieb* hinzugefügt. Diesem zerstörerischen Hang, den er „Todestrieb" nannte, stellte er nun die Gruppen der Ich- und Sexualtriebe unter dem Oberbegriff Lebenstriebe gegenüber.

Entscheidend für die Richtung der Aggressivität ist das Kräfteverhältnis der Partner. Sadismus und Masochismus sind nach den Vorzeichen verschiedene gleichermaßen blinde Entladungen der unverstandenen, unsublimierten Aggressivität. In moralischer Sicht ist die Aggressivität die Funktion des Bösen. Der Mensch ist böse — er ist *auch* böse. „Das gern verleugnete Stück Wirklichkeit hinter alledem ist, daß der Mensch nicht ein sanftes, liebebedürftiges Wesen ist, das sich, wenn angegriffen, auch zu verteidigen vermag, sondern daß er zu seinen Triebbegabungen auch einen mächtigen Anteil von Aggressonsneiigungen rechnen darf . . . Homo homini lupus: Wer hat nach allen Erfahrungen des Lebens und der Geschichte den Mut, diesen Satz zu bestreiten?" [1]

Denkt man z. B. an die erstaunliche Entwicklung der chirurchischen Technik — weitgehend eine Technik der Verstümmelung — und an die Zielsetzung moderner Kriege — die totale Unterwerfung, gar Ausrottung des Feindes — so wird hier eine beunruhigende Übereinstimmung des Vernichtungswillens spürbar. Freilich tritt dieser nicht als pure Negation auf sondern als konsequentes Teilgeschehen eines als positiv angesehenen Zieles (beidemale der Erhaltung des Lebens). Gerade hier offenbart sich jedoch das Problem, das sicher nicht dadurch verschwindet, daß man den Versuch unternimmt die ewige Brutalität im Kampf um besseres Lebensniveau aus einer leblosen Moralität heraus zu diffamieren. Es gilt vielmehr, ein Gefühl für die Proportion von Einsatz und Gewinn zu erwecken. Und es gilt die Verzerrung der Proportion in zahllosen technischen Manipulationen einzusehen. Zur Erhaltung des Lebens werden Mittel verwandt, die es in viel umfassenderer Weise bedrohen; oder man bemüht sich Leben zu fristen, das sich längst selbst verloren hat. Die gegenwärtige Geschichte der großen Sozialgebilde bietet dafür die Beispiele im Überfluß. Die Mittel nationalen Lebensschutzes sind kaum irgendwo noch präventiv, sondern aggressiv lauernd. Dabei sind die inneren Strukturen dieser Gebilde höchst fiktiv geworden. Kommt es hier nicht darauf an anzuklagen, so auch nicht zu entschuldigen und durch den für das Subjekt durch-

[1] Massenpsychologie und Ichanalyse.

[1] Das Unbehagen in der Kultur.

aus gültigen Hinweis — etwa auf eine gelungene, lebenerhaltende Operation — die These vom Überwiegen der Vernichtungsabsicht und der unfreiwilligen Lebenszerstörung in der gegenwärtigen Phase der technischen und sozialen Entwicklung zu widerlegen. Eine ungetrübtere Einsicht in die Zusammenhänge erhält man freilich nur dann, wenn man — wie Freud es tat — neben dem mächtigen Lebensdrang einen „Todestrieb" biographisch und historisch am Werke sieht. Es ist dies gewiß nicht nur eine spekulative, sondern eine echt metaphysische Verallgemeinerung, mit der sich Freud mit den erhabensten Kosmogonien in Übereinstimmung wissen darf.

Man hat Freud oft vorgeworfen, er habe nur das Böse am Menschen gesehen; und er soll selbst einmal gesagt haben: mein Werk war ein Teufelswerk. Über seiner Traumdeutung steht der Vers aus Virgils Aeneis: flectere si nequeo superos acheronta movebo (7, 312). Heißt es jedoch nicht den Sinn des Werkes auch in diesem Stück verfälschen, wenn man es zu den „Teufeleien der Epoche" rechnet, weil es die Lust am Zerstören zum menschlichen Dasein gerechnet hat? Ist es nicht eine Verwechslung des Teufels mit dem advocatus diaboli, den man hier beginge?

In der Aggressivität hat Freud den „geräuschloser wirkenden" Todestrieb am Werk gesehen, der mit der großartigsten Regression dem Nicht-Sein zustrebt. Man kann nicht sagen, daß diese Einsicht in die tiefere Natur des Menschen bei vielen Zeitgenossen Freuds die Selbstbesinnung erregt hätte. An den die Weltgeschichte bestimmenden Treffpunkten wie in den direkteren sozialen Kontakten übersieht man es, die, wenn nicht ursprüngliche, so doch in unserer Kultur früh erworbene Aggressionsneigung — die „unbewußte Einstellung zum Tode" — in Rechnung zu setzen. Auf diese Weise haftet allen, auch den subjektiv einwandfreien nationalen und internationalen Programmen und Verträgen die Blässe der Lebensfremdheit an. Sie müssen schwach, allzu schwach sein, weil sie sich einer entscheidenden Lebensmacht nicht stellen, nicht an ihr wachsen, sondern sie ignorieren. So werden sie selbst in der ungezähmten Praxis brutal oder zynisch ignoriert. Und so kommt es, daß neben einer Statutenmoral eine immer exzessivere Verantwortungslosigkeit dem Nächsten wie dem Fremden gegenüber herläuft. Und daß beide nichts miteinander zu tun haben, als höchstens dies, daß jede Brutalität eine Moral als Deckmantel findet und finden kann, weil die Moral nicht stark und dem Leben abgerungen, sondern zur bloßen „Vorstellung" abgesunken ist, zu einer Ideologie: Ihre Ohnmacht aber verleitet die Exponenten der derart mangelhaft fundierten alten sozialen Körper immer unbedenklicher die „direkte Methode" der Gewaltanwendung zu benützen, nicht ahnend, daß sie damit den Gegner weniger sicher überwinden, indem sie vorerst sich seiner Mittel der Ordnungsauflösung bedienen. Rationales Sicherheitsbedürfnis mit seinen Methoden der Lebensverlängerung und Lebenserleichterung nehmen von Dekade zu Dekade zu, während sich der Rhythmus aggressivdestruktiver Entladungen unaufhaltsam beschleunigt. Die Lust wähnt Ewigkeit zu sein und ist doch Wegbereiterin des Todes. Der Tod bleibt „dem Leben immanent", wie *v. Gebsattel* daseinsanalytisch zu zeigen versuchte. Er ist nicht allein das Leben entwertende Nichtsein, sondern die Lust, nicht mehr sein zu müssen. Wenn Freud diesen ins Jenseits der Erfahrbarkeit hineinreichenden Zusammenhang von Tod und Leben metabiologisch als den Hang der belebten Materie, ins Anorganische zurückzukehren, interpretierte, so bedeutet es doch am Wesen der Sache keine Veränderung, in ihm auch den Wunsch nach der Heimkehr ins allmächtig Gottväterliche oder ins Urmütterliche zu erblicken — oder, östlicher noch, in das Schöpfungsjenseits des Nirwana. Jeder Deutungsversuch ist immer nur einer unter vielen. Auch dieses Symbol des Todes ist überdeterminiert, verdichtete Weltwirklichkeit wie jedes andere Symbol auch.

Zwischen den einzelnen Richtungen triebhaften Verhaltens besteht in hohem Maß das Verhältnis gegenseitiger Verborgenheit. Das Kind, das seinen Vater liebt, weiß nicht, daß es auch sehr viel Angriffslust gegen ihn hegt; es hat diese Neigungen „verdrängt". Menschen, die von ihrer Aggressivität besessen sind, haben die Köstlichkeit der liebenden Beziehung vergessen, vielleicht nie erfahren, aber immer dranghaft gesucht. Wo ein Mensch nicht in einem bejahenden Verhältnis zu allen seinen Möglichkeiten steht, wo er sich knebelt und unterjocht, statt sich zu verstehen und zu überwinden, wo er schließlich die Kontrolle darüber verloren hat, wohin es ihn eigentlich treibt — besessen von einem Trieb —, da werden die andern Möglichkeiten, sich selbst zu verwirklichen, vergessen, zynisch entwertet. Wir alle wissen, daß Triebe ein gefährlich Fremdes in uns zu werden vermögen. Die Tyrannis lebt aus der Triebhaftigkeit, und der Trieb, sich selbst überlassen, steuert unfehlbar in die Tyrannei. Tyrannei, die ein so freies Ausleben in der Lust der Triebbefriedigung für den Tyrannen zu bringen scheint, ist qualvoll gefesselt an das Moment der Unterdrükkung, das zu ihr gehört wie ihr unverkäuflicher Schatten. Unser Jahrhundert ist freigebig mit den größten Beispielen. Wir fühlen die Gefahr unserer eigenen Entgleisung aus bedrohlichster Nähe. Die Massenraserei, die Exaltation, mit der man Triumphe auskostet, ist Tanz auf dem Vulkan. Freud hat im Mikrokosmos der Hysterie die Gesetze in vollendeter Weise dargestellt, die auch den Lebensstil unserer Zivilisation ergriffen haben. Wenn man seine ersten Studien über Hysterie liest, hat man in der Tat den Eindruck einer endgültigen Aussage. Das Symptom etwa der hysterischen Erkrankung ist der Schatten, der groß und sichtbar in die Welt des Bewußtseins hineinragt, ohne daß der Kranke in sein Dunkel zu blicken vermag. Das Symptom ist ein entwischter Ausdruck, emporgeschleudert von einem unheimlich das Ich unterströmenden Entstehungsprozeß, verkleidet, unverständlich. Es ist das Endergebnis jenes Vorganges einer tyrannischen Unterdrückung. Ein Stück scheinbar endgültig vergrabener Lebensgeschichte mit seiner unerfüllten Lust hat die Linie des Widerstandes durchbrochen. Dabei hat es den Zusammenhang mit dem labyrinthischen Stück Weg im Dunkel des Unbewußten und des Leibes verloren und damit auch die Voraussetzung des überwindenden Verstehens. Seine Geschichte ist obskur, unzugänglich. Und trotzdem bleibt es in geheimem Zusammenhang mit der leibseelischen Tiefe, aus der es stammt, empfängt von ihr die unwiderstehliche Energie. Das Symptom, das immer Abbau, Selbstzerstörung ist, bleibt scheinbar eingekreist als erratischer Block in der Welt des Bewußtseins liegen. Es verschlingt die Energie des Willens und ist doch nicht assimilierbar.

Der Analytiker nun wagt das Unterdrückte, das Verdrängte, die unabwischbaren Zeichen eines anderen, „niedrigeren", gemeineren Seins zu „verstehen". Er bekommt dabei die volle Kraft des Widerstandes zu fühlen. Es gehört wie im geschichtlichen Raum ein außerordentliches Maß von Objektivität und konstruktiver Kraft dazu, wenn man an den Orten, wo sich die feindlichen Welten und Lehren berühren, *beiden* die Einsicht vermitteln will, daß ihre Fehde auf „Wahnverstrickung" beruht. Für den, der hier ohne Legitimation sich zum Parlamentär aufwirft, kann dies ein ernüchterndes Ende nehmen, indem er unversehens den Haß von beiden Seiten zu spüren bekommt.

Es liegt auf der Hand, daß dort, wo sich das Wirken des Unbewußten im Symptom enthüllt und als eigenständige Macht begriffen werden will, „Bewußtseinserhellung" allein nicht weiter helfen kann. Denn es geht just nicht darum, das Bewußtsein heller zu machen, sondern sich an das Zwielicht und an das Dunkel zu gewöhnen, um auch dort zu sehen. Das „Dunkel" will als Dunkel verstanden werden, wobei die Qualitätsbezeichnung nur eine Metapher ist. Es muß „dunkel" bleiben und doch die ihm zukommende Macht — aber am rechten Ort, zur rechten Zeit — entfalten dürfen.

Der Abstieg der Psychoanalyse zu den unteren, verfemten Bezirken, zu der aufrührerischen Kraft der Triebwelt, und schließlich zum Gewirr der physiologischen Geschehnisse, ohne dabei die subjektive Verantwortung zu vergessen, hat manches Ärgernis erregt. Zwar ist es gerade Freud gewesen, der einsehen lehrte, daß „die Triebverdrängung ein Maß des erreichten Kulturniveaus"[1] darstellt. Ferner, daß zur Verdrängung, soll sie fruchtbar werden, die Sublimierung gehört. Wo durch sie nicht mehr die endliche befreiende Entspannung möglich wird, wo mehr und mehr entzogen und immer weniger gewährt wird, da braucht man nicht mehr lange zu suchen, um die nun erst „nihilistisch" gewordene, vom Ressentiment vergiftete Triebhaftigkeit zurückschlagen zu sehen. Eine seltsame Verdächtigung, den, der vor solcher unnatürlichen Überspannung des Triebverzichtes durch die Lebensformen der Gesellschaft gewarnt hat, selbst zum Nihilisten zu erklären.

Wenn in der analytischen Kur der Kampf der Erkenntnis gegen diese Widerstände die Hauptarbeit ist, gegen welche „die Aufgabe der Deutung verschwindet" — der Laie sieht irrtümlich im Analytiker immer noch zuerst den Mantiker — so vergrößert sich die Aufgabe unabsehbar, wenn man mit der analytischen Methode in den Makrokosmos der Krankheiten der Gesellschaft eindringen will. Man steht ihnen wahrhaft ohnmächtig gegenüber. „Was hilft die zutreffendste Analyse der sozialen Neurose, da niemand die Autorität besitzt, der Masse die Therapie aufzudrängen."[2] Die analytische Ursituation der Kommunikation des einzelnen mit dem einzelnen, des Ich mit dem ansprechbaren Du, ist verloren. Wie man den neurotischen Widerstand von Massen überwinden, wie man den Kordon der Intoleranz durchbrechen, einen Gesundungswillen erwecken könnte: diese Methode harrt noch der Entwicklung, und wäre das innerste Anliegen jeder wirklichen Politik.

Die Behandlungsdauer in der Psychoanalyse hängt von der Überwindung des Widerstandes ab. Die Geschichte als lebendige aber überpersönliche Verwirklichung scheint jeder Erkenntnis vorauszulaufen. Sie spottet der Therapie wie der Prophylaxe. Vielmehr geschieht sie in unendllicher Verschwendung und Achtlosigkeit gegenüber allem Schwachen, was dann doch irgendwann sich als das Stärkere erweist und rächend hervortritt. Nicht nur die Erfahrung am einzelnen Kranken, sondern mehr noch die analytische Untersuchung des kollektiven Verhaltens der Menschen, d. h. des Preises, den sie zu zahlen bereit sind, um

[1] Totem und Tabu.

[2] Unbehagen in der Kultur.

sich im Kollektiv zu halten, hat Freud zu einem gelassenen Pessimisten werden lassen. Er sah die drei Quellen, „aus denen unser Leiden kommt: die Übermacht der Natur, die Hinfälligkeit unseres eigenen Körpers und die Unzulänglichkeit der Einrichtungen, welche die Beziehungen der Menschen zu einander in Familie, Staat und Gesellschaft regeln". [1] Mit der Noblesse dessen, der weise geworden ist, weil er mehr gesehen hat, Höheres und Niedereres als die Menschen um ihn, schreibt er im Alter: „Ich habe mich bemüht, das enthusiastische Vorurteil von mir abzuhalten, unsere Kultur sei das Kostbarste, was wir besitzen oder erwerben können, und ihr Weg müsse uns notwendigerweise zu Höhen ungeahnter Vollkommenheit führen". Wie ferne ist er jeder sektiererischen Attitude, jedes Anspruches auf Verkündigung einer erlösenden Botschaft, wenn er sagt: „. . . ich beuge mich ihrem (der Mitmenschen) Vorwurf, daß ich ihnen keinen Trost zu bringen weiß, denn das verlangen sie im Grunde alle, die wildesten Revolutionäre nicht weniger leidenschaftlich als die bravsten Fromm-Gläubigen." [2]

Die voranstehenden Bemerkungen können nicht den Anspruch einer Würdigung des methodischen Vorgehens Sigmund Freuds in allen Einzelheiten erheben. Jede Vergegenwärtigung seiner Gesamtleistung ist bemessen durch die synoptische Kraft des Betrachters und durch seine Fähigkeit den Gedanken selbständig an vielen Orten in die noch nicht formulierte Dunkelheit zu folgen. Das fruchtbare Eindringen der psychoanalytischen Erkenntnisse in die Soziologie, ins Innere der gesamten medizinischen Krankheitslehre, in die Kunst- und Literaturwissenschaft ist hier nicht einmal angedeutet. Freud hat an der dramatischen Szene des großen hysterischen Anfalles zu lernen begonnen. Er hat dieses Stück nicht nur referiert, sondern er hat die Frage nach dem Ursprung der Verwicklung und dem Grund für ihre Wirkung gestellt. Er hat sich ausdrücklich, dahin geäußert, daß es ihm nicht so sehr darum zu tun war, Träume, Fehlleistungen und Leistungen zu deuten (den magischen Symbolzusammenhängen nachzuspüren, wie das dann *G. C. Jung* getan hat), sondern die Entwicklungsgeschichte der Krankheit, den Prozeß ihrer Realisation zu begreifen. Daß man die Selbstverwirklichung, wie sie der Mensch je und je vollzieht, nicht psychologisch auflösen kann, hat Freud besser gewußt, als die offiziellen Vertreter dieser Wissenschaft in seiner Zeit. Er war so wenig Panpsychologist, wie er Pansexualist war. Er hat nur dort die Illusion unnachgiebig verfolgt, wo der Mensch sich das wahrhaftige Leben zu verdecken versuchte. Mag er für die höchste Spiritualität unempfänglich gewesen sein, im Bereich der natürlichen Lebenssphäre war er von einer Redlichkeit, die ihresgleichen sucht und sozusagen eine neue Norm dafür geschaffen hat, was man künftig unter redlich zu verstehen habe, wenn man sich selbst begegnet. Und es ist wie erwähnt, gerade das nicht zu befürchten, was man in vielen Urteilen über die Psychoanalyse zu hören bekommt, daß sie gefährlich sei, weil sie den Geist paralysiere, unschöpferisch mache. Was in der Analyse zerfällt, kann nicht der Geist sein, der sich selbst anerkennt. Es offenbart sich in der Reflexion, die sie anbahnt lediglich, ob das Verhältnis von Anspruch und Berechtigung in einem Urteil, einer moralischen Vorschrift, ob die Gültigkeit eines Gefühles über sein Gegengefühl hinaus der tieferen Wahrheit entspricht oder nicht. *Analyse desillusioniert nur dort wo Illusion bestanden, nicht aber dort wo aus echter Ergriffenheit Sein und die Wahrheit des Seins erfahren wird.*

Einer Welt, die der Fata Morgana des Glücks nachjagt, entgegnet Freud: „Man möchte sagen, die Absicht, daß der Mensch ‚glücklich' sei, ist im Plan der Schöpfung nicht enthalten." Seine Studie über das „Unbehagen in der Kultur" schließt im Jahre 1930 mit den Worten: „Die Schicksalsfrage der Menschenart scheint mir zu sein, ob und in welchem Maß es ihrer Kulturentwicklung gelingen wird, der Störung des Zusammenlebens durch den menschlichen Aggressions- und Selbstvernichtungstrieb Herr zu werden. In diesem Bezug verdient vielleicht gerade die gegenwärtige Zeit ein besonderes Interesse. Die Menschen haben es jetzt in der Beherrschung der Naturkräfte soweit gebracht, daß sie es mit deren Hilfe leicht haben, einander bis auf den letzten Mann auszurotten. Sie wissen das, daher ein gut Stück ihrer gegenwärtigen Unruhe, ihres Umglücks, ihrer Angststimmung. Und nun ist zu erwarten, daß die andern der beiden „himmlischen Mächte", der ewige Eros, eine Anstrengung machen wird, um sich im Kampf mit seinem ebenso unsterblichen Gegner zu behaupten." Der kosmogenische Aspekt darf selten in *Freuds* Werk hervortreten. Wo es aber geschieht, zeigt sich deutlich genug, welcher Art die tiefste Kraft war, die diesen unerbittlich strengen und konzentrierten Forscher bewegte. Nichts anderes als diese liebende Menschlichkeit war es — um auf den anfänglichen Gedanken dieser Abhandlung zurückzugreifen — die von seinem Werk die anfeuernde Kraft nun schon durch ein halbes geschichtliches Jahrhundert ausgehen ließ.

[1] ib. [2] ib.

*(Dr. Alexander Mitscherlich, Heidelberg, Im Gabelacker 13.)*

# Kritik der Psychoanalyse.

Von

HANS W. GRUHLE.

Nur das Grundsätzliche der gesamten Symbollehre, die sich von *Freud* bis in unsere Tage erstreckt, sei betrachtet. Alle Einzelheiten, alle Entwicklungen bleiben unberücksichtigt.

Es gibt eine weltanschauliche Überzeugung, daß alles Vorhandene, alles Geschehende einen Sinn habe. Die Natur schaffe keinen Luxus, sie treibe kein Spiel. Das menschliche Geschehen in seiner historischen Abfolge sei nicht dem Wogen der Wellen vergleichbar. Auf dem Gebiete der Natur sei nach der Ursache und nach dem Zweck zu forschen. Im Bereich des Menschen sei der Sinn zu ergründen. „Sinn" wird doppelt gefaßt: Zwecksinn und Symbolsinn. Darwin hält es für ganz unmöglich, daß der Affe einen sonst zwecklosen Muskelapparat nur zu dem Ziele besitze, seine „widerlichen Grimassen" hervorzubringen. Darwin sucht also nach dem Zwecksinn der Ausdrucksbewegung. Hegel glaubt, daß der erste Schrei des Neugeborenen die Offenbarung seiner höheren Natur sei; das Kind zeige damit, es sei von der Gewißheit des Rechts durchdrungen, von der Außenwelt die Befriedigung seiner Bedürfnisse zu erlangen.

Hegel sucht also nach dem Symbolsinn. Dürfen wir heute, in kühler Distanz von beiden Forschern, behaupten, beide hätten Unrecht? Wo ist die Plattform, von der aus wir uns jenes klare Urteil erlauben dürften?

Die Psychoanalyse (= Psa) beschäftigt sich mit dem Traum. Sie lehrt Doppeltes: er habe einen Symbolsinn und einen Zwecksinn. Wenn der Schlafende von einem Glas mit einer gelatinösen Masse träumt, so „meint" das Glas das „unum vas" der Alchimie, sein Inhalt meint die lebendige halborganische Mischung, aus welcher der geistbegabte, lebendige Körper des Lapis hervorgehen wird. Das ist der Symbolsinn, den Jung angibt. Der Zwecksinn des Traums ist doppelt: Lustmehrung durch Wunscherfüllung und Erhaltung des Schlafes. Der Traum sei der Wächter des Schlafes, nicht sein Störer. „Jeder gelungene Traum ist eine Erfüllung des Wunsches zu schlafen."

Beide Sinnerfülltheiten sind nicht nur dem Traum eigen; auch die Fehlleistungen des Alltagslebens (Vergessen, Versprechen, Stolpern), ja, alle Tätigkeiten und Äußerungen des Lebens überhaupt, haben einen Zwecksinn oder Symbolsinn oder beides. So gibt es keinen Zufall; alles ist prädestiniert, nicht durch das sinnlose Walten der Tyche, sondern durch die Onto- und Phylogenie des Individuums bestimmt.

Demgegenüber ist die Frage, *wie* man den Sinn der Lebensphänomene finde, zweitrangig. Jeder seelische Gehalt ist ein Fadenkreuzungspunkt im Gewebe des Seelischen, des ontisch oder phyletisch bedingten Seelischen. Von jedem Kreuzungspunkte strahlen die Fäden nach allen Seiten, sich unendlich berührend. Jede solche Berührung kann den Sinn bergen. Nach welchen Grundsätzen der Psychoanalytiker in der unendlichen Mannigfaltigkeit wählt, ist grundsätzlich wenig wichtig. Der eine sucht nach banaler im Gleichnis erfolgenden Wunscherfüllung im Rahmen des Alltagslebens. Dem anderen glückt es, der synthetischen Arbeit des Unbewußten Schritt für Schritt auf die Spur zu kommen. Er sieht, daß „der unbewußte Prozeß sich spiralförmig um ein Zentrum bewegt, dem er sich langsam annähert, wobei die Eigenschaften der Mitte sich immer deutlicher abzeichnen". Es „drängt sich das zentrale Symbol mit stetiger Konsequenz, immer wieder erneuert, durch das anscheinende Chaos dramatischer Verwicklungen der persönlichen Psyche hindurch". „Des öftern macht es den Eindruck, als ob die persönliche Psyche wie ein scheues Tier, fasziniert und geängstigt zugleich, um diesen Mittelpunkt herumjage, immer fliehend und doch stets näherrückend." (Jung).

Wählen wir noch ein weiteres, einfacheres Beispiel: der Träumer sucht sich einen Angestellten mit einem Spitzbart. — Setzt man überhaupt die Symbolbeziehung voraus, so könnte der Spitzbart vielleicht ein Bild von van Dyck oder einen persönlichen Bekannten mit einem Spitzbart, oder Heinrich IV., oder Napoleon III. meinen? Nein, Jung weiß, daß es Mephisto ist, den Faust „angestellt" hat, und zugleich der Intellekt, der ihm ein dienstbarer Geist werden soll. Woher weiß Jung dies wohl? Er weiß es. Er weiß auch, daß der Kreis im fernöstlichen Denken als Mandalasymbol das Instrument der Kontemplation bezeichnet. Seiner Überzeugung nach entstammte dies Symbol nicht dem Nachdenken irgendeines „Kirchenvaters", sondern den Träumen und Visionen der urtümlichen („vielleicht" paläolithischen) Menschheit. Wenn nun ein Träumer von einer Schlange, die einen Kreis beschreibt, von einer blauen Blume, von einem abgegrenzten Platz für eine Varietévorstellung, von einer roten Kugel, von Goldmünzen, von einem Globus usw. träumt, so meint das Unbewußte das Mandalasymbol und all die gedankliche Beschwernis die diesem Symbol anhaftet.

Hat Jung Unrecht? Von welchem Standpunkt aus könnte das jemand behaupten? Hat er Recht? Von welcher Plattform aus ließe sich das erweisen?

Jung sagt, daß die Archetypen des Unbewußten empirisch nachweisbare Entsprechungen der religiösen Dogmen sind. Er gebraucht das Wort empirisch. Was mag er damit meinen? Empirisch ist, daß der Kreis in manchem Traum vorkommt. Empirisch ist, daß in der Welt des objektiven Geistes der Kreis diese und jene Symbolbedeutung hat. Ob Jung es auch zur Empirie rechnet, daß immer, wenn ein Kreis auftaucht, auch jene symbolische Bedeutung gemeint sei? Ihm ist es offenbar evident. So liegt der Gedanke nahe, daß er das, was ihm evident ist, empirisch begründet nennt. Auch in der älteren Zeit der Psa. war es ähnlich. In den Träumen kamen oft längliche Gegenstände vor. Ihnen wurde die Symbolbedeutung des Phallus zugeschrieben. Weil sie empirisch oft vorkamen, sagte man, die Erfahrung habe diese Deutung bestätigt. *Spielen* die Autoren mit dem Begriff der Erfahrung? Kann eine Deutung je empirisch begründet sein? Das Wort Deutung ist mehrsinnig schillernd. Finde ich eine Ursache, so nenne ich das nicht Deutung. Glaube ich in einem Geschehen einen Zweck zu enthüllen, so mag ich dies eine Zweckdeutung nennen. Läßt sich eine Zweckdeutung auf zahlreiche Vorgänge anwenden, so mag man zugestehen, daß man von Erfahrung sprechen kann, zumal dann, wenn der Zweck nicht nur vermutet, sondern jeweils real erreicht wird. So kann ich davon reden, daß mancherlei Instinkte der Erhaltung der Art dienen. Aber ist es nicht schon zu viel gesagt, daß diese Instinkte empirisch den Zweck der Erhaltung der Art bergen, daß sie ihn meinen?

In der Erfahrung nenne ich das Ergebnis des Instinktablaufs seinen Zweck, ich sehe den Effekt objektiv erwiesen und verlege ihn nunmehr rückwärts in den Vorgang, gleich als ob dieser ein Bewußtsein habe und auf einen Zweck hinsteuere: Objektiver Zweck und subjektiver Zweck. Den objektiven Zweck, das Ergebnis, kann die Empirie erweisen. Beim subjektiven Zweck muß sich die empirische Forschung auf den Menschen beschränken. Sie kann ihn fragen. Er gibt Rechenschaft über seinen Zweck, seine Absicht. Verneint er diese oder bleibt er unschlüssig, so beginnt die Deutung. Von diesem Augenblick an scheidet das Walten der Erfahrung, die Verwendung des Begriffs der Erfahrung aus.

Freud sagt, der Traum erhalte den Schlaf. Das ist Freuds Deutung, eine Deutung objektiven Zwecks: der Träumer weiß nichts davon. Freud beruft sich auf die Erfahrung. Zu Unrecht: keine Beobachtung vermag die These zu stützen. Freud sagt, der Traum bringe Wunscherfüllung. Das ist Freuds Deutung, eine Deutung subjektiven Zwecks. Der Träumer weiß nichts davon. Freud redet ihm zu: Du weißt es nur nicht, aber *ich* weiß es. Das nennt er Erfahrung, er nennt Erfahrung sein Erlebnis der Evidenz.

Bei der Symboldeutung scheidet die Erfahrung aus. Den Menschen ist die Fahne das Symbol ihres Staates. Man kann sie fragen, sie bestätigen es. Diese Erfahrung bejaht also die Deutung. Aber wenn es die Menschen nicht wissen? Der Schlafende träumt, der Bruder stecke in einem Kasten. Da Kasten gleich Schrank ist, bedeute der Traum, der Bruder schränke sich ein. Der Träumer weiß nichts davon. Aber Freud sagt ihm: Du weißt es nur nicht, aber ich weiß es, ich vermag die Symboltendenzen deines Unbewußten zu enthüllen. Die ihm entstehende Evidenz nennt Freud Erfahrung.

Ich fasse zusammen: Nirgends ragt Erfahrung, wie die Wissenschaft dieses Wort sonst versteht, in die psa. Deutung hinein. Nirgends und niemals kann man also erweisen, daß die Psa. Unrecht hat, daß sie irrt. Legt der Psychoanalytiker dem Verhalten der Menschheit, der Handlung des historischen Individuums, der Zeichnung des Schwachsinnigen, dem Werke des bildenden Künstlers, dem Traum des Schlafenden, dem Symptom der Neurose einen geheimen Sinn unter, so entfällt jede Kritik. Die Psa. entspringt einer weltanschaulichen Haltung, ihre Positionen beruhen auf einem Glauben. Die Psychoanalytiker sind Zauberer, Magier, Dichter, bald auf tiefstem banalen Niveau (Sadger), bald in Anwendung gepflegter Bildung (Jung), aber sie stehen wie jeder Dichter außerhalb wissenschaftlicher Kritik. Freud wußte sehr wohl, warum er in seinem einstigen Kreise keine kritisch eingestellten Besucher empfing. Nur der Gläubige hatte Zutritt. Jung irrt nicht in seinen geistvollen Deutungen, wenn er lehrt, daß es in der Seele einen von äußeren Bedingungen sozusagen unabhängigen zielsuchenden Prozeß gebe. Man kann auf die Überzeugungen eines Gläubigen, auf die Einfälle eines Dichters nicht die Kategorie des Irrtums anwenden. Es ist ein reizvolles Spiel, die Symbole der Kulte, der Magie, der Mythen, der Astrologie, Alchemie, der Märchen, der Riten recenter Primitiver zu vergleichen mit ähnlichen geistigen Gehalten der Träume. Man kann es auch ein tiefsinniges Spiel nennen. Welch tiefen Sinn bergen oft Märchen, wie sehr kann man sich an ihnen erfreuen. Aber sie bleiben Märchen. Wie schön ist es, den Phantasmen nachzusinnen, die Bachofen über Oknos, den Seilflechter, ausspinnt. Er bewegt, fesselt, ergreift, rührt unsere Tiefen auf. Aber er hat den Vorzug, dabei Dichter zu bleiben. Er ist ebensoweit von Psychologie entfernt wie Jung.

Deshalb ist man höchst überrascht, bei diesem zu lesen, die Psychologie als Wissenschaft von der

Seele habe sich auf den Gegenstand zu beschränken und sich davor zu hüten, ihre Grenzen etwa durch metaphysische Behauptungen zu überschreiten. Sein umfangreiches Werk ist nichts als Metaphysik.

An einem Glauben soll man nicht rütteln. Wer gäbe einem das Recht dazu! Aber an ihm können sich die Geister scheiden. Ein Kompromiß ist nicht möglich. Entweder ergibt man sich der Freud-Jungschen Symbollehre. Oder man steht ihr fern. Für den Gläubigen bedarf es keines Gottesbeweises. Der Ungläubige hat nicht die geringste Möglichkeit, Gottes Nichtexistenz zu erweisen. Das gilt auch für die psychoanalytische Symbollehre. Mit Psychologie hat sie nichts zu tun. Psychologie gilt als Wissenschaft.

Es gibt Psychoanalytiker, die erkennen, daß keine psa. Deutung an sich erweisbar sei. So bemühen sie sich um Hilfe von anderer Seite. Sie greifen aus der ausgedehnten Anwendung der Psa. die Neurosenlehre, die psa. Therapie heraus. Sie zeigen zahlreiche Neurotiker vor, die durch diese Behandlung geheilt worden sind. Sie übersehen dabei meistens, daß die Neurotiker nicht von ihrer Neurose, sondern nur von deren augenblicklichen Inhalten befreit worden sind. Immerhin: auch das ist ein nicht zu unterschätzender Erfolg. Er ist unbestritten. Wären, so folgern diese Psychoanalitiker, die Thesen der Psa. nur dichterische Phantasmata, wie könnten sie dann praktisch auf das Individuum wirken!

Der psa. Therapeut beschäftigt sich mit dem Neurotiker in vielen langen Sitzungen, oft über Monate, selbst Jahre hin. Der Psychoanalytiker durchforscht sozusagen alle Einzelumstände des ganzen Lebens, er wird mit dem Hilfe Suchenden innig vertraut. Welche Wohltat für diesen, sich endlich ganz ausführlich aussprechen zu können und zu sehen, welche große und eindringliche Mühe sich der bedeutende Mann mit ihm, dem armen Symptomgeplagten gibt. So entsteht schon durch das engere psa. Verfahren eine nahe menschliche Bindung, die therapeutisch wirkt. Schreitet der Meister aus der Analyse noch vorwärts zur Psychagogie, wird er Führer und Seelsorger, so wird sich der Hilfesuchende gern dieser Leitung anvertrauen. Erfährt er — die Psa. wirkt fast nur auf Gebildete — welch urtümliche Kräfte und Bilder in ihm ein magisches Spiel entfalten, so unterwirft er sich gern, ja oft voller Verehrung den Weisungen des Meisters, einer Suggestion, die bei den meisten Analysierten deshalb so wirksam ist, weil sie an die ratio appelliert. Der Psychoanalytiker ist stolz darauf und dünkt sich weit überlegen dem anderen Psychotherapeuten, der sich ebenfalls der Suggestion, aber derjenigen des Affekts bedient. Das ganze psa. Verfahren ist ein Appell an die ratio.

Es gibt viele Neurotiker, die sich nach jahrelanger psa. Behandlung zerquält, hyperrationalisiert, denkerisch zermürbt aus der Behandlung zurückziehen. Ihre Symptome wechselten in dieser Zeit. Sie lernten den symbolischen Sinn selbst finden, wenn ihnen ein Teelöffel aus der Hand fällt, wenn sie eine Telefonnummer vergessen, wenn ihnen irgendein Geruch höchst zuwider ist. Aber sie blieben gequälte Kranke.

Es gibt viele Neurotiker, die auch von der Hypnose, von Entspannungsübungen, von der Arbeitstherapie vergeblich das Heil erhofften und nun verbittert und vergrämt in die psa. Behandlung gehen.

Es gibt manchen Neurotiker, der hier, und manchen, der dort weitgehend gebessert wurde.

Daraus folgt: aus der therapeutischen Wirkung läßt sich kein Hinweis auf die Richtigkeit einer Theorie ableiten. Auch hier gilt das alte Wort: Dein Glaube hat dir geholfen. Jung bemüht sich in der Behandlung des Kranken, ihn zu überzeugen, daß die Bilder des Traumes heilige Bilder sind, die voll tiefer Bedeutung auf die ewigen letzten Wahrheiten hinweisen. Hat der Behandelte sich zu diesem Glauben bekehrt, so steht ihm der Weg zur Erkenntnis der Sinnerfülltheit der Dogmen offen: er findet seinen Frieden in seiner Religion.

Man stößt nicht selten auf den Irrtum, daß Freud *das Unbewußte* sozusagen entdeckt habe. Vielmehr haben sich schon vor ihm viele Denker damit beschäftigt. Nur an Thomas von Aquin, Leibniz, Novalis, Carus sei etwa erinnert. Aber es ist richtig, daß im Gegensatz zu der Wertung, die die Romantik dem Unbewußten gab, die hochkommende Naturwissenschaft des 19. Jahrhunderts das Unbewußte vernachlässigte. Freud zog es wieder hervor und wendete darauf jene psychologische Auffassung an, die damals von der Naturwissenschaft als Assoziationslehre grade noch toleriert wurde. So tief diese heute im Kurs steht: die Tatsache der Assoziation ist unbestritten. Jeder seelische Inhalt ist mit zahlreichen anderen, ja, auf Umwegen schließlich mit allen Inhalten assoziativ verbunden. Diese Verbundenheit ist oft ein Spiel des Zufalls — ich traf auf dem Forum grade Herrn X — oft eine Fügung durch die Absicht eines andern — ein Bauer verhaut seinen Sohn an dem Ort eines Grenzsteins, damit sich der Junge die Stelle merke — oft eine Bindung durch mich selbst — ich merke mir eine Telefonnummer, weil sie zugleich mein Geburtsjahr ist. Jede assoziative Bindung ist sinnleer, mechanisch, causal, selbst wenn sie ursprünglich durch Sinnvollzug zustande kam. (Das Sinnerlebnis ist Phänomen für sich, hat nichts mit der Assoziation zu tun.) Ich habe als Kind gelernt, daß die Fahne das Vaterland bedeutet. Wenn mir jetzt beim freien Assoziieren bei „Fahne" Vaterland einfällt, so ist diese Assoziation im jetzigen augenblicklichen Vollzug genau so sinnleer, wie wenn mir bei der Telefonnummer das Geburtsjahr einfällt.

Hier greift Freuds Neuerung ein: er lehrt, daß die Fahne das Vaterland „meine", daß es „eigentlich" nicht die Fahne, sondern das Vaterland sei. Und so entwickelt er nun die ganze Magie seiner phantastischen Symbolbeziehungen, die hier nicht geschildert, sondern nur als reine Thesis, als völlig unbeweisbare Behauptung gekennzeichnet werden soll. Freud beginnt das Spiel seiner Deutungen. Es ist völlig unrichtig, daß er „die Gesetze des Unbewußten entdeckt" habe. Er schuf ein magisches Spiel der Symboldeutungen, nicht anders als der haruspex die Befunde der Eingeweide, zumal der Leber deutete.

Lange Jahre beschäftigte sich die psa. Symbollehre nur mit dem menschlichen praktischen und gedanklichen Verhalten und deutete dessen Symbolerfülltheit. Heute ist sie einen Schritt weitergegangen und deutet im Ärztlichen auch Formveränderungen und Erkrankungen des Körpers. Da ist z. B. eine Frau, der das Schicksal für Liebe und Hingabebedürfnis nie Gelegenheit gab. Jedesmal, wenn sie wieder einmal einen Anlauf nahm, sich an einen Menschen oder an eine caritative Aufgabe zu verschenken, verbaute ihr das Schicksal die Möglichkeit. So entstand jedesmal eine Stauung der Hingabe. Aber diese Stauung drängte nach anschaulicher nach körperhafter, nach materieller Symbolisierung. So staute sich jener Saft, dem der Glaube der Menschheit schon lange eine Sinnbildbeziehung zum Gram und zur Sorge zuspricht: die Galle. Die immer erneuten Attacken der Liebesversagung ergaben den Gallenstein. Er ist eine Materialisation der Hingabehemmung. Manche Menschen sind glücklich zu erfahren, daß ihr Gallenstein nicht mehr ein sinnloser Eingriff des Schicksals, eine ganz ordinäre Krankheit ist, sondern daß er einen Sinn berge: der Gallenstein als Symbol verschmähter Liebe.

Ich sagte: hier scheiden sich die Geister: der eine ist erschüttert und im Tiefsten bewegt, der andere spricht von verirrten Phantasmata. Aber der Psychoanalytiker behält das letzte Wort: er „weist nach", daß solch heftige Ablehnung nur der Widerstand der Zensur ist und leicht auf das Ur-Symbol des Ödipuskomplexes rückgeführt werden kann.

*(Prof. Dr. H. W. Gruhle, (22c) Bonn/Rh., Kaiser-Karl-Ring 20.)*

## Zur Bedeutung soziologischer Denkweisen für die Psychoanalyse.

Von

OTTO WALTER HASELOFF.

Daß eine ausdrückliche Anerkennung der „Tiefenpsychologie" durch die „offizielle" Wissenschaft bisher nicht erfolgt ist, hängt mit davon ab, daß in der forschenden Bearbeitung eines umschriebenen Problembereichs mehrere „Schulen" entstanden sind. Solche Entwicklungen sind in der Wissenschaft nicht selten und führen in der Regel zu fruchtbarer wechselseitiger Diskussion. Innerhalb der Tiefenpsychologie kam es jedoch nicht zu der hierfür notwendigen gemeinsamen Anerkennung eines Komplexes fundierender Beobachtungen.

Eine strukturelle Antinomik der „Schulen" signalisiert sich bereits darin, daß *Freud*, *Adler* und *Jung* bei ähnlicher Berufsvorbereitung, im Lebenskreis einer einzigen Generation (1880—1905) und bei gleichem Forschungsgegenstand so sehr unterschiedliche Theoreme hervorbrachten. Die Erklärung dieses Sachverhalts gelingt, wenn wir davon ausgehen, daß die Psa.[1] aus einer *Heilmethode* entstanden ist und daß hieran bedeutsame Konsequenzen hängen: Forschende Tatbestandserhellung und heilendes, d. h. handelndes Eingreifen sind im Bereich der Psa. nicht zu trennen; beides muß stets gleichzeitig geschehen, fordert jedoch jeweils spezifische, nicht nur konkurrierende, sondern oft divergierende Einstellungen. Im Heilen einer Neurose geht es um „das Ganze" des Menschen, um den Werthorizont des Kranken und auch um den des Behandelnden. Dabei ist nur schwer ein neutraler Standort einzunehmen. Um so stärker werden Persönlichkeit und „latente Anthropologie" (*Kunz*, 1) des Untersuchers nicht nur die alle therapeutischen Akte fundierenden Wertsetzungen beeinflussen, sondern auch, das gleichzeitige Forschen determinierend, den Blickstrahl der Beobachtung lenken. So ist schon in der Art und Weise, in der die Psa. das fundierende Beobachtungsmaterial gewinnt, die Schwierigkeit exakter Theoretisierung des Erfahrungsbestands begründet.

Die drei tiefenpsychologischen Gesamttheorien vom Seelischen dienten zunächst wegen des Übergewichts praktisch-therapeutischer Zielsetzungen

[1] „Psychoanalyse" („psychoanalytisch", „Psychoanalytiker") und „Individualpsychologie" werden entsprechend der Gewohnheit dieser Schulen im folgenden mit „Psa." („psa.", „Psa.tiker") und „IP" abgekürzt.

weniger der Persönlichkeitserforschung als vielmehr einer theoretischen Fundierung der sich als erfolgreich erweisenden neuen Heiltechniken. Daraus erklärt sich auch die vorsichtige Zurückhaltung *Freuds* überall dort, wo er Aussagen über das Gefüge der Gesamtperson machen mußte, die sich nicht unmittelbar aus den damaligen psychopathologischen Erfahrungen herleiten ließen. Der ganze Bereich der Wahrnehmungsstruktur und des Denkens wurde (trotz seiner überragenden Bedeutung gerade für die abnorme Persönlichkeit) zugunsten genauester Untersuchung der Sexualität aus der psa. Forschung ausgeklammert [1].

Alle bedeutungsvolleren Abfallsbewegungen begründen ihre Distanzierung von der ursprünglichen Konzeption *Freuds* mit einer Kritik seiner „pansexualistischen" Fehleinschätzung des Sexuellen. Die Überwertung des sexuellen Erlebnisbereichs ebenso wie dessen eigentümliche anthropologische Deutung aber sind Funktionen der Zeitgebundenheit *Freuds*. Die letzte entscheidende Wurzel seiner Vereinseitigung liegt darin, daß er aus Erlebens- und Verarbeitungsweisen der Sexualität, die er bei den eigenen Zeitgenossen beobachtete, voreilig entscheidende Folgerungen für Wesen und Natur „des" Menschen zog.

Die soziale und kulturelle Gesamtsituation der 90er Jahre brachte bestimmte Antriebsqualitäten hervor und formte auch das durchschnittliche Liebesverhalten ganzer sozialer Schichten, die *Freud* (2) dann empirisch beobachtet und anthropologisch fehlbezogen hat [2]. Daß die durch ein in spezifischer Richtung selegiertes Patientenmaterial entstandene Festlegung des *Freud*schen Denkens auf sexualökonomische Erklärungsmechanismen über lange Zeit hinweg festgehalten wurde, zeigt seine Definition des Charakters (3):

„Was wir den ‚Charakter' eines Menschen heißen, ist zum guten Teil mit dem Material sexueller Erregungen aufgebaut und setzt sich aus seit der Kindheit fixierten Trieben, aus durch Sublimierung gewonnenen und aus solchen Konstruktionen zusammen, die zur wirksamen Niederhaltung perverser, als unverwendbar erkannter Regungen bestimmt sind."

Von einer in diesem Sinne eingeengten theoretischen Basis aus wurden nicht nur Aussagen über Therapie und Struktur „der" Neurosen, „der" Psychosen, „des" abnormen Charakters und „der" Kriminalität gemacht. Zugleich wurden auch Ursprungstheorien und Bewertungen der Erziehung, des Strafrechts, der Kunst, der Religion und schließlich der Kultur überhaupt entwickelt. Es ist jedoch klar, daß alle diese Bereiche Eigenstrukturen aufweisen, die unmöglich adäquat mit den Axiomen und Aussagen getroffen werden, die in der therapeutischen Auseinandersetzung mit (wiederum zeitgebundenen Formen) der Hysterie entstanden waren. Die bei einer solchen theoretischen Expansion unvermeidlichen Lücken und Widersprüche im Lehrgebäude aber wurden im Laufe der Jahre durch immer umfassendere Spekulationen gedeckt.

An einer Stelle hatte *Freud* auf jeden Fall sicheren Boden unter den Füßen: er konnte zeigen, daß in den Bedingungsgefügen, die neurotische Störungen und Fehlentwicklungen hervorbringen und tragen, die „Beziehungspersonen" durch ihre, dem Kind die Welt repräsentierende Funktion von zentraler Bedeutung sind. Dabei hat er aber nicht deutlich gesehen, daß die familiäre Konstellation der „Beziehungspersonen" untereinander und darüber hinaus auch Lebensordnung, Wertwelt und emotionales Klima der Familie stark von ihrer Relation zu *außerfamiliären*, sozialstrukturellen, wirtschaftlichen und kulturellen Determinationsfeldern abhängig sind.

Als hauptsächliche neurosenätiologisch bedeutsame Reaktion des Kindes auf die Familienkonstellation hat er den „Ödipuskomplex" beschrieben. Da das Kind in der Familie seine Kulturfähigkeit erwirbt, muß eine Beziehung zwischen Kultur, Familie und Ödipuskomplex bestehen. Bei dem Versuch, diesen Zusammenhang aufzuklären, kam *Freud* notwendig mit soziologischen Fragen in Beziehung [3]. Seine Abgrenzung von Psychologie und Soziologie erfolgte jedoch recht einseitig (4): „Denn auch die Soziologie, die vom Verhalten der Menschen in der Gesellschaft handelt, kann nichts anderes sein, als angewandte Psychologie." Daraus ergibt sich ihm eine wichtige wissenschaftstheoretische Folgerung: „Streng genommen gibt es ja nur zwei Wissenschaften, Psychologie, reine und angewandte, und Naturkunde."

Die Soziologie fällt damit mehr oder weniger gleichfalls in seinen Arbeitsbereich. Er unternimmt es, von seiner speziellen neurosenpsychologischen Erfahrungsbasis aus den Ursprung der menschlichen Vergesellschaftung aufzuhellen: Ansatz bieten ihm die (niemals an breitem Material bewiesenen) Übereinstimmungen zwischen der den Träumen eingelagerten Symbolik und den Gehalten der Märchen, Mythen und Sagen. *Freud* sieht in ihnen die Objektivation archaischer Auseinandersetzungen mit der Welt, die der jetzt lebende Träumer im Rückgriff auf eigene unbewältigte frühkindliche Konflikte aktualisiert.

Auf dieser Basis bildet er eine Analogie zum biogenetischen Grundgesetz: die Gesamtmenschheit habe in der Entwicklung

[1] Die Aufklärung der Struktur der Intelligenzstörungen, der schizophrenen Erscheinungen und des Zwangsdenkens erweist sich mit den Denkmodellen der Psa. deshalb noch heute als außerordentlich schwierig und unvollständig.

[2] Damit deutet sich als Aufgabe die Untersuchung des Funktionswandels der Sexualität im zeitbestimmten Lebensgefühl an. Faktisch ist „die" Sexualität in jeder Sozialstruktur und jedem kulturellen Klima etwas anderes. So tritt beispielsweise „l'amour passion" als Ideal und Erlebnis erst spät und in einer ganz bestimmten Situation auf.

[3] Die Untersuchung von Familienkonstellationen selbst ist schon ein gruppenpsychologisches Problem.

ihrer Lebensordnung einen Verlauf genommen, der abgekürzt auch in der Genese der individuellen Persönlichkeit und ihrer Anpassungsarbeit sich wiederfinde. Anlaß zum Aufbau der Sozialorganisation seien sexuell-aggressive Ereignisse aus der Frühgeschichte der Menschheit. Der Mord am Urvater sei das Primärereignis; die von ihm erlassenen Machtgebote wirkten als Tabu nach. So sei es vor allem zu Inzestverbot und Exogamie gekommen [1]. Alle diese Geschehnisse würden in der Frühkindheit im „Ödipuskomplex" verlebendigt.

Die Abhängigkeitsbeziehungen zwischen Sozialorganisation und Ödipuskomplex werden dann jedoch umgekehrt dahingehend festgelegt, daß die ethnologischen Fakten des Totemismus und der Tabuierung bestimmter Verhaltensweisen in eine Kausalabhängigkeit vom Ödipuskomplex gebracht werden (6): „Es müßte uns gelingen, wahrscheinlich zu machen, daß das totemistische System sich aus den Bedingungen des Ödipus-Komplexes ergeben hat." Der Sinn des Totemismus soll auf der Basis des Analogieschlusses erraten werden „aus den Andeutungen, in denen er in der Entwicklung unserer eigenen Kinder wieder auftaucht". *Freud* spricht seine soziologische Basiskonzeption in der Meinung aus, daß „im Ödipuskomplex die Anfänge von Religion, Sittlichkeit, Gesellschaft und Kunst zusammentreffen". Sie seien alle „gleichzielende Reaktionen auf dieselbe große Begebenheit" (den Mord am Urvater), „mit der die Kultur begonnen hat, und die seitdem die Menschheit nicht zur Ruhe kommen läßt".

Eine realwissenschaftliche Fundierung von *Freuds* mythisierender Interpretation der Urgeschichte ist kaum zu erbringen. Er hat durch analogische Übertragungen von an Neurotikern gewonnenen Befunden eine soziologische Theorie entwickelt, die bei methodisch unzulässiger, unkontrollierter Verallgemeinerung vor allem übersieht, daß *der „Naturmensch" in seine Gruppe eingepaßt ist, der Neurotiker dagegen nicht.*

*Freud* ergänzt seine soziologischen Auffassungen durch eine Auseinandersetzung mit *Le Bon*. Er geht dabei (7) von den Veränderungen aus, denen das Individuum in der Masse unterliegt. Gegen die Lehre *Le Bons* (8) von der Kollektivseele erklärt er aktuelle Massenbildungen durch die Hypothese von der „Urhorde":

„So wie der Urmensch in jedem einzelnen Menschen virtuell enthalten ist, so kann sich aus einem beliebigen Menschenhaufen die Urhorde wiederherstellen." Die in der Massensituation herrschenden affektiven Sonderzustände glaubt er aus der Beziehung der Masse zu ihrem Führer erklären zu können. Sie entspreche der des Verliebten zu seinem Liebes-„Objekt" [2]. Auch Revolutionen werden aus der „Wiederkehr des Verdrängten" — hier der Affekt gegen den Urvater — erklärt.

Die Einstellung der Menschen zueinander ist nach *Freud* eine ursprünglich feindselige; aggressive Tendenzen seien primär. Soziabilität werde erst durch Überwindung des Vaters und anschließende Verarbeitung des Geschwisterneids errungen.

Das Kulturniveau sei um so höher, je erfolgreicher die — bei *Freud* immer vulgärsoziologisch als handelnde Instanz mit eigenen Zielsetzungen auftretende — Gesellschaft die (insbesondere sexuellen) Triebe des einzelnen unterdrückt und von ihren ursprünglichen Zielen ablenkt. Die Sublimierung [3] sexueller Triebenergien ist für *Freud* die *Basis der Kultur*. Insgesamt beruhigt sich *Freuds* Fragen auch gegenüber kompliziertesten soziologisch-kulturtheoretischen Problemen — entsprechend der Denkhaltung des 19. Jahrhunderts — bei allen Hypothesen, die auf Naturgesetzlichkeit rekurrieren. So sind ihm die Motore menschlichen Verhaltens grundsätzlich physiologisch gespeiste Triebkonstanten.

Die reizvolle Aufgabe, die verschiedenen Fortbildungen der Psa. zu analysieren, soll hier nur in bezug auf ihre Beiträge zu einer *genetischen Sozialforschung* in Angriff genommen werden.

Zu wesentlich anderen soziologischen Auffassungen als die Psa. gelangte *Adler*. Seine Lehre ist keine Trieb-, sondern eine Ich-Psychologie. Macht und Geltung seien die zentralen Ziele des Ich. Das Geltungsstreben wird verstanden als Überkompensation von Minderwertigkeitsgefühlen, deren Wurzeln „Organminderwertigkeiten" und Erziehungsfehler seien.

Die hohe Einschätzung der von der IP nicht differenzierten Macht- und Geltungsstrebungen mußte *Adler* und seinen Kreis zwangsläufig auf Probleme der Sozialpsychologie und Soziologie hinweisen, da sowohl Macht als auch Geltung an die Herstellung spezifischer sozialer Feldstrukturen geknüpft sind. Ebenso wie bei *Freud* fehlt der IP jedoch eine differentielle Sozialpsychologie. Die den verschiedenen ethnischen, sozialen, kulturellen und wirtschaftlichen Gruppen jeweils eigenen Strukturgesetzlichkeiten werden nicht gesehen. Alle Sozialpsychologie reduziert sich dementsprechend, wie auch bei *Freud*, auf „Massenpsychologie". Dabei bleibt der Begriff „Masse" strukturell ungeklärt; er wird synonym mit „Gruppe", „Gemeinschaft", „Gesellschaft", „Volk" und „Menschheit" verwendet. Die Frage der Massen*bildung* beantwortete *Adler* ausschließlich vom Geltungsstreben des einzelnen her. Der attraktive Charakter der Massensituation beruhe auf dem rauschhaft gesteigerten Selbstgefühl, das sie dem einzelnen vermittelt.

Das Geltungsstreben richtet sich jedoch — je ausgeprägter die Neurose ist um so mehr — nicht nur auf den Zuwachs an Geltung, sondern vor allem

[1] *Eisermann* hat (5) die problemgeschichtlichen Wurzeln dieser Auffassung herausgearbeitet.

[2] *Vleugels* hat (9) diese sozialpsychologische Position zutreffend kritisiert.

[3] Es fällt auf, daß trotz der sonstigen Präzision der Beobachtung und der erheblichen Sprachkraft *Freuds* nirgends eine detaillierte und anschauliche Beschreibung der „Sublimierung" gegeben wird. Anscheinend ließ die Fassung der Libido als meßbare Größe im Sinne des physikalischen Energiebegriffs keine konkrete Beschreibung zu: „Wir haben uns den Begriff der Libido festgelegt als einer quantitativ veränderlichen Kraft, welche Vorgänge und Umsetzungen auf dem Gebiete der Sexualerregung messen könnte." (3)

auf ihre Sicherung. Die zentrale Bedeutung, die dem Begriff der „Sicherung" in der Entwicklung der IP allmählich zukommt, erklärt, daß ein Schüler *Adlers*, *Johannes Neumann* (10), den ganzen Problembereich der Soziologie ausschließlich unter diesem Aspekt sieht:

„Die Soziologie ist die Wissenschaft von Formen und Wegen der Sicherungsarten des Lebens." Ihm wird auch die Kultur zur Geschichte der menschlichen Sicherungen. Die Linie der Geschichte gehe stets von einem Unten, einem Unsicherheitsgefühl, zu einem Oben, einem erstrebten Sicherheitsgefühl. — Entsprechend erscheint in der ip. Analyse sozialistischer Bewegungen der Gegenwart auch das Klassenbewußtsein als eine Sicherung des Klassenpersönlichkeitsgefühls und der Klassenkampf als Ausdruck des Kompensationsdrangs. Neben der frühkindlichen Genese von Minderwertigkeitsgefühlen wird damit also ein Mechanismus angenommen, der in sozialen Auseinandersetzungen Erwachsener die nämlichen Ursachen haben soll. — Auch die ausgesprochen marxistischen Spielarten der IP., wie sie von Manes *Sperber*, Otto *Rühle* und Alice *Rühle-Gerstel* vertreten wurden, machen sich von diesem Grundschema nicht frei.

Es ist übrigens nicht möglich, Macht- und Geltungsstreben grundsätzlich durch einen psychologischen Kompensationsmechanismus zu erklären; die tatsächlichen Verhältnisse liegen vielfach eher umgekehrt: überkommene und erreichte Machtpositionen z. B. üben einen objektiv begründeten Zwang zu ihrer Wahrung und Verstärkung aus, ohne daß dafür Minderwertigkeitserlebnisse verantwortlich zu machen sind.

Ein soziales Gefälle — gleich ob es sich um Prestige oder um eine mit der Chance der Erzwingbarkeit des Verhaltens anderer ausgestattete Stellung handelt — bleibt *nicht* abhängig von demjenigen, der sich das Macht- oder Geltungsfeld errichtet hat. Jede erfolgreiche Realisierung entsprechender Wünsche schafft vielmehr intersubjektive Konstellationen, die den Zwang zur Fortsetzung spezifischer Bemühungen und zur Einnahme bestimmter charakterlicher Haltungen implizieren [1]. So können Menschen, die in ihrem ursprünglichen Lebenskreis ohne weiterzielende Ambitionen aufgehen, durch Eintritt in eine andere Gruppe unter die Herrschaft von *situationell* nahegelegten Geltungsansprüchen und dadurch in Kampf- und Konkurrenzmechanismen geraten, die von der Struktur der jeweiligen Schicht oder Gruppe sowohl erzeugt als auch geformt werden.

Richtung und Höhe von Geltungsansprüchen sind deshalb überhaupt nicht ausschließlich psychologisch, sondern vielfach nur soziologisch zu erfassen. Hier handelt es sich um Tatbestände, die anders und strukturell komplizierter sind als die von *Adler* ausschließlich gesehenen, die er mit dem Begriff des absichtlich oder unabsichtlich selbstgeschaffenen „Arrangements" zu treffen suchte.

Am Rande sei erwähnt, daß bei der „Lösung der Lebensrätsel" durch die IP schließlich Schwierigkeiten auftraten, die eine Erweiterung der Axiomatik notwendig machten. Diese Erweiterung geschah jedoch nicht in Richtung auf soziologische Fundierung, sondern durch Rückgriff auf eine allgemein-anthropologische Interpretation des Menschen: „Ein Minderwertigkeitsgefühl ist der menschlichen Rasse als solcher in der Verteidigung gegen eine übermächtige Natur aufgenötigt worden, das nach Kompensation drängte, und im Herrschafts- und Geltungswillen, im Machtstreben seine Überkompensation erfuhr."

Durch die Annahme eines solchen, den Menschen überhaupt kennzeichnenden Minderwertigkeitsgefühls gegenüber der Natur wird der *sozialpsychologische* Erklärungsansatz der IP wieder aufgehoben. Unvermeidliche biologische Gefährdung und Unsicherheit werden von vornherein als identisch mit Minderwertigkeitserlebnissen behandelt.

Die ursprüngliche Konzeption *Adlers* korrespondiert — ähnlich, wenn auch anders akzentuiert als bei *Freud* — mit einem pessimistischen Menschenbild. Es ist vorausgesetzt, daß der Mensch zu allen Zeiten und in allen Lebenslagen in sozial destruktiver Form nach Macht und Geltung strebt. Diese Konzeption ließ sich (vielleicht aus Gründen der „Geltung" der IP) nicht durchhalten. Deshalb wurde dem Minderwertigkeitsgefühl dichotomisch ein „natürliches" Gemeinschaftsgefühl gegenübergestellt [2]. Dieses spielt in der weiteren Entwicklung der IP eine wichtige Rolle bei der sekundären Rationalisation sozialeschatologischer Einstellungen (11):

„Soziales Gefühl bedeutet vor allem Kampf für eine gemeinsame Lebensform ... Es ist hier nicht die Rede von der gegenwärtigen Gesellschaft oder Gemeinschaft, oder von politischen oder religiösen Formen. Im Gegenteil, das Ziel, das für Vollendung am besten geeignet ist, muß ein Ziel sein, das für eine ideale Gemeinschaft innerhalb der ganzen Menschheit gilt, die letzte Erfüllung der Evolution."

*Adler* schreitet noch stärker als *Freud* von empirischen Untersuchungsansätzen fort zu allgemeinsten biologischen, soziologischen und kultur-philosophischen Spekulationen. Die realen Probleme werden dann von einem bestimmten Kompliziertheitsgrad an nicht mehr empirisch, sondern definitorisch-scholastisch sowie durch die Bedeutungsverschiebung und -erweiterung von Begriffen gelöst.

Dieses Vorgehen ist besonders auch für *Jung* charakteristisch. Im Mittelpunkt seiner sozialpsychologischen Auffassungen steht die These vom „kollektiven Unbewußten" und seinen Manifestationen in den Archetypen.

Es bleibe offen, ob das als Niederschlag der stammesgeschichtlichen Seelenentwicklung verstandene „kollektive Ubw." empirisch aufweisbar ist und ob es sich dabei um eine wissenschaftslogisch legitime Begriffsbildung handelt. Seine Inhalte sind jedenfalls weder durch die innere Lebensgeschichte des einzelnen noch durch Kultur oder Gesellschaft differenziert. Diesem Ansatz liegt offensichtlich eine eminent unhistorische Denkweise [3] zugrunde (12):

---

[1] Einige Gründe hierfür sind: 1. auch die in emotionale oder machtmäßige Abhängigkeit geratenen Menschen sind antwortende Wesen, deren Reaktionen, vor allem auch deren Hoffnungen und Erwartungen das eigene Handeln des Machtträgers höchst wirksam bestimmen. — 2. Struktur und Intention jeder Gruppe ändern sich durch gesellschaftliche, kulturelle, wirtschaftliche und politische Fernwirkungen, die trotz ihres unpersönlichen Charakters eine spezifische, lenkende und steuernde Wirkung auf die Träger eines Amtes, eines Privilegs oder eines Prestiges entfalten.

[2] Hier handelt es sich um einen theoretischen Bewältigungsversuch, der strukturell dem psa. Antagonismus von „Sexualtrieben" und „Selbsterhaltungstrieben" sowie seiner Erweiterung in die Dichotomie von „Lebenstrieb" und „Todestrieb" genau entspricht.

[3] Die erheblichen faktischen Unterschiede, die im Denken, sowie in künstlerischer und religiöser Produktion zwischen den verschiedenen ethnischen, kulturellen und sozialen Gruppen sich zeigen, werden vernachlässigt, mindestens nicht erklärt.

„Könnte man das Unbewußte personifizieren, so wäre es ein kollektiver Mensch, jenseits der geschlechtlichen Besonderheit, jenseits von Jugend und Alter, von Geburt und Tod . . ."

Die von der *Jung*schen Schule behandelten Fragen gehen aus dem unmittelbaren Spannungsverhältnis des einzelnen Menschen zur Welt als Ganzer hervor. Deshalb müssen sich Schiefheiten ergeben, wenn er versucht, Bewertungen, konkrete Analysen von Sozial- und Kulturprozessen und soziologische Interpretationen unserer Gegenwart zu geben. Die starke Betonung des allen gemeinsamen kollektiven Ubw. ist bei ihm mit einer extrem individualistischen Grundhaltung verbunden (12):

„. . das eigentliche geschichtliche Geschehen ist tief verborgen, von allen gelebt und von niemand beachtet. Es ist privatestes, subjektivstes, seelisches Leben. Kriege, Dynastien, soziale Umwälzungen, Eroberungen, Religionen sind die alleroberflächlichsten Symptome einer geheimen seelischen Grundhaltung des einzelnen, ihm selber unbewußt und darum von keinem Geschichtsschreiber überliefert. Die großen Ereignisse der Weltgeschichte sind im Grunde von tiefster Belanglosigkeit. Wesentlich ist in letzter Linie nur das subjektive Erleben des einzelnen. Dieses allein macht Geschichte . . ." Gleichzeitig kommt *Jung* zu einer hohen Bedeutungseinschätzung der Führerpersönlichkeit gegenüber einer höchst negativen Bewertung der Masse.

Die Masse ist, genau wie bei *Freud* und *Adler*, die einzige Form der Gruppenbildung, die gesehen und analysiert wird. Dabei drückt sich ein tiefer Pessimismus gegenüber allen Bemühungen aus, die Probleme gegenwärtigen menschlichen Zusammenlebens irgendwie sinnvoll zu ordnen (23): „Die Massen sind blinde Tiere, was man zur Genüge weiß." Indem er den Geisteskranken und die Masse praktisch identifiziert, kommt er zu weitgehender Entdifferenzierung sowohl psychiatrischer als auch sozialpsychologischer Tatbestände (13):

„Es ist sicherlich eine gute Sache, Vernunft und gesunden Menschenverstand zu predigen, aber was wollen Sie machen, wenn Sie ein Irrenhaus oder eine kollektiv ergriffene Masse vor sich haben? Zwischen beiden ist nicht viel Unterschied, denn der Irre wie der Mob wird durch nicht persönliche Kräfte überwältigt."

Da *Jung* konkrete wirtschaftliche und sozialstrukturelle Gegebenheiten vernachlässigt, muß auch seine Deutung der jüngsten geschichtlichen Ereignisse höchst summarisch bleiben. Ein spezieller Archetypus wird als Wirkungsfaktor in den geschichtlichen Raum eingeführt und soll mächtiger sein als politische, kulturelle und sozial-ökonomische Konstellationen. *Jung* sieht den Nationalzozialismus als eine Auswirkung des Archetypus „Wotan" (14):

„Der Unwettergott ist Wotan genannt, zu dessen genauerer Charakterforschung wir nicht nur der Kenntnis seiner historischen Wirkungen in geistigen und politischen Verirrungen bedürfen, sondern auch der mythologischen Aussagen jener Zeiten, welche noch nicht aus dem Menschen und seinen beschränkten Möglichkeiten heraus erklärten, sondern die tiefere Ursache im Seelischen und dessen autonomer Gewalt fanden."

Der Archetypus Wotan, dessen Charakter aus der Analyse geistiger und politischer Verirrungen erkannt wird, aktualisiert sich nach *Jung* vor allem in einzelnen Kulthandlungen und in den charakteristischen Ausdrücken des Dritten Reiches, wie „Sturmabteilung", „Sturmangriff" usw. In diesem Sinne konnte *Jung* „die ketzerische Behauptung wagen, daß der alte Wotan mit seinem abgründigen und niemals ausgeschöpften Charakter mehr vom Nationalsozialismus erklärt als alle drei vorgenannten vernünftigen Faktoren zusammen (die ökonomischen, politischen und sozialen)".

Der um empirische und kontrollierbare Forschung im Problembereich von Mensch und Gesellschaft bemühte Wissenschaftler wird kaum konkrete Fragestellungen finden, die mit solchen Denktechniken zu bearbeiten wären.

Zeichnet sich *Jung* durch ein ausgesprochen unhistorisches Denken aus, so unternimmt *Mitscherlich* (15), als ein Fortbildner *Freuds*, umgekehrt den Versuch, einen tiefenpsychologischen Ansatz unter stärkster Betonung der *Geschichtlichkeit* des Menschen zu entwickeln. Deshalb ist, ausgeprägter auch als bei *v. Weizsäcker*, bei ihm „Krankheit als geschichtliches Motiv" immer bezogen auf kultursoziologische und z. T. sozialstrukturelle Hintergründe: „Die Krankheit ändert sich im Übergang von Kultur zur Zivilisation."

„Gesundheit" wird vom gleichen Ansatz her bestimmt: „Gesundheit ist als Wirklichkeit historisch bestimmt im Vorgang der Vererbung, ebenso aber auch durch die Atmosphäre, in die ein Mensch körperlich, seelisch, geistig hineingestellt wird. Gesundheit drückt die Tatsache aus, daß er alle Einflüsse der Lebensstätte die er antraf, aktiv bewältigt."

Alle auftretenden Abzweigungen der Psa. lassen sich im ordnenden Überblick in zwei Hauptgruppen zusammenfassen: die eine sucht durch historisch-sozialwissenschaftliche Betrachtungsweisen eine Erweiterung der Theorie zu erreichen, während die andere Gruppe dies durch „Amalgamierungsversuche" erstrebt. Schon *Jung* und später *Rank* kündigten an, eine Synthese von *Freud* und *Adler* erreicht zu haben. Prototypisch für zeitgenössische synthetische Bemühungen sind in den USA etwa Karen *Horney*, in Deutschland *Schultz-Hencke*.

Innerhalb der „Amalgamierungsgruppe" lassen sich zwei Lösungsversuche unterscheiden: 1. die dynamische Funktion der Sexualität[1] wird formal beibehalten, aber entspezialisiert (Libidobegriff bei *Jung*, „Umfinalisierung" der Sexualität zum „Arrangement" im Dienste des Machtstrebens bei *Adler*): 2. *neben* die Sexualität werden, betonter als es bereits *Freud* selbst getan hat, andere autochthone Triebbedürfnisse gestellt.

Karen *Horney* betont (16), daß die traditionelle Psa. der aktuellen Lebensproblematik des Patienten nicht ausreichend gerecht wird.

[1] Anthropologisch orientierte Kritiker wie Hans *Kunz* und Ludwig *Binswanger* weisen darüber hinaus — u. E. mit Recht — darauf hin, daß *Freud* die Lebensfunktion der Sexualität, den Grund für ihre emotionale „Wesentlichkeit" für den Menschen, vor allem auch qualitativ verkannt habe.

Sie greift zu einer starken Ergänzung des *Freud*schen Ansatzes durch *Adler*. Da aber die konkreten Lebensschwierigkeiten des Erwachsenenalters auch durch die damit gewonnene theoretische Verbreitung der Antriebsbasis noch nicht genügend erhellt werden, legte sich ihr der Versuch nahe, innerhalb ihrer Theorie soziologische Faktoren zu berücksichtigen. So betont sie etwa die schuldgefühlserzeugende Diskrepanz zwischen der christlichen Ethik und den faktischen zwischenmenschlichen Umgangsgewohnheiten. Sie bezieht damit die Ideologieproblematik in ihre Konzeption ein.

*Horneys* „Amalgamierungsversuch", ebenso wie der *Schultz-Henckes*, umfaßt ungewollt kaum etwas von den Positionen *Jungs*, was in der weltanschaulichen Differenz der Auffassungen, besonders in ihrer Stellung zur Rationalität bedingt ist. — Die verschiedenen Denktechniken und Werthaltungen stehen als „Operatoren" hinter der Diskrepanz der Aussagen von *Freud*, *Adler* und *Jung* über die Neurosen. Sinnvolle Vereinheitlichungstendenzen können deshalb nicht an einer Synopsis der divergierenden Einzelaussagen, sondern nur am Methodologischen ansetzen. Tragfähige „Amalgamierungen" sind u.E. nur möglich, wo formale Übereinstimmungen der Orientierungsweisen und Aussagestrukturen, wie zwischen *Freud* und *Adler*, vorliegen.

*Schultz-Hencke* ergänzt im Bereich der Antriebstheorie nicht nur den *Freud*schen Ansatz durch die Hereinnahme des „Geltungsstrebens"[1], sondern fügt als drittes ein autochthones „Besitzstreben" hinzu. Hierdurch wird zwar eine größere Verbindbarkeit der Theorie mit der Realität erreicht, da aber die jeweilige individuelle Formung des Besitzstrebens ausschließlich aus frühkindlichen Konstellationen erklärt wird, bleibt unberücksichtigt, daß die Wirtschaftsstruktur Besitzbedürfnisse und ihre Ausformung hervorbringt[2]. Das Fehlen eines systematischen sozialwissenschaftlichen oder gar soziologischen Bezugs im Ansatz *Schultz-Henckes* zeigt sich schon daran, daß in seiner gesamten Terminologie kein entsprechender Begriff auftaucht.

Er analysiert (17) Charaktertypen mit einer gegenüber *Freud* und vor allem *Adler* fraglos gesteigerten Präzision. Das „stille" und das „überlaute" Kind, der gehemmte Jugendliche, die verschiedenen Typen des Gefügigen (der „Gesellschaftslöwe" und der „Ultrakonservative") werden in neuartiger Weise gesehen. Der „ultraradikale Kritiker", der „Gesellschaftslöwe" oder der „Ultrakonservative" stellen jedoch Sozialcharaktere dar, die sich niemals zureichend aus Einflüssen der Frühkindheit erklären lassen. Eine ganze Reihe feiner, wenn auch unsystematischer Charakterbeobachtungen bleibt unvollständig, da das strenge Komplementärverhältnis von Sozial*charakter* und zugehöriger *sozialer Feldstruktur* nicht mitgesehen wird.

Der andere, sozialwissenschaftliche Weg der Erweiterung der psa. Konzeption ging von engeren Schülern *Freuds* aus, deren diesbezügliche Arbeiten zunächst in sozialwissenschaftlicher Hinsicht noch dilettantisch waren und mehr feuilletonistischen Charakter hatten. Kennzeichnend für die frühe orthodoxe Form der Behandlung sozialwissenschaftlicher und kulturanthropologischer Fragen scheint uns eine Arbeit von *Roheim* (18). Er operiert mit auf sexuellen Partialtrieben aufgebauten Charaktertypen und faßt das Ergebnis seiner Untersuchungen folgendermaßen zusammen:

„Das Ergebnis . . . wäre demnach, daß die psychischen Variationen des ewig Menschlichen sich auch unter den Völkerindividuen feststellen und psychoanalytisch deuten lassen. Diese Unterschiede sind auch verschieden bedingt. Vor allem haben wir die Unterschiede der Libidoökonomie der Verteilung einer als konstant aufzufassenden Libidoquantität. Am auffallendsten tritt dies beim Übergang von den Natur- zu den Kulturvölkern zutage. Erst durch die Entstehung der psychischen Sphinkterfunktion durch den Übergang vom Oralen zum Analcharakter wird auch die Entstehung unserer Kultur erklärlich."

Einen systematischeren Ansatz unternimmt *Reich* in einer Reihe von Schriften, in denen über eine libidoökonomische Analyse der bürgerlichen Sexualmoral zu einer grundsätzlichen Kritik an der bürgerlichen Gesellschaft fortgeschritten wird.

Er versucht schließlich eine Synthese zwischen Psa. und Marxismus. Zum Teil in Reaktion hierauf bahnte sich in Rußland seit 1929 eine breite Diskussion über den Wert der Psa. durch *Jurinetz* und *Sapir* (19) an. Gleichzeitig kommt *Reich* zu einer recht festgelegten Auffassung von der sozialen Bedingtheit der Charakterformation[3]. Er gerät dabei in eine scharfe Auseinandersetzung (21) mit *Bernfeld*, der (22) unter Festhalten an *Freuds* Hypothese vom „Todestrieb" gleichfalls die Formung des Charakters durch sozialgenetische Gesichtspunkte auf marxistischer Basis aufzuklären suchte.

Durch seine Arbeit am Problem einer „Psa. der Gesamtpersönlichkeit" kam *Alexander* zur breiteren systematischen Bemühung um soziologische Fragen. An seiner theoretischen Entwicklung zeigt sich, daß jede konditionalgenetische Forschung im Bereich des Charakters und der Gesamtpersönlichkeit zwangsläufig vor einerseits biologische und andererseits soziologische Probleme gestellt ist.

Er greift (23) diese Fragestellungen ausdrücklich auf: „Die soziologische Orientierung kann in Kürze so formuliert werden: Die Entwicklung der Persönlichkeit läßt sich, wenigstens zum Teil, als Prozeß der Anpassung der ursprünglichen, angeborenen, phylogenetisch vorgebildeten triebhaften Tendenzen an die Anforderungen des Gemeinschaftslebens, wie sie von einer gegebenen Kultur vertreten werden, betrachten und verstehen." Neuerlich sucht er (24) Psa., empirische Sozialforschung, Soziologie und Geschichtswissenschaft zu einer „dynamischen Soziologie" zusammenzufassen.

Zu seiner vertieften Verwendung sozialwisssenschaftlicher Gesichtspunkte in der psa. Charakterforschung kommen erst *Fromm* und *Kardiner*. *Fromm* ersetzt (25) die vordem in der Psa. übliche analogisch deutende Bearbeitung z. B. religionsgeschichtlicher Probleme durch neue sozialpsychologisch-charakterologische Forschungsweisen:

---

[1] *Schultz-Hencke* hat in „Riesenansprüchen" und „Bequemlichkeitshaltungen" zentrale Lehrstücke der IP in sein Strukturschema übernommen.

[2] Das hat die moderne (nichtmarxistische) Soziologie von *Sombart* und Max *Weber* bis zu Karl *Mannheim* eindeutig erwiesen.

[3] Die marxistische Orientierung geht bei ihm zusammen mit einer Apologie der mutterrechtlichen Familienstruktur, die weniger Sexualeinschränkungen fordere (20).

„Die Problemstellung der sozialpsychologischen Untersuchung entspricht der Methodik . . . Das Problem der sozialpsychologischen Untersuchung ist es aufzuzeigen, warum solche Veränderungen“ (der Einstellungen und Reaktionsbereitschaften sozialer Gruppen und Schichten) „stattfinden und wie sie sich aus dem gemeinsamen Lebensschicksal der Gruppenangehörigen verstehen lassen.“

Zu breiterem Ausbau und zu verfeinerter Methodisierung seines Forschungsprogramms gelangt *Fromm* in zwei Arbeiten „Über Methode und Aufgabe einer analytischen Soziologie“ und „Die psychoanalytische Charakterologie und ihre Bedeutung für die Sozialpsychologie“ (26). Für das „Institut für Sozialforschung“ unternimmt er 1936 die Aufklärung der Mechanismen, die zwischen sozialbedingter Familienstruktur und der Mannigfaltigkeit der Autoritätserscheinungen vermitteln (27). In „The Fear of Freedom“ (28) gibt er 1943 eine Analyse des modernen Menschen, dessen sich formende Konturen er vor den Hintergrund der Reformation stellt [1].

Während *Fromm* auf umfassendere theoretische Vorklärungen ausgeht, untersucht Abram *Kardiner* seit über zehn Jahren mit einer Gruppe von Mitarbeitern eine ganze Reihe von Kulturen zugleich funktional-analytisch (im Sinne Bronislaw *Malinowskis*), sozial-strukturell und psychologisch auf die „gegenseitigen Beziehungen zwischen Kultur und Persönlichkeit“

*Kardiner* und seine Mitarbeiter untersuchen Kultur- und Siedlungsgemeinschaften nicht nur hinsichtlich der Form des Zusammenlebens und der Sozialstruktur, sondern erarbeiten gleichzeitig unter Anwendung z. B. des Formdeuteversuchs von *Rorschach* ein größeres Material von Quer- und Längsschnitten der Persönlichkeiten der untersuchten Gruppen. Auf diesem Wege konnte *Kardiner* eindeutige Korrelationen zwischen der Sozialstruktur, ihr jeweils spezifisch zugeordneten Techniken der Lebensbewältigung und Erziehung sowie der „basic personality structure“ [2] der Gruppenglieder zeigen.

Er kommt (29) u. a. zu dem Ergebnis, daß gleiche Kindheitserfahrungen nicht nur Übereinstimmungen der Weltorientierung und Lebenssinngebung erzeugen, sondern eine in ganzen Menschengruppen ähnliche „basic personality structure“ formen. Die durchschnittlichen Lebenstechniken und Erziehungsformen jeder Gesellschaft seien kulturell und sozialstrukturell bestimmt. Erziehungsziele und persönliche Normen würden in den Familien einer Gesellschaft untereinander immer ähnlicher, während sie gegenüber anderen Gruppen zunehmend differierten. Erst wenn sich die Sozialstruktur und ihre Institutionalisierungen umformen, komme es zu Veränderungen der gruppentypisch-durchschnittlichen Persönlichkeitsstruktur.

[1] Die für die heutige Gesellschaft charakteristischen Fluchtmechanismen vor der Freiheit findet er in autoritären Tendenzen, ungesteuerter Agressivität und „automatischer Anpassung“.

[2] „Basic Personality Structure“ ist der wesentliche Grundbegriff *Kardiners*.

Allmählich scheint sich auch in Europa die Entwicklung der Psa. zu einer Charaktergenese und Gesamtpersönlichkeit sozialpsychologisch und mileusoziologisch erklärenden Theorie anzubahnen [3]. Die damit eingeleitete Umgestaltung der Psa. mit ihren propulsiven und retardierenden Momenten kommuniziert mit der geistig-kulturellen Gesamtentwicklung. Diese scheint uns im anthropologischen Bereich darauf hinzudrängen, das Selbstverständnis des Menschen durch die Berücksichtigung der durchgehenden „Verklammerung“ menschlicher Aktionsbereiche und [4] Stellungsnahmen zur Welt und zur Mitmenschlichkeit zu vertiefen.

Rascher oder langsamer wandeln sich mit Gesellschaftsgefüge, Lebensbedingungen und Kulturstil auch Weltsicht und Handlungstruktur des einzelnen. Die je besonderen „Seiten“ dieses vieldimensionalen Gesamtprozesses werden z. B. vom Historiker, Kulturphilosophen, Soziologen und Psychologen untersucht.

Jedem Betrachter gliedern sich im entdeckenden und denkerischen Zugriff auf dem Wege über die seinem Fach eigene Axiomatik und Abstraktionsebene aus einem unbegrenzten und ungegliederten Geschehensfeld Kausalketten heraus. Dabei bleibt verdeckt, daß diese Ketten (ebenso übrigens wie die „Sinnbänder“ *Sprangers*) eindimensionale Verknüpfungen von Orientierungsstützpunkten in einem vieldimensionalen Geschehen sind. Die durch Abstraktion und idealtypische Betrachtung herausgelösten Ereignisreihen werden zunehmend durch eine offenbar nur schwer vermeidliche Selbsthypostasierung des Denkens so erlebt, als wäre das in der Teilsicht Angetroffene das Ganze.

Durch die standortgebundene „Optik“ [5] des Beobachters aber gerät mit den wechselseitigen Bedingtheiten und ihrem dynamischen Zusammenhang gerade das „Wesentliche“ des Sozial- und Kulturprozesses in den Rücken. Das entstehende Bild der Lebenswirklichkeit ist dann nicht nur zu detailarm, sondern auch verzerrt.

Als Grundeinsicht ist jedoch festzuhalten, daß Wandlungen des Kultur- und Sozialgefüges bzw. Wandlungen „des“ Menschen aspektverschiedene Seiten eines einzigen, *identischen* Geschehens sind.

*Freud* erkannte zwar die charakterprägende Wirkungsmächtigkeit repräsentativer Einzelner, nicht jedoch jene Formungen menschlichen Verhaltens und Erlebens durch aktuelle Situationsanforderungen und -chancen, die *unmittelbar* [6] in das soziale „Feld“ eingelagert sind.

Je nach Gruppenzugehörigkeit und individueller Lagerung im umfassenden Sozialgefüge sind für

[3] Daß sich dieser Prozeß in Deutschland erst anzumelden beginnt, liegt nicht zuletzt daran, daß unter dem Nationalsozialismus der größte Teil der fruchtbaren, die Weiterentwicklung der Psa. tragenden Theoretiker auswandern mußte.

[4] werterfassender, erkennender und emotionaler

[5] Ein besonderes Problem sind jene Sichteinengungen, die dem Forscher *absichtlich* den Blick freihalten sollen für geschlossene Zusammenhangsreihen, wenn er gegenüber der Komplexität der Gesamtverknüpfungen zu Aussagen überhaupt unfähig zu werden fürchtet.

[6] also nicht aus der privaten Menschlichkeit der erziehenden und mit dem Kinde umgehenden Einzelperson hervorgehen.

den einzelnen jeweils besondere Antriebe und Verhaltensformen verpönt. *Freud* hat die menschenentstellende Wirkung dieser das Zusammenleben schützenden Tabuierungen von Triebbedürfnissen beschrieben. Er hat jedoch nicht gesehen, daß jede Lebensordnung andererseits auch eine Auswahl von Zielen und Verhaltensformen *prämiiert* und dazugehörige Antriebe positiv wertet. Auch diese sozialstrukturell bedingte Prämiierung bestimmter Lebensziele und Bewältigungstechniken aber kann spezifische Handlungsfragmentierungen und Persönlichkeitsdeformierungen nahelegen [1].

Die umfassende wissenschaftliche Erforschung der verschiedenen, wie Matrizen wirkenden sozialen Dauersituationen in ihren menschengestaltenden und -entstellenden Wirkungen [2] würde wesentliche Einsichten in den Grad der Plastizität von Antriebsstrukturen und Bedürfnissen und damit in den Umfang der Anpassungsfähigkeit ermöglichen (30).

Neben den unzählbaren Stilvarianten individueller Weltbilder, Haltungen und Lebensentwürfe aber gibt es von Persönlichkeitsunterschieden unabhängige Erlebnisweisen und Situationsbeantwortungen [3]. Wenn wir die Notwendigkeit empirischer Klärung der zentralen, „allgemeinmenschlichen" Erlebnisweisen und Handlungsstrukturen betonen, soll damit die Berechtigung einer philosophischen Anthropologie nicht bestritten werden. Gegenwärtig sind jedoch Zahl und Art der sich durchhaltenden Situationsstrukturen und der ihnen komplementär zugeordneten allgemeinmenschlichen Reaktionsweisen keineswegs sicher zu überschauen.

Das faktische Ausmaß der Plastizität wird erst allmählich präziser faßbar, wenn die historisch- und sozialbedingten gegen die allgemeinmenschlichen Handlungsstrukturen abwägbar werden. Vor allem wenn wir Neurosen [4] als „soziale Erkrankungen" *(v. Weizsäcker)* systematisch und gleichzeitig unter Zuhilfenahme ausdrücklich definierter sozialwissenschaftlicher Denkmodelle untersuchen, wird das Helfen zugleich eine „experimentierende" Klärung der Frage der Plastizität. Die allseitige Ausmessung des Variabilitätsbereichs fordert darüber hinaus die systematische Verarbeitung der bei konkretem pädagogischem und politisch-gestaltendem Bemühen anfallenden Erfahrungen.

Die notwendige „Anthropologisierung" der Tiefenpsychologie unter gleichzeitiger Einbeziehung der für ihre Problematik relevanten Einsichten empirischer Sozialforschung kann auf der Basis einer Triebpsychologie nicht gelingen: „Triebe" zielen auf zeitlose Zuständlichkeiten, deshalb ist von ihnen aus zur Geschichtlichkeit des Menschen kein Zugang, ebenso wenig wie zur Freiheit des Stellungnehmens gegenüber eigenen Antriebs- und Drangerlebnissen.

„Antriebe" sind stets auf konkrete Situationen bezogen, in denen soziale, rechtlich-politische, wirtschaftliche und kulturelle Faktoren konstituierende „Bestandteile" sind. Die qualitative *Einmaligkeit* jedes Antriebs ergibt sich aus seinem Antwortcharakter auf die „Herausforderung" *(Lewin)* einer unwiederholbaren Situation. Soweit wir sehen ist dabei das Antriebsgeschehen — im Gegensatz zur *Freud*schen Konzeption — von den kulturellen, sozialökonomischen und politischen Institutionalisierungen sowie von den Bewältigungsanforderungen aktueller Situationen nicht nur geformt, sondern auch konstituiert. „Ort" und Funktion in kulturellen, politischen und sozialökonomischen Kraftfeldern prägen nicht nur über „Haltung", Aktionsstil, Denkform und emotionale Selbstregulation das Persönlichkeits*relief*. Sie bestimmen darüber hinaus auch *inhaltlich* durch die Determination von Wertauswahl, Axiomatik des Denkens, Bezogenheit des Lebensgefühls und individueller Bebilderung des Wunsch- und Phantasiehorizonts die Lebensgestalt des Menschen [5].

Wir glauben Neurosen unter genetisch-sozialpsychologischem Aspekt adäquat als Reaktionsbildungen auf die *Disproportionalität* von familiärer Lebensvorbereitung zu den späteren sozialen Situationsanforderungen fassen zu können [6]. Die Psa., die wesentlich mit den Folgen von Deformierungen der Antriebsstruktur und mit Störungen des Antriebserlebens zu tun hat, kommt bei *sachgerechter* Durchklärung der Charakterformungen und der Erforschung der Strukturdynamik von Situationen nicht aus ohne gewissermaßen kontrapunktische sozio-

[1] So macht die Beamtenlaufbahn in einigen Gesellschaften eine spezifische „Tüchtigkeit" zur Bedingung der Karriere, die sich zusammensetzt aus Gefügigkeit, Initiativelosigkeit und strengem Ausschluß jeder Art von Enthusiasmus; zwar wird der so charakterisierte Beamte in seinem Verhalten weitgehend kalkulierbar, zugleich aber ist damit unvermeidlich eine Persönlichkeitsverarmung verbunden.

[2] Dabei formen nicht nur — wie die Psa. will — die in den ersten fünf Lebensjahren durchlaufenen Situationen; normale Persönlichkeitsstrukturen kennzeichnet eine *ständige* Plastizität. Strukturänderungen ergeben sich besonders *während und einige Zeit nach der Pubertät* aus der Funktionsübernahme in einer Lebens- und Wirtschaftsordnung.

[3] An dieser Stelle liegt u. E. die *konkrete* Problematik dessen, was Jung in seiner Spekulation über ein „kollektives Ubw." intendiert. Zur Erfassung der hier vorliegenden Sachverhalte ist methodisch u. a. eine Systematik, zumindest eine Typik der Situationen notwendig. Ein wertvoller Ansatz in dieser Richtung ist die Lehre *Jaspers*, von den „Grenzsituationen", der jedoch von der Psychologie her etwa durch die neuen gruppen- und feldtheoretischen Ansätze *Lewins* und seiner Schüler (31) ergänzt werden müßte.

[4] in einem die Sachverhalte der „Rentenneurose" weit übergreifenden Sinne.

[5] Oft sind Behauptungen über „den" Menschen ontische Hypostasierungen eingelebter Wertungen und Sichten, die sich bei Änderung der geistigen Situation kommunikativ mitändern. Gerade solche Philosophen, die mit dem Vorwurf des Perspektivismus und Subjektivismus leicht bei der Hand sind, unterliegen zeitgebundenen Verabsolutierungen selbst am ehesten. Die Erforschung der standortbedingten Sichtverzerrungen ist demgegenüber der erste Schritt, perspektivische Verzeichnungen zu beherrschen und zugunsten allmählich wachsender, echter Objektivität zu eliminieren.

[6] Würde das Kind auf die Dauer in seinem ersten, mit der Wirklichkeit nicht kongruierenden Lebens- und Erfahrungsumkreis bleiben können, so würde es nicht neurotisch werden.

logische Betrachtung. Die Einsicht, daß sowohl die *Konditionalgenese der äußeren Lebensbewältigungstechniken* wie auch der *Umgangsweisen mit sich selbst* wichtige Schwerpunkte *im historisch-kulturellen Bereich* haben, führt zwangsläufig zum Zusammendenken von konkretem Individuum, Gruppe und historisch-sozialem Determinationsfeld. *Individual- und Sozialpsychologie sind also nur theoretisch, nicht aber in der konkreten Analyse zu trennen.*

*Die Umgangserfahrungen des vom Psa.tiker gelebten Lebens nun können einen ausreichend vollständigen und objektiven Überblick über die Wechselwirkungen zwischen Sozialgefüge und Kultur einerseits, Antriebsstruktur, Weltorientierung und individueller Lebensgestalt andererseits nicht tragen.* Eine *sporadische* Berücksichtigung der sozialen und kulturellen Fundierung individueller Lebensentwürfe und -formen, die der Analitiker nur dem Rahmen seiner eigenen, in bezug auf die Erkenntnisaufgabe unvermeidlich zufälligen Lebenserfahrungen entnimmt, verleiten ihn zu leicht, sein therapeutisches Handeln an einem abstrakten, lebensfernen Bild „des" Menschen[1] statt an der Wirklichkeit zu orientieren.

Umfang und Konsequenz der Berücksichtigung der hier entwickelten Zusammenhänge ist — wie die Erfahrung zeigt — bevorzugt mit der Stellungnahme zum Problem der *Rationalität* verbunden. Eine Untersuchung der psa. Schulen hinsichtlich ihrer Beziehung zur Rationalität ergibt ein ziemlich kompliziertes Bild, da ihre Denkmodelle im Rahmen sehr verschiedener Weltsichten, von Rationalisten und Irrationalisten zugleich, „benutzt" werden.

Den irrational-intuitionistisch Eingestellten sind sie ein Instrument, Berechtigung und Richtigkeit des eigenen Welt- und Menschenbildes durch die Aufdeckung der Verwurzelung des Menschen in einer wertmäßig akzentuierten prälogischen „Tiefe" zu erweisen. Dem sich überwiegend rational Orientierenden ist demgegenüber Psa. diejenige Technik, die das am Menschen rational nicht unmittelbar Faßbare — ihm gleichbedeutend mit dem Unkontrollierten und sozial Gefährlichen — in den Bereich eigener wacher Verantwortlichkeit einzugliedern vermag. Damit wird die Soziabilität des Menschen, offenbar auf Kosten seiner „Tiefe", zu steigern gesucht — was die Gegenseite als Verarmung beklagt. In idealtypischer Reinheit prägen sich beide Haltungen in den einzelnen „Schulen" kaum aus; vielmehr treffen wir jeweils verschiedene Mischungsverhältnisse von rationaler Orientierung und irrationaler Weltsicht an.

Wenn Thomas *Mann* (32) *Freud* als Neuromantiker deutet und „geistesgeschichtlich der revolutionären Gesamtrückschlagsbewegung unserer Tage gegen mechanistisch-materialistische Neigungen des vorigen Jahrhunderts" zurechnet, so ist damit eine meist unbeachtete Seite der *Freud*schen Denkbasis richtig gesehen. Zwar ist *Freud*, bis auf die letzte Zeit seiner Produktion, in selbstgewählter ausdrücklicher Haltung und Denkweise klar antiromantisch. Ein Teil seiner Stellungnahmen aber ist in dieser Hinsicht überakzentuiert, da in seiner Weltorientierung rationales Denken und analogisch-symbolisierende Schau unversöhnt bleiben. — Während in der Persönlichkeit *Freuds* so beide Denkstile gekoppelt waren, ist in der Folge die Entwicklung jeder psa. Gruppenbildung zugleich ein Prozeß der *Polarisierung* und Vereinseitigung der Weltsichten[2].

Der Begriff „rational" aber hat heute unverkennbar andere Inhalte als im aufklärerischen Rationalismus *Häckel*scher Prägung, wie er für *Freud* und vor allem für *Adler* charakteristisch war. Grundsätzlich hat jede Epoche ihre „Rationalität" und ihre „Irrationalität".

Die von allen tiefenpsychologischen Schulen in ihrer Therapie angestrebte Wandlung des ganzen Menschen wird in ihrer jeweils intendierten Richtung mitbestimmt durch das „schulspezifische" Mischungsverhältnis von Rationalität, Moralität und Irrationalismus. Der Erfolg der Therapie wird neben dem Symptomwegfall[3] an der wachsenden Anpassung an die bestehende oder unmittelbar zu erwartende Lebensordnung gemessen. In den Leitbildern der „Gesundheit", „Normalität", „Gemeinschaftsfähigkeit" und (anders akzentuiert:) „Individuation" aber spielen die prämiierten Verhaltensmuster der jeweiligen Gesellschaft oder der gesellschaftlichen Sondergruppe, der die betreffende tiefenpsychologische „Schule" zuzurechnen ist, eine bedeutsame Rolle[4].

*Freud* sucht — indem er „unhemmbare, unstillbare Wünsche" als den „Kern unseres Wesens" sieht — die fundierenden Bestimmgründe des Handelns überwiegend im Bereich des Vital-Hedonistischen. „Das Unbehagen in der Kultur" resultiert letzten Endes aus der Schwerverträglichkeit von ursprünglichem „Lustprinzip" und den emotionalen Konsequenzen des aufgezwungenen „Realitätsprin-

[1] wie es implizite auch in dem libidoökonomischen Denkmodell enthalten ist.

[2] Ohne daß beide „Parteien" es verhindern können, geschweige daß sie es „bewußt" wollten, bekämpfen sie dasjenige am Gegner, was in der eigenen Theorie als unbewältigt gespürt wird. Eine der Zukunftsaufgaben auch der Tiefenpsychologie ist es, die *Reaktivität* programmatisch-rationaler Haltungen ebenso wie die betont irrationaler Einstellungen durch Zusammenwirken und wechselseitige Modulation von analogisch-symbolisierender Intuition und rational-vollzugsbedachter Erklärung und Ordnung der Tatsachen zu überwinden.

[3] Die wissenschaftstheoretische Problematik der „Heilung" ist für die Psa. durch die Stellungnahme zur Frage der Norm- und Wertordnung nicht erschöpft. Hinzu kommt, daß die Psa. Heilungen bisher als „quasi-experimentelle" Beweise ansah. Der Wegfall neurotischer Symptome ist jedoch kein Beweis für die Richtigkeit der theoretischen Konzeption des Behandelnden.

[4] Aus damit zusammenhängenden Gründen erklärt sich auch die Zeitgebundenheit der „grande hysterie", an der *Freud* — für die Entwicklung der Lehre von höchster Wichtigkeit — seine therapeutischen Verfahren und seine Heilziele entwickelt hat. Wir vertreten in diesem Zusammenhang die Meinung, daß der *therapeutische* Ansatz der Psa. primär der Hysterie entspricht und nur ihr voll adäquat ist. *Deshalb* erreicht sie bei hysterischen Persönlichkeitsveränderungen die besten Erfolge.

zips". Diese ethische, emotionale und lebenspraktische Antinomik verhindert auch den Entwurf eines in sich stimmigen Heilziels.

Die Forderungen nach „Arbeitsfähigkeit" und „Genußfähigkeit" bleiben additiv: während „Genußfähigkeit" die Entschädigung des einzelnen ermöglicht, sichert ihm die „Arbeitsfähigkeit" Duldung durch die Gesellschaft. „Freiheit" wird in dem Aktionsbereich gesucht, in dem der einzelne ohne Gefährdung dem „Lustprinzip" zu folgen vermag. In der Weltsicht *Freuds* aber setzen sich andere, stete Selbstkontrolle erzwingende Lebensfelder durch und fordern eine Haltung, wie sie Max *Weber* (33) als „innerweltliche Askese" beschrieben hat[1]. Die einzelnen „Schulen" aber polarisieren sich auch hinsichtlich des Heilziels entweder in Richtung auf „Freiheit" (im eben definierten Sinne) oder auf „innerweltliche Askese". Letztere ist bei *Adler* und vor allem *Wexberg* (35) ausgeprägt.

Im Heilziel der IP überwiegen, dem Lebensentwurf aufstrebender Mittelstandsschichten entsprechend, deutlich sozial-eschatologische Momente. — *Jung* und *Prinzhorn* stehen in scharfem Gegensatz zu den Idealen der „innerweltlichen Askese" und konzipieren in der „Individuation" ein Heilziel, das mit der „Selbstverwirklichung" auch Distanzierung von allen Kollektivismen fordert. *Jungs* therapeutisches Programm erschöpft sich jedoch nicht in romantischem Aristokratismus; er fordert zugleich, daß beim Extravertierten eine Verstärkung der Introversion (und umgekehrt) erreicht werden müsse.

Eine gegenüber *Freuds* Haltung der innerweltlichen Askese extrem antithetische Idealbildung entwickelt nach *Steckel*, *Ferenczi* und *Groddeck* gegenwärtig *Reich* in seinem Heilziel des „optimal orgasmus". Bei ihnen ist das Ideal einer affektiv verklärten Welt der Triebfreiheit vorgezeichnet, die vor allem ein hohes Maß an Sexualfreiheit enthält.

*Schultz-Hencke* äußert sich ausführlich zur Frage des Heilziels und stellt sich auf den Boden der durch eine breitere Zulassung von Geltungsimpulsen modifizierten innerweltlichen Askese (36): „es gibt Psychotherapeuten, die sich mit der Analyse gerade der schweren Neurosen befassen und trotz eines durchaus auf *Zucht*, *Disziplin*, *Dienstbereitschaft*, *Einordnung* festgelegten Zieles dennoch an der Formel festhalten möchten, ihre Aufgabe sei als Analytiker, Homosexuelle in Heterosexuelle zu verwandeln." (Sperrungen vom Autor.)

Auch hinter der später von ihm als Heilziel betonten „Autonomie"[2] bleibt die Antinomik von „Lustprinzip" und „Realitätsprinzip" sichtbar, die auch *Herzbergs* spezielle Konzeption einer „Leistungstherapie" weitgehend beherrscht.

Am Ende unserer Betrachtung kann festgestellt werden: die Vielfalt menschlicher Lebensentwürfe, Bewältigungsformen und Nöte sind aus den frühkindlichen Formungen von Sexus und „Geltungsstreben" nicht zureichend zu verstehen[3]. Die in Deutschland auch heute noch gegebene wissenschaftliche Isolierung der Psa. ist nicht zuletzt in ihrer Sichteinschränkung gegenüber den Lösungswegen und Ergebnissen der Sozialforschung begründet. Auf der anderen Seite ist die deutsche Soziologie und Sozialforschung bisher weitgehend formal-deskriptiv geblieben und läßt genetische Gesichtspunkte vermissen. In der bisherigen Entwicklung beider Forschungsbereiche haben sich in „Autarkiebestrebungen" begründete Sichtverdeckungen und Wirklichkeitsverluste ergeben, die durch unnötige Kampfhaltungen gegeneinander das Verständnis für die Nachbarwissenschaft erschweren und den eigenen Forschungsfortschritt behindern.

Will die deutsche Psa. den durch einseitige und schiefe Stellungnahme[4] zu den menschengestaltenden Wirkungen des Kultur- und Sozialprozesses bedingten Wirklichkeitsverlust einholen, muß sie 1. *systematisch* die Problemstellungen, Lösungsmethoden und Theorien der modernen Sozialforschung berücksichtigen und 2. bereits vorliegende, scharf umrissene und geklärte soziologische Denkmittel verwenden, soweit sie zu eigenen Fragestellungen und Aufgaben Beziehung haben. Der Soziologe andererseits sollte nicht mehr von einer veralteten Psychologie oder einer unreflektierten metatheoretischen Bildkonstruktion „des" Menschen ausgehen, damit Lebensordnungen nicht utopisch von einem idealisierten Menschentyp her entworfen werden.

Die Aufgaben der Psa. hinsichtlich der Vertiefung des Selbstverständnisses des Menschen und der konditionalgenetischen Erhellung neurotischer Fehlentwicklungen und Persönlichkeitsdeformierungen aber werden nur zu lösen sein, wenn sie sich vom Psychologismus gleichweit wie vom Soziologismus entfernt hält, wenn sie sich weder einem blickverengenden Rationalismus noch einer sichtverfälschenden Romantik verschreibt.

[1] Auch die Lehre vom bösen, triebhaften Kern des Menschen gemahnt uns außerordentlich an die Anthropologie des *Kalvinismus*. Wir haben (34) kultursoziologisch faßbare Beziehungen zwischen der Anthropologie der Psa. und dem Kalvinismus zu zeigen versucht.

[2] die noch werttheoretisch-kategorialer und vielleicht sozialphilosophischer Präzisierung bedarf

[3] Der Psa. fehlt eine konditionalgenetische Theorie der Gesamtperson, die jedoch ohne differenzierte Strukturgenese von Weltorientierung und Steuerung nicht gelingt. Ein ausschließlich triebtheoretischer Ansatz aber kann solche Theorie auch dann nicht tragen, wenn man selbst das Intentionale wie *Schultz-Hencke* (37) als „Antriebsbereich" auffaßt und neurotische Fehlentwicklungen neben der sexuellen Genese auf „Gehemmtheit der intentionalen, der oral-aggressiven, der manual-aggressiven" Antriebsbereiche zurückführt.

[4] Noch 1931 hielt *Freud* pronociert an der These von der Tötung des Urvaters fest (38): „Entweder ist es falsch, daß das Schuldgefühl von unterdrückten Aggressionen herrührt, oder die ganze Geschichte der Vatertötung ist ein Roman und die Urmenschenkinder haben ihre Väter nicht häufiger umgebracht als es die heutigen pflegen."

*Literaturverzeichnis*

1. H. *Kunz* „Der gehemmte Mensch, Bemerkungen zu dem gleichnamigen Buch von H. Schultz-Hencke", Nervenarzt 14, 1941.
2. S. *Freud* „Beiträge zur Psychologie des Liebeslebens"[1], V (1910).
3. S. *Freud* „Drei Abhandlungen zur Sexualtheorie", V (1912).
4. S. *Freud* „Neue Folgen der Vorlesungen", XII (1932).
5. G. *Eisermann* „Die soziologischen Beziehungen der Tiefenpsychologie" in „Gegenwartsprobleme der Soziologie", Potsdam 1949.
6. S. *Freud* „Totem und Tabu", V (1912).
7. S. *Freud* „Massenpsychologie und Ichanalyse", VI (1921).
8. G. *Le Bon* „La Psychologie des Foules", Paris 1895.
9. W. *Vleugels* „Zu Freuds Theorie von der Psychoanalyse", Kölner Vierteljahrshefte für Sozialwissenschaften, III, 1923.
10. J. *Neumann* „Grundlegung einer individualpsychologischen Soziologie", Internationale Zeitschrift für IP, III/15, 1925.
11. A. *Adler* „Zur Massenpsychologie", Intern. Zeitschr. f. IP., XII/3, 1934.
12. C. G. *Jung* „Wirklichkeit der Seele", 2. Aufl., Zürich u. Leipzig 1934.
13. C. G. *Jung* „Psychologie und Religion", Zürich.
14. C. G. *Jung* „Wotan", Neue Schweizer Rundschau, III, 11, 1936.
15. A. *Mitscherlich* „Freiheit und Unfreiheit in der Krankheit", Hamburg 1946.
16. K. *Horney* „The neurotic Personality of our Time", New York 1937.
17. H. *Schultz-Hencke* „Der gehemmte Mensch", Leipzig 1940.
18. G. *Roheim* „Die Völkerpsychologie und die Psychologie der Völker", Imago XII, 2/3 (zu Freuds 70. Geburtstag), 1926.
19. W. *Jurinetz* „Psychoanalyse und Marxismus", Unter dem Banner des Marxismus, I, 1925.
    J. *Sapir* „Freudismus, Soziologie, Psychologie", Unter dem Banner des Marxismus, III, 1929 und IV, 1930.
20. W. *Reich* „Charakteranalyse", Wien 1933.
21. W. *Reich* „Der masochistische Charakter, eine sexualökonomische Widerlegung des Todestriebs und des Wiederholungszwangs".
    S. *Bernfeld* „Die kommunistische Diskussion um die Psychoanalyse und Reichs Widerlegung der Todestriebhypothese", beide: Intern. Zeitschr. f. Psa., XVIII, 1932.
22. S. *Bernfeld* „Sisyphos oder die Grenzen der Erziehung", Leipzig-Wien-Zürich 1929.
23. F. *Alexander* „Die soziologische und die biologische Orientierung in der Psychoanalyse", Imago XXIII, 2, 1937.
24. F. *Alexander* „Irrationale Kräfte unserer Zeit", Stuttgart 1946
25. E. *Fromm* „Die Entwicklung des Christusdogmas, eine psychoanalytische Studie zur sozialpsychologischen Funktion der Religion", Wien 1931, Sonderabdruck aus Imago XVI, 1930.
26. beide: Zeitschrift für Sozialforschung 1932.
27. E. *Fromm* „Sozialpsychologischer Teil" in „Autorität und Familie", Paris 1936.
28. E. *Fromm* „The Fear of Freedom", London 1943.
29. A. *Kardiner* „The Psychological Frontiers of Society", in Zusammenarbeit mit R. *Linton*, C. *du Bois*, J. *West*, New York 1945.
30. siehe O. W. *Haseloff* „Referat über Margaret Mead: Sex and Temperament in Three Primitive Societies", Psyche I/3, 1948.
31. K. *Lewin* „Experiments on Autocratic and Democratic Atmospheres", Social Frontier, IV, 1938.
    K. *Lewin*, R. *Lippit*, R. *White* „Pattern of Aggressive Behaviour in Experimentally Created Sozial Climates", Journ. Soc. Psych., X, 1939.
32. Th. *Mann* „Die Stellung Freuds in der modernen Geistesgeschichte", Die psychoanalytische Bewegung, I/1, 1929.
33. M. *Weber* „Die protestantische Ethik und der Geist des Kapitalismus" in „Gesammelte Aufsätze zur Religionssoziologie", 4. Aufl., Tübingen 1947.
34. O. W. *Haseloff* „Stand und Entwicklung der Tiefenpsychologie", 2. Teil, Pädagogik I/2, 1946.
35. E. *Wexberg* „Arbeit und Gemeinschaft", Leipzig 1932.
36. H. *Schultz-Hencke* „Die Tüchtigkeit als psychotherapeutisches Ziel", Zentralblatt für Psychotherapie, VII, 1/2, 1934.
37. H. *Schultz-Hencke* „Neopsychoanalyse" (Heft 6, 3. Jahrgang 1950).
38. S. *Freud* „Das Unbehagen in der Kultur", XII (1931, 2. Aufl.).

[1] Wir zitieren *Freud* nach den Gesammelten Schriften. Die zur Bezeichnung des jeweiligen Bandes hinzugefügte Jahreszahl gibt an, wann die zitierte Arbeit erstmalig erschienen ist.

*(Dozent Dr. Otto Walter Haseloff, (1) Berlin-Zehlendorf-West, Am Schlachtensee 2)*

## Vom Wesen des Schmerzes.

Von

HUGO MEURER

Der Schmerz ist eine Störung der harmonischen Empfindung, von der einfachen persönlichen Unlust bis zu dem erschütternden Zusammenbruch der Vitalität; der Schmerz ist ein Erlebnis des primitiven und des differenzierten Menschen.

Der *Begriff* des Schmerzes ist nur als Form einer speziellen Empfindungsqualität zu definieren, die in die Gesamtgefühlslage eingeordnet ist. Die *Schmerzempfindung* ist die Rezeption eines Vorganges, der eine komplexe, zugleich seelische und körperliche, für das Individuum teils erkennbare, teils nicht erkennbare Gestaltungsbahn durchläuft. Der die spezifischen Rezeptoren der Peripherie treffende Reiz erreicht das cerebrale Zentrum und erfährt hier seine Verarbeitung zur endgültigen *bewußt* empfundenen Form, die als „*Schmerz*" zum subjektiven Begriff wird. Die Resonanz des Schmerzreizes in der Gefühls- und Reaktionssphäre des Organismus hängt nicht nur von der *Reizstärke*, sondern auch von der *Entstehungsart* und der Qualität *(Ge-*

*staltungsbereich)* einerseits, und von der momentanen Funktionslage des Empfindungs- und Verarbeitungssystems andererseits, kurz von dem *seelischen Gefüge* ab, wenn man durch das Wort „Seele" die individuelle, als solche nicht körperlich adäquat wiederzugebende Disposition des fundamentalen innerlichen Erlebens ausdrücken will.

Der Schmerzvorgang zwingt zu einer Analyse auf physischem und psychischem Gebiete. Die Summierung mehrerer Komponenten dieses Ereignisses, dessen Beginn ein einfacher mechanischer Vorgang sein kann, der auf dem Wege bekannter anatomischer Vorstellungen mit der Sicherheit alltäglicher Experimente zu verfolgen ist, führt bei gleicher somatischer Grundlage zu ungemein wechselvollen Reaktionen, die letzten Endes für die Quantitäts- und Qualitätsdefinition dieses Vorgangs bestimmend sind.

In der Physiologie des Menschen, einer doch recht exakten Naturwissenschaft, nimmt der Schmerz in der *Sinnesphysiologie* ebenfalls schon eine Sonderstellung ein. Man bezweifelt, ob die Schmerzempfänger überhaupt als *Sinnesorgane* angesprochen werden dürfen, und vertritt die Meinung, daß es einen adäquaten Reiz für die Schmerznerven nicht gibt, und daß die verschiedensten Umweltvorgänge, wenn sie zu einer *Schädigung* des Gewebes führen, Schmerzempfindung verursachen. Die Auslösung von Schmerzen an der Körperoberfläche ist aber an eigene Nervenendigungen gebunden, und auch die von hier nach dem Gehirn führenden Bahnen laufen im Rückenmark, im verlängerten Mark und im Hirnstamm von anderen Nervenleitungsbahnen streng getrennt. Man nimmt neuerdings an, daß nicht die direkte *mechanische* Einwirkung auf die perzipierenden spezifischen Nervenendigungen unmittelbar den Schmerz auslöst, sondern daß mittelbar die mechanische Einwirkung durch eine *chemische* Veränderung innerhalb des Epithels die Reizung der Nervenendigungen erst herbeiführt. Der besondere Charakter dieser *Sinnesphysiologie des Schmerzes* tritt sehr deutlich auch dadurch zutage, daß die Schmerzreize das *vegetative Nervensystem* beeinflussen. Als Beispiel sei angeführt, daß schon geringe Schmerzen bei gesunden Menschen zur Pupillenerweiterung, Blutdruck- und Pulsänderungen und zu Schweißausbrüchen führen. Der Schmerz erweist sich dadurch als ein erheblicher Eingriff in das gesamte Geschehen des Organismus. Die Kenntnis der Schmerzphysiologie, der Anatomie des Schmerzempfindungs- und Schmerzleitungssystems ermöglicht es der modernen Chirurgie, durch Eingriffe an diesen Leitungsbahnen, an peripherer oder an zentraler Stelle, eine *operative Schmerzbekämpfung* zu einer Methode auszubauen, von der mit zunehmender Häufigkeit Gebrauch gemacht wird. Zahlreiche Menschen mit unerträglichen Schmerzen bei inoperablen Geschwülsten, mit besonderer Lokalisation im Bereich großer Nervengeflechte, können auf diese Weise bis zum Ende schmerzfrei gemacht werden. Viele Krankheiten, deren Symptom überhaupt nur im Schmerz liegt, wie Neuralgien, werden durch diese „*Chirurgie des Schmerzes*" geheilt.

Das *Problem des Schmerzes* und seiner *Bekämpfung* erschöpft sich auch für den Arzt und Naturwissenschaftler keineswegs in der anatomischen-physiologischen Erforschung dieser Empfindungsqualität. Eine befriedigende Deutung dieses sinnesgebundenen Vorganges ist nur gemeinsam mit dem *Psychologischen* möglich. Der Schmerz als persönliches Erlebnis primitivster Art bis zu einer Form höchster und verwickelster Störung des Gefühlslebens führt immer nur zu Erklärungsversuchen, die so personengebunden sind, daß jeder Deutungsversuch der Gesamterscheinung verschieden sein muß, wenn diese sich auch auf dem Boden der somatischen Tatsachen physiologischer Erkenntnisse aufbaut.

Was die *Größe* dieses Erlebnisses ausmacht, ist außer der Quantität und Qualität des Reizes und der momentanen Reaktionslage des empfindenden Systems, die verstandesmäßige Wertung und Verarbeitung einer Empfindung, die im speziellen Fall *negativistisch* ist. Bei dem Schmerzfunktionsablauf sind Ursache und Wirkung, körperliche und geistige Komponente sofort zu erkennen, und die einfache Beobachtung des täglichen Lebens und des eigenen Erlebens kaschiert durch die scheinbare Primitivität den tatsächlich komplizierten Reaktionsablauf.

Der *exogene* Schmerz hat einen spezifischen Charakter. Wir empfinden ihn in der einfachen Form als spitz, stechend, stumpf, brennend; wir lokalisieren durch den peripheren Empfindungsapparat solche Reize als umschrieben klein oder flächenhaft groß; wir perzipieren den Ort der Einwirkung und haben durch die Erfahrung gelernt, die Ursache dieser Zustandsänderung oft sofort zu erkennen und zweckmäßig darauf zu reagieren. Diese Ursachen sind praktisch unbegrenzt, die Erzeugung ihres subjektiven Schmerzzustandes und ihre Auswirkung auf den Organismus sind nach der Persönlichkeitsstruktur *graduell* verschieden.

*Der Reiz allein ist noch nicht der Schmerz*, er löst nur eine Reaktion aus, die dann zum Schmerz wird, wenn die Verarbeitungssphäre des Organismus ihn dazu macht. Wir bezeichnen eine Empfindung als schmerzhaft, in der banalen Form eines absoluten und für alle Menschen in gleicher Weise gültigen Reizes, z. B. den Stich mit einer Nadel. Man kann nicht behaupten, daß es sich dabei um ein „*Erlebnis*" handelt. Es gibt also viele unkomplizierte Ursachen, die eine Reaktion auslösen, die in jedem Fall als Schmerz gelten kann. Aber auch ohne das Charakteristikum des Erlebnisses wird er als verschieden *empfunden* werden. Und *zum Schmerz gehört ein bestimmter Grad des Empfindens und Handelns.* Die *Stärke* des Reizes liegt nicht in der absoluten Größe, sondern in der individuellen Wirkung, die natürlich im allgemeinen dem Potential der Noxe entspricht, aber doch nur *eine* Komponente der definitiven Wirkung ausmacht. Die individuelle Einstellung, die Schmerzerwartung und Bereitschaft, bewußt gewollte und durch einen aktiven Willensvorgang erzeugte Einstellung, erlauben keine Größenbestimmung des Schmerzreizes im voraus. Jede Definition schmerzverursachender Reize kann nur eine relative sein, und sie ist praktisch nur für die Grundarten einfacher Reizvorgänge zutreffend, wobei theoretisch auch schon bei diesen die verschiedensten Abstufungen bestehen. Es ist deshalb *unmöglich, eine absolut geltende Zusammenstellung schmerzerzeugender Reize vorzunehmen.*

Gibt es überhaupt einen ursächlichen Faktor, der *allen* Menschen Schmerzen verursacht? Wenn Millionen die versengende Wirkung einer Flamme als heftigsten *körperlichen* Schmerz empfinden, so fühlt der *eine* Hysteriker sie als Lust, nicht, weil er das verstandesmäßig wünscht, oder weil er den Schmerzreiz bewußt zu einer Lustempfindung wandelt, sondern weil diese uns paradox erscheinende Wirkung seinem *Wesen* entspricht.

*Das Wesen, als persönliche reaktionsfähige Bereitschaftsmöglichkeit des Ich in der Umwelt, ist das Individuelle des Typs in der artgleichen Umgebung.*

Der *körperliche Schmerz* erhält sein Attribut nur durch seinen Angriffspunkt im Organismus. Die Veränderungen in der Empfindungslage, die im Augenblick der Einwirkung hervorgerufen werden, lokalisieren ihn und charakterisieren ihn als solchen.

Wir trennen in der Gruppe der *körperlichen* Schmerzen die an der *Körperoberfläche angreifenden* von denen, von den *inneren Organen* ausgehenden Schmerzsensationen. Der fundamentale Unterschied innerhalb derselben Gruppe zeigt sich sofort im Unvermögen speziellerer Lokalisation und in der mangelhaften und vagen Charakterisierung des Empfindens in Qualität und Quantität der inneren Organschmerzen. Wir bestimmen hier den Ort des schmerzlichen Empfindens nur in groben Bezirken (Bauch, Brust, rechts, links usw.) und zur Schilderung solcher Empfindungsqualitäten stehen uns im allgemeinen nur wenig Ausdrucksmöglichkeiten zur Verfügung, so daß schon in einer Exploration zur medizinischen Diagnose wichtige Angaben auch beim Intelligenten zielstrebig erfragt werden müssen.

*Der Versuch subjektiver organspezifischer Bestimmung des internen körperlichen Schmerzes erfordert eine verstandesmäßige Verarbeitung. Er ist im allgemeinen nicht zu der Primitivreaktion des peripheren Schmerzes fähig.*

Es gibt eine *Organspezifität* des Schmerzes innerer Organe, die aber nicht so differenziert bewußt wird, daß sie eine strenge subjektive Abstrahierung zuläßt.

Die genaue Lokalisationsmöglichkeit des peripheren Schmerzes ist durch die hier vorhandenen nervenphysiologischen Bedingungen gegeben. Die Schmerzhaftigkeit innerer Organe *an sich* ist nur unter gewissen Voraussetzungen vorhanden. In der Regel entstehen *dort* Schmerzen bei *Organzustandsänderungen,* die ursächlich auf Durchblutungsstörungen im Sinne der Minderdurchblutung beruhen, oder bei anderen Ursachen, die solche Durchblutungsänderungen im Gefolge haben. Die Intestinalorgane des Bauchraums, des Brustkorbes und der Schädelhöhle sind durch das Fehlen *spezifischer Schmerzempfänger auf Reize wie Kneifen, Schneiden* usw. nicht schmerzhaft. Auch die Berührung des Herzens ist nicht schmerzhaft. Eine Durchblutungsänderung als Minderdurchblutung mit Anoxämie, verursacht bei der sog. Angina pectoris heftigsten Herzschmerz. Treten also Schmerzen in den verschiedenen Leibeshöhlen, Schmerzen innerer Organe auf, so kommen diese bei der fehlenden Spezifität organeigenen Empfindens nicht primär als solche zur Geltung, sondern erst durch sie begleitende Reizeinwirkungen auf schmerzempfindliche Gebiete der Umgebung.

*Reiz und Ort* bestimmen die Schmerzwirkung. Die *neurogene funktionelle Koppelung der inneren Organe,* besonders der in derselben Leibeshöhle oder gemeinsamer Hauptleitungsbahnen großer Nervenabschnitte des vegetativen Systems, *verhindert, im Gegensatz zu der streng peripheren Segmentation der Körperoberfläche, eine ins einzelne gehende Lokalisation.* Das unterschiedliche Schmerzerlebnis, peripher-tiefendimensional, ist dadurch weitgehend verständlich und das Tiefendimensionale wird, sowohl objektiv als auch subjektiv, in erster Linie zur *Krankheit.* Der *Angina-pectoris-Anfall* aus organischen Ursachen, z. B. thrombotischem Verschluß der Herzkranzgefäße, ruft seinerseits wieder organische und funktionelle Zustände hervor, die als *Krankheit* im eigentlichen Sinne gelten. Das schmerzbedingte Bild schwersten Leidens steht aber dabei für den Befallenen, den beobachtenden Laien und selbst für den um Ursache und Wirkung wissenden, die morphologischen Substrate erkennenden Arzt, absolut im Vordergrund, so daß der Schmerz an sich die *Krankheit* bildet.

*Der Schmerz kann Krankheitssymptom und Krankheit selbst sein.* Als Krankheits*symptom* kann er zweckmäßig als Warner und Wegweiser dienen; er kann aber auch eine qualvolle Begleiterscheinung einer organischen Krankheit sein und deren inneren und äußeren Charakter absolut bestimmen. Der Reiz ist dann als Schmerz im Hinblick auf das Erlebnis die Krankheit selbst, und der dabei ablaufende Vorgang von Reiz-Verarbeitung und Empfindung gestaltet das äußere Krankheitsbild.

Die „*Facies dolorosa*“, das Leiden eines Lebewesens, fordert gebieterisch den Kampf gegen den Schmerz als Ding. Wir kennen als Krankheit *sui generis* den Schmerz schlechthin und ohne faßbare morphologische Veränderung. Als Prototyp dieser Gruppe erwähnen wir die sogen. *Trigeminusneuralgie.* Der schmerzerzeugende Reiz oder deren mehrere sind im Einzelfall meist unbekannt; der Anfall selbst ist das fürchterliche Schmerzerlebnis par excellence. Bei der häufigen Wiederholung dieser „*Tic douloureux*" schließt schon das kurze freie Intervall die schmerzliche Furcht vor der baldigen Wiederholung in sich.

*Das rein seelische Schmerzerlebnis* ist ein derartig komplexes Bild von Ursachen, Wertung und Reaktion des Befallenen, daß eine differenzierte Analyse unmöglich ist. Noch im Bereich sogen. „normaler" Reaktionen erkennen wir die quantitative und qualitative Abhängigkeit der Erlebnisgröße von dem seelischen Trauma. Doch auch hier bestimmt die Individualität der befallenen Existenz das Bild. Die erzeugte Schmerztiefe läßt keinen sicheren Rückschluß zu, da ihr der Reiz nicht immer adäquat ist, und an der Grenze vom sogen. *sensiblen* Menschen zum sicher pathologisch *depressiven*, die Möglichkeiten einer Trennung nicht mehr vorhanden sind. Hier ist das *körperlose* Schmerzerlebnis die Krankheit selbst. Auch die Reize, die die sog. seelischen oder inneren Schmerzen erzeugen, sind zahllose, und viele Vorgänge werden erst durch die spezifische, individuelle, schmerztendierende Empfindungslage zu Schmerzreizen gemacht.

*Es ist die Seele, die die Tiefe und Qualität der Empfindung bestimmt.* Es ist die Verarbeitungsfähigkeit und das Potential der Anlage der Gefühlssphäre des Individuums, die die momentane Zustandsänderung bedingen; kurz, *es ist der Mensch in der ihn stets beeinflussenden Umwelt.*

Was wir selbst bei guter Schulung in psychischer Analyse erkennen, kann die übertriebene Affektäußerung mäßigen schmerzlichen inneren Erlebens sein, dem die wirkliche Tiefe fehlt, oder aber die affektarme Reaktion auf eine beträchtliche negativistische Destruktion, die dann zur Überraschung der Umgebung mit dem Suicid enden kann. Wir kommen auch hier, wie bei der Besprechung des körperlichen Schmerzes, zu dem Schluß, daß ein absoluter Maßstab nicht festzulegen ist, und daß speziell in dieser letzten Gruppe eine Einteilung nach Grad und Stärke nicht möglich ist. Die Reaktion so schmerzbetroffener Individuen kann in der subjektiven Empfindungsstärke und in der Affektion in allen Gruppen, körperlich (peripher und tiefendimensional) und seelisch-körperlos, die gleiche sein. Das Ergebnis eines Schmerzablaufes wird nur durch die Individualität der Person bestimmt und begrenzt. Sie ist es, die den Begriff des Schmerzes im Augenblick qualifiziert. Die Erforschung der Kausalitätsbegriffe ist eine objektive Analyse der Klärung mit dem gedanklichen Hintergrund einer realen oder psychischen Abhilfe durch den Betroffenen selbst oder durch einen Zweiten. Sie stellt somit schon eine *zweite Stufe* des Schmerzproblems dar und ist nur mittelbar mit dem subjektiven Erlebnis verbunden. So ist es wohl richtig, das Problem in einer Form weiterzuführen, die der Schmerzursache selbst eine differenzierende Sonderstellung einräumt, und das gegebene, nun einmal gleich wie immer entstandene Ergebnis, den Schmerz, ganz allgemein als negativistische Zustandsänderung der Gefühlslage auffaßt.

*Der Schmerz ist ein Substrat unserer Persönlichkeit und ein Eckstein in dem bunten Mosaik des Lebens.* Sein Potential bestimmt sehr wesentlich die individuelle Vitalität, wenn auch seine triviale Alltagsform keine besondere Nuance erkennen läßt.

Wie steht es hinsichtlich der Schmerzempfindlichkeit mit den so viel belächelten „empfindlichen Menschen"? Sie *empfinden* eben auch dann und immer bei Ereignissen, die andere unberührt lassen. Es gibt eben die spezielle Fähigkeit, nicht nur Schmerzen als besondere Empfindungsqualität schlechthin zu *registrieren*, sondern diese zu *erleben*, wie es auch das so verschiedene Erleben der Freude gibt. Diese Gegensätze in Ursache und Wirkung sind übereinstimmend in der Resonanz, die ihnen die Typisierung der betroffenen Persönlichkeit ermöglicht und die in deren subjektivem Ausdruck sichtbar wird.

*Die Frage nach dem Sinn des Schmerzes* beschäftigt seit alters her und sicherlich auch in aller Zukunft den Einzelnen und die Gesamtheit. Von der primitiven, vulgären und recht billigen religiösen Erklärung, die zugleich ein Trost sein soll und kraftspendend für weiteres Dulden, bis zur sezierenden Analyse philosophischer Sentenzen, stellen solche Erklärungsversuche nur allgemeine Rahmengerüste dar, in die jeder *à son goût* seine eigene *Pietà* einbauen kann, um erschauernd und *doch zufrieden* sich selbst davorzustellen. Solche Erklärungsversuche schließen ganz allgemein das verständliche Bedürfnis der „*egoistischen Zufriedenstellung*" in sich. In dem speziellen Fall des Schmerzes ist die Betonung des „*Befriedigtwerdens*" besonders ausgeprägt; eine Befriedigung, die so weit gehen kann, daß sie selbst zum mächtigen Symbol einer bestimmten Lebensauffassung werden kann. Das *Schmerzenertragen*, das Erdulden, wird im *Extrem zum Sinn des Lebens schlechthin.* Die Selbstvernichtung als gesteigertes Gefühl einer Lebensfreude in Perversitas, kann hier höchste Lust bedeuten und stellt eine tendierte Umwandlung des normalen Schmerzbegriffes dar. Man ist glücklich in seinem Schmerz, ähnlich wie der passive Sadist in der erduldeten Qual höchste Befriedigung findet. Eine Schmerzlüsternheit, wie sie sich exemplarisch in der pervertierten Sexualität, aktiv oder passiv, manifestiert.

Das *Leid* spielt im Leben der Menschen eine überwältigende Rolle. Will es nicht scheinen, als ob das *Glück* und die *Freude* dabei zu kurz kommen? Die Religionen aller Völker und aller Zeiten verdanken letztiglich dem *Schmerz* ihre Existenz. In manchen Zeitabschnitten sehen wir ihn zum Ideal, zum Gott, erhoben; es entstehen Auswüchse wie die Geißelbrüder, und die verzichtenden und büßenden Kongregationen beiderlei Geschlechtes repräsentieren bis in die Neuzeit Institutionen des „*fröhlichen Leidens*". Die *Destruktion* in der Gefühlslage dieser Menschen ist bei einer solchen Auffassung und Einstellung zu Glück und zu befriedigender Empfindung des Daseins gegenstandslos. Die Umkehr eines ursprünglich negativistischen Gefühls in eine positivistische Reaktion, zum Ja, zur Zustimmung, ist unnatürlich und stellt eine bewußte Gestaltung dar, deren Umwertung auf der tendenziösen Erziehung und auf dem Einfluß zweckbetonter Institutionen beruht. Diese Formierung, die nachweislich doch in der Lage ist, eine so vitale und natürliche Beziehung zu einer *Reaktionsumkehr* zu zwingen, erhält seine Kraft durch eine Eigenschaft, die, wie wir noch sehen werden, mit dem Schmerzproblem eng verbunden ist. Die mächtige Potenz wird dargestellt durch das *Mitleid;* das Mitleid mit sich selbst, das Leiden mit dem Gefühl des Bedauerns, das *Bemitleiden* und das Bedauern, schließlich von uns selbst. Hierbei lautet die Antwort auf die Frage nach dem Sinn des Schmerzes selbstverständlich in einer Tonart, die dem Vorgang absolut konkruent ist. *Buße*, *Sühne*, *gottgewollt*, „in Schmerzen sollst du Kinder gebären, im Schweiße deines Angesichtes dein Brot verzehren" usw. Zugegeben, es ist billig, aber die Masse befriedigend. Es ist *eine* Antwort! Ist eine bessere zu erwarten? Antworten sollen Erklärungen sein, sollen befriedigen; ist diese nicht universal? Sie hat den Vorteil, das Nachdenken zu ersparen. Kleinigkeiten können nach persönlichem Geschmack geändert werden. Und wie groß ist die Zahl derer, die sich mit dieser Antwort seit alters her begnügen. *Man erlebt* Gemeinschaft, Stärke, Masse, Fanatismus.

*Aber alle führen den Kampf gegen den Schmerz*. Und der Betroffene führt ihn selbst auf seine *persönliche* Art. Auch die eben beschriebene Umwandlung *destruktiver* Erlebnisse an sich in eine positive *lebenserhaltende* Befriedigung, ist die Methode einer Kampfführung mittels siegreichen Rückzuges. Das „Es muß so sein", das „Gott will es so", das „Ich büße". Zweifeln Sie noch? Es wäre Blasphemie. Die „Strafe", d.h. wenn es trotzdem immer schlechter wird, bestünde zu Recht. Verstehen Sie jetzt, warum Sie leiden? Deshalb!

Allerdings, der *körperliche Schmerz* ist gemeiniglich doch etwas anderes; im qualitativen Unterschied der Empfindung und der Ursache. Ein siegreicher Kampf gegen diesen Schmerz wird erwartet *und* gefordert. Dieses Gebiet nun ist die glückliche Domäne des Arztes; eine Schlacht gegen einen Feind, den zu besiegen geeignete Waffen immer wieder aufs neue geschmiedet werden. Hier ist die Alteration unserer Empfindungsstruktur zumeist eine akute; ihre Stärke und Heftigkeit erzeugt die aufdringliche Facies der Qual und des erlittenen Schicksals. Das schmerzenmindernde Medikament ist heute eine Selbstverständlichkeit, wie auch der dann erzeugte schmerzfreie Zustand mehr selbstverständlich als beglückend ist. Wir sprachen schon von der *Trigeminusneuralgie*, von den schmerzhaften Anfällen, die zum „rasend werden" sind, die „keine Lebensfreude mehr aufkommen lassen", kurz, einer Krankheit, die den schwer Betroffenen zu einem Objekt minütlicher Folterung macht. Nach der erfolgreichen Beseitigung dieses Zustandes durch irgendeine der verschiedenen Operationen des Neurochirurgen, finden wir natürlich einen dankbaren Genesenden, der aber ohne die *Tiefe eines Echos ist*, das nach den oft Jahre hindurch erlittenen Qualen logischerweise zu erwarten gewesen wäre. Wir haben Hunderte von Dankesbriefen durchgesehen, die von solchen erfolgreich operierten Menschen geschrieben wurden. Die unbeholfenen Sätze einfacher Kranker und auch die elegante Stilistik Hochintelligenter zeigen nur selten einmal ein der vorangegangenen Qual adäquates Bild. Worin liegt hier die Ursache?

Der *periphere körperliche Schmerz* hat eben einen *bewußten* und *unbewußten* Angriffspunkt, und seine akute Reaktion ist ein Reflex. Im Rauschstadium der Inhalationsnarkose, im Beginn einer intravenösen Anästhesie (Evipan, Eunarcon) erzeugt ein Schmerzreiz immer noch örtliche Abwehrreaktionen und das allgemeine Bild der Schmerzempfindung des Organismus, wie es sich im Aufbäumen des Körpers, in schmerzhaften Grimassen usw., äußert, obgleich der so Narkotisierte den Schmerz an sich nicht mehr empfindet, d. h. ihn wegen des eingetretenen Rauschstadiums nicht mehr erlebt. Er ist durch diese Reize nicht mehr erweckbar, und es fehlt jede Erinnerung an diesen Vorgang. Auf das nicht mehr mit Bewußtsein Empfundene reagiert das Individuum reflexartig trotzdem in einer Form, wie es bei dem Nichtnarkotisierten der Fall ist. In diesem Sonderfall des Ablaufes einer Schmerzreaktion zu Beginn einer narkotischen Bewußtseinsausschaltung ist die doch recht scharfe Trennung von *Bewußt* und *Unbewußt* in bezug auf die Schmerzreaktion gut zu erkennen. Zur *bewußten* Empfindung gehört die Möglichkeit der *kritischen* Bewertung eines Vorganges. *Sie* ist keine autonome Eigenschaft, und in ihrer Stärke ist sie zu der Größe des bewußten Agens direkt proportional. *Somit wird die Größe des Schmerzerlebnisses bestimmt durch eine bewußt-kritische Komponente, und die Stärke der sichtbaren Reaktion gewinnt ihren wechselnden, individuellen Impuls durch den unbewußten Reflexvorgang.* Das „Sind Sie aber empfindlich"! ist gar keine Kritik an der Möglichkeit, Schmerzen zu ertragen, sondern die nüchterne Vorstellung der individuellen Reflexqualität. Natürlich überschneiden sich die Kreise des *Bewußten* und *Unbewußten.* Der Alltagsschmerz bleibt Reflex; der Ausnahmefall einer ungeheuren Schmerzempfindung mit großer spontaner Reaktion schafft das erlebte Bewußtsein, von dem noch lange Zeit später erzählt wird. Aber auch hier fehlt dann noch die Tiefe des Nachhalles. Je nach der Ausdrucksmöglichkeit kann ein solches Erlebnis verschieden eindringlich geschildert werden, ohne daß es aber auch als echte *Remineszenz* gefühlsmäßig *reproduzierbar* ist. Das ist eben typisch für den körperlichen Schmerz: *sobald er erlebt ist, und wenn es schrecklichstes Erleben war, ist er vorbei, ohne in dem Wesen eine Spurung zu hinterlassen, die weder post hoc, noch nach längerer Zeit, das Ereignis sensitiv reproduzierbar macht.* So ist es leicht zu verstehen, daß die geheilten Trigeminusneuralgie-Kranken bei der Sichtung ihrer späteren Schilderung nur eine mäßige Dankbarkeit erkennen lassen. Denn die Angst vor der Wiederkehr neuer Schmerzanfälle ist keine bewußte *Ahnung* des vorangegangenen Schmerzerlebnisses, sondern einfach das Wissen um die zu erwartenden Schmerzen schlechthin. Der Gedanke an eine anästhesielose Zahnextraktion macht uns schaudern, weil wir einfach wissen, daß es schmerzt. Aber bei aller Bemühung können wir uns nicht vorstellen, wie frühere Schmerzen dieser Art, die wir erlebt haben, bewußt empfunden werden. *Dem körperlichen Schmerz fehlt, wie man sieht, eine Resonanz, die die Reproduktion ermöglicht.*

*Ganz anders der seelische Schmerz.* Es ist den meisten Menschen, die über eine Primitivreaktion hinaus differenziert sind, möglich, über die Erinnerungsbrücke früher erlebten Leides zu einer seelischen Qual dieses vergangenen Ereignisses zurückzufinden und visuell in den damals vorhandenen Zustand mit allen Empfindungsqualitäten zu kommen. War dieses Ereignis groß genug, so ist eine Reproduktion für Jahre und evtl. für das ganze Leben möglich. Dieser Vorgang eines bewußten und kritischen Erlebens hat also die spezifische Gefühlsstruktur so verändert, daß die entstandene Bahnung ein gezieltes Nacherleben möglich macht und eine entsprechende Wesensänderung, die auch hierin der früheren entspricht, hervorruft.

*Der Schmerz fordert Hilfe.* Nicht nur der Arzt als Helfer von Beruf, sondern jeder Mensch möchte einem Leidenden helfen. *Das ist die Wirkung eines Schmerzablaufes auf die Umgebung des betroffenen Individuums.* Durch die Gewöhnung an diesen Vorgang scheint es uns nicht mehr so merkwürdig, wie es im Grunde ist, daß ein solches reflexartiges Helfenwollen jetzt ganz natürlich ist. Es ist geradezu charakteristisch für die Umweltbeziehung des Menschen; es ist maßgebend für seine Kontaktfähigkeit und für die selektive Eigenschaft des Einzelwesens zum Gemeinschaftsleben. Vielleicht wäre ohne diese Fähigkeit jede Gemeinschaft überhaupt ohne Grundlage, und ohne diese gäbe es wohl auch im politischen Sinne keinen Staat. Als subjektiver Vorgang verwandelt das Leid die Objektivität, wenn man sich nicht mit Willen davor verschließt. Wie groß muß also die ausstrahlende Kraft einer solchen schmerzreaktiven Veränderung sein, daß sie auch in der Umgebung eines direkt Betroffenen den Vorgang des Helfens oder zumindest des Helfenwollens auslöst.

Phantastischer Gedanke, was dann eintreten würde, wenn diese Eigenschaft verlorenginge oder wenn sie nie bestanden hätte. So zeigt sich, daß das *Symptom des Helfenwollens* zum wichtigen Bestandteil des *Syndrom* des Schmerzes gehört. Jede Gemeinschaft würde sich auflösen, und die Vernichtung der Menschheit im Sinne einer Gemeinschaft wäre besiegelt. Auch die Medizin bestünde nicht ohne diese Mensch-Mensch-Reaktion. *Der Medizinmann* ist der Helfer der Primitiven, *die moderne Armee der Ärzte* ist die helfende Organisation der modernen Zeit. *Die Religion* ist eher Trost als echte Hilfe, den sie auch nur dem absolut Gläubigen gewähren kann.

*Hier liegt die Antwort auf die Frage nach dem Sinn des Schmerzes in der Welt unseres Seins: Er ist der Garant der Gemeinschaft und die Kette von Mensch zu Mensch.* Er ist keine Strafe und keine Buße in der religiösen Deutung.

Sind die *bewußte* und die *unbewußte Komponente,* die zu jedem Schmerzvorgang gehören, unveränderliche Größen, die vielleicht weitgehend die Individualität bestimmen, und die durch die Verhältnisgröße zueinander, konstant oder gleitend, die Erlebnisqualität schaffen? Gibt es mehr *Schmerzreflexmenschen* oder *Schmerzerlebnismenschen,* und ist der seelische Schmerz ausschließlich *bewußter* Schmerz in höchster Potenz?

Bei voll erhaltenem Bewußtsein erfahren wir bewußt auch den Reflexschmerz. Seine reaktiven Äußerungen entsprechen im allgemeinen denen, die auch der Bewußtseinsgetrübte, natürlich nicht Komatöse, erkennen läßt. Abweichungen von dieser reflexbedingten Grundreaktion werden durch unseren *Willen* determiniert.

Wenn wir z. B. das Zurückziehen der Hand bei einem Nadelstich beherrscht vornehmen, oder unsere sprachlichen Äußerungen in Form und Lautstärke mäßigen, so entsprechen diese Reaktivhandlungen in ihrer Anlage den *unbewußten* Schmerzäußerungen; sie sind aber durch unser *Bewußtsein geformt*. Ein aktiver Denkprozeß verwandelt die unbewußten Reflexe zu dem, als was sie jetzt erscheinen. Vielleicht gibt es kein absolutes „weniger schmerzempfindlich" in normalen Grenzen, sondern nur die besondere Fähigkeit zur quantitativen Umwandlung.

Das heißt, daß bei normalem peripheren und zentralen Nervensystem der Schmerzreiz immer größenadäquate Reaktionen auslöst. Das was in Erscheinung tritt, ist nie die absolute Schmerzrealität, sondern das Produkt von Schmerzreizgröße und individuellem aktiven Willensvorgang. Ob dieser selbst ein Kampf der Persönlichkeit an sich gegen den Schmerzvorgang ist, oder ob dieser Willensvorgang genetisch erziehungsmäßig ist, ist noch eine zu entscheidende Frage. „*Man beherrscht sich!*" Diese Fähigkeit ist individuell verschieden. Eine Beherrschung setzt die bewußte Schmerzkomponente voraus, die dann den aktiven Willensvorgang, einen verwickelten Denkprozeß, zur Auslösung bringt. Das „*Ich will*", „*die Ablenkung*" und viele andere Momente summieren sich zu dem sog. „Beherrschungsvorgang". Im extremen Fall ist unser Wille in der Lage, den Reflex bewußt zu unterdrücken. *Triumph des Geistes über den Instinkt!* So ist es eine lange Skala der bunten Möglichkeiten reeller persönlicher Äußerungen im Schmerzablauf, vom jämmerlichen Schwächling bis zum asketischen Dulder.

Die *Gewöhnung an den Schmerz*. Es erscheint mir fraglich, ob es das im strengen Sinne wirklich gibt. Vielleicht ist in einem solchen Fall scheinbarer Gewöhnung der Schmerz kein Schmerz mehr im Sinne unserer Definition. Ein unheilbarer Kranker mit chronisch starken Schmerzen ändert unbewußt seine Kritik gegenüber dem *Erträglichen* und *Unerträglichen*. Seine Schmerzäußerungen werden weniger affektvoll; die *unbewußte* Reaktion stumpft ab und erschöpft sich. *Diesem Schmerzerlebnis fehlt die Atmosphäre der Einmaligkeit*. Es besteht also keine Gewöhnung im Sinne des Wortes, sondern diese Form schmerzvoller Zustandsänderung stellt einen ganz anderen Vorgang dar, als den, den wir bis jetzt kennengelernt haben. Einem solchen Prozeß fehlt die Reaktion des aktiven, willensmäßigen, subjektiven Gegenangriffes. Diese Wesensänderung ist in ihrer Wirkung keine temporäre, sondern eine totale, andauernde, und deshalb von Nachhall. Es entsteht das *seelische* Schmerzerlebnis mit der psychischen Destruktion und dem Charakteristikum wirklichen *Leids*.

Wir stellen also fest, daß die *Zeit* eine wichtige Komponente in einem Vorgang darstellt, der durch sie einen völlig anderen Charakter erfährt. Die *Dauer* der Einwirkung bestimmt hier das Erlebnis schlechthin, weitaus mehr, als die *Einwirkungsgröße* selbst. Es kommt nur darauf an, den Schmerz zu erleben, um bei körperlichen, wie bei seelischen Ursachen, ein Subjekt des totalen Leids zu werden. Das Geschehen beim chronisch Schmerzkranken steht unter dem Gesetz der *Passivität*. Die Veränderung der Gefühlslage ist auf eine Hilfe von außen stark abgestimmt. An die Stelle der gebieterischen *Forderung* zur Abhilfe beim akuten körperlichen Schmerz tritt hier der *bittende* Hilferuf. Die verbale und autoritative Suggestion des Arztes oder irgendeines geeigneten Mitmenschen schafft deshalb schon eine wesentliche Erleichterung. Wohl gemerkt, nicht das gute Zureden flacher Trostworte, sondern die eindringliche und respektierte Beeinflussung bringt die Hilfe. *Das Erlebnis der Hilfe ist die Grundlage für den Glauben*. Ist dieser erst vorhanden, so baut sich darauf jede weitere Hilfe auf, die in der Folge, in Handlungen und in Worten, ohne an Wirkung einzubüßen, immer spärlicher werden darf. Diese rein psychische, kontaktive Reaktion ist das Fundament jedes idealen Verhältnisses vom Arzt und Kranken in jedem Fall.

*Der Schmerz ist ein Grundelement des Lebens, eine Urform der Persönlichkeit und der gesellschaftlichen Kontaktstruktur eines Geschlechtes.*

Unsere Versuche zur *Bekämpfung* des Schmerzes müssen sich logischerweise nur auf den Kampf gegen seine Symptome beschränken. Wir dürfen in der Enge unseres vorgezeichneten Existenzmilieus nicht den wirklichen Inspirator der Leistungen auf diesem Gebiete vergessen. Die pharmazeutische Wissenschaft produziert Jahr für Jahr zunehmende Mengen von Therapeutica, die zur Schmerzbekämpfung bereitstehen. Sie stellen wohl die höchste Prozentzahl im Arzneimittelschatz dar. Die moderne Chirurgie erfindet immer neue Operationsmethoden, die zur Schmerzbekämpfung eingesetzt werden können, und diese Verfahren erlauben heute vor kurzem noch für unmöglich gehaltene Eingriffe. Es ist ein langer Weg von den Beschwörungsformeln des Medizinmanns der Primitiven über die mystisch-grobschlächtigen Verfahren des Mittelalters bis zu den klaren, wissenschaftlich experimentell wohlbegründeten Maßnahmen in den modernen Operationssälen der Neuzeit. Trotzdem bleiben noch immer viele Rätsel bestehen und jeder Fortschritt hierin zeigt neue Probleme auf, die der Lösung harren. Wie oft führt auch eine Durchschneidung aller nur möglichen neurogenen Bahnen und Zentren des autonomen und des zentralen Nervensystems zu keinem Erfolg. Der Kranke hat in solchen Fällen Schmerzen, wo er eigentlich, rein nach den anatomisch-physiologischen Kenntnissen, keine mehr haben kann. Der *Phantomschmerz* des Amputierten, auch der Schmerz des Amputationsneuroms, kann nicht nur den Kranken, sondern auch den Arzt zur Verzweiflung bringen. In manchen Fällen helfen weder die Durchschneidungen der sensiblen Nerven und der speziellen Schmerzleitungsbahn im Rückenmark, noch die Ausschneidung der Zentren im Gehirn. Auch eine nur vorübergehende Besserung wird oft nicht erreicht. Man ist leicht geneigt, bei nur oberflächlicher Kenntnis dieses Schmerzproblems, bei solchen chirurgisch und medikamentös therapieresistenten Schmerzzuständen, den Begriff der *psychischen Komponente und der psychischen Überlagerung* als Erklärung zu geben. Man muß aber annehmen, daß diese viel besprochene, zum Schlagwort gewordene, psychische Komponente naturgemäß zu jedem Schmerzvorgang gehört, und einen großen Anteil an einen Gesamtvorgang solcher Kompliziertheit haben kann, aber ihn nicht haben muß.

Wir haben das Gesamtproblem zu entwickeln versucht, aus den Wurzeln des *unbewußten* und *bewußten* Vorganges, und es ist die Frage letztiglich noch zu entscheiden, ob ein dritter Faktor, die *Psyche*, theoretisch und praktisch, eine Rolle spielt. Ist diese Psyche hierbei überhaupt ein Spezifikum an sich oder nur die Summe aller geistigen Anlagen und Funktionen?

*Unter der Psyche im allgemeinen und im Rahmen unserer spez. Fragestellung, verstehe ich Art und Grad der Verarbeitung jedes Eindrucks von außen und seine sichtbare Wirkung; ein Resonanzboden, der das Individuum zur Persönlichkeit in der Umwelt qualifiziert.*

Da nicht nur der Schmerz als Erlebnis, sondern auch die einfache Reaktion des ordinären Alltagsschmerzes Verschiebungen in der so verstandenen psychischen Struktur hervorruft, sind Schmerzen ganz allgemein zu dieser Alteration bestimmt. Deshalb besteht auch die Möglichkeit, daß bei genügender Erlebnisgröße und Einwirkungsdauer in diesem System ein Eindruck entsteht, der als *Funktionsstörung* für immer zurückbleiben kann. Die Persönlichkeit als solche, auf ihre originelle Psyche bezogen, wird verwandelt; der Schmerz ist schlechthin *das adäquate Umweltsereignis* geworden und ist nicht mehr nur einer der vielen täglichen gewöhnlichen und außergewöhnlichen formgebenden Einflüsse. Durch den Funktionswandel des psychischen Reaktionsablaufes entsteht eine spezifische und komplexe Empfindungsqualität. Spielt dieses System eine so große Rolle, daß es zum Überwiegen einer solchen Störung im Gesamtablauf kommt, so muß es zum Angriffspunkt der Therapie werden. Hier ist dann die sog. *Psychotherapie* die einzig wirksame Behandlung. Wie wir auch schon durch einfaches Beruhigen mit passenden Worten einem Schmerzgequälten Linderung bringen können und zugleich damit auch den Boden für die medikamentöse Therapie schaffen, so ist in diesen Fällen die *psycho-analgetische* Behandlung der Hauptfaktor in unserem Handeln. Sei es, daß die chemischen Mittel nicht mehr ausreichen, sei es, daß der Schmerzzustand psychisch fixiert ist und einer morphologischen Ursache jetzt völlig entbehrt, oder sei es, daß die letztere nie bestanden hat. *Die Stärke der psychischen Resonanz ist eine angeborene unveränderliche Eigenschaft des Individuums.* Sie muß immer eine eigenwillige Reaktionsbereitschaft aufweisen, die durch ihre Stärke ihr Potential bestimmt. Sie bildet nach der retrospektiven Festlegung das Kriterium an der psychischen Größenordnung. So verstehen wir das erwähnte merkwürdige Verhalten in dem angeführten Beispiel der Phantomschmerzen der Amputierten. Es handelt sich hier eben nicht um eine örtliche Irritation und um ein *Symptom*, das auf der anatomischen Tatsache des amputierten Gliedes und des Amputationsstumpfes beruht, sondern um ein *Syndrom*, das durch den *Vorgang* der Amputation schon *angelegt* wird. Nicht dadurch, daß bestimmte Nerven bei der Ablösung des Gliedes durchtrennt werden müssen, und daß an den so durchtrennten Nervenendigungen die Neurome entstehen, sondern der Vorgang der Verstümmelung und die mächtigen Änderungen der persönlichen Umweltsbeziehung des Betroffenen schafft die Grundlage zu dem später *manifesten* Bild. Diese erste Phase erlebt jeder Amputierte.

In diesen Zeitabschnitt fällt die schmerzhafte Sensation des frischen Stumpfes, wie sie jede andere Operationswunde an irgendeiner Körperstelle auch auslöst. Doch ist die reaktive Schmerzäußerung wesentlich größer als bei anderen Körperwunden und besteht noch zu einem Zeitpunkt, in dem, von der Wunde aus gesehen, schon kein Grund mehr dafür vorhanden sein dürfte. Der weitere Verlauf gestaltet sich nun entsprechend der voraccidentellen psychischen Grundhaltung und Konstitution und gemäß der persönlichen Umstellung, die der Verletzte aus eigener Initiative und mit Hilfe des Arztes speziell oder durch seine Umgebung vornimmt.

So sehe ich das Leistungsproblem der Amputierten im Rahmen der modernen Nachbehandlung von Spiel- und Sportgruppen, in schöner landschaftlicher Umgebung, weitaus mehr in der Änderung der psychischen Einstellung, als in der statischen Übung. Die Prophylaxe und die Therapie des Phantomschmerzes beginnt schon am ersten Tag noch im Krankenzimmer, wenn von einer bestmöglichen Wiederherstellung von Statik und Lokomotionsverhältnissen noch gar nicht gesprochen werden kann. Die Erfolge einer so gestalteten Nachbehandlung der Amputierten beweisen, daß die gelenkte Wiederaufnahme des Umweltkontaktes mit der Wiedererweckung des Persönlichkeitsgefühles und der Empfindung des unveränderten Wertes als Mitglied der Gemeinschaft über den Weg der psychischen Harmonie, das so gefürchtete Syndrom weitgehend verhindern.

*Es ist also nicht der Schmerz psychisch fixiert, sondern die Gesamtpersönlichkeit ist in der negativen Richtung verändert.* Es ist keine spezielle Reaktionseigenschaft bestimmter disponierter Menschen, sondern es sistiert bei dem so Betroffenen der *allen* gemeinsame Erstzustand nach dem psychischen Operationstrauma.

Also nur die Fixierung ganz allgemein und über den Zeitpunkt der ursächlichen Einwirkung hinaus ist eine Entgleisung und berechtigt zu der Feststellung einer psychischen Überwertung oder der rein psychisch bedingten Schmerzzustände. Der „*Schmerzkomplex*" ist für das Individuum kein imaginäres Gefühlssymptom negativistischer Betonung, sondern ein Persönlichkeit gestaltender Vorgang. Er ist kein Ausdruck anomaler übertriebener Reaktion, sondern tatsächliche Erscheinungsform eines dominierenden Lebensvorganges im Umweltmilieu. Der tatsächliche Widerstand, den ein System solch erzwungener Strukturänderungen gegenüber leistet und überhaupt zu leisten fähig ist, scheint in einem angeborenen Fundament von vornherein festgelegt.

Die Feststellung, daß es sich bei dem *Schmerz* einmal um ein prinzipiell negativistisches Moment im psychischen und somatischen Funktionsablauf des Lebens, zum andern um einen doch beherrschenden Anteil des existentiellen Wechsels handelt, wirft noch die Frage nach der Grenze des noch *Erträglichen* auf. Es ist zum Schlagwort geworden: „*Man kann es nicht mehr ertragen*"! Das „*Ertragen*" wird im allgemeinen Sprachgebrauch diffamiert, indem es ausschließlich für Unlust betonte Gefühlsqualitäten Verwendung findet. Grundsätzlich aber erträgt man sowohl *Freude* wie auch *Leid*. Man erträgt im *Erleben* und das Erlebnis ist es, das die Größe bestimmt und die Tendenz des „von-ihm-los-sein". Dies Erleben natürlich ist unbegrenzt, synchron mit dem Leben, so lange das körperliche Dasein dauert. Jeder Schmerz wird prinzipiell, *Alles-oder-Nichts-Gesetz*, in seiner adäquaten Größe *erlebt*, und nur seine Gestaltung ist individuell. Jeder Schmerz ist im Augenblick des ersten Erlebens groß, und nur ein zweites Ereignis vermittelt die Differenz verschiedener Erlebnisgrößen. *Schmerz allein ist eine unendliche Größe und garantiert durch seine Grenzenlosigkeit das Ertragen.*

Die hier problematisch behandelte, ganz bestimmte und umschriebene Gefühlsqualität ist für die Persönlichkeit von eminenter Bedeutung. Sie überschreitet die Grenze des körperlichen Seins und bestimmt in unzähligen Variationen durch Ursache und Reaktion den Typ und seine Beziehung zur Umwelt. *Wir postulieren zum Schluß unserer Betrachtung den Schmerz als Syndrom egoistischer und gesellschaftlicher Existenz.*

*(Dr. med. Hugo Meurer, (17a) Heidelberg, Kurzer Buckel 5.)*

TUDIUM GENERALE

Juli 1950 3. Jahrgang

# Tiergesellschaften.

Von

HERBERT BRANDT

Jedes Tierindividuum tritt mit Notwendigkeit für eine bestimmte Zeit seines Lebens oder ständig in eine gesellschaftliche Beziehung zu einem oder mehreren Individuen derselben oder einer anderen Tierart. Unter „*Gesellschaft*" sei weniger eine zufällige Ansammlung verschiedener Individuen als vielmehr *eine wegen ihrer wechselseitigen Lebensbeziehungen als ein zusammengehöriges Ganzes aufzufassende Gruppe von sich vereinigenden Individuen* verstanden.

Wenn auf die letztere Definition des Begriffes Gesellschaft der Nachdruck gelegt wird, dann fallen einige zeitweise oder ständige, mehr oder weniger innige Vereinigungen von Tieren nicht in den Bereich der Betrachtung. Es können dann zunächst die *zufälligen Gesellschaften* oder *Assoziationen* außer acht gelassen werden. Zu solchen sind diejenigen Vereinigungen von Tieren gleicher oder verschiedener Art zu zählen, welche durch die zufällige Gunst oder Ungunst der Verhältnisse meistens nur vorübergehend zusammengeführt werden, mögen nun umfangreiche Nahrungsquellen für die Individuen oder die Brut, ein gemeinsames Licht-, Feuchtigkeits- oder Temperaturoptimum oder ein schützender oder sonstige Vorteile bietender Aufenthaltsort die vereinigenden Faktoren sein. Untereinander haben die Glieder einer solchen *Wohngesellschaft* oder *Freßgesellschaft* oder *Brutgesellschaft* (Beispiele in der Übersicht S. 395) keine Beziehungen, wenn auch jedes in demselben Verhältnisse zu der betreffenden Umweltsituation steht oder sie in gleicher Weise sich nutzbar macht.

Auf Grund unvollständiger vegetativer Teilung entstandene Tiergesellschaften, die als *Kolonien* oder *Tierstöcke* bezeichnet werden, sind ebenfalls keine Gesellschaften im obigen strengen Sinne; denn es liegt bei ihnen keine aktive Vereinigung vor. Die Reaktionsnorm der betreffenden Art bedingt *zwangsweise* das Beieinanderbleiben der durch Teilung oder Knospung entstehenden Individuen. In vielen Fällen reagiert diese *gewachsene Gesellschaft* oder das *Konglomerat*, wie sie bezeichnet werden soll, als *Individualität*, sei es eine freischwimmende Protozoenkolonie aus gleichen oder durch Verteilung der generativen und vegetativen Funktionen verschiedenen Zellindividuen, sei es ein Metozoenstock aus nahezu gleichen Individuen oder ein *polymorpher* Metazoenstock, dessen Teilindividuen auch noch für die einzelnen vegetativen Funktionen differenziert sind. Der Individualcharakter der gewachsenen Gesellschaft ist schon bei manchen *heteromorphen* Coelenteraten-Stöcken, bei denen die Geschlechtsindividuen eine besondere Gestalt aufweisen, im Abklingen; er ist es noch mehr bei festsitzenden *homomorphen* Protozoenkolonien und endlich bei den ebenfalls homomorphen, oftmals beträchtliche Ausmaße erreichenden Korallenstöcken, selbst wenn ihre Teilindividuen nicht nur durch ihre Skelettbildungen, sondern auch durch ein kommunizierendes Gastro-Vaskular-System in Verbindung miteinander bleiben.

Den gewachsenen Gesellschaften sind trotz des fehlenden körperlichen Zusammenhanges ihrer Mitglieder auch manche Gesellschaften von Larven oder Jungtieren zuzurechnen, die sich nebeneinander entwickeln. Daß ihre Vereinigung nicht durch das günstige Nahrungsangebot an dieser Stelle herbeigeführt, sondern *zwangsweise* durch die Art der Eiablage des Muttertieres bzw. durch die Art der Entwicklung bedingt wird, rechtfertigt, auch wenn ihre Angehörigen darnach keine Beziehungen mehr zueinander haben, ihre Abtrennung von den Freß- oder Wohngesellschaften, also den zufälligen Gesellschaften, und ihre Einordnung an dieser Stelle und nicht etwa bei der im Folgenden zu nennenden Kinderfamilie.

Den zufälligen und gewachsenen Gesellschaften steht eine große Mannigfaltigkeit von Gesellschaften gegenüber, deren Glieder in wechselseitigen Lebensbeziehungen zueinander stehen und die in gewissem Sinne als ein Ganzes anzusehen sind. Da die betreffenden Tierindividuen diese Gesellschaften, mindestens von der Seite des einen Partners aus, herbeizuführen und zu erhalten streben, können sie *gewollte Gesellschaften* genannt werden, womit ein wesentlicher Unterschied von den beiden anderen Typen ausgedrückt ist, die nicht aus dem Zueinanderstreben der Partner um des Partners oder der mit ihm verbundenen Vorteile willen entstehen.

Der gewollten Gesellschaft entspricht der Ausdruck *Gemeinschaft (Societät)*, der zur besseren Charakterisierung dieser Form von Vergesellschaftung gebraucht werden soll.

Die Triebe, welche Individuen zu Gemeinschaften zusammenführen, liegen entweder in der *asexuellen* Sphäre und dienen einer Förderung oder Befriedigung des *Individuums alleine*, oder sie liegen letzten Endes in der *sexuellen* Sphäre und dienen der Ermöglichung und Sicherung der Erzeugung und Aufzucht der Nachkommenschaft, stehen also im Dienste der *Erhaltung und Förderung der Art*. Dementsprechend können die *sexuellen* von den *asexuellen* Gemeinschaften unterschieden werden.

Die sexuellen Gemeinschaften kommen natürlicherweise im allgemeinen nur zwischen Angehörigen einer Art zustande. Soweit Angehörige einer anderen Art überhaupt als mögliche Geschlechtspartner erkannt werden können, verhindern doch Unterschiede der Größe, der Färbung, des Geruches und der Lautäußerung im Verein mit Eigentümlichkeiten des Verhaltens bei Liebesspielen und Paarungszeremonien wirkungsvoll das Zustandekommen einer sexuellen Gemeinschaft. Die Erfüllung ihres Zweckes, die Begattung nämlich, kann zu alledem noch durch ein Nichtpassen der männlichen Begattungsorgane zu den weiblichen in starkem Maße eingeschränkt werden. Perverse Verirrungen des Geschlechtstriebes sind nur bei Haustieren häufiger beobachtet worden, denen der Zwang der Verhältnisse die Bildung einer natürlichen Gemeinschaft oftmals unmöglich macht.

Asexuelle Gemeinschaften können sowohl innerhalb einer Art wie auch zwischen mehreren Arten bestehen. Wenn Raubtiere sich zu gemeinsamer Jagd zusammentun, so spielt bei dem Zustandekommen dieser *Jagdgemeinschaft* die „erwartete“ Erleichterung des Nahrungserwerbes sicherlich eine Rolle. *Schlaf- und Wandergemeinschaften* bieten ihren Angehörigen einen gewissen Schutz, da räuberische Feinde durch die Masse der Individuen abgeschreckt werden. Das gelegentlich berichtete Flüchten verfolgter, sonst einzellebender Tiere zu anderen oder zum Menschen zeigt deutlich die Rolle, die das Schutzbedürfnis als gemeinschaftsbildender Faktor zu spielen vermag. Auch die *Brutgemeinschaft* dient sicherlich dem Schutzbedürfnis. In Bezug auf den Nahrungserwerb bietet sie allerdings keinen Vorteil, vielmehr erschwert sie ihn infolge der Konkurrenz der einzelnen Individuen und verlangt obendrein weite Wege zur Beschaffung des Nahrungsbedarfes für die Angehörigen der Gemeinschaft. Schon in diesem Falle wird deutlich, daß der gewollten Gemeinschaft noch etwas anderes zugrunde liegen muß, das als *Geselligkeitstrieb* bezeichnet werden kann. Ob der Geselligkeitstrieb mit sexuellen Trieben in Zusammenhang steht und als eine abgeschwächte Fortsetzung derselben aufzufassen ist, soll hier nicht im einzelnen erörtert werden. Dafür spricht, daß bei manchen Tierarten nach Beendigung der Fortpflanzungsperiode die Angehörigen des einen oder anderen Geschlechts sich zu einer *Männer- oder Weibergemeinschaft* zusammenschließen. Jedenfalls scheint der Geselligkeitstrieb der Herbeiführung und Erhaltung einer Gemeinschaft zwischen annähernd auf gleicher Organisationshöhe stehenden Tieren über den Nutzen der Gemeinschaft im Hinblick auf Nahrungserwerb oder Schutz hinaus förderlich zu sein. Das hier Gesagte trifft auch für diejenigen asexuellen Gemeinschaften zu, deren Glieder verschiedenen, systematisch meistens nicht allzu entfernten Arten angehören, also für die *Schlaf-, Brut- und Wandergemeinschaften* verschiedener Vogelarten und für die *Freßgemeinschaften* aus verschiedenen pflanzenfressenden Säugern, denen sich gelegentlich noch Vögel zugesellen.

Bei den asexuellen Gemeinschaften niederer Tierarten untereinander oder mit höheren verliert der Geselligkeitstrieb mehr und mehr seine Bedeutung, und der ein- oder beiderseitige Nutzen des Verhältnisses tritt immer stärker in Erscheinung. In manchen Fällen ist der eine Partner auf den anderen angewiesen, wenn nicht gar beide wechselseitig in Abhängigkeit voneinander stehen. Einseitig ist der Nutzen bei einer Reihe von *Wohngemeinschaften*, die nach der Innigkeit der Verbindung unterschieden werden können. Bei der *Paroekie* besteht kein körperlicher Zusammenhang zwischen dem Schutz suchenden und dem Schutz gewährenden Tier, bei der *Synoekie* ist der Nutznießer des Verhältnisses mehr oder weniger beweglich an den Partner angeklammert oder auf ihm festgewachsen oder er lebt in Körperhohlräumen desselben. Wenn sich der Mitbewohner ohne Schädigung des Wirtes von Abfallstoffen seines Körpers oder seiner Nahrung ernährt, dann wird aus dem Verhältnis eine *Tischgemeinschaft (Kommensalismus)*, die in das *Schmarotzertum* oder den *Parasitismus* übergeht, sobald der Wirt durch die Nahrungsaufnahme des Mitessers belästigt oder geschädigt wird. Der Parasitismus kann einerseits — je nach den räumlichen Verhältnissen der Partner zueinander — ein *Ekto- oder Entoparasitismus* sein, andererseits ein *temporärer* oder *permanenter*, je nachdem nur ein Entwicklungsstadium des Parasiten zu dieser Lebensweise übergegangen ist oder sein Lebenslauf sich ausschließlich am oder im Wirt abspielt. Entzieht die *Brut* des einen Tieres der Brut des anderen Nahrung und Raum, ist von einem *Brutparasitismus* zu sprechen. Der temporäre

Parasitismus geht kontinuierlich in das Verhältnis eines Tieres zu seiner Beute über, der es sich momentan zur Nahrungsaufnahme anheftet. Vom Kommensalismus führt aber auch ein Weg zu einem für die beiden beteiligten Individuen nützlichen Verhältnis. Der Kommensale, dessen Nahrung aus Abfallstoffen oder Ektoparasiten des Wirtes besteht, bildet den Übergang zu einer solchen *Symbiose*, die ihre höchste Ausbildung dort erreicht, wo der eine Partner ohne Beeinträchtigung seines Lebens den anderen nicht entbehren kann und die Übertragung des Verhältnisses auf die nächste Generation durch besondere Vorkehrungen gesichert wird. Wie beim Parasitismus unterscheidet man eine *Ekto- und Entosymbiose*.

Die asexuellen Gemeinschaften sind nicht nur zwischen Individuen zu beobachten, sondern auch zwischen Gemeinschaften und Individuen und schließlich zwischen Gemeinschaften untereinander, worauf später noch einmal eingegangen werden soll.

Ausgangspunkt für die sexuellen Gemeinschaften ist die vorübergehende oder dauernde *Ehe*, die als *Monogamie* oder *Polygamie* auftritt. Sonderformen der Polygamie sind die *Polygynie*, bei der ein Männchen über mehrere Weibchen verfügt, die *Polyandrie*, bei der mehrere Männchen mit einem Weibchen eine Gemeinschaft bilden, und schließlich das *Kommunalkonnubium*, bei dem mehrere Männchen und mehrere Weibchen unter regelloser Begattung miteinander leben.

Der Vorbereitung der Ehe dienen bei einigen Insekten besondere kurzfristige Gemeinschaften, die als sexuell bedingt hier ihren Platz haben: die *Schwarmgemeinschaft* nämlich, die als *Männerschwarm*, als *Weiberschwarm* oder als *Mischschwarm* aus Männchen und Weibchen in Erscheinung treten kann.

Wenn nach der Erzeugung der Nachkommenschaft der Paarungstrieb zunächst erloschen ist und mit der Existenz pflegebedürftiger Entwicklungsstadien der Nachkommen der Bruttrieb an seine Stelle tritt, wird aus der Ehe die *Familie*. An der Brutfürsorge können beide Elternteile, in deren Verhältnis zueinander eine der genannten Eheformen fortbesteht, beteiligt sein, oder sie kann entweder dem Vater oder der Mutter obliegen. Dementsprechend spricht man von einer *Eltern-*, *Vater- oder Mutterfamilie*. Erstreckt sich der Bruttrieb auf ein untergeschobenes Ei oder Jungtier einer anderen Art, dann liegt *Adoption* vor. Mit dem Selbständigwerden der Brut verliert die Familie ihren Zusammenhang, oder es ergibt sich aus dem abgeschwächten Fortbestehen der Brutfürsorge einerseits und des Pflegebedürfnisses andererseits ein Bestand der Familiengemeinschaft bis zur nächsten Fortpflanzungsperiode. Solche Familiengemeinschaften bilden eine Brücke zu den asexuellen Freß-, Wander- und Schlafgemeinschaften, von denen sie aber auf Grund ihrer Entstehung zu trennen sind. Unterscheiden sich die Angehörigen einer Familie außer nach dem Geschlecht in anderer tiefgreifender Weise, dann ist im Gegensatz zu den *homomorphen Familien* mit gleichartigen Angehörigen die Bezeichnung *hetero- bzw. polymorphe Familie* am Platze, deren Anwendung sich nach der Anzahl der vorhandenen *Kasten* von Familienangehörigen richtet. Die Nachkommenschaft aus einer Ehe kann auch nach Aufhören der Verbindung mit den Eltern als *Kinderfamilie* eine Gemeinschaft bilden, die sich durch ihre wechselseitigen Beziehungen von dem Konglomerat aus Larven bzw. Jungtieren unterscheidet.

Mit Zusammenschlüssen von Familien oder Angehörigen verschiedener Familien, die zeitweise oder dauernd bestehen können, erreicht die Vergesellschaftung von Tieren einen ihrer Höhepunkte. Kinderfamilien können sich zu *Jungtierherden* vereinigen und Mutterfamilien zu entsprechenden Herden. Bleiben nicht nur die heranwachsenden, sondern auch die geschlechtsreifen Männchen in der Gemeinschaft, so daß sich die Fortpflanzung in ihrem Rahmen abspielt, kann der Begriff *Volk* Anwendung finden. Das einende Band der genannten Gemeinschaften aus verschiedenen Familien ist nicht der an sich überhaupt der Bildung einer größeren Gemeinschaft entgegenstehende Sexualtrieb, sondern vielmehr der Geselligkeitstrieb, so daß hier Berührungspunkte mit den asexuellen Sozietäten vorliegen.

Einen andersgearteten Höhepunkt in der Reihe der Tiergesellschaften nehmen einige Eltern- oder Mutterfamilien bei Insekten ein, die sich außer durch die hohe Anzahl ihrer Angehörigen dadurch auszeichnen, daß sie den Charakter einer *Individualität* annehmen, die unter gewissen Bedingungen gleichartig und gleichsinnig reagiert, wie wenn noch ein körperlicher Zusammenhang zwischen den einzelnen Individuen bestände. Alle Funktionen des Einzeltieres sind so streng gesetzmäßig dem Ganzen eingefügt und untergeordnet, daß es geradezu als Korruption erscheint, wenn gelegentlich besondere Verhältnisse ein Geltendmachen individueller Rechte unter Vernachlässigung der Gemeinschaftspflichten gestatten. Üblicherweise werden diese Gemeinschaften als *Staaten* bezeichnet. Wir ziehen die Bezeichnung *Überindividuum* oder *Kollektiv* vor, um andere hierher gehörende Phänomene einordnen zu können, für die die Benennung „Staat" unbrauchbar ist, und unterscheiden die Staaten als *permanente Kollektive* von den *temporären*. Es ist bemerkenswert, daß die permanenten Kollektive nur bei Verkümmerung der sexuellen Funktionen des größeren Teiles ihrer Angehörigen zustande kommen. Erst diese individuelle Beeinträchtigung macht die vollständige und bedingungslose Einordnung in das Kollektiv möglich.

Auch andere Gemeinschaften: Jungtierherden, Familienherden, Wandergemeinschaften können als Kollektive, allerdings nur als *temporäre* in Erscheinung treten. Bei einem Staren- oder Fischschwarm beispielsweise ist für die Dauer der Fortbewegung das Eigenleben der betreffenden Individuen weitgehend ausgeschaltet. Alle Individuen reagieren gleichzeitig und gleichsinnig, wie „an Fäden gezogen". Da das Zustandekommen der einheitlichen und planmäßigen Reaktion innerhalb eines Kollektivs aus dem Verhalten der Einzelindividuen noch nicht immer zur Genüge erklärt werden kann, hat man diesen Kollektiven eine „*Gruppenseele*" zugesprochen. Es ist aber nicht abzusehen, ob nicht eine feinere Analyse des Verhaltens der Individuen den Anteil, den eine möglicherweise anzuerkennende Gruppenseele an dem Verhalten des Kollektivs hat, beträchtlich zu verkleinern vermag.

Permanente Kollektive haben zuweilen Beziehungen zu anderen Individuen oder Sozietäten, die den Charakter einer Synoekie oder des Kommensalismus tragen, aber auch Fortbildungen der Symbiose oder des Parasitismus sein können. Die *echten Gäste* oder *Symphilen* werden von den Angehörigen des Kollektivs gepflegt oder sogar aufgezogen und liefern dafür ihren Pflegern als Nahrung begehrte Exkrete. Dieses Verhältnis ist eine für beide Teile nützliche Symbiose. Auch die *Sklavenhaltung* mancher Ameisen ist ein Verhältnis zu gegenseitigem Nutzen; ein Schaden trifft nur den Ameisenstaat, aus dem die Sklaven als Puppen geraubt wurden. Die Sklavenhaltung mag auf einen abgeänderten Brutpflegetrieb zurückgehen.

Individuelle Parasiten von Insektenstaaten sind die räuberischen Mitbewohner oder *Synechthren*, die sich von erwachsenen Angehörigen des Staates oder von der Brut ernähren, sich selbst aber allen Nachstellungen innerhalb des Staates zu entziehen wissen. Beim *sozialen Parasitismus*, der in verschiedenen Formen bei Ameisen beobachtet werden kann, sind von verschiedenen Arten gebildete Staaten in unmittelbare Beziehungen zueinander getreten. Wenn innerhalb des einen Staates eine andere Art ihren Staat so ausbaut, daß die Angehörigen des Wirtsstaates nicht in sein Territorium, wohl aber die Angehörigen des parasitierenden Staates in das des Wirtes eindringen können, um dort Nahrung oder Brut zu fressen und zu rauben, kann von einem *sozialen Ektoparasitismus* gesprochen werden. Beim *sozialen Entoparasitismus* geht der Parasitenstaat im Staatsverband des Wirtes auf und läßt seine Angehörigen und Nachkommen vom Wirtsstaat versorgen.

Wie alle Klassifizierungen in der organischen Welt sind auch die Typen der Tiergesellschaften nur markante Punkte in dem Flusse der Erscheinungen. Sicherlich entsprechen manche Tiergesellschaften den Typen recht genau, andere wieder sind Übergänge und noch andere vereinigen die Merkmale verschiedener Typen in sich. So sind viele Wandergemeinschaften auch Freß- und Schlafgemeinschaften, und in den sexuellen Gemeinschaften werden selbstverständlich auch die vegetativen Funktionen gemeinsam ausgeübt.

Daß die geschilderten Grundtypen tierischer Vergesellschaftung ihre Ausprägung sogar bei einer einzigen Tierart finden können, zeigt die Betrachtung einer beliebigen Borkenkäferart. Männchen und Weibchen bilden miteinander und, soweit und solange eine Brutpflege ausgeübt wird, mit der Nachkommenschaft eine Sozietät. Mit dem Absterben der Eltern verschwinden jegliche Beziehungen der Nachkommen; sie bilden jetzt innerhalb des Gangsystems ein Konglomerat. Die verschiedenen Konglomerate aber innerhalb eines Baumes, aus seiner besonderen Eignung als einer ergiebigen Nahrungsquelle und günstigen Brutgelegenheit in ihm gehäuft entstanden, sind als Assoziation zu bezeichnen.

*Voraussetzung zur Bildung aller Arten von Sozietäten* ist, soweit diese nicht schon durch den Entwicklungsgang der Individuen begründet werden und somit möglicherweise als Konglomerate beginnen, das gegenseitige Erkennen der Partner oder bei den einseitigen Verhältnissen das Auffinden des passiven Gesellschafters durch den am Verhältnis „interessierten". Besonderheiten der Färbung, Größe und Gestalt, des Artgeruches, des arteigentümlichen Gebarens und der Lautäußerung, mit denen ein entsprechendes Wahrnehmungsvermögen korrespondiert, ermöglichen die Gemeinschaftsbildung. Der noch nicht näher zu analysierende Geselligkeitstrieb ist vielfach ein weiterer wichtiger Faktor in dieser Hinsicht.

Dieselben Momente sind auch für die *Aufrechterhaltung der entstandenen Gemeinschaft* verantwortlich, wozu ferner mannigfache, oft recht spezielle morphologische Eigentümlichkeiten, vor allem beim Parasitismus und der Symbiose, beitragen, die uns als Anpassungen an diese besondere Lebensweise erscheinen. Gebaren und Lautäußerungen haben sich gelegentlich zu einer ausgeprägten *Zeichen- bzw. Lautsprache* entwickelt, mit der sich die Mitglieder der Gemeinschaft auch über sie betreffende aktuelle Ereignisse verständigen können, womit allerdings nicht gesagt ist, daß diese aus einem Erregungszustand des Einzelindividuums fließenden Äußerungen auch immer in der Absicht einer gegenseitigen Verständigung gemacht werden.

Die Gemeinschaft vermag auch auf dem Wege

## Übersicht über die tierischen Gesellschaften.

### A. Reale Gesellschaften

*I. Zufällige Gesellschaft (Association)*

Wohngesellschaft (negativ phototaktische Tiere unter einem Stein)
Freßgesellschaft (Tiere an einer Wasserstelle)
Brutgesellschaft (Borkenkäfer in einem Baum)

*II. Gewachsene Gesellschaft (Konglomerat)*

*a) mit körperlichem Zusammenhang*

| | Individualcharakter | |
|---|---|---|
| | vorhanden (Tierkolonie) | ± fehlend (Tierstock) |
| homomorph | Eudorina / Pyrosoma | Korallenstöcke |
| heteromorph | Volvox | Hydrozoenstöcke |
| polymorph | Staatsquallen | — |

*b) Ohne körperlichen Zusammenhang*

(Durch Polyembryonie entstandene Chalcididae-Larven in einem Wirt)
(Aus einem Gelege hervorgegangene Raupen auf einer Pflanze)

*III. Gewollte Gesellschaft (Gemeinschaft) (Sozietät)*

a) *Asexuelle Gemeinschaft*

*1. Aus Tieren derselben Art*

Jagdgemeinschaft (Wölfe / Schuhschnabel)
Schlafgemeinschaft (Fliegender Hund / Vanessa-Raupen)
Wandergemeinschaft (Kranich)
Brutgemeinschaft (Fischreiher)
Männergemeinschaft (Hirsch)
Weibergemeinschaft (Stichling)

*2. Aus Tieren verschiedener Art*

Schlafgemeinschaft (Fledermäuse)
Wandergemeinschaft (Meisentrupp)
Brutgemeinschaft (Möwen — Seeschwalben)
Freßgemeinschaft (Antilopen — Zebra — Strauß)
Wohngemeinschaft
  Paroekie (Korallenfisch — Koralle)
  Synoekie (Balanus — Wal)
Kommensalismus (Mallophagen — Vögel)

| Parasitismus | | Ekto- | Ento- |
|---|---|---|---|
| | | parasitismus | |
| Individual-parasitismus | temporärer | Hundefloh | Dasselflieg.-Larv. |
| | permanenter | Kopflaus | Spulwurm |
| Brutparasitismus | | Kuckuck | Schlupfwespen |
| Sozialer Parasitismus | | Diebsameise | Säbelameise |

Symbiose
  Ektosymbiose (Einsiedlerkrebs — Aktinie)
  Entosymbiose (Termite — Flagellat)

b) *Sexuelle Gemeinschaft*

*1. Schwarmgemeinschaft*

Männerschwarm (Ephemera)
Weiberschwarm (Empis)
Mischschwarm (Ameisen)

*2. Ehe* (temporär oder permanent)

Monogamie (Schwan)
Polygamie
  Polygynie (Fasan)
  Polyandrie (Sperling)
  Kommunalkonnubium (Wildschwein)

| *3. Familie* | homomorph | heteromorph | polymorph |
|---|---|---|---|
| Elternfamilie | Storch | — | Termiten |
| Vaterfamilie | Stichling | — | — |
| Mutterfamilie | Skorpion | Honigbiene | Ameise |
| Adoption | Rohrsänger — Kuckuck | — | — |
| Kinderfamilie | Jungfische | — | — |

*4. Familienherde*

Jungtierherde (Maräne)
Mutterfamilienherde (Sattelrobbe)
Volk (Pavian)

*Anhang: Kollektiv*

| | |
|---|---|
| temporär (Starenschwarm) | permanent (Staat) (Honigbiene / Ameise / Termite) |

### B. Idealische Gesellschaft

*Art (Species)*

stofflicher Wirkungen in die Individualentwicklung eines ihrer Partner einzugreifen, wie denn bei *Bonellia viridis* die Anheftung der Larve an den Rüssel des weiblichen Wurmes ihre männliche Ausprägung bewirkt oder bei *Termiten* durch das Beieinandersein von Männchen und Weibchen während des „Liebesspaziergangs“ die weiblichen Gonaden zur vollen Ausreifung veranlaßt werden.

Es sei gestattet, in unserem Zusammenhange noch einer Form von „Vergesellschaftung“ zu gedenken, die von den genannten drei Grundtypen prinzipiell abweicht, und sie von diesen mit Fug und Recht *realen* Gesellschaften als im handgreiflichen Sinne *nicht real* abzutrennen. Die Selbsterhaltung jedes Individuums dient letzten Endes der Erhaltung der Art als einem Thema in der Gesamtkomposition der Natur, dessen Variationen ihre Individuen sind. Die Art ist eine im höheren Sinne vorhandene Gesellschaft der ihr zugehörigen Individuen, die wir als *idealische Gesellschaft* den realen gegenüberstellen.

Sie entbehrt durchaus nicht aller Realität. Denn einmal könnte sie unter dem Gesichtspunkt, daß ihre Angehörigen im *Zeugungszusammenhange* miteinander stehen, in einem gewissen Sinne in die Gruppe der gewachsenen Gesellschaften eingeordnet werden, und zum andern hat sie als ein Ganzes in der Biozönose eine sicherlich vorhandene, wenn auch nur in wenigen Fällen näher zu kennzeichnende Bedeutung. Denn für den Bestand einer Biozönose und für die Aufrechterhaltung des Gleichgewichtes zwischen allen ihr angehörenden Gruppen von Organismen ist das Individuum schließlich ohne Belang, nicht aber ist es die Art. Da sie so als ein Ganzes auftritt und durch die wechselseitigen Beziehungen ihrer Individuen erhalten wird, fällt sie in einem höheren Sinne sogar unter den Begriff der gewollten Gesellschaft. Diese Bezeichnung für sie bietet metaphysische Perspektiven. Das Vorkommen der Art — allerdings immer in Gestalt von Individuen — gibt einer Biozönose ihren Charakter, sichert ihre typische Zusammensetzung und dient damit der über alle Individuen hinausgehenden Erhaltung und Förderung des *Lebens* nicht nur an dieser Stelle, sondern *überhaupt*.

*(Dr. Herbert Brandt, München 23, Königinstraße 36, Bayer. Landesanstalt für Pflanzenbau und Pflanzenschutz)*

## Pflanzensoziologie als unentbehrliche Grundlage der Landeswirtschaft.

Von
REINHOLD TÜXEN

Die Pflanzendecke der Erde ist der Träger allen tierischen und allen menschlichen Lebens: sie dient der Ernährung und der Kleidung; sie erzeugt Baustoffe, sie liefert Heilmittel, sie wirkt ausgleichend auf die klimatischen Naturgewalten, sie gibt der Landschaft ihr Gepräge. Die Pflanzendecke in jeder dieser Eigenschaften zu der höchsten Dauer-Leistung für die menschliche Wirtschaft zu bringen, ist eine Notwendigkeit, die immer deutlicher hervortritt, je mehr die wachsende Übervölkerung der Erde die äußerste Nutzung aller Länder verlangt.

Die Pflanzendecke ist abhängig von den Eigenschaften des Allgemein- und des Lokal-Klimas, vom Relief der Erdoberfläche, von den physikalischen und chemischen Eigenschaften des Grundgesteins, der Böden und des Grundwassers, von den mannigfaltigen Einflüssen von Tier und Mensch und nicht zuletzt von der gegenseitigen Beeinflussung der Pflanzen selbst, von ihrem Wettbewerb untereinander. Daher muß für die gesteigerte Nutzung der Pflanzendecke durch den Menschen der „Standort" („station", „milieu"), d. h. der gesamte Komplex aller an einem bestimmten Wuchsort ineinandergreifenden, sich integrierenden und gegenseitig mannigfaltig beeinflussenden Lebensbedingungen (Faktoren) möglichst eingehend bekannt sein. Denn, von der Einwanderung neuer Pflanzenarten abgesehen, werden nur *seine* Änderungen dauernde Verschiebungen in der Pflanzendecke und damit wirtschaftliche Verbesserungen zu erzielen vermögen. Seine Wandlungen sind aber ebenso verantwortlich für Verschlechterungen in der Leistung der Pflanzendecke. Daher sind die Bestrebungen, einzelne Standorts-Faktoren zu studieren, um die durch sie bedingten Erscheinungen in der Vegetation zu verstehen, schon sehr alt. Darum ist auch mehrfach versucht worden, eine Einteilung und Gliederung der Vegetation nach den „Standorten" vorzunehmen. Alle diese Bemühungen mußten aber versagen und haben nicht zum Ziel geführt, weil der „Standort" in seiner Gesamtheit einer messenden Beurteilung überhaupt nicht zugänglich ist, und weil die quantitative Bestimmung von Einzel-Eigenschaften erst dann Sinn hat, wenn ihre qualitativ ausschlaggebende Bedeutung erwiesen ist. Denn die Analyse und Messung *einzelner* Faktoren muß so lange zu einer falschen Vorstellung und Wertung führen, als ihre Rolle im Gesamt-Komplex des Standortes noch nicht bekannt ist. Außerdem wechseln die Eigenschaften des Standortes und damit zugleich der Schwerpunkt der entscheidenden Einzel-Faktoren im Laufe eines Jahres und in der Folge vieler Jahre unaufhörlich, sei es in bestimmtem wiederkehrenden Kreislauf oder in einer geraden Richtung. Auch diese Tatsache macht den Standort zum ungeeigneten Ausgangspunkt für die Beurteilung der Lebens- und Leistungsmöglichkeiten für die Vegetation. Damit ist zugleich das Urteil gesprochen über den Wert aller analytischen Untersuchungen von Einzel-Faktoren wie bestimmter Eigenschaften des Klimas, der Böden, des Grundwassers, gewisser tierischer Einflüsse, einseitiger menschlicher Maßnahmen usw., die immer noch in großem Maße mit erheblichem Aufwand an Zeit und Mitteln zu früh durchgeführt werden, aber — wenn auch nicht zu leugnen ist, daß sie unter günstigen Umständen in Einzel-Fragen besonders der Landwirtschaft nicht geringe Erfolge gezeitigt haben — für das Verständnis der Vegetation als Ganzes durchaus nicht als ausreichende Grundlage dienen können.

Der Blick von der anderen Seite, von der Vegetation her, ist umfassender und weitreichender, weil sie das Ergebnis des langjährigen Zusammenwirkens aller Standorts-Faktoren, sowohl der bekannten als auch der unbekannten, sowie der meßbaren als auch der nicht durch Messung zu erfassenden, ist. Die vergleichende Betrachtung, die von der abweichenden oder gleichen Zusammensetzung der Vegetation an verschiedenen Wuchsorten ausgeht, erlaubt rasch verschiedene oder gleiche Standorte und ebenfalls die entscheidenden Faktoren oder ihren Komplex innerhalb des Gesamt-Standortes zu erkennen, die nun auch gemessen werden können. Damit wird auch ihre zielbewußte Änderung und durch sie die Beeinflussung der Vegetation in der gewünschten Richtung sicher möglich, ebenso wie andererseits nur so ihre Erhaltung gesichert werden kann.

Schon lange ist ja bekannt, daß bestimmte Pflanzen nur an solchen Orten wachsen, an denen einseitige Standorts-Eigenschaften herrschen: Man kennt innerhalb der „*Flora*", d. h. der Summe aller verschiedenen Pflanzen-*Arten* eines Gebietes, Zeiger-Pflanzen z. B. für Salz, für Schwermetalle, für saure oder alkalische Böden, für hohe Feuchtigkeit, für Dürre, für extreme Windstärke, für Licht oder Schatten usf. Es hat sich aber herausgestellt, daß die Amplitude der Lebensmöglichkeit unter bestimmten Standortsverhältnissen für die meisten Pflanzen-Arten sehr weit zu sein pflegt, so daß sie fast immer nur als grobe und recht unempfindliche Zeiger für bestimmte Standorts-Eigenschaften ihres Wuchsortes zu verwenden sind. Man hat zunächst geglaubt, aus dem *massenhaften* Auftreten solcher Zeiger-Pflanzen mehr oder schärfere entscheidende Schlüsse ziehen zu können: so z. B. mehr aus einem Buchen-*Wald* als aus dem Auftreten einer *einzelnen* Buche, mehr aus dem *Massen*-Vorkommen als aus dem Vorhandensein *weniger* Unkraut-Pflanzen innerhalb bestimmter Kulturen oder mehr aus *Reinbeständen* einzelner Wiesen- oder Weidegräser als aus ihrem nur *sporadischen* Vorhandensein usw.

Aber die wissenschaftliche Untersuchung der Vegetation und die praktische Erfahrung haben übereinstimmend gezeigt, daß durch das Vorherrschen bestimmter Pflanzen-Arten physiognomisch übereinstimmende Bestände keineswegs unter gleichartigen eng beschränkten Standortsbedingungen leben müssen, deren Kenntnis doch die notwendige und angestrebte Voraussetzung für alle Wirtschafts-Maßnahmen ist.

Für die *Einteilung der Pflanzendecke* in handliche Einheiten, mit deren Hilfe die Erträge (Bonität), die technische Verwendbarkeit als Baustoff und die Zeiger-Eigenschaften und -Werte der Vegetation für die Standorte zu beurteilen sind, steht aus Gründen der Erfahrung und theoretischer Überlegungen keine bessere Eigenschaft zur Verfügung als die sich unter vergleichbaren Umständen wiederholenden Arten-Verbindungen. Denn wenn auch die einzelnen Pflanzen-Arten weite Amplituden ihrer Ertragsfähigkeit, ihres Bauwertes und als Zeiger von Standortseigenschaften besitzen, so werden diese Bereiche viel enger, wenn an Stelle der einzelnen Pflanzen-Arten die Bestände in ihrer vollständigen Arten-Verbindung oder noch besser die aus vielen gleichen Einzel-Beständen (Wiesen, Weiden, Äcker usf.) abstrahierten Bestandes-Typen zur Beurteilung herangezogen werden, weil damit gewissermaßen der gemeinsame Schnittpunkt aller Einzel-Amplituden der Pflanzen-Arten benutzt wird. Es ist die geniale Konzeption von *Braun-Blanquet* gewesen, die Überlegenheit der durch ihre Arten-Kombinationen gekennzeichneten Bestandes-Typen als Einteilungsprinzip der Vegetation allen anderen Gesichtspunkten ihrer Klassifizierung gegenüber erkannt, immer wieder von neuem begründet und schließlich fast überall durchgesetzt zu haben. Wenn auch die Vegetation unter anderen Gesichtspunkten studiert und auch nach anderen Grundsätzen eingeteilt werden kann, so muß doch betont werden, daß keine andere Richtung so weltweite Anwendung gefunden hat wie die Lehre von *Braun-Blanquet*, die in allen Erdteilen ständig in weiterer Ausbreitung und Anwendung begriffen ist.

Die auf diese Weise mit Hilfe bestimmter Arten-Verbindungen aufgestellten abstrakten Einheiten (Bestandes-Typen) der Pflanzendecke werden als „Pflanzen-Gesellschaften" bezeichnet. Ihre Grundeinheit heißt die Assoziation. Sie ist durch ihr eigene Charakter- oder Kenn-Arten ausgezeichnet, die anderen Assoziationen ganz oder fast ganz fehlen. Sie wird mit Hilfe von Differential-(Unterscheidungs-)Arten unterteilt, die nur in einem Teil der Assoziation vorkommen, anderen aber fehlen, ohne jedoch in ihrem Gesamtvorkommen auf eine einzige Assoziation — wie die Kenn-Arten — beschränkt sein zu müssen. Diese Untergesellschaften werden als Subassoziationen, deren Untereinheiten als Varianten und Subvarianten bezeichnet. Als letzte und niedrigste Einheit können innerhalb bestimmter Arten-Verbindungen Fazies, d. h. nur noch durch das mengenmäßige Vorherrschen einzelner Arten bestimmte Abweichungen vom Typus unterschieden werden. Sie bedingen oftmals die Physiognomie und auch den Ertrag bestimmter Gesellschaften und erlangen dadurch hohe wirtschaftliche Bedeutung. Jedoch kann dieselbe Art in verschiedenen Arten-Verbindungen (Pflanzen-Gesellschaften) herrschen, so daß eine Grundeinteilung der Vegetation nach den dominierenden Arten, wie schon erwähnt, nach einem untergeordneten und wenig sagenden Merkmal vorgenommen sein würde, das zudem überall dort versagen müßte, wo infolge sehr geringer Vegetationsbedeckung der Erdoberfläche keine Pflanzenart zur ausgesprochenen Herrschaft gelangt. Floristisch, d. h. in ihrer Arten-Verbindung ähnliche, „verwandte" Assoziationen werden auf Grund verbindender gemeinsamer Arten zu höheren Gesellschafts-Einheiten verschiedenen Ranges (Verbänden, Ordnungen, Klassen) zusammengefaßt. Ihre Verwendung bei der Betrachtung der Vegetation erlaubt eine vereinfachte aber klar bleibende Übersicht, ebenso wie andererseits die Untereinheiten der Assoziation bis zu den Fazies feine und feinste und zugleich auch durchaus klare Gliederungen ermöglichen.

Für die Aufstellung der Pflanzen-Gesellschaften in diesem Sinne und für das vertiefte Studium ihrer Eigenschaften sind im Laufe der letzten Jahrzehnte eine Reihe von Grundbegriffen und Arbeitsmethoden gefunden, mannigfaltig in allen Teilen der Erde erprobt und erfolgreich angewendet worden. Die Pflanzen-Gesellschaften, d. h. also abstrakte Arten-Verbindungen, sind in der Natur in jedem ihrer Einzel-Bestände (Gesellschafts-Individuen) mehr oder weniger vollständig ausgebildet. Um die Typen der einzelnen Gesellschaften zu finden, werden zunächst zahlreiche (10—50 oder mehr) Einzel-Bestände im Gelände floristisch analysiert, indem von jedem eine Liste sämtlicher Pflanzen-Arten mit Angabe ihrer Menge, Geselligkeit, Vitalität, jahreszeitlichen Entfaltung, Lebensform, Ertragsleistung, ihres Bauwertes für die Gesellschaft usw. angefertigt wird. In Form von konventionellen Zahlenwerten oder Zeichen werden diese Beobachtungen den Art-Namen beigefügt. Um aus diesen Feststellungen an den Einzel-Beständen zum Typus der Gesellschaft zu gelangen, werden die Zahlenwerte der einzelnen im Gelände gewonnenen Analysen, der „Aufnahmen", zu Tabellen vereinigt (Gesellschafts-Synthese). Dabei werden die Pflanzen-Arten nach ihrer Stetigkeit, d. h. der prozentualen Häufigkeit ihres Vorkommens in einer Gesellschaft, geordnet und die Zahlen für die Menge und für die Geselligkeit für jede Aufnahme, soweit die einzelnen Arten in ihr vorkommen, als besondere Spalte hinter den Art-Namen angefügt. Angaben über Lebensformen und Bauwert werden vor die Arten gesetzt. Der Vergleich verschiedener Gesellschafts-Tabellen ergibt für Gesellschaft die auf sie beschränkten „Kenn-Arten", denen diagnostisch in jeder Hinsicht die größte Bedeutung zukommt. Durch Vergleich der einzelnen Aufnahmen innerhalb einer Tabelle werden die „Unterscheidungs-Arten" und damit die Untergesellschaften verschiedenen Ranges gefunden. Mit der Schärfe und Vollständigkeit der Analysen im Gelände an sorgfältig ausgewählten Probeflächen und mit der Umsicht und Erfahrung bei der Vereinigung und Ordnung gleichartiger Aufnahmen zu Gesellschafts-Tabellen steigt deren Brauchbarkeit. Sie sind die Grundlage für alle weiteren pflanzensoziologischen Untersuchungen und ihre praktische Anwendung.

Unsere Kritiker aus Nachbarwissenschaften haben gelegentlich geltend gemacht, daß wir zu viel Statistik trieben. Sie haben dabei aber unsere *Vor*-Arbeiten zur scharfen Fassung der Gesellschafts-Einheiten mit den fertigen Gesellschaften, ihrem Gehalt und Sinn und ihren vielseitigen und weitreichenden Verwendungsmöglichkeiten, von denen gerade sie bisher kaum etwas gesehen haben, verwechselt. Ebenso wenig, wie man voreilig den berechnenden Brückenbauer wegen seiner Formel- und Zahlenreihen tadeln wird, sondern die mit ihrer Hilfe gebaute Brücke wertet, so sollte man als Außenseiter die Brauchbarkeit der Pflanzengesellschaften abwarten, aber nicht schon die Wege zu ihrer Auffindung kritisch betrachten.

Die an Hand ihrer Pflanzen-Arten floristisch gefaßten abstrakten Pflanzen-Gesellschaften sind an ihren Einzel-Beständen jederzeit sofort der Beobachtung im Gelände zugänglich, was für den „Standort" durchaus nicht gilt. Die floristische Fassung ist der umfassendste Inhalt der Pflanzen-Gesellschaften. Sie enthält zugleich auch ihre physiognomische Wirkung und bürgt für ihre geographische Kennzeichnung ebenso wie für die Wertung ihrer Ertrags- und Bauleistungen und liefert endlich den schärfsten Ausdruck ihres Standortes.

Das Wesen der Pflanzen-Gesellschaften ist keineswegs ein gemeinsames oder gar hilfreiches Zusammenleben von Art-Individuen mit gleichen oder sich ergänzenden Bedürfnissen. Das hervorstechendste Merkmal der Pflanzengesellschaft ist vielmehr die schärfste Konkurrenz, der heftigste Kampf aller einzelnen Kommensalen um Raum, Nahrung, Wasser und Licht, kurz um die Erhaltung ihres Lebens. „Im freien Spiel aller Kräfte, im uneingeschränkten Konkurrenzkampf aller vorhandenen Lebewesen haben sich seit Jahrtausenden die Lebensgemeinschaften aufgebaut, umgebaut, organisiert, reorganisiert und in jeder Beziehung mit dem Standort auseinandergesetzt ... Lebewesen, die nicht konkurrieren konnten, wurden ausgeschieden. Arten-Kombinationen, welche den Boden und damit ihre eigenen Lebensbedingungen verschlechterten, verloren ihre Konkurrenzkraft und wurden besiegt von solchen, die sich den Standort günstig zu erhalten vermochten. So blieb auf jedem Standort jene Lösung ... übrig, die dauernd am gesündesten, am konkurrenzfähigsten ist, die Lösung, bei welcher das unendlich komplizierte Beziehungs-System zwischen Lebewesen und Naturkräften mit der größtmöglichen Störungsfreiheit funktioniert" (*Etter* 1947).

Aus diesen Erkenntnissen ergeben sich die weiteren wissenschaftlichen und, von ihnen getragen, die wirtschaftlichen Aufgaben der *Pflanzensoziologie*, der Lehre von den Pflanzen-Gesellschaften. Um die Pflanzen-Gesellschaften so gründlich wie möglich kennen zu lernen und mit ihnen in den verschiedensten Richtungen arbeiten zu können, studiert die Pflanzensoziologie mit bestimmten Methoden das Gefüge (Morphologie), die Entwicklung (Syngenese), die Lebensbedingungen (Synoekologie) und die geographische Verbreitung (Synchorologie) der Pflanzengesellschaften. Endlich ordnet sie die zahlreichen bis jetzt bekannten und sich immer noch vermehrenden Gesellschaften nach den schon angedeuteten Gesichtspunkten auf Grund ihrer floristischen Übereinstimmung in ein System. Die Pflanzen-Gesellschaften werden somit zu den eigentlichen Einheiten, in welche das schier unendlich verwickelte Mosaik der Pflanzendecke, die *Vegetation*, in zwar zahlreiche aber doch klar übersehbare Einheiten verschiedener Größenordnung (Klassen, Ordnungen, Verbände, Assoziationen bis zu den Fazies) gegliedert wird.

Alle Pflanzen-Gesellschaften haben ein eigenes räumliches (vertikales und horizontales) *Gefüge*, das im Laufe des Jahres bestimmte bezeichnende Wandlungen durchmacht, wie Winter- oder Sommerruhe, Entfaltung im Frühling oder während der Regenzeiten, Abklingen im Herbst oder in den Trockenperioden usw. Dagegen bleiben die abstrakten Merkmale des Gefüges, die Stetigkeit der Arten und ihre Treue, d. h. der Grad der Bindung an die einzelnen Gesellschaften, sowie deren Homogenität konstant.

Jede Pflanzen-Gesellschaft besitzt eigene Entwicklungskräfte: Aus der Initial-Phase, die durch besondere Pionier-Arten eingeleitet wird, entwickelt sich in der Optimal-Phase die normale kennzeichnende Arten-Verbindung der Gesellschaft. Durch natürliche Zuwanderung neuer Arten mit hohem soziologischen „Bauwert" entsteht schließlich die Degenerations-Phase, in welcher die alte Arten-Verbindung zerfällt und durch das Eindringen neuer Pionier-Pflanzen sich zur Folge-Gesellschaft umzuwandeln beginnt. Man unterscheidet in der Vegetations-Entwicklung Anfangs-, Durchgangs- und Schluß-Gesellschaften. Die letzten stehen mit den allgemeinen, sehr lange gleichbleibenden Kräften des Standortes im Gleichgewicht. Die Entwicklungslehre studiert die Gesetze, denen die Entwicklungskräfte jeder Pflanzen-Gesellschaft unterworfen sind. Sie können, durch bestimmte Änderungen des Standortes ausgelöst, progressiv, d. h. zum natürlichen höchst entwickelten Endglied (Dauer-Gesellschaft, Klimax) oder regressiv, d. h. in umgekehrter Richtung führen. Gesellschaften, die durch bestimmte Eingriffe der Wirtschaft (Weide, Mahd, Brand, Wasserentzug, Ackerwirtschaft, Aufforstung mit standortsfremden Holzarten usw.) an die Stelle natürlicher Schluß-Gesellschaften getreten sind, werden Ersatz-Gesellschaften genannt. Auch sie sind gesetzmäßig mit bestimmten natürlichen End-Gesellschaften gekoppelt und entwickeln sich beim Aufhören des sie bedingenden Einflusses auf ganz bestimmten Wegen zu ihnen zurück, soweit nicht irreversible Änderungen des Standortes eingetreten sind, wie Abtragung der Krume durch Boden-Erosion, dauernde Senkung des Grundwassers, Bildung von Ortstein, Ablagerung alluvialer Bodenschichten wie Überwehung durch Flugsand, Bildung von Auelehm usf. Die praktische Bedeutung syngenetischer Kenntnisse liegt in der Möglichkeit zur Beurteilung des Bauwertes der einzelnen Pflanzen-Arten innerhalb ihrer Gesellschaften, der Grundlage für die Verwendung von Pflanzen-Gesellschaften als lebendige Baustoffe bei der Lebend-Verbauung von Wasserläufen, Kanälen, Seeufern, bei der Berasung von Böschungen und der Begrünung und Festigung offener Böden (Erosion!), von Flugplätzen, Dünen usf., sowie in der Möglichkeit, die Veränderungen von Pflanzen-Gesellschaften nach Eingriffen in ihre Lebensbedingungen (Ent- oder Bewässerung, Düngung, Beweidung, Mahd, Übernutzung, Durchforstung usw.) mit Sicherheit voraussagen zu können. Damit werden syngenetische Forschungen zu äußerst wichtigen Aufgaben innerhalb der Pflanzensoziologie, die durch Beobachtungen im Gelände und durch zielbewußte Experimente, z. B. in pflanzensoziologischen Gärten, gelöst werden müssen.

Hand in Hand mit diesen Studien muß die Untersuchung der Lebensbedingungen der Pflanzen-Gesellschaften, ihrer „Standorte", gehen. Diese unter dem Begriff der Synoekologie, der Lehre vom Gesellschafts-Haushalt, zusammenzufassenden Aufgaben gliedern sich für jede Gesellschaft in die qualitative Erkennung der entscheidenden Standorts-Eigenschaften, die durch vergleichende Beobachtung an möglichst vielen Einzelbeständen im Gelände erfolgt, und in die quantitative Messung der als maßgebend erkannten Faktoren über den ganzen Jahreslauf, besser aber, um die entscheidenden Extrem-

Werte zu erfassen, über mehrere oder gar viele Jahre. Dieser Weg führt rascher zum Ziel als die zwar vollständigere Messung aller erfaßbaren Standorts-Eigenschaften, die andererseits die Voraussetzung bleibt für das erschöpfende Studium der Epharmonie, worunter die Anpassung der Pflanzen-Arten und -Gesellschaften an ihre Standorte und an einzelne ihrer Eigenschaften verstanden wird.

Um diese Ziele zu erreichen, bedient sich die Synoekologie im weitesten Maße der Methoden und Erkenntnisse verwandter botanischer Disziplinen, wie der Physiologie und Anatomie der Pflanzen. Aber auch eine Reihe von anderen Hilfswissenschaften leistet dem Synoekologen unentbehrliche Dienste, wie Geographie, Klimatologie, Meteorologie, Geologie, Hydrologie, Bodenkunde, Tiersoziologie, Landwirtschaft und Forstwissenschaft, Siedlungs- und Landschaftsgeschichte und manche andere.

Die mit diesen Mitteln erworbene Kenntnis der entscheidenden Lebensbedingungen für die Pflanzen-Gesellschaften schafft drei neue Möglichkeiten, deren praktischer Wert mit den wachsenden synoekologischen Einsichten und mit den syngenetischen Erfahrungen steigt:

1. Die Pflanzen-Gesellschaften werden zu der offen zutage liegenden *Bezugsbasis* für ihre ein für allemal qualitativ erkannten und quantitativ bestimmten Standorte und die entscheidenden Faktoren innerhalb derselben. Die Verwendung einzelner Klima-Eigenschaften, der Böden oder gar nur bestimmter Merkmale derselben, oder endlich der herrschenden Pflanzen als Bezugsbasis ist so einseitig und darum unzureichend, daß ihre Weiterbenutzung nur deswegen verständlich wird, weil offenbar viele Wirtschafter nicht die nötigen Kenntnisse zur Verwendung von Pflanzengesellschaften besitzen. Einfache theoretische Überlegungen und vielfache praktische Erfahrungen lehren aber immer wieder, daß z. B. in einem bestimmten Allgemein-Klima nicht die Böden alle gleich, noch daß bestimmte „Böden" wie Flachmoor, Dünensand, Grundmoräne, ja nicht einmal mineralische Naßböden usf. in sich gleichartig sind, noch daß endlich Buchen-, Kiefern-, Fichten- oder andere Wälder, jeder in sich, den gleichen Gefahren ausgesetzt sind, gleiche Erträge bringen oder gleiche Behandlung verlangen. Und doch bleibt dem Nicht-Kenner der Pflanzensoziologie keine andere Wahl einer Bezugsbasis zur Verallgemeinerung seiner Kenntnisse, Erfahrungen, Planungen oder Wertungen als eben die herrschende Kulturpflanze oder Wildpflanze, die Gesteinsunterlage oder die Bodenart, die oft in maßloser Übertreibung und Verkennung als „Standort" bezeichnet werden, gewisse Klima-Eigenschaften usf. Wenn dagegen der Pflanzensoziologe vom Standort *einer* bestimmten Pflanzen-Gesellschaft spricht, so kann er ihn sowohl in seiner Flächenausdehnung genau begrenzen als auch für seine Einheitlichkeit innerhalb dieser Fläche bürgen, die er beide eben an der Pflanzen-Gesellschaft in ihrer gleichbleibenden Arten-Verbindung erkennt.

2. Für die Erkennung bestimmter Standorts-Eigenschaften — auch für solche, die nur in beschränkten Abschnitten des Jahres wirksam werden, wie z. B. winterliche Überflutungen, Sommerdürre und viele andere — ist das Auftreten von Gruppen bestimmter Zeiger-Pflanzen (Indikatoren) innerhalb der gesamten Arten-Verbindung der Pflanzen-Gesellschaften von höchster praktischer Bedeutung. Man wird sich bei der Verwendung dieser Zeiger-Pflanzen, die durch vergleichende Betrachtung der Pflanzen-Gesellschaften und ihrer der Beobachtung zugänglichen Standorts-Eigenschaften gefunden werden, weniger vom Auftreten einer einzelnen Art, als vielmehr erst von dem gemeinsamen Vorkommen mehrerer gleich zu bewertender Arten (Differentialarten-*Gruppen*) leiten lassen. Mit vielversprechendem Erfolg hat man versucht, einfache mathematische Beziehungen zwischen gewissen Eigenschaften der Zeigerarten-Gruppen und den sie bedingenden Standorts-Eigenschaften zu finden. Man „eicht" also geradezu die Pflanzen-Gesellschaften als biologische Meßinstrumente.

3. Ebenso läßt sich für alle Pflanzen-Gesellschaften, die in ihrer Gesamtheit genutzt werden, wie z. B. für Weiden und Wiesen, aus ihrer soziologischen Zusammensetzung unter Verwertung von Stetigkeit, Menge und Futterwert aller ihrer Arten leicht der „soziologische Wirtschaftswert" feststellen und an den empirisch gefundenen Erträgen eichen.

Diese Beispiele zeigen die Bedeutung der synoekologischen Forschung ebenso deutlich wie den Umfang ihrer wirtschaftlichen Anwendung. Sie machen aber auch verständlich, daß ihr Wert mit der Zuverlässigkeit der soziologischen Analyse und Synthese der Pflanzen-Gesellschaften steigen muß. Die aus der Kenntnis der Arten-Verbindung, der Entwicklungsgesetze und der Lebensbedingungen der Pflanzen-Gesellschaften zu gewinnenden Möglichkeiten ihrer praktischen Verwertung sowohl als Baustoffe wie auch als Zeiger für ihre Standorte und deren Ausdehnung und für bestimmte ihrer Eigenschaften, für die wirtschaftliche Verbesserung der Nutzung durch Anbau ertragreicherer oder -sicherer Kulturpflanzen, sowie endlich für die Bonitierung der Pflanzen-Gesellschaften und der von ihnen bedeckten Bodenflächen werden erst dann voll nutzbar, wenn die räumliche Ausdehnung der einzelnen Pflanzen-Gesellschaften bekannt ist. Diese Kenntnis wird durch die Vegetations-*Kartierung* geliefert, welche an Hand der Kenn- und Unterscheidungsarten die flächenhafte Verbreitung unter Verwendung höherer oder niederer systematischer Einheiten (Verbände, Assoziationen, Subassoziationen bis Fazies) in verschiedensten Maßstäben festlegt. Mit großem Gewinn können aber auch Gesellschafts-Komplexe im syngenetischen Sinne, d. h. zu einer und derselben Schlußgesellschaft hinstrebende Anfangs- und Entwicklungs-Gesellschaften, mit der Schlußgesellschaft selbst kartiert werden, was sich besonders bei ersten Übersichtskarten empfiehlt. Ebenso wie jeder einzelnen Pflanzen-Gesellschaft und ihrem Standort eine bestimmte Leistungsfähigkeit innewohnt, so umfaßt auch die Gesamtheit aller in ihrer Entwicklung mit einer bestimmten Schlußgesellschaft verbundenen Anfangs-, Durchgangs- und Ersatz-Gesellschaften sowie die Schlußgesellschaft selbst ein bestimmtes von anderen Schlußgesellschaften mit ihren Vorläufern verschiedenes Potential. Der pflanzensoziologische und damit der standörtliche Inhalt und die wirtschaftliche Nutzungsmöglichkeit eines jeden solchen syngenetischen Gesellschafts-Komplexes sind beschränkt und genau festzulegen. Wie die Assoziation durch entsprechende Arten, sind diese Gesellschafts-Komplexe jeweils durch eine ganz bestimmte bezeichnende *Gesellschafts-Verbindung* mit Kenn-, Unterscheidungs- und Begleit-Gesellschaften ausgezeichnet. Sie stellen gewissermaßen soziologische Einheiten höherer Ordnung, Gesellschaften von Pflanzen-Gesellschaften dar. Zur ersten Orientierung (wissenschaftlich wie wirtschaftlich) sind solche Komplex-Karten kleinen Maßstabes unentbehrlich, auch wenn sie großenteils deduktiv gewonnen werden müssen. Für die vertiefte Auswertung im einzelnen aber müssen die verschiedenen Pflanzen-Gesellschaften selbst in ihrer Verbreitung in großen und größten Maßstäben kartiert werden.

Für die Herstellung von Vegetationskarten erweist sich in allen nicht ausschließlich ackerbaulich genutzten Landschaften das Luftbild als ein äußerst wertvolles, Zeit, Kraft und Geld sparendes und Genauigkeit verbürgendes Hilfsmittel, dessen pflanzensoziologische Entschlüsselung mit besonderen Methoden schnell und sicher gelingt. Dazu werden zunächst im Gelände die einzelnen Pflanzen-Gesellschaften und die Komplexe der Kontakt-Gesellschaften auf dem Luftbild festgestellt und ihre Merkmale bestimmt. Auf diese Weise lernt der Pflanzensoziologe das Luftbild lesen und kann nun in kürzester Zeit daraus eine Vegetationskarte herstellen, ein Verfahren, das in größtem Umfange in verschiedensten Gebieten Europas während des Krieges von Pflanzensoziologen geübt worden ist.

Aus den Vegetationskarten lassen sich nun leicht unter Verwendung aller pflanzensoziologischen Erkenntnisse des Gefüges, der Entwicklungsgesetze und der Lebensbedingungen der Pflanzen-Gesellschaften neue Karten ableiten, welche Bonitierung, Verbesserungsvorschläge, bestimmte Kulturen, gefährdende Gegenden oder für andere Nutzung als die bisher übliche geeignete Flächen, Wassermangel-Gebiete usw. enthalten. Die Vegetationskarten sind Inventare der Pflanzen-Gesellschaften und damit Bonitäts-Karten. Sie sind aber auch Standorts-Karten, weil die Pflanzen-Gesellschaften der Ausdruck der vorhandenen Standorte sind. Durch die Vegetationskarte hindurch sieht der Pflanzensoziologe tief in die Standorte hinein, wie der Arzt durch einen Röntgen-Schirm in den menschlichen Körper. Vegetationskarten sind endlich Wirtschafts-Karten, weil viele Pflanzen-Gesellschaften auch das Ergebnis menschlicher Wirtschaft sind und zugleich ihre Verbesserungsmöglichkeiten anzeigen. Keine andere Wissenschaft ist in der Lage, gleiche Ergebnisse für die Landeswirtschaft so rasch, billig und so sicher zu schaffen wie die Pflanzensoziologie, deren Methoden überall sofort anwendbar sind, wenn nur die Pflanzen-Arten bekannt sind. Diese Behauptung eines erfahrenen Feld-Botanikers wurde von ihm nicht deswegen aufgestellt, weil er Pflanzensoziologe war, sondern er war es geworden eben wegen dieser Möglichkeiten seiner Wissenschaft!

Ebenso wie die Pflanzensoziologie in unserem Sinne sich einiger Hilfsdisziplinen für ihre eigenen Zwecke bedient, fördert sie selbst für zahlreiche Nachbarwissenschaften wichtige Erkenntnisse zutage, so vor allem für die Geographie, die Bodenkunde, die Hydrologie, die Klimatologie, die Tiersoziologie, die Siedlungsforschung und manche andere, worauf wir früher schon ausführlich hingewiesen haben. Für die volle wirtschaftliche Auswertung pflanzensoziologischer Erkenntnisse ist gerade diese enge Zusammenarbeit mit jenen Wissenschaften von besonderer Bedeutung, weil dadurch der einseitige Blick mancher analytisch gerichteter Spezial-Forschung vermieden oder doch durch die Auswertung der vielfältigen Wechselbeziehungen aller Einflüsse, die sich in der Pflanzendecke sichtbar äußern, korrigiert und auf das Wesentliche gelenkt wird. Um nur einige Beispiele zu nennen, sei an die Schwierigkeit, ja Unmöglichkeit erinnert, allein mit Hilfe bodenkundlicher Methoden den Nährstoffgehalt mineralischer Naßböden morphologisch im Gelände sicher zu erkennen. Auch der Hydrologe vermag in solchen Fällen nicht ohne chemische Analysen zu urteilen, die in jedem neuen Falle neu durchgeführt werden müssen. In der Vegetation aber prägen sich, auf den ersten Blick voll sichtbar, der gesamte Standorts-Komplex, Bodentyp, Bodenart und physikalisch-chemische Beschaffenheit des Bodenwassers und zugleich noch die klimatischen und biotischen Züge des Standortes aus. Nachdem einmal an ausreichend vielen Beispielen die Beziehungen zwischen kennzeichnenden Merkmalen der Pflanzen-Gesellschaften und bestimmten sie bedingenden Standorts-Eigenschaften erkannt worden sind, kann aus jenen, auch quantitativ, auf diese geschlossen werden. Das gilt besonders auch für Einflüsse, die durch Tier und Mensch hervorgerufen worden sind und die sich daher einer anorganischen Analyse z. T. entziehen (Weide, Düngung, Tritt, Brand usw.). Endlich werden auch bestimmte Entwicklungsstufen in manchen Pflanzen-Gesellschaften von der Pflanzensoziologie als solche, und nicht als klima- oder bodenbedingt, erkannt. Für diese Frage ließen sich aus der Forstwirtschaft zahlreiche Beispiele anführen.

Am fruchtbarsten hat sich die enge Verbindung der Pflanzensoziologie mit der Bodenkunde erwiesen, wie sie jüngst in der Schweiz zu höchster Vollkommenheit entwickelt wurde, und wie sie auch für unsere eigenen Arbeiten, insbesondere für die Vegetations-Kartierungen und ihre Auswertung, seit Jahrzehnten eine der wesentlichsten Grundlagen liefert. Die Verbindung dieser beiden in mehreren Zügen verwandten jungen Wissenschaften hat so tiefe Einsichten in das Leben der Pflanzen-Gesellschaften vermittelt und wird weitere erzeugen, daß sie als einander gleichberechtigt und in engster Berührung betrieben als Grundlage aller auf der Pflanzendecke beruhenden Landeswirtschaft in keinem Kulturland der Erde mehr fortgedacht werden können, so wenig man etwa auf die bakteriologische Überwachung der Infektionskrankheiten heute noch verzichten kann. Ein Land, das sich noch nicht der Bodenkunde und der Pflanzensoziologie gemeinsam bedient, hat noch nicht die gebotenen Möglichkeiten und Notwendigkeiten der Grundlagen-Planung begriffen. Die Regierenden eines Landes aber, die für die Verbindung beider Wissenschaften die vorhandenen Kräfte nicht mehr verwenden können oder wollen, sollten ohne Zeitverlust für diesen Rückschritt zur Rechenschaft gezogen werden! Die Erfahrungen in der Schweiz, in Frankreich, Österreich, Holland, Finnland, Polen, N-Afrika und anderen Ländern und nicht zuletzt bis jetzt in Deutschland sind mehr als ausreichend, jeden Zweifel über den Wert gemeinsamer bodenkundlicher und pflanzensoziologischer Forschung zu zerstreuen. Gegner der Pflanzensoziologie oder ängstliche Zauderer werden, wenn sie entscheidenden Einfluß auf die Bereitstellung von Forschungsmitteln haben, die Entwicklung unserer Wissenschaft und ihrer Ausbreitung — zum Schaden ihres eigenen Landes — wohl örtlich verzögern, aber nicht aufhalten können.

Um nur die wichtigsten Möglichkeiten der unentbehrlich gewordenen Anwendung pflanzensoziologischer Erkenntnisse in der Wirtschaft zu nennen, sei auf einige mannigfach erprobte Erfahrungen hingewiesen:

1. In der *Wasserwirtschaft* ist die Vegetationskarte, d. h. die kartographische Festlegung der Pflanzengesellschaften eines Gebietes als Indikator für seinen Wasserhaushalt durchaus nicht zu ersetzen. Die führenden deutschen Hydrologen *Denner* und *Koehne*[1] schrieben schon 1938: „Eine genaue Kartierung der Bodenfeuchtigkeit würde bei der Mannigfaltigkeit der deutschen Landschaft einen ungeheuerlichen Arbeitsaufwand erforden. Wir müssen uns daher überlegen, wie wir mit einfacheren Hilfsmitteln auf mittelbarem Wege uns diesem Ziele nähern können. Hier bietet uns die Kartierung der Pflanzen-Gesellschaften einen erfreulichen Ausweg aus diesen Schwierigkeiten . . . Während die Verbreitung von Einzelpflanzen zu sehr dem Zufall unterliegt, gilt für Gesellschaften nach *Tüxen* und *Ellenberg* der Satz: „Tragen zwei Standorte dieselbe Pflanzen-Gesellschaft in normaler charakteristischer Arten-Kombination, so muß ihre Beschaffenheit in jeder Hinsicht in engen Grenzen dieselbe sein." Die Vegetationskarte zeigt unmittelbar Gebiete mit Wasserüberschuß und solche mit Wassermangel und läßt diese Eigenschaften auch quantitativ erkennen. Sie wird damit zu einer der einfachsten und zugleich brauchbarsten Grundlagen für alle wasserwirtschaftlichen Planungen."

Aus dem Vergleich von Vegetationskarten, die vor und nach einem Eingriff in den Wasserhaushalt einer Landschaft hergestellt wurden, lassen sich, auch quantitativ, die dadurch hervorgerufenen Änderungen in der Pflanzendecke und in ihrem Ertrag feststellen. Eine Ersatz-Methode besteht nicht. Vor und nach Grundwasser-Änderungen durch Kanalbauten, Flußbegradigungen, Wasserwerke, Bergwerke usw. sollten daher Vegetationskarten zur unvoreingenommenen Feststellung eingetretener Schäden hergestellt werden. Die Kosten für solche Karten betragen nur einen verschwindenden Bruchteil der erfahrungsgemäß ohne ihr Vorhandensein zu Unrecht gezahlten Entschädigungen. Die rechtzeitige Herstellung von Vegetationskarten kann manche wasserwirtschaftlichen Planungen von vornherein als undurchführbar erweisen, weil die sicher zu erwartenden wirtschaftlichen Schäden den gewünschten Nutzen übertreffen werden.

[1] *Denner*, J. u. *Koehne*, W.: Richtlinien für die Erforschung der Grundwasserverhältnisse. Berlin 1938.

2. Im *Landschaftsschutz*, dieser mit zunehmender Nutzung jedes Landes immer dringender werdenden Aufgabe, kann die Pflanzensoziologie umso weniger entbehrt werden, als die wirksamsten und billigsten Mittel zur Schaffung von Windschutz, von Bodenschutz gegen die Erosion, zur lebenden Verbauung von Flußufern, von Wildbächen und Kanälen, zur Festlegung von Flugsand und Dünen usf. alle der lebendigen bodenständigen Pflanzendecke entstammen und nur bei gründlicher Kenntnis der Pflanzen-Gesellschaften, ihres Gefüges, ihrer Lebensansprüche und der Folge ihrer Entwicklungsphasen voll ausgenutzt werden können. Man darf — um nur das Beispiel der Bodenerosion und ihrer Bekämpfung zu erwähnen — nicht irgendwelche Pflanzen-*Arten* ansäen oder pflanzen, die sich vielleicht in anderen Gebieten bewährt haben, sondern man muß die Bildung von standortsgemäßen oder gar natürlichen Pflanzen-*Gesellschaften* durch die Einbringung ihrer Pioniere auf Grund der Kenntnisse ihrer natürlichen Entwicklungsgesetze, ihrer Verbreitung sowie ihrer Lebensbedingungen fördern, um sie als lebendigen Baustoff zu benutzen. Heilt doch die Pflanzendecke überall die Wunden, die ihr biotische oder abiotische Einflüsse geschlagen haben, unverzüglich mit ihren eigenen bodenständigen Gesellschaften, die sich mit den ihnen innewohnenden Kräften immer wieder von selbst einfinden. Auch ihre planmäßige Verwendung, die sich nicht gegen die Kräfte der Natur richten, auch nicht ohne ihre Kenntnis erfolgen darf, sondern mit ihnen arbeiten muß, ist eine der Aufgaben der angewandten Pflanzensoziologie. Nicht wirtschaftliche Gesichtspunkte, wie in Industrie und Technik, dürfen die Auswahl der Mittel allein entscheiden, sondern, wenn lebendige Baustoffe benutzt werden, muß deren Verwendung sich allein nach den Gesetzen ihres soziologischen Zusammenlebens richten. Die deutschen Autobahnen enthalten unzählige Beispiele für den Wert pflanzensoziologischer Kenntnisse als Grundlage von Berasungen und Bepflanzungen von Rohböden.

3. Der *Grasland-Wirtschaft* liefert die Pflanzensoziologie und besonders die Vegetationskarte zunächst ein Inventar der vorhandenen Grasland-Gesellschaften und ihres Wertes, ihrer Verbreitung sowie ihrer Standorte. Daraus ergeben sich Möglichkeiten der Nutzungskontrolle zur Vermeidung von Übernutzung, z. B. durch Überweidung usw., aber auch zur vollen möglichen Nutzungssteigerung, der Bonitierung, ferner der Planung zur Umstellung der Wirtschaftsweise, der Feststellung des Anwendungsbereiches bestimmter Ansaat-Mischungen, der Auffindung der besten Gebiete für den Samenbau verschiedener Pflanzen-Arten usw. In natürlichen Grasländern ist die Herstellung von genauen Vegetationskarten mit Hilfe von Luftbildern besonders lohnend.

4. Die Unkraut-Gesellschaften der *landwirtschaftlichen* Kulturen sind die besten Zeiger für den Boden des Ackerlandes und seinen Zustand. Die Verbreitung der verschiedenen Unkraut-Gesellschaften zeigt die Möglichkeiten für den Anbau einzelner Kulturgewächse auf. Die Vegetationskarte läßt Gebiete gleicher Ertragsmöglichkeiten erkennen. Damit wird sie in Verbindung mit langfristiger Wettervorhersage zu einem wichtigen Hilfsmittel der Ernte-Vorschätzung. Die Kenntnis der Unkraut-Gesellschaften ist endlich unentbehrlich für die Bekämpfung einzelner Unkräuter.

5. Die *Forst-Wirtschaft* ist geradezu als „angewandte Pflanzensoziologie" bezeichnet worden. Sie bedarf, wie die Grasland-Wirtschaft, der Kenntnis der natürlichen Pflanzengesellschaften um so mehr, als sie mit sehr langen Umtriebszeiten (bis zu einem Jahrhundert und länger) arbeitet und daher einmal gemachte Fehler etwa in der Wahl der angebauten Holzarten nicht rasch ausgleichen kann. Die Wirkung bodenschädigender Holzarten, insbesondere ihrer Reinbestände, oder falscher Wirtschaftsweisen ist daher besonders nachhaltig. Vegetationskarten sind in der Forstwirtschaft als Grundlage des Waldbaus unentbehrlich. Darüber hinaus muß aber die Pflanzensoziologie die Entwicklung der Wald- und Forstgesellschaften ständig beobachten, indem sie hier die Aufgabe des Arztes ausübt. Daher erklärt sich vielleicht die Abneigung mancher nur wirtschaftlich denkender Forstleute, denen ausreichende biologische, vor allem aber botanische oder gar pflanzensoziologische Kenntnisse fehlen, gegen die Pflanzensoziologie. Sie fürchten ihre Kritik ebenso wie auch in gleicher Weise denkende und wissenschaftlich unzureichend ausgerüstete Grünland-Wirtschafter. Im Verhalten der Pflanzen und Pflanzen-Gesellschaften aber gibt sich allein das Urteil der Natur über die von dem Wirtschafter getroffenen Maßnahmen unbestechlich kund! Die Notwendigkeit solcher untrüglicher Kriterien für ihre Maßnahmen und Eingriffe erkennt auch die moderne Forstwirtschaft an, die „leider schon bei so vielen forstlichen Ideen erlebt" hat, daß durch unzulässige Verallgemeinerung eine „gründliche Enttäuschung" eintrat. „Nur eine sorgsame Prüfung der einzelnen Standorte" kann solche Rückschläge vermeiden. Wir haben diesem freimütigen Geständnis eines hervorragenden niedersächsischen Forstmannes (*Wiedemann* 1949) nichts hinzuzufügen als den eindringlichen Hinweis, daß die von ihm mit Recht geforderte sorgsame Standortsprüfung nur mit Hilfe der Pflanzensoziologie und der Bodenkunde in enger

Gemeinschaftsarbeit erfolgen kann, und daß sie mit diesen Hilfsmitteln zugleich am sichersten, schnellsten und billigsten geschieht. Es mag wohl sein, daß die Pflanzen-Gesellschaften nicht auf alle Standortseigenschaften und -Unterschiede ansprechen, die manche „Standorts-Kartierer" zu sehen glauben. Solche Standorts-Merkmale sind aber für die Pflanzendecke gewiß belanglos.

6. Die *Siedlungsplanung* bedient sich mit größtem Nutzen der Vegetationskarte, aus welcher die Gebiete siedlungsfreundlicher und siedlungsfeindlicher Pflanzengesellschaften und ihre Standorte sofort abzulesen sind. Auch die beste Nutzungsart der einzelnen Flächen sowie ihr Wasserbedarf lassen sich aus der Vegetationskarte leicht ableiten.

Diesen Beispielen ließen sich noch weitere anschließen. Wir wollen aber statt dessen nur an den in seiner Eindringlichkeit nicht zu überhörenden Mahnruf des Leiters der Abteilung für Bodenschutz in der Panamerikanischen Union *William Vogt*: "Road to Survival" (New York 1948) erinnern, der als der Träger eines Erfolg versprechenden Programmes für die Erhaltung der Welt-Forschung, Erziehung und Bodenbearbeitung fordert:

„Ohne Forschung sind wir nicht imstande, die Folgen unserer eigenen Maßnahmen vorherzusagen. Wir würden kostspielige und unheilvolle Fehler machen, würden Millionen für falsch geplante forstwirtschaftliche Maßnahmen, bodenerhaltende Terrassen-Anlagen oder künstliche Dünger verschwenden oder für die Einführung von Insekten-Vertilgern oder anderen Tieren, die wir nicht kontrollieren können. Oder wir würden, wie wir es schon getan haben, Millionen für die Einführung von Pflanzen-Arten vergeuden, die nicht gedeihen können. Wir würden versuchen, ein System der Bodenbewirtschaftung aus einer Gegend (in der es Erfolg hatte) in eine andere zu übertragen (wo es keinen Erfolg haben kann). Wir würden schließlich Boden kultivieren, den wir nur den Wäldern und dem Wild überlassen sollten, und wir würden die großen Schätze, die wahrscheinlich in den tropischen Wäldern schlummern, unbeachtet lassen . . .

In vielen Teilen der Welt ist eine wirksame Bodenkonservierung dadurch unmöglich gemacht, daß man die Unerläßlichkeit wissenschaftlicher Behandlung nicht erkannt hat. Ein krankes Flußtal ist ein weit schwierigerer Fall als ein kranker Mensch, eben weil der Mensch dabei die wichtigste Rolle spielt. Zur Diagnose und Behandlung der Krankheit sollten die Spezialkenntnisse vieler Fachleute herangezogen werden — Klimatologen, Hydrologen, Botaniker und Zoologen, Bodenwissenschaftler, Forstleute und Viehzüchter. Die Nationen können es sich nicht länger leisten, diese Probleme der Behandlung durch Juristen oder Heeresingenieure zu überlassen."

Die Pflanzensoziologie als die Lehre von den Pflanzengesellschaften, den lebendigen Ergebnissen und Anzeigern der „Standorte" auf der Erde und ihrer Zustände wird innerhalb der gesamten notwendigen Forschung für die Erhaltung des Lebens auf Erden eine entscheidende Rolle spielen.

(*Professor Dr. Reinhold Tüxen, (23) Stolzenau/Weser, Schinnaer Landstr. 6.*)

---

## Ordnungsformen der lebenden Natur.

Von

ADOLF REMANE.

Die lebende Natur erscheint jeder einfachen Betrachtung als ein Ordnungsgefüge, ein Kosmos. Dem Biologen ist diese Ordnung ein Problem, ja ein Paradoxon. Jedes Lebewesen stellt „Ansprüche", d. h. benötigt bestimmte Umweltbedingungen für seine eigene Existenz; vor allem die Stoffe, die für Wachstum und Betriebsleistungen erforderlich sind. Durch diesen Stoffwechsel verändert jedes Lebewesen dauernd seine Umgebung, es entzieht ihr Stoffe, verändert sich, und gibt als Exkrete und Sekrete andere Stoffe an die Umgebung ab. Durch diese dauernden Umgestaltungen des Daseins durch Milliarden von Lebewesen sollte man eigentlich in der Natur auch dauernden Fluß wechselnder Erscheinungen und Bedingungen erwarten; wir wissen, daß dies nur bedingt zutrifft. In Landschaften, die von Menschen wenig berührt sind, leben nebeneinander dieselben Tier- und Pflanzenarten, die vor Hunderten von Jahren dort bereits existiert haben, und wenn ein Waldbrand oder Steppenbrand die Lebewesen in einer Region vernichtet hat, so ist doch nach wenigen Jahren oder Jahrzehnten derselbe Artenbestand wieder da. Es besteht also trotz der Zusammensetzung der lebenden Natur aus lauter dauernd verändernden und veränderlichen Teilen, eine auffällige Konstanz des Gesamtbildes über Hunderte und Tausende von Jahren hinweg, und erst die extrem langsam verlaufende Phylogenie verändert dieses Grundsystem. In dieser Beziehung steht die Naturwelt im Gegensatz zu der Menschenwelt, in der ja tatsächlich der ewig wechselnde Fluß der Geschichte jenes dauernde Verändern der Situationen und Aktionen, Kräftepotentiale bietet, das wir oben auch für die Natur „erwartungsgemäß“ fanden. Diese Dauer des Gesamtbildes bei dauernd verändernder Wirkung der Teile kann in der Natur nur durch Ordnungsformen erreicht werden, in denen die Wirkung der Teile so koordiniert ist, daß der Komplex der Teile beständig wird. Bei einem genauen Studium ergibt sich nun die überraschende Tatsache, daß in der Natur zwei wesensverschiedene Ordnungsformen existieren, die Lebensgemeinschaften mit biozönotischen Ordnungen und die funktionellen Ordnungen. Trotz mancher Ähnlichkeiten im einzelnen handelt es sich hier um zwei grundsätzlich verschiedene Lösungen des Ordnungsproblems.

Der Begriff Lebensgemeinschaft (Biozönose) stammt von dem Zoologen *Möbius*, 1876. Er fand bei seiner Untersuchung über die Besiedelung der Austernbänke der Nordsee bestimmte Gesetzmäßigkeiten und definierte die Lebensgemeinschaft als „eine Vergesellschaftung lebender Wesen, die eine den Lebensbedingungen ihres Biotops (Lebensraumes) entsprechende Auswahl von Arten und Menge von Individuen darstellt, die untereinander durch bestimmte Beziehungen zu einer Einheit verbunden sind und sich somit gegenseitig bedingen“.

Das Problem selbst wurde jedoch schon viel früher empfunden und erörtert: das Doppelgesicht der belebten Natur mit Kampf und Ordnung mit Antagonismus und Harmonie ist ja so auffallend, daß jeder denkende Geist sich mit ihm auseinandersetzen muß. Herder behandelt es in seinen Ideen zur Philosophie der Geschichte der Menschheit. Er geht davon aus, daß „die ganze Schöpfung in einem Kriege ist und die entgegengesetztesten Kräfte einander so nahe liegen“. Der gottgleiche Mensch wird hier von Schlangen, dort vom Ungeziefer verfolgt, hier vom Tiger, dort vom Haifisch verschlungen. Alles ist im Streit gegeneinander, weil alles selbst bedrängt ist; er muß sich seiner Haut wehren und für sein Leben sorgen. Warum tat die Natur dies? Warum drängte sie so die Geschöpfe aufeinander? Weil sie im kleinsten Raum die größeste und vielfachste Anzahl des Lebenden schaffen wollte, wo also auch eins das andre überwältigt und nur durch das Gleichgewicht der Kräfte Friede wird in der Schöpfung. Jede Gattung sorgt für sich, als ob sie die einzige wäre; ihr zur Seite steht aber eine andere da, die sie einschränkt, und nur in diesem Verhältnis entgegengesetzter Arten fand die Schöpferin das Mittel zur Erhaltung des Ganzen. Sie wog die Kräfte, sie zählte die Glieder, sie bestimmte die Triebe der Gattungen gegeneinander und ließ übrigens die Erde tragen, was sie zu tragen vermochte.

Dieselben Gedankengänge finden wir bereits bei *Linné* in seiner Politia naturae 1760, in der er die „Ordnungsregeln, die in der Natur herrschen“, darstellt. „Nehmen wir z. B. an, daß jede Tabakpflanze im Jahre 40 320 Samen hervorbringen würde und daß niemand da wäre, der etwas davon verbrauchte, dann müßte eine solche Pflanze leicht alle anderen verdrängen. Durch einen einfachen Schluß komme ich indessen zu dem Ergebnis, daß etwas Derartiges nicht eintreffen kann, teils weil dadurch etwas zu existieren aufhören müßte, was der allweise Schöpfer erschaffen, teils weil dadurch die gehörige Ordnung und das Gleichgewicht gestört werden würden. Und daraus ist mit Sicherheit auf die Notwendigkeit einer Ordensgewalt (politia) im Reiche der Natur zu schließen; denn ein Reich ohne Ordnung und Leitung geht mit jedem Tag mehr seinem Untergang entgegen.“ „Ja, ich wüßte nicht einmal, wie die Welt ohne Schaden bestehen sollte, wenn auch nur eine einzige Tierart auf ihr fehlen würde.“

Hier ist also bei *Herder* und *Linné*, so widerspruchsvoll es klingen mag, der Kampf der Preis für den Frieden, die Vernichtung das Mittel zur Erhaltung. Entkleiden wir diese Darstellungen der teleologischen Grundhaltung, die in dieser Ordnung eine beabsichtigte Schöpfung sehen läßt, so enthalten sie bereits doch das erste Grundsatzprinzip der Biocönotik, das in moderner Fassung lauten würde. Die Konstanz einer Biocönose ist durch die Gleichheit von Vermehrung und Vernichtung jeder ihrer Teilgebilde (Arten) bedingt. Konstanz einer Art und der Lebensgemeinschaft tritt ein, sofern von einem Pärchen nur zwei Nachkommen erwachsen werden (oder bei zwittrigen Lebewesen nur einer) und sich fortpflanzen. Da aber jede Art in einem Teil ihrer Individuen vorher vernichtet wird, sei es durch andere Tiere oder Umweltkonstellationen, beträgt die Vermehrung stets mehr als je zwei auf ein Paar, diese Zahl ist stets erst die Resultante aus Vernichtungszahl und Vermehrungsdruck. Wir wissen, daß diese notwendige Konstante nicht ein ganz starrer Wert ist, in manchen Jahren wird eine Art häufig — der Vermehrungsdruck überwiegt die Vernichtungsrate —, in anderen aber seltener als früher. Über längere Zeiträume gerechnet, muß aber die Gleichung Vernichtungszahl = Vermehrungsdruck bestehen bleiben, anderenfalls kann die Konstanz der Biocönose nicht gewahrt bleiben.

Noch eine zweite Bedingung muß erfüllt sein, wenn die Konstanz einer Biocönose gewahrt sein soll. Das Stoffmaterial, das im Lebensraum Ausgangspunkt für das Wachsen und Gedeihen der

Lebewesen ist, muß immer wieder so ergänzt werden, daß es Jahr für Jahr in etwa gleicher Menge zur Verfügung steht. Der Idealfall wäre gegeben, wenn in einer Lebensgemeinschaft die Stoffe nach einer Wanderung durch die Lebewesen wieder in ursprünglicher Menge und Qualität aus den absterbenden Körpern frei würden. Damit kommen wir zu dem Problem des Stoffkreislaufs in der Natur: Auch dieses Problem ist alt, sagt doch schon T. Lucretius Carus in seinem Lehrgedicht „Von der Natur der Dinge“: „Eines stellt die Natur aus dem anderen her und sie läßt nur immer Neues entstehen aus anderer Dinge Verwesung.“ Auch hier hat *Linné*, als erster Oekologe, die Sachlage klar erkannt. Er schreibt in seiner „Lachesis naturae“: „Ich sehe die Menschen alle Tiere, alle Pflanzen und alle Erde für sich verbrauchen. Die Raubtiere lebten von Pflanzennahrung [offenbarer Schreibfehler für Tiernahrung]. Die Raubvögel lebten von kleinen Vögeln, die Samen und Würmer fraßen. Die Pflanzen lebten von der Erde. Hiernach ging ich zuerst zur Erde, wo alles seinen Anfang nahm. Der schwarze Humus war unter dem Mikroskop nur desumta animalia und plantae, vermoderte Tiere und Pflanzen.“ Noch drastischer äußert er sich an anderer Stelle. „So ich den Humus von den Kirchhöfen nehme, nehme ich die Teile, die von Menschen für Menschen eingerichtet und verwandelt wurden. Führe ich sie in meinen Kohlgarten und setze Kohlpflanzen dort aus, erhalte ich daraus Kohlköpfe an Stelle von Menschenköpfen, aber koche ich diese Köpfe und gebe sie den Leuten, werden sie wieder in Leuteköpfe oder andere Teile verwandelt usw. So kommen wir dazu, unsere Toten aufzuessen, und das bekommt uns wohl.“ „Der Mensch wird wieder zur Erde, von dannen er genommen ist. Wenn nun Pflanzen dahin kommen, sich in diesem Humus anzusäen, wachsen sie üppig und verwandeln die Menschenerde in ihre Pflanzennatur, so daß die schönste Wange einer Jungfrau zu dem schwärzesten Bilsenkraut werden kann und der Arm des mächtigen Starkadr zu dem lockersten Laichkraut. Dieses letztere wird von einem stinkenden Cimex (einer Wanze) aufgefressen und wird zu einem solchen Tier. Dieser Cimex wird sodann von Vögeln gefressen und wird zum Vogel, der Vogel wird von den Menschen gegessen und wird so ein Teil von ihm.“ Der Versuch, diesen Stoffkreislauf in der Natur zu erforschen, scheiterte im 18. Jahrhundert allerdings, weil man unbemerkt eine falsche Voraussetzung hineinnahm, nämlich ein Gesetz von der Erhaltung der lebenden Materie. Man stellte sich vor, daß die Körper bei ihrer Verwesung nur in letzte lebende Einzelteile zerfielen (also etwa in die Zellen) und daß die Pflanzen und Tiere diese lebenden Elemente anderer Organismen als lebende ewige Ureinheiten in sich aufnähmen und direkt einbauten. Ein unlösbares Problem würde dann allerdings die Einheit des Organismus. Wie sollte aus den bestehen bleibenden Grundelementen verschiedenster Pflanzen und Tiere ein Mensch werden? Erst als erkannt wurde, daß Abbau und Aufbau des Lebewesens bis ins Chemische hineinreicht, konnte die Frage wieder mit Erfolg in Angriff genommen werden.

Die dritte Bedingung biocönotischer Ordnung ist das Zueinanderpassen der Einzelteile (Arten). Die Arten an sich werden nicht von der Biocönose gebildet, sondern sie bilden unter voller Wahrung ihrer Eigencharaktere die Biocönose. Entwickelt sich auf einem für die Besiedelung freien Raum eine Biocönose, so führt der Zufall zunächst hier eine Reihe von Organismenarten zusammen, die von vornherein ihrem Wesen nach völlig verschieden sind, verschiedene Pflanzen, Insekten, Würmer, Bakterien usw. Aus dem sich treffenden Zufallsgemenge wird die Biocönose dadurch aufgebaut, daß alle Arten, die sich nicht in das gegenseitige Wechselspiel von Ansprüchen und Bewirkungen irgendwie einfügen, ausgeschaltet werden. Es bleibt auf die Dauer nur das Zueinanderpassende. So können aus den verschiedensten Artenkombinationen geordnete Lebensgemeinschaften entstehen. Die Einzelart ist dabei nicht an das Ganze gebunden, sondern an einen Ausschnitt notwendiger Lebensbedingungen, seine Existenzgrundlagen (Umwelt im Sinne H. Webers). Wer diese Grundlagen liefert, ist für die Existenz gleichgültig; ob ein Baum die nötige Milderung des Sonnenlichtes und der Verdunstung bewirkt oder der Schatten eines Hauses, ist für das Vorkommen schon eines Mooses oder von manchen Collembolen gleichgültig. Die Lebensbedingungen sind hier speziell die physikalischen Bedingungen des Ortes. Infolgedessen kann eine Art in mehreren, sehr verschiedenen Lebensgemeinschaften gedeihen und ein Teil von ihnen sein. Ubi bene ibi patria. Für die Erforschung der Biocönosen ergeben sich daraus zwei notwendige Aufgaben. 1. Die Erforschung der Lebensbedingungen und Lebenskonsequenzen der Einzelarten. Aus ihnen ist errechenbar, an welchen Stellen und an welchen Lebensgemeinschaften eine Art existieren kann. 2. Die Erforschung der Frage, wie in einer speziellen Lebensgemeinschaft die Lebensbedingungen einer Art erfüllt werden, ob z. B. der nötige Feuchtigkeitsgehalt durch das schützende Laubdach eines Waldes oder durch den feuchten Untergrund oder durch die hohe Luftfeuchtigkeit des klimatischen Raumes erreicht wird und wie sich die Lebenstätigkeiten einer Art in der speziellen Lebensgemeinschaft auswirken.

Das Verfolgen dieser Abhängigkeitsketten und -ringe in der Natur ist eine der reizvollsten Aufgaben der Biologie, die trotz ihrer Schwierigkeit stets ihren Zauber behalten wird. Auch Darwin hat sich ja schon auf diesem Gebiet betätigt und den Zusammenhang des Klees und der Zahl der — Katzen bestimmt. Er zeigt in seiner Entstehung der Arten, wie der rote Klee keinen Samen ansetzt, wenn die Blüten gegen Hummeln geschützt sind, bei Hummelbesuch ergaben aber 100 Köpfe 2700 Samen. „Man darf daher wohl als sehr wahrscheinlich annehmen, daß, wenn die ganze Gattung der Hummeln in England sehr selten oder ganz vertilgt würde, auch Stiefmütterchen und roter Klee sehr selten werden oder ganz verschwinden würden. Die Zahl der Hummeln in einem Distrikt hängt in einem beträchtlichen Maße von der Zahl der Feldmäuse ab, welche deren Nester und Waben zerstören. Oberst Newman, welcher die Lebensweise der Hummeln lange beobachtet hat, glaubt, daß in England über zwei Drittel derselben auf diese Weise zerstört werden. Nun hängt aber, wie jedermann weiß, die Zahl der Mäuse in hohem Maße von der Zahl der Katzen ab." Witzbolde haben an die Katzen noch die alten Jungfern Englands angehängt, und an den Klee das kräftige Rindvieh und die Kräftigkeit der englischen Jugend (via beefsteak) und so die Kräftigkeit der Jugend von den alten Jungfern abhängig gemacht.

Nun, solcher Deutungsüberschuß darf nicht dazu verführen, die Wichtigkeit des Problems zu verkleinern, das heute mit exakteren Methoden in Angriff genommen werden kann als zur Zeit Darwins.

Funktionelle Ordnungen sind im Bereich des Lebenden die Organismen, die Zelle, die Lebewesen als Zellenstaat und weitgehend die sozialen Organisationen, vor allem die Bienen-, Ameisen- und Termitenstaaten. Wesentliche Züge der funktionellen Ordnung zeigen auch unsere Maschinen; aus dieser Analogie heraus fristet ja die Maschinentheorie des Lebens ihr Dasein.

Die Besonderheit der funktionellen gegenüber der biocönotischen Ordnung ist oft nicht erkannt oder anerkannt worden, sei es, daß die Lebensgemeinschaften (Biocönosen) als Organismen höherer Ordnung bezeichnet wurden oder daß man in den Organismen nur einen Gleichgewichtszustand verschiedener Teile sehen wollte. Linné z. B., dem wir erste wichtige Darstellungen der Biocönose verdanken, spinnt seine Betrachtung plötzlich im Sinne einer funktionellen Ordnung weiter, wenn er die Rolle der einzelnen Pflanzengruppen mit Gruppen menschlicher Staatsorganisation in seiner Politia naturae (schon die Überschrift ist bezeichnend) vergleicht. „Ihnen allen hat Gott eine gewisse Rangordnung vorgeschrieben und sie — gewissermaßen — unter eine Art Polizeiaufsicht gestellt. *Die Moose* lassen sich nämlich mit den armseligen *Häuslern* vergleichen, die sich auf dem magersten Boden niedergelassen haben; diesen decken und nutzen sie, während sie zugleich anderen Pflanzen dienen, indem sie dieselben schirmen, daß ihre Wurzeln nicht unter der Hitze verdorren oder unter der schrecklichen Kälte erfrieren. Sie haben sich gleichsam vorgenommen, den Boden urbar zu machen, der von anderen als untauglich verworfen ist. *Die Gräser* scheinen innerhalb der Pflanzenwelt den Platz der *Bauern* einzunehmen und deren Pflichten zu erfüllen. Sie besitzen den größten Teil des Bodens, und je mehr sie zertreten und unterdrückt werden, desto mehr arbeiten sie, um sich mit ihren Wurzeln ihr Auskommen zu verschaffen." Mit Stacheln und Brennhaaren besetzte Pflanzen erscheinen Linné als Soldaten. „Die Bäume gleichen den Fürsten." „Sie schützen die anderen Gewächse vor heftigen Stürmen und vor Vernichtung durch allzu große Wärme und Kälte, sie befeuchten sie gleichsam mit ihrem Tau und versorgen sie durch ihr abgefallenes Laub mit Nahrungsstoffen" usw. Wir lächeln über diese Deutung der Natur, warum? Weil hier den Vorgängen in der Lebensgemeinschaft ein Sinn untergeschoben wird, der zu dieser Ordnung nicht paßt (wohl aber zu einer funktionellen Ordnung).

Wir müssen also versuchen, die Unterschiede zwischen beiden Ordnungen näher zu kennzeichnen. Ein erster ergibt sich aus der *Herkunft der Bestandteile* der Ordnung. In der biocönotischen Ordnung sind diese in den Arten mit ihren feststehenden Charakteren von vornherein gegeben, die Elemente werden mosaikartig zur Ordnung zusammengesetzt[1], es ist eine Komposition fertiger Teile. In den funktionellen Ordnungen dagegen werden die Teile im Organismus gebildet. Die Zelle bildet durch Differenzierung des Protoplasmas ihre Funktionsbestandteile, die Fibrillen, kontraktilen Vakuolen usw. (nur Protoplasma und Kern bleiben als Grundelemente), die vielzelligen Organismen bilden während der Entwicklung ihre Organe *im* Keim und aus dem Keim, die Termiten- und Ameisenstaaten mit verschiedenen Kasten (Arbeiter, Soldaten) *im* Staat durch verschiedenartige Fütterungs-

[1] Wenn im Laufe langer phylogenetischer Entwicklung eine Art sich durch Anpassung an den Lebensraum, etwa an das Baumleben, oder an den Beuteerwerb verändert, so ist jede solche Veränderung zunächst eine Gefährdung der Lebensgemeinschaft, diese kann nur bestehen bleiben, wenn die durch diese Anpassung bedingte Erhöhung des Vermehrungspotentials der Art durch Gegenanpassung der anderen Arten kompensiert wird.

methoden. Ubi natus, ibi patria. Diese Bildung der Teile in dem System und durch das System hat natürlich zur Folge, daß die Teile während ihrer Bildung noch funktionslos sind. Die Lunge wird gebildet, bevor sie als Atmungsorgan fungiert, der Muskel erst aufgebaut, bevor er sich kontrahieren kann, der Soldat einer Ameisenart tritt erst in Funktion, nachdem er in langem Entwicklungsgang in der Puppe fertig gebildet worden ist. Im funktionellen System entstehen also die Teile aus *Anlagen*; die Biocönose kennt keine Anlagen.

Ein zweiter Unterschied ergibt sich als Folge des ersten. Da die Teile im funktionellen System im System selbst gebildet werden, sind sie an dieses gebunden. Die Individuen in der Biocönose sind großenteils zum Austausch innerhalb der Systeme fähig. Nicht nur, daß eine Art hier gleichzeitig Glied verschiedener Biocönosen sein kann, auch das Einzelindividuum kann heute in diesem Wald, morgen in jenem leben, oder heute im Feld, morgen in der Wiese leben. Der Grad dieses Wechsels der Teile ist allerdings je nach der Art sehr verschieden, bei beweglichen Tieren vollzieht er sich leicht, die wurzelnden Pflanzen selbst bleiben an die Gemeinschaft gebunden, nur ihre Nachkommen können in andere Gebiete überwechseln. Da gelegentlich bei Insektenstaaten, z. B. bei Bienen, ein Überwechseln in einen Nachbarstock stattfindet, und Ameisen sich in ihren Raubzügen Puppen anderer Arten holen, um sie als natürliche Implantate ihrem Staatsorganismus zuzuführen, ist dieser Unterschied nicht absolut, sondern nur in den extremen Formen voll verwirklicht.

Der dritte Unterschied ergibt sich aus dem Begriff der Funktion. Seine Besonderheit können wir anknüpfend an die eben gegebene Linnésche Schilderung ermitteln. Dort bezeichnete Linné die mit Stacheln und Brennhaaren versehenen Pflanzen als „Soldaten“ der Natur, dieselbe Bezeichnung gebrauchen wir für bestimmte Kasten bei Ameisen und Termiten. Aber bedeutet die gleiche Bezeichnung in beiden Fällen dasselbe? Keineswegs! Die Wehrhaftigkeit der genannten Pflanzen dient nur der Selbsterhaltung durch Verminderung der Vernichtungswahrscheinlichkeit, die Wehrhaftigkeit der Ameisen- und Termitensoldaten aber der Erhaltung des Staates, also des Gesamtsystems. Für den Einzelteil, eben den Soldat, bedeutet sein „Sosein“ eine Erhöhung der Vernichtungswahrscheinlichkeit, da seine Funktion oft seine Vernichtung herbeiführt. Geordnete Geschehnisse finden in biocönotischer wie in funktioneller Ordnung statt, aber Geschehnisse, die nicht der Erhaltung des tätigen Teils selbst, sondern direkt die Erhaltung des Gesamtsystems zur Folge haben, sind eben erst Funktionen im biologischen Sinne. So definiert auch Benninghoff als Funktionen spezifische Verrichtungen der Teile, die zur Erhaltung des Ganzen dienen. Somit ist nicht jedes Geschehnis im Körper bis hinein in die Wechselwirkungen der Moleküle eine Funktion, sondern nur bestimmte Geschehnisse. Auch die Aufnahme eines Giftstoffes in den Körper ist eine Tätigkeit seiner Zellen, ein Geschehnis, bedingt durch die Anordnung und Substanz der Moleküle, es ist aber keine Funktion.

Der Inhalt des Funktionsbegriffes setzt also ein höheres Bezugssystem voraus, er setzt aber auch voraus, daß die vielerlei Funktionen in einem Organismus nicht isoliert und beziehungslos, sondern koordiniert ablaufen. Wie diese Koordination durch Reaktionsbereitschaft der Strukturen und Auslösung der Reaktion durch Reize (Signale) erfolgt, berichtet jedes Lehrbuch der Biologie. Wie das gleiche Phänomen in sozialen Gebilden, die nach dem Typus funktioneller Ordnung aufgebaut sind, zutage tritt, zeigen Aufsätze in dieser Zeitschrift und die berühmten Untersuchungen von *K. v. Frisch* über die Zusammenarbeit im Bienenstaat.

Den Unterschied zwischen einer Funktionskette und einer Abhängigkeitskette der biocönotischen Ordnung sei noch an einem Beispiel klargemacht. Man vergleiche die S. 407 erwähnte Darwinsche Abhängigkeitskette des Samenansatzes des Klees von der Zahl der Katzen mit dem folgenden Funktionsablauf bei der Knospenbildung der Salpen. Die Salpe Doliolum (ein pelagisches Manteltier) vermehrt sich zunächst durch Knospen, die an einem ventralen Fortsatz abgeschnürt werden. Die Weiterentwicklung der Knospen kann aber nur stattfinden, wenn sie an einen Rückenfortsatz des Tieres gelangen. Dies erfolgt dadurch, daß sich neben den bildenden Knospen Zellen der Haut aus ihrem Verband loslösen und selbständig bewegliche Amöben werden. Diese Amöbenzellen, als Trägerzellen (Phorozyten) bezeichnet, ergreifen nun zu je ein, zwei oder mehreren eine freigewordene Knospe und ziehen ähnliche einer Trägerkarawane in einem dauernden Marschzug an der Außenfläche (!) des Tieres nach dem Rückenfortsatz. Dort werden die Knospen aufgestellt, mit der Mundanlage nach oben. Die Trägerzellen gehen zugrunde. Die weitere Entwicklung der Knospen ist aber sehr verschieden. Die an den Seiten des Rückenfortsatzes aufgestellten werden zu geschlechtslosen Nährtieren (Trophozoide), die aber nicht nur sich selbst, sondern den ganzen Verband ernähren, denn das Muttertier hat den Darmkanal längst zurückgebildet. Die in der Mittellinie aufgestellten Knospen entwickeln sich anders, bleiben aber steril. Sie werden Pflegetiere, die zunächst am Rückenfortsatz des Muttertieres festgeheftet bleiben. Sie empfangen neu herangeschleppte Knospen, die an einem vom Pflegetier ausgebildeten Fortsatz „gepflegt" werden. Dies sind die Geschlechts-Urknospen, sie liefern nach einer Teilung am Pflegetier erst die Geschlechtstiere, aus deren Eiern wieder die knospenden Mütter hervorgehen. Obwohl die Reaktionsbereitschaften der Einzeltiere und die die Funktion auslösenden und leitenden stofflichen Reize noch nicht bekannt sind, kann es keinem Zweifel unterliegen, daß hier wie überall im Funktionssystem das Zusammenspiel von Funktionsdisposition und Funktionsauslösung diese merkwürdigen Gebilde aufbaut und zur Erhaltung der Art führt. Ich habe dieses Beispiel absichtlich gewählt, weil hier ein interessantes Übergangsglied zwischen Einzelwesen und sozialem Familienverband vorliegt, in dem losgelöste Einzelzellen (die Trägerzellen), sterile „Nährtöchter", die das Muttertier ernähren, sterile Pflegetiere, die die zu Geschlechtstieren heranwachsenden Knospen ernähren, zusammenarbeiten.

Auch manche Erscheinungen, die biocönotischer wie funktioneller Ordnung gemeinsam sind, wie z. B. die Regulation, erweist sich bei näherer Betrachtung als verschieden. Biocönose wie Organismus leben ja in einer wechselnden Umwelt, deren Einwirkungen in einem gewissen Bereich kompensiert werden können. Das ist der allgemeinste Sinn des Wortes Regulation. In der Biocönose bedingen diese Schwankungen Änderung der Vermehrung mancher Arten. Wir kennen ja das plötzliche Massenauftreten mancher Arten. Eine solche Störung des Gleichgewichts verschwindet meist in kurzer Zeit. Der Mechanismus dieser „Regulation" ist extrem einfach. Durch die Individuenzunahme einer Art verbraucht sie proportional erhöht ihre Nährpflanzen oder Nährtiere. Diese nehmen an Zahl ab, die verkleinerte Nahrungsgrundlage senkt wieder die Vermehrungsrate der Art. Gleichzeitig mit der Vermehrung der Art wurden aber auch die Lebensbedingungen ihrer Feinde, Räuber, wie Parasiten, durch die Erhöhung ihrer Nahrungsgrundlage verbessert. Es folgt also der Vermehrung einer Art die ihrer Feinde, es steigt dadurch die Vernichtungsziffer der Art. So wirkt automatisch die gegenseitige Abhängigkeit der Organismen regulierend. Volterra und Ludwig haben die Gesetzmäßigkeiten dieser gegenseitigen Abhängigkeit mathematisch berechnet.

Ganz anders entstehen die Regulationen im Organismus: Sie sind hier wieder an bestehende Regulationsfunktionen geknüpft. In der Biocönose kann nur die Quantität der Teile (Arten) reguliert werden; ist eine Art völlig vernichtet, so kann sie aus der Biocönose heraus nicht erneuert werden, sondern nur durch Neueinwanderung das verlorene Gebiet wieder gewinnen. Im Organismus erfolgt aber in der Regeneration durchaus eine Wiederherstellung verlorener Teile. Ein eindrucksvolles Beispiel für die Regulationsfähigkeit bieten die Vorgänge im Bienenstock, die Rösch untersucht hat. Die Fähigkeit der Fütterung junger Larven mit dem Sekret der „Milchdrüsen" (= Speicheldrüsen), die Fähigkeit, Zellen aus ausgeschiedenem Wachs zu bauen, ist bei den Bienen an bestimmte Lebensalter der Arbeiterinnen geknüpft. Nach dieser Tätigkeitsphase degenerieren die Drüsen. Wurden nun in einem Stock fütternde Bienen fortgenommen, so bildeten sich bei alten Bienen die Milchdrüsen aufs neue und sie begannen noch einmal ihre Ammentätigkeit auszuüben; wurden Baubienen entfernt, so bekamen alte Bienen aufs neue Wachsdrüsen und übernahmen die Bautätigkeit usw.

Ob diese Regulationsmechanismen im Laufe der Phylogenese durch die Auswahl des Zusammenpassenden aus zufällig erschienenen individuellen Varianten entstanden sind — also ähnlich wie die Zusammenordnung der Teile in der Biocönose —, kann hier nicht diskutiert werden. Im werdenden Organismus der Zelle, des Vielzellers, des Insektenstaates entstehen aber die Regulationsmechanismen selbst aus geordneten Abläufen der Ontogenese.

Ähnlich wie das Wort „Regulation" in Biocönose und funktioneller Ordnung einen anderen Inhalt besitzt, ist die Bedeutung des Wortes „Einheit" in beiden verschieden. Die „Einheiten" der biocönotischen Ordnung sind die einzelnen Seen, Wälder, Assoziationen usw. Ihre Abgrenzung und Größe entspringt nicht inneren Bedingungen, sondern allein den physikalisch-chemischen bzw. geographisch-klimatologischen Gegebenheiten des Ortes. Sie entscheiden darüber, ob die Biocönose des Wassers ein großer See oder ein kleiner Tümpel ist; ob der Wald in zahlreiche getrennte Einheiten zerfällt oder große Flächen einheitlich bekleidet. In dem funktionellen System sind Größe und gegenseitige Abgrenzung der Einheiten im wesentlichen durch innere Anlagen und Entwicklungsvorgänge mitbestimmt.

Es sei an dieser Stelle ein Satz Goethes zitiert (aus Vorträgen über die drei ersten Kapitel usw. 1796), der noch heute als Leitsatz für die Erforschung der Ordnungsformen dienen kann. „Man hat also nicht bloß auf das Nebeneinandersein der Teile zu sehen, sondern auf ihren lebendigen wechselseitigen Einfluß, auf ihre Abhängigkeit und Wirkung. Denn wie die Teile, wenn sie im gesunden und lebendigen Zustand sich alle in einer wechselseitigen unaufhörlichen Wirkung umfassen und die Erhaltung der schon gebildeten Teile nur durch gebildete Teile möglich ist, so muß die Bildung selbst, wie in ihrer

Grundbestimmung, so auch in ihren Abweichungen, durch einen wechselseitigen Einfluß hervorgebracht und determiniert werden, worüber uns aber nur eine sorgfältige Ausführung Aufschluß und Deutlichkeit geben kann."

Überblicken wir noch einmal rückschauend das Problem der Politia naturae, wie es Linné aufgeworfen hat, so müssen wir zwei verschiedene Ordnungsprinzipien anerkennen, die beide eine gewisse Sicherung der Konstanz der „Einheiten" gewährleisten. Die biozönotische Ordnung vollzieht sich an fertig existierenden Arten, die ihre spezielle „Individualität", h. d. also die Artcharaktere, in der Biocönose aufrecht erhalten. Die Ordnung dieser unveränderlichen Teile zu einer Lebensgemeinschaft ist eine Koexistenz, sie wird ermöglicht durch die gegenseitige Kompensation von Vermehrung und Vernichtung. „Der Kampf ums Dasein" ist also hier eine notwendige Komponente *innerhalb* der Gemeinschaft, wie es schon Herder gesehen hat. Die Lebensgemeinschaften in See, Wald, Heide zeigen diese Ordnungsform. Die *funktionelle Ordnung* aber ist gekennzeichnet durch Differenzierung der Teile im „Körper", Zusammenschaltung der Teile zu echten Funktionsverbänden, wobei Reaktionsbereitschaft der Teile und Auslösung ihrer Bereitschaft zur Funktion durch Reize Grundelemente sind. Innerhalb der Teile herrscht Koordination, d. h. der antagonistische Kampf der Teile ist aufgehoben. Daß zu diesen funktionellen Einheiten die Zelle (Einzeller), die Vielzeller, die Tierstöcke und die meisten sozialen Gemeinschaften gehören, wurde schon erwähnt. Beide Ordnungsformen unter dem vagen Begriff der Ganzheitlichkeit zu vereinen, ist untunlich.

Interessanterweise gibt es nun Gebilde, die Züge beider Ordnungsprinzipien zeigen. Das sind einmal die Symbiosen, auf die hier nicht eingegangen werden kann, zum anderen aber viele Gemeinschaften der höheren Wirbeltiere, sowohl bei Vögeln (Hühnern) als auch bei Säugetieren. Diese sozialen Verbände bestehen nicht nur aus im Verband entstandenen Individuen, wie die Ameisen- und Termitenstaaten, sondern können sich durch Aufnahme außenstehender Individuen, die oft mit Kampf verbunden ist, vergrößern, durch Absetzung vermindern. Ähnlich der Biocönose kann also hier ein Austausch der Teilglieder erfolgen. Infolgedessen sind auch die Mitglieder der Gemeinschaft nicht so nahe verwandt wie im Insektenstaat, so sind die Erbunterschiede, d. h. die Individualitäten, Persönlichkeiten stärker ausgeprägt. Es sind also die Teile hier nicht nur Differenzierungen innerhalb des Verbandes, sondern auch primär unterschiedene Teilglieder, wie die Arten der Biocönose. Da ferner in dieser Gemeinschaft eine Rangordnung herrscht, die jeweils durch Kampf festgelegt wird (vgl. die bekannte Hackliste des Hühnerhofs), ist auch der Kampf oder die Konkurrenz ein Element dieser Gemeinschaften. Vielleicht beruht es auf der ursprünglichen Zwitternatur dieser Gemeinschaften, daß der Mensch in seiner Geschichte bald die Elemente der biocönotischen Ordnung, bald die der funktionellen Ordnung in den Vordergrund stellt.

*(Professor Dr. Adolf Remane, (24b) Kiel, Hegewischstr. 3).*

---

## Zum Problem der Gemeinschaft in der Tiersoziologie.

Von

HANS M. PETERS.

Was ist Gemeinschaft vom Standpunkt der Tiersoziologie? Man kann dieser Frage auf zweierlei Wegen näherkommen: durch Analyse einzelner Fälle von Tiergemeinschaften oder durch systematische Darstellung der überhaupt vorliegenden Gemeinschaftsformen. Den letzteren Weg hat *H. Brandt* in der Reihe dieser Beiträge beschritten; er gibt einen Überblick über die Tiergesellschaften. Ich will einen Weg wählen, der in der Mitte zwischen den genannten Möglichkeiten liegt: Beschränkung der Untersuchung auf eine kleine Auswahl von Gemeinschaften und innerhalb dieser möglichst genaue Beschreibung der Phänomene. Die Begrenzung gestattet die Anwendung der vergleichenden Methode, und diese erscheint mir in einem noch so wenig aufgeschlossenen Gebiet besonders fruchtbar. Sie schafft Ordnung und Übersicht, die erste Voraussetzung für alle tiefer dringende Arbeit an den Problemen. Wenn man den Rahmen der Untersuchung zu weit spannt, wenn man einen Überblick über die Gesamtheit der Tiergesellschaften versucht, so kann dabei echte Ordnung schwerlich erkannt werden. Die Tatbestände, in ihrem ganzen Umfang betrachtet, sind derart vielfältig und in sich verschieden, daß sich eine Ordnung nach dem inneren Wesen der Phänomene nur einer weiter fortgeschrittenen Tiersoziologie enthüllen wird.

*Das Problem einer Systematik der Tiergemeinschaften*

Wir kennen Einteilungen, wie sie *Brandt* vorlegt, in ähnlicher Form schon aus der älteren Tiersoziologie[1]. Der Versuch von *Brandt* mag als repräsentativ gelten. Ein Blick auf diese Bemühungen führt die Schwierigkeit vor Augen, die in dieser Aufgabe liegt. *Brandt* selbst hat auf gewisse Mängel seiner Klassifizierung aufmerksam gemacht. Gemeinschaften, schon der Tiere, sind vielfältig zusammengesetzt, die Komponenten stammen aus verschiedenartigen Wurzeln. *Brandt* ist der Ansicht, daß ein biologisches Ziel gewisse Gemeinschaften mitbestimmt, ohne sie aber allein zu begründen. Als den tragenden Grund müssen wir oft einen Geselligkeitstrieb annehmen. Aber, so können wir fragen, in welchem Verhältnis steht dieser Trieb zu den biologischen Zwecken? Das Raubtier mag unter Umständen in Gesellschaft erfolgreicher jagen. Aber mit welchem Recht dürfen wir annehmen, daß der Nutzen die Geselligkeit mitbegründet? Kann er sich nicht aus einem an sich schon vorhandenen Geselligkeitstrieb von selbst ergeben? Wenn gewisse Fledermäuse überhaupt gesellig sind, so werden sie sich an ihren Ruheplätzen gemeinsam aufhalten. Wenn sie nun tagsüber dort schlafen, inwiefern sagen wir da mit der Bezeichnung „Schlafgemeinschaft“ etwas Charakteristisches aus? Liegt hier irgendeine tiefere Übereinstimmung mit der ebenfalls als Schlafgemeinschaft aufgefaßten Gesellung der Raupen des Tagfalters *Vanessa* vor? Wer würde das wohl annehmen wollen?

Man sieht schon an diesen wenigen Beispielen, daß es uns in der Tiersoziologie noch an angemessenen Gesichtspunkten der Unterscheidung fehlt. Daher auch der Hang zur Teleologie, die sich gern dort einstellt, wo es an wirklicher Einsicht mangelt.

Gehen wir nun die Einteilung der Tiergesellschaften nach *Brandt* im einzelnen durch, so finden wir allerdings neben dem teleologischen Gesichtspunkt noch andere Einteilungsprinzipien. So werden gewisse Gemeinschaften nach dem Geschlecht der Individuen beurteilt, die sie zusammensetzen (Männerschwarm, Weiberschwarm, Mischschwarm). In anderen Fällen ist ein Abstammungsverhältnis maßgebend. Dann wieder spielt die morphologische Beurteilung eine Rolle (homomorphe, heteromorphe, polymorphe Familie). Nun ist an sich gegen eine Betrachtung unter verschiedenen Gesichtspunkten nichts einzuwenden, die Vielschichtigkeit der Phänomene fordert sie sogar. Bedenklich ist es aber, wenn die verschiedenen Einteilungsgründe ohne Prüfung auf Angemessenheit und Klärung ihrer Beziehungen zueinander fast nach Belieben benutzt werden. So kann man nicht zu einer natürlichen Ordnung der Phänomene gelangen. Schon *Deegener*, scheint mir, ist dieser Versuch nicht geglückt. In seinem großen Werk über „Die Formen der Vergesellschaftung im Tierreiche“ stellte er zahllose Kategorien auf, gegen welche der gleiche Einspruch erhoben werden muß, der eben vorgebracht wurde. Seine Unterscheidungen sind zu künstlich.

Die kritisierten Mängel erwachsen nach meinem Dafürhalten aus einer zu äußerlichen Auffassung der tierischen Gemeinschaften. Man betrachtet diese zu wenig als Strukturen, als Formen mit eigenen Aufbaugesetzen, als Gebilde, denen eigentümliche Relationen zwischen den Individuen zugrunde liegen, die allerdings noch zu erforschen wären. Ich will das Gemeinte an einem konkreten Beispiel kurz erläutern.

*Zur Systematik der Tierfamilien.*

Schon die älteren Tiersoziologen unterscheiden Elternfamilie, Vaterfamilie und Mutterfamilie. Doch meinte man damit nur, daß eben in dem einen Falle die Nachkommenschaft mit beiden Elterntieren vereinigt bleibt, während im anderen allein der Vater, im dritten nur die Mutter die Brutflege ausübt. An der unterschiedlichen Beteiligung der Geschlechter wird jedoch nichts Problematisches empfunden. Es wäre aber zu fragen, ob sich nicht solche verschiedenen Gemeinschaften in ihrer ganzen Struktur voneinander unterscheiden, mit anderen Worten, ob hier nicht Typen vorliegen und wie diese etwa zu beschreiben wären. Man müßte sich, über die bloße Konstatierung der Brutpflege durch das eine oder das andere Geschlecht hinausgehend, die Frage vorlegen, ob die Geschlechter nicht durch verschiedenartige Relationen mit der Nachkommenschaft verbunden sind, was sich in typisch verschiedenen Verhaltungsweisen zur Brut ausdrücken würde. Wären etwa „väterliche“ und „mütterliche“ Brutpflege etwas typisch Verschiedenes? Und worin läge das wesentlich Unterscheidende?

Ich will versuchen, dieser Frage durch eine vergleichende Untersuchung der Familienstrukturen bei den Wirbeltieren nachzugehen, um das Gemeinschaftsproblem in diesem Umkreis von Fällen zu diskutieren[2].

Bereits auf der untersten Stufe der Wirbeltiere, bei den Fischen, finden sich Elternfamilie, Vaterfamilie und Mutterfamilie. Der Ansatz der Untersuchung an dieser Stelle ist besonders günstig, weil hier noch alles verhältnismäßig einfach ist.

*Die Elternfamilie.*

Eine Elternfamilie bilden beispielsweise zahlreiche Buntbarsche, etwa *Hemichromis*. Eine solche

Fischfamilie ist zunächst durch einen engen Zusammenhalt der Eltern und Jungen charakterisiert. Wochenlang ziehen die Alten mit dem Schwarm der Jungen umher, wobei die Familie wie von einem unsichtbaren Band zusammengehalten wird. Eins der Elterntiere pflegt inmitten des Schwarms zu verweilen, während das andere in der Umgebung umherstreift und etwa versprengte Junge mit dem Maule aufnimmt und in den Schwarm zurückträgt. Auf diese Weise unterstützen die Alten eine angeborene Tendenz der Jungen. Denn diese sind schon von sich aus bestrebt, den Kontakt mit der Familie zu wahren. Sie schwimmen den Eltern nach, gruppieren sich aber auch untereinander zu einem Schwarm, wenn man die alten Fische fortnimmt.

Im Hinblick auf ihr Geschlecht sind die Elterntiere äußerlich fast nicht zu unterscheiden; man beobachtet keine oder nur sehr geringfügige sekundäre Geschlechtsunterschiede. Dies entspricht einer weitgehend gleichartigen Triebdisposition. Die beiden Elterntiere üben die Brutpflege in gleichartiger Weise aus und wechseln sich darin zu gleichen Teilen ab. Streng genommen kann man daher in der typischen Elternfamilie „Vater“ und „Mutter“ nicht unterscheiden; es gibt nur den männlichen und weiblichen „Elter“ und entsprechend nur eine „elterliche“ Brutpflege.

Dieser kurz umrissene Familientypus kehrt auf höherer Stufe der Wirbeltiere wieder. Im Verwandtschaftskreis der Möwen- und Schnepfenvögel gibt es dafür zahlreiche Beispiele. So zeigt die Familie des Sandregenpfeifers[3] eine ganz ähnliche innere Struktur wie die von *Hemichromis*. Auch hier wieder eine triebmäßig zusammengehaltene Gemeinschaft unter Führung des Elternpaares. Auch hier wieder sind die Geschlechter äußerlich zum Verwechseln ähnlich. Und ähnlich *Hemichromis* üben beide Elterntiere die Brutpflege in gleicher Weise und zu gleichen Anteilen aus. Dies gilt schon für die Betreuung des Geleges. Im Brüten wechseln sich die beiden Gatten regelmäßig ab. Nachzutragen ist, daß sich bei den Fischen des gleichen soziologischen Typus ein homologes Verhalten wiederfindet. Fische wie *Hemichromis* legen den Laich auf eine feste Unterlage ab. Eins der Elterntiere befächelt dann die Eier durch Flossenschlag, sie auf diese Weise ständig mit frischem Wasser bespülend. Später bringen sie die Frischgeschlüpften in einer Grube unter und versorgen sie auch dort immer wieder mit frischem Wasser. Wie gesagt üben beide Elterntiere diese Fürsorge im Wechsel zu etwa gleichen Anteilen aus.

Die typologische Entsprechung der Elternfamilie von Fisch und Vogel würde noch deutlicher, wenn wir die Gründungsgeschichte der Familien genauer verfolgten. Charakteristisch ist darin vor allem, daß sich die Partner in beiden Fällen zunächst in einem besonderen Akt zu einem Paare zusammenschließen. Dabei äußern Fisch und Vogel sinnverwandte Gebärden, ohne daß die Partner aber in geschlechtliche Berührung treten. Von nun an sind die beiden Individuen zu einer sozialen Gemeinschaft verbunden und verhalten sich gleichsinnig gegenüber Umwelt und Mitwelt. Gemeinsam wehren sie zum Beispiel Eindringlinge in das Brutrevier ab.

### *Die Mutterfamilie.*

Wenn wir nun Mutterfamilie und Vaterfamilie mit der Elternfamilie vergleichen, so hat die Mutterfamilie mit der letzteren manches gemeinsam. Die schon erwähnte Gruppe der Buntbarsche liefert auch für diesen Familientypus Beispiele, etwa *Nannacara*. Es spielt sich hier vieles ähnlich ab wie bei *Hemichromis*, nur daß hier das Männchen aus dem Familienverband ausgeschieden ist. Beiläufig sei darauf hingewiesen, daß die äußeren Geschlechtsunterschiede erheblich sind. Die Männchen zeigen, wie auch bei Vögeln dieses soziologischen Typus, eine ausgesprochene Tendenz zur „Prachtfärbung“. Eine Paarung im Sinne eines sozialen Zusammenschlusses der Partner kommt in der Mutterfamilie so wenig vor wie in der Vaterfamilie. Dafür steht die Begegnung der Geschlechter ganz im Zeichen der geschlechtlichen Vereinigung. Unmittelbar danach aber trennen sich die Partner wieder.

Ich möchte einen Augenblick bei einer Sonderform der Mutterfamilie der Fische verweilen, bei der gewisse charakteristische Züge besonders deutlich hervortreten. Ich denke an die merkwürdige Form der Brutpflege bei den „Maulbrütern“, die sich in verschiedenen systematischen Abteilungen vorfindet. Bei *Haplochromis*, einem Buntbarsch wiederum, nimmt das Weibchen den Laich gleich nach der Ablage in das Maul und behält ihn darin bis zum Ausschwärmen der Jungen. Sie bleiben aber dann noch mit dem Altfisch vereinigt, wie es dem Typus der Mutterfamilie entspricht. Eigentümlich aber ist ein besonderer Instinkt, der sich nur auf der Grundlage dieses triebmäßigen Zusammenhaltes entwickeln konnte. Bei Beunruhigung nimmt die Mutter die Brut nämlich wieder für eine Weile in das Maul zurück. Auf gewisse Bewegungen des Altfisches hin strömen die Jungfische von allen Seiten wie magnetisch angezogen zum Kopf der Mutter und lassen sich von ihr aufnehmen.[4]

### *Vergleich mit der Vaterfamilie*

Es gibt auch zahlreiche Arten, bei denen der Vater die Maulbrutpflege ausübt. Sehr interessant erscheint es mir aber, daß noch kein Beispiel dafür bekannt geworden ist, daß in diesem Falle die Brut nach dem Ausschwärmen noch mit dem Altfisch vereinigt bliebe und also auch in der Weise betreut würde, wie es eben für die mütterliche Maulbrutpflege geschildert wurde. Sobald die Jungen einmal aus dem Maul entlassen worden sind, trennen sie sich vom Vater; das Band des triebmäßigen Zusammenhaltes fehlt hier.

Damit treten nun unterschiedliche Relationen der Geschlechter zur Nachkommenschaft klar hervor. Allerdings ist die väterliche Beziehung nach dem angeführten Beispiel zunächst nur negativ zu kennzeichnen, nämlich durch das Fehlen eines sozialen Zusammenhaltes. Doch läßt sie sich auch positiv charakterisieren, wenn wir den Blick auf höhere Stufen der väterlichen Brutfürsorge richten.

Solche finden sich bei einer ganzen Reihe von Fischarten verschiedener systematischer Zugehörigkeit. Am bekanntesten sind die Stichlinge und viele Labyrinthfische. Bei ihnen allen vermißt man die für die Mutterfamilie so kennzeichnende Bindung der Jungen an den Altfisch. Zwar kommt es auch bei gewissen Stichlingen zur Bildung einer Familie, das heißt zu einem noch eine Zeit über das Ausschlüpfen der Jungen anhaltenden Zusammensein. Aber eine solche Vaterfamilie hat eine ganz andere Struktur als die Elternfamilie oder Mutterfamilie. Die Jungen zeigen sich in keiner Weise an den Altfisch sinnlich gebunden. Wenn sie trotzdem zunächst in der Nähe des Vaters verweilen, so liegt dies daran, daß dieser etwa sich Entfernende immer wieder im Maul zurückholt. Nimmt man den brutpflegenden Vater fort, so zerstreuen sich die ausgeschlüpften Jungen in kurzer Frist[5].

Ich will an dieser Stelle, um die Gegensätze zu beleuchten, noch darauf hinweisen, daß man Jungfische von Arten, die im Rahmen der Elternfamilie oder Mutterfamilie brutpflegen, mit künstlichen Nachbildungen eines Altfisches anlocken kann. Sie besitzen ein „angeborenes Schema" *(von Uexküll)* des Altfisches, durch das sie triebmäßig vor aller Erfahrung auf den Altfisch ansprechen, und durch dessen Vermittlung sie mit dem Triebobjekt verbunden sind. Da in der Umwelt des jungen Stichlings der Vater als Triebobjekt nicht existiert, versteht es sich von selbst, daß sie auch nicht über ein entsprechendes angeborenes Schema verfügen.

Etwas ganz Eigentümliches nun, ein höchst merkwürdiger Instinkt der Brutpflege kann im Falle der väterlichen Brutpflege an Stelle triebmäßig begründeter Gemeinschaft auftreten. Das ist die Brutpflege durch das Mittel eines vom Tiere selbst geschaffenen Gebildes. Bei den Stichlingen besteht dieses in dem bekannten kunstvollen „Nest" aus Pflanzenfasern, bei den Labyrinthfischen ist es eine Kuppel aus zahllosen luftgefüllten Schleimbläschen, die sich über die Wasseroberfläche aufwölbt. Dort nun werden die Eier untergebracht, worauf das Weibchen, jeder mütterlichen Funktion bar, wieder verschwindet, um dem Vater die Brut zur Bewachung und Pflege zu überlassen. Diese Beispiele sind freilich Höhepunkte einer vielfach abgestuften Reihe, die mit der einfachen Ablage des Laiches in dem nur kurze Zeit besetzten Revier des Männchens beginnt (viele *Characiniden*) und sich über Formen fortsetzt, wie die Sonnenbarsche, bei denen die Männchen eine Bodengrube auswerfen, in der sie den Laich befächeln.

Es scheint mir von besonderem Interesse, daß bei höheren Wirbeltieren der gleiche Typus der väterlichen Brutpflege wiederkehrt. So finden sich bei den Großfußhühnern eine Anzahl von Arten, bei denen die Väter Brutbehälter errichten, die sich bei aller äußeren Verschiedenheit den erwähnten Nestern der Fische vergleichen lassen — ein besonders lehrreiches Beispiel für typologische Verwandtschaft. So schichten die Hähne von *Catheturus* aus abgestorbenen Pflanzenteilen über flachen Bodengruben große Hügel auf, die sie mit Sand bedecken[6]. Es sind imponierende Haufen von vielen Metern Durchmesser im Grunde. Wie bei den Fischen nähern sich die Weibchen nur zur Ablage der Eier. Diese werden in Vertiefungen aufgenommen, welche das Männchen vorher bereitet hat. Die Gärungswärme genügt zur Zeitigung der Eier. Doch bleibt jeder Hügel unter Bewachung des Hahnes, und nach Angaben mancher Beobachter sorgt dieser auch für die Belüftung des Geleges und die Aufrechterhaltung einer geeigneten Temperatur.

Die typologische Übereinstimmung mit den Fischen verdeutlicht sich, wenn wir bedenken, daß es auch bei den genannten Vögeln zu keiner Gemeinschaft zwischen Vater und Jungen kommt. Die Jungen sind gleich nach dem Schlüpfen selbständig lebensfähig und verlassen fast sofort den väterlichen Bruthügel, wahrscheinlich, um sich bald mit ihresgleichen zusammenzuschließen. Es ist anzunehmen, daß in einem Bruthaufen die Eier verschiedener Hennen zusammenkommen. Entsprechendes wird *mutatis mutandis* von den Beobachtern der Fische immer wieder bezeugt. So setzt sich also, bei den Fischen jedenfalls, die vom Vater betreute Brut aus einzelnen Sätzen von Geschwistern zusammen, die von verschiedenen Müttern stammen.

Als das Eigentümliche der geschilderten Brutpflege erscheint mir vor allem die Verwendung einer Art „Apparatur". Immer wieder hatten wir den Mangel echter sozialer Gemeinschaft im Falle der väterlichen Brutpflege bemerkt. Nun zeigt sich, daß die väterliche Lebensfürsorge in ganz andere Richtung fortschreitet als die mütterliche. Tendiert diese letztere auf eine Intensivierung des triebmäßigen Zusammenhaltes, so jene auf eine fortschreitende Einbeziehung, Organisierung der Umwelt. Elternfamilie und Mutterfamilie sind auf die Elterntiere selbst zentriert, im Mittelpunkt der Vaterfamilie aber steht, soweit es überhaupt zu einer Familie kommt, der Brutbehälter. So können wir zusammenfassend, bis eine bessere Formulierung gefunden ist, dem personalen Grundzug des elterlichen und mütterlichen Verhaltens einen objektgerichteten Grundzug des väterlichen gegenüberstellen.

### *Andere Familienformen.*

Diese Skizze soll zur Kennzeichnung der drei Grundformen der Tierfamilie genügen. Es versteht sich von selbst, daß die umrissenen Kategorien nicht ausreichen, um die Fülle der Erscheinungen in sich aufzunehmen. Ich muß es mir versagen, an dieser Stelle eine vollständige Systematik zu entwickeln. Auf die Verhältnisse bei den Säugetieren will ich weiter unten noch kurz eingehen. Vorher sei aber noch angedeutet, in welcher Richtung die Klassifizierung weiter fortschreiten kann. Die Elternfamilie war an einem Beispiel behandelt worden, das durch gleichartige soziale Beziehungen der Geschlechter zur Nachkommenschaft gekennzeichnet ist. Dies ist die Elternfamilie im eigentlichen Sinne. Von ihr unterscheidet sich ein differenzierter Typus, den man Vater-Mutter-Familie nennen kann. Er findet sich bei vielen Raubvögeln. In diesem Falle widmet sich die Mutter der Brutpflege im engeren Sinne, das heißt der Bebrütung des Geleges und der Betreuung der Brut im Nest, der Vater dagegen bewacht den Nestbereich und trägt die Nahrung für die Mutter und den Nachwuchs herbei. Ein Typus, der sich an die Mutterfamilie anschließt, ist die Mann-Mutter-Familie. Man findet sie bei vielen Enten. Dort kann zwar die Ausübung der Brutfürsorge lediglich eine Aufgabe der Mutter bleiben, das männliche Tier schließt sich dann zwar dem Familienverband an, tritt aber mit der Nachkommenschaft nicht in einen engeren sozialen Kontakt. Wie aus verschiedenen Anzeichen hervorgeht, ist der Erpel ganz überwiegend an die Geschlechtsgenossin gebunden, daher eben die Bezeichnung *Mann*-Mutter-Familie. Umgekehrt verbleibt im Falle der Weib-Vater-Familie nur der Vater im engeren Verband der Familie, und verharrt das weibliche Tier in der Rolle des bloßen Geschlechtspartners. Dafür bieten die Labyrinthfische Beispiele. So siedelt sich bei dem Paradiesfisch das Weibchen am Rand des männlichen Territoriums an, um von dort aus während der Laichperiode mehrmals gegen das Nest vorzudringen und dem Männchen die Brut zur Pflege zu überlassen.

Es bleibt Aufgabe zukünftiger Arbeit, durch vergleichende Untersuchung der Verhaltensweisen die verschiedenen Familienformen genauer zu charakterisieren, um die zunächst noch recht leeren Schemata immer mehr mit Anschauung zu füllen. Besondere Aufmerksamkeit wird solche vergleichende Forschung auf die Begegnungsweisen der Geschlechter richten müssen, um daran das jeweils Typische herauszuarbeiten. Denn in den sexuellen Verhaltensweisen tauchen soziale Grundeinstellungen auf, die sich durchaus nicht auf den geschlechtlichen Bereich beschränken, sondern für das gesamte soziale Verhalten der betreffenden Arten von Bedeutung sind.

Es liegt in der Konsequenz der vergleichenden Methode, daß sie den Umkreis der Betrachtung immer weiter ausdehnt. So müssen wir die verschiedenen Familienformen als Gebilde ansehen, welche mit umfassenderen Sozialzusammenhängen in Beziehung stehen. Folgerichtig schreitet also die Untersuchung in der Richtung weiter fort, daß sie nach diesen übergeordneten Bezügen forscht. Individuen einer Art zum Beispiel, bei der wir die Vaterfamilie beobachten, werden schon außerhalb der Fortpflanzungszeit in einer typisch anderen Weise sozial verbunden sein als dies für Arten mit Mutterfamilie gilt. Das Leben im Familienverband ist ja nur ein Teilausschnitt aus dem gesamten Lebensablauf, und im Aufbau der Familien müssen die primär vorhandenen Grundeinstellungen, Relationen oder wie man sich nun ausdrücken will, verwendet werden. Ich will mich mit dieser bloßen Andeutung begnügen und den Untersuchungen nicht vorgreifen, die wir zur Klärung des Problems begonnen haben.

### *Abwandlungen der Typen in verschiedenen Höhenstufen des zoologischen Systems.*

Ein anderes Problem, das in der vergleichend-typologischen Betrachtung auftaucht, ist die Frage der Beziehungen der soziologischen Kategorien zu den Kategorien des zoologischen Systems. Bekanntlich ist das zoologische System eine Ordnung der Tierformen im Sinne der Stammesverwandtschaft. Es gründet sich in erster Linie auf die morphologischen Daten. Nun ließe sich aber dieser Einteilung eine solche nach ganz anderen Prinzipien an die Seite stellen, ein System der Lebenstypen. In einer solchen Übersicht ständen die Umweltbeziehungen der Tiere im Vordergrund. Obwohl eine solche Einteilung als ein geschlossenes System nicht vorliegt, ist es doch sicher, daß sich ein System der Lebenstypen niemals mit dem System nach der Abstammung decken wird. Dies zeigt sich schon, wenn wir auch nur die soziologischen Kategorien betrachten, mit denen wir es in diesem Beitrag zu tun haben. Manche Grundtypen der Familie verteilen sich wie regellos über das System der Wirbeltiere. Elternfamilie, Vaterfamilie und Mutterfamilie gibt es in verschiedenen Wirbeltierklassen und innerhalb dieser oft wieder in verschiedenen nicht näher verwandten Unterabteilungen. Sie haben sich ganz offensichtlich im Laufe der Stammesgeschichte vielmals und unabhängig voneinander entwickelt. Aber was sich auf den verschiedenen Höhenstufen des Systems immer wieder neu herausbildet, ist bei aller Gemeinsamkeit gewisser Grundzüge auch wieder verschiedenartig. So weist beispielsweise die Elternfamilie der Vögel trotz aller wesenhaften Übereinstimmung gegenüber derjenigen der Fische ihre charakteristischen Besonderheiten auf. Es stellt sich die Aufgabe, durch Anwendung der vergleichenden Methode, nunmehr sozusagen in vertikaler Richtung, derartige Abwandlungen herauszuarbeiten. Das Thema wäre beispielsweise: „Mütterliches Verhalten von den Fischen bis zu den Säugetieren", aber stets im Hinblick auf die Frage, inwiefern und auf Grund welcher Bedingungen sich solches Verhalten in den verschiedenen systematischen Klassen abwandelt.

Ich will am Beispiel der Elternfamilie und der Mutterfamilie aufzeigen, an was dabei etwa zu denken ist.

Im Vergleich zur Fischfamilie ist die Vogelfamilie in einem viel höheren Grade individualisiert. Dies hängt zweifellos damit zusammen, daß sie sich aus einer sehr viel geringeren Anzahl von Mitgliedern zusammensetzt. Dem Elternpaare der Fische steht die Masse der mehreren hundert Jungen als ein Kollektiv gegenüber. Obwohl man schon, mit gemachtem Vorbehalt, von einem personalen Grundzug sprechen kann, so doch noch nicht von einem „persönlichen". Bei den Vögeln aber hat solche Ausdrucksweise einen wohldefinierten Sinn. Sie besagt, daß die Vogeleltern in vielen Fällen ihre eigenen Jungen sehr wohl von anderen unterscheiden, wie auch umgekehrt die Jungen ihre Eltern von fremden Vögeln. Dies kann sich zum Beispiel darin zeigen, daß die Eltern nur *ihre* Jungen füttern, fremde aber abwehren — oder die Jungen nur ihren eigenen Eltern nachfolgen und sie anbetteln. Faktisch halten freilich auch die Fischjungen nur mit *ihren* Eltern Kontakt, aber, wie das Vertauschungsexperiment lehrt, unterscheiden sie diese nicht von anderen. Sie nehmen deren individuelle Züge gar nicht wahr, wie die Vogeljungen. Wollte man dies lediglich aus einem sinnlichen Unvermögen erklären, so wäre der Sachverhalt nicht voll erschöpft. Außerdem müßte bemerkt werden, daß das eben Gesagte keineswegs für alle Vögel gilt, sondern nur für gewisse soziologische Typen, extrem, scheint es, für die Mutterfamilie. Wir dürfen also nicht allein an die Sinnesfähigkeiten denken, sondern müssen tieferliegende *Bereitschaften* annehmen, welche ihrerseits erst die Auswahl und Verwertung der Sinnesdaten aus der Umwelt bestimmen. Es liegt also, objektiv gesehen, bei gewissen Vögeln der Tatbestand vor, daß die familiären Bindungen sich auf bestimmte Individuen beschränken. Wenn solche Begrenzung faktisch schon auf der Stufe der Fische da ist, so wird sie doch erst von den Vögeln durch das Verhalten individuiert. Erstmals in der Reihe der Wirbeltiere taucht hier eine Beziehung der individuellen Zuordnung der Kinder zu den Eltern auf[7].

Wenn wir nun die vergleichende Betrachtung auf die Säugetiere ausdehnen, so möchte ich nur einige wenige Charakterzüge hervorheben, welche die Familie auf dieser höchsten Stufe gegenüber derjenigen der unteren Klassen auszeichnet. Ich denke vor allem an die Verknüpfung des Lebens der Familie mit dem übrigen Sozialleben. Bei den Fischen zerfällt mit der Gründung der Familie die bis dahin etwa gelebte Gemeinschaft mit den Artgenossen, soweit eine solche überhaupt bestanden hatte. Auch die Vogelfamilie ist im allgemeinen ein in sich selbständiges Sozialgebilde und als solches nicht etwa Glied eines übergeordneten Ganzen. Auch wenn das Brüten in Kolonien erfolgt, so stellt die Kolonie gegenüber den Familien nicht eine übergeordnete soziale Einheit dar; sie besteht aus lauter einzelnen Familien, die sich, wie eben erläutert, sogar gegeneinander abgrenzen. Eine Ausnahme machen z. B. Pinguine, bei denen es Kolonien gibt, die als Ganzes organisiert sind, was sich u. a. in der Übernahme gewisser Funktionen, wie Wächterdienst oder Betreuung des Nachwuchses, durch bestimmte Individuen bekundet. Was sich aber bei den Vögeln als seltene Ausnahme und wie in keimhafter Anlage findet, beobachten wir bei Säugetieren in weiter Verbreitung und hoher Ausprägung. Ist der Vogel entweder Brutvogel oder sozialer Partner seiner Artgenossen, so kann das Säugetier die familiären Bindungen mit den außerfamiliären sehr wohl vereinigen. Wie in manchen anderen Lebensbezügen, so zeichnet sich das höhere Wirbeltier vor dem niederen auch soziologisch gesehen dadurch aus, daß es gleichzeitig in Beziehung zu Triebobjekten stehen kann, die sich auf niedrigerer Stufe in einer und derselben Lebensphase ausschließen. Dadurch findet eine außerordentliche Bereicherung der Sozialwelt statt. Ich will das Gesagte am Beispiel der Mutterfamilie etwas näher erläutern. Überall, wo bei den Vögeln die Mutterfamilie auftritt, handelt es sich um weitgehend isolierte Gemeinschaften. Individuen, welche außerhalb der Fortpflanzungszeit gesellig leben — wie die weiblichen Kampfläufer und viele Hühnervögel —, sondern sich zur Zeit des Brütens und der Aufzucht der Jungen von den Artgenossen ab, um sich später erst wieder mit ihnen zu vereinigen. Isolierte Mutterfamilien gibt es zwar auch bei Säugern, etwa bei Raubtieren. Auch die isolierte Elternfamilie treffen wir bei den Mammaliern noch an, sogar bei den Primaten, nämlich dem Gibbon. Als charakteristisch Neues aber beobachten wir bei den Säugetieren das Verbleiben der Mutter und Jungen in der Gruppe. So ist es zum Beispiel bei den Brüllaffen[8]. Diese Bewohner Mittel- und Südamerikas leben in kleinen Horden, die sich aus einigen Männchen und einer etwas größeren Anzahl von Weibchen zusammensetzen. Die Einheit dieser Sozietät bekundet sich zum Beispiel in der Gemeinsamkeit des bewohnten Urwaldgebietes, in welchem die geschlossene Gruppe nomadisierend umherzieht und das sie gegen Nachbargruppen verteidigt. Die Mütter verbleiben lange Zeit in enger Gemeinschaft mit ihren Jungen, sie ernähren sie nicht nur, sondern tragen sie mit sich umher oder sind ihnen etwa, wenn die Kleinen schon selbständig geworden sind, bei schwierigen Übergängen behilflich. Die männlichen Tiere haben keine persönlichen Bindungen an die Nachkommenschaft. Die Geschlechter vermischen sich regellos. Man sieht an dem Beispiel, daß die bei den unteren Wirbeltieren noch ganz selbständige Mutterfamilie sich bei den Säugetieren völlig in die übergeordnete Gruppe einfügen kann; zugleich erkennt man, wie die Leibesorganisation der Säugetiere ganz neue Sozialverhältnisse ermöglicht. Denn erst das Austragen der Frucht im Mutterleibe gestattet der Säugermutter das Verharren in der Gruppe. Bei den Vögeln bedeutet allein schon der Besitz eines Geleges und dessen Betreuung die Bindung an einen bestimmten Ort und eine weitgehende Isolierung vom Gruppenleben.

### *Ausblick auf den Menschen.*

Wenn ich väterliches Verhalten dem mütterlichen bei Fischen und Vögeln gegenübergestellt habe, so wäre nunmehr auch nach den geschlechtstypischen Unterschieden bei den Säugetieren zu fragen. Aber diese Frage ist noch nicht genügend durchgearbeitet. *Scheler* hat, mit Bezug auf den Menschen, bekanntlich bestritten, daß es ein dem mütterlichen vergleichbares seelisches Verhältnis zum Kinde beim Manne gäbe. „Jenes unmittelbare Fühlen des Kindes als ‚ihr' Kind, desgleichen das ursprüngliche Sehnen nach ‚Erfüllung' dieser zuvor schon gefühlten Liebesart gehört zur Konstitution des weiblichen Bewußtseins als solcher und hat keine Analogie im männlichen Bewußtsein[9]." Es ist selbstverständlich, daß man bei Tieren von „Liebe" nicht sprechen kann, auch muß die Frage außer Betracht bleiben, wie sich etwa die Gefühle dem Bewußtsein der Tiere darstellen. Wonach zu forschen wäre, ist der triebhafte Grund, über welchem beim Menschen die höheren Gefühle sich aufbauen, und von dem Ansätze schon beim Tiere vorhanden sind. Dieser stellt sich dar in typischen Verhaltensweisen, nach denen zu fragen einen wohldefinierten Sinn hat, und welche sich durch analytischen Vergleich beschreiben lassen. Bei Anwendung der vergleichenden Methode in der vertikalen Richtung muß sich auch herausstellen, was an jeweils Neuem sich in die schon auf der unteren Stufe vorhandenen Grundtypen einfügt. Erst in einer solchen Betrachtungsweise würde sich klar herausstellen, in welcher Weise sich die Sozialwelt der Menschen über die naturhaften Wurzeln erhebt, die wir schon in der Tierreihe finden. *G. Siegmund*[10] bemerkt zu den schon früher geäußerten Deutungen des Verfassers: „Das Erstaunliche ist nun, daß die zunächst bei den Fischen aufgefundenen sozialen Typen sich auch bei anderen Tieren, Vögeln, wiederfinden. *Ja, selbst beim Menschen kehren die drei Typen wieder*[11]. Bekanntlich gibt es Kulturen mit ausgesprochenem Patriarchat, andere mit ausgesprochenem Matriarchat, wieder andere mit ausgesprochenem Familiengeist, in dem beide Eltern führend sind." — Es scheint mir aber gewagt, die Befunde ohne weiteres in einen solchen Zusammenhang zu stellen. Der Vergleich der sozialen Organisationsformen bei Tier und Mensch bleibt solange vage, als die Übereinstimmungen und, was ebenso wichtig ist, die Unterschiede nicht ganz klar herausgearbeitet sind. Vorschnelle Analogisierung könnte die ganze Betrachtungsweise in Mißkredit bringen.

Auch ist zu beachten, daß, wie *Thurnwald*[12] gezeigt hat, die Begriffe Patriarchat und Matriarchat in der Humansoziologie in sich heterogene Verhältnisse umfassen. Vom Patriarchat im eigentlichen Sinne unterscheidet er das „Vaterrecht" oder die „Vaterfolge", vom Matriarchat das „Mutterrecht" oder die „Mutterfolge". Wenn man ferner bedenkt, daß solche Sozialverhältnisse empirisch in den allerverschiedensten Mischungen vorgefunden werden, bekommt man eine Vorstellung von den Schwierigkeiten, welche Vergleiche mit den Sozialstrukturen der Tiere im Wege stehen und kann den Abstand ermessen, der diese von jenen trennt. Trotz alledem scheint mir das Problem angreifbar im Rahmen einer allgemeinen vergleichenden Soziologie, welche sowohl Tiersoziologie als Humansoziologie umfaßt — aber eine solche Wissenschaft gibt es vorläufig nur in Ansätzen.

*Beziehungen zur Ökologie.*

Zum Schluß sei noch ein Problem gestreift, welches vielleicht die dunkelste der vielen ungeklärten Fragen ist, die sich um das Gemeinschaftsproblem gruppieren.

Es versteht sich von selbst, daß die Zoologie nicht bei der Beschreibung und Analyse der sozialen Ordnungsformen stehenbleiben kann. Diese sind nur Mittel der Erfassung der tatsächlich vorliegenden Sozialgebilde, ihr Wert ist vorwiegend ein systematischer. Hinter dieser Systematik aber erhebt sich die Frage nach dem Ursprung. Doch ist dies nicht mehr ein Problem der Tiersoziologie allein; diese Frage kann nur in einer umfassenderen Betrachtungsweise untersucht werden. Die Sozialgebilde sind ja in der Natur nicht als abstrakte Schemen vorhanden, sondern als *Lebensformen*, und als solche stehen sie in engem Zusammenhang mit den jeweiligen Umweltbedingungen. Da die Ökologie die Disziplin ist, welche die Beziehungen der Organismen zu ihrer Umwelt untersucht, muß die Tiersoziologie zur Lösung des genannten Grenzproblems mit dieser Forschungsrichtung zusammenwirken. Dabei ist aber das „Soziologische" und das „Ökologische" an den Problemen sauber voneinander zu scheiden, mit dem Ziel einer genauen Abgrenzung der Kompetenzen. Man bemerkt vielfach einen ganz einseitigen Blick auf die von der Umwelt gestellten Lebensbedingungen zur Erklärung des spezifischen Verhaltens der Tiere. Aber dabei kommt oft nichts anderes heraus als ein teleologischer Kurzschluß nach der Formel: „vorhanden, weil unter diesen bestimmten Umweltbedingungen für die Arterhaltung notwendig".

Wenn ich ein in diesem Beitrag schon öfter herangezogenes Beispiel noch einmal verwenden darf, so wäre genau zu untersuchen, was an einem Gebilde wie dem Brutbehälter der Fische aus soziologischen, was aus ökologischen Bedingungen folgt. Ökologisch erklären läßt sich zunächst das Material, in dem sich der Typus „Brutbehälter" ausprägt; es ist das, was der jeweilige Biotop der betreffenden Tierart gerade bietet: für die Stichlinge, als Bewohner pflanzenreicher Gewässer, sind es Pflanzenfasern, für die Meergrundeln, an der unbewachsenen Meeresküste, leere Muschelschalen, für Formen in steinigen Bächen, Kiesel, die sie wallartig aufschichten. Aber das Material betrifft eben nur die Ausprägung eines Gebildes, dessen *Typus* wesentlich mit gewissen sozialen Bedingungen verflochten scheint, denen gerade Tierformen mit väterlicher Brutpflege unterworfen sind. Aber auch die soziologischen Typen als solche führen uns wieder an die Ökologie heran, wenn auch gleichsam auf einer höheren Ebene — nämlich in dem Problem: in welcher Weise die verschiedenen Sozialgebilde als *ganzheitliche Strukturen* auf je besondere Umweltbedingungen bezogen sind.

Wenn wir diese Frage heute auch noch offen lassen müssen, so kann doch darauf hingewiesen werden, daß die großen Monographien über die Biologie einzelner Wirbeltiere, besonders Vögel, welche zumal in Amerika immer mehr in Mode kommen, Material enthalten, das zur Klärung des Problems dienen kann. Viel versprechen darf man sich auch von Studien, welche die Biologie nahverwandter, aber unter verschiedenen Umweltbedingungen lebender Tiere in Vergleich setzen. Solche Arbeiten führen gewissermaßen Experimente vor Augen, welche die Natur selbst in großem Stile anstellt. Als Beispiel nenne ich die gründliche Untersuchung von *Barbara D. Blanchard*[13] an zwei geographischen Rassen des nordamerikanischen Ämmerlings *Zonotrichia leucophrys*. Die eine, *pugetensis*, wohnt im Norden der pazifischen Küste, die andere, *nuttalli*, in deren Süden. Die Bewohner des unwirtlichen, kurzsommerigen Landes an der kanadischen Grenze bewältigen die Fortpflanzung in weniger als Zweidritteln der Zeit, welche sich ihre Verwandten im Süden dazu nehmen. Das hat u. a. mancherlei soziologisch bedeutsame Konsequenzen. So werden die Jungen von *pugetensis* — mindestens die der ersten Brut im Jahre — früher selbständig, offensichtlich weil bei der nördlichen Rasse die zweite Brutperiode schneller auf die erste folgt als bei *nuttalli* und die Eltern von der Betreuung der Erstlinge abgehalten werden. Auch ist bei den nördlichen Tieren der Vater an der Aufzucht der Jungen stärker beteiligt als die Mutter. Denn schon bald, nachdem die Erstlinge ausgeflogen sind, bebrütet die Mutter im Norden schon wieder ein neues Gelege und überläßt die Betreuung der Kinder dem Vater. Beiläufig sei erwähnt, daß die genannten Rassen sich auch außerhalb der Fortpflanzungszeit soziologisch unterscheiden. Die nördlichen Ämmerlinge, im Gegensatz zu den Südländern übrigens Zugvögel, halten sich winters in geschlossenen Schwärmen zusammen, welche echte „Schwarmreakitonen" zeigen und sich gegen andere Gruppen isolieren. Die südlichen Vögel dagegen bringen es nur zu losen Zusammenrottungen, etwa an Futterplätzen.

Dieses eine Beispiel des Ämmerlings dürfte schon zur Genüge zeigen, wie eng die soziologischen mit den ökologischen Fragen zusammenhängen und wie notwendig eine Verbindung der Tiersoziologie mit der Ökologie ist.

*Anmerkungen.*

1 Vgl. *Deegener, P.* Die Formen der Vergesellschaftung im Tierreiche. Leipzig 1918 und *Alverdes, Fr.* Tiersoziologie. Leipzig 1925.

[2] Ausführlich ist das Problem diskutiert bei *Peters, H. M.* Grundfragen der Tierpsychologie. Stuttgart 1948. In dieser Schrift finden sich auch die Nachweise der Spezialarbeiten. — Sehr wichtig für die Soziologie der Fische ist *G. P.* and *J. M. Baerends*, An Introduction to the Study of the Ethology of Cichlid Fishes. Leiden 1950. Diese soeben erschienene umfangreiche Arbeit konnte nicht mehr berücksichtigt werden. (Anm. bei der Korrektur).

[3] Vgl. Journal für Ornithologie Jg. 88, 1940.

[4] Dies ist m. E. vergleichbar dem Schutzsuchen der Kücken unter dem Gefieder der Glucke.

[5] Nach noch unveröffentlichten Beobachtungen meiner Schülerin *Inge Feuchter*.

[6] Vgl. z. B. D. H. *Fleay*, Ornithologischer Monatsbericht Jg. 1941.

[7] Individuelle Bindung zwischen den Partnern eines Paares findet sich schon bei Fischen (Cichliden), nachgewiesen von G. K. *Noble* und B. *Curtis* in: Bulletin of the American Museum of Naural History, 76, 1931.

[8] Vgl. *Carpenter, C. R.* A Fil ed Study of the Behavior and Social Relations of Howling Monkeys. Comparative Psychology Monographs, 1934.

[9] *Scheler*, M. Wesen und Formen der Sympathie, 5. Aufl. Frankfurt a. M. 1948 S. 186.

[10] Tier und Mensch. Philosophisches Jahrbuch 1949 S. 90.

[11] Von mir gesperrt!

[12] Die menschliche Gesellschaft in ihren ethno-soziologischen Grundlagen. Berlin und Leipzig 1931—1935.

[13] The White-crowned Sparrow (*Zonotrichia leucophrys*) of the Pacific seabord; environment and annual cycles. University of California Publications in Zoology. 46. (Nach dem ausführlichen Referat in Ornothologische Berichte. 1947 S. 16—21.)

*(Professor Dr. Hans M. Peters, (14b) Tübingen, Gartenstraße 143)*

## Gab es eine mutterrechtliche Kultur?

Von

ADOLF ELLEGARD JENSEN.

Die Herausgabe des Gesamtwerkes von *Johann Jakob Bachofen* hat den Herausgeber *K. Meuli*[1] veranlaßt, in einem ausführlichen Nachwort das Kernstück der Bachofenschen Entdeckungen, nämlich das Mutterrecht, einer kritischen Prüfung nach dem heutigen Stande unseres Wissens zu unterziehen. Es gibt wohl kaum eine Entdeckung historischer Art, die so wie diese in den letzten hundert Jahren nicht nur die klassische Philologie, Rechtsgeschichte und Ethnologie, sondern alle Geisteswissenschaften fast gleichermaßen in ihren Begriffsbildungen beeinflußt hat. Die eingehende Stellungnahme von Meuli ist deshalb besonders verdienstvoll. Aber das Thema ist so weitläufig und gerade auch in der neueren Ethnologie immer noch von so zentraler Bedeutung, daß es sicher nur nützlich sein kann, von möglichst vielen Seiten zu den angeschnittenen Fragen Stellung zu nehmen.

Was an Bachofens Methoden untragbar ist — seine „Etymologien sind wirklich schauderhaft" (S. 1099) —, was den bleibenden Wert seines Werkes ausmacht, das alles hat Meuli bereits ebenso verständnisvoll wie kritisch untersucht. Es soll uns im folgenden nicht beschäftigen, wie es dabei überhaupt um Bachofen nur insoweit geht als er der Entdecker des Mutterrechtes ist. Wichtiger ist uns eine Beschäftigung mit den Ergebnissen der modernen Ethnologie. Was aber Bachofen angeht, so soll die wesentliche Bedeutung dieses großen Geistes unangetastet bleiben. Was andere — besonders Morgan und seine Nachfolger — aus seiner Entdeckung gemacht haben, dafür ist er nicht verantwortlich. Meine Frage beschränkt sich lediglich darauf, welche Gültigkeit seine Entdeckung heute noch hat. Meuli kommt zu dem Ergebnis: „Was bleibt, ist die Entdeckung des Mutterrechts" (S. 1101) und „die Entdeckung der mutterrechtlichen Kultur als eines Ganzen hat sich dagegen bewährt" (S. 1113). Wir sind geneigt, dem ersten Satz unbedenklicher zuzustimmen als dem zweiten, und fragen, was bedeutet eine mutterrechtliche Kultur und wie ist sie festgestellt worden?

1.

Bekanntlich war Bachofen zu der Feststellung von *drei großen Stufen* der menschheitsgeschichtlichen Entwicklung gekommen, deren älteste durch den Hetärismus gekennzeichnet war, in der es noch keine Familie gab und die allgemeine geschlechtliche Promiskuität mit dem allgemeinen Besitzkommunismus Hand in Hand ging. Die zweite Stufe ist die des eigentlichen Mutterrechts, die Bachofen uns sehr anschaulich zu schildern weiß. Erst in der dritten Stufe ist die Vergeistigung der menschlichen Kultur zur Vorherrschaft des Vaterrechts durchgedrungen. Die älteste Stufe des „chthonischen Tellurismus" ist in allen Kulturwissenschaften fallen gelassen worden. Es gibt kein Volk auf der Erde, das diesen Kulturzustand auch nur in deutbaren Resten bewahrt hätte. Darüber hinaus gibt es aber auch keinen Tatbestand, der uns die Annahme eines solchen Kulturzustandes ernsthaft nahelegt.

Ganz anders die zweite Stufe, die des eigentlichen Mutterrechtes. Sie gilt bei vielen neueren

[1] J. J. Bachofen, Gesammelte Werke. Bd. II und III: Das Mutterrecht. Bd. III, S. 1011—1128: Nachwort von Karl Meuli. Verlag Benno Schwabe u. Co., Basel 1948.

Ethnologen als erwiesen, und es ist bei ihnen üblich, ein oder zwei Kulturschichten oder Kulturkreise *als „mutterrechtliche Kulturen“* zu bezeichnen. Diese menschheitsgeschichtliche Epoche (oder auch zwei solcher Perioden) werden nicht nur durch das Vorhandensein des Mutterrechts gekennzeichnet, sondern auch in anderer Hinsicht nach ihrem materiellen Kulturbesitz, ihren geistigen und sozialen Grundlagen und ihrer wirtschaftlichen Struktur eingehend beschrieben. Dabei legt schon die Namengebung (mutterrechtliche Kultur) den Gedanken nahe, daß der entscheidende kulturelle Mittelpunkt in der Erscheinung des Mutterrechts gesehen wird — so wie man etwa von der christlichen Kultur des Mittelalters oder von dem mathematisch-naturwissenschaftlichen Weltbild der Neuzeit spricht. Im Ablauf der Menschheitsgeschichte wird das Mutterrecht mit der Entstehung des Ackerbaus in Verbindung gebracht, und tatsächlich finden sich diejenigen Erscheinungen, von denen auf das Vorhandensein eines Mutterrechts geschlossen wird, am ausgeprägtesten bei jenen Naturvölkern, die wir als frühe Pflanzer bezeichnen.

Diese Tatsache führte weiterhin zu einer allgemein einleuchtenden Annahme über die *Entstehung des Mutterrechts:* Bei den älteren Jäger- und Sammlervölkern obliegt der Frau im allgemeinen das Sammeln eßbarer Pflanzen. Dadurch sei die Frau zur Erfindung des Feldbaus geführt. Damit habe sie ein wirtschaftliches Übergewicht über den Mann erhalten, das wiederum die Grundlage für ihre soziale Vorzugsstellung, d. h. für das Mutterrecht gebildet habe. Diese Annahme wird für so sicher erwiesen gehalten, daß sie ausgesprochen oder unausgesprochen meist vorausgesetzt wird, und die Möglichkeit eines Zweifels anscheinend nicht gegeben ist. Tatsächlich ist natürlich der Vorgang der Neu-Entstehung des Feldbaus mit den vorhandenen Mitteln nicht zu rekonstruieren. Deshalb zeigt der feste Glaube an diese Theorie besonders deutlich, daß hier ein unverrückbares Denkschema vorliegt, das jedoch auf seine Berechtigung erst zu untersuchen wäre.

So zeigt sich in der Tat, daß die moderne Kulturwissenschaft immer noch wesentlich auf Bachofens Entdeckung aufbaut. Trotz aller Polemik gegen ihn und seine evolutionistischen Nachfolger ist dieses Kernstück seiner Theorie, nämlich die mutterrechtliche Kultur, mit allerlei Modifikationen auch heute noch eine wesentliche Grundlage der menschheitsgeschichtlichen Kulturwissenschaft. Wenn im folgenden unternommen werden soll, Zweifel an diesen Grundlagen anzumelden, so muß vorweg erwähnt werden, daß das erfolgreich nur bei Anwendung eines ebenso großen Apparates geschehen könnte, wie ihn Bachofen und seine Nachfolger zur Stützung dieser These in Bewegung gesetzt haben. Diese Arbeit ist in großem Umfang niemals unternommen worden und kann in dem hier vorgeschriebenen Rahmen sicherlich nicht nachgeholt werden. Aber kleinere Untersuchungen über Teilgebiete liegen vor, die es immerhin ermöglichen, vom ethnologischen Standpunkt aus einiges zu dem Problem mitzuteilen.

Als Vorbemerkung sozusagen sei das folgende erwähnt: Wenn ein Laie, der von den dabei beachteten Tatsachen gar nichts weiß, vom Mutterrecht als von einer im Gegensatz zum abendländischen Vaterrecht stehenden sozialen Organisation hört, so denkt er zweifellos, daß es Völker gibt oder gegeben habe, bei denen die Frauen etwa die Rolle spielen wie bei uns die Männer. Er wird sich etwa vorstellen, daß es irgendwo Frauenversammlungen gibt, die — ähnlich wie bei anderen Völkern die Männerversammlungen — die öffentlichen Angelegenheiten oder die Gesetzgebung und Rechtsprechung regeln. Das wäre in der Tat ein Mutterrecht, das diesen Namen verdiente, und sicherlich hat Bachofen — und nicht nur er — auch weitgehend an eine solche Gynaikokratie für die Frühzeit gedacht. Es ist deshalb sehr wichtig, daß wir uns sehr deutlich vor Augen halten, daß es einen solchen Zustand nirgendwo auf der Erde gibt und daß — nach unserer Ansicht — auch keine Tatsache die Annahme eines solchen Zustandes nahelegt. Diese Einschränkung ist übrigens schon des öfteren von ethnologischer Seite gemacht worden, jedoch insofern ohne den wünschenswerten Erfolg, als die oben wiedergegebene Ansicht dadurch wenig erschüttert wurde. Es ist bei solchen Kritiken auch nicht genügend deutlich gemacht worden, was denn positiv noch unter Mutterrecht zu verstehen sei, denn auch die Kritiker haben diese Bezeichnung trotz der Einschränkung weiterverwendet und damit — meist unausgesprochen — das tatsächliche Vorhandensein nicht einer politischen Vorherrschaft, aber irgendeine Vorrangstellung des weiblichen Geschlechtes postuliert. Man wird sich also sehr genau ansehen müssen, welche wirklichen Erscheinungen als Mutterrecht angesprochen werden.

## 2.

Das oben entworfene Bild von der modernen Kulturwissenschaft, die wenigstens das Kernstück von Bachofens Entdeckung im wesentlichen stützt, bezieht sich in erster Linie — nicht etwa ausschließlich — auf die *Kulturkreislehre*, wie sie von *Gräbner*, *Foy*, *Schmidt*, *Koppers* und anderen seit 1904 vertreten wird. Alle späteren Arbeiten gehen dabei auf Gräbners Untersuchungen über Australien und Melanesien zurück, wo er in einigermaßen deutlicher geographischer Umgrenzung eine Kultur feststellen zu können glaubte, die er die ost-papuanische oder auch die mutterrechtliche Zweiklassenkultur nannte. Entsprechend dieser Namengebung sah er die zentrale Erscheinung in dieser Kulturepoche in einer Zweiklassen-Organisation, die mutterrechtlich ist. Mutterrechtlich bedeutet in diesem Zusammenhang nichts weiter, als daß sich die Zugehörigkeit zu einer der beiden Klassen, in die der Stamm zerfällt, nach der Mutter richtet. Daß diese Frage überhaupt wichtig ist, hängt mit einer anderen Erscheinung zusammen, die wir als Exogamie bezeichnen. Würden Vater und Mutter derselben Klasse angehören, so würde sich die Frage nach der Zugehörigkeit der Kinder überhaupt nicht stellen. Erst dadurch, daß Vater und Mutter kraft einer für alle Stammesangehörigen verbindlichen Vorschrift unbedingt verschiedenen Klassen angehören — eben deshalb, weil für die Klassenangehörigen die Exogamievorschrift besteht —, erst dadurch stellt sich die Frage nach der Zugehörigkeit der Kinder.

Da die Kinder nun einmal bei allen Menschen zu den Eltern gehören, so kann die Frage nur auf zweierlei Weise beantwortet werden. Ist es nun wirklich von so eminenter Bedeutung, daß sie bei einigen Völkern zugunsten der Mutter entschieden wurde, und berechtigt das zu so weitgehenden Schlüssen, wie sie in der Bezeichnung „Mutterrecht" enthalten sind? Unbezweifelbar ist wohl, daß diese konkrete Antwort ein Licht darauf wirft, wie sich bestimmte Völker das Verhältnis des Kindes zu den Eltern vorgestellt haben. Die Verbindung der Mutter mit dem Kinde muß wenigstens in dieser Zuordnungsfrage für vordringlicher gehalten worden sein als die des Vaters. Darin äußert sich also *in einer Frage* eine Bevorzugung der Frau gegenüber dem Manne. Wenn man darin ein Mutterrecht sehen will, so ist es mindestens ein irreführender Name; denn dieser Name erweckt die Vorstellung von etwas Außergewöhnlichem — als sei damit etwas gesetzt, was dem Mitglied einer vaterrechtlichen Ordnung nur schwer verständlich ist. In Wahrheit aber gibt es kaum etwas Natürlicheres. Auch der extremste Vaterrechtler wird kaum die besondere Bindung der Mutter an das Kind bestreiten. Selbst in unserer vaterrechtlichen Ordnung erkennen wir ein bedingtes Vorrecht der Mutter an den Kindern an.

Auf der anderen Seite gibt es zahllose Fälle, in denen die Frage nach der Zugehörigkeit der Kinder in entgegengesetztem Sinne beantwortet wurde. Genau wie oben müssen wir auch hier die Behauptung aufstellen, daß diesen sogenannten vaterrechtlichen Völkern die besondere Bindung des Vaters an seine Kinder für die Nachfolgefrage wichtiger war als die der Mutter. Diese Vorrangstellung des Vaters *in einer Frage* hat keineswegs die Folge, daß die Frau in einer weniger geachteten Stellung um ihren Anteil an den Kindern betrogen wird. Dies zeigt sich besonders deutlich an den sogenannten Brautkaufsitten: der *Brautpreis* findet sich beispielsweise in Afrika überwiegend bei vaterrechtlichen Völkern. Er hängt ganz zweifellos mit dem Anspruch auf die Kinder zusammen, denn auffällig oft findet sich die Vorschrift, daß die Kinder so lange zur mütterlichen Gruppe gehören, wie der Brautpreis noch nicht voll gezahlt ist. Erst mit der vollen Bezahlung gehen die Kinder in die väterliche Gruppe über. Den gleichen Sinn verrät die ebenfalls oft belegte Sitte, daß die Gruppe der Frau, wenn die Ehe kinderlos bleibt, ohne Zahlung eines neuen Brautpreises eine zweite Frau an den Mann abgeben oder auch den Brautpreis zurückzahlen muß. In gewissem Umfange sprechen also die Brautpreis-Sitten dafür, daß auch dann, wenn der Anspruch des väterlichen Klans für die Zuordnung der Kinder ausschlaggebend war, die Forderung des mütterlichen Klans doch wenigstens insoweit anerkannt wurde, als sie durch eine Entschädigung materieller Art abgefunden wurde. Die Frage bleibt aber bestehen, ob eine solche Anerkennung der Bindung zwischen mütterlichem Verband und Kind kulturgeschichtliche Folgen hatte, die als Mutterrecht angesprochen werden dürfen und ob bestimmte Kulturen dadurch gekennzeichnet erscheinen.

Die beiden allein möglichen Antworten auf die Frage nach der Zugehörigkeit der Kinder zu einer Gruppe — vorausgesetzt, daß es solche exogamen Gruppen gibt — sind also beide kulturgeschichtlich verwirklicht worden. Nichts spricht dafür, daß die Verwirklichung der einen oder der andern Antwort auch eine Vorherrschaft des jeweiligen Geschlechts über das andere mit sich gebracht hat.

3.

Eine andere Argumentation befaßt sich mit dem relativen Alter von Vater- und Mutterrecht. Die kulturwissenschaftliche Theorie, die von dem tatsächlichen Vorhandensein einer mutterrechtlichen Kultur ausgeht, weicht insofern entscheidend von Bachofen ab, als sie jene mutterrechtliche Kultur keineswegs in ein sehr frühes Stadium der Menschheitsgeschichte verlegt. Vielmehr soll eine ältere Kulturschicht, die sogenannte totemistische Kultur, (die ihrerseits naturgemäß auch nicht die älteste ist) ausgesprochen vaterrechtlich sein, wie auch später nachfolgende Kulturschichten das Mutterrecht durchaus nicht kennen. Nach ihrer Ansicht findet sich das Mutterrecht also in einer ganz bestimmten

Kulturschicht, die zeitlich zwischen vaterrechtliche Kulturen eingebettet ist. In dieser Schicht aber soll nur die eine der beiden möglichen Antworten auf die Frage nach der Zugehörigkeit der Kinder verwirklicht worden sein, nämlich die matrilineare. Wenn dem wirklich so wäre, so würde unsere obige Feststellung weitgehend entwertet sein.

Tatsächlich ist aber diese Argumentation der Mutterrechtler nur eine Behauptung, die niemals bewiesen worden ist. Es ist von besonderem, wissenschaftsgeschichtlichem Interesse, festzustellen, wie es zu dieser Behauptung gekommen ist. Die Grundlage dafür ist im wesentlichen die Untersuchung von Gräbner über *Australien und Ozeanien*, wo sich bei bestimmten Völkern die matrilinearen Heiratsklassen-Organisationen finden. Bei denselben Völkern stellte er eine größere Zahl von Kulturerscheinungen fest, die dort mit dem Mutterrecht vergesellschaftet sind und die, gemeinsam mit dem Mutterrecht, eine bestimmte Kulturperiode, einen Kulturkreis, kennzeichnen sollen. Weiterhin wurde nun so verfahren, daß man in anderen Teilen der Erde Völker feststellte, bei denen sich ebenfalls einige der in der mutterrechtlichen Kultur Ozeaniens festgestellten Elemente fanden. War das der Fall, so sprach man von dem Vorhandensein der mutterrechtlichen Kultur auch dann, wenn diese Völker ausgesprochen vaterrechtlich waren. Wie fragwürdig durch dieses methodische Vorgehen die Kulturkreislehre geworden ist und zu welchen Fehlschlüssen es führen mußte, soll hier nicht behandelt werden. Um Mißverständnisse zu vermeiden sei auch ausdrücklich hervorgehoben, daß es uns nicht um eine Ablehnung der Kulturkreislehre zu tun ist. Ganz im Gegenteil: wir sehen in der Aufgabenstellung der Kulturkreis-Theorie die vordringlichste Aufgabe der Ethnologie schlechthin, sind jedoch der Meinung, daß das in den kulturhistorischen Arbeiten angewendete Verfahren in vieler Hinsicht grundsätzlich geändert werden muß, wenn wir über die offensichtlichen Fehler besonders der Gräbnerschen Aufstellungen hinwegkommen wollen.

Gerade die für diesen Gedankengang wichtige Kulturperiode ist am wenigsten von der Fragwürdigkeit des Verfahrens berührt, denn das Vorhandensein einer solchen sehr charakteristischen Kultur der frühen Pflanzervölker und ihre Ausbreitung über weite Teile der Erde einschließlich Amerikas wird kaum noch bezweifelt. Ihre Entdeckung geht übrigens nicht auf Gräbner, sondern auf *Frobenius* (1898) zurück. Es ist die Kultur, zu der so markante Erscheinungen wie Geheimbundwesen, Masken, Kannibalismus, Tötungs-Rituale, bestimmte Formen der Initiationen und Vorstellungen vom Totenreich und der Totenreise gehören, um nur einige besonders auffällige Elemente zu nennen. Die uns interessierende Frage wäre die, ob die Völker, die als ausgesprochene Vertreter dieser Kulturschicht anzusprechen sind, überwiegend mutterrechtliche oder wenigstens matrilineare soziale Einrichtungen haben; denn dies wurde und wird behauptet. Den Beweis allerdings durch eine eingehende Untersuchung ist man schuldig geblieben. Kognatische Deszendenz bei Naturvölkern — wir sehen von der alt-mediterranen Hochkultur-Schicht ab, die Bachofen vorwiegend im Auge hatte — findet sich zwar ganz überwiegend in diesem Kulturkreis. Wenn ich behaupte, daß sich in der gleichen Schicht mindestens ebensooft agnatische Deszendenz findet, also beide Antworten auf die Frage nach der Zugehörigkeit der Kinder gleichermaßen verwirklicht worden sind, so muß ich den Beweis aus einleuchtenden Gründen hier ebenfalls schuldig bleiben, kann aber doch einiges zur Begründung der Behauptung anführen.

In *Afrika* beispielsweise gehört fast das ganze Verbreitungsgebiet der eigentlichen Negerrasse, mit Ausnahme von Ost-Afrika, im wesentlichen zu diesem Kulturkreis, mindestens in der Form, daß sich überall eine altertümliche Pflanzerkultur als die entscheidende Grundlage für die heutigen Kulturverhältnisse deutlich feststellen läßt. Daneben sind das Kongobecken und Westafrika geradezu ein als klassisch anzusehendes Verbreitungsgebiet dieser Kultur. Alle diese Negervölker sind überwiegend patrilinear, mit Ausnahme eines Streifens quer durch den Erdteil im Süden des Bantu-Sprachgebietes. *Baumann* (1926) schreibt: „erst südlich der Linie Ogowe-Kassai-Lukuga beginnt eine durchaus neue Welt (höhere Staatsformen, großartige bildende Kunst, zahlreichere Musikinstrumente, größere mythenbildende Phantasie u. a. mehr). Hier beginnt auch das Mutterrecht.“ (S. 126). Also nicht die für die „mutterrechtliche Kultur“ typischen altpflanzerischen Völker haben in Afrika das Mutterrecht, sondern Völker in einem Gebiet, das hochkulturliche Einflüsse — besonders ein hochentwickeltes Staatswesen mit der zentralen Figur eines Gottkönigs — aufweist.

Für Süd-Amerika hat es *P. W. Schmidt* (1913) selbst unternommen, die verschiedenen ozeanischen Kulturkreise Gräbners auch in diesem Erdteil festzustellen. Im Hinblick auf das Mutterrecht kommt er dabei zu folgendem Ergebnis: „Die ausgesprochene Mutterfolge findet sich zwar in gewissen Teilen, aber gerade dort am wenigsten, wo einige wirkliche Elemente der Zweiklassenkultur auftreten.“ (S. 1059). Diese Feststellung bezieht sich auf die ältere der von Gräbner für Ozeanien angenommenen zwei mutterrechtlichen Schichten. Schmidt hält es für unwahrscheinlich, daß sie außerhalb der andinen Hochkulturen überhaupt verbreitet gewesen ist, — trotz des Vorkommens so markanter Kulturerscheinungen wie der Maskentänze und der Signaltrommel (S. 1062). Etwas günstiger steht es um die jüngere mutterrechtliche Kultur, die sogenannte melanesische Bogenkultur, in deren süd-amerikanischem Kerngebiet wenigstens bei fünf Stämmen deutlich die Mutterfolge zu verzeichnen ist, während im übrigen nur Spuren davon festzustellen sind wie mondmythologische Züge, Verehrung einer Stamm-Mutter, zeremonielle Begehung der ersten Menstruation und anderes (S. 1071). Eine entgegengesetzte Untersuchung darüber, wieviele Völker deutlicher Zugehörigkeit zu dieser Kultur die Vaterfolge haben, gibt es indessen nicht. Über das sogenannte Mutterrecht bei den Urwald-Stämmen in Süd-Amerika hat Kirchhoff eine eingehende Untersuchung angestellt, auf deren Ergebnisse wir noch zu sprechen kommen.

Erfreulicherweise aber existiert eine solche genaue Untersuchung über einen Teil von *Hinter-Indien*, die *von Heine-Geldern* (1920/21) vorgenommen hat. Veranlaßt wurde er interessanterweise zu dieser verdienstvollen Arbeit durch eine Besprechung seines Aufsatzes: „Kopfjagd und Menschenopfer in Assam und Birma“ (1917) im Anthropos (1917/18, S. 362), die diese Völker wegen des Vorkommens so markanter Kulturerscheinungen wie Kopfjagd und Menschenopfer ohne Bedenken als mutterrechtlich bezeichnete. Er hat deshalb dasselbe Gebiet Hinter-Indiens daraufhin durchforscht, in welchem Umfang mutterrechtliche Erscheinungen oder auch nur die leisesten Spuren und Andeutungen davon vorkommen. Er kommt zu dem Ergebnis, daß von den eindeutig mutterrechtlichen Völkern nur ein einziges, nämlich die Garo, die Kopfjagd geübt hat. „Die große Mehrheit der Kopfjägerstämme . . . ist im wesentlichen durchaus vaterrechtlich. Nur von den Wa ist dies fraglich; aber reines Mutterrecht herrscht auch bei ihnen wahrscheinlich nicht.“ (S. 131 f.).

Im übrigen sei besonders hervorgehoben, daß gerade diese Arbeit eine Reihe von kritischen Gedankengängen enthält, die sich eng mit unserer Argumentation berühren, die aber leider seit ihrem Erscheinen keine spürbare Wirkung auf den Fortgang der kulturkreistheoretischen Arbeiten ausgeübt haben.

Für *Indonesien* kann ich selbst ein besonders lehrreiches Beispiel hinzufügen: Auf der größten Molukken-Insel *Ceram* wohnen im Westen zwei Stämme, die in allem wesentlichen und für die Beurteilung einer Kulturzugehörigkeit Entscheidenden völlig übereinstimmen. Der eine Stamm, die Alune, ist vaterrechtlich, der andere, die Wemale, mutterrechtlich organisiert. Dieser Unterschied in der sozialen Struktur hat die beiden Stämme nicht gehindert, sich in einer gemeinsamen, übergeordneten staatsähnlichen Organisation zu verbinden, nämlich in dem sehr bekannt gewordenen Kakihan-Geheimbund, der beide Stämme gleichermaßen umfaßt, während es keine politische Organisation für jeden der beiden Stämme allein gibt, sondern nur kleinere Dorf- und Clan-Verbände. Man kann es gar nicht kräftig genug unterstreichen, daß die Lebensformen der beiden Völker in einem erstaunlichen Maß identisch sind, da alle wichtigen kulturellen Gegebenheiten beiden gemeinsam sind. Insbesondere das Leben der Frauen zeigt keinerlei Unterschiede, die irgendwie darauf deuten ließen, daß die Mutterfolge bei dem einen Stamm irgendwelche besondere Bedeutung für die Rechtsstellung der Frau habe, als hätten die Frauen in diesen matrilinearen Clanen der Wemale etwa eine andere Stellung oder gar größeren Einfluß als ihre Geschlechtsgenossinnen in den patrilinearen Klanen der Alune.

Wir hatten oben bei Erwähnung der Brautpreis-Sitten hervorgehoben, daß auch vaterrechtliche Stämme offensichtlich den Anspruch der mütterlichen Sippe eben durch die materielle Abfindung anerkennen. Würde es sich herausstellen, daß die Brautpreis-Sitte in ihrer hauptsächlichen Verbreitung auch in demselben Kulturkreis vorkommt wie die matrilineare Zuordnung der Kinder bei denjenigen Völkern der gleichen Kultur, die wegen dieser direkten Zuordnung den Brautpreis nicht kennen — diese Annahme hat m. E. nach den vorliegenden Tatsachen viel Wahrscheinlichkeit für sich — so würde das bedeuten, daß der Anspruch des mütterlichen Clans so oder so doch von einer sehr grossen Zahl von Völkern dieser Kultur anerkannt worden ist. Es kann deshalb nicht genug hervorgehoben werden, daß die Frage nach der Zugehörigkeit der Kinder für sich allein überhaupt keine Bedeutung hat. Wenn diese Anerkennung des Anspruchs des mütterlichen Clanes nämlich von kulturgeschichtlicher Bedeutung sein soll, so müßte der Nachweis erbracht werden, daß sich hierin eine neue Entdekkung der Menschheit offenbart, daß vorher oder nachher die Bindung zwischen Mutter und Kind nicht beachtet worden sei. Dies kann aber schon deshalb nicht bewiesen werden, weil sich ohne exogame Klane die Frage nach der Zuordnung der Kinder gar nicht gestellt hat. Es ist jedenfalls weit natürlicher anzunehmen, daß die besondere Bindung zwischen Mutter und Kind schon immer ebenso beachtet worden ist wie die ebenfalls naturbedingte zwischen Vater und Kind. Mit der Herausbildung exogamer Clane entstand also wirklich eine Streitfrage rein rechtlicher Natur, die auf irgendeine Weise gelöst werden mußte. Die verwirklichten Lösungen bieten das typische Bild des in solchen Fällen stets sich aufdrängenden Kompromisses, nämlich die ganze Skala überhaupt vorhandener Möglichkeiten von der extremen alleinigen Vaterfolge bis zur extremen alleinigen Mutterfolge.

Um nur ein Beispiel für solche Zwischenlösungen zu nennen: Bei den Herero in Südwestafrika gibt es zwei Arten von Gruppenbildungen: die patrilineare Oruzo und die matrilineare Eanda. Eine Frau übernimmt zwar bei der Heirat die Oruzo ihres Mannes, behält aber ihre Zugehörigkeit zu der eigenen Eanda-Gruppe, die sie von der Mutter ererbt hat. Die Kinder gehören zur Oruzo ihres Vaters, aber zur Eanda ihrer Mutter. Das führt oft zu sehr komplizierten Verfahren bei der Vererbung von persönlichem Eigentum, das unter Umständen in ein Oruzo- und ein Eanda-Erbe geteilt wird (Brauer S. 98 ff.). Solche Beispiele von Zwischenlösungen, die ebensowenig rein patri- wie matrilinear sind, gibt es in großer Zahl und auch der Brautpreis gehört m. E. dazu. Er ist sogar ein Beispiel dafür, daß selbst extrem vaterrechtliche Völker jenen natürlichen Anspruch des mütterlichen Verbandes anerkennen. Um so auffälliger ist es, daß in den eindeutig matrilinearen Lösungen die väterliche Bindung anscheinend keine Beachtung gefunden hat. Gewisse Zweifel daran vermag ich nicht zu unterdrücken. Bei den oben erwähnten Wemale in West-Ceram jedenfalls lautete die erste Auskunft stets, daß die Kinder zum mütterlichen Clan gehören. Erst genauere Erkundigungen zeigten dann, daß doch eines von mehreren Kindern aus der Ehe an den väterlichen Clan abzugeben war. Man muß m. E. wenigstens mit der Möglichkeit rechnen, daß selbst die extrem matrilinearen Völker bei genauerem Zusehen doch auch den Anspruch des väterlichen Clans in irgendwelchen Formen anerkennen.

*Brauer* hat dieses Nebeneinander matri- und patrilinearer Ordnungen als eine historisch bedingte Kulturmischung gedeutet. Eine solche Erklärung liegt natürlich im Rahmen des Möglichen — besonders im Falle der Herero —, ist aber keineswegs erwiesen und darf unter keinen Umständen als die einzig zulässige Erklärung angenommen werden, wie das fast immer in kulturkreistheoretischen Arbeiten geschieht. Über die Unzulässigkeit eines solchen Verfahrens hat sich besonders nachdrücklich *Mühlmann* (S. 26) geäußert: „Die Abstammung muß in väterlicher oder mütterlicher Linie berechnet werden: Tertium non datur.“ Wenn viele Kombinationen von vater- und mutterrechtlichen Gesichtspunkten auftreten, so müßten diese keineswegs nur auf die Vermischung verschiedener Kulturen hinweisen. „Wer einer Alternative ausweichen will, kann schließlich nur ein Kompromiß schließen.“

Eine genaue Untersuchung aber über solche Zwischenlösungen in einem geographisch begrenzten Gebiet hat *Kirchhoff* vorgenommen. In seiner Arbeit über die Verwandtschaftorganisation der Urwaldstämme Süd-Amerikas (1931) kommt er zu demselben Ergebnis wie Mühlmann: „ebensowenig besagen natürlich die üblichen Redensarten ‚Mutterrechtliche Gesellschaftsordnung mit vaterrechtlichem Einschlag‘ (oder umgekehrt) u. dgl. Alle diese bequemen Etikettierungen hindern die wirkliche Erfassung der Struktur einer Gesellschaft, statt sie zu fördern.“ (S. 117.)

Das große Verdienst dieser umfangreichen und wirklich gründlichen Untersuchung von Kirchhoff liegt gerade darin, daß er diese negative Feststellung nicht aus einer vorgefaßten Meinung heraus trifft, sondern sich der Mühe unterzogen hat, für ein begrenztes geographisches Gebiet die verfügbaren Quellen daraufhin zu prüfen, ob ein Mutterrecht oder eine deutlich feststellbare matrilineare Ordnung wirklich greifbar ist. Es ist m. E. die nützlichste Arbeit, die wir bisher auf diesem so außerordentlich umfangreich beackerten Felde haben, weil sie unvoreingenommen an die Fragen der sozialen Verbände, der Exogamie und der Stellung der Geschlechter herangeht. Die meisten von Kirchhoff behandelten Stämme haben soziale Ordnungen, nach denen sie mit den in der Ethnologie üblichen Methoden zweifellos als mutterrechtliche Völker oder als solche mit deutlichen „Spuren“ eines Mutterrechts klassifiziert werden — insbesondere wegen der oft belegten matrilokalen Form der Ehe. Das Ergebnis zeigt uns aber eine Fülle von „Zwischenlösungen“ recht verschiedener Art, die in diesem Falle eindeutig gar nichts mit „Mutterrecht“ zu tun haben, wenn man eine vernünftige Definition für diese Erscheinung zugrunde legt (die übrigens nicht von Kirchhoff für „das Material passend“ ausgedacht wurde, sondern von Rivers stammt [S. 114]). Die verschiedenen Formen erklären sich ganz natürlich aus einer „der Natur der Dinge nach bilateralen Rechnung der Verwandtschaft“ und aus der „Unterscheidung von Parallel- und Überkreuzverwandten“ (S. 115), sowie aus den daraus sich ergebenden wirtschaftlichen Konsequenzen für die betroffenen Personen. Kirchhoff unterstreicht den soziologischen Unterschied zwischen Großfamilie und Sippe. Ein wichtiger Unterschied zwischen Großfamilie und Clan liegt auch für unsere Betrachtung darin, daß die *exogamen Gruppen* im allgemeinen *eine viel erstarrtere Zuordnung* der Individuen mit sich bringen, während die Großfamilie — als meist organisch gewachsener Verband — der Einzelfamilie viel mehr Spielraum läßt, eigene Wünsche bei der Zuordnung zu berücksichtigen. Die matrilokale Form der Ehe, *die auch in Indonesien gerade bei diesen Großfamilien-Organisationen* (z. B. Borneo und Celebes) vorherrschend ist, scheint mir auf der ganz natürlichen Gegebenheit zu beruhen, daß Mädchen sich im allgemeinen enger an ihre elterliche Familie angeschlossen fühlen als der freizügigere junge Mann. Ebenso natürlich ist das Streben des älter werdenden Mannes nach Selbständigkeit und damit nach Begründung eines eigenen Verbandes, wodurch die matrilokale Form der Ehe oft nach einigen Jahren beendet wird. Trotzdem findet sich bei ausgesprochen kulturverwandten Waldvölkern in Süd-Amerika mit der gleichen Großfamilien-Organisation — wenn auch nach den vorliegenden Berichten in der Minderzahl — auch die patrilokale Form der Ehe und bei nicht wenigen Völkern dieser Kulturschicht, bei denen normalerweise der Mann in den Verband der Frau übersiedelt, gilt für den Häuptlingssohn als Ausnahme die entgegengesetzte Regelung. Muß nun die matrilokale Ehe als ein „Rest" einer früheren und umfangreicher vorhanden gewesenen Institution des Mutterrechts angesehen werden? Für eine solche Annahme gibt es ebenso wenige — nämlich gar keine — Gründe wie in den anderen Fällen, in denen mond-mythologische Züge, Verehrung einer weiblichen Gottheit oder die zeremonielle Begehung der ersten Menstruation als „Reste" einer mutterrechtlichen Institution gedeutet wurden. Auch bezüglich des „Männer-Kindbettes" (vgl. Meuli S. 1105) vermag ich diese Folgerung ganz und gar nicht einzusehen, da diese Sitte doch in erster Linie die enge Bindung zwischen Vater und Kind hervorhebt. Das Phänomen, das die besondere Aufmerksamkeit der Ethnologen erwecken sollte, ist also keineswegs die Matrilokalität oder andere „Spuren des Mutterrechts", sondern der Bestand der Großfamilie oder der Sippe und das eigentümliche Verhältnis zum Verwandtschaftsproblem, nämlich die Unterscheidung von Parallel- und Überkreuzverwandten, auf das wir im übrigen hier nicht näher eingehen wollen.

Alle diese Tatsachen wurden nur aufgezählt, um die Überzeugung zu stützen, daß das sogenannte Mutterrecht in dieser alten Pflanzerschicht überhaupt nicht existiert. Vielmehr ist die Mutterfolge nur eine der beiden möglichen Regelungen für die Zuordnung der Kinder zu den bestimmten sozialen Gruppen, wobei die andere Möglichkeit *mindestens* ebensooft verwirklicht wurde, am zahlreichsten aber allerlei Kompromißlösungen sind, die deutlich zeigen, daß mit der Entstehung größerer Gruppenverbände ein neues Problem auftauchte, das weder matri- noch patrilinear zu lösen war, weil das Kind nun einmal zu Vater *und* Mutter gehört. Daß nach meiner Meinung wenigstens dem äußeren Anschein nach auch in dieser Kulturschicht die patrilineare Lösung überwog — insofern die Kinder zwar überwiegend zum väterlichen Verband gerechnet wurden, aber unter Anerkennung des Anspruches des mütterlichen Verbandes — hängt vermutlich damit zusammen, daß der Mann als Träger der öffentlichen Angelegenheiten von jeher und ausdrücklich auch in dieser Kulturschicht eine in gewissen Fragen bevorzugte Stellung hatte. Man sollte deshalb die Bezeichnung Mutterrecht im Zusammenhang mit der Benennung dieser Kultur besser fallen lassen und statt dessen die Betonung auf das Vorhandensein exogamer Gruppen, Klassen oder Clane legen, denn diese scheinen für die soziale Struktur dieser Völker von ungleich größerer Wichtigkeit zu sein.

## 4.

Es war bereits hervorgehoben worden, daß die Möglichkeit zu matri- oder patrilinearer Regelung überhaupt erst dadurch gegeben ist, daß Vater und Mutter verschiedenen sozialen Gruppen entstammen. Solange die Menschheit nur Familien und Horden kannte, konnte ein solches Problem gar nicht entstehen. Das Kind gehörte ganz natürlich zu der Familie und der Horde, in die es hineingeboren wurde. Erst die Bildung größerer Gruppen mit überwiegender oder sogar ausschließlicher Heirat zwischen Angehörigen zweier verschiedener Gruppen schuf eine völlig neue Situation. Über den außerordentlichen Reichtum der verschiedenartigsten Gruppenbildungen bei den Naturvölkern gibt es eine umfangreiche Literatur, die sich auch eindringlich um eine einheitliche Terminologie bemüht hat. Wenn wir hier von Clanen sprechen, so soll damit keine terminologische Festlegung erfolgen, sondern nur der Sozialverband mit unilateraler Verwandtschaftsrechnung und Exogamie gegenüber natürlich gewachsenen Familienverbänden abgegrenzt werden. In der kulturhistorischen Ethnologie werden die Clanverbände in zwei Hauptgruppen unterschieden: die meist exogamen *totemistischen Clane* und die ebenfalls oft exogamen *Clan- und Klassen-Systeme ohne Totemismus*. Die ersteren sollen patrilinear und einer älteren west-papuanischen oder totemistischen Kultur, die letzteren matorilinear und der jüngeren ost-papuanischen oder Zweiklassenkultur angehören. Die Kulturkreistheoretiker pflegen diese Gruppen streng voneinander zu trennen und verschiedenen Kulturkreisen zuzuordnen. Es erhebt sich aber unabweislich die Frage, ob nicht die allen diesen Clanverbänden zugrunde liegende Idee so einheitlich ist, daß ihre Zuordnung zu verschiedenen Kulturkreisen — ohnehin mit allen Fragwürdigkeiten dieser Zuordnungsmethoden belastet — unhaltbar ist.

Die Fragwürdigkeit der Mutterfolge in der erwähnten Zweiklassen-Kultur haben wir soeben behandelt. Die Vaterfolge in den totemistischen Clanen ist vielleicht nicht ganz so fragwürdig, obgleich es durchaus auch matrilineare Vererbung des Totems gibt. Auch hier könnte allerdings nur eine genaue Untersuchung das tatsächliche Zahlenverhältnis feststellen. Es ist jedenfalls noch nicht lange her, daß man — ebenfalls einer einleuchtenden Theorie zuliebe — Totemismus und Mutterrecht in Verbindung brachte und von ihrem Zusammenhang fest überzeugt war. Sollte aber wirklich die Vaterfolge in den totemistischen Clanen überwiegen — wir haben genügend hervorgehoben, daß sich dies bei genauerer Untersuchung auch durchaus für die Clane der sogenannten mutterrechtlichen Kultur herausstellen könnte —, so würde ich das für ebenso natürlich halten wie das umgekehrte Zahlenverhältnis.

Das angeblich höhere Alter der *totemistischen Clane* geht wieder auf Gräbners australisch-melanesische Untersuchungen zurück. Seine dort aufgestellte totemistische Kultur ist schon in Australien alles andere als überzeugend. Der Versuch, diese gewissermaßen als Modell aufgefaßte Kultur auch in anderen Erdteilen festzustellen, scheiterte bereits bei Ankermanns Parallel-Untersuchungen über Afrika; denn was als Möglichkeit der afrikanischen Beziehungen zu dieser Kultur (auf S. 82) aufgezählt wird, erschien dem Autor selbst zu dürftig, um irgendwelche Schlüsse daraus zu ziehen. Die Mischung der totemistischen Clane mit scheinbar andersartigen Klassen-Systemen, die sich in großen Teilen Australiens — besonders aber in der westlichen Hälfte des Erdteils — findet, wurde von Gräbner ganz willkürlich auseinandergerissen, weil er zu der für ihn wahrscheinlichen, aber keineswegs bewiesenen Überzeugung gekommen war, daß die beiden Systeme ursprünglich nichts miteinander zu tun hätten, sondern „daß sie beim Aufeinandertreffen sich zwar in hohem Grade vermischt haben, doch aber in dem einen Gebiet das eine, im andern das andere die Oberhand behalten hat.“ (S. 35.) Es ist erstaunlich, daß diese mit so vagen Argumenten vorgenommene Operation niemals Zweifel erweckt hat und noch heute als Grundlage für die Aufstellung einer großen Kulturepoche, nämlich der totemistischen, dient.

Die australischen Verhältnisse ließen für die totemistische Kultur an eine jägerische Schicht denken. Mit genau dem gleichen Recht könnte man dann auch die mutterrechtliche Kultur als eine jägerische auffassen. Die Ausbreitung dieser beiden Kulturkomplexe in Australien auf der Grundlage vorwiegend aneignender Wirtschaftsformen bildet ein Problem für sich, das sich aber gleichermaßen für beide Kulturschichten stellt. In bezug auf *Afrika* jedenfalls hat *Baumann* (1939) deutlich gezeigt, daß sich der Totemismus *als soziale Erscheinung* in erster Linie bei den alten Pflanzervölkern findet. Mit Recht weist er (S. 209 f.) auf den jägerischen Ursprung seiner protototemistischen Schicht hin, in der sich jene echten Mensch-Tier-Beziehungen finden, deren reiche, vielfältig modifizierte mythische und rituelle Ausgestaltung als untrügliches Kennzeichen des Entstehungsstadiums zu werten ist. Das, was wir in der Ethnologie im allgemeinen als Totemismus bezeichnen, ist ein Endprodukt, ein „survival“, aus der Zeit der viel innigeren Beziehungen des Menschen zum Tier in den Jägerkulturen reichlich sinnentleert in die Zeit des Ackerbaus übernommen. Die Benennung eines Clans nach einem Tier hat von allen totemistischen Völkern nur noch bei den Australiern eine tiefere Bedeutung und ist sonst meist nur ein Name, bestenfalls mit einer dazugehörigen Erzählung und einem Speiseverbot verbunden, sonst aber ganz unverbindlich für die Mitglieder der Gruppe. Der sogenannte Individual-Totemismus jedoch, der mit unserem Problem der exogamen Gruppen wiederum nichts zu tun hat, zeigt meistens eine innigere Verbindung mit den echten alten Mensch-Tier-Beziehungen der Jägerschicht.

Der eben behauptete Survival-Charakter des Totemismus bezieht sich nur auf den Tiernamen des Clans. Die Clan-Einrichtung selbst ist beileibe kein Survival. Das gilt nicht nur für die totemistischen, sondern für alle ähnlichen Gruppenbildungen. Sie sind von allergrößter Wichtigkeit innerhalb der Vorstellungswelt dieser Völker. Man kann geradezu von einem Denken in Clanen sprechen. Das ganze Leben des Einzelnen ist auf den Clan bezogen und es ist kaum eine Handlung denkbar, die nicht in irgendeiner Weise durch den Clan-Verband geregelt wird. Das gilt insbesondere für die Etappen des Lebensablaufes und damit auch für die Ehe. Diese ungeheure Wichtigkeit des Clans, der enorme Reichtum der verschiedenartigsten Gestaltungen und die Bezogenheiten der sozialen Einrichtung zu vielen anderen Bereichen des geistigen und religiösen Lebens tragen wiederum alle Merkmale der Echtheit und Ursprünglichkeit. Das spricht für die Annahme, daß die Herausbildung dieser sozialen Gruppierungen in diese selbe Kulturschicht verlegt werden muß, deren Träger von dem Denken im Clan so sehr beherrscht sind.

Will man diese soziale Erscheinung *verstehen*, so muß man etwas über ihre wichtigsten Merkmale, die Exogamie und die unilaterale Verwandtschaftsrechnung, aussagen können, wodurch auch uns das zunächst so fremdartige soziale Verhalten begreifbar wird. Es sei deshalb in aller Kürze ein Gedankengang angedeutet, der m. E. zum Verstehen der in Frage kommenden Phänomene beitragen kann: Exogamie und unilaterale Abstammung können sich aus dem Totemismus, d. h. aus den religiös gebundenen Mensch-Tier-Beziehungen überhaupt nicht entwickelt haben, weil dort nirgends ein Keim für eine solche Entwicklung vorhanden ist. Sie gehören zu den Dual-Systemen und den Clanen, also Sozial-Verbänden, mit denen sie stets vergesellschaftet auftreten. Es trifft deshalb überhaupt nicht einen wichtigen Punkt, wenn man totemistische von angeblich nicht-totemistischen Clanen unterscheidet, denn beide sind in allem Wesentlichen einander gleich.

Zum Clan-, ebenso wie zum Dual-System, gehört seinem ursprünglichen Sinne nach, daß die Mitglieder des Verbandes sich in direkter Abstammung auf eine göttliche Persönlichkeit zurückführen, die in der Urzeit den Clan begründete. Diese Gottheit ist zwar überwiegend anthropomorph, aber besitzt daneben auch fast immer Tiergestalt, was ein Rest aus echten totemistischen Erlebnissen sein oder auch eine andere Erklärung finden mag, die uns hier nicht interessiert. Ob nun in den mythischen Berichten des Clans dieser fast immer belegte theriomorphe Charakter des Begründers hervorgehoben wird oder nicht — und das wäre der einzige Unterschied zwischen totemistischen und nicht-totemistischen Clanen — hängt meist von Zufälligkeiten ab und ist jedenfalls bedeutungslos. Die geistige Haltung, die in der sozialen Bezugnahme auf einen Clan-Begründer zum Ausdruck kommt, ist wesensgleich mit der religiösen Haltung der meisten Naturvölker überhaupt. So wie der Kult eine Darstellung von göttlichen Urzeit-Taten ist, so ist auch in der sozialen Gruppierung eine Verbindung zwischen den lebenden Menschen und den Urzeit-Gottheiten hergestellt.

Wie kann es nun aus dieser geistigen Haltung zur Exogamie-Vorschrift und zur unilateralen Abstammungsrechnung gekommen sein? Sie sind mit unilateralen Clanen und Dual-Systemen verbunden. Diese beiden kommen oft miteinander vergesellschaftet vor. Für Nord-Amerika hat Olson (S. 405) gezeigt, daß beide zwar auch für sich allein bestehend, überwiegend aber in engster Verbindung miteinander vorkommen. Fragen wir aber nach einer sinnvollen Erklärung für die Exogamie, so wird der Blick in erster Linie auf die Dual-Systeme gelenkt. Die Einteilung eines Volkes in zwei exogame Klassen wird genau so wie bei den Clanen mit der Bezugnahme auf zwei entsprechende Urzeit-Gottheiten begründet, die oft die ersten Menschen bereits auf zweierlei Weise haben entstehen lassen. Als ein einziges Beispiel nenne ich nur die Timbira in Brasilien, die ihre beiden Klassen auf zwei Gottheiten zurückführen, die sie als Sonne und Mond bezeichnen. Nimuendaju hat uns die Bedeutung dieser Bezugnahme auf göttliche Gründer-Gestalten für das Zeremonialleben ausführlich beschrieben.

Das göttliche Paar bezeichnet fast stets polare Gegebenheiten der Wirklichkeit: Tag und Nacht, Himmel und Erde, rechts und links, oben und unten, rot und schwarz, flußaufwärts und flußabwärts, Mann und Frau (vgl. Studium Generale I. S. 38 ff.). Gelegentlich wird die gesamte natürliche Umwelt dieser polaren Einteilung entsprechend jeweils mit einer der beiden Stammeshälften in Verbindung gebracht. Polare Gegensätze sind es, die das Denken der Zweiklassen-Kultur beherrschen. Bei einigen Sioux-Stämmen werden die beiden Klassen unter anderem mit Himmel und Erde in Verbindung gebracht, wobei der Himmel männlich, die Erde weiblich gedacht wird. Für die Entstehung neuen Lebens auf Erden wird die Verbindung der beiden Kräfte ausdrücklich als notwendig bezeichnet, so wie das *erste* Leben auf die Vereinigung von Himmel und Erde zurückgeht (Haeckel S. 797, 801). Sinnvoller kann man die Exogamie nicht begründen: Sie versinnbildlicht die Vereinigung polarer Kräfte, wie es im Wesen der Pole liegt, getrennt zu sein, aber nach Vereinigung zu streben.

Nun ist die Exogamie-Vorschrift allerdings nicht auf die Zweiklassen beschränkt, sondern meistens ebenfalls mit den unilateralen Clanen verbunden, ohne daß sich dort eine ähnlich sinnvolle Erklärung finden ließe. Dies scheint sich mir am einfachsten dadurch zu erklären, daß sich die Clane durch nachträgliche Unterteilung aus den Stammeshälften entwickelt haben, eine Entwicklung, die sich gelegentlich auch tatsächlich aufweisen läßt. Ich folge dabei der von Olson (S. 405 ff.) ausgesprochenen Vermutung, daß den Zweiklassen gegenüber den Clanen wenigstens in Amerika die Priorität zukommt. Bekanntlich erklärt sich ja auch die eigentümliche Verwandtschaftsbezeichnung, die unter dem Namen Cross Cousin in die Literatur eingegangen ist, am sinnvollsten aus den Dual-Systemen, nicht aber aus den multiplen Clanen.

Was aber die unilaterale Abstammung anbetrifft, so ist sie eine ganz unvermeidliche Folge der exogamen Zweiklassen. Da Vater und Mutter stets den beiden entgegengesetzten Klassen angehören, muß das Kind zwangsläufig einer der beiden zugeordnet werden, also matri- oder patrilineare Zuordnung Gültigkeit haben. Wie bereits hervorgehoben, finden sich beide Lösungen innerhalb der gleichen

Kulturschicht. Welchen Grund könnte die uns fremd anmutende matrilineare Zuordnung gehabt haben? Vielleicht viele, darunter auch solche, die das Kind enger an die Mutter als an den Vater binden. Rein als Vermutung möchte ich die matrilokale Ehe für den wahrscheinlichsten Grund halten. Wie schon gesagt, halte ich sie für eine natürliche Form der Ehe, weil das heiratende Mädchen meist enger mit seiner Gruppe verbunden ist als der Mann. Siedeln aber die beiden Stammeshälften auch getrennt, was oft — besonders in Süd-Amerika — vorkommt, so drängt sich die engere Zugehörigkeit der Kinder zum mütterlichen Verband geradezu auf.

Das bisher Gesagte zusammenfassend stellen wir fest, daß wir in der Argumentation der Kulturkreislehre keinen hinreichenden Grund dafür anerkennen können, die der Idee nach zusammengehörigen sozialen Gruppierungen verschiedenen Kulturepochen zuzuordnen, — abgesehen davon, daß uns die Existenz der sogenannten totemistischen Kultur in ihrer bisherigen Zusammensetzung außerordentlich fragwürdig erscheint. Vielmehr sprechen entscheidende Argumente dafür, daß die Entstehung der starren sozialen Ordnungen mit exogamen Heiratsvorschriften und patri- oder matrilinearer Zuordnung der Kinder in die frühe Pflanzerkultur mit Clan- und Klassen-Organisationen zu verlegen ist, wobei die totemistischen Bezeichnungen als ein Survival aus den Mensch-Tier-Beziehungen der Jäger-Schicht anzusehen sind.

5.

Nun könnte zur Rettung des Mutterrechtes etwa folgendermaßen argumentiert werden: Die Tatsache, daß überhaupt die kognatische Deszendenz einmal entstanden ist, gleichgültig ob innerhalb einer Kultur ausschließlich oder neben der agnatischen, zeigt bereits, daß in dieser Kultur der Frau eine Bedeutung zuerkannt wurde, die in anderen Kulturen fehlt und daß somit also doch Spuren eines mutterrechtlichen Denkens festzustellen sind. Es ist deshalb nützlich, sich über die *Stellung der Frau* in den verschiedenen Kulturen Gedanken zu machen.

Noch bevor diese Kultur durch Gräbner (1904) zu einer mutterrechtlichen gestempelt wurde, hat sich *Heinrich Schurtz* (1902) mit einer wichtigen Erscheinung in dieser Kultur, nämlich den *Männerbünden*, beschäftigt. Er kam zu entgegengesetzten Ansichten und sah in dieser zentralen Erscheinung einen typischen Ausdruck des männlichen Wesens, das allein Träger höherer sozialer Einrichtungen zu werden berufen war, und wegen des familienfeindlichen Charakters dieser Institutionen zwangsläufig zu einer Zurückdrängung des weiblichen Elementes kam, da die Frau naturgegeben nur auf die Erhaltung und Vorrangstellung der Familie gerichtet sei. In der Tat könnte man gerade bei dieser mutterrechtlichen Kultur auf eine Reihe von Erscheinungen hinweisen, die die Stellung der Frau gerade hier als besonders zurückgedrängt und geradezu unterdrückt erscheinen läßt. Dazu gehört vor allem die scheinbar so bezeichnende Ausgeschlossenheit der Frau vom gesamten religiösen Leben, das doch das Denken jener Menschen in erster Linie beherrscht. Von den übergeordneten Geistern der Geheimbundzeremonien — man sollte sie ruhig Götter nennen, denn sie sind es — heißt es nicht selten, daß sie die Frauen nicht lieben und daß sich deshalb keine Frau ihren Kultplätzen nähern darf und daß keine Frau jemals die Kultgeräte — Masken oder Schwirrhölzer — sehen, geschweige an den Zeremonien teilhaben dürfe. Das Mutterrecht in dieser Kultur scheint also das Lebensrecht der Frau nicht gerade freundlich behandelt zu haben, und von irgendwelcher Vorherrschaft der Frau auf irgendwelchen Gebieten ist schon gar nichts festzustellen. Die Erklärung der Mutterrechts-Theorien, die Männerbünde seien sozusagen als Abwehr-Organisationen gegen das Übergewicht der Frau entstanden, entbehrt jeglicher Begründung in aufweisbaren Tatsachen. Die oft angeführten Beispiele aus Süd-Amerika sind ätiologisch-mythische Erklärungen, die die heutige Vorherrschaft der Männer im Kultleben mit einem umgekehrten Verhältnis in der Urzeit begründen — eine schon in der Form ganz sekundäre Kulturerscheinung.

Dem äußeren Anschein nach eignet dieser Kultur eine Vorrangstellung des Mannes, während für eine Vorherrschaft der Frau nur eine voreingenommene Theorie spricht, sonst aber nicht die leiseste Andeutung beizubringen ist. Die Frage muß jedoch viel grundsätzlicher gestellt werden. Wir sind sehr leicht geneigt, alles, was sich auf die Stellung der Geschlechter bezieht, in besonderem Maße durch die Brille unserer eigenen Kulturgebundenheit anzusehen. Gewisse Rechtsstellungen, die bei uns mit den beiden Geschlechtern verbunden sind, halten wir gerne für sozusagen naturrechtlich (vgl. Meuli S. 1101) und notieren jede Abweichung davon in anderen Kulturen als Skandal oder Kulturschande und plädieren dringend für das Eingreifen abendländischer Mächte, hauptsächlich zugunsten des schwachen Geschlechtes. Da überall in der Welt die Machtmittel des öffentlichen Lebens in Händen der Männer sind, und da überall, wo es Macht gibt, auch der Mißbrauch der Macht vorkommt, so gibt es natürlich auch auf diesem Gebiet mißbräuchliche Unterdrückung, die tatsächlich verurteilenswert ist. Das ist jedoch kein Gegenstand für eine menschheitsgeschichtliche Kulturbetrachtung. Diese aber muß als wichtigsten Tatbestand feststellen, daß die verschiedene Lebensordnung der Geschlechter so alt ist wie die Menschheit. Wir kennen keinen kulturellen Zustand auf der Erde, in dem sich nicht der Ablauf des Lebens der beiden Geschlechter wenigstens in einigen und oft recht entscheidenden Angelegenheiten unterschiedlich vollzieht. Muß diese Verschiedenheit unter dem Gesichtspunkt der Vorherrschaft des einen oder andern Geschlechtes betrachtet werden? Muß nicht vielmehr diese Unterschiedlichkeit durch die tatsächliche naturgegebene Verschiedenheit der Geschlechter erklärt werden?

Die zweite Frage setzt voraus, daß wir das eigentliche *Wesen der Geschlechter* in seiner Unterschiedlichkeit kennen; erst dann könnten wir versuchen, diese Kenntnis für die Beurteilung der verschiedenen Rechtsstellung der Geschlechter im Ablauf der Menschheitsgeschichte nutzbar zu machen. Damit befinden wir uns in einem der umstrittensten Gebiete der Geistesgeschichte. Zwar weiß jeder, daß dieser Unterschied tatsächlich naturgegeben ist; sobald ihm aber eines jener zahllosen Denkergebnisse unterbreitet wird, die das Wesen der Geschlechter durch allgemein gültige Merkmale festlegen wollen, so wehrt sich alles in ihm dagegen und es fallen ihm genügend Beispiele ein, auf die jene Merkmale nicht anwendbar sind. Es wird deshalb verständlich sein, wenn hier darauf verzichtet wird, eine neue Reihe solcher Merkmale aufzustellen, die doch nur das Schicksal ihrer Vorgänger haben könnte.

Aber die Frage läßt sich gerade für diesen Gedankengang viel konkreter stellen. Wir können uns auf die Betrachtung der hinter uns liegenden kulturgeschichtlichen Vergangenheit beschränken und umgekehrt danach fragen, was die Rechtsstellung der Geschlechter in bestimmten Kulturen darüber aussagt, wie die Träger dieser Kulturen über Wesen und Verschiedenheit der Geschlechter gedacht haben. Hier drängt sich als wichtigstes das Verhältnis der Geschlechter zum sogenannten *öffentlichen Leben* auf. Es wurde schon erwähnt, daß es nirgends auf der Erde Verhältnisse gibt, wie sie uns in den romantischen Schilderungen über mutterrechtliche Zustände ausgemalt wurden. Das, was wir die politische Führung nennen, ist überall eine männliche Aufgabe, auch in den Clanverbänden mit Mutterfolge. Wo dem Vater gewisse Rechte an den Kindern bestritten werden, da hat diese nicht etwa die Mutter in Händen, sondern der mütterliche Onkel als Vertreter des Clans, dem die Kinder angehören, also wiederum ein Mann. Das bedeutet keineswegs eine Rechtlosigkeit der Frau in öffentlichen Angelegenheiten; wir kennen genügend Beispiele dafür, daß für eine Interessen-Vertretung der Frau hinreichend gesorgt ist. Abgesehen von der in allen Gesellschaftsordnungen gegebenen Möglichkeit einer sozusagen inoffiziellen Einwirkung auf den Mann gibt es auch bei Naturvölkern die verschiedensten Formen und Grade einer kulturell gestalteten Einflußnahme der Frauen. Am krassesten zeigt sie sich wohl bei den nordamerikanischen Irokesen, wo die Frauen Haus und Land besitzen, auf Heiraten und selbst auf Krieg und Frieden entscheidenden Einfluß ausüben. Für den Häuptlingsrat ernennen sie einen Kandidaten, gehören aber nicht selbst zu diesem Rat. Bei genauerer Betrachtung erscheinen alle solche Formen keineswegs unnatürlich oder besonders fremdartig. Vor allem ändern sie keineswegs die Tatsache, daß im allgemeinen die Frau an diesen sogenannten öffentlichen Angelegenheiten kein hinreichendes Interesse hat. Bestände das Menschengeschlecht nur aus Frauen, so gäbe es die ganzen öffentlichen Angelegenheiten wahrscheinlich überhaupt nicht. (Es würde übrigens auch vieles andere nicht geben, beispielsweise die Uhr als Zeitmesser, da das Zeiterlebnis der Frau niemals zur Erfindung der Uhr drängen würde.) Die menschliche Welt wäre anders, aber es wäre voreilig, zu behaupten, daß sie unbedingt schlechter wäre. Die öffentlichen Angelegenheiten entspringen einem für das Wesen des Mannes charakteristischen Betätigungsdrang und seinem ebenso charakteristischen Hang zu dem, was der Engländer „hobby" nennt. Die Betätigungen des Mannes auf diesem Gebiet tragen, wenn auch oft mit dem Deckmantel praktischer Notwendigkeit umkleidet, alle Merkmale zweckfreien Spiels, unter denen das der Spannungsgeladenheit uns von wesentlicher Bedeutung zu sein scheint. Daneben leistet der Mann natürlich auch Arbeit, die aus wirtschaftlicher Vernunft geboren ist, bei Naturvölkern besonders solche, die seinen größeren Körperkräften entspricht (z. B. beim Brandrodungsbau die schwerere Rodungsarbeit). Doch wird die organisierende Tätigkeit des Mannes diesen rein nützlichen Verrichtungen gegenüber immer, vor allem von ihm selbst, als die eigentlich wichtige und dem Manne gebührende empfunden, und tatsächlich entfaltet sich in ihr männliches Wesen am unverfälschtesten. Den Betätigungen hingegen, bei denen die Frau in ihrem Element ist, fehlt meistens gerade das Moment der Spannungsgeladenheit. Sie bewährt sich im allgemeinen viel mehr als der Mann bei Tätigkeiten, die Stetigkeit und Sorgfalt erfordern und meist sehr unauffällig sind.

Viele Reisende haben sich darüber entsetzt, in wie hohem Maße bei vielen Naturvölkern die Last der alltäglichen Arbeit auf der Frau ruht, und daß die Männer einen großen Teil ihrer Zeit mit Palavern,

d. h. mit der Organisierung des öffentlichen Lebens zubringen. Man mache sich aber einmal die Mühe zu untersuchen, wie die Arbeitsteilung in unserer abendländischen Kultur unter diesem Gesichtspunkt geregelt ist, und man wird feststellen müssen, daß es damit bei uns nicht viel anders steht. Nicht nur, daß besonders alles Mühsame der Kleinarbeit im alltäglichen Leben fast ausschließlich von der Frau getragen wird, — auch die sogenannte Berufsarbeit der Männer ist zum Teil organisatorischer Art und erinnert im Grunde sehr an die Palaver eines Eingeborenen-Volkes, wodurch keineswegs ein herabsetzendes Urteil über diese Tätigkeit ausgesprochen werden soll, denn diese Palaver verdienen die gleiche ernste Würdigung wie andere männliche Tätigkeiten, die natürlich auch in unserer Kultur — ebenso wie bei den Naturvölkern — oft in schwerer körperlicher Arbeit bestehen.

Man könnte dem entgegenhalten, daß seit einigen Jahrzehnten eine grundsätzliche Wandlung eingetreten sei. Die Frau ist nicht nur in fast allen Berufen vertreten, wir haben auch weibliche Parlamentarier und weibliche Minister. Es ist möglich, daß sich damit eine Wandlung des Verhältnisses des weiblichen Geschlechtes zum öffentlichen Leben ankündigt, durch die sich die neueste Zeit von der gesamten bisherigen Menschheitsgeschichte unterscheiden würde. Es ist jedoch ebensogut möglich, daß das nur dem äußeren Scheine nach so ist und daß eine spätere Zeit die uralten Gesetzlichkeiten auch in dieser Erscheinung unverändert gültig findet. Das läßt sich vorläufig nicht übersehen. Bisher ist die Frau lediglich nachahmend in Positionen des Mannes eingetreten, an deren Entstehung sie nicht beteiligt ist. Es bliebe abzuwarten, ob Veränderungen darin vor sich gehen, die als Kulturwandel anzusehen wären, oder ob neue Gestaltungen entstehen, die vielleicht ein ganz anderes Gepräge — möglicherweise das einer weiblichen Form des öffentlichen Lebens — tragen würden.

Daß im übrigen die Vorrangstellung des Mannes im öffentlichen Leben keine allgemeine Vorherrschaft des männlichen Geschlechts und eine Zurückdrängung oder Unterdrückung des weiblichen bedeutet, dafür gibt es viele Belege. Die hervorgehobene Stellung bestimmter Königinnen oder die priesterliche Funktion, die oft von Frauen ausgeübt wird, zeigen dies besonders deutlich, dürfen aber auch nicht im entgegengesetzten Sinne gedeutet werden, als zeige sich darin eine Vorherrschaft der Frau im öffentlichen Leben; denn die Königin hat immer männliche Berater und die Priesterin männliche Beigeordnete, die für die jeweils zu treffenden „Entscheidungen“ meist ausschlaggebender sind als die hervorgehobenen Frauen. Es sind eben gar keine *Machtfragen*, die hier zur Debatte stehen, sondern *Wesensfragen*. Das schönste Beispiel hierfür ist wohl die Stellung hervorgehobener Frauen in den altafrikanischen Königreichen vom Typ der durch *Pogge* berühmt gewordenen Lukokescha des Lunda-Reiches, die als „Mutter der Könige“ und als Schwester des Königs eine religiös fundierte Bedeutung hat und aus diesen Staatswesen gar nicht wegzudenken ist. Die „mutterrechtlichen“ Züge dieser viel späteren Kultur berühren sich zeitlich schon annähernd mit der alt-mediterranen Schicht Bachofens. Die diesen mutterrechtlichen Zügen zugrundeliegenden mythischen Erkenntnisse, die das Wesen des zeugenden und des gebärenden Geschlechtes zu erfassen bemüht sind, gehen schon in jene altertümliche Pflanzerschicht zurück. Denn auch die so außerordentlich männlich anmutenden Kulte der Geheimbünde in den sogenannten mutterrechtlichen Kulturen schließen zwar das Gros der Frauen von ihren Zeremonien aus und stellen doch nicht selten eine einzelne alte oder junge Frau als eine sehr hervorgehobene Gestalt in den Mittelpunkt des Kultes. Das legt die Vermutung nahe, daß die wichtigtuerische Geheimhaltung vor den Frauen aus ganz andern Quellen stammt und nicht eine machtmäßige Ausschaltung des weiblichen Geschlechtes vom religiösen Leben ist, wie ich an anderer Stelle (1948) wenigstens angedeutet habe (S. 172 ff.).

An dieser Stelle müßte wenigstens mit einigen Worten eine Erscheinung erwähnt werden, die oft im Zusammenhang mit der Frage des Mutterrechts behandelt wird. Es ist die Gestalt einer überragenden weiblichen Gottheit, die als *Große Mutter* oder als *Mutter-Göttin* meist für eine sehr frühe Zeit angenommen wird und deren Verehrung etwas zu selbstverständlich mit mutterrechtlichen Zuständen in Verbindung gebracht wird. Tatsächlich ist eine Göttin mit sehr hervorgehobener Bedeutung charakteristisch für jene Kulturschicht der frühen Pflanzer, die wir hier vorwiegend behandelt haben. Durchaus nicht einzusehen ist aber, daß die Verehrung einer weiblichen Gottheit mit einer sozialen Vorrangstellung des weiblichen Geschlechtes Hand in Hand gehen müsse. Eine Verehrung des Jesusknaben in der Krippe ist schließlich auch nicht mit einer Vorherrschaft des Kleinkindes verbunden und die Verehrung von tiergestaltigen Göttern ist ganz sicher nicht von einer Beherrschung des Menschen durch jenes Tier begleitet gewesen. Die Gestalt einer Gottheit ist gewiß von größter Wichtigkeit für die Beurteilung des religiösen Lebens. Man kann aber nicht von ihr auf die soziale Struktur der sie verehrenden Menschheit schließen.

Die Gestalt der Großen Mutter ist für die Beurteilung dieser Kulturschicht von größter Wichtigkeit. Eine Beschäftigung mit ihr würde aber den hier gesetzten Rahmen sprengen und fordert eine eigene Behandlung. Nur so viel sei hier angedeutet, daß die Bezeichnung „Mutter-Göttin" mindestens problematisch ist. Mag sie für spätere Hochkulturen zutreffend sein, so muß doch für diese ältere und darum im Hinblick auf jene Gottheit ursprünglichere Schicht hervorgehoben werden, daß das Mütterliche im Schicksal dieser Göttin mythisch nicht im Vordergrunde steht. Die Gestalt der verehrten Stammes-Mutter zeigt zwar deutlich diesen mütterlichen Aspekt; überwiegend aber handelt es sich bei der weiblichen Gottheit der alten Pflanzer-Völker um eine Jungfrau, ein göttliches Mädchen, dessen Beziehungen zum Tode und zum Totenreich (sie ist die Herrscherin im Totenreich) in erster Linie beachtet wurden. Neben ihr, oder auch an ihrer Stelle steht die alte Frau, die, ebenfalls ohne besondere Beziehung zum Mütterlichen, oft bösartigen Charakter hat und die man als die „alte Hexe" oder als die todesreife alte Frau bezeichnen könnte. Jedoch soll die besondere Stellung dieser weiblichen Gottheit hier nicht behandelt werden, da es für unseren Gedankengang genügt, festgestellt zu haben, daß es unberechtigt ist, sie mit den sozialen Verhältnissen einer Kultur in Zusammenhang zu bringen. Kulturgeschichtlich mag es noch von Interesse sein, daß es sich meiner festen Überzeugung nach aufzeigen läßt, daß die hervorgehobene Stellung der Königin-Mutter oder -Schwester in den hohen Staatsbildungen der Naturvölker historisch auf jene weibliche Gottheit und ihre kultische Vergegenwärtigung in den Zeremonien der Geheimbünde zurückzuführen ist, daß sie mit ihren Wurzeln also in die alte Pflanzerschicht zurückreicht; denn die mythischen Bezogenheiten sind in beiden Fällen weitgehend ähnlich. Nur nebenbei sei erwähnt, daß beispielsweise die oben erwähnte Lukokescha des Lunda-Reiches trotz ihres Titels „Mutter der Könige" ein junges Mädchen ist — ganz ähnlich wie bei einem Volk der alten Pflanzerschicht, den Marind-anim in Holländisch Neu-Guinea, die beherrschende weibliche Figur im Majo-Geheimkult als „Frau des Majo" bezeichnet und kultisch durch ein junges, heiratsfähiges Mädchen dargestellt wird (Wirz II, S. 62).

Zeigt sich in diesen Bereichen des sozialen Lebens schon in den mythischen Begründungen, die für die Beurteilung von Wesensfragen in den kulturellen Gestaltungen gar nicht wichtig genug genommen werden können, daß die relative Unbeteiligtheit der Frau am öffentlichen Leben nicht als eine Vorherrschaft des Mannes gedeutet werden darf, so scheint mir auch *die wirtschaftliche Arbeitsteilung* aus dem Wesen der beiden Geschlechter abgeleitet zu sein. Am auffälligsten an dieser Arbeitsteilung der Geschlechter in den Frühzeiten der menschlichen Kultur ist die enge Verbindung der Frau mit der Pflanze und des Mannes mit dem Tier. Schon in den ältesten Formen ist der Mann Jäger, während die Frau überwiegend pflanzliche Nahrung sammelt. Das ist zwar auch — wie oben beschrieben — in der Art der Tätigkeit unterschieden, insofern als das Pflanzensammeln eine mehr mühsame, gleichbleibende und alltägliche Arbeit, das Jagen aber viel stärker eine organisatorische, mit Spannung geladene und deshalb nicht alltägliche Arbeit ist. Auch in den Viehzüchterkulturen ist die Bindung zwischen Mann und Vieh eine ungleich stärkere, geradezu elementare, während in den Pflanzerkulturen die Tätigkeit der Frau ganz in den Vordergrund rückt, mindestens in *der* Form, daß bestimmte Arbeiten — wie Säen und Ernten — oft nur von Frauen ausgeführt werden dürfen, immer mit Begründungen, die auf eine wesensmäßige, elementarere Bindung des weiblichen Geschlechtes an die Pflanze hinauskommen. In den Mythen der Pflanzervölker sind die Nutzpflanzen vielfach durch Verwandlung aus den Körperteilen einer getöteten weiblichen Gottheit hervorgegangen, eben jener Göttin, die wir erwähnt haben, deren Schicksal aber hier nicht im einzelnen behandelt werden soll. Echte Mythen offenbaren meist eine tiefe Erkenntnis des Wesens der Wirklichkeit, über das sie oft auch auf solchen Gebieten sinnvolle Aussagen machen, die sich der wissenschaftlichen Erkenntnis bisher völlig verschlossen haben. Wir können zwar nicht mit Sicherheit wissen, ob diese Beziehungen zwischen Frau und Pflanze, zwischen Mann und Tier, auf denen das Schwergewicht der wirtschaftlichen Arbeitsteilung in den Frühkulturen liegt, gewissermaßen ein kulturell gebundenes Vorurteil sind, deren eigentliche Wurzel auf ganz anderem Gebiet zu suchen wären, von wo sie — wie so oft in der Kulturgeschichte — unberechtigt auf ein sekundäres Feld übertragen worden sind. Doch will mir scheinen, daß wir es hier nicht mit solchen sekundären Ableitungen zu tun haben, sondern mit ganz primären Wesenserkenntnissen. Eine Art Bestätigung hierfür möchte ich übrigens in einem eigentümlichen Faktum sehen, das mir in den letzten Hungerjahren auffiel, als wir ausschließlich auf pflanzliche Nahrung angewiesen waren. Mag das auch bei beiden Geschlechtern ernstliche Schädigungen hervorgerufen haben, nach meinem laienhaften Eindruck haben es im allgemeinen die Frauen besser überstanden als die Männer. Vielleicht gibt es dafür, — wenn es überhaupt richtig ist — noch andere Erklärungen; am einleuchtendsten scheint mir die ins Körperliche reichende engere Verbindung zwischen weiblichem Geschlecht und Pflanze, während entsprechend der engeren Verbindung des männlichen Geschlechts zum Tier das Fehlen der tierischen Kost dem männlichen Körper viel auffälliger schadete.

Hier ist der richtige Ort, eine bedingte Zustimmung zur mutterrechtlichen Theorie auszudrücken. Wenn es richtig ist, daß die innigere Verbindung des weiblichen Geschlechtes zur Pflanze schon in den ältesten Kulturen erkannt und beachtet worden ist, so mußte eine im stärksten Maße zur Pflanze hingewandte Kultur wie die der ältesten Feldbauern auch diesen besonderen Wesenszug des Weiblichen in hervorgehobener Weise beachten. Sie hat sicherlich das Göttliche nicht ausschließlich in diesen weiblichen Aspekten gesehen — Tod und Zeugung sind beispielsweise weit mehr beachtet worden und damit auch gerade die zeugende männliche Kraft — aber sie hat ihm sicherlich einen wichtigeren Platz eingeräumt als andere, stärker dem Tier verbundene Kulturen. Mit Mutterrecht als einem gesellschaftlichen Zustand hat diese Besonderheit der pflanzerischen Kultur allerdings so gut wie nichts zu tun.

Gerade mit der jägerischen Beschäftigung des Mannes in den ältesten Wirtschaftsformen hängt noch ein anderes Merkmal zusammen, das ebenfalls in den frühen kulturellen Gestaltungen einen Grenzstein zwischen den Geschlechtern aufrichtet. Es ist das *Töten der Jagdtiere*. Sowohl dies wie das Töten überhaupt, besonders in Kriegs- und Kopfjagdzügen, sind männliche Betätigungen, was auch uns von unserer Kulturgebundenheit aus im allgemeinen verständlich erscheint. Hat sich das zufällig ergeben, ist es eine natürliche Gegebenheit banaler Art oder hängt es zuletzt mit dem Wesen der Geschlechter zusammen? Die Mythen der Naturvölker wollen es in letzterem Sinne verstanden wissen. Dort wird die Wirklichkeit wiederum in Polaritäten aufgefaßt und der männlichen Aufgabe des Tötens wird die weibliche des Gebärens und erstaunlicherweise auch des Getötetwerdens gegenübergestellt. Dem Töten wird das Zeugen gleichgestellt und dem Begattet-werden das Getötet-werden. Daß auch diese mythische Gestaltung als eine erkenntnismäßige Aussage über das Wesen der Wirklichkeit anzusehen ist, habe ich an anderer Stelle ausgeführt.

———

Hier sollten nur einige Beispiele aufgeführt werden, um die Frage nach der Stellung der Geschlechter von den Begriffen der Macht und der Vorherrschaft hinweg und zur Frage nach dem Wesen der Geschlechter hinzuführen, aus dessen Erkenntnis allein ein Verständnis für die entsprechenden Kulturerscheinungen zu erwarten ist. Das führt uns abschließend zurück zu der Überschrift dieses Aufsatzes und zu den beiden am Anfang wiedergegebenen Sätzen von K. Meuli. Wenn wir mit Meuli bereit sind, Bachofens Entdeckung des Mutterrechts als eine bleibende Erkenntnis anzusehen, so nur in dem Sinne, daß Bachofen trotz des damals noch mangelhaft bekannten ethnologischen Materials mit der ihn in so hohem Maße auszeichnenden Hellhörigkeit für andersartige Kulturzustände richtig erkannt hat, daß entgegen der zu seiner Zeit tief verwurzelten Auffassung die agnatische Deszendenz keineswegs die selbstverständliche und einzig mögliche Lösung in der Frage nach der Zuordnung der Kinder ist und daß in früheren Kulturen entgegengesetzte Lösungen auch tatsächlich verwirklicht worden sind. Nicht die Vorrangstellung des Vaters ist naturrechtlich, vielmehr hat die Natur zwei verschiedengeschlechtliche Elternteile in Beziehung zum Kinde gesetzt und beide haben naturrechtliche Bindungen zu ihm. Wie diese gestaltet werden, das ist sicherlich kulturgebunden, abhängig von dem Standort der Kultur und dem Aspekt der Welt, der sich ihr von dort aus bietet. Aber solche Gestaltungen sind nicht willkürlich; sie können immer nur von dem ewig gleichbleibenden Wesen der Dinge ausgehen. Darum kamen wir zu einer Ablehnung des zweiten Satzes von Meuli, daß die Entdeckung einer mutterrechtlichen Kultur sich bewährt habe. Es ist nicht unwichtig hervorzuheben, daß ebenso wie Meuli auch jeder andere Gelehrte, der nicht Ethnologe, aber mit der ethnologischen Literatur im wesentlichen vertraut ist, zu dieser Annahme kommen muß. Um so dringlicher erschien es uns, eine andere Auffassung von den bisher erarbeiteten Materialzusammenhängen vorzulegen. Die romantischen Schilderungen, die auch von der modernen Ethnologie immer noch wiederholt werden, als sei das Merkmal der Mutterfolge ein Zeichen für ein wirtschaftliches oder politisches Übergewicht der Frau, entbehren jeglicher tatsächlichen Grundlage. Darüber hinaus spricht auch nichts dafür, daß das Wesen der Frau jemals zur Verwirklichung solcher sozialen Zustände gedrängt habe.

Das alles konnte nicht dargelegt werden ohne eine kritische Auseinandersetzung mit den Argumenten jener neueren Ethnologen, die sich in dem entscheidenden Punkt, nämlich dem angeblichen Vorhandensein eines mutterrechtlichen Kultur-Kreises letzten Endes auf Bachofen stützen. Das führte uns zu einer völligen Ablehnung der sogenannten totemistischen Kultur, weil der Totemismus als soziale Erscheinung — nicht die von Baumann mit sehr viel Recht aufgestellte prototemistische Schicht der Jäger — in dieselbe Zeit zu verlegen ist wie die anderen Clan- und Klassen-Organisationen, nämlich in die Kulturschicht der frühen Pflanzer. Vor allem aber sind diese sozialen Gruppenbildungen ihrer Idee nach gar nicht voneinander zu trennen, da sie gleichermaßen das Individuum an einen übergeordneten Clan binden, dem die gesamte Führung des Lebens obliegt. Nicht die Gestaltung einer mutterrechtlichen Ordnung war das vorherrschende Anliegen der Träger dieser Kultur, sondern die Entdeckung und kulturelle Gestaltung der Lebensprinzipien — insbesondere die Sterblichkeit, Fortpflanzungsfähigkeit und Nahrungsbedürftigkeit des Menschen — stehen im Mittelpunkt ihrer Vorstellungen. Die Erkenntnis, daß das Wesen des Lebens nach Tod und Fortzeugung drängt, beherrschte ihr ganzes kulturell gebundenes Handeln und mußte ihre Aufmerksamkeit auf die spannungsgeladene Verschiedenheit und auf die Zueinander-Gehörigkeit der beiden Geschlechter lenken. Das führte zu einem Denken in Polaritäten und zu einer alles durchziehenden Zweiteilung der Welt. Das religiös gebundene sittliche Bewußtsein stellte von jeher an die Menschen die Forderung, ihre Lebensordnung der göttlichen Weltordnung anzugleichen. So kam es zu einer Angleichung der menschlichen Sozialordnung an die erkannte Polarität der Wirklichkeit. Hierin möchte ich — wenigstens als Vermutung — den kulturgeschichtlichen Hintergrund für die Entstehung der exogamen Klassen- und Clanordnungen sehen. Denn die Exogamie als die eigentliche Grundlage von Vater- und Mutterfolge braucht gar nicht gedeutet zu werden; sie ist in sich selbst der Ausdruck für eine solche Spannung zwischen den sozialen Gruppen wie sie mit jeder Trennung verbunden ist, die nach Vereinigung strebt. Daß die Exogamie-Vorschrift den Zweck der Vermeidung von Blutschande-Ehen gehabt haben soll, ist gar nicht einzusehen; denn das Verbot der Geschwisterehe kann nicht zur Entstehung verschiedener exogamer Clane führen. Auf der andern Seite verhindert diese Exogamie keineswegs die Ehen zwischen nächsten Blutsverwandten, da die Heirat mit Vettern und Basen ersten Grades gestattet ist, sofern die Partner verschiedenen Clanen angehören. Wohl aber verhindert sie die Ehemöglichkeit mit nicht-blutsverwandten Angehörigen des gleichen Clans. Die Exogamie und die Clanverbände, auf die sie sich bezieht, können nicht einem solchen lediglich auf die Erreichung eines Zweckes gerichteten linearen Denkschema entsprungen sein. Dazu sind sie viel zu tief in den Vorstellungen jener Völker verankert und mit anderen Auffassungen vom Wesen der Wirklichkeit durch zahllose — hauptsächlich mythisch-religiöse — Fäden verknüpft, so daß man angemessenerweise von einem Denken in Clan-Verbänden sprechen kann. Die Mutterfolge aber ist nicht mehr als ein Gegenstück zu dem ebenso unwichtigen Element der Vaterfolge und bringt fast keine weiteren Verbindlichkeiten für die Menschen mit sich, — ebensowenig wie die totemistischen Tiernamen der Clane, die lediglich ein Relikt aus älteren Kulturschichten sind, in denen sie mit einer lebendigen Fülle zahlreicher Mensch-Tier-Beziehungen verbunden waren.

Nichts hindert uns anzunehmen, daß einige grundlegende Beziehungen im Verhältnis der Geschlechter durch die ganze Menschheitsgeschichte hindurch immer aufs neue gestaltet worden sind, verschiedenartig in ihrem jeweiligen kulturgeschichtlichen Gewande, aber niemals willkürlich und ohne Verwurzelung in der natürlichen Gegebenheit. Hierzu möchte ich vor allem den gleichberechtigten Anspruch beider Elternteile an die Kinder und die im Wesen der Geschlechter begründeten Verschiedenheiten in den Tätigkeitsbereichen rechnen. In der Arbeitsteilung schon der ältesten Jäger- und Sammler-Kulturen vermuteten wir demnach nicht eine zufällige Erscheinung, sondern die kulturelle Ausgestaltung einer Erkenntnis vom Wesen der Geschlechter in ihren Beziehungen zu Tier und Pflanze. Die von den Naturvölkern mythisch behauptete und uns rational schwer begreifliche Verbindung zwischen weiblichem Geschlecht und Pflanze ist die allein noch verbleibende Grundlage für ein sogenanntes Mutterrecht in der frühen Pflanzerkultur, zwar nicht in der Form einer Vorrangstellung der Frau, aber in der betonten Beachtung dieses mythisch und kultisch gleich wichtig genommenen Phänomens.

*Literatur-Verzeichnis.*

Ankermann, Bernhard — Kulturkreise und Kulturschichten in Afrika. In: Zeitschrift f. Ethnologie Bd. 37, 1905, S. 54—88.

Bachofen s. Meuli

Baumann, Hermann — Afrikanische Wild- und Buschgeister. In: Festschrift Bernhard Ankermann, Berlin 1939, S. 208—239.

Id. — Vaterrecht und Mutterrecht in Afrika. In: Zeitschrift für Ethnologie 1926, S. 62—161.

Brauer, Erich — Züge aus der Religion der Herero. Leipzig 1925.

Frobenius, Leo — Der Ursprung der afrikanischen Kulturen. Berlin 1898.

Gräbner, F. — Kulturkreise und Kulturschichten in Ozeanien. In: Zeitschrift f. Ethnologie, Bd. 37, 1905, S. 28—53.

Haeckel, Josef — Totemismus und Zweiklassensystem bei den Sioux-Indianern. Anthropos XXXII, 1937.

Heine-Geldern, Robert v. — Mutterrecht und Kopfjagd im westlichen Hinterindien. In: Mitteilungen. d. Anthropol. Ges. i. Wien, Bd. 51, 1921, S. 105—140.

Jensen, Ad. E. — Das religiöse Weltbild einer frühen Kultur. Stuttgart 1948.

Kirchhoff, Paul — Die Verwandtschaftsorganisation der Urwaldstämme Südamerikas. Z. f. Ethnologie LXIII, 1931, S. 85 bis 193.

Meuli, K. — Nachwort zu J. J. Bachofen, Gesammelte Werke. Basel 1948.

Mühlmann, W. E. — Geschichtliche Bedingungen, Methoden und Aufgaben der Völkerkunde. In: K. Th. Preuss, Lehrbuch der Völkerkunde 2. Aufl. Stuttgart 1939.

Nimuendaju, Kurt — The Apinayé. The Catholic University of America. Anthropological Series Nr. 8. Washington 1939.
Olson, Ronald L. — Clan and Moiety in Native America. Berkeley, California 1933.
Pogge, Paul — Im Reiche des Muata Jamwo. Berlin 1880.
Schmidt, P. Wilhelm — Kulturkreise und Kulturschichten in Südamerika. In: Zeitschrift f. Ethnologie 1913, S. 1014—1130.
Schurtz, Heinrich — Altersklassen und Männerbünde. Eine Darstellung der Grundformen der Gesellschaft. Berlin 1902.
Wirz, Paul — Die Marind-anim. Hamburg 1922.

*(Professor Dr. Adolf Ellegard Jensen, (16) Frankfurt a. M., Myliusstr. 29)*

# Die Sexualität im Jugendalter.

Von

UDO UNDEUTSCH.

Wenn man sich einmal in den Wissenschaften vom Menschen daran gewöhnt hat, zwischen den — im Hinblick auf ihre Bedeutung für sein Wesen — höchstwertigen und darum wesentlichen Funktionen einerseits und den — im Hinblick auf seine Erhaltung und Fortpflanzung — (lebens-) wichtigsten Funktionen des Menschen andererseits zu unterscheiden, wird man nicht in den beliebten Fehler verfallen können, die *Sexualität* als eine seiner wesentlichsten Funktionen zu bezeichnen, wohingegen man sie mit unbezweifelbarer Berechtigung als eine seiner *wichtigsten* Funktionen ansprechen darf und muß.

Es ist in der Natur des biologischen Entwicklungsvorganges gelegen, daß in seinem Verlauf bald diese, bald jene Funktion des Organismus stärker oder auch einmal das Gesamtbild einer ganzen Phase bestimmend hervortritt. Wie allgemein bekannt, ist *das Jugendalter die Hauptentwicklungszeit der Geschlechtlichkeit* („Reifungszeit"). In keinem anderen Entwicklungsabschnitt tritt die Sexualität derart stark in Erscheinung. So gehört sie geradezu zum Wesen dieses Entwicklungsabschnitts, und jede Behandlung des Jugendalters, in der die geschlechtliche Entwicklung nicht gebührend berücksichtigt wird, ist daher wesentlich unvollständig.

Dementsprechend ist das Gebiet der geschlechtlichen Entwicklung wohl auch in jeder Darstellung des Jugendalters irgendwie mitbehandelt worden. Nur fehlte es bisher, wie für das Gesamtgebiet des menschlichen Geschlechtslebens überhaupt, so für das Teilgebiet der jugendlichen Sexualität im besonderen, an einer auch nur einigermaßen ausreichenden Kenntnis der Tatsachen. Erstmals haben wir diesbezüglich sicheren Boden unter den Füßen seit den epochemachenden Untersuchungen von Alfred *C. Kinsey* und seinen Mitarbeitern. Ein erster Teil ihrer Ergebnisse ist in dem 1948 erschienenen Forschungsbericht über „Die geschlechtliche Betätigung des Mannes" veröffentlicht. An vielen Stellen dieses rund 800 Seiten (8°) starken Bandes sind auch Angaben über die Sexualität im Jugendalter zu finden. Wie nicht anders zu erwarten, hat dieser erste Ansatz zu einer groß angelegten, empirisch-statistischen Erforschung der menschlichen Sexualität den Gegenstand nur erst in verhältnismäßig groben Zügen, allzusehr unter dem Außenaspekt zu fassen bekommen. Trotz dieser Unvollkommenheiten und wesentlichen Unvollständigkeit der gegenwärtig verfügbaren Forschungsergebnisse ist es ein unabweisbares Gebot, auf einem Gebiet, das bisher so sehr Tummelplatz stickiger Vorurteile, phantastischer Theorien, unbegründeter Verallgemeinerungen, unwissenschaftlicher weltanschaulicher Auseinandersetzungen gewesen ist, zuerst einmal die gerade in neuester Zeit sichergestellten Tatsachen auszubreiten. Will man solcherweise strikte auf dem Boden des empirisch gesicherten Wissensbestandes bleiben, so ist bei dem derzeitigen Stand der Forschung eine vorläufige Einseitigkeit unvermeidbar. Unvermeidlich ist an dieser Stelle auch die konsequente Beschränkung der folgenden Ausführungen auf die Sexualität als solche, wobei unberücksichtigt bleiben müssen ihre vielerlei Verflechtungen mit (allen) anderen seelischen Bereichen, insbesondere auch mit den gerade im Jugendalter so bedeutsamen — zu den sexuellen geradezu gegensätzlichen und gegengewichtigen — Erlebnisweisen der Erotik (*F. Sander* 1933, S. 10 ff., sowie neuestens *A. Wellek* 1950[1] in einem „Exkurs über Sexualität und Erotik").

Da die folgende Darstellung zwar bei weitem nicht ausschließlich, aber doch zu einem erheblichen Teil bezüglich der statistischen Unterlagen auf die von K. und seinen Mitarbeitern gewonnenen Ergebnisse angewiesen ist, möge in aller Kürze das Wichtigste über die von ihm angewandte Methode mitgeteilt werden.

[1] Das Manuskript dieses ideenreichen Buches ist mir erst nach Fertigstellung dieses Artikels zugänglich gewesen; andernfalls würde sich an mehreren Stellen die Gelegenheit ergeben haben, auf die dort vorgetragenen sehr anregenden Gedankengänge zu verweisen.

K., heute 55 Jahre alt, ist Professor der Zoologie an der Indiana-Universität (USA). Von seinem empirisch-biologischen Arbeitsgebiet brachte er sowohl die vorurteilsfreie, rein sachliche Einstellung seinem neuen Forschungsgebiet — dem Geschlechtsleben des Menschen — gegenüber mit als auch die taxonomische Methode. Die moderne taxonomische Methode in der Biologie trägt der Tatsache Rechnung, daß innerhalb jeder Population von Lebewesen ganz erhebliche Variationen vorhanden sind. Es genügt daher nicht, unser Wissen über irgendeine Art von Lebewesen auf die Kenntnis eines oder weniger Exemplare zu beschränken, wie das der Systematiker (in der Botanik wie in der Zoologie) darf, sondern es kann für die vollständige und genaue Kenntnis einer Art erforderlich sein, Hunderte von Exemplaren von einem Fundort und Tausende für die ganze Art zu untersuchen. Es kommt vor allem darauf an, der Untersuchung genügend große und in keiner Weise vorausgelesene Stichproben zugrunde zu legen, die für die Gesamtheit der betreffenden Gruppe repräsentativ sind. Indem K. die taxonomische Methode richtunggebend sein ließ auch für die Erforschung des Geschlechtslebens des Menschen, mußte er darauf bedacht sein, große Zahlen von Gewährsleuten in allen Altersstufen, aus allen Kreisen der Bevölkerung und von allen Teilen des Landes zu gewinnen. Er und seine Mitarbeiter haben sich dieser Aufgabe in einem bisher einzigartigen Ausmaß unterzogen. Vom Beginn seiner Forschungsarbeit auf dem neuen Gebiete (1938) an bis zur Zeit der Niederschrift des ersten Teiles seines Berichtes sind 12 214 Personen erfaßt worden, wovon 5300 weißrassige Männer das Ausgangsmaterial für den vorliegenden Band bilden. Die Materialgewinnung geschah auf dem Wege der taktvollen, eingehenden, detaillierten Exploration, die von K. und seinen (wenigen) Mitarbeitern nach gründlichster Vorbereitung mit wahrer Meisterschaft gehandhabt worden ist. Um mit Sicherheit jede Art von Auslese der Gewährsleute zu vermeiden, ist besonders großer Wert darauf gelegt worden, von den angegangenen Gruppen jeweils möglichst viele Menschen zu erfassen. Gar nicht selten ist es gelungen, sämtliche Gruppenmitglieder für die Untersuchung zu gewinnen ("hundred percent samples"). Die so gewonnenen Ergebnisse sind unter reichlicher Ausnutzung der vielen Möglichkeiten, die die moderne Statistik bietet, in umsichtiger und gewissenhafter Weise verarbeitet worden.

Die in diesem ersten Band von K. mitgeteilten Ergebnisse gründen sich ausschließlich auf die von Männern des europiden Rassenkreises aus USA eingeholten Auskünfte. Damit erhebt sich die Frage, inwieweit die dort gewonnenen Ergebnisse allgemeinere Gültigkeit beanspruchen dürfen. Einige Kritiker K.s sind geneigt, die Gültigkeit seiner Darstellung stark einzuschränken, so z.B. der Anthropologe Geoffry *Gorer* (1948) sowie D. *Thompson* (1948) ), ohne allerdings im geringsten auf Untersuchungen in anderen Populationen verweisen zu können, die die Notwendigkeit einer solchen Einschränkung auch nur wahrscheinlich machen könnten. Wir wollen zur Beantwortung dieser Frage K.s Zahlen für die Verbreitung des vorehelichen Geschlechtsverkehrs vergleichen mit den Prozentzahlen, zu denen G. *Jonsson* in seiner 1942/43 im Auftrag des schwedischen „Ausschusses für Jugendwohlfahrt" („ungdomsvårdskommittén") in *Schweden* durchgeführten Untersuchung gelangt ist, deren (noch unveröffentlichte) Ergebnisse bereits vor dem Erscheinen von K.s Bericht niedergeschrieben und in kleinem Umfang vervielfältigt waren. Diese Untersuchung ist, abgesehen von K.s Werk, die ausführlichste und beste, die wir auf diesem Gebiet besitzen.

J. fand auf Grund persönlicher Befragung von 377 Wehrpflichtigen im Alter von 20 J., bei denen alle Bildungsschichten mit Ausnahme der akademischen vertreten waren, daß von diesen 80% vorehelichen Geschlechtsverkehr gehabt hatten (Tab. 1 seiner Arbeit). — In K.s Material hatten im Alter von 20 J. von den männlichen Personen mit Volksschulbildung 83% vorehelichen Geschlechtsverkehr gehabt; von denen, die weiteren Schulbesuch, aber kein Hochschulstudium aufzuweisen haben, 75% (Tab. 136) [1]. Da die erste Gruppe in der Gesamtbevölkerung erheblich stärker vertreten ist als die zweite, wird das gewogene arithmetische Mittel dieser beiden Prozentzahlen K.s wohl fast genau bei 80% liegen!

Von den in gleicher Weise befragten 85 wehrpflichtigen 20jährigen Studenten in J.s Material hatten 40% vorehelichen Geschlechtsverkehr gehabt (ebd.), von K.s Gewährsleuten mit Hochschulbildung sind es im gleichen Alter 44% (ebd.).

Um einen weiteren Vergleich anstellen zu können, habe ich die von J. in der Gruppe der 20jährigen Studenten und seine in der Gruppe der gleichaltrigen Nicht-Studenten gefundenen Prozentzahlen zu einer einzigen vereinigt (durch Einsetzung der beiden Gruppenwerte mit ihrem anteilmäßigen Gewicht). Es ergibt sich dann für alle 462 20jährigen J.s eine Gesamtprozentzahl von 75,76% für die Verbreitung des vorehelichen Geschlechtsverkehrs unter ihnen. — Nach den Erhebungen von K. sind es 73,1% der männlichen Gesamtbevölkerung der USA, die im Alter von 20 J. vorehelichen Geschlechtsverkehr gehabt haben (Tab. 136).

Hinweise auf die Verhältnisse in *Deutschland* siehe unten S. 435 N.

Von den 506 von J. explorierten 40jährigen Reservisten hatten 95% vorehelichen Geschlechtsverkehr gehabt; nach K. gilt das gleiche von 98% aller 40jährigen Männer in USA (ebd.).

Einer *norwegischen* Untersuchung (1946; zit. nach J.) zufolge, die über 400 männliche Studenten umfaßt, die sich im Februar 1945 in einem Konzentrationslager Deutschlands befanden, hatten unter den jüngeren, die ein Durchschnittsalter von $21^1/_2$ J. hatten, 58% Geschlechtsverkehr gehabt. Genau den gleichen Prozentsatz (58%) fand K. für die bildungsgleiche Gruppe seiner 22jährigen (Tab. 137)!

Man sieht, daß K.s Prozentangaben und diejenigen der zum Vergleich herangezogenen Untersuchungen ganz außerordentlich nahe beieinander liegen, wobei noch zu bedenken ist, daß mit größter Wahrscheinlichkeit die Übereinstimmung eine noch höhere sein würde, wenn die erwähnten Untersuchungen einen ähnlich großen Personenkreis erfaßt haben würden wie die K.s. Jeder, der über einige Erfahrungen auf dem Gebiete der Statistik des menschlichen Verhaltens verfügt, wird zugeben, daß Übereinstimmungen zwischen den von verschiedenen Forschern in verschiedenen Populationen gewonnenen Ergebnissen von solcher Höhe wie in den obigen Beispielen völlig einzigartig dastehen. Eine solche staunenswerte Kongruenz statistischer Werte ist bisher noch auf

[1] In Klammern gesetzte Angaben von Tabellennummern und Seitenzahlen beziehen sich, wenn ohne weiteren Zusatz, im folgenden stets auf das Werk von K.

keinem anderen Gebiet menschlichen Verhaltens gefunden worden.

Auch bezüglich der durch Generationszugehörigkeit, durch Bildungsgrad bzw. soziale Schichtung, durch Urbanisierung und durch Religion bedingten Variationen des Ausmaßes und der Art der geschlechtlichen Betätigung zeigen die einschlägigen Untersuchungen völlig gleiche Tendenzen (was freilich an dieser Stelle nicht im einzelnen belegt werden kann, aber im folgenden noch verschiedentlich zur Sprache kommen wird).

Es ist bedauerlich, daß uns z. Zt. nicht noch mehr Vergleichsmaterial — insbesondere auch für die Verhältnisse in Deutschland[1] — zur Verfügung steht. Immerhin deuten die ungewöhnlich hohe Übereinstimmung zwischen den Angaben K.s und den von anderen Autoren in Europa gewonnenen Ergebnissen ebenso wie theoretische Erwägungen darauf hin, daß *die geschlechtliche Betätigung, wenn man sie innerhalb größerer Populationen betrachtet, jenen Teilbereich menschlichen Verhaltens bildet, der die denkbar größte Gleichförmigkeit aufweist.* Infolgedessen sind die Unterschiede zwischen den Völkern und Rassen — zumal zwischen den abendländisch-zivilisierten — in allen wesentlichen Belangen außerordentlich gering. Ich trage darum — besonders nach dem Vergleich des K.-Berichtes mit den Ergebnissen der in Schweden durchgeführten Untersuchungen — keinerlei Bedenken, die Gültigkeit der Feststellungen K.s in weitem Umfang auch für die deutsche Bevölkerung anzunehmen.

Auch soweit bei der Erörterung gerade der Jugendsexualität das *Reifungsgeschehen* als solches und in seiner Beziehung zum Lebensalter eine Rolle spielt, sind K.s Ausführungen recht gut auf die heutige deutsche Jugend übertragbar. Einerseits eilt zwar die Pubertätsentwicklung der heutigen nordamerikanischen Jugend der unserer deutschen Jugend um etwa $^3/_4$ J. voraus (Belege hierfür in meiner demnächst erscheinenden Arbeit über die körperliche Entwicklung im Jugendalter und ihre Beziehungen zur gleichzeitigen seelischen Entwicklung, 1950), andererseits sind aber in dem Ausgangsmaterial von K. auch ältere, d. h. weniger akzelerierte Jahrgänge recht stark vertreten, unter deren Einfluß die Mittelwerte der Altersangaben nach oben verschoben sind, so daß diese in K.s Bericht wohl nicht der heutigen (stark akzelerierten) Jugend der Vereinigten Staaten entsprechen, dafür aber weitgehend den Verhältnissen bei der (etwas weniger akzelerierten) deutschen Jugend.

### *I. Sexuelles Verhalten im Kindesalter.*

Man hat früher geglaubt, daß es beim Kinde keinerlei sexuelle Erlebnis- und Verhaltensweisen gebe, diese sich vielmehr erst im Laufe der Pubertät herausbildeten und erst viel später eine regelmäßige Geschlechtsbetätigung einsetzen würde (so z. B. G. S. *Hall* 1904). Eine solche Annahme widerspricht jedoch allen unseren entwicklungsbiologischen und -psychologischen Erkenntnissen, denen zufolge der Entwicklungsprozeß ein hierarchisches Kontinuum darstellt, in dem derart absolut plötzliche Neubildungen gar nicht vorkommen können. Darum ist schon aus theoretischen Erwägungen heraus S. *Freud* zuzustimmen, der in einem seiner 1909 an der Clark-University in Worcester gehaltenen Vorträge frisch und derb sagte:

„Nein, meine Herren, es ist gewiß nicht so, daß der Sexualtrieb zur Pubertätszeit in die Kinder fährt wie im Evangelium der Teufel in die Säue. Das Kind hat seine sexuellen Triebe und

---

[1] Gewisse vorläufige Anhaltspunkte vermögen vielleicht zwei Umfragen zu geben, die hier in letzter Zeit abgehalten worden sind:

Die Zeitschrift „Wochenend" (1950, *3.* Jg., Nr. 2, S. 6) hat 1000 Personen aller Stände und Altersklassen im westdeutschen Bundesgebiet gefragt: „Halten Sie intime Beziehungen zwischen unverheirateten Menschen für notwendig, zulässig oder für verwerflich?" Ebenso hat Prof. Frhr. v. *Eickstedt*, Universität Mainz, im Rahmen seiner Vorlesung über „Sexualität und Fortpflanzung beim Menschen" im Wintersemester 1949/50 an seine Hörer (aller Fakultäten) die schriftlich und anonym zu beantwortende Frage gerichtet, ob sie vorehelichen Verkehr für notwendig oder zulässig halten oder ob sie ihn ablehnen. Die Ergebnisse zeigen, wenn man die 10% „Unentschiedenen" des „Wochenendes" und bei den Hörern v. *Eickstedts* die unverwertbaren Antworten sowie die der (zu wenigen) Studentinnen außer acht läßt, folgendes Bild:

| | „Wochenend": Männer unter 30 J. | | v. *Eickstedt*: Studenten (n = 275) | |
|---|---|---|---|---|
| notwendig | 22,2% | 97,8% | 16,4% | 73,5% |
| zulässig | 75,6% | | 57,1% | |
| verwerflich bzw. abzulehnen | 2,2% | | 26,5% | |

Es ist selbstverständlich unmöglich, diese Zahlen, die sich auf die sittlich urteilende Stellungnahme der Befragten zum vorehelichen Verkehr beziehen, irgendwie zu vergleichen mit Prozentangaben, die die Verbreitung entsprechenden Tuns wiedergeben. Denn es ist gewiß so, daß ein Teil derjenigen, die intime voreheliche Beziehungen durchaus für zulässig oder sogar für notwendig erachten, nichtsdestoweniger derartige Beziehungen — etwa aus Mangel an geeigneten Gelegenheiten oder infolge innerer Hemmungen — nicht hat oder gehabt hat, während umgekehrt ganz sicher einige von denen, die solche Beziehungen als unerlaubt ablehnen, dennoch derartigen, von ihrem sittlichen Bewußtsein nicht gebilligten, Verkehr gehabt haben. Da jedoch mit Sicherheit zu erwarten ist, daß die überwiegende Mehrzahl jener Gruppe, die vorehelichen Verkehr grundsätzlich für zulässig oder gar notwendig erklärt, auch in der Praxis sich demgemäß verhalten wird, lassen die Ergebnisse dieser Umfragen doch sehr bestimmte Schlüsse auf das tatsächliche Verhalten der heutigen deutschen Jugend in diesem Punkte zu. Wir haben hier ohne Zweifel die gleichen Zahlen zu gewärtigen, wie sie für die USA, für Schweden und für norwegische Studenten ermittelt worden sind (s. oben, S. 434).

Betätigungen von Anfang an, es bringt sie mit auf die Welt, und aus ihnen geht durch eine bedeutungsvolle, an Etappen reiche Entwicklung die sogenannte normale Sexualität der Erwachsenen hervor. Es ist nicht einmal schwer, die Äußerungen dieser kindlichen Sexualität zu beobachten. Es gehört vielmehr eine gewisse Kunst dazu, sie zu übersehen und wegzudeuten."

Nun ist es andererseits unter Psychologen auch wieder allgemein bekannt, daß *Freud* und seine Anhänger nach der anderen Seite hin erheblich über das Ziel hinausgeschossen haben. Von ihnen wird jede durch Berührung ausgelöste Körperempfindung und jede Reaktion auf eine solche als im Grunde sexuell geartet aufgefaßt. Unter Sexuallust wird jegliche Reizlust überhaupt verstanden, insbesondere die Tastlust, in weiterer Bedeutung aber auch die durch andere Sinne vermittelte Lust. Diese exzessive Erweiterung des Begriffes der Sexualität führt zwangsläufig zu dem Ergebnis, bereits der Säugling sei ganz und gar von Sexualität beherrscht, ja schlimmer noch: er sei „polymorph pervers", wie eine der bekanntesten Wortprägungen *Freuds* lautet. Alle in dieser Richtung liegenden psychoanalytischen Anschauungen sind von den führenden, auf dem Gebiete der Kinderpsychologie empirisch arbeitenden Psychologen einmütig abgelehnt worden (siehe z.B. W. *Stern* 1913 und 1930, K. *Bühler* 1929).

Die erwähnten psychoanalytischen Schlußfolgerungen würden nur unter der Voraussetzung berechtigt sein, daß von diesen elementaren Berührungserlebnissen irgendwie direkte Entwicklungslinien hinführen zum ausgereiften sexuellen Verhalten, m. a. W. nur unter der Voraussetzung, daß sie mit unzweifelhaft geschlechtlichen Verhaltensweisen Erwachsener in ununterbrochenem, entwicklungsnotwendigem Zusammenhang stünden. Das geschlechtliche Verhalten des reifen Mannes und der reifen Frau hat jedoch offensichtlich weit eher seine genetischen „Vorformen" in den *Spielereien an und mit den eigenen oder bzw. und fremden Genitalien*, die bei Kindern beobachtet werden.

Von den Jungen, die von K. und seinen Mitarbeitern noch im Kindesalter befragt worden sind, berichten 70% von solchen geschlechtlichen Spielereien wie Entblößen und Vorzeigen der eigenen Geschlechtsteile, Spielen mit denselben, manuelle oder orale Berührung der Genitalien anderer Kinder, anale oder vaginale Koitusversuche u. ä. (S. 167). Zeitlich liegen solche Handlungen zum größten Teil im Alter von 8—13 Jahren, d. h. in den Phasen der späten Kindheit und der Frühpubertät. Als Zentralwert für die erste derartige Erfahrung (berechnet auf Grund der Angaben von 2753 männlichen Befragten) hat sich das Alter von 8,59 J. ergeben (Tab. 28)[1]. Gar nicht selten erreicht bei Jungen im Kindesalter die geschlechtliche Erregung jenen Höhepunkt, der als Orgasmus bezeichnet wird und — zum mindesten beim männlichen Geschlecht — einen physiologisch und psychologisch wohldefinierbaren Zustand darstellt. Bei Jungen im Kindesalter und in der Frühpubertät treten Erektion und Orgasmus sogar besonders leicht ein — leichter und häufiger als zu irgendeiner anderen Zeit im späteren Alter. Erektionen treten bereits beim Neugeborenen auf und kommen bei Jungen von frühester Kindheit an fast täglich vor. Geringe physische Reizung der Geschlechtsteile, allgemeine körperliche Anspannung und irgendwie spannungsgeladene, gefühlserregende Situationen können Erektionen hervorrufen. Auf irgendwelche Einzelheiten kann in diesem Zusammenhang nicht eingegangen werden. Eine Überschau über das gesicherte Tatsachenmaterial, das wir heute auf dem Gebiete der Sexualität im Kindesalter und in der Phase der Frühpubertät besitzen (siehe A. *Moll* 1909, E. *Meirowsky* 1926, R. R. *Willoughby* 1937, C. P. *Stone* 1939, R. R. *Sears* 1943), führt zu folgenden Schlußfolgerungen:

1. Die Sexualität bildet in den bezeichneten Entwicklungsabschnitten einen verhältnismäßig unabgehobenen, mit dem strukturellen Ganzen noch innig verwobenen und in sich wenig differenzierten Bereich des personalen Ganzen. Das auslösende Schema ist arm an Besonderungen.
2. Sie ist innerhalb der kindlichen Gesamtstruktur von verhältnismäßig untergeordneter Gewichtigkeit.
3. Hinter der geschlechtlichen Betätigung steht zumeist der Spieltrieb oder die Neugier (Forscher- und Entdeckerdrang) des Kindes.
4. Die sexuelle Betätigung tritt nur sporadisch oder, in einer größeren Zahl von Fällen (infolge der Behinderung von seiten der mitmenschlichen Umgebung), gar nicht in Erscheinung.

## *II. Das geschlechtliche Verhalten der männlichen Jugend.*

Mit dem Beginn der zweiten Phase der Pubertät, die beim Mädchen von der ersten genitalen Blutung und beim Jungen von der ersten Ejakulation an datiert, vollziehen sich beim männlichen Ju-

[1] Bei einer Überprüfung der Tabellen und der graphischen Darstellungen K.s — so weit sie die Jugendsexualität betreffen — habe ich darin eine ganze Reihe von Fehlern und Versehen gefunden, die mir K. inzwischen brieflich bestätigt hat. So sind in der zitierten Tab. 28 sämtliche Zentralwerte falsch berechnet. Der Zentralwert für das erste spielerische geschlechtliche Erlebnis beträgt nicht (wie in der erwähnten Tabelle zu lesen) 7,59 J., sondern (wie oben bereits berichtigt angegeben) 8,59 J. — Einige weitere Berichtigungen werden im folgenden anmerkungsweise mitgeteilt werden.

gendlichen hinsichtlich aller vier Punkte entscheidende Wandlungen.

1. Die Gliedstruktur der Sexualität wird stärker abgehoben, ausgegliedert und in sich reicher differenziert. Das auslösende Schema wird spezieller, so daß sexuelle Reaktionen nur noch ausgelöst werden durch direkte physische Reizung der Geschlechtsorgane oder durch Situationen, einschließlich Vorstellungen, mit eindeutig geschlechtlichem Erlebnisgehalt.
2. Die sexuelle Triebstruktur erhält gleichzeitig eine größere Gewichtigkeit innerhalb der psychophysischen Gesamtstruktur.
3. Mit dieser Ausgliederung und Durchgliederung geht eine zunehmende Verselbständigung der sexuellen Gliedstruktur einher, was bedeutet, daß die geschlechtliche Betätigung mehr und mehr Selbstzweck wird (d. h. um der mit ihr verbundenen Erregung einerseits und der Befriedigung und Entspannung andererseits willen ausgeübt wird).
4. Trotz der mannigfaltigsten äußeren Schwierigkeiten und Behinderungen manifestiert sich die Sexualität nunmehr in einer gewohnheitsmäßigen und regelmäßigen geschlechtlichen Betätigung sogleich mit dem Beginn der zweiten Phase der Pubertät.

Unter dem Gesichtspunkt der geschlechtlichen Reifung ist der *Beginn der zweiten Phase* der Pubertät mit der ersten Ejakulation bzw. von dem Zeitpunkt an, an dem eine Ejakulation physiologisch möglich wäre, anzusetzen. Wie die bei K. abgedruckte Summentafel (Tab. 35) erkennen läßt, tritt die erste Ejakulation bei rund 90% aller Jungen irgendwann im Alter von 11—15 J. ein. Der Zentralwert für die erste Ejakulation, berechnet auf Grund der Angaben von 3573 Gewährsleuten, liegt bei 13,77 J.[1]. Man wird vielleicht geneigt sein, die Genauigkeit und die Verläßlichkeit der Angaben über den Zeitpunkt der ersten Ejakulation zu bezweifeln. Ein von K. durchgeführter Vergleich zwischen den von seinen Gewährsleuten aus der Erinnerung gemachten Angaben über den Zeitpunkt der beginnenden Pubesbehaarung mit somatoskopischen Erhebungen hierüber an Jugendlichen hat aber eine staunenswerte, fast ideale Übereinstimmung der auf so verschiedenen Wegen erzielten Summenkurven (Abb. 15)[2] und Mittelwerte (Tab. 15)[2] ergeben. Das besagt natürlich nichts über die Zuverlässigkeit einer Einzelaussage, wohl aber über die große Verläßlichkeit solcher Angaben, wenn nur die befragte Population hinreichend umfangreich und repräsentativ ist. Dieser Befund ist zugleich auch ein Kriterium für die Zuverlässigkeit der Erinnerung an die geschlechtlichen Ereignisse des Jugendalters. Denn diese sind gewiß abgehobener, gefühlsbetonter und darum einprägsamer als ein erlebnismäßig so belangloses Ereignis wie das Auftreten der Schambehaarung.

Wie bei allen Wachstums- und Reifungsvorgängen spielen auch für den Zeitpunkt der ersten Ejakulation Erbanlage und Lebensbedingungen eine nicht unerhebliche Rolle. In den höheren (akademischen) Bildungsschichten der Bevölkerung liegt dieses Ereignis ungefähr bei 13,6 J., in den Schichten mit Volksschulbildung bei 14,4 J.

Nachdem wir durch K.s Erhebungen zum ersten Male genaue Mittelwerte für das Alter, in dem die erste Ejakulation aufzutreten pflegt, verfügbar haben, sind wir in den Stand versetzt, einen *Vergleich* zwischen der männlichen und der — bisher besser bekannten — weiblichen Geschlechtsentwicklung anstellen zu können. Bekanntlich haben die Mädchen nach der landläufigen Meinung in der Pubertätsentwicklung einen Vorsprung von ziemlich genau zwei Jahren vor den Jungen. Dieser Satz gilt aber nur für bestimmte Bereiche des Entwicklungsgeschehens.

Der Beginn des gesteigerten frühpuberalen Längenwachstums liegt bei Mädchen im Alter von 9 J., bei Jungen im Alter von 11 J. (B. *Boynton* 1936). Das Maximum des Längenzuwachses liegt im Alter von 12 J. bei den Mädchen und im Alter von 14 J. bei den Jungen (H. V. *Meredith* 1935; B. *Boynton* 1936; F. K. *Shuttleworth* 1939; K. *Simmons* 1944). Das Ende des progressiven Längenwachstums wird vom weiblichen Geschlecht im Durchschnitt mit 16 J. erreicht, von männlichen Jugendlichen mit 18 J. (B. T. *Baldwin*, T. D. *Wood* and R. M. *Wood-Bury* 1923).

Ebenso sind die Mädchen in der Knochenentwicklung den Jungen gegenüber um gut 2 Jahre voraus (C. C. *Buehl* and S. I. *Pyle* 1942; W. W. *Greulich* and I. *Pyle* 1947).

Bedeutend geringer ist der Abstand zwischen beiden Geschlechtern, wenn man die Reifungserscheinungen an den sog. Sexuszeichen in Betracht zieht.

Bei Mädchen zeigen sich die ersten Reifungserscheinungen im Alter von 10,2 J. an der Brust, bei Jungen mit 11,4 J. am Skrotum (*Bober* und *Scholz* 1944). — Den Abschluß findet das äußerlich sichtbare Reifungsgeschehen beim weiblichen Geschlecht mit dem Übergang der Brust zur maturen Form im Alter von 15,5 J., bei der männlichen Jugend mit dem Eintritt der Pubesbehaarung in das Reifestadium mit 16,0 J. (ebd.).

An den Marksteinen der geschlechtlichen Reifung i. e. S. — erster Ejakulation bzw. erster genitaler Blutung — sind die Verhältnisse noch mehr „zugunsten" des männlichen Geschlechts verschoben.

Unter der Voraussetzung der Richtigkeit der oben näher begründeten Annahme, daß die Altersangaben in K.s Werk ziemlich

[1] Die Altersangaben der Tab. 35 sind untere Klassengrenzen. Sämtliche Kurven in der zugehörigen graphischen Darstellung (Abb. 27) sind demzufolge um ein Jahr aufwärts zu verschieben.
[2] Hier gilt das gleiche wie für Tab. 35 bzw. Abb. 27.

genau den Verhältnissen bei der deutschen Jugend der beiden letzten Jahrzehnte entsprechen, kann man die auf Grund der Aufstellungen von K. und von *Bober* und *Scholz* von mir errechneten Mittelwerte für das Alter z. Zt. der ersten Ejakulation bzw. der ersten uterinen Blutung zueinander in Beziehung setzen. Der Zentralwert für die erste Ejakulation liegt für die männliche Gesamtbevölkerung der USA bei 13,77 J., das Dichtemittel bei *13,68* J. Die entsprechenden Werte für die erste genitale Blutung sind für die weibliche Jugend Deutschlands 13,76 J. und *13,91* J. Zu dem gleichen Altersverhältnis gelangt man, wenn man statt der deutschen amerikanische Angaben aus den beiden letzten Jahrzehnten für die erste genitale Blutung zugrunde legt. Nach F. K. *Shuttleworth* (1937) ist das durchschnittliche Alter bei der ersten Blutung 13,00 J., nach L. M. *Bayer* (1940) 13,16 J. Da in den letzten Jahrzehnten auch in USA eine Vorverlegung der gesamten Jugendentwicklung einschließlich der ersten Blutung festzustellen war (H. N. and M. R. *Gould* 1932; C. A. *Mills* 1937; H. V. *Meredith* 1941), würde das Alter für die erste genitale Blutung um rund $^3/_4$ J. heraufrücken und damit auf 13,75 J. fallen, wenn man den Mittelwert für die gegenwärtige weibliche *Gesamt*bevölkerung der USA berechnen würde, welcher allein mit dem von K. angegebenen, für die männliche Gesamtbevölkerung berechneten Wert für das Alter z. Zt. der ersten Ejakulation vergleichbar wäre.

Es steht danach einwandfrei fest, *daß beim Jungen die erste Ejakulation im gleichen Alter oder vielleicht sogar etwas früher eintritt als die erste uterine Blutung beim Mädchen.*

Dieser knappe Vergleich der Pubertätsentwicklung in ihren wichtigsten Bereichen bei beiden Geschlechtern läßt erkennen, daß *der Entwicklungsvorsprung der Mädchen*, der auf manchen Gebieten über zwei Jahre beträgt, *um so geringer wird, je näher der betreffende Entwicklungsbereich der Sexualität steht.* In der geschlechtlichen Reifung i. e. S. kann man von einem Entwicklungsvorsprung der Mädchen schon nicht mehr sprechen, fast schon von einem Vorsprung der Jungen. Hinsichtlich der geschlechtlichen *Betätigung* schließlich eilt die Entwicklung des männlichen Geschlechtes bei Tier und Mensch der des weiblichen sogar ganz erheblich voraus (s. u.). Im vorliegenden Zusammenhang war mir aber nur daran gelegen, den Nachweis zu erbringen, daß *die geschlechtliche Reifung i. e. S.*, wie sie durch Ejakulation bzw. genitale Blutung angezeigt wird, *bei den Jungen*, verglichen mit ihrem Reifungsstand in anderen wichtigen Entwicklungsbereichen (wie z. B. Längen- und Gewichtswachstum, Verknöcherung des Skelettsystems u. a.), *relativ um zwei Jahre früher eintritt als beim weiblichen Geschlecht.*

Leider fehlt uns zur Zeit jegliches Wissen darüber, wie dieses wichtige Entwicklungskriterium der ersten Ejakulation sich in die anderweitigen Entwicklungsvorgänge des Wachstums und der Reifung einordnet. Es fehlen auch gänzlich Untersuchungen über die *Beschaffenheit der ersten und der folgenden Ejakulate* des Jugendlichen. Bekanntlich ist das Ejakulat des geschlechtsreifen Mannes ein Gemisch von Absonderungen der verschiedensten Drüsen. Es enthält außer den Samenfäden die Absonderungen des Nebenhodens, der Bläschendrüsen, der Prostata, der Bulbourethral- und der Paraurethraldrüsen. Die Zahl der in ihm enthaltenen Samenfäden variiert sowohl interindividuell als auch intraindividuell ganz erheblich; und auch abgesehen davon ist längst nicht jedes Ejakulat zeugungsfähig. Wir wissen nicht, ob in den ersten Ejakulaten Jugendlicher überhaupt Samenzellen vorhanden sind, geschweige denn daß wir z. Zt. Angaben darüber besäßen, in welchem Reifestadium sich dieselben — soweit vorhanden — befinden und in welcher Zahl sie durchschnittlich auftreten und ob sie zeugungsfähig sind. Wir wissen also nicht, ob es auch beim Manne während der Pubertät eine „Phase der physiologischen Sterilität" gibt, wie sie für das weibliche Geschlecht bei Tier und Mensch erwiesen ist. Es sprechen jedoch verschiedene Umstände für die Wahrscheinlichkeit, daß auch beim Mann die Zeugungsfähigkeit erst etwa zur Zeit des Abschlusses des Reifungsgeschehens an den primären und an den sekundären Geschlechtsmerkmalen eintritt, was, wie wir aus der großangelegten Untersuchung von *Bober* und *Scholz* (1944) wissen, normalerweise mit 16,0 J. der Fall zu sein pflegt.

Von allen anderen Reifungserscheinungen und vor allem auch von dem so oft damit in Parallele gesetzten Ereignis der ersten uterinen Blutung unterscheidet sich aber das Ereignis der ersten Ejakulation in einer ganz wesentlichen Hinsicht: dieses allein kann von einem bestimmten Entwicklungsstadium an — sobald physiologisch die Voraussetzungen dafür vorhanden sind — *willkürlich* herbeigeführt werden. Werfen wir einen Blick auf K.s Tab. 38, die statistische Angaben über die Veranlassungen, die auslösenden Momente der ersten Ejakulation enthält, so enthüllt sich uns folgendes Bild:

Die erste Ejakulation wurde ausgelöst

| | |
|---|---|
| durch Masturbation | in 68,39% |
| im Schlaf | in 13,11% |
| durch Koitus | in 12,53% |
| durch homosexuelle Betätigung | in 4,33% |
| durch spontane Auslösung | in 0,81% |
| durch geschlechtlich erregende andersgeschlechtliche Berührungen | in 0,37% |
| durch geschlechtlichen Umgang mit Tieren | in 0,04% |

Nach dieser Statistik, die 3588 Fälle umfaßt, tritt nur bei einem sehr kleinen Teil der Jugendlichen (bei 14%) die erste Ejakulation ohne eigenes Zutun, spontan ein, wird dagegen von 86% aller Jungen durch entsprechende Handlungen hervorgerufen. Wenn man bedenkt, daß das selbsttätige Hervorrufen einer Ejakulation in den christlich bestimmten Kulturen als schwer sündhaft gilt und darum von weiten Kreisen der Bevölkerung verurteilt wird, so kann man auf Grund dieser Prozentzahlen verstehen, warum das Ereignis der ersten Ejakulation von den Jungen in so unvergleichlich viel höherem Grade geheimgehalten wird als von den Mädchen das entsprechende Ereignis der ersten uterinen Blutung. Während diese für alle Mädchen ein völlig unwillkürlicher und darum gänzlich unschuldiger Vorgang ist, ist für 86% der Jungen bereits die erste Ejakulation erlebnismäßig mehr oder minder mit Schuldgefühlen beladen, ein Vorkommnis, das sie vor der Mehrzahl der Mitmenschen geheimhalten müssen, wenn sie sich nicht der Gefahr moralischer Verurteilung und dem damit verbundenen Verlust der sozialen Achtung aussetzen wollen.

Ein weiterer sehr wesentlicher Unterschied zwischen Monatsblutung und Ejakulation liegt darin, daß die Ejakulation so gut wie stets mit höchster geschlechtlicher Lust (delectatio venerea), d. h. mit Orgasmus, verbunden ist, während im Gegensatz dazu die uterine Blutung dem Mädchen allenfalls eine gewisse Erregung, aber keinerlei lustvolle sexuelle Befriedigungserlebnisse bringt, vielmehr meist sogar eine recht beschwerdenreiche Zeit ist. Aber gerade wegen der damit unlösbar verbundenen Wollust ist der Anreiz zur willkürlichen Auslösung einer Ejakulation so ungeheuer stark.

Gerade nun im Hinblick auf die willkürliche Auslösbarkeit der Pollution ist aber zu sagen, daß der Zeitpunkt der ersten Ejakulation kein ganz sicheres Entwicklungskriterium ist. Denn bezogen auf den Zeitpunkt, von dem an eine Ejakulation physiologisch möglich wäre, kann sie früher oder später herbeigeführt werden. Wenn die erste Ejakulation nicht selbständig herbeigeführt oder durch äußere Reize ausgelöst wird, sondern im Schlafe erfolgt, so pflegt dies nach den Ergebnissen K.s in der Regel erst „ein Jahr oder mehr“ nach demjenigen Zeitpunkt zu erfolgen, an dem — nach dem Entwicklungsstand der übrigen Reifungszeichen zu schließen — eine Ejakulation physiologisch möglich gewesen wäre (S. 299 u. 243).

Von wirklich entscheidender Bedeutung für die Entwicklung der Sexualität ist die erste Ejakulation insofern, als *von da an praktisch alle Jugendlichen mit einer regelmäßigen geschlechtlichen Betätigung beginnen.*

### *1. Verbreitung, Häufigkeit und Hauptformen der Geschlechtsbetätigung.*

Wir wollen versuchen, uns auf Grund der von K. veröffentlichten Tabellen ein Bild von der *Verbreitung*, der *Häufigkeit* und den wichtigsten *Formen* der geschlechtlichen Betätigung des männlichen Jugendlichen in der 2. und 3. Phase des Jugendalters zu machen.

*Verbreitung.* Von annähernd 4600 Männern berichten nur 35 — das ist weniger als 1%! —, daß ein Zeitraum von einem Jahr oder mehr seit der ersten Ejakulation bis zur Aufnahme einer regelmäßigen geschlechtlichen Betätigung vergangen sei (S. 191).

*Häufigkeit.* Wie aus K.s Tab. 45 zu ersehen ist, beträgt bei der unverheirateten männlichen Bevölkerung, soweit sie geschlechtliche Betätigung bereits aufgenommen hat, die Häufigkeit derselben, bestimmt nach der Anzahl der erreichten Orgasmen, pro Woche in der Periode vom Zeitpunkt der ersten Ejakulation an bis zum Alter von 15 J. (n = 3012) im Durchschnitt (M) 3,36 (der Zentralwert, Z, beträgt 2,33), was ziemlich genau heißt, daß die Jugendlichen in dieser Periode geschlechtliche Befriedigung (Orgasmus, Ejakulation) durchschnittlich an jedem zweiten Tag in der Woche — Monate und Jahre hindurch — haben. Im Alter von 16—20 J. (n = 2868) beträgt das arithm. Mittel (M) 3,35 (das Stellungsmittel, Z, 2,22), von 21 bis 25 J. (n = 1535) M = 3,11 (Z = 1,97).

Bei der verheirateten männlichen Bevölkerung liegen für die erste Altersstufe leider keine Vergleichszahlen vor. In der Altersstufe von 16 bis 20 J. (n = 272) beträgt das arithm. Mittel 4,83 (Z = 3,21), die 21—25jährigen (n = 751) haben eine durchschnittliche Auslösungshäufigkeit von 4,14 (Z = 2,81).

Stellen wir diese Ergebnisse graphisch dar, so zeigt sich, daß in den daraus erhaltenen Kurven der *Einsatzpunkt zugleich der Gipfelpunkt* der Kurve ist. *Das Maximum der geschlechtlichen Erregtheit und Betätigung* — gemessen an der Anzahl der Ejakulationen pro Woche — *liegt beim Mann mithin einwandfrei in der Zeit nach der ersten Ejakulation,* in der zweiten und dritten Phase des Jugendalters, also in den Jahren 14, 15, 16ff. Wenn man nun noch bedenkt, daß gerade in diesen frühen Jahren des Jugendalters die Behinderungen der geschlechtlichen Betätigung des Jugendlichen von seiten der Moral und der Gesellschaft viel stärker sind als in späteren Jahren und daß trotzdem in diesen Jahren das Maximum der geschlechtlichen Betätigung erreicht wird, so beweist diese Tatsache, daß der Geschlechtstrieb, sobald die entsprechende physiologische Reife erreicht ist, sogleich mit aller Macht und Wucht hervorbricht.

Dieser Befund wird noch durch jene andere entwicklungspsychologisch und praktisch höchst bedeutsame Tatsache bestätigt und unterstrichen: daß *die Anzahl der Formen der geschlechtlichen Betätigung am größten ist im Alter von 16—20 J.* Die Stellenmittel betragen 2,35 für die Periode vom Zeitpunkt der ersten Ejakulation bis zum Alter von 15 J., 3,38 in den Jahren 16—20, 3,30 für die Jahre 21—25 (Tab. 46). Psychologisch interpretiert heißt das, daß infolge der Stärke (Intensität) des Bedürfnisses nach geschlechtlicher Entspannung, und vielleicht mehr noch wegen der Schwäche des inneren Widerstandes dagegen, das „auslösende Schema“ sehr erweitert ist.

Es ist ein allgemeingültiges Gesetz der Psychologie des Antriebslebens bei Mensch und Tier, daß verstärkte endogene Reizerzeugung eine Schwellenerniedrigung auslösender Reize zur Folge hat, was in der animalischen Schicht, der die Sexualität ganz und gar und ausschließlich angehört, bedeutet, daß eine überstarke Triebintensität dazu führt, daß das aus ihr entspringende Handlungsgeschehen über die Ufer des von den Instinktanlagen gebildeten Strombetts hinaustritt, überschäumt, und dabei zugleich die von Sitte und Gesetz errichteten Wälle durchbricht. Diese Gefahr ist selbstverständlich beim jungen Menschen stets in erhöhtem Ausmaß gegeben, da die arteigene Zielsetzung des Geschlechtstriebes in dieser Phase selbst erst in der Reifung, d. h. in der Ausdifferenzierung und Festigung begriffen ist.

So unerwartet das Ergebnis, daß das Maximum der geschlechtlichen Betätigung in den auf die Reifung der Ejakulationspotenz folgenden Jahren liegt, für die meisten auch sein mag, so sehr entspricht diese Tatsache doch allgemeinen Gesetzen der Antriebspsychologie (H. *Thomae* 1944, S. 159 ff.). Die jeweils neu gereiften oder neu erworbenen Betätigungsmöglichkeiten stellen gleichsam Bahnen dar, in die sich der Hauptstrom der Lebensdynamik immer wieder ergießt. Es ist so, daß eine soeben neu ausprobierte und zum erstenmal gelungene Betätigung immer wieder nach ihrem Vollzuge drängt, immer wieder das Bedürfnis nach Aktivitätsäußerung anlockt und gerade in diese Richtung lenkt. Man denke in diesem Zusammenhang nur daran, wie kleine Kinder, die die geführte Lauterzeugungsbewegung („lallen“) oder das Sitzen, Stehen oder Kriechen gelernt haben, diese Fähigkeiten in dem jeweils auf den betreffenden Neuerwerb folgenden Entwicklungsabschnitt wirklich unermüdlich betätigen. Auch die Vorübungstheorie des Spiels von K. *Groos* ist angesichts dieser Tatsachen heranzuziehen. Die Veranlagungen zu künftigen Fähigkeiten regen sich lange vor ihrem eigentlichen Fälligkeitstermin, um sich in ungebundener Weise und an harmlosem Material vorzubereiten auf das spätere mature Funktionieren.

Nachdem bisher über die Verbreitung und über die Frequenz der jugendlichen Sexualbetätigung gehandelt worden ist, ist ein nächster Schritt der, Aufschluß darüber zu gewinnen, *auf welchen Wegen* die geschlechtliche Befriedigung gesucht und gefunden wird. Die wichtigsten Quellen geschlechtlicher Befriedigung sind allgemein: Masturbation, nächtliche Pollution, sexuell betonte zärtliche Berührungen von Personen anderen Geschlechts („petting“; französ.: caresses, attouchements), Koitus mit andersgeschlechtlichem Partner, homosexuelle Betätigung und geschlechtlich erregende Berührung mit Tieren. Es gibt noch andere Formen der Auslösung einer Ejakulation; dieselben sind aber seltener und ohne Bedeutung für eine größere Gruppe der Bevölkerung. Für jede einzelne der aufgeführten sechs Arten geschlechtlicher Befriedigung ist nun anzugeben: 1. wie viele Jugendliche irgendwann einmal während des Jugendalters davon Gebrauch gemacht haben (= die Verbreitung der betr. Betätigungsform), 2. wie häufig (= die Frequenz) und 3. in welchem Ausmaß die betreffende Form zur geschlechtlichen Gesamtbefriedigung (= Summe der aus allen geschlechtlichen Betätigungsarten zusammen gewonnenen Befriedigungen) des Jugendlichen beiträgt (= Anteil). Bei alledem kann es sich hier natürlich wieder nur darum handeln, Durchschnittsangaben zu machen.

a) *Masturbation*. Darunter wird hier jegliche Art von Selbstbefriedigung verstanden, die zum Orgasmus führt. Es ist abwegig, hierfür den Ausdruck „Onanie“ zu verwenden; denn darunter ist nach Gen. 38,9 — von wo der Name stammt — vielmehr die absichtliche Verhinderung der Empfängnis beim Geschlechtsverkehr durch dessen vorzeitige Unterbrechung (coitus interruptus) zu verstehen. Die Explorationen von K. haben ergeben, daß nahezu alle Jungen von Masturbation schon etwas gewußt haben, ehe sie ihre erste eigene Erfahrung damit machten. Viele haben diese Art der geschlechtlichen Betätigung bei anderen Jungen gesehen. Nur wenige entdecken sozusagen von sich aus die Möglichkeit der geschlechtlichen Selbstbefriedigung. Obwohl gelegentliches Berühren der Genitalien bei kleinen Kindern häufig ist, ist doch wirkliche masturbatorische Betätigung recht selten. Soviel die bisher vorhandenen Unterlagen erkennen lassen, scheinen nicht mehr als 10% der Jungen sich vor dem Alter von 9 J. masturbatorisch betätigt zu haben und nicht mehr als 13% vor dem Alter von 10 J. Die meisten Jungen sind 10, 11, 12 J. alt, ehe sie damit beginnen. Nur wenige Jungen beginnen mit der Selbstbefriedigung, ehe sie nahe an das Alter herangekommen sind, in dem regelmäßige geschlechtliche Betätigung üblich ist. Bei $^2/_3$ (68,4%) aller Jungen wird die erste Ejakulation durch Masturbation hervorgerufen. Für die überwiegende Mehrzahl der männlichen Jugendlichen ist sie die Hauptform der geschlechtlichen Befriedigung während des mittleren und des höheren Jugendalters.

Verbreitung: In der Periode von der ersten Ejakulation bis zum Alter von 15 J. findet sich die masturbatorische Betätigung bei 87,2% aller männlichen Jugendlichen, im Alter von 16—20 J. bei 87,8% aller unverheirateten männlichen Gewährsleute.

Häufigkeit: Die höchsten Mittelwerte für die Häufigkeit der masturbatorischen Betätigung pro Woche finden sich bei der ledigen männlichen Bevölkerung, und zwar in der Periode von der ersten Ejakulation bis zum Alter von 15 J. Unter diesen Jugendlichen beträgt bei denjenigen, die überhaupt von dieser Art der geschlechtlichen Befriedigung Gebrauch machen, M = 2,14 (für die unverheiratete Gesamtbevölkerung 1,86). Von da an ist die Frequenz in ständigem Abnehmen begriffen. Während des Alters von 16—20 J. beträgt M schon nur noch 1,40 (1,23) pro Woche, im Alter von 21—25 J. 1,16 (0,86) (Tab. 51). Dabei ist aber zu betonen, daß sowohl die intra- als auch die interindividuelle Variationsweite bei keiner anderen Form geschlechtlicher Befriedigung so groß ist wie bei der Masturbation und beim vorehelichen Geschlechtsverkehr. Es gibt Männer, die niemals von dieser autistischen Möglichkeit, zu geschlechtlicher Befriedigung zu gelangen, Gebrauch gemacht haben. Es gibt einige andere, die diesen Weg zwei- oder dreimal in ihrem ganzen Leben benutzt haben. Und es gibt wieder andere, die mit einer durchschnittlichen Häufigkeit von 7-14 oder 20mal pro Woche lange Jahre hindurch diesen Weg zur Auslösung eines Orgasmus eingeschlagen haben. In dem Material von K. betrug die höchste durchschnittliche Häufigkeit 23 pro Woche in der ersten Zeit nach der Reifung der ejakulatorischen Fähigkeit, 15 pro Woche im Alter von 20 J.

Anteil an der Gesamtbefriedigung. Bei den Jugendlichen, die im Alter von der ersten Ejakulation bis zum 16. Lj. stehen, liefert die Masturbation 70,33% der geschlechtlichen Gesamtbefriedigung, im Alter von 16—20 J. nur noch 51,28%, im Alter von 21—25 ist der Anteil weiter gefallen auf etwa 41,75% (Tab. 51). Im Hinblick auf die unverminderte Höhe der Gesamtbetätigung weist diese anteilmäßige Abnahme darauf hin, daß im mittleren und höheren Jugendalter in zunehmend stärkerem Grade andere Formen der Befriedigung des geschlechtlichen Verlangens hinzukommen.

b) *Vorehelicher Geschlechtsverkehr.* Schon in der Zeit vor der Reifung der Ejakulationsfähigkeit haben 22% aller Jungen versucht, einen Koitus auszuführen — hauptsächlich in den Jahren der späten Kindheit und der Frühpubertät. Bei $^1/_8$ (12,5%) der männlichen Jugendlichen ist Geschlechtsverkehr mit einem Partner des anderen Geschlechtes der Auslöser der ersten Ejakulation. Mit 14 Jahren hat $^1/_4$ (27,8)% aller Jungen heterosexuellen Geschlechtsverkehr gehabt, mit 16 J. die Hälfte (51,6%), mit 20 J. $^3/_4$ (73,1%) (Tab. 136). Aus den Tabellen *Jonssons* läßt sich, wie eingangs gezeigt, errechnen, daß in der von ihm untersuchten Population von 462 zwanzigjährigen schwedischen Wehrpflichtigen bis zu diesem Alter 75,76% vorehelichen Geschlechtsverkehr hatten. Für die unverheirateten Jugendlichen, die in dem betreffenden Lebensabschnitt vorehelichen Geschlechtsverkehr haben, beträgt dessen durchschnittliche Häufigkeit — wieder nach K. — während der Periode von der ersten Ejakulation bis zum vollendeten 16. Lj. 1,98 pro Woche, im Alter von 16—20 J. 1,87, im Alter von 21—25 J. 1,83 (für die Gesamtbevölkerung der USA wären die entsprechenden Zahlen 0,80; 1,32; 1,25). Für die gleichen Gruppen von Jugendlichen macht der voreheliche Geschlechtsverkehr auf den genannten Altersstufen 42,18% (in der Gesamtbevölkerung 25,56%), 47,10% (39,16%) und 47,90% (40,94%) der gesamten geschlechtlichen Befriedigung aus. Das Schwergewicht der geschlechtlichen Befriedigung wird im Laufe dieser Jahre also zunehmend stärker auf den heterosexuellen Verkehr verlegt.

Auch hier ist die Variationsweite wieder enorm. Die höchste, während mehrerer Jahre beibehaltene Durchschnittszahl ist 25,0 pro Woche für das Alter von der ersten Ejakulation bis 25 J.

Nach *Jonssons* Ergebnissen (Tab. 7) erfolgt bei seinen 20jährigen der erste Geschlechtsverkehr, wenn er im Alter von 15—17 J. stattgefunden hatte, nur in $^1/_3$ (35,5%) der Fälle im Rahmen fester und dauerhafter Verbindungen, dagegen fast doppelt so häufig (64,5%) im Rahmen eines lockeren, zufälligen Verhältnisses; lag er im Alter von 18—20 J., so überwiegen dagegen die Fälle, in denen schon der erste Geschlechtsverkehr innerhalb mehr beständiger Verhältnisse (53,4%) sich vollzog (gegen nur 46,6% in mehr zufälligen Verbindungen). Bei seinen 40jährigen spielte sich der erste Geschlechtsverkehr in 66,2% der Fälle in zufälligen Verbindungen ab, wenn er vor dem Ende des 21. Lj. lag, dagegen in 77,1% innerhalb stabiler Verhältnisse (Ehe, Verlobung, „festes Verhältnis"), wenn er nach dem 21. Lj. stattgefunden hatte. Diese Befunde zeigen eindeutig, daß *der Funktionskreis der Begattung mit fortschreitender Entwicklung immer mehr und immer stärker hineinwächst in den umfassenderen und höheren Funktionskreis der dauerhaften und beständigen personalen Paarbildung*, die im Idealfalle alle Schichten des Menschen umfaßt und im Kernbereich des Gemütes verwurzelt ist. Dieser Vorgang ist exemplarisch für den Vorgang organischer Höherentwicklung überhaupt. Diese ist mit der bloßen „Ausgliederungsannahme" ganz unzulänglich gekennzeichnet. Wesentlicher, weil den mit jeder echten Entwicklung gegebenen Wertzuwachs bedingend, ist, daß die im Laufe der Entwicklung sich herausbildenden Gliedbestände hineinwachsen in eine höhere Organisationsform des sie hervorbringenden lebendigen Ganzen, das dadurch jeweils im höheren Sinne zu einer gefügehaften Ganzheit wird. So ist Entwicklung Zunahme an seinsmäßiger Durchformtheit = Strukturierung. Auch die Umkehrung gilt: daß ein Zerbrechen umfassender

Funktionskreise, z. B. das Auseinanderfallen von Begattung und auf Dauer gerichteter personaler Paarbildung („Lebensgemeinschaft"), Folge einer Entformung des strukturellen Ganzen ist, wie K. *Lorenz* (1940) im Tierreich geradezu experimentell erweisen konnte. Dazu stimmt in überzeugender Weise, daß diese Losgelöstheit der Begattungsreaktionen von der personalen, gemüthaften Bindung der Partner aneinander — für eine gewisse Dauer oder lebenslänglich — in den sozial und bildungsmäßig tieferen Volksschichten sehr viel häufiger zu finden ist als in den höheren (s. u.).

c) *Homosexuelle Betätigung.* Etwas über $^1/_4$ aller männlichen Jugendlichen betätigt sich während des mittleren und des höheren Jugendalters homosexuell. Altersunterschiede fallen hier nicht weiter ins Gewicht. In der Gesamtbevölkerung macht für Jungen im Alter von 13—20 J. die homosexuelle Betätigung nur etwa 8% ihrer geschlechtlichen Gesamtbefriedigung aus.

d) *Nächtlicher Samenerguß.* Für den Zeitpunkt seines Auftretens ist es entscheidend, daß dies die einzige Form der Auslösung eines Orgasmus ist, die nicht vor dem Beginn der zweiten Phase der Pubertät auftreten kann, weil Voraussetzung dafür die Reifung der ejakulatorischen Fähigkeit ist. In der Regel tritt die erste nächtliche Pollution sogar erst ein Jahr oder mehr nach dem Zeitpunkt auf, von dem an bei entsprechender Reizung der Geschlechtsorgane eine Ejakulation möglich gewesen wäre.

Im Zeitraum von der ersten Ejakulation bis zum Alter von 15 J. haben 39,1% nächtliche Pollutionen gehabt, im Alter von 16—20 J. 70,2% und mit 21 bis 25 J. 70,9% (Tab. 52). Aber es ereignet sich höchst selten, daß auf diese unschuldige Art eine Ejakulation erfolgt. Bei den $^2/_3$ der Jugendlichen, bei denen nächtliche Pollutionen vorkommen, beträgt die höchste durchschnittliche Häufigkeit, die im Alter von 16—20 J. liegt, bei Unverheirateten nur 0,3, d. h. solche Pollutionen ereignen sich bei ihnen durchschnittlich einmal in je drei Wochen, bei Verheirateten 0,23, d. h. alle vier Wochen einmal. Selbst im Alter von 21—25 J., in dem die nächtlichen Pollutionen den relativ größten Anteil an der Gesamtbefriedigung haben, beträgt dieser daher nur 8,3%.

e) *„Petting"*. Diese Verhaltensweise, die in der intimen körperlichen Berührung mit Personen des anderen Geschlechts besteht und in der Absicht ausgeführt wird, dadurch geschlechtliche Erregung hervorzurufen, ist in der heutigen Jugend verhältnismäßig weit verbreitet. Der Prozentsatz der Menschen, die sich in dieser Weise geschlechtlich betätigen, steigt — ähnlich wie bei den anderen bisher besprochenen Betätigungsformen — im Jugendalter steil an. Die relativ größte Bedeutung erlangt diese Art sexuellen Verhaltens bei der unverheirateten männlichen Bevölkerung von 21—25 J. Im Alter von 11 J. sind es 1,8%, mit 13 J. 21,4%, mit 15 J. 57,0%, mit 17 J. 79,1% und mit 20 J. 87,0% aller männlichen Jugendlichen, die sich irgendwann einmal in dieser Weise betätigt haben oder regelmäßig von dieser Form der Betätigung Gebrauch machen (Tab. 134).

Mit der Verbreitung nimmt auch die Intensität zu, mit der diese Art geschlechtlichen Verhaltens praktiziert wird. Mit 15 J. sind es noch keine 10% der männlichen Bevölkerung, die auf diese Weise zur Ejakulation kommen, im Alter von 18 J. sind es dann schon 21,3%, zehn Jahre später 31,1% (Tab. 135). Im allgemeinen ist es selten, daß auf diese Art ein Orgasmus herbeigeführt wird. Dementsprechend ist auch der Anteil dieser Auslösungsform an der geschlechtlichen Gesamtbefriedigung außerordentlich gering. Er beträgt 1,31% in der Zeit von der ersten Ejakulation bis 15 J. und 2,56% in der folgenden Fünf-Jahres-Periode.

f) *Geschlechtlicher Kontakt mit Tieren.* Unter dem Gesichtspunkt des Anteils an der geschlechtlichen Gesamtbefriedigung der männlichen Bevölkerung der USA kommt dieser Art sexueller Befriedigung eine außerordentlich geringe Bedeutung zu. Dieser Anteil beträgt selbst im Jugendalter, in dem diese Befriedigungsart relativ am häufigsten vorkommt, nicht ganz 1%. Dagegen ist die Verbreitung dieser Form geschlechtlicher Betätigung erheblich größer, als man erwarten möchte. In der Altersstufe von der ersten Ejakulation bis 20 J. sind es zwar nur 6% der männlichen Gesamtbevölkerung, in deren Lebensgeschichte irgendwann einmal oder mehrmals ein solcher Kontakt, der zum Orgasmus führte, vorgekommen ist. Die meisten dieser Gewährsleute hatten einen derartigen Kontakt nur ein oder einige Male während ihres Lebens. Demzufolge ist auch die Frequenz für die Gesamtbevölkerung und sogar für den geschlechtlich einschlägig tätigen Teil derselben sehr niedrig. Dieses Bild ändert sich aber schlagartig, sobald man nur denjenigen Teil der Bevölkerung in Betracht zieht, der in größerem Umfang Gelegenheit hat, überhaupt mit Tieren zusammenzukommen, d. h. die auf dem Lande ansässige Bevölkerung. Bei dieser Gruppe ist die Verbreitung und die Frequenz der „interspezifischen geschlechtlichen Betätigung" von annähernd der gleichen Größe wie beim Verkehr mit Prostituierten oder bei homosexueller Betätigung. In der männlichen Landbevölkerung sind es nach K.s Tab. 151 mit dem vollendeten 25. Lj. immerhin 17,2%, die auf diese Weise zur Auslösung eines Orgasmus gekommen sind. Viel mehr haben derartigen Kontakt gehabt, ohne daß es dabei zur Ejakulation gekommen wäre. K. schätzt demzufolge, daß an dieser Art geschlechtlicher Betätigung mindestens etwa 40—50% der männlichen Landjugend beteiligt sind. Zieht man nun noch in Betracht, daß auch ein Teil (4%) der in der Stadt aufgewachsenen Jungen von derartigen Erlebnissen in der 2. Phase der Pubertät berichtet, die sie meist während eines Besuches auf dem Lande gehabt haben, so liegt der Schluß nahe, daß die gesamte männliche Bevölkerung in gleichem Ausmaße wie die Jugendlichen vom Lande derartige geschlechtliche Erfahrungen mit Tieren haben würde, wenn sie in entsprechendem Ausmaß Zugang zu Tieren gehabt hätte.

2. *Variationsbedingende Faktoren der Jugendsexualität.*

Die bisher mitgeteilten statistischen Ergebnisse vermitteln einen ersten orientierenden Überblick über Umfang und Formen der geschlechtlichen Betätigung der männlichen Jugend. Aber solche für eine Gesamtbevölkerung berechneten Mittelwerte lassen nichts von den tatsächlich vorhandenen, und zwar auf diesem Gebiete menschlichen Verhaltens besonders erheblichen Unterschieden von Mensch zu Mensch erkennen. Das Bild wird dagegen sofort wesentlich farbenreicher und lebensnäher, wenn man die Faktoren, die die Unterschiede in der geschlechtlichen Betätigung des Menschen bedingen, ins Auge faßt.

a) *Die lebenszeitliche Lage der Pubertätsentwicklung.* Es ist von alters her bekannt, daß Familienstand, soziale Schicht und Bildungsgrad, die Generation, der man angehört, und andere Faktoren auf den Umfang und die Formen der geschlechtlichen Betätigung des Menschen Einfluß haben (wenn man freilich auch Genaueres darüber bisher nicht wußte). Dagegen ist es ein außerordentliches Verdienst von K., auf einen bisher kaum beachteten Bedingungskomplex hingewiesen und seine Erforschung eingeleitet zu haben, der von allergrößter Bedeutung für die Ausformung der Sexualität ist: die biologischen Faktoren, die den — am Lebensalter gemessen — früheren oder späteren B e g i n n der zweiten Phase der Pubertät bestimmen. Zwar hatte man auch schon vorher gelegentlich beobachtet, daß diejenigen Jugendlichen, die früher reifen, häufig einen stärkeren Geschlechtstrieb haben als der Durchschnitt der Jugendlichen (z. B. M. E. *Breckenridge* and E. L. *Vincent* 1947, S. 489). Aber den ganzen Beziehungszusammenhang zwischen dem Alter des Eintritts in die zweite Phase der Pubertät einerseits und andererseits dem Alter der ersten geschlechtlichen Betätigung, der Häufigkeit der Geschlechtsbefriedigung des Jugendlichen, der Frequenz der geschlechtlichen Betätigung im Verlaufe des weiteren Lebens und der Auswirkung auf die Wahl der Formen für die geschlechtliche Befriedigung hat doch erstmalig K. aufgedeckt und damit einen der wichtigsten und interessantesten Beiträge zu dem so bedeutungsvollen Fragenkreis der *Akzeleration* der Entwicklung geliefert, dessen Erforschung besonders in Deutschland mit gutem Erfolg in Angriff genommen worden ist (siehe vor allem die Arbeiten von E. W. *Koch* 1935, C. *Bennholdt-Thomsen* 1942 und 1948, E. *Schwabenbauer* 1943, W. *Lenz* 1943/44).

Den Eintritt in die zweite Phase der Pubertät (K. spricht, terminologisch vom hier verwendeten Sprachgebrauch abweichend, von "onset of adolescence") bestimmt K. in erster Linie auf Grund des Auftretens der ersten Ejakulation, jedoch unter Mitberücksichtigung anderer Reifungszeichen, die unter Umständen den Ausschlag geben konnten bei den 15% seines Materials, bei denen die erste Ejakulation relativ spät lag, jedoch vorher auch kein ausreichender Versuch zur Auslösung einer solchen gemacht worden war, so daß man auf Grund des Entwicklungsstandes der übrigen Reifungszeichen vermuten muß, daß sie in diesen Fällen bereits zu einem früheren Zeitpunkt hätte hervorgerufen werden können. Als Zentralwert für den in dieser Weise bestimmten Eintritt in die zweite Phase der Pubertät hat sich das Alter von 13,56 J. (14,24 J. für die Jugendlichen mit Volksschulbildung, 13,41 J. für diejenigen, die später eine Hochschule besuchten) ergeben (Tab. 37).

Als ein erster Unterschied zwischen früh- und spätreifenden Jugendlichen hat sich gezeigt, daß die erstgenannten mit einer regelmäßigen geschlechtlichen Betätigung ungefähr g l e i c h z e i t i g mit dem Eintritt in die zweite Phase der Pubertät — d. h. für so gut wie alle Jungen dieser Gruppe: s o f o r t nach der ersten Ejakulation — beginnen. Die Gruppe der spätreifenden beginnt damit oft erst ein oder zwei Jahre nach der ersten Ejakulation, obwohl diese ihrerseits bei ihnen bereits mehrere Jahre später liegt als bei der erstgenannten Gruppe.

Recht erheblich sind auch die Unterschiede hinsichtlich der die erste Ejakulation a u s l ö s e n d e n F a k t o r e n. Bei denjenigen, die mit 11 J. oder früher in die zweite Phase der Pubertät eintreten, wird die erste Ejakulation in 71,6% der Fälle durch Masturbation hervorgerufen und erfolgt nur bei 21,6% nachts im Schlafe. Umgekehrt liegen die Verhältnisse bei der Gruppe derjenigen, bei denen erst mit 15 J. oder später der Beginn der zweiten Phase anzusetzen ist. Bei ihnen ist nur in 52,1% der Fälle die erste Ejakulation durch Masturbation ausgelöst worden, dagegen in 37,1% im Schlaf.

Die bei den frühreifenden Jugendlichen unmittelbar nach der ersten Ejakulation einsetzende sexuelle Aktivität ist durch eine ganz besondere Intensität gekennzeichnet. Geschlechtliche Entspannung wird bei ihnen in dem Zeitraum vom Beginn der zweiten

Phase bis zum Alter von 15 J. weitaus häufiger herbeigeführt als von irgendeiner anderen Gruppe der unverheirateten männlichen Bevölkerung. Diejenigen, die im Alter von 8—11 J. in die zweite Phase eingetreten sind, haben von dem Zeitpunkt des Beginns dieser Phase an bis zum Alter von 15 J. eineAuslösungsfrequenz von durchschnittlich 3,89 (Z = 2,98) pro Woche. Im Alter von 16—20 J. liegt ihre — jetzt schon etwas verminderte — Auslösungsfrequenz mit Z = 2,89 fast doppelt so hoch wie die Frequenz der mit 15 J. und später in die zweite Phase Eingetretenen, bei denen der Zentralwert für die Zeit vom Beginn der zweiten Phase bis zum Alter von 20 J. nur 1,82 pro Woche beträgt (Tab. 69). Genau so liegen die Verhältnisse bei dem gleichaltrigen verheirateten Teil der männlichen Bevölkerung (Tab. 71). Diese Unterschiede sind, wie man sieht, sowohl sehr erheblich als auch sehr bedeutungsvoll. Sie geben nämlich einen Fingerzeig, worauf die starke geschlechtliche Tätigkeit im mittleren und höheren Jugendalter zurückzuführen sein könnte. *Bennholdt-Thomsen* (1942 und 1948) hat überzeugend dargetan, daß ein eindeutiger Zusammenhang besteht zwischen Frühreife und erhöhter zentraler, vegetativer und innersekretorischer Labilität und Erregbarkeit, demzufolge die frühreifenden Jugendlichen zugleich in der Regel auch die „lebhafteren", d. h. nervös ansprechbareren und reizempfänglicheren sind. Nachdem nun durch die Forschungen von K. sichergestellt ist, daß die Frühreifenden zugleich auch die sexuell Aktiveren sind, liegt der weitere Zusammenhang zwischen gesteigerter geschlechtlicher Ansprechbarkeit und Aktivität einerseits und vegetativer Labilität und Erregbarkeit andererseits auf der Hand. *Demzufolge dürften wir in der im Jugendalter normalerweise gesteigerten Reizbarkeit und Labilität des zentralen und des autonomen Nervensystems sowie des endokrinen Systems einen weiteren wichtigen, physiologischen Bedingungskomplex für die außerordentlich starke Erregtheit und Intensität des Geschlechtstriebes und die daraus resultierende maximale geschlechtliche Aktivität im mittleren und höheren Jugendalter gefunden haben.* Der Vollständigkeit halber sei noch erwähnt, daß in den Befunden K.s nichts darauf hindeutet, daß diejenigen Männer, deren geschlechtliche Tätigkeit bedeutend früher und intensiver eingesetzt hat als bei der Gegengruppe, im Verlaufe des weiteren Lebens oder im Alter sexuell weniger potent oder aktiv seien als der Durchschnitt der Männer oder als die Angehörigen der Gegengruppe; es ist eher eine Tendenz in entgegengesetzter Richtung spürbar.

b) *Familienstand.* Während die biologischen Faktoren — Lebensalter und Alter zur Zeit des Eintritts in die zweite Phase der Pubertät — in erster Linie die Frequenz der geschlechtlichen Gesamtaktivität bestimmen und nur mehr indirekt die Wahl der Auslösungsformen beeinflussen, sind die sozialen Faktoren — Familienstand, Bildungsgrad, soziale Schicht usw. — ausschlaggebend in erster Linie für die Wahl der Formen, in der sich die geschlechtliche Betätigung abspielt, und bloß mehr indirekt für die Frequenz der Gesamtbefriedigung.

Selbstverständlich übt der Umstand, ob ein Jugendlicher verheiratet ist oder nicht, sowohl auf die Art und Weise als auch auf den Umfang seiner geschlechtlichen Betätigung entscheidenden Einfluß aus. Es war schon davon die Rede, daß der verheiratete Teil der jugendlichen männlichen Bevölkerung höhere Durchschnittszahlen der geschlechtlichen Befriedigung pro Woche hat als der gleichaltrige unverheiratete Teil, wobei jedoch beachtlich ist, daß das arithmetische Mittel für die Verheirateten mit 4,8 Orgasmen pro Woche nur unbeträchtlich höher liegt als bei den Unverheirateten, deren durchschnittliche Orgasmushäufigkeit bei 3,3 liegt. Dieser verhältnismäßig geringe Unterschied dürfte einen doppelten Grund haben. Bezüglich der Gruppe der Unverheirateten zeigt er, wie wenig die männliche Jugend trotz aller moralischen Verbote und faktischen Behinderungen bereit oder in der Lage ist, ihre sexuellen Bedürfnisse zu drosseln und auf Befriedigung ganz oder auch nur in stärkerem Maße zu verzichten. Bezüglich der Verheirateten ist aber zu bedenken, daß auch sie trotz aller Privilegien ganz gewiß geschlechtliche Befriedigung nicht in dem von ihnen gewünschten Ausmaß haben.

Denn einerseits stellen sich dem in der Ehe mancherlei Hindernisse entgegen (teils mangelnde Bereitschaft der Frau zu häufigerem Verkehr, teils tatsächliche Behinderung infolge von Monatsblutung oder von Schwangerschaft und Geburt; von seiten des Mannes z. B. Müdigkeit nach anstrengender Arbeit; schließlich für beide Teile mitunter Mangel an geeigneten Gelegenheiten); andererseits sind die Verheirateten selbstverständlich ebenso wie ihre unverheirateten Altersgenossen an allen anderen Formen der Geschlechtsbefriedigung behindert, von denen sie andernfalls gewiß in noch stärkerem Maße Gebrauch machen würden als sie ohnehin tun.

Trotz dieser mannigfachen Hemmungen und Schwierigkeiten sind es immerhin 7,6% der männlichen Bevölkerung, die lange Zeiten hindurch täglich oder auch mehrmals am Tage Ejakulationen haben. Bedenkt man alles dies, so muß man wohl K. zustimmen, wenn er schreibt, man könne „mit Sicherheit annehmen, daß täglicher Orgasmus im Rahmen der Leistungsfähigkeit des Durchschnittsmannes liegen würde und daß von einem großen Teil der Menschheit eine noch höhere Zahl erreicht werden könnte, . . . wenn sich das Geschlechtsleben ungehindert entfalten dürfte" (S. 205).

Weit mehr als auf die Häufigkeit der geschlechtlichen Aktualisierung überhaupt wirkt sich die Tatsache des Verheiratetseins auf die Auslösungs f o r m e n aus. Die M a s t u r b a t i o n , die die hauptsächlichste Befriedigungsform für die unverheirateten männlichen Jugendlichen darstellt, fällt bei den Verheirateten zwar nicht ganz fort, spielt aber nur eine außerordentlich geringe Rolle (Tab. 51: im Alter von 16—20 J. ist M = 0,14 pro Woche, ihr Anteil an der Gesamtbefriedigung 2,95%; im Alter von 21—25 J. M = 0,17, Anteil an der Gesamtbefriedigung 4,40%; dieser steigende Anteil der Masturbation erklärt sich aus dem Absinken der Häufigkeit des ehelichen Geschlechtsverkehrs von M = 4,51 im Alter von 16—20 J. auf M = 3,37 pro Woche im Alter von 21—25 J.; Tab. 57). Die Zahlen für außerehelichen Geschlechtsverkehr sind bei den jüngsten Altersgruppen am höchsten. Außerehelicher Geschlechtsverkehr findet sich bei 36,8% der verheirateten 16—20jährigen und bei 31,3% der 21—25jährigen.

c) *Bildungsstufe (soziale Schicht)*. Einen unerwartet starken und anhaltenden Einfluß übt die soziale Schicht, der ein Mensch angehört, auf seine geschlechtlichen Verhaltensweisen aus. Dreierlei Möglichkeiten zur Bestimmung der sozialen Schicht sind naheliegend: auf Grund der Schulbildung, auf Grund des Berufes der Eltern des Probanden und auf Grund des von diesem selbst ausgeübten Berufes. Am einfachsten zu handhaben ist der erste Einteilungsgesichtspunkt. Es lassen sich leicht drei große Gruppen bilden: die Gruppe derjenigen, die nur die Volksschule besucht haben, die Gruppe derer, die darüber hinaus eine höhere Schule besucht haben, und die Gruppe derjenigen, die irgendeine akademische Bildung genossen haben.

Hinsichtlich der geschlechtlichen *Gesamtaktivität* unterscheiden sich die drei Bildungsgruppen nur sehr wenig voneinander. Jedoch ist zu sagen, daß von den Jugendlichen, die früh in die zweite Phase der Pubertät eingetreten sind, die Jungen mit Volksschulbildung die stärkste geschlechtliche Aktivität aufweisen, die Jugendlichen mit späterer akademischer Bildung die schwächste.

Um so stärker ist nun aber der Unterschied hinsichtlich der Wahl der *Formen* der geschlechtlichen Befriedigung.

*Masturbation* findet sich in allen Altersstufen einwandfrei am häufigsten bei den Jugendlichen, die später die Universität oder eine gleichgestellte Hochschule besucht haben. In den Jahren von 16—20 z. B. ist die Selbstbefriedigung bei unverheirateten Jugendlichen mit späterer akademischer Bildung fast doppelt so verbreitet wie unter Jugendlichen mit Volksschulbildung. Im Alter von 20—30 J. wird der Unterschied noch größer. Und abermals größer ist der Unterschied zwischen den genannten Bildungsschichten bei dem verheirateten Teil der Bevölkerung. Von den Jugendlichen mit Volksschulbildung masturbieren nur 20—30% während der ersten Ehejahre, in der Gruppe der Jugendlichen mit akademischer Bildung sind es dagegen 60—70%.

Genau umgekehrt liegen die Verhältnisse für den *vorehelichen Geschlechtsverkehr*. In der ersten Periode geschlechtlicher Aktivität (von der ersten Ejakulation bis zum Alter von 15 J.) hat die Hälfte (48,1%) aller Jugendlichen mit Volksschulbildung und fast ebenso viele (43,2%) der Jungen mit höherer Schulbildung heterosexuellen Geschlechtsverkehr gehabt, aber nur 9,8% derjenigen Jungen, die später auf einer Hochschule ihre Ausbildung fortsetzten. Im Altersraum von 16—20 J. sind die entsprechenden Zahlen: 85,4% — 75,5% — 41,8% (Tab. 85). Geschlechtsverkehr vor der Ehe hatten in der erstgenannten Bildungsschicht 98%, in der mittleren 84%, in der letztgenannten 67%. Im Durchschnitt liegt die erste Erfahrung auf diesem Gebiet bei den Jugendlichen mit späterer akademischer Bildung ungefähr 5—6 J. später als bei den Jugendlichen mit Volksschulbildung.

Noch beträchtlicher als bezüglich der Verbreitung sind die Unterschiede in der Frequenz der vorehelichen heterosexuellen Betätigung. In den Jahren von 16—20 ist die Frequenz bei der Gruppe der Volksschüler siebenmal größer als bei den akademisch gebildeten Jugendlichen. Dementsprechend ist auch der Anteil, den der voreheliche Geschlechtsverkehr an der Gesamtbefriedigung hat, recht unterschiedlich. Er beträgt im Alter von der ersten Ejakulation bis zum 16. Lj. für die genannten drei Bildungsschichten (für die Gesamtbevölkerung berechnet) 37,94% — 25,45% — 3,37%, im Alter von 16—20 J. 58,92% — 42,17% — 11,26% (ebd.). Bedenkt man, daß die volksschulgebildete Schicht immerhin 85% der Gesamtbevölkerung ausmacht, und zieht man die weite Verbreitung und die große Häufigkeit des vorehelichen Geschlechtsverkehrs in dieser Schicht in Betracht, so kommt man zu der Erkenntnis, daß im Jugendalter diese Form der geschlechtlichen Befriedigung die gebräuchlichste überhaupt ist.

Ein weiterer sehr interessanter Unterschied zwischen den Bildungsstufen besteht in der Wahl der Partner für den Geschlechtsverkehr. Die Angehörigen der unteren Bildungsstufe verfahren in der Auswahl ihrer Partnerinnen oft sehr beliebig. Viele haben kein Interesse daran, mit demselben Mädchen mehr als einmal Geschlechtsverkehr zu haben. Manche Männer dieser Bildungsstufe mögen vorehelichen Verkehr mit einigen Hundert oder auch einem Tausend oder mehr verschiedener Mädchen gehabt haben. In dieser Beziehung unterscheiden sie sich am meisten vom Verhalten der Angehörigen der oberen Bildungsschicht, bei denen der Geschlechtsakt viel inniger in das übergreifende Geschehen gesamtpersönlicher Paarbildung eingegliedert ist, während bei den Menschen auf einfacherer Bildungsstufe der geschlechtliche Verkehr mit einem Partner des anderen Geschlechtes relativ weitgehend aus dem übrigen Erlebens- und Verhaltenszusammenhang herausgelöst ist, was eine einseitige und übermäßig vom Trieb bestimmte Einstellung zur Folge hat, die sehr oft außerhalb des Rahmens einer irgendwie gearteten tieferen Liebesbeziehung unmittelbar nur auf die Erfüllung des augenblicklichen sinnlichen Triebbedürfnisses zielt. Dieses Ergebnis stimmt sehr gut zu der oben getroffenen Feststellung, daß die mehr oder minder unlösbare Bindung der Begattungsakte an den weitergespannten Funktionskreis dauerhafter personaler Paarbildungen beim heutigen Menschen eine genetisch spätere, höherstehende und positiv werthaltige Errungenschaft darstellt.

Dieser gleiche Unterschied ist auch maßgebend für die verschiedene Einstellung der einzelnen Bildungsschichten zu dem, was die heutige amerikanische Jugend als "*petting*" bezeichnet. Dieser zärtliche, liebkosende, dabei auf geschlechtliche Erregung gerichtete taktile Umgang mit Personen des anderen Geschlechts kommt hauptsächlich in den beiden oberen Bildungsschichten vor. Zwar ist der Unterschied in der Verbreitung nicht nennenswert (bei den beiden oberen Bildungsschichten haben 92% hierher gehörende Erfahrungen vor der Ehe, in der unteren Bildungsschicht 88%), beachtlich ist er aber hinsichtlich der Verfahrensweise bei dieser Art intimen zwischenmenschlichen Kontaktes. Und zwar ist es diesmal die obere Bildungsschicht, die in dieser Art geschlechtlichen Verhaltens weitergeht und sie intensiver und raffinierter betreibt. So sind es unter den Männern der oberen Bildungsschicht etwa 61%, die auf diese Weise in ihrer vorehelichen Zeit einmal oder mehrmals zur Auslösung eines Orgasmus gekommen sind, von denen mit höherer Schulbildung 32% und von denen mit Volksschulbildung nur 16% (Tab. 84). Noch stärker sind die Unterschiede in der Häufigkeit, mit der auf diesem Wege geschlechtliche Befriedigung gesucht wird. Bei den Jugendlichen mit späterer akademischer Bildung ist die durchschnittliche Frequenz während des Zeitraums von 16—20 J. fast dreimal und während der folgenden 5 J. annähernd fünfmal so groß wie bei den Jugendlichen mit Volksschulbildung. Entsprechend dem in den einfacheren Bildungsschichten relativ unvollkommenen Eingebundensein der Äußerungen der Geschlechtlichkeit in übergreifende und überdauernde Erlebens- und Verhaltenszusammenhänge wird hier ohne viele Umschweife und ohne lange Vorbereitung, oftmals nach ganz kurzer Bekanntschaft, zum Geschlechtsverkehr übergegangen, häufig ohne daß die Beteiligten sich vorher auch nur einen Kuß gegeben hätten. In den höhergebildeten Volksschichten ist dagegen doch meistens eine längere Bekanntschaft und eine gewisse Vertrautheit miteinander sowie persönliche Bindung aneinander üblich, ehe direkt geschlechtliche Beziehungen in Frage kommen.

Selbstverständlich gibt es noch eine ganze Reihe anderer, das geschlechtliche Verhalten des Individuums modifizierender Faktoren. Aber entweder ist ihr Einfluß bei weitem nicht so groß wie der der soeben behandelten, oder sie sind in ihren Auswirkungen noch nicht genügend erforscht.

### *III. Das geschlechtliche Verhalten der weiblichen Jugend.*

Über die geschlechtliche Entwicklung der weiblichen Jugend wissen wir zur Zeit nur sehr wenig. K.s Bericht über seine Forschungsergebnisse bezüglich des Geschlechtslebens der Frau wird erst im Laufe dieses Jahres erscheinen. Einige gelegentliche Bemerkungen über seine vorläufigen einschlägigen Ergebnisse finden sich jedoch an verschiedenen Stellen seines Werkes über die geschlechtliche Betätigung des Mannes eingestreut. Was wir sonst bisher an Untersuchungen auf diesem Gebiet haben, umfaßt nicht genügend große Personenzahlen und bezieht sich auch nicht auf unausgelesene Menschengruppen.

*Geschlechtliche Spielereien* in der Kindheit und in der ersten Phase der Pubertät, d. h. also in der Zeit vor der ersten uterinen Blutung, kommen selbstverständlich auch beim Mädchen vor, aber doch *sehr viel seltener als bei Jungen*. Nur der fünfte Teil des bei Jungen gefundenen Prozentsatzes ist bei den Mädchen daran beteiligt (S. 167). Bei solchen Spielereien kann es auch zur Auslösung eines Orgasmus kommen, jedoch sind viele Mädchen selbst an solchen spezifisch sexuellen Tätigkeiten wie Austausch intimer Zärtlichkeiten oder auch Geschlechtsverkehr beteiligt, ohne dabei auch nur eine nennenswerte geschlechtliche Erregung zu erleben (S. 157).

Allgemein bekannt als Kriterium für den Übergang in die zweite Phase der Pubertät ist — wie schon gesagt — die *erste uterine Blutung*. Als Normwert für den Zeitpunkt derselben kann man für die weibliche Jugend Deutschlands nach den Erhebungen von *Bober* und *Scholz* (1944) das Alter von 13,6 J. angeben. Im Gegensatz zu einer fast allgemein verbreiteten Irrmeinung sind diese erste und die folgenden genitalen Blutungen nicht die Folge einer vorausgegangenen Ovulation und Corpus-luteum-Bildung. Sie werden vielmehr ausgelöst durch die periodischen Schwankungen in der Follikelhormonproduktion: die rasche Senkung des Follikelhormonspiegels im Blut führt zur Abstoßung der proliferierten Gebärmutterschleimhaut und damit bei den Primaten einschließlich des Menschen zur Blutung. Infolgedessen ist mit dem Eintritt der ersten genitalen Blutung auch noch keineswegs die Geschlechtsreife erreicht. Infolge der fehlenden Ovulation besteht selbstverständlich auch noch keine Befruchtungsfähigkeit. Vielmehr folgt auf die erste Blutung eine Phase der physiologischen Sterilität. Über die Dauer dieser Phase der "adolescent sterility" besitzen wir z. Zt. keine sichere Kenntnis. Der Berliner Anatom H. *Stieve* (1947) konnte auf Grund anatomischer Untersuchungen, die er in den letzten drei Jahrzehnten an mehr als 300 Frauen durchgeführt hat, feststellen, daß bei jungen Mädchen nach der ersten Blutung während vieler Monate, oft während mehrerer Jahre noch keine Follikel voll ausreifen und platzen. Exakte Werte für die Dauer dieser Phase werden wir erst erhalten, wenn man den Zeitpunkt der ersten Ovulation bei einer größeren Anzahl von Mädchen festgestellt haben wird, wie das — was weithin unbekannt ist — durch eine Reihe einfacher Temperaturmessungen geschehen kann (da 1—2 Tage nach der Ovulation die Körpertemperatur in zeitlicher Übereinstimmung mit der Intensivierung der Gelbkörperfunktion plötzlich steil ansteigt) (K. *Tietze* 1948) oder genauer durch gleichzeitige Beachtung der Temperaturkurve und der Herzfrequenzkurve (N. *Kleitman* and A. *Ramsaroop* 1948) oder auch im Tierversuch durch Einspritzung des Urins (E. J. *Farris* 1948). Mit großer Wahrscheinlichkeit wird der Termin der ersten Ovulation in unmittelbarer zeitlicher Nähe des Zeitpunktes des Endes des äußerlich sichtbaren Reifungsgeschehens liegen, was nach den Tafeln von *Bober* und *Scholz* (1944) bei deutschen Mädchen normalerweise mit 15,5 J. der Fall zu sein pflegt.

In unserem Zusammenhang ist nun vor allem wichtig, daß die erste genitale Blutung für die Entwicklung der weiblichen Sexualität nicht annähernd von der gleichen entscheidenden Bedeutung ist wie die als Reifungskriterium entsprechende erste Ejakulation bei den Jungen. Das ist ohne weiteres verständlich, wenn man bedenkt, daß die erste Ejakulation bei den Jungen, naturnotwendig mit intensiven Wollustgefühlen verbunden, unvermeidlicherweise das Erlebnis geschlechtlicher *Erregung* und *Entspannung* mit sich brachte und solcherweise eine spezifische, die allgemeine Lebensdynamik immer wieder in diese Bahn lockende Erfahrung darstellt, wohingegen die genitale Blutung bei den Säugetieren einschließlich des Menschen in der Regel mit keinerlei geschlechtlichen Lust- und Befriedigungserlebnissen verbunden ist. Während daher die Kurve der geschlechtlichen Betätigung des Mannes mit dem Eintritt in die zweite Phase der Pubertät schlagartig emporschnellt, und zwar sogleich auf den höchsten Punkt ihres gesamten Lebensverlaufes, geht die Entwicklung der geschlechtlichen Betätigung bei den meisten Mädchen mehr in Form einer *ganz allmählich ansteigenden* Kurve vor sich.

Im Verlauf dieser Entwicklung vollzieht sich, nach Aufnahme normaler heterosexueller Beziehungen, bei der Frau ein *Wechsel der führenden „erogenen" Leitzone*. Die erwachende, stärker ausgegliederte und enger lokalisierte Sexualität der Reifungsjahre ist zuerst und ganz natürlich auf die Klitoris zentriert. Diese ist das entwicklungsgeschichtlich sowie anatomisch-physiologisch dem männlichen Gliede entsprechende Organ. Sie ist — im Gegensatz zur Vagina — sowohl mit einem ausgesprochenen „Schwellkörper" ausgestattet als auch in ganz besonders reichem Maße mit jenen spezifischen Nervenendkörperchen (Rezeptoren), deren Reizung die charakteristischen, erregenden und beglückenden sexuellen Erlebnisse auslösen, denen sie die Bezeichnung „Wollustkörperchen" verdanken. Die Klitorispartie ist daher die phylogenetisch sowie histologisch und physiologisch prädestinierte Auslösungszone des (vaginalen) Orgasmus. Beim Übergang zum normalen Geschlechtsverkehr, bei dem die Klitoris weitgehend oder auch völlig unberührt bleibt, wird von der Frau eine ganz erhebliche Umstellung verlangt: die Ablösung von dem bisherigen klitoridalen Auslösungsmodus zugleich mit der Entwicklung einer vaginalen orgastischen Erregbarkeit. Wenn man bedenkt, daß die Schleimhaut der Vagina über keinerlei spezifische Nervenendkörperchen verfügt und überhaupt sehr arm an Rezeptoren ist, so wird einem die außerordentliche Schwierigkeit dieser Umstellung, die längst nicht von allen Frauen geschafft wird, deutlich. Es ist ein großes Verdienst W. *Kempers* (1943, S. 20 f. u. 125 ff.), in diese bisher dunklen Fragen der Geschlechtsentwicklung der Frau Licht gebracht zu haben.

Ehe weitere Mitteilungen zahlenmäßiger Art über die weibliche Jugendsexualität gemacht werden, muß zuvor eine grundsätzliche Erwägung eingeschaltet werden. Für eine statistische Bearbeitung des menschlichen Geschlechtslebens ist es durchaus naheliegend, und gerade für ein erstes Herangehen an die umfassende Erforschung dieses Gebietes auch empfehlenswert, von leicht faßbaren und wohldefinierten Daten auszugehen. K. hat in diesem ersten Forschungsbericht in der Hauptsache nur diejenigen geschlechtlichen Verhaltensweisen berücksichtigt, die zum Orgasmus führen. Für das Geschlechtsleben des Mannes vermag dieses Verfahren in groben Umrissen ein annähernd zutreffendes Bild zu geben. Bei der weiblichen Sexualität liegen die Dinge in dieser Beziehung aber wesentlich anders. Während beim Manne tatsächlich der Großteil seiner geschlechtlichen Aktivität zum Orgasmus und zur Ejakulation führt und daher auf dem Wege einer Registrierung der Ejakulationen der größte Teil seiner geschlechtlichen Tätigkeit statistisch erfaßt werden kann, ist das beim weiblichen Geschlecht nicht annähernd der Fall: 1. Der Orgasmus kann bei der Frau physiologischerweise einen diffuseren Charakter haben als beim Mann. An der Grenze zum Bereich des Pathologischen hin und in diesen schon etwas hineinreichend gibt es sogar — nicht selten — einen Orgasmusverlauf, bei dem an Stelle eines einzigen und einzigartigen Höhepunktes (wie das beim Mann die Regel ist) eine Reihe kleiner Teilentladungen tritt, wodurch sowohl der physiologische als auch der Erlebnisverlauf derart nivelliert wird, daß der Orgasmus kaum noch bzw. nicht mehr als solcher bemerkt wird, vielmehr in der Flut mannigfaltigster Erlebnisqualitäten untergeht. 2. Wegen des stammesgeschichtlich ungeheuer verschlungenen und komplizierten Weges der weiblichen Sexualorgane und -funktionen ist die Auslösung des Orgasmus für Störungen aller Art überaus anfällig. Insbesondere ist zu bedenken, daß sich infolge des phylogenetischen Überganges zur inneren Befruchtung der Orgasmus von seiner primären Basis der Ausstoßungserregung der Geschlechtsprodukte losgelöst hat und insofern nicht — wie der Orgasmus des Mannes, der solche Wandlungen nicht durchgemacht hat — ein uralter Reflex, sondern ein phylogenetischer Neuerwerb ist (*Kemper* 1943, S. 111 f.).

Diese Verhältnisse machen es verständlich, daß Störungen der orgastischen Potenz (Auslösbarkeit des Orgasmus) — von kaum spürbarer Erschwerung der orgastischen Auslösung bis zu totaler Orgasmusunfähigkeit — beim weiblichen Geschlecht recht weite Verbreitung haben. Unter diesen Umständen kann aber die Zahl der Orgasmen beim weiblichen Geschlecht nicht gut als Maßstab seiner Sexualität betrachtet werden, weil bei ihm nur ein Bruchteil der tatsächlichen Sexualitätsäußerungen zu einem erlebten und bemerkten Orgasmus führt, m. a. W. die „Dunkelziffer", d. h. die Differenz zwischen der wirklich getätigten und der statistisch aufgewiesenen Sexualität bei dieser Art der Registrierung übermäßig groß ist. Auf dieser Basis — der Anzahl der Orgasmen — ist ein Vergleich der Geschlechter hinsichtlich der Intensität und des Umfanges der geschlechtlichen Betätigung auf irgendeiner Altersstufe daher nicht möglich; dagegen vermag eine Gegenüberstellung der geschlechtsspezifischen Mittelwerte für Orgasmushäufigkeit die erheblichen qualitativen Unterschiede in der Sexualität der beiden Geschlechter in drastischer Weise zur Anschauung zu bringen.

Ganz außerordentlich sind die Unterschiede zwischen den Geschlechtern hinsichtlich der *Verbreitung* orgastischer Erlebnisse im Jugendalter.

Bei der männlichen Bevölkerung beginnen 99% unmittelbar nach der ersten Ejakulation mit einer regelmäßigen geschlechtlichen Betätigung. Im Gegensatz dazu kann für viele Frauen ein Zeitraum von mehreren Jahren — sogar von 10 und 20 J. — zwischen dem ersten geschlechtlichen Erlebnis und dem Beginn einer regelmäßigen geschlechtlichen Betätigung liegen (S. 192). Im Alter von 15 J. haben 92 % der gesamten männlichen Bevölkerung die Erfahrung eines Orgasmus gehabt, dagegen von den Mädchen dieses Alters weniger als 1/4. Erst im Alter von 29 J. hat der gleiche Prozentsatz der weiblichen Bevölkerung Orgasmuserfahrung wie die männliche Bevölkerung im Alter von 15 J. (S. 187).

Was die *Frequenz* der geschlechtlichen Entspannung anbelangt, so beträgt dieselbe beim weiblichen Geschlecht in den Jahren von der ersten genitalen Blutung bis zum Alter von 20 J. durchschnittlich nur den 5. Teil derjenigen, die Jungen im entsprechenden Alter zu haben pflegen (S. 223). Jedoch sind beim weiblichen Geschlecht die interindividuellen Unterschiede in der durchschnittlichen Häufigkeit der geschlechtlichen Befriedigung ganz außerordentlich, sogar noch größer als die bereits unerwartet hoch liegenden Differenzen beim männlichen Geschlecht (S. 197) — während in so vielen anderen Beziehungen das weibliche Geschlecht in seinem Verhalten und seinen Leistungen bedeutend homogener erscheint als das männliche.

Über die einzelnen *Formen der geschlechtlichen Befriedigung* haben wir für die weibliche Jugend z. Zt. nur sehr wenige verläßliche Angaben.

Für die Verbreitung der *Masturbation* unter der weiblichen Jugend haben wir einige Anhaltspunkte aus Untersuchungen, die zwar eine große Zahl von Garanten umfassen, aber leider weder für die weibliche Gesamtbevölkerung eines Landes noch für irgendwelche Gruppen derselben genügend repräsentativ sind. Nach D. *Landis* et al. (1940) haben 54%, nach K. B. *Davis* (1929) 67% in akademischen Schichten und nach G. V. *Hamilton* (1929) 74% der befragten Frauen irgendwann in ihrem Leben masturbiert. Im Unterschied zu der überwiegenden Mehrzahl der Jungen machen die Mädchen oft selbständig die Entdeckung dieser Möglichkeit der geschlechtlichen Befriedigung, ohne vorher von anderen etwas darüber gehört zu haben (S. 501).

*Träume*, die einen Orgasmus zur Folge haben, haben vor dem 20. Lj. nach *Hamilton* nur 4% der von ihm befragten unverheirateten Frauen gehabt.

Bezüglich des Austausches intimer, mit geschlechtlicher Erregung verbundener *Zärtlichkeiten* ("petting") ergibt sich aus einer durch Fragebogen angestellten Erhebung von F. G. *Smith* (1924), daß von 171 Studentinnen 92% irgendwann einmal in ihrem bisherigen Leben daran beteiligt waren. Der Zentralwert für die erste Erfahrung dieser Art lag in der befragten Gruppe zwischen 16 und 17. J.

Aus einigen älteren und neuesten Untersuchungen an sehr verschiedenen Populationen sind einige Anhaltspunkte zu gewinnen über die Verbreitung des *vorehelichen Geschlechtsverkehrs*. S. *Golossowker* (1925) erhielt bei einer durch Fragebogen angestellten Erhebung an Kasaner Studentinnen (Rußland) 550 Antworten. Zwei Drittel der Beteiligten befanden sich im Alter von 20—25 J. Von den Antwortenden hatten 60% ihren ersten Geschlechtsverkehr vor dem 20. Lj. gehabt. Nach den Ergebnissen von G. *Jonsson*, die sich auf die Ende 1943 bis Anfang 1944 von Ärzten vorgenommene persönliche Befragung von 314 Patientinnen aus der Sprechstundenpraxis, aus Sanatorien und Krankenhäusern Schwedens gründen, hatten von den 182 verheirateten Frauen 80%, von den 132 unverheirateten 52% vorehelichen Geschlechtsverkehr gehabt. K. teilt mit, daß in den unteren Volksschichten $^3/_4$ der weiblichen Jugend vor der Ehe Geschlechtsverkehr gehabt haben (S. 393). Schließlich hat ein englischer Fachmann, N. *Teulon*, schon 1925 in einer als Privatdruck erschienenen Schrift von Dörfern auf dem mittelenglischen Lande berichtet, daß dort Virginität unter 13—14jährigen Mädchen als kaum glaubhaft galt und, wenn sie ausnahmsweise von einem der Mädchen behauptet wurde, diesem den Ruf der Hochnäsigkeit einbrachte. Bei einer kürzlich von S. O. *Brattgård* (1950) durchgeführten Untersuchung an 1000 Patienten der Psychiatrischen Klinik in Göteborg (Schweden) hat sich für den weiblichen Teil als Zentralwert für das Alter beim ersten Geschlechtsverkehr der Wert von 18,5 J. ergeben. Diejenigen Mädchen, die ihren ersten Geschlechtsverkehr v o r diesem Alter hatten, hatten ihn in 45% der Fälle im Rahmen einer lockeren, zufälligen Verbindung, in 55% der Fälle im Rahmen eines „festen Verhältnisses" oder mit ihrem Verlobten. Lag der erste Geschlechtsverkehr dagegen n a c h diesem Alter, so fand er nur noch in 28% der Fälle innerhalb einer lockeren Verbindung statt, in 54% im Rahmen eines „festen Verhältnisses" oder mit dem Verlobten und in 18% sogar erst in der Ehe. Wem die Gültigkeit dieser Zahlen im Hinblick auf die Eigenart des Patientenmaterials auch sehr stark eingeschränkt werden muß, so vermögen sie doch ein u n g e f ä h r e s Bild von den Verhältnissen in der Gesamtbevölkerung zu geben. Insbesondere zeigen sie ebenso deutlich wie die entsprechenden Zahlen der männlichen Jugend, daß der Aufbau und die Erhaltung dauerhafter personaler Paar-Ganzer mit zunehmender Reife der Beteiligten besser und häufiger gelingt und daß im Laufe der gesunden Jugendentwicklung der Funktionskreis der Begattung in stärkerem Maße an den höheren Funktionskreis der dauerhaften paarigen Lebensgemeinschaft gebunden wird und gliedhaft in denselben eingeht. *Viele sittliche Schwierigkeiten im Jugendalter sind dadurch bedingt, daß die sexuelle Gliedstruktur früher reift als die (hochkomplexe) sozialpsychische Fähigkeit zu dauerhafter Paarbildung*, so daß während dieser Zeit die Sexualität gewissermaßen „herrenlos", d. h. ohne feste Bindung an einen bestimmten Partner, flottiert.

Von den verheirateten Studentinnen *Golossowkers* hatten 30% *außerehelichen Geschlechtsverkehr*.

## *IV. Sittenlosigkeit der heutigen Jugend?*

Nachdem vorstehend in aller Kürze die wichtigsten Tatsachen aus dem Gebiete der Jugendsexualität zusammengestellt worden sind, erhebt sich die Frage, ob die geschlechtliche Entwicklung der h e u t i g e n Jugend irgendwie von der f r ü h e r e r Generationen abweicht. Auch hier kann nicht der subjektive Eindruck, dem das Wehgeschrei über die „einzigartige" Zügellosigkeit und Verdorbenheit unserer Jugend entstammt, den Ausschlag geben, sondern allein die nüchterne Tatsachenforschung. Sichere, empirisch begründete Angaben zur Sache haben — wenigstens für die letzten Jahrzehnte — die Arbeiten von K. und *Jonsson* beigebracht.

K. ist dieser Frage in einem eigenen (11.) Kapitel seines Werkes nachgegangen, in dem er die große Menge seiner Gewährsleute nach ihrem Lebensalter grob in zwei Generationsgruppen einteilt, wobei er in der einen Gruppe alle diejenigen Männer zusammenfaßte, die z. Zt. der Befragung 33 J. und älter waren, in der anderen alle jüngeren Männer, die zu seinem Werke beigetragen haben.

Das Ergebnis seiner auf dieser Basis durchgeführten vergleichenden Berechnungen zeigt, daß *die Unterschiede zwischen diesen beiden „Generationen" erstaunlich gering* sind. Ein Vergleich der in K.s Tabellen 104 und 105 für beide Generationen mitgeteilten Zahlen sowie ein Blick auf die zugehörigen graphischen Darstellungen gibt ein sehr eindrucksvolles Bild von der außerordentlichen K o n s t a n z und Stabilität des geschlechtlichen Verhaltens in den beiden untersuchten Generationen! Im großen und ganzen gleicht das geschlechtliche Verhalten der jüngeren Generation dem der älteren hinsichtlich des Umfangs und der Formen der diesbezüglichen Betätigung so weitgehend, daß die Ansicht von der sittlichen Verwahrlosung der heutigen Jugend schlechterdings jeglicher empirischen Grundlage entbehrt — jedenfalls soweit das Gebiet des Geschlechtlichen in Frage steht. Insbesondere ist der Prozentsatz der an heterosexuellem und an homosexuellem Geschlechtsverkehr beteiligten Jugendlichen in beiden Generationen völlig gleich[1]. Und

[1] Bezüglich des Geschlechtsverkehrs Unverheirateter, der in der Sprache der Moraltheologie als „fornicatio simplex" bezeichnet wird, liegt ein aufschlußreicher Hinweis auf dessen nahezu allge-

gerade diese beiden Gebiete pflegen doch immer in erster Linie als Kriterien für die „Sittlichkeit" oder „Unsittlichkeit" einer Jugend angesprochen zu werden. Die geringen, von der Untersuchung zutage geförderten Generationsverschiedenheiten bestehen fast ausschließlich darin, daß in den bildungsmäßig (und sozial) tieferen Volksschichten die puberale Sexualität bei der jüngeren Generation früher einsetzt, besonders in den ersten Jahren nach dem Beginn der zweiten Pubertätsphase intensiver betätigt wird (d. h. wesentlich höhere Durchschnittsfrequenzen aufzuweisen hat), wobei besonders die mittleren Häufigkeitswerte für heterosexuellen Geschlechtsverkehr und für Masturbation erheblich gestiegen sind. In der oberen Bildungsschicht hat sich in der gesamten sexuellen Betätigung so gut wie nichts geändert. Von zwei Veränderungen jedoch ist die gesamte Jugend der jüngeren Generation in allen Bildungsstufen betroffen: der auf geschlechtliche Erregung abzielende zärtliche Umgang mit Personen des anderen Geschlechts tritt in der heutigen Jugend sowohl früher als auch in größerer Verbreitung auf; auf der anderen Seite ist der Geschlechtsverkehr mit Prostituierten hinsichtlich seiner Verbreitung etwas, hinsichtlich der Häufigkeit erheblich (auf $^2/_3$ bis $^1/_2$) zurückgegangen.

Will man die zuerst erwähnten Generationsunterschiede, die in Richtung einer früheren, verbreiteteren und stärkeren geschlechtlichen Betätigung der breiten Masse der volksschulgebildeten Jugendlichen der jüngeren Generation liegen, richtig verstehen, so muß man sie in Zusammenhang bringen mit einem anderen Befund K.s. Dieser fand nämlich bei seinen Erhebungen über pubertätsspezifische Wachstums- und Entwicklungsvorgänge (wie vermehrtes Längenwachstum, Pubesbehaarung, erste Ejakulation, Stimmwechsel und Wachstumsstillstand) eine Vorverlegung der Pubertätsentwicklung bei der jüngeren Generation gegenüber der älteren, von der in seinem Material vor allem und fast allein die untere Bildungs- und Sozialschicht ergriffen ist[2]. Auf der Folie dieser Tatsachen erscheint die frühere, verbreitetere und stärkere geschlechtliche Betätigung der breiten unteren Volksschichten einfachhin als die natürliche Folge der allseitigen und harmonischen Akzeleration (= der „Proinoplasie" *Rössles*) derselben — nicht als Zeichen moralischer Verkommenheit —, während andererseits die bildungsmäßige und soziale Oberschicht der angloamerikanischen Bevölkerung, bei der in den letzten Jahren keine weitere Entwicklungsbeschleunigung mehr festzustellen war, auch hinsichtlich ihres geschlechtlichen Verhaltens keinerlei Abweichungen von den diesbezüglichen Gewohnheiten der älteren Generation zeigt. Die in den unteren Volksschichten hervorgetretenen Modifikationen des geschlechtlichen Verhaltens sind geradezu ein Beweis für die konstante Entsprechung von Reifungsstand und geschlechtlicher Betätigung. Mit einer jeden Veränderung im Reifungsvorgang, wie sie die Akzeleration darstellt, gehen in der Regel ebensolche in der geschlechtlichen Betätigung einher.

Sehr eindrucksvoll ist die geschichtliche Konstanz geschlechtlichen Verhaltens in Deutschland neuestens auf Grund der Kriminalstatistik dargestellt worden. K. S. *Bader* (1950) zeigte in seinem vielbeachteten Vortrag auf der 1. Sexualwissenschaftlichen Arbeitstagung in Frankfurt, daß auch jener Teil der geschlechtlichen Betätigung, der sich in strafbedrohten Formen vollzieht, von dem Wechsel moralischer Anschauungen sowie auch von wirtschaftlichen und soziologischen Veränderungen bemerkenswert wenig beeinflußt wird, so daß ein auffälliger Kontrast besteht zwischen dem Wandel der konventionellen Sittenordnung einerseits und der Konstanz der Sexualdelikte andererseits. — Ergab sich uns oben die Gleichartigkeit geschlechtlichen Verhaltens im Querschnitt durch die jetzt lebende Menschheit, so geben die Ergebnisse K.s ebenso wie die kriminologischen Erfahrungen Hinweise auf die Konstanz derselben im Längsschnitt der Geschichte der Menschheit.

Die Forschungsergebnisse *Jonssons* stellen teils eine Bestätigung der Befunde K.s dar (und brauchen insofern nicht näher betrachtet zu werden), teils eine wichtige und aufschlußreiche Ergänzung. Auch J. fand, daß der Prozentsatz derer, die im Alter von 20 J. vorehelichen Geschlechtsverkehr hatten, bei den z. Zt. der Untersuchung 20jährigen fast genau ebenso groß war wie bei den 40jährigen. Ein näheres Eingehen auf die Art der Partnerschaft beim ersten Geschlechtsverkehr zeitigte nun aber das interessante Ergebnis, daß die heutige männliche Jugend in stärkerem Maße als die Angehörigen der älteren Generation die Tendenz hat, feste Verhältnisse einzugehen. Da die Fähigkeit, feste Verhältnisse aufzubauen und zu erhalten, d. h. mehr oder minder dauerhafte Verbindungen zwischen zwei Menschen verschiedenen Geschlechts herzu-

meine Verbreitung auch in der Zeit des *Hochmittelalters* vor in Form einer Äußerung des ein paar Jahrzehnte vor *Thomas von Aquin* schreibenden und von diesem hochgeschätzten *Wilhelm von Auxerre*, bei dem es an einer Stelle seiner „Summe" heißt: „Geht doch fast alle Welt verloren wegen der fornicatio simplex" (Summa aurea I b., fol. 287 a; zit. nach J. *Fuchs*: Die Sexualethik des heiligen Thomas von Aquin. Köln 1949, S. 279).

[2] Dieser Befund läßt sich nach der von *Bennholdt-Thomsen* entwickelten Theorie der Akzeleration leicht damit erklären, daß die vegetative Reizschwelle bei den höheren Sozialschichten der USA infolge der dort auch früher schon besonders günstigen Lebensverhältnisse bereits seit vielen Jahren erreicht ist, so daß eine weitere Akzeleration hier nicht mehr möglich ist, da eben das erbmäßig vorgegebene Entwicklungspotential hier seit Jahren voll ausgenutzt ist.

stellen — wie wir mehrfach gesehen haben —, eines der sichersten Kriterien seelisch-geistiger Gereiftheit darstellt, ist in diesem Befund ein Hinweis darauf zu erblicken, daß es sich bei der heutigen Jugend tatsächlich um eine echte Proinoplasie der gesamtpersönlichen Entwicklung handelt, beileibe nicht um eine isolierte sexuelle Frühreife. Die Ergebnisse J.s erlauben sogar den Schluß, daß *bei der heutigen Jugend die heterosexuelle Betätigung stärker als bei der älteren Generation in die Gesamtpersönlichkeit eingefügt ist, inniger mit Gemüt und Gewissen, dem Kern der Persönlichkeit, verbunden ist, als das früher der Fall gewesen ist.*

In diese Richtung weist ja auch K.s Befund, daß einerseits der Verkehr mit Prostituierten stark zurückgegangen ist, während andererseits die größere Verbreitung des zärtlich-liebkosenden Umgangs der Partner miteinander in allen Bevölkerungsschichten der jüngeren Generation ebenfalls erkennen läßt, daß heute die „nackte", aller Gefühlsbeziehungen bare, gänzlich unerotische Geschlechtlichkeit im Abnehmen begriffen ist zugunsten von stärker persönlichkeitsgetragenen, von tiefen Gefühlen und Werthaltungen durchdrungenen Geschlechtsbeziehungen, in denen Zärtlichkeit, gegenseitiges Verständnis, Verantwortungsbewußtsein und Treue zum Partner wieder eine stärkere Rolle zu spielen beginnen. Auch hierin ist offenbar eine positiv zu wertende Manifestation der allseitigen Akzeleration der Jugendentwicklung zu erblicken.

## *V. Mensch und Tier.*

Abschließend soll noch eine außerordentlich wichtige und interessante Frage wenigstens gestreift werden, die oft in diesem Zusammenhange gestellt worden, aber infolge fehlenden Tatsachenwissens bisher nur im Sinne belangloser subjektiver Meinungen beantwortet werden konnte: die Frage, ob das faktische Verhalten des Menschen auf dem Gebiete des Geschlechtlichen als *natürlich* bezeichnet werden kann oder ob Perversitäten oder domestikationsbedingte Störungen eine starke oder sogar beherrschende Rolle darin spielen. Um diese Frage in empirisch sicherer Weise beantworten zu können, sei „Natur" hier zunächst im biologischen Sinne verstanden (natura hominis . . . illa quae est communis homini et aliis animalibus; S. th. 1/II 94, 3 ad 2), wie es dem neueren römischen Naturrechtsbegriff *Ulpians* entspricht.

Weit verbreitet ist die Meinung, daß der Mensch so gut wie gänzlich der Instinkte und ihrer Ordnungskraft entbehre und darum — insbesondere in seiner Geschlechtlichkeit — der naturwidrigsten Unordnung und Maßlosigkeit verfallen sei. Wir wissen heute jedoch auf Grund der Forschungen von O. *Heinroth* (1910), Th. *Schjelderup-Ebbe* (1922 ff.), K. *Lorenz* (1940 und 1943), R. *Bilz* (1943) u. a., wie vieles im Verhalten auch des hochzivilisierten Kulturmenschen von heute rein oder überwiegend instinktbedingt ist. Was nun speziell das geschlechtliche Verhalten des Menschen anbelangt, so müssen wir es, um die Frage nach seiner Naturgemäßheit beantworten zu können, vergleichen mit dem der höheren Säugetiere, besonders aber dem der uns systematisch nächstbenachbarten unter ihnen. In den letzten Jahren haben vor allem angloamerikanische Forscher unser Wissen auf diesem Gebiet bedeutend erweitert (siehe vor allem das ausgezeichnete Sammelreferat von F. A. *Beach* 1947). Die für unser Thema wichtigsten Tatsachen seien nachfolgend in äußerster Kürze zusammengestellt.

Bei jeder Art der Primaten, die erforscht ist, kommen geschlechtliche Verhaltensweisen wie Spielereien an den eigenen oder fremden Geschlechtsorganen, Selbstbefriedigung, heterosexueller Geschlechtsverkehr schon in der Kindheitsphase des Individuums vor und gehen schon vor dem Eintritt der Geschlechtsreife in regelmäßige Begattungsversuche über. Der Übergang von prämaturen zu maturen Formen geschlechtlicher Betätigung erfolgt ohne jeden Bruch (G. V. *Hamilton* 1914, E. J. *Kempf* 1917, H. C. *Bingham* 1928, V. *Nowlis* 1941, M. *Hines* 1942). Die Fähigkeit zum Orgasmus besteht schon vor Reifung der ejakulatorischen Potenz (F. A. *Beach* 1947). Bei vielen Säugetieren treten geschlechtliche Verhaltensweisen, insbesondere Begattungsreaktionen, beim männlichen Geschlecht erheblich früher auf als beim weiblichen (F. A. *Beach* 1947).

Täglicher oder noch häufigerer Orgasmus konnte bei verschiedenen Arten der höchsten Säugetiere beobachtet werden (A. *Sokolowski* 1923, H. C. *Bingham* 1928, R. M. *Yerkes* and J. H. *Elder* 1936, C. R. *Carpenter* 1942, W. C. *Young* and W. D. *Orbison* 1944). Gerade die höheren Säugetiere haben die Möglichkeit, auf recht verschiedene Weise zur Auslösung eines Orgasmus zu gelangen.

Die häufigste Form ist selbstverständlich die Begattung eines andersgeschlechtlichen Partners der gleichen Rasse. Paarungsfähigkeit und -bereitschaft besteht bei den höheren Affen während des ganzen Jahres. Von einer lebenslänglichen festen Paarverbindung kann bei den höheren Säugetieren ebensowenig die Rede sein wie von blinder Willkür in der Wahl des Geschlechtspartners (C. R. *Carpenter* 1942, R. M. *Yerkes* 1943). Bei freilebenden Rhesusaffen ist der Anreiz zur Paarung, der von einem neu in den Gesichtskreis eines Männchens tretenden Weibchen ausgeht, stärker als der, der von einem Weibchen ausgeht, das mit dem betreffenden Männchen bereits einige Zeit liiert war, auch wenn dieses Weibchen voll ansprechbar und paarungswillig war (C. R. *Carpenter* 1942).

Bei vielen Wirbeltieren, speziell bei den höheren Affen, bildet die Erweckung und Steigerung der geschlechtlichen Erregung durch orale oder bzw. und manuelle Reizung einen integrierenden Bestandteil in dem Handlungsganzen des Begattungsaktes (F. A. *Beach* 1947).

Masturbatorische Handlungen sind bei vielen höheren Affen an der Tagesordnung. Masturbation mit Ejakulation ist zu beobachten bei wild lebenden, sozial dominierenden männlichen Maccacus-Affen, die freien Zugang zu paarungslustigen Weibchen haben (C. R. *Carpenter* 1942); bei erwachsenen männlichen Schimpansen (S. D. S. *Spragg* 1940), aber auch schon einige Jahre vor der Reifung der Ejakulationspotenz (H. C. *Bingham* 1928); bei weiblichen Rhesusaffen (H. *Klüver* and P. C. *Bucy* 1939) und bei sowohl kindlichen als auch erwachsenen Schimpansinnen (H. C. *Bingham* 1928), ebenso wie bei Gorillas (R. M. *Yerkes* 1927). Die große Verbreitung der geschlechtlichen Selbsterregung bei sehr vielen der erforschten Säugetierarten deutet darauf hin, daß diese Befriedigungsart zum Grundbestand des geschlechtlichen Verhaltens der Säugetiere gehört.

Bisexuelle Neigungen finden sich schon bei den niederen Primaten und Säugetieren (F. A. *Beach* 1947).

Des weiteren ist bei den höheren Säugetieren auch eine größere Zahl von Paarungen (oder Ansätzen dazu) zwischen Tieren verschiedener Arten beobachtet worden (Nat. Res. Council Conf. 1943, F. A. *Beach* 1947).

Auf Grund der Übersicht über die einschlägigen physiologischen und psychologischen Untersuchungen über das geschlechtliche Verhalten der Säugetiere nennt *Beach* (a. a. O.) als Folge der progressiven Enzephalisation: 1. Zunahme der Vielfalt äußerer Anreize, die geeignet sind, geschlechtliche Reaktionen hervorzurufen; 2. Vergrößerung der Variationsbreite des manifesten geschlechtlichen Verhaltens; 3. Abnahme des direkten Einflusses der Keimdrüsenhormone auf die geschlechtliche Betätigung.

Als *Ergebnis* dieser vergleichenden Übersicht über das Geschlechtsleben der Primaten ist festzustellen, daß die geschlechtliche Betätigung des Menschen fast in jeder Hinsicht durch kulturelle Einflüsse gehemmt ist, daß sie aber hinsichtlich ihrer lebenszeitlichen Einordnung in den Entwicklungsgang des Individuums, ihrer geschlechtsspezifischen Ausprägung, der Häufigkeit der Auslösung sowie der hauptsächlichsten Befriedigungsformen keinerlei Züge aufweise, die nicht auch bei den übrigen Primaten anzutreffen wären. In positiver Wendung kann man sogar sagen, daß *das Verhalten des Menschen auf geschlechtlichem Gebiet in geradezu typischer Weise die charakteristischen Züge der Sexualität der Primaten — besonders der Großanthropomorphen — zeigt.* Es gibt kaum ein anderes Gebiet menschlicher Lebensäußerungen, in dem die Säugetiernatur des Menschen deutlicher und unverhüllter hervortritt als gerade in diesem Bezirk[1].

Andererseits unterliegt es keinem Zweifel, daß die sittlichen Forderungen der *Moral* unermeßlich weit über die im Instinktsystem des Menschen verankerten Regulationen der geschlechtlichen Entfaltung hinausgehen. Demgemäß klafft zwischen dem, was der Mensch — seiner instinktmäßigen Veranlagung folgend — tun möchte, und dem, was er — gemäß den Forderungen der Moral — tun bzw. hier vor allem lassen soll, auf dem Gebiete des geschlechtlichen Verhaltens mehr als auf irgendeinem anderen eine enorme *Kluft.* Da aber erfahrungsgemäß nur die angeborenen Neigungsgrundlagen eine wirksame Führung des Verhaltens zu garantieren vermögen, während die verhaltensbestimmende Kraft moralischer Forderungen, wofern ihnen angeborene Reaktionsneigungen nicht weitgehend entgegenkommen, bei den weitaus meisten Menschen außerordentlich gering ist, ist es nicht zu verwundern, daß das tatsächliche Tun und Lassen des Menschen viel näher steht einer Sexualbetätigung, wie sie dem Instinktsystem eines der sozialeren Anthropoiden entspricht, als dem Ideal, das die Moral vor Augen stellt. In dieser Tatsache dürfte wohl der Hauptgrund dafür zu suchen sein, daß das geschlechtliche Verhalten — so viel wir bis jetzt wissen —

[1] In einem repräsentativen „Handbuch der speziellen Pastoralmedizin" neuesten Datums, dessen I. Band „Das menschliche Sexualleben" (A. *Niedermeyer* 1949) behandelt, heißt es: „Die hier dargestellten Forschungsergebnisse der *vergleichenden Sexualbiologie* haben zweifellos dargetan, daß die Phänomene der Sexualität bei Pflanze und Tier für das Verständnis der menschlichen Sexualität zweifellos hochbedeutsam und aufschlußreich sind" (S. 20). Das ist gewiß richtig. Nur sind die „Forschungsergebnisse der vergleichenden Sexualbiologie" *in ganz anderer Richtung* „hochbedeutsam und aufschlußreich", als der Verf. glaubt. Dieser macht sich nämlich vom Geschlechtsleben der Tiere folgende Vorstellung: „Dafür kennt das Tier — abgesehen von einzelnen Degenerationserscheinungen im Zustande der *Domestikation* — keinen *Mißbrauch* des Sexualtriebes. Der Trieb mit seinen zwangsmäßigen Abläufen steht beim Tiere ausschließlich im Dienste der Fortpflanzung. Trennung der Lustempfindung, die mit der Triebbefriedigung und Entspannung verbunden ist, von der Fortpflanzung, in deren Dienst sie als Antrieb und Motor steht, kommt beim Tiere — von den erwähnten Ausnahmen abgesehen — nicht vor" (ebd.). Allein schon die oben gegebene knappe Zusammenstellung über die Jugendsexualität der Anthropoiden, die zum großen Teil in freier Wildbahn beobachtet worden sind, zeigt, daß in Wirklichkeit die Dinge hier wesentlich anders liegen. Die Trennung von geschlechtlicher Vereinigung und Fortpflanzung ist auf phylogenetischen Frühstufen sogar eine derart vollkommene, daß es dort sowohl eine Fortpflanzung ohne Geschlechtlichkeit als auch eine Geschlechtlichkeit ohne Fortpflanzung gibt. Die Tatsache der „ungeschlechtlichen Fortpflanzung" ist zu bekannt, als daß hier näher darauf eingegangen werden müßte. Wichtig ist dagegen im vorliegenden Zusammenhang ihr Gegenstück: Bei den Einzellern kommt es zu einer Verschmelzung zweier Individuen — mit Kernteilung, Polkörperchenabstoßung usw. — und nach gewisser Zeit wieder zur Teilung dieser Konjugation, ohne daß die Entwicklung einer neuen Generation daraus erfolgte. M. *Hartmann* (1947, S. 449) führt an der sog. „Hologamie" bei manchen Rhizopoden und Flagellaten aus, daß alle Merkmale der Befruchtung erfüllt sind, ohne daß es zu einer „Entwicklungserregung" kommt. Vorurteilsfreie Betrachtung der Naturwirklichkeit führt überall zu der Erkenntnis, daß der Sexualität eine doppelte Funktion innewohnt: eine (auf die Art bezogene) *generative* und eine (auf das Individuum bezogene) *regenerative*. Unter Anwendung der bekannten und bewährten Unterscheidung von „finis operis" (= „Werkziel" = das der Handlung als solcher objektiv innewohnende Ziel) und „finis operantis" (= „Wirkziel" = die subjektive Zielsetzung des Handelnden) kann man sagen, der Sexualakt habe — mindestens — zwei fines operis: die *procreatio* (im Dienste der conservatio speciei) und die *recreatio* (im Dienste der conservatio individui — W. *Kemper* [1943, S. 108, 137, 145] spricht sehr gut von der „biologischen Ausgleichsfunktion" des Orgasmus —). Über das Verhältnis dieser beiden Ziele zueinander, d. h. zu der Frage, ob sie einander gleichgeordnet sind, ob sie unabhängig voneinander angestrebt werden dürfen, oder ob der eine dem anderen (z. B. der zweitgenannte dem erstgenannten) wesentlich untergeordnet ist, vermag die empirische Forschung nichts beizubringen. Diese Entscheidung ist Angelegenheit der Ethik und der Moraltheologie. Was dagegen empirisch sicher feststellbar ist, ist dies, daß der im Dienste des Individuums stehende Sinn der Geschlechtsbetätigung in der Regel als finis operantis primarius fungiert. Mit dieser Feststellung ist über die objektive Rangordnung der fines selbstverständlich nicht das mindeste entschieden.

über Rassen, Völker und Generationen hinweg eine so außerordentlich große, auf keinem anderen Gebiete menschlichen Verhaltens annähernd erreichte Gleichförmigkeit zeigt. Wir sind auf diese Tatsache im Laufe der vorstehenden Darstellung bereits mehrfach gestoßen. Ausdrücklich in diesem Sinne äußert sich auch der bekannte nordamerikanische Ethnologe C. *Ford* (1948):

„Die Entdeckung, daß die amerikanischen Männer hinsichtlich ihres geschlechtlichen Verhaltens — trotz unserer Moralsysteme und Ideale — große Ähnlichkeit aufweisen mit Männern anderer Völker, ist für den Völkerkundler nicht sehr überraschend. Die Ergebnisse der Ethnologie haben recht eindringlich gezeigt, daß die grundlegenden biologischen Charakteristika des Menschen überall auf Erden die gleichen sind" (S. 27).

Hält man den Blick ganz auf die biologische Anthropoidennatur des Menschen beschränkt — die in Wahrheit nur eine Schicht des rezenten Menschen darstellt —, so muß man die herrschende Sexualmoral, da sie zu dieser in offenbarem Widerspruch steht, als un- und widernatürlich bezeichnen.

Verwenden wir das Wort „natürlich" dagegen im Sinne von „auch im Reiche der außermenschlichen, tierisch-belebten Natur verwirklicht", dann ist das von der Moral geforderte Verhalten auf geschlechtlichem Gebiet nichtsdestoweniger (in diesem Sinne) ein *natur-gemäßes*, jedoch sehr viel höherstehendes als das den Anthropoiden arteigene. Wir finden bei den in ihrem sozialen Verhalten außerordentlich hochentwickelten wilden Anatiden — zumal bei den Graugänsen — in allem, was die zur Fortpflanzung zusammengeschlossenen Funktionskreise (der Kampfgemeinschaft, der Begattung, der Brutpflege, der Aufzucht) anbelangt, arteigene angeborene Verhaltensweisen, die eine nahezu hundertprozentige Verwirklichung derjenigen Forderungen darstellen, die beim Menschen die Moral in dieser Hinsicht stellt (O. *Heinroth* 1910, K. *Lorenz* 1940).

Da die domestikationsbedingten raschen Veränderungen im System der arteigenen Verhaltensweisen immer nur Ausfall einzelner Merkmale (Entdifferenzierung, Entformung) bedeuten, niemals aber eine harmonische Höherentwicklung des ererbten Aktionssystems herbeiführen, steht der Mensch, bei dessen Entstehung der Domestikationsvorgang eine entscheidende Rolle spielt (K. *Lorenz* 1943), in der höchst eigentümlichen — spezifisch menschlichen — Situation, daß bei der überstürzten Höherentwicklung seiner Gemeinschaftsordnung das System seiner angeborenen arteigenen Verhaltensweisen in der Entwicklung ganz erheblich nachhinkt oder gar in der Entwicklung stehengeblieben ist seit den Zeiten der Trennung des hominiden Zweiges von den Schimpansoiden, während die hochorganisierte Lebens- und Sozialform der rezenten Menschheit (homo sapiens) außerordentlich viel höhere Anforderungen an das menschliche Verhalten, auch im Bereich der Geschlechtlichkeit, stellt. Die dadurch entstandene Kluft (zwischen den ihm instinktmäßig nahegelegten und den von seinem rezenten Entwicklungsstand her geforderten Verhaltensweisen) zu überbrücken, ist nunmehr die lebenswichtige Aufgabe der Moral. Nur wo eine solche Spannung besteht — sie besteht nur beim Menschen —, ist Moral sowohl möglich als auch notwendig, zu deren weiteren Voraussetzungen gehören: Einsichtsfähigkeit (um die Notwendigkeit gewisser über die biologischen Antriebe hinausgehender Verpflichtungen erkennen zu können) und ein wenigstens innerhalb gewisser naturgesetzlich vorgezeichneter Grenzen freier Wille (um diese Forderungen im Verhalten verwirklichen zu können).

Hier bricht nun sofort die viel wesentlichere Frage auf, aber jetzt auf einer ganz anderen Ebene: ob die geltende Geschlechtsmoral der Natur des Menschen als *animal rationale* gemäß ist — „Natur" jetzt aber, in Übereinstimmung mit dem aristotelischen und dem altrömischen Naturrechtsbegriff, im philosophischen Sinne von „Wesensart jedes Seienden, wie sie ihm von seinem Ursprung her zukommt und bestimmende Norm seines Wirkens ist" verstanden (natura hominis . . . illa quae est propria hominis; a. a. o.). Die Behandlung dieser Frage, die zwar empirische Erkenntnisse zu berücksichtigen hat, aber wesensmäßig ihren Schwerpunkt im Philosophischen und Theologischen hat, ist an dieser Stelle schon aus Raummangel ebensowenig mehr möglich wie eine mehr ins einzelne gehende Diskussion der konkreteren Frage, wie weit die herrschende Sexualmoral, die ja mancherlei an sinnen- und leibfeindlichem Gedankengut der Manichäer, Montanisten, Katharer usw. in sich aufgenommen hat, gerade im Hinblick auf die besondere Lagerung der geschlechtlichen Probleme beim Jugendlichen heutiger zivilisierter Völker als notwendig oder schädlich usw. anzusehen ist. Wegen der Schwierigkeit des behandelten Gegenstandes war es geboten, hier vor allem erst einmal das von der gegenwärtigen Forschung erarbeitete Tatsachenmaterial in seinen wichtigsten Punkten mitzuteilen, während darüber hinausgehende Erörterungen mannigfacher Art anderen Gelegenheiten vorbehalten bleiben müssen.

*Literaturverzeichnis.*

*Bader*, K. S.: Die Veränderungen der Sexualordnung und die Konstanz der Sittlichkeitsdelikte. Zsch. f. Sexualforsch. 1950, 1. Jg., Nr. 3.
*Baldwin*, B. T. und T. D. *Wood:* Weight-height-age tables for boys and girls of school age. Americ. Child Health Ass., New York.
*Beach*, F. A.: A review of physiological and psychological studies of sexual behavior in mammals. Physiol. Rev. 1947, 27, 240—307.

*Bennholdt-Thomsen*, C.: Die Entwicklungsbeschleunigung. Grundtatsachen, Theorien, Folgerungen des Accelerationsproblems. Erg. inn. Med. u. Kinderheilk. 1942, 62, 1153—1237.
—: Wachstumsprobleme. Msch. f. Kinderheilk. 1948, *97*, 101—109.
*Bilz*, R.: Lebensgesetze der Liebe. Zbl. Psychoth. 1943, Beih. *4*.
*Bingham*, H. C.: Sex development in apes. Comp. Psych. Monogr. 1928, *5* (1), 1—165.
*Bober*, H. und E. *Scholz:* Das Reifungsgeschehen bei Jugendlichen. Zsch. f. Rassenk. 1944, *14*, 2. H.
*Boynton*, B.: The physical growth of girls: A study of the rhythm of physical growth from anthropometric measurement of girls between birth and eighteen years. Univ. Iowa Stud. Child Welfare 1936, *12*, Nr. 4.
*Brattgård*, S. O.: Några karakterologiska synpunkter pa samlevnaden mellan män och kvinnor. I. Personlighet och första samlaget. Svenska Läkartidningen 1950, *47* (im Druck).
*Breckenridge*, M. E. and E. L. *Vincent:* Child development. Philadelphia and London 1947.
*Bühler*, K.: Die Krise der Psychologie. [2] Jena 1929.
*Carpenter*, C. R.: Sexual behavior of free ranging Rhesus monkeys (Macaca mulatta). I. J. Comp. Psych. 1942, *33*, 113—142; II. 143—162.
*Davis*, K. B.: Factors in the sex life of twenty-two hundred women. New York 1929.
*Farris*, E. J.: The prediction of the day of human ovulation by the rat test as confirmed by 50 conceptions. Am. J. of Obstetrics, and Gynecology 1948, 56/2, 347—352.
*Ford*, C.: Sexual behavior among primitive peoples. About the Kinsey report, ed. by D. P. *Geddes* and E. *Curie*, New York 1948, 26—35.
*Freud*, S.: Über Psychoanalyse. [7] Wien 1947.
*Golossowker*, S.: Zur Frage über den Geschlechtsbrauch der zeitgenössischen Frau. Kasan 1925. (Russisch.) — Kritischer Bericht hierüber von S. *Weißenberg* in Zsch. f. Sexualwiss. 1925, *12*, 174—176.
*Gorer*, G.: Time 1948, March 1.
*Gould*, H. N. and M. R. *Gould:* Age of first menstruation in mothers and daughters. J. Am. Med. Assoc. 1932. *98*, 1349—1352.
*Gustafssons*, Å. et al.: Ungdomssexualitet. Stockholm 1948.
*Hall*, G. S.: Adolescence. Vol. 1. New York 1904.
*Hamilton*, G. V.: A study of sexual tendencies in monkeys and baboons. J. Anim. Behav. 1914. *4*, 295—318.
—: A research in marriage. New York 1929.
*Hartmann*, M.: Allgemeine Biologie. Jena [3] 1947.
*Heinroth*, O.: Beiträge zur Biologie, insbesondere Psychologie und Ethologie der Anatiden. Verh. d. V. internat. Ornithol.-Kongr. Berlin 1910.
*Hines*, M.: The development and regression of reflexes, postures, and progression in the young macaque. Carnegie Inst. Wash. Publ. 1942, *541*, 153 ff.
*Hoch*, P. H. and J. *Zubin:* Psychosexual development in health and disease. 1949.
*Hofsten*, I. v.: Ungdomens sexualvanor. Svenska Läkartidningen 1944, *41*, 1158—1165.
*Jonsson*, G.: Ungdomens sexualvanor. (Noch unveröffentlicht.)
*Kemper*, W.: Die Störungen der Liebesfähigkeit beim Weibe. [2] Leipzig 1943.
*Kempf*, E. J.: The social and sexual behavior of infra-human primates with some comparable facts in human behavior. Psychoanal. Rev. 1917, *4*, 127—154.
*Kinsey*, A. C., W. B. *Pomeroy*, and C. E. *Martin:* Sexual behavior in the human male. Philadelphia and London 1948. (Französ. Ausg.: Le comportement sexuel de l'homme. Paris 1948. Schwed. Ausg.: Mannens sexuella beteende. Stockholm 1949.) Referat darüber von R. *Meyer-Mickeleit* im Nervenarzt 1949, *20*. Jg., 276—282.
*Kleitman*, N. and A. *Ramsaroop:* Periodicity in body temperatur and heart rate. Endocrinology 1948, 43/1, 1—20.
*Klüver*, H. and P. C. *Bucy:* Preliminary analysis of functions of the temporal lobe in monkeys. Arch. Neur. and Psychiat. 1939, *42*, 979 ff.
*Koch*, E. W.: Über die Veränderung menschlichen Wachstums im ersten Drittel des 20. Jahrhunderts. Leipzig 1935.
*Landis*, C. et al.: Sex in development. New York 1940.
*Lenz*, W.: Über die Wandlungen des menschlichen Wachstums in der Gegenwart. Zsch. f. menschl. Vererb.- und Konstitutionsl. 1943/44, *27*, 543—576.
*Lorenz*, K.: Durch Domestikation verursachte Störungen arteigenen Verhaltens. Zsch. f. angew. Psychol. u. Charakterk. 1940, *59*, 2—81.
*Lorenz*, K.: Die angeborenen Formen möglicher Erfahrung. Zsch. f. Tierpsychol. 1943, *5*, 235—409.
*Meirowski*, E.: Das Geschlechtsleben der Jugend in seiner Beziehung zu Schule und Elternhaus. [8] 1926.
*Meredith*, H. V.: The rhythm of physical growth: A study of eighteen anthropometric measurements of Iowa City white males ranging in age between birth and eighteen years. Univ. Iowa Stud. Child Welfare 1935, *11*, No. 3.
—: Statures and weight of children of the U. S. with reference to the influence of racial, regional, and socio-economic and secular factors. Am. J. Dis. Child. 1941, *62*, 909—932.
*Mills*, C. A.: Geographic and time variations in body growth and age at menarche. Human Biol. 1937, *9*, 43—56.
*Moll*, A.: Das Sexualleben des Kindes. Berlin 1909.
National Research Council Conference on Mammalian Sex Behavior. Conference on patterns and problems of primate sexbehavior. New York 1943.
*Nowlis*, V.: Companionship reference and dominance in the social interaction of young chimpanzees. Compar. Psychol. Monogr. 1941, *17*, 1—57.
*Ramsey*, G. V.: The sexual development of boys. Am. J. Psych. 1943, *56*, 217—234.
*Sander*, F.: Kindes- und Jugendpsychologie als genetische Ganzheitspsychologie. Vjsch. f. Jugendk. 1933, *3*, 1—13.
*Schjelderup-Ebbe*, Th.: Beiträge zur Sozialpsychologie des Haushuhns. Zsch. f. Psychol. 1922, *88*; 1923, *92*; 1924, *95*.
*Schwabenbauer*, E.: Die vorverlegte und beschleunigte Jugendentwicklung als Allgemeinerscheinung der neueren Zeit. Zsch. f. angew. Psychol. u. Charakterk. 1943, *64*.
*Sears*, R. R.: Survey of objective studies of psychoanalytic concepts. Soc. Sci. Res. Council Bull. 1943, *51*.
*Shuttleworth*, F. K.: The physical and mental growth of girls and boys aged six to nineteen in relation to age at maximum growth. Soc. Res. Child Developm. 1939. *4*, No. 3.
*Simmons*, K.: The Brush Foundation Study of child development. II. Physical growth and development. Soc. Res. Child Developm. 1944, *9*, No. 1.
*Smith*, G. F.: Certain aspects of the sex life of the adolescent girl. J. appl. Psychol. 1924, *8*, 347—349.
*Sokolowski*, A.: The sexual life on the anthropoid apes. Urol. and Cutan. Rev. 1923, *27*, 612—615.
*Spragg*, S. D. S.: Morphine addiction in chimpanzees. Comp. Psychol. Monogr. 1940, *15*, 1 ff.
*Stern*, W.: Die Anwendung der Psychoanalyse auf Kinder und Jugendliche. Zsch. f. angew. Psychol. 1913, *8*, 71—101.
—: Psychologie der frühen Kindheit. [6] Leipzig 1930.
*Stieve*, H.: Anatomische Beobachtungen über den Zeitpunkt des Follikelsprungs. Das Dt. Gesundheitsw. 1947, *2*, 726.
*Stone*, C. P.: Sex drive. In: E. *Allen*, C. V. *Danforth*, and E. A. *Doisy* (Eds.): On sex and internal secretions. Baltimore 1939.
*Sundström*, E.: Uppgörelse med. Kinsey-rapporten. Stockholm 1949.
*Teulon*, N.: Four years' psycho-sexual history of a young girl age ten to fourteen. O. O. 1925 (Privatdruck).
*Thomae*, H.: Das Wesen der menschlichen Antriebsstruktur. Leipzig 1944.
*Thompson*, D.: The Christian World 1948, Dec.
*Tietze*, K.: Zyklusprobleme und Morgentemperatur. Arch. f. Gynäkol. 1948, *176*, 228—263.
*Undeutsch*, U.: Jugendsexualität. Tatsachen und Folgerungen. Zsch. f. Sexualforsch. 1950. 1. Jg., 113—127.
—: Die körperliche Entwicklung im Jugendalter und ihre Beziehungen zur gleichzeitigen seelischen Entwicklung. Erscheint demnächst in: Homo, internat. Zsch. f. d. vergl. Forsch. am Menschen.
*Wellek*, A.: Die Polarität im Aufbau des Charakters. Bern 1950 (im Druck).
*Willoughby*, R. R.: Sexuality in the second decade. Monogr. Soc. Res. Child Developm. 1937, 2, No. 3.
*Yerkes*, R. M.: The mind of a gorilla. Genet. Psychol. Monogr. 1927, *2*, 1 ff.
—: Chimpanzees. A laboratory colony. New Haven, Conn., 1943.
— and J. H. *Elder:* Oestrus, receptivity, and mating in chimpanzee. Comp. Psych. Monogr. 1936, *13* (5), 1—39.
— and —: The sexual and reproductive cycles of chimpanzee. Proc. Nat. Acad. Sci. 1936, *22*, 276—283.
*Young*, W. C. and W. D. *Orbison:* Changes in selected features of behavior in pairs of oppositely sexed chimpanzees during the sexual cycle and after ovariectomy. J. Comp. Psych. 1944, *37*, 107—143.

*(Dozent Dr. Udo Undeutsch, (22b) Mainz, Psychologisches Institut der Universität.)*

# STUDIUM GENERALE

Heft 9 August 1950 3. Jahrgang

## Ganzheit und Teil in der tierischen und menschlichen Gemeinschaft.

(Eine methodologische Erörterung)

Von

KONRAD Z. LORENZ.

### *Einleitung*

Die ursächlichen Wechselbeziehungen, die zwischen den Strukturen des Individuums und denjenigen der überindividuellen Gemeinschaft, zwischen dem unter- und dem übergeordneten Systemganzen bestehen, erfahren von ungemein vielen modernen Soziologen und Völkerpsychologen eine eigenartig einseitige Behandlung. Hatte die alte, atomistische Betrachtungsweise in völliger Verkennung des Wesens organischer Systemganzer den Versuch unternommen, das Wesen der Totalität ausschließlich aus der Summe ihrer Elemente abzuleiten, so schlägt heute das Pendel der wissenschaftlichen „öffentlichen Meinung“ nach der anderen Seite aus. Es wird fast immer nur der Einfluß untersucht, den die Gemeinschaft durch ihren spezifischen Aufbau auf die Persönlichkeitsstruktur des in ihrem Rahmen aufwachsenden Individuums ausübt. Fast niemals wird die Frage nach dem Vorhandensein individuell invarianter, arteigener Strukturen des menschlichen Verhaltens gestellt, die allen menschlichen Sozietäten bestimmte gemeinsame, art-kennzeichnende Züge aufprägen. Es stehen ja auch fast immer nur die Struktur-Unterschiede verschiedener Typen der menschlichen Gemeinschaft im Mittelpunkt der Betrachtung und so gut wie nie die Struktur-Ähnlichkeiten, die sich aus der Invarianz individueller Reaktionsweisen ergeben.

Diese ausschließliche Betrachtung der Kausalketten, die von der Sozietät zum Individuum verlaufen, diese völlige Vernachlässigung der ursächlichen Beeinflussung in umgekehrter Richtung bedeutet einen Verstoß gegen bestimmte methodologische Regeln, deren Befolgung bei der Analyse jeder organischen Ganzheit obligat ist. Sie bedeutet eine Verkennung des Wesens organischer Systemganzer, die um kein Haar weniger forschungshemmend und schädlich ist, als der gewissermaßen spiegelbildliche Irrtum der Atomisten.

Die völlige Vernachlässigung des Einflusses, den die Struktur des Individuums, als eines organischen Systems, auf die Struktur der überindividuellen Gemeinschaft ausübt, hat, soweit ich zu sehen vermag, zwei hauptsächliche Gründe. Der erste Grund des hier zu kritisierenden Verstoßes gegen die bei der Analyse jeder organischen Ganzheit obligate Methodik liegt paradoxerweise in einer falschen Generalisierung bestimmter Prinzipien der Gestaltspsychologie, der zweite in der Vernachlässigung des Vorhandenseins angeborener arteigener Aktions- und Reaktionsweisen des Menschen. Ich will die methodologischen Erörterungen, die Gegenstand dieses Aufsatzes sind, nach diesen beiden Gesichtspunkten gliedern und daran eine kurze Betrachtung über gewisse, die Menschheit bedrohende Gefahren schließen, deren Bekämpfung eine genaue Kenntnis der angeborenen Aktions- und Reaktionsweisen des Menschen zur Voraussetzung hat.

### *I. Falsche Generalisation gestaltpsychologischer Prinzipien.*

#### *a) Jede Gestalt ist eine Ganzheit — aber nicht jede organische Ganzheit ist eine Gestalt.*

Es ist ein unvergängliches Ruhmesblatt in der Geschichte der Psychologie, daß es Psychologen waren, die gewisse konstitutive Eigenschaften der organischen Systemganzheit erstmalig exakt formulierten und die Methodik ihrer Erforschung klar herausarbeiteten. Die Gestaltwahrnehmung ist tatsächlich ein geradezu klassischer Fall einer organischen Ganzheit. Sie ist außerdem dasjenige Phänomen, bei dessen Untersuchung sich die Forschung erstmalig der methodischen Unzulänglichkeit der bis dahin herrschenden atomistischen Betrachtungsweise bewußt wurde. Die Denk- und Arbeitsmethoden, die von der klassischen Gestaltpsychologie zur Untersuchung der Gestalten entwickelt wurden, erwiesen sich auch anderen organischen Systemganzen gegenüber als gut verwendbar. Dies alles aber ließ vergessen, daß die Gestalt ausschließlich ein Phänomen der Wahrnehmung und als solches nur ein sehr spezieller Fall eines organischen Ganzen, keineswegs aber die Ganzheit schlechthin ist. Sehr viele Gestaltspsychologen, auch *Wolfgang Köhler* selbst, neigen dazu, die Begriffe von Ganzheit und Gestalt ganz einfach gleichzustellen, man denke an *Köhlers* Begriff von den „physikalischen Gestalten“. Während sich aber *Köhler* darauf beschränkt, Kriterien der Gestalt auch dort aufzuzeigen, wo sie an andersgearteten Systemen wirklich vorhanden sind, findet sich bei anderen Autoren nur allzuoft das völlig dogmatische Postulat, daß schlechthin jede organische Ganzheit ipso facto alle typischen Eigenschaften einer Wahrnehmungsgestalt haben müsse.

In schärfster Formulierung findet sich die falsche Übertragung gestaltpsychologischer Prinzipien auf die Belange des Biologischen und insbesondere Soziologischen bei *H. Werner*, den ich hier als typischen Vertreter einer auch heute noch in der Soziologie und Völkerpsychologie weit verbreiteten Meinung zitieren will: „Der Versuch, den eigentlichen Grundbegriff der Völkerpsychologie, den der Struktur übergeordneter Einheiten, durch den Aufbau aus Elementen, durch Synthese zu bestimmen, erweist die ganze Schiefe der Problemstellung deutlicher als je vorher. Denn es läßt sich in jedem Falle zeigen, daß eine Totalität fundiert sein kann auf ganz verschiedene Weise, daß die sogenannten Elemente, die diese Totalität aufbauen, wechseln können, ohne den Gesamtcharakter zu verändern. Darum kann es nicht an den Pünktchen liegen, daß ein Kreis aus ihnen entsteht, und auch nicht an der Zusammenfassung dieser Pünktchen durch Synthese. Aus bestimmten Bausteinen kann ebenso jede beliebige Figur entstehen, wie auch andererseits ganz andere Elemente als Pünktchen, etwa Kreuzchen, eine gleiche Figur erzeugen können (Abb. 1)“. Illustriert werden diese Ausführungen durch ein aus runden Punkten gebildetes Oval, einen ebensolchen Kreis und einen zweiten aus Kreuzchen bestehenden Kreis!) „Ganz ebensowenig liegt es an den einzelnen Menschen-‚Pünktchen‘, an den Individuen, daß sie eine so und nicht anders geartete Gesamtheit ergeben. Durch die Synthese der Individuen wird niemals eine überindividuelle Totalität gewonnen. Totalitäten sind aus den Elementen durch keinerlei Mischung oder Synthese ableitbar. Damit muß sich eine radikale Umschaltung der Problematik ergeben, wie sie als eine neuere Phase auch in der Völkerpsychologie sich spiegelt. Wenn die Totalität aus ihren Elementen in keiner Weise ableitbar ist, dann ergibt sich, daß diese Totalität nur in sich selbst erklärbar ist.“

Auf den Biologen, der lebenslang mit der Methode der Analyse in breiter Front zu arbeiten gewohnt ist, wirkt es immer wieder außerordentlich erstaunlich, wenn kluge Gestaltpsychologen und Soziologen nicht sehen, daß diese Betrachtungsweise um kein Haar weniger schief und für das Wesen organischer Systemganzer blind ist, als diejenige, die *Werner* den mechanistischen Atomisten so hart ankreidet. Wird von jenen die ursächliche Beeinflussung des Stückes von der Ganzheit her nicht gesehen, so wird hier diejenige des Systemganzen von seinen Gliedern her völlig vernachlässigt. Es wird vollkommen vergessen, daß in der äußeren organischen Welt jedes „Unterganze“, wie die Gestaltpsychologen mit einem sprachlich sehr wenig schönen Terminus zu sagen pflegen, auch seine Strukturen hat. In der Psychologie der Gestaltswahrnehmung schadet diese Vernachlässigung der dem „Elemente“ anhaftenden Eigenschaften wenig, weil diese den Charakter der Ganzheit, der Gestalt, tatsächlich nur sehr wenig beeinflussen. Dieser, für die Gestalt als einen gewissermaßen extremen Fall von Ganzheit zutreffende Satz gilt jedoch durchaus nicht für jedes organische Systemganze schlechthin! Daß in der Gestaltwahrnehmung die Totalität einer Melodie aus hohen oder tiefen, aus Geigen-, Xylophon- oder Orgeltönen aufgebaut werden kann, ohne ihren unverwechselbaren Gestaltcharakter zu verändern, besagt noch lange nicht, daß ein organisches Systemganzes aus „beliebigen“ Elementen aufgebaut werden könne. Man kann weder aus quadrischen Steinen einen Gewölbebogen, noch aus Steinen, die zu einem Gewölbe zugehauen sind, eine rechtwicklige Mauer aufbauen und ebensowenig lassen sich Dohlen in die Totalität eines Bienenschwarmes oder Bienen in diejenige einer Dohlenkolonie einordnen.

Wenn *Werner* von der menschlichen Gemeinschaft sagte: „Der Mensch besitzt als Angehöriger einer übergeordneten Einheit Eigenschaften, die ihm zukommen, kraft seiner Zuordnung zu dieser Totalität und die nur aus dem Wesen dieser Totalität heraus verständlich sind“, so ist diesem Satz in gewisser Hinsicht weit eher zuzustimmen, als dem weiter oben zitierten, von den „Menschenpünktchen“, aus denen sich angeblich jede beliebige Form von Totalität aufbauen läßt. Nur darf auch diese Aussage nicht dahin ausgelegt werden, daß das Individuum *alle* diese, „nur aus der Totalität heraus verständlichen“ Eigenschaften erst in seinem individuellen Leben von der Gemeinschaft aufgeprägt erhält. Es gibt sehr viele Eigenschaften des Individuums, die zwar durchaus nur aus der Struktur der Totalität heraus „verständlich“ sind, die aber als angeborenes, ererbtes und nicht traditionell überliefertes Gut dem Einzelwesen kraft seiner Zugehörigkeit zu der betreffenden Art zukommen und nicht kraft seiner zufälligen Zugehörigkeit zu einer bestimmten Sozietät. Gewiß kann die Form eines zum Bau eines

Gewölbes zugehauenen Steines nur aus dem Bauplan des Gewölbes heraus verstanden werden. Man kann sogar das Gewölbe in einem teleologischen Sinne „verstehen", ohne die Form der Steine verstanden zu haben und ohne zu begreifen, in welcher Weise diese Form diejenige der Totalität beeinflußt.

Die induktive Naturwissenschaft strebt aber nicht nur teleologisches, sondern auch kausales Verständnis an. Nur dem kausalen Verständnis verdankt die Menschheit ihre Macht über die Dinge! Man kann in teleologischen Betrachtungen über die wundervolle Ganzheitlichkeit der organischen Systeme schwelgen und man kann tatsächlich ein gewisses intuitiv einfühlendes „Verstehen" für sie erreichen, aber man wird durch diese Art des Verstehens nicht in die Lage gesetzt, auch nur die kleinste Störung zu beseitigen, von der die Funktion einer Ganzheit bedroht wird. Niemand wird leugnen, daß die soziale Struktur der Menschheit gegenwärtig ein sehr gründlich gestörtes Funktionsganzes ist, und niemand kann leugnen, daß zur Beseitigung seiner Störungen ein kausales Verständnis des Ganzen sowohl als seiner Störung notwendig ist. Um auf das obige Gleichnis zurückzukommen: Den Zweck des Gewölbes kann man einsehen, ohne die Form der Steine zu kennen, aber reparieren kann man es nicht, ohne dies zu tun! In der induktiven Forschung muß finales und kausales Verständnis stets Hand in Hand gehen. Die aktive Verfolgung irgendeines Zieles ist ohne Kausalverständnis grundsätzlich unmöglich, auf der anderen Seite wäre die Kausalforschung funktionslos, wenn die forschende Menschheit nicht nach Zielen strebte. Kausalforschung bedeutet daher nicht einen wertblinden „Materialismus" im moralischen Sinn, sondern intensivsten Dienst an der letzten Finalität organischen Geschehens, indem es uns, wo es von Erfolg begleitet ist, die Möglichkeit eröffnet, helfend einzugreifen, wo Menschheitswerte in Gefahr sind und wo der rein teleologische Ganzheitsbetrachter nur die Hände in den Schoß legen und der in die Brüche gehenden „Ganzheit" hilflos nachtrauern kann.

Jeder Versuch zu einem naturwissenschaftlichen Verstehen, der eine in Wirklichkeit wechselseitige Kausalverbindung, wie sie zwischen Glied und Ganzheit eines organischen Systems in den allermeisten Fällen besteht, nur in einer Richtung untersucht, macht sich eines methodischen Fehlers schuldig, der prinzipiell gleichartig mit demjenigen ist, den wir an den „atomistischen" Mechanisten kritisieren! Es wirkt höchst paradox, wenn gerade dieser Verstoß gegen die Regeln induktiver Forschung von einer Seite begangen wird, die von früh bis spät das Schlagwort der „Ganzheit" im Munde führt!

Das Gesagte hätte seine volle Berechtigung selbst dann, wenn die organischen Systeme im idealen Sinne „Ganzheiten" wären, das heißt, wenn es in ihnen keine Teile gäbe, die, gewissermaßen als starre Einschlüsse oder Skelettelemente, im plastischen Gewirr der wechselseitigen Kausalverbindungen eingeschlossen sind, und zwar ihrerseits Form und Leistung der Ganzheit beeinflussen, aber selbst nicht oder nur in zu vernachlässigendem Maße vom Ganzen her beeinflußt werden. Da nun aber derartige „ganzheitsunabhängige Bausteine", wie wir bald sehen werden, im Aufbau jedes Organismus und jeder Gemeinschaft von Organismen eine ausschlaggebende Rolle spielen, ist die Betrachtungsweise der Mechanisten, sowohl der Behavioristen als der Reflexologen tatsächlich weniger fehlerhaft, ja in gewissem Sinne sogar ganzheitsgerechter, als diejenige der oben zitierten Ganzheitsbetrachter: Einsinnige Kausalverbindungen, die vom Stück zur Ganzheit verlaufen, gibt es wenigstens manchmal, und die „Atomisten" begehen so lange keinen methodischen Fehler, als sie ihre Untersuchungen auf derartige Ursachenketten beschränken. Einsinnige Ursachenketten jedoch, die von dem Systemganzen zu seinen Gliedern laufen, gibt es nicht. Sie sind eine Fiktion, die in der Psychologie der Gestaltswahrnehmung aus bestimmten Gründen, deren Erörterung hier zu weit führen würde, keinen wesentlichen Schaden anrichtet, die aber bei der Untersuchung objektiver organischer Systeme zu einem ernstlichen Hemmnis der Forschung werden kann.

Es ist aus mehreren Gründen angezeigt, an dieser Stelle zunächst einiges über den Begriff zu sagen, den die induktive biologische Forschung mit dem Terminus Ganzheit verbindet. Erstens ist dies zum besseren Verständnis dessen nötig, was sogleich über die Rolle gesagt werden muß, die der ganzheitsunabhängige Baustein im Gefüge eines organischen Systemganzen spielt, zweitens ergibt sich aus dem Wesen der Ganzheit sowohl die Methode, nach der bei ihrer kausalen Analyse vorgegangen werden muß, als auch die Kritik, die wir in methodologischer Hinsicht an den großen Mechanistenschulen zu üben haben. Auf diese Kritik aber werden wir im übernächsten Kapitel und im zweiten Teil vorliegender Abhandlung, der von der Vernachlässigung der angeborenen arteigenen Verhaltensweisen handelt, zurückkommen.

### b) *Das Wesen organischer Systemganzer und die Analyse in breiter Front.*

Wenn wir eine Ganzheit als ein System definieren, in dem jedes Stück mit jedem anderen in einem Verhältnis wechselseitiger ursächlicher Beeinflussung steht, als „regulatives System universeller ambozeptorischer Kausalverbindung" (*O. Koehler*), so entbehrt dieser Begriff jeglicher metaphysischen, insbesondere vitalistischen Bestimmung. Auch der überzeugteste Mechanist und „Atomist" muß uns zugeben, daß das Strukturgefüge vieler organischer Ganzheiten ein derartiges System darstellt und muß uns die Richtigkeit gewisser methodologischer Vorschriften zugestehen, die sich für die analytische Forschung aus dem Wesen derartiger Ganzheiten ergeben. In einem System, in dem eine universelle Wechselwirkung aller seiner Teile stattfindet, man denke etwa an das System der innersekretorischen Drüsen des Menschen, ist es grundsätzlich unmöglich, experimentell oder auch nur gedanklich einen einzelnen Teil zu isolieren und gesondert zu betrachten. Sowohl der isolierte Teil, als auch der dieses Teiles beraubte Restbestand der früheren Ganzheit ist durch unsere — experimentelle oder gedankliche — Operation zu etwas völlig anderem geworden, als was beide in ihrem bisherigen Zusammenhang waren. Die Rolle, die jedes einzelne Stück im Gefüge des Ganzen spielt, kann grundsätzlich nur gleichzeitig mit derjenigen sämtlicher anderen an dem Ganzen beteiligten Teile verstanden werden. Um hierfür ein sehr grobes Beispiel zu bringen: Wenn wir versuchen, die Funktion eines Explosionsmotors zu verstehen, so müssen wir wohl oder übel mit der Betrachtung eines Teiles beginnen, aber wir werden die Funktion irgendeines Teilstückes, etwa des Vergasers, erst dann voll verstehen können, wenn wir begriffen haben, wie der Kolben aus ihm das Gasgemisch saugt. Unser Verständnis der Saugwirkung des Kolbens hat zur Voraussetzung, daß wir wissen, wie Schwungrad, Kurbelwelle und Pleuelstange ihn während der drei Leertakte bewegen, wie Nockenwelle und Ventile funktionieren usw., usw. Daß schließlich das Schwungrad überhaupt kinetische Energie besitzt, die den Kolben während des Ansaugtaktes bewegt, werden wir erst verstehen, wenn wir unter allen anderen Gliedern des Systems auch den Vergaser und seine Leistung verstanden haben. Die Glieder eines Ganzen lassen sich nur gleichzeitig oder überhaupt nicht verstehen!

Aus eben dieser Eigenart eines ganzheitlichen Systems leiten sich gewisse Forderungen betreffs der bei seiner Analyse anzuwendenden Methode ab, einer Methode, die von manchem, nicht in einer vitalistisch-teleologischen Konzeption der Ganzheit befangenen Gestaltspsychologen, so von *Matthaei* und *Metzger* schon lange klar herausgearbeitet wurde. Die Analyse muß notwendigerweise mit einer Betrachtung des Gesamtgefüges aller Teile beginnen, die eine Übersicht über Zahl und Art der an ihm beteiligten Stücke schafft. Ihr Eindringen in die Einzelheiten muß dann möglichst von allen Seiten her gleichzeitig erfolgen, die Kenntnis jedes einzelnen Details muß in gleichem Schritte mit derjenigen jedes anderen gefördert werden, bis das Gefüge der Ganzheit sich in seiner ganzen anschaulichen Verständlichkeit darbietet, *Matthaei* vergleicht dieses Verfahren, das wir als die Analyse in breiter Front bezeichnen wollen, treffend mit dem Vorgehen eines Malers, der zuerst eine allgemeine, ungefähre Skizze des Darzustellenden entwirft und dann alle ihre Teile in gleichem Schritte fördert, do saß das Gemälde in allen Stadien seines Werdens eine Wiedergabe der Ganzheit des Dargestellten ist, obwohl seine Entwicklung ein ständiges Vordringen in Richtung der kleinen und kleineren Einzelheiten bedeutet. Die Analyse in breiter Front ist überall dort obligat, wo das untersuchte Objekt den Charakter einer Ganzheit trägt. Daraus leitet sich unsere Kritik an der Methode der großen mechanistischen Schulen der Psychologie und Verhaltensforschung ab, die sämtlich den methodischen Fehler begehen, aus dem ganzheitlichsten aller organischen Systeme, dem Zentralnervensystem höherer Tiere und des Menschen, Teile bzw. Teilfunktionen willkürlich zu isolieren und ohne jeden Zusammenhang mit der Ganzheit zu untersuchen, ja schlimmer noch, den Versuch zu unternehmen, die Ganzheit aus dem „Element" eines einzelnen Teilvorganges zu re-synthetisieren, den herauszugreifen und zu analysieren infolge zufälliger, technisch günstiger Umstände gelungen war.

c) *Der relativ ganzheitsunabhängige Baustein.*

Keineswegs alle organischen Systeme fügen sich restlos der Definition der Ganzheit als eines Systems universeller ambozeptorischer Kausalverbindung! Einfache Beispiele aus der Entwicklungsmechanik, wie der „Mosaik-Keim" der Aszidien, bei dem die im Zweizellenstadium voneinander getrennten Hälften des Keimes buchstäblich jede zu einer halben Aszidie auswachsen, beweisen eindringlich und unwiderleglich, wie wenig man die aus der Gestaltspsychologie bekannten Beziehungen zwischen Teil und Ganzheit unbesehen generalisieren und für Eigenschaften aller organischen Systeme schlechthin halten darf. Es gibt sicherlich keinen einzigen lebendigen Organismus, der als Gesamtheit ein ähnlich ganzheitliches System darstellt, wie jener Teil des Zentralnervensystems höchster Wirbeltiere und des Menschen, der Sinnesdaten zu Gestaltwahrnehmungen integriert! Im Strukturgefüge jedes Lebewesens gibt es unzählige Stücke, die im buchstäblichen, atomistischen Sinne „Teile" oder „Struktur-Elemente" sind, insoferne nämlich, als sie relativ starre, unveränderliche Einschlüsse in dem ambozeptorischen Kausalfilz des übrigen Systems darstellen. Auch dort, wo diese Stücke, für sich betrachtet, den Charakter typischer organisch-ganzheitlicher Systeme tragen, können sie von der Analyse als wirkliche „Elemente" des organischen Systems behandelt werden, und zwar deshalb, weil sie zu der Ganzheit in einem einsinnigen, nicht in einem ambozeptorisch-wechselseitigen Verhältnisse der Verursachung stehen. Das heißt, diese Elemente werden — zumindest am fertigen Organismus — weder in ihrer Form noch in ihrer Funktion von der Ganzheit her wesentlich beeinflußt, beeinflussen aber ihrerseits Form und Funktion des Gesamtsystems in ausschlaggebender Weise. Wir bezeichnen derartige, in einer vorherrschend einsinnigen Kausalverbindung zur Ganzheit stehende Elemente als relativ ganzheitsunabhängige Bausteine. Das Eigenschaftswort „relativ" in die Definition dieser Komponenten der Ganzheit einzubeziehen, ist deshalb nötig, weil es alle nur denkbaren Übergänge zwischen solchen Bausteinen gibt, die in absoluter Unabhängigkeit von der Ganzheit in einer rein einsinnigen Kausalverbindung zu ihr stehen, und solchen, die in der gewöhnlichen Weise in ambozeptorischer Wechselbeziehung mit ihr verbunden sind. Beispiele für den Grenzfall eines wirklich absolut ganzheitsunabhängigen Bausteines sind schwer zu finden. Auch die berühmte Hälfte des Aszidienkeimes ist genau genommen nicht völlig ganzheitsunabhängig, denn die aus ihr entstehende halbe Aszidie ist immerhin auf der Schnittfläche mit Epidermis überkleidet, was sie im Verbande mit der anderen Hälfte nicht wäre. Absolut ganzheitsunabhängig sind wohl nur tote Komponenten organischer Systeme, und selbst diese nur in ihrem fertigen Zustande. Kutikularbildungen, wie etwa das völlig regulations-unfähige Außenskelett fertiger Insekten, anorganische Einschlüsse, wie Kieselnadeln von Schwämmen und dergleichen, mögen als Beispiele dienen. Schon ein starres Skelettelement, wie etwa ein menschlicher Knochen, ist durchaus nicht absolut ganzheitsunabhängig, der Mensch kann z. B. an Knochenerweichung erkranken. Immerhin aber sind die Kausalketten, die von der Ganzheit des Organismus zu einem solchen Knochen laufen, so wenige an der Zahl, daß wir sie getrost außer acht lassen können, wenn wir etwa die Funktion des Skelettes und die Auswirkungen seiner Strukturen auf die Muskelfunktionen und die Bewegungsleistungen des Gesamtsystems untersuchen. Ebenso begehen wir keinen nennenswerten methodischen Fehler, wenn wir bei der Untersuchung eines kurzen Sehnenreflexes zunächst die Tatsache vernachlässigen, daß die höheren Instanzen des Zentralnervensystems immerhin einen geringen Einfluß auf seine Auslösung haben, z. B. daß diese beim Wegfall der Pyramidensysteme wesentlich erleichtert wird.

Eben deshalb bietet ja das Auffinden eines relativ ganzheitsunabhängigen Bausteines im unermeßlich komplizierten Kausalfilz des organischen Systems einen so hochwillkommenen Ansatzpunkt für das Eindringen kausaler Analyse, weil eine solche Komponente ohne allzu großen methodischen Fehler isoliert werden darf. Deshalb bildet auch die starre Struktur in Forschung und Lehre stets den ersten archimedischen Fixpunkt, von dem die Betrachtung ausgeht, deshalb beginnt z. B. jedes Anatomiebuch mit der Beschreibung des Skeletts. In der Erforschung des tierischen und menschlichen Verhaltens waren es daher ganz legitimer Weise bestimmte, an unveränderliche Strukturen des Zentralnervensystems gebundene Leistungen, an denen die Kausalanalyse ansetzte. Die Erforschung des Reflexvorganges wurde zum Kristallisationszentrum der gesamten Entwicklung der Physiologie des Zentralnervensystems, die Entdeckung der bedingten Reaktion gab zur Entstehung der ganzen *Pawlow*schen Reflexologenschule Anlaß. Schließlich hat die Entdeckung der endogen-automatischen Bewegungsweise, die in viel höherem Maße ganzheits-unabhängig ist als der Reflex, geschweige denn als die bedingte Reaktion, zur Entstehung unserer eigenen Forschungsrichtung, der vergleichenden Verhaltensforschung Anlaß gegeben.

Die analytischen Möglichkeiten, die durch die Entdeckung eines relativ ganzheitsunabhängigen Bausteines erschlossen werden, dürfen indes nie vergessen lassen, daß die Methode der isolierenden Betrachtung nur der ganzheitsunabhängigen Komponente gegenüber erlaubt ist und schärfstens auf das enge Teilgebiet des betreffenden Vorganges beschränkt bleiben muß. Jeder derartige Baustein verhält sich gewissermaßen wie ein anorganischer Einschluß im ambozeptorischen Kausalfilz des organischen Systems (die am meisten unabhängigen Bausteine sind ja ganz buchstäblich anorganische Einschlüsse!) und die Forschung muß jederzeit die Bereitschaft wahren, zur sonst obligaten ganzheitsgerechten Methode der Analyse in breiter Front zurückzukehren, sowie sie über die Grenzen des eingeschlossenen starren Elementes hinausgerät und es nun wiederum mit einem Geflecht wechselseitiger Kausalbeziehungen zu tun bekommt.

Auf eben dieser Forderung baut sich unsere Kritik der großen Mechanistenschulen, des Behaviorismus und der *Pawlow*schen Reflexologenschule auf. Beide haben einen relativ ganzheitsunabhängigen Baustein des Verhaltens entdeckt — im Grunde genommen beide denselben, nämlich die bedingte Reaktion — und auf der Basis dieser Entdeckung große und unvergängliche Forschungserfolge erzielt. Beide aber haben über diesen Erfolgen die Bereitschaft eingebüßt, zur mühsamen und langwierigen Methode der Analyse in breiter Front zurückzukehren. Sie hielten an der isolierenden, „atomistischen" Methode fest, lange nachdem sie die Grenzen des Gültigkeitsbereiches der aufgefundenen Gesetzlichkeiten überschritten hatten, und haben daher in wissenschaftlich durchaus illegitimer Weise das aufgefundene Element dogmatisch zum allein ausreichenden Erklärungsprinzip der Ganzheit des Verhaltens erhoben. Im zweiten Teil dieses Aufsatzes werden wir uns damit zu beschäftigen haben, wie gerade dieser Erklärungsmonismus der großen Mechanistenschulen, insbesondere des Behaviorismus, die Entdeckung gewisser angeborener Aktions- und Reaktionsnormen von Tieren und Menschen verhinderte bzw. verzögerte und in welcher Weise sich diese Blindheit für das Vorhandensein angeborener arteigener Verhaltensweisen auch heute noch in einer vom Behaviorismus beeinflußten Soziologie auswirkt.

Verschiedene organische Systeme sind sehr verschieden reich an relativ ganzheitsunabhängigen Bausteinen. Eine analoge Unterscheidung, wie sie *Spemann* hinsichtlich des entwicklungsmechanischen Verhaltens zwischen „Mosaik-Keimen" und „Regulativ-Keimen" gemacht hat, läßt sich ganz allgemein und in sehr mannigfacher Hinsicht zwischen verschiedenen organischen Systemen durchführen. Um hierfür aus der Verhaltenslehre zwei extreme Beispiele anzuführen. Wenn ein Seeigel vor dem Angriffe des Seesternes, seines Hauptfeindes, flieht und sich gleichzeitig mit Hilfe seiner Giftzangen gegen ihn verteidigt, so beruhen diese durchaus sinnvollen und arterhaltend zweckmäßigen Verhaltensweisen des ganzen Tieres auf dem mosaikartigen Zusammenspiel seiner einzelnen Organe, der Ambulakralfüßchen, Stacheln und Pedizellarien. Keine integrierende Leistung des Zentralnervensystems koordiniert die Einzelleistung der Organe zu einem Ganzen, sondern jedes einzelne der Organe ist eine unabhängig für sich reagierende „Reflexperson", wie J. *v. Üxküll* sich ausdrückt. Jedes Ambulakralfüßchen und jeder Stachel hat allein für sich die Eigenschaft, auf dem chemischen Reiz des Seesternschleimes von der Reizquelle fortzustreben, außerdem aber die, sich jeder ihm durch die Bewegung des Gesamttieres aufgezwungenen Marschrichtung unterzuordnen und in ihr „mitzuhelfen". Jede Giftzangen tragende Pedizellarie dagegen stellt sich mit geöffneten Zangen dem Reize entgegen. Diese Reaktionsweisen kommen auch dem isolierten Organ in völlig gleicher Weise zu, die zweckmäßige Gesamtreaktion ist tatsächlich ein Mosaik, sie ist im realen Sinne aus der Leistung der „Elemente" synthetisierbar, z.B. indem man einzelne Stücke einer Stacheln und Pedizellarien tragenden Seeigelschale mit einer Schnur zusammenbindet. *Üxküll* hat in seiner prägnanten Ausdrucksweise diesen Tatbestand in den Satz zusammengefaßt: „Wenn ein Hund läuft, so bewegt der Hund die Beine, wenn ein Seeigel läuft, so bewegen die Beine ihn." Obwohl es auch beim Laufen des Hundes möglich — und daher notwendig — ist, gewisse relativ ganzheitsunabhängige Bausteine (in Gestalt der später zu besprechenden endogenen Automatismen) herauszuschälen, die legitimerweise isoliert betrachtet werden dürfen, so ist doch zweifellos sein Zentralnervensystem tatsächlich ein sehr hochgradig integriertes System von wenigstens annähernd universeller ambozeptorischer Kausalverbindung und der Versuch, sein Laufen als zweckgerichtete Gesamthandlung aus den Einzelreflexen und Automatismen der Beine zu synthetisieren, ist von vornherein verfehlt. Das zentralnervliche System, das Gesamthandlungen von höheren Tieren und Menschen zu Einheiten integriert, kommt dem definitionsmäßigen Idealfalle der Ganzheit, dem System universeller ambozeptorischer Kausalverbindung, verhältnismäßig nahe, außerdem ist es in Struktur und Leistung sicherlich jenem anderen recht ähnlich, das Sinnesdaten zu gestalteten Wahrnehmungen integriert und das von sämtlichen bekannten Systemen dieses Universums dasjenige mit der universellsten ambozeptorischen Kausalverbindung ist. Daher wird in diesem Falle ein vorsichtiges Vergleichen und ein ebensolches Übertragen der bekannten in der Gestaltspsychologie gültigen Prinzipien auf die Leistung nahverwandter und ähnlich strukturierter zentralnervlicher Organsysteme erlaubt und nutzbringend sein.

Dagegen ist es aber selbstverständlich ein vollkommener Unsinn, eine Ganzheitlichkeit, die derjenigen der Wahrnehmungsgestalt verwandt ist, dort zu erwarten, wo kein realer Integrationsapparat am Werke ist, der, wie bei jener, eine Fülle ambozeptorischer Kausalverbindungen gewährleistet. Wenn also etwa *Alverdes* gegen die *Üxküll*sche Konzeption der „Reflexrepublik" des Seeigels den Einwand erhebt, daß sie „der Fiktion der Ganzheitlichkeit widerspreche", so liegt das Mißverständnis eben in der Meinung, daß die Ganzheitlichkeit eine Fiktion sei: Sie ist dort, wo sie wirklich vorhanden ist, durchaus keine Fiktion, sondern etwas höchst Reales. Ob und wie weit sie vorhanden ist, ist aber keine Frage, die durch metaphysische Spekulation und durch dogmatischen Mißbrauch eines Schlagwortes zu lösen ist, sondern durch geduldige induktive Erforschung jedes Einzelfalles entschieden werden muß.

Für den gesamten Ansatz der ursächlichen Analyse jedes organischen Systems ist die richtige Entscheidung der Frage, wie weit es aus einem Geflecht wechselseitiger Kausalverbindungen und wie weit es aus relativ ganzheitsunabhängigen Gliedern bestehe, eine grundlegende Notwendigkeit. Das Ergebnis der versuchten Analyse wird ganz einfach falsch, wenn wechselseitige Ursachenverbindungen wie einsinnige, und einsinnige wie wechselseitige behandelt werden. Das Herausgliedern und Isolieren der relativ ganzheitsunabhängigen Glieder ist ebenso obligat, wie die Methode der Analyse in breiter Front dem ambozeptorischen Kausalgeflecht gegenüber obligat ist. Das war zunächst einmal zu zeigen.

Neben der in der gesamten Psychologie weit verbreiteten, aus einer mißverständlichen Generalisation gestaltpsychologischer Prinzipien entspringenden Überschätzung des Primates der Ganzheit vor ihren Teilen und Unterschätzung des relativ ganzheitsunabhängigen Gliedes spielt ganz besonders in der Soziologie noch die Vernachlässigung bestimmter, höchst spezieller ganzheitsunabhängiger Bausteine des tierischen und menschlichen Verhaltens eine — meines Erachtens außerordentlich hemmende — Rolle, die völlig andere Ursachen hat und der wir uns nun zuwenden.

## II. *Die Vernachlässigung der angeborenen arteigenen Verhaltensweisen.*

### a) *Die Auswirkungen des mechanistisch-vitalistischen Meinungsstreites.*

Leitet sich die im ersten Abschnitt dieses Aufsatzes besprochene Überschätzung der Einwirkung des Ganzen auf den Teil aus einer falschen Generalisation gestaltpsychologischer Sätze ab, so ist die nun zu besprechende Unterschätzung und Vernachlässigung bestimmter starr angeborener Aktions- und Reaktionsnormen von Tieren und Menschen die Folge einer etwas komplexeren und außerordentlich interessanten geistesgeschichtlichen Situation, die wir etwas näher skizzieren wollen.

Daß es angeborene und angeborenermaßen zweckmäßige Verhaltensweisen gibt, war an sich schon seit dem Mittelalter bekannt. Schon die Scholastik hatte sich mit ihnen beschäftigt und hatte als ein zweifelhaftes Erbe ihre landläufige Bezeichnung als „Instinkte" hinterlassen. Selbst in unsere Umgangssprache ist der Ausdruck „Instinkt" eingedrungen, und zwar durchaus im Sinne des scholastischen Begriffes von einem außernatürlichen Faktor, der selbst einer kausalen Erklärung weder zugänglich noch bedürftig ist, aber seinerseits überall dort zur Scheinerklärung einer Verhaltensweise herangezogen wird, wo diese zwar offensichtlich sinnvoll und arterhaltend zweckmäßig ist, ihre Zweckmäßigkeit jedoch nicht auf der Basis der uns aus unserem eigenen Erleben geläufigen Verstandesleistungen erklärt werden kann. „Instinkt" ist somit von allem Anfange an eines jener verhängnisvollen Worte gewesen, die sich zur rechten Zeit einstellen, wo die Begriffe fehlen! Oder, genauer gesagt, es macht das Wesen des scholastischen Instinktbegriffes aus, daß er eine außernatürliche Scheinerklärung für natürliche Vorgänge darstellt. Diese für die vergleichende Verhaltensforschung so ungemein hinderliche Eigenart des Instinktbegriffes hatte die böse Folge, daß die angeborenen arteigenen Aktions- und Reaktionsweisen, zu deren Pseudo-Erklärung er herangezogen wurde, schon in der Frühzeit physiologischer Forschung in den Brennpunkt des Meinungsstreites zweier naturphilosophischer Denkrichtungen rückten, des Streites zwischen Vitalisten und Mechanisten.

Wie schon auseinandergesetzt, entspringen die wesentlichsten Irrtümer der großen Mechanistenschulen aus klar nachweisbaren methodischen Fehlern, die sich aus ihrer Blindheit für das Wesen der organischen Ganzheit als einem System nahezu universeller wechselseitiger Kausalverbindung ergeben. Daß aber sowohl der Behaviorismus, als auch die *Pawlow*sche Reflexologenschule gerade hinsichtlich der hier in Rede stehenden angeborenen arteigenen Verhaltensweisen so erstaunliche Fehl- und Scheinerklärungen gegeben haben, erklärt sich außerdem noch aus einem zweiten Grunde, nämlich aus der Gegnerschaft gegen die gerade auf diesem Gebiete besonders scharf ausgesprochene Lehrmeinung der Vitalisten. Gerade in ihren Aussagen über angeborene Verhaltensweisen wurden beide Meinungsgegner in ganz unhaltbare, extreme Positionen gedrängt, die keiner von ihnen je eingenommen hätte, hätte er von den gegnerischen Anschauungen keine Kenntnis besessen! Machten die Vitalisten aus der gestalteten Ganzheitlichkeit organischen Geschehens einen übernatürlichen Faktor, dem gegenüber jeder Versuch zur ursächlichen Analyse Sakrileg war, so verfielen die Mechanisten in eine geradezu gewollte Ganzheitsblindheit und in einen extremen, methodisch fehlerhaften Atomismus, als dessen schädlichste Auswirkungen die schon besprochenen Erklärungs-Monismen auftraten. Machten die Vitalisten aus der Zweckmäßigkeit tierischen Verhaltens ein Wunder, indem sie diese für eine unmittelbare Auswirkung eines übernatürlichen, entelechialen Faktors erklärten, so vermieden es die Mechanisten, die Zweckmäßigkeit, auch die wichtige, unbestreitbare Tatsache einfacher, arterhaltender Zweckmäßigkeit, in ihre Betrachtung einzubeziehen, was besonders bei manchen behavioristischen Autoren dazu geführt hat, daß pathologische Verhaltensweisen in höchst irreführender Weise mit physiologischen, arterhaltend sinnvollen durcheinandergebracht wurden. War für die Vitalisten ihr außernatürlicher „Faktor" — mochten sie ihn nun vitale Kraft, ganzmachend oder richtunggebende Instanz, Entelechie, Instinkt oder sonstwie nennen — letzten Endes Seele, so betrieben die Mechanisten eine „Psychologie ohne Seele", auch dort, wo bei reinlicher Unterscheidung des objektiven und des subjektiven Aspektes die Selbstbeobachtung höchst wertvolle Aufschlüsse über bestimmte Verhaltensweisen zu liefern vermag und wo der Verzicht auf Introspektion daher das schlimmste aller Vergehen gegen den Geist der induktiven Naturforschung, nämlich einen Wissensverzicht bedeutet!

Weitaus am schlimmsten aber wirkte sich diese „extremisierende" gegenseitige Beeinflussung von Vitalisten und Mechanisten auf dem Gebiete aus, das uns hier speziell angeht, nämlich auf dem der Erforschung der angeborenen, arteigenen Verhaltensweisen. Für den Vitalisten boten diese schlechterdings keine Probleme: Wie andere Lebenserscheinungen, die sich durch besondere harmonische Ganzheitlichkeit und deutliche Finalität auszeichnen, wie Vererbung, Embryonalentwicklung und Restitution, so galten auch die angeborenen arteigenen Verhaltensweisen den Vitalisten als der Inbegriff dessen, was als unmittelbare Auswirkung der außernatürlichen Lebenskraft der natürlichen Erklärung weder bedürftig noch zugänglich ist. *Johannes Müller*, der mit der typischen Doppelnatur eines idealistisch eingestellten Naturforschers gleichzeitig zum Vater der kausalanalytischen Physiologie und zu dem des Vitalismus werden konnte, betrachtete „die Instinkte" ganz eindeutig nicht als ein Objekt der ersteren, sondern als Domäne des letzteren! An einer, mir leider nur zitatweise bekannten Stelle, an der er von Beispielen einer unmittelbaren Auswirkung der „Lebenskraft" spricht, führt er an, wie der des Zentralnervensystems noch entbehrende Embryo dennoch als Ganzheit heranwächst, wie in der Schmetterlingspuppe sich die später gebrauchten Organe des Imagos in zweckentsprechender Weise anlegen und wie sich bei der Verwandlung der Kaulquappe zum Frosch das Rückenmark entsprechend der Rückbildung des Sshwanzes verkürzt usw. Dann fügt er im selben Zuge hinzu, es sei eine gleichartige, unbewußte, organisatorische, ganzheitserzeugende Kraft, die sich auch in den Instinkten der Insekten auswirken! Wenn diesen Altmeister physiologischer Forschung, dessen Untersuchung über den Reflex eine der wichtigsten Grundlagen der späteren, kausalanalytischen Erforschung des zentralnervlichen Geschehens bilden sollte, die „Instinkte" zu den kausal nicht erklärbaren „Wundern" rechnete, wie sollten da nicht spätere, mit weit geringerer kausalanalytischer Begabung und weit geringerem Kausalitätsbedürfnis ausgestattete Vitalisten vor ihrer natürlichen Erklärung resignieren. „Wir betrachten den Instinkt, aber wir erklären ihn nicht!" schreibt *Bierens de Haan* noch 1940.

Für die Mechanisten auf der anderen Seite waren die angeborenen arteigenen Verhaltens-Systeme mit ihrer nicht wegzuleugnenden arterhaltenden Zweckmäßigkeit und ihrer verhältnismäßigen Ganzheitlichkeit ein Objekt, das ihrer atomistischen Forschungsweise wenig Aussicht auf Erfolg versprach und daher wenig zur Untersuchung reizte. Da die Vitalisten so viel Aufhebens von den „Instinkten" machten, war es in Mechanistenkreisen geradezu verpönt, von ihnen überhaupt zu sprechen. Die wenigen Reflexologen, die sich zu Aussagen über angeborene Verhaltensweisen herbeiließen, beschränkten sich auf die naheliegende Erklärung, diese bestünden aus Ketten unbedingter Reflexe, während die Behavioristen, an ihrer Spitze *Watson*, das Vorhandensein längerer angeborener Bewegungsfolgen ganz einfach wegleugneten. Die völlige Unbegründetheit dieser Anschauungen konnte deshalb nie zutage treten, weil kein Reflexologe und kein Behaviorist je in die Lage kam, den Ablauf einer längeren, hochdifferenzierten Kette arteigener angeborener Verhaltensweisen überhaupt zu Gesicht zu bekommen. Die Forschungsmethode beider großen mechanistischen Schulen der Verhaltensforschung beschränkte sich bekanntlich auf Experimente, in denen eine Zustands-Änderung in den auf den Organismus einwirkenden Umgebungsbedingungen gesetzt und die Antwort des Tieres auf diese Änderung registriert wurde. Die vorgefaßte Meinung, daß der Reflex und der bedingte Reflex die einzigen wesentlichen „Elemente" alles tierischen und menschlichen Verhaltens seien, bestimmte eben eine ganz spezielle, kaum je variierte Art der Versuchsanordnung, bei der das untersuchte Zentralnervensystem gewissermaßen gar keine Gelegenheit bekam, zu zeigen, daß es auch etwas anderes zu leisten imstande sei als einwirkende Außenreize zu beantworten. Bei der ausschließlichen Anwendung dieser Methodik mußte die Meinung entstehen bzw. bestärkt werden, daß sich die Leistung des Zentralnervensystems im Aufnehmen und Beantworten äußerer Reize erschöpfe.

Da niemand unter den Mechanisten je nachsah, was Tiere sich selbst überlassen tun, konnte auch unmöglich einer von ihnen bemerken, daß sie überhaupt von selbst, d. h. ohne Einwirkung äußerer Reize nicht nur etwas, sondern sogar sehr vielerlei tun. Das gesamte, für die Erkenntnis der später zu besprechenden physiologischen Eigenart der sog. Instinktbewegung so ungemein wichtige Phänomen der Spontaneität bestimmter Verhaltensweisen blieb auf diese Weise gerade jenen Forschern verborgen, die von der Physiologie, von den kausalen Zusammenhängen tierischen und menschlichen Verhaltens etwas erfahren wollten. Die vitalistisch-teleologischen Verhaltensforscher auf der anderen Seite sahen zwar die Spontaneität gewisser Verhaltensweisen sehr wohl, betrachteten aber gerade sie als eine besonders unmittelbare Auswirkung eines übernatürlichen Faktors, deren ursächliche Analyse und Erklärung Anathema war. Sie verwendeten die nachweisliche Spontaneität mancher Bewegungsweisen nicht, wie es berechtigt gewesen wäre, als ein Argument gegen die Reflexketten-Hypothesen der Reflexologen, sondern, völlig unberechtigtermaßen, als ein solches gegen die Annahme einer physiologisch-ursächlichen Erklärbarkeit des Verhaltens schlechthin. Wenn man sich diese wahrhaft tragische, ja geradezu schon tragikomische Zwickmühle so recht vergegenwärtigt, in die Vitalisten und Mechanisten sich gegenseitig hineingesteigert hatten, kommt einem der Ausspruch von *Goethes* Faust in den Sinn: „Was man nicht weiß, das eben brauchte man und was man weiß, kann man nicht brauchen.“ Diejenigen, die vernünftige, physiologische Schlüsse aus der Tatsache der Spontaneität hätten ziehen können, sahen sie ganz einfach nicht, und diejenigen, die sie sahen, waren durch idealistische Vorurteile unheilbar daran behindert, die richtigen Schlußfolgerungen aus ihr zu ziehen!

Aus allen diesen Gründen blieb nicht nur die Tatsache der spontanen, automatisch-rhythmischen Reizproduktion im Zentralnervensystem unentdeckt, sondern es blieb überhaupt das weite und fruchtbare Feld, das die angeborenen arteigenen Verhaltensweisen der induktiven Naturforschung darbieten, zunächst völlig brach und unbeackert liegen, als Niemandsland zwischen den Fronten zweier dogmatisch übersteigerter gegensätzlicher Lehrmeinungen. Kein Wunder, daß es zum „Tummelplatz unfruchtbarer geisteswissenschaftlicher Spekulationen“ wurde, wie *Max Hartmann* sich einmal ausdrückte!

b) *Die späte Einführung der vergleichend-stammesgeschichtlichen Methode in der Verhaltensforschung.*

Die späte Entdeckung der angeborenen arteigenen Aktions- und Reaktionsweisen, deren fundamentale Bedeutung klarzumachen eine Hauptaufgabe vorliegenden Aufsatzes ist, hat aber auch noch andere Gründe. Es fehlten nicht nur Bearbeiter, die einen offenen Blick für die Spontaneität bestimmter Verhaltensweisen mit einem gesunden Bedürfnis nach ihrer kausalen Erklärung verbanden, es fehlte vor allem auch die erste und unentbehrlichste Voraussetzung dafür, die Verhaltensforschung zu einer echten induktiven Naturforschung werden zu lassen, es fehlte nicht mehr und nicht weniger als die in hypothesefreier Idiographik und Systematik gesammelte Induktionsbasis! Es fehlten zunächst Untersucher, die wohlvertraut mit den Denk- und Arbeitsmethoden der induktiven Naturforschung im allgemeinen und mit denjenigen der ganzheitsgerechten Analyse in breiter Front im besonderen, jene Herkulesarbeit nachtrugen, die Vitalisten wie Mechanisten ungetan gelassen hatten. Es fehlten Forscher, die sich jener bescheidensten und doch wichtigsten, jener kindlichsten und doch wissenschaftlichsten Arbeit unterzogen, die darin besteht, in voraussetzungsloser Beobachtung tierischen Verhaltens ganz einfach „nachzusehen, was es alles gibt“! Weder ein Reflexologe oder Behaviorist, noch auch ein Humanpsychologe, am allerwenigsten aber einer der vitalistischen Instinkt-Theoretiker hatte sich je der ungemein mühevollen und langwierigen Aufgabe unterzogen, auch nur eine einzige Tierart in der Gesamtheit ihrer Lebensäußerungen kennenzulernen, oder gar ein Inventar der ihr zur Verfügung stehenden Aktions- und Reaktionsnormen aufzunehmen und deren Beziehungen zum natürlichen Lebensraum zu untersuchen. Neben den wirklich tiefschürfenden Experimenten der Mechanisten und den scheinbar tiefschürfenden Spekulationen der Vitalisten erschien diese Aufgabe recht unwichtig und wenig „wissenschaftlich“. So erscheint die erste Aufgabe aller induktiven Naturforschung, die schlichte Idiographik, bei oberflächlicher Betrachtung nur allzu leicht!

Es war *H. S. Jennings*, der es als Erstes für eine des Forschers würdige Aufgabe erachtete, zu beobachten und in allen Einzelheiten zu beschreiben, was sich selbst überlassene Tiere nun eigentlich tun. Er war auch einer der Ersten, die sich völlig darüber klar waren, daß die Verhaltensweisen einer Tierart nicht ins Unbegrenzte variabel sind, sondern daß ihr eine begrenzte Anzahl von Aktions- und Reaktionsnormen zur Verfügung stehen, die sie ganz einfach „hat“, im gleichen Sinne, wie sie morphologische Strukturen bestimmter Form hat. Dadurch, daß er den Begriff des Aktionssystemes, als der Gesamtheit der einer bestimmten Tierart zur Verfügung stehenden Verhaltensweisen herausarbeitete, hat

*Jennings* eine ganzheitsgerechte Betrachtungsweise eingeführt, die das Verhalten einer Art als das untersucht, was es wirklich ist, nämlich als ein organisches Systemganzes.

Hat *Jennings* eine wirklich voraussetzungslose und exakte Idiographik tierischen Verhaltens in Angriff genommen, so waren C. O. *Whitman* und *O. Heinroth* diejenigen Forscher, die in systematischer Weise Aktionssysteme verwandter Tierformen nebeneinanderstellten und dadurch zu Pionieren einer in stammesgeschichtlichem Sinne vergleichenden Verhaltensforschung wurden. In sehr vielen Teilgebieten der biologischen Forschung hat die Entdeckung eines günstigen Objektes dadurch zur Entstehung eines selbständigen Forschungszweiges Anlaß gegeben, daß die Eigenschaften dieses Objektes eine bestimmte Methode vorschrieben, die ihrerseits die Richtung bestimmte, in der sich die weitere Forschung bewegte. Das klassische Beispiel für diesen Vorgang bildet die moderne Erbforschung. Sie hat ihren Ursprung mit der Entdeckung jenes einfachsten Grenzfalles genommen, in dem die Eltern eines Kreuzungsproduktes nur in einem einzigen Erbmerkmal voneinander verschieden sind, und ihre weitere Entwicklung bleibt bis auf den heutigen Tag durch die Methode bestimmt, die ihr von der Natur ihres günstigsten Objektes, eben der Kreuzung, vorgeschrieben ist.

Bei der vergleichenden Verhaltensforschung liegen die Verhältnisse nur insoferne anders, als hier die für den Forschungszweig kennzeichnende Methode zuerst da war und erst zu der Entdeckung jenes „günstigen Objektes" geführt hat, das dem Gang der weiteren Forschung die Richtung wies. Dieses Objekt, das ein Vortreiben ursächlicher Analyse in ganz bestimmter Richtung ermöglichte, konnte nämlich überhaupt erst dadurch gesehen und bemerkt werden, daß man die stammesgeschichtlich-vergleichende Methode anwandte. Hierin ist auch der Grund zu suchen, warum jenes Phänomen, das zum Kristallisations-Mittelpunkt einer ganzen Forschungsrichtung wurde, erst so ungemein spät entdeckt worden ist. Die Existenz bestimmter, angeborener, von Individuum zu Individuum einer Art völlig gleicher, für Arten, Gattungen und Ordnungen, ja selbst für Klassen und noch höhere Gruppenkategorien bezeichnender Bewegungskoordinationen konnte grundsätzlich nur von Forschern entdeckt werden, die die Aktionssysteme stammesgeschichtlich verwandter Tierformen in gleicher Methodik beschreibend und ordnend nebeneinanderstellten, wie die phylogenetisch vergleichende Systematik dies mit körperlichen Strukturen tut.

c) *Die physiologische Eigenart der endogen-automatischen Bewegungsweisen.*

Die Entdeckung und Erforschung dieser angeborenen, arteigenen Bewegungsweisen bietet ein Musterbeispiel dafür, wie in der Entwicklung einer echten induktiven Naturwissenschaft notwendigerweise aus einem ersten, voraussetzungslos beschreibenden, „idiographischen" Stadium das nach Ähnlichkeit und Unähnlichkeit der Merkmale ordnende „systematische" und aus diesem wiederum das ursächlich erklärende und nach Gesetzlichkeiten suchende „nomothetische" in organischer Entwicklung hervorwächst. Sie bildet auch den schlagenden Beweis für die unabdingbare Notwendigkeit jener breitesten, in voraussetzungsloser Beobachtung gesammelten Kenntnis konkreter Einzeltatsachen, die wir als die Induktionsbasis einer Naturwissenschaft bezeichnen.

Die erste große Entdeckung, die man gewissermaßen als den Geburtsakt der vergleichenden Verhaltensforschung bezeichnen kann, ist zweifellos das Auffinden einer echten, stammesgeschichtlichen Homologie zwischen angeborenen, arteigenen Bewegungsweisen verwandter Tierformen. *C. O. Whitman* und *O. Heinroth* waren beide geschulte und ungemein kenntnisreiche vergleichende Morphologen und besaßen in einem glücklichen, aber durchaus nicht zufälligen Zusammentreffen auch jene breiteste Massenkenntnis von Verhaltensweisen einer Verwandtschaftsgruppe von Tieren, die Voraussetzung eines phylogenetischen Vergleichens ist. So machten sie zunächst — und zwar unabhängig voneinander — die schlichte, aber folgenschwere Entdeckung, daß es formkonstante, von jedem gesunden Individuum einer Species in völlig gleicher Weise ausgeführte Bewegungsfolgen gibt, die bezeichnende Merkmale nicht nur für die einzelne Art, sondern, ganz wie viele „konservative" morphologische Merkmale, häufig auch für weitere und weiteste Verwandtschaftsgruppen sind. Mit anderen Worten, sie entdeckten Bewegungsweisen, deren Verbreitung und Verteilung im Tierreiche aufs vollkommenste derjenigen von Organen gleicht und von denen man somit unzweifelhaft annehmen kann, daß sich ihr Entwicklungsgang im Artenwandel durchaus wie derjenige von Organen und Organ-Merkmalen abgespielt hat. Ihr phylogenetisches Alter ist daher mit denselben methodischen Mitteln erschließbar wie dasjenige morphologischer Merkmale und damit auch der Begriff phyletischer Homologie auf sie in gleicher Weise anwendbar wie auf jene. Beide Forscher erwiesen diese Tatsache, indem sie geeignete Merkmale derartiger Bewegungsweisen als taxonomische Merkmale zur Rekonstruktion stammesgeschichtlicher Zusammenhänge innerhalb einer bestimmten Verwandtschaftsgruppe von Tieren heranzogen und das so gewonnene Ergebnis mit den Rückschlüssen verglichen, die sich aus der feinsystematischen Auswertung körperlicher Merkmale ergaben. Die restlose Übereinstimmung der Resultate erwies schlagend die Richtigkeit ihres Ansatzes, den *Whitman* schon 1898 in die Worte gefaßt hat: „Instincts and Organs are to be studied from the common viewpoint of phyletic descent" — Instinkte und Organe müssen vom gemeinsamen Standpunkte der phyletischen Abstammung untersucht werden.

Ebenso schlagartig erwiesen die neugefundenen Tatsachen die völlige Unhaltbarkeit der Vorstellungen, die man sich sowohl auf vitalistisch-teleologischer, wie auf mechanistischer Seite bislang von der Natur des sogenannten „instinktiven" Verhaltens gemacht hatte. Nach Ansicht der Vitalisten war „der Instinkt" ein grundsätzlich nicht kausal erklärbarer „Richtungsfaktor" und das durch ihn bedingte Verhalten daher notwendigerweise von jener typischen, plastischen Veränderlichkeit, die alles zweckgerichtete Verhalten auszeichnet. Es war daher an sich durchaus konsequent, wenn die Vertreter der „Purposive Psychology" die arterhaltende Leistung der arteigenen, angeborenen Verhaltensweisen mit dem vom Tiere als Subjekt angestrebten Zweck einfach gleichsetzten. Auf mechanistischer Seite dagegen gab es, wie schon angedeutet, zwei Schulmeinungen. Die der Behavioristen ging dahin, daß es komplexe, angeborene Bewegungsfolgen ebensowenig gebe wie angeborene „Ziele" und daß die arterhaltend zweckmäßige Form des sogenannten Instinktverhaltens nur scheinbar angeboren sei, in Wirklichkeit aber erst im individuellen Leben jedes Organismus auf dem Wege von Versuch und Irrtum erworben werde (*Watson*). Die *Pawlow*sche Reflexologenschule gestand die Existenz von höher differenzierten und längeren angeborenen Bewegungsfolgen zu, erklärte sie aber als Verkettungen unbedingter Reflexe. Gegen diese Theorie wurde schon früh von seiten der „Purposive Psychology", vor allem von *Mc Dougall*, der richtige Einwand erhoben, daß die Spontaneität vieler „instinktiver" Verhaltensweisen, ihre offensichtlich weitgehende Unabhängigkeit von äußeren Reizen, aus dem Prinzip des Reflexes nicht erklärbar sei.

Weder *Whitman* noch *Heinroth* haben je auch nur eine Vermutung über die physiologische Natur der arteigenen, angeborenen Bewegungskoordinationen geäußert. *Whitman* nannte sie noch einfach „instincts", *Heinroth* vermied diesen vorbelasteten Terminus und sprach von „angeborenen, arteigenen Triebhandlungen". Beide unterschieden sie selbstverständlich auch noch nicht begrifflich von angeborenen Verhaltensweisen anderer Art, die wirklich reflektorischer Natur sind, wie vor allen die Orientierungsreaktionen oder Taxien Aber während sie voraussetzungslos und hypothesefrei eine Beschreibung und systematische Ordnung der in Rede stehenden Bewegungsweisen lieferten, vollbrachte, beiden unbewußt, ihr feines systematisches Taktgefühl eine höchst wunderbare Leistung Es zeigte sich nämlich später, daß so gut wie alle von ihnen als taxonomische Charaktere verwendeten Bewegungsweisen solche waren, die auf reinen, kaum von reflektorischen Vorgängen überlagerten, endogenen Automatismen beruhen. Dies gilt vor allem für die Bewegungsweisen der Balz verschiedener Vögel, die von beiden Forschern immer wieder besonders berücksichtigt wurden. Dieses zunächst rein systematische Nebeneinanderstellen der angeborenen arteigenen Bewegungsfolgen hatte die unausbleibliche Folge, daß an ihnen eine Anzahl gemeinsamer Eigentümlichkeiten auffiel, die nach einer physiologischen Erklärung geradezu zu verlangen schienen.

Was vor allem anderen in die Augen sprang, war eine unerwartete Korrelation zwischen der Spontaneität und der individuellen Invarianz der arteigenen Bewegungsweisen. Nach der vitalistisch-teleologischen Anschauung mußte die nach einem bestimmten „Triebziel" gerichtete, spontane und zweckstrebige Verhaltensweise ipso facto zwar in ihrem biologischen Enderfolg konstant, in ihren Bewegungskoordinationen aber variabel sein. Nach der Reflexketten-Theorie hingegen durfte umgekehrt die in ihrer gesamten Folge starr angeborene Kette reflektorisch koordinierter Einzelbewegungen keine Spontaneität zeigen. In Wirklichkeit nun wiesen jedoch gerade jene in ihrer gesamten Bewegungsfolge angeborenen arteigenen Verhaltensweisen eine besondere, höchst eigenartige Tendenz zu spontanem, von äußeren Reizen unabhängigem Hervorbrechen auf. Zwar erweist sich der angeborene auslösende Mechanismus, der in den meisten Fällen als „Schloß der Reaktion" das selektive Ansprechen angeborener arteigener Verhaltensweisen in bestimmten Umweltsituationen gewährleistet, als sicher reflektorisch, die Bewegungsfolge selbst aber zeigt ein höchst eigenartiges Verhalten, das sich aus dem Prinzip des Reflexes durchaus nicht erklären läßt. Je länger eine derartige Bewegung nicht ausgelöst wird, desto mehr senkt sich der Schwellenwert der sie auslösenden Reize, bis sie schließlich im Grenzfalle völlig ohne nachweisbaren Außenreiz als sogenannte Leerlaufbewegung eruptiv hervorbricht, selbstverständlich auch ohne in diesem Falle ihren arterhaltenden „Sinn" in irgendeiner Weise zu erfüllen.

Die genauere Untersuchung des Erscheinungskreises der Schwellenerniedrigung und der Leerlaufbewegung sowie vor allem auch der reaktionsspezifischen Ermüdbarkeit mit Ansteigen der Reizschwelle, die seine negative Seite darstellen, führte zu der Vorstellung von der Kumulation einer vom Organismus kontinuierlich erzeugten und durch den Ablauf der Bewegungsweise verbrauchten, reaktionsspezifischen Erregung. Diese zunächst rein als Modellvorstellung entwickelte Hypothese erwies sich durch Ergebnisse, die von einer völlig anderen, nervenphysiologischen Seite stammten, als weitgehend richtig. Wir wissen heute durch die Untersuchungen von *E. v. Holst*, *P. Weiß* und anderen, daß die angeborenen, arteigenen Bewegungsfolgen nicht, wie so viele andere Verhaltensweisen von Tieren und Menschen, auf bedingten und unbedingten Reflexen, sondern auf einer anderen Elementarleistung des zentralen Nervensystems, nämlich auf einer spontanen, automatisch-rhythmischen Erzeugung von Reizen beruhen, wie sie bis dahin nur von den Reizerzeugungszentren des Herzens bekannt war. Die Produktion sowohl als auch die Koordination der ausgesandten Bewegungsimpulse ist, wie *v. Holst* zwingend nachwies, durchaus unabhängig von zentralwärts leitenden Nervenbahnen und damit von Reflexen.

Wir sehen in dem Nachweis der Rolle, die eine bisher unbekannte Urleistung des Zentralnervensystems im Gesamtverhalten der höheren Tiere und zweifellos auch des Menschen spielt, das wichtigste bisherige Ergebnis der vergleichenden Verhaltensforschung. Auf der einen Seite bietet er uns eine befriedigende, physiologisch-ursächliche Erklärung für die Spontaneität so vieler tierischer und menschlicher Verhaltensweisen, die von vitalistischer Seite immer wieder als ein Argument, nicht nur gegen die Reflexketten-Theorie der Mechanisten, sondern gegen die Annahme einer physiologisch-kausalen Erklärbarkeit des Verhaltens als solcher ins Feld geführt wurde. Der Vitalismus wird damit aus einer zähe und bisher immer mit Erfolg verteidigten Stellung verdrängt. Auf der anderen Seite aber widerlegt der Nachweis der endogenen, automatisch-rhythmischen Reizerzeugung ein für allemal den atomistischen Erklärungsmonismus der mechanistischen Schulen, die im unbedingten und bedingten Reflex das einzige Erklärungsprinzip für alles tierische und menschliche Verhalten sahen. Die Bedeutung der physiologischen Eigengesetzlichkeiten der endogenen Automatismen für die Soziologie des Menschen, die eines der Haupt-Anliegen dieses Aufsatzes ist, wird uns an einer späteren Stelle beschäftigen. Um schon jetzt eine Vorstellung von ihr zu geben, genüge der vorwegnehmende Hinweis, daß z. B. dasjenige, was die Tiefenpsychologie als Aggressionstrieb bezeichnet, mit einer an Sicherheit grenzenden Wahrscheinlichkeit Auswirkung einer endogenen Produktion aktionsspezifischer Erregung ist.

Durch ihre gewaltige phylogenetische Konservativität, ihre Unabhängigkeit von äußeren Reizen und vor allem durch die Unaufhaltsamkeit ihrer Reizerzeugung und des durch diese erzeugten Triebes sind die endogenen Automatismen ungemein selbständige Systeme, die von seiten der organischen Ganzheit, in der sie eingebaut sind, nur sehr wenig und nur sehr indirekt ursächlich beeinflußt werden. Sie sind in extremem Sinne das, was wir im ersten Teil dieses Aufsatzes als relativ ganzheitsunabhängige Bausteine bezeichnet haben. Da sie auch beim Menschen ohne allen Zweifel eine ganz gewaltige Rolle spielen, und zwar, wie wir zeigen werden, ganz besonders auf dem Gebiete sozialen Verhaltens, so führt die völlige Vernachlässigung ihrer Existenz in der Soziologie und Völkerpsychologie zu ganz erheblichen Fehlschlüssen. Da die physiologische Eigenart der endogen automatischen Verhaltensweisen und ihre Bedeutung für das Gesamtverhalten höherer Tiere und des Menschen erst vor rund zehn Jahren einigermaßen klar geworden ist, und da diese Ergebnisse durchweg von Zoologen und nicht von Humanpsychologen und Soziologen erzielt wurden, ist ihre Kenntnis noch nicht in die Kreise dieser letzteren eingedrungen. Nur in der Kinderpsychologie beginnen einzelne Forscher, sich systematisch mit der Untersuchung der endogenen Automatismen des Menschen zu befassen (*A. Peiper*).

d) *Die angeborenen auslösenden Mechanismen.*

Unsere Erörterung der individuell invarianten, angeborenen und arteigenen Aktions- und Reaktionsnormen, die als relativ ganzheitsunabhängige Bausteine des tierischen und menschlichen Verhaltens in der Soziologie eine besondere methodische Berücksichtigung erheischen, wäre unvollständig ohne die Darstellung eines weiteren Vorganges, der im sozialen Verhalten der höheren Tiere und des Menschen eine annähernd gleich große Rolle spielt wie die endogen-automatischen Reizerzeugungsvorgänge. Dieser Vorgang ist der sogenannte angeborene auslösende Mechanismus oder das angeborene auslösende Schema. Die Erforschung endogen-automatischer Bewegungsweisen und auslösender Mechanismen war — wie wir sogleich näher ausführen werden — nur in ihrem natürlichen Zusammenhang miteinander überhaupt möglich. Die Entdeckung der endogenen Produktion einer reaktionsspezifischen Erregungsart, die während der Reaktionsruhe kumuliert und durch den Ablauf der Bewegungsfolge verbraucht wird, erfolgte, wie bereits erwähnt, in erster Linie durch ein quantifizierendes Studium des Verhaltens der Schwellenwerte auslösender Reize bei Ruhe und Ablauf, bei Stauung und Verbrauch der reaktionsspezifischen Erregung. Die Erniedrigung des Schwellenwertes ist als solche aber nur dann feststellbar, wenn es überhaupt gelungen ist, eine gesetzmäßige Relation zwischen Reizstärke und Reaktionsintensität exakt zu erfassen. Dies war, was die Reizbeantwortung intakter Organismen anlangt, bis dahin in der gesamten Psychologie und Verhaltensforschung noch nirgends in befriedigender Weise gelungen. Es wurde erst dadurch möglich, daß zwei ursächlich-physiologisch völlig voneinander verschiedene Vorgänge, nämlich der Ablauf der endogen-automatischen Bewegungsfolge selbst und der Vorgang seiner Auslösung durch bestimmte, angeborene Mechanismen, gleichzeitig und im funktionellen Zusammenhang miteinander untersucht wurden, ein typisches Beispiel einer in breiter Front vorgetriebenen Analyse.

Was wir als Kriterium der Wirksamkeit eines Außenreizes sehen und was allein wir quantifizierend registrieren können, ist immer nur die Intensität der ausgelösten Reaktion. Diese Intensität läßt sich zwar aus bestimmten Gründen, deren Erörterung hier zu weit führen würde, an manchen endogen-automatischen Bewegungsfolgen ungemein exakt erfassen, aber sie ist jeweils durch zwei Faktoren bestimmt, nämlich durch die quantitative Wirksamkeit der äußeren Reizsituation und durch den augenblicklichen Stand der inneren Bereitschaft des Organismus zu der betreffenden Bewegungsfolge. Ein einzelner Versuch ergibt daher immer nur eine Gleichung mit zwei Unbekannten. Stellt man jedoch durch einen zweiten Versuch die innere Reaktionsbereitschaft des Tieres fest, am einfachsten, indem man nach dem auf seine Wirksamkeit zu untersuchenden Reize die optimal auslösende Reizsituation bietet, also gewissermaßen „nachsieht, wieviel noch drin war", so ergibt sich sofort eine konstante Korrelation zwischen den Reizen und den Reizwirkungen. Eben diese Methode der doppelten Quantifikation äußerer und innerer Reize ergab als wichtigstes Ergebnis die schon erwähnte kontinuierliche Kumulation spezifischer Reaktionsbereitschaft. Gleichzeitig aber gewährte sie sehr wichtige Einblicke in das Wesen und die Leistung der auslösenden Mechanismen, die wir nun kurz skizzieren wollen.

Ohne allen Zweifel sind diese angeborenen auslösenden Mechanismen in einem weiteren Sinne dasselbe, was *I. P. Pawlow* als unbedingte Reflexe bezeichnet. Das Hauptproblem ihrer Funktion wird jedoch durch diese Feststellung in keiner Weise geklärt, da es nicht im Wesen des Reflexvorganges liegt, sondern in der Frage nach dem Zustandekommen der hohen Selektivität ihres Ansprechens, die nur ganz bestimmte, charakteristische Reizkombinationen zum „Schlüssel" einer arterhaltend sinnvollen Antworthandlung werden läßt. Das Problem liegt nicht im Reflexvorgang selbst, sondern gewissermaßen vor diesem, im afferenten Schenkel. Der angeborene auslösende Mechanismus steht zum unbedingten Reflex in einer sehr ähnlichen Beziehung wie die dressurauslösende Gestaltwahrnehmung zur bedingten Reaktion. Die angeborenen auslösenden Mechanismen und die Gestaltwahrnehmung sind sehr wahrscheinlich Leistungen desselben zentralnervösen Organsystems, das aus Sinnesdaten Wahrnehmungen formt, wenn sich auch diese Leistungen sicher auf sehr verschiedenen Ebenen abspielen und, wie wir sogleich sehen werden, ganz erhebliche physiologische Verschiedenheiten aufweisen.

Die Leistung der angeborenen auslösenden Mechanismen ermöglicht es dem Organismus, ohne Vorangehen irgendwelcher Erfahrung in sinnvoller Weise auf das Eintreten bestimmter, biologisch relevanter Reizsituationen zu reagieren. Es liegt daher bei der Beobachtung solchen Verhaltens nahe, zu meinen, das Tier „kenne" angeborenermaßen bestimmte reaktions-auslösende Objekte, etwa die Beute, den Geschlechtspartner, den Feind usw., im gleichen Sinne, wie es erworbenermaßen reaktionsauslösende Dressursituationen wiedererkennt. Der hierbei sich aufdrängende Gedanke, es sei dem Organismus eine Art „arteigenes Erinnerungsbild" angeboren, wie *C. G. Jung* in seiner Lehre vom „Archetypus" annimmt, erweist sich durch das Experiment als unrichtig. An Hand eines in den letzten Jahren gewaltig vermehrten Materials von Beobachtungen und Experimenten (*Tinbergen*, *Seitz*, *Baerends*, *Künen Ter Pelkwijk*, *Krätzig*, *Goethe*, *Noble*, *Kitzler*, *Peters* und viele andere) läßt sich einwandfrei zeigen, daß der angeborene auslösende Mechanismus im Gegensatz zu der auf eine Komplexqualität ansprechenden Dressurgestalt nicht durch die Gesamtheit, oder zumindestens sehr viele der mit einer bestimmten relevanten Situation einhergehenden Reize anspricht, sondern daß er aus der Vielzahl dieser Reize nur verhältnismäßig sehr wenige gewissermaßen herausgreift und zum „Schlüssel der Reaktion" (engl. „sign stimuli", *Tinbergen*) werden läßt. Diese wenigen Reize sind stets so beschaffen, daß sie trotz ihrer geringen Zahl und ihrer Einfachheit die betreffende Situation genügend eindeutig kennzeichnen, daß ein Ansprechen der Reaktion am biologisch unrichtigen Ort keine die Arterhaltung ernstlich schädigende Häufigkeit erlangen kann. Eben wegen dieser Leistung einer vereinfachenden

Kennzeichnung eines Objektes oder einer Situation habe ich die in Rede stehenden Auslösemechanismen als angeborene auslösende Schemata bezeichnet. Dieser Terminus ist insoferne mißverständlich, als er immer noch den Irrtum nahelegt, es sei dem Organismus ein, wenn auch sehr einfaches Gesamt*bild* eines Objektes oder einer Situation angeboren, während in Wirklichkeit der auslösende Mechanismus immer nur eine ganz bestimmte Reaktion in Gang bringt. Es ist irreführend, von einem auslösenden Schema „des Geschlechtspartners", „der Beute", „des Jungen" usw. zu sprechen, da jede einzelne der verschiedenen, auf eines dieser Objekte ansprechenden Reaktionen ihren eigenen auslösenden Mechanismus besitzt.

Auch diese, nur je eine einzige Reaktion auslösenden Mechanismen haben nur wenig mit der Reaktion auf eine auslösende Dressurgestalt gemeinsam. Analysiert man in Attrappenversuchen die einfache Kombination von Merkmalen, die das Objekt einer bestimmten Reaktion haben muß, um die größtmögliche auslösende Wirkung zu entfalten, so ist man immer wieder erstaunt, wie wenig Ähnlichkeit die resultierende „optimale" Attrappe für unser menschliches, von der Gestaltwahrnehmung diktiertes Empfinden mit dem natürlichen Objekt der Reaktion hat. Wenn etwa ein Stichlingsweibchen auf eine im Zickzack bewegte rote Plastilinkugel quantitativ und qualitativ genau wie auf ein im „Zickzacktanz" (*Leiner*) balzendes Männchen anspricht, oder wenn ein Rotkehlchen ein wenige Quadratzentimeter großes Büschel rostroter Federn genau wie einen wirklichen Nebenbuhler bekämpft, so liegt das Merkwürdige an diesen Reaktionsweisen darin, daß ein nachweislich zu hochdifferenzierter Gestaltwahrnehmung befähigtes Wesen keinen Unterschied zwischen der plumpen Attrappe und dem natürlichen Objekt zu machen imstande ist!

Die hierbei naheliegende Vermutung, daß die Funktion angeborener auslösender Mechanismen sehr viel anders als die der Reaktion auf erworbene Gestaltwahrnehmung sei, bestätigt sich, wenn man in „abbauenden" Attrappenversuchen die an sich schon einfachen Merkmalkombinationen einer optimalen Attrappe weiter zerlegt. Dabei zeigt sich die merkwürdige Tatsache, daß jedes einzelne der Merkmale, die eine optimale auslösende Attrappe haben muß, auch für sich allein eine qualitativ gleiche, wenn auch quantitativ geringere auslösende Wirkung entfaltet. Mittels der schon erwähnten Methode der doppelten Quantifikation von Reizstärke und Reaktionsbereitschaft läßt sich exakt zeigen, daß die quantitative Wirksamkeit jeder Attrappe, einschließlich der optimalen, genau der Summe der einzelnen Wirksamkeiten ihrer Merkmale entspricht. Diese, von *A. Seitz* erstmalig klar nachgewiesene Erscheinung bezeichnen wir als das Reiz-Summen-Phänomen bzw. die Reiz-Summen-Regel. *Tinbergen* übersetzt diesen Terminus ins Englische mit dem Ausdruck „Law of Heterogeneous Summation".

Bei relativ merkmalreichen angeborenen auslösenden Mechanismen kann man durch Vergleich der Wirksamkeit vieler möglicher Merkmalkombinationen die quantitative Wirksamkeit des Einzelmerkmals, die in allen nur denkbaren Kombinationen durchaus konstant bleibt, sehr gut ermitteln und in Prozenten der Wirkung der optimalen Attrappe, das heißt der Summe aller auslösenden Merkmale ausdrücken. *W. Schmid* hat mittels Attrappenversuchen die auslösende Wirksamkeit der menschlichen Ausdrucksbewegung des Lachens untersucht und hat gefunden, daß auch hier — entgegen allen gestaltpsychologischen Erwartungen — die Wirksamkeit jeder Attrappe von der Summenwirkung einer verhältnismäßig kleinen Zahl einzelner Merkmale abhängig ist. Diese Tatsache ist, neben vielen weiteren, später zu besprechenden, ein sehr starkes Argument für die Annahme, daß die Reaktionen des Menschen auf bestimmte Ausdrucksbewegungen seiner Artgenossen weitgehend durch angeborene auslösende Mechanismen bewirkt werden.

So scharf sich die Funktion eines komplexer gebauten, angeborenen auslösenden Mechanismus als Ganzem von derjenigen einer erworbenen Dressurgestalt unterscheidet, zeigt doch die Wirksamkeit einer ganz bestimmten Art von angeborenermaßen beantworteten Merkmalen gewisse bedeutsame Anklänge an Gestalten. Wenn man zwecks Herausgliederung der einzelnen Merkmale abbauende Attrappenversuche anstellt, so stößt man nicht allzu selten auf sehr einfache Kombinationen von Merkmalen, die nicht weiter zerlegbar sind, sondern ihre Wirksamkeit nur behalten, solange diese Merkmale in einer bestimmten Beziehung zueinander geboten werden. Das Rot an der Kehle des Stichlingsmännchens muß unterseits sein, die Augen des Muttertieres von Haplochromis müssen waagerecht und symmetrisch am Kopfe angeordnet sein, um eine spezifische auslösende Wirkung zu entfalten. Der auslösende Mechanismus, der die Sperr-Reaktionen junger Drosseln nach dem Kopfe des Elterntieres verursachte, spricht auf die Merkmale „näher", „höher" und „ein Drittel so groß" an, die den Kopf des Altvogels — oder der Attrappe — vom Rumpfe absetzen. Unter sich und in ihrer Zusammenwirkung mit anderen Merkmalen desselben auslösenden Mechanismus gehorchen diese Merkmale durchaus den Gesetzlichkeiten des Reiz-Summen-Phänomens, aber in jedem einzelnen von ihnen ist eine nicht weiter zerlegbare Beziehung zwischen zwei (und zwar, soweit wir bis jetzt wissen, immer nur zwischen zwei) Stücken das für die auslösende Wirkung wesentliche Moment. So einfach diese als Merkmal wirkende Beziehung in allen untersuchten Fällen auch ist, bedeutet sie doch zweifellos eine vielsagende Parallele zu einem einfachsten Grenzfall gestalteter Wahrnehmung, um so mehr, als gewisse Größenbeziehungen, wie *Tinbergen* zeigte, die typische Transponierbarkeit echter Gestalten aufweisen. Beziehungsmerkmale spielen bei den angeborenen auslösenden Mechanismen des Menschen, die auf Ausdrucksbewegungen von Artgenossen ansprechen, eine besonders große Rolle.

e) *Der Auslöser.*

Die beinahe gleichzeitige Entdeckung zweier so scharf umschriebener und so weitgehend ganzheitsunabhängiger physiologischer Vorgänge, wie die endogen-automatische Bewegung und der angeborene auslösende Mechanismus es sind, eröffnete dem Vortreiben ursächlicher Analyse ganz gewaltige neue Möglichkeiten, und eine rasch anwachsende Zahl von Untersuchern wandte sich ihnen zu. Es kann nicht die Aufgabe dieses Aufsatzes sein, in extenso zu referieren, welche Fortschritte und Verfeinerungen unsere, oben in gröbsten Zügen skizzierten Vorstellungen von Wesen und Leistung der endogen-automatischen Bewegung und des angeborenen auslösenden Mechanismus in den letzten Jahren erfahren haben, ich verweise diesbezüglich vor allem auf die zusammenfassenden Arbeiten von *N. Tinbergen*, dessen Schule die meisten dieser Fortschritte zu verdanken sind, sowie auf eine zusammenfassende Arbeit *Thorpes* (*N. Tinbergen* „An objectivistic study of the innate behaviour of animals". Biblioth. Biotheoret., 1. 39—98, 1942, ders. „Inleiding tot de diersociologie" Gorinchem, 1947 und ders. „Social Releasers and the experimental method required for their study." The Wilson Bulletin, Vol. 60, No. 1., 6—51; ferner *W. H. Thorpe* „The modern Concept of Instinctive Behaviour". Bull. of Animal Behaviour, No. 7, 1948.) Was uns aber in vorliegendem Zusammenhang unmittelbar angeht, ist die Rolle, die endogen-automatische Bewegungsweisen und angeborene auslösende Mechanismen als weitgehend ganzheits-unabhängige Bausteine im sozialen Verhalten verschiedener Lebewesen spielen.

Wo eine endogen-automatische Bewegungsweise oder eine Orientierungsreaktion, oder, wie meist, ein aus beiden aufgebautes Verhaltens-System einen Artgenossen zum Objekt hat, dort liegt nicht nur die Differenzierung des auf dieses Objekt gemünzten auslösenden Mechanismus, sondern das Objekt selbst im Machtbereich der den Artenwandel bestimmenden Faktoren. Nicht nur der Rezeptor, sondern auch die als auslösende Reize wirksamen Merkmale können eine Differenzierung im Dienste ihrer „Signal"-Funktion erfahren. Reiz-Empfangs-Apparat und Reiz-Sende-Apparat sind Teile desselben organischen Systems und beide werden im Dienste ihrer gemeinsamen Funktion der „Nachrichtenübermittlung" zwischen den Artgenossen gleichzeitig und parallel zueinander höherdifferenziert. Die auf diese Weise entstehenden Reiz-Sende-Apparaturen bezeichnen wir kurz als Auslöser. Wir definieren einen Auslöser somit als eine Differenzierung, die dem Aussenden spezifischer Reize dient, auf die ein parallel differenziertes rezeptorisches Korrelat des Artgenossen in selektiver Weise anspricht. Echte Auslöser gibt es auf allen Sinnesgebieten, auf optischem, akustischem und olfaktorischem. Sie bestehen aus körperlichen Strukturen oder aus angeborenen Bewegungsweisen, in den allermeisten Fällen aus beiden, d. h. aus Bewegungen, durch die reizaussendende Strukturen zu besonderer Wirkung gebracht werden[1].

Am besten erforscht und für den in erster Linie optisch orientierten Menschen auch am wichtigsten sind die visuellen Auslöser. Sie sind auch deshalb am interessantesten, weil die auf sie ansprechenden angeborenen Auslösemechanismen bei weitem die differenziertesten sind, die man kennt. Nirgends ist die Funktion des angeborenen auslösenden Mechanismus als „Schloß der Reaktion", sowie die des Auslösers als des zugehörigen „Schlüssels" so klar analysierbar, wie an eben dieser Erscheinung. Zu Untersuchungen, die angeborene auslösende Mechanismen als solche zum Gegenstand hatten, wurden besonders häufig als günstiges Objekt solche gewählt, die auf visuelle Auslöser als deren rezeptorisches Korrelat ansprechen.

Wenn ein Konstrukteur ein Schloß konstruiert, dessen Aufschließung durch Nachschlüssel möglichst verhindert werden soll, so verleiht er dem Schlosse wie dem zugehörigen Schlüssel bei aller konstruktiven Einfachheit eine größtmögliche generelle Unwahrscheinlichkeit der Form. Die gleiche Tendenz zu möglichster Unwahrscheinlichkeit ist aus gleichen funktionellen Gründen bei jedem angeborenen auslösenden Mechanismus vorhanden, den wir schon früher als „Schloß der Reaktion" bezeichnet haben.

---

[1] Zunächst möchte es scheinen, es sei richtiger, umgekehrt zu sagen, der Auslöser bestehe meist aus auffallenden Struktur- und Farbdifferenzierungen, die durch besondere angeborene Bewegungsweisen zur Wirkung gebracht würden. Indessen zeigt die vergleichende Forschung, daß die Bewegungsweise so gut wie immer phyletisch älter ist als die ihre Wirkung unterstützenden morphologischen Merkmale.

Nur ist im allgemeinen, d. h. überall dort, wo der auslösende Mechanismus das Korrelat eines äußeren Objektes oder einer äußeren Umweltsituation ist, der Differenzierung des Rezeptors eine ziemlich enge Grenze gezogen, die sich aus Zahl und Art der dem Objekte oder der Situation eigenen Reize ergibt. Um es drastisch auszudrücken: Der Hecht kann nicht an dem Weißfisch ein Signalfähnchen anbringen, das elektiv seine Zuschnappreaktion auslöst. Wo aber der reagierende Organismus und das reizaussendende Objekt Mitglieder derselben Species sind, dort ist eben diese Möglichkeit prinzipiell gegeben. Die aus reizaussendenden Organen bzw. Bewegungen und auf diese ansprechenden Auslösemechanismen aufgebauten Systeme können daher im Dienste ihrer Signalfunktion ungemein hohe Grade der generellen Unwahrscheinlichkeit erreichen. Daher ist ein höher differenzierter Auslöser für den Kenner sehr oft ohne weiteres als solcher kenntlich. Wenn man an einem Vogel oder an einem Knochenfisch einen besonders auffallend, d. h. eben unwahrscheinlich gefärbten Körperteil oder eine ebensolche Struktur von Federn, Flossen, Schwellkörpern usw. findet, so kann man mit an Sicherheit grenzender Wahrscheinlichkeit vermuten, daß das betreffende Merkmal irgendeine optische Signalfunktion hat. Gleiches gilt natürlich auch für bestimmte Bewegungsweisen. Struktur und Bewegung spielen bei der Reizaussendung so sehr zusammen, daß man häufig aus der Struktur allein die Bewegungsweise eines unbekannten Tieres voraussagen kann. *Tinbergen* und ich begannen zu gleicher Zeit mit der Untersuchung eines Zichliden (*Cichlasoma Meeki*). In Briefen, die sich kreuzten, sagte jeder von uns dem anderen voraus, daß diese Art eine bestimmte Form des Drohgehabens zeigen würde, die wir nur aus der Form und Färbung des Kiemendeckels erschlossen. Ebenso richtig prognostizierte ich etwas später die Form der Balz von *Apistogramma Agassizi* nach der Form und Färbung der Schwanzflosse des Männchens.

Die hervorstechende Eigenschaft aller dieser Auslöser ist die Kombination von größter Einfachheit mit größter genereller Unwahrscheinlichkeit, die ja übrigens alle vom Menschen erdachten Signale in gleicher Weise auszeichnet. Sie ist leicht aus dem verständlich, was wir über die relative Einfachheit und Merkmals-Armut der angeborenen auslösenden Mechanismen gesagt haben, also aus der Leistungs-Beschränkung des Empfangsapparates, der auf das Signal anspricht. Gleichzeitig ist die konstitutive Einfachheit und Prägnanz des Auslösers ein starker Beweis für eben diese Leistungsbeschränkung des angeborenen auslösenden Mechanismus: Könnte das angeborene Schema selektiv auf Komplexqualitäten ansprechen, so wie die erworbene (bedingte Reaktionen auslösende) Wahrnehmungsgestalt dies tut, so brauchte es keine Auslöser zu geben! Daß es diese aber gibt, und daß sie genau die Eigenschaften und die Funktionen haben, die hier kurz skizziert wurden, darf heute als durchaus gesichert gelten. Der kleine Diskussionssturm, den die Veröffentlichung meiner Hypothesen im Jahre 1935 insbesondere in der englisch-amerikanischen Fachliteratur hervorgerufen hat, hat glücklicherweise zu einer großen Zahl experimenteller Untersuchungen angeregt. Buchstäblich alle wesentlichen Behauptungen, die ich in jener Arbeit über den Auslöser aufstellte und die sich damals auf eine zwar erträglich breite, aber ausschließlich aus Zufallsbeobachtungen bestehende Induktionsbasis stützten, haben inzwischen ihre exakte experimentelle Bestätigung gefunden. Die vollständigste Zusammenstellung des in den letzten 13 Jahren zusammengekommenen einschlägigen Tatsachenmaterials findet sich in *E. A. Armstrongs* Buch „Bird Display and Behaviour" (Lindsay Drummond, London 1947), das durchaus nicht nur von Vögeln handelt, die beste Übersicht in *N. Tinbergens* „Social Releasers and the Experimental Method required for their Study" (The Wilson Bulletin, Vol. 60, No. 1, March 1948, pp. 6—51).

Die leichte Beschreibbarkeit aller Auslöser, die aus ihrer Prägnanz und Einfachheit resultiert, macht sie begreiflicherweise zu besonders günstigen Objekten der vergleichenden Forschung. Die Bewegungsweisen, an denen *Whitman* und *Heinroth* das Phänomen echter phyletischer Homologie entdeckten, waren in erster Linie solche der Balz, also Auslöser! Die besonders gute phylogenetische Erforschbarkeit der Auslöser, ja, ihre Verwendbarkeit zur Entscheidung feinsystematisch-stammesgeschichtlicher Fragen, hat aber noch eine andere Ursache. Es läßt sich nämlich bei ihnen die sonst bei allen stammesgeschichtlichen Erwägungen so ungemein hinderliche Erscheinung konvergenter Anpassung mit Sicherheit ausschalten. Bei Differenzierungen der Struktur oder des Verhaltens, die sich mit Gegebenheiten der außerartlichen Umwelt auseinandersetzen, ist niemals mit völliger Sicherheit die Möglichkeit auszuschließen, daß gleiche Form als Folge gleicher Funktion bei zwei Tierformen unabhängig in konvergenter Weise herausgebildet wurde. Wo jedoch ein intra-spezifisches System von Signal-aussendenden und Signal-empfangenden Differenzierungen ausgebildet wurde, dort ist die Form der Signale so gut wie ausschließlich historisch durch die „Konvention" zwischen Reizsender und Reizempfänger bestimmt und hat nur mehr sehr lose Beziehungen zur Außenwelt. Dies gilt von den auf

Auslösern und angeborenen Schematen aufgebauten sozialen Verhaltenssystemen höherer Tiere in grundsätzlich gleicher Weise wie von dem auf völlig anderer Ebene funktionierenden Verständigungs-System der menschlichen Wortsprache. Daß das Schwanzwedeln des Hundes freundliche und das der Katze feindselige Erregung ausdrückt und von den angeborenen auslösenden Mechanismen jedes Artgenossen in diesem Sinne „verstanden“ wird, beruht ausschließlich auf dem so und nicht anders verlaufenden historischen Differenzierungsvorgang der reizaussendenden Bewegungsweise und des reizempfangenden Mechanismus. Die Bedeutung könnte, was Form und Funktion des Auslösers betrifft, ebensogut auch umgekehrt sein. Man kann ja auch, so lange man die spezielle intra-spezifische „Konvention“ nicht kennt, einer derartigen Bewegungsweise ihre Bedeutung durchaus nicht ohne weiteres ansehen, genau so wenig, wie man ein Wort einer fremden Sprache versteht, deren historisch gewordene Bedeutungs-Konventionen man nicht kennt. Wie bei der Wortsprache, so ist es auch bei Auslöser-Systemen nahezu unendlich unwahrscheinlich, daß das historische Werden der Konvention zweimal genau denselben Weg geht und unabhängig voneinander zwei völlig gleiche „Signale“ entstehen läßt. Wenn der Sprachforscher die Ähnlichkeit der Worte Mutter, mater, μητὴρ, und namb im Deutschen, Lateinischen, Griechischen und Russischen durch die Annahme einer gemeinsamen indo-europäischen „Ahnenform“ erklärt, so läßt sich die Richtigkeit, dieser Annahme an Hand einer sehr einfachen mathematischen Wahrscheinlichkeitserklärung beweisen. Wenn die vergleichende Verhaltens-Forschung eine bis in Einzelheiten gehende formale Gleichheit z. B. der Drohbewegungen bei so verschiedenen Fischen wie Hechtartigen, Zahnkarpfen, Barschartigen und Grundeln feststellt, darf sie mit gleicher Sicherheit die gleiche Aussage machen. *Gleichheit, oder auch nur Ähnlichkeit gleichbedeutender Ausdrucksbewegungen bedeutet immer phyletische Homologie.* Schweren Herzens versage ich es mir, die ungemein reizvollen, bis in erstaunliche Einzelheiten gehenden Analogien zwischen den Auslösern und den Symbolen der Wortsprache näher zu besprechen, so vor allem die Vorgänge des Bedeutungswandels, der Bedeutungseinschränkungen und — Erweiterungen, denen die einzelnen „Symbole“ im Laufe ihrer historischen Entwicklung unterworfen sind.

Aus dem Gesagten dürfte bereits verständlich sein, wieso das vergleichende Studium gerade der auslösenden Bewegungsweisen häufig Aussagen über stammesgeschichtliche Zusammenhänge ermöglicht, wie sie mit gleicher Bestimmtheit der vergleichenden Morphologie kaum je gestattet sind. Ebenso verständlich ist es, daß wir über die Entstehung und Phylogenese mancher als Auslöser funktionierenden angeborenen, arteigenen Bewegungsweisen um sehr viel mehr wissen, als über die Herkunft und Entwicklung irgendwelcher anderen endogen-automatischen Bewegungsfolgen. Von den sehr verschiedenartigen Vorgängen, die zu Entstehung und Differenzierung auslösender Bewegungsweisen führen, sei nur einer herausgegriffen, u. z. deshalb, weil die meisten Ausdrucksbewegungen des Menschen in eben dieser Weise entstanden sind. Es ist für alle endogen-automatischen Bewegungsweisen kennzeichnend, daß sie sich schon bei geringsten Graden reaktionsspezifischer Erregung in Form schwacher *Andeutungen* der betreffenden Bewegungsfolge bemerkbar machen. Für diese Bewegungen gilt sozusagen das Gegenteil eines Alles- oder-Nichts-Gesetzes, d. h. es gibt nur alle denkbaren Übergänge von der leisesten Andeutung bis zum vollintensiven, den arterhaltenden Sinn der Bewegungsfolge erfüllenden Ablauf. Weil der Kenner der Intensitäts-Skala einer Bewegungsfolge schon an den Auswirkungen geringster Erregungsgrade, an den kaum angedeuteten Bewegungen erkennen kann, welche Art aktions-spezifischer Erregung in dem Organismus aufzuwallen beginnt, aus ihnen also gewissermaßen die „Intentionen“ des Tieres zu entnehmen vermag, hat *Heinroth* sie als *Intentionsbewegungen* bezeichnet.

An sich und in ihrer ursprünglichen Form ist die Intentionsbewegung ganz sicher nur ein für die Arterhaltung völlig indifferentes Nebenprodukt aktionsspezifischer Reizerzeugung. Bei sehr vielen sozialen Tieren aber sind angeborene auslösende Mechanismen herausdifferenziert worden, die auf die regelmäßig auftretenden Intentionsbewegungen des Artgenossen ansprechen, sie also gewissermaßen „verstehen“. Die durch sie ausgelöste Erregungsqualität ist in primitiven Fällen sehr häufig beim „Reaktor“ die gleiche, die beim „Aktor“ die Intentionsbewegungen hervorruft. Die reaktionsspezifische Erregung wirkt also „ansteckend“. Bei sozialen Tieren ist es ebensogut wie immer arterhaltend zweckmäßig, wenn alle Mitglieder einer Sozietät möglichst gleichzeitig in derselben „Stimmung“, etwa der des Fressens, des Schlafens, der Ortsveränderung, der Flucht usw. sind. Jede sogenannte Stimmungsübertragung beruht auf eben dieser Funktion angeborener auslösender Mechanismen, die auf Intentionsbewegungen des Artgenossen ansprechen, und zwar auch beim Menschen. Die Annahme einer „psychischen Resonanz“ als einem primären, der physiologischen Erklärung nicht weiter bedürftigen Phänomen, ist ein Unsinn. Auch sehr viele Erscheinungen, die immer wieder fälschlich als Nachahmung gedeutet werden, beruhen auf gleichartigen Vorgängen.

Sowie eine vorher sinnlose Intentionsbewegung auf Grund des Vorhandenseins rezeptorischer Korrelate vom Artgenossen „verstanden" wird, erhält sie nicht nur einen sehr erheblichen Arterhaltungswert, sondern sie ist von diesem Augenblicke an allen jenen Faktoren unterworfen, die auch sonst die Höherdifferenzierung aller im Dienste der Arterhaltung funktionierenden Strukturen und Bewegungsweisen bewirken. Die Art und Weise, in der diese Höherdifferenzierung auslösender Intentionsbewegungen nun einsetzt, ist besonders bei den optisch wirksamen für ihre Funktion bezeichnend. Sie werden nämlich „mimisch übertrieben", d. h. ihre optisch wirksamen Anteile werden bis zum Grotesken unterstrichen und überbetont, sehr häufig unter Ausbildung bestimmter, die optische Wirkung fördernder Form- und Farbmerkmale, wogegen die ursprünglich mechanisch wirksamen Anteile der Bewegungsfolge vermindert bzw. weggelassen werden. Die mimische Übertreibung kann so weit gehen, daß die ursprüngliche Wurzel der Bewegung, die Intentionsbewegung zu einer mechanisch wirksamen Verhaltensweise, in ihr kaum oder nicht mehr erkenntlich ist und nur unter Heranziehung verwandter Tierformen, bei denen die Formalisierung weniger weit geht, auf vergleichendem Wege erschlossen werden kann. Hinsichtlich der in den letzten Jahren gewaltig vermehrten Beispiele für die in Rede stehende Erscheinung verweise ich auf die zitierte Literatur. Auslösende Bewegungsweisen, die in der beschriebenen Weise aus Intentionsbewegungen entstanden und im Dienste ihrer Auslöser-Funktion in einer von der ursprünglichen Bewegungsweise abweichenden Richtung weiterdifferenziert sind, bezeichneten wir früher als Symbolbewegungen. Da die Analogie zu wirklichen Symbolen keine sehr tiefgreifende ist, schlage ich den Terminus formalisierte Intentionsbewegung vor.

Die Selbständigkeit der neuen, auslösenden Funktion der formalisierten Intentionsbewegung bringt es mit sich, daß die rein als Signal wirkende Bewegungsweise in der stammesgeschichtlichen Entwicklung die ursprünglich intendierte, mechanisch wirksame, überdauern kann. Wie schon *Darwin* völlig richtig gesehen hat, ist z. B. beim Menschen das Entblößen der Zähne durch Emporziehen der Oberlippe als Ausdrucksbewegung des Zornes erhalten geblieben, während die Bewegung des wirklichen Zubeißens, deren Intention die Ausdrucksbewegung ursprünglich bedeutet, bei unserer Art völlig verschwunden ist. Wir können heute eine ganze Reihe von Beispielen dieses stammesgeschichtlichen Vorganges hinzufügen, von denen nur eines genannt sei: Manche ursprüngliche, geweihlose Cerviden, wie das Moschustier, haben im männlichen Geschlecht verlängerte obere Eckzähne, die bei den Brunstkämpfen verwendet werden, indem das Tier den Kopf hochhebt und dann mit den Zähnen abwärtsschlägt. Die Intentionsbewegung zu diesem Zuschlagen hat sich nun als Drohgeste bei vielen Familienverwandten erhalten, bei denen die Eckzähne sowohl als die ursprüngliche Kampfbewegung völlig rückgebildet sind. In ihrem Zusammenhang mit angeborenen auslösenden Mechanismen, die auf sie ansprechen, werden wir noch eine Reihe weiterer Ausdrucksbewegungen des Menschen kennenlernen, die durchweg echte formalisierte Intentionsbewegungen und damit Auslöser im engsten Sinne des Wortes sind.

f) *Moral-analoge Verhaltens-Systeme bei sozialen Tieren.*

Die nähere Analyse der im weitesten Sinne sozialen Aktions- und Reaktionsweisen von Tieren hat gezeigt, daß diese von Ringelwürmern und Kephalopoden angefangen bis hinauf zu den höchsten Säugetieren in gleicher Weise auf mehr oder weniger hoch differenzierten Systemen von Auslösern, angeborenen Schematen und angeborenen arteigenen Bewegungsweisen beruhen, die wie die Zähne eines wohlkonstruierten Räderwerkes ineinandergreifen. Die bedingte Reaktion spielt bei der Koordinierung des arterhaltend-sinnvollen Zusammenwirkens der Artgenossen zu gemeinsamen Leistungen eine überraschend geringe Rolle. So hat z. B. der Stichling, *Gasterosteus aculeatus*, der in seinem Verhalten zur außerartlichen Umwelt eine ganz erhebliche Lernfähigkeit bekundet, überhaupt keine auf den Artgenossen ansprechenden bedingten Reaktionen, d. h. das gesamte intra-spezifische Verhalten baut sich auf den erwähnten Systemen ineinandergreifender, restlos angeborener Verhaltensweisen auf. Immerhin kennen wir schon innerhalb der Unterklasse der Knochenfische sicher nachgewiesene bedingte Reaktionen auf den Artgenossen. Allerdings beschränkt sich ihre Leistung ausschließlich darauf, eine durch angeborene auslösende Mechanismen auf den Artgenossen gerichtete Reaktion durch Hinzu-Erwerben komplexer Dressurgestalten selektiver zu machen, wie *Seitz* an dem Zichliden *Astatotilapia Strigigena* nachwies. Selbst bei Vögeln ist, wie ich schon 1935 ausführlich gezeigt habe, die Fixierung der auf Artgenossen bezüglichen Reaktionsweisen auf das biologisch richtige Objekt so ziemlich die wichtigste Leistung, die im sozialen Zusammenwirken der Einzeltiere vom bedingten Reflexe vollbracht wird. Die einzige weitere Funktion des Lernens, die in der Soziologie von Vögeln und Säugern eine erhebliche Rolle spielt, ist das persönliche Kennenlernen bestimmter Individuen, das für die Struktur geschlossener Gemeinschaften, wie wir sie bei Rabenvögeln, Graugänsen und Schlittenhunden kennen, bezeichnend ist. Für die beiden wesentlichsten Merkmale derartiger geschlossener Tiersozietäten, nämlich erstens für die „exklusive“ Abgeschlossenheit gegen Nicht-Mitglieder und zweitens für die innere Rangordnung zwischen ihren Mitgliedern, ist das persönliche, selbstverständlich erworbene Sich-Kennen der Einzeltiere Voraussetzung. Hinsichtlich der bei verschiedenen Arten äußerst verschiedenen Rollen dieser Erwerbungsvorgänge verweise ich auf die im nächsten Heft dieser Zeitschrift erscheinende Arbeit von *G. Kramer*.

Damit aber ist die Leistung, die Erworbenes im Aufbau tierischer Gemeinschaft spielt, so ziemlich erschöpft. Selbst bei den höchsten und in Hinsicht auf die Struktur ihrer Sozietäten am weitesten differenzierten Wirbeltieren, etwa bei der Dohle, der Graugans und bei sozialen Caniden kennen wir bisher kein einziges wesentliches Strukturmerkmal der Gemeinschaft, das durch bedingte Reaktionen veränderlich wäre. So sehr das Verhalten derartiger Wesen zu ihrer außer-artlichen Umwelt durch Erfahrung und Erworbenes veränderlich ist, so wenig sind dies sämtliche auf den Artgenossen gerichtete Verhaltensweisen. Außer ihrer Fixierung auf ein bestimmtes, gattungsmäßig oder individuell festgelegtes Objekt wüßte ich buchstäblich keine einzige Beeinflussung einer artgenossen-bezüglichen Handlungsweise durch bedingte Reaktionen zu nennen, selbst nicht bei Hunden und Affen! Was eine Dohle frißt, wo sie ihre Nahrung sucht, vor welchen Feinden sie warnt und flieht, selbst welche Nistplätze sie bevorzugt, ja sogar mit welchem Material sie ihr Nest baut, ist weitgehend von der persönlichen Erfahrung des Individuums und tatsächlich auch von der „Tradition“ einer Sozietät abhängig, und wir finden bezüglich dieser Verhaltensweise eine verhältnismäßig sehr große Variabilität und Anpassungsfähigkeit. In Nordrußland und Sibirien ist die Dohle völlig furchtlos vor dem Menschen, nistet an jedem niedrigen Bauernhaus, baut ihr Nest hauptsächlich aus Stroh und lebt von Insekten der offenen Erdoberfläche. In unseren Großstädten ist sie außerordentlich scheu, nistet nur auf hohen, unzugänglichen Gebäudeteilen, baut mit den verschiedensten Materialien, vor allem mit viel Papier, spezialisiert sich stellenweise auf das Plündern von Taubennestern oder lebt von Abfällen usw. Was die Vögel aber untereinander tun, unterliegt nicht der geringsten Veränderlichkeit. Die Ausdrucksbewegungen und -laute und die angeborenen Reaktionen auf diese, die das soziale Zusammenwirken der Siedlungsmitglieder gewährleisten, sind mit wahrhaft photographischer Treue dieselben. So selbstverständlich dies für den erfahrenen Tierkenner auch ist, ist man doch immer wieder erstaunt, im fernen Lande eine vertraute Art so restlos „dieselbe Sprache sprechen zu hören“ wie daheim.

Ein Jungtier einer derartigen sozialen Tierart hat auch dann, wenn es seit frühester Jugend aus jedem Zusammenhang mit Artgenossen herausgerissen ist, so gut wie alle Eigenschaften und Verhaltensweisen, die ihm im Rahmen der normalen Sozietät seiner Art zukommen. Nur erfolgen diese, wie aus dem bereits Gesagten verständlich ist, an „falschen“ Objekten, meist eben am Menschen, soweit dieser als Ersatzobjekt genügend viele zu den betreffenden auslösenden Mechanismen gehörige Reize aussendet.

Diese Systeme intra-spezifischen Verhaltens, die nahezu zur Gänze aus angeborenen Aktions- und Reaktionsnormen aufgebaut sind, zeigen bei höheren Wirbeltieren häufig ungemein weitgehende funktionelle Analogien zu sozialen Verhaltensweisen des Menschen und verleiten den naiven Beobachter daher häufig zu stark anthropomorphisierenden Werturteilen. Dem vergleichenden Verhaltensforscher liegt es sicherlich besonders fern, analoge und auf völlig verschiedenen psycho-physiologischen Ebenen sich abspielende Vorgänge einfach für „dasselbe“ zu halten. Er sieht sicherlich klarer als jeder andere den fundamentalen Unterschied zwischen diesen funktionellen Analoga moralischen Verhaltens bei sozialen Tieren und der einzigartigen, stammesgeschichtlich nie dagewesenen Leistung vernunftmäßiger Verantwortlichkeit des Menschen. Dennoch kommt die vergleichende Verhaltensforschung auf Grund einer sicher genügend breiten Basis von Beobachtungstatsachen unweigerlich zu dem Schluß, daß an der Struktur des menschlichen sozialen Verhaltens eine ganze Reihe von Funktionen wesentlich beteiligt sind, die allgemein für Leistungen vernunftmäßig-verantwortlicher Moral gehalten werden, in Wirklichkeit aber ganz sicher in eine Reihe mit den angeborenen, echter Moral nur funktionell analogen, sozialen Verhaltensweisen höherer Tiere zu stellen sind. Es ist in dieser Hinsicht lehrreich, auf die Funktionsweise und insbesondere die leicht eintretenden Störungen derartiger, moralanaloger Verhaltenssysteme sozialer Tiere näher einzugehen.

Bezeichnend für diese Systeme sind die fein ausgewogenen Gleichgewichtszustände zwischen den einzelnen, sie aufbauenden Komponenten, zwischen den verschiedenen endogen-automatischen Bewegungsweisen und den sie unter Hemmung setzenden Instanzen, zwischen Auslösern und auf sie ansprechenden angeborenen Schematen usw., usw. Als ein anschauliches Beispiel eines derartigen Gleichgewichtszustandes und der Störungen, denen er ausgesetzt sein kann, wollen wir das Verhältnis zwischen arteigenen Aggressionsstrieben und gewissen Hemmungsmechanismen betrachten, die eine die Arterhaltung schädigende Auswirkung dieser Triebe normalerweise verhindern. Es gibt kein einziges wehrhaftes Lebewesen, insbesondere kein zum Töten größerer Beutetiere befähigtes Raubtier, das nicht über ganz bestimmte Systeme von Hemmungen, angeborenen Schematen und Auslösern verfügte, die ein Töten von Artgenossen so weitgehend erschweren, daß es keine die Arterhaltung ernstlich in Frage stellende Häufigkeit erlangen kann. Ein Wolf könnte ohne weiteres einem neben ihm stehenden Artgenossen plötzlich durch einen einzigen Biß die Halsvenen aufreißen, ein Kolkrabe dem anderen mit einem einzigen Schnabelstoß das Auge aushacken. Dabei liegen diesen Tieren diese Tötungsbewegungen nicht nur nahe, sondern sie besitzen eine ganz gewaltige endogene Reizproduktion. Daher neigen gerade sie besonders stark zu Schwellenerniedrigung und zum Ablauf an inadäquaten Ersatzobjekten, wovon uns jeder temperamentvolle, die Pantoffel seines Herrn im Spiele „totschüttelnde" Hund überzeugen kann. Sie könnten also bei einiger Stauung besonders leicht dem Artgenossen gefährlich werden. Einzeln lebende Raubtiere, wie etwa Eisbär und Jaguar, die nur zur Paarung mit Artgenossen zusammenkommen, bei der naturgemäß das Überwiegen der Begattungsreaktionen die des Beutemachens weitgehend ausschaltet, brauchen begreiflicherweise am wenigsten Mechanismen zu haben, die eine Beschädigung von Artgenossen verhindern und bringen sich demgemäß auch in Gefangenschaft am häufigsten gegenseitig um. Bei gesellig oder in Dauerehe lebenden Raubtieren und räuberischen Vögeln müssen bestimmte spezifische Hemmungsmechanismen vorhanden sein, sonst würde unfehlbar der Rabe seinem Weibchen so ins Auge hacken, wie er mit einer sehr unspezifischen Reaktions-Weise auch sonst nach allen glänzenden Gegenständen pickt oder der Wolf würde seinem Rudelgenossen an die Gurgel fahren, wie er es sonst gleich großen Lebewesen gegenüber tut.

Wer diese Hemmungsmechanismen nicht aus eigener Erfahrung kennt, kann sich schwerlich eine Vorstellung von ihrer Verläßlichkeit und Wirksamkeit machen. Eine Kolkrabe hackt einem anderen oder einem befreundeten Menschen nicht nur nicht ins Auge, sondern er vermeidet es geflissentlich, diesem verletzlichen Organ mit dem Schnabel zufällig nahezukommen. Nähert man sein Auge der Schnabelspitze eines zahmen, vor einem sitzenden Raben, so nimmt er den Schnabel weg, mit einer geradezu ängstlichen Bewegung, etwa so, wie wir ein offenes Rasiermesser aus der Reichweite eines kleinen Kindes entfernen. Nur in einer Situtaion nähert der Rabe seinen Schnabel dem Auge eines befreundeten Wesens, nämlich bei den Reaktionen der „sozialen Hautpflege" im Sinne *W. Köhlers*. Wie sehr viele andere soziale Vögel putzen Raben einander das Gefieder des Kopfes und insbesondere der Umgebung des Auges, die der Vogel selbst nur in sehr viel gröberer Weise mit der Innenkralle des Fußes zu reinigen vermag. Der Auslöser zu dieser Handlung besteht in einer bestimmten Bewegungsweise, bei der das Tier dem Genossen den Kopf mit gesträubtem Gefieder und auf der zugewandten Seite halbgeschlossenem Auge darbietet. Eine entsprechende Bewegung des befreundeten Menschen wird (trotz des Fehlens gesträubter Federn) von einem zahmen Raben regelmäßig „verstanden" und veranlaßt ihn, die einzelnen Augenwimpern mit der typischen Bewegung zum Putzen kleinster Federn durch den Schnabel zu ziehen. Das Arbeiten des gewaltigen Räuberschnabels so dicht an einem offenen Menschenauge sieht begreiflicherweise geradezu bedrohlich aus und man wird von Fernerstehenden, denen man die Reaktion vorführt, regelmäßig gewarnt, der Rabe „könne doch einmal" zuhacken. Er kann es aber wirklich nicht! Ähnlich zwingend und verläßlich sind die Hemmungen des Hundes, ein Weibchen oder ein Jungtier seiner Art zu beißen. Die domestikationsbedingte Vergrößerung der Variationsbreite beim Haushund bringt es allerdings mit sich, daß Ausfallsmutanten dieser Hemmungen bei manchen überzüchteten Rassen (Dobermann, Deutsche Dogge, Barsoi) nicht allzu selten sind. Man hüte sich vor Hunden, die nach Hündinnen oder Junghunden ernstlich beißen. Sie sind Psychopathen, mit deren sozialen Hemmungen irgend etwas nicht in Ordnung ist, und sie beißen früher oder später auch den eigenen Herrn. Für Kinder sind sie hochgradig gefährlich.

Besonders wichtig und interessant sind die Auslöser, die soziale Hemmungen des Waffengebrauchs beim Artgenossen aktivieren. *Heinroth* bezeichnete sie als „Demutsstellungen". Ihnen allen gemeinsam ist eine vielsagende Beziehung zu der Tötungsweise, die für die betreffende Art kennzeichnend ist, bzw. zu den verletzlichsten und in Tötungsabsicht angegriffenen Körperstellen. Jeder von uns hat die charakteristische Demutstellung des Haushundes gesehen. Der angegriffene und sich unterlegen fühlende Hund bleibt — oft ganz plötzlich mitten im Kampfgetümmel — regungslos stehen und wendet seinen Kopf in eigentümlicher steifer Haltung vom Gegner weg, so daß die verletzlichste Stelle seines Körpers, die hervorgewölbte Seite seines Halses dem Gegner schutzlos dargeboten ist, gerade die Stelle also, in die Hunde beim Kampfe einander zu beißen suchen! Der überlegene Hund „kann" nun merkwürdigerweise nicht zubeißen. Daß in ihm ein wirklicher Konflikt zwischen Trieb und Hemmung vorhanden ist, geht eindeutig daraus hervor, daß er deutliche Intentionsbewegungen zum Zubeißen am Halse des in Demutstellung verharrenden Gegners macht, ja, einer meiner sehr wildform-nahen Polarhunde führte in diesem Falle die Bewegung des Totschüttelns auf Leerlauf, mit geschlossenem Fang, dicht am Halse des Gegners aus. Die zweite Demutstellung des Hundes, die hauptsächlich an Jungtieren zu beobachten ist, zeigt die gleiche Korrelation zur spezifischen Angriffsweise. Kämpfende Hunde suchen einander durch Anrennen Schulter an Schulter umzuwerfen und so ziemlich das Schlimmste, was einem Hunde im Kampfe passieren kann, ist, auf den Rücken zu fallen. Dementsprechend werfen sich junge Hunde, die einen erwachsenen Artgenossen fürchten, vor diesem von vornherein auf den Rücken und bleiben so mit zurückgelegten Ohren und unter intensivem kleinschlägigem Schwanzwedeln still liegen. Der Erwachsene beriecht dann die Geschlechtsteile des Jungen, der in diesem Augenblicke, auf dem Höhepunkte seiner Reaktion ein wenig zu urinieren pflegt. Sobald dann der überlegene Hund, was regelmäßig geschieht, freundlich reagiert, d. h. zu wedeln beginnt, springt der junge auf und versucht dem anderen in bestimmter Weise ein Flucht- und Verfolgungsspiel anzutragen.

Sehr deutlich ist dieselbe Korrelation zwischen hemmungs-auslösender Demutstellung und artbezeichnender Angriffsweise bei vielen sozialen Vögeln. Die Tötungsmethode dieser Tiere besteht im Hacken auf den Hinterkopf des Gegners, *Heinroth* fand als Todesursache bei den Leichen durch Artgenossen getöteter Vögel regelmäßig Blutungen in den Hirnhäuten. Dohlen und andere Rabenvögel kehren bei der Demutstellung dem zu besänftigenden Artgenossen den Hinterkopf zu, Möven bieten ihm ebenfalls die Hirnschale dar, aber mit einer anderen Bewegung, nämlich durch flaches Vorstrecken des Kopfes. Reiher verhalten sich ähnlich. Bei der Wasserralle, *Rallus aquaticus*, besitzt der Jungvogel einen morphologischen Auslöser in Gestalt einer nackten, reich mit Blutgefäßen versorgten Stelle am Hinterkopf, die dem Angreifer zugekehrt, durch eine besondere Gefiederstellung noch mehr entblößt wird, gleichzeitig sich rötet und etwas vorzutreten scheint, als wäre sie, wie es von der roten Kopfkappe des Kranichs histologisch nachgewiesen ist, mit einem kleinen Schwellkörper unterpolstert. Es ist sicher kein Zufall, daß gerade die Wasserralle, die einzige räuberische und große Beutetiere tötende unter unseren Rallenarten, diesen hochspezialisierten Hemmungsauslöser des Jungtieres herausdifferenziert hat.

Es braucht wohl kaum erwähnt zu werden, daß selbstverständlich nur der Artgenosse, in dem die entsprechenden rezeptorischen Korrelate bereitliegen, alle diese Hemmungsauslöser „versteht." Ich konnte meine jungen Wasserrallen nicht mit den an sich viel harmloseren Entenkücken zusammenhalten, da diese natürlich erst recht nach den dargebotenen roten Käppchen der Rallen pickten. Ein Pfau versteht die Demuthaltung des naheverwandten Puters nicht, der sich lang hingestreckt vor dem Gegner auf den Boden legt usw. Die mechanisch-reflektorische Natur der Demutstellungen drückt sich sehr deutlich darin aus, daß das betreffende Tier bei einem solchen „Versagen" seines Auslösers erst recht fest in seine Demutstellung eingeklinkt bleibt und sich widerstandslos totschlagen läßt, was z. B. dem Puter im Kampfe mit einem Pfau regelmäßig zum Verderben wird.

Die so vielen sozialen Tieren gemeinsame Beziehung, die zwischen einer auf eine bestimmte verletzliche Körperstelle gerichteten Angriffsweise und einer hemmungs-auslösenden Demutsstellung besteht, die gerade diese Körperstelle „präsentiert", muß eine gemeinsame Erklärung haben. Das merkwürdige Umschlagen der Valenz der verletzlichen Körperstelle, die eben noch Ziel intensivsten Angriffsstrebens ist und im nächsten Bruchteil einer Sekunde, wenn sie schutzlos dargeboten wird, ein genau gegenteiliges Verhalten auslöst, gehört wohl zu den größten Rätseln. Die Erscheinung ist um so bedeutsamer, als sie offensichtlich auch im Verhalten der Menschen eine Rolle spielt. Eine ganze Reihe von Demutgebärden des Menschen zeigen eine so weitgehende Analogie zu den besprochenen „tötungs-erleichternden Hemmungsauslösern" sozialer Tiere, daß ein rein zufälliges Übereinstimmen mit Sicherheit auszuschließen ist. Das In-die-Knie-sinken, das Beugen des Kopfes, die vielen Zeremonien des Überreichens („Präsentierens") der Waffe, das Abnehmen des Helms, das sich heute noch in der milden Demutsgeste des Hutabnehmens erhalten hat und viele andere menschliche Gebärden gehören hierher. Wenn sie auch ganz sicher nicht in der Bewegungsweise angeboren sind, liegt ihnen allen doch sicher der gleiche Valenz-Umschlag der verletzlichen Körperstelle zu Grunde, wie den angeborenen Hemmungsauslösern der Tiere.

Eine weitere wichtige Korrelation besteht zwischen den sozialen Hemmungen des Waffengebrauches und der Dicke der Haut bei der betreffenden Art. Im Umgang mit befreundeten Artgenossen, im

Spiele sowohl als bei gelegentlichen, nicht wirklich ernst gemeinten Reibereien, beißen Raubtiere nur mit stark gehemmter Kraft zu. Spielende Katzen, Hunde und andere dünnhäutige Raubtiere beißen im Spiele stets nur ganz zart, wenn auch manchmal nicht zart genug für die Menschenhaut. Immerhin kann man auch mit einem zahmen Löwen spielen, ohne ernstlich verletzt zu werden. Dagegen beißt der ungemein dickfellige Dachs auch im gutmütigsten Spiele so grob, daß der Mensch, der ohne Handschuhe mit ihm spielt, in eine etwa analoge Situation gerät, als hätte er ungepanzert an einem mittelalterlichen Turnier teilgenommen, bei dem die gepanzerten Ritter ja auch in aller Freundschaft mit Lanzen aufeinander losgestochen haben.

„Friedliche" Pflanzenfresser, die einerseits keine zum Töten größerer Organismen geeigneten Waffen haben, andererseits aber durch ihre hochdifferenzierte Fluchtfähigkeit vor Angriffen geschützt sind, benötigen unter normalen Bedingungen keine besonderen Hemmungen, einen Artgenossen zu beschädigen. Ein soeben im Kampfe mit einem Artgenossen besiegtes Individuum vermag sich ja dem Sieger durch Fluchtreaktionen zu entziehen, die auch einem sehr viel gefährlicheren Verfolger gegenüber erfolgreich sind. Hält man nun aber Tauben, Hasen und Rehe und ähnliche Sinnbilder der Sanftheit und Harmlosigkeit zu mehreren in engerem Gewahrsam, so daß der Unterlegene sich seinem Verfolger nicht durch die Flucht entziehen kann, so gibt es häufig Mord und Totschlag, wie er bei Krähen, Wölfen oder Löwen unter gleichen Umständen durchaus nicht an der Tagesordnung ist. Man muß einmal gesehen haben, wie eine Turteltaube einer anderen, die sich ängstlich in die Käfigecke drückt, durch stundenlanges Picken mit dem zarten Schnäbelchen so zusetzt, daß zuletzt die ganze, den Schnabelstößen des Siegers zugängliche Oberseite des Unterlegenen vom Hinterkopf bis zum Bürzel in eine einzige blutige Wunde verwandelt ist.

Leider würde es uns zu weit führen, hier näher auf die Analyse komplizierterer sozialer Verhaltenssysteme höherer Tiere einzugehen. Es genügt die Feststellung, daß auch sehr komplexe und funktionell dem verantwortlich-moralischen Verhalten des Menschen ganz erstaunlich nahekommende Verhaltensweisen durchweg auf Systemen von Auslösern, angeborenen auslösenden Mechanismen, endogenen Bewegungsweisen usw. usw. beruhen. Dies gilt für die mutige und selbstlose Kameradenverteidigung bei Dohlen, Raben, Hunden und Affen, für die hochinteressante „Polizeireaktion" der Dohle, bei der die Gesamtheit der Sozietät das Nest eines rangordnungsmäßig tiefstehenden Vogels gegen einen angreifenden Höherstehenden verteidigt, für das Friedenstiften der Pinguine, bei denen Kämpfe auf dem dichtbesiedelten Brutplatze „wegen Gefährdung der Eier verboten" sind und rauflustige Männchen sofort durch herzueilende Unbeteiligte auseinandergetrieben werden usw. usw. Lernen und Einsicht spielt in diesen Verhaltenssystemen immer nur die schon erwähnte Rolle der E i n e n g u n g einer angeborenermaßen auslösenden Reizsituation (S. 472). Immerhin kann die dadurch bedingte „Exklusivität" des Verhaltens recht bedeutsam sein. So verteidigen Dohlen, aber auch die meisten Affen, einen angegriffenen Artgenossen „anonym", die Dohle nachweislich auf Grund eines ungemein einfachen auslösenden Mechanismus, während beim Raben und auch bei Hunden und Wölfen die Verteidigung eines Genossen an die Bedingung eines persönlichen Sich-Kennens gebunden ist.

Was die obige gedrängte Darstellung der funktionellen Analoga moralischen Verhaltens bei Tieren zeigen soll, ist die Rolle, die die starren angeborenen Verhaltens-Komponenten in hochdifferenzierten sozialen Strukturen spielen und die Art und Weise, wie sie diese Strukturen b e s t i m m e n. Wir wollen nun sehen, wie weit sich im menschlichen Verhalten ebenfalls das Vorhandensein angeborener auslösender Mechanismen, echter Auslöser und endogener Reizerzeugungsvorgänge nachweisen läßt. Wir wollen sehen, ob sich nicht auch bei Menschen n e b e n der verantwortlichen Moral in tieferen Schichten wurzelnde und phylogenetisch ältere Motivationen sozialen Verhaltens aufzeigen lassen.

### g) *Angeborene auslösende Mechanismen als starre Strukturelemente der menschlichen Gesellschaft.*

Daß auch beim Menschen endogen-automatische Verhaltensweisen, angeborene auslösende Mechanismen und insbesondere auch Auslöser und auf sie ansprechende rezeptorische Korrelate vorhanden sind, hatte sich den meisten Humanpsychologen wohl deshalb wenig aufgedrängt, weil ihnen die gleichartigen Vorgänge im tierischen Verhalten, die weit offenkundiger und aufdringlicher sind, nicht bekannt waren. Ganz selbstverständlich ist die Rolle, die diese angeborenen Elemente im Verhalten des Menschen spielen, unvergleichlich viel geringer als bei irgendeinem Tier, und sie sind bei ihm in viel komplizierterer Weise mit den höheren Leistungen des Gehirnes, mit Lernen und Einsicht verwoben und weitgehend von diesen verdeckt. Zunächst sei kurz dargestellt, was wir über angeborene auslösende Mechanismen des Menschen und insbesondere über deren soziale Funktion wissen.

Da beim Menschen das sonst zur Erforschung angeborener auslösender Mechanismen übliche Experiment des isolierten Aufziehens nicht tunlich ist, sind wir bei ihm darauf angewiesen, andere Kriterien heranzuziehen, die das angeborene Schema von der erworbenen Dressurgestalt unterscheiden. Diese Kriterien sind in erster Linie die Merkmalarmut und das Reiz-Summen-Phänomen (*Seitz*) (law of heterogeneous summation, *Tinbergen*), ferner die gleichartige Reaktion aller normalen Menschen auf bestimmte, biologisch relevante Reizsituationen.

Einer der am besten analysierbaren angeborenen auslösenden Mechanismen des Menschen betrifft Affekte und Motorik, mit denen wir auf Kleinkinder ansprechen. Relativ großer Kopf, Überwiegen des Hirnschädels, großes, tief unten gelegenes Auge, stark vorgewölbte Wangenpartie, dicke, kurze Extremitäten, prall elastische Konsistenz und täppische Bewegungsweise sind die Hauptmerkmale, die durchaus nach den Gesetzen des Reiz-Summen-Phänomens ein Kindchen oder auch eine „Attrappe", wie eine Puppe oder ein Tier, „niedlich" oder „herzig" erscheinen lassen. Insbesondere die Produkte der Puppenindustrie, die ganz buchstäblich Ergebnisse auf breitester Basis angestellter Attrappenversuche sind, aber auch die Tierformen, die von kinderlosen Frauen als Ersatzobjekt ihres Brutpflegetriebes herangezogen werden, wie der Mops und der Pekinese, lassen diese Merkmale in klarster Weise abstrahieren. Interessanterweise zeigen gewisse deutsche Tiernamen eine enge Korrelation zu dem in Rede stehenden auslösenden Mechanismus: Die wegen des Besitzes mehrerer der genannten Merkmale insbesondere der sehr „starken" Merkmale der vorgewölbten Stirn- und Wangenpartie „niedlich" erscheinenden Arten haben ungemein häufig Namen, die mit der Verkleinerungssilbe „chen" endigen, wie Rotkehlchen, Rotschwänzchen, Eichhörnchen, Kaninchen. Die Nachsilbe bezeichnet in allen diesen Fällen durchaus nicht die Kleinheit, sondern ausgesprochen die Niedlichkeit der betreffenden Tiere, gleichgroße oder selbst viel kleinere nahverwandte Formen, die kleinäugig und flachstirnig sind, haben niemals auf „chen" endigende Namen! Hinsichtlich der Einzelheiten des Phänomens verweise ich auf meine Arbeit „Die angeborenen Formen möglicher Erfahrung".

Ein anderer Vorgang, der sich bei näherer Analyse als Leistung echter Auslöser und auf diese ansprechender angeborener auslösender Mechanismen erweist, ist derjenige der menschlichen Ausdrucksbewegungen und der Reaktion auf diese. Das sogenannte „physiognomische Erleben" selbst unbelebter Umweltobjekte beruht keineswegs, wie manche Entwicklungspsychologen meinen, auf einer allgemein, auch im Tierreiche verbreiteten, diffusen Erlebnisform, die zwischen Ich und Umwelt ungenügend scheidet, sondern vielmehr auf dem sehr scharf umschriebenen Vorgang eines im biologischen Sinne „irrtümlichen" Ansprechens von auslösenden Mechanismen, deren eigentliche und arterhaltende Leistung im Verstehen spezifisch menschlicher Ausdrucksbewegungen besteht. Die Einfachheit bzw. Merkmalarmut des auslösenden Mechanismus und die qualitativ gleichartige auslösende Wirkung, die auch vereinzelt gebotene Merkmale desselben entfalten, haben zur Folge, daß das auf menschliche Ausdrucksmerkmale gemünzte rezeptorische Korrelat ungemein leicht auf sogar höchst einfache Reizkombinationen unserer belebten und unbelebten Umwelt anspricht. Auf diese Weise bekommen die erstaunlichsten Objekte ganz merkwürdige hochspezifische Gefühls- und Affektwerte, indem ihnen menschliche Eigenschaften gewissermaßen „anerlebt" werden. Fluren können „lachen". „Es lächelt der See, er ladet zum Bade." Steil aufragende, etwas überhängende Felswände oder finster sich auftürmende Gewitterwolken haben ganz unmittelbar denselben Ausdruckswert, wie ein sich drohend steil und hoch aufrichtender und dabei etwas nach vorne intendierender Mensch usw. Noch ausgesprochener kann dieselbe Erscheinung bei unserer Reaktion auf die weit merkmalreicheren „Attrappen" sein, die uns in der Gestalt verschiedener Tiergesichter entgegentreten. Unsere auf Ausdrucks-Bewegungen gemünzten angeborenen auslösenden Mechanismen rufen beim Anblick von Tierköpfen auch dann spezifische, deutlich gefühls- und affektbetonte Reaktionen hervor, wenn die auslösenden Beziehungsmerkmale durch völlig starre, morphologische Strukturen der betreffenden Wesen gegeben sind. Daß z. B. bei Kamel und Lama das Nasenloch höher als das Auge liegt, der Mundwinkel etwas herabgezogen ist und der Kopf normalerweise etwas über die Horizontale erhoben getragen wird, beruht auf morphologischen Charakteren, die über den emotionalen Zustand des Tieres überhaupt nichts aussagen. Die arteigene Kopfhaltung ist durch die Lage des horizontalen Bogenganges in Labyrinth festgelegt. Wer wissen will, ob das Tier freundlich oder abweisend gestimmt ist, ob es dem Beobachter aus der Hand fressen oder ihn anspucken wird, muß ihm auf die Ohren sehen. Die anthropomorphe physiognomische Reaktion aber vermeldet uns mit der Unbelehrbarkeit des typischen angeborenen Schemas, daß das Tier dauernd hochmütig dreinschaue. Beim Menschen ist die Gebärde der hochmütigen Abweisung, deren rezeptorisches Korrelat der in Rede stehende Auslösemechanismus darstellt, eine formalisierte und mimisch übertriebene Intentionsbewegung des Sich-zurückziehens, bei der der Kopf in Rückwärtsbewegung gehoben, die Nasenflügel eingezogen und die Augenlider halb geschlossen werden, alles in „Symbolisierung" der Abwehr aller von dem verachteten Gegenüber ausgehenden Sinnesreize. Dieselbe Gebärde in weniger übertriebener Ausführung bedeutet bei Süditalienern und sehr vielen orientalischen Völkern ganz einfach „Nein". *Darwin*, der alle diese Vorgänge erkannt und genau beschrieben hat, beobachtete, daß dabei kurz durch die Nase ausgeatmet wird, als ob durch einen Luftstoß ein unangenehmer Geruch vertrieben werden sollte. Ostpreußische Kinder sagen hierbei: „pe", mit starkem Explosivkonsonant und dumpfem e. In der englischen Sprache ist das Zeitwort „sniffing" als Bezeichnung hochmütiger Abkehr durchaus üblich, die jiddische Sprache hat für die gleiche Erscheinung die ungemein ausdrucksvolle Wendung „er blost von sach."

In analoger Weise erleben wir die morphologische Bildung mancher Raubvögelköpfe, die von Knochenleisten stark überdachte Augen und besonders enge geschlossene, nach hinten gezogene Mundwinkel haben, als Ausdruck der mutigen Entschlossenheit, weshalb der Adler zum Symbol des Mutes wurde und in seinem Namen den Stamm des Eigenschaftswortes edel trägt. Viele weitere Beispiele „irrtümlichen" physiognomischen Erlebens von Tierköpfen lassen sich anführen. Die große Rolle des Auges als wichtigsten Beziehungspunktes für Relationsmerkmale angeborener Mechanismen bringt die merkwürdige Erscheinung mit sich, daß wir so ziemlich alle menschlichen Bauwerke, die Fenster haben, stets sehr stark physiognomisch empfinden, und zwar unter eindeutiger Bewertung dieser Öffnungen als Augen. Die über und unter dem Fenster liegenden Teile werden vom angeborenen auslösenden Mechanismus in die physiognomische Rolle von Stirn-, Augenbrauen- und Wangenpartien „gepreßt" und ihre räumlichen Beziehungen zueinander bestimmen, ganz wie wir es an den Tierköpfen sehen, den Ausdruckswert des Ganzen. Ich erinnere mich heute noch deutlich, daß für mich als Kind ein bestimmter Waggontyp der Wiener Stadtbahn wegen seiner sehr hoch oberhalb der Fenster liegenden Lüftungsklappen, die als emporgezogene Augenbrauen wirkten, einen unangenehmen, teils hochmütigen, teils dumm erstaunten Ausdruck hatte, wie denn überhaupt bei Kindern das physiognomische Erleben ausgeprägter ist, als bei Erwachsenen, u. z. wohl deshalb, weil der ursprünglich sehr zeichenarme, und daher „weite" auslösende Mechanismus durch Hinzukommen von Erworbenem im Laufe des individuellen Lebens stets eine „Einengung" d. h. eine Erhöhung seiner Selektivität erfährt, im Sinn des S. 472 und 476 Gesagten.

Der angeborene Charakter der in Rede stehenden Mechanismen wirkt sich dahin aus, daß das durch sie hervorgerufene Erleben völlig unbelehrbar ist. Auch wenn man ganz genau weiß, daß die eigene Empfindung genau dasselbe ist, was wir bei Tieren als die deplacierte Reaktion bezeichnen, kann man nicht umhin, Kamel und Lama weiterhin als „unsympathisch", ja geradezu als unästhetisch den Adler dagegen als „edel" und „schön" zu empfinden. *Αἰσθάνομαι* heißt eben „ich empfinde" und die ursprüngliche Bedeutung von „ästhetisch" ist „das, wobei man etwas empfindet", wozu dann allerdings durch eine Bedeutungs-Einengung der Sinn einer positiven Wertempfindung entstanden ist.

Damit gelangen wir zu jenen merkwürdigen, meist aus ungemein wenigen und einfachen Beziehungsmerkmalen aufgebauten Auslösemechanismen, die bei Menschen ästhetische und ethische Wertempfindungen hervorrufen. Die begriffliche Trennung beider Wörter ist durchaus künstlich, dennoch wollen wir uns dieser herkömmlichen Einteilung fügen und uns zunächst den ästhetischen Beziehungsschematen zuwenden, die auf bestimmte Proportionsmerkmale des menschlichen Körpers „zugeschnitten" sind. Daß es sich hierbei tatsächlich um angeborene Reaktionsweisen handelt, ist aus den gleichen Kriterien zu entnehmen, die wir schon oben kennengelernt haben. Eine sehr ähnliche analytische Auswertung, wie sie der Puppenindustrie gegenüber möglich ist, erweist sich auch bei der darstellenden Kunst als durchführbar, und zwar am besten nicht bei echter, wirklich hochstehender Kunst, sondern bei jener unechten, von uns meist mit dem Worte „Schund" bezeichneten, nicht vom Geschmack des Künstlers, sondern von demjenigen des einzufangenden Publikums diktierten Erzeugnisse, wie Modezeichnungen, billigen Romane und ebensolche Filme. Die betreffenden Industrien stellen, ganz wie dies bei der Puppenindustrie der Fall ist, an ihrem Publikum ganz regelrechte Attrappenversuche auf breitester Basis an, denn ganz selbstverständlich ist demjenigen der größte finanzielle Erfolg beschieden, dessen Erzeugnis die stärkste auslösende Wirkung entfaltet. Daher lassen sich aus derartigen Produkten mit erheblicher Klarheit die Form- und Beziehungsmerkmale abstrahieren, auf die der angeborene auslösende Mechanismus anspricht. Die ästhetische Wertempfindung spricht dabei auch auf gröbste Vereinfachungen und bei weitgehendem Austausch der gebotenen Beziehungsmerkmale mit derselben Qualität an, die wir beim Anblick eines schönen Menschen erleben. Ganz wie bei dem irrtümlichen Ansprechen eines Schemas auf die Merkmale der menschlichen Ausdrucksbewegungen, leistet auch hier das angeborenermaßen beantwortete Beziehungsmerkmal die Erfassung bis ins Arithmetische vereinfachte

„abstrakter" Proportionsmerkmale, und es besteht begründeter Verdacht, daß der ästhetischen Wirkung des sogenannten Goldenen Schnittes ein auf die Proportionen des schönen Menschenkörpers „gemünzter" angeborener Auslösemechanismus zugrunde liegt und nicht (was die einzig mögliche Alternative wäre) ein auf erworbener Gestaltwahrnehmung beruhendes „Heraussehen" der zahlenmäßigen Harmonie.

Besonderes Interesse beanspruchen die stark geschlechtlich gefärbten ästhetischen Reaktionen auf spezifische „Schönheiten" des männlichen und weiblichen Körpers. Wenn man von gewissen Merkmalen absieht, die im Schönheitsideal beider Geschlechter übereinstimmen, so erweisen sich so gut wie alle an den auf den männlichen wie auf den weiblichen Körper ansprechenden ästhetischen Empfindungen als ausgelöst durch Merkmale, die unmittelbare Indikatoren der hormonalen Geschlechtsfunktionen sind. Die bei Mann und Frau entgegengesetzte Relation zwischen Hüft- und Schulterbreite, die Haargrenzen, die Fettverteilung bei der Frau (die übrigens ohne allen Zweifel einen echten Auslöser im S. 469 ff. besprochenen Sinne darstellt), die Form der weiblichen Brust und eine geringe Anzahl weiterer Merkmale sind derartige Indikatoren der geschlechtlichen Vollwertigkeit, „welches nicht der Kopf, aber der Instinkt weiß", wie *Schopenhauer* sich ausdrückt, der in seiner „Metaphysik der Geschlechtsliebe" so ziemlich alle der in Rede stehenden Erscheinungen völlig richtig gesehen hat. Sämtliche auslösenden Merkmale dieser Schematen werden in der „Schund-Kunst" und in der Mode zum Zwecke der Herstellung „überoptimaler Attrappen" (wenn ich diesen unschönen aber treffenden Ausdruck unserer wissenschaftlichen Vulgärsprache verwenden darf) übertrieben stark aufgetragen, wofür sich jeder eine Unzahl von Beispielen vergegenwärtigen kann.

Sehr ähnliche, auf analogen Beobachtungen aufgebauten Aussagen, wie über die eben besprochenen ästhetischen, lassen sich über gewisse, ebenso anthropomorphe ethische Wertempfindungen machen. Was dort von körperlichen Beziehungsmerkmalen gilt, gilt hier von solchen des Verhaltens. Auch hier kann wieder die darstellende Kunst und besser noch die „darstellende Industrie" als günstiges Untersuchungsobjekt herangezogen werden. Es ist eine überaus geringe Zahl von Motiven, die eine emotionale Stellungnahme in uns auslösen, „Furcht und Mitleid" erregen und die eben deshalb in der Dichtkunst immer wiederkehren. Bestimmte unsterbliche Gestalten, wie die vom Feinde bedrohte und vom Helden befreite Jungfrau, der für den Freund sich opfernde Freund usw. kehren immer wieder — von der Edda und der Ilias bis zum Wildwestfilm. Auch hier treffen wir die schon besprochene, für die Funktion angeborener auslösender Mechanismen so ungemein kennzeichnende Erscheinung, daß die wirksamen Beziehungsmerkmale auch in größter Vereinfachung und einzeln geboten, dieselbe Qualität der emotionalen Reaktion auslösen, wie die reale Situation, auf die das Schema gemünzt ist. Gibt es eine stärkere Schematisierung einer spezifischen ethisch bewerteten Verhaltensweise als die Darstellung *Schillers*: „Hier bin ich, für den er gebürget"? Und doch hat sie für jeden normal Empfindenden durchaus den Gefühlswert des wirklichen Geschehnisses! Die völlige Unbelehrbarkeit der eigenen, unbedingt reflektorischen Reaktion kann man sehr gut selbstbeobachtend feststellen. Das bessere Wissen um die Attrappennatur des Dargebotenen ändert an den ausgelösten Gefühlen und Affekten gar nichts, selbst wenn es sich um einen so rohen Attrappenversuch handelt, wie der moderne Film ihn häufig darstellt. Das mißhandelte Kind, die vom „Schuft" vergewaltigte Jungfrau (die notabene immer rechtzeitig gerettet wird) lösen Verteidigungsreaktionen aus, auch wenn man sich dabei noch so sehr über sich selbst lustig macht.

Wie bei den auf menschliche Ausdrucksbewegungen ansprechenden Schematen, so lassen sich auch bei den ethischen typische „deplacierte Reaktionen" dort feststellen, wo tierisches Verhalten eine rein äußerliche formale Gleichheit mit ethisch relevanten, in angeborenen Schematen des Menschen „vorgesehenen" menschlichen Verhaltensweisen hat. Verteidigung der Jungen, Brutpflegereaktionen der Mutter, soziale Verteidigungsreaktionen usw. lösen unfehlbar Mitgefühl und ein positives ethisches Wertempfinden aus, u. z. durchaus nicht nur beim naiven Beobachter. Insbesondere, wo eigene soziale Verteidigungsreaktionen ansprechen, zeigt sich die Zwangsläufigkeit des auslösenden Mechanismus. Wenn etwa ein Fuchs einen Hasen reißt, gar wenn dieser jung und niedlich ist und unser „Kindchenschema" zum Ansprechen bringt, ist die eigene Reaktion, dem Schwächeren zu helfen, kaum zu unterdrücken. Als ich einst aus Vernunftgründen meine eigenen angeborenen Reaktionen vergewaltigte, indem ich, sehr gegen meine Neigung, junge, noch sehr niedliche Kapuzenratten an einen Python verfütterte, trug ich unversehens eine ganz leichte neurotische Schädigung davon, die sich immerhin darin ausdrückte, daß ich wiederholt in übertrieben emotional betonter Weise von dem Geschehnis träumte! Man braucht sich nur eine hochgradige quantitative Intensivierung desselben Erlebnisses vorzustellen, und man hat die Furien, die den Verbrecher verfolgen! Alle Tiere, deren soziales Verhalten von dem des Menschen einigermaßen abweicht, aber doch formale Parallelen zu ihm zeigt, und so zu Vergleichen herausfordert, unterliegen einem hartnäckigen Ansprechen moralisierender Werturteile. Der Kuckuck, der seine Jungen nicht selbst betreut, der Ziegenbock, der sehr starke Begattungstriebe hat und keine monogame Ehe kennt, die Ameise, die in „selbstlosem" Fleiß für das Gemeinwohl sorgt, usw. — sie alle werden ethisch bewertet, als ob es sich um menschliche Artgenossen handelte. Als Tiergärtner kann es einem mit der Zeit geradezu auf die Nerven fallen, daß jeder naive Mensch als erste Reaktion auf ein nie vorher gesehenes Tier völlig unrichtige und biologisch sinnlose Werturteile von sich gibt, obwohl sich der Wissende ja eigentlich an diesen schönen Beispielen von „deplacierter Reaktion" freuen sollte!

Der Nachweis und die gebührende Betonung der gewaltigen Rolle, die angeborene auslösende Mechanismen, insbesondere solche ästhetisch-ethischer Natur, ohne allen Zweifel als relativ ganzheitsunabhängige Bausteine und Skelettelemente des menschlichen sozialen Verhaltens spielen, bedeutet keineswegs, daß wir die Wichtigkeit anderer und weniger unmittelbar anthropomorpher ästhetischer und moralischer Aktions- und Reaktionsweisen des Menschen unterschätzen, oder gar ihr Vorhandensein leugnen wollen! Auf Wesen und Leistung der vernunftmäßigen Moral, im kantischen Sinne, und auf die Möglichkeit des Vorhandenseins nicht-anthropomorpher, in gewisser Hinsicht wirklich apriorischer Werturteile bin ich anderen Ortes näher eingegangen und verweise auf das in der mehrfach zitierten Arbeit Gesagte. Auf die Leistungs-Beschränkungen vernunftmäßiger Verantwortlichkeit werden wir in diesem Aufsatz, im Abschnitte über die spezifische Gefährdung des Menschen, zurückkommen. Was uns hier unmittelbar angeht, ist jedoch folgende Tatsache: Was wir an einem Mitmenschen unmittelbar als seinen ethischen Wert empfinden, ist nicht die Leistung seiner verantwortlichen Moral, sondern diejenigen seiner angeborenen und arteigenen „Neigungen"! Die objektive Führung eines Menschen mag noch so sehr dem Ideal der sozialen Anforderungen an das Individuum entsprechen, wir empfinden ihn nicht als „gut", wenn seine Motive nicht in den tiefen, gefühlsmäßigen Schichten des angeborenen, erbgebundenen Verhaltens entspringen. „Doch wirst du nie Herz zu Herzen schaffen, wenn's dir nicht selbst vom Herzen geht." Es war kein Geringerer als *Friedrich Schiller*, der als einer der ersten den wunden Punkt in der kantischen Morallehre, die Blindheit für die Werte der natürlichen Neigung, klar gesehen und gegeißelt hat, unter anderem in der prächtigen Xenie „Gerne dien' ich dem Freund, doch leider tu ich's aus Neigung, darum wurmt es mich oft, daß ich nicht tugendhaft bin." Und doch ist die Hochwertung der angeborenen ethischen Reaktionen mit derjenigen der vernunftmäßig-verantwortlichen Moral durchaus zu vereinen: Wenn wir einen Menschen als Ganzes auf seine ethischen Werte hin beurteilen, so werden wir zweifellos recht tun, denjenigen am höchsten zu schätzen, dessen soziales Verhalten am meisten „vom Herzen" kommt. Wenn wir dagegen die Handlungen eines einzelnen gegebenen Menschen, etwa die unserer selbst, zu beurteilen haben, werden wir mit ebenso großer Berechtigung diejenigen am höchsten bewerten, die am wenigsten der natürlichen Neigung und am ausgesprochensten der vernunftmäßigen Verantwortlichkeit entspringen.

### h) *Der endogene Automatismus im sozialen Verhalten des Menschen.*

Ohne allen Zweifel ist der Mensch das an endogen-automatischen Bewegungsweisen ärmste unter sämtlichen höheren Lebewesen. Außer gewissen Bewegungsnormen der Nahrungsaufnahme (Greifen, In-den-Mund-stecken, Kauen und Schlucken), der Begattung (Friktionsbewegungen) und möglicherweise gewissen automatischen Elementen im Gehen und Laufen, scheint der erwachsene Mensch so gut wie keine auf endogenen Automatismen beruhende und zentral koordinierte Bewegungsweisen zu haben. Diese Armut an echten Instinktbewegungen ist jedoch keine primäre, sondern ganz sicher Ergebnis eines Reduktionsvorganges. Von den meisten Instinktbewegungen des Menschen sind nur noch Ausdrucksbewegungen übriggeblieben, die, soweit sie Intentionsbewegungen ihren Ursprung verdanken, noch die ursprüngliche Form der Bewegungsweise erkennen lassen, wie wir es S. 472 vom Ausdruck des Zornes, den schon *Darwin* richtig als formalisierte Intentionsbewegung deutete, gesehen haben.

Wir stimmen *Mc. Dougall* prinzipiell darin bei, daß die qualitativ voneinander gesonderten Gefühle und Affekte des Menschen (der englische Ausdruck emotions bezeichnet einen weiteren Begriff als jedes der beiden deutschen Worte und kann daher nur mit beiden übersetzt werden) je einem „Instinkt" im Sinne einer aktions-spezifischen Erregungsart und Handlungsbereitschaft entsprechen. Bei sehr vielen dieser spezifischen Handlungsbereitschaften wird die Annahme einer endogen-automatischen Grundlage dadurch wahrscheinlich, daß während der Reaktionsruhe ihre Reizschwelle absinkt und nach Abreagieren des betreffenden Triebes wieder ansteigt. Dies trifft ganz selbstverständlich für die grobsexuellen Reaktionen zu, ebenso aber auch für die von jenen durchaus unabhängigen Verhaltensweisen des Sich-Verliebens, für das Imponiergehaben und andere. Ganz besonders deutlich aber macht sich eine endogene Kumulation reaktionsspezifischer Handlungsbereitschaft bei jenen Verhaltensweisen bemerkbar, die *Freud* als Auswirkungen des Aggressionstriebes auffaßt. Jeder, der je unter einem etwas erregbaren und nicht ganz beherrschten Vorgesetzten gearbeitet hat, weiß, daß das Auftreten „dicker Luft" eine durchaus periodische Angelegenheit ist und daß nach dem Ausbruch und Abreagieren der gestauten Erregung in einem „reinigenden Gewitter" das Wohlwollen des Despoten nicht vermindert, sondern ausgesprochen vermehrt ist. Nach einem „normalen Bürokrach" herrscht eine eigenartige Atmosphäre gesteigerter Menschenliebe! Eine meiner Tanten bekam in völlig regelmäßigen Abständen Krach mit ihrem Hausmädchen und kündigte diesem. Die typische Verschiebung des Wahrnehmungsfeldes, die mit den Veränderungen des Aktualspiegelwertes reaktionsspezifischer Energie bekanntermaßen einhergeht, drückte sich bei der alten Dame ganz wundervoll darin aus, daß sie von der jeweils neuen Hausgehilfin, die sie unmittelbar nach der Entladung ihres Aggressionszustandes kennenlernte, jedesmal über alle Maßen entzückt war und ihre Eigenschaften nicht genug zu rühmen wußte. Es fiel ihr nie auf, daß sich die „Perle" immer wieder im Laufe weniger Monate ganz zwangsläufig in ein geradezu hassenswertes Geschöpf verwandelte. Sehr störend, ja unmittelbar gefährlich kann die Kumulation aggressiver Reaktionen dann werden, wenn eine sehr kleine Gemeinschaft völlig von artgenössischer Umgebung isoliert ist, an der die gestauten Triebe hätten abreagiert werden können. Die bei Mitgliedern von Expeditionen, bei der Besatzung kleiner Schiffe usw. auftretende „Polarkrankheit" ist nichts anderes, als eine gewaltige Schwellenerniedrigung der Verhaltensweisen des Wutausbruches. Wer sie je kennengelernt hat, weiß, wie lächerlich kleine Reize schließlich als zornerregend wirken. Selbst bei völliger Einsicht in die eigene Reaktion kann man nicht verhindern, daß einen gewisse kleine Eigenheiten eines Kameraden, ein Hüsteln, eine eigenartige Sprechart usw. zur Weißglut bringen. Man verhält sich dabei dem Freund gegenüber im Prinzip völlig gleich, wie das Männchen eines isolierten Zichlidenpärchens, das mangels der seine Familie bedrohenden und zu vertreibenden Artgenossen schließlich sein Weibchen angreift und tötet. Besonders bei *Geophagus* ist diese Reaktionsweise typisch, man kann sie verhindern, indem man dem Männchen einen Spiegel ins Becken stellt, an dem es seine Aggression abreagieren kann.

Eine andere Reaktionsweise, die wir hier wegen ihrer besonderen Wichtigkeit gesondert besprechen wollen, ist die der sozialen Verteidigung. Ihr subjektives Erlebniskorrelat ist der Affekt der Begeisterung. Ein besonders interessanter Zug der Reaktion ist ihr Einhergehen mit Bewegungsweisen, die solchen des Schimpansen sicher homolog sind! Jeder gefühlsstarke Mann kennt aus eigener Erfahrung das Erlebnis des Schauers, der uns in solchen Momenten überläuft, in denen kämpferischer Einsatz für die Sozietät in uns ausgelöst wird. Dieses Gefühl wird hervorgerufen durch das Sträuben der Haare auf Nacken, oberen Rückenpartien und — interessanterweise — an der Außenseite der Oberarme. Die mimischen Ausdrucksbewegungen bestehen im Straffen der Körperhaltung, Erheben des Kopfes, Runzeln der Brauen, Herabziehen der Mundwinkel, Vorschieben des Unterkiefers, Nachvorndrücken der Schultern und Innenrotation der Arme im Schultergelenk, so daß deren behaarte Dorsalseite nach außen sieht. Der Gesichtsausdruck ist derselbe, der bei der „Attrappe" des Adlerkopfes in uns die besprochenen Empfindungen wachruft. Das Einwärtsdrehen der Arme und die Kontraktion der Musculi arrectores pilorum trägt bei Menschen nicht viel zum optischen Eindruck des Gesamtverhaltens bei und wäre wohl überhaupt nicht aufgefallen, wenn nicht anthropoide Affen genau dieselben Bewegungsweisen hätten. Der in sozialer Verteidigung vorgehende Schimpanse schiebt ebenfalls das Kinn vor, rotiert die Arme nach innen und sträubt am Oberrücken und an der Außenseite der Oberarme die Haare, die an diesen Körperstellen im Dienste des in Rede stehenden Auslösers eine besondere Verlängerung erfahren haben, ganz wie dies bei sehr vielen einer analogen Leistung dienenden Fell- und Gefiederpartien von Säugern und Vögeln der Fall ist. Bei der vorgeneigten Körperhaltung und der relativen Größe der Arme des Affen bewirken diese Bewegungsweisen eine wesentliche Vergrößerung des Körperumrisses, die imponierend und einschüchternd, außerdem ganz sicher auf den Sozietätsgenossen „ansteckend" wirkt. Es ist ein hübsches Beispiel einer im echten, phyletischen Sinne rudimentären Verhaltensweise, daß der Mensch im analogen Fall „einen Pelz sträubt, den er gar nicht mehr hat"! Die Reaktion wird durch ein sehr einfaches Beziehungs-Schema ausgelöst, man darf mit gutem Recht sagen „unglücklicherweise", denn, so wertvoll sie auch für den inneren Zusammenhalt von Sozietäten sein mag, so bringt doch die angeborene Unbelehrbarkeit ihres Ansprechens und mehr noch die Art der auslösenden Situation schwere Gefahren für die Menschheit mit sich. Das wesentlichste Beziehungsmerkmal ihres auslösenden Mechanismus liegt nämlich in der Bedrohung der Sozietät von außen her und Demagogen aller Zeiten haben die an sich ethisch durchaus wertvolle Reaktion dazu mißbraucht, um durch die einfache Attrappe eines fingierten Feindes und einer fingierten Bedrohung der Sozietät die Völker aufeinanderzuhetzen.

### i) *Die Domestikation des Menschen.*

Kein Geringerer als Schopenhauer hat als erster gesehen, daß der Mensch sich hinsichtlich einer ganzen Reihe von Merkmalen von den wildlebenden Tieren unterscheidet, diese Merkmale aber mit Haustieren gemein hat. In seiner schon einmal zitierten Schrift „Metaphysik der Geschlechtsliebe" macht er die höchst bemerkenswerte Aussage, bestimmte Rassenmerkmale des Weißen seien überhaupt „nichts Natürliches", sondern erst im Laufe der Zivilisation entstanden. Er sagt: „Der Grund hierfür ist, daß blondes Haar und blaue Augen schon eine Spielart, fast eine Abnormität ausmachen: den weißen Mäusen, oder mindestens (!) den Schimmeln analog." Wer nur einigermaßen den Blick für dererlei Dinge hat und unsere Art unvoreingenommen erst mit wildlebenden Wesen und dann mit unseren Haustieren vergleicht, der kann keinen Augenblick daran zweifeln, daß der Mensch ein „domestiziertes" Wesen sei. *E. Fischer* hat auf Grund eines breiten Tatsachenmaterials den Beweis erbracht, daß sehr viele Merkmale des modernen Menschen, vor allem seine Rassenmerkmale, auf völlig analogen Veränderungen des Erbbildes beruhen, wie wir sie an Tieren als „Domestikationserscheinungen" bezeichnen. Es ist hier nicht der Ort, auf das Wesen und die wahrscheinlichen biologischen Ursachen der Domestikationserscheinungen einzugehen, ich verweise diesbezüglich auf frühere Arbeiten (1940 und 1943). Was uns hier angeht, sind nur zwei typische Veränderungen des angeborenen arteigenen Verhaltens, die ohne allen Zweifel einen sehr wesentlichen Einfluß auf das menschliche Gesellschaftleben haben.

Unter Erweiterung der angeborenen auslösenden Schematen verstehen wir die Erscheinung, daß diese unbedingt reflektorischen Mechanismen im Laufe der Domestizierung regelmäßig erheblich an Selektivität verlieren. Dabei ist es für die physiologische Leistung des auslösenden Mechanismus als eines Reiz-Filters ungemein bezeichnend, daß Ausfalls-Mutationen, die einzelne Merkmale des angeborenen Schemas betreffen, die Auslösung der zugehörigen Reaktion nicht etwa erschweren, sondern ganz im Gegenteil durch die Verminderung der Selektivität erleichtern. Hierfür nur ein Beispiel. Eine Kücken führende Glucke des Bankivahuhnes, der Stammform unseres Haushuhnes, spricht mit ihren Brutpflegereaktionen ausschließlich auf Kücken an, deren Gefieder die für die Wildform kennzeichnende, Auslöserfunktion entfaltende Zeichnungsweise auf Oberkopf und Rücken aufweisen. Sie tötet jedes andersfarbige Hühnchen. Nur bei wildformnahen Haushühnern, bei Kämpfern, Phönixhühnern und manchen Zwerghühnern findet man hie und da noch dieses selektive Verhalten. Unsere Landhühner zeigen gewöhnlich keine unterschiedlichen Reaktionen auf verschiedene Farbe der Kücken, viele von ihnen jedoch reagieren noch durchaus selektiv auf die Ausdruckslaute der Hühnchen und nehmen Gänse- oder Entenkücken nicht an. Bei den schweren, am weitesten domestizierten Hühnerrassen, wie etwa Orpington, Plymouth Rock oder Brahma sind meist auch die akustischen Merkmale des auslösenden Mechanismus geschwunden, solche Vögel betreuen sogar junge Säugetiere, die man ihnen unterlegt. Die Erweiterung geschlechtlicher Auslösemechanismen erleichtert die Zucht vieler Haustiere im Vergleiche zu derjenigen zugehörigen Wildformen außerordentlich. Wo bei den wilden Tieren, etwa bei Graugänsen, eine Unzahl von Bedingungen erfüllt sein müssen, damit sich ihr hochdifferenziertes Geschlechts- und Familenleben entwickeln kann, dort genügt beim Haustier das einfache Zusammensperren zweier beliebiger ungleichgeschlechtlicher Exemplare, um die Zucht zu sichern.

Die zweite wesentliche domestikationsbedingte Veränderung, die das arteigene Verhalten von Haustieren regelmäßig erfährt, betrifft die Quantität der endogenen Reizerzeugung bestimmter, auf Automatismen aufgebauter Verhaltensweisen. Ohne daß die Bewegungsweise als solche in ihrer Koordination verändert würde, unterliegt die Häufigkeit und Intensität ihres Ablaufes bei Haustieren den denkbar größten Schwankungen. Die Vermehrung der Produktion bestimmter Bewegungsfolgen kann in manchen Fällen solche Grade erreichen, daß sie zum hervorstechendsten Merkmal der betreffenden Haustierrassen werden, ja geradezu den Charakter des Pathologischen annehmen. Die Hypertrophie der spezifischen Bewegungsweise des Ausweichens vor einem von oben stoßenden Raubvogel, die so gut wie allen flugfähigen Vögeln eigen ist, erreicht bei den sogenannten Purzeltauben (engl. Tumblers) solche Ausmaße, daß die Vögel buchstäblich keine paar Meter geradeaus fliegen können, ohne durch das „Losgehen" dieser Reaktion aus der Bahn geworfen zu werden. In diesem Falle wirkt die ursprünglich höchst sinnvolle Bewegungsweise durchaus wie etwas Krankhaftes, etwa wie ein Krampfanfall. Analoge Beispiele hypertrophierender Bewegungsweisen finden sich bei verschiedenen Haustieren in sehr großer Zahl. Ebenso häufig sind quantitative Verminderungen endogener Bewegungsweisen. Insbesondere die Brutpflegereaktionen der verschiedensten Haustiere zeigen oft völlig scharf umschriebene Ausfälle. Die Bewegungsweisen des Kämpfens sind so gut wie immer der Wildform gegenüber vermindert. Der endogene Drang zum Fliegen ist bei allen domestizierten Vögeln mit Ausnahme der Taube vermindert, ja völlig verschwunden usw. usw.

Ganz allgemein entsteht der Eindruck, als neigten die phyletisch ältesten, primitivsten endogenen Reizerzeugungsvorgänge vor allem die des Fressens und der Begattung zur Hypertrophie, während die phylogenetisch jüngeren, feiner differenzierten Verhaltensweisen, vor allem die des Familienzusammenhaltes, der Brutpflege und -verteidigung, ja überhaupt alle sozialen Reaktionen zum Schwinden neigen. Auf die „viehische" Vergröberung des gesellschaftlichen Verhaltens, die hieraus resultiert, sowie auf die merkwürdige Korrelation, die ethische Beziehungsschemata des Menschen zu diesen Erscheinungen zeigen, werden wir sogleich zurückkommen.

Leider ist hier nicht der Raum, um in breiter Darstellung von Einzelheiten zu zeigen, wie unglaublich weitgehend die beiden kurz skizzierten domestikationsbedingten Veränderungen der angeborenen Aktions- und Reaktionsnormen der Haustiere bestimmten Verfallserscheinungen im Verhalten des Menschen u. z. insbesondere des zivilisierten Menschen parallel gehen. Man müßte die Induktionsbasis eines *Oskar Heinroth* und gleichzeitig die literarische Schilderungsfähigkeit eines *Thomas Mann* in sich vereinigen, um dem Leser jene Überzeugung zu vermitteln, die sich dem Beobachter der in Rede stehenden Parallelen mit zwingender Gewalt aufdrängt: Es handelt sich hier bei Tier und Mensch um grundsätzlich gleichartige, auf gleichen physiologischen, d. h. genetischen Ursachen, beruhende Erscheinungen. Ich bin mir völlig darüber im klaren, daß diese großenteils intuitive Überzeugung vom induktiv-wissenschaftlichen Standpunkt kaum mehr als eine Arbeitshypothese ist und genauester Erprobung an Tatsachen und Experimenten bedarf. Die Berechtigung, ja Verpflichtung, diese Arbeitshypothese mit aller Betonung zu veröffentlichen, liegt darin, daß ihr Anwendungswert im immerhin wahrscheinlichen Falle ihrer Richtigkeit außerordentlich groß wäre. Jedenfalls darf mit Sicherheit behauptet werden, daß die völlige Vernachlässigung der genetischen Fragestellung bei der Erforschung der Verfallserscheinungen sozialen Verhaltens beim zivilisierten Menschen einen folgenschweren methodischen Fehler bedeutet.

Schließlich sei noch einer Tatsache Erwähnung getan, die außerordentlich merkwürdig ist, und die sich in gewissem Sinne als ein Argument für die Annahme anführen läßt, daß gewissen Verfallserscheinungen des menschlichen sozialen Verhaltens, die so ungeheuer weitgehende Parallelen zu domestikationsbedingten Verhaltensänderungen vieler Haustiere zeigen, tatsächlich eine genetische Basis zugrunde liegt. Es besteht eine höchst eigenartige Korrelation zwischen jenen angeborenen auslösenden Mechanismen, die ästhetisch-ethische Wertempfindungen hervorrufen und den durch Domestikation verursachten Erbänderungen.

Auf ästhetischem Gebiet empfindet unser gefühlsmäßiges Werturteil gerade jene Merkmale als häßlich, die durch typische Domestikationserscheinungen entstehen, als schön dagegen gerade jene, die durch dieselben Domestikationserscheinungen gefährdet sind. Es gibt kaum eine einzige typische Domestikationserscheinung auf körperlichem Gebiete, die nicht unsere schärfste ästhetische Ablehnung hervorruft. Fast noch bedeutungsvoller als dieser Satz ist die Tatsache seiner Umkehrbarkeit: Nahezu alles, was wir als spezifisch häßlich empfinden, ist echte Domestikationserscheinung. Muskelschlaffheit, Hängebauch, Bindegewebsschwäche mit ihren Folgeerscheinungen, wie schlaffe Haut, X-Beinigkeit usw., relativ kleines blödes Auge, schlaffe, wenig „markante", ausdruckslose Gesichtszüge, Mopskopf und vieles andere „Häßliche" sind typische Folgen der Domestikation. Stellt man in einer größeren Serie Bilder von Wildformen solche der aus ihnen entstandenen Haustiere gegenüber, so ist man immer wieder erstaunt, wie „schön" und „edel" die wilden Tiere im Vergleich zu den Domestikationsformen wirken.

Die Beziehungsmerkmale, die dabei das positive oder negative Ansprechen unseres anthropomorphen Schönheitsempfindens auslösen, lassen sich wiederum recht gut aus den „Attrappen" abstrahieren, die eine „deplacierte Reaktion" dieser Werturteile hervorrufen. Als solche Attrappenversuche lassen sich, ganz wie wir es schon hinsichtlich anderer auslösenden Mechanismen getan haben, die Reaktionen des Menschen auf Erzeugnisse „darstellender Industrie" und solche auf Tiergestalten auswerten. Betrachten wir als Beispiel der ersteren etwa die Modezeichnung, so finden wir auch hier wiederum, die typische Tendenz zur Herstellung „über-optimaler" Reizkombinationen und können leicht diejenigen Merkmale herausheben, die zu eben diesem Zwecke übertrieben werden. Bei männlichen Figuren sind das vor allem das Proportionsmerkmal der breiten Schultern und schmalen Hüften, die „markante" Kantigkeit der Gesichtszüge, die straffe Körperhaltung u. a. m., bei weiblichen die Schlankheit der Taille, die Biegsamkeit des Körpers, die allgemeine „knochenlose" Konturierung in mehr oder weniger sinus-ähnlichen Kurven, sowie bestimmte Proportionsmerkmale von Schulter-, Taillen- und Hüftbreite, die zwar mit dem Wechsel der Mode auf dickere und schlankere Körperformen transponierbar sind, jedoch sowohl in ihrer Anordnung in der Lotrechten (wahrscheinliche Beziehung zum „Goldenen Schnitt"!), als auch in ihrem horizontalen Ausladen annähernd konstant bleiben. Den Darstellungen beider Geschlechter gemeinsam ist eine geradezu maßlose Übertreibung der Extremitätenlänge. Analoge Beziehungsmerkmale lassen sich natürlich auch aus den Produkten echter Kunst abstrahieren, wobei es bedeutsam erscheint, daß hier gerade in den auf die Blüte verschiedenster Kunstepochen folgenden Verfallsperioden häufig ein der Modezeichnung analoger Übertreibung der genannten Beziehungsmerkmale vorkommt.

Wo die Kunst sich die Aufgabe stellt, absichtlich Häßliches darzustellen, wählt sie durchaus nicht willkürliche Verzerrungen der Idealgestalt, sondern greift regelmäßig nach den typischen Domestikationsmerkmalen: Schon die antike Bildhauerei stellt den Silen als kurz- und krummbeinigen, fett- und hängebäuchigen Chondrodystrophiker mit Mopskopf dar, auch Sokrates, von dem die Überlieferung meldet, daß er ein häßlicher Mann gewesen sei, wird als Mopskopf dargestellt. Ebenso geißelt die Karikatur, wo sie absichtlich Häßliches darstellt, in den allermeisten Fällen gerade die schon erwähnten Domestikationsmerkmale, man denke etwa an den Knopp *Wilhelm Buschs* oder an die in ihrer Häßlichkeit geradezu dämonisch wirkenden Zwerge des Schweden *Högfeldt*.

Auch aus den als schön und als häßlich empfundenen Tiergestalten lassen sich viele der besprochenen Beziehungsmerkmale abstrahieren. Wenn wir etwa ein Nilpferd oder eine Erdkröte als häßlich, eine Gazelle oder einen Edelreiher als schön empfinden, so ist die Analogie zu Silen und Modeideal ohne weiteres deutlich. Besonders klar wird dabei der blinde Anthropomorphismus unserer Reaktion, denn an sich ist das Nilpferd ein genau ebenso fein ausgewogenes und harmonisches Systemganzes wie die Gazelle. Die Selbstbeobachtung zeigt ohne weiteres die ganz nahe Verwandtschaft der in Rede stehenden ästhetischen Empfindungen zu dem weiter oben besprochenen „physiognomischen" Erleben von Tiergestalten, die ganz sicher nichts anderes als deplacierte Reaktionen der auf echte Auslöser des Menschen gemünzten angeborenen auslösenden Mechanismen sind.

Die behauptete Korrelation zwischen unserem ästhetischen Empfinden und den typischen Domestikationsmerkmalen, die hier nur in äußerster Kürze skizziert wurde, läßt sich an einer Unzahl weiterer Beispiele erweisen. Die Ausnahmen, die sich unseren Hypothesen nicht fügen, sind so wenige an der Zahl, daß sie statistisch die Klarheit der Korrelation kaum stören, außerdem lassen sich viele von ihnen durch Zusatzhypothesen (domestikationsbedingter Zerfall der betreffenden auslösenden Mechanismen) so einordnen, daß sie die Regel eher bestätigen als verwirren.

Für den uns hier interessierenden Zusammenhang scheint mir nun von ganz wesentlicher Bedeutung zu sein, daß zwischen unserem ethischen Wertempfinden und den domestikationsbedingten Veränderungen des Verhaltens eine durchaus gleichartige Korrelation besteht, wie sie eben zwischen den ästhetischen Empfindungen und körperlichen Domestikationsmerkmalen aufgezeigt wurde. Auch hier sind die als ethisch hochwertig empfundenen Verhaltensweisen gerade jene, die durch typische domestikationsbedingte Ausfälle geschädigt werden, während die als „schlecht" und minderwertig beurteilten stets solche sind, die infolge der Domestikation zur Hypertrophie neigen.

Unter den endogen-automatisch bedingten Verhaltensweisen des Menschen sind ursprünglich die einen ebenso arterhaltend wertvoll und notwendig wie die anderen, Nahrungsaufnahme und Begattung nicht weniger als etwa Brutpflegereaktionen oder höher differenzierte soziale Impulse. Daß wir die einen als ethisch wertlos, ja als sündhaft empfinden, die anderen aber überaus hoch schätzen und als moralisches Verdienst anrechnen, steht ohne allen Zweifel in engstem Zusammenhang damit, daß die erstgenannten beim Zivilisationsmenschen wie beim Haustier zum Überwuchern, die zweiten aber zum Schwinden neigen. Es bedeutet eine eigenartige Selbstironie des Menschen, daß wir gerade jene Maßlosigkeit ganz bestimmter Triebe als „viehisch" bezeichnen, die nur beim Menschen und einigen seiner Haustiere in eben dieser Weise vorkommt! Alle jene Seher und Religionsgründer, die gegen die „Sinnenlust" als solche eiferten, haben intuitiv die verderbliche Rolle dieser Trieb-Hypertrophien ganz richtig erkannt. Neben den Trieb-Hypertrophien sind es vor allem bestimmte Auswirkungen der Erweiterung und des Selektivitäts-Verlustes mancher angeborenen auslösenden Mechanismen, die unser negatives ethisches Wertempfinden hervorrufen. Gerade die häufigsten Folgen einer nur unbedeutenden Erweiterung angeborener Schemata und die durch sie bedingte Wahllosigkeit bestimmter Reaktionen wirken auf uns als „gemein".

Für alle diese rein gefühlsmäßigen Wertempfindungen ist es kennzeichnend, daß sie nicht auf beliebige, monströse Verzerrungen des menschlichen sozialen Verhaltens ansprechen. Seltene und regellose Ausfallserscheinungen im sozialen Verhalten lösen unsere gefühlsmäßige Empörung weit weniger aus als die alltäglichen „Gemeinheiten" der typischen Domestikationsstörungen. Der Lust- und Massenmörder erregt zwar Schreck und Staunen wie irgendeine unpersönliche Naturkatastrophe, unsere Gefühle und Affekte aber sprechen lange nicht in dem Maß an, wie es vernunftgemäß zu erwarten wäre. Die aus den tiefen, gefühlsmäßigen Schichten unserer Seele entspringende ethische Empörung spricht nur auf „verständlichere" Vergehen an. Eben dieses „Verständnis" beruht meiner Meinung nach auf echten angeborenen Korrelaten zu bestimmten Beziehungsmerkmalen des Verhaltens.

Selbst, wenn diese Beziehungsmerkmale nicht, wie es tatsächlich der Fall ist, den typischen Entdifferenzierungserscheinungen im angeborenen Verhalten der Haustiere bis in alle Einzelheiten genau entsprächen, würden die eben dargestellten Verhältnisse für sich allein schon die Annahme nahelegen, daß auch den menschlichen Störungen sozialen Verhaltens eine genetische Basis zugrunde liege. Unsere Reaktion auf diese Störungen ist mit einer an Sicherheit grenzenden Wahrscheinlichkeit ererbt und es scheint mir schwer vorstellbar, daß ererbte angeborene auslösende Mechanismen für nicht erbliche Merkmale des menschlichen Verhaltens in uns bereitliegen sollten. Außerdem spricht auch die offensichtliche Verwandtschaft zwischen unseren ästhetischen und unseren ethischen Wertempfindungen für dieselbe Annahme. Das Objekt, auf das die oben besprochenen ästhetischen Beziehungs-Schematen „gemünzt" sind, ist ohne allen Zweifel das körperliche Domestikationsmerkmal, und dieses ist ebenso zweifellos genetisch bedingt. Es liegt also sehr nahe, für bestimmte, ebenso eng anthropomorphe ethische Wertempfindungen, die introspektiv überhaupt nicht von den ästhetischen zu trennen und objektiv durch mancherlei Übergänge mit ihnen verbunden sind, das gleiche anzunehmen, d. h. die Verhaltensstörungen, auf die sie ansprechen, ebenfalls für genetisch verankert zu halten.

Ich betone nochmals, daß keineswegs alle ästhetischen und ethischen Werturteile auf so eng anthropomorphem, angeborenem auslösendem Mechanismus beruhen. Was ich hier behaupte, ist nur, daß es solche gibt und daß sie als relativ ganzheitsunabhängige Bausteine wichtige Elemente des menschlichen sozialen Verhaltens darstellen. Sie dürfen von der soziologischen Forschung nicht vernachlässigt werden, ohne zu schweren Fehlschlüssen Anlaß zu geben.

## III. *Abschnitt. Die konstitutive Gefährdung des Menschen*

### a) *Domestikationsbedingte Ausfälle als Voraussetzung der Menschwerdung.*

Wenn *Arnold Gehlen* vom Menschen sagt, er sei „von Natur aus ein Kulturwesen", so erweist sich diese kühne Konzeption vom Standpunkte der vergleichenden Verhaltensforschung in mehr als einer Hinsicht als überzeugend richtig. Wir haben schon gesagt, daß der Mensch das „Instinkt-Reduktions-Wesen" ist. Die „Weltoffenheit" des Menschen, die *Gehlen* als sein konstitutivstes Merkmal herausstellt, die weitgehende Freiheit von spezifischen, erblich festgelegten Umwelt-Anpassungen ist ein Wesenszug, der zu sehr großem Teile eine Folge von domestikationsbedingten Ausfällen starrer, angeborener Aktions- und Reaktionsnormen ist. Schon *Charles Otis Whitman*, einer der ersten Pioniere der vergleichenden Verhaltensforschung, erkannte, daß Ausfälle von „Instinkten" bei Haustieren keineswegs einen Rückschritt in der geistigen Entwicklung bedeuten, wie dies nach der Lehre *Spencers* und *Lloyd Morgans* zu erwarten gewesen wäre, die „den Instinkt" für die phylogenetische Vorstufe des Verstandes hielten. An einer Reihe prächtiger Beobachtungsbeispiele zeigte *Whitman*, daß domestizierte Tiere sehr häufig imstande sind, Probleme einsichtig zu lösen, vor denen die zugehörige Wildform versagt, und zwar ausschließlich deshalb, weil sie neue Freiheitsgrade plastisch zweckgerichteten Verhaltens dadurch erlangt haben, daß bei ihnen gewisse starr instinktmäßige Aktions- und Reaktionsnormen ausgefallen sind, an die die undomestizierte Form der gleichen Tierart wie an feste Geleise gefesselt bleiben. Über das Verhältnis zwischen den domestikationsbedingten Instinktausfällen und der durch sie ermöglichten einsichtigen Leistung macht *Whitman* die bemerkenswerte Aussage: „These «faults of instinct» are not intelligence, but they are the open door, through which the great educator experience comes in and performs every miracle of intellect." — (Diese „Fehler des Instinktes "sind nicht Intelligenz, aber sie sind die offene Tür, durch die der große Erzieher Erfahrung Zutritt erlangt und alle Wunder des Intellektes vollbringt.)

Schon *Whitman* selbst hat die spezifische Weltoffenheit und Handlungsfreiheit des Menschen mit derartigen domestikationsbedingten Ausfällen in Zusammenhang gebracht. Ganz sicher ist das Schwinden bzw. die Erweiterung bestimmter angeborener auslösender Mechanismen die unbedingte Voraussetzung für die Vielseitigkeit und das Kosmopolitentum des Menschen. Unsere nächsten Stammesverwandten, die Anthropoiden, sind sämtlich Spezialisten für äußerst enge Lebensräume und der — geologisch betrachtet — völlig plötzliche

Übergang von sehr „stenöken" Ahnenform zur extrem „euryöken" Lebensweise des Menschen wäre auf Grund der gewöhnlichen Vorgänge des Artenwandels völlig unerklärlich. Er wird nur durch die Annahme der schon innerhalb weniger Jahrhunderte möglichen domestikationsbedingten Entdifferenzierungsvorgänge starrer angeborener Mechanismen verständlich.

b) *Der Spezialist auf Nicht-Spezialisiertsein.*

Noch in einer anderen Hinsicht ist die Domestikation die Voraussetzung für die Entstehung einer wesentlichen und einzigartigen Eigenheit des Menschen. Mit *Gehlen* sehen wir eine der konstitutiven Eigenschaften des Menschen, ja vielleicht die wichtigste von ihnen, in seiner dauernden neugierig forschenden Auseinandersetzung mit der Welt der Dinge, in der spezifisch menschlichen Tätigkeit des aktiven Weiterbauens an der eigenen Umwelt. Ein prinzipiell gleichartiges aktives Erarbeiten einer individuellen Umwelt durch aktive, neugierige Forschung kommt jedoch — im Gegensatz zu der Ansicht *Gehlens* — ganz sicher auch gewissen Tieren zu. Alle Tierarten, bei denen dies in nennenswertem Maße der Fall ist, haben eines gemeinsam: Es sind durchweg Formen, die der hochgetriebenen, differenzierten Spezialanpassungen an einen bestimmten Lebensraum und eine bestimmte Lebensweise entbehren, gewissermaßen Durchschnittsvertreter der betreffenden zoologischen Verwandtschaftsgruppe, die in diesem Sinne „urtümlicher" sind, als spezialisiertere Verwandte. Die Wanderratte, ein typisches Beispiel eines solchen Wesens, entbehrt der wundervollen Schwimm-Anpassung des Bibers, klettert schlechter als das Eichhorn, gräbt schlechter als die Wühlmaus und läuft nicht entfernt so gut wie die Wüstenspringmaus, aber sie übertrifft jeden der genannten vier Ordnungsverwandten in den drei Tätigkeiten, die *nicht* seine „Spezialität" sind. Während *Gehlen* den Menschen das „Mängelwesen" nennt, weil er aller besonderen Spezialanpassungen entbehrt, möchte ich den Kernpunkt derselben Erscheinung in der *Vielseitigkeit* derartiger unspezialisierter Wesen sehen, zumal man ja auch das gewaltige Menschen-*Hirn* als somatisches Organ durchaus nicht außer acht lassen darf. Auch in anderen, rein körperlichen Hinsichten schneidet der Mensch durch seine Vielseitigkeit im Vergleiche zu anderen Säugetieren gar nicht so schlecht ab. Wenn wir als allgemeine körperliche Leistungsprüfung einen „Dreikampf" ausschreiben, dessen Bedingungen in einem Tagesmarsch von 30 km, dem Erklettern eines 4 m langen, frei aufgehängten Seiles und in einer Tauchleistung von 20 m Länge und 4 m Tiefe, mit zielgerichtetem Heraufholen irgendeines versenkten Gegenstandes bestehen, so findet sich kein einziges Säugetier, das die jedem durchschnittlichen Stadtmenschen möglichen Leistungen vollbringt.

Allen typischen „Spezialisten auf Nicht-Spezialisiertsein" ist neben der Vielseitigkeit der körperlichen Eigenschaften eine sehr kennzeichnende Struktur der angeborenen Verhaltensdispositionen zueigen: Bei ihnen allen ist die jugendliche Neugier und Lernfähigkeit auf die Spitze getrieben. Ein derartiges Jungtier wird von allem unwiderstehlich angezogen, was *gestaltet wahrzunehmen* im *Bereich seiner Fähigkeiten liegt*. Jeder Organismus kann nur das als dressurauslösendes Merkmal erwerben, was er gestaltet wahrzunehmen vermag, und es ist daher verständlich, wenn die Appetenz zum Lernen bei derartigen Jungtieren ganz besonders durch solche Gegenstände erregt wird, die reich an prägnant gestaltbaren Merkmalen sind. An jeder durch ihre Prägnanz irgendwie auffallenden Reizsituationen probieren nun die Jungtiere der unspezialisierten Neugierwesen buchstäblich sämtliche in ihrem arteigenen Aktionssystem vorhandenen Verhaltensweisen durch. Ein junger Rabe bringt jedem ihm neuen Gegenstand gegenüber das ganze Inventar seiner angeborenen Bewegungsweisen, indem er hintereinander versucht, diesen zu zerhacken, durch „Zirkeln" zu zerreißen, wenn er groß und schwer ist, durch dieselbe Bewegungsweise umzuwenden, ihn durch Anwendung gewisser angeborener Bewegungsweisen zu verstecken usw. Eine junge Ratte beschnuppert und benagt versuchsweise schlechterdings alles, versucht alle Winkel zu durchkriechen, alles Bekletterbare zu beklettern und alle in ihrem Gebiet überhaupt möglichen Wege „auswendig zu lernen."

Der arterhaltende Sinn dieser Appetenz nach Unbekannten und dieses Durchproben aller dem Tiere möglichen Verhaltensweisen ist leicht zu durchschauen. Der Spezialist auf Nicht-Spezialisiertsein baut sich seine Umwelt aktiv auf, während sie ein Tier mit weiter gehenden Spezialanpassungen der körperlichen Organe und des angeborenen Verhaltens großenteils mit auf die Welt bringt. In der Umwelt eines „Spezialisten", etwa eines Haubentauchers ist so ziemlich alles, worauf er überhaupt Bezug nimmt, die Wasserfläche, die Beute, der Geschlechtspartner, das Nistmaterial usw., durch hochdifferenzierte angeborene auslösende Mechanismen artmäßig festgelegt. Sein Lernen beschränkt sich hauptsächlich auf das Auffinden der für ihn bedeutungsvollen Reizsituationen. Es steht nicht im Machtbereich seiner Fähigkeit zur Eigendressur, an diesen ererbten und arteigenen, für ihn „apriorischen" Gegebenheiten seiner Umwelt irgend etwas zu verändern.

Die neugierigen Nicht-Spezialisten dagegen bringen stets nur sehr wenige und sehr weite, d. h. merkmal a r m e auslösende Mechanismen und verhältnismäßig wenige angeborene Bewegungsweisen mit. Für letztere ist es sehr bezeichnend, daß sie gerade wegen ihrer verhältnismäßig geringen Spezialisierung besonders vielfältige Möglichkeiten der Anwendung haben. Dadurch, daß solche Tiere zunächst alles ihnen Neue so behandeln, als ob es für sie von größter biologischer Wichtigkeit wäre, finden sie in den verschiedensten und extremsten Lebensräumen unfehlbar jede Kleinigkeit heraus, die zur Erhaltung ihres Lebens beitragen kann. Buchstäblich alle höheren Tiere, die zu Kosmopoliten geworden sind, sind typische unspezialisierte Neugierwesen.

Ohne allen Zweifel ist die Art und Weise, in der der Mensch die Probleme der Arterhaltung meistert, grundsätzlich gleichartig mit dem eben beschriebenen Anpassungstypus der Spezialisten auf Nichtspezialisiertsein. Die Stärke, der der Mensch in allererster Linie seinen biologischen Erfolg und sein Kosmopolitentum verdankt, liegt ganz sicher in jener dialogischen, aktiven Auseinandersetzung mit der Umwelt, die wir kurzweg als die Forschung bezeichnen können. Das Wesentliche in der Funktion des Neugier-Lernens der besprochenen Tiere liegt ja eben in dem sachlichen Interesse für alles Neue. Wenn ein junger Rabe oder eine junge Ratte einen neuen Gegenstand „untersucht", d. h. alle nur denkbaren Verhaltensweisen seines Aktionssystems hintereinander an ihm durchprobiert, so sind unter diesen Verhaltensweisen natürlich auch solche, deren arterhaltende Funktion direkt oder indirekt dem Nahrungserwerb dient, ja derartige Bewegungsweisen überwiegen häufig über andere. Dennoch wäre es ein grundsätzliches Mißverstehen der Triebziele des Tieres, nun etwa zu meinen, es handle sich letzten Endes doch nur um ein nach Nahrung gerichtetes Appetenzverhalten. Bei der großen Kategorie des rein räumlichen Neugierverhaltens, das durch Auswendiglernen alle möglichen Wege zu einer sehr genauen Raum-Repräsentation führt, schaltet sich diese Deutung von vornherein aus, aber auch bei dem neugierigen Ausprobieren von Bewegungsweisen, deren arterhaltender Sinn wirklich im Nahrungserwerb liegt, kann man im Wahlversuch stets ohne weiteres feststellen, daß es die Appetenz nach dem Neuen und nicht nach dem Fressen ist, die den Organismus zu seinem Verhalten treibt: Der allerbeste, dem Tier bekannte Leckerbissen vermag nicht, es von der Untersuchung eines neuen Gegenstandes abzulenken, auch dann nicht, wenn unter den Bewegungsweisen, die es gerade durchprobiert, solche des Fressens sind. Um es anthropomorph auszudrücken: Das Tier will nicht fressen, sondern es will „wissen", was es in dem betreffenden Lebensraume „theoretisch" alles zu fressen gibt!

Die aktive Forschung des Tieres ist insoferne im buchstäblichen Sinne des Wortes sachlich, als durch sie eine Umwelt-Repräsentation entsteht, deren Schwerpunkt in objektbezogenen Kenntnissen liegt und deren Reichtum an „gewußten" Einzelheiten diejenige anderer vor-menschlicher Lebewesen um ein Vielfaches übertrifft. Eben diese reiche „theoretische" Kenntnis der umgebenden Welt ist es ja, die es derartigen Tieren ermöglicht, in so ungeheuer verschiedenen Lebensräumen alles biologisch Relevante, zur Lebenserhaltung Verwendbare herauszufinden. *Gehlen* stellt es als eine spezifisch menschliche Leistung hin, wenn das Subjekt durch die forschende, aktive Auseinandersetzung mit jedem neuen und deshalb anziehenden Gegenstand sich diesen von allen nur irgend zugänglichen Seite her „intim" macht und ihn dann „dahingestellt" sein läßt, d. h. in jenem buchstäblichen Sinne ad acta legt, daß es im Bedarfsfalle jederzeit auf ihn zurückgreifen kann. Eben das ist aber in durchaus gleicher Weise bei allem Neugierlernen der tierischen Spezialisten auf Nicht-Spezialisiertsein in grundsätzlich gleicher Weise der Fall. Hierfür nur ein Beispiel: Die angeborene Verhaltensweise des Nahrungsversteckens beim Kolkraben und anderen Corviden besteht darin, daß der zu versteckende Gegenstand mit einer artmäßig festliegenden Bewegungskoordination in einen dunklen Winkel, womöglich in eine Spalte gestopft und dann mit indifferentem Material bedeckt wird. Voraussetzung des glatten Ablaufes dieser Handlung ist, daß bereits intim gemachtes und daher „uninteressantes" Material verfügbar ist. Versteckt ein Rabe etwa einen Fleischbrocken in einer Sofaecke und sieht sich dann nach etwas zum Bedecken Verwendbarem um und hat nichts dergleichen zur Hand oder besser „zum Schnabel", so kann man ihm nicht dadurch helfen, daß man ihm einen Papierfetzen oder sonst einen ihm neuen Gegenstand hinwirft. Dies zerbricht regelmäßig seine Handlungsintentionen, da die Untersuchung dieses neuen Objektes den Vogel zunächst völlig gefangennimmt. Höchstens kann es vorkommen, daß er nach gründlicher, sachlicher Untersuchung des Papieres mehr oder weniger zufällig von neuem an das Fleisch gerät und es nun damit bedeckt. Hat der Vogel dagegen vorher das Papier bis zum völligen Uninteressantwerden untersucht, so wird er sofort auf es zurückgreifen, wenn er es als Versteckmaterial benötigt.

Selbstverständlich läßt sich die scharfe Scheidung in „Spezialisten" und „Spezialisten auf Nicht-Spezialisiertsein" im Tierreiche nur an extremen

Typen scharf durchführen. Es gibt alle nur denkbaren Übergänge zwischen beiden und eine echte Appetenz nach Lernsituationen findet sich bei so ziemlich allen höheren Tieren während gewisser Stadien der Jugendentwicklung. Die meisten jener uns so „menschlich“ anmutenden Verhaltens der Jungen höherer Säugetiere, die man unter dem wenig scharf definierten Begriff des Spielers zusammenzufassen pflegt, erweisen sich bei näherem Zusehen als ein neugieriges Durchprobieren arteigener Verhaltensweisen an neuen und durch prägnante Gestaltbarkeit reizenden Objekten. Überall dort, wo weite angeborene Auslösemechanismen eine gewisse Variationsbreite des Objektes gestatten und gleichzeitig einer Einengung durch Erwerbung bedingter Reaktionen bedürfen, pflegt in der „Konstruktion“ des arteigenen Aktionssystems an der betreffenden Stelle eine Appetenz nach Neuem und Gestaltbarem „vorgesehen“ zu sein. Die junge Katze, die mit ihren wundervoll graziösen Bewegungen des Beute-Erwerbs alles, was nur einigermaßen in das „Mäuseschema“ paßt, zu fangen versucht und immer neue Objekte für ihr Spiel findet, ist ein allbekanntes Beispiel dieses Vorgangs. Junge Hunde verhalten sich prinzipiell ebenso. Ein junger Mungo, *Herpestes Mungo L.*, nähert sich in dem Ausmaße seines Forschungsdranges schon sehr weit den typischen Spezialisten auf Nichtspezialisiertsein. Wer eine stimmungs- und humorvolle, fein beobachtete Schilderung des Neugier-Verhaltens derartiger Tiere kennenlernen will, der lese *Rudyard Kiplings* wundervolle Mungo-Novelle „Rikkitikkitavi“.

Die Wichtigkeit der Rolle, die das Neugierlernen in der Verhaltensbiologie einer Tierart spielt, steht selbstverständlich nicht nur mit der Abwesenheit spezifischer Anpassungen, sondern ebenso auch mit der absoluten geistigen Organisationshöhe, insbesondere der Lernfähigkeit des Tieres in enger Korrelation. Daher ist das neugierige Forschen des Jungtieres bei den geistig am höchsten stehenden Säugern, bei den Menschenaffen, sehr ausgeprägt, mindestens so intensiv, wie etwa bei Wanderratten oder Rabenvögeln, obwohl sämtliche heute lebenden Anthropoiden in viel höherem Maße „Spezialisten“ sind, als jene. Die sachliche objektbezogene Neugier junger Schimpansen und Orangs ist deshalb immer wieder besonders eindrucksvoll, weil durch ihr Zusammenspiel mit der guten Raum-Repräsentation dieser Greifhand-Kletterer ungemein komplizierte „Spiele“ zustande kommen, die dem „Experimentierspiel“ (*Charlotte Bühler*) kleiner Menschenkinder sowohl formal als inhaltlich völlig gleichkommen. Was schon die Jungtiere niedriger Affen, etwa der Kapuziner (*Cebus*) bei diesen Spielen im Aufeinanderbauen und Ineinanderschachteln von Objekten, Benutzen von Hebelwirkungen und dergleichen leisten, ist ganz erstaunlich. Man wundert sich immer wieder, daß bei diesen intensiven und in ihrer sachlichen Objektbezogenheit so ungemein menschlich wirkenden Forschungen schließlich doch nicht mehr herauskommt, als ein geschickt kletternder Affe, der weiß, welche Äste brüchig und daher zu vermeiden sind, welche Früchte durch Daraufschlagen eines Steines geöffnet werden können usw. Bei der Beobachtung junger Anthropoiden erreicht dieses Erstaunen seinen Gipfelpunkt. Die Diskrepanz zwischen dem so ungemein menschlich anmutenden neugierigen Forschen des Jungtieres und dem so wenig menschenähnlichen Verhalten des erwachsenen Affen ist hier so groß, daß sich mir immer wieder die Vermutung aufdrängen will, es hätten die Vorfahren der heutigen Menschenaffen weit höhere Fähigkeiten des Neugierlernens und der sinnvollen Objektbehandlung besessen, als die rezenten Formen, bei denen diese höheren Leistungen nur mehr im Spiel des Jungtieres schattenhaft auftauchen. Dies ist natürlich reine Spekulation, denn die Frage „Rudiment oder Oriment“ wird hier kaum je zu entscheiden sein.

### c) *Das unfertige Wesen.*

Mit dieser Überschrift schließen wir uns wiederum an eine Begriffsbildung *Gehlens* an. Wie wir gesehen haben, ist das aktive, dialogisch-forschende Aufbauen der eigenen Umwelt keine dem Menschen allein eigene Leistung. Dennoch ist die Weltoffenheit des Menschen nicht nur graduell-quantitativ, sondern auch qualitativ von derjenigen tierischen Spezialisen auf Nicht-Spezialisiertsein verschieden. Dieser so wesentliche Unterschied liegt darin, daß beim Menschen die forschende Auseinandersetzung mit der Außenwelt bis zum Senilwerden erhalten bleibt, während sie bei sämtlichen, auch bei den klügsten und neugierigsten Tieren nur eine kurze Phase der individuellen Entwicklung darstellt. Auch bei diesen anpassungsfähigsten unter allen vor-menschlichen Organismen erstarrt das durch Neugierlernen Erworbene in prinzipiell völlig gleicher Weise, wie die individuellen Erwerbungen weit dümmerer und spezieller angepaßter Tiere. Im fertigen Zustande sind die durch Neugierlernen aktiv erarbeiteten Verhaltensweisen so starr, wie nur irgendwelche anderen Dressuren, ja beinahe schon wie angeborene, arteigene Aktions- und Reaktionsnormen. Das Sprichwort, daß ein alter Pudel keine neuen Kunststücke lernt, gilt auch für alle unspezialisierten Neugier-Tiere uneingeschränkt. Ein alter Kolkrabe oder eine alte Ratte hat durchaus nichts mehr von jener Weltoffenheit, die uns am jungen Tier so „menschlich“ und verwandt anspricht.

Die Appetenz nach unbekannten Reizsituationen ist völlig geschwunden, das Tier scheut vor solchen intensivsten Fluchtreaktionen. Bringt man es in Gefangenschaft gewaltsam in eine ihm neue Umgebung, so zeigt es einen geradezu enttäuschenden Mangel jeglicher Anpassungsfähigkeit. Insbesondere alte Raben zeigen unter solchen Umständen ein Verhalten, das sehr bedeutsame Parallelen zu demjenigen altersblödsinniger Menschen zeigt, die sich ja ebenfalls in der gewohnten Umgebung noch völlig orientiert und scheinbar einsichtig zu benehmen wissen, bei einem ihnen aufgezwungenen Umgebungswechsel aber durch ihre völlige Unfähigkeit zu irgendwelchen Umstellungen geradezu als Irre erscheinen. Alte Raben verfallen in einer neuen Umgebung in eine typische Angstneurose, zeigen sich völlig desorientiert, erkennen bekannte Personen nicht mehr, vergessen völlig die Undurchdringlichkeit des Käfiggitters und gehen wie Wildfänge gegen dieses an.

Woher hat aber nun der Mensch dieses merkwürdige und für sein Menschentum so konstitutive persistierende Jugendmerkmal der forschenden Neugier? Darauf ist zunächst zu antworten, daß die neugierige Weltoffenheit durchaus nicht das einzige persistierende Jugendmerkmal des Menschen ist. Wie *Bolk* als erster gesehen und überzeugend dargetan hat, ist eine ganze Reihe von körperlichen Merkmalen, in denen sich der Mensch von seinen nächsten Stammesverwandten unterscheidet, die Folge einer eigenartigen Entwicklungshemmung, die gewissermaßen eine dauernde „Verjugendlichung" des Menschen bewirkt. Die Haarlosigkeit des Körpers bei Behaarung des Kopfes, das Überwiegen des Hirnschädels über den Gesichtsschädel, die starke, fast rechtwinklige Abknickung der Achse der Schädelbasis gegen die Wirbelsäule samt der durch sie bedingten, weit nach vorn gerückten Lage des Hinterhauptsloches, das relativ hohe Hirngewicht, die Krümmung der Beckenachse, eine ganze Anzahl von Baueigentümlichkeiten der weiblichen Geschlechtsorgane, die Pigmentarmut der Haut sowie eine ganze Reihe weiterer Merkmale hat der Mensch mit frühen, zum Teil fötalen Entwicklungsstadien der Menschenaffen gemeinsam, weshalb *Bolk* den ganzen Erscheinungskreis als „Fötalisation" des Menschen bezeichnet hat.

Im Grunde genommen handelt es sich dabei um den gleichen phylogenetischen Vorgang, der in der Zoologie längst unter der Bezeichnung Neotenie bekannt ist. Bei Krebsen, Zweiflüglern, Schwanzlurchen und vielen anderen Tieren kommt es vor, daß — geologisch gesehen sehr plötzlich — die letzten Stadien der ontogenetischen Entwicklung weggelassen werden. Die betreffende Tierart erreicht also nicht mehr das vorherige Endstadium ihrer Entwicklung, sondern wird in einem Zustande geschlechtsreif, der früher nur ein vorübergehendes Jugend- oder Larvenstadium darstellte. Die Zahl der persistierenden Jugendmerkmale des Menschen ist so groß und sie sind für seinen Gesamthabitus so weitgehend bestimmend, daß ich keinen triftigen Grund sehe, die allgemeine Verjugendlichung des Menschen als etwas anderes aufzufassen, als einen speziellen Fall von echter Neotenie.

Für jeden, der die grundsätzliche Einheit und begriffliche Untrennbarkeit von Form und Funktion richtig begriffen hat, wird es ohne weiteres selbstverständlich sein, daß das Persistieren von Jugendmerkmalen im Verhalten des Menschen in engstem Zusammenhang mit demjenigen körperlicher Merkmale steht. Das konstitutivste Merkmal des Menschen, das Erhaltenbleiben der aktiven, schöpferischen Auseinandersetzung mit der Umwelt, ist eine Neotenie-Erscheinung. Wer je, vom Schauer der Vergangenheit angeweht, den Experimentierspielen junger Anthropoiden zugesehen und deren absolute Wesensgleichheit mit der entsprechenden Tätigkeit des menschlichen Kleinkindes anschaulich auf sich wirken ließ, wer je an eigenen Kindern die allmähliche Entwicklung vom Experimentierspiel des „Schimpansenalters" (*Charlotte Bühler*) zum Basteln des heranreifenden Knaben miterlebt hat, und wer schließlich an sich selbst erlebt hat, in welch fließendem Übergange die Forschung des Mannes aus dem Spielen des Kindes hervorgeht, der wird niemals an der fundamentalen Identität aller dieser Vorgänge zweifeln. Wenn der Satz *Nietzsches* „im echten Manne ist ein Kind versteckt — das will spielen" den phylogenetischen Tatbestand und die für den Menschen konstitutive geistige Neotenie nicht so haargenau treffen würde, wäre man versucht, ihn umzukehren und zu sagen: Im echten Kinde ist ein Mann versteckt — der will forschen!

Die für das Menschentum des echten Mannes so wesentliche Eigenschaft, dauernd ein Werdender zu bleiben, ist ohne allen Zweifel eine Gabe, die wir der Neotenie des Menschen verdanken. Die Neotenie ihrerseits aber ist, ebenso wie das im vorangegangenen Kapitel besprochene Freiwerden vom starren Zwange angeborener Aktions- und Reaktionsnormen, mit sehr großer Wahrscheinlichkeit eine Folge der Domestikation des Menschen. *Hilzheimer* hat gezeigt, daß eine sehr große Zahl der bei verschiedensten Hausformen auftretenden und sie von den zugehörigen Wildformen unterscheidenden Merkmale persistierende Jugendmerkmale sind. Hängeohren und Kurzhaarigkeit vieler Hunderassen, die allgemein bei Haustieren verbreitete Verkürzung der Schädelbasis und dadurch bedingte Verwölbung des Hirnschädels, die Verkürzung des Extremitätenskeletts und viele andere sind Merkmale, die der Wildform nur während einer kurzen Phase der ontogenetischen Entwicklung zukommen, beim Haustiere aber zu persistenten Rassencharakteren geworden sind.

Gleiches gilt in sehr ausgesprochenem Maße auch für Merkmale des Verhaltens. Hierfür sei nur ein einziges Beispiel angeführt. Zieht man einen jungen Wolf, Schakal oder Dingo von frühester Jugend wie einen Haushund im Kreise der menschlichen Familie auf, so verhält er sich zunächst durchaus wie ein Haushund, d. h. er überträgt die jugendliche Anhänglichkeit, die er im Freileben seiner Mutter bzw. später dem Leiter des Rudels gegenüber gezeigt hätte, ohne weiteres auf bestimmte Menschen. Während aber der Haushund diese ihrem Wesen nach „kindlichen" Bindungen sein Leben lang beibehält, zeigen Exemplare der genannten Wildformen insbesondere die Rüden, sowie sie völlig erwachsen sind, eine deutliche Neigung, sich unabhängig zu machen bzw. selbst den Rang des Leittieres zu beanspruchen. Sie werden dann dem bisherigen Herrn gegenüber aufsässig, versuchen ihn einzuschüchtern und ihn sich rangmäßig unterzuordnen. Es ist eine für mich immer wieder reizvolle Tatsache, daß der Hund, der im Laufe jahrtausendelangen Zusammenlebens so mancherlei konvergente Züge zum Menschen hin entwickelt hat, auch darin seinem Herrn analog ist, daß der sein ganzes Wesen beherrschende, konstitutive Charakterzug eine Neotenieerscheinung des Verhaltens ist: Wie die aktiv forschende Weltoffenheit des Menschen, so ist die Herrentreue des Hundes ein persistierendes Jugendmerkmal.

Wie anhangweise erwähnt sei, ist das dauernde Erhaltenbleiben der forscherischen Auseinandersetzung mit der Umwelt wenn auch das wesentlichste, so doch nicht das einzige konstitutive Verhaltensmerkmal, das der Mensch seiner Neotenie verdankt. Die Ergebnisse der Psychoanalyse zeigen in überzeugender Weise, welche gewaltige Rolle die dauernde Persistenz gewisser Bindungen an den Vater im sozialen Verhalten des Menschen spielt. Die so vielen Kulturvölkern gemeinsame Idee eines anthropomorphen Gottes wird von *Freud* gleicherweise und wohl sicher mit Recht auf diese Erscheinungen zurückgeführt.

### d) *Das riskierte Wesen.*

Eine andere konstitutive Seite des menschlichen Wesens sieht *Gehlen* darin, daß der Mensch das gefährdete oder „riskierte" Wesen, das Wesen „mit einer konstitutionellen Chance zu verunglücken" ist. Aus dem, was über die Domestikationserscheinungen als Voraussetzung der Menschwerdung gesagt wurde, geht genugsam hervor, welche tiefe Wahrheit auch in dieser Konzeption *Gehlens* gelegen ist. Die spezifisch menschliche Freiheit des Handelns hatte ganz sicher die Reduktion, die Auflösung starr strukturierter Aktions- und Reaktionsnormen zur Voraussetzung. Wie jede starre Struktur schlechthin, so haben auch diese angeborenen Verhaltensweisen gleichzeitig die Eigenschaft, zu stützen und steif zu machen. Die durch sie bedingte, anpassungsunfähige „Steifheit" des Verhaltens konnte nur unter Verzicht auf Stützfunktion und damit auf Sicherheiten aufgebaut werden. Jede neue Plastizität des Verhaltens mußte um einen Verzicht auf gewisse Sicherheitsgrade erkauft werden.

Jede organische Höherentwicklung, insbesondere aber jede geistige, ist stets ein eigenartiger Kompromiß zwischen diesen beiden voneinander untrennbaren und doch so gegensätzlichen Seiten aller starren Strukturen. Ohne starre Strukturen ist kein organisches System von höherer Integrationsstufe möglich, stets aber müssen die Strukturen des bestehenden Systems zerbrochen werden, soll ein solches von noch höherer Stufe der Integration und Harmonie erreicht werden. Dieses böse Dilemma haftet grundsätzlich jeder organischen Höherentwicklung an. Ob ein Krebs sich häutet, ob ein Mensch in der Pubertät von der Persönlichkeits-Struktur des Kindes in die des Mannes hinüberwechselt oder ob eine überalterte menschliche Gesellschaftsordnung in eine neue übergeht, immer und überall ist der Entwicklungsfortschritt mit Gefahren verbunden, und zwar deshalb, weil die alte Struktur abgebrochen werden muß, ehe noch die neue zu voller Funktionsfähigkeit gediehen ist. Kein anderer Organismus war und ist diesen Gefahren in gleicher Weise ausgesetzt wie der Mensch, weil kein anderer in der gesamten Geschichte des Lebens auf unserem Planeten eine so überstürzte Entwicklung durchgemacht hat und noch durchmacht wie er. Ontogenetisch und phylogenetisch ist der Mensch das „unfertige Wesen", ontogenetisch und phylogenetisch ist er gleichsam in einer beinahe ununterbrochenen Serie von „Häutungen" begriffen, niemals befindet er sich in jenem statischen Gleichgewicht struktureller Anpassung, das bei anderen Organismen äonenlange geologische Epochen währen kann.

Es gibt nur wenige philosophische Lehrsätze, die so gründlich das Gegenteil der Wahrheit behaupten wie der alte Satz „Natura non facit saltum"! Vom Geschehen im Atom bis zu demjenigen in der Menschheitsgeschichte bewegt sich die anorganische und die organische Entwicklung in Sprüngen. Möge auch gewisse Vorgänge quantitativer Summierung im Entwicklungsgeschehen bei grober Betrachtung kontinuierlich aussehen, im Grunde sind sie genau ebenso diskontinuierlich wie die großen Qualitäts-Umschläge der organischen Entwicklung, die *Hegel* als erster klar sah. Die oben besprochenen Gefahren aller bedeutenderen Sprünge im organischen Entwicklungsgeschehen sind begreiflicherweise der Größe der einzelnen Sprünge proportional. Wir wundern uns daher durchaus nicht, daß einer der größten Qualitätsumschläge, die in der Geschichte des Organischen je vor sich gegangen sind, daß der Entwicklungs-Sprung vom Anthropoiden zum Menschen, der sich, geologisch gesehen, so ungeheuer plötzlich abgespielt hat, gewaltige Gefahren für das neu entstandene Wesen mit sich bringt.

Selbst derjenige, der an den oben skizzierten Hypothesen der vergleichenden Verhaltensforschung, insbesondere betreffs der Rolle der Domestikation, Zweifel hegt, muß zugeben, daß die Strukturen, deren Abbau die Gefährdung der Menschheit heraufbeschworen hat, die Strukturen des angeborenen Verhaltens sind. Der Preis, um den der Mensch die konstitutive Freiheit seines Denkens und Handelns erkaufen mußte, ist jenes Angepaßtsein an einen bestimmten Lebensraum und eine bestimmte Form des sozialen Lebens, das bei allen vor-menschlichen Lebewesen durch arteigene, ererbte Aktions- und Reaktionsnormen gesichert ist. Dieses Angepaßtsein bedeutet in sozialer Hinsicht nichts anderes als eine völlige Übereinstimmung zwischen Neigung und Sollen, bedeutet jenes problemlose Paradies, das um der Früchte vom Baume der Erkenntnis willen geopfert werden mußte.

Die Leistung, die beim Menschen die verlorengegangenen „Instinkte" ersetzt und vikariierend für sie eintritt, ist jene dialogisch forschende, fragende Auseinandersetzung mit der Umwelt, jenes Sich-ins-Einvernehmen-Setzen mit der äußeren Wirklichkeit, das auch ethymologisch in dem Worte Vernunft enthalten ist. Der Mensch ist das vernünftige Wesen. Aber er ist nicht nur Vernunftwesen, sein Verhalten ist lange nicht so ausschließlich von Vernunft bestimmt, wie die meisten philosophischen Anthropologen annehmen, sondern immer noch in viel höherem Maße von angeborenen arteigenen Aktions- und Reaktionsnormen gesteuert, als wir meist glauben und gern wahrhaben möchten. Vor allem gilt das für das soziale Verhalten des Menschen. Wir haben oben (S. 473) gesagt, daß bei den geistig höchststehenden Tieren das Verhalten zum Artgenossen in viel höherem Maße von angeborenen Komponenten und viel weniger von höheren geistigen Leistungen beherrscht wird als das Verhalten zur außer-artlichen Umwelt. Daß dies beim Menschen leider ganz ebenso ist, drückt sich kraß in dem Mißverhältnis aus, das zwischen seinen ungeheuren Erfolgen in der Beherrschung der Außenwelt und seiner niederschmetternden Unfähigkeit, die inner-artlichen Probleme der Menschheit zu lösen besteht.

Dies liegt keineswegs daran, daß diese innerartlichen, im weitesten Sinne sozialen Probleme etwa schwieriger wären als diejenigen der äußeren Umwelt. Das Gegenteil ist der Fall. Die Zertrümmerung des Atoms stellt der menschlichen Vernunft ohne allen Zweifel schwierigere Aufgaben als die Frage, wie man die Menschen daran verhindern könnte, sich mit Hilfe von Atombomben gegenseitig auszurotten. Es gibt sehr viele überdurchschnittlich intelligente Leute, deren Fähigkeit zu abstraktem Denken durchaus nicht ausreicht, um die unanschaulich-mathematischen Gedankengänge nachzuvollziehen, auf denen sich die moderne Atomphysik aufbaut. Dagegen vermag auch ein geistig recht Minderbegabter ohne weiteres einzusehen, was geschehen und was vermieden werden müßte, um eine Selbstvernichtung der Menschheit zu verhindern. Trotz der gewaltigen Verschiedenheit der Denkschwierigkeiten dieser beiden Probleme hat die Menschheit dasjenige des Atomgeschehens in wenigen Jahrzehnten gelöst, während sie der Gefahr der Selbstvernichtung, die ihr mit der Erfindung der ersten Waffe, des Faustkeiles, erstanden ist, heute noch hilfloser gegenübersteht als zur Zeit des Pekingmenschen!

Die Tatsache, daß der bescheidenste Verstand zu sehen vermag, was nicht geschehen dürfte, und daß dies dennoch geschieht, gibt zu denken. Wo in dem uns leichter durchschaubaren, der Selbstbeobachtung zugänglichen Verhalten des menschlichen Individuums etwas Ähnliches vorkommt, das heißt, wo trotz völliger Einsicht in eine bestimmte lebenswichtige Situation unaufhaltsam das der Vernunft Zuwiderlaufende geschieht, dort ist so gut wie immer die Auswirkung des vernünftigen Denkens durch übermächtige angeborene, arteigene Aktions- und Reaktionsweisen blockiert. Es liegt sehr nahe, bei dem analogen überindividuellen, kollektiven Versagen der Vernunftwirkung gleiches anzunehmen. Zum mindesten ist diese Annahme als Arbeitshypothese wahrscheinlich genug, um Dysfunktionen angeborener arteigener Verhaltensweisen als Ursache des sonst ganz unverständlichen Versagens der kollektiven Menschheitsvernunft vor verhältnismäßig noch einfachen Problemen ernstlich in Betracht zu ziehen. Ich will daher in gedrängter Darstellung eine Reihe möglicher, ja wahrscheinlicher Störungsmechanismen angeborener sozialer Verhaltensweisen geben.

Der erste und wahrscheinlich wichtigste dieser Mechanismen ist der folgende: Bei jedem Organismus, der aus seinem natürlichen Lebensraum gerissen und in eine neue Umgebung gebracht wird, kommen Verhaltensweisen vor, die für die Arterhaltung sinnlos oder geradezu abträglich sind. Stets kommt dieses Phänomen dadurch zustande, daß eine bestimmte, auf eine sehr spezifische arterhaltende Funktion zugeschnittene, auf endogener Reizproduktion beruhende Verhaltensweise ihres normalen Anlasses beraubt ist, so daß nun die Kumulation aktions-spezifischer Energie zu ihrem Hervorbrechen in einer völlig inadäquaten Reizsituation führt. Eben das nennen wir die deplacierte Reaktion.

Auch der moderne Mensch ist ein Wesen, das aus seinem natürlichen Lebensraum gerissen wurde. Innerhalb eines Zeitraumes der vom geologisch-phylogenetischen Gesichtspunkte betrachtet, geradezu unmeßbar kurz ist, hat die emporblühende menschliche Kultur die gesamte Ökologie und Soziologie unserer Art in solcher Weise verändert, daß eine Reihe früher sinnvoller endogener Verhaltensweisen nicht nur funktionslos, sondern im höchsten Maße störend geworden sind. Im sogenannten Aggressionstrieb haben wir das wichtigste Beispiel hierfür schon kennengelernt (S. 481). Für einen Schimpansen, ja selbst noch für einen Menschen der frühen Steinzeit war es ohne Zweifel im Sinne der Selbst-, Familien- und Arterhaltung wertvoll und notwendig, daß die innere Reizproduktion aggressiver Verhaltensweisen für, sagen wir, zwei große Wutausbrüche wöchentlich ausreichte. Da nun derartige angeborene Aktions-Reaktions-Normen, soweit sie nicht von domestikationsbedingten, plötzlichen Ausfallsmutationen betroffen werden, sich nur im gleichen phylogenetischen Tempo verändern können, wie organische Strukturen, so ist es nicht weiter verwunderlich, daß der moderne Mensch in seinem polizeigeschützten Leben nicht weiß, wo er mit diesen rhythmischen wiederkehrenden Wutausbrüchen hin soll. Die Umgangssprache hat in ihrem Ausdruck vom Menschen, der „seinen gesunden Ärger sucht", sehr fein erfühlt, daß einer relativ harmlosen Entladung gerade dieser Kumulation reaktionsspezifischer Energie der Wert einer heilsamen Katharsis zukommt. Die gesteigerte Bereitschaft zur Aggression, die eine Folge eben dieser reaktionsspezifischen Energiestauung ist, ist zweifellos die Ursache für die leichte Verhetzbarkeit des Menschen. Jeder ist gewissermaßen froh, ein „erlaubtes" Ersatzobjekt für seine unausgelebten Aggressionen zu finden und fällt freudig auf die plumpeste „Attrappe" herein, die ihm ein geschickter Demagoge vorgaukelt. Ich behaupte, daß ohne diese rein physiologische Grundlage alle jene demagogisch gewollten Massengrausamkeiten, wie etwa Hexenprozesse oder Judenverfolgungen grundsätzlich nicht möglich wären.

Eine sehr ähnliche Rolle als „deplacierte Reaktion" spielt die ebenfalls schon erwähnte, etwas komplexere Verhaltensweise der sozialen Verteidigung. Wie schon angedeutet, spricht auch sie allzu leicht auf die vom Demagogen geborene Attrappe an. Besonders gefährlich wird sie durch die große Lustbetontheit ihres subjektiven Erlebniskorrelates, der sozialen oder nationalen Begeisterung. Wir wollen uns unumwunden eingestehen, daß es ein wunderschönes Erlebnis ist, von „heiligem" Schauer überlaufen, die Nationalhymne zu singen und es ist allzu leicht, zu vergessen, daß der Schauer ein Sträuben des alten Schimpansenpelzes ist und daß die gesamte Reaktion grundsätzlich *gegen* irgendeinen „Feind" gerichtet ist, und vor allem, daß heute, wo Höhlenbären und Säbelzahntiger als Gefährdung menschlicher Gemeinschaften weggefallen sind, dieser „Feind" stets eine Gemeinschaft von Mitmenschen ist, die sich genau so begeistert zur Verteidigung *ihrer* Sozietät verpflichtet fühlen, wie man selbst! Der sicher vorhandene soziale und im tiefsten Sinne des Wortes ethische Wert, der in der *einigenden* Wirkung der in Rede stehenden Reaktion des Menschen liegt, wird der Menschheit erst dann zugänglich werden, wenn wir es gelernt haben, in das „Schema" des Feindes nicht eine dem Demagogen beliebige Gruppe von Mitmenschen, sondern die wirklich die Menschheit bedrohenden Gefahren einzusetzen!

Der als nächster darzustellende Mechanismus der Störung sozialer Verhaltensweisen hat die gleiche Ursache, wie der eben besprochene, in der überstürzten Veränderung soziologischer Bedingungen, mit der die phylogenetische Veränderlichkeit der arteigenen angeborenen Aktions-Reaktions-Normen nicht Schritt zu halten vermochte. Nur beruht hier die Störung nicht darauf, daß eine *weniger* gebrauchte aktionsspezifische Reizproduktion einen störenden Überschuß an Impulsen liefert, sondern darauf, daß die rapide Höherdifferenzierung der menschlichen Gesellschaftsordnung ein *Mehr* an bestimmten sozialen Verhaltensweisen verlangt, dem unser angeborenes System sozialer Aktions- und Reaktionsweisen nicht gerecht zu werden vermag. Die ausschlaggebende unter den kulturbedingten Veränderungen des menschlichen Gesellschaftslebens, die hierbei eine Rolle spielt, liegt wohl darin, daß aus der ursprünglich *geschlossenen* menschlichen Gemeinschaft eine *anonyme* (siehe die Arbeit von *G. Kramer* im nächsten Heft) geworden ist. Bei einer sehr großen Zahl angeborener sozialer

Reaktionsweisen des Menschen gehört es zu den Bedingungen ihrer Auslösung, daß der Mitmensch, auf den sie gerichtet sind, ein persönlich bekanntes Sozietätsmitglied, ein „Freund“ ist. Diejenigen unter den zehn Geboten, die sich auf das Verhalten zum Mitmenschen beziehen, befolgen wir ohne weiteres aus natürlicher Neigung und ohne Inanspruchnahme verantwortlicher Moral, solange der „Nächste“ unser persönlich wohlbekannter Freund und Genosse ist. Wenn wir uns das im Abschnitt über moralanaloge soziale Verhaltensweisen von Tieren Gesagte in Erinnerung rufen und uns vergegenwärtigen, was für eine verschworene Gemeinschaft eine Schimpansenhorde trotz aller Eifersucht und Rangordnungs-Streitigkeiten ist, so müssen wir annehmen, daß die angeborenen sozialen Verhaltensweisen in der menschlichen Urhorde mindestens dieselbe Rolle spielten. Wir zweifeln gründlich an der von manchen Kinderpsychologen und von der Psychoanalyse verteidigten biblischen These, daß der Mensch so völlig „böse von Jugend auf“ sei. Unser Urahne war vor seiner eigentlichen „Menschwerdung“ zu allermindest ebenso „gut“ wie ein Wolf oder Schimpanse, der Kindern und Weibchen nichts tut und gegen einen äußeren Feind selbst den eifersüchtig bekämpften männlichen Sozietätsgenossen ohne Zögern unter Einsetzung seines Lebens verteidigt. Ich möchte das Bibelwort paraphrasieren und sagen: Der Mensch ist nicht böse von Jugend auf, aber knapp gut genug für die Anforderungen, die von der Urhorde an sein soziales Verhalten gestellt wurde, von deren wenigen Individuen jedes einzelne alle anderen persönlich kannte und auf seine Weise auch „liebte“. Er ist nur nicht gut g e n u g für die Anforderungen der gewaltig vermehrten, anonymen Gemeinschaft späterer Kulturepochen, die von ihm verlangt, er müsse sich zu jedem, ihm völlig unbekannten Mitmenschen ebenso verhalten, als sei es sein persönlicher Freund.

Ein anderer, sehr spezieller Fall des eben besprochenen Unzulänglichwerdens angeborener sozialer Aktions-Reaktions-Normen trat bei der tiefgreifenden und plötzlichen Veränderung zwischen menschlichen Beziehungen ein, die durch die E r f i n d u n g d e r W a f f e verursacht wurde. Rufen wir uns in Erinnerung zurück, was im Kapitel über moralanaloge Verhaltens-Systeme über das feine ausgewogene Gleichgewicht gesagt wurde, das bei allen sozialen Tieren zwischen der Tötungs-Fähigkeit und den angeborenen Tötungs-Hemmungen einer Art herrscht, so wird sofort klar, welche gewaltige Gefahr für das Weiterbestehen der Species durch jede Störung dieses Gleichgewichtes entstehen muß, die sich zugunsten der Tötungsfähigkeit auswirkt. Wenn ein alter Schimpansenmann trotz seiner gewaltigen Aggressionstriebe schwächere Artgenossen nicht in einer die Arterhaltung schädigenden Weise verletzt oder gar tötet, so beruht dies auf arteigenen angeborenen Hemmungen, die durch hochspezifische auslösende Mechanismen ausgelöst werden. Wir haben die „Demuts“-Stellungen und -Laute kennengelernt, die Auslöser derartiger Hemmungen sind. Diese „mitleiderregenden“ hemmungsauslösenden Faktoren sind selbstverständlich nur den arteigenen, ziemlich langsamen und grausamen Tötungsmethoden mittels der Naturwaffen der Art wirksam. Stellt man sich nun vor, daß einem so erregbaren und bösartigen Wesen ganz plötzlich eine „humanere“ Vernichtungsmethode zur Verfügung gestellt wird, deren blitzartige Wirkung die besprochenen Hemmungsauslöser vollständig außer Funktion setzt, so versteht man die entsetzlichen Folgen, die die Erfindung der Waffe — vom Faustkeil bis zur Atombombe — für die Menschheit gehabt hat und hat. Der biologische Sachverhalt ist grundsätzlich derselbe, als hätte ein grausames Naturspiel urplötzlich der Turteltaube, die, wie wir sahen, keinerlei Tötungshemmungen und diese auslösende Mechanismen besitzt, urplötzlich den Schnabel des Kolkraben verliehen, ohne aber die Hemmungsmechanismen mitzuliefern, die beim Raben der Bewaffnung korreliert sind. Es sei jedoch gleich einschränkend hinzugesetzt, daß die Erfindung der Waffe durch ein tierisches, u n v e r a n t w o r t l i c h e s Wesen genau genommen eine Unmöglichkeit ist, die ich nur fingiert habe, um den Mechanismus der Gefährdung deutlich zu machen. Das Zustandekommen einer wirklichen Erfindung, wie die des Faustkeils, hat eine sehr hohe Differenzierung der dialogisch-forschenden Auseinandersetzung mit der Umwelt zur Voraussetzung, die schon sehr nahe an das wirkliche Stellen von Fragen und Verstehen von Antworten heranreicht. Die Erfindung und die Fähigkeit zur Verantwortung erwachsen aus gleichen Voraussetzungen.

Das Versagen der Tötungshemmungen in der durch die Erfindung der Waffen geschaffenen Lage beruht in erster Linie darauf, daß die angeborenen Mechanismen, die eine Hemmung auslösen, in der neuen Situation nicht ansprechen. Die tieferen, gefühlsmäßigen Schichten unseres Selbst „verstehen“ gewissermaßen die Konsequenzen des Waffengebrauches nicht, und offensichtlich ist es nicht ganz ausreichend, daß die Vernunft erfaßt, was dem Gefühle nicht ganz zugänglich ist. Die erstaunlich geringe Hemmung, die durchaus gemütvolle und mitleidige Kulturmenschen haben, mittels der Schußwaffen Tiere oder im Krieg gar Mitmenschen umzubringen, ist ausschließlich auf Grund dieses Nichtverstehens erklärlich. Wie alle anderen Gefühle und Affekte, so sprechen auch die des Mitleides nur auf solche Situationen an, für die wir angeborene rezeptorische Korrelate bereitliegen haben. Würden dem Gewehrträger die wirklichen Konsequenzen seines Handelns, die Tatsache, daß durch das Abkrümmen seines Fingers einem beseelten Wesen die Därme zerrissen werden, in einer Weise nahegebracht, die nicht nur seinem Verstande, sondern unmittelbar seinen Gefühlen und Affekten zugänglich ist, in jener Weise wie dies beim Gebrauch der natürlichen Waffen ganz automatisch der Fall wäre, so würden nur wenige Menschen zum Vergnügen jagen und die allermeisten jeden Kriegsdienst verweigern. Je größer die Fernwirkung moderner Waffen wird, desto ausgesprochener wird der beschriebene Sachverhalt. Das Abziehen eines Ferngeschützes oder die Auslösung eines Bombenwurfes ist so völlig „unpersönlich", daß normale Menschen, die es absolut nicht über sich bringen könnten, ihren größten Todfeind mit den Händen zu erwürgen, dennoch ohne weiteres imstande sind, durch einen Fingerdruck Tausende von Frauen und Kindern einem gräßlichen Tode zu überantworten.

Während sämtliche bisher besprochenen drei Störungsmechanismen im Grunde genommen auf dieselbe Ursache, nämlich auf die tierische Konservativität und Unbelehrbarkeit angeborener arteigener Verhaltensweisen zurückzuführen sind, beruht der nun zu besprechende auf domestikationsbedingter Veränderlichkeit bestimmter von ihnen. Eines greift natürlich ins andere und die Wechselbeziehungen zwischen den verschiedenen Veränderlichkeiten und Unveränderlichkeiten sind in Wirklichkeit höchst komplex. Daß die Konservativität der einen Verhaltensweisen überhaupt je in der beschriebenen Weise störend in Erscheinung treten kann, beruht ja letzten Endes auch darauf, daß andere ausgefallen sind und dadurch dem Menschen neue Freiheitsgrade des Handelns und damit die Möglichkeit zu den. erstaunlichen Umstellungen seiner Ökologie und Soziologie gaben. Die ganze Zweischneidigkeit der Domestikationswirkung, die ganze „Gewagtheit" des menschlichen Wesens liegt ja eben darin, daß einzelne Aktions-Reaktionsnormen ausfallen mußten, damit „der Mensch zum Menschen werde", während gleichzeitig andere nicht ausfallen, ja nicht einmal erheblich quantitativ vermehrt oder vermindert werden dürfen, damit der Mensch ein Mensch bleibe. Mit der blinden Zufälligkeit alles Mutations-Geschehens betreffen die domestikationsbedingten Veränderungen die einen wie die anderen. Die Domestikation gab uns mit der einen Hand die konstitutive Freiheit unseres Handelns und streut mit der anderen eindeutig pathologische Erbänderungen und Letalfaktoren aus. Was die Psychopathologie als Gemütsarmut und als Wertblindheit bezeichnet *(P. Schröder)*, beruht ganz sicher auf genetischen Grundlagen und sehr wahrscheinlich auf dem Ausfall ethischer und ästhetischer Beziehungs-Schematen. Bestimmte, pathologische Vermehrungen des aggressiven Verhaltens sowie die sogenannte Geltungssucht beruhen sicher auf dem S. 484 besprochenen Vorgange einer domestikationsbedingten Hypertrophie der diesen Verhaltensweisen zugrunde liegenden endogenen Reizproduktion.

Kennzeichnend für den hier in Rede stehenden nicht allgemein menschlichen, sondern speziell pathologischen Störungsmechanismus ist es, daß die vernunftmäßige Moral nicht zu kompensieren vermag. Auf die essentielle Beschränktheit der Macht vernünftigen Denkens müssen wir nun zum Schlusse noch näher eingehen.

e) *Die Leistungsgrenzen vernunftmäßiger Moral.*

Es ist die Aufgabe vorliegender Abhandlung, zu zeigen, wie absolut obligat die Berücksichtigung der angeborenen arteigenen Aktions-Reaktions-Normen des Menschen bei der Erforschung zwischenmenschlicher Beziehungen ist. Es ist nicht ihre Aufgabe, das Wesen und die für den Menschen spezifische, kompensatorische und regulatorische Leistung des vernunftmäßigen Denkens zu besprechen, und ich verweise diesbezüglich auf die schon mehrfach zitierte Arbeit. Niemandem kann es ferner liegen, als dem vergleichenden Verhaltensforscher die Unterschiede zwischen Tier und Mensch zu unterschätzen und niemand kann klarer als er ermessen, wie absolut neu das gewaltige Regulativ der Erhaltung und Höherentwicklung des Lebens ist, das dem Menschen in seiner vernunftmäßigen Verantwortlichkeit gegeben ist. Der Charakter einer phylogenetisch nie dagewesenen Neuschöpfung, den das moralische Gesetz in uns so ausgesprochen trägt, wird den vergleichenden Verhaltensforscher, mehr als jeden anderen „mit immer wiederkehrender neuer Bewunderung erfüllen". Ich behaupte, daß man die Einzigartigkeit des Menschen erst dann in ihrer ganzen imposanten Größe zu sehen bekommt, wenn man sie von jenem Hintergrunde alter, historischer Eigenschaften sich abheben läßt, die dem Menschen auch heute noch mit den höheren Tieren gemein sind.

Aber dasjenige, was uns in diesem Aufsatz angeht, ist eben dieses alte, nur historisch Erklärbare im menschlichen Verhalten, das den Gesetzen der vernunftmäßigen, verantwortlichen Moral eben gerade nicht gehorcht. Der Irrtum, gegen den sich dieser Aufsatz richtet, ist die allgemeine Überschätzung des Einflusses, den die Totalität der menschlichen Gemeinschaft auf die Struktur des Individuums ausübt bzw. die Unterschätzung des Einflusses, den starre, phyletisch-historisch überkommene Strukturen des Individuums auf Bau und Funktion der überindividuellen Sozietät ausüben. Auf dem Gebiet der Morallehre ist dieser Irrtum die Überschätzung der Leistung vernunftmäßiger Moral und die Unterschätzung der Rolle, die moral-analoge Systeme angeborenen Verhaltens, wie wir sie S. 472 bis S. 476 bei Tieren kennengelernt haben, auch beim Menschen spielen. Ich vertrete nach wie vor meine 1942 aufgestellte Behauptung, „daß bei keinem einzigen regelmäßig vorkommenden und für das Wohl und Wehe der Gemeinschaft belangreichen Eintreten des Einzelmenschen der kategorische Imperativ allein Impuls und Motiv für die selbstlose Handlung abgibt. Vielmehr geht in den allermeisten Fällen der erste aktive Impuls vom Ansprechen angeborener Schemata und ererbter Triebe aus. Nur sehr schwer vermag man solche Situationen zu konstruieren, die als Auslöser angeborener Reaktionen wirklich indifferent sind, gleichzeitig aber auf dem Wege des vernunftmäßigen Durchdenkens der Lage eine aktive und selbstverleugnende Stellungnahme von uns verlangen".

Auf der anderen Seite glaube ich nicht in den gegenteiligen Irrtum zu verfallen und die Leistung verantwortlichen Denkens im sozialen Verhalten des modernen Menschen zu unterschätzen. Die kulturbedingten Veränderungen menschlicher Ökologie und Soziologie sind so tiefgreifend, daß kaum eine einzige unserer natürlichen „Neigungen" ganz ausreicht, um den Anforderungen der heutigen Gesellschafts-Struktur gerecht zu werden. Ein zusätzlicher Ansporn in Form eines kategorischen „Du sollst" oder eine zusätzliche Hemmung in Form eines kategorischen „Du sollst nicht" ist auf Schritt und Tritt nötig. Kein heutiger Mensch kann seine angeborenen Neigungen uneingeschränkt ausleben und eben darauf beruht wohl die alte Menschheit-Sehnsucht nach dem verlorenen Paradiese. Von dem „Unbehagen in der Kultur", wie *S. Freud* es nennt, ist nicht nur kein Zivilisierter, sondern ganz grundsätzlich überhaupt kein Mensch frei. Kein Mensch ist in dem Sinne „glücklich", wie ein wildes Tier, dessen angeborene Neigungen restlos mit dem übereinstimmen, was es im Interesse der Arterhaltung tun „soll".

Auch ist kein Mensch im gleichen Sinne „normal". *P. Schröder* definiert den Psychopathen als einen Menschen, der unter seiner konstitutionellen psychischen Veranlagung entweder selbst leidet, oder die menschliche Gemeinschaft leiden macht. Nach dem oben Gesagten will es zunächst scheinen, als ob wir nach dieser Definition ausnahmslos Psychopathen wären, denn jeder von uns „leidet" unter der Notwendigkeit, seine angeborenen Aktions- und Reaktionsweisen durch vernunftmäßige Verantwortlichkeit entweder im Zaume zu halten oder zu ergänzen. Doch wird die *Schröder*sche Begriffsbildung sofort scharf und brauchbar, sobald man mit dem Zeitwort leiden den medizinischen Sinn verbindet. Mit der für domestizierte Wesen typischen Vergrößerung der Variationsbreite zeigt der Mensch auch in seinen angeborenen sozialen Verhaltensweisen eine sehr große Spielbreite des Durchschnittes, so daß der Begriff des „Normalen" bei ihm in Hinsicht auf seine neigungsmäßigen Verhaltens-Impulse ebensowenig feststellbar ist, wie bezüglich seiner körperlichen Merkmale. Daher ist die Leistung der regulativen Kompensation, die vernunftmäßiger Moral aufgebürdet wird, von Mensch zu Mensch sehr verschieden groß. Aber auch wenn wir den Begriff des Normalen völlig fallen lassen, bleibt die von *Schröder* gemeinte Grenze zwischen dem Gesunden und dem Psychopathen völlig scharf. Sie entsteht dadurch, daß die höhere Persönlichkeitsstruktur des Menschen samt seiner vernunftmäßigen sozialen Moral mit einem scharfen Umschlag zusammenbricht, wenn die ihr aufgebürdete Kompensationsleistung ihre Kräfte übersteigt. Der Mensch wird dann entweder in seinem Verhalten asozial, oder aber er wird krank, d. h. er entwickelt das, was die Psychopathologie als Neurose, insbesondere als neurotisches Symptom bezeichnet. Um für diesen pathologischen Vorgang ein Gleichnis aus der Pathologie zu gebrauchen: Der geistig gesunde Mensch verhält sich zum Psychopathen überhaupt nicht so, wie sich ein körperlich Gesunder zu einem körperlich Kranken verhält, sondern genau so, wie ein Herzkranker mit kompensiertem Herzfehler zu einem mit dekompensiertem Vitium cordis. Dieses Gleichnis symbolisiert sehr gut den Schärfegrad der Grenze zwischen dem Gesunden und dem Psychopathen und macht unmittelbar verständlich, wieso verschiedene sogenannte Normale so ungemein verschiedene moralische Überbelastungen vertragen, ehe sie entweder asozial oder aber neurotisch werden.

### *Zusammenfassung und Schlußbetrachtung.*

Die vorliegende Abhandlung wendet sich gegen einen in Soziologie und Völkerpsychologie weitverbreiteten methodischen Fehler, der in einer völligen Vernachlässigung jener starren Struktureigenschaften des menschlichen Individuums besteht, die von der Totalität der Gemeinschaft her nicht beeinflußt werden können. Dieser methodische Fehler entspringt aus zwei Wurzeln, die getrennt behandelt werden.

Seine erste Wurzel, die falsche Generalisation gestaltpsychologischer Prinzipien wird im ersten Abschnitt besprochen. Es ist völlig unzulässig, Eigenschaften der Wahrnehmungsgestalt auf die organische Ganzheit schlechthin zu übertragen. Beispiele für unsinnige Überschätzung des Prinzips vom Primat der Ganzheit vor ihren Teilen werden besprochen (S. 455—457). Das Wesen organischer Systeme wird kurz erörtert und klargemacht, warum sie nicht im gleichen Sinne „Ganze" sind, wie Wahrnehmungsgestalten. Die der organischen Systemganzheit gegenüber obligate Methode der Analyse in breiter Front wird dargestellt (S. 457–458).

Kein organisches System fügt sich restlos der Definition der Ganzheit als eines Systems allgemeiner, wechselseitiger Kausalverbindung, weil in jedem starre, von der Ganzheit relativ unabhängige Bausteine eingeschlossen sind, die zur Totalität in einer mehr oder weniger einsinnigen, also nicht-ambozeptorischen Ursachenbeziehung stehen (S. 458—461).

Die zweite Wurzel des bekämpften methodischen Fehlers liegt in der Vernachlässigung der angeborenen arteigenen Verhaltensweisen. Sie bildet den Inhalt des zweiten Abschnittes. Zunächst wird gezeigt, wie der Meinungsstreit zwischen mechanistischen und vitalistischen Schulen der Verhaltensforschung sich hemmend auf Entdeckung und Erforschung der angeborenen arteigenen Verhaltensweisen auswirkte (S. 461—463). Es wird gezeigt, daß die wesentlichsten Gesetzlichkeiten des angeborenen Verhaltens nur von der breiten Induktionsbasis einer vergleichenden Forschung aus überhaupt sichtbar werden, was einen wesentlichen Grund für ihre späte Entdeckung darstellt (S. 463 bis 464).

Dann wird, in gedrängter Wiedergabe ihrer Erforschungsgeschichte, Wesen und Eigenart der beiden wichtigsten individuell invarianten Komponenten tierischen und menschlichen Verhaltens, nämlich der endogen-automatischen Bewegungsweise. (S. 464—466) und des angeborenen auslösenden Mechanismus (S. 466 bis 469) besprochen.

Ein besonderes Kapitel ist den sogenannten Auslösern, d. h. denen Differenzierungen von Struktur und Verhalten gewidmet, deren Funktion im Aussenden spezifisch beantworteter Signalreize liegt (S. 469—472). Die phylogenetische Entstehung auslösender Bewegungsweisen durch Formalisierung von Intensionsbewegungen (S. 471 bis 472) wird ausführlich dargestellt. Sie ist deshalb wichtig, weil die meisten Ausdrucksbewegungen des Menschen ihr Dasein diesem Vorgang verdanken.

Danach wird gezeigt, in welcher Weise bei sozialen Tieren hochkomplizierte Systeme funktionieren, die ausschließlich auf der Funktion endogenautomatischer Bewegungsweisen, angeborener auslösender Mechanismen und reiz-aussendender Auslöser ausgebaut sind, in denen höhere geistige Leistungen, wie Erworbenes, eine nur verschwindend geringe Rolle spielten, und die dennoch weitestgehende funktionelle Analogien zu vernunftmäßigmoralischen Verhalten des Menschen zeigen (S. 472 bis 476).

Auch der Mensch hat angeborene auslösende Mechanismen. Als Beispiele werden zunächst diejenigen besprochen, die auf menschliche Ausdruckbewegungen ansprechen (S. 476—478). Diese ihrerseits sind echte Auslöser, u. z. von der Art, die wir schon oben als formalisierte Intentionsbewegungen kennengelernt haben. Auch bestimmte ästhetische und ethische Wertempfindungen des Menschen beruhen auf dem Ansprechen angeborener auslösender Mechanismen (S. 478—479). Es wird eine merkwürdige Korrelation aufgezeigt, die zwischen diesen ungemein starr und zwangsläufig ansprechenden Schematismen und bestimmten körperlichen und verhaltensmäßigen Domestikationserscheinungen besteht: Diese werden negativ, die durch sie gefährdeten Merkmale positiv bewertet (S. 479—480).

Ebenso sicher lassen sich beim Menschen endogenautomatische Verhaltensweisen nachweisen, die insbesondere in sozialer Hinsicht eine große Rolle spielen. Auch dort, wo die endogen-automatischen Bewegungsweisen beim Menschen weitgehend reduziert, oder nur mehr in Gestalt der formalisierten Intentionsbewegungen des Ausdruckes erhalten sind (S. 480—481), sind die Auswirkungen endogener Reizerzeugung, vor allem das Phänomen der Schwellenerniedrigung deutlich. In besonderem Maße gilt dies vom sogenannten Aggressionstrieb (S. 481).

Es wird geschlossen, daß im sozialen Verhalten des Menschen angeborene arteigene Aktions- und Reaktions-Normen eine bei weitem größere Rolle spielen, als in der Soziologie und Völkerpsychologie allgemein angenommen wird (S. 476—481). Ihre genaue Erforschung ist deshalb ein höchst dringendes Anliegen, weil aus bestimmten Störungen ihrer Funktion bestimmte Gefahren erwachsen, die untrennbar mit dem Wesen des Menschen verbunden sind.

Von dieser konstitutiven Gefährdung des Menschen handelt der dritte Abschnitt der Arbeit. Zunächst wird die Domestikation des Menschen besprochen. Der Mensch zeigt denselben Komplex charakteristischer Erbänderungen wie seine Haustiere (S. 482—485). Die zu ihm gehörigen erblichen Veränderungen angeborener arteigener Verhaltensweisen werden kurz dargestellt (S. 482—483). Eine merkwürdige Korrelation besteht zwischen körperlichen und verhaltensmäßigen Domestikationsmerkmalen und den S. 483—484 besprochenen, Wertempfindungen auslösenden angeborenen Mechanismen: Ganz bestimmte typische körperliche Domestikationsmerkmale rufen zwangsläufig negative ästhetische Wertempfindungen hervor, solche des Verhaltens ebenso negative ethische Wertempfindungen, während die diesen Domestikationserscheinungen entgegengesetzten, bzw. durch sie gefährdeten Merkmale gefühlsmäßig positiv bewertet werden.

Gleichzeitig aber ist die Domestikation eine unbedingte Voraussetzung bestimmter, für den Menschen konstitutiver Eigenschaften.

1. Nur dem domestikationsbedingten Ausfall angeborener auslösender Mechanismen und bestimmter starr automatischer Bewegungsweisen verdankt der Mensch neue, für ihn konstitutive Freiheitsgrade des Handelns (S. 485—486).

2. Der Mensch ist ein Spezialist auf Nichtspezialisiertsein. Mit diesem Terminus bezeichnen wir einen ganz bestimmten, auch im Tierreich vertretenen Typus von Lebewesen, deren Aktionssystem sich durch die Armut an speziell angepaßten auslösenden Mechanismen und endogen automatischen Bewegungsweisen sowie durch die große Rolle auszeichnet, die dem aktiv neugierigen Lernen zukommt (S. 486—488). Diese aktive Auseinandersetzung mit der Umwelt ist bei allen tierischen Spezialisten auf Nicht-Spezialisiertsein auf ein eng begrenztes Stadium der Jugendentwicklung beschränkt (S. 488—489). Die für den Menschen vielleicht am meisten konstitutive Eigenschaft ist das Erhaltenbleiben der aktiv forschenden Auseinandersetzung mit der Umwelt (Weltoffenheit im Sinne *A. Gehlens*) bis ins spätere Alter (S. 489 bis 490). Es läßt sich zeigen, daß gerade diese Eigenschaft, ebenso wie viele körperliche Merkmale des Menschen Teilerscheinungen einer allgemeinen Neotenie (Foetalisation im Sinne von *Bolk*) ist, die ihrerseits zweifellos eine echte Domestikationserscheinung ist (S. 490).

Durch ihre eigenartige zweischneidige Wirkung gibt die Domestikation dem Menschen einerseits die konstitutive Freiheit seines Denkens und Handelns, sowie seine persistierende Weltoffenheit, beraubt ihn aber andererseits jener sicheren Einpassung in die Umwelt, die das Tier seinen starr angeborenen arteigenen Verhaltensweisen verdankt. Daraus entstehen bestimmte, dem Wesen des Menschen inhaerente Gefahren.

Der Mensch ist das riskierte Wesen, das Wesen „mit einer konstitutionellen Chance zu verunglücken“ (*A. Gehlen*) (S. 490—491). Die heute die ganze Menschheit in ihrer Existenz bedrohenden Gefahren entstehen offensichtlich aus Störungen zwischen-menschlicher Beziehungen. Das Versagen der kollektiven Menschheitsvernunft und -moral vor diesen Störungen beruht darauf, daß sie zu sehr großem Teile auf Dysfunktion arteigener, angeborener Verhaltensweisen beruhen, die einer Kontrolle durch vernünftiges Denken wenig zugänglich sind. Mehrere mögliche Mechanismen der spezifisch menschlichen Funktionsstörung angeborener sozialer Verhaltensweisen werden besprochen. Die überstürzte kulturbedingte Veränderung menschlicher Ökologie und Soziologie bringt es mit sich, daß viele früher arterhaltend sinnvollen aber im modernen Leben nicht mehr gebrauchten Aktions-Reaktions-Normen nicht mehr passen, d. h. zum Teile durch ihre Persistenz störend wirken, wie z. B. der „Aggressionstrieb“, zum anderen Teile aber sich den von der höher differenzierten modernen Sozietät gestellten Anforderungen nicht mehr gewachsen zeigen (S. 491—492). Einen besonders bedrohlichen speziellen Fall der letztgenannten Erscheinung stellt das Unzulänglichwerden artspezifischer Tötungshemmungen dar, die vor den rapide wachsenden technischen Vernichtungsmöglichkeiten machtlos sind (S. 492—493). Diesen, auf der Konservativität angeborener Auslösemechanismen, Hemmungen und endogenen Antrieben beruhenden Verhaltensstörungen stehen solche gegenüber, die umgekehrt ihre Ursache in plötzlichen, domestikations- bzw. mutationsbedingten Veränderungen dieser arteigenen Aktions- und Reaktionsnormen haben. Auch ihnen gegenüber versagt die kompensatorische Leistung vernunftmäßiger Verantwortlichkeit (S. 494).

Die Besprechung von Leistung und Leistungsgrenzen der verantwortlichen Moral bildet den Abschluß der Handlung. Das Regulativ der vernunftmäßigen Verantwortlichkeit vermag annähernd die Spannungen zu überbrücken und zu kompensieren, die zwischen den auf primitive Urformen menschlicher Sozietäten zugeschnittenen angeborenen sozialen Aktions-Reaktions-Normen und den Anforderungen moderner Gesellschaftsordnung bestehen (S. 494—495). Diese Kompensationsleistung geht nicht ohne Opfer und Energieverbrauch vor sich, das „Unbehagen in der Kultur“ im normalen und die Neurose im pathologischen Falle sind der Preis, den das Individuum für sie bezahlen muß. Die Diskrepanzen zwischen der Ausstattung des Individuums mit angeborenen sozialen Reaktionen und den Anforderungen der Gemeinschaft sind beim

Menschen wegen der domestikationsbedingten Vergrößerung der Variationsbreite sehr verschieden. Immerhin ist die Leistungsfähigkeit der kompensatorischen Moral auf eine ziemlich scharf umschriebene Ausstattung des Einzelmenschen mit angeborenen sozialen Aktions- und Reaktionsweisen zugeschnitten. Übersteigt nämlich die Größe der Diskrepanz zwischen dieser angeborenen sozialen Veranlagung und den Anforderungen der Gesellschaft wesentlich den Durchschnitt, wie dies bei jeder im Sinne *Schröders* „monströsen" Hypertrophie oder Ausfallsmutation einer angeborenen Aktions-Reaktions-Norm der Fall ist, so versagt die Kompensationsleistung der verantwortlichen Moral an einer verhältnismäßig scharf gezogenen Grenze und der Mensch wird entweder asozial oder neurotisch. Der *Schröder*sche Begriff der Psychopathie wird in diesem Sinne dargestellt.

---

Notwendigerweise leidet die Überzeugungskraft der obigen gedrängten Wiedergabe unserer Anschauungen über die angeborenen arteigenen Verhaltensweisen des Menschen erheblich unter der räumlichen Beschränkung. Wie überall in der induktiven Naturwissenschaft, so ist auch hier die Wahrscheinlichkeit der Richtigkeit aller Ergebnisse proportional der Breite der Induktionsbasis und die unsere ist immerhin ganz erheblich breiter, als in der vorliegenden Abhandlung zum Ausdruck kommt. Wenn auch bei sehr vielen, geisteswissenschaftlich orientierten Psychologen und Soziologen noch sehr starke, affektbesetzte Widerstände dagegen bestehen, die selbstverständlichen Folgerungen aus der unbestrittenen Tatsache der Deszendenz zu ziehen und die historisch-phylogenetisch bedingten Eigenschaften des Menschen gebührend zu berücksichtigen, so ist beim heutigen Stande der induktiven Naturforschung doch schon mit Sicherheit vorauszusagen, daß sie sich in absehbarer Zeit mit diesen Gedankengängen werden befreunden müssen. Daß der Mensch angeborene auslösende Mechanismen von gleicher Art wie höhere Tiere hat, ist einfach eine Tatsache, ebenso, daß endogen-automatische Reizerzeugungsvorgänge auch bei ihm eine wichtige Rolle spielen. Dagegen bin ich mir voll bewußt, daß alles dasjenige, was die vergleichende Verhaltensforschung über die Rolle zu sagen hat, die Funktionsstörungen angeborener arteigener Verhaltensweisen in den katastrophalen sozialen Wirrnissen der Menschheit spielen, vorläufig rein hypothetischen Charakter trägt. Dennoch sehe ich in der weiteren Verfolgung dieser Hypothesen die praktisch wichtigste Aufgabe unseres Forschungszweiges. Man bedenke, von welcher geradezu ungeheuren Bedeutung es in pädagogischer, heil-pädagogischer und vor allem völkerpsychologischer Hinsicht wäre, erst einmal herauszufinden, welche Störungen sozialen Verhaltens es überhaupt sind, die von vernunftmäßiger Moral und damit von der Erziehung her beeinflußbar sind und welche nicht. Das Eine wissen wir, daß es solche von beiderlei Art gibt. Man bedenke, daß die Gefahren, die unsere heutige Menschheit unmittelbar mit dem Untergange bedrohen, ausschließlich aus Störungen sozialen Verhaltens entspringen: Nicht die Außenwelt, sondern die Menschheit bedroht die Menschheit. Man denke an das schreckenerregende Gleichnis von der Turteltaube, der ein grausames Naturspiel den Schnabel des Kolkraben verlieh (S. 476). Niemand kann leugnen, daß sich die Menschheit in einer analogen Lage befindet.

Eines aber ist nicht Hypothese, sondern sichere Wahrheit: Das einzige Mittel, die Funktionsstörung eines Systems zu beseitigen, liegt in der kausalen Analyse des Systems und der Störung. Man kann vielleicht in intuitiver Ganzheitsschau ein Gewölbe „verstehen", ohne die Form und Funktion der Bausteine zu kennen, aus denen es besteht, aber man kann es nicht reparieren. Auch die Königin der angewandten Wissenschaften, die Medizin, verdankt ihre Fähigkeit, ein aus dem Geleise geratenes Funktionsganzes wiederherzustellen, ausschließlich der ursächlichen Analyse seiner Teilfunktionen. Die Menschheit ist im Augenblick ein gründlich aus dem Geleise geratenes Funktionsganzes. Das Mißverhältnis zwischen der Entwicklung der Waffe und den Hemmungen, sie zu gebrauchen, droht Vernichtung. Wird es dem kollektiven menschlichen Erkenntnisstreben und der kollektiven Verantwortlichkeit aller Menschen gelingen, das Gleichgewicht zwischen Vernichtungsfähigkeit und sozialer Hemmung wiederherzustellen, das, wie so viele sichere, statische Gleichgewichtszustände um der dynamischen Entwicklungsmöglichkeit menschlichen Denkens und Handelns geopfert werden mußte? Das Schicksal der Menschheit wird sich mit dieser Frage entscheiden!

*Schriftennachweis:*

*Alverdes F.*, Die Wirksamkeit von Archetypen in den Instinkthandlungen der Tiere, Zool. Anz. 119.

*Armstrong, E. A.*, Bird Display, London 1947.

*Baerends, G. P.*, On the life history of Ammophila campestris, Jur. Proc. Acad. Sci. Amst. XLIV.

*Bierens de Haan.* Die tierischen Instinkte und ihr Umbau durch Erfahrung. Leiden 1940.

*Bolk, L.*, Das Problem der Menschwerdung. Jena 1926.

*Bühler, K.*, Die geistige Entwicklung des Kindes. Jena 1922.

*Bühler, C.*, Das Seelenleben des Jugendlichen, II. Aufl. Jena 1922.

*Darwin, Ch.*, Der Ausdruck der Gemütsbewegungen. Stuttgart 1874.

*Fischer, E.*, Die Rassenmerkmale des Menschen als Domestikationserscheinungen. Z. Morph. u. Anthropol. Bd. XVIII.

*Freud, S.*, Vorlesungen zur Einführung in die Psychoanalyse, Wien 1930.

*Gehlen, A.*, Der Mensch. Berlin 1943.

*Goethe, F.*, Beobachtungen und Untersuchungen zur Biologie der Silbermöve (Larus argentatus Pontopp.) auf der Insel Memmertsand J. f. Ornith. 85.

— Beobachtungen und Versuche über angeborene Schreckreaktionen bei jungen Auerhühnern (Tetrao u. urogallus L.) Z. Tierps. IV. 1940.

*Heinroth.O.*, Über bestimmte Bewegungsweisen von Wirbeltieren. Sitzungsbericht der Ges. naturforschender Freunde. Berlin 1910.

*Hilzheimer, H.*, Historisches und Kritisches zu Bolk's „Problem der Menschwerdung". Anat. Anz. 62.

*Holst, E. v.*, Vom Dualismus der motorischen und der automatisch-rhythmischen Funktion im Rückenmark und vom Wesen des automatischen Rhythmus. Pflügers Arch. d. ges. Phys. Bd. 237, 1936.

— Neue Versuche zur Deutung der relativen Koordination bei Fischen, ebenda Bd. 240, 1938.

*Jennings, H. S.*, Das Verhalten der niederen Organismen, Deutsche Übers. Berlin und Leipzig 1910.

*Kitzler, G.*, Die Paarungsbiologie einiger Eidechsen. Z. Tierps. IV.

*Krätzig, H.*, Untersuchungen zur Lebensweise des Moorschneehuhns (Lagopus l. lagopus L.) während der Jugendentwicklung. J f. Ornith. Bd. 88.

*Lorenz, K.*, Durch Domestikation verursachte Störungen arteigenen Verhaltens. Z. f. angew. Ps. u. Charakterk. Bd. 59.

— Induktive und teleologische Psychologie. Die Naturw. Bd. 30.

*Lorenz, K.*, Die angeborenen Formen möglicher Erfahrung Z. Tierps. Bd. V.

*Matthaei, R.*, Das Gestaltproblem, München 1929.

*Mc Dougall, W.*, Outline of Psychology VI. Aufl. London 1933.

*Noble, G. K.*, und *Bradley, H. T.*, The mating behaviour of the lizards. Annals of the N. Y. Acad. of Sci. Vol. XXV.

*Peiper, A.*, Die „Instinkte" des Neugeborenen. Zschr. f. d. ges. Psych. Bd. 111, 1938.

*Pelwijk, J. J.*, und *Tinbergen, N.*, Eine reizbiologische Analyse einiger Verhaltensweisen von Gasterosteus acullatus L. Schr. f. Tierps. Bd. I 1937.

*Peters, H.*, Experimentelle Untersuchungen über die Brutpflege von Haplochromis multicolor, einem maulbrütenden Knochenfisch. Z. f. Tierps. Bd. I, 1938.

*Seitz, A.*, Die Paarbildung bei einigen Zichliden, I. und II. Z. f. Tierps. Bd. IV und V, 1940—42.

*Thorpe, W. H.*, The modern concept of instinctive behaviour. Bull. of animal behaviour, No. 7, 1948.

— An objektivistic study of the innate bebaviour cf animals. Folia Biotheoretica, Ser. D. Vol. 1.

— Social releasers and the experimental method of their study. The Wilson Bulletin. Vol. 60, No. 1.

— Inleiding tot der Diersoziologie, Gorinchem 1947.

*Schroeder, P.*, Kindliche Charaktere und ihre Abartigkeiten, Breslau 1931.

*Watson, J. B.*, Psychology as the behaviorist views it. Psych. Review. Vol. 20, 1913.

*Whitman, C. O.*, Animal behaviour. Biol. Lectures from the Marine Biol. Lab. Woods Whole, Mass. 1898.

*(Professor Dr. Konrad Lorenz, Altenberg b. Wien, Österreich.)*

---

# Über einige Wurzeln des Massenwahns in der seelischen Organisation des Menschen und über seine biologische Bedeutung.

Von

WALTER EHRENSTEIN.

Im Erscheinungsbild des Massenwahns wirken eine Reihe unter sich verschiedener (selbständig variabler) seelischer Reaktionen des Menschen zu einem einheitlichen Gesamtverhalten zusammen, die, an Hand des Leitfadens der selbständigen Variabilität im einzelnen, als selbständige Faktoren auszusondern eines der Ziele massenpsychologischer Forschung sein muß.

Wir kommen diesem Ziel näher, wenn wir die für psychologische Massen charakteristischen Phänomene zunächst einmal nach ihrem genus proximum bestimmen. Sie gehören unter den Oberbegriff einer besonderen Art der ganzheitlichen Bestimmtheit des individuellen Seelenlebens, nämlich seiner sozialen Bestimmtheit.

## *1. Massenwahn als soziale Bestimmtheit des Seelenlebens.*

Die soziale Bestimmtheit des individuellen Seelenlebens spielt sich ab auf sehr verschiedenen Stufen der Bewußtheit, in verschiedenen Schichten und unter Beteiligung verschiedener Sektoren des seelischen Organismus. Sie reicht von der zwanghaften psychischen Ansteckung (die beispielsweise ein Gähnender auf einen anderen ausübt) bis zur Übertragung eines religiösen Glaubens oder der Demonstration eines mathematischen Beweises. Alles, was den Menschen aus seiner Umgebung, von seinem soziologischen und historischen Ort her bestimmt, alles, was an seinem seelischen Bestand thesei und nicht physei zustande gekommen ist, fällt unter den Begriff der „sozialen Bestimmtheit" des Seelenlebens. Alles, was den Menschen zum Kulturwesen macht, alle Errungenschaften der Zivilisation, werden ihm irgendwie von seiner Umgebung mitgeteilt und gehören insofern nicht zu dem naturhaft Angeborenen, aus dem Anlagebesitz Entfalteten seines Seelenlebens, sondern zu dem, was sozial übernommen ist. So ist auch alle Erziehung, sei sie intellektuelle, moralische, künstlerische, bewußt geübte oder unbewußt vor sich gehende, eine Art der sozialen Bestimmtheit des individuellen Seelenlebens.

Innerhalb dieses ausgedehnten Wirkungsbereiches der sozialen Bestimmtheit muß ein engerer Bezirk genauer abgegrenzt werden, dessen Erforschung uns hier in erster Linie beschäftigt: das Reich des Massenwahns. Diese Abgrenzung erfolgt durch die Anwendung des Wirklichkeits-Kriteriums auf die zur sozialen Bestimmtheit gehörigen Phänomene. Unter den Phänomenen der sozialen Bestimmtheit im Seelenleben des Menschen sind diejenigen wahnhaft, die das Wirklichkeitskriterium nicht erfüllen. Wenn ich zu einem Menschen sage: „Der Himmel ist blau" und der so Angeredete sich durch einen Blick aus dem Fenster überzeugen kann, daß die Tatsachen der Wahrnehmung dem Sinn dieses Satzes entsprechen, so ist damit das Wirklichkeits-Kriterium erfüllt. Es handelt sich dann, wenn das Wirklichkeits-Kriterium erfüllt ist oder potentiell erfüllt ist, nicht um eine wahnhafte, sondern um eine wirklichkeitsadäquate Art der sozialen Bestimmtheit in Gestalt von Wissens-(Überzeugungs-)Übertragung, die verifizierbar ist an eigenen (wirklichen oder potentiellen) Sinneswahrnehmungen des Wissenden, während es sich bei der Erfassung eines mathematischen Beweises um eine Art der Wissens-(Überzeugungs-)Übertragung handelt, die auf vernünftiger Einsicht beruht.

Wir können diese verifizierbaren Arten der Überzeugungs-Übertragung als logische bezeichnen.

Hiervon sind zu unterscheiden die Fälle der Überzeugungs-Übertragung, bei denen eine Überzeugung angenommen wird, obwohl weder das Zeugnis der Sinne noch die vernünftige Einsicht diese Überzeugung stützen.

Diese Art von Überzeugungs-Übertragung nennen wir Suggestion. Sie muß als alogische Überzeugungs-Übertragung von der logischen Überzeugungs-Übertragung unterschieden werden.

Zu beachten ist, daß Überzeugungen, die vom Individuum auf Grund von Suggestionen angenommen werden, nicht notwendig mit der Wirklichkeit im Widerspruch zu stehen brauchen. Sie können (für andere) durch das Zeugnis der Sinne verifizierbar und (für andere) durch Einsicht als richtig erkennbar sein. Auch die Überzeugung von der Gültigkeit objektiver Sachverhalte kann auf Suggestion beruhen, sofern derjenige, der diese Überzeugung teilt, keine Erkenntnisgrundlagen für seine Überzeugung besitzt.

### 2. *Psychische Ansteckung.*

Der Begriff der Suggestion, deren entscheidende Bedeutung beim Zustandekommen der Erscheinungen des Massenwahns auf der Hand liegt, wäre viel zu eng gefaßt, wenn wir ihn schlechthin als alogische Überzeugungs-Übertragung definieren wollten. Denn nicht nur Überzeugungen werden durch Suggestion übertragen, sondern auch alle anderen Bewußtseinszustände, z. B. Bedürfnisse und Gefühle. Wir erwähnten oben die Übertragung des Bedürfnisses zu gähnen durch den Anblick eines Gähnenden. Ähnliches gilt für das Lachen, das Weinen und einige andere Bedürfnisse und ihre Ausdrucksbewegungen[1].

Man redet in diesen Fällen von unwillkürlicher Nachahmung oder psychischer Ansteckung. Der Ausdruck Nachahmung ist für die in Rede stehenden Erscheinungen nur dann zutreffend, wenn darunter ein wesentlich passiver Vorgang: das passive Erleiden von Suggestionen, nicht etwa ein aktives Imitieren-Wollen, verstanden wird. Es dürfte sich bei der psychischen Ansteckung teilweise um angeborene zwanghafte Zusammenhänge zwischen sensus und motus handeln, die herstammen aus Entwicklungsstufen, auf denen Wahrnehmungen mit entsprechenden motorischen Impulsen zwangsläufig und unausweichlich gekoppelt zu sein pflegten. Man weiß ja, daß es vielen Personen gefährlich wird, wenn sie, auf einem hohen Turm oder am offenen Fenster in einem der oberen Stockwerke eines hohen Hauses stehend, sich vorstellen, wie es wäre, wenn sie sich in die Tiefe stürzen würden. Diese Vorstellung kann bei vielen Menschen so mächtig werden, daß sie ihr die entsprechende Handlung folgen lassen müssen. Die Vorstellungen haben dann wirklich, um mit Alfred Fouillée zu reden, „die Tendenz, die Wirklichkeit ihrer selbst herbeizuführen", sie sind dann nicht nur Vorstellungen, Ideen, sondern „idées-forces". Viele Vorstellungen und Wahrnehmungen tragen infolge uralter biologischer Zusammenhänge zwischen sensus und motus den Impuls zu ihrer Umsetzung in der Motorik unmittelbar in sich. Das gilt besonders für die Wahrnehmung von Ausdrucksbewegungen, aber nicht *nur* für diese. Zwanghafte Mitbewegungen, die jeder positiven Gefühlsbetontheit entbehrten, konnte W. Moede im massenpsychologischen Experiment als Nachahmung einfachster gesehener Bewegungen nachweisen[2].

Die unter ideomotorischem Zwang[3] ausgeführte Handlung kann eine große Sinnlosigkeit sein ohne alle diejenigen Gefühlseigenschaften (Lustgewinn oder Voraussetzung für späteren Lustgewinn), um derentwillen sonst Handlungen ausgeführt werden. Auf zwanghaften Verbindungen zwischen Wahr-

[1] In der „Ars poetica" des Horaz lesen wir: „Wie das Lachen das Lachen entstehen läßt, wie die Tränen Tränen fließen machen, so sind es unsere Mienen, die sich verstehen; wenn du willst, daß ich weine, weine selbst."

[2] Experimentelle Massenpsychologie (1920).

[3] Vgl. hierzu: W. Hellpach, Sozialpsychologie, 1946, S. 62 ff.

nehmungen (Vorstellungen) und den ihnen zugehörigen Handlungen beruhen viele Phänomene der psychischen Ansteckung, die im Massenwahn eine Rolle spielen, z. B. bei der Panik und beim Massenverbrechen. Kretschmer spricht in ähnlichen Fällen von „affektschwachen Kurzschlußhandlungen“, in denen er ein Stigma der schizoiden Persönlichkeit sieht. Sie sind auch ein Stigma des Massenverhaltens, das unter der vorherrschenden Bedingung der psychischen Ansteckung einen schizoiden Charakter annimmt. Von dem Zwang zur Nachahmung einfacher Ausdrucksbewegungen beobachten wir eine kontinuierliche Stufenfolge von Erscheinungen der psychischen Ansteckung bis hinauf zur Ansteckung mit ganzen wahnhaften Weltanschauungs-Systemen, die als „induziertes Irresein“ in den Lehrbüchern der Psychiatrie beschrieben sind. Man braucht nur die Augen offen zu haben, um Phänomene der psychischen Ansteckung im Leben auf Schritt und Tritt anzutreffen. Man beobachtet selten, daß in der Bahn jemand anfängt, sein Brot auszupacken und zu essen, ohne daß andere Mitreisende plötzlich auch Hunger verspüren und ihre Vorräte hervorholen. Wir unterscheiden diese Art von Suggestionen als vorsprachliche Suggestionen von den durch die Sprache vermittelten Suggestionen, für die wir den besonders wichtigen Fall der alogischen Überzeugungs-Übertragung schon erwähnt haben.

### *3. Die sprachlich vermittelte Suggestion.*

Im allgemeinen neigen wir dazu, die Selbständigkeit des Menschen bei der Aufnahme von neuem Wissen, das eine Vermehrung seines bisherigen Wissensbestandes darstellt, auf Grund selbständiger Beobachtung mittels direkter Sinneswahrnehmung gewaltig zu überschätzen. Man stelle einen zu beobachtenden Gegenstand, eine Pflanze etwa, vor eine Schulklasse hin mit der Aufforderung, dieselbe zu beschreiben. Man wird die Erfahrung machen, daß das Ergebnis kläglich ist, auch wenn man seine Erwartungen einschränkt auf solche Eigenschaften des Objekts, die für jedermann offen zutage liegen und keiner besonderen Kenntnisse bedürfen, um festgestellt zu werden. Erst mit und als Folge der Beschreibung durch den Lehrer werden viele Eigenschaften der Pflanze erstmalig wirklich bemerkt, die vorher nicht bemerkt worden waren. Was vorher stattfand, war ein Wahrnehmungsprozeß, der einer partiellen Seelenblindheit gleicht, einer Vorstufe wirklicher Seelenblindheit (etwa infolge Verletzung der Großhirnrinde), bei der ein Gegenstand nach seiner dinglichen Kategorie überhaupt nicht mehr erkannt wird. Ein Schlüssel etwa, den man dem Seelenblinden in die Hand gibt, ist für ihn ein Aggregat von Farb- und Tasteindrücken, seine Bedeutung, sein Zweck, sein ganzer Charakter als Ding bleibt dem Patienten verschlossen. Nicht in der gleichen ausgeprägten Weise wie beim wirklich Seelenblinden, aber doch als Vorstufe dazu, als partielle Seelenblindheit, wie wir sagten, ist die beschränkte Aufnahmefähigkeit des Kindes und Ungebildeten gegenüber neuen Beobachtungseindrücken aufzufassen.

Mit der Beschreibung wird das auf einmal anders. Durch die Sprache, die dann freilich auch durch Anschauung wirksam unterstützt wird, wird eine wirkliche Aufnahme neuer Erkenntnisse möglich. Die Mitwirkung der Sprache ist hierfür aber ganz unentbehrlich; sie ist bei vielen Kindern und Ungebildeten der einzige Zugang zu den gnostischen (Erkennungs-)Zentren des psychophysischen Systems, und auch bei Gebildeten wird die Aufnahme wahrgenommener Inhalte durch die Mitwirkung der Sprache erheblich erleichtert.

Als Illustration hierzu ist besonders lehrreich die Geschichte eines noch jungen Dienstmädchens, das, aufgewachsen in einem weltentlegenen Dorf, zum erstenmal in die Großstadt kommt, dort in den Zoologischen Garten geführt wird, und, zurückgekehrt, auf die Frage, wie ihr das Gesehene gefallen habe, zur Antwort gibt: „Solche Tiere gibt es ja gar nicht!“ Die Tiere, die der Lehrer in der Schule durchgenommen hatte, ja, von deren Existenz war sie überzeugt, die übrigen Tiere kamen ihr dagegen völlig unwirklich vor. „Auge und Ohr sind den Menschen schlechte Zeugen, wenn sie kein feines Seelenleben haben“, das hatte schon Heraklit gelehrt. Oder wie es im „Faust“ heißt: „Bei vollkommnen äußern Sinnen wohnen Finsternisse drinnen“ — nämlich wenn eine Erleuchtung (bzw. Aktivierung der gnostischen Zentren) von der Sprache her nicht stattfindet. Viele Menschen können trotz des klaren Zeugnisses der Sinne neues Wissen aus der Wahrnehmung nicht gewinnen, wenn die sprachliche Vermittlung fehlt. Sie können andererseits sehr wohl Überzeugungen gewinnen, trotz und sogar entgegen dem Zeugnis der Sinne, wenn die Sprache, besonders aus dem Munde einer Autoritätsperson (wobei das Gefühl der Zuverlässigkeit des Gehörten von vornherein den Vorgang der Überzeugungsbildung erleichtert), ihnen irgendwelche fiktiven Inhalte als real vorstellt.

Wenn schon die Gewinnung von Wissen, d. h. adäquater Vorstellungen der Wirklichkeit aus der soliden und zwingenden Sinneswahrnehmung in so hohem Grade von der Sprache abhängig ist, wieviel mehr die Gewinnung sicherer Erkenntnis und selbständiger Überzeugung auf Grund von bloß vorstellungsmäßig gegebenen Inhalten und auf Grund eines, an diesen Inhalten sich vollziehenden, schließenden Denkens! Es ist noch viel mehr von sozialen

Einwirkungen in Gestalt von Verbalsuggestionen abhängig.

Aber auch unabhängig von verbalen Einwirkungen zeigt sich ein Einfluß der Gruppe bei rein optisch (durch Lesen von Reizwörtern und Niederschreiben der Reaktionswörter) durchgeführten Assoziationsversuchen, wie W. Moede[1] nachwies. In der Gruppe überwiegen durchgehend die logisch primitiveren, leichteren, zum eigentlichen intelligenten Denken beziehungsloseren Assoziationen. Die Zahl der Reaktionswörter, die einfach aus dem Versuchsmilieu genommen werden, weil der Vp sonst nichts einfällt, verhalten sich wie 3 (Gruppenarbeit) :1 (Einzelarbeit); die Reaktionen mit der (relativ primitiven) Angabe eines emotional naheliegenden Tuns (Gebrauchs) auf Reizwörter, die ein Ding bezeichnen, verhalten sich wie 1 (Gruppenarbeit): 0,24 (Einzelarbeit), wohingegen die schwierigen, logisch höher zu bewertenden Sachassoziationen (z. B. Gegenstand — Merkmal, Gattung — Art) sich wie 1 (Gruppenarbeit) :2 (Einzelarbeit) verhalten. Durch diese Versuche Moedes, die freilich mit einer größeren Zahl von Versuchspersonen wiederholt werden sollten, ist das Absinken des intelligenten Denkens in der Gruppe experimentell erwiesen. „Die emotionalen Faktoren“, so kommentiert Moede seine Versuche, „treten (in der Gruppe) merklich hervor.... Vielleicht stellt diese Einstellung eine spezifische Anpassung eines sozialen Wesens an die Bedingungen der Kooperation dar. Durch die Hemmung der intellektualistischen Seite wird eine steigende Differenzierung und wachsende Entfernung des Einzelnen vermieden, während dagegen das Hervortreten des emotionalen Grundtones eine Sozialisierung und Vereinheitlichung der Individualitäten selbsttätig hervorruft.“

Es gehört nicht zu der uns hier beschäftigenden Aufgabe, die Quelle aller Inadäquatheiten bzw. Irrtümer aufzudecken, die unser Denken verfälschen und an der Erfüllung seiner Aufgabe einer adäquaten Abbildung der Wirklichkeit hindern können. So viele Fehlerquellen und Widerstände für die adäquate Erfassung der Wirklichkeit es gibt, so viele Lücken läßt das Wissen dem Meinen und dem Glauben auf fremde Autorität hin, so viele Zugänge für suggestive Einwirkungen und die Bildung von Überzeugungen auf suggestiver Grundlage, so viele Möglichkeiten für die Entstehung des Massenwahns gibt es auch.

Soviel ist klar: die Suggestibilität hängt aufs engste mit der Sprache zusammen. Ob das Denken im Gefolge der Sprache oder die Sprache im Gefolge des Denkens sich ausgebildet hat, das ist bis heute ein offenes Problem. Im großen und ganzen verläuft die Entwicklung beider parallel, als ob es sich um zwei Seiten eines einzigen Vorganges handelte. Für das Verständnis der Massensuggestion ist die Tatsache des engen Zusammenhangs und der wechselweisen innigen Abhängigkeit von Sprache und Vorstellungsvermögen jedenfalls besonders zu beachten. Die Sprache, genauer gesagt: die Urform aller Sprache, das Gespräch, ist vor allem ein Sozialphänomen. Es ist ein Vorgang, der sich zwischen Ich und Du abspielt. Unter den Möglichkeiten, die für eine Beeinflussung der Menschen untereinander bestehen, ist die Sprache die wichtigste. Der Mensch ist als sprechendes Wesen von Haus aus ein Sozialwesen, das seine Denkinhalte überwiegend durch Vermittlung der (gesprochenen oder geschriebenen) Sprache von anderen Menschen bezieht. In der Sprache besitzt der Mensch ein Mittel, um richtige (wirklichkeitsadäquate) sowohl wie unrichtige (wirklichkeitsinadäquate) Vorstellungen in anderen Menschen sowohl wachzurufen als auch von ihnen zu übernehmen. Die Sprache ist damit die wichtigste Quelle der Erkenntnis wie sie die wichtigste Quelle des Irrtums ist. Überzeugungen, die nur auf der sprachlichen Einwirkung anderer Iche (und nicht auf eigenem Beobachten und selbst gewonnener Einsicht) beruhen, bezeichnen wir als suggeriert.

### *4. Das Kompensationsbedürfnis (Wunschdenken).*

Der zweite allgemeine Faktor, der zur Erklärung des Massenwahns herangezogen werden muß, ist das Bedürfnis nach einer Kompensation der im Leben zu kurz kommenden Gefühlsbedürfnisse durch die Gefühlsfärbung einer Vorstellungswelt, die so beschaffen ist, daß die Kompensationsgefühle in ihr eine Grundlage, eine ontologische Rechtfertigung finden. Nach einem schon länger bekannten und von Max Scheler so benannten „Gesetz der Pionierschaft der Gefühle vor dem Denken“ sind es die Gefühle, die gewisse Gedanken und Gedankensysteme erst aus sich heraus erzeugen und im Gefolge haben, d. h. die Gefühle sind das zeitliche prius, und die Vorstellungen, durch die jene Gefühle gerechtfertigt werden, sind das zeitliche consequens, wenn auch letztere zur Rechtfertigung der Gefühle herhalten müssen und dadurch — post festum — zum kausalen prius gemacht werden. Diese Eigenschaft von Gedanken (nämlich Gefühlsbedürfnisse befriedigen zu können) ist als Grund für ihre Überzeugungskraft weit wichtiger als ihre logische Richtigkeit oder ihre wissenschaftliche Bewiesenheit. Das Denken der Masse ist in weitem Umfang Wunschdenken. Die unsinnigsten, schon hundertmal widerlegten Gerüchte finden Glauben, wenn durch sie gewisse Gefühle gerechtfertigt werden können. Die

[1] Experim. Massenpsychologie (1920).

Vorstellungen müssen die Nahrung liefern für Liebe und Haß. Sie sind durchaus dienstbarer Natur. Die Erfahrung lehrt: Mundus *vult* decipi — nämlich immer dann, wenn ein Mehr an Lust und ein Weniger an Unlust durch die Täuschung gewonnen wird bzw. wenn ein unabweisbares Bedürfnis durch sie seine Befriedigung findet — und ergo decipiatur antwortet der Lieferant des Massenwahns.

Oft besteht der Gewinn, der aus einer wahnhaften Ideologie gezogen wird, in der Beruhigung des Gewissens — also in der Beseitigung von Unlustgefühlen, die aus der nackten Wirklichkeit hervorgehen würden, wenn die Ideologie nicht, die *beunruhigende Wirklichkeit* überlagernd und verhüllend, eine *beruhigende Pseudo-Wirklichkeit* vorgaukeln würde. Die Beruhigung des Gewissens besteht in der Beschwichtigung vieler unlustvoller, aufregender Gefühle, die den seelischen Haushalt und Energieverbrauch sehr stark belasten. Mit Hilfe der Ideologie werden diese aufregenden, anklagenden, auf jeden Fall enorm unlustbetonten und der Gesundheit abträglichen Gefühlsprozesse stillgestellt. Das seelische Gleichgewicht wird so erhalten bzw. wiederhergestellt. Auch in diesem Fall wird also die unlustvolle Wirklichkeit durch eine ideologisch-wahnhafte Kompensation wettgemacht. Werden in politischen und sozialen Terrorsystemen ganze Gruppen der Bevölkerung verketzert, korporativ für schuldig oder minderwertig oder außerhalb des Gesetzes stehend erklärt, so ist der nicht direkt betroffene Teil der Bevölkerung vor die Wahl gestellt, die Opfer solchen Terrors entweder zu bemitleiden und unter eigenen Gefahren und Nachteilen aller Art für sie einzutreten, oder aber — und das ist der Ausweg, den die Massen nach K. Baschwitz wählen — sich die Argumente zu eigen zu machen, die eine im Terrorsystem propagierte Ideologie und Staatsdogmatik zur Verfügung stellt, um jene Verketzerung eines Bevölkerungsteiles und seine Ausstoßung aus der Gemeinschaft der durch die Bande der Humanität und Kultur untereinander verbundenen übrigen Bevölkerung zu rechtfertigen. Die Massen suchen sich von dem Druck moralischer Mitverantwortung für nicht zu rechtfertigende Terrorakte dadurch zu befreien, daß sie ebenfalls zu jenem Massenwahn ihre Zuflucht nehmen, der diese Terrorhandlung rechtfertigt, und der die an ihn Glaubenden von der moralischen Verantwortung befreit. „Das Glaubenwollen der Mitleidfühlenden, aber sich gegen ihr Mitleid wehrenden Menschenvielheiten nimmt regelmäßig diesen Ausweg der gemütsentlastenden Schuldzuschiebung auf das Opfer, für das man nicht eintreten kann oder will . . . Der Unglückliche soll, so wollen wir glauben dürfen, sein Schicksal verdient haben." „Dem Opfer helfen oder das Opfer verlästern, vor diese Wahl ist der Zuschauer gestellt, eine andere hat er nicht [1]." Die Bereitwilligkeit, ja die Gier, mit der auch ein unsinniger Massenwahn zuweilen ergriffen und festgehalten wird, findet nach Baschwitz in diesem moralischen Entlastungsbedürfnis seine Erklärung.

Ein für die Erklärung des Massenwahns wichtiger Sonderfall der Gefühlskompensation ist die Befriedigung derjenigen mächtigen Werterlebnisbedürfnisse, für die das Privatleben des einzelnen eine entsprechende Möglichkeit nicht bietet, in der Masse und durch die Masse. „Jeder erbärmliche Tropf, der nichts in der Welt hat, darauf er stolz sein könnte, ergreift das letzte Mittel, auf die Nation, der er gerade angehört, stolz zu sein", meint Schopenhauer. Die quaestio iuris, die Frage nach der Berechtigung dieses Stolzes, die Schopenhauer aufwirft, braucht uns hier nicht zu beschäftigen; es ist ausschließlich die quaestio facti, die uns etwas angeht: die Tatsache, daß viele Menschen, deren private Existenz keinerlei Möglichkeit zur Befriedigung eines lebhaften Hungers nach Macht- und Selbstwertgefühlen bietet, diese Möglichkeit in dem Bewußtsein der Teilhabe an den Taten der Nation, des Standes, der Gruppe oder einer akuten Masse finden. Der schlichte Mitbürger in bescheidener Stellung, aber geplagt von starken Werterlebnisbedürfnissen, fühlt sich erhoben und ist stolz auf die Erfolge eines Nobelpreisträgers seiner Nation, eines Boxkämpfers, einer Fußballmannschaft, die im internationalen Wettbewerb siegten. Ähnliches wie für die auf solche Weise befriedigten Selbstwertgefühle gilt auch für die Mittel und Wege, die dem Privatmann offen stehen, um dem Willen zur Macht Genüge zu tun. Auch diese Gefühlskategorie ist für ihre Befriedigung in weitem Umfang auf die Nation und die akute Masse angewiesen. Vor allem in der letzteren kann der in seiner zivilen Existenz in gedrückten Verhältnissen lebende, zu Hause vielleicht als Pantoffelheld geknechtete, im Dienst schikanierte kleine Mann auch einmal den Machtrausch erleben. Sich selbst als Teil der Masse zu wissen, verschafft ihm das nie gekannte Gefühl der Teilhabe an einer großen und unwiderstehlichen Macht, einer Macht, bei deren Gebrauch er von aller Verantwortung frei ist und keine schlimmen Folgen zu gewärtigen braucht. Es ist einfühlbar und verständlich, daß er und seinesgleichen sich bei vorhandener Gelegenheit diesem Gefühl rückhaltlos überlassen. Ebenso muß der „esprit de corps", beziehe sich dieser nun auf die Nation, den Volksstamm, die Klasse, den Berufsstand, die Heimatstadt, das Offizierkorps, den Truppenteil oder andere Gemeinschaften, eine Menge

[1] Baschwitz, Der Massen-Wahn. Ursache und Heilung des Deutschenhasses, München 1932.

Werterlebnisbedürfnisse befriedigen, die im Privatleben leer ausgehen. Hierdurch ist es motiviert, daß man sich bereitwillig allen Suggestionen hingibt, welche die Einschätzung des Wertes der diese Bedürfnisse befriedigenden Gemeinschaften gegebenenfalls ins Maßlose und Mythische emportreiben, wenn dadurch nur der Wille zur Macht, das Selbstwertgefühl, das syngenetische Gefühl auf ihre Kosten kommen. Die nationalen „Vorurteile", die auf solche Weise entstehen (auch die Standesvorurteile), spürt der Angehörige einer anderen Nation (eines anderen Standes) handgreiflich an einem Menschen. Dem in diesen Vorurteilen Befangenen aber fällt es schwer, sie als solche zu durchschauen, d. h. einzusehen, daß ihnen nicht objektive Tatsachen, sondern irrationale Einstellungen zugrunde liegen, mit anderen Worten, daß es sich um eine Art von Wahn handelt. Da die Befriedigung wichtiger Werterlebnisbedürfnisse von dem Glauben an die objektive Gültigkeit der diesen Wahn ausmachenden Überzeugungen abhängt, ist erklärlicherweise die bessere Einsicht in die tatsächliche Relativität und Subjektivität dieser Überzeugungen durch starke Widerstände des Gefühls blockiert. Das sichert die Stabilität dieser als nationale Vorurteile, als Kastengeist, als Klassenbewußtsein und unter ähnlichen Namen bekannten Erscheinungen.

### *5. Das Getragensein vom Massenwahn als Zustand geringerer geistiger Anstrengung und geringeren Energieverbrauchs.*

Jeder Zustand persönlicher Verantwortung, bei dem das eigene Denken sich anstrengen muß, um richtige Entscheidungen, von denen Glück und Unglück abhängen, zu finden, ist ein Zustand relativ größeren Energieverbrauchs und als solcher relativ unlustbetonter als ein Zustand, bei dem das eigene Nachdenken nicht in Anspruch genommen wird. Eine Lage, die eigenes Nachdenken nicht erforderlich macht, ist der relativ größeren Lustbetontheit teilhaftig, die jeden Zustand relativ größerer Entspannung gegenüber einem Zustand relativ größerer Anstrengung auszeichnet. Das Untertauchen im Massenbewußtsein stellt ein Absinken und ein Sich-Ausruhen auf einer Stufe geringeren Energieverbrauchs dar. Es bedeutet eine außerordentliche Entlastung des Denkens, wenn der einzelne sich vom Massengeist treiben lassen kann, ja (unter den Verhältnissen des totalen Staates), ohne Wahl einfach treiben lassen muß. Wollte man den hier gemeinten Sachverhalt zugleich unter einem moralischen Gesichtspunkt betrachten, so könnte man von Faulheit sprechen und darauf einen Aphorismus von La Rochefoucauld anwenden, der hierüber sagt: „Von allen Leidenschaften ist die Faulheit diejenige, die uns selbst am unbekanntesten bleibt. Sie ist die glühendste und böseste von allen, obgleich ihre Heftigkeit unmerklich ist, und der Schaden, den sie anrichtet, sehr geheim. Die Ruhe in der Faulheit ist ein heimliches Glück der Seele, die mit einem Male alles Leid des Verfolgtseins, jeden Zwang zur Entscheidung von sich weisen darf. Um ein wahres Bild von dieser Leidenschaft zu geben, muß man erwähnen, daß die Faulheit geradezu eine Seligkeit des Herzens darstellt, es über alle Verluste hinwegtröstet und ihm alle Güter ersetzt." [1]

Der Zustand geringeren Energieverbrauchs besitzt eine größere Stabilität als der Zustand höheren Energieverbrauchs, der vorliegt, wo individuelle Verantwortung besteht. Dementsprechend ist es sehr viel schwerer, eine vorher unselbständige, unmündige Masse auf eine höhere Stufe individueller Verantwortung und damit höheren Verbrauches geistiger Energie zu heben, als eine vorher mündige und selbständige Bevölkerung in den Zustand bequemen passiven Reagierens zu bringen, der in totalitären Systemen und in Staaten mit vorgeschriebener Weltanschauung herrschend ist. Der Zustand individueller Verantwortung mit dem Zwang zur Stellungnahme und persönlichen Entscheidung ist — wie wenig auch seine höhere ethische Bewertung bestritten werden kann — für die Massen meistens entschieden unlustbetonter als der Zustand der Verantwortungslosigkeit in Zwangs-Systemen.

### *6. Die Entstehung eines unterbewußten Einstellungs-Ich.*

Die Begünstigung des Massenwahns durch einen vergleichsweise geringen Energieverbrauch der ihm huldigenden Menschen hängt zusammen mit der im folgenden zu betrachtenden Tatsache der Ausbildung eines unterbewußten Einstellungs-Ich. Bei längerer Dauer einer totalitären Herrschaft bildet sich bei den ihr unterworfenen Menschen verhältnismäßig schnell, d. h. schon im Verlauf weniger Jahre, eine feste Einstellung heraus, welche in der Bereitschaft besteht, alle von oben kommenden Befehle ungeprüft und ungehindert durch die Zensur des hellen Bewußtseins (Vernunft und Gewissen) auf jeden Fall auszuführen. Die häufige Wiederholung der gleichen seelischen Abläufe bewirkt mit der Zeit eine Übung in der Annahme gewisser Überzeugungen, eine Übung im Verzicht auf selbständiges geistiges Verhalten, auf Widerstand gegen suggestive Einwirkungen von seiten der herrschenden Gewalten. Nicht nur einfache Funktionen wie Schreiben, Klavierspielen, Schlittschuhlaufen, Auswendiglernen von Gedichten sind übbar, sondern auch höhere seelische Tätigkeiten des Denkens, Wertens

[1] La Rochefoucauld, Maximen.

und Wollens. Die Übbarkeit, die in dem Erwerb fester, halb oder gänzlich unbewußter Einstellungen besteht [1], reicht von den einfachsten motorischen Funktionen bis in die höchsten Bezirke des Seelenlebens. Seelische Abläufe, die ursprünglich mit voller Beteiligung des hellen Bewußtseins vor sich gingen und in diesem Stadium auch Widerspruch, Kritik, Gegenargumente hervorrufen, sinken nach häufiger Wiederholung ab zu glatt und reibungslos ablaufenden, unbewußten (oder halb unbewußten) Prozessen, die in allem den Charakter von automatisierten Abläufen bzw. Einstellungen annehmen.

Wer gut eingeübt ist, kann während der Ausführung der zur festen Einstellung gewordenen Tätigkeit an etwas anderes denken, ohne daß der Ablauf der eingeübten Prozesse hierdurch gestört zu werden braucht. Die Beteiligung des Bewußtseins wird im Verlauf des Lernens mehr und mehr entbehrlich, seine Interferenz schließlich für den glatten Ablauf des Prozesses sogar nachteilig. Die Vorgänge werden mehr und mehr „automatisiert", aus bewußten Erlebnisfolgen entstehen unbewußt ablaufende Einstellungsganzheiten. Das Unbewußtwerden, das mit der Bildung der Einstellungen verbunden ist, bedeutet eine enorme Entlastung des Bewußtseins und damit eine wesentliche Ersparnis an Energie. Das gilt auch für die Ausbildung aller sogenannten „Denkgewohnheiten", die sich durch häufige Wiederholung derselben Gedankengänge in immer gleichförmigen Abläufen ausbilden. Die Geschichte, insbesondere auch die jüngste Geschichte, lehrt uns, daß auch Weltanschauungen zu Denkgewohnheiten werden können und übbar sind. Das gilt auch für solche Weltanschauungen, die anfangs durch Druck und Zwang in die Gemüter hineingepreßt worden sind. Auch sie schlagen schließlich feste Wurzeln im unterbewußten Einstellungs-Ich.

Wie es beim gut ausgebildeten, d. h. vor allem im bedingungslosen Gehorchen gedrillten Soldaten zuletzt gleichgültig ist, ob die befohlenen Handlungen ihm Spaß machen oder nicht, ob sein helles Bewußtsein ja sagt oder nicht zu dem ganzen Tun, das von ihm verlangt wird, wie bei ihm eine in zahllosen Einzelübungen erworbene allgemeine Einstellung besteht, daß Befehle unbesehen und ohne zu überlegen unter allen Umständen ausgeführt werden müssen, und wie diese Einstellung des Soldaten auch dann noch standhält, wenn seine „Moral", d. h. seine bewußte Stellungnahme schon „schlecht" geworden ist, so wird auch in der Gesamtbevölkerung durch lange Übung in bestimmten Werthaltungen und in einem Denken in bestimmten Bahnen schließlich ein Einstellungs-Ich herausgebildet, das vom bewußten Ich aus kaum noch zu beeinflussen ist. Die Tendenz zur Ausführung von Befehlen ist dem Menschen dann „in Fleisch und Blut übergegangen", wie der Sprachgebrauch den hier in Rede stehenden Prozeß der Automatisierung und Einstellungsbildung benennt.

Der ganze Vorgang der Ausbildung eines halb unbewußten Einstellungs-Ich, das dem rationalen Oberbau (dem bewußten Ich) weitgehend unabhängig gegenübersteht, stellt eine Art von Bewußtseinsspaltung dar. Das automatisierte Einstellungs-Ich ist das soziale, das politische, das Massen-Ich. Es empfängt seine Impulse in Gestalt der Befehle und Suggestionen, die „von oben" kommen. Es ist derjenige Teil des Ich, der sich in halber Hypnose befindet und nur mit dem Hypnotiseur (dem Gewaltherrscher) in Rapport steht. Das Denken und Fühlen des bewußten Ich mag daneben sehr verschiedene eigene Wege gehen. Das hat keinen Einfluß auf die Reaktionsbereitschaft des selbständig gewordenen Einstellungs-Ich. Das bewußte Ich (Vernunft und Gewissen) beschränkt sich zuletzt auf die Rolle eines verwunderten Zuschauers, der oft genug staunt, wenn er mit ansehen muß, was alles vom Einstellungs-Ich (dem sozialen, politischen, Massen-Ich) verlangt und selbstverständlich geleistet wird. Das rationale und bewußte Ich schüttelt den Kopf, aber beeinflussen kann es die Reaktionsweise des Einstellungs-Ich nicht.

Eine Bewußtseinsspaltung der hier beschriebenen Art war im Seelenleben von Millionen von Deutschen unter den lang dauernden Bedingungen des verflossenen Gewalt- und Propaganda-Staates schließlich eingetreten. Millionen Deutscher haben den Kopf geschüttelt, haben „gemeckert", haben sich innerlich empört und aufgelehnt, aber das im Banne der Hypnose gebundene politische Ich, das Massen-Ich, das Einstellungs-Ich fuhr deshalb doch fort, prompt zu gehorchen. Viele können mit gutem Gewissen sagen, daß sie die Handlungen, die sie tatsächlich ausgeführt haben, nicht gewollt haben. Daraus ergibt sich, daß auch die Frage nach der Schuld an den Geschehnissen komplizierter ist als sie zunächst erscheinen mag, und mit Recht bemerkt F. Siegmund-Schultze in seinem Buch „Die Überwindung des Hasses": „In jeder kollektiven Erregung oder Leidenschaft ist etwas, wofür der einzelne mit einem gewissen Recht die volle Verantwortung ablehnen kann."

In dem Kampf zwischen dem Massen-Ich, das sich in weitem Umfang deckt mit der „Persona" im Sinne Jungs, ist der Fall möglich, daß das Massen-Ich soweit die Oberhand gewinnt über das Person-Ich, daß dieses innerhalb des Selbstes völlig erdrückt wird. Dieser Fall ist unter Terrorbedingungen nicht

[1] Vgl. Ehrenstein, Probleme der ganzheitspsychologischen Wahrnehmungslehre, Leipzig 1947, S. 37 ff.

allein möglich, sondern häufig. Denn zu keiner Zeit war der Zwang, als „Persona" im Sinne Jungs zu leben, so groß wie in den modernen totalitären Terrorstaaten. In jeder Art von Öffentlichkeit, ja, je nach den individuell vorliegenden Umständen auch im intimen und intimsten Privatleben — so z. B. im Falle des Ehemannes, der vor seiner schwatzhaften Ehefrau, vor seinen fanatisierten HJ-Kindern nicht offen reden durfte —, konnte man persönliche Sicherheit nur erwarten, wenn man als „öffentlich meinender Scheinmensch", um mit Nietzsche zu reden, als Maskenträger, als „Persona" sich verhielt. So entstand in der Seele von vielen ein Kampf auf Leben und Tod zwischen der „Persona" und dem natürlichen individuellen Privat-Ich mit seinem individuellen Wertvorzugssystem, seiner Weltanschauung, seinen besonderen Einstellungen. Bei vielen von Haus aus wenig selbständigen, nicht in einer persönlichen Weltanschauung oder in starken religiösen Überzeugungen gefestigten Naturen mußte in diesem Kampf die „Persona" schließlich den Sieg davontragen. Das private Ich mit seinen zum Massengeist und zur Staatsautorität in Widerspruch stehenden Ansichten und Werthaltungen mußte sich in eine bescheidene Ecke des seelischen Raumes verkriechen und dort ein illegitimes Dasein fristen, bis es nach gelegentlichem Sich-Aufbäumen und Aufmucken gegen die Alleinherrschaft der „Persona" seine Rolle als deren Gegenspieler bald ausgespielt hatte.

Einem jungen Menschen, der die Wankelmütigkeit und Schwäche seines Glaubens beklagte, wurde von einem Seelsorger der Rat gegeben: „Verhalte Dich so, als ob Du glaubtest, und Du wirst glauben." Der Rat war psychologisch wohlbegründet. Der Terrorstaat zwang die Menschen, sich zu verhalten, als ob sie die vorgeschriebenen Ansichten teilten, und die Folge war, daß sie es im Laufe der Zeit auch wirklich taten. „So laßt sie scheinen, bis sie werden" — das muß den Machthabern im Terrorstaat als Ziel ihrer Terror- und Propagandataktik vorgeschwebt haben.

Es handelt sich bei dem hier in Rede stehenden Prozeß um eine Gesetzmäßigkeit von allgemeinerer Bedeutung, nämlich um die allmähliche Durchdringung des Selbstes und der Überwältigung des Ich innerhalb dieses Selbstes durch die „Persona". Die Verdrängung des Ich durch die „Persona" hat in der seelischen Dynamik weitreichendere Folgen für Menschen, die dem Kretschmerschen zyklothymen Typus angehören, weil dieser Typus weniger imstande ist, sein Seelenleben in Oberfläche und Tiefe, in ein Er (das nach außen gezeigt wird) und ein Ich (das ein den Blicken anderer verborgen bleibendes Eigenleben führt) aufzuspalten, als für den Angehörigen des Kretschmerschen schizothymen Typus, für den die vorerwähnte Spaltung den in ihm liegenden, naturgemäßen seelischen Normalzustand darstellt und dem es daher weit besser gelingt, die Zwei-Personen-Rolle lange Zeit hindurch ohne besondere Anstrengung zu spielen, der dadurch also das verborgene Leben seines Ich besser erhalten kann.

### *7. Die Lustbetontheit der Organfunktion in einem sozialpsychologisch übergeordneten Ganzen.*

Daß viele Tiere, z. B. Bienen, Ameisen, Termiten in streng geordneten, auf instinktiver Grundlage ruhenden Gemeinschaften leben, daß das Leben dieser Tiere völlig angepaßt ist an und spezialisiert ist für ihre Funktionen im ganzen (als Geschlechtstier, Arbeiter, Soldat), daß sie, streng genommen, nicht selbständige Individuen, sondern Teile, zwar nicht einer anatomischen, aber doch einer funktionalen Ganzheit sind, ist wohlbekannt. Bei höheren Tieren kennt man lockerere Formen der Vergesellschaftung: die Rudel der Wölfe, die Herden der Huftiere, Affen und Elefanten, die Wanderzüge der Lemminge, die treu zusammenhaltenden Gesellschaften der Papageien. Es ist oft beschrieben worden, daß in diesen Tiergesellschaften ein älteres, starkes Männchen die Führung hat, daß in ihnen meist ein streng despotisches Herrschaftssystem mit genau feststehender Rangordnung besteht (z. B. das von Schjelderup-Ebbe beschriebene Pickgesetz auf dem Hühnerhof) und daß innerhalb der Herde eine gewisse Arbeitsteilung stattfindet.

Die aus der Geschichte der zentralisierten Despotien zu gewinnenden Einsichten, die durch Beobachtungen der jüngsten Vergangenheit wesentlich bereichert worden sind, beweisen, daß der Mensch anlagemäßig durchaus geschaffen ist für eine Daseinsform, bei der er ohne freie Selbstbestimmung eine hoch spezialisierte Gliedfunktion in einem umfassenderen Ganzen übernimmt, daß er zufrieden ist, in einem System des strengsten Archismus gewisse Spezialfunktionen auszuüben, die schließlich seinen alleinigen Lebenssinn ausmachen. Die Frage nach der Sinngebung, die das Ganze rechtfertigt, und die Frage nach der Lenkung des Ganzen beschäftigen jene, zu organischen Teilen gewordenen Glieder schließlich so wenig wie das, was das Amt der Königin ist, die Arbeiterin im Bienenstaat beschäftigt. Es kommt den Gliedwesen nicht mehr in den Sinn, daß sie selbst berufen sein könnten, an der Regierung des Ganzen mitzuwirken, und, obwohl völlig unfrei, hat dieser Zustand für sie nichts Bedrückendes, er wird nicht als Einbuße an Glück empfunden. Die Ausübung der Gliedfunktion im ganzen gibt dem Menschen vielmehr ein eigenartiges Lustgefühl, das an die Befriedigung natürlicher Triebe erinnert und glauben läßt, daß wirkliche Naturanlagen (Instinkte) — nicht nur Einstellung und Gewohnheit — im Spiel sind.

Der Mensch ist freilich nicht einseitig in dieser Richtung festgelegt. Er hat in der Geschichte wiederholt eine andere Form der Gesellschaftsbildung, die freie Aggregation autonomer Individuen, angestrebt und in der politischen Demokratie zu verwirklichen versucht. Diese scheint eine höhere, spätere, seltenere und stärker gefährdete Organisationsform zu sein, die viel leichter in jene Alternativform einer organischen Gebundenheit durch ein streng übergeordnetes Ganzes übergehen kann als umgekehrt. Es scheint, daß die Menschheit jetzt in bezug auf diese beiden Möglichkeiten am Scheidewege steht.

### *8. Die allgemeine biologische Bedeutung der massenpsychologischen Erscheinungen.*

Ein Massenwahn, der als vis consilii expers die davon ergriffenen Massen in der Hitlerzeit ins Verderben stürzte, erfüllt uns noch nachträglich mit Entsetzen. Unter dem Eindruck der deutschen Katastrophe, deren massenpsychologische Verursachung klar zutage liegt, sind wir leicht geneigt, die massenseelischen Erscheinungen allgemein und als solche negativ zu bewerten. Schon der Name „Massen*wahn*" rückt diese Erscheinungen in die Nähe des Krankhaften, das bekämpft und schließlich ganz beseitigt werden sollte wie alle anderen Krankheiten des Menschenlebens.

Es muß aber zu denken geben, daß eine Reihe unvoreingenommener Beobachter — Herder und Nietzsche gehören zu ihnen — den Massenwahn als eine absolut normale, zu allen Zeiten und bei allen Völkern vorgefundene Naturerscheinung auffassen. Etwas, was überall, zu allen Zeiten und bei allen Völkern angetroffen wird, das kann schon aus diesem Grunde nicht pathologisch genannt werden. So sehr auch die Auswirkung des Massenwahns gelegentlich für ganze Völker verhängnisvoll geworden ist, so sehr ist doch vom Massenwahn als einem Ausdruck des normalen seelischen Lebens auch Gutes zu erwarten. Denn normale Lebensäußerungen, die nur schädlich wären, gibt es nicht. Schädliche Eigenschaften eliminieren sich im natürlichen Ausleseprozeß durch ihre biologische Unzweckmäßigkeit von selbst und können aus diesem Grunde niemals zu normalen Eigenschaften, d. h. Eigenschaften, die sich bei einer Mehrheit der beobachteten Fälle finden, werden. Der Massenwahn muß also sowohl nützliche als auch schädliche Auswirkungen haben.

Es sollte nie vergessen werden, daß sehr viele innerlich haltlose, geistig infantil gebliebene Menschen den seelischen Auftrieb durch einen kräftigen Massenwahn so notwendig brauchen, wie der des Schwimmens Unkundige im Wasser einen Schwimmgürtel braucht, der ihn trägt. Die moderne Demokratie arbeitet immer noch zu sehr mit der Fiktion eines Normfalles von Bürger, der mit der Fähigkeit zu selbständigem Denken und spontanem Handeln ausgestattet ist.

Wenn Geschichtsphilosophen in der geschichtlichen Entwicklung von Völkern und Kulturen ein Jugend-, ein Reife- und ein Altersstadium unterscheiden, so handelt es sich dabei, genauer besehen, um eine Unterscheidung nach dem Grad der herrschenden massenpsychologischen Bindung. Dem Jugendstadium entspricht der höchste Grad massenpsychologischer Bindung an die Gemeinschaft, zusammengehend mit dem geringsten Grad individueller Selbständigkeit. Dem Reifestadium entspricht ein schönes Gleichgewicht von massenpsychologischer Bindung und individueller Emanzipation, das Altersstadium ist das Stadium gänzlichen Zerfalls der Bindung an die Gemeinschaft, zusammengehend mit extremem Individualismus und Einzelegoismus. Dem Altersstadium folgt eine mit Bewußtsein und gewaltsam herbeigeführte Wiederherstellung stärkster (künstlicher) Bindungen des einzelnen an die Gemeinschaft, gekennzeichnet durch die Alleinherrschaft einer aufgezwungenen dogmatischen, politisch-sozialen Ideologie, d. h. einer neuen säkularisierten Form des Massenwahns.

Wer wollte behaupten, daß ein vom Gemeingeist beherrschtes Stadium des Völkerlebens und der Kultur nicht auch seine Vorzüge hätte gegenüber späteren Stadien, in denen Individualismus und selbständiges Räsonnement auf Kosten des irrationalen Elementes weiter fortgeschritten sind? Aus einem Überblick über die politische und Kulturgeschichte der Menschheit muß man den Eindruck gewinnen, daß kein großer Aufschwung im Leben der Völker vorkommt, bei dem der Massenwahn in der einen oder anderen Form nicht wenigstens im Spiele war. Es ist so mit allen großen Dingen, daß sie, wie Hans Sachs in den Meistersingern sagt: „nie ohn eingen Wahn gelingen". Nach alledem muß dem Massenwahn eine weitreichende biologische Bedeutung zukommen. Sie besteht darin, daß durch ihn die Antriebe, die das Interesse der Gruppe und das Überleben der Gruppe im Daseinskampf mit anderen Gruppen bezwecken, das Übergewicht erhalten über die egoistischen und individualistischen Motive des Einzelnen. Der Massenwahn ist die Quelle einer, von verschiedenen Beobachtern übereinstimmend konstatierten natürlichen Selbstlosigkeit des Menschen. Da das Leben des einzelnen, besonders in den Werdezeiten der Menschheit, von dem Leben der Gruppe abhängig ist und der einzelne nicht überleben kann, wenn die

Gruppe zugrunde geht, so ist der Massenwahn, z. B. in Gestalt von Suggestionen, die eine erhöhte Unterordnungsbereitschaft des einzelnen unter die Zwecke der Gruppe bewirken, als eine sehr nützliche, die Stoßkraft der Gruppe beträchtlich steigernde Einrichtung erkennbar.

In einem umfassenderen entwicklungstheoretischen Rahmen gesehen ist die Entstehung wahnhafter Gedankengänge beim Menschen aufzufassen als Folge der Tatsache, daß das menschliche Vorstellungsvermögen und das auf ihm basierende Denken eine noch junge und unvollkommene Einrichtung ist. Entwicklungsgeschichtlich betrachtet ist es noch nicht lange her, daß der Mensch sich zu einem sprechenden, vorstellenden und denkenden Wesen erhob. Diese Errungenschaften stellen, so nützlich sie dem Menschen schon geworden sind — alle höhere Kulturentwicklung beruht ja auf ihnen —, doch einen relativ neuen und noch unvollkommenen Leistungszuwachs dar, der mit zahlreichen Kinderkrankheiten behaftet ist.

Wenn wir von Wahn reden, so bezeichnen wir damit immer Vorstellungsreihen, Denkergebnisse, Überzeugungen, von denen ihr Träger glaubt, daß sie wahr seien, d. h. irgendeine Art von Wirklichkeit abbilden, während dies, objektiv gesehen, nicht der Fall ist. Ein vollkommen entwickeltes, seiner Zweckbestimmung (einer adäquaten Repräsentation der Wirklichkeit) vollkommen entsprechendes Vorstellungsvermögen und Denken, wie es möglicherweise dasjenige des vollkommeneren Wesens sein wird, zu dem der Mensch sich zu entwickeln auf dem Wege ist, würde die zahlreichen Mängel, die jetzt beim Menschen Quellen des Irrtums und der Wahnbildung sind, nicht aufweisen. Um aber zu dieser Stufe zu gelangen, muß ein Zustand durchlaufen werden, bei dem die Vorstellungen und das Denken die Wirklichkeit nur unvollkommen vertreten können. In diesem Zustand befindet sich der Mensch auf seiner gegenwärtigen Entwicklungsstufe und zwar erklärlicherweise die Massen mehr als die Oberschicht der Begabten. Die wahnhaften Irrtümer sind der Preis, der bezahlt werden muß für die Ausbildung eines nach erreichter Vollkommenheit unvergleichlich mächtigen und schon jetzt ganz überwiegend nützlichen Vermögens, durch das der Mensch sich unerreichbar über jedes andere Lebewesen erhebt.

Zu den Unvollkommenheiten, die dem Denken anhaften, gehört besonders auch dessen Dienstbarkeit für emotionale Zwecke. Ein ideal entwickeltes Denken muß von jeder Rücksichtnahme auf die Gefühlsbetontheit seiner Ergebnisse frei bleiben. Andererseits sind, soviel wir sehen, nur Gefühle als Motor von Wollen und Handeln geeignet. Ein Lebewesen, in welchem der Verstand die Emotionalität völlig überwuchert hätte, müßte dadurch in seiner Vitalkraft aufs äußerste gefährdet sein. Denn es ist klar, daß ein Lebewesen, das nicht mehr wollen kann, dadurch in seiner Lebenstauglichkeit stark reduziert wäre. Die Entwicklung, wenn sie von Dauer sein will, muß also darauf bedacht sein, ein einseitiges Überwuchern des Intellekts über die Emotionalität zu verhindern, d. h. sie muß darauf bedacht sein, eine völlige Emanzipation des Denkens von seiner Dienstbarkeit für emotionale Ziele zu verhindern. Darin liegt eine prinzipielle Sicherung einer wichtigen Quelle des Irrtums und des Wahnes, dessen völlige Beseitigung nur um einen Preis zu erreichen wäre, der die weitere Entwicklung des Menschwesens auf lange Sicht überhaupt in Frage stellen würde.

In dem Maße, als der Fortschritt der Wissenschaft die Zukunft zu einer berechenbaren Größe machen wird, wird eine den Wahn als Bedingung der Gesunderhaltung des Lebens hinstellende Erkenntnis Schillers Verständnis finden, die dieser aus dem Munde der Seherin Kassandra verkündet mit den Worten: „Nur der Irrtum ist das Leben, und das Wissen ist der Tod.“ Durch ein Übermaß an Wissen um das Leben, an „Schlaflosigkeit“, wie Nietzsche, oder an „Wachsein“, wie Spengler es nennt, können die im Instinktbereich, im halb- und unbewußten Seelenleben, im Massenwahn liegenden Antriebskräfte und Willensreserven des Menschen angegriffen und der Einzelne nicht minder als das Ganze der Kultur am Ausreifen verhindert werden. „Allzu helles, allzu plötzliches, allzu vorzeitiges Licht kann dem natürlichen Reifeprozeß schädlich sein.“ So warnt Nietzsche sicher mit Recht. „Wer die Illusionen in sich und anderen zerstört, den straft die Natur als der strengste Tyrann. Alles Lebendige braucht um sich herum eine Atmosphäre, einen geheimnisvollen Dunstkreis; wenn man ihm diese Hülle nimmt, wenn man eine Religion, eine Kunst, ein Genie (wir dürfen hinzufügen: ein Volk) verurteilt, als Gestirn ohne Atmosphäre zu kreisen, so soll man sich über das schnelle Verdorren, Hart- und Unfruchtbarwerden nicht mehr wundern.“

Macht man sich klar, daß gewisse Formen des Massenwahns als Ausdruck des Gemeingeistes und als Bedingung und Bestandteil jeder Kultur unentbehrlich sind, so wird man aus den deutschen Ereignissen nicht den Schluß ziehen wollen, daß der Massenwahn als solcher in jeder seiner mannigfaltigen Gestalten verdammt werden müßte. Irgendwelche Formen des Massenwahns müssen im geschichtlichen Leben notwendig beteiligt sein. Sie sind als Motor des sittlichen, politischen und kulturellen Handelns schon deshalb unentbehrlich, weil sich aus den Naturwissenschaften ethische Zielsetzungen (und damit die wichtigsten Antriebskräfte für jede höher geartete Betätigung des Kulturmenschen) nicht gewinnen lassen.

„Freie Untersuchung der Wahrheit von allen Seiten ist das einzige Gegenmittel gegen Wahn und Irrtum", meinte Herder. Wir glauben nicht, daß er recht hat. Die Wissenschaft ist kein Schutzmittel gegen gefühlswarme, wahnhafte Ideologien. Gerade das Dogmatische, Eschatologische und Irrationale, das die Wissenschaft ihrem ganzen Wesen nach nicht zu bieten vermag, wird gebraucht, um die Massenseele zu beeindrucken. Die Wissenschaft kann wohl Licht bieten. Die Massen aber suchen Wärme. Was Wärme ist, das fühlen sie. Licht und Irrlicht aber können sie nicht unterscheiden. Das einzige Schutzmittel, das es gegen ein Versinken ganzer Völker im Massenwahn zu geben scheint, ist nicht die intellektuell-wissenschaftliche Aufklärung der Massen, die aus prinzipiellen Gründen unmöglich und unwirksam ist, sondern eine lebendige Religion.

*(Professor Dr. W. Ehrenstein, (21b) Dortmund, Kaiser-Wilhelm-Institut, Rheinlanddamm 201.)*

## Bericht von der Universität Heidelberg.

Seit dem ersten Bericht, in Heft 1 dieser Zeitschrift, sind 5 Semester und fast drei Jahre vergangen[1]. Es wäre also über Ereignisse wie den Brand der Neuen Universität im Sommer 1947, über Finanzierungsfragen und Baupläne, über Tod oder Fortgang von Gelehrten, über das Kommen neuer Professoren, Dozenten und Studenten, über Maßnahmen materieller Unterstützung der Studentenschaft zu schreiben. Man kann aber nicht sagen, daß sich das Leben einer Universität in solchen Daten erschöpfe. Eine Rückschau auf Geschehenes ist gewiß lehrreich, sie wird aber fruchtbar nur, wenn der Leser das Stoffliche in Zusammenhänge einordnen, wenn er sich vergegenwärtigen kann, daß das eigentliche Leben einer Hochschule nicht in Fakten faßbar ist, sondern in Personen beschlossen liegt.

### *I. Forschung und Lehre*

Die wichtigste Aufgabe in der Berichtszeit war die Ergänzung des Lehrkörpers. Die Zahl der Vakanzen auf planmäßigen Lehrstellen war noch 1947 beträchtlich. Die größte Schwierigkeit für eine Wiederbesetzung bot zunächst die Wohnlage, die Unmöglichkeit, Neuberufenen eine Unterkunft zu bieten, die wenigstens nicht schlechter war als ihre bisherige. Eine Reihe von Berufungen scheiterte damals an diesem Übelstand, weil auch der gemeinsame gute Wille aller beteiligten Stellen zuerst kaum Abhilfe zu schaffen vermochte. Unliebsame Verzögerungen und Verstimmungen entstanden oft auch durch die Schwerfälligkeit der Spruchkammerpraxis, vor allem in der Anerkennung von Sprüchen anderer Zonen. Die unklare Finanzlage zwang schließlich den Staat nach der Währungsumstellung zu einer generellen Einstellungs- und Ernennungssperre, die anfangs alle notwendigen Ergänzungen des Lehrkörpers zu verunmöglichen schien. Unnötig zu sagen, wie verhängnisvoll solche Verordnungen ohne das einsichtige Entgegenkommen der Regierungsstellen für Fakultäten geworden wäre, die wie z. B. die Philosophische Ende Juli 1948 zehn unbesetzte Planstellen aufwies. Es ist zu hoffen, daß die neuesten im Zusammenhang mit der Verwaltungsreform erlassenen Verfügungen, die sinngemäß auf die Hochschulen gar keine Anwendung finden dürften, nicht zu einer neuen bedenklichen Behinderung für Forschung und Lehre werden.

Die Verwirklichung eines Wohnungsbauprogramms, bei der die Universität von Staat, Unterrichtsverwaltung und kirchlichen Stellen tatkräftige Unterstützung fand, brachte eine wesentliche Erleichterung. Bis zum Juni dieses Jahres werden ca. 40 Wohnungen für den Lehrkörper (Professoren, Dozenten, Assistenten) in Heidelberg und Umgebung zur Verfügung stehen. Damit ist den Neuberufenen eine befriedigende Wohngelegenheit gegeben; auch eine Anzahl von Mitgliedern des Lehrkörpers, die durch die Beschlagnahmung ihrer Wohnungen in Arbeitskraft und -leistung oft schwer gehemmt waren, haben dadurch ein neues Heim erhalten. Da für 1950 der Bau von weiteren 48 Wohnungen geplant ist, wird die Universität binnen kurzem von der größten Sorge befreit sein.

Als Antrieb für alle diese Bemühungen, Anstellungshemmnisse aufzuheben oder Wohnungen zu schaffen, ergibt sich naturgemäß immer die eine Notwendigkeit: die Universität leistungsfähig zu erhalten oder ihre Leistungsfähigkeit zu steigern.

Mit jedem Todesfall, jeder Wegberufung, jeder

[1] Das Manuskript wurde im April 1950 abgeschlossen.
Der Bericht des Prorektors Prof. Dr. *Kunkel* für das Rektoratsjahr 1947-48 ist in Heft 4 der „Schriften der Universität Heidelberg" (Heidelberg, Springer 1950), der Bericht des Prorektors Prof. Dr. *Geiler* über das Rektoratsjahr 1948-49 in Heft 2 von „Ruperto Carola, Mitteilungen der Vereinigung der Freunde der Studentenschaft der Universität Heidelberg" (Februar 1950) erschienen. Auf diese Dokumente, denen dieser Bericht in vielem verpflichtet ist, sei zur Ergänzung hingewiesen.

Neuernennung ist sie wieder aktuell. Der Tod hat in Heidelberg vor allem unter den älteren aktiven und emeritierten Professoren große Lücken gerissen, zumal die meisten der Emeriti noch mit ungeschwächter Arbeitskraft im Dienst der Universität gestanden hatten. Es waren Männer unter ihnen, deren Hingang für die Hochschule einen wahren Substanzverlust bedeutet. Ich nenne Gerhard Anschütz, Martin Dibelius, August Grisebach, Johannes Hoops, Gustav Radbruch. Die Verdienste der Verstorbenen sind in Nachrufen und akademischen Gedenkfeiern gewürdigt worden. Die Zahl der Professoren, welche die Heidelberger Universität mit einem neuen Wirkungsfeld vertauschten, ist erfreulich gering, die Verluste darum aber nicht weniger hart: Karl Jaspers ist nach Basel, Erich von Holst ans Max-Planck-Institut für Meeresbiologie, Hans Krahe und Gerhard Rosenkranz sind nach Tübingen gegangen.

Die Universität hatte nicht nur diese Lücken zu beseitigen. Sie mußte darüber hinaus ihre Reihen da ergänzen, wo die Neuordnung nach 1945 einen Wechsel der Besetzungen notwendig gemacht hatte. Die Öffentlichkeit hat solche Maßnahmen, mit denen die Universität ihre Integrität wieder herzustellen bemüht war, verstanden und sie erwartet. Leider hat sie für die materielle Lage dieser nicht wieder eingesetzten Lehrkräfte nicht das Verständnis gezeigt, das die Universität bei ihrer, wissenschaftlichem und politischem Verantwortungsbedürfnis entspringenden Handlungsweise gegenüber ihren früheren Mitgliedern in der großen Mehrzahl der Fälle hätte gewärtigen dürfen.

Man kann heute sagen, daß alle wichtigen Lehrstühle wieder besetzt sind oder in kurzem, da die laufenden Verhandlungen dies erwarten lassen, besetzt sein werden. Das ist eine Feststellung, die nur scheinbar zur Beruhigung Anlaß gibt. Schon ein Vergleich der Zahlen vor und nach 1945 macht nachdenklich. Wir haben heute ca. 260 Lehrkräfte, einschließlich der am Dolmetscher-Institut tätigen Personen. Nach dem Vorlesungsverzeichnis vom Wintersemester 1944-45 waren es 350. Nun sind solche Zahlen zwar nicht eindeutig. Sie lassen beispielsweise nicht erkennen, daß die Auflösung der Staats- und Wirtschaftswissenschaftlichen Fakultät und die Wiedererrichtung der Mannheimer Wirtschaftshochschule selbstverständlich eine Verminderung des Heidelberger Lehrkörpers mit sich brachte; sie tragen auch dem Umstand nicht Rechnung, daß das Verschwinden einer Reihe von universitätsfremden Monstre-Instituten, die der letzte nationalsozialistische Rektor kreiert hatte, in der gleichen Richtung wirkte. Aber auf diese ganzen Zahlen kommt es im Grunde wenig an, wenn es auch ein tröstlicher Beweis erfolgreicher Wiederaufbaubemühungen ist, daß die Lehrkräfte am Ende des Wintersemesters 1949-50 gegenüber dem Sommersemester 1946 um 100 angewachsen waren.

Die Universität Heidelberg kann, bei aller Unterstützung durch die Unterrichtsverwaltung und den Landtag, nicht behaupten, daß sie mit dem Bestand ihrer Lehrkräfte ein Optimum erreicht habe. Man kann sich fragen, ob es ein solches Optimum gibt und ob es sich messen läßt. Die Frage des Optimums aber läßt sich nur angehen, wenn man die Anforderungen von Forschung und Lehre, die nach der guten Tradition der deutschen Universitäten ein unteilbares Ganzes bilden, in der Betrachtung einen Augenblick auseinanderhält.

In einer Universität sollte die Gesamtheit der Disziplinen vertreten sein, die nach dem Stand der allgemeinen Entwicklung der *Forschung* das Ganze der Wissenschaft ausmachen. Das ganze System, d. h. alle Disziplinen, die sich allmählich ergänzen und umlagern, wird nur an den größten Hochschulen repräsentiert sein; einzelne Universitäten werden auch, je nach Lage und Mitteln, bestimmte Forschungsgebiete besonders fördern und ausbauen (mathematisch-naturwissenschaftliche Tradition von Göttingen, Überseeinteressen von Hamburg). Auch wenn man dies alles berücksichtigt, muß man feststellen, daß Heidelberg, nach der Zahl seiner Planstellen, in der hintersten Reihe der deutschen Universitäten steht. Das ist ein Zeichen dafür, daß z. Z. noch nicht alle Disziplinen und nicht alle Disziplinen so vertreten sind, wie es das wissenschaftliche Leben an einer Hochschule mit seiner dauernden Wechselwirkung innerhalb der Fächer und Fakultäten erheischt. Es sei auf Beispiele verzichtet, das Faktum zeigt die Richtung künftiger Aufgaben an.

Die Disziplinen müssen zugleich so vertreten sein, daß den Anforderungen, welche durch die Ausbildung für Berufe an die *Lehre* gestellt werden, Genüge geschieht. Wenn die Mehrzahl der Fächer vertreten ist, die das Ganze der Wissenschaft als notwendig erscheinen läßt, so könnte durch die Gesamtheit dieser Disziplinen der pädagogische Effekt erreicht werden, den das Berufsleben verlangt. Aber zunächst doch nur durch die Summe dieser Fächer. Das pädagogische Optimum ist dadurch noch lange nicht gesichert. Solange Laboratorien zu klein oder überaltert sind, so lange die Zahl der die Arbeiten anleitenden Organe zu gering ist, so lange in bestimmten, vor allem entsprechend den Bedürfnissen der Schulen stark frequentierten Fächern so wenig planmäßige Lehrkräfte zur Verfügung stehen wie eben noch, wird der akademische Unterricht leiden, damit auch die Qualität der

Prüfungskandidaten und die spätere berufliche Leistung. Man muß in der Zukunft an eine Vermehrung solcher Stellen denken, wenn die Erwartungen, welche die Öffentlichkeit an die Universität stellt, erfüllt werden sollen. Doch kommt zu dem eben erörterten Grund ein weiterer.

Der pädagogische Effekt, von dem bisher die Rede war, ist vornehmlich ein wissenschaftlicher Effekt; wir haben ihn unter dem Gesichtspunkt der Extensität (Fächer) und der Intensität (Lehrpersonal) betrachtet. Nun ist kein Zweifel, daß Bildung, die durch eine Universität bewirkt wird, mehr ist als Wissensvermittlung und -vermehrung. Oft genug hat man darauf hingewiesen, daß die gemeinsame Bemühung um Wahrheit, die Ehrfurcht vor dem Gegenstand und die Achtung vor fremder Meinung bildende Kraft besitze. Diese Kraft hat aber offenbar — denn der Glaube an sie bestand schon vor 1933 — nicht immer ausgereicht, den Anforderungen von wahrheitsindifferenten Mächten ausreichenden Widerstand entgegen zu setzen. Es gibt demnach eine erzieherische Aufgabe der Universität, welche weiter reicht als die wissenschaftliche Bildungsaufgabe. Über diese Frage hat in dieser Zeitschrift *Ernst Hoffmann* (1. Jg. H. 7, 1948) richtungsweisend gehandelt. Mit Vermehrung von Planstellen, überhaupt mit Maßnahmen läßt sich hier wenig erreichen. Man kann aber eine gewisse Hilfe leisten, indem man die Interessen der Studenten auf Verantwortungen lenkt, die über das „rein Wissenschaftliche" hinausgeben, indem man etwa die Grenzgebiete zwischen Wissenschaft und Leben, die Berührungspunkte von Forschung und zeitgenössischer Aktualität intensiver behandelt. Das Bedürfnis ist unbestreitbar, die Mittel seiner Befriedigung sind verschieden. „Studium generale" und „politische Erziehung" geben die beiden wichtigsten Richtungen an.

Idee und Praxis der *politischen Erziehung* sind durch die nationalsozialistische Universitätsleitung kompromittiert. Man wird auch sagen können, daß in Ländern mit traditionellem politischen Leben, an dem sich jeder Einzelne beteiligt, der Gedanke politischer Erziehung an Hochschulen befremdend wirkt. Die Universität würde ihre Aufgabe gewiß verfehlen, ja sich selbst aufgeben, wollte sie sich politisieren. Aber sie verfehlt ihre Aufgabe nicht weniger, wenn sie sich im freien Raum der Objektivität so isoliert, als gäbe es kein „Leben draußen", wenn sie eine kastalische Gelehrtenrepublik glaubt sein zu sollen, in der die Beschäftigung mit der reinen Wissenschaft die mönchische „vita contemplativa" fortsetzt. Sie wird mit ihren Mitteln und der ihr eigenen wissenschaftlichen Methode das gegenwärtige Leben in den Bereich ihrer Betrachtung und auch Auseinandersetzung ziehen müssen. Das ist keine revolutionäre Forderung, denn mit einer Reihe von Disziplinen (Recht, Staatslehre, Nationalökonomie, Theologie usw.) hat die Universität die stärkste Berührung mit der zeitgenössischen Wirklichkeit und formt sie sogar mit. Es kann sich nur darum handeln, auch in den Studierenden, welche mit solchen gegenwartsbezogenen Fächern wenig Berührung haben, das Interesse daran zu wecken, daß jeder Einzelne am Gegenwartsgeschehen mit verantwortlich sein kann und — auch im Abseitsstehen — praktisch mit verantwortlich ist. Solchem Ziel haben in den vergangenen Semestern in Heidelberg die auf die Initiative von *Alfred Weber* zurückgehenden Arbeitsgemeinschaften (für alle Fakultäten) über volkswirtschaftliche, politische, soziologische, staatsrechtliche und andere Fragen gedient, die sich guten Zuspruchs erfreuten. Auch Diskussionen und Vortragsreihen am regelmäßigen monatlichen „Dies" verfolgten den gleichen Zweck. Der Plan der Gründung eines Instituts, das ausdrücklich übernationale Orientierung über Gegenwartsfragen zum Ziel haben soll, gehört in diesen Zusammenhang. In welcher konkreten Gestalt auch dieses Projekt seine Realisierung finden mag, über die Richtigkeit und Notwendigkeit solcher Bestrebungen besteht Einigkeit. Ein wesentliches Mittel, dem Bedürfnis nach Unterrichtung über internationale Fragen der Gegenwart zu genügen, dürfte der Ausbau einer umfangreichen und laufend zu ergänzenden Bücherei sein; ein anderes der Ausbau in personeller Hinsicht, etwa so, daß auf der Basis wissenschaftlich fundierter Fächer der Pflege der Gegenwartsfragen besondere Aufmerksamkeit geschenkt wird.

Die Pläne eines *studium generale* erwachsen aus der Einsicht in die Zersplitterung, welche die fortschreitende Spezialisierung in die Universität gebracht hat. Könnte man zur politischen Erziehung schon, übertriebene Forderungen berichtigend, sagen, daß auch der seinem Fach nach gegenwartsfernste Gelehrte als Persönlichkeit genau so intensiv „politisch" zu wirken vermag, wie ein Fachmann etwa auf dem Gebiet der zeitgenössischen Geschichte, so gilt erst recht, daß — abgesehen von der Rolle, die der Philosophie hier zukommt — der wahre Fachgelehrte notwendig über seine Disziplin hinausdrängt und sein Sondergebiet umso fruchtbarer macht, je stärker er dessen Beziehung zum Ganzen der Wissenschaft sieht und pflegt. Hinzu kommt, daß Natur- wie Geisteswissenschaften durch die Veränderung ihrer Fragestellung und die Entwicklung ihrer Methoden ihre eigene Spezialisierung weitgehend zu überwinden auf dem Wege sind. Es ist also offensichtlich — wie die Existenz dieser Zeitschrift selber zeigt —, daß die Wissenschaft von sich aus zum „studium generale“ weist. Gleichwohl verdienen alle Bemühungen, diesen Prozeß zu beschleunigen oder sichtbar zu machen, Förderung. Dieses Ziel hatte sich die Studentenschaft in Heidelberg gesetzt, als sie vor einigen Semestern den „Dies academicus“ ins Leben rief, der während des Semesters monatlich einmal an wechselnden Wochentagen stattfindet. Der Raummangel, der nach 17 Uhr täglich eine Schrumpfung des Vorlesungsvolumens bedingt, hat es bisher unmöglich gemacht, den „Dies“ — was sinnvoll wäre — mit den „Vorlesungen für Hörer aller Fakultäten“ so zu verbinden, daß etwa regelmäßig ein halber Tag in der Woche für diese Veranstaltung zur Verfügung gehalten wird. In der Praxis ist der „Dies“ in den vergangenen Semestern eine, nicht immer organische Verbindung von ringartigen, durch ein Thema verbundenen Vorlesungen, von Vorträgen allgemeinen Interesses aus allen Fakultäten, von Diskussionen über zentrale Fragen wie Wissenschaft und Bildung, Technik und Kultur usw. gewesen. Auch Konzerte wurden gelegentlich an den Abenden des „Dies“ veranstaltet.

Neben der Besetzung mit Lehrkräften und der Gestaltung des akademischen Unterrichts ist die Sorge für den Nachwuchs von größter Bedeutung. Die Zahl der bezahlten Dozentenstellen, der sogenannten Diätendozenturen, ist seit 1947 laufend erhöht worden. Unterrichtsverwaltung und Landtag haben erkannt, daß die Zukunft der Hochschulen weitgehend von der befriedigenden Lösung dieses Problems, und das heißt auch der Assistentenfrage, abhängt. Es ist kein engstirniger Universitätsegoismus, wenn betont wird, daß nur eine weitere großzügige Erhöhung bezahlter Stellen den Nachwuchs sichern kann.

Von der Einsicht der maßgebenden Stellen in ihre Verantwortung gegenüber der Universität als dem Mittelpunkt von Forschung und Lehre, zeugt auch die wesentliche Erhöhung der Sachzuwendungen, die das vergangene Etatjahr brachte. Diese Zuwendungen haben eine Vermehrung der Instituts- und Seminarmittel erlaubt, die aber leider durch die verteuerten Anschaffungskosten für Bücher, Materialien und Instrumente in ihrer Wirkung zum großen Teil kompensiert wird. Sie haben auch dringend notwendige Erweiterungsbauten bei Kliniken und Instituten möglich gemacht. Sie sind schließlich der Universitätsbibliothek zugute gekommen, doch sind auch hier die international erhöhten Bücherpreise bei der Berechnung des Effekts zu berücksichtigen. Bedenkt man die weiteren Beiträge der staatlichen Stellen beim Wohnungsbau, so ist die Leistung des Staates für die Universität, die noch auf die Initiative des verstorbenen stellvertretenden Ministerpräsidenten Dr. Köhler zurückgeht, voll anzuerkennen. Gleichwohl muß die Öffentlichkeit immer wieder darauf aufmerksam gemacht werden, daß nur durch weitere außerordentliche Zuwendungen, etwa für Bauten und Einrichtungen bei der medizinischen und naturwissenschaftlichen Fakultät, die Leistungfähigkeit der Universität erhalten und den heutigen Bedürfnissen angepaßt werden kann.

Auch die private Initiative zur Förderung von Forschungsvorhaben und besonderen Anschaffungen ist neu belebt worden. Die „Gesellschaft der Freunde der Universität Heidelberg“, die sich unter der Leitung des verstorbenen Geheimrat Hoops früher große Verdienste erworben hatte, ist 1949 als „Universitätsgesellschaft“ reaktiviert worden. Finanzielle Unterstützung der Universität, die sich natürlich in bescheidenem Rahmen hält, ist ein Hauptziel der Gesellschaft. Die Beziehungen von Universität und Öffentlichkeit enger zu gestalten, u. a. durch Veranstaltung von Vorträgen von Universitätsangehörigen im Lande, soll Aufgabe eines „Beirats“ werden.

Schließlich muß mit einem Wort der Arbeitsbeschränkungen gedacht werden, denen die Universität noch heute unterliegt. Sie sind genereller und spezieller Natur. Neben dem früher erwähnten Zudrang zu gewissen Fächern bereitet oft die finanzielle Notlage der Studenten erhebliche Schwierigkeiten, etwa bei der Durchführung von Übungen, zu denen Texte benötigt werden. Das größte Hindernis besteht aber nach wie vor in der Beschlagnahmung der Neuen Universität. Daß seit einiger Zeit eine Anzahl von Hörsälen bis zum späten Nachmittag zur Verfügung stehen, bedeutet noch keine Beseitigung der argen Raumnot. Auch beim Sport bestehen ähnliche Behinderungen.

## *II. Studenten*

Beginnen wir den Bericht über die Verhältnisse der Studenten mit einigen Zahlen. Im Sommersemester 1948 wurden von ca. 3300 Bewerbern um Zulassung zum Studium ca. 600 angenommen, im Wintersemester 1948-49 von ca. 3400 635, im Sommersemester 1949 von ca. 2790 785, im Wintersemester 1949-50 von ca. 2850 ca. 850. Danach hat sich in vier Semestern, vor und nach der Währungsreform, die Zahl der Gesuche, bei leichter Abwärtsbewegung, nicht wesentlich verändert, die Zahl der Zulassungen konnte nicht unbeträchtlich erhöht werden. Die Aufstellung zeigt ferner, daß der frühere Zuwachs an Studierenden in den Heidelberger Sommersemestern nicht auftritt; die Zahlen in den Wintersemestern liegen sogar etwas höher. Das bedeutet einmal, daß die Freizügigkeit noch gehemmt ist, und wohl weiter, daß Unterschiede, wie sie früher zwischen Winter- und Sommeruniversitäten bestanden, weggefallen sind, der Arbeitswille also konstant ist. Prüft man die Zahlen in den einzelnen Fakultäten, so ergibt sich: gleichbleibende Zulassung bei den Medizinern bei sinkender Gesamtzahl, also die augenblicklich notwendige Tendenz, das Studium zu drosseln; ungefähre Konstanz von Zulassung und Gesamtzahl bei den Naturwissenschaftlern; Steigerung der Zulassung bei den Juristen bei abnehmender Gesamtzahl, also wieder Drosselungstendenz; Steigerung von Zulassung und Gesamtzahl bei Theologen und Philosophen. Die Gesamtzahl aller Studierenden ist, entsprechend dem in Kraft befindlichen Numerus clausus, konstant: im Wintersemester 1948-49 4340, im Sommersemester 1949 4365, im Wintersemester 1949-50 4363. Die Bewerbungen für das Sommersemester 1950 scheinen zum ersten Mal einen deutlicheren Rückgang zu zeigen; der prozentuale Anteil der Zulassungen kann sich also entsprechend steigern, falls sich eine genügende Zahl von qualifizierten Antragstellern findet.

In den gebotenen Angaben liegen eine ganze Anzahl von wichtigen Problemen beschlossen, die für die Zukunft der Universität von größter Bedeutung sind. Eine Voraussetzung künftiger Entwicklung ist von der Hochschule kontrollierbar und lenkbar: es ist die durch die Fixierung der Gesamtzahl gegebene Möglichkeit, den Zugang zum Studium zu beschränken. Wie die obigen Zahlen erweisen, hat die Universität bisher die relativ niedrige, nach 1945 festgesetzte Quote von 4300 bis 4400, die auf die Fakultäten verschlüsselt war, immer ausgefüllt und Rückgänge in einzelnen Fakultäten durch leichte Erhöhung in anderen kompensiert. Die Universität hat also bis jetzt die aus den Anfängen ihres Wiederaufbaus stammende Zulassungsbeschränkung nicht aufzuheben versucht, sie ist anderseits — generell betrachtet — auch nicht unter die gesetzte Quote herunter gegangen.

Die Vorteile dieser „konservativen“ Zulassungspraxis sind unbestreitbar. Sie sind zweifacher Natur. Der Numerus clausus gestattet eine qualitative Auswahl unter den Bewerbern. Das Verfahren der Auslese in den einzelnen Fakultäten ist, ihren Anforderungen entsprechend, nicht ganz einheitlich, doch sind überall Kommissionen tätig, in denen Professoren und Studenten vertreten sind; in kleineren Fakultäten beteiligt sich der Dekan unmittelbar am Verfahren, in größeren von der Fakultät bestimmte Lehrkräfte. Meist findet persönliche Vorstellung der Bewerber statt, die nach den vorgelegten Zeugnissen usw. in die engere Wahl gekommen sind. Reifezeugnis, soziale Verhältnisse und persönlicher Eindruck ergeben die vornehmlichen Kriterien. Die Zusammensetzung der Kommissionen gibt eine sichere Gewähr gegen subjektive Entscheidungen oder Begünstigung. Der Gesichtspunkt politischer Bewertung, der nach 1945 stark ins Gewicht fiel, ist durch die altersmäßige Verschiebung bei den Bewerbern praktisch fortgefallen. — Der zweite Vorteil des Numerus clausus ist die indirekte Berufslenkung. Ohne die Zulassungsbeschränkungen würden in Heidelberg ohne Zweifel an die 10 000 Studenten studieren. An andern Universitäten wäre die Lage ähnlich. Daß eine solche Vermehrung der Studentenzahl — abgesehen von den Unterkunftsschwierigkeiten — angesichts der zur Verfügung stehenden Plätze in den Laboratorien usw. und der Lehrkräfte zu einer verhängnisvollen Senkung des Niveaus und der Leistung führen würde, ist nach dem oben Ausgeführten einleuchtend. Doch läge die Gefahr nicht allein darin, sondern auch in einem Überangebot von Absolventen, die einen Beruf suchen. Damit ist ein Problem berührt, das über die Kompetenz der Universität hinausgeht. Denn sie kann die Frage nicht beantworten, ob eine tatsächliche Gefahr der Bildung eines sog. akademischen Proletariats besteht, das an der geistigen Vorbereitung der nationalsozialistischen Herrschaft seinerzeit so stark beteiligt war. Daß z. Z. ein Überangebot an Medizinern, Juristen, Philologen besteht, ist natürlich bekannt. Ein fachkundiges Urteil steht aber nur dem zu, der die Altersschichtung in den Berufen genau überblickt, die möglicherweise für die Jüngeren relativ „günstig“ ist. Vor allem müßte auch die wirtschaftliche Entwicklung Deutschlands voraussehbar sein, um zu entscheiden, ob nicht in kurzem die z. Z. überzähligen Akademiker „aufgesogen“ werden können.

Eines muß aber betont werden: die Überlegungen über eine mögliche „Proletarisierung“ der Akademiker und die Maßnahmen, die man dagegen trifft, haben eine stillschweigende Voraussetzung, die nämlich, daß die Universität in erster Linie für Berufe ausbilde. Setzt man an Stelle dieser Voraussetzung die andere, daß die Universität zugleich die Aufgabe habe, ihr Bildungsgut möglichst vielen mitzuteilen, also mit der Intensität der Forschung und Berufsschulung die Extensität der Bildung zu verbinden, so würden die Befürchtungen wegen der drohenden „Proletarisierung“ an Berechtigung verlieren. Aber das würde wiederum nicht nur eine veränderte Universitätsstruktur bedingen, sondern auch eine gesellschaftliche Ordnung, in der der Anspruch auf spezifische Berufsausübung auf Grund spezifischer Examina eine geringere Rolle spielte, als sie es heute tut.

Damit ist auch einer der möglichen Nachteile des Numerus clausus-Systems berührt. Ein weiterer Nachteil liegt auf der Hand: er besteht in dem Widersinn, daß die qualitative Auslese einer zweiten Reifeprüfung gleichkommt, wenigstens in den Ländern, die, wie Nordwürttemberg-Nordbaden, mit dem erteilten Abitur die Hochschulreife ohne Einschränkung aussprechen. Die Verantwortung der Höheren Schule müßte wieder ganz hergestellt werden, ev. zeitweise mit einer beweglichen Hochschulqualifikation, die sich — wenn man dies erstrebt — der Kapazität der Hochschulen und des Berufslebens in einem gewissen Grade anzupassen hätte.

Über verschiedene interessante Sonderprobleme geben die bisher erwähnten Zahlen über Zulassung und Frequenz keine Auskunft: die landschaftliche Herkunft der Studenten, ihre Altersschichtung, ihre soziale Provenienz und ihre materielle Lage.

Nach einer statistischen Erhebung des Universitätssekretariats kommen die deutschen Studenten, die im Wintersemester 1949-50 in Heidelberg eingeschrieben waren, aus folgenden Ländern:

| | |
|---|---|
| Nordbaden | 1809 |
| Nordwürttemberg | 313 |
| Bayern | 181 |
| Hessen | 290 |
| Bremen | 34 |
| Nordrhein-Westfalen | 379 |
| Niedersachsen | 152 |
| Schleswig-Holstein | 70 |
| Hamburg | 41 |
| Rheinland-Pfalz | 332 |
| Saar | 52 |
| Südbaden | 99 |
| Südwürttemberg | 24 |
| Russ. Zone | 243 |
| Großberlin | 74 |

Wenn die Zahl der nordbadischen Studierenden auch unter 50% liegt, ist ihre Zahl doch relativ hoch. Der allgemeine Rückgang des Studiums, der in diesem Sommersemester fühlbar wird, läßt hoffen, daß sich für die Nordbadener mehr Möglichkeiten ergeben, wenigstens 1 bis 2 Semester an andern Hochschulen zu studieren; umgekehrt würde die Universität Heidelberg durch die Belebung und Anregung, die ein stärkerer Zugang aus anderen Ländern bedeutet, gewinnen. Die Zahlen aus Nordwürttemberg, Südbaden und der Pfalz lassen vermuten, daß die Universitäten der betreffenden Länder — teils durch angestammten Brauch, teils durch Lage, schließlich auch durch Vergünstigungen — den größten Prozentsatz der dortigen Studierenden an sich ziehen.

Die Veränderung in der altersmäßigen Zusammensetzung der Studenten spiegelt sich auch in den statistischen Daten, die aus Heidelberg für das vergangene Wintersemester vorliegen; die 264 ausländischen Studenten sind in die Berechnung mit aufgenommen, die Zahlen wären also unwesentlich zu modifizieren. Der Prozeß, der in 2 bis 3 Semestern seinen Abschluß erreicht und zu normaler Altersschichtung zurückgeführt haben wird, ist sichtlich noch im vollem Gang. Mit etwa 2000 sind die „Normaljahrgänge" schon zu fast 50% an der Gesamtzahl beteiligt; die 25—27 jährigen halten mit über 1300 ein starkes mittleres Kontingent; noch über 1000 Studenten sind älter als 27, darunter an die 300 über 31. Daß diese Altersordnung der Semesterhöhe fast genau entspricht, ist selbstverständlich. Dem Strukturwandel in der Studentenschaft, der sich in der laufenden Entwicklung spiegelt, wird die Universität ihre Aufmerksamkeit schenken müssen; er schließt pädagogische, wissenschaftliche, politische Probleme in sich. Es wird eine Aufgabe, und keine Selbstverständlichkeit sein, daß das gute Verhältnis zwischen Professoren und Studenten, das sich z. T. durch die größere Altersnähe und durch gemeinsame Erfahrung erklärt, fortdauert, wenn die Kriegsgeneration die Universität verlassen hat.

Über die soziale Herkunft der Studenten macht die Statistik des Universitätssekretariats, die hier wiederum die Ausländer mit umfaßt, folgende Angaben unter dem Stichwort „Beruf des Vaters":

| | | | | | |
|---|---|---|---|---|---|
| Beamter | 1819 | Angestellter | 782 | Arbeiter | 106 |
| Landwirt | 144 | Handwerker | 169 | Fabrikant | 138 |
| Kaufmann | 407 | Freier Beruf | 783 | berufslos | 19 |

Auf mögliche Fehlerquellen in dieser Statistik sei zunächst hingewiesen. Die Berufsbezeichnung ist teilweise zu starr, so geht der Anteil der Kinder aus Akademikerfamilien nicht daraus hervor, da unter den Rubriken „Beamter", „Fabrikant", „Kaufmann" eine Anzahl von Akademikern enthalten sind; es ist also nicht Bestimmtes darüber zu erfahren, welche Rolle die innere Kontinuität für die Zukunft des akademischen Lebens spielt. Der zweite Mangel der Statistik ist, daß sie kein Urteil über die Dynamik des Herkunftselementes erlaubt: man erfährt nicht, ob gewisse Gruppen im Zunehmen oder Abnehmen begriffen sind. Gleichwohl lassen sich aus der Aufstellung gewisse Schlüsse ziehen. Der Anteil der Akademikerfamilien dürfte recht hoch liegen; das ist begrüßenswert: die Kontinuität der häuslichen Bildungsatmosphäre und die Kumulierung von Erbeigenschaften kann dem Niveau der Universität nur zugutekommen. Dieses wichtige Element der Konstanz sollte aber durch ein anderes Element wirksamer ergänzt werden: die Heranführung frischer Kräfte und Energien. Soziologisch betrachtet heißt das, daß die Studentenschaft in ihrer Zusammensetzung eine stärkere Beteiligung der nichtakademischen Volksschichten, vor allem aus den Kreisen der Arbeiter und Bauern aufweisen müßte, als die obige Statistik zu erkennen gibt. Niemand wird an eine Art von sozialer Aufschlüsselung denken, um so weniger als der Anteil der Söhne und Töchter aus Bauern- und Arbeiterfamilien nach dem Einzugsgebiet einer Hochschule variieren wird. Daß die Zahl von 106 Studenten, die ihre Väter als Arbeiter bezeichnen, relativ genommen, niedrig ist, wird man aber ohne weiteres zugeben. Hier stellen sich für die Universität wichtige Zukunftsaufgaben. Sie kann sie in der nächsten Zeit durch eine stärkere Beteiligung am Ausbau von Unterrichtsformen lösen, welche Begabte zum Hochschulstudium vorbereiten; sie kann sie auf die Dauer nur im Benehmen mit der Höheren Schule lösen, die den Kindern aus weniger bemittelten Bevölkerungskreisen, etwa im Zusammengehen mit den Gewerkschaften, mehr Freistellen als bisher zur Verfügung stellen müßte. Während des Hochschulstudiums könnten Institutionen wie die „Studienstiftung des deutschen Volkes“ diese Studenten aufnehmen. Die Kompetenz der Hochschule in der qualitativen Beurteilung müßte unangetastet bleiben. Die Gefahr einer neuen Art von Berechtigungswesen ist nicht zu übersehen.

Die Notwendigkeit, daß die Universität sich der Fragen, die mit der sozialen Herkunft der Studenten zusammenhängen, in konstruktiver Weise annehmen muß, erhellt aus einer weiteren Überlegung. Die Statistik über die Bewerbung zum Studium und über die väterlichen Berufe kann naturgemäß nichts aussagen über die Bewerber, die — nach der Erfahrung der letzten Semester in steigender Zahl — nach der Bewerbung (und oft nach der Zulassung) wieder zurücktreten bzw. über die Abiturienten, die auf eine Bewerbung überhaupt verzichten. In beiden Kategorien werden Anwärter zum Studium enthalten sein, deren Verzicht für die Universität einen Verlust bedeutet. Die Zurücktretenden zu erfassen, hat sich wegen der Schwerfälligkeit eines solchen Verfahrens und wegen der zu geringen Stipendienmittel, welche die Universität anzubieten hätte, als undurchführbar erwiesen. Von der zweiten Kategorie erfährt die Universität nichts. So ist sie z. Z. außerstande, der Tendenz zu einer Studentenauslese nach Maßgabe der elterlichen Geldmittel entgegenzuwirken.

Im ganzen gesehen hat sich die materielle Lage der Studenten nach der Währungsreform erheblich verschlechtert. Von der wirtschaftlichen Besserung hat nur ein ganz geringer Teil Vorteil ziehen können, das lehrt auch die Statistik über den Beruf des Vaters. Indirekt hatten diejenigen Heidelberger Studenten zunächst aus der Wirtschaftsbelebung einen Gewinn, die ihr Studium durch dauernde oder durch Ferienarbeit finanzierten. Die erhöhte Arbeitslosigkeit, gerade in Nordbaden, die Entlassungen von Angestellten und Hilfskräften bei der amerikanischen Militär- und Zivilverwaltung haben solche Vorteile — die für das Studium sowieso nur sehr bedingte waren — längst wieder beseitigt. Die statistischen Angaben, wie sie wiederum für das vergangene Wintersemester vorliegen, geben vom tatsächlichen Leben der Studenten eine unzureichende Vorstellung, wenn nach dieser Erhebung Eltern und Dritte die Finanzierung von 3028 Studenten tragen sollen, während 400 Studenten ihr Studium durch öffentliche, 939 durch eigene Mittel, d. h. Verdienst, finanzieren. Eine Erhebung, die das Collegium Academicum vor einem Jahr machte, eignet sich zwar auch nicht zur Verallgemeinerung, weil der Anteil wenig bemittelter Studenten dort relativ hoch ist. Trotzdem kommt den Angaben, die sie enthält, symptomatische Bedeutung zu. Von 142 Kollegiaten, die befragt wurden, haben 37% weniger als 50.— DM für Lebensunterhalt, Kleidung usw. zur Verfügung, 30% zwischen 51.— und 85.— DM. Ein weiterer Beitrag zur tatsächlichen Lage ergibt sich aus den finanziellen Zuwendungen und aus der Beanspruchung von Einrichtungen des Studentenwerks wie der Mensa. Geldliche Unterstützung von staatlicher Seite erfolgte, abgesehen von der Soforthilfe, in der Form von Gebührenerlaß, Staatsstipendien und Erziehungsbeihilfen. Diese Leistungen konnten seit der Währungsreform erheblich gesteigert werden. So wurden im Wintersemester 1949/50 von 1200 Anträgen auf Gebührenerlaß über 1100 so genehmigt, daß die Antragsteller — im Durchschnitt — nur etwas mehr als 1/4 der Gebühren zu bezahlen hatten; von 504 Anträgen auf Gewährung eines Staatsstipendiums wurden 335 positiv beschieden, wobei über 30 000.— DM ausgeworfen wurden. Eine neue Unterstützungsmöglichkeit bot die sogenannte Erziehungsbeihilfe, die 202 Antragstellern insgesamt 42 370.— DM zur Verfügung stellte; 130 Anträge mußten abgelehnt werden. Die Leistungen der Soforthilfe beliefen sich — wiederum im Wintersemester 1949/50 — bei ca. 150 Antragstellern auf 81 000.— DM. Hinzu kommen die finanziellen Leistungen der Studentenhilfe (Studentenwerk), der z. B. im Rektoratsjahr 1948/49 an 10 000.— DM stipendienartige Förderungen und gegen 50 000.— DM darlehensartige Förderungen zu danken sind. Die Aufnahme in die „Studienstiftung des deutschen Volkes" erlaubt einer Anzahl von besonders qualifizierten Heidelberger Studenten, ihr Studium ohne unmittelbare materielle Not durchzuführen. Die Universität schuf sich 1949, auf Initiative des damaligen Rektors Prof. *Geiler*, in der „Vereinigung der Freunde der Studentenschaft der Universität Heidelberg" eine eigene Hilfsorganisation, die durch Mitgliederbeiträge, Spenden, Konzerte, Theateraufführungen und eine Verlosung Mittel zur Unterstützung von Studenten aufzubieten vermochte. Spenden von amerikanischer Seite haben die materielle Lage der Studenten ebenfalls wesentlich verbessern helfen. — Den Leistungen der Mensa kommt eine nicht weniger große Bedeutung zu. Der Rechenschaftsbericht des letzten Rektoratsjahres gibt 300 000 ausgegebene Essen an, von denen 29 000 als Freitische zur Verfügung standen; dazu kommen täglich 4000 Hooverspeisungen. Diese Leistung ist auf Grund eines seit 1949 erhöhten staatlichen Zuschusses von 112 000.— DM pro Jahr möglich geworden. Doch auch diese Angaben erhalten ihre effektive Bedeutung erst, wenn man sie interpretiert. Dann erst treten die ungeheuern materiellen Schwierigkeiten, mit denen der Student zu kämpfen hat, richtig in Erscheinung. Die Disproportion in der Anzahl der ausgegebenen Mittag- und Abendessen erweist nämlich, daß sich viele Hunderte von Studenten ein Abendessen zu 50 oder 60 Pfennigen nicht leisten, sondern sich nach der unentgeltlichen Hooverspeisung ein bescheideneres und noch billigeres Abendbrot auf ihrer Bude selbst bereiten.

Der materiellen Hilfe für Studenten dienen schließlich die beiden Studentenwohnheime, vornehmlich für Kriegsversehrte, die vom Studentenwerk verwaltet werden. Das zweite dieser Häuser ist in der Berichtszeit geöffnet worden. Das gleiche gilt für die Keller-Thoma-Stiftung für evangelische Studenten. Zusammen mit dem Theologischen Studienhaus stehen in diesen vier Heimen 235 Betten zur Verfügung.

Die Gründung des Collegium Academicum fällt in das erste Rektoratsjahr nach der Kapitulation. Diese Universitätsinstitution, deren Charakter im Bericht von 1947 schon geschildert wurde, brauchte hier nicht wieder ausführlich besprochen zu werden, wenn ihr nicht in der Diskussion über die Neugestaltung des studentischen Gemeinschaftslebens eine besondere Bedeutung zugekommen wäre. Die materielle Situation des Collegium — um dies vorwegzunehmen — hat sich zwar gegenüber den Anfängen etwas gebessert, seit die Unterrichtsverwaltung es durch fixe Etatmittel unterstützt und damit als Universitätsinstitution anerkannt hat. Aber die Verzögerung der Entscheidung über die Besitzrechte an dem Haus Seminarstr. 2, das schon früher Universitätsanstalten beherbergte — eine Frage rein formeller Klärung zwischen Bund und Land —, hat die nötigen baulichen Veränderungen bisher nicht einzuleiten erlaubt; durch leicht zu bewerkstelligende Umbauten soll eine ausreichende Anzahl von Einzelzimmern gewonnen werden. Für die Einrichtung dieser Räume, die noch immer äußerst dürftig ist, müßte ebenfalls eine beträchtliche Summe aufgewendet werden, doch sind die Aussichten hierfür günstiger.

Die Universität hat für das Collegium Academicum ein Kuratorium bestellt, dem der Leiter verantwortlich ist. Mit bemerkenswerter Kontinuität, die bei einem Selbstverwaltungskörper mit wechselnder persönlicher Verantwortung nicht selbstverständlich ist, hat die Universität an dem Gedanken des Collegium festgehalten und gelegentliche Widerstände zu beseitigen vermocht. Diese Idee, die Bildung einer größeren, sich selbst verwaltenden studentischen Gemeinschaft aus allen Fakultäten, die durch das gemeinsame Leben zusammengehalten und von einem Leiter beraten wird, braucht hier so wenig erörtert zu werden wie der Unterschied zwischen einer solchen Lebensgemeinschaft und einem reinen Wohnheim. Es ging und geht der Universität vor allem darum, durch die Existenz einer solchen Institution zu erweisen, daß heute studentische Gemeinschaftsformen möglich sind, die dem Bedürfnis nach Zusammenschluß genügen und doch auf die traditionelle Struktur der Korporationen verzichten. Dem englisch-amerikanischen College ist das Collegium Academicum in gewissem Grade verwandt.

Von verschiedenen Seiten ist gelegentlich der Einwand erhoben worden, eine Gemeinschaftsform, wie sie das Collegium darstellt, käme einer neuen Kasernierung gleich. Was das Collegium, trotz mancher Unvollkommenheiten, als eine lebendige, freiheitliche Institution in den vergangenen Jahren gewesen ist, spricht ebenso gegen eine solche Deutung wie die Tatsache, daß kaum sonstwo an der Universität die Berührung zwischen Dozenten und Studenten enger und nachhaltiger gewesen ist. Noch besteht keine einheitliche Meinung darüber, ob der Gemeinschaftstypus, wie ihn das Collegium repräsentiert, *eine* neben andern Formen des studentischen Zusammenschlusses sein soll oder ob er das Muster für eine künftige allgemeine Gestaltung des Universitätslebens werden kann. Auch wer der liberaleren Auffassung anhängt, müßte die politische Kraft im Sinne eines echt demokratischen Zusammenlebens erkennen, die einer Institution wie dem Collegium innewohnt, und sie darum fördern. Die Anhänger einer collegeartigen Umgestaltung der Universität sollten erwägen, ob nicht die „geschlossene“ und die „offene“ Form studentischen Lebens — als Abbild des sozialen Daseins — verbunden werden könnte, etwa so, daß die ersten Semester in Gemeinschaften, die späteren, durch Arbeit mehr belasteten, in der Form freien Wohnens verbracht würden.

Die Fragen des studentischen Lebens hat Bundespräsident Heuß bei seinem Besuch in Heidelberg im vergangenen Winter in einer Ansprache an die Studenten freimütig und mit richtungweisenden Ideen diskutiert. Das Hauptproblem ist dabei, in welcher Form und in welcher Bindung an die Universität die Traditionskorporationen weiterexistieren sollen. Nach 1945 sind zunächst eine Reihe freier studentischer Zusammenschlüsse gebildet worden, in denen in der Regel Studenten und Studentinnen vertreten waren. (Es sei erwähnt, daß sich der Anteil der immatrikulierten Studentinnen in den letzten 3 Semestern mit einem starken Viertel fast unverändert gehalten hat.) Diese neuen Vereinigungen verspüren z. Z. die Folgen des altersmäßigen Umschichtungsprozesses, von dem oben die Rede war. Vornehmlich als Diskussionskreise entstanden, dienten sie der gemeinsamen Aussprache über Fragen, welche die Kriegsgeneration beschäftigten und über die sie Klarheit suchte. Den jüngeren Studenten sind diese Probleme zum größten Teil fremd geworden. Den Schwierigkeiten der Überbrückung dieser Generationskluft sind manche dieser Gruppen erlegen oder sie kranken bedenklich an ihnen.

Die Frage der Lizenzierung und damit Anerkennung der Traditionskorporationen hat die Universität in den vergangenen Semestern stark beschäftigt. Eine Zulassung dieser Gruppen wäre unbedenklich gewesen, wenn die Universität selbst hätte Häuser und Heime zur Verfügung stellen können, um dem Bedürfnis der Studenten nach Zusammenschluß Formen zu geben, die den veränderten sozialen und politischen Gegebenheiten in Deutschland besser entsprechen als der von den Traditionskorporationen meist empfohlene und geförderte Stil. Dem stehen unüberwindliche Schwierigkeiten entgegen; selbst für ein universitätseigenes, für Klubräume geschaffenes Gebäude wie das Buhlsche Haus sind Mittel zur Einrichtung kaum zu beschaffen. Die Universität hat das Problem der Verbindungen kürzlich in der Weise zu lösen versucht, daß sie die Lizenzierung aufhob und in Disziplinarbestimmungen ein Verbot des Farbentragens in der Öffentlichkeit und der Bestimmungsmensuren aussprach. Damit ist die Gefahr, die das ausdrückliche Verbot bestimmter Verbindungen in sich schließt, ebenso vermieden wie die der Legitimierung gewisser Korporationen, die ihnen ein Gewicht gäbe, das ihnen schon im numerischen Verhältnis zu den übrigen Studenten nicht zukäme. Es ist damit in die freie Bestimmung der Studierenden gestellt, die seit 1945 gepflegten Formen gemeinschaftlichen Lebens zu intensivieren oder sich Vereinigungen im Stil der Vergangenheit anzuschließen, deren möglichen Auswüchsen die Disziplinarbestimmungen eine klare Grenze setzen.

### *III. Universität und Ausland*

Die Verbindungen mit dem Ausland haben sich seit 1947 enger gestaltet. Natürlich nicht bloß in Heidelberg. Doch waren hier die Voraussetzungen, vor allem durch die traditionelle Beziehung zur angloamerikanischen Welt, besonders günstig, Kontakte schneller herzustellen. Die Atmosphäre, in welcher jetzt der Austausch von Personen und Gedanken erfolgen kann, ist beruhigter geworden, die Aussprache unmittelbarer, selbstverständlicher und freier. Noch ist die freundliche Geste der Züricher Universität unvergessen, die Anfang 1947 eine Anzahl von Heidelberger Professoren zu Gast lud. Schweden folgte nach. Die ersten Studenten, die ins Ausland kamen, waren (über das sogenannte Markgräfler Studium) wieder Gäste der Schweiz. Einladungen nach den Vereinigten Staaten ließen nicht auf sich warten. Französische Stipendienplätze wurden bald danach zur Verfügung gestellt, ein Austausch mit England kam auf breiterer Basis in Gang. Auslandseinladungen an Professoren ergingen seit 1947/48 in steigender Zahl, teils zu längeren Studienaufenthalten, vor allem in den USA, teils zu Kongressen oder Einzelvorträgen nach Schweden, Italien, England, Frankreich und der Schweiz. Ausländische Studienkommissionen besuchten Heidelberg, Gastprofessoren aus den Vereinigten Staaten unterstützten die Tätigkeit der hiesigen Lehrkräfte, Gelehrte und Schriftsteller aus verschiedenen Ländern kamen zu Vorträgen.

Trotz dieser erfreulichen Beweise fruchtbarer und reicher internationaler Begegnungen bestehen noch immer gewisse Schwierigkeiten für einen weiteren Ausbau solcher Beziehungen. So sind die Mittel, die in Heidelberg für Gastvorträge zur Verfügung stehen, so freundlich das Gastprofessorenprogramm von den zuständigen Stellen unterstützt wird, sehr beschränkt. Die sinnlosen Visabestimmungen und der Devisenmangel hemmten bis dahin Auslandsaufenthalte. Vom neu gegründeten Deutschen Akademischen Austauschdienst und der Unesco ist in Zukunft wesentliche Hilfe zu erwarten.

Das Hauptgewicht wird auf der Auslandsarbeit an der Universität selber liegen. Die Auslandsabteilung der Universität Heidelberg, der in den vergangenen Semestern die Sorge für die zahlreichen hier studierenden Ausländer oblag und die sich tatkräftig für den Studentenaustausch einsetzte, ist vor kurzem durch eine zweckmäßige Umorganisierung noch leistungsfähiger gemacht worden. In der neuen Auslandskommission sind Professoren und Studenten vertreten, deren Arbeit ein Beirat unterstützt. Alle Auslandsfragen, vom Austausch bis zu den Ferienkursen, gehören zum Aufgabengebiet dieser Kommission. Da Komitees dieser Art an den andern Universitäten teils schon bestehen, teils gebildet werden, wird auf diese Weise eine tragfähige Basis für die zentrale Auslandsorganisation in Bonn, den erwähnten Deutschen Akademischen Austauschdienst, entstehen.

Ferienkurse hatten schon im August 1947 und 1948 auf Initiative und mit Unterstützung amerikanischer Stellen stattgefunden. Sie dienten ausdrücklich der Fühlungnahme deutscher und ausländischer Studenten, die zu je 50% daran beteiligt waren, und der politischen und sozialwissenschaftlichen Orientierung. Im vergangenen Sommer griff die Universität wieder auf die alte Heidelberger Form der Ferienkurse zurück, durch welche Ausländer mit der deutschen Sprache und, bei fortgeschrittener Sprachbeherrschung, mit Gegenwartsfragen der deutschen Literatur, Kunst, Wirtschaft und Politik vertraut gemacht werden. Dieses Programm führt der Ferienkurs im kommenden Sommer in weiterem Rahmen durch. Die Frage, ob nicht ein Kursus unter Beteiligung deutscher Studenten und mit einem wissenschaftlichen Hauptthema zu bevorzugen wäre, wurde diskutiert, aber schließlich verneint. Gerade im Nebeneinander verschiedener Kurstypen wird sich die Auslandsarbeit der deutschen Universitäten fruchtbar ergänzen.

Die Tätigkeit der Heidelberger Gruppe des ISS (International Student Service), in der sich Professoren und Studenten regelmäßig zu Aussprachen über allgemeine Hochschulfragen unter dem Aspekt ihrer internationalen Zusammenhänge treffen, stellt eine freie Ergänzung der Auslandskommission dar.

Der hier erstattete Bericht hat sein Anliegen erfüllt, wenn er im Leser den Eindruck hinterläßt, daß Heidelberg, im Verein mit seinen Schwesteruniversitäten, um eine lebensvolle Fortführung der Hochschulaufgaben bemüht war und ist.

*(Professor Dr. Gerhard Hess, Heidelberg, Bergstraße 44.)*

STUDIUM GENERALE

Heft 10 September 1950 3. Jahrgang

# Versuch über die menschlichen Gesellschaften und das Gewissen.

Herman Nohl zum 70. Geburtstag.

Von
EDUARD BAUMGARTEN

Inhalt:



Gewissen muß in den Anfängen der Geschichte der Menschen nach allem, was wir über das Leben von Primitiven teils wissen, teils einleuchtend schließen, eine nahezu eindeutige Funktion der Gesellschaft, der ein Mensch als Glied angehörte, gewesen sein. Gut und recht war gleichbedeutend mit dem was gemeinsamer Brauch war.

Dieser gemeinsame Brauch wurde allerdings dem Leben der Individuen nicht wie willenlosen Wachsplatten aufgedruckt, sondern bedeutete eine Auswahl und Prämiierung angeborener Bereitschaften (z. B. große konstitutionelle Lenkbarkeit sehr vieler Einzelanlagen; dialogisches Vorstellungsvermögen) und angeborener, gesellschaftliches Handeln allererst ermöglichender Antriebe i n den Individuen selbst (Gattungspflege-, Kumpan-, Kampf- und Rangkampf-„Instinkte" usw.). Bestimmte andere, den Individuen gleichfalls angeborene Antriebe (Führungs- und Gefolgschafts-„Instinkte" usw.) sorgten ferner dafür, daß, mittels ihrer Ausformung zu „verteilten" sozialen „Rollen", darüber gewacht wurde, daß die Gewöhnung Aller an ausgewählten Brauch gelang und fortdauerte, — „gelang": vor allem in dem Sinne, daß kein Gedanke daran aufkommen konnte, vom Individuum her gesellschaftlichen Brauch absichtsvoll außer Kraft zu setzen und zu ändern. Geschah dies unversehens, so wurde Neuerung unter alten Titeln und Sanktionen oder als Weissagung von Zauberern (später: Propheten) rezipiert.

(Wir wagen die genannten Antriebe höchstens in Anführungszeichen als „Instinkte" zu bezeichnen als seien sie einzeln greifbar. Von den angedeuteten, nur ex post festum (im fertigen Resultat) wahrgenommenen Impulsrichtungen können wir beim Menschen nicht eine einzige als „Instinktbewegung" experimentell isolieren. Wir treffen sie nur im Gewebe von ausgeformten *Gewohnheiten* als darin schon verarbeitet und weitgehend neutralisiert an. „Instinkt" als tierischer läßt sich gerade n i c h t neutralisieren. Das gehört zu seiner Definition. Merkwürdigerweise treffen aber exakte (Lorenzsche) Definitionen der „Instinkthandlung" auch auf bestimmte Verlaufsweisen menschlicher Gewohnheiten zu (siehe unten sub 4), so daß unser Sprachgebrauch und Gefühl, daß in unsern Handlungsweisen noch echte „Instinkte" wirken, halbwegs bestätigt wird, wenn auch noch keineswegs auf zufriedenstellende und exakte Weise.)

Unter diesen Umständen war das Gewissen des Einzelnen wahrscheinlich identisch 1. mit *Aufmerksamkeit* auf das, was in diesem unterschiedslosen Sinne zugleich „Sitte" und (zwingendes) „Recht" war, 2. mit der *Furcht*, bei irgendeinem hiervon abweichenden Verhalten betreten, verrufen, an Leib und Leben bestraft zu werden. Das in diesem Sinne „soziale" Gewissen war gleichzeitig erweitert und vertieft zu „religiösem" Gewissen durch die Furcht vor den Gottheiten, die dieses ‚gemeine' Recht: die sozial ohnehin sich fixierenden Gebräuche nun als zu heiliger Sitte vollends gefestigte, unter ihrer schützenden und strafenden Kontrolle hielten. Die früher oder später einsetzende, rasch oder langsam fortschreitende arbeitsteilige und herrschaftsmäßige Differenzierung geschlossener primitivster menschlicher Gesellschaften in je mehrere Gesellschaften neben- oder ineinander, gab zwei verschiedenen Möglichkeiten Raum: 1. Verengung des Gewissens zum Gewissen irgend e i n e r der sich so herausdifferenzierenden Gesellschaften; 2. Sprengung des Gewissens, soweit einzelne Individuen sich gleichzeitig mehreren dieser differenzierten Gesellschaften angehörig betrugen und fühlten. Längst vor der vollen, spezifisch modernen, Realisierung der letzteren Möglichkeit war die Grenze zwischen dieser und der ersteren grundsätzlich flüssig. Der Angehörige z. B. einer niederen K a s t e *wußte* von der Grenze, die die seinige von höheren trennte; sein verengtes Kastengewissen schloß unter Umständen den dieses Gewissen sprengenden Glauben an Wiedergeburt in höherer Kaste ein und zwar, näher noch, den Glauben an gesteigerte Chancen hierfür je nach dem Maß seiner Gefügigkeit in d i e s e m Leben in seine j e t z i g e Kaste. Auch hier schon also spielte die zweite Möglichkeit — als Möglichkeit künftiger Zugehörigkeit zu a n d e r e r Kaste — in die starre Bindung des Gewissens an die jetzt e i n e herein und war, wo immer solcher Wiedergeburtsglaube bestand, schon hier und jetzt wenn auch nur negativ realisiert, oft als gesteigerter (aber eben religiös zugleich *gefesselter*) H a ß gegen andere Kasten, mindestens als bewußte und willentliche Distanz gegen sie — durch welchen Haß oder Distanz die erforderte Loyalität zur eigenen einen aktiv erleichtert und, ineins mit den Jenseitschancen des Überwechselns in eine andere, vollends gesichert wurde. Hier ist ersichtlich die Tendenz zur Sprengung des Gewissens praktisch abgefangen: es gelingt der Gegentendenz (der Schließung oder Verengung) die Wirkung der genannten Glaubensweisen zu ihren Gunsten zu verkehren. Das exklusive Kastengewissen wird durch den Wiedergeburts- und Aufstiegsglauben nicht abgeschwächt — für hier und jetzt — sondern befestigt.

Wo immer, umgekehrt, durch freie Entwicklungen von arbeitsteiliger innerer Ökonomie, Außenhandel und Verkehr, lockerer differenzierte Gesellschaften sich bilden und einander überschneiden, gleichzeitig militärische und herrschaftsmäßige Organisationen aller Art zusätzliche Über- und Unterordnungen stiften, kommt es zu gleichzeitiger Zugehörigkeit eines Individuums zu mehreren Gesellschaften; dies gibt ihm eine Stellung z w i s c h e n ihnen, verleiht ihm gegen jede von ihnen inneren Abstand. Von jetzt ab hat Gewissen die volle praktische Möglichkeit, sich von verschiedenen Erfüllungsrichtungen her anrufen zu lassen. In je mehreren Gesellschaften ein Individuum teilnehmendes Mitglied wird, desto reicher wird sein Gewissen — desto mehr wächst, zugleich mit dem inneren Abstand gegen jede einzelne Gesellschaft die Möglichkeit des Vergleichens, der Wahl. Gewissen wird hierdurch zu einer Instanz der zwischen ihren Gesellschaften vereinzelten P e r s o n. „Daß der Mensch in seiner Vorstellung das Ich haben kann, erhebt ihn unendlich über alle andere auf Erden lebende Wesen“ (Kant) — diese „Unendlichkeit“ des Ich kann jetzt ins Spiel kommen. In der Freiheit der Phantasie, die sich die verschiedenen Gesellschaften als eigene Möglichkeiten vor den Blick bringt, wird Gewissen individuelles oder autonomes Gewissen, Gewissen des Ichs. Es entwickelt sich eine Ethik, die nicht mehr gebietet: handle wie deine Gesellschaft es erwartet, sondern: bilde Gewohnheiten und Bereitschaften in Dir aus, wie sie Dir selber, vergleichsweise — d. h. nach „Vernunft“ — am besten erscheinen. Diese historische Entwicklung zum Gewissen der freien Person, die bei den Sophisten, bei Sokrates und anderwärts vorkommt und in neueren Zeiten in der Kantischen Philosophie ihren zugespitztesten Ausdruck und den Versuch einer allgemeingültigen metaphysischen Begründung hervorgetrieben hat, ist inzwischen bis zu einem gewissen Grad rückläufig geworden. Es zeigt sich, daß das vom individuellen Gewissen her, nach vernünftig-einsichtigen Modellen gesteuerte Handeln in Widerstreit geriet mit zwangsläufigen sozialen Verhältnissen (Klassenbildungen und Massenlagen), die sich nach den individuell ausgedachten Möglichkeiten und Idealitäten persönlicher Ethik und Psychologie nicht richteten, diese vielmehr in der Wirklichkeit des öffentlichen Handelns ihrem Mißbrauch zuführten, — mit dem Resultat, daß schließlich eine weitgehende Unterwerfung der freien Bestrebungen und Denkweisen der Einzelnen unter die nun freilich scharf gegensätzlichen Forderungen und „Ideen“ rivalisierender „Gesellschaften“ (Bürgertum, Proletariat) nicht nur faktisch neuerdings wieder überhand nimmt, sondern als eigene G e w i s s e n s - Sache den Individuen, deren Selbstbewußtsein und Zustimmungsvorbehalt immerhin fortgilt, zugemutet wird. Die neuere Geschichte zeigt infolgedessen eine Entwicklung vom selbstbewußten (naivfreiheitlichen) Individualismus fort zum räsonnierenden Sozialismus — und der räsonnierenden Abwehr gegen ihn.

Die historischen Prägungen des Gewissens lassen sich aus seinem heute erfahrbaren Wesen nicht austreiben. Zugleich aber erscheinen alle ideologischen Fixierungen wie „Individualismus“ oder „Sozialismus“ nur als parteiische Erhebungen von Teilmomenten zu Ganzen.

Die folgende Analyse der Phänomene und die an das unmittelbar sich Zeigende angeschlossenen psychologischen und biologischen Hypothesen zur Genealogie der Phänomene fördern einen Begriff des menschlichen Individuums und der menschlichen Gesellschaft zutage, vor dem die genannte Alternative ihr doktrinäres Gewicht — wenigstens nach der theoretischen Seite — großenteils einbüßt. Vom Individuum wird gezeigt, daß es in seiner innersten menschlichen Potenz: als Ich, *sprechendes* Ich und insofern ursprünglich gesellig ist; von der Gesellschaft, daß sie, als menschliche, noch ehe in ihr „geredet“ wird, auch ihrerseits schon *Sprachform* hat und dadurch — in jene Lebendigkeit des Individuums hereingezogen und integriert — im Ich sowohl ihre Macht ausübt wie ihrer eigenen Verwandlung unterworfen wird.

Dies wird demonstriert am Phänomen des Gewissens. Hierbei ergeben sich für eine Theorie des Gewissens als solchem wenigstens einige Anhaltspunkte.

Es zeigt sich, daß das Gewissen im Ich des einzelnen Individuums residiert, seinem Inhalt nach aber auf Sachverhalte und Möglichkeiten gerichtet und an Vorstellungen orientiert ist, an deren Zustandekommen sowohl wie jetzigem Bestehen und Gelten seine Gesellschaft und Gesellschaften, d. h. ein längst vor seiner Geburt je vereinigtes Handeln zahlloser anderer Individuen gearbeitet hat und laufend fortwirkt. Diese Trivialität gewinnt theoretisches (auch praktisches) Interesse erst im Zuge ihrer genaueren Darlegung. Erst die genauere Schilderung lenkt auch den Blick auf das, was als angeborene Konstitution der Individuen vorausgesetzt werden muß, damit Gesellschaft durch Individuen entstehe und dauernde, geformte Macht über sie (und zwar wiederum: durch sie selbst) ausüben kann.

Wir legen die Phänomene am bequemsten so auseinander, daß wir verschiedene Aspekte des Gewissens in der Weise gesondert betrachten, wie sie schon als gesonderte in altem und gegenwärtigem Sprachschatz vorkommen.

I. Gewissen als „conscientia".

1. Von Herren eines Komitees, das über Zulassung von Bewerbern entscheidet, sagen einige, die über die persönlichen Folgen der Ablehnung eines solchen bestürzt sind, zueinander oder zu sich selber: sie hätten in der Sache ein „gutes Gewissen".
2. Von Jemandem, der sich oder uns offensichtlich belügt, sagen wir: sein „schlechtes Gewissen" stehe ihm auf dem Gesicht geschrieben.
3. Von Trotzigen, Übeltätern, Mördern heißt es, sie würden von ihrem „bösen Gewissen" so dicht verfolgt, daß sie gegen es zu wüten beginnen.
4. Von spezialisiertem Talent oder eingewöhntem Besitz sagt man, sie machten ihre Eigentümer „gewissenlos".
5. Von einem Menschen, der, sich selber überlassen, einen Auftrag bis ins kleinste, auch nach den Seiten, die kein Vergnügen machen, zu Ende führt, sagen wir: er sei „gewissenhaft".

Der Sprachbrauch kennt — die obigen Punkte zusammenfassend —: die „Stimme des Gewissens" und sagt, daß „das Gewissen richtet".

Unser Versuch fragt zu allen diesen Punkten: welche offenen oder verborgenen Interaktionen müssen zwischen Individuum und seinen Gesellschaften im Spiele sein, daß die genannten, von der Sprache treffend aufgegriffenen Phänomene möglich sind. Gemeinsam wird sich für alle unter I. erörterten Beispiele von Gewissen zeigen, daß es sich in der Tat als „conscientia", d. h. „Mitwisserschaft" erweist, also ein Übergewicht der Gesellschaft über das Individuum in diesen Bereichen des Gewissens stattfindet.

II. Erstlich und letztlich weiß der Sprachgebrauch daß das Gewissen „schuldig spricht". Wo immer der Sprachbrauch Gewissen solchermaßen mit Schuld zusammennimmt, denkt er an eine „Innerlichkeit" der Person, kraft welcher sie sich von Gesellschaft loslöst und in sich selbst „frei" ist — um so allein „schuldbetroffen" sein zu können. Die Anaylse dessen, was der Sprachgebrauch hier eigentlich meint, führt zur Erörterung folgender Zusammenhänge:

1. die ungesellige und die gesellige Innerlichkeit der Person: das Gute der Affekte und das Gute des Gewissens.
2. „Freiheit" und Freiheitsgrade der Person.

## I.

## Gewissen als ‚conscientia'.

### *1. Das „gute Gewissen" des Beamten.*

Das Beispiel zeigt, daß die Bürokratie besondere Möglichkeiten für gutes Gewissen bereit hält. Ohne Ansehen der Person, sine ira et studio, wenden Beamte, in Ausübung ihrer Berufspflicht, Ausführungsbestimmungen (hier: eines Examens) an. Daß eine bestimmte Person etwa unter besonders harten Folgen das Examen nicht besteht, bisherige Pläne aufgeben muß, ruft das Bedauern der Beamten, in besonders gelagerten Fällen ihre Bestürzung hervor. Aber eben hiergegen sind sie zugleich geschützt. „Da sah mancher seine Nachbarn an und begann die Rede" (Homer): daß sie beim besten Willen nicht anders verfahren konnten. Im Verband miteinander versichern sie sich, daß sie recht daran taten, Bestimmungen einzuhalten, Ausnahmen nicht zuzulassen. Gutes Gewissen haben heißt hier nicht mehr als sich miteinander gedeckt zu wissen durch eine Vorschrift, die nach der aufrichtigen Meinung der sie Anwendenden einem einleuchtenden öffentlichen Zweck mit rational vereinbarten, dann anbefohlenen Mitteln dient. Dies ist ersichtlich nur eine moderne Abwandlung des ursprünglichen Gewissens, wo der Einzelne für gut und recht hält was in seiner Gesellschaft als Sitte fixiert ist. Indessen besteht ein Unterschied. Gegen alles rational Vereinbarte lassen sich Einwendungen erheben. Aber eben gegen solche möglichen Einwendungen geschieht es (wie bei Homer, wo auch schon räsonniert wird), daß Menschen „einander ansehen" und dann, gemeinsam abweisend fragen: wo geriete „der Staat" hin, wenn wir uns willkürlich über Regeln und Ordnungen hinwegsetzten?

Spürbar fungiert hier das „gute Gewissen" (mindestens teilweise) als Beruhigung eines „schlechten Gewissens". Klagt nun etwa das schlechte Gewissen der Betreffenden fort: sie fühlten sich weit glücklicher wenn sie dieser Person zu ihrem Ziel hätten verhelfen können statt sie von der Verfolgung desselben auszuschließen; schließlich seien sie nicht nur Beamte, sondern Menschen (sie sagen: „Menschen" und meinen genauer: sich als Individuen in den Rollen irgendeiner andern Gesellschaft als der von Beamten, z. B.: in erweiterter Familienvater-Rolle oder Rolle eines Partners in einer Freundschaft), — so macht sich gerade hiergegen ihr gutes Gewissen von neuem in ihnen geltend: ein geschichtlich gewordenes Sozialsystem könnten Einzelne nicht aus den Angeln heben; auch dieses jetzige System des spezialisierten und examinierten Fachmenschen lasse Spielraum und Ausweichmöglichkeiten; ob der Benachteiligte das Zeug habe, auf Umwegen doch noch in einem seinen Anlagen entsprechenden Beruf sein Glück zu finden, sei seine, nicht ihre Sache. — Falls sie hinter diesen Argumenten doch immer noch Bestürzte sind, bleibt *im* guten Gewissen jedes Einzelnen, das inhaltlich dasjenige seines Herrschafts- und Berufsverbandes ist, zugleich das Gewissen seiner mehr persönlichen Gesellungen als schlechtes Gewissen hörbar.

Das gewählte Beispiel ist harmlos. Formell gleich räsoniert das „Gute Gewissen" in Gefängnisbeamten, Anklagevertretern, Staatsanwälten, Kommandeuren von Bomberverbänden in modernen Kriegen gegen Zivilbevölkerungen usw. bis hinauf (in Graden des Grausens) zu den vereidigten und folgsamen bürokratischen Funktionären von modernen sich veralltäglichenden revolutionär-charismatischen Herrschaftsverbänden massentechnischer und massenpsychologischer Prägung.

Bürokratie ist eine Form der Herrschaft. Das Gute Gewissen ihrer Beamten und anderweitigen Funktionäre wird beim Durchschnitt derselben und erst recht bei den höchstgestellten Exemplaren zu einem immer großen inneren Anteil unterstützt durch die Chancen direkten (eingestandenen oder uneingestandenen) Genusses von Macht und Herrschaft. Macht ist die Fähigkeit, seinen Willen im Verhalten Anderer, selbst gegen deren Widerstreben, durchzusetzen; Herrschaft ist die institutionell gesicherte und spezialisierte Fähigkeit, für einen gegebenen Befehl, einerlei ob persönlicher Art oder streng dienstlichen Inhalts (legitimes Kommando, oder ein ganzes System legitim gesatzten Rechts) bei einer Anzahl von Menschen Gehorsam zu finden. Wofern das Gute Gewissen in Trägern von Macht oder in delegierten Trägern von Herrschaft zugleich als schlechtes Gewissen in ihnen als „Vätern", „Freunden" (oder, wie es mißverständlich heißt: in ihnen als „Menschen") räsoniert, da sind Macht und Herrschaft und die isolierte Lust an beiden aufgestört und unsicher geworden; ihre Träger haben ihre Naivität eingebüßt und sympathisieren mit den Beherrschten oder Machtärmeren soweit sie am Übergewicht der Herrschaft und Macht jener Delegierten keinen eigenen Vorteil und Mitgenuß empfinden können — oder gar sich von ihnen unterdrückt und verfolgt sehen.

Daß sich zusammen mit gutem Gewissen einer Gesellschaft Legitimität für ihre Herrschaftsträger bildet, zeigt jener oben erwähnte flüchtige Vorgang, daß die Repräsentanten eines in einer gesellschaftlichen Situation erwünschten und tunlichen Gewissens (con-scientia) „einander ansehen", um es dadurch zu gewinnen und sich wechselseitige Unterstützung in ihm anzumuten. Dies ist bei Homer die Art, wie sich die Herrschaft dessen bildet, was wir heute „öffentliche Meinung" nennen, die immer in solchen kleinen übersichtlichen Gesellschaften in der genannten Weise anhebt. Es ist eine moderne Spezialität, daß sich öffentliche Meinung im Prinzip beinahe gegen, jedenfalls aber außerhalb von institutionalisierten Herrschaftsverbänden bildet — als Medium der Opposition, der Kontrolle, in der Folge dann freilich immer auch der bedingten Billigung und Unterstützung von Macht und Herrschaft, wie sie heute meist in bürokratischen Bahnen ausgeübt wird. Aber die bürokratischen Befehlsträger selbst, deren Befehlen nach unten immer zugleich ein Gehorchen nach oben und deren Lust am Befehlen immer zugleich eine durch diesen Umstand gefärbte: betont kompensatorische (unsichere) Lust ist, bedürfen um dieser im Zeitalter der Massen zunehmenden Unsicherheit nach unten willen der Ermunterung ihres gemeinsamen („kollegialen") Gewissens und bedienen sich hierzu jenes so elementaren wie flüchtigen Vorgangs, den Homer als den der spontanen Bildung öffentlicher Meinung in den oft wiederkehrenden Versen fixiert hat. Herrschaft hat — immer — ein gut Stück „Gutes Gewissen" allein schon als „gemeinsames Unternehmen". Das gute Gewissen einer Herrschaft ist oft genug nur dieses Formelle: daß die Herrschenden miteinander im primitivsten Sinne des Einverständnishandelns eine „Gesellschaft" sind.

### 2. *Die Prägungen des Fluchtcharakters des „schlechten Gewissens".*

Das schlechte Gewissen von Lügenden ist insofern exemplarisch, als schlechtes Gewissen in jedem Fall Drang zur Flucht vor dem Anblick des Begehens oder fertigen Resultats einer eigenen Handlung und zugleich das Gefühl ist, daß die Flucht mißlingt. Schlechtes Gewissen läßt sich ertappen.

Es wird auch mit gutem Gewissen Wahrheit vorenthalten —: dem Feind, der einen nur auf Gewalt gegründeten oder doch von mir selbst für rechtlos gehaltenen Versuch macht, meine Handlungen seinem Urteil zu unterwerfen —: dem Freund, sofern er — vorübergehend — durch innere oder äußere Umstände verhindert ist, Sinn und Recht des Zwecks meiner Handlungen oder etwa die böse Unvermeidlichkeit eines Teils ihrer Mittel ruhig auf sich wirken zu lassen.

Mit schlechtem Gewissen werden Begehungen und Resultate von Handlungen dann versteckt, wenn der Täter diejenigen, die er zu täuschen versucht, für berechtigte Mitwisser seiner Handlungen hält. Schlechtes Gewissen, sei es vor nur imaginierten, sei es vor bald zu gewärtigenden wirklichen Mitwissern und Richtern, ist als diese innere oder äußere Flucht vor ihnen, die vom Fliehenden zugleich als Verrat an ihrem Recht, mit-zu-wissen, empfunden wird, ein bekannter typischer und regelmäßiger Vorgang und hat als solcher tief in die ursprüngliche Struktur menschlichen Handelns versenkte Wurzeln.

Zum großen Teil entspringt menschliche Aktivität strukturell vagen Antrieben, die zu zahllos vielen, gegenständlich bestimmten Gewohnheiten bildbar sind und auch als ausgebildete Gewohnheit z. T. noch umbildbar bleiben. Auch die zu späterer Festigkeit angeborenen Strukturen reifen — von ganz wenigen sofort oder sehr bald fertigen Instinktbewegungen abgesehen (wie Schreien, Saugen, Greifen, Festhalten, Sich-Kratzen, Lachen) erst allmählich in einer langen Periode der Unfertigkeit und sind in dieser Periode zu weitgehenden Differenzierungen prägbar. Das Entscheidende ist, daß alle, auch die späterhin festesten Strukturen den andern plastisch bleibenden zur Hand gehen, wenn diese alsbald anheben, an ihrem Material und an sich selbst zu experimentieren; und daß zweitens diese Experimente zu einem überwiegenden Teil geführt werden durch Erwachsene, die die so als unfertige Pflegebedürftige geborenen in ihre — teils angeboren instinktive, teils herkommensmäßig, teils intelligent-erfahrungsmäßig geordnete — Pflege nehmen. Angeboren bei den Pfleglingen sind offenbar, zusätzlich zu jenen genannten wenigen Instinktbewegungen, bestimmte Tendenzen eben dieses Experimentierens — (d. i. der Vorform dessen was bei reiferen Menschen „denken" genannt wird) —: insonderheit drei Tendenzen.

1. Triebhaft angesetzte, spielende Handlungen, die in irgendeinem organgerechten oder auch (unspezifisch) rhythmisch-gestaltgerechten Sinne gelingen, in Erfolgsbildern festzuhalten, die Handlung auf das Erfolgsbild hin, von ihm her gezogen und gezügelt, zu wiederholen.
   Beispiele: vorsprachliches Experimentieren in rhythmischen oder harmonischen Lautbildungen; Sitz-, Steh- und Gehversuche.
2. In der Wiederholung scheiternde Handlungen zum Anreiz zu nehmen, eben sie, an den Punkten ihres Fehllaufs, in solche zurechtzubiegen, die spürbar zum Erfolgsbild hin laufen.
3. Die Hilfe des Pflegenden: ihr vorwegnehmendes Zeigen von Handlungszielen (und von Mitteln und Wegen, zu ihnen hin zu gelangen) in das eigene Experimentieren einzubegreifen, das Ja und Nein der so Führenden mit den eigenen Erfolgs- und Mißerfolgsbildern innigst zu vereinigen.

Von diesem „Instinkt"-Gefüge interessiert hier vor allem der letzte (3.) Punkt: das Menschenkind experimentiert von vornherein in Gesellschaft —: in Gesellschaft mit seinen Pflegern, — am nachdrücklichsten gerade dann, wenn es streckenweis (vor allem bei Lautbildungsversuchen) in einsamem Spiel unkontrollierte Versuche macht, für die dabei erzielten Resultate aber dieselbe soziale Unterstützung und Bestätigung vertrauensvoll erwartet, von deren Erinnerung (aus Augenblicken erfahrener Behütung her) es offenbar ständig begleitet wird. Die je nach den Eigenenergien des experimentierenden Spiels unter Umständen bald — mehr oder weniger heftig — auftretenden Unstimmigkeiten zwischen selbstgefundenen Erfolgsbildern und helfend gezeigten Handlungszielen, selbstgefundenen Wegen zu ihnen und zugemuteten solchen, ist die elementarste Erscheinung geselliger Uneinigkeit, zugleich des „Unfriedens" in der Seele des Kindes, und, im Falle seines Versuchs, insgeheim auf seiner eigenen Versuchsart zu bestehen: des schlechten Gewissens. Auch ein von dem vom Pfleger erwarteten nur versehentlich abweichender Vollzug, löst, wo immer die gewohnte Bestätigung des Pflegers nun mittelst eigenen (zugleich auf jenen suggestiven) Wegsehens von der faktischen Abweichung gesucht wird — als sei alles im gemeinsam verstandenen Sinne abgelaufen — schlechtes Gewissen aus.

(Strikte Verbote von bestimmten Handlungen, dem Kind sofort beim erstenmal einer solchen kundgetan, geben im Übertretungsfall die Beispiele schlechten Gewissens, die viel einfacher und natürlicher erscheinen als alles hier Vorgebrachte. Indessen fallen sie unter dasselbe Prinzip, weil die motorischen Vollzugsarten von Verbotenem sich so oft und so weitgehend mit solchen von Erlaubtem geradezu decken oder doch parallel gehen: ähnliche Motorik (die als solche der Hauptanreiz für das Kind ist) erscheint ihm nun teils (oder bald) erlaubt und teils (oder bald) verboten. Uneinigkeit mit dem Pfleger ist so für das Kind immer nur partiell, in sich selbst konfus und zwiespältig — eben deshalb für es selbst kränkend).

Die Probe auf die Richtigkeit der vorstehenden (im Folgenden noch weiter entwickelten) Theorie des Ursprungs des schlechten Gewissens sind u. a. die sonst so schwer erklärlichen, schlechthin unheimlichen eruptiven Selbstbezichtigungen derer, die als Rebellen gegen Stalin, der in ihrem Innern als Verkörperung der Autorität des „Weltgeistes" (Hegel) nicht überwindbar war, zusammenbrechen. (Tortur und Medikamente mögen hierbei die furchtbaren Helfershelfer sein, erklären aber den Vorgang im Ganzen, der nicht nur den Angeklagten, sondern neben Ankläger und Richtern auch das *Publikum* einschließt, nicht hinreichend.)

Wir wenden uns aber zuerst noch einer andern Seite des gleichen Phänomens zu.

Das ursprüngliche menschliche Experimentieren in Gesellschaft, das darin angelegte und wachsende Verlangen nach Einigkeit zwischen eigenem Erfolgsbild und Ja des Zuschauenden und Führenden erscheint wie die Voraussetzung dafür, daß sich auf späteren Stufen der Erfahrung Sympathie und Sympathiegefühle mit der ihnen eigenen Resonanz entwickeln können. Sympathie (soweit sie mehr ist als „körperliche Sympathie“: Jemanden „riechen“, „gern leiden“ zu können, usw.) ist die Fähigkeit, Handlungen anderer—nicht nachahmend und selbstgenießerisch — sondern in eigener Distanz ausdrücklich als diejenigen des Anderen mitzuvollziehen, doch mit einem Interesse, das so i n n i g ist als schlösse es noch jenes Verlangen nach der Einigkeit oder doch Vereinbarkeit seiner Handlungsweisen mit den meinigen oder, umgekehrt, meiner mit den seinigen, in sich. Wo Sympathie in Resonanz mit jenen Ursprüngen unblockiert in Bewegung ist, kann es sein, daß sie nichts Menschliches als ein ihr Fremdes zulassen will, vielmehr, von jener Gangart ersten ‚Experimentierens in Gesellschaft‘ her leidenschaftlich bestrebt ist, selbst noch die argen Verstellungen in den Antrieben von Verbrechern, das innere Passen derselben zu sozialen Situationen, von denen sie angezogen und zur Tat ausgelöst wurden, in einem formell schlüssigen Handlungsablauf mit begreiflichen Mitteln zu begreiflichen Erfolgsbildern hin auszukonstruieren, der, wenn auch unter Grauen, Schritt für Schritt mitvollziehbar ist. (Die Wissenschaften des vorurteilslos-wertfreien Verstehens sind als radikale Anwendung dieser elementaren Sympathie a) praktisch, b) theoretisch gerechtfertigt. a) Sie sind das denkbar hilfreichste Mittel zu nachfolgender Macht, evident Gutem in der Welt w i r k l i c h zu helfen, evident Bösem w i r k l i c h zu wehren. b) Sie sind, wie Dichtung, *im* Vollzug der Wertfreiheit selbst emotionale Zuwendung und Bindung an das Erkannte: Einigung mit ihm. Einigung auch mit Bösem? —: Da Böses als erkanntes dem Erkennenden unterlegen ist, ist Sympathie mit ihm in Gestalt von Erbarmen das sicherste Anzeichen der Bereitschaft, zu praktischer Wertung: zum K a m p f gegen es zurückzukehren, sobald es sich neuerdings rührt.)

Die Mechanismen, in denen das Phänomen des schlechten Gewissens sich ausbildet, hindern im übrigen jeden Exzeß der Sympathie. Das läßt sich leicht einsehen. Bei ungestörter Entwicklung des aus kindlichen Anfängen heranwachsenden angeborenen Experimentierens: des Entdeckens und Festhaltens von Handlungserfolgen und des freien Suchens nach variablen Wegen der Wiederholung zu ihnen hin, reißt die Freude über gelingende Versuche das Vertrauen auf sofortige oder doch bald zu gewinnende Zustimmung der Kontrollierenden (deren Kreis sich inzwischen von Eltern, Ammen, erwachsener Hausverwandtschaft und Gesinde zu allen möglichen überlegenen Spielkumpanen (als vorläufigen „Berufsgenossen“) ausgedehnt haben mag) mit sich. In diesen Optimismus steigern sich spielende „Kinder“ a l l e r Lebensalter hinein. Nicht lange aber wird dieser sozial-euphorische Experimentier- und Spiel-Optimismus in privaten Gesellschaften ungeschoren bleiben (in modernsten: z. B. den Vereinigten Staaten, diesem klassischen Lande a) des freien Experimentierens, b) der „social compulsion“, mindestens nicht ungestutzt). Das zutrauende gute Gewissen der Spielenden wird, sooft es sich im ‚standard‘ des gesellschaftlich Möglichen versieht, hart angelassen und kippt daraufhin in die Gleise angeborener sozialer Schreckbarkeit: in schlechtes Gewissen, um. Das Individuum lernt schnell, seine Neigungen zu allem ungebräuchlichen Tun fliehen und den Anblick jedes eigenen Tuns, das unversehens oder heimlich in solche Abweichung geriet, vor seiner Gesellschaft und sich selbst zu verbergen — ja, dazuhin, dieses sein Sich-Verbergen in den Gebärden des schlechten Gewissens selber der Gesellschaft mitzuteilen. Sympathie mit Verbrechen ist Mitvollzug von schärfstens Verbotenem und kann schon von der eben beschriebenen Gewöhnung her — durchschnittlich jedenfalls — nicht anders als mit schlechtem Gewissen vonstatten gehen.

Daß sich dies so verhält, ist jedoch nicht nur dem äußeren Zwang, den die betreffenden Gesellschaften in ihren Gliedern der ungesteuerten Neutralität von Sympathiebewegungen entgegensetzen, zuzuschreiben. Die Sympathie selbst, da sie in jener Einheit von innerer Handlungs-Erfolgsfreude und J a eines freundlichen pflegerischen Du ihre entscheidende erste Prägung erfährt, kann mit einem Verbrecher, der sich rabiat und fanatisch der Aufsicht jedes — gleichviel ob feindlichen oder freundlichen — Du entzieht, nicht m i t - fliehen, ohne zu wissen, ja zu hoffen, daß diese Flucht mißlingt. Der Verbrecher selbst, sooft sein Trotz oder böser Dämon normaler Furcht einen Spalt öffnet, weiß, daß seine Flucht mißlingen wird, ja, daß sie als Leugnung seines Verlangens nach Wiedervereinigung mit einem anerkannten Du seiner Gesellschaft, mindestens in der Wahrheit dieses A u g e n b l i c k s von Angst, bereits mißlungen i s t.

Das Zurückweichen der Sympathie gegenüber Verbrechern (dessen trivialsten Grund: Furcht, einem Verbrecher selber in die Hände zu fallen, jedermann kennt) wird, wo persönliche Furcht nicht in Frage kommt, noch durch ein ganz zentrales Moment in menschlichen Sympathiebewegungen gestützt. Die im elementaren Experimentieren in Gesellschaft stattfindende Anerkenntnis des überlegenen Elters, des maßgebenden Kumpanen usw. schließt eine Lust ein, eben diese Überlegenheit in den Weisen ihrer gegen mich bestehenden Verschlossenheit zu bejahen; das einfache Faktum und Geheimnis der Überlegenheit des Du in das eigene Spiel als Gefühl der Geborgenheit desselben hereinzuziehen. Alle Bereiche des Verbotenen werden nicht bloß als eben so viele Einschränkungen der eigenen Impulse und Versuche empfunden, sondern als Umgrenzungen, die ihnen Halt geben und Angst nehmen. Sympathie führt noch in ihren reifen Gestalten dieses Moment der Liebe zum Verschlossenen, Inkommunikablen, Umgreifend-Schützenden mit sich und empfindet Grauen vor Tätern, die ohne Ordnung, Gehorsam, Liebe, außerhalb des genannten Mediums zu operieren scheinen. Jede Sympathie mit Verbrechen, die nicht nur liederlich ist, schließt Grauen und Angst ein. Sie kann jedoch ihres Grauens als unkontrollierten Affekts Herr werden und dann dazu fortgehen, in wertfreier Ursachenforschung die Zusammenhänge der Natur zu untersuchen, die es zu Verbrechen (diesem Zerfall von Ordnung und Liebe in einem Menschen) kommen lassen.

Wir kehren zum Ausgangspunkt zurück. Das schlechte Gewissen im Gesicht von Lügenden ist exemplarisch, weil Lüge der Versuch ist, die mögliche Offenheit und Einhelligkeit zwischen Ich und Du nebst dem angeborenen Einverständnis mit einem (an äußersten Grenzen gar als undurchsichtig erwünschten) Kontrollrecht des Du über das Ich auszulöschen und das Verlangen nach beidem zu unterdrücken. Lügen wird oft ausgelöst durch irgendeine zu umgehende vielleicht geringfügige Unbequemlichkeit im Verkehr zwischen zwei Personen; im Vollzug springt es doch leicht genug ins Gleis vollwertiger Lügen und enthält dann das genannte Leugnen bis zur Lust, jenes Moment von Undurchsichtigkeit und Geheimnis, das jede Überlegenheit und Autorität auszeichnet (hier: die Autorität eines Wahrheit fordernden Partners) zu überspielen durch den Trotz der Täuschung. Aber die ‚Undurchsichtigkeit', in der sich ein Lügender im Gegenschlag gegen Autorität zu halten sucht, ist, als bloß gekünstelte, ein leicht zerbrechender Schein.

Die Gesellschaften nützen diese Erschütterbarkeit des Gewissens des Individuums, insbesondere auch seine angeborenen Schutz- und Anerkennungsbedürfnisse (Fähigkeit zu jenem „blinden" liebenden Vertrauen) im Interesse ihrer Machtfestigkeit aus. Sie können indessen hiermit nicht beliebig schalten. Der Antrieb der Sympathie verhindert durch seine fast unbegrenzte Expansionsfähigkeit (von deren Ursache — der Sprache — bald des näheren die Rede sein wird), daß es irgendeiner Gesellschaft gelingt, die Gleise, in denen schlechtes Gewissen zur Entfaltung kommen kann, dauernd für sich zu monopolisieren. Die Naivität und Selbstverständlichkeit, mit der Gesellschaften verlangen, daß jede Abweichung von ihren Normen böse sei und der Schuldige einer solchen den Umfang definiere, in dem allein schlechtes Gewissen stattfinden kann, löst sich auf, sobald Entwicklungen eintreten, die Einflüssen Einzelner und Vieler zur Veränderung der Anschauungen von Gut und Böse Raum geben. Die Differenzierungen schreiten voran, erleichtern die Verbindung untereinander zwischen vorher getrennten Gesellschaften. Es bildet sich schließlich die Möglichkeit universellen („rein menschlichen") Gewissens: d. h. eine soziale Situation, in der jedes noch so umfassend oder noch so tief orientierte Gewissen dazu frei wird, sich durch anderweitige Orientierungen, die entweder durch seine Tiefe ausgeschlossen oder durch seine Weite entkräftigt worden waren, zurechtweisen und erschüttern zu lassen. Jetzt wird schlechtes Gewissen gleichzeitig in zwei genau entgegengesetzten Richtungen möglich: 1. als schlechtes Gewissen im Sinn jenes „primitiven" Zurückscheuens vor zu großer eigener Entfernung von den Ordnung stiftenden Vorstellungen und Handlungsweisen, die in einer engeren Gesellschaft obwalten; 2. als schlechtes Gewissen im Sinn eines empfundenen Mangels an Sympathie mit denen, gegen die die genannte Gesellschaft notwendigerweise ausschließend, wenn nicht feindselig so doch interesselos verfährt. Diese Entwicklung schafft sowohl die Zartheit des Gewissens von Heiligen wie eine steigende Gereiztheit der einzelnen Gesellschaften gegeneinander. Es ist für ihre robusten Bedürfnisse durchaus ärgerlich, daß sich die Fälle häufen, wo in einer und derselben Person das Gute Gewissen des Beamten sich als solches reibt am gleichzeitig schlechten Gewissen des „Menschen" (des sympathisierenden „Vaters" oder dgl.). Wird jedem gesunden Guten Gewissen zugemutet, zu wissen, daß es, je besser, desto schlechter sei, so zieht es gegen solchen Zerfall und Erweichung vor, sich lieber wieder — und sei's zu „bösem Gewissen" — zu verengen.

### 3. Der Angriffscharakter des „bösen Gewissens".

*5 Typen von Willensentscheidungen und die ihnen je zugeordneten Weisen des Gewissens.*

Das gefügige Ablassen von den eigenen, sozial nicht bestätigten Erfolgsbildern, das Kollabieren in der Angst vor dem Verlust der Sicherheit des „Mit- und Füreinander" und die von daher — bei etwa doch fortdauernder praktischer Eigenwilligkeit — sich aufladende Appetenz zu den Unterwerfungsgesten des schlechten Gewissens ist in kindlichen und späteren Handlungsgefügen des Menschen nur eine Form, die sich keineswegs konkurrenzlos entwickelt. Es gibt daneben die kampfentschlossene Abwehr von Zumutungen, die das eigene Experiment und Spiel stören, erst recht von Befehlen, die die eigenen Erfolgsbilder durchkreuzen oder gar auszutreiben trachten: das Kind erhebt ein Geschrei dagegen. Jedes normale Kind erhebt, wenn sein Hunger nicht gestillt, Schmerz ihm zugefügt, oder Furcht oder zu hohe Grade von Unbehagen in ihm bewirkt werden, gleichfalls ein Geschrei. Aber das Geschrei des gestörten Eigenwillens wird davon unterschieden und „böse" genannt. Wir lassen es dahingestellt ob alle Übeltäter und Mörder als Kinder, wenn sie sich gestört sahen, schrien. Es scheint aber sinnvoll, bei Menschen bösen Gewissens von einer Analogie hierzu zu reden. Das böse Gewissen schreit jeden möglichen Einwand gegen sein Handeln nieder, und, da in solchem Niederschreien voraussetzungsgemäß zugleich Gewissen stattfinden soll, richtet sich die heftige Bewegung offenbar gegen eine Schicht des eigenen Bewußtseins, auf die der betr. Einwand als ein triftiger, berechtigter, anzuerkennender wirkt.

Ort und Funktion des *bösen Gewissens* im Gefüge des menschlichen Handelns treten deutlich hervor, wenn man strukturell möglichst weit voneinander entfernte Prozeduren vergleicht, in denen sich das abspielt, was man „Willensentscheidungen" nennt. In alle diese Formen des Sich-Entscheidens spielt das Phänomen des Gewissens hinein: wir stellen diejenigen beiden Formen, die sichtlich mit „gutem" und „schlechtem" Gewissen zu tun haben, wie zu vereinfachter Rekapitulation des bisher Erörterten voran, lassen zwei andere folgen, die schon einiges Licht auf eine später noch näher zu erörternde eigentümliche Möglichkeit, „positiv gewissenlos" zu handeln, vorauswerfen und stellen dann gegen diese Fälle eines labilen Gleichgewichts zwischen Gut und Böse den klassischen — fünften — Typus, der in eindeutiger Weise bösem Gewissen Raum gibt.

Typus 1: rational ruhige Entscheidungen. Ich dränge weder zum Ja, noch zum Nein. Ich erwäge, was für die eine, was für die andere Alternative spricht. Ich schiebe die Entscheidung auf, weil auf keiner Seite ein deutliches Übergewicht sich zeigt. Ich behalte indessen die Sache, neben andern, ständig im Auge und halte mich offen für den Eingang neuer Argumente und Zeugnisse. Eines Morgens wache ich auf und spüre, daß die Entscheidung evident gefallen ist. Ich spreche sie in klarer Begründung aus. Voraussetzung für diesen Vorgang ist die Verfügung über einen Schatz wohlbewährter Obersätze, denen sich, nach Eingang hinreichender Zeugnisse, der Fall — als Untersatz — eindeutig subsumieren läßt, so daß die „Entscheidung" wie ein logischer Schlußsatz sich von selbst ergibt. Ein Schatz wohlbewährter Obersätze im Fall praktisch-exekutiver Entscheidungen von Handelnden ist aber identisch mit Gewohnheiten des Tuns und Fühlens, in denen der so entscheidungssicher Handelnde eine ganze Welt gesellschaftlicher Überlieferungen in sich verleiblicht hat, mitträgt und weiterreicht. In der Ruhe und „Rationalität" seiner Entscheidung gibt sich kund, daß seine Gesellschaften in einem durchgängigen Zustand wohlregulierter, von Fall zu Fall leicht steuerbarer Balance sich befinden, oder aber, falls, de facto, doch bereits tiefere Störungen in ihnen aufgetreten sein sollten, sie doch in seinen Gewohnheiten, die durch ihre Traditionen sich bildeten, noch fest und unerschüttert leben und wirken. Entscheidungen der genannten Art führen in ausgezeichnetem Maße Gutes Gewissen mit sich.

In der zuletzt noch angedeuteten Variante dieses Falles — (noch intaktes Leben der Gesellschaft als inkorporiert in den gesunden Gewohnheiten einer bestimmten Person bei immerhin schon eingetretenen Defekten ihrer selbst in andern Teilen ihres Bestands — z. B. scharfer Unfriede zwischen bestimmten Gruppen ihrer Glieder oder scharfe Gefährdung von außen durch auswärtige Gesellschaften) — erreicht „Gutes Gewissen" den typisch-optimalen Fall des Steuermanns eines Schiffes, das, auf stürmischer See, gewisse Defekte erlitt, dessen wesentliche Funktionen jedoch als noch nicht miterschütterte sondern intakte und verläßliche in seiner Hand wirken, die nach ihrer Maßgabe steuert.

Es erscheint, daß „gutes Gewissen" nur am Ende solcher — „wackeren" — Handlungen stehen könne, die — innerhalb eines wesentlich intakten gesellschaftlichen Gefüges — die eigenen Antriebe und Anstrengungen mit dessen Erfordernissen im Resultat zur Übereinstimmung bringen. Dem widerspricht aber die Erfahrung. Gutes Gewissen als schlichte oder wohlig-müde Befriedigung nach angestrengt und rechtschaffen erledigter Arbeit oder als das Moment der Stille in der Freude über das eigene Werk, ist auch in unfriedlichen Verhältnissen möglich. Der Grund für diese Möglichkeit ist aber, daß noch mitten im rasendsten Krieg zwischen noch so zerrütteten Gesellschaften kleinere solche (Familien, Freundschaften, ein kleines Handwerk, ein wissenschaftliches Institut, Musikanten) ihren inneren und äußeren Frieden sich intakt zu halten vermögen. An irgendwelchen Stellen wird sich freilich solche Immunität fast immer als illusorisch erweisen, so daß hier das zweifellos vorkommende Gefühl von „gutem Gewissen" jener spezifischen „Gewissenlosigkeit" autarker Haushalte verdankt wird, von der wir noch zu sprechen haben werden. Hierauf aufmerksam gemacht, schlägt gutes Gewissen rasch in schlechtes oder gar: in ein sich erst recht einkapselndes böses um: l'art pour l'art zeigt in rascher Degeneration ihre in Augenblicken noch so schön aufscheinende Substanz als eine ihren natürlichen Nährböden entwendete und schwindsüchtige.

Luther hat aus dem allem den ungeduldigen Schluß gezogen, alle „Werkgerechtigkeit" für des Teufels zu erklären. Lutherisch — oder unlutherisch —: die christliche Vorstellung, daß „gutes Gewissen" nur gesegnet sei, wenn es im Glauben an Gott gründet, faßt alle die eben angedeuteten menschlichen Erfahrungen dahin zusammen, daß noch bei der wackersten persönlichen Anstrengung und Tat jene „Gewissenlosigkeit" des kleinen Lebenskreises unaufhebbar im Rest bleibt und dem Gebet anzuvertrauen sei. Solche Überantwortung schafft beschränktem Gewissen — und beschränktem Tun — Fröhlichkeit und Liebe. Die extrem andere Möglichkeit ist Weltplanwirtschaft und Weltstaat, an deren Fröhlichkeit und Liebe nicht nur Christen zweifeln.

2. Typus: eine Wahl, z. B.: Berufswahl wird von außen, durch eintretende Ereignisse, gegen die Neigung des Wählenden erzwungen. Trotz des faktischen Eintritts in eine bestimmte Laufbahn ist die Entscheidung für diese damit noch nicht abgeschlossen, sondern bleibt noch täglich zu tätigen. Sie „fällt" erst, wenn mit der mühsamen Investition von Kraft und langsam sich einstellendem Interesse das „alter ego", das einer entgegengesetzten Berufsabsicht vorgeschwebt hatte, allmählich verblaßt. Während dieses Vorgangs tauschen gutes und schlechtes Gewissen auf wunderliche Weisen die Rollen. Bezüglich des anfänglichen heftigen Widerstands des alter ego gegen die aufgezwungene Laufbahn empfand die Person ein schlechtes Gewissen gegen die Sache und Gesellschaft, der diese Laufbahn zugehörte; ein gutes gegen diejenige, von der sie fortführte. Das kehrte allmählich sich um. „Gefallen" war die Entscheidung für die Person in dem Augenblick, wo mit dem Verblassen jenes alter ego auch das schlechte Gewissen gegenüber dieser verloren gegebenen Welt zu wirken und gegenzuwirken aufhörte. Das eindeutig gute jetzige Gewissen ist der Reflex der gelungenen Einverleibung der Person in eine bestimmte Gesellschaft, ihre Interessen, die Ansprüche, die sie an die Tätigkeit der Person täglich stellt und denen sie „gerecht" wird. Diese „Entscheidung" fällt langsam, durch fortgesetzte innere Arbeit. Diese „innere" Arbeit aber, die die Entscheidung über mich allmählich herbeiführt, ist, als dieses Einarbeiten in eine neue Gesellschaft, die Ausbildung von Gewohnheiten, in denen diese Gesellschaft (mit allen ihren persönlichen und sachlichen Umgangsweisen), sich nunmehr in *mich* hinein erstreckt.

3. Typus: die Entscheidung, eines zu tun, ein anderes zu lassen, fällt dadurch, daß durch ein plötzlich eingreifendes Ereignis (ein allmächtiges Verlieben; Nachricht des Todes eines nächsten Freundes oder was sonst dergleichen) das gesamte Stimmungsniveau einer Person mit einem Schlage so sehr verändert wird, daß für die eine Alternative, die eben noch mit der andern zu gleichen Chancen konkurrierte, jegliches Interesse erstorben ist. Die Entscheidung fällt, ohne daß sich die Person im geringsten noch ein Gewissen aus dem Fallenlassen dieser Alternative machen kann. Eine Art von Besessenheit, die positiv gewissenlos ist, findet statt. Blindlings stiftet expansive Sympathie, oder umgekehrt: niedergedrückte solche, soziale Annäherungen, nach emotionaler Affinität, in sehr spezifischen Richtungen und blockiert sie in andern Richtungen. Alle möglichen, auch „rein sachlichen", Nebenentscheidungen werden hierdurch möglicherweise präjudiziert.

Ein Spezialfall solcher stimmungsändernder eminenter Ereignisse ist selbstverständlich der K r i e g. Wie kein anderes Ereignis kann er in ganzen M a s s e n von Menschen zugleich gewissenverändernd wirken. Die Art, wie er Entscheidungen in Menschen von außen her fällt, geht so weit, daß sie den obigen Typus (3) zwar bestätigt, aber auch schon sprengt: das Ereignis des Kriegs vermag nicht nur Unentschiedenheit mit e i n e m Schlage zu entscheiden, sondern, ebenso plötzlich, eine zuvor bestehende Entschiedenheit (z. B. feste Exklusivität) in ihr gleich festes Gegenteil abzuwandeln — und auch dies typusecht: ohne einen spürbaren Bruch in der Person. Sie ist als ganze auf ein anderes Niveau transponiert. Ich erwähne als Beispiel nur e i n e typische Erfahrung, die in modernen Kriegen von Angehörigen a l l e r beteiligten Nationen in ähnlichen Weisen gemacht wird. Dabei interessieren vor allem zwei Seiten: das grade schon erwähnte Moment der ‚expansiven Sympathie' und das Moment des Eintritts einer Person in eine neue Gesellschaft, die ungeahntes gutes Gewissen schafft:

Ein christlich erzogener bieder liebender Familienvater, der sich in heimatlichen Verhältnissen gegen die Alternative ehelicher Untreue schlechterdings exklusiv verhielt, erfährt, fern der Heimat, die ansteckende Sympathie, die abenteuerndes Leben auch für die Frauen des fremden Landes erweckt. Geschützt durch das auch in dieser Hinsicht herkommensmäßig „w e i t e G e w i s s e n" der soldatischen Gesellschaft (Männerbund und Frauenraub) lebt er Jahr und Tag mit einem im Lager beschäftigten schönen und fleißigen Landeskind im Konkubinat. Sein Hauptmann und Kompaniechef stellt bei der regelmäßigen militärischen Postzensur mit Verwunderung fest, daß er an seine Frau und Kinder in unverändert treuer, liebevoller Regelmäßigkeit sowohl Feldpostpäckchen wie ausführliche, alle Dinge daheim herzlich umsorgende Briefe schickt. Das bei der konstitutionellen Offenheit des Mannes Erstaunliche: daß er die Freiheit, die er sich hier draußen seiner Frau gegenüber nimmt, ihr ersichtlich ohne Bedenken und ohne Erschütterung der Loyalität verschweigt, erscheint nicht wie eine bisher verborgene Falte von Raffinement oder Unehrlichkeit in seinem Wesen, sondern wie eine Folge der größeren G e r ä u m i g k e i t seines Lebens. Die unvorhergesehene Zugehörigkeit zu einer zweiten Gesellschaft (Wallensteins Lager); die alle Soldaten als Soldaten fest umfangende, unter Umständen jahrelang mögliche „außeralltägliche" Stimmung, die da herrscht, werden als ein in sich geschlossener Raum gegen den Raum des Zivillebens wahrgenommen — und das g a n z e Leben als diese große schöne Doppelräumigkeit ohne viel Aufhebens genossen und betätigt.

Daß solche Doppelräumigkeit für einen in ehelicher Liebe und Freundschaft trieblich und geistig völlig zentrierten Menschen und ebenso für Menschen, die ihren Lebenswandel unverrückbar rigoristischen moralischen Maßstäben unterstellen, keineswegs „schön", sondern ihrem Gewissen unter allen Umständen als Verrat und Zerstörung gilt, ist eine Tatsache, die darauf hinweist, daß das eben vorgetragene und alle ihm analogen Kriegsbeispiele nur je für ein robusteres Lebensniveau gelten — also der obige Fall nur für d u r c h s c h n i t t l i c h e Dimensionen von Liebe und Freundschaft.

Die positive — („durchschnittliche") — Gewissenlosigkeit des Krieges, die sowohl in diesem wie in zahllosen andersartigen, z. T. noch weit erstaunlicheren Beispielen hervortritt, erweist sich als ein besonderer Fall der Übermacht der Gesellschaft über den Einzelnen — als „besonderer" Fall, weil diesmal die Gesellschaft, als Kriegsgesellschaft, nur eine vorübergehende, die Einzelnen dagegen die sie Überdauernden sind.

Diese Übermacht der Gesellschaft ist, wie schon angedeutet, auch hier keine unbedingte oder unentrinnliche. Viele einzelne Individuen in allen Nationen entzogen sich ihr. Personen mit einer i n i h n e n s e l b s t tief integrierten, weit über die Zeiten gespannten Verantwortung und Gewissenhaftigkeit gehen, in allen Dingen, durch die Revolutionen der Gesellschaften vom Frieden zum Krieg und vom Krieg zurück zum Frieden ohne wesentliche Veränderung ihrer eigenen Antriebe und Gewohnheiten hindurch.

Volle Immunität ist freilich, nach allen Erfahrungen unmöglich. Das zeigt jene vielleicht allgemeinste, wichtigste, wiederum als gewaltiger Niveausprung sich ereignende Art der Gewissensverwandlung durch moderne (Volks-) Kriege: die plötzlich erhöhte Bereitschaft zu „Schwarz-Weiß"-Phantasien, zu Urteilsfällungen in Bausch und Bogen, — zu beidem als Mitteln, um aggressive Stimmungsgleichheit en masse — mit den Andern zusammen — in sich zu produzieren. Nach meiner persönlichen Schätzung war gerade in Ländern, wo die freie Meinung der Individuen geschützt blieb, die unbewußte „Benommenheit" der Personen durch Propaganda (obwohl oder gerade weil sie hier der Kritik exponiert war) im Gesamteffekt eher noch größer und tiefer als in den Ländern oktroyierter (öffentliche Kritik ausschließender) Propaganda — von Rußland, das ich nicht kenne, abgesehen. Der Zwang schwächte den Willen zum Glauben; die formelle Freiheit (relative Rede- und Pressefreiheit) erhöhte ihn. Vansittart und Morgenthau hatten unter gescheiten Angelsachsen eine größere unbedingte Gefolgschaft guten Gewissens als Hitler und Goebbels unter gescheiten Deutschen. Bei einer genaueren Untersuchung über die Immunitätsgrade a) der „Intelligenz", b) des „Volkes", (a) „highbrow", b) „lowbrow") innerhalb verschiedener Nationen, Traditionsräume und Regierungsformen, würden sich vermutlich diejenigen, die sich selbst für „immun", andere für unbegreiflich verführbar hielten, gewiß nicht in allen, aber einigen Hinsichten scharf ironisiert sehen.

Die Autorität der Kirchen schenkte einem Teil der Massen ihrer Gläubigen vielleicht nicht in allen Stücken gleichmäßig, dafür aber in einigen wichtigen Stücken (z. B. auf sexuellem Gebiet) ein um so eindeutigeres revolutions- und kriegsfestes Gewissen. Die Massen der Übrigen lernen — nachträglich —, sobald die Gesellschaften des Krieges wieder verschwunden sind, die alltagszerstörenden Wirkungen eines allzu „weiten Gewissens", das der Krieg ihnen beschert hatte, kennen und gehen entweder unter dem Ansporn mannigfaltiger Interessen des Friedens mit Energie und Erfolg „in sich" — oder nicht. Jene „arglose Geräumigkeit" (Genießender) oder geräumige Arglosigkeit (Glaubenswilliger) fährt entweder dahin — zu rechtlosem Traum und Erinnerung — oder wird, als festgehaltene Gewohnheit bzw. Trotz, zum Bösen gegen die alltäglich nötige Ordnung und Wahrheit.

4. Typus. Gleichfalls von außen, aber auf eine Weise, die von der vorigen doch vollständig verschieden ist, findet Entscheidung statt, wo jemand gegenüber gleichgut erscheinenden Alternativen entweder in schwere objektive Not gerät oder subjektiv ungeduldig wird und nun — in beiden Fällen — den Beschluß einem a) unberechenbaren, b) gegen die alternativen Interessen schlechthin herzlosen Prinzip —: würfeln, losen — überantwortet. Ein zweiter großer Bereich von Fällen positiv gewissenlosen Handelns fällt unter diesen Typus: ich sehe keine Möglichkeit mehr für begründete Bevorzugung — so mag denn der Zufall entscheiden.

Diese Form positiver Gewissenlosigkeit wirkt sich als Grenzmöglichkeit — wie eben angedeutet — an zwei Polen aus: es findet entweder ein Über- oder ein Unterangebot von Möglichkeiten statt. Hier wie dort fordert zwar Gewissen noch dazu auf, die Anspruchsrechte konkurrierender Bewerber gerecht zu prüfen. Der Prüfende sieht sich aber in der Situation entweder ratlos oder gleichgültig werden. „Gerechtigkeit" erweist sich ihm als ein Verteilungsprinzip, das sinnlos wird, sobald bestimmte Minima oder Maxima von Bedarf und Angebot unter- oder überschritten werden. Weder absolutem Mangel noch absolutem Überfluß kann Gewissen gerecht werden.

1. Mangel, Not.

Wo ein Vorgesetzter für eine freiwerdende Stelle zwei oder drei (hierfür völlig gleichwertige) Untergebene vorzuschlagen hat, läßt er sie losen. Sein Gewissen gegenüber jedem Einzelnen von ihnen ist insofern „gut" als er sich ihrer ausdrücklichen Zustimmung zu diesem „gewissenlosen" Verfahren versichert hat.

Durch akute Ratlosigkeit extrem gesteigert, im Prinzip gleich, verhalten sich die Fälle, wo ein Kapitän noch zwei Plätze, in letztem Rettungsboot, für 5 Passagiere (oder ähnlich) zur Verfügung hat oder ein Arzt sich zwischen Operieren oder Nicht-operieren bei beiderseits gleichgroßer Todesgefahr entscheiden muß. Hier kann das innerliche blitzschnelle „Losen" wie die Anrufung eines Gottesurteils empfunden werden — falls alle anderen (diskursiv-evidenten) Kriterien, Instanzen, Prinzipien wirklich völlig versagen sollten: insofern positive Gewissenlosigkeit.

2. Überfluß.

Von ganz verinnerten und vergeistigten Gelehrten, denen nach einem Ausspruch vom William James „lernen-denken" so natürlich geworden ist wie anderen Menschen atmen, wird erzählt, daß bei Gelegenheit ihrer täglichen, eisern-regelmäßigen Spaziergänge (die sie in Begleitung vorlesender oder referierender Assistenten ausführen) schon zwei Vorschläge eines wettergemäßen Weges ihnen als überflüssig viele gelten, die sie ungeduldig machen und losen lassen.

Voraussetzung hierfür ist, daß bestimmte Verrichtungen zu rein technischen Angelegenheiten neutralisiert sind, so daß zwischen verschiedenen Möglichkeiten die ursprünglichen qualitativen Unterschiede verschwinden und sie alle zu beliebigen bloßen Mitteln werden, deren Auswahl wegen ihrer inneren Gleichgültigkeit — als seien es unübersehbar viele oder zahllose — notwendigerweise irritiert. Diese Art individuellen Handelns setzt — ungeachtet seiner persönlichen und originellen Note im angeführten Beispiel — doch eine sehr typische: moderne, aufgeklärte Gesellschaft als allgemeine Umgebung voraus. Nicht daß unter uns in wirklichen oder vermeintlichen Bagatellsachen gelost und gewürfelt wird, ist das Interessierende, sondern daß dafür — mit allgemeiner Wirkung — die Voraussetzung gemacht wird, es gebe neben wertgetreuem, d. i. nicht-neutralisierbarem Handeln andere Bereiche, wo reine beliebige Zweckrationalität ungestraft herrschen könne. Eine Gesellschaft, deren Zusammenhalt auf zeremoniell oder symbolisch stilisiertes Handeln ihrer Glieder gegründet ist, kann sich hierzu nicht verstehen. Für sie ist Würfeln und Losen nur als Gottesurteil möglich, nicht als Ausdruck von Beliebigkeit. Eine hiergegen fortgeschrittene etwa in gesinnungsethischer Religiosität geprägte und gehaltene Gesellschaft legt nun aber durch eben diese Aufhebung äußerer ritueller Strenge in gewisser Weise schon den Grund für das was wir hier als „positive Gewissenlosigkeit" im Auge haben — obwohl sie selber zweifellos das genaue Gegenteil davon anstrebte. „Weit" wollte *ihr* Gewissen nur sein im Hinblick auf das was die zeremoniell und symbolisch geprägte Gesellschaft schließlich bis zur Unerträglichkeit wichtig genommen hatte: „einzelne Übertretungen". Diese werden jetzt als „Schwachheit des Fleisches" gerne verziehen, — vorausgesetzt, daß der gute Wille, prinzipielle Ernst bei den Tätern gewährleistet ist. Auf den inneren Geist soll alles ankommen. Diese Verinnerlichung der Ethik bedeutete eine unermeßliche Befreiung von stereotypiertem Handeln — zugleich aber die Möglichkeit der Zerschlagung des Lebens in zwei Teile: in den Ernst der eigentlichen inneren Existenz und in die Gleichgültigkeit der äußeren Umstände des Lebens, deren Regelung den Praktikern und Technikern überantwortet wird.

Die moderne Tendenz zur Beliebigkeit der Technik hat, glaube ich, eine ihrer Wurzeln in dieser einseitigen Entwicklung der

Ethik nach innen. Es gehörten dann freilich die faszinierenden Erfolge des sich selbst überlassenen Fortschritts der Technik dazu, um das moderne Prinzip ihrer nivellierenden Beliebigkeit vollends in Kraft zu setzen. Was dasselbe bewirkt, wenn es einmal im Sattel ist, kann man sich vielleicht daran klar machen, daß es, neben dem obigen harmlosen und heiteren Beispiel der spazierengehenden Gelehrten, gewichtigere, untereinander wieder völlig verschieden strukturierte typische Beispielgruppen, wie die folgenden, unter sich befaßt:

1. daß in Lazaretten die Auswahl der Lektüre eines demnächst sterbenden Soldaten deswegen dem Zufall (z. B. der Nummernfolge der Lazarettbücherei) überlassen bleibt, weil diese Lektüre ein einziges rein technisches Erfordernis zu erfüllen hat: Ablenkung zu sein für den Patienten, dem die Nähe seines Todes verschwiegen werden soll: Beliebiges kann hierzu, immer „gleich gut", dienen. —

(Äußerster Gegensatz zu Abendmahl, Sterbesakramenten, bewußtem und geheiligtem Abschied. — Solcher gediegenen Christlichkeit nicht widersprechend sind dagegen die nur scheinbar ähnlichen Fälle, wo zwar auch, wie oben, ablenkend gegen einen Sterbenden verfahren wird, aber nun nicht als in einer für beliebig-überflüssig gehaltenen Situation, sondern aus Not: ein partieller Persönlichkeitszerfall des Patienten setzt etwa in der Endphase seiner Krankheit ein; liebeerfüllter Abschied hat seitens der Angehörigen — bewußt vor diesem Zeitpunkt — unausgesprochen zwar aber im Glauben an unterbewußte kommunikative Wirkung auf den so Todgeweihten stattgefunden.)

2. daß auch der Zeitvertreib von Lebenden — oft im Gegenschlag zur harten Technik und Routine ihrer „Berufs"arbeit — die leere Ungeduld spiegelt, mit der sie nach möglichst Vielem, immer wechselndem, zugleich eintönig Gleichem verlangen. Rundfunktechnik, diesem Bedürfnis folgend, teils es selber erzeugend, löst das Problem des maximalen Massenangebots von zahllos Beliebigem dadurch, daß auch noch die Grenzen der Intimität, die durch ursprünglichen qualitativen Gehalt und Sinn musikalischer und dichterischer Kunstwerke gegeben waren, sich absolut aufheben, sobald an tausend Orten der Welt untereinander ähnliche Menschen (Menschen ohne eigene innere gefügte Zeit) würfelnd, losend —: durch Druck auf einen Knopf, für ihren Morgen, Tag und Abend und noch die Nacht bewirken, daß ein Lärm (oder umgekehrt: halblautes Sprechen und Tönen) — einerlei was und wessen —: herrlichstes wie banalstes, sie unausgesetzt benimmt.

(Äußerster Gegensatz zum geordneten Zeitgefühl Mozarts — vgl.: Mörike: Mozart auf der Reise nach Prag.)

3. daß die ausschließliche Kompetenz technischer Methodik sogar das zivile Konzept eines so rational planenden Politikers wie Franklin Roosevelt gleichsam automatisch zu „militarisieren" vermocht hat — mit dem bekannten Effekt, der sich für die Bodenperspektive des mitschuldigen Meistbetroffenen so darstellte, daß die mit der Sicherheit eines A priori geforderte rein militärische Entscheidung 1943/44: Eisenhower gegen Churchill (West-Ost-Invasion Richtung Berlin gegen Süd-Nord-Strategie Richtung Riga) in Verbindung mit dem technisch-optimalen Losungswort des „unconditional surrender" gegen Deutschland — und in Verbindung mit der dieser Losung korrespondierenden Technik der Verklärung des russischen Alliierten zum demokratisch-christlichen Partner im Kampf gegen „das" Weltböse, — einen solchen Überfluß einbahniger Stoßkraft sowohl der Operationen auf dem europäischen Schauplatz wie der öffentlichen Meinung daheim in Amerika schuf, daß schließlich die Not von Jalta eintritt. Die dort zwischen amerikanischen und russischen Interessen improvisierten Kompromisse scheinen nun auf der amerikanischen Seite z. T. nur noch den Charakter des Würfelns zu haben: eine Reihe europäischer Fragen muß zu reiner Beliebigkeit, d. i. zu bloßen Auslösern entweder von Ratlosigkeit oder Ungeduld herabsinken.

(Äußerster Gegensatz zum Stil politischen Handelns noch Anfang und Mitte bis Ende des 19. Jahrhunderts, in dessen Gefüge Clausewitz's klassische Kriegstheorie (z. B. seine Meinung „über zwei Arten von Koalitionen") und ebenso Bismarcks Kunst der Kriegführung: planende Vorwegnahme noch der entferntesten politischen Auswirkungen militärischer Vorhaben, prinzipielle Unterordnung der militärischen Techniker (Generäle) unter die zweck- und wertrational geordnete politische Leitung, vielbahniges gleichzeitiges Spiel mit mehreren (qualitativ auseinandergehaltenen) Kugeln — ganz oder doch weitgehend sich durchzusetzen vermocht hatten.)

Alles dieses Verschiedene hat doch zur gemeinsamen Bedingung seiner Möglichkeit, daß wir in einer Kulturepoche leben, in der eine Art benommener Ehrfurcht vor der Erfolgsmacht technischer Kompetenz „gesellschaftsfähig" ist. Nur so ist es begreiflich, daß durch technisch optimale Entwürfe, Erfindungen je und je ganze Welten qualitativer Unterschiede nivelliert werden zu lästigem „Überfluß" dessen Regelung nur noch „würfelnd": im Zug des mechanischen Ablaufs des technischen Groß-Entwurfs „mitentschieden" wird.

Die schlagendste Kritik an diesem Prärogativ der Technik hat melancholischerweise — nach der Notiz eines amerikanischen Historikers — Laval gegen Hitler vorgetragen, als er diesem den Rat gab, sein Prinzip: „erst zu siegen, dann an Europa zu denken", umzukehren in die Maxime: „Europa zu organisieren, um siegen zu können". („Our Vichy Gamble".)

Ersichtlich ist in allen genannten Fällen die herrschende positive Gewissenlosigkeit trotz allem labil. Das verdeckte „schlechte" — oder gar: „böses" Gewissen kann sich, noch nach Jahr und Tag, plötzlich geltend machen.

5. Typus: Ein Mann spürt und weiß was er will. Aber seinem Vorsatz stehen schwere Bedenken entgegen. Die daraus folgende Ungewißheit ist so zermürbend, daß er eine explosive Entscheidung, vielleicht nur halb bewußt, vorbereitet und herbeiführt. In die Katastrophe des Tages, die mindestens für sein Gefühl und Gewissen, als zwingende ausbricht, mischt sich sein Ruf: „Vorwärts jetzt, und wenn der Himmel einstürzt!" Solche Menschen neigen zu fatalistischer Gesinnung; dieser Fatalismus ihrer Stimmung stärkt seinerseits als finstere schroffe Entschlossenheit ihre Energie, mit der sie weiterhin für die nötigen Spannungen und Entladungen, die ihre Sache forttreiben werden, Sorge tragen.

Dies ist der Boden für die Vorgänge des Bösen Gewissens. Bei glücklichen — inneren und äußeren — Konstellationen kann zwar solches Handeln in den Gleisen guten Gewissens durchkommen. Durchgreifende Erfolge bestätigen laufend das „Recht" dieses Willens zu seinen fatalistischen oder providentiellen Selbsteinschätzungen. Die alle Hemmungen —: gewissenhafte Einreden Anderer, eigene Ängste — niederreißende Wut der Besessenheit vom Ziel, das allein not tut, erreicht dieses Ziel und versöhnt dadurch mit vielen angerichteten Verwüstungen (materiellen wie seelischen) — die denn auch, nicht nur subjektiv sondern objektiv, im Gefolge des Sieges und darin gestärkten Glaubens überraschend schnell heilen mögen.

Bei unglücklicher — äußerer und innerer — Konstellation ist dagegen der in die Glaubenswut eingesprengte eigene Unglaube, der in den Gestalten eigenen wie fremden Einspruchs niedergeschlagen wird, zu groß, um nicht als ein drohender Rächer seiner gewalttätigen Entrechtung mitten in den Willen des Täters vorzudringen und dort Posten zu fassen: als sein böses Gewissen. Böses Gewissen ist nicht als Flucht vor dem, der in meine Erfolgsbilder als ein instinkt- und prägungsmäßig alt-ermächtigter Zuschauer und Richter eindringt, sie anzweifelt, höhnt, verbietet, — sondern als Angriff auf ihn. Falls er als dieser Höhnende in meinem Gewissen nicht weicht, jedes zu seiner Tötung in meiner Phantasie erdachte rechtsgültige Urteil durch meine eigene Angst vor echtem Rechtsgang kassieren läßt, so treibt er in mir zu seinem Mord — es wäre denn möglich, daß die rabiat gewordene „Mitwisserschaft" mit ihm („con-scientia") es doch noch zuließe, daß statt meines Willens der seinige — als dieser „nichtswürdige-ungläubige" (dennoch in mir selber gegen mich erdrückend mächtige) vor aller Augen obsiege; solche Selbstaufgabe liegt aber offenbar völlig außerhalb des Bereichs der psychologischen Möglichkeiten dieses Typus fanatischer Übergläubigkeit.

Die „Gesellschaft zu zweien", zu der sich böses Gewissen in seinem Grunde — infantil; zugleich wie zum Duell — sammelt, bleibt als diese ganz persönliche Enge und Unmittelbarkeit von Du zu Du bestehen, auch wo im Fortgang etwa alle Gesellschaften, denen das betr. Individuum je angehört hat, in den Sog dieser mörderischen Mitwisserschaft gezogen werden. Es ist für Hitler glaubwürdig bezeugt, daß er sich in seinen Epochen guten Gewissens manchen durchaus integren Gesellschaften, wenn schon nie ohne Scheu und Zagen, dennoch zutrauend, zugleich als ihr überzeugter, enthusiastischer, pathetischer Förderer zu nähern suchte (z. B. dem „preußischen" Soldaten- und Offiziersstand; — oder „England"); dann erst, mit zunehmender Angst seines Willens — der, tief verschwiegen, an seine früher ausgedachten, verlachten Ziele — (nur zum Schein sich gegen sie belehrend, in Wahrheit unbewegt und unbelehrbar) — festgeklammert, sich gigantisch vereinzelte, zugleich Massen von Gefolgschaften in seine dunkle Vereinzelung ziehend, — geht er dazu fort, alle ihm bekannt gewordenen Gesellschaften, mit denen er zum Teil in täglichem Verkehr weiterarbeitet, zu hassen und tödlich zu verfolgen, — außer der kleinen, ihm mit einer einzigen Ausnahme herkommensmäßig und manierenmäßig wirklich verbrüderten, die auf ihn schwört — und der er zuletzt gleichfalls mißtraut.

### *4. Gewohnheit, A priori und „Gewissenlosigkeit".*

Wohlgebildete Gewohnheit steht mitteninne zwischen Handeln aus ungesteuerten Impulsen und Handeln, das zu Routine verhärtet und erstarrt ist. So erscheint als Aufgabe des Menschen, daß er seine Gewohnheiten gegen die Tendenz ihrer Verhärtung geschmeidig halte. Dann allein bleiben sie ihrem Ursprung treu: daß bei ihrer Bildung Einsicht mitwirkte; dann allein sind sie fähig, das ständig nachgefüllte Residuum „wilder" Impulse aufzuarbeiten.

Menschliche Gewohnheit ist in vielen Hinsichten das Pendant zu tierischem Instinkt; der Unterschied ist, daß der Anteil des Angeborenen in tierischen Instinkthandlungen größer und wesentlicher ist, der des Erworbenen weit geringer als in menschlichen Gewohnheitshandlungen. Instinkthandlungen sind gleichsam nur an ihren äußersten Rändern verschränkt mit erlernten Bewegungen; ihr Schwergewicht ruht in den eigentlichen Instinktbewegungen, die, angeboren, schlechthin starr, blind und unveränderlich ablaufen. In menschlichen Gewohnheiten haben zweifellos zahlreiche einzelne Bewegungen und ebenso Teile der Bewegungsgefüge gleichfalls starren angeborenen Charakter. Man versuche jedoch einmal, in Gewohnheiten wie Sprechen, Denken; Schwimmen, Rudern, Klettern, Fechten, Autofahren; Haushaltführen, Kriegführen, die angeborenen Gefüge zu isolieren: Erfahrenes und Erlerntes dringt offenbar bis ins Zentrum dieser Gefüge selbst vor, so daß sich in allem menschlichen Handeln Angeborenes mit Erworbenem dicht verschränkt und noch die Zentren der Gewohnheiten z. T. umformbar sind und bleiben. Hinsichtlich jedes menschlichen Apriori bleibt der Umfang aposteriorischer Einschüsse fast überall strittig —: wieviel ist ererbt, wieviel ist Tradition, wieviel ist neuerworben? — nur das letztere ist verhältnismäßig leicht feststellbar (und widerlegt dann, insoweit, den erhobenen Anspruch einer „Apriorität"). Was die Antriebsseite der Gewohnheiten anlangt, so gilt von der Mehrzahl der in ihnen verarbeiteten „Triebe", daß sie, in sich selbst weitgehend amorph, sich großenteils erst in dem Augenblick „definieren", wo sie sich in der Richtung irgendeiner Sachbearbeitung ordnen und in entsprechend sachgesteuerte Handlungssysteme einspielen, das heißt ja aber eben: sich zu „Gewohnheiten" formen.

Sieht man nur auf diese deutlichen Unterschiede zwischen tierischem Instinkt und menschlicher Gewohnheit, so schließt man, es müsse ein Leichtes sein, Gewohnheiten, auch wenn sie sich etwa schon zu automatisieren beginnen (wie dies vor allem von „schlechten Gewohnheiten" bekannt ist) doch noch mit Erfolg daran zu erinnern, daß sie unter mindestens dunkel verstandener einsichtiger Leitung seitens intelligenter Pfleger einst aufgebaut wurden — oder sogar aus eigenem bewußt suchendem Experimentieren sich selber allmählich eingeschliffen haben — kurzum: daß der Weg, auf dem sie sich bildeten, hell war von Aufmerksamkeit; daß also auch das, wozu sie sich bildeten: gekonntes Spiel oder beherrschte Arbeitswege, immer verständiges Spiel und verständige Arbeit bleiben müsse: überwacht von eigener, ursprünglich eingesprengter Sensitivität gegenüber sich verändernden Situationen und neuen Anforderungen. Und man fährt etwa fort, zu erklären: Instinkthandlungen seien so überwiegend von ihren Zentren: den angeborenen starren Instinktbewegungen, her bestimmt, daß sie nur innerhalb enger Grenzen noch plastisch sind; Gewohnheiten aber seien dazu geschaffen, sich selber ständig — gegebenenfalls bis in ihre Zentren hinein — zu reformieren, wenn anders sie nicht, statt Gewohnheit zu sein, zu Routine werden wollten. Letzteres würde, von der Beeinträchtigung ihrer eigenen Aktionsweite abgesehen, das Unheil bedeuten, daß alle im Augenblick etwa noch unverarbeitet gebliebenen, also steuerlosen angeborenen Antriebe, welche ihrerseits (neben den sich verschiebenden Bedürfnissen der äußeren Situationen) von innen her die Reform individueller und sozialer Gewohnheiten fordern, weiterhin unbeachtet bleiben und abgetrieben werden zur Bildung untergründig „wilder" Impulsherde.

Solche Hinweise — so wichtig und berechtigt sie in gewissen Grenzen sind — übersehen doch, daß der Unterschied zwischen menschlichen Gewohnheiten und tierischen Instinkten dadurch wesentlich verringert ist, daß sich dem freien Umformen der Gewohnheiten die scheinbar gleichen (angeborenen?) Mechanismen in den Weg stellen, die beim Tier teils die engeren Instinktbewegungen, teils die Instinkthandlungen im Ganzen charakterisieren. In verwunderlicher Analogie — vielleicht von den vereinzelten angeborenen Bewegungsanteilen oder vereinzelten angeborenen Triebrudimenten her — breiten diese Mechanismen sich über das ganze (doch großenteils erworbene!) Gefüge menschlicher Gewohnheiten aus und stiften frappant ähnliche Wirkungen wie im tierischen Instinktgefüge. Diese Momente, die tierische Instinkt-handlungen (bzw. -Bewegungen) charakterisieren und doch zugleich auch charakteristisch für menschliche Gewohnheiten erscheinen, sind die folgenden: das *Appetenzverhalten:* der Drang, die eine bestimmte Gewohnheit auslösenden Situationen eigens aufzusuchen oder herbeizuführen; die *Schwellerniedrigung:* Gewohnheiten springen leichter und leichter an auch ohne passende äußere auslösende Anlässe, und zwar — entsprechend der Länge der Zeit, in der die betr. Gewohnheit keine Gelegenheit hat, sich zu betätigen: es findet also offenbar auch bei den Gewohnheiten so etwas wie „*endogene Reizproduktion*" statt — und als ihre Folge: Stauvorgänge; die Art ihres Eigensinns: lieber sich im „*Leerlauf*" ohne Zweckerfüllung zu betätigen als ungekonnte Versuche auf veränderte Situationen einzuspielen und zu neuen Gewohnheiten zu bilden.

Die stereotypierende Wirkung, die von diesen Momenten auf menschliches Handeln ausgehen mußte, kann man sich leicht vorstellen. Alle erdachten oder spontan erfundenen Tabuierungen, Prämiierungen, Sanktionen bestimmter gesellschaftlich ausgelesener Gewohnheiten (ihre Fixierung zu „sozialem Brauch") brauchten diese angeborenen Mechanismen lediglich zu verstärken. Was wir (vgl. S. 521, I, 4) im folgenden als Tendenz des menschlichen Handelns zur „Gewissenlosigkeit" beschreiben, ist offenbar das Resultat aus dieser Verbindung von natürlichen und künstlichen Mechanismen der Perpetuierung von Gewohnheiten. Trotz aller Rationalisierung „modernen" („intelligenten") Handelns und aller Entzauberung alter Tabus, stirbt die „Selbsterhaltungstendenz" von „Gewohnheiten" nicht aus. Daran sind vielleicht die genannten Momente, die die menschlichen Gewohnheiten mit den tierischen Instinkten gemeinsam haben, in erster Linie schuld.

In jeder Kunst und Arbeitsweise, die ihre Sache beherrscht, in jedem gekonnten engumgrenzten Spiel schon, das gleichfalls eine Form der Macht ist, lebt die Tendenz, ihr faktisches Gelingen zu absoluter Gültigkeit zu erheben. Mit der Zunahme dieser Tendenz schiebt sich an die Stelle der Aufmerksamkeit als ursprünglichem Charakteristikum von „Gewohnheit" eine mehr und mehr ihr ganzes Gefüge verhärtende Rücksichtslosigkeit nach außen. Das Bestreben nimmt überhand, alle begegnenden Situationen dazu zu zwingen und einzuschränken, Feld für meine Gewohnheiten zu sein.

(Dies ist geradezu eine Definition von „Egoismus"; fast alle seine Spielarten fallen unter ihren Gesichtspunkt: das Gegenteil von Egoismus ist nicht sowohl „Altruismus" (der oft nur eine Form der Selbsttäuschung ist) als vielmehr dies, daß Jemand mit dem Erlernen einer neuen Gewohnheit die Gewohnheit zu lernen fortbildet. Weiteste Lernbereitschaft schließt automatisch Rücksicht auf die Standorte und Bedürfnisse der „Andern" ein, während „altruistische" Anstrengung, aber auch natürlicher Liebesdrang und Liebesfülle, gegen die egoistische Vergewaltigung der Schützlinge oder der Geliebten — aller möglichen Sublimierung und Verinnerlichung dieser Haltungen ungeachtet — keinerlei Garantie bieten.)

Das Handeln aller großen Könner — wobei es gleichgültig ist, ob ihre Technik die eines Künstlers, im engeren Sinne oder eines Wissenschaftlers oder eines Geschäftsmannes usw. oder eines Mannes ist, dessen Kunst darin besteht, sich die Nutznießung ererbten Besitzes intakt zu halten — neigt dazu, ihre Welt um ihre Kunst herum zu schließen, gegen Welten, deren Wahrnehmung und Einbeziehung Besitz und Können stören würden, als gegen ein Gleichgültiges, das nicht Partner ist, zu verfahren; mit einem Wort: gegen alle Welt außer gegen die beherrschte eigene, „gewissenlos“ zu sein. Der Deutsche spricht hier von „Welten“ und meint damit bestimmte große, oder kleine und kleinste Gesellschaften von Menschen mit bestimmten gemeinsamen, sachlichen und persönlichen Interessen, Tätigkeiten, Glaubensweisen, Denkstilen, — welche Gemeinsamkeiten sich in der Tat, als 'universes of discourse', ablösen und „im Geist“ fortbilden und genießen lassen. Eine jede solche, von einem individuellen Standort und Tatort aus ausgewählte und gestaltete, in der Folge aber absolut erklärte, „Welt“ ist eine „reine“ (d. i. positiv gewissenlose) „Innerlichkeit“. Der Standort aller Liebenden, sofern sie gegen den unendlichen Kosmos ihrer kleinsten Gesellschaft keine Ironie kennen, jedes diesseitigen Großgläubigen, sofern er seinen Glauben mit göttlichem Auftrag fanatisch in eins setzt und damit die Gesellschaft seines Glaubensgefolges zu einem Stande von „Heiligen“ oder doch Unvergleichlichen sekretiert, zwingt dazu, an sein jeweiliges Apriori als absolutes zu glauben. Jedes absolute apriori aber muß gewissenlos sein gegen alles, was gegen es draußen ist und sich ihm nicht fügt.

Wo immer sich eine solchermaßen intensiv beherrschte Welt gegen die draußengehaltenen nicht äußerlich friedlich abschotten läßt, vielmehr die ausgeschlossenen Gesellschaften als hierdurch geschädigte oder gekränkte ihre Interessen und Rechte erfolgreich geltend machen können, wird sich herrschende Gewohnheit wieder zur Aufmerksamkeit verstehen — zu gewissenhafter Gewohnheit sich *reformieren;* oder aber dazu übergehen, Gewohnheit mit bösem Gewissen im erörterten Sinn zu sein. So vermag „reinster“ Geist zugleich böse zu sein, dahingegen „reformiertes“ —: sich demütigendes — A priori die Form ist, in der Menschen den Enthusiasmus ihrer Transzendenz zum Absoluten zu einer Macht der Liebe in der Welt bildeten: die Form der Kirchen und Klöster, als welche alle ihre andern Formen, insonderheit ihre Herrschaftsformen, durchquert.

*5. Bedingungen der „Gewissenhaftigkeit“: „Sprache“ als Handeln zu zweien“; „Animismus“ und Sachlichkeit.*

Verantwortlichkeit hat zur soliden Grundlage, daß jede Handlung eines Menschen Wirkung tut auf andere Menschen, die sofort oder mit Aufschub, selbst oder durch Dritte zurückwirken. Daß wir unentrinnlich „zur Verantwortung gezogen” werden, nämlich diese Rückwirkung auf alle Fälle zu spüren bekommen, geht unmittelbar aus der Natur geselliger Lebendigkeit hervor, die der Mensch mit den Tieren teilt. Die Menschen vermögen jedoch auf andere Weise als irgendein Tier diese Rückwirkung vorwegzunehmen. Im Planen eines Tuns und bei jedem überlegten Schritt desselben übernehmen sie — vorweg — die Verantwortung seiner Folgen. Einen hohen Grad dieses zuvorkommenden Übernehmens von Verantwortung nennt man „*Gewissenhaftigkeit*“.

*Alles* natürliche Geschehen besteht aus „Interaktionen“. Auf der Stufe des Lebendigen nehmen bestimmte Interaktionen — schon bei niederen Tieren — geselligen Charakter an — derart, daß Tierindividuen, kooperativ fungierend, Gesellschaften bilden. Die Frage kann also nicht sein: wie kommt der einzelne Mensch zu Interaktion und Gesellschaft? Diese Frage geht von der Fiktion aus, das menschliche Individuum sei von seinem Ursprung her isolierte und einsame Existenz. — Isolierung in theoretisch strengem Sinne findet nie und nirgends in der Natur statt. Praktische (relative) Isolierungen sind Resultate bestimmter natürlicher oder künstlich hergerichteter Interaktionen. Ebenso ist Einsamkeit ein modus menschlicher Gesellung und dazuhin ein Resultat der schöpferischen menschlichen Einbildungskraft. Die Frage kann nur lauten: was sind die spezifischen Formen, in denen sich auf der Stufe des Menschen natürliche Interaktionen und lebendig-tierische Gesellungen umbilden und auf verändertem Niveau entfalten? Die spezifisch menschliche Form der Geselligkeit ist die Sprache. Sprache erscheint, noch ehe sie begriffliches Denken mit dem Mittel von Worten und anderen fixierten Zeichen ist, schon als ein Tun, das wesentlich Verantwortung ist. Der Vorgang wortloser Sprache, der hinter allen andern einzelnen „Sprachwurzeln“ aus der fertigen Vielfalt der in menschlichen Sprachen ausgebildeten Funktionen noch immer als das ausschlaggebende Element sichtbar zu sein scheint — als Sprung des Betragens von Lebewesen auf eine unvergleichlich neue und unendlich produktive Operationsbasis — ist als „vorwegnehmendes Handeln zu zweien“ beschreibbar.

In jeder einfachsten (von Wortbedeutungen heute freilich längst überlagerten) Handreichung ist doch noch das Wunder, daß Menschen wortlos ‚miteinander reden‘ können, sichtbar. Sichtbar ist, daß Betragen nicht mehr entweder Aktion eines direkten eigenen Impulses (bzw. einer nicht minder direkten und präformierten Instinktbewegung) oder aber mechanische Reaktion auf äußeren Reiz ist, sondern nun noch etwas drittes, nämlich: — als Vorwegnahme von Impulsen eines Andern, und als Austausch meines Standorts mit dem seinigen, — „kommunikatives“ Handeln sein kann.

Der Blick, den A dem B zuwirft und weiter auf einen naheliegenden Gegenstand wendet, wirkt auf B nicht als Reiz, auf den er von seinen Antrieben her reagiert, sondern als Zeichen, dem er zu jenem

Gegenstand hin folgt als zu etwas, das er als etwas von A Gewolltes ergreifen und dem A, wiederum unter Vorwegnahme von dessen entgegennehmendem Entgegenkommen, auf die hierfür geschickte Weise zureichen wird. A seinerseits nimmt diese bevorstehende Zureichung B's vorweg: er richtet sich, noch ehe B den Gegenstand mit seiner Hand erreicht hat, schon auf den Empfang desselben aus dessen Hand ein, d. h. reagiert schon auf die zunächst von ihm, dem A, weggehenden Bewegungen des B als von diesem auf seinen (A's) Gegenstand in seinem (A's) Sinn gerichtete Bewegungen. Der Gegenstand, noch ehe er ergriffen ist, *ist* Potentialität für b e i d e, d. h. in den Handlungsweisen beider bereits wirklicher vorbegriffener Einigungspunkt derselben. Er „*ist*" als Träger einer aktuell sich vollziehenden gemeinsam-einsinnigen „Bedeutung". Bedeutung, Geltung, Wert entspringen solchermaßen aus der Natur vorwegnehmend-teilnehmenden Handelns zu zweien — als dessen proleptisch aufscheinende Ziel- und Schnittpunkte.

Was hier am Beispiel einer Handreichung aufgewiesen ist gilt, mutatis mutandis, auch für andere Beispiele wortloser Sprache: für alle sinnweisenden und adressierten Gebärden, Mienen („verständnisinniges" Zulächeln usw.).

Zum oben erörterten Begriff der menschlichen „Gewohnheiten" ist nun der wichtige Zusatz zur Hand, daß sie — kreuz und quer — von Kommunikationsbewegungen: Bedeutungs- und Wertverständnis, durchwirkt sind.

Jede ablaufende tierische Instinktbewegung ist lustgetragen. Es findet Appetenz zu ihr hin statt. Menschliche Antriebe sind um nichts weniger lustgeladen, aber ihre Erfüllungsweisen haben sich, sofern sie, in vorweg- und teilnehmendem Handeln von Partnern, als Zwecke des Einen, die der Andere herbeiführen hilft, erscheinen, aus unmittelbaren „Gütern" der L u s t zu vermittelten und mitgeteilten „W e r t e n" verwandelt. Wert ist ein Gut, das ich nicht nur lustvoll für mich selber zu begehren vermag, sondern zugleich im Handeln zu zweien als Gut eines Partners anerkenne. Wert ist ein solchermaßen verbrüdertes natürliches Gutes —: ein gutes in Gesellschaft zu zweien. Alle spezifisch menschliche Gesellschaft hebt immer an als Gesellschaft zu zweien, zwischen denen ein Handlungszweck, als von zwei Seiten her identifiziert, sich zum Wert abhebt. So ist verständlich, daß der Einzelne schließlich in den Gegenständen selbst, auch und gerade wenn er allein mit ihnen hantiert, einen W e r t — in diesem Sinn eines Gutes, dem die Teilnahme eines Partners einverleibt ist, erblickt. „Animismus" ist nur der logische Schluß, der hieraus und aus der Tatsache gezogen wird, daß die Gegenstände selbst diese ihre menschlich-soziale Deutung zu bestätigen scheinen. Sehe ich nur aufmerksam genug auf die Zeichen, die sie mir geben, so schicken sie sich mir wie ich mich in sie schicke. Ich wirke auf sie ein — und sie „antworten". Wie lebendige Partner auch, versagen sie sich mir gelegentlich: sie antworten n i c h t, ja handeln mir feindlich entgegen. So sind sie erst recht vorwegzunehmende, verständliche Partner. Der „Animismus" findet im Ursprung spezifisch menschlicher Gesellschaft seine plausible Erklärung: mit einem Gegenstand geht man nicht wie mit einem toten um, sondern wie mit einem Wesen, durch das unsichtbare Lebendige als für oder gegen mich teilnehmende Partner handeln. Daß es gegen uns schlechthin gleichgültig sich verhaltende Gegenstände gibt, muß erst mühsam und widerstrebend gelernt werden; — schließlich zu großem Machtgewinn: mechanische Technik wird durch Loslösung vom animistischen Vorurteil ermöglicht. Vielleicht aber wäre es ohne den Umweg über den Animismus nicht geschehen, daß sich menschliche „Gewissenhaftigkeit" dazu bildete, die volle Verantwortung der Partnerschaft nicht nur M e n s c h e n gegenüber zu übernehmen, sondern auch gegenüber S a c h e n. In seiner Sachlichkeit und seinem Sachgehorsam erscheint ein Mensch als ob er in gegenständlichen Sachverhalten wie unsichtbare Partner spürte, die, als potentiell mittätig, zusammen mit ihm Bedeutung und Wert derselben immerfort erst herstellen und ebenso (mit ihm zusammen) entweder beschützen oder verderben können. Er eilt seinen Sachen zu Hilfe und steht für sie ein.

So wird denn dem Menschen im Feld seiner doppelten — persönlichen und sachlichen — Gewissenhaftigkeit von zwei Seiten her seine angeborene Lust zu handeln erweitert und durchsetzt durch „Pflichten". Pflichten sind wahrgenommene Partneransprüche — Partner im obigen doppelten Sinn verstanden. Die Tiere bekommen es zu f ü h l e n, daß jede noch so geringfügige Handlung überall in der Natur zu natürlichen Reaktionen führt. Der Mensch aber deutet dieselben, je mehr er Mensch ist desto mehr, als Reaktionen, die von Partnern ausgehen; so nimmt er sie vorweg und macht sich ein Gewissen daraus, sein eigenes Tun abzustimmen — sei es auf den „Willen" von Sachverhalten, die ihm als immer schon potentiell sinnbeseelte entgegenkommen, sei es auf den Willen von Personen, denen er als potentiell mit ihm immer schon „geeinigten" begegnet. So wird schließlich die *Gewohnheit*, daß ich meine „S a c h e", in der jeweils so viele unsichtbare und doch deutlich gespürte Willenspartner mein Tun zu vorwegnehmender Teilnahme anhalten, entsprechend teilnehmend, d. i. sachgerecht zu E n d e führe, stärker sein als jedes unmittelbare Lustbegehren. Die Askese des Menschen beschwert sich wohl noch (von seinen fortwirkenden einzelnen, etwa vergewaltigten oder ausgenutzten oder abgewiesenen Triebanlagen her), sie bringe „O p f e r". Diese Opfer sind jedoch nur Spannungen zwischen stammesgeschichtlich verschieden tief lokalisierten Freuden. Askese als Gewohnheit führt ihre eigene Macht und Freude mit sich, — Gewissenhaftigkeit ihr eigenes ruhiges welterfülltes Wohlsein.

*

Der Sprachgebrauch kennt — schließlich — „die Stimme des Gewissens" und sagt: daß „das Gewissen richtet". Hat er hierin recht?

Nun — „d i e" Stimme des Gewissens gibt es in der Tat. Z. B. im Menschen eines halb schlechten, halb bösen Gewissens ist „d i e" Stimme diejenige des leibhaftig imaginierten drohenden — und halb schon herbeigesehnten — Rächers: „zu Philippi sehen wir uns wieder". In Fällen von „Gewissenhaftigkeit" dagegen ist „d i e" — also die vermeintlich e i n e unverkennbare „Stimme des Gewissens" das noch nicht artikulierte G e f ü h l, in welches alle von einem bestimmten Handlungsimpuls potentiell bedrohten oder doch spürbar benachteiligten inwärtigen Partner (Freunde, Feinde gegenwärtiger oder abgelebter aber noch erinnerter Zeiten, — ferner alle bedrohten oder doch widerstrebenden „Willen" meiner gesellig erfahrenen, nun schon längst verinnerten Bedeutungen und Werte) ihren Einspruch oder ihre leise Dissonanz einströmen lassen; das summarisch resultierende „e i n e" Gefühl läßt sich als dieser Akkord in seine f a k t i s c h e V i e l s t i m m i g k e i t auflösen. Gewissen hat so viele Stimmen wie ein Handlungsablauf oder Handlungsresultat in der Phantasie auf vorweggenommene Reaktionen von Personen und Sachen als potentiellen Partnern stößt.

„Das Gewissen richtet" —: aber der Richter ist jedesmal ein anderer; auch die Ankläger, Zeugen, Verteidiger — und der Angeklagte selbst — wechseln ständig. Allgemein gilt höchstens dies: während der Angeklagte identisch sein kann mit dem Ablauf oder Resultat irgendeines speziellen Begehrens der Person, so ist der Ankläger in ihr doch niemals irgendein anderes solches einzelnes Begehren, sondern ein wirklicher sozialer Partner, sei es ein persönlicher — oder ein sachlicher solcher: ein Wert (im oben ausgeführten Sinn) — und zwar je als Sprecher eines ganzen Wert - G e f ü g e s. Immer nämlich ist ein gefährdetes S y s t e m der Ankläger; wenn eine einzelne Person, dann sie als Sprecher des von meinem Impuls bedrohten Systems unserer kleinsten Gesellschaft (Gesellschaft zu zweien); im Fall eines Sachwerts ist es ein von Vielen partizipierter, also gesellschaftlich geschützter Wert, der den Ankläger vorschickt. Eine I d e e kann als Ankläger auftreten, jedoch nur sofern sie, sei es als Repräsentant, sei es als Schöpfer eines Gutes auftritt, das nicht als Genuß eines Einsamen ist, sondern Gemeinschaft zwischen ihm und andern stiftet. Gerade im reinsten Fall *‚einsamen'* Gewissens: wo Menschen Gott in sich richten spüren, ist es entweder ein Gott unter anderen: ein Gott partikulären hier und jetzt geltenden gesellschaftlichen Rechts, hier und jetzt geltender Wahrheits-Schönheits-Vorstellungen usw. oder aber universeller Gott: — der Gott absoluter Liebe, der, liebend, den Menschen d u r c h sein Gewissen dazu anhält, in der Welt irdischer partikulärer Gesellschaften sich zugleich r e i n e r Gesellschaft im Sinn einer sie alle umfassenden und befriedenden Liebesgemeinschaft zugehörig zu glauben und sein Verhalten in jenen an diesem Glauben emporzurichten.

Kurzum: auch sofern sich menschliches Gewissen zur Funktion eines Gerichtshofs zusammennimmt, zeigt die Gesellschaft gegen die Person ein deutliches Prärogativ. Das enthüllt sich selbst noch in Kants „Kategorischem Imperativ", der doch die Person zum Richter einzusetzen trachtete. Dieser Imperativ gebietet, Handlungsimpulse anzuhalten und zu befragen, ob, was sie wollen, auch dann noch „in sich selbst" bestehen, d. i. r e i n gewollt werden kann, wenn es zum Naturgesetz für Alle erhoben gedacht wird. Der rein innere und formelle Widerspruch, der im Zug dieses Experiments bei allen „unvernünftigen" (pflichtwidrigen) Impulsen in der Tat prompt in Erscheinung tritt, ist aber näher besehen der k o n k r e t e Widerspruch, der gegen solche Impulse von allen möglichen Seiten natürlich-integrer Systeme gesellschaftlicher Güter her sich geltend macht. Die Coinzidenz von innerem logischem W i d e r - spruch und je solchem lebendigem, natürlichem E i n spruch ist kaum verwundersam —: Kant hatte im vorhinein als Modell für seinen transzendentalen Begriff der praktischen Vernunft — mit sicherem Instinkt — den s o z i a l e n Begriff einer Zusammenstimmung der Zwecke der Einzelnen zu einem geordneten R e i c h der Zwecke gewählt.

## II.

### Gewissen und Innerlichkeit: Freiheit und Schuld der Individuen

Der voll entwickelte Sprachbrauch weiß, daß Gewissen „schuldig spricht". Dies ist offenbar mehr als nur darüber zu „richten", was an einer Handlung recht, was unrecht gewesen sei. Schuldig sprechen heißt die Verantwortung für ein Tun auf den Täter laden. Wenn alle bisherigen Erörterungen vornehmlich auf den sozialen G e h a l t wiesen, der in den „Stimmen des Gewissens" — gleichsam als ein öffentlicher oder Weltgehalt — repräsentiert ist, so tritt — zuletzt — dem allem entgegen, daß das Gewissen als Organon der Schuld der Person mitten in der Lebendigkeit des Ichs zu residieren scheint, — ja, so tief in das Ich hinein versenkt ist, daß es wie das verschlossene Innerste meines Ich-selbst-seins erfahren wird. Sooft es schuldig spricht, ergeht sein Spruch — ohne Umweg über eine weltliche Instanz — aus mir selber an mich selbst.

Goethe hat an einer merkwürdigen Stelle gesagt: „das Gewissen bedarf keines Ahnherrn; mit ihm ist alles gegeben: es hat nur mit der inneren eigenen Welt zu tun." Die Deutschen haben ein eigenes Wort dafür: „Innerlichkeit". Die Innerlichkeit eines Menschen ist offenbar der Ort seines Gewissens. Um die Theorie des Gewissens ins Lot zu bringen, scheint eine triftige Theorie der Innerlichkeit vonnöten. Im Grundriß sei ihr Entwurf hier noch eben versucht.

Die Innerlichkeit des Menschen ist — von außen sehend — zuvörderst, deutlich abgeschieden gegen die Welt der ihn verwickelnden äußeren Handlungen, sein Sprachraum: die Welt seiner Gedanken. Diese Welt seiner Gedanken ist zugleich die Welt seiner Freiheit. Zweifellos hat hier das Gewissen einen großen Teil seiner Anhaltspunkte — aber doch liegt es hier noch nicht zutiefst vor Anker. Dieser Innerlichkeit sind wir ja bereits begegnet: sie erwies sich als ein wesentlich geselliges Inneres. Die Welt seiner Monologe ist im Menschen die Fortführung und Verwandlung ursprünglicher Dia-logik oder echter Rede mit Andern. Sie ist zwar gänzlich seine Welt, insofern er in ihr, von Niemand so leicht beobachtet, frei schalten, walten, gleichsam folgenlos spielen kann; trotzdem ist sie nach Form und Gehalt (ferner auch in der Weise ihrer schließlich eben doch stattfindenden Rückwirkung auf das tatsächliche Handeln eines Menschen) eine gemeinsam bedeutete, noch in alle monologischen Bedeutungen hinein fortwirkend von Andern geteilte und ihnen mitgeteilte Welt. Soll Innerlichkeit nach Form und Gehalt mir allein eigen sein — und soll sie als solche zugleich dem Gewissen seinen tiefsten Ankergrund darbieten — so muß sie ursprünglicher konstituiert sein als durch Monolog und Sprachphantasie.

Die tiefere Innerlichkeit des Menschen ist die Innerlichkeit seiner Triebe, Impulse, Affekte und ihrer Lust: die eingeborene Lebendigkeit des Menschen. Aus dieser Tiefe erwächst der Sprachphantasie individueller Charakter, Farbe, Kraft — und dem Gewissen die Stärke seiner Überzeugung.

Soweit Gewissen wesentlich erfüllt ist von sozialen Gehalten, residiert es in jener geselligen Innerlichkeit des Sprachraums; schon da gewinnt es gegenüber der Autorität bestehender Gesellschaften ein gewisses Maß „innerer Freiheit". Es bleibt aber in diesem Raum doch immer nur soziales Gewissen. Soferne Gewissen religiöses Gewissen ist, d. h. ganz in das Geheimnis der Person versenktes, durch sie an sie selbst gerichtetes Gewissen, hat es seine Wurzeln in dieser tieferen Lebendigkeit der Person: in der inneren Welt der Handlungsantriebe, Affekte und ihrer Lust. Gewissen verbindet sich dort drunten mit der Lust des Lebens, sich seiner Möglichkeiten zu bemächtigen und diese seine Macht zu äußersten — und zu reinsten — Gestalten zu steigern —: in welcher Steigerung allein ihm Götter widerfahren und Gott begegnen kann. Die Verbindung mit den elementarsten Trieben und Auftrieben verschafft dem Gewissen erst seine eigentliche Freiheit. Diese Freiheit wird als eine absolute Möglichkeit (als diese schlechthin meinige) erfahren — zugleich aber: als eine ins wirkliche äußere Leben doch nur bedingungsweis und gradweis wirkende eigene Macht. In „Schuld"-Erfahrung ist diese Spannung zwischen möglich scheinender aber nicht verwirklichter Freiheit das entscheidende Moment.

Gehen wir diese Phänomene von innen nach außen durch.

### *1. Die Innerlichkeit der Affekte, das Gute der Lust und die Kraft des Gewissens als Selbstvertrauen.*

Aristoteles lehrte, daß jede gekonnte Tätigkeit Lustgefühl auslöst. Führen die regulierenden Organe des vegetativen Systems ihre Tätigkeit so durch, daß sich durchgängige Zusammenstimmung der Körperfunktionen ergibt, so werden vielleicht dadurch nicht nur vorausgegangene Störungen, die vom Gefühl des Unwohlseins begleitet waren, beseitigt, sondern es ist uns, als ob das unbewußte Spiel der in unserem Körper getätigten Regulierungen einen Abglanz seiner Lust an diesem Können in unser Bewußtsein schickte: wir sind körperlich freudig, heiter. Dieses primitivste und ursprünglichste Gute jeder funktionierenden Körpertätigkeit kehrt nun offenbar in jeder Spezialfunktion unseres Betragens — und ihrem Affekt — wieder. Der Affekt ist das Gefühl einer hochgradig spannungsgeladenen körperlichen Bewegung, die aus der Tiefe nach außen ausbricht — sei es als bloße Intentionsbewegung (idiopathische Bewegung), sei es als volle Bewegung, die ins Ziel läuft. Affekte lassen sich daher beschreiben in den Zeichen der Aktionsweisen, denen sie als ihre Gefühlsseite zugeordnet sind. Wo immer die Aktion als ‚gekonnte' (voll oder doch innerlich ‚gelingende') vonstatten geht, ist auch der Affekt lustvoll — einerlei ob dies ein gelingender Zorn, eine gelingende Liebe oder ein gelingender Haß ist — („gelingend" oder „gekonnt" in je anderer Weise: *treffsicherer* Zorn, *beglückte* Liebe, *selbstbeherrschter* Haß). Sogenannte negative Affekte, Zorn, Haß, sind als Bewegungen, wenn ihre Eigensteuerung glückt, im unmittelbaren Gefühlseffekt ebenso lustvoll und insoweit genau so „g u t" wie die sogenannten positiven Affekte: Liebe, Lachen, Hochherzigkeit, Mitleid. Zorn als Bewegung heißt: ein plötzliches Hindernis rasch durchbrechen. Haß heißt sich ins Zeug werfen gegen Jemanden oder Etwas, das mich, ringsum bedrohlich, aufhält und einschränkt; Haß, als konzentrierte Gegenwehr hiergegen, ist, wenn sie gelingt, lustvoll und insoweit „gut".

Negative Affekte sind nur dann „bös", wenn die betreffende Bewegung in sich zerrissen und deswegen als wesentlich mißlingende verläuft, zu keinem Ende kommt, auch kein Ende absieht. So ist Haß als blind ausbrechende Wut zwar momentan erleichternd lustvoll, als anhaltend wutvoller Haß jedoch von der Sorge um schließliches äußeres oder inneres Verderben — unbeherrscht — umdüstert. Haß kann sich mit einem Unterton von Lust nur h a l t e n, sofern er *produktiv* ist als Verteidigungswille für Geliebtes gegen ihm drohenden schweren oder tiefen Schaden — d a n n teilt Haß die Lust der Liebe. — Neid frißt und verzehrt; ebenso Scham. Neid, weil er ein Haß ist, der nicht sieht, wo er seine Gegenwehr ansetzen soll; er ist bös, weil er ungekonnter Haß ist. Scham als eine Art Selbsthaß — verstört, soweit sie als Rückzug aus einer entgleisten Tätigkeit noch ungeordneter Rückzug ist; sobald aber Scham als Tätigkeit des Rückzugs aus den Formen der Panik oder planlosen Flucht in die Form der rückwärtigen Sammlung übergeht, ist Scham schon wieder koordinierte, gelingende Tätigkeit und als solche ein positiver Affekt, der lustvoll und gut sich anfühlt.

Sofern das Gewissen im Ich seinen Sitz hat, muß es offenbar inmitten dieser spontanen mächtigen Bewegungsweisen residierend gedacht werden.

Indessen kann im Bisherigen freilich von „Ich" im strengen Sinne noch nicht wohl die Rede gewesen sein. Die geschilderten Affekte zeigen zwar eine Selbstkonzentration im Sinn eines tierischen Organismus, aber noch kein Ich. Das Selbstische dieser Bewegungen ist noch ohne Ich — und somit auch ohne Gewissen. Zu Ich-Bewegungen werden die geschilderten Affekte erst im Durchgang durch den Sprachraum, wenn sie sich da gegen verstandene Du-Bewegungen reflektieren, in der sozialen Reflektion b e w u ß t werden und in eins damit: „gewissenhaft". Der obige Satz lautet also genauer: daß, so bald die Ichwerdung im Sprachraum stattfindet, das nun erstandene Ich und sein Gewissen inmitten jener organischen Bewegungsweisen residierend gedacht werden muß. „Residieren" (residere) heißt ‚sich niederlassen', ‚Rast machen', ‚sich niedersenken', ‚einsinken', ‚ruhig werden': Gewissen als conscientia holt sich im Sprechenkönnen des Ichs Möglichkeiten um Möglichkeiten, Werte um Werte, die im Leben seiner Gesellschaften aktualisiert sind, fortlaufend herein in seinen inneren Sprachraum, — eine unendliche Vielfalt und Unruhe. Das eigene innere Sprechen und Ausdenken vereinfacht vieles, schafft vieles beiseite — ‚beruhigt' die Unruhe zu einem inneren eigenen System. Die Energie aber, mit der diese Vereinfachung und Verinnerung der heimgeholten äußeren Vielfalt im eigenen Sprachraum — selbstvertrauend-gewissenhaft — vor sich geht, stammt aus jenen selbstischen Bewegungen des lustvollen Zuneigens: Liebens; des Abwehrens und Bekämpfens: Hassens, Neidens; des Fliehens: Schämens, Ablassens, In-sich-gehens, usw. Das „vereinfachte" klare Gute meines Gewissens ist immer ein solches, dem innerste Bewegung in mir sich zuneigte und zu etwas einfachem allererst faßte und modelte, das „vereinfachte" Böse ein solches, das durch Bewegungen der Abwehr oder der Flucht e r f a ß t und zu „Einfachem" i n der Bewegung gemodelt wurde. In diese ursprünglichen Mächtigkeiten des Leibes: Bewegungen der Zuwendung oder Flucht sind Ich und Gewissen „hineingesenkt". — Sind meine Zuwendungs- und Fluchtbewegungen ein in sich kräftiges Aktions- und Reaktionsgefüge, so findet Gewissen in ihm „Ruhe" und „Rast". Ist es unelastisch, zu Verzerrung neigend, brüchig, so entwickelt sich „pathologisches" Gewissen: gegenstandslose Sorge aus innerster Unruhe, Gewissensangst und -Qual aus Bewegungsunsicherheit. Mutiges Gewissen, treues Gewissen wird sich nur entwickeln, wo die Bewegungspotenzen des Ergreifens, Angreifens, Fliehens (Liebens, Hassens, Schämens) in sich selbst machtvoll angelegt sind. Zartes Gewissen nur, wo die Koordination der Bewegungen so tief integriert ist, daß an ihrer Oberfläche das feinste Spiel von Vibrationen möglich wird. Kurzum: Gewissen „residiert" in der Tat, im vollen Wortsinn, in dieser tiefsten Bewegungsinnerlichkeit des Menschen. Aus der Kraft dieser vitalen Bewegungen schöpft es die Lust zu sich selbst, vor allem aber: das Maß seiner Unerschütterlichkeit und seines Selbstvertrauens.

Die Gesundheit (oder Krankheit) meines innersten Bewegungsgefüges ist e r e r b t und ist zugleich dem Individuum meist undurchsichtig: so ist sie ihm in diesem zweifachen Sinn: G n a d e. Konstitutionell ruhiges oder unruhiges Gewissen hat diesen geheimnisvollen oder unheimlichen Ankergrund. Dies macht ein wichtiges Moment seiner „Religiosität" aus — e i n Moment unter anderen, bald noch zu besprechenden.

## 2. *Die Innerlichkeit des Sprachraums; das Gute des Gewissens als vernünftiges Gutes.*

Das Gute der Lust der selbstischen Bewegungen reicht nicht aus, das Gute des Gewissens zu konstituieren. Nur dies gilt: ohne Residenz im Guten angeborener Bewegungslust wäre Gewissen ohne individuelle Einfachheit, Sicherheit und Kraft. Die Leitung des Gewissens zu seinem eigenen Guten hin geschieht aber von zwei Seiten her. Es ist keine Rede davon, daß jene angeborenen Zuneigungen und Fluchtbewegungen die „Stimmen" des Gewissens durchaus steuerten; denn umgekehrt erfahren auch sie selbst eine Steuerung durch dieses von ihnen nur teilweise gesteuerte Gewissen. Die Steuerung der Antriebsbewegungen vollzieht sich in der Innerlichkeit des Sprachraums, wo alle selbstischen Bewegungen eines Individuums reflektiert werden im Begreifen dessen, was sie im Verein mit den Bewegungen anderer Individuen ausrichten. Das Begegnen und Übereinkommen von Eigenbewegung und Partnerbewegung ist Sprache, als welche alle Selbstbewegung zu Bewegungen eines Ichs, das Gewissen hat, verwandelt.

Sprache als das Organon des Ich ist in auffälliger Weise zugleich nach *innen* und *außen* gewandt: sie ist sowohl Instrument der Entäußerung des Selbst wie Instrument der Erschließung eines Innenraums für dasselbe. Sprache ist zuvörderst Selbstentäußerung. „Sprechend" verfolgt ein Selbst seine Bewegungen, wie sie draußen im Spielfeld der Andern erscheinen. „Sprechend" begibt sich das Selbst in den Standort der Andern und kommt auf diesem Umweg über die Andern als Ich zu sich zurück —: d. h. als ein Selbst, das seine Bewegungen als seinige in ihrer Partnerschaft zu denen des Du anderer Selbste (Personen *oder* Sachen — vgl. oben S. 533 f.) begreift. „Ich" ist selbstentäußertes, auf dem Umweg über die verstandenen Standorte und Bewegungen eines Du zu sich zurückkehrendes Selbst.

Sprache ist aber zugleich Instrument der Erschließung des Innenraums des Ichs. Im Akt der Selbstentäußerung kommt es, wie wir oben (I, 5) beschrieben haben, zu ‚objektiven', neutralen Bedeutungen: zu etwas was sich von verschiedenen Standpunkten aus als gemeinsam Gemeintes bedeuten, nennen — mit Worten bezeichnen läßt. Bin ich aber dem, was irgendeine meiner Bewegungen vom Standpunkt eines andern aus bedeutet, nachgegangen und weiter noch dem Wechsel der Bedeutung der Bewegung eines Andern für diesen, wenn er sie seinerseits von meinem Standpunkt aus begreift, so kann ich solchen vielfältigen Mitvollzug, in den hinaus mein Selbst sich entäußerte, nunmehr als einen eben damit begriffenen, alsdann mit Worten bezeichneten in mich hereinziehen — in meinen Sprachraum, der sich, mit anwachsendem Verständnis meiner Außenwelten und Gesellschaften und mit dem diesem praktischen Weltverständnis vielfach vorgreifenden Erlernen ungefähr verstandener Wort- und Satzzusammenhänge — allmählich unendlich entfaltet.

Jedes „Gute", das in einem Sprachraum Name und Bedeutung trägt, ist ein verantwortetes Gutes oder ein „Wert", wie wir oben ausgeführt haben. Das heißt aber: Gut als Wert ist alsbald Gegenstand von Gewissen im Sinn von conscientia. Auch das Gute der Lust eines Affekts verwandelt sich also im Durchgang durch den Sprachraum zu einem verantworteten Wert. Das ist dann aber eine wirkliche Verwandlung des Affekts und ebenso der Bewegung selbst, der er zugeordnet ist. Das Gute der Lust einer angeborenen Bewegung ist an sich selbst ein gewissenloses Gutes; im Sprachraum reflektiert: in einer Wortbedeutung festgehalten, wird es — implicite mindestens — vor allen Partnern, die die Sprache mit mir teilen, repräsentiert und hinmit verantwortet. Schon mit dieser „Repräsentation" ist es zum Inhalt von Gewissen geworden, — ist es nunmehr autorisiertes Gutes, folglich: gesteuertes Gutes. Wenn Ajax zu sich sagt: ich habe da einen guten Zorn in mir, so hört er, mindestens der Möglichkeit nach (das liegt im Dialogischen jedes Wortgebrauchs), schon Jemanden in sich fragen (vielleicht einen Thersites): „ist dein Zorn nicht etwa eher ein schlechter?" und er hört dann — hiergegen — ferner und vor allem die ritterliche Gesellschaft, der er angehört, in ihm sagen und statuieren: „der Zorn eines Helden ist jedenfalls göttlich".

So wird die dunkle gewissenlose Innerlichkeit einer Bewegung im Sprachraum autorisiert und steuernd verwandelt: sie wird in Frage gestellt und sogleich gegen ihre mögliche Bezweiflung autoritär gedeckt — letzteres jedoch unter der ausschließlichen Bedingung, daß sie als diese individuellmeinige Bewegung zugleich in den sozial zugelassenen (ritterlich-heldenmäßigen) Bahnen verläuft. Sprache und ihre Werte und sozial gefügte Tätigkeiten, Gewohnheiten, Comments bilden sich Hand in Hand aus — als gleichzeitig äußeres und inneres Handeln zu zweien und mehreren — in dem oben beschriebenen Sinn (I, 5).

Hier gerät aber nun unser Gedankengang in einen ganzen Knäuel von Widersprüchen. Die These hatte gelautet: Gewissen gewinne seine Unerschütterlichkeit und sein Selbstvertrauen aus der Innerlichkeit eingeborener spontaner Bewegungen (Zuwendung, Flucht usw.) Der Text verstieg sich sogar zu der Formulierung: vor allem „religiöses" („absolutes") Gewissen residiere in einem primitiven Guten der Lust. Inzwischen wird aber umgekehrt wieder betont, Gutes der Lust sei wesentlich gewissenlos, Gewissen konstituiert sich allererst im Sprachraum. — Soll dies letztere etwa nur dem Augenschein nach so sein, und Gewissen in Wahrheit doch nur mit jener tieferen Innerlichkeit angeborener Individualität zu schaffen haben? Soll etwa das Gewissen, das sich im Sprachraum bildet, nur ein „abkünftiges" oder (im Kantischen Ausdruck:) „heteronomes" Gewissen sein? — zwar ein überall wirksames und hörbares, aber ohne Echtheit, derart, daß „eigentliches", religiöses Gewissen erst in Akten des Rückzugs aus jenem Sozial- und Sprachgewissen und in der Auflehnung gegen es zu sich selber findet? Ist etwa absolutes oder religiöses Gewissen als die Stimme der „Eigentlichkeit" des Ich-Selbst so viel wie ein Sich-frei-machen der Individualität von der natürlichen Sozialität, die in Sprache und ihrem Gewissen sich konstituiert? Die Antwort ist, daß die Phänomene diese letztere Interpretation als eine zwar dialektisch naheliegende, jedoch sachlich abwegige Konstruktion von sich abweisen. Es findet vielmehr im Gewissen eine Einigung und Vereinigung zwischen sozial autorisiertem oder sprachlich vereinbartem Guten („Wert") und dem Guten eingeborener Zuwendungen statt. Nur im Gefüge solcher vorhergegangener Vereinigung hat das Gewissen eines Individuums überhaupt die Möglichkeit, bezüglich seiner inneren Rückzüge gegenüber sprachlich anerkannten Werten ein „gutes Gewissen" zu haben oder gar gutzuheißen, daß sich solche innere Abwendung in offener Ablehnung von Gebräuchen, Kritik von Institutionen rückwirkend betätigt. Denn wiederum gilt: das Gute der Lust (hier: der Lust einer Auflehnungs- und Kampf-Bewegung) kann erst nach seiner Verwandlung in sprachlich verantwortetes Gutes möglicher Gegenstand guten, schlechten oder bösen Gewissens sein.

Der Vorgang der Vereinigung und Einigung der beiden Innerlichkeiten, ihrer Ansprüche gegeneinander, ist kein Geheimnis und leicht vollends ans Licht zu heben.

Wir haben davon gesprochen (I, 2), wie Kinder ihre eigenen Erfolge und Erfolgsbilder ins Gleiche zu bringen versuchen mit den ihnen von den Erwachsenen bestätigten und zugemuteten Erfüllungen spontaner Tätigkeit; wie unglücklich sie sind über jede sich zeigende Differenz. Diese Einigungstendenz bleibt am Werk, wenn später Vorbilder von Eltern und Andern in dem eigenen Sprachraum — als Wertvorstellungen — längst integriert sind. Schon bei diesen frühen grundlegenden Integrationen findet je schon ein Ausgleich statt zwischen dem W o r t, wie es die getreue Erinnerung an den Wortsinn des autoritären Partners an sich zog — und Umdeutungstendenzen, die, aus der Schicht jener tieferen Spontaneität hervor, sofort ständig im Spiel sind. Vollends bei bewußtem, späterem Vergleichen, Abwägen und halbbewußtem Assimilieren zwischen früh angeeigneten Bedeutungen und neu aus neuen Begegnungen mit andern Menschen und Gesellschaften anzueignenden Bedeutungen wird Ausschlag und Resultat gleichfalls durch grobe oder feine Zu- oder Abwendungsneigungen der angeborenen Bewegungsweisen und Affektivität bestimmt. Bei großer Durchschlagskraft der inneren Bewegungen und entsprechend großer Selbständigkeit des sich entwickelnden Urteils und Geschmacks — in Fällen vor allem, wo die gesuchte Einigung nun auch infolge besonders „widerwärtiger" Umstände zu keinen friedlichen Erfolgen kommen k a n n, findet R e b e l l i o n eigener Schätzungen gegen äußerstenfalls „a l l e" (oder vermeintlich alle), immerhin viele der vordem kritiklos übernommenen Wertungen statt. Diese Rebellion aber hat so lange ein schlechtes oder böses Gewissen, als es ihr nicht gelingt, die (etwa in der Pubertät) nur vage auffahrenden Aversionen gegen alles Geforderte und autoritär Verfügte zu verwandeln in v e r n e h m b a r e Gründe, d. h. in S p r a c h e, die das, was jene Aversionen besagen wollen, übersetzt in diejenige Sprechweise, an die die abgelehnten Autoritäten ihrerseits gewöhnt sind. Sollte aber deren Sprache gegen die „neue" des rebellierenden Individuums trotz der Übersetzungsversuche desselben, sich schlechterdings verhärtet und verschlossen haben, so wird dieses Individuum, wenn anders es ein gutes Gewissen behalten will, zweierlei versuchen: der Sprache der Andern, wie sie zugleich ihm selbst überkommen ist, in allen denjenigen Teilen ihrer Grundstrukturen, die Altes und Neues zusammentragen zu können versprechen, mindestens vorläufig Vertrauen zu schenken, gleichzeitig aber in dieses ungescholten fortgeltende Gefüge seine neuen individuellen Bewegungsweisen, Neigungen, Lust, Gutes — hin und her verändernd —, hineinzubilden bis ein heiles neues Ganzes entsteht — zunächst vielleicht nur für sein eigenes Gefühl und Wissen — das aber als *sprechendes* Ganzes die prinzipielle Möglichkeit bietet, Verständnis auch bei den gegen es am meisten verschlossenen Partnern allmählich — vielleicht im Bunde mit glücklichen äußeren Zufällen und Hilfen — herbeizuführen. Im Verlauf dieser Anstrengung aber sind inzwischen jene Aversionen, inneren Abwendungen, Empörungen, die den äußeren Konflikt beseelt hatten, längst ihrerseits v e r w a n d e l t aus brüskem, undurchsichtigem, absolutem Nein zu artikulierten positiven Mitteln der Rekonstruktion überkommener Werte. Bloße Lust (oder Unlust) ist zu „V e r n u n f t" gebracht: der neu erwachte Trieb hat sich „v e r n e h m e n" lassen auf seine Tauglichkeit, das durch seine Rebellion verletzte oder zerfallene Gemeinsame der Sprache wiederherzustellen zu einem sich voll verantwortenden und durchgängig mitteilsamen neuen

Ganzen. Wenn der Titel: „gutes Gewissen zu haben" in einem menschlichen Herzen irgendwann schlechthin triftig und legitim ist, dann, glaube ich, in Fällen, wo es einem Individuum aus der Kraft seiner eingeborenen Bewegungen, Affekte und Lust widerfährt, in Konflikt zu geraten mit der conscientia überkommener Vorstellungen und Schätzungen und es ihm gelingt, im Selbstvertrauen auf diese Kraft — als einer gottgeschenkten — ihre eigene Einverleibung in überkommene Welt und Sprache, treu gegen uralte Übermacht und Recht derselben, herbeizuführen oder vorzubereiten. Religiöses Gewissen — wenn anders es nicht vorzieht, seine Gefühle einer absoluten letzten Bindung unausgesprochen und unbenannt zu lassen — wird seinen Glauben an „Gottes Segen" oder „Gottes Wille" in dieser schweren Sache weder *für* die einsame Seite derselben: die eigenen individuellen revolutionären Intuitionen, noch *gegen* die soziale Seite: die Kontrollkräfte, die aus dem angegriffenen Bestehenden heraus seinen Neuerungswillen zwangsläufig mäßigen, — zu monopolisieren trachten, sondern Gott zu dienen hoffen durch die von ihm angestrebte Einigung beider. Die Arbeit an dieser Einigung ist „Liebe" —: Lust zu lieben, geformt zu Gewissenhaftigkeit.

Es gibt indessen eine so scharfe Zuspitzung des religiösen Gewissens zur Einsamkeit, daß für die geistige und moralische Existenz des Menschen Liebe als Konzilianz, wie sie hier zu wiederholtem Male hervortritt, denn doch nicht das letzte Prinzip sein kann.

„Ihr sollt nicht neuen Wein in alte Schläuche füllen." — „Es steht geschrieben — ich aber sage Euch." — „Es sei denn, daß Ihr Vater und Mutter verlaßt, so könnt Ihr nicht Jünger sein." — „Ihr sollt Gott mehr gehorchen als den Menschen." — Ist das konziliante Liebe?

Der Hinweis: wo so gepredigt werde, da liege das späte Resultat einer bestimmten hochindividuellen religionsgeschichtlichen „Entwicklung" vor, die zu den hier erörterten allgemeinen und elementaren Vorgängen keinen Bezug haben, wäre eine schlechte Auskunft. Der Gläubige wird dagegen die schlichte Antwort haben: daß in dieser „Entwicklung" das Elementarste zutage gekommen sei: daß die Natur des Menschen auf das Vernehmen des Willens Gottes hin geordnet sei und der Mensch daher unmittelbar verstehe, wenn Offenbarung in der eben zitierten Sprache redet. Da wir nur eine diesseitige Naturgeschichte des Gewissens zu skizzieren versuchen, können wir an dieser Stelle nur noch zeigen, welche Bedingungen im Bereich der empirisch verstehbaren Natur des Menschen dem Vernehmen jener Sprache der „Offenbarung" sichtlich vorgearbeitet haben.

Die natürliche Macht des Wortes ermöglicht die Verwandlung öffentlicher Rede zum inneren Monolog. Der Monolog (das Denken) tendiert zu steigender Radikalität („Reinheit") freier Modell-Entwürfe im Raum der Sprachphantasie. Innere Erwartungen kommen zu idealen Erfüllungen, — suchen aber entsprechende Erfüllung auch im äußeren Weltlauf. Der Weltlauf, einschließlich des tatsächlichen Handelns des betr. Individuums selbst, beschert ihm aber, in steigender Diskrepanz zur steigenden Reinheit seiner Phantasie, keine Erfüllung sondern Enttäuschung. „Mein Reich ist nicht von dieser Welt", „*οὐκ ἔγνω ὑμᾶς*" ich kenne Euch nicht, d. h. wir reden zweierlei Sprachen, die gerade nicht ineinander übersetzbar sind. Liebe als Konzilianz wird verwerflich. „Ich bin nicht gekommen, den Frieden zu bringen, sondern das Schwert."

Das gute Gewissen der Liebe als Konzilianz wird zum schlechten Gewissen vor Gott, der Reinheit fordert.

Der Sinn dieser Härte und Einsamkeit der Gewissensentscheidung war aber der des Abendmahls, Gethsemanes und Golgathas: stellvertretende „Versöhnung"; entscheidend für das hier Erörterte ist, daß die praktische Schärfe des Evangeliums hinsichtlich der konzilianzlosen Scheidung der Spreu vom Weizen in der Nachfolge gemildert wurde „im Glauben", — nämlich im Glauben des paulinisch-christlichen Pilgrims; der trägt den Mantel der Welt — freilich so, als trüge er ihn nicht: Innerlich: im *Glauben* an den Erlöser, der stellvertretend für ihn die Welt überwunden hat, ist er von ihr frei, äußerlich aber fügt er sich in ihre Ordnungen, die Gott für seine Schwachheit oder Sünde schuf. Gewissen in der Richtung der Reinheit vor Gott und Gewissen in der Richtung der Konzilianz mit dem Welt-Nötigen, suchen fortan ein Gleichgewicht im christlichen Gefüge; aber innere Gesinnung und äußerer Erfolg stehen seither doch in einer nicht mehr aufhebbaren, mindestens latenten Kampfbereitschaft gegeneinander. Das Christentum ist die geschichtliche Quelle dieser vertieften Lebendigkeit des Gewissens. Das Nebeneinander und Gegeneinander von äußerer Welt und innerem Sprachraum ist die natürliche Bedingung, die dieser Entwicklung die Gleise legte.

Als weltliche Erben des christlich-religiösen Pilgers, der weltlos-einsam durch die Welt zu Gott geht, treten auf: das leere, weltlose „Bewußtsein überhaupt" als Subjekt (vermeintlich interessefreier) reiner Erkenntnis — und alle Arten von Sachlichkeit, die, nach einem Optimum innerer Reinheit strebend, gegenüber der Unendlichkeit ihres Ideals bei jedem Ausruhen und Genießen einer Teilerfüllung „schlechtes Gewissen" als Ansporn fühlen. Es ist ihr in unabsehbaren Distanzen und Spannungen unendlich verfeinertes Gewissen, das sie gegen Liebe als Konzilianz härtet und wappnet. Solches sachliche Gewissen kann schließlich zu entschiedener Verhöhnung der sozialen conscientia neigen. „Gottesliebe“ verbindet sich dann in Talent oder Genie mit Menschenverachtung. Dann allerdings entfernen sich diese Abkömmlinge des christlichen Pilgrims nicht nur von Paulus, sondern erst recht von der ursprünglichen Gottes- und Nächstenliebe des „Menschensohns“.

*3. Freiheit und Freiheitsgrade.*

Das Gefühl, dazu aufgerufen zu sein, die eingeborene Individualität als diese einsam-meinige zum berechtigten Partner zu erklären gegen die Stimmen der sozialen conscientia und kraft dieser Partnerschaft — Einer gegen Unzählige — das Gewissen in seiner ganzen Tiefe allererst zu erwecken, ist das Phänomen, das wenigstens eine der möglichen Bedeutungen, des Wortes „Freiheit“ definiert. Diese Freiheit hat „absoluten“ Charakter zunächst schon deswegen, weil die Erfahrung der „Ein“samkeit für sie wesentlich ist. Die Vorstellung von der absoluten Einsamkeit der Person ist, wie sich vorhin zeigte, zum Teil eine christliche Ausprägung der elementaren Erfahrung der Abgeschiedenheit des Sprachraums von der Außenwelt und sozialen Mitwelt. Denker, die im Vollzug ihres Denkens das technische Moment der Subjekt-Objekt-Trennung gleichsam zur Gewohnheit oder zweiten Natur in sich werden lassen, vergessen vielfach den je nur methodisch-experimentellen: immer nur zeitweiligen und hypothetischen Charakter ihrer vermeintlich ‚absoluten‘ Distanznahmen — und verstärken so die Vorstellung von einer ‚ursprünglichen‘ Einsamkeit des Subjekts. Wie weitgehend das hiermit schon doppelt verstärkte Gefühl der natürlichen ‚Einsamkeit‘ jedes mit einem „Zentral-Nervensystem“ ausgestatteten „Individuums“ nun noch ferner vertieft und intensiviert wird durch die sorgende Vorwegnahme des persönlichen — einsam bevorstehenden — Todes, ist schwer zu entscheiden. Daß der Ernst persönlicher Verantwortung stets und grundsätzlich im Ernst der Vorwegnahme des Todes gründe, ist unwahrscheinlich. Hohes Maß „absoluter“ — schlechthin individuell erfaßter — Verantwortung ist charakteristisch gewesen für Menschen, denen ihr Tod kein vorzüglicher Gegenstand des Selbstbewußtseins war, sondern als dieses wundersame Bedrohende überkommenem Unsterblichkeitsglauben oder harter ritterlicher Gleichgültigkeit gegen das persönliche Schicksal zugesellt wurde. Souveräne Unbekümmertheit gegenüber dem eigenen Leben und Sterben schloß in solchen Menschen den Glauben an ihre Berufung zu absolut individueller —: „freier“ — Verantwortung nicht aus sondern ein.

Auf eine Erörterung der Metaphysik der Freiheit kann sich diese Abhandlung nicht einlassen. Sie stellt nur fest, daß der Anspruch der Individualität, im Ganzen des Gewissens gegenüber der sozialen conscientia die tiefere Instanz zu sein, als unabdingbare Berechtigung erfahren wird; daß eine Teilhabe am Mysterium der Freiheit stattfindet, wo immer eine Person dieses Recht in sich spürt und ihm glaubt; daß solcher Glaube vom Individuum nicht als sein willkürlicher Einfall oder Belieben erfahren wird, sondern — gleichsam in Passivität — immer dann am unabweislichsten in ihm ersteht, wenn es von seinem Gewissen sich schuldig sprechen lassen muß als Täter, d. h. als diese einsame, umzingelte Lebendigkeit, aus der Begangenes entsprang. Das Individuum erfährt Freiheit, indem es spürt, daß es sich als dieses Zufällig-Einmalige vor Vielen oder Allen rechtfertigen soll. Die passive Erfahrung des individuellen Schuldigseins ist eine „absolute“: daß „ich selbst“ mich verantworten soll — diese Zumutung konzentriert sich als Druck auf mir allein und läßt sich von mir nirgendwohin abschieben. „Freiheit“ als diese passive Erfahrung heißt, dieser Anfangs- und Endpunkt zu sein, an dem Schuld absolut haltmacht, über den hinaus sie sich nicht verteilt und zerstreut. In der Passivität absoluter Schulderfahrung kommt hinmit der Absolutheitscharakter der Freiheit am schärfsten und eindringlichsten zum Vorschein. Aber es ist jetzt zu zeigen, daß Freiheit als diese Passivität absoluter Schulderfahrung ihren Grund hat in der Struktur menschlichen Handelns — also aus dem Wesen menschlicher Aktivität entspringt. Wenn Schuld, wie wir sahen, sich nicht über meine Person zurück zerstreut und verteilt in die unendlichen Ursachenreihen hinaus und hinunter, die zum Resultat meiner Individualität zusammenwirkten, sondern bei diesem Resultat, d. h. bei meiner Person, haltmacht und diese für allein verantwortlich erklärt, so ist dieser erstaunliche (dem Kausalitätsprinzip durchaus widersprechende) Stillstand der Schuld an der Grenze meines Ichs deswegen legitimiert, weil meine Person — als handelnde — zuvor schon selber an genau dieser Grenzlinie die Kontinuität der Ursachen unterbrochen hat: „sprechend“ (denkend) habe ich meine individuellen Antriebe nicht unmittelbar-kausal in Handlungen und ihren Folgen fortwirken lassen, sondern gleichsam ab-gefangen: ihr faktisches Wirken zu gedachten Möglichkeiten vorweg entworfen, vorausgeordnet (voraus-erprobt-und-ausgelesen), gesteigert und gereinigt — und habe meine Intentionen auf solches entworfene Mögliche hin als Antriebsfaktoren — richtung- und tempoändernd — mit der unmittelbaren Kausalität meiner angeborenen Antriebe und Reaktionsweisen verschränkt. Soweit immer Handeln in dieser Weise angeborene Antriebe und Reaktionsweisen zu erfassen bekommt und verwandelt, modelt es —: „in der Tat" —: ‚Kausalität' in ‚Teleologie' um. Nur in genauer Entsprechung hierzu geschieht es, daß — rückläufig — alle Schuldanklage und passive Schuldempfindung an genau derselben Grenze haltmacht, wo diesseits der vormaligen ‚teleologischen' Verwandlung nur noch „Kausalreihen", sei es zum „Milieu", sei es zum „Erbgefüge" zurücklaufen: also an der Grenze des „Ichs" oder der „Person". Schuld, als die passive Seite der Freiheit, gibt es nur innerhalb des Systemganzen teleologisierter Kausalität, d. h. innerhalb der „Person", als welche h a n d e l n d e s, d. i. Kausalität abfangendes und verwandelndes Ich ist.

Das eben Erörterte wirft nun sein Licht auf die Paradoxien der Schuld. Im System des Handelns einer Person wirken — von ihr unerkannt — noch immer viele Antriebe und Reaktionsweisen in Bahnen unmittelbarer Kausalität mitteninne zwischen teleologisierten Antrieben und Reaktionsweisen. Da sie sich selbstverständlich im Resultat, nämlich in der konkreten Handlung und in den Folgen derselben, zeigen, wirken sie auch zurück — als ein Teil der etwa empfundenen Schuld: mit R e c h t: denn sie wirkten und wirken innerhalb des „Systems", welches ja, seinem Sinn nach, für sich als Ganzes Schuld übernimmt. So aber übernimmt jede Person m e h r Schuld als sie — rational gesehen — eigentlich k a n n.

Diese Irrationalität der ungeteilten Schuld auf der rückläufigen, passiven Seite der Freiheit wirkt sich auf der aktiven Seite derselben als eine unendliche Steigerung der Idealität der Forderungen, die die Person an sich selbst stellt, aus. Dies führt dort zum Gefühl der Diskrepanz zwischen absoluter (unendlicher) Freiheit als Möglichkeit und den im wirklichen Handeln erreichten r e l a t i v e n Freiheits-G r a d e n.

Die aktive Seite der Freiheit ist, daß der Mensch nicht erst in Schuld, als welche von seinem Handeln auf ihn z u r ü c k f ä l l t, sich verantwortet und rechtfertigt, sondern jedem solchen Gericht über ihn vorweg im Handeln selbst schon dessen ‚Verantwortung' und ‚Rechtfertigung' übernimmt. Im lateinischen Wort ‚justi-ficare' treten diese beiden Möglichkeiten: sich vorweg- und sich nachträglich zu ‚rechtfertigen', deutlich zutage. ‚justificare' heißt in erster Bedeutung: (vorweg) „recht handeln", erst in zweiter Bedeutung: „sich" (nachträglich) „rechtfertigen". Shakespeares Dramen (Tragödien wie Komödien) sind fast allenthalben Variationen über dieses Thema der doppelsinnigen ‚justification'. Sich verantworten, sich recht-fertigen heißt demnach, ursprünglich-praktisch: sein individuelles Sein und Tun mit dem Sein und Tun des Ganzen seiner näheren und weiteren Welten auf dem höchsten möglichen Niveau der Untadeligkeit oder Sachgemäßheit ins Gleichgewicht zu bringen. Freiheit, aktiv, als Rechtfertigung in diesem Sinne verstanden, bezeichnet also die Weisen, in denen sich ein Individuum seiner selbst und seiner Welt als seiner eigenen Möglichkeiten vollständig zu bemächtigen sucht. Die „Möglichkeit" einer solchen vollständigen Rechtfertigung erscheint im Individuum wie ein absolutes Maß, gegen welches jedes Versäumnis und Verfehlen und jeder entstehende Verlust als S c h u l d, als etwas, das ich selber tätige oder preisgebe, empfunden wird. Hier tritt nun die vorhin erwähnte „Irrationalität" in den folgenden Gestalten auf: meine Freiheit zu gewinnen (mein Handeln als aktive Rechtfertigung durchzusetzen) ist an innere Fähigkeiten sowie an äußere Bedingungen geknüpft. Jeder Mangel an diesen Fähigkeiten oder äußeren Gelegenheiten trägt einen Verlust an Freiheit aus — und nun wirft sich entsprechend jener Unteilbarkeit der Schuld das Schuldgefühl nicht nur auf den Mangel an inneren eigenen Fähigkeiten, sondern selbst noch auf das zufällige Entferntsein von den Gelegenheiten, die eine reinere oder höhere Freiheit ermöglicht hätten: b e i d e s wird wie Schuld empfunden — durchaus irrational — dennoch „sinnvoll" deshalb, weil das R e s u l t a t: das einfache faktische Unvermögen, zu gewußten oder geahnten Freiheitsgraden zu gelangen, unmittelbar als m e i n Unvermögen, als Mangel m e i n e s Handlungssystems empfunden wird: die von woher auch immer „verursachte" Distanz seines wirklichen Lebens gegen sein mögliches Leben wird vom Menschen als Schuld erfahren, die er entweder traurig vor sich selber bekennt — mit dem Erfolg positiver Resignation zu den Freiheitsgraden, die in Bescheidung (oder durch einen Erlösungsglauben) zu gewinnen sind, — oder die er böse und bitter in sich niederschlägt: dann erhebt sie sich zum Neid gegen Andere oder zum Haß gegen seine Situationen. Die Vehemenz solchen Hasses und solchen Neides entspringt aus dem je eigenen Mangel, den sich eine Person — irrational-unbewußt — als Schuld zumißt.

Wir führen zur Illustration dieser Thesen über Freiheit und Freiheitsgrade noch einige Kategorien auf, die darüber aussagen, w i e es der Mensch im Einzelnen vermag, sich selbst und seinen Unternehmungen so „vorzustehen", daß er im genannten Sinne sich „rechtfertigt" und seine Freiheit verwirklicht. Wir führen diese Kategorien nicht auf zum

Zweck ihrer vollständigen Darstellung, sondern nur soweit als sie sehen lassen, wie Freiheit von Individuen je nur in Graden und unter Bedingungen verwirklicht wird. Die entscheidenden Kategorien heißen: Mut, Erfolg, Entschlossenheit, Führerschaft, Ehre. Unter diesen Namen suchen die innersten Bewegungsantriebe unserer Natur — zu prinzipiell unendlichen Fernen und Höhen hin — reine Gestalten der Freiheit zu gewinnen; und erfahren sich hierbei als in lauter Abhängigkeiten und Unzulänglichkeiten verwickelt. Was in absolutem Maße vorschwebt, wird nur gradweis erreicht und ebenso, während es als absolut verlierbar erscheint, doch nur gradweis verloren.

1. Freiheit ist als M u t. Mut aber ist in einem Individuum keine ein für allemal feststehende Größe: sie wechselt vor allem ihre Bedeutung mit der Verschiedenheit der Temperamente. Der Mut des heftigen Temperaments mag in plötzlicher Gefahr hohe Freiheitsgrade zeigen und schön erscheinen. Der gleiche Mensch aber, vor große weittragende Verantwortung gestellt, verliert mangels ausreichender Verstandesbegabung und mangels ruhiger Kraft sowohl seinen früheren Mut wie seine Freiheit. Sie ist ihm für sein Gefühl g a n z genommen. An der Stelle, wo er jetzt steht, kann nur noch ein tieferes und ruhigeres Temperament Mut und Freiheit entfalten. Freiheit ist eine Funktion der natürlichen Lagen und der Angepaßtheit eines Individuums an sie.

2. Die Freiheit eines Individuums ist an seine Fähigkeiten und Chancen, mit seinem Tun und Lassen E r f o l g zu haben, gebunden. Die Welt- und Selbsterfahrung des Menschen als des grundsätzlich experimentierenden Wesens verläuft im Rhythmus von Erwartung/Erfüllung, Erwartung/Enttäuschung. Gelingen und Mißlingen, Erfolg und Mißerfolg sind daher grundlegende Kategorien seiner Freiheit.

Freiheit an „Erfolg" zu ‚ketten', klingt amerikanisch. Um einzusehen, daß William James und John Dewey (in der Nachfolge der Engländer Hobbes und Hume — zwei Europäern des höchsten intellektuellen ‚candor' und der äußersten Entfernung von ‚cant') keineswegs einen „amerikanischen", sondern einen universell menschlichen Zusammenhang ohne Verstellungen zu theoretischer Geltung brachten, ist es nötig, einige „deutsche" Vorurteile zu Bewußtsein zu bringen.

„Egoismus" im oben definierten Sinn (S. 531) verleitet zu engen Zielsetzungen und entsprechend rücksichslosem „Erfolgs"-streben. So kommt es — im Gegenschlag — zu der bekannten, (hauptsächlich unter Deutschen beliebten) Verachtung des Erfolgs als eines moralisch minderwertigen Kriteriums, das über den wahren Wert einer Handlung nicht entscheiden könne: über Wert oder Unwert einer Tat enstcheidet stattdessen die Reinheit des Willens, das ist, bei Kant: die Vernünftigkeit der inneren Motivation; die Folgen, zu denen eine Handlung führt oder der Erfolg, den der Täter mit ihr im Weltlauf erringt, sind für den moralischen Wert einer Handlung gleichgültig. Hier wird der rasche schlechte Erfolg der Wendigen und Brutalen gegen Erfolg überhaupt ausgespielt. „Erfolg zu haben" erhält das Stigma derer, die „geschickt" — mit Lügen und dgl. — in der Welt „durchkommen". Von daher wird dann freilich mit Grund gepredigt, der Anständige möge es allein mit der Rechtschaffenheit und Wahrheit halten, die weder nach Erfolg noch nach Nutzen für sich frage — so wie a l l e s wirklich Gute seinen Wert rein in sich selbst trage. Etwas Wichtiges wird aber hierbei ganz übersehen — nämlich: daß gerade Wahrhaftigkeit n i c h t nur die innerlich „juwelen" echteste (Kant), sondern, in e i n s damit, a u c h die äußerlich folgenreichste aller Tugenden ist; sie hat zur Folge: Zutrauen, Freundschaft; inneres Gleichgewicht im Sinn der Freigabe der Person zu ruhiger sachlicher Arbeit und Konzentration; als Moment *äußerer* Ordnung: Verkehrs- und Vertragssicherheit, usw. Lügen (umgekehrt) hat, gegenüber seinen Augenblickserfolgen, zu D a u e r -folgen: Erschütterung des Vertrauens, Verlust der Atmosphäre der ‚Offenheit', in der allein menschliches Handeln als arbeitsteiliges (individuell besonderes und zugleich kommunikatives) seinen Halt und seine Freiheit hat. Um dieser umfassenden F o l g e n willen für die Gesamtexistenz des Menschen ist Wahrhaftigkeit ein so tief gegründeter („absoluter") Wert. Den Sinn der Wahrhaftigkeit kann man definieren als den E r f o l g s w e r t, den sie für die Freiheit des Menschen hat. Deshalb (und nur als von daher verständlich) gilt auf allen Stufen des menschlichen Handelns (des elementarsten wie des sublimsten: des geläufig-praktischen, des theoretisch erkennenden, wie des religiös Sinn-suchenden) immer von neuem und in je radikalisiertem Sinn der Satz: „Die Wahrheit wird Euch frei machen."

Kant, der am eindringlichsten „Gesinnung" gegen Folgen und Erfolg setzte (unbedingten Wert gegen Marktwert) hat auf Umwegen die tiefe Bedeutung des Erfolgs als einer Kategorie der Freiheit schließlich doch zum Vorschein gebracht:

1. es sei „Pflicht" des Menschen, soweit wenigstens für sein „G l ü c k" (d. i. Summe und Inbegriff erfolgreichen Tuns, Lassens und Erduldens) zu sorgen, als es unentbehrlich sei zur Herstellung inneren Gleichgewichts. Der ständig Unglückliche (Erfolglose) sei zu uneigennützigen Entschließungen eines reinen guten Willens innerlich nicht frei. — Aber weiter noch:

2. die Diskrepanz zwischen Welterfolg und Glück gesinnungsloser Erfolgsstreber und weltlichem Mißerfolg und Unglück der eigentlich „glücks w ü r d i g e n" Gesinnungstreuen sei mit menschlichen Mitteln nicht zu beheben. Es sei also G o t t e s Sache, für die doppelte Paradoxie: daß sich Glück und Verdienst in der Welt, Glückswürdigkeit und Glücksstreben im inneren Haushalt der Person wechselweis ausschließen, einen himmlischen Ausgleich zu finden.

In das Dilemma, aus dem die beiden vorstehenden Vorschläge Kants einen Ausweg suchen, hat Kant sich selbst hineingeführt, indem er Erfolgsstreben und Gesinnungstreue zu absoluten Gegensätzen fixierte. Diese Fixierung wiederum nahm er vor im Interesse seiner Theorie der Freiheit. Die Kantische Theorie der Freiheit hatte den Knoten der oben (S. 540—541) geschilderten „Irrationalität der Schuld" dadurch kurzerhand durchhauen, daß er, in a b s o l u t e r theoretischer Entgegensetzung, Freiheit als Gegenpol zu Kausalität, d. i. zu j e d e r Art ursächlicher B e d i n g t h e i t faßte. Demzufolge sollte das Kriterium für Gut und Böse, um „unbedingte", d. i. freie Gültigkeit zu haben, völlig unabhängig sein von allen konkreten Situationen, Erfordernissen, Bedürfnissen, die ja allesamt immer ursächlich bedingte sind. Alle Glücks- und Erfolgsmaßstäbe sind nun in der Tat solchen natürlichen, also ursächlich bedingten Ordnungen entnommen; hiermit sind sie für Kant nicht „*frei*" — und also zu verwerfen. So kommt es, daß Kant im Prinzip mit einem (vermeintlich) r e i n und u n b e d i n g t „formalen" Kriterium für Gut und Böse (innere Widerspruchslosigkeit, innere formale Vernünftigkeit, s. oben S. 534) auskommen zu können meinte, also die Kategorien „Erfolg" und „Glück" nur nachträglich zuließ — entweder zu taktischen Zwecken (siehe vorhin sub 1.) oder (sub 2.) als Konzession Gottes an das offenbar nicht ganz ausrottbare Glücksbedürfnis erfolgsverachtender Rigoristen. — Ohne die Kantische Voraussetzung (Freiheit als absoluten Gegensatz gegen Kausalität zu begreifen) besteht kein Anlaß, innere Gesinnung und äußeren Erfolg unvermittelt und beziehungslos einander entgegenzustellen.

Der Freiheitsgrad, den ein menschliches Handeln erreicht, wird, unter anderem, durch das Maß bestimmt, in dem es einem Menschen gelingt, seine „Erfolge" an seinen inneren Gesinnungen und seine Gesinnungen an seinen äußeren Erfolgen zu kontrollieren. Nach früher Erörtertem ist das Verhältnis zwischen Erfolg und Gesinnung nur ein Sonderfall des ganz allgemeinen Verhältnisses, in dem sich „das Gute der Lust" zum „Guten des Gewissens" befindet. So angesehen, heißt „Gesinnung haben": unmittelbare (lustvolle) Erfolge zu weiterer und weitester Verantwortung zu ziehen —: „zur Vernunft" zu bringen, derart aber, daß zugleich Gesinnung (als eine jeweils inhaltlich bestimmte), um nicht der Gefahr zu erliegen, zum „A-priori", zu selbstgefälliger Gewohnheit zu verhärten, sich auch ihrerseits fortlaufend verantwortet, indem sie sich der Kritik durch Erfolge und Mißerfoge, die an ihr orientierte Handlungen im Weltlauf haben, aussetzt.

Geschieht dies gewissenhaft, so läßt sich das jeweils rechte Kriterium für die Entscheidung zwischen guten und schlechten Erfolgen — ohne vorherige Expeditionen ins Feld der dicta „reiner" Vernunft — auffinden. In kritischen Situationen großen, gewichtigen Handelns ist es der Erfolg selbst, der darüber entscheidet, ob er gut oder schlecht sei. Denn wahrer Erfolg ist da an die Bedingung geknüpft, daß der Handelnde in Übereinstimmung mit den tiefsten realen Prinzipien der betreffenden natürlichen und geschichtlichen Situationen handelt. Großer oder ständiger Mißerfolg kündigt an, daß der Handelnde nicht mehr in Übereinstimmung mit der dauernden Natur der Dinge handelt.

Auf dieser Ebene erscheint die bei Kant und auch anderwärts vorkommende Zumutung an Gott, dem Gesinnungstreuen das Glück nachzutragen, das wendige Erfolgskünstler hienieden für sich nahmen, als Zeichen von Unentschlossenheit. Ein „entschlossener" Träger bestimmter Gesinnungen, Überzeugungen (z. B.: der Überzeugung, daß Wahrhaftigkeit, oder Liebe (in dem oben, S. 539, definierten Sinn) dem Handelnden bestimmte Ziele und Mittel „definiere": eröffne oder einschränke, andere aber ausschließe) hat mit dem schlechten Glück derer, die, nach seinen Maßstäben nur schlechte Erfolge anstreben und einheimsen, nichts zu schaffen und giert nach keinen himmlischen Kompensationen dafür, daß er ihr Glück sich auf Erden entgehen ließ. (Die „Unentschlossenheit" Kants in diesem Punkt ist mehr eine theoretische als praktische: Kant mußte die naturwidrigen Seiten der Konsequenzen, die er aus seinen eigenen theoretischen Voraussetzungen — als metaphysischer Theoretiker — ziehen mußte, als unbestechlicher Beobachter und Empiriker „nachträglich" wiederaufheben oder, auf dem Umweg über Gott, „wiedergutmachen".)

Die Freiheit eines Menschen ist nicht als unabhängig von Art und Graden seiner Erfolge und von Art und Graden seines Glücks denkbar. Sie hält, gradweis, mit ihnen Schritt. Art und Grad von Erfolg und Glück eines Menschen sind aber, wie sich zuletzt noch ankündigte, ihrerseits abhängig von den Graden seiner „Entschlossenheit".

3. Entschlossenheit findet sich in Menschen gradweis und unter Bedingungen. Teilmomente der Entschlossenheit (z. B.: Mut, „Konsequenz", auch bestimmte Momente dessen, was im Gesamteffekt als „Einhelligkeit" des Charakters hervortritt) sind jenem inneren Bewegungsgefüge (S. 536, 538) des Individuums angeboren, andere Seiten derselben entwickeln sich Hand in Hand mit der Festigkeit seiner Gewohnheiten, seiner Tätigkeiten und seines Denkens in deren wohlangelegten Gleisen, seines je besonderen Standorts unter anderen Personen, der sich aus der Wechselwirkung mit ihnen erst allmählich definiert. „Entschlossenheit" hat, wie Gewissen, keine „eigentliche" gegen eine „abkünftige" Seite, sondern ist ein Gefüge, das zugleich und gleich ursprünglich einsam-individuell und sozial determiniert ist.

Wie bei Kant durch die absolute Entgegensetzung von Freiheit gegen Kausalität die Freiheit zu einer zweiten Welt wird, die mit der empirischen Welt keinerlei nachweislichen Verkehr unterhält und dennoch einem innersten (jedoch nicht mehr verstandesmäßigen) Bewußtsein des Menschen gegenwärtig ist —: im Akt des Ergreifens seines wahren Seins als Ursprungs aus zwei — gegeneinander inkommensurablen — Welten, so wurde in neuerer Zeit, in der Philosophie Heideggers, das Phänomen der „Entschlossenheit" aus dem Bereich der „Alltäglichkeit" (und der „vulgären" empirischen Psychologie) herausgesprengt. Das eigentliche Wesen der „Unentschlossenheit" wurde in ihrem „Zeugnis"charakter gesehen: sie bezeugt (wie dies bei Kant die Freiheit tat) dem Menschen den unbegreiflichen Ursprung seines Daseins. Dichter und inniger noch als bei Kant wird bei Heidegger der eigentümliche Schwebezustand des „Seins des Daseins" in die Möglichkeit einer Einheit des Menschen mit seiner Welt im Ganzen heimgeholt, indem in diesem Zeugnis der „Entschlossenheit" nicht zwei Welten erscheinen, sondern ein Sein, das als Sein zugleich in sich das Andere seiner selbst: das Nichts sein läßt. — In der Entschlossenheit gelingt es dem Ich, sich aus seiner Zerstreuung im Weltbetrieb, im bloßen „Man"-sein („man" schickt sich — „man" schämt sich —, man" bessert sich — „man" weiß, daß „man" fest im Leben steht) zurückzuholen in die Grundstimmung der Angst, in der sich, mitten im Sein, das Nichts meldet —: und mitten im Selbstsein das Sein zum Tode. Als einsamer Mut zur Angst vor dem Nichts ist die je eigene Entschlossenheit zum Tode als dem einsam-meinigen zugleich das Wesen und der tragende Grund jener inneren Gehaltenheit (‚Freiheit', ‚Souveränität' allen Lebenssituationen gegenüber), die „man" ja auch gemeinhin an „entschlossenen" Menschen, undeutlich spürend, woher sie stammt, immerhin achte und ehre. — Diese Fixierung der „Entschlossenheit" gleichsam zum „fundamentalontologischen" „Mut zur Angst" (der nichts „Psychologisches" sei, sondern der Grund der Möglichkeit dazu, daß so etwas wie psychologisch faßbarer Mut überhaupt vorkomme) ist nun aber das Pendant zu einem Begriff des Gewissens, das in der gänzlich vereinzelten Person ohne irgendeinen (geschweige einen sozial determinierten) Inhalt zu haben, die Stimme ist, die, umheimlich schweigend, aus dem Nichts die Person ins Nichts ruft. Die Verabsolutierung der Angst zur „Grundstimmung", — des „Gewissens" zur schweigenden Stimme des Nichts — der „Entschlossenheit" zum angst- und todesbereiten „Gewissen-haben-wollen" als „Verstehen" des Anrufs dieser schweigenden Stimme, bedeutet als diese philosophische Sprache zugleich Befreiung und Vergewaltigung. Wie Kant alle Werte außer e i n e m (den Wert des „guten Willens") zu „M a r k t"-Werten verfallen ließ (wobei er dem populär-abschätzigen Begriff des Marktes beitrat, statt den wahren Begriff des Marktes als einer Möglichkeit des Kampfes in der Form von Freiheit in sein Recht und natürlichen Adel einzusetzen), so läßt Heidegger, nachdem die „Entschlossenheit" zum Zeugen der Möglichkeit „eigentlichen Existierens" eingesetzt ist, das Gewissen als den zu vernehmenden R u f zu dieser Eigentlichkeit seinen sozialen Ursprung vollständig verlieren. Die soziale Seite des Gewissens —: alle Arten und Weisen der „conscientia" — verfallen dazu, bloße „Betriebsamkeit" des „Man-seins" zu sein. Eine Naturgeschichte des Gewissens, wenn anders sie sich vor der Stigmatisierung als „vulgäre Verständigkeit" nicht fürchtet, wird die soziale Seite des Gewissens aus dieser Preisgabe an das „Man" zurückholen; eine Naturgeschichte der „Entschlossenheit" wird gegen das wahre Zeugnis, daß Entschlossenheit als aus angstgetragener Todesbereitschaft entspringend erfahren werden kann, das andere, zur Wahrheit m i t gehörige Zeugnis setzen: daß der Tod „Entschlossenen" gegenüber seinen „Stachel" meist schon verloren hat, weil er in ihnen einer umfassend fundierten (anlage- und gewohnheitsmäßigen) Gehaltenheit und Freiheit schon b e g e g n e t.

Entschlossenheit als fundiert in der ganzen Tiefe und Breite sowohl der natürlichen Anlagen wie der anerzogenen und erlernten Bildungen eines Menschen, zeigt sich damit zugleich in ihren erreichbaren Freiheitsgraden abhängig von je aufweisbaren inneren und äußeren Faktoren. Von inneren: höhere Grade von Entschlossenheit sind davon abhängig, daß ihre angeborenen Bewegungsweisen: Mut, Straffheit (‚Konsequenz', ‚Einhelligkeit') zugleich mit Verstandesbegabung verbunden sind. Ein dummer Mensch, der keine Alternative sieht, der nicht zwei und mehrere Wege gehen, verschiedene und verschiedenste Mittel gebrauchen kann, hat keine Gelegenheit, sich zu entschließen und k a n n nie „entschlossen" sein. Er ist bestenfalls gradherzig und gradsinnig — vielleicht verwegen: was ihn, auch ohne Entschlossenheit, bei kleinen Zwecken zum Ziel führen kann, bei großen aber scheitern lassen wird, unter Verlust seiner Freiheit (vielleicht sogar unter Verlust seines ehemaligen Gradsinns). Der s c h e i n b a r Entschlossene, in Wirklichkeit nur Gradsinnige ist also genau denselben Zusammenbrüchen ausgesetzt wie der einfältige Mutige. — Entschlossenheit ist abhängig von äußeren Faktoren. Zum Beispiel: Viele Menchen kommen zu Entschlossenheit nur unter großem äußerem Zwang.

Clausewitz, der diese Dinge im Rahmen seiner Theorie des „Krieges" sah, gab ihnen einen entsprechend extremen Ausdruck und schrieb:

„Gewöhnliche Menschen handeln in großen Krisen nicht eher vernünftig als bis sie, auf die Spitze der Verzweiflung gestellt, gar keinen andern Rettungsweg mehr sehen, als einen gewagten Sprung zu tun. Dieser Zustand gibt ihnen Mut, Einheit und Energie. Weg ist aber dieser ganze Geistesreichtum, wenn entfernte Möglichkeiten törichte Hoffnungen erwecken; das sind die wahren Ableiter der Kraft... und vor unsern Augen sinkt mit unglaublicher Schnelligkeit der innere Mensch von seiner Höhe herab und schrumpft zusammen."

Auf den Bühnen des Friedens gilt doch das Analoge. „Entschlossenheit" wird, weitgehend, geschenkt: „Amt gibt Verstand" — auch: Entschlossenheit. — Heranrückender Termin erzeugt einen Druck, unter dem lange gereifte Gedankenmassen sich endlich zu entschiedener Formulierung herandrängen, sammeln und ordnen. — Unter dem Andruck der Fragen Hilfesuchender gibt ein für sich selbst skeptisch Unsicherer plötzlich entschlossene Antworten. Die Entschlossenheit eines Menschen ist oft völlig verschränkt mit der Festigkeit des Systems seiner Situation. Wieder liefert der Krieg, auch zu d i e s e r Seite der Sache, gleichartige, freilich extreme Beispiele. Ein schwerverletzter Pilot (Verlust eines Auges) bleibt in der Festigkeit der Verschränkung seines körperlichen Handlungsgefüges mit der „Maschine", die er fliegt, „entschlossen" zum Landen derselben und bricht im Moment n a c h der Landung, d. h. beim Zerfall der Zwangs - M a c h t der Akteinheit „Maschine-Körper", ‚ohnmächtig' zusammen.

Entschlossenheit ist offensichtlich als geführte führend. Freiheitsgrade, die sie erreicht, hängen also von diesen b e i d e n Momenten ab: 1. von den Dimensionen des Systems, durch das ein „Entschlossener" geführt ist, 2. von dem Grad seiner Fähigkeiten, so geführt seinerseits zu f ü h r e n, d. i. das potentielle System in gegebenen Situationen d u r c h z u s e t z e n.

4. F ü h r e r s c h a f t. Im Begriff des „geführten Führens" kommt das eigentümliche Janusgesicht der Freiheit zum Vorschein. Freiheit ist ebenso wesentlich Freiheit v o n Verantwortung, wie Freiheit z u Verantwortung. Gewohnheit macht „frei", weil das mühsam und verantwortend Gelernte plötzlich „von selbst" geht. Als Soldaten fühlen sich Zivilisten sogenannter „freier Berufe" (d. h. eigenverantwortlicher Tätigkeiten) f r e i wie nie sonst in ihrem Leben, weil sie in der großen Maschinerie von Befehl/Gehorsam seit langem zum erstenmal wieder sich von aller (oder fast aller) Verantwortung *entlastet* fühlen. Indessen ist d i e s e Seite der Freiheit (Freiheit von . . .) nur das Korrelat ihrer andern Seite (Freiheit zu . . .). Gewohnheit als gänzlich eingespielt ist entweder öde — spezifisch unfreie — Routine o d e r aber „frei" nur als technisches Moment innerhalb einer Praxis, die als Ganzes nicht mechanisiert sein darf, sondern als echtes, voll zu verantwortendes, d. i. aktiv-freies Experiment verläuft. Zivilisten empfinden Militärluft als „befreiend" nur, sofern die aktiv-freie Anstrengung ihrer eigenen verantwortlichen Werktage sie für diesen soldatischen Sonntag aufgespannt hat und legitimiert.

Der Mensch als experimentierendes Wesen durchlebt in a l l e m seinem Handeln immer von neuem eine instrumentelle und eine konsummatorische Phase (eine Arbeitsphase und eine Erfüllungsphase; eine Spannungs- und eine Entspannungs- (zugleich

Sammlungs-) phase): d a s sind die beiden Gesichter der Freiheit.

*Hohe Freiheitsgrade* setzen voraus, daß in einem Handelnden „Arbeit" zu „Erfüllung" kommt und jede Erfüllung bereits wieder sich belebt zum Instrument k ü n f t i g e r oder anderweitiger, noch umfassenderer Erfüllungen.

Ganz allgemein gilt nun der Satz: es f ü h r t ein Mensch sein Leben in Freiheit, soweit er sein Tun g e f ü h r t sieht von klar vorausgesehenen oder vorausgespürten Erfüllungen.

Massenpsychologisch ergibt sich hieraus der ungeheuerliche mögliche Einfluß, der von hervorragender Führerschaft ausgeht. Der Einfluß eines Führers auf Massen ist so eminent groß, weil sie in ihm ihren eigenen, oft defekten, unterdrückten, nur ansatzweise vorhandenen Rhythmus von „Arbeit/Erfüllung" in faßlichen und hohen Graden vorgeführt sehen. D a s reißt sie hin.

Im Freiheitsbezirk der angelsächsischen Demokratie spielt dementsprechend das Prinzip der ‚leadership' eine erste Rolle. Da die Angelsachsen zugleich, ihrer religiösen Prägung nach, den Menschen als Gottes „Werkzeug" auffassen, haben sie auch ihre „Führer" als bloße „Werkzeuge" zu gebrauchen und einzuschränken verstanden, während wir Deutsche, mit unserer lutherischen religiösen Prägung, als welche den Menschen wesentlich als „Gefäß", das sich dem Empfang der Gnade Gottes bereit hält, auffaßt, die Neigung haben, Führer als Gnadengeschenke in unsere „Innerlichkeit" zu ziehen und uns ihnen in „reinem" Gehorsam zu unendlicher innerer „Erfüllung" hinzugeben.

Wie groß die Vorteile von Führern für eine Nation bei instrumenteller Auffassung derselben und wie groß die Gefährdung dieser Vorteile bei überwiegend konsummatorischer (genießender statt kooperativ-kritischer) Auffassung ist und immer wieder sein wird, haben wir erfahren und kann man — rein theoretisch — aus klassischen Bemerkungen von Clausewitz gleichsam prophezeien. (Zur Frage, ob von Führern instrumenteller oder konsummatorischer (genießender) Gebrauch gemacht werden soll, äußert sich Cl. nicht; er gibt lediglich eine Theorie der n a t ü r l i c h e n Macht auf Massen, die von Führern ausgeht. Dem G e i s t nach aber zeigen die Clausewitzschen Formulierungen keinen Hauch deutsch-lutherischer „Innerlichkeit", sondern klingen skeptisch-instrumentell wie aus demokratischen Denkgepflogenheiten. — Clausewitz schreibt — aus verschiedenen Stellen kurz zusammengenommen — ungefähr wie folgt):

Freiheit in durchschnittlichen massenträgen Individuen ist abhängig davon, ob sie bei Einem, der vor ihnen her ist, große Zwecke verfolgt sehen. Dann wachen auch sie zu dessen geistiger Spannkraft auf. Niemand ist so schwach begabt, daß er nicht mit tiefem geistigem Interesse wahrnähme, wie ein führender Kopf M i t t e l sucht, entwirft, gebraucht, um einen Z w e c k zu erreichen. Von diesem einfachen Gefüge großlinigen Handelns: Mittel und Ende; Absicht und Erfolg, weht Freiheit in das Herz jedes einfachsten Gefolgsmanns — einerlei (so können wir hinzufügen): ob in Heer, Gewerkschaft, Partei, Forschungsinstitut, oder wo immer. Zugleich wird ein solcher Gefolgsmann — schon als bloßer Beobachter — gar eben so „groß", sicherlich oft k l ü g e r als der Führer selber. Denn der Erfolg oder Mißerfolg eines Führers verleiht noch dem einfältigsten oder schwächsten Gefolgsmann R i c h t e r kompetenzen über den tätigen, machtvollen Mann. Der Gefolgsmann und Zuschauer sieht, ob es dem Genie gelang oder mißlang. In der Gespanntheit auf den Erfolg, der richtet und jeden Einzelnen zum Mitrichter macht, geht Freiheit und Geist durch den ganzen Verband der Mithandelnden, sogar der nur Zuschauenden. Sind die Zwecke aber umfassend und groß genug, so ist jeder Erfolgsmann am Erfolg bis ins Innerste seines eigenen Daseins interessiert; so wird er zum echten Mittäter: er nimmt an den Gefahren eines zu schnellen oder leichtsinnigen und an den ironischen Folgen eines als Unrecht geschehenden Erfolges, — und an der Freiheit steigenden Mutes im Fall von Mißerfolgen, s e l b e r teil.

5. Ehre. Ehre ist als ä u ß e r l i c h e: „der Ehre schöne Götterlust, die wie ein Meteor verschwindet". Mephistopheles zählt sie spöttisch auf unter allen möglichen andern schönen Weltgütern: „Gold, Ehre, Ruhm, gesundes langes Leben und Wissenschaft und Tugend". Auch sonst erscheint sie bei Goethe in solchen äußeren Verbindungen: „Ehr und Geld"; „Ehre und Zufriedenheit"; „das Phantom von Gunst und Ehre" (Tasso).

Ehre ist als ein i n n e r s t e s Anliegen im Menschen mächtig. Clausewitz hadert mit der deutschen Sprache, daß sie es fertig gebracht habe, in den Worten „Ruhmsucht" und „Ehrgeiz" die beiden adligsten Triebkräfte menschlichen Handelns mit niederträchtigen seelischen Tendenzen wie Sucht und Gier oder Geiz vorweg, altjüngferlich, zu verkoppeln — als sei die Entgleisung der Triebe ihr regelmäßiges Schicksal. Goethe zitiert in Dichtung und Wahrheit (IV, 17. Buch) den Brief Ulrichs von Hutten: Ehre sei die Lust des Menschen „vorzulaufen" —: zu immer höherer Höhe eigenen Könnens, und gleiche Ruhmestat in jedem andern Menschen, dem sie gelingt, gleichviel welchen Standes und welcher Herkunft er sei, zu l i e b e n. Ehre ist bei Hutten und beim jungen Goethe als dieser „freie Wettkampf um Tüchtigkeit".

Ehre als Ehr*gefühl* umfaßt alle bisher genannten Kategorien der Freiheit und überschneidet sich als dieses umfassende Phänomen auf merkwürdige Weise mit dem Phänomen des Gewissens überhaupt. Man kann, unter Vergegenwärtigung des früher Erörterten, das Ehrgefühl definieren als dasjenige „G e w i s s e n", das die menschliche „F r e i h e i t" zu seinem besonderen Anliegen hat. Ehrgefühl als das Gewissen der Freiheit zeigt die gleichen formalen Züge wie andere Weisen des Gewissens:

1. die Seite der conscientia: den H a l t des Ehrgefühls in der „Ehrenbezeigung" durch die Andern als Mitwisser und Stifter meiner Ehre. (Siehe die Ehre eines Königs; eines Unteroffiziers; eines Bundespräsidenten; eines Handwerksmeisters; eines Generals; eines Rektors; eines Orchesterdirigenten; eines Senators, Ordinarius und Institutsdirektors: je ganz verschiedene Gesellschaften, oder verschiedene Gruppen, Untergruppen gleicher Gesellschaften „erteilen", bald von unten, bald von oben, meist von b e i d e n Seiten, „Ehre");

2. die Seite der Innerlichkeit: die individuelle Ehre, die als unabhängiges Gewissen noch den besiegten, gehöhnten oder geschmähten Offizier und Soldaten, überhaupt jeden gediegenen Täter, der sich gegen den Haufen schnellfertiger Tadler unbekümmert verhält, beseelt. Unabhängiges Gewissen wirkt als ‚innere Ehre' so, daß sie solche gescheiterten Täter, aber ebenso den unerkannten Künstler

den verleumdeten Reformer und Politiker, den unverstandenen Gelehrten im Bewußtsein ihrer Rechtschaffenheit nicht allein läßt, sondern über den Verlust oder Mangel sozialer Anerkennung und Ehre erhöht — so wie äußere Ehre äußerlich erhöht. In dieser inneren Erhöhung befindet sich der Betreffende, vielleicht bewußt, vielleicht nur in der Weise einer tiefen, rein inneren Resonanz, im Zusammenhang mit allen denen, denen er in jedem Augenblick mögliches Vorbild der Haltung ist, und mit denen, die ihn, potentiell jetzt schon und irgendwann vielleicht auch wirklich, in der Sache, an der er arbeitet, begreifen und ehren werden.

Auch die stille Ehre eines Kranken ist ein Beispiel für diese beiden Seiten der Ehre: die Seite der conscientia und die Seite der inneren Unabhängigkeit. Die conscientia kann hohe Freiheitsgrade im Gefühl eines Kranken erzeugen. In die Sauberkeit, Disziplin, tägliche Rhythmik einer Chirurgischen oder anderen Klinik „eingeliefert" zu sein, teils passiv, teils aktiv am Ruhm der ärztlichen Künste teilzunehmen, erhöht das Individuum — entäußert einen großen Teil der Schmerzen und Mühsal in die Sozialität der freundlichen und selbstbewußten Betriebsamkeit der Schwestern und Ärzte. Ähnlich schenkt dem Kranken, zu Hause, die ihm seitens der Familie zuerkannte Legitimation, gesteigerte Pflege, Freundlichkeit und Verzeihung zu empfangen, Ehre — (Ehre von außen). Der chronisch Kranke oder Leidende aber, der in eigener Methodik eine optimale Verteidigung seiner Lebens- und Arbeitsfähigkeit durchsetzt, schafft sich in dieser Wehrhaftigkeit seines Körpers ein Symbol der Selbständigkeit und Unabhängigkeit seiner Person: innere Ehre.

Sofern Ehrgefühl nicht nur als solche durchgängige Gestimmtheit sich auswirkt, sondern unmittelbar und momentan unser Handeln steuert, kann man beobachten, wie es, wiederum in Analogie zu allen andern Weisen des Gewissens, sowohl im „Herzen" wie in der „Vernunft" vor Anker liegt, — in der hier verwandten Terminologie: sowohl in die Innerlichkeit der Affekte wie in diejenige des Sprachraums eingesenkt ist. Ein Mann von Ehre fährt, wie von einem prompten Instinkt bestimmt, im Nu auf, sobald für seine Gesamtexistenz entscheidender Gewinn winkt oder entscheidender Verlust droht. Zum Ehrgefühl als diesem auffahrenden Instinkt des Ergreifens von Siegeschancen oder der Wehr gegen drohende Niederlage gehört aber, zweitens, Einsicht oder mindestens recht geleitete Gewöhnung an das, was für seine „Gesamtexistenz" Gewinn und Sieg, oder Verlust und Niederlage ist. Es kann jemand Mut zu Wehr und Zugriff haben, aber in ihnen blind, ohne Einsicht verfahren: es war weder wirkliche Gefahr noch stand wirklicher Gewinn bevor. Es kann, umgekehrt, jemand einsichtige Wertempfindungen die Fülle haben, aber nicht den Mut, Zorn, für sie einzutreten, wenn es darauf ankommt. Beiderlei Männer Ehre ist nicht intakt, ihre Freiheit brüchig.

Sich zeigende Defekte der Ehre im Instinktbereich: (Mangel an Mut oder an Treue zu dem, was jemand sehr wohl als Wert oder als seine „Pflicht" kennt) vergeben sich Rechtschaffene nur schwer. Hier am meisten wird Schuld empfunden. Auch der Volksmund ist rigoros und erklärt: „Ehre verloren — alles verloren". — Goethe legt diesen Ausspruch auf Eis, zeigt gegen das Absolute die Grade — und die Verwicklungen: wie Menschen ausbiegen können und wie ihnen dabei genolfen wird; wie entscheidend wichtig für Wiederherstellung der Ehre der eingeborene Mut ist:

Gut verloren — etwas verloren,  
Mußt rasch dich besinnen  
Und neues gewinnen.  
Ehre verloren — viel verloren,  
Mußt Ruhm gewinnen,  
Da werden die Leute sich anders besinnen.  
Mut verloren — alles verloren,  
Da wär es besser: nicht geboren.

Für das Ehrgefühl als „auffahrenden Instinkt" fixiert Goethe eine typische Situation: „Der verdient die Liebe nur, der um der Ehre willen in süßem Augenblicke von der Liebe, entschlossen-hoffend, sich („schnell und drängend": „ohne Ach") entfernen kann" (Claudine von Villa Bella).

„Gewinn und Verlust": unter den Begriff des Gewinns fallen freilich auch alle die kleinen „Siege" der ständigen Rangkämpfe der Individuen in ihren Gesellschaften und der Gesellschaften untereinander —: das weite Gebiet der Eitelkeit und ihrer Spezialisten (Künstler, Professoren, nationale Chauvinismen usw.); für die Kennzeichnung dieser Rangkämpfe hat die philosophisch treffendste Sprache Hobbes geführt — und haben in neuerer Zeit Heinroth, Lorenz u. a. die stammesgeschichtlichen Fundamente gezeigt: das „Imponiergehaben" und die Rangkämpfe der Tiere mit ihrem oft ebenso sinnreichen wie instinktbewegungsmäßig festem Comment.

Unter die oben gemeinten menschlichen „Gewinne" fallen indessen vor allem die „Siege" eines Menschen über sich selbst: so die Kraft der Gerechtigkeit, gegen alle eigene Eitelkeit zur Ehrerbietung vor Verdienst und Überlegenheit anderer frei zu sein. Um ein inneres Siegen über innere Angst handelt es sich vollends dort, wo Ehrerbietung zu Ehrfurcht fortschreitet und es dann geschieht, daß ein Mensch, der „Ehrfurcht in sich walten läßt, indem er Ehre gibt, seine Ehre behält" (Wanderjahre II, 1).

Die Ehre des Menschen gegen das Tier ist, daß er denkt. In seiner Vorlesung über „angewandte" Ethik („Anthropologie in pragmatischer Absicht") hat *Kant* an einer schönen Stelle (in der zugleich der harte Unterschied, den seine „reine" Ethik zwischen Motiv und Folgen, Gesinnung und Erfolg, innerer und äußerer Ehre statuiert hatte, aufgehoben wird) drei Grade der Freiheit, die der Mensch durch Denken erlangen kann, unterschieden. Diese drei Grade der Freiheit des Menschen im Denken werden durch Arten, wie sein Gewissen fragt, erreicht:

Der Verstand des Menschen soll fragen: „was will ich?" Das kann er nur herausfinden, indem er „selber denkt": indem er sich vom Lärm des Tages, vom Hörensagen, von der öffentlichen Meinung, von allen gängigen Vorurteilen freimacht, die Situation prüft und auf der Waage wirklicher eigener Erfahrung und selbstgewonnener Überzeugungen abwägt.

Das Gefühl des Menschen soll fragen: „worauf kommt's an?" Das kann er nur herausfinden, indem er sich „in die Standorte aller andern" hineinfühlt und -denkt, indem er hierdurch sein bloß persönliches, subjektives Denken zur Sachlichkeit und Liberalität erweitert.

Die Vernunft schließlich soll fragen: „Was kommt heraus?" Diese Frage kann ein Mensch nur beantworten, indem er „konsequent denkt", das aber heißt: indem er auf die Wirkung, auf die Folgen, die sein Denken und Tun im Rahmen des Ganzen austragen wird, hinaussieht. Erst im Blick auf die Folgen im Ganzen wird mein Tun im Einzelnen mir wirklich klar. Der Gewinn dieser Klarheit ist ein dritter und hoher Grad menschlicher Freiheit.

Ein Handeln im Geist dieser drei Fragen wird aber mit der eigenen Freiheit zugleich die Achtung vor der Freiheit jedes andern Menschen ausbilden.

## Literatur.

I. Die Arbeit war zum 7. Oktober 1949 in Dankbarkeit Professor Herman Nohl, Göttingen, gewidmet. In der „Anrede" an ihn war des Umstands gedacht, daß der Verfasser wie viele andere, die nach der nationalsozialistischen Revolution Universitätslehrer und Offiziere gewesen waren, sich an ihm als einem im Exil inmitten Deutschlands lebenden Träger eines unbestechlichen Gewissens orientiert hatten und ihm, in diesem Bedürfnis und Gefühl, ihre Arbeiten zusandten, die sie zwischen 1933 und 1945 geschrieben haben. Die jetzige Arbeit, deren Widmung an den gefeierten Mann wiederum nicht Zustimmung zu allem Einzelnen, aber das Geschenk der großen freundlichen Toleranz seines weiträumigen Gemüts und Denkens sich erbat, verfolgt, wie alle früheren, im Ringen mit der Zeit, zugleich die Absicht, das Erbe der in Max Webers soziologischen Arbeiten verborgenen Denkart und den Gehalt und Ansporn der in Deutschland gleichfalls umgangenen Philosophie John Dewey's wach zu halten:

1. *Max Weber*, s. insbesondere: Wirtschaft und Gesellschaft I, II (WG); Ges. Aufsätze zur Religionssoziologie, 1—3 (RS); Politische Schriften; Ges. Aufsätze zur Wissenschaftslehre; Abriß der universalen Sozial- und Wirtschaftsgeschichte; Aufsätze zur Soziologie und Sozialpolitik; Aufsätze zur Sozial- und Wirtschaftsgeschichte; Rußlands Übergang zum Scheinkonstitutionalismus; Zur Lage der bürgerlichen Demokratie in Rußland; — Jugendbriefe.

*Marianne Weber:* Max Weber, ein Lebensbild.

*Karl Jaspers:* Max Weber, Gedächtnisrede; Max Weber: Deutsches Wesen im politischen Denken, im Forschen und Philosophieren.

Seitdem Marianne Weber und Karl Jaspers in den 20er und 30er Jahren die Erinnerung an das Leben und die geistige Persönlichkeit Max Webers in unvergleichlicher Weise aufbewahrt haben, haben jetzt Amerikaner vortrefflich übersetzte (z. T. leichter als im Original lesbare) englische Ausgaben seiner Hauptwerke besorgt und dieselben glänzend eingeleitet. Die besten sachlichen, so distanziert-objektiven wie gründlichen Einführungen in das Werk Max Webers sind heute diese amerikanischen:

*Talcott Parsons:* The Structure of Social Action. Part III: Max Weber.

*T. Parsons:* Max Weber: The Theory of Social and Economic Organization. (Introduction.)

*Gerth and Mills:* From Max Weber: Essays in Sociologogy (Introduction: The Man and his Work.)

2. *John Dewey*, s. insbes.: Psychology, 1886; Theory of Emotions (Psychol. Review 1894/5); The reflex arc concept (ibid. 1896) Interpretation of Savage Mind (ibid 1902); Influence of Darwin on Philosophy; Essays in Experimental Logic; Democracy and Education; Human Nature and Conduct; Experience and Nature; Quest for Certainty; Ethics (with Tufts) (erste und umgearbeitete Auflagen) How; we think (erste und umgearb. Aufl.); German Philosophy and Politics (1915; 1942); Philosophy and Civilization; Art as Experience; Logic (The Theory of Enquiry); Problems of Men (1946); Characters and Events; A common faith; Reconstruction in Philosophy; Creative Intelligence.

II. Zum Einzelnen:

Zu Seite 519: *Sozialer Brauch und menschliche „Instinkte"*. Zur Definition des Instinktbegriffs, s. Konrad Lorenz: „Über die Bildung des Instinktbegriffs" (Die Naturwissenschaften, 1937, Heft 19, 20, 21), Ders.: „Die angeborenen Formen möglicher Erfahrung", Königsberg 1942 (Z. f. Tierpsychologie, Bd. 5, Heft 2).

*O. Koehler:* „Instinkt oder Verstand?" (Die Naturwissenschaften 1939, Heft 11): Bericht über Lorenz's Instinktbegriff und Vergleich desselben mit den von v. Holst entdeckten autonomen Bewegungsautomatismen des Zentralnervensystems.

Zu Seite 520: *Kaste und religiös verarbeiteter Haß.*

S. *Max Weber:* RS: Die Wirtschaftsethik der Weltreligionen, II: Hinduismus und Buddhismus, insbes. den Abschnitt „Die religiöse Heilsbedeutung der Kastenordnung". Verwandte Erörterungen: *passim.*

Zu Seite 520: *Über die je ganz verschiedene Rolle und Bedeutung der Individualität* der Individuen primitiver sozialer Gruppen, ihre ganz verschiedenen Freiheitsgrade, Spielräume je nach den Schemata der *sozialen Differenzierung* (cultural patterns) der betr. frühen Gesellschaften, siehe (gegen die abstrakten und pauschalen Bemerkungen der obigen einleitenden Textseiten:) *Ruth Benedict:* Patterns of Culture (1947): „In the beginning God gave to every people a cup of clay, and from this cup they drank their life" (Ausspruch eines Digger Indianers); auf Deutsch: Gott gab ihnen mit ihrem Becher ihr Leben als Geprägtes zu trinken. Über den Begriff früher „Prägungen", die je noch in den sublimsten späteren (sozialen, philosophischen, religiösen) Entwicklungen maßgebend bleiben können, siehe Max Weber: Systematische Religionssoziologie, (WG II, 4) *passim.* und RS. *passim.*

Über den für den Bereich von Instinkthandlungen exakten Begriff der „Prägung", s. Lorenz: „Über die Bildung des Instinktbegriffs" a. a. O. 19/299 und in „Der Kumpan in der Umwelt des Vogels" Journal für Ornithologie 1935, Bd. 83/2, S. 163—73.

Zu Seite 520: *Zum Individualismus/Sozialismus-Problem*, siehe dessen heutige Brechung in den folgenden hervorragenden, sehr verschiedenen Spiegeln:

*Bertrand Russell:* Freedom and Organization; Power.

*E. H. Carr:* Conditions of Peace; The 20 years crisis (1918—38). (Kritisch gegen Carr:) F. A. *Hayek:* The road to serfdom.

*André Siegfried:* Europe's Crisis.

*John Dewey*, Individualism, Old and New; Problems of Men, Part I.

Zu Seite 522: *„Charismatische Herrschaftsverbände"*.

*Max Weber:* Pol. Schr. 398: „Es gibt der inneren Rechtfertigungen, also: der Legitimitätsgründe einer Herrschaft im Prinzip drei: Einmal die Autorität des „ewig Gestrigen": der durch unvordenkliche Geltung und gewohnheitsmäßige Einstellung auf ihre Innehaltung geheiligten Sitte: traditionale Herrschaft, wie sie der Patriarch und Patrimonalfürst alten Schlages übte. Dann: die Autorität der außeralltäglichen persönlichen Gnadengabe (Charisma), die ganz persönliche Hingabe und das persönliche Vertrauen zu Offenbarung, Heldentum, oder andern Führereigenschaften eines Einzelnen: „charismatische" Herrschaft, wie sie der Prophet oder — auf dem Gebiet des Politischen — der gekorene Kriegsfürst oder der plebiscitäre Herrscher, der große Demagoge und politische Parteiführer ausüben. Endlich: Herrschaft kraft „Legalität", kraft des Glaubens an die Geltung legaler Satzung und der durch rational geschaffene Regeln begründeten sachlichen „Kompetenz", also: der Einstellung auf Gehorsam in der Erfüllung satzungsmäßiger Pflichten: eine „Herrschaft", wie sie der moderne „Staatsdiener" und alle jene Träger von Macht ausüben, die ihm in dieser Hinsicht ähneln: („Typus der „Bürokratie") — „Charismatische Herrschaft kann sich, im Zuge ihrer „Veralltäglichung" „bürokratisieren" — zu den Formen, die im Text angedeutet sind.

Zu Seite 522: *„Einverständnishandeln"*.

Vgl. *Max Weber:* „Über einige Kategorien der verstehenden Soziologie" VI (Aufs. z. Wiss.-Lehre S. 432 ff.). „Einverständnishandeln" setzt weder Freiwilligkeit, noch innere Überzeugtheit, vor allem nicht Gleichsinnigkeit des Tuns der „einverständnismäßig" Handelnden voraus, also auch nicht ihre positive „Zustimmung" im Sinn eines „echten Mit- und Füreinander" (S. 438). „Gutes Gewissen" als dasjenige einer Gruppe besonderer Interessenten am Bestehen eines bestimmten Einverständnishandelns (im Beispiel: das „gute Gewissen" von Herrschenden) braucht also nicht mehr als dieses Rohe zu sein: daß Einer auf den Andern (auf seine f a k t i s c h e Mitwirkung) — aus gleichviel welchen Gründen — r e c h n e n kann. Das Einverständnishandeln einer bestehenden Herrschaft schließt das Handeln der Regierten nicht aus sondern ein. Selbst Rebellen und Conspiratoren orientieren sich — negativ — an den faktischen (bis zum Umsturz geltenden) Machtverhältnissen: an den durchschnittlich noch wirksamen Legitimitätsvorstellungen der übrigen Untertanen, speziell der Polizei, des Militärs: auch sie handeln, insoweit, mit den von ihnen bekämpften Regierenden „zusammen" —: „einverständnismäßig". Eben d i e s e r Umstand (der scheinbaren Gefügigkeit der Betreffenden: ihrer „l e g a l e n Opposition") stärkt das „gute Gewissen" der Regierenden — solange sie naiv und harthörig sind.

Zu Seite 523: *Über das kindliche Experimentieren*, „wiederholendes" Handeln auf im Blick gehaltene Erfolgsbilder hin, siehe die grundlegenden Darstellungen von *Arnold Gehlen:* „Der Mensch" (1940).

In wichtigen Stücken sind die Gehlenschen Theorien angelehnt an den Deweyschen Begriff des Handelns und der Sprache. Vgl. meine Darstellung der Deweyschen Philosophie in „Grundlagen des amerikanischen Gemeinwesens", Bd. II: „Der Pragmatismus: R. W. Emerson, W. James, J. Dewey" (1938) und *Dewey:* Exp. & Nat. ch. 5: „Nature, Communication and Meaning".

Zu Seite 523: *Von der Innigkeit der Inkorporation des Ja und Nein* des Pflegers (Vater, Mutter, usw.) geht auch *Talcott Parsons* aus in: „Certain Primary Sources and Patterns of A g g r e s s i o n in the social structure of the Western world" (Psychiatry: Journal of the Biology and Pathology of interpersonal relations, Vol. 10, Numb. 2, 1947). — Zu den wenigen elementaren Feststellungen im obigen Text über die Verflechtung verschiedener sozialer Verhaltensweisen mit dem zentralen Phänomen der „S y m p a t h i e" finden sich in Parsons' Abhandlung ausführliche Illustrationen und reiche Ergänzungen im Zuge sehr konkreter, eindringender „feldsoziologischer" und institutionsanalytischer Untersuchungen. (Die amerikanische Tradition der Verbindung scharfer Theorie mit geradezu „klinischer" Anschaulichkeit bricht, von James, Dewey herkommend, offenbar nicht mehr ab.) Da Parsons die Probleme der „Aggression" untersucht, visiert er die Phänomene im Raum der „Sympathie" nicht unter dem Aspekt des „schlechten", sondern des „bösen" Gewissens an. Die gleich S. 525 im Text folgende vorläufige Definition des „Bösen Gewissens" (in Abhebung gegen das schlechte) deckt fast genau den Umkreis der Phänomene, die Parsons unter dem Begriff der Aggression beschreibt.

Zu Seite 523: *Die inneren Zusammenbrüche und Schuldbekenntnisse der „Rebellen gegen Stalin"* in den russischen Schauprozessen, sind Zusammenbrüche von „Aggression". Als ob es, wie vorzüglich in Goethe, so noch in den psychologischen Gegentypen zu ihm so etwas wie ein universelles Gewissen g e g e n „Aggression" gäbe. Goethe schreibt über seinen doch von ihm sehr handfest gedachten „Götz von Berlichingen": „ich schilderte, wie in wüsten Zeiten der wohldenkende brave Mann allenfalls an die Stelle des Gesetzes und der ausübenden Gewalt zu treten sich entschließt, aber in Verzweiflung ist, wenn er dem anerkannten verehrten Oberhaupt zweideutig, ja abtrünnig erscheint." (Dicht. u. Wahrh. III/12; Jub. 24, 107).

Zu Seite 524: *Wertfreie Betrachtung von „Bösem" („Sympathie" mit ihm) und K a m p f gegen dasselbe* sind zwei Seiten einer und derselben Haltung ihm gegenüber: der Ritterlichkeit. Die tierische Vorform derselben, auf die der Text anspielt, hat Lorenz wahrgenommen und glänzend dargestellt. Von Lorenz' Darstellung aus fällt viel Licht auf den guten oder schlechten Stil aller Arten von Polemik und geistigem (ebenso politischem) Kampf. Menschen sind offenbar konstitutionell in Gefahr, zu Turteltauben zu werden, d. h. unter abnormen Verhältnissen „hemmungslos" zu kämpfen. Geborene Kampftiere dagegen sind mit „Hemmungen" ausgestattet, die ihnen den Kampf untersagen, solange der Gegner sich nicht mehr wehrt und rührt (Text S. 524 l. Sp.) (Vgl. Lorenz, Angeb. Formen, a. a. O. S. 371 ff.)

Zu Seite 524: *Experiment, Freiheit und „social compulsion" in Amerika.* Vgl. hierzu in meinen „geistigen Grundlagen usw." Bd. I: Benjamin Franklin, Bd. II: Pragmatismus, das Register am Ende des 2. Bandes. Der terminus „social compulsion" stammt von Santayana. Santayana gehört zu den scharfsichtigsten und geistvollsten Kritikern Amerikas — zugleich, im Unterschied z. B. von André Siegfried — aus eigener jahrzehntelanger und innerlich immer fortwirkender Erfahrung des Landes heraus: zu den freundlichsten. In seinem Buch „Character and Opinion in the United States" findet sich im Kap. 6: Materialism and Idealism in America, der Satz: „If it were given me to look into the depths of a man's heart, and I did not find goodwill at the bottom, I should say without any hesitation, You are not an American."

(Santayana kann auch scharfsinnig, geistvoll und u n freundlich sein: „Egotism in German philosophy" (1915 und 1942).

Über das Prinzip des „goodwill" in Amerika und das Prinzip der „Sachlichkeit" in Deutschland (das für Santayana sich mit „egotism" entweder geradezu deckt oder doch wesentlich mit ihm verschränkt ist) s. meine „Studie über den Unterschied zwischen Amerikanern und Deutschen": „Von der Kunst des Kompromisses" (1933 und 1949 bei Hirzel).

Zu Seite 526: *Die fünf Typen des sich Entscheidens.*

Vgl. William James, Principles of Psychology, chapter on „Will": "five types of decision". Im Text sind die Jamesschen Typen für den Hinblick auf die Gewissensphänomene etwas variiert. Über ihre Originalfassung und Absicht und den Ertrag der Jamesschen Deskriptionen für eine Philosophie des Willens als Kritik der „Subjektivität" des Subjekts, s. m. Pragmatismus S. 129—163.

Zu Seite 528: *„Zweckrationalität"* gegen *„Wertrationalität"*: Begriffe Max Webers. S. insbesondere: WG I, § 2.

Befreiung vom Zwang magisch stereotypierten Handelns durch Entwicklung prophetischer Religiosität in der Richtung zu reiner „Gesinnungsethik": ein Thema und Begriff Max Webers. S. insbesondere: WG, II, Kap. IV. Max Webers geniale Konzeption der paradoxen Entstehung von „Gesinnungs-Ethik im Zuge der Lösung eines rein erfolgs-technischen Problems — (in äußerster Schematisierung:) Wie kann seitens einer Priesterschaft einem augenscheinlich machtlosen Gott der G l a u b e der von ihm augenscheinlich im Stich gelassenen Gläubigen erhalten werden?: durch Erweckung des Bewußtseins eigener (innerer) Schuld: also: Gewissensschärfung, in der Folge: Verinnerung der Ethik, schließlich: reine Gesinnungsethik. Weil Max Weber der Verankerung des Menschen im Absoluten so schlechthin sicher war, hat er das Technisch-Nüchterne und das Geschichtlich-Zufällige der Mittel und Wege, die Menschen einschlugen, um es zu ergreifen (und gleich auch, mit zweischneidigen Wirkungen, spezialistisch zu substantialisieren) so freimütig und schonungslos — zugleich staunend und ohne eine Spur Nietzscheschen Höhnens, aufzudekken vermocht.

Vgl. das Problem des Weberschen Gegensatzes Gesinnungsethik/Erfolgsethik in der Behandlung bei John Dewey: Ethics, chapter on Kant, und anderwärts, *passim*.

Weber hält den Gegensatz fest, Dewey löst ihn auf. Dies, mehr als irgend etwas anders, bezeichnet den tiefen Strukturunterschied des Geistes der beiden großen Männer, die sich als unbestechliche Kenner der Techniken menschlichen Betragens in zahllosen Konzeptionen und systematischen Einsichten aufs engste berühren. Über den Unterschied Weber gegen Dewey, s., in erster, behutsamer Näherung, die treffliche Untersuchung:

Ernst Moritz Manasse: Moral Principles and Alternatives in Max Weber and John Dewey, Journ. of Philos. 1944.

Zur Sache selbst: „Gesinnung und Erfolg" s. meine Studie in den „Blättern f. Dt. Philosophie", 1943.

Zu Seite 529: *Einbahnige und vielbahnige Kriegsführung: 19. und 20. Jahrhundert.*

Beispiel Clausewitz f. 19. Jahrhundert: „Über zwei Arten von Coalitionen": „Es gibt in der Politik zwei Arten von Koalitionen, die einen zwecken redlich auf den Untergang oder die Bezwingung des Feindes ab, die andern haben die Absicht, den Staat, gegen welchen man sich koalisiert, und den Staat, mit welchem man sich koalisiert, zu schwächen, zu beschäftigen usw. Politiker, die diesen Zweck der Koalition für unerlaubt halten, machen den Staat, an dessen Spitze sie stehen, zum Opfer ihrer Rechtlichkeit. Sie sind eigentliche Egoisten, denn sie handeln an der Spitze eines Staates wie sie im Privatleben handeln sollten. Sie betrachten sich also als den Zweck und den Staat als ihnen beigegeben. Wer könnte es z. B. Rußland und Frankreich verargen, wenn sie sich gegen Preußen so mit Österreich verbunden haben, daß beide, Preußen und Österreich, dadurch geschwächt wurden." (Aus: Hist. Pol. Aufzeichnungen, 1803, ed. Prof. Rothfels, Chicago).

Zu Seite 530: *Phasen „guten Gewissens" in Hitlers Laufbahn; Hitlers „Sympathie" für England*, die im 1. Weltkrieg mit der Bewunderung für Lloyd George anhob, blieb nicht ganz unerwidert: vgl. Churchills offenen Brief an Hitler in der Times v. 7. 11. 38 —: ein Versuch, noch im Jahre 38, an Hitlers mögliches gutes Gewissen zu appellieren. . . . „I have always said that if Great Britain were defeated in war I hoped we should find a Hitler to lead us back to our rightful position among the nations . . . Let this great man search his own heart and conscience . . ." Über die damalige Weltkonstellation, die ein relativ „gutes Gewissen" als „conscientia" in Hitler ermöglichte, s. die beiden genannten Bücher von E. H. Carr, und jetzt die Geschichte des 2. Weltkrieges von Generalmajor J. F. C. Fuller: das Horazische Motto des Buchs redet ihn (Hitler) unter Anderen an: „Brute force bereft of wisdom falls to ruin by its own weight. Power with counsel tempered even the Gods make greater. But might that in its soul is bent on all impiety, they hate." (The second world war, 1939—45); ferner: Franz Silberstein: Der Weg ins Verderben: Europäische Politik von Bismarck bis Hitler, Buenos Aires 1948.

Über die Phasen eines „guten", z. T. euphorisch „guten Gewissens Hitlers im Rahmen der *internen* Constellationen in Deutschland 1933—34 s. jetzt Diels: „Lucifer ante Portas: zwischen Severing und Heydrich". (Die im Text S. 530 gen. Ausnahme ist Goebbels.)

Alle diese Bemerkungen zur Korrektur des Eindrucks, den der Text erwecken könnte, als sei das Phämomen Hitler eindeutig unter „böses Gewissen "zu subsummieren. Daß dereinst die Geschichte der Vieldeutigkeit dieses eminenten Unseligen sine ira et studio geschrieben wird (die Psychologie seiner Person; die Soziologie seiner Laufbahn und Wirkungen) ist ein Erfordernis nicht nur für uns Deutsche, sondern für uns Menschen.

Zu Seite 530: *Gewohnheit und Instinkt:*

Über Gewohnheit siehe (immer noch) das Kapitel „Habit" in James' Principles of Psychology.

„Gewohnheit" als elementarer terminus einer philosophischen Anthropologie: s. Deweys großartige Trilogie: Habit — Impulse — Intelligence: die drei Teile seiner „Einleitung in die Sozialpsychologie": (Human Nature and Conduct).

(Das Spezielle: Die Analogien und Unterschiede zwischen Gewohnheiten und Instinkthandlungen habe ich, im Blick auf die Lorenzschen Definitionen von Instinkthandlung und Instinktbewegung in einer kleinen Kriegsstudie an einem Sonderphänomen zu illustrieren versucht: „Der Mensch als Soldat". Bl. f. dt. Philos. 1942.)

Zu Seite 532: *Idee und Formen des Liebesevangeliums als die Herrschafts- und Kampfformen der religiösen Gemeinschaften durchquerend* — ein Hauptthema Max Webers, wie schon aus seinem Begriff des „Kampfes" erhellt, der seinerseits alles Leben, auch das sublimste religiöse, durchquert:

(Wiss. Lehre: 479:) „nicht auszuscheiden aus dem Kulturleben ist der Kampf. Man kann seine Mittel, seinen Gegenstand, sogar seine Grundrichtung und Träger ändern, aber nicht ihn selbst beseitigen. Er kann statt eines äußeren Ringens von feindlichen Menschen um äußere Dinge ein inneres Ringen sich liebender Menschen um innere Güter und damit statt äußeren Zwangs eine innere Vergewaltigung (gerade auch in Form erotischer oder karitativer Hingabe) sein oder endlich ein inneres Ringen innerhalb der Seele des Einzelnen selbst mit sich selbst bedeuten — stets ist er da, und oft um so folgenreicher, je weniger er bemerkt wird, je mehr sein Verlauf die Form stumpfen oder bequemen Geschehenlassens oder illusionistischen Selbstbetrugs annimmt oder sich in der Form der „Auslese" vollzieht. „Friede" bedeutet Verschiebung der Kampfformen oder der Kampfgegner oder der Kampfgegenstände oder endlich der Auslesechancen und nichts anderes."

Zum genannten Thema vgl. Wirtsch. u. Gesellschaft II, „Staat u. Hierokratie".

Zu Seite 532: *„Sprachwurzeln"* s. *Gehlen* a. a. O.

Alle Gehlenschen Sprachwurzeln finden sich einzeln bei Tieren, bei keinem Tier die kombinierte Wirkung aller. Die von uns herausgehobene „Sprachwurzel": das „vorwegnehmende Handeln zu zweien" (Dewey: E. & N., ch. V.: communication as anticipation-participation) findet sich in Vorform bei höheren Tieren deutlich: s. W. Koehler: Intelligenzprüfungen an Menschenaffen. Einer andern Vorform der Sprache, die mit der genannten scheinbar nicht (vielleicht doch) zusammenhängt: dem vorsprachlichen (wortlosen) „Denken" bei Tieren ist O. Koehler scharfsinnig, mit großer Vorsicht und experimenteller Sauberkeit — und sparsamsten Deutungen — auf der Spur: *O. Koehler:* Vom Erlernen unbenannter Anzahlen bei Vögeln: (Die Naturwissenschaften, 1941, 14/15.) „Zähl"-Versuche an einem Kolkraben und Vergleichsversuche an Menschen. (Z. f. Tierpsychologie, Bd. 5, 1943: 575—712. Vom „Zählen" und vorsprachlichen „Denken" bei Tieren. (Festschrift für Erwin Stresemann, 1949 (im Druck).

Zu Seite 534: *Kant: Kategorischer Imperativ.*

Daß der kategorische „Imperativ" eigentlich eine „Frage" ist; was dieses Fragen-Können für die menschliche Lebensführung bedeutet; was die Kantische Verabsolutierung dieser natürlichen Technik an Vergewaltigung der moralischen Phänomene austrug, habe ich zu zeigen versucht in „Kants Lehre vom Wert der Person" (Bl. f. dt. Philos. 1941). Eine Anwendung einiger dortiger Thesen auf sein ganz anderes: biologisch-entwicklungsgeschichtliches, so überraschungsreiches Beobachtungsfeld bei K. Lorenz: „die angeboren Formen usw." a. a. O. S. 361—96, 405 ff.: „Die Gefährdung der Menschheit und die Kategorische Frage". Vgl. Dewey's Kritik der Kantischen Ethik: Eth. I, Eth. II, Dem. Rec.

Zu Seite 535: *Goethe: „das Gewissen bedarf keines Ahnherrn . . ."* (Maximen und Reflexionen zur Naturwissenschaft und Wissenschaftslehre, Cotta Jub.-Ausg. Bd. 39, S. 62) steht im Zusammenhang mit der Kritik der Persönlichkeit Newtons, vgl. Gesch. d. Farbenlehre 40, 261 ff. merkwürdige Betrachtungen: bei größerem Charakter größerer Irrtum und Starrsinn des Gewissens. Charakter in der Welt bewundert als unabhängig gegen Gewissen. Ähnlich (und selber zustimmend): 34, 192.

Vielerorts Betrachtungen über Gewissen und Gewohnheit: Festigung der Gewohnheit gleich Schwächung des Gewissens (und umgekehrt): 25, 207; 12, 34 (Iphigenie II, 1); und umgekehrt: 10, 239 (Dichtung und Wahrheit II).

Reflexionen über „gewissenhafte" („lernende") Gewohnheit: 4, 26; 5, 283.

Über „gutes Gewissen": a) „sein Gewissen hat einen gefälligen Spiegel" (Egmont, 11, 251) ferner: 11, 333: „eines jeden Tages hab ich mich gefreut, an jedem Tage mit rascher Wirkung meine Pflicht getan, wie mein Gewissen sie mir zeigte" (Das Gute der Lust und Gewissen als Selbstvertrauen!) b) Wilh. Meister Lehrjahre, 17, 43: euphorisches gutes Gewissen aus Leidenschaft (vgl. Text S. 527 Typus 3; S. 531 f.). c) Goetz von Berlichingen, 10, 125: „Georg: Hätten sie sich alle gehalten wie er, sie hätten alle das gute Gewissen haben müssen".

Über „schlechtes Gewissen":

„denn das Gewissen ist ganz nah mit der Sorge verwandt (19, 94). „Niemand weiß was er tut, wenn er recht handelt, aber des Unrechten sind wir uns immer bewußt", 18. 260.

„Böses Gewissen": Goetz v. Berlichingen: „Das Gebell des knurrischen Hofhunds Gewissen" 10, 41.

„Gewissen und Schande sollen ihn zu Tode fressen" 10, 97.

„So scheuet das böse Gewissen Licht und Tag." Reineke Fuchs, 1. Gesang.

Gewissen und Tod:

Freilich regt sich dann auch das Gewissen und zeigt sich von ferne
Gottes Zorn und Gericht und läßt mich das Ende bedenken.

Reineke Fuchs, 8. Gesang.

Zu Seite 536: *Affekte als echte Bewegungen.*

Das Vorbild für diese Betrachtungsart ist Hobbes. S. insbesondere: A view of the passions represented in a race: in Human Nature: or the fundamental Elements of Policy, ch. IX, § 21; in deutscher Übertragung in m. Pragmatismus a. a. O. S. 332.

In "Theory of Emotions" (Psychological Review, 1894) hat Dewey in einer positiven Kritik der Theorien von Darwin und James vor allem am Phänomen des Lachens gezeigt, daß Affekte nicht primär „Ausdrucksbewegungen" (Darwin: 'Expression of Emotions'), sondern echte Handlungen sind. Ich füge dem Text hier noch folgende Stücke aus meiner Darstellung im „Pragm." (S. 251—59) an:

„Auch Trauer ist eine Weise von (‚defektiver', gestörter) Handlung: Trauer als scheinbar einsames seelisches Inneres, ist in Wahrheit, wie alle s e e l i s c h e n Phänomene, „ein Handeln zu zweien." Der „Traurige" setzt Handlungstendenzen an, die zu einem Du ausgehen, das sich aber nicht einstellt, das ausbleibt, fehlt. Es ist vielleicht tot, oder weit entfernt. So schlägt die Bewegung, die sich draußen nicht koordinieren kann, in sich zurück. Dieses aktuelle Fehlgehen und Zurückfallen von Handeln auf sich selbst ist Trauer. Freude ist getätigte Koordination meiner Bewegungen; Trauer ist Diskoordination meiner Bewegungen: in ihr ist mindestens ein Teil meiner Handlungsbewegungen, meiner äußeren und ebenso inneren (‚visceralen') Rhythmik ziellos, so schlägt sie sich in extremen Fällen in b l o ß noch innere (idiopathische) Bahnen. Sobald sich Handeln draußen im Gegenständlichen wieder zu koordinieren beginnt (in seiner Welt nicht mehr „wie verloren" ist) hat Trauer schon aufgehört, diese w u n d e Trauer zu sein — sie wandelt sich ab in ein temperiertes G e f ü h l; das aber heißt: ein mit neuen äußeren Tätigkeiten sich allmählich wieder verwebender Umgang mit dem Abwesenden als einem hierdurch „E r i n n e r t e n" ist an die Stelle jener scheiternden Bewegungen getreten.

Andere Fälle der Diskoordination sind das plötzliche Vermissen eines unentbehrlichen Handlungsgliedes, während die Unternehmung schon im Gange ist. In solchen Fällen kommen die Gebärden der „Verlegenheit" auf. Der Handelnde sieht plötzlich seinen Weg nicht mehr deutlich vor sich: so schreckt die eigene Bewegung zurück, während sie sich doch zugleich noch durchsetzen will. Sie ist —: als in dieser Weise diskoordiniert —: linkisch. Die hier stattfindenden unsicheren Körperbewegungen sind, vom Standpunkt des Betreffenden aus, nicht „Ausdruck" oder „Zeichen" einer inneren Furchtsamkeit oder Scheu oder dgl., sondern unmittelbare organische F o l g e n davon, daß die „Haltung": der Rückhalt aller Bewegungen am Zielpunkt, abgerissen ist: die eben noch straffen Zügel sind plötzlich von vorne her losgelassen worden und fallen durcheinander. Das „Gefühl" der Verlegenheit, ‚inneren Furchtsamkeit' ist dazu sekundär. (Es gibt chronische oder konstitutionelle Bewegungsunsicherheiten, dann tritt, sekundär zu i h n e n, allerdings chronische innere Furchtsamkeit auf: dann können Handlungen zum „Ausdruck", nämlich zu Spiegelbildern vorgängiger innerer Erwartungen und Befürchtungen werden.)

Wie Verlegenheit, so sind alle Arten der Eitelkeit irgendwelche Störungen des „Kreislaufs" Organismus/Welt: sie sind irgendein Mißlingen von Betragenkoordinationen. (NB.: soweit sie nicht positiv triebhaftes Imponiergehaben sind.)

Diskoordination grober Art findet statt, wenn alle motorischen Energien auf eine Verrichtung gespannt sind — etwa das Halten einer Festrede, das Auftreten auf einer Konzertbühne, das Antreten zum Sturm aus Kampfgräben heraus — der Moment des Loslegens (oder -stürmens) aber noch auf sich warten läßt. Jetzt schlagen die schon angelassenen motorischen Energien statt nach außen nach innen — auf Drüsen, Blase usw."

Zu Seite 541: Zu Shakespeare's Begriff der Freiheit und des Gewissens als Rechtfertigung s. m. Abhandlung: „Gemeinschaft und Gewissen in Shakespeare's Coriolanus" 1924; 1935 (die Neueren Sprachen).

Zu Seite 542: *Hume, cant und candor*: Der candor in der Denkart Hume's zeigt sich selbst da noch, wo er den Engländern für Kriegspropagandazwecke das Mittel des 'cant' a l s 'cant' empfiehlt und präzis definiert. (Essays, ed. Green & Grose, II, 248, vgl. m. Pragmatismus, 347.)

Zu Seite 542: Daß *Wahrheit* und *Wahrhaftigkeit* von ihren F o l g e n her geheiligte Werte sind, hat, merkwürdigerweise, L u t h e r (g e g e n seine sonstigen tiefen Übereinstimmungen mit Kant) gesehen und ausgesprochen: „Und mich dünkt, daß kein schädlicher Laster auf Erden sei denn Lügen und Untreu beweisen; welches alle Gemeinschaft der Menschen zertrennet. Denn Lügen und Untreue zertrennet erstlich die Herzen; wenn die Herzen getrennet sind, so gehen die Hände auch voneinander; wenn die Hände voneinander sind, was kann man da tun oder schaffen?" (Zitiert von Herder im 19. Humanitätsbrief.)

Zu Seite 543: Das Erregende am *Gewissensbegriff Heideggers* ist, daß er ihn gewinnt, nachdem er zuvor die logische Voraussetzung eines (bodenlosen) „Subjekts" in der Neukantischen Erkenntnistheorie (Subjekt gleich „Bewußtsein überhaupt") — vgl. oben den Text S. 539 — beseitigt hat durch seine fundamentalontologische Ent-deckung des „Daseins", dessen „Befindlichkeiten" allem Erkennen vorgegeben sind; e i n e dieser fundamentalen Befindlichkeiten des Daseins erfaßt H. in der Kategorie (oder wie er, genauer, sagt: im „Existential") des „M i t - s e i n s" — und bekommt so das ganze Feld der ursprünglichen Sozialität des Menschen voll in den Blick; in d i e s e m Felde und Horizont setzt er seine Auslegungen von logos, Rede und Sprache an. In dem allem folgt er in der Spur, in der James und Dewey, europäischer Philosophie damals um große Sprünge voraus, die Kritik des Neukantianismus, insonderheit des fiktiven Standorts der „Erkenntnistheorie" eröffnet und in allen wesentlichen Stücken selber schon vollendet hatten.

Die Heideggersche Entwendung des Gewissens aus der Sphäre der Sozialität, die diesen Ausgangspunkten ganz zu widersprechen scheint, hat ihren Grund in der Wiederholung der Kantischen Bemühung um einen transzendentalen Begriff der Freiheit. Es ist als ob der Glanz und die innnere Weite, die diese Bemühung „transzendentalen" Denkens der philosophischen Sprache und durch sie der Selbsterhellung des Menschen schenkt, nur bewirkt werden könne um den Preis einer Verkehrung des Grundes natürlicher Ordnung. Den springenden Punkt dieser Verkehrung hat, glaube ich, am schärfsten Santayana zu Gesicht gebracht, als er 1915 in einer Besprechung der Dewey'schen Kritik der deutschen Philosophie (German Philosophy and Politics) derselben die folgenden ergänzenden Bemerkungen hinzufügte:

"Professor Dewey skillfully avoids complicating his survey with any account of the transcendental theory of knowledge; yet after all, that is the foundation of everything in this philosophy, and until it is radically abandoned we shall hardly emerge from the moral quicksands to which it leads. Why is there in fact a clear difference between what is and what ought to be? . . . Why is the autonomy of conscience actually not romantic and anarchical? Why is there a limited authority in institutions? Why are compromise and partial cooperation practicable in society? Why is there sometimes a right to revolution? Why is there sometimes a duty of loyalty? Because the whole transcendental philosophy, if made ultimate, is false, and nothing but a selfish perspective hypostasized; because the will is absolute neither in the individual, nor in humanity; because nature is not a product of the mind, but on the contrary there is an external world, ages prior to any a priori idea of it, which the mind recognizes and feeds upon: because there is a steady human nature within us, which our moods and passions may wrong but cannot annul; because there is no absolute imperative, but only the operation of instincts and interests more or less subject to discipline and mutual adjustment; and finally because life is a compromise, an incipient loose harmony, between the passions of the soul and the forces of nature, forces which likewise generate and protect the souls of other creatures, endowing them with powers of expression and selfassertion comparable to our own and with aims not less sweet and worthy in their own eyes; so that the quick and honest mind cannot but practice courtesy in the universe, . . . exercising its will without vehemence or forced assurance, judging with serenity . . . and in everything discarding the word absolute as the most false and the most odious of words". (Journal of Philos. 1915, XII 645—649).

Santayana geht einen Schritt zu weit: nicht am Wort-haben-wollen, daß der Mensch im „Absoluten" beheimatet sei, hängt das Verhängnis einer Philosophie, sondern daran, daß sie den Einbruch des Absoluten in die reale Existenz in bestimmten Erfahrungen zu lokalisieren trachtet —: Kant: im „Guten Willen", wodurch er sowohl i h n wie seine Technik, den kateg. Imperativ (oder die kateg. Frage), verabsolutiert und verzerrt hat; — Heidegger: in der „Entschlossenheit", wodurch er sowohl s i e wie ihre τέχνη (das Gewissen) auf e i n e s ihrer Anliegen hin verabsolutiert und dadurch ihre Natur entstellt hat.

Zu Seite 544f.: *Clausewitz:* siehe vor allem zur Theorie des „Erfolgs" in seinem Hauptwerk: „Vom Kriege", 2. Buch, Kap. 5: „Kritik". Ferner im 1. Buch Kap. 3 die Theorie der „Entschlossenheit".

Zu Seite 544/45: *Die instrumentelle und consummatorische Phase des Handelns:*

Diese beiden grundlegenden Kategorien seiner Philosophie überhaupt hat Dewey hauptsächlich in der Theorie der Kunst entwikkelt: s. Experience and Nature ch. IX: Experience, Nature and Art. Sodann das Spätwerk: Art as Experience. Der Blick für diese beiden Phasen und ihre kategoriale Verwendung ist, ausgesprochen und unausgesprochen, in Max Webers Analysen menschlichen Handelns gleichfalls leitend. Alles Nähere hierüber an anderm Ort.

Zu Seite 546: *Rangkampf, Imponiergehaben:*

a) *für die Tierformen* s. Heinroth: „Aus dem Leben der Vögel"; und Lorenz: a. a. O.

b) *beim Menschen:* s. Max Weber (meist unter den Titeln: „Prestige", „Macht" in allen denkbaren Schattierungen je nach sozialen und geschichtlichen Situationen; auch John Dewey verfolgt diesen Phänomenkreis besonders wachsam — bis zum 'will to impose' in philosophischem Systembau und "quest for certainty". Von Webers Wertfreiheit gegen die Vorgänge ist freilich bei Dewey keine Rede. Sie sind für demokratischen Glauben und Willen besonders verdrießlich und so wird denn auf ihre äußere und innere Regulierung getrachtet.

* * *

Von den kurzen eingestreuten Kritiken Kants und Heideggers abgesehen, verbot Raummangel jede ausdrückliche oder gar genauere Auseinandersetzung mit den klassischen Theorien des Gewissens bei Kant, Hegel, Schopenhauer, Nietzsche, Siegmund Freud, Heidegger. Die (natürlich auch für die vorstehende Schrift) eminent wichtige „Genealogie der Moral" wurde von mir nur deshalb nirgends genannt, weil sie mir in Max Webers durchgängiger (positiver) Nietzsche-K r i t i k, die sich in der systematischen und historischen Religionssoziologie findet, vollständig absorbiert erscheint. Alles Nähere hierüber hoffentlich bald in einer Monographie über „Weltbild und Philosophie Max Webers" (S. Hirzel-Verlag).

Über alles Vorstehende fort stimmt nachdenklich, was H e r d e r (Christl. Schriften V, 1798, ed. Suphan 20, 160 f.) schreibt:

„Gewissen, ein mißbrauchter, von vielen sogar verachteter *Name* und dennoch der einzige wahre Tempel einer Menschenreligion; denn dem Gewissenlosen bleibt nichts übrig als leere Andacht, Meinungen und Gebräuche. Der Leichtsinnige achtet nicht darauf; der Freche verspottet es; beide wollen erst unter der Geißel der Furien, daß es ein Gewissen gebe, erkennen lernen. Und doch gibt's ein solches, dem Menschen in seiner Sphäre so sicher und angemessen als dem Tier in der seinigen sein Zug, sein Instinkt. Es weckt die Vernunft auf; es spornt und warnt. Gesellend sich zu jedem Trieb, zeigt es jeder Pflicht ihren Weg und ruft: „nicht weiter". . . . das treue unbefangene Gemüt genießt sein als eines sanften aber genauen Führers, indem es sich an seinen leisesten Wink gewöhnt". Solches Gemüt hat Halt und Religion im „Gewissen" als an zwei Polen: an der „Gottesordnung in der Natur"; an einer „väterlich-moralischen Nomokratie im Menschengeschlecht".

*(Professor Dr. Eduard Baumgarten, Ebnet über Freiburg/Breisgau.)*

# Über das emotionale Partizipieren.

(Ein Beitrag zu dem Problem des Menschen in seiner Umwelt.)

Von

RUDOLF BILZ.

Einige Beispiele emotionalen Partizipierens sollen hier dargestellt werden. Wir leugnen nicht, daß der Mensch auch ein Geistwesen ist und daß eben der Geist uns gleichfalls verbindet, daß es auch eine geistige Teilhabe gibt. Aber auch dann, wenn die Idee das tertium ist, das uns durchwaltet, schwingt dabei das Gefühl. Hier soll nur vom Emotionalen die Rede sein, und zwar einem primordialen autochthonen Fühlen, das gleichsam Struktur hat, indem es uns in bestimmter Weise innerhalb gewisser Zuordnungen zusammenbindet, oder, ein anderes Gleichnis zu gebrauchen, in Rollen und Gegenrollen uns szenisch-funktional zu einer Gemeinschaft zwingt. Wenn wir die Szene als die Einheit des Lebens sehen, so sind die Subjekte nur Partizipanten. Entscheidend wichtig erscheint uns dabei, daß jedes Subjekt seine Rolle *erlebt*, und eben die emotionale Subjektivität wollen wir akzentuieren. Man kann die Zusammenhänge, und es handelt sich in der Tat um Kohärenzen, also Zusammenhängendes, Verbundenes, ineinander Verstricktes, unter dem Gesichtspunkt des Emotionalen sehen. Da wird, denken wir an bipersonale Akte, auf beiden Seiten erlebt. Zugleich aber ist es doch eins, ein Prozeß, wieviel auch Rollen und entsprechende Masken (= personae) im Spiele sein mögen. Es ist ein Spiel, ein und dasselbe Spiel, ein und dieselbe Szene, die jeweils von beiden oder vielen Subjekten gespielt wird.

Nur die Schicht des Vitalen, also menschliche Biologie oder Psychosomatologie, eine Affektlehre, beschäftigt uns hier. Späteren Ausführungen müßte es überlassen bleiben, den dazugehörigen geistigen Oberbau darzustellen, zu zeigen, wie auch der Geist dabei integriert. Wir gebrauchen das Gleichnis der Schicht, wissend, daß es sich nur um eine Metapher handelt, denn eben die Phänomene des Seelisch-Emotionalen oder des Geistes ermangeln meßbarer Ausgedehntheit im Gegensatz zur Substanz, wo es ein Oben und Unten gibt. Im seelischen Erleben geschieht oder vollzieht sich Leben. So wollen wir also Verhalten beschreiben, dabei aber zugleich jeweils die Erlebnisseite, das Emotionale, bei den Akten der Partizipation in das Blickfeld rücken. Im besonderen sollen uns mensch-menschliche Beziehungen interessieren, die von lebhaften Emotionen getragen oder gesteuert sind, so daß wir den Begriff der Umwelt hier sehr eng fassen würden, denn auch Luft und Wasser sind Umwelt. Über die Partizipation mit dem Wasser sollen nur ganz am Schluß ein paar Worte fallen. Die vorliegende Arbeit stellt streng genommen eine Erörterung über das Interesse des Menschen dar, richtiger wohl, seine Interessen, denn was sollte Interesse anderes als emotionale Teilhabe sein? Daß wir uns damit, daß wir das Emotionale akzentuieren, im Bereich nicht nur der Partnerzusammenhänge, sondern zugleich der psychosomatischen Kofunktionen bewegen, sagten wir oben bereits.

Das Problem, von dem wir ausgehen müssen, ist wohl darin zu sehen, daß jeder von uns gattunglich festgelegt ist, das gilt für den Menschen sowohl wie für das Tier oder die Pflanze. Jedes ist Fleisch von anderer Fleisch, unser Nervensystem ist dem anderer gleich, unser endokrines System und ebenso unser Erleben, was in Bausch und Bogen sicherlich zutrifft, wobei jedoch eben jedes Erlebnis nur etwas Einmaliges ist oder sein kann, irreversibel, nie wider dasselbe, schon darum nicht wiederholbar in der genau gleichen Weise, weil ich selber nicht mehr, in der Sprache *Heraklits*, der nämliche Fluß bin, wenn ich wieder in ähnliche Partnerkonstellationen gerate. Von dem Moment der subjektiv-emotionalen Einmaligkeit also sehen wir ab, wenn wir geflissentlich das Verbindende, das Gattungliche, in den Vordergrund rücken. Daß wir aber selbst als Gattungswesen einander nicht doublettenhaft gleich sind, weil es z. B. eine vitale Rangordnung gibt, werden wir später hören. Man stelle sich eine Welt vor, die das Gattungliche nicht kennt, die so geordnet oder treffender wohl so in Unordnung ist, daß die Subjekte nicht von den nämlichen Bedürfnissen erfüllt sind, daß keines dem anderen ähnlich ist, was seinen Bau und seine Funktionen betrifft, seine Nervenerregungen oder Exekutiven, eine Welt ganz ohne Kalkül und Plan. Indessen: Mit dem gleichen Repertoire wird jeder von uns, zutreffend muß man schon sagen, auf die Bühne getragen, womit wir also nicht behaupten, daß wir mit der Geburt schon über alle Rollen verfügten, die der Lokomotion z. B. fehlt uns noch auf längere Zeit, weil sie gelernt werden muß und erst eine bestimmte körperliche Verfassung voraussetzt, die uns zunächst versagt ist. Eine ganze Reihe unserer Vitalrollen prägt sich erst im Laufe unserer Zeitgestalt aus der Latenz unseres Leibes, unserer Raumgestalt aus, wenngleich wir, bei dem Gleichnis des Welttheaters zu bleiben, von Anfang an das Textbuch besitzen, eine Wirklichkeit in potentia. Wenn das Kind auf die Welt kommt, so vollzieht es zunächst einen Positionswechsel bezüglich der Mutter, abgesehen davon, daß es jetzt mittels der eigenen Lungen atmet und mit dem eigenen Munde Nahrung aufnimmt, denn vor der Geburt war es innen, einem Parasiten vergleichbar, dessen Organismus teilhatte an dem der Frau, während es nun sich, denken wir an den homo primigenius, außen an dieser Partnerin aufhält, partizipierend an der Wärme ihres Leibes in ihrem Pelzkleid. Wärmpartner bleibt ihm die Mutter zunächst. Der große Ofen heizt auch das Zimmerchen mit, wenn dessen eigenes Feuer nicht ausreicht. Was dabei das Kind erlebt, wissen wir nicht, aber es wird ähnlich dem sein, was uns emotional zuteil wird, wenn uns etwa in kalter Umwelt das Bett wärmt, ein wohliges Empfinden der Geborgenheit, im Gegensatz zu einer kalten Geworfenheit. Wie Mutter und Kind in einem andern Bezug auch teilhaben aneinander, über Paßformen einander verbunden und gestimmt aufeinander, zeigt das frappierende Beispiel, daß der Frau Milchdrüsen gegeben sind, während das Neugeborene eben der Milchnahrung bedarf, und daß die Drüsen, wenn man so sagen darf, „losgehen“ können, daß die Milch aus ihnen im Strahl hervorspritzt, wenn die Frau kurz vor dem Anlegen nur intensiv an den Säugling denkt. A. *Peiper* [13] hat uns gezeigt, wie die Saugrolle dem Atemzentrum des Kindes ihren Rhythmus aufzwingt, ein Vorgang, der nicht auf Einübung beruht, denn er läßt sich schon bei der ersten Nahrungsaufnahme erweisen. Zugleich muß dabei das Schluckzentrum mit seinem Schluckvorgang im Kalkül sein, denn die Schluckbewegung erfolgt in der kurzen Pause jeweils vor einem Ein- oder Ausatmen, wodurch die lebensgefährliche Aspiration der Nahrung in die Luftwege vermieden wird. Bei jedem Schluckakt ist das Kind sozusagen in Lebensgefahr und was im Volksmund sein beständiger Schutzengel heißt, das nennen wir u. a. Koordination oder Zusammenspiel seiner Funktionszentren unter sich und mit denen der ernährenden Mutter. Man könnte mit *Peiper* wohl sagen, daß die subjektive Umwelt des jungen Säuglings im wesentlichen in seiner Mutter gegeben ist, abgesehen von der Atemluft, die er sich selber beschaffen muß, denn zunächst schmeckt und fühlt er nur die mütterliche Partizipantin, mit der er gleichsam zu einem Wesen verschmolzen ist.

Wenn unsere Neugeborenen auch nicht in einem warmen Pelzkleid ihrer Mütter getragen werden, so zeigen sie noch die Voraussetzungen für diese Rolle, und zwar mittels ihrer *Robinson*schen Festhaltehand und in der überraschenden Fähigkeit des Umklammerungsreflexes, der nach Ernst *Moro* [12] benannt ist. Wie auch die Mutter an ihrem Kind hängt, zeigt uns der Fall, wie Mütter klagen, wenn sie ihre Kinder „verlieren“, oder wie Tiermütter heroisch kämpfen, wenn sich ihnen ein Kindsräuber nähert. Schon der Angstschrei eines versteckten Kükens ist das Stichwort zu einer Rolle des Angriffs, selbst wenn es sich um eine Leerfunktion handelt, eine Art Zornestanz, der in der Nähe des Kükens aufgeführt wird, das man etwa hinter einem Planken an einem Fuße fixiert hat [20]. Auf diesen Auslöser hin werden „Erbkoordinationen“ [10] mobilisiert, reflektorisch brechen sie unter dem Ausdruck starken emotionalen Erlebens aus der Glucke hervor. Die Begriffe Stichwort und Auslöser gebrauchen wir gleichsinnig hier. Ich habe Menschenmütter gesehen, die ihren Säugling zu Hause im Bettchen wußten, ungefährdet und wohlgeborgen, aber sofort in eine Erregung gerieten und ihre Schritte unwillkürlich beschleunigen mußten, „es“ beschleunigte sie, wenn irgendwo auf der Straße oder aus einem Haus das Schreien eines Säuglings erschallte. „Kind in Gefahr!“, ein emotionaler Stoß erfüllte die Frau, obwohl sie genau wußte, daß das gar nicht ihr eigenes war und daß im Gegenteil ihr Kind wohlbehütet zu Hause in seinem Bettchen lag. Das Stichwort führte in die entsprechende Rolle, ob die Frau wollte oder nicht. Das nennen wir emotionales Partizipieren in einer Rolle.

Außer dem Saugreflex begegnet uns bei den Kindern, und zwar beobachteten wir bei meinem Töchterchen die erste Auslösung im Alter von drei Monaten etwa, ein Atzmechanismus, der gleichfalls bereitliegt in der Latenz. Dieser Reflex erschien, als meine Frau ihren Mund auf den des Kindes sanft preßte. Es zeigte sich dabei, wie die Zunge des Kindes sich vorbewegte zwischen die Lippen der Mutter und gleichsam beladen sich wieder in den eigenen Mundraum zurückzog, wenn meine Frau auf ihrer Zunge gekauten Zwieback bereit hielt, den das Kind nahm. So ergab sich eine Art Zungenkuß zwischen den Partizipanten. Denselben Mechanismus angeborener Art, wir nannten ihn den Atzpartner-Reflex des Säuglings, zeigt auch das Orangkind, und es ist bekannt, daß die Orangmütter ihre Säuglinge schon frühzeitig auch mit vorgekauten Speisen per osculum atzen. Wir gehen nicht darauf ein, daß es bei sog. Naturvölkern auch Sitte ist, das Kind nicht nur zu säugen, sondern in einem küssenden Gehaben mit vorgekauter Nahrung zu füttern. In den Jahren des Flüchtlingselends bei uns war es wohl keine Seltenheit, daß auch eine europäische zivilisierte Mutter ihr Kind in Ermangelung eines Löffelchens unmittelbar von Mund zu Mund atzte. Was da die Ernährerin mit ihrer Zunge bereits geschmeckt hat und mit ihren Zähnen breiartig zerkleinerte und mit ihrem Speichel andaute, das kam nun, so vorbereitet, dem Kinde zugut. Das waren nicht „Dienstvorschriften für Flüchtlingsfrauen", die etwa auf den Landstraßen an Plakaten zu lesen waren, sondern Instinkte. Eine Form der Teilhabe manifestierte sich, die im allgemeinen in unseren Breiten unbekannt war. Rolle und bereitliegende Gegenrolle, ein bipersonaler Prozeß, ereignete sich, wobei außerdem, das versteht sich von selbst, das Kindchen sorglich in den Armen der Mutter gehalten, umarmt wird. Umarmen, d. h. ein bergend-behütendes Festhalten des Partizipanten, und diese Art oraler Begegnung gehören zusammen wie ein Gespann. Es ist das Koordinations-Ensemble zärtlichen Partizipierens. Daß das Vogelküken ein Atzling ist, aber das Orangkind und unsere eigenen Kleinen Atzlinge und Säuglinge zugleich, sei hervorgehoben.

Das sog. Sperren des Vogelkükens und der entsprechende Gegenreflex auf seiten der Eltern, wobei das sperrende Maul des Nestlings zum Auslöser wird, ergeben dieselbe Entsprechung wie der Atzpartner-Reflex des Kindes und die nutritive Kußzärtlichkeit und Umarmungsseligkeit einer Mutter. Wie bei den Vögeln das Hervorwürgen einer Nahrung reflektorisch erfolgt, schildert uns *Schüz* [17], der eine Storchenmutter beobachten konnte, die dem Nest ihrer Kinder in einer gewissen Entfernung gegenübersaß und „mit dem Brechreiz kämpfen" mußte, während die Kleinen durch Betteln ihr ständig Stichworte gaben. Wiederholt konnte *Schüz* sehen, wie der Altvogel die Atzung zurückschlucken mußte, bis eines Tages eine große Quappe nicht gehalten werden konnte, wobei also, wenn man so sagen dürfte, eine nutritio praecox erfolgte: Es prolabierte der Akt der Ausschüttung, ohne daß es zu einer Verzahnung real-physischer Art gekommen war. — Wie auch beim Menschen, sei es Vater oder Mutter oder sonst ein Erwachsener, das Stichwort unwillkürlich befolgt werden muß, so daß er die Kußrolle kreiert, zeigt mir ein Photo, das sozusagen das Gegenstück zu der Aufnahme von *Schüz* ist, die drei bettelnde Jungstörche zeigt und den Altvogel, der sein Nahrungserbrechen mühsam hintanhält. Es gelang, einen Vater unbemerkt zu photographieren, der als Soldat zu Hause auf Urlaub war und seinem Töchterchen das Milchfläschchen gab, dabei den Säugling im Arm haltend. Das Bild zeigt die Zärtlichkeitsmimik des Mannes, und das bedeutet, daß er die gewisse Kußschnute unbewußt zeigt, die man fast regelmäßig an Müttern oder Pflegerinnen beobachten kann, wenn sie dem Atzling mit einem Löffelchen Breikost zufüttern. Unbewußt und unwillkürlich formt sich ihnen, gelegentlich zum Gelächter der Anwesenden, das Kußgesicht bei dieser brachialen Betätigung, wenn sie mit großer Sorgfalt und Zartheit vollzogen wird. Wir sind in unserer Veröffentlichung „Pars pro toto" [2] soweit gegangen, der Mimik des Schnäuzchens die Bedeutung einer sog. identischen Exekutive zuzuerkennen, was also besagen würde: Der Kußmund zeigt sich bei jedermann, wenn das Subjekt mit besonderer Behutsamkeit etwas verrichtet, etwa eine Bastelei anfertigend oder auch nur sehr behutsam denkend, denn auch Denken ist Tun. Es erscheint also die nämliche Exekutive, die sich bezeugen würde, wenn dieser Mensch in der Atzpartner-Rolle des Erwachsenen wäre. Die Gestimmtheit einer Behutsamkeit oder besonderen Sorgfalt bringt dieses seltsame Kußmaul hervor, wobei übrigens, pars pro toto, auch ein anderes Äquivalent dieser urszenischen bipersonalen Rolle sich manifestieren kann, indem die Zunge ihr Haus verläßt und zwischen den Lippen erscheint. Wir waren der Meinung, daß es mancherlei Mimik des Denkens gibt, etwa auch ein gewalttätiges zornig-dialogisches Denken, das, mit Charles *Bell* zu reden, die Brutalität des Tieres zum Ausdruck bringt, indem der nämliche m. corrugator gerunzelt wird, der nicht nur „Denkmuskel" ist, sondern Trotz- und Zornesmuskel zugleich, so wie auch die Bewältigung einer „schweren" Denkaufgabe die identische Exekutive „schweren" Schaffens, etwa des Fortwälzens eines Steines, sein kann. Das wäre eine andere Notfall-Rolle im Sinne *Cannons*, die den Corrugator sich ausprägen läßt. So sprachen wir von den Urszenen des Denkens und hoben auch ein sorgsam-behutsames, gleichsam zärtliches Denken mit seiner Schnäuzchen-Zungenmotorik hervor. Emotionales, das ist auch heute noch unsere Meinung, hat immer zugleich eine motorische Seite, und die ist es, die emotional erlebt wird. E motione datiert das Erleben, das man Gefühl nennt. Dabei wollen wir selbstverständlich nicht die Atembewegungen ignorieren, die Tensionen unserer Blutgefäße und unsere Eingeweidemotilität und was alles je nach der Rolle zu dem Funktionsensemble gehört. K. *Lorenz* [10] sprach von den „Erbkoordinationen", die sich bei der Handlung manifestieren und bei *Bechterew* war von „erborganischen Reflexen" die Rede. Das alles also hat e motione seine Gefühlsinnenseite.

Es kann nicht unsere Aufgabe sein, die Geschichte der Theorien hier darzustellen, die sich auf das Emotionale beziehen. „Vom Stand der Psychologie des Gefühls und von ihrem bleibenden Ertrag" handelt eine grundlegende Veröffentlichung *Krudewigs*, auf die wir verweisen. Vor einem Mißverständnis wollten wir warnen, wenn es oben hieß, daß das Emotionale e motione datiert, denn Emotionales ist mehr. Das Erleben meiner selbst, meines Leibes in den „Rückmeldungen" (M. *Scheler*) ist nur *ein* Aspekt, zu betonen ist ein, ein anderer ist der der *Bedeutung*. Da erlebe ich gleichfalls mich selbst, aber nicht mich mit meinen Exekutiven, sondern mich als Interpreten. Nicht nur propriozeptive Reize, die Selbstwahrnehmung meiner Bewegungen oder Atmung, sondern auch Seelisch-Geistiges konfluiert im Gefühl. Wenn ich in eine Situation gerate, so erfolgt über meine Wahrnehmung Deutung und also eine gewisse Wertung, und das ist jeweils ein Akt, der Gefühle erzeugt, so wie er seinerseits aus einem schon bestehenden Emotionalen auch vorspringt, was uns folgendes Beispiel verdeutlichen soll: Ich gehe in der Dämmerung über ein Feld hin, das mir wohlbekannt ist und von dem ich weiß, daß dort am Rain eine Kopfweide steht. Auch wenn ich aus der Ferne die Umrisse nur undeutlich gewahre, so bedeutet mir dieser Eindruck nichts Ungewöhnliches oder gar Schlimmes, daß ich stutzen müßte, im Gegenteil, ich beachte diese Erscheinung kaum. Nur am Rande des psychologischen Blickfeldes, so lautet eine bekannte Metapher, nehme ich diesen Baum wahr. Das Erlebnis erregt mich in keiner Weise, weil mich eine Bekanntheitsqualität mit dem undeutlichen Ding verbindet. Ich weiß, daß es ein Baumstamm ist, der dort aufragt ohne mich aufzuregen, und dieses Bewußtsein bewahrt mich vor Illusionen. Die Bekanntheit, das ist auch eine Partizipation: Über eine Erinnerung habe ich teil an dem Stumpf und damit ist Angstvorstellungen Tür und Tor verriegelt, auch wenn eine leise Gestimmtheit der Angst im Spiele sein sollte. Es wäre zu unwahrscheinlich, daß ein Feind dort stünde, der, um mir aufzulauern, vorerst den Baum umlegte. Baum bleibt Baum, das ist der Satz der Identität, und er wird dominieren, selbst wenn bange Gefühle einer Befürchtung sich noch verstärken. So partizipiere ich mit dem Ding in dem Bedeutungsbewußtsein Baum, und das ist eine *emotionale* Teilhabe auch, denn sie gibt mir das Gefühl einer Sicherheit und Beruhigung. Wir brauchen nicht an *Goethes* „Erlkönig" zu erinnern, zu ahnen, was alles auch dieser Baumstumpf außerdem werden kann, wenn die Illusion des Subjekts ihn zu einem unheimlichen Wesen prägt. Selbstverständlich ist auch die Illusion Teilhabe, denn alsdann partizipiere ich mit dem Ding über meine Gefühle der Angst, wenn ich etwa als Fremder über die nämliche Wiese gehe. Meine Vorstellung ist es, die meiner Angst entsprechende *Deutung*, die dem Baumstamm zuteil wird und ihn verformt, daß er am Ende vielleicht zu hantieren beginnt oder zu tanzen. Über meine Erregung partizipiere ich an dem Ding. Der Akt der Prägung, das sei ausdrücklich bemerkt, ist bei jeder Wahrnehmung im Spiel, jedesmal werfe ich auch etwas von mir in die Schale. Bei dem Gleichnis der Waage zu bleiben: Ist das Exogene unscharf, dann habe ich meinerseits sehr viel Subjektives hineinzuwerfen, daraus resultieren die Illusionen, dann neigt sich die Waageschale so sehr zu meinen Gunsten, daß das, was vor mir steht, allzu augenscheinlich Fleisch wird von meinem Fleisch, meinem „erregten Fleisch" mit dem Chemismus einer Gestimmtheit, die seelische Stimmung oder Gestimmtheit im Sinne *Bollnows* [3] gleichzeitig ist. Bilder meiner Vorstellungswelt, meiner Phantasie sind es, die in dieser Verfassung nach außen gewirbelt werden und meinem inneren Zustand entsprechen, so daß Außen und Innen gleichsam dasselbe sind. Diesem Problem einer Übereinstimmung werden wir uns ganz zum Schluß noch zuwenden müssen, wenn vom Tonus die Rede ist. Meine innere Verfassung wird diesem Objekt gleichsam angedichtet, indem meine Angst dort ihr erregendes Korrelat hat. Meine Angst entfaltet sich, indem das Bedrohliche aus mir hinausprojiziert wird, mir von außen her, rückgewendet entgegenstehend. Das ist an sich ein erstaunlicher Mechanismus, daß Inneres nach außen geschleudert wird, dort sich festsetzt an einem Punkt und von dort aus wirkt gegen das Subjekt, dessen Gestimmtheit erhöhend, indem es als Kontrahent wirkt, ohne logisch betrachtet wirklich ein Partizipant zu sein. Es findet ein Kreisprozeß statt, bei dem der undeutlich gesehene Baumstamm zum Stützpunkt oder zum Fixpunkt außerhalb wird, von wo aus Wirkung auf mich zurückläuft in einem Gefälle. Über den festen Punkt rollt der Prozeß zu mir zurück, nachdem er die Illusion und gleichermaßen nachdem ihn die Illusion stabilisiert hat. Gleichviel, was nun geschieht, ob ich klopfenden Herzens dem vermeintlichen Partner entgegengehe oder mich ihm durch scheues Beiseitedrücken entziehe, es bleibt physikalisch-objektiv die Kopfweide. Ich interpretiere den Stamm, und wie ich ihn deute, das wird dann mein Schicksal.

In jedem Fall, auch bei dem hellsten Sonnenschein und bei klarster Sicht, werfe ich Eigenes in die Schale, immer ist ein Bedeutungserleben im Spiel, denn es ist am Ende „meine" Wahrnehmung, die mir adäquat ist. Immer, wenn man diese Überspitzung gebrauchen darf, fälsche oder verfälsche ich, immer ist es auch mein eigenes Fleisch und Blut und nicht nur das fremde Ding, das es vor dem Akt der Wahrnehmung war. Ein anderes Gleichnis zu gebrauchen: Das Fremde ist in jedem Falle dem Faden vergleichbar, der in eine Mutterlauge gehängt wird, und nun setzen sich an ihm die Kristalle an, in dieser Lauge die, in der anderen andere, und auch das Wieviel wird von Fall zu Fall nicht das nämliche sein. Um das Fremde kristallisiert mein Wesen, ich selbst partizipiere mit meinem Innenleben an diesem äußeren Ding. Wieder eine andere emotionale Teilhabe in der Wahrnehmung wird sich ergeben, wenn ich in dieser fremden Gegend über den Acker gehe und weiß, daß meine Frau mich erwartet, die mir beim Abschied sagte, sie käme mir auf halbem Wege entgegen. Dann werde ich freudig klopfenden Herzens auf diesen Baumstamm zugehen. Mein Bedeutungserleben wird dann wieder ein anderes sein als in den anderen Fällen und es wird wiederum gelten, daß mein Inneres in das fremde Ding eingeht, wenn ich seiner ansichtig werde. Selbstverständlich muß man eine strenge Unterscheidung zwischen Illusion und physiologisch gesunder Wahrnehmung treffen, aber der Grundvorgang ist derselbe und nur die Frage des Wieviel entscheidet, und manchmal sogar wird es Glückssache sein, ob ich „das Richtige" treffe. Was wir da von der menschlichen Wahrnehmung sagten, nimmt J. v. *Uexküll* in seiner „Bedeutungslehre" [19] auch vom Erleben der Tiere an, die die Situation gemäß ihrer Gattung und ihrer jeweiligen Verfassung oder Gestimmtheit „deuten" und prägen. Das ist emotionale Partizipation und das Subjekt wird jeweils zu einem „Bedeutungsverwerter", das Fremde dagegen ist der „Bedeutungsträger", die Fahnenstange, die ich mit meiner Bedeutung drapiere: Sie trägt meine „Bedeutung", und die Umwelt des Tieres ist seine Bedeutungswelt, eine emotionale Welt der Partizipationen.

Wir gehen kurz darauf ein, wie bei einer Reihe von Tieren im Ritual der geschlechtlichen Paarung, die wieder ein Akt der Teilhabe ist, und zwar somatischer sowohl wie emotionaler Partizipation, Infantilismen aus der Latenz des Leibes vorbrechen können. Da stehen wir abermals vor dem Problem der identischen Exekutive: Gewisse Vögel, die als Küken sperrten und so ihren Eltern Stichworte geben, „sperren" sonderbarerweise auch in der Brunst. Da manifestieren sich Infantilismen als identische Exekutiven. Die Vertreter des Katzengeschlechts pflegen in der Verliebtheit mit den Oberköpfen spielerisch-zärtlich gegeneinanderzuklopfen. Durch diese Art Anstoßen bekunden sie ihre Geneigtheit. Jedermann hat schon erlebt, wie die Hauskatze mit dem Kopf zärtlich gegen den Partner stieß, den sie gut leiden mag, und wenn es das Stuhlbein des Hockers war, auf dem der Geliebte sitzt. Selbst Löwen und Tiger bekunden ihre zärtliche Stimmung durch „Köpfchengeben". *Antonius* [1] sah in diesen „Symbolhandlungen" Äquivalente des Saugakts, nämlich das Kopfstoßen oder Klopfen der Katzensäuglinge gegen den Bauch der Mutter, wenn die Kinder beim Saugen sind, während sie zugleich mit den Vordertätzchen die Drüsen massieren. Bei *Antonius* lesen wir, wie ein kastrierter Siamkater, der eine besondere Zuneigung zu der Tochter des Forschers zeigte, einmal dabei auch in seiner zärtlichen Stimmung an den Spitzen ihrer Halsbekleidung zu saugen begann, diese Gebilde wie Zietzen oder Schnuller behandelnd, ganz zärtliches hingegebenes Kind. R. und R. *Menzel* (zit n. [15]) berichten, daß der sog. Milchtritt der Hundewelpen noch lange Zeit in etwas modifizierter Form als Ausdrucksbewegung der Geneigtheit bekundet wird, und zwar im „Bepföteln" des Partners, an dem die emotionale Partizipation besteht. Rudolf *Schenkel* schreibt in seiner Publikation über „Ausdrucksstudien an Wölfen" [15], daß auch diese Caniden im Bepföteln freundschaftliche Gestimmtheit bekunden, außerdem aber hebt er als Infantilismus folgende Zuordnung heraus: Wenn sich Tiere zugetan sind, dann stellt sich der eine quer über den liegenden andern, und zwar über den Vorderkörper des Partizipanten, der daraufhin nach Art einer Welpenmutter das Genitale des stehenden Tieres beleckt. Zärtlichkeit ist also nicht an das „Gespann", wie es oben S. 554 hieß, das Gespann von bergend-behütendem Umfassen und nutritivem oralem Gehaben gebunden. Das leuchtet ein, denn bei den Wölfen umfaßt die Mutter das Kleine nicht und sie füttert ihm auch nicht nach Orangart per osculum Nahrung zu. Es wäre absurd, wollte man von den Wölfen dieses „Gespann" der Zärtlichkeits-Koordinationen erwarten, sondern ein anderes Funktions-Ensemble zärtlicher Partizipation muß hier sich manifestieren, auch eine Schnauzenzärtlichkeit und zugleich Zärtlichkeit der Zungenmotilität, aber das Objekt ist nicht oder nicht ausschließlich das Mäulchen des Welpen. Jeder, der eine Hundemutter beobachtet hat, weiß wie bedeutsam anscheinend das Belecken des Kindes ist. Auch dieser Akt erfolgt sichtlich unter dem Ausdruck der Zartheit, um nicht zu sagen der Zärtlichkeit.

Es korrespondieren, was im besonderen auch von Atzpartner-Szenen balzender Vögel gilt, je eine kindliche und eine Elter-Rolle, die beide auf Stichworte hin und im Verein mit einer starken endokrinen und zugleich emotionalen Gestimmtheit vorbrechen. Man könnte sagen, sie prolabieren, denn an sich ist die Paarung noch gar nicht erfolgt, und es ist eine Kinderstube noch überhaupt nicht vorhanden, wo dieses Subjekt nutritive Rollen zu spielen oder kindliche Genitalien zu belecken hätte. Ein funktionaler Prolapsus liegt auch auf der anderen Seite vor, denn an sich ist die Kindsrolle ausgespielt, wenn man so reif ist, daß man vor seiner Paarung steht. Hier könnte, der Terminus des Vorfalls, der Vorwegnahme zu vermeiden, von einem Regressus die Rede sein, einem Rückfall ins Infantile. So spielen sie in der Brunst oder Balz Zeitwidriges, anachronistische und kindliche Rollen, eine Art Mummenschanz ihrer Gestimmtheit. Das generative Interesse, so könnte man vielleicht sagen, bekundet sich in dem Spiel, wo die eine Rolle antizipierend zu früh, die andre als infantiles Relikt erscheint. Das muß bei den Möwen z. B. der geschlechtlichen Paarung vorausgehen, wobei bald der eine Partizipant die Rolle des Altvogels spielt, während der andere sich wie ein bettelndes erregtes Küken benimmt, bald der andere die Elterrolle durchexerziert, wenn sein Partner zu sperren beginnt und ihm den Auslöser also vorführt. Sie reizen sich in dem Spiel zum Geschlechtsakt. Das also sind „identische Exekutiven", ein Begriff, den wir in „Pars pro toto" [2] erstmals gebrauchten. Wir verweisen auf die ausgezeichnete Darstellung Rudolf *Schenkels*, der im Liebesgehaben der Wölfe auch ein Pendant zu dem Köpfchengeben der Katzen darstellt, nämlich das „Schnauzenstoßen" der Wölfe als Ausdruck der Zärtlichkeit. Sie puffen mit den Mäulern gegeneinander wie saugende Welpen. Noch unmittelbar vor dem Aufreiten des Rüden kann es geschehen, daß er mit seiner Schnauze zärtlich gegen den Rücken des Weibchens stößt, damit die letzte Intention markierend; denn alle Zärtlichkeit besteht nicht isoliert, sondern drängt hin zum Letzten, nämlich zur Zeugung, wo dann wirklich nach der Geburt der neuen Generation mit dem Schnäuzchen gegen die Drüse der Mutter gestoßen wird, während die Vorderläufe den „Milchtritt" zeigen. Alle diese Brunstkoordinationen, in denen wir identische Exekutiven sehen, die dem Zärtlichkeits-Katalog der Brutpflege und des Säuglings- oder Atzlingsgehaben entnommen sind, laufen zu einem Ziel. Sie haben ein Gefälle zu einem natürlichen Ende, womit wir selbstverständlich nicht sagen wollen, daß das Tier selbst um das Ende wüßte und bewußt zweckmäßig das zärtliche Spiel aufführte, um etwa den Partner oder die Partnerin zu verführen. Vom Sinn sprechen wir nur als außenstehende Betrachter der emotionalen Partizipationen. Sinn und Zweck, das ist lediglich unsere Auslegung. Das unterlegen wir diesen Akten, die wie auf den Zuschauertribünen dieses Szenariums sitzen. Wir interpretieren das Leben, so wie man fremdsprachliche Texte in das eigene Idiom übersetzt. Es ist selbstverständlich eine naturphilosophische Deutung, wollte man sagen, daß in der Balz- und Brunstzärtlichkeit schon die ungezeugten und ungeborenen Kinder im Spiel sind, indem „Kinderstube gespielt wird". Grundsätzlich genügt es, wenn man Partizipantengehaben als Verhalten beschreibt, tatsächlich nur den Katalog der Bewegungen und Koordinationen sorgfältig darzulegen, wozu der kinematographische Film als das beste Mittel erscheint. Alles andere ist nur unser Zwischentext, denn streng genommen können wir auch über das Gefühlserleben des Tieres nichts sagen. Das alles ist lediglich Zuschauer-Diskussion.

Wir stellen nun nicht in extenso dar, wie in der Paarung selbst, d. h. im Geschlechtsakt, sich emotionale, funktionale und morphologische Verzahnung manifestiert. Beim Menschen, und das ist der Vorteil, den etwa die Nervenärzte gegenüber den Tierpsychologen haben, sind allerdings Aussagen über Gefühle möglich. Da muß und wird man von den Erbkoordinationen eines Geschlechtsaktes sprechen, wie da zwei Menschen anatomisch und physiologisch und zugleich aber auch emotional partizipieren in einem Vollzug, als ob sie lediglich Vehikel dieses natürlichen Aktes wären, ein System sich drehender Zahnräder etwa, um einen Vergleich zu gebrauchen, der physikalistisch-mechanistisch und darum schief ist, weil eben das Emotionale dabei nicht erfaßt wird, denn Maschinen sind nicht von Gefühlen erfüllt. Eben auf die emotionale Seite kommt es sehr wohl an. Wohl billigen wir auch dem Mechanischen eine große Bedeutung zu, ganz ohne Frage, aber der Mechanismus der „Erbkoordinationen" ist sofort in Frage gestellt, wenn etwa das Subjekt von Gefühlen der Angst erfüllt ist. Nur im Rahmen seiner, ich betone *seiner*, Emotionalität läuft der Mechanismus ordnungsgemäß zu Ende. Konträre Gefühle bringen den biologischen Akt zur Entgleisung, denken wir etwa an das weitverbreitete Krankheitsbild der Frigidität oder der Störungen männlicher Kohabitationsmechanismen. Selbstverständlich wird es allein die konträre Emotionalität nicht sein, sondern wir würden sagen: Auch die Angst ist nicht nur Gefühl, sondern hat wie jedes Gefühl Gefälle und ist an eine Motorik gebunden. Timor est fuga, das lehrte schon *Augustinus*. Wem wie Davonlaufen zumute ist, der kann nicht zugleich auch coire. Das reimt sich nicht. Dabei wäre zu sagen, daß die Angst auch über andere Erbkoordinationen verfügt, denn es gibt mancherlei Rollen der Angst. Jedes Gefühl ist nur jeweils erlebte Innenseite weiterer Grundtatsachen, die etwa endokriner Natur sind, ihr nervliches Substrat in jedem Fall haben, kurz gesagt, eine Rolle sind. Die Intention einer Flucht wird sich bei heftiger Angst bekunden oder es kann ein Hilferufen erfolgen. Wir führen das an, um zu zeigen, daß es sich bei der „emotionalen Teilhabe aneinander" um komplizierte Erscheinungen handelt, die wir bewußt simplifizieren, indem wir hier im wesentlichen nur ihre Gefühlsseite in den Vordergrund rücken. Es muß nicht die Angst sein, die einer Frau etwa die geschlechtliche Paarung verleidet. Häufig ist es der Ekel, also das genaue Gegenteil einer oralen „Zuneigung". Ekel und Zärtlichkeit reimen sich so wenig wie Angst und Liebesbegehren. Dem Ekel wohnt die Intention der Abwendung inne.

Was uns hier im besonderen interessiert, das ist die absonderliche und von den Forschern gröblich vernachlässigte Tatsache, daß im sexuellen Partizipieren zweier Menschen die Teilhabe nicht auf die beiden eigentlichen Partizipanten beschränkt ist, sondern daß gewissermaßen die ganze Stadt partizipiert. Wir sind von Gesetzen beherrscht, die wir nicht kennen, aber erkennend endlich erfassen möchten. Damit meinen wir nicht Gesetze, die von menschlichen Gesetzgebern erlassen wurden, sondern unbekannte machtvolle Gesetze des Lebens, Lebensgesetze der Liebe. *Schenkel* berichtet uns von den Wölfen, daß in ihren Sozietäten *Kontrollfunktionen* eine große Bedeutung zukommt, und zwar im Zusammenhang mit dem Rang. Hier wäre nun vorerst ein Wort über das Rangphänomen zu sagen. *Schjelderup-Ebbe* [16] gebührt das Verdienst, als erster auf die Erscheinung hingewiesen zu haben, daß es die uns Nervenärzten so wohlbekannte Erscheinung der Selbstunsicherheit auch bei den Tieren gibt. Bei den Hühnern kann sich buchstäblich eine Rangliste oder Hofrangordnung herauskristallisieren, die sich aus dem Verhalten der einzelnen Partizipanten herleiten läßt. Ein Huhn souveränen Verhaltens steht an der Spitze, und ganz zuletzt in der Liste finden wir eine Tschantala-Henne, die von allen gehackt wird, wenn sie sich etwa dem Freßnapf nähert, bevor die anderen satt sind. Je höher im Rang, desto mehr nehmen sich die einzelnen Hennen heraus. Auch auf den Sitzstangen im Stall gibt es hochbegehrte und mindere Plätze. Wie die Tiere an diesen Stangen partizipieren, hängt eben von ihrem Rang ab, der sich auch am Freßnapf bekundet. Inzwischen wurde auch in den Schulklassen[1] unserer Kinder dem Phänomen der Rangpyramide nachgespürt und auch in anderen menschlichen Sozietäten. Es bestätigt sich, daß es da genau wie im Hühnerstall oder wie unter Wölfen $\alpha$-Subjekte und selbstunsichere Partizipanten gibt und auch der sog. Radfahrer ist bekannt, den schon *Schjelderup-Ebbe* beschreibt. Es sind damit die Subalternen gemeint, die nach oben hin einen gekrümmten Rücken zeigen, während sie treten nach unten. Wir zweifeln nicht daran, daß es auch beim Menschen eine primordiale angeborene Selbstsicher- und Selbstunsicherheit gibt, und aus der Psychiatrie (H. *Luxenburger)* [11] ist uns bekannt, daß sich die Selbstsicherheit vererbt. Streng genommen müßte man sagen: Die Intensität ist vererbbar, Intensität in der Sicherheit des Auftretens. Da Angst ihr Substrat hat, leuchtet ein, daß mit der Konstitution auch endokrine Voraussetzungen der Ängstlichkeit oder Timidität möglicherweise vererbbar sind. Wie dem auch sei, es ist menschliche Tragik, daß ein hochbegabter Mann, erfüllt mit Selbstwertbewußtsein, vor dem schnauzenden Eisenbahnschaffner erzittern kann und eine armselige Figur abgibt, wenn er mit vitalhochrangigen Partnern zusammenkommt. Wir haben ein Gespür für den biologischen Rang eines Menschen, der sich in seiner Haltung, im Ton seiner Stimme, in der Sicherheit seines Blickes, Ganges und Auftretens bezeugt. Freilich liegen eben beim Menschen die Zusammenhänge weit komplizierter, weil er auch zu überkompensieren vermag. Jeder von uns ist der Darsteller oder Schauspieler seiner selbst, seiner Rollen nicht nur, sondern auch seines Wie, seines Stils, der seine ureigenste Sache ist, aber es gibt, mit *Nietzsche* zu reden, auch „nachgemachte Schauspieler" unter uns, die spielen gar nicht ihre autochthone Rolle, sondern werfen sich in die Brust und gebärden sich laut, Angeber und Falstaff-Naturen, die von Haus aus timide sind. Man muß davor warnen, Verhaltensweisen der Tiere unbesehen auf den Menschen beziehen zu wollen. Wir sind keine Tiere, aber wohnen gleichsam in einem Tier, das in Partizipationen mit seinesgleichen und in der Teilhabe an Objekten lebt. Über unseren Leib mit seinen Bedürfnissen sind wir diesen Teilhaben unterworfen, unbewußt und unwillkürlich.

Der ranghöchste Wolf, so berichtet uns Rudolf *Schenkel*, hat einen sicheren Blick. Seine Körperhaltung, im besonderen wie das Tier seinen Schwanz trägt, verrät dem Beobachter, wie dieses souveräne Wesen furchtlos und „ungeniert" sich den Partizipanten des Rudels gegenüber verhält. Das Emotionale entscheidet und dem Gefühl entspricht der Ausdruck. Wem dagegen in der Sozietät gedrückt zumut ist, der bekundet das auch, indem er z. B. den Blick des hochrangigen Tieres nicht aushalten kann, sondern wegblicken muß, wenn ihm dieses sichere Auge begegnet. Es könnte uns an menschliche Zwischenfälle erinnern, wenn wir bei *Schenkel* lesen, daß Wölfe, die im Rang etwa gleichhoch stehen, das scharfe Fixieren des Rudelgenossen „unter Protest" zurückweisen. Wölfe, die sich schüchtern und subaltern benehmen, sind ohne Schwierigkeit in ihrem Ausdruck von ranghohen Tieren zu unterscheiden. „Jede beharrliche, eindringliche Kontrolle, besonders Blickkontrolle, ruft bei rangtiefen Wölfen Gehemmtheit hervor" ([15], S. 103.). So gibt es drei Möglichkeiten: Die Partizipanten wagen es überhaupt nicht, in meiner Gegenwart selbstsicher aufzutreten und mich selbstsicher anzublicken, wenn ich selbst sehr ranghoch, etwa das $\alpha$-Tier bin. Die Mitwölfe sehen mich mit festem Blick an, und ich blicke sie, unter Knurren und Zähnefletschen, ebenfalls an, leicht beunruhigt und aggressiver Stimmung, weil wir etwa gleichrangig sind. Drittens aber zeige ich eine Demutshaltung sofort, wenn mich ein Hochrangiger festen Blickes mustert. Als Schwächling

[1] *Jan Gästrin:* Über Klassenrangordnungen der Spätpubertät. Akademische Buchhandlung Helsingfors. Otto Harrasowitz, Leipzig 1938.

ertrage ich seinen Blick nicht. Alsdann beherrscht mich die Angst. „Bei Ranghohen bilden Haarsträuben und sehr variable Laute die Begleitung der Gebärden. Beides kommt bei Rangtiefen sozusagen nie vor, wohl aber ein kurzer schriller Schmerz- oder Angstlaut, wenn sie einem überlegenen Angreifer, der sie plötzlich überfällt, keine Gegenwehr zu leisten wagen". Soweit Rudolf *Schenkel.*

Was uns in diesen emotionalen Zusammenhängen interessiert, das ist die Tatsache, daß nicht etwa jeder Wolf mit jeder Wölfin sich paaren kann, sondern daß auch die geschlechtlichen Beziehungen der Partizipanten unter Kontrolle stehen. Es partizipieren nicht nur die eigentlichen Geschlechtspartner, sondern das ganze Rudel hat teil. Emotionale Intentionen der anderen sind im Spiel. Wir haben es selbstverständlich nicht nötig, uns über das Verhalten von Wölfen zu unterrichten, wenn wir menschliche Teilhabe darstellen wollen. Es würde genügen, daß wir sorgfältig beschreiben, wie etwa in einer Kleinstadt alle Mitbürger und vor allem Mitbürgerinnen daran interessiert sind, wer meine Geliebte ist. Aus einem solchen Bericht würde sich ergeben, daß sich die andern ein Recht der Kontrolle anmaßen. Freilich werden dabei unsere Interpretationen gewöhnlich nicht zutreffend sein, wenn wir z. B. sagen, daß die anderen klatschsüchtig und neugierig seien und daß sie mein Privatleben nichts anginge. Das „unberechtigte Interesse", so minutiös wir es auch schildern, würde nicht zeigen, wie es kommt, daß die Mitbewohner der Stadt von dieser Art Eigenschaften, die uns wie Bedürfnisse vorkommen müssen, erfüllt sind, sondern wäre nur eine tadelnde Feststellung, während wir meinen, daß das nicht nur „schlechte Eigenschaften" unserer Zeitgenossen sind, die wir in Zeitungsannoncen von unserer Verlobung zu informieren haben und denen wir in aller Öffentlichkeit eine Hochzeit vorführen müssen, weil es die Sitte so fordert und auch das Gesetz des Staates, denn unser beider Name muß wochenlang im Stadthause sichtbar ausgehängt werden, und ein Beamter schließt im Namen des Volkes und Staates unsere Ehe. Das ist Einmischung ohne Frage, die uns sehr erstaunlich vorkommen muß, Partizipation, Interesse, und wir meinen, daß nicht nur die Ratio hier im Spiel ist, sondern daß das Interesse der Mitbürger schon im Stadtklatsch sich emotional bekundet. Emotionale Teilhabe glauben wir in dieser Interessiertheit sehen zu dürfen und wir ziehen den Bericht Rudolf *Schenkels* nur bei, weil wir da auch ähnlichen offenbar nicht rationalen Kontrollen begegnen. Freilich stehen die Menschen alle unter dem gleichen Recht, während es in den Wolfssozietäten ganz offensichtlich Vorrechte der Ranghohen auch im Geschlechtlichen gibt. So heißt es bei *Schenkel:* „Allgemein ist der Blick des Unterlegenen unsicher und meidet den des Höheren, seine Ohren sind zurückgelegt, in ‚Verzichtstellung', er wagt die olfaktorisch-optische Kontrolle der Analpartie seines Partners nicht." In Gegenwart eines überlegenen Männchens besitzen schwächere auch das Recht der Genitalkontrolle eines Weibchens nicht. Selbst von den Wölfinnen werden die Vorrechte sexueller Ungeniertheit berichtet: „Mit gehobener Rute", in federndem „Tanzschritt" und „zärtlich" winselnd oder „singend" bewegt sich die brünftige $\alpha$-Wölfin. Dabei führt ihr Genitale langsame, minutiöse, pendelnde Bewegungen in senkrechter Richtung aus. Ausnahmsweise konnte auch eine unterdrückte Wölfin während der Brunft dabei beobachtet werden, wie sie in unmittelbarer Gegenwart eines Rüden ihr Genitale durch Seitwärtsheben des — ranggemäß — nach unten gekrümmten Schwanzes freigab". — So ist also hier die sexuelle Rolle vom Rangbewußtsein abhängig und die geschlechtlichen Rollen rangtiefer Tiere muten, wenn wir uns der Vermenschlichung in der Aussage bedienen dürften, wie eine Anmaßung an. Man könnte an die Insektenstaaten erinnert werden, wo das Geschäft der Fortpflanzung nur überhaupt einem einzigen Wesen, nämlich der sog. Königin, überantwortet ist. Wären der rangtiefe Rüde und die selbstunsichere Wölfin auf einer Insel fern dem Rudel und die Brunft drängte ihnen die Sexualrollen auf, dann würden sie nicht gehemmt erscheinen und Spießruten laufen müssen.

Selbstverständlich müssen wir nicht unbedingt die menschliche Liebe und Ehe mit der Paarung ausgerechnet der Wölfe vergleichen, so treffend uns gelegentlich das bittere Wort homo homini lupus erscheinen mag. Es liegt uns fern, unsere erotischen Beziehungen bestifiziert zu sehen, es ist ohnehin ein „Erdenrest" im Spiele, der manchem „peinlich" erscheint, im besonderen hört man als Nervenarzt von Frauen die Klage, daß ihnen das alles „zu tierisch" sei, wenn die Frage ihrer Frigidität zur Sprache kommt. Eine Naturgeschichte des Klatsches wollten wir darzustellen versuchen. Mit dem Anspielen auf die Kontrollfunktionen der Wölfe innerhalb ihrer Sozietäten gaben wir uns nur der Erwägung hin, ob nicht die emotionale Partizipation einer ganzen Stadt am Liebesgehaben eines einzigen Mannes „etwas Natürliches" ist. Dieses Interesse erscheint uns so ungewöhnlich, daß wir uns gar nicht vorstellen können, daß der Mensch, und zwar die ganze Gruppe, ohne alle latenten Bereitschaften dafür in die Partizipantenrollen geraten kann. Die Psychologie des Klatsches und der chronique scandaleuse gehören, wie uns scheint, zu den autochthonen Lebensgesetzen der Liebe, gleichviel, wie sich das bei den Wölfen oder den Schildkröten verhält. So wären die Kontrollfunktionen unserer Mitbürger also nicht pure Bosheit, wie es gelegentlich scheint, sondern ihr Interesse, das in jedem Fall etwas Affektartiges ist, gehörte in die Gruppe der naturalia, von denen das lateinische Sprichwort sagt, daß sie an sich nicht etwas Schändliches sind, wohl aber schändlich und widerwärtig erscheinen können, was ganz von dem Subjekt abhängt, dem hier auch Entscheidungen in die Hände gegeben sind, im Gegensatz etwa zum Wolf. Zugleich ergäbe sich damit auch ein Beitrag zu dem Problem der Schamhaftigkeit, denn das Spießrutenlaufen setzt selbstverständlich Schamgefühle voraus. Über Scham und Verlegenheit in diesen Denkzusammenhängen zu handeln müßte eine reizvolle Aufgabe sein. Wir haben in einer Veröffentlichung der emotionalen Partizipation der Verlegenheit[1] auf die Spur zu kommen versucht und waren der Meinung, daß da ein verhaltener Zorn auch im Spiele wäre. Das sind komplizierte psychosomatische Zusammenhänge, auf die wir hier nicht eingehen wollen.

Das gewisse Spießrutenlaufen Liebender im Klatsch einer Kleinstadt, im Klubklatsch, Klinikklatsch, Hochschulklatsch, gleichviel welcher Sozietät, haben wir als ein Übel hingestellt, durch das schon viel Leid über die Menschen gekommen ist und in das viel Bosheit und Rache sich investieren könnte. Moralisten dürfen im Gegenteil vielleicht von einem heilsamen Übel sprechen, wie ja manche Krankheit nicht nur Destruktion ist, sondern auch Heilkräfte mobilisiert. Man könnte zugunsten dieser Art öffentlichen Gewissens der Sozietät sagen, wer nach vollzogener Ehe mit seiner Gattin zusammenlebt, kommt nicht in die Skandalchronik, sondern lediglich die, die aus der Reihe tanzen, und die, das gehört sozusagen zur Registrierung, die sich im Frühling ihres Lebens zum erstenmal lieben. Man nimmt aufs Korn, d.h. behält unter Kontrolle, und hetzt die ganze Sozietät auf den hin, der gegen die Normen verstößt oder der erstmals zu lieben beginnt. Das wäre, wie man wohl sagen könnte, eine Form des Anstoßnehmens, ein Begriff, der uns später noch einmal begegnen wird. Die Liebesbeziehungen der Jugend bedürfen anscheinend des Konsenses der höheren Altersklassen, die darin eine gewisse Solidarität bekunden. Manchmal sieht es fast aus, als wären die Alten von einem Ressentiment gegen die Jugend erfüllt.

Zu dem Thema der Kontroll-Partizipation, daß ein Subjekt über seine emotionale Teilhabe oder eine ganze Sozietät über die Publikation eines Geheimnisses oder die Kirche und der Staat mit ihren schriftlich fixierten Gesetzen an den Paarungsobliegenheiten zweier Liebender die Hände im Spiele haben, wollen wir eingehende Darstellungen nicht bringen. Es sei hier nur flüchtig auf die Heiratsordnungen bei den Primitiven verwiesen. So wie dort die Stammesgenossen übereinander wachen und auf das stärkste daran interessiert sind, welches Mädchen ein Mann in die Ehe führt, haben wir außer den in den Gesetzbüchern festgelegten Verboten über Verwandtenpaarungen usw. außerdem ungeschriebene vom Stadtklatsch überwachte Bestimmungen einzuhalten. Richard Thurnwald[18] hebt hervor, daß die Heiratsordnungen der Naturvölker auch von der Wirtschaftsform abhängig sind. So beobachten z. B. die Wildbeuter komplizierte Heiratsordnungen nicht. Die emotionalen Kontroll-Partizipationen einer bürgerlichen Zivilisation beziehen sich auf die sozialen Klassen, innerhalb deren eine Art Endogamie besteht oder bestand. Der Bürgermeister, der im Jahre 1912 eine Verkäuferin in die Ehe führte, hat gegen die Standesordnung verstoßen, nicht gegen die geltenden Staatsgesetze. Alle Welt, besonders die $\alpha$-Partnerinnen der „höheren Schicht" sind über diesen „Skandal" entrüstet, selbst wenn das Mädchen aller weiblichen Tugenden Zierde gewesen wäre. Eine ungeschriebene Heiratsordnung hat auch der Greis verletzt, der ein junges Mädchen, selbst wenn es seiner sozialen Schicht angehörte, zur Frau begehrt, obwohl ihm der Gesetzgeber kein Hindernis in den Weg legt. Daß auch in diesem Falle die ganze Stadt zischelt, geschieht nicht von ungefähr; denn wir leben nicht in einer Gerontokratie, wo das Liebesleben der Alten Vorrechte genießt. So richten sich die emotionalen Partizipationen, mit denen wir einander verbunden sind und einander zu Richtern werden, nach der Gesellschaftsform, anders ausgedrückt, die Partizipationen halten jeweils eine bestehende Ordnung aufrecht.

Wir erwähnen flüchtig das Partizipieren der Stadt am Kochtopf anderer Leute. Der Sexus unserer Mitmenschen interessiert uns nicht minder als das, was sie essen, ob sie üppig sind oder wie geizig sie leben, beides wird angeprangert, ob und welche Beziehungen sie in Notzeiten zu den Schwarzmärkten unterhalten usw. Wir möchten glauben, daß der homo primigenius, der noch in uns steckt, ein Kommensalist war, der im Rudel mit seinesgleichen zur Jagd auszog und mit seinesgleichen die Beute teilte. Auch als Sammler waren sie wohl aneinander interessiert, im besonderen die, denen das Glück gute Sammelorte versagte und die darum heute vielleicht hungrig geblieben waren. Ganz alte autochthone Affekte, so scheint uns, sind hier im Spiele, was sich auch darin bekundet, daß man als Nervenarzt immer wieder die Klage hört, daß Menschen die Eßgeräusche an-

[1] Zur Psychophysik des Verlegenheitskratzens. Beitrag zu einer Organismuslehre. Zbl. Psychotherapie XIII/1/2.

derer nicht anhören können. Ein Flüchtling, der in die Familie eines ansässigen Bürgers kam, mußte erfahren, daß der Hausherr beim Essen der Suppe sehr laut war. Er nahm diese anscheinend nicht mit den Lippen vom Löffel, sondern zog sie in einem Inspirationsstoß, also in einem plötzlichen heftigen Sog, in sich hinein. Der Gast litt außerordentlich unter diesen Geräuschen und klagte mir, daß ihm völlig rätselhaft sei, wie einen vernünftigen Menschen das Schmatzen des alten Mannes so kribbelig machen könnte, wo doch der Greis sein Wohltäter war. Freilich gab es ein bewährtes Mittel gegen den Zorn, der in ihm hochkam, wenn er den Alten die Suppe so laut in sich hineinschlürfen hörte, und das war, daß er selbst seine eigenen Eßgeräusche auch hörte, so daß es zu einem Wettschlürfen mit dem Hausvater kam. Das freilich wurde ihm arg mißdeutet, denn man nahm an, er wollte den Wirt verhöhnen, indem er ihn imitierte. Primär, das versicherte mir der Mann glaubhaft, war es ihm nur darum zu tun, hier als Kommensalist leben zu können, denn der Ärger verschlug ihm bei jeder Mahlzeit den Appetit. Wie die anderen Kommensalisten sein Verhalten interpretierten, wäre ihre eigene Sache. Daß allerdings daraus sich Konflikte ergeben mußten, daß Gast und Wirt möglichst laut ihre Suppe schlürften, liegt auf der Hand. Hier partizipierten nun alle Tischgenossen in einer Kontrollfunktion und ihm gestand man nicht zu, was Jupiter selbstverständlich erlaubt war. Auch wenn wir übrigens andere nicht essen sehen und hören, auch in der Stille melden sich unsere Partizipationen, wenn sich im Hungern die Leerkontraktionen des Magens einstellen. Das Problem der ungerecht verteilten Beute bleibt immer lebendig. „Ich habe nichts, aber vielleicht haben andere, es wächst soviel auf der Welt, warum hungere ich, wenn die Erde so reich ist?“ Das ist emotionale Partizipation und wir verstehen, daß am Kochtopf eines Hauses alle teilhaben in der Stadt, und nicht allein die Hungernden, sondern auch die, die dieses Interesse aus vitaler eigener Not nicht haben müßten. In der erotischen chronique scandaleuse sind die Unbefriedigten, etwa die alten Jungfern als die Schlechtweggekommenen, die Hauptträger des Interesses und wahre Nachrichtenbüros, aber auch die Gesättigten in Liebe verschmähen den geschlechtlichen Klatsch nicht. Er bleibt immer interessant, und was ist der Inhalt vieler Bücher und Filme anderes als in allen Einzelheiten vorgetragener Liebesklatsch? Was uns über das emotionale Kontroll-Partizipieren am Essen anderer Menschen bekannt ist, scheint uns angeboren zu sein wie das Interesse an den Liebespartizipationen anderer Menschen. Soviel über die „Suppenfrage“ *(Heine)* und die Psychologie der Eßneugierde. Hier nun davon zu handeln, was überhaupt alles „ansteckt“, denn beim Essen gibt es ein contagium per adspectum, läge jetzt nahe. Seltsamerweise steckt bekanntlich auch das Gegenteil an, nämlich das Erbrechen, aber auch Lachen steckt an und selbst über ein Husten oder nur ein Hüsteln partizipieren wir seltsamerweise, indem wir dieser Versuchung nicht oder kaum widerstehen können. Man denke, wie in einem Konzertsaal in einer Pause, wo es totenstill ist, ein Hüsteln sich unheimlich ausbreiten kann. Daß Männergesangvereine auf Ausflügen über Land nicht nur gemeinsam singen, was boshafte Beobachter vielleicht an das sog. Chorheulen der Wölfe erinnern könnte, sondern auch, wenn einer damit begonnen hat, in corpore urinieren, daß sogar der Arzt damit den Kranken im Sprechzimmer zur Miktion anregen oder aufregen kann, indem er den Wasserhahn aufdreht und das fließende Wasser laut rauschen läßt, das zeigt uns, wie das Harnen offenbar als Affekt hervorbricht, der durch Auslöser anstoßbar ist. — Das alles gehört zum Thema der Partizipationen oder Teilhabe aneinander. So könnte man mit *Nikolaus* von Cues darauf verweisen, daß der Mensch in Komparationen lebt.

Zum Thema des Stadtklatsches gehört nicht allein, was die anderen essen oder wer sich in Liebe begegnet, sondern auch, besonders unter den Frauen, was die andere Wölfin an Pelzen besitzt. Auch das Thema der Mode wäre hier zu erörtern. Damit kämen wir zu dem außerordentlich interessanten Problem des Anstoßnehmens, das auf die Komparation zurückführbar ist. Dem Biologen *Fr. Goethe*[7] verdanken wir eine Veröffentlichung darüber, wie etwa bei den Möwen das Äußere die Aufmerksamkeit der Mitmöwen erregt. Tiere, die sozusagen nicht die vorgeschriebene Robe tragen, werden von den anderen tätlich angegriffen. Es reicht dazu als „Anstoß“ aus, daß ihnen Federn verklebt sind. Es besteht anscheinend eine Tendenz zur Uniformierung, die wir auch in unserer Mode erkennen. Für die psychische Hygiene der Kinder ist es von großer Bedeutung, sie in der Kleidung tunlichst nicht auffallen zu lassen, besonders wenn sie zur Selbstunsicherheit neigen. Der Sohn eines wohlhabenden Handwerksmeisters, der auf dem Dorfe Anzüge in städtischem Schnitt trug, wurde verprügelt von seinen Altersgenossen, die sich provoziert fühlten durch den Anblick, und ebenso litt in der Stadt das selbstunsichere Arbeiterkind, dessen Vater in seiner Jugend das Schneiderhandwerk erlernt hatte. Er wurde von den Klassenkameraden verhöhnt, weil er immer Anzüge trug, die aus abgelegten Sachen hergestellt waren und denen man ansah, daß sie nicht aus einer Schneiderhand kamen, die sehr geschickt war. Dieser Mensch gehörte ebenso wie der Handwerkersohn zu denen, die wegen ihrer Selbstunsicherheit später in die Sprechstunde des Nervenarztes kamen. Kinder sind darin grausam, aber auch die Erwachsenen, man denke an Frauen, die sich über das altmodische Kleid oder den Hut einer anderen lustig machen, zeigen in diesem Anstoßnehmen, wie sie am Äußeren ihrer Mitmenschen komparativ partizipieren. Es ginge doch niemanden in der Welt einen Deut an, ob diese arme Person einen vierkantigen oder runden Hut trägt, oder wie groß das Gebilde ist, aber sie mischen sich alle ein und die ganze Stadt lacht. Entschuldigend wollen wir sagen: „Es" mischt sie hinein, ob sie wollen oder nicht, ihr Interesse wird gefesselt von dem Aussehen anderer Menschen, unbewußt und unwillkürlich. Das sind Tatsachen der sogenannten Tiefenpsychologie, und sogar Grundtatsachen, denn es handelt sich um autochthone Gesetzlichkeiten des Unbewußten. Freilich kann das keine ausreichende Entschuldigung sein, daß wir den eshaften Charakter dieser Phänomene einer Teilhabe unterstreichen, denn wir mögen in der Latenz in mancherlei emotionalen Bezügen wie Tiere sein, als Menschen haben wir Pflichten, deren wir uns bewußt sind. Selbstverständlich wird niemand die Mode abschaffen können, aber tolerant sollte der „aufgeklärte" Mensch sein. Damit beginnt die Menschlichkeit, daß wir über gewisse biologische Formen der „Teilhabe aneinander" auch triumphieren können, als wären wir frei. Eins steht fest, daß uns *Entscheidung* auch zusteht, denn es stehen sich gegenüber, mit *Jaspers* ([8], 359) zu reden, „einerseits die biologisch gegebene Anlage, andererseits die Freiheit des Menschen als möglicher ‚Existenz'." Wohl gilt dieses Wort *Jaspers* für die angeborene Charakteranlage, aber auch die autochthonen Anlagen oder Bereitschaften, die uns hier beschäftigen, sind „Charakter des Menschen". Wir sind klatschsüchtig und neugierig von Haus aus, und zugleich sehen wir in dieser Anlage positive Züge, nämlich natürliche Grundlagen der Moral.

Zum Schluß kehren wir noch einmal zu dem Problem von Außen und Innen zurück, weil eben Partizipieren ein Kommunizieren von Subjekt und Bedeutungswelt ist, die wir auch Umwelt nennen. Es ist immer auch ein Prozeß im Spiele, der dem einer Illusion ähnlich ist. Ich habe einen Patienten gekannt, der an hartnäckiger Schlaflosigkeit litt und ganz außerordentlich reizbar war und zu Verstimmungen neigte, was damit zusammenhing, daß er sein Töchterchen, um es vor Bombenangriffen ungefährdet zu wissen, in einen entlegenen Teil Deutschlands brachte, über den jetzt die Kriegsfurie raste. Er hatte zuletzt gehört, daß sich die Verwandten mit seinem über die Maßen geliebten Kind zur Flucht rüsten wollten, seitdem waren alle Nachrichten ausgeblieben. War ihnen die Flucht gelungen, trieben sie zwischen die Fronten hinein? Wurden sie überholt von den Panzern? Es war die Nachricht gekommen, daß in Dresden tausende schlesischer Flüchtlinge bei schweren Bombenangriffen getötet wurden. Nichts hörte er mehr. Seine Gedanken waren Stunde um Stunde bei seinem Kind. Vor diesen Tagen seelischer Not war es ihm irgendwo noch gelungen, für sein kleines Mädchen ein Püppchen zu kaufen. Darüber war er sehr glücklich zunächst gewesen, denn er ahnte nicht, wie dieses Puppenwesen alsbald ihm verhängnisvoll werden sollte. Die Idee war wohl die: Da würde sein Kind sich freuen, wenn es das wahrhaft entzückende Spielzeug empfangen würde. So wurde gleichsam die Heimkehr des Kindes vorweggenommen und eine Spielszene wurde angesetzt. Daß das so etwas wie ein Zauber der Vorahnung war, darüber war sich der Mann nicht im klaren. Nun kommunizierten für ihn das Kind und die Puppe bereits und der Festpunkt war jetzt in seinem Hause eben die Puppe. Die unsichtbaren elastischen Bänder der Partizipation zwischen dem kleinen Mädchen und seiner Puppe, einer Teilhabe, die er soeben gestiftet hatte, würden zusammenschnurren und das Kindchen zu ihm zurückziehen. Das ist der Zauber unvollendeter Szenen, wie wir eine in unserem Buch „Pars pro toto" [2] eingehend analysierten, so daß wir diese Partizipationen hier nur flüchtig behandeln wollen. Wie würde sein Kindchen sich freuen! Es war eine Spiel-Dynamik im Fluß, nur fehlte der eine Partner, der allerdings bereits unterwegs war zu ihm hin.

Um die Zeit, als die Meldungen über die Dresdener Katastrophe kamen, erschrak dieser Mann beim Anblick der Puppe, weil sie allen Tonus verloren hatte. Wie tot lag sie da. Sofort bezog er den Anblick auf sein Kathrinchen. Das war sein Kind, das da leblos lag. Er setzte die Puppe auf, aber sie ließ das Köpfchen hängen. Er stützte ihre Ärmchen auf, aber die waren schlaff und blieben schlaff. Die Puppe war ohne jedweden Turgor. Er wollte als moderner aufgeklärter Mann selbstverständlich nicht an den „Unsinn eines Wunders" glauben, aber das ließ sich nicht leugnen, daß mit der Puppe da etwas passiert war. Wäre sie so leblos gewesen, als er ihrer zum erstenmal ansichtig wurde, er hätte sie nicht als Spielzeug erworben. Im Gegenteil, damals war sie ihm drall und lebhaft erschienen, ein Bauernkind mit roten Pausbäckchen und einem süßen Schnütchen, eine lustige Puppe. Natürlich zeigte das Holzköpfchen auch jetzt noch den roten Anstrich, und doch lebte dieses Puppenwesen nicht mehr. Er konnte sie nicht mehr sehen, ohne daß ihn heftigste Sorge um das Kleine befiel. Vielleicht, so sagte er sich, sind es auch nur Propagandalügen, daß es in

Dresden soviele Tote gab. Endlich kam wieder Nachricht. Sie waren bis Weimar gekommen und sein Kathrinchen lebte. Das war ein Jubel! Und die Puppe? Er faßte sich an den Kopf, war er verrückt? Das lustige Bauerndirndl war es wie ehedem, lustig und lebhaft, mit prallen Pausbäckchen und einem ganz süßen Kinderschnütchen. Er setzte sie hin, sie saß wie immer, nichts war zu bemerken von einer Erschlaffung. Daß sie selbstverständlich nicht, wie das wirkliche Kathrinchen, im Hause herumsprang, das konnte man nicht erwarten, dafür war es ein kleines Spielzeug-Püppchen, aber sie lebte und leibte. Bei diesem Erlebnis erfuhr ich als Arzt von den Verwandlungen dieser Puppe. Jetzt erst war der Kranke in der Lage, mir die absonderlichen Erscheinungen mitzuteilen, und ich glaubte ihm sagen zu dürfen, daß es sein eigener Biotonus war, den Begriff im Sinne des Psychiaters *Ewald* gebraucht, den er in dem Püppchen erlebte. Was Innen ist ward außen. Die Welt ist jeweils der Spiegel, in den wir schauen, und unser eigenes Bild blickt uns entgegen. So wie bei dem Manne, der über das nächtliche Feld ging, der Weidenstumpf jeweils das reflektierte, was in der Gestimmtheit gegeben war, nämlich die Entsprechung oder das Äquivalent, so lag eine Illusion auch in diesem Falle vor, wo einmal die Puppe lustig war, während sie über Nacht ihren Turgor scheinbar verlor, und zwar zu der Zeit, als er selbst Einbuße an seinem Biotonus erlitt. Es war zu auffallend, daß mit dem Zeitpunkt der schlimmen oder guten Nachrichten das Püppchen Tonusänderungen zum Ausdruck brachte. „Du selbst bist die Welt, zum mindesten aber gibst Du ihr die Bedeutungen, Du als ihr Interpret“. Natürlich ist die Puppe auch Holz und Stoff und Zwirn, aber wie ich sie erlebe, das hängt ganz allein von mir ab, darin gleicht sie dem Weidenstumpf in der dunstigen Nacht. So partizipieren wir jeweils mit allen Objekten über unsere Emotionen und *mein* Tonus ist der Biotonus der Puppe, nicht etwa war sie eine Doublette der kleinen Kathrin in diesem Bezug. Daß sie in anderer Hinsicht dem Kinde glich (Pausbäckchen, Schnütchen), leugnen wir nicht. So konfluierten in ihr Vater und Tochter, Drei wurde Eins. Wenn dieser Mann dann endlich aufjubeln kann, dann freut sich die ganze Welt mit ihm, der Himmel ist heiter und jedes Frühlingsblümchen partizipiert und jeder Hund, der schweifwedelnd über die Straße läuft, ist einbezogen in diese große Gemeinschaft des Glückes. Was innen ist im Subjekt, das ist ebenso außen und mehr noch, es ist „im Fluß“: Der Mann ist verstimmt und sieht in dieser Verfassung die Puppe, die ihm auffallend schlaff erscheint. Die Sorge geht um das Kind und ein furchtbarer Gedanke beginnt ihn zu quälen, die Vorstellung, daß Kathrin tot ist. Nun aber vollzieht sich die nämliche Zirkulation wie im Falle der Illusion, wo das laufende Band über den Weidenstamm rollte, der gleichsam zum Fixpunkt wurde. Das Püppchen schlägt in seinem Aussehen jetzt auf den besorgten Vater zurück, so daß ein zentripetaler Akt jetzt erscheint. Man könnte von einem Kreisprozeß sprechen, der zwischen dem Subjekt und seinem von ihm geprägten Objekt verläuft, und zwar in einem zentrifugalen Akt der Partizipation oder Prägung hin zu dem Umweltpunkt, von wo alsdann wieder Wirkung zurückschießt und wieder hin und wieder zurück usw. Treffender ist es wohl noch, hier eines anderen physikalistischen Gleichnisses sich zu bedienen, nämlich das des Wechselstroms zu gebrauchen und also von Wellen zu sprechen, so daß wir das Subjekt von ständiger Oszillation umgeben sehen, Oszillationen zwischen sich und den Objekten. Immer ist dabei, und das kann gar nicht anders sein, das Subjekt der Mittelpunkt, auf den sich alles Oszillieren oder Partizipieren bezieht. Physikalistisch weiter zu sprechen, wobei wir uns selbstverständlich bewußt sind, daß es sich nur um ein Gleichnis handelt: Das Subjekt emaniert seine Gestimmtheit und die Entsprechungen seiner emotionalen Verfassung, also Vorstellungsäquivalente, hinaus in den umgebenden Raum und erfüllt so die Welt mit sich selbst, seine subjektive Bedeutungswelt im Sinne Jakob v. *Uexkülls* [19], während diese Partikelchen gleichsam reflektiert werden zu einem Teil und zurückfluten auf das Subjekt, das immer im Mittelpunkt dieses Kraftfeldes bleibt, der Gegenpol zu dem Weidenstumpf oder zur Puppe. Daß wir mit diesem Modell einer Subjekt-Objekt-Partizipation auch einen Zugang für die Erlebenswelt Geisteskranker gewinnen, liegt auf der Hand. Es interessiert uns das Problem des Wahns. Ihre Bedeutungserlebnisse sind eben darum so stark unterschieden von denen gesunder Menschen, weil die Subjekte verändert sind und darum auch ihre Welt anders erleben *müssen*. Damit kämen wir zugleich zu Problemen der Ethnologie, nämlich zu der participation mystique *Levi-Bruhls* [9]. Wir begnügen uns, nur diesen Namen zu nennen. Alles Emotionale hat Zeitgestalt, d. h. ist Prozeß, der erlebt wird und im besonderen nicht nur Qualität, sondern auch Intensität zeigt. Gefühle können sich steigern und eben die Rückwirkung vom Objekt her dient der Erhöhung der Intensität, wodurch vermutlich der Akt der Emanation oder Objektprägung sich steigert, und wie jeweils die Rückwirkung alsdann stärker wird, erhöht sich weiter die Intensität der Emanation, so daß es zu einem Anwachsen oder Anschwellen der Intensität von Runde zu Runde kommt.

Bin ich ängstlich beim Anblick des Weidenstumpfes, so wird er meine Vorstellungen aufsaugen in sich. Meine Emanationen bedrohlicher Art, die meiner Angst entsprechen, sammelt er auf und gibt sie zurück, nachdem die Prägung erfolgt ist, die Angst jetzt steigernd. Schließlich wird der Baum möglicherweise, wie es oben hieß, hantieren oder gar wie Erlkönigs Töchter zu tanzen beginnen. Das ist es also, was wir Zeitgestalt der Gefühle nennen, die dabei über Partizipationen zwischen dem Subjekt und Objekten sich entfalten oder in Ermangelung solcher über Vorstellungen, auch wenn ich sie nicht projizieren kann, als inneren Gegenpol laufen. Immer ist eine Polarität im Spiele, so daß ein Hinüber und Herüber in der Oszillation besteht. Das ist die Selbststeigerung der Gefühle in der Teilhabe am Objekt. Endlos läuft dieser Akt in der Regel nicht, weil jeder Rolle eine Verlaufskurve zukommt. *Freud* hat wohl zutreffend gesehen, daß alles Emotionale Verlaufsgestalt hat und „abgeführt" werden muß. Angst kann sich lösen in der Motorik der Flucht oder auch einer Putativnotwehr oder auch einem Hilferufen. Erbkoordinationen dieser oder jener Art, das hängt wiederum von zentralen Determinanten ab, brechen aus der Latenz des Leibes und vollziehen die Rolle. Daß im Falle der Angst, wie uns W. B. *Cannon* [5] gelehrt hat, *Adrenalin* in die Blutbahn ergossen wird, das die Glykogendepots der Muskeln und der Leber mobilisiert und damit das Subjekt zu einer Hyperkinese aufrüstet, sei es Flucht oder Kampf oder nur die Motorik überlauten Geschreis, das steht auf einem anderen Blatt. Uns interessierte hier lediglich die emotionale Partizipation.

Wir möchten unsere Ausführungen über das Interesse nicht schließen, ohne zweier Autoren zu gedenken, denen wir außer J. v. *Uexküll* [19] in dieser Konzeption entscheidende Anregung zu verdanken haben. Es wäre E. S. *Russel* [14] mit seiner „Valenz" zu nennen, eine Metapher, die wir allerdings nur auf die Partizipation von Subjekt und leblosem Ding anwenden möchten, denn im Falle der Partnerschaft lebender Subjekte sprechen wir von Stichwort und Rolle. Valenz im Sinn *Russels* besagt, daß von einem Ding ein Anreizvermögen auf das Subjekt ausgeht, das darauf charakteristisch reagiert, d. h. sich angesprochen fühlt, wenn es eine entsprechende Ansprechbarkeit in der Latenz seines Leibes bereit hält. Was z. B. vermag (= valere) Wasser, kaltes Wasser auf die Gesichtshaut gebracht? Wie spricht mich dieser Reiz an? Eine überraschende Antwort auf diese Frage hat uns die Physiologie unlängst durch Ulrich *Ebbecke* gegeben [6]. Erbkoordinationen dieser oder jener Art werden sich regen, denn wieder andere Tendenzen manifestieren sich, wenn ich mich in das warme Wasser des Wannenbades setze oder einem betrunkenen Zechkumpanen die Arme in warmes Wasser eintauche. Um diese Valenz des Wassers und die entsprechenden Erbkoordinationen als Antwort auf diese Ansprechbarkeit weiß auch die Volksmedizin, wenn wir etwa in *Büttners* [4] Sammlung aus dem Ostfränkischen lesen: Die Zimmermannsfrau C. aus X. verriet mir, daß man sich auf ein nasses Tuch setzen oder die Hand in lauwarmes Wasser halten muß, „wenn man das Wasser nicht lassen kann". — Das äußere Wasser zieht in der Teilhabe dieser Art, es handelt sich um ein Reflex-Geschehen, das Wasser der Blase gleichsam heraus, als ob ein System kommunizierender Flüssigkeit bestünde. Jeder erfahrene Nervenarzt hat schon Fälle von multipler Sklerose gesehen, die beim Waschen der Arme oder des Oberkörpers hartnäckig dagegen ankämpfen müssen, daß ihnen nicht unwillkürlich die Blase ausläuft. In einer süddeutschen Stadt hat man das Wasser des städtischen Hallenbades in einer Zeit, als es sehr viel von der Bevölkerung benutzt wurde, auf Urinbestandteile untersucht und einen Gehalt an Stoffwechselschlacken dieser Art feststellen können, der erstaunlich war, ohne daß man daraus vielleicht hätte den Schluß ziehen müssen, daß nur Menschen, die an multipler Sklerose und einer entsprechenden erhöhten Ansprechbarkeit ihrer Blase litten, hauptsächlich Benutzer des Schwimmbades waren. Hier liegen Partizipationen offenbar vor und wieder, wie bei der Analyse des Stadtklatsches, genügt es nicht, lediglich von „Ungezogenheiten" oder gar Bosheit zu sprechen, gleichviel, wie das im einzelnen, im besonderen auch neurophysiologisch, zu deuten ist. Das vermag (= valet) Wasser und dafür halten wir eine Ansprechbarkeit in der Latenz unseres Leibes bereit.

Der andere Autor, dem wir wichtige Anregung zu dem Thema des Interesses verdanken, ist der Psychiater J. *Zutt*. Wir sehen in der emotionalen Teilhabe an gewissen Dingen unserer Umwelt, die uns anzusprechen vermögen mit ihren Valenzen und in der Partizipation aneinander innerhalb unserer Sozietäten die Urformen vitalen Interesses. Daß es mancherlei Interesse gibt und wie sich wiederum Interesse und Aufmerksamkeit vielleicht voneinander abgrenzen ließen, „soll uns nicht beschäftigen hier". Dieser soeben gesprochene Satz hätte gleichsinnig auch lauten können: „. . . soll uns nicht interessieren hier". „Beschäftigen" kann man also — ohne den Sinn zu ändern — für „interessieren" setzen. *Zutt* [21] führt in seiner Veröffentlichung über die Pervitinwirkungen (Pervitin ist ein adrenalinartiger Körper, der den Menschen erregt) die Tatsache an, daß nicht allein die Helligkeit des Bewußtseins sich steigert, wenn der Mensch sich diesen Stoff zuführt, sondern zugleich ein Betätigungsdrang sich meldet. Damit aber geht ein Erwachen des *Interesses* einher und *Zutt* sagt in diesen Ausführungen, daß Interesse „*etwas Affektartiges*" ist.

*Literatur.*

[1] Antonius, O.: Über Symbolhandlungen und Verwandtes bei Säugetieren. Zeitschr. Tierpsychologie 3 (1940), 3.

[2] Bilz, R.: Pars pro toto. Ein Beitrag zur Pathologie menschlicher Affekte und Organfunktionen. Verlag G. Thieme. Leipzig 1940.

[3] Bollnow, O. F.: Das Wesen der Stimmungen. Verlag Vittorio Klostermann. Frankfurt/Main 1941.

[4] Büttner, L.: Fränkische Volksmedizin. Ein Beitrag zur Volkskunde Ostfrankens. Verlag Palm u. Enke. Erlangen 1935.

[5] Cannon, W. B.: Bodily changes in pain, hunger, fear and rage. New York 1929.

[6] Ebbecke, U.: Reflexgesetzmäßigkeiten des menschlichen Schluckreflexes bei seiner Auslösung von der Gesichtshaut her. Pflügers Archiv 246 (1943).

[7] Goethe, Fr.: Über das „Anstoß-Nehmen" bei Vögeln. Zeitschr. Tierpsychologie 3 (1940), 3.

[8] Jaspers, K.: Allgemeine Psychopathologie. Vierte völlig neu bearbeitete Auflage. Springer-Verlag. Berlin und Heidelberg 1946.

[9] Lévi-Bruhl, L.: Das Denken der Naturvölker. 2. Aufl. Verlag W. Braumüller, Wien 1926.

[10] Lorenz, K.: Über die Bildung des Instinktbegriffs. Naturwissenschaften 25 (1937), 19/20/21.

[11] Luxenburger, H.: Die Indikation zur Psychotherapie der Neurosen vom Standpunkt der Erbbiologie aus gesehen. Kongreßbericht über die zweite Tagung der Deutschen Allgemeinen Ärztlichen Gesellschaft für Psychotherapie 1938. Verlag Knorsch u. Co., Düsseldorf 1939.

[12] Moro, E.: Das erste Trimenon. Münch. med. Wschr. 1918, 42.

[13] Peiper, A.: Die Umwelt des Säuglings. Archiv f. d. ges. Psychologie 111 (1942), 1.

[14] Russel, E. S.: Playing with a Dog. Quart. Rev. Biol. 11 (1936).

[15] Schenkel, R.: Ausdrucks-Studien an Wölfen. Behaviour. Vol. I, part. 2 (1947).

[16] Schjelderup-Ebbe, Th.: Gallus domesticus in seinem täglichen Leben. Inaugural-Dissertation zur Erlangung der Doktorwürde der Philosophischen Fakultät der Universität Greifswald. 1921.

[17] Schüz, E.: Bewegungsnormen des Weißen Storchs. Zeitschr. Tierpsychologie 5 (1942), 1.

[18] Thurnwald, R.: Die menschliche Gesellschaft in ihren ethnosoziologischen Grundlagen. 2. Band. Werden, Wandel und Gestaltung von Familie, Verwandtschaft und Bünden im Lichte der Völkerforschung. Verlag Walter de Gruyter u. Co. Berlin und Leipzig (1932).

[19] Uexküll, J. v.: Bedeutungslehre. Verlag J. A. Barth, Leipzig 1940.

[20] Derselbe u. Kriszat, K.: Streifzüge durch die Umwelten von Tieren und Menschen. Ein Bilderbuch unsichtbarer Welten. Verlag J. Springer. Berlin 1934.

[21] Zutt, J.: Über die polare Struktur des Bewußtseins. Nervenarzt 1943.

(*Dr. med. Rudolf Bilz, (22b) Mainz, Langenbeckstraße 1.*)

---

## Über individuell und anonym gebundene Gemeinschaften der Tiere und Menschen.

Von

GUSTAV KRAMER.

Tiere können auf verschiedene Weise in Gruppen zusammengehalten werden. Die Gruppenbildung kann ganz äußere Ursachen haben, d. h. solche, die ohne eigentlichen Zusammenhang mit der Gruppenbildung selbst stehen. Eine Menge von Mücken kann an einer bestimmten Stelle im Keller überwintern. Jede einzelne würde diesen Ort auch dann aufsuchen, wenn keine andere vorhanden wäre; denn sie richtet sich nach Temperatur-, Luftfeuchtigkeits-, Lichtverhältnissen und anderen physikalischen, eben „äußeren" Umständen. — Derartige Ansammlungen von Einzeltieren sind für diesen Aufsatz von vornherein ohne Bedeutung.

Ein Beispiel für eine Gemeinschaft, die durch Kräfte zusammengehalten wird, die gerade mit der Gruppenbildung sehr wesentlich zu tun haben, ist eine Vogelfamilie. Ich wähle eine Krähenfamilie[1], die aus fütternden Eltern und flüggen Jungen besteht. Das Elternpaar versorgt die Nahrungsbeschaffung. Jeder Altvogel hat neben seinem persönlichen Nahrungsbedarf noch einen „sozialen Hunger", dessen Ausmaß durch die Intensität des Bettelns und der Futterabnahme der Jungvögel in elastischer Weise gesteuert wird. Es ist bekannt, daß die Reaktion des Fütterns auch in Fällen geleistet wird, in denen der fütternde Vogel der physiologischen Vorbereitung eines normal abgewickelten Brutpflegeverlaufs entbehrt. Sogar zwischen ungleichartigen Vögeln kann diese Beziehung hergestellt werden: Ich selbst besaß einen männlichen, allein gehaltenen Gimpel, der auf das Sperren eines jungen Feldsperlings mit Füttern reagierte. Wir haben es also hier mit einer isolierbaren Funktion zu tun, die allein schon hinreichen würde, um einen gewissen Kontakt der Familie zu sichern. Es darf angenommen werden, daß der Zusammenhalt einer Amselfamilie auf ähnlichem Stadium fast ausschließlich durch diese Funktion bewirkt wird, soweit man hier überhaupt von Zusammenhalt sprechen kann. Die Jungvögel sitzen nach Verlassen des Nestes da, wohin sie der Zufall verschlägt. Durch in Abstand ausgestoßene Rufe melden sie den Elternvögeln ihre Position, und letztere zeigen auf diesem Stadium des Brutzyklus keine Affinität zueinander.

[1] Im engeren ist gemeint: Corvus corone, Raben- und Nebelkrähe.

Kehren wir zur Krähenfamilie zurück, so stellen wir fest, daß auch nach Abzug der Fütterungstätigkeit ein Kontakt erhalten bleiben würde. Die Jungvögel bleiben, so lange sie die Altvögel noch nicht begleiten, mindestens in Sichtweite beieinander; häufiger sitzen sie näher beisammen, bis auf fast Berührungsnähe. — Ferner besteht eine Verteidigungsreaktion, deren Ablauf durch den Anblick eines beliebigen Artgenossen in gefahrbringender Nähe eines Feindes ausgelöst wird. Dabei kann die aktive Rolle zunächst nur von den Altvögeln übernommen werden. — Bald zeigt sich auch die Nachfliegereaktion, so daß die ganze Gesellschaft, Junge und Alte, durch ein neues, sehr wirksames Funktionsband zusammengehalten wird. (Es gibt Verhaltensweisen, deren heutige Bedeutung in nichts anderem bestehen dürfte als in der Festigung eines sozialen Verbandes, die sich aber möglicherweise von ihrer primären Bedeutung entfernt haben: z. B. das gegenseitige Sich-Kraulen vieler sozialer Vögel. An einer einzeln gehaltenen Timalie (Pyctorhis sinensis) beobachtete ich, wie sie den aktiven Teil dieser Wechselbeziehung an sich selbst durchführte; von Zeit zu Zeit hielt sie dann inne und bot den Kopf mit gesträubten Federn einem nicht vorhandenen Partner. Man erkennt daran, von wie großer Intensität dieser bindende Trieb ist.)

Wir machen also den Versuch, die soziale Struktur der Vogelfamilie zunächst auf einige Einzelreaktionen zurückzuführen und stellen erneut die Frage, ob damit die bindenden Kräfte erschöpft sind. Wenn dem so ist, so müßte sich jedes der beteiligten Individuen durch ein anderes ersetzen lassen. Wir würden von vornherein nichts anderes versuchen, als einen Jungvogel nur durch einen Jungvogel, einen Elternvogel nur durch einen ebensolchen zu ersetzen, und wir nehmen einmal an, daß jedes Ersatzindividuum in der Ausübung der Teilreaktionen, die wir eben besprochen haben, grundsätzlich das Seine zu leisten bereit wäre. In diesem Falle würden wir zunächst feststellen, daß die Ersatzgestellung durch die Ortsgewöhnung der Individuen in Frage gestellt würde. Die Ortsgewöhnung ist nichts anderes als eine individuelle Anpassung an das optische Bild der Umgebung, wozu noch kinästhetische Gewohnheiten treten. Da normalerweise kein Ort in natürlich gegliederter Landschaft dem anderen völlig gleicht, und da immer nur wenige Krähen im gleichen Bereich leben, so stellt die Ortsgewöhnung ein individualisierendes und gleichzeitig die Gemeinschaft bindendes Moment dar. Die neu hinzugekommene Krähe würde die Tendenz haben, auf die Suche nach ihrer alten Heimat zu gehen, und es ist die Frage, ob die ihr gebotenen Reize (eben jene, welche die auszulösenden Reaktionen in ihr wachrufen würden) über die Heimattreue obsiegen würden oder nicht.

Jetzt haben wir noch denjenigen Faktor zu berücksichtigen, der für sich allein genügen würde, das Vertauschungsexperiment mißlingen zu lassen; es ist die persönliche Bekanntschaft der Individuen. Eine fremde Krähe würde von dem übriggebliebenen Elternvogel einfach als Eindringling behandelt, auch wenn sie sich in der besten Absicht nähern würde. Ob die Jungkrähen sich von ihr füttern lassen würden, bleibt fraglich.

Wenn wir abschließend die Krähenfamilie hinsichtlich der sie zusammenhaltenden Kräfte charakterisieren wollen, so haben wir zunächst festzustellen, daß es sich um eine Gemeinschaft handelt, deren Affinität durch eine Anzahl gut isolierbarer Funktionen gewährleistet ist. Wir haben als entscheidend wichtig hinzuzusetzen, daß dieses Gefüge von Einzel-Funktionen die Voraussetzungen des Angepaßtseins der Individuen aneinander und an ein bestimmtes Heimatgebiet hat. Man kann eine derartige Gemeinschaft, die in ihren wesentlichen Eigenschaften einer menschlichen Familie ähnelt, eine geschlossene nennen. — Wir sparen uns eine genauere Diskussion des Wesens der persönlichen Bekanntschaft für weiter unten auf.

Ich habe als Beispiel für eine geschlossene Tiergesellschaft die Krähenfamilie gewählt, weil sie mir aus eigener Anschauung bekannt ist. Für die Starenfamilie gelten ähnliche Verhältnisse; allerdings ist die Isolierung der Familien gegeneinander keine absolute, auch ist das Stadium der flüggen Unselbständigkeit bedeutend abgekürzt. Jedenfalls springe ich jetzt auf den Staren über, weil die *offene* Gesellschaft hier in so eindrucksvoller Weise verwirklicht ist.

Wenn der Betteltrieb der Jungstare und Hand in Hand damit der Fütterungstrieb der Elternvögel erlischt, erwacht bei ersteren etwas Neues: Das Bestreben, sich mit ihresgleichen zusammenzutun. Gleichzeitig schwindet die Bindung an den Heimatort. Es scheint grundsätzlich keinen Sättigungsgrad zu geben, der der immer weiter aufnahmebereiten Starwolke eine obere Grenze ihres Umfanges setzt. Jeder kennt wohl die nach Tausenden zählenden, mit gewaltigem Brausen abends im Schilf einfallenden herbstlichen Starenschwärme, die dem Landwirt allerlei Sorge machen. Es ist nun wohl vorstellbar, daß innerhalb einer solchen Starenmasse eine uns bisher nicht bekannte Ordnung besteht, die dafür sorgt, daß immer die gleichen Individuen benachbart sind. Dies könnte durch die Wirkung der persönlichen Bekanntschaft zwischen Nachbartieren zustande kommen und erhalten bleiben; es ist sogar wahrscheinlich. Aber die zusammenhaltende Kraft ist jetzt ganz anderer Art als bei der Familie. Auch hier besteht eine sehr ausgesprochene Kontakttendenz, aber sie ist in keiner Weise gebunden an die persönliche Bekanntschaft. Das soziale Prinzip solcher Vogelmassen ist ein „anonymes“. Sie sind es, die wir mit der Bezeichnung „offene Gemeinschaften“ meinen.

Wir haben es bei Staren mit Wesen zu tun, die über die Fähigkeit des persönlichen Kennenlernens von ihresgleichen zweifelsohne verfügen. Wir erkennen hier, daß diese Fähigkeit das Wirken der anonym-sozialen Bindung nicht in Frage stellt. Wir hätten dasselbe auch zeigen können, indem wir die Lebensgeschichte unserer Krähenfamilie bis über ihre Auflösung hinaus fortgesetzt hätten. Die Verhältnisse liegen dort im Herbst grundsätzlich ebenso, nur nicht ganz so eklatant wie beim Staren. — Es gibt viele niedriger stehende Tiere, die offene Gesellschaften bilden, *ohne* daß die Fähigkeit zu persönlichem Erkennen besteht: z. B. Heuschrecken, Jungfische (vermutlich Fische überhaupt), Mücken im Schwarm, Schmetterlinge. Sonderfälle sind die Insektenstaaten, die zwar zweifellos anonyme Gemeinschaften sind, bei denen aber trotzdem Geschlossenheit nicht auf Grund individueller, sondern erworbener, stockeigentümlicher Merkmale („Stockgeruch“) erreicht wird. — Bei vielen Säugetieren besteht die anonyme Bindung unbeschadet der individuellen Bekanntschaft das ganze Jahr hindurch. Man denke an die Herden steppenbewohnender Huftiere. Es ist nicht anzunehmen, daß der Umfang einer Gazellen- oder einer Renherde beschränkt ist auf solche Individuen, die sich persönlich kennen.

Die Fähigkeit des persönlichen Erkennens des Artgenossens und die darauf sich aufbauenden Konsequenzen im sozialen Verhalten sind uns Menschen nicht verwunderlich, weil wir selber zutiefst in eine Gesellschaftsstruktur eingebaut sind, die ohne diesen individualisierenden Faktor gar nicht denkbar ist. Es ist deswegen nützlich, sich vor Augen zu halten, daß es sich dabei um eine stammesgeschichtlich sehr späte Errungenschaft handelt; daß unterhalb der höheren Wirbeltiere viele Formen der Vergesellschaftung verwirklicht sind, aber stets auf der anonymen Grundlage.

Die Fähigkeit des persönlichen Erkennens hat zweierlei Voraussetzungen: 1. Variabilität; denn wo keine objektiven Unterschiede da sind, kann auch nichts unterschieden werden. 2. Einen genügend fein arbeitenden Apparat von Sinnesorganen und Zentralnervensystem, der die gebotenen Unterschiede erfaßt und festhält. Es ist dies das zweite Mal, daß die individuelle Variabilität eine Funktion von fundamentaler Bedeutung in der belebten Natur zu erfüllen hat. Das erste Mal ist es im Evolutionsgeschehen. Die großen Änderungseffekte in der Stammesgeschichte der Organismen gehen auf nichts anderes zurück als auf eine nie zum Stillstand kommende Kumulierung kleiner, zufälliger Abweichungen der Individuen untereinander. Während diese mangelhafte Präzision in der Serienarbeit der Natur im Evolutionsgeschehen die Grundlage zu einem gewaltigen Siebungsprozeß abgibt, wird sie durch die Individualisierung nachträglich „organisiert“. Das fortgeschrittene Zentralnervensystem macht aus der Not eine Tugend. — Ich sage „Individualisierung“: In der Tat ist damit, daß bestehende Unterschiede zur Unterscheidung und besonderen Behandlung der Einzelwesen unter ihresgleichen benutzt werden, das echte Individuum im soziologischen Sinne geboren.

Diese Geburt des Individuums muß man sich als einen — in stammesgeschichtlichen Maßstäben gesprochen — plötzlichen Vorgang vorstellen. Die zunehmende Verfeinerung der Wahrnehmung wurde durch ganz andere Anforderungen des Kampfes ums Dasein hochgezüchtet als etwa durch das Ziel der Individualisierung. Aber eines Tages war das Leistungsniveau erreicht, das „ganz nebenbei“ auch zum Auseinanderhalten einzelner Artgenossen befähigte. Die andere Fähigkeit des Zentralnervensystems, die hierzu notwendig war, nämlich die Lernfähigkeit, eignet schon weit primitiveren Organismen. Dabei hat man wohl kaum in Betracht zu ziehen, daß dieser Prozeß die Massenvergesellschaftungen primär-anonymen Aufbaus betraf (also vom Typ eines Fisch- oder Heuschreckenschwarmes). Es mußten Vorbedingungen derart gegeben sein, daß die häufigere Begegnung weniger Einzeltiere im gleichen Milieu gesichert war. Wir lernten bei der Krähenfamilie die Heimattreue schon als einen konsolidierenden Faktor des Zusammenhalts kennen. Wir tragen hier nach, daß dieser Faktor allein schon Verhältnisse schaffen kann, in denen, äußerlich betrachtet, mehr oder weniger konstante Beziehungen zwischen Einzeltieren hergestellt sind. Ich denke an Tierarten mit festem Versteck wie: Krabben, Grillen, manche Fische (z. B. Blennius)[1]. — Solche Verhältnisse dürften also die Vorbedingungen für die echte Individualisierung geschaffen haben (und schaffen).

Menschliche Gesellschaft und Kultur ist ohne diesen Schritt nicht denkbar; ohne ihn wäre es gar nicht zur Menschwerdung gekommen. Was wir gemeinhin mit Menschengeist meinen, hebt erst später an. So kann man sich nur Gedanken darüber

[1] Auch ist es gar nicht erwiesen, daß kleine, geistig wenig hochstehende Vögel — etwa Kolibris oder Goldhähnchen — aus anderen Gründen als denen der gemeinsamen Ortsgebundenheit beisammenbleiben.

machen, was für Folgen allgemeiner Art die individuelle Behandlung des Artgenossen in der *vormenschlichen* Entwicklung des Geistes hatte. Manch einer, der der modernen Verhaltenslehre ferner steht, hat sich vielleicht über das rücksichtslos atomistische Vorgehen gewundert, mit dem wir die Familienbindung der Krähen in Einzelreaktionen zerlegt haben. Doch haben wir oben schon das geistige Band angedeutet, das jenem Bündel von Funktionsbeziehungen eine höhere Einheitlichkeit verleiht, als die bloße Bindung an den Heimatort es vermag: eben das der Individualisierung.

Sie ist streng genommen nicht das gleiche, sondern mehr als die bloße Fähigkeit, Artgenossen zu unterscheiden. Es ist schwer zu sagen, ob mit dieser Fähigkeit allein schon die Lage geschaffen ist, daß durch eine Art Zähmung eine bestimmte Adressierung der Reaktionen (oder umgekehrt ihre Unterdrückung) ermöglicht wird. Es mag hierzu einer zusätzlichen, alternativ entscheidenden Fähigkeit bedürfen. Soviel steht fest, daß von da an die Reaktionsbeziehungen zwischen Einzeltieren, die bis dahin nur dank der Ortsgebundenheit immer wieder das richtige Objekt trafen, nunmehr eine zuverlässigere regulative Steuerung erfahren. Dabei ist selbstverständlich, daß das neu Hinzugekommene nichts ist, was die Einzelreaktionen ersetzen oder verdrängen würde. Sie werden nur gesteuert und ihre grundsätzliche Isolierbarkeit steht nach wie vor außer Frage.

Aus der Individualisierung ergibt sich mit Notwendigkeit die Konstanz und Einheit der Person. Auch sie besteht unbeschadet der hier betonten Selbständigkeit der Einzelreaktionen. Deren Abtrennbarkeit von der Person läßt sich auch im normalen und pathologischen Triebleben des Menschen klar nachweisen; man müßte daraus die Konsequenz ziehen, die Konstanz der Person auch beim Menschen zu leugnen, wollte man sie bei vielen Tieren abstreiten.

Ich möchte die Wirkungsweise der individuellen Bekanntschaft noch an einigen Beispielen veranschaulichen. — Die Verteidigungsreaktion bei Krähen spricht grundsätzlich auf jeden in Gefahr befindlichen Artgenossen an. Als ich aber von einem brütenden Nebelkrähenpaar das Weibchen schoß und offen wegtrug, heftete sich eine Krähe mit besonders heftigem Angriffsverhalten an mich, mich kilometerweit begleitend und bis auf wirklich für sie gefahrbringende Distanz auf mich eindringend: zweifellos der Gatte. Einige andere Krähen hielten sich kreisend und plärrend in weiterer Entfernung. *Lorenz* berichtet, daß die Verteidigungsreaktion beim Kolkraben überhaupt *nur* im Fall gegenseitiger Befreundung der Individuen funktioniert. — Ein Beispiel, das ich *Heinroth* entnehme: Ein gebietsbeherrschendes Schwanenmännchen drang mit vollem Angriffsimpuls auf einen anderen Schwan ein, dessen Kopf beim Gründeln im Wasser verborgen war. Als der vermeintliche Eindringling seinen Kopf hochzog, schlug das Verhalten des Mannes brüsk in die Zärtlichkeitshaltung um: er hatte sein Weibchen erkannt. Die generellen Merkmale eines Schwans hatten die Reaktion der Gebietsverteidigung herbeigeführt, die individuellen Merkmale, deren Lokalisierung am Kopf in diesem Fall klar wird, schafft einen völligen Wandel der Lage. Planmäßige Feststellungen über die Bindung und Abgrenzung der Familie durch persönliches Kennen hat *Goethe* an Silbermöven gemacht. Erstaunlicherweise kennen nicht nur die Alten ihre Jungen, sondern die unterscheidende Fähigkeit auch des Jungvogels ist hoch genug entwickelt, um die Elternvögel von fremden Möven zu unterscheiden. Dabei ist die Stimme (wie auch in anderen Fällen) nachgewiesenermaßen ein Kennmal.

*Konrad Lorenz* berichtet über sehr eindrucksvolle Fälle, in denen scheinbar typisch individuelle Beziehungen zwischen Mitgliedern einer Familie als unecht aufgeklärt werden konnten. Die Harmonie einer Nachtreiherfamilie zerbrach, als der Elternvogel nicht mit der Begrüßungszeremonie, sondern mit der Drohgebärde (ausgelöst durch den in Nestnähe befindlichen Beobachter!) anflog. Daß die Jungen fremde Nachtreiher abwehren, dagegen die eigenen Eltern anbetteln, kann also völlig hinreichend damit erklärt werden, daß angeborenermaßen *jeder* Nachtreiher, wenn er nur das Begrüßungsverhalten übt, als Elter oder genauer als Fütterer behandelt wird. — In ähnlicher Weise scheint bei Cairina, der „Türkenente", und wohl anderen Nestflüchtern die äußere Konstanz der Beziehungen dadurch hergestellt zu sein, daß einem bestimmten Entwicklungsstadium der Jungen eine ebenso bestimmte Phase im Pflegeverhalten des Elternvogels entspricht. Gibt es Divergenzen infolge kümmernder Entwicklung der Jungvögel, so passen solche Nachzügler nicht mehr ins Getriebe der angeborenen Beziehungen und scheiden aus dem System der Familie aus.

Alles in allem dürfte die Bedeutung der Individualisierung für die Fortentwicklung des Geistes klar geworden sein. — Um so mehr beansprucht es Interesse, wenn noch nach Vollzug dieses Aktes Gemeinschaftstypen entstehen, welche darauf keine Rücksicht nehmen. Es ist wahrscheinlich, daß die herbstlichen Starengemeinschaften (und sonstige Vergesellschaftungen von umherzigeunernden oder ziehenden Vögeln) stammesgeschichtlich Spätbildungen sind, welche ihre Entstehung dem Wandertrieb als Primärbildung verdanken. Völlig außer Zweifel steht aber, daß das nachfolgend beschriebene Verhalten eines Pinguins (Pygoscelis papua) durch nachträgliche Entwicklung anonym-sozialer Reaktionen zustande gekommen ist: Nachdem das alte Paar seine Brutaufgabe in völlig „privater" Weise erledigt hat, scharen sich die Jungpinguine, sobald sie der Ortsbewegung fähig sind, zu Kinderverbänden zusammen, in deren Fütterung sich viele Erwachsene teilen, indem sie einander ablösen. Das bedeutet, daß ein Pinguin nicht nur *seine* Jungen füttert (so pflegt es sonst bei Koloniebrütern zu sein), sondern auch fremde. Besser gesagt, die Unterscheidung: „eigen-fremd" tritt überhaupt nicht in Erscheinung. Die Bezugnahme auf die Jungenschar ist eine völlig anonyme. Wir sehen, daß hier rationelle Versorgungsmethoden auf Grund angeborenen Verhaltens entstanden sind, wie sie der Menschengeist auf intellektuellem Weg ganz ähnlich erfindet.

Die große Regelmäßigkeit, mit welcher die Bildung anonymer Massengemeinschaften mit dem Verlust der Ortsstetigkeit einhergeht, bedarf noch einer kurzen Besprechung. Sofern Tiere überhaupt fähig sind, ihre Ortslage selbständig zu beeinflussen, soweit sie also nicht passiv getragen werden wie Planktonorganismen des Wassers, findet man, daß Ortsbeständigkeit und anonyme Bindung einander weitgehend ausschließen und ablösen. Es ist dies besonders dann auffällig, wenn man die gleiche Art in verschiedenen Lebensphasen prüft. Sämtliche Arten, deren Angehörige sich in unregelmäßigen Abständen unter dem Einfluß sehr ungenau bekannter äußerer Faktoren — Übervölkerung, Nahrungsmangel — zu invasionsartigen Wanderungen aufbrechen, bilden dann spontan Herden und Schwärme: Lemminge, Schmetterlinge, Libellen, unter den Vögeln Tannenhäher und Flughühner. Es sieht aus, als ob der Massenkontakt einen Ersatz für den preisgegebenen Standort böte. Diese Vorstellung ist gar nicht so abwegig, wie daraus hervorgeht, daß man enge Kontaktnahme bei Einbringen in fremde Umgebungsverhältnisse auch da feststellen kann, wo anonyme Gesellschaftsbildung normalerweise gar nicht eintritt: Bei den extremen Wanderformen hört das Massendasein nie auf, so bei Wanderheuschrecken (soweit man deren wandernde Modifikation, die „Schwarmphase", im Auge hat) und bei der nun ausgestorbenen nordamerikanischen Wandertaube. Letztere wickelte auch ihr Brutgeschäft in Massenkolonien ab, die aber charakteristischerweise nicht jährlich bezogene, traditionelle Brutstätten waren, sondern die von Mal zu Mal je nach der Gunst des Ertrags von Buche und Eiche neu gewählt wurden.

---

Der Aufbau der menschlichen Gesellschaft auf der Grundlage der Individualität ist auf Schritt und Tritt nachweisbar. Dagegen bedarf die Frage einer Prüfung, ob wir Menschen auch über elementare Reaktionen verfügen, die auf anonyme Gemeinschaften Bezug nehmen. Wohl sind uns aus dem täglichen Leben Bezugnahmen auf das gesellschaftliche Milieu bekannt, doch handelt es sich selten um „reine Situationen", d. h. solche, in denen Bindungen dieser Art wirklich das Bestimmende sind. Häufig wird die klare Sicht auch dadurch geraubt, daß konventionelle Gründe die wahren Motive von Handlungen verschieben. Kurz und gut, das Herausschälen von Reaktionen, die auf die anonyme Gesellschaft Bezug nehmen, muß mit Kritik und Vorsicht versucht werden. Wir streben an, Elementarreaktionen (oder, wenn wir mit der Methode der Selbstbeobachtung vorgehen: Elementarerlebnisse) zu isolieren, und wir werden darauf sehen, daß die folgenden Bedingungen mit größtmöglicher Sicherheit erfüllt sind. Sie müssen angeboren sein, nicht anerzogen; einfach, nicht durch Mischung von mehreren Komponenten zustande gekommen sein; schließlich ausgelöst durch eine Situation, die auf eine biologisch plausible Ursituation zurückgeführt werden kann.

*Lorenz* nennt uns eine solche Reaktion, die auf Gefährdung des Gemeinwesens anspricht: Ein Erlebnis der begeisterten Abwehrentschlossenheit, bei dem es uns „überläuft", eine Empfindung, die durch Erektion der Haare auf Oberrücken und an der Außenseite der Arme zustande kommt; letztere werden gleichzeitig leicht abgehoben und einwärts rotiert. All das kann — unter Rekonstruktion einer inzwischen verschwundenen Behaarung — im Sinne einer Vergrößerung des Umrisses verstanden werden. Dazu kommen gewisse Spannungszustände der Gesichtsmimik, welche den Ausdruck mutiger Entschlossenheit erzeugen (*Lorenz*, l. c. S. 292). Das Objekt dieses Erlebnisses läßt sich einigermaßen charakterisieren nach den Bedingungen, unter denen es eintritt: Wir werden dann gewahr, daß es die *eigene* Gemeinschaft sein muß, die von der Gefährdung betroffen wird, damit das *Lorenz*sche Erlebnis anspricht. Gegenstand des Begeisterungserlebnisses ist also eine Gemeinschaft, die erst durch den Gegensatz zu anderen, nämlich fremden Gemeinschaften charakterisiert ist. Wir werden bei dieser Feststellung an die primitive Gruppenbildung der Menschen gemahnt, die im Grunde unter den Verhältnissen der modernen Staatenbildung weiterbesteht. Ein Unterschied besteht in der Größe der zusammengefaßten Kollektive (kopfzahlmäßig und auch flächenmäßig), welche weitgehend von der Technik des Meinungsaustausches und damit der Möglichkeit der gemeinsamen Meinungsbildung abhängt. Wo nicht geschrieben und gelesen wird (und zwar auch nicht von einzelnen), muß ein Kollektiv, das dem Bewußtsein seiner Mitglieder faßbar ist, notwendigerweise auch sinnlich begrenzt bleiben. Heutzutage ist die Technik der Nachrichtenübermittlung so weit fortgeschritten, daß im großen und ganzen die sprachliche Trennung den Umfang der sich als zusammengehörig betrachtenden Staatengebilde begrenzt. Auch dieses Hindernis wird vermutlich in verstärktem Maße beseitigt werden; doch ist die Hoffnung falsch, daß solche Grenzerweiterungen eines Tages zur Zusammenfassung der ganzen Menschheit führen können. Einigung wird nur erzielt *gegen andere* Kollektive. Hätten wir Erdbewohner wenigstens einen von konkurrenzfähigen Wesen bewohnten Nachbarplaneten in Reichweite, dann würde ein Gutteil der vorhandenen Gegensatzpotentiale nach jener Richtung abgelenkt. Wenn die irdischen Staatenlenker hören würden, daß die Marsbewohner einen Feldzug gegen die Erde planen, dann wäre in der Tat ganz unversehens jene Einigung erzielt, die bei der tatsächlichen Lage von der geschickten Politik einer ausschließlich intellektuell planenden Behörde bestenfalls vorgetäuscht wird, nämlich dadurch, daß sie der Planung von Gewaltakten sofort die Androhung noch nachdrücklicherer Gewaltakte entgegensetzen kann. So bleibt im günstigsten Fall alles im potentiellen Stadium.

Wir sehen also, daß jene emotionelle Kraft, welche sich in reiner und intensiver Form als das von *Lorenz* beschriebene Verteidigungserlebnis äußert, tatsächlich auf eine anonyme Gemeinschaft Bezug nimmt; trotzdem darf sie nicht mit jener Bindung verglichen werden, die einen Starschwarm zusammenhält. Die Tendenz, von der solche Tiere beherrscht werden, erschöpft sich offenbar im Einander-nah-sein-wollen gleichartiger Individuen [1]. Gegensätzliche Kollektive gibt es hier nicht; wo zwei kleinere Schwärme sich treffen, vereinigen sie sich zu einem größeren.

Wir suchen also erneut nach Reaktionskorrespondenzen zwischen dem Einzelmenschen und einer *grenzenlosen*, nicht gegensätzlich definierten Gemeinschaft. Zur Suche danach wird man durch die Feststellung von dem Bestehen allgemeiner, im Alltagleben wirksamer Bezugnahmen auf das Gesellschaftsmilieu ermutigt, so daß bei einigem Bemühen die Entdeckung „reiner Fälle" möglich sein müßte.

Das menschliche Geltungsbedürfnis bezieht seine Befriedigung aus der anonymen Anerkennung. Irgendwelche Grenzen oder Gegensätze gibt es nicht; höchstens werden solche vorgetäuscht durch Überschneidung mit der eben besprochenen Reaktion der Sippenverteidigung. Besser als an dem an sich naheliegendem Fall des politischen Führers läßt sich dies aufzeigen an den Vertretern von Berufen, mit denen irgendwie publizistische Tätigkeit verbunden ist. Zwar ist das Moment der Rivalität hier so deutlich wie auf jedem anderen Berufsfeld, doch spielen sich daraus entstehende Kämpfe vor dem Forum und um die Akklamation eines Publikums ab. Es ist leicht zu zeigen, daß es dabei primär keine Grenzen nationaler oder sonstiger Art gibt. Darin, daß Beifall aus individuell benannter Quelle die Befriedigung steigert, ist kein Widerspruch gegen die eigentlich anonyme Fundierung des Prestiges zu erblicken. Individuelle Beifallsbezeigungen werden als Symptome der öffentlichen Meinung gewertet, und der persönliche Beifall nahestehender Personen befriedigt das typische Bedürfnis nach Ruhm viel weniger als Zustimmungsäußerungen mit gewichtigen Unterschriften, die selber ein Stück anonymen Kollektivs repräsentieren.

Es unterliegt keinem Zweifel, daß der Führungsanspruch eines bestimmten Typs des politischen Führers primär ein unbegrenzter ist; doch kalkuliert er mit den Reaktionen seiner Gefolgschaft, die sich für das Erreichbare verwerten lassen. Und eine der wichtigsten dieser Reaktionen ist die der oben besprochenen Sippenverteidigung, wozu unten noch ein Zusatz zu machen sein wird. —

In einem Staate mit einem Diktator an der Spitze sind im Grunde gleiche Kräfte als Bindemittel verwertet wie in der frühmenschlichen (oder vormenschlichen) Kleinsippe; jedoch verursacht das Wuchern der Intellekts eine Disharmonie: zu Urzeiten war diese Reichweite des Führungstriebs durch den Umfang der sinnlich wahrgenommenen Gemeinschaft natürlich begrenzt. Es gab in der Evolution kein züchtendes Moment, das auf die Begrenzung des Umfangs des Führungsanspruches noch besonders hingewirkt hätte. Das geistige Fassungsvermögen des späteren Menschen reicht aber weiter als seine Sinne, so daß der an sich grenzenlose Führungsanspruch, wenn nicht durch andere Tendenzen gebändigt, zur Gefahr wird. Berücksichtigt man außerdem, daß die Reaktion der *Sippenverteidigung* durch das Phantom eines ad hoc erdachten Sachverhalts willkürlich ausgelöst werden kann, so hat man die wesentlichen psychologischen Faktoren beisammen, welche die gemeingefährliche Intoleranz mancher Staatengebilde zuwege bringen.

---

[1] In gewissem Umfange kann das Bedürfnis dieses anonymsozialen Kollektivs auch durch das optische Bild andersartiger Organismen befriedigt werden. Gemischte Schwärme aus Staren und Kiebitzen, Krähen und Dohlen, sowie aus Sumpfvögeln verschiedener Artzugehörigkeit sind etwas ganz Übliches, ebenso Steppenherden, welche Strauße, Zebras und viele Paarhufer umfassen. Die ungefähre Größe und die Bewegungsfähigkeit scheinen die sparsamen Merkmale abzugeben, die den anschlußtauglichen Gefährten bestimmen.

Führungsehrgeiz und publizistisches Geltungsbedürfnis sind fraglos das gleiche im Sinne einer biologischen Homologie. Sie sind zwei nach außen hin etwas verschiedene biologische Wirkungen der gleichen menschlichen Eigenschaft, wobei der Führungsehrgeiz eine ursprünglichere, noch mehr ans Körperliche gebundene Form darstellt. Der publizistische Ehrgeiz drückt den Führungsanspruch auf rein geistigem Gebiet aus. — Es ist keine seltene Erscheinung, daß Wissenschaftler oder Schriftsteller mit gefestigtem Prestige scheinbar der Menschheit den Rücken kehren und sich zu einsamer Arbeit zurückziehen. Es wäre falsch, anzunehmen, daß sie fürderhin auf den äußeren Erfolg (nämlich den Beifall des Publikums) verzichten. In Wirklichkeit erstreckt sich ihr Verzicht nur auf die unmittelbar sichtbare Akklamation, während man gewiß sein darf, daß sie Kanäle finden werden, durch welche der Widerhall ihrer Arbeit aus der Öffentlichkeit Zugang zu ihnen findet. Die anonyme Beschaffenheit der Prestigebefriedigung zeigt sich hier nur in reinerer Form. —

Es gibt bekanntlich eine Affektübertragung, die nicht an bestimmte Personen gebunden ist. Die Intensität des übertragenen Affekts steigert sich mit der Anzahl der Personen, welche Zeichen der Erregung abgeben, so daß durch Wechselwirkung die Erscheinungen der sogenannten Massenpsychose zustande kommen. Es gibt darüberhinaus Fälle, in denen ein ganz besonders gehobenes Empfinden durch das Wissen um den Gleichklang menschlichen Denkens schlechthin entsteht. Als Typus dieser Erscheinung nenne ich jenes pathetische Gefühl der Weltverbundenheit, das im Augenblick des Jahreswechsels die Menschen der Kulturwelt beherrscht. Je nach Veranlagung des Einzelnen äußert es sich in einer Schattierung zwischen melancholischem Isolierungsbedürfnis und gesellig-lärmender Prost-Neujahrs-Stimmung. Dieses Neujahrserlebnis hat man zwar auch dann, wenn man auf einsamer Bahnfahrt den Uhrzeiger zur kritischen Stellung rücken sieht, doch wird es verstärkt durch sinnlich wahrnehmbare Zeichen der Fühlungnahme, worunter weit schallende oder sichtbare Phänomene, wie Explosionen, Glockenklang, hochsteigende Raketen der expansiven Allgemeinstimmung am besten entgegenkommen. Selbstverständlich tritt dieses Erlebnis auch innerhalb kleinerer Gemeinschaften auf, ohne daß deren Begrenzung etwas anderes bewirkt als eine Minderung seiner Intensität. Letztere kann andererseits durch stärkere Betonung der sinnlichen Eindrücke gesteigert werden. Kein Wunder, daß die politischen Unternehmer diesen Faktor in den Bestand ihrer Behandlungsmethoden aufgenommen haben. Es besteht Anlaß zur Annahme, daß das von *Lorenz* übernommene Erlebnis der Sippenverteidigung gerade seine „Begeisterungs“komponente durch die Beimischung des anonymen Gleichklangerlebnisses erhält.

Ich fasse zusammen, was in dem oben Besprochenen an Wesentlichem für die gestellte Frage enthalten ist. Wir kennzeichnen darin menschliche Emotionen (wir könnten auch sagen: Verhaltensweisen; denn der gleiche Sachverhalt läßt sich grundsätzlich unter Verzicht auf Selbstbeobachtung auch bei objektiver Beobachtung unserer Mitmenschen feststellen), welche in verschiedenen Formen auf anonyme, unbegrenzte Kollektive Bezug nehmen. Es soll uns dabei gar nicht auf die *Art* der ausgelösten Reaktion ankommen, sondern nur darauf, ob überhaupt eine solche Gemeinschaft Gegenstand elementarer menschlicher Regungen sein kann.

Diese Fragestellung mag auf den ersten Augenblick reichlich bescheiden erscheinen. Aber bei der mannigfaltigen Fähigkeit des menschlichen Geistes, irgendwelche Gebilde mit Anschauungswerten zu erfüllen, die ihnen nicht ursprünglich zukommen (und durch Mischung solcher Anschauungswerte neue Qualitäten zu erzeugen), ist in den Fällen, in denen wir ein wirkliches Elementarerlebnis annehmen, der größte Aufwand an Kritik geboten. Ich habe mir große Mühe gegeben, die beschriebenen Regungen anders als elementar zu verstehen, ohne daß es mir (oder anderen) gelungen wäre. Es handelt sich um Bezugnahmen auf die anonyme Gesellschaft, die fraglos unabhängig vom Kulturkreis sind, was für ihre Instinktnatur spricht. (Daß die Neujahrsfeier etwas traditionell Gegebenes ist, ändert daran nichts. Sie ist ja nur der äußere Anlaß, der das Wissen um die gleichzeitige Gleichstimmung einer weltweiten Gesellschaft herstellt.) Eine Aufspaltung in Komponenten ist kaum denkbar. Was die Ursituation betrifft, so bedarf sie beim Führungsanspruch keiner weiteren Rekonstruktion. Beim Erlebnis des Gleichklangs mag es sich um eine Bereitschaft handeln, welche gemeinsamen Unternehmungen — etwa der Jagd — den Schwung der Zusammenarbeit verlieh. „Weltweit“ konnte sie zuzeiten ihres Ursprungs zwar nicht sein, sondern nur sippenweit. Hier gilt genau das gleiche, was oben schon bezüglich des Führungsanspruches gesagt wurde.

Soll man daraus, daß die anonyme Gemeinschaft ihr Korrelat im Bestand unserer angeborenen Anschauungen hat, Trost für das Zusammenleben der Menschheit schöpfen? Die Frage ist im Vorausgegangenen schon beantwortet: Unsere Feststellungen sind unter diesem Blickwinkel ganz belanglos. Die Methodik des Politikers hat sich des Sachverhalts längst bemächtigt — er kann ihn zum Guten und zum Bösen verwenden. Da aber die

„gute" Politik nur die Schlichtung der Strebungen der allzu dicht benachbarten Menschen zum Ziel hat, also keinem Selbstzweck dient, sondern nur den Menschen, so wird sie mit wenig Emphase und ohne Aufwand von Beeinflussungstechnik ihre nüchterne Arbeit verrichten. Wo immer sich Ideologien türmen, werden die Menschen einem Phantom geopfert werden. Die Mittel, sie gefügig zu machen, nimmt der Demagog zum großen Teil aus ihrer Begeisterungsfähigkeit, die er entfacht, indem er ihnen den Gleichklang ihres Denkens und Fühlens recht sinnfällig macht — was immer der Inhalt dieses Denkens und Fühlens auch sein mag.

*Angeführte Schriften:*

Goethe, F., Beobachtungen zur Biologie der Silbermöve (Larus a. argentatus Pontopp.) auf der Vogelinsel Memmertsand. Journ. f. Ornith. *85* 1937 S. 1.

Heinroth, O., Beiträge zur Biologie, namentlich Psychologie und Ethologie d. Anatiden. Verh. 5. intern. Ornithol. Kongr., Berlin 1910.

Kitzler, G., Die Paarungsbiologie einiger Eidechsen. Z. f. Tierpsychol. *4* 1942 S. 353.

Kramer, G., Bewegungsstudien an Vögeln des Berliner Zoologischen Gartens. Journ. f. Ornith. *78* 1930, S. 257.

Ders., Beobachtung über das Verhalten der Aaskrähe zu Freund und Feind. Journal f. Ornithologie *89* 1941, Sonderheft S. 105.

Lorenz, K., Der Kumpan in der Umwelt des Vogels. Journal f. Ornithol. *83* 1935 S. 137, 289.

Ders., Die angeborenen Formen möglicher Erfahrung. Z. f. Tierpsychologie *5* 1943, S. 233.

Roberts, B., The breeding behaviour of Penguins, with special reference to Pygoscelis papua (Forster). Brit. Graham Land Exped. 1934—1937 Vol. I No. 3, p. 195 (Nach einem Referat von E. Stresemann, Ornithol. Ber. 1947, S. 46).

Nachwort. Seit Niederschrift dieses Artikels (Frühjahr 1948) ist es ziemlich sicher geworden, daß manche Fische (brutpflegende Barsche) einander persönlich erkennen. Andererseits habe ich selber beim Star keine Bestätigung für Bindungen an die Person erhalten können, was sehr merkwürdig ist. — Alle den Menschen betreffenden Vermutungen kommen dem Verfasser heute, im Herbst 1950, zu vage vor, als daß er sie nochmals in solchem Zusammenhang niederschreiben würde.

(*Dr. Gustav Kramer, Wilhelmshaven, Max-Planck-Institut für Meeresbiologie.*)

## Colluvies Gentium.

### (Volksentstehung aus Asylbildung.)

Von

W. E. MÜHLMANN.

Der Begriff der „Colluvies gentium" ist von dem deutschen Naturforscher *C. F. P. v. Martius* (1794 bis 1868) geprägt worden, dessen in den Jahren 1823 bis 1832 in Brasilien ausgeführte Reisen unsere Kenntnisse der Ethnographie Südamerikas beträchtlich vermehrt haben[1]. *Martius* hatte beobachtet, daß in den von ihm durchforschten Gebieten manche Indianergruppen mit einheitlichem Stammesnamen keineswegs einheitlicher Herkunft waren, sondern in Wirklichkeit aus zusammengewürfelten Banden von Leuten der verschiedensten ethnischen Herkunft und — ursprünglich — auch verschiedener Sprache bestanden. Einige spätere Reisende (z. B. *Paul Ehrenreich*) haben wohl die Berichte *Martius'* angezweifelt und sie als auf Irrtümern beruhend bezeichnet. Inzwischen aber haben sich unsere ethnographischen Kenntnisse gewaltig vermehrt, und es läßt sich zeigen, daß der soziologische Tatbestand der „colluvies gentium" in der Tat besteht und nicht einmal ganz selten anzutreffen ist. In einigen Fällen können wir die Entstehung derartiger „ethnischer" Gebilde an Hand historischer Nachrichten in den Einzelheiten verfolgen; in anderen Fällen haben wir nur Indizien. Im ganzen läßt sich schon heute zeigen, daß das Zustandekommen der „colluvies gentium" aus bestimmten historischen Situationen entspringt und gewissen soziologischen Regeln folgt.

Bekannt ist das Beispiel der sog. Maronen in Niederländisch-Guayana, die in den Büschen Surinams aus der Vermischung entlaufener Negersklaven mit Indianern im 17. Jahrhundert entstanden sind. Sie haben den Holländern in jahrzehntelangen Buschkriegen zu schaffen gemacht und bilden heute eine ziemlich deutlich geprägte ethnische Gruppe, deren überwiegend afrikanisches Kulturerbe *Herskovits* analysiert hat[2]. Aber auch in Nordamerika haben der Einbruch und das kolonisatorische Vordringen der Weißen sowie die Einführung von Negersklaven das ethnische Gefüge der eingeborenen Stämme tiefgreifend beeinflußt. Viele Indianerstämme sind dabei völlig zugrunde gegangen, ihre Reste haben sich mitunter zu neuen Stammeseinheiten formiert. So stellen sich z. B. die Seminole in Florida und Oklahoma schon in ihrem Stammesnamen als „Entlaufene" dar. Sprachlich gehören sie zur nördlichen Muskhogee-, d. h. zur Creek-Gruppe, aber ethnisch sind sie zusammengewürfelt aus verschiedenen Indianerstämmen mit Einschüssen von negerischem und spanischem Blut. Den Kern hat eine Abteilung der Creek gebildet, die sich im 18. Jahrhundert von den übrigen Creek trennte. Schon vorher aber hatten die Creek eine Reihe von anderen Indianerstämmen assimiliert, darunter auch Nicht-Muskhogee, und auch Vermischung mit Spaniern war häufig gewesen. Noch viel stärker als in Florida sind die Seminole in Oklahoma mit spanischem und negridem Blute vermischt. Entlaufenen Negersklaven boten sie so häufig und planmäßig Unterschlupf und Asyl, daß man sie nach dem Westen verpflanzen mußte[3].

Die „Colluvies" ist kein einfacher, mechanischer Naturvorgang. Bei den Seminole können wir bereits den persönlichen Faktor erkennen in Gestalt bestimmter Häuptlinge, die ganz bewußt durch die Gewährung von Asyl Flüchtlinge, verfolgte Rechtsbrecher usw. der verschiedensten Abstammung an sich zogen und um sich sammelten, um durch die Gewinnung von Gefolgschaft ihre Macht und ihren Einfluß zu vermehren. Je mehr dadurch ihr Ruf sich verbreitet und ihr Prestige wächst, um so mehr werden sie zu einem magnetischen Zentrum, das von allen Seiten her Kräfte absaugt und an sich zieht. Wie stark die Fähigkeit, Asyl zu gewähren, mit der Konzentration politischer Macht ursprünglich zusammengehangen haben muß, zeigen nicht nur die ethnographisch-soziologischen Parallelen, sondern auch etymologische Betrachtungen. So ist aus lat. *hospes*, Gastfreund, über altsl. *gospodi*, Herr (vgl. noch heute südslaw. **gospodar*, Schutzgeist des Hauses, Hausherr, Herr), zu idg. *ghosti-potis* (d. h. „der über den Fremdling Mächtige") ein altertümlicher Rechtszustand zu erschließen, in dem der Patriarch kraft der Fähigkeit, den ursprünglich Fremden als Gast (lat. *hostis*, zu dt. *gast*) bei sich aufzunehmen und nötigenfalls zu schützen, zum asylbietenden Kristallisationspunkt der Machtansammlung werden konnte.

Auf diese Weise bilden sich oft in überraschend kurzer Zeit neue Machtzentren oder Kristallisationskerne, die es erklärlich erscheinen lassen, warum plötzlich an einem bestimmten Orte ein neuer „Stamm" entstanden ist, von dem wenige Generationen vorher noch nichts zu bemerken war, und dessen Entstehung sich mit den üblichen Vorstellungen über das langsame und organische Wachstum der ethnischen Einheiten nicht zusammenreimen läßt. Bestehen nun gar mehrere solche, durch mächtige Häuptlinge und deren Anhang repräsentierte Machtzentren nebeneinander, so setzt unter diesen alsbald jenes in der sozialen Ethnographie wohlbekannte *Rivalisieren um Gefolgschaft* ein, das den Wachstumsprozeß abermals kumulierend beschleunigt und steigert.

Das soziologische Gebilde der *Klientel* ist wahrscheinlich überall seiner historischen Entstehung nach auf analoge Fälle zurückzuführen. In allen Erdteilen finden wir Stämme oder stammesartige Gebilde, die aus den üblichen ethnologischen Klassifikationen herausfallen. Derartige Gruppierungen von „Refugiierten" finden sich häufig in Gebirgshorsten, in abgelegenen Sumpf- und Waldgebieten, auf Flußinseln usw. (Neuguinea). Der oberflächliche Reisende stellt einfach einen neuen „Stamm" fest, von dem man vorher noch nichts gewußt hat. Erst genauere Analyse, Erkundung der Stammbäume, des Lebensschicksals einzelner Leute usw. erschließt die Kenntnis, daß es sich in solchen Fällen um werdende ethnische Einheiten handelt, die aus einem Asylverhältnis erwachsen sind. Häufig befinden sich solche Gruppen in einem Klienten-Verhältnis zu benachbarten mächtigen Stämmen. Beobachten wir den Vorgang in einer noch späteren historischen Phase, so kann es vorkommen, daß die asylierte Gruppe bereits denselben ethnischen Namen führt (oder wenigstens beansprucht!) wie der asylbietende Stamm, wodurch der volkstumsgeschichtliche Unterschied verwischt wird. Es ist das einer der Gründe, warum die sogenannten „Völkernamen" so gefährliche Fallgruben für den Forscher bilden. In weiten Gebieten Afrikas z. B. werden die ethnischen Bezeichnungen von den Eingeborenen in doppeltem Sinne verwendet, erstens in wirklich ethnischem, zweitens in politischem Sinne. Im erstgenannten Falle sind lediglich die wirklichen Angehörigen eines Stammes mit dem Namen bezeichnet, im zweiten nur die zum politischen Hoheitsbereich desselben Gehörigen, d. h. die „Klienten", welche sich überaus gern mit dem Namen des dominierenden Stammes „schmücken", obwohl sie ethnisch anderer Herkunft sind. Dieselbe Erscheinung ist auch aus der historischen Völkerkunde bekannt, man denke an Bezeichnungen wie Mandschu, Parther, Goten, Skythen usw.

Im östlichen Rußland, am südlichen Uralgebirge, sitzt das kleine Völkchen der Tepteren. Für die klassifizierende Völkerkunde ist es einfach ein kleiner Türkstamm. Die Zahl der Tepteren wurde bei der amtlichen russischen Zählung des Jahres 1926 auf über 27 000 angegeben. Aber volkstumsgeschichtlich ist diese Gruppe hervorgegangen aus einem Gaststamm der türkischen Baschkiren, der sich seit dem 16. Jahrhundert nach der Zerstörung der kasan-tatarischen Machtstellung durch Moskau aus versprengten Tscheremissen, Wotjaken, Tschuwaschen und Tataren, also aus Splittern finnisch-ugrischer, wolga-bulgarischer und türkischer Herkunft gebildet hatte, die sich der Besteuerung, Rekrutierung und Christianisierung entziehen wollten, und bei den Baschkiren Asyl fanden.

Die ganze Zone des südlichen Sibiriens, Turkestans und der aralisch-pontischen Steppen, vom Amur im Osten bis zur Ungarischen Tiefebene im Westen, ist uraltes Durchzugsgebiet, in dem immer wieder die Wellen nomadischer Hirtenkrieger hin und her fluteten. Es ist daher ganz natürlich, daß immer wieder die gebirgigen und bewaldeten Randgebiete dieser Zone, die Sajanischen Alpen, der Altai, Tienschan, Ural und Kaukasus zu Flucht- und Auffanggebieten geworden sind, in denen die Trümmer der verschiedensten Völkerschaften hängenblieben, sich örtlich sammelten und da und dort zu neuen ethnischen Einheiten konfigurierten. Solche Neubildungen sind z. B. in Zentralsibirien die Karagassen, Koibalen und Matoren, am Ural die schon genannten Tepteren, die Meschtscheren und Wogulen, im Kaukasus die Osseten u. a. m., in der Krim die sogenannten Krim-Tataren. Letztere bewahren kaum noch etwas von dem stark mongolid bestimmten Rassentypus der ursprünglichen Nogaier Tataren, sie sind einfach historisch ein Gemisch von echten Tataren mit osmanischen Türken, Genuesern, Resten der Krim-Goten, der pontischen Griechen und vermutlich auch Splittern der alten iranischen Völkerschaften Südrußlands („Skythen"). Im Kaukasus können wir die Zusammenwürfelung mancher „Stämme" aus Resten anderer ethnischer Gruppen mitunter direkt nachweisen. So ist z. B. der georgische Gebirgsstamm der Chewsuren im Laufe von Jahrhunderten aus der Zusammensiebung von Verfolgten, Unzufriedenen und Rechtsbrechern gebildet worden, welche sich in einem entlegenen Winkel des Hochgebirges zusammenfanden. Das Asyl als ein altertümlicher Rechtsbrauch ist ja gerade aus dem Kaukasus gut bekannt. Die archaische Wildheit und unbändige Freiheitsliebe derartiger Gruppen ist z. T. gewiß ein Ergebnis ihrer Rekrutierung aus Elementen, die sich anderwärts sozial nicht einfügen wollten oder konnten, oder die eine besondere Abneigung gegen die Erfassung durch die in den Tiefländern konzentrierten zentralen „Staatsapparate" bekundeten. Eine merkwürdige Übereinstimmung besteht in dieser Hinsicht zwischen dem Kaukasus und dem Balkan, eine Übereinstimmung, die nicht nur durch immer wiederkehrende ähnliche Konstellationen in den beiden Gebieten, also durch sozialhistorische Konvergenz zu erklären ist, sondern wahrscheinlich auch durch ein gemeinsames Substrat alteuropäisch-vorindogermanischer Kulturzusammenhänge, deren Relikte wir noch bis vor kurzem in bestimmten geographischen Rückzugsgebieten der europäischen Randländer (West-Balkan, Peloponnes, Korsika, Atlas, Pyrenäen, Wales, Hochschottland) verfolgen konnten[4]. Charakteristisch für diese Übereinstimmungen ist, daß wir nirgends eine völlige kulturhistorische Abdichtung dieser „*Horste*" gegen die staatlich geprägten Kulturen der Ebenen feststellen können; vielmehr nahmen die Horste mit den in sie einsickernden Flüchtlingen und Versprengten immer wieder zugleich einzelne Elemente der jeweiligen Staatskultur und „Gesinnung" in sich auf, im Westbalkan z. B. der römischen, byzantinischen, serbisch-staatlichen, mittelalterlich-feudalen usw.; sie machten aber diese Einflüsse gewissermaßen dem Ausbau der Rückzugsfestungen dienstbar, ohne sich durch sie zersetzen zu lassen und ihre Eigenart zu verlieren, die sie vielmehr nur um so kräftiger und starrer bewahrten. So „erlagen" (rein kultur- und sprachhistorisch gesehen) die Horste des Balkans immer wieder seit frühhistorischen Zeiten dem Einflusse der sich ablösenden Kulturen der Ebene: sie wurden hellenisiert, romanisiert, slawisiert, christianisiert, feudalisiert, serbisiert, z. T. islamisiert (Albanien, Bosnien), und trotzdem konnten sie die bezeichnenden alteuropäischen Sozialzustände mit gentil-patriarchaler Organisation, Blutrache, Asyl- und Klientenwesen bis fast in unsere Tage erhalten. *Jovan Cvijić* hat von einer „Regeneration" durch die Auffüllung der Horste mit stets neuen Zuzüglern gesprochen und *Gerhard Gesemann* hat diesen Begriff aufgenommen; was wir hier „Ausbau der Rückzugsfestungen" genannt haben, bezeichnet ungefähr dasselbe. Das bekannteste Beispiel sind die sog. Uskoken des westlichen Balkans. Die Völkerkunde des 19. Jahrhunderts faßte sie einfach als ein „Volk" auf, und die alten ethnographischen Karten der österreichisch-ungarischen Monarchie zeichnen die Uskoken als einen kroatischen oder serbischen „Stamm" ein. Tatsächlich aber sind die Uskoken hervorgegangen aus einer Siebungsgruppe der unabhängigen und freiheitliebenden Elemente der Ebene, die sich den Türken nicht unterwerfen wollten und ein freies und gefahrvolles Leben im Karst dem Dasein in den fruchtbaren, aber unterworfenen Landschaften der Ebene vorzogen. Wie *Njegoš* im „Bergkranz" singt:

„Das serbische Volk verlor seinen Namen,
Löwen wurden zu Bauern,
Die Feigen und die Habgierigen vertürkten sich.
Was dem Türkensäbel entging,
Was den wahren Glauben nicht lästerte,
Was sich nicht in Ketten binden lassen wollte,
Das flüchtete sich in diese Berge,
Zu sterben und das Blut zu vergießen,
Das Vermächtnis heldischer Ahnen zu wahren,
Den herrlichen Namen und die heilige Freiheit."

Während im Falle der Montenegriner die patriarchale Sippenorganisation illyrischer und slawischer Herkunft immer noch die Klientel überwiegt, herrscht letztere unbedingt in den vorindogermanisch geprägten Sozialzuständen der alten Mittelmeervölker. Dies gilt sogar für die erste Entstehung der „Civitas Romana". Wir wissen heute, daß der Bericht des *Livius* (I 8 und II 1), Romulus habe seine Stadt durch die Errichtung eines Asyls bevölkert, welches zahlreiche Schutzflehende angelockt habe, bei aller sagenhaften Einkleidung einen historischen Kern enthalten muß. Ja, die „illegitimen" Ursprünge Roms erhellen gerade aus der Ursprungssage am deutlichsten. Die Herkunft der Zwillingsbrüder Romulus und Remus aus der frevelhaften Verbindung ihrer Mutter, der Vestalin, mit dem Gotte Mars, steht nicht nur in Beziehung zu dem folkloristisch über weite Teile der Erde verbreiteten Glauben, daß Zwillinge überhaupt nur aus Ehebrüchen stammen können[5], sondern auch die Aussetzung und die Errettung der Zwillinge durch die mütterliche Wölfin weist darauf hin, daß die Brüder selbst als Wölfe aufzufassen sind, d. h. als Geächtete und „Waldgänger". In der Tat ist ja nicht nur die Wolfsverwandlung der Friedlosen, Ausgestoßenen und Verfolgten ein bezeichnender Zug des europäischen (und außereuropäischen) Volksglaubens[6] — es sei nur an die germanischen Wälsungen, an Leto als Mutter des Apollon und der Artemis, an den wölfischen Zeus Lykaios als den Herrn der Friedlosen, und den Asylcharakter des Berges Lykaios erinnert —, sondern auch die Ethnogonien vieler Völker kennen die Abstammung von einem Hunde oder Wolfe, oft in der Form, daß eine Fürstin mit diesem Raubtier sich frevelhaft verbindet[7]. Wenn nun die ethnologischen Parallelen darauf hinweisen, daß das Phänomen der Entstehung neuer ethnischer Gruppen aus einer Gemeinschaft von Friedlosen wirklich vorkommt, so steht nichts im Wege, sich auch die Entstehung Roms auf analoge Weise vorzustellen. „Albaner und Latiner vermischt mit den Hirten, die die Gefährten des Stadtgründers gewesen waren, bildeten den ursprünglichen Bestand. Dazu traten Landflüchtige, Ausgestoßene und Verbrecher, die sich im Asyl auf dem Kapitol zusammengefunden hatten. Kein Nachbar mochte mit ihnen etwas zu tun haben. Selbst die Frauen mußte man sich rauben. ‚Ihr Römer habt die Vollendung des (ursprünglich latinischen) Staatswesens getrübt, indem ihr Etrusker aufnahmt und Sabiner, Landstreicher, Herdlose und Fremdlinge in großer Zahl', — so etwa läßt ein antiker Geschichtsschreiber den Albaner Mettius Fufetius zum römischen König sprechen. ‚Sogar eure Herrscher habt ihr euch aus der Fremde geholt, und auch euer Senat besteht meist aus Zuwanderern' (Dion. Hal. 3, 10)" (4f[8]).

In den Beziehungen der althellenischen Poleis untereinander mit ihrem ausgebildeten Klienten- und Metökenwesen ist die oben berührte „Rivalität um Gefolgschaft" zum weltanschaulichen Stil des ganzen außenpolitischen Lebens geworden. In der Bündnispolitik der Athener und Spartaner hat sie weltgeschichtliche Bedeutung erlangt. Ein großer Teil der Bürger und Halbbürger der hellenischen Städte war in außenpolitischen Konfliktsfällen zwiespältig und stets bereit, unter Umständen zum Gegner überzugehen; eine „nationale Gesinnung" im modernen Sinne gab es nicht, die Loyalität blieb in vielen Fällen geteilt und labil, und der Fall des Alkibiades sticht mehr durch die Großartigkeit der Persönlichkeit hervor, als durch die Unbekümmertheit des mehrmaligen Verrats. Aus *Thukydides* wird ersichtlich, wie es in allen größeren Poleis eine „Partei" fast jeder anderen größeren Polis gab, bereit, dieser die Vaterstadt bei passender Gelegenheit in die Hände zu spielen. Die halbbarbarischen Randgebiete von Hellas bewahren selbst noch in später Zeit den ursprünglichen Sozialzustand deutlicher, der z. B. in der ätolischen Eidgenossenschaft sichtbar wird; „es war Staatsgesetz", schreibt *Mommsen* hierüber[9], „daß der ätolische Mann gegen jeden, selbst gegen den mit den Ätolern verbündeten Staat, als Reisläufer dienen könne; und auf die dringenden Bitten der übrigen Griechen, dies Unwesen abzustellen, erklärte die ätolische Tagsatzung, eher könne man ganz Ätolien aus Ätolien wegschaffen, als diesen Grundsatz aus ihrem Landrecht". Wenn *Mommsen* trotz seiner ausdrücklichen Feststellung der Verankerung dieses Wesens in einem altertümlichen Rechtszustande die Tätigkeit des ätolischen Bundes als eine „organisierte Räuberwirtsckaft" bezeichnet, so nimmt er vom Standpunkte des Vertreters der zentralistischen Staatsidee in typischer Weise Stellung. Die scheinbare Ungebundenheit — in Wahrheit auf eigentümlichen, in sich respektablen Ehrbegriffen basierenden — gentil-heroischer oder klientelhaft gebildeter Organisationen sind dem zentralistischen Staat von jeher ein Greuel gewesen. Was jene ihre Ehre und ihre Freiheit nennen, heißt er „Bandenwesen" und „Räuberwirtschaft".

Die traditionelle Teilung der Gesellschaft in zwei Faktionen als soziologische *Dauereinrichtung* beschränkt sich nicht auf den Mittelmeerkreis, obwohl sie dort besonders ausgeprägt ist, sondern sie ist auch in Indien und Indonesien zu finden. Es ist sehr möglich, daß sie mit dem uralten, prähistorischen Strome der Megalithkultur zusammenhängt. Eines der markantesten Beispiele, die beschrieben worden sind, bilden die beiden gegensätzlichen Klientel der Demon und Patji auf der Insel Adonare (Indonesien), bei denen nicht nur die Flucht einzelner Parteigänger ins gegnerische Lager, sondern sogar der geschlossene Übergang ganzer Dorfschaften vorkam[10].

Die „Colluvies gentium" ist *ein* Modus unter vielen, wie neue ethnische Einheiten entstehen.

Hunderte, ja tausende Male wird das Zusammentreffen flüchtiger Personen auf einem gemeinsamen Boden ein verfehltes Experiment gewesen sein, das keine soziologischen Dauerfolgen gehabt hat. Aber manchmal ist das Experiment eben gelungen, wie die angeführten Beispiele zeigen. Stoßen wir auf derartige Experimente in der Frühphase ihres historischen Beginnes, so vermag niemand uns zu sagen, ob es sich dabei um eine vorübergehende Massenballung oder um ein wirklich dauerfähiges soziologisches Gebilde handeln wird. Wir befinden uns diesem Phänomen gegenüber gleichsam in der Lage des Archäologen, der meist nur das Gewordene, Fertige und Geglückt-Gestalthafte feststellen kann, nicht aber den Prozeß des Werdens selber, obwohl er weiß, daß alles Gestalthafte den Prozeß voraussetzt. Nicht eingegangen werden kann hier auf die übrigen Modi der Ethnogenese. (Die Typologie ist reicher, als man im allgemeinen annimmt.) Es sei nur betont, daß die Vorstellung der Ethnogenese als beruhend auf reiner Filiation von einem „Urstamm" her auf keinen Fall mehr haltbar ist. Der Ur- oder Stammvölkergedanke hat völlig Schiffbruch erlitten. Er unterscheidet sich ja auch kaum von den mythischen Ethnogonien, welche sich die ethnischen Gesellschaften selber zurechtlegen. Sie tun dies bekanntlich auch in den Fällen, wo sich ihre gemischte und zusammengewürfelte Herkunft historisch schlagend zeigen läßt; auch dann stellen sie nur zu gern die These einer einheitlichen Abstammung von einem gemeinsamen „Urvater" auf, die natürlich wissenschaftlich gesehen nur eine Ideologie ist, wiewohl eine sehr wirksame! Im allgemeinen sind auch wir modernen Forscher noch viel zu gläubig gegen die „historischen" Rekonstruktionen der Völker, wir verkennen immer noch zu sehr das mythologische Element in ihnen und rechnen zu wenig mit der Tatsache, daß auf dem Gebiete des Erzählens über Geschehnisse der Vergangenheit die naive Lüge der Regelfall, die historische Wahrhaftigkeit hingegen eine ganz junge Errungenschaft ist.

*Anmerkungen.*

Der Aufsatz schlägt einen Seitenpfad von des Verfassers Studien über ethnische Assimilation und Ethnogenese ein. Vgl. vorläufig W. E. *Mühlmann*: Assimilation, Umvolkung, Volkwerdung. Ein globaler Überblick und ein Programm. Stuttgart 1944 (Kohlhammer).

Hier zitierte Quellen:

1 *C. F. P.* v. *Martius:* Zur Ethnographie Amerikas, zumal Brasiliens. Leipzig 1867.

2 *M. J. Herskovits:* Rebel Destiny: Among the Bush Negroes of Dutch Guiana. London 1934.

3 *W. M. Krogman:* The Physical Anthropology of the Seminole Indians of Oklahoma. Rom 1935.

4 *G. Gesemann:* Heroische Lebensform. Zur Literatur und Wesenskunde der balkanischen Patriarchalität. Berlin 1943.

5 *L. Sternberg:* Der antike Zwillingskult im Lichte der Ethnologie. Zsch. f. Ethnol. 61, 152—200. 1930.

6 *A. Erler:* Friedlosigkeit und Werwolfglaube. Paideuma I, 303 bis 317. 1940.

7 *F. Kretschmar:* Hundestammvater und Kerberos. 2 Bände. Stuttgart 1938.

8 *F. Altheim:* Italien und Rom. I. Band. Amsterdam u. Leipzig 1941. S. 78 f.

9 *Th. Mommsen:* Römische Geschichte. I. Band. Berlin $1861^3$. S. 688.

10 *P. Arndt:* Demon und Padzi, die feindlichen Brüder des Solor-Archipels. Anthropos 33, 1—58. 1938.

*(W. E. Mühlmann, (16) Wiesbaden, Kaiser-Friedrich-Ring 82.)*

STUDIUM GENERALE

Heft 11 November 1950 3. Jahrgang

# Wege und Formen frühgeschichtlicher Gemeinschaftsbildung.

Von

HORST KIRCHNER.

„Überall im Studium mag man mit den Anfängen beginnen, nur bei der Geschichte nicht. Unsere Bilder derselben sind meist doch bloße Konstruktionen, wie wir besonders bei Gelegenheit des Staates sehen werden, ja bloße Reflexe von uns selbst. Was wir als Anfänge glauben nachweisen zu können, sind ohnehin schon ganz späte Stadien. Das ägyptische Königtum des Menes zum Beispiel deutet auf eine lange und große Vorgeschichte hin. Und nun sollten wir gar an Fragen wie die herantreten, welches die Menschheit der Pfahlbauten war?" (J. Burckhardt, Weltgeschichtliche Betrachtungen.)

Seit der immer verehrungswürdige Weise von Basel diese zu seiner Zeit durchaus berechtigten Sätze formulierte, hat eine kaum mehr zu übersehende Fülle von Beobachtungen und Funden unsere Vorstellung der urgeschichtlichen Zeiträume in einem Grade verdichtet, daß auch die Frage nach ihren gesellschaftlichen Zuständen nicht länger zu jenen unfruchtbaren „Spekulationen über die Anfänge" gezählt werden kann, von denen J. Burckhardt den Historiker ausdrücklich dispensiert hat. Ist auch der Zeitpunkt für eine systematische soziologische Aufarbeitung des frühgeschichtlichen Quellenstoffs mangels der dazu benötigten Vorarbeiten noch nicht gekommen, so zeichnen sich doch bereits bei einer vorläufigen Orientierung eine ganze Reihe so bedeutsamer Fragestellungen ab, daß die Teilnahme des Prähistorikers an einer Diskussion über das vielschichtige Problem menschlicher Gemeinschaftsbildung wohl gerechtfertigt scheint. Für die freundliche Aufforderung hierzu gebührt der Schriftleitung dieser Zeitschrift der verbindlichste Dank.

---

Schon die Menschen der Neandertalrasse hat die Fürsorge für die Bedürfnisse des Daseins, die offenbar seit Anbeginn gruppenweise ausgeübt wurde, zu kleinen Trupps zusammengeschlossen, als deren älteste kollektive Leistung vielleicht die Wartung des Feuers angesprochen werden darf, das ständig am gemeinschaftlichen Lagerplatz unterhalten zu wissen, jedes Mitglied einer solchen Gruppe gleichmäßig interessiert sein mußte; sein abendlicher Genuß vereinigte die Zusammengehörigen über die Stunden gemeinsamer Fang- und Jagdunternehmen hinaus und regte mit dem Austausch von Erinnerungen und Gedanken die sprachliche wie die technische Entwicklung mächtig an. Wir bezeichnen diese einfachste Form eines menschlichen Zusammenhalts, der über die elementaren, durch Erzeugung, Geburt und Aufzucht bedingten Keimzellen hinausgreift, gewöhnlich als Horde, wobei wir diesen Begriff unter Zuhilfenahme völkerkundlicher Beobachtungen als den einer Schutz- und Interessengemeinschaft von Menschen gleicher Art und Sprache definieren können, die auf einem ihnen (und nur ihnen) eigenen Territorium umherziehen, das die Grundlage für ihren Lebensunterhalt abgibt. Wie der Umfang dieser Wandergebiete nicht überall der gleiche sein konnte, da er von der verschiedenen natürlichen Ergiebigkeit und Ausstattung des Landes abhing, so lassen sich auch für die Horde selbst keine festen Zahlen aufstellen, zumal sie ja keine unveränderliche Größe war. In der Regel vielleicht 20 bis 100 Köpfe zählend, setzte sie sich gewiß nicht nur aus Verwandten zusammen: „Verwandte konnten auch in einer anderen Horde leben", und fremde Hordenreste oder -teile konnten jeder bestehenden derartigen Gemeinschaft eingegliedert werden, „falls ein solcher Zuwachs der Horde für die Ausnutzung des Raumes genehm war" (A. Sartorius von Waltershausen, a. a. O., 27). Auch wenn Hungersnöte oder Seuchen den Bestand der Horden dezimiert hatten, war oftmals eine Neuordnung durch Zusammenlegung der Überlebenden erforderlich, sollte die Horde ihre Aufgaben als Schutz- und Interessenverband im Kampf ums Dasein weiterhin erfüllen können; auf sich allein gestellt, wäre der Einzelne und wäre auch die einzelne Familie diesem Kampf sehr bald erlegen. Vielleicht hat sich die letztere, gesellschaftsgeschichtlich gedacht, überhaupt erst auf dem Boden der Hordenverfassung entwickelt; die Ansichten der Soziologen und Ethnologen gehen in dieser Frage merklich auseinander, wenn auch jene ältere Lehre, die sogar den Staat aus der Familie hervorgehen ließ, heute wohl als überwunden gelten darf. Nach A. Sartorius von Waltershausen (a. a. O., 21; ähnlich R. Thurnwald passim, z. B. 1929, 367) hätten sich die Urmenschen, als sie sich von ihren tierischen Vorfahren absonderten, kraft eines mächtig wirkenden Schutzinstinkts von Anfang an gruppenweise zusammengehalten, um die bei ihrer Schwäche und unvollkommenen künstlichen Bewaffnung mit vielerlei Gefahren verbundene Nahrungssuche zu erleichtern. In dem Maße, in dem der Mensch die Mängel seiner natürlichen Ausstattung durch den Einsatz seiner geistigen Fähigkeiten auszugleichen lernt, bildet sich wohl auch der Zusammenhalt unter den Blutsverwandten stärker aus, ohne daß dadurch jene ältere, umgreifendere Einheit gesprengt wird. Grundlage dieser familiären Bindung ist jedenfalls nicht mehr allein der Schutzinstinkt, wie er auch die gesellig lebenden Tiere zusammenhält, sondern daneben und vor allem das Wissen um die Abstammung von einem gemeinsamen Ahn, das innerhalb dieser Sippen oder Großfamilien ein lebendiges Verwandtschaftsgefühl hervorruft. Zu archäologischer Greifbarkeit gelangt es in der beabsichtigten Totenpflege, die, von festen Regeln und Gebräuchen beherrscht, kaum vor dem Moustérien einsetzt. Fand früher ein Mitglied der Horde bei einem Jagdzug sein Ende, so ließ man den Toten offenbar unbestattet zurück; erst im Schoße der Familie wächst eine innigere Teilnahme am Schicksal des Nächsten heran und wendet sich das Grundgefühl der Sorge auch dem Verstorbenen zu (R. R. Schmidt, a. a. O., 103, 105), den man sich im Banne der Vorstellung vom „lebenden Leichnam" auf eine höchst körperhafte Weise fortexistierend denkt. Besonders die Totensammelplätze, wie sie in größerer Zahl seit dem Aurignacien bekannt sind, reden hier eine deutliche Sprache: aus der wohlgeordneten Vergesellschaftung der Toten darf füglich auf eine ebensolche unter den Lebenden geschlossen werden.

Wenn die bei neueren Naturvölkern gesammelten Beobachtungen die Horde als einen in erster Linie durch wirtschaftliche Notwendigkeiten bedingten Zweckverband zu erkennen geben, so gilt diese Kennzeichnung ohne weiteres auch von der urgeschichtlichen Horde. Vor allem war es natürlich die diluviale Großwildjagd, die planmäßige Zusammenfassung der Kräfte verlangte: welche Anstrengung kostete etwa der Bau einer Mammutfalle und wieviel Arme waren nötig, das glücklich darin gefangene Tier zu zerlegen! Am eindrucksvollsten tritt uns der Gemeinschaftscharakter paläolithischer Arbeitsleistung in denjenigen Formen der Jagd entgegen, die als Treibjagd ausgeführt wurden. Die meterdicken Ablagerungen zerschmetterter Wildpferdgerippe, wie sie bei Solutré, Dépt. Saône-et-Loire, am Fuß steil abstürzender Felsplateaus angetroffen wurden, vermögen eine deutliche Vorstellung von dem durchdachten Einsatz größerer Jägerscharen zu geben, die sich hier aus freien Stükken dem Befehl eines der Ihren unterstellt haben, den besondere Erfahrung und Geistesgaben zur Leitung des lebenswichtigen Unternehmens berufen erscheinen lassen mochten. Solche Überlegungen lehren, daß schon diese primitiven Zusammenschlüsse nicht der exponierten Einzelgestalt ermangelt haben; wir möchten gern annehmen, daß es dieselben überdurchschnittlich geschickten Jäger sind, die als Maskentänzer, Maler und Zauberer zugleich das geistige Leben dieser Wildbeutergemeinschaften vornehmlich tragen und ausgestalten. Da es in ihnen noch keinen Besitz gibt, der ein anderes als ein persönliches Ansehen gewährleisten könnte, ist allerdings auch diese Autorität eine solche ganz persönlicher Natur, die nicht nur nicht vererbt werden kann, sondern die sich sogar ihr jeweiliger Träger durch ständig neue Bewährung zu erhalten suchen muß (A. Sartorius, a. a. O., 23; R. Thurnwald 1929, 367). Diese Persönlichkeiten, die mithin noch keine „Häuptlinge" sind, organisieren und leiten wohl auch die Feste und Tänze, die, nichts weniger als eine bloß der Unterhaltung dienende Kurzweil, die Gemeinschaft auch außerhalb des gemeinsamen Nahrungserwerbs zusammenführen, mit dem sie in magischer Verbindung stehen. Dabei kommt namentlich dem kultischen Tanz eine in hohem Maße gemeinschaftsfestigende Bedeutung zu; Spuren solcher Tänze ließen sich aber in südfranzösischen Höhlen wirklich nachweisen.

Auch gewisse Rechtsbegriffe sind ohne Frage schon auf dem Boden dieser ältesten menschlichen Organisation, von der uns greifbare Überreste bewahrt sind, erwachsen. Der Besitz am beweglichen Gut des Anfertigers war anerkannt, wurde es ihm doch sogar ins Grab mitgegeben, und auch ein ältestes Strafrecht scheint bereits ausgebildet worden zu sein, wenn die ansprechende Deutung einer erst kürzlich entdeckten bichromen Felsmalerei in der ostspanischen Gasulla-Schlucht als Hinrichtungsszene das Richtige trifft (H. Obermaier, Paideuma I, 1938/40, 193 ff.). Möglicherweise trugen auch die Mitglieder derselben Horde ihre Zusammengehörigkeit schon durch bestimmte Abzeichen (Federkronen u. dgl.) zur Schau, wie sie der Betrachter jener von sprühendem Leben erfüllten Felszeichnungen des ostspanischen Kreises zuweilen zu erkennen glaubt. Das betonte Gruppengefühl, das sich in solchen Zügen ausspricht, kommt nicht zuletzt in den zahlreichen Kampfszenen zum Ausdruck, die im Umkreis dieser allerdings erst nachpaläolithischen Kunstübung begegnen. (Über die Zeitstellung der ostspanischen Jägerkunst bietet jetzt ein Forschungs- und

Literaturbericht von H. Kühn alles Wissenswerte: Forschungen und Fortschritte 24, 1948, 101 ff.). Von Kriegen im eigentlichen Sinne wird man vor dem Übergang zu Ackerbau und Viehzucht, die zusammen mit der Seßhaftwerdung erst die Möglichkeit nennenswerter Kriegsbeute schaffen, kaum reden wollen; die Kämpfe, wie sie unter Wildbeutern stattfinden, werden besonders durch Grenzverletzungen ausgelöst, für die der schuldige Teil durch einen Einfall in sein eigenes Territorium bestraft wird. Im allgemeinen sind die Beziehungen zu benachbarten Horden gewiß weit öfter freundschaftlicher als gegenteiliger Natur; man respektiert die Jagdgründe der anderen und tauscht bei zufälligen oder beabsichtigten Begegnungen wohl auch Erfindungen und Anregungen, vielleicht sogar Frauen, miteinander aus. Bis ins Moustérien ist die Variationsbreite im Formenschatz der wichtigsten Geräte nur gering, zumindest die Haupttypen haben auf mitteleuropäischem Boden nahezu allgemeine Geltung; bei der geringen Bevölkerungsdichte jener Zeit wäre das aber ohne einen häufigen Kontakt der in diesem Raum umherziehenden Menschengruppen nicht wohl denkbar.

Wenn seit dem jüngeren Paläolithikum die geographische Ausdehnung der europäischen Formenkreise zunehmend einschrumpft, so spiegelt sich darin die wachsende Bindung des Menschen an bestimmte Territorien, die mit dem schließlichen Übergang von der lediglich aneignenden der älteren (und mittleren) zur selbst erzeugenden Wirtschaftsweise der jüngeren Steinzeit zum Abschluß kommt. Pflanzenbau und Viehzucht, vollends die Pflugkultur, die fertig ausgebildet unseren Erdteil betritt, ermöglichen mit der Bereitstellung und Aufspeicherung größerer Nahrungsrücklagen auch den Zusammenschluß größerer Menschenmassen auf vergleichsweise kleinem Raum. An die Stelle der vorbäuerlichen Hordenverfassung treten im bäuerlichen Neolithikum Kultur-, Sprach- und Abstammungsgemeinschaften, die jeweils eine Vielzahl von Dorfsiedlungen oder Einzelhöfen umfassen und die als volkhafte Verbindungen anzusprechen man um so weniger Bedenken tragen wird, als sie in jedem Falle die von ganz bestimmten Überlieferungen zehrenden Ergebnisse komplizierter geschichtlicher Durchlebungen darstellen, denen im Gegensatz zur urzeitlichen Horde, welche sich noch immer wieder in sich selbst auflösen konnte, ein hohes Maß von Stabilität eignet, wie sie das Kennzeichen einer jeden echten und entwicklungsfähigen politischen Gestaltung ist. Als „Stämme" möchte man wenigstens die hinter den größeren neolithischen Formenkreisen stehenden Menschengruppen schon deshalb nicht bezeichnen, weil die mit diesem Begriff verbundene Vorstellung der Teil- und Gliedhaftigkeit im Rahmen eines größeren Ganzen auf sie schwerlich anwendbar ist: der donauländische, der nordische, der Michelsberger Kreis sind durchaus eigenständige Größen, die dies auch bleiben, wenn hier und dort einzelne Randprovinzen mit solchen anderer Kreise Fühlung nehmen. (Wenn im Gegensatz zu den genannten für den Kreis der sogen. Kammkeramik eine einheitliche volkliche Grundlage schon im Hinblick auf seine ungewöhnliche Ausdehnung bezweifelt werden muß, so kommt auch hierin wieder der Verspätungscharakter dieser Kulturgruppe zum Ausdruck, die trotz Kenntnis der Töpferei und einiger Ansätze zu Ackerbau und Viehzucht noch durchaus auf der Stufe der höheren Sammler verharrt.) Inwieweit allerdings jenen „Völkern" des Neolithikums bereits das Bewußtsein solcher Gemeinschaft und eine politische Organisation, die diesen Namen verdient, zugetraut werden darf, sind kaum mit Sicherheit auszumachende Fragen, die wir aber doch nicht rundweg verneinen werden. Wieder darf man hier auf die von der Typologie des Fundstoffs herausgestellten Ergebnisse verweisen. Die weitgehende Einförmigkeit des stofflichen Kulturbesitzes, die sie für die verschiedenen Kreise des europäischen Neolithikums festgestellt hat, und die Schärfe, womit sich die Grenzen dieser Kreise der Umwelt gegenüber abheben, sind ohne einen bewußt gepflegten Zusammenhalt der von ihnen umschlossenen Siedlungskerne nicht verständlich. „Man wird sich vorstellen dürfen, daß religiöse Feste die Leute zusammenführen und daß damit stets ein Austausch von Kulturgut verbunden ist" (denn zu Kultstätte und Fest gehört seit alters der Markt!), wie er ähnlich schon bei Jägern und Sammlern von Horde zu Horde stattfand. „So bleiben die Beziehungen erhalten, obwohl die räumlichen Entfernungen groß sind; so geht die Entwicklung der kleineren Züge in dem Gesamtbilde des Kulturlebens dieser Kreise, die wir für das Neolithikum insbesondere vermittels der Keramik verfolgen können, in einheitlichem Sinne vor sich" (E. Wahle 1932, 77 f.). Es braucht wohl nicht bemerkt zu werden, daß dieses ursprüngliche Gefühl abstammungsmäßig-kultureller Zusammengehörigkeit, wie es hieraus gefolgert werden kann, nicht mit dem Nationalbewußtsein unserer Tage verglichen werden darf, das bekanntlich noch recht jungen Datums ist.

Was nun die politische Organisation dieser neolithischen „Kulturen" (Megalithkultur, Bandkeramik usw.) angeht, so scheinen Ansätze dazu mindestens überall dort gegeben, wo es in den sie tragenden Menschenkreisen zu einer Durchschichtung und Durchdringung verschiedenartiger Bestandteile kommt; auch die moderne Völkerwissenschaft hat ja in dem Zusammentritt ethnisch und hinsichtlich ihres Kulturstandes verschiedener Elemente den Anfang wirklicher Volkwerdung und Staatsbildung erkannt (R. Thurnwald 1929, 367 f.; 1935, 244; W. E. Mühlmann 1933, 380; 1936, 288 f.; W. Schmidt, a. a. O., 6 ff.). Wenn die Ausweitung der großen neolithischen Formenkreise auch gern die Richtung des geringsten Widerstandes einschlägt, so erfolgt sie doch kaum irgendwo in einen völlig leeren Raum hinein; vielmehr geschieht sie gewöhnlich auf Kosten einer zivilisatorisch unterlegenen Bevölkerung, die zu diesem Zeitpunkt noch das Dasein höherer Sammler führt. Aber schon in ihren Ausgangsgebieten haben neolithische Bauernsiedlungen hier und dort solche „epimesolithischen" Jäger- und Fischergemeinschaften überlagert. Am sichtbarsten tritt uns dieser Vorgang im Kreise der nordischen Großsteingräber entgegen, wo die Vorbevölkerung durch die sehr viel einfacheren Hinterlassenschaften der sog. Wohnplatzkultur verkörpert wird. Stärker als die in gleichem Sinne wirkende Andersartigkeit von Sprache und Leibesform fördert dieser Unterschied in der kulturellen Ausstattung der so zusammentreffenden Elemente die Ausbildung einer ersten gesellschaftlichen Stufenordnung, wie sie der vorbäuerlichen Urzeit vermutlich noch durchaus fremd gewesen war, denn selbst für eine Versklavung im Kampfe besiegter Gegner fehlten auf jener Stufe Anreiz wie Notwendigkeit.

In größerem Ausmaß und mit weltgeschichtlichen Auswirkungen spielt sich ein entsprechender Vorgang sodann an der Wende vom Stein- zum Bronzealter bei der Indogermanisierung unseres Erdteils ab; auch hier mündet die Bewegung schließlich in die Schaffung einer sozialen Hierarchie, indem die verschiedenen Komponenten verschiedene Aufgaben in der neu entstandenen Gesamtgesellschaft übernehmen. Als ebenso bewegliche wie weitblikkende Hirtenkrieger waren die Indogermanen in besonderem Maße zur Staatengründung befähigt, hatten sie doch eben als Hirten gelernt, „große Mengen volksfremder Menschen herdenartig zu betreuen", wie man es ähnlich den hamitischen Rinderhirten Ostafrikas nachgerühmt hat, welche die Neger-Feldbauern dieses Gebiets überschichtet haben (W. E. Mühlmann 1936, 289). In ihren Formen nach Ort und Zeit verschieden, ruft die Indogermanisierung allenthalben eine bis dahin nicht bekannte stufenreiche Differenzierung des menschlichen Zusammenlebens auf europäischem Boden hervor, ein wohlgeregeltes Über- und Untereinander, wie es in aus so heterogenen Wurzeln erwachsenen Gebilden allerdings unerläßlich sein mochte, wenn diese reibungslos arbeiten und Bestand haben sollten. Kann es hinsichtlich der durch die großen neolithischen Formenkreise bezeichneten Gemeinschaften noch zweifelhaft scheinen, ob sie schon als „Völker" anzusprechen sind, so wird man diese bereits so verwickelten Schöpfungen der frühen Metallzeit, deren jede das Ergebnis wahrhaft geschichtsbildender Vorgänge ist, gewiß nicht anders charakterisieren wollen. Es ist denn auch kein Zufall, wenn wir aus der Bronzezeit die ältesten Zeugnisse herrscherlicher Machtübung besitzen, von denen der Fundstoff Kunde gibt, und es ist wohl ebensowenig von ungefähr, daß sie zuerst in einem Raum erscheinen, der schon im Neolithikum zahlreiche Siedlerwellen erlebt hat; so mochten denn hier im Flußgebiet der Saale und in Böhmen besonders günstige Bedingungen für die Herausbildung einer stärkeren sozialen Gliederung und eines autoritären Königtums gegeben sein (E. Wahle 1932, 254 Anm. 120). Immer wieder muß jedoch darauf hingewiesen werden, daß schon die Gemeinschaften des späteren Neolithikums von einem lebendigen Zusammengehörigkeitsgefühl getragen werden, das sich in den gewaltigen Fliehburgen des westdeutschen Michelsberger Kreises (Urmitz, Mayen) und ihren englischen Entsprechungen (Windmill Hill bei Avebury, White Hawk Camp bei Brighton u. a. m.) ebenso sein Denkmal setzt wie in dem durch einen Palisadenzaun verstärkten Graben, der die ausgedehnte bandkeramische Ansiedelung von Köln-Lindenthal umzogen hat. Selbst wenn jene rheinischen Burgen nur schwach befestigte Viehkraale gewesen sein sollten, wie eine neuere Deutung (O. Paret) wahrscheinlich zu machen sucht, so blieben sie doch auch in dieser Eigenschaft eindrucksvolle Zeugnisse opferwilligen Gemeinsinns und wohlüberlegter Planung, ohne die es bei der Bewegung von 40 000 cbm Erde schwerlich abgeht; der genannte Dorfgraben aber, dessen Aushebung gleichfalls eine erhebliche Arbeitsleistung bedeutet, erschien schon den Ausgräbern des Platzes, W. Buttler und W. Haberey, als Beweis für „eine entwickelte Organisation der damaligen Siedler". Wenn auf der anderen Seite das Fürstengrab dem Neolithikum noch fehlt, so zeigt auch eine solche negative Feststellung nur wieder, wie erst die durch die Indogermanisierung bewirkte soziale Gliederung jene frühstaatliche Organisation geschaffen hat, durch welche diese Menschenkreise zu Völkern im strengeren Begriffe wurden. Zwar kommen wir auch im Neolithikum nicht ohne die Vorstellung der hervorragenden Einzelgestalt aus, die als Planer und Leiter der geschilderten Gemeinschaftsarbeiten ebenso unerläßlich ist wie in Zeiten der Gefahr oder der Wanderung. Aber während hier die Rolle solcher Persönlichkeiten ausgespielt ist, wenn die besonderen Voraussetzungen ihrer Wirksamkeit erloschen sind, ist eine oberste Autorität in den mehrschichtigen Menschenballungen der Metallzeit ein bleibendes Erfordernis.

Auf die Fürstengräber des böhmisch-mitteldeutschen Aunjetitzer Kreises wurde schon hingewiesen: Während die überwiegende Mehrzahl der Bestattungen in diesem Kreise schlichte Flachgräber sind, die nur wenige Beigaben enthalten, erheben sich z. B. die Hügel von Helmsdorf und Leubingen zu 7 bzw. 8,5 Meter Höhe, und der Inhalt ihrer sorglich gezimmerten hölzernen Grabkammern ist von wahrhaft fürstlichem Reichtum; nur die kupferzeitlichen Kurgane des Kubangebietes vermögen ihn im damaligen außerklassischen Europa noch zu übertreffen. Wir müssen aus derartigen Befunden einen ähnlichen Gesellschaftsaufbau rekonstruieren, wie ihn Grabbauten und -sitten im Bereich der mykenischen Kultur zu erkennen geben, wo den Schacht- und später den Kuppelgräbern der Herren mit ihren reichen Beigaben die ärmlich ausgestatteten Gräber der Hintersassen gegenüberstehen; auch hier ist aus diesem Verhältnis schon früh auf eine gewaltsame Überschichtung bodenständiger durch siegreich eingedrungene Menschengruppen geschlossen worden. Im Umkreis der nordischen Bronzezeit, in dem durch eine analoge Überlagerung die Vorfahren der historischen Germanen entstehen, ist das Bild zwar ungleich ausgeglichener, doch fehlt es auch hier von der zweiten Periode an nicht an Grablegen, die sich, wenn auch nicht durch ihre Größe oder durch ungewöhnlichen Reichtum an Edelmetall, so doch durch gewisse Besonderheiten ihrer Ausstattung aus der Menge der übrigen herausheben. Bestattungen wie die von Anderlingen oder Kivik machen es wahrscheinlich, daß die hervorragende Einzelgestalt ihre Stellung hier weniger durch ein Mehr an materiellem Besitz als durch bestimmte geistig-priesterliche Befugnisse bekundet. Wenn sie später zunehmend verweltlicht, so ist das einerseits die unausbleibliche Folge der politischen und militärischen Aufgaben, welche diese Großen mit der fortgesetzten Ausweitung des nordischen Kreises seit der jüngeren Bronzezeit zu lösen haben; andererseits ergibt es sich aber wohl auch aus der im Zusammenhang damit erfolgenden Durchschichtung der schon vordem nicht mehr völlig gleichartigen Bevölkerung mit andersvölkischen Menschengruppen, die in den hinzugewonnenen Randgebieten eingeschmolzen werden. Nicht zufällig erhebt sich das bekannte Königsgrab von Seddin an der äußersten Peripherie des germanischen Siedlungsgebietes seiner Zeit und gibt das Inventar seines Fundguts bereits deutliche Einschläge der benachbarten Fremdkultur zu erkennen.

Im Gefolge dieser Ausdehnung, wie sie für kürzere oder längere Zeit den meisten bronzezeitlichen Menschenkreisen gelingt, kommt es zur Ausbildung derjenigen landschaftsgebundenen Sondererscheinungen, die im Fundstoff nachzuweisen die Prähistorie nicht müde wird. An die Stelle vergleichsweise weniger großer Kulturgemeinschaften tritt seit dem Ende der Bronzezeit eine immer wachsende Anzahl kleinerer Einheiten, da die andauernde Vergrößerung des Siedlungsgebiets jener ersteren notwendig zu einer gewissen Entfremdung ihrer einzelnen Glieder führt, die ein jedes für sich in den neuen Räumen seßhaft werden und mit der örtlichen Vorbevölkerung auf einmalige, unverwechselbare Weise verschmelzen. Im Nordischen Kreis, der weitaus am besten erforscht ist, stellen sich die ersten Zeugnisse eines solchen Eigenlebens der verschiedenen Teilgebiete schon in der jüngeren Bronzezeit ein: „Sowohl in Nordwestdeutschland wie in Hinterpommern machen sie sich geltend, und es nimmt nicht wunder, daß gerade der so unnatürlich langgestreckte, vom Niederrhein bis zur Weichsel reichende Raum in mehrere Teile zerfällt", die sich mehr und mehr von den anderen Teilräumen ablösen und ihre eigenen Wege gehen, wie sie ebenso auch in bestimmten skandinavischen Bereichen eingeschlagen werden (E. Wahle 1940, 33). Während der vorrömischen Eisenzeit treten diese Tendenzen noch stärker hervor: Die durch Ostdeutschland und Polen ans Schwarze Meer gelangenden Träger der aus dem Nordischen Kreise hervorgegangenen Gesichtsurnenkultur führen ebenso ihr Eigenleben wie die westlichen Ausstrahlungen des wohl illyrisch bestimmten Volkstums der sog. Urnenfelder oder wie die keltischen Skordisker an der unteren Donau, um nur einige Beispiele zu nennen. Überall gewinnen hier die Kräfte der Dezentralisierung die Oberhand, den zunehmenden Zerfall der ehedem so geschlossenen Kreise bewirkend. Erst in diesem Stadium scheint uns der Stammesname für die Fülle der mit archäologischen Mitteln greifbaren Kultur- und Menschengruppen gerechtfertigt, den wir für die ältere Zeit mit Bedacht vermieden haben.

Als diese außerklassische Welt in den letzten Jahrhunderten vor Christus in den Gesichtskreis der Antike eintritt, womit gleichzeitig ihre „prähistorische" Existenz zu Ende geht, sind die geschilderten Filiationsvorgänge im wesentlichen abgeschlossen. Die Völkerkarten der griechischen und römischen Ethnographen bieten ein getreues Bild der weitgehenden Dekomposition, welche das politische und ethnische Leben an den Rändern der Antike bestimmt. Wie die Berichte der Autoren, wie aber auch die dem Boden enthobenen Urkunden bezeugen, steckt selbst bei Nachbarn gleichen Bluts und gleicher Sprache das Schwert sehr locker in der Scheide. Nur auf dem Gebiete des Kultus sind hier und dort noch Reste des einstigen Zusammenhalts lebendig; gelegentlich zeichnen sich die Grenzen solcher Kultverbände wohl auch einmal im Fundstoff ab. Jedoch kommt es später stellenweise von neuem zu großräumigen Zusammenschlüssen; sie erfolgen unter dem Eindruck des römischen Vorbildes und zum Teil auch mit Frontstellung gegen dieses: Die Unionsbestrebungen eines Vercingetorix, Marbod oder des Cheruskers, der dauerhaftere Zusammenschluß zahlreicher westgermanischer Kleinstämme zum Stammesverband der Franken sind Beispiele solcher Konzentration, wie sie im Völkerleben häufig dort zu finden ist, wo ein wohlorganisiertes Großreich seinen Einfluß auf eine politisch zersplitterte Umwelt ausstrahlt.

Seit G. Kossinna durch die Gleichsetzung archäologischer Kulturprovinzen mit Gebieten geschlossenen Volkstums den prähistorischen Funden „die Nationalität wiedergegeben" zu haben meinte, stehen stammeskundliche Fragen im Vordergrund der frühgeschichtlichen Forschung, die dergleichen allerdings auch vordem schon erörtert hat. Die allzu starre, ja geradezu schablonenhafte Weise, in der dieses in seinen Grundgedanken so berechtigte wie fruchtbare heuristische Prinzip nicht selten angewandt wurde, hat die historische Erkenntnis jedoch nicht in dem erwarteten Maße zu fördern vermocht. Statt als gewordene und sich stetig wandelnde Durchgangserscheinungen werden die mit archäologischen Mitteln festzustellenden Menschenkreise oftmals allzu sehr als fertige, ruhende Zuständlichkeiten behandelt, die, gebietsmäßig säuberlich abgegrenzt und womöglich noch mit einem Volks- oder Stammesnamen versehen, keine weiteren Probleme mehr aufgeben. Die lebendigen Vorgänge, welche zum Entstehen und Vergehen dieser durchweg noch schriftlosen Kulturgemeinschaften — der anonymen ebenso wie der ethnisch deutbaren — geführt haben, sind noch kaum untersucht worden, und in der Tat übersteigen solche Untersuchungen wohl die Möglichkeiten einer Prähistorie, die sich mit den unmittelbaren Aussagen des Fundstoffes zufrieden gibt. Gerade diese in der Eigenart ihres Quellenmaterials begründeten Lücken gilt es für die frühgeschichtliche Forschung aber zu schließen, wenn sie ihren Platz als Geschichtswissenschaft behaupten will. Neben der methodisch disziplinierten Kombination steht ihr hierfür der Gedankenaustausch mit den Nachbarwissenschaften zu Gebote, dem sie in der Vergangenheit vielleicht nicht immer die wünschenswerte Beachtung geschenkt hat. Für die Aufhellung gesellschaftsgeschichtlicher Prozesse wird ihr insbesondere die Völkerkunde wichtige Hinweise geben können; die vorsichtige Zurückhaltung, wie sie mit guten Gründen wieder schon ein J. Burckhardt bei der Heranziehung ethnographischen Vergleichsstoffes zur Beleuchtung urgeschichtlicher Verhältnisse empfahl, darf jedenfalls nicht zum gänzlichen Verzicht auf die in dem ungleich volleren Leben der ethnologischen Kulturen fließenden Erkenntnisquellen führen. Daß aber auch die Bodenfunde selbst nicht völlig der soziologischen Ausdeutbarkeit entbehren, sollte dieser summarische Überblick am Beispiel Mitteleuropas dartun.

*Schrifttum.*

Für die Beurteilung der prähistorischen Tatbestände ist diese Schilderung in erster Linie verschiedenen Darstellungen E. *Wahles* verpflichtet (Deutsche Vorzeit, 1932; Propyläen-Weltgeschichte II, 1940, 1 ff.), in denen gerade Fragen der hier angeschnittenen Art mit Nachdruck erörtert werden. Über den Begriff der frühgeschichtlichen Kulturprovinz vgl. desselben „Zur ethnischen Deutung frühgeschichtlicher Kulturprovinzen": Sberr. d. Hdbg. Akad. d. Wiss., phil.-hist. Kl., 1940/41.

In der neueren Völkerwissenschaft ist das Studium sozialgeschichtlicher Probleme namentlich durch R. *Thurnwald* gefördert worden, vgl. vor allem seine zahlreichen Artikel darüber in M. Eberts Reallexikon der Vorgeschichte, 1924—32 (ein Verzeichnis der behandelten Stichworte findet sich im 15. Band, S. 512 f.), sowie den vierten Band seiner „Menschlichen Gesellschaft", 1935. Von früheren Arbeiten dieses Autors seien noch genannt: „Stufen der Staatsbildung bei den Urzeitvölkern" (Zeitschrift für vergleichende Rechtswissenschaft 25, 1911, 417 ff.), „Vom Werden des Staates" (Forschungen und Fortschritte 5, 1929, 367 f.).

Ferner wurden benutzt und zitiert:

*R. R. Schmidt*, Geist der Vorzeit, 1934.

*W. Schmidt*, Rassen und Völker in Vorgeschichte und Geschichte des Abendlandes I-III, 1946. (Unser Seitenverweis bezieht sich auf den zweiten Band des in Luzern erschienenen Werkes.)

*A. Sartorius von Waltershausen*, Gesellschaft und Wirtschaft vor- und frühgeschichtlicher Völker, 1939.

*W. E. Mühlmann*, Staatsbildung in Polynesien. Zeitschrift für Ethnologie 65, 1933, 380 ff.

*Derselbe*, Rassen- und Völkerkunde, 1936.

*Derselbe*, Assimilation Umvolkung Volkwerdung, 1944.

*(Privatdozent Dr. Horst Kirchner, (17a) Heidelberg, Friedrichstraße 8a.)*

Abgeschlossen: November 1948.

# Fortschritt, Ablauf und Wiederkehr.

Von

RICHARD THURNWALD.

## *1. Die Veränderungen in der Struktur der Gesellungseinheiten.*

Werden irgendwelche Gesetze geschaffen oder Verordnungen erlassen, so betrachtet man deren Dauer in der Regel als unbegrenzt, falls dies nicht ausdrücklich beschränkt ist. Dasselbe gilt z. B. auch von den Verfassungen der Staaten.

Von den heute gültigen Verfassungen der Länder Europas und Amerikas ist die von USA. die älteste, alle anderen wurden einschneidenden Veränderungen in den letzten eineinhalb Jahrhunderten unterworfen. Im Zusammenhang damit auch die meisten anderen Gesetze. Somit ist die „unbegrenzte" Dauer nur scheinbar, die Struktur der Gesellungseinheiten nicht so stabil, als man meint. Der menschliche Geist blickt nur wenig voraus; und selbst wenn er das tut, ist er sehr kurzsichtig und konstruiert die Zukunft als Erfüllung seiner Wünsche oder Befürchtungen, oder doch als gradlinige Fortsetzung irgendeiner herrschenden, etwa im wirklichen oder scheinbarem Wachstum befindlichen Strömung.

Die Veränderungen gehen aber weder *einlinig* noch *einfach* oder *gleichmäßig* vor sich. Vor allem deshalb, weil das menschliche Gesellungsleben von einer großen Zahl von verschiedenen Faktoren bestimmt wird, die auch in ungleicher Weise ineinander wirken. Man suchte häufig *einzelne Faktoren* heraus, wie Herkunft, Kultur, Wirtschaft, geographische oder klimatische Umgebung usw. und baute darauf Hypothesen auf, die in ungezählten Büchern ein verstaubtes Dasein fristen.

## *2. Anhäufungsvorgang.*

Ein besonders in unseren Tagen allzuviel mißbrauchtes und ohne Bedenken angewandtes Wort ist „Fortschritt". Kann man mit diesem Begriff alle Veränderungen umspannen, die sich geltend machen? Kann man etwa ohne weiteres alle Erscheinungen des Lebens unter Bezugnahme auf Fortschritt einteilen? Was für Vorgänge bedeuten eigentlich Fortschritt? Ist Fortschritt meßbar?

Gewisse Seiten des Fortschritts sind wenigstens *teilweise meßbar:* nämlich diejenigen, die sich auf technische Vervollkommnungen beziehen, und alle jene, die das Eindringen in die wechselseitigen Bedingtheiten und Abhängigkeiten fördern. Man kann sie als *Anhäufungsvorgänge* zusammenfassen. Alle diese Erscheinungen können nur aus dem Komplex von einzelnen Kulturen *herausgelöst*, isoliert werden, sie sind mit den betreffenden Kulturen verwachsen, in und mit ihnen gewachsen, wie der Arm mit dem betreffenden Menschen. Deshalb haftet jedem herausgelösten Stück etwas von der individuellen Kultur an, der es entstammt. Setzt man ein Stück mit einem anderen herausgelösten Stück in Beziehung, so sollte man stets die betreffenden Mutterböden miteinander vergleichen. Konstruiert man einen Fortschritt, z. B. vom Gebrauch des Steinmessers zum Eisenmesser, so scheint auf den ersten Blick die Sache ganz einfach zu liegen: nur anderes Material, wie es vom Schreibtisch aus uns dünkt. Im Konkreten jedoch ist ein weiter Weg zurückzulegen gewesen.

War nicht der Weg vom Bambusmesser zum Steinmesser auch lang? Von der behauenen Klinge zur geschliffenen, die auf eine Unterscheidung verschiedener Härtegrade des Gesteins zurückzuführen ist? Das Eisenmesser aber setzt *Schmelztechnik* voraus, und zwar Erzeugung höherer Hitzegrade als etwa für Kupfer oder gar für Silber und Gold oder für die Bereitung von Speisen. Sowohl die Schmelzbarkeit gewisser Erze, deren Gewinnung durch Erhitzen, als auch die Erfindung der Luftzugstechnik mit Kiln[1]) beim Gebrauch des Feuers waren nötig. Hinzu kam das Hämmern und Härten des geschmolzenen Eisens. Auch die Lagerstätten von Eisenerz mußten entdeckt und abgebaut werden. Wenn man über die lange Dauer der frühmenschlichen Zeiten klagt, so denkt man zu wenig an die zahllosen Entdeckungen, Erfindungen und Verbesserungen, die gemacht und in den Gemeinwesen *eingebürgert* werden mußten, um das Neue fruchtbar zu nützen.

## *3. Berührungen und Einflüsse.*

Hinzu kommt die *soziologische Verflechtung.* Mit dem Schlagwort „Wirtschaft" läßt sich das nicht abtun. Jede Neuerung führt zu einer Resonanz im Gesellungsleben, das dadurch bald mehr, bald weniger umgestaltet wird. Wie weit steht damit die *Nahrungsgewinnung* in Verbindung? Ferner: wie weit wird die *Machtstellung* der einzelnen Gemeinde betroffen? Das kann in verschiedener Weise der Fall sein. Auch *Ortswechsel* kann sich empfehlen oder *Handelsunternehmungen.* Am oberen Nyassasee, in den Bergen der Nachbarschaft von Tukuyu, wird z. B. von einigen Familien Erz gewonnen. Das Erz bringt man zu anderen Leuten, die es schmelzen, während die

[1] Als Kiln wird eine gewöhnlich in den Boden gegrabene Kammer aus Steinen bezeichnet, die stark erhitzt wird, und von der aus heiße Luft zum Schmelzen ausströmt.

Schmiede wieder anderen Familien angehören. Durch Kauf und Tausch gegen Nahrungsmittel, besonders Hirse und Bohnen, gestaltet sich die Nahrungsversorgung indirekt, zumal im Gebirge wenig Nahrung gedeiht. Die Eisengewinnung und das Schmieden hat heute durch die europäische Konkurrenz stark an Bedeutung verloren und die betroffenen Leute mußten sich umstellen [1].

### 4. *Spezialisierung.*

Dies nur ein Beispiel aus einer ungeheueren Menge vieler anderer. Wie sind die Beziehungen zum Anhäufungsvorgang und zum Fortschritt? Der Anhäufungsvorgang hat ein Janusgesicht: das eine Gesicht sieht vorwärts, das andere ist auf die gegenwärtige Situation gerichtet und wird durch das Überkommene bestimmt. Sehr häufig nämlich löst die Neuerung nicht das Überkommene ab, sondern *beschränkt* es bloß auf ein engeres Bereich. Die Eisenbahn hat das Pferd nicht verdrängt, sondern dessen Verwendung nur eingeschränkt, das führte zu einer *Spezialisierung.* Gleiches gilt für das Dampfschiff, das die Verwendung des Segelschiffes nur einschränkt für Lasten, die eine längere Seereise vertragen können. Aus den Komplikationen des technischen und kulturellen Übergangs geht somit eine Vielfältigkeit, eine Vermehrung der zivilisatorischen Ausrüstung hervor.

Dadurch aber werden ganz neue *Lebensverhältnisse* geschaffen, die zu einer Basis führen, von der aus ein frischer Anfang gemacht werden muß. Dies zumal, als auch *andere Menschen* hinzukamen, teils als Arbeiter, teils als Träger neuer Gedanken, als Kultursplitter, welche die Gesellungseinheit neu zusammensetzen. Denn wir können uns nicht begnügen, nur von neuen Techniken und Erzeugnissen zu reden. Sie sind nicht denkbar ohne die Menschen, die Fertigkeiten erfinden oder verändern und die Vorrichtungen oder Gegenstände herstellen, und andere, die sie gebrauchen.

### 5. *Analogien von heute.*

Die Untersuchung der Umstellungs- und Anpassungsvorgänge bei Völkern *außerhalb* des europäoamerikanischen Lebensbereiches zeigt Vorgänge in *zeitlich zusammengepreßter Form,* die sich im wesentlichen *auch bei uns,* nur über das Vielfache von Zeit, über Jahrhunderte hin vollzogen. Wir können hierbei feststellen, wie z. B. die Eigentumsansprüche, die Vererbung, die Bodenbestellung, die handwerkliche Tätigkeit, der Handel und die Beziehungen von Familie zu Familie, und in den Familien von Stamm zu Stamm, der Erwerb von Wissen und Kenntnissen tiefgehend beeinflußt und verändert wurden. Daß davon fast alle Bewertungen, etwa die Rechtsverhältnisse und die Moral, mehr oder minder betroffen wurden, ist selbstverständlich [2].

Die Ergebnisse des Anhäufungsvorganges sind daher stets mehr oder minder revolutionär, sie *verwirren* viele Menschen zunächst, die entweder nicht die Konsequenzen aus den veränderten Lebensbedingungen ziehen wollen oder können und sich in Gegensatz zu den plastischeren Gehirnen stellen. Das hängt nicht immer mit der Zahl der Lebensjahre zusammen, sondern teils mit einer Trägheit oder Bequemlichkeit des Denkens, teils mit einer emotionellen Bindung an alte Ideale und Vorstellungen. Gerade heute kann das in Deutschland überall beobachtet werden. Auch in ganz Europa und in europäoamerikanischen Kulturen haben die neuen Entdekkungen und Erfindungen Bedingungen geschaffen und Hoffnungen erweckt, die in das rechte Gleichgewicht zueinander und mit dem Überkommenen gebracht werden müssen. In ähnlicher, noch schwierigerer Weise gestalteten sich die Probleme der Umstellung und Anpassung für die Völker mit exotischen Kulturen.

Der *Anhäufungsvorgang* besteht somit nicht bloß in einer gedankenlosen Aufspeicherung von Neuigkeiten materieller und intellektueller Art, sondern in einem tief eingreifenden das gesamte Leben eines Stammes oder eines Volkes erschütternden *Umwandlungsprozesses,* der sowohl äußerlich durch Ballung von Personen um ein *Kristalisationszentrum* gekennzeichnet wird, wie in der inneren Wandlung und Anpassung der Geistesverfassung und im Gesellungsbau sich auswirkt.

### 6. *Kristallisationszentren und Varianten.*

Solche Kristallisationszentren entstanden teils vom Gebrauch der menschlichen Kräfte, teils vom Umgang mit den übermenschlichen[3] Mächten her, d. h. bald von der Seite der technischen Mittel und der politischen Machthaber, bald von „Zauberern" oder „Priestern". Das schließt keineswegs das Übergreifen von der einen in die andere Sphäre aus; im Gegenteil: fast stets findet ein solches Übergreifen statt. Die „Zauberer" dehnen ihren Einfluß nicht selten durch Benutzung technischer Kunstgriffe auf das politische Leben aus, und die Häuptlinge bemerken mit Mißtrauen den Einfluß der Zauberer. An die großen Kämpfe zwischen den Staatsmächten und den

[1] S. Thurnwald: Black and White in East Africa. London, Routledge, 1935, Kapitel III, S. 105ff.

[2] Ausführlich im oben erwähnten Buch beschrieben.

[3] Der Ausdruck „übernatürlich" ist deshalb unbrauchbar, weil die Unterscheidung zwischen „natürlich" und „übernatürlich" je nach der Geistesverfassung des betreffenden Stammes oder Volkes verschieden ist und eine Auffassung von „Natur" häufig überhaupt fehlt.

christlichen Kirchen braucht als Parallele kaum erinnert zu werden. Um so mehr suchten diese rivalisierenden Mächte „endgültig" die andere sich unterzuordnen. Ein gewisser Höhepunkt wurde in den archaischen Perioden erreicht im „Gottkönigtum", in der Vergottung des Herrschers. Dem entspricht in den älteren paläopsychischen Auffassungen, in den Mythen, die Vergottung des „Helden", wie etwa des Herakles. Bei den Polynesiern findet man die in die sakrale Sphäre übergegangenen Verhaltungsarten hauptsächlich als Beschränkungen eines Klanhäuptlings oder einer Ballung von Klans [1]. Durch den *Schutz*, der so den Gefolgsleuten verliehen wird, ergibt sich ein Sammeln von schutzbedürftigen Angehörigen flüchtender Trümmer von Klans und von Stämmen. Ähnliches vollzieht sich bei politisch militärischen Machthabern, die Ballungen von Klans oder Stammestrümmer sich untertänig gemacht hatten, wie etwa bei den Zerstörungen des Zuluhauptes Tschaka. Hierbei werden gewöhnlich, nicht immer, die aristokratischen Familienhäupter als „Priester" oder besonderer „Rat der Alten" respektiert.

Der erwähnte Umwandlungsprozeß zerfällt wieder in verschiedene Stadien und Varianten[2], die bei den einzelnen Völkern oft sehr verschieden sind. Vor allem kommt es stets auf das Ausgangsniveau an, das nicht nur „höher" oder „tiefer", d. h. in einem wirkungsvoller oder unzulänglicher ausgerüsteten Gemeinwesen, sondern vor allem auch andersartig vor sich gehen kann. In Afrika oder in Neuguinea, ebenso wie in anderen Ländern, treten uns verschiedene Stämme mit jeweils eigenen Überlieferungen entgegen. Die geistig-seelische Einstellung ist bei jedem Volk anders: sowohl auf Grund der eigenen Schicksale und Lebensbedingungen, bei Wildbeutern anders als bei Hirten oder Seefahrern, bei diesen anders als bei Bodenbauern oder Handwerkern. Hinzu kommt der *Zeitpunkt* des Kontakts mit den Europäern. Es ist ein großer Unterschied zwischen den Zeiten der portugiesischen Sklavenjäger des 16. und 17. Jahrhunderts an der westafrikanischen Küste, der „Kompagnie"-Politik in Niederländisch-Indien, dem Erscheinen der Walfischjäger und Pelzhändler auf den hawaiischen Inseln im 18. Jahrhundert, wie andererseits auch zwischen den Bewohnern der Senegalmündung oder der Elfenbein- und Goldküste, den Javanen, den Hawaiern und Tahitiern. Wie wechselte auch selbst im 19. Jahrhundert die Einstellung der europäischen Völker zu den Fremdvölkern bei den einzelnen Nationen! Die Haltung der Fremdvölker war in große innere Bewegung geraten, teils durch die unmittelbare Einwirkung der Europäer, teils noch mehr durch die mittelbare Ausstrahlung auf das historische Geschehen, wie z. B. durch die Eroberungen Djingiswayos und Tschakas unter den Zulu-Stämmen, deren *alte Klan- und Stammesverbände zerrissen* worden waren.

Hierbei bedenke man, daß die Begegnungen mit den Europäern *nicht die ersten* mit Fremdvölkern waren. Es kam sehr auf die einzelne *Situation* der Auseinandersetzungen an. Der erwähnte Djingiswayo und besonders Tschaka übten eine ungewöhnlich grausame Kriegführung. Die negerischen Stämme Afrikas hatten in früheren Zeiten Kämpfe mit den Berbern und mit äthiopiden Stämmen, die Papuomelanesier mit polynesiden Wanderern erlebt, die aber wesentlich harmloser verliefen. Worin lag der „Fortschritt" der Zeit? Hinzu kommt, daß die einzelnen Fremdvölker in *verschiedenen Stadien ihrer Gestaltung* des Lebens und ihrer politischen Gebilde von den Europäern und Europäo-Amerikanern „überrascht" wurden. In ihrer zivilisatorischen Ausrüstung gegenüber den Europäern klaffte eine *verschieden weite Kluft*, manchmal konnte ein Unterschied von mehreren Jahrtausenden projiziert werden, mitunter, wie gegenüber den Polynesiern, eine erheblich kürzere Zeitspanne. Derartige Schätzungen genügten den Europäern für ihre egozentrische Überheblichkeit zu recht vorschneller Be- und Verurteilung der betreffenden Völker.

### 7. *Der Ablauf der Umstellung.*

Abgesehen davon aber stellt sich auch die einzelne kleine Gemeinde *niemals so homogen* dar, wie es manche Soziologen nach ihrem erspekulierten Schema sehen wollen. Untersucht man genauer die Angehörigen einer Gemeinde, so stößt man bald auf sehr verschiedene Ansichten unter den einzelnen Mitgliedern der in Umstellung befindlichen Gruppen. Dies hat seine Gründe:

1. In den *sukzessiven Phasen* des *Umstellungs*vorganges, den jede Gesellungseinheit in verschiedenen Abständen durchläuft [3].

Die Gruppe muß allmählich ihre Einstellung an das Neue durchführen. Man kann im Groben folgende Phasen feststellen: a) Das Hereinströmen neuer Werkzeuge und Geräte beginnt, wie ich es selbst in den Jahren 1907 und 1908 auf der Insel Bougainville (Salomon-Inseln) und in den Jahren 1913 bis 1915 im Inneren von Neuguinea erlebte,

[1] E. S. *Craighill Handy:* Polynesian Religion. Bishop Mus. Bulletin 34, Honolulu 1927, S. 43 ff., 54 ff., 135 ff., 138 ff., 149 ff.

[2] Vergl. R. *Thurnwald:* „Funktion und Entwicklung", Archiv für Anthropologie usw., N.F. XXVI, 1—2, 1940, S. 40 ff.; und „Grade und Spielarten des Wandels der Fremdvölker bei Berührung mit Europäern". Archiv für Anthropologie usw., N. F. XXVIII, 1942, S. 53 ff.

[3] Vgl. R. *Thurnwald:* The Psychology of Acculturation. American Anthropologist, vol. 34 Nr. 4, 1932, S. 557 ff.

mit dem Anbieten von Messern oder Beilklingen, von Glasperlen oder Tabakstangen usw. Zuerst wies die Mehrzahl der Leute die unbekannten Gegenstände mißtrauisch zurück, nur einzelne wagten einen Versuch. Als der mich begleitende Maschinist an einer Lagune seine Pfeife mit einem Streichholz anzündete, rannten die bei der Landung erschienenen Leute wie vom panischen Schrecken gepackt zurück. Als ich ein zweites Mal einige Wochen später wieder erschien, war eine Beruhigung über die Neuheiten eingetreten, und man war willig, die neuen Geräte gegen Taro, Yams und Bananen einzutauschen. Hinzu kam, daß die einzelnen Gegenstände von jeder Gemeinde *anders bewertet* wurden.

2. Das hing vielfach mit den einzelnen *Persönlichkeiten* zusammen, die in einem Dorf ausschlaggebend waren. Doch kamen oft auch Spaltungen *innerhalb* einer Siedlung vor, so daß zwei *Parteien* sich bildeten: eine konservative und eine, die offen für Neuerungen eintrat. Sie fiel keineswegs mit den Altersstaffeln zusammen. Nicht selten waren die Jungen ängstlicher als die Alten, mit denen ich verhandelte.

Diese Erfahrungen werden verstärkt durch einen Vergleich b) mit vielen Stämmen, die *verschieden lange Zeit* in Berührung mit den Europäern, ihren Waren und Einrichtungen gekommen sind, wie etwa in Gemeinden an der Küste der Insel. Hier pflegt die Spaltung in Konservative und Neuerungslustige die ersteren zurückzudrängen, doch bleibt eine unsichere und mißtrauische Einschätzung der Europäer bestehen. Namentlich macht sich oft ein Minderwertigkeitskomplex geltend, der zu schlecht vorbereiteten Gewalttaten führen kann, wenn von europäischer Seite ungeschickt und überheblich verfahren wird.

c) Hat der Kontakt etwa eine Generation lang gewährt, so tritt die Zeit ein, da eine neuerungssüchtige Welle viele packt und in eine *blinde Nachahmung* der Europäer verlockt. Besonders junge Leute mimen die Blasierten, die alles wissen und kennen und die sich mit den Europäern identifizieren, sie auch übertrumpfen möchten. So spielte ein vor etwa drei Monaten aus der Wildnis mitgenommener Bursche, als ich ihn mit der Pinasse in sein Heimatdorf zurückbrachte, den Europäer und sprach mit seinen Landsleuten nicht in deren ihm angestammten Sprache, sondern das „pidgin"-Englisch der Europäer. Das sind keineswegs isolierte Ereignisse, sondern sehr verbreitete Erscheinungen von Vorgängen bei allen Völkern. Man denke an die Nachahmung des Griechentums durch die Römer, an die Zeit der Renaissance in Europa, an die Nachahmung des Franzosentums zur Zeit Ludwigs XIV. und später, besonders in Deutschland, an die Nachahmungen der Europäer durch die Japaner Ende des 19. Jahrhunderts usw. ohne Ende. In manchen Fällen führen solche Vorgänge zu *ethnischen Umgestaltungen*. Ganze Völker wie die Ligurer, die Iberer oder die Tyrrhenier haben durch Annahme fremder Sprachen ihre linguistische und politische Eigenart verloren und sind in anderen Gruppen aufgegangen, deren Namen sich durchsetzte. Andererseits können neue Völker entstehen wie die Rehoboter Bastards in Südafrika. Die britische Nation setzt sich aus Trümmern von vorgälischen und gälischen Stämmen zusammen, die von Angelsachsen, Dänen und Normannen überschichtet wurden usw. Vergleicht man Stammesbezeichnungen aus verschiedenen Jahrhunderten etwa der germanischen Stämme, so begegnet man sehr verschiedenen Worten. Hinzu kommt, daß, umgekehrt, die geographisch gebundenen Bezeichnungen sich mit ethnisch-kulturell verschiedenem Inhalt, d. h. vielen Splittern anderer Herkunft füllten, wie bei den späteren „Persern" oder den späteren „Ägyptern". Die Linie des zeitlichen Fortschreitens bewegt sich hier im Zickzack.

d) Den verschiedenen geschilderten Vorgängen ist eine gewisse Ähnlichkeit insofern eigen, als *Nachahmungen* erhebliche Folgen auf soziologischem Gebiet zeitigten. Die Nachahmungen erscheinen häufig als Ergebnisse emotioneller Überschätzung und Einseitigkeit. Derartige Affekte haben verschiedene Dauer. Je nach den sonstigen Umständen können sie zu einer *Gleichgewichtslage* früher oder später führen. Das kann auch bei den erwähnten Kontakt-Vorgängen zwischen *exotischen*[1] Völkern, Europäern und Europäo-Amerikanern beobachtet werden. Der soziologische Erfolg bedeutet in diesem Fall weitgehende *Verschmelzung*, wie sie bei den Wildbeutern oder unter Pflanzerstämmen beobachtet werden kann. Namentlich verschmilzt oft die männliche Linie der Wildbeuter z. B. bei den südlichen Pygmäenstämmen mit den Feldbauerstämmen der Frauen, wenn die Männer der Frauen der Feldbauer sich bemächtigt haben, oft nachdem sie deren Männer töteten. So kam es zur Bildung neuer Stämme wie etwa auf der Insel Choiseul (in Bambatana und Tambatamba) oder auf Bougainville der Salomon-Inseln. Auch bei den Auseinandersetzungen zwischen Hirten und Feldbauerstämmen kam es zu ähnlichen, aber nicht gleichen Ergebnissen, in denen die Einrichtungen, Fertigkeiten und Gedanken der zwei koaleszierenden Stämme in jedem Einzelfall anders verteilt sich in der neuen Gemeinschaft durchsetzten. Jedesmal wird eine besondere Maschinerie der *Siebung* von

[1] Der Ausdruck „*exotisch*" umfaßt Völker, die außerhalb der europäischen Kulturvergangenheit bisher gelebt haben, wie Chinesen, Malayen, Inder usw. Im vorderen Orient wird die Grenze schon verschwommen.

ausschlaggebenden Menschen und deren Sitten in Bewegung gesetzt, woraus Neues entstand. Das geschah aber nicht allein durch *Übertragung*, sondern noch mehr durch *Veränderung vorhandener Überlieferungen*, während bei der Anpassung an veränderte Lebensumstände Reize zum Einschlagen *neuer Wege* wachgerufen wurden. Unter den südafrikanischen Herero und den Tonga gestaltete sich eine *geschlechtliche Arbeitsteilung* heraus, wonach die Frauen nur Feldarbeit verrichten, während den Männern die Viehzucht vorbehalten blieb. In anderen Fällen ergaben sich andere Ordnungen, so in Westafrika die Entstehung eines betonten Patriarchats, oder aber einer aristokratischen Überschichtung usw.

*8. Die Komplexe.*

Das Hervortreten von bestimmten gepflegten Pflanzen, Tieren, Geräten, von bestimmten Methoden der Lebensfürsorge, insbesondere der Nahrungsbeschaffung und einschlägiger Vorkehrungen hat zur Ausbildung von „*Komplexen*" geführt, hauptsächlich wirtschaftlicher Natur, welche durch die ihnen gewidmete Fürsorge einen großen Teil der übrigen Tätigkeiten sich dienstbar machten. So kann man von einem ‚*Rinder-Komplex*" reden, wenn man an die Bewachung der Herden der Hirten denkt, an die Anfertigung von Milchgefäßen und deren Reinigung, an die Kastrierung der Ochsen usw. Doch auch die Vorstellung von einem Gott in Rinder- oder Kuhgestalt gehört hierher. Als *Pferdekomplex* kann man die Herstellung und den Gebrauch von Zaumzeug, Zug- und Reitgerät, Sattel u. dgl. bezeichnen, sowie zauberische Vorstellungen, die mit den Pferden zusammenhängen. Zum *Maiskomplex* gehört die Aussaat und Bestellung der Maisfelder, die Aufspeicherung und Zubereitung des Maises, außerdem allerlei zauberische Manipulationen mit dem Mais oder der Glaube an Maisgottheiten u. dgl. Ähnlich ist es mit dem *Komplex des wilden Reises* (der in Nordamerika gesammelt wird) sowie mit einer großen Menge ähnlicher Komplexe, in deren Mittelpunkt häufig ein Tier oder eine Pflanze oder eine Tätigkeit, wie die Schiffahrt oder das Fischen stehen, worauf die Aufmerksamkeit der ganzen Gemeinde konzentriert ist. Auch bei den handwerklichen Kasten, die in *Zünften* organisiert sind und gewöhnlich aus der Spezialisierung einer ethnischen Einheit hervorgegangen sind, etwa als Töpfer oder Holzschnitzer, als Bastflechter oder als Weber, als Schmiede oder als Silberarbeiter u. dgl.[1] Die von einem Klan angefertigten Töpfe oder Tragnetze werden z. B. in einigen Gegenden Neuguineas während der Trockenzeit, da die Nahrung knapp wird, zu anderen Stämmen gebracht und verhandelt, und zwar gegen Schweine oder Sago.

Die Bedeutung solcher Sitten für die Frage des Fortschrittes liegt darin, daß jede dieser Betätigungen, welche die Aufmerksamkeit so intensiv anziehen, durch mannigfache Verbindungen *ausgebaut* und *verfeinert* wird, daß Besonderheiten aufkommen, Gedanken in verschiedener Richtung daran geknüpft werden, kurz daß das geistige Netzwerk reicher verwoben wird. Solche Bereicherung allein besagt allerdings noch nichts über die Verbesserungen. Doch Umgestaltungen und Neuerungen führen oft zu Verbesserungen. Niemals dürfen wir die beständige Wechselwirkung zwischen Gegenständlichem und dessen Handhabung und Nutzung außer Acht lassen. Das Geistige knüpft sich stets an das Materielle, und das Materielle ist nichts ohne das Geistige, jedes bedeutet nur einen anderen Aspekt, unter dem wir die Vorgänge zu erfassen suchen[2].

Dem Fortschritt *fehlt Zielstrebigkeit*, die wir Menschen dem Handeln zu unterschieben suchen. Der Kulturvorgang kehrt sich nicht an die menschlichen Spekulationen, er ist ebenso ein Naturgeschehen wie das Wachstum einer Pflanze oder die Entstehung der Erde. Der Kulturvorgang gehört dem Überdimensionalen an ebenso wie die Existenz und das Geschick des Menschen selbst. Hierbei handelt es sich um ein *Wachstum*, das durch das Vorausgegangene bestimmt, determiniert erscheint. Von diesen *Bestimmtheiten* nehmen wir an, daß sie fortwirken, also auch für das Kommende Gültigkeit haben. Solche Bestimmtheiten zu „Gesetzen" zu erheben, scheint schon ein Schritt zu weit zu sein, weil unter den Bestimmtheiten solche von *verschiedener Stärke* vermischt sind.

Tempo und Rhythmus dieser Veränderungen und Neugestaltungen sind natürlich sehr verschieden. Je nach den in Betracht kommenden Einheiten und der Verwurzelung ihrer Überlieferungen, nach den besonderen Umständen der Berührungen und ihrer Dauer, endlich nach den Voraussetzungen bei den in Betracht kommenden ausschlaggebenden *Persönlichkeiten*.

Es schien durchaus notwendig, die hier vorgebrachten Ereignisse etwas ausführlich zu behandeln. Sie sind keine Abschweifungen vom Thema. Im Gegenteil: die innere soziologische „*Chemie*" (wenn ich so sagen darf) von allen solchen Vorgängen, das Gemeinsame daran, kann am besten an Geschehnissen registriert und untersucht werden, denen wir möglichst „objektiv", d. h. so weit wie möglich „unbe-

[1] Vgl. R. U. *Sayce:* Primitive Arts and Crafts. Cambridge Univ. Press. 1933, S. 115 ff.; und R. *Thurnwald:* Civilisation and Culture: A Contribution toward Analysis of the Mechanism of Culture. Am. Sociological Review I/3, 1936, S. 388 ff.

[2] Vgl. Civilisation and Culture, bes. S. 391 ff.

fangen", wenigstens bewußt ohne Vorurteile, gegenübertreten können. Schon das Exemplifizieren auf mittelalterliche Ereignisse kann leicht Einseitigkeiten und Voreingenommenheiten wachrufen. Wir sind ja stets geneigt, unsere vernünftigen Überlegungen durch ichbezogene oder uns nicht bewußte, anerzogene oder sonst beeinflußte Parteinahme verdunkeln zu lassen. Hierdurch wird die *Objektivität* im Gesellungsleben und dessen Erkenntnis außerordentlich beeinträchtigt. Obwohl andererseits gerade das Fehlen der Objektivität die magnetische Kraft ist, welche die einzelnen aneinanderschließt, sie „*vergesellt*" — "right or wrong, my country" gilt als patriotisches Schlagwort.

### *9. Ausstrahlung von Komplexen.*

Die besondere Bedeutung der Komplexe für den Fortschritt besteht darin, daß der Antrieb zu einer Intensivierung des im Zentrum der Aufmerksamkeit gerückten Mittels zwecks Gewinnung des Lebensunterhalts verschiedene Gegenstände ergreift oder zu einer *Ausweitung der Betätigung* anregt. Im Falle des *Rinderkomplexes* z. B. erweitert sich die Tätigkeit nicht nur auf die Beschaffung von Gefäßen zur Aufnahme von Milch, auf die Verarbeitung der Milch zu Butter an vielen Orten, an einigen auch zur Bereitung von Käse. Hieran schließt sich ein Tausch zum Einhandeln von anderen Gegenständen gegen die Überschüsse aus der eigenen Produktion. Doch damit hat es keineswegs sein Bewenden. Die Tiere vermehren sich, und der Nachwuchs an jungen Tieren kann zum Teil auch verhandelt, falls nicht verzehrt werden. Hinzu kommt die Entdeckung der Kastrierung, die auf das frühe Alte Reich Ägyptens zurückgeht (also auf rund 3000 v. Chr.)[1]. Die Ochsen wurden in ausgedehntem Umfang zum Tragen von Lasten und Ziehen von Karren verwendet. Hierzu ergaben sich Arten der Zäumung der Tiere und verschiedene Kunstgriffe. Wie eingehend das Verhalten der Tiere beobachtet wurde, geht am deutlichsten aus den Deutungen des Verhaltens der Tiere, deren Brüllen, Wenden, Urinieren usw. hervor, ganz besonders z. B. der Königsrinder bei den zentral-afrikanischen Kitara und Nyankole (wie John Roscoe es schildert). In welchem Ausmaß die Tiere das Denken der Menschen beschäftigten, zeigt sowohl die persönliche Befreundung des jungen Mannes mit seinem „Leibstier", dessen Rufname auf ihn selbst angewendet wurde, als auch insbesonders darin, daß man allenthalben das Walten der Stiere oder Kühe zu sehen glaubte und sich verschiedene Naturerscheinungen, wie die Sonne in Rindergestalt vorstellte. Das altägyptische Panthoon ist voll, besonders von Haustieren, die man neben den Rindern hielt.

[1] Nach freundlicher Mitteilung von Herrn Prof. Grapow.

In ähnlicher Weise ist es anderswo, im alten China und seiner Nachbarschaft, in Indonesien und auf den Inseln des Pazifik, mit dem *Schwein*. Nur bietet das Schwein keine so vielseitige Möglichkeit, außer dem Erbauen von Kofen zum Mästen und dem mythischen Ausdenken der Wirksamkeit des Schweines im Zusammenhang mit dessen Grunzen. Anders beim *Pferd*, dessen Laufen und Springen die Phantasie mehr anregt und dessen Zähmung und Lenkung mehr technische Aufgaben stellt: die Herstellung von Zäumen, Gurten und Sattelzeug. Natürlich sind die Neuerungen nur langsam gekommen, über Jahrhunderte verteilt. Besonders spät erst der Steigbügel. Wie weit die Zäumung des Pferdes mit der des *Renntieres* zusammenhängt, kann hier nicht untersucht werden. Es hat seinen besonderen Komplex. — Solche Komplexe treffen auch für die Haltung von *Kamelen*, *Büffeln* und *Elefanten* mehr oder minder ausgedehnt zu. Doch auch für andere Spezialitäten wie die *Töpferei*, die *Erzgewinnung* und das *Schmieden*, das *Weben*, die *Holzschnitzerei*, Bearbeitung von *Muscheln* und von *Stein* usw., ebenso wie beim Anbau bestimmter Getreidearten, von Mais oder von Bäumen, Nüsse verschiedener Art, Palmen u. dgl. oder Sträuchern (z. B. Betelpfeffer, Kaffee, Tee).

Für die Frage des Fortschritts ist wichtiger, was bei der *Übernahme* eines Tieres oder der Kultivierung einer Pflanze, der Ausübung einer Fertigkeit usw. als begleitender Komplex *mit übernommen* oder *weggelassen* wurde. Im Falle des besonders lehrreichen Rinderkomplexes findet man Völker, die oft nicht einmal die Milchgewinnung besitzen, wie die Chinesen oder die afrikanischen Nyamwesi. Hierbei sind die Besonderheiten der Neueinordnung des erworbenen Tieres zu beachten. Bei den Chinesen wurde das Rind als Opfertier und als Brautgabe verwendet, sowie als *Zugtier*, das man vor Karren spannt[2]. Es ist wenig wahrscheinlich, daß das Rind ursprünglich in China gezähmt wurde, wahrscheinlicher, daß es vom Norden oder Nordwesten eingeführt wurde. Vermutlich ist seine Urheimat in Indien zu suchen, wo es zahlreiche Verwandte seiner Art gibt und das auch in der etwa auf 4000 v. Chr. zurückgehenden alten Indus-Kultur in bildlichen Darstellungen, und zwar gezähmt zusammen mit einem Rad nachzuweisen ist[3].

Bezüglich der Nyamwesi, Sukuma und anderer

[2] Vgl. Wolfram *Eberhard:* „Lokalkulturen im alten China", Brill, Leiden, 1942 und „Kultur und Siedlung der Randvölker Chinas", Brill, Leiden, 1942.

[3] Vgl. Heinz *Mode:* „Indische Frühkulturen"; Bruno Schwabe & Co., Basel 1944.

Ostafrikaner liegt die Situation eindeutiger: die Rinderzucht wurde erst vor wenigen Generationen von Familien der Tussi-Hirten hereingebracht. Das Halten von Rindern wurde dort von der Bodenbestellung treibenden Bevölkerung nachgeahmt, zumal sie für die Abgabe von Frauen für den königlichen Harem Vergeltung bekam. So bürgerte sich die Sitte ein, die Überlassung von Mädchen oder Frauen durch Rinder zu entgelten. Die Bevölkerung war weder an Milch noch an Bereitung von Butter interessiert, und die Rinder, für die nicht weiter gesorgt wurde, verkümmerten, zumal auf den kargen Weiden des Hochlandes. So entstand eine Rinderzucht, die einzig und allein auf die *Anzahl* der Tiere abgestellt war. Von den verendeten Tieren verkaufte man die Häute. In ähnlicher Weise verfiel jede kultische Einstellung und Sorge für die Tiere bei den Ciba [1] der Berge von Uganda (Zentral-Afrika), die ursprünglich Wildbeuter waren, sich aber Frauen geraubt hatten, um durch sie die Felder bestellen zu lassen, und Rinder raubten, um Viehzucht zu treiben. Irgendwelche Zeremonien wurden aber nicht übermittelt und fehlen daher.

Vom Standpunkt der Tierhaltung oder der Bodenbestellung kann man im letztangeführten Fall von einem Verlust, einem *Rückschritt* reden. Für die Ciba jedoch, ebenso wie für die Nyamwesi usw., bedeutete die Annahme der Rinderzucht einen *Fortschritt*. Eine solche Gegenüberstellung zeigt, daß der „Fortschritt" durch die soziale Lage des einzelnen Stammes bedingt ist. Die Einordnung in den allgemeinen Fortschritt kann erst durch Vergleiche gewonnen werden. Andererseits zeigt sich bei der Übernahme der Rinderzucht bei den Nyamwesi und bei den Ciba eine *Rationalisierung* in wirtschaftlicher Richtung, die keineswegs einseitig einen Rückschritt bedeutet. Wenn auch die Tierhaltung vielleicht leidet oder beengt wird, bedeutet die Einbeziehung von Tauschhandlungen doch nach anderer Richtung eine Erweiterung der Funktionen. Hinzu kommt, daß von Schrumpfung einzelner Kulturgüter her nicht auf die Gesamtheit der Kulturverfassung des Stammes geschlossen werden darf. Wenn z. B. die Leute der Torres-Straits-Inseln nördlich von Australien die Kunst des Kanubaues verloren, so kann das nicht ohne weiteres als Rückschritt gebucht werden, denn sie erwarben jetzt europäisch gebaute Boote, die sie kaufen. Gleiches gilt für die Töpferei, die alte Schmiedekunst usw. Auf solche Weise wurden stets neue Bedingungen geschaffen, und das Fremde mußte der hergebrachten Überlieferung an- und eingepaßt, assimiliert werden. Darin besteht das Wesentliche des Fortschritts. Der Ersatz des Neuen gegen das Alte muß in seiner Gesamtbedeutung für die Kultur des Stammes oder Volkes abgewogen werden.

### *10. Versponnene Abläufe.*
### *(Beispiel der Entstehung des Staates in Amerika.)*

Gemäß den vorgebrachten Bemerkungen zerfällt das Problem der Entwicklung in eine Anzahl von scheinbar untereinander unabhängigen Trümmern, von *Fragmenten*, die notdürftig aneinander geleimt werden müssen, ohne immer genau ineinander zu passen, die aber doch Zusammenhänge zeigen. Jedes Volk und jede Kultur fängt scheinbar „von vorne an" und geht einen eigenen Weg. Tatsächlich knüpft jedes an Gelerntes an und *ahmt nach*, obwohl es oft zu ich-besessen ist, solches Tun zuzugeben. Allerdings wird das Gelernte gemäß dem Überkommenen und der eigenen Begabung nach umgeformt und *assimiliert*. Das soll durch den Vergleich fortgeschrittener altamerikanischer Organisation der Herrschaft illustriert werden.

Die schriftlichen Überlieferungen reichen dort bis nahe an den Beginn unserer Zeitrechnung hinunter. Das gilt sowohl für die Abläufe im alten Mexiko und bei den Maya der Halbinsel Yukatan als auch für das alte Peru. Es ist nicht möglich, in das Gesellungsleben irgendeines der archaischen Völker einzudringen, ohne deren Auffassung von der Natur und den Vorgängen im Tier- und Pflanzenleben, von der *Bedeutung* und Deutung von den Steinen, von der Auffassung der Beziehungen und den Einwirkungen auf die Organisationen des menschlichen Zusammenlebens zu beachten. Man wird gleichzeitig große Ähnlichkeiten auch zwischen den „alten" Kontinenten und der sogenannten „Neuen Welt" finden. Denn was wir mit mehr oder minder Berechtigung als *„religiös"* bezeichnen, bezieht sich auf eine Ordnung des Lebens, die gegründet wird auf eine wie immer mangelhafte Kenntnis der menschlichen Kräfte und der übermenschlichen Mächte. Solche Kenntnis deckt sich indessen keineswegs mit *unseren* diesbezüglichen Unterscheidungen des menschlichen über- oder außermenschlichen Bereiches. Daher erscheinen uns die politischen und auch die wirtschaftlichen Vorgänge und Ordnungen fast allenthalben mit „religiösen" Vorurteilen durchsetzt. So z. B. wenn Machtbesitz als Auswirkung von Gottähnlichkeit aufgefaßt wird, wenn religiöser Bann (Tabu) benutzt wird, um Ordnung zu schaffen, oder wenn dem Sieger im Krieg der Besitz von „Mana" zugeschrieben wird. Das Umgekehrte ist der Fall etwa bei der Beurteilung europäischer Ein-

[1] May *Mandelbaum Edel:* Property among the Ciba in Uganda. Africa XI/3, 1938, S. 325—341; insbes R. *Thurnwald* in Aufbau und Sinn der Völkerwissenschaft in Abhandlungen der Deutschen Akademie der Wissenschaften zu Berlin, Phil.-Hist. Kl. Jg. 1947, Berlin 1948. S. 25

richtungen und Vorgänge durch im archaischen Denken befangene exotische Völker, die etwa hinter der Photographie das Wirken okkulter Mächte und Zauber vermuten. Denn hinter den Ordnungen und Auffassungen des Alltags lauert überall die umfassendere Grundlage des gewonnenen und anerzogenen Schemas von den Zusammenhängen des Lebens.

a) Die Maya. — Soweit die Überlieferung zurückreicht, findet man in den frühen Gemeinwesen sowohl des amerikanischen Landes wie der *Maya* Stadtstaaten, ähnlich wie auch bei den Sumerern des 5. vorchristlichen Jahrtausends [1], ähnlich wie auch in den Gaustaaten des alten Ägyptens, in China und später in Griechenland [2]. Das besagt, daß 1. schon *Überschichtungen* vor sich gegangen sein dürften, und 2., daß die Bestandteile der Bevölkerung sich wohl bis zu einem gewissen Grade untereinander kulturell *angeglichen* haben dürften. Der Zustand mag mit dem gewisser fortgeschrittener Gemeinden in Neuguinea verglichen werden, wie sie z. B. bei den Mekeo oder bei den Motu des südlichen Neuguinea nach der Beschreibung von Seligman [3] festgestellt wurden, und wie ich sie auch im nördlichen Neuguinea vorfand. Es sind Gemeinden, die Splitter verschiedener Stämme aufgenommen hatten, unter denen aber den älter ansässigen *Familien* eine *bevorzugte Stellung* eingeräumt worden war. Eine verhältnismäßig weitgehende Angleichung der religiösen Vorstellungen und Kulte sowie der Sprache war erreicht. Es entstand somit eine *gestaffelte* Gesellung. Bei den Maya finden wir je *eine Familie* in jedem Stadtstaat [4], in dem der älteste Sohn oder der älteste Bruder, falls kein Sohn vorhanden, oder sonst der Geeignetste dem verstorbenen Oberhaupt folgte. Dem Oberhaupt („halach uinic" = der „wahre Mensch") stand ein „Rat von Oberhäuptern" (wahrscheinlich Häuptern von Großfamilien, also Großvätern), Priestern und besonderen Ratgebern zur Seite. Das Stadthaupt ernannte die Leiter der anderen Städte und Dörfer, die alle blutsverwandt mit ihm waren. Somit regierte eine Schicht von untereinander verwandten Leuten: ein *Adel.*

Wie es dazu kam, kann nur mit gewisser Wahrscheinlichkeit vermutet werden. Morley (S. 39 ff.) nimmt an, daß die Maya von Yukatan von der nordwestlich von ihnen wohnenden anderen Gruppe der *Huasteca* abstammen, mit der sie physische Verwandtschaft aufweisen. Diese reden zwar eine ähnliche Sprache, unterscheiden sich aber in ihrer zivilisatorischen Ausrüstung: sie haben weder den Bau mit Kalkstein, noch dessen Skulpturtechnik, noch auch Bildschrift und politische Organisation hervorgebracht, keine Tempel und Paläste erbaut (Morley S. 28). Der Eigenart der Masse des Volkes, das in keiner Weise expansiv ist, an den alten Gewohnheiten und an seiner Sprache festhält, im Süden durch hohe Gebirgszüge begrenzt wird, widerspricht die umfassende Planung, Organisation und Erfindungsgabe der Maya-Kultur der Oberschicht. Höchstwahrscheinlich ist diese von der Führerschicht ausgegangen, die als Adel hervortrat, wie bei zahlreichen anderen Völkern. Solche Auffassung wird erhärtet dadurch, daß 1. im „neuen Reich" seit 1000 n. Chr. die inzwischen vermutlich aufgebrauchte Oberschicht durch eine *neue*, die aus *Mexiko* kam, ersetzt wurde; 2. daß, seitdem die Spanier bei ihrer Eroberung die damalige Führerschicht ziemlich gründlich *ausgerottet* hatten, später nur ganz verstreut sich Ansätze zu einer aktiven Umstellung regen. — Der Wandel des Kulturlebens dürfte somit hier auf eine *Ablösung der Oberschicht* zurückzuführen sein, derer die, wie man sagte, „Väter und Mütter haben". Andererseits ist begreiflich, daß der Adel das willfährige Volk zu lenken verstand. Hierzu wird auch berichtet, daß die Leute aus dem Volk sich scheuen, Verantwortung in der Verwaltung zu übernehmen und daß ihnen der Impuls zu einem Wettbewerb fehlt. So sind sie ausführende Organe für die Bauten der Tempel und Paläste und für die Pläne des Adels geworden.

Wer nun Träger der *Oberschicht* des „*Alten Reiches*" war, ist die Frage. Wahrscheinlich nicht die Huasteca. Die älteste Periode wird schätzungsweise auf 3000 v. Chr. bis etwa 500 v. Chr. datiert. Erst um 500 v. Chr. tritt Holz- und Steinarchitektur auf. Morley nimmt (S. 40ff.) als Brennpunkt, von dem die Kultur der Oberschicht ausgestrahlt haben dürfte, den nördlichen mittleren Teil von Guatemala, Peten an, und zwar bei Beginn des vierten vorchristlichen Jahrtausends. Im dritten und zweiten Jahrtausend v. Chr. mag es zur Einführung der Maiskultur aus den Hochländern von Guatemala, vom Süden her, gekommen sein, welche die Ernährung durch wildbeuterisches Sammeln und Fischen verdrängte.

Auffallend ist, daß die frühesten Steininschriften bereits ein *völlig ausgebildetes System der Zeitrechnung* verraten (Morley S. 45 ff.). Man nimmt nun an, daß die frühere hieroglyphische Schrift und Zeitrechnung auf Holz ausgeführt wurde, das in den Wäl-

---

[1] S. N. *Kramer:* Sumerian Mythology „The American Philosophical" society Memoirs Bd. 21, Philadelphia, 1944.

[2] Vgl. Hans *Schaefer:* Staatsform und Politik. Untersuchungen zur Griechischen Geschichte des 6. u. 5. Jahrhunderts. Dieterich, Leipzig, 1932.

[3] L. G. *Seligman:* The Melanesians of British New Guinea. 1910; und R. *Thurnwald*: Menschl. Ges. Bd. I. 1931 z. B. (Lokele Fischer am Kongo), S. 105 (Kai-Leute, Neuguinea), s. 118 (Irokesen N. Am.), S. 125 (Pangwe W.-Afrikas), S. 126 (Boloki am mittl. Kongo).

[4] S. G. *Morley:* The Ancient Maya. Stanford University Press, 1946, S. 161 ff

dern von Peten reichlich vorhanden war, und daß diese Hölzer durch das feuchte Klima völlig zerstört wurden. Dadurch seien die früheren Stadien der Schrift verlorengegangen. Die dem System der Zeitrechnung zugrunde liegenden Beobachtungen und Berechnungen von Sonne und Mond, auf denen das System beruht, setzen jedenfalls außerordentlich genaue Arbeit voraus, die namentlich in dem regnerischen Klima nicht leicht waren, und die sich über eine Zeit von vielen Generationen erstreckt haben müßte und verbessert wurde. Morley meint allerdings, daß wegen der Kompliziertheit, der Ausgeglichenheit und Feinheit des Systems dieses von einer einzigen Person oder einer kleinen Gruppe von wenigen Leuten ausgearbeitet worden sei. Wir wissen jedenfalls, daß die frühen altorientalischen Systeme, wie die der Sumerer, der Proto-Elamiten, Chaldäer und der Ägypter, später der Aramäer, medisch-persische Magier usw. durch *Beeinflussungen* einander befruchteten, und zwar im etwa vierten oder dritten, später im ersten Jahrtausend vor unserer Zeitrechnung. Nach Berechnungen dürfte das Maya-System zwischen 353 und 235 v. Chr. im Zentralen Peten ermittelt worden sein, also erhebliche Zeit nach den altorientalischen.

Kunst, Architektur und Keramik deuten in ihrer Entstehung auf dieselbe obenerwähnte Gegend und überraschen auch früh durch ihre Vollendung. Überhaupt verlängern neue Forschungen und Grabungen immer mehr die zeitliche Sicht in frühere Zeiträume, ebenso wie in frühere *Verkehrsmöglichkeiten. Beeinflussungen* von außen sind daher nicht ohne weiteres von der Hand zu weisen.

Im „Neuen Reich" macht sich deutlich eine aus Mexiko eingedrungene Aristokratie mit einem *esoterischen Wissen* (Morley S. 162, 291 und 305) geltend, das als die „Sprache von Zuyua" galt und von den Xiu-Familien getragen wurde, die mindestens mexikanische Überlieferungen kannten. Bezeichnend ist, daß nunmehr die Anwärter für Ratsherren, Stadt- und Dorfhäupter einer *Prüfung* zu Beginn eines neuen „Katun" (etwa 20 Jahre) unterworfen wurden. Sie bekleideten dann die wichtigsten Ämter, es waren die Leute, welche die Spanier „caciques" nannten. Sie befehligten die Soldaten und leiteten die lokalen Angelegenheiten, überwachten die Bevölkerung, deren Häuser und Bodenbestellung und fungierten als Richter. Eine besondere Art von militärischen Führern waren die auf drei Jahre gewählten „nacom". Während ihrer Dienstzeit durften sie keinen Geschlechtsverkehr ausüben, auch nicht mit ihren Frauen, und kein rotes Fleisch essen. Sie nährten sich von Fischen, Iguamas, Eidechsen usw., durften sich nicht betrinken und genossen hohe Achtung. Die Priester entstammten dem Adel und lebten von den Gaben des Adels. Oft waren es die zweiten Söhne aus adligen Familien. Sie widmeten sich der Zeitrechnung, der Ermittlung der glücklichen und unglücklichen Tage, den Festen, Zeremonien, Riten, der Wahrsagekunst, der Geschichte und dem Schreiben. An ihrer Spitze stand ein Hoher Priester (Morley S. 171). Die übrige Bevölkerung bestand aus Bauern, die Abgaben an Adel und Priester zu entrichten hatten. Außerdem gab es Handwerker, besonders Bauarbeiter, Steinmetze und Holzarbeiter usw., die die Tempel errichteten. Zuunterst in sozialem Rang standen die Sklaven. Auch die Sklaven gab es schon im „Alten Reich" (Morley S. 176).

Hält man sich vor Augen, daß dies alles mit verhältnismäßig wenigen Abänderungen bei den Maya zur Zeit der spanischen Eroberung seit mehr als tausend Jahren bestand, so wird man keinen erheblichen Fortschritt während dieser Zeit feststellen können, da von frühester bekannter Zeit schon das meiste vorhanden war. Im inneren Ablauf der Kultur jedoch hat sich anscheinend in der Oberschicht eine Veränderung zugetragen, die deutlich mexikanische Einflüsse zeigt, während die Oberschicht des „Alten Reiches" aus Peten in Guatemala zu stammen scheint.

b) Die Azteken[1] und ihre Vorläufer. — Anders als bei den Maya stellen sich der Fortschritt und die Abläufe in Mexiko dar. In einer Kette von Kultur-Abläufen lösten deren einzelne Gestaltungsglieder einander ab. Die ersten in Amerika, vermutlich entlang der Küste von Alaska, einwandernden Stämme der weichenden Eiszeit[2] waren vermutlich Wildbeuterstämme, die aus Nordost-Asien kamen. Sie wanderten in kleinen Horden mit nur wenig Traglasten und splitterten in *winzige Grüppchen* auf, um den Fang-, Jagd- und Sammelertrag unter wenige Leute teilen zu müssen. Auf diese Weise gingen sie auch sprachlich und ihren Gewohnheiten und Einrichtungen nach im großen Rahmen der Notwendigkeiten je ihre eigenen Wege. Die Geräte, die sie benutzten, glichen zunächst denen, die man in der Wüste Gobi heute findet. Das Fischen mit Netzen und Angeln war diesen auf neolithischer Stufe lebenden Leuten schon vertraut. Sie gebrauchten Knochengeräte, doch keine aus Stein. Große Muschelhaufen fand man an den *Küsten* des Atlantischen und Pazifischen Ozeans. In Kalifornien und Texas scheinen die Wanderer mehr in das Innere eingedrungen zu sein und Steinmörser und Mahlsteine zum Auf-

[1] Der Ausdruck „Azteken" wird auf die Kultur der Stämme im Tal von Mexiko bezogen; die Menschen werden nach den Stämmen benannt, von denen der Stamm der Tenochka schließlich der siegreiche Träger der aztekischen Kultur wurde.

[2] Nach George C. *Vaillant:* „Aztecs of Mexico". Doubl-day, Doran & Co., New York, 1944, S. 3 ff.

schlagen der Nüsse und zum Gewinnen von Mehl verwendet zu haben. Diese einfachen Methoden und die für die Gewinnung von Nahrung sich stellenden Tiere und Pflanzen waren natürlich je nach den Orten verschieden.

Die einschneidendste erste Etappe, die noch bis heute nachwirkt, ist der Übergang zum *Anbau von Mais* in Mittelamerika oder in Peru schon in der Zeit um Christi Geburt. Ob dieser Übergang, dieser Fortschritt, dem Einbruch neuer Völkerwellen zu danken ist, kann nicht scharf bewiesen werden. Der Umstand, daß Mais eine ursprünglich in Amerika beheimatete Pflanze war, ist nicht ausschlaggebend. Die Neuseeländer machten z. B. auch Gebrauch von den Federn des Kiwi und den Fellen dort heimischer Vierfüßler und von den dortigen Pflanzen. Bewässerungssysteme wurden andererseits von den mikro- und polynesischen Ankömmlingen auf den Inseln des Pazifik angelegt, ganz nach der Art, wie sie in Südwest-Asien und Indien üblich waren.

Das Fehlen von für den Transport verwendbaren Tragtieren nötigte diese Indianer, ebenso wie die Australier, in Horden zu ziehen, deren Größe durch den Ertrag der betreffenden Landschaften bedingt war. Es scheint in der Frühzeit stets reichlich Land und Nahrung für die Menschen vorhanden gewesen zu sein, um in diesen vorchristlichen Perioden einen Kampf um Boden und Versorgung hintanzuhalten. Beim Übergang vom Wildbeuterleben zu einem ertragreicheren Maisbau vermochte sich die Bevölkerung ohne Schwierigkeiten zu *vermehren.* Auch gab es noch hinreichend Boden für neue Siedlung. Nach Vaillant (S. 9) stammen die Nahrungspflanzen wie Mais und Maniok von *Hochländern* und *offener Landschaft*, wo man *Dauersiedlungen* errichten kann, vielleicht also aus der Andenlandschaft.

Es gibt zwei *Schnitte* in dieser „Entwicklung", die nicht leicht zu schließen sind: der erste ist der eben erörterte Übergang vom Wildbeuterleben zum Feldbau und der zweite, der vom Feldbau zu einer *Bereicherung an Technik, Wissen und Denken* führte, beide Übergänge sind erhebliche „Fortschritte" gewesen. Solche Übergänge haben in der Alten Welt Zeiträume von Jahrtausenden und neue Völkerwellen erfordert. Sollte der Übergang in Amerika einfacher vor sich gegangen sein?

Erst mit der Zeit, die um etwa 700 n. Chr. beginnt, gewinnen wir einen klareren Einblick. Neue Arten von Mais sowie *Bohnen* treten hinzu, die *Baumwolle* erscheint, die für das *Weben* von Stoffen verwendet wird, und der *Bogen* ersetzte das Wurfbrett für Pfeile. An Stelle der Höhlenwohnungen treten Haufen von *rechteckigen Zimmern* auf, und die alte Wohnform wird für die Versammlungs- und Festhallen beibehalten. Die *Töpferei* zeigt sich in Form und Zeichnung erheblich verbessert. Die *Bevölkerungszahl* hat bedeutend zugenommen.

Im 11. Jahrhundert n. Chr. hat die Zahl der Siedlungen abgenommen, doch ihre Größe ist gewachsen. Bemerkenswert ist, daß die Kultur, welche die Pueblo-Siedlungen im *11. Jahrhundert* erreichten, in Mittel-Amerika und in der Gegend der Anden schon in der Zeit um *Christi Geburt* erreicht erscheint (Vaillant S. 11). Der Fortschritt ist also in Amerika *keineswegs einheitlich und gleichzeitig* gewesen.

Aber auch der weitere Fortschritt ist *ungleichmäßig.* Nach Vaillant (S. 12) haben die Völker der Anden die *materielle Technik* der Lebensführung weiter ausgebaut (durch Bewässerungsanlagen und Bau von großen Städten, ebenso durch Weberei und Töpferei sowie durch ein einzigartiges politisches System); die mittelamerikanischen dagegen die Beziehungen zu den *geistigen* und übermenschlichen Mächten gepflegt. Die mittelamerikanischen Indianer lebten in unabhängigen Gruppen von Klans oder Gemeinden und brachten eine einzigartige religiöse Kunst und *Architektur* hervor. Die Indianer des trockenen Südwestens bauten dauerhafte *Städte* aber ohne zeremonielle Architektur. Unter den südöstlichen Bewohnern errichteten die mehr verfeinerten große irdene Plattformen für ihre Tempel und die Häuser ihrer Häuptlinge, die als *Trefforte* der Gemeinde zu gewissen Zeiten dienten. Wenn der Boden ihrer Rodung zu verwachsen drohte, verließ ein Teil die Dörfer, um zu *jagen* und wildwachsende Früchte zu *sammeln.* Sie trafen einander wieder für Stammesfeste und festigten so die sozialen Bande. Solche Zeremonialfeste dürften aus Mexiko stammen und durch das Anwachsen der Bevölkerung veranlaßt worden sein.

Nach einem alten mexikanischen Manuskript,das von *Chimalpahin* um etwa 1268 verfaßt und von dem verstorbenen Berliner Professor Walter Lehmann übersetzt wurde, und worüber Dr. Gerdt *Kutscher*[1] dem 18. Amerikanisten-Kongreß in Paris berichtet hat, stammen die ersten Bewohner von Amaquemecan, die *Olmeca*, aus dem „Lande der Toten" (Norden oder Westen). Sie kamen auf der Suche nach einem Lande, „wo sie ein Leben der Freude führen und Blumen finden könnten, ihre wahre Heimat". Chimalpahin stützt sich auf ältere, inzwischen verlorene Quellen. Die Wanderer ließen sich am Fuße von Bergen nieder. Sie waren kräftige, hurtige und weise Leute (wie auch die alten *Tolteken* geschildert werden) und nahmen Wohnung auf einem kleinen Hügel gegenüber dem „weißen Berg"

[1] *Gerdt Kutscher:* Le „memorial breve" de Chimalpahin (un manuscript Mexicain inédit de la Bibliothèque Nationale à Paris). Actes du 28e Congrès international des Americanistes, Paris 1947. Musée de l'homme, 1948, S. 407—418.

(Iztactepetl) und dem „rauchenden Berg" (Popocatepetl) auf der Hochebene von Mexiko. Auf dem Hügel fanden sie eine Quelle, die sie das „Wasser des blauen Nephrit" nannten, den Hügel selbst „Altar des Nephrit", wo sie ihrer Gottheit dankten. Diesen Ort durfte man nicht verunreinigen. Chimalpahin nennt sie unter dem Einfluß des gepredigten Christentums: „Regenzauberer, Jaguar-Zauberer, Wahrsager, Übeltäter".

Diese Niederlassung bestand aus drei Gruppen: 1. den „*echten*" Chichimeken, 2. den „*Ahnen*", 3. die dritte Gruppe befand sich, was bemerkenswert ist, den ersten beiden gegenüber *zurückgesetzt*, möglicherweise eine später zugestoßene Gemeinde. Die erste Gruppe zerfiel wieder in zwei Untergruppen (Klans?), von denen die erstere als „aus dem Blut erschaffene" bezeichnet wurde, ein Name, der mit einer Mythe zusammenhängt und abermals eine *Bevorzugung* kennzeichnet. Der Häuptling der bevorzugten Abteilung der ersten Untergruppe trug die Figur ihres Gottes wie ein Bündel auf seinem Rücken, wie es auch bei den Azteken üblich war. Diese „*Gottesträger*" waren auch die *Anführer* auf den Wanderungen. Sie unterhielten sich mit ihrem Gott und empfingen seine Befehle. Der Gott wurde „Herr der Türkisen" genannt und wurde vorgestellt als lebend in Reichtümern von Gold, Nephrit, Jade, Türkisen, roten Muscheln und von roten, blauen, gelben, grünen Federn.

Im Jahre 1209 gerieten die „echten" Chichimeken in Konflikt mit den Tolteken, die das Land Tollan bewohnten, und zwar wegen der Tempel, die erstere aus Nephrite, Türkisen usw. für ihren Gott erbaut hatten. Diese wunderbaren Tempel hatten den Neid des Herrschers von Tollan erregt. Später um 1258 erscheint ein Stamm der *Akxoteca*, die in Kanus auf dem Wasser jagen gingen und durch ihren Zauber das Mißfallen der „echten" Chichimeken erregten. Auch fürchteten diese sich vor dem Regen- und dem Jaguarzauber der Olmeca. Der schwelende Konflikt kam im Jahre 1261 damit zum Ausbruch, daß die Totolimpaneca (die Tolteken) den alten Türkis-Tempel der Olmeca verbrannten. Eingeleitet wurde der Kampf durch einen Pfeil, den der Herrscher des Tolteken-Klans gegen den Tempel der Olmeken abgeschossen hatte. Offenbar dienten die Beschuldigungen des erwähnten bösen Zaubers, zu dem auch die Verwandlung in wilde Tiere wie Jaguar gehörte, bewußt oder unbewußt zur Rechtfertigung der Kämpfe vor den waltenden übermenschlichen Mächten.

Nach der Besiegung der Olmeken beginnen die Erfolge der Chichimeken, deren Gott mit *Donner* antwortete und als *weißer Adler* die Opfer (offenbar *Menschen*opfer) verzehrte. So bemächtigten sie sich der Zeichen der Herrscherwürde, und das Zentrum der Olmeken wurde zu einem der neu angekommenen Nahuatl sprechenden Stämme. „Nie mehr", heißt es in einer Hymne, „vermochten die Olmeken wieder in ihr Geburtsland zurückzukehren."

Im Jahre 1279 schlossen sich *sechs Klans* unter Quahuitzatzin zusammen, die den Kult des Nauhyotcutli, dem man einen *neuen Tempel* erbaute und durch neues Anzünden eines Feuers weihte, begründeten.

Aus dem allen geht hervor, daß eine *neue Form der Gottesverehrung* mit der neuen Herrschaft Hand in Hand ging und außerdem, daß ein Zusammenschluß von mehreren Klans durch einen *Fürsten* aus einem der Klans vor sich gegangen war, daß somit in religiös-geistiger Hinsicht sowohl als auch bezüglich der Herrschaftsform, die nun fester zusammengeschlossen erscheint, eine Änderung vor sich gegangen war. — Dies alles wurde so ausführlich hier geschildert, weil gerade die Begleitumstände von großer Bedeutung sind. Es wird nicht um Nahrung gekämpft, sondern um Götter — wenigstens wird das vorgegeben; in einem Sinn, wie bei uns etwa um „Ideen". —

Die „*Azteken*" trachteten, sich von ihren Abgaben an Fischen, Wasservögeln, Federn usw. zu befreien. Sie bestanden aus mehreren Klans und hatten als Jäger die trockenen Steppen der mexikanischen Hochebene durchquert, scheinen also Wildbeuter gewesen zu sein. Sie werden als „echte Chichimeken" bezeichnet (oder bezeichneten sich selbst später so?), weil sie Bogen, Pfeile, Umhänge und Lendenbinde besaßen. Schon treten Unterschiede der Abstammung auf, indem die Mutter des ersten Herrschers der Mexikaner als Tochter aus dem Geschlecht von Tzompanco mit Auszeichnung hervorgehoben wird, während man dessen Vater „nur" als Mexikaner, als Chichimeken, bezeichnet. Im Jahre 1280 wurden die Mexikaner, die in Chapoltepec eingetroffen waren, von verschiedenen Stämmen angegriffen. Der Gottesträger der Mexikaner opferte den Astrologen Copil, schnitt ihm aus der Brust das *Herz* heraus und ließ es begraben. Es soll noch lange weiter gepocht haben. Daraus entstand ein weißer Adler, der eine Schlange in seinen Klauen hält und verzehrt.

Diese und andere Begleitumstände wurden erwähnt, nicht nur, weil ein weißer Adler, der eine Schlange verzehrt, zum Sinnbild des Mexikanertums geworden ist, sondern auch weil der schon erwähnte *Himmelskult* hervortritt, der sonst mit dem Hirtentum verbunden erscheint. Hier tritt er in Zusammenhang mit einem scheinbar *höheren Jägertum* in Erscheinung, das in der Steppe sich ausgebildet haben mag, jedenfalls mit einer anderen Variante der in Mexiko lebenden und zugewanderten Völker. Ganz ähnlich wie sonst (z. B. bei den südafrikanischen

Venda — nach H. *Stayt:* The Bavenda) bahnt sich auch hier eine *Verschmelzung der verschiedenen Kulte* an: die einerseits als Ahnenkulte, andererseits als Himmelskulte aufgetreten waren, nämlich die Verehrung der vorbildlichen Vorfahren und die des Universums. Kann man bei dieser möglichen Abfolge von „Fortschritt" reden? Es scheint so, vorausgesetzt, daß der Himmelskult nicht von vornherein aus einer ganz anderen Einstellung zur Umgebung und zum Leben hervorgegangen ist als die Ahnengötter, was angesichts des mexikanischen Beispiels möglich, ja wahrscheinlich sein dürfte. Für die Forschung entsteht hieraus die Aufgabe, festzustellen, ob und wieweit die in Mexiko später auftretende Schicht mit der älteren *ursprünglich* in Zusammenhang gestanden haben mag oder nicht.

Außerdem muß beachtet werden, daß die höheren Jäger nicht ohne weiteres mit den viehzüchtenden Hirten, vor allem nicht mit den überschichtenden Hirten, trotz mancher Analogien gleichgestellt werden dürfen. Das geht z. B. deutlich aus dem Verhalten der verschiedenen Ful-Stämme der Sahara[1] hervor, worauf in diesem Zusammenhang nicht näher eingegangen werden kann.

Wie immer das alles nun sein mag: Der Einfluß der verschiedenen Kulte und der ihnen zugrunde liegenden Lebenseinstellung wirkte sich beim Ahnenkult der Olmeken auf die Herstellung von vielerlei *Figuren* von höherer oder minderer Kunstfertigkeit aus. Der neue Kult dagegen scheint seine Himmelsverehrung schon im Hügel von Cuicuilco zum Durchbruch gebracht zu haben. Auf der Spitze dieses *Hügels* erhebt sich ein *Altar* (*Vaillant* S. 43—46). Damit scheint die Kultur der Tolteken zur Geltung gekommen zu sein, die solche pyramidenförmige Hügel mit einem Altar oder Tempel auf der Spitze zur Abhaltung der *Menschenopfer* liebte. Feine *Architektur* wurde angebracht, um der als Gottheit vorgestellten Sonne zu gefallen, deren Leben durch das *Herzblut* erhalten werden sollte. Die kosmische Verehrung und die höhere Kunstfertigkeit der Bauten, ja die Sorge für die Existenz der Sonne darf man wohl als Fortschritt buchen. Bemerkenswert ist die verhältnismäßig reichliche Kleidung, die in den feuchtwarmen Küstenklimaten sicher nicht erfunden wurde. (In den kühlen Bergen von Neuguinea gehen die Papuaner fast unbekleidet.) Wie steht es aber mit den Menschenopfern? Darf man, wie es von manchen Amerikanisten geschehen ist, kultische Menschenopfer, häufig von Kriegsgefangenen, als Bestandteile einer „Hochkultur" werten? Es ist ein nicht seltener Zug der Menschen, aufstrebende Kulturen mit besonderen *Grausamkeiten* zu paaren. Ja, es scheint, daß bei Fortgeschrittenheit die unterdrückten Triebe sich austoben und zu Grausamkeiten führen, die auf niedrigerer Stufe noch schlummern.

Es würde hier zu weit führen, die Periode der Chichimeken zu schildern, die vielerlei Umgestaltungen und Kämpfe auch unter den einzelnen Stämmen mit sich brachte und in den Schicksalen von fünf Städten (man wird an die sumerische, die griechische usw. Städteherrschaft erinnert) zusammengefaßt erscheinen. Wir begegnen mehreren Dynastien der Tolteken, die von Chichimeken oder Fremden verdrängt wurden. Die aztekische Kultur hat allmählich die lokalen Kulturen *überlagert und zusammengeschlossen.* Ein Hinundherwandern unter Nahuatl sprechenden Gruppen, zu denen die Azteken auch gehören, setzte ein. Die Besiegten scheinen nicht genügende militärische Fähigkeiten besessen zu haben und fielen unter die Herrschaft der Chichimeken. Diese *Herrschaft* bedeutete vor allem Anerkennung der *Götter der Sieger* (wie auch im asiatischen und europäischen Altertum), sowie auch *deren Herrscher* (*Vaillant* S. 84). Manche Stämme mögen auch vorher schon die neuen Kulte angenommen haben. So verbreiteten sich deren Zivilisation und Kultur, die wieder durch die Übernehmer diesen angepaßt wurden. *Fortschritt* ist in solchem Fall mit *Ablenkung* verbunden.

Als die *Tenochca* in Gestalt eines Stadtstaates in das Gebrodel der Stämme sich einmischten, stand an ihrer Spitze ein Oberhaupt, das auch religiöse Funktionen verrichtete. Handwerk und Handel befanden sich in Blüte. Die Stammesgruppe der *Tenochca* hatte, vielleicht im Jahre 1168 n. Chr., ihre Wanderungen in der Nachbarschaft der Seen begonnen, zu denen sie vom Nordwesten her kamen. Vermutlich wohnten sie vorher in Höhlen und hatten Verbindungen mit anderen Stämmen. Sie trugen, wie nach alter Weise, die Figur ihrer Götter mit sich und hielten sich gewöhnlich *ein Jahr* an einem Orte auf. Von da sandten sie Leute aus, um einen Platz zu ermitteln, wo man eine *Pflanzung* anzulegen vermochte. Wenn später der ganze Stamm eintraf, konnte gleich geerntet werden.

Die wachsenden Gemeinden der Nachbarschaft dehnten sich aus, so daß es zu Kämpfen kam. Einer der Zwecke der Kämpfe bestand darin, Gefangene zu machen, die dann geopfert wurden (um, wie erwähnt, den Lauf der Sonne in Gang zu halten). Dadurch verbreiteten die Tenochcas Schrecken. Die Kämpfe wurden mit Grausamkeit und Tücke geführt. Ihre ehrgeizigen Anführer verstanden, eine Kaste von

[1] Vgl. T. R. *Wilson-Haffenden:* The Red Man of Nigeria; London 1930 S. 122 ff. — Vgl. auch M. *Perham:* Ten Africans, 1936, S. 28 f. — Ferner Gulla *Pfeffer.* Die Djafun-Bororo, ihre Gesellschaft, Wirtschaft und Seßhaftwerdung auf dem Hochland von Ngaundere. Berlin, Diss. 1936, S. 162 ff.

Mächtigen und Reichen zu schaffen, so daß ihr Staat *unabhängig* wurde (*Vaillant* S. 97 ff. und insbesondere Taf. VII, VIII, IX). Erwähnt sei nur, daß Itzcoatl, der vierte Herrscher, um 1428 anordnete, alle geschichtlichen Bilder-Manuskripte zu verbrennen, weil sie „vom Volk nicht geschätzt werden". Hierin drückt sich bereits die Überheblichkeit eines Diktators aus. Einige Stämme wurden veranlaßt, die aztekische Kultur der Tenochcas anzunehmen. Bisher waren ja die Tenochcas die Lernenden. Aus diesem nunmehr gesteigerten Selbstbewußtsein quoll erhöhtes Streben nach Macht. Bei der weiteren Ausdehnung kamen die Tenochcas mit anderen Stämmen in Berührung und nahmen (ähnlich wie die Perser von den Medern) ein gut Teil von deren Kultur, insbesondere auch deren religiöse Vorstellungen an (*Vaillant* S. 99). Die Nachbarn wurden als Vasallen *in Abhängigkeit* gebracht. Eine vereinheitlichte Verwaltung wurde aber nicht erzielt. Dagegen war man stets darauf aus, *Gefangene* für die Opfer zu gewinnen. Aus der aufständischen Provinz Oaxaca wurden 12 000 Gefangene dem Kriegsgott geopfert.

Die Tenochcas waren die Träger der aztekischen Kultur geworden, ohne wesentlich an deren Aufbau mitgearbeitet zu haben. Während des Nomadenlebens ihrer Wildbeuterzeit (1168—1248) führten sie ein primitives Leben. Nachdem sie durch den Feldbau seßhaft in Chapoltepec geworden waren, haben sie eifrig die Kultur ihrer Nachbarn und Oberherren aufgenommen. Die Erlernung der *Schrift* fand erst um 1300 statt. Von 1376 bis 1428 waren sie von Tepanec *abhängig* und versuchten sich vorsichtig in der Nachahmung der *Organisation eines Stadtstaates*. Erst nach ihrer *Unabhängigkeit* um 1479 fand bei ihnen ein wirklicher Fortschritt für das Aztekentum statt, bei dem Tenochitlan am Aufbau der aztekischen Kultur sich beteiligte. Der bisherige Fortschritt war auf Assimilierung an die nationale Gemeinschaft gerichtet, in der sie nun eine führende Stellung beanspruchten. Die aztekische Kultur bildet ein *Kompositum aus vielen Elementen*, von denen einige den Erfordernissen des Stammes entsprungen waren, andere aus den Übertragungen von fremden Völkern herrührten. Neue Situationen erforderten, wie auch *Vaillant* sagt (S. 107), beständig *Anpassungen* und *Veränderungen*.

Um das innere Leben einer Einheit zu verstehen, muß schließlich noch ein kurzer Blick auf deren Verfassung geworfen werden. Jeder gehörte einer *Familie* an, von denen mehrere zu einem *Klan* zusammengeschlossen waren. In der Theorie bildeten 20 Klans einen *Stamm*, der alle Angelegenheiten durch einen Rat von Klanhäuptern regelte. Er ernannte ein *Oberhaupt* für zivile und religiöse Sachen und gewöhnlich einen zweiten als *militärischen* Anführer. Ausm diese alten, weit zurückreichenden Schema bildete sich mit der Zeit eine verzweigte Verwaltungsorganisation heraus.

Dieses System entspricht weitgehend dem bereits beschriebenen der Maya. Die Persönlichkeiten der politischen, der religiösen und der militärischen Führer wurden vom Adel getragen. Wer bildete den *Adel* in diesen Stadtstaaten? Oben wurde schon erwähnt, daß die Tenochcas unter ihrem Herrscher Itzcoatl, als sie mit den Texcocans und den Tlacopans verbündet waren, das eroberte Land am Ufer des Sees den Kriegern als Kaste von Macht und Reichtum gaben (siehe oben S. 594 und *Vaillant* S. 97). Tenochitlan war außerdem Mitte des 14. Jahrhunderts eine *Zufluchtsstätte für Unzufriedene*. Die Tenochcas strebten nach Unabhängigkeit von den Tepanec und erbaten von diesen die Erlaubnis zur Gründung einer Dynastie, wie das auch von anderen Stämmen geschah. Denn es war üblich, daß die starken Stämme so viele Vasallen wie möglich erwarben, um Abgaben und Hilfe im Kampf zu gewinnen. Die siegreichen Stämme pflegten einander, wenn möglich, die Vasallen wegzunehmen (vgl. *Vaillant* S. 75 bis 76). Den Adel bildete somit eine *Überschicht*, die sich des Einflusses bemächtigt hatte, aber wahrscheinlich mit jenen Gruppen irgendwie verwandt war oder durch Heiraten Verwandtschaft herstellte, welche Maisbau, Schrift und religiöse Vorstellungen nach Mexiko, vermutlich vom Süden her, gebracht hatten. Der Fortschritt wurde von verschiedenen Stämmen von Mischlingen unterstützt, die das Erbe einiger Ahnen weiter pflegten und ausbildeten, und zwar in *konkreten Einzelphasen*, die miteinander *rivalisierten* und durch ihre Kämpfe, aber auch durch Auflösung und Übergänge, den Fortschritt zum Teil unterstützten.

Bei den aztekischen Vorgängen zeigt sich ein psychosoziologischer Prozeß der Reifung und Ausbreitung der Herrschaft in der Weise, daß Stämme tributpflichtig gemacht werden und damit die Herrschaft und den *Kult der Herren* anerkennen, ganz ähnlich wie das auch im alten Orient, z. B. in Babylonien, der Fall war. Der Gott bzw. die Götter des siegreichen Herren wurden auch die des Vasallen. Die Götter des letzteren wurden zweitrangig. Bezeichnend ist als Erfolg die Ausdehnung des *Friedensbereiches*, zu dem auch die Vereinheitlichung des vorherrschenden Kultes beitrug. Wesentlich hat zur Beschleunigung des Kulturprozesses die *Stadtbildung* geholfen, d. h. die Anhäufung verschiedener Klans und Klansplitter an einem Ort, die eine *Siebung* nach sachlicher *Eignung* förderte, die Möglichkeit einer fachlichen *Konzentration* bot, der eine *Verteilung* der Leistungen und Erträgnisse entsprechen konnte. Dies erforderte auch die Auswahl umsichtiger *Organisatoren* und förderte Führerbegabungen und Vordenker. So sieht die eine Seite des Fortschritts aus. Ihr steht aber der *Ablauf* in den einzelnen Gemeinwesen gegenüber, die früher oder später zu einer *Auflösung* und zur *Verschmelzung* mit anderen Einheiten, somit zum Untergang der engeren Einheit führte.

Auf geistiger Seite wird man als Fortschritt außer der Mehrung technischen Wissens die Erkenntnis der wirksamen Kräfte durch rationales Denken als Fortschritt zu werten haben. Was als „*wirksame Kräfte*" zu gelten hat, wird im paläopsychischen und archaischen Denken anders umgrenzt als bei uns. Wenn sich auch die übermenschlichen Mächte unserer Einwirkung entziehen, wird man doch sehr vorsichtig in der Rationalisierung sein müssen. Man darf nicht vergessen, daß „übermenschlich" den Einsichten einer einzelnen zivilisatorischen Ausrüstung entspricht, somit verschieden ist. So kann der Weg zur *Rationalisierung nicht* ohne weiteres mit Fortschritt gleichgesetzt werden, wenngleich man auf primitiverer Stufe das häufig tun darf.

Auf militärischem Gebiet zeigte sich die Bedeutung der Rationalisierung in den Kämpfen der Europäer gegen die Azteken (*Vaillant* S. 240ff.). Die Azteken waren wegen ihrer Zeremonien beim Kampf, abgesehen von ihrer Ausrüstung, den Spaniern gegenüber im Nachteil. Die Ernte hatte außerdem bei der Ankunft von Cortez ihre Aufmerksamkeit zu sehr in Anspruch genommen. Die aztekische *Verwaltung war nicht einheitlich*, sondern begnügte sich mit den Abgaben der tributpflichtig gewordenen Stämme und Stadtstaaten (also etwa wie der einstigen sumerischen oder althellenischen Stadtstaaten). Hinzu kam der Aberglaube an böse Vorzeichen und der Schrecken, den die Reiter und Flinten der Spanier verbreiteten.

### c) *Die Inka und ihre Vorläufer.*

Das Verhältnis der Abläufe zum Fortschritt dürfte sich aus den Ausführungen des letzten Abschnitts ergeben haben. Bei jedem Ablauf zeigen sich andere Auswirkungen für den Fortschritt. Bei den Tenochcas treten sie für die aztekische Nation erst spät hervor. Im Falle der Inka werden wir einen geradezu explosiv wirkenden Ablauf innerhalb von ganz kurzer Zeit festzustellen haben.

Die Anfänge der alten peruanischen Spitzenkultur reichen in unbekannte Anfänge und verschiedene Strecken von Abläufen hinunter: in die Kulturen der Chavin, Chimée, Mochica und anderer. Die ersten Fortschritte von einem Wildbeuterstadium sind von dem Beginn des *Anbaues* von Mais, Bohnen und Früchten (Ananas, Sauersaft und Solanum) sowie von verschiedenen Kartoffelarten, Maniok, Süßkartoffel, ferner Pfeffer, Erdnüssen, Kakao und Baumwolle, Tabak und Coca. Das verschiedene Klima an der Küste, den mittleren und oberen Hochländern, bringt auch je besondere Pflanzenspezies hervor. Schon seit den frühen Zeiten wurden nachweislich Mais, Kürbis, Bohnen, Baumwolle, Süßkartoffel, Pfeffer, Erdnüsse, Maniok, Coca, Kartoffel, Lupinen usw. angebaut. Zu diesen Pflanzen, Früchten und Wurzeln kam in der ganzen folgenden Zeit nichts wesentlich Neues hinzu. Wir stehen vor einer ähnlichen Situation wie besonders bei den Maya, zum Teil auch bei den Azteken. Die Technik des Anbaus hat sich gleichfalls nicht wesentlich geändert, insbesondere gehen die Bewässerungsanlagen durch Terrassen auf die früheste Zeit zurück, auch die Düngung, der Fruchtwechsel und die Brache scheinen alt zu sein. Grabstock und Hacke werden der frühen Zeit zugerechnet; dagegen tritt der Schaufelstock mit Sporn für den Fuß erst seit der Inkazeit auf [1]. Wendel C. *Bennet* nimmt an, daß die Zusammenarbeit (kooperative Arbeit) auch auf die frühen Zeiten zurückgeht und erst von den Inka nach den besonderen Zwecken organisiert wurde, somit nur durch den Ausbau ein Fortschritt erzielt wurde.

Mit dem Anbau waren auch seit früher Zeit *kultische Riten* verbunden. Aus der frühen Mcchicazeit z. B. stammen Pflanzen in Menschengestalt, Pflanzen werden verehrt und Götter oder Dämonen erscheinen als Träger von Pflanzen (auf den östlich Neuguinea vorgelagerten Dobu-Inseln wird z. B. [nach *Fortune:* „Sorcerers of Dobu", Routledge, London 1932] die Yams-Wurzel durch besondere Zauberer verehrt). Auch das Aufbewahren von Nahrungsmitteln teils durch Trocknen, teils durch Frieren scheint weit zurückzugehen, wie auch die Zubereitung gewisser Gerichte. Ebenfalls alt scheint das Kauen von Koka mit Kalkpulver, sowie die Bereitung von Maisbier und Chicha (Aloëbier) zu sein. Tabak hingegen wurde nur als Medizin verwendet. Man sieht hieraus, daß wenig Raum für „Fortschritt" war.

Auch Lamas und Alpacas waren in den frühen Zeiten, selbst in der Chavin-Periode, schon gezähmt. Sie dienten als Tragtiere, für Wolle, Fleisch und Häute; außerdem verwendete man die Knochen und Sehnen der Tiere. Das Weiden der Tiere verhalf zur Düngung weiter Landstrecken. Auch Hund und

[1] Handbook of South American Indians ed. by Julian H. Steward vol. 2, Washington 1946, S. 21 (im folgenden zitiert als „Handbook"). — Ob daraus ein Zusammenhang mit den polynesischen Wanderungen abgeleitet werden kann, wäre deshalb zu erwägen, weil in Neuseeland derselbe Schaufelstock gebraucht wird wie in Peru und von den Männern zum Aufreißen des Bodens Verwendung findet, während die Frauen die Schollen zerkleinern. S. Raymund *Firth:* Primitive Economics of the New Zealand Maori. Routledge, London, 1929, S. 195, 197.

Stachelschwein waren schon in frühen Zeiten bekannt. Neben Viehzucht und Feldbau trieb man Jagd, sowohl mit Netzen als auch mit Hunden und durch Treiben zu Abgründen. An der Küste und an den Ufern des Titicaca-Sees bezeugen Muschelhaufen das Alter des Fischens, auch mit Angel und Leine. Nicht vergessen werden darf das hohe Alter der *Weberei* und der *Töpferei* sowie der *Architektur:* wogegen die Metallbearbeitung nicht unerheblichen Fortschritt zeigt.

Das alles mußte erwähnt werden einerseits um die Altershintergründe der Inkazeit zu beleuchten, und andererseits die Perspektive für die Neuerungen und den Fortschritt zu gewinnen. Erst die Europäer haben neue Pflanzen, Früchte und Tiere, sowie neue Techniken der Landwirtschaft, vor allem den von Ochsen gezogenen Pflug, eingeführt — abgesehen von anderen Fertigkeiten. Dadurch wurde die bisherige Art des Unterhalts zwar etwas abgeändert, lebte aber im wesentlichen weiter.

Der erwähnte Fortschritt der Metallbearbeitung beginnt mit der des am leichtesten schmelzbaren *Goldes* schon in der Chavin-Periode. An der Südküste wurde das Gold zunächst *kalt* behandelt: flach gehämmert oder einfache Ornamente herausgeschnitten, einige mit Relief-Zeichnungen geschmückt. An der Nordküste waren gepreßte Relief-Verzierungen üblich, auch etwas *Silber* wurde verwendet, ferner eine Gold-Platin-*Mischung* und *Löten*, was Schmelzen bedeutet. In den frühen Zeiten war das Goldarbeiten umfassender, und neue Techniken wurden hinzugefügt. Während der folgenden Mochica-Zeit wurde Silber verwendet und Gegenstände aus reinem *Kupfer* stammen aus jener Zeit sowie aus der Tiahuanaco-Gegend. Auch *Blei* wurde, wenn auch selten, in der Mochica-Periode gebraucht. Später treten *Mischungen* von Silber und Kupfer, Kupfer und Gold auf sowie eine Vergoldungstechnik. An der Nordküste wurde später ein Kupfer-Arsenik-Gemisch hergestellt; und eine Silber-Kupfer-Verbindung wurde an der Südküste gebraucht, Versilbern wurde eingeführt. In der späteren Zeit *goß* man *Kupfer* und Gold häufig und mischte es mit Silber. Hieraus sind die *Übergänge* von der kalten Behandlung zum Schmelzen in verschiedenen Arten und Gegenden ersichtlich. Die Behandlung von Gold und Kupfer in Panama und Süd-Chibcha sei nur nebenbei hier erwähnt.

Die erste *Bronze* taucht Ende der Spätperiode wahrscheinlich nicht vor dem Erscheinen des Inka-Volkes auf. Da Zinn im bolivianischen Hochland reichlich vorhanden ist, kam es dort vermutlich zu den ersten Mischungen von Kupfer und Zinn. Durch die Inka wurde Bronze in ihrem Reich verbreitet. Der Fortschritt durch den wirtschaftlich und politisch gebundenen Ablauf und die Verbreitung der Techniken sind auf dem Gebiete der Metallbehandlung gut ersichtlich.

Im Gegensatz zur Bearbeitung der Metalle fehlen Fortschritte auf dem Gebiete des *Webens*. Hier tritt mehr ein *örtliches Variieren* in technischen Einzelheiten, Mustern und Farbkombinationen zutage. In der peruanischen Andengegend wurde seit den ältesten Zeiten überall Baumwolle und Lama-Wolle, Agave-Fasern und menschliches Haar zum Spinnen verwendet. Auch die Geräte blieben sich wesentlich gleich, nur die Wirtel aus Ton wurden später durch solche aus Kupfer ersetzt. Aus den ältesten Zeiten sind die feinsten Fäden erhalten, die mit großem Geschick in vielerlei Farben gefärbt wurden. Auch der Webstuhl selbst ist im wesentlichen gleich geblieben, ebenso dessen *Geräte*. Die Gewebe aus der ältesten Zeit weisen alle in Peru bekannte Webekunst auf. Doch hatten die Gegenden ihre *Spezialitäten*. Stickerei war selten, Stricken häufig, ebenso komplizierte *Teppichknüpferei*. Viele Leute erwarben außerordentliche Fertigkeit. In der alten Mochica-Zeit ist die Darstellung einer Weberei mit einer Anzahl weiblicher Arbeiterinnen erhalten, die von einem *männlichen* Aufseher geleitet wird. In der Inka-Zeit webten alle gewöhnlichen Leute ihre Gewänder selbst, doch verfertigten besonders geschulte Weber die Prachtgewänder der Adligen. Viel Arbeit wurde auch für die Bekleidung der Verstorbenen verwendet.

Die *Verschiedenheit der Bevölkerungsschichten* wird auf der Töpferei schon der Mochica-Periode dargestellt, ebenso zeigt sie sich in den Gräbern der frühesten Zeit der Südküste. Die einzelnen *Berufe*, wie Krieger, Priester, Läufer, zeichnen sich durch verschiedene Trachten schon in den frühesten Zeiten aus. Gleicherweise trifft das für Schmuckgegenstände zu. Ebenso sind alle *Musikgeräte* alt.

Durch die Gegenüberstellung der Veränderungen in der Behandlung der Metalle und des Spinnens und Webens innerhalb der gleichen Bevölkerung oder Bevölkerungsschichten wird klar, wie wenig man von *einer* Fertigkeit allein verallgemeinern darf, wie sehr der Fortschritt an die Besonderheit des Materials gebunden ist, aber auch von der Gesamtheit der *Meisterung der Naturkräfte* abhängt. Damit wird auch den Abläufen in den politischen Organisationen die Möglichkeit gegeben oder entzogen zur weiteren Entfaltung. Die *Nützung der wirtschaftlichen Arbeit* geht wieder ihre besonderen Wege. Man wird sagen dürfen, daß der Fortschritt bedingt erscheint durch

1. das vorhandene *Material:* Tiere, Pflanzen, Mineralien;
2. durch die *Möglichkeit* von deren Nützung dank dem Stande der Technik und der Erkenntnisse;

3. durch die *soziale Organisation* der Arbeit, besonders im Verhältnis der Schichten zueinander, Unter- und Überordnung;
4. durch die *politischen Ziele*, die der führenden Schicht vorschweben, und dem Verfahren, mit dem sie ihre Absichten ausführt (Eroberung, Gewinn neuer Arbeitskräfte).

### *II. Ergebnisse und Zusammenhänge.*

Bei der Ermittlung sozialer Einrichtungen handelt es sich in erster Linie darum, in welcher Weise eine Anzahl von Menschen zu einer *Fortpflanzungs- und Verhaltensgruppe* zusammengeschlossen erscheint und wie weit Verhaltensweisen zu Gewohnheiten und Sitten kristallisiert wurden. Solche beziehen sich hauptsächlich auf die Krisen des Menschenlebens: Geburt, Reife, Paarung, Krankheit, Alter und Tod, sowie Füllung der Lücke des einzelnen Menschenlebens. Das sind in *allen* Gesellungen *wiederkehrende* Situationen. Die Art und Weise, den Situationen zu begegnen, wechseln aber von Ort zu Ort und von einer Zeit und Kultur zur anderen. Vor allem hängen sie in Art und Ausmaß von den politischen Organisationen ab. Diese werden vorwiegend bedingt dadurch, ob die Angehörigen einer Gesellung einander auf dem Boden der *Gleichheit* begegnen oder von vornherein unter den Zugehörigen bestimmter Gruppen *Unterschiede* bestehen. Abgesehen von den Unterschieden unter den Geschlechtern und unter jung und alt, haben sich solche Unterschiede im Laufe der Zeit auf Grund verschiedener Umstände herausgebildet.

Zunächst ist es das Verhalten zu Fremden, zu fremden Erscheinungen, fremder Sprache, fremden Sitten, das trennend wirkt[1]. Der verirrte einzelne Fremde, den man nicht zu fürchten braucht, wird oft freundlich aufgenommen. Bei Gruppen ist es anders. Angst und Mißtrauen herrscht vor, später der Gedanke, die anderen auszunutzen. Hieraus geht klar hervor, was man eine „*ethnische Schichtung*" nennt, und die darin besteht, daß eine Gruppe sich eine andere — gewöhnlich auf friedlichem Wege — dienstbar gemacht hat, sei es durch regelmäßige Abgaben oder durch einmalige Leistungen. Hierbei entscheidet die Zugehörigkeit eines Menschen zu einer *Fortpflanzungsgemeinschaft*, schon seine Verpflichtungen bzw. seine Ansprüche an die anderen. Gründen sich die Unterschiede nicht auf Herkunft, sondern auf Zugehörigkeit zu gewissen *Berufen*, so spricht man von „*sozialer Staffelung*" (scaled). Eine Mittelstellung nehmen Kasten ein. Im Laufe weiterer Abläufe stellen sich verschiedene Strömungen ein, die aus Mischungsvorgängen entsprungen sind, und die — ohne auf mancherlei Besonderheiten hier einzugehen — zu einer gewissen Vereinheitlichung, d. h. eine *Wiedervereinheitlichung* aus den Schichten oder Staffelungen führen, die je nach den Umständen mehr die Abstammung, mehr die Berufszugehörigkeit oder die politische Gruppierung usw. berührt.

[1] Vgl. R. *Thurnwald:* „Das Problem der Fremdheit" in Psychologische Forschung NF. 1949, S. 25—68.

Der Ablauf dieser Vorgänge und sozialen Umstellung hat in jedem Fall (wovon die Kunde überliefert ist, in dem er zum *erstenmal* auftrat, wo noch keine Erfahrungen übertragen oder gelehrt werden konnten) lange Zeit, oft viele Jahrhunderte, ja Jahrtausende erfordert.

Dies alles wurde im Hinblick auf die hier zur Erörterung stehenden Probleme angeführt. Sie sind wichtig für die Frage sozialen Fortschritts in den Gesellungen der alten Peruaner und überhaupt. Wie weit darf man von „Fortschritt" auf sozialem Gebiet reden? Der menschliche Fortschritt hat den Weg über *Unterordnung* und *Herrschaft* genommen. Vor allem hat er so zur Schaffung *weiterer Friedensgebiete* beigetragen und die Möglichkeit *umfassender Zusammenarbeit* eingeleitet. Das muß man als Tatsachen unabhängig von Gefühlen und ethischen Einstellungen konstatieren, als Gegebenheiten des Menschentums.

Den Ausgang für die Gesellungsgestalt bildet die Menge von Menschen, die bei der vorhandenen Technik der Nahrungsgewinnung zusammen existieren können wie unter einfachsten Bedingungen die Horde. Am deutlichsten zeigt sich die Bedeutung dieser Bindungen dort, wo die Versorgungsmöglichkeiten schroff wechseln wie in den Steppen oder Polargebieten: zur Zeit nach dem Regen oder beim Erscheinen der polaren Rentiere (Caribu) häufen sich die Familien der Horden, nachher lösen sie sich in selbständige Familien auf.

Bei den Inka finden wir die *Großfamilie mit Vaterfolge*, die zweifellos alt ist und die, nach allen Zeichen zu schließen, in die frühe Mochica-Zeit hinunterreicht. Diese Vergesellung von Familien wurde „ayllu" genannt, ein Ausdruck, der auch in der Frühzeit schon zu finden ist und auf Abstammung, aber später auch auf geographische Zusammengehörigkeit bezogen wird. Die sippenartigen *Familienaggregate* haben anscheinend im Variieren der Gegenden und im Ablauf der Zeiten den Charakter von Großfamilien angenommen und später sich Fremde angegliedert. Die ursprünglichen „ayllus"[1] bestanden aus kleinen Dörfern (aldeas), von denen jedes aus runden oder viereckigen, 2 bis 3 m hohen und 5 bis 6 m im Durchmesser im Innern betragenden fensterlosen Häusern sich zusammensetzte, die nur *einen* Raum enthielten, mit Stroh gedeckt und aus

[1] Vgl.: Castro Pozo im Handbook S. 438.

Stein, Lehm oder Holz erbaut waren. Die Dörfer hatten keine richtigen Straßen, aber die Bewohner scheinen um einen kleinen Platz gesiedelt zu haben, auf dem ein großes Gebäude (heute in Ruinen) stand, das möglicherweise der Sonnentempel oder die Residenz des erblichen *Oberhauptes (curaca)* war. Im Hochland waren die ayllus weniger gleichmäßig verteilt und standen näher aneinander. Sie befanden sich gewöhnlich entlang den Wasseradern und Seen und oft auf unzulänglichen Höhen oder Bergkämmen. Im Bergland wurden die Häuser aus Stein oder Lehm gebaut und hatten so kleine Tore, daß man mitunter auf allen Vieren in das Innere kriechen mußte. Sonst unterschieden sie sich nicht.

Ein ayllu setzte sich aus mehreren *monogamen* und *patriarchalen Familien* zusammen, die von einer gemeinsamen Abstammung waren und *Endogamie* als Gesetz der Ahnen beobachteten. Einige größere Städte wie Cuzeo, Cajamarca waren aus der Vermischung mehrerer ayllus gleicher Herkunft entstanden. In diesen Fällen nahm die *Stadt* selbst die Gestalt einer gemeinsamen Familie an, und Heiraten fanden unterschiedslos unter denselben oder verschiedenen ayllus statt [1]. Abstammung wurde in der männlichen Linie berechnet und besaß ein bestimmtes Land, das für deren Ernährung benötigt wurde. Daß diese Gruppen ursprünglich *totemistisch* waren, also mit einem Tier oder einer Pflanze zusammenhingen, ist möglich. Auf dieser Grundlage organisierten die *Inka*-Herrscher die Verteilung des Landes, indem sie in jeder Gemeinde gewisse Felder für den Unterhalt der Regierung und der Heiligtümer reservierten. Die „ayllus" jeder Provinz wurden von den Inka-Herrschern in *zwei* oder *drei Teile* gruppiert. Eigentlich handelte es sich in der Theorie nur um eine Zweiteilung, eine „obere" und „untere". Die Halbierung dürfte älter sein. Möglicherweise beruhte sie auf dem Austausch der heiratsfähigen Jugend von jeder Hälfte innerhalb der ayllu.

In der Inka-Zeit wurden die Bräute gegen die Zahlung eines symbolischen Preises vergeben und die Heirat durch einen Beamten des ayllu im Namen des Herrschers bestätigt. Nur *eine* Frau war erlaubt zu heiraten, und Ehebruch wurde streng bestraft. Die Kinder wohnten in der Gemeinde ihrer Eltern, die Frau lebte im ayllu ihres Gatten. Die Inkas umorganisierten die ayllus zu Zwecken der staatlichen Verwaltung und schufen daraus eine Art wirtschaftsgenossenschaftlicher Einheiten (curacazgo), die jede durch einen „*curaca*", ein möglicherweise ursprünglich erbliches Oberhaupt verwaltet wurde. (Es war ein ähnlicher Vorgang, wie der Übergang von der altslawischen „derevnia" zum russischen „Mir" durch die Zaren. — In China griff die stattliche Macht nicht in die Familien ein, sondern ermöglichte bei zunehmender Bevölkerung ein Anwachsen der Ballungen von Großfamilien zu Sippen.) — Die Veränderungen werden durch Ausdehnung der staatlichen Macht auf die Familien oder deren Ablenkung auf andere Tätigkeiten bedingt. Sie stellen hauptsächlich das Ergebnis der politischen Abläufe oder Spezialisierung dar. Man könnte als „Fortschritt" die Veränderung zu einer *umfassenderen* Ordnung bezeichnen. Doch über die moralische Qualität der Ordnung wäre damit nichts ausgesagt.

Man hat den Eindruck, daß das *Inka*-System aus einer weitreichenden *Verstaatlichung* der ayllu hervorgegangen ist, die ursprünglich Zusammenschlüsse von Familien darstellten und unter der Anden-Bevölkerung in variierenden Formen schon vorher verbreitet war, so daß die erobernden Inka es verhältnismäßig leicht hatten.

Die ayllu hatten, so wie die Klans, die politische Funktion des Schutzes der im ayllu zusammen siedelnden Familien, wurden aber vom Inka-System ihrer politischen Funktion entkleidet und nach anderer, besonders wirtschaftlich verwaltungsmäßiger Seite hin abgelenkt. Politisch stellt das System der Inka in bezug auf *Organisation der Verwaltung* einen Fortschritt dar, indem es sein System auf alle unterworfenen Stämme anwendete.

Vor den Inka-Peruanern gab es verschiedene Kulturbereiche, hauptsächlich: 1. die Nasca-Kultur im Süden Perus; 2. den Bereich der Chimci oder Trujillo im Norden an der Küste; 3. den Bereich der Pachavamae, südlich von Lima, anscheinend verwandt mit der Nasca-Kultur. Die Inca-Leute unterwarfen sich die Aimará Anfang des 15. Jahrhunderts im Becken des *Titicaca*-Sees. In dieser Gegend, um Cuzco herum, scheinen die ersten Siedlungen des Inka-Volkes gelegen zu haben. Man erzählt von Klans von vier Brüdern, die dort verbunden gelebt haben. Die Familien der Klans halfen einander in Zeiten der Not und zur Verrichtung größerer Arbeiten[2].

Um etwa 1430 begann der Inka-Herrscher *Viracocha* sein Gebiet südwärts auszudehnen und scheint durch Tötung seiner Gegner und Zerstörung der feindlichen Orte Schrecken zu verbreiten. Sein Nachfolger *Pachacuti* (1438—71) ging in derselben Weise vor, warf Aufstände grausam nieder und legte

[1] Vgl. a. J. H. *Rowe:* „Inca Culture at the time of the Spanish Conquest", Handbook S. 183 ff., bes. 253 ff.; s. Paul Kirchhoff: „The Social and Political Organization of the Andeon Peoples", Handbook, 143, 5. Bd. S. 293—311.

[2] Vgl. *Means:* „Ancient Civilization of the Andes", 1931, S. 134ff. — Rafael *Karsten:* „Inkariket och des Kultur: det forma Peru". Stockholm 1938 („Das Inkareich und seine Kultur", F. A. Brockhaus, Leipzig, 1948). — Harry *Tschopik*, jr.: „The Aymara"; im Handbook, S. 501 ff.

Befestigungen an. Erst *Tupac Yupanqui* (1471—93), der neunte Inka, vermochte die ersten Aufstände niederzuwerfen und Frieden zu schließen. Die abhängigen Stämme der Aymara wurden nun auch unterworfen und das Land durch Inkatruppen besetzt, Kolonisten aus anderen Gegenden dort eingewiesen, während die Aymara an der Küste und in den Sümpfen tropische Produkte kultivieren mußten. Einige Stämme, wie die Collao, blieben aber, wie auch andere, unter ihren angestammten Häuptlingen. Die Verwaltung wurde von den Inka eingerichtet, Straßen gebaut und Unterkunftshäuser (tambos) ebenso wie Sonnentempel (*Tschopik*, Handbook S. 508) errichtet.

Vom Inka-Herrscher *Tupac Yupanqui* wird erzählt, er habe „seinen Soldaten Schiffahrt gelehrt" und sei mit Flößen nach den *Galápagos*-Inseln und zurück gefahren. Diesem Umstande habe er seine Erfolge gegen die Stämme an der Küste zu danken. Wieweit das richtig ist, entzieht sich vorläufig der Nachprüfung. Er brachte jedes neu eroberte Land völlig unter seine Herrschaft und verfuhr mit den eroberten Ländern wie mit den Aymara. Die Köpfe der gefallenen Feinde wurden mit in die Schlacht geführt, aus der Haut der Gefallenen wurden Trommeln hergestellt (*Rowe*, Handbook S. 279). Durch überlegene Kriegskunst gegen die einzelnen Klans, Sippen und Stämme, sowie durch Kolonisation wurde *Tahuantinsuyu*, wie das Inka-Reich offiziell hieß, errichtet. Die Methode aber gemahnt an die etwa des Djingiswayo und vor allem seines Nachfolgers Chaka der südafrikanischen Zulus zu Anfang des 19. Jahrhunderts oder an die der Mandschu ein bis zwei Jahrhunderte früher in Sibirien.

Für die Inka bildete das angewachsene Gemeinwesen nur ein *erweitertes ayllu*. Man versuchte auch durch diplomatische Überredung Stämme zu *freiwilliger* Unterwerfung zu bringen, namentlich mit dem Hinweis, daß die Inka eine *göttliche Sendung* haben, die richtige *Götterverehrung* und Kultur zu verbreiten. Dabei wurde auf ihre *Macht* hingewiesen und *Vorrechte* versprochen. Zweifellos waren die Ordnung und der Wohlstand im Inkareich sowie die Stellung der Oberhäupter zugkräftige Argumente. Namentlich fiel das für kleinere Stämme mit drohenden Feinden ins Gewicht. Die raschen Erfolge des Inka Topa waren die Frucht solcher Diplomatie (*Rowe*, Handbook S. 281).

Zweifellos darf man trotz Grausamkeiten und Kniffen von Fortschritten in den militärischen und politisch-organisatorischen Richtungen bei den Inka reden. Die Stellung des absoluten Herrschers wird man als *fortgeschrittenen Ablauf* in der Staatsbildung ansprechen müssen, d. h. als eine Phase, in der ein Ablauf gipfelte. Die Durchorganisierung des Staatswesens, das seinen Ausgang von den ayllus nahm, wurde erzielt durch die *Eroberungen* und *Unterwerfungen*, die sich nicht mit bloßen Abgaben begnügten wie im Falle der Azteken. Die Stellung des Oberhauptes eines ayllu wuchs notwendigerweise bei zunehmender, bisher unerhörter Macht in die *übermenschliche Sphäre* und wurde mythisiert als „Sohn der Sonne", ähnlich wie auch im alten Japan. Während der geforderte Gehorsam an *Sklaverei* grenzte, bestand die *Verpflichtung des Herrschers*, für sein Volk zu sorgen wie für seine Familie. Während früher die Hauptfrau des Inka die Tochter eines benachbarten Herrschers war, machte Topa-Inka seine *Vollschwester* zur Frau (*Rowe*, Handbook S. 257). Da der Inka außerdem einen großen *Harem* hielt, war die Zahl seiner Nachkommen erheblich. (Wie in anderen Fällen wurden die Frauen als Pfand der Treue der betreffenden Familie und deren Sippe gegeben — so entstanden ursprünglich auch die Harems der altorientalischen Dynastien.) Die Nachkommen jedes Herrschers bildeten ein besonderes ayllu. Sie hatten den Kult und die Paläste zu besorgen. Eine feste Nachfolgeordnung bestand nicht. Die Herrscher wählten ihre *Nachfolger* aus den Söhnen ihrer Hauptfrau. Der Mangel einer festen Nachfolgeordnung führte gelegentlich zu Schwierigkeiten. Zur Audienz beim Inka mußten die Sandalen abgelegt werden, und der Herrscher saß gewöhnlich hinter einem Vorhang oder Gitter (wie früher im Sudan), nur als besondere Ehre wurde dieses entfernt.

Infolge des raschen Aufstiegs der Macht *innerhalb einer Generation* waren große Schwierigkeiten entstanden, eine genügende Zahl von geeigneten Personen für die Verwaltung zu finden, besonders für Pachacuti und Topa Inka, wie aus den Autobiographien von Männern verschiedener Herkunft hervorgeht, die damals plötzlich mit hohen Aufträgen in verantwortungsvolle Posten eingesetzt wurden und in ihrem hohen Alter für die Spanier die Verwaltung der Inka schilderten (*Rowe*, Handbook S. 260). Doch dachten die Inka weniger an Eignung, im allgemeinen mehr an *aristokratische* Herkunft, wonach man in den *Küstenstaaten*, besonders bei den Chimú, verfuhr. Die Inka versuchten denn auch, die Verwaltungsposten erblich zu machen und eine *Aristokratie nach dem Muster der Chimú* aufzubauen. So nahm man die Kinder eines vertrauenswürdigen Stammeshäuptlings nach Cuzco zur Erziehung nach Inka-Art und schickte sie dann zur Nachfolge nach Hause. So entstand eine neue Aristokratie, die von den Spaniern die „curaca-Klasse" benannt wurde, während die Kinder der Herrscher als „Inka-Klasse" der Aristokratie galten. Zur letzteren Klasse gehörten auch die durch Pachacuti Bevorzugten, nämlich die, welche *Quechuá als Geburts-*

*sprache* redeten. Viele von ihnen wurden als Kolonisten in entfernte Gegenden des Reiches geschickt und wurden dann als „Inka" bezeichnet. Sie durften ein besonderes Kopfband und Ohrenpflöcke tragen. Diese beiden Klassen des Adels waren zu *keinen Steuern* verpflichtet. Ihre Bezeichnung war Kuraka, was von den Spaniern häufig mit „cacique" wiedergegeben wurde.

Diese Klassen waren in ein weitläufiges bürokratisches System eingeordnet (s. ausführlich bei *Rowe*, Handbook S. 262ff.). Hieraus entsprang ein maßloser Despotismus, der in letzter Linie seine Macht, wie erwähnt, von den übermenschlichen Mächten ableitete und durch den Herrscher beaufsichtigt wurde. Die *Spanier* hatten nachher ihre Herrschaft dadurch gerechtfertigt, daß sie sagten, sie hätten den Indianern persönliche Freiheit gebracht, zu wohnen, wo sie wollten, ihre Frauen zu wählen und ihre Kinder zu beaufsichtigen, sowie Güter zu erwerben, die sie niemals unter den Inka besaßen. Die Indianer aber fanden, sie hätten den Despotismus von voraussehbaren Bedürfnissen und Gerechtigkeit ausgetauscht gegen uferlose Ansprüche und die Gerechtigkeit, die ihre Bedrücker für sich vorbehielten. Das Land gehörte unter den Inka dem Staat, aber dessen Benützung war den Familien vorbehalten, den Verwandtschaftsgruppen und auch den Individuen. Häuser und bewegliches Eigentum konnte individuell ohne Einschränkung besessen werden, außer den Gebrauch von Luxusgütern. Die Regierung sicherte das Individuum gegen jede Art von Not, verlangte dafür aber schwere Tribute an Arbeit, wovon nur ein kleiner Teil dem Volk zugute kam (*Rowe*, Handbook S. 273).

Was sich uns hier darbietet, ist der ungestörte *Ablauf* eines den Familienverband leitenden patriarchalen Systems, das von den Inka angewendet wurde. Erst nach einigen Generationen wurden die im System schlummernden Möglichkeiten, vor allem durch die Persönlichkeiten des Viracocha und Tupac Yupanqui (etwa wie Philippus und Alexander von Makedonien es taten), zu für ihre Zeit ungeheuren Eroberungen und Weitungen ihres Herrschaftsbereiches brauchbar gemacht.

## *12. Ausblicke.*

Auffallend ist die Expedition nach den Galápagos-Inseln. Woher kannte Tupac Yupanqui die Künste der Schiffahrt, die er seinen Soldaten gelehrt haben soll? Auf dem Titicaca-See in etwa 3000 m Höhe sind die Voraussetzungen anders. Wie kommt er überhaupt als Bergbewohner auf den Gedanken, zur See zu fahren und die am Äquator liegenden Galápagos-Inseln — oder was für eine andere Inselgruppe es gewesen sein mag — aufzusuchen, die etwa 18 Breitengrade von Cuzco, dem Mittelpunkt des Inkareiches, entfernt liegen? Das ist eine Entfernung etwa von Neapel bis Oslo, oder auch wie von der peruanischen Küste zu den Osterinseln. Macht man mit primitiven Mitteln, etwa mit Flößen, solche Vergnügungsreisen als Tageslaune? Selbst wenn es ein Sonnenkönig wäre? Allerdings kann man einwenden, daß der Floßbau in Indonesien, wie *Schnittger* [1] zeigte, zu außerordentlicher Höhe ausgebildet war, so daß so weite Fahrten damit durchgeführt werden konnten. In diesem Fall aber würde das beweisen, daß die Inka schon vorher Seefahrt betrieben haben und daß sie die erwähnte Kunst des Seefahrens mitgebracht hatten, daß diese Kunst bei ihnen nur *verfiel* [2], nachdem sie in den Bergen seßhaft geworden waren (wie etwa die Papuaner im Inneren der melanesischen Inseln). Andererseits müßte die Frage aufgeworfen werden, wo sie beziehungsweise ihre Vorfahren diese Kunst *erlernt* hatten? Das können nur die indonesischen Inseln, etwa Borneo oder auch die Philippinen, gewesen sein. Von denen gingen nachweislich weite Fahrten über den Pazifik aus, die durch Wind und Meeresströmungen unterstützt wurden [3].

Damit kann man sich aber nicht zufrieden geben, wenn man das Problem von Fortschritt, Ablauf und Wiederkehr an den Beispielen aus den amerikanischen Spitzenkulturen zu behandeln wagt. Die frühesten Leistungen der peruanischen Kulturen treten wie Athene gerüstet mit zahlreichen Fertigkeiten aus dem Kopfe des Zeus, etwa um die Zeitenwende. Eine *aristokratische Schicht* macht sich damals bereits geltend. Dies tritt am auffallendsten in der Verschiedenheit der Tracht in Erscheinung. Der Unterschied in der Tracht, z. B. der Jäger auf Seehunde und Seelöwen an der Küste von Mittelamerika, zeigt nur mit Schurz bekleidete Leute, während die Hirschjagd als vornehmer Sport von üppig geschmückten Menschen betrieben wird. Auch der Bau köstlicher Paläste und Tempel sowie die Sänftenträger verraten, wie im alten Orient, die Bedeutung der Staffelung. Auch ist charakteristisch, daß in der *älteren*

[1] Vgl. Archiv für Anthropologie usw. Band 28/2, 1943.

[2] Darauf deutet der Typ der an der peruanischen Küste heute gebräuchlichen Flöße (Balsa) hin. Wegen Holzmangels werden sie aus Tortora-Rohr heute hergestellt. Die Konstruktion schildert Friederici in seinem Buch über die Schiffahrt, Stuttgart 1907. Über das Segeln vgl. Friederici, Die vorkolumbischen Verbindungen der Südseevölker mit Amerika. Mitt. a. d. Dtsch. Schutzgebieten 36/1, 1928, S. 41 ff.

[3] Ich beziehe mich hierbei auf die Arbeiten von Georg Friederici, besonders in seinem Aufsatz: „Die vorkolumbischen Verbindungen der Südsee-Völker mit Amerika" in den „Mitteilungen aus den deutschen Schutzgebieten", 36. Bd./1, Berlin 1928, S. 27—51. Wenn man auch einigen Behauptungen skeptisch gegenüberstehen mag, so sind seine Hypothesen wichtig als Wegweiser, wo die künftige Forschung einzusetzen hat.

Zeit eine *stärkere* Differenzierung bemerkenswert ist, daß in den Topfgefäßen mongoloide und negroide Typen als Angehörige der Unterschicht zutage treten. Später scheinen diese Leute *aufgestiegen* zu sein, als die ethnische Schichtung in eine soziale Staffelung überging. Damit in Zusammenhang stehen zweifellos die vielen Kämpfe unter den einzelnen Fürsten, ganz ähnlich wie in Polynesien und Mikronesien, wo die einzelnen Herren eifersüchtig über ihre Stellung und ihr Ansehen wachten und die Kämpfe auch als eine Art Sport betrachteten. Im Einklang hiermit steht noch die *Stellung der Frau*, die gegenüber der des Mannes in diesen aristokratischen Gemeinden zurücktritt, obwohl zeitlich gewisse Unterschiede vorhanden sind. Ein Zusammenhang dieses ganzen Kulturkomplexes mit dem mexikanischen und dem der Maya steht außer Frage, wie schon erwähnt. Nur tritt er dort um etwa *dreihundert Jahre später* in die Erscheinung, wenn die zeitlichen Berechnungen richtig sein sollten. Er hätte sich dann vermutlich vom Süden her nach dem Norden verbreitet. Die Besonderheiten der mexikanischen und Maya-Kultur (z. B. in Mexiko das Zwanziger-System, in Peru das Zehner-System der Rechnung, die größere Ausgestaltung der Bilderschrift in Mexiko und bei den Maya, während die Peruaner nur die Zählschnüre ausgebildet haben usw.) erlauben kaum die Annahme eines direkten Zusammenhangs. Man müßte Herkunft vom gleichen Ursprungslande oder doch vom selben Kulturbereich annehmen. Würde der alte Kulturkomplex an der peruanischen Küste entstanden sein, von der aus er in das Anden-Hochland gewandert ist, so müßten dort Spielarten anderer Spitzenkulturen sich geltend gemacht haben. Das ist aber nicht der Fall. Man sieht nur eine Kette von mehr oder minder *zusammenhängenden* Reihen im zeitlichen Ablauf, die voneinander abzuleiten sind. Ganz anders als etwa in Asien oder Europa, wo die anderen Kulturen *ihre ethnisch gesonderten Ursprünge* aufweisen[1].

Somit scheint es, daß *Einwanderer in vorchristlichen Jahrhunderten* Kenntnisse mit sich brachten, und deren *Nachkommen* die Überlieferungen der Zeitrechnung, der Bilderschrift, des Anbaus von Pflanzen und auch die Domestizierung von Lama und Alpacca betrieben. Auffällig ist weiterhin z. B. die Verwendung der gleichen Art von sogenanntem Fußpflug oder Schaufelstock durch Männer für die Feldbearbeitung in *Neuseeland* und auf den mittleren Höhen von Peru. Sollte das reiner Zufall sein?

Kann es sich dabei um poly- oder mikronesische Wanderer gehandelt haben? Oder wären die letzten vorchristlichen Jahrhunderte zu früh dazu? Vielleicht muß auch auf die merkwürdige Bevölkerung mit ihrer *Kasteneinteilung* auf der zentralen Hochebene von Neuguinea hingewiesen werden[2]. Abgesehen von allem andern tritt bei diesen Mbowamb der Besitz von Perlmuttermuscheln in bemerkenswerter Weise hervor sowohl für persönliche Auszeichnung als auch für die Rangstufe. Die *Kulturaristokratie* spielt eine entscheidende Rolle.

Bedenkt man, daß auf Sumatra und in Hinterindien zahlreiche Reste von Wanderungen der *Megalithiker* vorzufinden sind, so könnte die großartige Kunst der *Steinbearbeitung* in den drei Hauptzentren der amerikanischen Spitzenkulturen als eine natürliche Fortsetzung, ein gradliniger *Fortschritt* von der megalithischen Kultur her aufzufassen sein, der sich in zahlreichen *Abläufen* vollzog. Möglicherweise fanden verschiedene Landungen an der mittelamerikanischen (Guatemala-)Küste, vielleicht auch nördlich davon und andere zu verschiedenen Zeiten im Norden der südamerikanischen Küste statt.

Die *Wiederkehr* aber liegt in der *Wiederholung gleicher Situationen*, die in verschiedenen Klimaten und unter andersartigen Bedingungen einerseits zur Heraushebung der Kulturtragenden Schicht als tonangebend führte, zu ethnischen „Überschichtungen", und deren Ablauf: zu sozialen Staffelungen sowie zu Herrschaftsgestaltungen, andererseits im *Mißbrauch* oder doch in der Zügellosigkeit des Besitzes von Macht durch den begünstigten und bevorzugten Träger, die Anpassungen, Umgestaltungen und Auflösungen „abgenützter" Formen im Gefolge hatten. In diesem sich stets wiederholenden Widerspruch und dessen *psychologischen Verkettungen* von Kulturreaktionen liegt das Drama, mitunter die Tragödie des Menschentums.

Wir dürfen uns in der Soziologie nicht mit statischen Bildern oder gar Begriffen begnügen, die von wenigen Erscheinungen besonders unserer kurzen und engen europäischen Vergangenheit abgezogen wurden, sondern müssen versuchen, die Veränderungsketten und -richtungen der Umgestaltungen, kurz die *Dynamik* des gesamten Gesellungsgeschehens zu erfassen. Nur so vermögen wir auch dem Alltag und dem praktischen Handeln zu dienen, wenn wir die Phasen und Veränderungsreihen ohne Schminke und Retusche festzustellen wagen.

[1] Vgl. hierzu auch meinen Vortrag beim Amerikanischen Kongreß in New York Sept. 1949: „The Contribution of Americanist Studies to ous Imagination of Political Organization in Ascent of Man."

[2] Vgl. dazu Georg P. *Vicedom* u. H. *Tischner:* „Die Mbowamb", II. u. III. Band, Hamburg, Friederichsen 1943. Ferner: H. *Aufenanger* und G. *Höltker:* „Die Gende in Zentralneuguinea", Missionsdruckerei St. Gabriel, Wien-Mödling, 1940.

*(Prof. Dr. R. Thurnwald, Berlin-Nikolassee, Teutonenstr. 4.)*

# Arbeit und Gemeinschaft.

Von
JOST TRIER.

Beinah fünfunddreißig Jahre ist es nun her, daß ich, in einer Januarnacht des Jahres 1915, südlich von Arras, in französische Kriegsgefangenschaft geriet. Die ersten Tage verbrachte ich mit wenigen Kameraden in dem Dorfe Boutillerie-lez-Amiens, wo wir in einem Pferdestall Quartier hatten.

Man ließ uns nicht müßig. Unsre Arbeit bestand in dem, was der Caporal, dessen Aufsicht wir unterstellt worden waren, *corvée* zu nennen beliebte.

Was für ein Wort war das, *corvée*? Mein humanistisches Schulfranzösisch, dessen Abschluß noch nicht ganz ein Jahr zurücklag, durchsuchte ich vergeblich. *Corvée* war mir nicht vorgekommen.

Als wir zum erstenmal auf den Ruf *à la corvée* antraten, galt es, in einem Garten (in dessen Haus ein Heerführer südlichen Namens wohnte) mit einer eisernen Walze die Wege zu glätten. Vorschnell war ich bereit, zwischen der Rundung dieser Walze und dem Worte *corvée* eine Verbindung zu mutmaßen und ihm die Bedeutung 'Walze' zuzulegen. Die folgenden Tage belehrten mich eines anderen. Jeder von ihnen brachte neue Bedeutungen. Straße kehren, Autohalle fegen, Wagen waschen, Latrine ausschöpfen — alles war *corvée*. Das Wort füllte sich und wuchs von Tag zu Tag rasch in Umrisse hinein, die keinen Zweifel mehr ließen: *corvée* hieß in Wirklichkeit ganz einfach 'Arbeitsdienst', Arbeitsdienst des Soldaten und also auch des Gefangenen.

Wort und Sache blieben mir lange treu. Sie begleiteten mich bis nach dem algerischen Sétif, nach Khémissa mit seinem römischen Theater (in dem wir wohnten) und bis nach dem alten numidischen Thagaste.

Meine Kameraden deutschten *corvée* schließlich ein. Sie redeten frischweg von der *Kurve*. Ich bin nie dahintergekommen, welches Bild ihnen dabei vorschwebte.

Im Wintersemester 1916/17 — inzwischen war eine glückliche Wendung meines Geschicks eingetreten — saß ich in Basel über dem Rheinknie in einer Seminarübung, die der Sprachwissenschaftler Niedermann und der Rechtshistoriker Henrici gemeinsam veranstalteten. Es wurde das Capitulare de villis gelesen. Da tauchte der alte rätselhafte Bekannte wieder auf. Denn im Kapitel 3 verbietet das Capitulare den Amtleuten, das Gesinde der villa (nostram familiam) sich zu verknechten (in eorum servitium ponere) oder sie zu zwingen, Frondienste zu tun, Bauholz zu liefern (non corvadas, non materiam cedere) oder etwas anderes in persönlicher Dienstleistung für die Amtleute zu tun. Was ich als *corvée* kannte, erschien hier als *corvada*.

Bei der Erklärung des Kapitels 3 erfuhr ich nun (was ich jetzt freilich etwas zu ergänzen mir erlaube; denn das damals Gelernte kann ich von dem, was ich mir heute denke, ohnehin nicht mehr säuberlich trennen), daß ein lat. **corrogata* 'zusammengezogene Gruppe von Bauern, Arbeitsgruppe, Gruppenarbeit' zu franz. *corvée* geworden sei. *Corvée* trete im Französischen des 12. Jahrhunderts als 'Hilfsdienst einer Bauersame' auf. Heutiges *corvée* begegne — abgesehen von seiner militärisch-fachsprachlichen Bedeutung 'Arbeitsdienst' — erstens in geschichtlicher Darstellung als 'Hofdienst', 'Frondienst', zweitens im Sinne von 'Gemeinschaftsarbeit', z. B. beim Wegebau einer Gemeinde oder als 'Erntehilfsdienst der Bauern für einen kranken Nachbarn', drittens als 'mühselige, undankbare Arbeit, Bürde, Last, umständliche, ermüdende Verpflichtung'. Kurz, ich erfuhr, und hier zum erstenmal, daß ein Wort mit Arbeitsbedeutung bedeutungsgeschichtlich auf die Gemeinschaft derjenigen zurückzuführen sei, welche arbeiten.

In **corrogata* lebt zunächst die zusammengezogene, versammelte Menschengruppe, welche arbeitet, so in altnorm. *corvée* 'gens rassemblés pour faire la corvée' und in heutigem niedernorm. *corvée* 'grand nombre de gens (ou de bêtes)', hernach erst und hieraus folgend die Arbeit, die von dieser Gruppe getan wird, so in der Mundart der Vendôme *corvée* 'travail fait gratuitement par les autres vignerons dans les vignes d'un vigneron malade', schließlich die Arbeit überhaupt und schlechthin, so in der Mundart von Provins *corvée* 'dérangement inutile, travail sans profit', neufranz. 'besogne ingrat, dont on ne peut se dispenser, ce qui est à charge'[1].

Seiner Bildung nach ist *corvée* ein Wort wie *armée* 'bewaffnete Schar', *nichée* 'Gesamtheit der Insassen eines Nestes', altfranz. *maisniée*< **mansionata* 'Bewohnerschaft eines Hauses oder Hofes', *chambrée* 'Bewohnerschaft eines Zimmers', *bordée* 'Mannschaft eines Schiffes'. Alle diese *-ata*>*-ée*-Wörter zielen auf Menschengruppen, auf Kollektive, und *corvée* macht da keine Ausnahme[2]. In seiner Bedeutungsgeschichte ist — um es zu wiederholen — 'Gruppe, Gemeinschaft' älter als 'Arbeit'. 'Arbeit' in *corvée* fußt bedeutungsgeschichtlich auf 'Gemeinschaft, versammelte Gruppe'. 'Gens rassemblés, grand nombre' sind also keine von 'travail' abgeleiteten Bedeutungen, sondern sie sind dessen Grundlage[3]. Was

**corrogata* eigentlich ist, läßt sich am besten durch mittelniederdeutsch *bürēninge* verdeutlichen; dies in Göttingen und Nordhausen im 14. Jahrhundert bezeugte Wort bedeutet 'Vereinigung zur Erledigung von Arbeit, die einer ganzen Gemeinde obliegt, wie die Ausbesserung der Wege, die Reinigung der Gräben, das Holzfällen, das Mähen der Gemeindewiesen und dergleichen, zu welcher ein jeder Hof die Arbeiter stellen muß'.

Was ich da im Seminar über *corvée* lernte oder zu verstehn glaubte, das blieb über zwei Jahrzehnte mir ein vereinzeltes Wissen, ein Nagel, an dem ich nichts aufzuhängen hatte. So war das also mit *corvée*. Das hatte man hinzunehmen. Folgerungen für die sprachliche Durchleuchtung des Arbeitsgedankens konnten sich aus diesem vereinzelten Fall nicht ergeben.

Daß der Fall in Wirklichkeit nicht vereinzelt, daß er im Gegenteil ein beispielhafter Fall im Bereich des Wortschatzes der Arbeit überhaupt ist, das tat sich mir erst im Verlauf der Untersuchungen um den Mannring auf[4].

Arbeiten, das ist eine der Weisen, in welchen Gemeinschaft und Gemeinschaftsleben sich tätig sichtbar darbieten. Arbeit und Gemeinschaft haben für den Menschen älterer geschichtlicher Stufen große Inhaltsflächen gemeinsam, und daraus ergibt sich der sprachliche Zusammenhang zwischen Arbeitswörtern und Gemeinschaftswörtern. Der bedeutungsgeschichtliche Weg geht jedesmal von der Gemeinschaft zur Arbeit. Oder — dasselbe bezeichnungsgeschichtlich und also lebensnäher gesehen — die Arbeit heißt nach der Gemeinschaft, von welcher sie getan wird oder auch für welche sie getan wird. Im einzelnen Wort setzt der Inhalt Arbeit den Inhalt Gemeinschaft voraus. Recht betrachtet, ist das auch nicht zu verwundern. Noch heute können wir uns leicht klar machen, daß all unser Arbeiten von einer Gemeinschaft herkommt und auf eine Gemeinschaft bezogen ist, auch dann, wenn wir einsam am Schreibtisch sitzen. Einer Frühzeit mußte das weit deutlicher sein als uns, weil die Gemeinschaft viel vordringlicher, weil übersehbarer, in ihrer bildhaften Gestalt dem Einzelnen vor dem Auge und vor der Seele stand.

In den etymologischen Zaun- und Ringuntersuchungen der letzten Jahre hat sich gezeigt, daß die Gemeinschaften, die politisch-rechtlich-wirtschaftlich-kultischen Gruppen, sich vorzugsweise in der geordneten Gestalt ihres Dings, ihres ringförmig zäunenden Zusammenseins erleben, weil sie erst in dieser Gestalt im Vollsinne sie selbst sind, und daß viele Wörter für Gemeinschaft, Stamm, Volk sich von Hegungen herleiten[5]. Es ist zu erwarten, daß die Etymologie einiger Arbeitswörter über die Gemeinschaften und ihren Ring bis zum Zaun zurückweisen wird.

In solchen Fällen werden drei oder vier Hauptstufen der Bedeutungsgeschichte sichtbar werden: 1. Zaun, 2. Gemeinschaft, Menschengruppe, 3. Arbeit und hieraus noch gegebenenfalls 4. Plage, Qual. Denn daß ein Arbeitswort die Bedeutungen Mühe, Not, Plage, Leid, Qual annimmt, ist verständlich, besonders dann, wenn die genossenschaftlich geleistete Gruppenarbeit zur herrschaftlich geforderten Fronarbeit wird, eine Veränderung, die sich an vielen Stellen der Erde und zu verschiedenen Zeiten immer wieder einmal abgespielt hat. Die arbeitende Gruppe bleibt dabei die alte. „Äußerlich unterscheidet sich Fronarbeit wenig von nachbarlicher Hilfeleistung[6]." Daher beharrt die Bezeichnung. *Corvée* ist ein Fall mit allen vier Stufen. In **corrogata* läßt sich die Zaunbasis **reĝ-* aufspüren[7], und *corvée* heißt nicht nur 'Arbeit' usw., sondern auch 'Saatfeld', 'Kamp', *'umzäunter Acker' (Stufe 1), so in altlothr. *crowee*, altfrcomt. *courvée*, lothr. *croueye* 'pièce de terre ensemencée', Bourn. *kruvä* 'plusieurs pièces de terre se touchant et appartenant au même propriétaire'; es heißt, wie wir gesehen haben, '(arbeitende) Gruppe' (Stufe 2), es heißt 'Arbeit' (Stufe 3) und endlich 'Plage, Mühe' (Stufe 4).

Der Gedanke der Versammlung kommt nicht erst durch die Vorsilbe in das Wort **corrogata* hinein. Er lebt im Verbalstamm selbst. Daher kann im Frankoprovenzalischen, Piemontesischen, Lombardischen usw. *rogita* bedeutungsmäßig ganz die Stelle einnehmen, die im Französischen und Provenzalischen **corrogata* einnimmt[8].

Auf dem bedeutungsgeschichtlichen Wegestück von der 'Gemeinschaft' zur 'Arbeit' gibt es mehrere Möglichkeiten. Es ist keineswegs immer so wie in *corvée*.

Erstens nämlich kann es sich so verhalten, daß die ganze Gemeinschaft in corpore sich versammelt und gemeinsam, oft unter Gesang und tanznaher rhythmischer Bindung eine Arbeit ausführt, erntet, drischt, Wege baut, ein Haus richtet, kurz als **corrogata* *'zusammengezogene Gruppe' einer corvée obliegt. Das ist die anschaulichste und arbeitsgeschichtlich vielleicht älteste Verbindung von Arbeit und Gemeinschaft. Die Gesamtgemeinschaft arbeitet geschlossen in tanznahem Rhythmus. Ein gemeinsamer Schmaus und Trunk beschließt den mühevollen, aber auch festfrohen Tag. Das ist die Art, die Karl Bücher im Auge hat. Es ist die anschaulichste, aber es ist nicht die einzige Art der Beziehung zwischen Arbeit und Gemeinschaft. Es war gut, daß Bücher auf die Beziehung zwischen Arbeit und Rhythmus hinwies. Aber es war nicht richtig, daß er den Rhythmus aus der Arbeit herleitete. Die Beziehung ist verwickelter. Hinter der Arbeit wie hinter dem Rhythmus steht die ringförmig versammelte Gemeinde [9].

Zweitens kann es geschehen, daß ein Einzelner, und zwar ein Einzelner von besonderer Begabung und Ausbildung, im Ring der Gemeinde (welche nicht angetreten ist) von Hof zu Hof geht, seine Kunstfertigkeit nacheinander auf den Höfen im Dienste der Ringgenossen zu üben. Auch sein Arbeiten heißt nach der Gemeinschaft, für die er da ist. Es ist selbstverständlich, daß er da, wo er jeweilen arbeitet, auch beherbergt und verpflegt wird. Etwas Festliches aber hat dies nicht an sich, so wenig wie seine Arbeit etwas Rhythmisches.

Drittens kann ein Einzelner, ohne von Hof zu Hof zu gehn, vom Ganzen der Bauerschaft mit bestimmten Diensten beauftragt werden, mit Wachdienst, Hirtenamt, Fuhrwerksgestellung. Das kann auf zweierlei Art geschehen. Das Amt kann unter den Ringgenossen, unter den Vollbauern, nach Fristen wechselnd umgehn, zechum, reihum gehn oder es kann dauernd an der Person haften. Diese Person braucht dann kein Vollgenosse des Rings zu sein. Daß der Vollgenosse für die Erfüllung seiner befristeten Pflicht keine Verpflegung auf den Höfen fordert, ist klar. Aber der kleine dienende Mann, der Schweinehirt der Gemeinde oder in späterer Zeit der Schulmeister, der wird von Hof zu Hof gereicht und abwechselnd, zechum, in der Reihe der Höfe verpflegt, ein Hagestolz im ursprünglichen Sinne dieses Wortes, d. h. ein im Ring Versorgter. Von ihm soll diesmal nicht die Rede sein. Es soll nur von dem im Reihendienst wechselnd amtenden Vollgenossen gesprochen werden.

Alle drei Möglichkeiten — ich lasse offen, ob es noch mehr gibt — schließen eine gestalthaft anschauliche und das heißt Etymologie begründende Beziehung zwischen Gemeinschaft und Arbeit ein. Daß sie sich gegenseitig beeinflussen, vielleicht mischen, darf erwartet werden, und zwar im einzelnen Falle um so eher, je weiter die Verselbständigung des Arbeitsgedankens schon vorgeschritten ist.

Aus allen drei Gruppen möchte ich Beispiele für etymologischen Zusammenhang von Arbeit und Gemeinschaft vorführen und dabei diese Gruppen möglichst auseinanderhalten, so daß sich drei Bilder aus dem Arbeitsbrauchtum ergeben.

Das für die urtümlichen Arbeitsbegriffe der Gruppe 1 kennzeichnende eigentümliche Ineinander der Bedeutungen 'Menschengruppe', 'Arbeit', 'Essen und Trinken',' Fest' ist in bulg. *tlaká* samt seiner nächsten slavischen und baltischen Verwandtschaft mit besonderer Deutlichkeit gegeben. Daß es eine baltoslavische Gruppe ist, in die wir da hineingeraten, ist zwar für den Germanisten mißlich, da er sich damit auf ein Gebiet wagen muß, auf dem er nicht Bescheid weiß, aber es ist sachlich, geschichtlich, begründet. Die Kulturzustände, in welchen ein solches Ineinander der Bedeutungen 'Gemeinschaft', 'Arbeit', 'Essen und Trinken' im gleichen Wort oder in einer eng zusammengehörigen Gruppe von Wörtern möglich ist, haben sich bei Balten und Slaven länger gehalten als bei Germanen.

Also dieses bulg. *tlaká*, f., bedeutet 'Arbeit', 'Gemeinschaftsarbeit', 'freiwillige Arbeit zu gegenseitiger Aushilfe', 'Arbeit gegen Bewirtung'. Die bulgarische *tlaká* wird in Anspruch genommen beim Hausbau, bei der Ernte, beim Grasmähen, Maishacken, bei der Pflaumenernte und Weinlese, manchmal auch beim Spinnen und Weben. Dem bulgarischen Worte *tlaká* entspricht poln. *tłoka*, das folgende Bedeutungen hat: 'gemeinsame eintägige Hilfe aller Nachbarn bei einem derselben in der Ernte, immer unentgeltlich', 'Vergnügen am Sonntag als Belohnung für solche Arbeit', endlich 'Gedränge von Menschen, Menschenmenge'. Das Wort hat Verwandte mit der Bedeutung 'zusammenballen', 'Knäuel bilden' usw. Im Russischen entspricht *tołoká*. Das heißt u. a. 'Bestellung von Bauern eines Ortes für einen Tag zur Landarbeit'. Die Sache ist Brauch oder war Brauch von Weißrußland bis Sibirien bei der Ernte, beim Düngerfahren, Kohlhacken, Holzfällen, beim Hausbau, bei der Flechtarbeit, beim Spinnen. Anschließend gab es ein gemeinsames Essen und einen gewaltigen Umtrunk. Manchmal wurde getanzt, gesungen immer. Im Litauischen heißt das Wort *talkà* 'zusammengebetene Arbeitsgemeinschft, welche nach verrichteter Arbeit mit einem Schmause bewirtet wird', 'das Gastmahl nach der gemeinsamen Arbeit'. Lett. *tàlka* ist der 'Abendschmaus für die zu einer großen Feldarbeit eingeladenen Arbeiter'. Das nah verwandte lettische *talks*, m., heißt 'eine Menge zusammengeladener Arbeiter beiderlei Geschlechts, die man nach verrichteter Arbeit tüchtig bewirtet'. Bei den Esten, die das Wort entlehnen, haftet *talkus* am 'Schmaus des Erntefestes'. Auch die Finnen haben es entlehnt. Im Kriege ging die Nachricht durch unsre Zeitungen, daß die Finnen in Gemeinschaftsarbeit Holz schlugen und daß man das *talko* nannte.

Die einheitliche Wortgruppe zeigt in lebensvoller anschaulicher Verschlingung die drei Bedeutungen 'überschaubare, körperlich gestaltete Gemeinschaft', 'gemeinsame Arbeit', 'gemeinsamer festlicher Schmaus und Trunk'. Diese drei Bedeutungen sind nur drei Seiten ein und derselben anschaulichen Lage. Derlei Wörter können in Sprachzustände jüngerer Zivilisationsstufen nicht übersetzt, sie können nur umständlich und in Annäherungen umschrieben werden. In unserm neuhochdeutschen Wortschatz würden wir vergebens nach einem Worte suchen, das mit einem Schlage die drei Seiten des baltoslavischen Wortes wiederzugeben vermöchte. Immerhin gibt es im Deutschen ein Wort, das wenigstens zwei von den drei Bedeutungen auch heute noch zeigt, während es in älterer Zeit auch die dritte noch enthielt. Das ist das deutsche Wort *Zeche*. In unserm Wort *Zeche*, so wie wir es heute brauchen, sind zwei Bedeutungskerne noch voll lebendig, aber sonderbar unverbunden und beziehungslos zueinander. Das ist einmal die 'Arbeit', das 'Arbeitsunternehmen', zugespitzt und verbesondert auf ein 'Bergwerk' als Betrieb einer Genossenschaft ursprünglich, und zweitens das 'Essen und Trinken', zugespitzt auf das 'Trinken' (*zechen)* und auf die Kosten dieses Trinkens. Wer zahlt die Zeche?

Wie sich in *Zeche* und *zechen* 'Bergwerk' und 'Trunk' vereinen, das wäre ganz unverständlich, wenn man nicht aus der Geschichte des Wortes *Zeche*, und zwar aus seiner jüngsten, gut belegbaren Geschichte, aus seiner Geschichte der letzten paar Jahrhunderte und auch aus lebenden Mundarten genau wüßte, daß einmal 'Genossenschaft' Hauptbedeutung des Wortes *Zeche* gewesen ist. Im 'Bergwerk' greifen wir die arbeitende Seite dieser Genossenschaft, im 'Trunk' die feiernde, festesfrohe Seite derselben Genossenschaft. Es ist nichts Ungewöhnliches, daß Wörter für 'Essen und Trinken' etymologisch auf 'Gemeinde, Gemeinschaft, Genossenschaft' zurückweisen, übrigens zuweilen mit dem deutlichen Ton des Kultischen[10]. Heute fällt das Wort *Zeche* (samt *zechen*) in zwei unverbundene Stücke auseinander, weil das verbindende Mittelglied *Zeche* als 'Genossenschaft' untergegangen ist. Es sind zwei homonyme Wörter entstanden. Das Mittelglied ist untergegangen im Zuge des allgemeinen Schwunds der kleinen, gestalthaften Genossenschaften zugunsten der großen, nicht mehr gestalthaften Zusammenballungen. Die baltoslavische Wortgruppe vom bulg. *tlaká* zeigt den Zustand, wie er einmal vergleichbar auch für *Zeche* gegolten hat.

Die indogermanische Wurzel, die der baltoslavischen Wortgruppe (mit basisbildendem gutturalem Suffix) zugrunde liegt, ist **tel-*. Spätlat. *tēlo* ist der 'Brunnenbaum', das bewegliche Langholz, das in gabliger Stütze gelagert ist und an dessen einem Ende der Brunneneimer hängt, an dessen anderem Ende das Gegengewicht sitzt. Isidor von Sevilla sagt: telonem hortulani vocant lignum longum, quo hauriunt aquas. In älterem Latein heißt das Ding *tolleno*. Daß das Langholz, der Gerüstpartner der stützenden Senkrechten, in diesem Falle beweglich ist, ist etymologisch nicht wichtig. Denn bei der Etymologie der Gerüstwörter kommt es nicht auf die Verwendung des Gerüstes, sondern auf die Beziehung der Gerüstpartner an. Lat. *tēlo* 'Brunnenbaum' erweist für **tel-* ein Gerüst aus stützender Senkrechten und gestützter Waagerechten. Dies Gerüst kommt am Zaun vor. Dieser Zaun, wenn allseitig und ringförmig geschlossen, ist es, nach welchem sich die ringförmig versammelte Menschengruppe nennt, die in der bulgarischen *tlaká* z. B. arbeitet.

Da **tel-* am Zaun vorkommt, so kommt es auch im Geflecht vor, daher altisl. *thel*, n., 'Grund des Gewebes'. Das Gewebe ist ein verfeinertes Geflecht und übernimmt, indem es entsteht, die Terminologie des Flechtwesens, nicht nur hier, sondern in vielen andern Fällen ebenso.

Vom Zaun und seinem Geflecht führt der Weg in den hegenden Mannring. Im Ring wird u. a. gesprochen, lehrend und deutend, betend und mahnend, öffentlich und feierlich geredet[11]. Daher gehört zu idg. **tel-* altnord. *thulr* 'Kultredner', altnord. *thylia* 'murmeln, flüstern' (vom rituellen Vortrag), altnord. *thula* 'gestabte Wortreihe', 'Gattung der Wissensdichtung', 'mnemotechnische Frage- und Antwortdichtung', ags. *thelcraeft* 'ars rhetorica' und mit der gleichen Suffigierung, die wir aus der baltoslavischen Gruppe der Arbeitswörter kennen, altbulg. *tluku* 'interpretatio', russ. *tolku* dass., lit. *tulkas* 'Dolmetsch'; das slavische Wort ist als *tulkr* 'Dolmetsch', 'Vermittler' ins Altnordische, als *tolke*, *tolc* 'Dolmetsch', 'Auslegung', 'Erklärung' ins Mittelhochdeutsche entlehnt worden. Diese Redewörter lassen den Mannring, die geordnete Gemeinschaft in idg. **tel-*, *telq-/tleq-* erschließen. Die Versammlung wird greifbar in kleinruss. *potołp* 'Gedränge', poln. *tłum* 'Haufe'. Damit ist gesichert, daß der Inhalt 'Arbeit' in unsrer baltoslawischen Gruppe dem Inhalt 'Gemeinschaft' aufsitzt.

Auch in der Sippe von *Zeche* lassen sich solche Verwandte aufdecken, die teils das Gerüst, Zaungerüst, teils das feierliche lehrende Sprechen im Ring und damit die ringförmige Gemeinschaft der Zeche selbst als Genossenschaft darbieten. Zu Zeche gehört δοκάνη 'Stellstütze des Jagdnetzes', d. h. 'gabliger Zaunpfahl'; ferner δοκός 'firstparalleles Langholz im Dach', 'Firstbaum', 'Pfette', 'Rähm'; es ist das Wort, das Luther Matth. 7, 3—5 (durch *trabs* der Vulgata veranlaßt) etwas unbestimmt mit *Balken*, Wulfila technisch genauer mit *ans* übersetzt. Mit δόκανα bezeichneten die Lakedaimonier ein Gestell aus zwei Stützen mit verbindender Waagerechten, ein Zaunfragment also, das als Zaunsymbol wirkte. Das lehrende Sprechen steckt in lat. *doceo*. Δοκός entspricht *tēlo*, *doceo* entspricht *thulr*. Man sieht, es liegt bei *Zeche* wie bei *tlaká*. Auch hier steht der Zaun am Anfang, dann kommt der Ring der Gemeinschaft und dann erst die Arbeit als gemeinsame Arbeit eben dieses Ringes.

Nun zur zweiten Gruppe. Nicht die ganze Mannschaft arbeitet insgesamt, sondern ein Mann von besonderer Begabung oder Ausbildung, ein Inhaber ererbten *listes*, geht reihum auf die Höfe der Gemeinde, wird jeweils dort in Kost und Behausung genommen, bekommt den Rohstoff vom Hausherrn geliefert und arbeitet mit seinem mitgebrachten Werkzeug auf dem Hof eine Woche, drei Wochen oder vier Wochen, und geht dann zum nächsten Hof, um dort wieder seine Zeit zu verweilen und zu arbeiten und sich beköstigen und behausen zu lassen. Und so ist er immerzu arbeitend mit seinem Gewerbe unterwegs. Vielleicht ist er ein Zimmermann, ein Schuster, Schneider, Waffenschmied, Sattler, Gerber, vielleicht aber auch ein Sänger, ein Dichter oder Flötenspieler. Ein solcher Mann heißt bei den homerischen Griechen δημιουργός. Auf deutsch aber heißt er *Störer*. Was er tut und wie er es tut, heißt *die Stör*. Man sagte und man sagt es noch in vielen Gegenden Deutschlands: der Schuster geht auf die Stör. Oder der Bauer sagt: ich habe diese Woche den Sattler auf der Stör oder in der Stör. Was ist dieses *Stör*? *Stör* ist von Haus aus der *'Ring der Bauerschaft', die 'Bauerngemeinde' selbst, also ganz das, was im griech. δημιουργός das erste Kompositionsglied δῆμος besagt, 'Gemeinde'. So nennt auch der Arbeiter den Kreis seiner Kundschaft. Was der reihum arbeitende Handwerker tut, wird nach der Reihe, dem Ring der Höfe benannt, in welchem er es tut. Seine Arbeit, seine Weise des Arbeitens, und zwar die soziale Weise seines Arbeitens, heißt nach der sozialen Wirklichkeit, für welche er arbeitet. Aus diesen Überlegungen müssen wir alles herauslassen, was wir etwa wissen von dem spätmittelalterlichen und frühneuzeitlichen Kampf des zünftigen Handwerks gegen die Störer. Dieser Kampf ist ein Teil des Kampfes, den das Preiswerk gegen das Lohnwerk führt. Denn das Stören ist Lohnwerk. Der Störer verkauft nicht das fertige Werk, sondern er empfängt Lohn (Kost und Herberge) für seine Arbeit an dem Rohstoff, den der Kunde ihm liefert. Dies eben war es, was das zünftige Handwerk im Störer bekämpfte. Wir würden uns alle Erkenntnis verbauen, wenn wir in *Stör*, *stören*, *Störer* Begriffe sehen wollten, die erst diejenigen aufgebracht hätten, welche das Stören und die Störer bekämpften. Die Stör ist viel älter als ihre zünftigen Gegner, die Leute des seßhaften Preiswerks. Die Stör reicht in die Vorgeschichte zurück.

Wenn *Stör* einmal *'Ring der Bauerschaft' war, dann dürfen wir nach den Erfahrungen von *tlaká* und *Zeche* in der Verwandtschaft von *Stör* Wörter mit Gerüstsinn, Zaunsinn erwarten und andererseits solche Wörter, welche von irgendeiner nicht arbeitenden Seite her den Mannring sichtbar machen. Die Gerüstwörter sind sehr deutlich, griech. σταυρός 'Pfahl', nord. *staurr* 'Pfahl'. In σταυρός und *staurr* sind wir, was *Stör* anlangt, auf der Stufe, auf der wir waren, als wir in der Verwandtschaft von bulg. *tlaká* lat. *tēlo* 'Brunnenbaum' fanden oder in der Verwandtschaft von *Zeche* δοκός, δοκάνη, δόκανα. Bleiben wir einen Augenblick bei *Zeche* und δοκός. Ganz in der Nähe steht lat. *decet* 'es ziemt sich', mit hochstufigem *$\widehat{dek}$-, im Ablaut zu dem abtönenden δοκός. Lat. *decet* 'es ziemt sich' beweist den Mannring in idg. *$\widehat{dek}$-, weil die Wörter der sittlich-rechtlich-brauchtümlichen Lebensordnung ihre Heimat im Mannring haben[12]. Nichts ist verständlicher. Das Schickliche ist immer innerhalb einer Gemeinschaft schicklich. Die Frage nach dem, was sich ziemt, ist immer eine Frage nach dem Lebensstil der Gemeinschaft, in welcher dies Geziemende Ort und Gültigkeit hat. Fände sich also in der etymologischen Nachbarschaft von σταυρός und *Stör* ein Wort oder Wörter sittlicher Bedeutung, so würde vor dem Hintergrund von lat. *decet*: d. *Zeche* der Mannring in *Stör* sich abzeichnen. In der Tat gibt es solche Wörter: nd. *stür* 'Zucht und Ordnung' und got. *usstiurei* 'Zuchtlosigkeit'. Von andrer Seite wird dieser Hinweis verstärkt durch *Steuer* 'vectigal', 'Abgabe'. Die Abgaben heißen nämlich nach der Gemeinschaft, von welcher sie erhoben werden und für deren Leben sie da sind, so nd. *plicht*, mlat. *hansa*, griech. ἔρανος, griech. τέλος 'Abgabe, Steuer' und 'Schwarm, Schar' (ob dies τέλος mit der Gruppe von *tlaká* verwandt ist, kann hier unerörtert bleiben). Nd. *stür* 'Zucht und Ordnung' und hd. *Steuer* 'Abgabe' weisen auf die Genossenschaft in der Sippe von *Stör* hin. Die lautlichen Verhältnisse sind nicht schwierig. Wir fassen zusammen: Auf die Stör gehn heißt, in der Gemeinde reihum von Hof zu Hof gehend arbeiten. Diese Art des Arbeitens heißt nach der sozialen Gruppe, für welche sie geschieht und nach der Art, in welcher sie geschieht. Es ist bemerkenswert, daß die Bedeutung 'arbeitgebende Kundschaft' in *Stör* im Tirolischen bis zum heutigen Tage erhalten ist.

Der Mann, der als Störer auf die Höfe der Gemeinde kommt, ist kein Bauer wie diejenigen, bei denen er arbeitet. Er ist kein Vollgenosse der Gemeinde, kein ἐλεύθερος. Er ist aber auch kein beliebig verwendbarer Hilfsarbeiter, kein Tagelöhner. Er kann etwas, was die Bauern nicht können. Die Leistung, die er anbietet, ist erstens eine unbäuerliche, zweitens eine besondere. Er ist Schneider oder Schuster, aber nicht beides zusammen. Mit dem Störer und dem Störwesen ist Arbeitsteilung und zwar berufsbegründende Arbeitsteilung gegeben. Das Störwesen ist der Boden, auf welchem der Gedanke des Berufes, des beruflichen nichtbäuerlichen Lebenserwerbes keimt. Dies kann unmöglich ohne Folgen für den Wortschatz bleiben. Man darf erwarten, daß sich unter den Wörtern für 'Beruf', 'Unterhalt', 'Gewerbe' solche finden, deren Etymologie nach Störweise auf den Ring der Bauerschaft deutet. Nd. *plōg* ist 'Schar', 'Gilde', 'Nachbarschaft', ndl. *ploeg* ist 'Mannschaft'[13]; dasselbe Wort ist spätmhd. *pfluoc* 'Ring der Spielgemeinde'. Davon nicht zu trennen sind altnord. *plōgr* 'Unterhalt', 'Gewerbe', ndl. *ploeg* 'Beruf', 'Tätigkeit, von der einer lebt', mhd. frühnhd. *pfluoc* 'Beruf', 'Gewerbe', 'Erwerbstätigkeit'. Die Beziehungen innerhalb dieser Gruppe werden unter der Voraussetzung einer Stör verständlich[14]). — Wem einmal der Blick in dieser Richtung geöffnet ist, der wird geneigt sein, *Gewerbe* in einen ähnlichen Zusammenhang zu stellen und sein Verhältnis zu ags. *hwearf*, altfries. *hwerf*, *hwarf*, altsächs. *hwarf*, ndl. *werf* 'Haufe, Schar, Gefolgschaft' (Heliand 2306, 3907), 'Gerichtsversammlung, 'Gerichtsstätte' unter solchem Gesichtspunkt zu beurteilen. Die bisherigen Erklärungen des Wortes *Gewerbe* sind wenig befriedigend. Die Frage verdiente, erneut aufgerollt zu werden.

Wir können es jetzt nicht tun und eilen zur dritten Gruppe. Ein Einzelner, aber diesmal ein einzelner Vollgenosse, ein Mitglied des Rings der Bauerschaft, ein ἐλεύθερος, ein Vollerbe übernimmt für eine gewisse Zeit eine bestimmte Aufgabe, deren Erfüllung für die Gemeinde lebensnotwendig, aber keineswegs an ein besonderes arbeitsteiliges persönliches Können gebunden ist. Z. B. hat er die Pflicht, für eine gewisse feststehende Frist Wachdienste, Botengänge, Fuhrleistungen zu besorgen. Man sagt von ihm, er sei an der Reihe, die Reihe sei an ihm, die Reihe treffe ihn heute oder in dieser Woche. Das ist eine aufschlußreiche Redeweise. Sie zeigt den einzelnen Bauern im Gefüge des Dorfrings an seiner festen Stelle stehend, an welcher er den umlaufenden Dienst (die Reihe ist also rund, als rund gedacht, sonst könnte der Dienst nicht reihum laufen, und das ist etymologisch wichtig) von seinem Nachbarn zur Rechten entgegennimmt und nach gewisser Frist an seinen Nachbarn zur Linken weitergibt. Denn wenn die Frist abgelaufen ist, dann kommt der nächste Nachbar an die *Reihe*, *rega*, *riga*, in einer festen, altüberkommenen Folge, die ursprünglich wohl diejenige ist, in welcher die Genossen zu ihrem Ding zusammentreten.

Es kann sich auch um Höheres handeln als um Botengänge oder Fuhr- und Wachleistungen, z. B. um das Amt des Burmeisters oder Burrichters. Bei solch höheren Aufgaben ist die Frist länger, z. B. ein Jahr. Die Reihenfolge der in der Würde des Burrichters sich abwechselnden Höfe steht fest. Jeder kommt nach Ablauf der Jahre, deren Zahl gleich der Zahl der berechtigten Höfe ist, wieder an die Reihe. Ist der Vater tot, so tritt der Sohn ein. Die Sache trifft den Hof, nicht den Mann.

Eine solche Verpflichtung des Vollgenossen zu befristetem Reihendienst steckt in lat. *mūnus* 'obliegende Leistung', 'Posten', 'Amt', 'Wirkungskreis' (verschiedenster Höhenlage, vom Postenstehn des Soldaten bis zum Konsulat), altlat. *moenus*, Plur. *mūnera* und *mūnia*, älter *moenia*. Der Ring der Gemeinde, innerhalb dessen *mūnus* seine Stelle und seinen Sinn hat, wird greifbar in *commūnis* < **commoinis* 'gemeinsam', 'öffentlich', und seinen Ableitungen, got. *gamains* 'gemeinsam', *gamainja* 'Teilnehmer', d. h. 'Glied der Genossenschaft', ags. *maene* und *gemaene*, altfries. *mēne*, mnd. *gemēn*, alts. *gimēni*, ahd. *gimeini* 'gemeinsam', got. *gamainths* 'Versammlung', ahd. *gimeinida* 'Gemeinschaft', mhd. nhd. *gemeine* und *gemeinde* 'Gemeinschaft', 'Gemeinde', 'versammelte Menge', 'Heer', 'gemeinsamer Besitz', 'gemeine Mark', 'Anteil an ihr'. Der Wechsel bei der Übergabe des Amtes im Ring wird sichtbar in lit. *maĩnas*, lett. *maĩna*, altksl. *mě̆na* 'Wechsel'. Wörter für Wechsel und Tausch hier zu finden kann denjenigen nicht überraschen, der sich die Gesamtlage des Rings und die Vorgänge in ihm anschaulich gemacht hat. Lat. *mūnus* als 'Abgabe, Opfer' erweist vor dem Hintergrund der erwähnten Steuerwörter erneut den Mannring selbst. Daß man in ihm spricht, berät, feierlich und verbindlich redet, das hat der Ring von *mūnus* mit anderen Ringen gemein, daher nhd. *meinen*, ahd. *meinan* 'denken', 'sagen', 'erklären', alts. *mēnian*, engl. *to mean* < germ. **mainjan*, dazu außerhalb des Germanischen altsl. *mě̆nja*, *mě̆niti* 'meinen', alle mit der Ablautstufe und mit dem basisbildenden Suffix von *mūnus*, idg. **moin-*.

Auch hinter dem Ring von **moin-* steckt ein Zaun. Der zeigt sich in lat. *mūnire* 'befestigen' und *moenia* 'Umwallung', 'Stadtmauer'. Auch hier ist also der Weg vom ringförmigen Zaun zur ringförmigen, hegenden Versammlung, von da zur Gemeinde und von ihr zur Dienstleistung gegangen.

Es wird nicht nötig sein, die in *mūnus*, *mūnire*, *moenia*, *commūnis* vorliegende Basis zu verlassen und bis zur Wurzel vorzudringen, um in lat. *mūrus* < **moiros* 'Mauer', mndl. *mere*, ags. *maere* 'Grenze', 'Grenzpfahl', engl. *mere* 'Rain', 'Grenze' wiederum die Hegung, in altisl. *meiðr* 'Stange' und lat. *mēta* 'Stange' ein Gerüstglied des Zauns, in altind. *mēthati* 'wechselt ab' und lat. *mūtare* 'tauschen' und *mūtuus* 'wechselseitig' aufs neue den Dienstwechsel vorzufinden[15].

Die Verbindung zwischen Gemeindedienst und Befestigung, *mūnus* und *moenia*, die sich dem Etymologen aufdrängt und daher früh bemerkt worden ist, hat man oft so zu erklären versucht, daß man in *mūnus* 'Baudienst an der Stadtbefestigung' annahm. Der belegbare Bedeutungsbestand von *mūnus* und *commūnis* ist aber von hier aus nicht aufzuschließen. Man bekommt kein geschlossenes Bild.

'Reihendienst', 'Wechsel' und 'Befristung' gehören innerlich zusammen, und alle drei gehören sie zum Ring der Genossenschaft. Es ist daher in den Fällen, in denen ein Wort für 'Zeit' oder 'Zeitspanne' etymologische Verwandte im Zaun- oder Ringbereich zeigt — und das sind nicht wenige Fälle —, zu erwägen, ob nicht der Zeitgedanke aus dem mūnus-artigen Reihenamt im Ring wortgeschichtlich hergeleitet werden muß. Wie es darin mit *Frist*, *theihs*, *tempus*, *χρόνος*, *καιρός* steht, mag jetzt unentschieden bleiben, zumal ich früher für *tempus* und *Frist* eine andere, gestaltlich nicht grundlegend abweichende Erklärung versucht habe[16]. Aber mit *Woche* steht es gewiß so. Denn es ist gleich got. *wiko* 'Folgeordnung im Reihendienst eines Kollegiums' und gehört zu ags. *wīce* 'Amtspflicht' und zu d. *Wechsel*. *Woche* ist die 'Frist, für die man einen Gemeindedienst übernimmt'. Zu Beginn und Schluß der *Woche* findet der *Wechsel* statt, die 'Amtsübergabe nach der Reihenordnung'. Es handelt sich um eine weit verbreitete Zaunsippe, zu der auch d. *weichen* 'durch Auseinandertreten Ring und freien Raum bilden' und ahd. *wīhhon* 'tanzen' gehören.

Diese Einbettung des Wortes *Wechsel* in den Mannring mit seinen Reihendiensten verlockt, anderer Wörter für 'Wechsel' zu gedenken. Wir wollen wenigstens *ῥυθμός* erwähnen, das — vom Mannring ausgehend — einerseits ein reiches Leben im tänzerisch-musischen Bezirk entfaltet, andrerseits aber auch 'Staatsverfassung', d. h. *'Ordnung des Rings' heißen kann und von hier aus auf dem Boden des Reihenamts im Ring die Bedeutung 'Wechsel' erlangt (Archilochosfragment 67 a). Liegt da der Keim dafür, daß nichtmusisches *ῥυθμός* in den Bezirk von Periode, Zyklus, Turnus (Mond, Gezeiten) und ihre für ein tänzerisches Einschwingungsstreben zu langsamen Schwingungen hineinwächst? Das müßte den Punkt 4 der Erläuterungen des Rhythmusaufsatzes einschränken. Es lägen hier eigenständige, nicht durch Erweiterung gewonnene Möglichkeiten vor. Man wird darauf zurückkommen müssen.

Die *mūnus*-Leistung unterscheidet sich seelisch von der *tlaká*-Leistung dadurch, daß der Einzelne in dem, was er tut, auf sich gestellt ist. Sie unterscheidet sich seelisch von der *Stör* dadurch, daß der Einzelne oberhalb des Dranges unmittelbar drohender wirtschaftlicher Not handelt. Er würde — zunächst — auf seinem Hof fortbestehen können auch dann, wenn er sich dem jetzt an ihn herantretenden *mūnus* entzöge. Daß er das nicht tut, daß er an das Leben der Gemeinde denkt und das *mūnus* auf sich nimmt, das die *wiko* an ihn heranbringt, das ist gewiß noch keine sittliche Leistung (sondern es lebt aus der Hoffnung auf den entsprechenden Dienst der Ringgenossen), aber es enthält doch den Keim des Sittlichen in sich, eines Sittlichen, das sich freilich nicht auf den Nächsten, sondern auf die Gemeinde richtet. Es ist die Stelle, an welcher vorzugsweise der Pflichtgedanke erwächst, der sich denn also auch nicht auf den Nächsten, sondern auf die Gemeinde richtet. Der Pflichtgedanke erwächst an *mūnus*, nicht an *Stör* und nicht an *tlaká*. Es ist in früheren Arbeiten auseinandergesetzt worden, wie mndl. ndl. *plicht* 'munus, officium, functio', mnd. *plicht* 'Dienst', ahd. *pflicht* 'cura, mandatum' den Mannring in *plicht* fordern, und daß 'Ring' und 'Gemeinschaft' in *plicht* tatsächlich zu belegen sind. An der Stelle, an der der Gedanke der Pflicht (zunächst der brauchtümlich-rechtlichen, hernach der sittlichen) wurzelt, wurzelt auch der mit jenem eng verschwisterte Gedanke der Sorge. Lat. *cūra* ist zunächst *'Reihenpflicht des civis im Ring'. *Cūra* < **coi-sa* und *cīvis* < *cei-vis* sind wurzelgleich und unterscheiden sich in der Wurzel nur durch den Ablaut. Die Wurzel hat Zaun- und Ringbedeutung. Auf der Reihenpflicht als auf einem brauchtümlich-rechtlichen Gehalt erwächst nachträglich der innerseelische Wert der Sorge[17].

Was im Lateinischen *mūnus* heißt und im Deutschen *pflicht*, das heißt im Angelsächsischen — neben *wīce* — *scīr*, f., *'Reihenamt des Vollgenossen im Ring' > 'Verwaltung', 'Besorgung', 'Geschäft', 'öffentliches (weltliches wie kirchliches) Amt'. Auf deutschem Boden entspricht etymologisch ahd. *scīra*, f., 'Besorgung', 'Geschäft'. Nach den Erfahrungen an *mūnus*, *pflicht*, *cūra* scheint es nicht unberechtigt, an einen Mannring in germ. *skīr-* zu denken. Das angelsächsische Verbum *scīran* läßt ihn in der Tat durchschimmern. Denn seine Bedeutungen 'ordnen, bestimmen, entscheiden', 'erklären, sagen, auslegen' sind schon einzeln und noch mehr in ihrer Verbindung Zeugen eines Ringes. Der Ring selbst zeigt sich dann an Stellen, an denen *scīr* nur als 'Volksstamm', 'Bewohnerschaft' verstanden werden kann: tha aethelestan ealdras geond tha scira Israhela heafodmen — Numeri 1,16; thaet wat eall theos scyr — Aelfrics Heiligenleben X 120; se the land gewerod haebbe on scire gewitnesse — Gesetze Cn II 79; seo scir sette thone feorthan andagan, ebda 19, 1. Die Bezeichnung der Gemeinschaft kann zur Bezeichnung des Gebietes werden, das diese

Gemeinschaft bewohnt. Dann bekommt *scīr* die Bedeutung 'Gebiet, Provinz, Kirchspiel'. Mittelbar also weisen auch diese Gehalte auf den Mannring. Der entwickelte Amtsgedanke in *scīr* wirkt freilich zuweilen stark ein, so daß die Anschauung des Rings der Bewohnerschaft vom Gedanken an die Amtsgewalt des das Gebiet Verwaltenden mehr oder weniger überlagert wird[18]. In einem Vorgang, der sich an vielen Völkernamen beobachten läßt, hat schließlich das Wort für Volksstamm, d. h. für Mannring, die Grundlage für einen Völkernamen hergegeben. Die *Skiren* heißen nach der *scīr*; nicht nach dem 'Amt' in *scīr*, sondern nach dem 'Ring' in *scīr*[19]. Das wird hier nur erwähnt, um noch einmal den Ring sichtbar zu machen, innerhalb dessen die *scīr* als *'befristeter Reihendienst' umläuft.

In dem Aufsatz 'Spiel' ist wahrscheinlich gemacht worden, daß das germanische Wort, das als nhd. *Schar* fortlebt, von Haus aus 'die ringförmig versammelte Menschengruppe' bedeutet hat[20]. Was die Etymologie erschließt, konnte die Überlieferung bestätigen:

Dô begunden die hêrren dringen
vaste zô deme ringe
unde machitin eine schare vil breit.
dô zîrete sie wîsheit,
unde reditin under in,
Berchter solde kuninc sîn
biȝ ir hêrre quême,
wande her der krône wole pflêge.

König Rother 726—733.

Von den Zaun- und Gerüsthintergründen sei hier abgesehen. Vom Mannring aus entfalten sich auf der einen Seite Bedeutungen, die ins Tänzerisch-Spielend-Mimische, auf der andern Seite Bedeutungen, die ins Politisch-Wirtschaftliche ausstrahlen. Es herrschen in der Sippe *Schar* in jeder Hinsicht ähnliche Verhältnisse wie in der Sippe *Pflug*, *Pflicht*, *play*. Aber es ist eines dabei zu bedenken, was in den bisherigen Fällen nicht bedacht zu werden brauchte. Nicht immer sind *mūnus*-Weise und *Stör*-Weise auf die einzelnen Wörter streng verteilt. Manchmal hat nicht nur die gleiche Sippe (wie bei *pfluoc* und *pflicht*), sondern das gleiche Wort in beiden Sachbereichen seine Aufgabe zu erfüllen. So steht es mit *Schar*. *Schar* bedeutet im Schwäbischen das, was sonst *Stör* bedeutet. Der Schneider fährt dort auf die Schar, und daß *Schar* und *Stör* miteinander im selben Bereich (d. h. im Störbereich) im Wettbewerb stehn, zeigt sich an der Mischform *Stahr* 'Stör', die ihre Entstehung diesem Wettbewerb verdankt. Andrerseits aber zeigt *Schar* Arbeitsbedeutungen, die in den Sachbereich befristeter Reihenleistungen von Vollgenossen gehören. Ahd. *scara*, mhd. *schar* ist 'Arbeit, die in geordneter Folge umgeht' — zunächst genossenschaftlich, hernach herrschaftlich und somit 'Reihenarbeit im Frondienst', was oft und schon mittelhochdeutsch durch die verdeutlichende Zusammensetzung *scharwerc* ausgedrückt wird. Daß *schar* gesellschaftlich tiefer steht als *mūnus*, hat geschichtliche Gründe und ändert nichts an der Gleichheit des beiden zugrunde liegenden anschaulichen Brauchtums und Rechtes. Wie sehr sie zusammengehören, zeigt sich, wenn man sie noch einmal gemeinsam von der Arbeit nach *tlaká*-Weise abhebt. Die *mūnus*-Weise (einschließlich der *schar*-Weise) unterscheidet sich von der *tlaká*-Weise dadurch, daß die Leistung bei *tlaká* nicht regelmäßig wiederkehrt, sondern von Fall zu Fall ausgemacht, verabredet, erbeten oder angeordnet wird, daß auch ihr Umfang und ihre Dauer nicht von vornherein feststehn (sog. ungemessener Dienst), sondern sich aus der vorgefundenen Lage ergeben, daß umgekehrt bei der *mūnus*- und *schar*-Weise regelmäßige Wiederkehr gegeben ist und zugleich Umfang und Dauer der jedesmaligen Leistung von vornherein feststehn (sog. gemessener Dienst). Gegen die *mūnus*- und *schar*-Weise gehalten, haftet der *tlaká*-Weise immer der Zug des Außerordentlichen an, eine den Alltagsablauf hart und festlich durchbrechende Macht, die sich denn auch im abschließenden Schmaus, Trunk und Tanz in ihrem Ausnahmewesen offenbart.

Wohin gehört lat. *opus*? Daß ein Gehege drinsteckt, zeigen seine eigenen Bedeutungen, daß ein Mannring vermittelt, erweisen lat. *copia*, altind. *āpya* 'Genossenschaft', lat. *ops*. Auf *tlaká*-Weise deutet 'Hilfe' in *ops*. Auf *mūnus*-Weise deutet altind. *āpya* 'Pflicht'. Aber altind. *āpas* 'Opferhandlung' und die germanische Gruppe um d. *üben* als 'gottesdienstliche Handlung begehn' sowie *optimus* und *opīnor* rücken den ganzen Ring in den Vordergrund.

Wie ist *Werk* (und *wirken*), dieses älteste unter den neuhochdeutschen Arbeitswörtern, zu beurteilen? Genügt es, vom Zaunflechten, Weben, Wandkleiben und Teigkneten unmittelbar zur Arbeit zu kommen, oder geht die Verallgemeinerung auf dem Weg über einen Mannring vor sich[21]?

Was endlich ist *Arbeit*, dieses Kernwort des ganzen Bereichs im heutigen Neuhochdeutschen?

Diese und viele andere Fragen bleiben unbeantwortet. Es kam darauf an, die Beziehungen zwischen Arbeit und Mannring an ausgewählten Beispielen aufzudecken und die Verbindungsfäden, die zwischen ihnen laufen, zunächst einmal in drei Hauptgruppen zu ordnen. Möchte sich nun ein wirtschaftsgeschichtlich und gesellschaftsgeschichtlich ausreichend unterrichteter Etymologe der Sache annehmen. Wir haben hier nicht mehr geben können als eine Anregung.

Man stößt oft auf die Meinung, der Gedanke der Arbeit erwachse sprachlich und begrifflich aus dem Gedanken der Mühsal, des Leidens, der Qual, der Plage, ja der Krankheit. Das sei kennzeichnend für die Auffassung, die der Mensch früher Stufen von der Arbeit habe. So sehr unsere Versuche in den Anfängen stecken, das läßt sich doch sagen, daß diese weitverbreitete Meinung in solcher Allgemeinheit ganz gewiß falsch ist. Nicht die Qual, sondern die gesellschaftliche Wirklichkeit eines geordneten Zusammenlebens ist — wortgeschichtlich betrachtet — der Mutterboden des Gedankens Arbeit.

*Anmerkungen.*

1 Walther von Wartburg: Französisches etymologisches Wörterbuch II/2 1946, S. 1226 f., s. v. *corrogata* liegt mir nur in Abschrift vor, die ich cand. phil. Josef Schneider, z. Zt. Freiburg (Schweiz), verdanke.

2 Vgl. *haute volée, assemblée, chevauchée, lignée*; *chevrée, chiennée, poussinée, cochonnée*; *peuplade, brigade, cavalcade, camarade* — freundlicher Hinweis des Herrn Kollegen Knauer. Nicht zugänglich sind mir Collin: Études sur le développement du sens du suffixe *—ata* 1918. Luther Herbert Alexander: Participial substantivs of the *-ata*-type in the romance languages 1912.

3 Vgl. W. v. Wartburg a. a. O.

4 Zaun und Mannring, Paul und Braunes Beiträge zur Geschichte der deutschen Sprache und Literatur 66, 1942, 232—264. Pflug, ebenda 67, 1943, 110—150.

5 Über das Sprechen in ringförmiger Versammlung, Göttingische Gelehrte Anzeigen 203, 1941, 423—426. — Vorgeschichte des Wortes Reich, Nachrichten der Akademie der Wissenschaften in Göttingen, phil.-hist. Klasse 1943, Nr. 14, S. 535—582.

6 Karl Bücher: Arbeit und Rhythmus, ²Leipzig 1899, S. 217, vgl. S. 199.

7 Vorgeschichte des Wortes Reich, S. 538—552.

8 W. v. Wartburg a. a. O. — Meyer-Lübke: Romanisches etymologisches Wörterbuch, ³Heidelberg 1935 Nr. 7361 (2255). Beachte portug. *rogar* 'Arbeiter aufnehmen'.

9 Rhythmus, Studium Generale 2, 1949, 135—141.

10 Vater, Versuch einer Etymologie, Savigny-Zeitschrift für Rechtsgeschichte, Germ. Abt. 65, 1947, 232—260, darin S. 252 bis 254.

11 Sprechen, GGA 203, 1941, 423—426.

12 Über die Herkunft einiger Wörter des sittlichen Bereichs, Studium Generale 1, 1948, 103—110.

13 Pflug, PBB 67, 1943, 122—126.

14 Ebenda S. 136—143. Spiel, PBB 69, 1947, 419—462, darin S. 447—450.

15 Spiel, PBB 69, 1947, 444—447.

16 First, über die Stellung des Zauns im Denken der Vorzeit, Nachrichten von der Gesellschaft der Wissenschaften zu Göttingen 1940, phil.-hist. Klasse, Fachgruppe IV, NF III 4, S. 120—130.

17 Pflug, PBB 67, 1943, 136—143. Vater, Savigny-Zeitschr. 65, 1947, 250 f.

18 Arthur Szogs: Die Ausdrücke für Arbeit und Beruf im Altenglischen, Heidelberg 1931 (Anglistische Forschungen Heft 73 S. 98—103).

19 Völkernamen, Westfälische Zeitschrift 97, 1948, 9—37.

20 Spiel, PBB 69, 1947, 425—432. Vgl. Elisabeth Vosseberg: Arbeit und Mannring, ungedr. Münstersche Diss. 1944.

21 Lehm, Etymologien zum Fachwerk, Abschnitt 12 machen, wirken, tun — noch ungedruckt. Elisabeth Vosseberg a. a. O., S. 2—14.

*(Prof. Dr. Jost Trier, (21a) Münster i. W., Waldeyerstr. 53.)*

---

# Rituelle Speisegemeinschaft im 10. und 11. Jahrhundert.*

Von

KARL HAUCK.

„Siehe, was einer treibt.
Beobachte, wovon er bestimmt wird.
Untersuche, worin er Befriedigung findet.
Wie kann ein Mensch da entwischen.
Wie kann ein Mensch da entwischen."

Dieses Wort des Confucius deutet nicht nur an, wie man am gründlichsten bis in den Kern einer Persönlichkeit vorzudringen vermag, sondern kann uns auch den Weg weisen, auf dem wir rasch und umfassend zur Erkenntnis der geistigen Physiognomie eines Zeitalters, einer Kultur gelangen. Freilich, so viele Werke sich um den Ablauf und die Entwicklung historischen Geschehens bemühen und dabei auch nicht selten bis zu den bestimmenden Normen, den elementaren Antrieben vorgestoßen sein mögen, so wenig wird die dritte Weisung, zu fragen nach dem Glück, dem höchsten Gut, nach den schöpferischen Zentren, nach dem, worin eine Zeit ihre Befriedigung findet, als notwendige Forschungsaufgabe empfunden. Eines der Werke, das über solche Fragen in dem uns hier beschäftigenden Zeitraum nachdenkt, ist die Darstellung der Kultur und Religion der Germanen von dem großen Dänen Wilhelm Grönbech. Vor allem mit nordgermanischem Quellenmaterial, aber durchaus mit offenem Blick für die Denkmäler des stammverwandten Südens, wird hier zu zeigen versucht, *wie* die Speisegemeinschaft

*) Walter Stach gewidmet zum 1. November 1950.

der innerste Kern der Sippe und überhaupt jedes Kreises war (Dt. Ausgabe II, 81), dessen Zusammengehörigkeit gleicher Art war wie die des Verwandtenkreises, *wie* das Opfergelage um Erntesegen und Frieden Verherrlichung der Tischgemeinschaft ist (II, 142). Daß diese Feierlichkeit der Mahlzeit in gleicher Weise für den deutschen Süden gelte, bezweifelt Grönbech jedoch und meint, sie sei dort gewissermaßen ersetzt durch den schwärmerischen Kult mit symbolischen Geschenken, der sich im deutschen Recht so sehr ausbreitete (II, 76). Wenn wir im folgenden auch Belegen begegnen, die für diese Auffassung geltend gemacht werden können, so wird doch andrerseits bereits die nicht sehr große Zahl von Zeugnissen, die wir hier betrachten können, bei aller Verehrung für den dänischen Forscher (er ist inzwischen im biblischen Alter verstorben) nahelegen, dieses Urteil einzuschränken oder gar zu revidieren. Wichtiger ist, daß wir durch diese kritische Beobachtung insofern gefördert werden, als sie uns anregt, eine vielseitig bedeutsame, bis zum gewissen Grade zentrale Erscheinung menschlicher Gemeinschaftsformen im frühen Hochmittelalter näher ins Auge zu fassen.

Wir werfen dazu erst einen kurzen Blick auf Quellenaussagen über rituelle Speisegemeinschaft in dem südgermanischen Heidentum, betrachten dann die Wandlungen der rituellen Mahlzeit durch die Annahme des Christentums und schließlich Formen feierlicher Mahlgemeinschaft, wie wir sie im 10. und 11. Jahrhundert treffen. Es kann hier nicht unsere Absicht sein, die vorhandenen Zeugnisse vollständig auszubreiten. So werden wir zugunsten einiger weniger besonders charakteristischer Belege verzichten z. B. auf eine unmittelbare Erörterung der Speisesakramente der mittelalterlichen Kirche, so wesentlich sie das Ritual profaner Speisegemeinschaft beeinflussen, verzichten auch auf das reiche Material, das das Schatzhaus unserer alten Sprache für diese Fragen bietet — mögen auch beispielgebende Arbeiten wie etwa die Jost Triers den deutschen Philologen locken, auf diesem Gebiet Ähnliches zu leisten. Denn selbst die fremde lateinische Sprache des frühen Mittelalters wird durch ihre germanischen Schwestern zu Neubildungen zu unserem Thema angeregt, wie das Mittellateinische *companio* lehrt. Es ist die Nachbildung eines germanischen Ausdrucks wie gotisch *gahlaiba*, althochdeutsch *gileibo*, der das Essen vom gleichen Laib Brot als Kennzeichen des Gefährten-, des Genossenseins auffaßt. Von diesem Wort aus altertümlicher Speisegemeinschaft erhält das Mittelhochdeutsche in dem Altfranzösischen *compain* nur noch ein blasses Abbild als Fremdwort, das wir schließlich in neuhochdeutschen Bildungen wie ‚Kumpel', ‚Kumpan' oder in dem Fremdwort gebliebenen ‚Compagnon' wiedertreffen. Im übrigen schien es dem Zweck dieses Diskussionsbeitrages angemessen, die Belege soweit als möglich selbst sprechen zu lassen, allenfalls den Umkreis ihrer Herkunft zu beleuchten, mit der Interpretation dagegen zurückzuhalten. Daher wurde auch fast völlig von jeder vergleichenden Betrachtung, die oft so nahelag, abgesehen. Freilich, wem sollte das ganz nach Wunsch gelingen?

* *
*

So kärglich die Quellenaussagen sind über die vorchristliche Religion der germanischen Stämme, die sich im 9. und 10. Jahrhundert unter dem fränkischen König zum Deutschen Reich zusammenschließen, für den Nachweis ritueller Speisegemeinschaft gibt es aus der Missionszeit klare Zeugnisse. Da sind die um ihre riesige biergefüllte *cupa* versammelten Alemannen, die das Bier dem Wodan weihen wollen (Vita Columbani I c. 27, 7. Jahrhundert), die Baiern, bei denen trotz Missionsbelehrung noch immer Väter ihren Söhnen aus einem Becher für Christus und für die „Dämonen" zutrinken (Vita Haimrami c. 7 Text A, 8. Jahrhundert). Da hören wir von dem Nein des Papstes auf die Frage des Bonifazius, ob er seinen Neubekehrten das Essen von geopferten Speisen, wenn sie das lebenspendende Zeichen des Kreuzes darüber geschlagen hätten, erlauben sollte oder nicht (MGEE III 276) von den Priestern, die Stiere und Böcke den heidnischen Göttern opferten und Opferfleisch für die Toten aßen (MGEE III, 358), von den Strafen der *Capitulatio de partibus Saxoniae* für das Essen zur Ehre der Dämonen (MGLL $II_1$ 69). Mit welchem Zwang aber der heidnische Ritus die Speisegemeinschaft fordern konnte, wird vielleicht am besten deutlich an dem, was Gregor der Große († 604) in seinen Dialogen III, 27 erzählt: Vierzig Bauern waren von den Langobarden gefangengenommen und gezwungen worden, das Opferfleisch zu essen, mit der Drohung, man würde sie in den Tod schicken, wenn sie es nicht äßen (Migne 77 284 B).

Dieses feierliche Essen und Trinken, wie es der heidnische Ritus pflegte, hat die Missionskirche wohl dem christlichen Brauch anzupassen versucht, aber dort, wo es nicht unmittelbar mit den bekämpften Kulten zusammenhing, keineswegs völlig beseitigen oder überwinden können. Oft mögen besonders in den Missionszonen ähnliche Verhältnisse geherrscht haben, wie wir sie durch einen arabischen Berichterstatter des 10. Jahrhunderts aus Schleswig kennen. Die Siedlung, in der auch eine kleine Christengemeinde erwähnt wird, stand zu der Zeit seines Besuches unter deutscher nicht dänischer Oberherrschaft. Da heißt es: At-Tartûschî erzählt, sie feiern ein Fest, an dem sie alle zusammenkommen, um den Gott zu ehren und um zu essen und zu trinken. Wer ein Opfertier schlachtet, errichtet an der Tür seines Gehöftes Pfähle und tut das Opfertier darauf, sei es ein Rind oder ein Widder oder ein Ziegenbock oder ein Schwein, damit die Leute wissen, daß er es seinem Gotte zu Ehren opfert.

Es ist nun bezeichnend, daß sich solches Heidentum auch in längst missionierten Gebieten bis zum gewissen Grade fortsetzt. So sehen nicht wenige Forscher in dem Gelage der Gilden das Fortleben ritueller Speisegemeinschaft aus vorchristlicher Zeit. Wenn wir von der Gesetzgebung im Frankenreich absehen, erfahren wir zum erstenmal von diesen Gilden auf deutschem Boden im Zusammenhang mit der Burgenordnung Heinrichs I. Da befiehlt der König ihnen, daß sie ihre Versammlungen und ihre *convivia*, die ihnen charakteristischerweise oft den Namen geben, in den neu befestigten Plätzen halten sollen, um sich im Frieden an das Zusammenströmen dort zu gewöhnen, wohin sie sich im Krieg (es ist besonders an einen neuen Ungarneinfall gedacht) zurückziehen müßten (Widukind I, 35). Unser Bild von solchen Gildegelagen kann sich zunächst nur darauf gründen, was uns Alpert von Metz und Utrecht zwischen 1021 und 24 über die unchristlichen Trink- und Ehesitten der Kaufleute aus Tiel an der Waal mit Mißfallen erzählt. Diese *mercatores Tielenses* haben eine Gildekasse, mit der sie gegenseitig ihre Handelsunternehmungen finanzieren, aber auch zu bestimmten Zeiten des Jahres ihre Gelage bestreiten. „An hohen Festtagen betrinken sie sich gleichsam feierlich (*in celebrioribus festis quasi sollempniter ebrietati inserviunt*)... Bereits am frühen Morgen beginnt das Gelage (*student potationibus*) und mit großem Ruhm bedeckt sich der bei ihnen, der dabei mit erhobener Stimme das ungebildete Volk in schändlichen Reden zum Lachen reizt und zum Trinken aneifert“ (MGSS IV, 719).

Zum Kummer des wohlunterrichteten Mönchs sind diese *duri homines et pene nulla disciplina adsuefacti* vom Kaiser privilegiert. Sie sind dadurch unabhängig von den Grafschaftsgerichten und können nur von ihrem Gildegericht belangt werden, was zu allerlei Mißständen führt. Dem Herrscher dagegen müssen sie wertvoll durch ihren Fernhandel gewesen sein; denn seit dem Beginn des 10. Jahrhunderts hat hier der deutsche Englandhandel eine Hauptbasis. Ja, es ist nicht ausgeschlossen, daß die beiden Runensteine einer friesischen Gilde für verstorbene Gildebrüder, die man in dem schwedischen Sigtuna aus den Jahren 1060—75 stammend gefunden hat, mit der bei Alpert beschriebenen Tieler Kaufmannsgilde in Beziehung gesetzt werden können (A. Bugge Vjs SWG 11, 1913). In diesen Steinen wird uns jedenfalls der Totendienst der Gildebrüder in Schweden sichtbar. Daß die Totenverehrung solcher Gilden aber gerade auch in dem Trinkgelage eine entscheidende Rolle spielt, können wir wenigstens erschließen aus Bestimmungen des fränkischen Erzbischofs Hincmar von Reims, die teilweise abhängig sind von Beschlüssen eines Konzils in Nantes aus dem Beginn des 9. Jahrhunderts.

Diese Bestimmungen ergänzen und bestätigen in gewissem Sinne das, was uns Alpert berichtet. Sie sind uns um so wertvoller, als wir z. B. wissen, daß die Kaufmannsgilden eine gewichtige Rolle in der frühen Entwicklung der mittelalterlichen Stadt spielen, ihre innere Organisation aber auf dem Festland uns erst recht deutlich wird von dem Augenblick an, wo ihre Statuten überliefert werden. Diese Überlieferung setzt am frühesten in dem flämisch-romanischen Grenzgebiet ein mit der Gildeordnung der *caritas* von Valenciennes (Hennegau!). In ihren ältesten Teilen rührt diese Ordnung, mag sie auch nur durch eine französische Übersetzung des 14. Jahrhunderts erhalten sein, aus den Jahren 1050—70 her. Ebenso wie die Tieler und andere Gilden vereinbart diese *caritas* neben reinen Trinkzusammenkünften auch Versammlungen zum Gildegericht (§ 4 *En quel jour li Frère buvront u plaideront ensamble...*). Bei den Nordgermanen sind diese Züge wie fast immer trotz der viel jüngeren Tradition ausgeprägter überliefert. Sogar gleichgestellt sind Tischversammlung und Thing in der Bestimmung des norwegischen Gefolgschaftsrechtes (13. Jahrhundert), daß die Ernennung zum Marschall, d. h. zum Führer und Leiter der Gefolgschaft, um nur eines der ältesten und wichtigsten Ämter dieses Bundes zu nennen, obwohl es auch bei anderen der Fall ist, vor der Speisegemeinschaft ausgesprochen wird (c. $22,_2$; $18,_2$; 24,3; dagegen $16,_1$; $21,_5$; $23,_2$).

Aber kein Statut ersetzt die Schilderung des geübten Brauches. Von ihm erfahren wir besonders anschaulich durch Hincmar von Reims. Wir betrachten das, was wir von Hincmar hören, dabei zugleich unter dem Gesichtspunkt der Auseinandersetzung des Christentums mit dem aus dem Heidentum stammenden rituellen Trink- und Speisebrauch. Über die Berechtigung, Hincmars Verbot auch auf deutsche Verhältnisse des 10. Jahrhunderts anzuwenden, später noch ein Wort. Vorerst müssen wir wissen, daß die folgenden Bestimmungen ergangen sind anläßlich einer Versammlung der Priester der Diözese Hincmars im November 852 (?). Sie mögen nur das schriftlich wiederholen, was den

Geistlichen dort auch mündlich eingeschärft worden war. Bei dem interessantesten und meistzitierten Abschnitt, dem Kapitel 14, wird oft zu wenig beachtet, daß es lediglich auf rituelle Mahle von Priestern, nicht etwa von Laien zielt. Um so eher werden wir freilich bei dem feierlichen Gelage der Laien als Brauch voraussetzen dürfen, was hier den Geistlichen verboten wird. Es ist vielleicht bei dem Umfang und dem Gewicht des Zeugnisses zweckmäßig, die Hauptblickpunkte im voraus zu kennzeichnen. Anlaß zur erzbischöflichen Vermahnung gibt besonders das Verhalten der Geistlichen bei Mählern zum Totengedächtnis. Die Priester feiern sie gemeinsam in erster Linie als rituelle Trinkmahle. Das Zeremoniell mit seinem Formzwang tritt deutlich in Erscheinung. Tieferes Verständnis fordern vor allem die Händel, die dabei entstehen; denn es ist nicht genug, sie nur auf die sich lösende Zucht bei fortgeschrittener Stimmung zurückzuführen. Sie wären ohne das agonale Tischgespräch nicht zu denken in dieser Regelmäßigkeit und Häufigkeit, wovon hier jedoch nicht gehandelt werden kann. Das Wichtigste für unseren Fragenzusammenhang ist aber, daß Hincmar seinen Priestern die alten unverkennbar heidnische Züge tragenden Formen nicht nur verbietet, sondern ihnen für solche Mahle eine neue Norm setzt. Doch hören wir die Quelle selbst.

Da heißt es: Keiner von den Geistlichen soll sich am Jahrestag, am dreißigsten, siebenten oder dritten Tag, nach dem einer [von ihnen] gestorben ist, oder aus welchem Anlaß auch immer die Priester *ad collectam* zusammenkommen, wagen, sich zu betrinken oder [beim Trunk] die Minne der Heiligen zu wünschen oder auf die [„tote"] Seele selbst zu trinken oder andere zum Trinken zu zwingen oder sich selbst auf den Segenswunsch eines anderen toll und voll trinken. Weder Händeklatschen noch wildes Gelächter, weder das Erzählen noch das Singen eitler Geschichten sei da verstattet und nicht erlaubt die schändlichen Scherze mit einem Bären oder mit Tänzerinnen, noch darf er sich dazu hergeben *(nec consentiat)*, dort Dämonenmasken aufzusetzen, die man in der Volkssprache *talamascae* nennt; denn das ist teuflisch und von den heiligen Kanones verboten. Vielmehr halte er das Mahl fromm und ehrbar und kehre dann rechtzeitig zu seiner Kirche zurück. Besonders sei jeder auf der Hut, sich nicht anders zu vergnügen, als seinem Stande zukomme. Auch soll er nicht seinesgleichen noch irgendeinen anderen zu Zorn, Streit, Hader oder gar zu Kampf und Blutbad mit irgendeinem Wort aufstacheln, anreizen und auch nicht selbst dazu herausgefordert dazu aufspringen; denn bei solchem Betrieb und Trinkgelagen, wie sie die Gottlosen veranstalten, mischt sich stets der Teufel ein. Wenn aber Priester zu irgendeinem Gelage zusammenkämen, so soll der Dekan oder der Älteste von ihnen, mit einem Spruch die Mahlzeit beginnen und die Speise segnen. Dann sollen sie sich der Tischordnung gemäß setzen, einer den anderen ehren, sich wechselseitig Trank und Speise segnen und einer von ihren Klerikern etwas aus der heiligen Lesung vorlesen. Nach der Stärkung [durch das Mahl] sollen sie gleichfalls einen heiligen Preis- und Dankhymnus sagen, *ganz* nach dem Beispiel des Herrn und Erlösers und seiner Apostel, wie wir Matthäus 26 lesen, daß sie es beim Abendmahle gehalten hätten.

Bevor wir nun fragen, wie sich diese neue Norm eingeführt hat, wie die Verbote gefruchtet haben, sei daran erinnert, daß wir in einer angelsächsischen Satzung des 11. Jahrhunderts aus York für die Northumbrischen Priester vergleichbare Bestimmungen treffen. Wenn ein Priester, so sagt c. 41 des Gesetzes, Trunkenheit liebt oder lustiger Spielmann *(gliman)* oder Bierdichter *(ealascop)* wird, büße er das (Liebermann I 382). Und deutsche Pfarrordnungen des 10. Jahrhunderts mögen aus ähnlichen Erwägungen heraus den Besuch von Hochzeiten (sie werden ja bekanntlich, wenn man von der Segnung des jungen Paares danach absieht, bis ins 13. Jahrhundert ohne Kirche oder besser ohne Trauung in der Kirche geschlossen) den Geistlichen überhaupt verboten haben (MGSS IV 395, 14; Regino I *notitia* c. 62).

Die Synodalbestimmungen Hincmars, die in c. 15 Ähnliches wie in dem zitierten c. 14 festsetzen für die Zusammenkünfte der Priester am Monatsanfang, geben in c. 16 außerdem auch den Gilden der Laien *(collectae, quas geldonias vel confratrias vulgo vocant)* Anweisungen. Schon die wenigen Andeutungen der Stelle, soweit sie die rituelle Speisegemeinschaft dieser Gilden betrifft, erlauben den Schluß, daß das feierliche Gildemahl in den den Priestern untersagten Formen stattgefunden haben muß. Diesen Gilden werden nun solche fröhlichen Mahlzeiten *(pastus et comessationes)* völlig verboten. Wenn aber eine Zusammenkunft solcher Gildegenossen trotzdem notwendig ist, z. B. weil einer der Gildebrüder sich mit einem seiner Gefährten verfeindet hat, und man sie daher aussöhnen muß, und diese Versöhnung nicht sein kann, ohne daß sich die ganze Gilde und ihr Priester versammeln, dann sollen sie nach der Messe, nach den nötigen Ermahnungen, wenn sie es wollen, von dem Priester Segensbrote (Eulogien) empfangen, und, wenn sie das Brot brechen, einmal *einzeln* einen Trunk erhalten, aber nicht mehr anzurühren wagen.

Von dieser Weisung Hincmars aus verstehen wir das Gildegelage, das hier abgeschafft und ersetzt werden soll, von einer neuen Seite. Es ist nicht nur feierliches Festmahl wie an den heiligen Tagen des Totengedächtnisses, sondern es ist auch Gerichtsmahl, in dem die Sühne, der Frieden abgetrunken wird. Erst die rituelle Speisegemeinschaft macht die Versöhnung vollkommen. Dieser Anschauung trägt Hincmar insofern Rechnung, als er an die Stelle der nur erschließbaren Versöhnungsspeise und des Versöhnungstranks die Eulogie und einen Trunk setzt. Zugleich aber zerstört er die altertümlichen Gemeinschaftsformen, indem er Übertretungen seines Verbots befürchtet. Die Richtigkeit unsrer Auffassung wird nun nicht nur bestätigt durch ganz ähnliche Rechtssitten im Fehderecht, sondern auch durch Artikel der Gildestatute, die als Strafe für Vergehen gegen den Gildefrieden Bußen mit Bier oder Honig kennen, der zum Metbrauen für das Gelage verwandt wurde. So wird z. B. in dem sehr altertümlichen Statut der Thegna- oder Thanegilde, der Recken- oder Degengilde von Cambridge die Beleidigung eines Genossen durch einen anderen mit einem Maß Honig gebüßt (Thorpe, Diplomatarium Anglicum aevi Sax. London 1865, 612; 11. Jahrhundert). Von solchen Beobachtungen aus bekommen wir eine Ahnung, was Speisegemeinschaft zur Erhaltung, Erneuerung und Bekräftigung des Friedens in einem Rechtskreis wie der Sippe der „Freundschaft" oder in den vielfältigen Brüderschaften, Gilden und Hansen bedeutet hat. Wir möchten die Synodalbestimmungen Hincmars nicht verlassen, ohne noch einen Blick zu tun auf c. 5, das uns lehrt, wie groß das Bedürfnis dieser Vergangenheit nach heiliger Speise war, während bei uns heute auch Menschen, die sich innerlich an eine christliche Kirche gebunden fühlen, sich scheuen, das Abendmahl zu nehmen. Das c. 5, eine der frühesten Erwähnungen des offiziellen Gebrauchs des Weihwassers im Gotteshaus, ordnet die Wasserweihe für jeden Sonntag an, damit die Besucher des Gottesdienstes sich mit dem geweihten Wasser versehen können, um Haus und Feld und Weinberg, Vieh und Viehfutter, aber auch Speise und Trank zu besprengen (alle Zitate Hincmars nach Migne 125, 773—78). Die Berechtigung, diese Quellenaussagen auch für deutsche Verhältnisse des 10. und 11. Jahrhunderts auszuwerten, erhalten wir jedoch dadurch, daß es 906 dem Abt Regino von Prüm notwendig erschien, die besprochenen Kapitel der Reimser Priestersynode in seinem *Liber de synodalibus causis* mitaufzunehmen (I c. 216—18, 214; II c. 441. Dieses c. 441 gibt Hincmars c. 16 teils etwas anders, teils etwas erweitert, wieder, so daß z. B. statt *geldoniae vel confratriae* bloß *consortia* steht). Und ebenso wiederholt die gleichen Kapitel im 11. Jahrhundert Burchard von Worms (Migne 140, 652). Ihre tatsächliche Anwendbarkeit auf deutsche Verhältnisse läßt sich bei dem archaischen c. 14 Hincmars durch das Wort *thalamascae* erweisen. Obwohl es auch im Altfranzösischen vorkommt, kann „an dem germanischen Charakter des Wortes (*thala* zu dahlen) nicht gezweifelt werden" (in: Jos. Hansen, Quellen und Unts. 1901, 662—64; anders F. Kluge Etym. Wörterbuch). Dieses alte *thalamaska* bedeutete sowohl ‚Maske' wie ‚Unhold', der unverständliches Zeug redet (dahlt, dallt). Der Brauch aber, vor und nach dem Minnetrunk Masken aufzusetzen, ist mit anderen Einzelheiten, die Hincmar schildert, im Innviertel bis in unsere Zeit bei der Johannisminne lebendig geblieben.

Indem wir nach der Wirkung solcher Gesetze und Verbote der Kirche forschen, wie wir sie bei Regino, Burchard und Hincmar fanden, betrachten wir nun Zeugnisse des 10. und 11. Jahrhunderts. Schon die immer neue Wiederholung von Bestimmungen wie Hincmars c. 14 macht uns skeptisch. Ein Bericht wie der Alperts von Metz über die Gelage zeigt, wie unausführbar solche Gesetze weithin waren, von dem Maskenbrauch bei der Johannisminne in Oberösterreich ganz zu schweigen. Wenn wir auch unbestreitbare Erfolge der neuen Norm kennenlernen werden, so ist es dennoch charakteristisch, daß wir selbst in den klösterlichen Gebetsverbrüderungen das die Gemeinschaft vollziehende und erneuernde Liebesmahl zwischen den in die Verbrüderungsbücher eingetragenen Brüdern finden. Ist dieses Liebesmahl zwischen der Mönchsgemeinschaft und den *fratres conscripti* der Gebetsverbrüderung, zu der keineswegs nur die Mönche, sondern auch Weltgeistliche und Laien gehören, einerseits im Zusammenhang zu sehen mit der soeben von B. Bischoff dargestellten monastischen *caritas in refectorio*, so muß man es doch andrerseits ebenso zu den Zügen zählen, die K. Beyerle veranlaßten, solche Gebetsverbrüderungen als religiöse Schutzgilden zu bezeichnen.

Ekkehard IV. berichtet in seinen *Casus sancti Galli*, sich im wesentlichen nur auf die mündliche Erzähltradition älterer Brüder stützend, von jährlich zwölf solchen *caritates* für Salomo III. von Konstanz († 919), von drei für Konrad den Heiligen von Konstanz († 975), von drei für den heiligen Udalrich († 973) und läßt Konrad I. mit dem Abt vereinbaren, daß in der Otmarswoche jedes Jahr die Mönche auch an ihn denkend tafeln sollen (*etiam in memoriam mei debeant convivari* c. 16, 7, 59, 113). Ja, es kommt sogar vor, daß aus der Speisegemeinschaft, aus dem Anspruch des abwesenden *frater conscriptus* auf seine Tischportion, die Pflicht eines Klosters hergeleitet wird, sein Gedächtnis nach seinem Tode zu feiern (K. Beyerle, 295 ohne Beleg). Vor allem aber sind alle Bemühungen, das Minnetrinken abzuschaffen oder zu ersetzen, auf die Dauer gescheitert. Vom 12. Jahrhundert an begann die deutsche Kirche infolgedessen, die Johannesminne offiziell zu rezipieren und die *benedictio vini sancti Johannis Evangelistae* hat sich bis in unsere Zeit in einer ganzen Reihe von Diözesen gehalten, dabei nicht nur zum 26. XII. verwendet, sondern auch bei der kirchlichen Trauung.

Da das rituelle Trinken, das man dem altdeutschen Gebrauch entsprechend ‚Minne' nennt, zu den erforschten Erscheinungen unseres Themas gehört, betrachten wir nur einen Beleg. Der edelfreie Mönch Arnold von Sankt Emmeram zeichnet uns um 1030 in einer Wundergeschichte folgendes kulturhistorisches Miniaturbildchen: Otto der Große wird mit seinem fürstlichen Gefolge vom Abt des Klosters für eine Güterschenkung zu einem *convivium* geladen. Als die Serie der Gänge fast zu Ende ist, sagt der Kaiser freundlich in seiner niederdeutschen Mundart *(saxonizans)*: „Wes Trank ich trink, des Lied ich sing. Wir haben von dem Gut des heiligen Emmeram gegessen und getrunken. Daher will es mir billig erscheinen, daß wir das Gelage mit der Minne *(caritas)* des Heiligen beschließen." Darauf gießen die Schenken auf den Wink des Kaisers den einzelnen [Gästen] die Minne des Märtyrers ein. Zu seiner Verehrung geben sich alle gegenseitig Küsse und trinken sich einander den Minnebecher zu. Diesen Becher verschmäht jedoch einer von ihnen übermütig mit den Worten: „Emmeram hat in meinem Bauch keinen Platz. Der ist besetzt von Speise und Trank." Und sogleich erhält er aus der Wand, an die er sich lehnt, einen solchen Faustschlag, daß er aus seinem Sitz kopfüber hinstürzt. Alle anderen aber packt Furcht und Entsetzen und der fromme Kaiser eilt mit seinen Bischöfen und Fürsten in die Kirche, wo man die Glocken läutet [zur Lösung des Zauberbannes], um Gott und dem Märtyrer für seine Strafe zu danken (MGSS IV 552).

Diese Geschichte, die sich der Gattung entsprechend auf einen Augenzeugen beruft, darf wohl als Argument verwendet werden dafür, daß auch der Minnetrunk zur leiblichen Vereinigung hier mit dem Heiligen getrunken wurde, um so seines schützenden Segens, seines Heiles teilhaftig zu werden (vgl. Migne 135, 1061 D). Wie weit hier Ursprüngliches der vorchristlichen Minne erhalten ist in diesem Heiligentrank (Götteressen) oder Abendmahlsgedanken dominieren, die das Jesuswort Johannes 6, 53 besonders plastisch formuliert: „Werdet ihr nicht essen das Fleisch des Menschensohnes und trinken sein Blut, so habt ihr kein Leben in euch", bedarf besonderer Untersuchung.

Schärfer aber noch als bei dem flüssigen Dankopfer für Sankt Emmeram und in dem Ritual der Minne, wie wir es bei Hincmar fanden, erscheint die Verbindung der Speisegemeinschaft durch Kuß und Trunk in dem Bericht Ekkehards IV. von dem Becher der *sancta caritas*, den der Bischof Konrad der Heilige von Konstanz trinkt bei einem der Mähler *(caritates)*, die er dreimal im Jahr als Erneuerung und sinnfälliges Zeichen seiner Zugehörigkeit zur brüderlichen Gebetsgemeinschaft der Mönche *(pro memoria ipsorum et mea)* veranstaltet. Er tritt dazu mit seinem Glas, das reiner Trank füllt, in die Mitte des Refectoriums, bittet zunächst den Abt, dann die übrigen Brüder mit ihm in heiliger Liebe zu trinken, darauf küßt er den Abt und schließlich die an den einzelnen Tischen, die oben sitzen, und schickt so durch sie allen seine Küsse *(omnibus per eos oscula misit*, c. 113*)*. Diese Liebesmähler werden jedoch nicht nur in der Gemeinschaft der Lebendigen gehalten, sondern auch zur Erinnerung an die Toten.

Karl III. hatte aus der Stiftung des Königshofes Erchingen im Thurgau in der Reichenau nicht nur seinen Krönungstag jährlich durch Messe und Mahl feiern lassen, sondern auch zum Gedächtnis seines Todestages sollten die Mönche ein vollständiges *servitium* halten und dann zu seiner Minne *(pro illius amore)* sich durch ein volles Liebesmahl im Refectorium erfreuen *(plena caritate in refectorio hilares et gaudentes efficerentur)*.

Wie sich bei diesen feierlichen Festmahlen bereits im frühen Mittelalter kirchlicher Brauch mit der Volkssitte vereint, lehrt ein Beispiel wie der Preisgesang auf Columban, den uns seine *Vita* (I, 30) im 7. Jahrhundert als *versus in eius festivitate ad mensam canendi* überliefert. Der Ursprung der Sitte aber deutet sich vielleicht am besten in dem folgenden Beispiel an, wo uns die *Vita* des Bischofs Wilfrid von York († 710) erzählt (c. 64), daß sein Nachfolger in seinem Kloster Tatberchtus nicht nur täglich für ihn eine Seelmesse hätte zelebrieren lassen, sondern auch neben anderen Wohltaten für den Abgeschiedenen jeden Donnerstag (dies war der Todestag Wilfrids) mit den Speisen des Sonntags geehrt hätte *(omni ebdomada quintam feriam, in qua obiit, quasi dominicam in epulis venerare . . constituit)*.

Den Brauch an bestimmten Festen im 10. und 11. Jahrhundert bezeugt uns nicht nur das *conviviari* in der Otmarswoche in Sankt Gallen, sondern z. B. auch Thietmar von Merseburg für Maria Himmelfahrt (15. August), wenn er von Heinrich II. (VI, 19) erzählt, wie er 1005 *post missam et caritatem expletam* über die Elbe aufgebrochen sei. Noch interessanter ist sein Bericht (VI, 96) von dem *convivium* an Sankt Cyriakus (16. März), da dies in die Fastenzeit fällt.

Das zweitägige Mahl, mit dem Thietmars Aufnahme in die Brüderschaft des heiligen Mauritius in Magdeburg gefeiert wurde, wird am Festtag des heiligen Andreas (30. November) begonnen (IV, 16; vgl. die *caritas* zum 24. Juni VI, 68).

Es liegt in der Natur unsrer Quellen, da der Schriftgebrauch sich noch fast ausschließlich auf den Stand der Geistlichen beschränkt, daß wir am meisten von dem kirchlichen Leben erfahren. Wir können zwar daraus, wie sehr sich der kirchliche Brauch der Volkssitte fügen muß, schließen auf die Stärke dieser Sitten und der seelischen Bedürfnisse, durch die sie existieren, aber nie ersetzen solche Schlüsse die unmittelbaren konkreten Quellenaussagen. Auch solche gibt es, sobald einmal die sonst unschriftliche Welt der Laien durch besonders günstige Umstände in einem Schriftdenkmal gespiegelt wird. Ein solches ganz besonders interessantes Denkmal ist die Ruodliebdichtung. Wie ich an anderer Stelle zu zeigen versuchte, dürfte sie dem geistigen Umkreis Heinrichs III. († 1056) zugehören und im Auftrag des Grafen Thietmar II. von Formbach von einem seiner Kapläne gedichtet sein. Diese Zuweisung behauptet also, daß die Dichtung in dem gleichen Landschaftsraum um Passau entstanden ist wie das Nibelungenlied. Eine solche Ortsbestimmung ist nicht unwichtig für die Sitten, die wir treffen, so wenig das Werk die Entstehung für eines der ersten Dynastengeschlechter des Reiches verleugnet.

Wie altertümlich Sitte und Brauch sind, die uns die Dichtung überliefert, mag nur der Hinweis auf die Szene aus dem Ritual der Eheschließung am Ahnenstein *(pyramis)* andeuten, oder ein Blick auf das Tanzspiel, in dem der Neffe des Helden einen Falken, seine Braut eine Schwalbe darstellt. Dennoch, um sich des Archaismus dieser Kultur wirklich ganz bewußt zu sein, ist es gut, an einen bisher kaum beachteten kleinen Zug zu erinnern. Die Schenkelbinden (Bandgamaschen), die diese edelgeborenen Helden tragen, sind reich mit Glöckchen behängt *(ligaturae, a quibus et multe dependent undique bulle* XIII=X, 122). Dies ist keine Angelegenheit der Mode, sondern ein Schutzzauber gegen Dämonen und böse Geister (P. Sartori, Buch von d. dt. Glocken 1932, 32—34), der uns zugleich den Hunger dieser Zeit nach heiliger, gesegneter, schützender Speise verständlicher macht.

Besonders rätselhaft war dem letzten Herausgeber der Dichtung folgende Szene. Ruodlieb, der edelfreie Recke, kehrt auf seinem Heimweg bei einem Bauern zur Nacht ein. Vor dem Gastmahl werden zunächst die Armen des Dorfes gespeist. Sie erhalten Fleisch und Brot, das der Hausherr selbst verteilt, worauf sie heimkehren. Der Wirt aber sagt zu dem Recken (VII 5 *f*): „Wenn mir Christus einen Gast schickt, dann ist für mich Ostern, und ich feiere es mit den Meinen so wie heute abend, wo wir uns freuen, daß du unser Gast bist. Was mir von dir zukommt, das ist für mich, wie wenn Gott es schickte.“ Nun läßt er dem Gast vom Braten ein schönes Rückenstück und etwas von der Keule reichen. Der Recke aber schneidet das Bratenstück in kleine Bissen und verteilt sie als Heilsgabe *(pro sacramento)* an alle Leute des Hofes (VII, 10). Darauf beginnt die Bewirtung. Am Ende des Mahles aber folgt ein der Emmeramsminne vergleichbarer feierlicher Schlußtrunk. Zu ihm wird eine kostbare Schale aus Maserholz verwendet (wir kennen solche vom Mittelalter besonders hochgeschätzten Stücke z. B. aus einem alten französischen Inventar des Kronschatzes Ludwigs des Heiligen). In sie sind vier Flüsse eingegraben und im Grunde die Rechte Gottes. Die Schale schenkte einst ein hoher Gast, als er dort nächtigte, dem Hausherrn. Noch nie hat der Wirt aus ihr getrunken, wenn sie ihm nicht der Gast bot, den man mit ihr ehrt. Allein zu solchem Dienst wird sie verwandt. Man bringt sie weingefüllt dem Recken. Er trinkt aus ihr, schickt sie dem Wirt, der sie jedoch erst der Herrin des Hauses gibt und dann selbst leert.

Bereits F. Seiler sah, daß wir hier eine Nachahmung der Abendmahlsfeier vor uns haben, meinte aber, Sitte ist dieser seltsame Gebrauch keinesfalls gewesen. Jedoch läßt sich gerade dies ohne weiteres erweisen. Zunächst sei nur bemerkt, daß der Dichter bei seiner Technik, mit Kontrasten zu arbeiten, diese Szene gegenüber dem folgenden Verführungsauftritt wohl besonders fromm hat darstellen wollen. Dennoch hat er hier wie sonst in der ganzen Dichtung, den Schlußteil ausgenommen, seine durchaus realistische Erzählungsweise nicht verlassen. Dies lehrt ein Vergleich mit dem Bericht von dem Osterfest, wie es jahraus jahrein von dem Bischof Udalrich von Augsburg († 973) gefeiert wurde.

Im Sinne der Zeit, die sich jeder heiligen Geschichte und Handlung durch festliche, segenverheißende Wiederholung versichert, finden wir bei Udalrich nicht nur ein Festmahl am Ostersonntag wie in Hincmars c. 14 Matthäus 26 nachgestaltet, sondern z. B. auch am Palmsonntag die Darstellung des Einzugs Christi in Jerusalem, zu der sich die Bevölkerung Augsburgs und der umliegenden Orte in zwei große Gruppen teilt. Die eine zieht mit dem Bild eines auf dem Palmesel sitzenden Christus und ihrem Bischof zum Perleichberg. Die andere geht ihr nun entgegen, um das seine Kleider auf den Weg breitende und zweigestreuende Volk nachzuahmen *(ad imitandum humilitatem puerorum caeterorumque populorum ramis palmarum et vestimentis suis viam Domini sternentium* MGSS IV 391 *f.*).

Bei dem Ostermahl vertritt dagegen der Bischof die Stelle Christi selbst. Am Beginn steht der Tischsegen. Dann verteilt er persönlich an alle das Osterlamm und Schinkenstückchen. Beides ist während der Festmesse geweiht. Nach dieser Weihespeise folgt die eigentliche Mahlzeit, zu der auch Spielleute erscheinen und aufspielen. Die Gesellschaft, an drei Tische verteilt, trinkt dann tischweise gemeinsam eine Minne (*caritas*), die man *caritative*, also vermutlich mit Kuß und Umarmung, feiert. Zu dieser *caritas* singt der Tisch ein *responsorium* von der Auferstehung des Herrn. Mag diese Schilderung auch in Einzelheiten ein anderes Bild zeichnen, die Parallelität des Ganzen zu dem Bericht des Ruodliebdichters ist nicht zu leugnen. Zugleich zeigt sie uns, wie weit die Kirche den Wünschen des Kirchenvolkes nach Benediktionen entsprach.

Es ist bezeichnend für die ältesten Segensformeln der Kirche, die uns erhalten sind, daß sie das Osterlamm unzerteilt, als ganzes Schlachttier weihen. Auch hier dürften Vorstellungen aus dem Gedankenkreis des Ritus vom Götteressen lebendig sein, die sich im Volksbrauch, z. B. in der Jachenau, bis ins 19. Jahrhundert andeuten. Ein Jahrhundert vor Udalrich hatten sich Männer wie der bekannte Abt der Reichenau Walahfried gegen die Sonderbenediktion von Lammfleisch im Gotteshaus gesträubt und literarisch entschieden dagegen angekämpft (MGLL II 2 491/92). Aber vergeblich. Das Ostergesegnete, bei dem sich zu dem Schinken (die *Vita Udalrici* erwähnt ihn besonders früh) auch Brot, Eier und Käse hinzugesellten, hat sich in nicht wenigen Landschaften bis heute erhalten. Wie Rosegger beschreibt, geht zur Fleischweihe in der Steiermark im Unterland der Priester am Ostersamstag in die einzelnen Häuser. In Bayern und Schwaben wird die Osterspeise dadurch gesegnet, daß man sie während der Ostermesse möglichst nah an den Altar stellt.

Für uns merkwürdig und unkirchlich erscheinend ist es, daß der Recke im Ruodlieb durch sein Auftreten als Gast eine Segensfunktion ausübt. Aber auch das ist nicht nur von Vorstellungen aus, die in der Überlieferung der Volkswelt (Grimm, Märchen Nr. 82) lebendig sind, sondern durch andere, die aus der kirchlichen Erziehung stammen, erklärbar. Das c. 53 der Regel Benedikts (6. Jahrhundert) weist unter Berufung auf Matthäus 25, 35 die Mönche an, alle vorbeikommenden Gäste im Kloster wie Christus aufzunehmen (*hospites tamquam Christus suscipiantur . . . Christus in eis adoretur qui et suscipitur*). Wie diese Weisung keineswegs nur in den Klöstern ganz wörtlich befolgt wurde, mag die synodale Prüfungsfrage Udalrichs von Augsburg über den Lebenswandel seiner Priester beleuchten, mit der der Bischof sich erkundigt, „mit welchem Eifer sie in ihren Gästen Christus dienten“ (MGSS IV 395).

So hoch wir nun auch den Willen jener Ordnung einschätzen, ihre Glieder so zu erziehen, daß sie in jedem anderen Menschen, auch dem Fremden, das Ebenbild Gottes ehren, jene Gleichsetzung von Gast und Gott, wie sie aus der Speisesegnung und der gleichsam sakralen Speisegemeinschaft in dieser Ruodliebszene spricht, vermögen wir nicht nachzuvollziehen. Sie war gewiß auch nicht mehr im Sinne der Benediktinerregel von dem Augenblick an, wo in dem Gast nicht nur Gott verehrt wurde, sondern man auch im Gast Gott Segen spenden sah. Dennoch läßt eine solche Überlegung an der Wahrheit und Echtheit des Bildes, das der Dichter gemalt hat, keinen Zweifel zu. Welche Bedeutung aber das als Gastkommen hat, wird fast noch deutlicher an dem Auftritt, wo der rothaarige Reisegefährte Ruodliebs brutal und listig Einkehr erzwingt und trotzdem von seinem Wirt willkommen geheißen wird mit den Worten, die die Sitte fordert: „Sein soll sein, was uns gehört“ (VII, 91). Und Thietmar von Merseburg berichtet (VI, 23) von der Flucht des böhmischen Boleslaus folgendes: Der einzige Weg, der ihm noch offensteht, ist der zu dem Markgrafen Heinrich. Als Boleslaus zu ihm kommt, nimmt ihn jedoch der Markgraf wegen manchem Unrecht, das der Böhme ihm angetan hat, gefangen. Bald aber wird Boleslaus wieder frei gelassen, weil er als Gast gekommen war (dimissus, quia hospes eo advenerat; vgl. VII 56).

Aber noch weit mehr sagt die Ruodliebdichtung über rituelle Speisegemeinschaft im 11. Jahrhundert aus. In dem Teil der Dichtung, den man besonders für die Erzählgattung des Märchens in Anspruch genommen hat, schenkt der König dem Recken bei seinem Abschied zum Lohn für seinen Dienst Weisheitslehren und zwei Brote. Oder genauer: vier silberne Schalen, die paarweise zusammengefügt und mit einem Goldschatz angefüllt sind. Diese silbernen Doppelschalen sind nicht nur brotgleich geformt, sondern auch so mit Speltmehl überzogen, daß sie der Recke, der sie bekommt, für echte Brote halten muß.

Anderwärts habe ich bereits gezeigt, welche Beziehungen zwischen diesem Ruodliebschatz und dem sogenannten Goldschmuck der Kaiserin Gisela bestehen. Aber nicht nur dadurch wird die Handlung der historischen Wirklichkeit nahegerückt, auch diese Brotschenkung muß der Sitte der Zeit entsprochen haben, ohne daß man deswegen den Einfluß des Erzählschemas leugnen müßte. Nicht zuletzt die Beobachtung, daß der Recke selbst von diesem für uns so seltsamen Abschiedsgeschenk gar nicht überrascht ist, läßt sich dafür ins Feld führen, daß diese Abschiedsgabe Brauch, ja daß sie ein Recht dessen ist, der aus einem alten Dienstverhältnis scheidet, ein neues eingeht. Wir dürften nämlich in diesem Stück des Ruodlieb wohl das älteste Zeugnis sehen für die bairische und schwäbische Sitte des 'Schlenkellaibs' (das bedeutet soviel wie Abschiedsbrot), der dem westfälischen 'Jammerknost', dem 'Steffelslab' im Westerwald entspricht, aber ebenso in Baden noch Brauch ist, und dem das 'Heimweh-' oder 'Gewöhnungsbrot' vergleichbar ist.

Den Schlenkellaib erhält das Gesinde beim Ausscheiden aus der Hausgemeinschaft, das Heimwehbrot oder Gewöhnungsbrot ein Kind, das die Familie verläßt. Und selbst wenn ein Stück Vieh verkauft wird, gibt sein alter Besitzer (aus Baden, Franken, der Oberpfalz und Westfalen stammen die Belege) dem Tier Brot mit. Wie das Heimwehbrot vor allem Unheil und besonders vor Heimweh schützen soll, so geht in dem Schlenkellaib ein Stück von dem Segen der Hausgemeinschaft, an dem das Gesinde bisher teilgehabt hat, mit, hilft ihm den Abschied, die Reise, den Neuanfang überstehen. Jahrelang werden solche 'Jammerknoste' aufgehoben.

Nicht anders im Ruodlieb, nur daß hier, was wir bloß noch als Volksbrauch kennen, auch in adliger Sitte lebendig ist. Der Recke hat bis dahin zum Ingesinde, zur *clientela* seines Königs gehört und erhält nun unmittelbar vor dem Lebewohl die beiden Laibe, die in zwei Taschen stecken (auch das fordert der Brauch), mit folgenden Worten des Königs (V, 548 f.): „Mein lieber Freund, diese beiden Brote brich erst an, wenn du zu deiner Mutter kommst, die dir so lieb ist. Vor ihren Augen schneide das kleinere von beiden an, den zweiten Laib aber erst, wenn du mit deiner Braut beim Hochzeitsmahle sitzst. Dann aber gib deinen lieben Freunden auch davon, soviel du willst, damit sie sehen, was wir für Brot backen.“ Ja, sogar das Geld ins Brot stecken (bei dem einen Ruodlieblaib sind es goldene Byzantiner), ist nicht ohne Beispiel aus der Sitte. So ließ in der Lüneburger Heide bei den Hochzeiten die Braut der Ärmsten im Dorf ein Brot überbringen, in das sie einen Taler gesteckt hatte.

Bei den verschiedenen Mählern, die die Dichtung schildert, wird wiederholt betont (VII, 1; XI = XIII, 15; vgl. auch die Verse VI, 90 f., die einen Exkurs über das Brotbacken abschließen), daß der Hausherr bei Beginn des Mahles selbst das Brot schneidet und an alle verteilt. Diese Handlung dürfte der Verteilung der Fleischstücke durch den Gast, in dem Christus selbst gegenwärtig ist, gleichzustellen sein. Wir treffen ganz ähnlichen Brauch im frühen 9. Jahrhundert, z. B. in den Klöstern Fulda (Beschwerde der Mönche von 812 über ihren Abt bei Karl dem Großen c. 4 MGEE II 549) und Reichenau, wo das Brot vor dem Beginn der Mahlzeit von zwei Priestern vor dem Platz des Abts gebrochen wird, die es dann dem Abt und den Brüdern als Eulogie reichen (B. Albers Consuetudines monasticae III, 107f.). In den Klöstern der Hirsauer Bewegung wird dagegen die Sitte charakteristischerweise schon früh zurückgedrängt (über die Eulogie im Refectorium zuletzt P. Browe, die Pflichtkommunikation 1940, 193 f.). Interessant bleibt bei den Ruodliebbelegen, daß weder bei dem Weihetrunk noch bei den Fleisch- und Brotverteilungen vor der Mahlzeit eine Weihung etwa durch ein Kreuzeszeichen erwähnt wird. Sieht man von dem besonderen Segen des Gastmahles ab, so liegt auf der Handlung des Austeilens als solcher, auf dem Essen aller von einem Laib Brot, einem Stück Fleisch der sinngebende Akzent.

Auch sonst wird die Tischgemeinschaft betont. Der Hausherr auf dem Hochsitz schickt ihr die Gänge und zwei Tischgenossen teilen sich jeweils in ein Brot, in einen Becher, in eine Schüssel (XIII = X, 65; XI = XIII 19 f.). Wird man bei der Speiseverteilung die Vorbildlichkeit von Matthäus 26 immer miterwägen müssen, die rituelle Gemeinsamkeit von Brot, Becher und Schüssel ist sicher ursprüngliche Sitte. Wir kennen sie im Volksbrauch freilich nur noch bei Festen. So besonders im Hochzeitsbrauchtum. Nicht nur aus Franken gibt es Belege dafür, daß Braut und Bräutigam beim Festmahl aus einem Teller essen und aus einem Glase trinken, wobei der Gedanke an Friede und Eintracht in der Ehegemeinschaft besonders betont wird. Auch im höfischen französischen Roman begegnet uns Vergleichbares (Chrestiens Perceval ed. A. Hilka, 1544f.).

Die Reihe der Ruodliebbelege sei mit einem weiteren für uns besonders merkwürdigen beschlossen. Bei der Heimkehr des Recken nach jahrelanger Abwesenheit schickt ihm seine Mutter drei seiner Leute weit entgegen, und gleich an dem Platz, wo sie den Helden treffen, wechselt der zurückkehrende Herr mit ihnen einen Trunk (X = XII, 59 leider sehr stark verstümmelt in der fragmentarischen Überlieferung). So sehr wurde die Hausgemeinschaft als Speisegemeinschaft empfunden.

So bedeutsam aber die Rolle der Minnebecher, der Weihebissen, des Segenstrunkes ist, so oft wir immer neuen Formen des Speise„sakraments“ begegnen neben dem einen Meßopfer, dem einen Abendmahl, soviel gemeinsam gegessen und getrunken wird, um sich der wechselseitigen Gemeinschaft gewiß zu sein, um die Gilde, die Hanse, die Bruderschaft, den Bund zu den verschiedensten Festen gewissermaßen zu erneuern, wir treffen das Miteinander-Essen-und-Trinken sogar auch als unerläßliche Form, um eine bestimmte Rechtswirkung zu erzielen (anders J. Grimm, RA I 263 f.).

Bereits bei den Gilden stießen wir auf die Sitte der Gildebrüder, einander nicht nur durch bestimmte Bußen, sondern auch mit einem gemeinsamen Trinkmahl auszusöhnen. Solche Formen wiederholen sich nun im Fehderecht. Erst in dem letzten Jahrzehnt haben wir das Wesen der Fehde als eines der normalen strafrechtlichen Verfahren vor allem durch die Forschungen Otto Brunners tiefer verstehen gelernt. Hier interessieren nur Quellenaussagen zum Rechtsbrauch der Fehde im Rahmen unseres Themas. Es wird aktuell bei der Sühne. Im allgemeinen ist unser Wissen über die feierlichen Formen, mit denen nach hartem und meist langem Kampf der Friede wiederhergestellt wird, soviel ich sehe, nicht sehr umfänglich. Näher lernen wir sie kennen in dem klassischen Beleg des Spätmittelalters, den uns das Landbuch von Davos mit der Bestimmung bietet: Aber wenn einer den anderen in einer 'Trostung' wieder grüßt (das heißt in dem Waffenstillstand nach der Fehde, der den Frieden einleitet) und ihm Gutes tut, mit Gruß und Guttat allein ist der 'Trostung' nicht Genüge getan, solange bis daß 'sy ganz mit einanderen gericht sind und mit einandern essen und trinkhen' (Zitat nach E. Osenbrüggen, Studien 1868, 387).

Ähnlicher Rechtsbrauch ist im friesischen Rechtsgebiet üblich, das uns ja auch sehr altertümliche Formeln für die Sühne und den Friedenseid überliefert. Wir wissen dabei durch Alpert von Metz und Thietmar von Merseburg von einer der großen wechselvollen Fehden zu Beginn des 11. Jahrhunderts im friesisch-niederrheinischen Raum mehr als gewöhnlich. Es ist nun außerordentlich charakteristisch, wie sich die angedeutete Rechtsvorstellung in dem Bericht Thietmars von Merseburg (VII, 47) spiegelt, und zwar gerade deswegen spiegelt, weil diese Norm gebrochen und aufs niederträchtigste verletzt worden ist. Die Gegner, ein besitzmächtiger Graf Balderich im Drenthegau, und der Billunger Graf Wichmann III., hatten sich Ende 1015 oder Anfang 1016 jeder selbzwölft eidlich Frieden und Freundschaft gelobt (Alpert MGSS IV, 715. Die Stellung des Mahles ist bei Alpert nicht so betont wie in der Erzählung Thietmars, der wir im wesentlichen folgen). In dem Streben aber, die Zwietracht, die so lange gewütet hatte, in dem Friedensbund ganz zu beseitigen *(pacis federe sedare)*, ruft Wichmann durch eine freundschaftliche Einladung Balderich in sein Haus und söhnt ihn mit Gelage und Geschenk völlig aus *(convivio munere accepto placat)*. Auch Balderich lädt darauf Wichmann zur Befestigung des begonnenen Freundschaftsbundes ein *(ad confirmandum inceptae dilectionis vinculum)*. Wenigstens dem Scheine nach, bemerkt der Berichterstatter, in Wirklichkeit aber hatte ihm der Teufel durch sein Weib eingeflüstert, daß ihm Wichmann, den er niemals hatte fangen können, so durch List in seine Netze gehen würde. Nach einem geplanten oder versuchten, jedenfalls gescheiterten Mordversuch mit einem Gifttrank, wird Wichmann, nachdem er „wohlbeschenkt und mit herzlichem Lebewohl" aufgebrochen war, überfallen und tückisch von einem Knecht getötet, ohne daß Balderich ihn, so betont Thietmar das düstre Drama schließend, irgendwie gerächt hätte *(Baldrico hoc nullatenus ulciscente)*.

Wir beenden unseren Umblick auf die Formen ritueller Speisegemeinschaft im 10. und 11. Jahrhundert in Deutschland mit der Betrachtung der feierlichsten und größten Mahlgemeinschaft außerhalb der Kirche, mit der Betrachtung des Krönungsmahles unserer deutschen Könige. Es wird uns ganz natürlich erscheinen, daß man einen solchen Tag mit einem Festmahl auszeichnet. Aber diese Vorstellung allein reicht nicht aus, um die Feierlichkeit des Mahles am Krönungstag zu verstehen. Da sind zunächst Gedanken noch lebendig, die der Titel 48 der *lex Salica* über die Erbvergabung bei Adoption *(de affatomiae)* so formuliert hatte, daß der, der ein Grundstück erwirbt, beziehungsweise sein Mittelsmann (Salmann), der für ihn den Besitz antritt, in seinem neuerworbenen Haus verweilen soll und mindestens drei Gäste aufzunehmen und an seinem Tisch mit Brei zu bewirten habe, die ihm dafür ihren Dank aussprechen sollen in einer Form, die den Zeugniswert der Handlung unterstreicht. In einem solchen Sinne ist das Krönungsmahl Bewirtung, und zwar symbolische Bewirtung des ganzen Volkes durch den neuen Inhaber der Herrschaft und nunmehr ersten Angehörigen des Königs*hauses*. Aber mehr.

Alles, was wir über diesen Teil des Krönungszeremoniells wissen, gründet sich in erster Linie auf die schlichten Worte Widukinds von Korvey II, 2, mit denen er die Krönung von 936 schildert: Nachdem man Gott gepriesen und die Krönungsmesse feierlich zelebriert hatte, begab sich der König in die Pfalz herab, trat an die Marmortafel, die mit königlichem Aufwand geschmückt war, und nahm seinen Platz ein wie mit ihm die Bischöfe und das ganze 'Volk'; die Herzoge aber leisteten Ehrendienst . . . Danach ehrte der Herrscher einen jeden der Fürsten in königlicher Freigebigkeit mit den ihm gebührenden Geschenken und entließ die Menge mit aller heiteren Leutseligkeit.

Besonders der Dienst der Herzoge macht das Mahl zu einem Rechtsakt. In diesem Mahl, so hat es Percy Ernst Schramm feinsinnig formuliert, wird das *regnum Theutonicorum* unter dem Bilde der *curia regis* dargestellt und bewiesen, daß seine Fürsten die Folgerungen aus den am Morgen übernommenen Verpflichtungen zu ziehen gewillt sind. Der König umgekehrt bindet sich an diesen Vertrag sinnenfällig durch seine Geschenke.

Und schließlich ein Letztes. Schon immer haben Forscher von Rang das Krönungsmahl in Zusammenhang gesehen mit dem Erbmahl, dem Erbbier der nordgermanischen Quellen (die klassischen Belege bei Snorri Sturluson Thule 14, 64 f. u. 237 f.). Es wird von dem Erben für seinen Vater oder eben für den gehalten, dessen Erbe er antritt. Seine rechtliche Bedeutung tritt klar hervor am Ende des Mahles nach dem Trunk des Gelübdebechers durch den Erben in dem Augenblick seiner Stuhlsetzung auf den bis dahin leer gebliebenen, noch von dem Toten besetzt gedachten Hochsitz in der Halle. Diese Thronsetzung als Rechtsakt ist nun 936 vom Krönungsmahl getrennt, so gewichtig sie schon dadurch ist, daß sie zweimal stattfindet und gewissermaßen die Weihehandlung umrahmt.

Wie weit ist nun das Krönungsmahl unserer Könige im 10. Jahrhundert trotzdem Erbmahl, feierlichstes Totenmahl geblieben wie in der Tradition des Nordens? Die Frage war bisher eigentlich unlösbar, da die Zeugnisse zu fehlen schienen. Aber vielleicht gibt es sie dennoch. Zwar nicht in einer Quellenaussage, aber in Denkmälern der Handlung selbst. Wenn ich mich nicht täusche, meine ich, von der literarischen Gattung aus, der die siebenstrophige Dichtung zugehört, wahrscheinlich machen zu können, daß der sogenannte *Modus Ottinc*, schon immer eines der merkwürdigsten Zeugnisse unserer mittelalterlichen Literaturgeschichte, ein rechtsförmliches Erblied ist, das von Heinrich II. zum Gedächtnis Ottos III. für sein Krönungsmahl in Auftrag gegeben worden sein muß. Trifft diese These zu, so ist das Krönungsmahl in der Vorstellung der Zeit, wie schon Eugen Rosenstock es verstanden wissen wollte, seinem ursprünglichen Wesen nach nicht ausschließlich Feier des Regierungsantritts als vielmehr gleichzeitig Abschluß der Regierung des bisherigen Herrschers.

*Schrifttum.*

Die obige Untersuchung wurde entscheidend gefördert durch die beiden Artikel 'Bewirten' und 'Gelage' in der Rechtsarchäologie von K. v. Amira und Cl. Frhr. v. Schwerin T. 1 1943 mit ihren reichen literarischen Nachweisen. Die dort genannte Literatur wird trotz Benutzung hier nicht noch einmal angeführt. Die volkskundlichen Belege und Spezialliteratur bietet das Handwörterbuch des dt. Aberglaubens, hrsg. v. H. Bächtold-Stäubli, u. P. Sartorius, Sitte u. Brauch, 3 Bände 1910—14. Für die einschlägigen theologischen Fragen wurde benutzt das Lexikon f. Theologie und Kirche von M. Buchberger, A. Haucks Kirchengeschichte Deutschlands Bd. II, 1920, A. Franz, Die kirchlichen Benediktionen im MA 1, 1909. An neueren Spezialuntersuchungen, denen diese Skizze verpflichtet ist, wäre besonders zu nennen: K. Beyerles Darstellung der Gebetsverbrüderung der Reichenau in: Die Kultur der Abtei Reichenau 1925 I, 291 f.), B. Bischoffs Caritaslieder, Liber Floridus, Mittellateinische Studien für P. Lehmann 1950, C. Erdmanns Burgenordnung Heinrichs I. DA. 6, 1943, H. Joachims Historische Arbeiten aus seinem Nachlaß 1936, F. Panzers Ruodlieb und Nibelungenlied, Festschrift f. Herm. Schneider 1948, H. Planitz' Arbeiten zur Kaufmannsgilde und Frühgeschichte d. dt. Stadt. ZSRG GA 1940, 43, 44. Dazu E. Reuterskiöld, Die Entstehung der Speisesakramente 1912, u. G. Schreiber Gemeinschaften des MAs 1948 bes. 229 f. Zur Bedeutung von ‚Minne' die Diss. von Horst Kusch ‚Pax und Caritas im Ahd.', Leipzig 1947, bisher ungedruckt (bei Th. Frings). Sie wurde mir freundlicherweise von W. Stach zugänglich gemacht.

Bei den Quellen sind die Ausgaben der Monumenta als bekannt vorausgesetzt. Der arabische Berichterstatter ist zitiert nach G. Jacobs Übersetzung, die Statuten der *caritas* von Valenciennes, nach dem Druck von M. H. Caffiaux in den Mémoires de la Société Nationale des Antiquaires des France, T. 38, 1877.

Den teilweise über die bisherigen Forschungsanschauungen hinausführenden Meinungen gehen folgende Untersuchungen des Verfassers voraus:

Heinrich III. und der Ruodlieb PBB 70, 1948, Laienadel und Schriftkultur, bisher ungedruckt.

Bemerkungen zum Modus Ottinc (maschinenschriftliche Habilitationsschrift bei meinen hochverehrten Lehrern Hermann Heimpel und Walter Stach). Schließlich sei verwiesen auf meine Prosaübersetzung des Ruodlieb (unter dem Titel ‚Von edler Rache' in Vorbereitung).

Eine Reihe von Fragen bedürfen weiterer Untersuchung wie z. B. das nuptiale convivium (MGSS X 576) oder das Verbot für Priester nec cum eis (sc. excommunicatis) in oratione aut cibo vel potu aut osculo communicet, nec ave eis dicat (Decretales Pseudoisidorianae ed. P. Hinschius 138). — Die obige Auffassung des Krönungsmahles erscheint zweifelhaft F. Rörig, Geblütsrecht u. freie Wahl, Abh. d. dt. Akad. Jahrgang 1945/46, Nr. 6, 51.

*(Prof. Dr. Karl Hauck, Erlangen, Rathsbergerstr. 24.)*

## Dichtungswissenschaft und Soziologie.

Von

HUGO KUHN.

1. Die Dichtung, die Kunst der Sprache, schließt zu ihrer überzeitlichen, ihrer geistigen und ästhetischen Wirklichkeit immer auch eine Schicht historischer Wirklichkeit ein, ja sogar auch eine naturhaft biologische Schicht. Alle drei sind gegeben im Material der Dichtung, in der Sprache mit ihrer Bindung an den Menschen als Subjekt und Objekt. Alle drei Bereiche sind eben darum auch soziologisch relevant.

Bis in den biologischen Bereich hinunter reicht das, was in der dichterischen Sprache als „Ausdruck" in Laut und Ton lebt: das verbindet sie, wenn auch problematisch, mit der Soziologie des Tieres. Hierher gehören aber auch die ursprünglich biologischen Existenz- und Bindungsformen, aus denen auch der Mensch, auch die ungreifbaren Urformen der sprachlichen Namensgebung und dichterischen Bindung stammen: Geschlechterbindung, Herdenbindung, Sippe, Stamm und Volk, primitive Umweltbindung. Davon soll hier nicht weiter die Rede sein. Im zweiten, dem historischen Bereich ist die soziologische Dimension der Sprache und damit auch der Dichtung offenkundig; mit ihm werden wir uns hauptsächlich zu beschäftigen haben. Aber auch der dritte, überzeitliche, der Bereich der Ideen und Werte, der Wahrheit und der Schönheit, beide in der Wortkunst zu problematischer Einheit gebunden, hat eine echte soziologische Dimension. Sie ist gegeben in jener Einheit von logos als Sinn und logos als Wort, von „Verstehen" und „Verständigung", deren Bedeutung von der Dichtung über die Erkenntnistheorie bis in die Metaphysik aller Zeiten hinein sich beweist. Denn Sprache ist immer zugleich sich selbst verantwortliche Sinngestalt und zugleich Vermittlung dieser Sinngestalt für andere.

2. Die literarwissenschaftliche Theorie hat sich mit diesen sprachphilosophischen Voraussetzungen der Dichtung und ihrer soziologischen Bedeutung nur zum Teil und nur sehr zögernd beschäftigt. Jedem erfahrenen Forscher ist zwar die Gesamtheit der Bezüge in seinem Gegenstand gegenwärtig, er spürt sie als „Kenner" heraus und rechnet damit. So sind auch für den Literarhistoriker die soziologischen Bezüge der Dichtung wirksam. Etwas anderes ist es jedoch mit der Theorie der Methode. Sie wird immer einzelne Punkte aus dieser Gesamtheit herausheben, und zwischen Weisheit, Zeitgeist und Mode ist ein weites Feld. Eine soziologische Theorie der Literatur hat man — zum Glück für die Dichtung — selten versucht.

Nach der positivistischen Milieutheorie Taines und nach der noch heute fruchtbaren geistesgeschichtlichen Milieutheorie Diltheys trat die Forderung einer soziologischen Behandlung der Literatur nur zögernd hervor, einerseits — um nur zwei deutsche Beispiele zu nennen — programmatisch zusammengefaßt durch *Paul Merker*[1]. Nach ihm müßte zu einer Vielzahl anderer Methoden auch eine sog. sozialliterarische bei der historischen Erklärung der Dichtung Eingang finden — eine Methode, die das „literarische Milieu" der Dichter berücksichtigt. Auf der anderen Seite versucht neuerdings der Berliner Literarhistoriker *Georg Lukacs*[2], die Literaturwissenschaft, die Geschichte und Interpretation der Dichtung auf die dogmatische Soziologie des sog. dialektischen Materialismus zu reduzieren — ein Versuch, der persönlich viel vom Adel der dialektischen Geschichtskonstruktion Hegels enthält, dazu eine erregende Unerbittlichkeit gegen das unverbindlich Ästhetische.

In diesen und anderen Versuchen, Dichtungsgeschichte mit Soziologie zu verbinden, bleibt jedoch etwas quälend Heterogenes. Es läßt sich leicht zeigen, warum. Auf normale soziologische Weise, mit den mehr pragmatischen Methoden der Soziologie, läßt sich nur erfassen, was entweder vor dem Werk liegt: der Dichter, oder was nach ihm folgt: die Kulturgesellschaft, das Publikum. Das erstere geschieht bei *Lukacs*: er geht aus von der marxistischen Analyse der Stoffe, der gesellschaftlichen Lage, dem sozialen Bewußtsein und Gewissen der Dichter. Das ergibt vielleicht „auch eine Soziologie" einer besonderen (aber für den Soziologen zufälligen!) Menschenklasse, ergibt im besten Falle, wie bei *Lukacs*, eine geistreiche sozialpsychologische Analyse des Dichters aus seinen Werken. Ist es aber eine Analyse der Werke selbst, ihres innersten Anspruchs und ihrer Leistung? Auf der anderen Seite, bei *Merker* und *Schücking*, gelangt man schließlich zu einer Soziologie der literarischen Kultur, die wertvolle Aufschlüsse über die literarischen Erwartungen der Zeiten, Schichten und Stände geben kann: was wünschte man „damals" zu lesen, im Theater zu sehen, was dichtete und spielte der Handwerker, Bürger, Adelige[3], wie verhält sich das alles zur „hohen" Literatur? Auch das ist vielleicht „auch eine Soziologie". Aber ist es eine Soziologie der Dichtung?

Man findet auf diese Weise interessante historische und soziologische Aufschlüsse über die Produzenten und über die Konsumenten der Literatur, lernt materielle und geistige Voraussetzungen kennen, Moden und Zeitstimmungen, Analogien verschiedener Epochen, vielleicht sogar gesetzliche Abläufe — wer aber einen Schritt weiter geht und solche „Auch-Bedingungen" auf die Interpretation des Werks zu beziehen versucht, der muß sofort all das unter seinen Händen zerfließen sehen, was an Überzeitlichem, an Unbedingtheit und Unmittelbarkeit im dichterischen Werk lebt, was der Dichter aus sich objektiviert hat, was das Publikum, ebenso davon gerichtet wie darüber richtend, nur nachträglich als Chor begleiten darf: die Gestalt. Sie erscheint immer nur wie das Produkt ökonomischer Verhältnisse zwischen Produzent und Konsument, als „Kulturgut". Kein Weg führt von hier zur inneren Qualität, zum rein dichterischen Wert: er bleibt bestenfalls einer haltlosen Ästhetik überlassen.

3. Niemand wird auf psychologische Schlüsse vom Dichter und auch vom Publikum auf das Werk verzichten können. Aber nur wer sich dem reinen Anspruch des dichterischen Werkes stellt, hat Aussicht, an die Dichtung heranzukommen und damit auch an ihre Dichter und ihr Publikum. Eine einfache Addition literaturwissenschaftlicher und soziologischer Methoden ist so freilich nicht mehr möglich. Das Problem heißt nicht mehr: Soziologie und Literaturwissenschaft, sondern: soziale Wirklichkeit und dichterische Gestalt. So aber wird statt „auch einer Soziologie" der literarischen Produzenten und Konsumenten mit ihrer problemlos eingeebneten Tatsächlichkeit etwas Neues sichtbar: das (in echt historischem Sinn) Gestaltete und Gestaltende. Nun fragt die Vorgeschichte nach der Tradition der Inhalte und Formen, die in das Werk eingingen, die Nachgeschichte nach der Wirkungsgeschichte des Werks[4], und in beiden wird ein stets lebendiger Austausch zwischen der Gemeinschaft, dem Gesellschaftlichen, und der verbindlichen individuellen Gestaltung sichtbar. Nur ein Beispiel: die Geschichte der Lyrik wurde in der Literaturwissenschaft lange einfach als Geschichte der subjektiven lyrischen Empfindung behandelt. In Wahrheit ist es eine oft geradezu dramatische Auseinandersetzung zwischen dem Gemeinschaftlichen, das so viele lyrische Formen ursprünglich trägt — ich erinnere nur an Lied und Spruch — und dem persönlichen Erleben, das darin treibt und sprengt — gerade auf dem Gipfel aber der persönlichen Einsamkeit des Erlebens und Gestaltens, bei Hölderlin etwa oder Rilke, greift dann das Werk wieder aus in den Versuch einer allgemeinsten, einer umgestaltenden geistigen Verbindlichkeit des Dichters und des Gedichts. Auf anderer Ebene stellt sich in der Geschichte des Dramas ständig das Problem, wie Gesellschaft und Persönlichkeit in der Gestalt ineinandergreifen[5]. Eine solche Sicht, bei der Literaturgeschichte *und* Soziologie nicht mehr dogmatisch zu lehren, sondern fruchtbar an der lebendigen Geschichte zu lernen hätten, ist noch kaum begonnen. Sie wird sich aber vor allem am Werk selbst zu bewähren haben.

Hier sind wir an der Stelle, wo die methodische Betrachtung in konkrete Interpretation übergehen muß. Denn nun kann es sich nicht mehr darum handeln, „gesetzliche" Verallgemeinerungen an Beispielen zu erläutern, sondern darum, die Phänomene selbst um weitere Bedingungen zu befragen.

4. Das Phänomen, das ich wähle, die höfische Dichtung, und zwar in engerem Sinne die des französischen und deutschen Mittelalters, scheint allerdings auf den ersten Blick problemlos, fast tautologisch im Sinn unserer Fragestellung. Höfische Dichtung ist schon im Namen als soziologisch bedingte und bestimmte Dichtung bezeichnet. Es ist freilich nicht so, daß wir hier schon alles wüßten. Die soziologischen Vorfragen nach den Dichtern und nach dem Publikum bedürfen noch vieler Arbeit und versprechen wertvolle historische Erkenntnisse. *Edward Schröder* schrieb einmal: „wo bleibt unsere alte Literaturgeschichte, wenn wir nicht ernstlich überall danach streben, sie mit der mittelalterlichen Gesellschaft und ihren politischen Trägern in die Verbindung zu bringen, die ihre Existenzbedingung ausmacht und ihr geschichtliches Interesse trägt", und er verweist auf *Jacob Burkhard*, der einmal gesagt haben soll, die erste Frage bei jedem Kunstwerk müsse für den Historiker die nach dem Besteller sein[6]. Die Werke selbst aber scheinen eben doch als höfische Dichtung ziemlich eindeutig bestimmt zu sein. Zwar ist der Versuch des Romanisten *Wechssler*[7] gescheitert, den höfischen Minnesang aus den soziologischen Verhältnissen des feudalen Lehnswesens direkt abzuleiten. Er hatte geschlossen, daß in Südfrankreich, wo durch ein besonderes Erbrecht auch Frauen Lehnsherrinnen sein konnten, der Minnedienst des Ritters nicht nur metaphorisch, sondern ganz real aus dem Lehensdienst entstanden sei. Das wäre eine viel zu schmale Grundlage. Doch der Geist dieser Dichtung, die Lebensform der höfischen Unterhaltung, die Ethik der Ehre und Treue im Kampf und im Dienst edler Frauen, weiter die Formen des Liedes wie der höfischen Verserzählung, die Stoffe, vor allem das epische Märchenreich des Königs Artus — all das

scheint so eindeutig als Selbstdarstellung und Selbstidealisierung des feudalen höfischen Lebens begründet, daß sachlich nichts mehr zu tun bliebe, als im Vergleich mit der feudalen Literatur anderer Zeiten und Völker typische Züge oder gar Gesetze der gleichen sozialen Ideologie abzuleiten[8].

5. Gerade dieses so problemlos scheinende Phänomen kann uns aber zeigen, daß eine wirklich fruchtbare Begegnung zwischen Literaturgeschichte und Soziologie doch erst in einer noch tieferen Schicht beginnt. Die Forschung ist heute von verschiedenen Seiten her auf dem Wege, hinter der höfischen Dichtung des Mittelalters etwas anderes, tieferes treibend wirksam zu sehen, als die bloße ideologische Selbstdarstellung des höfischen Rittertums[9].

Wir wollen hier vorzugsweise die höfische Epik in den Blick nehmen. Seit dem 11. Jahrhundert war in Deutschland und Frankreich eine volkssprachliche Epik erwachsen, die dem Laien, vor allem dem Adligen und dem Ritter eine religiöse Weltschau vermitteln, eine religiöse Weltaufgabe zeigen wollte. In Frankreich geschah das mit der sinnlich-sittlichen Naivität des französischen Kreuzzugsgeistes der gesta Dei per Francos (Rolandslied); in Deutschland schwerer und konfliktreicher, beladen mit der Spannung zwischen klerikaler Weltabkehr und ritterlichem Weltleben (Annolied-Kaiserchronik-Rolandslied). Seit der Mitte des 12. Jahrhunderts setzt sich jedoch in Frankreich, dem Deutschland bald darauf nachfolgt, eine vollkommene literarische Selbstbefreiung des Rittertums durch, eine der überraschendsten Säkularisierungen, die wir kennen. Ihr Ergebnis: die klassiche höfische Dichtung des Mittelalters, hat man darum auch immer wieder als eine Proto-Renaissance verstanden, und hier finden sich in der Tat die ganz unchristlichen, fast selbst mythischen Ideale adliger Haltung, nur oberflächlich mit christlicher Mitleidsethik und kirchlicher Weihe überdeckt, findet sich die freie Moral gesellschaftlicher Liebesbindungen außerhalb der religiös sanktionierten Ehe — beides Symptome höfischer Kultur von den Homerischen Helden, den Chinesen, Japanern, Arabern bis ins französische 18. Jahrhundert und in Goethes höfische Epoche hinein. Im Frankreich der fünfziger, im Deutschland der siebziger Jahre des 12. Jahrhunderts scheint einen schwankenden Augenblick lang das höfische Rittertum wirklich in solcher ideologischen Selbstdarstellung aufzugehen.

Aber gerade den Beginner und Vollender der *klassischen* höfischen Epik seit den sechziger Jahren in Frankreich, *Chrétien de Troyes*, mißversteht man unter diesem Aspekt völlig, und sein übliches Bild in der Literaturgeschichte beruht bis heute auf diesem Mißverständnis. Denn er gewinnt Antrieb, Form und Lehre seiner Dichtung gerade aus der Kritik dieser höfischen Selbstherrlichkeit. Was seine deutschen Nachbildner, *Hartmann von Aue* und *Wolfram von Eschenbach*, in dem in Deutschland übergeordnet bleibenden Raum eines traditionelleren kirchlichen Weltbildes religiös formulierten, das ist bei *Chrétien* freilich nur in der verschwiegenen, aber kristallklaren Sprache der Handlung angelegt. Seine Helden führt die „Aventiure", das höfische Märchen, jedesmal eine ganz bestimmte Bahn, die fast schematisch den äußeren und inneren Aufbau seiner Hauptromane trägt, im ‚Erec' wie im ‚Yvain' und ‚Perceval'. Die Minnegemeinschaft ist Voraussetzung dieser Bahn: Finden, Verlieren und Wiederfinden der Liebesgemeinschaft bedingt des Helden äußeren und inneren Weg: Aufstieg, Abstieg und neuen Aufstieg zum endgültigen idealen Dauerzustand. Der Artushof, das Ideal ritterlicher Weltherrlichkeit, zeigt an den Eckpunkten der Handlung den gerade erreichten höfischen Rang des Paares programmatisch an. Immer aber wird es so geführt, daß am Schluß, in einer letzten programmatischen Begegnung mit dem Artushof dieses Ideal irdischer Vollkommenheit überhöht, überboten ist durch die inzwischen erworbene neue innere Haltung der Helden. Erec mit Enite, Iwein mit Laudine, Parzival mit Condwiramurs (in der Namensform der deutschen Nachdichtungen), sie alle müssen durch eine Katastrophe hindurch, die mitten in den glanzvollen Besitz der zum erstenmal erreichten Weltherrlichkeit hereinbricht. Danach aber lernen sie in Abstieg und Umkehr das, was über das Artusideal hinausgreift. Sie lernen, wie die Deutschen immer wieder ausdrücklich formulieren, der „Welt" Huld, d. h. Ehre und Glanz der Gesellschaft, zu vereinen mit Gottes Lohn. Schuld, Leid und Trennung mußte sie jedesmal erst dazu führen. Doch die Schuld der ritterlichen Helden — die Frauen bleiben schuldlos Mitleidende — ist weder religiös moralisch noch an der säkularisierten Ritterethik gemessen. Schuld ist jedesmal einzig und allein gerade der selbstgewisse Besitz der irdischen Herrlichkeit. In der Krise leiblicher und seelischer Todesnähe lernen sie erkennen, daß man in solchem Besitz alles verliert, daß man nur durch das Opfer — nicht des Besitzes, wohl aber seiner Selbstherrlichkeit — den rechten Lohn, den als Geschenk von oben erfahrenen Besitz gewinnen und behalten kann, der Welt und Gott zu Dank.

*Chrétien* hat diese äußere und innere Bauform seiner Romane aus höfischer Unterhaltungsliteratur entwickelt. Der Gedanke und seine Gestalt stammt, über manche uns noch dunklen Zwischenstufen hinweg, aus dem antiken hellenistischen Roman.

Hier hatte die Erlösungssehnsucht der Mysterienkulte in romantischer Einkleidung Gestalt gewonnen. Der Durchgang durch den scheinbaren Tod erschließt hier den Liebenden den Eingang in das Jenseits des Mysteriums. Für *Chrétien* hat sich dieser Weg mit christlichem Gehalt erfüllt. Aber das romantische, jetzt in die keltische Artuswelt verkleidete Erlösungsmärchen gibt zum erstenmal im Mittelalter die Möglichkeit, daß der Mensch sein christliches Heil, das bisher immer im Vorrang des geistlichen Lebens gegipfelt hatte (in der Moniage!), nun in seiner irdischen Welt „erfahren" kann — wenn auch nur im fast allegorischen Märchen. Wer aus Selbstherrlichkeit durch Opfer zur Demut gelangt, der schaut — so symbolisiert es *Chrétiens* mystisches Alterswerk, der ‚Perceval' — im Gral die höchste irdische Herrlichkeit und göttliche Bestätigung in Einem.

6. Damit erscheint aber auch das Verhältnis der höfischen Dichtung zur höfischen Gesellschaft unter einem neuen Aspekt. Diese Dichtung ist keine problemlose Funktion der Gesellschaft — so sehr es beim ersten Anblick so scheinen möchte. Sie ist weit mehr: der Versuch einer kritischen Sicherung der Gesellschaft durch eine neue metaphysische Rückversicherung. Aus ihm erst ergibt sich auch die richtige soziologische wie ästhetische Wertung, die statt einer unterschiedslosen Masse unverbindlicher Gesellschaftsideologie ein Spannungsfeld wirklicher Aufgaben und Leistungen sichtbar werden läßt.

7. Eine Frage bleibt freilich noch bestehen: Greift denn diese Dichtung überhaupt noch in die Wirklichkeit ein? Rückt sie nicht ganz in das ferne Reich der Werte, indes die gemeinte Wirklichkeit ihren Weg durch Wachstum, Reife und Verfall aus eigenen Ursachen und Wirkungen geht? Und ist sie dann nicht doch dazu verdammt, sehr bald zur beziehungslosen Ideologie zu entarten — zumal auch hier die Eule der Athene erst am Abend der Epoche ihren Flug beginnt? Sie könnte sich freilich mit ihrer geistigen Selbstgenügsamkeit als Idee und als Form begnügen. Aber das wäre ein Verzicht, der ihre ideologische Abhängigkeit vom materiellen Verlauf nur bestätigte.

Nun, man darf sicherlich nie die Dichtung an ihrer moralischen Wirkung messen. Etwas anderes ist es aber, Idee und Ideologie aneinander zu werten. Ideologien sind auch im Bereich der Dichtung möglich. Der Begriff der Ideologie, Erbe einer materialistischen soziologischen Philosophie nach dem Zusammenbruch des objektiven Idealismus, bleibt ein harter Aufruf auch an das ästhetische Gewissen, und wer die Augen davor schließt, wie heute Viele möchten, verliert sich in einem kranken Glauben. Gegen die dogmatische Verallgemeinerung freilich, nach der alle Ideen, Werte und Gestalten nur Ideologien einer materiellen soziologischen Dialektik seien, wird man sich mit guten Gründen zu wappnen haben.

Schauen wir hier noch einmal zur höfischen Dichtung des Mittelalters zurück. Sie hatte gerade aus der Kritik an den ideologischen Elementen in ihrer Kultur, aus der Kritik an der Selbstgewißheit und Selbstidealisierung des Rittertums ihre höchste Idee und ihre vollkommenste Gestalt errungen. Sie konnte darum auch nicht in jenem Sinne ideologisch entarten, als ihre soziologische Struktur, ihre soziale Wirklichkeit verfiel. Im Gegenteil: Sie gibt selbst die Maßstäbe zur Kritik ihrer soziologischen Grundlagen, und sie leuchtet als Leitbild echter Lebenskritik noch weit hinein in Jahrhunderte von längst veränderter sozialer Struktur, noch bis in die Neuzeit.

8. Noch ein letztes ist daraus zu lernen. Wer die kritische Selbstdeutung erkennt, die hier, wie so oft in höfischen Epochen, gerade von der Dichtung geleistet wird, der muß auch die Tatsachen der sozialen Wirklichkeit dieser Zeit anders sehen. Der mittelalterliche Feudalismus ist gewiß eine zeitweilig stabile Balance der Egoismen zugunsten einer herrschenden Klasse. Aber auch der Egoismus — dessen geradezu moralische Bedeutung in der sozialen Wirklichkeit eine richtige Sozialethik darzustellen hätte — folgt einem Zeitstil, geht bestimmte Bahnen, erstrebt und verwirft andere Dinge als vorher oder später. Zur Erkenntnis dieses Zeitstils kann auch die Dichtung beitragen. Wie dem Helden der höfischen „Aventiure" sein Schicksal „zukommt" im wahrsten Sinn des Wortes, als Bahn einer Führung von außen, die er leidend-handelnd vollzieht — so kommt ja auch dem Menschen dieser Zeit seine soziale und politische Bestimmung von außen zu, und seine Aktivität betätigt sich nur im leidend-handelnden Vollzug der Bahn, die ihm seine Geburt, seine Stellung in der Lehenspyramide, in der Hierarchie der Gewalten auferlegt, die auch die Spitzen, Könige, Kaiser und Papst so sehr als Funktionäre eines auferlegten Schemas erscheinen läßt.

Die höfische Dichtung zeigt und deutet also Stilformen, das Faktische transzendierende Hintergründe des sozialen und historischen Geschehens, ohne die auch seine Wirklichkeit nur verkürzt oder falsch in den Blick kommt.

Doch es wäre vermessen, solche Analogie so kurz und so allgemein hier weiter auszuspinnen. Das Miteinander und Gegeneinander von Universalität und Detailrealismus im hohen und späten Mittelalter ist überaus kompliziert und nuancenreich, vielfach bereitet sich im Einzelnen jenes direkte Verfügenkönnen über Ziele und Dinge vor, dessen systematische Zusammenordnung durch Wissenschaft und Kunst, durch Politik und Wirtschaft hindurch dann den Beginn der Neuzeit anzeigt.

Doch sollte das Eine in diesen Andeutungen sichtbar werden: wirklich fruchtbar und notwendig ist soziologische Forschung für die Literaturwissenschaft nur dort, wo die Dichtung als verbindliche, denkend-gestaltende Deutung der Wirklichkeit — nicht nur als ihre Funktion — begriffen wird. Und fruchtbar und notwendig kann umgekehrt auch die Dichtung für die Soziologie werden, wo diese sich aufschließt für eine Mehrdimensionalität ihrer Tatsachen, wo sie auch die gestaltenden Kräfte verbindlich, nicht nur beschreibend, in die soziale Wirklichkeit einbezieht.

*Anmerkungen.*

Die folgenden Nachweise beziehen sich besonders auf Grenzfragen des Themas. Eine allgemeine Einführung und Bibliographie werde ich in einer von Carl Brinkmann herausgegebenen Sammlung vorlegen.

[1] Paul Merker, Neue Aufgaben der deutschen Literaturgeschichte, Z. f. Dt.-Kunde Erg.-H. 16, 1921. Der Anglist Levin L. Schücking hat aus Anfängen seit 1913 eine 1923 erschienene „Soziologie der literarischen Geschmacksbildung" entwickelt, die 1928 in russischer Übersetzung, 1931 in zweiter Auflage erschien

[2] Georg Lukacs, z. B. Fortschritt und Reaktion in der deutschen Literatur, 1947 u. a.

[3] Rudolf Stadelmann wollte vielversprechende Studien zur Bildungswelt der Handwerker im 18. Jahrhundert weiterführen. Sein Tod hat das wie so vieles abgebrochen.

[4] Die verschiedenen, oft an nicht vermuteter Stelle veröffentlichten Versuche einer *solchen* Literatursoziologie können hier nicht angedeutet werden. Vgl. Jos. Körner, Bibliographisches Handbuch des deutsch. Schrifttums, 1949, Register.

[5] Tiefdringende Anregungen von der Kunstgeschichte her gaben Dagobert Frey, Gotik und Renaissance als Grundlagen der modernen Weltanschauung 1929; Kunstwissenschaftliche Grundfragen, 1946, S. 151 ff.; Hans Tintelnot, Barocktheater und barocke Kunst, 1939. In der Literaturgeschichte weitergeführt von Paul Böckmann. Der dramatische Perspektivismus in der deutschen Shakespearedeutung des 18. Jahrhunderts, Petsch-Gedenkschrift 1949, S. 65 ff.

[6] Edward Schröder, Rudolf von Ems, Zs. f. dt. Altert. 67, 1930, S. 225 und 216. Die soziologische Forschung über die Dichter, vor allem in Paul Kluckhohns Arbeiten über Ministerialität und Ritterdichtung (Qu. und Stud. zur Verfassungsgeschichte 4, 1. 1910; Zt. f. dt. Altert. 52, 1915, S. 135 ff.; Arch. f. Kulturgesch. 11, 1914, S. 389 ff.) fruchtbar angestoßen, ist seither im verborgenen vielfach weitergeführt worden. Vgl. z. B. Friedrich Sengle, Die Patrizierdichtung Der gute Gerhard, Dt. Vierteljahrsschrift f Literaturwiss. und Geistesgeschichte 24, 1950, S. 53 ff. Für das literarische Leben im hohen Mittelalter vgl. das vielgerühmte, aber leider kaum nachgeahmte Kapitel in H. Schneiders Heldendichtung, Geistlichendichtung, Ritterdichtung, 1943, S. 218 ff. Das Publikum der mittelhochdeutschen Dichter hat Werner Fechter dargestellt: Dt. Forschungen Bd. 28, 1935.

[7] Eduard Wechssler, Das Kulturproblem des Minnesangs 1, 1909.

[8] Wie es etwa Hans Naumann und Günther Müller geistreich und vorsichtig abwägend für Mittelalter und Barock getan haben: Hans Naumann und Günther Müller, Höfische Kultur, Buchreihe der Dt. Vierteljahrsschr. Bd. 17, 1929.

[9] Anregend, aber etwas gewaltsam Gottfried Weber, Wolfram von Eschenbach 1, 1928; Der Gottesbegriff des Parzival 1935; Parzival 1948. Für die folgende Interpretation der Epik Chrétiens de Troyes und seiner Nachbildner Hartmann von Aue und Wolfram von Eschenbach vgl. vorläufig mein Kapitel ‚Die Klassik des Rittertums in der Stauferzeit' in den ‚Annalen der deutschen Literatur', hrsg. von H. O. Burger, 1950.

*(Professor Dr. Hugo Kuhn, (14b) Tübingen, Hallstattstr. 38.)*

---

## Der Begriff der Gemeinschaft und seine Stellung im Ganzen der Soziologie.

Von

FRANZ W. JERUSALEM.

### I.

Soziologie [1] ist Morphologie des sozialen Lebens, d. h. die Wissenschaft von den sozialen Gestalten und Formen in ihrem Dasein, ihrer Entstehung und Entwicklung. Unter den sozialen Gestalten und Formen nimmt die Gemeinschaft den wichtigsten Platz ein. Sie ist die Grund-Gestalt des sozialen Lebens. Sie ist diejenige Lebensform, die das soziale Leben bildet oder aus der jedenfalls die Gestalten und Formen des sozialen Lebens hervorgegangen sind.

Gemeinschaft ist nicht jedes beliebige Nebeneinander von Menschen, etwa geeint in gemeinsamen Interessen, Schicksalen, Situationen. Gemeinschaft im Sinne der Soziologie, wenn diese richtig verstanden wird, ist eine Gesamtheit von Menschen, die in einem Gemeingeist zusammengeschlossen sind. Gemeinschaft ist also nicht äußeres Nebeneinander, sondern innere, geistige Einheit. Aus der Einheit des Geistigen, in dem die einzelnen Angehörigen der Gemeinschaft leben, geht die Einheit des äußeren Verhaltens hervor.

Wir können nicht definieren, was Geist ist. Wir vermögen bloß zu sagen, daß Geist ist, wenn er uns in einem Verhalten von Menschen begegnet. Der Begriff des Geistes teilt insoweit das wissenschaftliche Schicksal des Lebens, das auch nicht definiert, sondern nur in der Anschauung bejaht oder

[1] Der Aufsatz beruht weitgehend auf folgenden Arbeiten des Verfassers: Soziologie des Rechts, 1. Bd. Gesetzmäßigkeit und Kollektivität, 1925. Grundzüge der Soziologie, 1930. Der Staat, ein Beitrag zur Staatslehre, 1934. Verwiesen sei auch auf einzelne Partien der: Kritik der Rechtswissenschaft, 1948, insbes. S. 389 ff.

verneint werden kann. Geist ist in dem, was als Fühlen, Denken, Wollen begriffen wird. Aber das physiologische Fühlen würden wir zweifellos nicht als Geist bezeichnen. Der Zahnschmerz ist nicht Geist, wohl aber der Schmerz um den Tod eines geliebten Kindes. Daß in manchen Phänomenen Geistiges und Körperliches gemischt sein kann, soll nur erwähnt werden. Seele ferner ist nicht Geist, aber dieser steht in engster Beziehung zu jener, indem alles Geistige in der Seele seinen Ursprung hat. Dagegen sind Bewußtsein und Selbstbewußtsein Bestandteile des Geistes. Bewußtsein ist Erkenntnis und damit Geist, wo jene das Ich als Erkenntnissubjekt mit umfaßt. Selbstbewußtsein ist Erkenntnis, die unmittelbar das Ich als Erkenntnisgegenstand hat oder auf das sie jedenfalls wesentlich gerichtet ist. Es ist für den Individualismus charakteristisch, daß er den Geist mit Bewußtsein oder gar mit Selbstbewußtsein identifizierte.

Es ergibt sich aus dem Bisherigen, daß echte Gemeinschaften im Sinne der Soziologie bei Tieren nicht sein können. Dem Tier fehlt der Geist; wenn ihm, insbesondere den höheren Tieren oder den Pflanzen, eine Seele zugesprochen wird, so handelt es sich dabei um physiologische Erscheinungen. Die Sphäre des Tieres übrigens ist uns in ihrer Eigenart schlechterdings verschlossen ebenso wie die Sphäre des Göttlichen, das wir, wie der Apostel gesagt hat, höchstens im Spiegel zu schauen vermögen.

Der menschliche Geist ruht auf der Grundlage des biologischen Daseins des Menschen, das er mit dem Tiere teilt. Er erscheint immer nur in Äußerungen des menschlichen Organismus, mögen sich diese auch wie die Sprache weit von denen des Tieres entfernen. Das Dasein des Organismus ruht seinerseits auf der Materie, aus der sich das Leben den Organismus aufgebaut hat. Wie die gesetzmäßigen Bewegungen des Atoms im Organismus zur Geltung kommen und sich im Rhythmus der äußeren Bewegungen von Pflanzen und Tieren zeigen, ebenso gilt das auch von den Äußerungen des menschlichen Leibes, soweit sie Träger von Geist sind. Die Energien des organischen Lebens kehren in gleicher Weise in den Äußerungen des Geistes wieder. In erster Linie gilt das von dem Drang zur Selbsterhaltung und in dem Drang zur Reproduktion, d. h. zur Wiederherstellung derjenigen Formen, die sich einmal im Leben des Organismus ausgebildet hatten. Daneben werden wir die besondere Wichtigkeit des Reduktionsprozesses kennenlernen, der gleichfalls seine Grundlage im Leben des Organismus hat.

Die Gemeinschaft kennzeichnet sich durch den Gemeingeist. Das will besagen, daß nicht jeder einzelne Genosse der Gemeinschaft seinen eigenen Geist, sein eigenes geistiges Erleben hat, sondern daß er vielmehr mit allen anderen zusammen an dem *einen* Geist der Gemeinschaft teilhat. An diesen ist er gebunden. Als Genosse der Gemeinschaft kann er begriffsmäßig nur fühlen, denken und wollen, wie alle anderen fühlen, denken und wollen. Angesichts der Schwierigkeiten, sich die Realität eines Gesamtgeistes verständlich zu machen, sei auf die Welt des Kindes hingewiesen, das durch seine Umgebung, durch Eltern und Geschwister, dann später in der Schule in Gemeingeist eingeführt wird, also in ein Fühlen, Denken und Wollen der „anderen". Zwar wird es vielleicht später aus diesem Gemeingeist heraustreten. Aber das meiste bleibt von dem, was in Kindheit und Jugend an Gemeingeist aufgenommen wurde, für die Lebenszeit haften, ebenso wie etwa der Dialekt oder der Tonfall der Sprache der Stadt oder der Landschaft, in denen man aufgewachsen ist, bewahrt wird.

Der eigentliche Grund für die Schwierigkeit der wissenschaftlichen Anerkennung des Gemeingeistes als der Grundlage unseres geistigen und sozialen Lebens ist die Tatsache, daß der Erkenntnisakt Sache des Individuums ist, das insoweit nicht im Gemeingeist steht. Im echten Erkenntnisakt nämlich distanziert sich das Individuum gegenüber einem Gemeingeist, mag dieser auch nur die „herrschende Meinung" einer wissenschaftlichen Schule sein. Es stellt dem Meinen der Gemeinschaft, das Gemeingeist ist, das eigene Meinen als das Ergebnis seines „Dranges zur Wahrheit" entgegen. Weil die Repräsentanten der Wissenschaft die Erkenntnis als Ausdruck der souveränen Persönlichkeit sehen, haben sie die Neigung, was wiederum die Soziologie als „gesetzmäßig" begründet, den eigenen Geist, der im Erkenntnisakt nicht Gemeingeist, sondern souveräner Geist des selbstherrlichen Individuums ist, als *allgemeingültig* zu betrachten und zu verabsolutieren, was nur für eine beschränkte Zahl von Menschen und nicht einmal für die Wissenschaft überhaupt gilt.

So kommt es, daß der Begriff des Gemeingeistes (und damit der der Gemeinschaft) in unserem Sinne von den meisten heute nicht anerkannt wird, obwohl er von Rousseau im Begriff der volonté générale aufs deutlichste der Wissenschaft vor Augen gestellt worden war und bei Hegel wie in der historischen Rechtsschule wiederkehrte. Die Energien des Individualismus in der Wissenschaft drangen seitdem aufs neue vor. Die Lehren Rousseaus wurden individualistisch „interpretiert". Otto *Gierke*, der im ersten Bande seines großen Genossenschaftsrechts die Traditionen der historischen Schule fortsetzte und die „Genossenschaft" der germanischen Zeit auf einen echten Gemeingeist fundiert sah, ließ sich nachträglich von der neuen Strömung mitreißen. Im zweiten Bande bereits spielten Gemeinschaft und Gemeingeist in unserem Sinne keine Rolle mehr. Andere akzeptierten das Faktum des Gemeingeistes für Exoten und Primitive, für abnorme, pathologische Zustände und die Hypnose. Erst in neuester Zeit beginnt man wieder, sich freundlicher zu stellen. Bei Max *Scheler* werden Tatbestände des Gemeingeistes eingehender behandelt, aber auch bei ihm ist er nicht der normale Zustand. Ein klassisches Zeugnis für die Haltung der Wissenschaft gegenüber dem Begriff des Gemeingeistes bildet Nicolai *Hartmann* mit seinem Buche: Das Problem des geistigen Seins (1933). Die Tatsache des Gemeingeistes oder objektiven Geistes wird in seinem kollektiv-geistigen Charakter aufs ausdrücklichste festgestellt und viele Beispiele aus mannigfachen Bereichen des geistigen Lebens werden dafür gebracht; aber immer wieder ist er bemüht, die Konsequenzen zu vermeiden, die Souveränität des Individuums zu retten und es in letzter Linie der Herrschaft des Gemeingeistes zu entziehen. Demgegenüber muß aufs nachdrücklichste gesagt werden, daß der Gemeingeist die eigentliche Grundlage des menschlichen Daseins und insbesondere des sozialen Lebens ist, daß ein eigener Geist des Individuums, ein Individualgeist stets nur die Ausnahme ist, vorbehalten den einsamen Denkern, Dichtern, Staatsmännern, daß die große Zahl der Menschen nur in Gemeingeist zu leben vermag und daß sie, wenn sie sich stolz einmal von irgendeiner geistigen Bindung losgesagt haben, in aller Regel lediglich den Gemeingeist wechseln.

Der Geist erscheint, wie wir bereits wissen, niemals selbständig, sondern stets nur in körperlichem Verhalten des Menschen, in der Sprache, der Arbeit des Handwerkers oder Landmanns, dem Tun des Künstlers, dem Befehl des Führers der Gemeinschaft. Dabei sind wir berechtigt, auch das verselbständigte Werk, das als solches aus den Händen des Menschen hervorgeht, als mittelbare Erscheinungsweise des Geistes zu betrachten. Damit müßte also jedes geistige Erlebnis, d. h. also der Geist, wenn er im Menschen wirksam ist, stets in einem äußeren Verhalten zum Ausdruck kommen. Aber insoweit ist zu unterscheiden. Auf der einen Seite geistige Erlebnisse, die ihrem Inhalte nach auf irgendein Verhalten des Erlebenden gerichtet ist, anderseits solche, bei denen dies nicht der Fall ist. Jene werden in einem äußeren Verhalten realisiert, diese nur manifestiert. Jene müssen in allen Fällen in äußeres Verhalten umgesetzt werden. Das ist jedenfalls für die ursprüngliche Form der Gemeinschaft anzunehmen, die aber überall, wohin wir zu blicken vermögen, im Reduktionsprozeß ihre ursprüngliche Kraft verloren hat. Nur Überreste dieses ursprünglichen Zustandes sind heute noch vorhanden und die moderne Psychologie hat auf sie aufmerksam gemacht. Nach James führt die Vorstellung einer Bewegung die wirkliche Bewegung herbei. Das Kind jedenfalls und der Primitive können sich keine Bewegung vorstellen, ohne sie auszuführen. Darauf beruht die Lehre von *Fouillée* von den idées-forces, den Kraftideen.

Das geistige Erlebnis wird heute regelmäßig zunächst nicht realisiert, sondern lediglich manifestiert. Die regelmäßige Form dieser Manifestation ist die Sprache. Das geistige Erlebnis wird den Genossen der Gemeinschaft mitgeteilt, so daß diese durch den Akt des Verstehens daran teilnehmen oder es jedenfalls zur Kenntnis nehmen können. Die gleiche Funktion wie die Sprache hat auch das Kunstwerk, das gedruckte Buch, der Wegweiser usw. Doch können das Buch ebenso wie der Wegweiser zugleich Realisierung eines geistigen Erlebnisses sein, während Kunstwerk und Sprache ihrem Wesen nach nur Manifestationen sind. Der Satz, daß der Geist, d. h. das geistige Erlebnis, mindestens der Manifestation in einem äußeren Verhalten bedarf, erleidet auch keine Ausnahme in dem bloßen Denken. Denn das Denken muß stets in den Formen der Sprache geschehen. Dabei handelt es sich um einen Reduktionsprozeß, wo die äußere Formulierung von Lauten weggefallen ist. Denken ist in Wirklichkeit abgekürztes Sprechen, was Experimente gezeigt haben.

Aber auch dann, wenn der Geist sich zunächst wie in der Sprache nur manifestiert, bleibt die Richtung auf seine Realisierung, wenn der Inhalt des Erlebnisses auf ein Verhalten gerichtet ist, bestehen. Jene wird also in dem Manifestationsakt nicht konsumiert. Es zeigt sich der Drang, das sprachlich manifestierte geistige Erlebnis zu realisieren. Wenn der Vertragschließende heute eine bestimmte Leistung dem Gegenkontrahenten verspricht, so beruht die aus diesem Versprechen hervorgehende, sog. juristische Verpflichtung auf jener, durch das Wesen des Geistes gegebenen Tendenz, sich gemäß seinem besonderen Inhalt zu realisieren. Die staatliche Rechtsordnung tut dabei nichts anderes als das, was im geistigen Erleben vorgezeichnet ist, durch Zwangsmittel des Staates zu garantieren. Daß diese Garantie auf dem beschränkten Gebiet der sog. Rechtsgeschäfte notwendig ist, beweist freilich, daß jener auf die Realisation seiner Inhalte gerichtete Drang des Geistes heute unter den Auswirkungen des Reduktionsprozesses an Kraft verloren hat, so daß ihm wenigstens auf beschränktem Gebiet durch äußere Mittel nachgeholfen werden muß.

Als Träger der Seele ist der Mensch auf geistiges Erleben angelegt. Aber dieses geistige Erlebnis entsteht jedenfalls in erster Linie nicht in einem schöpferischen Akt der Persönlichkeit selbst, sondern durch Weitergabe in der Gemeinschaft, in die das Kind hineingeboren wird. Wie der Fackelträger im Zuge seine Fackel anzündet an der Fackel des Vordermannes, so entzündet sich das geistige Erleben des Kindes an der Mitteilung der älteren Generation. Diese Mitteilung geschieht durch das Medium des körperlichen Verhaltens, in dem das geistige Erleben realisiert oder jedenfalls manifestiert wird. Durch die sinnliche Wahrnehmung dieses Mediums wird das geistige Erleben in dem Aufnehmenden erweckt und gestaltet. So wird das Kind durch das Medium der Sprache in den Gemeingeist eingeführt und mehr und mehr darin heimisch. Allmählich treten andere Medien hinzu, das geschriebene oder gedruckte Wort, Werkzeuge, Kunstwerke usw., überhaupt alles, was als äußere Verwirklichung des Geistes entstanden war. Erst in zweiter Linie entsteht das geistige Erlebnis im Gesamtakt der Genossen, in dritter Linie erst durch die schöpferische Leistung der Persönlichkeit selbst. Aber hier handelt es sich nur um einen engen Kreis von Menschen, in denen die Gemeinschaft ihre Denker, Dichter, Führer verehrt.

Indem nun in der Regel jene Medien bestimmte geistige Erlebnisse in dem Einzelnen hervorbringen, suchen die so geweckten Erlebnisse gemäß den obigen Ausführungen sich wieder in entsprechendem äußeren Verhalten zu realisieren. Auf diese Weise erhält ein Wort, eine Geste, ein Buch usw. innerhalb einer Gemeinschaft, indem alles dies durch sinnliche Wahrnehmung ein bestimmtes geistiges Erleben erzeugt, die Fähigkeit, bei den Genossen der Gemeinschaft das entsprechende Verhalten hervorzubringen. So kann man sagen, daß der Geist den Menschen beherrscht, daß er ihn regiert. Wir sprechen von Symbolen, wenn bestimmte Manifestationen oder Realisationen des Geistes darauf angelegt sind, ein bestimmtes Verhalten zu erzeugen. Symbolcharakter in diesem Sinne haben nicht bloß die Sprache, ein Buch oder ein Kunstwerk, sondern auch der Wegweiser, die Verkehrsampel auf der Straße, die der Polizist handhabt, das militärische Abzeichen und die Uniform, die Fahne, das Verbotsschild usw. Ein Spalier von Symbolen säumt unsere Lebenspfade ein und dirigiert bewußt oder unbewußt unser Verhalten. Aber alles dies hat seinen Symbolcharakter nur in dem Sinne, daß Verhalten oder Werk, z. B. das gesprochene Wort einerseits, die aufgepflanzte Fahne anderseits, Manifestation oder Realisation geistigen Erlebens ist und damit bei einem anderen das entsprechende geistige Erleben zu erwecken vermag. Es ist also keine Rede davon, daß diese Manifestationen oder Realisationen als sog. Objektivationen Träger eines selbständigen Geistes wären, der als sog. objektivierter von dem personalen Geist des Einzelnen oder dem Gemeingeist der Gemeinschaft zu unterscheiden wäre[1].

Indem diese Symbole von Menschen gehandhabt werden, die damit das Verhalten anderer innerhalb der Gemeinschaft dirigieren, ist es in erster Linie nicht mehr der Geist, der die Genossen der Gemeinschaft beherrscht, sondern die sind es, welche sich jener Eigentümlichkeiten des Geistes bedienen. Auf diese Weise entsteht die Herrschaft des Demagogen über die Massen, und zwar allein durch die Macht der Rede, die er auf jene ausübt. Aber neben der dämonischen Figur Hitlers steht auch jener berühmte „Hauptmann von Köpenick", der, ein alter Zuchthäusler, mittels der symbolischen Kraft einer Offiziersuniform, die er in einem Theatergarderobegeschäft entliehen hatte, eine ganze Abteilung von Soldaten zum willigen Werkzeug eines Raubzuges machen konnte.

Trotz solcher Beispiele ist die Herrschaft des Gemeingeistes in unserer Zeit zurückgegangen. Man liebt es, zur Begründung dem Idealismus einer früheren den Materialismus der unseren entgegenzustellen. Aber man verkennt, daß auch der materialistische Charakter unseres heutigen Lebens auf einer geistigen Grundlage beruht, also durch einen Geist getragen wird, der sich in äußerem Verhalten realisiert. Die materialistische Weltanschauung gehört zu einem Gemeingeist, der große Teile der internationalen Kulturgemeinschaft beherrscht. In Wirklichkeit besteht jene Abschwächung der Realisationsfähigkeit des Geistes nicht so sehr für den Gemeingeist wie für den Individualgeist. Es handelt sich dabei einerseits um den Geist des schöpferischen Individuums, das das geistige Erlebnis nicht durch Mitteilung von anderen bzw. im Gesamtakt empfing, anderseits um den der formellen Individuen, die im Rahmen des Gemeingeistes eine gewisse Sphäre des freien persönlichen Meinens haben. Durch die Vermannigfaltigung dieses persönlichen Meinens im Rahmen des Gemeingeistes ist aber eine Zersplitterung des geistigen Erlebens eingetreten, die seine Intensität und damit auch seine Fähigkeit zur Realisation abgeschwächt hat. Indem das geistige Erleben des Einzelnen zugleich in einen Rationalisierungsprozeß einging, sich also einseitig auf das Denken konzentrierte — man denke an des *Descartes:* cogito ergo sum —, hat es darüber hinaus gerade jene besonderen Bestandteile verloren, die für die Realisierung des geistigen Erlebens notwendig sind. Der einsame Denker, der große Gedankensysteme aufbaut, ist bloßer „Theoretiker". Sein Denken hat z. B. nicht die Kraft, ihn selbst zum Führer einer Massenbewegung zu machen, in die er seine revolutionären Lehren schleudern könnte.

Auf der Grundlage des bisher Erörterten ergeben sich nun für den Begriff der Gemeinschaft die folgenden Merkmale:

Zunächst das Moment der Einheit. Ist der Ge-

[1] In diesem Sinne Nicolai *Hartmann* a. a. O. S. 349 ff.

meingeist der Gemeinschaft bei den Genossen lebendig und übt dieser im Sinne der obigen Ausführungen eine Herrschaft über sie aus, so muß der Einheit des Geistes auch die Einheit des sich daraus ergebenden Verhaltens entsprechen. Diese Einheit ist aber nur dann in *vollem* Sinne gewahrt, wenn alles Verhalten gemeinsam, in einem Gesamtakt geschieht, an dem die Genossen sämtlich teilnehmen. Das müßte also für die ursprüngliche Form der Gemeinschaft gelten. In der geschichtlichen Wirklichkeit ist davon jedenfalls in den größeren Gemeinschaften, die von vielen Genossen gebildet werden, keine Rede. Bei den Germanen vollzog sich in diesen der Gesamtakt der Genossen im Thing, aber nur für die wichtigsten Funktionen, und es traten nur Repräsentanten der Gesamtheit, die freien und wehrfähigen Männer auf, während Frauen und Kinder fern blieben. Immerhin erscheint für die Rechtsgeschichte das Thing als der „Lebensnerv der germanischen Verfassung" und als Schwerpunkt der politischen Selbständigkeit eines Volkes. Der Sieger legte deshalb dem besiegten Volke ein Thingverbot auf, um es in seinem Kern zu treffen. Charakteristisch ist auch, daß wenigstens in der Antike die Niederlassungen, die allmählich bei den Thingplätzen entstanden, zum Mittelpunkt des sozialen Lebens wurden. Solche Thing-Städte waren einstmals Rom und Athen gewesen, während die Städte des Abendlandes auf einer anderen Grundlage entstanden.

Durch den Reduktionsprozeß geht das Prinzip des Gesamtaktes allmählich verloren. Das Moment der Einheit zeigt sich nur noch darin, daß die Genossen der Gemeinschaft außerhalb eines Gesamtaktes gemäß den Inhalten des Gemeingeistes ein gleiches Verhalten üben, zu gleichen Zeiten oder auch beliebig, ohne also an feste Termine gebunden zu sein.

Das Moment der Einheit verlangt weiter, daß die Gemeinschaft nach außen als Einheit auftritt, auch wenn sie nicht mehr im Gesamtakt tätig wird. Weil die Gemeinschaft eine Einheit ist, so muß das, was der einzelne Genosse außerhalb des Gesamtaktes, also selbständig tut, der Gesamtheit als solcher zugerechnet werden. Diese selbst tritt im Verhalten des Einzelnen auf, wird also von diesem legitim repräsentiert. Nach germanischem Recht war der Sippengenosse, der von einem Dritten eine Kränkung erfahren hatte, nicht selbst verletzt, denn er war nicht Individuum im modernen Sinne. Verletzt war lediglich die Sippe durch ihn und diese war es, die die an jenem begangene Unbill rächte. Aber die Sippe wiederum wandte sich nicht an den Verletzer selbst, sondern an seine Sippe; von dieser forderte sie Genugtuung. Allerdings war es möglich, daß die Sippe sich von dem Genossen, der einem Dritten eine Unbill zugefügt hatte, lossagte. Sie gab ihn preis, eliminierte ihn und damit war ihre Haftung zu Ende.

Aus dem Moment der Einheit der Gemeinschaft ergibt sich ferner, daß es in ihr keine Sondersphären der einzelnen Genossen geben kann. Es gibt insbesondere kein Privateigentum, sondern nur Gesamteigentum der Gemeinschaft. Feld, Wald und Wiese gehören der Gemeinschaft, d. h. der Gesamtheit. Nach strengem Prinzip müßte die Arbeit, wie wir wissen, im Gesamtakt erfolgen und die Ernte im Gesamtakt verteilt werden. Es ist eine Abschwächung, wenn etwa der Einzelne seine Hufe zur selbständigen Bewirtschaftung für ein Jahr zugeteilt bekommt und sein Vieh auf die Gemeindewiese oder den Gemeindewald treibt. Wenn aber etwa bei den Germanen zur Zeit des Tacitus die Hofstätte nach den Ergebnissen der Rechtsgeschichte bereits „Sondereigentum" war, so handelte es sich in Wirklichkeit darum, daß die Hofstätte nicht mehr Gesamteigentum der Gemeinde bildete, sondern zum Gesamteigentum der engsten Gemeinschaft, der Familie geworden war, wo der Herr des Hauses, der pater familias im Sinne der Römer, zwar Verwaltung und Nutznießung hatte, aber beides nur als Repräsentant der Familiengemeinschaft, als ihr Führer besaß. Entspricht also der Gemeinschaft gemäß dem Moment der Einheit der Kommunismus der Wirtschaftsgüter, so ergibt sich auf der anderen Seite, daß dieser Kommunismus nur auf der Grundlage eines Gemeingeistes möglich ist, daß er in allen anderen Fällen lediglich Verteilung der Güter des Einzelnen auf eine Summe von Einzelnen oder ihre Übertragung auf den Staat im modernen Sinne ist, der aber, wie wir sehen werden, nicht Gemeinschaft, sondern bloß Organisation ist.

Ein weiteres Merkmal der Gemeinschaft ist die Gleichheit der Genossen. Dirigiert der Gemeingeist das Verhalten derselben, so ist damit ihr Verhalten im Verhältnis zueinander gleich. In gleicher Weise nehmen sie am Gesamtakt, z. B. dem germanischen Thing, teil, in gleicher Weise vollziehen sie auch außerhalb des Gesamtaktes die Lebensformen dieser Gemeinschaft. Aber dies Prinzip der Gleichheit ist doch nur relativ gültig. Die biologischen Ungleichheiten, der Gegensatz der Geschlechter, die Verschiedenheiten des Temperaments, der körperlichen Fähigkeiten usw. gehören der Sphäre des Organismus an. Als solche bilden sie mit diesem überhaupt die Grundlage des Lebens der Gemeinschaft, die jene Verschiedenheiten ertragen muß, weil ein Gemeinschaftsleben sonst unmöglich wäre. Im germanischen Staat standen z. B. neben dem sog. vollfreien Mann, der im Thing erschien, Frauen und Kinder, deren Stellung, wie wir bereits sahen, eingeschränkt war. Anderseits zerreißt jede Ungleichheit das Gemeinschaftsleben zwischen den

Ungleich-gewordenen, wenn jene von der Gemeinschaft nicht ohne weiteres ausgeglichen werden kann. Weil aber die Lebenssituationen, in denen die Menschen stehen, für alle nicht völlig einheitlich sind, aber eine Verschiedenheit des Verhaltens erfordern, leben die Menschen gleichzeitig in einer Mehrheit von Gemeinschaften, gemäß der Gemeinsamkeit von Lebenssituationen, die sie von anderen unterscheidet. Man kann von einem System von Gemeinschaften sprechen, denen der Einzelne mit je einer Seite seiner Persönlichkeit angehört. Im germanischen Staat war der Einzelne nebeneinander Genosse der Familie, der Sippe, die allerdings später zurücktrat, der Dorfgemeinde, der sog. Hundertschaft usw. Das gleiche Prinzip tritt uns überall entgegen, wo noch wie im germanischen Staat die Gemeinschaft als die Grundgestalt das soziale Leben im Vordergrund steht.

Die Gemeinschaft kennzeichnet sich sodann durch den Drang zur Gemeinschaft, von dem jeder einzelne Genosse beherrscht ist.

Das Moment der Einheit und das der Gleichheit, die für die Gemeinschaft charakteristisch sind, bedeuten nicht die völlige Unselbständigkeit des Einzelnen, der jener angehört. Die Vorstellung, als ob dieser in der Gemeinschaft ein „willenloses Werkzeug der Masse“ sein müßte, ist völlig unrichtig. Das ergibt sich bereits daraus, daß der Einzelne ein selbständiges Leben als biologischer Organismus führt und daß das Leben der Gemeinschaft auf dem Leben der Menschen als Organismen aufgebaut ist.

Indem nun aber die Gemeinschaft sich auf dieser biologischen Grundlage erhebt, kommen die biologischen Energien auch in der Gemeinschaft zur Geltung. Wie der Organismus vom Drang zur Selbsterhaltung beherrscht ist, so auch die Gemeinschaft. Und es entspricht seiner biologischen Herkunft, daß dieser Drang zur Selbsterhaltung in der Gemeinschaft in erster Linie in dem einzelnen Genossen lebt, damit aber, nach dem Prinzip der Einheit, wieder in der Gesamtheit als solcher, also unterschieden von der Summe der Einzelnen. Dieser Drang zur Selbsterhaltung erscheint als Drang zur Gemeinschaft, d. h. als Drang, die bestehende Gemeinschaft aufrechtzuerhalten und sie wiederherzustellen, wenn sie aus irgendwelchen Gründen zerstört worden ist. Uns interessiert in diesem Zusammenhang das erstere allein. Dabei wollen wir uns auf einen einzelnen Tatbestand beschränken.

Wir sahen oben, daß zum Wesen der Gemeinschaft die Gleichheit des Verhaltens der Genossen gehört. Ungleichheit macht die Gemeinschaft unmöglich; sie negiert ihr Prinzip. Zeigt ein Genosse ungleiches Verhalten, so reagiert dagegen der Drang zur Gemeinschaft. Er ist auf die Beseitigung dieser Ungleichheit gerichtet. Das geschieht durch Rektifizierung oder Eliminierung. Das klassische Beispiel für eine Rektifizierung ist die Erziehung des Kindes. Seine Unterweisung zu bestimmten Formen des sozialen Lebens ist nichts anderes als eine fortgesetzte Korrektur von Ungleichheiten seines Verhaltens im Verhältnis zu dem der Genossen der Gemeinschaft, die von seiner Umgebung instinktiv vorgenommen wird. Dabei ist dieser Drang zur Gemeinschaft in der Erziehung um so stärker, je mehr die Grund-Gestalt der Gemeinschaft das soziale Leben beherrscht. Die Krise, die heute auch die Erziehung kennzeichnet, ist nur Ausdruck der Tatsache, daß die Gemeinschaft immer mehr zurückgetreten ist.

Die andere Form, in der der Drang zur Gemeinschaft gegen die Ungleichheit reagiert, ist die Eliminierung. Wer gegen die Lebensformen der Gemeinschaft in wesentlicher Weise verstößt, kann nicht Gegenstand einer Rektifizierung sein. Er wird ausgestoßen, um auf diese Weise das Leben der Gemeinschaft zu sichern. Klassisches Beispiel dafür ist die sog. Friedloserklärung des germanischen Rechts. Die Eliminierung des Friedlosen wird bis in die letzten Konsequenzen vollzogen. Er wird mit all seiner Habe ausgemerzt, mit seiner ganzen Persönlichkeit aus dem „Andenken“, d. h. dem Gemeingeist ausgetilgt. Erst dann, wenn die Gemeinschaft als Grund-Gestalt des sozialen Lebens zurücktritt, entsteht der Gedanke der Bestrafung des Verbrechers, die als Vergeltung eine Form der Rektifizierung ist.

Die Gemeinschaft kennzeichnet sich sodann durch Initiative und Nachfolge bzw. Nachahmung der Genossen.

Wir sahen, daß das Merkmal der Gleichheit, das die Gemeinschaft kennzeichnet, die Ungleichheiten der Genossen als biologischer Wesen gleichsam mit in Kauf nehmen muß. Durch den Gegensatz der Temperamente, der Verschiedenheit der Fähigkeiten usw. nehmen aber die Einzelnen in verschiedener Weise an dem Leben der Gemeinschaft teil. Die einen vollziehen die Formen des Gemeinschaftslebens mit stärkster Intensität, während die anderen zu der gleichen Intensität nicht imstande oder nicht gewillt sind. So entsteht infolge der Ungleichheit der biologischen Grundlage unter den Genossen ein Gegensatz, der durch eine Aufteilung der Gemeinschaft nicht zu beseitigen wäre, weil sie in jeder mit Notwendigkeit auftreten müßte. Diese Ungleichheit muß also hingenommen werden, aber sie wird überwunden durch den Drang zur Gemeinschaft, der die Ungleichen zwingt, sich zu vertragen. Es entsteht ein Spannungsverhältnis zwischen den wenigen Starken, wie wir sie nennen wollen, und den vielen Schwachen. Diese beugen sich jenen, weil sie ihr Dasein in der Gemeinschaft sichern und garantieren. Sie suchen die Ungleichheit nach Möglichkeit zu beseitigen, indem sie jenen in der Vollziehung der Formen des Gemeinschaftslebens nachzustreben suchen. Aber vielen gelingt das nur äußerlich, indem sie lediglich äußerlich nachahmen, was im Leben der Gemeinschaft in erster Linie sichtbar ist. Und so unterscheiden wir die Nachfolge von der bloß äußeren Nachahmung des Vorbildes, das die Träger der Initiative ihnen vor Augen gestellt haben. Auf der anderen Seite nehmen die Träger der Initiative an der Lösung jenes Spannungsverhältnisses dadurch teil, daß sie ihre Initiative nach Möglichkeit so gestalten, daß Nachfolge und Nachahmung der anderen möglich ist.

Initiative und Nachfolge bzw. Nachahmung sind wesentliche Merkmale der Gemeinschaft als der sozialen Grund-Gestalt. Aber sie bleiben als Eigentümlichkeiten des sozialen Lebens bestehen, wenn die Gemeinschaft zurücktritt. Indem jetzt die formellen Individuen als solche immer mehr in den Vordergrund treten, findet Initiative und Nachfolge bzw. Nachahmung nunmehr in bezug auf die Ausgestaltung dieser Persönlichkeitssphäre statt. Die Lebensformen der Individuen wechseln z. B. immer häufiger, weil immer neue Träger der Initiative auftreten, denen die Massen sich zuwenden. Das Zeitalter der „coutume“ wird abgelöst durch dasjenige der „mode“. Diese Entwicklung geht zu Ende, wenn eine neue Kollektivierung des sozialen Lebens einsetzt[1].

Zur Gemeinschaft gehört wenigstens regelmäßig die Figur des Führers.

Im Führer ist das Prinzip der Gleichheit völlig durchbrochen. Aber weil er für das Gemeinschaftsleben notwendig ist, erzwingt der Drang zur Gemeinschaft die Duldung der Ungleichheit, die zwischen dem Führer und den geführten Genossen besteht.

Die Funktion des Führers ist eine Weiterbildung derjenigen des Trägers der Initiative. Aber während die Initiative auf ein Handeln der Genossen in ihrer Gesamtheit gerichtet ist, stellt sich der Führer an die Stelle der Genossen. Der Führer handelt für die Gesamtheit und macht damit insbesondere einen Gesamtakt überflüssig. Im Rahmen der Führerfunktionen fällt also ein Handeln der übrigen Genossen weg. Aber der Führer bleibt Genosse unter Genossen. Er wird von der Gesamtheit kreiert und verliert seine Führerstellung, wenn diese ihn seiner Führerstellung entsetzt. Es bedeutet eine Abschwächung des Gemeinschaftslebens, wenn die Führerstellung erblich und zum „Thronfolgerecht“ einer bestimmten Familie wird. Damit wird diese Führerstellung zum historischen Ausgangspunkt des Fürsten im souveränen Fürstenstaat und schließlich der Organstellungen im modernen demokratischen Staat.

Damit sind die wichtigsten Merkmale der Gemeinschaft als der Grund-Gestalt des sozialen Lebens aufgezählt. Aber es ergab sich bereits aus den bisherigen Ausführungen, daß die Gemeinschaft in ihrer reinen Gestalt das soziale Leben kaum mehr kennzeichnet, daß abgesehen von dem Leben der sog. Primitiven eine mehr oder weniger starke Zersetzung des Gemeinschaftslebens stattgefunden hat. Das Prinzip dieses Zersetzungsprozesses müssen wir noch kennenlernen. Er beruht auf einer Reduktion der Gemeinschaft als Lebensform; es handelt sich um einen Reduktionsprozeß, von dem bereits des öfteren die Rede war.

Als Reduktionsprozeß bezeichnen wir die Tatsache, daß die Lebensformen des Menschen, indem sie vollzogen werden, sich in einer eigentümlichen Weise verändern. Er besteht in einer allmählichen Ausscheidung von Bestandteilen, die bis zum völligen Verschwinden der Lebensform führen kann, sodann in der nebenhergehenden inneren Umwandlung derselben, die in ihrem Aufbau so verändert wird, daß sie mit dem geringsten Aufwand von Energie vollzogen wird und deshalb immer leichter und schneller abzulaufen vermag. In der Gemeinschaft vollzieht sich der Reduktionsprozeß in erster Linie so, daß die kollektiven Lebensformen, die den Einzelnen an die Gesamtheit binden, sich zugunsten einer immer größeren Selbständigkeit desselben umwandeln, so daß dieser immer weniger des Gesamthandelns mit allen anderen bedarf, also seine Lebensformen immer schneller und leichter vollziehen kann. Der Reduktionsprozeß ist also auf die völlige Auflösung der Gemeinschaft und ein reines Nebeneinander von Individuen gerichtet, hat also, wenn er sich durchsetzen würde, ohne Hindernisse zu finden, die Anarchie zum schließlichen Ergebnis.

Da die Gemeinschaft sich in erster Linie durch den Gemeingeist kennzeichnet, der das Verhalten der Genossen bestimmt, so müßte der Reduktionsprozeß zunächst den Geist zum Gegenstand haben. Aber davon ist keine Rede. Der Reduktionsprozeß gehört dem Bereich des Organismus an, wo er zwar innerhalb des biologischen Lebensprozesses durch den Drang zur Selbsterhaltung streng gezügelt ist. Er kann deshalb nur dasjenige Verhalten zum Schauplatz haben, in dem der Geist sich materialisiert. Aber dafür kommt die äußere Realisierung oder Manifestierung des geistigen Erlebens, also z. B. die Sprachform zunächst nicht in Betracht. Es muß vielmehr ein Verhalten des Organismus selbst sein, in dem das Erlebnis unmittelbar geformt wird. Das ist in jenen Vorgängen des Gehirns der Fall, wo das geistige Leben lokalisiert ist. Der Reduktionsprozeß muß sich also zunächst auf jene gehirnphysiologischen Vorgänge beziehen, aus denen das geistige Erlebnis hervorgeht. Durch ihn wird der Geist in seiner Substanz nicht berührt, aber der Inhalt des

[1] Darüber unten S. 636 ff

geistigen Erlebens erfährt mittelbar grundlegende Veränderungen.

Daß der Reduktionsprozeß in der Gemeinschaft in erster Linie auf ihre Auflösung durch Verselbständigung des Einzelnen gerichtet ist, beruht darauf, daß er dem organischen Leben angehört, für das die Bindung an den Gemeingeist eine Anomalie ist. Sie widerspricht der biologischen Selbständigkeit des Organismus, der nur eine biologische Bindung wie im Ameisenstaat kennt.

Der Reduktionsprozeß steht in vollem Gegensatz zu dem Drang zur Gemeinschaft, der ebenfalls auf einer biologischen Energie, dem Selbsterhaltungstrieb der Kreatur beruht. Wie im Organismus, wird deshalb auch in der Gemeinschaft der Reduktionsprozeß durch den Drang zur Selbsterhaltung zurückgedrängt. Daß er tatsächlich bei vielen Völkern am Werke ist, erklärt sich daraus, daß die Gemeinschaft im Verhältnis zum Organismus eine äußere Lebensform ist, deren Selbsterhaltungsdrang nicht die gleiche Intensität besitzt. Anderseits scheint der Anstoß für einen einsetzenden Reduktionsprozeß vielfach von außen kommen zu müssen, indem die Lebensformen anderer Völker zum Vorbild genommen werden. Daß die Germanen erst seit der Berührung mit der antiken Kultur in ihren Gemeinschaften einen Reduktionsprozeß erfahren, der zunächst langsam einsetzt, um allmählich immer schneller abzulaufen, könnte vielleicht als Beweis dafür dienen. Auf jeden Fall ist die grundsätzliche Akzeptierung der Reduktion von Formen des Gemeinschaftslebens durch den Gemeingeist und der konkrete Reduktionsprozeß an der einzelnen Form scharf zu unterscheiden.

Träger des Reduktionsprozesses ist in erster Linie der Führer. Die Bindungen des Gemeinschaftslebens sind bei ihm in gewisser Weise gelockert und so kann bei ihm der aus dem Organismus aufsteigende Drang zur Reduktion am leichtesten zur Geltung kommen. In den germanischen Staaten zeigte sich der Reduktionsprozeß zuerst in dem Drang, die Führerfunktionen zu erweitern, also in der Gemeinschaft möglichste Selbständigkeit zu erlangen. Die meisten Fälle für den Beginn eines Reduktionsprozesses in der Urzeit beziehen sich aber auf Tatbestände, wo das Prinzip der Reduktion offensichtlich bereits in den Gemeingeist aufgenommen worden ist, so daß ein grundsätzlicher Widerstand dagegen nicht mehr geleistet wird. In diesem Sinne ist es Reduktionsprozeß, wenn an Stelle der Gemeinschaftsarbeit in der germanischen Dorfgemeinde die einzelne Familie am Beginn des Wirtschaftsjahres ihre Hufe erhält, die sie am Ende desselben zurückgibt, und es ist ein weiterer Schritt, wenn eine Rückgabe nicht mehr erfolgt, sondern die Hufe zum bleibenden Besitz der Familie wird, woraus dann schließlich als letzter Schritt das Privateigentum des Einzelnen hervorgeht. Ein anderes Beispiel ist die Auflösung des alten Thing mit seinen Jurisdiktionsbefugnissen, die in die Hände der Schöffen übergehen, wobei die übrigen Thinggenossen, soweit sie überhaupt noch bei den Gerichtsverhandlungen anwesend sind, auf die passive Rolle des sog. Umstandes verwiesen werden.

Das schließliche Ergebnis des Reduktionsprozesses in der Gemeinschaft müßte, theoretisch durchdacht, wie bereits bemerkt, die völlige Auflösung der Gemeinschaft und das atomisierte Nebeneinander der Menschen als reiner Individuen sein. Aber in der Wirklichkeit kommt es dazu nicht. Die Gemeinschaften bleiben bestehen, aber innerhalb derselben entsteht für jeden Genossen eine wachsende Persönlichkeitssphäre, wo dieser mindestens formelles Individuum ist. Er besitzt als solches eine Selbständigkeit, die durch den Gemeingeist der Gemeinschaft toleriert wird und deren Grenzen von diesem fixiert werden. Klassisches Beispiel für diese Individualsphäre ist das Eigentum, das dem Eigentümer in gewissen Grenzen das Recht beliebiger Nutzung gewährt. Der Einzelne ist also einerseits Individuum im Rahmen seiner individuellen Persönlichkeitssphäre, er ist anderseits Kollektivum als Genosse der Gemeinschaft, die seine Persönlichkeitssphäre umschließt. Es liegt im Wesen des Reduktionsprozesses, daß die Sphäre des Gemeinschaftlichen immer mehr gleichsam an die Peripherie des sozialen Lebens gedrückt wird, während die Sphäre des individuellen Beliebens sich ausdehnt. Setzt sich dann nicht der Drang zur Gemeinschaft durch, der die Lebensformen wenigstens in gewissem Umfange wieder kollektiviert, so muß das individualistisch entartete Sozialleben zugrunde gehen. Das Auftreten eines fremden Eroberers ist dann nur eine einzelne Art, wie dieser Zusammenbruch vor sich geht.

## II.

Nachdem wir im Bisherigen die Begriffsmerkmale der Gemeinschaft erörtert und die wesentliche Veränderung ihrer Gestalt durch die Entstehung des Individuums kennengelernt haben, muß jetzt näher dargelegt werden, daß die Gemeinschaft in Wahrheit die Grund-Gestalt des sozialen Lebens bildet, die allen sozialen Lebensformen mindestens zugrunde liegt. Damit wird sich zugleich die zentrale Stellung des Gemeinschaftsbegriffs innerhalb der Soziologie ergeben.

Wir stellen nochmals fest, daß die Gemeinschaft wenigstens der historische Ausgangspunkt alles sozialen Lebens zu sein scheint, daß sie aber vielfach durch gewisse Kräfte modifiziert wird, die Lebensformen entstehen lassen, welche ihren gemeinsamen Grundcharakter dadurch besitzen, daß sie aus der Gemeinschaft hervorgegangen sind. Diese Kräfte sind einerseits der Reduktionsprozeß, der die Gemeinschaft, wie wir bereits wissen, zersetzt, anderseits der Drang zur Gemeinschaft, der die Gemeinschaft wiederherstellt oder jedenfalls Formen erzeugt, die, wie in unserer Zeit, die Gemeinschaft und das Leben in der Gemeinschaft repräsentieren. So ist die Gemeinschaft innerhalb des sozialen Lebens das statische Moment, während Reduktionsprozeß und Drang zur Gemeinschaft das dynamische Element bilden, die aber ihrerseits natürlich immer wieder zu (statischen) Formen hinführen.

Betrachten wir die Geschichte der Völker, so stellt sich, wenn wir in dieser weit genug zurückgehen, stets heraus, daß sie alle einmal, morphologisch gesehen, Gemeinschaftssysteme der oben erörterten Art gewesen sind. Das Gemeinschaftssystem der germanischen Völker zur Zeit Caesars oder des Tacitus kehrt, soweit wir überhaupt zu sehen vermögen, immer wieder, und es löst sich oft im Sinne des oben erörterten Reduktionsprozesses, wenn auch mannigfach verschieden, auf. Im letzteren Falle entstehen innerhalb der einzelnen Gemeinschaften Individuen mit ihren Individualsphären, die sich gegenüber der Gemeinschaft immer mehr distanzieren, immer mehr das Gemeinschaftliche abstreifen, so daß das soziale Leben schließlich nicht mehr als ein System von Gemeinschaften, sondern als ein Nebeneinander selbständiger Individuen erscheint, das die Sozialphilosophie zugrunde legt und das die Einzelwissenschaften je nach ihrem Gegenstande, wie z. B. die Wirtschaftswissenschaft, grundsätzlich akzeptieren. Und es stellt sich weiter heraus, daß dann, wenn dieser Individualisierungsprozeß einen gewissen äußersten Punkt erreicht hat, im Sinne des Dranges zur Gemeinschaft eine gewisse Rückkehr zu kollektiven Formen stattfindet.

Damit ergibt sich zugleich die Methode, welche die Soziologie als Morphologie des sozialen Lebens zu befolgen hat. Ihr Ausgangspunkt muß das einzelne Volk, d. h. das einzelne Gemeinschaftssystem sein, das in seiner Ursprungsform aufgesucht werden muß. Mit ihm ist zu beginnen. Es muß die besondere Art seiner Auflösung, d. h. des Reduktionsprozesses, ins Auge gefaßt und den Gründen nachgegangen werden, warum es etwa hier zu dieser Art der Auflösung und dort zu einer anderen gekommen ist. Es muß ferner gefragt werden, wie der Drang zur Gemeinschaft sich auswirkt und welche besonderen Formen er hervorbringt. Daran muß sich eine Vergleichung der Ergebnisse für die verschiedenen Völker anknüpfen. Erst damit wird ein wirkliches Verständnis für die besondere Gestalt des sozialen Lebens des einzelnen Volkes möglich sein. Aber so weit ist die Soziologie noch lange nicht. Um aber gemäß unserem Thema die Stellung der Gemeinschaft im Ganzen der Soziologie überschauen zu können, genügt eine Beschränkung auf ihre Rolle bei den germanischen Völkern.

Das Schema des Gemeinschaftssystems bei ihnen, das sie, wie bemerkt, mit allen anderen Völkern im wesentlichen gemeinsam haben, ist bereits erörtert. Wir sahen auch, wie der Reduktionsprozeß hier seinen Anfang nimmt. Eine Selbständigkeit gewinnt der Mensch innerhalb der Gemeinschaft zunächst nur als Führer, und so sehen wir, wie jedenfalls seit der Berührung der Germanen mit den Römern umfassende Führerstellungen in den weiteren Gemeinschaften des Systems entstehen.

Eine wachsende Zahl von Menschen wünschen allmählich Herrenstellungen, d. h. Führerstellungen, mit umfassenden Befugnissen zu besitzen. So entsteht die Gefolgschaft, die eine rational geschaffene Gemeinschaft zu zweien auf der Grundlage eines Eidschwures ist, wo der eine zum Führer mit umfassenden Befugnissen und der andere zum „Mann" wird, der jenem zur „Folge" und Gehorsam verpflichtet ist. Otto *Gierke* hat geschildert, wie diese Gefolgschaft die Formen des „Volksstaates", d. h. also des bisherigen Gemeinschaftssystems, zerstört, indem er mehr und mehr durch Gefolgschaften durchsetzt wird. Auf dieser Grundlage entsteht dann als Weiterentwicklung einerseits der Gefolgschaftsstaat, wo dem Großkönig als Herrn die Gesamtheit der Volksgenossen als Gefolgsmannen gegenüberstehen, die ihm zu Treue und Gehorsam verpflichtet sind. Anderseits geht aus der Gefolgschaft als Weiterbildung das Lehnsverhältnis hervor, das zum beherrschenden Strukturprinzip eines wichtigen Teiles des sozialen Lebens wird. Der König, der an der Spitze der sog. Lehnshierarchie steht, überträgt nämlich seine königlichen Funktionen, soweit er sie sich nicht selbst vorbehält, nur noch an Lehnsmannen, während diese wiederum die ihnen übertragenen Funktionen gemäß ihrem Belieben an eigene Lehnsmannen weitergeben. Schließlich werden auch solche Funktionen, die nicht auf einer Verleihung des Königs beruhen — man denke an Führerfunktionen eingeordneter Gemeinschaften des überkommenen Gemeinschaftssystems —, zu Lehen umgedacht.

Daneben zeigt sich der Reduktionsprozeß in der bereits erwähnten, allmählichen Entstehung des Besitzes zu eigenem Recht, indem die Hufe am Ende des Wirtschaftsjahres nicht mehr zurückgegeben wird, wie in der Zersetzung des Thinges und seiner Befugnisse. Im späteren Mittelalter gehört dazu die Auflösung des einzelnen Lehnsverhältnisses durch Wegfall der Verpflichtung zur Rückgabe des Lehens beim Tode des Lehnsmannen. Eine Folge der Zersetzung des Gefolgschaftsverhältnisses ist das Versinken der großen Masse der Gefolgsmannen in Unfreiheit, weil sie nicht imstande sind, wie die Lehnsmannen ihre Stellung in die eines eigenberechtigten

Individuums umzuwandeln. Ein analoger Prozeß vollzieht sich übrigens in Rom durch die individualistische Auflösung der Familie. Während der sog. Haussohn zur Rechtsstellung des Vaters emporsteigt, die beide mehr und mehr zu koordinierten Individuen werden, wird der Sklave, der ursprünglich in der Familie eine dem Haussohn ähnliche Rechtsstellung gehabt hatte, rechtlos und sinkt juristisch zur bloßen Sache hinab.

Inmitten der Zerstörung kollektiver Lebensformen, aus der sich ungeordnet und anarchisch das Prinzip der individuellen Persönlichkeit erhob, dem auf der anderen Seite Hörigkeit und Unfreiheit derer entsprach, die einstmals als freie Männer im Thing erschienen waren, wurde in der mittelalterlichen Stadt auf der Grundlage des individualistischen Prinzips die neue Lebensform gefunden, welche seitdem das soziale Leben der abendländischen Kulturgemeinschaft kennzeichnet. Ausgangspunkt war das Prinzip des bisherigen Gemeinschaftssystems. Aber diese Gemeinschaften lösten sich auf und wurden zu bloßen Organisationen, die lediglich dazu dienten, das Miteinander der Menschen in einer bestimmten Ordnung möglich zu machen, ohne diese binden zu können, weil jenen der Gemeingeist mangelte. Die aus der Gemeinschaft durch Zersetzung hervorgehende Organisation war die Körperschaft, die als solche die äußeren Formen der Gemeinschaft, Thing und Führer, aufrecht erhielt. Es waren in der Stadt Bürgerversammlung bzw. Bürgermeister, Innungsmeister usw.

Aber wenigstens auf gewissen Gebieten muß bei dem Verschwinden der Gemeinschaften eine Bindung der Angehörigen des neuen Systems der Korporationen bestehen bleiben. Freilich kann sie nur eine äußerliche sein. Diese Bindung geschieht mittels der Zwangsfunktionen, die bisher durch Thing und Führer ausgeübt worden waren, die aber jetzt verselbständigt durch die Organe der Körperschaft, z. B. Bürgermeister oder Innungsmeister, vollzogen werden. Da aber kein Sozialleben ohne Gemeingeist auskommen kann, der wenigstens dessen Grundlagen im allgemeinsten bestimmt, so wölbt sich über den Körperschaften, in denen jene Zwangsfunktionen vollzogen werden, kraft des Dranges zur Gemeinschaft ein Gemeingeist, der die Willkür der Träger jener Zwangsfunktionen wenigstens in gewisser Weise einengt und den Gehorsam der Untertanen, d. h. derjenigen, an deren Adresse sich jene Zwangsfunktionen richten, wenigstens im Ansatz sichert.

Damit entstand zuerst in der mittelalterlichen Stadt jene Dreigliederung des sozialen Lebens, die dieses seitdem kennzeichnet. Zunächst die Sphäre des Staates. Es ist diejenige, wo ein Teil der sozialen Lebensordnung, die bisher durch das System der Gemeinschaften dargestellt wurde, durch äußeren Zwang aufrecht erhalten wird. Sodann die Sphäre der Gesellschaft. Es ist das bisherige Gemeinschaftssystem in seiner Zersetzung und Auflösung, zu der natürlich die staatliche Sphäre nicht gehört. Schließlich die Sphäre der Privatrechtsordnung, wo gewisse Bestandteile der gesellschaftlichen Sphäre durch die staatliche Rechtsprechung und Gesetzgebung unter den Schutz der staatlichen Zwangsfunktionen gestellt und damit als selbständige Ordnung konstituiert sind. Dazu gehört etwa der Schutz des Eigentums als des wichtigsten Bestandteiles der individuellen Sphäre, des Vertrages als der Brücke zwischen den Individuen, gewisser Teile des Lebens der Familie, des Erbes usw.

Die Städte waren so die Repräsentanten eines revolutionären Sozialprinzips geworden, das im schärfsten Gegensatz zu dem bisherigen, durch Gefolgschafts- und Lehnsprinzip modifizierten germanischen Volksstaat stand. Aber es setzte sich auch außerhalb der städtischen Gemeinwesen durch. Das zeigte sich in der Entstehung des sog. Ständestaates. Der König, der nach dem Prinzip des Gefolgschafts- und Lehnsstaates an der Spitze gestanden hatte, von dem sich prinzipiell alle Machtbefugnisse ableiteten, wurde allmählich zum Träger bloßer äußerer Zwangsfunktionen. Als solcher trat er auf die gleiche Stufe wie seine Lehnsträger, die innerhalb ihres Territoriums die gleiche Stellung hatten. Als maiores ac potiores schlossen sie sich mit dem König zu einem coimperium zusammen und in ihren Kreis drängten sich kraft ihrer Wirtschaftsmacht die Städte, soweit sie „Staat" im neuen Sinne, d. h. also Träger jener Zwangsfunktionen waren. Das Organisationsprinzip für dieses coimperium war wieder die Körperschaft. Die einzelnen Stände waren zu einer solchen zusammengeschlossen, alle zusammen bildeten eine übergeordnete Körperschaft. Dies Prinzip des Ständestaates tritt uns überall entgegen. In England wird sogar der König als Repräsentant einer sog. Einmann-Körperschaft betrachtet, zu der er allein gehört. Die deutschen Territorien sind nach dem gleichen ständestaatlichen Prinzip aufgebaut. Es ist nur eine Weiterbildung des individualistischen Prinzips, wenn in der italienischen Stadt an die Stelle der Organe von Körperschaften eine einzige Persönlichkeit, der signore als Träger jener Zwangsfunktionen, d. h. der Staatsgewalt, auftritt und wenn der Ständestaat im souveränen Fürstenstaat aufgeht, wofür Ludwig XIV. oder Friedrich d. Gr. charakteristische Beispiele sind.

Das ursprüngliche Gemeinschaftssystem hatte sich damit völlig verändert. Auch jetzt gibt es zwar Systeme von weiteren und engeren Gemeinschaften. Sie umfassen entweder jene Dreigliederung von Staat, Gesellschaft und Privatrechtsordnung, wie die Gemeinschaft des Volkes, oder überwölben lediglich eine dieser Sphären wie die Nation oder das Volk in diesem besonderen Sinne, wo bloß die Staatsangehörigen zusammengefaßt sind. Der wesentliche Unterschied ist aber, daß alle diese Gemeinschaften den Persönlichkeitsbereich der einzelnen Individuen dulden müssen und deshalb zu schwach sind, das Verhalten der Menschen in konkreter Weise zu dirigieren.

Es ist nun keine Rede davon, daß diese Entwicklung innerhalb des einzelnen Volkes völlig gleichmäßig sein müßte. Das soziologische Prinzip, daß alles soziale Leben sich in dem Gegeneinander von Initiative und Nachfolge bzw. Nachahmung darstellt, gilt zwar auch hier. Aber gerade die Tatsache, daß durch die individualistische Entwicklung der Gemeingeist sich verdünnt, bringt es mit sich, daß jenes Spannungsverhältnis zwischen den einzelnen Angehörigen der Gemeinschaft, etwa des Volkes, zu schwach geworden ist, um ohne weiteres gegenüber der Initiative der einen die Nachfolge bzw. Nachahmung der anderen auszulösen. Waren etwa die Bürger in den Städten oder die Fürsten die Träger des individualistischen „Fortschritts", so blieb umgekehrt der Bauer auf dem Lande seinen altüberkommenen, kollektiven Lebensformen treu, von denen er nicht lassen wollte, weil er von jenem Reduktionsprozeß nicht angerührt war und Bürger und Fürsten nicht als Träger einer verpflichtenden Initiative empfand. So suchte man ihn zu zwingen, um wirtschaftlicher Vorteile willen, die mit dem neuen Lebensprinzip verknüpft waren, oder auch nur, um die staatlichen Kompetenzen ausdehnen zu können, die auf dem Lande mindestens zunächst überflüssig waren, weil der Bauer seine altüberkommenen Jurisdiktionsformen hatte. So kam es z. B. zum Bauernkrieg, weil der Bauer das „alte, gute Recht" verteidigen wollte.

Wir sahen oben, daß neben dem Reduktionsprozeß der Drang zur Gemeinschaft zu jenen Energien gehört, die als dynamisches Moment die soziale Lebensordnung bestimmen. Bei der Darstellung jener Entwicklung, die wir als Reduktionsprozeß erkannten, wurden jene Rückschläge nicht ins Auge gefaßt, in denen der Drang zur Gemeinschaft die individualistische Entwicklung immer wieder aufhielt. Nunmehr haben wir uns aber seinem Eingreifen zuzuwenden, das den Individualismus nicht mehr bloß hemmt, sondern in gewissem Umfange eine wirkliche Rückkehr zu kollektiven Lebensformen herbeiführen wird.

Dieser Prozeß beginnt in der Philosophie des 18. Jahrhunderts. Rousseau mit seinem Contrat social steht am Anfang. Herder, die Romantik, die historische Rechtsschule, Hegel folgen. Auf alles dies ist hier nicht näher einzugehen. Wichtig allein ist, wie sich in ihm die soziale Wirklichkeit formt.

In der vom Standpunkt des Individualismus einfachsten Form erscheint der Drang zur Gemeinschaft, wenn die Individuen sich in Verträgen zusammenschließen. Während noch das 18. Jahrhundert sich durch den individualistischen Drang zur Vereinzelung gekennzeichnet hatte, so daß der Staat Vereinsbildungen und Zusammenschlüsse als ungewöhnlich mißtrauisch verbieten oder jedenfalls unter strenge Aufsicht stellte, setzt im 19. Jahrhundert eine große Welle von Zusammenschlüssen der Einzelnen, vor allem als Berufsverbände ein. Klassisches Beispiel sind die Gewerkschaften. Während das Bürgerliche Gesetzbuch noch von dem Nebeneinander physischer Personen als der eigentlichen Rechtssubjekte ausging, treten diese in der Wirklichkeit mehr und mehr zurück. Sie verschwinden hinter Organisationen, die nunmehr für jene auftreten. Charakteristisch dafür sind die kollektiven Arbeitsverträge, aber auch die Kapitalgesellschaften, wo etwa der Aktionär immer weniger als Inhaber eines eigenen Rechtes betrachtet wird.

In den so entstehenden Organisationen, aber auch in den in anderer Weise entstandenen, wie den staatlichen Behörden, entwickelt sich nun unter den Menschen, die sie tragen, ein Gemeingeist, der vor allem auf die Aufrechterhaltung der eigenen Stellung und die Erweiterung ihrer Funktionen gerichtet ist. So entsteht z. B. der Begriff der Bürokratie. Während z. B. der souveräne Fürst des 18. Jahrhunderts seinen Beamten beliebig entließ, leistet heute eine Behörde, die nicht mehr benötigt wird, einen oft sehr wirksamen Widerstand gegen ihre Beseitigung. Die Parteibürokratien besetzten wenigstens bisher durch das Mittel des Verhältniswahlrechts die Parlamente und drängten damit den Wähler zurück, der nur noch die von jenen aufgestellte Liste wählen konnte.

Der Drang zur Gemeinschaft führt aber auch unmittelbar zu ihr. Es entsteht z. B. die öffentliche Meinung. Das Zeitalter des Individualismus hatte den Einzelnen auf die eigene Vernunft verwiesen. Die Aufklärung hatte von dem Einzelnen verlangt, daß er sich von Tradition und Vorurteilen frei machen solle, um dem vernünftigen Licht in der eigenen Brust zu folgen. Seit der Französischen Revolution unterstellt sich aber der Mensch, jedenfalls in bezug auf die Aktualitäten des Tages, dem „öffentlichen" Meinen, d. h. einem Gemeingeist, der sich in bezug auf jene immer wieder neu bildet. Er verzichtet auf das eigene Meinen; die öffentliche Meinung scheint ihm im Verhältnis zu dem möglichen oder wirklichen eigenen Meinen als die bessere. Dabei wird die Presse das wichtigste Instrument für ihre Bildung.

Während sich die öffentliche Meinung wenigstens theoretisch dadurch kennzeichnet, daß das Individuum immer wieder aus dem öffentlichen, kollektiven Meinen zurücktritt, ist im Begriff der Klasse dies einschränkende Moment nicht mehr gegeben. Das Proletariat, auf welches sich jener Begriff in erster Linie bezog, war echte Gemeinschmitaft eigenem Gemeingeist, ohne daß von einer Rückkehr des Einzelnen auf die Basis des Individuums die Rede gewesen wäre. Seit dem Zurücktreten des Proletariats als soziologischer Realität und damit des Klassenbegriffs ist eine andere, echte Gemeinschaftsbildung in den Vordergrund getreten. Es ist die Masse; in ihr sind die Ideen der Freiheit und der Gleichheit, die seit der Französischen Revolution das Denken beherrschen, zum primären Inhalt eines Gemeingeistes geworden. Sie haben in unheilvollster Weise zur Aushöhlung der geistigen Substanz der Menschen und damit zur Bedrohung unserer ganzen Kultur geführt. Ein näheres Eingehen in diesem Zusammenhang ist nicht möglich.

Während sich insoweit der Drang zur Gemeinschaft in einer Reihe von einzelnen Tatbeständen unmittelbar auswirkte, hat er in drei großen dynamischen Prinzipien in besonderer Weise den Ablauf der Ereignisse und damit die Gestalt des sozialen Lebens bestimmt. Es sind: Nationalismus, Sozialismus, Etatismus.

Der Nationalismus ist durch die Französische Revolution kreiert worden. Er entstand, als in dem Drang zur Gemeinschaft, der in bezug auf den Staat durch den Contrat social Rousseaus geweckt worden war, der Staat nicht mehr wie bisher Herrschaftsorganisation, sondern Gemeinschaft, wie der corps politique Rousseaus, sein sollte. Aber man begnügte sich damit, an Stelle des Königs die Nation zum Inhaber der Souveränität zu erklären, während die staatliche Organisation, zu der auch der König zunächst gerechnet wurde, als Repräsentation der Nation erschien. Die Nation aber war jene Schicksals- und Kulturgemeinschaft, die allmählich in langen Jahrhunderten unter den Staatsangehörigen sich ausgebildet hatte und zu deren Repräsentanten auch Jeanne d'Arc gehörte. So entstand die Idee des Staates der nationalen Repräsentation oder des nationalen Staates, der sogleich mit Massenheeren, die die Nation darsellten, den Fürstenheeren der europäischen Koalition entgegentrat.

Die Idee des nationalen Staates, wo eine Gemeinschaft, die sich durch einheitliche Sprache, Geschichte und Tradition kennzeichnet, als Inhaber der Souveränität erscheint und entweder selbst, wie im Felde, oder durch Repräsentanten, wie bei der staatlichen Gesetzgebung handelt, zündete in den Köpfen der Menschen auch außerhalb Frankreichs. Es war der Drang zur Gemeinschaft, der sich wenigstens im staatlichen Bereich realisieren wollte. Aber dieser Drang zur Gemeinschaft war bloß auf die äußere Herstellung eines Staates gerichtet, der als Repräsentation einer Nation im Sinne der Franzosen betrachtet werden konnte, auf die staatliche Zusammenfassung der bisher auf verschiedene Staaten aufgeteilten Nation wie in Deutschland und Italien, auf die Schaffung einer Nation, wo sie nicht vorhanden war, damit auf dieser ein eigener nationaler Staat errichtet werden könnte wie bei den österreichischen Slawen. Und Nationalismus war dann jener Gemeingeist, der die Schaffung eines nationalen Staates in diesem Sinne zum Inhalt hatte, aber auch den Kampf um die Durchsetzung der eigenen Sprache, Volksbräuche usw. oder die Verteidigung derselben gegen fremden Vernichtungswillen, weil in letzter Linie davon die Bildung eines eigenen nationalen Staates oder mindestens die Duldung als sog. nationale Minderheit abhing. Der Nationalismus war es, der neben Rußland den ersten Weltkrieg entzündete; dabei hat jeder Versuch, ihm zu genügen und durch neue Grenzziehungen eine sog. Irredenta zu beseitigen, wieder nur neue Irredenten entstehen lassen.

Während der Nationalismus sich nur auf einen einzelnen Ausschnitt des sozialen Lebens bezieht, hat der Sozialismus das gesellschaftliche Leben als Ganzes im Auge. Auch er ist Ausfluß des Dranges zur Gemeinschaft, der seit dem Ende des 18. Jahrhunderts u. a. auch das Bewußtsein bei den Menschen erneuerte, daß das soziale Leben grundsätzlich nicht ein Nebeneinander selbständiger Individuen sei, sondern aus kollektiver Bindung und Verbindung der Einzelnen bestehe und daß es gemäß dieser Erkenntnis zu erneuern und umzugestalten sei.

In diesem Zusammenhang soll lediglich der Marxismus als die praktisch wichtigste Form einer sozialistischen Doktrin erörtert werden.

Wer das soziale Leben grundsätzlich als Gemeinschaft sieht, muß die tatsächlich bestehenden Ungleichheiten unter den Menschen als Unrecht betrachten. Die Herstellung der Gleichheit innerhalb des politischen Lebens, d.h. im Staat, war in der Französischen Revolution von 1789 jedenfalls in der Verfassung von 1793 insoweit zur Anerkennung gelangt, als das Wahlrecht als allgemeines erklärt wurde. Aber im wirtschaftlichen Leben war sie nicht anerkannt worden. So kam es zum Aufstand des Baboeuf, der die Gleichheit auch in der Gesellschaft, insbesondere durch die Abschaffung des Privateigentums herstellen wollte. Aber die Bewegung des Baboeuf schlug fehl. Er wurde als Aufrührer hingerichtet.

Auf breitester Grundlage wurden seine Lehren im Marxismus wieder aufgenommen. Marx ist im Grundsätzlichen vom Individualismus beherrscht. Der Staat ist für ihn eine vorübergehende Institution, dazu bestimmt, allmählich abzusterben, um der freien Gesellschaft freier Individuen Platz zu machen. Das kollektivistische Prinzip beherrscht ihn lediglich in bezug auf das Prinzip der Gleichheit, das die Gemeinschaft kennzeichnet. Dies Gleichheitsprinzip sieht er in der kapitalistischen Wirtschaft in einer doppelten Weise verletzt, darin, daß der Unternehmer allein das Eigentum an den Produktionsmitteln besitzt und daß der Arbeiter nicht den vollen Ertrag der von ihm geleisteten Arbeit erhält, sondern nur einen Teil, während der sog. Mehrwert in die Tasche des Unternehmers fließt. Die „Quintessenz" des Sozialismus im Sinne des Marxismus ist die Ersetzung der privatkapitalistischen Produktionsweise, die sich im Rahmen der Volkswirtschaft durch freie Konkurrenz regelt, durch eine kollektivkapitalistische, wo die Güterproduktion unter eine öffentliche Leitung gestellt ist und auch die Verteilung des Gesellschafts-Produkts durch die gleiche Leitung geschieht. Mit dieser Sozialwirtschaft wäre das soziale Leben in eine Gesamtheit von Befehls- und Gehorsamsakten aufgelöst, wo die oberste Spitze bestimmt, was und wie produziert wird und wo auf der anderen Seite der Konsument in seinen Bedürfnissen nur insoweit und nur in der Weise befriedigt wird, wie dies von der obersten Leitung gewollt ist. Die Persönlichkeit, die innerhalb der Gemeinschaft je nach ihren Fähigkeiten im unmittelbaren Kontakt von Mensch zu Mensch ihr eigenes Wollen zur Geltung bringen kann, wäre, wenn sie nicht zur obersten Leitung dieser Sozialwirtschaft gehört, zum bloßen Gehorchen und Dulden verurteilt. An der Stelle eines wirklichen Gemeinschaftslebens stände eine Organisation, wo nicht bloß das Individuum, sondern auch das Kollektivum in der freien Entfaltung seiner Persönlichkeit negiert ist.

In der Weiterbildung des Marxismus im Bolschewismus hat sich dieser Charakter nur noch verstärkt. Das Individuum, das bei Marx als Rechtssubjekt anerkannt war, ist jetzt als solches negiert. Es steht nur noch im Dienst einer Oligarchie, die im wesentlichen alle Ideologie abgestreift hat und lediglich ihre Herrschaft mit allen Mitteln, unter Negierung aller Werte, aufrecht zu erhalten und zu erweitern sucht.

Mit dem Prinzip des Etatismus kehren wir wieder zum Staat zurück. Aber während der Nationalismus diesen lediglich als eine Einrichtung der Nation gesehen hatte, als eine notwendige Folge, die sich aus dem Dasein der Nation ohne weiteres ergibt, hat der Etatismus ausschließlich den Staat als solchen im Auge. Für ihn wäre es sogar gleichgültig, ob der Staat nationaler Staat ist.

Das etatistische Denken setzt an die Stelle der Gemeinschaft den Staat. Die Wiederherstellung der Gemeinschaft oder wenigstens die Verwirklichung gewisser Merkmale der Gemeinschaft wie des Moments der Gleichheit interessiert den Etatismus nicht. Er richtet seinen Blick auf den Staat als Herrschaftsorganisation. In ihm sieht er den Repräsentanten der wichtigsten Funktionen des Gemeinschaftslebens, die, gemäß den obigen Ausführungen, im modernen Staat aufrecht erhalten sind, während es sich im übrigen aufgelöst hat. Als Repräsentant des Gemeinschaftslebens hat der Staat aber einen absoluten Wert. Der erste Theoretiker dieses Etatismus ist Hegel. Charakteristisch ist, daß er das Merkmal der Gemeinschaft, Quelle und Ausgangspunkt aller ethischen Werte zu sein, auf den Staat überträgt. Der Staat wird auf diese Weise zur Realisation der „sittlichen Idee".

Wir können einen doppelten Etatismus unterscheiden. Einerseits jenen, der sich mit der Anschauung eines machtvollen Staates begnügt. Ein einzelnes Beispiel ist der englische Imperialismus, der, nachdem man im Anfang des 19. Jahrhunderts in den überseeischen Besitzungen eine Last gesehen hatte, die die Liberalen sogar abstoßen wollten, in dem Weltreich nunmehr einen echten Wert sah, der aber nicht nur zu wahren und zu sichern, sondern auch zu erweitern war.

Eine zweite Form des Etatismus entsteht dadurch, daß mit der Idee des Staates als eines absoluten Wertes wirklich Ernst gemacht wird. Dann hat man nämlich diesem bedingungslos zu dienen. Dieser Dienst ist um so größer, je entsagungsvoller er ist, je größer das Opfer ist, das ihm zu bringen ist. Das höchste Opfer aber ist der Verzicht auf eigenes Glück, die völlige Hingabe an den Staat bis zum Opfer des Lebens. So wird der Krieg, in dem der Staat, so sieht man es, sein Wesen am reinsten zu verwirklichen vermag, zugleich zur höchsten Möglichkeit, dem Staat zu dienen. Der Etatismus wird damit zum Kriegstreiber.

Unter den Folgerungen, die sich aus dem Bisherigen ergeben, sollen zwei Sätze besonders hervorgehoben werden. Der erste enthält ein methodologisches Prinzip. Er besagt, daß alle Erscheinungen des sozialen Lebens auf die Gemeinschaft als Grundbegriff zurückzuführen sind, weil sie erst damit ihre Erhellung und wissenschaftliche Erklärung empfangen. Der zweite enthält die praktische Forderung, daß die Soziologie — da sie nicht auf die theoretische Sphäre beschränkt ist — als wichtigste Aufgabe zu sehen hat, dem Drang zur Gemeinschaft, der das Signum unserer Zeit ist, eine Richtung zu weisen, in der dem Verlangen nach *echter* Gemeinschaft genügt wird, ohne doch die Kräfte des Individualismus, die nun einmal nicht zu bannen sind, zu negieren. Wir sahen, wie der moderne Drang zur Gemeinschaft seit seinem ersten Auftreten im 18. Jahrhundert sich auf mannigfache Irrwege abdrängen ließ und dabei dämonische Kräfte entwickelte, die die Grundlagen unserer Kultur bedrohen. Eine staatliche „Kulturpolitik", die jene Aufgabe nicht als ihre wichtigste ansieht, ist von vornherein verfehlt.

*(Professor Dr. Franz W. Jerusalem, (16) Frankfurt a. M., Wolfgangstraße 137.)*

# STUDIUM GENERALE

Heft 12 | Dezember 1950 | 3. Jahrgang


## Besitzt die heutige Naturwissenschaft ein geschlossenes Weltbild?*


Von

ECKHART VOGT.


„Daß sie erkenne, was die Welt im Innersten zusammenhält", darum müht sich die Naturwissenschaft des Abendlandes seit über vierhundert Jahren, nein, seit zweieinhalb Jahrtausenden. Sie versucht nicht — wie Faust — durch magische Beschwörung zu übersinnlichen Einsichten zu gelangen. Sie traut allein dem, was der Mensch durch seine Sinneserfahrung in der ihn umgebenden Natur beobachten, was er durch die zur Verfeinerung seiner Sinne erdachten Apparate ermitteln und was er durch sein verknüpfendes Denken erschließen kann. So dringt sie nüchtern und mühsam auf weit auseinanderlaufenden Wegen Schritt um Schritt vorwärts.

Fortschritte auf diesem Wege sind in der Regel geknüpft an Spezialisierung auf eng begrenzte Teilprobleme. Eine zwar oft beklagte, aber unvermeidliche Zersplitterung in zahlreiche Einzeldisziplinen schreitet immer weiter fort. Kein Einzelner ist mehr imstande, auch nur seine eigene Teilwissenschaft ganz zu überblicken. Immer schwieriger wird die Aufgabe, die Ergebnisse der Einzeluntersuchungen leicht zugänglich und überall dort nutzbar zu machen, wo die Nachbarforschung von ihnen Gewinn haben könnte.

Kann man überhaupt erwarten, daß bei solcher Arbeitsweise die Naturwissenschaft zu einem überschaubaren Weltbild gelangt? — Da erinnern wir uns der überraschenden Begegnungen aus weit entfernten Bezirken herkommender Forschungswege. Ein Fortschritt der Physik etwa erschließt der Chemie oder Biologie ganz neuartige Forschungsmöglichkeiten, oder es werden ungeahnte Zusammenhänge zwischen den Einzelwissenschaften aufgedeckt. Kein aufgeschlossener Mensch unserer Zeit kann sich dem Eindruck dieser Erfolge entziehen, die durch Technik und Medizin jedem täglich vor Augen liegen. So sind wir zu einem wissenschaftlichen Gesamtbild der Natur von einer erstaunlichen Einheitlichkeit und Zuverlässigkeit gelangt — bei aller Lückenhaftigkeit und Ausbaufähigkeit im einzelnen.

Allein, wenn wir von „Weltbild" sprechen, so meinen wir im allgemeinen etwas ganz anderes. Die Welt, in der der Mensch lebt, ist ja nicht nur die Natur, zumal nicht die Natur der Naturwissenschaft, es ist ja seine Umwelt, in erster Linie seine menschliche Umwelt. Fragen wir in diesem Sinne nach dem Weltbild unserer Zeit, so sehen wir wenig von Eindeutigkeit, wenig von Geschlossenheit; wir müssen die denkbar größte Zersplitterung und Zerrissenheit feststellen. Und fragen wir weiter, wie es dazu kam, so müssen wir zugeben, daß diese Entwicklung recht eng mit dem Emporkommen der Naturwissenschaft und der von ihr ausgehenden Technik zusammenhängt.

Irgendwie ist wohl jeder Mensch der zivilisierten Welt heute in seinem Weltbild von der naturwissenschaftlichen Denkweise mitbestimmt. Welchen Platz sie aber einnimmt, ob sie sich harmonisch in seine Weltanschauung eingliedert, oder ob sie einseitig herrschend keinen Platz für anderes läßt, ob sie als gefahrvoll verbannt wird oder ob sie einen unverdauten Fremdkörper bildet, — diese Frage sich einmal vorzulegen, scheint mir gerade in unserer Zeit eine wichtige Aufgabe der Gewissenserforschung jedes Einzelnen zu sein, zumal für jeden, der sich mit Wissenschaft beschäftigt.

Wir wollen diese Frage nicht näher erörtern. Aber sie möge im Hintergrund stehen bleiben.

Was wir mit einem „geschlossenen" Weltbild meinen, können wir am besten verdeutlichen, wenn wir an eine Zeit und an eine Kultur denken, in der das Bild, das sich der Mensch von seiner Umwelt macht, zweifelsfrei gegeben, für ihn wie für seine Mitmenschen gleich verbindlich ist. Er lebt in geistiger Beziehung gesichert und geborgen in seiner Welt. Das christliche Mittelalter ist die uns am nächsten liegende Zeit, die ein geschlossenes Weltbild besaß. Es lag gesichert beschlossen in der unantastbaren Überlieferung der Heiligen Schrift. Das heißt nicht, daß es in der Schrift in allen Einzelheiten ausgeführt sei und dem menschlichen Nachdenken und Forschen keinen Raum mehr ließe. Aber die Natur erforschen, heißt für diese Zeit nichts anderes, als Gottes Wirken in der Natur erkennen und verstehen lernen.

Ist das mittelalterliche Weltbild, das die jüdisch-christliche Offenbarung verbindet mit der platonisch-aristotelischen Philosophie ein „einheitliches" Weltbild? Wenn wir den uns geläufigen Maßstab von Einheitlichkeit anlegen, sicher nicht. Einheit bedeutet für uns: Gelten der gleichen Gesetze in allen Bereichen der Natur. Davon ist die Naturvorstellung der christlichen Lehre ebenso wie die des *Aristoteles* weit entfernt. Für sie ist die Natur zerspalten in mehrere, ihrem Wesen nach verschiedene Bereiche. Erde und Himmel haben nichts Gemeinsames. Selbst die Formen der Bewegung sind in ihnen grundsätzlich verschieden. Den irdischen Körpern kommt die geradlinige Bewegung zu; dem Element des Festen und Flüssigen, der Erde und dem Wasser, die Bewegung von oben nach unten, — der Luft und dem Feuer von unten nach oben. Sie streben zu dem Ort, wo sie „von Natur hingehören". Wesensverschieden von diesen vier irdischen Grundstoffen aber ist der Himmelsstoff der Gestirne; ihm ist die Kreisbewegung eigentümlich. Das Geschehen in der Natur, im Kosmos, ist ein Ineinandergreifen verschiedener, hierarchisch voneinander abgesonderter Ordnungen.

* Nach einem Vortrag aus einer naturwissenschaftlich-medizinischen Vortragsreihe der Universität Marburg im Winter-Semester 1949/50.

Geschlossenheit und Einheit in dem gekennzeichneten Sinne brauchen sich also keineswegs zu decken. Die Einheit wird im christlich-aristotelischen Weltbild nicht vermißt, die Frage nach ihr taucht noch gar nicht auf. Gerade die Erkenntnis der Einheit in der Natur läßt die neue Denkweise der modernen Naturwissenschaft entstehen. Aber gerade diese neue Denkweise ist es, die die Geschlossenheit des mittelalterlichen Weltbildes zerbricht.

Diese Entwicklung von der mittelalterlichen zur neuzeitlichen Naturvorstellung wollen wir an *Johannes Keplers* Werk verdeutlichen[1]. Mit seinem gesamten Denken lebte *Kepler* noch völlig in der christlich-aristotelischen Welt. Was kann in den verschiedenen Ordnungen des Kosmos der letzte, dem Menschen erkennbare Grundgedanke sein? Für *Kepler* sind es mathematische Beziehungen: die Verhältnisse der kleinsten ganzen Zahlen. Aber auch unter ihnen findet er in der Schöpfung nur eine kleine Auswahl verwandt. Ihre Vorzugsstellung erkennt er in einem geometrischen Prinzip: es sind die Teilverhältnisse, die bei der Teilung eines Kreises in gleiche Teile mit Zirkel und Lineal ausführbar sind, und zwar so, daß alle dabei entstehenden Teilstücke auch zueinander in Verhältnissen stehen, die als Kreisteilung herstellbar sind. Das ist für *Kepler* die große Entdeckung seiner „Harmonice Mundi". Die Weltharmonie zeigt er zuerst in den harmonischen Intervallen der Musik, dann in den regelmäßigen Polyedern, aus denen die Kristalle erbaut sind, vor allem aber in den Bahnen der Planeten um die Sonne, und sogar auch noch in den astrologischen Aspekten der Planeten, in ihrer Einwirkung ebenso auf die Erscheinungen des Wetters wie auf die menschliche Seele. Für die heutige Naturwissenschaft sind dies müßige Zahlenspekulationen. Für *Kepler* ist es die Aufdeckung des großen Geheimnisses der Schöpfung, die er immer wieder in Worten dichterischer Begeisterung preist. „Die Natur liebt diese Verhältniszahlen in allem, was des Verhältnisses fähig ist. Es liebt sie auch der Verstand des Menschen, der ein Ebenbild des Schöpfers ist." Und zu seinem geometrischen Auswahlprinzip sagt er: „Gott entnahm die Ideen der Dinge der Vorratskammer der Geometrie, nicht den ungeometrischen Größen; fast hätte ich gesagt: Gott schuf, was er schaffen konnte, und ließ weg, was er nicht konnte." „Ich fühle mich hingerissen und besessen von einem unsäglichen Entzücken über die Schau der himmlischen Harmonien." „Gib dem Himmel Luft, und es wird wirklich und wahrhaftig Musik erklingen."

Dieser Enthusiasmus des Entdeckers wird erst ganz verständlich, wenn man weiß, welchen jahrzehntelangen vergeblichen Anstrengungen zeitweise unter widrigsten Lebensumständen seine Funde abgerungen sind. Er gewann ja seine berühmten drei Sätze der Planetenbewegung rein aus der Erfahrung. Als Helfer und Nachfolger von *Tycho Brahe* wurde er vor die Aufgabe gestellt, aus dessen umfangreichen und für seine Zeit erstaunlich genauen Beobachtungen die Marsbahn zu berechnen. Nach 6 Jahren vergeblichen Suchens brachte endlich der Ellipsensatz die ersehnte Lösung; sie war revolutionär, denn nach *Aristoteles* kamen ja nur Kreisbahnen für die Himmelskörper in Frage. Erst nach 12 weiteren Jahren gelingt die Formulierung des dritten Satzes, der Bahnen und Umlaufzeiten der verschiedenen Planeten zueinander in Beziehung setzt.

Was *Kepler* sucht, ist die zugrundeliegende Einheit, die die verschiedenen Ordnungen des Alls durchzieht; er sucht sie in *mathematischer Harmonie*. Was er dabei findet, seine drei Gesetze der Planetenbewegung, führt — in Verbindung mit *Galileis* Erkenntnissen über die Fall- und Wurfbewegung irdischer Körper — in *Newtons* Mechanik zu einer *physikalischen Einheit*, die das ganze Weltall durchzieht: die gleichen Bewegungsgesetze gelten für Himmel und Erde; alle Körper bewegen sich unter dem Antrieb der Anziehungskräfte, die zwischen ihnen herrschen und die im umgekehrten Verhältnis zum Quadrat ihres Abstandes abnehmen.

Der Wesensunterschied des vollkommenen Reiches der himmlischen Sphären von der im Unvollkommenen befangenen Erdenwelt ist gefallen. Gerade dies Finden der physikalischen Einheit aber ist ein Angriff gegen die Hierarchie der Ordnungen des von der Kirche sanktionierten Weltbildes. Die Verweltlichung der Himmelsmechanik ist der entscheidende Schritt zur Säkularisierung der Naturwissenschaft überhaupt, und der durchschlagende Erfolg des ersten Schrittes führt zwangsläufig und rapide auf der einmal beschrittenen Bahn weiter[1].

So ist der Gewinn an Einheit erkauft mit dem Verlust der Geschlossenheit des Weltbildes. Immer tiefer wird nun die Kluft zwischen der Schöpfung, wie sie die Heilige Schrift schildert, und der physikalischen Welt der neuen Naturwissenschaft; immer schwerer zu überbrücken wird der Zwiespalt zwischen Wissen und Glauben.

Will man den Strukturunterschied zwischen den

[1] Vgl. zum Folgenden: Johannes Kepler. Gesammelte Werke, Bd. VI. Nachbericht von *Max Caspar*. (München 1940).

[1] Hierzu: *W. Kamlah*. Die Wurzeln der neuzeitlichen Wissenschaft und Profanität (Abendland-Verl. 1948). Etwa S. 13: „Auf Luthers Entweltlichung der Heiligkeit antwortet eine gleich radikale Entheiligung der Welt. Der Protestantismus und die naturwissenschaftliche Aufklärung sind die einander genau komplementären Möglichkeiten, in die das Mittelalter auseinanderbricht."

beiden Anschauungen von der Natur auf eine Formel bringen, so kann man sagen: Die christlich-aristotelische Lehre denkt in *Urbildern*, die unabhängig nebeneinander stehen: die vier Elemente, die Himmelssphären; noch für *Kepler* sind es die geometrischen Bilder der regulären Vielecke und Polyeder. Die neue Naturwissenschaft hat den Begriff des *Naturgesetzes* gebildet, die eindeutige und allgemein gültige Beziehung zwischen Ursache und Wirkung. Noch *Goethes* Auseinandersetzung mit *Newton* liegt dieser tiefliegende Gegensatz zweier verschiedener Weltansichten zugrunde.

Das Naturgesetz ist nichts anderes als ein mathematisch formulierbarer Funktionszusammenhang zwischen meßbaren Größen (wie Masse, Länge, Zeit, Geschwindigkeit). Ein Begriff wie Kraft wird erst physikalisch brauchbar, wenn er quantitativ durch zahlenmäßig angebbare Größen ausgedrückt werden kann. Ist das erreicht, so braucht nicht mehr weiter gefragt zu werden, worin etwa das „eigentliche Wesen der Kraft" besteht. *Galilei* fragt nicht, *warum* der Stein fällt, sondern *wie* er fällt. Seiner Beschränkung ist er sich voll bewußt, wenn er, zum philosophischen Ausbau seiner Physik aufgefordert, bemerkt: „Ich schätze das Auffinden einer einzigen, wenn auch unbedeutenden Wahrheit höher als das Herumdisputieren über die höchsten Fragen." Dieser Verzicht auf metaphysische Aussagen ist kennzeichnend für die neue Naturwissenschaft, und gerade er führt sie zu ihren erstaunlichen Erfolgen.

Zur Konzeption eines umfassenden Weltbildes auf Grund des neuen Prinzips der kausalen Gesetzlichkeit gelangt die Naturwissenschaft im 18. Jahrhundert, der Zeit des Rationalismus. Dazu mußte die neue Lehre der *Newton*schen Mechanik, die die Bewegungsvorgänge auf der Erde ebenso beherrscht wie in den weiten Räumen der Sternenwelt, nun auch übertragen werden auf den Mikrokosmos der irdischen Stoffe in der unerschöpflichen Mannigfaltigkeit ihrer Eigenschaften und Wirkungen aufeinander. Die von der griechischen Philosophie übernommene *Atomvorstellung* bot hierzu das geeignete Denkmittel. Es galt also, die Chemie und auch die Biologie zurückzuführen auf die Physik der Atome.

Ein System bewegter und mit Kräften aufeinander wirkender Körper ist nach der *Newton*schen Mechanik in seinem Bewegungsablauf vollständig bestimmt und — wenigstens im Prinzip — berechenbar, wenn einerseits bekannt ist, nach welchem Gesetz die Kräfte vom gegenseitigen Abstand der Körper abhängen, und wenn andererseits die Anfangsbedingungen bekannt sind, d. h. die Konstellation des Systems nach Ort und Geschwindigkeit in einem einzigen Augenblick. Wenn nun alle in der materiellen Welt sich abspielenden Vorgänge auf den Anziehungs- und Abstoßungskräften der Atome und ihren dadurch bewirkten Bewegungen beruhen, so ist offenbar alles stoffliche Geschehen in der Welt endgültig kausal determiniert.

Das ist das *mechanistische Weltbild*, das am eindrucksvollsten *Laplace* gekennzeichnet hat durch die Vorstellung eines Geistes, der den Zustand aller Atome der Welt nur für einen einzigen Augenblick zu kennen braucht; verfügt er andrerseits über die Kenntnis der Kraftgesetze — und über die erforderliche Rechenkunst, so kann dieser Geist den gesamten Weltablauf bis in alle Zukunft vorausberechnen.

Das mechanistische Weltbild gewann in der Folgezeit eine zweifache Bedeutung:

Einerseits gab es der Naturforschung als heuristisches Grundprinzip ein *Programm*, dessen Durchführung heute erstaunlich weit gediehen ist. Zwar hat die Physik gelernt, daß für die Feinstruktur der Materie andersartige Kräfte maßgebend sind als die Gravitationskräfte, die die Bewegung der Himmelskörper bestimmen. Es sind die elektromagnetischen Kräfte, die zwischen den elektrisch geladenen Bausteinen der Materie wirken, und die durch die natürlichen und künstlichen Atomumwandlungen erst in unsrer Zeit der Erforschung zugänglich gewordenen Kernkräfte, die den Aufbau der Atomkerne aus Protonen und Neutronen bewirken. Am Grundsätzlichen des Programms der Einordnung aller Naturerscheinungen in die physikalische Gesetzlichkeit hat sich jedoch damit nichts Wesentliches geändert.

Andrerseits aber glaubte man vielfach, in der mechanistischen Naturansicht das „wahre Wesen" der realen Welt vollständig erfaßt zu haben, also auch den letzten Kern der Erscheinungen in der Welt des Lebens und der Seele, die sich niemals vollständig einer an der Physik orientierten Art der Fragestellung fügen. In unzulässiger Grenzüberschreitung wurde die mechanistische Physik zu einer *Metaphysik* des Mechanismus, des *Materialismus* verabsolutiert.

Beide Entwicklungslinien wurden entscheidend beeinflußt durch die große *Wendung von der klassischen Physik zur Quantenphysik*, die vor 50 Jahren durch *Plancks* Entdeckung der quantenhaften Unterteilung der Energie eingeleitet wurde.

Vorher schon hatte die Experimentalphysik in den Kathodenstrahlen und in den Erscheinungen der Radioaktivität die Mittel gewonnen, das Innere der Atome und ihren Aufbau aus den kleinsten Bausteinen der Materie, den „Elementarteilchen", zu erforschen. Die Qualitäten der 92 chemischen Grundstoffe wurden zurückgeführt auf die Zahl von Elektronen, welche den die gleiche Zahl positiver Ladungen tragenden Atomkern umhüllen. Aber erst die Quantentheorie ermöglichte es *Bohr* und *Sommerfeld*, dieses *Rutherford*sche Atommodell durchzurechnen und aus der Hieroglyphenschrift der Spektrallinien die „Sphärenmusik des Atoms" in ihrer Zahlenharmonie herauszuhören [1]. Als auch die chemischen Bindungskräfte — „heteropolare" wie „homöopolare" — als elektrische Kräfte erkannt und in einfachen Fällen berechenbar wurden, war die Chemie in ihrer theoretischen Grundlage (natürlich keineswegs in ihrer nach wie vor eigenständigen Methodik) im Prinzip zu einem Teil der Atomphysik geworden. Damit läßt sich aber auch das Lebensgeschehen, soweit es von der physiologischen Chemie erfaßt wird, letztlich auf Atomphysik zurückführen.

Doch war die Vereinigung der Quantentheorie mit der klassischen Physik keine leichte Aufgabe. In eine vorher nicht geahnte Krise wurde die Physik durch *Plancks* umstürzende Entdeckung geworfen; von Grund auf mußten die Prinzipien physikalischer Naturerklärung einer kritischen Revision unterzogen werden. Gerade hierbei ergab sich eine grundsätzliche Einschränkung des mechanistischen Programms. Auf ihrem eigensten Gebiet, in der Mikrowelt der Atome, lernte die Physik Grenzen ihrer eigenen Methode erkennen. Sie hat damit selbst die im mechanistischen Materialismus vollzogene Übertragung der klassisch-physikalischen Denkweise auf Gebiete, in denen sie fremd und unangemessen ist, entlarvt.

Zwei Züge dieser Revision der Grundlagen sind für uns wichtig:

1. die Einschränkung des strengen Determinismus im Bereich der Atomphysik,

2. die kritische Besinnung auf den Modellcharakter vieler in der Atomphysik gebrauchter anschaulicher Vorstellungen.

1. *Einschränkung des Determinismus.* Schon längst vor 1900 war es der Physik geläufig, daß es ein aussichtsloses Beginnen ist, die Eigenschaften der Stoffe durch die genaue Beschreibung der Atom- und Molekülbewegungen im einzelnen darzustellen. Die kinetische Gastheorie hat zuerst die mathematischen Methoden der Wahrscheinlichkeitsrechnung auf die unübersehbar großen Mengen gleichartiger Moleküle in einem Gase angewandt. Die strenge Gültigkeit vieler makro-physikalischer Gesetze beruht im Grunde nur auf dem „Gesetz der großen Zahlen" der Statistik, dem Satz nämlich, daß der relative Schwankungsbereich von Wahrscheinlichkeitsaussagen um so kleiner wird, je größer die Zahl der betrachteten Einzelfälle ist. Wenn ich mit einem Würfel sechsmal werfe, so werde ich kaum gerade die 6 verschiedenen Zahlen erhalten, obgleich diese Kombination die wahrscheinlichste ist. Wenn ich dagegen 60 mal, 600 mal oder noch öfter würfele, so wird mit immer größerer Genauigkeit je ein Sechstel aller Würfe die 6 verschiedenen Zahlen ergeben.

Solche der statistischen Gesetzmäßigkeit unterliegenden Schwankungserscheinungen, die auf der molekularen Struktur der Materie beruhen, kann man unmittelbar der Beobachtung zugänglich machen, wenn man die Zahl der beteiligten Moleküle herabsetzt. Beobachtet man mit dem Mikroskop ein Nebeltröpfchen, das wegen seiner Kleinheit nur sehr langsam zu Boden sinkt, so durchläuft es das Gesichtsfeld keineswegs in stetiger geradliniger Bahn, sondern es führt eine vollkommen ungeordnete Zitterbewegung aus; sie rührt davon her, daß die Stöße der Gasmoleküle das Tröpfchen in ganz unregelmäßiger Häufigkeit und Stärke von den verschiedenen Seiten her treffen.

Noch stärker tritt der statistische Charakter des atomaren Geschehens z. B. bei den radioaktiven Umwandlungen hervor. Sie beruhen bekanntlich auf einem spontanen Kernzerfall der Atome. Die Atomkerne der radioaktiven Elemente sind nicht stabil; sie schleudern irgendwann einmal ein Teilchen mit großer Energie heraus, entweder einen zweifach positiv geladenen Heliumkern oder ein negatives Elektron. Die Ladungsänderung macht aus dem zerfallenen Atom ein neues chemisches Element. Der zeitliche Ablauf dieses Kernzerfalls nun läßt sich nur statistisch ausdrücken: Von den vorhandenen Atomen zerfällt in gleichen Zeiten immer der gleiche Bruchteil. Wann aber ein individuelles Einzelatom zerfällt, ob sofort oder erst nach hundert Jahren, läßt sich auf keine Weise voraussagen.

Dieser Zufallscharakter des atomaren Einzelereignisses beruht nun nach der Quantentheorie auf einer Indeterminiertheit von grundsätzlicherer Art als die Regellosigkeit der Zickzackbewegung eines Nebeltröpfchens oder die Zufälligkeit beim Würfelspiel. Wir sind überzeugt, daß die beiden letzteren Vorgänge durch die makrophysikalischen Gesetze streng determiniert sind, daß nur die Unüberblickbarkeit der Einzelbedingungen die sichere Voraussage unmöglich macht. Auch das Atom ist nach den Anschauungen der Atomphysik ein System bewegter „Elementarteilchen". Den Atomkern mit den ihn umgebenden Elektronen kann man sich ganz ähnlich vorstellen wie die Sonne mit den sie umkreisenden Planeten. Aber es besteht ein prinzipieller Unterschied. Die durch die Quantentheorie

[1] Vgl. Vorwort zu *A. Sommerfeld*, Atombau und Spektrallinien.

eingeleitete Krise der Physik hat zu der Erkenntnis geführt, daß der raumzeitliche Bewegungsablauf *innerhalb* eines Atoms im einzelnen *prinzipiell unerforschbar* ist. Nur statistische Aussagen über die Aufenthaltswahrscheinlichkeit der Elektronen an jedem Ort in der Umgebung des Atomkerns sind möglich. Ebenso ist es nach Auffassung der heutigen Physik prinzipiell unmöglich, den Zeitpunkt für den Kernzerfall eines individuellen Radiumatoms vorauszusagen.

Hierfür gibt es in der Biologie eine Parallele. Sie ist nach Auffassung der modernen Biophysik höchstwahrscheinlich nicht nur eine Analogie; viele Forscher sind vielmehr geneigt, sie der quantenhaften Indeterminiertheit atomarer Vorgänge zuzuschreiben: Ich meine die spontanen Umwandlungen der Erbfaktoren in den Keimzellen der Organismen, die sog. „Mutationen". Doch davon später.

In *Heisenbergs* Unbestimmtheitsrelationen ist die atomare Indeterminiertheit quantitativ formuliert: Die beiden den Bewegungszustand eines Teilchens bestimmenden Größen Ort und Geschwindigkeit können nicht mit beliebiger Genauigkeit ermittelt und angegeben werden. Bedeutet $\Delta x$ die Unsicherheit einer Ortskoordinate x des Teilchens und $\Delta I_x$ den Spielraum der in die x-Richtung fallenden Impulskomponente $I_x$ (Impuls = Masse x Geschwindigkeit), so ist stets $\Delta x \cdot \Delta I_x \geqq h$, worin h die feste Größe des Planckschen Wirkungsquantums ist. Ist eine der beiden Zustandsgrößen genau bestimmt, ist also ihr Spielraum null, so ist nach dieser Ungleichung die andere völlig unbestimmt. Z. B. läßt sich wohl ein Elektronenstrahlbündel von beliebig genau bestimmter Geschwindigkeit herstellen, aber es kann darin kein Einzelelektron auf seinem Weg verfolgt werden.

Eine zweite ganz entsprechende Relation besteht zwischen den Größen Zeit (t) und Energie (E):

$$\Delta t \cdot \Delta E \geqq h.$$

Hiernach ist z. B. nur für einen zeitlich stabilen Atomzustand die Energie genau definiert; denn $\Delta E = 0$ fordert ja $\Delta t = \infty$. Wird die innere Energie dieses Atoms durch Energiezufuhr von außen erhöht, sei es durch den Stoß eines anderen Teilchens, sei es durch Absorption eines Lichtquants, so ist die Energie des so entstandenen „Anregungszustands" um so unschärfer definiert, je kleiner seine Lebensdauer ist. Verliert nämlich das Atom seine Anregungsenergie durch Lichtemission, so ist durch die mittlere Lebensdauer der angeregten Zustände die „natürliche" Breite der emittierten Spektrallinie bestimmt. Ein Frequenzbereich $\Delta \nu$ ist ja nach dem Planckschen Postulat $E = h\nu$ unmittelbar ein Maß für einen Energiebereich. Im betrachteten Fall ist das die Unschärfe des angeregten Zustands, wenn durch die Lichtemission das Atom wieder in den stabilen Grundzustand zurückkehrt, für den $\Delta E = 0$ ist.

Diese wenigen Andeutungen müssen hier genügen, den Sinn der quantenmechanischen Indeterminiertheit zu erläutern [1].

2. *Modellcharakter anschaulicher Beschreibung.* Mit der Feststellung der Unerforschbarkeit des genauen Ablaufs der Elektronenbewegungen im Atom sind wir bereits zu diesem zweiten Punkt gekommen. Unsere Feststellung besagt offenbar: Wenn man sich das Atom so ähnlich wie ein Planetensystem vorstellt, so kann man aus dieser Vorstellung vielleicht bestimmte Folgerungen ziehen, die sich im Experiment bestätigen; aber im einzelnen nachprüfbar ist diese Vorstellung nicht. Sie ist ein brauchbares Bild, ein Modell, aber nicht mehr. Es kann möglicherweise ein ganz anderes anschauliches Modell geben, das die experimentell prüfbaren Eigenschaften des Atoms ebensogut oder gar besser wiedergibt. Und das gilt in der Tat für das Atommodell der Wellenmechanik.

Diese zweifache Möglichkeit der Veranschaulichung gilt nicht nur für das Atom. Zuerst wurde diese Zweideutigkeit erkannt für die leichter übersehbaren *Strahlungs*erscheinungen. Bei jeder Strahlung bewegt sich etwas vom Strahler zum Empfänger: von der Lichtquelle zum Auge, von der Schallquelle zum Ohr, von der Sende- zur Empfangsantenne. In der Körperwelt gibt es zwei Arten von Bewegung: einmal die wirkliche Fortbewegung von materiellen Körpern; das kann ein Strom kleiner Teilchen sein wie der Regen. In den Radioröhren z. B. geht ein Regen von Elektronen vom Glühdraht zur Anode. Strahlen dieser Art nennen wir *Korpuskularstrahlen*. Oder aber: in einem Medium, das den Zwischenraum zwischen Sender und Empfänger gleichmäßig ausfüllt, breitet sich irgend eine Art periodischer Bewegung der Teilchen um eine Ruhelage herum aus, wir haben eine *Wellenstrahlung*. Denkt man an ein Kornfeld, über das vom Wind erzeugte Wellen hinstreichen, so weiß man, daß die Welle keinen Stoff transportiert. In bestimmtem Rhythmus neigen sich die Halme und richten sich wieder auf, und diese Einzelbewegungen sind zeitlich und räumlich so gekoppelt, daß Wellenberg und Wellental mit bestimmter Geschwindigkeit über das Kornfeld laufen. Alle Bewegungen in der sichtbaren Welt kann man einem dieser beiden Typen zuordnen. Es gibt keine andere Bewegungsform.

Mit immer wachsender Folgerichtigkeit und Sicherheit lernte es die Physik, diese Zuordnung vorzunehmen, zunächst für die mit unseren Sinnen wahrnehmbare Strahlung: Schall und Licht, sodann für alle nur indirekt der Beobachtung zugänglichen Strahlenarten. Die Röntgenstrahlen etwa und auch die radioaktiven Gammastrahlen wurden eingereiht in die heute lückenlos bekannte Wellenlängenskala der elektromagnetischen Wellen, die von diesen kurzwelligsten Strahlen über die ultraviolette Strahlung, das sichtbare Licht, die Wärmestrahlung bis zu den Radiowellen reicht. Korpuskularstrahlen dagegen sind Elektronenstrahlen, $\alpha$- und $\beta$-Strahlen der Radiumelemente. Daß diese Zuordnung zur Wellen- oder Korpuskelbewegung eindeutig sei, daran regte sich bis zur Jahrhundertwende nicht der leiseste Zweifel.

[1] Näheres z. B. in *W. Heisenberg*, Die physikalischen Prinzipien der Quantentheorie (Lpz. 1930).

*Plancks* Entdeckung der Energiequanten und die darauf aufbauenden Gedanken, insbesondere von *Einstein* und *Bohr*, eröffneten unerwartet eine ganz neue Perspektive. Man erkannte zuerst, daß die Wechselwirkung des Lichtes mit der Materie, die Erscheinungen der Lichtemission und -absorption nur zu verstehen sind, wenn man das Licht nicht als Wellenstrahlung auffaßt, sondern als einen Strom von Lichtquanten. Vielleicht noch aufregender war folgender Fund: Ein Elektronenstrahl verhält sich beim Durchgang durch ein dünnes Kristallplättchen genau so wie ein Röntgenstrahl; die regelmäßige Gitteranordnung der Atome im Kristall bewirkt die gleiche Interferenzerscheinung, die für die Röntgenstrahlen gerade zum Beweis ihrer Wellennatur geworden war. Diese Entscheidung, die dazu zwang, der Materie auch Welleneigenschaften zuzuschreiben, wirkte noch umstürzender für das physikalische Weltbild als die der Lichtkorpuskeln.

Die *Natur von Licht und Materie* ist also *zweideutig* geworden. Je nach der Art der Fragestellung durch das Experiment gibt die Natur verschiedene Antworten, die unvereinbar scheinen. Erscheint diese Fragwürdigkeit physikalischer Aussagen zunächst als Verlust, so stellt sich bei näherer Betrachtung heraus, daß gerade hierin ein unschätzbarer Gewinn der neuen Physik für das naturwissenschaftliche Denken liegt. Die beiden in der Körperwelt unmittelbar zutage liegenden Grundphänomene der Bewegung, Welle und Korpuskelstrom, sind für das Licht und den Elektronenstrahl nur Bilder, nur Modelle. Sie gelten zwar zweifelsfrei und eindeutig für alle Experimente, in denen Licht- oder Elektronenstrahl makroskopischen Einwirkungen unterworfen wird. Sind für die Erscheinungen dagegen atomare Abmessungen maßgebend, so vollzieht sich jene geheimnisvolle Vertauschung der beiden der Anschauung entnommenen Modelle. Wo das Wellenbild versagt, tritt das Korpuskelbild an seine Stelle und umgekehrt.

Welle und Korpuskel sind nur Aspekte der Wirklichkeit, die den Erscheinungen von Licht und Materie zugrunde liegt. Sie stehen in einem besonderen Verhältnis zueinander: sie schließen sich nur scheinbar aus, in Wahrheit aber ergänzen sie sich und bilden erst gemeinsam die naturgemäße Verallgemeinerung der klassischen Beschreibungsweise. Etwa mit diesen Worten kennzeichnet *Niels Bohr* das Verhältnis der beiden Modelle zueinander, und er nennt die beiden Bilder „*komplementär*". Diese besondere Struktur der Komplementarität hat *Bohr* an den verschiedensten Zügen der neuen Quantenphysik aufgedeckt.

Eine Welle ist stets etwas räumlich Ausgebreitetes. Beschreibt man den Elektronenstrahl als Wellenzug, so bringt man damit zum Ausdruck, daß wir nicht angeben wollen und können, wo genau die Einzelelektronen sich im Strahl befinden und welche Bewegung jedes einzelne ausführt. Das Wellenbild drückt also den statistischen Charakter der Gesamtheit der im Strahl transportierten Teilchen aus, und das ist es auch allein, was dem Experiment zugänglich ist. So erscheint uns nun auch in neuem Licht, was wir von der Indeterminiertheit des Bewegungsablaufs innerhalb des Atoms feststellten. Beschreiben wir das Atom als Planetensystem von Korpuskeln, so müssen wir eine Unbestimmtheit in Kauf nehmen. Verzichtet man auf die Einzelbeschreibung und begnügt sich mit der Angabe der mittleren Verteilung der Elektronen auf die Umgebung des Kerns, so ist dies mit dem Bild einer stehenden Welle oder einer Eigenschwingung eines räumlichen Gebildes möglich. Es ist *Schrödinger* gelungen, in seiner Wellenmechanik eine Theorie zu entwickeln, die die beiden zueinander komplementären Modelle der Anschauung auf höherer Ebene miteinander vereinigt. Es ist ganz sinngemäß, wenn dazu eine mathematische Sprache benutzt werden muß, die die Anschaulichkeit, d. h. die Beschreibung in den 3 Dimensionen des Raums und der Zeit, überschreitet.

In den Unbestimmtheitsrelationen wird dies verdeutlicht. Die auch in der Wellenmechanik enthaltene strenge Gesetzlichkeit wird repräsentiert durch die beiden Erhaltungssätze für Energie und Impuls; der Spielraum dieser beiden Größen bildet jeweils den einen Faktor in den beiden Heisenbergschen Relationen. Der andere Faktor, der Spielraum der Ort- und Zeitbestimmung, betrifft je eine der beiden Dimensionen anschaulicher Beschreibung. *Die Unbestimmtheitsrelationen bringen also unmittelbar zum Ausdruck, daß für die quantentheoretische Darstellung des Atomgeschehens strenge Determination und anschauliche Raum-Zeit-Beschreibung im korpuskularen Modell zu einander komplementär sind* [1].

Erinnern wir uns noch einmal des mechanistischen Weltbildes in seiner extremsten Formulierung durch den *Laplaceschen* Dämon, der die Zukunft vorausberechnen kann, so sehen wir jetzt: *Heisenbergs* Unbestimmtheitsrelationen machen es diesem Geist prinzipiell unmöglich, die für seine Berechnung erforderlichen Bestimmungsstücke genau zu kennen. Die Zukunft ist auch für ihn ungenügend determiniert und damit unberechenbar!

Die Physik hat so die Grenzen ihrer Erkenntnismöglichkeiten im Größenbereich der Atome abgesteckt und die Übertreibungen des mechanistischen Weltbildes klargestellt. Gerade diese Revisionen aber befähigten die Atomphysik, alle Zweige der anorganischen Naturwissenschaften so erfolgreich zu durchdringen, daß wir in diesem Bereich mit

[1] Vgl. hierzu z. B. *E. Vogt*, Kausalität und Anschaulichkeit im Weltbild der heutigen Physik. Sitz. Ber. Ges. z. Beförd. d. ges. Naturwiss. Marburg, *69*, 195 (1934).

gutem Recht von einem einheitlichen abgerundeten Weltbild sprechen können, das man wohl am treffendsten das *atomistische Weltbild* nennt.

Noch eine Bemerkung: Die Quantentheorie hat gelehrt, daß Welle und Korpuskel nur Modelle von begrenztem Gültigkeitsbereich sind. Man könnte meinen, daß ebenso vielleicht auch die „Realität" der Atome und Moleküle selbst in Frage gestellt sei. Das ist keineswegs der Fall. Noch um 1900 zwar konnte der Standpunkt begründet werden, die Atome und Moleküle als zwar nützliche, aber durchaus entbehrliche Arbeitshypothesen, eben als Modelle, zu betrachten. Inzwischen sind auf ganz verschiedenen Wegen so sinnfällige Beweise ihrer Existenz und so übereinstimmende Berechnungen ihrer Masse, Größe und anderer Eigenschaften gelungen, daß die Atome längst nicht mehr Modelle, sondern höchst reale Forschungsobjekte der Physik geworden sind.

Wenn wir uns jetzt aus dem Bereich der anorganischen Natur in den der Biologie begeben, so ist zu fragen, ob und wie sich die *Erscheinungen des Lebens* zu dem geschilderten atomistischen Weltbild verhalten. Ordnen sie sich ihm einfach ein, oder wie wäre dieses Weltbild zu erweitern?

Zur Beschreibung der Lebensvorgänge dienen Begriffe, die in der Physik und Chemie jedenfalls nicht vorkommen. Es sind Begriffe eigener Art, wie Wachstum, Fortpflanzung und Entwicklung, Vererbung, Regeneration, Geburt und Tod. Die biologische Wissenschaft ist zwar unablässig bestrebt, die Natur aller dieser Lebensvorgänge mit den Methoden aufzuklären, die sie von den anorganischen Naturwissenschaften übernommen hat. Sie sucht die Gesetzlichkeit des Lebensprozesses zu ergründen und auf die allgemeinen Gesetze der materiellen Welt zurückzuführen. Die Lebewesen sind ja aus den gleichen Stoffen aufgebaut wie die anorganische Welt. Den in ihr geltenden Naturgesetzen müssen auch sie unterliegen. Die Einordnung der Erscheinungen des Lebens in die chemisch-physikalische Gesetzlichkeit, d. h. also in das atomistische Weltbild, ist das Ziel aller *physiologisch* orientierten Zweige der Biologie. Die wichtigste Methode jedes Physiologen ist ebenso wie für den Physiker und Chemiker das Experiment.

Aber die Biologie ist nicht nur Physiologie, wenn sie auch immer vollständiger von Physiologie durchdrungen wird. Ursprünglich ist die Biologie *Morphologie*, Lehre von den Formen und Gestalten. Der Organismus in seiner Ganzheit, die von seiner Umgebung abgegrenzte körperliche Individualität des Lebewesens ebenso wie die Gestaltung seiner Einzelteile und Organe bis hinab zur mikroskopischen Struktur seiner Gewebe und Zellen, ist und bleibt stets Gegenstand und Ausgangspunkt biologischer Forschung. Die Morphologie begnügt sich jedoch nicht mit der bloßen Beschreibung; sie sucht das Zusammenwirken der Teile, die Bedeutung der Organe zu verstehen. Bedeutung wofür? Nun eben für das Ganze und seine Erhaltung, für das Leben! Nicht nur der fertige Organismus, auch seine Entwicklung aus der Eizelle beschäftigt zunächst die Morphologie. Zu verstehen ist dieser Vorgang der Entfaltung und Durchformung aus dem undifferenzierten Keim nicht vom Ausgangspunkt her, sondern nur aus dem erreichten Ziel. Aus all dem wird deutlich: In der Biologie spielen auch Erkenntnis-Kategorien eine Rolle, die wir in der anorganischen Naturwissenschaft nicht finden. Fragt die Physik und Chemie und mit ihr die Physiologie nach kausaler Determinierung, so kann die Biologie in ihrer morphologischen Richtung Begriffe wie Zweckmäßigkeit, Zielstrebigkeit nicht entbehren; dies sind Kategorien „teleologischer" Art. Am Begriff Funktion wird das besonders deutlich: in der Physik und Chemie ebenso wie in der Mathematik geht es um die Funktion *von* etwas; die Biologie spricht von Funktion *für* etwas, letztlich immer für das Leben!

Natürlich sind Morphologie und Physiologie nicht sauber getrennte Disziplinen; sie sind aufs engste miteinander verflochten und geben sich wechselseitig Aufgaben und Methoden ihrer Arbeit.

Kausalität und Teleologie aber sind im Grunde unvereinbar. So ist die Spaltung verständlich, die die Biologen in zwei getrennte Lager führte, zwischen denen lange Zeit kein Ausgleich möglich schien. Die einen, die sich *Mechanisten* nannten, waren überzeugt, daß die Gesetze der Physik und Chemie ausreichen, um alle Lebensvorgänge zu erklären, wenn auch die Erreichung dieses Ziels vielleicht niemals vollständig zu verwirklichen ist und wir uns ihm nur auf einem unendlichen Weg immer mehr nähern können. Die *Vitalisten* dagegen sagen, das Lebendige muß noch durch etwas Andersartiges bestimmt sein, das der anorganischen Gesetzlichkeit entzogen ist und das die physikalisch-chemischen Prozesse so lenkt und reguliert, daß sie der Erhaltung des Lebens dienen. Ob man dieses Agens, das erst das Leben ausmacht, sich als Lebenskraft dachte, wesensverschieden von physikalischen oder chemischen Kräften, ob man es lokalisierte, etwa im Protoplasma oder bestimmten Bestandteilen von ihm, vielleicht lebenden Eiweißmolekülen, oder ob man endlich seine Natur unbestimmt ließ und die aristotelische Bezeichnung Entelechie dafür gebrauchte, ist kein prinzipieller Unterschied.

Der Gegensatz zwischen Vitalismus und Mechanismus — heute würde man treffender Physikalismus oder auch Atomismus sagen — ist kein Streit, der mit dem Sieg der einen oder anderen Ansicht enden könnte, auch wenn die Positionen der Vitalisten wohl immer weiter zurückgedrängt werden. Es ist der unvermeidliche Gegensatz zweier Betrachtungsweisen, von denen jede ihr Recht hat. Das haben viele Biologen längst gesehen, so *E. F. Apel*, wenn er sagt: „Jeder Mensch besitzt nebeneinander verschiedene Vorstellungsweisen von den Dingen, die einander z. T. widersprechen würden, wenn sie Ansprüche daran machten, rein der Dinge wahres Wesen zu zeigen." „Der morphologische Aspekt, nach dem die *Gestalten* uns als selbständige Wesen entgegentreten, bleibt", wie *Bünning* sagt, „unvereinbar mit dem vom analysierenden Forscher entworfenen Bild, das nur von den *Vorgängen* und ihren Wechselwirkungen in Raum und Zeit handelt[1]." Dieses Dilemma, in dem sich die Biologie stets befindet, ist philosophisch schon von Kant in seiner „Kritik der teleologischen Urteilskraft" (2. Teil der Kritik d. Urteilskraft) geklärt. Für *Kant* ist der Begriff des Naturzweckes unentbehrlich zum Verständnis des lebendigen Organismus. Aber er unterscheidet die Zweckbetrachtung als „regulatives" Prinzip der Erkenntnis wohl von dem „konstitutiven" Prinzip der determinierenden Ursachen.

In neuerer Zeit ist dieser Gedanke von *Bergson*, dem Hauptvertreter der „Lebensphilosophie", besonders eindrucksvoll durchgeführt, wenn er in seinem Buch, das den bezeichnenden Titel „Schöpferische Entwicklung" trägt, seinen Begriff des „élan vital", den Lebensdrang, der mathematisch-physikalischen Gesetzlichkeit gegenüberstellt.

Die beiden Betrachtungsweisen der Biologie, die kausalgesetzliche und die teleologische, sind zwei gegensätzliche Aspekte, die in einem ähnlichen Verhältnis zu einander stehen wie Wellen- und Korpuskelbild in der Atomphysik. Wir können auch ihr Verhältnis zu einander „*komplementär*" nennen. Die gleiche Bezeichnung darf jedoch nicht verdecken, daß es sich jetzt um einen viel tiefer reichenden Gegensatz der Aspekte handelt als bei den Komplementaritäten innerhalb der Atomphysik.

Das von der Physik her gesehene atomistische Bild der Natur ist also keineswegs die ganze Natur. Freilich der Fortschritt der biologischen Wissenschaft besteht zum größten Teil im Durchleuchten der Welt des Lebendigen von dieser Seite her. Der andere Aspekt, der teleologische, läßt sich jedoch keineswegs mit dem atomistischen zu einem einheitlichen Gesamtbild der Natur vereinigen, so wie in der Atomphysik Wellen- und Korpuskelbild in der mathematischen Theorie der Quantenmechanik vereinigt sind. *Von einem geschlossenen Weltbild der heutigen Naturwissenschaft können wir also nur dann sprechen, wenn wir die Komplementarität der beiden Aspekte einbegreifen.*

Zweckbetrachtung und Kausalanalyse spielen in der biologischen Forschung ganz verschiedenartige Rollen. Das Erkennen von Zweckmäßigkeiten ermöglicht das Verständnis für die biologische Bedeutung eines Organs oder eines Vorgangs im Organismus. Ist eine solche Teilzweckmäßigkeit herausgeschält, so ist damit einerseits ein kausaler Faktor für die übergeordnete Einheit, etwa die Selbsterhaltung des lebendigen Organismus, gefunden, — andererseits erhebt sich sogleich die Frage, mit welchen Mitteln, durch welche kausalen Zusammenhänge diese Teilzweckmäßigkeit verwirklicht wird.

Genau das bringt *Kant* prägnant zum Ausdruck, wenn er in § 5 seiner Kritik der teleologischen Urteilskraft „Vom Prinzip der Beurteilung der inneren Zweckmäßigkeit in organisierten Wesen" folgendes sagt: „Dieses Prinzip, zugleich die Definition derselben, heißt: *ein organisiertes Produkt der Natur ist das, in welchem alles Zweck und wechselseitig auch Mittel ist.* Nichts in ihm ist umsonst, zwecklos, oder einem blinden Naturmechanismus zuzuschreiben."

Die Schlüsselstellung für die Einordnung des Lebendigen in die anorganische Welt nimmt heute die *Biochemie* ein. Das Leben ist geknüpft an bestimmte Stoffe, und zwar an Stoffe, die wir in der Natur nur als durch Leben erzeugt kennen, von denen aber eine immer größere Zahl der künstlichen Synthese aus anorganischer Materie im Laboratorium zugänglich wurde. Der Lebensvorgang ist verkettet mit chemischen Umsetzungen, Stoffwechselprozessen, die die Lebensfunktionen — Entwicklung, Wachstum, Erhaltung der Körpertemperatur, Leistung von Muskelarbeit usw. — ermöglichen. Die biochemische Forschung der letzten Jahrzehnte hat nun immer wieder die Entdeckung gemacht, daß solche auf bestimmten chemischen Aufbau- oder Abbauprozessen beruhenden Lebensfunktionen gesteuert werden durch besondere, meist in sehr geringer Menge vorhandene „*Wirkstoffe*"; sie haben besonders augenfällig die Doppelnatur, zugleich Zweck und Mittel zu sein. Die Enzyme vermitteln als Katalysatoren den Abbau der Nahrungsstoffe, den Aufbau der Körpersubstanz; die Hormone regen spezifische komplexe Lebensprozesse, wie Wachstum, Geschlechtsfunk-

[1] Beide Zitate aus *E. Bünning*, Studium Generale *1*, S. 10 (1948).

tionen, an. Ein Zuwenig oder Zuviel an Wirkstoff kann Ausfall oder Übersteigerung der betreffenden Funktion bewirken; sie wird auf das der Gesundheit zuträgliche Ausmaß reguliert dadurch, daß den Körpersäften gerade die richtige Menge des Wirkstoffs aus den ihn produzierenden Drüsen zugeführt wird, wobei besondere Hormone die steuernde Wirkung ausüben können.

Bei der Erforschung eines Wirkstoffs dient stets zunächst seine spezifische biologische Funktion als Test, ihn qualitativ nachzuweisen, ihn quantitativ zu bestimmen, ihn chemisch anzureichern und schließlich rein darzustellen. Eine weitere Aufgabe erwächst dem Chemiker, seine Konstitution zu ermitteln und womöglich durch Synthese sicherzustellen. — Ist die biochemische Analyse einer Lebensfunktion bis zu diesem Punkte vorgedrungen, so ist zweifellos ein weiter Weg in das unbekannte Land der physikalisch-chemischen Gesetzlichkeit des Lebens zurückgelegt. Aber damit wird die Frage nach den letzten Gründen der aufgedeckten Zusammenhänge keineswegs gelöst, sie wird nur einen Schritt zurückgedrängt. Es taucht ja nun die Frage auf, wodurch gerade dieser Stoff zu seiner spezifischen biologischen Wirksamkeit befähigt wird.

Das Wunderbarste aus der modernen Biologie ist vielleicht die Aufklärung der biologischen Vorgänge, die der *Vererbung* zugrunde liegen. Die Arteigentümlichkeiten werden von den Eltern auf die Nachkommen in der Vereinigung von Ei- und Samenzelle übertragen. Die mikroskopische Forschung lehrte bekanntlich, daß bestimmte Teile des Zellkerns, die Chromosomen, hierbei die entscheidende Rolle spielen. Bei jeder Zellteilung wird jedes Chromosom, das dann die Gestalt eines langgestreckten Fadens besitzt, genau der Länge nach halbiert, und jede der beiden neuen Zellen erhält eine Hälfte. Alle Zellen des Körpers sind durch fortgesetzte Teilung aus der befruchteten Eizelle entstanden; so durchsetzt also die väterliche und mütterliche Erbmasse den ganzen Körper des Lebewesens. (Durch den besonderen Mechanismus der Reduktionsteilung während der Reifung von Ei- und Samenzelle wird erreicht, daß die Chromosomenzahl sich nicht in jeder neuen Generation verdoppelt.)

Die stofflichen Einheiten, die als Teile der Chromosomen die Einzelmerkmale der Tier- oder Pflanzenart tragen, nennt die Erblehre *Gene*. Bei der Chromosomenspaltung wird jedes Gen offenbar in zwei identisch gleiche zerlegt. Nun ist es durch scharfsinnige Kombination von Kreuzungsexperimenten mit mikroskopischer Untersuchung bei einer für diese Vererbungsexperimente besonders geeigneten Fliegenart (drosophila melanogaster) gelungen, die den zahllosen einzelnen Erbfaktoren entsprechenden Gene räumlich zu lokalisieren: Sie sind in ganz bestimmter Folge längs des Chromosomenfadens aufgereiht wie die Perlen einer Perlenkette.

Was ist nun stofflich ein solches Gen? Die Frage auf chemischem Wege zu beantworten, besteht kaum eine Aussicht; nur der allgemeine chemische Typ des Stoffs, aus dem sich die Chromosomen aufbauen, ist bekannt. Aber Untersuchungen der Einwirkung von Röntgenstrahlen auf die Chromosomen machen es wahrscheinlich, daß jedes Gen aus einem einzigen hochkomplizierten Eiweißmolekül besteht und daß der spezifischen Erbanlage, die es trägt, die spezifische räumliche Anordnung der vielleicht 1000 oder 10 000 Atome entspricht, aus denen es aufgebaut ist. Die Fülle erblicher Arteigentümlichkeiten ist ermöglicht und aufbewahrt in der unübersehbaren Mannigfaltigkeit von Anordnungsmöglichkeiten der Atome im Genmolekül.

Für den Chemiker sind es sehr auffällige Eigenschaften, die das Genmolekül besitzen muß:

1. Von Kernteilung zu Kernteilung erhält es sich in seiner spezifischen Konstitution trotz der großen Zahl von Atomen, aus denen es besteht. Diese *Stabilität* der Atomanordnung des Genmoleküls hat *Schrödinger*[1] mit der eines Kristallgitters verglichen. Zum Unterschied von den periodischen Gittern der kristallinen festen Stoffe nennt er die Genmoleküle „aperiodische Kristalle"; er sieht in ihnen „eine viel vollkommnere Form eines wohlgeordneten Atomaggregats als der gewöhnliche Kristall, da jedes Atom und jede einheitlich wirkende Atomgruppe in ihm eine ganz individuelle Rolle spielt."

2. Und doch kann dies Gebilde nicht starr und unbeweglich in der Zelle festliegen; es ist ja verwoben in die lebhaften und vielseitigen Stoffwechselvorgänge, die Leben und Funktion der Zelle ausmachen und die gerade von den Genen so gesteuert zu denken sind, daß die spezifischen Arteigentümlichkeiten des Gesamtorganismus, seiner fertigen Gestalt und seines gesamten biologischen Verhaltens zustande kommen. Die Gene besitzen also höchst spezifische „*Wirkstoffeigenschaften*". In neuester Zeit ist verschiedentlich der Nachweis gelungen, daß die Bildung gewisser physiologisch bedeutsamer Verbindungen an das Vorhandensein ganz bestimmter Gene gebunden ist.

3. Bevor bei der Kernteilung ein Chromosom der Länge nach aufspaltet, muß es jedes Genmolekül in zwei Exemplaren enthalten. Die Genmoleküle

[1] Vgl. [2] S. 648.

besitzen also die Fähigkeit der *Selbstreproduktion* aus dem übrigen Kern- und Zellplasma unter Bewahrung aller Eigentümlichkeiten ihrer komplexen Atomkonfiguration.

Hier sind wir wohl an die tiefgründigste Verbindung von Biologie und Chemie gestoßen. Die Gene sind Elementarteilchen für die Biologie in einem ähnlichen Sinn, wie es Moleküle und Atome für Chemie und Physik sind. Aber es sind immer zwei Aspekte, unter denen wir das Gen betrachten müssen: der stofflich-chemische und der funktionell-biologische. Das Gen ist das substantielle Element, das die zueinander komplementären Aspekte vereinigt: den der kausalen Gesetzlichkeit als chemisches Molekül und den der teleologischen Bedeutung als Träger des Erbmerkmals.

Wäre ein Gen völlig unveränderlich, so bliebe es unverständlich, wie der Mensch aus den Wildformen bestimmter Tier- und Pflanzenarten seine Haustiere und Nutzpflanzen züchten konnte, und es bliebe auch Darwins Abstammungslehre unverständlich. In der Reihe der Generationen wandelt sich das Erbgut, wandeln sich also auch die Gene.

Veränderungen der Gene sind von der Vererbungswissenschaft sehr genau untersucht; es sind die „*Mutationen*", die sich in sprunghaften, sich vererbenden Abweichungen vom Normaltyp einer Pflanzen- oder Tierrasse bemerkbar machen. Sie sind wohl zu unterscheiden von den stetig fluktuierenden und nicht vererbbaren Variationen, die stets zwischen den Einzelindividuen einer Rasse bestehen, begünstigt durch Umwelteinflüsse. Auslese und Paarung der mutierten Individuen, sei es durch die Hand des Züchters, sei es durch die natürliche Selektion im Kampf ums Dasein, führt zur Umbildung der Rassen.

Das Auftreten dieser spontanen Mutationen folgt allein den Zufallsregeln der Statistik, genau wie der spontane Kernzerfall der radioaktiven Atome. Doch sind sie nicht wie dieser äußerer Beeinflussung unzugänglich; die Mutationshäufigkeit läßt sich vielmehr steigern durch Einwirkung von Röntgenstrahlen. Ausgedehnte strahlenbiologische Meßreihen haben nun den Nachweis erbracht, daß gewisse durch Strahlen ausgelöste Genmutationen sozusagen biologische „Elementarvorgänge" sind, die dem „Trefferprinzip" gehorchen; das besagt, daß jeder einzelne dieser Mutationsakte durch ein einziges Strahlungsquant ausgelöst wird.

Das ist ein experimenteller Befund von großer prinzipieller Wichtigkeit; er gibt nämlich gerade den Hinweis darauf, daß das Gen ein Einzelmolekül freilich von sehr großer Atomzahl, aber kein Aggregat von zahlreichen gleichartigen Molekülen ist. Die Mutation des Gens ist dann nichts anderes als eine chemische Veränderung dieses Riesenmoleküls, vielleicht nur eine Atomumlagerung an einer bestimmten Stelle, die von einer stabilen Konfiguration des Moleküls zu einer anderen führt. Sind aber Genmutationen solche atomaren Quantenereignisse, so gehören sie jedenfalls in den Bereich der quantenmechanischen Indeterminiertheit, die dann an entscheidender Stelle unmittelbar in biologisches Geschehen eingreift.

Rein biologisch sind die Mutationen gekennzeichnet durch das Sprunghafte der Eigenschaftsänderung, durch ihre Richtungslosigkeit und durch den Zufallscharakter ihres Auftretens. Gerade diese biologischen Kennzeichen bringt die atomphysikalische Deutung richtig zum Ausdruck.

Seine biologische Bedeutung erhält das Quantenereignis der Genumlagerung durch die oben genannten drei Eigenschaften des Genmoleküls: Stabilität, Selbstreproduktion und Wirkstoffcharakter. Die neue Genkonfiguration überträgt sich in der Folge der Zellteilungen während der Entwicklung auf den gesamten Organismus und bestimmt damit sein morphologisch oder physiologisch verändertes Erscheinungsbild; auch die Lebensfähigkeit und Lebenstüchtigkeit kann durch die Mutation grundlegend geändert werden.

Wir stoßen hier auf die Extremform dessen, was man als charakteristischen Zug an so vielen Lebensvorgängen, insbesondere an den durch Wirkstoffe gesteuerten findet: Kleine Ursachen, große Wirkungen! *P. Jordan*, dem vor allem die Klärung dieser Zusammenhänge zu verdanken ist [1], spricht von der „Verstärkerwirkung" der Genmutationen. Das dem Naturwissenschaftler Ungewohnte solchen Verhaltens, ja das Wunderbare daran, ist nicht so sehr der undeterminierte Zufallscharakter, die „Akausalität", des Ausgangsereignisses, sondern die strenge Determiniertheit der sich anschließenden Kausalketten. Diese Seite hat *Schrödinger* besonders überzeugend hervorgehoben[2], wenn er die — „Ordnung aus Ordnung" schaffenden — Lebensprozesse der „Ordnung aus Unordnung" in der anorganischen Welt gegenüberstellt, deren makroskopische Gesetzlichkeit nur durch das statistische Verhalten sehr großer ungeordneter Mengen von Molekülen oder Atomen zustandekommt. Das Wunderbare ist die Konstanz, mit der sich das einmal „zufällig" entstandene Genmolekül in seiner Komplexheit erhält gegenüber den Unordnungstendenzen, denen es in seiner Umgebung ausgesetzt ist — und zwar sich erhält nicht etwa als isolierter starrer Einschluß,

[1] Insbes.: *P. Jordan*, Die Physik und das Geheimnis des organischen Lebens (Vieweg, Die Wissenschaft Bd. 95).

[2] *E. Schrödinger*, Was ist Leben? (Sammlung Dalp; Bern 1946).

sondern in ständigem Stoffaustausch mit dem Zellplasma und Wirkungszusammenhang mit dem Organismus, dem es zugehört und den es mitbestimmt.

Betrachtet man die Genmutation von diesem Standpunkt aus, so dürfte sich eigentlich der Widerspruch mancher Biologen gegen die „Verstärkertheorie" erübrigen, der sich wesentlich gegen ihre „Akausalität" richtet. Der Zufallscharakter ist ja gerade ein wesentlicher Punkt des *biologischen* Begriffs von der Mutation. Durch die physikalische Untersuchung und Überlegung ist er nicht hineingebracht, sondern in bestimmter Weise gedeutet worden.

Wenn man freilich glaubt, in der quantenmechanischen Indeterminiertheit einer Genmutation bereits den Zug spontaner „Freiheit" zu erkennen, den der lebendige Organismus in seinen Lebensäußerungen darbietet, so wird in solcher Formulierung verdeckt, daß die Kategorie „lebendige Freiheit" ganz dem teleologischen Aspekt des lebenden Individuums in seiner Ganzheit zugehört. Ein Gen ist — selbst in der Keimzelle — nur ein winziger „Bruchteil" des „Individuums", auf den eine solche „Ganzheitskategorie" wie „Freiheit" anzuwenden ebenso wenig sinnvoll erscheint, wie die Aussage: Ein Elektron im Atom hat die freie Entscheidung, unter den ihm durch das statistische Gesetz erlaubten Bahnen die eine oder andere auszuwählen. „Frei" kann nur ein handelndes Subjekt sein; ein Gen, der körperlich abgegrenzte Träger eines Erbmerkmals, ist für sich betrachtet sozusagen seinem Begriffe nach nur Objekt (nämlich Forschungsobjekt der Biologie). Wir können feststellen, daß mit diesem Objekt etwas geschieht; das Gen kann „eine Veränderung erfahren". Aber es kann nicht durch eigene Entscheidung „sich selbst verwandeln".

Wir lernten die Welt des Lebendigen kennen als einen Ausschnitt in der materiellen Welt, der zwar den gleichen Gesetzen unterworfen ist, die auch in der anorganischen Natur gelten. Aber diese Gesetze reichen nach dem Gesagten nicht hin, das Leben zu verstehen; es bedarf dazu noch eines ganz anderen Aspektes. Ontologisch drückt die Philosophie[1] das aus, indem sie das Leben eine besondere „Schicht" der Wirklichkeit nennt, die zwar von der Schicht der anorganischen Welt „getragen" wird, die aber „über diesem tragenden Grund eine gewisse Automonie besitzt", eine Eigengesetzlichkeit. Zwar sind die Gesetze, die Kategorien der niederen Schicht die „stärkeren", sie greifen hinein in die höhere Schicht. Aber die niedere wird in der höheren Schicht „überformt" auf Grund ganz neuer Prinzipien, denen ein gewisses Maß von Selbständigkeit, von „Freiheit" zukommt, das freilich durch die Gesetze der niederen Schicht eingeschränkt ist.

Die Vorstellung von dem *Schichtenbau der Wirklichkeit* wird von *Nicolai Hartmann* weitergeführt zur Schicht des *Seelischen* und schließlich zu der des *Geistigen*. Andersartig als zwischen Materie und Leben, in gewissem Sinne noch tiefer ist die Kluft zwischen Leib und Seele. Seelische Vorgänge sind zwar gebunden an den lebendigen Körper und damit an Materie, aber sie sind ihrem Wesen nach unräumlich, sie spielen sich nur in der einen Dimension der Zeit ab. Es ließe sich auch an dieser Schichtengrenze besonders deutlich ein komplementäres Verhältnis aufweisen zwischen der Außenseite des Körperlichen und der Innenseite des Psychischen.

Von der Struktur des Psychischen her wird der teleologische Aspekt des organischen Lebens erst ganz einsichtig. Das seelische Leben ist in noch ganz anderem Maße als das Körperliche gebunden an eine unteilbare Ganzheit, an ein Ich. Es ist im Grunde nur eine Übertragung der eigenen Ich-Erfahrung, wenn uns die Lebensäußerungen, die wir an einem Tier sehen, ganz selbstverständlich als spontanes Tun dieses Tieres erscheinen; selbst von einer Pflanze sagen wir: sie wendet ihre Blüten zur Sonne, ihre Ranken suchen einen Halt, um daran emporzuklettern, ihre Wurzeln streben zum Wasser. An der Struktur der Sprache, an der Rolle des Tätigkeitswortes im Satz erkennen wir, daß es die ursprüngliche Sicht des primitiven Menschen ist, nicht nur Pflanzen und Tiere, sondern auch die toten Dinge belebt zu sehen. Auch wir sagen noch: Die Uhr geht, der geworfene Stein fliegt, die Wolken wandern.

Andererseits ist auch das Seelische der Analyse in kausal determinierte Abläufe zugänglich. Psychologie ist eine Naturwissenschaft. Das Handeln des Menschen ist für den Psychologen in jedem Augenblick „motiviert". — Aber komplementär zu diesem Aspekt ist das eigene Bewußtsein der freien Willensentscheidung.

Das Psychische ist nicht mehr allein Gegenstand der Naturwissenschaft; in diesem Bereich öffnet sie sich zur Geisteswissenschaft. Komplementäres Denken allein macht es möglich, die in Schichten gespaltene Wirklichkeit als geschlossenes Bild zu sehen.

Das geschlossene Weltbild des Mittelalters kenn-

[1] Vgl. insbes. die Schriften von *Nicolai Hartmann*, z. B.: „Das Problem des geistigen Seins" oder „Neue Wege der Ontologie".

zeichneten wir als einen Kosmos verschiedener hierarchisch gesonderter Ordnungen wie Himmel, Erde und Hölle. Wir aber erkennen in der Welt und an uns selbst das Ordnungsgefüge von Materie, Leben, Seele und Geist.

„Immer wieder, wenn wir sinnen,
stürzt die Welt in wilde Stücke;
Immer wieder, still von innen,
fügen wir die schöne Brücke."
(R. Dehmel).

*(Professor Dr. Eckbart Vogt, Marburg/Lahn, Gisselberger Str. 23.)*

# Der Unstetigkeitsgedanke in der Physik.

Von
WERNER BRAUNBEK.

In der Mathematik unterscheidet man durchweg stetige Funktionen von solchen, welche an einer oder mehreren Stellen, unter Umständen auch an unendlich vielen Stellen, Unstetigkeiten besitzen. Als Beispiel einer stetigen Funktion ist in Abb. 1 eine

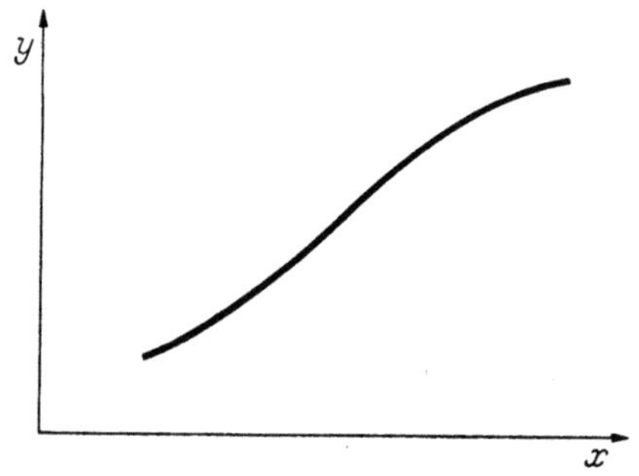


Abb. 1. Stetige Funktion.

Funktion y einer Veränderlichen x graphisch aufgezeichnet; sie wird durch eine „glatte" Kurve dargestellt. Dagegen hat die in Abb. 2 gezeichnete Funk-

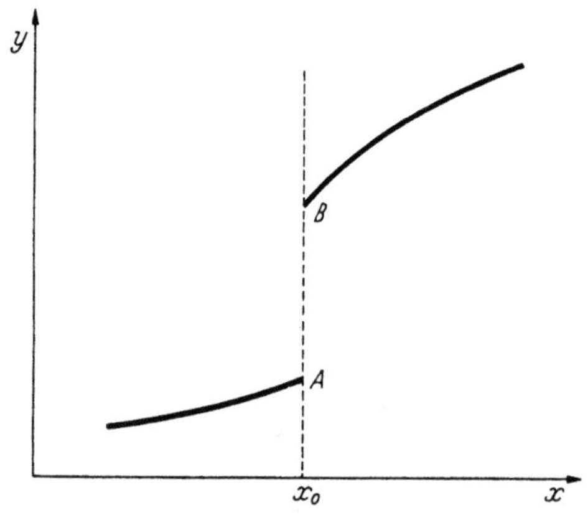


Abb. 2. Funktion mit Unstetigkeit (Sprung).

tion an der Stelle $x = x_0$ eine Unstetigkeit, einen „Sprung" des Funktionswertes y. Dieser nimmt für $x = x_0$ zwei verschiedene Werte an, von denen der eine (niedrigere) bei A nur nach links, der andere (höhere) bei B nur nach rechts einen stetigen Anschluß an Nachbarwerte findet.

Wieder etwas anders liegen die Verhältnisse bei der Funktion der Abb. 3, deren kurvenmäßige Darstellung bei A einen „Knick" aufweist. Dort macht an der Stelle x zwar nicht der Funktionswert, wohl aber die Neigung der Kurve, mathematisch gesprochen also der erste Differentialquotient der Funktion, einen unstetigen Sprung. Ähnlich gibt es auch Unstetigkeiten in höheren Differentialquotienten,

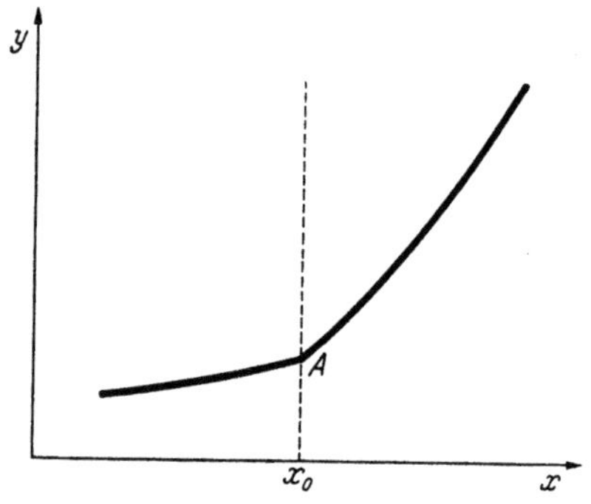


Abb. 3. Funktion mit Unstetigkeit in der Neigung (Sprung des 1. Differentialquotienten).

welche im Kurvenbild der Funktion kaum mehr ins Auge fallen. So hat etwa die aus zwei Geradenstücken und zwei Halbkreisen zusammengesetzte Kurve Abb. 4 an den Zusammensetz-Stellen A, B,

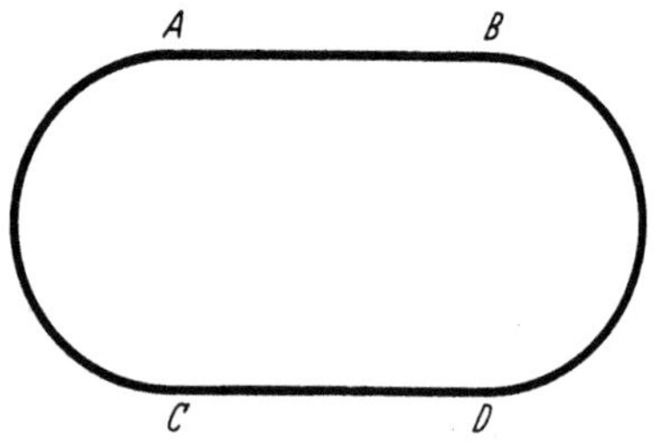


Abb. 4. Kurve mit Unstetigkeiten in der Krümmung (im 2. Differentialquotienten).

C und D je eine Unstetigkeit im zweiten Differentialquotienten, weil dort die Krümmung der Kurve sprunghaft vom Wert Null der Geraden in den Krümmungswert des Kreises übergeht.

Endlich ist in Abb. 5 als Beispiel noch eine ganz andere Art von Unstetigkeit angegeben. Die dort veranschaulichte Funktion hat nur bei ganz bestimmten x-Werten (den Werten x = 1, 2, 3 usw.) einen durch die Höhe der senkrechten Striche dargestellten Betrag; dazwischen ist sie überall Null. Man kann dies auch so ausdrücken: Falls ein von Null verschiedenes y verlangt wird, kann x nur die „diskontinuierlichen" oder „diskreten" Werte 1, 2, 3 usw. annehmen. x bildet eine diskontinuierliche Wertefolge, als deren einfachstes Beispiel wir hier die Reihe der positiven, ganzen Zahlen gewählt haben.

Nach diesem rein mathematischen Exkurs kommen wir nun zur Anwendung. Die Physik als Schulbeispiel einer exakten Naturwissenschaft befaßt sich nur mit „Größen", die „meßbar" sind, also durch einen Zahlenwert ausgedrückt werden können, und sie sucht die Naturvorgänge als gegenseitige Beziehungen solcher Größen zu erfassen und

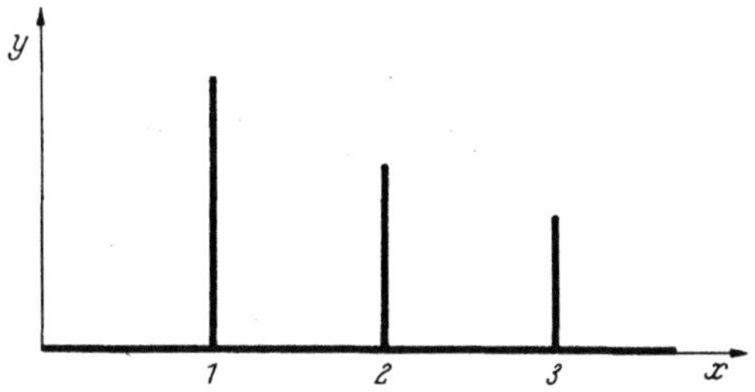


Abb. 5. Unstetige Funktion, die nur für ganz bestimmte x-Werte (1, 2, 3 ...) von Null verschieden ist.

durch mathematische Funktionen darzustellen. Wir können nun fragen: Muß die Physik bei der Lösung dieser ihrer Aufgabe auch Funktionen zur Darstellung von Naturvorgängen heranziehen, die im vorhin näher erläuterten Sinne Unstetigkeiten besitzen, oder kommt sie stets mit durchweg stetigen Funktionen aus? Dies soll die genaue Formulierung dessen sein, was wir unter dem Unstetigkeits-Gedanken in der Physik verstehen wollen.

Die Frage scheint klar gestellt und einer klaren Beantwortung zugänglich zu sein. Wir werden aber nachher sehen, daß die Dinge wesentlich schwieriger liegen, als sie es auf den ersten Blick scheinen. Zunächst wollen wir zur Beantwortung unserer Frage einen der einfachsten und übersichtlichsten Vorgänge betrachten: Die Bewegung eines kleinen Körperchens, von dessen Eigendrehung wir absehen dürfen, eines „Massenpunktes", entlang einer (etwa geradlinigen) Bahn. Wir verstehen jetzt in den Funktionen der Abb. 1—3 unter x die Zeit und unter y den Weg, welchen der Massenpunkt zurückgelegt hat. Dann stellt die stetige Funktion der Abb. 1 eine ganz bestimmte Bewegung des Massenpunktes dar; die Neigung der Kurve an jeder Stelle ist ein Maß für seine Momentangeschwindigkeit. Eine Funktion der Art der Abb. 2 ist nun offenbar zur Darstellung einer in der Natur möglichen Bewegung unbrauchbar. Denn nach ihr müßte sich im Moment x der Massenpunkt gleichzeitig in A und in B befinden; er müßte, nachdem er sich stetig bis A bewegt hat, einen zeitlosen Sprung von A nach B machen, um sich von dort aus stetig weiterzubewegen. Dies ist erfahrungsgemäß unmöglich. Zeitlose Sprünge materieller Körper gibt es nicht.

Etwas schwieriger verhält es sich mit einer Funktion der Art Abb. 3. Hier würde zwar der Massenpunkt keinen Sprung machen, aber im Augenblick x an der Stelle A seine Geschwindigkeit mit einem „Ruck" plötzlich erhöhen. Nun gibt es tatsächlich etwas Ähnliches. Wenn eine langsam rollende Billardkugel von einer rasch rollenden eingeholt und gestoßen wird, so erhöht sie im Augenblick des Stoßes ruckartig ihre Geschwindigkeit, und ihre Weg-Zeitfunktion sieht ähnlich aus wie Abb. 3. Sobald wir jedoch diesen Vorgang genauer analysieren, finden wir, daß es streng genommen keinen „Augenblick des Stoßes" gibt, da kein Körper völlig starr ist und der Stoßvorgang sich immer in einer zwar sehr kurzen, aber von Null verschiedenen Zeit vollzieht, während welcher der stoßende und gestoßene Körper sich elastisch deformieren und die dabei auftretenden endlichen Kräfte eine wenn auch sehr rasche, so doch stetige Geschwindigkeitszunahme des gestoßenen Körpers bewirken. Die Funktion, welche die Bewegung des gestoßenen Körpers (strenger: seines Schwerpunktes) beschreibt, sieht also zwar der Abb. 3 sehr ähnlich, hat aber an der Stelle A keinen strengen Knick, sondern bei genügend feiner Betrachtung eine winzige Abrundung, die einen stetigen Übergang von der geringeren Neigung links von A in die stärkere Neigung rechts von A bewirkt.

Wir haben also im Stoßvorgang, der auf den ersten Blick ein unstetiger Naturvorgang zu sein scheint, keine Unstetigkeit im mathematisch strengen Sinn, jedenfalls solange wir Unstetigkeiten in höheren Differentialquotienten, die zu noch schwierigeren Betrachtungen Anlaß geben würden, außer acht lassen. Diese und millionenfache andere Erfahrungen auf den verschiedensten Gebieten haben zu dem Satz geführt: natura non facit saltus, einem Satz, der durch Jahrhunderte das stetige Denken in der Naturforschung in den Vordergrund stellte, bis der Atomismus und zu Beginn unseres Jahrhunderts vor allem die Quantentheorie plötzlich und ganz unerwarteterweise zu zeigen schien, daß die Natur doch Sprünge macht.

Aber gerade die Betrachtung des Stoßvorgangs, bei welchem eine augenscheinliche Unstetigkeit sich bei genauerem Zusehen in einen stetigen Übergang auflöst, könnte auch zum erstenmal den Verdacht aufkommen lassen, ob beobachtete Unstetigkeiten nicht stets nur eine Frage der Meßgenauigkeit sind, und könnte Zweifel daran aufkommen lassen, ob das Vorhandensein von Unstetigkeiten in der Natur überhaupt durch Erfahrung bewiesen werden kann, da doch jede Unstetigkeit immer noch als stetiger Übergang gedeutet werden könnte, zu dessen Auflösung die erzielbare Meßgenauigkeit nicht ausreicht.

Ehe wir diesem Gedanken weiter folgen, wollen wir aber noch andere Fälle offensichtlicher Unstetigkeiten in der Natur betrachten. Jeder Blick ringsum zeigt uns solche. Wir sehen ja überall keine stetig ineinander verschwimmenden, schlierenhaften Gebilde, sondern wir sehen vor uns klar voneinander abgegrenzte Körper mit scharfen Konturen, und daß dies nicht etwa ein optisches Trugbild ist, zeigt uns die Erfahrung, die wir durch Tast- und Bewegungssinn z. B. mit festen Körpern machen, denn

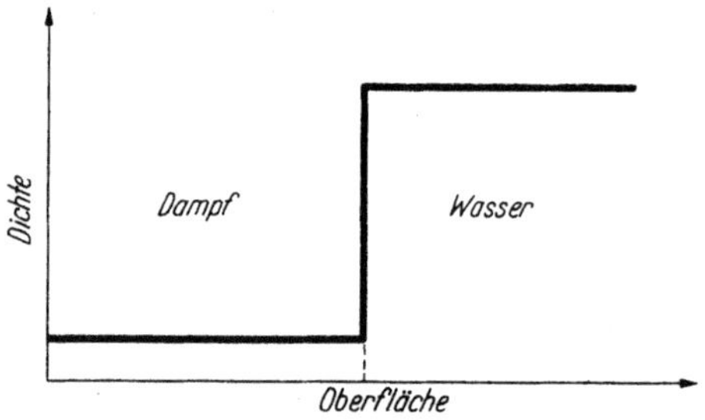


Abb. 6. Der Dichte„sprung" an der Wasseroberfläche.

„hart im Raume stoßen sich die Sachen". Jeder feste Körper, aber auch jede Flüssigkeit, hat z. B. gegen die Luft eine klar definierte Grenzfläche, ihre „Oberfläche", und diese Grenzfläche ist für zahlreiche physikalische Eigenschaften eine ausgeprägte Unstetigkeits-Fläche. Um auch hier den Anschluß an unsere früheren Funktionsformen zu erreichen, denken wir uns etwa durch eine Wasseroberfläche, über welcher sich, damit wir mit einer Stoffart auskommen, Wasserdampf befinden möge, eine senkrechte Gerade und verfolgen den Wert irgendeiner physikalischen Größe, sagen wir der Dichte, entlang dieser Geraden. Beim Wasser, wie beim Dampf, sehen wir hierbei von der atomistischen Struktur ab und betrachten beide als Kontinua, deren Dichte also eine strenge Konstante ist. Gehen wir aus dem Dampfgebiet abwärts, so haben wir zunächst die sehr geringe Dichte des Dampfes (Abb. 6), die an dem Punkt, wo unsere Gerade die Wasseroberfläche trifft, sprunghaft auf den hohen Dichtewert des Wassers hinaufschnellt und bei weiterem Vordringen ins Wasser konstant auf diesem Wert bleibt. Wir haben also genau eine Unstetigkeit der Art der Abb. 2, einen Dichte„sprung" an der Oberfläche. Einen ähnlichen Sprung zeigt etwa auch der optische Brechungsindex, was daran schuld ist, daß wir die Wasseroberfläche überhaupt als Fläche mit dem Auge wahrnehmen.

Da die moderne Physik dem materieerfüllten Raum häufig den energieerfüllten, von Materie aber freien Raum gegenüberstellt, etwa das von Lichtwellen oder anderen elektromagnetischen Feldern durchflutete „Vakuum", wollen wir uns gleich vergewissern, ob es auch dort solch scharfe Trennungs- oder Grenzflächen gibt. Eine grobe Betrachtung scheint dies zu bestätigen. Ein paralleles Lichtbündel (Abb. 7), das auf einen undurchlässigen Schirm mit Öffnung fällt, läßt hinter dem Schirm

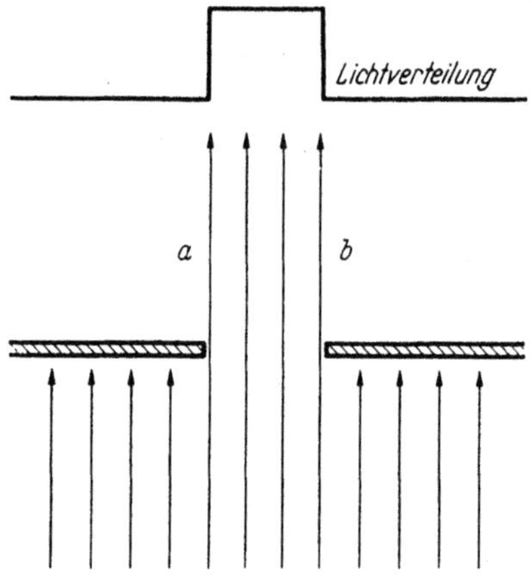


Abb. 7. Durch eine Blende geometrisch begrenzter Lichtstrahl. Scharfe „Schattengrenzen" bei a und b.

nur noch einen scharf begrenzten Strahl übrig, der sich unstetig bei a und b gegen den energieleeren „Schatten"raum absetzt. Auf einem weißen Schirm hinter der Öffnung erhalten wir die in Abb. 7 oben gezeichnete unstetige Helligkeitsverteilung.

Nun wissen wir aber, daß dies nur dem groben Eindruck entspricht und daß bei feinerer Betrach-

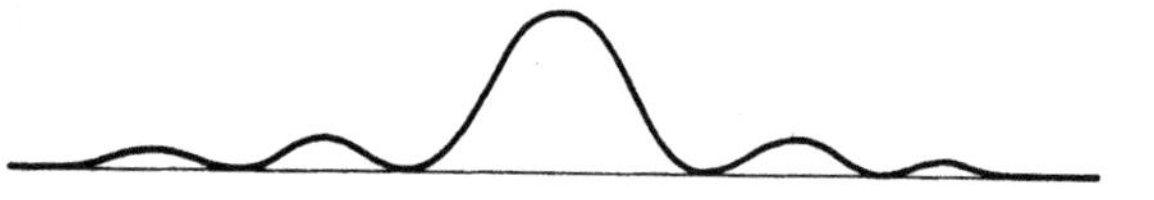

Abb. 8. Tatsächliche Lichtverteilung hinter einem engen Spalt (Beugungsfigur).

tung Beugungserscheinungen erkennbar sind, welche die Unstetigkeiten beseitigen. Ist die Öffnung, durch welche wir den Lichtstrahl treten lassen, genügend klein, so hat die Helligkeitsverteilung das völlig stetige Aussehen der „Beugungsfigur" der Abb. 8, wobei hier nicht die rechts und links auftretenden Maxima und Minima wichtig sind, sondern allein die Tatsache der Stetigkeit. Aber auch bei großer Öffnung sind die Schattengrenzen durchaus nicht scharf, die Unstetigkeiten sind durch allmähliche Übergänge ausgeglichen. Alle unsere Erfahrungen beweisen eindeutig, daß es im energieerfüllten Vakuum, ob es sich nun um Lichtwellen oder um beliebige elektrische und magnetische Felder handelt, keine Unstetigkeitsflächen gibt, an welchen etwa die Energiedichte sich in ähnlicher Weise sprunghaft änderte wie die Materiedichte an den Oberflächen der Körper. Hier, im energieerfüllten Vakuum, ist also — jedenfalls vom Standpunkt der Feldphysik aus — alles stetig; hier haben wir wirklich die Schlieren-Welt ohne klare Grenzen, in welcher nur der fließende Übergang herrscht.

Da die Feld-Vorstellung seit den Zeiten *Faradays* eine beherrschende Stellung in der Physik einnimmt und auch in der modernsten Entwicklung — wenn auch in einem erweiterten Sinn — ihren Platz behauptet, haben wir in ihr geradezu den Kernpunkt des stetigen, kontinuierlichen Denkens in der Physik vor uns. Feldphysik ist Kontinuumsphysik. Der Kontinuums-Gedanke hat hier seine stärksten Wurzeln und ist zweifellos von hier aus auch in Gebiete eingedrungen, die nicht so von vornherein ihm zugänglich scheinen.

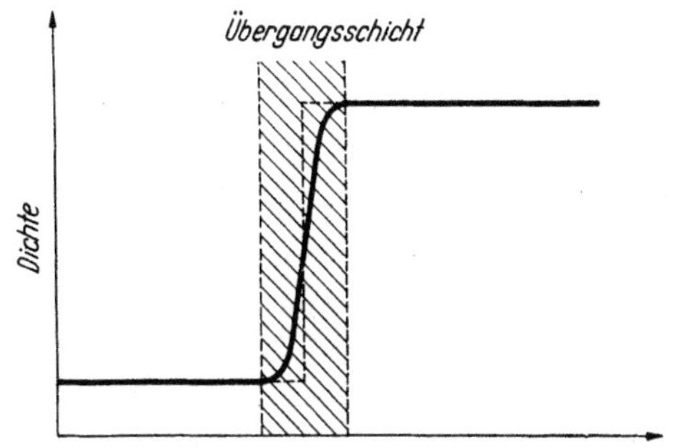


Abb. 9. Dichte„sprung", stetig verteilt auf eine Übergangsschicht.

Wenn wir nun wieder zum Fall der Materie mit ihren Unstetigkeitsflächen zurückblicken, von dem wir ausgegangen waren, und wenn wir noch immer den atomistischen Aufbau der Materie für später zurückstellen, so läge nichts näher, als auch die Materie, als Kontinuum betrachtet, so weit der Feld-Vorstellung anzugleichen, daß wir die Unstetigkeitsflächen in dem früher erörterten Sinn als vorgetäuscht ansehen, daß wir annehmen, daß z. B. der Dichte„sprung" von Abb. 6 an der Grenzfläche Wasser-Dampf in Wirklichkeit ein stetiger Übergang innerhalb einer sehr dünnen Grenzschicht ist, wie dies Abb. 9 veranschaulicht. Daß solchen Grenzschichten eine gewisse reale Bedeutung zukommt, ist sogar experimentell erwiesen. Trotzdem können wir sie nicht in dem stetigen Kontinuumssinn der Abb. 9 verstehen, weil uns ein wichtiger Umstand einen Strich durch diese Rechnung macht: die Tatsache der atomistischen Struktur aller Materie.

Ehe wir auf diese näher eingehen, soll aber zunächst etwas nachgeholt werden, was wir bis jetzt noch nicht erörtert haben, nämlich die Frage, ob es in der Natur auch Erscheinungen gibt, welche Unstetigkeiten der Art der bis jetzt ganz zurückgestellten Abb. 5 aufweisen, bei denen also gewisse Größen nur ganz bestimmte „diskrete" Werte annehmen können. Dabei denkt man natürlich sofort etwa an die von der Quantentheorie allein „erlaubten" diskreten Energieniveaus der Atome. Allein wir brauchen gar nicht erst in der neueren Entwicklung der Physik zu suchen und vor allem nicht nur in der oder jener Theorie, sondern wir können uns an altbekannte und direkt experimentell ermittelte Tatsachen halten.

Nehmen wir etwa eine zwischen zwei festen Punkten ausgespannte Saite. Diese kann entweder in der Grundschwingung schwingen oder in der ersten, zweiten, dritten usw. Oberschwingung. Jede dieser Schwingungen hat eine ganz bestimmte Frequenz. Diese „Eigenfrequenzen" bilden also eine diskrete, durch Lücken getrennte Folge von Werten, welche ganz der Abb. 5 entsprechen, sogar in der (im übrigen unwesentlichen) Eigenart, daß sie sich quantitativ wie die Reihe der ganzen Zahlen verhalten, da bei der Saite die Frequenzen aller Oberschwingungen ganze Vielfache der Grundfrequenz sind.

Stimmt dies nun aber ganz streng? Nein! Denn wenn wir die Saite mit einer periodischen Kraft erregen, deren Frequenz wir langsam ganz stetig und monoton ansteigen lassen, so erhalten wir durchaus nicht nur bei den Eigenfrequenzen $\nu_0$, $2\nu_0$, $3\nu_0$ usw. ein starkes Mitschwingen der Saite, sondern, wenn auch schwächer, auch in der Nachbarschaft dieser Frequenzen. Wir bekommen um jede Eigenfrequenz herum eine Resonanzkurve, und die Energie der Saitenschwingung sieht in Funktion der Frequenz der erregenden Kraft so aus wie Abb. 10, die zwar eine gewisse Ähnlichkeit mit Abb. 5 besitzt, aber im Gegensatz zu dieser eine durchweg stetige Funktion darstellt. Abb. 5 ist sozusagen die unstetige Idealisierung der stetigen Kurve Abb. 10, wobei die Breite der einzelnen Resonanzmaxima unterdrückt wird. Beide haben jedoch einen wichtigen Zug gemeinsam: die Abzählbarkeit der Eigenfrequenzen, im Sinne der stetigen Resonanzkurve ausgedrückt: die Abzählbarkeit der Resonanzmaxima. Diese Resonanzmaxima haben genau so wie vorher die „scharfen" Eigenfrequenzen die Eigenschaft, sich klar

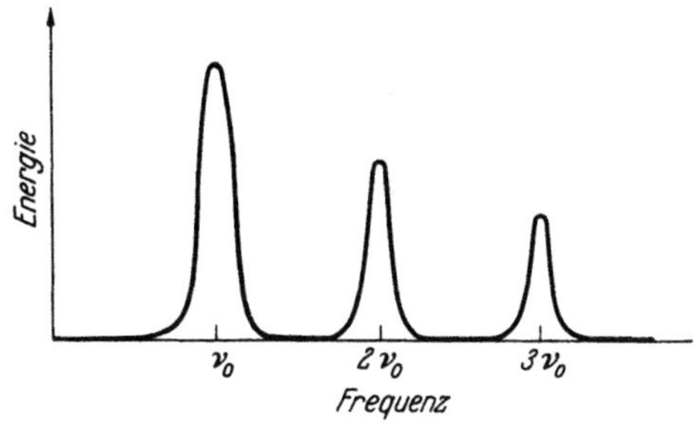


Abb. 10. Die Resonanzkurve einer gespannten Saite.

voneinander zu unterscheiden und sich daher numerieren zu lassen, falls nur die Bedingung erfüllt ist, daß ihre Breite genügend klein gegen ihren gegenseitigen Abstand ist, so daß sie nicht zusammenfließen, eine Bedingung, welche bei der schwingenden Saite der geringen Dämpfung wegen immer erfüllt ist.

Ist nun die Saite nur „diskreter Frequenzen" fähig? Dies ist eine Frage, deren Beantwortung davon abhängt, was wir darunter verstehen wollen. Versteht man darunter nur, daß die einzelnen Eigenfrequenzen unterscheidbar, also abzählbar, numerierbar sind, so lautet die Antwort: ja. Versteht man jedoch unter „diskreten" Frequenzwerten wirklich einzelne herausgegriffene Werte, welche unstetig durch Lücken voneinander geschieden sind, so müssen wir sagen: nein. Die Abzählbarkeit der individuell unterscheidbaren Eigenfrequenzen bzw. Resonanzmaxima ist also der wesentliche und überaus wichtige experimentelle Tatbestand. Eine Unstetigkeit im mathematischen Sinne ist dafür nicht erforderlich und im Falle der schwingenden Saite auch tatsächlich nicht vorhanden.

Ganz ähnliche Verhältnisse treffen wir an, wenn wir ein Linienspektrum aufnehmen. Jede Photometerkurve eines solchen Linienspektrums hat, wenn nur die Auflösung genügend stark ist, den Charakter der Abb. 10 (nur daß die Linien natürlich nicht äquidistant sind), hat also nichts mit Unstetigkeit zu tun. Hier kann sogar der Fall eintreten, daß sehr eng benachbarte Linien, wenn ihre Breite durch Stoßverbreiterung oder Doppleraffekt beträchtlich ist, zusammenwachsen und dann experimentell nicht mehr unterschieden werden können. Doch auch wenn derartige Verbreiterungen durch sorgfältige Versuchsbedingungen völlig vermieden werden, bleibt noch immer die (allerdings äußerst kleine) „natürliche" Linienbreite, bleibt also streng genommen eine stetige Energieverteilungskurve über den ganzen Frequenzbereich, welche sich von einem kontinuierlichen Spektrum nicht durch das Auftreten von Unstetigkeiten, sondern nur dadurch unterscheidet, daß sie abzählbare (und allerdings sehr ausgeprägte) Maxima enthält.

Da nun vom Linienspektrum eines Atoms nur noch ein kleiner Schritt zu den „diskreten" Energieniveaus ist, gilt auch für sie das Entsprechende. Es ist gar nicht so, wie man vielfach — im Sinne der Abb. 5 idealisierend — sagt, daß das Atom nur ganz bestimmte, diskrete Energiewerte haben könne. Es kann vielmehr jede beliebige Energie haben. Aber wenn man die Wahrscheinlichkeit dafür, das Atom mit einer bestimmten Energie anzutreffen, als Funktion der Energie betrachtet, so ist diese Funktion zwar eine stetige Funktion ähnlich wie Abb. 10, aber ihre Werte sind mit so erdrückendem Gewicht in engste Bereiche um die „Energieniveaus" herum konzentriert, daß es eben für die meisten Bedürfnisse durchaus ausreicht, zu sagen, nur diese Energieniveaus kämen vor. Grundsätzlich liegt darin aber eine Idealisierung, durch welche die eigentliche Unstetigkeit erst künstlich in die Erscheinungen hineingelegt wird.

Zwischen all den bis jetzt betrachteten Naturvorgängen besteht eine gewisse Ähnlichkeit insofern, als überall auf den ersten Blick Unstetigkeiten vorzuliegen scheinen, die sich aber bei genauerem Zusehen glätten und abrunden und damit den strengen Unstetigkeits-Charakter verlieren. Der schon zu Anfang ausgesprochene Verdacht, es könnte dies immer so sein, letzten Endes lägen den Naturvorgängen doch stetige Funktionen zugrunde, und in den Fällen, wo die Beobachtung noch wirkliche Unstetigkeiten zeigt, liege dies nur an der nicht weit genug getriebenen Auflösung, also an der begrenzten Meßgenauigkeit, dieser Verdacht hat sich durch die Betrachtung der verschiedensten Beispiele erheblich verstärkt. Ehe wir ihn uns jedoch zu eigen machen, müssen wir das Problem erst auch noch von einer anderen Seite ansehen, zu der den bequemsten Zugang die atomistische Struktur der Materie bietet, der wir uns jetzt endlich zuwenden wollen. Zwar wird die Betrachtung auch dieser „Unstetigkeit" zunächst ganz in der bisherigen Linie weiterführen; aber sie wird dann auch ganz neue Gesichtspunkte liefern.

In der Beschreibung der Materie stehen sich gegenüber die Kontinuumstheorie und die atomistische Theorie. Sie stehen sich auch heute noch gegenüber, wo wir von der Realität der Atome völlig überzeugt sind. Es würde trotzdem keinem Flugzeugkonstrukteur einfallen, bei der Berechnung der Luftströmung um die Tragflächen die einzelnen Atome oder Moleküle in die Berechnung einzuführen. Er arbeitet mit der Kontinuumstheorie und hat vollen Erfolg damit. Die Kontinuumstheorie tut so, als ob die Materie, also z. B. ein Gas, ein völlig kontinuierliches Medium sei, dem an jedem Raumpunkt eine bestimmte Dichte, ein bestimmter Druck, eine bestimmte Temperatur, eine bestimmte Strömungsgeschwindigkeit und noch so und so viele andere quantitativ faßbare Eigenschaften zukommen, wobei alle diese Größen stetige Funktionen des Raums und der Zeit, etwa nach Art der Abb. 1, sind. Diese Funktionen sind miteinander durch Differentialgleichungen verknüpft, welche das mechanische und thermische Verhalten des Gases (oder der sonstigen Materie) regeln. Trotzdem die Voraussetzungen der Kontinuumstheorie, wie wir heute wissen, eine reine Fiktion sind, stellt sie doch, so lange man nicht in ganz extreme Feinheiten der Beobachtung geht, das tatsächliche Verhalten etwa eines Gases mit erstaunlicher Exaktheit dar.

Wie ist demgegenüber das Bild, welches die atomistische Theorie von der Materie entwirft? Wir denken auch hier wieder an ein Gas, und zwar, um die Komplikation des Zusammentretens von Atomen zu Molekülen zu umgehen, an ein in dieser Hinsicht möglichst einfaches Gas, etwa das Helium, von dem wir wissen, daß es aus einzelnen Atomen besteht, die sich nicht zu Molekülen zusammentun. In den Anfängen der „kinetischen Gastheorie" betrachtete man solche Atome als kleine, starre Kügelchen, die sich ungeordnet wie ein Mückenschwarm durcheinanderbewegen, dabei häufig zusammenstoßen und dann wie Billardkugeln nach dem Stoßgesetze wieder auseinanderfahren. Von den Größen der Kontinuumstheorie ist in diesem Bild zunächst überhaupt nichts mehr zu erkennen. Jedes Atom-Kügelchen hat zwar eine Dichte, die aber nichts mit der Dichte des Gases zu tun hat; jedes Atom-Kügelchen hat eine Geschwindigkeit, die jedoch in keiner Beziehung steht zur Strömungsgeschwindigkeit des Gases. Druck und Temperatur kommen den einzelnen Atom-Kügelchen überhaupt nicht zu. Es besteht also eine tiefe Kluft zwischen dem Kontinuums-Bild und dem atomaren Bild. Und zudem ist das Atombild unstetig. Die Dichte z. B. hat ja innerhalb der Atom-Kügelchen einen bestimmten Wert und ist außerhalb Null. Die Oberfläche der Kügelchen ist eine Unstetigkeitsfläche. Denken wir uns in einem bestimmten Augenblick durch das Gas eine Gerade gelegt, so wird diese dann und wann — in ganz unregelmäßigen Abständen — durch ein Atomkügelchen hindurchgehen, und wir erhalten als Dichteverteilung entlang der Geraden die unstetige Funktion Abb. 11, wobei die Zacken

Abb. 11. Dichteverteilung entlang einer Geraden im Gas mit starren, kugelförmigen Atomen.

die einzelnen von der Geraden durchstoßenen Atome angeben, und nicht alle gleich breit sind, da die Atom-Kügelchen meist nicht zentral, sondern mehr oder weniger exzentrisch von der Geraden getroffen werden.

Nun fällt es heute niemandem mehr ein, sich die Heliumatome als kleine, starre Kügelchen vorzustellen. Soweit die modernen Theorien überhaupt Raum für eine Vorstellung lassen, kommt man den Verhältnissen am nächsten, beim Heliumatom an einen fast punktförmigen positiven Kern und dagegen sind die Maxima durch die Struktur der Materie bedingt und mit keinem Mittel wegzubekommen. Immerhin zeigt die Notwendigkeit einer genaueren Diskussion, daß der Unterschied zwischen Abb. 1 und Abb. 12, trotz ihrer äußerlichen Verschiedenheit, mehr gradueller als prinzipieller Natur ist — es sind eben beides stetige Funktionen—, während zwischen Abb. 11 und Abb. 12 trotz weitgehender Stetigkeit verschwunden. Eine Gerade, welche jetzt in einem bestimmten Moment durch das Gas gelegt wird, schneidet nur Ladungswolken, und die Verteilung der Ladungsdichte entlang der Geraden — wobei wir der Einfachheit halber nur die Dichte der negativen Ladungswolke berücksichtigen und den Kern beiseite lassen, für den man vier Größenordnungen tiefer ganz entsprechende Betrachtungen

Abb. 12. Ladungsdichte-Verteilung entlang einer Geraden im Gas mit Ladungswolken-Atomen.

anstellen könnte — sieht aus wie Abb. 12, ergibt also eine durchwegs stetige Funktion.

Es ergeht uns also hier genau so wie in all den früheren Fällen: die genauere Betrachtung, die vollständigere Behandlung des Problems beseitigt die Unstetigkeit und läßt völlig stetige Verhältnisse übrig. Was aber, wenn nicht der Gegensatz stetig-unstetig, bleibt dann als Unterschied der Kontinuumstheorie und der atomistischen Theorie? Denn daß ein grundlegender Unterschied da sein muß, ist offensichtlich. Wir brauchen nur zu fragen: worin liegt der Unterschied zwischen einer Funktion der Art der Abb. 12 und der konstanten Dichte der Kontinuumstheorie bzw. im strömenden Gas auch einer stetig veränderlichen Dichteverteilung wie Abb. 1? Beide Funktionen sind stetig, aber während die Funktion in Abb. 1 monoton ansteigt, wechselt bei der Funktion in Abb. 12 fortwährend, und zwar in unregelmäßiger Folge, Steigen und Fallen. In dieser Beziehung ähnelt sie weitgehend der Abb. 10; sie enthält wie diese numerierbare und abzählbare Maxima. Die Atome lassen sich genau so zählen, wie sich Spektrallinien zählen lassen, ja noch vollkommener als diese, da sie infolge der Abstoßungskräfte bei großer Annäherung niemals ineinanderfließen.

Nun kann natürlich auch eine Dichteverteilung der Kontinuumstheorie, statt wie Abb. 1 monoton zu verlaufen, Maxima und Minima haben. Wir brauchen nur an eine Schallwelle zu denken, welche durch das Heliumgas läuft, dann haben wir sofort Maxima und Minima der Dichte im Abstand der Wellenlänge. Aber es ist doch ein Unterschied da: hier sind die Maxima und Minima der Dichteverteilung durch äußere Vorgänge bedingt; sie können vorhanden sein, aber es gibt genügend Zustände — vor allem denjenigen der völligen statischen Ruhe des Gases —, wo sie fehlen. Außerdem ist ihre räumliche Folge von „makroskopischer", nicht von atomarer Größenordnung. Im Fall der Abb. 12 darum herum eine kugelsymmetrische, negative Ladungswolke zu denken, deren Ladungsdichte nach außen rasch abnimmt, jedoch grundsätzlich bis in unendliche Entfernung reicht. Die Dichte dieser Ladungswolke ist eine stetige Ortsfunktion, und damit ist mit einem Schlage gegenüber dem früheren Bild ein ganz wesentlicher Zug, die Un-Ähnlichkeit der prinzipielle Gegensatz unstetig-stetig besteht.

Man hat diesen Unterschied, den Unterschied zwischen Funktionen der Art der Abb. 1 und solchen der Art der Abb. 12, den Unterschied zwischen Kontinuumstheorie und atomistischer Theorie der Materie, häufig ganz treffend durch den Begriff der „Körnigkeit" der Materie ausgedrückt. Die Materie hat infolge ihres atomistischen Aufbaus eine körnige Struktur. Dies ist der wesentliche Inhalt aller dahingehenden Erfahrungen, z. B. auch aller Abzähl-Versuche atomarer Korpuskeln, ob dies nun Atome, Ionen, $\alpha$-Teilchen oder Elektronen sind. Abb. 12 kann ja fast direkt in dieser Form, wenn man sich als Abszisse die Zeit denkt, als Registrierstreifen einer solchen Zähl-Vorrichtung gedeutet werden. Wieder ist es die Abzählbarkeit einzelner Maxima, bedingt durch die körnige Struktur der Materie, was das Wesentliche ist, was eigentlich die Grundlage der ganzen atomistischen Auffassung mit ihrer ungeheuren Tragweite darstellt, nicht aber eine vermeintliche Unstetigkeit, die diesen Dingen manchmal untergeschoben wird, die aber streng genommen gar nicht vorhanden ist.

Indessen zeigt der Vergleich von Kontinuumstheorie und atomistischer Theorie der Materie etwas anderes. Wie kommt es denn, daß die Kontinuumstheorie, deren Voraussetzungen sich ja ganz offensichtlich außerordentlich weit von der Wirklichkeit entfernen, überhaupt die tatsächlichen Vorgänge so gut darstellt, daß es schon besonders kunstvoller Experimente bedarf, um selbst geringfügigste Abweichungen von ihren Voraussagen festzustellen? Wie kommen ihre Begriffe, Gasdichte, Druck, Temperatur usw., die doch in der atomistischen Auffassung zunächst gar nicht vorhanden sind, die aber dem äußeren, „groben" Verhalten des Gases vorzüglich entsprechen, überhaupt zustande?

Wie man aus der atomistischen Theorie heraus die Begriffe der Kontinuumstheorie aufbaut, zeigt speziell für den gasförmigen Zustand die kinetische Gastheorie. Die Dichte erscheint als Mittelwert der — wegen des fortwährenden Ein- und Austritts von Atomen zeitlich rasch schwankenden — Materiemenge in einem kleinen Volumen, dividiert durch die Größe dieses Volumens. Je größer das betrachtete Volumen gewählt wird, je mehr Atome sich also in ihm befinden, desto kleiner sind nach den Gesetzen der Statistik die relativen Schwankungen, über eine desto kürzere Zeit braucht man den zeitlichen Mittelwert zu ihrer Ausmittelung zu erstrecken. Während in einem wirklichen Kontinuum die Dichte als Grenzwert des Verhältnisses von Materiemenge und Volumen im Grenzübergang zu einem unendlich kleinen Volumen definiert ist, brauchen wir hier, im atomistischen Gas, ein nicht allzu kleines Volumen, ein Volumen, in welchem noch sehr viele Atome enthalten sein sollen, können also jedenfalls keinen Grenzübergang zu unendlich kleinem Volumen durchführen.

In ähnlicher Weise kommt der Druck des Gases zustande als Mittelwert der Summe aller in der Zeiteinheit auf eine kleine Fläche der Gefäßwand durch Stöße auftreffender Atome übertragenen Impulse, dividiert durch die Größe dieser Fläche. Auch hier muß die Fläche so groß gewählt werden, daß in der Zeiteinheit (bzw. in der Beobachtungszeit) sehr viele Atome auftreffen, damit die Schwankungen, die ausgemittelt werden müssen, unter einer gewissen Grenze bleiben. Die Temperatur endlich ist eine Größe, welche sich dem Mittelwert der kinetischen Energien aller Atome in einem kleinen Volumen proportional ergibt. In dieser Weise sind alle Größen der Kontinuumstheorie als Mittelwerte gewisser Größen, die mit den Atomen verknüpft sind, definiert, gemittelt stets über eine sehr große Anzahl von Atomen.

Die Abweichungen des tatsächlichen Verhaltens eines Gases von den Voraussagen der Kontinuumstheorie bestehen in den Schwankungen, welche um die Mittelwerte herum stattfinden, die sich aber nur unter besonders feinen Versuchsbedingungen äußern, etwa bei der *Brown*schen Bewegung, wo ein winziges Staubteilchen nicht etwa — wie es das in einem wirklichen Kontinuum tun würde — ruhig schwebt bzw. langsam zu Boden sinkt, sondern infolge der unregelmäßigen Druckschwankungen auf seiner Oberfläche unregelmäßige zickzackförmige Bewegungen macht. Die Schwankungen sind, wie wir gesehen haben, relativ um so geringer, je mehr Atome an der Bildung des Mittelwerts beteiligt sind, und so ist die ungeheure Größe dieser Zahl unter gewöhnlichen Umständen — schon in einem Kubikmillimeter Helium befinden sich ja unter Normalbedingungen 27 000 Billionen Atome und auf einen Quadratmillimeter der Gefäßwand stoßen in der Sekunde etwa 8000 Trillionen Atome

— der Grund dafür, warum die Abweichungen von den Voraussagen der Kontinuumstheorie unter normalen Umständen völlig unmerklich werden, warum diese trotz ihrer „falschen" Voraussetzungen so gute Dienste leistet.

Die „Körnigkeit" der Materie tritt in ihren Auswirkungen zurück, sobald wir es mit Mittelwerten über sehr viele Atome zu tun haben, und macht einer scheinbar kontinuierlichen Materie Platz. Diese Wirkung ist sehr wenig davon abhängig, welche speziellen Eigenschaften wir den Atomen zuschreiben. Die wesentlichen Ergebnisse der kinetischen Gastheorie stammen aus einer Zeit, zu der man noch mit starren Atom-Kugeln rechnete. Tatsächlich würde sich ein Helium-Gas, dessen Atome kleine, starre Kügelchen wären, in mechanischer und thermischer Hinsicht fast genau so verhalten wie das wirkliche Helium, dessen Atome wir als Ladungswolken betrachten. Insbesondere würde auch ein solches aus starren Kugel-Atomen bestehendes Gas Kontinuums-Eigenschaften vortäuschen, so bald nur Erscheinungen betrachtet werden, an welchen eine genügend große Anzahl dieser Atome beteiligt ist. Damit haben wir aber eine Erkenntnis von großer Tragweite erzielt, wir haben nämlich damit den Sprung von der Unstetigkeit zur Stetigkeit getan. Wir sehen: Ob es nun in der Natur so etwas gibt oder nicht, es wäre jedenfalls möglich, daß auch wirkliche Unstetigkeiten (nicht nur die „Körnigkeit", die wir in der atomaren Theorie der Materie vor uns haben) durch Ausmittelung über sehr viele Einzelvorgänge zu scheinbar stetigen Vorgängen und Verhältnissen führen könnten.

Dieser Gedanke läßt sich auch noch an einer ganz einfachen Funktionsform illustrieren. Nehmen wir eine Funktion nach Art der „Kurve" a in Abb. 13, die sehr viele Unstetigkeitsstellen besitzt, während dazwischen die Funktion der Einfachheit halber jeweils einen konstanten Wert (horizontaler Verlauf der „Kurve") haben soll, eine sogenannte Stufenfunktion, und gehen wir von ihr zu einer Funktion der Art b über, die sich von a nur dadurch unterscheidet, daß die Unstetigkeitssprünge viel kleiner sind, dafür aber viel enger beieinander liegen, so können wir diesen Prozeß offenbar dahin fortsetzen, daß wir in c nun die Sprünge selbst wie ihre gegenseitigen Abstände, also die Stufenbreiten und -höhen, nur noch von der Größenordnung einiger hundertstel Millimeter machen und damit eine Kurve erhalten, welche völlig stetig aussieht und in jeder Hinsicht eine ganz normale Funktion von der Art der Abb. 1 darzustellen scheint.

In Wirklichkeit ist aber auch die „Kurve" c eine Stufenfunktion, und ihre Abbildung würde, genügend fein gezeichnet, unter dem Mikroskop ihre Stufenstruktur, also ihre Unstetigkeiten verraten. Sie würde zeigen, daß ihre Neigung, ihr Differentialquotient, überall mit Ausnahme der Unstetigkeitsstellen Null ist (horizontale Striche!), während an den Unstetigkeitsstellen selbst überhaupt kein Differentialquotient existiert, daß also die scheinbar sich stetig ändernde Neigung der „Kurve" c, deren Wert man an jeder Stelle durch Anlegen einer Tangente ermitteln zu können glaubt, eine Täuschung ist.

Der Mathematiker geht in dem oben angedeuteten Prozeß, der uns von der Funktion a über b zu c geführt hat, sogar noch weiter, indem er die Stufen-

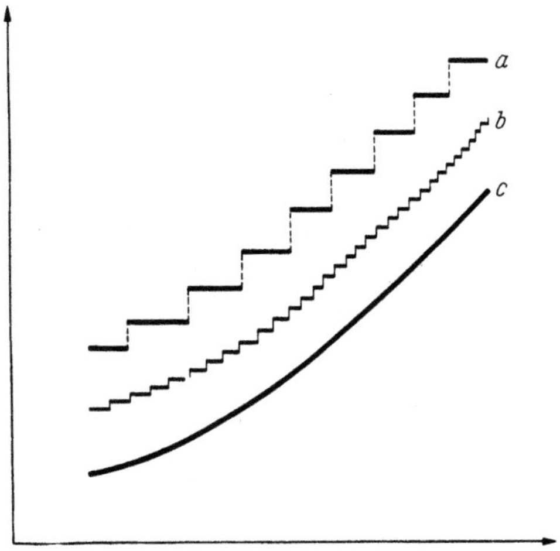


Abb. 13. Vorgetäuschte Stetigkeit durch Häufung sehr vieler, sehr eng benachbarter Unstetigkeiten.

höhe und den Stufenabstand unendlich klein werden läßt. Er erhält dann eine Funktion, welche, obwohl sie alle Punkte ihrer „Kurve" mit einer wirklich stetigen Funktion gemeinsam hat, doch wesentlich andere Eigenschaften besitzt als diese, nämlich nicht differenzierbar ist und dadurch verrät, daß sie innerlich eigentlich noch eine Stufenfunktion ist. Wir wollen ihm so weit nicht folgen, weil unendlich kleine Stufen sehr wohl in der Mathematik eine Bedeutung haben, nicht aber in der Natur. Wir können ihm aber ohne Bedenken so weit folgen, daß wir die Stufengröße unter die äußerste Beobachtungsgrenze herunterdrücken. In diesem Fall würde auch die feinste Messung kontinuierliche, stetige Verhältnisse ergeben, ohne daß wir erkennen könnten, daß die Stetigkeit aus Mangel an Meßgenauigkeit vorgetäuscht ist und in Wirklichkeit auf einer sehr dichten Häufung sehr feiner Unstetigkeiten beruht.

Diese grundsätzliche Erkenntnis zwingt uns zu noch größerer Vorsicht, als schon früher bei dem Verdacht angebracht erschien, daß Unstetigkeit durch zu ungenaue Messung vorgetäuscht sein könnte und daß sie sich bei genügend feiner Betrachtung in einen stetigen Übergang auflösen kann.

Damals haben wir konstatiert, daß sich ein streng unstetiges Verhalten der Natur nie durch Erfahrung beweisen läßt, da stets der Einwand möglich bleibt, daß eine feinere Untersuchung die Unstetigkeit — vielleicht — beseitigen würde. Jetzt haben wir ein Gegenstück dazu in der Erkenntnis, daß sich ein streng unstetiges Verhalten der Natur nie durch Erfahrung widerlegen läßt, da einem stetigen Messungs-Ergebnis gegenüber stets der Einwand möglich bleibt, daß die Stetigkeit nur durch Ausmittlung sehr vieler sehr kleiner Unstetigkeiten vorgetäuscht ist und bei einer feineren Untersuchung — vielleicht — verschwinden würde.

Wenn dem so ist, so ist die zu Anfang gestellte Frage, ob zur möglichst exakten Beschreibung der Naturvorgänge stetige Funktionen ausreichen oder ob auch echte Unstetigkeiten herangezogen werden müssen, überhaupt nicht durch die Erfahrung endgültig beantwortbar. Man könnte unter Umständen eine Antwort aus der bislang vorliegenden Erfahrung heraus geben, aber ohne die geringste Sicherheit, daß nicht schon die nächsten zukünftigen Erfahrungen diese Antwort umstoßen. Die ganze Frage nach den Unstetigkeiten im Naturgeschehen erhält damit mehr einen metaphysischen als einen physikalischen Charakter. Dies wird auch dadurch nicht entscheidend geändert, daß nach den modernen Theorien die einfache, anschauliche, raumzeitliche Beschreibung der Vorgänge gerade in dem Gebiet, um das es sich hier wesentlich handelt, im atomaren und subatomaren Gebiet, nicht mehr möglich ist und durch einen abstrakten Formalismus ersetzt werden muß, eine Tatsache, von der wir absichtlich nicht gesprochen haben, um die Betrachtungen über Stetigkeit und Unstetigkeit in anschaulicher Form durchführen zu können.

Die Angelegenheit ist aber damit noch nicht völlig erledigt; sie hat auch noch eine andere Seite, und zwar eine methodische. Ganz unabhängig davon, ob es im Naturgeschehen Unstetigkeiten gibt oder nicht, können wir die mathematische Analyse dieses Geschehens mit stetigen oder mit unstetigen Methoden in Angriff nehmen. Dies ist aber keine erkenntnistheoretische Frage mehr, sondern rein eine Frage der Zweckmäßigkeit.

Die Mathematik stellt uns sowohl stetige wie unstetige Methoden zur Verfügung. Besonders hoch entwickelt sind die stetigen durch das mächtige Hilfsmittel der Infinitesimalrechnung. Aber auch auf der anderen Seite haben wir wirkungsvolle Methoden. Vielfach besteht sogar eine recht enge Verknüpfung zwischen beiden Arten, z. B. in der Tatsache, daß eine Differentialgleichung, also eine typische Vertreterin der stetigen Rechnungsart, die auch als Lösungen stetige Funktionen besitzt, bei geeigneten Randbedingungen, unter Umständen aber auch einfach bei gewissen Endlichkeits-Forderungen, eine diskrete Reihe von Eigenwerten bestimmt, oder in der Gleichwertigkeit der Darstellung einer periodischen Funktion durch ihren stetigen Verlauf innerhalb einer Periode oder durch die diskrete Folge ihrer Fourier-Koeffizienten. Hierher gehört auch ein berühmtes Beispiel aus der neueren theoretischen Physik: die Gleichwertigkeit der *Schrödinger*schen Wellenmechanik und der *Heisenberg*schen Matrizenmechanik.

Daß nun tatsächlich die mathematische Methode der Behandlung nicht immer sich an die exakten, wirklichen Verhältnisse bei dem zu beschreibenden Vorgang anschließen muß, sondern häufig zweckmäßig davon abweichend gewählt wird, können wir aus zahlreichen, schon früher erwähnten Beispielen ersehen. Der Stoßvorgang wird, obwohl er stetig ist, solange die Feinheiten innerhalb der winzigen Stoßdauer nicht gerade selbst Gegenstand der Untersuchung sind, in guter Näherung als unstetiger Vorgang behandelt werden. Haben wir zwischen zwei Medien eine sehr dünne, stetige Übergangsschicht, so werden wir diese vielfach zur Vereinfachung der Behandlung als Unstetigkeitsfläche idealisieren. Umgekehrt fordert jeder Zusammenhang, der Funktionen von der Art einer Stufenkurve wie in Abb. 13 mit genügend kleinen Stufen enthält, trotz seiner Unstetigkeit zur näherungsweisen stetigen Behandlung heraus, und die ganze Kontinuumstheorie der Materie, also Elastizitätstheorie, Hydro- und Aerodynamik, Theorie der Wärmeleitung, *Maxwell*sche Theorie des elektromagnetischen Feldes in materiellen Körpern und vieles andere (wenn auch dabei keine wirklichen Unstetigkeiten, sondern nur die „Körnigkeit" der Materie bei der Behandlung unterschlagen wird) zeigt mit ihrem weitgreifenden Erfolg die Brauchbarkeit dieser Methode.

Es ist ebenso, daß paradoxerweise in der Natur oft unstetige Vorgänge näherungsweise stetig und stetige näherungsweise unstetig sind, und daß es dann eine Zweckmäßigkeitsfrage ist, welche Behandlungsart gewählt werden soll. Ob stetig oder unstetig zu rechnen ist, liegt dann im Ermessen des Theoretikers, und wenn selbstredend auch die Wirklichkeit der Naturvorgänge und der Grad ihrer Erforschung weitgehend maßgebend dafür ist, ob mehr der stetige oder mehr der unstetige Gesichtspunkt in den Vordergrund tritt, so spielen daneben doch auch andere Gründe eine Rolle, wie etwa die Vervollkommnung der einen oder der anderen mathematischen Methode, der persönliche Geschmack des Forschers, ja sogar, so sonderbar dies bei einer so exakten Wissenschaft wie der

Physik klingt, gewisse zeitbedingte Modeströmungen in der einen oder der anderen Richtung.

In der modernen Physik hat unter dem Einfluß der Erforschung der atomistischen Struktur der Materie und vor allem unter dem Einfluß der Quantentheorie der Unstetigkeitsgedanke in methodischer Hinsicht sehr an Bedeutung gewonnen, und es hat sogar nicht an Versuchen gefehlt, die theoretische Physik auf einer radikal unstetigen Grundlage aufzubauen, indem etwa die Unstetigkeiten schon in Grundbegriffe wie Raum und Zeit gelegt werden. Es wäre aber bei Berücksichtigung aller Gesichtspunkte unvorsichtig, darin eine zwangsläufige und unwiderrufliche Entscheidung der Natur zu sehen und zu vergessen, daß auch unsere heutige Höherbewertung des Unstetigkeits-Gedankens in der Physik sehr viel mehr eine methodische als eine grundsätzliche Bedeutung hat, und daß alle atomistischen Erfahrungen und alle Quantenerfahrungen weit weniger über das wirkliche Vorliegen wirklicher Unstetigkeiten in der Natur aussagen, als vielfach angenommen wird.

(*Prof. Dr. Werner Braunbek*, (*14b*) *Tübingen, Rotbad 7.*)

---

## Über Kausalität, Finalität, Determination und Freiheit.

Von

PAUL VON HANDEL.

Das Heft 6, Oktober 1948, dieser Zeitschrift behandelte eine Diskussion über das Thema „Kausalität“. Verfolgt man die Auseinandersetzung der Meinungen hierüber in diesem Heft und in der Literatur überhaupt, so gewinnt man den Eindruck, daß — trotz der hohen Bedeutung, die manche Beiträge für sich allein genommen haben — eine Verständigung zwischen den verschiedenen Standpunkten und Richtungen sich schwer finden läßt, weil es den Anschein hat, daß schon in der begrifflichen Terminologie ein ziemliches Durcheinander herrscht und viele denselben Ausdruck mit einer ganz anderen Bedeutung belegen als ihre Gesprächspartner. Die vorliegenden Zeilen sollen einen Versuch darstellen, hier zur Klärung beizutragen und einige weitere Gedanken in die Diskussion zu werfen[1].

Die erste Konfusion scheint mir in der Begriffsbestimmung des Wortes „Kausalität“ zu liegen. Für die große Mehrzahl der Physiker ist Kausalität und Determination dasselbe, beide Begriffe decken sich. Dort, wo der Physiker, wie in der Quantenphysik, aus *prinzipiellen* Gründen die Ursache für ein künftiges physikalisches Ereignis nicht angeben kann — etwa die Ursache für den Zerfall eines einzelnen Radiumatoms, d. h. Zeit und Richtung der Emission eines $\alpha$-Teilchens — dort wo es prinzipiell keine erkennbare *causa* gibt und der Ablauf des künftigen Geschehens also nicht durch Zwang festgelegt, nicht determiniert ist, dort spricht der Physiker von akausalen oder indeterminierten Vorgängen. Dagegen sind die Gesetze der Makrophysik, die Gesetze der klassischen Physik, kausal oder determiniert. Das Fallen eines Steines ist kausal und determiniert, denn als Ursache ist die Schwerkraft erkannt und in dem Gesetz der Gravitation ist der Verlauf dieses Ereignisses determiniert.

Für den Moralpsychologen, den Strafrechtler, den Mediziner und den Biologen bedeuten Kausalität und Determination jedoch keineswegs dasselbe: dem Menschen etwa wird man, wenn er einigermaßen bei Gebrauch der Vernunft und bei Bewußtsein ist, für seine Gedanken und Handlungen Kausalität zubilligen, das heißt, man wird sagen, daß er nicht ohne Ursache handelt und nicht ohne Begründung denkt. Dennoch wird man seine Gedanken und Handlungen nicht als determiniert bezeichnen, man wird seine Lebensäußerungen nicht maschinell im Sinne eines Uhrwerkes auffassen. Dies wird man auch dann nicht tun, wenn es in einem bestimmten Falle von Haus aus, von vornherein sicher ist, was der Mensch tun wird. Wenn ein Gewohnheitsdieb eine Brieftasche auf der Straße findet, so wird er sie einstecken, und wenn ein gewissenhafter Mensch in diese Lage kommt, so wird er sie auf das Fundbüro tragen. In beiden Fällen mag es für die eine wie für die andere Persönlichkeit gar keinen Zweifel geben, daß sie so und nicht anders handeln wird; man kann mit absoluter Sicherheit voraussagen, was der Eine und der Andere in Zukunft tun wird. Dennoch werden diese Handlungen nicht als determiniert angesehen werden können in dem Sinne, wie die Physik Determination auffaßt, etwa den Vorgang, daß ein Stein,

---

[1] Leider war mir zur Zeit der Niederschrift dieser Zeilen im Oktober 1949 die Arbeit von *C. F. v. Weizsäcker* „Beitrag zur Diskussion über Kausalität“ Stud. Gen. Heft 2, 2. Jahrgang, noch nicht bekannt. Abgesehen davon, daß ich an manchen Stellen darauf hätte Bezug nehmen können und müssen, sehe ich, daß ich dann auch einige Akzente besser etwas anders verlagert und einige Formulierungen etwas anders gewählt haben würde.

wenn man ihn losläßt, zur Erde fallen muß. Wir sehen, daß es im Bereich des lebendigen Geschehens Vorgänge gibt, die kausal aber nicht determiniert sind. Der Grund der Konfusion liegt darin, daß der Physiker von materieller Kausalität spricht, für den Physiker ist allein materielles Geschehen Gegenstand der Forschung und seine causae haben materiellen Charakter. Für die Lehre vom Leben aber gibt es geistige Zusammenhänge und die causae des Psychologen und Biologen haben geistigen Charakter. Die Diskussion bewegt sich also auf zwei verschiedenen Ebenen, der geistigen und der materiellen. Für den Physiker handelt der Mensch indeterminiert, also akausal. Für den Psychologen handelt er auch indeterminiert, jedoch höchst kausal.

Wenden wir uns dem Begriff der Freiheit zu: Schottländer unterscheidet drei Stufen von „Kausalität aus Freiheit". Die höchste Stufe ist die eines zwanglos aber unwiderstehlich Nichtanderskönnens. Er bezeichnet sie als „positive Freiheit, die jenseits von Zwang und Wahl nur unter dem Gesetz der Sittlichkeit als causa efficiens stehe, mit aller Strenge der Naturnotwendigkeit, aber wegen ihrer reinen Gedanklichkeit eben nicht mehr zur Natur zähle." Wenn ein glaubensstarker Mensch als Märtyrer für seine Überzeugung in den Tod geht, so gibt es für ihn keine Wahl und keinen Zwang, er handelt selbstverständlich und frei unter dem Gesetz seiner Überzeugung. Eine Stufe unter dieser positiven Freiheit steht nach Schottländer das wahlfreie Auchanderskönnen, das er mit „negativer Freiheit" bezeichnet. Hierher gehört das Sprichwort: wer die Wahl hat, hat auch die Qual, nämlich die Qual einer unsicheren freien Entscheidung. Abermals eine Stufe unter dieser „negativen Freiheit" stehe das zwangsweise Nichtanderskönnen etwa des von Leidenschaften beherrschten, getriebenen Menschen.

In der physikalischen Literatur ist mit der Quantenphysik häufig das Freiheitsproblem aufgeworfen worden. Aber wenn der Physiker von „subatomarer Freiheit" spricht, so meint er wieder eine materielle Angelegenheit, während der Freiheitsbegriff des Philosophen ein geistiger ist, der eben „wegen seiner reinen Gedanklichkeit nicht mehr zur Natur zählt." Wenn der Physiker sich in geistige Bereiche versteigt, dann legaliter nur dort, wo diese ihre Analoga im Bereiche der Natur finden. Wir werden später darauf zu sprechen kommen, welche Bewandtnis es mit diesen Analogien und diesen Entsprechungen hat und werden in ihnen den Schlüssel zur Klärung mancher Problematik finden.

Es ist das Verdienst Schottländers, auf die hohe Bedeutung dieser verschiedenen Freiheitsstufen besonders hingewiesen zu haben und er bemerkt, daß in der philosophischen Literatur unserer Tage hiervon kaum etwas zu hören sei. „Das Auchanderskönnen in der Situation der Wahl ist ein zu überwindendes Zwischenstadium" und positive Freiheit „ist das Hochziel aller Rechtspflege, ja, es ist auch das Hochziel aller Erziehung". Hierzu sei dem Naturforscher, bei vollem Bewußtsein seiner mangelnden Kompetenz, dennoch eine Frage an den Philosophen erlaubt: Ich hörte neulich eine Frau ihre Erlebnisse mit ihren beiden Kindern in einem Internierungslager während des Krieges in Indonesien erzählen. Sie waren alle am Rande des Hungertodes. Die Frau hatte noch eine wertvolle Armbanduhr versteckt behalten. Ein dunkles Individuum vermittelte Tauschgeschäfte für die Inhaftierten gegen Lebensmittel und bot ihr zwei Kilo Zucker für die Uhr. Doch als sie den Zucker erhielt, da kamen die Zweifelsfragen des Gewissens: die zwei Kilo ihren verhungernden Kindern allein zu geben und diese vielleicht zu retten, oder sie an die Hüttengemeinschaft zu verteilen und jedem einen Hoffnungsstrahl für ein paar Stunden damit zu schenken.

Das hier erzählte Schicksal ist ein extremes. Aber wenn man näher zusieht: Ist nicht jeder Alltag voll solcher Situationen, von denen man nur deshalb nicht redet, weil es sich nicht lohnt, weil sie viel zu banal sind? Oder redet man nicht davon, weil selten einer näher zusieht, weil man gar nicht mehr merkt, wie häufig, wie überall solche Situationen bestehen, die höchst unbequem werden erst dann, wenn man sie sieht? Man sollte nicht vergessen zu bemerken, daß das Leben in Wahrheit weder weiß noch schwarz, sondern in allen Farben lebendig schillernd ist. Die wahlfrei klare Entscheidung des wirklich sittlich Gesetzestreuen wird nur in extrem klaren Situationen möglich sein. Vielleicht ist in dem christlichen Begriff der Erbsünde eine Deutung zu finden. Allerdings nicht auf der einfachen Formel, daß diese von Adam und Eva mit dem Essen vom Baume der Erkenntnis einmalig begangen worden und auf uns durch eine nicht näher zu erklärende, sondern gläubig hinzunehmende Weise der Erbfolge übergegangen ist. Sondern in dem Sinne, daß Adam und Eva sie erstmalig begingen, als sie vom Erkenntnisbaum aßen und daß wir sie alle alltäglich wieder begehen, wieder begehen *müssen*, weil wir gar nicht anders können, als von diesem Erkenntnisbaume zu essen. Erkenntnis ist Menschwerdung des Lebewesens und ist damit unschuldige Schuld, ist Erbsünde. Von hier aus gesehen wird es zweifelhaft, ob nicht höher noch als die reine Klarheit des vollendet Gesetzestreuen, der kein Wanken des Entschlusses kennt, das noch reinere Bekenntnis des tiefer Schauenden steht, der klaren Auges eine Entscheidung schließlich trifft, wissend aber, daß es eine eindeutig sittliche Lösung nicht immer gibt, und der dies klare

Auge senkt, wissend, daß er eine Schuld auch dann tragen muß, wenn er dem Gesetz nach unschuldig ist. Akzeptiert man diese Freiheitsstufe als die höchste, so finden wir dort wieder „wahlfreies Auchanderskönnen", aber nicht mehr fußend auf Indifferenz und Wankelmut, sondern auf tiefster sittlicher Verantwortung.

Kehren wir zum Thema zurück: Der Philosoph spricht von geistigen Bereichen und geistiger Freiheit, der Physiker von materiellen Bereichen und atomarer Freiheit oder makroskopischer Determination.

In der Philosophie und Biologie ist ferner von mehreren Kausalitäten die Rede, von „Kausalität aus Freiheit", wie wir soeben gesehen hatten, ferner von „teleologischer oder finaler Kausalität", wenn zweckmäßig oder zielstrebig wirkende Kräfte in der lebenden Natur erkannt werden. Der Physiker spricht von Determination in der klassischen Physik und von Statistik in der Quantenphysik, wobei die einen der Meinung sind, diese sei akausal, während andere die Auffassung vertreten, sie sei kausal.

Wir scheinen in eine hoffnungslose Verwirrung und in eine Sackgasse geraten zu sein und darin stecken zu bleiben.

Versuchen wir nun, ob wir uns nicht über die Einzeldisziplinen hinweg, auf die folgenden Begriffsbestimmungen einigen könnten und ob sich etwa mit ihnen bisherige Widersprüche klären und vernünftige Analogien zwischen den verschiedenen Forschungsgebieten finden lassen, woran sich ihr Wert erweisen würde: Wir haben gesehen, daß es sich nicht um Identitäten handeln kann, wenn von Vorgängen die Rede ist, die auf verschiedenen Ebenen liegen. Wohl aber müssen Entsprechungen echter Art zwischen diesen Ebenen gesehen oder gefunden werden können, damit das ganze Gefüge nicht klafft oder auseinanderfällt. Das Begriffsschema wird also in Hinsicht auf diese Entsprechungen zu entwerfen sein:

Der Begriff „Kausalität" umfasse übergeordnet beide Bereiche, den geistigen und den materiellen. Dann ist im Sinne Schottländers aus dem Problemkreis der „Kausalität aus Freiheit" der erste Begriff jene „positive Freiheit", welche die höchste Stufe darstellt und dem Gedankenkreis der Philosophie und Moralpsychologie allein zu reservieren ist. Es handelt sich hier ausschließlich um Fragen aus der menschlichen Sphäre, die nicht hineinreichen in die Sphäre der Biologie, noch weniger in die der Physik.

Der zweite Begriff sei der, der „teleologischen Kausalität". Er umfaßt viele Probleme der Biologie und auch manche der Physik. Es ist häufig behauptet worden[1], daß teleologische Betrachtungsweisen ein Reservatgebiet biologischer Forschung seien, die sich gerade darin von physikalischen Betrachtungen unterscheide. Dies trifft jedoch kaum zu: Es lassen sich eine Reihe von teleologischen Gesetzen in der Physik aufweisen[2], und es ist vielmehr so, daß eine teleologische Betrachtungsweise weder eine statistische, noch eine determinierte ausschließt. Je nach der Art des vorliegenden Problems erweist sich in der Physik teleologische Kausalität als spezielle Betrachtungsweise eines statistischen oder eines determinierten Problems und es ist recht wahrscheinlich, daß eine solche Zurückführung im biologischen Bereich nur deshalb bisher nicht möglich ist, weil dort die Komplikation der Verhältnisse eine noch wesentlich größere ist als im physikalisch-chemischen Bereich. An zwei Beispielen möge dies deutlich werden. *Seeliger* erwähnt unter anderem das bekannte *Fermat*sche Prinzip des „kürzesten Lichtwegs". Es sagt aus, daß der wirkliche Verlauf eines beliebig reflektierten und gebrochenen Lichtstrahls immer so ist, daß der Lichtweg am kürzesten wird. Aus einer Mannigfaltigkeit von möglichen Wegen wird durch eine Extremalforderung (der kürzeste) der wirkliche, in der Natur eingeschlagene, ausgewählt. Die Finalität eines solchen Prinzips drückt sich darin aus, daß es „eine nicht nur aus ökonomischen Gründen ausgezeichnete Beschreibungsmöglichkeit für das physikalische Geschehen in einem komplizierten Netzwerk von Kausalreihen gibt, die auf die Auflösung in elementare Bedingtheiten verzichtet und deshalb unserem kategorial-finalen Bedürfnis entgegenkommt. Behutsam in einer Art Ganzheitsbetrachtung[3] erfaßt es das Naturgeschehen und ist von so allgemeiner Anwendungsfähigkeit und Anschmiegungsfähigkeit, weil es einem Grundzug der Naturbetrachtung gerecht wird, nämlich (nach M. Hartmann) der Ermittlung der spezifischen Gesetze der Komplizierung, die für den Naturforscher nicht minder bedeutungsvoll ist als die Ermittlung der letzten elementaren Bedingtheiten." Löst man das Problem dagegen nach der üblichen physikalischen Methode in seine elementaren Bedingtheiten auf, so entpuppt es sich nach den klassischen Regeln der Reflexion und Brechung als ein kausaldeterminiertes.

Als zweites Beispiel möge die Kristallisation eines Körpers dienen. Das Kristallgitter, in welches die Moleküle eines Stoffes, der vom flüssigen Zustand in den festen, kristallförmigen übergeht, sich fügen, ist immer jenes, in welchem die Gitterenergie ein Maximum wird. Die Teleologie dieses Prinzips

[1] *F. C. Geller:* „An der Grenze des Lebendigen" Universitas 4, (1949) Heft 3 und „Das Finalitätsprinzip" Universitas 5, (1950) Heft 5.

[2] *R. Seeliger:* „Physik und Finalität" Universitas 2, (1947) Heft 7/8.

[3] Im Original nicht gesperrt gedruckt.

drückt sich darin aus, daß es das Ziel der Kristallbildung ist, diejenige Gitterform anzunehmen, deren Bildung eine maximale Energie erfordert. Das Gesetz ist also wieder nicht als eine notwendige, determinierte Folge von Einzelereignissen definiert, etwa derart, daß der Weg der einzelnen Moleküle verfolgt wird, wie sie sich in das Gitternetz einfügen. Sondern es ist nur ein Ziel angegeben als eine Ganzheit: die *gesamte* Gitterform muß unter allen möglichen Gitterformen gerade diejenige sein, zu deren Bildung eine maximale Energie erforderlich ist. Dieses teleologische Gesetz wurde schon in den zwanziger Jahren des Jahrhunderts von *Hund* und von *Born* aufgestellt. Neuerdings[1] aber ist es gelungen, für die einzelnen Moleküle quantenstatistisch nachzuweisen, daß die Orte ihrer größten Aufenthaltswahrscheinlichkeit immer gerade die Gitterpunkte jenes Kristallgitters sind, das teleologisch nach dem Maximumprinzip gefordert war.

In diesem Beispiel hat sich also teleologische Kausalität übergeordnet einer statistischen Kausalität erwiesen, auf welch letzteren Begriff wir noch gleich zu sprechen kommen werden. In allen Fällen haben die finalen Prinzipien der Physik — die „teleologische Kausalität" in der Physik — außerdem noch die folgende Eigenart, auf die ebenfalls *Seeliger* hinweist: Die übliche Beschreibung physikalischer Vorgänge erfolgt durch Differentialgleichungen. Durch diese wird ein zukünftiger Zustand aus einem gegebenen, gegenwärtigen gefolgert. Die finalen Gesetze werden dagegen mit Hilfe der Variationsrechnung durch Integralprinzipien gelöst, welche die Gegenwart durch die Vergangenheit und die Zukunft bestimmen. In diesem Umstand der eigenartigen Zeitbedeutung, sowie in der ganzheitlichen Betrachtungsweise der Probleme ist, wie mir scheint, ein überzeugendes Analogon zu biologischen Geschehen zu sehen, wobei wiederum betont sei, daß es sich nicht um Identität, wohl aber um Entsprechung, und zwar um echte Entsprechung handelt etwa in dem Sinne, daß schon im Bereich der leblosen Natur, in Physik und Chemie, gewissermaßen rudimentär oder skizzenhaft vorgezeichnet ist, was in der lebenden Natur auf übergeordneter Ebene erkannt wird.

Der dritte Begriff sei der der „statistischen Kausalität[2]". Sein klassisches Anwendungsgebiet ist seit je das Glückspiel, seit neuerem die Quantenphysik. Darüber braucht nichts Besonderes mehr gesagt zu werden, obwohl die Diskussion noch immer hin und her geht. Der Mathematiker *H. Poincaré* hat schon vor über 50 Jahren ein kluges Wort darüber gesagt, wie wir zu den Grundregeln der Wahrscheinlichkeitsbetrachtungen gekommen sind[3]: „Jedermann glaubt an dieses Fehlergesetz, weil es der Mathematiker für eine Beobachtungstatsache und der Beobachter für ein Theorem der Mathematik hält." Der Quantenphysiker wird, sofern er Positivist ist, den Erkenntniswert der Begriffsbestimmung „statistische Kausalität" allerdings in Abrede stellen. Wenn eine causa grundsätzlich nicht erkannt werden kann, so sei nicht einzusehen, was der Begriff Kausalität in Verbindung mit statistisch zu bedeuten habe. Diesem Einwand läßt sich nur erwidern, daß auch der Physiker (*Heisenberg* ist es gewesen) die statistischen Gesetze der Quantenmechanik so formuliert, daß „die Gründe für das Eintreten eines Ereignisses nachträglich stets vollständig aufzuzählen sind, selbst wenn eine Voraussage des zukünftigen Ereignisses nicht möglich ist". Auch der Physiker leugnet nicht, daß Gründe (causae) vorhanden sind, die nachträglich angegeben werden können; er leugnet nur, daß diese Gründe vorher gesehen werden könnten. Diese Sachlage sei mit „statistischer Kausalität" gekennzeichnet und damit ein Versuch zur Lösung der Streitfrage vorgeschlagen, die neuerdings wieder innerhalb der Physiker lebhaft geworden ist, die Streitfrage nämlich, ob die atomaren Vorgänge kausal oder akausal seien. In dem gleichen Heft 6 dieser Zeitschrift ist von *G. Henry-Hermann* über dieses Thema umfassend geschrieben worden. Zu dem Begriff der „statistischen Kausalität" finden wir auf der psychologischen Ebene und auf der Ebene der Lebensforschung wieder ein klares und deutliches Analogon. Es ist der Zustand des „wahlfreien Auchanderskönnens" des Menschen und überhaupt des Lebewesens. *N. Bohr* und *P. Jordan* haben zuerst darauf hingewiesen.

Es handelt sich gar nicht darum, daß durch die Entdeckung der statistischen Kausalität in der Quantenphysik etwas „erklärt" werden könnte zu dem Problem der lebendigen Willensfreiheit. Diese Dinge liegen vielmehr, wie wir schon des öfteren gesehen haben, auf verschiedenen Ebenen, in dem Sinne, in welchem *Heyer*[4] es darstellt: Die atomare Freiheit (statistische Kausalität) liegt auf der physikalischen Ebene, die lebendige Wahlfreiheit auf der Ebene des Lebens. Es handelt sich also nicht darum, den Zusammenhang auf der einen Ebene, der psychologischen etwa, durch Aufzeigen des Gesetzes auf der anderen Ebene, der physikalischen,

[1] *K. Artmann:* „Zur Quantentheorie der gewinkelten Valenz Z. f. Naturforschung I (1946) Heft 8, S. 426.

[2] Seit der Niederschrift des Manuskriptes dieser Arbeit erschien im Heft 9, 2. Jahrgang dieser Zeitschrift ein Beitrag von R. W. *Kaplan* „Naturwissenschaft und Ethik", in dem der Ausdruck „statistische Kausalität" für die gleiche Begriffsbestimmung gebraucht wird.

[3] *H. Poincaré:* Thermodynamique (1892) Vorrede.

[4] *G. R. Heyer:* „Vom Kraftfeld der Seele", Ernst Klett-Verlag 1949.

*erklären* zu wollen oder umgekehrt. Wohl aber ist es von entscheidender Wichtigkeit, wenn die Quantenphysik feststellt, daß es zu der seit jeher von der Philosophie postulierten Wahlfreiheit lebendigen Geschehens ein Analogon in der unbelebten Welt der Materie überhaupt gibt. Denn solange dieses zu Zeiten der klassischen Physik nicht gesehen wurde, war es schlechterdings nicht vorstellbar, wie denn Wahlfreiheit auf der geistigen Ebene zusammen bestehen könnte mit strenger Determination auf der materiellen. Es war nicht einzusehen, wie Wahlfreiheit auf der geistigen Ebene hineinwirken könnte in die Materie, wenn diese nur determinierte Vorgänge überhaupt zuließ. Das unmittelbare Bewußtsein forderte eine solche Möglichkeit der Einwirkung und die alltägliche persönliche Erfahrung erwies sie, die klassische Physik jedoch hatte keinen Raum dafür freigelassen. Und daraus eben entstand der Jahrtausende alte Konflikt. Dieser Konflikt ist nun durch die Ergebnisse der Quantenphysik gelöst, seit sich erwiesen hat, daß die atomaren Reaktionen indeterminiert sind, und seit es durch Arbeiten von *Jordan*, *Timoféeff* und *Zimmer* gelungen ist, zu zeigen, daß quantenphysikalische Elementarvorgänge, also solche indeterminierter Art, an wesentlichen biologischen Vorgängen beteiligt sind. Sie regeln über ein organisches Steuerungszentrum molekularer Ausmaße den makroskopisch sichtbaren Lebensablauf des ganzen Zellverbandes. Damit ist freilich das uralte Problem psychophysischer Wirksamkeiten in keiner Weise gelöst: ja es ist zur Lösung dieses Problems (sofern es überhaupt lösbar wäre) nicht einmal ein Beitrag gegeben. Es ist nichts gesagt darüber, in welcher Weise Psyche auf Physis wirken könne und umgekehrt. Aber es ist klar geworden, daß innerhalb von Physis ebensowenig starre Determination herrscht als im Bereich der Psyche. Das psycho-physische *Problem* ist nicht gelöst, wohl aber der *Konflikt*.

Unseres Erachtens gehen daher auch alle Angriffe, die neuerdings von philosophischer, biologischer und auch von physikalischer Seite gegen die Auffassung von *Jordan* gemacht werden, an der Diskussion vorbei. Es wird *Jordan* vorgehalten, daß nicht nur im organischen Bereich mikrophysikalische Ursachen makrophysikalisch sichtbare Wirkungen hervorrufen können, sondern daß z.B. in jeder *Wilson*schen Nebelkammer solche Vorgänge beobachtet würden, ohne daß man behaupten dürfte, diese Vorgänge hätten irgend etwas mit Leben zu tun.

Soviel ich aber sehe, hat *Jordan* nie behauptet, daß die Willensfreiheit nichts anderes sei als die Unbestimmbarkeit der Richtung, in der unsere Willensentschlüsse kippen. Und er hat auch nie behauptet, daß die Bahn des Elektrons in der Nebelkammer etwas mit Leben zu tun habe. *Jordan* hat nie versucht, das Problem der psycho-physischen Reaktionen zu lösen, aber er und andere Forscher haben aufgezeigt, daß hier, im mikrophysikalischen Bereich, jene Lücke der Determination liegt, die nötig ist, um überhaupt Wahlfreiheit vernünftiger und begründeter Weise zuzulassen.

Kommen wir zum Thema zurück, zu den Analogien in den verschiedenen Forschungsbereichen: Analog (nicht gleich) der statistischen Kausalität des Atoms, in dessen Bereich künftige Ereignisse nicht vorausgesehen werden können, wenngleich nachträglich die Gründe zu diesen Ereignissen stets vollständig anzugeben sind, analog dazu liegen im lebendigen Bereich alle Ereignisse freier Wahl, die ebenfalls nicht vorausgesehen werden können, wenngleich sie nachher zu erklären sind. Wir haben in beiden Fällen Beispiele eines Ereignisses, das kausal aber indeterminiert ist und nennen diese Situation „statistische Kausalität“.

Wir haben zum Schluß noch einen vierten Begriff zu erwähnen, die „determinierte Kausalität“. Hierüber wird nicht mehr viel zu sagen sein, denn die Analogie liegt auf der Hand. Auf der physikalischen Ebene handelt es sich um das Begriffsbild, das die klassische Physik für das allein gültige ansah, die strenge Determination. Auf der psychologischen Ebene ist das Analogon die tiefste Stufe der Freiheit, das zwangsweise, getriebene Nichtanderskönnen, das eigentlich das Gegenteil von Freiheit ist. Das instinkthafte Reagieren niederer Lebewesen scheint ebenfalls in diese Kategorie zu gehören, in der makro*physiologische* Vorgänge analog determiniert wirken wie makro*physikalische*, ohne daß jedoch auch hier eine Identität der Vorgänge und Verhältnisse gesehen werden dürfte.

Ein Wort wäre noch zu sagen zu der bekannten Tatsache, daß im physikalischen Bereich statistische Vorgänge in großer Zahl schließlich zu determiniert gesetzmäßigen Vorgängen führen. Die Summe einer großen Anzahl indeterminierter Vorgänge im Atom führt im Grenzfall unendlich vieler Atome zur Determination der makroskopischen, klassischen Physik. Es kann nicht vorausgesehen werden, wann ein einzelnes Atom einer Radiummasse zerfallen wird; es kann aber ganz genau angegeben werden, in welcher Zeit z. B. genau die Hälfte dieser gesamten Radiummasse zerfallen sein wird. Es ist das übrigens keineswegs ein mysteriöser Vorgang. Genau dasselbe tritt jederzeit beim Glückspiel ein. Es ist nicht vorauszusagen, welcher Spieler in Monte Carlo gewinnen und welcher verlieren wird. Aber die Casinoleitung hat genaue Berechnungen angestellt und nach diesen die Spielregeln festgelegt. Diese sind so sicher, daß sie bei der großen Zahl der Spieler genau im voraus weiß, daß sie nicht bankerott machen wird. Diese Zusammenhänge sind klar und wohl bekannt im physikalischen Bereich. Findet sich auch dazu im psychologischen Bereich eine brauchbare Analogie? Wenn man an *Le Bon* „Psychologie der Massen" erinnert, scheint dies beinahe auf der Hand zu liegen. Auch das Verhalten einer großen Masse von Menschen oder Lebewesen verliert das wahlfrei Unbestimmbare, Unvorhersehbare und nimmt gesetzmäßig determinierbare Formen an. Die statistische Kausalität wird mit wachsender Zahl zur determinierten Kausalität.

Überblicken wir nochmals die gewonnenen Ergebnisse: Wir haben gefunden, daß sich ein widerspruchsfreies Begriffsschema aufstellen läßt, wenn gewisse Korrekturen in der Terminologie vorgenommen werden. Man sollte in der Physik auf eine Identität von Determination und Kausalität verzichten und einräumen, daß auch in ihrem Mikro-Bereich Kausalität herrscht, wenngleich keine Determination dort anzutreffen ist. Wir haben ferner gefunden, daß zu unserem Begriffsschema sich überall echte Analogien für die verschiedenen Forschungsgebiete aufzeigen lassen und sehen darin den Kernpunkt einer möglichen Diskussion überhaupt. Sobald von Identitäten die Rede ist, gerät man in eine notwendige Verwirrung, weil es solche nicht gibt. Wird jedoch separatistisch von jeder Disziplin eine Verbindungsmöglichkeit zur anderen geleugnet, so klafft das Gesamtbild notwendig auseinander. Nur eine synoptische Betrachtung der Dinge — die keine Fusion, noch weniger eine Konfusion sein darf — wird auf einen weiteren Weg führen.

*(Professor Dr. Ing. Paul Freiherr v. Handel, (13b) Staudach/Obby.)*

---

# Zur Begriffsgeschichte der Elektrizitätslehre.

Von
W. KOSSEL.

1.

Begriffsgeschichte der Naturwissenschaften ist bestimmt, einmal eine besonders lebendige Disziplin der Geistesgeschichte zu werden, ausgezeichnet durch Bestimmtheit des Gegenstandes und Genauigkeit der Überlieferung. Da alle Schilderung neuer Naturvorgänge, alles Suchen nach Wegen in weitere Tiefen vom Vergleich mit schon vertrauten Naturvorgängen ausgeht, aber kein solcher Vergleich etwas wirklich Neues zu erschöpfen vermag, wechseln die Bilder und die aus ihnen hervorgehenden Begriffe — ein und dasselbe Phänomen wird von verschiedenen Seiten her angegriffen. Der jahrhunderte alte Kampf um Wellen- und Teilchentheorie des Lichtes, der in diesem Jahrhundert mit der Entdeckung der Quantenphänomene wieder aufgelebt ist und auf die Korpuskulartheorie der Materie übergriff, steht, so unerwartet diese neue Wendung kam, in der Tat nicht allein. Stets wogt um den Anschluß an die bisherige Erfahrung ein Spiel von Möglichkeiten — und die Ausdrucksweise der heutigen Naturwissenschaft ist eine geologisch gewordene Oberfläche, in der Schichten verschiedener Zeiten durch- und übereinander liegen.

2.

Wir betrachten ein aktuelles Beispiel solcher Überschichtung. In der Elektrizitätslehre — und zwar in der Ausdrucksweise, die für die Darstellung ihrer praktischen Anwendungen gebraucht wird, in den Lehrbüchern der Elektrotechnik — tauchen überall in den Gleichungen Zeichen auf, die aus einer verschollenen älteren Gedankenwelt stammen. Diese $\varepsilon_0$ und $\mu_0$ haben einmal, — um die Mitte des vorigen Jahrhunderts — die Verschieblichkeit und die Trägheit des „Weltäthers" bedeutet, jenes elastischen und trägen Stoffes, mit dem man sich einst den von greifbarer Materie freien Raum erfüllt dachte, — und dessen Lebenszweck schließlich vor allem war, die Lichtwellen als seine Erzitterungen darstellen zu können. Nun ist aber nicht nur der mechanische Äther längst aufgegeben — auch eine Nachfolgerschaft rein elektromagnetischer Natur gilt als unmöglich, seit im ersten Jahrzehnt dieses Jahrhunderts, im Zeitalter der Relativitätstheorie, bewußt wurde, daß Fragen, die man an diesen Begriff knüpft, vom Experiment ohne Antwort gelassen werden. Um so seltsamer wirkt es, daß man hier mit großem Ernst an Begriffen festhält, die eine den Eigenschaften der greifbaren Stoffe nachgebildete Stofflichkeit des leeren Raumes voraussetzen. Wenn auch nicht mehr geradezu von Elastizitätsmodul und Dichte des Lichtäthers, so wird doch von Dielektrizitätskonstante und Permeabilität des leeren Raums in allem Ernste, bis zu den offiziellen Festsetzungen internationaler Kommissionen, gesprochen.

Was steckt dahinter? — Nun, schon eine Notwendigkeit, aber keine von der Natur aus gegebene, sondern eine vom Menschen aus entstandene, eine begriffshistorische Notwendigkeit. Eine vor einem halben Jahrhundert in der Begeisterung für die großen Erfolge der jungen Elektrotechnik übereilt nach deren Bedürfnissen eingerichtete Ausdrucksweise, deren äußeres Kennzeichen die bekannten Einheiten Volt und Ampère sind, muß durch die Anwendung geeigneter Umrechnungsfaktoren so zurecht geschoben werden, daß sie für allgemeine Aufgaben zu brauchen ist. Diese Umrechnungsfaktoren sind es, die mit den Zeichen jener alten Ätherphysik auftreten und, —was ernster ist —, man sucht ihrem Auftauchen mit Erinnerungen an jene Äthermodelle einen Anschein physikalischen Inhalts zu geben. Man konstruiert etwa mittels jener technischen Einheiten der achtziger Jahre in den leeren Raum je zwei Arten von elektrischen und magnetischen Feldern, von denen z. B. die beiden elektrischen der historischen Verschiebung des Lichtäthers und der dabei in ihm auftretenden Gegenspannung entsprechen. Da dies natürlich nichts Zwingendes mehr hat, sind für die Durchführung verschiedene Formen möglich und so weichen denn die Darstellungen, die diesen Gedanken folgen, in den Maßvorschriften und Bezeichnungen mannigfach voneinander ab — ein sowohl für die Studierenden wie die Praxis höchst unerwünschter Zustand. Vorschläge in Aufsätzen und Broschüren, Beschlüsse von Fachvereinen und internationalen Kommissionen suchen Ordnung zu schaffen.

Die Lage verschärft sich dadurch, daß nicht nur elektrotechnische Literatur so geschrieben wird, daß vielmehr auch Lehrbücher der reinen Physik — und zwar einige der bedeutendsten, die wir in Deutschland haben —, der Anwendung der praktischen Einheiten eine grundsätzliche Bedeutung beilegen, — ja, daß sich mehrere geradezu den fortwährend von der Elektrotechnik ausgehenden Anregungen anschließen, man möge doch auch in der reinen Physik die für die Gesamtphysik bestimmten von der Mechanik ausgehenden „absoluten" Einheiten innerhalb der Elektrizitätslehre bei Seite stellen. Es sei, so heißt es, erwünscht, die Praxis sprechen zu lassen, sich ganz der nun einmal in der Technik üblichen Ausdrucksweise anzuschließen. Um mit ihr einig zu gehen, solle man diese — wie gern gesagt wird, nur in der theoretischen Physik noch vorkommenden — Zentimeter-Gramm-Sekunde-Einheiten, das CGS-System, verschwinden lassen. Allein die praktischen seien wirklich modern. Von solcher Anrufung der Praxis geht eine starke suggestive Wirkung aus. Von Volt und Ampère muß ja, sieht jeder, auf jeden Fall gesprochen werden. Warum nicht dem Zureden folgen und ganz dabei bleiben? — Niemand will sich gern auf Unmodernem betreffen lassen.

Die Bedeutung des Gegenstandes und die Bestimmtheit der Äußerungen machen die Situation spannend. Psychische Momente, die in derartigen Entscheidungen oft mitspielen, meist aber verdeckt oder halb bewußt bleiben, werden durch die drängende Nähe der Praxis stärker ans Licht gerückt. Die Neigung, es beim einmal Üblichen zu belassen, das Ruhende nicht zu stören, ist im Spiel — welch unbehaglicher Gedanke, bei näherem Einblick in die Herkunft der Verwirrung etwa gar an der endgültigen Brauchbarkeit von Volt und Ampère zweifeln zu sollen! Wie verlockend, solche Zweifel als theoretische Spezialität, als „scientific humbug" gegenüber der Lebensnähe der Praxis zu erklären! Zudem bietet sich ein Weg, der Entscheidung aus dem Wege zu gehen. Die Wahl von Einheiten beruht stets auf Konvention. So mag man — wiederum an bestimmte historische Phasen der Entwicklung anknüpfend — Volt und Ampère als selbständig festgesetzte Einheiten behandeln, ein von ihnen ausgehendes System als gleichberechtigt mit dem CGS-System hinstellen und nun einen Standpunkt „über den Parteien" einnehmen. Man entwirft Systeme von Umrechnungskoeffizienten, die es erlauben, zwischen den Streitenden hin- und herzugehen, man gibt Umrechnungstabellen, in denen sie gleichberechtigt nebeneinander stehen. Über der unbezweifelbaren Nützlichkeit, die solche Tafeln in der heutigen Lage haben können, bleibt die Frage nach einer Entscheidung offen. Sie sei, heißt es dann schließlich gerne, auch nicht von Bedeutung. Da es um Konventionen gehe, könne es jeder damit halten wie er wolle. Das Ganze sei, — so wurde kürzlich einmal in einer Lehrbuch-Besprechung diese Stimmung gut formuliert — „mehr ärgerlich als wichtig".

Das trifft für einen so hartnäckig fortlaufenden Konflikt nicht zu. Er hat Wurzeln, die tief in die Begriffsgeschichte der elektrischen Phänomene hinabreichen. Für die reine Physik sind jene Reminiszenzen an die Äthermodelle — die im technischen Gebrauch schließlich doch als nichts anderes wirken, als sie wirklich sind, nämlich als Umrechnungsfaktoren — von großem Ernst. Sie muß schließlich klar sagen, was sie als geltend anerkennt. Hat es wirklich einen Sinn, im leeren Raum zwei Arten elektrischer Felder zu unterscheiden? Eines, das von Ladungen ausgeht, ein anderes, das auf Ladungen wirkt? —Das eine in $\frac{\text{Volt}}{\text{m}}$ zu messen, das andere in $\frac{\text{Ampèresec}}{\text{m}^2}$ ? — Sobald die Frage so scharf gestellt wird, wird auch die entschiedenste Verteidigung einer Volt-Ampère-Autonomie unsicher. Aber selbst Darstellungen, die an diesem Punkt zugeben, daß hier nur ein einziger Zustand im leeren Raum bestehe, den man eben nur mit zwei Ausdrucksweisen beschreibe, operieren an anderer Stelle wiederum mit dem Unterschied zweier Arten von Feldern; und andere suchen ihn durchweg festzuhalten. Es ist ganz deutlich, daß es sich nicht eigentlich um die Wahl zwischen zwei gleich möglichen konventionellen Ausdrucksweisen handelt, daß vielmehr Entscheidungen über den Begriffsinhalt der Elektrodynamik selbst zu treffen sind. So steckt hinter dem in der Öffentlichkeit sichtbaren Streit um die Einheiten etwas Grundsätzliches. In einer kürzlich erschienenen kleinen Schrift [1] ist die Lage und die danach für den Unterricht zu treffende Entscheidung behandelt worden. Ausdrucksweise und Geschichte der Physik galten dort als vertraut. Da es sich aber um ein bezeichnendes geistesgeschichtliches Phänomen handelt, versuchen wir hier einmal, die darin wirkenden Motive ohne solche Voraussetzungen herauszuschälen, als ein besonders klar entwickeltes Objekt der Disziplin, deren Eigenart wir betonen möchten, der Begriffsgeschichte der Naturwissenschaft.

3.

Die Idee *absoluter*, von Einzelbedingungen „abgelöster" Einheiten wird zuerst von der Französischen Revolution verwirklicht — völlig im Rahmen ihres Gedankens, an Stelle historisch gewordener Einrichtungen der einzelnen Völker solche zu schaffen, die für die ganze Menschheit gelten. So ist für die Länge denn gleich der gesamte Erdkörper als Prototyp gedacht — hierauf zielen jene Gradmessungen, von denen z. B. die abenteuerreichen Jugenderinnerungen Aragos berichten. Gerade diese praktischen Erfahrungen aber zeigten, daß die Feststellung des 40 millionten Teiles des Erdumfangs, der als „Meter" die für alle Völker gleich verbindliche Einheit bilden soll, nicht entfernt so genau durchzuführen ist, als man greifbare Längen miteinander zu vergleichen vermag. Diesen Feinmeßmöglichkeiten des Laboratoriums sollte aber die Einheit gewachsen sein — mit der Genauigkeit, die die besten Präzisionsmethoden erreichen, muß sie selbst festliegen. So wird dann schließlich einer der zuerst mit dem Gedanken an das Erdmaß hergestellten Meterstäbe zur wirklich „maßgebenden" Einheit ernannt. Man kehrt also am Ende zu dem Verfahren zurück, das bereits durch Jahrhunderte in Gestalt der am Rathaus eingemauerten Elle, des in der Stadtwaage aufbewahrten Pfundes angewandt worden war: unmittelbar greifbare, stets aufs neue ausmeßbare Einzelstücke stellen die Einheit vor, auf die man sich geeinigt hat.

[1] W. *Kossel*, Zur Darstellung der Elektrizitätslehre, Physik-Verlag, Mosbach/Baden, 1949.

Zu diesem Urmeter tritt für die Zeit die älteste aller Maßeinheiten für Naturgrößen, der Tag. Um schließlich die Materie, an der sich die in Länge und Zeit abzumessenden Ereignisse letzten Endes stets abspielen, messend zu erfassen, wird die träge Masse als dritte Grundgröße gewählt. Als endgültige Einheit für sie hat man wiederum, wie bei der Länge, ein greifbares Stück härtesten Materials, das Urkilogramm aus Platiniridium, eingesetzt.

An diesen Festsetzungen — die uns nicht zu sehr als elementare Schulerinnerungen verdacht werden mögen — ist für weiterhin zweierlei zu betonen.

1. Die Grundeinheiten sind *verkörpert*, sie sind in einem angegebenen materiellen System realisiert und können an ihm stets aufs neue beobachtet werden. Nur Größen, für die wir solche Urobjekte vorweisen können, können als primäre Größen eines Systems, als Grundgrößen gelten. Das beherrschende System der Physik geht von den drei genannten Grundgrößen aus, es ist ein Länge-Zeit-Masse-System. Nach den dafür gewählten Einheiten ist es das Meter-Kilogramm-Tag-System.

2. Warum hört man diese strenge Bezeichnung nie? Wiederum zeigt die Zeitmessung das Maßgebende — als alte Praxis. Das Grundmaß ist der Tag. Der Zeitpunkt der Wiederkehr eines Sterns am Fadenkreuz eines Fernrohrs läßt sich überaus scharf beobachten — der Zeitfehler kann sehr klein gemacht werden gegen die Dauer des Tages — diese Zeiteinheit läßt sich also mit ausgezeichneter Genauigkeit festlegen. Am Tageslauf selber aber ist sie ungeschickt. Man sagt nicht, die Vorlesung daure $^1/_{32}$ Tag oder die Fahrt von Tübingen nach Reutlingen dauere 0,00827 Tage, man spricht von 45 und von 12 Minuten, man führt Unter-Einheiten des Urmaßes Tag ein. Diese Größen, Stunden, Minuten, Sekunden, sind nicht selbständig und wenn die Physik von der Sekunde als „Grundeinheit" spricht, ist das nur eine für die Praxis eingeführte Ausdrucksweise dafür, daß man den Tag verwendet. Man vermeidet mit ihr die Brüche, Kommata und Nullen, die nötig sind, wenn man unmittelbar in der Grundeinheit selbst spricht.

Entsprechendes geschieht bei Meter und Kilogramm: beide Prototype haben ein stattliches, exakt zu beobachtendes Maß, aber eben deswegen sind sie nicht immer bequem, um praktische Angaben zu machen. Das Meter liegt durchaus an der *oberen* Grenze der Abmessungen, die man auf seinem Arbeitstisch vor sich hat und in der natürlichen Sehweite der Augen überblickt. Für alles, was auf diesem Felde vor sich geht, ist das Urmaß Meter selbst deshalb ebenso ungeschickt zu Zahlenangaben, wie vorher der Tag. Für das, womit man hantiert, ist die Größe der Hände „maßgebend", — die Daumenbreite, das Zoll, war hier von alters her natürliche Einheit. So verwendet der tägliche Gebrauch denn auch die dem Zoll am nächsten liegende Untereinheit des Meters, das Zentimeter. Niemand denkt daran, die Abmessungen eines Hammers, einer Schere, eines Briefbogens, eines Fieberthermometers, einer Taschenuhr oder einer Magnetnadel in Metern auszudrücken — es wirkt fremdartig, wenn heute als Hilfe in den Verlegenheiten der technischen elektrischen Einheiten ernstlich der Vorschlag auftritt, alle Längen in Metern anzugeben, alle Materialeigenschaften auf kubikmetergroße Blöcke zu beziehen und so fort. Ebenso steht es schließlich mit der Masse — die Massen all der leichten Gegenstände der Handarbeit gibt man nicht im Urmaß Kilogramm an, sondern in Tausendsteln davon — ja dieses Tausendstel hat in der Namengebung sogar den Vorrang erhalten — der Sprache nach erscheint das Kilogramm von ihm abgeleitet.

So gebraucht denn die Physik seit etwa der Mitte des vorigen Jahrhunderts das auf den Urmaßen Meter, Kilogramm, Tag begründete Zentimeter-Gramm-Sekundesystem, das „CGS-System". Der Name „Einheit" erscheint — man muß das etwas betonen — mit *zwei* Bedeutungen: einmal für die Urmaße, die von stattlicher, bequem ausmeßbarer Größe, aber deshalb für laufende Maßangaben zu schwerfällig sind, zum zweiten für die Gebrauchseinheiten, nämlich praktisch geeignete Bruchteile der Urmaße. Da jedes einzelne der letzteren streng an eines der Urmaße angeschlossen ist, sind die drei Einheiten cm gr sec vollgültige Vertreter der Urmaße.

Wir haben dies breit auseinandergesetzt, denn diese Begriffsbildungen, die hier selbstverständlich erscheinen, wiederholen sich später auf dem Gebiet der elektrischen Größen und dort werden die Unterscheidungen von Bedeutung, um durch den Streit der Meinungen einen Weg zu sehen.

4.

Von den Grundgrößen aus entwickelt man das *System* durch deren Kombination, so wie es vom ersten Schritt, der Geschwindigkeit, einem jeden geläufig ist. Für Geschwindigkeit wird kein Urmaß angewandt — man gibt sie stets mittels *zweier* Grundgrößen, als Verhältnis einer Strecke zu der Zeit, die notwendig ist, sie zurückzulegen, in Kilometern je Stunde etwa — im CGS-System also in Zentimetern je Sekunde. Ein berühmter konsequenter Weg führt so von Länge und Zeit zunächst zur Geschwindigkeit, dann zur Beschleunigung und weiter, indem die Masse mit hinzutritt, zu Bewegungsgröße, Kraft, Arbeit, Leistung, Wirkung, Drehmoment, Trägheitsmoment — man durchschreitet so das System der mechanischen Größen. Im CGS-System haben einige der abgeleiteten Größen besondere Namen. So heißt die Kraft, die die Masse 1 Gramm in jeder Sekunde um 1 Zentimeter je Sekunde schneller werden läßt — ihr die Beschleunigung 1 erteilt — 1 dyn, die dazu gehörende Arbeitseinheit 1 erg. Meist aber beschränkt man sich darauf, bei jeder der Größen von „der CGS-Einheit" zu sprechen.

Aus diesem mechanischen Größensystem wächst das absolute System der heutigen Physik in seinem ganzen Umfang hervor, indem die anderen Naturerscheinungen an die Größen Kraft und Arbeit angeschlossen werden. Für die elektrischen Erscheinungen geschah der Anschluß in jener Epoche, die mit den Ahnungen der Romantiker von der Verwandtschaft der Naturkräfte begann und mit der klaren Erkenntnis der für alle Naturkräfte anwendbaren Größe Energie in den vierziger Jahren abschloß. Am 24. Dezember 1832 teilen die „Göttingischen Gelehrten Anzeigen" mit: „In der Sitzung der Königlichen Societät am 15. December wurde von dem Hrn. Hofr. *Gauß* eine Vorlesung gehalten:

Intensitas vis magneticae terrestris ad mensuram absolutam revocata."

Gauß gedenkt zunächst bewundernd Alexanders v. Humboldt, der als erster die Stärke des Magnetfeldes an verschiedenen Orten der Erde quantitativ miteinander verglich, indem er auf seinen Expeditionen Magnetnadeln mit sich führte, deren Schwingungen als Kompaßnadeln um so rascher sind, je stärker das Feld ist, das sie in die Nordrichtung zu zwingen sucht. Die Schwingungszahl in der Zeiteinheit ist wie beim Pendel der Wurzel aus der Rückstellkraft proportional — das in die Nordsüdrichtung zwingende magnetische Feld der Erde spielt dabei mechanisch dieselbe Rolle, wie das in die Abwärtsrichtung zwingende Schwerefeld beim Pendel. Dieses Verfahren, das zwar mißt, aber nur *Vergleiche* zwischen den verschiedenen Feldern ergibt, baut er nun zu einem absoluten Maß aus, indem er das Elementargesetz der Wirkung von Magnetpolen aufeinander heranzieht. Bereits *Tobias Mayer* habe vermutet, daß diese Kraft, analog der Schwere, mit dem Quadrat des Abstandes zwischen den Polen abnehme, „*Coulomb* und *Hansteen* haben diese Vermutung durch Versuche zu bestätigen gesucht: durch die in vorliegender Abhandlung enthaltenen Versuche ist sie außer allen Zweifel gesetzt". Er wendet dieses Gesetz, das wir heute kurz nach *Coulomb* nennen, auf die Einzelpole eines Magneten an und vergleicht die von ihnen ausgehende Gesamtwirkung mit der des Erdfeldes, indem er beobachtet, wie stark sie eine Hilfsnadel aus der Nord-süd-Richtung ablenken. Der Magnet wirkt hier also aktiv, er erzeugt ein Magnetfeld und dies, das natürlich der Polstärke proportional ist, wird zu dem Feld der Erde ins Verhältnis gesetzt. Auf der anderen Seite wiederholt er den Versuch Humboldts: der eben noch felderzeugende Magnet muß nun selbst als Kompaßnadel schwingen. Er arbeitet nun also passiv, wird vom Erdfelde ergriffen und die rücktreibende Kraft, die man aus der Schwingungsdauer mißt, ist proportional dem Produkt der Polstärke und des Erdfeldes. So hat man Produkt und Verhältnis der zwei Unbekannten Erdfeld und Moment des Magneten und vermag aus den beiden Gleichungen die beiden Unbekannten zu berechnen. Dies Motiv, aktive und passive Rolle der Menge, tritt, wie wir sehen werden, in der weiteren Geschichte nochmals mit großer Bedeutung auf — an diesem Verhältnis entspringt eine der wichtigsten der Verwirrungen, die in den heutigen Darstellungen erscheinen. Hier bei *Gauß* herrscht vollkommene Klarheit: die Einheit der Polstärke wird einem Pol zugeschrieben, der auf einen zweiten ebenso starken im Abstand 1 die Kraft 1 ausübt. Die Feldstärke 1 herrscht da, wo der Pol 1 die Kraft 1 erfährt; umgekehrt erzeugt der Pol 1 im Abstand 1 die Feldstärke 1. Die einfachen mechanischen Beobachtungen, die dabei vorgenommen werden, setzen völlig folgerichtig das in der reinen Mechanik eingehaltene System fort. Im cm gr sec-System erhält man also „magnetische CGS-Einheiten".

Völlig dem analog haben dann *Gauß* und *Weber* aus den Kräften, die Ladungen aufeinander ausüben, eine quantitative Kennzeichnung der elektrischen Größen hergeleitet. So gilt etwa die *Ladung* als Einheit, die auf eine ihr gleiche, von der sie um eine Längeneinheit entfernt ist, die Kraft 1 ausübt. Der *Strom 1* herrscht da, wo in jeder Sekunde eine solche Ladungseinheit passiert. Die Einheit der elektrischen *Spannung* besteht zwischen zwei Punkten, wenn es eine *Arbeitseinheit* kostet, die Einheitsladung gegen die Wirkung der elektrischen Kräfte vom einen zum anderen zu transportieren. Damit ist bereits festgelegt, daß umgekehrt ein geladenes Teilchen, das den Kräften frei zu folgen vermag und durch sie von einem zu einem anderen Punkt hinüber geführt wird, dabei eine Bewegungsenergie annimmt, die gleich dem Produkt seiner Ladung mit der zwischen den Punkten herrschenden Spannung ist. Da wir seit der Entdeckung des Elektrons fortwährend mit solch freien Teilchen zu tun haben, die obendrein sämtlich die *gleiche* Ladung tragen — die natürliche „Elementarladung" — reicht es zur Kennzeichnung ihrer Bewegungsenergie aus, einfach die Spannung zu nennen, die sie durchfallen haben — oder durchfallen haben müßten, um diese Bewegungsenergie zu gewinnen. Daher der übliche bis in das populäre Schrifttum vorgedrungene Gebrauch, von Elektronen oder Kerntrümmern einer „Geschwindigkeit" von soundso viel „Elektronenvolt" zu sprechen. Wenn das auch eine etwas nachlässige Sprechweise ist, — denn genau genommen ist nicht von der Geschwindigkeit, sondern von der Energie der Bewegung die Rede — so richtet sie doch kaum Schaden an und sie hat den Vorzug, ganz unmittelbar auf das hinzuweisen, worauf es ankommt: der Begriff der elektrischen Spannung gehört völlig der Welt der *Kräfte* an, die auf Ladungen wirken, er gründet sich ganz auf die Grundgedanken der klassischen Mechanik.

An diese ersten Begriffe knüpfen sich weitere, die für einzelne wichtige Anwendungen bestimmt sind, wie etwa die auf der Existenz leitender Stoffe beruhenden Begriffe der Kapazität oder des Ohmschen Widerstandes. Sie alle sind sekundär, sie werden durch Anwendungen der Grundbegriffe Menge (oder Strom) und Feldstärke (oder Spannung) gebildet. Da dies gesamte Begriffssystem, mit dem man die elektrischen Phänomene beherrscht, sich so zwangläufig aus dem Begriff entwickelt, den man sich von der Elektrizitätsmenge als kraftbestimmender Größe gemacht hat, sind auch die Maßeinheiten der elektrischen Größen mit der Wahl der Mengeneinheit bereits sämtlich gegeben. Diese ist ja durch die Kraftwirkung auf ihresgleichen bestimmt, so liegt die Kräfteverteilung, das Feld, um eine Menge bestimmter Größe bereits fest. Damit sind auch die Arbeiten festgelegt, die bei der Bewegung von anderen Ladungseinheiten in ihrer Umgebung ins Spiel kommen — das heißt, die elektrischen Spannungen, die hier herrschen. (So findet sich etwa, daß die Arbeit 1 erforderlich ist, um die Menge 1 auf den Abstand 1 an eine ihr gleiche, die sie ja abstößt, heranzudrängen, daß noch einmal dieselbe Arbeit erforderlich ist, um sie von da noch enger heran, bis auf den Abstand $^1/_2$ zu bringen, desgleichen, um von da auf $^1/_3$ zu kommen und so fort — so daß, wenn man vom Zustande völliger Trennung ausgeht, im Abstand 1 die Spannung 1, in $^1/_2$ die Spannung 2, in $^1/_3$ dann 3 besteht und so fort.)

Alles dies geht unmittelbar, einfach und sicher vor sich. Man kommt dabei nicht auf den Gedanken, daß über die in der Elektrizitätslehre anzuwendenden Maße Zweifel auftreten könnten — zumal ja die Herrschaft des Energieprinzips und das Interesse der Technik an Arbeit und Leistung unmittelbar auf den Anschluß an Mechanik hinweisen.

Eine dieser Klarheit gefährliche Entwicklung hat indes die Aufmerksamkeit von diesen einfachen Zusammenhängen so weit abgelenkt, daß man nach einigen Jahrzehnten dazu kam, für technische Zwecke neue „rein elektrische“ Einheiten — eigene Urmaße — „unabhängig von der Mechanik“ — festsetzen zu wollen. So entstand die eingangs geschilderte verwirrte Lage, aus der man sich heute durch gründliche Besinnung wieder herausarbeiten muß. Verschiedenartiges wirkt dabei zusammen. Es war die Vielseitigkeit der elektrischen Phänomene, die leichte Verwandelbarkeit der elektrischen Energie, die auf Seitenwege gelockt hat. Die Elektrizitätslehre trägt den Fluch ihres Reichtums.

5.

Ein erstes Moment der Unsicherheit ergab sich aus den Erscheinungen selbst: es gibt ja *zwei* mechanische Wirkungen von Ladungen aufeinander. Zwei gleichartige Ladungen stoßen sich ab, wenn sie ruhen — sie ziehen einander außerdem an, wenn sie parallel miteinander bewegt werden. Auf diese Wirkung von *Strömen* aufeinander gehen die gesamten *magnetischen* Kräfte zurück — auch das Verhalten magnetischer Stoffe beruht nach Ampère (und vollständiger nach Weber, der auch den Diamagnetismus einzuschließen wußte) auf Molekularströmen — die man heute in ihre Einzelheiten — teils als Bewegungen der ganzen Elektronen auf Bahnen um die Kerne, teils als Rotationen der Elektronenladungen in sich selbst — aufgelöst hat. Für die magnetischen Felder aber hatte doch *Gauß* schon das eigene Maßsystem entwickelt, das über die magnetischen Kräfte an die Mechanik anschloß und wie wir sahen, historisch sogar den Vortritt gehabt hatte. Wie verhielt sich das zu dem elektrostatischen System, das doch alle rein elektrischen Größen schon eindeutig zu bemessen vermag?

Wilhelm Weber hat den Weg, über die magnetischen Kräfte der bewegten Ladungen auf die Mechanik zurückzugreifen, ebenfalls genau verfolgt und so neben dem elektrostatischen auch ein ganzes elektromagnetisches CGS-System elektrischer Einheiten gegeben. Das Nebeneinander dieser Beiden, das noch heute in allen etwas ausführlicheren Lehrbüchern der Physik und Elektrotechnik wiedergegeben wird, hat, da die beiden Wege zunächst gleich berechtigt schienen, als Ursache großer Unsicherheit gewirkt. Wilhelm Weber selbst aber hat bereits — gemeinsam mit R. *Kohlrausch* — 1852 die Beobachtung gemacht, die letzten Endes, vor allem mittels der klaren Vorstellungen, die wir heute von den hinter dem elektrischen „Strom“ steckenden Bewegungen haben, aus der damals entstandenen Zweideutigkeit wieder herausführt und eine der größten Erkenntnisse der Physik des 19. Jahrhunderts ist: die Entdeckung des Zusammenhangs der elektromagnetischen Phänomene, der Kraftwirkungen zwischen bewegten Ladungen, mit der Geschwindigkeit des *Lichts*.

Wir schildern ihn sogleich in der aufs Äußerste vereinfachten Form, die nach unseren heutigen Erfahrungen mit frei bewegten Ladungen als die reinste und treffendste erscheint: wir fragen nach dem Verhältnis der beiden Kräfte in einem möglichst einfachen Vorgang.

Zwei gleichartige Ladungen $e_1$ und $e_2$, die in einem Abstand r einander gegenüberstehen, stoßen einander elektrostatisch ab. Dazu aber tritt eine Anziehung zwischen ihnen auf, sobald man sie parallel miteinander — etwa senkrecht zur Verbindungslinie — bewegt, denn damit sind sie ja zwei im gleichen Sinn fließende Ströme. Wie verhalten sich die beiden Kräfte zueinander? Zunächst stellt sich heraus, daß dafür die Größe der Ladungen selbst und ihr Abstand keine Rolle spielt — beide Kräfte sind den Ladungen proportional und nehmen mit den Quadrat ihren Abstandes ab. Vergrößert man also etwa den Abstand, so nehmen beide Kräfte in gleichem Maße ab: ihr Verhältnis bleibt das gleiche. Nun hängt ja aber die eine, die elektrodynamische oder magnetische Wechselwirkung zwischen den Strömen, außerdem noch von der Geschwindigkeit ab — jede Ladung bedeutet einen um so stärkeren Strom, je schneller sie fliegt — und es zeigt sich, daß sie einfach den beiden Geschwindigkeiten proportional ist. Dieser Faktor ist also der einzige, der das Verhältnis der beiden Kräfte bestimmt — das Verhältnis der elektrodynamischen zur elektrostatischen Kraft ist um so größer, je schneller die Ladungen. Dies Verhältnis ist eine reine Zahl, denn die beiden Kräfte sind Größen gleicher physikalischer Art. Die Geschwindigkeiten selbst sind aber durchaus keine reinen Zahlen — sie gehen nach $\frac{\text{km}}{\text{Stunde}}$ oder $\frac{\text{cm}}{\text{sec}}$ oder dergleichen. Ihr Produkt $v_1 v_2$, das die Größe dieses Verhältnisses bestimmt, ist es ebensowenig. Es wird aber zur reinen Zahl, sobald hier ebenfalls nur *Verhältnisse* maßgebend sind, wenn im Grunde das *Verhältnis* jeder der Geschwindigkeiten zu einer dritten — die wegen der physikalischen Gleichwertigkeit der beiden die gleiche sein muß im Spiele ist. Nennen wir diese im Augenblick noch unbekannte universelle Geschwindigkeit c, so heißt der Faktor $\frac{v_1}{c} \cdot \frac{v_2}{c}$ und ist nun reine Zahl, geeignet, das Verhältnis der beiden Kräfte korrekt darzustellen. Wie groß dies c ist, läßt sich natürlich nur durch *Messung* des Kräfteverhältnisses ermitteln. *Weber* und *Kohlrausch* führten diese Messung durch und es fand sich, daß diese für die Verhältnisse der elektromagnetischen Kräfte zueinander maßgebende Größe nichts anderes war, als die Geschwindigkeit des *Lichts*.

Was das für die elektromagnetische Deutung der Lichterscheinungen, für die Entdeckung der elektromagnetischen Wellen bedeutet hat, gehört in die Geschichte der gesamten Physik, der Naturwissenschaft überhaupt. Wir wenden uns sofort wieder den Messungsfragen zu. Hier läßt sich die geschilderte Erkenntnis so ausdrücken, daß man, um die elektromagnetischen Kräfte zwischen zwei Ladungen, die beide die Geschwindigkeit $1-1\ \frac{\text{cm}}{\text{sec}}$ haben, ebenso groß zu machen, wie man die elektrostatischen gefunden hat — jede von beiden auf das c fache vergrößern müßte. So wird denn *W. Webers* „elektromagnetische" Mengeneinheit, die gerade beim Abstand 1 und der Geschwindigkeit 1 die elektrodynamische Kraft 1 dyn ergeben soll, c mal so groß als die elektrostatische, die beim gleichen Abstand die elektrostatische Kraft 1 dyn auftreten läßt. Stellte man andererseits zwei solche riesige elektromagnetische Einheiten *ruhend* einander gegenüber, so wäre die Kraft auf jede $c^2$ fach so stark wie die zwischen statischen Einheiten. Offenbar aber ist es gezwungen, wenn man genötigt ist, gerade dann von einer Geschwindigkeit — nämlich c — zu reden, wenn die Körper ruhen.

Man wird nach dieser Erfahrung dasjenige Maßsystem als das natürliche ansehen, das von Geschwindigkeit nur dann spricht, wenn Bewegung im Spiel ist. Das ist das elektrostatische Maßsystem. Wie kam es dazu, daß die elektromagnetischen Einheiten sich dennoch behaupteten?

## 6.

Hier griff ein zweites ganz neues Moment in die Entwicklung ein: die *technische Anwendung* der elektrischen Erscheinungen. Sie blieb im vorigen Jahrhundert ganz auf die Anwendung magnetischer Kräfte beschränkt. Erst in unserem Jahrhundert trat mit der Elektronenröhre, dem Bildfunk usw. die Elektrostatik in die Technik ein. Heute beherrscht sie deren modernste Teile. Die gesamte glänzende Entwicklung der älteren Elektrotechnik aber — die Entstehung des Begriffes Elektrotechnik überhaupt — beruhte auf dem Einsatz magnetischer Wirkungen. Motor, Dynamo, Telegraph, Telephon errangen ihre Erfolge, während die zum Nachweis elektrostatischer Vorgänge bestimmten Instrumente nutzlos im Schrank standen. Sie änderten auch kaum die Form, die sie im 18. Jahrhundert erreichten: Leidener Flaschen, Blättchenelektroskope, Elektrophor blieben unverändert — lediglich die Maschinen wurden um die Mitte des 19. Jahrhunderts um eine ganz neue Art bereichert, die von *Holtz* und *Toepler* erfundenen Influenzmaschinen traten zu den Reibungselektrisiermaschinen, deren erste mit rotierender Schwefelkugel *Guericke* 1672 schon beschrieben hatte. Aber von technischer Nützlichkeit blieben auch sie weit entfernt.

Der Grund zu diesem technischen Versagen der so weit überlegenen statischen Kräfte liegt in ihrer Wirksamkeit auf das Innere der Materie. Ein elektrisches Feld greift nicht nur den geladenen Körper, den man bewegen will, als Ganzes an — es wirkt auch auf die Einzelladungen, aus denen er gebaut ist, reißt sie schließlich heraus und bricht darüber selbst zusammen: elektrische Überschläge und Durchbrüche treten auf, sobald man die elektrischen Felder steigert, um die mechanischen Kräfte groß zu machen. Von alters her weiß man daher, daß zu elektrostatischen Versuchen „leichte" Probekörper nötig sind, Papierflitter, Holundermarkkugeln, die Blättchen oder Flügel eines Elektroskops. Um schwerere Teile zu bewegen — wie den Hebel eines Telegraphenapparats oder gar den Anker eines praktisch brauchbaren Motors — dazu müßte man höher aufladen und das wird durch Sprühen, durch Funkenentladungen unmöglich gemacht. Dieses Hindernis ist endgültig, denn es ist nicht mit einem vorläufigen Stand der Technik zu entschuldigen; die dielektrische Festigkeit der Stoffe selbst ist einmal nicht höher.

Derlei Grenzfeldstärken gibt es auf der magnetischen Seite nicht, die Werkstoffe stehen nicht in Gefahr, durch starke magnetische Felder zerrissen zu werden. Und durch gute metallische Leiter vermag man, bevor sie in der Stromwärme schmelzen, so große elektrische Ströme zu schicken, wie zu den praktisch erwünschten Wirkungen nötig ist. Hinzu kommt, daß hier der Feinbau der Stoffe geradezu der Stromwirkung helfend einspringt: im Eisen und seinesgleichen drehen sich die molekularen Ströme so, daß sie die magnetische Wirkung des in der umgebenden Leitung fließenden Stromes auf ein Vieltausendfaches steigern. Alle typischen Geräte der älteren Elektrotechnik arbeiten daher mit eisengefüllten Stromspulen, mit Elektromagneten.

So lenkten Stoffeigenschaften , die mit dem fundamentalen Verhältnis der beiden Kraftwirkungen nichts zu tun haben, die tägliche Tätigkeit ganz auf die elektromagnetische Seite und was es hier zu finden und auszurichten gab, war wunderbar und reich genug, um die Aufmerksamkeit ganz dort festzuhalten.

Es kam hinzu, daß man ganz neue, der Elektrostatik fremde Wege fand, um die wirksamen Ströme zu erzeugen. Man bediente sich der galvanischen Elemente. Zwischen Metall- und Kohleplatten, die man in Salzlösungen taucht, treten bestimmte elektrische Spannungen auf — relativ niedrige Spannungen, so daß die elektrostatischen Wirkungen schwach bleiben, aber fähig, in Metalleitungen Ströme zu liefern, die zu brauchbaren magnetischen Wirkungen ausreichen. Wie diese elektrischen Felder entstanden, blieb dunkel. Ihre Quelle lag in der damals noch ganz undurchsichtigen Welt chemischer, also atomistischer Vorgänge und so gewöhnte man sich allmählich, elektrische Felder als etwas selbständig Gegebenes hinzunehmen — während vorher, als man allein die Elektrostatik kannte, immer lebendig geblieben war, daß sie allein von Ladungen erzeugt werden.

Die Ladungen selbst interessierten allmählich nur noch in der Form von *Strömen* — also in passiver Rolle, indem sie von den irgendwie erzeugten Spannungen durch Leiter getrieben werden — die Tatsache, daß sie selbst Felder erzeugen, trat ganz in den Hintergrund. Der Gedanke daran wurde auch nicht entbehrt, denn in diesen Leitungsströmen gab es eine ganz zuverlässige Verbindung von Menge und Feld: die in der Zeiteinheit durchgetriebene Menge, die Stromstärke war der Feldstärke proportional. Diese von *Ohm* 1828 aufgefundene Beziehung hat, wie wir aus dem Zeugnis von *G. Th. Fechner* wissen, selbst noch viel dafür bedeutet, überhaupt Menge und Feldstärke einmal klar auseinanderzuhalten. Das *Ohm*sche Gesetz beherrschte nicht nur die Praxis der Leitungsströme — es half auch — in den Arbeiten *Faradays* über die Identität der aus verschiedenen Quellen stammenden „Elektrizitätsarten" und weiteren — zur Festigung der Grundbegriffe, die auch den führenden Köpfen durchaus nicht leicht gefallen sind.

Diese große Bedeutung und Anwendbarkeit des *Ohm*schen Gesetzes führte dazu, daß es allmählich geradezu als ein Fundamentalsatz der Elektrizitätslehre überhaupt angesehen wurde. Für den Leitungspraktiker war es das freilich — und praktisch hatte man durch viele Jahrzehnte nur mit Elektrizitätsbewegung in Leitungen zu tun. Man vergaß indes daüber — und das gilt auch für viele Überlegungen der damaligen Theoretischen Physik — daß dies eben nur *ein* möglicher Fall von Elektrizitätsbewegung ist. Verglichen mit der grundlegenden Begriffswelt der Elektrostatik befand man sich in der Lage, wie in einer Mechanik, die nach der Erringung der Grundbegriffe und Grundsätze an Himmelsmechanik und freiem Wurf auf einmal an der Bewegung von Flüssigkeiten durch Rohrleitungen Interesse gewonnen und sich durch lange Zeiten ganz auf diese praktisch überaus nützlichen Erscheinungen konzentriert hätte. Da konnte der Satz, daß die in der Sekunde durch ein Rohr gepreßte Wassermenge dem Druckunterschied an den Enden proportional ist, als Fundamentalgesetz empfunden werden. Er beherrscht alles, was im Gebrauch vorkommt — allein er ist doch das Ergebnis ganz eingeschränkter Verhältnisse. Er hat nur für das Gebiet der durch Reibung gehemmten Bewegungen Bedeutung. Genau dies gilt für das *Ohm*sche Gesetz. Es ist das Ergebnis bestimmter äußerer Umstände, die die Fortbewegung elektrischer Mengen nur unter Reibung erlauben.

Der ungeheure Umfang der praktischen Anwendungen dieser einfachen Verknüpfung von Strom und Spannung — die ja nichts anderes sind als Vertreter der Fundamentalgrößen Menge und Feldstärke — führte aber leicht dazu, sie an die Stelle der eigentlichen Fundamentalbeziehung zwischen diesen Größen — der Kraftwirkung — setzen zu wollen. Man hantiert so überaus bequem mit den Stromkreisen — viel bequemer als mit der Kraft-Beobachtung. Es ist leicht, diesen Zusammenhang von Strom und Spannung über den *Ohm*schen Widerstand exakt allgemein festzulegen, wenn man alle Leiter mit einem bestimmten Einheitskörper vergleicht. Als solche Einheit des „galvanischen Widerstands" — wandte W. *Siemens* eine Quecksilbersäule von 1 qmm Querschnitt, 1 m Länge und der Temperatur 0°C an. Fügt man hinzu, daß bestimmte Spannungen von bestimmten galvanischen Elementen zu erhalten waren, daß man ferner die Stärke der eingetretenen Elektrizitätsbewegung an der Menge der Stoffe abmessen konnte, die sie in Zersetzungsgefäßen abgeschieden hatten — an der Menge niedergeschlagenen Silbers etwa oder aufgefangenen Knallgases —, so konnte man den Eindruck haben, hier bestehe eine geschlossene Welt rein elektrischer Erscheinungen, die mit Mechanik überhaupt nichts zu tun hat. Noch heute wirkt sich dieser Eindruck aus — nicht etwa nur in elementaren Darstellungen, die dem Elektro-Installateur das Verständnis für die Vorgänge in elektrischen Leitungen vermitteln sollen und mit Recht im engsten Bereich der dazu nötigen Begriffe bleiben — auch in Lehrbüchern, die an anderen Stellen bis ins Modernste vorstoßen, wird die Idee einer Unabhängigkeit von der Mechanik, die Versicherung, eigentlich elektrische Vorgänge hätten mit Kräften nichts zu tun, noch mit größter Bestimmtheit vorgetragen. Diese Idee gehört zu den wesentlichen Motiven, die den Glauben an eine Selbständigkeit des praktischen Systems elektrischer Einheiten am Leben erhalten — eine der wesentlichen Komplikationen der heutigen Lage.

7.

Um das Gewicht, das diese „praktischen" Argumente ausübten, ganz zu begreifen, muß man ins Auge fassen, daß nicht allein der Umfang ihrer Anwendungen für sie wirkt, sondern außerdem eine Schwäche der fundamentalen mechanischen Absolut-Beobachtung. Die Kraftbeobachtungen in einem einfachen elektrischen oder magnetischen Feld, die man der Definition der CGS-Einheiten zugrunde legt, sind nicht leicht störungsfrei auszuführen. Es kommt gar nicht in Frage, praktische Meßinstrumente, die man umhertragen und in beliebigen Lagen für wechselnde Aufgaben benutzen will, als absolute Instrumente nach dem Muster der *Coulomb*schen Drehwaage oder des *Gauß*schen Magnetometers einzurichten. Das Blättchenelektroskop der Elektrostatik z. B., das man heute mit einem feinen Metallfaden statt des Blättchens so stabil und praktisch gemacht hat, daß es selbst in dem schaukelnden unbemannten Registrierballon, den man in die Stratosphäre schickt, einwandfrei anzeigt, enthält infolge der konstruktiven Einzelheiten, die man um dieser Zuverlässigkeit willen in seinem Inneren einhalten muß, durchaus kein einfaches Feld mehr: der Kraftlinienverlauf zwischen dem Faden, der die Kraft erfährt, der Zuleitung zu ihm und den leitenden Wänden, mit denen man ihn zum Schutz gegen fremde elektrische Felder umgeben muß, ist recht verwickelt. Die Kräfte darin nach den Grundgesetzen zu berechnen, wäre höchst umständlich und lohnt durchaus nicht. Ein solch praktisches Meßinstrument *eicht* man vielmehr, das heißt, man beobachtet die Ausschläge, die es bei bekannten Spannungen gibt, und dasselbe gilt längst für alle Ampèremeter und Voltmeter der Technik.

Damit wird die Aufgabe der Absolutmessung in das „Prüffeld" zurückverlegt, in dem man die praktischen Instrumente eicht — hier muß man bekannte Größen zur Verfügung haben. Allein nun zeigt sich, daß man die Instrumente bei sorgfältiger Arbeit zu solcher Genauigkeit der Wiedergabe bringen kann, daß die Aufgabe, in der zugrunde liegenden Absolutmessung, also im Anschluß an die Mechanik, eine ebenso große Genauigkeit zu erreichen, einen Aufwand erfordert, den man in einer Fabrik oder einem Eichamt nicht zu leisten vermag. Nur die großen Zentralanstalten der Länder, die physikalisch-technische Reichsanstalt und die ihr korrespondierenden Anstalten in England, Frankreich und Amerika vermochten die Aufgabe der unmittelbaren Beobachtung am Ausgangsphänomen, die Kraft-Messung von äußerster erreichbarer Genauigkeit am primären „Standard" auf sich zu nehmen. Nur dort kann man etwa „Stromwaagen" einsetzen, in denen die Kraft zwischen zwei stromdurchflossenen Spulen stabilster Bauart von exaktesten Abmessungen mit größter Präzision beobachtet und daraus der Strom in absoluten Einheiten berechnet wird.

Die Ergebnisse dieser mühsamen und kostspieligen Originalbeobachtungen sollen einem möglichst großen Kreis zugute kommen. Der unmittelbare Weg, Präzisionsinstrumente mitzunehmen, die man dort geeicht hat, erfordert große Vorsicht: sie müssen vor allen Störungen, die etwas an ihnen ändern könnten, aufs sorgfältigste behütet werden — eine solche Kopie der Stromeinheit ist offenbar weit anfälliger als eine Kopie des Original-Meterstabes.

Daher hat ein ganz anderer Weg, die Stromeinheit zu „kopieren", eine große Bedeutung gewonnen — praktische Bedeutung zunächst —, aber mit großem und vielfach verwirrendem Einfluß bis ins Grundsätzliche hinaus. Diese Folgen sind auch heute noch nicht zur Ruhe gekommen. Man benutzt eine ganz andere Wirkung der so leicht verwandelbaren elektrischen Energie: die elektrolytische Zersetzung, die Abscheidung von Metallen etwa aus Lösungen ihrer Salze. Die Menge abgeschiedenen Metalls ist der durchgegangenen Elektrizitätsmenge proportional. Bestimmt man also an einer der Anstalten, die in der Lage sind, absolute Strommessungen mit Präzision auszuführen, etwa die Menge Silber, die der Strom 1 in der Zeiteinheit abscheidet, so gibt man einem jeden, der eine präzise Waage besitzt und zu gebrauchen weiß, damit eine „Kopie" der Stromeinheit in die Hand. Sie ist nicht so körperlich wie ein Meterstab — aber doch unmittelbar „greifbar", um damit entweder einen Strom zu messen oder ein Meßinstrument zu eichen. Diese Greifbarkeit ergibt die für das Gesetz notwendige Gegenständlichkeit (Strom ist eine „bewegliche Sache", die z. B. gestohlen werden kann): das „legale" Strommaß wurde alsbald nach der Silberabscheidung definiert.

Man erkennt, welche Versuchung hier auftaucht: die Verkörperung der Stromeinheit in der Silbermenge, der analoge Verkörperungen der Spannung in Normalelementen, des Widerstands in der Quecksilbersäule zur Seite traten, konnte als Einführung neuer *Urmaße* mißverstanden werden. Denn die Urmaße sind ja, wie wir betrachteten, vor den abgeleiteten Einheiten dadurch ausgezeichnet, daß sie an *Verkörperungen* anknüpfen: das Platinmeter, der Erdrotations-Tag, das Platinkilogramm. Dem schienen nun das Silber-Ampère, das Cadmium-Volt, das Quecksilber-Ohm zur Seite zu treten. Es waren nur Kopien, sie besaßen ihr Recht und ihre Macht nur vom Anschluß an die mechanischen Grundeinheiten — indes ging auf dem elektrischen Kontinent so viel vor sich, daß man jene ferne Obergewalt vielfach ganz vergaß und in dem Volt-Ampèresystem ein autonomes rein elektrisches Regime zu besitzen meinte.

8.

Die Versuchung, ein solches zu inthronisieren, wurde noch dadurch unterstützt, daß die mechanische Abstammung dieser Einheiten durch eine besondere Namengebung unkenntlich geworden war.

In der oben geschilderten Zweideutigkeit zwischen den elektrostatischen und elektromagnetischen Einheiten nämlich hatte man sich bereitgefunden, zwischen den beiden noch obendrein eine dritte Art von Einheiten einzurichten, die „praktischen". Sie kamen so zustande: Man war vom täglichen Gebrauch gewohnt, die galvanischen Elemente als Quellen zu benutzen, also z. B. Spannungen am Maß der Spannungen von Elementen zu beurteilen. Diese Spannungen liegen aber unter einem Hundertstel der elektrostatischen Spannungseinheit, bei einigen Tausendsteln. Die elektromagnetische Spannungseinheit andrerseits ist zwar kleiner als die statische, aber wegen der ungeheuren Größe des Faktors Lichtgeschwindigkeit ungeheuer viel kleiner: nur ein Dreißigmilliardstel der elektrostatischen Einheit. In ihr ausgedrückt lagen die Spannungen der galvanischen Elemente daher in den Hunderten von Millionen. Beides lag so weit ab, war so unhandlich, daß man sich bereit fand, der Spannung von 100 Millionen elektromagnetischen oder $^1/_{300}$ statischen Einheiten, die den Spannungen galvanischer Elemente und Akkumulatoren nahekommt, einen eigenen Namen zu geben: man taufte sie 1 Volt. Analog stand es mit den Strömen, die elektrostatische Einheit erschien viel zu klein, die elektromagnetische zu groß, so wählte man wieder einen Zwischenwert, nämlich 3 Milliarden statische, d. h. $^1/_{10}$ magnetische Einheiten und taufte ihn 1 Ampère. Das waren reine Namen — allein wenn man nun für den praktischen Gebrauch in der oben geschilderten Weise z. B. feststellte, daß 1 solches Ampère in der Sekunde 1,118 Milligramm Silber abscheide, so war die Versuchung groß, zu vergessen, daß dies nur die bequeme Verkörperung einer mechanisch festgesetzten Einheit war, und es einfach als Festlegung einer eigenen Grundgröße anzusehen.

Dieser Versuchung hat man denn auch gründlich nachgegeben. Die elektrolytische Definition des Ampère erlaubt nicht nur eine prägnant klingende Äußerung, die sich leicht behält, ohne tiefer über den Gegenstand nachzudenken, und daher als schnell auswendig zu lernende Antwort für Examina eine Rolle spielt, sie hat auch in der Tat dank ihrer präzisen Realisierbarkeit durch Jahrzehnte für die internationalen Abmachungen über die elektrischen Einheiten gegolten. Als man die Meßgenauigkeit steigerte und mit der ursprünglichen Festsetzung auf 1,118 mg Silber je Ampèresec nicht mehr auskam, hat man zunächst nicht die korrekte Verkörperung der mechanisch begründeten Stromeinheit, nämlich den neu gewonnenen genaueren Wert 1,11840 mg/Ampsec gebraucht, sondern der höheren Genauigkeit formal dadurch Rechnung getragen, daß man an den alten Wert zwei Nullen anhing. Mit dieser vom Meßergebnis abweichenden willkürlichen Festsetzung zu 1,11800 hatte man in der Tat ein neues Grundmaß definiert. Natürlich klappt, wenn man so verfährt, der Anschluß an die mechanischen Grundbegriffe nicht mehr, das Energie- und Leistungsmaß wird ein anderes als die Arbeitsgrößen der Mechanik.

Man hat seit einigen Jahren diese willkürliche Definition elektrischer Größen als Grundgrößen wieder aufgegeben, Kraftbeobachtung und Arbeitseinheit des mechanischen Systems liegen wiederum zugrunde. Das ist sehr erfreulich — aber die alte Illusion eines selbständigen elektrischen Systems ist durchaus noch nicht verschwunden —, sie zeigt sich selbst noch in Lehrbüchern und die Ansicht, man solle doch wenigstens *eine* „echte" elektrische Größe den drei von der Mechanik gegebenen zufügen, findet noch immer bedeutende Verteidiger. Zu sehen, was sie unterstützt, ist ein interessantes Schauspiel — das weit über die Frage nach den exakten Einheitswerten hinausgeht, die den realen Kern der Angelegenheit bildet.

9.

Die völlige Willkür, mit der man die zu den beiden praktischen Einheiten führenden Faktoren gewählt hat, verwirrt gänzlich die Klarheit der Zusammenhänge, in denen Elektrizitätsmengen und elektrische Felder ursprünglich stehen. Die einzige Verknüpfung, an die man bei der Fixierung der praktischen Einheiten gedacht hat, ist das *Ohm*sche Gesetz: der Vorgang der Stromleitung in Metallen — also schärfer gesagt, der Reibung in Leitern — sollte bequem darstellbar werden. Man hat deshalb dafür gesorgt, daß das Verhältnis der technischen Spannungseinheit zur technischen Stromeinheit, also die Einheit des *Ohm*schen Widerstandes, in die von alters her für technische Leitungen als praktisch erkannte Größenordnung fällt, in die Nähe der alten *Siemens*schen Widerstandseinheit (das Ohm entspricht einer *Siemens*schen Quecksilbersäule von 1,063 m Länge, während *Siemens* geradezu 1,0000 m festgesetzt hatte). Die eigentlichen Fundamentalbeziehungen aber: Kraftwirkung, Felderzeugung hat man nicht beachtet. Sie verlieren ihre Durchsichtigkeit, sobald man willkürlich die Einheiten ändert — in die Gleichungen der technischen Ausdrucksweise treten neue, vom ursprünglichen Zusammenhang nicht geforderte Faktoren ein.

Die Versuche, diesen Umrechnungen, die man

bei Gebrauch des Volt-Ampère-Systems nicht entbehren kann, einen Schein physikalischen Sinnes zu verschaffen, bilden das eigentliche am Anfang genannte begriffshistorische Schauspiel. Es wird dadurch so bunt, daß dabei nicht die beiden Umrechnungsgrößen für Strom und Spannung selbst auftreten, sondern verschiedenartige Kombinationen von ihnen, die man nach historischen Motiven sich bewegen läßt. Damit bleibt verhüllt, daß es sich immer wieder um dieselben beiden 1884 vom Pariser Kongreß beschlossenen Umrechnungsfaktoren handelt, durch die Volt und Ampère aus den CGS-Einheiten geschaffen wurden. Vielmehr werden romantische Erinnerungen an die Eigenschaften des Weltäthers am Leben gehalten, indem man die kombinierten Umrechnungsfaktoren als „Dielektrizitätskonstante des Vakuums" oder als „absolute Permeabilität" vorstellt.

Um diesen Kernpunkt scharf zu kennzeichnen, geben wir den beiden eigentlichen Akteuren kurze Namen:

Der Umrechnungsfaktor von CGS auf Ampère heiße Ampèrefaktor $\alpha = 3 \cdot 10^9$ (3 Milliarden)

also: ein Strom von $\alpha$ CGS-Einheiten $=$ 3 Milliarden CGS heißt 1 Ampère.

Analog heiße der Umrechnungsfaktor von CGS auf Volt der Voltfaktor $\beta = \frac{1}{300}$

also: eine Spannung von $\beta$ CGS Einheiten $= \frac{1}{300}$ CGS heißt 1 Volt.

Beides sind, heben wir nochmals hervor, nur *Namen* für bestimmte Vielfache der CGS-Einheiten — so wie $^1/_{100}$ Mark den Namen 1 Pfennig führt und von der Grundeinheit einer anderen Währung, dem Pfund etwa, scharf zu unterscheiden ist. Mit einer solch eignen Basis für das Ampère, mit dem Ampère als Grundeinheit, versuchte man es damals, als man es auf Silberwährung gründen wollte. Das ist vorbei — Ampère ist wieder, wie in seinem Anfang, nichts anderes als der Name für ein Vielfaches — das $\alpha$-fache — der mechanischen Stromeinheit.

Die beiden Faktoren $\alpha$ und $\beta$ treten nun in dem „praktischen Einheitensystem" nicht selbst auf, sondern in den beiden Kombinationen $\alpha\beta$ und $\frac{\alpha}{\beta}$ — und diese wiederum in allerlei verschiedenen mit eigenen Namen und Zeichen versehenen Verknüpfungen —, so daß gar nicht leicht zu sehen ist, daß man immer wieder nur mit diesen beiden zu tun hat.

Den Vortritt hat die für die Praxis besonders wichtige Frage, wie die *Arbeitsleistung* zu bemessen ist. Die Bewegung von Ladungen im elektrischen Feld, wie sie z. B. in einer unter Spannung stehenden elektrischen Leitung geschieht, ist ja eine rein mechanische Angelegenheit: an der von einer Kraft bewegten Ladung wird Arbeit geleistet. Soviel von Erinnerung an die mechanische Herkunft muß innerhalb aller Selbständigkeitsbestrebungen festgehalten werden — auch das Produkt von Volt und Ampère muß als Arbeit in der Zeiteinheit, als Leistung gelten. Während aber die CGS-Einheiten unmittelbar so festgesetzt sind, daß man gerade die mechanische Leistungseinheit von 1 erg je sec bekommt, wenn der Strom 1 über die Spannung 1 fließt, bedeutet ja die Anwendung von 1 Ampère und 1 Volt, daß $\alpha = 3 \cdot 10^9$ CGS-Stromeinheiten über $\beta = \frac{1}{300}$ CGS-Spannungseinheiten gegeben werden. Das ergibt, daß $\alpha \cdot \beta = \frac{3 \cdot 10^9}{3 \cdot 10^2} = 10^7$ erg je sec geleistet werden. Für diese Leistung von 1 Voltampère hat man den Namen 1 Watt eingeführt. Es gilt also: 1 Voltampère $=$ 1 Watt $= \alpha\beta$ erg/sec $= 10^7$ erg sec. Auch die Arbeit selbst, die dabei in der sec geleistet wird, ist mit einem eignen Namen versehen worden: 1 Wattsec heißt 1 Joule und somit ist auch 1 Joule $= \alpha\beta$ erg $= 10^7$ erg.

Diese Umrechnung macht noch keine begriffliche Mühe. Man sieht klar, was geschehen ist. Das elektrotechnische System hat für die Arbeit von 10 Millionen erg einen eignen Namen eingeführt, eine einfache und natürlich völlig unbedenkliche Maßnahme.

Für den, der viel im Ampère-Voltsystem rechnet, ist aber der Faktor $\alpha\beta = 10^7$, der ihn ins physikalische Energiemaß führt, immerhin unbequem und so wird von der Elektrotechnik aus der Gedanke propagiert, diesen Faktor auszuschalten — aber nicht etwa, indem man zu den mechanisch begründeten Einheiten der elektrischen Größen zurückkehrt, sondern umgekehrt, indem man die Einheiten der Mechanik so abändert, daß die Energieeinheit dort 10 Millionen mal so groß wird als bisher — also geradezu der elektrotechnischen Einheit 1 Joule gleich wird.

Der erste Schritt dazu sieht sehr einfach aus: verwendet man als Grundeinheiten an Stelle von cm und Gramm das Meter und das Kilogramm, so wird die Energieeinheit gerade $10^7$ mal so groß wie bisher. Da nun m und kg, wie eingangs besprochen, die Urmaße vorstellen, scheint es auch grundsätzlich sehr schön, sie anzuwenden. Statt des CGS-Systems wird also ein MKS-System empfohlen — oft noch in Kombination mit einer vierten „rein elektrischen" Einheit, die wiederum von verschiedenen Seiten verschieden vorgeschlagen wird.

Von solchem MKS-System wird z. B. das Giorgische durch mehrere große Elektrotechniker-Verbände — zuletzt wohl von dem der Schweiz — lebhaft empfohlen und auf der Seite der reinen Physik tritt *R. Pohl*, der seit langem in dem eingangs geschilderten Sinn die Anwendung technischer Einheiten in der Physik zu fördern sucht, dabei ebenfalls für

Anwendung eines MKS-Systems ein. Wir sind damit mitten in dem Hin und Her der heutigen öffentlichen Diskussion.

10.

Was hier ins Spiel kommt, wurde oben eingeleitet, als wir (§ 3) auf die Unterscheidungen hinwiesen, die am Begriff einer Grundeinheit zu beachten sind. Das Urmaß Meter selbst z. B. ist als Gebrauchsmaß für den Arbeitstisch und das Werkzeug unbehilflich. Das MKS-System hat etwa davon zu sprechen, daß eine Magnetnadel von 0,052 m Länge und der Masse von 0,0024 kg von einer Ringspule von 0,12 m Durchmesser aus abgelenkt werde, die 0,41 m von ihr entfernt sei. Man tauscht eine Flut von Nullen, Kommata und Zehnerpotenzangaben ein, um die *eine* unbequeme Zehnerpotenz 1 Joule $= 10^7$ erg zu vermeiden.

Dazu, daß das CGS-System sich durchgesetzt hat, hat außer diesen Größenverhältnissen noch ein weiterer Vorzug beigetragen, den man gemeinhin unbesehen hinnimmt, der sich indes nicht von selbst versteht. Das ist das glückliche *Verhältnis* von Längen- und Masseneinheit. Im CGS-System ergibt die Raumeinheit des Stoffes, nach dem man die Masseneinheit gewählt hat, sogleich diese selbst: ein $cm^3$ Wasser besitzt die Masse eines Gramms. Im MKS-System aber enthält die Raumeinheit Wasser — 1 Kubikmeter — nicht *eine*, sondern tausend Masseneinheiten — sie wiegt 1000 kg. So nehmen die Dichten der für den Gebrauch wichtigen Stoffe im CGS-System vernünftige Werte an und wenn es etwa heißt, die Dichte des Goldes sei 19, ist vollkommen anschaulich, daß ein Goldwürfelchen von 1 cm Kante, das man auf der Hand hat, 19 Gramm wiegt. Das MKS-System aber sagt, die Dichte des Goldes sei $1{,}9 \cdot 10^4 \frac{\text{kg}}{\text{m}^3}$, in Worten: ein Kubikmeter Gold wiege 19000 kg und so imponierend 19 Tonnen Goldes sein mögen, hat doch niemand von dieser Last einen lebendigen Sinneseindruck, wie von jenem Goldwürfelchen, das er auf der Hand wägt. Allein der Bautechniker, der Erdmassen auszuschachten oder meterdicke Betonwände eines Docks oder Bunkers aufzurichten hat, kommt überhaupt zu Stoffmengen solchen Ausmaßes.

Zu allem dem bleibt das MKS-System eine halbe Maßnahme. Es korrigiert von den Folgen der Willkür nur einen Teil, die nämlich, die auftreten, wenn man die Mengen in *passiver* Rolle betrachtet. Sie werden vom Felde ergriffen, es leistet an ihnen Arbeit, dabei trat das *Produkt* der beiden willkürlichen Faktoren für Volt und Ampère auf, $\alpha\beta = 10^7$.

Nun ist aber ebenso wichtig das Gegenspiel dazu — die *aktive* Rolle der Ladung, ihre Fähigkeit elektrische Felder zu erzeugen. Während im CGS-System die Menge 1 im Abstand 1 das Feld der Stärke 1 erzeugt, gilt das nicht mehr, wenn man die praktischen Einheiten anwendet. 1 Coulomb (1 Ampèresekunde) erzeugt im Abstand 1 m durchaus nicht die Feldstärke 1 Volt/m. Hier greift — für das Einzelne müssen wir den daran interessierten Leser auf die genannte Schrift verweisen — das *Verhältnis* der beiden Abweichungsfaktoren, also $\alpha/\beta$, ein und so hilft das zur Ausbesserung von $\alpha\beta$ eingeführte MKS-System nichts mehr: man hat neue Umrechnungsgrößen einzuführen.

11.

In dieser Verlegenheit — gegenüber der scheinbaren Unstimmigkeit zwischen Ladung und Feld — wird nochmals eine neue Seite der elektrischen Erscheinungen zu Hilfe gerufen.

Es sind die Veränderungen, die elektrische und magnetische Felder von Ladungen und Strömen dadurch erleiden können, daß man Stoffe in sie hineinbringt, die selbst keine Ladungen tragen oder Ströme führen. Am bekanntesten ist, daß das von einer stromdurchflossenen Drahtspule erzeugte magnetische Feld gewaltig zunimmt, wenn man einen Stab aus weichem Eisen hineinsteckt, der vorher durchaus keine magnetischen Wirkungen in seiner Umgebung auftreten ließ. Jetzt aber geht das magnetische Feld ganz überwiegend von dem in die Spule gesteckten „Eisenkern" aus — er spielt den „Elektromagneten". Es ist natürlich, daß man sich hier sowohl für das magnetische Feld interessiert, das von der Stromspule allein erzeugt wird, das man also durch Zahl der Windungen und Stärke des Stroms beliebig regeln kann und das ja schließlich die Ursache zum Verhalten des Eisens bilden muß, wie für die erstaunliche Gesamtwirkung, auf die die Zusammensetzung und Vorgeschichte des Eisens von Einfluß ist — wird statt des weichen Eisens Stahl eingeführt, so behält es Magnetismus zurück, auch wenn der Strom erloschen ist.

Analog steht es mit elektrischen Feldern: den magnetisierbaren Stoffen stehen „dielektrische" gegenüber. Besteht zwischen zwei Metallkörpern, die einander frei gegenüberstehen, ein elektrisches Feld, weil beide Ladungen tragen, so ändert sich dieses, sobald man ein Stück ungeladenen Materials zwischen sie bringt, die von einem Elektrometer angezeigte Spannung geht zurück. Auch hier geht von dem Material natürlich keine Wirkung aus, so lang es allein ist — lediglich die Nähe „wirklicher" Ladungen bringt es dazu, nun auch selbst bei der Bildung des elektrischen Feldes mitzuspielen. Diese *passive* Rolle von Materie in einem elektrischen oder magnetischen Felde, ihre elektrische und magnetische Polarisierbarkeit, ist am schärfsten zu fassen, wenn man homogene Felder anwendet. Man stellt zwei weit ausgedehnte Metallplatten einander gegenüber, zwischen denen beim Aufladen ein ganz gleichförmiges Feld auftritt — durch parallel in überall gleicher Dichte von der einen zur anderen herüberführende Kraftlinien dargestellt — und schiebt hier das dielektrische Material als eine den ganzen Raum ausfüllende Platte ein. Und man verwendet eine geschlossen in sich zurücklaufende Stromspule — einen „magnetischen Kreis" —, den man völlig mit dem magnetisierbaren Material ausfüllt. Unter so eindeutigen Verhältnissen läßt sich dann das dielektrische und magnetische Verhalten sauber als Materialeigenschaft fassen und in großem Umfang zeigt es sich sehr einfach: das unter Mitwirken der Fremdstoffe sich einstellende Gesamtfeld ist dem erregenden Feld der Ladungen und Ströme geradezu proportional, das Verhältnis der beiden Felder also eine für den eingebrachten Stoff kennzeichnende Konstante. Man vermag ihm eine „Dielektrizitätskonstante" und eine „magnetische Permeabilität" zuzuschreiben, Größen, die traditionell die Zeichen $\varepsilon$ und $\mu$ erhalten.

Solch passives Verhalten eingebrachter Stoffe erinnert natürlich sehr an das Verhalten elastischer Stoffe, die von Kräften, die sie angreifen, verzerrt werden und dann Spannungen annehmen, also selbst anfangen, Kräfte auszuüben. Dieser Vergleich hat aufs entschiedenste mitgeholfen bei den genialen Überlegungen, durch die *Faraday* sich die Wechselwirkungen elektrischer Ladungen und magnetischer Pole klarmachte, indem er sich vorstellte, daß solche Spannungen stetig von einem zum anderen Partner durch den Zwischenraum herübergreifen. Diese *Feld*vorstellungen, die gegen Ende des Jahrhunderts in der Beobachtung der frei sich fortpflanzenden Felder der elektromagnetischen Welle ihren größten Triumph feierten, gewannen gerade dadurch Leben und Fortbildung, daß man die elektrischen und magnetischen Kraftlinien mit gespannten elastischen Fäden verglich — am besten den ganzen Zwischenraum stetig mit einem elastisch deformierbaren Medium erfüllt dachte. Dort ist ohne weiteres verständlich, daß das Einschieben eines fremden, etwa weicheren, Materials das ganze Spannungsfeld verändert, auch ohne daß dies Material selbst schon Spannungen hineintrug. So wird denn etwa die Dielektrizitätskonstante mit der elastischen Konstante verglichen, die angibt, wie groß die Gegenspannung ist, die bei der Verzerrung um eine Längeneinheit sich zeigt, einer „spezifischen Nachgiebigkeit" sozusagen: dem Elastizitätskoeffizienten. Hier, im elastischen Modell, stehen ganz klar im ganzen Raum zwei verschiedenartige physikalische Größen nebeneinander: an jedem Punkt hat das Material eine bestimmte Verschiebung erfahren und an jedem Punkt herrscht daher eine gewisse Spannung. Wie die beiden sich zueinander verhalten, das wird eben von der Materialeigenschaft geregelt: der spezifischen Rückstellkraft. Es sieht bei weichem und weniger dehnbarem Material ganz verschieden aus. Daher rührt es, daß heute noch die Elektrotechnik durchweg in ihren Feldern zwei Feldarten unterscheidet: „Verschiebung" und „Feldstärke". Die erste heißt $\mathfrak{D}$, die zweite $\mathfrak{E}$, sie sind verknüpft durch die Dielektrizitätskonstante $\varepsilon$, man schreibt $\mathfrak{D} = \varepsilon\,\mathfrak{E}$. Deutlicher ist, dies umzukehren, nämlich $\mathfrak{E} = \frac{1}{\varepsilon}\mathfrak{D}$ zu schreiben. Die Verschiebung nämlich, stellt man sich gern vor, sei bestimmt von den anwesenden Ladungen — das Feld aber, das sich im Ganzen einstellte und an der Kraft auf die anwesenden Ladungen zu messen ist, hängt mit davon ab, welches Medium sich gerade im Raum befindet.

Für *Faraday*, dessen Bilder dann *Maxwell* aufnahm, war der leere Raum ebenso ein Medium, wie ein anderer Stoff — nur von anderer Nachgiebigkeit. Man unterschied also auch im Vakuum Verschiebung und Feld. Mit dieser Anwendung auf den leeren Raum aber ergibt sich die Möglichkeit, das mit den willkürlichen Einheiten entstandene Dilemma zu beseitigen: die Ladung 1 Coulomb ergibt eben deshalb nicht im Abstand 1 die Feldstärke von 1 Volt auf der Längeneinheit, weil die dielektrischen Eigenschaften des leeren Raums das Feld beeinflussen. Man erklärt einfach den Abweichungsfaktor zur „Dielektrizitätskonstante des leeren Raums $\varepsilon_0$".

## 12.

So nüchtern, wie wir es hier angeben, pflegt das nicht dargestellt zu werden. Wenn z. B. in den Lehrbüchern, die dem folgen, das fundamentale Coulombsche Gesetz der Kraft zwischen zwei Ladungen $e_1$ und $e_2$, das in CGS-Einheiten einfach

$$K = \frac{e_1\,e_2}{r^2}$$

lautet, in der Form

$$K = \frac{1}{4\,\pi\,\varepsilon_0} \cdot \frac{Q_1\,Q_2}{r^2}$$

auftritt, wo nun die Q die in Ampèresekunden angegebenen Elektrizitätsmengen sind, so beruft man sich für das Anbringen des neuen Faktors vor den Angaben der maßgebenden Größen, der Ladungen und des Abstands, gern auf das *Newton*sche Gravitationsgesetz, in dem doch auch vor den Massen und der Entfernung die Gravitationskonstante auftreten müsse, um die Schwerewirkung der Massen aufeinander darzustellen

$$K = \varkappa \frac{m_1 \; m_2}{r^2}.$$

Diese Begründung greift entschieden zu hoch. Das Verhältnis von Trägheit und Schwere, das hier auftritt, bezeichnet ein fundamentales Anliegen der Physik, das in allen Betrachtungen über die Struktur der gesamten physischen Welt im Spiel ist. Dem Umstand aber, daß bei der Festsetzung der „praktischen" Maße Q für die Mengen deren elektrostatische Wechselwirkung außer acht blieb und nun ein Faktor eintreten muß, der das herauskorrigiert, kann man keine kosmologische Bedeutung zubilligen — der Faktor, den die Tradition $\frac{1}{4\pi\varepsilon_0}$ schreibt, ist nichts andres als $\frac{\alpha}{\beta}$ das Verhältnis zweier Umrechnungsgrößen, die 1884 nach langen Diskussionen als praktisch festgesetzt wurden. Allen Versuchen gegenüber, dem einen physikalischen Sinn zuzuschreiben, ist die größte Nüchternheit am Platze.

Unsere Aufgabe ist nicht, die gesamten für die Physik wichtigen Zusammenhänge darzustellen. So brauchen wir nicht davon zu sprechen, daß das Verhältnis der beiden Umrechnungsfaktoren $\alpha$ und $\beta$ noch in einer zweiten Gestalt, als „Permeabilität des leeren Raums" $\mu_0 = \frac{4\pi}{c^2} \frac{\alpha}{\beta}$ auf die Szene tritt, ein drittes Mal in der Voltampèresprache als „Wellenwiderstand des Vakuums" mitspielt und dergleichen. Dies ist in der angeführten Schrift behandelt und ein Erfahrener vermag es sich selbst zu entwickeln. Hier sollte um so mehr von der dort als bekannt vorausgesetzten Mannigfaltigkeit der historischen Motive gesprochen werden, die in der Ausdrucksweise einer naturwissenschaftlichen Disziplin zusammenspielen, deren Geschichte, was die scharfe messende Kennzeichnung angeht, erst wenig über ein Jahrhundert hinausreicht. Die Sprache der Praxis glaubt gerne, sie setze ganz selbständig das ihr Genehme fest — sie ist sich wenig bewußt, wie sehr sie von älteren schon vergessenen Motiven beherrscht ist. Um so mehr muß man — vom historischen Reiz ganz abgesehen — das dem Studenten sagen, damit er sieht, wie manches an der Ausdrucksweise der Praxis historisches Kostüm ist und nicht daran herumrätselt, was etwa an der „Dielektrizitätskonstante des leeren Raums" (oder, wie andre der heutigen Lehrbücher sagen, der „absoluten Dielektrizitätskonstante" „elektrischen Grundkonstante" „Influenzkonstante") $\varepsilon_0$ physikalische Wirklichkeit sein möge.

13.

Das ist heute eine dringende didaktische Aufgabe. Sie löst sich fast von selber, sobald man im Gang des Unterrichts ganz der Entwicklung gerecht wird, die sich seit der Einführung der Voltampèresprache abgespielt hat. Im Jahrzehnt danach, in der Mitte der neunziger Jahre, wurde das Elektron entdeckt und die Gewichte verschoben sich völlig. Die vorher als praktisch unbrauchbar beiseite gestellte Elektrostatik beherrschte die neu erschlossene Welt der Elektronen, der Gasionen, der Radioaktivität, ihre Meß-Instrumente wurden aus dem Schrank genommen, ihre natürlichen Einheiten verwendet. So ist die internationale Einheit der Röntgendosis danach festgelegt, daß diese Strahlenmenge in Luft eine elektrostatische Mengeneinheit an Ionenladungen frei mache. Im Röntgenrohr selbst schleudert das statische Feld die Ladungen zur Antikathode hinüber und wie hier die Gesetze der in Metallen fließenden Ströme nicht mehr gelten, führt die Steuerung der freien Elektronen zwischen Netzen im Verstärker- und Senderohr neue Organe völlig ungewohnten Verhaltens in die Schaltungen des Elektrotechnikers ein. Zugleich steigert die Feinheit dieser Elementarkörperchen, deren Masse in Gramm ausgedrückt eine Ziffer mit 27 Nullen hinter dem Komma erfordert, die Empfindlichkeit der Beobachtung in ein phantastisches Maß. Im Rundfunk werden die Induktionswirkungen von Wechselströmen aufgefangen, die in Tausende von Kilometern entfernten Antennendrähten fließen. Die Ströme und Spannungen in unseren Empfangsantennen nachzuweisen, wäre dem Zeitalter, das die Voltampèresprache einführte, märchenhaft erschienen; sie liegen unendlich weit unter dem Bereich, den es für praktisch wichtig hielt. Heute würde es schwer fallen, von einer bestimmten Größenordnung von Strömen zu sagen, gerade sie sei die „praktische" und zu verlangen, daß man nach ihr bemessene „praktische Einheiten" einführe. Von Anfang an — das beginnt schon in der Mechanik mit den Längenmaßen — hat man den Hörer der heutigen Physik an ungeheure Größenunterschiede zu gewöhnen.

Die Struktur der Materie schließlich, das Spiel der Elektronen um den Atomkern, die bei Verknüpfung der Elektronengebäude verschiedener Atome auftretenden chemischen Kräfte, die beim Auseinanderplatzen von Atomkernen frei werdenden Energien — alles das sind zunächst elektrostatische Phänomene. So sind auch die Vorgänge der elektrischen Leitung in Metallen, die dielektrischen und magnetischen Eigenschaften der Stoffe heute Angelegenheiten der Bewegung und Bindung der Elektronen, die in den Stoffen verborgen sind. Zudem hat sich die Kenntnis der Eigenschaften selbst so verfeinert, daß einfache Stoffkonstanten wie spezifischer Widerstand, Dielektrizitätskonstante und Permeabilität nicht mehr hinreichen, sie völlig wiederzugeben. Es wäre heute antiquiert, diese Begriffe noch so voranzustellen, wie die ältere Elektrotechnik und die von ihr gewohnten praktischen Maße es taten. In einer modernen Entwicklung der Elektrizitätslehre wird man die Elektrostatik voranstellen und sogleich bis zur Elektrostatik des Atomgebäudes vorantreiben — der Atomkern wird in ihr früher erscheinen als die Ströme in Leitungen.

*(Professor Dr. Walther Kossel, Tübingen, Gmelinstraße 6.)*

---

## Die mathetische Struktur eines Wissensgebietes und ihre Festlegung*.

Von

ARNOLD SCHMIDT.

### *I. Die Konzeption der mathetischen Struktur.*

Bei philosophischen Untersuchungen, die irgendwie mit der Erkenntnis zu tun haben, steht seit Jahrhunderten die Mathematik in einem Brennpunkt der Untersuchung. Sie steht dort, weil so manches grundlegende Problem der Erkenntnis sich in ihr in einer besonders unbedingten, von Nebenrücksichten losgelösten Form stellt. Schon in einer Zeit, in der die Mathematik noch in die Lehre vom Raum und die Lehre von der Zahl zerfiel, waren es keineswegs allein die Eigenart des Raumes und die der Zahl, die der Mathematik ihre Rolle als hervortretendes Objekt der Erkenntnis zuwiesen, vielmehr war schon von Anfang an deutlich, daß die Eigenart des mathematischen Urteils, auf der seine augenscheinliche Sicherheit, und die Eigenart der mathematischen Methode, auf der ihre Strenge beruht, zur Erhellung der Erkenntnis ihren Beitrag zu liefern haben würden.

In ihrer neueren Entwicklung ist die Mathematik seit längerem völlig der Möglichkeit entwachsen, sich als Lehre von Raum und Zahl definieren oder sich auf die Aufgabe des Messens und Zählens verweisen zu lassen. Man hat ihr seither mitunter in allgemeinerer Auffassung die Funktion der Ordnung zugewiesen. Der Begriff einer allgemeinen Ordnung, der hier zugrunde liegt, ist nun recht schwer zu präzisieren und unterliegt gerade unter dem Terminus „Ordnung" vielfach verengenden Mißverständnissen. Das, was hier gemeint sein muß, wenn es genügend viel umfassen soll, sprengt durchaus den Rahmen auch der heutigen mathematischen Disziplinen, und ich möchte im Anschluß an die von Leibniz zu Ehren gebrachte Idee der Mathesis universalis von der „mathetischen Struktur" sprechen, die sowohl den Objektbereichen der Mathematik als auch — um nur ein Beispiel zu nennen — weiten Teilen der formalen Logik zugrunde liegt. Im folgenden soll versucht werden, die Grundzüge der „mathetischen Struktur" zu umreißen. Dabei wird sich gewissermaßen von selbst, ohne explizite Hervorhebung, ergeben, daß einer recht umfassenden Gruppe von Wissensgebieten irgendwie eine mathetische Struktur innewohnt.

Es gehört zu den eindrucksvollsten Grunderlebnissen des Mathematikers, daß er bei den Gegenständen der verschiedensten Teildisziplinen seiner Wissenschaft überraschende Gemeinsamkeiten ihrer Eigenschaften und Beziehungen vorfindet. Und gerade dieses Gemeinsame oder Analoge macht das mathematisch Relevante der betreffenden Gegenstände aus, in einem Maße, daß dem Mathematiker das folgende Phänomen höchst vertraut ist: er entwickelt die Zusammenhänge eines Gegenstandsgebietes, indem er sich für die übersichtliche rechnerische — was übrigens, wie ich schon betonte, nicht heißt: messende oder zählende! — Behandlung die passenden Symbole zurechtlegt und den angemessenen Umgang mit ihnen absteckt, und wenn er sich auf diese Weise einen das betreffende Gegenstandsgebiet beschreibenden mathematischen Kalkul verschafft hat, merkt er oft, daß dieser — ganz oder teilweise — mit dem Kalkul für ein völlig anderes mathematisches oder physikalisches Gegenstandsgebiet übereinstimmt. — Die betreffenden Gegenstandsgebiete haben eine gemeinsame „mathetische Struktur". Dieser Begriff möge zunächst an einem ganz simplen Beispiel vorgeführt werden, das zwar im Gegenständlichen noch vollkommen spielerisch und unwissenschaftlich ist, das jedoch den Kern des Gemeinten erkennen läßt. Wer sich solcher kleinen mathematischen Beispiele bedient, muß sich im voraus erbitten, das Spielerische und Ungravierende nicht als Merkmal der Mathematik anzusehen, sondern umgekehrt der Einrichtung für den Nichtmathematiker zuzurechnen; er muß den

* Die folgenden Darstellungen geben mit unwesentlichen Ergänzungen den ersten Teil eines Vortrags wieder, der im Juni 1949 auf Einladung des Philosophischen Seminars in Hamburg gehalten wurde.

Leser bitten, die Extrapolation auf die eigentlichen, tieferen und würdigeren mathematischen Phänomene dieser Art dann selbst gedanklich zu vollziehen. — Eine Spielkarte (etwa Herzaß) sei auf ein gleichgroßes Feld gelegt. Dies kann auf vier Weisen geschehen (Aß oben oder unten, aufrecht oder „auf dem Kopf"). Betrachtet werden nun die möglichen *Umlegungen* der Karte. Außer dem „Liegenlassen" — der sogenannten „identischen Umlegung" e — gibt es drei weitere, die durch die nebenstehenden perspektivischen Bilder gekennzeichnet sind. (Es soll dabei nur auf die Lageveränderung, nicht auf den Drehweg ankommen. Die

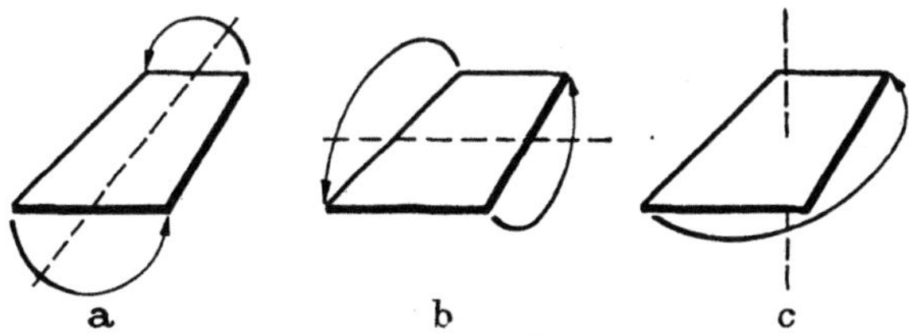


Abb. 1

Drehachsen sind gestrichelt.) Wenn ich zunächst die Umlegung a und danach die Umlegung b ausführe, so ist das Ergebnis die Umlegung c. Diese Tatsache sei kurz symbolisch durch $a \times b = c$ mitgeteilt. Man erkennt unmittelbar:

$$a \times b = b \times a = c, \quad b \times c = c \times b = a,$$
$$c \times a = a \times c = b$$
$$a \times a = e, \ b \times b = e, \ c \times c = e$$

außerdem trivialerweise: $e \times e = e$,

$$a \times e = e \times a = a, \ b \times e = e \times b = b,$$
$$c \times e = e \times c = c.$$

Es möge nun ein ganz anderes Gebiet betrachtet werden, nämlich die sogenannten Permutationen eines Paares von Zahlenpaaren. Betrachtet wird hier das Zahlensystem (1, 2) (3, 4). Ich betrachte alle solche Platzvertauschungen der vier Zahlzeichen, die sich *innerhalb* der beiden Paare abspielen. Außer dem „Stehenbleiben" — der sogenannten „identischen Permutation" e — gibt es drei weitere, nämlich: Vertauschung im ersten Paar, im zweiten Paar und gleichzeitig in beiden Paaren. Diese Permutationen lassen sich bildlich in evidenter Weise so mitteilen (Übergänge von oben nach unten):

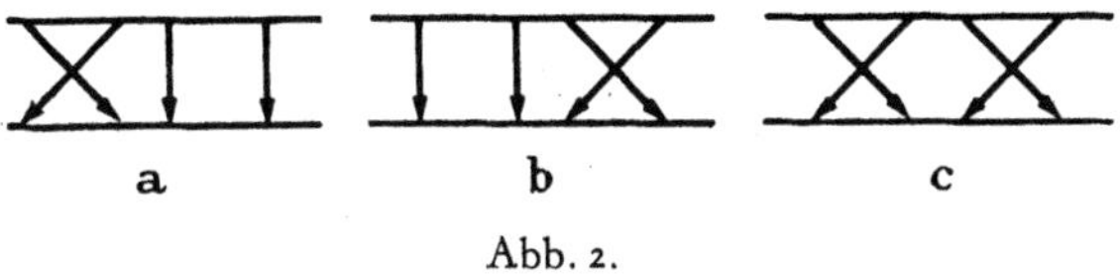


Abb. 2.

Wenn ich nun auf das gegebene Zahlensystem zunächst die Permutation a und danach die Permutation b ausübe, so entsteht die Permutation c. Dies sei durch $a \times b = c$ mitgeteilt. Man erkennt Schritt für Schritt die Gültigkeit aller zehn oben angegebenen Regeln. (Das nebenstehende Schema zeigt das für $a \times b = c$.) Die Umlegungen der Karte und die Permutationen eines Paares von Zahlenpaaren haben *dieselbe mathetische*, oder wie wir hier auch noch sagen könnten: dieselbe mathematische Struktur; sie bilden, wie man sagt eine „*Klein*sche Vierergruppe". Leider begegnet man übrigens immer wieder einmal der Auffassung, daß die Struktur sich erst an Hand der Symbolik zeige. In Wahrheit dienen die Symbole nur der Abkürzung; mit einiger Geduld läßt sich die Struktur ohne jede Benutzung eines Symbols beschreiben. (Eine kurze Probe möge dies andeuten: „Gegeben sind vier Elemente in bestimmter Reihenfolge und eine Verknüpfung zwischen ihnen von der Art, daß die Verknüpfung irgend zweier der Elemente ein drittes bestimmen soll. So soll die Verknüpfung des ersten Elementes mit dem zweiten auf das dritte führen . . ." usw. Diese, zugegebenermaßen unhandliche und darum praktisch unbrauchbare Ausdrucksweise verdient nichtsdestoweniger größte Beachtung, weil sie die Irrigkeit des Versuches dartut, die mathetische Struktur als ein bloßes Erzeugnis dürrer Symbolik abzutun, die den auf die Sache Bedachten kaum etwas angehe.)

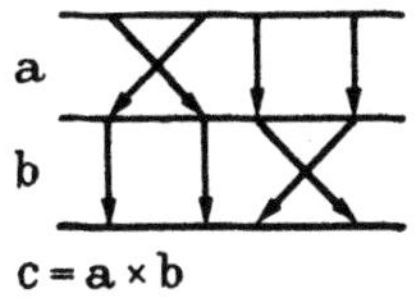


Abb. 3.

Der Mathematiker, der die Vierergruppe untersucht hat, beherrscht damit alle Gegenstandsgebiete, die diese Struktur besitzen. Wichtiger noch ist die Koppelung dieser Behauptung mit ihrer Umkehrung: ein Mathematiker, der etwa alle Eigenschaften der Umlegungen der Spielkarte untersucht hat, hat damit zugleich alle Eigenschaften der Permutationen der Paare von Zahlenpaaren untersucht; er hat nämlich — sei es nun bewußt oder unbewußt — in seiner mathematischen Untersuchung gar nicht auf das jeweilige Gegenstandsgebiet, sondern eben nur auf die mathetische Struktur, hier eben auf die Vierergruppe, abgezielt.

Die beiden angeführten Gegenstandsgebiete sind *isomorph*, das heißt sie sind so aufeinander beziehbar, wie es die gemeinsamen Symbole a, b, c oben andeuteten: Die Umlegungen der Karte lassen sich den Permutationen des Paarpaares (auf hin und her eindeutige Weise) so zuordnen, daß die Nacheinanderausübung zugeordneter Operationen (z. B. $a \times b$) wieder auf zugeordnete Operationen (z. B. c) führt. (Der Leser mag diese Isomorphie ohne Schwierigkeit vollständig bestätigen.) Allgemein heißen zwei Elementenbereiche, in denen gewisse Relationen — es brauchen nicht unbedingt wie hier Verknüpfungsrelationen zu sein — betrachtet werden, isomorph, wenn sich die Elemente und die Relationen des einen Bereiches so auf die Elemente bzw. Relationen des anderen Bereiches (hin und her eindeutig) beziehen lassen, daß einer im einen Bereich geltenden relationalen Beziehung zwischen irgendwelchen Elementen stets wieder eine im anderen Bereich *geltende* relationale Beziehung zwischen den zugeordneten Elementen zugeordnet ist. (Im Beispiel sind die Operationen die Elemente des Bereiches.)

Den modernen Mathematiker interessiert ein Teil seiner Gegenstandsgebiete von vorneherein nicht in ihrer einmaligen Diesheit, vielmehr betrachtet er sie nur „bis auf Isomorphie", d. h. es geht ihm nur um die Erforschung der mathetischen Struktur.

Es wiederholt sich hier auf einer tieferen Ebene und in veränderter Form ein Vorgang, der in seiner ersten Stufe bereits für die einzelnen mathematischen Gebiete charakteristisch ist. Schon die elementare Algebra, die noch auf die gewöhnlichen Zahlen abzielt, gewinnt ihren Kalkul, ihre Methode durch eine Abstraktion (durch die Abstraktion von den Zahlenindividuen zu den „beliebigen" Zahlen), schon die Infinitesimalrechnung abstrahiert von den einzelnen funktionalen Zusammenhängen, die die Natur darbietet, und geht von dem recht unanschaulichen Begriff der beliebigen Funktion aus. Die elementare Topologie etwa, die sich mit den Konfigurationen aus Punkten und Strecken befaßt und dabei sozusagen unversehens in höhere Dimensionen vorstößt, ist aus der Betrachtung eines anschaulich gegebenen Würfels und ähnlicher Körper durch eine ganze Reihe von Abstraktionen gewonnen. So stellen sich die mathematischen Disziplinen ebenso wie auch die Einzelgebiete der theoretischen Physik als Resultate von sich überlagernden Abstraktionsprozessen dar. Es ist recht reizvoll, den verschiedenen Arten derartiger Abstraktionen nachzugehen, die wechselseitig aufeinander einwirken. Ich brauche auf solche Unterscheidungen an dieser Stelle nicht einzugehen. Für uns ist hier von Wichtigkeit, daß der Übergang von den Einzeldisziplinen zur mathetischen Struktur eine *neue* Art von Abstraktion, eine tiefere Abstraktionsstufe erfordert, eben jene, die durch den Begriff der vollständigen Isomorphie gekennzeichnet ist. Die besondere Art dieser Abstraktion hat aber bereits eine Entsprechung auf der ersten Abstraktionsstufe: die „klassenbildende Abstraktion". Die letztere mag zunächst durch ein kleines Beispiel erläutert werden, das die Definition der „Richtung" einer Geraden in der heutigen Elementargeometrie betrifft. Zwei Geraden einer Ebene haben dieselbe „Richtung", so definiert man, wenn sie sich nicht schneiden; sie haben verschiedene Richtung, wenn sie sich treffen. Die Klassen von untereinander parallelen Geraden werden so zu Klassen von Geraden gemeinsamer „Richtung". Jede solche Klasse paralleler Geraden hat eine Richtung, die sie vertritt. Von hier aus wird man eine Lehre von den Richtungen aufbauen können, in der von Geraden gar nicht mehr die Rede ist, und wenn jemand, der diese Lehre vorträgt, zur Unterstützung einer Erklärung eine Gerade zeichnet, weiß der Hörer, daß nicht diese Gerade an ihrem Orte gemeint ist, sondern daß sie nur als Vertreterin ihrer *Richtung* steht. (Der letztere Umstand ist, wie hier nebenbei erwähnt sei, besonders geeignet, weitverbreitete Vorstellungen vom mathematischen „Symbol" zu zerstören: nicht Namen oder Zeichen für Richtungen geben die relevanten Symbole der Richtungen ab, sondern die Geraden fungieren als „vorgängige Symbole" des Gemeinten.) Die klassenbildende Abstraktion spielt in der Mathematik eine so hervorragende Rolle zur Definition von Begriffen, daß eine Auswahl weiterer Beispiele einen sehr willkürlichen Eindruck machen müßte (es sei gestattet, kurz nur einige Termini wie die „freien Vektoren", die „Restklassen nach einem Modul" und die „Kardinalzahlen" zu nennen).

Die tiefere Abstraktionsstufe, die in der bewußten Hinwendung zur „mathetischen Struktur" besteht, läßt sich nun ihrerseits als eine klassenbildende Abstraktion interpretieren: auf der tieferen Abstraktionsstufe wird die Klasse isomorpher — mathematischer, logischer, physikalischer oder sonstiger — Einzelgebiete durch die mathetische Struktur repräsentiert, und der einzelne Objektbereich (etwa derjenige der beliebigdimensionalen Streckenkomplexe der Topologie) steht allenfalls nur noch als vorgängiges Symbol der durch ihn sich zeigenden mathetischen Struktur. Auch solange man sein Augenmerk noch auf die Objekte der Einzeldisziplinen richtet, wird der Blick oft genug in die Blickrichtung der mathetischen Struktur wie in einen Strudel hineingezogen; die Durchforschung der Einzelgebiete wird dabei durch blitzartig erhellende Querverbindungen gefördert. Die Mathematik hat insbesondere in der vorletzten Generation eine Epoche durchlaufen, in der sie, gewissermaßen auf der Schwelle zur konsequenten Einstellung auf die mathetische Struktur stehend, sich an solchen Querverbindungen erfreute und befruchtete.

In der modernen Mathematik erweisen sich die Isomorphie und mit ihr die „mathetische Struktur" als die zentralen Konzeptionen. Dabei ist allerdings zu beachten, daß neben den Strukturen, die aus der vollen Isomorphie hervorgehen, gerade auch solche strukturellen Komplexe eine Rolle spielen, die sich noch auf verschiedene Weisen — insbesondere z. B. durch verschiedene Festsetzungen über die Anzahlen der Elemente u. ä. — zu Strukturen im bisher explizierten Sinne ergänzen lassen und die demgemäß auch solchen Gegenstandsgebieten gemein sein können, die nicht völlig isomorph sind. Auch solche Teilstrukturen wird man noch als „Strukturen“ zu bezeichnen haben; die Strukturen im engeren Sinne, d. h. die Klassen isomorpher Gegenstandsgebiete, lassen sich dann, wie weiter unten im III. Abschnitt noch genauer erörtert werden soll, als „monomorphe“ Strukturen hervorheben. Als Beispiel einer für die Mathematik grundlegenden Teilstruktur sei vor allem die „Gruppe“ genannt. Mathematische „Gruppen“ — die axiomatische Definition sei hier übergangen — findet man nicht nur in der Geometrie und Kinematik bei den Bewegungen und in der Algebra bei den Transformationen, sondern auch in der Funktionentheorie bei den funktionalen Abbildungen, in der Topologie bei den Wegen auf vorgegebenen Oberflächen, in der Kristallographie und bei hundert anderen Gegenständen mathematischer und naturwissenschaftlicher Betrachtungen wieder. Es würde hier zu weit führen, auch nur die wichtigsten und am umfassendsten verwirklichten mathetischen Strukturen zu erklären (die gängigsten sind in der Mathematik neben den Gruppen die sogenannten Ringe, Körper, Schiefkörper, Verbände, Moduln, Vektorräume, Algebren u. a.); wichtig ist im Zusammenhang unserer Überlegungen, daß so manche von ihnen keineswegs auf diejenigen Gegenstandsgebiete beschränkt sind, die man früher der Mathematik zurechnete, sondern daß sie überall da vorgefunden werden, wo die inneren Zusammenhänge und Gesetzmäßigkeiten eines Gegenstandsgebietes einer präzisen Erfassung zugänglich werden. Es sei hier nur auf diejenigen Beispiele verwiesen, die sich zunächst darbieten, nämlich auf gewisse Teile der Physik und der Biologie einerseits und der bereits erwähnten Logik andererseits. An dieser Stelle darf ich im Anschluß an die obige Bemerkung über die Rolle des „Symbols“ nebenbei betonen, daß der mitunter gebräuchliche Terminus „symbolische Logik“ für die mathematische Logik vom Kern der Sache ganz ablenkt; das Symbol spielt bei der Betrachtung der mathetischen Struktur der Logik eine ganz untergeordnete Rolle. —

Die „mathetische Struktur“ ist das Mathematische, das in *irgendeinem* Gegenstandsgebiet steckt, oder, wenn man es so ausdrücken will, die mathematische Weise des betreffenden Seins.

Die definitive Loslösung der mathetischen Struktur von den einzelnen Wissensgebieten, denen sie innewohnt, und ihre eigenständige Konstitution werden erst durch eine konsequente Axiomatisierung möglich; in der Tat ist denn auch der bewußte Durchbruch zur mathetischen Struktur in der Mathematik von der bewußten Hinwendung zu einem rein axiomatischen Standpunkt nicht zu trennen. Ehe wir auf das Verhältnis von Struktur und Axiomensystem eingehen, wird es von Nutzen sein, eine kurze Übersicht über die Motive zu geben, die zur Aufstellung von Axiomen führen; eine solche Übersicht wird zugleich verschiedene Arten von Axiomen zu unterscheiden lehren.

## *II. Motive der Axiomatisierung.*

Das Bestreben, die Erkenntnisse eines Gebietes auf eine Basis unmittelbar evidenter Sätze zurückzuführen, aus denen sie sich alle rein logisch erschließen lassen, ist beinahe so alt wie die menschliche Wissenschaft. Die Geometrie gab schon den Alten den Anstoß zu einer Aufsuchung von „Axiomen“; war es doch in ihr besonders auffällig, daß es Sätze gibt, die für sich allein genommen durchaus nicht anschaulich evident sind, die sich aber zwingend aus lauter anschaulich evidenten Sätzen herleiten. Allgemein läßt sich sagen, daß sich bei näherer Beschäftigung mit irgendeinem beliebigen Wissensgebiet der Wunsch einstellt, es in der Weise auf Evidenz zu gründen, daß man ein System evidenter Sätze als „Axiomensystem“ angibt, aus denen alle Sätze dieses Wissensgebietes folgen. Hierbei braucht es sich nicht in jedem Falle um „anschauliche“ Evidenz zu handeln. Die anschauliche Evidenz kann ja, sofern wir den Ausdruck „anschaulich“ in einem phänomenologischen oder erkenntnispositiven Sinne verstehen, von vorneherein nur in solchen Wissensgebieten eine Rolle spielen, deren ursprünglicher Gegenstand uns vornehmlich durch Wahrnehmungen vermittelt wird. Man trifft daher neben der anschaulichen Evidenz bei den Grundlegungen von Einzelwissenschaften auch andere Konzeptionen der Evidenz wie die „innere“ Evidenz, eine „Urintuition“ (insbesondere des Zählens) und ähnliche an — das *Kant*ische A priori ist offenbar ebenfalls hier einzuordnen. Es kann hier nicht auf eine Kritik dieser verschiedenen Evidenzkonzeptionen eingegangen werden; für unsere Überlegungen genügt der Hinweis, daß das Bedürfnis nach irgendeiner Grundlegung dieser Art für so manchen Forschungszweig fast unabweisbar ist. Durch eine solche axiomatische Grundlegung wird erreicht, daß „interne“ Meinungsverschiedenheiten in dem betreffenden Gebiete nicht mehr auftreten können; abweichende Ansichten müssen sich notwendigerweise in den Axiomen — mit anderen Worten: in der Evidenzauffassung — dokumentieren. Einem verbreiteten Mißverständnis muß übrigens hier entgegengetreten werden: Das Wissensgebiet ist nach axiomatischer Grundlegung zwar exakt (auf einige hierzu nötige Verschärfungen der Axiomatisierungsmethode soll hier nicht eingegangen werden), es ist im internen Betrieb auf „rationales“ Denken reduziert; jedoch darf diese Rationalisierung keineswegs ohne weiteres mit einem dürren „Rationalismus“ verwechselt werden; von einem solchen kann nur dort gesprochen werden, wo das zugrunde gelegte Axiomensystem selbst als von keinem Standpunkte übersteigbar angesehen wird.

Mit fortschreitender Verästelung der Wissenschaften ergaben sich auch noch andere Motive, die eine Axiomatisierung nahelegten. In der modernen Physik z. B. gehen mit den aus den Experimenten abgelesenen Beobachtungen mannigfache Hypothesen beim Ausbau der Erkenntnis Hand in Hand, und leichte Abänderungen solcher Hypothesen können in späterer Auswertung zu äußerst verschiedenen Folgerungen führen, deren eine vielleicht dem Ausfall irgendeines neuen Experimentes, deren andere aber dem Ausfall eines anderen Experimentes besser angepaßt ist. Der Physiker muß sich dann genaue Rechenschaft darüber ablegen, welche Beobachtungen und Hypothesen nun die unerläßliche Grundlage darstellen, aus der sich die gerade betrachtete Folgerung ergab, und er muß die verschiedenen in Frage stehenden Komplexe von Voraussetzungen miteinander vergleichen können, kurz: er muß „Axiomensysteme“ seiner Theorie haben, die vielleicht nicht aus lauter Beobachtungstatsachen bestehen, sondern auch Hypothesen umfassen. Der moderne Begriff des „Axioms“ schließt somit nicht mehr notwendig irgendeine Art unmittelbarer Evidenz ein.

Es stellt sich in der modernen Physik sogar drittens in manchen Teilgebieten folgendes heraus: gewisse wenige Hypothesen, die so allgemein gehalten sind, daß sie gewiß nicht als bloße Beobachtungsergebnisse gelten können, ziehen in ihrer umfassenden Trächtigkeit eine Fülle der verschiedensten, ihrerseits nun durch das Experiment nachprüfbaren Folgerungen nach sich und decken die bemerkenswertesten Zusammenhänge zwischen solchen Tatbeständen auf. Diese wenigen Hypothesen geben dann — zusammen mit einer Reihe einfacher Sätze, die einer früheren Schicht physikalischen Denkens angehören — kräftige „Axiome“ einer ganzen Teildisziplin der Physik ab, aus denen diese Teildisziplin sich durch überraschend einfache Schlüsse aufs übersichtlichste entwickelt, während beim gewöhnlichen axiomatischen Aufbau eine Unmenge von Einzelaxiomen ohne erkennbare Systematik nötig wäre, wollte man von einfacheren Beobachtungstatsachen her das gesamte Gebiet der zugehörigen Erkenntnisse logisch aufbauen. (Das klassische Beispiel stellen wohl die Hauptsätze der Wärmelehre dar, deren erster z. B. besagt, daß kein Perpetuum mobile möglich sei.) Die Herauspräparierung des Axiomensystems hat sich hier von der Motivierung durch die Evidenz ausdrücklich befreit und dient lediglich „denkökonomischen“ Zwecken und im Zusammenhang hiermit einer besonderen Art begrifflicher Systematik. Die Axiomatik, die von solchen „Schlüsselaxiomen“ ausgeht, schreitet gewissermaßen logisch „regressiv“ von einem Konzentrat des betreffenden Gebietes zu den evidenten oder nachprüfbaren Erkenntnissen herunter — im Gegensatz zu der oben geschilderten ersten Art der Axiomatisierung, die das Wissensgebiet „logisch progressiv“ aus den primitiven Erkenntnissen aufbaut. Zu einer Zeit, als man sich gegen rationales Denken in der Wissenschaft von vorneherein wenden zu dürfen glaubte, ist man gegen diese Art von Axiomatik besonders Sturm gelaufen. Die Widersacher verkennen jedoch, daß diese Axiomatisierungsweise bewußt einen „nachträglichen“ Charakter zur Schau trägt, daß sie eher bewahrend als produzierend sein will. — Zwar haben sich die Schlüsselaxiome, wie schon bemerkt wurde, vom Zwange der unmittelbaren Einsichtigkeit, der „Trivialität“, gelöst; sie stellen ihrerseits das Ergebnis eines voraufgegangenen forschenden Bemühens dar, das der Systematik nur noch als Humusschicht dient. Es ist jedoch keineswegs ausgeschlossen, daß das voraufgegangene Bemühen seinerseits in einer induktiven begrifflichen Vereinheitlichung bestand, daß die Schlüsselaxiome durch eine „synthetische Schau“ aus einer Gruppe nachprüfbarer Daten abstrahiert wurde, wie es bei den wichtigen physikalischen Beispielen (so bei den Wärme-Hauptsätzen) der Fall ist. Der axiomatischen Deduktion ist eine experimentelle Induktion voraufgegangen.

Wenn ich als ein viertes und letztes Motiv zur Axiomatisierung die Herausarbeitung der „mathetischen Struktur“ aufführe, so ist dies insofern ein wenig schief, als diese Motivierung in mehr oder weniger unentwickeltem Grade bereits in den voraufgegangenen Motivierungen mitbestimmend ist.

Bei allen drei früher aufgeführten Motivierungen der Axiomatik schält sich mit der strengen Einstellung auf die Axiome die Konzeption der mathetischen Struktur von selbst heraus. Die Axiome sollten das auf sie gegründete Wissensgebiet dem Streit der Meinungen entziehen. Dieses Ziel wird offenbar nur dann erreicht, wenn das Einschleichen weiterer Voraussetzungen — und seien sie noch so unscheinbar und trivial — von vorneherein ausgeschaltet wird. Dessen ist man erst dann sicher, wenn die Schlüsse aus den Axiomen ohne jedes weitere Einmischen von Deutungen und Anschauungen gezogen werden; die Deduktion hat sich in streng formal geregelter Weise an das zu halten, was aus dem bloßen Wortlaut der Axiome ohne jeden Rückgriff auf die Bedeutung der darin auftretenden Begriffe und Urteile folgt. Da somit das Erschlossene unabhängig von der Interpretation ist, gelten alle erhaltenen Ergebnisse mindestens „bis auf Isomorphie“; die axiomatische Methode liefert nicht mehr und nicht weniger als eine mathetische Struktur (die hier naheliegende Frage nach der Vollständigkeit bzw. Monomorphie der Struktur soll erst weiter unten genauer erörtert werden).

Erst wo sich die „mathetische Struktur“ — wie man es heute in weiten Gebieten der Mathematik gewöhnt ist — als bewußtes eigenständiges Grundmotiv herausgelöst hat, darf man sich berechtigt fühlen, sie den drei früher genannten Motivierungen der Axiomatisierung als eine weitere gleichberechtigte einzureihen. Bei dieser Motivierung wandelt sich die Frage nach angemessener Axiomatisierung eines Wissensgebietes in die präzisere Frage nach einer für die Deduktion möglichst geeigneten Axiomenbasis für eine Struktur. Die Konzeption einer bestimmten Struktur geht hier also der des Axiomensystems — und erst recht der eines Modellgebietes — voran.

Wie kommt es aber dazu, daß die Durchforschung einer Struktur der Untersuchung gegenständlicher Einzelgebiete, die ihre Modelle sind, de facto voranzugehen vermag? Den Anstoß zur abstrakten Festlegung einer Struktur durch Axiome liefert in der Regel zwar eines der Modelle, jedoch vielfach nur so, daß zunächst die Struktur an ihm noch unentwickelt erkannt wird, und das mathematische Fingerspitzengefühl leitet durch begriffliche Induktion und Verallgemeinerung zur fruchtbaren und genügend umfassenden Konzeption einer Struktur hin. Das erwähnte Fingerspitzengefühl kann sich so entwickeln, daß auch die reine Erfindung fruchtbarer abstrakter Strukturen möglich wird. Die Fülle und Tiefe des aus einem Axiomensystem fließenden Relationszusammenhanges geben dem Axiomensystem erst seinen Rang und seine Würde. Es ist eines der reizvollsten Gesetze des Erkennens, daß mit der Tiefe und dem Reichtum des inneren Relationszusammenhangs einer monomorphen Struktur sich in eindrucksvoller Regelmäßigkeit auch die Erfülltheit an wichtigen gegenständlichen Modellen (mathematischen sowohl als auch physikalischen) auszuweisen pflegt! Es würde sich lohnen, die Quellen dieses „Parallelismus“-Gesetzes, das ein besonderes Licht auf die mathetische Seinsart wirft — und das übrigens auch in die Beziehungen zwischen Denken und Anschauung hineinspielt —, eingehender zu untersuchen; doch würde das von unserer Fragestellung hier zu weit wegführen.

Das mathematische Fingerspitzengefühl (das übrigens nicht mit Instinkt verwechselt werden darf) ist zur Auswahl gravierender Strukturen unerläßlich. Eine reine „Theorie der Relationen“, die eine Systematik aller möglichen Strukturen ergeben würde, scheitert von vorneherein an der unübersehbaren Vielfältigkeit der Strukturen wie auch an der Magerkeit der meisten von ihnen. — Es führt darum auch zumindest zu Mißverständnissen, wenn man — wie es mitunter geschieht — versucht, der Mathematik lediglich die Aufgabe zuzuweisen, aus beliebigen relationalen Prämissen Folgerungen aufzusuchen, mit anderen Worten: die Mathematik in eine bloße buchhalterische Systematik von „Wenn — so“-Sätzen aufzulösen.

### *III. Grundforderungen an die Strukturaxiome.*

Eine irgendwie vorgegebene oder intendierte Struktur wird sich im allgemeinen auf verschiedene Weisen axiomatisieren lassen. Solche Axiomensysteme ein und derselben Struktur heißen, wenn sie sich gleicher Grundbegriffe bedienen, äquivalent, im anderen Falle nenne ich sie „gekoppelt“ (auf diesen bedeutsamen Unterschied kann ich hier nur in aller Kürze hinweisen). Wie wir sahen, kann beim Ausgang von einer Struktur im allgemeinen nicht mehr an die Axiome die Forderung irgendeiner „Evidenz“ herangetragen werden; das gleiche galt übrigens bereits für die zweite und dritte genannte Motivierungsart der Axiomatik, die dem Strukturbegriff besonders nahestehen. An die Stelle dieser Forderung treten *zwei wichtige Grundforderungen*, die an das Axiomensystem zu richten sind. Zunächst wird es bei allen auf eine Evidenz verzichtenden Axiomatisierungen unabweislich, sich darüber Rechenschaft abzulegen, daß ein irgendwie aufgestelltes Axiomensystem nicht ungereimt sei, mit anderen Worten: daß es widerspruchsfrei sei. Was die vierte Art der Motivation, d. h. die Axiomatisierung einer mathetischen Struktur anbetrifft, so könnte man zunächst meinen, diese Sorge erledige sich von selbst, sobald man für eine Struktur von der Teilhabe von Modellen an ihr ausgehe. Jedoch wäre man durch eine solche Modellaufweisung zwar der Konsistenz der Struktur selbst sicher; aber man wüßte darum noch nicht in jedem Falle, ob die intendierte Struktur durch das vorgelegte Axiomensystem, durch das man sie konstituieren möchte, wirklich adäquat wiedergegeben ist. Darüber hinaus müßte es sich bei dem Modell, das die Konsistenz garantieren soll, schon um einen Bereich aus konkreten, im primitiven Sinne „realen“ Dingen handeln, bei dem lediglich einwandfrei „beobachtbare“ Einzelrelationen in die Betrachtung einbezogen sind. Es wurde bereits hervorgehoben, daß diese Voraussetzung gerade z. B. auf die mathematischen Gegenstandsgebiete im allgemeinen nicht zutrifft. Es ist eine alte Streitfrage, ob etwa die Lehre von den natürlichen Zahlen oder auch die Euklidische Geometrie, so wie sie aus den dafür in Gebrauch befindlichen Axiomen entfließen, ganz einfach *evidentermaßen* widerspruchsfrei seien, insbesondere ob die betreffenden Axiome wirklich „evident" in einem exakten Sinne des Wortes seien, der Täuschungsmöglichkeiten prinzipiell ausschließt. Wie ernst oder leicht man solche Bedenken nehmen möge, es kann jedenfalls bei tiefergehenden mathetischen Strukturen ein etwa sich anbietendes, seinerseits nicht konkretes Modell keineswegs „eher" in seiner gesamten Beschaffenheit eingesehen werden als eben seine Struktur (für Kenner des Terminus „mathematischer Körper" z. B.: gewisse Systeme hyperkomplexer Zahlen nicht eher als der Körper), — und ähnliches gilt für die mathematische Präzisierung physikalischer Hypothesen. (Was übrigens die Forderung betrifft, eine *physikalische Hypothese* solle widerspruchsfrei sein, so ist in diesem Falle — der zweiten früher angeführten Motivationsweise — darüber hinaus offenbar zu verlangen, daß sich kein Widerspruch zu einem Experiment ergebe; diese Forderung kann jedoch bei unserer rein strukturellen Fragestellung außer acht bleiben. Es soll darum hier auch nicht auf die Art eingegangen werden, in der eine solche *experimentelle* Aporie stets prinzipiell umgangen werden kann und auch hin und wieder umgangen wird.)

Die Widerspruchsfreiheit eines Axiomensystems ist die Mindestforderung; sie ist zwar, wie betont wurde, einerseits in dem — fast nie eintretenden — Falle sicher erfüllt, in dem das betreffende Axiomensystem in einem konkreten Modell realisiert ist, dessen „Existenz" unbestreitbar feststeht. Sie ist aber andererseits in keiner Weise auf die „Existenz" eines solchen Modelles angewiesen. Die entscheidende Wendung des Überganges von der „Existenz" zur „Widerspruchsfreiheit" (oder „Konsistenz") liegt gerade darin, daß sie uns frei macht von all den unübersteiglichen Schwierigkeiten und Meinungsdiskrepanzen, die der „Existenz" anhaften. Die „Widerspruchsfreiheit" bezieht sich bloß noch auf die *Struktur*, sie ist also die Forderung, die der Sache — nämlich dem vorgegebenen Axiomensystem — wirklich angemessen ist und sich in einem exakten, rein logisch-mathetischen Bereiche fassen läßt, der dem Streit der Meinungen entzogen ist.

Zwar wird mitunter eingewendet, daß die Problematik der Existenz sich in die axiomatische Betrachtung gewissermaßen „durch die Hintertür" wieder einschleiche, indem ein Axiomensystem im allgemeinen naturgemäß seinerseits sogenannte „Existenzaxiome" umfasse, in denen die Existenz gewisser Dinge gefordert wird. Aber das ist nur ein *scheinbarer* Zirkel. Das *Hilbert*sche Axiomensystem der ebenen Geometrie z. B. enthält unter anderen die Axiome: „Es gibt mindestens drei Punkte, die nicht auf einer Geraden liegen" — „Zu zwei verschiedenen Punkten gibt es genau eine Gerade, die mit beiden inzidiert". In philosophischen Untersuchungen, die von der Raumanalyse her an die Existenzfrage herangingen, hat man hier wohl von „notwendiger Existenz" gesprochen. In der strukturellen Auffassung handelt es sich (am obigen Beispiel verdeutlicht) einfach um folgendes. *Hilbert* sagt eingangs: „Wir *denken* zwei Systeme von Dingen; die Dinge des ersten Systems nennen wir Punkte, die des zweiten Systems nennen wir Geraden; und wir *denken* uns diese Dinge in Beziehungen wie Inzidenz usw. Das „Existenz"-Axiom: „Zu zwei verschiedenen Punkten gibt es genau eine Gerade, die mit beiden inzidiert" besagt in dieser vielleicht etwas primitiven Terminologie: „Zu zwei verschiedenen Punkten *denken* wir uns genau eine Gerade, die mit beiden inzidiert." Obwohl in der ursprünglichen Fassung des Axioms das Verbum „es gibt" steht, haben wir es dann gar nicht mehr mit der Frage nach der Existenz von Geraden — allgemein gewendet: von Einzelobjekten einer Disziplin — zu tun, sondern lediglich mit der — bei *Hilbert* als „Denkbarkeit" erscheinenden — Existenz der Struktur; und diese mathetische „Existenz"-Weise beruht eben in der Widerspruchsfreiheit.

Von einem Axiomensystem für einen Gegenstandsbereich wird man weiter verlangen, daß es diesen Gegenstandsbereich *vollständig* beschreibe. Eine solche Forderung ist wiederum zunächst mit Unklarheiten behaftet, denn wann wollen wir z. B. sagen, daß ein Axiomensystem die *Euklid*ische Geometrie „vollständig" wiederzugeben gestatte? — So wie nun die ursprüngliche, naivere Forderung der Erfülltheit an einem „existenten" Modell sich zu der exakten, rein logischen Forderung der Widerspruchsfreiheit verengen ließ, läßt sich auch die elementare Forderung der vollständigen Beschreibung des Modells als eine rein logische präzisieren. Hier eröffnen sich nun zunächst *zwei* bedeutsame Möglichkeiten der logischen Sinnerfüllung, die als „deduktive Vollständigkeit" und als „Monomorphie" bezeichnet werden. Die Forderung der Monomorphie besagt: Je zwei Modelle des Axiomensystems sollen *isomorph* — hin und her eindeutig in der weiter oben beschriebenen Weise aufeinander beziehbar — sein. Die mathetische Struktur ist dann völlig starr fixiert; sie ist in dem bereits am Schluß des I. Abschnitts angegebenen Sinne *monomorph*. Es leuchtet ein, daß diese Forderung — jedenfalls, solange sie nicht ihrerseits noch einer starken logischen Abstraktion unterworfen wird — noch nicht vom Bezuge auf die Gesamtheit der erfüllenden Modelle mit all seinen Unexaktheiten frei ist. (Es sei der Systematik halber und zur Vermeidung von Mißverständnissen hier eingeschaltet, daß die „Monomorphie“ nicht verwechselt werden darf mit der sogenannten „Abgeschlossenheit“ oder Maximalität, die bei manchen mathetischen Strukturen als ein letztes Axiom mitgefordert wird. Die Forderung der Abgeschlossenheit besagt, daß die *Ding*gesamtheit, von der gehandelt wird, eine maximale sei, d. h. durch kein Ding ohne Verletzung der vorangegangenen Axiome erweitert werden könne. In diesem Sinne wird z. B. von der Cartesischen Geometrie Vollständigkeit gefordert. Eine abgeschlossene Struktur — die durch ein Axiomensystem mit Abgeschlossenheitsaxiom gegeben ist — braucht nicht monomorph zu sein und umgekehrt.)

Als rein logische Extraktion der Konzeption einer vollständigen Beschreibung bietet sich offenbar die folgende, zunächst ganz andersartig anmutende Forderung an: Es sei außer dem — hier einmal bereits als widerspruchsfrei vorausgesetzten — Axiomensystem irgendeine beliebige „einschlägige These“ betrachtet, das heißt ein Urteil, das lediglich von solchen Dingen und Relationen handelt, von denen auch die Axiome handeln. Dann heißt das Axiomensystem „*deduktiv vollständig*“, wenn stets entweder diese These oder aber ihre Negation (ihr kontradiktorisches Gegenteil) logisch aus den Axiomen folgt; anders ausgedrückt: eine *Struktur* heißt deduktiv vollständig, wenn sie von zwei einschlägigen kontradiktorischen Thesen stets eine umfaßt. Eine solche deduktiv vollständige mathetische Struktur läßt sich nicht durch irgendwelche einschlägigen Zusatzfestsetzungen erweitern.

Die Forderung der Monomorphie steht wegen der erwähnten, in ihr verbleibenden logischen Unbestimmtheit in keinem ganz einfachen, präzisen Verhältnis zur Forderung der deduktiven Vollständigkeit; jedoch läßt sich sagen, daß jedenfalls unter plausiblen, so gut wie immer erfüllten logischen Voraussetzungen die deduktive Vollständigkeit die Monomorphie nach sich zieht (und sich auch umgekehrt aus ihr ergibt).

Es ist sicher nicht abwegig, hier anzumerken, daß die deduktive Vollständigkeit nicht verwechselt werden darf mit der sogenannten *Entscheidungsdefinitheit*. Ein Axiomensystem wird entscheidungsdefinit genannt, wenn für jede einschlägige These logisch *entscheidbar* ist, ob sie oder ihre Negation aus dem gegebenen Axiomensystem folgt, genauer: wenn ein Verfahren vorliegt, nach dem sich auf Grund des Axiomensystems für jede einschlägige These entscheiden läßt, ob sie oder ihre Negation gültig sei. Die Forderung der Entscheidungsdefinitheit ist weit stärker als die der deduktiven Vollständigkeit. Die bloße Forderung, daß bei vorgelegter einschlägiger These entweder sie selbst oder ihre Negation von den Axiomen logisch abhänge, schließt ja nicht in sich, daß ein allgemeines Verfahren vorliege, das für jede einschlägige These zu entscheiden gestattet, *welche* von beiden Abhängigkeiten bestehe. In der glücklichen Lage der Entscheidbarkeit befindet man sich in höchst seltenen Fällen (so gibt es z. B. in der Cartesischen Koordinatengeometrie, der man doch eine so durchschlagende methodische Wirkung nachsagt, für weite Teilbereiche kein wirklich allgemeines rechnerisches Entscheidungsverfahren).

Eine weitere Anmerkung, die sich in diesem Zusammenhange aufdrängt, betrifft die Forderung nach gegenseitiger logischer *Unabhängigkeit* der Axiome. Diese Forderung wird vielfach den beiden Forderungen nach Widerspruchsfreiheit und Vollständigkeit zur Seite gestellt. Man erkennt jedoch unmittelbar, daß hier im Grunde eine Koordinierung wenig angemessen ist. Die beiden letztgenannten Forderungen stellen Ansprüche an die mathetische Struktur, von denen der eine (Widerspruchsfreiheit) unabdingbar ist und der andere (Vollständigkeit) mindestens ein zentrales Ziel des Forschens darstellt; die Unabhängigkeitsforderung an die Axiome ist demgegenüber eine bloße technische Angelegenheit der Deduktion. Darüber hinaus vermag jedoch sogar eine überspannte Unabhängigkeitsforderung der mathetischen Erkenntnis geradezu entgegenzuwirken. Ein von den übrigen abhängiges und somit überflüssiges Axiom wird man selbstverständlich aus der Liste der Axiome streichen können, wenn nicht tiefere Gründe für seine Beibehaltung sprechen. Aber im Regelfalle liegen, wenn man in einem Axiomensystem eine Abhängigkeit bemerkt, mehrere solcher Gründe vor. Ich will hier nur die wichtigsten von ihnen andeuten. Bei der Auswahl einer axiomatischen Basis bieten sich meist mehrere Sätze als gleichberechtigt an, sei es, daß sie gleichermaßen Evidentes ausdrücken, sei es, daß sie in völliger formaler Symmetrie stehen. Die willkürliche Unterdrückung eines dieser Sätze in der Axiomenbasis zugunsten eines anderen zerstört dann entweder den Gesichtspunkt gleichmäßiger Evidenz oder gar die formale Symmetrie. Das letztere ist der auf den Axiomen aufbauenden Deduktion besonders unangemessen, weil eine mathematische Deduktion gewöhnlich erst mit dem umweglosen Einsatz der formalen Symmetrien (z. B. der „Dualität“ u. ä.) zur vollen Ausreifung gelangt. Insbesondere sobald man zur Betrachtung irgendeiner leicht abgeänderten, eng verwandten Struktur übergehen will, wirkt sich jede Zerstörung der Gleichberechtigungen innerhalb einer Axiomenbasis in hemmendster Weise aus. Hierfür lassen sich unzählige Beispiele aus der Geometrie beibringen. Es kommt noch hinzu, daß die reichhaltigeren Strukturen ihre Axiomenbasis stufenweise erweitern, wobei jede neue Stufe sich einiger auf der vorigen Stufe erlangten Definitionen und ersten Sätze bedient; die Forderung gegenseitiger Unabhängigkeit ist dann jedenfalls in ihrer ursprünglichen Strenge gar nicht mehr anwendbar. (Ein Beispiel hierfür bietet das *Hilbert*sche Axiomensystem der Geometrie.) Der wichtigste Grund gegen eine zu weit getriebene logische Reduktion einer Axiomenbasis scheint mir jedoch der folgende zu sein. Zu einer extremen logischen Reduktion (bis zur völligen gegenseitigen Unabhängigkeit der Axiome) bedarf es gewöhnlich einer Schlußkette, die zwar knifflig und umständlich ist, die jedoch in keinem tieferen Zusammenhang mit der Erkenntnis der Struktur, mit der Harmonie ihrer relevanten Eigenschaften steht; die Voranstellung solcher Schlußketten ist geeignet, das Gewicht der betreffenden untersuchten Struktur scheinbar zu verringern und von ihr abzulenken. — Abschließend sei nur kurz bemerkt, daß die genaue Verfolgung der Unabhängigkeitsforderung auf die logisch sehr subtile Frage der „teilweisen Unabhängigkeit" führt, die im Einzelfalle kaum zu durchschauen ist. Die angeführten Gründe werden ausgereicht haben, um die Bedenklichkeit der unbekümmerten Forderung gegenseitiger Unabhängigkeit der Axiome zu beleuchten. —

Ich fasse die Erörterung zu den Grundforderungen, die man an ein Axiomensystem zu stellen hat, zusammen. In der Widerspruchsfreiheit und der deduktiven Vollständigkeit hat man rein logische, exakte Forderungen an ein Axiomensystem gewonnen, die den primitiven Forderungen der Erfülltheit und der vollständigen Beschreibung entsprechen, ohne wie diese dem Streit der Interpretationen und der „Existenz" von Modellen zu unterliegen. Man hat es hier mit rein mathetischen Forderungen zu tun, die sich auf die bloße Struktur selbst beziehen und deren Behandlung sich daher in aller Präzision im unvermischten logischen Bereiche abspielen kann.

*(Prof. Dr. Arnold Schmidt, Marburg/Lahn, Universitätsstraße 28. Eingereicht im Mai 1950.)*

---

## Die Theologie und das „griechische Denken".

Anmerkungen aus der anderen Fakultät zu: Rudolf Bultmann, Das Urchristentum im Rahmen der antiken Religionen (Zürich 1949 und Hans von Campenhausen, Glaube und Bildung im Neuen Testament (2. Jg. dieser Zeitschrift, S. 182 ff.).

Von

WILHELM KAMLAH

Es sei zuallererst und mit allem Nachdruck gesagt, daß Bultmanns Buch von jedem gelesen werden sollte, dem überhaupt daran liegt, das Urchristentum zu verstehen und das Problem Christentum-Antike zu durchdenken. Hier formuliert ein führender Forscher in schlichter Kürze, was ihm Jahrzehnte hingegebener Arbeit, minutiöser Untersuchung auch des geringsten Bausteins an Übersicht über ein geschichtliches Ganzes eingebracht haben. Doch was eine Rezension zu sagen und zu rühmen hätte, sei hier einmal vorausgesetzt. Die folgenden Anmerkungen wollen Bultmanns Buch nur von *einer* Seite aus angehen — von einer Seite freilich, die dem Philosophen keine beliebige ist.

### I.

Bultmann gliedert seine Darstellung in fünf Kapitel. Das erste und das dritte behandeln „das alttestamentliche Erbe" und „das griechische Erbe". Im zweiten und vierten Kapitel werden „das Judentum" und „der Hellenismus" dargestellt, diejenigen geschichtlichen Größen also, die zwischen Altem Testament und Griechentum einerseits und Urchristentum andererseits vermitteln. Das fünfte Kapitel gibt dann die krönende Darstellung des Urchristentums selbst (für Bultmanns Position bezeichnend übrigens: Die Verkündigung Jesu wird im zweiten Kapitel abgehandelt!). Diese ausgewogene Architektur erweckt zunächst den Anschein, als solle das Urchristentum als „Erbe" sowohl des Judentums wie des Griechentums gelten. Jedoch bei näherem Zusehen zeigt sich, daß es sich anders verhält, daß ein Gleichgewicht der Erbschaften nicht gemeint ist. In der Tat geht ja die Tradition der israelitischen Frömmigkeit eigentümlich geläutert und gesteigert in das Urchristentum ein, während derjenige Erbbesitz des Griechentums, um dessentwillen vom „griechischen Denken" bedeutsam zu reden ist, die Vernunft also, im Hellenismus sich schon so verstreut und verliert, daß man sich nicht wundern darf, wenn er in den Gesichtskreis des Urchristentums überhaupt nicht oder allenfalls am äußersten Rande eindringt. Wohl der „Hellenismus" wirkt an der Ausgestaltung des Urchristentums mit, aber keineswegs „hellenisches" Erbe. Das ändert sich freilich genau in dem Augenblick, in dem das Urchristentum aufhört und das Christentum (in einem engeren Sinne) anfängt. An der Entstehung der „religio Christiana", nämlich derjenigen Religion, die sich nun auch selbst als neue, eben als „christliche" Religion unter anderen Religionen weiß, ist die Rezeption stoischer und dann auch platonischer Philosophie erheblich beteiligt — doch diese Dinge gehören nicht mehr in den Umkreis von Bultmanns Thema.

Im ersten Kapitel wird eindringlich das „Existenzverständnis" des Alten Testaments entwickelt, und zwar fort und fort in Abhebung vom extrem andersartigen griechischen Denken. Die methodische Legitimität dieser Interpretationsweise dürfte nicht zweifelhaft sein. Denn wir können nichts erkennen, ohne zu vergleichen und zu unterscheiden. Wir können etwa französische Eigenart nicht sehen und nicht beschreiben, wenn wir sie nicht abheben von deutscher oder angelsächsischer Eigenart. In Bultmanns Zusammenhang empfiehlt sich die Konfrontierung mit den Griechen (statt z. B. mit den Römern oder den Germanen) aber nicht allein deshalb, weil nachher neben dem alttestamentlichen das griechische Erbe thematisch gezeigt werden wird, sondern diese Abhebung meint mit dem Griechen zugleich immer den Griechen in jedem von uns. Der moderne Mensch ist als solcher ein Erbe der Griechen. Er ist es schon einfach dadurch, daß ihm der Umgang mit vernünftiger Wissenschaft geläufig ist, daß er z. B. ein wissenschaftliches Buch über das Urchristentum schreibt oder liest. Gerade aber sofern wir gelernt haben, wissenschaftlich („griechisch") zu denken, haben wir es nötig, umzulernen, wenn wir das Existenzverständnis der Bibel verstehen wollen.

Die Theologie selbst hat von Kierkegaard gelernt, in dieser Richtung umzulernen, überhaupt „Existenz" zu verstehen, und befindet sich insofern heute in der Nähe der Existenzphilosophie. Kierkegaard ist der Entdecker dessen, was Bultmann nennt: „die konkrete Situation", „die jeweils konkrete Begegnung", das „Jeweilige" und „Einzelne". Oder was Heidegger nennt: die „Jemeinigkeit des Daseins". Oder was in der Philosophie und Theologie heute heißt: die Unvertretbarkeit des Einzelnen, seine Selbsthaftigkeit, Personalität oder noch anders. Kierkegaard hat etwas entdeckt, was der Verdekkung durch unsere Naivität oder Selbstsicherheit täglich ausgesetzt ist, aus solchen Verdeckungen täglich herausgeholt werden, in der gemeinsamen Mühe von Theologie und Philosophie nun offen gehalten werden muß. Und zwar hat Kierkegaard die Existenz dort entdeckt, wo sie die radikal besondere ist, wo ihre Besonderung in gar kein Allgemeines mehr eingeht. Der Mensch aber in dieser seiner äußersten Einsamkeit ist der Mensch vor Gott.

Auch Luther kannte den Einzelnen in seiner Unvertretbarkeit vor dem Tod und vor Gott. Aber Kierkegaard kannte ihn radikaler, weil er die Existenz herausholen mußte aus der Verdeckung durch eine Macht, mit der Luther es noch nicht zu tun hatte: der Macht des „Geistes" der Neuzeit. Diesem Geist ist das Allgemeine, das wissenschaftliche Vernunft begreift, das Fundament seiner Macht. Er bringt die Wirklichkeit unter seine Gewalt, indem er das Allgemeine erkennt. Es kostet Kierkegaard die unerhörte Anstrengung seines einsamen Lebens, die erdrückende und verdeckende Last des Allgemeinen, insbesondere des idealistischen, hochzustemmen und darunter aufzudecken, was er nennt: die Existenz. Wir haben Anlaß genug, diese Anstrengung zu wiederholen, denn die verdeckende Macht des selbstsicheren, modernen Denkens wirkt weiter in jedem von uns. Auch Bultmann wiederholt zu Recht die Anstrengung Kierkegaards, denn dies ist nun hier bedeutsam vor allem: Die Freilegung der Existenz legt zugleich ein Verstehen der Bibel frei, das im Idealismus und schon im Rationalismus von Scholastik und Aufklärung gleichfalls verschüttet war. Die Bibel redet von der Betroffenheit des Einzelnen durch Gott, von der Ohnmacht dieses Einzelnen vor Gottes Allmacht. Also noch einmal in summa: die Bibel verstehen heißt notwendig, ihr Existenzverständnis abheben von dem verdeckenden vernünftigen Denken, mit dem wir Erben der Griechen sind.

Doch sind wir eigentlich die wahren Erben der Griechen? Oder sind wir die Erben wohl der „rationalen" griechischen Aufklärung, aber nicht auch der vernünftigen griechischen Philosophie? Bultmann vollzieht eine seiner ersten Abhebungen so: „Die Welt ist (im Alten Testament) nicht zum Kosmos der Natur objektiviert worden, dessen ewige Gesetzlichkeit der Mensch denkend verstehen kann; es gibt keine Naturwissenschaft" (S. 13). Diese Abhebung mag die neuzeitliche naturwissenschaftliche Aufklärung treffen. Aber trifft sie auch, wie beabsichtigt, das griechische Denken? Nun ist keine Frage, daß nicht erst in hellenistischer, sondern schon in klassisch-hellenischer Zeit Ansätze von objektivierender Naturwissenschaft sich finden. Unter den Nachfolgern der Eleaten treten Forscher auf, die sich in mechanistischen Denkmodellen versuchen (Anaxagoras, Demokrit), und schon damals ist die Grundabsicht deutlich: der „Geist" will sich in der

„Theorie" die Wirklichkeit unterwerfen, etwa an der Macht des weltgestaltenden Nous teilgewinnen. Er will von der bedrängenden Besonderung des Einzelnen und Vielen sich „befreien" durch die mächtige Erkenntnis des ewigen Allgemeinen als des eigentlich Seienden. Insofern tritt die aufklärende objektivierende Naturwissenschaft der Neuzeit in der Tat das Erbe der Griechen an, indem sie erfüllt, was damals noch in Dämmerung gehüllt nur gerade sich ankündigt (und was wir gar nicht sehen würden, hätten wir inzwischen nicht die Erfüllung erlebt). Jedoch nicht allein wird z. B. bei Anaxagoras diese eine Tendenz, die auf profanisierendes mechanistisches Denken geht, von anderen Tendenzen noch gekreuzt, sondern vor allem: die Philosophie des Sokrates, Plato, Aristoteles hat diesem Denken leidenschaftlich widersprochen. Nicht allein die Bürger einer Polis, die noch in mythischen Traditionen gebunden und gehalten ist, sehen in der Profanisierung (des Helios zum glühenden Metallklumpen) die Profanierung und klagen auf Asebie, sondern auch die Philosophie sieht sich selbst durch die Entartung zur profanisierenden Aufklärung bedroht und widerspricht im Namen Apollos und des „Guten". Platonische Vernunft ist nicht rational bemächtigende, sondern im Gegenteil vernehmende Vernunft. Sie „objektiviert" nicht das immer Seiende, sondern sie nimmt es schauend hin. Sie weiß sich bedürftig angewiesen auf eine Wirklichkeit, derer sie nicht „habhaft" wird (so Bultmann S. 20), sondern die sich den Menschen von sich her zeigt; nicht den Selbstsicheren, nicht den „Vielen", sondern allein den gehorsam sich Öffnenden, die in der Hinnahme der Wahrheit frei werden von der Verfallenheit an Geltung und beliebigen Genuß; die im Aufleuchten des Guten selbst erlöst werden von der Verhaftung an die sogenannten Güter der vergehenden Welt. Platonisches Denken ist nicht „autonom" (wie man nicht bei Bultmann, wohl aber anderswo immerfort lesen kann) und setzt an die Stelle von Protagoras Satz, der Mensch sei aller Geltungen Maß, den Gegensatz: Gott ist aller Geltungen Maß.

Unter den Theologen ist von jeher der Neutestamentler als Erbe der klassischen Philologie den Griechen am nächsten gewesen, und gerade Bultmann erweist sich in seinem Kapitel über „das griechische Erbe" als ein wahrer Kenner z. B. der griechischen Tragödie. Er zeigt, wie in der griechischen Religion seit alters hybride Selbstsicherheit verworfen und die Furcht, die fromme Scheu geboten wird, wie ferner die Tragödie gegen die aufkommende Aufklärung diese Tradition der Mahnung und Warnung aufnimmt. Wie aber auch das (sehr vielfältige!) „griechische Denken" in diese antisophistische Bewegung eintritt *und sich damit abgründig von aller modernen, objektivierenden Wissenschaft unterscheidet*, davon erfährt der Leser gar zu wenig, und vor allem das stets hantierte *Schema* vom „griechischen Denken" bleibt unberührt davon. Insbesondere dort, wo die „einheitliche Anschauung" des Urchristentums, seine „einheitliche, neue und eigenartige Grundauffassung von der menschlichen Existenz" (S. 199) in einer kulminierenden Zusammenfassung entwickelt werden soll, wird zur Abhebung noch einmal, als „radikal entgegengesetzt", der Grieche gezeigt, der sich „aus der Problematik der je eigenen Existenz in die Anschauung des kosmischen Gesetzes" flüchtet (S. 200), der behauptet, die Vernunft brauche das Gute nur zu kennen, um den Willen dann souverän vom Bösen auf das Gute umzudirigieren usw. Die Lektüre dieser Seiten ist geradezu quälend, denn was da an griechischer Vernünftigkeit auftritt, ist nun wahrhaftig plattester Rationalismus, wie es ihn allenfalls im 18. Jahrhundert gegeben haben mag (damals entstand das rationalistische Sokratesbild!), näherungsweise vielleicht in der Sophistik und der hellenistischen Stoa, aber gewiß nicht in der „sokratisch-platonischen Tradition" (von der gesagt wird, daß ihr die Stoa „getreu" gefolgt sei).

Doch nicht darum geht es, daß der Philosoph als Apologet des Griechentums solchen Verzeichnungen zu widersprechen hätte. Es geht nicht um die bloße historische Gerechtigkeit (so sehr wir sie den Griechen schulden), sondern: Solange es uns nicht gelingt, unseren eigenen Abfall von Plato zu sehen, eben den abgründigen Unterschied neuzeitlicher selbstmächtiger Vernunft von der vernehmenden Vernunft der Alten, solange wird es uns auch nicht gelingen, das vernünftige Denken in uns, die Wissenschaft also, der wir doch nicht entlaufen können, aus ihrer profanen Heillosigkeit zu befreien. Der Fluch entarteter Vernunft kann gebannt werden nur durch die Heilung der Vernunft selbst, nicht aber dadurch, daß wir in der Vernunft als solcher und im griechischen Denken als solchem hartnäckig nichts anderes sehen können als die verfluchte Ursünde menschlicher Eigenmächtigkeit. Es bedarf der kritischen Bewahrung *auch des griechischen* Erbes und nicht der bloßen Kritik des Griechentums, von dessen grauem Untergrund die biblische Erkenntnis des Menschen sich dann immer nur abhebt. Es bedarf der — freilich verwandelnden — Wiederaufnahme genau derjenigen kritischen Bewahrung des Griechentums *und* des Judentums, die ja seit dem Ende des Urchristentums vom nunmehr *christlichen* Denken auch längst geübt worden ist, die in der anderen Konfession noch heute geübt wird und die stillschweigend, uneingestanden auch in der protestantischen Theologie niemals unterlassen werden konnte (wovon im Hinblick auf Bultmann selbst sogleich noch zu reden sein wird). Freilich, wir haben weiterhin allen Anlaß, Kierkegaards Anstrengung zu wiederholen. Aber wir geraten nachgerade in die Gefahr, darüber nun etwas zu *versäumen*, nämlich die endliche positive Wiederentdeckung der Vernunft[1].

II.

Harnack hatte irrig in der urchristlichen Gnosis eine „akute Hellenisierung" des christlichen Glaubens gesehen. Demgegenüber weist Bultmann auf die vorchristliche, orientalische Herkunft der Gnosis hin, womit ferner darauf, daß gnostisches Denken nicht wie das griechische vernünftig, sondern mythologisch ist. Das Schicksal des weltfremden menschlichen Selbst wird in Mythen dargestellt. Die Welt als schlechthin Fremde ist zugleich schlechthin Finsternis, d. h. vernünftiges Wiedererkennen des Seienden in seinen wiederkehrenden Möglichkeiten ist der Gnosis schlechthin fremd. Sie ist radikal mythologisch insofern, als sie nicht einmal das naive Wiedererkennen und Weltvertrauen kennt, das sonst zumeist mythisches Weltverständnis kennzeichnet. Hier hat heidnische Mythologie sozusagen ihren ursprünglichen Boden unter den Füßen verloren. Die den entwurzelten gnostischen Mythen eigentümliche Transportierbarkeit bedeutet diesen Verlust von Naivität und heidnischer Göttlichkeit der Welt. Da aber die Entgöttlichung der Welt vom Christentum gleichfalls vollzogen wird, entsteht so bei allem „Unterschied" eine „Verwandtschaft" von Gnosis und Urchristentum, die Bultmann sehr lehrreich bei der Darstellung des urchristlichen Erlösungsbegriffs im Auge behält. Zudem gibt es von der existenzphilosophischen „Geworfenheit" her einen guten Zugang zum Verständnis der Gnosis, der auch in der Forschung schon genutzt worden ist (H. Jonas) und von Bultmann weiter genutzt wird. Nach dem Verlust aller naiven Weltgeborgenheit ist die menschliche Selbsthaftigkeit als Einsamkeit von den Gnostikern tief erfahren worden. Dieses radikal mythologische Denken wird im Raume von Kierkegaards Protest gegen die Vernunft (wieder ähnlich dem biblischen Denken) in einer Weise zugänglich und verständlich wie kaum je zuvor. Freilich, an Bultmanns Hochschätzung der Gnosis, die also im Gegensatz zum Griechentum nicht nur kritisch, sondern zugleich bewahrend interpretiert wird, kommt die Geringschätzung des Griechentums mittelbar auch wieder zum Vorschein. Es kommt wieder zum Vorschein, wie tief und abgründig auch wir der wahren Vernunft entfremdet sind. Wir können Wissenschaft nicht mehr unterlassen, nicht einmal, wenn wir mythologisches Denken der Vergangenheit verstehen wollen, aber diese Wissenschaft ist uns nur noch bemächtigende Technik und Methode. Es liegt Bultmann fern, seine eigene Interpretation des Urchristentums, sofern sie wissenschaftlich ist, deshalb ausdrücklich als vernünftige zu vollziehen.

Obwohl ihm also gnostische Mythologie höher steht als griechische Vernunft, kann er nun doch seine eigene Vernünftigkeit, indem er sie als Forscher faktisch *ausübt* (und zwar mit vorbildlicher Nüchternheit und Unbefangenheit), so wenig verleugnen, daß er wie schon früher so auch in diesem Buche wieder eine rücksichtslose „Entmythologisierung" des Urchristentums und schon des Alten Testamentes betreibt. (Eben diesen Charakter hat hier die Kritik, ohne die es interpretierende Bewahrung nicht geben kann.) Freilich vermeidet er auch *diesen* Ausdruck, „entmythologisiert" er nicht ausdrücklich. Um so eindrucksvoller aber sind faktisch geübtes Verfahren und faktisch gewonnenes Ergebnis. Insbesondere erlaubt die aufgewiesene Verwandtschaft von Gnosis und Urchristentum die unbefangene Darstellung des Hineinwachsens urchristlichen Glaubens in die mythologische Sprache der Gnosis. Wenn es im Johannesevangelium heißt: „In der Welt habt ihr Angst" (Joh. 16, 33), so ist hier ja in der Tat die Situation einer angstvollen Einsamkeit vorausgesetzt, in der alle naive Geborgenheit verloren wurde. Aber weit über die längst bekannte christliche Gnosis des johanneischen Schrifttums hinaus zeigt Bultmann auch an Paulus, wie dessen Sprache von den Ausdrucksmitteln jüdischer Tradition über die Mittel der Mysteriensprache zu denjenigen der Gnosis drängt. Überhaupt wird im Urchristentum die historische Person Jesu „alsbald mehr und mehr mythisiert" (S. 224) und damit gnostischen Erlösergottheiten angeglichen. Sie verliert „die umrissene Gestalt eines menschlichen Individuums" (S. 220), sie wird zur kosmischen Gestalt. Kosmische Christologie und Eschatologie bilden sich aus. Kritisch sagt Bultmann zu dem allen, die Zukunft könne „grundsätzlich nicht wie in der Gnosis als ein phantastischer kosmischer Zustand verstanden werden, so sehr auch apokalyptische Zukunftsbilder vom Neuen Testament noch mitgeschleppt werden" (S. 233). Diese faktisch geübte kritische Entmythologisierung lehrt den Leser immer wieder deutlich oder unter der Hand, nun nicht auch seinerseits das Mythologische noch mitzuschleppen,

[1] *Bultmann* hat sich an anderer Stelle, woran er selbst mich erinnert, positiv über den „Humanismus" ausgesprochen (im 1. Jg. dieser Zeitschrift, S. 70 ff.). Freilich sieht er auch dort, indem er sich am Idealismus orientiert, die Vernunft wesentlich als herrschende und nicht als empfangende (S. 75 f.).

sondern zu verstehen, was „im Grunde" gemeint ist (eine schon zu Anfang in der Interpretation des alttestamentlichen Erbes gebrauchte Formel). Es wird zwar mit historischer Treue „das Urchristentum als synkretistische Religion" dargestellt, und die vorausgegangene Darstellung all des ererbten, in das Verständnis des christlichen Glaubens dann bunt verwobenen Materials macht dieses synkretistische Gewebe unerhört durchsichtig. Aber darüber hinaus soll dann doch jene „einheitliche Anschauung" gezeigt werden, die als einheitliches Existenzverständnis dem allen „zu Grunde" liegt (S. 199). Oder es wird nach dem „Grundgedanken" der Verkündigung Jesu gefragt, der sich in ererbte eschatologische Vorstellungen „kleidet" (S. 102), der aber verständlich, für uns verständlich wird gerade dann, wenn die kritische Entkleidung des „im Grunde" Gemeinten auch hier unbefangen sich durchsetzt.

Wenn Bultmann also sagen will, inwiefern das Alte Testament, die Predigt Jesu, das Urchristentum uns angehen im Sinne von „tua res agitur" (S. 8), dann muß er „unmythologisch" sprechen (vgl. S. 188), die kosmische Mythologie jüdischer Apokalyptik oder gnostischer Phantastik beiseite lassen. Und es ist kein Zweifel, daß er recht daran tut. Denn wir mögen die Geworfenheit des Gnostikers teilen und desgleichen seinen Mangel an naiver Weltgeborgenheit, wir teilen doch keineswegs sein noch immer naives Zutrauen zu den Erleuchtungen eben der Phantasie. Sondern wir müssen uns an dasjenige halten, was wir ohne Selbsttäuschung teilen können, in Wahrheit wiederholen können, an das „Existenzverständnis". Bultmann sieht die Aufgabe des Historikers darin, „die Phänomene der vergangenen Geschichte aus den Möglichkeiten menschlichen Existenzverständnisses zu interpretieren und damit diese zum Bewußtsein zu bringen als die Möglichkeiten auch gegenwärtigen Existenzverständnisses" (S. 8). Auf diese wiederholbaren Möglichkeiten kommt es an, die nicht allein uns allen gemein, sondern uns sogar mit jenen Menschen ferner Vergangenheit gemein sind. Im Raume dieser allein wesentlichen Allgemeinheit vollzieht Bultmann seine kritische Bewahrung des biblischen Denkens. Warum genieren wir uns zu sagen: im Raume der Vernunft? Bultmanns Buch ist vorbildlich als eine wissenschaftliche, nämlich vernünftige (wenngleich uneingestanden vernünftige), als eine „griechische" Interpretation des Urchristentums.

Nun wurde anfangs gesagt, Bultmann wiederhole die Anstrengung Kierkegaards. Die Wiederholbarkeit von Existenzverständnis im zugespitzten Sinne Kierkegaards enthält in sich die Wiederholbarkeit auch des biblischen Existenzverständnisses. Ferner wurde gesagt, die radikale Besonderung einsamer Existenz gehe in keinerlei Allgemeines ein. Die Allgemeinheit des Existenzbegriffs selbst ist von der gleichen Leere wie die Allgemeinheit des „Besonderen", das ja paradoxerweise gleichfalls als „Allgemeinbegriff" fungieren muß. Als Aussage über die Existenz bedeutet dies: Es ist „nichts Besonderes", daß jeder von uns als schlechthin Besonderer jeden Augenblick als schlechthin besonderen lebt, an seine Verlorenheit verloren ist. Wäre die vernünftige Allgemeinheit wiederholbaren Existenzverständnisses nur Allgemeinheit dieser Art, dann wäre freilich nur die Allgemeinheit des Unheils konstatiert, von der zu reden sich vielleicht nicht lohnen würde. Es könnte vielleicht nur einen grausamen Scherz bedeuten, hier von Vernunft zu reden oder gar von Heilung der Vernunft oder gar vom Heil des Menschen durch Vernunft. Denn Vernunft bedeutet immer, wo sie überhaupt etwas bedeutet, Aufhebung des Besonderen in das Allgemeine. Derartige Aufhebungen gelingen überall dort, wo das Allgemeine als Allgemeines doch noch besondertes Allgemeines ist, z. B. als Naturgesetz oder als Gattung. Dagegen der Gattungsbegriff „der Mensch" reicht wahrhaftig in die Tiefe besonderter Existenz nicht hinab und kann den verlorenen Menschen aus dieser Tiefe nicht heraufheben. Wo noch sprachliche Besonderung ist, und sei es die des besonderen Allgemeinen, da ist noch sprachlich unterscheidbare Welt[1]. Die Aufhebung der verlorenen Besonderung von Existenz bedarf eines Allgemeinen, das zwar „für alle Menschen gilt" (Bultmann S. 215), aber nicht in der Weise, daß es der sprechende, unterscheidende Mensch noch tätig unterscheidend, besondernd ergreifen kann. Sondern hier muß das Ergreifen nichts als Hinnehmen, reines Vernehmen sein. Die antike Philosophie kannte wohl das Vernehmen des unbesonderten Allgemeinen, etwa dessen, was Parmenides das schlechthin „Seiende" oder was Plato das „Gute selbst" nennt. Doch erst im Christentum wird solches Vernehmen radikal erfahren als reines, schlechthin ohnmächtiges Empfangen. Die antike Vernunft ist der Entartung zur selbstmächtigen Vernunft von ihrem Ursprung her wirklich ausgesetzt. Sollten wir sie aber darum nur auf diese ihre Entartung hin ansehen und nicht lieber daraufhin, daß sie doch eigentlich („im Grunde") vernehmen, das rettende Gute rein vernehmen will? Ist nicht auch der jüdische Gehorsam

[1] Zur Durchleuchtung dieser Problematik bedarf es einer neuen Bearbeitung des Universalienproblems. Über die hier gegebenen, nur andeutenden Anmerkungen hinaus habe ich in einer „Kritik der profanen durch vernehmende Vernunft" (Der Mensch in der Profanität, Stuttgart 1949) einen Versuch in der Richtung dieser, wie mir scheint, sehr dringlichen Arbeit unternommen, der freilich an das Universalienproblem auch nur gerade heranführt.

der Entartung (zum Moralismus) ausgesetzt? Sollte die bewahrende Interpretation in bonam partem, die wir an der Bibel vollziehen, indem wir „alles zum Besten kehren", den Griechen gegenüber nicht gleichfalls vollziehbar und dann auch geboten sein?

*Nachtrag.*

Inzwischen ist mir in dieser Zeitschrift der äußerst lehrreiche Aufsatz von Hans von Campenhausen über „Glaube und Bildung im Neuen Testament" zu Gesicht gekommen, der in den gleichen Diskussionszusammenhang gehört. Der Titel wirkt zunächst befremdlich. Denn unsere Tradition der Bildung ist humanistischer Herkunft, ja das Wort „Bildung" kann als Übersetzung des lateinischen „humanitas" gelten, womit wiederum das griechische „Paideia" übersetzt wurde. Die griechische Paideia und ihr „Bildungsideal", wie man durchaus sagen kann (seine Geschichte hat Werner Jaeger geschrieben), entsteht in der hellenischen Sophistik, im Zuge jener ersten europäischen Aufklärungs- und Bildungsbewegung also, der gegenüber Sokrates das Anliegen der Philosophie erneuert, so aber, daß Plato doch auch die Paideia in den Raum dieser erneuerten Philosophie als eine verwandelte, in ihrem Anspruch und Umfang beschränkte, wieder hineinnehmen kann. Nun sagt von Campenhausen selbst: Mit der nachwirkenden, immer auf eine dünne Oberschicht beschränkt gebliebenen Tradition dieser griechischen Paideia ist das Urchristentum bei seiner orientalischen Herkunft kaum in Berührung gekommen[1]. Eine Ausnahme macht allenfalls Lukas, „der Arzt", dessen Doppelwerk mit seiner gepflegten Sprache die Erregung des Eindrucks hellenistischer Kultur spüren läßt und der in der berühmten Areopagszene den Paulus dieser fremden Welt ausdrücklich gegenüberstellt — eine Vorahnung der wirklichen Auseinandersetzung des christlichen Glaubens mit der Tradition griechischer Philosophie, die im zweiten Jahrhundert allmählich anhebt und, zusammen mit anderen Faktoren, das Ende des „Ur"-Christentums heraufführt. Aber gerade diese Ausnahme macht um so eindringlicher, daß die Begegnung mit der Bildung dem Neuen Testament sonst fremd ist, nicht zuletzt doch auch — trotz Röm. 1 — dem mächtigsten Wortführer des neuen Glaubens, dem Juden Paulus, geschweige denn, daß es innerhalb des Urchristentums selbst schon Bildung gegeben hätte.

Daß sich von Campenhausen gleichwohl zu seinem Titel entschlossen hat, erklärt der Fortgang seiner Darstellung. Paulus setzt sich im ersten Korintherbrief mit einer anspruchsvollen, durch ihre widerstreitenden Führungsansprüche die korinthische Gemeinde gefährdenden christlichen Gnosis auseinander. Gegen die Selbstsicherheit solcher „Weisheit" stellt er das Wort vom Kreuz als „Torheit". Daß der Mensch in seiner Eigenmächtigkeit sich vor Gott nicht behaupten, sich schlechterdings gar keiner Leistung „rühmen" kann, diese weiseste Torheit wird also von Paulus hier auf die „Erkenntnis" angewendet wie anderswo auf den jüdischen Gesetzesgehorsam. Und von Campenhausen belehrt uns weiter, daß Paulus damit nur aufgreift, was die Synoptiker auch schon von der Predigt Jesu berichten, die nicht den Wissensstolzen, sondern den geistlich Armen das Himmelreich verheißt. „Die Furcht des Herren ist der Weisheit Anfang", diese biblische Wahrheit gilt auch heute und ist, wie von Campenhausen abschließend und überzeugend dartut, sinngemäß auf die Weisheit auch heutiger Philosophie und Wissenschaft anzuwenden. Damit soll nicht die Beschränktheit auf den Thron gesetzt werden oder die bildungsfeindliche Intoleranz, vor dieser bloßen Umkehrung der Wissenshybris wird nachdrücklich gewarnt unter dem Hinweis darauf, daß Paulus der demütig dienenden Gnosis als Gabe und Charisma in der Gemeinde durchaus Raum gewährt.

Was von Campenhausen veranlaßt, so heterogene Dinge wie die Gnosis orientalischer Herkunft und die Paideia griechischer Herkunft als Bildung „auf einen Nenner zu bringen" (S. 192), ist also dies: hier wie dort findet die menschliche Selbstsicherheit ihre Chance. Ja, die Überlegenheit des Wissens verleitet immer zur Absonderung der Wissenden von den verachteten „Ungebildeten". Das war so im Athen des Alkibiades wie im Judentum der Schriftgelehrten, in den gnostisierenden urchristlichen Gemeinden wie noch heute in aller Welt.

Wenn aber ein solcher Sachverhalt so „allgemein" wiederkehrt, daß gerade darum die christliche Wahrheit auch heute noch und wieder uns alle trifft, ist diese Wahrheit dann nicht „allgemeingültig"? Ist nicht gerade darum von Campenhausens gelehrte Untersuchung „vernünftig", so daß sie mit Recht in einer wissenschaftlichen Zeitschrift und nicht als erbaulicher Traktat an die Öffentlichkeit tritt?

Das führt auf zweierlei kritische Bemerkungen.

1. Von Campenhausen unterscheidet genau so wenig wie Bultmann die Vernunft von ihrer Ausartung zur „glanzvollen" Aufklärung und Bildung. Er spricht von „der rationalistisch-philosophischen Vernunft" (S. 192) und denkt bei deren Anerkennung als Gabe auch in der heutigen Gemeinde an „die Verpflichtung zum Gespräch, zu einer sachlich klaren und in diesem Sinne vernünftigen Darlegung der eigenen Gedanken" (S. 190). Vernunft als bloß

[1] Über den ganz eigentümlich griechischen Charakter und Ursprung der „Bildung" vgl. auch E. R. Curtius, Europäische Literatur und Lateinisches Mittelalter (1948), S. 44.

rationale Klarheit kann dann freilich wieder nichts anderes als bloße Methode sein. Von der unerhörten Entdeckung des Seienden in seiner wiederkehrenden Selbigkeit, von dieser Entdeckung der Griechen also ist hier kaum noch etwas spürbar. Und darum wird auch nicht mehr gesehen, daß diese Entdeckung als eine hinnehmende, empfangende in sich selbst ihrer eigenen Entartung zum Rationalismus methodischer Weltbemächtigung widerspricht. Der Protest gegen die Eigenmächtigkeit glänzender, eleganter Paideia ist ja eben als philosophischer Protest schon Jahrhunderte vor Paulus durch Sokrates ausgesprochen worden[1]. Oder man lese im „Gastmahl", wie Plato dort den Agathon als Typ des glanzvollen Gebildeten der Ironie des Sokrates preisgibt. Der häßliche Sokrates, dieser unelegante athenische Kleinbürger, hat auf seine Weise verkündigt, daß Wissen nur dann wahr sein kann, wenn es sich seines törichten Nichtwissens bewußt wird. In der christlichen Verkündigung kommt freilich die Nichtigkeit menschlichen Wissens vor Gott so zur Geltung, daß damit die Selbstkritik der griechischen Vernunft erst zur Radikalität gebracht wird. Doch eben dieser Bezug von Glaube und Bildung kommt in von Campenhausens Darstellung *nicht* zur Geltung, die vielmehr wieder den Eindruck hinterläßt, Vernunft sei als solche selbstmächtiger Rationalismus.

2. So gewiß es zutrifft, daß die neutestamentliche Kritik jeden Wissensstolzes auch auf das moderne Denken anzuwenden ist (wodurch sich eben die von Sokrates oder auch die von Kant unternommene „Kritik der Vernunft" als Selbstkritik radikalisiert), so abwegig wäre doch die Ansicht[2], das Neue Testament habe damit die Lösung des Problems „Glaube und Vernunft" schon vorweggenommen (wie die Theologie vielfach auch anderen, z. B. ethischen Problemen gegenüber zu der Ansicht neigt, es müsse sich grundsätzlich für jedes dieser Probleme in „Gottes Wort" die passende, dann nur noch exegetisch zu entfaltende und anzuwendende Weisung finden). Von Campenhausens Abhandlung ist ja nicht zuletzt deshalb so eindrucksvoll, weil sie wieder zeigt: Allenfalls mit Randerscheinungen griechischer Bildung und Kultur sind einzelne Autoren des Neuen Testaments in Berührung gekommen, dagegen noch kaum mit der Vernunft selbst als dem Vernehmen des Allgemeinen. Die schwere Problematik, die sich später aus der Verbindung biblischer und griechischer Tradition ergeben sollte und die etwa unter dem Titel des Universalienstreits die besten Köpfe der Scholastik in Anspruch genommen hat, *diese* Problematik von „Glauben und Wissen" ist der ganzen Bibel schlechterdings fremd, und wer zu *ihrer* Bewältigung theologisch-exegetisch verfahren und nur so verfahren will, der kann mit Sicherheit erwarten, daß er keinen Schritt vorankommen wird. Die Folge ist ja denn auch, daß in der protestantischen Theologie diese Problematik lange Zeit — bevor Bultmanns „Entmythologisierung" wie ein Schreckensruf wirkte — eher unterdrückt und zum Verschwinden gebracht als bearbeitet worden ist. Man begnügt sich weithin noch heute mit der Wiederholung der Antithese Kierkegaards, daß die Bibel keine „allgemeinen Wahrheiten" lehrt, sondern das „geschichtliche Faktum" des Handelns Gottes in Jesus Christus. Ja, man begnügt sich damit, die nachgerade triviale Antithese von Natur und Geschichte, von allgemeinem Gesetz und besonderem Ereignis, wie sie philosophisch zu Beginn des Jahrhunderts traktiert wurde, zu repetieren, als sei sie der Weisheit letzter Schluß — und als habe wiederum Paulus sie vorausahnend schon im Auge gehabt.

Freilich, so etwas zu sagen, ist nicht ungefährlich. Es könnte sehr selbstsicher gemeint sein, und es muß unvermeidlich so verstanden werden. Die Rede von der christlichen Wahrheit als einer allgemeinen wird unvermeidlich rationalistisch mißverstanden. Denn, daß die Wahrheit vernommen wird als eine, die uns allen gilt, in dem sie jetzt mir zur besonderen wird, diese äußerste Dialektik des Allgemeinen und Besonderen auszusagen liegt nicht in der Macht menschlicher Rede als solcher, weil noch immer „die Furcht des Herren der Weisheit Anfang" und Ende ist.

[1] Vgl. meine (soeben im Archiv für Philosophie erschienene) Untersuchung über Sokrates und die Paideia.

[2] Herr *von Campenhausen* sagt mir hierzu, *diese* Ansicht vertrete er selbst keineswegs! Er fühle sich nur durch die erste dieser beiden kritischen Bemerkungen getroffen.

*(Prof. Dr. Wilhelm Kamlah, (20b) Göttingen, Hoher Weg 4.)*

# Nationalökonomie und Theologie *.

Von

CONSTANTIN v. DIETZE.

## I.

Man darf weder, wie es vor etwa 50 Jahren geschah, das Vaterunser als „eine neue Form der Darstellung für ein wirtschaftspolitisches System" benutzen[1], noch der Nationalökonomie vorschreiben, sie sei aus der Theologie, aus dem Katechismus oder aus der Heiligen Schrift abzuleiten. Aber wir sehen ein großes Arbeitsfeld, bei dessen Beackerung sich Nationalökonomie und Theologie treffen und aufeinander angewiesen sind. Weite Teile dieses Feldes bezeichnet das Wort „Naturrecht".

Die Scholastiker und auch die thomistischen Gelehrten der Gegenwart verstehen unter Naturrecht eine dem Wesen des Menschen und der irdischen Dinge entsprechende Ordnung. Ihre Auffassung verwertet nicht nur die antike, aristotelische Naturrechtslehre; sie beruht auf einer natürlichen Theologie, die jedoch nicht der Art der „Deutschen Christen" gleichzusetzen ist, die also ihre Vorstellung vom Göttlichen nicht aus der Projizierung menschlicher Ideale gewinnt. Die katholische Lehre achtet das Göttliche als Seiendes; sie hält die vom Schöpfer dem Menschen gegebene Vernunft, hält zum mindesten eine ratio illuminata für fähig, dies Seiende zu erkennen. Sie traut ihr zu, das Wesen des Menschen zu verstehen und die ihm entsprechende irdische Ordnung zu verwirklichen. Damit berührte sich merkwürdig das Denken evangelischer Christen in der Aufklärungszeit, wie es sich im Kirchenliede ausdrückt: „Der Mensch, ein Geist, den sein Verstand Dich zu erkennen leitet." Die Nationalökonomie hat ihre Ausprägung zur Wissenschaft in der Aufklärungszeit gefunden. Die Väter der klassischen Nationalökonomie meinten, die natürliche, allein vernünftige und für alle Zeiten richtige Ordnung des Wirtschaftslebens erkannt zu haben. Sie standen in der damals herrschenden Vorstellung vom Naturrecht, die allerdings eine Verbindung mit der Theologie oft nur noch in Rudimenten erkennen ließ.

Dies säkularisierte naturrechtliche Denken wurde im Verlaufe des 19. Jahrhunderts, ähnlich wie in der Rechtswissenschaft, mit dem Aufkommen historischer Schulen zurückgedrängt. Dagegen bauten Papst Leo XIII. und seine Nachfolger ihre bedeutsamen sozialen Enzykliken auf der scholastisch-thomistischen Lehre auf. Es gab aber auch unter den katholischen Lehrern unseres Faches nicht viele, die den programmatischen Titel einer Schrift von Adam Müller befolgten: „Von der Notwendigkeit einer theologischen Grundlage der gesamten Staatswissenschaften und der Staatswirtschaft insbesondere" (1820). Auf der evangelischen Seite führte auch das Bemühen eines Stoecker um den kirchlichen Einfluß auf die brennenden sozialethischen Fragen nicht zu erneuter, über dogmenhistorisches Interesse hinausgehender Beschäftigung mit dem Naturrecht. Es wurde vielmehr landläufige Meinung, daß der moderne evangelische Christ mit dem Naturrecht nichts Rechtes anfangen könne.

Nachdem die Grundlagen des Zusammenlebens und Zusammenwirtschaftens der Menschen und der Völker durch den ersten Weltkrieg sich bereits als fragwürdig erwiesen hatten, wurde ganz überwiegend nationale Gesinnung, Dienst am eigenen Volke, als der für den Nationalökonomen maßgebende Wert angesehen, namentlich bei Betrachtungen über Wirtschaftsordnung und Wirtschaftspolitik. Aber was wir nach 1933 erlebten, machte uns schrecklich klar, daß damit nicht mehr auszukommen war. Jetzt suchte man Gräßliches mit dem Hinweis darauf zu rechtfertigen: Recht sei, was dem Volke nützt. Mancher jedoch besann sich, daß irgendwo geschrieben steht: „Gerechtigkeit erhöhet ein Volk". Was bestimmt aber den Inhalt der Gerechtigkeit? Diese Frage brachte die Begegnung von Nationalökonomen und Theologen, und das Gebiet, auf dem sie sich fanden, ist die Sozialethik, ist insbesondere das, was man als Naturrecht bezeichnet[2]. Schon der Bericht der Weltkirchenkonferenz von Oxford 1937[3] betonte, daß wir Christen für die bestmögliche Wirtschafts- und Sozialordnung einzutreten haben, und vertrat im einzelnen Forderungen, die sich auch in den päpstlichen Enzykliken finden.

Dabei weichen die grundlegenden Auffassungen nicht nur zwischen evangelischen und katholischen Christen, sondern auch innerhalb des Protestantismus, vielfach scharf voneinander ab. Emil Brunner[4]

*) Der folgende Beitrag faßt den Inhalt einer vor der Theologischen Fakultät in Heidelberg am 30. 6. 1949 gehaltenen Vorlesung zusammen.

1) *Gustav Ruhland*, Unser täglich Brot gib uns heute! Die Wirtschaftspolitik des Vaterunser. Berlin 1894. 2. Aufl., Berlin 1933. S. 11.

2 Vgl. hierzu den 1941 gehaltenen, 1947 im Furche-Verlag Tübingen-Stuttgart veröffentlichten Vortrag des Verfassers „Nationalökonomie und Theologie".

3 Vgl. dazu: Die Bedeutung der christlichen Botschaft für die Wirtschaftsordnung. Hrsg. v. H. Hüffmeier. Berlin 1947.

4 *Emil Brunner*, Gerechtigkeit. Eine Lehre von den Grundgesetzen der Gesellschaftsordnung. Zürich 1943.

tritt für eine neu zu durchdenkende Naturrechtslehre ein, während Karl Barth[1] sie mit Nachdruck ablehnt. Brunner und Thielicke[2] sehen den Dekalog nicht als Ausdruck eines Naturrechts an, während andere sich auf ihn stützen.

Auf der Ökumenischen Tagung in Amsterdam 1948, deren III. Sektion es mit der Unordnung der menschlichen Gesellschaft zu tun hatte, wurden die Gegensätze und Gefahren deutlich erkennbar. Wir können auf der einen Seite einer falschen Inanspruchnahme des Christentums und der Kirche für die Rechtfertigung weltlicher Programme verfallen, ja für die Durchsetzung materieller oder machtpolitischer Interessen. Aber die Mahnung, daß unsere Kirche vornehmlich die Botschaft vom Kreuz zu verkündigen hat, kann dazu verleiten, daß wir einer Umdeutung des Herrenwortes „Mein Reich ist nicht von dieser Welt" Vorschub leisten, als gelte Sein Reich nicht für diese Welt.

Die Amsterdamer Arbeiten[3] verdanken viel der klaren und fruchtbaren Unterscheidung des französischen Juristen Ellul[4] zwischen der Unordnung, die als Folge der Sünde ständig in der Welt bis zum Jüngsten Gericht herrscht, und einem außergewöhnlichen Maße von Ordnungsverfall, das zeitweilig die Welt verheert. Dem entspricht auf der anderen Seite die Unterscheidung zwischen der Gnadenordnung des Gottesreiches und derjenigen Ordnung, welche Gott für diese Welt will, damit die Menschen ein menschenwürdiges Leben führen und das Evangelium hören können. Was man Naturrecht nennt, hat es lediglich mit dieser von Gott für die Welt gewollten Ordnung zu tun. Es kann kein Heil vermitteln. Es ist eine Absage an einen überwuchernden oder sich gar selbst verabsolutierenden Relativismus, der schließlich zum blanken Nihilismus zu werden droht, und soll die gräßlichen, außergewöhnlichen Fälle von Ordnungslosigkeit überwinden helfen, von denen unsere Generation einen der schwersten erlebt. Nun hat zwar der Bericht der III. Amsterdamer Sektion jede Bezugnahme auf ein Naturrecht vermieden, weil sonst eine unabsehbare Auseinandersetzung ausgelöst worden wäre, die noch nicht genügend vorbereitet war. Aber der Feststellung, daß sowohl atheistisch-marxistischer Kommunismus wie auch ein Laissez-faire-Kapitalismus mit dem Christentum unvereinbar sind, liegen Gedanken zugrunde, die als naturrechtlich anzusprechen sind, erst recht den Grundsätzen für eine „verantwortliche Gesellschaft", also für eine Ordnung, für die die Kirchen eintreten sollen. Der Inhalt dieser Grundsätze, der die Beschlüsse von 1937 ausbaut, stimmt wiederum weitgehend mit den Forderungen der Enzykliken überein. Im ersten Entwurfe des Programmes für die Arbeiten der nächsten ökumenischen Tagung werden Probleme des Naturrechts ausdrücklich hervorgehoben. Es heißt dort: „Unsere Generation erlebt eine erstaunliche Wiederentdekkung der Bedeutung der Theologie, insbesondere in ihrer Anwendung auf die sozialen Probleme."

## II.

Wie Nationalökonomie und Theologie sich treffen, kann an der Agrarpolitik gezeigt werden. Eine ihrer wichtigsten Entscheidungen lautet heute: Bauernwirtschaft oder Kollektiv. Als Objekt wissenschaftlicher Agrarpolitik untersuchen wir das Wesen und das Werden dieser beiden hervorstechenden Arten der Agrarverfassung. Wir haben dabei die Einflüsse zu ermessen, die von den überlieferten Gesinnungen der Menschen ausgehen. Dies erfordert eine Unterscheidung zwischen historisch bedingten, also auch in Zukunft veränderlichen Eigenarten der Menschen und ihren natürlichen, unabänderlichen Eigenschaften. Dabei muß eine Vorstellung vom Wesen des Menschen den Ausschlag geben, und wir stehen vor der Frage, ob wir eine verbindliche Aussage über menschliches Wesen, auch soweit es lediglich in seiner Bedeutung für weltliche Ordnung zu betrachten ist, allein vom Menschen her machen können, oder ob wir nur von Gott her den Menschen und sein Wesen recht zu erkennen vermögen. Zur Begegnung mit der Theologie gelangen wir erst recht, wenn nicht nur das Sein und das Gewordensein einer Agrarverfassung untersucht wird, sondern das Seinsollen zur Erörterung steht. Welche soziale und wirtschaftliche Ordnung wir wählen, ist ja nicht nur sachlich begrenzt durch zwingende Zusammenhänge, über deren Inhalt und Reichweite uns die Fachwissenschaft vom Sozial- und Wirtschaftsleben Auskunft zu geben hat. Es handelt sich nicht nur um eine Frage des Könnens, sondern auch um ein Dürfen und Sollen, also um Normen, mit denen es die Sozialethik, die Lehre vom Guten und Bösen im Sozialleben, zu tun hat.

Wir können nun mit den Spezialkenntnissen der wissenschaftlichen Agrarpolitik und mit richtiger Nutzbarmachung der nationalökonomischen Fachwissenschaft den sachlichen Beweis dafür erbringen, daß sowohl die bäuerliche Familienwirtschaft wie auch das Kollektiv nur in Gesamtordnungen des Wirtschafts- und Soziallebens bestehen können, die

[1] *Karl Barth*, Christengemeinde und Bürgergemeinde. München 1946, S. 15.

[2] *Helmut Thielicke*, Kirche und Öffentlichkeit. Zur Grundlegung einer lutherischen Kulturethik. Tübingen 1947. S. 91 ff.

[3] Amsterdamer Dokumente. Berichte und Reden auf der Weltkirchenkonferenz in Amsterdam 1948. Hrsg. v. F. Lüpsen. Bethel 1948. Insbes. S. 45 ff.

[4] Verfasser von: Die theologische Begründung des Rechtes. München 1948. Aus dem Französischen übersetzt von O. Weber.

ihnen jeweils entsprechen. Die bäuerliche Familienwirtschaft braucht ein nicht geringes Maß von Selbständigkeit; sie wird in einer zentralverwaltungswirtschaftlichen Ordnung erdrückt, verträgt sich jedoch mit einer allseitigen, folgerichtig durchgeführten Wettbewerbsordnung. Dagegen hat das Kollektiv in einer freiheitlichen Ordnung nur ausnahmsweise Bestand; es hat seinen Platz als kommandierter Verband in einer Zentralverwaltungswirtschaft. Wir können daraus mit den Mitteln unserer Fachwissenschaft folgern: wer die bäuerliche Familienwirtschaft will, der muß die Zentralverwaltungswirtschaft ablehnen, er kann dagegen, muß vielleicht sogar für eine Wettbewerbsordnung eintreten; wer dagegen die Kollektive für erstrebenswert ansieht, muß die Gesamtordnung einer Zentralverwaltungswirtschaft bejahen.

Hier stößt jedoch die rein nationalökonomische Betrachtung an ihre Grenzen. Die Nationalökonomie kann vielleicht noch erweisen, daß eine Zentralverwaltungswirtschaft nicht in der Lage ist, das volkswirtschaftliche Optimum zu erreichen. Sie kann jedoch eine maßgebende Entscheidung zwischen Zentralverwaltungswirtschaft und Wettbewerbsordnung nicht selbstherrlich mit ihrem Gedankengute treffen. Auch das Unterfangen, angebliche Entwicklungsgesetze zu konstruieren, die unweigerlich zur Zentralverwaltungswirtschaft führen sollen, ist wissenschaftlich unhaltbar. Wir können vielmehr eine sozialethische Würdigung nicht entbehren. Unsere spezialisierte Disziplin „Agrarpolitik" kommt also von ihrem Objekte her zu der Erkenntnis, daß sie nicht nur mit der weiteren Fachwissenschaft, also der Nationalökonomie, Verbindung zu halten hat, um zu richtigen Ergebnissen zu gelangen, sondern daß sie schließlich auch auf andere Fachwissenschaften angewiesen ist und letztlich von Glaubensentscheidungen abhängt, wo es um das Wesen der Menschen, um ihr Dürfen und Sollen, um die irdischen Ordnungen geht.

## III.

Obwohl die großen Reformatoren naturrechtliches Denken nicht verworfen haben und sich gerade bei Luther trotz seiner scharfen Gegnerschaft gegen die ontologisch-scholastische Philosophie weitgehende Übereinstimmungen mit thomistischer Naturrechtslehre feststellen lassen, haben wir kürzlich eine scharfe Absage an das Naturrecht vom lutherischen Bischof Nygren aus Schweden vernommen[1]. Auch der Reichsbruderrat ließ in Verbindung mit der Erörterung des Elternrechtes eine ähnliche Stellungnahme erkennen. Wenn Karl Barth das Naturrecht ablehnt, während Emil Brunner für es eintritt, wenn der amerikanische Kongregationalist W. M. Horton irgendeine Lehre vom Naturrecht als unentbehrliches Mittel für die Zusammenarbeit von Christen und Nichtchristen bezeichnete, während Reinhold Niebuhr[2] in Amsterdam die Zeit für eine Erörterung des Naturrechtes noch nicht als reif ansah, so ist klar, daß wir es nicht mit konfessionellen oder nationalen Gegensätzen zu tun haben. Die Zuspitzung der Auseinandersetzung liegt in der oft recht verschiedenartigen Verwendung des Wortes „Naturrecht" und in unzutreffenden Vorstellungen über die Geschichte und den Inhalt der Naturrechtslehre begründet. Naturrecht braucht ja weder eine unchristliche Herrschaft menschlicher Vernunft im Sinne der Aufklärungszeit zu sein noch das, was man noch heute landläufig unter politischem Katholizismus versteht. Es ist vielmehr oder es sollte sein ein Kennwort für alle systematischen Bemühungen um Weisungen, um Verbote und um verbindliche Richtschnuren für positive Rechtssätze und Ordnungen, die zugleich eine Kritik der bestehenden Gesetze und Ordnungen ermöglichen[3]. In diesem Sinne werden wir als evangelische Christen Naturrecht keineswegs abzulehnen haben.

Eine ganz andere Frage ist, ob es richtig sei, von einem evangelischen oder einem christlichen Naturrecht zu sprechen. Bei Ellul lesen wir: La doctrine du droit naturel ne serait donc en aucun point une doctrine chrétienne. Gibt es überhaupt eine „christliche Ethik" oder ein „christliches Sittengesetz"? Sollten wir nicht besser und genauer sagen, daß wir als Christen die Weisung haben, für bestimmte Ordnungsgrundsätze und für eine bestimmte Ethik einzutreten, obwohl wir nicht behaupten können, daß das, was das Neue Testament uns darüber besagt, eine andere oder etwa eine höhere Ethik wäre, als wir sie im Judentum und in manchen heidnischen Religionen vertreten finden?

Bekanntlich stehen ja sowohl der Dekalog, wie das Gebot der Nächstenliebe, sogar das Gebot der

[1] Zu den folgenden Beispielen vergleiche: Rechtskrise und Naturrecht, Evangelische Welt, Jg. III Nr. 11, Bethel, 1949. Auf die Juristen kann unser Beitrag wegen Raummangels leider nicht eingehen. Den früheren Stand der juristischen Behandlung des Naturrechts gibt Erik Wolf im Artikel „Naturrecht" wieder in „Die Religion in Geschichte und Gegenwart", 2. Aufl. 1930, Bd. 4. Als evangelischer Jurist, mit philosophischer Grundlegung, unternimmt H. Coing, Die obersten Grundsätze des Rechts, 1947, einen „Versuch zur Neubegründung des Naturrechts". Aus der neueren katholischen Literatur s. H. Rommen, Die ewige Wiederkehr des Naturrechts, München 1947.

[2] Verfasser von „Die Kinder des Lichts und die Kinder der Finsternis. Eine Rechtfertigung der Demokratie und eine Kritik ihrer herkömmlichen Verteidigung". München 1947.

[3] s. Erik Wolf, Theologie und Rechtswissenschaft, Nachrichten für die evangelisch-lutherischen Geistlichen in Bayern, 4. Jg., Nr. 4, 1949.

Feindesliebe sämtlich schon im Alten Testament. Wir finden Vorschriften, wie sie auf der zweiten Gesetzestafel stehen, bei unzähligen Völkern, und die hohen Gebote der Nächstenliebe und selbst der Feindesliebe begegnen uns etwa in Indien bei Religionslehrern, die weder von Christus noch vom Alten Testament je etwas vernommen haben. Was die biblische Offenbarung für unsere Ethik bedeutet, besagt der Anfang, den Luther im Kleinen Katechismus der Erklärung jeden Gebotes voranstellt: Wir sollen Gott fürchten und lieben, daß wir . . . nicht töten, nicht ehebrechen, nicht stehlen usw., daß wir vielmehr im Verhalten zu den Eltern, zu den Ehegatten, zum Mitmenschen und zum irdischen Gut Ehrfurcht und Nächstenliebe betätigen. Nur wenn wir den Herrgott, der sich uns in Christo offenbart hat, fürchten und lieben, können wir seine Gebote halten. Der Inhalt dieser Gebote, soweit sie sich auf das normale Maß von Ordnung für diese Welt beziehen, ist aber nicht in dem Sinne christlich, daß er in den Vorschriften von Juden oder Heiden fehlen würde oder unvorstellbar wäre. Das Wesen des Christentums besteht eben nicht in einer besonderen Ethik. Es kann daher wohl sein, daß wir zwar mit Ellul die Naturrechtslehre nicht als christliche bezeichnen mögen, daß wir jedoch überzeugt sind, daß Christen und daß auch wir evangelischen Christen für eine Naturrechtslehre einzutreten haben.

Über den Inhalt solcher Naturrechtslehre wird es freilich ernste Diskussionen geben. Aber jedes Naturrecht zu verwerfen, solange nicht ein besseres Wort als Ausdruck für die Anerkennung bleibender Weisungen für die weltliche Ordnung gefunden ist, scheint mir sowohl unrichtig wie unklug zu sein. Wir würden dadurch die dringend erwünschte Zusammenarbeit mit Katholiken und mit Nichtchristen erschweren.

Der oben bereits erwähnte Entwurf für die Arbeiten der nächsten ökumenischen Tagung läßt erkennen, welche Probleme und Spannungen gerade jetzt mit dem Naturrecht verbunden sind. Er bemerkt, daß wachsende Säkularisierung und bewußt unchristliche Gruppenmoral viele überlieferte Voraussetzungen eines „Naturrechts" in Frage stellen. Er wiederholt aber mit Nachdruck die Schlußsätze des Berichtes der III. Sektion von Amsterdam, in denen die „verantwortliche Gesellschaft" als das Ziel bezeichnet wird, für welches die Kirchen in allen Ländern arbeiten müssen zur Ehre des einen Gottes und Vaters unser aller. Damit bejaht er das Anliegen einer Naturrechtslehre. Wenn wir solche Lehre immer der Offenbarung untergeordnet sein lassen, dürfen wir auch als evangelische Christen getrost den Boden des Naturrechts betreten und damit ein Gebiet pflegen, auf dem Nationalökonomie und Theologie zusammenzuwirken haben.

*(Professor D. Dr. rer. pol. Constantin v. Dietze, (17b) Freiburg i. Br., Maria-Theresia-Straße 13.)*

---

## Formkonjunktionen in der Kunstentwicklung.

Von

FR. ADAMA VAN SCHELTEMA.

Der Begriff der Formkonjunktion ist in der Kunstwissenschaft nicht neu. Wölfflin vermied noch den Ausdruck, aber man wundert sich fast, daß ihm das bei seiner Beurteilung der barocken Formstruktur gelang. So sagt er, um den Gegensatz zu der klassischen Form zu verdeutlichen, daß im Barock die zuvor getrennten Glieder sich zu *einem* Motiv zusammenziehen. Er redet von einer Verflechtung oder Verschmelzung der Formelemente zu einem Motiv und zeigt, wie auch in der Baukunst das Ineinander der Glieder an Stelle des klaren Gegenüber und Gegeneinander der klassischen Formsprache tritt [1]. Bei Brinckmann setzen sich Begriff und Bezeichnung der Formkonjunktion mit aller Entschiedenheit durch, und zwar wiederum unter Bezugnahme auf die Kunst des Barock. Brinckmann beobachtet in der Entwicklung der barocken Raumvorstellung ein Fortschreiten von der Raumverklammerung zur Raumverschränkung, dann zur Raumdurchdringung, findet die gleiche gegenseitige Durchdringung aber auch in der Beziehung der plastischen Architekturteile zueinander, zwischen Raumkörper und plastischem Körper, endlich auch zwischen dem Baukörper und dem Außenraum. Und eben diese Durchdringungserscheinungen bezeichnet er wiederholt als Konjunktionen. So spricht er von einer „Vermählung" zwischen Säule und Pilaster oder von einer „sinnlich konjugierenden Verbindung" zwischen Raum und Skulptur [2]. Es sollen nun im folgenden mehrere bemerkenswerte Beispiele konjunktiver Formgestaltung aufgezeigt werden. Sie führen uns durch die gesamte abendlän-

---

[1] Heinrich Wölfflin, Kunstgeschichtliche Grundbegriffe, 4, 1920.

[2] A. E. Brinckmann, Baukunst des 17. u. 18. Jahrhunderts in den romanischen Ländern, 1915.

dische Kunstentwicklung, aber um den verfügbaren Raum nicht zu überschreiten, beschränken wir unsere Aufmerksamkeit auf die jeweils führende Kunstgattung: auf die Geräteornamentik der Vorzeit, die kirchliche Baukunst des Mittelalters und die freien bildenden Künste der Neuzeit.

In diesem Zusammenhang ist uns schon die geometrische Verzierung nordischer Tongefäße der Steinzeit wichtig, weil sie auf einfachste Weise einen Formgedanken veranschaulicht, dem wir später immer von neuem begegnen. Ist als obere Begrenzung einer Fläche ein Randmuster aus hängenden, durch Schraffierung hervorgehobenen Dreiecken gegeben, so ergibt sich das Bild einer reinen Koordination und Addition vieler selbständiger Formelemente. Diese vielheitliche Struktur ändert sich nicht, wenn — etwa zur Betonung einer inneren Formgrenze — in gehöriger Entfernung eine zweite, aber gegengerichtete Dreieckskette hinzugefügt wird. Nähern sich dagegen die beiden Reihen, so entsteht bei alternierender Anordnung der Dreiecke zuerst ein von beiden eingeschlossenes, aus der nackten Grundfläche ausgespartes Zickzackband, das die beiden Dreiecksketten fest miteinander verklammert und mit diesen ein endlos sich selbst ergänzendes, unteilbares Formsystem bildet (Abb. a). Einfacher gestaltet sich das Muster, wenn der Grund bei zunehmender Annäherung der beiden Zahnreihen völlig verschwindet und diese sich gegenseitig durchdringen. Durch abwechselnde Schraffierung der von oben nach unten und von unten nach oben gerichteten Dreiecke wird das Formenspiel verdeutlicht: durch je zwei Elemente der einen Reihe wird zugleich ein drittes der entgegengesetzten Reihe bestimmt, jede Schräge gehört sowohl zu einem hängenden als auch zu einem stehenden Dreieck. In diesem „sowohl als auch", das an Stelle der früheren, bloß summierenden Und-Und-Verbindung tritt, ist der ganze „Witz" des zweifellos als besonders reizvoll empfundenen Musters enthalten, sein ausgeprägt dialektischer Charakter, der den Betrachter zwingt, sein Urteil fortgesetzt zu revidieren; die Unendlichkeit des Musters auch, die sich daraus ergibt, daß bei jedem Schnitt irgendein Dreieck willkürlich halbiert werden würde. Bei jedem Schnitt würde Blut fließen: ein Ausdruck, der sowohl von Wölfflin wie von Brinckmann zur Kennzeichnung barocker Formverknüpfung verwendet wurde. Heben wir trotzdem zum leichteren Verständnis ein nach unten gerichtetes Dreieck und den unmittelbar zugehörigen, nach oben zeigenden Partner aus dem Gesamtsystem heraus, so ergibt sich mit dem *N*-Zeichen das Bild der umgekehrt symmetrischen Entsprechung zu beiden Seiten einer diagonalen Achse. Das ist wohl das elementarste Beispiel der Formkonjunktion, der Vermählung zweier betont gegensätzlicher Elemente zu einer höheren Einheit oder Ganzheit. Es ist, so möchten wir hinzufügen, das elementarste Beispiel für den *Durchbruch des Eros* in der Kunstentwicklung.

Abb. a.
Zickzack-Dreiecksmuster der Schnurkeramik (Steinzeit).

Während die hier angedeutete Formentwicklung sich vor mehreren Jahrtausenden in der jüngeren nordischen Steinzeit ereignete, zeigt die anschließende Bronzezeit ein sehr ähnliches Schauspiel, nur daß die Formsprache sich von der geraden auf die krumme Linie umstellt. Hier, wie in dem soeben beschriebenen Fall und wie immer in Zukunft, ist die Formkonjunktion das Kennzeichen einer zweiten Stilphase, nachdem in der ersten das Augenmerk gerade auf die klare Unterscheidung der einzelnen, isolierten Elemente gerichtet war. In der früheren Steinzeit waren das u. a. die erwähnten Dreiecke, in der früheren Bronzezeit handelt es sich um Kreismotive, Halbkreise als Randornament usw. Wie daraus die Kennformen der zweiten Stilstufe entstehen, braucht hier nicht verfolgt zu werden, um so wichtiger ist das Ergebnis: es bilden sich die vielen Varianten eines Wellenbandes, dessen Teile sich gegenseitig bedingen und damit fortgesetzt ergänzen. Als psychologisch und ästhetisch einfachste Form sei nur ein krummliniges Mäandermuster mit symmetrischen, pilzförmigen Wellenbergen und -tälern erwähnt: das Muster wiederholt den Gedanken des Zickzackbandes auf einer höheren Formstufe, zwei stehende Pilzmotive bestimmen ein drittes, hängendes, das sich aus den beiden Hälften der ersten zusammensetzt (Abb. b). Die Teilglieder des Wellenbandes sind unlösbar ineinander verschränkt, die Form verlangt endlose Fortsetzung. Greift man aber einen Wellenberg und das benachbarte Wellental heraus, so ergibt sich wieder das Bild umgekehrt symmetrischer Entsprechung mit betonter Diagonale. Wichtig im Hinblick auf spätere Erscheinungen: nach Darlegung des finnischen Forschers Ringbom wurden die Kreis- und Spiralmotive der ersten Stilphase mit Hilfe eines Schnurzirkels konstruiert, wo-

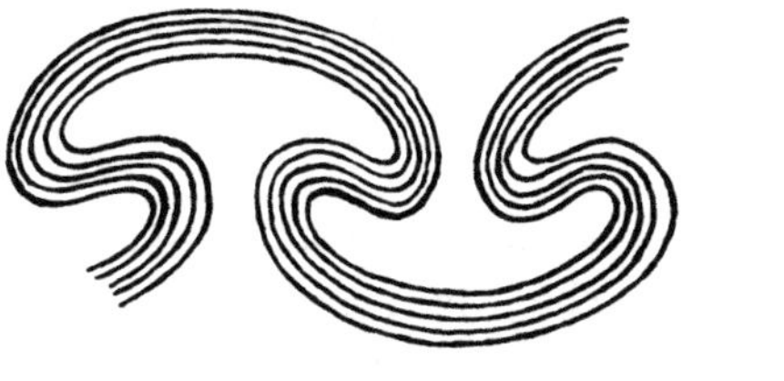

Abb. b. Wellenband der jüngeren nordischen Bronzezeit.

bei der Zeichenstift sich um eine feststehende Achse bewegt. Das soeben beschriebene Wellenband ist gleichfalls mit Hilfe eines Schnurzirkels zu zeichnen, nur sind dann zwei Brennpunkte erforderlich. Die Form der ersten Stilstufe ist also einpolig, die Konjunktionsform der zweiten Stufe zweipolig gedacht.

In einer noch höheren Formsphäre gestaltet die germanische Tierornamentik des 7.—8. Jahrhunderts den gleichen Gedanken. Auch das Tierornament zeigte zuerst ein vielheitliches Gefüge, eine strenge Reihung oder ein regelloses Gemenge einzelner Tierköpfe oder Körperteile. Auch da aber wird die zweite Stilphase durch das Bedürfnis nach Formganzheit gekennzeichnet und so fügen sich die disjecta membra der früheren Stufe zu kompletten, phantastischen Tiergestalten zusammen, die sich wiederum miteinander zu überpersönlichen Gruppenorganismen verflechten und verschmelzen. Eine Analyse dieser sehr komplizierten und mit sichtbarer Leidenschaft durchgeführten Gruppenbildungen kommt hier nicht in Frage; sofern es sich zum erstenmal um das Schicksal wirklicher Lebewesen handelt, kann ihre Verbindung in der Tat den Eindruck verbissenen Kampfes oder auch friedlicher Paarung erwecken, mag auch der Künstler so wenig an einen solchen Vorgang gedacht haben, wie er überhaupt eine Darstellung bestimmter Tiergattungen beabsichtigte. Wir greifen nur eine typische, einprägsame Konjunktionsform heraus: es ist die in ein längliches Oval hineinkomponierte S-förmige Gruppe eines Doppeltieres, dessen Köpfe sich nähern und zu einem gemeinsamen Maul vereinigen (Abb. c). Wieder tritt deutlich die schräge Achse

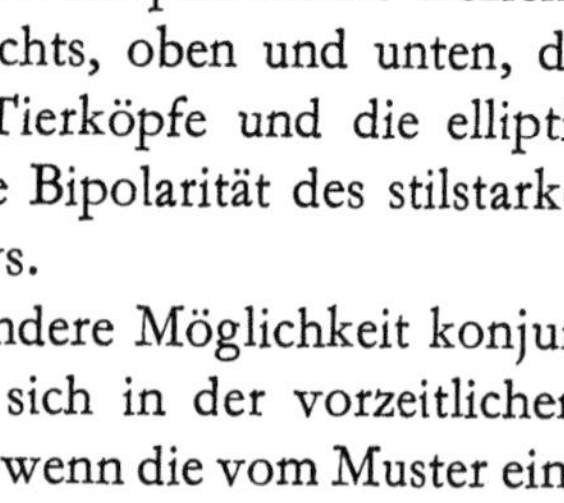

Abb. c. Germanisches Tierornament der 2. Stilstufe.

hervor, die kontrapunktische Beziehung zwischen links und rechts, oben und unten, dazu die durch die beiden Tierköpfe und die elliptische Gesamtform betonte Bipolarität des stilstarken, eindrucksvollen Motivs.

Eine besondere Möglichkeit konjunktiver Strukturen ergab sich in der vorzeitlichen Ornamentik immer dann, wenn die vom Muster eingeschlossenen Teile der Grundfläche ihrerseits als ein sekundäres, komplementäres Muster aufgefaßt wurden. Solche Erscheinungen bieten ein besonderes Interesse, weil die zwei-einheitliche Bindung sich nicht zwischen den einzelnen Teilen des Musters vollzieht, sondern zwischen Muster und Grund. Die Beziehung zwischen diesen Elementen gestaltet sich umkehrbar, ihre ursprüngliche Gegensätzlichkeit verwandelt sich in eine echte polare Spannung, in der Muster und Grund sich zu einer beide umgreifenden Einheit zusammenschließen. Das schon erwähnte, in sich umkehrbare Zickzack-Dreieckmuster bietet ein Beispiel, zu dem sich andere sog. Rapportmuster der gleichen Stilstufe gesellen; später werden vor allem die Durbruch- und Inkrustationstechnik herangezogen, um ähnliche Formspiele zu erzeugen. Unerschöpflich reich an solchen Beispielen, daß das ornamentale Denken von der These (Grund), über die Antithese (Muster) zur Synthese fortschreitet, ist die keltische Kunst der späteren Latène-Zeit. Obwohl das keltische Ornament aus der Verarbeitung der antiken Pflanzenranke hervorging, wäre seine eigenwillige Formsprache durch die geflissentlich umkehrbare, daher unbestimmbare Beziehung zwischen Muster und Grund dem klassischen Formempfinden unerträglich gewesen. In diesem Zusam-

Abb. d. Durchbruchmuster der späteren Latène-Kunst.

menhang interessiert vor allem ein aus dem typisch keltischen Trompetenmotiv gewonnenes Muster, weil es die bekannte Konjunktionsform wiederholt: die kontrapunktische Koppelung der Trompeten mit Hilfe einer S-förmigen Diagonale (Abb. d).

Der große, immer noch kaum verstandene propädeutische Wert solcher vorzeitlichen Entwicklungserscheinungen für die Kunstforschung zeigt sich bei der Betrachtung verwandter Formen in der Kunst des Mittelalters und der Neuzeit. An eine erschöpfende Untersuchung des konjunktiven Formprinzips für diese höheren Kunst- und Kulturstufen ist hier nicht zu denken, aber einige wichtige Begegnungen mögen zeigen, wie die systematische Behandlung des Themas sich gestalten würde. Dabei sind wir schon jetzt darauf gefaßt, daß echte Konjunktionsformen am deutlichsten in den späteren Stilstufen des Mittelalters und der Neuzeit, also in der Gotik und im Barock zum Durchbruch gelangen. Vielleicht dürfen wir weitergehen und schon hier die Vermutung aussprechen, daß der Durchbruch einer bipolaren, vom Eros erfüllten und in konjunktiven Formbildungen sich ausgestaltenden Weltanschauung das wesentliche Kennzeichen einmal der Gotik und wiederum des Barock ist.

Zu der kirchlichen Baukunst, die mit Recht als die Mutter aller Künste im Mittelalter bezeichnet wird, müssen wir uns auf einige wenige Angaben beschränken, denn insofern die Gotik allgemein das statische, vielheitliche Nebeneinander klar getrennter Raum- und Körperteile der romanischen Baukunst durch ein ganzheitliches, fließendes Ineinander ersetzt, ergeben sich — wie später im Barock — in der Beziehung zwischen Raumform und Raumform, Körperform und Körperform, Raumform und Körperform eine Fülle von Durchdringungserscheinungen, die sich unter dem Konjunktionsbegriff zusammenfassen lassen. Nur nebenbei und um den Anschluß an die vorzeitliche Ornamentik zu gewinnen, sei daran erinnert, daß ein so ausgeprägt gotisches Formspiel wie die beiden zum Kreis sich ergänzenden Fischblasen wiederum das alte Vermählungsmotiv der umgekehrt symmetrischen Entsprechung mit diagonaler Achse veranschaulicht (Abbildung e). Wichtiger als die unverbindlich ornamentale Sprache des gotischen Maßwerks sind die in der Baukunst selber neuauftretenden Formbestrebungen. Bezeichnenderweise erfüllt die Diagonale auch jetzt wiederholt die ihr zukommende Aufgabe, in dem sie die stattgefundene Formverbindung anzeigt: sowohl in dem abgeschrägten gotischen Bündelpfeiler, wie im gotischen Kreuzrippengewölbe veranschaulicht die Diagonale die synthetische Verknüpfung der beiden Raumachsen, der Längs- und Querachse. Allerdings ist hier zu bemerken, daß schon das Kreuzgratgewölbe der Hochromanik, das sich aus der gegenseitigen Durchdringung zweier Tonnen ergibt, als eine echte Konjunktionsform anzusprechen ist, wobei die Diagonale sämtliche drei Raumachsen in sich enthält. Ungemein bezeichnend gestaltet sich in der gotischen Baukunst die Beziehung zwischen dem kirchlichen Baukörper und der Außenwelt. Ganz allgemein ist hierzu zu bedenken, daß die sakrale Baukunst unseres Mittelalters ihren Ursprung und ihre unvergleichliche Würde dem Bestreben verdankte, dem weltlichen Diesseits einen abstrakt geistigen Kosmos und einen nur vom göttlichen Geist erfüllten Raum entgegenzustellen. Daher die kubische Abgeschlossenheit des romanischen Baukörpers gegen die Umwelt und die Unantastbarkeit der aus Steinquadern festgefügten Wand, die geradezu als die Scheidewand zwischen Diesseits und Jenseits empfunden werden sollte. Daher auch die streng frontal den Gläubigen vorgehaltene, eher abwehrende als einladende Westfront der romanischen Kathedralen. Wir übergehen hier die Entwicklungserscheinungen im frühen Mittelalter, um auf die in der Tat tief „einschneidende" Wandlung hinzuweisen, die sich in der Gotik vollzieht. Schon in Chartres ist das gesamte untere Geschoß der Westfassade zwischen den Türmen in die drei Portale aufgelöst, schon dort ist das Portalgewände nicht mehr — wie etwa an S. Trophime, Arles — gestuft, sondern schräg eingeschnitten und betont mit der Diagonale die kontinuierliche Bewegung und den Weg von außen nach innen und von den Seiten zur Mitte. In Amiens, Reims, Paris, wurde noch eine Steigerung erzielt. Die drei Westportale nehmen jetzt auch die unteren Turmgeschosse für sich in Anspruch, der Gedanke frontaler Gegenüberstellung und Gegensätzlichkeit zwischen außen und innen scheint nach Möglichkeit vermieden. In den tiefen Portalschluchten dringt die Außenwelt in den inneren Baukörper ein, es bilden sich Durchdringungsformen, in denen die bloße Gegensätzlichkeit zwischen dem äußeren Naturraum und dem kirchlich-geistigen Raum zu einer äußerst fruchtbaren polaren Spannung überhöht wird. Wir dürfen fragen, ob nicht die üppig aufblühende Portalskulptur und namentlich die Gewändefiguren der gotischen Portale in ihrer doppelten Bezogenheit sowohl auf die Naturwirklichkeit als auch auf den steinernen Kosmos des Kirchengebäudes als die köstliche Frucht zu verstehen sind, die sich aus dem gotischen Eros, aus der unlösbaren Wechselbeziehung zwischen innen und außen, Kirche und Welt, Jenseits und Diesseits ergab.

Abb. e.
Gotisches Maßwerk.

Der Spitzbogen erscheint so sehr als eine Kennform der Gotik, daß schon aus diesem Grunde die einst beliebte Deutung aus der Technik nicht erschöpfend sein kann. Wichtig ist hier die Feststellung, daß der Spitzbogen gleichsam als Vorgriff und als eine ornamentale Spielform, die mit der Bautechnik nichts zu tun hat, wiederholt in der Romanik erscheint, und zwar immer, wenn an einer Blendarkade die Pilaster 1, 3, 5 und 2, 4, 6 durch Rundbogen verbunden werden, so daß diese sich überschneiden. Infolgedessen entsteht über je zwei benachbarte Pilaster ein Spitzbogen als das Gemeinsame zweier Rundbogen: als Konjunktionsform. Ob wir nun auch den gotischen Spitzbogen unbewußt nach beiden Seiten zu Rundbogen ergänzen und damit als Durchdringungsform empfinden, ist schwer zu sagen. Auch wenn das nicht der Fall sein sollte, bleibt aber die Konstruktion aufschlußreich, denn im Gegensatz zum romanischen Rundbogen wird der Spitzbogen nicht über einen, sondern über zwei Mittelpunkte gezogen und je steiler die Form sein soll, um so weiter entfernen sich diese voneinander. Man kann danach sagen, daß der Spitzbogen eine Spaltung im Kern des Rundbogens voraussetzt, eben deshalb aber auch eine aus einer betonten Zweiheit gewonnenen Einheit und somit eine Konjunktionsform darstellt. Hier wird verständlicher, warum der Spitzbogen weit über seine technische Bedeutung hinaus zum gestalteten Ausdruck des gotischen Eros wurde und wie der Zusammenhang mit der „Minne" des 12.—13. Jahrhunderts zu denken ist. Beachtenswert ist aber die betonte Zweipoligkeit der Form auch deswegen, weil wir schon einmal dem gleichen Phänomen begegneten. Das war als die einpoligen Kreis- und Spiralmotive der früheren bronzezeitlichen Ornamentik durch die Wellenbandmuster der späteren Stufe abgelöst wurden.

Nachdem wir fanden, daß die Kunst unserer Vorzeit in allen drei Hauptstufen zu einem konjunktiven Formgefüge fortschreitet, ist von vornherein anzunehmen, daß die Beispiele sich auch im Mittelalter und in der Neuzeit nicht auf die Spätstufen, d. h. auf die Gotik und auf den Barock beschränken. Für das frühere Mittelalter wurde auf das hochromanische Kreuzgratgewölbe aufmerksam gemacht. Ähnlich verhält es sich in der Neuzeit; zweifellos gehört die Vorliebe für Konjunktionsformen und -gruppen zu den Wesenszügen der Barockkunst, aber auch hier müßte sich die systematische Untersuchung zuerst eingehend mit der Renaissance befassen und feststellen, ob nicht die namentlich in Italien rein ausgeprägte zweite Stufe, die Hochrenaissance, schon den gleichen Formgedanken kennt und vorwegnimmt. Wir beschränken von jetzt an unsere Aufmerksamkeit auf die freien darstellenden Künste, Malerei und Bildnerei. Für die Baukunst muß auf die grundlegenden Ausführungen Brinckmanns verwiesen werden.

Zu den Schätzen der Dresdener Galerie gehörte Giorgiones Schlummernde Venus, der von der italienischen Hochrenaissance geschaffene, oftmals wiederholte Idealtypus der nackten weiblichen Gestalt. Das Breitformat des Bildes wird durch eine von links oben nach rechts unten führende Diagonale in zwei Dreiecke geteilt. Die ruhende Frauengestalt wird ganz von dem unteren dunklen „Erddreieck" umschlossen, dem oben rechts ein Dreieck mit dem Himmel und der fernen Landschaft entspricht. Dieser kompositionelle Gedanke ist uns nicht neu, es herrscht die kontrapunktische Beziehung zwischen links und rechts, unten und oben, die wir aus dem konjunktiven Gefüge vorzeitlicher Ornamentik und ähnlich aus dem gotischen Maßwerk kennen. Der Unterschied ist aber, daß die faszinierende Form sich diesmal im freien Tafelbild durchsetzt, aus dem Wirklichkeitserlebnis gewonnen wurde, und damit neue Polaritäten heraufbeschwört: die zwischen Nähe und Ferne, Dunkel und Licht, Erde und Himmel. Das führt schon zu dem weiteren, bedeutsamen Unterschied, daß der Konjunktionsgedanke diesmal „verwirklicht" wird, an der Naturwirklichkeit erläutert und bestätigt wird oder, umgekehrt, daß die sinnfällige Realität auf den Konjunktionsgedanken hin beurteilt wird. Wie weit diese Interpretation sich im Bewußtsein des Künstlers vollzog, bleibt uns unbekannt und ist auch belanglos; vorläufig ist nur zu notieren, daß die weibliche Gestalt ganz dem irdischen Vordergrunddreieck zugeordnet bleibt. Aber Giorgiones Nachfolger wurden deutlicher. In seinen schon barock anmutenden Danae-Darstellungen (Neapel und Madrid) wählt auch Tizian die Breitkomposition mit diagonaler Bildteilung, aber auf die im linken Erddreieck liegende Frau ergießt sich von rechts oben der befruchtende Goldregen. In Correggios Io (Wien), einem Hochformat mit vorherrschender Diagonale, wird das ganze obere Himmelsdreieck von einer Wolke ausgefüllt, aus der vage Jupiter hervortritt und die Io umarmt. Irdischer, sinnlicher könnte der Konjunktionsgedanke kaum interpretiert werden. Deutlicher könnte nicht gesagt werden, daß von den beiden sich zum Bildganzen zusammenschließenden Dreiecken das untere, irdische als das weibliche, das obere, himmlische als das männliche Element verstanden werden soll.

Das Barockzeitalter hat zu unserem Thema eine so überwältigende Fülle von Beispielen beigesteuert, daß es schwer fällt, eine Auswahl zu treffen. Wir vermuteten schon, daß das Spezifische am Barock eben der Durchbruch des Eros ist, der nun allgemein aber in verschiedener Art und Weise die künstlerische Form bestimmt. Allerdings ist dabei nicht zu erwarten, daß die in Konjunktion tretenden Elemente auch immer als geschlechtlich differenziert aufgefaßt wurden oder aufgefaßt werden könnten. Schon angesichts der umgekehrt symmetrischen Gruppenbildungen vorzeitlicher Ornamentik oder des gotischen Maßwerks wäre eine solche Unterscheidung sinnlos. Es besteht kein Anlaß, einen der beiden Rundbogen, aus deren Überschneidung der gotische Spitzbogen sich ergibt, als männlich oder als weiblich zu bezeichnen. Ähnlich verhält es sich in all den Fällen, wo wir mit Brinckmann die gegenseitige Verschränkung und Verschlingung von Raumteilen in der Baukunst des Barock oder das entsprechende Zusammenwachsen der plastischen Bauteile beobachten, während auch bei der Vermählung von Raum- und Körperformen die Unterscheidung eines männlichen und weiblichen Partners erst nach vorangehender, mühsamer Verständigung über die Natur des Raumes und der plastischen Körper durchgeführt werden könnte. Und trotzdem: geht es zu weit, wenn wir in der Schar der Putten und geflügelten Engelsköpfchen, die zuletzt an allen Ecken und Enden der Altäre und des Kirchenraumes ihr munteres Spiel treiben, die Frucht erblicken, die aus der barocken Verbindung von Raum- und Körperform hervorging?

Zu sichereren Ergebnissen führt die Betrachtung einer für das komplizierte barocke Formerlebnis ungemein charakteristischen Erscheinung, das ist die Ellipse oder das Oval. Während nämlich die Renaissance — in den Tür- und Fensterbogen der Baukunst, im Tondo der Malerei — den Kreis oder Kreisbogen bevorzugte, zeigt der Barock eine ausgeprägte Vorliebe für die Ellipse oder das Oval: als Bildfeld in der Decken- und Tafelmalerei, als Gewölbebogen, Fensteröffnung, vor allem auch als Grundriß in der kirchlichen und profanen Baukunst. Nach unseren Beobachtungen am Wellenband der Bronzezeit, am Spitzbogen der Gotik, fordert aber die Ellipse als die spezifisch barocke Kurve unsere besondere Aufmerksamkeit, denn im Gegensatz zum Kreisrund der Renaissance besitzt die Ellipse nicht einen, sondern zwei Brennpunkte. Die Ellipse ist also bipolar, das elliptische Feld wird zum Schauplatz des barocken Eros, zum Spannungsfeld, in dem die Gegensätzlichkeit zweier Prinzipien zur höheren, versöhnenden Ausgleich gelangt. Nur ist auch in diesem Fall deutlich, daß es zunächst keinen Sinn hat, einen der beiden Polpunkte als männlich oder weiblich zu bezeichnen.

Anders verhält es sich, wenn die bildende Kunst die bekannte Konjunktionsform unmißverständlich zur künstlerischen Ausdeutung der geschlechtlichen Antithese ausnützt. Wir dürfen die vielleicht berühmteste Gruppendarstellung der Barockskulptur, Berninis Verzückung der Hl. Therese (Rom, S. Maria della Vittoria) auf die venezianischen Venus- und Danaedarstellungen zurückführen; ganz auf die vordere Ansicht berechnet, wirkt dieGruppe in ihrer Nische, mit dem raumfüllenden Gewölk und dem gelben Hintergrundlicht wie ein gemaltes Bild. Und auch dieses Bild ist diagonal geteilt, die in sich zusammengesunkene Heilige bildet das rechte, untere Dreieck, über sie — wie eine zweite Danae — ergießt sich das goldene Licht und ihr entspricht im linken oberen Dreieck der junge Engel, der mit süßem Lächeln einen Goldpfeil auf die zusammengebrochene Nonne zückt. Es fällt schwer, bei dieser musterhaften Darstellung des barocken Eros die rein sinnliche, rein spirituelle, rein künstlerisch-formale Ausprägung des Konjunktionsgedankens zu unterscheiden. Durch das faltenreiche, bewegte Gewand der Heiligen wird ihre Gestalt in schroff wechselnde Lichter und Schatten aufgelöst, die Kontur zerbröckelt. Jede lineare oder flächenhafte Grenzbestimmung ist unmöglich: dem psychischen Entwerden der weiblichen Persönlichkeit, ihrer Versenkung in ein überpersönliches Ganzes, entspricht ein Entwerden der plastischen Form, ihre unlösbare Wechselbeziehung zum Raum und ihre unabweisbare Ergänzung durch die Gestalt des Engels, in dem die Sehnsucht nach dem himmlischen Bräutigam ihre Erfüllung findet. – Durch seine Pluto und Proserpina, Apollo und Daphne (beide in Rom) wurde der gleiche Lorenzo Bernini zum Urheber jener zweifigurigen Gruppendarstellungen, die als freie Sockelfiguren eine so allgemeine Verbreitung fanden. Diese „Raptusdarstellungen" sind die ständig wiederholten und nur unterschiedlich benannten Konjunktionsgruppen der Barockskulptur. Wenn schon die gewundene Barocksäule ihre Vermählung mit dem umgebenden Luft- und Lichtraum anzeigt, so betonen die gleichfalls schraubenartig sich im Raum emporwindenden Figurengruppen dazu noch eindeutig den geschlechtlichen Aspekt der Formkonjunktion dadurch, daß Bewegung und Gegenbewegung des kontrapunktischen Gefüges von einer männlichen und einer weiblichen Gestalt getragen werden.

Dazu noch ein Beispiel aus der Malerei, aus der holländischen Landschaftsmalerei des 17. Jahrhunderts. Man kann bei der Deutung einer Landschaft van Goyens, Jakob oder Salomon van Ruysdaels, Rembrandts, Aelbert Cuyps, Potters usw. wiederum von Giorgiones Venus ausgehen, um dann aber zu bemerken, daß eine Personifizierung, d. h. anthropomorphe und damit geschlechtliche Ausdeutung der aus dem Naturerlebnis gewonnenen konjunktiven Ordnung nicht zu geschehen braucht. Um so deutlicher werden bei der sehr beliebten Diagonalkomposition die beiden zur Bildeinheit zusammengeschlossenen Teile als Erd- und als Himmelsdreieck verstanden, die sich gegenseitig bedingen und ergänzen: mit dem Erddreieck ist schon das Himmelsdreieck vorgezeichnet und umgekehrt. Danach ist die Naturanschauung bipolar strukturiert, es kann in der Tat — z. B. bei van Goyen, Sommerlandschaft, Dresden — ein elliptisches Bildfeld gewählt werden. Aber die aus der Zweiheit aufwachsende Einheit beschränkt sich nicht auf den Gegensatz zwischen Himmel und Erde, sie bezieht sich auch auf die Polarität von fern und nah, hell und dunkel. Allerdings ist damit nur das Gröbste zu einer Bildordnung gesagt, die erst nachträglich (bei de Lairesse) zum Rezept erstarrte, in der Blütezeit dagegen kaum bewußt geplant, dafür um so diskreter und reicher differenziert durchgeführt wurde. So kann die Hell-Dunkelbeziehung durch Umkehrung bereichert werden, etwa wenn sich ein Schimmel hell vom dunklen Erdfeld, ein Reiter dunkel vom Himmel abhebt. In Rembrandts Landschaft in Braunschweig (Bode 231) bildet sich am Himmel eine dunkle Gewitterwolke, aus der ein Lichtbündel auf eine Hochebene im Erdgebirge fällt usw. Ähnlich verhält es sich mit dem schon im 16. Jahrhundert gerne betonten Nah-Ferngegensatz, der nun aber durch die gegen die Bilddiagonale verlaufende Raum- oder Tiefengasse zu einem dynamischen Spannungszustand erhöht wird: durch den Weg und mit der Bewegung in die Tiefe wird jeder mit wechselnder Spannung geladene Punkt zu einer Verbindung von nah und fern. Solche Beobachtungen führen zu immer tieferem Verständnis für die vielen Möglichkeiten, durch die der barocke Konjunktionsgedanke sich verwirklicht. Auch nach der Reinigung seiner „Nachtwache“ bleibt Rembrandt der große Meister des Hell-Dunkels; Licht und Finsternis werden ihm zu den beiden polar entgegengesetzten Elementen, aus denen der Kosmos sich zur Einheit gestaltet. Die Frage ist aber, ob der vom barocken Eros zutiefst erfüllte Rembrandt nicht auch der große Meister des *Schattens* ist, in dem Hell und Dunkel sich gegenseitig durchdringen, statt — wie bei Caravaggio — in feindlicher Gegensätzlichkeit zu verharren. Man kann weitergehen und fragen, ob nicht die ergreifende Raumwirkung bei Rembrandt daraus zu erklären ist, daß sich für ihn in jedem Raumpunkt die Wandlung zwischen dem Nahen und dem Fernen vollzieht. Endlich wäre genauer zu untersuchen, ob nicht namentlich das malerische Sehen des Barockzeitalters überhaupt ein konjugierendes Sehen bedeutet, sofern in jeder malerischen Kontur die wechselseitige Durchdringung zweier gegensätzlicher Elemente, von Figur und Grund, damit wiederum von hier und dort, nah und fern, stattfindet.

Die Frage, ob bei den angedeuteten Polaritäten zugleich eine sexuelle Differenzierung im Spiel sein könne, bleibt wohl besser der modernen Tiefenpsychologie zur Beantwortung überlassen. Als sicher ist anzunehmen, daß die Möglichkeit einer unterschiedlichen geschlechtlichen Bestimmung der in Konjunktion tretenden Elemente dem Künstler des 17. Jahrhunderts gar nicht zum Bewußtsein kam, und daß schon die fortgesetzte Umkehrbarkeit z. B. in der Beziehung zwischen Hell und Dunkel zeigt, wie vorsichtig man bei solcher Bestimmung vorzugehen hätte. Trotzdem fesselt in diesem Zusammenhang die so überaus selbstverständlich anmutende niederländische Landschaftsmalerei noch besonders, wenn wir auf die genauere Beschaffenheit der Bilddiagonale achten. Sehr oft nämlich findet das Erddreieck seine höchste seitliche Erhebung in einem Gegenstand — Baum, Haus, Mühle und dgl. —, der aber nicht am Bildrand haftet. Infolgedessen bildet das Himmelsfeld an dieser Stelle einen abwärts gerichteten Zipfel, während umgekehrt das Erdfeld an der niedrigsten Stelle durch das sogen. Repoussoir eine Erhöhung erfahren kann. Damit verwandelt sich die niemals exakt geometrisch empfundene Diagonale in eine annähernd S-förmige Kurve, die übrigens auch im entsprechend komponierten Stilleben nachweisbar ist und sogar mit geometrischer Bestimmtheit in die Erscheinung treten kann: das geschieht in Rembrandts „Philosoph“ (Paris, Louvre, Bode 122), wo die stark abgedunkelten Bildecken eine kreisförmige Fläche umschließen, die durch die S-Kurve einer Wendeltreppe in zwei „Fischblasen“, eine helle und eine dunkle, aufgeteilt wird. Kehren wir aber von diesem erstaunlichen Bilde zu der Landschaft zurück, so ist doch daran zu erinnern, daß vom italienischen Cinquecentisten das dunkle und nahe Erddreieck unmißverständlich als das weibliche, das helle und ferne Himmelsdreieck als das männliche Element im konjunktiven Bildgefüge gedeutet wurde. Wie eine ferne Belehrung und Bestätigung mutet es an, daß in China der durch eine S-Kurve geteilte Kreis zum Sinnbild der Verbindung zwischen Yang und Yin, dem hellen und dunklen, warmen und kalten, männlich-astralen und weiblich-chthonischen Prinzip gewählt wurde. Fügen wir hinzu, daß auch in den Bauernkulturen der europäischen Vorzeit die kosmische Ehe zwischen einer Mutter Erde und einem Vater Himmel der Kerngedanke der reinen Naturreligion war, so dürfen wir vermuten, daß in der konjunktiven Ordnung der niederländischen Landschaft des 17. Jahrhunderts immer noch der gleiche, unverlierbar im kollektiven Unterbewußtsein der Menschheit eingebettete Gedanke erneut zum Durchbruch gelangt.

Es war auf diesem kurzen Streifzug durch die Kunstgeschichte nur möglich, einige besonders sprechende Beispiele konjunktiver Formgestaltung anzuführen und vor allem zu verfolgen, wie die ständig wiederkehrende kontrapunktische Gruppe im Ablauf der Entwicklung von der frühesten Gefäßornamentik bis zur Barockmalerei ihren Form- und Sinngehalt wechselt. Ob nach dem Barockzeitalter noch echte Konjunktionsformen nachzuweisen sind, scheint fraglich. Wenn wir beobachten, wie namentlich im Impressionismus des späteren 19. Jahrhunderts mit der Auflösung des Weltbildes in einzelne Farbwerte jede Polarität — von Licht und Schatten, Nahraum und Fernraum, Figur und Grund, Himmel und Erde usw. — geflissentlich verneint wird, so müssen wir wohl schließen, daß uns mit der bipolaren Weltanschauung auch der Eros des Barockzeitalters endgültig verlorenging. Obwohl wir fanden, daß die Kunst über die verschiedensten Möglichkeiten verfügt, die Vermählung zweier gegensätzlicher Formelemente zu veranschaulichen, stellte sich doch ein ganz besonderes Gefüge, die umgekehrte Entsprechung zu beiden Seiten einer diagonalen Achse, mit solcher Regelmäßigkeit und in so verschiedenen Geistesstufen ein, daß wir es als das eigentliche Leitmotiv konjunktiver Ordnung bezeichnen dürfen. Soweit es gestattet ist, diese stark ausgeprägte Stilform aus dem jeweils gegebenen Stilzusammenhang und Stilablauf herauszunehmen, können wir feststellen, daß sie immer erst in einer fortgeschrittenen Stufe der Formgenese möglich wird. So erscheint das Motiv in der deutlich nachweisbaren zweiten Stilstufe der steinzeitlichen geradlinigen Ornamentik, der bronzezeitlichen Kurvilinearornamentik, der germanischen Tierornamentik und der keltischen Zierkunst. Die gleiche Beobachtung trifft auf das gotische Maßwerk zu, auf die angeführten Beispiele aus der Malerei der italienischen Hochrenaissance und vor allem auf die Malerei und Bildnerei des Barockzeitalters, das auch sonst voll konjunktiver Gestalt ist. Weiter ist zu bemerken, daß im Gegensatz zu der immer vorausgehenden vielheitlichen Ordnung selbständiger Elemente das Konjunktionsmotiv als eine echte Formganzheit anzusprechen ist, die niemals aus der bloßen Summierung ihrer Teile hervorgeht, sondern diese von vornherein integral umspannt, kernhaft in sich enthält und aus sich herausgliedert. Es mag deutlich sein, daß solche „synthetischen Formen a priori“ nicht auf dem Wege kontinuierlicher Entwicklung entstehen, sondern eine plötzliche Wandlung, eine Umstülpung der geistigen Struktur voraussetzen, die sich offenbar periodisch wiederholt und damit eine innere Gesetzlichkeit des historisch-geistigen Ablaufs bezeugt.

Wie diese sprunghafte zentralgeistige Umstrukturierung sich auf anderen Gebieten des Geisteslebens offenbart, konnte hier nicht näher verfolgt werden. Bei Berninis Konjunktionsgruppen kann von einer unmittelbaren Illustration des mystischen Eros und der zugleich derben Erotik des Barockzeitalters gesprochen werden. Zu der Gotik läßt sich nur sagen, daß es das gleiche Bedürfnis nach einer Synthese gegensätzlicher Elemente ist, das sich sowohl in den Konjunktionsformen der Baukunst als auch in der Minne durchsetzt. Für die nordische Vorzeit wird es kaum jemals möglich sein zu bestimmen, wann der Kerngedanke der kosmischen Ehe sich rein ausgestaltete und wo genau die künstlerischen Parallelen zu verzeichnen wären. Vermutlich handelt es sich da überhaupt nicht um eines der hier erwähnten Konjunktionsmotive der Ornamentik, sondern allgemein um den Durchbruch des kurvilinearen Denkens in der Bronzezeit mit der grundsätzlichen Unterscheidung zwischen ruhender Mitte und beweglicher Peripherie. Wo heute die Gefahr besteht, daß wir allzuleicht eine durch die moderne Psychoanalyse beeinflußte Interpretation in die historischen Kunstformen hineintragen und wieder herausdeuten, ist wohl zu betonen, daß es sich bei dem konjunktiven Leitmotiv primär um ein rein künstlerisch-formales Anliegen handelt, um die Darstellung eines ganzheitlichen Formerlebnisses, das sich aber gleichzeitig auch in ganz anderen Bildungen ausgestalten kann. Wir können weiter mit Sicherheit annehmen, daß das gleiche Bekenntnis zu innergeistigen Bindungen, dem wir an bestimmten Punkten der Kunstentwicklung begegnen, sich auch auf anderen geistigen Gebieten geltend gemacht haben muß und in den meisten Fällen auch nachweisbar wird. Aber auch dann, wenn das bekannte Konjunktionsmotiv zuletzt zu einer eindeutigen Darstellung der geschlechtlichen Polarität ausgewertet wird, bleibt die Forderung, beide Momente, das formpsychologische und das sexualpsychologische, klar zu unterscheiden und nicht anzunehmen, daß die Konjunktionsformen in der Kunst ihren letzten Grund in der geschlechtlichen Differenzierung fänden und nur von ihr aus zu deuten seien.

(*Dr. Fr. Adama von Scheltema, Gauting bei München, Pippinstr. 25.*)

## Autorenverzeichnis des dritten Jahrganges.

# STUDIUM GENERALE

ZEITSCHRIFT FÜR DIE EINHEIT DER WISSENSCHAFTEN IM ZUSAMMENHANG IHRER BEGRIFFSBILDUNGEN UND FORSCHUNGSMETHODEN



SPRINGER-VERLAG IN BERLIN · GÖTTINGEN · HEIDELBERG

HEFT 1 | Januar 1950 | 3. JAHRGANG

## INHALT:



VORANKÜNDIGUNG:

Für die nächsten Hefte sind u. a. vorgesehen:

Abhandlungen über Gemeinschaft mit Beiträgen von E. Baumgarten, R. Bilz, H. Brandt, W. Ehrenstein, K. Hauck, G. Heberer, A. E. Jensen, F. W. Jerusalem, H. Kirchner, G. Kramer, K. Lorenz, W. E. Mühlmann, H. M. Peters, A. Remane, R. Thurnwald, J. Trier, R. Tüxen, U. Undeutsch.

Abhandlungen über Wahrscheinlichkeit mit Beiträgen von Th. Erismann, Br. v. Freytag-Löringhoff, W. Gröbner, J. Kohler, A. March, R. Strohal, B. v. d. Waerden.

*Preis DMark 4.80*

## Studium Generale

erscheint vorerst etwa monatlich in einzeln berechneten Heften von etwa 64 Seiten Umfang. Bestellungen nimmt jede Buchhandlung entgegen.

Manuskript-Sendungen sind an die Schriftleitung des Studium Generale, Heidelberg, Neuenheimer Landstraße 24, zu richten.

Sonderdrucke: Den Verfassern von Originalbeiträgen stehen 50 Sonderdrucke zur Verfügung.



Springer-Verlag, Heidelberg und Berlin

Heidelberg,
Neuenheimer Landstraße 24
Tel. 24 40

Berlin-Charlottenburg 2,
Jebensstraße 1
Tel. 32 20 70

# STUDIUM GENERALE

ZEITSCHRIFT FÜR DIE EINHEIT DER WISSENSCHAFTEN IM ZUSAMMENHANG IHRER BEGRIFFSBILDUNGEN UND FORSCHUNGSMETHODEN

HERAUSGEGEBEN VON

K. H. BAUER · L. CURTIUS · H. v. EINEM · F. ERNST · W. EUCKEN †
H. FRIEDRICH · W. FUCKS · E. HOFFMANN · E. v. HOLST · K. JASPERS
A. E. JENSEN · A. JORES · H. KUHN · FR. OEHLKERS · H. PETERS
K. REIDEMEISTER · F. H. REIN · W. RÖPKE · H. H. SCHAEDER · R. SMEND
G. SÖHNGEN · H. THIELICKE · J. TRIER · C. TROLL · A. WEBER
C. F. v. WEIZSÄCKER · H. WENKE · J. ZUTT

SCHRIFTLEITUNG:
M. THIEL

SPRINGER-VERLAG IN BERLIN · GÖTTINGEN · HEIDELBERG

HEFT 2/3 | März 1950 | 3. JAHRGANG

INHALT:

# Studium Generale

erscheint vorerst etwa monatlich in einzeln berechneten Heften von etwa 64 Seiten Umfang. Bestellungen nimmt jede Buchhandlung entgegen.

Manuskript-Sendungen sind an die Schriftleitung des Studium Generale, Heidelberg, Neuenheimer Landstraße 24, zu richten.

Sonderdrucke: Den Verfassern von Originalbeiträgen stehen 50 Sonderdrucke zur Verfügung.



Springer-Verlag, Heidelberg und Berlin

Heidelberg,
Neuenheimer Landstraße 24
Tel. 24 40

Berlin-Charlottenburg 2,
Jebensstraße 1
Tel. 32 20 70

# STUDIUM GENERALE

ZEITSCHRIFT FÜR DIE EINHEIT DER WISSENSCHAFTEN IM ZUSAMMENHANG IHRER BEGRIFFSBILDUNGEN UND FORSCHUNGSMETHODEN



SPRINGER-VERLAG IN BERLIN · GÖTTINGEN · HEIDELBERG

HEFT 4/5 April 1950 3. JAHRGANG

## INHALT:



## VORANKÜNDIGUNG:

Für fernere Hefte sind u. a. vorgesehen:

Abhandlungen über Psychoanalyse mit Beiträgen von M. Boss, V. von Gebsattel, H. W. Gruhle, O. W. Haseloff, H. Kunz, J. Meinertz, E. Michel, A. Mitscherlich, H. Petri, G. Schmaltz, H. Schultz-Henke.

Abhandlungen über Gemeinschaft mit Beiträgen von E. Baumgarten, R. Bilz, H. Brandt, W. Ehrenstein, K. Hauck, G. Heberer, A. E. Jensen, F. W. Jerusalem, H. Kirchner, G. Kramer, K. Lorenz, W. E. Mühlmann, H. M. Peters, A. Remane, R. Thurnwald, J. Trier, R. Tüxen, U. Undeutsch.

*Preis DMark 9,60*

## Studium Generale

erscheint vorerst etwa monatlich in einzeln berechneten Heften von etwa 64 Seiten Umfang. Bestellungen nimmt jede Buchhandlung entgegen.

Manuskript-Sendungen sind an die Schriftleitung des Studium Generale, Heidelberg, Neuenheimer Landstraße 24, zu richten.

Sonderdrucke: Den Verfassern von Originalbeiträgen stehen 50 Sonderdrucke zur Verfügung.



Springer-Verlag, Heidelberg und Berlin

Heidelberg,
Neuenheimer Landstraße 24
Tel. 24 40

Berlin-Charlottenburg 2,
Jebensstraße 1
Tel. 32 20 70

**Vertriebsvertretungen des Verlages im Ausland:**

Lange, Maxwell & Springer Ltd., 41—45 Neal Street, London, W. C. 2
Lange, Maxwell & Springer S.A., 24, Rue des Ecoles, Paris (Ve)
Lange, Maxwell & Springer A.G., Basel 15, Neuweiler Str. 53.

STUDIUM GENERALE

ZEITSCHRIFT FÜR DIE EINHEIT DER WISSENSCHAFTEN IM ZUSAMMENHANG IHRER BEGRIFFSBILDUNGEN UND FORSCHUNGSMETHODEN



SPRINGER-VERLAG IN BERLIN · GÖTTINGEN · HEIDELBERG

HEFT 6 | Mai 1950 | 3. JAHRGANG

INHALT:



VORANKÜNDIGUNG:

Für fernere Hefte sind u. a. vorgesehen:

Abhandlungen über Gemeinschaft mit Beiträgen von E. Baumgarten, R. Bilz, H. Brandt, W. Ehrenstein, K. Hauck, G. Heberer, A. E. Jensen, F. W. Jerusalem, H. Kirchner, G. Kramer, K. Lorenz, W. E. Mühlmann, H. M. Peters, A. Remane, R. Thurnwald, J. Trier, R. Tüxen, U. Undeutsch.

*Preis DMark 4.80*

## Studium Generale

erscheint vorerst etwa monatlich in einzeln berechneten Heften von etwa 64 Seiten Umfang. Bestellungen nimmt jede Buchhandlung entgegen.

Manuskript-Sendungen sind an die Schriftleitung des Studium Generale, Heidelberg, Neuenheimer Landstraße 24, zu richten.

Sonderdrucke: Den Verfassern von Originalbeiträgen stehen 50 Sonderdrucke zur Verfügung.



Springer-Verlag, Heidelberg und Berlin

Heidelberg, Neuenheimer Landstraße 24, Tel. 24 40

Berlin-Charlottenburg 2, Jebensstraße 1, Tel. 32 20 70

**Vertriebsvertretungen im Ausland:**

Schweiz: Lange, Maxwell & Springer A.G., Schützenmattstr. 43, Basel
Frankreich: Lange, Maxwell & Springer S.A., 24, Rue des Ecoles, Paris (Ve)
England, U.S.A. und übriges Ausland: Lange, Maxwell & Springer Ltd., 41—45 Neal Street, London, W.C. 2

# STUDIUM GENERALE

ZEITSCHRIFT FÜR DIE EINHEIT DER WISSENSCHAFTEN IM ZUSAMMENHANG IHRER BEGRIFFSBILDUNGEN UND FORSCHUNGSMETHODEN



SPRINGER-VERLAG IN BERLIN · GÖTTINGEN · HEIDELBERG

HEFT 7 | Juni 1950 | 3. JAHRGANG

## INHALT:



VORANKÜNDIGUNG:

Für fernere Hefte sind u. a. vorgesehen:

Abhandlungen über Gemeinschaft mit Beiträgen von E. Baumgarten, R. Bilz, H. Brandt, W. Ehrenstein, K. Hauck, G. Heberer, A. E. Jensen, F. W. Jerusalem, H. Kirchner, G. Kramer, K. Lorenz, W. E. Mühlmann, H. M. Peters, A. Remane, R. Thurnwald, J. Trier, R. Tüxen, U. Undeutsch.

Abhandlungen über Technik mit Beiträgen von D. Brinkmann, W. Fucks, Th. Litt, J. P. Steffes, G. Steiner, K. F. Steinmetz u. a.

*Preis DMark 4.80*

# Studium Generale

erscheint vorerst etwa monatlich in einzeln berechneten Heften von etwa 64 Seiten Umfang. Bestellungen nimmt jede Buchhandlung entgegen.

Manuskript-Sendungen sind an die Schriftleitung des Studium Generale, Heidelberg, Neuenheimer Landstraße 24, zu richten.

Sonderdrucke: Den Verfassern von Originalbeiträgen stehen 50 Sonderdrucke zur Verfügung.



Springer-Verlag, Heidelberg und Berlin

| Heidelberg, | Berlin-Charlottenburg 2, |
|---|---|
| Neuenheimer Landstraße 24 | Jebensstraße 1 |
| Tel. 24 40 | Tel. 32 20 70 |

# STUDIUM GENERALE

ZEITSCHRIFT FÜR DIE EINHEIT DER WISSENSCHAFTEN IM ZUSAMMENHANG IHRER BEGRIFFSBILDUNGEN UND FORSCHUNGSMETHODEN



SPRINGER-VERLAG IN BERLIN · GÖTTINGEN · HEIDELBERG

HEFT 8 | Juli 1950 | 3. JAHRGANG

INHALT:



Weitere Abhandlungen zum Thema Gemeinschaft folgen in den nächsten beiden Heften.

VORANKÜNDIGUNG:

Für fernere Hefte sind u. a. vorgesehen:

Abhandlungen über Technik mit Beiträgen von D. Brinkmann, W. Fucks, Th. Litt, J. P. Steffes, G. Steiner, K. F. Steinmetz u. a.

*Preis DMark 6.60*

## Studium Generale

erscheint vorerst etwa monatlich in einzeln berechneten Heften von etwa 64 Seiten Umfang. Bestellungen nimmt jede Buchhandlung entgegen.

Manuskript-Sendungen sind an die Schriftleitung des Studium Generale, Heidelberg, Neuenheimer Landstraße 24, zu richten.

Sonderdrucke: Den Verfassern von Originalbeiträgen stehen 50 Sonderdrucke zur Verfügung.



Springer-Verlag, Heidelberg und Berlin

Heidelberg,
Neuenheimer Landstraße 24
Tel. 24 40

Berlin-Charlottenburg 2,
Jebensstraße 1
Tel. 32 20 70

**Vertriebsvertretungen im Ausland:**

Schweiz: Lange, Maxwell & Springer A.G., Schützenmattstr. 43, Basel
Frankreich: Lange, Maxwell & Springer S.A., 24, Rue des Ecoles, Paris (Ve)
England, U.S.A. und übriges Ausland: Lange, Maxwell & Springer Ltd., 41—45 Neal Street, London, W.C. 2

# STUDIUM GENERALE

ZEITSCHRIFT FÜR DIE EINHEIT DER WISSENSCHAFTEN IM ZUSAMMENHANG IHRER BEGRIFFSBILDUNGEN UND FORSCHUNGSMETHODEN



SPRINGER-VERLAG IN BERLIN · GÖTTINGEN · HEIDELBERG

HEFT 9 | August 1950 | 3. JAHRGANG

INHALT:



Weitere Abhandlungen zum Thema Gemeinschaft folgen in den beiden nächsten Heften.

VORANKÜNDIGUNG:

Für fernere Hefte sind u. a. vorgesehen:

Abhandlungen über Technik mit Beiträgen von D. Brinkmann, W. Fucks, Th. Litt, J. P. Steffes, G. Steiner, K. F. Steinmetz u. a.

*Preis DMark 5.80*

## Studium Generale

erscheint vorerst etwa monatlich in einzeln berechneten Heften von etwa 64 Seiten Umfang. Bestellungen nimmt jede Buchhandlung entgegen.

Manuskript-Sendungen sind an die Schriftleitung des Studium Generale, Heidelberg, Neuenheimer Landstraße 24, zu richten.

Sonderdrucke: Den Verfassern von Originalbeiträgen stehen 50 Sonderdrucke zur Verfügung.





Springer-Verlag, Heidelberg und Berlin

| | |
|---|---|
| Heidelberg, | Berlin-Charlottenburg 2, |
| Neuenheimer Landstraße 24 | Jebensstraße 1 |
| Tel. 24 40 | Tel. 32 20 70 |

### Vertriebsvertretungen im Ausland:

Schweiz: Lange, Maxwell & Springer A.G., Schützenmattstr. 43, Basel
Frankreich: Lange, Maxwell & Springer S.A., 24, Rue des Ecoles, Paris (Ve)
England, U.S.A. und übriges Ausland: Lange, Maxwell & Springer Ltd., 41—45 Neal Street London W.C. 2

# STUDIUM GENERALE

ZEITSCHRIFT FÜR DIE EINHEIT DER WISSENSCHAFTEN IM ZUSAMMENHANG IHRER BEGRIFFSBILDUNGEN UND FORSCHUNGSMETHODEN



SPRINGER-VERLAG IN BERLIN · GÖTTINGEN · HEIDELBERG

HEFT 10 September 1950 3. JAHRGANG

INHALT:



Weitere Abhandlungen zum Thema Gemeinschaft folgen im nächsten Heft.

VORANKÜNDIGUNG:

Für fernere Hefte sind u. a. vorgesehen:

Abhandlungen über Technik mit Beiträgen von D. Brinkmann, W. Fucks, Th. Litt, J. P. Steffes, G. Steiner, K. F. Steinmetz u. a.

*Preis DMark 5.80*

## Studium Generale

erscheint vorerst etwa monatlich in einzeln berechneten Heften von etwa 64 Seiten Umfang. Bestellungen nimmt jede Buchhandlung entgegen.

Manuskript-Sendungen sind an die Schriftleitung des Studium Generale, Heidelberg, Neuenheimer Landstraße 24, zu richten.

Sonderdrucke: Den Verfassern von Originalbeiträgen stehen 50 Sonderdrucke zur Verfügung.





Springer-Verlag, Heidelberg und Berlin

| Heidelberg, | Berlin-Charlottenburg 2, |
|---|---|
| Neuenheimer Landstraße 24 | Jebensstraße 1 |
| Tel. 24 40 | Tel. 32 20 70 |

### Vertriebsvertretungen im Ausland:

Schweiz: Lange, Maxwell & Springer A.G., Schützenmattstr. 43, Basel

Frankreich: Lange, Maxwell & Springer S.A., 24, Rue des Ecoles, Paris (Ve)

England, U.S.A. und übriges Ausland: Lange, Maxwell & Springer Ltd., 41—45 Neal Street London W. C. 2

# STUDIUM GENERALE

ZEITSCHRIFT FÜR DIE EINHEIT DER WISSENSCHAFTEN IM ZUSAMMENHANG IHRER BEGRIFFSBILDUNGEN UND FORSCHUNGSMETHODEN



SPRINGER-VERLAG IN BERLIN · GÖTTINGEN · HEIDELBERG

HEFT 11 | November 1950 | 3. JAHRGANG

INHALT:



VORANKÜNDIGUNG:

Für fernere Hefte sind u. a. vorgesehen:

Abhandlungen über Technik mit Beiträgen von D. Brinkmann, W. Fucks, Th. Litt, J. P. Steffes, G. Steiner, K. F. Steinmetz u. a.

*Preis DMark 5.80*

# Studium Generale

erscheint vorerst etwa monatlich in einzeln berechneten Heften von etwa 64 Seiten Umfang. Bestellungen nimmt jede Buchhandlung entgegen.

Manuskript-Sendungen sind an die Schriftleitung des Studium Generale, Heidelberg, Neuenheimer Landstraße 24, zu richten.

Sonderdrucke: Den Verfassern von Originalbeiträgen stehen 50 Sonderdrucke zur Verfügung.



Springer-Verlag, Heidelberg und Berlin

Heidelberg,
Neuenheimer Landstraße 24
Tel. 24 40

Berlin-Charlottenburg 2,
Jebensstraße 1
Tel. 32 20 70

**Vertriebsvertretungen im Ausland:**

Schweiz: Lange, Maxwell & Springer A.G., Schützenmattstr. 43, Basel
Frankreich: Lange, Maxwell & Springer S.A., 24, Rue des Ecoles, Paris (Ve)
England, U.S.A. und übriges Ausland: Lange, Maxwell & Springer Ltd., 41—45 Neal Street London W. C. 2

# STUDIUM GENERALE

ZEITSCHRIFT FÜR DIE EINHEIT DER WISSENSCHAFTEN IM ZUSAMMENHANG IHRER BEGRIFFSBILDUNGEN UND FORSCHUNGSMETHODEN



SPRINGER-VERLAG IN BERLIN · GÖTTINGEN · HEIDELBERG

HEFT 12 | Dezember 1950 | 3. JAHRGANG

INHALT:



VORANKÜNDIGUNG:

Für fernere Hefte sind u. a. vorgesehen:

Abhandlungen über Wahrscheinlichkeit mit Beiträgen von Th. Erismann, W. Gröbner, I. Kohler, A. March, R. Strohal, L. Vietoris, B. L. van der Waerden.

*Preis DMark 6.60*

## Studium Generale

erscheint vorerst etwa monatlich in einzeln berechneten Heften von etwa 64 Seiten Umfang. Bestellungen nimmt jede Buchhandlung entgegen.

Manuskript-Sendungen sind an die Schriftleitung des Studium Generale, Heidelberg, Neuenheimer Landstraße 24, zu richten.

Sonderdrucke: Den Verfassern von Originalbeiträgen stehen 50 Sonderdrucke zur Verfügung.





Springer-Verlag, Heidelberg und Berlin

Heidelberg, Neuenheimer Landstraße 24, Tel. 24 40

Berlin-Charlottenburg 2, Jebensstraße 1, Tel. 32 20 70

### Vertriebsvertretungen im Ausland:

Schweiz: Lange, Maxwell & Springer A.G., Schützenmattstr. 43, Basel

England, U.S.A. und übriges Ausland: Lange, Maxwell & Springer Ltd., 41—45 Neal Street London W. C. 2

GPSR Compliance

*The European Union's (EU) General Product Safety Regulation (GPSR) is a set of rules that requires consumer products to be safe and our obligations to ensure this.*

*If you have any concerns about our products, you can contact us on ProductSafety@springernature.com*

In case Publisher is established outside the EU, the EU authorized representative is:

Springer Nature Customer Service Center GmbH
Europaplatz 3
69115 Heidelberg, Germany

**Batch number: 10845587**

Printed by Printforce, the Netherlands